DICTIONNAIRE

ENCYCLOPÉDIQUE & BIOGRAPHIQUE

DE

L'INDUSTRIE & DES ARTS INDUSTRIELS

Paris. — Imp. Ch. Maréchal & J. Montorier, 16, cour des Petites-Écuries.

DICTIONNAIRE

ENCYCLOPÉDIQUE ET BIOGRAPHIQUE

DE

L'INDUSTRIE ET DES ARTS INDUSTRIELS

CONTENANT ·

1° POUR L'INDUSTRIE :

L'étude historique et descriptive du travail national sous toutes ses formes; de ses origines, des découvertes et des perfectionnements dont il a été l'objet.
Le matériel et les procédés des industries extractives, des exploitations rurales, des usines agricoles et des industries alimentaires,
des industries textiles et de la confection du vêtement, des industries chimiques.
Les chemins de fer et les canaux, les constructions navales. Les grandes manufactures. Les écoles professionnelles, etc

2° POUR LES ARTS APPLIQUÉS A L'INDUSTRIE :

Le dessin; la gravure; l'architecture et toutes les industries qui se rattachent à l'art. — L'imprimerie.
La photographie. — Les manufactures nationales. — Les écoles et les sociétés d'art.

3° POUR LA STATISTIQUE :

L'état de la production nationale; les résultats comparés de cette production et de celle de l'étranger pour les industries similaires.

4° POUR LA BIOGRAPHIE :

Les noms des savants, des artistes, fabricants et manufacturiers décédés qui se sont distingués dans toutes les branches de l'industrie et des arts industriels de la France.

5° L'HISTOIRE SOMMAIRE DES ARTS & MÉTIERS :

Depuis les temps les plus reculés jusqu'à nos jours; les mots techniques; l'indication des principaux ouvrages se rapportant à l'art et à l'industrie.

PAR

E.-O. LAMI

Officier d'Académie

Ancien attaché au Service historique et des Beaux-Arts de la Ville de Paris

AVEC LA COLLABORATION DES SAVANTS, SPÉCIALISTES ET PRATICIENS LES PLUS ÉMINENTS
DE NOTRE ÉPOQUE

Ouvrage honoré de la souscription du Ministère du Commerce;
de la Direction des Poudres et Salpêtres, au Ministère de la Guerre; d'un grand nombre
de Sociétés savantes, Bibliothèques publiques, Lycées, Collèges, Ecoles, etc.

TOME V

PARIS

LIBRAIRIE DES DICTIONNAIRES

7, PASSAGE SAULNIER, 7

—

1885

EXPLICATION

DES

ABREVIATIONS & DES SIGNES

Terme d'agriculture.	*T. d'agric.*
— d'ajustage.	*d'ajust.*
— d'ameublement	*d'ameubl.*
— d'apprêt.	*d'appr.*
— d'architecture	*d'arch.*
— d'architecture militaire .	*d'arch. milit.*
— d'ardoisière.	*d'ard.*
— d'armurerie.	*d'arm.*
— d'armurerie ancienne. . .	*d'armur. anc.*
— d'armurerie et d'art militaire	*d'armur. et d'art milit.*
— d'arpentage.	*d'arp.*
— d'art	*d'art.*
— d'art héraldique	*d'art hérald.*
— d'art militaire	*d'art milit.*
— d'art militaire ancien . .	*d'art milit. anc.*
— d'artillerie	*d'artill.*
— d'artillerie et d'armurerie	*d'artill. et d'arm.*
— d'atelier	*d'atel.*
— de bijouterie.	*de bijout.*
— de blanchissage. . . .	*de blanch.*
— de blason.	*de blas.*
— de botanique.	*de bot.*
— de boulangerie.	*de boul.*
— de bourrelier.	*de bourr.*
— de brasserie	*de brass.*
— de carrosserie.	*de carross.*
— de céramique.	*de céram.*
— de charpenterie	*de charp.*
— de charronnage	*de charron.*
— de chemin de fer. . . .	*de chem. de fer.*
— de chimie.	*de chim.*
— de chimie et de physiologie	*de chim. et de physiol.*
— de chirurgie.	*de chirurg.*
— de cinématique	*de ciném.*
— de construction.	*de constr.*
— de construction agricole	*de constr. agric.*
— de corderie.	*de cord.*
— de cordonnerie.	*de cordon.*
— du costume.	*du cost.*
— du costume ancien . . .	*du cost. anc.*
— du costume militaire. . .	*du cost. milit.*
— du costume militaire ancien	*de cost. milit. anc.*
— de coutellerie.	*de coutell.*
— de couverture	*de couv.*
— de cristallerie	*de cristall.*
— de cristallographie . . .	*de cristallog.*
— de décoration	*de décor.*
— de dorure.	*de dor.*
— de draperie.	*de drap.*
— d'ébénisterie.	*d'ébénist.*
— d'électricité	*d'élecr.*
— d'exploitation des mines.	*d'exploit. des min.*
— de filature	*de filat.*
— de fonderie.	*de fond.*
— de forgeage	*de forg.*
— de fortification.	*de fortif.*
— de fourbisseur.	*de fourb.*
— de fumisterie.	*de fumist.*
— de géologie.	*de géolog.*
— de géométrie.	*de géom.*
— de glacerie.	*de glac.*
— de gnomonique.	*de gnomon.*
— de gravure.	*de grav.*
— d'hongroyage	*d'hong.*
— d'horlogerie	*d'horlog.*
— d'hydraulique	*d'hydraul.*
— d'impression et teinture.	*d'imp. et teint.*

Terme d'impression sur étoffes.	*T. d'imp. s. ét.*
— d'imprimerie.	*d'imp.*
— de joaillerie	*de joaill.*
— de lapidaire.	*de lapid.*
— de liquoriste.	*de liquor*
— de machine.	*de mach.*
— de machines agricoles .	*de mach. agr.*
— de maçonnerie.	*de maçonn.*
— de marine	*de mar.*
— de mathématique . . .	*de mathém.*
— de matières médicales. .	*de mat. méd.*
— de mécanique.	*de mécan.*
— de médecine et de boulangerie	*de méd. et de boul.*
— de mégisserie	*de még.*
— de menuiserie	*de men.*
— de métallurgie	*de métall*
— de métier.	*de mét.*
— de meunerie	*de meun.*
— de mine	*de min.*
— de mine militaire. . . .	*de min. milit.*
— de minéralogie	*de minér.*
— de navigation	*de navig.*
— d'optique.	*d'opt.*
— d'orfèvrerie.	*d'orfèv.*
— d'ornementation. . . .	*d'ornem.*
— de papeterie.	*de pap.*
— de parfumerie	*de parf.*
— de pavage	*de pav.*
— de peaussier.	*de peauss.*
— de pelleterie	*de pellet.*
— de pharmacie	*de pharm.*
— de photographie. . . .	*de photog.*
— de physiologie	*de physiol.*
— de physique	*de phys.*
— de plomberie.	*de plomb.*
— de ponts et chaussées .	*de p. et chauss.*
— de pyrotechnie	*de pyrotechn.*
— de raffinerie de sucre .	*de raff. de sucre.*
— de reliure	*de rel.*
— de sculpture.	*de sculpt.*
— de sellerie	*de sell.*
— de serrurerie.	*de serrur.*
— de sucrerie.	*de sucr.*
— de tanneur	*de tann.*
— de tapisserie.	*de tapiss.*
— technique	*techn.*
— de teinturerie.	*de teint.*
— de teinturerie et d'apprêt	*de teint. et d'app.*
— de teinturier dégraisseur	*de teint. dégr.*
— de télégraphie.	*de télégr.*
— de terrassier.	*de terrass.*
— de théâtre	*de théât.*
— de tissage.	*de tiss.*
— de tissage et de filature.	*de tiss. et de filat.*
— de tonnellerie	*de tonnell.*
— de typographie.	*de typogr.*
— de typographie et de fonderie.	*de typogr. et de fond.*
— de verrerie.	*de verr.*
— de zoologie.	*de zool.*
Art héraldique	*Art. hérald.*
Iconographie.	*Iconog.*
Iconologie.	*Iconol.*
Instrument de chirurgie	*Inst. de chirurg.*
Instrument de musique.	*Inst. de mus.*
Mythologie.	*Myth.*
Synonyme	*Syn.*

Le signe * indique que le mot qui le porte n'est pas dans le dictionnaire de l'Académie.

LISTE DES AUTEURS

QUI ONT CONTRIBUÉ A LA RÉDACTION DU CINQUIÈME VOLUME

Rédacteur en Chef : E.-O. LAMI.

MM. **BADOUREAU**, A. B. — Ancien élève de l'École polytechnique; Ingénieur des mines;
BECHI (Guido de), G. B. — Chimiste;
BERGERON, Dr A. B. — Chirurgien de l'hôpital de la Charité;
BLANCHE, Aug. B. — Ingénieur des Arts et Manufactures;
BLONDEL (S.), S. B. — Homme de lettres;
BRÉMONT, Dr F. B. — Inspecteur du travail des enfants dans les manufactures;
BOULARD (J.), J. B. — Ingénieur civil;
CERFBERR DE MÉDELSHEIM, C. de M. — Homme de lettres;
CHAMPIER, V. Ch. — Critique d'art;
CHARLES-VINCENT, Ch. V. — Homme de lettres;
CHESNEAU (E.), E. Ch. — Critique d'art;
CHESNEAU, Em. C. — Homme de lettres;
CLOÜET (J.), J. C. — Professeur à l'École de médecine et de pharmacie de Rouen;
COSMANN, M. C. — Ingénieur des Arts et Manufactures; Inspecteur du mouvement au Chemin de fer du Nord;
CUSSET, Jos. C. — Ancien imprimeur;
DARCEL (A.), A.-D. — Directeur du Musée de Cluny;
DECHARME, C. D. — Docteur ès-sciences, ancien professeur de physique et de chimie;
DÉPIERRE, J. D. — Chimiste;
DROUX, L. D. — Ingénieur civil;
FONTENAY, E. F. — Ancien membre de la Chambre de commerce de Paris;
FOREST, H. F. — Ingénieur des Arts et Manufactures, Ingénieur du service des études au Chemin de fer du Nord;
FOUCHÉ, M. F. — Licencié ès-sciences, professeur au Lycée Henri IV;
GAND (Edouard), E. G. — Professeur de tissage à la Société industrielle d'Amiens;
GAUTIER, Dr L. G. — Chimiste;
GAUTIER, F. G. — Ingénieur civil;
GOGUEL, P. G. — Ingénieur civil;
GRANDVOINNET, J.-A. G. — Ingénieur des Arts et Manufactures, professeur à l'Institut national agronomique;
GUENEZ, E. G. — Chimiste du Conservatoire des Arts et Métiers;
GUIFFREY, J. G. — Archiviste aux Archives nationales, critique d'art;
JOUANNE, G. J. — Ingénieur des Arts et Manufactures;
LEGOYT, A. L. — Ancien directeur de la statistique générale de France au Ministère de l'Agriculture et du commerce;
MANTZ (P.), P. M. — Critique d'art;
MONMORY, F. M. — Architecte;
MOREAU, A. M. — Ingénieur des Arts et Manufactures;
NEUVILLE (Didier). — Archiviste au Ministère de la marine et des colonies,
RAYNAUD, J. R. — Docteur ès-sciences, professeur à l'École supérieure de télégraphie;
RÉMONT, Alb. R. — Chimiste;
RENOUARD, A. R. — Ingénieur civil, Secrétaire général de la Société industrielle du Nord;
RÉTY, Ch. R. — Homme de lettres;
RINGELMANN, M. R. — Ingénieur-Répétiteur de Génie rural à l'École de Grandjouan;
ROMAIN, R. — Ancien élève de l'École polytechnique, Ingénieur civil des mines;
SAUNIER, C. S. — Directeur de la *Revue chronométrique*;
TISSERAND (L.-M.), L.-M. T. — Chef du service historique de la ville de Paris;
VIDAL, L. V. — Homme de lettres.

DICTIONNAIRE

ENCYCLOPÉDIQUE ET BIOGRAPHIQUE

DE

L'INDUSTRIE ET DES ARTS INDUSTRIELS

F

FABRIQUE. Bien que la lexicologie proprement dite soit étrangère à cet ouvrage, il nous semble nécessaire de préciser ici ce qu'on entend par ce mot. On dit indifféremment *fabrique* et *manufacture*, et cependant les deux mots se prennent dans différentes acceptions. Le *Dictionnaire de l'Académie* dit du premier que c'est un *établissement où l'on fabrique*, et du second que c'est la *fabrication de certains produits de l'industrie*, mais ces définitions ne disent pas ce qui différencie la fabrique de la manufacture. D'après divers auteurs, et selon nous, la fabrique présente tout particulièrement l'idée de l'industrie, l'art et les procédés de la fabrication, et, par extension, le lieu où les ouvriers se réunissent pour mettre en œuvre cet art et ces procédés ; elle désigne encore l'ensemble des produits du même genre fabriqués dans un centre industriel. La *fabrique* s'occupe de la transformation des matières en objets d'usages courants, les produits de la *manufacture* sont d'un ordre plus relevé. On a dit très justement que Colbert, pour élever des manufactures, renversa des fabriques ; c'est ainsi que l'on dit : les *manufactures nationales* et non les *fabriques nationales*. La manufacture est un grand mot qui veut dire *grande fabrique* et qui n'a d'autre but que de produire un grand effet. Il a si bien servi la vanité des fabricants de tout ordre que fabrique paraît aujourd'hui mesquin ; aussi voit-on le mot *manufacture* s'étaler en lettres d'or au-dessus d'un atelier en chambre de quatre mètres carrés.

Fabrique (Marque de). — V. MARQUE.

FAÇADE. *T. d'arch.* Extérieur d'un édifice vu sous une de ses faces, que cette face donne sur la voie publique, sur une cour ou sur un jardin. On dit : *façade postérieure, latérale, façade du nord, du midi,* etc. Cependant on entend généralement par *façade*, et surtout lorsque ce mot est immédiatement suivi du nom du bâtiment, le côté le plus important, le plus riche de l'édifice, celui où se trouve ordinairement la principale entrée. Quoi qu'il en soit, une des conditions d'une façade, considérée comme ensemble de la partie extérieure d'un édifice, c'est que la totalité puisse en être embrassée d'un même coup d'œil. Cette condition suppose toujours une direction générale géométrale, c'est-à-dire parallèle au plan dans lequel se trouve l'œil du spectateur, bien que la façade puisse offrir des saillies et des enfoncements. Nous donnons figure 1 une partie de la façade exécutée au palais de Versailles par J. H. Mansart. Sur cette vue géométrale la saillie des avant-corps n'est indiquée que par les ombres. Un grand bâtiment carré a quatre façades ; une rotonde n'en a pas. Il semble aussi qu'une autre condition d'une façade soit la verticalité du plan ; car on ne désigne que par le nom de *face* le côté d'une pyramide.

Au point de vue de l'aspect, une façade revêt tous les caractères, depuis le plus simple jusqu'au plus riche. C'est, d'ailleurs, l'ordonnance architecturale appliquée à la façade principale qui indique généralement le style de l'édifice, et l'historique des façades de monuments ne serait autre chose qu'une revue de tous les styles qui se sont succédé depuis les temps primitifs jusqu'à nos jours.

— A Paris, la hauteur des façades des maisons bordant la voie publique est soumise à des prescriptions administratives, notamment par le décret du 27 juillet 1859, dont l'article 1er est ainsi conçu : « La hauteur des façades des maisons bordant les voies publiques, dans la ville de Paris, est déterminée par la largeur légale de ces voies publiques. Cette hauteur, mesurée du trottoir ou du pavé, au pied des façades des bâtiments, et prise, dans tous les cas, au milieu de ces façades, ne peut excéder, y compris les entablements attiques et toutes les constructions à plomb du mur de face, savoir : 11m,70 pour les voies publiques au-dessous de 7m,80 de largeur ; 14m,60 pour les voies publiques de 7m,80 et au-dessus jusqu'à 9m,75 ; 17m,55 pour les voies publiques de 9m,75 et au-dessus. Toutefois, dans les rues ou boulevards de 20 mètres et au-dessus, la hauteur des bâtiments peut être portée jusqu'à 20 mètres, mais à la charge, pour les constructeurs, de ne faire, en aucun cas, au-dessus du rez-de-chaussée, plus de cinq étages carrés, entresol compris. » — F. M.

FACE. *T. de fortif.* En général on donne le nom de *faces*, aux parties rectilignes des ouvrages ou des places fortifiés qui battent directement les

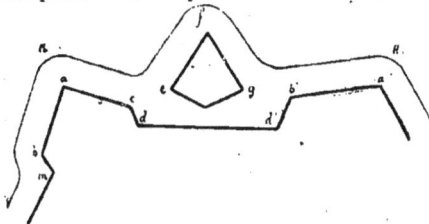

Fig. 1.

Fig. 2.

m b a c d Bastion. — *e f g* Demi-lune. — *a b, a c* Faces du bastion. *e f, f g* Faces de la demi-lune.

glacis de leurs feux, et dont les intersections forment les saillants du corps de place ou du dehors. C'est ainsi que dans le système bastionné, les deux côtés de l'angle saillant *a b, a c* du bastion ou de la demi-lune *e f, g f*, s'appellent *faces du bastion*, *faces de la demi-lune* (fig. 2).

Les faces étant les parties de la fortification qui ont le plus d'action au dehors par l'étendue des crètes et par la quantité de feux croisés qu'elles peuvent fournir, elles doivent être soigneusement défilées et armées d'une artillerie puissante.

Dans la fortification moderne les faces des forts sont plus longues qu'autrefois et forment entre elles des angles très ouverts.

‖ *T. de géom.* Chacun des plans qui composent la surface d'un solide.

FAÇONNAGE. T. techn. Opération usitée dans une foule d'industries, et par laquelle on travaille une matière en lui donnant une façon qui la revêt d'une certaine forme.

* **FAÇONNÉ.** *T. de tiss.* On désigne sous ce nom, par opposition aux étoffes unies, les tissus fabriqués par le secours de la mécanique Jacquard. Par des combinaisons de trame ou de chaîne, on fait produire sur la surface des tissus façonnés, diverses sortes d'effets ; soit par la chaîne, soit par la trame, soit par la chaîne et la trame en même temps. Ces effets sont : les uns, en couleur pure, c'est-à-dire de la même couleur que le fond de l'étoffe ; d'autres sont obtenus par le secours de plusieurs trames, de sorte que chaque navette, jouant entre les mains du tisseur le rôle de pinceau dans celles du peintre, vient fournir tour à tour sa couleur à l'endroit désigné par le dessin ; d'autres, enfin, se produisent par le secours de plusieurs chaînes. Les dessins du façonné peuvent varier à l'infini, et présenter toutes les productions de la nature et tous les ouvrages de l'art.

FAÇONNIER, IÈRE. *T. de mét.* Se dit de celui, de celle qui façonne un objet quelconque ; qui travaille *à façon* pour le compte d'un autre et avec les matières que ce dernier lui a fournies.

FACTAGE. — V. Camionnage.

FACTURE INSTRUMENTALE. Dans son acception générale, ce mot désigne la fabrication des instruments de musique, cependant on donne plus particulièrement le nom de *facteurs* aux fabricants de pianos, d'orgues et de harpes, et celui de *luthiers* aux fabricants de violons, violoncelles, contre-basses, etc.

— Avant qu'ils ne fussent en communauté, les fabricants d'instruments ne pouvaient employer que l'étain et le cuivre, l'argent et l'or étant réservés aux orfèvres; ils ne pouvaient non plus se servir de nacre, d'ivoire ou de bois coloriés sans s'exposer aux revendications des tabletiers; de là, toutes sortes d'entraves à l'expansion du métier. Mais par lettres du roi (1599) les maîtres faiseurs d'instruments de musique furent réunis en corps de jurande, et libres d'employer toutes sortes de matières.

* **FAÇURE ou FASSURE**. *T. de tiss*. Ce mot peut s'appliquer aussi bien à la partie de l'étoffe comprise entre l'ensouple d'enroulement qui fait face aux genoux du tisserand et la dernière duite tissée, qu'à la partie seulement qui, fabriquée entre la poitrinière et le peigne, est en vue de l'ouvrier.

* **FAHLUNITE**. *T. de minér*. (syn. *triclasite*). Variété d'alumine silicatée magnésienne et ferrugineuse, d'un brun rougeâtre, très dure, à cassure cireuse, D = 2,6. Elle doit son nom à Falhun (Suède), localité où on l'a trouvée. || On donne aussi le nom de *fahlunite* dure, à la cordiérite, autre silicate de même nature, vitreux et d'un bleu-violacé, dichroïque, et dont quelques variétés peuvent être utilisées par la bijouterie. C'est le saphir d'eau. On donnait aussi parfois le nom de *fahlunite* au zinc aluminaté.

* **FAHRKUNST** ou **MAN ENGINES**. On désigne ainsi des échelles mécaniques, qui peuvent servir à monter les hommes dans les puits de mine, et qui ont été pour la première fois mises en service au Harz, il y a une cinquantaine d'années.

Ces appareils se composent, en général, de deux tiges parallèles, régnant tout le long du puits, et munies de distance en distance de paliers, sur lesquels un homme peut se tenir, et de poignées qu'il peut prendre à la main. Ces tiges reçoivent des mouvements alternatifs de sens contraire; quand l'une arrive en haut de sa course, l'autre arrive en bas; et à ce moment, les paliers sont au même niveau. Pour monter ou pour descendre, il suffit de passer d'un palier sur l'autre, après chaque mouvement des échelles, de façon à se trouver toujours sur la tige qui monte, ou toujours sur celle qui descend. L'homme se tient sur le palier de droite avec le pied droit et la main droite, et sur le palier de gauche avec le pied gauche et la main gauche. Si on appelle R la longueur de la manivelle, qui meut les tiges avec une vitesse angulaire ω, la distance de deux paliers consécutifs sur la même tige, est 4R, la vitesse moyenne du parcours est $\dfrac{2R\omega}{\pi}$, et le temps pendant lequel la distance verticale des paliers est moindre, qu'une quantité très petite δ, temps qui mesure la facilité de la manœuvre est

$$\frac{2}{\omega}\sqrt{\frac{\delta}{R}}.$$

Pour avoir une grande facilité de manœuvre, sans perdre sur la vitesse moyenne, il faut faire R grand et ω petit.

Il y a d'autres appareils plus simples composés seulement d'une tige munie de poignées et de paliers, qui viennent se mettre en regard de niches, pratiquées dans la paroi du puits.

Dans ces appareils, la distance de deux paliers consécutifs est 2R; la moitié du temps est consacrée au repos dans les niches, de sorte que la vitesse moyenne du parcours n'est que $\dfrac{R\omega}{\pi}$, et le temps pendant lequel la distance verticale du palier et du sol de la niche est inférieur à δ, est

$$\frac{2}{\omega}\sqrt{\frac{2\delta}{R}}.$$

Pour avoir la même facilité de manœuvre qu'avec les appareils à deux tiges on peut donner une plus grande valeur à ω.

Avec des appareils de l'un ou de l'autre système, si on vient à doubler le rayon de la manivelle, en conservant aux paliers le même écartement, on peut concevoir simultanément un courant d'hommes descendant sur les paliers d'ordre impair, et un courant d'hommes montant sur les paliers d'ordre pair.

M. Varocqué a modifié les *fahrkunst* en augmentant la longueur de la course et la vitesse moyenne, en établissant des paliers à balcons, assez grands pour recevoir plusieurs hommes à la fois, dans deux compartiments, un pour la montée et l'autre pour la descente, et enfin en créant un temps d'arrêt absolu entre chaque excursion des tiges. Dans son appareil, les tiges sont manœuvrées par les pistons de deux pompes ouvertes par le haut et communiquant par le bas, de sorte que, quand le piston de l'une est en haut de sa course, le piston de l'autre soit en bas. Le piston de l'une des pompes est mû directement par une machine à vapeur à double effet dont la distribution a lieu par soupapes. On règle à volonté la période de repos qui sépare deux excursions simples du piston de la machine à vapeur. On peut obtenir plus simplement le même résultat en commandant directement les deux tiges par les pistons de deux machines à vapeur à simple effet, dont les pistons sont équilibrés et reliés par une chaîne passant sur une poulie, de sorte que quand l'un monte, l'autre descend.

Les modifications apportées par M. Varocqué à la *fahrkunst*, présentent un intérêt très contestable, et selon M. Callon une bonne *fahrkunst* doit satisfaire aux quatre conditions suivantes:

1° Avoir pour moteur une machine à vapeur à rotation, alimentée par les mêmes chaudières que la machine d'extraction, calculer sa force d'après le nombre total d'hommes qu'on peut monter à la fois, lui donner un volant très puissant et la munir d'appareils régulateurs et d'un appareil à contre-vapeur;

2° Avoir une seule tige, bien guidée, lui donner une grande course (4 mètres) et une grande vitesse (8 montées et 8 descentes par minute), et y adapter des contrepoids espacés, dont chacun équilibre avec un certain excès, le poids de la partie de la tige, qui est entre lui et le contrepoids suivant. La somme des excès des contrepoids doit être à peu près la moitié du poids total des hommes;

3° Les paliers mobiles s'étendront à droite et à gauche de la tige, et pourront supporter deux hommes qui se tiendront chacun par une poignée. Il y aura des paliers fixes en face de chacune des deux parties des paliers mobiles. On pourra ainsi avoir à la fois un courant ascendant et un courant descendant ;

4° La force de la tige en chaque point sera calculée d'après le poids des hommes qui peuvent se trouver en dessous, moins les excès des contrepoids situés au-dessous.

Si H est la profondeur du puits et N le nombre des hommes, le temps nécessaire pour faire descendre tout le poste, ou pour le faire remonter est, avec une *fahrkunst* de la forme $\alpha H + \beta N$, le terme βN étant le principal. Avec une machine d'extraction, la durée de la descente ou de la montée en y comprenant les arrêts entre chaque voyage, serait la forme $(\gamma H + \delta)N$, le terme γH étant plus important que le terme δ. En appliquant ces formules à des exemples numériques, on trouve que la *fahrkunst* est plus avantageuse que la machine d'extraction pour les mines peuplées et profondes, et que c'est par conséquent la machine de l'avenir. Ces engins sont surtout répandus dans les mines métalliques, qui n'ont pas besoin de machines d'extraction très puissantes. Ils ont l'avantage d'être simples et peu encombrants, de se loger dans un étroit compartiment d'un puits, et de pouvoir descendre à une profondeur quelconque. On peut éprouver deux accidents différents en cheminant dans les *fahrkunst*, ou bien être en quelque sorte laminé entre les deux tiges, ou bien tomber au moment où on doit passer de l'une sur l'autre. — A. B.

FAÏENCE. Sous le nom générique de *faïence*, on comprend toute poterie à cassure terreuse, formée par une pâte colorée ou par une pâte blanche, recouverte, dans le premier cas, d'un émail blanc opaque et, dans le second cas, d'un émail transparent, soit incolore, soit coloré.

On peut considérer dans la faïence deux variétés principales : 1° la *faïence commune* dont la pâte est formée d'argiles ferrugineuses qui communiquent aux pièces, après la cuisson, une couleur rouge que l'on masque au moyen d'un émail blanc stannifère ; 2° la *faïence fine*, fabriquée avec des matériaux plus purs donnant une pâte blanche après la cuisson et pouvant, pour cette raison, recevoir un vernis transparent.

Entre ces deux genres principaux, vient prendre place la *faïence de Palissy*. La faïence de Palissy est une sorte de transition entre la faïence commune et la faïence fine. Elle tient de la première par la nature de son émail qui est souvent stannifère, et de la seconde par la nature de sa pâte qui est blanche.

HISTORIQUE. L'étymologie de ce mot, qui s'orthographiait autrefois *fayence*, est restée longtemps incertaine. L'historien français Mézeray ayant avancé, sans aucune preuve, que c'était de la ville de *Fayence*, près Fréjus (Var), que cette poterie avait pris son nom, les étymologistes adoptèrent sans contrôle cette opinion toute faite, jusqu'au jour où la critique historique démontra péremptoirement que cette figure, basée sur une erreur de synonymie, ne peut plus être acceptée au point de vue céramique : le renom des faïences, leur nom même au XVIᵉ siècle venaient de la ville de Faënza, près de Bologne, et non du petit bourg de Fayence, où il n'existait certainement pas alors, comme il n'a jamais existé depuis, aucun établis-

sement pour la fabrication de la terre émaillée. Ce qui le prouve, c'est que la ville italienne de Faënza était autrefois appelée *Faïence* par les Français, comme on le voit dans Marot :

> Ravenne ont prins, cité de grosse estime ;
> Fayence aussi est tombée en leurs trappes.

D'un autre côté, le monopole accordé par Henri II, en 1555, à deux potiers de Faënza d'établir une fabrique à Lyon, où Julien Gambyn et Domenge Tardessier sont désignés tous les deux comme natifs de *Fayence en Italie*, démontre que Faënza s'appelait en France, à cette époque, *Fayence*.

Les faïences forment deux catégories : la *faïence commune* ou *faïence italienne*, et la *faïence fine* ou *faïence anglaise*.

La faïence commune est la plus ancienne. Ce qui la distingue des autres produits céramiques, c'est que sa pâte est émaillée, c'est-à-dire recouverte d'une glaçure à base d'étain. Cette poterie est d'origine orientale. Introduite en Espagne par les Arabes, au VIIIᵉ ou au IXᵉ siècle, elle pénétra en Toscane, vers 1415, et c'est de ce dernier pays qu'elle se répandit dans les contrées du centre et du nord de l'Europe. Toutefois, comme nous l'avons démontré déjà (V. CÉRAMIQUE, p. 405), les faïences italiennes furent simplement destinées à la décoration des monuments : tels étaient, du XIᵉ au XIIIᵉ siècle, les disques ou bassins (*bacini*) incrustés dans les murs des églises d'Italie, et les sculptures en terre vitrifiée (*terra invitriata*) du florentin Lucca della Robbia (XVᵉ siècle). Les poteries émaillées pour l'usage domestique ne parurent que dans les premières années du XVIᵉ siècle. Leur fabrication fut créée par les potiers de Faënza, d'Urbino, de Pesaro et de Castel-Durante, qui appelèrent leurs produits *majoliques* (*majolica*), du nom de *Mayorque*, une des îles Baléares, d'où l'emploi de la glaçure stannifère paraît avoir été importé en Toscane.

Après l'Italie, l'Allemagne sut, la première, faire la poterie émaillée, et ce fut la vue d'une coupe fabriquée de l'autre côté du Rhin qui engagea Bernard Palissy à se livrer à ces immenses recherches qui l'ont immortalisé, et à la suite desquelles il réussit à créer de toutes pièces des faïences aussi belles que celles des Italiens. La première fabrique française de faïence fut donc établie à Saintes (Charente-Inférieure), vers 1540, par Palissy. Toutefois, les travaux de ce grand homme n'exercèrent aucune influence sur notre céramique, car, au lieu de divulguer ses procédés, il les tint tellement secrets, qu'ils périrent avec lui. — V. CÉRAMIQUE, p. 408-409.

Dès lors, les potiers étrangers prennent une grande part d'influence sur le développement de notre industrie faïencière. En 1860, M. Natalis Rondot nous révélait l'existence de majolistes à Lyon, au XVIᵉ siècle, et M. le comte de la Ferrière-Percy publiait les lettres patentes qui avaient autorisé leur établissement. D'autre part, on savait qu'un della Robbia avait travaillé pour François Iᵉʳ en appliquant chez nous la décoration céramique à l'architecture. Enfin, en restituant à Oiron les faïences fines dites de Henri II, Benjamin Fillon reconnaissait, non seulement une inspiration étrangère, mais il indiquait encore la trace d'une fabrication italienne en Amboise, en 1502 ; d'une autre à Machecoul, vers 1590 ; il mentionne, en 1588, Ferro produisant de la vaisselle blanche à Nantes ; Borniola, au Croisic, tandis que Leone et le Barbarino portent leur art à Châtellerault et à Rennes.

La *faïence fine*, appelée aussi *terre de pipe*, est une invention d'origine française qui date du XVIᵉ siècle. Les auteurs des célèbres faïences d'Oiron mirent la France, en pleine Renaissance, en possession d'une poterie, dont la découverte devait être attribuée deux cents ans plus tard, à l'Angleterre. Cette fabrication, qui disparut soudainement (V. CÉRAMIQUE, p. 410), fut retrouvée à la fin du dernier siècle. Depuis 1686, au moins, les potiers du

Staffordshire produisaient des poteries vernissées d'une grande beauté. Dés perfectionnements furent successivement apportés dans les procédés de fabrication par les frères Elers (1690), Thomas Astburg (1700), et une foule d'autres. Enfin, en 1763, Josiah Wedgwood, résumant et complétant les découvertes de ses devanciers et de ses contemporains, fabriqua la faïence fine, telle à peu près qu'on la fait encore aujourd'hui (V. Céramique, p. 415). Cette poterie fut introduite en France, en 1822, par Saint-Amans, d'Agen, qui dirigeait une faïencerie à Bordeaux. Depuis cette époque, ses qualités ont été si bien appréciées qu'elle s'est substituée presque partout à la faïence italienne.

Nous allons indiquer maintenant, par ordre d'importance et de mérite, les principales fabriques de faïence restées célèbres.

Rouen. La fabrique de Rouen est la plus considérable dans l'histoire de la faïence française, aussi bien par le nombre de ses manufacturiers que par l'excellence de leurs produits. Nous avons déjà tracé largement les traits saillants de cette fabrication célèbre (V. Céramique, p. 412-413); nous ne reviendrons pas sur les détails déjà donnés. Seulement, grâce aux précieux renseignements qu'a bien voulu nous communiquer notre collaborateur, M. Gustave Gouellain, nous rappellerons que, «dès 1542, un céramiste rouennais, nommé Abaquesne, exécutait pour le connétable Anne de Montmorency, les pavages du château d'Ecouen et les signait: A ROUEN 1542. Un siècle plus tard, en 1644, Poirel de Grandval, huissier du cabinet de la reine, obtenait un privilège qu'il rétrocédait bientôt à Edme Poterat, et ce dernier pouvait inscrire fièrement, sous certains produits de sa fabrication déjà remarquable: Faict à Rouen 1647. La manufacture d'Edme Poterat passa dans les mains de son fils, Louis Poterat, qui, non content de cultiver l'industrie paternelle, sollicita et obtint, en 1673, un privilège, le premier concédé en France, pour la fabrication de la porcelaine tendre. — V. Porcelaine.

«Puis de nouvelles manufactures se fondèrent et rivalisèrent de goût dans l'ornementation qui sut toujours suivre à la trace les transformations de la mode si changeante au xviiie siècle. Mais les destinées de cette brillante industrie devaient s'arrêter au moment où la porcelaine devint d'un emploi général; dès la fin du xviiie siècle, le nombre des ateliers décroît et il n'en reste plus qu'un, se livrant à une fabrication commune, qui voit s'éteindre ses fourneaux en 1851.»

La fabrique de Rouen, dit à son tour M. E. Du Sommerard, a son historien spécial dont l'œuvre est aussi remarquable que le sujet était intéressant à traiter,

Fig. 3. — *Faïence de Rouen.*

et le beau livre d'André Pottier, l'ancien conservateur du Musée céramique de la Seine-Inférieure, est et restera un véritable monument élevé en l'honneur de la céramique normande. Les beaux motifs de décoration en faveur dans la fabrique de Rouen à ses diverses phases, tels que le genre rayonnant à lambrequins et à guirlandes polychromes, et le décor dit *à la corne*, y sont reproduits dans toute leur variété avec un soin minutieux; leur réunion suffit à démontrer l'étonnante fécondité d'imagination dont ont pu faire preuve, pendant plus d'un siècle, les artistes qui ont dirigé la fabrication des ateliers de Rouen et de Saint-Sever, et dont la plupart nous sont restés inconnus malgré le nombre et la variété des sigles et des monogrammes qui se retrouvent au revers de la plupart des pièces.

La classification faite par André Pottier de tous les décors rouennais est résumée dans le tableau suivant :

Origines de la fabrication. Influence nivernaise et hollando-japonaise.—*Style rayonnant.* Dessins réguliers en camaïeu bleu et rehaussés de rouge ou de jaune, parfois polychromes (fig. 3). — *Imitation chinoise.* Bordures quadrillées, pagodes, fonds laqués. — *Style rocaille.* Scènes galantes et champêtres, carquois, cornes d'abondance. — *Faïences-porcelaines.* Imitation de Strasbourg, personnages et fleurs.

La pâte de la faïence de Rouen est lourde et épaisse, beaucoup plus épaisse que celle de Delft, mais les dessins et les ornements sont pleins de goût. Il y a des décors en camaïeu bleu et en couleurs variées. Les gros dessins sont formés pour la plupart en *champlevé*, c'est-à-dire que le blanc est produit par enlèvement sur le fond bleu. Rouen a aussi fabriqué des plats et des assiettes à fond bleu lapis, mais un peu plus pâle que celui de Nevers, et décorés également en décalques blancs et quelquefois jaunes. Il existe aussi des potiches, des buires et d'autres objets à fond bleu de Perse, avec décor en relief polychrome.

En résumé, la faïence rouennaise est la première et la plus artistique de toutes les faïences françaises, à cause du caractère national de son décor, où le style régulier et architectural de l'ornementation brille dans toute sa pureté et dans tout son éclat. Il existe de simples assiettes qui servaient jadis à l'usage domestique populaire et se fabriquaient à très bas prix, dont le décor est souvent un chef-d'œuvre.

Le Musée de Kensington, à Londres, possède un magnifique buste d'Apollon sur son piédestal, datant du xviiie siècle et considéré à bon droit comme une des plus belles pièces connues de Rouen. Elle a sept pieds de hauteur, et est couverte de fleurs et d'arabesques polychromes. Il faut l'admirer autant pour la hardiesse de la cuisson que pour le fini du décor.

Parmi les autres pièces curieuses, on cite un pupitre du Musée du Conservatoire de musique, à Paris, et un grand soupirail de cave ou de grenier, conservé au Musée de Sèvres. Cette dernière pièce montre combien l'emploi de la faïence de Rouen était répandu et à quel point on en faisait usage dans la décoration architecturale.

NEVERS. L'histoire de cette manufacture a été écrite de la manière la plus complète et la plus brillante par M. du Broc de Ségange. Nous-mêmes l'avons amplement traitée déjà (V CÉRAMIQUE, p. 411-412). Nous renvoyons donc le lecteur à cette double source d'informations, que nous complèterons ici par quelques renseignements indispensables.

Le petit nombre relatif de pièces que Nevers a produit doit être considéré, pour tout ce qui concerne la première fabrication, comme faïence italienne : ni la couleur, ni la pâte, ni les formes ne diffèrent assez pour qu'on puisse leur assigner un caractère particulier, quoi qu'il y ait des pièces en faïence de Nevers qui soient bien supérieures aux faïences italiennes, aussi bien dans le camaïeu bleu que dans le genre polychrome. Le dessin est moins relâché, le jaune pâle est plus doux.

Les belles pièces nivernaises de la *première époque* (1600-1670) rappellent dans leur forme et dans leur décor les traditions de l'école d'Urbino du XVIᵉ siècle. On les reconnaît aux figures qui sont en *jaune sur fond bleu*, tandis que les peintres italiens ordinairement peint leurs figures en *bleu sur fond jaune*. Un détail caractéristique : Nevers n'a jamais réussi à produire le rouge, que Nuremberg et après lui Delft et Rouen ont obtenu. Aussi la figure de la République, représentée sur la

Fig. 4. — *Groupe de faïences diverses de Nevers.*

vaisselle populaire, est-elle coiffée avec un bonnet phrygien de couleur jaune.

Pendant la *deuxième époque* (1640), celle dans laquelle domine le caractère oriental associé à l'art italien et à laquelle appartiennent ces belles pièces à fond bleu et violacé connu sous le nom de *bleu de Perse*, Nevers a fabriqué des faïences à blancs fixes avec décor blanc tigré, le plus souvent sur fond bleu lapis, mais aussi quelquefois sur fond jaune jonquille. « Cette dernière espèce, dit M. Demmin, a donné lieu à des controverses. Quelques amateurs la croyaient originaire de Perse, où se fabriquent de semblables poteries. Aujourd'hui il n'y a plus de doute, elles sont définitivement classées parmi les faïences nivernaises. Une tasse bleue, avec millésime et devise, de fabrication italienne, qu'on voit au Musée de Sèvres, paraît prouver que Nevers a imité son premier bleu des Italiens. Les potiches tigrées du Nevers de cette époque sont souvent ornées de mascarons et d'anses torses ou contournées.

La *troisième époque* (1640-1750), désignée : « imitation chinoise, » est plutôt une imitation hollandaise, aussi bien pour la forme que pour l'ornementation. Les pièces de cette catégorie sont en camaïeu bleu sur fond blanc, quelquefois entremêlés de décors brun-lilas et représentant des chinoiseries (fig. 4).

La *quatrième époque* (1750-1810), dite « franco-nivernaise, » comprend un laps de temps d'environ soixante années. Ce sont des faïences usuelles, telles qu'assiettes, pots à confitures, saladiers à inscriptions, etc., dans lesquelles l'art ne joue plus qu'un rôle tout à fait secondaire. Ces dernières, d'ailleurs, bien que désignées comme provenant de la fabrique de Nevers, qui comptait encore onze ateliers à l'époque de la Révolution, peuvent être attribuées à celles de la Charité-sur-Loire, fabrique voisine et qui n'était, pour ainsi dire, qu'une dépendance de celle de Nevers aux plus basses époques de sa production. C'est de cette catégorie que M. Champfleury, le savant conservateur du Musée de Sèvres, possède une collection nombreuse et particulièrement du temps de la première République.

MOUSTIERS. La petite ville de Moustiers, située en Provence, près de Digne, a été l'un des centres les plus brillants de la faïence française au XVIIIe siècle. En 1686, Pierre Clérissy fonde cette manufacture; un second personnage du même nom lui succède; puis apparaît, en 1727, un certain Pol Roux, remplacé plus tard par Joseph Olery. Pour plus de détails, nous renvoyons au mot CÉRAMIQUE, p. 413.

Les charmantes pièces provenant des onze fabriques qui existaient encore à Moustiers, en 1789, se distinguent tout spécialement par l'exquise beauté de l'émail, l'élégance du dessin, la recherche des formes, la délicatesse de l'ornementation, aussi bien que par les qualités matérielles qui suffisent à expliquer la faveur dont elles jouissent à juste titre auprès des collectionneurs de nos jours.

Dans les premiers temps, rappelle M. Gustave Gouellain, les peintres copient les chasses d'Antoine Tempesta qu'ils entourent de bordures, de rinceaux et de mascarons. « Puis viennent les ornements dans le style Bérain et de Boulle, les lambrequins, les singeries, dont le nombre est encore aujourd'hui si considérable et qu'on exécutait en camaïeu bleu. Les scènes mythologiques sont fréquentes dans la polychromie: elles s'encadrent souvent dans des guirlandes de fleurs assez lourdes dont l'aspect typique est amplement connu (fig. 5). »

MARSEILLE. Si l'on s'en rapporte à l'inscription placée au revers d'un plat retrouvé par le baron Davillier, et qui porte le nom de *A Clerissy à Saint-Jean du Desert à Marseille*, et la date de 1697, l'existence des manufac-

Fig. 5. — *Faïence de Moustiers.*

tures de faïence dans la ville de Marseille remonterait au moins à la fin du XVIIe siècle. Ce Clérissy était, il y a tout lieu de le supposer, un prédécesseur de celui que l'on voit figurer parmi les fabricants de Moustiers et qui, ayant obtenu des lettres de noblesse, en 1743, avait cessé la fabrication en 1747. Vers le milieu du XVIIIe siècle, on comptait dix fabriques de faïence établies à Marseille et aux environs. Leur production était si considérable que, pendant l'année 1766 seulement, leur exportation n'aurait pas été moindre de 500,000 livres de faïence, au dire de l'abbé d'Expilly. La plus célèbre de ces fabriques a été celle d'Honoré Savy, vers 1750, qui reçut, en 1777, lors de la visite à Marseille de Monsieur, comte de Provence, le titre de *Manufacture de Monsieur, frère du roi.* Viennent, ensuite, celle de Joseph-Gaspard Robert, puis celle de la veuve Perrin.

Les faïences de Marseille présentent, comme on l'a souvent remarqué, de nombreux points de contact avec les œuvres de Moustiers, tout en conservant un caractère qui leur est propre, caractère qu'elles puisent, non pas dans leurs formes un peu rocailles qui rappellent quelquefois celles de la fabrique de Strasbourg, mais surtout dans l'emploi de certaines couleurs, telles que le vert composé par Savy et qui a gardé son nom, aussi bien que dans l'usage du manganèse associé au bleu de cobalt. « Aux décors primitifs empruntés à la tradition italienne, succèdent des motifs plus français, fleurs, personnages d'allure chinoise, insectes, etc. La fabrication du XVIIIe siècle est très soignée, et, si l'on y constate une tendance à l'imitation de la porcelaine, il faut reconnaître, dit M. Gustave Gouellain, l'excellence des formes empruntées à l'argenterie, l'éclat des émaux et l'élégance du modelé. »

Parmi les nombreux spécimens de fabrication marseillaise, conservés au Musée de Cluny, on remarque, entre autres, plusieurs pièces de surtout de table représentant en ronde-bosse, des dindons, des faisans, des coqs, des poules, etc., de grandeur naturelle. Ces pièces, aussi curieuses par leurs dimensions exceptionnelles que par la beauté de l'exécution, étaient destinées à contenir dans leur cavité intérieure les mets composés avec les animaux, volailles, poissons, ou avec les légumes dont elles présentaient l'image.

STRASBOURG-HAGUENAU. La fabrique de Strasbourg, fondée par Charles-François Hannong dans les premières années du XVIII° siècle, et dont les derniers produits ne semblent pas dépasser l'année 1780, présente, dans sa production de près d'un siècle, un caractère d'unité très remarquable, aussi bien pour la fabrication matérielle que pour le mode de décoration et d'application des émaux. Strasbourg, en effet, transforma la décoration de la faïence, de grand feu qu'elle était, en demi-grand feu, c'est-à-dire sur une faïence déjà cuite, avec des couleurs qui, à une température moins élevée, adhéraient à l'émail avec tout son brillant. La palette du décorateur était, par ce procédé, augmentée de beaucoup de tons, et se distinguait surtout par la vivacité des nuances.

La faïence de Strasbourg est d'une pâte très fine, habilement mise en œuvre, souvent chargée d'attributs en relief adroitement disposés et dont l'ornementation fait bien corps avec le fond sans présenter les épaisseurs que l'on remarque fréquemment dans les produits du midi de la France; l'émail en est pur, et se distingue par sa limpidité. Les couleurs, d'une jolie fraîcheur de ton, ont un éclat particulier qui provient, suivant M. Gustave Gouellain, de la pureté des roses d'or employées à toutes les époques et qui en donnent la note caractéristique. Les bouquets de fleurs, surtout de roses, de pivoines, de jacinthes, d'œillets, de tulipes et de myosotis d'une couleur puissante, forment la base de presque tous les motifs de la décoration strasbourgeoise, et l'on sent que l'usine a eu pour objectif de se rapprocher de la porcelaine de Saxe.

Fig. 6. — Faïence de Sceaux. Assiette.

Ces qualités, devenues traditionnelles dans la fabrique de Strasbourg, étaient bien suffisantes pour assurer, dès le principe, le succès des pièces fabriquées par les Hannong qui se sont succédé de génération en génération à la tête des usines de Strasbourg et de Haguenau. Fondée, comme nous l'avons dit, par Charles Hannong, vers 1720, la fabrique de Strasbourg et celle de Haguenau passent, en 1732, sous la direction de Paul Antoine et de Balthasar Hannong, ses fils, puis en 1760, sous celle de Pierre-Antoine, l'un des fils de Paul-Hannong et, enfin, de son frère Joseph, ainsi qu'il résulte des documents recueillis par M. Teinturier dans les archives de la ville. Au nombre des plus curieuses pièces en faïence de Strasbourg, nous citerons les surtouts de table, les horloges, les jardinières, les plateaux et, notamment, ces élégantes corbeilles à jour qui ont été l'une des plus charmantes créations de cette remarquable fabrique.

LUNÉVILLE. Les manufactures de Lorraine étaient nombreuses au XVIII° siècle. Celles de Niederviller, Bellevue, Toul, Vaucouleurs et Lunéville tiennent un rang notable dans l'histoire de la faïence et se distinguent tout spécialement par l'importance de leurs productions aussi bien que par l'habileté des artistes chargés de la décoration des pièces.

La fabrique de Lunéville, qui prit, au moment de sa plus grande prospérité, vers l'année 1737, le titre de Manufacture du roi de Pologne, doit sa fondation à Jacques Chambrette, sous le duc de Lorraine Léopold, mort en 1720, et c'est à elle que nous devons, en dehors de nombre de produits d'un ordre supérieur, la plupart de ces reproductions d'animaux, tels que les lions couchés, qui ont décoré longtemps les piliers de nos maisons de campagne.

La fabrique de Bellevue, fondée près de Toul, en 1758, existe encore aujourd'hui et doit une partie de sa célébrité à la collaboration du sculpteur Cyfflé, l'auteur de ces charmants groupes de figurines qui portent son nom. Paul-Louis Cyfflé, sculpteur ordinaire du roi de Pologne, paraît avoir travaillé à Lunéville, à Toul aussi bien qu'à Bellevue.

SCEAUX. Fondée vers le milieu du XVIII° siècle par Jacques Chapelle, la fabrique de Sceaux est une de celles dont les faïences sont les plus recherchées en raison de la finesse de la pâte, de la parfaite limpidité de l'émail, de l'élégance des formes et du charme de leur décoration, qui est exécutée de main de maître. Les figures y sont traitées avec une habileté remarquable, et de charmants camaïeux de groupes d'amours, encadrés dans des motifs de paysages et de rinceaux relevés d'or, y reflètent le goût du temps et les séduisantes compositions de l'école du XVIII° siècle (fig. 6).

Vers 1772, Glot succéda à Chapelle. Mais de cette époque date la décadence de la fabrique et les pièces d'art ne tardèrent pas à faire place aux produits d'un usage courant et d'une décoration banale, de nature à faire regretter les gracieuses fantaisies de l'atelier précédent.

Les autres fabriques de quelque importance sont celles de Lille, de Bordeaux, d'Angoulême, de Rennes, de Clermont-Ferrand, de Sinceny, de Quimper, de Saint-Omer, d'Arras, de Meillonas, de Mathaux, etc., etc. Ce dernier établissement, situé dans le département de l'Aube, et dont les produits datent de 1749, a eu une certaine notoriété. Il faisait de la faïence populaire sous la première République et sous l'Empire. L'une des pièces les plus curieuses de cette fabrique est celle qui représente l'exécution de Louise Fleuriot, jeune paysanne guillotinée en 1808, à Troyes, pour complicité d'incendie : elle porte dans la curiosité la désignation de l'assiette à la guillotine, et appartient à la collection de M. Gustave Gouellain, à Rouen. Attribuée d'abord par son possesseur à la fabrique d'Ancy-le-Franc, localité voisine, cette assiette rarissime est restituée à celle de Mathaux, par M. Habert, et les savantes recherches de cet érudit mettent fin aux controverses qui s'étaient élevées sur l'existence et la véracité de cette céramique, et dont nous nous étions fait l'écho inconscient — V. CÉRAMIQUE, p. 418.

Faïences étrangères. Les Persans connaissaient l'émail d'étain longtemps avant les Italiens. Beaucoup de leurs revêtements en étaient recouverts, mais ce n'était pas en cela que consistait le principal caractère de leur fabrication.

Nous avons dit aussi que les Italiens se servaient de leur émail d'étain qu'ils avaient arrangé en engobe sur lequel ils peignaient et qu'ils recouvraient d'une couverte plombeuse qui donnait, par cela, une harmonie et une richesse de couleur étonnantes.

Les Persans aussi recouvraient leurs poteries et leurs beaux panneaux d'un engobe, mais d'un engobe alcalin sur lequel ils peignaient et qu'ils recouvraient ensuite d'une couverte alcaline, procédés identiques mais de natures inverses. Les Italiens avaient des bleus intenses, des verts de toutes nuances et des jaunes depuis le plus clair jusqu'au plus sombre.

Les Persans, par le caractère de leurs couleurs, procédaient beaucoup plus du céleste, du soleil sous lequel ils vivaient; tout était d'une pureté remarquable. Voyez, ces beaux bleus turquoise, ces rouges d'œillet, ces bleus azur, toutes les nuances que nous admirons sur le paon. La nature de leurs pâtes, tant de leurs poteries que de leurs panneaux, est toute siliceuse et alcaline, l'argile n'y entre qu'en très petite quantité, uniquement pour relier et donner un peu de corps à cette matière sableuse.

Les décors persans sont des plus variés, des lignes savamment combinées forment des compositions des plus ingénieuses.

Dans leurs plaques, les arabesques se mêlent à des fleurs plus ou moins idéalisées. Les roses, les tulipes, les jacinthes, les œillets d'Inde aux rouges éclatants y sont principalement représentés.

Le Musée de Cluny possède la plus belle et la plus riche collection de poteries persanes.

Quant aux autres faïences étrangères, parmi lesquelles celles d'Italie occupent le premier rang, nous renvoyons de nouveau le lecteur à l'article CÉRAMIQUE, p. 406 et 414, où les principales fabriques sont passées en revue. Nous n'ajouterons que quelques lignes complémentaires concernant la manufacture de Delft, sur laquelle se concentre toute l'histoire céramique de la Hollande.

Les plus anciennes assiettes et les plats en faïence de Delft présentent cette particularité que l'émail, blanc à l'envers, se trouve plein de petits trous noirs semblables aux piqûres de vers du vieux bois. M. Auguste Demmin attribue ces trous à une fabrication défectueuse encore pour l'engobage du blanc, quoique parfaite pour le décor artistique. Comme à partir du xviiᵉ siècle ce défaut ne se rencontre plus, et comme les ornements et les décors de ces objets indiquent par leurs styles la même époque, on peut voir peut-être dans ce défaut la preuve que l'objet a été fabriqué au xviᵉ siècle et au commencement du xviiᵉ.

C'est de ces époques que datent les faïences les plus recherchées; elles ont toutes un cachet vraiment artistique. Les couleurs sont plus vives, plus nettes, les dessins très fins. Leur genre est tellement caractéristique que l'amateur les distingue à première vue (fig. 7). Les peintres, par exemple, les préfèrent généralement à toutes les autres poteries; elles ont pour eux, ce qu'ils appellent, en terme d'atelier, la touche. Mais un grand défaut, qui se rencontre souvent dans les potiches de Delft, c'est que le même sujet se trouve reproduit sur les deux pendants, répétition qui leur ôte une partie de leur valeur artistique.

Pour terminer cette courte notice historique sur la faïence, nous rappellerons qu'au commencement du xviiᵉ siècle, vu l'absence de la porcelaine et l'impossibilité de se servir des faïences de Bernard Palissy, passées de mode, ou des faïences vulgaires par trop communes et « bonnes pour les petites gens, » on recourait aux belles faïences de Rouen et de Nevers, ou à la vaisselle plate, en argent ou en étain, selon l'état de fortune.

Sur la table, on se servait de céramique en vogue ou bien de vaisselle plate, et, dans les grands repas, de faïence ordinaire. Lorsque Louis XIII accepta, en 1620, la fête de St-Jean à l'Hôtel-de-Ville, on brisa, après le repas, un nombre considérable d'assiettes de faïence. Ce genre de prodigalité, qui s'est perpétué dans les repas de garnison, est noté par Félibien. Dès lors, la faïence devint une mode. Au rapport de Saint-Simon, le duc d'Antin « en acheta deux boutiques. » Mᵐᵉ de Montespan partagea cette passion et Coulanges, si l'on en croit une des chansons de son recueil, fut aussi un grand amateur de faïences. Les fabriques se multiplièrent bientôt partout; sous Louis XV, la France en était couverte. De cette pauvre faïence, tant dédaignée, on ne dédaigna plus rien, même les pots cassés.

Vers 1740, on trouva, en effet, le moyen de tirer parti d'une faïence mise en pièces, en recousant ses fragments avec des agrafes de fil d'archal. Suivant Legrand d'Aussy, cette invention serait due à un paysan nommé Delisle, du village de Mont-Joie, en Basse-Normandie. Appelé et employé par son talent dans la plupart des cuisines, son succès poussa plusieurs gens de sa sorte vers cette petite branche d'industrie. Les faïenciers, à la vente desquels ils nuisaient, crièrent que les raccommodeurs leur faisaient tort pour leur marchandise neuve, en raccommodant la vieille, et les appelèrent en justice. Il ne fallut pas moins qu'un édit du roi pour leur donner gain de cause et déclarer que l'industrie du raccommodeur de faïence était un métier permis, contre lequel à l'avenir ne pourrait rien le privilège des faïenciers.—S. B

Fig. 7. — *Faïence de Delft.*

Bibliographie : André POTTIER : *Histoire de la faïence de Rouen*, Rouen, 1870 ; Du BROC DE SÉGANGE : *La faïence, les faïenciers et les émailleurs de Nevers*, Nevers, 1863 ; J.-C. DAVILLIER : *Histoire des faïences de Moustiers, Marseille, etc.*, Paris, 1863 ; TEINTURIER : *Recherches sur les anciennes manufactures de faïence (Alsace-Lorraine)*, Strasbourg, 1868 ; Henry HAVARD : *Histoire de la faïence de Delft*, Paris, 1880 ; A. MARESCHAL : *Les faïences anciennes et modernes*, Beauvais, 1868.

TECHNOLOGIE

Nous allons étudier les différents procédés actuellement en usage dans la fabrication des faïences, en commençant par la faïence commune, pour terminer par la faïence d'art moderne.

Faïences communes. Toutes les fois qu'on se propose de fabriquer une poterie, il y a deux sortes de matériaux à réunir, ce sont : les argiles, qui constituent les matières plastiques, et, en second lieu, les éléments dégraissants ou antiplastiques qui sont généralement formés de sable, de quartz, de silex pulvérisé ou enfin de terres cuites broyées, auxquelles on donne en céramique le nom de *ciment*.

Personne n'ignore que, quand on façonne un objet au moyen d'une argile plastique quelconque, cet objet ne tarde pas, en se desséchant, à se fendiller en tout sens ; si, par hasard, il a résisté à la dessiccation et que l'on cherche à le cuire en le soumettant à l'action du feu, on verra qu'il se délite et tombe en poussière. Cela tient à ce que l'eau, emprisonnée dans les pores de l'argile et réduite en vapeur par la chaleur, ne trouvant pas d'issue pour s'échapper, brise la masse d'argile par sa propre tension. Si l'on prend une certaine quantité de cette même argile, qu'on en calcine la moitié et qu'on la mélange, après l'avoir réduite en poudre, avec l'autre moitié, on pourra préparer, avec ce mélange, une pâte susceptible de se dessécher complètement sans se fendre et de résister à la cuisson sans se détériorer. Dans l'opération que nous venons d'indiquer, on a détruit l'homogénéité de l'argile plastique par l'introduction d'un corps pulvérulent sur lequel l'eau n'exerce pas d'action et qui reste intact pendant le délayage. Cette matière inerte crée, au sein de l'argile, une multitude de canaux infiniment petits par lesquels la vapeur d'eau peut s'échapper lentement et de cette façon, elle ne produit plus sur les objets fabriqués, les accidents que nous avons signalés.

Tel est le but que l'on se propose en introduisant dans les pâtes céramiques, les matières dégraissantes ou antiplastiques. Là ne se borne pas l'action de ces substances ; elles enlèvent aussi à l'argile son excès de plasticité et permettent ainsi à l'ouvrier potier de travailler plus facilement la pâte.

Quand il s'agit de fabriquer de la faïence commune, on emploie généralement comme matière dégraissante, le sable de Fontenay, ou le sable de Belleville, qui sont des sables marneux très chargés d'oxyde de fer. Les sables employés varient suivant les localités où se fabrique la faïence ; le fabricant a naturellement tout avantage à prendre le sable qui lui est nécessaire, dans un endroit aussi rapproché que possible de sa fabrique. Les sables de Fontenay et de Belleville sont employés dans des fabriques des environs de Paris.

La pâte de la faïence commune peut se composer ainsi :

Argile plastique d'Arcueil	8
Marne argileuse	36
Marne calcaire	28
Sable marneux	28
	100
Argile de Fresne	33.34
Marne de Montreuil	33.34
Terre franche de Chatenay ou de Picpus	16.66
Sable de Fontenay	16.66
	100.00

Nous ne donnons ces proportions que comme exemple de composition ; elles changent suivant les localités et peuvent varier à l'infini. Toutefois, une pâte à faïence doit renfermer la silice, l'alumine et le carbonate de chaux, environ dans les proportions suivantes :

Alumine	35
Silice	58
Carbonate de chaux	7
	100

Lorsqu'on est fixé sur la composition que l'on doit donner à la pâte, on procède au mélange des matières, mais comme les marnes et les argiles que l'on emploie renferment des pierres d'un volume assez considérable, on commence par les séparer aussi complètement que possible par un triage.

Après cette première opération, les matériaux qui doivent former la pâte sont réunis dans une caisse rectangulaire qu'on nomme *gâchoir*, où des ouvriers les mélangent intimement au moyen de longues perches munies de palettes à leur extrémité. Dans cette opération, on n'ajoute aux matériaux que la quantité d'eau nécessaire à leur malaxage. Parfois, dans les fabriques d'une certaine importance, le malaxage ou *patouillage* à bras est remplacé par un malaxage mécanique dans des appareils qu'on nomme *tinnes à malaxer*, *patouillars*, *patouillets*, etc. Ces appareils sont mis en mouvement par un manège à cheval ou par une machine à vapeur et même, quand les circonstances s'y prêtent, par une roue hydraulique. Ils se composent d'une caisse carrée ou circulaire au milieu de laquelle tourne un axe vertical muni de palettes qui brassent continuellement le mélange. La pâte ainsi obtenue est additionnée d'une grande quantité d'eau et transformée en une bouillie très liquide que l'on passe au tamis et que l'on envoie ensuite dans de grandes cuves en maçonnerie où la pâte se dépose. Des ouvertures sont pratiquées dans les parois des cuves et on peut, en les ouvrant, faire écouler l'eau quand le dépôt de la pâte s'est effectué. Dès que l'évaporation a suffisamment raffermi la bouillie liquide contenue dans les fosses, on la relève et on l'applique par grosses poignées contre les murs en plâtre où elle achève de se raffermir. La pâte est alors terminée et on l'emmagasine dans 'des caves où on la conserve pour le travail ; cependant, avant de lui faire subir le façonnage, il faut la soumettre à un marchage ou un battage dans le but de lui donner toute l'homogénéité désirable. L'opération du marchage consiste à étaler la pâte sur une aire convenablement nettoyée où des ouvriers, pieds nus, la foulent dans toutes ses parties ; quant au battage, il consiste à lancer fortement la pâte sur une table et à plusieurs reprises, tout en la pétrissant avec les mains. Cette opération, qui est indispensable, est fort pénible pour les ouvriers qui la pratiquent, et dans les fabriques importantes, on cherche à lui substituer le battage mécanique qui a déjà rendu d'importants services.

Maintenant que nous savons préparer l'élément essentiel de la fabrication, nous allons voir comment on lui donne les formes variées que l'on voit journellement.

Le travail de la pâte s'effectue par tournage et par moulage. Toutes les pièces circulaires sont exécutées au tour ; les pièces de formes plus compliquées s'exécutent dans des moules. Il existe deux sortes de tours, le *tour à ébaucher* et le *tour à tournasser*. Le premier de ces tours qui est le plus ancien peut dans bien des cas suffire

Fig. 8. — *Ouvrier ébauchant une pièce sur le tour.*

à terminer les pièces, aussi, ne décrirons-nous le second qu'en parlant de la porcelaine fine pour laquelle il est principalement employé.

Le tour à ébaucher se compose d'un axe vertical en fer, portant à sa partie supérieure un plateau circulaire en bois qu'on nomme *tête* ou *girelle*. Vers la partie inférieure est fixé un grand disque en bois très pesant que l'ouvrier met en mouvement à l'aide du pied. L'axe du tour repose sur une crapaudine et sa partie supérieure est maintenue en dessous de la tête par un collier muni de coussinets. Cet appareil est entouré d'un bâti carré en bois sur lequel l'ouvrier prend place pour travailler.

Pour ébaucher la pièce, l'ouvrier prend une balle de pâte bien proportionnée à la dimension de la pièce qu'il veut faire, il la met sur la tête du tour, mouille ses mains avec de la barbotine, c'est-à-dire avec de la pâte réduite en bouillie, puis à l'aide du pied, met le tour en mouvement. Il élève, en la prenant entre ses deux mains, la masse de pâte encore informe, l'aplatit ensuite en une espèce de cylindre et perce ce cylindre avec les deux pouces ; il l'élève ensuite de nouveau en pinçant entre le pouce et les autres doigts le commencement de forme qu'il vient de donner à cette masse. Il l'étend ainsi en la tenant humectée au moyen de la barbotine et la rapproche plus ou moins de la forme qu'elle doit avoir. Lorsque l'ouvrier doit fabriquer des objets de formes grossières, l'ébauchage peut donner à la pièce sa forme dernière ; mais quand il s'agit de pièces plus soignées et moins épaisses, il faut avoir recours au tournassage qui consiste à enlever aux pièces la pâte qu'elles ont en trop au moyen d'une lame de fer, et à leur donner ainsi une forme soignée et élégante. La figure 8 représente un ouvrier ébauchant une pièce sur le tour, devant lui se trouve une pièce verticale garnie de deux petites règles horizontales qu'on peut faire avancer plus ou moins. Cet appareil sert à l'ouvrier, pour donner aux pièces ébauchées des dimensions déterminées, il porte le nom de *chandelier de jauge* ou *porte mesure*. Telles sont les opérations fort simples du tournage et du tournassage. Le tournage se fait presque exclusivement avec les mains mouillées, quant au tournassage il ne demande qu'un très petit nombre d'outils, tels que compas, lames de bois et de fer, plaque de corne pour polir ; c'est à peu de chose près tout ce dont l'ouvrier potier a besoin.

Les pièces qui ne peuvent être faites sur le tour sont exécutées par moulage. Cette opération se fait dans des moules en plâtre composés d'une ou de plusieurs parties, suivant la complication de la pièce à fabriquer. On pratique le moulage à la *balle*, à la *croûte*, ou à la *housse*.

Dans le premier cas, on prépare des boules de terre de plusieurs grosseurs et on les pousse à l'aide des mains dans les cavités du moule, on met quelquefois une toile mouillée entre la main et la pâte afin de l'empêcher d'adhérer aux doigts; on se sert aussi dans ce but, d'une éponge humide.

Le moulage à la croûte consiste à faire sur une table une lame de pâte bien égale d'épaisseur. A cet effet, on étend sur un marbre une peau de daim mouillée sur laquelle on place la quantité de pâte nécessaire, puis au moyen d'un rouleau de bois, que l'on fait rouler sur deux règles placées de chaque côté de la peau mouillée, on étend la pâte de manière à en former une plaque d'égale épaisseur. C'est cette plaque de pâte qu'on nomme *croûte* et qu'on applique sur le moule en la pressant avec une éponge.

Le moulage à la housse est la combinaison de l'ébauchage par le tour et du moulage. Il consiste en deux opérations exécutées l'une et l'autre par le tourneur. Dans la première le tourneur ébauche la pièce comme s'il devait la faire sur le tour, et il tâche d'atteindre, le plus possible, la forme extérieure et en partie l'épaisseur de la pièce. Cette opération faite, il prend l'objet qu'il vient de fabriquer et qu'on appelle la *housse*, puis le plaçant dans le moule il le force à en prendre la forme en l'appliquant contre les parois au moyen d'une éponge.

Pour les objets de petites dimensions et demandant peu de main-d'œuvre en raison de leur bas prix, on emploie le moulage à la presse. La presse employée se rapproche beaucoup par sa disposition de celles dont on se sert pour estamper les métaux. Quant aux moules, ils doivent être très résistants et sont généralement en bronze.

Les pièces fabriquées au moyen des procédés que nous venons d'examiner rapidement, sont placées dans des séchoirs qui reçoivent la chaleur perdue des fours et quand elles sont suffisamment desséchées, on procède à leur cuisson.

Les fours les plus employés sont cylindriques et à deux étages (fig. 9), la partie inférieure s'appelle *laboratoire*, on nomme *globe* la partie supérieure. Le combustible se place dans des foyers ou allandiers dont le nombre est variable et qui sont situés à la partie inférieure du four. On emploie comme combustible le bois ou la houille suivant les fabriques. Les pièces, avant d'être introduites dans le four, doivent être placées dans des étuis ou cazettes destinés à les protéger contre l'action directe de la flamme. Les cazettes doivent être faites avec une pâte grossière afin de pouvoir résister, sans se briser, à l'action directe et inégale du feu. Elles doivent être plus infusibles et plus solides que les pièces qu'elles sont destinées à protéger. Les pièces crues sont placées dans le haut du four, le bas est réservé à la cuisson des pièces émaillées. L'émail dont on recouvre la faïence commune est composé de la manière suivante : on commence par préparer un alliage de plomb et d'étain renfermant 12 à 15 0/0 d'étain puis on le chauffe jusqu'à oxydation complète. Le mélange d'oxyde de plomb et d'oxyde d'étain ainsi obtenu porte le nom de *calcine*. Les autres éléments qui entrent dans la composition de l'émail sont le minium, le sable de Decise, près Nevers, le sel marin, la soude d'Alicante. Voici un exemple de composition d'émail :

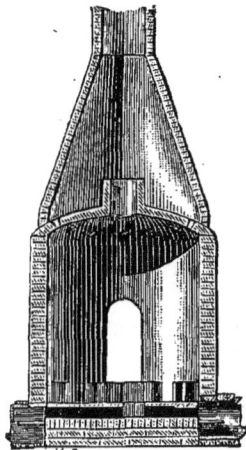

Fig. 9.

Calcine	44
Minium	2
Sable de Decise	44
Sel marin	8
Soude d'alicante	2
	100

La nature et les proportions de ces éléments peuvent varier légèrement, mais toutes les compositions d'émail stannifère se rapprochent plus ou moins de ce type. Les matières destinées à former l'émail sont mélangées à la pelle et fondues dans le four même où se cuisent les pièces. L'émail, après avoir subi la fusion, est réduit en poudre impalpable à l'aide de meules, puis délayé dans l'eau de manière à former une bouillie claire. Pour émailler les pièces, un ouvrier les plonge dans le bain d'émail et les retire aussitôt. Le biscuit qui est poreux absorbe l'eau, et l'émail reste pulvérulent à la surface des pièces. Si l'on veut faire des objets de diverses couleurs, on opère de la même façon en employant les compositions suivantes pour former l'émail :

Email jaune.

Email blanc.	91
Jaune de Naples	9

Email bleu.

Email blanc	95
Oxyde de cobalt à l'état d'azur	5

Email vert pur.

Email blanc.	95
Battitures de cuivre	5

Email vert pistache.

Email blanc.	94
Battitures de cuivre.	4
Jaune de Naples	2

'Email violet.

Email blanc.	96
Bioxyde de manganèse.	4

Après l'émail, les pièces sont placées dans les cazettes recouvertes intérieurement d'une couche mince d'émail et portées dans la partie inférieure du four. Le feu dure de 10 à 12 heures et le défournement se fait au bout de 24 à 36 heures.

Les pièces de faïence reçoivent souvent une décoration exécutée au pinceau, on peut appliquer cette décoration sur les pièces terminées en leur faisant subir un troisième feu dans des moufles de petites dimensions, mais le plus souvent la décoration s'applique sur émail cru. Les couleurs que l'on emploie sont peu nombreuses mais elles suffisent cependant à produire des effets assez remarquables quand on en fait une application judicieuse.

Les bleus sont produits par l'oxyde de cobalt, le violet par l'oxyde de manganèse, le vert par l'oxyde de chrome, le jauné par différents composés d'antimoine, le rouge par l'oxyde de fer. Ces différents composés sont associés à une certaine quantité de fondant formé de sable et de minium fondus ensemble et après un broyage parfait, le mélange est délayé dans une quantité d'eau suffisante et employé au pinceau. Ce genre de peinture présente d'assez grandes difficultés et demande une grande habitude pour être mené à bonne fin. L'émail sur lequel on peint est pulvérulent et absorbe l'eau avec une grande rapidité ; chaque coup de pinceau doit donc être donné avec une grande sûreté de main, car la couleur pénétrant dans l'épaisseur de la couche d'émail, ne peut pas être enlevée dans le cas où elle n'est pas déposée à l'endroit exact qu'elle doit occuper. Les pièces décorées sur émail cru se cuisent comme les pièces blanches et sans autres précautions. Ce mode de décoration a l'avantage de donner après cuisson, des ornements ou des peintures dont la durée est égale à celle de l'émail qui recouvre la faïence.

A côté de la fabrication des objets usuels et des objets destinés à la décoration, vient se placer la fabrication des plaques et des carreaux émaillés pour poêles et cheminées. On emploie pour la confection de cette faïence, deux sortes de pâtes, l'une grossière, pour la surface intérieure, l'autre

plus soignée pour la surface extérieure. La pâte employée pour la surface intérieure des carreaux ou des panneaux est composée comme il suit :

Argile plastique de Gentilly.	540 mesures.
Ciment (débris de carreaux et de cazettes)	225
Sable de Belleville.	120

L'autre pâte, pour la surface extérieure, est préparée avec :

Argile plastique de Gentilly.	540 mesures.
Sable de Belleville.	278

Il n'y a point de ciment, le sable le remplace. Cette seconde pâte est étendue en couche mince sur la première de manière à en masquer les inégalités. M. Pichenot employait autrefois une pâte composée ainsi ;

Argile plastique de Vaugirard ou de Gentilly.	25
Marne argileuse de Ménilmontant ou craie de Meudon.	25
Sable.	13
Ciment composé de débris de cazettes ou de biscuit de faïence	37
	100

Cette pâte, qui est à peu près identique à celle dont on se sert actuellement, a l'avantage d'adhérer fortement à l'émail et de ne pas produire de gerçures. Le moulage de panneaux et des carreaux se fait à la *croûte* comme pour la faïence ordinaire. On commence par appliquer sur le moule qui est en plâtre une croûte de pâte fine et quand elle a pénétré dans toutes les cavités du moule sous l'effort de la pression qu'on exerce sur elle, on la recouvre d'une couche de terre grossière que l'on égalise au moyen d'un fil de laiton ou d'une râcle en fer. Les rebords du moule sont garnis d'une lame de zinc afin de les soustraire à l'usure que produirait la râcle.

L'émail employé est le même que pour la faïence de table. On l'applique par aspersion ou par arrosage sur les pièces cuites en biscuit. La cuisson s'effectue dans les mêmes fours et par les mêmes procédés que pour la faïence ordinaire.

Faïence fine. Cette poterie est caractérisée par une pâte blanche opaque, dure et sonore, recouverte d'un vernis plombeux transparent. La faïence que fabriquait Palissy rentrait dans cette catégorie mais, outre le vernis plombeux transparent, Palissy déposait par places sur ses poteries un émail stannifère auquel il communiquait des colorations diverses. On fabrique encore aujourd'hui des faïences imitant celles de Palissy mais on ne les recouvre plus d'émail stannifère. Leur pâte est blanche et le vernis qui les recouvre est incolore et transparent. Les différentes couleurs que l'on remarque sur les imitations de faïence Palissy sont déposées sur le biscuit avant qu'il reçoive le vernis et le tout est passé au feu. Ces pièces sont moulées à la croûte et on y colle ensuite au moyen de barbotine les objets en relief qui les décorent et qui sont moulés à part.

La pâte employée à cette fabrication se rapproche beaucoup des faïences dites *terre de pipe*, elle est très poreuse et son vernis très tendre, mais cela n'a pas d'inconvénients car les pièces de ce genre ne sont pas destinées aux usages domestiques et servent simplement à la décoration.

On fabrique aussi beaucoup de *pièces Palissy* dans les fabriques de faïences fines dures dont nous allons nous occuper.

On distingue environ trois sortes de faïences fines, ce sont :

1° La *faïence fine marnée* ou *terre de pipe*, qui est la plus ancienne et qui s'est faite principalement dans le nord-est de la France. Sa pâte est composée d'argile et de silice avec une addition variable de craie ou de fritte alcaline, ce qui rend la pâte plus ou moins fusible à haute température.

2° La *faïence fine cailloutée*, dite *cailloutage*, qui est essentiellement formée d'argile plastique et de silex ou de quartz. Elle est très réfractaire et n'admet de silice que ce qui est nécessaire pour *amaigrir* ou blanchir la pâte.

3° La *faïence fine dure feldspathique*, que l'on a nommée improprement *demi-porcelaine* ou *porcelaine opaque*. Son biscuit est très dur, ainsi que son vernis ; il entre du kaolin dans la composition de sa pâte, et du borax ou de l'acide borique dans celle de son vernis.

Les matières premières employées sont, en France, les argiles plastiques de différentes provenances devenant blanches par la cuisson, le kaolin, le feldspath, le silex calciné, le borax et l'oxyde de plomb. Ces deux derniers éléments n'entrent que dans la composition des vernis. En

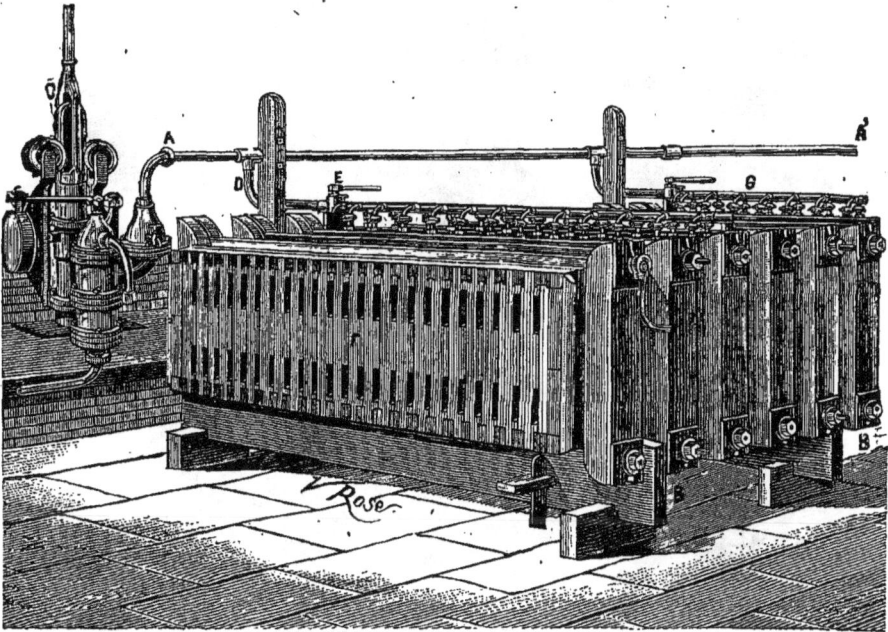

Fig. 10. — *Presse pour le raffermissement des pâtes.*

Angleterre on emploie le kaolin du Cornwall et la pegmatite de la même provenance, les silex roulés des côtes méridionales de l'Angleterre et les silex extraits de la craie, les argiles plastiques du Devonshire et du Dorsetshire, le feldspath laminaire d'Espagne, d'Amérique, d'Écosse et principalement de Norwège.

Pour la préparation des vernis, on a recours aux éléments suivants : borax ou acide borique de Toscane et de l'Inde, sel de soude ou de potasse, carbonate de plomb ou minium, craie, sable ou silex broyé, pegmatite ou feldspath.

Pour préparer la pâte de faïence fine on commence par délayer les argiles et le kaolin au moyen de patouillards mus par des machines à vapeur. Ces matières sont amenées à l'état de barbotines très liquides puis passées dans des tamis à mailles serrées. Les barbotines sont ensuite dirigées dans des fosses où on les puise selon les besoins de la fabrication. Le feldspath et la pegmatite sont broyés sous des meules ou dans des moulins à blocs et doivent être amenés à une finesse très grande. Le silex est trop dur pour être broyé directement et doit être *étonné*, opération qui consiste à le chauffer au rouge dans des fours spéciaux et à le projeter dans l'eau. De cette manière, il se brise en une infinité de fragments et peut être réduit en poudre fine par les moulins.

Le feldspath, la pegmatite et le silex sont, comme les argiles, transformés en barbotine après le broyage et recueillis dans des fosses. On détermine la densité des différentes barbotines ou l'on dose la quantité de matières sèches qu'elles renferment, puis on les mélange dans les proportions voulues pour donner à la pâte la composition qu'on lui a assignée. On tamise souvent la pâte aussitôt après le mélange des barbotines dans le but de lui donner une homogénéité parfaite, puis on procède à son raffermisseméht. On a longtemps raffermi les pâtes dans de grandes cuves plates, en carreaux de terre cuite, chauffées par dessous. Le volume de la pâte amenée au degré de dessiccation voulu avait diminué de moitié environ.

Dans l'établissement de Montereau, les bassins étaient en plein air et n'étaient pas chauffés. Lorsque la barbotine était parvenue à une certaine consistance on la plaçait dans des sacs de toile que l'on empilait ensuite les uns sur les autres en les séparant par des claies, puis le tout était soumis à l'action d'une presse pendant douze heures environ. On se sert généralement aujourd'hui pour le raffermissement des pâtes, d'une presse spéciale dont l'invention est due à MM. Nedham et Kite, de Londres. Cet appareil, dont nous donnons le dessin figure 10, se compose d'une série de compartiments distincts formés par des planches de sapin F de 2 mètres à 2m,50 de longueur sur 0m,64 de largeur et 0m,08 d'épaisseur. Ces planches portent à leur pourtour une espèce de châssis en chêne de 0m,07 de largeur et de 0m,01

Fig. 11. — Le tournasseur.

à 0m,02 d'épaisseur. A la partie centrale laissée à découvert par ce châssis, se trouvent des rainures parallèles de 1 centimètre environ de côté creusées dans l'épaisseur même de la planche. En bas des châssis sont pratiquées des ouvertures pour donner passage à l'eau qui s'écoule des pâtes. Entre les châssis sont placées des toiles pliées en deux et dont les bords sont fermés par un double pli tenant lieu de couture. A la partie supérieure de chacun des sacs ainsi formés vient s'adapter un tube que l'on relie par les tuyaux G D et du robinet E au grand conduit horizontal A A' qui amène la barbotine. Tous les châssis sont reliés entre eux par de forts tirants en fer boulonnés à leurs extrémités. Après avoir monté la presse, on y envoie la barbotine par la pompe C et quand le raffermissement est suffisant, on la démonte pour en retirer la pâte. Avec deux jeux de châssis, comprenant 48 compartiments, on peut arriver à une production de 7,000 kilogrammes de pâte en douze heures, quantité suffisante pour une fabrique de moyenne importance.

Les pâtes ainsi raffermies sont ensuite pétries et battues par des machines spéciales et livrées au travail.

Voici quelques compositions de pâtes de faïences fines.

Faïence fine marnée (terre de pipe.)

Pâte. Argile plastique		85.4
Silex broyé		13.0
Chaux		1.6
		100.0

Glaçure. Sable quartzeux......... 36
          Minium............... 45
          Carbonate de soude......... 17
          Nitre................ 2
          Bleu de cobalt, un millième.

Cailloutage.

Pâte. Argile plastique de Montereau.... 68
     Silex broyé.............. 32
                       100

Glaçure. Feldspath altéré......... 15
       Silex............... 33
       Céruse.............. 48
       Cristal.............. 4
                       100

Faïence fine dure.

Pâte. Argile plastique........... 30
     Silex................ 25
     Pegmatite ou feldspath........ 5
     Kaolin.............. 30
Fritte. Borax............. 30
     Kaolin............... 5
     Carbonate de chaux........ 20
     Feldspath............. 30
     Silex................ 15
Glaçure. Fritte.............. 50
     Feldspath............. 25
     Céruse.............. 25

Tels sont les types dans lesquels rentrent les faïences fines ; les compositions employées varient à l'infini, et chaque fabricant a, pour préparer ses pâtes et ses glaçures, des compositions qui lui sont propres.

Les faïences fines, que l'on fabrique actuellement rentrent presque toutes dans la dernière catégorie que nous avons citée : elles sont travaillées, comme la faïence commune, par tournage et par moulage. Les pièces tournées sont presque toujours tournassées. Ce travail s'effectue sur un tour spécial, horizontal ; les pièces sont fixées sur ce tour au moyen d'un noyau en bois qui s'emboîte exactement dans leur ouverture ; l'ouvrier tournasseur, après les avoir centrées, les travaille à la manière d'un tourneur sur bois, comme on le voit dans la figure 11.

Il serait trop long de décrire ici tous les moyens employés pour le façonnage des pièces de faïence fine ; la description des procédés mécaniques en usage n'en donnerait du reste qu'une idée très incomplète, et nous allons

Fig. 12. — *Estèque.*

terminer cet aperçu de la fabrication pour examiner les moyens en usage dans la décoration de ces poteries. Nous citerons seulement comme outil principal du moulage mécanique, l'*estèque* (fig. 12), dont la forme varie suivant l'objet qu'il s'agit d'obtenir, et dont la seule action suffit pour donner aux pièces leurs contours définitifs.

Les pièces tournées ou moulées sont desséchées avec lenteur et encastées, puis on les soumet à une forte température dans un four à peu près semblable à celui qui est représenté figure 9. Les pièces cuites en biscuit sont ensuite émaillées par immersion et soumises à un second feu moins intense que le premier.

La préparation de l'émail se fait dans un four spécial. Aucune poterie ne se prête mieux à la décoration que la faïence fine, aussi voit-on les objets du plus bas prix ornés de différentes couleurs dont la disposition est quelquefois assez agréable. On emploie pour décorer les faïences fines, les engobes, les vernis colorés, les impressions sur biscuit et sur vernis, les peintures sur couverte et sous couverte, les métaux (or et platine), enfin les lustres métalliques.

Les engobes ne sont autre chose que de la pâte qu'on a colorée à l'aide de différents oxydes. Les pâtes colorées sont étendues à la surface des pièces, soit uniformément, soit par places, de manière à figurer des dessins plus ou moins artistiques — V. ENGOBAGE.

Les engobes sont aussi employés pour faire des imitations de marbres. Pour cela les barbotines colorées sont introduites dans une espèce de théière à plusieurs compartiments n'ayant pas de communications entre eux ; chaque compartiment est muni d'un conduit spécial qui vient s'ouvrir à l'extrémité du bec de la théière. Si l'on vient à verser sur une surface quelconque les barbotines contenues dans un semblable vase, on obtient des marbrures d'un très bel effet.

Les vernis colorés dans la masse produisent, quand ils sont appliqués sur des objets gravés en creux, des effets assez recherchés. Pour obtenir ce genre de décoration, on prépare par moulage des pièces portant en creux différents dessins, les parties les plus profondes doivent figurer les ombres. Si l'on recouvre une semblable pièce d'un vernis transparent, les parties saillantes ressortiront en clair tandis que les parties profondes qui seront remplies par une couche épaisse de vernis, donneront des teintes foncées.

Le genre de décoration le plus répandu et le plus usité est l'*impression sous couverte.* Voici comment on le pratique : On commence par préparer une huile d'impression ayant une des compositions suivantes :

Huile de lin............... 10
Huile de navets............ 1
Huile de goudron........... 1

Huile de lin............... 200
Colophane............... 10
Litharge................ 2
Acétate de plomb........... 1
Gomme copal............. 1

Ces matières étant intimement mélangées et cuites au degré voulu, on y incorpore la couleur que l'on veut imprimer. L'impression se fait au moyen de planches en métal gravées en creux ; les procédés de tirage sont les mêmes que pour la gravure ordinaire, mais il faut tirer les épreuves sur un papier spécial qui se fabrique en Angleterre. Ce papier est mince, translucide et aluné, il peut supporter l'action de l'eau sans se déchirer.

Le procédé de *litho-chromo-céramique* diffère du précédent en plusieurs points. Nous l'avons vu appliquer à Auteuil dans la belle fabrique d'Haviland, et nous allons en exposer les principales opérations. Sur une pierre lithographique (fig. 13), préalablement graissée et poncée, un dessinateur trace le dessin à reproduire, lequel dessin est destiné à la décoration, soit d'un service de table, soit d'une pièce quelconque; à l'aide du pinceau et d'une encre spéciale, il obtient des effets de peinture véritable. Chaque couleur de la décoration nécessite une pierre différente. Lorsque toutes les pierres qui doivent composer un sujet sont terminées, on procède à l'impression.

Fig. 13. — *Décoration d'un service sur pierre lithographique.*

posée sur une tablette de zinc, et, à l'aide d'un blaireau, un ouvrier passe sur le vernis des poudres vitrifiables qui y adhèrent. Cette feuille subit l'impression et le poudrage autant de fois qu'il y a de pierres préparées pour la composition d'un motif. Généralement la feuille, après ces impressions successives, possède la décoration de tout un service de table, ainsi qu'elle est représentée par la pierre lithographique (fig. 13).

Nous arrivons à la décalcomanie proprement dite : l'ouvrière découpe dans la feuille chacun des sujets de la composition générale, en suivant un contour déterminé, ainsi que le fait voir la figure 14, et l'applique sur l'assiette ou autre objet qu'elle a verni tout d'abord; puis elle facilite l'adhérence absolue au moyen d'une roulette en cuivre entourée d'étoffe avec laquelle elle passe en tous

Le papier blanc qui, dans la taille-douce dont il est parlé plus haut, se fait en Angleterre, est rejeté dans la chromo-céramique; on se sert de papier français, encollé et laminé par des ouvriers de la faïencerie : la pierre a subi une préparation acidulée qui fixe l'encre en lui donnant un léger relief, et sur laquelle on passe le vernis au moyen d'un rouleau de bois recouvert de cuir. L'imprimeur applique alors la feuille sur sa pierre munie de repères d'une exactitude mathématique afin que chaque couleur prenne bien la place qui lui revient dans le sujet décoratif, et il imprime au moyen du moulinet, ainsi que cela se pratique dans l'imprimerie typographique. La feuille imprimée est

Fig. 14. — *Dessin décalqué.*

Fig. 15. — *Assiette terminée.*

sens sur le papier qu'elle tamponne ensuite avec une éponge humide. L'objet est immergé dans une cuve d'eau à 10 ou 15° selon la saison, lavé soigneusement après avoir enlevé la feuille de papier d'impression, séché, puis confié au fileur décorateur qui fait les filets d'or ou de couleur.

Les pièces ainsi finies sont portées à la cuisson dans un moufle spécial dont la température s'élève de 260 à 290° du pyromètre ou de 920 à 1000° centigrades; les couleurs passent de l'opacité à la translucidité, et le lendemain elles sortent du moufle avec une glaçure parfaite et un décor inaltérable (fig. 15). Cette fabrication que le directeur de la fabrique Haviland, M. Jochum, a eu la gracieuseté de nous montrer dans tous ses détails, témoigne des progrès considérables réalisés dans cet art industriel si intéressant au triple point de vue de la chimie, de l'art et de l'industrie.

Les couleurs employées à la décoration des faïences sont d'autant moins nombreuses qu'elles doivent supporter un feu plus fort. Les couleurs de moufles sont assez variées, mais les couleurs de grand feu se réduisent à un petit nombre. Nous renvoyons le lecteur au *Traité des arts céramiques* de Brongniart, où se trouvent de longs et intéressants détails sur la préparation des couleurs.

L'or est très employé dans la décoration céramique. Pour avoir une dorure solide, on précipite l'or de sa dissolution dans l'eau régale, au moyen du sulfate de protoxyde de fer ou du nitrate de protoxyde de mercure ; l'or précipité est recueilli sur un filtre et lavé à l'eau, on le mélange pour l'usage avec 6 ou 7 0/0 de sous-nitrate de bismuth qui sert de fondant. L'or précipité par le nitrate de mercure foisonne beaucoup plus sous le pinceau que l'or précipité au sulfate de fer. L'or appliqué de cette manière a besoin d'être bruni après la cuisson.

On peut obtenir du premier jet une dorure brillante, mais cette dernière est moins résistante et moins durable que les autres.

Voici les procédés suivis par MM. Dutertre frères dont les brevets sont aujourd'hui dans le domaine public. On fait chauffer légèrement dans une capsule : or pur 32 grammes, acide azotique 128 grammes, acide chlorhydrique 128 grammes.

Lorsque les métaux sont dissous on ajoute : étain métallique 0ᵍ,12, beurre d'antimoine 0ᵍ,12.

Après dissolution complète on verse : eau 500 grammes.

D'autre part on met dans un second vase : soufre 16 grammes, térébenthine de Venise 16 grammes, essence de térébenthine 80 grammes.

On fait chauffer jusqu'à ce que tout soit intimement combiné, après quoi on ajoute 50 grammes d'essence de lavande.

Après cela on verse la dissolution d'or sur la seconde partie, on fait chauffer, puis on agite jusqu'à ce que l'or soit passé dans les huiles, on lave avec de l'eau chaude et lorsque les dernières traces d'humidité ont disparu, on ajoute 65 grammes d'essence de lavande, 100 grammes d'essence de térébenthine et l'on chauffe jusqu'à complet mélange. On ajoute enfin, 5 grammes de sous-nitrate de bismuth et la préparation peut être employée. Cette dorure s'applique au pinceau et n'a pas besoin de brunissage.

En remplaçant l'or par le platine on obtient un enduit de platine brillant. On a préparé par des procédés analogues à celui que nous venons de décrire, une assez grande quantité de lustres métalliques pour la décoration des faïences, mais ces différentes préparations n'ont qu'un usage assez restreint; comme d'autre part, la préparation en est difficile et la réussite douteuse, nous ne parlerons pas des nombreuses recettes que l'on a proposées. — E. G.

Tels sont, sommairement décrits, les différents procédés au moyen desquels on fabrique actuellement les faïences; cette fabrication qui se pratique depuis longtemps est arrivée à un très grand degré de perfection, les objets en faïence fine sont d'un prix modéré qui les met à la portée de tous et d'une qualité suffisante pour résister à un usage prolongé. Outre les pièces destinées aux usages domestiques, on fabrique en France des faïences décoratives qui sont de véritables pièces artistiques et qui sont appréciées dans le monde entier.

Faïences d'art modernes. Nous avons cherché, dans notre *historique*, à exposer les manifestations des fabriques de faïence qui se sont produites depuis que l'émail stannifère a fait son apparition en Europe jusqu'à la fin du siècle dernier; ces fabriques cessèrent presque toutes au commencement de ce siècle. Nous allons maintenant mettre en parallèle les fabriques de faïences d'art modernes dont la création remonte à une trentaine d'années.

La découverte du kaolin, cette matière si riche et si précieuse, qui permettait de fabriquer cette porcelaine recherchée depuis si longtemps, eût dans le domaine des faïences une influence telle que celles-ci furent, pendant une longue période, abandonnées à peu près complètement.

Ces belles faïences dont la fabrication avait été une des richesses de la France, furent remplacées par la porcelaine et par les faïences fines appelées *terres de pipes*, plus légères et plus solides que les faïences stannifères, mais aussi plus froides d'aspect. Depuis on a classé, au point de vue technologique, les faïences stannifères (nous ne savons pourquoi), dans la classe des *faïences communes*.

Il était réservé à notre époque de faire revivre tous les anciens procédés, et par de nouveaux, permettre à la faïence de supplanter la porcelaine qui n'avait fait aucun progrès au point de vue décoratif.

Aujourd'hui, l'industrie de la faïence française apparaît sous un tout autre aspect que la porcelaine; elle représente une des faces les plus brillantes de l'art industriel français, et elle a conquis un très grand domaine sur lequel elle est complètement chez elle, libre et indépendante.

L'imitation de l'ancienne faïence d'art, parfaitement connue en France, et qui a servi de point de départ au développement de la fabrication actuelle, a presqu'entièrement disparu, bien qu'on trouve encore des copies des produits de Nevers, Rouen et Moustiers, et particulièrement de Bernard Palissy.

Une influence considérable a été exercée par l'Orient : on a directement imité les décorations persanes et mauresques, mais ce qu'il faut faire ressortir, c'est que cette imitation a été faite sur une fabrication moderne en rapport avec la fabrication persane, c'est-à-dire, avec une matière siliceuse et alcaline, ce qui, en même temps, a permis de réaliser tous les progrès de la céramique.

On s'est également servi des documents chinois et japonais, comme éléments de décoration, sans pour cela vouloir les imiter servilement. On s'appuie maintenant sur l'expérience personnelle, sur les faits acquis, et l'on s'est rendu maître des principes de décoration et de la science de la coloration.

Les artistes français étant aujourd'hui pénétrés des traditions des anciens maîtres, donnent à la céramique, en y joignant leur propre savoir-faire, une autre vie et une expression qu'elle n'a eue dans aucun temps.

Fig. 16.

Ils ont acquis la certitude que quelque perfectionnée qu'ait été la fabrication de la faïence stannifère, elle est impropre à un plus grand développement et qu'une voie nouvelle s'imposait à leurs recherches. Cependant, plusieurs artistes et manufacturiers persistent dans l'ancien mode de fabrication, ainsi de forts beaux paysages sont encore, à Paris, exécutés sur émail cru; à Blois, des céramistes emploient l'émail stannifère (mais un peu à la manière des Italiens d'Urbino), aussi leurs faïences sont-elles fort agréables; à Nevers, à Dèvres, à Quimper et à Langeais qui a un fort bel émail, à Bellevue près Toul, qui obtient un rouge haricot, non pas en oxydule de cuivre mais en une espèce de chromate d'étain, dans tous ces ateliers, la faïence stannifère donne des produits justement réputés.

Dans ces fabriques on imite encore principalement le vieux Rouen et Nevers. Nancy et la manufacture de Saint-Clément continuent à faire de la faïence de Lorraine dont l'établissement remonte à 1758.

M. Gallé, de Nancy, s'est créé une place à part dans un genre qui s'écarte de la production industrielle proprement dite; l'unité de conception est la qualité maîtresse de sa faïence plus spécialement destinée aux collections; on sent chez l'artiste une préoccupation d'amuser l'esprit par des légendes expliquant le décor, par des motifs dont l'ornementation rappelle la destination de l'objet, au moyen d'association d'idées ingénieuses. Dans cette faïence de Nancy, on remarque un parti pris de trouver, quand même, par la combinaison d'éléments empruntés à la nature et peu utilisés jusqu'ici, des issues nouvelles, en dehors des styles pratiqués antérieurement. De semblables recherches contribuent au succès croissant de notre céramique artistique; le groupe que nous donnons figure 16 montre, à défaut de la richesse du décor, une élégance et une pureté de formes tout à fait remarquables.

La spécialité de la faïence de Palissy n'a pas pris de bien grands développements, quoique cette fabrication éminemment française eût pu s'étendre sur un champ beaucoup plus vaste, mais les continuateurs de ce genre sont restés dans des limites assez étroites tracées par maître Bernard.

La faïence d'Oiron n'a pas eu de continuateurs sérieux. Cependant on a exécuté depuis une trentaine d'années des poêles dans ce genre de fabrication. On fabrique également des poêles en émaux polychromes en brun et en vert de Nuremberg, ce qui constitue un progrès à l'actif de la céramique.

Fig. 17.

Depuis longtemps déjà, on fabrique une faïence qui n'a pas encore reçu de dénomination propre, elle se distingue par des ornements sur émail stannifère en relief, et le contour noir en contrebas, à fleur du corps de la pièce. On a appelé ce genre *émaux cloisonnés*, mais c'est là une fausse dénomination, car aucune cloison ne retient l'émail.

La décoration de ces pièces est faite principalement dans le style oriental, ce qui donne une note très gaie à l'ensemble. Cette coloration dont la gamme est extrêmement variée se donne à un petit feu de moufle après que l'émail est cuit.

Cette faïence est bonne lorsque le corps de pâte est préparé pour l'émail stannifère, mais elle devient défectueuse lorsqu'elle est faite avec de la terre de pipe, matière sèche et aride.

Nous arrivons maintenant à une sorte de poterie à laquelle on a donné le nom de *barbotine* et que l'on a classé à tort dans les faïences.

Le procédé consiste à décorer ces poteries non cuites, par des terres colorées avec des oxydes métalliques et des émaux. On cuit à une très faible cuisson qui ne permet pas au corps de pâte de prendre une consistance convenable et de se combiner avec son élément décoratif, on émaille ensuite avec un vernis plombeux, très tendre que l'on cuit, et l'on a ainsi une mauvaise poterie défectueuse et perméable à l'eau. Souvent cette poterie est mal décorée et surchargée de fleurs en relief, sans goût, et presque toujours en disproportion avec le vase; ce qui

Fig. 18.

n'a pas empêché le public d'accueillir avec une faveur marquée ces barbotines colorées que les artistes considèrent, à juste titre, comme la négation de l'art. Quelques-uns d'entre eux se sont dégagés de cette production excessive et font de louables efforts pour combattre les tendances fâcheuses des fabricants inconscients; ils se préoccupent de la forme qu'ils rendent élégante, et les tons harmonieux du décor sont rehaussés de fines sculptures, ainsi qu'en témoigne ce vase d'Haviland, sculpté par Aubé (fig. 17).

Un problème s'est posé pour les céramistes qui, ayant des vues plus hautes, plus étendues, ont entrevu une céramique universelle non limitée par des entraves techniques, et mise à la portée de tous les artistes désireux de développer leur sentiment artistique dans un art nouveau.

Cette faïence n'a pas eu de précédent en Occident, car les colorations turquoise, céladon, bleu azur, violet intense, vert, jaune, etc., sont de création récente et se distinguent par une pureté de tons et une transparence à laquelle on n'était pas habitué.

Il n'y eût que l'Orient qui les produisit et qui nous en a laissé des exemples.

A côté de vases décorés avec une magnificence et une beauté de style irréprochables, viennent se manifester les tendances artistiques, sous toutes les formes : sur des plats et des médaillons, on a peint des têtes d'une beauté et d'un charme tout à fait surprenants, des panneaux avec des figures colossales, et des paysages d'une dimension telle que les arbres étaient peints de grandeur naturelle. Si l'on joint à cela des fonds d'or niellés et cuits sous l'émail avec la peinture, on a l'ensemble des découvertes qui marquent un progrès considérable dans cette branche de nos arts décoratifs.

C'est ainsi que Th. Deck, dont le nom se perpétuera, par sa patiente étude des formes et de la décoration, par sa persévérance et son énergie, est arrivé à doter la céramique moderne d'œuvres d'art qui, par leur éclat et l'intensité de leur coloration, rivalisent avec les plus belles faïences des époques mémorables. Nous donnons quelques figures des œuvres de ce maître. Ce panneau (fig. 18) est bleu turquoise avec ornements Renaissance en camaïeu gris; il appartient à M. Henri Bouilhet. Le plat (fig. 19) est une composition du peintre R. Collin, et le vase (fig. 20) est bleu turquoise avec décor rouge.

L'histoire entière de la céramique n'offre pas d'exemple analogue et ne peut rien opposer d'équivalent. Toutes ces peintures sont exécutées simplement, à la façon de l'aquarelle, avec un petit nombre de tons locaux, sans prétention et sans recherche exagérées.

En dehors de ces peintures purement artistiques, nous devons mentionner la peinture des ornements et des fleurs sur des vases, des médaillons, des plats; des reproductions dans le style persan et des fleurs japonaises interprétées par nos artistes français. Tout cela constitue un ensemble qu'il était impossible de reproduire avec les ressources des fabrications anciennes.

Nous avons encore à parler d'un procédé nouveau, d'une puissance de tons remarquable. C'est le procédé des émaux cloisonnés.

Les cloisons sont appliquées en relief avec le pinceau, soit en noir, soit en jaune ou de toute autre couleur, suivant la coloration du fond, avec une matière céramique. Ces cloisons qui forment des motifs, ornements, fleurs, etc., sont remplies avec des émaux transparents d'une puissance et d'une transparence que la peinture ne peut pro-

Fig. 19.

duire. C'est là une nouvelle fabrication qui offre des ressources variées et multiples et au moyen de laquelle on peut obtenir tous les styles.

Elle présente cependant quelques difficultés. La pâte, par la grande quantité de silice et d'autres matières qu'elle contient, est rendue courte et difficile à travailler, mais elle offre ainsi une pâte analogue à celle des faïences de Perse que l'on recouvre en outre d'un engobe.

D'après des analyses faites par le chimiste Lindhorst's, de Nüremberg, la *pâte persane* contient : acide silicique 90; alumine 3; alcalis 6,5.

Engobe : acide silicique 90; alumine 1; alcalis 8; ox. de plomb 0,5.

Couverte : acide silicique 60; ox. de plomb 25; alcalis 15. La cuisson de la pâte est cuite à peu près à 1,200°, la couverte entre 1,000 et 1,100°.

L'on n'est pas tenu strictement à ces composi-tions; ainsi pour les pâtes on peut augmenter un peu la terre blanche, de même que les alcalis qui sont introduits à l'état de fritte, et y joindre un peu de carbonate de chaux; on a par ce moyen une pâte plus solide et plus résistante.

Pour l'engobe on peut également augmenter la fritte. La composition de la couverte se trouve dans de bonnes conditions et on peut s'en servir à peu près telle qu'elle.

On comprendra l'importance d'une pareille composition, car l'adjonction à la pâte d'une fritte alcaline qui lui donne du corps, empêche les craquelures, et lui communique une qualité favorable aux couleurs, surtout par la couverte de son engobe alcalin.

La peinture se fait sur cet engobe cuit, recouverte par l'émail qui n'est plus entièrement *plombifère*, et celui-ci complète par ses propriétés alcalines la beauté des colorations qu'elle re-couvre.

Tels sont les progrès réalisés à notre époque ;

Fig. 20.

si les faïences anciennes ont acquis une juste célébrité, il est bon de reconnaître que la céramique moderne s'efforce de la mériter à son tour.

FAÏENCIER. *T. de mét.* Celui qui fait de la faïence, mais plus spécialement la faïence d'usage courant ; celui qui fait de la faïence d'art prend de préférence le nom de *céramiste.*

*FAILLE. Tissu formé par une chaîne toujours en soie et une trame généralement en soie ou quelquefois en coton glacé ; il est employé pour robes et costumes de dames, cravates d'hommes, et beaucoup dans la fabrication des rubans. L'armure est celle des taffetas et des toiles, la trame passant alternativement sous les fils de rang pair, puis sous ceux de rang impair, mais cette trame étant assez grosse reste rigide dans le tissu, et soulève les fils, en déterminant des côtés rectilignes, allant transversalement d'un bord à l'autre du tissu. Les fils de la chaîne sont fins et très serrés, de manière à bien recouvrir et cacher la trame.

*FAILLES. T. d'expl. de min. On donne le nom de *failles* à des cassures de l'écorce terrestre, qui n'ont pas, comme les filons, été remplies de matières utiles. Les failles se prolongent en ligne droite sur des longueurs parfois considérables. La faille Saint-Gilles, près de Liège, est connue sur vingt kilomètres. Les failles sont souvent accompagnées de cassures parallèles, et de cassures perpendiculaires, dues à ce que les forces qui ont déterminé la rupture d'équilibre n'agissaient pas partout avec la même intensité.

La cause des failles réside dans le refroidissement de la terre et la contraction qui en résulte. Par suite, en général, au moment de l'ouverture d'une faille, les roches situées de part et d'autre ont éprouvé une chute plus ou moins grande, qui a pu se renouveler plus tard à diverses reprises. Le seul phénomène qu'il soit possible d'observer est le mouvement relatif de ces deux parties de terrain. Ce mouvement relatif peut atteindre plusieurs centaines de mètres. Le raisonnement fait comprendre, et l'expérience démontre que, le plus souvent, ce mouvement relatif est un glissement du *toit* de la faille, ou de la partie qui est au-dessus, descendant par rapport au *mur*, ou à la partie qui est au-dessous. Il en résulte une règle connue sous le nom de *règle de Schmidt*, que le mineur doit suivre *en général* pour retrouver au même niveau horizontal, le prolongement au-delà d'une faille, d'un gîte, dont il suit, par une galerie, la trace sur un plan horizontal. Nous avons exposé cette règle à l'article EXPLOITATION DES MINES, en indiquant les exceptions nombreuses auxquelles elle est soumise. Quand on rencontre derrière la faille une couche dont on connaît la situation par rapport à celle que l'on suit, ou quand la couche que l'on suit s'est infléchie le long de la faille, on sait d'une manière sûre où il faut aller pour la retrouver, et on ne s'inquiète pas de la règle de Schmidt.

Il y a des failles sans épaisseur qui sont formées par de simples glissements ; leur surface est luisante et on les appelle *miroirs* ou *spiegel*. Quelquefois il s'est produit un bâillement qui peut atteindre 40 mètres. Ce vide a été rempli généralement par les débris des roches encaissantes et des formations supérieures. Quelquefois il y est venu des matières ignées de l'intérieur, et alors la faille s'est transformée en un *dyke* de trapp, de porphyre, de cornéenne, etc. Quelquefois il y est venu de l'intérieur de la terre des matières utiles soit à l'état fondu, soit en dissolution, soit en vapeurs, et alors la faille s'est transformée en un *filon*. Les filons sont décrits à l'article GISEMENT.

FAISCEAU MAGNÉTIQUE. Assemblage de lames d'acier aimantées que l'on superpose en ayant soin de placer d'un même côté les pôles de même nom. L'idée d'un pareil assemblage fut suggérée à Knight, par cette considération que les petits aimants sont proportionnellement plus puissants que les grands ; car l'expérience prouve que de petits aimants peuvent porter 20 et même 25 fois leur propre poids, ce qu'on n'obtient pas avec de gros aimants. Toutefois la puissance d'un faisceau n'est pas proportionnelle au nombre des lames qui le composent, et Coulomb a démontré que les barreaux agissent les uns sur les autres de manière à altérer mutuellement leur état d'aimantation. Pour diminuer cet effet, on donne aux lames des longueurs différentes, de manière que leurs extrémités soient disposées en gradins, en retraite de un centimètre les uns par rapport aux autres, ceux du milieu dépassant tous les autres. Scoresby a reconnu ensuite qu'il y avait avantage à ce que les lames ne se touchent point. Les extrémités sont enchâssées dans des masses de fer doux ou armatures.

Les recherches de M. Jamin sur la constitution des aimants (1873) l'ont conduit à employer des lames d'acier très minces et fortement trempées, dans lesquelles l'aimantation pénètre jusqu'au cœur. En superposant ces lames, l'aimantation croît d'abord proportionnellement au nombre des lames, et chaque lame conserve son magnétisme primitif; il en est ainsi jusqu'à une certaine limite (aimant limité); si on continue ensuite d'ajouter des lames, chaque lame perd alors de son magnétisme, le poids du faisceau augmente beaucoup plus rapidement que son magnétisme, et il arrive un moment où l'addition de nouvelles lames n'ajoute plus rien au magnétisme total et est en pure perte. « Je me suis assuré, dit M. Jamin, que dans presque tous les aimants des cabinets de physique, le nombre des lames est excessif. » M. Jamin a présenté à l'Académie des sciences, le 12 mai 1873, un grand' aimant dont la force portative atteint sa valeur maxima, 500 kilogrammes, quand il a 55 lames. En s'arrêtant à 45 lames, le poids total est de 46 kilogrammes, et l'aimant porte 460 kilogrammes, soit 10 fois son poids : au delà de ce nombre, le poids augmente plus rapidement que la puissance. — J. R.

FAISCEAU TUBULAIRE. *T. de mach.* On donne ce nom aux rangées de tubes qui correspondent au fourneau, ou à chacun des fourneaux d'une chaudière. Dans les chaudières marines du type haut, chaque faisceau se compose de 81 tubes de 80 millimètres de diamètre extérieur sur 2 millimètres et demi d'épaisseur et de 7 tubes tirants, dont l'épaisseur est de 5 millimètres, pour un même diamètre extérieur. Ces derniers tubes servent à relier les plaques de têtes entre elles, à les consolider. Les chaudières du type bas ne comportent que 72 tubes par faisceau. L'inclinaison des tubes est généralement en sens inverse de celle de la grille, ils se relèvent à partir de la boîte à feu, vers la boîte à fumée, afin de favoriser le passage de la flamme.

On désigne aussi sous le nom de *faisceau tubulaire*, le groupe de tubes constituant l'un des parcours de l'eau de circulation dans une machine à condensation par surface. On dit, suivant le cas, que le condenseur est formé de 2, 3, 4 faisceaux. Ces tubes sont généralement en laiton, ils sont le plus souvent étamés intérieurement et extérieurement; leur diamètre intérieur est de 16 à 18 millimètres et leur épaisseur d'un millimètre. L'eau passe à l'intérieur des tubes et la vapeur à condenser les entoure.

FAÎTAGE. 1º *T. de charp.* Pièce de bois horizontale, appelée aussi *faîte* et qui soutient, à leur partie supérieure, les chevrons d'un comble en bois. Cette pièce, également désignée sous le nom de *panne faîtière*, repose elle-même, à ses extrémités, soit sur des murs pignons, soit sur les têtes des poinçons des *fermes* extrêmes. Lorsque la longueur du faîtage est considérable, il est soulagé par des murs de refend ou par des fermes intermédiaires. Dans les combles à deux égouts les chevrons des faces opposées se correspondent, et sont, ou assemblés deux à deux à mi-bois, ou coupés par un plan vertical, de manière à s'appliquer exactement l'un contre l'autre au-dessus du faîtage, ou enfin entaillés à mi-bois dans cette pièce. Dans ces deux derniers cas, il est nécessaire de les maintenir sur le faîtage par des chevilles en fer ou en bois (V. CHEVRON, COMBLE). Dans les *croupes* il faut une ferme transversale ordinaire pour recevoir l'extrémité du faîtage et pour soutenir le poinçon dans lequel s'assemblent une grande partie des pièces qui constituent la charpente de la *croupe* (V. ce mot). Dans les combles métalliques, le faîtage est tantôt un simple fer à double T fixé, à l'aide d'équerres boulonnées, aux plaques d'assemblage qui réunissent entre elles les sommets des arbalétriers; tantôt une poutre composée de cornières reliées par des entretoises et s'assemblant de même au moyen d'équerres avec les arbalétriers.

|| **2º** *T. de couv.* Revêtissement de l'arête supérieure d'un comble. Dans les couvertures en terre cuite les faîtages s'exécutent en tuiles spéciales nommées *faîtières* (V. ce mot). Dans les couvertures en ardoises les faîtages sont formés par le raccord des deux pans de couvertures ou sont revêtus soit en tuiles creuses, soit en métal. Les faîtages de couvertures en zinc sont disposés à la manière des couvre-joints ordinaires, avec cette modification que le tasseau en bois qui les forme est un peu plus fort et qu'il est évidé en dessous pour emboîter l'angle du voligeage (V. COUVERTURE). Au lieu d'employer le zinc pour ces revêtissements, il serait préférable, bien qu'un peu plus dispendieux, de recouvrir les tasseaux de faîtage en feuilles de plomb de 0m,002 d'épaisseur, fixées sur ces tasseaux et rabattues de chaque côté sur 0m,10 à 0m,12 de longueur.

FAÎTE. *T. de constr.* — V. COMBLE, FAÎTAGE.

FAÎTIÈRE. *T. de couv.* Tuile creuse servant à recouvrir le faîtage d'un comble à deux égouts. Les tuiles faîtières les plus simples sont demi-cylindriques; elles sont posées jointives ou à recouvrement.

Fig. 21.

Dans le premier cas, elles sont scellées au plâtre ou au mortier à leur base et sur leurs joints. Dans le second cas, chaque faîtière porte (fig. 21) un bourrelet A, revêtissant le rebord B de sa voisine (V. COUVERTURE). Ces tuiles sont fréquemment vernissées et peuvent être surmontées d'un ornement à jour, de manière à former une décoration continue qui prend le nom de *crête du faîtage*.

* **FALCONET** (Etienne-Maurice), statuaire, né à Paris en 1716. En 1754, Falconet était admis à l'Académie, et reproduisait un marbre, à cette occasion, son *Milon de Crotone*, la première œuvre qui ait contribué à établir sa réputation. On cite de lui, entre autres œuvres, son *Pygmalion*, une *Baigneuse*, un *Christ agonisant*, une *Annonciation*, un *Saint-Ambroise*. Le nom de Falconet était connu de toute l'Europe; l'impératrice Catherine, qui aimait à s'entourer d'artistes et d'hommes de lettres, l'appela en Russie où il eût à sculpter une grande statue équestre de Pierre-le-Grand. Il y passa douze années, mais perdit vers la fin de son séjour les faveurs de la tzarine. Il s'arrêta à son retour quelque temps en Hollande, et revint en France, où il quitta l'ébauchoir pour la plume. Frappé de paralysie en 1783, il mourut à Paris en 1791.

FALSIFICATION. On nomme ainsi toute altération volontaire (de *falsum* faux, *facere* faire) que l'on fait subir à un corps quelconque, en lui ajoutant des matières qu'il ne doit pas contenir.

Nous ne parlons ici bien entendu que des adultérations réelles, car il y a une différence notable à établir entre un produit qui montre des preuves certaines de falsification, ou simplement présente des traces d'altération. La fraude faisant la falsification est un acte réfléchi, l'altération peut être involontaire, et même inconnue au vendeur; elle est involontaire, quand il reste dans un produit un ou plusieurs des corps, voir même de leurs dérivés, qui entrent dans la préparation du produit; ainsi un composé chimique identique, pourra être loyal et marchand sans être pur; le produit pur aura été débarrassé, après sa préparation, des matières étrangères, qui souillent le produit livré par le commerce,—l'altération peut être méconnue, c'est ce qui arrive lorsqu'une matière s'est partiellement décomposée sous l'influence du temps, de l'humidité, de la putréfaction, etc., et qu'il ne s'est pas produit assez de signes extérieurs pour que le vendeur, soit suffisamment averti.

La falsification est toujours opérée dans un but de lucre, pour tirer des produits vendus un bénéfice plus considérable que l'on ne pourrait en obtenir, s'ils étaient de bonne qualité; elle s'effectue, en général, par mélange de corps moins chers à un autre, en tâchant de conserver les caractères extérieurs qui sont propres au produit, ou bien en lui faisant prendre de l'humidité, ou additionnant de corps lourds, pour augmenter le poids; elle se pratique aussi par substitution d'une matière à une autre, c'est ainsi que l'Allemagne nous livrait dans ces derniers temps, de l'oxalate d'antimoine pour du tartrate de potasse et d'antimoine, qui est bien plus cher, mais contient plus de base que le premier produit.

Malheureusement il faut avouer que le commerce, et même les acheteurs, facilitent souvent, pour ne pas dire encouragent ou obligent à falsifier certains produits, en ayant des exigences qui ne peuvent se satisfaire qu'à la condition d'ajouter aux corps les plus purs, des caractères que ne possèdent pas toujours les produits naturels.

D'autres causes viennent encore encourager la fraude, et l'expliquer jusqu'à un certain point; — c'est l'obligation imposée par quantité de commerçants de ne leur livrer qu'une marchandise ne dépassant pas un prix indiqué, souvent bien inférieur à la valeur exacte du produit, parce que leur genre d'affaires ne permet pas de payer plus d'une certaine somme; — c'est l'obligation de lutter, avec les produits de provenance étrangère, qui se font souvent à un prix moins élevé, et avec des matières premières coûtant moins cher, parce qu'elles sont extraites du pays même, ou parfois n'y sont pas frappées de certains droits.

Si toutes ces raisons permettent de comprendre pourquoi l'on falsifie, elles ne justifient pas cette manœuvre déloyale; car, s'il est des fraudes, comme celles sur les étoffes, qui ne peuvent en réalité nuire à l'acheteur, lorsque l'altération porte sur des matières premières alimentaires ou médicamenteuses, elle peut avoir des conséquences considérables pour la santé publique, ou pour les individus pris en particulier. L'État a le devoir de surveiller ce qui sert à la nourriture journalière des habitants d'un pays; comme le médecin doit pouvoir compter sur la qualité d'un médicament énergique, sur l'administration duquel il compte pour sauver la vie d'un malade.

Longtemps nos gouvernants n'ont pas pris des mesures suffisantes pour réprimer les fraudes continuelles qui se pratiquent actuellement, mais devant l'audace avec laquelle certaines de ces falsifications sont faites, on a fini par entendre la voix des hygiénistes et des philanthropes qui réclamaient une législation protectrice, et, non seulement des lois ont été édictées dans un grand nombre de pays, mais on a créé aussi un peu partout, surtout à l'étranger, des laboratoires où se fait la vérification des produits soupçonnés. Si le public a ainsi la facilité de connaître, gratuitement s'il le veut, la qualité des denrées qu'il achète, l'État y peut aussi trouver son profit en ne laissant plus passer facilement, sans acquitter les droits auxquels ils sont taxés, des produits parfois déclarés sous des noms un peu trop fantaisistes.

Nous ne pouvons avoir la pensée de décrire, dans ce chapitre, toutes les falsifications que l'on fait subir aux divers produits; elles sont nombreuses pour chaque corps, pris en particulier; fidèle en cela aux traditions de ce *Dictionnaire*, nous renverrons pour chaque mot, à l'article qui traite de ce corps; c'est que nous avons fait d'ailleurs pour le mot ESSAIS, et l'essai d'un produit, en même temps qu'il en fait connaître la pureté, permet de reconnaître également les falsifications qu'on lui a fait subir, s'il a été frelaté.

Les procédés que l'on emploie pour reconnaître les fraudes sont surtout basés sur l'emploi des méthodes chimiques; s'il faut l'avouer, et cet aveu ne nous coûte pas, c'est depuis surtout la vulgarisation de ces connaissances, que le développement des falsifications s'est produit, et que les fraudes ont été habilement conçues. La chimie ne peut être accusée d'avoir uniquement servi à permettre la fraude, car elle a toujours aussi indiqué les moyens de la découvrir; et si, quelques fois, elle est impuissante, avec l'emploi des méthodes physiques, l'usage du microscope, du polarimètre, etc., elle arrive toujours à fournir des résultats certains, et permet alors à la loi d'exercer ses rigueurs contre les falsificateurs.

Les peines qui sont appliquées par le Code pénal adopté dans chaque pays, s'appliquent, non seulement à ceux qui frelatent directement une marchandise quelconque, mais elles s'étendent également à ceux qui vendent ou détiennent des marchandises frelatées. Nous allons indiquer brièvement quelles sont nos lois pour montrer, par leur sévérité même, combien chaque pays cherche à réprimer, sans y trop réussir souvent, les falsifications.

Loi des 10, 19 et 27 mars 1851, faisant application des peines portées par l'article 423 du Code pénal, contre ceux qui falsifient des denrées alimentaires ou médicamenteuses destinées à la vente; ceux qui mettent en vente des substances ou denrées qu'ils savent être falsifiées ou corrompues; ceux qui trompent sur la qualité des choses livrées, soit au moyen de faux poids, de fausses mesures ou d'instruments inexacts, soit au moyen de manœuvres tendant à fausser les opérations de pesage ou de mesurage, ou à augmenter le poids ou le volume des marchandises, soit même en donnant des indications frauduleuses tendant à faire croire à un pesage ou mesurage antérieur et exact.

D'après cette loi, si la marchandise contient des mixtions nuisibles à la santé, l'amende est de 50 à 500 fr., à moins que le quart des restitutions et dommages intérêts n'excède cette dernière somme; l'emprisonnement est de trois mois à deux ans. Cet article est applicable même dans le cas où la falsification nuisible est connue de l'acheteur (art. 2).

Sont punis d'une amende de 16 à 25 francs et d'un emprisonnement de six à dix jours, ou de l'une des deux peines seulement, ceux qui se servent de poids ou de mesures faux, d'appareils inexacts de pesage ou mesurage, ou ceux qui auront dans leurs magasins des substances alimentaires ou médicamenteuses qu'ils sauront être falsifiées ou corrompues. L'amende est portée à 50 francs, l'emprisonnement à quinze jours, si la substance est nuisible à la santé (art. 3).

S'il y a récidive et si le prévenu a été condamné, dans les cinq années qui ont précédé le nouveau délit, la peine peut être portée jusqu'au double du maximum, et même l'amende élevée à 1,000 francs, si la moitié des restitutions et des dommages et intérêts n'excède pas cette somme; le tout sans préjudice de l'application, s'il y a lieu, des articles 477 et 481 du Code pénal (art. 4). Ces deux articles prescrivent la saisie et la confiscation des produits falsifiés ou gâtés, du matériel des maisons de jeu, des écrits ou gravures contraires aux mœurs, des faux poids, et ordonnent la destruction de toutes ces matières sans exception.

Les articles délictueux sont confisqués, conformément aux articles 423, 477 et 481 du même code; mis à la disposition de l'administration pour être distribués aux établissements de bienfaisance, s'ils sont propres à un usage alimentaire ou médical; — détruits ou répandus aux frais du condamné, devant son propre domicile, si le tribunal l'ordonne ainsi, dans le cas contraire (art. 5). L'affichage du jugement, ou son insertion partielle ou intégrale, aux frais du condamné, pourra même être ordonnée (art. 67).

Enfin, l'article 463 du Code pénal, sera applicable aux délits prévus par la présente loi (art. 7). L'article 423 du Code vise toutes les tromperies quelconques sur toutes sortes de marchandises et la vente avec de faux poids, il fixe l'emprisonnement de 3 mois à 1 an au moins et l'amende à un minimum de 50 francs, à moins que le quart des restitutions et dommages-intérêts n'atteigne cette somme; quant à l'article 463 c'est la série des dispositions générales visant les circonstances atténuantes.

FANAL. D'une manière générale, on donne ce nom aux lanternes éclairées ou feux employés dans la marine, soit à bord des navires, soit sur les côtes; il y en a de plusieurs espèces, mais c'est l'usage et leur emplacement qui les déterminent; les fanaux qui indiquent les entrées de port ou les écueils dangereux sont ordinairement désignés sous le nom de *phares*. — V. ÉCLAIRAGE, § *Éclairage des navires*; PHARE.

FANEUSE. *T. de mach. agr.* Machine destinée à faire, en grande culture, le travail du retournement des foins coupés. Elle se compose en principe de deux tambours ou croisillons garnis de fourches, et tournant autour d'un axe horizontal. Ils sont mis en mouvement par engrenages que commandent les roues porteuses, et au moyen d'un décliquetage on peut changer le sens du mouvement ou arrêter la marche du mécanisme. La vitesse de rotation de l'axe des fourches est de 3 à 5 fois celle des roues porteuses. Dans la marche en avant, les fourrages sont projetés en l'air, la vitesse à la circonférence des fourches est de 5ᵐ,90 à 7 mètres; dans le sens inverse, elle est de 3 à 4 mètres, le foin est simplement retourné. Les engrenages sont enveloppés par une garde en tôle ou en fonte; les fourches sont indépendantes et articulées par un ressort, elles peuvent se rabattre facilement; un filet ou une toile métallique placée en avant du mécanisme empêche le foin de tomber sur le cheval; on ajoute quelquefois un siège pour le conducteur. La largeur travaillée est en moyenne de 2 mètres pour 1 cheval; le poids de l'instrument varie de 350 à 500 kilogrammes et son prix de 300 à 500 francs; la machine conduite par 1 cheval et 1 homme fait le travail de 18 à 20 faneurs ordinaires. — M. R.

FANON. Grandes lames cornées qui garnissent le palais de la baleine et remplacent les dents dont ces animaux sont dépourvus; les fanons sont utilisés par l'industrie sous le nom de *baleine*. — V. ce mot. || *Art hérald.* Large bracelet qui pend à un bras droit figuré sur l'écu. || *T. de cost.* Petite étole que, pendant la messe, l'officiant et les diacres portent suspendue au bras gauche; pendants de la mitre épiscopale qui retombent par derrière.

FANTAISIE. 1° *T. de filat.* Les bourres ou déchets de soie employés par la filature sont traités de deux manières suivant les usines; les uns sont *schappés*, c'est-à-dire désagrégés à l'eau chaude, les autres sont cuits au savon. Ce dernier procédé est le plus simple et le plus expéditif, mais il ne conserve pas au textile tout son brillant. Tous les filés provenant de bourres cuites au savon sont connus sous le nom de *fantaisie*.

La préparation consiste à faire bouillir les déchets de soie pendant un temps plus ou moins long, suivant la matière employée, dans un bain de savon. La soie est retirée de ce bain complètement désagrégée, blanchie et d'un beau brillant, mais qui n'est pas persistant à la teinture. Alors, suivant les établissements, on la peigne, ou bien on la coupe d'une longueur uniforme approchant de celle du coton, et on la carde pour être filée.

Bien que le mot *fantaisie* soit le nom génériquo consacré à cette catégorie de filés dans le commerce, cependant la fantaisie proprement dite constitue un type dans le genre. C'est le correspondant des soies fines. Le brin de fantaisie provient plus spécialement du cardage et du filage des déchets de cocons percés, malades, etc., indévidables à la filature. Alors, avant les opérations du cardage et filage, les matières premières subissent une désagrégation par l'action prolongée de l'eau bouillante, qui fait d'ailleurs perdre déjà un certain poids à la soie, perte qu'elle éprouvera en moins à la cuite. Après l'ébullition, ces matières, avant de passer au cardage, sont soumises à la dessiccation et à un battage énergique qui a pour but d'éloigner toutes les impuretés.

La fantaisie, montée comme une trame, s'emploie pour le même usage et produit, avec une chaîne soie, le tissu dit *foulard* qui a été d'un usage si courant dans ces dernières années. Montée à plusieurs bouts comme un organsin, elle imite un peu la grenadine et peut servir de chaîne. Elle est encore employée comme fibre textile pour la bonneterie, la ganterie, la fabrique de lacets, de châles, etc. La fantaisie courte, qui sert principalement à cette dernière fabrication, comme chaîne n° 100 environ, doublée, est bien connue sous le nom de *fantaisie anglaise*. Sauf la cuite (V. Décreusage), qui demande plus de ménagements que celle des soies fines, la fantaisie se teint comme celles-ci ; son prix étant de beaucoup plus bas, lorsqu'elle se teint avant le tissage, ce qui est le cas le moins fréquent, la charge a peu d'importance ; pour le foulard surtout, la teinture se fait en pièces. — A. R.

‖ 2° *T. de typogr*. Terme générique par lequel on désigne tous les caractères autres que le romain et l'italique, et qui servent à orner les en-têtes, les titres de chapitre ; le même nom s'applique aux vignettes, culs-de-lampe et autres ornements d'un volume.

FANTON. *T. de constr*. Pièce de fer, à section carrée, qui sert de chaîne aux tuyaux de cheminée ou pour le remplissage d'un plancher, d'un âtre, etc. ; on écrit aussi *fenton*.

FARAD. *T. d'élect*. Nom de l'unité pratique de capacité électrique. C'est la capacité d'un condensateur qui contient une quantité d'électricité égale à un coulomb, quand on le charge au potentiel d'un volt.

Le farad représente 10^{-9} unités C. G. S. électro-magnétiques de capacité. Dans l'usage courant, on emploie le plus souvent le *microfarad*, qui est la millionième partie du farad. Les condensateurs étalons sont gradués en microfarads. La capacité ordinaire d'un *mille marin* de câble sous-marin est d'environ 1/3 de microfarad. — V. Capacité électrique, Électricité, § 56 ; Électrométrie.

FARD. Ce mot sert à désigner toutes les compositions, de formules diverses, employées par les femmes pour embellir le teint et pour simuler la fraîcheur de la jeunesse. On ne saurait assez en proscrire l'usage qui n'est pas sans danger. Pour ne parler que des fards blancs et des fards rouges, les premiers ne sont généralement que des mélanges de céruse, d'oxyde de zinc et de sous-nitrate de bismuth. Comme la céruse est le produit le moins cher des trois, et qu'il est celui qui s'applique le mieux sur le visage, c'est lui qui prédomine dans le mélange. Aussi les fards blancs altèrent-ils la peau à la longue, et y produisent-ils des accidents locaux, quand ils ne vont pas jusqu'à provoquer de véritables intoxications saturnines. Pour les fards rouges, c'est bien pis encore, la cochenille, et trop souvent le mercure mélangé au soufre, en forment la base essentielle. L'hygiène et la raison sont donc absolument d'accord pour proscrire l'usage des fards.

***FARDAGE.** *T. d'imp*. *s. ét*. Défaut que présente le blanc légèrement teinté par la couleur du rouleau imprimeur.

FARDIER. Voiture à deux ou quatre roues destinée à transporter les fardeaux les plus lourds, tels que bois, pierres, marbres, etc. Le fardier doit être construit dans des conditions de solidité toutes particulières.

FARINE. Nom donné au produit de la trituration ou de la mouture des graines, des céréales et de quelques légumineuses. Lorsque ce nom s'emploie sans autre désignation, il s'applique uniquement à la farine du froment ; par extension, on donne encore improprement le nom de farines à des poudres rappelant extérieurement les caractères du produit qui nous occupe, telles sont les farines d'arsenic, les farines fossiles, etc.

Nous ne pouvons nous occuper ici de la manière dont s'obtient la farine, cette description sera donnée aux mots Meunerie, Minoterie, qui désignent en effet, les professions de ceux qui se livrent à cette industrie. Nous n'étudierons que la farine de froment proprement dite, mais en donnant comme terme de comparaison, les caractères qui permettent de la distinguer d'avec les farines de céréales, ou de légumineuses, qu'on lui mélange quelquefois volontairement, et en indiquant le moyen de reconnaître les altérations, ou les fraudes, que la farine peut présenter.

Le rendement en farine varie naturellement avec la nature des blés que l'on emploie ; mais un blé convenablement moulu et bluté donne environ, en moyenne, 78 0/0 de son poids de farine. La qualité de celle-ci est variable, suivant qu'elle est obtenue avec telle ou telle partie du grain, aussi reconnaît-on diverses sortes de farines, commercialement parlant, pouvant provenir de la mouture d'une même qualité de blé. La *fleur* de farine est obtenue avec la partie centrale du périsperme, elle est très fine et très blanche, mais peu nourrissante, car elle est pauvre en gluten, le principe nutritif par excellence, dans ce produit ; le *gruau blanc*, obtenu avec la zône, qui dans le grain enveloppe la précédente ; elle est blanche, plus résistante et plus azotée. La farine de bonne qualité, pour pain blanc, résulte du mélange de ces deux sortes ; elle a un reflet jaunâtre, une teinte blanche uniforme, sans points colorés, un toucher doux et sec, elle est lourde, adhérente aux doigts, mais se pelotonnant quand on la serre dans la main ; mélangée à l'eau, elle forme une pâte d'autant plus longue qu'elle est de meilleure qualité ; le *gruau gris* est fait avec la couche plus extérieure du grain ; il est plus dur que le précédent. C'est cette sorte qui, mélangée avec une quantité variable de son, est employée pour faire le pain bis. Les farines obtenues avec des blés avariés ou de seconde qualité, rentrent dans cette catégorie. On nomme *basses farines* celles faites avec des criblures, elles sont utilisées pour préparer la colle de pâte, ou un pain brûn destiné aux chevaux.

La constitution élémentaire de la farine varie nécessairement avec les sortes de blés que l'on soumet au minotage, avec le climat ou le terrain. Un blé de bonne qualité a fourni à M. Boussingault la composition suivante :

Amidon.	59.7
Gluten.	12.8
Albumine.	1.8
Dextrine.	7.2
Matière grasse huileuse	1.2
Cellulose	1.7
Sels fixes.	1.6
Eau.	14.0
Total.	100.0

Lors donc que l'on voudra connaître la qualité d'une farine, il faudra rechercher si l'on retrouve la proportion des éléments que nous venons d'indiquer, mais en outre, voir si elle ne contient pas du son, et si elle n'est pas mélangée avec des matières étrangères, soit végétales soit minérales. L'emploi des procédés chimiques, dans l'examen des farines, donne parfois des indications très nettes, surtout si l'on recherche des fraudes faites avec des produits de nature inorganique. On connaît aussi quelques réactions assez tranchées, comme celle de Lassaigne, qui permet de reconnaître le mélange à la farine ordinaire de farine de légumineuses ; si l'on mouille la farine pure, avec une solution de protosulfate de fer, le mélange prend une teinte jaune paille faible, l'addition de farine de haricot amène une coloration orangée, et on a même une teinte orangée pouvant virer au vert-bouteille avec la farine de féveroles. Mais ces procédés chimiques sont loin de renseigner aussi sûrement que le microscope, lorsque l'on a pratiqué des mélanges de farines. Soumise à l'examen microscopique, la farine montre en effet de nombreux granules d'amidon, de dimensions variables, et dont les plus gros ne dépassent pas 0$^{m/m}$,05, il y a des grains excessivement petits, ceux les plus nombreux sont de grosseur intermédiaire. Ces grains offrent un hile central, punctiforme, et sont formés de couches concentriques, que la chaleur (80° centigrades) ou l'eau iodée rendent visibles ; si on les examine dans la glycérine étendue d'eau, à la lumière polarisée, ceux qui sont fortement éclairés, et surtout les grains lenticulaires, montrent deux lignes noires disposées en croix (Hassall) ; mais ce phénomène ne se produit pas toujours, notamment sur les grains circulaires qui restent obscurs, ce qui a fait nier l'action de ces corps sur la lumière polarisée ; mais cette croix est loin d'être aussi visible que celle de la fécule.

ESSAI DES FARINES. Cet essai comprend une série d'opérations permettant de doser la quantité d'humidité ; de séparer le son, le gluten, l'amidon ; d'obtenir le poids des matières fixes ; puis l'examen microscopique, qui renseigne sur les altérations qui ont pu se produire, par vieillesse, par fermentation, mélange accidentel ou volontaire de matières quelconques.

Dosage de l'humidité. Les farines humides s'altèrent rapidement, elles s'échauffent, s'acidifient, fermentent, et sont alors envahies par des moisissures. Elles répandent une odeur désagréable, par suite d'altération du gluten, et forment avec l'eau une pâte qui lève mal. Au microscope, on y reconnaîtra la présence de divers *uredo* : *uredo caries* (D. C), *uredo segetum* (D. C), *uredo rubigo*, *uredo linearis*, reconnaissables à leurs sporanges larges et réticulées. Le dosage de l'eau est assez délicat à faire, et a souvent donné lieu à des contestations, parce que les matières amylacées humides, portées brusquement à 60°, forment à leur surface un empois imperméable qui arrête l'opération, et que de plus, celles acidifiées (pour obtenir des produits très blancs), même à 5/10,000° d'acide, forment du glucose pendant la dessiccation, malgré une basse température, et que ce produit peut fixer 1/10° de son poids d'eau. On évite ainsi ces inconvénients : on pèse 5 à 10 grammes du produit, on les étend en couche mince, et, on porte à l'étuve, en mettant 3 heures environ à atteindre 60° centigrades, puis ensuite, en une heure, on monte à 100 ou 110° centigrades sans danger. La farine de bonne qualité reste blanche, une coloration jaune indiquerait un acide ; alors, on devrait neutraliser en ajoutant au corps, son poids d'eau, 1 à 2 gouttes d'ammoniaque, agitant, et évaporer à siccité sans dépasser 40° centigrades. La farine n'a que de 17 à 25 0/0 d'humidité ; celles qui en donneraient davantage, auraient été trop mouillées pendant la mouture, ou seraient altérées.

On peut arriver par l'étuvage à empêcher ces altérations dues à l'humidité, la farine réduite à 6 0/0 d'eau, se conserve très bien, même pendant de longs voyages. Le système d'étuve de MM. Touaillon est un des préférables, parce qu'il réalise les conditions dont nous avons déjà parlé, en disposant la farine à chauffer en épaisseurs faibles, et en amenant progressivement la température de 40 à 80°. Dans leur appareil, la farine arrive d'abord au centre du plateau le plus élevé, chauffé à 40°, s'y promène, et parvenue à la circonférence tombe dans une anche communiquant avec le 2e plateau, et ainsi de suite ; elle se trouve portée à 50°, 60°, 70° et sur le 5e, à 80°. En sortant du dernier, le produit va se refroidir dans une chambre à ensacher, puis on la met en barils ou dans des sacs imperméables (fig. 22).

Dosage du son, du gluten et de l'amidon. Ces trois opérations peuvent se faire concurremment. Le son n'existe en quantité appréciable que dans les secondes sortes de farines. Pour pratiquer cet essai, on prend un poids quelconque de farine, on y ajoute de l'eau pour faire une pâte, que l'on abandonne pendant une heure environ, au bout

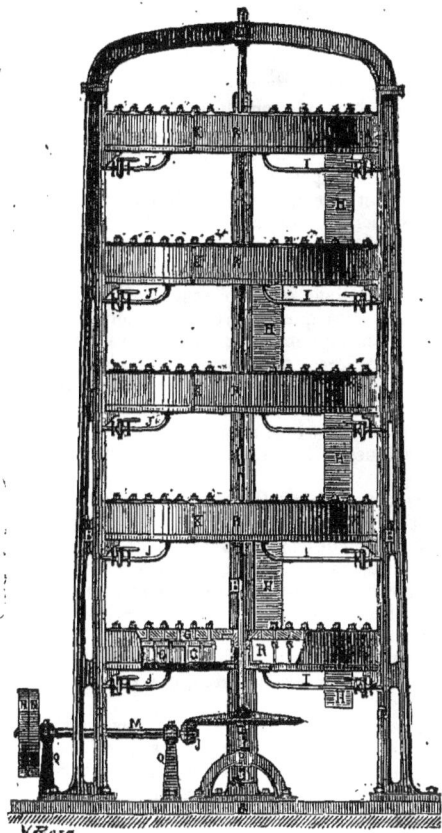

Fig. 22.

A Chaise en bois ou bâti sur lequel sont boulonnés les montants en fonte *B B*, la chaise à pont *P* de l'arbre vertical *D* et les deux chaises *Q Q* de l'arbre horizontal *M*. — *B B* Montants en fonte formant châssis avec le croisillon *E*. — *D* Arbre vertical servant d'axe à la roue d'angle et aux cinq croisillons des râteaux *G G*. — *G G* Râteaux. — *H H* Anches conduisant la farine d'un plateau sur celui qui est au-dessous. — *I* Prise de vapeur communiquant avec les tuyaux spéciaux à chaque plateau. — *J* Tuyau de retour d'eau recevant la condensation des tuyaux venant de chaque plateau. — *K K* Thermomètres pénétrant dans les plateaux et indiquant la température de la vapeur qui circule intérieurement. — *M* Arbre horizontal servant d'axe au pignon et aux poulies *N N*. — *P* Chaise à pont supportant l'arbre vertical *D*. — *Q Q* Chaises portant l'arbre horizontal *M*. — *R R* Plateaux chauffés par la vapeur au moyen de tuyaux intérieurs en forme de serpentin. — *S* Volant servant à régulariser le jeu entre les palettes et le fond de chaque plateau.

de ce temps, on met la masse dans un petit linge, on en fait un nouet, et on malaxe sous un filet d'eau (fig. 23) en ayant soin de recevoir sur un tamis posé dans une terrine, tout ce qui peut s'échapper du linge. On continue l'opération jusqu'à ce que l'eau qui s'écoule soit parfaitement limpide. Le son et une certaine quantité de gluten ont pu rester sur le tamis, l'amidon entraîné par l'eau passe dans la terrine. On réunit le gluten du nouet avec celui qui reste sur le tamis, on recueille

le son du tamis et l'amidon du vase inférieur. La dessiccation des produits donne leur poids réel; quant au gluten, on le pèse humide, en se rappelant que 5 grammes de ce dernier représentent 3 grammes de produit sec.

Le gluten est un corps trop important pour qu'on n'essaie pas alors sa qualité; les bonnes farines en donnent de 10 à 11 0/0 (produit sec). C'est un corps complexe, formé de glutine, fibrine, albumine et caséine végétales, de couleur jaune clair, d'odeur fade, constituant une pâte homogène et extensible, si la farine était bonne, visqueuse, granuleuse, et non élastique, avec les farines altérées.

Deux méthodes servent industriellement à évaluer la richesse des farines en gluten : La première due à M. Robline est fondée sur la propriété qu'a

Fig. 23. — *Extraction du gluten.*

l'acide acétique faible de dissoudre le gluten et les matières albuminoïdes de la farine, sans altérer le principe amylacé. Le liquide résultant de ce traitement possèdera donc une densité d'autant plus grande, qu'il y a eu plus de produits dissous; dès lors, au moyen d'un aréomètre spécial, dit *appréciateur des farines*, on peut prendre cette densité. Chaque degré de l'instrument représente un pain de 2 kilogrammes, quand on emploie la quantité de farine contenue dans un sac de 159 kilogrammes.

Pour faire l'essai, on prend 24 ou 32 grammes de farine, suivant la richesse présumée de celle-ci en gluten, et on les délaye dans un mortier de porcelaine avec 186 ou 250 grammes d'eau distillée, acidulée par l'acide acétique. Après dissolution des principes azotés, on laisse déposer l'amidon, on décante la liqueur dans une éprouvette, puis on y plonge l'appréciateur pour lire le degré indiqué.

Le second procédé est celui proposé par M. Boland ; il sert à reconnaître les propriétés panifiables des farines, en permettant de juger la quantité et la qualité du gluten qu'elles contiennent. On commence par faire une pâte avec 30 grammes de la farine à essayer, et 15 grammes d'eau, puis, on extrait le gluten, on le presse pour enlever le mieux possible l'eau, et on pèse exactement 7 grammes, que l'on roule immédiatement dans de la farine, pour éviter qu'il n'adhère aux corps sur lesquels on le pose. Alors on se sert d'un instrument appelé *aleuromètre*, que l'on voit, d'après la figure 24, être constitué essentiellement par un tube creux en cuivre, fermé inférieurement par une sorte de capsule, dans laquelle, après graissage convenable de l'intérieur, on dépose l'échantillon de 7 grammes de gluten. Une tige en cuivre, graduée en vingt-cinq divisions, et terminée en bas par une petite plaque horizontale, descend jus-

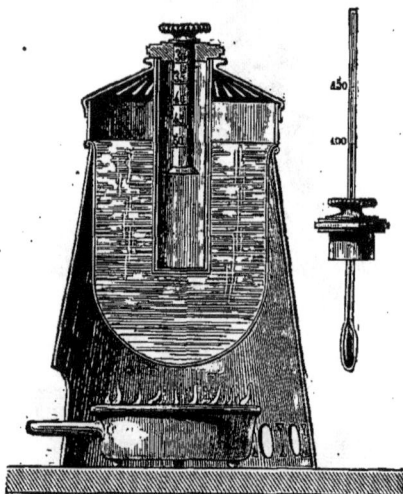

Fig. 24. — *Aleuromètre de Boland.*

qu'au tiers du cylindre, mais peut remonter au travers d'une ouverture réservée dans la partie supérieure. L'appareil ainsi disposé, pour faire l'essai, on plonge le tube dans un bain-marie plein d'huile et l'on chauffe à 150°, en constatant la température avec un thermomètre. Le gluten se gonfle à cette température, augmente 4 à 5 fois de volume, s'élève dans le cylindre, et refoule bientôt le piston à tige graduée. La hauteur à laquelle s'élève la tige donne la mesure du pouvoir panifiable du gluten. On doit rejeter toute farine qui n'arrive pas à soulever la tige, ou qui donne un gluten visqueux, adhérent au tube, ou d'odeur désagréable.

Dosage des matières fixes. Il s'obtient en incinérant un poids donné de farine, dans une capsule de platine tarée ; la quantité moyenne de cendres, est de 1,5 0/0 environ. D'après Crace-Calvert, les cendres de blé ont la composition suivante :

Potasse	237
Soude	99
Chaux	28
Magnésie	120
Oxyde de fer	7
Acide phosphorique	500
Acide sulfurique	3
Acide silicique	12
Total	1006

ces chiffres sont indispensables à noter, car ils mettent parfois sur la voie de certaines altérations ; c'est ainsi que les cendres d'orge, de seigle, contiennent moins de potasse, que l'avoine et la fécule en renferment plus, que le blé renferme plus d'acide phosphorique, de magnésie, etc., que les autres céréales.

ALTÉRATION OU FALSIFICATION DES FARINES. (*a*) En tête des altérations que subissent les farines, il faut placer celles que ces produits éprouvent en vieillissant, surtout en sacs, plutôt qu'en vase clos, et plus particulièrement les farines de blés tendres. Elles deviennent acides, par suite de l'altération des matières albuminoïdes, et cette acidité exprimée en acide sulfurique monohydraté, peut aller de 20 grammes à 120 grammes par quintal métrique.

On peut empêcher cette altération de se produire, par un étuvement convenable, puisque, après un espace de temps de seize années, les farines conservées par le procédé Touaillon fils et Cⁱᵉ, ont été reconnues être dans un état identique à celui qu'elles avaient au début de l'expérience.

Les farines altérées contiennent également beaucoup plus de principes solubles (dextrine, sucre, gomme, albumine végétale, etc.), que celles fraîchement préparées.

Les altérations que peuvent offrir les farines tiennent, en outre, à d'autres causes, parmi lesquelles il faut citer la présence de semences étrangères, récoltées en même temps que le froment. Quelques-unes sont douées de propriétés assez actives pour que leur présence dans le pain puisse occasionner des accidents plus ou moins graves. De ce nombre sont celles du mélampyre des champs (*melampyrum arvense*, L., scrofulariées), de la nielle (*agrostemma githago*, L., caryophyllées), de l'ivraie (*lolium temulentum*, L., graminées), et l'ergot (*claviceps purpurea*, Eul., champignons) qui se développe sur le blé, l'orge, et surtout le seigle. On a différents moyens de reconnaître la présence de ces semences dans la farine. Si l'on chauffe dans une cuiller d'argent une pâte faite avec la farine suspecte et de l'eau acidulée par l'acide acétique, et que l'espèce du petit pain obtenu ainsi ait une section violacée, c'est que la farine était mélangée de *mélampyre* (Dizé). Si la farine traitée dans un appareil à déplacement, par de l'éther, cède à ce liquide un principe huileux jaunâtre, âcre, que l'on sépare par évaporation du dissolvant, c'est que la farine contenait des semences de *nielle*. Si la farine traitée de la même manière par de l'alcool à 88° centigrades, colore celui-ci en vert, et que l'évaporation du dissolvant fournisse une matière astringente nauséabonde, c'est que l'on avait entraîné le principe actif de

l'ivraie. On peut encore employer une autre méthode, c'est de traiter dans un verre de montre un
peu de farine par une solution faible de potasse,
de noter la coloration produite, puis d'ajouter de
l'acide azotique à 16°.

La farine de blé pure se colore en jaune paille
par l'alcali, et la nuance disparaît avec l'acide.

La farine de seigle se colore en jaune paille par
l'alcali, et la nuance disparaît avec l'acide.

La farine de seigle ergoté se colore en violet par
l'alcali, et la nuance devient rose-rouge par l'acide.

La farine de riz se colore en jaune-paille par
l'alcali, et la nuance disparaît.

La farine de nielle se colore en jaune-vert par
l'alcali, et la nuance disparaît.

La farine d'ivraie se colore en brun-vert par l'alcali, et la nuance disparaît toujours par l'acide.

La farine de blé contenant de l'ergot de seigle
(claviceps purpurea, Tulas.) produit souvent des
accidents très graves, de l'ergotisme convulsif, ou
même gangreneux, pouvant prendre la forme épi-
démique. Les farines qui occasionnent ces accidents sont fermentées et riches en glucose, leur
gluten se change en peptone, et amène par la pep-
tonisation, la production, aux dépens des matières
albuminoïdes, d'alcaloïdes analogues aux ptomaï-
nes, et dès lors, des accidents des plus dangereux,
d'où l'ergotisme, d'après Pœhl. Pour retrouver la
présence de l'ergot, on mélange volumes égaux
de farine suspecte et d'éther acétique, ou bien
d'alcool, et on y ajoute, dans le premier cas, de
l'acide oxalique, dans le second de l'acide sulfurique faible, puis on fait bouillir. Après refroidissement, le liquide est rouge, s'il y a de l'ergot
(Jacoby).

Le microscope sert aussi à découvrir cette altération ; on trouve dans la farine ergotée, au milieu
des grains d'amidon, des cellules polygonales à
angles très aigus, et contenant un principe gras
soluble dans l'éther. Si l'on fait arriver sur la préparation un mélange composé de 3 parties d'acide
azotique, et 6 parties d'acide sulfurique étendu de
moitié d'eau, on voit se développer une couleur
rouge-cerise, dans les points contenant de l'ergot.

Au nombre des altérations involontaires que
présentent encore les farines, il faut aussi citer celles
causées par des corps détachés des appareils à
mouture (meules ou cylindres), comme le cuivre,
le plomb, le silex, etc. Ces matières se retrouvent
dans les cendres, dont elles augmentent le poids.

(β) Les fraudes que l'on fait subir aux farines
sont surtout celles qui sont pratiquées en mélangeant des farines vieilles ou altérées à de bonne
farine; en mélangeant des farines diverses, d'autres
céréales, ou de légumineuses; en mêlant même au
produit certaines matières minérales, comme de
la craie, du plâtre, des carbonates de magnésie,
de soude, de l'alun, des os pulvérisés, etc., dans
le but d'augmenter le poids. Nous ne reviendrons
pas sur les premiers procédés de falsification,
nous en avons déjà parlé, à propos des altérations,
et l'on sait les reconnaître. Pour retrouver les
mélanges de farines entre elles, c'est une expérience délicate, qui exige beaucoup d'habitude et
des mensurations précises, puisqu'elle porte sur-

tout sur l'évaluation, sous le microscope, de la
forme et des dimensions des grains d'amidon de
provenances diverses. Quelquefois certains caractères chimiques, plus ou moins précis, facilitent
le travail.

Nous ne reparlerons plus (fig. 25) des caractères
microscopiques de l'amidon du blé, mais quand on
examine une farine avec le microscope, on n'y rencontre pas que ces granules, on y trouve aussi
des fragments de réseau cellulaire ayant emprisonné les grains d'amidon ; celui des graminées
polarise vivement la lumière, tandis que celui
des légumineuses est sans action appréciable, et
disparaît complètement quand le fond est obscur
(Moitessier). Lorsqu'on fait glisser, et à plusieurs
reprises, sur elle-même, la lame de verre mince

Fig. 25.

1 *Farine de blé :* a grains d'amidon, b tissu cellulaire. $D = \frac{420}{1}$. —
2 *Farine d'avoine :* a grains d'amidon, b amas ovalaire formé par
des grains d'amidon, c tissu cellulaire. $D = \frac{420}{1}$.

qui recouvre la préparation de farine, on voit
apparaître des filaments striés, irréguliers, se
colorant en jaune par l'eau iodée, c'est le gluten ;
de plus, on y retrouve des fragments de l'épiderme
avec des poils ou des stomates, des cellules allongées, jaunâtres (mésocarpe), d'autres étroites,
parcourues d'un côté par des tubes allongés (endo-
carpe), ou enfin, d'autres cubiques (épisperme et
couche à gluten).

Ces faits bien établis, on peut maintenant aborder l'étude microscopique des falsifications faites
avec les autres farines. Nous allons donner autant
que possible, en quelques mots, les caractères
propres aux farines, que l'on peut le plus fréquemment rencontrer dans celle du froment. La farine
d'orge (hordum vulgare, L.) a une grande analogie
avec celle du blé ; elle est d'un blanc jaunâtre,
mais possède une saveur spéciale, son macératum
dans l'eau est normalement acide. Le gluten ne se
sépare que très difficilement de l'amidon, et les
granules de ce dernier sont à contours un peu ondulés, leur diamètre est de $0^{m/m},001$ à $0^{m/m},04$. La

lumière polarisée n'agit pas sur eux (fig. 26). Cette farine peut s'employer seule, mais comme elle donne un pain lourd et indigeste, elle est souvent mêlée à celle du froment. Elle fait en grande partie la base de la Revalescière Du Barry (avec les farines de lentille et de vesce, du sucre, du sel et un aromate rappelant le goût du céleri). La farine de *seigle* (*secale cereale*, L.) est douée d'une odeur spéciale, pauvre en gluten, mais elle renferme une plus grande quantité de principes solubles. Son amidon présente des grains circulaires ou lenticulaires, plus gros que ceux du blé, et pouvant avoir un diamètre maximum de $0^{m}/^{m},0528$; ils portent un hile faisant étoile à 3 ou 4 branches, et présentant à la lumière polarisée une croix noire très distincte. La farine de seigle passant pour rafraî-

à la farine ordinaire, et on fait des gâteaux, des bouillies (toulbe, gaude, polenta des Italiens). Avec le riz (*oriza sativa*, L.) on fait une farine très blanche, très fine, riche en amidon (89 0/0), mais pauvre en gluten, en sels, en matières grasses. Son amidon est en tout petits grains, de grosseur à peu près égale, de $0^{m}/^{m},01$, polyédriques, à arêtes vives (fig. 27), de forme triangulaire ou carrée, sans hile, et à polarisation nulle. En dehors des céréales, on mêle encore à la farine de blé, celle du blé noir, ou sarrazin (*polygonum fagopyrum*, L., polygonées) qui est bien blanche, de saveur agréable, contenant la moitié de son poids d'amidon et 10 0/0 de gluten et de matières azotées. Son amidon est en grains polyédriques, de $0^{m}/^{m},002$, ou de $0^{m}/^{m},01$ de diamètre ; lorsque ses grains sont arrondis, ils

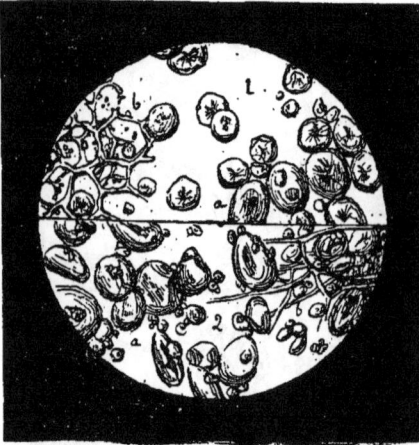

Fig. 26.

1 *Farine de maïs* : a grains d'amidon, b tissu cellulaire. $D = \frac{420}{1}$. —

2 *Farine d'orge* : a grains d'amidon, b tissu cellulaire. $D = \frac{140}{1}$.

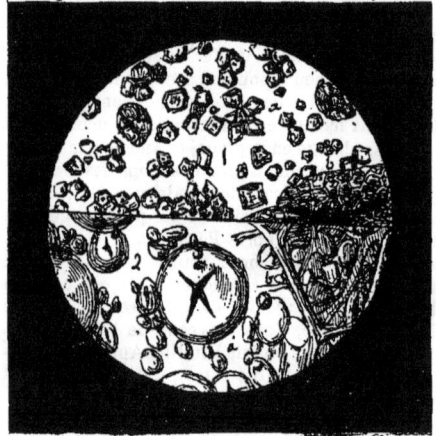

Fig. 27.

1 *Farine de ris* : a amidon, b tissu cellulaire. $D = \frac{420}{1}$. — 2 *Farine de seigle* : a grains d'amidon, b tissu cellulaire. $D = \frac{420}{1}$.

chissante, on en fait un pain qui est assez coloré ; elle se mêle bien à la farine de blé. L'avoine (*avena sativa*, L.) fournit une farine grisâtre, douce au toucher, et de saveur légèrement sucrée ; son amidon est caractéristique, il est en grains polyédriques, convexes d'un côté, sans hile et sans couches concentriques apparentes, se réunissant souvent en amas ovalaires, mais n'agissant pas sur la lumière polarisée, $D = 0^{m}/^{m},02$. La farine faite avec le grain non décortiqué donne un pain noirâtre, amer et lourd, mais les grains décortiqués donnent une farine plus blanche et plus douce, qu'en Islande et en Norvège on mêle aux farines d'orge et de seigle pour faire le pain. Le maïs (*zea mais*, L.) donne une farine à reflets jaunes, à odeur particulière, due à une matière grasse, qui rancit vite. Son amidon est constitué par des grains de $0^{m}/^{m},005$ à $0^{m}/^{m},03$, polyédriques et arrondis d'un côté, avec hile punctiforme ou étoilé, donnant avec la lumière polarisée des bandes noires, élargies vers le bas, comme celles formant les croix de Malte. On ne peut faire de pain avec cette farine seule, à cause du peu de gluten qu'elle renferme, mais on la mêle

possèdent un hile central et n'influencent pas la lumière polarisée. Celle de féveroles (*faba minor*, L., légumineuses) se rencontre presque toujours dans le pain ordinaire (son addition a pour but, dit-on, de faciliter la panification), mais on ne pourrait en introduire plus de 5 0/0 sans s'exposer à donner au produit un goût désagréable. La farine de féveroles est jaunâtre, douce au toucher, un peu âcre au goût ; elle se pelotonne dans la main ; son amidon est à grains variant de $0^{m}/^{m},004$ à 0,04, irréguliers, avec hile allongé, plus larges au centre, souvent ramifiés ; il donne une croix noire très marquée avec la lumière polarisée. Il y a différents moyens de reconnaître, en dehors de l'examen microscopique, la présence de la féverole ; l'un d'eux consiste à saupoudrer une assiette avec la farine suspecte, puis à placer au centre du vase une capsule remplie d'acide azotique et de recouvrir l'appareil avec une lame de verre (fig. 28). On chauffe un peu pour répandre les vapeurs acides sur toute la farine, puis on retire la capsule pour lui en substituer une autre, contenant de l'ammoniaque ; en chauffant légèrement, sous la double influence des vapeurs gazeuses, la farine de froment prend une teinte jaune faible, celle de féveroles une couleur rouge. On peut encore, si l'on suppose une fraude faite avec une farine de légumineuses, en incinérer un poids donné. Comme

Fig. 28. — *Recherche de la farine de féverole.*

ces dernières donnent environ 3 0/0 de cendres, très riches en phosphates, c'est-à-dire à peu près le double de ce que fournit le blé, on aura un certain contrôle.

Comme dernière substance organique que l'on retrouve fréquemment dans la farine ordinaire, il faut citer la *fécule de pommes de terre.* Différents moyens permettent de reconnaître ce corps. Si l'on triture dans un mortier de porcelaine, de la fécule avec de l'acide sulfurique, il se dégage une odeur d'alcool de betterave, ou de pomme de terre cuite sous la cendre (Puscher); cette réaction se produit nettement avec un mélange de 1/4

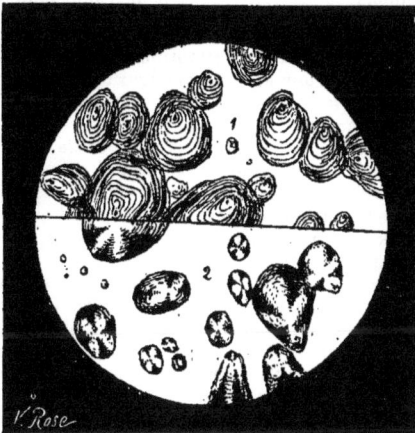

Fig. 29.

Fécule de pommes de terre : 1 grains vus à la lumière ordinaire ;
2 les mêmes vus à la lumière polarisée. $D = \frac{180}{1}$.

de fécule à la farine. En broyant dans de l'eau la farine frelatée, puis filtrant la liqueur, l'addition d'eau iodée colore en bleu, s'il y a de la fécule, en jaune rougeâtre si la farine est pure (Martens). Un procédé mécanique est encore à signaler, celui de la lévigation; si l'on emploie de l'eau qui a servi à préparer le gluten, et qu'on l'agite vivement, comme la fécule est la plus lourde, elle se dépose la première, de telle sorte qu'en décantant, après un court temps de repos, on n'enlèvera que l'amidon. Après cinq ou six opérations semblables, il ne reste guère que la fécule comme dépôt. Le microscope est également indispensable à employer. Un premier procédé consiste à faire arriver sur la préparation, une solution faible de potasse (à 2 0/0); l'amidon ne

se modifie pas, la fécule augmente cinq à six fois de volume (Donny). Les grains de fécule sont d'ailleurs caractéristiques : il y en a de petits et arrondis, d'autres au contraire larges, ovales ou rappelant la forme de l'huître; ils ont un hile petit, entouré de nombreuses couches concentriques, et placé à l'une des extrémités, la plus étroite. Leurs dimensions sont de $0^{mm},05$ à $0^{mm},125$, et même $0^{mm},185$. Sous l'influence de la lumière polarisée, ils offrent une croix très marquée, visible même dans le cas où le champ du microscope est lumineux, mais alors donnant une croix blanche sur fond noir (fig. 29).

Les substances minérales qui sont parfois ajoutées à la farine, sont assez faciles à retrouver par l'incinération. Le froment ne donnant que 1,5 à 2 0/0 au maximum, de cendres; tout chiffre plus élevé indiquera une fraude. On se rappelle que l'addition de légumineuses augmente d'ailleurs un peu la proportion normale de ces cendres. Parmi les substances retrouvées, il faut citer : le *sable* qui, dans les cendres, résiste à l'action des acides, et croque sous la dent; — *les carbonates de chaux, soude, potasse et magnésie :* les cendres font effervescence avec les acides, et la liqueur filtrée, précipite par l'oxalate d'ammoniaque, s'il y a de la chaux; par le bichlorure de platine, l'acide tartrique, si c'est de la potasse; par le phosphate de soude avec ammoniaque, si c'est de la magnésie; enfin, par le métaantimoniate de potasse, si c'est de la soude; — le *plâtre* : pour retrouver ce corps on enlève d'abord le gluten, puis on filtre la liqueur de lavage et on la fait bouillir pour dissoudre l'amidon; on concentre le liquide, et l'addition de chlorure de baryum y fait naître un précipité blanc, insoluble dans les acides, preuve de l'existence du sulfate, puis l'oxalate d'ammoniaque y fait un précipité blanc d'oxalate de chaux; — l'*alun* est très difficile à déterminer, s'il existe en très petite quantité, à cause de la présence dans les cendres d'acide phosphorique, de chaux, de magnésie, de silice. On calcine 100 grammes de farine, puis on arrose les cendres avec un peu d'acide sulfurique et on chauffe jusqu'à production de fumées blanches; à ce moment la silice est devenue insoluble, et l'alumine totalement attaquée. Après refroidissement, on ajoute un peu d'eau et on filtre. On rend la liqueur alcaline par addition de potasse, jusqu'à redissolution de l'alumine, on filtre à nouveau, on ajoute du chlorhydrate d'ammoniaque et on fait bouillir. Par le repos l'alumine se précipite, on la recueille, on lave, on calcine et on pèse. Un autre procédé par dissolution à froid de l'alun, en triturant la farine dans l'eau, et filtrant, puis précipitant la liqueur par l'ammoniaque, est insuffisant. — On a trouvé parfois du *sulfate de cuivre* ajouté aux farines jaunies, pour les blanchir, et faire prendre la pâte; bien que la proportion ajoutée n'excède pas 1/15,000 à 1/30,000, elle est suffisante pour colorer en jaune rosé, un pain contenant du cuivre, par l'addition de prussiate jaune de potasse; — le bureau sanitaire de New-York a, dans ces derniers temps, signalé l'addition, très fréquente aux Etats-Unis, de *pierre à savon* mélangée aux farines; ce silicate de magnésie se reconnaît en reprenant les cendres par l'acide chlorhydrique, et recherchant dans la liqueur les caractères de la magnésie. On en a retrouvé jusqu'à 1/10e du poids de la farine. — Citons enfin pour terminer, l'addition de la *poudre d'os*, signalée quelquefois. Le microscope fera aisément reconnaître la fraude en montrant les canicules rayonnants du tissu osseux, et faisant voir la coloration jaune d'or qui se produit lorsque l'on ajoute de l'azotate d'argent à la préparation. Les caractères chimiques de l'acide phosphorique et de la chaux, seront aussi faciles à obtenir.

Usages. Les emplois de la farine sont trop connus pour que nous ayons à nous étendre sur ce sujet. En dehors de l'usage alimentaire, elle sert encore à la préparation de l'amidon, de la colle de pâte, etc. — J. C.

Farine d'arsenic. *T. de chim.* Nom improprement donné au produit pulvérulent que l'on obtient par le grillage de la pyrite arsénicale. C'est de l'acide arsénieux impur, qui, raffiné par sublimation, donne ensuite l'*acide arsénieux vitreux*.

Farine fossile. *T. de minér.* Nom donné à une poudre blanche, dont l'aspect rappelle assez bien les caractères extérieurs de la farine, et qui est essentiellement constituée, au point de vue chimique, par un silicate d'alumine hydraté, avec petite quantité de chaux, de fer, ou de magnésie; mais qui, au point de vue microscopique, est constituée en presque totalité par des carapaces d'animaux fossiles (diatomées) (1), et souvent par quelques débris végétaux, d'origine marine ou d'eau douce.

Ces dépôts qui sont évidemment contemporains des mers, existant à des âges géologiques plus ou moins éloignés, se retrouvent dans presque tous les pays : en Grèce ; en Hongrie ; en Hanovre, notamment à Obérohe ; en Bohême ; en France, à Nanterre, par exemple ; en Belgique ; en Suède, où on les mélange parfois à la véritable farine pour la confection du pain ; en Allemagne, où Berlin est bâtie sur une immense couche de ce dépôt ; en Italie, où se trouvent les amas les plus riches ; dans l'Amérique du Nord, à Strafford, etc.

On en connaît encore deux variétés assez distinctes, une d'un blanc jaunâtre, à peu près exclusivement formée de diatomées ; une plus jaune, c'est celle qui renferme des débris de végétaux.

Usages. Depuis quelques années, l'industrie fait un grand emploi de cette matière. La première sorte sert surtout à préparer la dynamite ; son très grand pouvoir absorbant lui permettant de condenser des quantités considérables de nitroglycérine ; elle sert en outre à préparer l'outremer, des verres solubles, de l'émail, des glaçures ; on l'emploie encore pour polir, aiguiser et nettoyer ; comme remplissage dans la fabrication de la cire à cacheter, du papier, des savons, etc. La seconde sorte a été préconisée par MM. Refardt et Cie, de Brunswick, par M. Piron, en France, à cause de ses propriétés éminemment réfractaires, pour faire un ciment spécial destiné à recouvrir les con-

(1) Certains auteurs rangent les diatomées parmi les végétaux

duites de chaleur des calorifères. On prépare ainsi des tuyaux qui conduisent la chaleur à de grandes distances, sans déperdition bien sensible. Avec ce même produit, on fabrique aussi des briques, pour le revêtement extérieur des générateurs de machines à vapeur, des tuiles plates pour entourer les cylindres et les chaudières des locomotives, et au moyen desquelles on économise 25 à 40 0/0, et plus, sur le rendement calorifique. Ces produits ont en outre reçu d'ailleurs d'autres applications, ainsi dans la confection des coffres-forts, qui quoique légers sont complètement incombustibles ; des murailles de glacières, de caves, etc. Ils ont un pouvoir de conductibilité calorifique si faible, qu'une brique rouge de feu peut être tenue à la main par son autre extrémité, que de la poudre à canon protégée par ces briques ne s'enflamme pas, même lorsque celles-ci sont entourées de charbons ardents.

Farine lactée. *T. de pharm.* On vend depuis quelques années, sous ce nom, dans le commerce, une poudre qui n'est autre chose que le produit de l'évaporation dans le vide, de lait de vache, de sucre et de croûte de pain. Cette farine a été recommandée par M. Nestlé, pour l'alimentation des jeunes enfants.

Farine médicamenteuse. *T. de pharm.* On distingue surtout sous ce nom deux poudres grossières, celles obtenues avec les semences de lin et de moutarde.

Farine de lin. C'est le produit de la mouture des semences des *linum usitatissimum*, L.. Elle s'obtient avec des moulins dont la noix à arêtes tranchantes coupe la semence, plutôt qu'elle ne l'écrase ; aussi cette farine contient-elle toute la graine, amande et spermoderme. Elle est douce au toucher, et s'agglomère dans la main lorsqu'on l'y presse ; elle contient environ 30 0/0 d'huile, forme une émulsion avec l'eau, et ne bleuit pas par l'eau iodée. Vieille, elle est irritante et ne peut servir pour faire des cataplasmes, son huile s'étant acidifiée en rancissant.

La farine de lin est falsifiée par du tourteau de lin ayant servi à la préparation de l'huile de lin, par du petit son, de la sciure de bois, provenant de l'épuration des huiles végétales servant à l'éclairage, par des tourteaux de colza, des argiles, etc.

En traitant le produit frelaté par l'éther, dans un appareil à déplacement, on obtient facilement la quantité d'huile contenue dans la farine et on reconnaît ainsi la présence des *tourteaux de lin* ; l'eau iodée colorerait en bleu, sous le microscope, le *petit son* qui garde toujours des graines d'amidon ; le *tourteau de colza* se distingue de celui du lin, en délayant dans une grande quantité d'eau et mettant le tout dans un verre conique ; le liquide supérieur est jaune clair, avec le colza, se décolore par un excès d'eau, et redevient jaune en présence d'un alcali, tandis que le liquide est trouble, mais incolore, et non modifié par la potasse ou la soude, avec le tourteau de lin. La cellulose de la *sciure de bois* est facile à reconnaître au microscope, à ses longues fibres ligneuses, ses cellules, trachées, etc.; quant aux *argiles, terres*, ou matières minérales, elles se retrouvent dans les cendres après calcination.

Farine de moutarde. Elle est obtenue avec les semences du *sinapis nigra*, L., crucifères; elle est de teinte jaune verdâtre, avec parties brunes venant du spermoderme du fruit; elle est sans amertume, ne bleuit pas par l'eau iodée, et quand on la délaye dans l'eau, dégage une huile volatile très âcre (V. ESSENCE). Les falsifications qu'elle subit sont analogues à celles qu'offre la farine de lin, mais la fraude est très difficile à découvrir lorsque c'est la moutarde sauvage (*sinapis arvensis*, L.), qui a été mélangée au produit. — J. C.

*FARO. Sorte de bière composée d'orge et de froment en parties égales, et que l'on fabrique en Belgique. — V. BIÈRE.

FASCE. *Art hérald.* Pièce honorable de l'écu qui, posée horizontalement au milieu, sépare le chef de la pointe; elle représente l'écharpe que les guerriers portaient autrefois en guise de ceinture.

FASCÉ, ÉE. *Art hérald.* Se dit d'un écu divisé en six ou huit parties égales de deux émaux alternés, dans le sens de la fasce; l'écu est *burelé* lorsque les fasces sont au nombre de 6 ou 8, et *contre fascé* lorsqu'elles sont d'une couleur différente de celle de l'écu.

FASCINE. *T. de fortif.* Assemblage de menus branchages arrangés en forme de fagot, de façon qu'il reste entre eux le moins d'espace possible, et contenu par 4, 5 ou 6 liens équidistants de chacune de ses extrémités. Les dimensions et les diamètres des fascines sont variables, et dépendent de l'usage auquel on les emploie. Elles servent dans la construction des épaulements, dans le tracé des ouvrages, à combler les fossés. On les emploie aussi, après les avoir enduites de poix ou de goudron pour incendier en temps de guerre les ponts en bois ou autres ouvrages similaires; quelquefois pour éclairer.

En dehors de l'art militaire, on emploie souvent les fascines dans les travaux de l'hydraulique et des ponts et chaussées, qu'il s'agisse de border un cours d'eau, de consolider de mauvais chemins, ou d'autres usages analogues. On appelle *fascinage* un ouvrage de défense fait avec des fascines; quelquefois aussi ce mot se prend dans l'acception de placer les fascines, de les assembler dans le but d'en former un ouvrage.

* FATSIA. *T. de bot.* On cultive au Japon pour la fabrication du papier le *fatsia papyrifera* tout autant que le *broussonetia* (V. ce mot). Le papier de fatsia est fourni par la moelle de l'arbre, dont les cylindres sont découpés suivant une direction spiralée, en plaques larges et minces qui sont ultérieurement égalisées et aplaties. Cet arbuste appartient à la famille botanique des araliacées. C'est donc improprement qu'on appelle *papier de riz*, le papier qui en provient et qu'on importe en Europe.

* FAUCARDEMENT. Opération qui consiste à couper les herbes aquatiques qui poussent dans le lit des canaux; lorsque la nature du sol et celle des eaux se réunissent pour favoriser la végétation, le faucardement doit être renouvelé plusieurs fois, de mai à novembre, dans les canaux navigables, ce qui constitue une dépense annuelle assez importante. Cette opération s'exécute en promenant au fond et sur les berges du canal une chaîne composée de lames de faux réunies bout à bout au moyen de boulons à clavettes et manœuvrée par des hommes placés sur les chemins de halage. On choisit des lames d'une grande longueur afin de diminuer le nombre des assemblages; on arrondit les pointes et on abat les talons pour qu'elles puissent tourner facilement dans tous les sens; des chaînes en fer fixées à quelques-unes des lames servent à maintenir la chaîne au fond de l'eau et toujours horizontale. Les lames extrêmes sont munies d'un anneau dans lequel on attache deux cordes de 10 à 15 mètres de longueur, avec lesquelles des hommes placés sur chaque banquette impriment à la chaîne de faux un mouvement de va-et-vient, en avançant lentement contre le courant. Pour enlever les herbes coupées qui viennent flotter à la surface, on établit, obliquement au travers du canal, un barrage volant formé par une perche armée de chevilles verticales; ce barrage permet de ramener les herbes du côté où on veut les retirer; on le déplace de temps en temps au fur et à mesure de l'avancement de la chaîne; celle-ci doit être passée trois fois, une fois sur chacun des talus et une fois sur le plafond pour terminer. Les faux doivent être battues presque tous les jours. L'opération exige ordinairement de deux à quatre hommes pour manœuvrer la chaîne et deux hommes pour retirer les herbes et les déposer sur les francs bords; la longueur nettoyée par journée de travail varie de 500 à 1,000 mètres, suivant l'abondance des herbes.

* FAUCHARD. Arme du moyen âge, à l'usage des gens de pied; elle était formée d'une pièce de fer, longue et tranchante des deux côtés, et emmanchée au bout d'une hampe.

FAUCHEUSE. *T. de mach. agr.* Machine destinée à effectuer le coupage des foins. Ces machines, dont l'invention ne date que du commencement de notre siècle, rendent aujourd'hui les plus grands services, réalisent une économie considérable sur les anciens procédés, permettent enfin de faire la récolte dans un temps très court et dispensent ainsi l'agriculteur de rester à la merci de ses ouvriers qui, souvent, ne se présentent pas au moment opportun.

La faucheuse se compose en principe de l'organe coupeur, de la transmission, des appareils de support et de règlement. L'organe coupeur est une lame de scie formée de dents en acier de forme triangulaire, affûtées sur deux bords; chaque dent est fixée sur une tringle en acier par deux rivets à tête noyée; pour leur donner plus de solidité, les dents sont en outre, quelquefois, enchâssées les unes dans les autres par emboîtement latéral qui rend le système solidaire. La tringle d'acier présente à sa partie inférieure une rainure pour loger la tête des rivets. A une de ses extrémités se trouve rapporté un bouton ou œil auquel s'articule la bielle chargée de lui donner le mouvement de va-et-vient.

La lame de scie ainsi formée glisse dans une rainure pratiquée en avant d'une solide pièce d'acier appelée *porte-lame*, garnie de dents ou doigts pointus qui sont maintenus par des boulons. Ces doigts forment la partie fixe de l'organe coupeur. Le porte-lame est placé en porte à faux et parallèlement à l'axe de l'essieu. A une extrémité, du côté de la commande, elle est articulée au bâti de la machine par des tiges de fer forgé, de telle sorte qu'elle puisse décrire un angle de 90° ou 180° dans le plan vertical suivant le système de relevage adopté. Près de cette articulation se trouve fixé l'appareil de réglage. A l'autre extré-

mité, le porte-lame est muni, en avant, d'un sabot en fonte, et en arrière d'un versoir en bois qui rabat le foin coupé de façon à le disposer en andains. Lorsque la machine est en travail, elle coupe la récolte sur une bande parallèle à la ligne suivie par les chevaux et dont la largeur est réglée par la longueur de la scie.

Le bâti de la machine est monté le plus ordinairement sur deux roues porteuses en fonte (de 0m,65 de diamètre), dont la circonférence est garnie de petites aspérités destinées à augmenter l'adhérence.

Le mouvement de va-et-vient, dont est animé la scie, lui est transmis par une bielle et un plateau-manivelle monté sur un petit arbre qui reçoit un rapide mouvement de rotation dont l'origine est prise sur les roues porteuses. Dans certains systè-

Fig. 30. — *Faucheuse « la Persévérante ».*

mes, les roues motrices sont garnies d'une grande couronne à denture intérieure, qui donne le mouvement par deux pignons à un arbre intermédiaire, lequel communique avec le plateau-manivelle par un engrenage d'angle; la grande couronne étant toujours voisine du sol est, par suite, très facile à se remplir de terre ou d'herbes; pour y remédier, on adopte l'engrenage à lanterne, ou on le supprime totalement. Dans cette dernière disposition, qui se généralise de plus en plus, les engrenages sont petits et ramassés dans une boîte en fonte; le disque moteur est placé au centre de la machine sur l'axe des roues porteuses, et le mouvement est transmis à l'arbre du plateau-manivelle par quatre roues dentées, dont deux d'angle. Ce système, qui donne plus de légèreté à la machine en diminuant les chances d'engorgement, se trouve dans les types actuels du *Sprague*, la *Persévérante* (fig. 30), la *Fuvorite* (W. A. Wood), l'*Excelsior* (Rigault), l'*Aultman*, etc.

Dans la *New-Champion*, les trains d'engrenages sont supprimés et remplacés par une roue conique de 48 dents montée sur un joint à la cardan, qui engrène partiellement avec une roue de 46 dents fixée sur l'essieu; cette dernière lui communique un mouvement de vibration transmis à la scie par un châssis triangulaire.

La commande du mouvement des roues au mécanisme peut s'interrompre à la volonté du conducteur à l'aide d'un petit débrayage à levier. Les roues porteuses sont toujours munies de rochets à ressorts qui, lors du recul de la faucheuse, empêchent toute transmission entre l'axe moteur et le premier pignon. Le levier de manœuvre peut enfin à l'extrémité de sa course relever complètement la scie et le porte-lame à la fin du travail ou durant les tournées de l'instrument. L'inclinaison des dents, qui doit varier avec chaque récolte, peut se régler par un levier additionnel ou au moyen de boulons.

Le siège du conducteur est en fonte et supporté par une lame de ressort afin d'amortir les secousses, et se trouve placé entre les deux roues. Dans la faucheuse *la persévérante*, le siège est mobile, de façon à bien équilibrer tout le mécanisme.

La scie a de 0,070 à 0,090 de course, elle donne de 10 à 12 coups doubles par mètre parcouru par les chevaux et a une vitesse de $1^m,85$ à 2 mètres par seconde. La largeur coupée, pour 2 chevaux, varie de $1^m,20$ à $1^m,35$. Le poids oscille entre 275 et 350 kilogrammes, et le prix de 300 à 400 francs pour 1 cheval, et de 550 à 650 pour 2 chevaux. En pratique la faucheuse à 2 chevaux abat de 4 à 6 hectares de récolte par jour. Le tirage varie dans de très grandes limites; d'après plusieurs essais, on peut admettre que le travail mécanique dépensé pour faucher 1 hectare varie de 751,000 à 1,350,000 kilogrammètres.

Faucheuses combinées. On a cherché à avoir des machines faucheuses moissonneuses qui, par des dispositions spéciales, peuvent être employées à deux fins. En général, ces machines n'exécutent pas aussi bien le travail de la faucheuse et de la moissonneuse spéciales. On ne peut qu'encourager les constructeurs à perfectionner le système des machines combinées dont l'emploi diminuerait les frais de récolte dans une certaine mesure. — M. R.

FAUCILLE. Lame d'acier courbée en demi-cercle, à tranchant simple ou dentelé, et fixée au bout d'un manche très court. Cet instrument sert à couper les blés et les herbes; mais son usage se restreint de jour en jour, et il tend à disparaître complètement devant la *faux* et la *faucheuse mécanique*. — V. ces mots.

FAUCILLON. 1° Outil en forme de faucille employé par les jardiniers. || 2° Petite lime à l'usage des serruriers, pour terminer dans la clef le passage des gardes de la serrure.

FAUNE. Nom des divinités champêtres qui étaient chez les Romains ce qu'étaient le Satyre chez les Grecs; on les représente sous la forme humaine, mais avec des oreilles de chèvre et portant à l'extrémité de l'épine dorsale un gros bouquet de poils en guise de queue.

* FAUSSE-BROCHETTE. Sorte de colle. — V. BROCHETTE.

* FAUSSE-COUPE. 1° *T. de maçon.* Dans une voûte, un claveau est en *fausse-coupe* lorsque l'un de ses joints de tête est oblique par rapport à l'intrados de cette voûte. || 2° *T. de charp.* Assemblage à tenon et mortaise, dans lequel la pièce portant la mortaise est déversée, ou délardée par rapport à l'autre.

* FAUSSE-DUITE. *T. de tiss.* La duite est *fausse* lorsqu'elle est insérée dans un mauvais angle d'ouverture des fils de chaîne; ce dernier défaut provenant, soit d'un marchage mal observé, soit d'un dérangement dans l'un des modes de réglage de la mécanique Jacquard, soit enfin d'une erreur de lecture dans le carton qui sert à opérer cette *foule*.

FAUSSE-ÉQUERRE. — V. ÉQUERRE.

* FAUSSE-QUILLE. *T. de mar.* Bordage épais fixé au-dessous et dans toute la longueur de la *quille*, pour lui servir de renfort et de défense contre les chocs de bas-fonds.

FAUTEUIL. Dans la nombreuse série des sièges le fauteuil occupe une place d'honneur. Dès la plus haute antiquité on trouve ce meuble, qui est dérivé de la chaise, et qui ne s'en distingue que par ses formes plus amples, et surtout par les deux bras ou *accotoirs* placés à droite et à gauche à la hauteur des coudes de la personne assise.

— Chez les Égyptiens, il en existait plusieurs variétés et l'on en conserve dans les musées quelques spécimens fort intéressants, luxueux même. Il y en a un notamment au Louvre, gravé d'incrustations en ivoire. Au British Museum, on en voit dont les bras montent jusqu'à l'aisselle du personnage assis. « Les fauteuils à bras, dit Champollion-Figeac, garnis et recouverts de riches étoffes, étaient ornés de sculptures très variées, religieuses ou historiques. Des figures de peuples vaincus soutenaient le siège comme symbole de leur servitude. Un tabouret était semblable pour l'étoffe et les ornements au fauteuil dont il était l'accessoire. Pour des sièges pliants en bois, les pieds avaient la forme du cou et de la tête du cygne. D'autres fauteuils étaient en bois de cèdre, incrustés d'ivoire et d'ébène, et les sièges en jonc solidement tressés. »

Les peintures qui décorent le tombeau de Ramsès III, à Thèbes, nous donnent la représentation de ces sièges riches et moelleux, recouverts d'épais coussins ornés d'étoiles. Les uns ont les pieds formés par des statuettes de prisonniers enchaînés; chez d'autres, les pieds sont complètement droits et recouverts d'ornements en écaille, ou bien ont la forme de gros cylindres se rétrécissant par le bas, ou encore imitant des pieds d'animaux. Cette dernière catégorie est la plus ordinaire : elle confirme ce que l'on sait du luxe des meubles égyptiens, de leur originalité, du respect extraordinaire qu'ont montré les ébénistes de l'antiquité des lois de la construction, de leur sens des formes appliquées aux usages humains, de leur ingéniosité à copier la nature pour trouver des modèles à la fois caractéristiques d'allure, d'une architecture logique et exactement appropriée à la destination de chaque objet. Même pour les sièges des pauvres gens, les ébénistes égyptiens ne s'écartaient pas de ces formes primordiales qui ont le mérite de ne se contourner jamais et d'exprimer nettement leur rôle. En Assyrie, on trouve également dans les meubles cette simplicité éloquente. Phénomène assurément curieux à constater que cet admirable résultat obtenu par la seule force de la naïve logique des lignes chez les nations qui ont été le berceau de la civilisation primitive, en Chaldée comme en Égypte, dans la vallée du Tigre et de l'Euphrate, comme dans celle du Nil! Les Assyriens mêlaient habilement le métal au bois pour la construction de leurs meubles, comme l'attestent les découvertes précieuses faites à Ninive. « J'ai trouvé au milieu des décombres, a dit un des explorateurs des ruines de cette antique ville, M. Flandin, de petites têtes de taureaux en cuivre repoussé, parfaitement ciselées, et à l'intérieur desquelles étaient restés quelques morceaux de bois pourri; ces pièces ont certainement appartenu à des sièges exactement semblables à ceux que nous offrent les bas-reliefs. » D'ailleurs, les débris retrouvés à Nimroud permettent de reconstituer assez exactement certains fauteuils et montrent la richesse, la perfection de leur exécution. Ceux qui servaient de trônes indiquent le mode de construction adopté : tantôt les côtés sont ornés d'appliques en bronze, clouées sur panneaux de bois et représentant des génies ailés qui luttent contre des monstres, des têtes de bélier ornent l'avant des traverses; tantôt, comme dans un fauteuil que possède M. de Voguë, les pieds en métal se terminent par des lions ailés; les traverses sont sillonnées d'alvéoles qui devaient contenir des pierres fines, de l'ivoire, ou des pâtes de verre dont le brillant ressortait en lumière sur le noir du métal; des fils d'or incorporés au bronze accusent les contours et dessinent les arêtes. La garniture du siège se composait d'un coussin de tapisserie, d'où pendaient de longues franges de laine aux vives couleurs.

Les Grecs et les Romains n'ont pas mis moins de soin et moins de luxe dans la composition de leurs meubles, et leurs fauteuils furent d'autant plus des objets d'art qu'ils étaient d'un usage moins courant. On s'en servait principalement dans les cérémonies et pour de hauts personnages. La vie domestique ne se prêtait pas, surtout à l'origine, au développement de cette sorte de sièges confortables et faits pour le bien-être. L'existence des anciens, il ne faut pas l'oublier, était toute extérieure, se passait sur les places publiques, au bain, au théâtre, et

Fig. 31. — *Fauteuil Louis XIV.*

ne comportait pas l'appareil compliqué des meubles créés pour les besoins de notre civilisation actuelle. Mais dans les palais ou dans les théâtres, les fauteuils, destinés aux personnages importants, étaient presque toujours d'une extrême richesse. Tel est, par exemple, le fauteuil trouvé dans les ruines du théâtre de Dionysos, à Athènes, et qui était spécialement destiné à l'usage du prêtre de Dionysos Eleuthérien. Il est tout en marbre; le dossier est décoré d'un élégant bas-relief représentant des satyres traités dans le goût archaïque; sous le rebord du siège est sculptée une petite frise montrant le combat de deux Arimaspes contre des griffons; enfin, sur chacun des côtés, figure Agôn, le génie des combats de coqs qui se livraient dans l'enceinte du théâtre.

Durant le moyen âge, le fauteuil ou *faudesteuil* ne fut pas davantage un siège habituel qu'on employait dans le train ordinaire de la vie. Il garda sa signification honorifique et resta le privilège des grands. Les rois, les seigneurs, les évêques s'en servaient dans l'exercice de leurs fonctions, soit pour rendre la justice, soit pour présider à des cérémonies. Ils emportaient avec eux leur fauteuil en voyage, et c'est pour cette raison que ce siège avait la forme de pliant, afin de pouvoir être d'un transport plus facile. Le spécimen le plus ancien qui ait été

conservé est le fauteuil de Dagobert que nous avons reproduit dans ce *Dictionnaire* (V. CHAISE), et qui de pliant qu'il était fut restauré et rendu fixe, au XIIe siècle, par

Fig. 32. — *Fauteuil Louis XV (collection Hamilton).*

Suger qui y ajouta un dossier. Quelques miniatures nous font voir aussi des fauteuils des XIe, XIIe et XIIIe siècles d'une forme analogue (V. à BRONZE D'ART la fig. 610). Dès le siècle suivant, néanmoins, ils deviennent plus

Fig. 33. — *Fauteuil à joues (époque Louis XV).*

nombreux et d'un emploi plus fréquent. Sous le nom de *chayère*, ils s'installent dans la chambre principale des châteaux, près du lit des seigneurs, ou bien dans la grande salle commune, devenant, pour les serviteurs du logis, comme un permanent témoin de l'autorité du maître. Ils s'enrichissent de sculptures symboliques, reçoivent de hauts dossiers surmontés d'espèces de·dais chargés de protéger la tête du suzerain et du juge. Dans l'inventaire de Charles VI (xve siècle), publié par M. L. Drouet d'Arcq, on remarque cette description : « une grande chayère de bois appelée *faulx d'esteuil* de six membreures, peinte sur vermeil de la devise dessus dite..., dont le siège est garni de veluiau azur sur fil, et cloué do clous dorez et frangée de frange de soye de quatre couleurs achetée de lui ledit jour et délivrée à Gilet de Fresnes, premier barbier varlet de chambre du Roy nostre sire pour servir à seoir ledit seigneur quand l'on le peigne... »

Voici donc le fauteuil qui « ser à seoir »·les seigneurs, non plus pour qu'ils y rendent la justice, mais pour leur commodité personnelle quand leur valet de chambre les habille. Pour le coup, il se trouve quelque peu perdre de son prestige, et de ses airs solennels ; il devient plus familier, se met·à la portée des besoins domestiques, diminue la hauteur souvent incommode de son dossier, et

pour êtro adapté mieux à ce nouveau rôle, voit disposer le dessous du siège en forme de coffre où l'on renferme le linge, les étoffes et aussi les ustensiles intimes qui sont d'usage dans une chambre à coucher. Aussi, le bon Gilles Corrozet peut-il rimer en toute vérité en l'honneur du fauteuil ces vers discrets :

Chaise, compaigne de ta couche,
Chaise près du lit approchée
Pour deviser à l'accouchée...,

Chaise bien fermée et bien·close
Ou le musq odorant repose
Avec le linge délyé.
Taint souïf fleurant tant bien plyé.

Désormais, c'en est fait, le fauteuil va devenir un compagnon indispensable dans la maison bourgeoise comme dans le sévère manoir ; il va· se plier à toutes les exigences de la mode, à tous les caprices du luxe et des mœurs·efféminées. Sous Louis XII d'abord, qui ramène d'Italie le goût de certaines élégances jusqu'alors in-

Fig.· 34. — *Fauteuil et son tabouret de pied en bois sculpté* (époque Louis XVI, Palais de Fontainebleau).

connues, puis sous François Ier, Henri II, Charles IX, Henri III et Henri IV, les fauteuils achèvent leur·transformation, réduisent leurs dimensions à l'échelle des appartements nouveaux, se couvrent·d'étoffes luxueuses et de tapisseries à personnages. Après les fauteuils garnis de cuir qui étaient d'origine flamande, paraissent les fauteuils garnis en·plein sur le fond du siège. L'intérieur n'est plus en laine ou en bourre mais en crin de cheval ou de bœuf. L'emploi des franges à la mode italienne se répand. La construction elle-même, ce qu'on appelle·aujourd'hui la *coupe*, indique en même temps un grand progrès de la part des menuisiers en sièges. « Certains dossiers sont cintrés, lit-on dans le *Dictionnaire du tapissier* ; d'autres possèdent un léger renvers aux montants du dossier qui, en donnant plus de grâce au fauteuil, en facilite l'usage et permet d'obtenir ces sièges plus maniables, moins grands de proportion et plus confortables. C'est de cette époque que l'on peut réellement fixer l'origine du meuble de salon ; les anciens documents, les anciennes gravures ne représentent ´plus seulement une chaire ou un banc à dossier à côté desíquels sont un ou deux tabourets, ils désignent ou· représentent plusieurs fauteuils et plusieurs chaises assortis, même des canapés

rangés symétriquement súivant l'ordonnancement de l'architecte qui·a construit le château et en a décoré l'intérieur... On ne dit pas encore un meuble de salon dans les inventaires, mais on dit : un emmeublement composé de 8 fauteuils, 4 grandes chaises, 12 pliants, etc. »

Nous n'essaierons pas de décrire les innombrables types de fauteuils qui se produisirent aux xviie et xviiie siècles. Depuis le règne de Louis XIII, où l'on vit apparaître les premiers fauteuils à pieds contournés, dits *pieds de biche*, jusqu'à la fin du règne de Louis XVI, on peut dire que cette sorté de siège a participé étroitement à la vie générale de la société et que ses diverses modifications ont suivi le mouvement de l'art qui lui-même fut·le reflet direct des mœurs et de·l'esprit de ce temps. Sans entrer dans les détails techniques de la fabrication, qui, à ce moment devient une véritable science, et sans chercher à énumérer tous les progrès réalisés pour la sculpture et la dorure des bois, la grâce des courbes, l'élégance des étoffes soigneusement choisies par les tapissiers selon la forme et la destination des fauteuils, nous nous bornerons à noter à grands traits leurs différences caractéristiques durant ces deux siècles. Les gravures que nous publions ici montrent d'ailleurs des spécimens typiques qui nous dispenseront de longues descriptions. Le fauteuil Louis XIII a dans son architecture quelque chose de monumental qu'il a conservé de la Renaissance. Les lignes principales sont droites comme les assises d'un édifice ; la tapisserie est envahissante et retombe comme une tenture. A la fin de l'époque Louis XIII les lignes commencent à perdre de leur rectitude ; elles s'infléchissent. Puis arrive l'aurore du règne de Louis XIV avec une légère efflorescence d'ornements, qui se change bientôt en une végétation puissante, laquelle s'étend, oblige l'étoffe du siège à lui céder la place et donne au bois plus d'apparence, en même temps que les pieds se contournent comme s'ils participaient au même mouvement de vie qui semble envahir le meuble tout entier. Cette transformation gagne le dossier d'où l'étoffe se retire aussi pour laisser le bois apparaître (fig. 31). Toute cette ornementation arrive à un développement complet dans les beaux types Louis XIV jusqu'à ce que ce décor important perde peu à peu de sa majesté pour atteindre à la diversité, au mouvement, à la coquetterie qui va caractériser l'âge suivant. Sous Louis XV les fauteuils se divisèrent en deux grandes catégories : les fau-

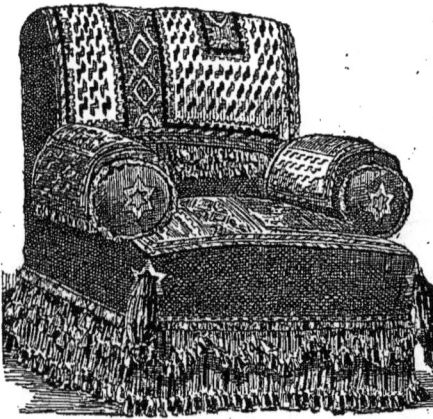

Fig. 35. — *Confortable (XIXe siècle), exécuté par M. Henri Fourdinois.*

teuils dits *à la reine* et les fauteuils *en cabriolet.* Les premiers avaient le siège évasé et cintré en plan, et le dossier, quoique cintré au pourtour, présentait une surface droite (fig. 32). Les seconds avaient le devant du siège de même forme que les premiers, mais le dossier était cintré également en demi cercle. De ces deux types principaux naquirent une infinité de types, les fauteuils à joues (fig. 33), les *marquises,* les *bergères,* etc. La garniture d'étoffe était aussi de deux sortes : tantôt elle était adhérente aux bâtis du siège sur lesquels on l'attachait dans des feuillures ou ravalements faits d'après la longueur du profil, tantôt elle était attachée sur des châssis pratiqués dans les feuillures, de sorte qu'on pouvait en changer aussi souvent qu'on voulait. Cet avantage était fort apprécié au XVIIIe siècle, car on changeait la garniture des sièges à chaque saison. Enfin la mode de garnir les fauteuils en cannes fut importée de Hollande en France et se répandit à partir du siècle dernier, car cette garniture fut jugée beaucoup plus solide que celle de paille ou de jonc. Ce fauteuil était pourvu également de deux parties accessoires qui se rejoignaient entre elles et formaient alors une sorte de *lit de repos.* — V. ce mot.

Les fauteuils du XIXe siècle ne peuvent guère offrir matière à des descriptions. On sait quelles formes lourdes et massives le style de l'époque impériale donna à tous les meubles. Depuis lors on s'est pour ainsi dire

borné à des imitations inspirées des diverses époques et presque tous les styles ont été successivement à la mode. Le seul exemple de fauteuil qu'on puisse citer comme ayant un cachet bien accusé d'originalité est le fauteuil appelé *confortable,* dont la mode nous vient d'Angleterre et pour lequel on ne tient aucun compte de la forme, mais de la commodité (fig. 35).

— V. G. Perrot et Chipiez : *Histoire de l'art dans l'antiquité ;* Deville : *Dictionnaire du tapissier ;* Viollet-le-Duc : *Dictionnaire du mobilier ;* Roubo : *l'Art du menuisier en meubles ;* Henry Havard : *l'Art dans la maison.*

Fauteuil mécanique. Fauteuil pourvu d'un mécanisme composé de pièces articulées, au moyen desquelles les blessés et les malades peuvent se mouvoir et prendre les positions que commande leur état.

FAUX. T. d'agr. Instrument destiné au coupage des tiges des végétaux, fourrages ou céréales. L'opération du fauchage à bras est une des plus pénibles parmi toutes celles que l'agriculteur a occasion de faire exécuter ; c'est ce qui a favorisé le développement des machines mues par les animaux (V. Faucheuse, Moissonneuse). La faux peut être considérée comme l'intermédiaire entre la faucille et les machines ; c'est un instrument de précision qui doit être bien réglé pour effectuer le travail dans les conditions convenables ; elle se compose, en principe, de la lame, du manche, des poignées, des pièces d'assemblages, et dans quelques cas d'une armature légère pour le couchage des tiges des céréales.

La lame est une pièce métallique courbe en forme de croissant ; elle présente en outre à sa partie supérieure une concavité qui est destinée à lui donner plus de rigidité ; cette face est garnie d'un rebord formant le *dos,* l'autre, du côté intérieur du croissant est affûtée et forme le *tranchant.* La lame est fixée au manche par une douille ou *tête* placée près du *talon,* à l'extrémité opposée elle se termine en *pointe.* La longueur des lames de faux se mesure sur le dos et varie de 0,60 à 1,20. Aujourd'hui les lames se fabriquent de deux façons : 1° en acier naturel non malléable de Styrie, et 2° en acier fondu dites *faux anglaises ;* ces dernières sont plus dures et par conséquent plus cassantes que les premières et s'affûtent sur la pierre. Les faux qui se fabriquent en France dans les environs de Saint-Étienne sont à tranchant d'acier malléable, bien moins fragiles que les précédentes ; lorsqu'elles rencontrent un obstacle, le tranchant se fausse et peut se rabattre au marteau qui ne fait que réparer les petits accidents. On a constaté que les faux affilées sur la pierre ont un tranchant plus vif et plus résistant que celles qui sont rebattues. Pour les céréales on emploie les lames en acier dur, tandis que pour les foins on fait usage des faux en acier doux.

Pour faciliter le réglage, la lame est attachée au manche par une virole circulaire dans laquelle on chasse un petit coin en bois ou en fer.

Le manche de la faux a environ 2 mètres de longueur, il est droit (faux normande), ou courbe (faux suisse, anglaise, etc.). L'extrémité du manche est le plus ordinairement garnie d'une béquille qui se tient de la main gauche, la main droite prenant une poignée fixée environ au milieu de la longueur du manche : cette poignée est quelquefois mobile, dans ce cas, elle est montée sur une virole que l'on fixe à l'aide d'un petit coin de bois. Dans certaines localités, le manche est très long et forme balancier, il est muni de deux poignées, l'une pour la main gauche, l'autre pour la droite.

Pour affûter la faux on emploie une pierre trempée dans l'eau, ou (environs de Paris) un morceau de bois blanc saupoudré de grès, ce dernier procédé est mauvais ; on emploie aussi un petit ciseau en acier très dur fixé dans une monture de rabot. — M. R.

FAUX (Bijouterie en). — V: Bijouterie en Doublé.

*   **FAUX-BAUX.** — V. Construction navale.

*   **FAUX-CHEVÊTRE.** *T. de constr*. Pièce de bois qui, dans un plancher, forme remplissage entre le *chevêtre* et le mur. — V. Chevêtre.

FAUX-COMBLE. *T. de constr*. Partie d'un comble brisé, comprise entre le faux-entrait ou entrait de brisis et le faîtage. — V. Comble.

*   **FAUX-ENTRAIT.** *T. de charp*. Pièce de bois horizontale destinée, soit à maintenir l'écartement des arbalétriers dans un comble à deux égouts de grande hauteur, soit à recevoir les solives d'un faux-plancher dans un comble à la Mansart.

*   **FAUX-LIMON.** *T. de charp*. Pièce de bois qui, dans un escalier, reçoit l'extrémité des marches au droit d'une baie ou d'une cloison légère.

FAUX-PLANCHER. *T. de constr*. Plancher haut du dernier étage d'une maison. Dans les constructions ordinaires le faux-plancher est composé de pièces de bois de faible équarrissage, et n'ayant pas de charge à supporter.

*   **FAUX-PONT.** — V. Construction navale.

FAYENCE. — V. Faïence.

FÉCULE. *T. de chim*. On donne le nom de *fécule* (*kartoffelstærke*) à cette matière pulvérulente qui se trouve généralement dans la pomme de terre (*solanum tuberosum*, Lin.), le manioc, le palmier, les orchis, etc.

Caractères. La fécule est formée de globules semi-transparents, de grandeurs variables suivant la plante qui les produit, et souvent même, différant de grandeur dans la même plante. Leur diamètre peut varier de $0^{m/m},05$ à $0^{m/m},140$ et même $0^{m/m},185$; leur forme est sphérique pour les plus petits, elliptique, ovoïde ou triangulaire pour les plus gros. Ils ont un hile punctiforme situé à l'extrémité rétrécie et sont formés de couches concentriques. Ils sont très facilement polarisables, même dans un champ lumineux et montrent alors une croix très visible (fig. 36).

Ces globules sont renfermés dans des cellules, comme l'indique la figure 37.

Le nom de *fécule* est parfois confondu avec le nom d'*amidon*, car tous deux ont la même composition chimique et tous deux jouissent du même degré d'importance dans l'alimentation, mais celui de fécule s'applique surtout aux pro-

Fig. 36. — *Grains de fécule gonflés par l'eau.*

duits de la pomme de terre, du manioc, du palmier, des orchis.

La fécule, suivant qu'elle supporte un degré de température plus ou moins élevé, est modifiée dans ses propriétés, ainsi que lorsqu'elle a subi l'action de certains réactifs chimiques. Les apprêteurs et les imprimeurs reconnaissent des dif-

Fig. 37. — *Grains de fécule de pomme de terre contenus dans leurs cellules.*

férences très sensibles dans les différentes matières amylacées. Mais lorsqu'on emploie la fécule ou l'amidon pour une transformation chimique, *alors l'identité est complète* et rien ne pourrait faire reconnaître quel amidon ou quelle fécule a servi de matière première. En effet, ces deux corps ne diffèrent que par la forme, par la conformation physique, mais chimiquement ils ont la même composition.

La composition centésimale de la fécule est :

Carbone.	44.445
Hydrogène	6.172
Oxygène.	49.383
	100.000

correspondant à la formule $C^{12}H^{10}O^{10} = C^6H^5O^5$, et sa composition en équivalents est ($H=1$) :

C^6.	36
H^5.	5
O^5.	40
Équivalent.	81

Composition de la fécule, d'après MM. Bloch.

Différents états des fécules	Marquant au féculomètre	Formules	Équivalents H = 1	Eau pour 100	Fécule normale p. 100
Fécule normale séchée à 160° dans un courant d'air sec.	»	$C^6H^5O^5$	81	»	100
Fécule sèche du commerce à . , ...	82°	$C^6H^5O^5+2HO$	99	18	82
— — —	75°	$C^6H^5O^5+3HO$	108	25	75
Fécule verte, bien déposée, à son maximum d'hydratation à.	50°	$C^6H^5O^5+9HO$	162	50	50

Du tableau ci-dessus on peut conclure que :

	Fécule à 82°	Fécule à 75°	Fécule à 50°
100 kilogrammes. Fécule normale, correspondent à.	121.95	133.33	222.22
100 kilogr. Fécule sèche du commerce à 82°, correspondent à. .	100.00	109.33	164.00
100 — — — 75°, —	91.35	100.00	150.00
100 — — verte — 50°, — . .	60.97	66.66	100.00

Propriétés. La fécule est un corps solide, blanc, densité = 1,53 ; elle ne présente jamais la pureté d'un principe immédiat cristallin ; elle contient toujours une petite quantité d'une substance azotée, de nature albumineuse, et laisse par la combustion des traces de cendres. Lorsqu'on chauffe la fécule à 200°, elle éprouve un changement isomérique très remarquable, elle se transforme en dextrine, corps soluble dans l'eau ; et à 170°, dans un tube fermé, sous l'influence de l'eau et de la pression (fig. 38 et 39).

Fig. 38 et 39. — *Globules de fécule du* canna discolor *chauffées à 250°, puis humectées d'eau.*

L'eau chaude exerce une action rapide sur la fécule. Si l'on délaie 1 partie de fécule dans 15 parties d'eau, et qu'on élève lentement la température du liquide, on voit, dès que l'on est arrivé à 55° environ, la consistance du liquide changer ; il devient épais et mucilagineux ; l'empois commence à se former à cette température, et augmente surtout de 72 à 100°.

En regardant l'empois au microscope, on voit que les grains de fécule sont tous fendus ; les couches intérieures, en s'hydratant, se sont considérablement développées ; les grains de fécule ont augmenté de trente fois leur volume.

On peut détruire par le refroidissement l'empois que la chaleur a produit ; c'est ce qui a lieu à —10°, par suite de contraction ; la liqueur reprend sa fluidité première. Lorsqu'on a fait bouillir de la fécule dans de l'eau, les granules atteignent un degré extrême de ténuité et peuvent passer à travers les pores d'un filtre de papier ;

mais si l'on remplace le filtre par les radicelles d'un bulbe de jacinthe, la fécule est complètement retenue, et l'eau passe parfaitement pure (Payen). Pour désagréger la fécule en granules, on chauffe celle-ci pendant deux heures à 150° dans une marmite de Papin, avec de l'eau ; la liqueur laisse déposer, par le refroidissement, des granules qui ont à peine 2 millièmes de millimètre, et qui ressemblent aux petits grains de fécule. Ce procédé, dû à M. Jacquelain, permet de ramener toutes les fécules au même état, et de produire des granules qui ont la dimension des plus petits grains de fécule naturelle.

Plusieurs corps jouissent de la propriété de transformer la fécule en empois ; nous citerons particulièrement la soude qui, dans la proportion de 0,02, fait augmenter la fécule de soixante-quinze fois son volume ; mais, après saturation avec un acide, la fécule est précipitable en magma volumineux par l'alcool. Quelle qu'ait été la durée de l'action de l'alcali, le poids de la fécule isolée et desséchée est très sensiblement le même que celui de la fécule employée. Le précipité récemment formé s'hydrate, devient translucide et se sépare ensuite presque totalement sous la forme d'une masse volumineuse et blanche ; cependant une petite quantité de matière reste en dissolution, ou plutôt en suspension.

Le chlorure de zinc transforme également la fécule en empois, liquéfiable seulement à 100° centigrades, et après douze heures devenant assez liquide pour traverser les filtres de papier. L'alcool, même bouillant, est absolument sans action, et n'en dissout pas la plus faible trace.

L'iode exerce sur la fécule une action caractéristique. Il la colore en bleu foncé. La coloration que l'on obtient varie avec l'agrégation de la fécule : elle est ordinairement bleue ou violette, et dans quelques cas elle devient rouge, lorsque la fécule a éprouvé une désagrégation partielle. L'iodure amylacé se décolore à la lumière par formation d'acide iodhydrique, dans l'eau portée à 66°, mais reprend sa couleur par le refroidissement ; parfaitement sec, il est contracté par de faibles proportions d'acides ou de sels; un dix-millième de chlorure de sodium suffit pour produire ce phénomène. Il résiste à une température de 200° sans se décomposer, pourvu qu'il ait été préalablement desséché; dans ce cas, l'iode préserve la fécule de la désagrégation.

La fécule, préalablement desséchée et humectée avec une dissolution d'iode dans l'alcool anhydre, ne produit pas de l'iodure bleu, il suffit d'une goutte d'eau pour produire la coloration bleue de la fécule. Si l'on broie la fécule de pomme de terre avec de l'eau, la liqueur filtrée se colore en bleu par l'iode; cette coloration ne se produit pas avec l'amidon de blé, parce que ses grains, bien plus ténus que ceux de la fécule, ne s'écrasent pas sous le pilon. Le tannin précipite la fécule de sa dissolution. La fécule sèche peut se conserver indéfiniment sans s'altérer; il n'en est pas de même de l'empois, qui, dans les temps chauds, s'acidifie, se transforme en dextrine, en eau et en acide lactique. La matière azotée que contient souvent la fécule paraît avoir de l'influence sur cette transformation.

La fécule absorbe lentement à froid le fluorure de bore, en se liquéfiant, mais sans se colorer. Lorsqu'elle est soumise à l'action de la chaleur avec du peroxyde de manganèse, il se dégage du chloral et de l'aldéhyde métacétonique. A la distillation sèche, elle donne les mêmes produits que le sucre et la glucose.

D'après Braconnot, lorsqu'on traite de la fécule par de l'acide azotique d'une densité de 1,5, elle se dissout entièrement; la liqueur, étendue d'eau, laisse déposer une substance qui a été nommée *xyloïdine* ou *azotate de fécule*. La xyloïdine, au contact d'un sel de fer au minimum, dégage du bioxyde d'azote, le sel de fer passe au maximum, et il se dépose de la fécule qui est soluble dans l'eau. Une dissolution concentrée de chlore ou d'hypochlorite de chaux la transforme en eau et en acide carbonique. La réaction, commencée à la température de l'ébullition, peut se continuer sans le secours de la chaleur.

Tous les acides étendus paraissent agir sur la fécule; ils la désagrègent d'abord, et la transforment ensuite en dextrine et en sucre. Parmi les acides organiques solubles dans l'eau, on ne cite jusqu'à présent que l'acide acétique qui n'exerce sur elle aucune action. Aussi l'emploie-t-on souvent dans l'analyse commerciale, pour reconnaître la présence d'un acide énergique dans le vinaigre. Lorsque le vinaigre est pur, il n'agit pas sur la fécule; s'il contient de l'acide sulfurique, même en très petite quantité, il peut, sous

l'influence de la chaleur, opérer rapidement sa dissolution.

L'ammoniaque n'exerce également aucune action sur la fécule; cette propriété peut servir pour l'essai des sels ammoniacaux. Si l'on ajoute à la solution d'un sel ammoniacal, 4 centièmes de son poids de fécule, puis goutte à goutte, à l'aide d'une burette graduée, une dissolution titrée de soude caustique, celle-ci déplace par degrés son équivalent d'ammoniaque et s'empare de l'acide; aussitôt que le sel est complètement décomposé, un léger excès de soude n'ayant plus d'acide à saturer réagit sur la fécule, fait gonfler les grains et donne lieu à une sorte d'empois. Il sera donc facile de connaître la richesse de la solution saline en ammoniaque par la quantité équivalente de soude employée à la décomposer.

L'acide sulfurique est surtout employé pour modifier la fécule. Lorsqu'on en traite 500 parties par 1,000 parties d'eau et 10 parties d'acide sulfurique et qu'on fait passer dans la liqueur de la vapeur d'eau pour l'échauffer également, la fécule se dissout rapidement; si l'on sature l'acide par du carbonate de chaux, on trouve dans la liqueur de la dextrine ou du sucre.

La diastase transforme également la fécule en sucre.

Il est intéressant de donner pour la première

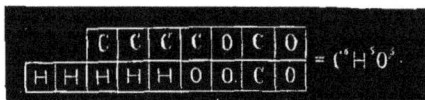

Fig. 40. — *Théorie de la constitution moléculaire de la fécule.*

fois la constitution moléculaire de la fécule, qui, d'après MM. Bloch, est la suivante : les molécules sont rangées en lignes droites et sur deux rangs, dans le même plan, comme le dessin de la figure 40 :

Fig. 41. — *Théorie de la constitution moléculaire de l'eau.*

Cette disposition permet de suivre les différentes transformations de la fécule et de ses dérivés, dans la végétation et dans l'industrie. En effet, si l'on juxtapose deux équivalents de fécule, plus deux équivalents (fig. 41), on a la disposition de la glucose.

Ce sont les deux équivalents d'eau qui se fixent

Fig. 42. — *Théorie de la constitution moléculaire de la glucose.*

pendant la saccharification. La formule de la glucose devient alors $C^{12}H^{12}O^{12}$. Lorsqu'on suit ce

corps dans ses différentes compositions on retrouve tous les dérivés de la fécule.

Pour mieux suivre ces transformations, nous donnons des numéros à toutes les colonnes verticales et nous trouvons (fig. 42) :

De 0 à 6 et de 9 à 15 =	2 éq. alcool	$2(C^4H^6O^2)$
De 6 à 9 » 15 à 18 =	4 » acide carboniq.	$4(CO^2)$
De 1 à 7 » 10 à 16 =	2 » acide acétique..	$2(C^4H^4O^4)$
De 6 à 15	1 » acide lactique..	$C^6H^6O^6$
De 0 à 10	1 » glycérine. . . .	$C^6H^8O^6$
De 7 à 18	1 » acide succiniq..	$C^8H^6O^8$
De 0 à 7	1 » glycol.	$C^4H^6O^4$
De 6 à 18	1 » acide malique..	$C^8H^6O^{10}$
De 1 à 6 » 10 à 15	2 » aldéhyde	$C^4H^4O^2$
De 0 à 8 » 9 à 17	2 » ac. propionique	$C^6H^6O^4$
De 8 à 18 » 18 à 15	1 » acide tartrique .	$C^8H^6O^{12}$
De 1 à 6 2 fois superposés	1 » acide butyrique.	$C^8H^8O^4$
De 3 à 6 » »	1 » acide acroléiq..	$C^6H^4O^2$
De 0 à 18 — HO	1 » sucre de canne.	$C^{12}H^{11}O^{11}$
De 0 à 18 — 2HO	1 » dextrine.	$C^{12}H^{10}O^{10}$

En étudiant l'action de certains réactifs sur ces corps, on remarque que les réactions sont toujours les mêmes; soit qu'on agisse sur le groupe moléculaire entier; soit qu'on agisse sur le groupe moléculaire partiel. La décomposition de la glycérine comme celle de la glucose produit de l'alcool et de l'acide carbonique. L'action de la chaleur sur la glycérine, sur la glucose, sur la fécule produit de l'acide acroléique; celle de la potasse sur l'acide succinique et sur l'acide malique produit des oxalates, et des formiates avec la fécule et la glycérine; l'acide nitrique transforme la fécule ou la glycérine en corps détonants.

L'action de la lumière polarisée sur la dextrine et le sucre de canne est la même parce que l'extrémité a la même forme.

De plus, il faut remarquer que la glucose est terminée d'un côté par deux molécules d'hydrogène, ce qui explique sa propriété réductrice sur l'indigo bleu et sur les sels de cuivre. C'est parce que la disposition moléculaire de la fécule est vraie qu'on trouve la même disposition dans les corps dérivés de la fécule. Si l'on cherche la disposition moléculaire de chacun des dérivés de la fécule, on est étonné de la justesse de cette disposition. On retrouve aux extrémités de la glycérine l'hydrogène qu'elle abandonne au contact des corps oxydants, exactement comme l'alcool pour un côté; l'acide malique est borné aux extrémités par de l'oxygène.

On peut alors comprendre cette facile modification que présente la végétation, c'est-à-dire la transformation des acides oxalique, acétique, malique, succinique, en sucre de raisin et sucre de canne, en fécule, en ligneux, en cellulose, en corps gras, etc.

De plus, on peut aussi facilement se rendre compte de la forme des différents globules de fécule. En examinant la constitution moléculaire de la fécule ou de l'amidon, on voit qu'elle a la forme d'un ruban qui peut se courber et former comme un ressort de montre. Plusieurs de ces ressorts peuvent s'enrouler les uns sur les autres et former un rouleau plus ou moins grand. De là, la forme lenticulaire et les différentes grandeurs du globule d'amidon. D'autres fois, ces ressorts peuvent s'enchevêtrer les uns dans les autres dans tous les sens et former alors un globule sphé-

rique plus ou moins grand. Cette disposition permet d'expliquer l'augmentation extraordinaire du volume de la fécule par l'interposition de l'eau, soit pour la fécule verte, soit pour l'empois; et l'on comprend cette exfoliation des globules des fécules par la chaleur ou par les bases; l'expérience de M. Jacquelain confirme cette manière d'envisager les différentes espèces de globules de fécule.

ESSAI DES FÉCULES. La fécule verte et sèche étant employée directement dans plusieurs industries, il est important de pouvoir apprécier promptement la quantité de fécule et celle de l'eau qu'elle contient.

Différents procédés peuvent permettre d'obtenir ce résultat: MM. Bloch ont imaginé un petit instrument basé sur la propriété que possède la fécule sèche de former un hydrate défini à volume constant, quoi qu'il soit dans une grande quantité d'eau. Ce *féculomètre* est constitué par un tube de 35 centimètres de longueur, dont la moitié est divisée en 100 parties; il est fermé par un bouchon à l'émeri (fig. 43).

Fig. 43.
Féculomètre.

Pour faire un essai, on pèse 10 grammes de fécule, soit sèche, soit verte; on les introduit dans le tube, on agite avec de l'eau, après avoir remis le bouchon. Lorsque toute la fécule est délayée, on enlève le bouchon, et l'on fait couler quelques gouttes d'eau le long des parois, afin d'enlever les granules qui y restent attachés : cette opération dure cinq minutes. On abandonne alors au repos jusqu'à ce que la fécule ne se meuve plus en renversant le tube. Une fécule de bonne qualité se dépose au bout d'une heure, tandis qu'une mauvaise fécule exige six heures. Après le repos complet, on lit le nombre des divisions occupées par la fécule. Cette lecture donne le titre de la fécule en centièmes; c'est-à-dire que si le chiffre 75 est indiqué, les 100 kilogrammes de cette fécule contiennent 75 kilogrammes de fécule réelle et 25 kilogrammes d'eau. Une fécule sèche du commerce doit, si elle est de bonne qualité, marquer 75 0/0 au minimum et 82 0/0 au maximum.

Lorsqu'il s'agit de déterminer la quantité d'eau contenue dans une fécule fermentée ou repassée, il faut se servir du féculomètre d'une manière indirecte; à cet effet, on prend une fécule première qualité et on détermine son degré au féculomètre; cette fécule marque, par exemple, 75°, on prend alors 100 grammes de cette fécule et 100 grammes de la fécule à essayer et l'on met les deux dans une même étuve et à la même température, on les y laisse jusqu'à ce que ni l'une ni l'autre ne diminue plus de poids. On détermine alors le poids exact.

Supposons que la première qualité ait perdu 10 grammes d'eau et la repassée 15 grammes, on fait la différence, et l'on déduit cette quantité de 75°, soit 70. La repassée marque alors 70 0/0 de fécule et 30 0/0 d'eau.

On nous fait remarquer que l'équivalent de la fécule à 82° au féculomètre est juste 99 (H=1), et que comme dans le commerce la fécule est en balles de 100 kilogrammes brut; et que l'on compte, à peu de chose près, 1 kilogramme pour la tare, reste net 99 kilogrammes; il est donc très facile, dans l'industrie, de calculer les rendements par équivalents, car la balle de fécule et l'équivalent de celle-ci à 82° se confondent dans les calculs.

Ainsi, dans la fabrication de la dextrine où il y a disparition de 2 équivalents d'eau, on voit de suite que la balle de fécule à 82° doit produire 18 0/0 de perte, il en est de même pour les autres industries à base de fécule.

On a déterminé le volume occupé par la fécule verte à son maximum d'hydratation

$$C^6 H^3 O^5 + 9 H O,$$

soit l'équivalent 162 grammes occupent

142^{cc},2927.

FALSIFICATIONS. Elles peuvent être dues à des mélanges avec d'autres matières amylacées; l'examen microscopique permet de reconnaître la fraude. On y a trouvé de l'albâtre, de la craie, de la terre de pipe; dans ce cas on incinère un poids donné de fécule et l'on prend exactement le poids des cendres. Une fécule de bonne qualité laisse 0,014 de résidu seulement, un chiffre plus élevé indiquerait une fraude; on recherche alors par les réactifs chimiques la constitution de ce résidu.

FÉCULERIE. FABRICATION (1). Dans la fabrication de la fécule de pomme de terre, le premier point, c'est la *réception* et la *conservation* des pommes de terre. Il faut donner la préférence aux espèces récoltées dans les terrains sablonneux, elles sont toujours plus riches en fécule et naturellement méritent la préférence. La différence de rendement en fécule est tellement grande qu'elle peut varier de 12 à 20 0/0.

Plusieurs moyens sont employés pour reconnaître la qualité de la pomme de terre : 1° le râpage à la râpe de cuisine, et la pesée de la fécule étuvée; 2° la densité; 3° le solanomètre.

Le premier de ces moyens est trop primitif pour mériter la discussion. Le râpage est grossier, la dessiccation est variable et ne peut indiquer le degré de la fécule obtenue; cette méthode peut donner des résultats approximatifs de 5 à 10 0/0 près, il faut donc le rejeter.

Le poids spécifique des tubercules est en raison directe de leur teneur en fécule. On peut déterminer ce poids au moyen de deux méthodes : la méthode indirecte et la méthode directe.

(*a*) *Méthode indirecte.* Elle consiste à prendre le poids spécifique d'un liquide rendu égal à celui du corps solide. On se sert d'une solution saturée de sel marin, dont on met environ 2 litres dans un vase d'une capacité de 5 à 6 litres envi-

(1) Cette industrie a été créée en 1810 par N.-C. Bloth, qui a ainsi puissamment contribué à la propagation de la culture de la pomme de terre, et nous devons la plupart des renseignements que contient cette étude à l'obligeance de ses descendants, MM. Bloch frères, qui ont organisé à Tomblaine une féculeri de premier ordre.

ron. On fait un échantillon moyen de 25 à 30 tubercules, et une fois ceux-ci dans l'eau salée, on verse de l'eau pure en agitant jusqu'à ce que la moitié des pommes de terre flotte quand le reste tombe au fond. On prend alors la densité du liquide avec un aréomètre ordinaire, ou celui spécial de Krocker (Frésénius et Schulze), puis on consulte les tables qui donnent immédiatement la richesse en matière sèche et en fécule.

Table de Behrend, Maercher et Morgen pour évaluer la valeur des pommes de terre.

Poids spécifique	Substance sèche p. 100	Fécule p. 100	Poids spécifique	Substance sèche p. 100	Fécule p. 100
1.080	19.7	13.9	1.120	28.3	22.5
1.090	21.8	16.0	1.130	30.4	24.6
1.100	24.0	18.2	1.140	32.5	26.7
1.110	26.1	20.3	1.150	34.7	28.9

Tableau du rendement de la pomme de terre par sa densité.

Poids de 5 kilogr. dans l'eau	Densité	Matières sèches p. 100	Fécule p. 100	Poids de 5 kilogr. dans l'eau	Densité	Matières sèches p. 100	Fécule p. 100
375	1.080	19.7	13.9	535	1.120	28.3	22.5
380	1.081	19.9	14.1	540	1.121	28.5	22.7
385	1.083	20.3	14.5	545	1.123	28.9	23.1
390	1.084	20.5	14.7	550	1.124	29.1	23.3
396	1.086	20.9	15.1	555	1.125	29.3	23.5
400	1.087	21.2	15.4	560	1.126	29.5	23.7
405	1.088	21.4	15.6	565	1.127	29.8	24.0
410	1.089	21.6	15.8	570	1.129	30.2	24.4
415	1.091	22.0	16.2	575	1.130	30.4	24.6
420	1.092	22.2	16.4	580	1.131	30.6	24.8
425	1.093	22.4	16.6	585	1.132	30.8	25.0
430	1.094	22.7	16.9	590	1.134	31.3	25.5
435	1.095	22.9	17.1	595	1.135	31.5	25.7
440	1.097	23.3	17.5	600	1.136	31.7	25.9
445	1.098	23.5	17.7	605	1.138	32.1	26.3
450	1.099	23.7	17.9	610	1.139	32.3	26.5
455	1.100	24.0	18.2	615	1.140	32.5	26.7
460	1.101	24.2	18.4	620	1.142	33.0	27.2
465	1.102	24.4	18.6	625	1.143	33.2	27.4
470	1.104	24.8	19.0	630	1.144	33.4	27.6
475	1.105	25,0	19.2	635	1.146	33.8	28.0
480	1.106	25.2	19.4	640	1.147	34.1	28.3
485	1.107	25.5	19.7	645	1.148	34.3	28.5
490	1.109	25.9	20.1	650	1.149	34.5	28.7
495	1.110	26.1	20.3	655	1.151	34.9	29.1
500	1.111	26.3	20.5	660	1.152	35.1	29.3
505	1.112	26.5	20.7	665	1.153	35.4	29.6
510	1.113	26.7	20.9	670	1.155	35.8	30.0
515	1.114	26.9	21.1	675	1.156	36.0	30.2
520	1.115	27.2	21.4	680	1.157	36.2	30.4
525	1.117	27.4	21.6	685	1.159	36.4	30.6
530	1.119	28.0	22.2				

(*b*) *Méthodes directes.* Elles sont basées sur l'emploi de la formule $d = \dfrac{p}{v}$, dans laquelle p est le poids des tubercules et v celui de l'eau déplacée. Les pommes de terre sont employées après nettoyage, et mouillées, pour éviter l'adhérence de bulles d'air. On se sert, soit de l'appareil de Stohmann ou de Schertler, soit de balances hydrostatiques. Dans le premier procédé, on emploie un vase gradué en verre contenant un volume donné d'eau, on y met un poids quelconque de pommes de terre, et l'on remplit d'eau jusqu'au niveau marqué. La différence entre le poids de l'eau nécessaire pour atteindre la graduation et celui ajouté quand les tubercules étaient dans le vase, donne le résultat cherché. Ainsi, le vase jaugé contient 1,750 grammes d'eau, on y met l'échantillon de pommes de terre qui pèse 715 grammes; pour arriver au trait du vase, on ajoute 1,130 grammes d'eau; on aura dès lors

$$1,750 - 1,130 = 620, \text{ d'où } d = \frac{715}{620} = 1,15,$$

c'est-à-dire que d'après la table, on aurait 28,9 0/0 de fécule et 34,7 de matière sèche dans l'échantillon.

Le procédé de la balance hydrostatique est décrit t. IV, p. 123; dans la pratique on se sert de balances à paniers dites *balances de Hurtzig* (peson), *de Schwarze* (romaine) ou *de Reimann*.

La densité donne un résultat plus près de la vérité, mais elle peut être sujette à erreur, si des tubercules contiennent une bulle d'air au centre; des cailloux, des clous de fer, etc., ou sont malades.

La méthode par le *solanomètre* imaginé par MM. Bloch, si l'opération se fait avec soins, donne le résultat tout à fait exact; cette méthode est basée sur l'extraction absolue de la fécule dosée à l'état humide, et à son maximum d'hydratation. L'instrument a deux graduations : l'une indique combien 100 kilogrammes de pommes de terre donnent de fécule à 82°, l'autre combien 100 kilogrammes de pommes de terre donnent de fécule à 75°. Il consiste en un vase en verre ou en métal, de la forme d'une allonge (fig. 44), terminé par un tube gradué, dont 100 divisions égalent 75 ou 82 divisions du féculomètre indiqué plus haut. Le degré indiqué par le dépôt de fécule indique directement la richesse de la pomme de terre.

Fig. 44.
Solanomètre.

Exemple : 16 divisions égalent 16 0/0 de fécule commerciale dans 100 kilogrammes de pomme de terre.

Pour faire un essai, l'on passe un petit emporte-pièce (fig. 45) au travers de la pomme de terre, et avec le *repoussoir* (fig. 46), on retire le cylindre du tube; on en pèse 10 grammes, par double pesée, en ayant la précaution de rogner toujours du même côté, afin d'obtenir un cylindre qui représente la moyenne, de façon à conserver la partie de la circonférence de la pomme de terre jusqu'à son centre. Ce fragment de 10 grammes est alors usé sur une meule dont l'auge est remplie d'eau jusqu'au tiers (fig. 47); puis les parties échappées à la meule sont broyées dans un mortier pour déchirer toutes les cellules (fig. 48).

On jette alors le tout sur un tamis en soie écrue n° 160, posé sur un vase à robinet (fig. 49). On lave à grande eau, jusqu'à ce qu'il ne reste plus de grains de fécule dans la pulpe; ce dont on peut s'assurer au moyen du microscope. Cette eau renferme alors toute la fécule contenue dans 10 grammes de pomme de terre, plus quelques téguments qui empêchent la fécule de se déposer.

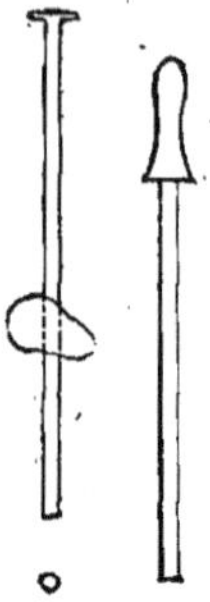

Fig. 45 et 46.

Pour isoler la fécule, on fait passer le liquide tout doucement sur un plan incliné de 2m,30 de long sur 0m,06 de large.

C'est un chenal en bois garni de zinc, avec un fond bien dressé, plat, et rebord de 1 centimètre que l'on pose sur une table, de manière à avoir 1 centimètre de pente par mètre. Lorsque toute l'eau a passé sur le plan incliné, la fécule y reste, et les parties légères s'en vont. Il faut avoir soin de régler la vitesse de l'écoulement, au moyen du robinet, de manière qu'il n'y ait pas d'entraînement de fécule; ce qui est visible par le microscope. On lave avec un peu d'eau claire, pour faire écouler tout ce qui est plus léger que la fécule, on incline alors très fortement le plan incliné et l'on chasse le tout dans le solanomètre, par un courant d'eau et une agitation avec l'index ou avec une pipette. Après un repos suffisant, on lit le nombre de divisions. S'il y a, par exemple, 14 divisions, cela signifie 14 0/0 de fécule commerciale dans 100 kilogrammes de pommes de terre. Un essai peut durer deux heures; mais plusieurs essais successifs ne durent guère davantage.

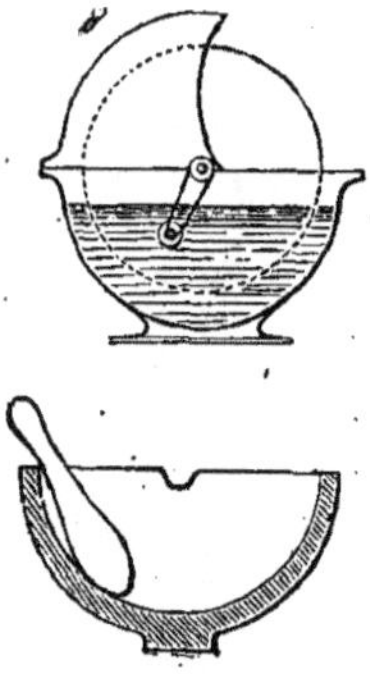

Fig. 47 et 48.

Le même procédé sert pour doser la fécule contenue dans la pulpe de pomme de terre.

Le fabricant de fécule, bien fixé sur la qualité de la pomme de terre, peut calculer son prix d'achat. L'emmagasinage de la pomme de terre se fait ordinairement : 1° à l'air libre; 2° dans des silos; 3° dans des hangars; 4° dans des caves.

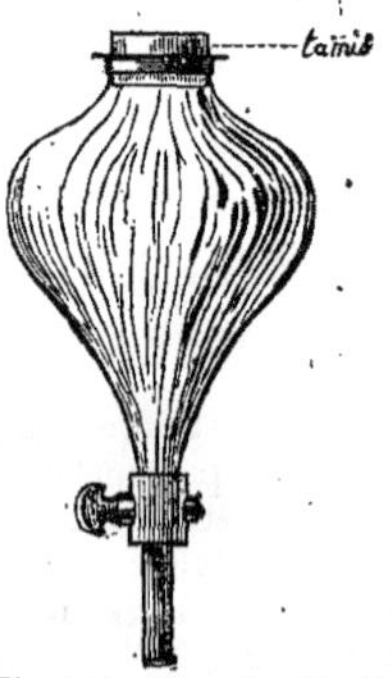

Fig. 49. — *Vase à robinet avec tamis.*

L'emmagasinage à l'air libre doit être rejeté; le soleil, la pluie, la gelée, la maladie y produisent souvent des dégâts importants. L'emmagasinage en silos doit être également, car la pomme de terre est exposée à la maladie, qui s'y développe, et à la pourriture. L'emmagasinage dans les hangars couverts supprime presque tous ces inconvénients, sauf ceux de maladie ; mais cet inconvénient à lui seul est très grave, puisqu'un amas de 1 million de kilogrammes, dans ces conditions, est fatalement destiné à une perte de 10 à 20 0/0, car si le foyer de la maladie se déclare au milieu du tas, il faut préalablement enlever ce qui l'entoure, et lorsque enfin on a atteint le foyer, la destruction est déjà complète ; à part cette perte, le fabricant est forcé d'arrêter les achats.

Fig. 50. — *Magasin pour la conservation des pommes de terre.*

Nous représentons en outre figure 50 un magasin à pommes de terre ou betteraves (système Bloch) ; les installations varieront suivant la disposition de l'usine, l'emplacement, etc.

Le magasin en maçonnerie est couvert d'une charpente, dans la longueur est creusé un canal *c* présentant au fond une pente d'environ 2 centimètres par mètre. La section de ce canal maçonné (fig. 51) est arrondie dans les angles pour que les pommes de terre ne puissent s'y arrêter, un plancher *a* formé de madriers recouvre le dessus du canal sur toute sa longueur, excepté à l'endroit des cheminées verticales ; celles-ci sont formées de madriers verticaux *b* auxquels sont adaptées,

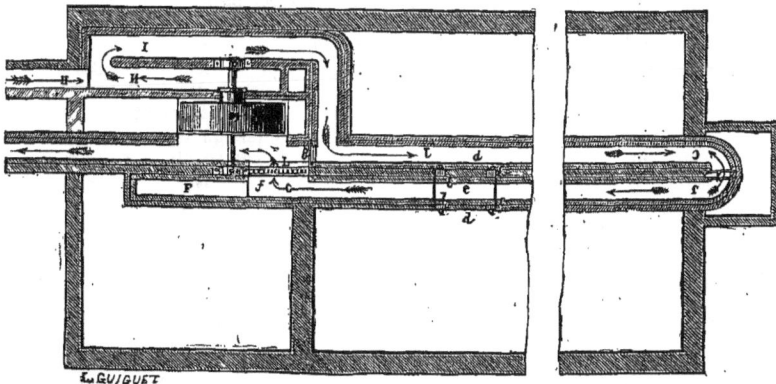

Fig. 51. — *Plan des conduites d'eau accompagnant le magasin destiné à conserver les pommes de terre.*

tout en restant à quelque distance, de petites lattes en bois *c* ; il suffit d'engager des planches jointives *d*, superposées entre les madriers *b* et les lattes *c* pour former une cheminée.

Ces cheminées servent à soutenir, sur toute la longueur du magasin, un pont B qui est en communication avec l'extérieur (fig. 50) par un ou plusieurs petits ponts transversaux placés en regard de baies qui donnent accès au dehors, au niveau d'un quai d'arrivage, par exemple. On jette donc les pommes de terre à droite et à gauche du pont B et celles-ci s'entassent dans le magasin. En retirant successivement les planches jointives *d* de l'une ou l'autre des cheminées, on y fera descendre les pommes de terre placées à l'entour ; celles-ci descendent dans le canal où le courant d'eau les entraîne ; sur la longueur horizontale *e*, *f*, les cailloux sont arrêtés ; les pommes de terre ainsi transportées, lavées et débarrassées des matières étrangères arrivent dans une excavation plus profonde F où une chaîne à godets G les élève, pour les conduire au laveur et à la râpe. L'eau que l'on emploie provient du trop plein H de l'usine; elle passe en I, puis se rend dans le canal J latéral au canal de transport; ce canal J est également couvert. Les deux canaux C et J communiquent par un vannage de décharge K, de telle sorte que l'eau passe par dessus cette vanne. Lorsqu'elle a traversé le canal C, elle passe par le grillage L où elle se débarrasse des pailles et fragments de bois; elle est élevée ensuite par la roue à tympan M jusqu'au niveau du canal d'amenée; dans le conduit N, l'eau dépose la boue.

Si le trop plein de l'usine envoie trop d'eau, c'est-à-dire s'il y a trop d'eau en circulation, elle sort par le canal à déversoir. Une porte g sépare le canal J du déversoir; on l'ouvre pour le nettoyage. Le fond du canal O est environ 10 centimètres plus bas que le fond C pour que la roue à tympan soit toujours amorcée.

Ce système possède les avantages suivants : 1° magasin couvert; 2° point de pluies; 3° point de gelées; 4° foyer de maladie facile à attaquer; 5° diminution de main-d'œuvre pour le transport; 6° mouillage et en partie lavage de la pomme de terre; 7° séparation des cailloux et autres matières lourdes; 8° séparation des matières légères et radicelles; 9° dépôts des terres et sables.

En un mot, ce qui pourrait être un inconvénient dans la fabrication est supprimé par ce système. En dehors de l'emmagasinage de la pomme de terre, il faut encore, avant de commencer le travail, se rendre compte des eaux qu'on a à sa disposition, pour produire la qualité de marchandise compatible avec ces eaux. Si l'eau est pure, sans souillures quelconques, si elle ne contient pas de sels, on peut monter une féculerie pour produire les fécules extra-supérieures. C'est grâce à cette eau que les matières jouant le rôle de mordants sont fixées sur la fécule et fixent à leur tour la couleur même des jus de pomme de terre, sur la fécule qui devient alors plus ou moins jaunâtre.

Si l'on n'a à sa disposition qu'un cours d'eau ordinaire, ou une source chargée de sels, il est plus sage de ne fabriquer que de la fécule dite *première*.

Les opérations se subdivisent en : 1° lavage de la pomme de terre; 2° épierrage; 3° râpage; 4° tamisage; 5° déposage; 6° séchage; 7° emploi des pulpes; 8° emploi des eaux. Suivant les circonstances, on peut multiplier une ou plusieurs de ces opérations pour avoir des résultats plus complets. Ainsi, si l'on a à sa disposition beaucoup de force, on peut râper la pulpe à plusieurs reprises pour en augmenter la division; ou peut tamiser plusieurs fois la fécule à travers des toiles de plus en plus fines; passer plusieurs fois sur les tables, agiter la fécule à plusieurs reprises pour séparer les impuretés entraînées dans le tamisage, soit pour blanchir la fécule, ou pour la dessaler.

Nous n'allons pas donner une disposition générale d'une féculerie, mais simplement décrire les différents appareils employés dans cette industrie.

Lavage. Dans les petites féculeries on lave la pomme de terre dans des auges, où un courant d'eau est établi; un homme remue les pommes de terre avec une pelle en bois. D'ordinaire on emploie le laveur mécanique : c'est un tambour à jour, composé de deux plateaux circulaires en fonte, montés sur un arbre en fer, et réunis, pour former le tambour, par des tringles de fer rond de 0m,013 de diamètre, ne laissant entre elles que 0m,01 de vide, pour l'échappement des cailloux. Plus de jeu entre les tringles laisserait passer les petites pommes de terre.

Le tambour du laveur plonge au tiers de sa hauteur dans l'eau, et les douze tours par minute qu'il fait, avec un diamètre de 0m,80, forcent la pomme de terre à sauter sur chaque tringle de fer, et la nettoient parfaitement. L'eau des laveurs est renouvelée au moins deux ou trois fois par jour, au moyen d'un trou d'homme permettant en même temps d'enlever la terre qui peut se trouver au fond du bassin du laveur. Un tour d'hélice, en bois ou en métal, fixé sur l'axe à l'extrémité du laveur, prend la pomme de terre pour la jeter en dehors. Du premier laveur, on fait passer la pomme de terre au second; du second, elle tombe sur une grille en bois, qui la conduit à la râpe, où un enfant la pousse à la main, en ayant soin de ne laisser passer aucun caillou; précaution essentielle, pour ne pas mettre les lames de la râpe hors de service. Un seul laveur suffit avec la disposition du canal transporteur.

Épierrage. On fait passer les pommes de terre dans une auge demi-cylindrique remplie d'eau; où un arbre armé de bras les remue constamment; les pierres tombent ainsi au fond. Il est très important de préserver les râpes des cailloux ou des morceaux de fer. Le canal transporteur, décrit plus haut, peut remplacer cet appareil.

Râpage. Plusieurs tentatives ont été faites pour remplacer la râpe à dents extérieures, par celle à dents intérieures ou centrifuge. Ces sortes de râpe n'ont pas donné de résultat par la raison que, si la vitesse devient trop grande, la pression comprime la pomme de terre, et la division est grossière; si la vitesse diminue, le travail est faible. Pour le même travail, les râpes centrifuges exigent une force relativement plus grande que les râpes ordinaires. De bons résultats ont été obtenus avec les râpes ordinaires à lames extérieures très fines.

Les râpes meules sont certainement ce qu'il y aurait de mieux, si la dépense de la force employée n'était pas, à peu de chose près, égale à l'avantage obtenu. Il existe diverses machines employées pour repasser la pulpe, comme celle de MM. Bloch, de M. Camus, etc.

La râpe ou cylindre dévorateur est un tambour en fonte de 0m,50 à 0m,60 de diamètre et 0m,27 à 0m,32 de largeur, armé sur toute sa circonférence de lames de scie fines, espacées de 0m,010 pour obtenir un râpage plus fin (fig. 52).

Ce tambour tourne sur un axe porté solidement sur des paliers fixés sur un bâti de fonte. Au-dessus du tambour est une capote mobile en tôle, retenue par des clavettes, et au-dessous, dans le sens où le mouvement entraîne la pomme de terre, est une auge inclinée qui entraîne la pulpe dans une chaîne à godets, laquelle la conduit dans un tamis cylindrique. Un levier placé à la main, permet, si un caillou venait à passer inaperçu dans la râpe, de faire sauter les ressorts qui pressent le poussoir contre le cylindre, et d'avoir ainsi le temps de dégréner la râpe au moyen de la poulie folle. Un robinet fait couler de l'eau sur la râpe suffisamment pour délayer la pulpe. Une râpe, faisant de 7 à 900 tours par minute, pourra broyer au besoin 25 hectolitres de pommes de terre par heure.

Tamisage. On emploie plusieurs systèmes de tamisage : 1° les hocheuses des moulins ; 2° les cylindres à farines, plus solidement construits, et garnis de toiles métalliques et 3° les auges demi-cylindriques fixes et garnies de toiles métalliques, dans lesquelles tourne un agitateur méca-

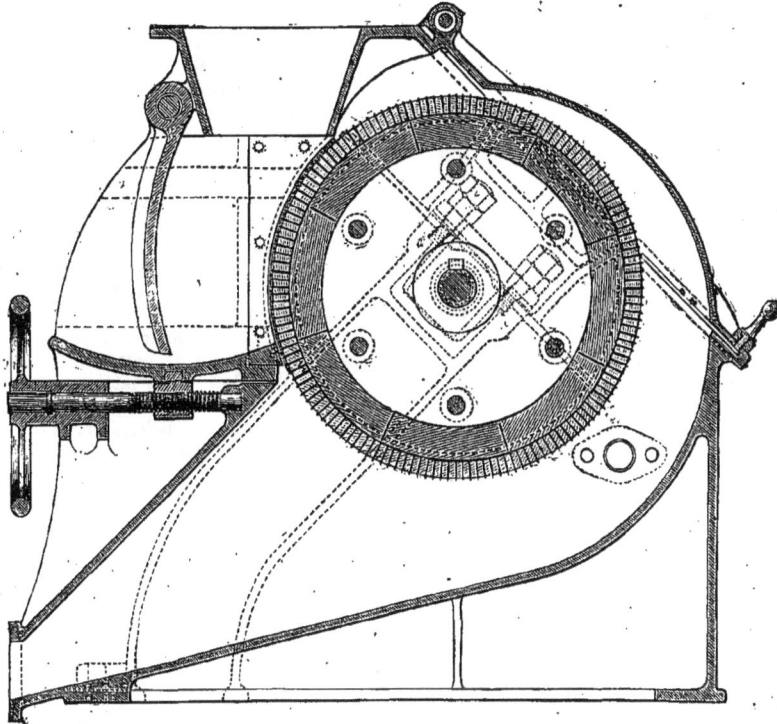

Fig. 52. — *Râpes à lames extérieures pour pommes de terre, betteraves, etc.*

nique. Tous ces tamis exigent une quantité d'eau suffisante pour entraîner toute la fécule en liberté dans la pulpe.

Déposage. On se sert, pour faire déposer la fécule, soit de tonneaux défoncés d'un côté, soit de cuves, soit de citernes cimentées ; il faut au moins six heures, pour faire déposer complètement la fécule délayée dans l'eau. Le déposage sur des plans inclinés donne des résultats plus avantageux. Ce sont des tables de 1 mètre de large, dont la longueur varie de 6 à 20 mètres, les bords ayant 0m,20. Elles peuvent être en maçonnerie cimentée, ou en madriers bitumés ; on donne une pente de 0m,01 par mètre, et on laisse couler très doucement l'eau chargée de fécule ; cette dernière, en vertu de sa densité, se dépose dans le parcours, aussi bien que dans les cuves, et l'eau entraîne les petits sons qu'aura retenus la fécule.

Séchage. Lorsque la fécule est suffisamment purifiée, on la met à l'étuve pour la sécher. Autrefois l'on exposait à l'air, ou sur le plâtre, pour en-

lever une certaine quantité d'eau, l'emploi de l'hydro-extracteur a rendu ces procédés inutiles.

On se sert d'étuves à feu nu ou à la vapeur ; la dessiccation à la vapeur est plus économique, lorsqu'on en possède en quantité suffisante ; dans ce cas on emploie l'étuve continue à plateaux (système Touaillon) représentée à l'article FARINE, ou l'étuve à volettes chauffées à la vapeur (système Bloch).

Usages. La fécule est employée dans la pâtisserie, dans la boulangerie, les pâtes alimentaires, dans les apprêts, l'impression des tissus, le tissage, dans la fabrication des gommes dextrineuses, des glucoses, etc.

La pulpe de pomme de terre est vendue pour la nourriture du bétail ; le plus souvent, on l'entasse dans des silos, la fermentation lactique s'y développe et désagrège les cellules non déchirées, en râpant ces pulpes fermentées, on obtient une nouvelle qualité de fécule appelée *fécule repassée.* Suivant MM. Bloch, dans les contrées où l'eau est légèrement alcaline, le travail de repassage est impossible, la fermentation devient butyrique, et répand alors une odeur désagréable pour les voisins; quelquefois on presse les pulpes et on les sèche.

Les eaux qui proviennent de la pomme de terre servent à irriguer les prairies, elles sont très fertilisantes. Elles contiennent une certaine quantité d'azote, de phosphore et de potasse; à défaut de prairies, il faut diriger ces eaux dans de grandes citernes pour les laisser déposer avant de les faire écouler à la rivière, et les saturer si elles sont acides sous peine de contraventions.

L'écoulement de ces eaux doit donc entrer en ligne de compte dans le choix de l'emplacement d'une féculerie.— V. Etablissements insalubres.

Outre la fécule de pommes de terre, on trouve dans le commerce plusieurs autres fécules alimentaires, dont nous rappellerons seulement les noms, renvoyant, pour leur description, aux articles spéciaux qui leur sont consacrés.

La fécule d'*arrow-root* est fournie par le *maranta arundinacea*, Lin., de la famille des amomacées (V. Arrow-root). Celle du *sagou* est préparée avec la moelle du *sagus farinifera*, Lin. (palmiers) ; celle du *salep* provient des tubercules de diverses orchidées exotiques ; et celle du *manioc* est obtenue avec les racines du *jatropha manihot*, Lin. (euphorbiacées), etc. — V. Sagou, Salep, Tapioca.

*FÉCULIER. *T. de mét.* Ouvrier qui dans les *féculeries* travaille à la fabrication de la fécule ; on dit aussi *féculiste*.

*FÉCULOMÈTRE. *T. de chim.* Instrument au moyen duquel on détermine la proportion d'eau et de fécule de la fécule du commerce. — V. Fécule.

FELDSPATH. *T. de minér.* Nom générique donné à des roches alumineuses des plus importantes, que l'on rencontre abondamment dans la nature et qui constituent les éléments essentiels des gneiss, granits, porphyres, trachytes, etc.

Les feldspaths sont généralement cristallisés, à structure lamelleuse, d'une densité variant entre 2,4 et 2,85 ; leur dureté est de 6 à 7 ; ils offrent deux clivages rectangulaires ou voisins de 90°, leur éclat est vitreux, ils sont inattaquables aux acides, exceptés ceux à base de chaux, qui le sont difficilement, ainsi que ceux à base de lithine. Ce sont des silicates anhydres d'alumine, que l'on range en deux catégories, suivant leur système de cristallisation :

Feldspaths orthoclases, c'est-à-dire cristallisant dans le système clinorhombique (5e syst.).............. Orthose.
Albite.
Feldspaths plagioclases, c'est-à-dire Oligoclase.
cristallisant dans le système anortique { Labradorite.
(6e syst.).............. Anorthite.
Andésine

1° *Orthose*. C'est le plus important des feldspaths et aussi le plus abondant ; sa formule est :

$$K^2O, Al^2O^3, 6SiO^2 = K^2Al^2Si^6O^{16} ;$$

il donne en centièmes 65,4 0/0 de silice, 18 d'alumine, 16,6 de potasse, et peut contenir parfois

des traces de chaux, magnésie, rubidium et lithine, comme celui de Carlsbad, par exemple. Il se trouve en gros cristaux, souvent mâclés, qui portent le nom d'*adulaire*, quand ils sont incolores et transparents, comme ceux du Saint-Gothard ; ou en masses granulaires ou lamelleuses, blanches, roses, verdâtres, à éclat vitreux, quelquefois nacré, comme dans les variétés dites *pierres des amazones* (de Sibérie) ou *pierres de lune*, que les bijoutiers montent en cabochons. Il existe encore quelques variétés importantes d'orthose : la *sanidine* ou feldspath vitreux, le *pétrosilex*, qui est compact et translucide sur ses bords. L'orthose se trouve abondamment dans le Valais, à Baveño (Italie), dans l'île d'Elbe, le Tyrol, la Bohême, etc.

Ce feldspath est des plus importants à cause de l'énorme consommation que l'on fait de ses dérivés dans la fabrication des porcelaines. Il se décompose sous l'influence de l'eau, de l'acide carbonique de l'air, des variations de température, et le silicate de potasse mis en liberté est entraîné par l'eau, qui le cède ensuite aux plantes, en partie du moins, car une autre partie se décompose par l'action de l'acide carbonique, pour former du carbonate de potasse et laisser déposer de la silice. Cette cause explique la raison pour laquelle on trouve souvent dans les terrains feldspathiques altérés, de l'opale, de la calcédoine, des agates, etc. Le silicate d'alumine qui n'a pas été modifié dans les décompositions subies, constitue alors l'argile, après qu'il s'est hydraté, car :

$$K^2Al^2Si^6O^{16} + 2(H^2O) = H^4Al^2Si^2O^9 + K^2O, 4SiO^2$$

Orthose	Terre à porcelaine	Silicate acide de potasse

M. Hautefeuille est parvenu à reproduire synthétiquement ce feldspath, ainsi que l'albite.

Albite. Silicate voisin du précédent, mais à base de soude, et dont la formule est :

$$Na^2O, Al^2O^3, 6SiO^2 = Na^2Al^2Si^6O^{16} ;$$

il est encore désigné sous le nom de *schorl blanc* et contient des traces de chaux, de potasse et de magnésie ; il renferme 68,57 0/0 de silice, 19,62 d'alumine et 11,81 de soude. Il est en beaux cristaux vitreux, d'un blanc laiteux, souvent mâclés en formant gouttière, ou se trouve en filons dans les granits, les gneiss, les diorites. On en trouve de belles variétés dites *péricline*, et une dite *adinole*.

3° *Oligoclase*. Silicate également à base de soude, avec traces parfois de chaux, de potasse et de magnésie,

$$Na^2Al^2Si^5O^{14} = Na^2O, Al^2O^3, 5SiO^2 ;$$

correspondant à 62,06 de silice, 23,69 d'alumine et 14,25 de soude et chaux. Il se trouve cristallisé, ou en masses finement striées, dans les granits, les syénites, les porphyres, les basaltes ; sa couleur est blanche, avec des nuances de vert, de rouge ou de gris. La variété dite *pierre du soleil*, ou feldspath aventurine, a des reflets rouges dorés dus à la présence de lamelles de fer oligiste ; on l'emploie en bijouterie.

4° *Labradorite*. C'est un feldspath calcaire ou basique, ayant pour formule :

$$CaAl^2Si^3O^{10} = CaO, Al^2O^3, 3SiO^2;$$

dans lequel il y a 53,09 de silice, 30,09 d'alumine et 16,52 de chaux et soude, la proportion de cette dernière ne dépassant pas 5 0/0 environ ; avec traces de potasse, magnésie et oxyde de fer ; en masses translucides, blanches, grises, verdâtres ou bleuâtres, avec un chatoiement irisé très vif. Il se trouve dans les hypérites, les diabases, les amphibolites, les euphotides, les dolérites, etc. Celui à beaux reflets vient du Labrador.

5° *Anorthite*. Feldspath qui a pour formule :

$$CaAl^2Si^2O^8 = CaO, Al^2O^3, 2SiO^2.$$

Il renferme peu de silice 43 0/0 ; 36,93 d'alumine et 20,07 de chaux. Il est incolore, translucide et à éclat vitreux.

6° *Andésine*. Sa formule est $R, Al^2Si^4O^{12}$ dans laquelle R représente CaO et Na^2O

$$= R, Al^2O^3, 4SiO^2;$$

en cristaux vitreux, à éclat gras, dans les porphyres et les syénites. Il faut encore citer l'*halophane*, dans laquelle il y a de 0,4 à 2,25 0/0 de baryte ; le *castor*, le seul minéral contenant de l'oxyde de cœsium (34,07 0/0) et aussi de la lithine, la *pétalite*, la *triphane*, la *sodalithe*, l'*haüyne*, la *noséane*, l'*outremer*.

Usages. Les feldspaths sont la base de la fabrication de porcelaine ; ils servent encore pour faire les émaux, dans la bijouterie, etc. — J. C.

* **FELLETIN** (Tapisseries de). Les manufactures de Felletin ont à peu près la même histoire que les ateliers d'Aubusson. Ces deux centres de production sont souvent confondus ensemble sous le nom collectif de *fabriques de La Marche*. La fondation de cette industrie semble remonter au xive ou tout au moins au xve siècle. Cependant, on n'a retrouvé jusqu'ici aucun document sur les tapissiers de La Marche avant le règne de François Ier. C'est un édit de 1542, qui fait entrer les établissements de Felletin et d'Aubusson dans le domaine de l'histoire. Les deux villes voisines et rivales se disputèrent pendant de longues années la suprématie ; sous Colbert seulement, les tapissiers d'Aubusson l'emportèrent définitivement sur leurs émules et les métiers de Felletin se résignèrent à ne livrer au commerce que des ouvrages vulgaires, d'une matière commune, de qualité inférieure sous tous les rapports. De là, l'usage généralement répandu aujourd'hui de désigner sous le nom de *felletins* les tapisseries grossières d'exécution, comme on appelle *gobelins* les tentures les plus soignées, sans trop se préoccuper de leur véritable origine.

Après diverses alternatives de prospérité et de décadence, les ateliers de Felletin se relevèrent à la fin du xviie siècle, grâce au règlement établi par les consuls et notables de la ville pour que les tapisseries fussent à l'avenir « bonnes et bien confectionnées. » Louis XIV donna son approbation à ces statuts, en 1639. Alors commence de longues contestations entre les deux cités voisines. Les marchands de Felletin en vinrent à usurper les marques d'Aubusson qui avaient une meilleure réputation sur le marché. D'un autre côté, des fabricants d'Aubusson acquéraient à bas prix les produits de leurs rivaux, et, en y ajoutant leur marque, réalisaient un bénéfice notable. Ces abus provoquèrent une mesure ayant pour but d'établir une délimitation bien tranchée entre les produits des deux centres manufacturiers. Un arrêt du Conseil, du 20 novembre 1742, astreignait les ateliers de Felletin à mettre à leurs ouvrages « une bande de couleur brun foncé d'un seizième d'aune de largeur, » tandis que la bande des tentures aubussonnaises était de couleur bleue. Les fabriques de Felletin avaient même été placées sous la surveillance des jurés d'Aubusson. Mais il ne semble pas que cette loi draconienne ait jamais reçu d'exécution. Quoi qu'il en soit, l'infériorité des produits de Felletin résulte amplement de tous les actes publics du xviiie siècle concernant les manufactures de La Marche. Les teintures étaient de qualité inférieure ; la couleur verte et la couleur bleue, si importantes toutes deux dans la fabrication des verdures, laissaient beaucoup à désirer ; les matières textiles non plus n'étaient pas exemptes de défaut ; on reprochait aux tapissiers d'employer des matières qui engendraient des insectes.

La marque distinctive, consistant en une bande de couleur brune, faisait trop de tort aux produits des manufacturiers de Felletin pour qu'ils ne s'efforçassent pas d'arriver, par tous les moyens, à obtenir l'abrogation de cette règle. Ils y parvinrent en 1770. Dès lors, aucun signe apparent ne permet plus de distinguer les productions des deux villes rivales. Tout au plus, peut-on tirer de l'infériorité de certaines tentures la présomption qu'elles sortent d'un atelier plutôt que de l'autre.

Jusqu'à la fin du xviiie siècle, les chefs des principaux ateliers de Felletin, les Vergne, les Sallandrouze de Lamornaix, les Choupineau, les Tixier de Lanoneix, sollicitèrent la création d'une école de dessin pour leurs apprentis. Ils ne purent l'obtenir, et ce fut là sans doute une des causes de leur infériorité persistante ; ils restèrent à la merci des peintres d'Aubusson qui leur fournissaient des modèles. Ils dépendaient aussi de l'inspecteur et du teinturier du roi fixés à Aubusson, et dont tous les actes portaient la marque d'une partialité très prononcée en faveur de leurs rivaux.

En 1777, Jacques Sallandrouze de Lamornaix introduit la fabrication des tapis de pied, fauteuils et tapisseries de coton. Cette innovation produisit d'heureux résultats, et les fabriques de Felletin virent commencer une nouvelle période de prospérité brusquement interrompue par la Révolution. En 1783, trois cents ouvriers étaient occupés dans les ateliers de tapisserie ; la fabrication des tapis veloutés fournissait de l'ouvrage à quatre-vingts femmes, sans parler des corps de métier, cardeurs, fileurs, dégraisseurs, teinturiers, etc., occupés à la préparation des laines.

Les ateliers de Felletin, fermés pendant la tourmente révolutionnaire, reprirent bientôt leurs travaux et fournissent encore leur appoint au commerce des tapisseries.

Ils ont eu, dans M. Cyprien Pérathon, un historien des plus compétents. Dans sa notice, cet écrivain a dressé la liste de tous les tapissiers dont il a pu retrouver les noms ; mais il ne cite pas une seule pièce signée d'un tapissier de Felletin et, pour notre part, nous n'en avons jamais rencontré. Il semble que les fabricants de cette localité aient dissimulé avec soin le lieu d'origine de leurs marchandises. On ne saurait aujourd'hui les reconnaître qu'à la bande brune dont l'usage fut imposé par les règlements pendant une trentaine d'années. Il est certain que bon nombre de pièces désignées aujourd'hui sous le terme général de *tapisseries d'Aubusson* proviennent des ateliers de Felletin, sans qu'on possède un critérium certain pour distinguer les unes des autres.

* **FENDAGE.** — V. Sciage. ‖ Opération de la taille du *diamant*. — V. ce mot.

FENDERIE. T. *de métall*. Pour obtenir la verge carrée avec laquelle se faisaient, autrefois, les clous forgés à la main, on se servait des trains de *fenderie*. Le fer, laminé sous forme de plat, dont l'épaisseur était égale au côté du carré que l'on se proposait d'obtenir, était passé entre deux cylindres cannelés qui le fendaient en autant de verges que l'on avait disposé de cannelures tranchantes. Naturellement ce découpage à chaud d'une seule passe, ne donnait pas des arêtes bien vives, il restait souvent une faible bavure et, de plus, les deux faces supérieure et inférieure étaient généralement un peu arquées parce que le fer ne remplissait pas toujours le fond de la cannelure.

Actuellement, ce genre de laminage tend à disparaître en même temps que le forgeage des clous à la main ; on lui substitue la verge laminée au train de serpentage. Pour résister au travail de la fenderie, le fer devait avoir certaines qualités de résistance à chaud, qui le faisaient rechercher par les cloutiers, tandis que le laminage en carré donne des surfaces d'autant plus nettes et des arêtes d'autant plus vives que le fer est plus malléable à chaud, mais aussi, en général, plus fragile à froid. La qualité à chaud et à froid n'existe simultanément que dans les fers tout à fait supérieurs et dans l'acier doux.

‖ Les fenderies n'ont pas toujours été uniquement destinées au travail du fer. On a souvent employé des machines analogues pour découper les matières employées dans la fabrication des chapeaux de bois. A cet effet, le bois d'abord réduit en lames très minces au moyen de varlopes mécaniques, était ramolli par un mouillage convenable, puis livré à la fenderie qui le divisait en filets d'une extrême finesse. On travaillait habituellement plusieurs lames de bois à la fois, placées l'une sur l'autre.

FENDEUR, EUSE. *T. de mét.* Ouvrier qui fend le bois, l'ardoise, et autre matière. ‖ Ouvrière qui fend les roues de montres ou de pendules.

*FENDIS.** *T. d'expl. de min.* Nom de l'ardoise brute, avant qu'elle ait été façonnée et taillée selon les besoins du commerce.

FENDOIR. *T. tech.* Nom générique d'un grand nombre d'outils qui servent à fendre.

FENÊTRE. *T. d'arch.* Ouverture pratiquée dans le mur extérieur d'un édifice pour laisser pénétrer l'air et la lumière à l'intérieur. Cette ouverture se ferme avec un châssis en bois ou en fer nommé *croisée.*

— Dans les pays chauds et ensoleillés les fenêtres sont aussi rares que possible. Ce système, appliqué en Orient dans l'antiquité, était également en vigueur chez les Grecs, au moins pour les pièces exposées au midi. Comme les habitations, les temples grecs étaient presque toujours dépourvus de *fenêtres.* Chez les Romains, l'usage de ces ouvertures devient plus fréquent. Aux thermes de Dioclétien, il y avait des fenêtres cintrées par le haut. Le temple dit *de la Sibylle,* à Tivoli, présente des fenêtres dont les piédroits ou montants sont inclinés l'un vers l'autre, de manière que l'ouverture est plus étroite en haut qu'en bas. Dans les premières églises chrétiennes, les baies destinées à l'éclairage et à l'aération, commencent à prendre une certaine importance. Le pignon formé par la partie supérieure de la façade, dans les basiliques latines, est percé, au milieu, d'une *fenêtre* circulaire, *oculus,* ou œil-de-bœuf, origine des magnifiques roses du moyen âge, tandis que l'espace qui reste entre la base du pignon et le rez-de-chaussée de l'édifice présente deux étages de trois *fenêtres* cintrées, les unes qui éclairent la galerie supérieure au-dessus du narthex,

et les autres la nef. Telles sont les façades principales de Saint-Laurent et de Sainte-Agnès. Les façades latérales offrent une large surface percée de fenêtres. Ces baies étaient closes avec des tablettes de marbre découpées de trous circulaires ou en losanges, dans lesquels étaient fixés des morceaux de pierre spéculaire ou de verre teint de diverses couleurs. Les *fenêtres* en plein-cintre des édifices religieux de l'époque romane sont fréquemment surmontées d'archivoltes et flanquées de colonnettes. Ces archivoltes ont leur extrados dessiné par un bandeau de billettes, de palmettes, etc. Les constructions privées de cette époque sont percées aussi de fenêtres en plein-cintre ou trilobées. Cependant, le plus souvent, ces baies sont rectangulaires et divisées, dans le sens de leur hauteur, par une colonnette, en deux baies égales. Sous l'influence de l'architecture gothique la *fenêtre* grandit successivement. Les petites églises et les constructions civiles restent d'abord pourvues de simples baies ogivales. Mais, dans la première moitié du XIIIᵉ siècle, nous voyons les fenêtres des édifices importants décorées d'ogives géminées et d'une rose simple. Cette disposition d'arcades a permis aux constructeurs du moyen âge d'ouvrir dans les murs gouttereaux des vides si grands, qu'à l'intérieur les voûtes des cathédrales semblent supportées sur des murs de verre coloré. Pendant la seconde moitié du XIIIᵉ siècle et le siècle suivant, les divisions intérieures des baies se multiplient ; les ogives géminées, les roses deviennent plus nombreuses, en même temps que l'importance des vides augmente, jusqu'à faire ressembler les monuments religieux à des édifices de verre avec piliers de pierre pour armature. A l'extérieur, ces fenêtres sont surmontées assez généralement d'un gâble dont les rampants sont garnis de crosses étagées les unes au-dessus des autres, dont le centre est percé d'un trèfle ou d'une rosace. Au XVᵉ siècle, la capacité intérieure de la fenêtre est divisée verticalement, non plus par des meneaux cylindriques, mais prismatiques. Ces meneaux, arrivés à la naissance de l'ogive, se ramifient dans une direction toujours ascendante, et forment des dessins ondulés que l'on a comparés aux nervures d'une feuille. On a trouvé de l'analogie entre ces courbes et une flamme qui ondule sous l'effort d'une brise légère et l'on a appelé *flamboyant* le style ogival du XVᵉ siècle. Dans les constructions de cette époque appartenant à l'architecture civile, les fenêtres se présentent sous forme de *tucarnes* ou de baies dont l'ouverture rectangulaire est limitée supérieurement par une ogive en accolade. Dans les maisons, les fenêtres les plus communes sont également rectangulaires, mais divisées par des meneaux prismatiques qui se coupent à angle droit. C'est de ce croisement de meneaux qu'est venu notre mot vulgaire *croisée,* pour signifier une fenêtre. La baie ogivale disparut à la Renaissance.

Dans l'architecture moderne, les formes quadrilatère ou cintrée sont les seules généralement admises. Ces fenêtres sont de simples trous percés dans un mur de face et décorés de chambranles appartenant aux divers ordres de l'architecture antique. Elles sont tantôt rectangulaires, tantôt limitées, à leur partie supérieure, par une forme courbe. Dans le premier cas, une forte pierre formant linteau ou une voûte plate permet de franchir l'intervalle qui sépare les jambages et de supporter la construction qui doit s'élever au-dessus. Dans le second cas, cette double fonction est remplie par une demi-circonférence ou un arc surbaissé. Quant aux proportions, elles varient avec les exigences dues à la destination de l'édifice et au climat. La hauteur est habituellement comprise entre une fois et demie et deux fois et demie la largeur de l'ouverture. Il appartient au goût de l'architecte de déterminer, suivant les circonstances, la proportion précise à laquelle il convient de s'arrêter. Notons seulement que dans les régions exposées aux ardeurs du soleil, la dimension des fenêtres est très restreinte, tandis que les baies à grand développement sont réservées aux expositions dépourvues de vive lumière. Au point de vue de l'agencement, une fenêtre se compose de trois parties comptées sur l'épaisseur du mur. La

Fig. 53 à 55.

première, à partir du dehors, comme on le voit sur le plan et la coupe (fig. 53 à 55), forme le *tableau* de la baie. La seconde est la *feuillure*, destinée à recevoir le châssis dormant de la croisée. La troisième partie constitue l'*embrasure*, dont les faces latérales et souvent le linteau font un angle plus ou moins obtus avec le parement intérieur du mur et prennent le nom d'*ébrasements*. L'embrasure, dans les murs épais, se prolonge habituellement au-dessous de l'appui de la fenêtre, dont l'épaisseur se trouve alors réduite à celle du tableau et de la feuillure.

Deux systèmes peuvent être appliqués à la décoration des fenêtres, l'indication du détail de la construction dans ces ouvrages ou l'accusation des contours principaux. Dans le premier cas, que la baie soit fermée par une plate-bande ou par un arc, on accentue chaque pierre par des refends ou des bossages. Le second système consiste en un encadrement mouluré, auquel on donne le nom de *chambranle* et qui tantôt adopte sans ressauts la forme de la baie, tantôt est pourvu de *crossettes* aux deux angles supérieurs de l'ouverture comme on le voit sur la figure 53. Souvent le chambranle est surmonté d'une corniche qui repose immédiatement sur lui ou s'élève à une cer-

taine hauteur au-dessus; l'intervalle reçoit le nom de *frise*. Les proportions et les profils des chambranles, ainsi que des ornements qui les accompagnent, varient avec le caractère que l'édifice doit offrir. Le degré de richesse se mesure à celui des ordres d'architecture et l'on peut établir ainsi des fenêtres répondant aux expressions de l'ordre dorique, de l'ordre ionique ou de l'ordre corinthien.

Comme nous l'avons dit plus haut, les fenêtres se ferment avec des châssis en bois ou en fer que l'on nomme *croisées*. Celles-ci se composent habituellement d'un bâti ou *dormant* et d'un ou plusieurs châssis. Le dormant est formé de deux montants ou *battants*, de la *traverse du haut* et de la *pièce d'appui*. Il se fixe dans la feuillure de la baie au moyen de pattes à scellement. Les montants des châssis vitrés portent également le nom de *battants*. Dans les croisées à deux vantaux, ceux qui s'appuient contre le dormant sont dits *battants de noix*; ceux qui se joignent quand la fenêtre est fermée sont les *battants meneaux*. La traverse du bas reçoit une forme particulière, qui permet de rejeter au dehors les eaux pluviales et porte le nom de *jet d'eau*. Dans les constructions ordinaires les carreaux sont maintenus par des petits bois horizontaux qui divisent les châssis mobiles. Dans les constructions traitées avec une certaine richesse on supprime ces divisions et l'on vitre en glaces ou en verre double. La clôture hermétique s'obtient à l'aide d'une cavité pratiquée sur l'épaisseur des battants de dormants, appelée la *noix*, et dans laquelle se loge une saillie de même forme ménagée sur les battants de noix des châssis A

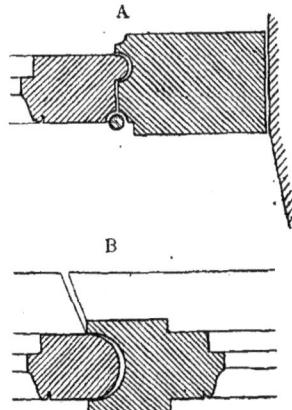

Fig. 56 et 57.

(fig. 56). Ceux-ci sont arrêtés haut et bas par des feuillures pratiquées, l'une sur la traverse du haut du dormant, l'autre sur la pièce d'appui. Les montants et les traverses des châssis mobiles ont leurs assemblages renforcés par des équerres entaillées de leur épaisseur. Le meilleur mode de fermeture pour deux vantaux est celui dit à *gueule de loup* B (fig. 57). Cette fermeture est assurée par des tiges de fer, *espagnolettes* ou *crémones*, dont les extrémités pénètrent dans des gâches fixées sur le dormant.

Au lieu du bois, le fer est quelquefois employé pour l'exécution des croisées, mais le prix de ces ouvrages en restreint l'usage à des cas particuliers.

. Outre les châssis mobiles qui les garnissent, les baies de fenêtres sont défendues à l'extérieur par des *volets*, des *persiennes* ou des *jalousies*.

Enfin l'on donne le nom de *mezzanines* à des fenêtres qui servent à éclairer de grandes pièces à leur partie supérieure, ou des étages très bas, comme les entre-sols. Leur hauteur est tout au plus égale à leur largeur et lui est quelquefois même inférieure. — F. M.

. **FENIL.** *T. d'agr.* Local destiné à la conservation des fourrages. D'une façon générale tout emplacement couvert peut servir à cet effet pourvu que le sol soit sec. Il faut que les voitures puissent s'en approcher facilement et que l'emmagasinage soit commode ; le sol doit être élevé de $0^m,50$ par un remblai, ou un plancher en madrier, à claire-voie ou par des fagots. Quelquefois le fenil est installé dans des greniers situés au-dessus des hangars à instruments, des remises ou des logements des animaux.

FER. *T. de chim.* Corps simple tétratomique, dont l'équivalent est 28, et le poids atomique 56. C'est le plus utile de tous les métaux, et aussi le plus répandu, car à lui seul, il peut, pour ainsi dire, offrir les avantages que présentent les autres métaux, par suite des divers états que l'industrie peut lui faire prendre, suivant qu'on l'emploie sous forme de fonte, de fer forgé ou d'acier.

HISTORIQUE. Le fer est connu depuis la plus haute antiquité, puisque l'on sait que les livres saints des Indiens font remonter la connaissance du fer forgé à l'an 2975 av. J.-C., et que, d'après la Genèse, Thombal Caïn, vers la même époque, était cité comme sachant aussi forger ce métal. Plus de 2000 ans avant notre ère, les Egyptiens connaissaient également ses propriétés ; les Grecs, du temps d'Hésiode, l'employaient usuellement (9 siècles av. J.-C.), et les Etrusques, 200 ans plus tard, exploitaient déjà les mines de fer de l'île d'Elbe, qui actuellement sont encore loin d'être épuisées, sans qu'on ait jamais depuis interrompu les travaux d'extraction. « Dans tous les cas, l'usage du fer est postérieur à l'usage de l'or, de l'argent et du cuivre (airain) » (Isidore, *Orig.* XVI, 20; au II° siècle de J.-C.); mais, si la trempe était connue plus de 1000 ans avant l'ère chrétienne (Homère, *Odyss.*, IX, 393), lorsque l'on découvrit le Nouveau Monde, on reconnut qu'au Mexique, pas plus qu'au Pérou, on n'avait aucune notion des instruments en fer, quoique ce métal abonde en ces pays (Acosta, *Hist. des Indes,* in-fol., p. 132).

État naturel. Le fer se trouve partout dans la nature ; dans le règne organique, on le rencontre chez les animaux, dont il fait partie constituante, puisqu'il existe normalement dans les globules sanguins, et que lorsque sa proportion diminue, il se produit une maladie particulière que l'on désigne sous le nom d'*anémie*; il se retrouve dans les cendres des végétaux, qui l'ont emprunté au sol ; c'est surtout dans le règne inorganique qu'il est abondant, puisqu'on le connaît sous dif-

férents états, et parfois en quantités telles, qu'une exploitation de vingt siècles ne l'a pas épuisé.

Dans le règne minéral, nous avons à citer surtout les minerais qui sont exploités industriellement; mais il en est d'autres qui intéressent, en ce qu'ils prouvent que le fer se retrouve en dehors de notre planète, et dans le milieu cosmique. Tel est le fer à l'état *natif*, que l'on retrouve dans les météorites, dont il forme parfois la totalité. Les *aérolithes* sont variables comme composition; on y trouve souvent de 4 à 16 0/0 de nickel, puis des traces de cobalt, cuivre, chrome, manganèse et soufre; on a reconnu aussi du fer natif, cristallisé en cubes ou en petits octaèdres, dans certaines laves d'Auvergne; à Allemont; en Thuringe, etc.

. Les variétés minéralogiques du fer sont fort abondantes, mais il nous intéresse surtout de connaître celles que l'on utilise pour la métallurgie. Nous indiquerons en outre celles qui sont exploitées pour un usage spécial.

1° Comme minerais de fer proprement dits, il faut surtout citer : le *fer oxydé magnétique*, ·

$$Fe^3O^4 = FeO, Fe^2O^3,$$

qui peut contenir jusqu'à 72 0/0 de fer, et a comme composition moyenne :

$$FeO = 31,04, Fe^2O^3 = 68,96.$$

Il est en cristaux du type cubique, ou en masses grenues et compactes, sous forme de sable, etc., de teinte noire, opaque, d'une densité de 5 en moyenne, très magnétique, et souvent magnétipolaire ; il laisse sur le papier une trace noire. On le trouve un peu partout, au Canada, aux États-Unis (Pensylvanie, New-Jersey), en Russie, en Suède, en Norvège, en Saxe (Berggiesshübel), dans les Pyrénées, \en Algérie, en Sardaigne (Saint-Léon), à l'île d'Elbe, dans le Piémont, au Tyrol, etc. Il contient souvent un peu de galène, de pyrites de fer et de cuivre, d'apatite, etc , qui gênent les opérations d'extraction du fer. L'*hématite rouge*, le *fer oligiste*, Fe^2O^3, sesquioxydes correspondant à 69 0/0 de fer environ. L'hématite est compacte ou terreuse, en filons, dans les terrains anciens, ou disséminée dans les gneiss, granits, ainsi que dans les terrains de transition. Elle donne une poussière rouge, et offre diverses variétés, le fer oxydé rouge luisant, le fer oxydé rouge terreux (*sanguine*), le fer oxydé rouge siliceux (avec sable), le fer oxydé rouge argileux (avec alumine), la minette (avec de la chaux) ; — le fer oligiste est en beaux cristaux irisés à la surface, quelquefois concrétionné, ou en amas à cristaux plus ou moins agglomérés. Il se rencontre surtout à l'île d'Elbe, en Saxe, au Hartz, en Westphalie, dans le duché de Nassau, le pays de Siegen, la Hesse, le Wurtemberg, dans l'Ardèche (La Voulte, Privas), etc. Le *fer spathique* ou *sidérose*;

$$FeCO^3 = FeO, CO^2,$$

carbonate contenant 48,2 0/0 de métal, et souvent une petite quantité de carbonate de manganèse; il cristallise en rhomboèdres de 107°, ou en rhomboèdres primitifs, et se trouve aussi en cristaux lenticulaires, en masses réniformes, fibreuses ou compactes; il varie en couleur, du blanc jaunâtre au rouge, où est même brun à la surface s'il est altéré; son éclat est vitreux, sa densité de 3.85. Il renferme 62,07 d'oxyde de fer, pour 37,93 d'acide carbonique. On en connaît diverses variétés dites *mésitine, pistomésite, oligonspath, sphérosidérite,* etc. On le rencontre dans l'Isère, à Allevard, à Vizille; dans le Dauphiné, l'Ille-et-Vilaine, les Pyrénées; à Saint-Étienne, à Anzin, dans l'Aveyron; dans le Hartz, la Savoie (Saint-Georges d'Hurtières), le comté de Cornouailles, etc. Le *fer hydroxydé* comprenant de très nombreuses espèces, la *lépidokrokite,* la *pyrosidérite,* la *stilpno sidérite,* le *fer hydroxydé jaune,* la *bauxite* (exploitée aussi pour l'alumine qu'elle contient), le *fer hydroxydé des marais,* l'*hématite brune,* la *limonite,* etc. Cette espèce est celle qui est la plus abondante en France; elle se trouve en masses fibreuses, concrétionnées ou en stalactites, sous forme *oolithique* ou *pisolithique,* en rognons creux avec noyaux intérieurs (*Œtite*), ou même sous forme de masses terreuses utilisées en peinture sous le nom d'*ocre jaune,* de *terre de Sienne,* de *terre d'ombre,* etc. La *francklinite,* mélange d'oxydes de fer, de zinc et de manganèse renfermant 45 0/0 de fer, 21 de zinc et 9 de manganèse, est abondante à New-Jersey. Le *fer titanaté,* se rapprochant du fer oligiste, mais dans lequel le titane remplace partiellement le fer. Ce minerai appelé aussi *ilménite* cristallise en rhomboèdres basés, est noir, à éclat métallique, faiblement magnétique, sa densité est de 4.95. On l'a trouvé aux monts Ilmen; on en connaît des variétés sableuses l'*isérine,* la *ménacannite.*

Tous ces minerais sont uniquement exploités pour l'extraction du fer; leur production a une très grande importance en France, puisque dans 42 départements il y a des gisements actuellement en exploitation. Leur rendement est d'environ 2,600 millions de kilogrammes d'une valeur de 18 millions de francs, sans compter les mines d'Algérie qui ont aussi une importance grande, comme celle de Mokta-el-Hadid, près Bône, qui fournit annuellement 350 millions de kilogrammes de minerai, de Collo (province de Constantine), etc. On peut les diviser en deux grands groupes: ceux facilement réductibles, comme le fer spathique, le fer hydroxydé, desquels la chaleur chasse facilement l'acide carbonique ou l'eau de combinaison, et ceux difficilement attaquables, comme l'hématite rouge, le fer oligiste, le fer magnétique.

Après ces minerais de fer, se rangent les variétés dans lesquelles le fer est le produit accessoire et que l'on utilise dans un autre but. Tels sont: le *fer arsenical* ou *mispickel* FeAS², FeS², contenant 46,01 d'arsenic, 34,35 de fer, et 19,64 de soufre. Il cristallise en prismes rhomboïdaux droits, d'une densité de 6,15, est opaque, gris blanc, ou parfois en masses compactes et bacillaires. Il est très répandu; on en trouve à Flaviac (Ardèche); à Boston; à Reichenstein (Silésie); en Bohême, en Saxe, en Hongrie, au Chili, etc. Il sert pour l'extraction de l'arsenic et la fabrication des composés arsenicaux. Le *fer tungstaté* ou *wolfram,* cristallisé en prismes rhomboïdaux

obliques, d'un noir brun, à éclat adamantin, d'une densité de 7,25; il contient 76,20 d'acide tungstique uni à 19,19 d'oxyde de fer, 4,48 d'oxyde de manganèse et parfois un peu de magnésie, 0,85 0/0, comme dans celui de Limoges. Il sert à obtenir les produits à base de tungstène. Le *fer chromé* ou *sidérochrome,* que l'on rencontre parfois cristallisé dans le système cubique, ou plus souvent en masses à cassure inégale, opaques, d'éclat métallique, noires, légèrement magnétiques, et d'une densité de 4,45. Il contient 60,04 d'acide chromique, 11,85 d'alumine, 20,13 d'oxyde de fer et 7,45 de magnésie (Abich). On en trouve dans le Var; il est surtout abondant à Baltimore; en Suède, en Silésie, etc. Le *fer phosphaté* ou *vivianite,* qui se présente sous forme de prismes rhomboïdaux obliques, à éclat vitreux, de couleur bleu-verdâtre, tirant sur le noir, ou en masses fibreuses et terreuses; il contient 29,01 d'acide phosphorique combiné avec 35,65 de protoxyde de fer et 11,60 de sesquioxyde, avec 23,74 0/0 d'eau; sa densité de 2,65; il se rencontre dans le comté de Cornouailles, en Bavière, etc. Le *fer sulfuré* qui comprend trois variétés principales: 1° la *pyrite ordinaire* ou *cubique,* qui cristallise en cubes ou en ses dérivés, dodécaèdre pentagonal, octaèdres, etc., d'un jaune laiton, d'une densité de 5, parfois s'agglomérant en masses globuleuses; ils ne s'altèrent pas à l'air, et contiennent 46,67 de fer pour 53,33 de soufre; on en trouve un peu partout; les beaux cristaux viennent de l'île d'Elbe, de Traverselle (Piémont), du Saint-Gothard, etc. La pyrite cubique ou sa variété la *kroebérite,* sert à l'extraction du soufre, à la fabrication de l'acide sulfurique, du sulfate de fer; 2° la *marcasite,* ou *speerkies, fer sulfuré blanc,* cristallise en prismes rhomboïdaux droits, souvent dômés ou mâclés, ou souvent aussi accolés les uns aux autres, avec sommet central, pour former des masses globuleuses, réniformes, etc. Leur éclat est métallique, la couleur jaune-laiton, verdâtre, leur densité est de 4,75; ils s'altèrent à l'air en se transformant en sulfate; leur composition chimique est la même que celle de la pyrite cubique. On en retrouve beaucoup dans le terrain crétacé, les terrains sédimentaires, en France, en Saxe, en Bohême, dans le Hartz, etc. La pyrite blanche sert à faire, par simple exposition à l'air et lavage, le sulfate de fer impur, l'acide sulfurique. 3° La *magnetkise,* ou *pyrite magnétique,* cristallisant en prismes hexagonaux, d'un jaune rouge, allant au brun; elle est légèrement magnétique, d'une densité de 4,6 et est plus ferrugineuse que les précédentes; 60,5 de fer pour 39,5 de soufre. On la trouve en beaucoup d'endroits, notamment dans les Pyrénées, en Bavière, au Piémont, etc.; on l'utilise comme les premières, pour la fabrication du sulfate de fer.

Tous les résidus pyriteux des fabriques d'acide sulfurique (blue-billy) sont depuis quelques années, traités pour fonte grise, après avoir éliminé par le moyen de la voie humide (V. ESSAIS) le cuivre et l'argent qu'ils renferment.

Caractères physiques. Le fer est un métal d'un gris-bleuâtre, malléable, ductile, tenace, doué d'éclat métallique, d'une densité de 7,7; à texture cristalline, magnétique. Il fond à 1600°, et au rouge blanc, il se soude à lui-même; uni à une petite quantité de carbone (3 à 5 0/0), il constitue la *fonte* qui, elle, fond à 1250°; lorsqu'il a subi une opération spéciale, il porte le nom d'*acier*, et ne contient alors que très peu de carbone (0,7 à 2 0/0). Il a une conductibilité calorifique de 119, une conductibilité électrique de 14,4, celles de l'argent, prises pour unité, étant 1000. Le fer cristallise en cubes ou en octaèdres, et peut prendre une structure cristalline sous l'influence de vibrations répétées : il devient alors cassant, et n'a plus la ténacité considérable qu'il présentait après le martelage à chaud ; c'est là la cause qui explique les accidents produits par la rupture des essieux, des fils des ponts suspendus (pont d'Angers), etc.

Caractères chimiques. Le fer est inoxydable dans l'air sec, à la température ordinaire, mais au rouge, il se transforme en oxyde (Fe^3O^4); à l'humidité, il s'oxyde et s'hydrate, en passant à l'état de rouille; lorsqu'il est extrêmement divisé, il est tellement avide d'oxygène, qu'il s'enflamme lorsqu'on le projette dans l'air; c'est ce que l'on appelle le fer *pyrophorique*. Pour l'obtenir sous cet état, il faut réduire son oxalate par l'hydrogène, en chauffant le tube contenant le sel à la lampe à alcool, et desséchant le gaz réducteur. Lorsque l'opération est terminée, et qu'il reste dans le tube une poudre noire, on ferme à la lampe les extrémités de celui-ci, et lorsqu'on veut enflammer le fer, on brise l'extrémité du tube et on renverse la poudre dans l'air. Le fer brûle dans l'oxygène sec; si l'on a soin de mettre un peu d'amadou à l'extrémité d'un ressort de montre, en allumant l'amadou et plongeant le métal dans le gaz, on voit bientôt le fer brûler en projetant de vives étincelles. Le fer se combine à l'hydrogène naissant, pour former de l'hydrogène ferré; à l'azote, en présence de l'ammoniaque et de la chaleur, pour faire un composé riche en fer (Fe^6Az); au bore, en calcinant un mélange d'acide borique, de limaille de fer, de charbon et d'huile; le borure formé ($BoFe$) donne du fer pur, par sa réduction au moyen de l'hydrogène; au charbon (V. FONTE, ACIER); au phosphore, il est alors cristallisé en prismes rhomboïdaux qui constituaient le sidérum de Bergmann; au soufre, pour former divers composés dont quelques-uns, naturels, sont déjà connus (V. PYRITE); à l'iode, au brome, pour donner des corps variables, proto, oxy, sesquiiodure, etc.; au chlore, également en diverses proportions.

L'action des acides sur le fer est très variable : avec l'acide sulfurique faible, en présence de l'eau, il y a décomposition de celle-ci, et dégagement d'hydrogène (appareil de Marsh), mais l'acide concentré, et à chaud, forme du protosulfate de fer, et laisse dégager de l'acide sulfureux; avec l'acide chlorhydrique à chaud ou à froid, on obtient du protochlorure de fer, et il y a production d'hydrogène; avec l'acide azotique, l'action est absolument en rapport avec le degré de concentration de l'acide; l'acide faible produit de l'azo-

tate de protoxyde de fer, de l'azotate d'ammoniaque, mais sans dégagement d'acide hypoazotique; l'acide concentré donne des vapeurs rutilantes d'acide hypoazotique et de l'azotate de sesquioxyde de fer; quant à l'acide fumant, très concentré, il est sans action. On dit alors que le fer est *passif*, car, si après avoir laissé ce contact se faire quelque temps, on vient à changer l'acide et à mettre sur le fer de l'acide ordinaire, il ne se produit aucune action. Pour que l'attaque ait lieu, il faut changer l'état électrique du métal, soit en versant une goutte de solution de sulfate de cuivre, ce qui alors fait un couple voltaïque, soit même en touchant avec un fil de fer ordinaire. Il y a dès lors réaction très vive et dégagement d'abondantes vapeurs rouges. L'acide acétique cristallisable, l'alcool anhydre, l'ammoniaque, le sulfure de potassium, peuvent provoquer cet état passif du fer.

Le fer s'allie facilement à un certain nombre de métaux, et adhère par cela même, fortement à ceux-ci. Ainsi, lorsqu'on fait l'*étamage* de fer, en plongeant celui-ci dans un bain d'étain fondu, non seulement on le recouvre de ce dernier métal, mais on provoque aussi la formation d'un alliage qui cristallise en larges lames. Ce sont celles-ci qu'on rend visibles, quand pour faire le *moiré*, on enlève l'étain superficiel avec de l'eau régale faible.

L'alliage de 6 parties d'étain pour 1 partie de fer a été employé sous le nom de *polychrome*; l'*alliage de Budi* contient 89 d'étain, 5 de fer, 6 de nickel; le *fer-blanc* est du fer étamé. On peut, en remplaçant l'étain par le zinc, obtenir le *fer zingué* ou *galvanisé*, lequel est bien plus solide que le précédent, puisqu'il est inoxydable; mais il a l'inconvénient d'être plus cassant, ce qui n'a pas lieu toutefois si la galvanisation, au lieu d'être faite au trempé, a été produite par voie électrique. Le fer peut s'unir à beaucoup d'autres métaux, mais ces alliages n'ont pas d'intérêt industriel.

PRÉPARATION DU FER, SON ESSAI. Le métal s'obtient, en quelques mots, par la réduction du minerai, au moyen du charbon :

$$Fe^2O^3 + C^3 = 2Fe + 3(CO).$$

On obtient ainsi de la fonte, que l'on affine en brûlant l'excès de charbon dans un fort courant d'air (V. plus loin le chapitre MÉTALLURGIE DU FER). Mais, d'après la nature variable des minerais, on suppose bien que le métal ne peut être pur; on trouve en effet dans le fer du commerce, du carbone, du soufre, de l'arsenic, du phosphore, du silicium, du manganèse. On met en évidence le soufre et l'arsenic, en traitant le fer dans un appareil de Marsh; l'hydrogène sulfuré produit pourra perdre son soufre en passant dans un flacon contenant de l'acétate de plomb; il se formera du sulfure de plomb noir, et l'hydrogène arsénié donnera des taches d'arsenic, en enflammant le gaz, et en le refroidissant sur une capsule de porcelaine.

Le carbone peut se doser au moyen de divers procédés : d'après l'un d'eux, après avoir délayé le fer, réduit en limaille, dans une certaine quantité d'eau, on ajoute de l'iode et on chauffe légèrement; le métal, transformé en iodure soluble, laisse le carbone que l'on lave, sèche et pèse (Berthier); d'après le second, on fait un chlorure soluble en faisant arriver un courant de chlore sur le métal également délayé dans l'eau (Gay-Lussac). Pour doser le phosphore, on attaque le métal par l'acide nitrique ; on forme ainsi de l'acide phosphorique, que l'on transforme par le procédé connu, en phosphate ammoniaco-magnésien, et dont on prend le poids après calcination. La silice reste insoluble dans l'eau, quand on dissout le fer par l'acide chlorhydrique dilué. Quant au manganèse, pour le retrouver, on attaque le métal par la potasse, qui formant alors du manganate, donne les nuances si caractéristiques du caméléon.

PRÉPARATION DU FER PUR. Il est indispensable de faire du fer absolument pur lorsqu'on veut obtenir des réactions chimiques, ou se servir du métal pour l'usage médical. On obtient ce résultat de plusieurs manières : en réduisant un sel de fer pur *par l'électricité*, par exemple : on prend une solution de perchlorure de fer à 30°, et l'on y plonge deux électrodes ; l'une en cuivre, au pôle positif, l'autre en acier au pôle négatif. Dès que le courant électrique traverse le circuit, on voit le fer se déposer sur la lame d'acier. Il ne reste plus après précipitation complète, qu'à désagréger le métal déposé, le laver et sécher rapidement. On peut encore avoir le fer pur, *par l'hydrogène*. Pour faire du sesquioxyde pur, on traite la pierre hématite par l'acide chlorhydrique bien exempt d'acide sulfurique, puis après dissolution du métal, on décompose le perchlorure formé par de l'ammoniaque. On obtient un précipité gélatineux de sesquioxyde hydraté, que l'on dessèche, puis que l'on introduit dans le tube ou le vase dans lequel se fera la réduction. On fait alors passer un courant d'hydrogène, pour chasser l'air de l'appareil, mais pour avoir un gaz pur, ne renfermant pas de traces de soufre, d'arsenic ou de carbone, on fait d'abord passer le gaz dans un flacon laveur contenant de l'eau régale, puis dans des tubes à potasse, pour fixer le chlore ou l'acide azotique qui pourraient être entraînés, et enfin dans un tube témoin renfermant du sulfate de cuivre en solution. Si cette dernière liqueur n'est pas modifiée, on dessèche l'hydrogène sur de la ponce sulfurique, et on lui fait alors traverser le vase contenant l'oxyde de fer. Celui-ci étant chauffé avec une lampe, on continue l'opération tant que l'on voit se dégager de la vapeur d'eau par la partie effilée qui termine l'appareil. Aussitôt que celle-ci cesse de se produire, on enlève le feu, on continue le dégagement d'hydrogène, puis on arrête l'opération, après refroidissement complet. Le fer ainsi obtenu est très divisé, il doit être immédiatement conservé en flacon et tenu à l'abri de l'humidité.

COMBINAISONS DU FER. Le fer étant un métal tétratomique donne naissance à deux séries de composés. Dans les uns il est bivalent, ce sont les corps que l'on désigne sous le nom de *sels au mi-* nimum ou de *ferrosum* ; dans les autres le groupement est hexatomique, ce sont les sels dits au *maximum* ou de *ferricum* (Gerhardt).

Oxydes du fer. Nous avons déjà vu qu'il existe dans la nature plusieurs degrés d'oxydation du fer. On connaît en effet : 1° un *protoxyde* FeO, qui peut être anhydre ou hydraté, mais qui se suroxyde très rapidement; il est soluble dans l'acide azotique, dans l'ammoniaque; ses sels sont verts et de saveur atramentaire. On l'obtient en réduisant au rouge, du sesquioxyde de fer par l'oxyde de carbone.

Caractères des sels de protoxyde : par la potasse, la soude ou l'ammoniaque, précipité blanc, verdissant à l'air, puis devenant brun; par les carbonates alcalins, précipité blanc, verdissant à l'air ; par l'acide sulfhydrique, rien ; par le sulfhydrate d'ammoniaque, précipité noir, insoluble dans un excès ; par le carbonate de baryte, rien à froid, précipitation à chaud ; par le prussiate jaune, précipité blanc devenant bleu après quelque temps, ou par l'addition d'acide azotique ; par le prussiate rouge, précipité bleu, insoluble dans l'acide chlorhydrique ; par le tannin, le sulfocyanure de potassium, rien ; l'eau chlorée, l'acide azotique, peroxydent immédiatement ces sels; le permanganate de potasse s'y décolore instantanément.

2° *Sesquioxyde de fer* ; Fe^2O^3. Nous ne reviendrons pas sur les oxydes naturels, anhydres ou hydratés; les oxydes artificiels sont également nombreux. Le sesquioxyde anhydre peut cristalliser en hexaèdres irisés, donnant une poudre brune, inodores, insipides, altérables par la chaleur, insolubles dans l'eau, solubles dans les acides. Le sesquioxyde calciné devient soluble dans les alcalis ; il est réductible par le charbon, par l'hydrogène, et est magnétique, s'il provient de la décomposition de sels à acides organiques. Le sesquioxyde hydraté à 3 équivalents d'eau, soit 14 0/0 ; il est soluble dans les acides et à 120°, perd 2 équivalents d'eau en devenant rouge-brun foncé.

Caractères des sels de sesquioxyde : par la potasse, la soude ou l'ammoniaque, précipité rouge-brun, insoluble dans un excès ; par les carbonates alcalins, précipité rouge-brun, avec dégagement d'acide carbonique ; par le carbonate de baryte, précipité à froid; par l'acide sulfhydrique, dépôt de soufre, et réduction à l'état ferreux ; par le sulfhydrate d'ammoniaque, précipité noir, mélangé de soufre ; par le prussiate jaune, précipité bleu, insoluble dans l'acide chlorhydrique ; par le prussiate rouge, coloration vert-bleu ; par le tannin, précipité noir; par le sulfocyanure de potassium, coloration rouge-sang ; par le permanganate de potasse, rien.

On connaît et utilise différents sesquioxydes de fer : le *colcothar*, obtenu par calcination du sulfate ferreux; le *rouge de Vogel*, préparé par la calcination de l'oxalate de fer ; ces deux produits doivent être lavés et séchés, après leur préparation; ils servent pour nettoyer les ors; l'*oxyde micacé*; le *safran de mars apéritif* obtenu par double décomposition, au moyen d'une solution de sulfate ferreux que l'on verse dans une dissolution de carbonate de soude, ce qui explique pourquoi on lui donne parfois le nom impropre de *sous-carbonate de fer*. Le *safran de mars astringent*, qui ne diffère du précédent que parce que la calcination l'a rendu anhydre, il est noir au lieu d'être brun ; l'*hydrate de sesquioxyde*, qui se prépare en précipitant par l'ammoniaque, une solution étendue de perchlorure de fer. Ces différents corps sont employés en médecine, le dernier est préconisé comme contre-poison de l'acide arsénieux.

3° L'*oxyde ferroso ferrique* Fe^3O^4, qui correspond à l'aimant naturel, et que l'on désigne sous le nom d'*éthiops martial*. Il cristallise en octaèdres réguliers, d'une densité de 0,59, donnant une poudre noire ; il est infusible, devient sesquioxyde à l'air, est soluble dans l'acide chlorhydrique, en donnant un mélange de proto et de sesquichlorures de fer. On peut l'obtenir en chauffant dans un creuset du protochlorure de fer avec du carbonate de soude, puis donnant un coup de feu, à la fin de l'opération. Il existe encore un autre oxyde, l'*oxyde des battitures*, Fe^6O^7 ; c'est lui qui jaillit en vives étincelles de feu, quand on forge le fer.

Le peroxyde de fer est depuis quelque temps employé dans la peinture en bâtiments, sous le nom de *minium de fer*. Ce produit est en poudre fine, de couleur brun-rouge foncé ; il contient 85,57 de peroxyde de fer ; 8,43 d'argile et 6 0/0 d'humidité.

Les sels de fer les plus employés sont les suivants, dont quelques-uns sont déjà étudiés :

L'*acétate de fer* . — V. t. I, p. 11.

Le *carbonate de fer*. — V. t. II, p. 234.

Le *chlorure de fer*. — V. t. III, p. 324.

Les *cyanures de fer, ferricyanures et ferrocyanures*. — V. t. III, p. 1,193 et suiv.

L'*iodure de fer*. FeI. Sel déliquescent, altérable à l'air, en devenant oxyiodure, très soluble dans l'eau. Pour le préparer, on triture du fer réduit en limaille fine, avec de l'iode, sous l'eau ; puis après, on chauffe légèrement. La liqueur d'abord brune se décolore et devient verte ; on filtre, et on évapore rapidement en laissant dans la liqueur un fragment de fer, pour empêcher l'oxydation de se produire. C'est un produit facilement assimilable.

Le *sulfate de fer* ou *vitriol vert* a pour formule $FeO, SO^3 = FeSO^4$; il cristallise en beaux prismes rhomboïdaux, de couleur verte et, contenant 7 équivalents d'eau ; il est altérable à l'air ; en se peroxydant, il se recouvre d'un enduit jaune-brun ; à 200° il devient anhydre et est blanc. Il est insoluble dans l'alcool, qui le précipite en lui enlevant 6 équivalents d'eau.

Il se trouve dans la nature, et porte en minéralogie les noms de *apétalite*, de *fibroferrite*, de *mélanterite*. On obtient de différentes manières le sulfate employé dans l'industrie : 1° avec les *pyrites*. On a vu que la pyrite blanche, très altérable à l'air, s'oxyde en donnant du sulfate. Dans les pays où, comme à Salsbourg, les pyrites sont abondantes, on les étend dans une fosse rendue étanche par de l'argile, et on les abandonne là, un an environ. Les eaux météoriques dissolvant le sulfate formé sont reçues, par la partie la plus basse de la fosse, dans un réservoir également étanche, et contenant un peu de ferraille. Celle-ci transforme le peroxyde de fer en protoxyde, et sature l'acide sulfurique qui a pu être mis en liberté. On élève alors, au moyen de pompes, la solution dans une chaudière, où on la concentre pour faire cristalliser le sulfate.

Les pyrites distillées ayant servi à la préparation du soufre, sont également traitées de la même manière. Ce vitriol vert est assez impur.

2° Avec les *déchets de fer et l'acide sulfurique*. Ce procédé sert pour utiliser les rognures de fer-blanc, les résidus de réduction de la nitrobenzine ; ou les acides venant des raffineries de pétrole, des fabriques d'aniline ; les scories d'affinerie et de puddlage. On doit toujours, dans cette préparation, mettre du fer en excès, et évaporer rapidement pour éviter l'altération du sel.

3° Comme produit secondaire dans les fabriques où l'on fait l'alun avec l'*alunite*. Le grillage ayant transformé les pyrites qui accompagnent ce corps en sulfates de proto et de peroxyde, on lessive pour enlever le sel de fer, puis on prépare ensuite l'alun en ajoutant un sel de potasse ou d'ammoniaque.

4° En décomposant la *sidérose* par l'acide sulfurique, et concentrant la liqueur. Lorsque les solutions sont assez saturées, quelle que soit la méthode employée pour faire le sulfate, on les fait arriver dans des cristallisoirs, ayant souvent dans leur intérieur des petites tringles de bois ou des ficelles ; le sel qui se dépose sur ces corps est dit *vitriol en grappes*, celui en *tubes* est celui qui s'est fixé sur les parois du vase ; on nomme *vitriol mixte*, celui formé par du sulfate de fer mêlé de sulfate de cuivre ; *vitriol noir*, celui coloré avec une infusion de noix de galles ou de feuilles d'aulne.

Lorsque l'on veut purifier le sulfate de fer du commerce, il faut le dissoudre dans 3 à 4 volumes d'eau, y ajouter un peu de limaille de fer, et quelques gouttes d'acide sulfurique ; l'hydrogène en se dégageant réduit le cuivre, puis le sulfate ferrique. On concentre et filtre bouillant, pour laisser cristalliser. Il contient alors 26,10 de protoxyde, 29,90 d'acide sulfurique et 44 0/0 d'eau.

Usages. Le sulfate de fer est employé en médecine, comme ferrugineux et comme astringent ; l'industrie en consomme de très grandes quantités : il sert dans la teinture en noir, parce que, peroxydé, il donne avec les matières astringentes, comme le fustet, le bois jaune, le quercitron, l'écorce de chêne, la noix de galles, le tannin, etc., un tannate insoluble ; la même raison le fait employer pour la fabrication de l'encre. Il sert aussi dans la teinture en bleu ; à monter les cuves d'indigo, en désoxydant celui-ci ; il sert à désinfecter, il est employé dans les fosses d'aisances, pour la propriété qu'il a de décomposer le sulfhydrate d'ammoniaque en se transformant en sulfure de fer. Il sert encore à purifier le gaz d'éclairage ; à faire le bleu de Prusse ; à faire l'acide sulfurique de Nordhausen ; à précipiter l'or de ses dissolutions ; à absorber le gaz bioxyde d'azote, etc. Il existe un autre *sulfate de fer*, celui de *peroxyde*

Fe³O³,3(SO)³:... Fe²S³O¹², qui sert dans les laboratoires comme réactif.

Sulfures de fer. En dehors des sulfures naturels que nous avons indiqués, on utilise quelques combinaisons du soufre et du fer. Le *protosulfure* FeS, est noir, insoluble dans l'eau, soluble dans les alcalis et les sulfures alcalins; il s'oxyde à l'air. On peut l'obtenir en faisant une pâte, avec un peu d'eau, et 60 parties de limaille pour 40 parties de soufre. Si l'on recouvre le tout de terre, au bout de quelque temps la réaction s'opère avec dégagement de vapeurs, et projection d'une partie de la masse. C'était le volcan de Lemery. On connaît un *protosulfure hydraté* qui sert comme contrepoison des préparations mercurielles, mais qui se conserve difficilement; on le prépare en précipitant une dissolution de protosulfate de fer par du monosulfure de sodium. Le *sulfure de fer en plaques* qui est noir, boursouflé et cassant, que l'on emploie dans l'industrie pour faire de l'hydrogène sulfuré, est un mélange de protosulfure de fer et de fer, que l'on obtient en fondant dans un creuset de la limaille de fer et du soufre. On fait encore artificiellement un *persulfure hydraté* qui est noir et gélatineux, et que l'on obtient en versant goutte à goutte une solution de sulfate ferreux dans du trisulfure de potassium étendu d'eau. On lave pour enlever le sulfure de potassium en excès, et on conserve sous l'eau. C'est l'antidote des préparations de cuivre, de plomb et d'arsenic.

DOSAGE DU FER. Le dosage du fer contenu dans un minerai, un corps quelconque, peut s'exécuter de différentes manières : 1° *Dosage par l'ammoniaque.* Dans ce procédé on a pour but de faire passer le métal à l'état de combinaison ferrique précipitable par les alcalis, puis de peser ensuite le produit rendu anhydre par la calcination. On commence par dissoudre le corps à analyser au moyen d'un excès d'acide chlorhydrique, puis, pour ramener tout le métal au maximum, on y fait arriver du chlore ou l'on ajoute de l'acide azotique, ou encore de l'acide chlorhydrique avec du chlorate de potasse. La suroxydation obtenue, on y verse de l'ammoniaque jusqu'à cessation de précipité, puis l'on porte la liqueur à l'ébullition. On recueille le précipité sur un filtre, on le lave bien à l'eau bouillante, on le sèche, puis on calcine avec le filtre et on pèse, en multipliant le poids obtenu par 0,70, on a celui du fer contenu dans le produit. Dans le cas où la substance à analyser est de nature organique, il vaut mieux l'incinérer d'abord, puis reprendre les cendres par l'eau régale, car la présence de certains principes, comme l'acide tartrique, etc., empêcherait la précipitation de l'hydrate de sesquioxyde de fer, si l'on n'avait pas calciné. 2° *Dosage par le succinate d'ammoniaque.* Au lieu de précipiter le sel de fer au maximum, comme dans la méthode précédente, on peut le faire au moyen d'une solution de succinate d'ammoniaque, surtout, dans les cas très fréquents, où du manganèse accompagnerait le fer dans le produit. Une fois la liqueur chlorhydrique obtenue, on la neutralise par l'ammoniaque, jusqu'à ce que l'on obtienne un léger précipité persistant à chaud et une liqueur jaune-

brun, puis on y verse le succinate. Il se forme un précipité que l'on recueille, qu'on lave d'abord à froid, puis à l'eau chaude ammoniacale pour enlever l'acide succinique libre, s'il en existe, puis on dessèche avec soin et on calcine avec le filtre. Le poids du peroxyde qui reste dans le creuset, multiplié par 0,70 donne celui du fer. 3° *Dosage par le sulfhydrate d'ammoniaque.* Cette méthode doit être préférée lorsqu'il existe avec le fer des métaux de la première famille, ou des matières organiques. La liqueur acide contenant le fer est rendue alcaline par l'ammoniaque, sans qu'un excès de ce corps puisse gêner, puis on y verse le sulfhydrate; il se forme un précipité noir de sulfure, et la liqueur a une teinte jaune, si tout le fer est précipité, verte dans le cas contraire ; si l'on obtenait ce dernier résultat, il faudrait alors chauffer immédiatement et à l'abri de l'air, pour obtenir la sulfuration complète du métal. Le sulfure est alors recueilli sur un filtre, en une seule fois, lavé rapidement avec de l'eau chargée de sulfhydrate, en ayant soin de recouvrir l'entonnoir avec une lame de verre pour empêcher l'accès de l'air et la formation de sulfate, puis on place le filtre humide dans une capsule et on reprend par l'acide chlorhydrique pour dissoudre le sulfure. On chauffe pour enlever l'acide sulfhydrique contenu dans la liqueur, on peroxyde le fer par l'addition de chlore, puis on termine l'opération comme dans le dosage par l'ammoniaque.

Il existe aussi des méthodes volumétriques de dosage du fer, donnant le résultat par la lecture du nombre de divisions employées d'une liqueur titrée. 4° *Dosage par le permanganate de potasse.* Cette méthode, indiquée par M. Marguerite, a été perfectionnée par M. Mohr. Elle est basée sur ce fait, que si dans une solution acide d'un sel de protoxyde de fer, on verse du permanganate de potasse, il y a suroxydation dû fer au moyen du permanganate qui se décolore jusqu'à ce que tout le métal soit passé au maximum, alors la teinte rose du permanganate persiste. Il se forme des sulfates comme on peut le voir par l'équation suivante :

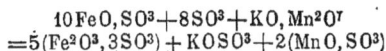

$$10\,\mathrm{FeO,SO^3} + 8\,\mathrm{SO^3} + \mathrm{KO,Mn^2O^7}$$
$$= 5(\mathrm{Fe^2O^3,3SO^3}) + \mathrm{KOSO^3} + 2(\mathrm{MnO,SO^3})$$

Pour faire l'essai, on se sert d'une liqueur de permanganate quelconque, que l'on titre avec soin, soit en faisant une dissolution de fil de clavecin (2ᵍ,8) dans l'acide chlorhydrique (25 centimètres cubes) en complétant avec de l'eau le volume de 1,000 centimètres cubes, et alors on vérifie le titre de la première liqueur en voyant combien il faut de centimètres cubes et de dixièmes de centimètres cubes de celle-ci pour saturer un volume déterminé de liqueur de fer, jusqu'à l'apparition de la teinte rose en agitant continuellement, ou bien, ce qui vaut mieux, comme l'a montré Mohr, en employant une solution de sulfate double de fer et d'ammoniaque, qui a l'avantage d'être inaltérable à l'air. On fait ce sel en dissolvant 139 grammes de sulfate ferreux et 66 gram. de sulfate d'ammoniaque, puis en faisant cristalliser. La liqueur titrée se prépare en dissolvant 19^g,6 de sulfate double, qui correspondent à 2^g,8 de fer pur. Il suffit d'aciduler la liqueur de sulfate avec l'acide sulfurique pour faire le titrage du permanganate.

Dès lors le titre de cette dernière liqueur étant connu, pour doser un composé oxygéné de fer, on en prend un poids de 2^g,8, on pulvérise bien, on dissout dans l'acide chlorhydrique concentré, en mettant dans un ballon d'un litre pour éviter toute projection, puis on chauffe pour faciliter l'attaque. On décante le liquide pour séparer la silice et l'argile ou les matières insolubles, puis on ramène le fer à l'état de protoxyde en mettant la liqueur acide dans une éprouvette, avec un peu de zinc amalgamé et une lame de platine, un creuset de ce métal peut servir si l'on n'a pas beaucoup de liqueur. Dès que le liquide a pris une couleur vert-pâle, on décante la liqueur, on lave le zinc à l'eau distillée et on mêle les eaux de lavage au premier liquide. Si la liqueur est fortement acide, ce qui est nécessaire pour éviter par la suite la précipitation d'oxyde brun de manganèse qui gênerait par sa présence, surtout vers la fin, la netteté de l'opération, on peut faire le dosage ; dans le cas contraire on ajoute de l'acide chlorhydrique. On verse avec une burette divisée en dixièmes de centimètres cubes, en agitant sans cesse, jusqu'à apparition d'une teinte rose persistante. Le nombre de divisions employées, connaissant le titre de la liqueur réactif, indique par un calcul très simple la proportion de fer.

Si au contraire le sel ou le corps à doser peut céder de l'oxygène, on le réduit à l'aide d'un volume connu d'un réducteur titré, et on dose le reste, c'est-à-dire l'excès du réducteur, par le permanganate. Cette méthode est très exacte.

5° Dosage au bichromate de potasse. Une méthode très sensible encore est celle qui emploie le bichromate de potasse, puisqu'elle permet de reconnaître le fer dissous dans 100,000 parties d'eau. On commence par ramener le fer de la dissolution chlorhydrique, au minimum, au moyen de l'acide sulfureux ou de l'acide sulfhydrique à l'ébullition, puis, ce résultat obtenu, on verse dans la liqueur filtrée une solution de bichromate (4^g,919 de sel 00/00) au moyen d'une burette, en ayant soin d'avoir à côté de soi une assiette sur laquelle on a placé plusieurs gouttes d'une solution de prussiate rouge de potasse. Tant que le fer est au minimum et que le bichromate ne l'a pas peroxydé, on obtient avec une goutte de la liqueur essayée, formation de bleu de prusse, sans que la sulfocyanure de potassium produise de coloration rouge sang, mais dès que l'opération approche de la fin, la nuance bleu de prusse se salit, vire au grisâtre, puis au brun, et enfin le sulfocyanure fait apparaître la teinte rouge-sang. Alors l'opération est terminée, et si l'on a eu soin de doser la liqueur de bichromate comme on l'a fait dans l'opération précédemment décrite pour le permanganate, avec le fer pur ou le sulfate double, on a de suite le résultat cherché.

Nous ne pouvons sans augmenter par trop les dimensions de cet article donner d'autres procédés de dosage. Nous aurions aussi à indiquer comment

on doit s'y prendre pour séparer le fer d'avec les autres métaux auxquels il est souvent associé, nous renvoyons pour de plus grands renseignements aux traités de *Docimasie de Ribot*, aux ouvrages d'*Analyse chimique* de Gerhardt et Chancel, H. Rose, Mohr, Sutton, etc. — J. C.

MÉTALLURGIE DU FER

— Les étapes successives de la civilisation portent les noms caractéristiques suivants : *âge de pierre*, *âge de bronze*, et enfin, *âge de fer*.

La simplicité de la métallurgie du cuivre et de l'étain, destinés à former le bronze, avait mis, depuis longtemps, l'homme en possession d'un métal utile, qu'il moulait à sa guise, mais auquel il lui était difficile de communiquer une grande dureté. Le fer, avec sa propriété précieuse de prendre la trempe, quand il est transformé en acier, devait permettre à l'homme de se forger des armes et de puissants outils.

L'Égypte semble avoir connu l'emploi de ce métal trois ou quatre mille ans avant l'ère chrétienne. Dès les premières dynasties, les pyramides, les pierres dures taillées et sculptées, ont certainement nécessité l'emploi de l'acier trempé.

En Grèce, du temps de la guerre de Troie, c'est-à-dire moins de 1200 ans avant l'ère actuelle, le fer était un produit rare et probablement fort cher ; les peuplades de l'Asie Mineure pouvaient être considérées comme étant encore en plein dans l'âge de bronze, à cette époque peu reculée.

De nos jours, nous voyons des sauvages de l'Océanie, qui sont encore dans l'âge de pierre. Il est donc naturel que tous les peuples, dont nous étudions l'histoire, ne soient pas parvenus en même temps à ce degré spécial de civilisation qu'on appelle l'*âge de fer*.

Les procédés employés, dans les temps anciens pour obtenir le fer, sont à très peu de choses près, ceux dont se servent encore certains peuples de l'intérieur de l'Afrique.

La métallurgie primitive du fer est caractérisée par deux procédés, dont l'invention tardive a longtemps été un obstacle à la réduction des minerais de fer : 1° emploi du charbon de bois ; 2° emploi de l'air soufflé.

En soumettant du bois à une combustion incomplète et étouffée, on produit le charbon de bois. Les principes volatils, qui emportaient une bonne partie de la chaleur de la combustion du bois, ayant disparu, on obtenait avec le charbon de bois tout le pouvoir calorifique du carbone. — V. CARBONISATION.

En lançant sur un foyer de l'air au moyen d'un soufflet quelconque, on augmente la vitesse de combustion, et comme les causes extérieures de refroidissement restent à peu près constantes, plus on insuffle d'air, plus on brûle de carbone dans un temps donné, et plus on produit de chaleur. Il était facile de se rendre compte qu'en soufflant avec la bouche sur un tison enflammé, on en activait la combustion, mais il était difficile de réaliser un instrument qui put lancer pratiquement une assez grande quantité d'air dans un foyer en ignition.

Au moyen de troncs d'arbres creusés et de peaux de bêtes, les premiers métallurgistes sont arrivés à créer le *soufflet à deux corps*, comme le montre la figure 58. La partie délicate dut être la soupape, permettant l'entrée de l'air quand on relève la tige, et l'empêchant de sortir, quand on l'abaisse. Un morceau de cuir souple remplit parfaitement ce but. Par ce mouvement alternatif de deux peaux fixées d'une manière lâche sur deux sortes de tambours, on pouvait obtenir un écoulement d'air assez régulier. Deux tuyaux en bois creux se réunissant dans une sorte de tuyère en terre cuite, servaient à concentrer le vent à la partie inférieure d'un four de 1 à 2 mètres au plus de hauteur; on le chargeait de couches alternatives de charbon de bois et de minerai, par la

Fig. 58.

partie supérieure. A la partie inférieure de ce fourneau, se trouvait un orifice qui servait à l'extraction des scories, et que l'on agrandissait au besoin pour extraire les morceaux de fer qui se réduisaient dans l'intérieur. Ces morceaux de fer, à l'état spongieux, encore tout imprégnés de scories, avaient besoin d'être martelés pour avoir plus de consistance et présenter la forme désirable. L'opération du martelage se faisait au moyen de pierres dures emmanchées solidement au bout d'un morceau de bois. Plus tard les marteaux furent eux-mêmes en fer et permirent un travail plus facile et plus soigné.

Les minerais de fer, susceptibles d'être traités par une opération aussi simple, devaient être très riches, car il y avait un grand déchet sous forme de silicate de fer ou *scorie*. De plus, la consommation de charbon de bois était considérable.

Le premier perfectionnement, apporté à la métallurgie antique du fer, fut la *méthode catalane*. Ce nom lui vient de la Catalogne, cette partie du versant méridional des Pyrénées où l'abondance du bois et des minerais riches a permis, de nos jours encore, l'installation d'une industrie importante dont les produits étaient de première qualité. Cette méthode, que l'on retrouve dans les vallées méridionales des Alpes, en Lombardie et en Italie, semble avoir été employée par les Étrusques; elle a dû, vraisemblablement, fournir aux Romains le fer dont ils se servaient.

Dans un trou de forme variable, généralement carré, à angles arrondis (fig. 59), dont les parois sont formées de pierres ou de briques réfractaires et qui porte le nom de *creuset*, se fait le travail de la réduction du minerai. En P, au fond, est un mélange d'argile et de poussier de charbon de bois, destiné à protéger le sol contre la corrosion des scories produites. Chaque paroi porte un nom particulier, la *tympe*, les *côstières*, la *rustine*.

En T pénétrait un tube de fer par lequel on introduisait le vent. Le minerai était entassé sur le devant du creuset, les plus gros morceaux au fond, et les plus fins à la surface. Le creuset étant préalablement rempli de charbon de bois, était chauffé par le vent de la tuyère. Les gaz produits

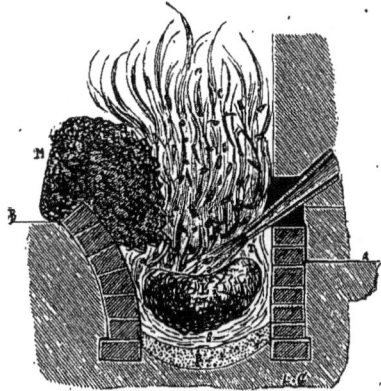

Fig. 59.

par cette combustion agissaient sur le minerai et en préparaient la réduction. En marche courante, le charbon de bois occupait le côté de la tuyère et, comme l'indique le dessin, le minerai restait sur le devant. Au fur et à mesure que la réduction se faisait, les morceaux de minerai entraient en fusion, le fer se carburait, passant à l'état de fonte, et celle-ci s'affinait sous l'action oxydante de la tuyère pour passer à l'état de *fer aciéreux*.

Le fer, spongieux, se rassemblait en une sorte de boule ou *loupe* L, qui flottait sur un bain de scories S.

Lorsque l'opération avait produit une loupe de métal suffisamment volumineuse et convenablement affinée, les ouvriers la soulevaient au moyen de *ringards* ou leviers en fer, et la saisissant avec une grosse tenaille, la portaient sous un marteau puissant, mû mécaniquement et qui exprimait les scories. Dans la même opération, cette loupe était façonnée en une barre plate ou carrée.

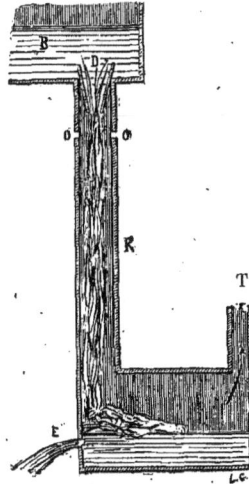

Fig. 60.

Comme procédé métallurgique, la méthode catalane n'était pas bien parfaite, car elle nécessitait encore dans ces dernières années, *plus de*

·3 *tonnes de minerai à 60 0/0 de fer et tout autant de charbon de bois.* On chargeait donc environ 1,800 kilogrammes de fer pour n'en retirer que 1,000. Ce qui constituait le véritable progrès, c'était la diminution de la main-d'œuvre par l'emploi de moyens mécaniques pour le *soufflage* et le *martelage* (fig. 60).

La *trompe*, d'origine italienne, est fondée sur l'aspiration de l'air par une colonne d'eau qui tombe. En B est un réservoir d'eau emprunté au ruisseau voisin. L'ouverture D, pratiquée à la partie inférieure communique avec un tuyau vertical R, muni en O, O, de deux trous d'air. Au moyen du cône D, la colonne liquide qui tombe dans le tuyau R, n'en remplit pas toute la capacité, il y a aspiration d'air par les deux orifices O ; cette colonne d'air et d'eau vient tomber dans une caisse fermée. En E est l'orifice d'écoulement, tandis que l'eau venant frapper la plan-

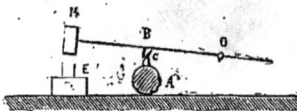
Fig. 61.

chette A, qui protège le ·trou E contre la sortie de l'air, refoule en T cet air et l'envoie dans le foyer de la forge catalane. Toute cette installation est en bois, très rustique et très facile à réparer, tandis que sa puissance de soufflerie est assez considérable, comparativement aux soufflets à main employés dès les temps les plus reculés.

Nous indiquons, en simple diagramme (fig. 61 et 62), les deux dispositions de marteaux mus par la force hydraulique et employés dans les forges catalanes. En A est l'arbre d'une roue hydraulique portant un certain nombre de cames C. A l'extrémité d'un long manche de bois se trouve un marteau en

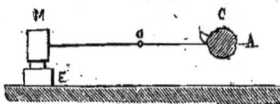
Fig. 62.

fonte ou en fer M, qui vient frapper sur une enclume E. La tige du marteau est mobile autour d'un axe O et on comprend facilement que chaque fois que la came vient rencontrer soit le manche du marteau, soit le buttoir B, le marteau se soulève et retombe par son propre poids.

Nous ne parlerons que pour mémoire de la fabrication du fer au moyen des *stuckofen* allemands ; ce procédé n'étant plus employé.

La méthode de fabrication du fer au *stuckofen* était fondée sur les réactions et opérations suivantes : Dans un four à cuve de peu de hauteur, 5 ou 6 mètres à peine, on entassait par couches successives du minerai de fer, du charbon de bois et les fondants nécessaires, puis on soufflait avec des tuyères inclinées.

On obtenait ainsi de la *fonte* (V. Fonte) qui se réunissait dans la partie inférieure du fourneau. On faisait écouler le *laitier* ou silicate de chaux et d'alumine provenant de la fusion de la *gangue* ou

partie stérile du minerai, et on continuait de souffler.

Sous l'action oxydante de l'air, favorisée par la position inclinée des tuyères, on brûlait la totalité du carbone combiné avec le fer dans la fonte. Comme la température était peu élevée, il arrivait un moment où le fer décarburé ne pouvait plus rester à l'état liquide, il se formait une masse métallique solide (*stück*, en allemand), ce que l'on appelle un *loup* (*wolf* en allemand). Cette masse, ce loup, était extrait du fourneau par un orifice, une brèche, que l'on pratiquait à la muraille inférieure, on y accrochait des tenailles et on le traînait sous un marteau hydraulique pour le marteler en forme de barre. On refermait ensuite la brèche en refaisant la muraille du four, et on continuait de souffler pour obtenir une seconde masse dès que la quantité de fonte produite était suffisante.

On devine facilement tous les désavantages d'un semblable procédé. Pour obtenir l'affinage et la décarburation de la fonte, il fallait augmenter l'inclinaison des tuyères, mais on ne pouvait empêcher que l'air, qui avait traversé le bain de fonte sans agir, ne vînt brûler le combustible qui se trouvait au-dessus ; il se faisait de la fonte pendant l'affinage, et cette fonte venait troubler par sa présence l'opération qui devait produire le fer. Le métal obtenu était peu homogène ; certaines parties étaient à l'état de fer, tandis que d'autres étaient fonteuses. De plus, les scories très ferrugineuses que l'on obtenait ainsi corrodaient les parois du four si on ne les faisait pas écouler rapidement. La démolition d'une des parois était une opération pénible pour les ouvriers et la masse de fer incandescente, souvent d'un poids considérable, était difficile à manier.

Quelque séduisant que parut ce procédé, on y renonça vite pour arriver à une division logique du travail. Le haut fourneau, que nous étudierons plus loin, est un outil merveilleux pour la production de la fonte. Le minerai de fer, chargé à la partie supérieure, est réduit peu à peu par le gaz oxyde de carbone que dégage le combustible en se brûlant à la partie inférieure. Le fer réduit se carbure, devient fusible, c'est la *fonte* ; elle se sépare des matières stériles du minerai, qui constituent le *laitier*. Il était donc logique d'extraire d'abord le fer en totalité du minerai qui le renferme, et comme cette séparation ne peut se faire qu'avec absorption de carbone, d'éliminer ensuite ce carbone dans une opération spéciale qui porte le nom d'*affinage*. Désormais, le fer ne se fera plus qu'en partant de la *fonte* comme matière première. La fonte renferme de 3 à 5 0/0 de carbone, suivant les conditions de température dans lesquelles on l'a produite. C'est cette proportion de carbone qu'il s'agit d'éliminer.

AFFINAGE AU BAS FOYER. Dans l'affinage au bas foyer, on soumet à l'action affinante d'un vif courant d'air, de la fonte que l'on liquéfie dans un feu de charbon de bois. Les figures 63 et 64 montrent la disposition d'un *bas-foyer*. Le vent est donné par une soufflerie mue ordinairement par une chute d'eau et dont la conduite générale se trouve sur toute la longueur de l'atelier. Nous ne décrirons pas toutes les variantes que comporte cette méthode d'affinage. Nous dirons cependant que l'on peut obtenir à volonté de l'*acier* ou du *fer*, quand les fontes sont de qualité convenable.

En général, on place la gueuse de fonte en porte à faux au-dessus du foyer et en face de la tuyère. La fonte se liquéfie peu à peu, coule goutte à goutte et se rassemble au fond du creuset où son affinage s'achève au contact de scories riches en fer et qui proviennent d'une opération précédente. Le plus ordinairement le produit ainsi obtenu n'est pas suffisamment affiné; il faut l'extraire du creuset (c'est ce que l'on appelle un *soulèvement*) et lui faire subir devant le courant d'air

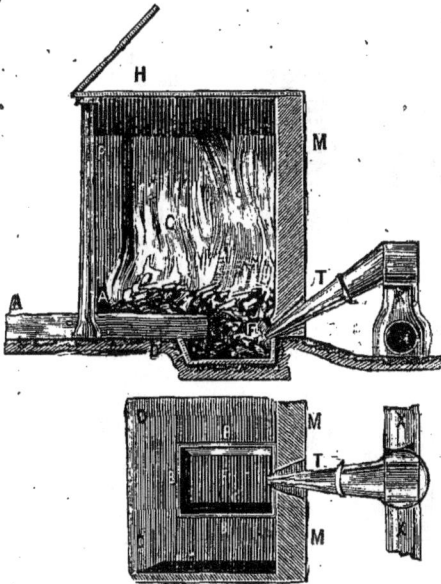

Fig. 63 et 64.

F Foyer. — *AA* Gueuse de fonte. — *C* Charbon de bois. — *B* Plaques du foyer. — *D* Sole de travail. — *X* Conduite générale du vent. — *H* Hotte. — *P* Pilier soutenant la hotte. — *M* Mur. — *T* Tuyère.

une nouvelle oxydation. Lorsque l'ouvrier trouve que l'affinage est terminé, il *avale la loupe*, c'est-à-dire que, aidé de ses camarades des foyers voisins, il extrait le bloc de fer mélangé de scories et le traîne sous un marteau destiné à le corroyer et l'étirer en barre. Lorsqu'un soulèvement n'est pas suffisant, on en fait un deuxième et l'uniformité du produit est alors plus grande.

L'affinage au bas-foyer n'est plus guère employé que dans les pays de montagnes où le combustible végétal est abondant et où l'on rencontre des minerais de bonne qualité. On le trouve encore en Suède, où l'on emploie la variante de travail appelée la *méthode du Lancashire*, du nom d'un comté d'Angleterre où on l'appliquait au commencement de ce siècle. L'affinage au bas-foyer, par la méthode du Lancashire, opère sur 75 à 100 kilogrammes de fonte à laquelle on fait subir deux fusions et par conséquent deux sou-

lèvements. Le déchet varie de 10 à 20 0/0 suivant les fontes et suivant l'habileté de l'ouvrier. La consommation de charbon de bois est de 3/4 à 1 mètre cube pour 100 kilogrammes de fer obtenu. On emploie encore l'affinage au bas-foyer pour la fabrication du fer-blanc; mais on tend, de plus en plus, à remplacer ces produits coûteux par de l'acier doux, plus homogène, donnant moins de rebuts de laminage et coûtant beaucoup moins cher.

Fer puddlé. C'est seulement par le *puddlage* (en anglais *to puddle*, gâcher, remuer) que la métallurgie du fer a pris son véritable essor. Dans cette opération, la fonte liquide est soumise sur la sole d'un four à reverbère, à la double action oxydante de l'excès d'air renfermé dans les produits de la combustion et des scories très ferrugineuses ajoutées. Le tout est remué d'une manière continue par un ouvrier armé d'un *ringard* ou crochet de fer. Primitivement, la fonte, avant de passer au *four à puddler*, était soumise préalablement à un affinage partiel qui portait le nom de *mazéage* et se faisait dans un appareil spécial appelé *mazerie*. Cette opération préalable n'est plus guère employée, on puddle maintenant directement les fontes — V. MAZERIE, MAZÉAGE.

Un four à puddler (fig. 65) est un four à reverbère, généralement chauffé au combustible minéral. Il se divise en deux parties : le foyer F et la sole S. Quelquefois la sole est double, comme dans la figure 66. Il y a, en réalité, deux soles, S et S', séparées par un mur en maçonnerie réfractaire appelé *petit autel* B, tandis qu'on réserve le nom de *grand autel* A au mur qui sépare la *grille* ou *foyer* F de la sole S. On donne aussi les noms de *grand four* et de *petit four* aux parties du four qui sont au-dessus de la grande sole et de la petite sole.

La maçonnerie réfractaire du four est entourée de plaques de fonte reliées entre elles par des tirants *f* et des montants *m* en fonte également et mieux en fer (vieux rails). En P est la porte de travail, munie d'un petit orifice O pour laisser passer l'outil de l'ouvrier. En T est un tisard qui sert à l'introduction du combustible (fig. 67).

La sole en fonte, sur laquelle se fait le travail, est supportée par des colonnettes en fonte M, M. La flamme produite en H traverse le four et se rend par un *rampant* R, dans une cheminée ou sous une chaudière (fig. 68).

Il y a deux sortes de puddlage pour fer : le *puddlage en sable* ou *puddlage sec*; le *puddlage bouillant*.

Dans le *puddlage en sable*, on prend de la fonte préalablement *mazée*; lorsqu'elle s'est ramollie par la chaleur du foyer, l'ouvrier la brise avec son crochet; elle tombe alors en *sable* et se transforme peu à peu en fer, à mesure que l'ouvrier renouvelle les surfaces en contact avec le courant oxydant qui passe par la porte du travail.

Le *puddlage gras* ou *au four bouillant* est le seul employé actuellement. La fonte, à laquelle on n'a fait subir aucune préparation préalable, est fondue dans le four. Tantôt elle s'échauffe sur la sole du petit four pendant l'opération précédente et n'a plus qu'à subir un coup de feu dans le grand four pour arriver à la fusion complète; tantôt les morceaux de 'fonte sont placés directement dans le grand four, la fusion est alors moins rapide.

Ces deux manières d'opérer correspondent à deux organisations de travail différentes. Les fours à double sole sont d'une marche plus rapide et peuvent affiner, par douze heures, 2,700 kilogrammes de fonte blanche ou 2,000 kilogrammes de fonte grise. Il faut alors trois hommes, un puddleur et deux aides. Les fours à une sole sont d'un rendement plus faible; ils peuvent traiter 2,000 à 2,200 kilogrammes de fonte blanche ou 1,500 kilogrammes seulement de fonte grise. Ils sont desservis par deux hommes, un puddleur et un aide.

Les fours à double sole servent principalement à l'affinage des fontes blanches pour fers communs. Les fours à une sole sont réservés au puddlage des fontes très grises destinées à produire des fers fins ou des aciers puddlés. Souvent les fours simples sont munis d'une circulation d'air ou d'eau autour de la sole, pour protéger ces parties du four contre l'action destructive de la température élevée à laquelle ils sont portées.

Il existe aussi des fours à puddler, à deux portes opposées, où deux ouvriers à la fois peuvent travailler le fer. Une semblable disposition économise le combustible, mais demande beaucoup d'entente entre les puddleurs pour que le travail de l'un ne nuise pas à celui de l'autre. Les fours simples sont surtout employés en Angleterre, les fours à deux soles principalement en France; les fours à deux portes de travail sont peu répandus.

Le fer, tel qu'il s'obtient par les différents pro-

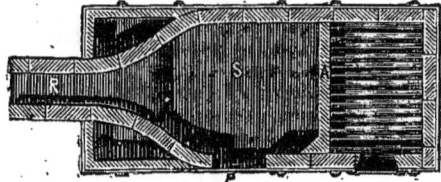

Fig. 65.

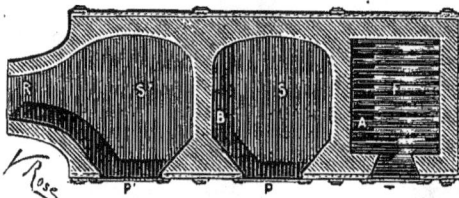

Fig. 66.

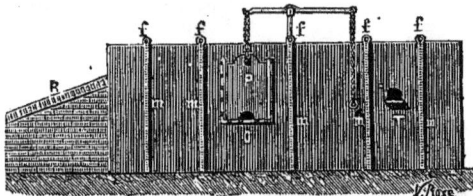

Fig. 67.

Fig 68.

cédés que nous venons d'énumérer, se classe, suivant l'aspect de sa cassure, en plusieurs qualités :

1º Fer à grain fin. C'est le fer supérieur, qui peut même prendre la trempe et passer alors à l'acier puddlé; quand la fonte qui a servi à le produire possède une certaine composition. C'est à cette catégorie qu'il faut rattacher l'acier naturel ou fer carburé obtenu au bas foyer.

2º Fer à nerf. C'est le fer ordinaire obtenu avec des fontes peu phosphoreuses.

3º Le fer à gros grain ou fer phosphoreux. C'est celui que l'on obtient avec les fontes de la Moselle et du Cleveland, quand on les travaille seules. Il peut contenir jusqu'à 7 et 8 millièmes de phosphore.

Le fer puddlé, quand il sort du four (V. PUDDLAGE), est à l'état d'éponge toute imprégnée de scories, dont il importe de le débarrasser pendant qu'elles sont encore bien liquides. Cette opération porte le nom de cinglage (en anglais shinglage); et a pour effet de produire des lopins de fer appelés blooms, qui seront ensuite étirés par les cylindres ébaucheurs. — V. CINGLAGE, ÉBAUCHAGE.

Les opérations diverses que nous avons succinctement indiquées pour la production du fer, s'appliquent surtout au fer brut, c'est-à-dire incomplètement dépouillé de sa scorie interposée. Dans la méthode anglaise, par le puddlage, celle qui est incontestablement la plus répandue parce qu'elle est la plus économique, la proportion de matières étrangères restant dans le fer brut, quand il sort des cylindres ébaucheurs, peut atteindre 4 et 5 0/0.

Il faut donc procéder à une opération dite réchauffage, et qui a pour but d'épurer le fer brut tout en lui donnant la malléabilité nécessaire pour qu'il prenne sa forme définitive sous les cylindres lamineurs. Le fer brut, ayant la forme de plats à bords plus ou moins rugueux et déchiquetés, est coupé par de puissantes cisailles en morceaux d'égale longueur. Il est mis ensuite en *paquets* rectangulaires que l'on chauffe dans un four à réverbère appelé *four à réchauffer*. La figure 69

Fig. 69. — *Four à réchauffer les paquets de fer.*

montre l'ensemble du travail des ouvriers autour d'un four de ce genre. Les uns traînent sur un chariot à deux roues la masse de fer incandescente qui va passer au laminoir ; les autres entrouvrent la porte pour préparer la sortie d'un autre paquet.

Fig. 70. — *Train de laminoirs à tôles.*

La figure 70 montre, de même, le travail du laminage d'un paquet de fer en forme de *tôle* (V. ce mot). Sous l'action d'énormes cylindres, le fer s'aplatit de plus en plus et finit par prendre la forme de feuille. Nous reviendrons sur le détail des diverses opérations qui doivent amener le fer brut à sa forme définitive pour en faire ce qu'on appelle le *fer marchand*. Il nous suffit d'indiquer ici la méthode employée et de l'éclairer par deux illustrations.

Les essais que l'on a tentés à plusieurs reprises pour obtenir mécaniquement le puddlage de la fonte n'ont pas eu, jusqu'à présent, beaucoup de succès. Aucun de ces appareils n'étant appliqué actuellement, il est inutile d'en parler ici. Le travail du puddlage, qui demande un effort physique assez grand et assez prolongé devant la porte d'un four à une haute température, est une des plaies de la métallurgie moderne. Le puddleur, qui ne brille généralement pas par les qualités de l'esprit, est une sorte d'hercule, plus ou moins ivrogne et assez difficile à conduire. En Angleterre notamment, où une situation sociale, que les uns admirent et que les autres blâment sans réserve, tend à ne produire que des riches et des pauvres; ces derniers ne croient avoir d'autre moyen de résister à la soi-disant exploitation des premiers qu'en leur refusant leurs bras. Le travail et le capital sont donc toujours sur la défensive et les grèves y sont à l'état permanent. Les puddleurs sont un des éléments de ces discordes industrielles que nous ne saurions passer sous silence. Dans les autres pays, c'est l'humanité la plus élémentaire qui fait désirer la suppression du puddlage, car les puddleurs y sont souvent d'excellents ouvriers. Il est donc profondément regrettable que les efforts pour obtenir le *puddlage mécanique* aient été jusqu'ici inutiles.

Les progrès récents de la déphosphoration semblent, dans un avenir prochain, faire espérer la suppression du puddlage. L'affinage par l'oxydation de l'air, dans l'opération Bessemer et Thomas, ou la combustion intermoléculaire du carbone au contact de l'oxyde de fer sur la sole des fours Martin-Siemens, seront alors les seuls moyens économiques pour décarburer la fonte et produire un corps homogène, doux, malléable, se soudant et en tout supérieur au fer.

Fer Bessemer. C'est une expression que l'on a appliquée improprement aux produits doux obtenus dans les premiers temps de l'affinage des fontes par le procédé Bessemer. Le fer Bessemer, c'est-à-dire le métal extra doux remplaçant le fer supérieur dans toutes ses applications, n'est pas encore complètement réalisé. La déphosphoration, en forçant à pousser plus loin l'affinage, a permis de produire des aciers d'une douceur surprenante, se soudant aussi bien et même mieux que le fer, d'une homogénéité parfaite et dont l'avenir semble considérable, c'est ce que l'on pourrait appeler plutôt le *fer Thomas*, car il est impossible de l'obtenir par l'opération Bessemer ordinaire. Ce métal ne trempe pas, il ne conserve pas l'aimantation, il n'a donc aucun des caractères de l'acier; c'est à proprement parler du *fer*. — F. G.

Fer forgé. — V. FERRONNERIE, FORGE, FORGEAGE.

EMPLOI DU FER DANS LES CONSTRUCTIONS.

Parmi les matériaux en usage dans les constructions, le fer joue un rôle dont l'importance croît chaque jour. Ce métal vient en première ligne après la pierre et le bois et peut même,

dans un grand nombre de cas, remplacer avantageusement ces deux matières, notamment la seconde. En effet, produit par l'industrie en plus grande abondance et à moins de frais que par le passé, le fer nous offre un nouvel élément pour nos planchers, nos combles, nos ponts de grande ouverture, en un mot, pour tous les travaux de construction auxquels jusqu'à présent le bois seul avait paru convenir. Ajoutons, toutefois, que la conductibilité de ce métal pour le calorique ne lui permet pas de remplacer partout la pierre ou le bois, et que, dans la plupart des circonstances, les constructions en fer ne sont pas les plus économiques, sous le rapport des frais de premier établissement. Mais il importe qu'à ces conditions désavantageuses les constructeurs aient bientôt trouvé remède; car les forêts disparaissent devant l'accroissement des populations; le prix du bois s'élève progressivement, et il devient chaque jour plus difficile de se procurer des pièces de charpente de fortes dimensions. Il n'en est pas ainsi du fer : les gisements de minerais desquels on tire ce métal sont, en quelque sorte, inépuisables. De plus, si la destruction des bois ruine une contrée, l'exploitation du fer l'enrichit; car elle exige un développement industriel, un labeur qui sont l'équivalent de la richesse. Donc, à tous les points de vue où l'on veut se placer, l'emploi du fer dans les constructions est désormais commandé : conservation de plus en plus impérieuse des bois de chêne et de sapin; économie réelle, si l'on veut étudier à fond les ressources que fournit le fer, comme résistance, durée, incombustibilité. On peut enfin considérer l'emploi de ce métal comme devant peut-être, dans un avenir prochain, renouveler le système d'architecture moderne, auquel on reproche si souvent la reproduction des éléments déjà connus. La nouvelle matière exige de nouvelles formes et de nouvelles proportions. Son judicieux emploi, basé sur les données de la science et secondé par le goût, peut donner lieu, sinon à une rénovation complète de l'art, du moins à l'éclosion d'une nouvelle branche, destinée à des développements auxquels il est impossible d'assigner des limites.

HISTORIQUE. On ne saurait déterminer d'une manière précise l'époque à laquelle le fer a commencé à être employé dans les constructions. Les documents les plus anciens qui nous soient parvenus à cet égard ne sont pas antérieurs au xve siècle avant Jésus-Christ. Encore ces témoignages s'appliquent-ils seulement à des objets de quincaillerie tels que serrures, clefs, verrous, utilisés pour la fermeture des baies dans les habitations (V. SERRURE, SERRURERIE). C'est seulement chez les Romains que nous trouvons des preuves certaines de l'usage des *gros fers* comme éléments de liaison dans les maçonneries et les charpentes : agrafes, crampons, goujons, chevillettes, boulons à clavettes, queues-de-carpe, équerres, étriers, etc. Pendant les ve et vie siècles, époque de décadence, ce métal ne fut guère employé que pour ferrer grossièrement les huis et façonner des grilles. Les établissements monastiques reprirent en main cette industrie perdue, établirent des fourneaux, des forges et, peu à peu, l'art de la serrurerie sortit de l'oubli dans lequel il était tombé. Le matériel de fabrication était cependant des plus imparfaits; au xiie siècle, un martinet mû par l'eau était le seul engin de l'usine. Le métal, obtenu en lopins, était converti, à force de bras, en barres, en fer battu, en pièces plus ou moins menues. La fabrication au marteau atteignit ainsi une certaine perfection. Mais le façonnage à la main de pièces de forge pesant plus de 200 kilogrammes rencontrait des difficultés insurmontables, et la grande serrurerie de bâtiment n'a commencé à naître qu'au moment où les puissances de la mécanique purent être sérieusement employées. Pendant les xɪɪ°, xɪɪɪ°, xɪv° et xv° siècles, les constructions importantes étaient pourvues de chaînages consistant en une suite de crampons agrafés les uns aux autres ou scellés dans la pierre. Ce ne fut qu'à partir de cette époque que l'on fit des chaînes en fer analogues à celles que nous employons de nos jours. C'étaient des barres de fer plat ou carré, en plusieurs parties, assemblées généralement à trait de Jupiter, avec des œils à leurs extrémités. Les ancres étaient apparentes et souvent ouvragées; elles formaient des motifs de décoration extérieure et étaient ordinairement soudées d'un seul morceau. Tandis que la grande serrurerie restait ainsi, faute de ressources mécaniques suffisantes, à l'état rudimentaire, la serrurerie fine, comprenant les fermetures et ferrures de portes, les grilles, etc., s'élevait, au contraire, à la hauteur d'un art très parfait dans sa forme et dans ses moyens d'exécution.— V. FER-RONNERIE.

Ce n'est, en réalité, qu'à partir du xvɪɪɪ° siècle que le fer entra comme élément constitutif dans les constructions. L'usage des plates-bandes composées de petits matériaux rendit l'emploi de ce métal indispensable. Le fronton du Panthéon, à Paris, ainsi que celui de l'église de la Madeleine, édifiée postérieurement, est même plutôt une construction en fer plaquée en pierre qu'un appareil de pierres consolidées avec du fer. « La figure que donne Rondelet de ce fronton, dit M. Boileau, dans son ouvrage intitulé : *Le fer, principal élément constructif de la nouvelle architecture*, est d'autant plus curieuse qu'elle dévoile, outre les artifices de l'armature en fer, ceux d'une ossature de pierre ménageant des vides d'allégissement dans le tympan, au moyen d'arcs, dont un en tiers point ou ogival; ouvrage masqué par le bas-relief de David, d'Angers, appliqué sur ce treillis de fer et de pierre que rien n'accuse au dehors. » Quelques années plus tard, les architectes Labarre et Brebion employèrent le fer dans la construction de plusieurs édifices, notamment dans celle du Théâtre-Français. Dès 1773, les Anglais construisirent des ponts en fer. En France, ce genre d'ouvrages n'apparut qu'au commencement du siècle suivant : le pont des Arts, à Paris, a été terminé en 1803, et est, en majeure partie, en fonte de fer. Dans la même ville, la coupole de la Halle aux blés, dévorée par un incendie, en 1802, et reconstruite, en 1811, sur les dessins de M. Brunet, architecte, est un type de charpente métallique des plus curieux à étudier. Le diamètre de cette coupole, dont les fermes convergentes sont en fer forgé et en fonte, est de 42 mètres. Tous les fers et toutes les fontes qui entrent dans la composition de l'ouvrage sont à sections méplates. Le palais de la Bourse de Paris, élevé par Brongniard, renferme des combles et des planchers en fer, ainsi que divers autres édifices élevés pendant les vingt premières années du xɪx° siècle. Sous le règne de Louis-Philippe, le serrurier Théophile Mignon construisit les charpentes en fer des combles du palais de Versailles, ainsi que celles du clocher de la cathédrale de Chartres, incendié en 1836. Vers la même époque, l'architecte Hittorf recouvrit la rotonde du premier panorama des Champs-Elysées au moyen d'une voûte pyramidale à jour à douze pans, composée uniquement de tringles et de colonnettes en fer.

A côté de ces ouvrages, il en aurait encore à citer de plus ou moins importants exécutés dans la première moitié de ce siècle; mais l'application véritable de ce métal à la charpente de nos édifices et de nos maisons particulières ne date que de l'année 1845, époque à la-

quelle une grève générale des ouvriers charpentiers obligea les constructeurs à rechercher les moyens de substituer le fer au bois, notamment dans les parois horizontales des habitations. Jusqu'alors on n'avait fait de planchers en fer que dans quelques monuments publics, et encore ces planchers étaient-ils composés de ferrures fort compliquées et d'un prix très élevé, par suite de la nature même des fers fabriqués. En présence de la nécessité de se passer de charpentiers, on s'ingénia; on plaça d'abord des fers plats de champ avec des entretoises et des coulis pleins en plâtre ou en plâtre et poterie. Puis, après divers tâtonnements, quelques usines façonnèrent des fers à double T, et le problème des planchers en fer fut momentanément résolu. Plus chers que les planchers en bois, ils ne tardèrent pas à revenir au même prix, à Paris, par les économies qu'ils permettaient sur certaines parties de maçonnerie et par la rapidité avec laquelle on les posait (V. PLANCHER). L'adoption du fer à double T fut bientôt suivie de l'exécution de pièces, appelées *poitrails, filets*, composées de plusieurs fers à double et même à triple T et destinées à supporter de fortes charges en reliant des points d'appui tels que piles en pierre ou murs en maçonnerie. Plus tard, la mise en œuvre des poutres à longue portée, dites *à treillis*, permit d'exécuter des ouvrages franchissant de larges espaces, comme les ponts de chemins de fer, ou abritant de vastes enclos, comme les charpentes qui supportent les combles des halles à voyageurs, des palais d'expositions, des marchés et même de certaines églises. Enfin des édifices entiers ont été érigés dans lesquels le fer, sous ses différents états, est employé seul ou presque seul; formant les points d'appui, l'ossature, la charpente, la couverture et quelquefois même les remplissages. Les Halles centrales de Paris peuvent être considérées comme étant entièrement en fer: il en était de même des palais élevés à l'industrie au Champ-de-Mars, en 1867 et 1878. Bombay a reçu de l'Angleterre, il y a quelques années, un monument en fer de style gothique, avec ogives et colonnettes, de 26 mètres de longueur et de 20 mètres de hauteur, dont on a fait le *Victoria and Albert Museum*. L'Angleterre a de même fondu des églises par pièces et morceaux pour les embarquer à destination.

Dans l'industrie du bâtiment, le fer s'emploie sous deux états, soit comme fer fondu ou *fonte*, soit comme fer martelé ou laminé, ou *fer* proprement dit. Ces deux matières diffèrent sous le triple rapport de la composition chimique, de la résistance à l'allongement et à la rupture, et des procédés à employer pour leur donner les formes voulues. La fonte est plus cassante, le fer plus tenace ; la fonte résiste mieux à l'écrasement, le fer à la flexion et à l'extension ; la fonte se coule dans des moules, tandis que le fer se forge et se lamine; enfin le prix de la fonte est notablement inférieur à celui du fer. De ces différences dans les propriétés essentielles résultent, pour ces deux matériaux, en architecture, des applications distinctes, que nous nous contenterons de citer, renvoyant le lecteur aux articles de cet ouvrage qui traitent spécialement de chacune d'elles.

Quelques mots tout d'abord sur les assemblages auxquels on est obligé de recourir pour réunir entre elles différentes pièces de fer. On distingue : les assemblages de fer forgé, ceux des feuilles de tôle et ceux de la fonte. Quelques-uns des assemblages de ferronnerie s'exécutent à la manière de ceux de la charpente (V. ASSEMBLAGE). Mais la plupart reçoivent de tout autres dispositions, parmi lesquelles il faut citer : l'assemblage à *tenon et mortaise*, assez rarement employé ; l'assemblage à *charnières* et l'assemblage à *trait de Jupiter avec brides*, qui ont pour but de réunir deux pièces soumises à un effort de traction et placées dans le prolongement l'une de l'autre ; l'assemblage à *mi-fer avec double fourrure*, qui réunit deux pièces également bien dans toutes les directions ; les assemblages à *écrous* ou à *verrins*, qui relient deux pièces dans le sens de leur longueur ; les assemblages à *brides*, employés pour la suspension d'une pièce horizontale, comme celle d'un tirant par un poinçon ; les assemblages *à enfourchement* ; les *entures* de pièces comprimées dans le sens de leur longueur, etc... Les fers à simple ou à double T s'assemblent entre eux à l'aide d'équerres en tôle fixées par des *rivets* et des *boulons*. Les rivets sont surtout employés pour relier entre elles des feuilles de tôle ou les fixer sur des fers de diverses formes ayant peu d'épaisseur. On assemble fréquemment ces feuilles avec des *cornières* (V. ce mot), soit pour former des poutres, soit pour maintenir le pied et le sommet de cloisons en tôle. Pour les pièces de fonte on ne fait pas emploi d'assemblages proprement dits. Dans les panneaux ornés des balcons, des grilles, etc., qui ne sont pas appelés à résister à des efforts énergiques, on a recours à de petits goujons en fer forgé, qui sont vissés ou goupillés dans l'une et l'autre pièce. Dans les grosses constructions, les pièces de fonte se réunissent toujours par des boulons.

Rarement employé pour former des *murs*, le fer est souvent appelé à assurer la solidité de constructions exécutées en pierre ou en bois. Dans les murs en pierre de taille ou en maçonnerie il est utilisé sous forme de *crampons* ; de *goujons* ; de *barres à scellement* ; de *chaînes* horizontales en fer plat ou carré, solidement arrêtées par des *ancres* à chaque point d'intersection de ces murs, et tendues au moyen de *coins* chassés avec force dans leurs assemblages (V. Chaînage). Ce métal est indispensable pour relier les pans de bois entre eux ou pour les rattacher à des murs en maçonnerie ; il s'emploie, dans ce cas, sous forme d'*équerres*, de *plates-bandes* ou d'*étriers*. Le chaînage en fer est particulièrement utile au maintien des voûtes sphériques et des voûtes annulaires : il s'oppose très efficacement aux mouvements horizontaux qui se manifestent presque toujours dans ces voûtes, lorsqu'elles sont de grandes dimensions. Quant aux voûtes en plates-bandes appareillées en pierres de taille, qu'on voit dans un grand nombre d'édifices modernes, elles sont soutenues par de véritables armatures en fer dont le rôle n'est pas apparent. C'est ainsi qu'ont été exécutés, comme nous le disions plus haut, les entablements des portiques du Louvre, des palais de la place de la Concorde, du Panthéon, du palais de la Bourse, de l'église de la Madeleine, etc. Dans ces divers ouvrages, le fer est appelé à résister à des efforts de traction ; il convient, par conséquent, de les exécuter en fer forgé et non en fonte. Le fer de roche est même

préférable au fer doux pour les chaînages ou les longs tirants, parce que le premier s'allonge beaucoup moins que le second sous une faible tension. Ajoutons que le fer et la fonte jouent parfois un rôle plus important dans la construction des murs. Sans parler ici des *pans de fer*, dont l'usage commence à se répandre (V. Pan), nous pouvons citer comme exemples d'édifices exécutés totalement en fer les tours de phares, destinées à être transportées au loin ou à être établies sur des rochers d'accès trop difficile pour permettre une longue durée dans l'exécution des travaux. Tels sont les phares installés, il y a quelques années, sur le plateau des Roches-Douvres et sur l'un des îlots de la Nouvelle-Calédonie.

L'emploi de la fonte est préférable à celui du fer pour toutes les parties qui sont peu soumises à la flexion, mais qui doivent surtout résister à des efforts de compression dirigés suivant leur axe. Tels sont les *supports isolés*, auxquels on donne habituellement la forme de *colonnes* (V. ce mot). Dans ce cas, la facilité de moulage de la fonte permet de donner à ces supports des chapiteaux ornés et des bases à forte saillie qui contribuent à la stabilité de l'ensemble. Les halles, les portiques, les édifices relatifs à l'exploitation des chemins de fer qui ont été construits dans ces dernières années ont, pour la plupart, comme éléments essentiels des colonnes creuses en fonte, réunies à leur sommet par une poutre en tôle, pleine ou formée d'un treillis. Trois consoles en fonte, découpées à jour suivant divers dessins, s'appuient sur le chapiteau, deux d'entre elles pour soutenir la poutre formant architrave, la troisième pour recevoir la retombée d'une ferme, et toutes pour maintenir les angles du système. Les Halles centrales de Paris ont été édifiées d'après ce mode de construction.

Dans les *planchers en bois*, le fer forgé s'emploie sous forme d'*étriers* pour consolider les assemblages, de *plates-bandes*, d'*ancres*, etc. Souvent aussi l'on a recours à ce métal pour *armer* des *poutres* exécutées en bois. Mais il est presque toujours plus avantageux de former ces pièces maîtresses d'une même matière, et le fer forgé ou laminé est celle qui convient le mieux à ces ouvrages, en raison de la résistance de ce métal au choc, à l'allongement et à la flexion. Ces poutres en fer s'établissent suivant divers systèmes, parmi lesquels nous citerons seulement ici, comme étant le plus fréquemment employés : les *poutres pleines à double T*, les *poutres jumelles à double T*, les *poutres à treillis*, les *poutres à simple T avec joues en tôle*, les *poutres en tôle à section rectangulaire*. On façonne également des poutres en fonte ; ce sont même les premières poutres métalliques dont on ait fait usage, en Angleterre, dans les constructions civiles et dans les travaux de ponts (V. Poutre). Mais, d'après les résistances et les prix respectifs du fer et de la fonte, il n'y a aucun avantage économique à employer cette dernière matière pour une application de ce genre. La plupart des *planchers en métal* qu'on exécute actuellement dans nos édifices sont essentiellement composés de solives en fer laminé à double T,

　　　　　FER

reliées entre elles par des entretoises en fer carré. Des ancres de scellement, appliquées à des solives ordinaires, lorsque le plancher ne comporte ni poutres, ni solives d'enchevêtrure, permettent d'utiliser ces planchers pour relier tous les murs entre eux et constituer un chaînage énergique.

Résistant parfaitement à la rupture par extension, le fer forgé est éminemment propre à remplacer dans les combles en bois toutes les pièces de la charpente qui sont soumises à des efforts directs de traction, telles que les tirants des fermes. On a donc commencé par exécuter des charpentes mixtes en bois et fer, dans lesquelles la fonte se trouve représentée par les boîtes d'assemblage. Il est certaines dispositions de ces combles dans lesquels le fer joue encore un plus grand rôle; nous voulons parler des combles Polonceau, où l'on remarque l'apparition des bielles en fonte. Un système analogue a été appliqué à des charpentes entièrement exécutées en fer, notamment à celle de la gare Saint-Lazare, à Paris, où les arbalétriers, les pannes, le faîtage sont en fer laminé à double T. Des bielles en fonte soulagent les premières de ces pièces sur trois points de leur longueur. Pour l'établissement de combles à très grande portée, on remplace fréquemment les arbalétriers par des poutres à treillis. D'autres systèmes peuvent encore être employés avec avantage, lorsqu'un plancher doit être établi à hauteur de la naissance du comble. Enfin l'on a même exécuté des fermes en fonte (V. CHARPENTE, COMBLE, FERME). Le fer convient également aux marquises, petits combles ou auvents qui se placent au-dessus de l'entrée d'un grand nombre d'édifices, d'hôtels, de magasins, pour former abri contre les eaux pluviales, sans entraver en rien la circulation à leurs abords.

La fonte et le fer forgé s'appliquent très bien à la confection des grilles, dont les panneaux sont compris, soit entre des pilastres également en fer, soit entre des points d'appui en pierre, en marbre ou en maçonnerie. Il en est de même pour l'établissement des balcons, des rampes d'escaliers, etc. La fonte et le fer laminé conviennent aussi à la construction des escaliers (V. ce mot). On emploie encore ces diverses matières à une multitude d'ouvrages de détail, parmi lesquels nous nous bornerons à citer : les dallages, les tuyaux de descente, les gargouilles, les chéneaux, les chasse-roues, les fermetures de boutiques, les volets de persiennes, les châssis vitrés pour fenêtres, serres, etc., les ferrures des menuiseries intérieures et extérieures, les candélabres, les statues, les fontaines, etc. Enfin l'on applique, dans un certain nombre de cas, la tôle de fer lisse ou cannelée, peinte à l'huile ou galvanisée, à la couverture des toits. — V. COUVERTURE. — F. M.

Fers du commerce. Les fers que l'industrie métallurgique livre au commerce reçoivent certaines dénominations suivant les formes qui leur sont données. Ces diverses variétés de fer ouvré se divisent en : fers marchands, ou grosses barres de fer plates, carrées ou rondes; fers platinés, ou barres carrées, plates, rondes ou de diverses

sections, mais de dimensions inférieures à celles des fers marchands; fers spattés, ou bandelettes étirées au cylindre, dont l'épaisseur est toujours très petite par rapport à la largeur et qui se vendent par bottes; fers étirés, qu'on trouve dans le commerce sous une grande variété de formes, portant les noms de fers à T simple ou double pour planchers, fers à équerres ou cornières, fers à moulures, à vitrages, à châssis, fers en croix, rails, etc.; fers en feuilles ou tôles; fils de fer, etc.

Les fers plus particulièrement employés dans l'industrie du bâtiment comprennent : les fers marchands, fers larges plats, fers feuillards, fers spéciaux et tôles.

1° Les fers marchands se divisent en quatre classes proprement dites et une catégorie particulière dite des fers hors classe. Aux quatre classes appartiennent les fers carrés, de 5 à 110 millimètres d'épaisseur; les fers ronds, de 6 à 110 millimètres de diamètre; les fers plats, dont la largeur varie de 20 à 165 millimètres et l'épaisseur de 3,5 à 41 millimètres; les bandelettes, dont la largeur est comprise entre 20 et 39 millimètres et l'épaisseur entre 3,5 et 7,5 millimètres; les plates-bandes 1/2 rondes, de 27 à 80 millimètres sur toutes les épaisseurs; les fers demi-ronds, de 12 à 26 millimètres sur toutes épaisseurs. Dans les fers hors classe on distingue : les aplatis, dont la largeur varie de 30 à 81 millimètres et l'épaisseur de 3 à 4,5 millimètres; les gros ronds, de 111 à 190 millimètres de diamètre sur 4 à 6 mètres de longueur et au-dessus.

2° Dans les fers larges plats, on compte six classes comprenant des fers dont la largeur est comprise entre 170 et 600 millimètres, et l'épaisseur entre 6 et 11 millimètres;

3° Les fers feuillards se divisent en trois catégories dans lesquelles la largeur des fers varie entre 18 et 100 millimètres et l'épaisseur entre 1 et 3 millimètres :

4° Les fers spéciaux présentent sept classes et une catégorie d'échantillons hors classe. On y trouve : les fers ordinaires cintrés de 5 millimètres par mètre; les fers à simple ou à double T de toutes dimensions, à ailes ordinaires ou à larges ailes; les cornières, dont la section offre des branches égales ou inégales; les fers à barreaux de grilles, de 55 à 100 millimètres de diamètre; les fers à vitrages; les fers en U;

5° Les fers en feuilles comprennent : les tôles puddlées et les tôles striées, livrées en commerce en feuilles de dimensions spéciales. — V. TÔLE.

Les rails ont des sections et des longueurs toutes particulières. — V. RAIL.

Les fils de fer sont classés par numéros à partir du zéro, qui répond au fil de fer le plus fin, dont le diamètre est moindre qu'un 1/2 millimètre. Les diamètres augmentent par 1/10 de millimètre pour les fils fins, et par 1/2 millimètre pour les gros fils qui atteignent 7 à 8 millimètres. — V. FILS MÉTALLIQUES. — F. M.

II. **FER.** T. tech. Ce mot désigne un nombre considérable d'outils et d'instruments dont les formes varient suivant les travaux auxquels on les destine. Citons, entre autres, les *fers à souder* qui sont des morceaux de cuivre rouge de formes différentes, fixés dans l'œil d'une tige en fer terminée par un manche en bois (V. CHAUDRONNERIE, § *Soudure*); les *fers de rabot*, partie tranchante d'un rabot, d'une varlope, etc.; les *fers à repasser*, des couturières; les *fers à gaufrer*, outils à l'usage des blanchisseuses : chez les tailleurs, ils prennent le nom de *carreaux*; les *fers à calfat*, qui reçoivent une foule de dénominations; les *mains de fer*, anneaux porteurs de mors mobiles solidement fixés contre les cornières, des échafaudages, etc., pour y accrocher des palans; les *fers de tisseur*, tiges métalliques, en fer ou en cuivre, servant à la fabrication des velours. On les insère dans l'angle d'ouverture de la chaîne des poils, et conséquemment *sous* ceux desdits poils qui doivent faire escalade sur cette tige. Le fer est tantôt rond ou plat, tantôt rectangulaire à angles adoucis; il sert alors à la fabrication des épinglés, des frisés, des astrakans-bouclés, etc. Mais lorsque, présentant un biseau à sa partie inférieure, il contient sur toute sa longueur une rainure dans sa partie supérieure, il sert exclusivement à faire les velours proprement dits. L'ouvrier emploie, pour cela, une lame tranchante, qu'il appuie sur la rainure et qu'il tire promptement, de gauche à droite, afin de couper nettement le sommet de toutes les arcades décrites par les poils qui ont escaladé le fer. Les houppes veloutées sont la conséquence de cette incision transversale.

FER A CHEVAL. Sous le nom de *fer*, on désigne une sorte de semelle métallique que l'on fixe au moyen de clous sous le sabot des solipèdes et sous les onglons des grands ruminants, afin de les préserver de la destruction qui, sans cela, serait inévitable. On ferre le cheval, le mulet, l'âne, le bœuf, mais c'est surtout pour le premier que la ferrure a une importance capitale et dont peu de personnes se font une idée sérieuse. Sans le fer, en effet, dont la corne de ses pieds est revêtue, le cheval n'eût pas été capable d'être employé au transport des lourds fardeaux à longues distances, parceque, quand ses sabots sont immédiatement en contact avec le sol, les frottements de la marche, pour peu qu'elle se prolonge, et surtout les efforts qui aboutissent à ses pieds, points d'appui des leviers moteurs, ont pour conséquence d'amincir tellement l'enveloppe cornée par l'usure, et d'en faire si promptement éclater le contour, que bientôt les parties vives, dépouillées de l'égide qui les protège, s'endolorissent à l'excès et mettent les animaux dans l'impossibilité de se tenir sur leurs membres, à plus forte raison de déployer leurs forces. Sans la ferrure, le cheval n'aurait pu servir que pour les transports à dos, le service du cavalier ou l'attelage des chars de luxe. C'est par elle qu'il a été possible de le transformer en limonier, c'est-à-dire en machine motrice puissante, et, par suite, de l'appliquer au transport rapide des voyageurs et des marchandises, mode d'utilisation qui a produit une véritable révolution dans l'industrie chevaline. En effet, pour que le cheval soit propre à cet emploi, il est indispensable qu'il soit capable de mouvements rapides et longtemps soutenus, tout en conservant une grande force musculaire, problème insoluble en apparence, mais que l'art de l'éleveur est parvenu à résoudre, en construisant un cheval tenant le milieu par sa taille, son volume et sa membrure, entre le cheval léger destiné à la selle et aux attelages de luxe, et le limonier, qui ne peut être employé qu'à la traction lente des lourds fardeaux. Ces deux transformations, exclusivement dues à la ferrure, ont été comme une nouvelle conquête, car c'est véritablement par elles que notre animal est devenu un instrument de prospérité publique. Ce que nous venons de dire du cheval est vrai dans une certaine mesure du mulet, de la mule et de l'âne. Il l'est également du bœuf utilisé aux charrois sur les routes.

HISTORIQUE. A quelle époque a-t-on commencé à employer la ferrure? Dans un mémoire présenté, il y a plusieurs années, à la Société des antiquaires de France, M. Pol Nicard a démontré que ni les Grecs ni les Romains n'ont connu les fers à clous semblables à ceux dont nous nous servons aujourd'hui. Il admet seulement que, dans certains cas exceptionnels, ils se servaient, pour protéger les pieds de leurs bêtes de somme, d'espèces de chaussures faites de crin ou de jonc tressé, parfois de cuir et même d'une petite plaque de fer, qu'ils attachaient avec des cordes ou des courroies; mais ces chaussures ne pouvaient permettre de courir longtemps et les cavaliers ne s'en servaient pas à la guerre. D'après cet écrivain, les fers fixés dans le sabot avec des clous semblent avoir été imaginés par les peuples du Nord de l'Europe, mais on ignore à quelle époque. Dans tous les cas, ils se répandirent très lentement dans les contrées du Midi. Ils sont indiqués, pour la première fois, dans un traité de tactique militaire attribué à Léon VI, empereur d'Orient, qui vivait au IXe siècle. Les chevaux de bronze, qui ornent aujourd'hui la façade de l'église de Saint-Marc, à Venise, et qui avaient été transportés de l'île de Chio à Constantinople, dans la première moitié du Ve siècle, n'en ont jamais porté. Il résulte des recherches du Père Daniel, qu'en France, du temps de Louis-le-Débonnaire, au IXe siècle, il n'en était pas encore définitivement établi. D'autres historiens attribuent à Guillaume-le-Conquérant, au XIe siècle, leur introduction en Angleterre. Enfin, aujourd'hui encore, en Orient, en Espagne, en Italie et dans le nord de l'Afrique, on ne ferre pas toujours les chevaux et souvent on ne le fait qu'aux pieds de derrière.

Tout le monde connaît les fers à cheval. Ils sont formés d'une bande de fer aplatie et courbée sur sa largeur, suivant une figure et généralement connue qu'elle est passée en proverbe. On y distingue deux faces principales, celle qui touche la terre et qu'on appelle *face inférieure*, et celle sur laquelle se repose le pied ou sabot de l'animal, et qu'on nomme *face supérieure*. La partie extérieure suit exactement le contour de la corne, et la partie intérieure ne doit gêner en rien la *fourchette*, c'est-à-dire cette partie plus ou moins élevée en forme de V, qu'on remarque sous le pied, et dont la pointe est tournée vers le devant, tandis que les deux branches se dirigent vers le talon. On donne le nom de *voûte* au champ ou à la largeur du fer, considéré à l'endroit où sa courbure est le plus sensible, parceque, en ce point, il est plus ou moins relevé en bateau. Vers le milieu de cette voûte, se trouve une partie triangulaire qu'on appelle la *pince*; elle est placée devant le pied afin de garantir la corne contre le choc que le cheval pourrait faire dans sa marche par la rencontre d'une pierre ou de tout autre corps résistant. Ajoutons, en terminant, qu'on appelle *mamelles* les deux régions qui, de chaque côté, confinent à la pince; *quartiers*, les deux régions qui les suivent, et *talons* ou *éponges* les deux régions qui se trouvent à l'arrière du sabot. En recourbant les éponges à angle droit, on forme quelquefois avec elles des espèces de crochets qu'on nomme *crampons*, et qui ont pour objet d'empêcher les glissades. On remarque encore sur chaque fer des trous, ordinairement au nombre de huit, quatre sur chaque branche, qui sont évasés du côté de la face inférieure. Ces évasements se nomment *étampures*. Les trous servent à recevoir des clous en fer très doux, à tête plate et à queue très longue, mince et facile à plier, qu'on y enfonce, *broche*, c'est le mot propre, pour fixer les fers.

FABRICATION. Si les pieds de tous les chevaux étaient exactement conformés de la même manière, la fabrication des fers à cheval serait des plus faciles. Malheureusement il n'en est point ainsi, parceque, comme ceux des hommes, les pieds des animaux sont sujets à des difformités qu'il est impossible d'énumérer et de prévoir. C'est ce qui explique pourquoi, pendant des siècles, on a pensé qu'on ne pourrait jamais, même avec une grande variété de types, faire d'avance et mécaniquement des fers se prêtant à toutes les exigences. On y est cependant parvenu en se rendant compte des formes rationnelles qu'ils doivent affecter dans le plus grand nombre des cas, et voici, à ce point de vue, les principes qu'on a posés : 1º relativement aux fers de devant, on a reconnu que, pour les chevaux à allure lente, travaillant dans les pays montagneux ou traînant habituellement de lourdes charges, l'épaisseur doit être la plus grande en pince et au talon, tandis qu'elle doit être moyenne, aux mêmes parties, pour les chevaux de plaine, et plus grande aux talons qu'à la pince pour les chevaux à allure rapide. Pour ces mêmes fers, la branche du dehors s'usant, en général, plus vite que celle du dedans, doit être plus épaisse que cette dernière; par contre, la branche interne doit être plus large que la branche externe, afin de protéger le pied de l'animal contre certaines blessures plus fréquentes de ce côté qu'à l'extérieur. 2º En ce qui concerne les pieds de derrière, on a constaté que la pince, étant la partie sur laquelle se fait l'appui dans la progression, doit être particulièrement nourrie; mais, comme on lève presque toujours des crampons aux fers de derrière, il faut que les éponges soient également bien nourries afin qu'elles puissent fournir la matière nécessaire pour ce travail. Pour ces fers encore, l'usure est bien plus forte sur les branches du dehors, ce qui oblige à les tenir épaisses. Quant aux branches du dedans, il n'est pas nécessaire de les tenir larges comme les branches correspondantes des fers de devant; il faut, au contraire, les faire étroites et minces pour rendre le fer

aussi léger que possible. Quoi qu'il en soit, on a enfin réussi, dans ces dernières années, à réaliser pratiquement la fabrication mécanique des fers à cheval, en France, en Autriche, aux États-Unis, etc. Voici, en peu de mots, comment procède un de nos compatriotes, M. Sibut, d'Amiens. Il n'a besoin que d'une chaude et de cinq opérations successives. Les lopins, chauffés au blanc, sont d'abord ébauchés à l'aide d'un laminoir à excentrique; puis passés dans une cintreuse à coquilles qui leur donne la courbure voulue. L'ébauche est alors placée dans une étampe et soumise à l'action d'une presse à excentrique qui lui fait prendre la forme définitive, et étampe les trous, mais sans les déboucher. Après cette opération, elle reçoit un deuxième étampage, celui-ci au pilon, qui produit l'ajusture en biseau que présente la rive interne du fer. Ces opérations à chaud sont accompagnées de projections d'eau pour débarrasser le fer de l'oxyde qui se forme à sa surface. Enfin, le fer étant refroidi, il est soumis à une dernière opération pendant laquelle des poinçons d'acier débouchent les trous.

Indépendamment des fers ordinaires, il y en a d'autres qu'on applique de préférence dans certains cas spéciaux. Tels sont : les *fers anglais*, dont les clous sont noyés dans une rainure, les *fers à crampons*, dont les deux éponges sont recourbées à angles droits, pour empêcher les glissades, les *fers russes*, qui sont destinés au même objet et qui ont trois crampons, l'un à la pince, les autres aux talons, etc. Nommons encore les *fers à glace*. Comme leur nom l'indique, ces derniers sont employés quand le sol est rendu glissant par le verglas ou la gelée. Ils ont donc le même emploi que les fers à crampons. Dans leur forme la plus simple, ce sont des fers ordinaires dont on a retiré deux, trois ou quatre clous usuels, pour les remplacer par un nombre égal de clous spéciaux, dits *clous à glace*, que l'on rive sur la muraille de la paroi du sabot. Les fers ainsi disposés se trouvant parfois en défaut, on en a proposé d'autres à la place, mais ces derniers n'ont encore été l'objet que d'applications partielles, et la nature de cet ouvrage ne nous permet pas d'en donner une description qui d'ailleurs aurait l'inconvénient d'être démesurément longue.

FER-BATTU. Les instruments dits *en fer battu*, sont faits en tôle de fer, étamée, émaillée ou vernie. Ce nom leur a été donné parceque, dans le principe, on les obtenait par le battage au marteau. L'industrie qui les produit s'appelle *casserie*, probablement parceque, les premiers ustensiles furent généralement de modestes casseroles, d'humbles *casses*, comme on les appelle dans nombre de localités.

C'est aux environs de 1815 que la casserie a pris naissance. Démembrement de la ferblanterie et de la petite chaudronnerie, elle a eu pour origine des essais entrepris par plusieurs personnes pour remédier aux inconvénients que présentaient les métaux usuels alors employés à la fabrication des ustensiles de ménage. La fonte est lourde et fragile, le cuivre cher et antihygiénique, l'étain trop mou et ne va presque pas au feu, le fer-blanc, à cause de son extrême minceur, ne peut servir qu'à la confection de vases de faibles dimensions, et la nécessité de nombreuses soudures en limite beaucoup les applications; enfin le zinc ne saurait convenir à cause des propriétés nuisibles que possèdent ses combinaisons salines. Ces considérations ayant attiré l'attention de divers industriels, on se mit à la recherche d'un métal qui, possédant la plupart des qualités des autres métaux et n'en ayant pas les défauts, pourrait être employé à leur place, et l'on se décida pour la tôle de fer. Qui, le premier, eût l'idée de cette substitution? On l'ignore absolument. On sait seulement que jusqu'en 1820, en Angleterre, comme en France et en Allemagne, les ustensiles en fer battu étaient martelés à la main comme les produits de la petite chaudronnerie de cuivre, et que, par suite de ce procédé de fabrication, les moindres traces des coups de marteau se voyaient à leur surface. Ce furent, dit-on, les frères Japy, de Beaucourt, qui réussirent à les obtenir parfaitement lisses en remplaçant le martelage par l'emboutissage et l'estampage, innovation capitale qui eut un succès inouï et devint le point de départ des premiers développements de la nouvelle industrie.

Les ustensiles en fer battu se fabriquent aujourd'hui partout. Ils se font généralement, en France notamment, par l'emboutissage à froid, ce qui oblige à n'employer que du fer de la meilleure qualité. Comme les pièces finies sont le plus souvent cylindriques ou coniques, on commence par découper mécaniquement la tôle en plaques rondes de dimensions convenables, puis, prenant ces plaques l'une après l'autre, on les emboutit sur des séries de matrices, au moyen d'un égal nombre de poinçons mus par des presses ou des marteaux-pilons, rarement par des balanciers. Quand elles ont reçu ainsi leur forme définitive, on les porte au four à recuire pour rendre au métal la malléabilité que l'écrasage lui a fait perdre, après quoi on les *plane*, afin de détruire les plis que l'emboutissage y a produits. Cette opération s'effectue sur des tours armés de roulettes, qui, tournant avec rapidité et appuyant fortement sur les pièces, les rendent parfaitement lisses. Quand le planage est achevé, les ustensiles sont livrés à une cisaille qui en coupe et régularise les bords, puis à une machine qui replie ces mêmes bords, enfin à une poinçonneuse qui perce les trous destinés à river ou visser les anses et les queues. Il n'y a plus alors qu'à les étamer, vernir, peindre ou émailler, et l'on termine en y adaptant les anses et les queues.]

On a vu que les ustensiles en fer battu se font ordinairement par l'emboutissage à froid. Dans certains pays, en Allemagne notamment, on les fait souvent par le martelage à chaud. Ce mode de fabrication donne des produits moins légers et plus disgracieux que le premier, mais généralement moins coûteux, ce qui suffit pour leur valoir la préférence d'une classe de consommateurs.

FER-BLANC. On appelle *fer-blanc* (par opposition à *fer noir* ou *fer ordinaire*), la tôle recouverte d'un alliage de fer et d'étain. Dans le fer-blanc, l'étain se trouve à deux états différents. La couche superficielle est de l'étain pur; c'est elle qui donne le brillant à la tôle. La couche inférieure est un alliage d'étain et de fer, qui prépare l'adhérence de la couche miroitante.

L'étain semble s'allier au fer en toutes proportions. Berthier, Karsten, Rinman, etc., ont préparé et décrit plusieurs de ces alliages, dont l'emploi industriel est à peu près nul. En général, les alliages de fer et d'étain, sont très fusibles et très durs; ils sont aussi très fragiles. L'addition d'étain au fer, dans les diverses préparations métallurgiques, amène donc de la dureté et de la fragilité; c'est pourquoi les ferrailles renfermant de l'étain sont délaissées et sans emploi. Il suffit de quelques millièmes d'étain pour rendre l'acier doux excessivement fragile, quoique les expériences sur ce point ne semblent pas avoir été bien précises. Le fer-blanc, au contraire, est généralement d'une grande douceur et d'une grande malléabilité, ce qui prouverait que la couche d'étain combinée au fer est très mince et que la majeure partie de l'étain est à la surface et non combinée.

Si on prend un morceau de fer-blanc bien doux, bien malléable et qu'on le chauffe en vase clos, à l'abri de l'air pendant quelque temps, au rouge, la surface de la feuille se ternit et la tôle devient excessivement fragile. Les 4 à 5 0/0 d'étain qui recouvraient la feuille se sont combinés au fer et lui ont communiqué une fragilité telle qu'il suffit de la laisser tomber sur le sol pour la réduire en fragments.

L'*étamage* a pour but principal d'obvier à l'oxydation du fer, comme la *galvanisation* tout en donnant des produits plus brillants et d'un aspect plus agréable.

L'étain garde longtemps son éclat, même dans l'air humide; cependant il finit par s'oxyder quand il se trouve un point où le fer est à nu. L'oxydation marche alors très rapidement, par suite, sans doute, de quelque action électrique qui fait porter l'oxygène de l'eau sur le fer et l'hydrogène sur l'étain. Le fer-blanc perd alors son éclat, non par l'oxydation de l'étain, qui se trouve protégé par le dégagement d'hydrogène, mais par l'envahissement des taches de rouille, qui s'étendent sur toute la surface.

Les emplois du fer-blanc sont actuellement très nombreux et ils tendent à se développer encore. On en fait des boîtes de conserves, des emballages pour les expéditions lointaines et mille objets usuels. Depuis quelques années surtout, l'usage des conserves de légumes, de fruits, de viande, etc. s'est considérablement développé dans la vie courante et a amené une production croissante dans la fabrication du fer-blanc.

— L'Angleterre (principalement le pays de Galles) est le pays qui fabrique le plus de fer-blanc. Elle possède une centaine d'*étameries*, avec près de 400 laminoirs; 1858, 109 laminoirs; 1868, 171 laminoirs; 1878, 218 laminoirs; 1883, 369 laminoirs.

Il est difficile d'avoir des chiffres exacts sur la production de l'ensemble de ces usines, faute de statistique suffisante, mais nous y arriverons en ajoutant à la consommation dans le pays, qui est de 50 à 60,000 tonnes annuellement, l'exportation, qui va toujours en croissant.

Exportation du fer-blanc d'Angleterre :

1862...	50.000 tonnes.	1880...	217.000 tonnes.
1872...	120.000 —	1881...	245.000 —
1878...	155.000 —	1882...	350.000 —
1879...	200.000 —		

Il est probable que les chiffres de 1883 dépasseront encore ceux de 1882.

La majeure partie du fer-blanc exporté d'Angleterre va aux États-Unis où on l'emploie comme toiture et pour les boîtes de conserves. La France importe une certaine quantité de fer-blanc d'Angleterre, principalement pour l'industrie de la conservation des sardines.

FABRICATION DU FER-BLANC. Elle comporte deux opérations, qui sont généralement réunies dans la même usine : la *préparation des tôles* et l'*étamage.*

Les premiers fers-blancs semblent avoir été produits en Allemagne et de là, cette industrie s'est transportée en Angleterre, où elle trouva un terrain industriel propice à son développement. Les fers-blancs fabriqués en Allemagne, au siècle dernier, étaient obtenus avec des fers au bois de première qualité, que l'on étirait en tôle sous le marteau. On arrivait ainsi, coûteusement, à produire des épaisseurs difficilement régulières, surtout pour les qualités minces. L'introduction du laminoir par les métallurgistes anglais, en 1728, a donné un grand essor à cette fabrication des tôles de faible épaisseur, et actuellement l'emploi du marteau a complètement disparu.

En France, jusqu'à ces derniers temps, on employait les feux d'affinerie et le fer au bois pour la fabrication des tôles minces à fer-blanc. Il existe encore des usines, dans le Centre, qui emploient ce procédé coûteux, qui tend à disparaître.

FABRICATION DES BIDONS OU LARGETS. Le laminage de la tôle pour fer-blanc se fait au moyen de plats, appelés *bidons* ou *largets*, que l'on coupe à la longueur que doit avoir la largeur de la tôle et que l'on passe en travers pendant tout le laminage, Ces bidons ou largets s'obtiennent de différentes manières.

1° *Fer au bois.* On affine de la fonte au bas-foyer, en présence de charbon de bois et on forme ainsi une loupe que l'on martèle et que l'on casse en plusieurs morceaux, après l'avoir aplatie à une faible épaisseur et laissé refroidir. Ces fragments de loupe sont ensuite mélangés et soudés dans un bas-foyer en présence de coke et on en forme des massiaux qui sont forgés, puis laminés en bidons ou largets. En Angleterre, les fontes employées pour produire la qualité de fer-blanc, dite *charcoal* (charbon de bois), sont analogues, comme pureté, à ce que demandait l'opération Bessemer, avant la déphosphoration ; c'est-à-dire que c'étaient les marques du Cumberland.

2° *Fer au bois et coke.* Il peut sembler étonnant que, dans un pays peu boisé, comme l'Angleterre, l'emploi du combustible végétal se soit maintenu jusqu'à ces dernières années, tandis qu'il a disparu presque complètement des pays qui possèdent à un

prix raisonnable du combustible minéral. Il est juste d'ajouter que dans le pays de Galles, le charbon de bois est produit en assez grande quantité comme résultat de la distillation du bois pour acide pyroligneux. Cependant, pour économiser ce combustible, toujours cher, diverses tentatives ont été faites et on a cherché à y substituer le coke, au moins partiellement, dans l'affinage au bas-foyer. Le coke étant beaucoup plus dense que le charbon de bois, finissait par occuper le fond du foyer et brûlait imparfaitement ; on a créé alors un coke spécial, dit *coke mou (soft coke)*, qui se mélange bien avec le charbon de bois, et que sa pureté lui permet de remplacer, dans la proportion de 30 à 40 0/0. On obtient ainsi un produit mixte, dont la qualité n'est pas de beaucoup inférieure à celui qui est le résultat de l'emploi exclusif du charbon de bois et dont le prix est sensiblement moins élevé.

3° *Affinage de ferrailles au charbon de bois.* En France, on faisait, jusqu'à ces dernières années, le fer pour *fer-blanc* en traitant au bas-foyer, en présence du charbon de bois, des ferrailles choisies. On obtenait ainsi une bonne qualité, mais qui était inférieure au produit de l'affinage du Cumberland avec le charbon de bois pur. Les loupes obtenues étaient martelées et, dans un second réchauffage, passées au laminoir.

4° *Fer au coke.* En Angleterre, pour la qualité courante, on emploie le produit du puddlage de fontes un peu inférieures en qualité à celles du Cumberland. Ce sont des fontes grises à moins de 1 0/0 de phosphore que l'on obtient en traitant au haut-fourneau les minerais de Bilbao, mélangés de scories anciennes de puddlage ou de réchauffage et d'un peu de minerai houiller, dans certains districts. Le fer obtenu est martelé puis réchauffé et laminé en bidons.

En France, aucune usine n'emploie le produit direct du puddlage de la fonte ; aussi ses prix de revient, de ce fait seul, ont-ils toujours été plus élevés qu'en Angleterre, à qualité égale de métal pour fer-blanc.

5° *Fer au coke et ferrailles.* Ce qui se rapprocherait le plus de la fabrication anglaise, c'est ce qui est pratiqué dans une usine de Bretagne. On y puddle des fontes grises du Cleveland à 1,5 0/0 de phosphore, mais très pures au point de vue du soufre. On fait ainsi des plats dits de *quatre pouces*, en fer brut, qui servent d'enveloppe à des paquets de bonne ferraille. Le voisinage des arsenaux de l'État permet, à ce point de vue, de compter sur une certaine qualité.

Ces paquets sont chauffés, martelés avec soin et après une nouvelle chaude, ils sont laminés en largets. Le fer brut, par sa bonne tenue à chaud (fer phosphoreux), donne des surfaces bien nettes, mais la qualité générale est surtout donnée par les ferrailles de choix de la Marine. C'est un procédé très ingénieux et qui donne économiquement de bons résultats.

6° *Bidons en acier doux.* Le fer-blanc en *fer* tend de plus en plus à disparaître. En Angleterre, la moitié des usines emploie maintenant l'*acier doux*. On trouve, à cette substitution, de grands avantages. Le prix n'est guère plus élevé que pour la qualité *coke* et le métal est bien supérieur. Il supporte sans gerçure, les emboutissages les plus difficiles et les pliages répétés. Au laminage, les bords des feuilles sont plus nets, il y a donc moins de rognures ; et, à l'étamage, le métal étant plus homogène, moins spongieux, la consommation d'étain est plus faible pour un même éclat de la surface, sans compter que les seconds choix ou *wastes*, sont beaucoup moindres dans le produit fini.

Les méthodes pour obtenir l'acier à fer-blanc ne présentent rien de particulier. Il suffira donc de les énumérer. Ce sont, jusqu'à présent : le *procédé Bessemer* ; l'*ore process sur sole* ; le *procédé Martin-Siemens avec riblons* ; la *déphosphoration sur sole.*

La fabrication des tôles minces, destinées à l'étamage, donnant lieu à une grande production de rognures, le procédé qui emploiera le plus facilement ces déchets sera certainement celui auquel il faudra donner la préférence, quand l'industrie de l'acier et du fer-blanc seront dans les mêmes mains. Le four Martin-Siemens, avec ou sans déphosphoration, qui donne incontestablement les aciers les plus doux et les plus réguliers, nous semble donc indiqué pour l'obtention de la matière première.

Il nous suffira de montrer que le *fer-blanc de l'avenir* est de l'*acier doux étamé*, pour faire perdre une grande partie de l'intérêt qui s'attachait aux vieilles méthodes. Ce qui empêche jusqu'à présent la suppression complète du fer, dans la plupart de ses emplois, c'est en général la persistance dans l'acier d'un certain état cristallin, qui diminue la confiance et la sécurité dans ce produit. Pour le fer-blanc où la tôle est laminée à une très faible épaisseur, un semblable inconvénient ne se présente pas et l'*acier-blanc* tend, de plus en plus, à remplacer le *fer-blanc* ; c'est une question de prix de revient et de transformation d'outillage.

Laminage des bidons ou largets pour tôles noires. Les bidons coupés à la longueur voulue pour la

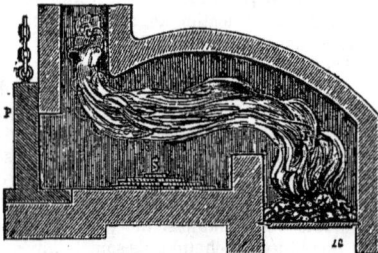

Fig. 71. — *Four à réchauffer les largets.*
C Conduit de cheminée. — P Porte. — S Sole. — F Chauffe à la houille.

largeur de la tôle, sont chauffés dans des fours à réverbère et laminés.

Pour éviter l'oxydation, il est préférable d'employer des fours du type *dormant* (fig. 71). La porte qui sert au chargement et au défournement des matières, est placée devant la cheminée ;

l'entrée d'air est combattue par le tirage du foyer qui tend à faire sortir par la porte les produits de la combustion.

Les cylindres qui servent au laminage des tôles à fer-blanc, sont en *fonte dure* ou *fonte trempée* et *blanchie* à la surface. La partie trempée doit être de 16 à 18 millimètres d'épaisseur. La qualité de ces laminoirs joue un rôle très im-

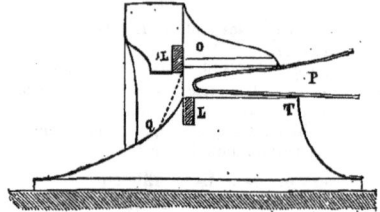

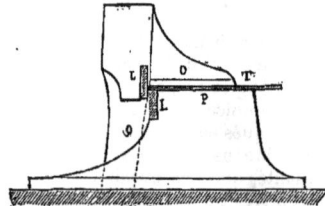

Fig. 72 et 73. — *Cisaille à rebord pour replier les tôles.*
Fig. 72. Vue latérale, première position, commencement du pliage. — Fig. 73. Deuxième position, fin du pliage. — O Rebord pour pliage.— L Lames de cisaille.— Q Queue de la cisaille.— T Table de repliage. — P Tôle.

portant dans cette industrie ; ils doivent être durs à la surface, pour résister à l'usure et donner un beau poli aux produits et ils doivent, cependant, être très résistants et ne pas craindre les changements brusques de température. Le laminage se fait en plusieurs chaudes et se finit à plusieurs épaisseurs ensemble. Pour éviter les grandes longueurs, on préfère replier la tôle sur elle-même pendant qu'elle est encore chaude et on reprend le laminage après passage au four à réchauffer. Pour

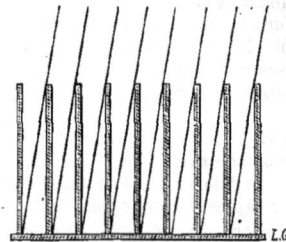

Fig. 74.

obtenir un laminage plus net, la tôle repliée plusieurs fois sur elle-même forme un paquet que l'on équarrit à la cisaille. Celle-ci porte, comme l'indiquent les figures 72 et 73, un rebord qui produit le repliage de la tôle, opération qui se faisait encore au maillet, dans des usines françaises et qu'il convient beaucoup mieux de faire mécaniquement.

— Pour les dimensions moyennes de feuilles, il faut compter les frais de laminage et réchauffage suivants par tonne de produits prêts à l'étamage.

FER

1,400 kilogrammes largets.

1,700 kilogrammes houille pour chauffage et laminage. Main-d'œuvre, entretien, décapage, etc., 100 francs.

On retrouve 350 kilogrammes de rognures que l'on repasse dans la fabrication.

En France, en moyenne, les tôles noires prêtes à l'étamage reviennent à 300 ou 350 francs en supposant les largets, en fer ou en acier, entre 160 et 200 francs.

Décapage. On comprend facilement qu'un laminage à très mince épaisseur, multipliant beaucoup les surfaces, doive amener une notable oxydation superficielle. Il est absolument nécessaire, pour faire adhérer l'étain, de procéder à un décapage complet, qui fasse passer au blanc d'argent, la couleur plus ou moins noire de la surface. On emploie, pour cela, l'acide sulfurique ou l'acide chlorhydrique étendus d'eau, pour que l'attaque ne soit pas trop rapide et puisse être surveillée. On a introduit, surtout en Angleterre, de grands perfectionnements dans cette partie du travail, qui demande beaucoup de main-d'œuvre. On a supprimé complètement le trempage à la main, qui existe encore dans quelques usines françaises et on emploie des machines simples, dont nous donnerons une idée.

L'empilage des feuilles a lieu sur une plaque de fer portant perpendiculairement une grande quantité de tiges destinées à isoler chaque feuille de sa voisine, comme l'indique la figure 74. Comme on entasse une grande quantité de feuilles à la

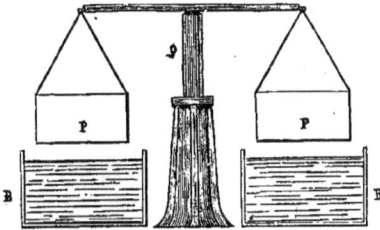

Fig. 75.

P Caisses à tôles, où celles-ci sont empilées comme dans la figure 74. — *Q* Piston hydraulique ou à vapeur. — *B* Bassins d'eau acidulée.

fois, il faut un effort assez grand pour soulever et agiter ces plateaux dans le bain acide.

La disposition la plus simple serait de suspendre chacun de ces plateaux à une potence et d'équilibrer la charge au moyen d'un contrepoids.

Il vaut mieux que les tôles soient équilibrées aux deux extrémités de leviers, plateau par plateau. On peut alors employer une disposition analogue à celle de la figure 75. On arrive ainsi à travailler dix à douze caisses à la fois, soit pour les plonger dans les acides, soit pour les passer à l'eau de lavage. Le mouvement est communiqué, soit directement par un piston à vapeur ou hydraulique, soit indirectement par une autre disposition facile à imaginer. Il suffit, généralement, de cinq minutes pour un bon décapage; aussi, de semblables machines peuvent-elles suffire à une grande production. Après le rinçage à l'eau, les tôles sont essuyées et prêtes à l'opération suivante.

RECUIT. On fait un triage des produits du décapage et on procède au recuit des tôles bien décapées. Cette opération se fait en vase clos et dure de 8 à 10 heures.

On emploie des caisses en fonte, en tôle ou en acier moulé. Une caisse en tôle peut durer près de 18 mois, en lui faisant subir quelques réparations. Les caisses en acier coulé sont aussi très bonnes et valent incomparablement mieux que les caisses en fonte qui sont sujettes à se fendre et permettent, par conséquent, plus facilement les rentrées d'air et l'oxydation qui en est la conséquence.

Laminage à froid. Les boîtes à recuire ayant été retirées du feu et mises à refroidir, on procède au *laminage à froid* qui a pour but de polir les surfaces des tôles et de durcir le métal pour qu'il absorbe moins d'étain.

Les laminoirs qu'on emploie pour cette opération sont en fonte trempée, mais plus durs que dans le cas du laminage à chaud. N'ayant pas à subir de changements brusques de température, ils peuvent être plus fragiles et blanchis sur 25 à 30 millimètres d'épaisseur. On fait subir aux tôles laminées à froid un deuxième recuit et même souvent un deuxième décapage, après quoi il n'y a plus qu'à passer à l'*étamage.*

Étamage. On emploie généralement pour l'*étamage* tout ce qu'il y a de plus pur en fait d'étain, on obtient ainsi le *brillant.* Le *terne* se fabrique avec un mélange de plomb et d'étain, où la proportion de ces deux éléments varie suivant la qualité que l'on veut obtenir. Nous supposerons qu'il s'agit ici de la fabrication du fer-blanc brillant. On se sert d'une série de pots en fonte placés au-dessus d'un foyer simple et on y plonge successivement chaque feuille.

Le pot nº 1 renferme du *suif fondu,* ou mieux de l'*huile de palme.* Son but est de dépouiller la

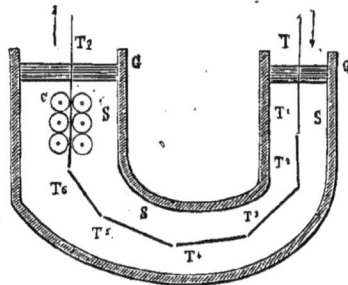

Fig. 76

GG Couche de graisse. — *SS* Bain d'étain. — *T¹, T²* ... *T⁷* Positions successives des feuilles à étamer se poussant l'une l'autre et guidées comme l'indique la figure 77.

tôle de toute trace d'humidité et de porter en même temps sa température au degré le plus convenable pour l'adhérence de l'étain.

Le pot nº 2 contient l'*étain fondu.*

Les pots nº 3 et nº 4 renferment également de l'étain et servent à absorber, par une sorte de lavage, l'excès de métal qui s'est rassemblé sur les bords de la feuille.

Le pot n° 5 contient de la *graisse fondue*. Entre le pot n° 4 et le pot n° 5 se trouve un jeu de cylindres entre lesquels passe la feuille étamée. L'épaisseur de celle-ci devient régulière et sa surface est mieux dressée. Il a été réalisé, de ce fait, une grande économie d'étain et l'invention de MM. Cookley et Morewood a rendu un grand service à cette branche de la métallurgie.

On a cherché, dans ces derniers temps, à rendre automatique l'étamage, et parmi les machines employées nous en citerons une seule dont le fonctionnement est bon. Elle est fondée sur le principe des vases communiquants. Un vase en forme d'U (fig. 76) est plein d'étain liquide surmonté dans chacune des branches d'une couche

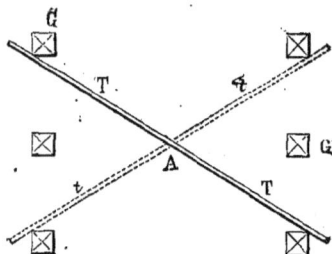

Fig. 77.

G Position des guides. — TT Position d'une feuille. — tt Position de la feuille qui précède ou qui suit.

de graisse fondue. Des guides, dont le principe est indiqué dans la figure 77, servent à amener successivement chaque feuille jusqu'aux rouleaux C qui servent à exprimer l'excès d'étain. Chaque feuille pousse la suivante, et comme elle éprouve une perte de poids notable dans l'étain liquide, l'effort pour entraîner tout l'ensemble est insignifiant. Les guides étant doubles, les feuilles sont croisées et se poussent par un point A de leur tranche.

Brossage. Au sortir de l'étamage les feuilles sont passées dans le son ou dans la farine et frottées à la peau de mouton qui leur donne du brillant.

Paquetage. Les tôles sont triées avec soin en pleine lumière, et classées en deux choix. Puis on les met dans des caisses en bois, par 50 kilogrammes environ (en réalité 53 kilogrammes).

Frais d'étamage. Les frais d'étamage varient naturellement avec le cours de l'étain et l'épaisseur des feuilles. En admettant 2 kilogrammes à 2ᵏ,50 par caisse, soit 4 à 5 0/0 d'étain, il faut admettre 200 à 250 francs la tonne pour passer de la tôle noire au fer-blanc en boîte, par conséquent, si la tôle noire vaut 350 francs, le fer-blanc correspondant coûtera 550 à 600 francs. — F. G.

FERBLANTERIE. Fabrication d'articles en ferblanc et, par extension, atelier où se fait cette fabrication. Cette industrie ne s'occupe pas seulement de la fabrication des objets en fer-blanc, elle embrasse aussi dans une certaine mesure celle des objets en laiton et en zinc. Ses produits appartiennent, pour la plupart, à l'innombrable catégorie des ustensiles de ménage, depuis les baignoires et les cuisinières jusqu'aux vulgaires éteignoirs, en passant par l'immense famille des cafetières et des boîtes à conserves. Elle y joint ordinairement la confection des lampes, ce qui vaut à celui qui l'exerce le nom de *ferblantier-lampiste*, mais depuis une quarantaine d'années, la lampisterie a été érigée dans toutes les grandes villes en une branche indépendante très prospère. Cette fabrication se pratiquait autrefois manuellement, mais en ces dernières années, des procédés mécaniques y ont été introduits, et l'emploi de machines spéciales à chaque objet a nécessité une division en spécialités de produits. Sauf exception, tous ces produits, principalement ceux devant contenir des liquides, tels que les cafetières, les bouilloires, etc., se composent d'un certain nombre de parties préparées à part ; chacune d'elles, découpée à l'aide d'emporte-pièces ou de cisailles, est amenée à la forme voulue par emboutissage ou par cintrage ; leur assemblage et leur soudure se font ensuite comme dernière opération.

Le lecteur comprendra qu'il serait impossible de décrire, par le menu, cette industrie si multiple et si variée, nous ne pouvons donc ici que donner succinctement les principales opérations du ferblantier : *couper la feuille*, la *contourner*, la *souder* et la *polir*.

Les anciens outils à tracer, compas, mètres, règles, etc., ne sont plus d'un usage fréquent ; l'emporte-pièce approprié aux divers articles a fait disparaître en partie cette opération du traçage et ne l'a laissé subsister que pour la fabrication de pièces s'écartant des modèles courants.

La feuille de fer-blanc devant être découpée sur une certaine longueur, il est indispensable d'avoir recours aux diverses cisailles ; l'une d'elles a deux couteaux circulaires, et permet principalement, à l'aide d'un chariot sur lequel le métal est fixé, d'amener celui-ci au point de croisement des lames en lui faisant décrire une ligne droite ou un arc de tel rayon que l'on voudra : ces mouvements sont réglés au moyen de tiges de fer de longueur variable ; aussi, pour la fabrication d'objets coniques ou tronconiques, cette machine fournit-elle, avec exactitude, les développements des circonférences et rend-elle d'importants services comme rapidité et comme travail ; d'autres cisailles à banc servent à découper le fer-blanc suivant les deux génératrices de raccordement et s'emploient en général pour toute coupure rectiligne. Si pendant les opérations précédentes le métal a subi quelques déformations, il est facile d'y remédier en le dressant à l'aide de tas et de maillets de bois ; toutes ces pièces découpées sont soumises à la *brisure*, opération qui consiste à passer et repasser le métal sur la bigorne pour en rompre les molécules et faciliter ensuite la mise aux contours ; puis ces pièces sont ensuite moulurées, bordées, roulées et contournées avant leur assemblage. Soit, par exemple, un bandeau ou bande de ferblanc devant former le contour d'une casserole, on exécute l'ourlet de celui des longs côtés qui doit se trouver à la partie supérieure ; cet ourlet se fait de deux manières, tantôt c'est un simple repli tout à fait rabattu, tantôt c'est un repli semblable, mais dans lequel on enferme, avant sa fermeture complète, un fil de fer non recuit. Cette opération du bordage, faite exclusivement autrefois sur des tasseaux, bordoirs, grands tas ou pied de biche et tranche, se fait, le plus souvent maintenant sur le bordoir mécanique, appareil composé de deux tôles entre lesquelles est saisie la feuille de fer-blanc que l'ouvrier laisse dépasser de quelques millimètres et qu'il plie par divers procédés ; si la pièce a été arrondie, on borde au tour ou à la moleteuse.

Sertissage. Le fil de fer placé sur un dévidoir est attiré par les deux galets de la moleteuse, les pièces de fer-blanc accrochées à ce fil par leur ourlet, sont entraînées sur une table, et par leur passage entre ces galets la bordure se trouve complètement rabattue en enveloppant et cachant le fer; si la pièce est contournée avant d'être sertie, l'ourlet se ferme au tour.

Pour border les fonds de casserole ou flancs, c'est-à-dire pour replier le bord, l'ouvrier fait usage de machines à emboutir ou de la moleteuse qui le relève suivant un angle variant avec l'inclinaison successive de la pièce par rapport aux galets à travers lesquels on la fait passer ; l'ancien *tas à soyer* ou *tas à plier* ne sert plus que très rarement.

Moulurage. L'opération qui a pour but de moulurer, de canneler et de percer, se fait soit par des galets moulurant selon la forme de leur jante soit par repoussage au tour ou même mieux par emboutissage ; le perçage s'effectue à l'aide de machines à percer munies de poinçons si les bavures doivent être conservées, ou d'emporte-pièces si leur disparition est nécessaire. Ces pièces ainsi préparées sont contournées au moyen de bigornes et d'enclumes à deux pointes s'il y a moulures ou cannelures, ou au moyen de machines à cintrer à trois cylindres dans le cas contraire; il est nécessaire pendant ce travail de veiller à l'emboîtement convenable de ces diverses parties.

Soudure. L'objet peut se monter de deux manières : 1° à soudure simple si le vase est destiné à ne pas aller sur le feu ou à se trouver peu employé: 2° à agrafe s'il doit être d'un usage très fréquent et supporter l'action de la flamme; dans les deux cas cette soudure, quoique fort simple, demande, pour être bien faite, une certaine pratique de la part de l'ouvrier. Pour le premier procédé, il suffit de rapprocher les deux bords plans du métal, de les soutenir à l'aide d'un appuyoir (morceau de bois plat et de forme triangulaire) et par un pinceau, de recouvrir les parties à réunir d'esprit de sel préalablement mis au contact de zinc jusqu'à saturation et additionné de son volume d'eau; le métal décapé, l'ouvrier muni du fer à souder prend un peu d'un alliage d'étain et de plomb (30 à 40 0/0 d'étain) qu'il porte immédiatement sur le joint et dans lequel il le fait pénétrer, il n'y a plus alors qu'à comprimer ce joint afin de faire prendre la soudure ; quand elle est bien prise dans un endroit, on en met d'autre à la suite en la faisant prendre également au moyen du fer chaud et de l'appuyoir. Voici en quoi consiste la *soudure à agrafe.* S'il s'agit d'assembler un flanc et un bandeau, le rond du fond est replié de di-

verses manières, mais toujours de façon à pouvoir entourer le bord du flanc relevé lui-même; on fait entrer le repli du contour dans les deux du fond puis on les rabat l'un sur l'autre et l'on soude avec soin en procédant comme ci-dessus. Si au contraire le bandeau est à fermer suivant une des génératrices du cylindre ou du tronc de cône, il suffira d'un seul pli de chaque côté.

Polissage. Le polissage du fer-blanc, confié à des femmes, se fait actuellement en frottant le métal avec du vieux drap rouge de troupe trempé dans un peu d'huile additionnée de poudre à polir ; grâce à la teinture de la garance ce drap possède une certaine raideur très appréciée chez le ferblantier; la pièce est ensuite séchée par des frictions au blanc de Meudon et finalement le brillant lui est donné à l'aide de chiffons de toile et de coton. Cette dernière opération se fait, soit à la main, soit en plaçant les objets cylindriques ou coniques sur un tour à pédale.

Le ferblantier livre ordinairement ses produits tels qu'ils sortent de ses mains, c'est-à-dire avec la couleur naturelle du fer-blanc ; quelquefois cependant ils sont revêtus de différentes couleurs par les procédés de la peinture, du vernissage, ou de l'impression lithographique. On tire aussi parti de la cristallisation naturelle du fer-blanc en lui faisant produire à la surface des objets un nacrage d'un heureux effet. Ces innovations sont surtout utilisées par les fabricants de boîtes de conserves alimentaires et autres et constituent l'industrie des tôles ou fers-blancs imprimés.

FERBLANTIER. Ouvrier, fabricant d'objets en fer-blanc.

* **FÉRET.** *T. de verr.* Verge de fer qui sert à lever de la matière pour appliquer des ornements aux objets en cours de fabrication.

* **FERLET.** *T. de mét.* Outil en bois en forme de T en usage dans divers métiers; dans les papeteries on s'en sert pour étendre le papier humide sur les cordes du séchoir.

*. **FERMAIL.** Voilà un mot qui appartient à l'idiome du moyen âge, plutôt qu'à la langue moderne et qui est remplacé aujourd'hui par le terme générique d'*agrafe*. Il méritait cependant d'être conservé parce qu'il exprime exactement l'usage de l'objet qu'il désigne : le *fermail*, en effet, servait à *fermer*, en les rapprochant, les deux parties d'un vêtement, d'une chaussure, d'un collier, d'une tiare, etc. Il n'était, au fond, et réduit à sa forme la plus simple, que la petite boucle et le petit crochet employés par les tailleurs et les couturières de nos jours; mais l'art qui embellit tout, le luxe qui fait un objet précieux de la chose la plus vulgaire, arrivèrent à transformer le fermail primitif en un véritable bijou. — V. Bijouterie, Broche.

— L'origine du *fermail* et de son diminutif, le *fermillet*, est la *fibule* antique en usage chez tous les peuples portant un vêtement large et flottant, notamment chez les Gaulois, dont le costume national était le *sagum*, ou *sayon* dont on réunissait les deux parties à l'aide d'une boucle ou d'une broche en cuivre ou en bronze.

Le fermail se composait tantôt d'une seule pièce.

couvrant les deux extrémités du vêtement à rapprocher et en opérant ainsi la jonction, tantôt de deux parties fixées aux bords opposés du vêtement ou du livre, et pouvant être réunies au moyen d'une broche libre.

Le véritable fermail était placé sur la poitrine, ainsi qu'on le voit sur les tombes des évêques. Il y est figuré sur la chasuble, au-dessus du pallium et a la forme d'une plaque ornée de pierreries, rappelant le *pectoral* du Grand-Prêtre de Jérusalem.

Comme toutes les parties du vêtement et de la décoration ecclésiastiques, le fermail se sécularisa : l'Église l'avait emprunté au costume des rois et des seigneurs : ceux-ci le lui empruntèrent à leur tour, alors que l'art religieux l'eût embelli et transformé ; ils y ajoutèrent alors divers accessoires nécessités par les différences du vêtement séculier. On y vit donc des *ailes*, des *gourmettes*, et plusieurs autres liens ou *mordants* ; on y pratiqua des *crans*, dans lesquels entrait une broche, pour serrer plus ou moins les deux parties de l'étoffe, selon la corpulence du personnage ; on y ménagea même des charnières, et le fermail devint ainsi une véritable pièce d'orfèvrerie. Aux pâtes de verre des agrafes germaines on substitua des émaux et des pierreries ; les simples lignes ornées furent remplacées par des entrelacs, des fleurs, des têtes d'hommes et d'animaux. La description de l'un de ces joyaux faisant partie du trésor de Charles V donne une idée des magnificences qu'on y déployait au xive siècle ; on l'appelait alors *attache*.

En se sécularisant, le fermail multiplia ses applications et se plia à divers usages. A côté de la merveilleuse agrafe que nous venons de mentionner et dont le principal motif était la fleur de lys, emblème royal, à côté du fermail religieux, qui portait divers symboles chrétiens et contenait même des reliques, se placent les fermaux et les fermillets profanes, adaptés à toutes les parties de la toilette masculine et féminine. Quand les hommes portaient des chapeaux d'étoffe, ils y appliquaient des fermaux d'or et d'argent pour en retenir les bords ou en fixer les plis. Les femmes, qui les recevaient à titre de cadeaux, en mettaient à leur corsage, à leur coiffure, à leur voile et jusqu'à leur chaussure ; elles s'en servaient pour réunir les rangées de perles, de pierreries, d'émaux composant leur collier, pour suspendre à leur ceinture des aumônières ou bourses, des clefs, des rosaires, etc. ; elles les multipliaient dans toutes les parties de leur vêtement qui en comportaient l'usage.

Le fermail, qui était du domaine des orfèvres et des merciers, entra aussi dans celui des copistes et des enlumineurs ; on s'en servit pour réunir les deux parties d'une reliure, et, depuis les gros livres du lutrin jusqu'aux mignonnes *heures* des châtelaines, on vit le fermail, plus ou moins simple, plus ou moins riche, s'adapter aux robustes ais de chêne, ainsi qu'aux gracieux dyptiques d'ivoire ou de « veluyau » dans lesquels s'encadraient les chefs-d'œuvre des miniaturistes. De nos jours le fermail s'est industrialisé ; il a perdu, en grande partie, son ancien caractère artistique, et n'est plus guère, sous le nom d'agrafe, qu'un des menus objets de la mercerie.
— L. M. T.

*FERMAILLÉ, ÉE. *Art hérald.* Se dit de l'écu ou des pièces chargées de fermaux.

*FERMAT (Pierre de), illustre mathématicien français, a fait preuve dans sa carrière de tant de modestie et d'un si mince souci de la gloire, que la date même de sa naissance n'est pas connue d'une façon certaine. Il est né aux environs de Toulouse, suivant les uns, près de Montauban, d'après les autres, entre les années 1595 à 1601. Il est mort à Toulouse en 1661. Conseiller au Parlement, il sut concilier les devoirs de sa charge avec la culture des lettres et des découvertes à jamais célèbres dans les sciences mathématiques. Pascal le tenait pour l'homme le plus illustre de son temps. Fermat peut disputer à Descartes l'honneur de l'invention de la géométrie analytique, et il partage tout au moins avec Pascal la gloire d'avoir été l'initiateur du calcul des probabilités. Dans le calcul des nombres, il n'a pas été dépassé ; telle était en effet la puissance de son génie que la démonstration, aujourd'hui perdue, de plusieurs des théorèmes qu'il a avancés est encore à faire, et ce n'est que récemment qu'on a pu fournir, pour l'une de ces propositions, la démonstration non pas générale mais bornée à des cas particuliers. Fermat n'écrivait pas et n'a rien publié. Son fils a réuni une partie de ses travaux.

FERME. *T. de constr.* Assemblage de pièces de bois ou de fer qui sert d'appui, dans le comble d'un édifice, aux *pannes* et au *faîtage* (V. ces mots) destinés à supporter la couverture. Les fermes sont dirigées suivant la largeur du bâtiment et leur nombre dépend de la longueur de ce dernier. On les espace ordinairement de 3 à 4 mètres. Elles forment des points d'appui intermédiaires dans les combles terminés, à leurs extrémités, par des murs pignons ; elles peuvent, d'ailleurs, être remplacées par des murs de refend. Dans les combles à *croupe* (V. ce mot) les fermes extrêmes sont dites *fermes de croupe* et celles intermédiaires, *fermes de long pan.* Ces ouvrages s'exécutent en bois, en bois et fer, en fonte ou en fer et fonte.

Fermes en bois. On distingue : les fermes *droites*, les fermes *brisées* et les fermes *courbes.*

Deux *arbalétriers*, pièces inclinées suivant la pente du toit ; un *tirant*, pièce horizontale reliant les deux arbalétriers par leurs extrémités inférieures, sont les éléments essentiels d'une ferme droite ordinaire. Les arbalétriers peuvent s'appuyer l'un contre l'autre au sommet. Plus généralement on les assemble dans une pièce verticale appelée *poinçon.* Les arbalétriers sont assemblés sur le tirant et maintenus par des boulons, qu'on remplace souvent par des étriers en fer ; le poinçon est prolongé jusqu'au tirant, à la flexion duquel il s'oppose soit par un assemblage à tenon passant, soit par un lien en fer ; le faîtage repose sur le poinçon et s'assemble avec lui ; deux contrefiches reportent sur le poinçon la pression exercée par les pannes ; enfin les chevrons supportent la couverture. Le nombre des pannes dépend de la longueur des arbalétriers et de la pente plus ou moins prononcée du comble. Nous donnons (fig. 78) une disposition fréquemment adoptée, dans laquelle un second tirant *a*, qui prend le nom d'*entrait*, donne de la roideur aux arbalétriers ; des *aisseliers b* assurent encore les angles formés par ces pièces. On appelle aussi quelquefois *entrait* le tirant principal et *faux-entrait* ou *entrait retroussé* le second tirant. Des pièces de bois *c*, dites *chantignolles*, et taillées en forme de coins, s'opposent au glissement des pannes sur les arbalétriers. Souvent on a besoin de rendre habitable ou simplement d'augmenter l'espace libre qui sépare les entraits supérieur et inférieur et qui constitue le grenier. Dans ce cas, on peut établir le plancher de ce grenier au-dessous de la corniche et adopter le système représenté par la figure 79. Chaque ferme est composée de deux parties, l'une triangulaire,

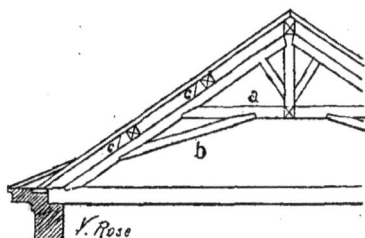

Fig. 78.

l'autre en forme de trapèze. Des pièces spéciales, des *blochets a*, relient la sablière *b* à chacune des fermes. Ces blochets sont ordinairement composés de deux pièces accouplées formant *moises*. Il

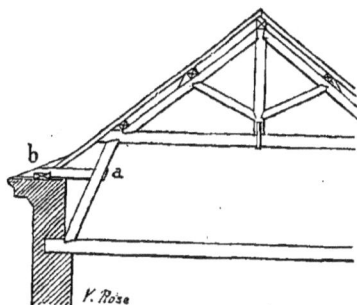

Fig. 79.

est enfin quelquefois nécessaire de supprimer les tirants. Il faut, dans ce cas, réduire, autant que possible, la poussée des arbalétriers contre les murs. La figure 80 offre un exemple de disposi-

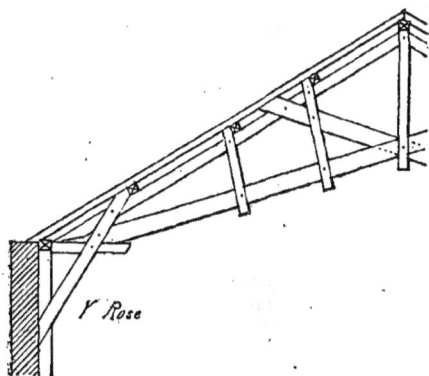

Fig. 80.

tion à laquelle on peut avoir recours pour cet objet. C'est la moitié d'une ferme à grande portée, où les pieds des arbalétriers sont maintenus par des croix de Saint-André, au lieu de l'être par un

tirant. Ces fermes sont exécutées en madriers de sapin, et la plupart des pièces forment moises.

Ces diverses dispositions ne conviennent guère aux combles à faible pente, car les pièces destinées à soutenir les arbalétriers les rencontreraient sous des angles tellement obtus, qu'elles n'auraient pas une efficacité suffisante. On réunit alors les arbalétriers au tirant, au droit de chaque panne, à l'aide de pièces verticales, destinées à convertir la ferme en une sorte de poutre armée, ou bien on soutient l'arbalétrier en un ou deux points et on lui donne une section telle que sa flexion ne soit pas à redouter. Enfin, l'on peut avoir à couvrir un grand espace en donnant du jour ou de l'air au centre du bâtiment, au moyen d'une *lanterne*.

On appelle *combles brisés* ou à *la Mansard*, du nom de l'architecte François Mansard, qui les avait imaginés au XVIIe siècle, des combles dont l'usage se continue de nos jours, parce qu'ils se prêtent mieux que tous les autres à l'habitation des greniers. Ces combles sont composés de quatre plans inclinés en sens contraire, deux à deux. Les faces inférieures qui forment le *vrai comble* sont extrêmement raides, et les deux supérieures, auxquelles on donne le nom de *faux-comble*, le

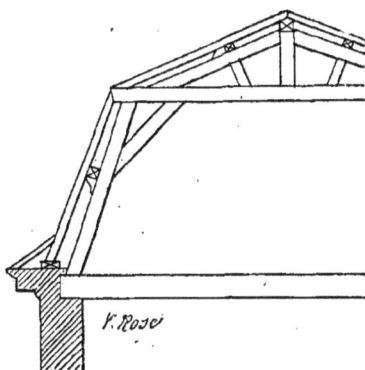

Fig. 81.

sont très peu. L'arête horizontale qui est à leur jonction se nomme *arête de brisis*. Les combles brisés s'exécutent comme les précédents, par travées formées de fermes. Seulement, au lieu d'arbalétriers dans la partie inférieure, ces fermes présentent (fig. 81) des *jambes de force* dont le pied s'assemble dans le tirant, et le sommet dans l'entrait.

Deux systèmes principaux sont employés pour la construction des fermes courbes : celui de Philibert de l'Orme et celui du colonel Emy. Dans le premier, les cintres sont formés de planches posées sur champ ; dans le second, les planches sont courbées à plat. C'est au XVIe siècle que Philibert de l'Orme proposa de construire des combles et des dômes conçus sur le principe de l'arc. Dans ce système les fermes sont composées de deux cours de planches *a* (fig. 82) reliés entre eux par des chevilles en bois. Les planches de chaque cours sont placées bout à bout ; les joints sont dirigés normalement à la courbe, et ceux d'un cours répondent au milieu de la longueur des planches de l'autre. Les arcs sont rendus solidaires par des *liernes b*, qui les traversent au droit des joints et les maintiennent au moyen de clefs en bois ; chacun d'eux est reçu, à son pied, dans une sablière posée sur le mur, à une certaine distance au-dessous de la corniche. Philibert de l'Orme donnait aux planches quatre pieds de longueur et espaçait les fermes de deux pieds. Dans ces combles, il n'y a ni tirants, ni pannes, ni chevrons ; le plancher de la couverture repose immédiatement sur les fermes. Une application remarquable en avait été faite, dans le siècle dernier, à la couverture de la grande cour circulaire de la Halle aux blés de Paris, couverture détruite en 1802 par un incendie. Dans le système du colonel Emy, les planches ne sont plus sur champ ni coupées en petits morceaux ; elles sont posées à plat et employées dans toute leur longueur. Chaque cintre est formé de plusieurs planches superposées et reliées au moyen d'étriers et de boulons. Il est renforcé par des parties droites en charpente, verticales et inclinées, auxquelles les parties courbes sont rattachées par des moises. Les fermes sont maintenues dans leur position et rattachées les unes aux autres par deux cours de moises horizontales, ainsi que par des croix de Saint-André. De ces deux systèmes celui de Philibert de l'Orme est le plus convenable, quand on veut utiliser des planches de faible longueur, établir un revêtement intérieur, ou assurer un caractère d'élégance et de légèreté à une charpente qui doit rester apparente.

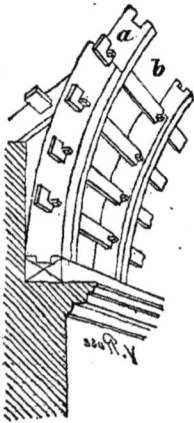

Fig. 82.

Quant aux proportions à donner aux pièces de charpente qui entrent dans la composition d'un comble, on les déduit des actions auxquelles les différentes pièces doivent résister. Dans son *Traité théorique et pratique de l'art de bâtir*, Rondelet indique quelques dimensions à donner aux bois qui composent les combles ordinaires. Pour une largeur de comble de 8 mètres à 9m,75, l'auteur donne comme équarrissage aux entraits ou tirants portant plancher le 1/18 de cette largeur dans œuvre, et pour ceux qui ne portent pas plancher 1/24, aux arbalétriers 1/15, aux faux entraits 1/24, aux poinçons 1/12, aux liens 1/24, aux pannes 1/12 de l'intervalle entre les fermes. Ce sont là des dimensions très fortes, au-dessous desquelles on se tient généralement dans la pratique. On donne communément aux chevrons de 8 à 11 centimètres, aux faîtages de 16 à 19, aux pannes de 19 à 22.

Fermes en bois et fer. D'une part, le fer forgé est éminemment propre à remplacer le bois pour toutes les pièces d'une charpente soumise à des efforts de traction ; d'autre part, les boîtes d'assemblage en fonte sont très utiles dans l'établissement de ces ouvrages. On a donc commencé par rendre plus légères les anciennes charpentes en bois, en remplaçant quelques pièces par le métal. Dans certaines fermes de ce genre, le tirant est formé de deux blochets, reliés entre eux par deux tringles en fer, qui se rattachent à des plates-bandes fixées sur ces blochets. Ces derniers sont également reliés aux pieds des arbalétriers au moyen d'étriers. Des poinçons en bois prolongés par une double tringle ou *aiguille pendante* en forme de fourchette, soulagent le double tirant. Dans d'autres cas, les arbalétriers sont en bois et armés de tringles de tirage en fer forgé, sur lesquelles s'appuient des bielles en fonte soutenant les poutres au milieu de leur longueur. Chaque arbalétrier est fixé à son pied dans une boîte en fonte, à laquelle se rattache l'extrémité d'une des tringles de l'armature. A son sommet, il est reçu dans une double boîte en fonte, qui l'unit à l'arbalétrier opposé. Ce système, proposé et appliqué, pour la première fois, par M. Polonceau, donne des charpentes très simples.

Fermes en fonte. Dans les premières fermes où le métal ait été seul employé, les pièces principales étaient en fonte. Les combles en fonte étaient, en réalité, copiés sur les combles en bois. L'arbalétrier se faisait soit d'une seule pièce de fonte, soit en plusieurs longueurs, réunies bout à bout, au moyen de brides et de boulons. Les pannes se boulonnaient directement aux arbalétriers, qui étaient assemblés au sommet par des plaques moisées. Ces plaques recevaient, à la partie supérieure, la tête de la tringle formant poinçon et portaient de petites équerres sur lesquelles venait s'appuyer la panne faîtière. Les arbalétriers reposaient sur la maçonnerie au moyen de sabots en fonte auxquels se boulonnait le tirant. Celui-ci était formé de deux longueurs que l'on réunissait à l'aide d'un manchon placé au milieu de la portée, de façon à être soutenu par le poinçon. Pour les combles à grande largeur on a établi des fermes dans lesquelles les arbalétriers étaient de véritables poutres avec âme évidée. On a même adopté quelquefois des fermes en fonte de forme demi-circulaire ou ogivale, composées de segments évidés réunis à l'aide de brides et de boulons, les arcs ainsi formés s'appuyant sur des consoles en fonte ou en pierre dure scellées dans la maçonnerie. Moins résistante que le fer, la fonte exige de fortes sections et donne aux fermes des combles une apparence de grande solidité ; mais, sous le rapport de la dépense, la réduction qui s'est produite dans le prix des fers rend la fonte un peu moins recommandable.

Fermes en fer. La ferme en fer la plus simple et qui peut s'appliquer à des portées de 6 ou 7 mètres est composée, comme les premières fermes en fonte, de deux arbalétriers reliés à leur pied par une tringle en fer rond ou tirant. Quand l'ouverture dépasse ces limites, il faut fournir à l'arbalétrier des points d'appui intermédiaires. A cet effet, on l'arme de contre-fiches en plus ou moins grand nombre, suivant la portée de la ferme et disposées, autant que possible, normalement à l'arbalétrier. Les épures A, B, C des figures 83 à 85 représentent ces dispositions, dans lesquelles les arbalétriers *a*, les bielles *b*, les poinçons *p* et les tirants *t*, forment des triangles indéformables, dont l'ensemble constitue de véri-

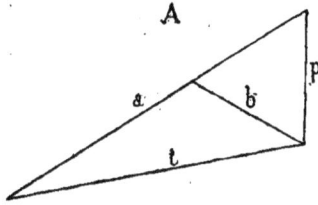

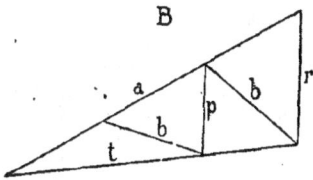

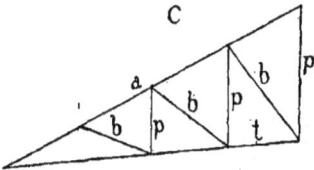

Fig. 83 à 85.

tables poutres armées. Le système Polonceau, dont nous avons parlé ci-dessus, est aussi fréquemment appliqué à des charpentes entièrement exécutées en fer ; il peut de même comprendre une ou plusieurs contre-fiches. Celles-ci, dans toutes ces fermes, se font presque toujours en fonte ; car elles travaillent à la compression ; on leur donne une section circulaire ou cruciforme. Les tirants sont généralement en fer rond. Les arbalétriers sont en fer à simple ou à double T dans les fermes à petite portée ; ils se composent de poutres à âme pleine ou à treillis dans les combles de grande largeur (V. Poutre). Enfin, lorsque l'ouverture est très considérable, on emploie souvent pour chaque ferme des arcs en fer qui soutiennent les arbalétriers en un certain nombre de points. Parfois même il y a deux arcs superposés, maintenus à une certaine distance l'un de l'autre et rendus parfaitement solidaires au moyen de treillis analogues à ceux dont nous venons de parler. — F. M.

FERMENT. *T. de chim. et de physiol.* On donne le nom de *ferments* (de *fervere*, bouillir, parce que dans la fermentation alcoolique, celle que l'on connaît depuis le plus longtemps, on voit se produire une mousse qui simule l'ébullition) à des êtres protoorganisés, rangés parmi les protophytes, se présentant, tantôt sous l'apparence de masses liquides glaireuses, ou de matières organiques à contours vagues (ferments blastèmes, ferments zymases), ou tantôt avec des formes parfois parfaitement déterminées et appréciables (ferments figurés), qui agissent sous faible massé, entretenant dans les milieux fermentescibles, des échanges qui transforment les premiers en matières fermentées. Ces êtres constituent le passage de l'être organisé à l'inorganisé, comme leurs actions sont le passage de la vie à la réaction chimique, de la physiologie à la chimie organique (Berthelot, *Chimie fondée sur la synthèse*, II, p. 576).

Les ferments dans le règne végétal, occupent le rang le plus inférieur de la cryptogamie, ce ne sont ; pour les plus parfaits, que de simples cellules, qui pour vivre ont besoin d'enlever au milieu dans lequel elles se trouvent certains éléments déterminés, indispensables à leur développement. Ce sont donc des plantes destructives, mais dont on peut parfois mettre l'action à profit ; dont, dans d'autres cas, on ne sait entraver les effets pernicieux. C'est ainsi, par exemple, que lorsque l'on veut se livrer à la préparation des boissons fermentées, il suffit de placer un peu de levure, dans un liquide sucré, pour voir une réaction tumultueuse se produire bientôt. Lorsque l'on sait arrêter l'action du ferment à temps, c'est-à-dire lorsque l'on a provoqué d'une façon complète l'effet désiré, et qu'on peut faire cesser la fermentation, on a utilisé leurs propriétés ; mais il faudra en plus savoir mettre ces mêmes auxiliaires dans l'impossibilité de nuire désormais. Car, sans cette précaution, la vie arrêtée, suspendue, continuerait et on dépasserait le but, c'est-à-dire la fermentation alcoolique : c'est ce que l'on sait encore obtenir au moyen du froid ou de la chaleur, qui tuent les ferments amorphes, lesquels dans les liquides accompagnent toujours les ferments figurés qui avaient provoqué le dédoublement du sucre en alcool. Dans d'autres cas, plus désastreux malheureusement, le ferment gagne le milieu dans lequel il va se développer, sans que l'on puisse connaître comment il y parvient, sans que l'on sache sûrement la route qu'il a prise, s'il a été transmis par l'air, l'eau, si ce n'est par tous les deux, c'est ce qui survient quand le milieu étant l'organisme animal, il se développe chez l'homme ou les animaux, les affections épidémiques que l'on désigne sous les noms de charbon, de choléra, de diphthérie, de fièvre intermittente, de fièvre jaune, fièvre puerpérale ou fièvre typhoïde, de scarlatine, de vaccine, variole, etc., etc.

Depuis quelques années de très nombreuses recherches sont faites, de tous côtés, sur ces dernières questions, et le monde savant, comme l'opinion publique, se préoccupent trop d'expériences célèbres, que tout le monde voudrait voir réussir, pour que nous ne nous occupions pas aussi de cette question; d'autant plus, que si l'on trouve moyen d'entraver la nocuité fatale d'une maladie, on augmente la richesse nationale en conservant au pays des existences toujours utiles; mais on rend en plus service à l'agriculture, à l'industrie, en donnant le moyen d'éviter des épizooties ruineuses, qui arrêtent la production.

L'étude des ferments intéresse donc à bien des titres, en ce sens, que vu les lacunes que présente encore leur histoire, l'hygiène privée et publique doit intervenir pour indiquer les précautions à prendre pour se mettre à l'abri des émanations dangereuses (fièvres paludéennes, malaria, travaux des ports, des rivières, etc.); pour éviter la contagion directe (choléra, typhus, fièvre jaune, fièvre typhoïde, diphthérie); la pathologie doit étudier la nature et les causes du mal, pour trouver le moyen sûr de l'éviter; la physiologie expérimentale doit continuer à s'efforcer d'atténuer l'énergie de ces êtres pour les domestiquer et les rendre utiles, en même temps que la chimie doit tâcher de s'en servir comme des auxiliaires utiles qui se chargent, à un moment donné, de provoquer des réactions dont on peut tirer profit.

Bien des savants se sont occupés de cette question connexe, mais à des points de vue différents, suivant la spécialité de chacun d'eux, faisant entrevoir le résultat du côté d'une solution à obtenir de l'expérimentation physiologique, ou de l'expérimentation chimique. Aussi voit-on tout d'abord, des noms très différents donnés aux ferments. Ce sont ceux, de ferments proprement dits (figurés ou amorphes), de microphytes, de microzoaires, de microzymas, d'infusoires, etc. Nous ne pouvons ici, sans sortir des études faites dans cet ouvrage, entrer dans des discussions stériles; nous nous contenterons de donner les caractères généraux des ferments, leurs propriétés, leur classification, puis nous ajouterons quelques renseignements plus particuliers sur ceux que l'on a besoin de connaître, par l'emploi journalier que l'on en peut faire.

Lorsque l'on précipite un ferment au moyen d'une matière capable de le coaguler, on peut, par l'analyse chimique, en trouver la composition; l'expérience faite sur divers ferments figurés a permis d'en représenter la formule par :

$$C^{50} H^6 O^{30} Az^{14} + Ph \text{ ou } S.$$

Ce sont donc, en un mot, des corps comparables à l'albumine, et les réactifs, la chaleur, etc., agissent en effet sur eux, comme sur ce produit azoté.

Ils sont doués de vie, sensibles, contractiles, élastiques, mais pour se développer, ils ont besoin de trouver dans certains milieux, les éléments nécessaires à leurs fonctions physiologiques. Certains savent se protéger en se sécrétant une enveloppe extérieure (ferments figurés), d'autres sont amorphes, et présentent seulement dans leur masse quelques points brillants, plus apparents que le reste de l'organisme. Si, dans l'un ou l'autre cas, le terrain est favorable à leur développement, ils croissent et se reproduisent';

mais pour cela, il faut que dans le milieu où ils vivent (l'eau, si nous prenons comme exemple la levure de bière, le ferment le mieux connu), ils rencontrent des hydrocarbures; des principes azotés (sels ammoniacaux, nitrates, car M. Pasteur a montré que lorsqu'une fermentation marche mal, on peut la régulariser tout en conservant à la levure son titre en azote par l'addition d'un sel azoté); des sels, surtout à base de potasse; de l'acide phosphorique, etc., du soufre. D'autres corps comme la soude, le fer, le chlore, la silice, se retrouvent parfois aussi dans les ferments, mais ils sont moins indispensables.

Pour que la réaction propre à ces organismes puisse se développer, il leur faut le concours d'une certaine température. Le froid les engourdit, quelques-uns s'enkystent, restent en léthargie, pour se rajeunir quand la dessiccation ou le froid auront cessé; d'autres résistent à des températures très élevées, n'a-t-on pas soutenu que certains microbes ont encore, après la calcination de l'air qui les charrie, toutes leurs puissances vitales; par expérimentation, on en a vu manifester leur présence après un séjour de quelque temps dans une atmosphère de 130°; la moyenne des fermentations est de 35°: quelques-unes se font au-dessous, ainsi, pour revenir à la levure de bière, on y distingue deux sortes d'organismes différents, la levure haute qui se développe entre 14 et 20°, la levure basse qui a son maximum d'énergie reproductrice entre 7 et 12° centigrades, ce qui explique pourquoi la chaleur et le froid sont les meilleurs procédés que l'on puisse employer pour conserver les liqueurs fermentées.

L'air est nécessaire, le plus souvent, à la reproduction des ferments, cependant on en connaît qui se développent dans les abcès profonds (Alb. Bergeron), et d'autres, comme ceux retrouvés dans certaines eaux thermales sulfureuses, qui se détruisent peu après leur arrivée au contact de l'air. Dans tous les cas, on sait que l'azote de l'air n'est pas utilisé par les ferments, et que la plupart vivent mieux dans l'obscurité. Leur développement et leur reproduction varient, suivant que l'on considère un ferment plus ou moins élevé dans la série. Les plus parfaits (schizomycètes) se reproduisent par le bourgeonnement d'un certain point de la cellule qui les constitue : ces bourgeons ou bulbilles, ou propagules, après avoir adhéré quelque temps à la plante-mère, se séparent d'elle pour vivre d'une vie propre, ou se réunissent souvent deux par deux, ou quelquefois en chapelets. Les ferments de l'ordre supérieur se reproduisent par sporulation dans quelques cas, lorsque, par exemple, l'enveloppe cellulaire se fragmente, et laisse disséminer les petits organismes que l'on a nommés spores.

Dans ce cas, les granulations peuvent rester plus ou moins écartées les unes des autres, et se masser dans une matière glaireuse (zooglœa), ou bien les jeunes cellules se réunissent et se soudent, tantôt en plaques, comme dans les sarcina, les clathrocystis, tantôt en chapelets pour les torula, ou même se développent en filaments (leptothrix); étant dans tous les cas capables, pour une même espèce, de prendre parfois ces diverses formes successivement, ou de se briser et se détruire avec la plus grande facilité, si on les change de milieu. Telles sont les raisons qui font que l'on retrouve tant de divergences d'opinions, sur les noms donnés à un seul et même ferment, et tant de synonymies. Il faut surtout se rappeler que ces organismes sont polymorphes, et pour revenir à un exemple que nous avons déjà cité plusieurs fois, celui de la levure de bière, on doit se souvenir qu'on peut la retrouver à l'état microzymique, toruleux, micodermique ou mucédien, et qu'alors elle est décrite sous les noms correspondants de *microzyma cerevisiœ*, pour le premier état, de *saccharomyces cerevisiœ* pour le second, de *mycroderma cerevisiœ*, pour le troisième et enfin de *penicillum cerevisiœ* pour le dernier.

La levure peut en outre se former par spontanéiparité, car tout le monde admet que si l'on fait un mélange de 150 grammes de miel, 30 grammes de crème de tartre, 500 grammes de malt et 1,500 grammes d'eau à 50°, que l'on mélange bien le tout, et que l'on recouvre le vase lorsque la température est descendue à 20°, on ne tarde pas à voir se développer de la *levure de bière artificielle*. Cette formation est-elle due à l'hétérogénie, ou doit-on y voir un cas de panspermisme qui permet le développement de germes ne demandant qu'un milieu favorable pour manifester leur présence, c'est ce que l'on a longtemps et fort longuement discuté, tout en reconnaissant toujours que les organismes formés peuvent naître d'éléments qui leur étaient demeurés étrangers par le passé, et qui se sont organisés sous l'influence des milieux; mais ce sont là des questions de doctrine que nous ne pouvons aborder ici, et que l'on pourra voir discutées dans les ouvrages que nous indiquerons plus loin.

Les ferments ont été rangés de bien des manières, mais en les prenant comme des végétaux cryptogamiques, on peut les diviser d'une façon très naturelle, en les groupant ainsi : les uns sont figurés, c'est-à-dire ont des formes particulières, ils sont insolubles et produisent ce qu'on appelle les *fermentations directes*; ils se subdivisent en schizomycètes, c'est-à-dire ceux se rapprochant le plus des champignons (de σχιζειν, séparer et μυχης, champignon) et en schizophycètes qui se rapprochent des algues (σχιζειν ét φυχος, algue), se groupant alors dans chaque section en zymogènes, ou produisant des *fermentations proprement dites*; en pathogènes, qui provoquent par leur développement certaines maladies, et en chromogènes, qui font apparaître des colorations différentes dans les milieux où ils vivent. Nous réunissons dans le tableau de la page suivante ces divers types de ferments figurés.

Les fermentations indirectes sont dues à des pseudoorganisés, aux *zymases* ou ferments amorphes solubles, mais qui ne sont peut-être amorphes, que parce que nous n'avons pas encore le moyen de les observer avec des grossissements convenables. Ce sont des matières organiques quelconques, de nature végétale ou animale, qui, mises dans de certaines conditions, sont de véritables agents toxiques, tels sont les venins; elles se produisent dans l'organisme vivant, soit au contact de la matière protoplasmique, soit dans certains cas, par sécrétion glandulaire. Ces corps sont si élémentaires, comme organisation, qu'on les regarde souvent comme des composés chimiques, à cause de leurs caractères physiques, et des réactions qu'ils produisent ou éprouvent avec les agents chimiques. Ils sont solubles dans l'eau, mais, comme les ferments figurés, ils ont besoin, pour se produire, des éléments déjà indiqués, azote, carbone, sels; ils sont sensibles à l'action de la lumière, de la chaleur, de l'électricité; mais ils diffèrent essentiellement des ferments vrais, en ce qu'ils ont pour mission d'agir sur place « là où elles (les zymases) ont été élaborées, sécrétées, comme on l'a dit, par des cellules vivantes, animales ou végétales » (Marchand). La plupart ne se reproduisent pas, les virus de la rage, de la stomatite, sont des exceptions cependant, mais elles se peuvent propager par contact direct volontaire (diastase, pour les fermentations provoquées), ou par transport indirect. Quelques-unes des zymases sont pathogènes, mais leur action, comme cause directe de maladie, n'est pas suffisamment connue. Si l'on en trouve dans les liquides, chez un sujet malade, on retrouve souvent la même forme dans l'état de santé parfaite, et on a reconnu que parfois elles peuvent prospérer dans un terrain favorable et s'organiser en devenant ferments figurés.

On peut ranger de la façon suivante cette seconde sorte de ferments (V. le tableau de la p. 84).

Après les zymases, on doit aussi ranger parmi les ferments, des corps encore moins bien organisés que ces dernières, les *blastèmes*. Ce sont des substances amorphes, liquides ou semifluides, granuleuses, interposées entre les fibres ou les cellules des êtres organisés, ou mélangées à ces éléments. Elles engendrent des éléments anatomiques normaux ou pathologiques; telle est la lymphe plastique, par exemple, tels sont aussi le *sarcode* des infusoires, de Dujardin, le *protoplasma*, de Hugo Mohl. Les blastèmes varient de forme avec l'âge, l'espace, la saison, l'heure, ce qui a fait naître, on le comprend, des divergences d'opinion, encore bien plus grandes qu'avec les autres sortes de ferments déjà étudiés. Le blastème est hyalin, muqueux, glaireux, lorsqu'il est imprégné d'eau; il contient des granulations (microsomates, microsomes, microzymas); il est sensible, car l'action du chloroforme ou de l'éther suspend ses mouvements; il est contractile et élastique. Le blastème n'est, somme toute, autre chose que le protoplasma qui remplit la cellule organisée, quand l'enveloppe dont il peut s'entourer s'est formée, et c'est en vertu de cette sensibilité que l'on rencontre dans les granulations qu'il présente, ces mouvements divers (mouvements Browniens, etc.) que l'on peut constater dans les cellules. Quoique encore moins bien organisé que les autres ferments, le blastème renferme un grand nombre d'éléments chimiques, carbone, hydrogène, oxygène, azote, soufre, phosphore, de

FERMENTS FIGURÉS INSOLUBLES PRODUISANT DES FERMENTATIONS DIRECTES

Protophytes

Schizomycètes

Zymogènes produisant la fermentation

Zymogènes produisant la

Fermentation alcoolique.....	Liquides végétaux : *saccharomyces cerevisiœ* (levure haute et basse), vins, bières; *carpozyma apiculatum*, cidres.
	Liquides animaux : *saccharomyces*, hydromel, koumiss.
Fermentation panaire.....	*Saccharomyces minor.*
Fermentation gallique.....	*Penicillium glaucum et aspergillus glaucus.*
Ferment. des solutions salines	*Hygrocrocis divers.*

Pathogènes occasionnant les maladies désignées sous les noms de

Muguet..........	*Saccharomyces albicans*, Rees (oïdium).
Pneumothorax........	*Oïdium pulmoneum*, Bennett.
Catarrhe utérin.........	*Torula aggregata*, Salisb.
Choléra...........	*Oïdium ?, leptothrix ? ou micrococcus ?.*
Diphthérie.........	*Micrococcus diphthericus.*
Mentagre..........	*Microsporium mentagrophytes*, Ch. Rob.
Muscardine des vers à soie ..	*Botrytis bassiana*, Mont.
Pityriasis discolor......	*Microsporon furfur*, Ch. Rob.
Plique polonaise........	*Tricophyton ? sporuloïdes*, Ch. Rob.
Teigne décalvante.......	*Microsporium andouini*, Ch. Rob.
Teigne faveuse.........	*Achorion schœnlesnii*, Rem.
Teigne tondante.......	*Tricophyton tonsurans*, Malms.
Trichose du chat, dº du chien.	*Trichosis felinis, trichosis caninis*, Salisb.

Chromogènes

Color. en rouge la colle de pâte	*Cryptococcus glutinis*, Frès.

des hydrates de carbone

Fermentation acétique....	*Mycoderma aceti.*
— butyrique........	*Bacillus amylobacter et microzyma cretœ*, de Béchamp.
— lactique........	*Bacterium termo*, Ehrb.; *bacterium lineola.*
— visqueuse ou glaireuse.	*Micrococcus ? ou bacillus ?.*
— cellulosique......	*Bacillus amylobacter.*
— de l'acide tartrique droit	*Bacterium termo*, Ehrb.
— succinique.......	?
— zymogluconique.....	*Micrococcus oblongus*, Boutroux.
de l'ammoniaque, ou nitrification..	*Micrococcus ? ou microzuma ?.*
des sulfates, des sulfures alcalins......	*Bacterium sulfuratum, beggiatoa, sulfuraria.*

des matières quaternaires

Fermentation de l'asparagine.	Encore mal étudiée.
— de l'urée	*Micrococcus ureœ*, Van Tieg.; *Bacillus ureœ*, Miq.
— de la caséine..	*Bacillus subtilis*, Cohn.
Fermentation des albuminoïdes ou fermentation putride ..	Ærobies : *monas crepusculum*, Mull.; *bacterium termo*, Ehr. Anærobies : *bacillus subtilis et bacillus ulna*, Cohn.; *bacterium catenula*, Duj.; *bacterium punctum*, Ehrb.; *bacterium lineola*, Cohn.; *vibrio rugula*, Mull.; *spirillum volutans*, Ehrb.

Schizophycètes

Pathogènes occasionnant les maladies dites

Abcès profonds........	? non dénommé.
Abcès sous cutanés	*Bactérium ?.*
Abcès, furoncles, anthrax..	*Micrococcus ?; crypta carbuncula.*
Albuminurie(malad. de Bright)	*Zymostosis gracilis*, Salisb.
Blennorrhagie, catarrhe utérin	*Crypta gonorrhœa*, Salisb.; *torula aggregata*, Salisb.
Cystite...........	*Zymostosis elongatus*, Salisb.
Charbon, pustule maligne, sang de rate........	*Bacillus anthracis*, Cohn. et ? dans le charbon symptomatique.
Choléra des poules	*Bacterium ?*, Pasteur; *micrococcus septicus.*
Fièvre puerpérale	*Microsporon septicum*, Kisner.
Fièvre récurrente	*Spirochœte obermeieri*, Cohn.
Fièvre typhoïde	*Biolysis typhoïdes*, Salisb.; *bacterium catenula*, et chez le cheval, le porc, *bacillus anthracis.*
Fièvre intermittente.....	*Bacterium termo, vibrio, spirillum, oscillaria malaria, chlorococcum coccoma.*
Flacherie des vers à soie ...	*Micrococcus bombycis.*
Lèpre (éléphantiasis).....	*Bacillus ?.*
Morve et Farcin........	*Micrococcus ?.*
Phtisie...........	*Micrococcus ?*, Salisb.; *bacillus ?.*
Pyohémie..........	*Micrococcus... septicus ?.*
Rougeole, scarlatine.....	*Bacterium ?; bacterium punctum et bacterium catenula*
Septicémie..........	*Micrococcus septicus, microsporon septicum*, ou bien la sepcine, alcaloïde (Zuelger et Sonnenschein) qui est peut-être ce qu'on nomme les ptomaïnes.
Syphilis	*Crypta syphilitica et crypta irregularis*, Salisb.
Sueur des pieds	*Bacterium fœtidum.*
Variole............	*Ios variolosa*, Salisb.; *ios vacciola* ou *micrococcus vaccinœ.*

Chromogènes

Colorant en rouge, en bleu, en jaune, le lait, la sueur, le pus, les eaux stagnantes, etc.	*Micrococcus et bacterium*, divers.

TABLEAU DES FERMENTS ZYMASES

Zymases	végétales	Fermentation des hydrates de carbone	Matières amylacées	*Diastase végétale* (le ferment inversif est sécrété par un saccharomycès).
			Matières sucrées (saccharoses)	
			Matières pectiques	*Pectase*, Fremy.
			Matières glucosiques	Ternaires (coniférine, arbutine, daphnine, etc.). Quaternaires (amandes amères, moutarde), même action, car il se fait toujours du glucose, plus un principe variable; d'où *principe analogue*.
		Fermentation des matières grasses animales ou végétales		? (non isolé).
		Fermentation des matières albuminoïdes		*Diastase végétale, céréaline.*
		Venins des urticées, etc.		
	animales	Ferments physiologiques	de la digestion — des matières amylacées	*Ptyaline, diastase hépatique, pancréatine.*
			de la digestion — des saccharoses	*F. inversif de l'intestin grêle* : Cl. Bernard. *F. des matières grasses* : *F. émulsif pancréatique.* *F. des matières albuminosiques* : *pepsine, chymosine.*
			Venins animaux	Peu connus : *vipérine, crotaline, echidnine.*
		Ferments pathologiques	Virus : dus ? à des ferments figurés, les maladies virulentes proprement dites, autres que la rage, étant dues à des états particuliers.	
			Rage	Bactérie ?.
		Ferments cadavériques		Zymases normales, avec ferments figurés.

la potasse, de la chaux, de la magnésie, de la silice, du fer. Ces éléments, qui lui sont indispensables pour pouvoir se développer plus tard et s'organiser, il les emprunte à l'air, à l'eau, au sol, et il subit l'influence de la pression, de la chaleur, de la lumière et de l'électricité.

Nous avons voulu montrer ici ce que sont les ferments, nous avons fait leur histoire générale, et nous aurions maintenant à étudier, pour être complet, comment on admet leur action, comment on explique la contagion, la résistance à l'invasion des microbes, soit par la vaccination, que les travaux de M. Pasteur ont mise à l'ordre du jour, non par rapport à la variole, déjà connue, mais pour combattre les affections dites sang de rate, choléra des poules, et, il y a quelques jours, la rage. Ce sont là des études physiologiques et médicales, fort utiles à faire, fort intéressantes ; les résultats déjà acquis promettent de rendre de très grands services, mais ces travaux sortant du cadre de nos études, nous n'envisagerons en quelques mots que les ferments les plus importants, ceux que l'on domestique pour leur faire produire des travaux utilisés par l'industrie.

Ferments alcooliques. Les ferments alcooliques, ou tout au moins, celui qui en est le type le plus parfait, la *levure de bière*, sont connus depuis 1680, époque à laquelle Leuwenhœk, au moyen du microscope, put décrire la forme des éléments constituant ce produit. Il n'en sût déterminer la nature, aussi, en 1787, Fabroni reprit-il cette étude, et assigna-t-il à ces corps une nature semblable à celle des globules de matière animale, ce qu'en l'an XI Thénard confirma, en se basant sur l'analyse de la levure, laquelle lui avait fourni de l'azote. En 1828, Collin démontra qu'il existait diverses substances organiques capables, en quelques heures, d'amener la fermentation alcoolique, mais Cagniard de Latour (1837) vit le premier la véritable fonction des organismes composant la levure ; il les reconnut pour des végétaux qui se reproduisaient par bourgeonnement ou par séminules, et annonça qu'ils dégageaient de l'acide carbonique aux dépens de la

matière sucrée qui les nourrissait, en la convertissant en liqueur alcoolique. Il reconnut dans ces éléments une enveloppe distincte, et un contenu liquide renfermant des matières granuleuses. Depuis cette époque, son opinion n'a pas été modifiée.

Le ferment alcoolique ordinaire est la *levure de bière*, c'est de tous les ferments doués de la propriété de faire fermenter les liqueurs sucrées, le plus important et le plus connu. Il est formé par un cryptogame, ferment figuré, appelé *saccharomyces cerevisiæ*, Rees. Réuni en masse, il constitue une pâte d'un blanc jaunâtre, que le microscope montre formée par une agglomération de cellules, rondes, ovales ou elliptiques, de 8 à 12 millièmes de millimètre, constituées par une membrane mince, élastique, non colorée, et un protoplasma incolore, homogène, ou parfois rempli de granulations, et montrant une à deux gouttelettes huileuses. Ce liquide offre en outre une ou deux vacuoles contenant du suc cellulaire. Les cellules de levure sont isolées ou réunies deux par deux à l'état de repos ; déposées dans un milieu sucré ou capable de fournir un principe analogue (amidon du malt, etc.), elles bourgeonnent en donnant, sur leurs côtés les plus larges, un ou deux renflements qui, lorsqu'ils auront acquis la grandeur de la cellule primitive, s'étrangleront et se sépareront d'elle, ce qui fait comprendre pourquoi, quand le terrain est convenablement préparé, le développement de la levure est assez grand pour pouvoir permettre d'obtenir 7 à 8 fois plus de levure, après la fermentation de la bière, que l'on n'en avait employé pour préparer la réaction. Suivant le mode de fabrication suivi dans la brasserie, on obtient des formes différentes de levure (fig. 86). On en connaît de deux sortes : la *levure haute* (produite dans la trempe par infusion), qui se développe entre 15 et 18° et amène la température du milieu fermentescible à 28-35°, puisque l'équivalent de glucose, pendant cette fermentation, dégage 67 calories environ ; elle nage à la surface des réservoirs, ses cellules bourgeonnent très vite et restent attachées entre elles en chaînes ramifiées de 6 à 12 articles, ce qui leur permet d'être facilement soulevées par les gaz formés dans la réaction et de nager à la surface ; et la *levure basse* (dans la trempe par décoction) qui se développe entre 8 et 12° centigrades, se dépose au fond des vases et y adhère ; ses cellules isolées sont analogues comme forme aux précédentes, mais plus petites, elles n'ont que 8 à 9 millièmes de

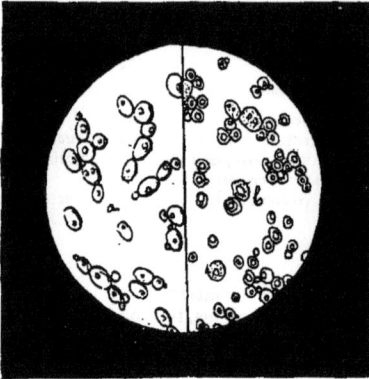

Fig. 86.

Levure de bière. Saccharomyces cerevisiæ. D $= \frac{1}{400}$: *a* Levure ærebie supérieure, rajeunie. — *b* Levure inférieure, vieille.

millimètre, et ne se réunissent jamais en nombre dépassant cinq ou six. Elles bourgeonnent beaucoup moins vite que les précédentes et n'échauffent pas le liquide au-dessus de 13 à 14°. Le *saccharomyces cerevisiæ* peut également se reproduire par spores (Rees).

Une fermentation analogue à celle qui se développe dans les matières contenant du sucre de raisin ou glucose, est celle qui se produit avec les saccharoses ; les produits formés sont les mêmes, mais il faut qu'il y ait eu au préalable interversion du sucre, c'est-à-dire sa transformation en glucose. Ce résultat se produit par fixation des éléments de l'eau, parceque dans les cellules de la levure de bière se trouve aussi un *ferment inversif*, l'*invertine*, soluble dans l'eau et non organisé, qui opère la première transformation.

Dans la levure qui sert à obtenir la fermentation panaire, et qui produit aussi des réactions chimiques absolument analogues, on retrouve encore un saccharomyces, le *saccharomyces minor*, Engel, qui fait lever la pâte et produit dans le pain, après cuisson, les vides que l'on observe dans la mie.

En dehors de ces ferments qui produisent les fermentations utilisées chaque jour, il en est d'autres qu'il faut savoir détruire ou empêcher de se développer, ce sont ceux qui existent dans les liqueurs alcooliques proprement dites, ou dans les moûts sucrés. Dans le moût de raisin, par exemple, se rencontrent le *saccharomyces conglomeratus*, Rees, le *saccharomyces reesii*, Rees ; dans ceux de fruits fermentés, le *saccharomyces exiguus*, Rees, le *saccharomyces apiculatus*. Si l'on n'entrave par le mutisme, la chaleur, le froid, etc., l'action de ces ferments, ils altèreront le produit fermenté et produiront soit l'acétification, soit des maladies

diverses ; le vin contient normalement, après toutes précautions prises dans sa préparation, le *saccharomyces ellipsoïdeus*, Rees, quelquefois le *saccharomyces pastorianus*, Rees, qui, par leur bourgeonnement, lui enlèveront toutes ses qualités, aussi bien que lorsqu'il se développe à sa surface la pellicule blanche qui est formée par le *saccharomyces mycoderma*. Des ferments se retrouvent même à la surface des fruits, comme les *mucor mucedo*, *mucor racemosus*, et il suffit d'immerger les fruits dans une liqueur sucrée pour y produire une fermentation alcoolique (Fitz). Du reste, M. Pasteur a prouvé (*Comptes rendus*, t. LXXV, p. 784) que les cellules élémentaires des grands végétaux, telles qu'on les trouve dans les fruits, les feuilles, étaient *seules, sans addition de ferment*, capables de provoquer la fermentation alcoolique.

Signalons enfin, comme terme dernier de la fermentation alcoolique, la modification qui, sans oxydation, se produit dans les liquides fermentés sous l'influence d'un ferment constitué par de très petits globules réunis en chapelet, dont le diamètre ne dépasse pas 0,0012 à 0,0014 de millimètre et qui amènent la *fermentation visqueuse*.

Ferment lactique. Lorsque l'on abandonne à l'air du lait, du jus de betteraves, du liquide ayant servi à l'extraction de l'amidon, on ne tarde pas à voir ces corps s'aigrir et devenir acides et odorants ; les eaux de lavage de la choucroute offrent des caractères analogues. Il s'est produit au sein de ces matières un dédoublement occasionné par la présence d'un ferment spécial, le

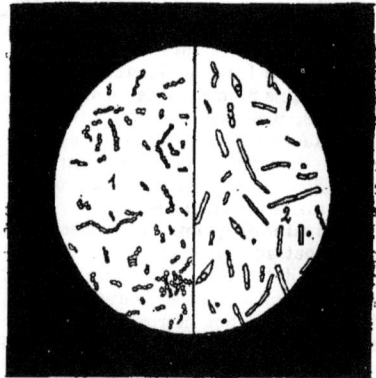

Fig. 87.

1 *Ferment lactique* : Bacterium termo. $\frac{1}{400}$. — 2 *Ferment butyrique* :

Bacillus subtilis. D $= \frac{1}{400}$.

bacterium termo. Ce cryptogame est constitué par de petits globules ou des articles très courts, isolés ou en amas formant des flocons ; ils sont doués du mouvement brownien (fig. 87). Les sucres qui ne subissent pas facilement la fermentation alcoolique sont très sensibles à l'action du ferment lactique (dulcite, inosite, mannite, sorbine, etc.).

Ferment butyrique. Cet organisme se

montre sous forme de petites baguettes cylindriques arrondies à leurs deux extrémités, droites,
isolées, ou réunies en chaînes de deux à six articles, de 2 millièmes de millimètre de largeur,
sur 2 à 20 millièmes de millimètre de longueur.
Ils progressent par glissement et se reproduisent
par fissiparité (Pasteur). Ce ferment a reçu le nom
de *bacillus subtilis,* Cohn., c'est le *bacillus amy-
lobacter* de M. Van Tieghem.

Ferment ammoniacal. L'urine, abandonnée quelque temps au contact de l'air, se modifie ; sa réaction d'acide devient alcaline, et
en même temps on voit se former, aux dépens
de l'urée, du carbonate d'ammoniaque. Cette

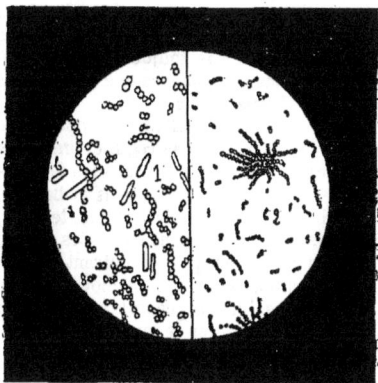

Fig. 88.

1 *Ferment ammoniacal :* a' Micrococcus ureæ ; b Bacillus ureæ.

$$D = \frac{1}{400}. — 2 \ Ferment \ acétique : \ \text{Mycoderma aceth.} \ D = \frac{1}{400}.$$

réaction s'opère par l'action de présence d'un
ferment, le *micrococcus ureæ,* Van Tiegh., torulacée qui se développe au fond des vases, en produisant des dépôts blanchâtres, constitués par
des chapelets ou amas de petits globules sphériques, sans granulations, sans enveloppe distincte, et paraissant se développer par bourgeonnement. Leur diamètre est de 1,5 millième de
millimètre. A côté de ce ferment, s'en trouve encore un autre, d'après M. Miquel, le *bacillus
ureæ,* Miq. (fig. 88).

Le dédoublement de l'acide hippurique de l'u-
rine des herbivores, en acide benzoïque et en
glycocolle, est également dû à l'action d'un ferment analogue.

Ferment acétique. Ce ferment, fort important, puisque c'est lui que l'on cultive pour la préparation industrielle du vinaigre, a été par nous
séparé des autres, parce que sa fonction est absolument différente ; pour agir, il a besoin de trouver
de l'oxygène, et alors en fixant celui-ci et le cédant
au liquide alcoolique dans lequel il a été ense-
mencé, il produit une véritable combustion ; les
dérivés qu'il engendre variant d'ailleurs avec la
nature des corps brûlés (fig. 89). Ce végétal a reçu
le nom de *mycoderma aceti,* il est sous forme de
cellules très petites, de 1,5 millième de millimètre à 3 millièmes, se réunissant en chaînes ou

en bâtonnets recourbés ; sa multiplication se fait
par section transversale de cellules, résultant d'é-
tranglement médian. Il se réunit à la surface des
liquides en formant une membrane continue, lisse
ou ridée (mère de vinaigre), et a besoin, pour agir,
d'une température de 20 à 30° centigrades ; son
pouvoir oxydant s'annule au-dessous de 10° et se

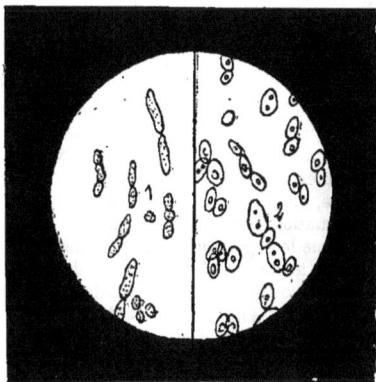

Fig. 89.

1 *Ferment putride :* Bacterium lineola. $D = \frac{1}{400}.$ — 2 *Ferment
des vins :* Mycoderma vini. $D = \frac{1}{400}.$

détruit à 35° ; mais pour que la fermentation acétique soit régulière, il est nécessaire de ne lui
donner que des liqueurs renfermant environ
10 0/0 d'alcool. Certains agents ont sur lui une
action très grande, tel est l'acide sulfureux, qui la
tue ou arrête son développement, c'est ce qui explique l'emploi de ce corps pour le *mutisme* ou le
nettoyage des barriques. Le *mycoderma vint* se
distingue facilement du *mycoderma aceti* (fig. 89).
— J. C.

FERMENTATION. *T. de chim. et de phys.* On désigne sous ce nom, la manifestation d'une force
spéciale qui réside dans les organismes vivants,
ou plutôt, dans leurs organismes cellulaires ; c'est
donc une réaction qui rentre dans la série des
phénomènes chimiques de l'organisme vivant. Ces
organismes sont les plus simples, réduits à une
cellule unique, parfois même non figurés. Le mot de
fermentation vient de *fervere,* bouillir, parce que
dans la fermentation la plus anciennement connue, celle dite *alcoolique,* on voit, après un certain
temps de contact entre l'agent ferment et le liquide
fermentescible, se produire de nombreuses bulles
qui, crevant à la surface, font comme une mousse,
ainsi que dans l'ébullition. Mais le mot de *fermentation* n'a plus actuellement la même valeur étymologique ; il y a des fermentations non tumul-
tueuses, même parmi celles dites vraies,
c'est-à-dire se rapprochant de la fermentation
alcoolique, telle est par exemple la fermentation
lactique ; la décomposition putride, qui est une
véritable fermentation, ne s'accompagne pas
non plus de phénomènes analogues, plus que la
digestion, etc.

Les fermentations sont connues depuis la plus haute antiquité, et il est bien difficile de dire qui a appris aux hommes l'art de faire le vin : c'est Osiris, pour les Egyptiens; Bacchus, pour les Grecs; Noé, pour les chrétiens ;- Moïse parle de l'art de faire le pain avec du levain, c'est-à-dire un fer- ment, et l'on peut dire que c'est de la considéra- tion des phénomènes qui se passent lors de la fermentation panaire, qu'est née l'alchimie, de laquelle est sortie la chimie moderne. Les alchi- mistes avaient en effet toute confiance dans la fermentation, et dès le xiiie siècle, ils cherchaient par ce procédé à obtenir la pierre philosophale. Libavius rapprocha la fermentation alcoolique de la putréfaction, mais Van Helmont (1648) crût que des phénomènes très différents leur étaient comparables, ainsi il prenait pour des fermenta- tions, la formation du sang, celle des gaz intesti- naux, et même le dégagement gazeux que produit l'action d'un acide sur le carbonate de chaux. Becker (1682) voulut mettre de l'ordre dans les travaux de ses contemporains: il divisa les fer- mentations ou réactions désignées sous ce nom, en : 1° intuméfactions (gaz par effervescence, dila- tations gazeuses de l'estomac, etc.) ; 2° fermenta- tions proprement dites (fermentations alcooliques); et 3° acétifications ou réactions du vin qui s'aigrit. C'était un progrès, mais Willis (déjà signalé dès 1659) et Stahl (en 1697), annoncèrent que la fer- mentation est due à la présence d'un corps doué d'un mouvement intime, et enfin Lavoisier montra que dans la fermentation alcoolique, il existe une relation entre le poids du sucre qui fermente et celui de l'alcool ou de l'acide carbonique produits. Depuis cette époque, la partie historique de la ques- tion change de face, les études chimiques vont faire des progrès, et amener la connaissance exacte des causes qui produisent tous les phéno- mènes que l'on désigne sous le nom de fermenta- tion.

Si le lecteur a bien voulu jeter les yeux sur le mot Ferment, il a pu voir quelle est l'immense importance des fermentations. Ce sont elles, en effet, qui ont procuré, depuis l'origine du monde, les boissons que l'homme a su partout confection- ner (vin, bière, cidre, koumiss, etc., etc.); ce sont elles qui altèrent ces produits si l'on ne sait pas entraver la fermentation, et qui causent les mala- dies qui attaquent les boissons fermentées ; ce sont elles qui servent à préparer pour l'alimentation divers produits (fromages, etc.); à faire un grand nombre de composés chimiques (acide acétique, lactique, butyrique, etc.); qui amènent la nutrition aussi bien dans le règne animal que dans le règne végétal ; qui sont cause de beaucoup de nos ma- ladies (ferments pathogènes); qui enfin, dissolvent après la mort, les organismes qui constituaient un être quelconque, et le font séparer en ses éléments les plus simples, pour pouvoir leur per- mettre de nouvelles combinaisons, et justifient la plus belle pensée d'un de nos plus illustres savants « rien ne se perd, rien ne se crée, dans la nature. »

Nous ne pouvons donc, devant un aussi vaste cadre, faire qu'esquisser à grands traits l'histoire des fermentations. Elle est d'autant plus complexe

que les organismes et les pseudoorganisés qui produisent nos réactions ont parfois des fonctions multiples : ainsi, si une cellule de levure de bière peut décomposer le sucre interverti qui pénètre son enveloppe, en alcool, acide carbonique, acide succinique et glycérine, comme nous le verrons plus loin, parce que c'est la levure alcoolique, une autre cellule analogue peut dédoubler le même sucre en acide lactique ; une troisième peut en faire de l'acide butyrique, et ces cellules n'agissent pas concurremment. Lorsqu'on les place toutes trois dans le même milieu, l'une seule des réac- tions se produit d'abord, mais si l'on remplace l'une par l'autre, on aura ou de l'acide lactique ou de l'acide butyrique, puis de l'alcool, et cela, en vertu de conditions de mécanique moléculaire encore inexpliquées. Cette seconde raison nous permettra donc de ne pas toujours chercher à donner la raison des phénomènes que l'on désigne sous le nom de fermentations.

Les fermentations sont tellement importantes que si elles ne s'opèrent pas régulièrement les fonctions vitales ne se font pas ; sans les fermen- tations successives qui s'opèrent dans la bouche, l'estomac, l'intestin, les muscles, le foie, le sang, pas d'état de santé. Si elles sont entravées, la vie, le phénomène chimique qu'elles doivent accom- plir étant supprimé, la fonction (ce mot étant pris d'une manière absolument générale), se trouvent supprimées également. Bien des corps en effet peu- vent entraver n'importe quelle fermentation, ou l'arrêter même brusquement, de ce nombre sont l'essence de moutarde, de mirbane, la créosote, les acides cyanhydrique, salicylique, borique, le borax, le bisulfite de chaux, le silicate de soude, la morphine, le chloroforme, etc.

Nous allons maintenant passer rapidement en revue les fermentations les plus importantes.

Fermentation alcoolique. Comme nous l'avons déjà indiqué, c'est la mieux et la plus an- ciennement étudiée de toutes les fermentations. Elle peut s'opérer de diverses manières. Depuis que l'on connaît bien la composition intime des matières sucrées, matières indispensables, comme élément fermentescible, pour sa produc- tion, on a divisé ces principes en deux sortes, les substances directement fermentescibles, et celles qui, pour fermenter, ont besoin de subir une modi- fication.

La glucose, la lévulose, la maltose, sont dans la première catégorie, c'est-à-dire que, sous l'in- fluence du ferment alcoolique, le *saccharomyces cere- visiæ*, elles se dédoublent, en produisant de l'alcool et de l'acide carbonique, comme termes princi- paux de la réaction, sans aucune addition à leur propre composition ; toutefois, nous devons faire remarquer que ces sucres n'ont pas tous la même énergie, car la glucose est plus facilement atta- quable que la lévulose, ce que l'on peut constater après l'inversion, c'est-à-dire la modification que subissent les principes sucrés de la seconde classe avant de pouvoir fermenter. Dans la seconde caté- gorie se placent la saccharose, la mélézitose, la mélitose, la lactine, et parmi les corps assimilés aux

sucres, l'amidon, la dextrine, la gomme, le glycogène, les glucosides, etc.; pour subir la fermentation alcoolique, ces principes ont besoin d'être
intervertis, c'est-à-dire de subir une réaction chimique qui se traduit par une hydratation du principe, et qui a lieu, soit en vertu de la présence
du ferment inversif (V. FERMENT), soit par l'action des acides dilués (acide sulfurique, chlorhydrique, etc.).

L'étude de la fermentation alcoolique avait fait
un pas immense entre les mains de Lavoisier; en
1815, Gay-Lussac et Thénard, puis de Saussure,
reprirent la question, et arrivèrent à formuler ce
fait, que dans la fermentation alcoolique, 100 parties de sucre se convertissent en 51,34 d'alcool et
48,66 d'acide carbonique. On reconnut peu après
que ces résultats étaient trop élevés, car d'abord,
il se forme dans cette fermentation d'autres produits que ne signalent pas nos auteurs, puis, qu'en
second lieu, la fermentation ne se fait pas avec le
sucre de canne, considéré comme ayant pour formule $C^{12}H^{12}O^{12}$. On venait de démontrer, en effet,
que la saccharose (sucre de canne) a pour formule
$C^{12}H^{11}O^{11}$, et qu'il était indispensable pour que ce
sucre fermentât, qu'il ait en réalité la formule
qu'on lui avait primitivement assignée, c'est-à-dire
qu'il renfermât un équivalent d'eau (HO) en plus.
C'est ce que Dumas et Boullay avaient découvert;
en effet, on obtenait bien alors la réaction indiquée :

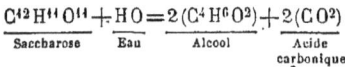

$$\underset{\text{Saccharose}}{C^{12}H^{11}O^{11}} + \underset{\text{Eau}}{HO} = 2\underset{\text{Alcool}}{(C^4H^6O^2)} + 2\underset{\text{Acide carbonique}}{(CO^2)}$$

mais pour que la saccharose fermente elle a besoin
de se dédoubler :

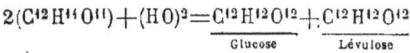

$$2(C^{12}H^{11}O^{11}) + (HO)^2 = \underset{\text{Glucose}}{C^{12}H^{12}O^{12}} + \underset{\text{Lévulose}}{C^{12}H^{12}O^{12}}$$

M. Berthelot a plus tard montré que cette hydratation, qui n'a lieu que pour le sucre de canne,
car la glucose $C^{12}H^{12}O^{12}$ fermente directement au
contact de la levure de bière, a lieu par suite de
la présence dans la levure d'un ferment soluble
qui amène l'inversion, comme M. Biot (1833) avait
démontré que cette même inversion s'obtenait facilement sous l'influence des acides faibles.

La réaction formulée par MM. Dumas et Boullay, fût à son tour reconnue ne pas correspondre
exactement, comme rendement, au poids du sucre
décomposé, par Dubrunfaut, en 1836; puis en
1849, M. Pasteur signala que sur 100 parties
de sucre de canne (représentant 105,36 de glucose)
qui se dédoublent, il y en a 95 qui fournissent de
l'alcool et de l'acide carbonique, 4 forment des
corps non signalés jusqu'à ce jour (acide succinique et glycérine), et 1 partie s'ajoute à la levure
qui s'engendre dans la fermentation, de telle sorte
que 100 parties de sucre donnent alors :

Alcool.	51.11
Acide carbonique.	49.42
Acide succinique.	0.67
Glycérine.	3.16
Matière cédée à la levure.	1.00
	105.36

de glucose=100 saccharose.

Ces résultats de l'analyse ont été exprimés par
M. Pasteur en une formule très compliquée, bien
qu'inexacte encore, comme il l'a signalé, et que
M. Monoyer (thèses de Strasbourg) a simplifiée de
la manière suivante :

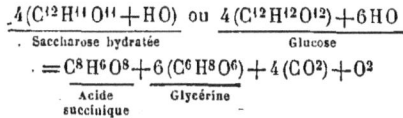

$$\underset{\text{Saccharose hydratée}}{4(C^{12}H^{11}O^{11} + HO)} \text{ ou } \underset{\text{Glucose}}{4(C^{12}H^{12}O^{12})} + 6HO$$
$$= \underset{\text{Acide succinique}}{C^8H^6O^8} + 6\underset{\text{Glycérine}}{(C^6H^8O^6)} + 4(CO^2) + O^2$$

Cette formule, tout en exprimant bien la réaction,
a de plus l'avantage, par le dégagement d'oxygène
qu'elle indique, de montrer comment peut se faire
la respiration de la levure et sa reproduction.

Nous n'avons pas à revenir ici sur le fonctionnement de la levure de bière, mais nous devons
faire remarquer toutefois, que si l'opération se
fait avec un organisme épuisé, le dédoublement
est long à s'effectuer, et que si la liqueur est légèrement alcaline, on augmente la proportion de
glycérine engendrée, ainsi que celle de l'acide
succinique, tandis que des conditions inverses,
levure jeune, liqueur légèrement acide, donneront
plus d'alcool.

La réaction chimique telle que nous venons de
l'indiquer n'est pas encore exactement celle qui
se produit dans les liqueurs sucrées en fermentation : M, Béchamp (1863) et surtout M. Duclaux
(1865), ont montré qu'il y a encore dans toutes ces
transformations, production constante d'acide acétique (0,05 0/0 du poids du sucre) ; et enfin les travaux de MM. Chancel, Faget, Pelletan, Wurtz, etc.,
font admettre en plus, qu'avec certains jus sucrés
comme ceux de betteraves, de marc de raisin, etc.,
on obtient avec l'alcool ordinaire de petites proportions d'alcools homologues, de l'alcool amylique surtout, $C^{10}H^{12}O^2$, puis des alcools buty-
lique $C^8H^{10}O^2$, caproïque $C^{14}H^{14}O^2$, caprylique
$C^{16}H^{18}O^2$, œnanthylique $C^{14}H^{16}O^2$ et propylique
$C^6H^8O^2$, ce que M. Berthelot explique par la formule générale suivante :

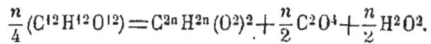

$$\frac{n}{4}(C^{12}H^{12}O^{12}) = C^{2n}H^{2n}(O^2)^2 + \frac{n}{2}C^2O^4 + \frac{n}{2}H^2O^2.$$

Nous n'avons pas à décrire ici la manière dont
se conduit la fermentation alcoolique, aux mots
BIÈRE, CIDRE, VIN, on trouvera la description des
procédés suivis pour obtenir ces boissons, mais
nous avons à signaler comment la levure de bière
réagit sur le sucre et quelles sont les conditions
les plus favorables pour obtenir, d'une façon générale, une bonne fermentation alcoolique.

M. Dumas, en 1874 (Annales de phys. et de chim.
page 81) dans un travail magistral, a signalé tous
les faits les plus importants de cette fermentation.
On peut les résumer par les propositions suivantes :

1° à 24° centigrades, vingt grammes de levure,
ou 100 grammes, décomposent 1 gramme de glucose, en 24 minutes ;

2° 1 gramme de glucose est détruit par 40 grammes de levure en 16 ou 17 minutes, tandis que
1 gramme de sucre de canne (saccharose) exige
35 minutes ;

3° Avec un même poids de levure (10 grammes) et d'eau (150 grammes) des quantités de' sucre représentées par 1/2, 1, 2, 4, exigent un temps rigoureusement proportionnel à leur quantité, pourvu que la levure soit en excès ; et pour détruire 1 gramme en 1 heure, il faut environ 400 milliards de cellules en activité ;

4° Le ferment desséché à 100°, avec précaution, ne perd pas de son activité, mais si on le dessèche trop vite, il l'a perd entre 53 et 60° centigrades ; une bonne fermentation doit se faire entre 25 et 30° ; vers 0° la production d'alcool, quoique très faible, n'est pas totalement enrayée ;

5° L'électricité n'agit pas sur le ferment alcoolique ;

6° La levure n'est pas influencée par l'action des gaz, de la lumière; son action est légèrement ralentie dans le vide ;

7° Le soufre, en poids égal à la levure supposée sèche, est sans action sur l'opération, pourvu que l'on enlève l'hydrogène sulfuré produit ;

8° Les acides agissent sur la levure, bien que celle-ci soit acide ; dès que leur poids égale 100 fois l'acidité normale de l'organisme, pour la plupart des acides, 200 fois pour les acides chlorhydrique et tartrique, la fermentation est arrêtée ; les alcalis produisent momentanément les mêmes effets, lorsque leur quantité équivaut à 8 ou 16 fois l'acidité normale du ferment, au-delà il y a arrêt ;

9° Les sels agissent sur la levure de quatre manières distinctes :

a Les uns favorisent la fermentation, ou ne contrarient pas son cours, tels sont les sulfate, tartrate et phosphate de potasse ou de soude, l'alun, le sulfate de zinc, etc. ;

b D'autres retardent la fermentation en la rendant incomplète, comme les sulfites et les hyposulfites, le borax, le nitrate d'ammoniaque, les savons, etc. ;

c D'autres intervertissent les sucres sans amener la fermentation ; tels sont les chromates de potasse, le sel marin, l'acétate de soude, le sel ammoniac, le cyanure de mercure, etc. ;

d Enfin, il en est qui ne permettent aucune action : de ce nombre sont l'acétate de potasse, le cyanure de potassium, le monosulfure de sodium, etc.

Nous avons vu, en étudiant les ferments, qu'en dehors de la levure de bière haute et basse, du levain du pain, lequel sauf sa forme toujours sphérique, ses dimensions moindres (saccharomyces minor), son activité plus faible, ressemble totalement au saccharomyces cerevisiæ, il existait d'autres organismes pouvant produire la fermentation alcoolique dans divers liquides (moûts, vins, etc.). Ces corps en effet, ensemencés ou existant dans les liquides peuvent provoquer une seconde fermentation. Tels sont : le saccharomyces ellipsoïdus (Rees) ou ferment ordinaire des vins ; le saccharomyces reesii (Rees), des vins rouges ; enfin le saccharomyces mycoderma, qui constitue la fleur du vin, de la bière, etc.; à côté de ces ferments se rangent encore le saccharomyces pastorianus (Rees) qui est rare, et allongé en massue, le saccharomy-

ces conglomeratus, qui se trouve dans les moûts de vin, à la fin de la fermentation, le saccharomyces exiguus (Rees), que l'on rencontre dans les sucs de fruits fermentés, le ferment apiculé saccharomyces apiculatus (Rees), ou carpozyma apiculata, qui existe sur tous les fruits, mais surtout sur les baies et drupes, dans les moûts en fermentation, dans quelques bières (celle d'Obernai, Belgique, par exemple).

Disons enfin pour terminer, que la fermentation alcoolique peut être provoquée également quand on immerge à l'abri de l'oxygène, dans une solution sucrée divers autres organismes, tels que les mucor mucedo et mucor racemosus (levure en boule), ce qui tend à faire admettre l'opinion soutenue déjà bien des fois, de la transformation successive des ferments les uns en les autres.

Fermentation visqueuse. A la suite de la fermentation alcoolique se place naturellement la fermentation visqueuse, qui se produit dans certains vins, dans certains sucs sucrés (betterave, carotte, oignon), dans les potions médicinales, après que la première a pu commencer à se manifester. Elle se produit facilement lorsque l'on met une matière sucrée en contact avec une décoction filtrée de levure de bière, en maintenant la température à 30°. On obtient un liquide filant, contenant de la gomme (45,5 d'un produit analogue à la dextrine), de la mannite (51,09 0/0), de l'acide carbonique et de l'eau, ainsi que l'expliquent les formules suivantes :

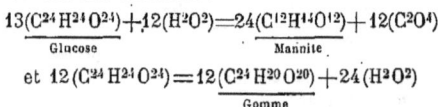

$$13(C^{24}H^{24}O^{24}) + 12(H^2O^2) = \underset{\text{Mannite}}{24(C^{12}H^{14}O^{12})} + 12(C^2O^4)$$
$$\underset{\text{Glucose}}{}$$

$$\text{et } 12(C^{24}H^{24}O^{24}) = 12\underset{\text{Gomme}}{(C^{24}H^{20}O^{20})} + 24(H^2O^2)$$

Tous les sucres subissant la fermentation alcoolique subissent cette fermentation ; les vins blancs y sont très sujets. On peut y remédier par l'addition de tannin. Tous les liquides qui éprouvent la fermentation visqueuse, peuvent postérieurement être atteints de fermentation lactique ou butyrique.

Fermentation lactique. Elle a été signalée par Scheele, en 1780, à la suite de l'étude qu'il fit du lait aigri, et se développe dans les matières azotées albuminoïdes en décomposition, pourvu que le milieu ne soit pas trop acide. On la favorise en additionnant la masse de craie pulvérisée, pour saturer l'acide produit, à mesure de sa formation.

La lactine, la sorbine, la mannite, la dulcite, l'acide malique saturé (pas la chaux), l'eau des amidonneries, la jusée des tanneurs, le jus fermenté de la betterave, des haricots cuits, de la choucroute, etc., subissent facilement cette fermentation. Elle n'est souvent qu'un dédoublement très simple :

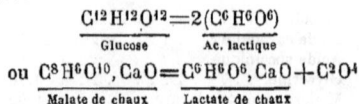

$$\underset{\text{Glucose}}{C^{12}H^{12}O^{12}} = \underset{\text{Ac. lactique}}{2(C^6H^6O^6)}$$

$$\text{ou } \underset{\text{Malate de chaux}}{C^8H^6O^{10},CaO} = \underset{\text{Lactate de chaux}}{C^6H^6O^6,CaO} + C^2O^4$$

Cette fermentation s'effectue bien vers 35°, et surtout en présence du jus d'oignon qui, par son huile volatile, arrête les autres fermentations ; sans cela, il faut agir à l'abri de l'air, pour ne pas voir se développer avec les cryptogames un certain nombre d'infusoires. Il faut très peu de ferment pour modifier une quantité considérable de sucre, et une température assez élevée, même de 100°, ne l'arrête pas complètement. Si elle trouve un milieu alcalin, elle peut se développer conjointement avec la fermentation alcoolique.

Fermentation butyrique. C'est la modification qu'éprouvent certains sucres, divers acides, comme les acides lactique, malique, tartrique, citrique, mucique, des substances albuminoïdes, etc., lorsqu'ils se transforment en acide butyrique. Cette fermentation succède fréquemment à la précédente, ou accompagne encore les fermentations visqueuses. Elle s'effectue avec dégagement d'acide carbonique toujours, et parfois d'hydrogène ou d'eau, comme le montrent les équations suivantes :

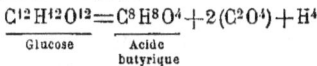

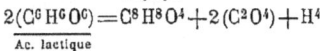

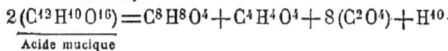

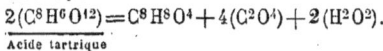

$$C^{12}H^{12}O^{12} = \underset{\text{Glucose}}{} \underset{\text{Acide butyrique}}{C^8H^8O^4} + 2(C^2O^4) + H^4$$

$$2(C^6H^6O^6) = C^8H^8O^4 + 2(C^2O^4) + H^4$$
$$\text{Ac. lactique}$$

$$2(C^{12}H^{10}O^{16}) = C^8H^8O^4 + C^4H^4O^4 + 8(C^2O^4) + H^{10}$$
$$\text{Acide mucique}$$

$$2(C^8H^6O^{12}) = C^8H^8O^4 + 4(C^2O^4) + 2(H^2O^2).$$
$$\text{Acide tartrique}$$

En outre du ferment qui produit ce dédoublement, et que nous avons déjà décrit au mot FERMENT, on trouve dans le liquide des vibrions mobiles ; dès que le ferment a le contact de l'oxygène de l'air, il cesse sa fonction et meurt. On a donné le nom de *fermentation caséique* à une fermentation qui se produit dans la caséine du lait ; elle tient des deux précédentes, mais comporte aussi des fermentations successives dues à la présence de mucédinées dans l'intérieur et à la surface de la masse. C'est en développant régulièrement cette fermentation que l'on fait les fromages.

Fermentation succinique. Certains corps, comme l'asparagine, l'acide malique, l'acide fumarique, l'acide aconitique, lorsqu'ils sont saturés par les bases, et surtout par la chaux, éprouvent, en présence du ferment que nous avons indiqué, ainsi que des matières animales en décomposition, un dédoublement qui amène la formation d'acide succinique. Ainsi :

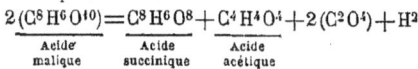

$$2(C^8H^6O^{10}) = \underset{\text{Acide succinique}}{C^8H^6O^8} + \underset{\text{Acide acétique}}{C^4H^4O^4} + 2(C^2O^4) + H^2$$
$$\underset{\text{Acide malique}}{}$$

quelquefois il peut s'engendrer de l'acide mucique $C^{12}H^{10}O^{16}$, et enfin, comme termes ultimes de la décomposition, de l'acide butyrique avec de l'acide acétique, ainsi que le montre la formule suivante :

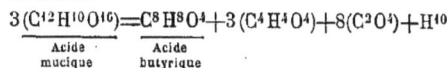

$$3(C^{12}H^{10}O^{16}) = C^8H^8O^4 + 3(C^4H^4O^4) + 8(C^2O^4) + H^{10}$$
$$\underset{\text{Acide mucique}}{} \quad \underset{\text{Acide butyrique}}{}$$

Fermentation ammoniacale. On nomme ainsi une modification qui se produit dans l'urine, aux dépens d'un principe spécial l'urée, lequel sert à éliminer l'azote de l'organisme animal, et de quelques uréides (acide urique, alloxane, créatine), et qui est produite par un ferment particulier, car si les solutions physiologiques d'urée fermentent, la solution de ce corps dans l'eau pure ne subit pas à la longue le dédoublement qui nous occupe.

La réaction s'opère par hydratation, en fixant sur l'urée un équivalent d'eau, et formant du carbonate d'ammoniaque. La formule suivante indique cette modification

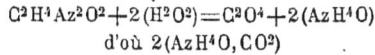

$$C^2H^4Az^2O^2 + 2(H^2O^2) = C^2O^4 + 2(AzH^4O)$$
$$d'où \quad 2(AzH^4O, CO^2).$$

c'est à la formation du carbonate d'ammoniaque que l'on doit le changement de réaction de l'urine, qui devient alcaline, alors qu'après la mixtion elle est normalement acide. Parfois cependant, l'altération de l'urine ne se produit pas aussi facilement, c'est lorsque la torulacée qui agit comme ferment, est entravée dans son développement par l'apparition d'infusoires, et surtout gênée par le développement de productions végétales. Une température moyenne de 37° est très favorable à la fermentation ammoniacale, mais malgré tous les travaux faits sur ce sujet, il est encore impossible d'affirmer si le ferment que nous avons décrit, et que l'on retrouve toujours dans ces altérations de l'urine, est indispensable pour la décomposition de l'urée.

Nous avons dit qu'un ferment analogue à celui qui modifie l'urée en carbonate d'ammoniaque, transforme l'acide hippurique de l'urine des herbivores, en acide benzoïque et en glycolammine. Mais, à côté de ces fermentations, vient s'en placer également une autre, dans laquelle, avec l'ammoniaque, se forment de nombreux produits plus ou moins complexes ; nous voulons parler de la *fermentation putride.*

Fermentation putride. Toutes les matières douées d'une organisation complète et possédant des fonctions, aussi bien animales que végétales, subissent, dès que la vie a cessé en elles, une décomposition qui s'accompagne de dégagement de gaz putrides et de dissolution des organes. Il est impossible de connaître la manière dont les matières organiques subissent leur décomposition ultime ; elle varie d'ailleurs avec le milieu dans lequel s'opère cette décomposition, air, eau, sol ; la température, la plus ou moins grande humidité, etc. Mais, à l'abri de l'air, les termes les plus constants de cette décomposition et de l'hydratation qui en résulte, sont la leucine, la tyrosine, les acides gras de la série $C^{2n}H^{2n}O^4$, l'ammoniaque et les diverses ammoniaques composées ; l'acide carbonique, l'acide sulfhydrique, l'hydrogène et l'azote.

D'un autre côté, les uréides composées, formées aux dépens de l'urée des matières albuminoïdes, fournissent également des acides gras, de l'acide carbonique, de l'ammoniaque. Ainsi la leucine en s'hydratant donnera :

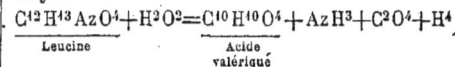

$$C^{12}H^{13}AzO^4 + H^2O^2 = \underset{\text{Acide valérique}}{C^{10}H^{10}O^4} + AzH^3 + C^2O^4 + H^4$$
$$\underset{\text{Leucine}}{}$$

puis à leur tour les acides gras se scinderont, par suite de réactions successives qu'amèneront les ferments divers qui entrent en jeu dans cette désorganisation et qui exercent leur action sur des termes de plus en plus simples.

Pendant le cours de la putréfaction on voit apparaître différents êtres organisés, infusoires, cryptogames, qui, d'après l'ordre de développement, sont d'après M. Pasteur, des *zœglea*, puis le *monor crepusculum*, le *bacterium termo*, et enfin la partie superficielle de la matière en putréfaction se recouvre de mucédinées et de bactéries avides d'oxygène. Il se produit des vibrions, d'où des réductions et des oxydations simultanées, expliquant pourquoi la putréfaction s'arrête parfois, si l'air n'arrive pas en petite quantité.

La putréfaction complète offre deux phases : la première période est dite fétide, c'est le règne des vibrions et des infusoires ; on n'en a pas signalé moins de trente-deux espèces; la seconde période est celle d'épuration, les principes odorants se sont détruits, et l'on voit apparaître des matières vertes ou blanches, suivant qu'il y a ou non pénétration de lumière, puis les vibrions meurent et il se développe des *euglenæ*, des *vorticelles*, des *protococcus*, etc.

Certains produits comme les matières grasses résistent parfois longtemps à la décomposition, les acides stéarique et margarique surtout ; ils se saponifient et forment ce que l'on a appelé l'*adipocire* ou *gras de cadavres*. La cellulose subit aussi une décomposition spéciale, et sous l'influence de l'action de la chaleur, des acides ou des bases, il y a deshydratation, puis formation d'acides à équivalent élevé, que saturent quelquefois des bases, comme lorsque l'on trouve sur les arbres des ulcérations noires contenant de l'ulmate de potasse, dû à une transformation du carbonate de même base, et enfin de principes ulmiques neutres ou acides qui finissent par se condenser en charbons. On a donné le nom d'*érémacausie* à cette oxydation lente qui se forme par suite de la combustion des éléments contenus dans les matières organiques.

Fermentation par oxydation. Fermentation acétique. Elle a été observée depuis bien longtemps dans le vin, la bière, les liqueurs alcooliques que l'on abandonnait au contact de l'air. C'est la continuation de la fermentation alcoolique. Elle peut se faire de deux manières, soit par oxydation brusque de l'alcool, ce qui amène du premier coup la formation de l'acide acétique

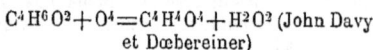

$$C^4H^6O^2 + O^4 = C^4H^4O^4 + H^2O^2 \text{ (John Davy}$$
$$\text{et Dœbereiner)}$$

ou par transformation lente, ce qui produit d'abord la formation d'aldéhyde,

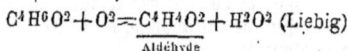

$$C^4H^6O^2 + O^2 = \underset{\text{Aldéhyde}}{C^4H^4O^2} + H^2O^2 \text{ (Liebig)}$$

et celle-ci absorbant à nouveau de l'oxygène, il y a de l'acide acétique engendré :

$$C^4H^4O^2 + O^2 = C^4H^4O^4$$

Cette expérience de cours est connue sous le nom de *lampe sans flamme*.

Ces réactions sont des plus utiles à connaître, car elles peuvent montrer comment, parfois, la fermentation acétique marche mal, et expliquer la perte subie dans le rendement. La fermentation acétique est produite par le *mycoderma aceti*, mais on peut aussi obtenir la transformation de l'alcool en acide acétique par d'autres moyens ; c'est ainsi lorsque l'on met de l'alcool absolu avec de la mousse de platine ou des métaux poreux, on voit la transformation s'opérer, par *catalyse*, dit-on, les pores étant susceptibles de condenser de l'oxygène qui alors oxyde l'alcool. Cette porosité, agissant dans l'acétification, avait été reconnue depuis bien longtemps; ainsi Boerhawe employait les rafles de raisins secs pour faire du vinaigre. Lorsque l'opinion fût bien accréditée, qu'il ne fallait pour cette opération que réunir la présence simultanée d'alcool, d'oxygène et d'un corps poreux, on vit apparaître des procédés industriels de fabrication. Schützembach, en 1823, se servait de copeaux de hêtre, placés entre les doubles fonds de cuves en bois, portait primitivement à 26 à 27° la liqueur alcoolique à décomposer, puis maintenait la température ambiante à 21°, afin que la fermentation pût élever le liquide à 38°-42° et obtenait de bons résultats. Une autre méthode, tout à fait analogue, consistait à tendre des ficelles dans l'intérieur des cuves, et à y laisser très doucement écouler le liquide alcoolique. Mais tous ces procédés, et la théorie de la porosité, n'expliquaient pas comment se produisait le vinaigre d'après la méthode dite d'Orléans, déjà suivie en France depuis longtemps. Il fallut les recherches spéciales de M. Pasteur, toujours persuadé que les fermentations n'étaient que le résultat d'un fonctionnement vital, pour expliquer convenablement toutes les théories. Ses travaux firent voir qu'il y a toujours là, excepté dans le cas de la mousse de platine, la présence d'un cryptogame, le *mycoderma aceti*; ils peuvent se résumer en quelques mots : la liqueur alcoolique abandonnée à l'air, ne tarde pas à se recouvrir d'une mince pellicule blanche constituée par le mycoderma (fleur de vinaigre); ces végétaux absorbent l'oxygène de l'air et le fixent sur l'alcool en formant de l'aldéhyde, de l'eau, puis de l'acide acétique, mais à un moment donné l'acétification se ralentit. Il existe, en plus dans le liquide, des animalcules de fort petite dimension, désignés sous le nom d'*anguillules* qui, vu la raréfaction de l'oxygène dans la masse, cherchent celui-ci pour vivre, remontent dès lors à la surface de la cuve, et par leur agitation font tomber les mycoderma et, comme ils cessent d'agiter la surface, dès qu'ils ont suffisamment absorbé leur élément vital, la végétation cryptogamique reprend à nouveau son développement et ainsi de suite. A un moment cependant, la fermentation régulière ne peut continuer. La plante épuisée n'a plus les mêmes conditions de vie : l'acide acétique ou l'alcool disparaissant, le liquide devient neutre, parce que le mycoderma a trouvé dans le liquide des principes nutritifs (phosphates et matières organiques azotées) propres à son développement; alors il brûle les hydrates de carbone en présence, et produit de l'eau et de l'acide carbonique. Il faut alors changer les cuves et faire un nouvel ensemencement de mycoderma.

On se trouve donc dans la fermentation acétique en présence de deux réactions absolument différentes : l'action poreuse vraie, car M. Pasteur a montré que les copeaux de hêtre, les ficelles, n'agissent que par la facilité avec laquelle ces corps condensent les ferments apportés du dehors, et l'action physiologique du ferment. Dans la première, on peut agir à une assez haute température, et 35° sont surtout favorables à la réaction (avec 20 à 30 kilogrammes de noir de platine, on peut obtenir par jour 300 kilogrammes de vinaigre), et on peut employer de l'alcool très concentré; dans la seconde, il faut au contraire ne pas dépasser une température de 20 à 30°, car la réaction s'annule à 10 ou à 35°, et il faut surtout n'employer que des liqueurs renfermant 10 0/0 d'alcool.

Le cadre de ce *Dictionnaire* ne nous permettant pas d'entrer dans l'étude, du reste fort mal connue, des fermentations pathologiques, dues comme toutes celles signalées jusqu'à présent, à la présence de ferments figurés, nous allons passer en revue maintenant, les fermentations dues à la présence de pseudo-organismes ; les seules qui puissent nous arrêter quelque temps sont celles qui assurent l'assimilation animale ou végétale.

Fermentations physiologiques. Les animaux ou les végétaux trouvant dans les aliments ou dans le sol, des substances non solubles, et qui par conséquent ne peuvent être utilisées par eux pour la nutrition, il faut forcément, pour que l'assimilation ait lieu, qu'une force quelconque dissolve ces aliments insolubles. C'est ce qu'opèrent dans les tissus un très grand nombre de principes organiques, qui sont de véritables ferments. La digestion, l'élaboration de la sève, ne sont donc au total, que le résultat de nombreuses fermentations.

Dans toutes les parties d'un végétal, on retrouve en quantités variables, depuis la graine qui se développe, jusqu'à la tige qui s'accroît, des principes amylacés, des matières protéiques ou albuminoïdes, et enfin des corps gras. C'est ainsi que les aliments que doivent absorber les animaux pour se développer et vivre; et comme il y a analogie complète, dans les réactions qui se passent dans les tissus végétaux ou animaux, nous pouvons, sans plus tarder, aborder l'étude de ces fermentations.

Fermentation des matières amylacées. Les matières amylacées (amidon, fécule, glycogène, etc.), étant des matières insolubles, il faut, pour qu'elles pénètrent dans un organisme vivant, qu'elles subissent dans les tissus de celui-ci, une dissolution ; c'est ce que réalisent des ferments répandus un peu partout dans l'organisme, et que l'on nomme *diastases* (végétale ou animale). Dans le règne végétal, ils agissent à la température ambiante, chez les animaux vers 35°

le plus souvent, mais ils peuvent avoir un effet maximum à 75° ; ils sont détruits à une température de 100°. Ils ont pour action de fixer les éléments de l'eau sur les matières amylacées. Prenons l'amidon :

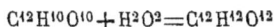

$$C^{12}H^{10}O^{10} + H^2O^2 = C^{12}H^{12}O^{12}$$

il y a donc eu là saccharification, c'est-à-dire, transformation de l'amidon en glucose, principe sucré, soluble. Mais la réaction ne se passe pas dans l'organisme d'une manière tout à fait aussi simple, on voit que la dissolution s'effectue jusqu'à ce que la matière amylacée soit transformée moitié en glucose et moitié en dextrine (Musculus, Payen),

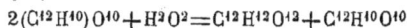

$$2(C^{12}H^{10})O^{10} + H^2O^2 = C^{12}H^{12}O^{12} + C^{12}H^{10}O^{10}$$

à ce moment la saccharification s'arrête, même si l'on ajoute de nouvelle diastase, pour tout modifier; si l'on fait l'opération dans le laboratoire, il faudrait ajouter de la levure de bière, qui dédoublerait la glucose. Dans l'organisme, la fin de l'opération est due à une autre action.

Les diastases qui commencent la fermentation amylacée sont variables : le ferment de la salive porte le nom de *ptyaline* (Mialhe); un autre existe dans le foie, le *glycogène* (Cl. Bernard); un autre dans le suc pancréatique (Bouchardat et Sandras). Donc, lors de la digestion, à leur arrivée dans l'intestin, les matières amylacées ne sont qu'incomplètement modifiées, et elles ne serviraient que partiellement à l'assimilation si elles ne se trouvaient dès lors en contact avec le suc intestinal. M. Cl. Bernard a prouvé, en effet, qu'il existe dans ce liquide un *ferment inversif* absolument identique à celui que M. Berthelot a isolé de l'eau de lavage de la levure de bière ; c'est lui qui va dédoubler la saccharose et terminer la fermentation amylacée. Il n'existe pas d'ailleurs uniquement dans ce liquide, et d'après Cl. Bernard, ce ferment existe dans toutes les parties de l'économie vivante, et dans toutes les circonstances où la saccharose doit être utilisée pour la nutrition.

Fermentation des matières grasses. La modification qu'éprouvent dans l'organisme vivant, végétal ou animal toujours, les matières grasses qui ont besoin d'être utilisées, est due à l'action émulsive et saponifiante d'un ferment spécial, la *pancréatine* que contient le suc pancréatique des animaux, ou d'un ferment identique que l'on retrouve, par exemple, dans les cotylédons des graines. L'émulsion persistante de la matière grasse qui donne au lait son aspect blanc, est également due à la présence, dans ce liquide, d'un ferment émulsif.

Pour revenir à la digestion proprement dite des matières grasses, on voit qu'elle comporte deux temps : la période émulsive ne dure que quelques instants, elle est pour ainsi dire instantanée dans l'intestin, mais la saponification, c'est-à-dire le dédoublement des principes gras est plus long. Les corps gras, constitués en général, comme on le sait, par de la trioléine, trimargarine et tritéarine ont besoin de s'hydrater, et dès lors, dès que la pancréatine a fixé sur eux les éléments de l'eau, il y a formation de glycérine et d'acides oléique, margarique, stéarique, comme le montre l'équation suivante ;

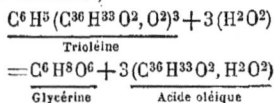

$$C^6H^5(C^{36}H^{33}O^2, O^2)^3 + 3(H^2O^2)$$

Trioléine

$$= C^6H^8O^6 + 3(C^{36}H^{33}O^2, H^2O^2)$$

Glycérine   Acide oléique

Il n'est pas besoin d'insister sur l'action analogue produite chez les végétaux ; on sait avec quelle rapidité les graines rancissent. Cet effet est évidemment dû à l'action du ferment qui modifie les corps gras qu'elles contiennent.

Fermentation protéique ou albuminosique. La dissolution des matières azotées a lieu par suite des dédoublements que leur font subir, chez les animaux, par exemple, les sucs gastrique, pancréatique et intestinal. Celui du suc gastrique, que nous n'avons pas encore vu servir beaucoup dans la digestion, porte le nom de *pepsine*. L'action de ces différents ferments est variable : ainsi pour agir, la pepsine a besoin de rencontrer un milieu acide, elle transforme les albuminoïdes d'abord en *syntonine*, puis après en *peptones, a. b. c.* Elle n'agit d'ailleurs que pendant un temps assez limité, vu le séjour peu prolongé des aliments dans l'estomac, et ne dissout donc qu'imparfaitement les matières protéiques ; l'action du suc pancréatique et du suc intestinal est plus complète, elle achève totalement la dissociation des principes albuminoïdes.

Nous arrêterons là notre étude des fermentations sachant que nous devons être bref. Nous aurions eu besoin de parler des modifications qu'éprouvent les glucosides, par exemple, en présence de certains ferments, comme la synaptase ; nous en avons dit quelques mots à la synthèse des *essences*. Cette action est analogue à celle des diastases ; c'est ainsi que l'on est parvenu à faire la *vanilline* artificielle avec la coniférine, et oxydant ensuite le produit obtenu. Nous ne reviendrons pas sur ce sujet. Il y aurait également intérêt à voir comment, par des fermentations semblables, on peut préparer un grand nombre de produits chimiques comme l'hydrure de benzoïle, la saligénine, l'hydroquinon, la phlorésine, la daphnétine, l'alizarine, la salicine, l'acide gallique, etc. Ne pouvant entrer dans ces détails nous sommes obligés de renvoyer, pour ces modes de fermentation, de dédoublement, aux traités généraux de chimie.—J. C.

Bibliographie : BERTHELOT et JUNGFLEICH : *Traité de chimie organique*, 2 vol., Paris, 1881 ; Ch. CHAMBERLAND : *Du rôle des êtres microscopiques dans la production des maladies*, In : *Revue scientifique*, 1882 ; E. DUCLAUX : *Ferments et maladies*, 1 vol., Paris, 1882 ; L. ENGEL : *Les Ferments alcooliques*, Thèse de la Faculté des sciences, 1872 ; E. FREMY : *De la génération des ferments*, Paris, 1875 ; A. GAUTHIER : *Les fermentations*, Thèse d'agrég. à la Faculté de médecine, Paris, 1869 ; E.-Ch. HAUSEN : *Contribution à l'étude des organismes qui peuvent se trouver et vivre dans la bière et le moût de bière*, Carsberg, 1879 ; A. HENNINGER : Article *Fermentations* du *Dictionnaire* de Wurtz, supplément p. 807 ; L. LACROIX : *De la levure de bière et de la fermentation alcoolique*, Thèse de l'Ecole de pharmacie de Paris, 1870 ; A. MAGNIN : *Les bactéries*, Thèse d'agrég., Paris, 1876 ; L.

MARCHAND : *Botanique cryptogamique*, t. I, 2ᵉ part., Paris, 1884 ; A. MAYER : *Manuel de chimie des fermentations*, Heidelberg, 1874 ; P. MIQUEL : *Etude sur les poussières organisées de l'atmosphère*, Ann. de l'Observatoire de Montsouris, 1879 ; PASTEUR : Nombreux articles dans les *Ann. de physique et de chimie*, les Comptes-rendus de l'Institut, *Etude sur les vins, sur la bière*, Paris, imprimerie nationale ; J.-C. PAYER : *Botanique cryptogamique*, 2ᵉ édit., Paris, 1868 ; F.-A. POUCHET : *Nouvelles expériences sur la génération spontanée*. Paris, 1864, p. 163 et suiv. ; W. ROBERTS : *Des ferments digestifs*, Revue internationale des sciences, 1881 ; Ch. ROBIN : *Leçons sur les substances amorphes et les blastèmes*, 1 vol., Paris, 1866 ; SCHÜTZEMBERGER : *Les fermentations*, 3ᵉ édit., 1 vol., Paris, 1879 ; Van TIEGHEM ; *La fermentation gallique*, Comptes-Rendus Académie des sciences, 1867 ; TYNDAL : *Les microbes*, 1882.

*FERMENTOMÈTRE. Instrument destiné à mesurer l'intensité des fermentations alcooliques.

FERMETURE DE BOUTIQUE. Système de clôture mobile, appliqué aux devantures de boutiques. Ici, comme dans un grand nombre d'ouvrages appartenant à l'industrie du bâtiment, le fer tend à remplacer le bois. Les anciennes fermetures de boutiques sont formées de volets détachés se posant, les uns à la suite des autres, dans des rainures ménagées pour les recevoir ou reliés entre eux par des charnières et se développant successivement comme les feuilles des volets de persiennes. Ces volets se rangent, pendant le jour, dans des boîtes ou caissons disposés en pilastres de chaque côté de la devanture.

Les systèmes de fermeture en fer sont très nombreux. Les nouveaux peuvent se classer en deux catégories : appareils *à lames de tôle*, appareils *à feuilles de tôle ondulée*. Dans les premiers, la fermeture est constituée par des rideaux de tôle dont les lames horizontales s'abaissent et se relèvent au moyen de chaînes ou de vis sans fin, mues par une manivelle. A cette catégorie appartiennent les systèmes Melzessard, Jourdain et Sarton, Chedeville, Maillard, etc. Les fermetures en métal ondulé, parmi lesquelles nous citerons les systèmes Clark et Cⁱᵉ, Graffon et Cⁱᵉ, sont plus coûteuses ; mais offrent sur les précédentes l'avantage de se fermer et de s'ouvrir sans l'aide d'aucun mécanisme, sans occasionner de bruit ni d'ébranlement et sans pouvoir occasionner d'accidents par la chute de la tôle ; car le mouvement, dans chaque sens, est produit par l'action d'une tige avec laquelle on tire ou l'on soulève le rideau.

FERMOIR. Outre l'agrafe en métal qui sert à tenir fermé un livre, un bijou, etc., on donne ce nom : 1º à un ciseau à manche de bois qui sert aux sculpteurs ; 2º à un ciseau plat à deux biseaux employé par les charpentiers pour entailler et mortaiser ; 3º à un outil en usage chez les bourreliers pour tracer des raies pointées sur des bandes de cuir ; 4º à un ciseau de menuisier dont le tranchant est en biais pour en faciliter l'introduction dans les angles rentrants.

*FERNAMBOUC (Bois de). Ce bois, qui croît dans les forêts du Brésil, est un des produits tinctoriaux les plus importants ; il fournit une belle couleur rouge et sert dans la teinturerie, la fabrication de la laque carminée, la lutherie, etc.

.* **FERRAGE.** Action de garnir un objet avec du fer auquel on a donné la forme appropriée à la garniture. || — V. aussi DÉPÔT MÉTALLIQUE.

* **FERRANDINE.** Étoffe légère en chaîne soie, trame laine ou coton ; sorte de poult de soie.

* **FERRASSE.** *T. tech.* Cadre de bois muni de lames de fer maintenues par des vis, et qui sert au dégrossissage mécanique des glaces. || Coffre de tôle où l'on fait recuire le verre.

* **FERRE.** *T. de verr.* Outil en forme de pince qui sert à façonner le goulot des bouteilles.

FERRET. *T. tech.* Petit tube avec lequel on termine une aiguillette, un lacet. || Outil de fer à l'aide duquel on place les tuiles destinées à boucher des ouvreaux de fourneaux. || Outil de verrier. — V. FÉRET. || Petit tube de fer-blanc qui reçoit les têtes des mèches de bougies, pour les garantir de la cire.

FERREUR. *T. de mét.* Ouvrier qui ferre les lacets, qui pose les ferrures ; celui qui applique les plombs sur des tissus.

FERRIÈRE. *T. tech.* Sac du maréchal ferrant composé de deux parties de cuir maintenues de chaque côté du corps par une ceinture, et dans lesquelles se trouvent les choses nécessaires pour ferrer un cheval.

* **FERRIFÈRE.** *T. de chim.* Substance qui contient du fer à l'état d'oxyde ou de carbonate.

* **FERRO.** *T. de chim.* Préfixe qui indique la présence du fer dans un corps.

FERROMANGANÈSE. *T. de chim. et de métall.* Le manganèse peut s'allier en toutes proportions au fer et constituer des alliages très employés en métallurgie. Lorsque la proportion de manganèse est inférieure à 25 0/0, on lui donne le nom de *spiegel-eisen*, *spiegel*, *fonte miroitante*, *fonte à facettes*. Cet alliage présente un aspect spécial, qui lui a valu son nom (*spiegel*, miroir, en allemand) ; il est formé de lames irisées provenant de la cristallisation au moment de la solidification, avec oxydation superficielle. Cet alliage est *attirable à l'aimant*.

Lorsque la proportion de manganèse dépasse 25 0/0 et s'élève jusqu'à 85 0/0, on l'appelle *ferromanganèse*. Il cesse d'être attirable à l'aimant et n'a plus cette tendance à cristalliser en grandes lamelles.

Le ferromanganèse a été imaginé pour les besoins de la fabrication des aciers doux par les procédés Bessemer et Martin-Siemens, dans le but de concentrer le manganèse métallique, qui est la partie utile du spiegel. On ne pouvait songer à produire le manganèse pur qui est trop facilement oxydable, tandis qu'en l'alliant avec le fer, on lui donne une très grande résistance à l'oxydation. Un alliage à 75 0/0 de manganèse peut supporter, sans altération, le contact de l'air humide et rester une année en ne se couvrant que d'une très faible couche d'oxyde.

Sur les indications de M. Bessemer, un anglais, Henderson, avait cherché à produire des alliages de fer et de manganèse renfermant jusqu'à 25 et 30 0/0 de manganèse. Il traitait sur la sole en coke goudronné, d'un four Siemens, des carbonates de manganèse provenant des résidus de fabrication du chlore, précipités et carbonatés. Vers la même époque (1868), un allemand, le Dr Prieger, de Bonn, réduisait, dans des creusets de graphite, du peroxyde de manganèse. Il obtenait ainsi un alliage ayant jusqu'à 82 0/0 de manganèse, mais auquel son prix élevé ne semblait pas devoir créer d'emploi.

La compagnie des aciéries de Terre-Noire, qui cherchait à réaliser économiquement des alliages riches en manganèse pour la fabrication de ses aciers doux, acheta les brevets d'Henderson et de Prieger. Transportant, sur la sole en carbone d'Henderson, les réactions de Prieger et les perfectionnant, les ingénieurs de cette compagnie produisirent, à un prix relativement peu élevé, l'alliage à 80 0/0. C'était un progrès considérable.

On avait essayé plusieurs fois de réduire le minerai de manganèse au haut fourneau, mais on avait été longtemps sans réussir. On ignorait alors que la *réduction du manganèse demandait trois fois plus de carbone que la réduction du fer*, et comme on se contentait, dans la fabrication du spiegel avec addition de minerai riche, d'une augmentation insignifiante de la proportion de coke, on n'obtenait pas une température assez élevée, l'oxyde de manganèse ajouté ne se réduisait pas.

Une usine de Suède, en traitant au haut fourneau avec un excès de charbon de bois, du minerai de fer riche en manganèse, était arrivée à produire des spiegels à 18 0/0. Une usine de Carniole, Sava, avait réussi en traitant un mélange de minerai de fer et de minerai de manganèse à obtenir, avec un excès de combustible, un alliage à 38 et 40 0/0 de manganèse. La voie était ouverte, et dès 1875 plusieurs usines pouvaient produire, au haut fourneau, des ferromanganèses d'une grande richesse. Montluçon, Saint-Louis, Terre-Noire, en France ; puis, plus tard, des usines de Westphalie et d'Angleterre réussissaient pratiquement ces alliages. La métallurgie du manganèse, sous sa forme utile à la fabrication de l'acier, était définitivement créée.

Le manganèse métallique, allié au fer sous la forme de *ferromanganèse*, sert de réducteur à l'oxyde de fer en dissolution dans l'acier. Lorsqu'on produit l'acier par l'action de l'air sur la fonte liquide, comme dans les procédés Bessemer et Martin-Siemens, il reste toujours de l'oxyde de fer résultant de l'affinage ; par sa présence, cet oxyde empêche les particules d'acier de se souder complètement entre elles. Le métal est cassant à chaud, au martelage comme au laminage ; on dit qu'il est *rouverain*.

Cet oxyde de fer en dissolution est de l'oxyde magnétique Fe^3O^4, le seul stable à la température de fusion de l'acier ; il ne peut se combiner avec la silice sans avoir, au préalable, subi une action réductive qui le ramène à l'état de protoxyde de fer FeO. C'est l'effet produit par le manganèse métallique, $Fe^3O^4 + Mn = MnO + 3FeO$. Le protoxyde de manganèse et le protoxyde de fer n'étant pas solubles dans l'acier fondu, remontent à la surface où ils se combinent à la silice.

La proportion d'oxygène en dissolution dans l'acier varie entre 1/2 et 1/4 0/0; la pratique a montré qu'il suffisait de 1 0/0 de manganèse métallique pour faire disparaître cet oxygène.

Le ferromanganèse, comme le spiegel, renferme une forte proportion de carbone qui atteint 5 et 6 0/0. Le ferromanganèse, permettant d'employer une même quantité de manganèse accompagnée de moins de carbone, est réservé à la fabrication des aciers doux, le spiegel sert surtout pour les aciers durs. Ainsi :

Acier dur : 10 0/0 de spiegel à 10 0/0 de manganèse, donnent : manganèse 1 0/0, carbone 6 millièm.

Acier doux : 1,25 0/0 de ferromanganèse à 80 0/0 de manganèse et 6 0/0 de carbone donnent : manganèse 1 0/0,

$$\text{carbone } \frac{6}{100} \times \frac{1,25}{100} = 3/4 \text{ de millième}$$

ou, pratiquement, 1/2 millième, car une partie du carbone est brûlée par l'oxygène en dissolution dans l'acier. Lorsqu'on ajoute plus de 1 0/0 de manganèse métallique, l'excès de manganèse s'incorpore à l'acier et lui communique des propriétés spéciales. — F. G.

FERRONNERIE. Dans son sens le plus étendu, ce mot désigne, tout à la fois, l'art de travailler le fer, et l'ensemble des produits qu'on obtient en le travaillant, de même que par *charpenterie*, *menuiserie*, on entend l'art de travailler le bois, ainsi que les divers objets résultant de ce genre de travail. Le mot *ferronnerie* est donc un terme générique embrassant de nombreuses sous-divisions; la serrurerie, la quincaillerie, l'armurerie, la coutellerie, la taillanderie, la fabrication des outils et ustensiles en usage dans la presque totalité des industries, y sont rationnellement comprises. Il serait même logique d'y faire entrer les diverses opérations au moyen desquelles on obtient le fer, matière première de l'art du ferronnier. Mais on est convenu de restreindre l'acception du mot et d'en limiter la compréhension aux menus objets produits autrefois par le travail du fer. La métallurgie moderne qui fabrique, par quantités énormes, des rails, des machines à vapeur, des locomotives, des locomobiles, de la grosse chaudronnerie, des ancres, des cabestans, des grues et autres engins, est essentiellement industrielle ; la ferronnerie ancienne, et c'est ce qui la distingue de sa haute et puissante sœur, est artistique par plusieurs côtés. Elle se rattache beaucoup moins à la *sidérurgie* qu'à la sculpture sur bois, à l'imagerie en pierre, à toutes les industries d'art qui caractérisent le moyen âge, la Renaissance et les deux derniers siècles. En comparant les bahuts d'autrefois aux meubles en acajou verni d'aujourd'hui, Louis Reybaud s'écriait : « Nos pères étaient des artistes, et nous ne sommes que des frotteurs » ; il eût évidemment poussé la même exclamation, s'il avait mis en regard, des tuyaux en acier poli d'une usine à vapeur, les grilles, les rampes d'escalier, les vieilles enseignes, les vieux lustres en filigrane de fer, et autres petites merveilles de ferronnerie, que les âges précédents nous ont léguées.

Le ferronnier recevait le fer tout forgé, comme nos serruriers et nos maréchaux le reçoivent encore aujourd-

Fig. 90. — *Ferrure de la porte de Notre-Dame-de-Paris exécutée par Biscornet (XIIe siècle).*

d'hui. Les seules opérations qui se faisaient en vue du ferronnier, et que celui-ci commandait ou exécutait lui-même, étaient l'*étirage*, le *laminage*, le *corroyage*, le

Fig. 91. — *Détails des grilles de la place Royale, à Nancy, œuvre de Jean Lamour, serrurier du roi Louis XV.*

moulage et la *seconde fusion.* Le fer lui était livré sous diverses formes et à divers états pour les besoins variés de son industrie : *gros fer, menu fer, fer en feuilles, fer* en *lames, fer plat, méplat, aplati, carré, long, rond,* etc., voilà pour la *grosseur.* Quant à la *façon,* le ferronnier recevait également le fer diversement préparé. Lorsque le métal était mêlé d'acier, le fer était dit *acéré;* quand on l'avait réduit à l'état de tôle, afin de pouvoir le travailler au marteau et le relever en bosse pour les besoins

de l'ornementation, il était dit *ambouti;* on le qualifiait de fer *corroyé,* quand il avait été battu à froid après avoir été forgé; on le nommait fer *coudé* lorsqu'il était plié sur son épaisseur, comme un étrier; contourné en spirale pour les arabesques et entrelacs qui formaient la décoration des belles pièces de ferronnerie, il était dit *enroulé;* on lui donnait l'épithète d'*étiré,* quand on l'avait battu à chaud pour l'allonger; en-

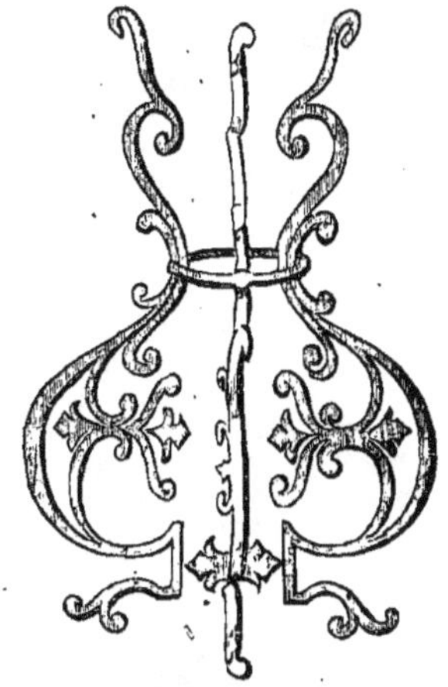

Fig. 92. — *Trépied à bassin, en fer forgé, orné de fleurons et d'enroulements. (Musée de Cluny.)*

fin il était *fondu,* quand il avait subi une seconde fusion pour être plus malléable, et *noirci,* quand on lui avait donné au feu une teinte noire pour obtenir un contraste avec les parties peintes et dorées.

Muni de toutes ces variétés de fer, le ferronnier se livrait alors à son travail de mise en œuvre. Parfois, il se spécialisait et n'exploitait qu'un sous-genre; le plus souvent, il pratiquait toutes les diversités du métier, mais

Fig. 93. — *Crémaillère de cheminée en fer forgé (XVᵉ siècle, Musée de Cluny).*

successivement et au fur et à mesure que lui arrivaient les commandes.

Le ferronnier pour église faisait des grilles, des balustrades, ou appuis de communion, des chandeliers ou lampadaires, des bras ou porte-cierges fichés dans les murs, des armatures pour le peintre-verrier, des coffres et coffrets pour le revestiaire ou sacristie, des lutrins, des éteignoirs, et même des reliquaires, lorsque les fidèles n'étaient pas assez riches pour en commander d'or, d'argent ou de bois précieux. Les chefs-d'œuvre du fer-

ronnier pour église étaient les clôtures du chœur, du sanctuaire et du jubé, surmontées de croix, de symboles religieux, d'ornements et d'emblèmes extrêmement variés; c'étaient surtout ces admirables pentures ou ferrures d'un dessin si pur, d'une si prodigieuse variété dans les détails et d'un ensemble si parfait que la légende les attribuait au diable. Telles sont les célèbres pentures des portes de Notre-Dame de Paris (fig. 90), œuvre du célèbre Biscornet, dit-on, lequel n'aurait été autre que le malin esprit doublement cornu : *bis cornutus.*

Au ferronnier pour palais, manoirs, hôtels de riches bourgeois et maisons d'artisans, incombait la fabrication des marteaux ou heurtoirs de portes, des serrures, cadenas, clefs, targettes et verrous, des rampes d'escalier, des enseignes, auvents, grilles de jardins, de boutiques, de portes et de fenêtres, des poulies, fiches, contre-fiches, épis, hérissons et autres ouvrages de consolidation ou de défense extérieure (fig. 91).

La ferronnerie civile a laissé, comme la ferronnerie religieuse, des ouvrages extrêmement remarquables, et les marchands de curiosités vendent encore aujourd'hui, en Angleterre, et à très haut prix, des rampes d'escalier, des heurtoirs, des enseignes historiées, débris de nos vieilles boutiques, épaves de nos anciens hôtels.

Le ferronnier, pour usages domestiques, avait un domaine fort étendu. Dans les galeries et chambres de parade il plaçait des lustres ou girandoles, des trépieds, des lampadaires ou grands chandeliers en fer (fig. 92).

Il faisait circuler dans les appartements le « brasier », le « chauffe-doux » ou poêle mobile, le « chauffe-pieds », et le « chauffe-mains », appareils de ferronnerie dont les noms indiquent les destinations diverses. A la cuisine, il était dans son quartier-général : c'est lui qui fournissait les contre-cœurs ou plaques de cheminée, les crémaillères (fig. 93), les landiers, ou grands chenets à réchauds, les pelles et les pincettes, les grils historiés, les couronnes ou crocs à viande, dont nos musées conservent de si curieux échantillons, les garde-feu et garde-cendres, les marmites, broches et autres instruments culinaires dont le nombre était fort con-

Fig. 94. — *Puits de style ogival (place de la cathédrale d'Anvers, attribué au peintre Quentin Messir qui avait exercé, dans sa jeunesse, l'état de serrurier (1470).*

sidérable et la décoration des plus originales. Dans la salle à manger, il plaçait les couteaux; cuillères, casse-noisettes et casse-noix, fontaines, aiguières, bassins, objets dont le fer ouvragé était la base et qu'égayaient des figures, des fleurs, des fruits et mille fantaisies diverses. Par lui, les chambres à coucher étaient pourvues de bassinoires aux ornements variés, de petits chandeliers, de lampes et de mignons éteignoirs en fer gravé ou repoussé, de coffrets, de cassolettes, de tire-lires ou aumônières d'appartement, de fermaux et fermillets simples, à l'usage de la bourgeoisie qui portait du fer et mangeait dans l'étain, quand la noblesse avait de la vaisselle d'argent et des bijoux d'or.

Le commerce, l'agriculture et l'industrie faisaient travailler le ferronnier autant que la bourgeoisie, la noblesse, et l'église. Il était l'un des auxiliaires les plus actifs du sellier, de l'arçonnier et du harnacheur, auxquels il fournissait, avec les noms de *bouclier* et d'*épinglier*, les boucles, broches, clous, pointes, chevilles, étriers, mors, éperons et autres menus objets en fer dont ces ouvriers avaient besoin. Les charrons, carrossiers, fabricants de coches avaient également recours à son ministère, ainsi que les heaumiers, haubergers, arquebusiers et armuriers, en général. Bien que les métiers fussent fermés, c'est-à-dire exclusifs, le ferronnier fournissait les accessoires de l'armurerie et contribuait ainsi à la fabrication des cottes d'armes et cottes de maille, des fléaux et masses d'armes, des arcs et des flèches, des arbalètes, arquebuses, halle-bardes, piques et pertuisanes. Il concourait donc, dans une mesure assez large, au harnachement et à l'équipement militaire, tout en se livrant à la fabrication plus pacifique des balances et romaines pour les marchands, des outils et ustensiles employés par les laboureurs, faucheurs, moissonneurs, vignerons, jardiniers, et par les nombreux ouvriers des villes.

Le ferronnier touchait d'assez près à la médecine, à la chirurgie et à la pharmacie, professions bourgeoises. La coutellerie médicale et chirurgicale, qui a pris depuis de si grands développements, n'existait point alors, et la ferronnerie y suppléait. Les chirurgiens-barbiers avaient leurs ferronniers attitrés pour le rasoir, le bistouri et la lancette. Les apothicaires, droguistes et épiciers lui demandaient les mortiers et pilons dont ils avaient besoin pour triturer leurs médicaments et concasser leurs épices. C'est également chez lui que les tailleurs de robes et les corporations de lingères prenaient leurs ciseaux et leurs fers à repasser. Ce dernier outil, dont on trouve quelques spécimens fort curieux dans les musées technologiques, était généralement très soigné; les ornements en relief et en creux y abondaient, et la poignée, — tête d'homme ou de bête, chimère, griffon, ou autre animal fantastique, — était toujours une œuvre d'art.

Le lecteur n'attend pas de nous l'énumération détaillée des innombrables outils et ustensiles qui sortaient de l'atelier ou de la boutique du ferronnier La fabrication variait selon les temps et les lieux; mais elle a toujours

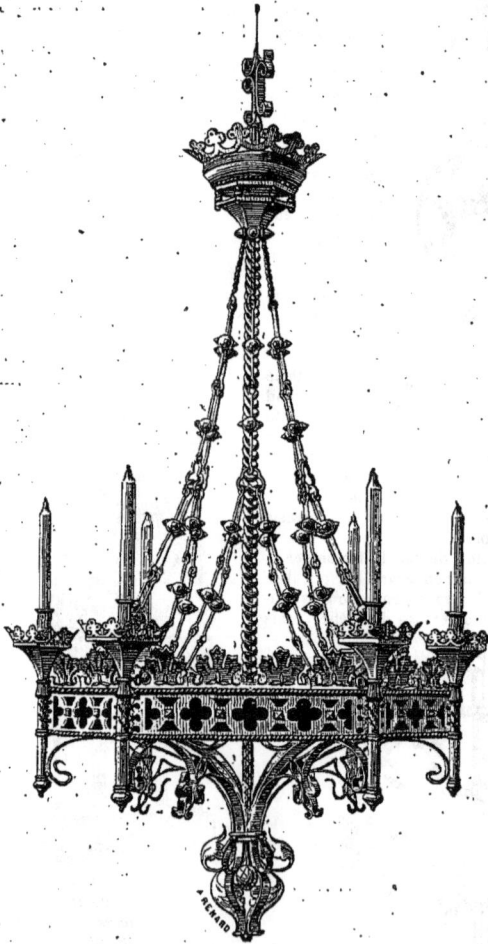

Fig. 95. — *Lustre du moyen âge exécuté de nos jours par Bodart.*

eu une grande importance, et ce qui le prouve, c'est que, à Paris, une rue, dont il reste encore un fragment, avait emprunté son nom aux ferronniers qui la peuplaient tout entière. C'est celle où Henri IV tomba sous le poignard de Ravaillac.

A Paris, avons-nous dit, le ferronnier pouvait spécialiser son travail et y acquérir une très grande habileté; dans les villes de moindre importance, il généralisait et produisait surtout des objets communs. Cependant on trouve, dans des provinces éloignées, certaines pièces de ferronnerie, produit d'un travail local et attestant une dextérité remarquable. En somme, le ferronnier était un ouvrier multiple, fort intelligent dans la conception et fort adroit dans l'exécution des nombreux objets qu'on lui commandait. Malgré l'extrême division des métiers sous l'ancien régime, il avait conservé des attributions fort étendues, et sa fabrication, en rapport avec les variations du goût, n'était pas traditionnelle et routinière; comme celle de la plupart des autres métiers. Sa profession tenait un des premiers rangs parmi les « états à marteaux », et il le devait à l'usage presque exclusif qu'il faisait de cet outil.

Le marteau occupait, dans la boutique du ferronnier, la place de l'ébauchoir et du ciseau dans l'atelier du statuaire : avec un outillage aussi simple et une aussi grande variété de travail, cet artisan arrivait à produire, non seulement d'innombrables objets usuels, comme ceux que fabriquent le ferblantier, le tôlier et le zingueur de nos jours, mais encore de petits chefs-d'œuvre de goût et d'habileté manuelle.

A la fin de cet article, beaucoup trop sommaire, nous nous reprocherions de ne pas mentionner un genre de travail qu'il avait élevé à la hauteur d'une œuvre d'art, d'un monument public, dirions-nous volontiers; nous voulons parler du puits commun, ou banal, qui se voyait jadis sur les places, dans les carrefours et les rues de nos villes, et qui les décorait aussi artistiquement que peuvent le faire nos fontaines et nos statues modernes.

Le puits historié d'autrefois, œuvre du ferronnier, se composait de montants torses, contournés, ajourés, mais toujours sveltes et gracieux. Le long de ces montants couraient des entrelacs et autres arabesques, des volutes et des rinceaux formant couronnement et supportant des statues, des clochetons et des pinacles imités de ceux des églises. La margelle et sa galerie, la poulie et son crochet, les grappes, les épis et autres ornements symboliques qu'on y semait à profusion, les armoiries de la ville, de l'évêque, du chapitre ou du personnage qui en avait fait les frais, tous ces détails s'harmonisaient dans le plus gracieux ensemble (fig. 94).

Ici le ferronnier cessait d'être un artisan ; il faisait œuvre d'artiste. Quelques villes ont conservé leurs puits historiés ; on cite notamment ceux de Troyes, qu'un habile dessinateur, M. Fichot, a parfaitement reproduits ; mais combien d'autres ont disparu devant de prétendus besoins d'élargissement et de circulation ! Combien de chefs-d'œuvre de ferronnerie ont été jetés à la ferraille, et vendus comme tels !

Le ferronnier, lui aussi, a dû disparaître, lorsque le marteau a cessé d'être l'outil par excellence ; la variété et la puissance de l'outillage moderne, la fabrication en grand et par masse, la multiplication des agents mécaniques et automatiques ont tué le travail isolé, individuel, patient, qui permettait au ferronnier de concevoir et d'exécuter ses chefs-d'œuvre. C'est une conséquence de la transformation industrielle et économique qui s'accomplit sous nos yeux, et qui emporte chaque jour un lambeau du passé.

Cependant, comme toutes les vieilles industries d'art, la ferronnerie tend à renaître, et la faveur publique lui revient de jour en jour. Les architectes-archéologues, chargés de restaurer les anciens édifices, religieux ou civils, sont obligés de recourir à l'art du ferronnier, art dont les procédés n'ont pas varié, malgré le perfectionnement de l'outillage mécanique, parce qu'il résulte tout entier dans l'originalité du dessin et dans le fini de la main-d'œuvre. Nous donnons fig. 95 un spécimen de ferronnerie moderne. Les décorateurs y ont également recours lorsqu'il s'agit de meubler, dans le style du temps, des hôtels ou des châteaux construits sur le modèle des anciennes résidences seigneuriales. Les ferronniers modernes ont donc dû se livrer, comme leurs devanciers, au quadruple travail de la forge, de l'ajustement, du repoussage et du montage.

Le premier consiste à faire rougir la barre, puis à la contourner, à la rouler, à la souder suivant les contours indiqués par le dessin. Le second a pour but l'adaptation des diverses pièces, le limage, le polissage, l'ajustage, jusqu'à parfaite exactitude du dessin. Le troisième s'applique aux ornements qu'il faut, suivant épaisseur, repousser au marteau, ciseler ou buriner. Le quatrième est la synthèse finale, ou la réunion des différentes pièces en un ensemble harmonieux, parfaitement conforme au dessin.

L'art du ferronnier, ressuscité par la fantaisie moderne, reste donc ce qu'il était autrefois, une affaire de goût et d'exécution. — L. M. T.

FERRURE. Garniture de fer en général. || Action ou manière de ferrer. — V. FER A CHEVAL.

* FERTIER. T. techn. Marteau du maréchal ferrant pour forger et ajuster le fer des chevaux.

FESTON. T. d'ornem. Guirlande de fleurs, de fruits, de branches d'arbres ou de feuillages enroulés et entrelacés, pour composer, dans certaines circonstances, un motif de décoration des maisons et des édifices ; les festons se forment en suspendant la guirlande par ses extrémités, ou de distance en distance, pour en laisser retomber le milieu. || Les festons qui étaient en usage à Rome, ont donné l'idée de les employer comme motif d'ornementation architecturale, ou de peinture décorative. || Etoffe drapée par petits plis, pour concourir à l'ensemble d'une tenture. || Petite broderie de forme arrondie, pour orner et garnir les bords d'un vêtement, d'un objet de lingerie.

* FÉTUQUE. T. de bot. La fétuque géante, festuca altissima, est une puissante graminée essentiellement vivace, qui croît en grande quantité dans les environs de Bône (Algérie) et qui donne un rendement en filaments textiles de près de 80 0/0, dont les Arabes tirent parti pour faire des cordes. Elle se présente sous forme de touffes énormes sur des terrains complètement dépourvus d'eau ; ses feuilles lancéolées, sillonnées de nervures saillantes, hérissées de scies âpres et bordées de dentelures aiguës et rigides, atteignent de 2 mètres à 2ᵐ,50 de hauteur, et sont surmontées, lorsqu'elles sont en maturité, de robustes tiges dont le sommet, à 2 ou 3 mètres du sol, se couronne d'élégantes panicules, assez semblables à celles de certains sorghos. — A. R.

FEU. Un des quatre éléments des anciens (la terre, l'eau, l'air et le feu). Aujourd'hui on regarde le feu comme le lieu de la combinaison de l'oxygène de l'air avec les particules de carbone contenues dans un corps inflammable, que ce corps soit solide, liquide ou gazeux. 1° T. de mach. Feu poussé. Chauffe activée par tous les moyens propres à augmenter la production de vapeur d'une chaudière. Feu modéré ou retenu. Chauffe moyenne ou lente, en raison de la quantité de vapeur nécessaire au fonctionnement de la machine. Il y a toujours avantage, au point de vue économique, à avoir un plus grand nombre de foyers allumés, que celui strictement indispensable pour la marche de la machine, attendu que dans ce cas, on n'est pas obligé d'ouvrir aussi fréquemment le fourneau et conséquemment de laisser passer au-dessus de la couche de combustible un grand volume d'air froid qui abaisse la température de la chaudière ; que les gaz s'échappent dans l'atmosphère à une température moins élevée, enfin, que l'on produit moins d'escarbilles, puisque le combustible est moins remué que dans le cas des feux poussés. Boîte à feu. Partie arrière de la chaudière, à la suite de la grille et de l'autel, dans laquelle passent la flamme et les gaz chauds d'un fourneau, pour se dissiper ensuite dans l'atmosphère par la cheminée. || 2° T. de métal. Feu catalan. — V. CATALANE (Forge). || 3° T. de min. Feu grisou. — V. GRISOU. || 4° T. de mar. Synonyme de phare. Feux de côté. Fanal vert à tribord, rouge à bâbord, pour indiquer la route suivie par un navire (V. ECLAIRAGE DES NAVIRES). Feux de position. Fanal blanc, placé sur le beaupré et à la corne de la brigantine, pour indiquer la situation d'un navire au mouillage. || 5° Feu Saint-Elme. T. de phys. Aigrettes électriques lumineuses qu'on observe quelquefois en temps d'orage à la pointe des paratonnerres, au haut des mâts de navires; au sommet des clochers, sur les girouettes des édifices, en général sur les points élevés et particulièrement sur les métaux. Ces effets sont dus à l'influence qu'exerce sur la terre l'électricité des nuages orageux, celle-ci décomposant l'électricité du sol attire à elle l'électricité contraire; qui, à la faveur des pointes, des aspérités des corps et d'une certaine humidité de l'air, va neutraliser en partie l'électricité du nuage et empêcher souvent la chute de la foudre. || 6° *Feu grégeois*. Composition de guerre que les Grecs (Grégeois) employaient au moyen âge, et à laquelle ils durent de nombreuses victoires navales. Ce feu, dont l'eau augmentait l'activité, était une arme redoutable à une époque où les navires devaient s'approcher pour combattre; on le lançait au moyen de sarbacanes, de machines petites ou grandes, et se projetait par masses enflammées, par pelotes de grosseurs différentes. C'était, selon divers auteurs, un mélange de soufre, de naphte, de poix et de bitume. || 7° *Feux de joie*. Nom générique des feux d'artifice composés pour des fêtes publiques, mais plus particulièrement feux de paille ou de fagots qu'on allumait autrefois sur les places publiques, en signe de réjouissance. || 8° *Feux d'artifice*. — V. Pyrotechnie. || 9° *Feux de Bengale*. — V. Flamme, § *Flammes de Bengale*.

* FEUCHÈRES (Jean-Jacques), statuaire français, un des artistes qui ont certainement le plus contribué à relever de la décadence où elles étaient tombées au commencement de notre siècle les industries d'art, telles que le bronze, l'orfèvrerie, etc. Il naquit à Paris le 10 mars 1807 et manifesta de très bonne heure des dispositions extraordinaires pour la sculpture, modelant de petites figurines étranges et faisant sortir d'un bâton de cire des compositions d'une imagination singulière. Un peintre de mérite, Blondel, membre de l'Institut, lui donna les premières notions du dessin; le statuaire Cortot lui enseigna ensuite l'art de modeler une figure et de manier la terre glaise. Feuchères dévora ses leçons, avait hâte de produire lui-même et le cerveau bouillonnant de projets! Que n'eût-il moins de précipitation et plus de respect pour les études sévères! Peut être aurait-il compté parmi les premiers sculpteurs de son époque. Mais l'imagination chez lui était la faculté dominante, elle l'entraîna et décida de sa vie comme de la direction de son talent. Il se passionna d'instinct pour l'art du XVIᵉ siècle qui était presque oublié alors, il l'étudia sur les monuments et surtout dans les anciennes estampes dont il se forma une très belle collection. Aussi, dès qu'éclata le mouvement littéraire du romantisme, se trouva-t-il du premier coup prêt à s'en faire l'apôtre éloquent dans les arts plastiques.

Jean Feuchères débuta au salon de 1831 par une *Nymphe à la coquille* d'un sentiment si frais, si jeune, qu'une mention déjà si souple qu'elle lui valut de précieux éloges. Il avait vingt-quatre ans. En 1833, il envoya un bas-relief représentant un *Jeune homme suppliant des moines de le recevoir*

dans leur ordre, et diverses autres œuvres, des médailles, l'esquisse d'une *Résurrection de Lazare*, etc. L'année suivante il remportait une deuxième médaille au Salon avec le modèle en plâtre de son *Raphaël*, traduit ensuite en marbre, et le grand bas-relief figurant le *Pont d'Arcole* qui lui avait été commandé pour la décoration de l'Arc-de-Triomphe. Puis vinrent, en 1835, un *Satan* méditant la ruine de nos premiers parents, le corps à demi-enveloppé dans de vastes ailes de chauves-souris, qui est resté fameux, une *Jeanne d'Arc sur le bûcher* exécutée en marbre seulement en 1845 et qui est aujourd'hui à Rouen, un *Benvenuto Cellini*; en 1836, deux petits bas-reliefs qui furent achetés par le baron de Rothschild, *La Renaissance des arts* et *La Peinture et la Poésie*; en 1838, la statue du jeune *Marquis de Stafford*, un de ses meilleurs morceaux; en 1840, une statue monumentale de Sainte-Thérèse destinée à l'église de la Madeleine; en 1841, un groupe en bronze, la *Poésie*; en 1843, une *Galatée*, une statuette représentant *Michel-Ange* et une *Amazone domptant un cheval*. Ces diverses œuvres lui conquirent la réputation. Jean Feuchères se trouvait dès lors en possession du succès. Décoré en 1846, il fut chargé de diverses commandes pour les monuments publics; c'est ainsi qu'on lui doit le grand bas-relief de l'Arc-de-Triomphe de l'Etoile représentant le *Passage du pont d'Arcole*, le *Cavalier arabe* du pont d'Iéna d'un mouvement si fier et si heureux (1849), une statue de *Bossuet* sur la fontaine de la place Saint-Sulpice, la charmante fontaine de la rue Linné, la grande statue en marbre de la Constitution sur la place du Palais-Bourbon, etc. Le talent de l'artiste, dans ces dernières œuvres, se montrait sous une nouvelle forme, et dans ce qu'on pourrait appeler sa deuxième manière. Tout d'abord, le manque de méthode qui avait présidé à ses études l'avait jeté dans une recherche ardente de l'idée, qu'exaltait son tempérament romantique, et que ne modérait pas suffisamment le sévère respect des lois de la statuaire. Mais peu à peu son goût se disciplina; l'habitude qu'il prit de modeler pour l'orfèvrerie des sujets qui l'obligèrent à tenir compte des difficultés de l'exécution et à soumettre son exubérance aux conditions de la matière employée, sans que ses facultés d'invention y perdissent rien, l'amena à s'exprimer avec plus de simplicité, plus de clarté, plus de logique. On s'en aperçut bien, notamment dans sa fontaine Cuvier, où l'on voit la Science, la tête inclinée par l'étude, le regard plongeant dans la profondeur du temps, assise au milieu des monstres terrestres et aquatiques, entrant son doigt dans une fissure du globe. L'œuvre est exquise. Au surplus Jean Feuchères, comme la plupart des artistes de l'époque de la Renaissance, dont il s'inspirait, ne se renfermait pas dans une seule des formes de l'art. Il essaya d'exercer ses précieuses qualités et son extraordinaire adresse en dehors même de sa profession de sculpteur; il cisela, peignit et grava à l'eau-forte. Il peignit en grisaille dans la coupole de l'église Saint-Paul quatre figures colossales, et il publia un certain nombre de figures et d'ornements gravés par lui. Il a fait aussi plusieurs bustes, celui de Mme *Mélingue*, celui de *Provost*, l'acteur de *Raffet*, etc.

Mais ce qui, encore une fois, assure à J. Feuchères une réputation durable, c'est son rôle dans les industries d'art. Jean Feuchères a, pendant près de vingt ans, alimenté de ses compositions et de ses modèles l'orfèvrerie et le bronze, et les œuvres qu'il a modelées sont sans contredit les meilleures choses produites pendant cette période. Ces industries étaient tombées si bas vers la fin de la Restauration, que la plupart des statuaires considéraient comme la plus cruelle des nécessités d'y employer leur talent qu'on rétribuait d'ailleurs fort mal. Aussi étaient-elles abandonnées aux infimes qui ne produisaient que de plates et pitoyables réminiscences de l'antiquité. Il est vrai de dire que les premiers efforts dans le goût nouveau ne valaient pas mieux. Avec Feuchères, tout changea du jour où les bronziers s'adressèrent à lui, et son exemple ne tarda pas à stimuler les jeunes talents. L'habile orfèvre Froment-Meurice demanda à l'artiste, à partir de 1840, un grand nombre de modèles de toutes sortes et il serait presqu'impossible de citer toutes les œuvres qu'il modela, meubles en argent, surtouts de table, coupes, boucliers, etc. Il fit pour lui un grand nombre de menus bijoux de toilette, bracelets, cannes, épingles, quelques-unes de ses épingles sont de véritables poèmes, ses cannes de sombres tragédies. Il donna en demi-relief un *Camp du drap d'or*, chevauchée moyen âge, un *Don Quichotte* escorté de Sancho, etc. Une de ses principales productions en ce genre, un chef-d'œuvre, est le milieu de table commandé à Froment-Meurice par le duc de Luynes et qui figura à l'exposition de 1850, *La terre portée par les Titans*. Il se composait de onze figures ; les meilleures sont celles des quatre Tritons et Néréides géants qui tordent et enlacent la double queue squameuse soudée à leur torse, tandis que, penchés en avant, ils soutiennent une sphère que ceinture le zodiaque. Quatre figures debout et adossées commentent les vers malicieux de Térence :

> ..... sine cerere ac Baccho, friget Venus.

Il faut mentionner aussi la gracieuse composition que fit Feuchères, en 1851, avec des mélanges d'argent et d'ivoire, la *Toilette de Vénus* montrant debout la génitrice éternelle des êtres qui vient de naître de l'écume des flots et qui, un bras passé derrière la tête, rattache une draperie, tandis qu'un Triton offre à la déesse une branche de corail. Il travailla aussi au superbe *Bouclier des courses* que Froment-Meurice exécuta de 1854 à 1855 et qui alla en Russie, après avoir figuré à l'exposition universelle. C'est lui qui en composa le motif central, *Neptune domptant des chevaux* et un des quatre bas-reliefs, celui qui représente le cheval, non plus sauvage, mais barbare encore, s'associant aux combats et aux périls de cavaliers hardis. Théophile Gautier, dans la belle description qu'il fit de cette œuvre exceptionnelle, disait : « La fierté et la bizarrerie des détails, la pétulance du mouvement et l'âpreté générale du style caractérisent bien cette époque de transition dans l'art équestre. » Jean Feuchères se chargea aussi à la même époque d'une partie de la merveilleuse

toilette monumentale offerte par les Dames de France, à S. A. R. la duchesse de Parme et Lucques, et qui coûta à Froment-Meurice six ans de travail. Elle avait deux mètres de hauteur, et l'ensemble de sa décoration ne comprenait pas moins de 31 figures. Enfin, nous ne parlons pas des divers boucliers, aiguières, ou surtouts de table que Feuchères composa pour son ami Vechte, l'admirable ciseleur. Sa fécondité égalait son adresse, et la multitude de projets trouvés dans ses cartons après sa mort attestent la puissance de son imagination. Jean Feuchères, qui est mort le 25 juillet 1852, c'est-à-dire en pleine sève de talent, n'avait à coup sûr pas donné toute sa mesure, et l'industrie française lui eût été redevable encore de bien des œuvres excellentes et de plus d'un progrès sans cette perte prématurée.

— V. CH.

*FEUILLAGISTE. Ouvrier qui, dans les fleurs artificielles, fait plus spécialement le feuillage.

FEUILLARD. Branches minces de différents bois qui, fendues en deux, sont employées par les tonneliers pour cercler les tonneaux. — V. Bois, § XVI. || Fer plat, mince et large employé pour les mêmes usages. Les emballeurs se servent parfois de feuillards pour cercler des ballots de marchandises pressées destinées à faire un long parcours. || *Fer feuillard*. Lame de fer, large et plate, destinée à la fabrication des lames de scies ou autres ouvrages analogues ainsi qu'à la construction. — V. FERS DU COMMERCE.

FEUILLÉ, ÉE. *Art hérald.* Se dit des feuilles des plantes d'un autre émail que celui des plantes qui figurent dans l'écu.

FEUILLETTE. Tonneau contenant, suivant le pays, de 130 à 140 litres.

*FEUILLETIS. *T. de lapid.* Angle qui sépare la partie supérieure d'une pierre de sa partie inférieure. || Angle du pourtour des diamants ou pierres fines. || *T. d'exploit. de min.* Endroit le plus tendre de l'ardoise, et facile à diviser.

*FEUILLISTE. *T. de mét.* Artisan ou artiste qui peint les feuilles des éventails.

FEUILLURE. *T. de constr.* Entaille que l'on pratique dans le sens de la longueur, pour recevoir une saillie.

FEUTRAGE. 1° *T. de mach.* Nom généralement donné à l'habillement des organes de machine susceptibles d'émettre la chaleur par rayonnement. Les chaudières, le tuyautage de vapeur, les boîtes à détente et à tiroirs, les cylindres et certaines parties des condenseurs sont revêtus d'une couche protectrice, pour s'opposer, autant que possible, à cette émission de chaleur. Si l'on omet cette précaution, on perd inutilement une portion de la chaleur de la vapeur, et de plus, on élève considérablement la température des chambres de chauffe ou de machine et on les rend difficilement habitables. La matière la plus généralement employée est un feutre grossier en grandes feuilles, préalablement trempées dans une solution d'alun, pour les rendre ininflammables ; ces feuilles sont cousues sur place autour de l'organe à revêtir. L'enveloppe et la façade arrière des chaudières sont habituellement recouvertes de deux feuilles de feutre, par dessus lesquelles on coud un double de forte toile à voile, qui reçoit ensuite une couple de couches de peinture. Cet ensemble est maintenu contre les chaudières à l'aide de lattes de feuillard mince en quantité suffisante. On agit de la même manière pour le tuyautage, sauf l'emploi des lattes. Pour les cylindres, les boîtes à tiroirs et les condenseurs, la substance protectrice est recouverte par des lattes en bois verni, ajustées entre elles et retenues contre l'organe par des bandelettes de cuivre jaune fixées par des vis, de manière que le tout présente un ensemble agréable à l'œil.

On fait également usage dans le même but, de la bourre de soie, de la bourre de vache, de matières grossières, de plastiques de compositions diverses portant le nom de leurs inventeurs, de déchets d'amiante et depuis quelques années seulement, d'une matière que les Anglais appellent *silicate cotton* et qui provient des scories ou laitiers des hauts-fourneaux que l'on traite d'une façon spéciale. Les peintures au liège ou à la sciure de bois sont employées dans un but analogue contre les cloisons en tôle des navires ou des appartements. ǁ 2° *T. de chapel.* Opération que subit l'étoffe au moyen du bastissage, et qui a pour but de lui donner plus d'épaisseur et de force. —V. CHAPELLERIE. ǁ 3° *Feutrage des planches. T. d'imp. s. et.* Les planches qui servent à l'impression à la main se font de diverses façons suivant qu'elles doivent reproduire les contours, les rentrures ou les fonds. Généralement, la gravure des parties délicates se fait en métal et on fait en bois les rentrures ordinaires. Quand il s'agit de fonds, comme le bois prend inégalement la couleur, facilite l'écrasement et donne des bavures, on évide les grandes surfaces et on les remplit, soit de tontisse fixée avec une colle particulière ou de la gomme laque, soit de drap de laine, soit de feutre, d'où le nom de *feutrage*. Les planches ainsi garnies sont dites *feutrées* ou *chapeaudées*, ce qui est identique.

FEUTRE. On donne ce nom à une sorte d'étoffe non tissée, faite de poil ou de laine, que l'on soumet au foulage et, suivant sa destination, à d'autres préparations particulières.

— La fabrication du feutre est une industrie qui remonte à la plus haute antiquité. Pline rapporte que les anciens produisaient des feutres qui pouvaient résister au feu et que Juste-Lipse, dans son livre intitulé : *De re militari Romanorum,* dit que les soldats samnites portaient des cuirasses (*spongiæ*) faites de laine feutrée, dont la confection était entendue d'après les mêmes principes que l'on a appliqués depuis à la fabrication des chapeaux. C'est d'Asie que nous est venue cette industrie : les Tartares, les Mandchous, les Mongols et autres peuplades errantes de l'Asie centrale font encore des tentes de feutre d'une seule pièce, et on fabrique aussi dans la Mongolie et le nord de la Chine une assez grande quantité de couvertures de feutre. Le premier essai de feutrage en France paraît avoir été fait sous le ministère du cardinal Fleury, par le sieur Chatrain, marchand chapelier qui s'en tint à quelques expériences. En 1768, un sieur

Antheaume, fabricant, présenta au roi Louis XV une pièce de drap feutré avec du poil de castor, et, plus tard, un habit de même étoffe sans couture. A ces draps de castor fort chers, qui furent longtemps les seuls feutres connus, ont succédé les étoffes de laine feutrée, inventées par Troussier, en 1789, et perfectionnées par Véra, fabricant, en 1790. MM. Antheaume et Véra semblent être ceux qui se sont le plus attachés à perfectionner ce genre d'industrie.

Le principal usage du feutre est la confection des chapeaux d'hommes et de femmes, dont il a été question à l'article CHAPELLERIE, mais on en fait encore les carcasses dites « galettes » sur lesquelles on monte les chapeaux de soie, des souliers, des chaussures, des semelles, des filtres, des bourres de fusil, des rouleaux d'impression, des garnitures pour marteaux de piano, etc. On emploie encore le feutre dans la fabrication du papier, on en fait aussi usage dans l'ameublement et la literie, on calfate les navires avec un feutre grossier saturé de goudron, enfin, l'on couvre les serres et d'autres bâtiments de construction légère avec du feutre imprégné d'asphalte. En dehors de ces spécialités qui n'ont qu'une importance relative, le feutre sert surtout à la fabrication des draps dits *feutres* et à celle des feutres dits *vernis* ; ces deux industries méritent une mention spéciale.

Drap-feutre. Le drap-feutre ne sert que rarement pour l'habillement, parce que ne possédant pas une élasticité suffisante pour se prêter aux mouvements du corps, il s'agrandit indéfiniment sous l'influence des pressions et finit par se déchirer. On l'utilise surtout pour tapis et garnitures de voiture, comme aussi pour tous les objets qui ne sont pas sujets à contracter des plis, ni à craindre le froissement ou la pression.

Pour le fabriquer, on donne à la laine les préparations ordinaires jusqu'au cardage inclusivement. A la sortie de la carde, plusieurs nappes sans fin vont se réunir sur un même rouleau, pour passer à une première machine appelée *hardeneur*, à la sortie de laquelle le feutre ébauché est fini dans une seconde machine appelée *flankeur*. Puis, après le travail de la machine flankeur, le tissu formé est soumis au foulage, comme les draps ordinaires, et les autres opérations sont effectuées d'après les mêmes errements que pour les étoffes tissées.

On trouve dans le commerce une sorte de papier non inflammable, pour tentures d'appartements, auquel on donne le nom de *tissu-feutre.* Ce produit n'a aucun rapport avec le drap-feutre, il est constitué soit par des pâtes à papier ordinaires, soit par des mélanges de pâtes végétales et de bouillies animales. Après moulage et séchage, les feuilles sont imperméabilisées avec du sulfate de cuivre, de l'huile de lin, de la résine ou du caoutchouc en dissolution. L'ininflammabilité s'obtient par les procédés connus, fondés sur l'emploi du phosphate d'ammoniaque, du sulfate de soude, de l'alun, du chromate de potasse, etc.

Feutre verni. En pénétrant le feutre d'une quantité suffisante d'huile siccative, on le rend apte à de nombreux usages, notamment à la confection des chapeaux de cocher et des visières de képi et de casquettes. On se sert, pour cela, de feutres faits de matières grossières et on emploie une huile siccative composée de 100 parties d'huile en poids, 2 parties de céruse, 2 de litharge et autant de terre d'ombre. Pour faire le chapeau verni, on place le feutre sur la forme, on l'imprègne de la composition siccative, on le dessèche à l'étuve, puis on le doucit successivement six fois à la pierre ponce en le plaçant sur un moule en bois ; finalement on le vernit à la brosse. Pour fabriquer les visières en feutre verni, on étend sur une table un morceau de feutre, on l'imprègne de colle de farine, on le dessèche à l'étuve, on le coupe à la forme voulue, on le pénètre d'huile siccative, on le ponce jusqu'à trois fois, puis on le place dans un moule chauffé où il est fortement comprimé par une presse ; on finit par le vernir comme les chapeaux. — A. R.

FEZ. Sorte de calotte, ordinairement teinte en rouge ou en bleu, faite en feutre ou en tricot feutré. On appelle encore cette coiffure *bonnet grec* ou *turc* parce qu'elle est particulière à l'Orient, surtout à la Turquie.

— Le nom de fez vient de la ville de Fez (Maroc), qui commença la première à fabriquer ce genre de calottes : on teignait alors celles-ci en rouge au moyen du kermès recueilli aux environs. Plus tard, quand l'usage s'en répandit, on en fit en Turquie, en France et en Italie, d'où on en exporta par fortes quantités dans les pays orientaux. Aujourd'hui, il n'y a plus que quelques fabriques de calottes à Constantinople, et la majeure partie des fez est fabriquée en Autriche, par les villes de Vienne et surtout de Strakonitz, qui est devenue le principal fournisseur des Turquies d'Europe et d'Asie, de la Grèce, de l'Égypte, de la Tunisie et du Maroc.

FIACRE. Voiture de place.

— Les premières voitures de louage remontent, à Paris, à 1640; la location était alors fixée à cinq sous par heure. On explique de deux manières l'origine de ce mot. Certains auteurs prétendent qu'un moine du nom de *Fiacre* était en si grande vénération dans le peuple que son portrait, qui était partout, fut peint jusque sur les portières des voitures de louage et que le nom du saint fut alors donné à la voiture et même au conducteur. D'autres disent que ces premières voitures, mises en circulation par un nommé Sauvage, étaient remisées dans la rue Saint-Antoine, à l'enseigne de Saint-Fiacre, d'où elles prirent le nom qu'elles ont conservé.

FIBRES TEXTILES. Bien que le mot *textile* signifie à proprement parler « susceptible d'être mis en tissu, » on désigne dans le commerce du nom de *fibres textiles*, non seulement les filaments déliés qui peuvent servir à la fabrication des tissus, mais encore certains d'entre eux qui ne sont employés que dans la corderie, la brosserie, la fabrication du papier, etc., et ne pourraient que difficilement entrer dans la fabrication d'une étoffe quelconque.

Les fibres textiles, en général, peuvent être divisées en trois grandes catégories : 1° fibres végétales ; 2° fibres animales ; 3° fibres minérales. Nous allons étudier spécialement chacune d'elles.

Fibres végétales. Le nombre des plantes qui peuvent fournir des filaments utilisables est excessivement grand, et c'est particulièrement la flore des tropiques qui recèle sous ce rapport des richesses inépuisables ; jusqu'à présent cependant ces dernières ont été relativement peu exploitées, et on n'en exporte encore qu'un nombre relativement petit. La cause en est, d'une part, dans l'insuffisance des moyens de communication, et, d'autre part, dans l'inefficacité de la préparation à laquelle elles sont soumises dans leur pays de production, ce qui déprécie le produit et fait que l'exportation n'est pas assez rémunératrice.

Toutes les parties constituant le squelette végétal d'une plante ne peuvent pas fournir des fibres utilisables industriellement ; dans quelques parties seulement des tissus, les cellules se présentent sous des formes qui les rendent aptes à cet usage. Les agrégations de cellules allongées et fortement épaissies, désignées en botanique par l'épithète de *prosenchymateuses*, constituent l'élément principal du tissu de l'écorce, des écheveaux vaso-fibreux et du corps du bois, sont les seules qui fournissent les fibres à l'industrie. Les membranes des vaisseaux et des tissus parenchymateux ne peuvent servir ; leur forme à elle seule s'y oppose ; elles sont généralement si minces et si fragiles qu'elles ne résistent pas aux opérations préparatoires.

Dans la corderie et dans la préparation des tissus grossiers, on met souvent directement en œuvre les faisceaux de fibres brutes ; dans l'industrie textile proprement dite, une division plus grande est nécessaire pour permettre de former des fils fins. On a alors, dans ce cas, ou bien des cellules complètement isolées, comme pour le coton et les fibres cotonneuses du bœhmeria, ou bien des cellules qui adhèrent encore en partie les unes aux autres, comme pour le lin, le chanvre, le jute, etc. Dans la fabrication du papier, il est nécessaire, pour obtenir les meilleures qualités, de séparer autant que possible ces cellules.

Le tissu végétal brut, tel qu'il existe dans les fibres végétales fines, contient toujours une quantité considérable d'éléments étrangers, et le procédé de préparation auquel on le soumet a pour objet de les éliminer sans endommager les fibres. A côté de ces substances, presque toutes les fibres végétales brutes contiennent une quantité plus ou moins grande d'éléments de tissus parenchymateux, à minces parois, qui, bien que se composant de cellulose, sont considérés, dans ce cas, comme éléments secondaires, et sont éliminés, en même temps que les autres substances insolubles, par l'emploi de procédés chimiques et mécaniques.

D'une manière générale, les fibres végétales textiles peuvent être classées de la manière suivante : 1° *fibres corticales de plantes dicotylédonées* ; 2° *faisceaux vasculaires de plantes monocotylédonées* ; 3° *libers et écorces proprement dits* ; 4° *duvets végétaux*.

1° *Fibres corticales des plantes dicotylédonées.* Presque toutes les fibres végétales employées dans l'industrie proviennent de l'écorce de la tige des plantes dicotylédonées. Pour les en retirer, il faut leur faire subir une préparation qui permette de séparer la couche corticale, et d'enlever la substance intercellulaire : cette préparation, qui se fait presque toujours avant la maturité complète de la plante, est généralement le *rouissage* (V. ce mot). Mais ce procédé agit très diversement sur des matières différentes suivant la nature de la substance intercellulaire. Chez le *lin*, le *chanvre* et les fibres corticales analogues qui appartiennent à la catégorie dont nous parlons ici, l'action ne s'étend pas jusqu'à l'isolement complet des cellules et celles-ci sont encore retenues faiblement par un reste de la substance intercellulaire ou par un produit de transformation de cette substance; ce n'est que lorsque la fibre est complètement blanchie que cette dernière partie des éléments étrangers est enlevée. Chez le *jute* et le *sunn*, les fins faisceaux de fibres corticales sont séparés dans un état encore plus pur par la même opération. Mais on ne peut pas, au contraire, employer le rouissage avec les fibres de *ramie* ou chinagrass et quelques fibres d'asclépiadées, telles que le *calotropis* et le *marsdenia*, qui toutes se distinguent par leur solidité extraordinaire. Cela paraît tenir à ce que la substance intercellulaire est enlevée trop facilement et trop complètement, de sorte que le tissu cellulaire se désagrège tout à fait et qu'il n'est pas possible de le purifier ainsi des autres éléments secondaires plus résistants.

Mentionnons qu'il est certaines fibres de cette catégorie qui sont employées industriellement sans rouissage : telles sont l'*hibiscus cannabinus*, le *sida retusa*, le *malachra capitata*, et qu'il en est d'autres, au contraire, plus propres à la fabrication du papier, telles que le *broussonetie* du Japon, pour lesquelles le rouissage est remplacé par des procédés plus expéditifs. Chacune de ces fibres étant étudiée dans le *Dictionnaire* à un article spécial, nous n'avons pas à nous y arrêter.

2° *Faisceaux vasculaires de plantes monocotylédonées.* Pour l'extraction de cette catégorie de fibres, le rouissage est peu ou pas employé : on a plutôt recours aux moyens mécaniques directs. On pourra s'en convaincre en se reportant aux études faites dans le *Dictionnaire*, sur les fibres du *pitte*, du *phormium tenax*, du *tillandsia*, du *pandanus*, du *yucca*, du *sanseviera* et de toutes les fibres extraites de diverses variétés de *palmiers* (crins végétaux divers, coir, etc.). Ces moyens mécaniques permettent de débarrasser les fibres du tissu parenchymateux qui les entoure et de les mettre à nu pour les employer suivant leur richesse.

3° *Libers et écorces.* Ces produits végétaux ne se distinguent des autres que parce qu'ils se composent des couches du tissu libérien encore adhérentes les unes avec les autres. Certains de ces libers, pendant la préparation à laquelle ils sont soumis, sont divisés en fins faisceaux fibreux; d'autres, soumis à des traitements identiques, donnent toujours des couches cohérentes. Cette variation est produite par la différence de composition histologique. Lorsque certains éléments qui environnent les faisceaux fibreux sont plus ou moins complètement enlevés par les procédés de préparation, les faisceaux de fibres de libers sont isolés; lorsqu'au contraire le

traitement préparatoire ne peut pas détruire la cohésion de ces faisceaux, ceux-ci restent solidement réunis et rattachés les uns aux autres, suivant la force du traitement ou la durée de l'opération; on peut, dans certains cas, obtenir à volonté des fibres ou des couches douées de cohésion. La préparation dont nous parlons consiste toujours à rouir à l'eau froide soit les écorces, soit les tiges entières ou les troncs. Ce rouissage détruit, en grande partie, l'enveloppe externe et les éléments du tissu parenchymateux qui composent l'écorce externe et l'écorce moyenne, les couches de cambium ainsi que les rayons médullaires.

Les principaux libers utilisés de cette façon sont en Europe, celui du *tilleul*, et dans les pays exotiques ceux du *thespesia populnea*, *urena sinuata*, *lagetta linteria*, etc.

4° *Duvets végétaux.* Ce qui différencie surtout ces fibres textiles des précédentes, c'est que ces dernières sont formées par des agrégations de cellules dont la décomposition en cellules isolées n'est produite que par des procédés artificiels, tandis que les duvets se composent de cellules isolées qui, reposant telles quelles à la surface des noyaux, remplissent les capsules des graines et, à partir de leur premier développement, apparaissent libres et isolées.

Le type est le *coton*, mais, en dehors de cette fibre si répandue et si employée, il en est d'autres dont il faut aussi tenir compte dans l'industrie. Nous les examinons à leur place dans le *Dictionnaire*.

Fibres animales. On peut diviser les fibres animales en deux catégories : 1° les poils des animaux; 2° les diverses espèces de soies filées par les insectes sous la forme de cocons.

1° *Poils des animaux.* Les poils des animaux comprennent deux classes de fibres bien distinctes : la première comprenant les dépouilles des animaux sauvages et non apprivoisés, tels que les mammifères carnivores et rongeurs; la seconde les produits laineux des animaux domestiques de la race ovine et de ses dérivés.

Les premiers se distinguent des seconds, comparés à l'état brut et avant qu'ils n'aient été l'objet d'aucune épuration, par la quantité presque insignifiante d'enduit gras de la surface, par une direction constamment droite et rigide, par l'épaisseur de leurs parois, et par une différence du pouvoir réfringent entre le milieu et les bords du brin. Les seconds diffèrent des précédents par la quantité considérable de corps étrangers dont la matière cornée des brins est chargée, par la direction contournée et plus ou moins prononcée de ces brins très flexibles, par la porosité sensible et la finesse relative de leurs parois, par leur pouvoir réfringent assez uniforme, enfin par l'absence ou du moins la grande rareté de poils composés.

Les poils des rongeurs et des carnivores fournissent à l'industrie la plus grande partie des substances recherchées pour faire des feutres parfaitement clos, dont l'art de la chapellerie fait son profit.

Quant aux produits laineux de la race ovine ils sont, comme on le sait, d'un emploi extrêmement répandu et constituent l'une des branches les plus importantes de l'industrie textile. Ces produits, même sur une provenance unique, renferment des filaments dont les caractères sont très différents. C'est ainsi que l'on trouve dans les laines les plus fines ce qu'on appelle le *jarre*, sorte de brin gros et rigide ressemblant à un poil commun; comme on y rencontre aussi le *duvet*, filament si fin et si flexible qu'il se contourne sur lui-même ou autour de filaments voisins.

Les produits laineux doivent, pour être employés dans l'industrie, être débarrassés des corps étrangers qui les recouvrent et dont la proportion augmente avec la finesse des brins. On peut enlever cet enduit soit en trempant la toison dans l'eau à la température ordinaire, soit en la lavant sur l'animal qui la porte, soit en employant l'eau chaude, soit enfin en faisant usage d'une eau alcaline et en lavant ensuite à l'eau pure. Ces quatre modes d'opérer étant usités, le commerce des laines comprend ce textile sous cinq états différents : 1° en surge ou en suint, c'est-à-dire à l'état naturel; 2° lavé à froid; 3° lavé à dos; 4° lavé à chaud; 5° lavé à fond. Le moyen industriel de faire disparaître l'enduit gras de la surface de la laine a été expliqué en détail au mot DESSUINTAGE.

2° *Soies*. Le textile que dans le commerce on désigne sous le nom générique de *soie*, est produit par diverses variétés de bombyx, et principalement par les bombyx du mûrier. Il est le plus précieux de tous. Nous rappellerons ce que, dans le travail de la chenille du mûrier, la matière cornée et coagulable qui doit former la soie, sort de la bouche de l'insecte en deux brins solides, continus, soudés ensemble, qui forment un fil par leur agglomération. Avec ce fil le ver forme une espèce de cosse ovoïde dont les parois se composent de couches de fils de soie superposées et pour ainsi dire maçonnées comme le sont certains nids d'oiseaux. Aussi, quoique le textile ait naturellement la forme de fil, ne peut-il être utilisé qu'après un travail et des préparations toutes particulières, qui constituent une véritable industrie : celle du tirage de la soie des cocons. — V. COCON, SOIE.

Il n'est pas de soie, en dehors de celle secrétée par les bombyx, qui soit utilisable industriellement. Tous les essais faits pour tisser d'autres fils, notamment ceux de l'araignée, n'ont jamais amené de résultat pratique.

Fibres minérales. Le type de ce genre de fibres est l'*amiante*, minéral produit de la décomposition d'une roche, le plus souvent la serpentine, et qui à l'état brut se présente sous l'aspect de filaments, tantôt longs et brillants comme la soie, tantôt grisâtres et agglomérés, employés le plus souvent pour calfats ou *presse-étoupe*. Comme, en raison de sa constitution, l'amiante mise au contact d'une flamme ne peut jamais entrer en cendres, on a essayé d'en faire des tuniques, gants, casques, etc., pour l'usage des personnes dont la profession exige l'approche constante du feu, mais l'usage en est fort restreint. — A. R.

ESSAI DES FIBRES TEXTILES.

Pour reconnaître une fibre textile, il faut d'abord rechercher si l'on a affaire à une fibre végétale ou à une fibre animale; la détermination ultérieure de son espèce est ainsi beaucoup facilitée. Si la fibre soumise à l'essai est sous forme de tissu (ou de fil), il est indispensable de commencer par lui enlever son apprêt. Dans ce but, on fait bouillir un petit coupon du tissu pendant 10 minutes avec de l'eau contenant 2 0/0 de carbonate de sodium et un peu de savon; on lave ensuite le tissu à l'eau bouillante, puis on le place pendant 5 à 10 minutes dans de l'eau additionnée de 2 0/0 d'acide chlorhydrique ou sulfurique et enfin on le lave avec soin. Le tissu desséché (ainsi que les fils ou les fibres brutes) est alors soumis à l'action de réactifs chimiques et à un examen microscopique.

Distinction entre les fibres animales et les fibres végétales. Cette distinction peut être établie à l'aide des réactions suivantes : 1° les fibres animales, chauffées avec un peu de chaux vive dans un tube fermé à un bout, fournissent des vapeurs ammoniacales, qui bleuissent le papier de tournesol rouge. Les fibres végétales, traitées de la même manière, dégagent des vapeurs acides, qui rougissent le papier de tournesol bleu; 2° les fibres animales, introduites dans la flamme d'une bougie, brûlent difficilement en donnant un charbon spongieux et brillant et dégageant l'odeur de corne brûlée. La fibre végétale brûle au contraire avec une flamme vive, en ne laissant que peu de résidu et dégageant une odeur franche de linge brûlé. On peut, à l'aide de ce moyen, déterminer combien un tissu renferme de fils de l'une ou de l'autre origine; à cet effet, on coupe dans le tissu à essayer, un morceau de 5 centimètres carrés, puis on retire tous les fils en travers et tous les fils en long, on brûle ensuite séparément chaque fil et l'on compte d'une part ceux qui présentent la réaction des fibres végétales et d'autre part ceux qui se comportent comme des fibres animales; 3° on fait bouillir un petit morceau de tissu dans une lessive de potasse ou de soude à 8 0/0; la fibre animale se dissout, tandis que la fibre végétale reste; 4° on bouillie avec une dissolution d'acide picrique, la fibre animale se teint en jaune; traitée de la même manière, la fibre végétale ne se colore pas; 5° on prépare une solution incolore de rosaniline en dissolvant de la fuchsine dans l'eau bouillante et ajoutant goutte à goutte de l'ammoniaque caustique jusqu'à décoloration. Dans cette solution filtrée et chaude, on plonge pendant quelques secondes les fils ou les tissus à essayer, puis on les lave à grande eau et on les expose au contact de l'air; si l'on a affaire à un tissu formé de fibres animales (laine ou soie) et de fibres végétales (coton ou lin), les premières prendront une teinte rouge, tandis que les secondes resteront incolores, et l'on pourra, en examinant le tissu à l'aide d'un compte-fils, déterminer exactement le nombre des fils de nature animale ou végétale. La même détermination peut être faite avec les tissus traités par l'acide picrique.

Distinction des fibres animales entre elles (laine et soie). Les réactions suivantes peuvent servir pour établir cette distinction : 1° on plonge pendant 15 ou 20 minutes un petit morceau du tissu dans un mélange à volumes égaux d'acide sulfurique ordinaire et d'acide azotique concentré, et on le lave ensuite avec de l'eau. La soie (et le poil de chèvre) se dissout, tandis que la laine est seulement colorée en jaune ou en brun, mais non dissoute ; 2° si l'on plonge le tissu dans une solution d'acétate neutre de plomb mélangée avec autant de soude qu'il en faut pour que le précipité blanc qui s'est d'abord formé se redissolve, la laine (et les poils animaux) se colore en brun, la soie reste inaltérée ; 3° une solution d'oxyde de cuivre dans l'ammoniaque (réactif de Schweitzer) dissout la soie, mais non la laine ; 4° dans une solution de chlorure de zinc basique à 60° Baumé on fait digérer pendant 1 heure, à 30-40°, un petit fragment du tissu à essayer ; les fils de soie se dissolvent, tandis que les fils de laine restent ; si le tissu renferme, outre la laine et la soie, des fils végétaux, il est facile de les reconnaître en lavant avec de l'eau le résidu du traitement précédent et le faisant digérer dans une lessive de potasse à 1,2 de densité, qui dissout tous les fils de laine et laisse les fils végétaux.

Distinction des fibres végétales entre elles. Pour distinguer le *lin* du *coton* dans un tissu, on peut procéder de la manière suivante : on plonge dans de l'acide sulfurique concentré pendant une ou deux minutes un morceau du tissu, puis on le lave d'abord avec de l'eau, en le frottant un peu entre les doigts, puis avec de l'ammoniaque étendue et encore avec de l'eau. Les fils de lin (ou de chanvre) ne sont pas attaqués, tandis que les fils de coton sont transformés en une gelée, que le traitement par l'eau dissout et élimine. On peut facilement s'assurer dans quelles proportions le mélange des deux fils a été fait en comptant les fils avant et après l'expérience. Pour reconnaître les fils de *phormium tenax* (lin de la Nouvelle-Zélande) dans les tissus de chanvre et de lin, on peut se servir des réactions suivantes : 1° si l'on plonge pendant une heure un fragment du tissu à essayer dans de l'eau de chlore, puis dans de l'ammoniaque liquide, les fibres de phormium se colorent en violet rouge, que quelques gouttes d'acide azotique font disparaître, les fibres de chanvre prennent une teinte légèrement rosée et le lin conserve sa couleur primitive ; 2° si l'on plonge le tissu dans une solution aqueuse de bleu d'aniline à 0,10 grammes par litre et chauffée à 60-70°, les fibres de phormium se colorent fortement, tandis que celles du chanvre ou du lin ne changent pas.

La marche à suivre pour reconnaître les fibres textiles les plus employées, en se basant sur des réactions chimiques, a été résumée par Pinchon dans le tableau dichotomique suivant :

On traite les fils ou les tissus par une solution de potasse ou de soude :

Tout se dissout	Chlorure de zinc à froid dissout tout.	Solution alcaline noircit par addition d'un sel de plomb.		Soie.
	Chlorure de zinc dissout partiellement ou ne dissout rien.	Soluble partiellement.	Partie soluble ne noircit pas par un sel de plomb, partie insoluble noircit.	Soie et laine
		Insoluble.	Noircit par un sel de plomb.	Laine.
	Chlorure de zinc ne dissout rien.	Eau de chlore, puis ammoniaque colorent la fibre en rouge.	Fibre rougit par l'acide azotique ou le peroxyde d'azote.	Phormium.
		Eau de chlore, puis ammoniaque ne colorent pas.	Fibre se colore par solution alcoolique de fuchsine à 5 0/0, et la coloration résiste au lavage. / Iode et acide sulfurique colorent en jaune.	Chanvre.
			Potasse aqueuse colore fibre en jaune. / Iode et acide sulfurique colorent en bleu.	Lin.
			Coloration par fuchsine ne résiste pas au lavage ; la potasse ne colore pas la fibre en jaune.	Coton.
Une partie se dissout et les fibres s'attaquent.	Chlorure de zinc dissout une partie.	Une partie noircit par le sel de plomb.	Potasse dissout partiellement les fibres insolubles dans chlorure de zinc ; celles qui résistent à ce second traitement se dissolvent dans l'ammoniure de cuivre.	Laine, cot. et soie.
		Sel de plomb ne noircit pas.	Acide picrique colore partiellement en jaune, l'autre partie restant blanche.	Soie et cot.
	Chlorure de zinc ne dissout rien.	Acide azotique colore une partie, l'autre restant blanche.		Cot. et lin.

Examen microscopique et microchimique. L'examen à l'aide du microscope ne sert pas seulement pour compléter ou pour contrôler les résultats de l'essai chimique ; dans la plupart des cas, il fournit des indications plus certaines que ce dernier, surtout lorsqu'on emploie en même temps des réactions microchimiques.

Pour préparer une fibre à l'examen microscopique, on la dépose sur le porte-objet, on fait tomber par dessus une goutte d'eau distillée et on laisse le tout en contact pendant quelques instants ; appuyant ensuite le bout de l'index gauche sur une des extrémités de la fibre, on passe plusieurs fois à travers celle-ci la pointe d'une aiguille. La fibre est de cette façon uniformément désagrégée ; il ne reste plus maintenant qu'à procéder à son examen, après avoir posé le couvre-objet par dessus.

Comme réactifs microchimiques, on emploie surtout : une solution d'iode (0,1 d'iode, 0,2 d'iodure de potassium et 50 d'eau distillée), une solution de sucre (1 de sucre candi et 2 d'eau distillée), de l'acide sulfurique concentré ou étendu (3 d'acide et 1 d'eau), de l'ammoniure de cuivre (réactif de Schweitzer), une solution de potasse ou de soude caustique, une solution de fuchsine, une solution étendue d'acide chromique, etc. Pour faire agir un réactif sur la fibre préparée comme il a été dit plus haut, on dépose, au moyen d'une baguette de verre bien effilée, sur le bord du couvre-objet, une goutte du liquide qui pénètre par capillarité

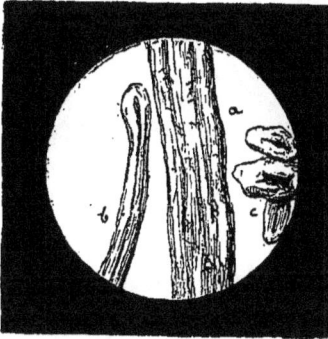

Fig. 96. — Chanvre.
a Filament. — b Extrémité de filament. — c Section. 250/1.

au-dessous de la lamelle de verre. La solution d'iode et l'acide sulfurique étendu sont employés simultanément ; on fait également agir en même temps la solution de sucre et l'acide sulfurique étendu, et l'on procède alors comme il suit : on humecte la fibre désagrégée avec la solution d'iode ou de sucre, on enlève avec un pinceau la portion de liquide non absorbée, on place le couvre-objet et on dépose sur le bord de ce dernier une goutte d'acide sulfurique.

Voici maintenant quels sont les caractères microscopiques et microchimiques des fibres textiles les plus employées :

Fibres végétales.

Chanvre (cannabis sativa). Tubes creux de $0^{m}/^{m},01$ à $0^{m}/^{m},027$ de diamètre, coupés de distance en distance par des cloisons transversales et striés longitudinalement, contours assez irréguliers, extrémités ordinairement obtuses, rarement divisées (fig. 96). L'iode et l'acide sulfurique donnent lieu à une coloration verdâtre, l'iode seul colore la fibre en vert, la potasse ou la soude en brun, l'ammoniure de cuivre produit un fort gonflement et une dissolution partielle.

Chanvre de Manille (musa textilis). Fibres lisses, creuses, cylindriques, à extrémités coniques, canal central large, très apparent. Diamètre de

$0^{m}/^{m},016$ à $0^{m}/^{m},027$. L'iode et l'acide sulfurique colorent la fibre en jaune d'or ; la soude la gonfle et la colore en jaune pâle ; l'ammoniure de cuivre la gonfle fortement, sans la dissoudre.

Chinagrass ou ramie (urtica nivea). Fibres creuses cylindriques, avec stries longitudinales irrégulières et à extrémités coniques, canal central

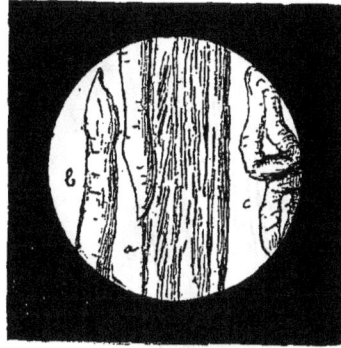

Fig. 97. — China-grass.
a Filament. — b Extrémité du filament. — c Section. 250/1.

souvent très large (fig. 97). Diamètre $0^{m}/^{m},04$ à $0^{m}/^{m},011$; le plus souvent $0^{m}/^{m},055$. L'iode et l'acide sulfurique les colorent en bleu ou en rouge, l'ammoniure de cuivre les gonfle fortement, sans les dissoudre.

Coton (Gossipium indicum, herbaceum ; etc.) Fibres creuses, amincies vers la pointe, à parois très minces, affaissées l'une sur l'autre, et fréquem-

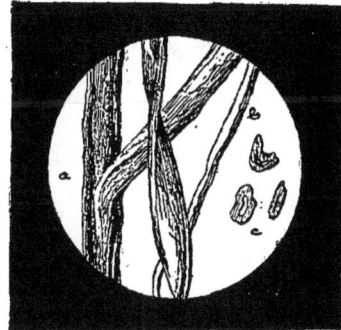

Fig. 98. — Coton.
a Filament vu à plat. — b Filament vu de profil. — c Section. 250/1.

ment contournées autour de leur axe (fig. 98). Diamètre de $0^{m}/^{m},011$ à $0^{m}/^{m},037$. L'iode et l'acide sulfurique colorent la fibre en bleu, la fuchsine produit une coloration rouge, disparaissant au contact de l'ammoniaque, la soude ou la potasse une coloration brune, et l'acide sulfurique seul la dissout rapidement. L'ammoniure de cuivre donne lieu à un gonflement vésiculaire et finit par dissoudre la fibre, en ne laissant qu'un léger résidu gélatineux.

Jute (corchorus capsularis et olitorius). Fibres

creuses lisses, sans stries, mais présentant souvent des sinuosités sur les bords, parois d'inégale épaisseur et par suite canal central tantôt réduit à une ligne, tantôt au contraire très large (fig. 99). Diamètre de 0ᵐ/ᵐ,01 à 0ᵐ/ᵐ,03. L'iode et l'acide sulfurique colorent la fibre en jaune foncé, l'ammoniure de cuivre la gonfle faiblement : après un

bien apparent, extrémités ordinairement pointues (fig. 101). Diamètre de 0ᵐ/ᵐ,008 à 0ᵐ/ᵐ,0189, le plus souvent 0ᵐ/ᵐ,0135. L'iode et l'acide sulfurique donnent lieu à une coloration jaune intense, l'eau de chlore et l'ammoniaque à une coloration violette; l'ammoniure de cuivre produit un léger gonflement.

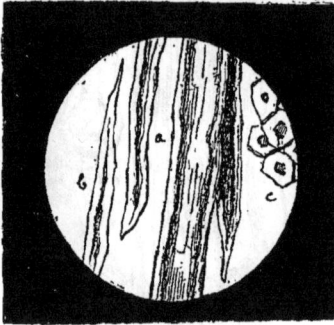

Fig. 99. — *Jute.*
a Filament. — b Extrémité du filament. — c Section. 250/1

Fig. 101. — *Phormium.*
a Filament. — b Extrémité du filament. — c Section.

traitement préalable par l'acide chromique étendu, additionné d'un peu d'acide sulfurique, elle prend une couleur bleue.

Lin (linum usitatissimum). Tubes très réguliers, striés longitudinalement, à parois fortement et uniformément épaissies, canal central paraissant généralement réduit à une ligne noire et disparaissant çà et là (fig. 100). Diamètre de 0ᵐ/ᵐ,0069

Fibres animales. Toutes les fibres animales sont colorées en rouge par la solution de sucre et l'acide sulfurique étendu.

Laine de mouton (ovis aries). Fibres cylindriques creuses, plus ou moins arquées, un peu coniques vers le sommet, marquées extérieurement de lignes transversales figurant des écailles disposées comme les tuiles d'un toit et présentant çà et

Fig. 100. — *Lin.*
a Filament. — b Extrémité du filament. — c Section. 250/1.

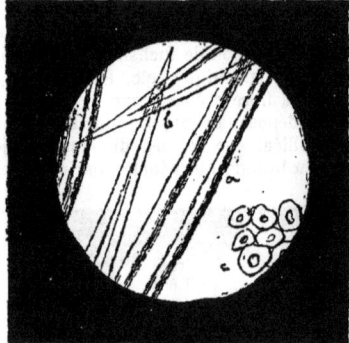

Fig. 102. — *Laine.*
a Poils de différentes grosseurs. — b Jarre. — c Section d'un poil. 250/1.

à 0ᵐ/ᵐ,0241. L'iode et l'acide sulfurique produisent une coloration bleue, l'ammoniure de cuivre gonfle la fibre et finit par la dissoudre, la fuchsine et une immersion dans l'ammoniaque pendant 2 ou 3 minutes lui communiquent une belle couleur rouge, la solution de soude la colore en jaune clair, l'acide sulfurique concentré la dissout peu à peu.

Lin de la Nouvelle-Zélande (phormium tenax). Fibres fines, régulières, lisses, droites, épaisseur des parois très uniforme, canal central petit mais

là des taches noirâtres (fig. 102). Diamètre de 0ᵐ/ᵐ,014 à 0ᵐ/ᵐ,06. L'acide sulfurique et l'acide chlorhydrique dissolvent la fibre avec une coloration rouge, la fuchsine la teint en rouge, l'azotate d'argent en violet ou brun noir, le sulfate de cuivre ou de fer en noir; l'ammoniure de cuivre produit un faible gonflement, en rendant les écailles plus apparentes.

Laine d'alpaca (auchenia pacos). Structure analogue à celle de la laine de mouton, écailles parfaitement visibles, çà et là taches grisâtres. Diamètre 0ᵐ/ᵐ,02 à 0ᵐ/ᵐ,034.

Mohair, poils de chèvre (hircus angorensis). Écailles régulières entourant complètement la fibre, difficiles à voir, canal central très apparent. Diamètre 0ᵐ/ᵐ,023 à 0ᵐ/ᵐ,03.

Soie. La soie du *bombyx mori* est formée par des filaments doubles, transparents, pleins, quelquefois striés longitudinalement, à section trans-

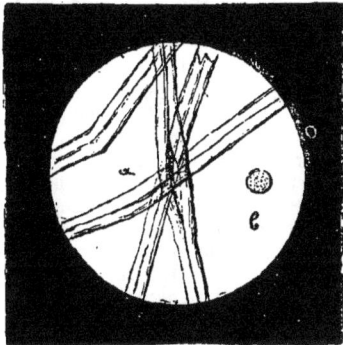

Fig. 103. — *Soie.*

a **Filament.** — b Section. 250/1

versale anguleuse (fig. 103). On distingue les différentes sortes de soie principalement par la comparaison de leur diamètre (le plus grand que l'on puisse trouver), qui offrent les dimensions suivantes : soies du *bombyx cyathia* 0ᵐ/ᵐ,014, du *bombyx faidherbii* 0ᵐ/ᵐ,024, du *bombyx mori* 0ᵐ/ᵐ,018, du *bombyx mylitta* 0ᵐ/ᵐ,052, du *bombyx selene* 0ᵐ/ᵐ,034, du *bombyx yama-mai* 0ᵐ/ᵐ027.— Dʳ L. G.

Bibliographie : Schacht : *Die prüfung der im Handel vorkommenden Gewebe,* Berlin, 1853 ; Chevreul : *Rapport sur le mémoire de M. Vétillart,* in : Comptes-Rendus de l'Académie des sciences, t. LXX, p. 1116, 1870 ; Wiesner : *Mikroskopische Untersuchungen,* Stuttgart, 1872 ; *Manuel ou exposé de la méthode pratique à suivre dans l'examen des matières textiles végétales,* procédé Vétillart, publié par ordre du ministère de la marine et des colonies, 1872 ; Roucher : *Rapport sur le Mémoire de M. Vétillart,* in : *Annales d'hygiène et de médecine légale,* t. XL, p. 64, 1873 ; H. Hager : *Untersuchungen,* t II, p. 605, Berlin, 1874 ; R. Schlesinger : *Examen microscopique et microchimique des fibres textiles,* traduit de l'allemand par L. Gautier, 1875 ; M. Vétillart : *Etudes sur les fibres végétales textiles,* 1876 ; Bolley : *Manuel d'essais et de recherches chimiques,* 2ᵉ édit. française, traduit par L. Gautier, p. 964, 1877 ; G. Pennetier : *Leçons sur les matières premières organiques,* p. 313, 1881 ; Chevallier et Baudrimont : *Dictionnaire des falsifications,* p. 781, 1882.

FIBULE. Agrafe antique. — V. Bijouterie, Broche, Fermail.

FICELLE (Petite corde). La fabrication de la ficelle se fait, soit à la main, soit à la mécanique, et suivant les pays, l'un ou l'autre mode de faire a une égale importance. A la main ou à la mécanique, l'ensemble des manipulations que le cordier fait subir au chanvre ou au lin pour en faire une ficelle peut se résumer en quatre opérations : 1° peignage ; 2° filage des fils de caret ;

3° commettage desdits fils, et 4° apprêt. Nous avons déjà expliqué aux mots Câble et Fil, § 6°, ce qu'il fallait entendre par les dénominations de *commettage, fil de caret,* etc.

Fabrication a la main. Le peignage à la main, dont le but est de réduire les filaments à une plus grande finesse et de les débarrasser de toutes les matières étrangères qui y sont encore adhérentes, tout en les redressant et les parallélisant autant qu'il est possible, se pratique en refendant les fibres dans le sens de leur longueur au moyen des aiguilles d'un peigne (V. Peignage). Puis, le textile peigné est porté à l'atelier de fabrication.

Pour installer un atelier de fabrication à la main, il faut un assez grand espace, plus long que large, ce qu'on appelle généralement une *aire de cordier.* Le fabricant choisit ordinairement en plein air l'emplacement dont il a besoin, en ayant soin que ce soit un endroit abrité par les vents et ombragé par des arbres pour défendre les ouvriers des ardeurs du soleil pendant l'été. Il s'installe, le plus souvent, le long d'un mur, d'une allée d'arbres, des fossés d'une ville, au bas d'un rempart, etc.

Il commence par fabriquer le *fil de caret.* Pour cela, sous un atelier couvert en planches, installé à l'extrémité de l'aire qu'il a choisie, il place un *rouet.* Cet instrument, qui doit être très léger, afin de pouvoir être enlevé facilement vers l'hiver quand les travaux d'été sont terminés, se compose d'une roue munie d'une manivelle facile à mettre en mouvement ; sur cette roue est une corde qui transmet le mouvement à des poulies cylindriques à plusieurs gorges nommées *molettes,* percées dans leur axe par une pointe en fer terminée à son extrémité par un crochet. Les molettes sont toujours distribuées de telle sorte que l'une reçoit le mouvement du rouet et le communique aux autres par le retour de la corde sur la roue. Elles sont ordinairement au nombre de trois.

Nous supposons que le cordier, désigné sous le nom de *maître de roue,* ait peigné son chanvre. Pour faire son fil de caret, il prend une certaine quantité de filasse avec lui, se la passe autour des reins, du côté du bras gauche en la soutenant par son tablier, et va l'accrocher à l'un des crochets de la molette, pendant qu'un enfant donne le mouvement à la roue. Puis il marche en arrière en laissant échapper cette filasse, en attirant celle-ci petit à petit de sa main droite qui, pendant que la main gauche soutient le fil qui se forme. La filasse se tord immédiatement par l'action du rouet, en avançant par un mouvement du pouce et du médium, et passant entre ces deux doigts en glissant sur le côté de l'index qu'elle parcourt sur la deuxième phalange : sa torsion est modérée par l'action d'un morceau de drap nommé *paumelle* placé dans la main gauche du cordier. Celui-ci recule, le fil de caret se forme et, comme la roue tourne, les filaments ne se quittent plus.

Il y a donc dans l'opération du filage à la main du fil de caret, deux temps : glissement des fibres, torsion des filaments.

S'il est une profession où la grande pratique est indispensable pour la réussite des produits, c'est assurément celle du cordier à la main. Il faut que, pour la production du fil de caret (comme plus tard dans le tordage), la vitesse du rouet soit réglée de manière à être d'accord avec la marche du maître de roue. Si le cordier voulait ralentir le pas, il faudrait que le tourneur diminuât sa vitesse, et inversement. L'un et l'autre doivent s'observer mutuellement et assurer, par des cris ou des signes quelconques, la régularité de leurs mouvements.

Lorsqu'il s'agit de fabriquer le fil dit *bitord*, qui est une ficelle pour la marine, au lieu d'employer le rouet ordinaire, on se sert d'un rouet en fer. Celui-ci se compose de quatre crochets mobiles disposés en forme de croix autour d'une grande roue ; ces crochets tournent en même temps que la roue, et d'un mouvement bien plus rapide, à l'aide d'un pignon dont chacun d'eux est muni, et qui engrène dans les dents de la roue qu'un homme fait tourner au moyen d'une manivelle. La grande roue imprime ainsi le mouvement aux quatre pignons qui tournent avec une égale vitesse puisqu'ils ont un égal diamètre.

Dans l'un et l'autre cas, le maître de roue, en travaillant, parcourt une distance relativement considérable ; quelquefois sa course est de 50 mètres, et plus. L'habitude du travail est telle, qu'arrivé à cette distance, le diamètre et la torsion du fil de caret sont les mêmes qu'au début. Quand la longueur du fil fabriqué devient assez grande pour le faire baisser jusque près de terre, le fileur, de crainte qu'il ne traîne, lève les mains par une secousse et accroche son fil dans les dents d'un *râtelier* qui n'est autre qu'une pièce de bois composée d'un support, d'une planchette et de clous fixés sur celle-ci. Il recommence à l'accrocher ainsi à d'autres râteliers disposés sur son chemin toutes les fois qu'il le juge convenable.

Lorsque le cordier est arrivé au bout de son aire, il en avertit le tourneur par un cri spécial, puis, pour laisser perdre au fil la torsion qu'il a en trop, il en attache le bout à un petit instrument appelé *émerillon*, et il le laisse au repos. Cet émerillon n'est autre qu'un crochet qui a la liberté de tourner dans un tube en laiton.

Le fil de caret étant fabriqué, nous allons voir comment on fabrique la *ficelle* proprement dite. On se sert pour cela du même rouet et d'un système de molettes identique. Mais, tandis que pour obtenir le fil de caret, une seule molette fonctionne pour un seul ouvrier, plusieurs molettes fonctionnent ensemble sont nécessaires pour former le toron. Leur nombre est égal au nombre de fils de caret devant former la ficelle, et ce nombre est variable. Avec le rouet que nous avons décrit plus haut, on ne peut avoir que trois fils de caret à la ficelle, parce qu'il n'y a que trois molettes.

Le cordier attache donc au crochet de chaque molette un fil de caret : supposons qu'il veuille faire une ficelle de trois fils. Il prend d'abord le premier fil qu'il attache par un de ses bouts à la première molette du rouet, l'étend et va l'attacher à l'émerillon à une distance proportionnelle à la longueur qu'il veut donner à sa ficelle : ce fil est destiné à faire un des trois cordons. Cela fait, il revient attacher un autre fil à la seconde molette, la tend aussi et va l'attacher de même à l'émerillon ; ce fil doit faire le second cordon. Il fait de même pour le troisième, et va attacher ces trois fils par leurs extrémités au même émerillon. On appelle cette opération *étendre les fils*, ou mieux *ourdir une corde*.

Cela fait, le tourneur fait mouvoir sa roue en sens inverse de la direction qu'il a donnée pour le fil de caret, et le cordier, reculant en arrière, place entre les trois fils, pour empêcher leur enchevêtrement pendant la fabrication, un moule en bois, sorte de cône tronqué qu'il tient horizontalement, et auquel on a donné dans les différentes corderies de France, le nom de *toupin* et aussi ceux de *cabre, masson, cochoir, sabot* ou *gabien*. Ce cône, dont la grosseur est proportionnelle à celle de la corde qu'on veut faire, porte, dans sa longueur, autant de rainures que la corde a de cordons, rainures toujours arrondies par le fond et toujours assez profondes pour que les fils y entrent de plus de moitié de leur diamètre. Dans le cas qui nous occupe, le toupin a trois rainures ; mais quand la corde n'a que deux fils, ces rainures sont placées, dans un sens diamétralement opposé l'une à l'autre. Le cordier après l'avoir posé de manière que la pointe touche au crochet de l'émerillon, marche en arrière en ordonnant que l'on tourne le rouet ; il le fait glisser jusqu'auprès du rouet sans discontinuer de faire tourner la roue ; les deux fils se réunissent en se tordant les uns sur les autres et constituent la corde.

Il y a une perte en longueur d'environ un tiers par suite de la torsion. Aussi, si l'émerillon était fixe, son crochet se romprait-il immédiatement par l'effet de la traction exercée sur lui. Pour éviter cet inconvénient, on a assujetti l'émerillon à une corde tournée autour d'une roue-lanterne qui tient à un bâti au moyen d'un axe, sur cet axe on a tourné une corde à laquelle est suspendu un poids qui rappelle la lanterne à sa première position quand toute la longueur de la corde de l'émerillon a été développée. Dans ces conditions, la torsion de la corde se règle d'après la marche de l'ouvrier et la vitesse du rouet.

FABRICATION MÉCANIQUE. La fabrication des ficelles à la mécanique, moins importante en France que la fabrication à la main, peut se faire de trois manières :

1° Par la réunion de deux ou d'un plus grand nombre de fils toronnés et câblés, au moyen de la machine qui sert à fabriquer les petits câbles d'un seul jet, que nous avons décrite au mot CÂBLE.

2° Par un simple retordage sur le métier à retordre les fils simples. — V. RETORDRE (métier à).

3° Enfin par câblage direct, ce qui donne les ficelles dites *câblées*. Les machines à câbler la ficelle, dont la disposition générale tient un peu de celle des bancs-à-broches à lin, sont assez employées. Sur l'un des côtés du banc-à-broches (appelons-le ainsi, si l'on veut, ce qui fera mieux comprendre l'agencement de la machine) est placée une série de châssis porte-bobines, reposant verticalement deux par deux ou trois par trois (selon le nombre de torons à câbler), sur une série correspondante de plateaux animés d'un mouvement de rotation continu. La rotation de chaque plateau entraînant celle des châssis, chaque série de ceux-ci tourne autour d'un axe vertical formant broche câbleuse. Le nombre de ces broches est déterminé et le mouvement leur est communiqué au moyen d'un engrenage conique comme dans les bancs-à-broches ordinaires pour lin ou chanvre. Quant aux bobines, elles sont placées dans chaque châssis horizontalement et ne tournent que par la traction du brin qui se dévide. Les brins se câblent par le fait de la rotation de chaque broche, puis arrivent aux appareils récepteurs. Ceux-ci sont tous placés de l'autre côté du banc-à-broches, en opposition aux châssis porte-bobines. Chacun d'eux se compose d'une forte broche verticale, munie d'ailettes entre lesquelles passe le fil et qui envident celui-ci sur une bobine de grande dimension. Cette bobine est animée d'un mouvement de translation vertical, et l'envidage couche par couche s'y effectue avec la plus grande régularité par l'intermédiaire des appareils de variation et de la roue différentielle (V. DIFFÉRENTIEL), bien connue des bancs-à-broches à lin. — V. BANC-A-BROCHES.

Apprêt. Que les ficelles soient fabriquées à la main ou à la mécanique, elles doivent toujours subir un apprêt qui les rendent plus marchandes et qui varie suivant l'usage auquel elles sont destinées. Cet apprêt consiste à les enduire de matières qui les engluent de façon qu'elles résistent aux agents au milieu desquels elles doivent séjourner. C'est ainsi que les ficelles communes pour emballage reçoivent toujours un *parement* dont le but est de les adoucir, en leur faisant perdre de leur rigidité et de leur rugosité et qui se compose le plus souvent de colle de farine additionnée d'une petite quantité de savon mou ; les ficelles d'arcades des métiers Jacquart sont aussi apprêtées d'une façon spéciale, etc. Cet apprêt s'applique à la main ou à la mécanique : à la main, au moyen d'un morceau de drap sur la ficelle tendue ; à la mécanique, au moyen de la machine à polir. Certaines ficelles ne sont pas apprêtées et ne sont qu'*étrillées*, c'est-à-dire polies à sec : nous avons expliqué cette opération au mot ÉTRILLAGE (V. ce mot). Enfin les ficelles sont finalement toujours mises en pelotes (V. PELOTAGE), soit à la main, soit à la mécanique.
— A. R.

* **FICELLERIE.** Fabrique, atelier où se fait la ficelle.

FICHE. *T. techn.* Ce mot est susceptible d'un grand nombre d'acceptions. Nous ne donnons que celles qui se rattachent à notre programme. || Pièce de cuivre ou de bois que les menuisiers emploient pour faire leurs assemblages, et qui est formée de deux ailes unies par une rivure.

|| Petit morceau de métal servant à la penture des fenêtres, portes, etc. || Chevilles de fer sur lesquelles les facteurs roulent les cordes des instruments de musique. || Outil dont se servent les maçons pour faire pénétrer le mortier dans les joints. || *Fiche de commutateur* (*T. de télégr.*). Cheville en cuivre, munie d'une tête isolante en ébonite et que l'on enfonce dans un trou ménagé entre deux blocs ou deux lames de cuivre isolés l'un de l'autre, quand on veut les réunir métalliquement. Tantôt la cheville est pleine, tantôt elle est creuse : dans ce dernier cas, elle est fendue dans une partie de sa longueur, afin de faire ressort lorsqu'on l'enfonce dans le trou. On a donné au mot COMMUTATEUR des exemples de l'emploi de ces chevilles dans certains commutateurs, interrupteurs, inverseurs et clefs de court circuit. On en fait aussi usage dans les *rhéostats* (V. ce mot) disposés en forme de caisses de résistances.

FICHU. On désigne sous ce nom les mouchoirs, lorsqu'ils sont destinés à couvrir le cou et les épaules. La soie, la fantaisie, la bourre de soie, le lin et le coton, sont les matières qui s'emploient pour leur fabrication. Ils se tissent toujours en taffetas ; ils sont unis ou quadrillés ; la réduction de chaîne et de trame en carrée.

FIDÉLITÉ. *Iconog.* Divinité allégorique représentée sur un grand nombre de médailles et de monuments, et qui a pour symbole deux mains l'une dans l'autre ; on lui donne pour attribut un sceau, un cœur, ou encore une tourterelle, une cigogne, mais l'animal symbolique par excellence, c'est le chien.

FIEL. *T. de chim.* Nom généralement donné à la bile du bœuf. C'est un liquide de couleur jaune verdâtre ou brun-vert, d'odeur nauséabonde, visqueux, alcalin ; il est sécrété par le foie aux dépens du sang, se réunit dans une poche appelée *vésicule biliaire*, et de là, est déversé dans le duodénum.

Il contient un grand nombre de substances : du mucus, du sucre, de l'albumine, de la *névrine* $C^{10}H^{15}AzO^4...(CH^3)^3(C^2H^4,OH)Az,OH$ (Strecker) ; des acides *glycocholique*

$$C^{52}H^{43}AzO^{12}...C^{26}H^{43}AzO^6,$$

et *thaurocholique*

$$C^{52}H^{45}AzS^2O^{14}...C^{26}H^{45},AzSO^7,$$

saturés par de la soude et de la magnésie ; des matières colorantes, dérivées de l'hémoglobine altérée, telles sont : la *bilirubine*

$$C^{32}H^{18}Az^2O^6...C^{16}H^{18}Az^2O^3$$

principe cristallisable que l'on reconnaît facilement dans les liqueurs étendues qui en contiennent, aux colorations verte, bleue, violette, rouge, qu'elle prend au contact de l'acide nitrique chargé de vapeurs nitreuses ; la *biliverdine*

$$C^{33}H^{20}Az^2O^{10}...C^{16}H^{20}Az^2O^5$$

qui, avec le temps ou par l'action des alcalis, fixe de l'eau, et devient *biliprasine*

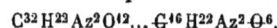

$$C^{32}H^{22}Az^2O^{12}...C^{16}H^{22}Az^2O^6,$$

la *bilifuscine* $C^{33}H^{20}Az^2O^8...C^{16}H^{20}Az^2O^4$ qui se trouve plus fréquemment dans les calculs biliaires, et enfin la *cholestérine*

$$C^{32}H^{44}O^2 ... C^{26}H^{44}O$$

alcool tertiaire, solide, que l'on retrouve aussi dans l'huile d'olive, les pois, les haricots, etc.

Le fiel de bœuf est fréquemment employé par les dégraisseurs, pour enlever les taches de graisse sur les étoffes dont la nuance peut être altérée par les alcalis ou le savon; on l'a utilisé jadis comme mordant pour les cuirs; il sert aussi dans l'enluminure et dans la peinture en miniature, pour donner du brillant et de la vivacité aux couleurs. Il faut alors épurer le fiel : pour cela on le porte à l'ébullition, on écume et divise en deux parts, auxquelles on ajoute, par litre, 32 grammes d'alun dans l'une, et autant de sel marin dans l'autre. On agite et laisse reposer; le précipité séparé, on décante les liquides clairs, on les mélange, on laisse à nouveau déposer et filtre. On dit que le papier préparé au fiel résiste à divers agents, et se détériore moins que d'autres.

FIFRE. *Instr. de mus.* Petite flûte traversière percée de six trous.

— Cet instrument de musique militaire, en usage depuis le xvᵉ siècle dans les troupes françaises, a presque complètement disparu depuis Louis-Philippe. Il fait encore partie des musiques allemandes et anglaises.

*FIGULINE. *T. de céram.* Se dit de la terre qui est propre à la fabrication des poteries. — V. Argile. || On nomme *figulines rustiques* des poteries émaillées dues à Bernard Palissy.

FIGURE. *Art hérald.* On entend par ce mot, comme aussi par celui de *charges* et de *pièces*, tout ce qui peut se représenter sur le champ de l'écu pour former les armoiries et les empêcher d'être confondues entre elles. Le nombre en est énorme. Aussi pour s'y reconnaître, on a imaginé de les diviser en quatre sortes : *figures héraldiques*, *figures naturelles*, *figures artificielles*, *figures chimériques*.

Figures héraldiques. On les appelle ainsi, dit-on, parce que, en raison de la simplicité et de la facilité avec laquelle elles peuvent être représentées, ce sont les premières qu'on ait employées. Dix-neuf sont dites *pièces honorables* ou *de premier ordre*, parce qu'on les considère comme celles dont l'usage a commencé; les autres, au nombre de quinze, sont appelées *pièces moins honorables* ou *du second ordre*.

Les pièces honorables sont : le *chef*, la *fasce*, la *champagne*, le *pal*, la *bande*, la *barre*, la *croix*, le *sautoir*, le *chevron*, le *franc-quartier*, le *canton*, la *pilon*, le *giron*, le *pairle*, la *bordure*, l'*orle*, le *trescheur* ou *essonnier*, l'*écusson* et le *gousset*. Les pièces de second ordre sont : l'*émanché*, l'*échiqueté*, les *points équipollés*, les *frettes*, les *treillis*, les *losanges*, les *fusées*, les *mâcles*, les *rustres*, les *billettes*, les *besants*, les *tourteaux*, les *besants-tourteaux*, les *tourteaux-besants*, les *carreaux*.

Les figures héraldiques sont très souvent seules. Dans ce cas, et ceci s'applique surtout aux pièces honorables, leur place sur l'écu et leurs dimensions sont invariables. Quelquefois, au contraire,

elles sont répétées. On conçoit qu'alors leurs dimensions et leur place doivent changer. On appelle *rebattement* les pièces répétées et, lorsque leurs dimensions descendent au-dessous de certaines limites, elles changent de nom. Ainsi le pal s'appelle *vergette*, le chef *comble*, la fasce *divise*, le chevron *étai*, la croix *croisette*, la bande *cotice*, la barre *traverse*, le chevron *flanchis*, la bordure *filière*, la champagne *plaine*, etc. Ainsi encore, deux fasces ensemble s'appellent *jumelles*, tandis que trois sont des *tierces*, etc.

Figures naturelles. Elles représentent des figures humaines, des animaux, des plantes, des astres, des météores et des éléments. Leur nombre est considérable.

Figures artificielles. On réunit dans cette section tout ce qui est emprunté aux sciences, aux arts et aux différentes professions et institutions. Le nombre en est illimité et peut toujours être augmenté.

Figures chimériques. On appelle ainsi celles qui n'ont point leurs semblables dans la nature. Tels sont les *dragons*, les *sphynx*, les *centaures*, les *syrènes*, les *licornes*, etc. Malgré leur nombre, les figures des différentes classes ne pouvant suffire aux besoins des faiseurs d'armoiries, on a imaginé de les multiplier en les modifiant de mille manières, soit en totalité soit en partie, dans leur position, leur forme, leurs émaux, etc. Ce sont ces variations, dont la description remplirait un volume, qu'on désigne sous le nom d'*attributs*. Nous renvoyons sur ce point à l'*Abrégé méthodique de la Science des Armoiries*, de M. Maigne, 2ᵉ éd., Paris, 1884.

FIGURES DE CIRE. L'art de modeler la cire n'est pas nouveau (V. Céroplastique). Son usage le plus fréquent consista, chez les anciens, dans la reproduction des portraits de famille exécutés en cire colorée imitant la nature et ressemblant en quelque sorte à nos bustes. C'est surtout dans la cérémonie des funérailles qu'on employait ces figures de cire ou images des ancêtres, ordinairement revêtues des insignes qu'avaient eus durant leur vie les personnages qu'elles représentaient.

Le moyen âge et la Renaissance connurent ces effigies funèbres. C'est ainsi que le peintre François Clouet, à la mort de François Iᵉʳ, représenta en cire les traits du célèbre monarque. François Clouet modela également l'effigie du roi Henri II. Quant à celle d'Henri IV, elle fut l'objet d'un concours d'artistes.

Au xviiᵉ siècle, le peintre académicien Antoine Benoist acquit une grande réputation avec plusieurs figures en cire des seigneurs de la Cour. Mais c'est surtout après la création de son cabinet de cire que les portraits polychromes de ce célèbre céroplaste eurent le plus de succès.

La réputation d'Antoine Benoist le fit appeler par Jacques II en Angleterre où il fit avec succès plusieurs bustes en cire. Dès lors, Londres partagea avec Paris le privilège des exhibitions céroplastiques. L'une d'elles, située au n° 164 de Flect-Street et fondée par une mistress Salmon, jouit d'une grande célébrité. Le *Spectator* la mentionne plus d'une fois; elle eut la vogue pendant plus d'un siècle.

D'autre part, l'*Almanach forain* de 1775 parle d'un certain entrepreneur de spectacles, nommé Kirkener, lequel faisait voir à la foire Saint-Germain de 1774 des figures de cire « dont la nature n'a jamais été si bien imitée, de grandeur humaine, habillées à la française, allemande et turque, représentant des personnages de la plus haute distinction et du plus grand mérite, dès la plus tendre jeunesse jusqu'à l'âge le plus respectable. » On y voyait, entre autres, l'empereur de Russie, le sultan, Maurice de Saxe, Paoli, Struensée, Voltaire, etc.

A Kirkener succéda Curtius. « Jean-Baptiste Curtius, né vers 1736, peintre et sculpteur, dit M. Campardon, ouvrit en 1778, sur le boulevard du Temple et aux foires, un Salon où l'on voyait l'image en cire de toutes les notabilités contemporaines. » Le remarquable talent que déployait Curtius pour ces sortes d'ouvrages, lui concilia bientôt le suffrage du public et l'admiration des connaisseurs (fig. 104).

Curtius, voyant les succès de ses figures consacrées aux grands hommes, ajouta à son Cabinet, en 1783, un nouveau Salon renfermant les célébrités criminelles. Cette nouvelle exhibition eut une réputation européenne

Fig. 104. — *Le salon de Curtius, d'après un almanach du temps.*

et attira longtemps la foule. A certains jours, dit Mercier dans son *Tableau de Paris*, il gagnait plus de cent écus « avec la montre de ses mannequins enluminés. »

Quoiqu'il en soit, les critiques d'art contemporains qui s'occupaient du goût du peuple et voulaient le guérir et le purifier des images aristocratiques, ne manquèrent pas de flétrir ces sortes d'expositions, devenues fréquentes pendant l'an II et l'an III, et dans la plupart desquelles, disaient-ils, on voyait les figurations affreusement méconnaissables de Voltaire, de Rousseau, de Franklin, « de ces Brutus affublés, en guise de draperie consulaire, d'un fichu de satin moucheté et rayé. » On ne peut donc que constater l'influence funeste de ces mannequins, qui entretenaient le goût public d'éléments pleins, à la fois, d'excitation et de dégradation.

Par la suite, Curtius abandonna la politique et profita de la vogue extraordinaire attachée à son nom pour aller exhiber, en 1797, au congrès de Rastadt, les portraits en cire des principaux révolutionnaires qu'il avait, dit-on, moulés sur nature après leur exécution. Ce sont vraisemblablement les bustes de Robespierre, de Carrier, d'Hébert et de Fouquier-Tinville, exposés actuellement

à Londres, dans la *Chambre des horreurs* du Musée Tussaud.

A la mort de Curtius, qui périt assassiné, le Salon du Palais-Égalité fut réuni au Cabinet de cire du boulevard, lequel devint la propriété de la nièce du célèbre modeleur. Mariée avec le sieur Tussaud, elle eut de cette union deux fils qu'elle associa plus tard à son commerce de figures de cire. Le *miroir historique, politique et critique de l'ancien et du nouveau Paris*, publié en 1807 par L. Prudhomme, contient, en effet, une description du boulevard du Temple, dans laquelle on trouve cette mention : « *Le Cabinet des figures en cire*, dit de *Curtius* (sic), tenu par Tussaud (sic). On voit dans ce Cabinet toutes les cours de l'Europe, même l'empereur de la Chine. On y montre une superbe momie et la chemise que portait Henri IV. »

Les expositions céroplastiques continuèrent d'attirer le public pendant toute la durée de l'Empire et de la Restauration, car on les comptait encore, dans les premières années du règne de Louis-Philippe, au nombre des curiosités de la capitale.

Madame Tussaud, qui devint millionnaire en continuant à Londres le commerce des figures de cire, était, avons-nous dit, la nièce et l'élève de Curtius. En 1802, ayant été l'objet de dénonciations malveillantes, elle quitta son mari pour aller se fixer à Londres, où elle fonda la célèbre collection des figures historiques. Grâce à son talent, elle commença par exécuter des fleurs en cire qui eurent du succès dans le monde. Elle s'appliqua ensuite à modeler des figures d'enfants et eut l'unique privilège de faire ainsi les portraits en relief des plus jeunes princes de la famille royale. Lors de la visite des rois et des princes alliés à Londres, après Waterloo, il lui vint l'idée de former la collection de ces têtes royales et princières, et d'y joindre celles des généraux des diverses armées. L'exposition fit fureur, la foule aristocratique s'y porta, et la fortune de Mᵐᵉ Tussaud fut dès lors assurée. Ce qu'il y a de plus étonnant dans cette entreprise, c'est la persistance de la vogue qui, pendant plus d'un demi-siècle, n'a cessé de suivre cette galerie aujourd'hui célèbre. Mᵐᵉ Tussaud mourut à Londres, dans un âge fort avancé, le 15 avril 1850.

La race de ces industriels n'est pas près de s'éteindre. Pendant cinq années consécutives, de 1860 à 1865, on a pu voir à Paris, boulevard de Strasbourg, un *Musée historique* où les amateurs se rendaient en foule surtout le dimanche. Ce musée renfermait différents groupes en cire, ainsi que les bustes de Shakespeare, Jean-Jacques Rousseau, Richelieu, Voltaire, etc., etc. Toutes les figures avaient été exécutées en cire sur les modèles du statuaire Carrier-Belleuse.

Aujourd'hui, le *Musée Tussaud*, à Londres, et le *Castan's Panopticum*, à Berlin, ont trouvé un rival dans le *Musée Grévin*, installé depuis quelque temps à Paris, et où sont représentés, coulés et traduits en cire, tout ce que l'Europe possède d'hommes illustres, d'actrices en vogue, de journalistes, de célébrités musicales et littéraires. On y voit, revêtus autant que possible de leur propre costume et dans leur attitude accoutumée, MM. Gambetta, Bismarck, Victor Hugo, Alexandre Dumas fils, Pailleron, Charles Floquet, Rochefort, ainsi que Mᵐᵉˢ Judic, Sarah Bernhardt, Théo, Croisette, tous immobiles et vivants. Le *Musée Grévin* offre, en outre, aux spectateurs, une série de scènes d'actualité, telles que l'entrevue de Gastein, Bou-Amama prêchant la guerre sainte, une arrestation de nihilistes en Russie, l'assassinat du président Garfield, l'histoire d'un crime, etc., etc.

En résumé, les figures de cire sont obtenues à l'aide du moulage et colorées ensuite au fer chaud. Ce genre de sculpture, dans lequel la recherche de la vérité consiste à implanter un à un des cheveux, les sourcils et la barbe des personnages, n'inspire qu'un intérêt médiocre à cause de son imitation trop servile et à la fois trop rigide de la nature vivante. En effet, les séductions propres à l'œuvre d'art s'effacent quand apparaissent les expédients du trompe-l'œil, et le travail du sculpteur semble fatalement secondaire dans un ensemble dont les effets principaux sont dus à des procédés de métier. Malgré ces restrictions, les figures de cire bien exécutées ne sont pas absolument sans intérêt; elles ont le don d'exciter la curiosité et de distraire un moment la foule des promeneurs et des oisifs. — s. b.

FIL. T. techn. 1° Réunion des brins longs et déliés des matières textiles en brins tordus, et par analogie, matière quelconque étirée en forme de fil. — V. Fils. || 2° Tranchant d'un instrument qui coupe. || 3° Dans les pierres et le marbre, petites fentes ou veines qui divisent la masse en plusieurs parties et la rendent de qualité défectueuse. || 4° Défaut du verre provenant de la vitrification de parcelles de la voûte du four et qui, en se détachant, se mêlent à la masse en fusion. || 5° *Fil à plomb.* Instrument formé généralement d'un cône de plomb, de fer ou de cuivre, suspendu à l'extrémité d'un cordeau flexible, et servant à s'assurer de la verticalité d'un pan de mur, d'une paroi ou d'un objet quelconque. Le fil à plomb est dans la pratique d'un usage constant, les charpentiers, les maçons, les topographes s'en servent à chaque instant. || 6° *T. de tiss. Fil de tour.* Pour fabriquer la gaze, on emploie une disposition ou ensemble de lisses dont le mode d'évolution s'appelle *tour anglais.* Le procédé le plus simple ne nécessite que deux fils, dont l'un fortement tendu se nomme *fil fixe*, et dont l'autre, à tension mobile et rétrograde, accomplit les sinuosités de chaque côté du précédent et s'y trouve lié par la trame. Ce dernier fil est celui qui prend le nom de *fil de tour.* || 7° *T. de cord. Fil de caret.* Nom des fils simples qui, réunis et commis ensemble, constituent les torons pour câbles. Par extension, on donne le même nom aux fils qui entrent dans la composition de toutes sortes de cordes et ficelles. Les fils de caret se fabriquent à la main ou à la mécanique, comme nous l'avons expliqué au mot Câble. Dans les ports de mer, il en existe des fabriques spéciales qui sont généralement les fournisseurs (par adjudications) des corderies de l'État. || *Fil à gorre.* Sorte de ficelle fortement câblée, usitée pour l'emballage spécial de la vannerie. — V. Corde. || 8° *Fil de caoutchouc.* — V. ce mot.

FILAGE. T. techn. Art, manière de filer les matières textiles. — V. Filature. || Fabrication des cordes de violons à l'aide d'un rouet à crochets.

FILALI. Fils d'or ou d'argent dont se servent les Arabes pour en exécuter des broderies sur cuir. C'est surtout en Algérie et en Tunisie que se fabriquent les objets en filali exportés sur le continent.

FILASSE. Filaments les plus grossiers du chanvre, du lin, et de quelques autres plantes du même genre, qui adhèrent encore à l'écorce intérieurement, après que la meilleure partie de la matière textile en a été détachée. On les sépare au moyen du *rouissage.* — V. ce mot.

FILASSIER. Celui qui façonne, qui travaille la filasse ou qui en fait le commerce.

FILATEUR. Celui qui dirige une filature.

FILATURE. Ce mot désigne les différentes opérations qu'on fait subir dans l'industrie à toutes les matières filamenteuses brutes, excepté la soie, pour les amener à l'état de *fil.*

Ces opérations sont très nombreuses et les mêmes sont souvent répétées un grand nombre de fois, mais elles sont échelonnées et combinées de façon à ne pas énerver la matière et à n'agir sur elle que graduellement et avec ménagement, dans les passages réitérés qu'on lui fait subir sur les diverses machines.

D'une manière générale, on peut les résumer en quatre principales. Les deux premières comprennent ce qu'on appelle les *préparations*, c'est-à-dire les manœuvres qui ont pour but la préparation définitive du fil, et se divisent en : 1° *préparations du premier degré;* 2° *préparations du deuxième degré.* La troisième opération comprend le *filage*, c'est-à-dire la confection définitive du fil (et non pas *filature* qui désigne l'ensemble de toutes les opérations). Enfin la quatrième opération comprend toute la main-d'œuvre accessoire qui vient après le filage. Nous allons définir plus spécialement chacune d'elles :

1° Les *préparations du premier degré* comprennent toutes les manipulations et les traitements mécaniques que l'on fait subir aux fibres isolées de la matière première pour les nettoyer, les démêler, les redresser et les prédisposer convenablement au travail suivant. Le battage, le cardage et le peignage en sont des exemples.

2° Les *préparations du deuxième degré* comprennent la série des opérations qui ont pour but la réunion des filaments, pour en former des rubans continus et les additions successives d'une plus ou moins grande quantité de ces rubans, pour les condenser à mesure qu'on les réunit, de façon à augmenter la finesse et l'homogénéité du ruban unique. Les étirages, doublages, passages au banc-à-broches (pour y recevoir une première torsion) sont des préparations du deuxième degré.

3° Le *filage* est le travail que l'on fait subir à la matière textile pour la transformer en un fil parfait. On n'y arrive qu'avec le concours du métier à filer. — V. Filer.

4° Les opérations qui suivent le filage n'ont d'autre but que de donner au fil la forme commerciale nécessaire à sa vente. Telles sont le *dévidage* qui a pour objet la mise en écheveaux des fils enroulés sur les bobines, l'*empaquetage*, etc.

Quant à la soie, qui existe toute filée dans la nature, la définition que nous avons donnée du mot *filature* ne saurait lui convenir. Aussi, n'est-ce qu'improprement que ce mot lui est généralement appliqué. La production de ses fils embrasse techniquement quatre grandes spécialités industrielles qui sont et qui pour but : (a) 1° L'*éclosion* des œufs des vers à soie, l'*élève* des vers jusqu'à l'exécution de la coque soyeuse ou cocon; 2° l'*étouffage* du plus grand nombre des cocons pour asphyxier la chrysalide et arrêter la métamorphose de la nymphe en un papillon qui, ouvrant le cocon, en empêcherait le dévidage régulier ; 3° la *séparation des cocons de graine*, c'est-à-dire de ceux qui doivent parcourir toutes les phases de leur existence et mourir de leur mort naturelle après l'accouplement, la fécondation et la ponte des œufs à réserver pour la conservation de la race ;

(b) Le travail destiné à mettre la soie du cocon en liberté par la réunion d'un certain nombre de fils en un seul, et le *dévidage* sous la forme d'écheveaux de soie *écrue* et *grège*, c'est-à-dire contenant encore toute la matière gommo-résineuse qui la couvre naturellement ;

(c) La *torsion* d'une seule ou de plusieurs de ces grèges réunies avant de les soumettre à l'ébullition dans des liquides susceptibles d'épurer complètement la soie, de lui restituer son brillant et de la rendre apte à l'absorption des matières tinctoriales ;

(d) Les traitements destinés à la transformation des déchets ou *bourres* de toutes sortes en fils.

Chacune des industries dont nous venons d'indiquer le but a reçu un nom spécial. 1° La première constitue l'art du *magnanier* ; cette dénomination vient du mot *magnan* qui désigne le ver à soie dans le dialecte languedocien ; 2° le *filage* ou mieux le dévidage ou tirage de la soie des cocons désigne la seconde spécialité, qui forme avec la bave ou fil simple d'un certain nombre de cocons, un fil aggluliné, plus gros, plus fort, mais sans torsion ; 3° le *moulinage*, qui forme la troisième branche des industries séricicoles, s'occupe uniquement d'imprimer la torsion aux fils grèges, et d'en faire une série d'articles nombreux basés sur les différents degrés de tors et sur le nombre plus ou moins grand de fils réunis ; 4° enfin, comme il est impossible de faire passer la matière par les transformations que nous venons d'indiquer, sans qu'il en résulte des déchets de toute nature, déchets formés d'une substance soyeuse excellente, en masse irrégulière, il est indispensable de pouvoir en tirer partie. On y est arrivé par des traitements analogues à ceux usités pour le coton, le lin, la laine, etc., et pour ce cas, la définition première que nous donnions du mot *filature* peut encore trouver son application.

Nous n'avons pas à nous occuper ici de l'étude technique de chaque spécialité de la filature, qui se trouve faite aux divers mots représentant chacun des textiles qu'elle met en œuvre (V. Coton, Jute, Laine, Lin, Soie, etc.), et dont chaque opération se trouve détaillée dans des articles spéciaux correspondants (V. Cardage, Peignage, etc.) ; nous ne voulons faire ici qu'une étude générale des divers genres de filature, et nous examinerons pour chacune d'elles : 1° son histoire ; 2° le rang qu'elle occupe en France ; 3° le rang qu'elle occupe à l'étranger ; 4° sa situation au point de vue économique. Nous terminerons par une comparaison générale des divers genres de filature entre eux.

FILATURE DU COTON

Historique. Le travail du coton, comme d'ailleurs celui de toutes les matières textiles, s'est réduit pendant bien des siècles à une simple occupation domestique : sa transformation en fil était exclusivement réservée aux ménagères. Les seules machines à filer employées furent longtemps le fuseau et la quenouille, puis le *rouet* classique qui date du XVIᵉ siècle, avec lesquels tous les fils étaient produits un à un.

A la fin du dernier siècle, malgré la faiblesse des ressources dont ils disposaient pour la production, les Anglais tentèrent de créer une étoffe nommée « futaine », faite de fils de coton et de fils de lin, qu'ils lancèrent sur tous les marchés d'Europe et d'Amérique. Leur tentative eût un tel succès que les fils de coton fabriqués chez eux ne suffirent plus et qu'ils furent obligés d'en demander à l'étranger. Vers 1760, la demande fut telle, que le prix du filage augmenta considérablement, et qu'il fut évident pour tous que, si l'on ne trouvait un moyen de produire le fil plus vite et à meilleur compte qu'à la main, le commerce des futaines ne tarderait pas à décliner.

Ces circonstances suggérèrent à un mécanicien anglais, Thomas Higgs, l'idée de chercher les moyens pour un seul ouvrier de produire plusieurs fils en même temps. Higgs n'était qu'un pauvre artisan qui fabriquait des peignes à tisser, à Leigh, dans le Lancashire, et c'est en voyant un jour l'un de ses voisins, malheureux ouvrier fatigué et harassé, et qui avait toute la journée cherché de la trame sans en trouver, qu'il mit son idée à exécution. Il communiqua son projet à un horloger de sa connaissance du nom de Kay, et tous deux, retirés dans un grenier, construisirent rouages sur rouages pour arriver à l'appareil projeté. Ils ne réussirent point tout d'abord, Kay se rebuta et abandonna Higgs ; celui-ci se remit seul à l'œuvre. A force de recherches, il parvint à construire sa machine, et, lui donnant le nom d'une de ses filles qui s'appelait Jenny, il la nomma *spinning-jenny*, ou Jenny la fileuse. La première machine avait six broches et une aune carrée.

Trois ans plus tard, un autre mécanicien anglais, fileur à Stanhill, dans le comté de Lancastre, James Hargreaves, apporta quelques modifications à la pince de la jenny. Le résultat fut magnifique, à un tel point que, sur la proposition de quelques capitalistes, l'inventeur put monter à Nottingham une petite fabrique avec ses métiers modifiés.

On ne pouvait cependant avec cette machine fabriquer que la trame des futaines, la chaîne étant toujours constituée par un fil de lin. Higgs essaya alors de perfectionner ses premières inventions et inventa le métier continu, à filer la chaîne, auquel il donna le nom de *throstle*, ou « water frame » ce qui signifie *machine hydraulique*, sans doute parce qu'elle ne pouvait marcher qu'à l'aide d'un moteur hydraulique ; on y voyait employés pour la première fois les cylindres étireurs qui sont la base de la filature moderne : c'est là le métier à filer dit *continu*.

Sur ces entrefaites, un barbier de Preston, Richard Arkwright, arrivait à Leeds. Actif et entreprenant, désireux de réussir à tout prix, il essaya, en entendant parler de l'invention de Higgs, de s'approprier sa machine. Il alla trouver Kay, l'horloger avec lequel Higgs avait primitivement travaillé, et il obtint par son intermédiaire les modèles et dessins qui lui étaient nécessaires pour construire ses métiers. Puis, se rendant à Nottingham, il trouva un capitaliste qu'il intéressa à son œuvre en lui montrant les ingénieux appareils de Higgs, et en 1768 il prit en son nom un brevet pour les machines continues à filer le coton, déjà inventées avant lui. Un beau jour, Kay voulut le dénoncer, mais il fut séduit à prix d'or et on l'apaisa en lui confiant exclusivement la construction des cylindres de sa machine : Kay se tut alors. Arkwright pour mieux cacher sa fourberie, lança dans le public de nombreux prospectus dans lesquels il disait qu'il avait perfectionné la machine jenny inventée par Hargreaves. De la sorte, en attribuant à ce dernier une invention qu'il n'avait pas faite, mais seulement améliorée, il achetait son silence, et répandait dans le public une opinion qui prévaut encore aujourd'hui. Il eut cependant plusieurs procès, et, bien qu'il les perdit, il n'en continua pas moins son œuvre audacieuse. Bientôt tout fut oublié, et le 22 décembre 1786, les notables de Wirkworth adressèrent au roi d'Angleterre une pétition pour le prier de récompenser un ses plus dévoués serviteurs : Arkwright fut créé chevalier. Il mourut le 5 août 1792 à Crumford, dans le Derbyshire, comblé d'honneurs et laissant une fortune évaluée à plus de 12 millions.

Pendant ce temps, Hargreaves éprouvait un tel chagrin des succès d'Arkwright qu'il mourait bientôt dans la misère. Higgs, de son côté, végétait inconnu et misérable, mais il s'occupait encore de ses machines en 1773, époque à laquelle nous le voyons ajouter un nouveau perfectionnement au métier continu en collaboration avec Wood. A partir de ce moment, on n'entend plus parler de lui.

En 1775, Samuel Crompton, de Bolton-le-Mors, combina les deux machines « jenny » et « throstle » pour en faire la *mull-jenny*, ainsi nommée, ou parce qu'elle n'était qu'une jenny abâtardie, ou parce qu'elle était primitivement mue par un *mulet*. Cet appareil ne fut bien employé que plus de vingt ans après son invention.

La France faisait alors venir en grande partie ses fils de l'Angleterre et malgré divers essais, ne produisait encore que des fils à la main : le tissage seul prospérait chez nous. La Normandie fabriquait des cotonnades aux couleurs vives et éclatantes dont les fabriques disséminées autour de Rouen, donnaient naissance à la « rouennerie. » L'Alsace fabriquait des indiennes, la Somme des velours de coton. La première filature fut construite en France, en 1773, aux environs d'Amiens, justement par un fabricant de velours, avec des métiers spinning-jenny du modèle Hargreaves.

A partir de cette époque, les progrès de la filature de coton ont été suffisamment rapportés au mot COTON sans que nous ayons besoin d'y revenir. Rappelons toutefois que les filatures ne se multiplièrent surtout chez nous qu'à partir de 1817, lors de la fondation du célèbre établissement d'Ourscamp (Oise) par des capitalistes auxquels le gouvernement accorda l'exemption des droits d'entrée sur leurs machines, sous la condition que les propriétaires en publieraient le système dans tous ses détails, et que deux inventions importantes apportèrent dans le mode de file du coton des changements considérables, celle du métier renvideur ou *self-acting*, qui est venu réaliser le mouvement automatique de la mull-jenny, et qu'on employa concurremment avec le métier continu, et celle de la *peigneuse mécanique* due à Heilmann, dont nous parlons plus loin dans notre historique de la filature de laine. A partir de 1860, on n'a plus à signaler pour la filature de coton d'invention qui puisse être appelée à changer sensiblement les conditions de la production : tous les progrès se bornent à modifier, en les perfectionnant, les différents systèmes adoptés. Notons cependant que, depuis un certain nombre d'années, un nouveau type de continu, le métier à bague ou à anneau (*ring-throstle*) tend à se substituer aux métiers renvideurs pour la fabrication de certains fils.

LA FILATURE DE COTON EN FRANCE.

L'importance d'une filature de coton s'évalue ordinairement par le nombre de *broches de métiers à filer* qu'elle représente : une série donnée de ces broches se trouvant toujours alimentée par un système correspondant de métiers de préparation, les spécialistes se rendent ainsi parfaitement compte de l'importance d'un établissement. Malheureusement en France, les statistiques ne sont pas souvent faites par des personnes au courant de l'industrie qu'elles ont à supputer et, en ce qui concerne notamment la filature, les broches de bancs-à-broches sont parfois ajoutées aux broches des métiers à filer ; les relevés sont de ce chef notoirement exagérés.

Ces réserves faites, nous rappellerons que d'après les dernières statistiques, l'outillage de l'industrie cotonnière comprenait 4,644,467 broches de filatures supposées en exercice. Ces broches ont principalement leur siège dans trois régions distinctes : la Normandie, le Nord, et l'Est.

1° Dans la Normandie, le seul département de la *Seine-Inférieure* comprend à lui seul 1,511,382 broches, celui de l'*Eure* qui vient ensuite à 404,000 broches. Le groupe, dont Rouen est le centre, est le plus ancien de France, et il est le premier par le nombre d'établissements en activité, celui des broches employées et le chiffre de consommation du coton brut : en général sur les numéros les plus bas. Dans le *Calvados*, on compte 40 filatures à Condé-sur-Noireau occupant 220,000 broches qui alimentent le tissage des articles dits *de Condé* fabriqués dans la contrée. Dans l'*Orne*, la filature est représentée dans l'arrondissement de Domfront (La Ferté-Macé, etc.) par 31 établissements faisant marcher 108,000 broches ; une partie de ces filatures appartient à des maisons de Condé ; Flers est le plus fort marché de coton filé de la région.

2° Dans la région du Nord, nous citerons avant tout le département du *Nord*, où l'on trouve 600,000 broches concentrées à Lille ou dans ses environs (Roubaix, etc.) : la filature des cotons fins, dont cette ville s'était faite une spécialité, a passé dans ces dernières années à une moyenne de numéros plus gros. Dans la *Somme*, se trouvent encore quelques filatures importantes dont l'ensemble présente un total de 119,000 broches : les tissages de la ville d'Amiens, non pas à ces établissements, mais à Roubaix, Auchy et surtout à Rouen. Dans l'*Aisne*, le district environnant Saint-Quentin comprend à lui seul 80,000 broches qui alimentent les fabriques de broderies, gazes, et rideaux du pays.

3° L'industrie de l'Est faisait autrefois un tout complet avec l'Alsace : elle réunissait toutes les opérations qui préparent, filent, tissent, blanchissent, teignent et impriment le coton, de manière à le rendre propre à la consommation : la perte de l'Alsace a détruit cet ensemble. En 1872, les Vosges comptaient 565,560 broches de filature, et en 1878, 610,000, soit 10 0/0 d'augmentation, due au déplacement et à l'émigration dans le pays de quelques maisons de Mulhouse. Mais ce développement est bien peu de chose, si l'on songe que nous avons perdu avec l'Alsace 1,600,000 broches en filature de coton. La plupart des filatures de la région des Vosges filent la trame, l'importation étant de plus en plus difficile par suite des déchets notables que les transports peuvent faire subir à ces fils, et elles en alimentent ses tissages, mais elles importent de la chaîne de Suisse et principalement d'Angleterre qui fournit à elle seule près de la moitié de la consommation des fabriques.

En dehors de ces trois régions principales, on trouve encore des filatures de coton dans un certain nombre de nos départements, c'est ainsi que dans l'*Aube*, la filature est largement représentée à Troyes, qui fait des genres spéciaux recherchés par la bonneterie, principalement en coton teint en laine (c'est-à-dire à l'état brut) et filé ensuite, et que dans la *Loire*, où existaient jadis 4 ou 5 filatures mal outillées, il en reste encore une à Roanne, comprenant 12,000 broches, dont les produits, de qualité ordinaire, sont absorbés surtout par le marché de Thisy. Le reste ne vaut pas la peine d'être mentionné.

LA FILATURE DE COTON A L'ÉTRANGER.

L'*Angleterre* est le pays qui, dans le monde entier, occupe le nombre de broches le plus considérable : elle en a près de 40 millions. Les renseignements suivants établissent la comparaison entre les années 1871, 1875 et 1878 :

FILA

	1871	1875	1878
Filatures. .	2.483	2.655	2.674
Broches. .	34.695.221	37.516.772	39.527.920

Dans ces dernières années, la construction des filatures par entreprises privées, et plus particulièrement par larges associations, a pris une grande extension en Angleterre. .

Après l'Angleterre, le plus grand état industriel cotonnier du continent est l'*Allemagne*, avec 4,800,000 broches.

Nous citerons ensuite la *Russie*, l'un des pays où l'industrie cotonnière a fait le plus de progrès dans ces dernières années. En 1848, elle n'avait que 700,000 broches et, d'après les derniers relevés de l'année 1878, on en comptait 3 millions. La Russie exporte principalement dans l'Asie centrale, la Chine, la Perse, l'Asie Mineure, etc. Le coton brut y est sujet à un droit d'entrée (40 kop. le poud) contrairement à ce qui a lieu dans la majorité des pays non producteurs de coton. Les principales filatures du pays sont situées à Lodz, Moscou, Teikowa (Vladimir), Serpoukow, Saint-Pétersbourg, Forssa (Finlande), etc.

La *Suisse* occupe un rang relativement considérable dans la filature de coton. Le nombre de ses broches qui, en 1867, n'était que de 1,554,527 est, en 1878, de 1,854,091. Elles sont réparties dans 140 filatures, et plus particulièrement dans les cantons de Zurich, d'Argovie, de Saint-Gall et de Glaris. Les fils trouvent un important débouché dans l'industrie des soies, une partie est employée dans le pays même et de grandes quantités sont envoyées à Lyon et en Allemagne.

En . *Autriche-Hongrie*, l'industrie cotonnière possède à peine 40 broches de filature par 1,000 habitants. Les filatures sont principalement réparties dans la Bohême et le Voralberg. L'écoulement de la production se fait dans le pays même, mais cela ne suffit pas cependant aux besoins du tissage et d'importantes quantités de fils sont importées annuellement. En 1867, il y avait 1,500,000 broches, en 1878, 55,000 de plus seulement.

L'*Espagne* comporte 1,775,000 broches environ, dont le siège principal est à Barcelone.

En *Italie*, l'industrie cotonnière a pris un certain essor depuis quelques années. En 1864, elle avait 650,000 broches, aujourd'hui elle en possède 900,000. Les fils de ses manufactures ne suffisent pas à la fabrication des tissus et de grandes quantités sont importées d'Angleterre et de Suisse; toutefois le nouveau tarif douanier italien accorde aux industriels de ce pays une protection si grande qu'il en résultera certainement une extension nouvelle dans la filature.

En *Belgique*, l'industrie cotonnière se trouve dans une situation exceptionnellement favorable : d'un côté les navires amènent la matière première jusqu'aux portes de ses filatures, tandis que les houillères des environs de Charleroi lui fournissent le combustible à bas prix. Aussi elle peut écouler ses filés avec bénéfice jusqu'en Suisse et en Autriche. Elle emploie 800,000 broches. Le surplus de ses importations est employé dans le pays pour le tissage des cretonnes, piqués, reps, etc.

Dans la *Hollande*, la filature de coton est représentée par 230,000 broches, en filés de gros numéros, qui sont employés dans le pays pour la fabrication d'étoffes pour l'exportation d'outre-mer (shirtings, cambriks, croisés ou sergés, sarongs, bakiks, pulzoes et mouchoirs). Les fabricants sont tributaires de la Grande-Bretagne pour une partie de leurs filés.

La *Suède* et la *Norwège* comptent ensemble 210,000 broches, sises principalement à Gothembourg, Christiania, etc., et qui alimentent les fabriques de calicots, piqués, toiles de coton, percales et indiennes du pays.

Le *Danemarck* ne possède qu'une fabrication très limitée, mais bonne. Dans le *Portugal*, les manufactures de coton se trouvent principalement à Lisbonne et à Porto. Enfin, en *Grèce* se trouvent 18 filatures, dont 12 comprennent ensemble 31,036 broches mues par la vapeur et 6 autres 4,264 broches travaillant avec la force hydraulique : toutes filent les coton indigène.

Telle est la situation de l'Europe. Mais en dehors de notre continent, il y a encore les *États-Unis* d'Amérique qui méritent d'attirer l'attention. Le nombre actuel des broches y est d'environ 10,500,000, soit 218 broches par 1,000 habitants, et depuis quelques années leur industrie s'est étendue au point qu'ils sont aujourd'hui indépendants de l'Angleterre et peuvent, avec l'exportation qui leur facilitent leurs nombreux ports, soutenir même en Europe la concurrence avec la Grande-Bretagne. Les établissements les plus nombreux se trouvent dans les États du Nord, principalement à Lowell, Laurence, Fall River, Providence, etc. Ces filatures travaillent en général avec la force hydraulique, ou à l'eau et à la vapeur et un petit nombre seulement exclusivement à la vapeur.

Si nous voulons résumer en un seul tableau le total des broches cotonnières du monde entier, en mettant nos chiffres en regard de ce qu'ils étaient à deux époques éloignées (1852 et 1867) où les statistiques ont été officiellement dressées, nous arrivons aux résultats suivants :

Pays	1878 Broches	1867 Broches	1852 Broches
Angleterre. . . .	40.000.000	34.000.000	18.000.000
Russie.	3.000.000	1.500.000	1.000.000
Suède et Norwège	305.000	»	»
Allemagne. . .	4.650.000	2.000.000	900.000
Autriche.	1.555.000	1.500.000	1.400.000
Suisse.	1.850.000	1.000.000	900.000
Hollande	230.000	»	»
Belgique. . . .	800.000	625.000	400.000
France.	4.600.000	6.800.000	4.500.000
Espagne.	1.750.000	700.000	»
Italie.	800.000	300.000	»
Amérique. . . .	10.500.000	8.000.000	5.500.000
Divers pays. . .	1.250.000	600.000	1.000.000
Totaux. . . .	71.290.000	57.025.000	33.600.000

L'examen de ce tableau va nous servir de point de départ pour apprécier la situation économique de l'industrie de la filature de coton en France.

Situation économique. L'industrie cotonnière traverse depuis quelques années en France une crise qu'il serait puéril de nier. Il suffit, pour s'en convaincre, de constater par le tableau ci-dessus que, défalcation faite des broches qui nous ont été enlevées par la perte de l'Alsace-Lorraine, nous en avons, dans l'espace de dix années, considérablement diminué le nombre, tandis que tous les autres pays l'ont notablement augmenté.

Deux causes principales ont amené chez nous cette décadence :

1° L'invasion de filés étrangers, conséquence d'une augmentation notable de production chez nos voisins;

2° L'élévation des droits de douane sur les filés de coton à l'entrée de tous les pays d'Europe, opposé à un abaissement de ces mêmes droits en France.

Nous parlons tout d'abord de la production des filatures à l'étranger. On ne peut mieux se rendre compte que par le tableau suivant du nombre de broches en excédent chez nos rivaux :

Pays	Livres filées par broches	Broches par 1,000 habitants
Angleterre.	33	1.200
Russie.	65	40
Suède et Norwège. . .	80	50
Allemagne.	55	110
Autriche.	68	40
Suisse.	25	675
Hollande.	60	60
Belgique.	60	150
France.	48	130
Espagne.	48	100
Italie.	67	30
Amérique.	63	220
Indes.	»	»

L'Angleterre a donc 1,200 broches par 1,000 habitants, tandis que la France n'en possède que 130 seulement. Comme la Grande-Bretagne ne consomme environ que 15 à 20 0/0 de sa production en filés, elle doit nécessairement chercher le placement de 80 0/0 à l'étranger. Dans la plupart des pays adonnés à l'industrie cotonnière, le nombre des broches employées dépasse aussi d'environ 15 0/0 les besoins de la consommation générale : ces pays ont donc aussi besoin d'exporter. Longtemps cet excédent de production a trouvé place dans bon nombre de pays non producteurs de filés, notamment dans l'Amérique du Sud et en Orient, comme aussi dans tous les pays d'Europe où les besoins du tissage excédaient la production des filatures ; — une petite partie trouvait son placement en France où il manque 300 à 350,000 broches pour alimenter les fabriques de tissus. Aujourd'hui la situation n'est plus la même : l'Angleterre en particulier a trouvé fermé le marché de l'Amérique du Sud où elle s'est laissé devancer par les producteurs de l'Amérique du Nord ; elle a trouvé fermés tous les pays d'Europe tels que l'Allemagne, l'Autriche, l'Italie et la Russie, qui lui ont opposé des barrières douanières qu'elle n'a pu franchir ; elle n'a trouvé ouverte que la France qui est devenue le point de mire de son exportation. Cette situation explique le développement excessif pris depuis quelques années par les importations de filés étrangers chez nous, importations qui créent une concurrence inabordable à la filature française plus chargée d'impôts qu'en aucun autre pays depuis la guerre franco-prussienne. Il en résulte que nos filatures se ferment ; que le nombre de nos broches diminue journellement, et que de l'avis unanime des intéressés, il ne cessera de décroître tant que la France n'aura pas, comme les autres pays, mis une digue à l'envahissement des filés anglais par l'imposition de droits de douane élevés, et forcé ainsi la Grande-Bretagne à trouver hors d'Europe les débouchés qui sont nécessaires au maintien de son industrie cotonnière.

FILATURE DE LAINE

HISTORIQUE. Il y a lieu de distinguer ici la *filature de la laine peignée* de celle de *la laine cardée*.

La fabrication des fils, pour la laine comme pour les autres textiles, s'est d'abord faite à la main, avec des fibres peignées préalablement et redressées manuellement. Au dire des auteurs anciens, cette fabrication, au xvᵉ siècle, était considérable en France et en Picardie ; les fils qui en provenaient servaient à confectionner des tissus ras, dont les Flamands avaient introduit la fabrication, et, dès le xvɪᵉ siècle, l'exportation de ces étoffes avait pris une certaine importance. Roland de la Platière nous apprend qu'en 1755, un nommé Brisson fit l'essai d'une mécanique destinée à filer la laine, mais que cette tentative n'eut aucun succès ; les fils de laine continuèrent à se faire à la main, ils étaient connus sous

le nom de *fils de sayettes*. Des essais de filage mécanique avaient été aussi entrepris en Angleterre par un sieur Dolphin Holme en 1734, et n'avaient pas amené de résultat.

La fabrication des tissus ras devenant de plus en plus importante en France, on importa chez nous une certaine quantité de fils de laine peignée provenant de la Hollande et de la Saxe. Ces fils étaient fins et bien forts, on les vendait par paquets composés d'écheveaux d'égale longueur et du poids de 6 à 9 onces. On crut un instant, vers 1780, que les fils à la main allaient disparaître en présence de fils fabriqués à la mécanique. Un sieur Price, apprêteur anglais établi à Rouen, avait en effet inventé une machine propre à filer indistinctement le lin, le coton ou la laine, et obtenu du gouvernement une prime de 3,000 francs, avec le privilège exclusif, pendant un temps limité, de l'exploitation de sa découverte. Toutefois ce fut en vain qu'il demanda un local destiné à y établir de grands ateliers. Ses démarches furent inutiles, et on ne put voir fonctionner la machine de Price que chez son auteur. Elle marchait, au dire de Roland de la Platière, sans engrenages, courroies, cordes ni poulies, à la réserve de ceux de ces engins appelés à établir communication entre le moteur et le 0/0 à l'engin même ; simple, peu coûteuse, d'une marche douce et égale, elle occupait 25 fileuses à l'entour d'une circonférence de 3 mètres environ de diamètre ; un enfant pouvait tourner d'une seule main la manivelle qui imprimait le mouvement à la mécanique entière. La machine Price ne semble pas avoir fait fortune ; on continua à se servir, pour la fabrication des étoffes rares et mélangées, de fils de laine obtenus par les procédés manuels, ce qui présentait de sérieuses difficultés pour les opérations subséquentes de la teinture.

Le salaire des fileurs à la main, jusqu'en 1816, était de 60 à 75 centimes par jour ; ils travaillaient de 12 à 15 heures, et ne produisaient pas plus de 62 à 65 grammes de fil. Jusqu'en 1822, ces fils se vendaient par petits paquets du poids de 500 grammes. Le numéro du fil était déterminé par le nombre d'échées qui se trouvaient dans un paquet ; l'échée était de 700ᵐ,222, dévidés sur une circonférence de 1ᵐ,485. Les nᵒˢ 35 à 50 (on ne faisait pas en 1822 de numéro plus haut que 50) se payaient de 20 à 40 francs le demi-kilogramme ; quelques chaînes fines écrues, du poids de 245 grammes (8 onces de l'époque), coûtaient jusque 80 à 84 francs le kilogramme. Selon sa qualité, la laine peignée coûtait de 24 à 50 francs le kilogramme, et quelquefois plus.

En 1812, on recommença les essais de filage mécanique de la laine peignée. Un mécanicien de Reims, nommé Dobo, obtint le prix proposé par la Société d'encouragement. Ce fut lui qui monta, dans la manufacture de MM. Ternaux et Jobert-Lucas, à Bazancourt, les premières machines préparatoires destinées à l'étirage de la laine peignée, et ce fut avec ses fils que l'on fabriqua les premières étoffes rares connues sous le nom de *tissus Ternaux*. Dobo est donc le premier qui ait eu le mérite d'obtenir par des moyens mécaniques ce que précédemment on ne savait faire qu'à la main.

Les moyens employés par Dobo étaient assez primitifs. Prenant le peigné des mains des peigneurs, il le préparait d'abord avec une carde. Lorsque sa machine était chargée de laine, il obtenait un anneau qui, une fois rompu, formait un long ruban ; ce ruban était ensuite laminé par une série d'étirages *sans peignes*. Puis, quand ce même ruban n'était plus que 12 à 15 fois plus fort que le fil dont on cherchait l'obtention, il était livré au métier mull-jenny employé alors pour coton (V. l'*Historique de la filature du coton*), mais on lui faisait subir préalablement, pour le mettre sur bobines, une opération consistant à donner, par un mouvement de frottement et de va-et-vient qui roulait le ruban, de l'adhésion aux filaments, et en même temps une solidité assez grande pour qu'il fût en état de subir une certaine tension sans en être sensiblement altéré; dans cet état, la bobine allait s'établir derrière le métier mull-jenny ou sur un métier continu.

L'absence de peignes, dont le rôle est si important, était une lacune dans les machines du système Dobo : elle fut comblée par les inventions de Laurent, de Clanlieux et de Lasgorseix, lesquelles firent leur apparition de 1816 à 1819. Laurent créa des peignes avec plateaux à crénelures, parallèles aux rangées d'aiguilles, Clanlieux et Lasgorseix inventèrent des peignes montés sur les mailles d'une chaîne à articulation. A partir de 1820, la filature de laine est encore redevable au mécanicien Flintzer, ainsi qu'à M. Villeminot-Huard, filateur à Reims, de remarquables perfectionnements. De 1832 à 1835, des améliorations générales font encore avancer cette industrie : on emploie la fonte pour faire le bâti des métiers, les machines sont construites dans des proportions plus grandes, le nombre des broches des mull-jenny est porté de 120 et 160 à 200 et 240, ce qui donne une augmentation considérable de production.

Mais la filature de la laine peignée n'a pris à proprement parler en France une extension considérable que lorsque l'invention du peignage mécanique permit d'y remplacer les anciennes méthodes de peignage à la main. Ce fut en 1842, à Reims, qu'on essaya pour la première fois de se servir de peigneuses mécaniques; la machine alors employée avait été inventée en 1825 par un sieur Godart, d'Amiens, lequel en 1829 avait cédé la propriété de son brevet à un sieur J. Collyer. Mais ces appareils imparfaits devaient s'éclipser devant l'apparition de la peigneuse Heilmann.

Nous avons dit tout à l'heure que la première filature de laine peignée fut établie en 1812 à Bazancourt chez MM. Ternaux et Jobert-Lucas. Deux établissements du même genre furent créés à Paris avec l'aide de Dobo. Les manufactures se multiplièrent ensuite; il y en eût bientôt à Reims, à Amiens, à Rethel et à Roubaix, et ici nous devons mentionner, parmi celles qui contribuèrent à donner de l'impulsion à cette industrie, les manufactures établies à Cateau-Cambrésis et à Cercamp, la première par M. Paturle-Lupin, la seconde par M. de Fourment. C'est dans la période de 1820 à 1826 que les fils de laine peignée commencèrent à entrer largement dans la consommation. La filature de laine au rouet se maintint à Amiens jusque 1823, époque où les manufacturiers de cette ville firent les premiers essais de filature à la mécanique, et dans l'espace de trois ans, de 1825 à 1828, le nombre des broches s'accrut dans une proportion considérable. En Alsace, où la filature mécanique de la laine peignée ne date que de 1838, elle prit immédiatement un essor prodigieux et débuta par 30 ou 35,000 broches; le premier établissement fut fondé par MM. André Koechlin et Cie qui en confièrent la direction à M. Risler-Schwartz. Mais ce fut surtout à Roubaix et Tourcoing que le progrès marcha d'un pas de géant, car en 1843 le département du Nord possédait déjà 250,000 broches pour la filature de laine peignée et 90,000 broches de retordage.

La filature de laine cardée dont nous n'avons pas encore parlé, a débuté à proprement parler au commencement de ce siècle, mais elle a donné naissance, comme la laine peignée, à de nombreux essais entrepris avant cette époque. Quatremère-Disjonval, propriétaire d'une fabrique de drap près de Château-Thierry, est le premier qui, en 1783, essaya de carder la laine sur des machines à coton. En 1791, MM. Grangier frères, d'Annonay, construisirent des machines à filer et à carder la laine. Plus tard, la laine cardée se fila sur le spinning-jenny pour coton. Mais, en réalité, les premiers assortiments en laine cardée à peu près complets, composés sans doute d'appareils de divers inventeurs, furent construits en France par deux mécaniciens dont les noms sont restés connus, Douglas et Cockerill, de 1809 à 1815. Le pre-

mier avait ses ateliers à Paris, le second en avait deux à Vervins et à Liège (la Belgique était alors française) et en eut plus tard un troisième à Reims. Le ministre Chaptal, dont la sollicitude pour l'industrie rappelle celle de Colbert, contribua puissamment à leur propagation.

Vers 1845, l'application à la filature de laine des mull-jenny self-actings (métiers renvideurs), d'un emploi si avantageux pour la filature de coton, donna à l'industrie lainière en général une impulsion considérable. Ce fut M. Cordier Norbécourt, de Saint-Quentin, qui le premier employa le self-acting pour filer la laine, et ce fut M. Bruneau aîné, constructeur à Rethel, qui, ayant fait venir d'Angleterre deux métiers de ce système, en prit les modèles et en construisit le premier en France pour divers établissements; M. Dolfus-Mieg, de Mulhouse, les perfectionna l'un des premiers, en introduisant la commande des tambours par engrenage; puis, M. Muller, de Thann, supprima les tambours et appliqua directement aux broches la commande par engrenages.

La filature de laine française qui ne comptait en 1829 que 240,000 broches, a rapidement progressé. En 1844, il y avait 600,000 broches; en 1847, 750,000; en 1850, 800,000; en 1854, 900,000; on verra ci-après combien ce chiffre est aujourd'hui notablement dépassé.

LA FILATURE DE LAINE EN FRANCE.

De toutes les industries textiles françaises, celle de la laine est celle qui occupe le plus d'ouvriers et possède le plus de broches.

Avant de donner à proprement parler la statistique des établissements fileurs, nous croyons nécessaire d'indiquer auparavant quels sont les moyens de production dont dispose notre pays pour alimenter ses broches en laine.

En 1852, M. Achille Mercier évaluait à 25 millions le nombre de moutons existant en France. En 1876, un recensement estimait ce même nombre à 25,142,000, et en 1878 cette évaluation était portée à 25,791,390. Ce chiffre est donc resté à peu près stationnaire.

Il n'est pas non plus sans intérêt de connaître la valeur de la quantité de laine brute qui se trouve filée chez nous. Celle-ci a été parfaitement relevée en 1878, et estimée à 477 millions de francs; à savoir, 96,921,467 francs représentant la valeur des 85,550,585 kilogrammes de la production française, 320 millions représentant l'importation, et 60 millions représentant la valeur des 40 millions de kilogrammes de laine dite *renaissance* provenant de l'effilochage des vieux tissus. Mais pour avoir le chiffre exact de la quantité qui alimente nos fabriques, il faut des 477 millions de francs retrancher une importation de laine brute de 90 millions de francs, ce qui donne net 387,000,000 de francs pour cette époque.

Voici, d'ailleurs, le tableau des importations et des exportations des laines pendant ces dernières années :

Années	Importations	Exportations
1871	295.691.000	105.998.000
1872	334.639.000	102.177.000
1873	333.314.000	86.605.000
1874	319.218.000	104.181.000
1875	337.757.000	84.116.000
1876	285.528.000	74.754.000
1877	322.581.000	77.003.000
1878	340.819.000	89.728.000
1879	317.017.000	112.650.000

La fabrication des fils et tissus de laine se fait dans 2,520 établissements différents, disposant d'une force motrice de 29,514 chevaux vapeur. Pour trouver le placement de la production de ces établissements, il est nécessaire que les industriels cherchent des débouchés à l'extérieur. Malheureusement, ils n'y arrivent guère que pour la laine peignée, la laine cardée de son côté succombe sous les efforts répétés de la concurrence étrangère, comme nous le verrons en examinant la situation économique de la filature, et ne participe que pour une faible part à l'exportation. Les filés de laine peignée trouvent surtout leur écoulement en Ecosse, en Angleterre, en Belgique, en Suède, en Allemagne, en Russie, et du reste chez presque toutes les nations européennes; ils sont partout fort appréciés pour leurs solides et belles qualités.

Le tableau suivant indique, d'une manière générale, quelles sont, depuis 1871, nos importations et nos exportations générales en fils de laine :

Années	Importations	Exportations
1871	12.579.000	51.498.000
1872	18.851.000	31.122.000
1873	16.683.000	31.292.000
1874	17.074.000	36.841.000
1875	18.255.000	39.722.000
1876	19.327.000	28.647.000
1877	16.263.000	26.803.000
1878	18.681.000	37.236.000
1879	15.322.000	45.933.000

D'où il résulte que la filature française exporte beaucoup plus que ses tissages ne reçoivent de fils de l'étranger.

Le nombre des broches que possède la France peut être actuellement évalué de la façon suivante :

Laine peignée. 2.270.000
Laine cardée. 676.000
                                 ─────────
          Total. 2.946.000

Le plus important des départements lainiers de France est le Nord. Dans son nombre de broches de laine peignée évalué à 1.350.000, figurent 700.000 pour Roubaix et Tourcoing, et 650.000 pour la région de Fourmies. Les usines et manufactures de toute espèce en activité y sont au nombre de 6.090 (peignages, filatures, teintureries, etc.), représentant un capital de 500 millions environ. Dans cette partie de la France l'élevage est poussé au plus haut degré, les moutons y sont peu nombreux, mais en revanche leur laine est fine, longue, et généralement bien poussée ; les races mérinos pures et métis mérinos sont les plus répandues.

Vient ensuite le département de la Marne. Reims, le chef-lieu, comptait, en 1878, 169.000 broches de laine peignée, et la région environnante 120.000 broches en peigné et 140.000 en cardé, alimentant la fabrication des flanelles et nouveautés si considérable dans cette contrée.

Le commerce des laines brutes a une certaine importance dans les arrondissements de Sainte-Menehould et de Vitry-le-Français.

Le département de l'Aisne vient en troisième rang. Le nombre de broches en laine peignée y est de 140.000. Il possède de très grands établissements industriels situés surtout dans sa partie nord et compris dans les arrondissements de Saint-Quentin et de Vervins. L'élevage des moutons mérinos y est très développé ; les laines sont presque toujours achetées par les peigneurs du Nord et de la Marne. C'est d'ailleurs, de tous les départements français, celui qui possède les bergeries les plus estimées pour la richesse des toisons et celui qui fournit le plus de béliers pour l'amélioration des races.

Après l'Aisne, nous citerons la Somme, l'un des départements où l'industrie s'est le mieux développée. Les filatures de laine peignée (125.000 broches) y sont très disséminées. Les fils sont consommés principalement par

d'importants tissages de bonneterie et par des fabriques de draps, escots, moquettes, camelots, tissus laine et soie pour robes et châles, etc.

Dans les Ardennes, la filature de laine à laquelle sont adjoints le cardage, le peignage, la fabrication des draps et nouveautés, forme une branche très importante de l'industrie régionale. La laine peignée seule y entre pour 120.000 broches. Elle est surtout représentée par Rethel qui possède 9 manufactures importantes en peigné, Sedan qui en a 4, et par de nombreux villages dans les arrondissements de Mézières, Sedan et Rethel.

Les autres départements ont une importance relativement moindre et ne forment ensemble qu'un total de 375.000 broches en laine peignée ; mais cependant il n'en est pour ainsi dire aucun où l'on ne trouve de filature de laine.

L'Oise possède plusieurs filatures à Beauvais, Mouy, Cramoisy, Bury, Feuquières, Grillon, Chantilly, Gouvieux, Mello et Balagny. Ce département renferme de nombreux troupeaux de moutons, appartenant en partie à la race picarde, dont la laine est longue et forte, mais grossière. Dans l'industrie pastorale, l'arrondissement de Senlis se distingue entre tous.

Le département de la Seine ne possède pas de filature de laine, mais le nombre des bêtes à laine y est d'environ 16.000, dont la moitié appartient aux races perfectionnées. En Seine-et-Oise, l'industrie de la filature est faiblement représentée par quelques établissements à Yerres, Ormoy, Saclas et Saint-Remy-les-Chevreuse ; l'élève des moutons, par contre, y a une certaine importance, c'est là qu'est la bergerie nationale de Rambouillet, plusieurs communes telles que Cernay-la-Ville et Crespières possèdent des troupeaux mérinos de haute valeur. Dans l'Aube, où il y a de si importantes fabriques de bonneterie, la filature n'existe qu'à Troyes ; mais dans ce département où l'on ne rencontrait autrefois que l'ancienne petite race champenoise qui n'est guère susceptible d'amélioration, les moutons appelés aujourd'hui champenois sont des mérinos de race pure ou des métis dont la laine, particulièrement à Romilly-sur-Seine et Vendreuse-sur-Barse, est très estimée. La filature, dans les Vosges, est représentée par des établissements à Rambervillers, Poussay, Ameuvelles, Neufchâteau, Châtillon-sur-Saône, Serecourt et le Val d'Ajol. L'Isère, plus agricole qu'industriel, possède à Vienne 70.000 broches de laine renaissance et différentes filatures à La Mure, Iséron, Roybon, Saint-Jean-de-Bournay, Voiron, Saint-Maurice-de-l'Exil, Sezerin-du-Rhône, Saint-Symphorien-d'Ozon et Pons-en-Royans. On n'y compte pas moins de 200.000 têtes de bétail de race ovine dont une partie est indigène et l'autre appartient au type de la Camargue. Dans la Drôme, où l'on compte 370.000 têtes de race ovine, il existe plusieurs filatures importantes à Dieulefit, Crest, Chatillon-en-Diois, Luc-en-Diois, Lachau et la Grande Serre. Le département de la Seine-Inférieure ne compte qu'une place de fabrication : Elbeuf, dont Caudebec-les-Elbeuf, Saint-Pierre-les-Elbeuf, Saint-Aubin et Orival sont les annexes, mais dans lesquelles la filature doit céder le pas au tissage des draps. Dans le Gard, qui possède 440.000 moutons, on compte plusieurs filatures de laine à Nîmes, Sommières et Avèze. La Lozère, un des plus pauvres et des moins peuplés des départements de la France, mais dans laquelle l'industrie pastorale a une certaine importance (370.000 moutons), renferme plusieurs filatures à Marvejols, La Canourgue, Cultures, Banassac et Langogne. Dans l'Aveyron, où l'industrie pastorale porte sur près de 800.000 têtes de bétail, la filature de laine possède des établissements importants à Saint-Affrique, Rodez, Cassagnes-Begonhès, Conques, Laissac, Vimenet, Nant, Saint-Jean-du-Bruel, etc. Dans l'Hérault, où le nombre des animaux de race ovine est évalué à 540.000, il existe de nombreuses filatures de laine à Lodève, Bédarieux, Clermont-l'Hérault, Saint-

Pons, Riols-sur-Jaur, Saint-Chinian, etc. Le département du *Tarn* qui renferme 520,000 moutons, a une certaine importance au point de vue de la filature représentée par Mazamet, Castres, Vabre, Sémalens, Roquecourbe, Saint-Amans-Soult, etc. Dans l'*Aude*, l'industrie de la filature a périclité et n'est plus représentée que par quelques établissements à Carcassonne, Conques, Ilhes-Cabardès, Cenne-Monesties, etc.; l'industrie pastorale s'y est mieux conservée (500,000 têtes de bétail). La *Creuse*, qui possède 770,000 moutons et où l'industrie occupe une place à part pour ses manufactures d'Aubusson et Felletin, n'occupe pas dans l'industrie de la filature une bien grande place; celle-ci se rencontre seulement à Felletin et Rognat. Nous citerons encore dans le *Loiret*, une filature de laine à Château-Renard; dans l'*Indre*, des filatures à Châteauroux, Colombier-sur-Indre et La Châtre-Langlin; dans l'*Indre-et-Loire*, à Loches, Amboise et Veigné; dans la *Haute-Loire*, à Brives-Charensac, Fay-le-Froid et au Monastier; dans la *Dordogne*, à Saint-Vincent d'Excideuil, Bergerac, Neuvic, Carsac, Daglan et Plazac; dans la *Charente*, à Angoulême, Montbron, Larochefoucauld et Confolens; dans la *Vendée*, à Cugand, Mallièvre et Loge-Fougereuse; dans les *Côtes-du-Nord*, à Saint-Brieuc; dans les *Deux-Sèvres*, à Niort, Nanteuil, La Mothe-Saint-Heraye, Partenay, etc.; dans la *Loire-Inférieure*, à Nantes et Clisson; dans le *Maine-et-Loire*, à Angers et Pouancé; dans la *Mayenne*, à Fougerolles; dans la *Manche*, à Cerisy-la-Forêt, Torigny-sur-Vire, Beauchamp, Saint-James, etc.; dans l'*Eure*, principalement à Louviers (18 filatures) et dans différentes communes des vallées de l'Andelle, de l'Eure, de l'Iton et de la Risle, etc., etc.

Il n'est guère en somme, comme nous le disions, de département français qui ne possède de filature de laine; cette industrie reste donc l'une des plus répandues sur notre territoire.

LA FILATURE DE LAINE A L'ÉTRANGER.

La nation avec laquelle la France doit se mesurer le plus souvent au point de vue de l'industrie lainière, est l'*Angleterre*. D'une manière générale, les établissements lainiers de ce pays peuvent être réunis en trois grands groupes : le groupe écossais, qui a pour principal centre manufacturier la ville de Galashiels; celui du Yorkshire, de beaucoup le plus important, qui comprend les villes de Leeds, Huddersfield, Halifax, Bradford, etc., et enfin le groupe du sud-ouest, dont les lieux de fabrication les plus considérables sont Trouwbridge et Stroud.

Dans ces différents groupes, les filatures en laine cardée, laine peignée et renaissance, sont ainsi réparties :

	Nombre de fabriques	Nombre de broches	Nombre d'ouvriers
Laine cardée...	1.820	3.200.000	140.000
Laine peignée...	700	2.200.000	143.000
Renaissance...	130	120.000	3.800
	2.650	5.520.000	286.800

On voit donc par ces chiffres que, contrairement à la France, l'industrie de la laine cardée occupe en Angleterre une plus grande importance que celle de la laine peignée, et que, d'une manière générale, la filature de laine y occupe un plus grand nombre de broches, partant un nombre d'ouvriers plus considérable. Parmi ces derniers, le nombre des hommes entre pour 126,300 seulement, et celui des femmes et des enfants pour 160,500; le travail de la laine cardée employant plus d'hommes que de femmes et d'enfants, et le contraire existant dans la section du peigné.

L'industrie pastorale, très étendue en Angleterre, ne suffit pas à l'alimentation des filatures. Aussi, a-t-on développé la culture de la laine dans les colonies et particulièrement en Australie, pour les besoins du Royaume, ainsi que le montre le tableau suivant :

Années	D'Australie	Du Cap	D'autres pays	Totaux
1835	19.762	824	114.517	135.103
1844	70.908	8.659	154.765	234.332
1854	156.233	27.626	216.386	392.196
1864	302.177	69.309	297.631	608.183
1874	651.576	164.194	323.534	1.139.304

En 1878, l'importation de la laine en masses s'est élevée à 395,461,386 livres de poids, d'une valeur de 22,773,320 livres sterling.

Une partie de cette matière première est réexportée, principalement de Londres qui est le grand marché régulateur, à destination de France, de Belgique et d'Allemagne.

Enfin, l'Angleterre est obligée, malgré son énorme production, de s'adresser à l'étranger pour certaines spécialités de fils. Les fabricants écossais s'adressent à la Belgique, et principalement à Verviers, pour certains fils de laine cardée, et un grand nombre de fabricants anglais font venir du nord de la France de fortes quantités de fils en laine peignée; en moyenne, les importations totales de fils de laine sont d'environ 36 millions de francs.

La *Belgique*, dont nous venons de parler, possède surtout des broches en cardé. N'étant pas productrice de laine, elle est forcément tributaire de l'étranger pour ses matières brutes; les laines employées par la fabrique belge proviennent presque toutes du sud de l'Amérique et des colonies anglaises et sont achetées aux ventes publiques qui ont lieu régulièrement à Anvers, marché régulateur. C'est surtout dans le district de Verviers, qui à lui seul comporte 500,000 broches, qu'est concentrée la filature de laine cardée, ainsi que la confection même des machines de filature. En dehors de Verviers, des filatures se trouvent à Francomont, Andrimont, Hodimont, Ensival, Dison, Petit-Richain, Dolhain, Pepinster, Liège, etc.

En *Allemagne*, il existe actuellement 2,884,607 broches de filature de laine, sises principalement à Leipsig, Kœnigsberg, Hirschberg, et en Alsace-Lorraine.

En *Russie*, l'importance de la filature de laine s'est bien accrue dans ces dernières années. D'après M. F. Mattaï, de Saint-Pétersbourg, la Russie proprement dite comptait en 1873, 30 filatures d'une année; occupant 3,217 ouvriers et produisait environ pour 10 millions de francs de filés par année; il y avait en outre un certain nombre d'établissements lainiers en Sibérie, en Pologne et en Finlande. La plupart de ces filatures, très prospères, sont la propriété d'étrangers. L'industrie pastorale a une grande importance dans la partie méridionale de l'empire russe et il s'y fait avec l'étranger un commerce de laine très considérable. On estime à 45 millions le nombre des moutons existant dans l'empire, ce qui forme près du quart du chiffre total de l'Europe entière. Beaucoup de laines sont vendues aux foires; celles de Charkov, Paltava et Ekaterinoslaw sont surtout fort importantes; des 48 millions de kilogrammes de laine que produit la Russie, près de la moitié est expédiée à l'étranger par les ports de la mer Noire. Les importations de fils de laine en Russie ont été de 2,625,640 kilogrammes en 1878, mais elles décroissent d'année en année depuis cette époque, grâce au décret que le gouvernement russe a mis en vigueur à partir du 1er janvier 1877, lequel stipule que, dorénavant, les droits de douane devront être acquittés en or; comme le rouble-or est coté plus d'un tiers au-dessus du rouble-papier, cette prescription équivaut à une forte surélévation des tarifs douaniers.

En *Autriche*, la fabrication des fils de laine cardée domine et possède des établissements à peu près dans toutes les parties de l'empire, mais c'est la Moravie qui tient la tête pour le chiffre de sa production; viennent ensuite par ordre décroissant la Bohême, la Silésie, la Basse-Autriche, puis enfin le Tyrol et le Vorarlberg. Les principaux lieux de production sont Brünn, Reichenberg, Bielits-Biala et Jagendorf. La filature de laine cardée est d'ailleurs admirablement placée pour s'approvisionner de matières premières; la Hongrie, la Bohême, la Silésie, etc., lui offrent les plus fines en même temps que les plus abondantes toisons, et elle est loin de consommer la totalité des laines de l'empire dont une partie est exportée. Quant à la filature de laine peignée, elle n'était représentée en 1878 que par neuf établissements, dont celui de Vöslau (Basse-Australie), le plus important de tous, sept en Bohême et un en Silésie; le nombre des broches spécialement employées pour cette branche et celle pour la production des fils mélangés était en 1876 de 77,410. Il existe de plus quelques établissements pour la renaissance à Neusiedl et à Salzbourg, dans la Basse-Autriche. L'élève des moutons a peu d'importance; on ne comptait seulement que 5,026,398 moutons lors du dernier recensement.

L'industrie lainière en *Suisse* est encore peu développée. Ce pays demande à l'étranger une importante quantité de filés de laine, notamment à la place de Verviers. Par contre la République Helvétique exporte dans divers pays de 7 à 800,000 kilogrammes de filés de laine divers. Elle achète fort peu de laines brutes à l'étranger, et elle en exporte un peu, quoique ne possédant que 445,000 moutons.

En *Italie*, d'après un très intéressant travail de M. Ellena, publié en octobre 1878, le nombre de broches de filatures pour le cardé est de 305,386, et pour le peigné de 30,000.

En cardé, les districts lainiers les plus considérables sont le Biellais, la province de Vicenze, l'Ombrie, la Lombardie, Naples et ses environs; le peigné a pour sièges principaux les fabriques de Piovene, Borgosesia et le « lanificio Rossi » de Schio, établissement au capital de 33 millions. Les filés de laine sont importés de plus en plus, les peignés viennent principalement de la Belgique. D'après le recensement de 1877, l'Italie possède seulement 6,977,104 moutons, fournissant de la laine commune.

Ce sont là les principaux pays d'Europe qui méritent d'être cités dans la filature de laine. Les trois États Scandinaves, l'Espagne, le Portugal, les Pays-Bas, ne peuvent guère être mentionnés qu'au point de vue du tissage.

Hors d'Europe, la contrée qui mérite le plus d'attirer l'attention sont les *États-Unis* d'Amérique. C'est le pays qui possède en laine cardée l'outillage le plus considérable. Ainsi l'Angleterre ne fait mouvoir que 6,400 assortiments de cardes servant à la production de 80 millions de kilogrammes de marchandises, la France, 3,400 assortiments pour une production annuelle de 40,000,000 de kilogrammes, tandis qu'on compte aux États-Unis 8,500 jeux de cardes donnant 121,000,000 de kilogrammes par année. Aussi, malgré sa grande production en laine brute (232 millions et demi de livres anglaises en 1879), l'Union américaine est obligée de se pourvoir de matière première à l'étranger pour alimenter ses manufactures. La France maintient son exportation dans ce pays, mais ce sont les genres en peigné qui en profitent exclusivement.

Situation économique. La situation économique de la filature de laine est très différente suivant qu'on considère le peigné ou le cardé.

La filature de laine peignée, nous l'avons vu, fait une exportation considérable, et sort victorieuse de la lutte qu'elle a à soutenir contre ses concurrents étrangers, notamment contre l'Angleterre. L'avantage qui ressort pour la France tient beaucoup à son mode d'outillage essentiellement différent de celui employé traditionnellement chez nos voisins. Les machines préparatoires anglaises, par exemple, impriment au ruban ou à la mèche une torsion, de sorte que ces machines sont munies de broches verticales à ailettes comme les bancs-à-broches à coton, tandis qu'en France la bobine d'enroulement est à axe horizontal et le ruban s'enroule sans torsion. En Angleterre, l'écartement des cylindres entre le fournisseur et l'étireur est fixe, quelle que soit la longueur du brin de laine; en France, au contraire, on règle cet écartement suivant la longueur du brin. Les machines anglaises n'ont pas de hérissons cylindriques comme les nôtres, leurs premières machines ont des barrettes à aiguilles et les dernières n'ont pas de peigne du tout. C'est aussi le degré de torsion du ruban seul qui varie suivant la longueur du brin de laine. Mais c'est surtout par le métier à filer proprement dit que la différence est tranchée; en Angleterre, on ne file la laine qu'aux métiers continus, tandis qu'en France on ne file qu'avec le mull-jenny. C'est de là que provient surtout la différence considérable qui existe entre les deux genres de filatures Le système anglais ne permet pas de filer du peigné d'une égale longueur, tandis que le nôtre trouve sa qualité si recherchée dans l'irrégularité de longueur des filaments. Pour faire le même numéro, surtout dans les fins, les Anglais sont tenus de mettre une laine bien plus chère que nous, et de plus, le fil obtenu ainsi en Angleterre est moins souple, moins doux au toucher que le nôtre. De là l'infériorité de nos voisins, de là, la supériorité de la draperie roubaisienne tissée en laine peignée sur la draperie du Yorkshire, dont il se fait d'ailleurs une grande quantité en cardé.

Pour la laine cardée, la situation est tout autre. La filature a non seulement ici à supporter la concurrence de l'Angleterre qui possède en cardé comme nous l'avons vu, un nombre de broches plus considérable que la France, et se voit forcée de déverser sur le continent les filés et les tissus qu'elle ne peut plus placer, comme autrefois en Amérique où la production excède la sienne propre, mais elle a encore à lutter contre la production belge, qui doit nécessairement trouver au dehors une alimentation que son peu d'étendue ne lui permet pas de rencontrer sur son territoire. La Belgique a encore sur la filature française une supériorité d'organisation incontestable. En France, en Normandie notamment, où les centres lainiers peuvent être comparés au groupe de Verviers, le cardage et le filage sont payés séparément, la première transformation à tant par kilogramme, la seconde suivant la finesse du fil; en Belgique, au contraire, le titre du fil forme seul la base du prix de façon Le filateur belge a donc intérêt à surveiller la préparation pour atteindre facilement à la plus grande finesse, le filateur français cherche d'abord le maximum de production à la carde sans se préoccuper autant du résultat final. Dans les deux cas, le mode d'estimation du service rendu explique comment avec les mêmes machines la filature belge tire généralement meilleur parti des laines cardées, produit des mélanges mieux fondus et, par suite, des fils plus résistants. Un tarif bien établi contribuerait sans doute à faire disparaître cette différence, mais il s'en faut qu'il en soit ainsi.

FILATURE DE LIN

HISTORIQUE. On sait que c'est Napoléon Ier qui fut le promoteur de l'invention de la filature du lin en France. Étonné des prodiges d'activité et des sources de richesses qu'engendrait chez nos voisins l'industrie de la filature de coton, il pensa que, de préférence au blocus continental, le meilleur moyen de faire concurrence à ce produit exotique était de filer un textile indigène, et il choisit le lin, matière filamenteuse d'un usage universel. Le 12 mai 1810, un décret daté de Bois-le-Duc parut dans le *Moniteur*, promettant « un million » comme récompense à l'inventeur de la filature du lin. Deux mois après, le 18 juillet 1810, un premier brevet était pris pour cette invention, il contenait tous les principes fondamentaux du filage mécanique, Philippe de Girard avait résolu le problème, la France comptait une gloire de plus. — V. GIRARD, PH. DE.

Nous dirons plus loin, lorsque nous traiterons la biographie de ce savant ingénieur, comment après avoir essayé par tous les moyens possibles d'implanter en France, son pays natal, l'industrie dont il était l'inventeur, il se vit obligé d'accepter les offres de l'Autriche et de construire une filature de lin à Hirtenberg, près Vienne.

En 1815, un brevet était pris en Angleterre par M. Horace Hall, en société avec MM. Lanthois et Cochard, employés de Philippe de Girard qui, profitant de la confusion des événements, avaient eu l'impudence d'enlever clandestinement les dessins du maître et de se les approprier. Le gouvernement anglais donna à Lanthois et Cachard pour prix de leur abus de confiance, 2,000 livres sterling comptant. Mais ce secours ne leur profita pas. Excellents employés, Lanthois et Cochard, ne furent que des administrateurs sans valeur.

En 1824, les choses changèrent d'aspect. Après un court voyage en France, un anglais du nom de Marshall, monta à Leeds sur un grand pied une filature de lin sans le secours de personne, il y réalisa bientôt des bénéfices incroyables. Il engagea Lanthois comme contre-maître, avec un salaire élevé. Quant à Cachard, largement aidé, il fit bientôt concurrence à son ancien complice, sous la raison sociale de ses deux commanditaires, Hives et Atkinson. L'essor une fois donné à l'Angleterre, la filature de lin s'y transforma bientôt. Exploitées par nos voisins, les idées ingénieuses de Philippe de Girard, considérées chez nous comme peu pratiques, furent aussitôt appliquées et vulgarisées.

On avait cependant essayé en France de monter quelques filatures, sur le modèle des premières machines de Philippe de Girard, incapables évidemment de soutenir la lutte avec les appareils anglais que nos voisins perfectionnaient sans cesse. C'est en 1825 que commença la grande importation des fils d'Angleterre en France, ce fut en 1830 qu'elle prit une véritable extension. Les fils anglais, entrés en France en 1825 pour 161 kilogrammes, y entraient en 1835 pour 418,383 kilogrammes. De cette inondation de produits anglais résultait évidemment pour la filature du lin française une chute inévitable. Dans un *Dictionnaire du commerce* publié en 1832 par M. Hautrive, de Lille, nous trouvons qu'on y évalue à 37 le nombre de filatures de lin qui fonctionnaient en France en 1831 ; en 1836, 15 à 16 de ces établissements subsistaient à peine dans toute la France, et à Lille il n'en restait que 8.

En présence de cette situation précaire, une idée vint alors à deux de nos industriels, celle de dérober le secret de la filature de lin à l'Angleterre comme l'avait fait Marshall quelques années auparavant. Ces industriels furent M. Scrive-Labbe, de Lille, et M. Feray, d'Essonnes, aujourd'hui sénateur de Seine-et-Oise. Les difficultés cependant semblaient insurmontables. A peine eut-on connaissance en Angleterre des tentatives de M. Scrive, que tous les filateurs anglais se réunirent d'un commun accord pour former à leurs frais une contre-ligue de douane, destinée à fortifier le service du gouvernement, qui punissait d'une amende de 5,000 francs tout exportateur de métier à lin. Or, ce fut en 1833 que MM. Scrive et Feray commencèrent leurs démarches, ce ne fut qu'en 1835 qu'ils purent monter leurs filatures. Après des peines inouïes, avec une patience infatigable, ils finirent par tromper la surveillance anglaise et parvinrent à triompher de tous les obstacles. M. Scrive monta à Lille

une filature de 2,500 broches, M. Feray une autre à Essonnes de 1,800. Il leur avait fallu faire expédier les métiers pièce à pièce dans autant de ports différents, sous de fausses dénominations, le plus souvent dans des cornues à gaz, et en payant des primes de contrebande qui s'élevaient à plus de 80 0/0. M. Scrive, qui étaiε entré le premier en possession de ses métiers, reçut à titre de premier importateur l'exemption des droits d'entrée. M. Féray, une fois son premier écheveau fabriqué, l'envoya au Ministre du Commerce, M. Duchatel, il reçut la croix de la Légion d'honneur par retour du courrier.

Mais après tous leurs exploits, nos premiers importateurs n'admirent malheureusement personne au partage de leurs conquêtes. MM. Scrive et Feray ajoutèrent même à leurs établissements des ateliers de construction où ils essayèrent de construire ces machines pour leur usage particulier, afin de s'en réserver le monopole. Il fallut qu'un français se dévouât à nouveau pour faire connaître à tous, et construire enfin lui-même, les machines à lin. Ce fut M. Decoster qui voulut remplir cette noble mission.

En 1834, il partit en Angleterre, faisant dire bien haut qu'il n'avait d'autre intention que de faire employer dans ce pays la peigneuse de Girard qu'il ne pouvait propager en France. L'Angleterre se montra comme toujours hospitalière et bienveillante envers les industriels sérieux, et sous les auspices d'un riche négociant anglais, Decoster put bientôt, malgré son titre de français, visiter à loisir les principales filatures de Leeds. Il rentra en France en 1835, non seulement muni de tous les dessins des machines anglaises, mais initié à tous les mystères de la fabrication. Il commença alors à Paris la construction d'un atelier spécial qu'il ne put ouvrir qu'en 1837. Grâce à son initiative, on comptait en France, vers la fin de 1839, le chiffre respectable de 37 filatures de lin, il avait fourni le matériel des trois quarts d'entre elles.

Telles sont les origines en France de l'industrie nationale de la filature du lin. Aujourd'hui, on compte chez nous environ 425,000 broches, alors que, il y a quelques années, la statistique officielle en relevait 716,490.

LA FILATURE DU LIN EN FRANCE.

Treize départements seulement renferment en France des filatures de lin, ce sont : le Nord, l'Aisne, le Calvados, le Finistère, l'Ille-et-Vilaine, la Loire-Inférieure, le Maine-et-Loire, la Mayenne, le Pas-de-Calais, la Sarthe, la Seine-Inférieure, la Seine-et-Oise, et la Somme : les départements du Nord, du Pas-de-Calais et de la Somme, renferment à eux seuls des trois quarts des broches françaises.

La ville de *Lille* et ses environs principalement sont le siège de nombreux et importants établissements : Lannoy et Pérenchies, à quelques lieues de la ville, renferment les deux filatures les plus considérables de France. Il faut citer ensuite dans le même département, Armentières, siège important de tissages de toiles alimentés par les fabriques de fils environnantes, puis un certain nombre dans des communes ou petites villes de moindre importance, telles que Houplines, Quesnoy-sur-Deule, Phalempin, Wambrechies et surtout Seclin. En dehors de ces centres, on trouve quelques filatures importantes à Douai, Dunkerque et leurs environs. Dans le *Pas-de-Calais*, outre un bel établissement à Frévent, il faut encore en citer à Boulogne, Arques et Sailly. Enfin, dans la *Somme*, d'importantes filatures sises à Amiens, Pont-Remy, Saleux, Flixecourt, Abbeville, etc., forment un ensemble assez considérable. Dans les autres départements, les filatures les plus importantes ont leur siège à Lisieux (Calvados), Landerneau (Finistère), Angers (Maine-et-Loire), Barentin (Seine-Inférieure) et Essonnes (Seine-et-Oise).

Presque toutes les filatures françaises marchent au nom de capitaux particuliers ; seules, quelques filatures sont gérées au nom de sociétés par actions. Parmi celles-ci, les principales sont la Société Maberly, dite Société anonyme d'Amiens, la Compagnie linière de Pont-Remy, le Comptoir de l'industrie linière de Frévent et l'Union linière du Nord : ces établissements représentent ensemble 38,000 broches.

Quiconque visiterait une filature française serait très étonné d'y voir en très grand nombre des métiers de construction anglaise. Le principe de cette situation a été amené du fait des événements que nous avons rapporté plus haut en faisant l'historique de cette industrie. Longtemps, en effet, le filage du lin a été monopolisé par l'Angleterre, et ce pays a eu seul besoin de construire des machines. Il en est résulté que lorsque, vingt ans plus tard, quelques ateliers de construction ont fonctionné en France, ceux-ci; nouveaux venus, n'ont pu arriver du premier coup à un outillage perfectionné, ils ont imité les machines anglaises sans parvenir à les copier exactement, et la concurrence incessante de l'Angleterre a été le point de départ de leur discrédit. Bien qu'aujourd'hui ce discrédit tende à disparaître par la raison que bon nombre de nos constructeurs français réussissent tout aussi bien leurs machines que les anglais, il n'en existe pas moins dans l'esprit de certains filateurs.

LA FILATURE DU LIN A L'ÉTRANGER.

La *Grande-Bretagne* tient le premier rang dans la filature du lin comme dans celle du coton, d'après une statistique récente, le nombre des broches s'y trouve ainsi réparti :

	Filatures	Broches
Angleterre	72	201.735
Ecosse	37	275.119
Irlande	79	906.946
	188	1.383.800

La plupart de ces établissements sont situés : pour l'Angleterre, dans le comté d'York (Leeds, Manchester, Liverpool); pour l'Ecosse, dans celui de Forfar (Dundee, Dumferlin, Glascow, Sterling et Perth); pour l'Irlande, dans celui d'Antrim (Belfast, Lisburn, Ligoueils). Les gros numéros sont filés particulièrement en Ecosse, et les fins en Irlande jusqu'aux limites les plus élevées.

En *Belgique*, la filature occupe 285,000 broches, sises à Gand, Liège, Tournai, etc. On y fabrique surtout des fils pouvant faire chaîne ou des trames de qualité supérieure dans la série du 30 au 120 : elle a été amenée à s'adonner spécialement à cette fabrication par la nature même des lins qu'elle produit. On voit dans ce pays, à côté de filatures moyennes, plusieurs grandes sociétés possédant des établissements de 30 à 50,000 broches : la plus importante de toutes est la Société de la Lys, à Gand.

Dans l'*Autriche-Hongrie*, l'industrie linière a dans les dernières années pris une grande importance : de 150,000 broches qu'elle possédait en 1862, elle est arrivée à 414,000 réparties en 63 établissements. Le centre le plus important est Trantenau, en Bohême; les autres filatures sont situées dans les autres parties de la Bohême, en Silésie, dans le nord de la Moravie, dans la haute Autriche et en Galicie. La production dépasse les besoins du pays, aussi exporte-t-on annuellement en moyenne 4 millions de kilogrammes de fil : une notable partie de cette exportation est faite par une importante maison de Trantenau qui possède 40,000 broches.

La *Russie*, qui alimente de lin une partie des filatures du continent, n'a pas une industrie en rapport avec sa production : on n'y compte pas plus de 120,000 broches. On y file les numéros 20 à 80 en lin, 10 à 25 en étoupe à sec. La filature la plus importante est celle de Zyrardov (14,000 broches), près Varsovie, qui tient son nom actuel de Philippe de Girard, son fondateur.

L'*Italie* n'a encore, d'après les statistiques les plus

autorisées, que 55,000 broches : elle possède entre autres à Milan un établissement au capital de 20 millions qui compte à lui seul 20,000 broches.

En *Espagne*, il n'y a pas de filature de lin ; en *Portugal*, il en existe une seule près Lisbonne ; enfin en *Suède*, en *Danemark* et en *Hollande*, cette industrie n'est guère représentée. Hors d'Europe, il ne faut mentionner que 5,000 broches aux *Etats-Unis*, représentées par un seul établissement, près New-York.

Situation économique. Pour bien apprécier la situation économique actuelle de la filature de lin, il faut remonter à l'année 1863, époque de la crise amenée par la disette de coton brut résultant de la guerre américaine de sécession. La filature de lin française comprenait à cette époque 750,000 broches, nombre considérable dû au développement de la consommation des tissus de lin qui remplaçaient ceux de coton, et avait augmenté en trois ou quatre années de 50 0/0. L'Angleterre et la Belgique avaient développé leur industrie du lin dans une proportion plus grande encore. Vers la fin de 1867 le trop plein se fit sentir : le coton regagna la place qu'il occupait dans la consommation, et, en même temps que la concurrence étrangère devint plus redoutable par suite de l'accroissement des forces productives en *Angleterre* et dans tous les autres pays, l'industrie française entra dans une période de crise qui amena la chute de plusieurs établissements, et qui depuis n'a fait que s'accroître.

Pendant la guerre de 1870, la plupart des industriels firent de grands efforts pour ne pas arrêter leurs usines, mais ils n'y parvinrent qu'au prix de grands sacrifices : ils accumulèrent des stocks et remplirent les magasins généraux. Aussi les années 1870 et 1871 furent-elles très mauvaises, et des catastrophes étaient imminentes si une reprise inattendue n'était arrivée. Elle se produisit d'abord en Angleterre, le plus grand pays producteur de fils ainsi que nous l'avons vu. La reprise de 1872 s'expliquait par deux raisons : la nécessité de reconstituer les approvisionnements du commerce de gros et de demi-gros, qui s'étaient épuisés pendant la guerre par suite de l'interruption des transactions, et aussi par l'extrême faveur dont jouirent les articles pour robes en fil de lin pur. L'Angleterre ou plutôt l'Irlande, qui jusque là exportait en grande quantité, cessa de venir sur notre marché, et comme nous avions encore à écouler les gros stocks de la guerre, nous pratiquions des prix si bas que nous pûmes, pendant un an ou deux, vendre concurremment avec l'Angleterre, en Belgique, en Allemagne et en Italie. Cette période exceptionnelle fut de courte durée, et l'Irlande, privée des débouchés qu'elle avait trouvés pour un article éphémère, reprit bientôt sa place sur les marchés étrangers ; ses importations en France dépassent aujourd'hui celles de 1869. L'industrie linière subit chez nous depuis quelques années une crise des plus intenses, où la France a vu tomber depuis 1874 plus de 60 établissements de filature sur 200, et a perdu près de 250.000 broches. Voici d'ailleurs comment s'est manifestée la marche de la filature française à partir de 1850 :

1850	300.000 broches.
1860	500.000 —
1867	750.000 —
1870	525.000 —
1874	600.000 —
1884	425.000 —

Dans ces dernières années, l'industrie linière n'a traversé aucune de ces périodes de grande prospérité et de grands bénéfices qui facilitent tant les transformations et les progrès industriels. Cependant on a fait des efforts continus pour améliorer l'outillage; on y a réussi pour certains détails, mais aucune invention capitale n'est à signaler dans cette industrie.

FILATURES DES SUCCÉDANÉS DU LIN

Chanvre. Tout ce qui concerne la filature de lin se rapporte à la filature de chanvre, qui comporte des métiers de dispositions identiques, n'en différant que par leurs plus fortes dimensions. Il est peu facile d'évaluer le nombre des broches françaises en chanvre, car celles-ci sont confondues dans les statistiques avec les broches pour lin; les principales filatures se trouvent dans le département de Maine-et-Loire, notamment à Angers, et dans le Nord. A l'étranger, le dénombrement ne peut en être fait pour les mêmes raisons : ce textile est surtout filé dans les pays producteurs de chanvre par excellence, qui sont l'Italie et la Russie. En ce qui concerne la situation économique, nous ferons observer que, dans les moments de crise, la concurrence étrangère se fait plus vivement sentir pour l'industrie chanvrière que pour l'industrie linière, la première se trouvant protégée à l'entrée uniquement par les tarifs du lin, alors que le chanvre brut a une valeur intrinsèque supérieure à celle du lin teillé.

Jute. HISTORIQUE. Ce fut seulement en 1835 que commença l'importation du jute brut des Indes en Europe. Il n'est guère possible de savoir quelle était à cette époque l'importation en France, car jusqu'en 1838 la douane a toujours confondu le jute avec le lin. A partir de cette époque jusqu'en 1850, nous reçûmes une moyenne annuelle de 2,686 balles, absorbées par deux maisons qui représentaient alors la filature de jute française : MM. Malo et Dickson, à Dunkerque, et la Société Maberly, à Amiens. Ce fut seulement à l'époque de la crise cotonnière américaine (1863-64) que la filature du jute prit une certaine extension : de 5,200,000 kilogrammes en 1861, les importations de jute brut en France (par lesquelles on peut juger de l'importance de la consommation, puisque la matière première est produite exclusivement en dehors du pays même) s'élevèrent en 1864 à 7,700,000 francs, en 1866 à 9,300,000 francs, en 1872 à 20 millions. La moyenne des importations annuelles n'a guère varié depuis cette époque, mais depuis quelques années va plutôt en décroissant. — V. JUTE.

LA FILATURE DU JUTE EN FRANCE.

On compte environ 40,000 broches filant le jute en France, réparties dans les départements du Nord (notamment à Dunkerque et à Lille) et de la Somme (Amiens et Flixecourt).

LA FILATURE DU JUTE A L'ÉTRANGER.

La Grande-Bretagne renferme 110 filatures et tissages de jute, dont 15 en Angleterre, 11 en Irlande et 84 en Ecosse. L'Ecosse à elle seule compte 185,000 broches ayant presque toutes leur siège à Dundee (où se trouvent 37 filatures). Nous ne pouvons ensuite citer en Europe que l'Allemagne et l'Autriche comme consommateurs importants de jute : l'Allemagne surtout représentée par Bielefield, Düren, Liebau, Viersen, etc. ; l'Autriche par Hansdorf, Schœnberg, Heidenpiltsch, Teschen, etc.

En dehors du continent, la filature du jute s'est surtout développée aux Indes Anglaises et aux Etats-Unis.

Situation économique. La filature de jute se trouve actuellement protégée en France par des droits de douane à l'entrée à peu près identiques à ceux qui ont été établis en 1860. Les filateurs de jute trouvent ce tarif insuffisant. Ils font observer qu'à l'époque où il a été fait, la fabrication française n'avait guère de concurrence que celle de Dundee, en Ecosse. Aujourd'hui, dans l'Inde, pays producteur de jute par excellence, Calcutta et ses environs fabriquent sur une grande échelle des fils et tissus de ces textiles : des industriels de Dundee s'y sont transportés et y ont fondé par actions d'immenses établissements de filature avec un personnel dirigeant qu'ils ont

amené avec eux et un matériel qu'ils ont fait construire en Angleterre. Dans ces conditions, non seulement Calcutta fait concurrence à Dundee sur le marché américain, mais encore sur le marché français en exportant des produits manufacturés par Londres, aux conditions du traité franco-anglais (le tarif général devant être appliqué pour les produits venant directement de l'Inde), et, par les obstacles qu'elle apporte à l'extension du commerce de Dundee, la ville indienne force la ville anglaise à se rejeter sur la France et à y écouler ses marchandises pour s'y former une clientèle et réaliser même à perte son trop plein constant.

Il résulte de cet état de choses que la fabrication du jute reste stationnaire depuis quelques années et suit plutôt une période décroissante. Les importations de jute brut, comme nous l'avons dit tout à l'heure, vont en décroissant, et les importations de fils de jute vont au contraire en augmentant. Ajoutons à ceci que les filateurs français s'approvisionnent de jute brut aux docks de Londres, et qu'ils ont à supporter de ce fait des frais d'achat bien autrement considérables que leurs concurrents d'outremer.

Ramie. Le nombre des établissements qui ont filé la ramie n'a jamais été bien grand. Actuellement M. Feray, d'Essonnes (Seine-et-Oise) est le seul manufacturier qui file couramment ce textile. En Angleterre, il y a une filature à Wakefield et un peignage à Bradford. La création de ce genre de filature est subordonnée d'une part à la production de la matière première, qui généralement a fait trop souvent défaut, et d'autre part à l'écoulement des produits fabriqués qui ne se fait que lentement dans le public malgré toutes les qualités bien reconnues du textile. Il peut se faire que les nombreux essais d'acclimatation que l'on poursuit depuis quelques années en France, en Algérie, en Italie, en Egypte, à Java, etc., amènent des résultats qui permettent de donner une impulsion considérable à la filature de ramie en France et en Angleterre.

FILATURE DE SOIE

HISTORIQUE. Comme nous l'avons dit plus haut, le mot *filer*, qui implique l'idée de tordre, devient impropre lorsqu'il s'agit de la filature de la soie qu'on tire des cocons plongés dans l'eau. Cependant comme l'usage est d'appeler *filature de soie* l'usine dans laquelle on place des bassines pour le dévidage de ces cocons, nous maintiendrons le terme consacré : cette dénomination néanmoins semble être assez moderne, car aux XVIe et XVIIe siècles, on disait encore en France *traire* et *tirer* la soie (*trahere*) pour exprimer l'action de dévider ce textile, et on n'exprimait le mot *filer* que comme synonyme de *tordre* la soie déjà *traite*.

S'il faut en croire les Chinois, ce serait eux qui, deux mille ans avant J.-C., auraient les premiers connu la manière d'élever le ver à soie et d'en filer le cocon. Toutefois, l'art de filer au fuseau les bourres qui se détachent des cocons paraît avoir précédé l'art de dévider ces mêmes cocons. C'est ainsi qu'on parle de cordes de soie, pour instruments de musique, faites en Chine sous l'empereur Fou-Hi, alors qu'il n'est question du dévidage proprement dit que trois cents ans plus tard. La femme de l'empereur Hoang-Ti, la célèbre Siling-Chi, devenue plus tard le génie tutélaire de l'industrie séricicole, placée par la reconnaissance des chinois dans le ciel du Scorpion et vénérée sous le nom d'*Esprit des mûriers* et des vers à soie, est la première qui ait essayé et réussi ce dévidage. Dans l'Asie occidentale, on trouve aussi mention d'un fil obtenu en filant les cocons au fuseau : Aristote qui en parle le nomme *bombuxia* ou *bombycine* et attribue l'invention du tissage de ce fil à Pamphile de Cós.

Les Romains sont les occidentaux qui ont eu les premiers connaissance de l'art du dévidage, car Pline mentionne qu'on dégomme les brins des cocons par le mouillage, avant de les filer au fuseau. La soie était cependant à cette époque un produit tellement rare, que les empereurs romains eux-mêmes, dont le luxe était proverbial, ne se revêtissaient point d'étoffes de ce textile : Héliogabale est le premier qui, en l'an 220, porta une robe faite toute de soie.

Ce ne fut qu'au vie siècle, sous le règne de l'empereur Justinien, qu'on connut plus amplement la soie : on ignorait encore jusque là l'art d'élever les vers à soie. Des caravanes de négociants perses apportaient de Chine, de temps en temps, quelques ballots de soie filée, et la vendaient au poids de l'or. Ce furent deux moines persans, qui, après avoir longtemps voyagé en Chine, s'y étaient instruits dans l'art d'élever le ver à soie et d'en retirer le fil qu'il produisait, qui, un jour vinrent confier à l'empereur que le fameux textile qui se vendait cher, était produit par un ver que vraisemblablement on pourrait élever dans l'empire. L'empereur leur promit de grandes récompenses s'ils voulaient entreprendre à nouveau le voyage et lui rapporter ce ver; grandement alléchés par ces promesses, ceux-ci partirent et revinrent bientôt avec des graines de ver à soie renfermées dans un bambou. Arrivés à Constantinople, ils les firent éclore dans du fumier, et enseignèrent à ceux qui voulaient les entendre la manière d'élever le ver et d'en retirer le textile. Ils dotèrent ainsi l'Empire grec et principalement le Péloponèse, d'une industrie qui devint bientôt très considérable, à tel point que 500 ans plus tard le Péloponèse prenait le nom de Morée dérivé de morus, nom latin du mûrier. Les Grecs furent longtemps seuls à avoir le monopole de la soie et il n'y eut que la guerre qui put retirer cette industrie des pays où elle florissait.

Les Arabes, les premiers, en conquérant la Syrie et la Perse, où la culture du mûrier et la production de la soie étaient connues au viie siècle, prennent possession de l'industrie séricole. Les géographes arabes Al Istakry, Ibu Hankal et Edrisi fournissent de précieux renseignements sur les pays soumis à la loi musulmane où l'on récolte la soie : le Djorjan; les villes de Meru et d'Asterabad, près de la mer Caspienne; Antioche et Bagdad, dans l'Asie Mineure; Cabès et Sort, au nord de l'Afrique; Elvira et Jaen, dans cette partie de l'Espagne où s'étaient établis les Syriens : tels sont les centres de production de la soie que l'on rencontre en Occident pendant le moyen âge.

Les habitants de Céphalonie, Athènes, Thèbes et Corinthe, amenés prisonniers à Palerme en 1187 par le comte Roger, premier roi de Sicile, enseignèrent aux habitants de cette ville à élever le ver à soie. Cette industrie se répandit alors dans toute l'Italie, et bientôt Lucques, Florence, Bologne, Milan et Venise, acquièrent une grande réputation pour la fabrication de leurs soieries. Un texte de 1334, cité par Muraton, et relatif à la ville de Modène, indique que dans cette ville on filait aussi les cocons (follisellos). Il faut dire cependant que dans ces pays l'importante constance des grèges d'outremer pour la fabrication des étoffes fait un peu rejeter au second plan la production proprement dite de la soie; il est beaucoup plus question de moulins pour tordre la grège que de bassines pour dévider.

Il en est de même pour la France. Si, dans Ducange, on rencontre citée une ordonnance datée de 1340 par laquelle Philippe VI parle de rompre un marché fait avec des trahandiers de soie, qui avaient promis de faire de la bonne marchandise avec des folains (cocons) qu'on leur fournissait, il est impossible d'indiquer une localité où, au xive siècle, existe l'industrie de la soie. Les rapports constants entre l'Italie et le midi de la France, les émigrations d'italiens déterminées par les guerres civiles, l'établissement momentané des Papes à Avignon, en un mot beaucoup de circonstances peuvent faire supposer qu'on a planté des mûriers et essayé de dévider des cocons en France à cette époque; toutefois nous n'avons rien de positif. De même, il est admis que des mûriers ont été cultivés en France sous le règne de Charles VII, mais même dans ce xve siècle, où les registres des délibérations du conseil d'Avignon mentionnent plusieurs mouliniers de soie, il est impossible de trouver un document précis relatif à la sériciculture.

Après tout, il est naturel qu'on se soit d'abord préoccupé de tisser avant tout des fils importés, puisqu'il était facile de se procurer ces fils. D'autre part, les agriculteurs, en Italie comme en France, avaient assez à faire de demander à la terre les substances nécessaires à l'alimentation pour ne pas se soucier d'un arbre de luxe comme le mûrier. Tout différent est le moulinage proprement dit, et dès le moment où l'on se préoccupe de tisser la soie, on doit nécessairement se préoccuper de la préparation de la matière en vue du tissage. C'est ainsi qu'il faut expliquer les documents que l'on trouve dans les archives italiennes au xive siècle, à Bologne, à Modène, à Florence, et qui parlent du moulin à soie (mollendinum filatorium); c'est ainsi encore que, dans les anciens règlements, il est question, à Paris comme à Rouen, d'ouvriers qui filent la soie, c'est-à-dire qui lui donnent un apprêt par la torsion. Dès le xiiie siècle même, les registres des métiers d'Étienne Boileau signalent les fillaresses de soie, corporation d'ouvrières qui recevaient des merciers la soie « escrue » pour l'ouvrer, la travailler et la filer pour le tissage ou la broderie.

La ville de Tours, qui fut longtemps le centre de la fabrication des soieries en France, dut sa réputation à ce que Louis XI, en 1480, fit venir d'Italie et de Grèce dans cette ville des ouvriers spéciaux auxquels il donna de grands privilèges. De même la ville de Lyon dut le commencement de sa prospérité aux guerres des Guelfes et des Gibelins et particulièrement à l'émigration, sous François Ier, en 1520, de nombre d'ouvriers italiens sans travail qui vinrent s'établir dans cette ville.

Mais ce ne fut que sous Henri IV qu'on commença véritablement à planter le mûrier et à élever le ver à soie dans les parties méridionales de la France. Sully cependant voyait de mauvais œil à cette époque l'usage des soieries se répandre dans les classes élevées, il préférait, disait-il « de vaillants et laborieux soldats à tous ces petits marjolets de cour et de ville revêtus d'or et de pourpre ». Olivier de Serres cependant, n'était pas du même avis et croyait avec raison que la soie pouvait devenir une source de profits pour l'agriculture; en 1599, il adressa son Traité de la cueillette de la soye à « messieurs de l'hôtel de Paris », et, sur ses indications le conseil du Commerce ordonna la formation de pépinières de mûriers dans tous les diocèses; un contrat fut passé en 1602, à Paris, avec des marchands qui s'engagèrent à introduire des plants dans les quatre généralités de Paris, d'Orléans, de Tours et de Lyon, et le roi déclara que cette exploitation ne faisait pas déroger. Le commencement du xviie siècle marqua donc la véritable époque de l'introduction de la sériciculture et de la production de la soie en France.

Ce fut à cette époque un engouement à peu près général pour « l'arbre d'or » et divers essais d'acclimatation du mûrier furent tentés en Europe, jusque même dans le Nord. Jacques Ier, roi d'Angleterre, voulut développer la culture de cet arbre dans la Grande-Bretagne, il n'y réussit pas, bien qu'une compagnie, fondée en 1623, essayât plus tard d'introduire spécialement l'industrie de la soie dans le Royaume-Uni. De même les Anglais tentèrent en Amérique d'introduire l'éducation des vers à soie dans la Virginie, la Géorgie, la Caroline et l'Ohio. Aujourd'hui l'industrie séricigène semble avoir terminé toutes ses tentatives et être définitivement assise.

En 1666, Colbert accorda à tout agriculteur qui planterait un mûrier dans ses terres une prime de 20 sols par arbre. Cette dernière mesure porta ses fruits; avant la révocation de l'édit de Nantes, Lyon comptait environ 10,000 métiers à soie; la révocation de l'édit de Nantes en fit disparaître quelques-uns, mais en 1789 il y en avait encore 18,000.

Comparativement à ce qu'il est de nos jours, le filage de la soie était cependant des plus restreints à cette époque. Les tissus étaient d'un prix inabordable, et seuls, les·grands de la cour et les riches bourgeois pouvaient en posséder; le désir que beaucoup avaient de se procurer des étoffes « façonnées » et la difficulté de tisser ces étoffes en élevait encore le prix. Les machines qui servaient à les tisser étaient alors d'une complication extrême et d'un maniement des plus difficiles, on n'y voyait que cordes et pédales, et plusieurs ouvriers étaient nécessaires pour la manœuvre de ces instruments. On y employait particulièrement des jeunes filles dites « tireuses de lacs » et des ouvriers dits « canuts », qui étaient obligés de conserver toute la journée des positions fatigantes et peu naturelles, qui déformaient leurs membres et abrégeaient leur vie. Ce fut Jacquard qui, en 1800, par l'invention de son métier, vint mettre un terme à cette situation, et en donnant une vive impulsion au tissage, la donna en même temps à la filature de la soie. Aujourd'hui le métier Jacquard est répandu partout, mais alors il arriva de son appareil ce qui advient des meilleures inventions, on ne sut pas l'apprécier, le jury de l'Exposition de 1801 lui donna comme encouragement une médaille de bronze, « comme inventeur, dit le rapport, d'un mécanisme qui supprime *un ouvrier* dans la fabrication des tissus brochés. » A l'exemple de Philippe de Girard pour la filature du lin, le célèbre inventeur ne pouvait faire mentir le proverbe : nul n'est prophète en son pays.

De nos jours, l'éducation des vers à soie et le dévidage des cocons donne, tant en Asie qu'en Europe, des produits qu'on croit pouvoir évaluer à vingt millions de kilogrammes, représentant, à raison de 50 francs le kilogramme, un milliard de francs. La moitié de ces produits est employée dans les fabriques européennes, l'autre moitié alimente les industries locales d'Asie.

LA FILATURE DE SOIE EN FRANCE.

Il existe en France, d'après les statistiques les plus récentes, environ 500 établissements dévidant le cocon, possédant 28,000 bassines et 376,000 tavelles pour le moulinage. Le Gard, l'Ardèche, la Drôme et le Vaucluse, sont généralement les départements qui produisent annuellement le plus de cocons; puis viennent l'Isère, les Bouches-du-Rhône, l'Hérault, le Var, la Lozère, les Basses-Alpes, les Alpes-Maritimes, la Savoie, le Tarn, l'Ain, le Tarn-et-Garonne, les Hautes-Alpes et les Pyrénées-Orientales. Quant au nombre de broches à soie, il est d'environ 241,000.

La maladie des vers à soie a occasionné dans cette industrie une perturbation des plus profondes, dont on pourra se rendre compte en comparant sa production avant et après l'irruption de ce fléau en France. De 1840 à 1848, avant son apparition, la récolte en France était évaluée à 20 millions de kilogrammes de cocons qui, au prix moyen de 5 francs, formaient un total de 100 millions de francs; il fallait alors 700,000 onces de graines pour produire, à 30 kilogrammes de cocons par once, un poids de 21 millions de kilogrammes, donnant en soie 1,700,000 kilogrammes à 72 francs. En 1867, au contraire, après que la maladie a sévi dans toute sa force, on a mis à l'incubation 1,200,000 onces de graines, dans la crainte d'en voir échouer une grande partie, et on n'en a obtenu, à 8 kilogrammes par once, que 9 à 10 millions de kilogrammes de cocons, donnant en francs 58 millions (soit 42 millions de moins) et produisant en soie 600,000 kilogrammes, valant 112 francs.

Pour combler les vides causés par les mauvaises ré-

coltes il a fallu, dès le commencement de la maladie, recourir aux soies étrangères et particulièrement à celles de l'extrême Orient. En 1855, sur la consommation française totale, représentée principalement par les fabriques d'étoffes de Lyon et de Saint-Étienne, on importa 20 0/0 de soies exotiques. Mais en 1865, année où la récolte fut pour nous la plus désastreuse, l'importation s'en éleva à 73 0/0. Le rendement était alors des plus minimes, nos anciennes races de cocons d'Europe étaient presque anéanties, et on était arrivé à ne se procurer, principalement en filature, que des races de cocons japonais de qualité inférieure, jaunes, blancs, verts et gris, d'un volume inégal et petit, entraînant forcément la lenteur du travail et l'annihilation de la main-d'œuvre.

C'est alors qu'on a essayé d'acclimater en France plusieurs bombyx nouveaux, producteurs d'une soie applicable à l'industrie, tels que le bombyx de l'ailante, celui du chêne, et plusieurs grands bombyx du Bengale, mais on n'a jamais obtenu de leur soie l'éclat de celle fournie par le bombyx du mûrier. Depuis quelques années, on est enfin arrivé à combattre la maladie, grâce surtout aux expériences entreprises vers 1865 par M. Pasteur; en 1870, ce savant a formulé des règles qui permettent de reconnaître, au moyen du microscope, les vers et les graines envahis par les corpuscules, et de mettre en œuvre un mode de sélection qui, depuis cette époque, donne de bons résultats.

Aujourd'hui, après avoir été triste et dure pendant un quart de siècle, la production de la soie en France semble être à la veille d'un retour à un état normal. Dans ces dernières années, c'est en effet avec les races françaises à cocons jaunes, dont le rendement s'élève annuellement, qu'on a pourvu aux besoins des éducations. La récolte est représentée par 834,000 kilogrammes de soie grège en 1881, contre une moyenne de 552,000 kilogrammes dans les quatre années précédentes. Le poids des cocons a été cette année de 9,300,000 kilogrammes, chiffre bien inférieur à celui que nous citions tout à l'heure avant la maladie, mais supérieur à celui de 1856 (7,500,000 kilogrammes) au moment de la maladie, et qui démontre néanmoins qu'on tend à ressaisir petit à petit dans les départements du midi ce travail facile et cet élément de richesse.

On peut estimer que, chaque année l'industrie française met actuellement en œuvre plus de 4 millions de kilogrammes de soie (4,470,000 de 1873 à 1875; 4,220,000 de 1876 à 1878, et 4,070,000 de 1879 à 1881). Il faut remarquer cependant que ce n'est plus seulement aux étoffes de soie pure que le textile est absorbé. En raison de la cherté de la soie, l'emploi de ces étoffes devient de plus en plus restreint. Les rayons manufacturiers, dont Lyon et Saint-Étienne sont les centres, ne retiennent plus entièrement la soie comme autrefois; celle-ci a pris rang dans un grand nombre d'autres fabrications, et une partie considérable est aujourd'hui consommée par Paris, Saint-Pierre-les-Calais, et les grandes villes manufacturières de la Somme et du Nord qui fabriquent les tissus mélangés. Il ne faut voir dans l'abandon de l'emploi des belles étoffes de soie pure que l'influence de la mode, dont les changements sont devenus de plus en plus précipités et fréquents, et qui a forcé le public à délaisser ces tissus, trop chers pour être portés peu de temps.

LA FILATURE DE SOIE A L'ÉTRANGER.

Nous résumons dans le tableau de la page suivante la production de soie grège des principaux pays éleveurs dans ces dernières années d'après les données du commerce lyonnais.

Comme on le voit, l'*Italie* est, après la *Chine*, la première contrée productrice de soie; nous ajouterons qu'elle ne cesse d'augmenter chez elle l'importance de cette branche industrielle, car elle a encore récolté, en 1881, 40 millions de kilogrammes de cocons. L'intensité

Contrées	1877	1878	1879
	kilogr.	kilogr.	kilogr.
France.	872.000	608.000	· 225.000
Italie.	1.506.000	2.666.000	1.276.000
Espagne.	66.000	55.000	40.000
Turquie d'Europe.	122.000	141.000	136.000
Syrie.	140.000	165.000	171.000
Grèce	13.000	»	» ·
Géorgie, Perse. .	400.000	»	»
Chine (exportat.	3.675.000	3.963.000	4.105.000
Japon	1.101.000	925.000	1.000.000
Indes.	·671.700	358.000	240.000

de la maladie y a amené, plus tôt qu'en France, des perfectionnements auxquels elle doit·sa prédominance actuelle. D'après la dernière statistique (1877), 5,300 communes y étaient adonnées à l'élevage du ver à soie, les plantations de mûriers (qui couvrent en France à peine 50,000 hectares) comprenaient 300,000 hectares, le dévidage occupait 111,377 personnes et le nombre des bassines de dégommage s'élevait à 83,036; la majeure partie de ces bassines sont concentrées dans la Lombardie, le Piémont et la Vénétie. Le nombre des broches à soie y est encore, d'après cette même statistique, de 2,083,168. La filature de soie est donc très développée en Italie, mais par contre le tissage ne l'est guère.

L'Angleterre ne produit pas la soie, mais elle en importe considérablement, notamment d'Asie, pour alimenter 1,114,703 broches à filer et 221,708 broches à retordre, dont la production alimente ses tissages. Cette industrie a été transportée à Londres à la fin du xviie siècle par les réfugiés français, et s'est propagée de là dans les contrées du nord de l'Angleterre. Le Royaume-Uni exporte chaque année 22 à 25 millions de francs de filés et réexporte pour 50 à 60 millions de soies brutes; Londres est d'ailleurs le grand entrepôt par lequel s'écoulent une · forte partie des fils de Suisse, de France et d'Allemagne.

Autrefois renommée, l'Espagne est aujourd'hui bien, déchue de son ancienne splendeur; elle continue cependant à exporter des soies grèges, estimées à cause du soin avec lequel elles sont filées.

Nous mentionnerons encore le Portugal qui envoie annuellement en France un million de kilogrammes de cocons; l'Autriche où le Tyrol est une source soyeuse d'excellente qualité, mais encore bien peu importante et qui ne suffit pas à l'alimentation de ses 90,000 broches; l'Allemagne, qui ne produit guère de soie, mais qui possède 89,796 broches, et la Russie, où la culture du mûrier et l'éducation du ver, introduites à la fin du siècle dernier, ont fait quelques progrès dans la Tauride et dans la Transcaucasie, mais dont la production principale se borne actuellement à quelques soies médiocres du Caucase qui ne sont pas exportées.

En Grèce, jusqu'en 1837, le dévidage des cocons ne s'est fait que d'une manière grossière et les soies fermes n'ont eu que le seul débouché de Tunis. A cette époque, on a introduit des graines d'Italie qui ont amélioré le produit et dont la race existe encore, malgré les maladies qui ont envahi aussi la Grèce dès 1858. Dans la même année, on a établi des filatures à l'européenne à Sparte et à Nidi, puis en 1839 à Andres et à Lanire, et en 1845 au Pirée. Malgré les améliorations apportées, cette industrie n'a depuis lors que faiblement augmenté le nombre de ses bassines, à cause des règlements de douane et de dîme; l'exportation, comme aujourd'hui, s'est faite presque toujours en France. Il n'y a point en Grèce de moulins pour l'ouvraison des organsins et des trames et le peu de soies retordues dont on se sert pour les quelques soieries faites dans le pays sont fabriquées à la main.

En Turquie, c'est surtout l'eyalet de Khodavendighiar (province de Brousse) qui produit les soies grèges et moulinées. La ville de Brousse possède un grand nombre d'usines montées à l'européenne, dont quelques filatures appartiennent à des français qui les dirigent eux-mêmes; c'est elle qui participe le plus à l'exportation avec Smyrne et Andrinople; le reste est fourni par les localités de Scutari d'Albanie, Volo, Trébizonde, Erzeroum, Samsoun, Tripoli de Syrie, les îles d'Imbro, Chio, Iamotraki et Candie.

En dehors de l'Europe, c'est la Chine qui prend la tête des contrées productrices. Quelques statisticiens évaluent sa production annuelle à 10 millions de kilogrammes de soie, dont elle n'exporte qu'un peu plus du tiers, comme on l'a vu par le tableau plus haut, en raison des frais considérables que supportent les balles de soie pour arriver de l'intérieur de l'empire aux ports d'embarquement. Les soies de Chine sont très souvent surchargées et fraudées.

La Cochinchine travaille comme la Chine ses cocons indigènes avec la différence que ceux-ci, polivoltins, fournissent 5 à 6 récoltes successives. Il serait désirable de les voir remplacer par des races annuelles venues d'Europe, à fil plus pur; on pourrait alors compter sur une exportation fructueuse.

Le Japon n'est entré dans le concert européen que vers 1860, avec les Indes, sous l'impulsion de l'Angleterre, qui en a retiré la majeure partie des soies nécessaires à sa consommation. Dans le premier, la production ne cesse de s'accroître, dans le second, elle diminue, comme on peut le voir par le tableau cité plus haut.

Des essais de sériciculture ont été faits dans le Nouveau-Monde, notamment aux États-Unis, mais tous les efforts ont donné des résultats négatifs, excepté en Californie, où il se produit annuellement pour 500,000 francs de soie.

Situation économique. L'éducation de vers à soie, d'après ce que nous avons dit à propos de la France, a surtout été éprouvée dans ces dernières années. En 1808, la production des cocons était de 6 millions de kilogrammes, elle n'est guère aujourd'hui supérieure à 9 ou 10 millions suivant les années. La maladie a perdu de son intensité, mais la crise qu'elle a suscitée demeure toujours. Si l'on tient compte d'une augmentation de frais de main-d'œuvre que le prix de la matière première ne peut souvent compenser, bien des défaillances individuelles, bien des découragements deviennent explicables.

Le filateur a été aussi fortement éprouvé. La fabrique n'a pas été épargnée par la concurrence, et, pour satisfaire aux tendances de la consommation qui veut de plus en plus de l'« apparent » et du « bon marché », elle s'est vue obligée de masquer par d'habiles entrelacements sous une surface soyeuse et brillante des matières plus communes et moins coûteuses, de « charger » ses produits sans aller jusqu'à dire, comme M. de Lavalette dans sa déposition à l'enquête sur le tarif général des douanes, qu'aujourd'hui « la soierie est un composé chimique dans lequel il entre un peu de soie », il est certain que les fabricants de Lyon et de Saint-Étienne ont dû, pour lutter de bon marché avec la Suisse et l'Allemagne, non seulement monter beaucoup d'articles unis sur des métiers mécaniques qui modifient complètement l'organisation manufacturière et lui laissent moins d'élasticité, mais remplacer pour une bonne part la soie proprement dite par des déchets de soie filés comme nous allons le voir ci-après, par du coton et par des soies surchargées d'ingrédients chimiques. A cela il faut ajouter que la concurrence est aidée par la fermeture aux soieries françaises des États-Unis qui se mettent à fabriquer avec des soies importées de Chine et du Japon : dans ces dernières années, notre importation en Amérique a baissé de moitié. En présence d'une telle situation, on conçoit que la filature de soie se trouve actuellement dans une passe difficile.

FILATURE DE BOURRE DE SOIE (SCHAPPE, FANTAISIE, FLEURET, ETC.).

HISTORIQUE. En retraçant l'histoire de la soie, on a vu que nous avons aussi fait l'historique du filage à la main de la bourre ou déchet de soie. L'application de la mécanique à cette industrie est en partie due à l'initiative de la Société d'encouragement. Les premiers produits filés à l'aide de machines parurent à l'Exposition de 1819 : M. Pascal Eymieux, de Saillans (Drôme), y présenta de la fantaisie, n° 120, et de la bourre de soie filée, n° 140. Des progrès furent encore reconnus dans les produits exposés en 1827, 1844 et 1855, où l'on réussit à obtenir des numéros au-dessus du 300. Mais ce fut surtout la maladie du ver à soie qui, en annihilant l'industrie proprement dite de la soie, tourna à l'avantage de celle des déchets de soie appelée momentanément à la remplacer. Des perfectionnements successifs furent alors apportés dans le mode de préparation de ces matières avant le peignage, dans le peignage, dans la filature et l'ouvraison, perfectionnements qui devinrent plus notables encore lorsqu'on put appliquer à cette industrie un matériel qui avait déjà le bénéfice des améliorations réalisées par les autres filaments. Au moment de l'élévation progressive du prix de la soie, un grand nombre de consommateurs remplacèrent ce textile par la bourre. Avec de tels éléments, cette industrie put prendre petit à petit une véritable importance, et ainsi que nous allons le constater, elle tient aujourd'hui largement sa place parmi les autres industries textiles.

LA FILATURE DE BOURRE DE SOIE EN FRANCE.

En 1872, il y avait en France 90,000 broches de bourre de soie. La perte de l'Alsace nous a privé de quelques filatures, et il ne nous en reste aujourd'hui que 60,000 environ. La bourre de soie entre pour une part de plus en plus grande dans la fabrication des soieries françaises : nous avons importé de l'étranger, en 1879, 3,627,000 kilogrammes, et, en 1881, 4,927,000 kilogrammes de ces matières à l'état brut; nous avons, en outre, reçu sous forme de fils, principalement de la Suisse et de l'Angleterre, 358,000 kilogrammes, en 1879, et 528,000, en 1881.

LA FILATURE DE BOURRE DE SOIE A L'ÉTRANGER.

La bourre de soie est encore filée par la Suisse, qui compte 150,000 broches; par l'Angleterre, qui en possède 100,000; par l'Italie qui en a 27,000, et par l'Autriche qui chiffre 25,000.

En Suisse, cette industrie date de 1814, époque à laquelle les décrets prohibitifs par lesquels Napoléon Iᵉʳ empêcha l'importation du coton sur le continent, forcèrent les Suisses à abandonner ce textile pour la soie; on fila longtemps à la main, puis à la mécanique; aujourd'hui la filature a son siège principal à Zurich. En Italie, la plupart des broches de bourre de soie sont groupées aux environs de Novare; ce pays importe annuellement 2 à 300,000 kilogrammes de déchets et en exporte pour 2 millions de kilogrammes.

Situation économique. Depuis quelques années, la filature des déchets de soie est dans une situation languissante. La soie devenue moins chère, le coton et la laine peignée plus recherchés, ont remplacé le fil de bourre dans beaucoup d'étoffes. Quelques-unes de nos manufactures françaises ont cependant atteint dans la fabrication une véritable perfection, leurs fils sont souvent préférés à ceux de l'Angleterre et de la Suisse, et il est des moments où leur production, quelque considérable qu'elle soit, ne peut suffire aux demandes. Toutefois, dans l'ensemble, cette industrie n'a pas eu chez nous le même succès qu'en Suisse et en Angleterre, la diminution et la stagnation dans le nombre des broches qu'elle représente en sont un indice certain.

COMPARAISON DES PRINCIPAUX GENRES DE FILATURES

La comparaison que l'on peut faire des divers genres de filatures entre eux peut porter sur un très grand nombre de points, nous l'établirons surtout aux points de vue technique et économique, et nous examinerons qu'elles sont, pour la mise en œuvre des différents textiles, la force absorbée, la dépense par broche, la production, la limitation des finesses, etc.

Dans le *Bulletin* du 1ᵉʳ janvier 1871 de la *Société industrielle de Mulhouse*, nous trouvons un tableau de M. Bonaymé donnant la statistique des établissements filant le coton et la laine dans la région de l'Est; nous en extrayons les chiffres suivants qui donnent la moyenne du nombre de broches mises en œuvre par cheval de 75 kilogrammètres :

	Coton	Laine
Bas-Rhin	100	82.5
Haut-Rhin	116	147
Meurthe	118	»

(Cette différence entre les deux chiffres de la laine pour le Bas-Rhin et le Haut-Rhin provient surtout de ce que dans le Bas-Rhin, la filature opère sur des laines cardées, qui demandent en moyenne 8,53 machines de préparation par 1,000 broches, tandis que dans le Haut-Rhin l'industrie de la laine peignée ne demande que 5,83 machines de préparation par 1,000 broches). La moyenne serait donc :

110 broches pour le n° 27/30.

140   —   pour la laine peignée.

Des chiffres similaires ont été relevés pour la filature de lin par M. Cornut, ingénieur en chef de l'Association des propriétaires d'appareils à vapeur du nord de la France : il a constaté qu'un cheval-vapeur pouvait à peine conduire, selon le cas, 38, 42 et 50 broches. D'où il sort que la filature du lin absorbe trois fois plus de force que le coton et 3,5 plus que la laine; c'est là un fait considérable puisqu'il représente une dépense journalière de charbon triple pour le lin que pour les deux autres textiles.

Dans ses remarquables travaux, M. Alcan, professeur au Conservatoire des Arts-et-Métiers, a résumé dans le tableau suivant, un autre terme de comparaison des quatre filatures de coton, de laine, de lin, et des déchets de soie ; la production et la dépense par broche pour des fils de 30,000 mètres au kilogramme des quatre textiles:

	Dépense annuelle par broche	Production annuelle par broche	Prix de 30,000 mèt. au kilogr.
	fr.	kil.	
Coton	14	24	0.58
Laine peignée	45	35	1.00
Lin	67	50	1.34
Laine cardée	30	24	1.25
Déchets de soie	28	23	1.25

« Les nombres de ce tableau, dit-il, font ressortir, tout d'abord, la facilité qu'offre la transformation du coton et le résultat des progrès réalisés dans cette direction, ils démontrent que le lin est, de toutes les substances, la plus onéreuse à filer par la machine. Cette remarque acquiert une nouvelle force si on considère que de tous les filaments, c'est celui qui nécessite le moins de torsion pour être transformé en fil; ainsi le degré de torsion au mètre d'un fil titrant 30,000 mètres est de :

Lin   506 tours.

Coton   876 —

Laine peignée   1.500 —

Ce n'est pas parce que les filasses du lin sont naturellement rebelles à l'action du filage qu'elles nécessitent des machines plus lourdes, une dépense de force motrice plus grande que toutes les autres filatures, mais uniquement parce qu'elles ne sont ni assez désagrégées ni assez épurées.

Les chiffres de la troisième colonne du tableau sont, en effet, terribles pour la filature du lin, puisque, si nous représentons par 1 le prix de revient des 30,000 mètres au kilogramme, nous avons les proportions suivantes :

Coton 1.00
Laine peignée 1.75
Lin: 2.40

Un autre fait vient démontrer que les chiffres ci-dessus, loin d'être exagérés, sont plutôt trop bas en ce qui concerne le lin, surtout si, au lieu de nous baser sur un fil de 30,000 mètres au kilogramme, nous prenons pour base un numéro plus élevé. Ainsi pour filer du nº 60,000 mètres au kilogramme en coton, la façon est d'environ 1 centime 1/2 aux 1,000 mètres; pour le lin, le numéro serait du nº 100 anglais et la façon serait de 4 à 5 centimes; la dépense serait donc presque quadruple que pour le coton. Plus nous nous éleverons dans le titrage du numéro, plus cette différence augmentera, parce que les difficultés deviennent de plus en plus grandes pour filer des numéros très fins avec des matières mal préparées. »

On voit par là que les fils de lin sont, à finesse égale, toujours plus chers que les fils de coton, puisque le nº 60,000 mètres au kilogramme, le prix de l'un est 20 0/0 plus cher que celui de l'autre. Dans l'une et l'autre industrie, les procédés de filature ont les mêmes principes fondamentaux, et si les machines diffèrent entre elles, ce n'est guère que par une série de modifications amenée par la différence des caractères de chaque matière première. D'un côté, la matière première coûte plus cher, mais comme elle est livrée dans un grand état de propreté, le fil meilleur marché; d'un autre côté la matière première coûte plutôt moins cher, mais elle est impure, et il n'est pas possible d'en retirer d'aussi grands résultats pratiques.

Faisons maintenant porter notre comparaison sur la limitation des finesses et la dépense générale d'installation.

En France, les numéros les plus élevés en lin qui entrent dans la pratique *courante* ne dépassent guère en lin le nº 200 anglais, soit au kilogramme 121,000 mètres; en Angleterre et surtout en Irlande, quelques filatures arrivent, quoique avec difficulté, à filer couramment jusqu'au 400, soit 259,000 mètres au kilogramme. Si nous nous reportons d'autre part à la filature de la laine ou du coton, nous trouvons que la moyenne, pour la laine peignée, est de 200,000 mètres au kilogramme, et que le coton fournit régulièrement le nº 300,000 mètres (titrage français) et peut aller jusqu'au delà de 600,000. L'écart est évident.

Au point de vue de la dépense générale d'installation, chacun de ces éléments comporte encore des différences notoires. D'une part, l'établissement d'une filature de lin coûte environ 150 francs par broche pour le mouillé et 175 francs pour le sec, frais de premier établissement et préparation compris; si nous mettons en regard la filature de coton, nous ne trouvons plus que 50 francs pour une broche; pour les laines la même unité revient à 60 francs. Mais continuons notre comparaison.

S'agit-il du personnel? les mêmes différences se présentent. Le nombre des ouvriers employés varie suivant le genre de filature, sur 1000 broches, il est pour le lin, de :

90 à 120 pour les gros numéros;
60 à 70 pour les numéros moyens;
40 à 50 pour les numéros fins.

Pour le même nombre de broches, la filature de coton demande :

6 personnes pour les gros numéros;
10 personnes pour les numéros fins.

De son côté, la laine exige 10 à 12 personnes.

De ce que le coton et la laine sont des produits mieux épurés que le lin, il doit nécessairement résulter que l'écart entre le filage à la main et le filage à la mécanique au point de vue des finesses est très variable pour ces différents textiles. Ainsi la filature mécanique du coton est arrivée si rapidement à un haut degré de perfectionnement que le filage à la main de cette substance a complètement disparu, et qu'aujourd'hui il serait impossible à la plus habile fileuse de produire sur son rouet les fils admirables de finesse et de régularité que l'on obtient par les procédés automatiques. La filature mécanique du lin est loin de là; en France, en Belgique, en Irlande, les fileuses de lin à la main sont peu nombreuses et ne font plus que les numéros élevés que l'on ne sait fabriquer à la mécanique, mais il n'en est pas de même en Autriche, en Allemagne, en Italie et en Russie, et dans ce dernier pays surtout il existe encore quantité de femmes filant au rouet, dont le nombre serait, dit-on, supérieur à celui des broches filant à la mécanique.

De tout ceci nous concluons que si le mot *broche* a une signification identique au point de vue mécanique pour toutes les spécialités de filature, cette signification varie notablement dès le moment où l'on se place aux divers points de vue de la force absorbée, de la dépense, etc., qu'exigent les divers **textiles** : le lin semble à ces divers points de vue être la matière qui présente le plus de difficultés pour être filée et qui exige le plus de dépenses pour être transformée.

Si maintenant nous faisons porter notre comparaison au point de vue économique seulement, nous trouvons une situation qui n'est en somme que la résultante des anomalies que nous venons de signaler. Tous les produits textiles ont participé plus ou moins à l'activité générale, mais ce ne sont pas les contrées occidentales telles que la Russie, l'ancienne Autriche, l'Allemagne, dont les populations sont les plus nombreuses, qui ont le plus profité de la révolution économique, mais bien l'Angleterre, la France, la Belgique et la Suisse. Le développement n'a pas, non plus, été le même pour les produits textiles de diverses natures : gigantesque pour les uns, il a été peu sensible pour les autres. L'industrie du coton a passé en Europe depuis le commencement de ce siècle, d'une consommation de quelques millions à plus d'un demi-milliard de kilogrammes. La France, qui en transformait à peine 4 millions alors, en œuvre près de 100 millions de kilogrammes, et tous les autres produits textiles, sauf ceux du lin, ont subi une progression analogue. Les lainages qui, au commencement de ce siècle, ne représentaient qu'une valeur de 130 millions, se chiffrent aujourd'hui chaque année par un milliard; les soieries, dont la fabrication est arrivée à une somme de plus de 650 millions, ne représentaient, il y a plus d'un demi-siècle, que 107 à 108 millions. La toilerie, au contraire, qui avait déjà une importance estimée par Chaptal à 250 millions, ne s'élève actuellement qu'à 500 millions environ. En résumé, en considérant la progression des principaux produits textiles pendant une période de 60 ans à peu près, on trouve, pour la France, en chiffres ronds, les augmentations suivantes, ramenées à l'unité :

Pour le coton, le rapport est de . . . 1 à 20
Pour la laine, — — . . . 1 à 8
Pour la soie, — — . . . 1 à 6
Pour le lin, — — . . . . 1 à 2

Ces chiffres mettent en évidence une différence considérable pour ce qui concerne l'industrie linière. Le faible développement relatif du textile qu'elle représente existe non seulement en France, mais dans tous les pays manufacturiers; l'écart entre les industries cotonnière et linière est même plus grand encore si l'on ne considère que la Grande-Bretagne. C'est la conséquence de ce que nous disions tout à l'heure : le lin, le plus difficile et le plus coûteux à filer, tend de plus en plus à être considéré comme un produit de luxe et la consommation se tourne plus souvent vers des produits qui peut-être ont moins de durée, mais dont le prix général est moins élevé. La même observation peut être faite en ce qui concerne la soie. — A. R.

FILÉ. Se dit de tout fil simple ou retors destiné au tissage. — V. Fils || Nom de l'or ou de l'argent tiré à la filière.

FILER (Métier à). On donne ce nom aux machines qui terminent les opérations de la filature en donnant aux rubans ou mèches formés par les appareils préparatoires (batteurs, cardes, peigneuses, étirages, bancs-à-broches) un dernier amincissement, immédiatement suivi d'une torsion. Les filaments textiles, serrés les uns contre les autres et liés d'une manière invariable, forment alors un fil plus ou moins fort et résistant.

On a vu au mot Filature et notamment au § *Filature de coton* par quelles transformations du filage à la main on était arrivé au filage mécanique. Il y a actuellement 2 types bien distincts de métiers à filer : les *continus* et les *mull-jenny* ou renvideurs, les premiers employés pour les fils résistants et forts de lin, de chanvre, de jute, de bourre de soie, les fortes chaînes de coton et de laine peignée, et souvent pour le retordage des fils de ces deux derniers textiles; les seconds usités pour les fils de laine cardée et la plupart des fils de coton et de laine peignée. Nous allons examiner ces intéressantes machines en signalant les particularités qu'elles présentent pour être appliquées au traitement des différents textiles les plus en usage.

1° Métiers continus à ailettes. Les métiers continus à ailettes dérivent directement du principe d'Arkwright (V. Filature, § *Historique de la filature de coton*). L'étirage ou amincissement de la mèche s'y fait uniquement par des cylindres et la torsion est donnée par des ailettes dont les broches sont armées. Le fil, en quittant le guide qui termine les branches de l'ailette se rend à la bobine, enfilée librement sur la broche, et autour de laquelle il s'enroule par suite d'un frein qui l'oblige à ne tourner qu'autant qu'elle est tirée par le fil.

Prenons comme type le métier adopté pour le travail du lin, filé mouillé, représenté en coupe par la figure 105. Les bobines portant la mèche fournie par le banc-à-broches sont disposées sur un râtelier R, les mèches qui se déroulent de ces bobines sont guidées par des tringles qui les obligent à plonger dans l'eau du bac D et dirigées vers les cylindres fournisseurs F animés d'un mouvement de rotation assez lent. Les cylindres étireurs E, distants des premiers d'une quantité un peu supérieure à la longueur du lin que l'on traite, tournent avec une vitesse 10 à 12 fois supérieure et produisent l'allongement de cette mèche en obligeant les filaments élémentaires qui la composent à glisser les uns sur les autres. Au sortir de ces cylindres, le fil, qui a acquis la finesse voulue, se rend au guide G situé sur le prolongement de l'axe de la broche B, puis à un second guide g qui termine l'axe de l'ailette A. Cette ailette est vissée à la partie supérieure de la broche B, laquelle reçoit un mouvement de rotation rapide au moyen d'une corde reliant la poulie à gorge ou *noix* dont elle est munie à un tambour T, monté sur l'arbre qui porte les poulies motrices de la machine. On voit que par suite de cette rotation le fil reçoit entre les guides G et g un tour de torsion pour chaque

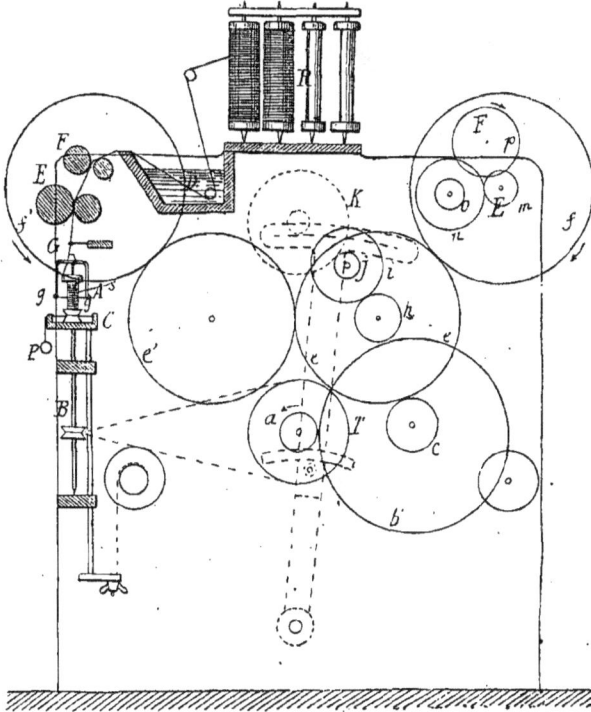

Fig. 105. — *Métier à filer continu, à ailettes, pour lin mouillé.*

R Ratelier des bobines de préparation. — D Bac à eau chaude. — F Cylindres fournisseurs. — E Cylindres étireurs. — G Guide-fils. — A Ailette. — B Broche. — S Bobine. — C Chariot. — T Tambour moteur des broches.

tour que fait la broche avec son ailette. Il se dirige alors vers la bobine *s*, autour de laquelle il s'enroule. La bobine en effet résiste à l'entraînement que produit le fil, par suite de l'action d'un petit frein (corde à plomb) formé par une ficelle attachée au bord postérieur du chariot C, s'appuyant contre une gorge pratiquée dans le plateau inférieur de la bobine, puis passant sur le bord antérieur du chariot pour être ensuite tendue par un poids P. A mesure que les bobines se remplissent, il faut, pour que la torsion du fil reste constante, que l'action de ce frein augmente d'énergie. Il doit en effet toujours y avoir équilibre entre la tension *t* du fil qui produit le mouvement des bobines en agissant sur un bras de levier dont la longueur n'est autre que le rayon de la bobine, lequel va toujours en augmentant, et le frottement du frein qui agit à l'extrémité du rayon de la gorge, c'est-à-dire sur un bras de levier constant: la valeur du frottement doit donc augmenter comme le rayon de la bobine. Cette variation s'obtient dans la plupart des cas, en déplaçant à la main, les cordes à plomb dans des crans que présente le bord du chariot; dans certaines machines, ce déplacement est produit automatiquement: les crans destinés à guider les cordes à plomb sont portés par une règle mobile dans le sens de la longueur du chariot, et reçoivent un mouvement de translation convenable, soit par les cylindres étireurs, soit par le mouvement du chariot lui-même. Le chariot C supporte les bobines, et reçoit un mouvement de va-et-vient vertical par une came en cœur ou une crémaillère double à pignon oscillant *k* ; les bobines entraînées par ce mouvement présentent successivement tous les points de leur hauteur au guide-fil *g* et les tours de fils qui s'enroulent se répartissent en couches régulières.

L'étirage ou allongement de la mèche a pour valeur le rapport du débit du cylindre étireur E à celui du cylindre fournisseur F.

La torsion par unité de longueur s'obtient en divisant le nombre de tours que font les broches dans un temps donné, par la longueur de fil débitée dans le même temps par les cylindres étireurs E, sauf à tenir compte d'un raccourcissement d'en-

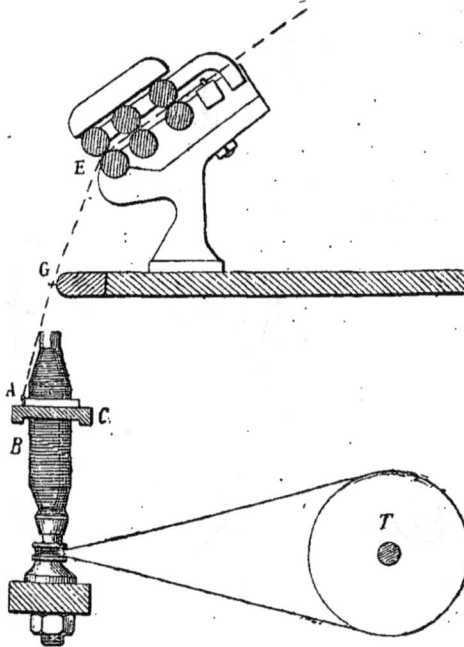

Fig. 106. — *Métier à filer à bagues.*

E Cylindres cannelés. — G Guide-fil. — A Curseur. — B Broche et bobine.
C Chariot. — T Tambour moteur des broches.

viron 8 0/0 en moyenne qu'éprouve le fil en se tordant.

Le poids des ailettes ne permet pas de dépasser certaines vitesses de rotation des broches, qui, suivant les dimensions adoptées, varient de 2,000 à 3,800 tours par minute.

Les métiers continus applicables aux autres matières textiles ne diffèrent de celui que nous venons de décrire que par le banc d'*étirage* (V. ce mot), qui produit l'allongement de la mèche et qui est approprié à la matière en œuvre.

2°. **Métiers à bagues ou à anneaux.** La première idée de ces métiers est attribuée à l'ingénieur S. Bodmer, qui habitait Manchester vers 1824, mais, probablement en raison des difficultés que présenta, à cette époque, la construction précise de ces machines, elles furent abandonnées et presque oubliées. Les Américains cependant s'emparèrent de l'idée plus tard, l'étudièrent et arrivèrent à réaliser les métiers qui tendent à se répandre de plus en plus pour le filage des cotons, au moins pour les chaînes assez résistantes.

Les bobines (fig. 106) B sont portées par les broches qui leur communiquent un mouvement de rotation uniforme. Le chariot C, animé d'un mouvement de va-et-vient vertical est formé par une platebande en fonte percée de trous circulaires dont le centre se trouve exactement sur l'axe des broches. Ces trous, dont le diamètre est un peu plus grand que celui de la bobine pleine, portent des bagues ou anneaux, qui sont faits en général en acier ou en fer à grain fin, et parfaitement polis afin que le *guide-fil* (ou curseur, ou voyageur) puisse y glisser en éprouvant le moins de résistance possible. Ce curseur, qui remplace l'ailette des continus ordinaires, est une agrafe en fil d'acier ou de cuivre de forme demi-circulaire, dont les extrémités, repliées à angle droit, saisissent un rebord que présente la bague ; les curseurs ont des poids variables suivant la finesse des fils à former. On voit immédiatement que le fil entraîné par la bobine, entraîne à son tour le curseur A, lequel produit la torsion du fil entre lui et le guide G ; mais, tout en étant ainsi entraîné, le curseur reste en retard sur la bobine, de manière à enrouler le fil à mesure de sa formation. Représentons par L la longueur de fil fournie pendant une minute par les cylindres cannelés E qui constituent un banc d'étirage approprié au coton, par V_B le nombre des tours faits par les broches et les bobines, et d le diamètre de cette bobine.

Pour que la longueur L de fil ait été renvidée sur la bobine, il faut que le curseur ait éprouvé un retard de $\frac{L}{\pi d}$ tours.

Il aura fait, par conséquent, un nombre de tours égal à $V_B - \frac{L}{\pi d}$ et aura produit un égal nombre de tours de torsion répartis sur la longueur L de fil. Chaque unité de longueur de ce fil aura par conséquent reçu un nombre de tours de torsion égal à :

$$ T = \frac{V_B - \frac{L}{\pi d}}{L} = \frac{V_B}{L} - \frac{1}{\pi d}. $$

On voit que la torsion n'est pas absolument uniforme, pendant que la bobine se remplit de fil et que son diamètre varie ; mais la variation est négligeable lorsqu'il n'y a pas une trop grande différence entre les diamètres des bobines vides et pleines. Le diamètre de l'anneau doit du reste ne pas dépasser

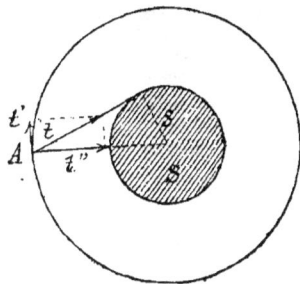

Fig. 107. — *Bobine et bague du métier à filer.*

une certaine dimension. Le fil, en se rendant du curseur à la bobine, suit la direction A S (fig. 107) et l'effort qui résulte de sa tension t se décompose en deux forces, dont l'une t' produit le mouvement du curseur, tandis que l'autre t'' l'appuie contre la bague et détermine un frottement qui s'oppose au mouvement et a pour valeur ft'' (f étant le coefficient de frottement relatif aux surfaces en contact). Pour que le mouvement ait lieu, il faut que la première de ces deux forces soit plus grande que la seconde et que l'on ait :

$$ t' > ft'' $$

ou en remplaçant t' et t'' par leurs valeurs

$$ t' = t\sin\alpha \text{ et } t'' = t\cos\alpha $$
$$ t\sin\alpha > ft\cos\alpha \text{ d'où } tg\,\alpha > f $$

La valeur de l'angle α détermine aussi la relation qui doit exister entre le rayon R de la bague et celui r de la bobine :

$$ r = R\sin\alpha. $$

Les broches, n'étant plus chargées par le poids des ailettes, peuvent ici recevoir une vitesse de rotation beaucoup plus grande, qui atteint souvent 6,000 à 7,000 tours par minute. Il faut pour cela

que leur graissage soit assuré d'une manière régulière et continue. Différentes dispositions de broches ont été imaginées dans ce but, nous citerons entre autres celles de Booth-Sawyer, Dobson, Marsh, Rabbeth, etc., qui tournent noyées dans l'huile.

Différentes tentatives pour appliquer les métiers à bagues aux matières textiles autres que le coton ou la bourre de soie, n'ont pas encore donné de résultats tout à fait satisfaisants, mais il est probable que l'on verra leur emploi se généraliser dans un avenir peu éloigné,

Métiers renvideurs ou self-actings. Ces métiers, aujourd'hui extrêmement compliqués, dérivent cependant du rouet simple, mais ils ont été amenés à leur état actuel par un grand nombre de perfectionnements successivement apportés au métier mull-Jenny. Ils sont en général employés pour la confection des fils peu résistants, tels que ceux de coton, de laine peignée ou cardée et dans certains cas de bourre de soie, qui seraient incapables d'entraîner les bobines ou les curseurs des métiers continus.

Ils se composent toujours de deux parties bien distinctes : le *porte-cylindre* ou *porte-système*, et le *chariot.*

Le porte-cylindre se compose de bâtis fixes, dont la longueur atteint quelquefois jusqu'à 40 mètres, et qui portent un râtelier sur lequel on place les bobines alimentaires fournies par les bancs-à-broches, et des cylindres produisant l'allongement ou étirage des mèches comme les bancs d'*étirage* ordinaires. — V. ce mot.

Le chariot est une sorte de caisse montée sur roues, ayant la même longueur que le porte-cylindre, et pouvant s'en éloigner ou s'en rapprocher en lui restant toujours exactement parallèle. A l'intérieur de cette caisse se trouvent des tambours qui, au moyen de ficelles, actionnent les broches disposées sur une seule rangée le long de sa face extérieure. Le nombre des broches varie en général de 500 à 1,000 ou même 1,200. Les organes de commande, dont l'ensemble constitue la *têtière,* sont rassemblés dans des bâtis disposés au milieu de la largeur de la machine, et perpendiculairement à la longueur du porte-cylindre et du chariot.

Nous examinerons comme type de têtière, celle des constructeurs anglais, Dobson et Barlow, adaptée à l'industrie du coton, et beaucoup employée pour la confection des fils fins.

Le travail des métiers renvideurs se compose de deux périodes principales correspondant l'une à la formation du fil, et l'autre au renvidage de ce fil en forme de bobine sur les broches. La bobine est formée par une série de couches coniques qui se superposent les unes aux autres, en s'élevant graduellement autour de la broche, pour lui donner la forme d'un cylindre terminé à sa partie inférieure par un cône peu élevé, et à sa partie supérieure par un autre cône assez allongé. Au début des périodes de travail, le chariot est rapproché du porte-cylindre, et les fils sont tendus, depuis les cylindres cannelés jusqu'au sommet de la partie déjà formée des bobines. A ce moment les broches se mettent à tourner, et amènent, tout d'abord, les fils à s'enrouler en hélices à pas allongés sur leurs extrémités ; les angles que les fils font avec les broches devenant alors obtus, l'enroulement cesse de se produire, et chaque tour de la broche détermine un tour de torsion du fil. En même temps que la rotation des broches continue à se produire, les cylindres cannelés tournent pour fournir de la mèche, et le chariot s'éloigne des porte-cylindres, pour la maintenir toujours tendue entre les pointes des broches qui sont entraînées avec lui et les cylindres cannelés dont l'axe reste invariable.

On produit ainsi pour chaque broche une longueur de fil que les conditions pratiques de bonne marche ont limité à environ 1m,50 ou 1m,60, et à laquelle on donne le nom d'*aiguillée*.

Lorsqu'il s'agit de fils fins, on arrête le mouvement des cylindres cannelés quand le chariot a encore 4 ou 5 centimètres à parcourir avant d'avoir franchi cette distance, et alors la traction exercée par les broches détermine un allongement supplémentaire des fils (étirage supplémentaire), par suite duquel les filaments de coton pénètrent en quelque sorte les uns dans les autres, et se lient d'une manière plus intime ; mais il faut en même temps ralentir la marche du chariot, afin de ne pas provoquer de ruptures par suite d'une action trop brusque.

L'expérience a prouvé, en outre, que les fils acquièrent plus d'élasticité lorsqu'on ne leur donne qu'une partie de leur torsion pendant leur formation, c'est-à-dire pendant la durée du mouvement du chariot, et qu'on achève seulement ensuite de les tordre sur toute leur longueur. Après l'arrêt des cylindres cannelés et du chariot, les broches doivent donc continuer à tourner jusqu'à parfait achèvement des fils. Alors ceux-ci sont mieux formés et capables déjà de résister à de plus grands efforts. On peut accélérer la vitesse des broches afin d'obtenir plus rapidement la torsion nécessaire.

Immédiatement alors doit commencer le renvidage : les broches devront donc tourner, en même temps que le chariot se rapprochera des porte-cylindres, pour rendre les fils disponibles, et pendant qu'un guide-fils ou *baguette* les dirigera en face des points où ils doivent s'enrouler sur les bobines. Mais pour cela il faut tout d'abord dérouler le fil, qui au commencement de la sortie du chariot s'est enroulé sur les pointes des broches. Entre les deux périodes principales vient donc se placer une autre période intermédiaire, celle du *détour* ou *dépointage*, pendant laquelle le chariot restant arrêté à l'extrémité de sa course, les broches tournent en sens inverse, de leur mouvement précédent, et la baguette s'abaisse jusqu'au niveau du sommet de la partie déjà formée de la bobine. Les fils doivent malgré cela rester parfaitement tendus entre les broches et les cannelés pour éviter la formation de vrilles. Ce résultat est obtenu par la *contre-baguette*.

Les trois périodes du travail du métier à filer se trouvent résumées dans le tableau suivant :

1re période. Formation des fils.	1re partie. Sortie du chariot.	{ Rotation des cylindres cannelés. / Rotation des broches. / Translation du chariot.
	2e partie. Étirage supplémentaire.	{ Arrêt des cylindres cannelés. / Rotation des broches. / Translation lente du chariot.
	3e partie. Torsion complémentaire.	{ Arrêt des cylindres cannelés. / Rotation des broches (accélérée). / Arrêt du chariot.
2e période. Dépointage.		{ Arrêt des cylindres cannelés. / Arrêt du chariot. / Rotation inverse des broches. / Action de la baguette et de la contre-baguette.
3e période. Renvidage.		{ Arrêt des cylindres cannelés (quelquefois rotation lente). / Rotation directe des broches. / Translation du chariot. / Mouvement de la baguette.

Ces périodes du travail du métier étant bien établies, il nous sera facile de nous rendre compte de la disposition et du fonctionnement des organes moteurs de la têtière que nous avons choisie pour type.

Toute la machine est actionnée par l'intermédiaire d'un renvoi de transmission (fig. 108) fixé au plafond et recevant son mouvement de l'arbre principal au moyen de deux courroies, dont la première correspond à une poulie motrice plus grande sur la transmission principale et sur le renvoi à un groupe de trois poulies, *x*, *y* et *z*, dont la première est fixe et les deux autres folles, la seconde a

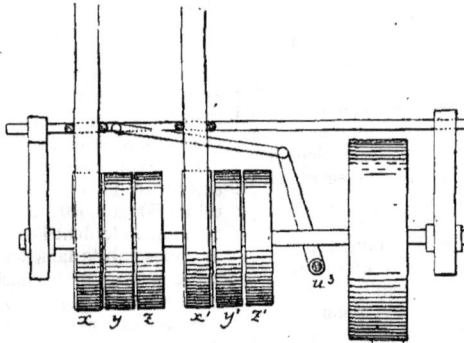

Fig. 108. — *Renvoi de transmission pour la commande du métier à filer self-acting.*

une poulie motrice plus petite et à un second groupe de trois poulies *x'*, *y'* et *z'*, dont la première et la dernière sont folles, et celle du milieu *y'* fixe. Un double guide-courroie, en relation par un arbre vertical u^3 avec une tringle de commande, permet de déplacer à la fois les deux courroies, et de déterminer dans la position 1 une vitesse plus grande du renvoi de commande, dans la position 2, une vitesse moindre et dans la position 3 l'arrêt de cet arbre, ainsi que de la machine tout entière, qui lui est reliée par une courroie correspondant aux deux poulies S et R que porte la têtière, figure 109.

PREMIÈRE PÉRIODE. *Première partie* : la courroie

est maintenue par un guide sur la poulie S calée sur l'arbre moteur de la machine, cet arbre en tournant détermine :

1° *La rotation des cylindres cannelés* par les roues a^1, a^2, un arbre A, et les roues coniques a^3 et a^4. Le premier cylindre, qui est seul représenté sur la figure, actionne les autres comme dans les bancs d'étirage et les bancs-à-broches.

2° *La translation du chariot* par l'arbre de main-douce B, lequel reçoit un mouvement de rotation qui lui est transmis des cylindres cannelés par les roues b^1, b^2, b^3, b^4 et b^5. Cet arbre règne sur toute la longueur du chariot et porte en son milieu et à ses extrémités des tambours b^6 reliés au chariot par des cordes b^7 et b^8. Les premières en s'enroulant entraînent le chariot ; les secondes en se déroulant le retiennent et assurent son parallélisme. Il suffit que les nombres de dents des roues et les diamètres des cylindres et des tambours soient convenablement établis, pour que le chariot se déplace de quantités toujours égales aux longueurs de mèches fournies.

3° *La rotation des broches* par le volant D et une corde double d^1, laquelle passe sur des poulies de renvoi d^2, d^3, d^4 et d^5, pour actionner, dans toutes les positions du chariot, la poulie e, calée sur un

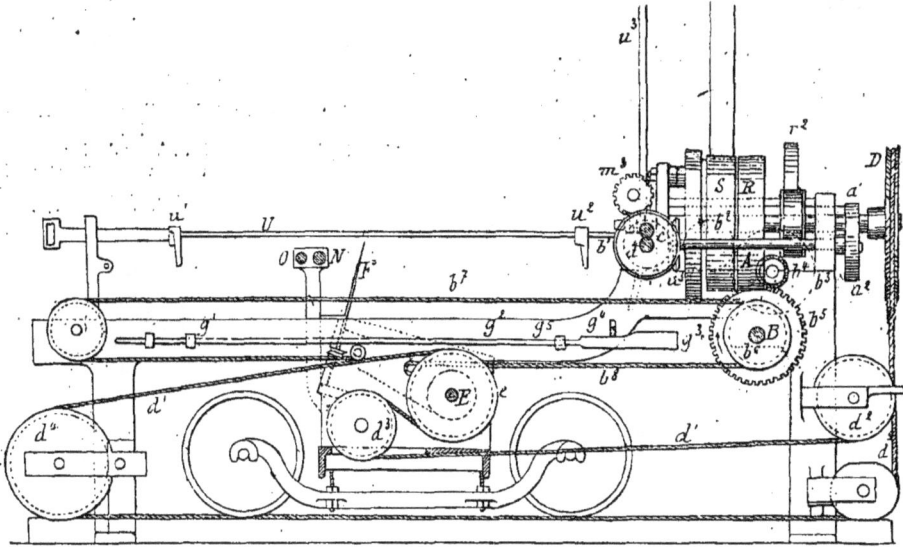

Fig. 109. — *Commande de la sortie du chariot.*

S Poulie motrice. — C Premiers cylindres cannelés. — B Arbre de main douce. — D Volant. — E Arbre des tambours de commandes des broches. — F Broches. — N, O Arbre de la baguette et de la contre-baguette (Echelle 0,05 par mètre).

arbre E, lequel, dans l'intérieur du chariot, se prolonge par des tambours, qui commandent les broches F par des ficelles.

Deuxième partie (fig. 109) : lorsque le chariot arrive vers l'extrémité de sa course, les cylindres cannelés doivent s'arrêter pour donner lieu à l'étirage supplémentaire. A cet effet, la roue a^4 qui les commande est folle sur leur arbre, mais porte un manchon denté latéralement qui engrène avec un autre manchon semblable, disposé de manière à pouvoir glisser le long de l'arbre, mais sans pouvoir tourner indépendamment de lui. Une gorge que présente le moyeu de ce manchon est embrassée par une fourche, qui termine l'une des extrémités d'un levier, dont l'autre extrémité g^4, repose sur une pièce g^3 reliée à la tringle g^2 disposée le long de l'un des bâtis de la têtière. En arrivant vers l'extrémité de sa course, le chariot rencontre un arrêt g^1 réglable sur cette tringle, qu'il entraîne : la pièce g^3, par le plan incliné qu'elle présente, soulève le levier g^4, et dégage les dentures des deux manchons, supprimant ainsi la liaison qui existait entre les cylindres cannelés et leurs roues de commande a^4.

Un second arrêt g^5 disposé sur la tringle g^2 produira l'effet inverse, en déterminant à la fin de la rentrée du chariot le rapprochement des deux manchons sous l'action d'un ressort, et en remettant en marche par conséquent les cylindres cannelés. Le chariot doit, malgré l'arrêt des cylindres, continuer à se mouvoir lentement. La roue b, qui le commande est montée sur le manchon d'accouplement dont il vient d'être question et porte elle-même un autre manchon qui engrenait avec celui de la roue a^4. Par suite du recul qu'elle vient d'effectuer, cette roue est devenue elle aussi indépendante des organes voisins, et la commande qui avait produit jusqu'alors le mouvement du chariot se trouve ainsi supprimée.

Une nouvelle commande entre alors en action : l'arbre A porte un petit pignon conique qui actionne une roue conique montée sur le même tourillon que la roue b^2. Ces deux roues sont reliées l'une à l'autre par un encliquetage composé d'un rochet faisant corps avec la roue conique, et d'une série de cliquets disposés sous la jante de la roue b^2. Pendant la première partie de la période, la roue b^2 par sa commande directe, tourne plus vite que le rochet, autour duquel les cliquets passent sans exercer d'action. Maintenant, au contraire, la roue b^2 tendant à rester immobile, les cliquets dont elle est munie sont rencontrés par les dents du rochet et entraînés par eux. Le mouvement ainsi donné à la roue b^2 se transmet à l'arbre de main-douce et par suite au chariot, qui continue à parcourir lentement le petit espace qui le sépare encore de l'extrémité de sa course.

Troisième partie : l'organe qui détermine la fin de la sortie du chariot est un balancier G disposé le long d'un des bâtis de la têtière (fig. 110) et mobile autour d'un tourillon g^1, autour duquel il tend à tourner dans un sens en raison d'une masse de fonte g^2 qui se trouve à son extrémité de droite, lorsque le chariot est au bout de sa course de sortie ; et en sens contraire, lorsque le chariot est rentré sous l'action d'un poids g^3, agissant alors sur son extrémité de droite, tandis qu'auparavant ce poids était soulevé par un galet porté par une roue g^4, actionnée par un petit arbre H, en relation par des cordes avec le chariot.

Aussitôt que le chariot arrive à l'extrémité de sa course, un galet dont il est muni soulève l'équerre i^1 du crochet i^2, lequel en reculant dégage le balancier qui se relève jusqu'à ce qu'il se trouve arrêté par le bec d'un second crochet i^3. Après le dépointage, ce second crochet sera reculé à son tour, et il se produira un nouveau basculement du balancier qui sera donc amené à occuper une première

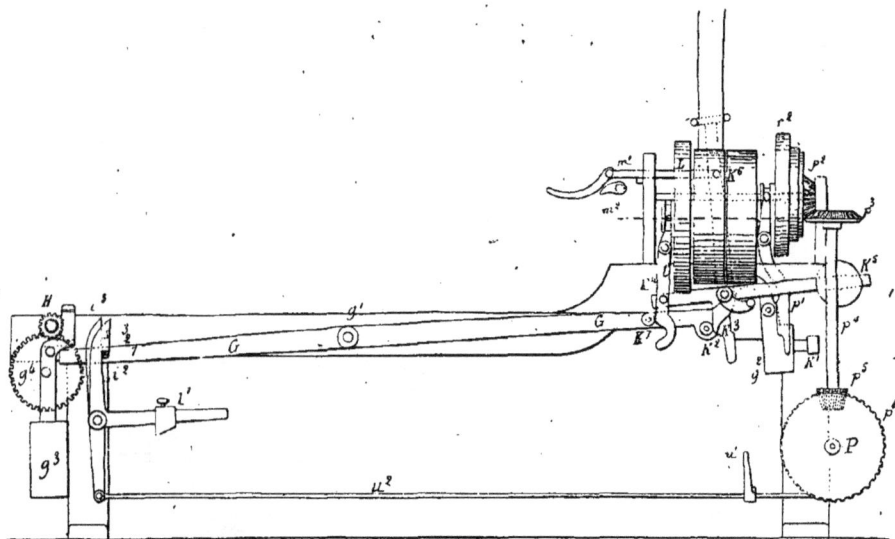

Fig. 110. — *Organes produisant le passage d'une période à l'autre.*
G Grand balancier. — P Arbre des scroles, — m Compteur (Echelle 0,05 par mètre).

position 1 pendant la sortie du chariot, une seconde position 2 pendant la torsion supplémentaire, et une troisième position 3 pendant la rentrée du chariot, à la suite de laquelle aura lieu le basculement en sens inverse qui le ramènera à sa position initiale.

Le premier basculement produit les effets suivants :

1° Un galet k^1 en s'abaissant repousse un levier qui soulève l'extrémité d'un autre bras de levier mobile autour de l'axe de la roue b^2 (fig. 110), et portant le tourillon sur lequel est monté la roue double b^3, b^4, le pignon b^4 se trouve ainsi écarté de la roue b^5 qu'il commandait, et l'arbre de main-douce ainsi que le chariot s'arrêtent.

2° Le galet k^2 s'abaisse en regard d'une encoche que porte le prolongement k^3 du levier k^4, k^5, lequel, sous l'action du poids k^5, tend à faire reculer vers la droite le levier k^6 du guide-courroie, en s'appuyant sur un ergot dont il est muni.

3° Le galet k^7 s'abaisse également en face d'une encoche du levier l^1, dont l'autre extrémité embrasse une gorge pratiquée dans le moyeu de la roue de friction L folle sur l'arbre moteur. Ce levier pourra donc reculer sous l'action d'un ressort et rapprocher la roue de friction de la poulie S. Ce mouvement cependant n'aura lieu qu'après le déplacement du guide-courroie, en raison d'un talon k^4 du levier k^4, k^5, qui retient encore le levier l^1 par un galet fixé à ce dernier levier. Mais la courroie n'abandonne pas immédiatement la poulie S. Le guide-courroie se trouve retenu dans sa position par une sorte de loquet m^1, muni d'un bec pris derrière un arrêt fixe des bâtis. Les broches continuent donc seules à tourner, avec leur vitesse accélérée ou double vitesse, car le chariot, en arrivant au bout de sa course, a rencontré une équerre n^1 placée sur la tringle de commande du guide des courroies motrices du renvoi, et mis en action celle des courroies qui reçoit son mouvement de la grande poulie du métier. Après la rentrée du chariot, un déplacement inverse de cette tringle, amené par l'arrêt n^2, produit l'effet inverse et rétablit la commande plus lente par la seconde poulie Y.

Le loquet m^1 est muni d'un tourillon qui, aussitôt que le fil aura reçu toute sa torsion, sera soulevé par un doigt m^2, fixé sur un petit arbre qui porte la roue d'engrenage ou compteur m^3 (fig. 110) actionné par une vis sans fin calée à l'extrémité de l'arbre moteur. C'est du nombre de dents de ce compteur que dépend la torsion du fil.

Deuxième période.

Dépointage. Aussitôt que le loquet m^1 se trouve ainsi soulevé, le guide-courroie obéit à l'action du poids k^5, et ramène la courroie motrice sur la seconde poulie S, en même temps le talon k^4 en se soulevant dégage le levier l^1 qui, sollicité par un ressort l^2 (fig. 112) serre la roue de friction L contre la poulie S. La figure 111 indique la disposition de l'arbre moteur et des

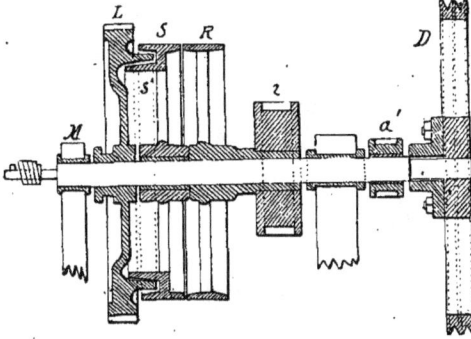

Fig. 111. — *Arbre moteur.*

S Poulie motrice pendant la première période. — R Poulie motrice des deuxième et troisième périodes, à pignon de commande des cannetés. — D Volant. — L Roue de friction pour le dépointage. — M Vis sans fin du compteur.

roues et poulies qu'il porte. Le cône recouvert de cuir s^1 que porte la poulie S adhère au cône creux de la roue de friction L, et les deux pièces s'entraînent l'une l'autre. Le mouvement est maintenant donné à la machine par la poulie R, folle sur l'arbre, mais portant sur son moyeu la roue r^1 qui actionne la roue r^2 placée sur un petit arbre latéral, lequel, au moyen d'un pignon et d'une roue intermédiaire, transmet à la roue de friction L un mouvement lent, et de sens contraire à celui des poulies. C'est ce mouvement qui est communiqué à la poulie S, et qui se transmet aux broches par l'intermédiaire du volant et de l'arbre moteur, lequel, en raison des débrayages déjà produits, n'est plus en relation avec aucun des autres organes de la machine.

Les broches tournent donc en sens inverse de leur mouvement précédent. Le mouvement du guide-fils, ou de la *baguette* en résulte immédiatement (fig. 112).

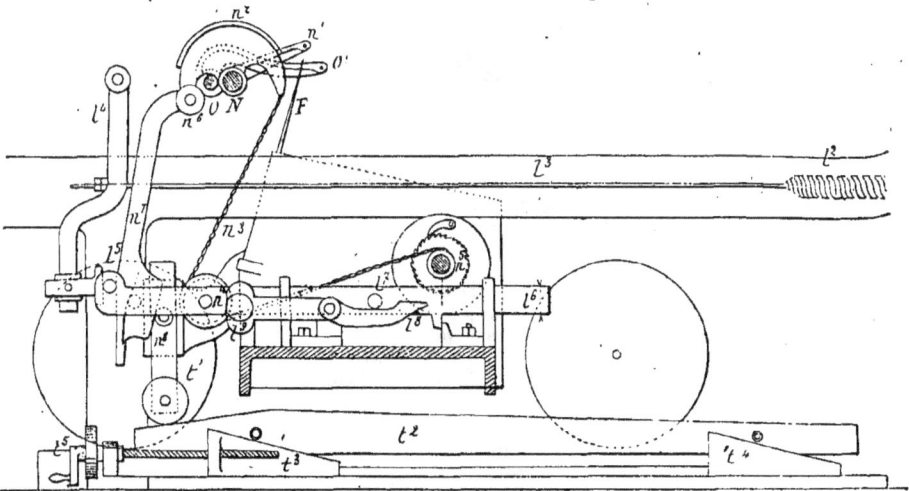

Fig. 112. — *Dépointage.*

n^1 Baguette. — O^1 Contre-baguette. — F Broche·(Echelle 0,07 par mètre).

La baguette se compose simplement d'un fil de fer n^1 tendu entre des bras fixés sur l'arbre N de la baguette, porté par des supports disposés de distance en distance le long du chariot. Sous l'action de ressorts, la baguette est restée, pendant toute la première période, relevée à une hauteur convenable au-dessus des pointes des broches.

Dans la partie qui correspond à la tétière, cet arbre porte un secteur n^2, auquel est fixée une chaîne n^3, qui, après avoir passé sur un galet de renvoi n^4, va se rattacher à un petit manchon n^5 monté sur l'arbre des tambours des broches, auquel il est relié par un encliquetage qui le rend fou pendant la rotation directe des broches, mais l'entraîne pendant la rotation inverse. La chaîne donc s'enroule maintenant autour du manchon et oblige la baguette à s'abaisser.

La contre-baguette o^1, second fil de fer semblable, porté par des bras fixés sur l'arbre O et tendu au-dessous des fils, se relève en même temps sous l'action de poids dont sont chargés des leviers disposés de distance en distance sous le chariot et rattachés par des courroies et des secteurs fixés à cet arbre. Ces leviers sont en outre reliés par des fils de fer à l'arbre de la baguette qui les soutient tant que la baguette est relevée, et ne leur permet d'agir sur la contre-baguette qu'au moment où elle s'abaisse. Les longueurs de fil qui se déroulent des broches s'emmagasinent par conséquent entre la baguette et la contre-baguette. L'arbre de la baguette porte en outre un bras n^6

à l'extrémité duquel est articulé le *levier de liaison* n^7, lequel est pressé par le ressort l^2, agissant par l'intermédiaire d'une tringle l^3, du levier l^4 et du gâlet l^5, contre un galet n^8, porté par une glissière mobile dans un guide fixé au chariot. A mesure que la baguette s'abaisse, le levier de liaison se relève jusqu'à ce que l'encoche qu'il porte à sa partie inférieure se soit relevée à la hauteur du galet n^8. Il recule alors, pour s'asseoir sur ce galet, et est suivi dans ce mouvement, par le galet l^5, ainsi que par la glissière l^5, l^6 à laquelle est fixé ce galet. La glissière porte en outre le galet n^4 qui, en reculant, détend la chaîne n^3 et arrête immédiatement le mouvement de la baguette, et un autre galet l^7 qui rencontre l'extrémité du levier l^8, et soulève par conséquent l'autre extrémité l^9 de ce levier, munie d'un talon qui se

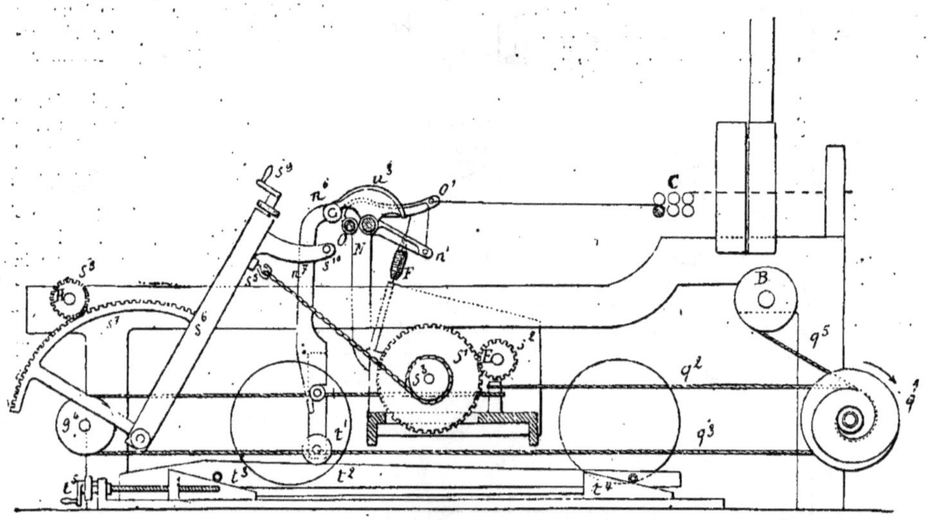

Fig. 113. — *Rentrée du chariot.*

C Cylindres cannelés. — *F* Broche. — *N* Arbre de la baguette n^1. — *O* Arbre de la contre-baguette o^m. — *S⁵* Secteur — *S³* Barillet. — *E* Arbre de commande des broches. — q^1 Scroles. — *B* Arbre de main douce. — t^2 Règle. — t^3 t^m Calibres (Echelle 0,05 par mètre).

trouve alors sous un taquet semblable à i^1 que porte le second crochet i^3 du grand balancier.

Il se produit alors un nouveau mouvement du balancier qui met fin à la seconde période et détermine la troisième.

TROISIÈME PÉRIODE. *Rentrée du chariot.* Par suite du basculement du balancier, le galet k^7 rencontre une partie saillante du levier l^1 et dégage la roue de friction (fig. 110). Un autre galet dont est muni le balancier vient se placer en face d'une encoche du levier p^1, lequel, en reculant sous l'action d'un ressort, rapproche un cône de friction que porte la roue r^3, d'un autre cône faisant corps avec une roue conique p^2, laquelle au moyen d'autres roues coniques p^3, p^5 et p^6 actionne l'arbre P sur lequel sont montés les *scroles* ou *escargots* q^1 (fig. 113), sortes de poulies munies d'une gorge en spirale. A un premier de ces scroles est fixée une corde q^2 qui va se rattacher directement au chariot; une seconde corde q^3 est enroulée autour d'un second scrole, et se rattache au chariot après avoir passé

sur une poulie de renvoi q^4 à l'extrémité de la machine. Souvent enfin, un troisième scrole agit par la corde q^5 sur l'arbre de main-douce B. On voit immédiatement que la rotation de l'arbre des scroles déterminera la rentrée du chariot, d'une part par la commande directe que produisent les cordes q^2 et q^3, et aussi de la même manière par l'arbre de main-douce. En raison des gorges des scroles, qui affectent la forme d'une double spirale, le mouvement de translation du chariot sera accéléré pendant la première moitié de sa course, et ralenti pendant la seconde, ce qui permet de produire son déplacement sans chocs et dans l'espace de temps le plus court possible. A mesure que le chariot avance, les broches doivent tourner pour renvider les fils rendus disponibles, et la baguette se mouvoir pour les diriger sur les bobines qui se forment sur les broches.

Les bobines (nous prions ici le lecteur de se reporter à la fig. 579 du t. II du *Dictionnaire* — article COTON) devront avoir, une fois finies la forme d'un cylindre terminé par deux cônes, et se composent de deux parties : 1° le fond *a*, *b*, *c*, *d*, formé par des couches plus épaisses au bas qu'au haut, et qui, en se superposant entre des limites qui s'élèvent graduellement, prend la forme de deux cônes opposés par leur base ; 2° le corps *b*, *c*, *d*, *g*, *h*[1] composé de couches d'égale épaisseur et identiques entre elles, mais dont les limites continuent à se déplacer comme pour le fond.

Chaque aiguillée forme une couche en s'enroulant d'abord rapidement du sommet à la base du cône, puis en remontant, par des tours plus serrés de la base au sommet.

Pour que cet enroulement se fasse régulièrement, il faudrait que les broches fissent une révolution pendant que le chariot parcourt un chemin rigoureusement égal à la longueur du tour de fil qui s'enroule. Mais, grâce au magasin de fil compris entre la baguette et la contre-baguette, il n'est pas nécessaire de suivre exactement cette loi, et l'on atteint une exactitude suffisante par la disposition suivante : sur l'arbre E des tambours de commande des broches se trouve un pignon s^2, relié à cet arbre par un encliquetage à rochet, et engrenant avec la roue s^1 qui fait corps avec un tambour s^3 nommé *barillet*, auquel est fixé une chaîne dont l'autre extrémité s'attache à un crochet s^5 que porte un levier s^6, auquel on donne le nom de *secteur* en raison du secteur denté s^7 qui y est fixé. Un pignon s^8 monté sur le petit arbre H et engrenant avec le secteur l'oblige à tourner d'un angle d'environ 90° à chaque course du chariot.

Lorsque le chariot commence à rentrer, le secteur est vertical et la chaîne est enroulée autour du barillet. A mesure qu'il avance, le secteur se meut et le point d'attache de la chaîne se déplace d'abord dans la direction du mouvement du chariot, puis dans une direction qui lui est de plus en plus perpendiculaire ; la chaîne est obligée de se dérouler du barillet d'une quantité égale au chemin parcouru par le chariot diminué du déplacement du crochet s^5, mesuré suivant la direction du chariot, c'est-à-dire de quantités de plus en plus petites. La vitesse de rotation du barillet, et par conséquent aussi des broches, va donc en augmentant à mesure que le chariot rentre.

Au commencement de la formation du fond des bobines, l'enroulement se fait sur la broche elle-même, nue ou garnie d'un petit tube en papier, c'est-à-dire sur un fût sensiblement cylindrique. Il faut, pour renvider l'aiguillée, un certain nombre de tours des broches, effectués avec une vitesse constante : le crochet s^5 est alors tout au bas du secteur et son déplacement est très faible. A mesure que la bobine, en se formant, devient plus conique, le nombre de tours à enrouler par aiguillée va en diminuant, et la vitesse des broches doit varier davantage : il suffit pour cela de relever le crochet s^5 le long du secteur. Le déplacement du point d'attache de la chaîne est plus grand, et la longueur de chaîne à dérouler plus petite.

Pour produire ces déplacements, il existe dans le levier du secteur une vis, terminée à sa partie supérieure par une manivelle que le fileur tourne

graduellement, ou qui est mise en mouvement par un *régulateur*. Le crochet s^5 est fixé à un écrou mobile le long de cette vis. L'écrou doit se relever peu à peu pendant la formation du fond, puis rester dans la même position pendant toute la formation du corps des bobines. Enfin, le secteur porte en outre un bec muni d'un tourillon s^{10} qui vient toucher la chaîne pour bien serrer les derniers tours du fil qui se forment au sommet de la bobine.

En même temps que les broches tournent, la baguette doit se mouvoir pour répartir régulièrement les tours enroulés. Elle doit donc d'abord s'abaisser pour former la couche descendante qui correspond en général à 1/5 ou 1/6 de l'aiguillée, puis se relever pour produire la couche ascendante qui en absorbe le reste, et dans l'une et l'autre partie de sa course, elle doit se déplacer verticalement de quantités égales pour chaque tour que font les broches, en d'autres termes ces déplacements doivent être proportionnels aux nombres correspondants de tours des broches.

La baguette est portée par les bras N n^1 fixés sur l'arbre N, lequel est actionné au moyen du bras N n^6, du levier de liaison n^7 et de la glissière par le galet t^1, lequel entraîné par le chariot roule sur la *règle*.

La face supérieure de la règle présente un profil ascendant d'abord, puis descendant, qui doit être établi de manière qu'il en résulte pour la baguette le mouvement qui correspond à la répartition régulière des tours de fil qui s'enroulent dans une couche du corps de la bobine.

Il résulte de ce qui a été dit plus haut, qu'il suffit pour cela que, pour les différents chemins parcourus par le chariot, le centre du galet t^1 se soit déplacé de quantités proportionnelles aux nombres de tours effectués par les broches, ou, ce qui revient au même, aux longueurs de chaîne qui se sont déroulées du barillet. Ces longueurs peuvent être déterminées par une épure très simple, et il en résulte un tracé facile de la règle. La règle elle-même qui, du reste, est maintenue longitudinalement par un goujon engagé dans une rainure verticale fixe, repose par deux galets sur les calibres ou platines t^3 et t^4 faisant corps l'un avec l'autre, et mobiles dans une glissière horizontale. Une vis, maintenue dans un collet fixe, traverse un écrou fixé au calibre t^3, et reçoit, chaque fois que le chariot arrive à l'extrémité de sa course, un mouvement de rotation convenable par un rochet qu'elle porte et un cliquet qui vient agir sur lui. Les déplacements horizontaux des calibres déterminent un déplacement vertical de la règle et par conséquent aussi des limites entre lesquelles se forment les couches.

La règle étant établie d'après la formation des couches du corps de la bobine, alors que l'écrou du secteur est au haut de sa course, produit aussi les couches d'inégale épaisseur du fond, en raison du mouvement différent dont les broches sont animées lorsque l'écrou se trouve aux autres points du secteur. Souvent la règle, au lieu d'être fixée au plancher, comme nous l'avons supposée, est placée, avec tout son mécanisme de platines, dans une glissière que porte le chariot. Elle est munie d'une crémaillère actionnée par un pignon relié à une roue qui roule elle-même sur une autre crémaillère fixée invariablement au plancher. La règle glisse donc sous le chariot de quantités proportionnelles à celles dont il avance lui-même. Les choses se passent donc exactement de la même manière, mais la longueur de la règle est réduite dans la proportion des nombres de dents du pignon et de la roue.

Il arrive souvent aussi que l'on donne aux premières couches du fond de la bobine une longueur plus faible, afin de rendre plus solide sa base. La règle alors se compose de deux parties articulées l'une sur l'autre au point le plus élevé, et soutenues par trois calibres, dont les deux premiers agissent sur les deux extrémités et le troisième sur le sommet de la règle.

Enfin l'on voit que, pendant la rentrée du chariot la baguette et la contre-baguette, en frottant contre les fils, tendent à refouler la torsion vers les cylindres cannelés. Lorsqu'il s'agit de fils fins et fortement tordus, on leur donne pendant la première période un petit excès de torsion, et l'on fait faire pendant la troisième période quelques tours aux cylindres cannelés, afin de livrer une petite longueur de mèche qui recueille la torsion ainsi refoulée.

Nous ne pouvons pas entrer ici dans de grands détails sur les régulateurs, dont il a été construit un assez grand nombre de types. Ils reposent tous sur le principe suivant : lorsque l'écrou du secteur n'est pas assez relevé les broches font un trop grand nombre de tours, et enroulent trop de fil. La contre-baguette est alors obligée de trop s'abaisser vers la baguette pour fournir ce fil. En adaptant par conséquent deux bras convenables, l'un à l'arbre de la baguette, l'autre à celui de la contre-baguette, et en y fixant les deux extrémités d'une chaîne soutenant, au moyen d'un galet, un levier, celui-ci s'abaissera lui aussi au-delà d'une certaine limite lorsqu'il y aura eu un excès de tours effectués par les broches, et pourra agir, pour entraîner une corde ou une chaîne tendue sous le chariot, entre une poulie ou une roue montée sur l'axe autour duquel tourne le secteur et une autre poulie ou roue de renvoi fixée au bâti. La première de ces roues étant en relation par des engrenages avec la vis, l'effet voulu se produira.

Retour à la première période. Au moment où le chariot arrive à l'extrémité de sa course de rentrée, il rencontre (fig. 110) l'équerre u^1 fixée sur la tringle u^2 qu'il entraîne, et détermine ainsi le recul du crochet i^3 qui soutenait le grand balancier, lequel sous l'action du poids g^3, bascule pour revenir à sa position primitive en produisant le débrayage des scroles par le levier p^1, l'embrayage de l'arbre de main-douce par le galet k^1, et en soulevant par le galet k^2 le contre-poids k^3, qui avait amené la courroie sur la poulie S. En même temps une pièce u^3 (fig. 113), que porte l'arbre de la baguette, soulève le loquet m^1, de sorte que la courroie, sous l'action d'un ressort, revient sur la première poulie motrice S. Une pièce du chariot a aussi rencontré la bague g^3 (fig. 109) et produit l'embrayage des cylindres cannelés, et l'extrémité

de la glissière l^6 a buté contre le bâti, et, en reculant, a dégagé le levier de liaison n^7. Toutes les pièces sont donc revenues dans la position où nous les avons trouvées d'abord, et une nouvelle période de travail recommence à se produire.

Dans la filature des fils de grosseur moyenne, on supprime en général la deuxième partie de la première période, c'est-à-dire l'étirage supplémentaire, ainsi que la rotation des cylindres cannelés pendant la rentrée du chariot. Comme ces fils ne nécessitent qu'une torsion moins forte, on n'accélère pas la vitesse des broches pendant la torsion complémentaire. Les métiers peuvent être alors commandés directement par l'arbre de transmission principal. Il suffit pour cela d'ajouter aux deux poulies motrices S et R une troisième poulie, folle sur l'arbre, sur laquelle on amènera à la main la courroie pour produire l'arrêt de la machine.

Autres machines. Pour le filage des cotons de grosseur moyenne et des laines peignées on fait beaucoup usage des *tétières* de Parr-Curtis, qui ont été décrites dans tous les ouvrages sur la filature de coton, ce qui nous dispensera d'en parler ici. Les organes produisant les différentes périodes de travail restent identiques à ceux que nous avons indiqués, mais le balancier qui produit le passage d'une période à l'autre est remplacé par l'arbre à deux temps, qui, par un mécanisme ingénieux, fait une demi-révolution lorsque le chariot arrive à chacune des extrémités de sa course. Des excentriques dont cet arbre est muni agissent comme les galets du balancier de la tétière de Dobson.

Les tétières de Platt sont analogues, mais munies d'un arbre à quatre temps faisant un quart de tour à la fin de chacune des périodes ou parties de périodes du travail.

Application des métiers à filer aux différentes matières textiles. Ainsi que nous l'avons déjà dit, les lins, chanvres, jutes, etc., sont toujours filés au moyen de métiers continus à ailettes. Ces mêmes métiers s'appliquent aussi en général aux fils de bourre de soie ou frisons, et rarement aux cotons.

Les laines peignées sont filées souvent aux continus en Angleterre, mais rarement en France. On leur préfère les *métiers renvideurs* (sans étirage supplémentaire) qui fournissent de meilleurs fils. Les laines cardées se filent toujours au métier renvideur, l'allongement et l'amincissement des mèches est produit uniquement par l'avance du chariot ; pendant une première partie de la sortie du chariot, les mèches sont livrées sans étirage par des cylindres, qui s'arrêtent pendant que le chariot continue sa marche et les allonge.

Le filage des cotons qui se fait peu au continu à ailettes est produit en général par les métiers renvideurs, auxquels tendent à se substituer dans bien des cas les métiers continus à bagues.—P. G.

FILERIE. Endroit où l'on file le chanvre pour la fabrication des cordages. — V. TRÉFILERIE.

I. FILET. On donne le nom de *filets* à des réseaux faits en fils de divers genres, suivant les usages auxquels ils sont destinés, qui forment des mailles de grandeur variable dont chacune est limitée par des nœuds disposés de manière à résister et à se consolider par la traction. Les filets se fabriquent soit à la main, soit à la mécanique.

Filet à la main. On fabrique à la main divers genres de filets. Ceux dont la fabrication diffère le plus sont le filet de pêche et le filet de carnassière.

1° FILET DE PÊCHE. Les instruments nécessaires pour faire le filet de pêche à la main sont au nombre de deux : 1° une navette AB (fig. 114) sur toute

Fig. 114. — *Navette pour la fabrication à la main du filet de pêche.*

la longueur de laquelle on envide le fil en le maintenant par la languette *dc* ; 2° un bâton soit cylindrique, soit parallélipipédique, qui sert de moule.

Lorsque la navette est couverte de fil, on peut faire le nœud de la maille de deux façons : 1° sur le pouce ; 2° sous le petit doigt.

Pour faire le *nœud sur le pouce* (fig. 115), on fixe une boucle Z à un clou à crochet O, on passe l'extrémité AB C du fil de la navette dans cette boucle, on place le moule sous les deux branches AB et CB dudit fil, et on les maintient en AC avec le pouce. On fait ensuite passer son fil par dessus la main en lui faisant prendre la position DEF, on intercale la navette sous les deux branches AB et CB et par dessus le fil EF, finalement on serre le nœud et on le maintient avec le pouce. On a ainsi la première maille. On recommence ensuite de façon à former un rang de demi-mailles, ce qu'on appelle des *pigeons* : l'ensemble de ces pigeons forme la *levure* du filet.

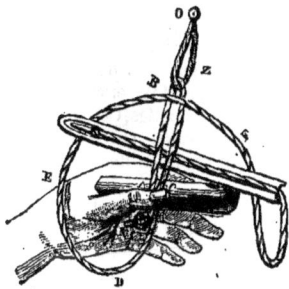

Fig. 115. — *Nœud sur le pouce.*

Voyons maintenant le *nœud sous le petit doigt* (fig. 116). Supposons les pigeons formés : on les place d'abord devant soi, en laissant le dernier P à la gauche du moule, puis on ramène le fil AB sur le moule, où on le retient avec le pouce. C'est le premier temps de l'opération. Ceci bien entendu, on conduit le fil AB sous le quatrième doigt, en C, et on le remonte par derrière le moule jusque sous le pouce qui le tient ferme en D : c'est le second temps. Alors, on rejette le fil par dessus la main, en haut, pour arriver à former la boucle DEFG qui doit envelopper le petit

doigt en G : voilà le troisième temps. On fait passer la navette entre les deux fils qui entourent le quatrième doigt, c'est-à-dire sous la branche BC, sur la branche CD, derrière le moule, et de là dans le pigeon P : ce qui constitue le quatrième temps. Finalement, on tire le fil par dessus le moule, ce qui serre le nœud, on lâche le fil du quatrième doigt et de dessous le pouce, et on a bien soin, ce faisant, de retenir le fil FG sur le petit doigt, qui

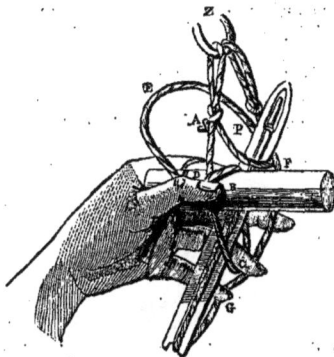

Fig. 116. — *Nœud sous le petit doigt.*

doit se replier pour l'accompagner derrière le moule, au point B, et ne le quitter qu'à l'instant où l'on serre le nœud : on arrive ainsi au cinquième et dernier temps. Inutile de dire qu'il faut toujours avoir soin de tenir le filet bien tendu.

2° FILET DE CARNASSIÈRE. Le filet de carnassière diffère complètement du filet de pêche et comme aspect et comme fabrication. Pour décrire cette fabrication, nous ne pouvons mieux faire que de résumer une notice parue dans le *Magasin pittoresque*, t. XXXVII, et qui nous semble parfaitement étudiée. « Le filet de pêche, y est-il dit, se fait d'un seul fil, noué à lui-même d'un nœud toujours le même ; le filet de carnassière se confectionne au moyen d'un grand nombre de fils noués entre eux suivant des règles fixes, mais variant avec les dessins divers que l'on veut exécuter. En un mot, le filet de carnassière n'est pas un filet dans la véritable acception du mot ; c'est plutôt une *dentelle de corde* faite par un procédé analogue aux produits des tambours des dentellières. L'art du *noueur* de filet (c'est le mot technique) consiste d'abord à faire deux demi-nœuds pareils, mais symétriques l'un par rapport à l'autre, qui composent le nœud total, complet, et, par leur répétition ou leur alternance, constituent tous les dessins que l'on veut former. Le nombre des outils dont se sert le noueur de filets est très restreint, ou plutôt il n'en existe qu'un spécial, c'est la ceinture, que nombre de noueurs ne prennent même pas la peine de confectionner, se contentant de tourner les deux ficelles autour d'un bouton de leur vêtement. Le fil employé est le fil de lin en nature, le plus souvent teint en gris pour en assurer l'uniformité. »

La figure 117 indique la position prise par celui qui veut fabriquer le filet de carnassière. Un clou ou un poinçon planté dans une planche p permet de retenir l'extrémité de deux longueurs de fil égales et accouplées. Ces deux longueurs de fil sont passées sur le poinçon et attachées au bouton de ceinture ; pour les attacher là, on les tourne

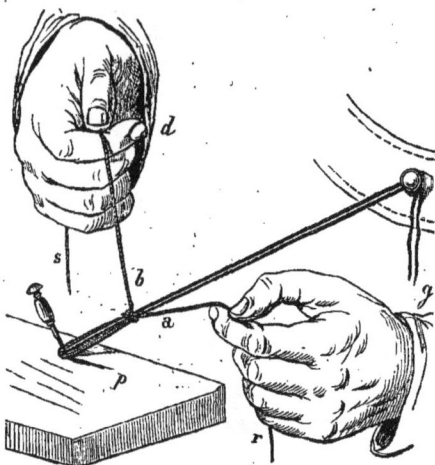

Fig. 117. — *Position initiale pour la fabrication du filet de carnassière à la main.*

ensemble deux ou trois fois de suite. Deux autres ficelles ar et bs sont attachées aussi au poinçon ; l'une ar est saisie par la main gauche g, l'autre bs par la main droite d du noueur assis devant sa planche à une distance de $0^m,30$. Il s'agit d'aviser

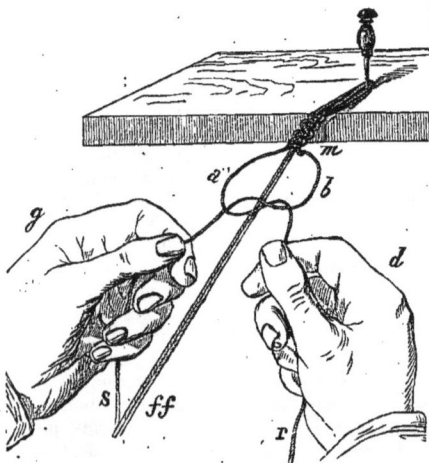

Fig. 118.

à faire le *demi-nœud en dessus, à droite*, représenté en détail par la figure 119. Dans cette figure, il est aisé de s'apercevoir que les extrémités r et s des fils a et b ont changé de côté par l'exécution du nœud.

Le demi-nœud se décompose en trois mouvements. Le premier mouvement se passe *en dessous*

des deux fils tendus $f f$ (fig. 118). Le fil bs est demeuré où il était, entre les premiers doigts de la main droite ; mais celle-ci a saisi entre ses deux derniers doigts la partie r tombante du fil a, retenu encore par l'index de la main gauche. Le deuxième mouvement est le mouvement capital, car c'est lui qui produit l'entrecroisement des fils et par conséquent le nœud effectif. Le pouce droit se ferme sur le point x de croisée des deux fils, en avant des deux premiers doigts de la même main pour permettre de les porter ensemble de droite à gauche, *en dessus*, maintenant, des cordes tendues ff vers l'anse a à travers laquelle le troisième doigt de la main gauche saisit la portion ss de b qui dépassait x. Dans le troisième mouvement, les deux mains se séparent, le troisième doigt de la main gauche attire le fil s, le fil z reste dans la main droite. Il ne reste plus qu'à porter doucement, en écartant les mains, le demi-nœud vers ceux déjà faits, et à en assurer l'égalité par un effort léger, mais brusque, sur les deux ficelles s et r, pour serrer à place. La figure 119 représente bien l'entrecroisement exact des ficelles. Ce demi-nœud s'appelle *en dessus à droite*, parce que c'est la ficelle de droite r qui saille en dessus de l'anse b.

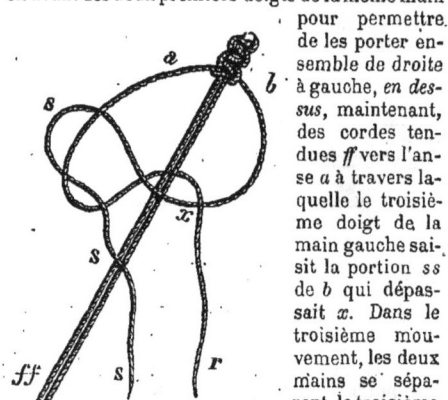

Fig. 119. — *Demi-nœud en dessus à droite*

Pour exécuter la seconde partie du nœud complet, c'est-à-dire le *demi-nœud en dessus à gauche*, il faut agir d'une manière symétriquement opposée à celle que nous venons de décrire ; la main droite fait ce qu'accomplissait tout à l'heure la main gauche, et réciproquement ; d'où l'on remarquera que, pour le nœud à droite en dessus, c'est la main gauche qui fait le nœud, pour le nœud à gauche, c'est la main droite. Ces deux demi-nœuds forment ce qu'on appelle le *nœud de carnassière simple*.

Grâce à ces nœuds, faits successivement à la suite les uns des autres, on a recouvert dans toute leur longueur les deux ficelles qui doivent former l'âme de la tresse qui tiendra l'ouverture du sac. C'est cette tresse que l'on voit figure 120, en tt. Pour la fermer sans solution de continuité, on réunit les quatre bouts deux à deux les uns parmi les autres au point de rencontre, en les effilant un peu sous la lame d'un couteau pour en diminuer la grosseur, et l'on passe par dessus les quatre, ainsi opposés deux à deux, au moyen du nœud ordinaire qui forme une tresse sans commencement ni fin. Cela fait, tous les deux, trois ou quatre points, on entr'ouvre, au moyen d'un poinçon, une des boucles qui ornent le bord de la tresse, et dans chaque endroit on passe deux fils égaux redoublés, dont la longueur produite ainsi égalera environ trois fois la largeur que l'on veut donner au filet et à ses franges.

En général on ne commence pas le filet plein immédiatement contre la tresse; on pratique le

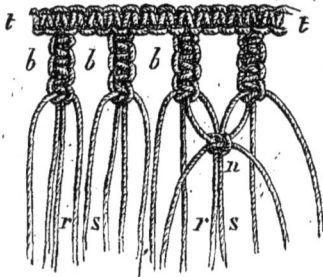

Fig. 120. — *Premier point.*

plus souvent une rangée de barrettes de deux, trois ou quatre points de longueur. Ces barrettes *b b b* se font absolument comme la tresse initiale. Il s'agit alors de faire le premier point du filet proprement dit. Pour cela, on réunit deux ficelles extérieures juxtaposées *rs* pour en faire les tendues qui s'attacheront au bouton de la ceinture, puis, sur ces deux fils, en prenant un des fils de

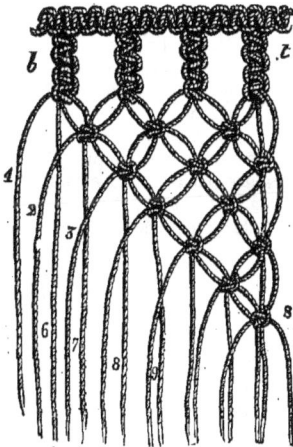

Fig. 121. — *Travail droit fil.*

tendue à droite et à gauche des points supérieurs précédents, on noue un point complet et l'on arrête par le premier demi-nœud à droite, au point que le coup d'œil indique comme convenable. Il y a là, pour faire le nœud *n*, un tour de main à apprendre qui ne peut s'expliquer. Le travail se continue ainsi de proche en proche et horizontalement. Arrivé à l'extrémité d'un rang, il faudra faire un point de bordure, qui s'exécute en prenant pour fils tendus du milieu un fil extérieur droit du point *n*, le dernier fil intérieur droit du point

du rang supérieur, et nouant autour le fil intérieur droit du point *n* et le fil extérieur droit du point supérieur, ce qui produit un ovale irrégulier et allongé. Il résulte de ce mode de procéder que le travail *droit-fil*, ainsi qu'on l'appelle, prend l'aspect de la figure 121, montrant un côté vertical *ts* fait de *points de bordure*, et un côté à volonté oblique *bs* de gauche à droite ou droite à gauche suivant qu'on le désire. C'est ce qui va nous permettre de faire du jour ou des dessins divers. Rien n'est plus facile que de reprendre par barrettes ou autrement le travail primitif, sur le front oblique *bs*. En effet, 1, 2, 3, 4, sont tous des fils extérieurs, 6, 7, 8, 9, des fils intérieurs. Réunissant 2 et 6 comme fils tendus, on noue 1 et 7, ce qui permet de former la barrette. De même on peut revenir à des points de fond. Si en *b* s'ouvre, à droite ou à gauche, un front oblique, on prend les deux côtés, les barrettes se réunissent, et l'on produit ainsi des losanges très variés. »

Filet à la mécanique. Le premier inventeur de la machine à fabriquer les filets fut Jacquard, qui prit pour elle un brevet le 13 décembre 1805. Le métier était sans doute très imparfait, puisqu'il a été abandonné. Au reste, les dessins et la description qu'il a laissés au Conservatoire des arts et métiers, à Paris, sont tellement obscurs qu'il est à peu près impossible de comprendre le projet de l'illustre mécanicien. Depuis cette époque jusqu'à nos jours, on compte plus de cent brevets sur la matière, pris par plus de 50 inventeurs différents; et en parcourant cette longue liste et l'objet de ces brevets, on voit que toutes les machines d'aujourd'hui sont un peu l'œuvre de chacun de ces inventeurs et que ces ingénieuses conceptions sont le produit de bien des intelligences.

Les métiers à fabriquer les filets peuvent se diviser en deux classes distinctes : 1° les métiers fonctionnant avec deux fils ; 2° ceux fonctionnant avec un seul fil ; les premiers d'invention française, les seconds d'invention anglaise.

1° Filet mécanique a deux fils. Les métiers à deux fils ont été inventés en 1806, par un pauvre paysan de Bourgthéroulde (Eure), appelé Buron. Sa machine, qu'il présenta à l'exposition qui eut lieu à Paris à cette époque, fait aujourd'hui partie des collections du Conservatoire des arts et métiers. Elle est toute en bois et bien imparfaite, mais on y voit distinctement l'idée du laçage des filets au moyen de deux séries de fils, dont les uns, ceux de la série horizontale ou trame, vont se nouer alternativement à droite et à gauche avec leurs voisins de la série verticale ou chaîne. L'habile ingénieur Pecqueur, qui en avait saisi le mérite et les défauts, modifia certaines parties et améliora considérablement l'exécution de l'ensemble ; son dernier brevet date du 6 septembre 1851, sa machine fut récompensée à l'exposition de 1849, les dessins de l'inventeur figurent dans le *Bulletin* de juillet 1852 de la Société d'encouragement qui lui décerna à cette époque le grand prix qu'elle avait proposé pour la solution du problème de la fabrication mécanique des filets de pêche. Ce métier a été perfectionné depuis par divers inventeurs, notamment par M. Jouannin, de Paris. Dans les conditions actuelles, les crochets de la machine prennent les premiers de ces fils, en font une boucle, et une navette portant le second fil traverse cette boucle. Le laçage est fait en travers de l'alèze, et son travail équivaut à celui de 60 ouvriers à la main. La multiplicité des organes a permis d'atteindre au fur et à mesure des perfectionnements aux chiffres suivants :

1858 (par journée de 10 heures).	22.000 nœuds.
1860.	150.000 —
1862.	300.000 —
1866.	400.000 —
1875.	650.000 —
1884.	1.000.000 —

2° FILET MÉCANIQUE A UN FIL. Le métier à un fil a été inventé en Angleterre, par James Patterson, dont la première patente remonte au 27 juillet 1835. Le caractère distinctif de ce métier est qu'il fonctionnait avec un seul fil au moyen de pédales et autres engins que l'ouvrier faisait mouvoir avec les pieds et les mains, en développant une grande force musculaire. Ce système a subi depuis de nombreux perfectionnements, notamment de la part de MM. Stuart et Lockart, en Écosse ; et en France de la part de MM. Broquant, de Dunkerque ; Tailbouis, Renevez, Tousez et Bonamy, de Saint-Just-en-Chaussée.

Dans les deux systèmes, le nœud est identique, mais sa position relativement à la longueur du filet n'est pas la même. Avec le réseau fabriqué sur le métier français, les bords ou lisières sont constitués par des mailles fermées, tandis que les extrémités des fils de chaîne présentent des entrelacements ouverts. Le même filet déplacé à angle droit figure exactement le produit du métier anglais, dans ce cas, les mailles seront fermées dans le sens longitudinal et ouvertes latéralement. Or les mailles tendent à former un losange de plus en plus allongé, si elles sont tirées perpendiculairement à la direction des fils qui les constituent ; elles s'ouvrent, au contraire, et le losange devient un carré, si la traction se fait parallèlement aux fils. Il en résulte que, pour la pêche, l'un des bords du filet étant garni de plomb et l'autre de liège, de façon à développer la nappe dans sa longueur et parallèlement à la surface de l'eau, la maille faite en trame semble répondre plus complètement aux exigences de la pratique.

Un grand nombre d'industries en France font usage de filets. La principale est la pêche, soit de mer, soit d'eau douce. Mais on emploie encore une grande quantité de filets dans les industries de la colle forte, de la mégisserie, de la sériciculture, de l'arboriculture, et de l'aérostation. — A. R.

II. FILET. 1° T. d'arch. Petite moulure carrée qui en accompagne ordinairement une plus grande. Dans l'ordre toscan, par exemple, la base est formée d'un tore surmonté d'un filet. On dit aussi listel. || 2° T. de constr. Ce mot, employé fréquemment dans le sens de solin, sert à désigner une traînée de plâtre ou de mortier, au moyen de laquelle on scelle le long d'un mur ou d'une souche de cheminée, le dernier rang de tuiles ou d'ardoises d'une couverture attenante à ces maçonneries. Le filet empêche l'eau pluviale glissant le long des parements de s'introduire dans le comble. || Poutre composée de deux fers à double T réunis par des brides et des croisillons, et qui sert, en construction, soit à diminuer la portée des solives d'un plancher, soit à soutenir la charge d'un mur de refend, d'une forte cloison, etc., au-dessus d'un vide d'une certaine étendue. || 3° Les menuisiers désignent ainsi une moulure plate ou lisse, ronde ou carrée qui sépare deux autres moulures de plus forte dimension. || 4° T. techn. Outil des ouvriers qui travaillent le bois. || 5° T. de typogr. Lame métallique de la hauteur des caractères et dont on se sert pour imprimer les traits qui séparent les colonnes d'un tableau, ou qui isolent les différentes parties d'un ouvrage || Trait produit par l'impression d'une des lames précédentes.

* FILETAGE. T. de mécan. Opération qui consiste à former les filets d'une vis sur un cylindre ou dans un écrou, en métal ou en bois, sans se servir d'une filière ou d'un taraud (V. ces mots). La machine-outil employée pour arriver à ce résultat porte le nom de tour à fileter ; on dit aussi tour à charioter. Ce tour se compose d'un banc, formé de deux jumelles parfaitement dressées, supporté par quatre pieds en fonte rigidement reliés au sol ; entre les deux jumelles ou en dehors, fixée à l'une d'elles comme l'indique la figure 122, se trouve une longue vis, d'un pas connu, sur laquelle est monté un chariot porte-outil, dont l'avancement est naturellement égal à celui communiqué par la rotation de la vis dans l'écrou directeur du chariot. La vis reçoit son mouvement par l'intermédiaire d'une série d'engrenages que l'on monte, à volonté, sur les chevalets mobiles dont est munie la poupée fixe du tour, du côté extérieur. La pièce à fileter est prise entre les pointes des poupées fixe et mobile et est entraînée par un toc fixé contre le plateau que l'on voit sous le tour, et qui se visse sur le bout d'arbre de la poupée fixe. Un tambour permet d'imprimer une vitesse plus ou moins grande à l'objet à fileter. Une poupée à lunette sert, au besoin, à supporter la pièce lorsqu'il y a lieu de craindre que celle-ci fouette ou broute, pendant qu'elle est assujettie à son mouvement de rotation et soumise à l'action de l'outil du chariot. S'il s'agit du filetage d'un écrou, ce dernier est saisi entre les mors mobiles du plateau de la poupée fixe.

La manivelle inférieure du chariot sert à rapprocher ou à écarter les mors qui emprisonnent la vis du tour et conséquemment à relier ou à rendre indépendant le mouvement du chariot et celui de la vis, la manivelle milieu sert au déplacement rapide du chariot, celle au-dessus à fixer la position du porte-outil sur le chariot et enfin celle supérieure règle l'épaisseur de la tranche à découper par l'outil. Cet outil est rond, carré ou triangulaire, suivant la forme que l'on a choisie pour les filets de la vis à former.

Le pas de la vis ou de l'écrou à confectionner, est fonction inverse des vitesses relatives de la pièce placée sur le tour et de la vis directrice du chariot. Si les deux vitesses sont égales, les deux pas seront les mêmes ; si l'objet sur le tour donne un nombre de tours deux, trois, dix fois plus grand que celui de la vis directrice, le pas sera la moitié, le tiers, le dixième de celui de la vis directrice et inversement. Si l'on appelle x le pas cherché, la formule générale pour en déterminer la valeur est la suivante, dans laquelle P représente le pas de la vis directrice.

$$\frac{\text{Produit du nombre de dents des roues conductrices}}{\text{Produit du nombre de dents des roues conduites}} \times P = x.$$

Ainsi, supposons que la vis du tour ait un pas de un centimètre et que nous voulions fileter une

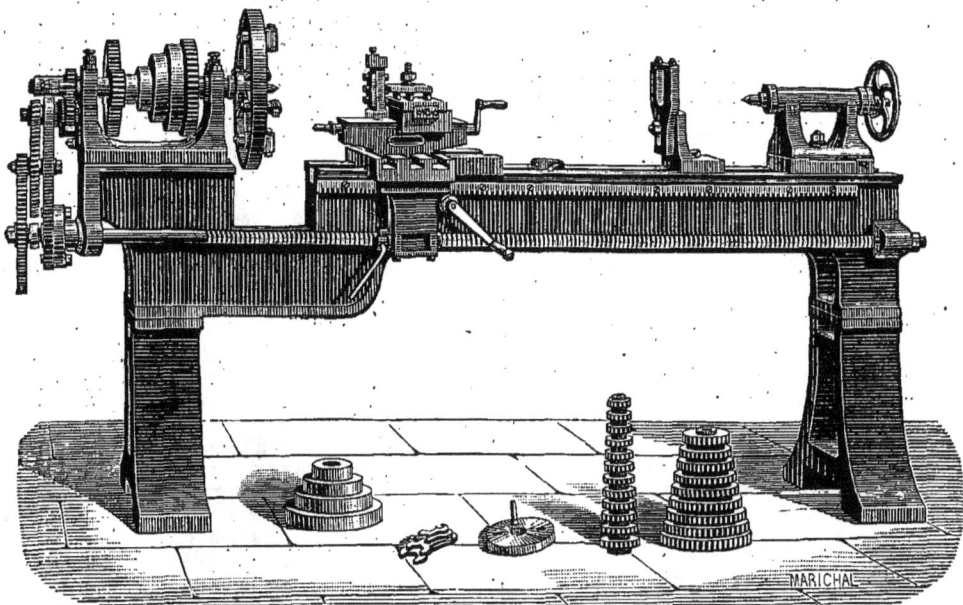

Fig. 122.

vis d'un pas de 5 centimètres, il nous suffira de prendre les roues de 40 et de 75 dents conduisant deux autres roues de 20 et de 30 dents.

$$\frac{40 \times 75}{30 \times 20} \times 0^m,010 = 0^m,050.$$

Si le pas doit être à droite ou à gauche, on interpose, ou on supprime, un pignon d'un nombre quelconque de dents, entre les roues conductrices et celles conduites. La série d'engrenages, livrée avec chaque tour, permet de combiner un très grand nombre de pas.

Filetage à la volée. Lorsque l'objet à fileter est de petites dimensions, ou lorsqu'il est en métal mou, comme le laiton, l'étain, etc., on opère le filetage, à la volée, sur un tour ordinaire. A cet effet, on fait usage d'un peigne en acier trempé, à dents tranchantes, dont l'écartement des dents est égal au pas de la vis à former. L'ouvrier tourneur appuie le peigne sur le support du tour, après avoir recouvert ce support d'une feuille de métal, afin que l'outil puisse facilement glisser. Il presse assez fortement le peigne contre l'objet à fileter, de manière à bien marquer les deux ou trois premiers filets ; le peigne est alors très bien guidé et on achève la vis par des passes successives. Pour le filetage à la volée d'un écrou, on agit de la même façon après avoir saisi l'écrou soit dans un mandrin en bois, soit entre les mors d'un plateau, avec un peigne *par côté*, c'est-à-dire un peigne dont les dents, au lieu d'être perpendiculaires au manche, sont parallèles à la ligne médiane du manche.

Pour tailler les dents d'un peigne, on les ébauche d'abord avec un tiers-point et on les termine en pressant fortement le peigne contre un *taraudmère* soumis à un mouvement de rotation sur un tour ordinaire. Le peigne est ensuite trempé au degré de résistance voulue, suivant la nature du métal à fileter.

On peut encore opérer le filetage d'une pièce en se servant d'un tour ordinaire, sans engrenage, dans lequel on rend mobile l'arbre de la poupée fixe. Pour cela, on ajuste un bout de vis du pas désiré, à l'extrémité extérieure de cet arbre, un demi-écrou de même pas est placé sous la vis. Pendant la rotation, l'arbre s'avance à chaque tour d'une quantité égale au pas, il suffit donc de placer l'objet à fileter dans un mandrin appliqué du côté intérieur de l'arbre et de fixer l'outil sur un support ou sur un chariot à demeure.

D'après les expériences de M. Poulot, les vitesses qui conviennent le mieux pour la célérité d'exécution et le minimum de force motrice nécessaire pour le fonctionnement d'un tour, sont les suivantes :

100 millimètres par seconde pour le fer.

95 millimètres par seconde pour l'acier.

80 millimètres par seconde pour la fonte.

110 millimètres par seconde pour le bronze.

L'épaisseur de la passe doit être de 1/2 à 3/4 de millimètre; il est souvent avantageux de faire des passes de moins de 1/2 millimètre.

Filetage à chaud. Pour la confection des grosses vis à bois en fer, on fait chauffer une broche, forgée d'abord à la dimension voulue, et on l'introduit entre deux moitiés de coussinets, qui reçoivent des coups répétés au moyen d'un arbre à cames; l'ouvrier tourne incessamment la broche pendant ce temps; sous l'influence des coups multipliés, les filets des coussinets s'impriment dans la broche et celle-ci est transformée en une vis à bois. Un filet d'eau coule constamment sur les coussinets pour les empêcher de s'échauffer.

FILEUSE. T. tech. Machine de cordier. — V. l'article CÂBLE EN CHANVRE.

FILIÈRE. 1º T. de mécan. Outil destiné à former un filet de vis sur une tige métallique. La filière n'est employée que pour les pièces de petites dimensions, car lorsque la quantité de métal à enlever devient plus importante, on obtient les filets au tour avec des machines-outils. — V. FILETAGE.

Les filières sont en acier très résistant, la fabrication et le tracé doivent en être particulièrement soignés; mais comme l'étude des filières est inséparable de celle des tarauds, nous la reporterons au mot TARAUDAGE.

Disons seulement qu'on rencontre dans les ateliers deux types de filières métalliques, les *filières simples* et les *filières doubles*.

La *filière simple* n'est employée que pour les vis de très faible diamètre, c'est un simple écrou pratiqué dans une planche d'acier au moyen d'un taraud, et qui a pris par la trempe une dureté suffisante pour tarauder une tige en cuivre, en fer, ou même en acier non trempé. On prend généralement une planche d'acier d'épaisseur variable, et on y trace un grand nombre de trous de diamètres différents, ceux de petit diamètre sont percés dans la partie mince, et les gros qui ont besoin d'une plus grande résistance sont percés dans la partie la plus épaisse. On ne met généralement pas plus de trois filets dans la filière, car autrement cet outil serait trop dur à conduire; mais on ne doit pas descendre non plus au-dessous de ce nombre, qui est indispensable pour que la filière soit bien guidée, et ne s'use pas trop vite.

Les trous sont percés cylindriques, seulement on enlève l'extrémité du premier filet pour faciliter l'entrée de la pièce. Cette disposition est bien préférable à celle des filières tronc-coniques qu'on employait autrefois, et qui avaient l'inconvénient de mâchurer les filets.

Les filières doubles se composent de deux coussinets taraudés fixés solidement au centre d'un double levier qui prend le nom de *fût*. Ces coussinets sont placés dans une rainure dans laquelle on peut les écarter ou les rapprocher, ce qui per-

met de tracer des filets de vis de diamètres légèrement différents; une filière simple, au contraire, ne peut donner qu'un diamètre unique. Ajoutons, en outre, que les coussinets de la filière double peuvent être affûtés, ce qui est un avantage des plus précieux. On a toujours soin d'ailleurs de ménager une rainure avant la trempe dans chacun des deux coussinets pour assurer le dégagement des copeaux et rendre la filière bien coupante; autrement le métal s'étire, s'arrache et le filet vient mal. Les fûts des filières doubles présentent des formes assez différentes; on rencontre, en effet, des fûts dont l'un des bras est creusé d'une rainure allongée qui prend le nom de *cadre* et dans laquelle on vient placer les coussinets de la filière, maintenus serrés par la vis de l'autre bras; plus fréquemment on emploie des filières à plaques, dont les deux coussinets peuvent glisser dans une rainure transversale à la direction du fût, et ceux-ci sont maintenus chacun à l'aide d'une vis.

On rencontre d'autre part des filières à trois coussinets, notamment celle de Witworth d'un usage général en Angleterre.

Il convient de citer également les filières à bois qui taillent le filet à l'aide d'un crochet en forme de V dont cet outil a pris le nom; la filière est guidée en outre dans son mouvement descendant par un écrou dans lequel s'engage le filet tracé à mesure de l'avancement du V.

2º Outil percé de trous de grosseur successivement décroissante au moyen desquels on étire les *fils métalliques.* — V. cet article. ‖ 3º Outil du vermicellier et qui a la forme de la filière. ‖ 4º *Art hérald.* Bordure étroite qui n'est que le tiers de la bordure ordinaire.

I. FILIGRANE. T. de bijout. Ouvrage de bijouterie à jour, fait en fils d'or ou d'argent entrelacés, soudés les uns aux autres, et agrémentés de grains de même matière. C'est le bijou léger par excellence qui, de tout temps, a été préféré aux autres genres dans les pays, et pendant les saisons, où l'ardeur du soleil rend insupportable l'usage des bijoux massifs.

— Le bijou filigrané a été inventé dans l'extrême Orient à une époque très reculée, mais plus tard les caprices de la mode en ont fait introduire l'usage dans les autres contrées. On le fabriquait déjà en France au xᵉ siècle de notre ère. Les Chinois, les Persans, les Indiens, n'ont jamais cessé de le faire avec habileté. Il faut en dire autant des Russes, des Arabes, des Turcs et de la plupart des autres peuples, tant européens qu'extra-européens, qui ont aimé ou qui aiment les arts.

Au point de vue technique, le filigrane ne présente pas de bien grandes difficultés. Ce qu'il exige particulièrement, c'est une patience à toute épreuve, une dextérité sans limites, mais par dessus tout un goût parfait et une très grande variété. Ses produits sont le plus souvent des objets de petites dimensions, pour la parure des femmes, tels que broches, pendants, boucles de ceinture, anneaux, boutons, cassolettes, bracelets, etc.; quand ils ne sont pas destinés à être portés par les personnes, ils servent généralement à décorer des livres, des meubles ou des articles plus ou moins précieux de tabletterie fine, etc., et alors leur volume et leur forme offrent une variété infinie.

Il est évident que le filigrane ne peut pas avoir traversé un grand nombre de siècles sans éprouver des changements. Comme toutes les choses de ce monde, il a varié plusieurs fois, mais pas assez fortement pour que ses variations aient pu attirer particulièrement l'attention. Néanmoins, les changements qu'il a subis ont paru suffisants pour qu'on ait pu faire une distinction entre le *filigrane chinois* ou *filigrane proprement dit* et le *filigrane français*.

Le filigrane chinois est le plus ancien, ce qui le caractérise, c'est qu'il n'admet, aussi bien dans sa charpente que dans son ornementation, aucune parcelle de plané. Il est fait à l'aide de deux fils d'argent ou d'or, très fins, tordus ensemble de manière à imiter une corde d'une grande ténuité, qui, à l'œil nu et à quelque distance, semble être un fil gravé ou plutôt recouvert de grains très menus. Avec des tenailles de diverses formes, et d'autres outils que l'ouvrier invente à mesure qu'il en a besoin, on contourne ce fil, on le dispose suivant les exigences du dessin, sur une plaquette de métal, on en maintient provisoirement en place les parties avec de la gomme, on les fixe définitivement les unes avec les autres au moyen de la soudure et l'on parvient ainsi à former ces ouvrages merveilleux dont la délicatesse a toujours provoqué l'admiration. Les bijoux de cette sorte sont faits avec profusion et une extrême habileté par les Chinois, mais on leur reproche de manquer de goût et de variété. C'est également le reproche qu'on adresse aux filigranes italiens, principalement à ceux des Génois, qui se sont acquis dans cette branche de la bijouterie, une réputation très souvent méritée. —

Le filigrane français n'emprunte pas uniquement sa charpente et son ornementation aux fils d'or et d'argent et à leurs contournements. Il admet, en outre, des pièces de toute forme dont les métaux précieux sont toujours la matière première, mais enrichies par la gravure, le guilloché, les émaux, les ors de couleur, et toutes les ressources de l'art décoratif. Nos artistes sont ainsi arrivés à donner à leurs filigranes une telle supériorité sur ceux des autres pays, que, soit par le goût des formes et la délicatesse de la main-d'œuvre, soit par la grâce, l'élégance et la variété des dessins, leurs œuvres présentent un degré de perfection que nul ne saurait leur disputer. — V. BIJOUTERIE.

II. **FILIGRANE. T.** *de pap.* Dans la fabrication du papier ce mot est employé dans deux sens : 1° pour désigner des lettres, des figures, des dessins de toute espèce formés par des fils de cuivre ou de laiton entrelacés et ensuite fixés sur le tissu des formes ou des toiles métalliques destinées à recevoir la pâte à la fabrication ; 2° pour dénommer les empreintes que ces lettres, ces figures, ou ces dessins laissent sur le papier fabriqué et qui se voient par transparence.

Quelques écrivains ont prétendu que les empreintes filigraniques du papier étaient des marques imaginées par les anciens imprimeurs pour faire reconnaître les ouvrages sortis de leurs presses, mais a été surabondamment démontré qu'elles avaient été inventées par les papetiers pour distinguer les différents formats de leurs papiers. C'est même de cet usage que sont venus la plupart des noms employés encore de nos jours, dans le commerce et l'imprimerie, pour désigner les papiers de certaines dimensions. Tels sont notamment les suivants que nous choisissons parmi les plus usités, en suivant l'ordre de la progression ascendante de leurs dimensions : *pot, tellière, couronne, écu, carré, cavalier, grand-raisin, jésus, colombier, grand-aigle, grand-monde.* Ajoutons que, depuis nombre d'années, on a journellement étendu l'usage des filigranes pour mettre, autant que possible, à l'abri de la falsification, le papier timbré et les divers papiers de banque.

Les empreintes filigraniques se font donc dans les deux modes de fabrication du papier, par la fabrication à la main et par la fabrication à la machine. Dans le premier cas, où le papier se fait feuille à feuille, on se sert, pour transformer la pâte en papier, de châssis de bois, de forme rectangulaire sur lesquels sont tendus des fils de laiton parallèles et très rapprochés (*vergeures*), que des tringles horizontales, de bois ou de métal (*pontuseaux*), soutiennent en dessous. Les filigranes sont confectionnés à part avec d'autres fils de cuivre, puis ajustés sur cette espèce de treillis au-dessus duquel ils présentent une très légère saillie. Ces châssis étant chargés de pâte à papier en bouillie, laissent passer les parties liquides entre les intervalles des vergeures, mais il reste sur celles-ci et les filigranes les parties solides, c'est-à-dire les filaments du chiffon, lesquels, réunis en une sorte de feutre, constituent la feuille. Or, on conçoit que la portion de pâte qui correspond aux fils des dessins en saillie, a nécessairement une épaisseur moindre que dans les autres endroits et doit, par conséquent, s'y trouver plus translucide. Dans la fabrication mécanique, où la feuille a une largeur limitée, tandis que sa longueur n'a pas de fin, on peut obtenir les filigranes, soit en disposant sur la toile de la machine un rouleau garni de fils de laiton en saillie, qui produisent les empreintes à mesure que le papier se forme, soit, après la confection et le coupage du papier, en imprimant sur celui-ci, à l'aide d'une forte pression, des planches gravées profondément, dont les inégalités de profondeur produisent le même fait que les fils en saillie de la fabrication manuelle.

FILIGRANÉ (Verre). — V. VERRE.

FILIGRANEUR. T. *de mét.* Ouvrier qui fait le filigrane ; on dit aussi *filigraniste.*

FILON. T. *d'expl. de min.* On donne ce nom aux *failles* ou cassures des terrains sédimentaires ou éruptifs, quand elles ont été remplies de matières utiles. Nous décrivons à l'article GISEMENT les différents modes de formation des filons, et les allures qu'ils peuvent présenter. Autrefois, dans divers pays, et notamment en Hongrie, on accordait la concession d'un filon. Actuellement les concessions sont limitées par des plans verticaux.

FILOSELLE. *T. de tiss.* Soie obtenue par les éducateurs eux-mêmes, qui filent la bourre du cocon comme la laine et obtiennent ainsi un fil grossier; ce fil est presque toujours teint par les petits teinturiers de campagne appelés, dans le Rhône, *chiffonniers;* généralement, grâce à la forme du fil, ces teinturiers opèrent sans grandes précautions et sans se préoccuper de donner de la charge. Les couleurs éclatantes sont d'ailleurs les plus recherchées. La filoselle est utilisée, soit pure, soit mêlée avec du coton, pour la fabrication des bas, gants, mitaines, etc. On l'appelle encore *bourette.*

FILS. *T. de filat.* Les fils sont produits par les filatures pour servir de matière première à la retorderie, au tissage, etc. Comme tout le monde le sait, ils affectent la forme de cylindres, de longueurs indéfinies, et ils doivent présenter une régularité aussi parfaite que possible dans leur diamètre aussi bien que dans le rapport de la résistance qu'ils opposent à la rupture dans tous les points de leur longueur. On trouvera à l'article FILATURE, l'énumération des opérations générales par lesquelles on arrive à les produire.

Les fils de soie obtenus par la simple réunion d'un certain nombre de fils de cocons portent le nom de *fils grèges;* plusieurs de ces fils rassemblés avec une torsion plus ou moins forte prennent les noms d'*organsin,* de *trame* ou de *poil.* — V. ces mots.

Pour toutes les autres matières textiles les fils sont formés par le groupement de filaments plus ou moins courts, invariablement liés entre eux par une torsion variable suivant les cas.

Les fils destinés à former la chaîne des tissus doivent présenter une résistance plus grande que l'on obtient en augmentant la torsion. Pour que les tissus soient bien nourris et couverts, il faut au contraire que les fils servant à la trame soient peu tordus ou *floches.* Cela conduit à partager suivant leur degré de torsion les fils en deux catégories que l'on désigne simplement par les mots *chaine* et *trame.* Certains usages spéciaux exigent une torsion intermédiaire par suite de laquelle les fils prennent le nom de *demi-chaine.* Afin d'augmenter la force et la régularité des fils de chaîne on est souvent conduit à en tordre deux ensemble. On forme ainsi des fils *retors* par opposition aux autres appelés *fils simples.*

Outre ces fils destinés au tissage, nous avons à signaler encore les *fils moulinés,* destinés principalement à la bonneterie et composés d'un certain nombre de fils demi-chaîne, réunis par une faible torsion et les fils *câblés,* pour la couture et quelques autres usages composés de plusieurs fils retors, fortement tordus ensemble.

La grosseur des fils est représentée par un *numéro* ou *titre* qui indique la longueur du fil correspondant à un poids invariable adopté pour base, ou le poids d'une longueur déterminée de fil. Les unités de longueur et de poids varient suivant les matières textiles et les localités, ainsi qu'on le trouvera à l'article NUMÉROTAGE DES FILS.

FILS A COUDRE. On désigne sous ce nom toute espèce de fils retors destinés à la couture. On distingue les fils à coudre en coton, en lin et en soie.

Fils à coudre en coton. Les fils retors de coton pour la couture sont bien connus sous les noms de *fils d'Irlande, fils d'Écosse, fils d'Alsace,* etc. On les fait en toutes couleurs et toutes nuances, tantôt mats, tantôt glacés.

Les fils mats sont généralement *câblés,* c'est-à-dire formés par un nombre variable de fils retors, réunis et tordus les uns avec les autres (les fils retors se composant eux-mêmes de deux ou trois fils simples réunis et tordus). Les fils glacés le sont rarement: on les obtient plutôt en réunissant et en tordant ensemble un nombre convenable de fils simples.

Dans l'un et l'autre cas, les fils sont d'autant plus réguliers et solides qu'ils sont composés d'un plus grand nombre de fils simples, dont les grosseurs sont nécessairement proportionnées à celles des fils à coudre que l'on veut produire. Les fils câblés sont, à grosseurs égales, plus réguliers et plus forts que ceux qui ne le sont pas. Ils se distinguent par leur grain particulier; leur aspect est le même que celui d'une corde très mince.

La grosseur des fils à coudre en coton est généralement indiquée en donnant le numéro des fils simples (V. COTON, NUMÉROTAGE DES FILS) qui ont servi à le former et le nombre de ces fils que l'on a réuni; le n° 80 6 brins — indique que le fil est formé de 6 fils simples n° 80 tordus ensemble.

Fils câblés. La formation des fils câblés nécessite deux opérations successives, savoir: un premier retordage produisant les fils retors, puis un second retordage par lequel ces fils retors sont câblés, c'est-à-dire tordus les uns avec les autres.

La première torsion est donnée au moyen de *métiers à retordre* (V. RETORDERIE) dans lesquels l'appareil alimentaire se compose simplement d'une paire de cylindres qui livrent, sans étirage, les fils qui doivent être tordus ensemble, et qui sont fournis par des bobines de filature disposées sur un râtelier derrière la machine. Pour que la torsion se fixe bien, on mouille les fils en les faisant passer dans de petits bacs pleins d'eau disposés derrière les cylindres alimentaires. Ces métiers sont pour le coton quelquefois des continus à ailettes ou à anneaux, mais plus souvent des renvideurs.

Cette première torsion est toujours donnée en sens inverse de celle des fils simples dont on se sert. En général, on ne réunit ainsi que 2 brins, mais quelquefois aussi trois. Dans ce cas, on trouve plus d'avantages à rassembler préalablement les 3 fils en les enroulant ensemble sur des bobines spéciales, afin de simplifier l'alimentation du métier à retordre.

Ce *doublage* préalable précède toujours le second retordage qui produit les fils câblés eux-mêmes. Les machines employées, ou *doubleuses,* ne sont autre chose que des *bobinoirs* (V. ce mot) analogues à ceux dont on se sert dans les tissages, mais alimentés pour chaque broche par plusieurs bobines provenant du métier à retordre, et dont les fils viennent se réunir dans un guide fil qui les dirige ensemble sur les bobines. Mais il ne faut pas que l'un de ces fils puisse se casser, sans que l'ouvrière qui soigne la machine en soit immédiatement avertie, aussi munit-on toujours les doubleuses de petits appareils nommés *casse-fils* qui déterminent l'arrêt de la broche aussitôt qu'il se produit une rupture de l'un des fils qui l'alimentent. Le principe de ces appareils est très simple : les bobines reposent soit directement, soit par l'intermédiaire d'un petit rouleau, sur des poulies dont la rotation détermine leur mouvement ; les fils traversent chacun un petit guide qu'ils maintiennent relevé tant qu'ils sont entiers ; en cas de rupture de l'un d'eux, le guide correspondant s'abaisse, et, tantôt par son poids, tantôt par l'intermédiaire d'une pièce en mouvement, agit sur un levier qui produit l'arrêt de la bobine soit en la soulevant, soit en arrêtant le rouleau intermédiaire, soit en interposant une pièce fixe, feuille de cuir ou autre, entre elle et sa poulie motrice. Ces appareils ont été construits de différentes manières par les divers constructeurs ; mais il est essentiel que l'arrêt se produise toujours avant que le bout du fil cassé ait pu s'enrouler sur la bobine.

Les machines à retordre produisant la seconde torsion sont toujours établies suivant le type des métiers à filer continus, tantôt à anneaux, tantôt à ailettes. La production des métiers à bagues est plus forte, mais lorsque l'on forme de gros fils, les métiers à ailettes sont préférables en ce qu'ils permettent de donner une torsion plus serrée, et d'obtenir un fil plus rond et mieux nourri. La torsion donnée par ce second retordage doit être de sens inverse à celle du retors, par conséquent de même sens que celle des fils simples.

L'on fait quelquefois des imitations de fils câblés, de qualité inférieure, en substituant aux fils retors des fils simples de même grosseur, auxquels on a simplement donné un excès de torsion. Au lieu, par exemple, de réunir trois brins de retors n° 40, formés chacun par la réunion de deux fils n° 80, et d'obtenir un fil composé de 6 brins n° 80, on assemble par une seule torsion trois fils simples n° 40 très tordus. On voit que le prix de revient d'un semblable fil doit être beaucoup moins élevé, mais aussi sa force est-elle beaucoup moindre.

Fils non câblés. Pour fabriquer les fils non câblés, on rassemble, au moyen de doubleuses, un nombre convenable de brins de fils simples sur des bobines, au moyen desquelles on alimente des machines à retordre exactement semblables à celles qui sont employées pour la seconde torsion dans le cas précédent. Après ces opérations, les fils câblés, aussi bien que ceux qui ne le sont pas, sont repris des bobines des métiers à retordre, et mis en écheveaux renfermant 500 ou 1,000 mètres chacune, lorsque les fils sont destinés à être mis en pelotes ou en bobines, ou bien de longueurs différentes, 100 mètres environ, lorsque la vente doit se faire par écheveaux. Sous cette forme les fils sont blanchis ou teints. En France, on fait plus généralement les écheveaux au poids et non à la longueur.

Ils subissent ensuite les opérations suivantes destinées à les apprêter et à leur donner l'aspect et la forme qu'exige la vente :

1° *Fils mats.* Les fils mats après teinture sont assouplis au moyen de deux opérations qui se font le plus généralement à la main : l'étriquage et le chevillage.

L'étriquage consiste, comme pour les fils retors en lin, à frotter les écheveaux tendus avec l'étrique dont l'action polit les fils, les étire et répartit bien régulièrement la torsion.

Le chevillage, qui se fait aussi pour le fil de lin, consiste à tordre fortement avec un bâton les écheveaux suspendues à une barre fixe, et à répéter un certain nombre de fois la même action en déplaçant graduellement l'écheveau. Les fils qui doivent rester en écheveaux sont simplement alors mis en petits paquets étiquetés et livrés à la vente.

Les autres sont mis sur de grosses bobines ou volants qui servent à alimenter les peloteuses ou les machines formant les petites bobines.

2° *Fils glacés.* Le glaçage des fils se fait au retour de la teinture, par écheveaux ou fil à fil. Dans le premier cas, les écheveaux entières sont trempées dans un bain d'apprêt, puis séchées pendant quelques heures ; on les tend ensuite entre deux cylindres cannelés disposés horizontalement, et dont l'un a son axe fixe, tandis que l'autre est sollicité, pour bien tendre l'écheveau, par un système de leviers et de poids. Ces cylindres tournent lentement en entraînant l'écheveau au contact d'une brosse cylindrique de 35 à 40 centimètres de diamètre, tournant avec une vitesse d'environ 800 tours à la minute, et d'un tambour recouvert de panne (velours de laine). Cette opération se fait dans une salle chauffée à une température élevée.

Le glaçage en échevette, souvent pratiqué en Angleterre, coûte moins cher, mais donne de moins bons résultats que le glaçage fil à fil, qui se pratique plus généralement en France. Pour cette opération, les fils sont rassemblés sur de grosses bobines que l'on dispose, au nombre de 100 ou 120 sur un râtelier établi derrière la machine. Tous ces fils se rendent horizontalement et parallèlement entre eux à d'autres bobines, placées sur des broches animées d'un mouvement de rotation en avant de la machine. Dans leur trajet, ils plongent d'abord dans un bac rempli d'apprêt, puis ils passent ensuite entre une paire de cylindres d'appel puis au contact de cinq ou six brosses cylindriques, de 14 à 15 centimètres de diamètre, animées de vitesses variant de 1,000 à 2,000 tours par minute. L'apprêt se trouve ainsi parfaitement réparti sur les fils qui acquièrent un aspect brillant. L'apprêt est composé ordinairement de la manière suivante :

10 litres d'eau ;
200 grammes d'amidon de riz ou fécule ;
100 grammes de cire saponifiée ;

avec addition, pour épaissir le bain, de gélatine ou de lichen ou de graine de lin. On remplace quelquefois une partie de la cire par du blanc de baleine, de l'acide stéarique, de la paraffine, etc.

Les fils alors, soit mats, soit glacés, n'ont plus qu'à être mis sous la forme qui convient à la vente (échevettes, pelotes ou bobines).

Nous avons parlé des *échevettes*. Les *pelotes*, bien connues, se font mécaniquement au moyen de machines dites *peloteuses*, qui se composent d'une broche, animée d'un mouvement de rotation lent, autour de laquelle le fil est enroulé par une ailette qui tourne rapidement. La forme de la pelote résulte d'un angle que font entre eux les axes de la broche et de l'ailette, angle qui se modifie aux différents moments de la formation de la pelote.

Tantôt les peloteuses ne forment qu'une pelote à la fois, tantôt elles sont construites pour en produire jusqu'à 12; les broches alors sont disposées des deux côtés d'une traverse que l'on renverse chaque fois qu'une série de pelotes est achevée. La seconde série de broches entre alors immédiatement en action pendant que l'ouvrier enlève les pelotes qui viennent d'être formées sur la première.

C'est à la main que les étiquettes sont posées à la suite d'un arrêt et avant la formation de la pelote ; ces pelotes sont ensuite rangées dans des boîtes.

La mise des fils sur des *bobines en bois* se fait au moyen de deux types de machines. Celles de Schmidt ont leurs broches disposées comme, par exemple, dans le cas précédent. Les bobines sont emmanchées sur l'une des séries de ces broches qui, par leur mouvement de rotation, déterminent l'enroulement du fil guidé de manière que les tours successivement formés se juxtaposent exactement. Aussitôt qu'une série de bobines est remplie, l'ouvrier renverse le porte-broches pour en mettre en action une nouvelle série, et, pendant leur formation, il enlève les bobines pleines, en arrête les fils, et garnit à nouveau ses broches.

Les machines de Weild sont complètement automatiques. L'ouvrier n'a qu'à placer les bobines vides sur de petits supports spéciaux, la machine vient automatiquement chercher ces bobines, les emmancher sur les broches où elles se remplissent de fil. Immédiatement des couteaux pratiquent sur le bord des bobines de petites entailles dans lesquelles vient s'arrêter le fil, qui est coupé et fixé à de nouvelles bobines que les broches vont chercher après avoir rejeté celles qui sont terminées. L'ouvrier n'a qu'à disposer les bobines vides et à retirer celles qui sont pleines. La production de ces machines, formant en général six ou huit bobines à la fois, est très considérable.

Il ne reste plus qu'à coller les étiquettes sur les bobines que l'on range enfin, par douzaine, dans des boîtes en carton pour les livrer à la vente. — P. G.

Fils à coudre en lin. La fabrication des fils à coudre en lin diffère essentiellement suivant qu'il s'agit de livrer au commerce des écheveaux, des pelotes ou des bobines.

Écheveaux. Le fil simple est soumis dans les fabriques aux opérations suivantes : 1º bobinage,

2º retordage ; 3º dévidage ; 4º séchage ; 5º teinture blanchiment ou débouillissage; 6º battage ; 7º chevillage ; 8º partissage ; 9º balançage ; 10º étriquage ; 11º empaquetage.

Le *bobinage* se fait au moyen d'une machine dite *bobinoir*, il doit nécessairement précéder toutes opérations, puisque le fil simple est livré au commerce par paquets composés d'un certain nombre d'écheveaux et qu'il faut dévider ces écheveaux. Les bobines sur lesquelles on les envide sont portées sur le râtelier d'un *métier à retordre*, que nous étudierons au mot RETORDERIE, lequel, au moyen d'une broche munie d'ailettes, retord ensemble un certain nombre de fils simples. Ce fil, ainsi retordu, est ensuite *dévidé* sur des asples dont la circonférence est en rapport avec la longueur de l'écheveau terminé; il est rangé par paquets de 24 écheveaux. Il est alors *séché* soit à froid, soit à chaud, puis soumis à l'une des opérations de la teinture du blanchiment ou du débouillissage, suivant qu'on veut obtenir de fil couleur, blanc ou bis. Si le fil a été teint, il est soumis au *battage*, au moyen d'une machine dite *moulin à battes*, qui le frappe au moyen de 12 ou 16 pilons. Le foulon ayant raplati le fil, on l'arrondit en le *chevillant*, en d'autres termes en l'allongeant par une traction entre une barre de fer fixe et un bâton dit *cheville* sur lequel on le tire à une extrémité. L'opération du *partissage* qui suit le chevillage n'est autre que le raccommodage des fils cassés sur les écheveaux tendus entre deux barres parallèles ; vient ensuite le *balançage*, c'est-à-dire la manière d'établir le numéro à la balance. Le numéro connu, suivant une base que nous indiquons ci-après, le fil est soumis à l'*étriquage*, qui consiste à placer l'écheveau autour d'une sorte d'ensouple dite *partissoir*, moins large que l'écheveau, et à frotter le fil avec l'angle intérieur d'un instrument spécial dit *étrique*, le tout dans le but de répartir uniformément sur toute la longueur la torsion qui, à certains endroits, est trop resserrée et fait vriller le fil et en d'autres endroits est trop relâchée. Une fois étrique, le fil reste en magasin jusqu'à la commande; si celle-ci est faite à la livre, on arrange les écheveaux en paquets par livre, si celle-ci est faite par grosse, on les arrange par paquets de 24.

Comme on le voit, le principe de la fabrication des fils à coudre en lin (et, en général, de tous les fils à coudre) est le retordage au moyen du métier à retordre. Les opérations subséquentes ne sont que des manipulations qui ne changent en rien la nature même du produit. — V. RETORDERIE.

Le numéro du fil retors en lin s'établit d'une façon toute spéciale. Ce numéro ne correspond nullement à celui du fil simple ; il varie même pour chaque fil simple suivant que le retors écru est donné à blanchir ou à teindre. Le retors qui rentre du blanchiment étant toujours le plus léger, il faut, lorsqu'on veut obtenir un numéro de retors blanc identique à celui du retors teint, donner au blanchiment un fil plus lourd en simple. Les fils rentrent du blanchiment ou de la teinture par paquets de 24 écheveaux; ce sont ces paquets qu'on appelle *une grosse*, on les pèse alors, et, suivant le poids trouvé, on leur donne un numéro. Ce numéro est donc arbitraire et varie suivant la perte subie par le fil, mais on s'arrange de façon qu'une livre de fil contienne toujours le double d'écheveaux qu'indique le numéro.

Pelotes. Pour mettre le fil en pelotes, on doit commencer par le mettre en écheveaux. Seulement, au lieu de faire les écheveaux à la longueur qui doit être vendue, comme dans le cas que nous venons d'examiner, on fait ceux-ci aussi grands que possible, afin de pouvoir retirer plusieurs pelotes de fil d'un même écheveau. Sauf cette particularité en ce qui concerne le dévidage, le fil que l'on destine à faire des pelotes subit jusqu'à la teinture les mêmes opérations que le fil destiné à être vendu en écheveau, mais comme il ne doit pas être battu, le fabricant a soin d'en avertir dans tous les cas le teinturier par une étiquette portant la mention « non battu. » Aussitôt après teinture, on prend le numéro du fil à la balance, et on le fait immédiatement passer sur le métier à lustrer (V. LUSTRAGE) ou sur le métier à cirer, (V. CIRAGE), suivant qu'on veut du fil lustré ou ciré. On supprime le chevillage et le partissage, le fil devant s'arrondir et pouvant encore casser dans les opérations ultérieures. Une fois le fil bien préparé, on le passe au *bobinoir pour pelotes*, et des bobines où il s'enroule il va à la pelotonneuse, appelée plutôt *métier à pelotes*, le même que celui employé pour les fils à coudre de coton. Un ouvrier colle ensuite autour de ces pelotes une bande de papier représentant le numéro du fil à coudre et la marque du fabricant. Les pelotes sont ensuite mises en boîtes et arrangées par paquets.

Bobines. Le fil destiné à être mis en bobines subit les mêmes opérations que celui qui doit être arrangé sous forme de pelotes. On le porte en dernier lieu au métier à faire les bobines, au lieu de le faire passer sur le métier à faire les pelotes. — A. R.

Fils à coudre en soie. Les fils à coudre en soie sont formés comme ceux en lin ou en coton, par un certain nombre de fils simples tordus ou câblés les uns avec les autres. Après teinture le seul apprêt qu'on leur donne consiste en un assouplissage effectué par chevillage. Ils sont livrés à la vente en échevettes, ou placés sur bobines en bois ou sur cartes en papier fort.

Fils retors. On désigne sous ce nom les fils simples réunis entre eux par la torsion sur le métier à retordre. La plupart des fils retors sont destinés à la couture et deviennent dès lors des fils à coudre. — V. RETORDERIE.

Fils (Contrôle des). — V. NUMÉROTAGE.

Fils (Essai des). — V. DYNAMOMÈTRE. § *Dynamomètre pour fils.*

FILS MÉTALLIQUES. Dans une foule de circonstances, les métaux ont besoin d'être employés à l'état de fils. On les réduit à cet état en utilisant la propriété qu'ils possèdent tous, mais à des degrés fort différents, de se laisser étirer sans se

rompre, dans le sens de la longueur, propriété qui a reçu le nom de *ductilité*. Pendant des siècles, c'est avec le marteau et sur l'enclume, qu'on étirait les métaux, mais ce procédé était long, dispendieux et ne pouvait donner que des produits défectueux ; les martineurs les plus intelligents étaient même dans l'impossibilité d'obtenir couramment des baguettes bien cylindriques au-dessous d'un diamètre relativement assez gros. Plus tard, l'invention des laminoirs cannelés fit faire un grand pas à cette industrie. Néanmoins, il ne tarda pas à se trouver en défaut, parce que les fils les plus fins qu'on peut en tirer ont au moins $0^m,0045$, et qu'au-dessous de cette dimension, il y a impossibilité de réunir avec exactitude les deux demi-circonférences des cannelures ; le procédé qu'on emploie aujourd'hui est le *tréfilage*. Il consiste à étirer les métaux à froid pour les faire passer de force dans des trous qui leur donnent la forme et la grosseur voulues, en même temps qu'un allongement considérable. Les établissements ou parties d'établissements où l'on opère se nomment *tréfileries* ou *fileries*, quand ils travaillent les métaux communs, et *argues*, quand ils s'occupent spécialement de l'or et de l'argent. En outre, les usines les plus importantes se divisent généralement en deux ateliers distincts : l'un, la *tréfilerie* proprement dite, pour les gros fils, l'autre la *tirerie*, pour les fils fins.

Quelques mots d'abord sur le matériel des tréfileries. Indépendamment de fours à réverbère et autres, et de laminoirs cannelés ou non, on y trouve un certain nombre de *bancs à tirer*, lesquels se composent de trois parties essentielles : une *filière*, plaque d'acier percée de trous que le métal doit traverser ; une *pince*, pour saisir le bout du métal et le faire passer au travers des trous ; un *treuil* pour exercer sur la pince une traction suffisante qui force le métal à exécuter ce passage, et pour le recevoir quand il l'a exécuté.

La filière a généralement $0^m,65$ à $0^m,97$ de longueur, quelques centimètres de largeur et une épaisseur qui varie de $0^m,012$ à $0^m,0025$. Elle est maintenue dans une position verticale par des traverses. Les trous dont elle est percée sont placés en échiquier et leurs diamètres vont en décroissant. En outre, ils ont une forme conique et présentent leur plus grande ouverture du côté d'où arrive le fil. Pour que l'ouverture de sortie conserve sa rondeur, de laquelle dépend la régularité du fil, il faut que l'acier employé soit très dur, ce qui oblige à le choisir avec un soin extrême. Malgré cette précaution, le métal exerce une si grande pression sur les filières, quand il les traverse, qu'il les déforme assez vite, et oblige de les repercer assez fréquemment, quand on veut obtenir une très grande longueur d'un fil ayant rigoureusement la même grosseur. Lorsque ce cas se présente, on préfère souvent se servir de filières d'agate, de diamant noir ou de quelque autre pierre d'une extrême dureté, parce que les trous faits dans ces matières sont presque inaltérables.

La pince peut recevoir plusieurs formes, mais elle est toujours faite de telle sorte que plus le métal oppose de résistance au passage de la filière, plus le serrage est grand, et plus aussi la traction est considérable.

Quant au treuil qui sert à donner la traction, c'est quelquefois un simple *moulinet* mû par des hommes et sur l'axe duquel s'enroule une large courroie de cuir attachée à la pince. Les choses se passent ainsi dans les très petites tréfileries, celles des bijoutiers par exemple, mais, dans ce système, la force ne peut guère agir que par saccades, d'où résulte l'irrégularité de la forme des fils, et il n'est pas possible qu'il en soit autrement à cause du peu de résistance de la courroie. On remédie à cet inconvénient, dans les grands ateliers, où la force motrice est une machine à vapeur ou une roue hydraulique, en remplaçant la courroie par une crémaillère ou une chaîne à la Vaucanson, et le moulinet par une bobine plus ou moins conique, dont l'axe est tantôt horizontal, tantôt vertical, et qui tourne sur la table de travail sur des supports et au moyen d'engrenages convenablement disposés.

Voyons maintenant comment on procède au tréfilage dans les conditions les plus ordinaires. Au moyen de laminoirs cannelés, dits *laminoirs de tirerie* ou *de tréfilerie*, on commence par réduire le métal en verges ou baguettes d'une grosseur déterminée. Prenant alors une de ces verges, on appointe l'une de ses extrémités pour qu'elle puisse entrer d'une certaine longueur dans le plus gros trou de la filière, puis, après avoir introduit cette extrémité dans la filière, on la place entre les mâchoires de la pince. Il n'y a plus alors qu'à donner le mouvement au treuil. A mesure que le fer s'allonge, il s'enroule nécessairement sur la bobine, et c'est la rotation de cette bobine qui produit la traction nécessaire à l'étirage. Le travail continue ainsi jusqu'à ce que toute la longueur de la verge ait effectué son passage. Le fil fabriqué étant sur son dévidoir on le fait passer par le trou dont le diamètre est immédiatement inférieur, et ainsi de suite. On conçoit que la vitesse avec laquelle se font les passages peut varier beaucoup : elle dépend, en effet, de plusieurs circonstances, notamment de la nature du métal, de la destination du fil et de son plus ou moins de finesse. Dans tous les cas, elle doit être toujours uniforme. Ce n'est pas tout ; afin de diminuer le frottement et l'échauffement qui ont lieu pendant la traction, on graisse le fil ou le trou, ou bien, ce qui est le plus fréquent, on applique sur la filière une pelote de graisse, au travers de laquelle passe le fil ; de cette manière, on refroidit l'ouverture et, en même temps, on facilite le passage. Enfin, comme le métal s'écrouit et perd une partie de sa ductilité, après son passage dans un certain nombre de trous, on est obligé de le recuire de temps en temps pour le ramener à son état primitif. A cet effet, on le chauffe jusqu'au rouge-brun, puis on le laisse refroidir lentement. Cette opération s'effectue soit dans une espèce de four à réverbère, soit à feu nu au milieu d'un tas conique de menu charbon auquel on met le feu, soit encore dans des marmites en fonte de forme annulaire. A chaque recuit, il se forme une couche d'oxyde plus ou moins épaisse

dont il faut débarrasser le fil, au moyen de l'acide sulfurique étendu d'environ 240 fois son poids d'eau. Si l'on négligeait ce nettoyage, lequel n'est autre qu'un décapage, l'oxyde, en se détachant pendant l'étirage, ne manquerait pas de corroder la filière et d'en altérer la forme des trous, ou bien elle produirait des raies ou des stries nuisibles à l'apparence et à la qualité du fil. Le fil terminé est livré au commerce en bottes de différents poids ou en échantillons plus ou moins volumineux, et tel qu'il s'est enroulé sur les bobines quand il est sorti de la dernière filière.

Après ces indications générales sur la fabrication des fils métalliques, nous ne pouvons mieux terminer que par des observations sur leurs principales sortes, leur destination et les particularités que leur production peut présenter.

Fils de fer. Ils forment la catégorie la plus importante, celle par conséquent qui se fabrique sur la plus grande échelle et dont les usages sont les plus nombreux. Le métal qui convient à leur fabrication doit être facile à travailler à chaud, afin de pouvoir être suffisamment aminci par le laminoir ; fort et doux à froid, afin de pouvoir subir aisément l'action de la filière ; enfin, plutôt dur que mou à cause de la texture nerveuse que le travail lui fait prendre. On ne se sert que de fers provenant des bonnes fontes au bois, et les meilleures qualités de fil s'obtiennent toujours avec des fontes affinées au charbon de bois ; néanmoins, dans ces dernières années, les améliorations introduites dans les procédés de puddlage ont permis de substituer dans une certaine mesure, les fers au coke aux fers au bois de qualité supérieure.

Suivant leur grosseur, les fils de fer se divisent en *gros fils* et en *fils fins*, lesquels, comme on l'a vu, se fabriquent dans des ateliers spéciaux. La fabrication des gros fils est même presque entièrement concentrée dans les forges, dont la concurrence tend de plus en plus à faire disparaître les petits ateliers. Ils ont leur emploi dans la télégraphie, la clouterie, la construction des ponts suspendus, la fabrication des câbles et des grillages métalliques, etc. ; la confection des ressorts métalliques en consomme également de grandes quantités. Le fer qui sert à les produire porte le nom de *machine*, il est préparé par les trains de laminoirs à cylindres cannelés et n'est pas soumis à l'action de la filière, c'est-à-dire au tréfilage.

Les fils fins sont principalement utilisés dans la fabrication des cardes et des machines à carder, des peignes à tisser et des tisseuses mécaniques. On en fait encore usage pour la clouterie fine. La production des épingles en emploie également beaucoup, et il en est de même de celle des fleurs artificielles et d'assez nombreux articles de la toilette des femmes. Pour matière première, ils emploient également la machine, mais en la travaillant au moyen de la filière.

Pour déterminer la grosseur du fil de fer, on se sert d'instruments appelés *jauges*, qui varient suivant les pays. Les principales sont au nombre de deux : la *jauge française* ou *jauge de Paris*, et la *jauge anglaise* ou *jauge de Londres* ; ce sont des disques d'acier sur le pourtour desquels on a pratiqué des entailles rectangulaires désignées par des numéros particuliers ; un fil appartient à un numéro quand il peut entrer dans l'entaille qui lui correspond. Les numéros marqués partent du n° P, qui indique 5 dixièmes de millimètres. Vient ensuite le n° 1, qui représente 6 dixièmes de millimètre, puis le n° 2, qui équivaut à 7 dixièmes de millimètre, et ainsi de suite jusqu'au n° 30 qui est égal à 100 dixièmes de millimètre. Les fils plus fins que le numéro 1 sont mesurés avec une autre jauge, appelée *jauge carcasse*, dont les numéros partent de ce n° 1 pour aboutir au n° 36 ; mais ici le n° 1 est le plus gros et le 36 le plus fin, en sorte que, dans cette seconde jauge, le n° 10 correspond au n° 1 de la précédente. Ajoutons que, dans le travail de la machine, le laminage du fer est arrêté quand le métal est arrivé au n° 20 ou au n° 21 de la jauge de Paris. Quelques maîtres de forges ont bien poussé l'étirage jusqu'au n° 19 et même plus bas, mais il a été reconnu qu'il n'y avait aucun avantage, qu'il pouvait même en résulter de graves accidents à cause des vitesses énormes qu'atteignent alors les trains de tirerie.

On ne donne pas seulement la forme ronde aux fils de fer, on en fait aussi de cannelés, de triangulaires, de carrés, etc., cela dépend de la forme donnée à la section de la filière employée. Notons encore que les fils s'emploient soit clairs, c'est-à-dire dans l'état où ils sortent du tréfilage ; soit après avoir été recuits, étamés, zingués, cuivrés, même nickelés ; cela dépend de ce que l'on veut en faire.

Rappelons, en terminant, qu'on donne quelquefois, mais très improprement, le nom de *fil de fer* au *fil d'archal*. Celui-ci, en effet, n'est qu'un fil de laiton dont le nom vulgaire proviendrait de l'inventeur de sa fabrication, Richard Archal.

Fils d'acier. Une grande partie du fil qu'on faisait autrefois avec le fer se fait actuellement avec l'acier, et l'on y emploie toutes les sortes d'acier, depuis les aciers ordinaires jusqu'aux aciers Bessemer, Siemens-Martin, et même les aciers extra-doux provenant de la déphosphoration. C'est avec les fils de cette espèce que se font les aiguilles et les hameçons. On en confectionne également des cordes et des câbles pour la marine et le service des mines, ainsi que d'excellents pignons d'horlogerie et des cordes pour instruments de musique.

Fils de cuivre et de laiton. Ils ont leur emploi dans la fabrication des épingles, des clous de tapissier, des toiles métalliques pour stores, papeteries, garde-feu, écrans, éventails de foyer, etc. Ceux de laiton sont plus souvent utilisés que ceux de cuivre rouge. Ils se composent généralement de 64,20 de cuivre, 35 de zinc, 0,40 de plomb et 0,40 d'étain. Les objets qui en sont formés sont ordinairement étamés, argentés, parfois dorés.

Fils de zinc. Leur fabrication diffère de celle des autres métaux communs, en ce sens qu'avant d'être étiré le métal est généralement découpé en petites baguettes. On les substitue très souvent à ceux de cuivre, parce que, à résistance égale, ils sont beaucoup moins chers, et à ceux de fer, parce qu'ils sont inoxydables, n'exigent aucun entretien, ne sont pas endommagés par la torsion comme le fil galvanisé et possèdent une très grande souplesse. Toutefois, comparés à ces derniers, ils sont moins résistants, ce qui limite leur supériorité pour les applications où la résistance est une chose accessoire, comme les ligatures des brosses et des balais, les treillis, les grillages, les clôtures, les entourages et les attaches pour serres et vergers, les tamis, divers objets de quincaillerie et de passementerie, etc.

Fils divers. Plusieurs autres métaux sont quelquefois employés à l'état de fils. Tels sont, outre l'or et l'argent, par lesquels nous terminerons cette étude, le *plomb*, le *magnésium*, le *platine*, etc. — Les *fils de plomb* sont utilisés par les horticulteurs, les chirurgiens, les galvanoplastes, les tisseurs, etc., dans certaines de leurs opérations. — Les *fils de magnésium* servent à faire des lampes dont la lumière éblouissante peut rendre de précieux services pour l'éclairage des mines et pour celui des phares. Ces mêmes lampes sont également très utiles aux physiciens pour les expériences d'optique, et aux photographes pour reproduire les objets pendant la nuit ou dans les lieux souterrains. — Les *fils de platine* n'ont pu encore servir que pour faire des expériences de physique, construire divers genres de briquets et réaliser ou simplement perfectionner plusieurs systèmes d'éclairage. — Les applications des *fils d'aluminium* ne sont pas plus étendues. Elles n'ont consisté jusqu'à présent que dans la confection de quelques produits de curiosité, tels que dentelles, broderies, coiffures, etc. — Quant aux *fils carcasse*, qui constituent les produits de ce qu'on nomme la *tréfilerie de haute précision*, on appelle simplement ainsi les fils les plus fins de fer, d'acier, de laiton, etc., parce que c'est avec la jauge de ce nom qu'on détermine leurs numéros. Ils comprennent les fils à cardes et à peignes pour la filature, les fils pour cordes de pianos et autres instruments de musique, et les fils pour brosses, passementeries, nattes, papillotes, frisures, modistes, etc.

Fils d'or, d'argent, etc. Comme on sait, ils se font dans des établissements appelés *argues*. Ils se distinguent en fils d'or, d'argent, d'argent doré, de cuivre doré ou argenté, tous désignés ensemble sous le nom de *trait* et servant aux mêmes usages, c'est-à-dire à la confection de tous les articles de broderie et de passementerie métalliques. Anciennement, le trait d'or pur ou d'argent pur était dit *en fin* ; celui d'argent doré en *demi-fin*, et celui de cuivre doré ou argenté en *faux*. Aujourd'hui, c'est l'argent doré qu'on appelle le *fin*, tandis que le cuivre doré donne le *demi-fin*, et le cuivre seul est qualifié de *faux*.

On donne encore les noms de *fils d'or* et de *fils d'argent* non pas ici à l'or ni à l'argent étirés, mais aux fils de soie blanche ou jaune recouverts d'un fil très mince et aplati d'argent seul ou doré. La torsion est réglée de façon que le fil métallique se roule sur la soie en hélice et le recouvre complètement.

* FILS TÉLÉGRAPHIQUES. Pour correspondre télégraphiquement d'un point à un autre à l'aide de l'électricité, il faut relier les deux points par un fil *conducteur* que l'on isole du milieu ambiant, afin d'atténuer la déperdition de l'électricité pendant le trajet.

Ce fil conducteur isolé est ce qu'on appelle la *ligne* ou le *circuit* télégraphique.

Les lignes télégraphiques se divisent en deux catégories. Les unes sont formées d'un fil tendu à l'air, supporté par des *isolateurs* (V. ce mot) fixés à des appuis ou poteaux en bois ou en fer. Ce sont les lignes *aériennes*. Pour les autres, le fil conducteur est enveloppé d'une *matière isolante* et est placé dans le sol, au fond des rivières, des lacs ou des mers. Ce sont les lignes souterraines, sous-fluviales et sous-marines — V. CÂBLE TÉLÉGRAPHIQUE.

Nous allons passer en revue les divers fils conducteurs en usage dans la télégraphie.

Fils de cuivre. Le fil de cuivre est exclusivement employé comme conducteur dans les lignes souterraines et sous-marines.

Dans l'échelle des conductibilités, le cuivre pur tient le rang le plus élevé après l'argent qu'il suit de très près, mais la présence des matières étrangères diminue beaucoup son pouvoir conducteur, et la qualification de cuivre de *haute conductibilité* est synonyme de celle de cuivre très pur. Il est impossible d'augmenter la conductibilité du cuivre pur, tel que le cuivre électrolytique, par l'addition d'une autre substance; et certains éléments non métalliques, comme l'oxygène et l'arsenic, que l'on rencontre à peu près dans tous les cuivres du commerce, altèrent le pouvoir dans de fortes proportions. Ainsi la conductibilité du cuivre pur galvanoplastique étant représentée par 100, l'addition de quelques traces d'arsenic la réduit à 60, une addition de 5 0/0 la fait tomber à 6,5, et une addition de 10 0/0 à 3,66.

La fusion du métal pur au contact de l'air abaisse rapidement la conductibilité à 76, et cependant la quantité d'oxygène qu'il prend, ou celle de son oxyde de cuivre qui se forme, est si faible qu'il est très difficile de la doser. Aussi l'introduction de traces de substances facilement oxydables dans les cuivres du commerce est-elle efficacement employée pour débarrasser le métal de cet oxyde; bien que si ces substances restaient alliées au cuivre, elles altéreraient sa conductibilité autant que l'impureté qu'elles éliminent. Ainsi l'addition de 0,1 0/0 de plomb rend le cuivre si cassant qu'il est impossible de le passer à la filière. Cependant l'addition d'un peu de plomb dans l'affinage du cuivre le rend plus malléable et plus ductile : le plomb, en raison de son affinité pour l'oxygène, agit comme désoxydant, et s'élimine en même temps que les impuretés avec lesquelles il se combine; car l'analyse du cuivre ainsi traité révèle à peine la présence du plomb. Pour empêcher l'oxydation, on opère dans un courant d'acide carbonique. De même, bien que l'al-

liage de cuivre pur avec 1,3 0/0 d'étain ait une conductibilité de 50,4, l'addition de 0,1 0/0 d'étain à du cuivre fondu à l'air fait remonter la conductibilité à près de 95.

L'addition de petites quantités de substances très oxydables, comme le phosphore, le silicium, le chrome, le tungstène, etc., a le même effet que celle des métaux précédents, quoique ces substances alliées au cuivre pur altèrent aussi beaucoup sa conductibilité. De là leur emploi pour la purification du cuivre. — V. plus loin les *Fils de bronzes phosphoreux et silicieux.*

On obtient aujourd'hui facilement des conductibilités de 90 et au-dessus rapportées au cuivre pur. La conductibilité se calcule en sachant que 1 mètre de fil de cuivre pur, pesant 1 gramme, a une résistance de 0,144 ohm à 0° centigrade. Si l mètres d'un fil de cuivre pesant P grammes ont une résistance R_0 à 0°, la conductibilité de ce fil par rapport au cuivre pur sera donnée par

$$C = \frac{14,4 \times l^2}{P\,R_0}.$$

La résistance R_0 se déduit de la résistance R à la température t par la relation

$$R_t = R_0(1 + \alpha t),$$

dans laquelle $\alpha = 0,00388$, ou approximativement 0,004.

Dans la télégraphie sous-marine la comparaison se fait à 24° centigrades (75° Fahrenheit). A cette température, la résistance de 1 mètre de fil de cuivre pur pesant 1 gramme est de 0,1575 ohm.

La densité du cuivre est de 8,89; et sa charge de rupture est de 28 à 29 kilogrammes par millimètre carré de section.

Fils de fer et acier. Dans la construction des lignes télégraphiques aériennes, on emploie généralement le fil de fer galvanisé. En France, les diamètres usités sont ceux de 3, 4 et 5 millimètres. La densité du fer étant de 7,79, un kilomètre de fil de 4 millimètres pèse 98 kilogrammes; comme règle approximative, on admet souvent 100 kilogrammes. Le fer pur à 0° est 5,94 fois plus résistant que le cuivre pur; mais la conductibilité du fer variant de 0,63 0/0 par degré centigrade, tandis que le cuivre ne varie que de 0,38, ce rapport devient 6 à la température de 15°,5. On admet généralement que le fer employé dans la télégraphie a 7 fois la résistance du cuivre pur, ce qui, à la température de 15°,5 met à 10 ohms la résistance de 1 kilomètre de fil de 4 millimètres.

Les électriciens américains spécifient la conductibilité du fil de fer galvanisé par le *ohm-mile*, c'est-à-dire le poids que doit avoir un mile (1,609 mètres) du fil considéré pour que sa résistance soit de 1 ohm. La condition imposée par le cahier des charges de la *Western-Union Company* est que la résistance en ohms par mile à 15°,5 ne dépasse pas le quotient de 5,500 par le poids du fil en livres par mile. Cela revient à dire qu'un kilomètre de fil de 4 millimètres ne doit pas avoir une résistance supérieure à 9,7 ohms.

En France, les cahiers des charges spécifient que la résistance ramenée à la température de 0°

et calculée pour 1 fil de 1 millimètre de diamètre, ne doit pas dépasser 156 ohms par kilomètre.

Les fils de fer doivent avoir une traction de rupture d'environ 40 kilogrammes par millimètre carré. Les cahiers des charges, en France, exigent que le fil de 5 millimètres puisse supporter un poids de 650 kilogrammes, le fil de 4 millimètres de 440, et le fil de 3 millimètres de 250; et, sous cette traction, l'allongement permanent ne doit pas dépasser 6 0/0 de la longueur. Ils doivent pouvoir être pliés dans un étau à angle droit, alternativement dans les deux sens, sans se rompre, 3 fois pour le fil de 5, 4 fois pour le fil de 4, et 5 fois pour celui de 3 millimètres.

Pour essayer la galvanisation, le fil doit supporter, sans que le fer soit mis à nu, quatre immersions successives de 1 minute chacune, dans une dissolution de sulfate de cuivre, faite dans 5 fois son poids d'eau.

L'acier ayant une résistance à la traction supérieure à celle du fer, son emploi dans la construction des lignes permettrait d'augmenter la portée et par suite de diminuer le nombre des appuis et des isolateurs. Les efforts des fabricants tendent à obtenir des aciers d'une grande résistance mécanique et dont la conductibilité se rapproche de celle du fer.

Avec les aciers non trempés, la traction de rupture s'élève à 80 kilogrammes par millimètre carré, et la résistance électrique est alors de 1,3 à 1,4 celle du fer; avec des aciers très doux, n'ayant que 45 à 50 de résistance à la traction, la conductibilité se rapproche de celle du fer; avec les aciers trempés, on peut atteindre des résistances à la traction depuis 120 jusqu'à 200 kilogrammes par millimètre carré; mais la conductibilité n'est plus que moitié de celle du fer. Les fils d'acier de 2 millimètres sont employés dans la construction des lignes téléphoniques aériennes. L'Angleterre distingue quatre qualités de fils de fer, que l'on désigne par les noms de fils *best*, *best-best*, *extra-best-best* et *charcoal* (au bois). Le fil *best* est le fil ordinaire puddlé ; le *best-best* est fait avec du fer de qualité supérieure, et le fil *extra-best-best* s'obtient par l'introduction du fer au bois dans le fer *best-best*. Tandis qu'en France, les cahiers des charges des télégraphes exigent du fer au bois recuit, le Port-Office anglais se sert de fil *best-best*. Le plus gros diamètre des fils télégraphiques dans la Grande-Bretagne correspond au n° 4 de la jauge de Birmingham (6$^m/^m$,10) ; on ne s'en sert qu'exceptionnellement et sur les plus longs circuits; le diamètre courant correspond au n° 8 (4$^m/^m$,31) ; pour les circuits courts, on use du n° 11 (3$^m/^m$,17). Tous ces fils sont galvanisés. Les épreuves mécaniques sont au nombre de 4 : 1° pincé dans un étau, le fil doit pouvoir être plié à angle droit dans les deux sens un certain nombre de fois sans se rompre ; 2° il doit pouvoir s'enrouler un certain nombre de fois sur lui-même sans se déchirer ; 3° il doit supporter sans se déchirer un certain nombre de torsions sur une longueur donnée ; 4° il doit supporter sans se rompre une certaine traction.

Suivant les praticiens anglais, un bon fil de fer doux, bien recuit, doit supporter une traction de 40 kilogrammes par millimètre carré, avec un allongement inférieur à 18 0/0. Le nombre de torsions sur une longueur donnée (0^m,15), mesure la ductilité, et à toute diminution de ductilité doit correspondre une augmentation de la traction de rupture.

Avec une traction de rupture minima de 40 kilogrammes, le fil n° 8 (4$^m/^m$,31) doit donner les résultats suivants :

Best-best — 11 torsions sur 0^m,15 — 15 0/0 d'allongement moyen;

Extra-best-best — 13 torsions sur 0^m,15 — 16 à 18 0/0 d'allongement moyen;

Au bois — 15 torsions sur 0^m,15 — 18 d'allongement moyen.

Fil compound (acier et cuivre). On a songé à utiliser les qualités respectives du cuivre et de l'acier en associant ces deux métaux dans la composition des conducteurs télégraphiques. Le premier fil *compound*, fabriqué en Amérique, était du fil d'acier recouvert de cuivre par la galvanoplastie. Actuellement, on enroule un ruban de cuivre autour d'un fil d'acier étamé, on passe le tout à la filière, et on soude par immersion dans un bain d'étain. On a fabriqué en France du fil d'acier de 1$^m/^m$,7 recouvert d'une feuille de cuivre de 0$^m/^m$,2, pesant 29 kilogrammes par kilomètre, se rompant sous une charge de 150 kilogrammes, et remplaçant avantageusement comme conductibilité un fil de fer de 3$^m/^m$,5. On a renoncé à employer le fil *compound* depuis l'introduction récente des fils en bronze phosphoreux ou silicieux.

Fils de bronze phosphoreux et bronze silicieux. La maison Montefiore, de Belgique, a pris l'initiative de la fabrication de fils télégraphiques en bronze phosphoreux. Tandis que le cuivre rouge ne s'écrouit pas à la filière, possède peu d'élasticité et prend un allongement permanent sous de faibles charges, le bronze phosphoreux, par l'écrouissage, devient élastique, durcit et peut supporter des charges de 50 et même 100 kilogrammes par millimètre carré. Comme il est absolument inoxydable, on peut l'employer en fils très fins. Or, l'emploi de fils fins dans les lignes aériennes a de nombreux avantages : il permet d'augmenter la distance des appuis et le nombre de fils sur les mêmes appuis; les fils fins offrent peu de prise au vent et à la neige, il n'est pas nécessaire d'éteindre les vibrations par des sourdines, enfin l'induction mutuelle est diminuée. Les réseaux téléphoniques de Bruxelles et de Gand sont construits, pour la plus grande partie, en fils de 0$^m/^m$,8 dont le kilomètre pèse 4 kilog. 500; certaines portées atteignent 500 mètres, et les chevalets placés au-dessus des maisons supportent 150 et 200 fils. En Italie et en France, on s'est servi de fils de 1$^m/^m$,25, pesant 10 à 11 kilogrammes par kilomètre.

M. Lazare Weiller substitue le silicium au phosphore. Son bronze silicieux atteint une conductibilité de 98 0/0 de celle du cuivre pur avec une résistance mécanique de 45 kilogrammes par millimètre carré ; et ce fil ne s'allonge que de 1 centième de sa longueur sous la traction de rupture.

Un fil de bronze silicieux de 2 millimètres de diamètre remplace comme conductibilité un fil de fer de 5 millimètres de diamètre, et ne pèse que 28 kilogrammes par kilomètre.

Pour les usages téléphoniques, comme on recherche surtout la résistance mécanique, on emploie du fil dont la conductibilité n'est plus que 35 0/0 du cuivre, mais dont la résistance à la charge s'élève à 70 kilogrammes par millimètre carré ; un fil de 1$^{m/m}$,10, pesant 8^k,5 au kilomètre remplace un fil d'acier de 2 millimètres pesant 25 kilogrammes.

Avec une conductibilité réduite à 22 0/0 on obtient une résistance de 90 kilogrammes par millimètre carré. Le bronze silicieux se fabrique, suivant la méthode de Sainte-Claire Deville pour la préparation des siliciures de cuivre, en faisant agir sur le mélange de cuivre et de fluosilicate de potasse, non plus du sodium métallique, mais un alliage d'étain et sodium (étain sodé).

Fils de maillechort ou **argent allemand**. Cet alliage (4 cuivre, 2 nickel, 1 zinc) qui possède une grande permanence, dont la résistance, 13 fois plus grande que celle du cuivre, varie 10 fois moins avec la température, est employé dans la construction des bobines de résistance.

Fils recouverts. La désignation de fil recouvert s'applique généralement à tout conducteur revêtu d'une matière isolante, et celle de câble (V. CÂBLE TÉLÉGRAPHIQUE) aux fils recouverts (un ou plusieurs), quand ils sont protégés par des enveloppes textiles avec ou sans armatures métalliques.

La matière isolante la plus employée est la gutta-percha, en raison de ses propriétés plastiques, qui permettent de recouvrir le fil conducteur d'une couche cylindrique et continue de cette substance par le passage à travers une presse à filière. La gutta-percha est inaltérable sous l'eau, mais elle s'oxyde à l'air et à la lumière, surtout quand elle est soumise à des alternatives de sécheresse et d'humidité. Pour faire adhérer la gutta-percha sur le cuivre et les couches de gutta-percha entre elles, on se sert de la composition Chatterton, qui est un mélange de 1 de goudron, de Stockolm, 1 de résine et 1 de gutta-percha.

Le caoutchouc isole mieux que la gutta-percha, il s'altère moins par la chaleur ; mais son défaut de plasticité ne permet pas de recouvrir le fil conducteur d'un tube continu par l'emploi de la presse à filière ; enfin, il n'adhère pas sur le conducteur. On fabrique des fils recouverts de caoutchouc pur, en utilisant la propriété qu'ont deux surfaces de caoutchouc d'adhérer ensemble quand elles sont fraîchement coupées et pressées l'une contre l'autre. Le caoutchouc vulcanisé remplace aujourd'hui le caoutchouc pur dans la fabrication des fils recouverts ; le conducteur est alors du fil de cuivre, étamé, pour éviter l'altération par le soufre. Les fils isolés avec le caoutchouc de Hooper sont constitués de la manière suivante : sur le fil conducteur en cuivre étamé, on applique un ruban de caoutchouc pur en spirale, puis une couche de caoutchouc travaillé avec de l'oxyde de zinc (séparateur), enfin une couche de caoutchouc travaillé avec du soufre. Le fil recouvert de sa triple enveloppe est cuit pendant quatre heures à une température de 120° centigrades, la vulcanisation s'opère et consolide le tout.

Les câbles en caoutchouc s'altérant peu à l'air, sont employés de préférence pour la lumière électrique et la télégraphie militaire.

Quelquefois, les fils recouverts de gutta-percha sont ensuite revêtus de caoutchouc. On isole aussi les fils de cuivre pour la téléphonie, la lumière, etc., en les entourant de coton, préalablement épuré et desséché, à haute température et imprégné de paraffine ou d'huile de caoutchouc.

Les produits de l'oxydation des huiles siccatives, seuls ou mélangés d'autres substances, servent aussi à isoler des fils (kérite, etc.). MM. Berthoud et Borel placent le fil recouvert de coton imprégné de paraffine au centre d'un tube en plomb, et remplissent de colophane l'espace annulaire intermédiaire. M. Brooks place les fils de cuivre, entourés simplement de coton desséché, dans des tuyaux de fer remplis d'huile de pétrole.

Enfin la paraffine native ou ozokérite fournit, par la distallation, une cire noire qui, alliée au caoutchouc, constitue une matière isolante qu'on a tenté de substituer à la gutta-percha dans la fabrication des câbles sous-marins. — J. R.

* **FILTERIE.** Nom que porte, à Lille, toute fabrique de fil de lin à coudre. — V. FIL A COUDRE EN LIN, RETORDERIE.

* **FILTIER, IÈRE.** T. de mét. Ouvrier, ouvrière qui retord le fil destiné au commerce. Ce mot est spécial aux ouvriers et ouvrières des fileteries de Lille.

* **FILTRAGE, FILTRATION.** T. techn. On applique indistinctement ces deux dénominations aux opérations qui ont pour but de clarifier un liquide trouble, ou bien d'en séparer, pour les recueillir, les matières solides qu'il tient en suspension. Ces effets sont obtenus au moyen des appareils désignés sous le nom général de filtres (V. l'article suivant), et la filtration, quelle que soit la disposition de l'appareil destiné à l'effectuer, a toujours pour conséquence l'arrêt, et par conséquent le dépôt, dans les couches filtrantes, des impuretés ou des substances solides qui se trouvaient mélangées avec le liquide avant l'opération. Ce résultat immédiat de la filtration est donc un effet physique, ou plutôt une action mécanique, en vertu de laquelle les particules les plus grosses s'arrêtent à la surface, tandis que les plus fines, pénétrant plus avant dans les couches filtrantes, sont retenues dans les interstices capillaires des corps poreux employés pour l'opération. Cette action mécanique va par conséquent en diminuant, à mesure que les pores des matières, à travers lesquelles la filtration s'opère, s'obstruent par les dépôts puis s'y accumulent peu à peu. De là ré-

sulte, comme nous le verrons plus loin, la nécessité de nettoyer de temps en temps les matières filtrantes et même de les remplacer quelquefois,

Mais la filtration a aussi un effet chimique qui s'explique facilement par l'attraction moléculaire que la masse filtrante exerce sur les molécules des substances en dissolution. Cette attraction, assurément très faible quand les couches filtrantes sont uniquement composées de sable et de gravier, acquiert une réelle intensité quand on interpose entre ces couches un lit de charbon de bois pulvérisé ou de noir animal, dont les propriétés absorbantes son bien connues, et dont l'action désinfectante est manifestement utile dans beaucoup de circonstances, pour compléter l'action du filtrage. On en fait notamment d'importantes applications dans certaines opérations industrielles.

La filtration d'un liquide est une opération bien simple quand on opère sur de petites quantités, comme on le fait, par exemple, en pharmacie, en chimie, ou bien encore dans les ménages avec les appareils dont nous parlerons plus loin sous le nom de *filtres domestiques ;* mais il y a loin de cette opération facile à celle de la filtration de grandes masses liquides, comme on le fait pour la purification des eaux potables destinées à l'approvisionnement d'une grande ville.

C'est cette question qui va nous occuper d'abord. Nous parlerons ensuite, au mot Filtre, de la filtration appliquée aux usages domestiques et industriels.

Filtration des eaux potables destinées à l'alimentation des villes. On a toujours considéré la limpidité des eaux comme une des conditions nécessaires pour les employer à la boisson de l'homme, et si loin qu'on remonte dans l'histoire de l'antiquité, on voit que les cités les plus populeuses ont fait exécuter de gigantesques travaux pour s'approvisionner d'eaux pures et limpides. Lorsqu'une ville veut employer pour la consommation publique les eaux d'un fleuve ou d'une rivière, qui sont exposées à être plus ou moins troubles selon les saisons, la filtration devient indispensable à tous égards. C'est par elle que les eaux sont rendues potables, c'est par elle qu'elles obtiennent la limpidité parfaite qui est une des premières conditions essentielles à remplir. C'est elle qui arrête toutes traces de matières organiques quelconques, qui élimine toute impureté provenant de la végétation ou d'animalcules microscopiques. Elle doit en même temps conserver aux eaux leur fraîcheur, et ne doit jamais enlever la proportion normale d'air, ou pour mieux dire d'oxygène et d'acide carbonique, qui rend légères et agréables les eaux destinées à la boisson.

Déjà, dans notre article Distribution d'eau nous avons signalé l'intérêt que présente ce grand problème d'hygiène publique, et nous allons étudier maintenant les principales solutions qu'il a reçues jusqu'à ce jour. On peut employer deux méthodes différentes pour arriver au même but : la *filtration naturelle,* à l'origine même de la prise d'eau, et la *filtration artificielle,* au moyen d'appareils proportionnés aux besoins et quantités d'eau prévues pour la distribution en ville.

Les sources représentent dans la nature, surtout quand elles sourdent à travers des terrains sableux, le principe même de la première méthode, et l'idée d'appliquer des couches de sables et de gravier à la clarification des eaux troubles a été certainement suggérée par l'observation de ce qui se passe lorsque les eaux pluviales, plus ou moins chargées d'impuretés, se purifient en traversant les filtres naturels que forment les bancs sableux perméables d'où elles sortent avec une limpidité parfaite.

Ce que la nature a fait pour les sources, la méthode de *filtration naturelle* s'efforce de l'imiter pour les eaux de rivière destinées à l'alimentation publique. Les eaux de rivières, considérées au point de vue chimique, sous le rapport de la pureté et de la qualité, sont souvent aussi bonnes, meilleures même, que les eaux de source ; mais leur manque habituel de limpidité rend leur usage plus ou moins difficile, principalement lorsque les pluies occasionnent ces périodes de troubles pendant lesquelles les eaux charrient des détritus de toute sorte arrachés au sol, et entraînés avec le limon et le gravier dans le lit des rivières.

La clarification de ces eaux s'impose donc nécessairement, et le moyen le plus pratique dans ce cas, lorsque la nature du terrain le permet, consiste à creuser parallèlement au cours de la rivière, dans une des rives, une sorte de tranchée assez profonde et assez vaste pour que les eaux s'y introduisent par infiltration à travers les couches de terrain laissées intactes entre la rivière et la tranchée. On donne à cet ouvrage la dénomination générale de *galerie filtrante.*

Nous avons déjà décrit au mot Distribution d'eau, p. 329, un type de galeries filtrantes construites pour la purification des eaux du Rhône destinées au service public de la ville de Lyon. Un second exemple va nous permettre de compléter ce que nous nous proposons de dire à ce sujet.

Les galeries filtrantes, quand la nature du terrain rend leur établissement possible, fournissent par conséquent aux villes placées sur le cours d'une rivière, le moyen le plus simple et le plus économique de se procurer une eau potable dont les qualités ne laissent rien à désirer. Les administrations municipales ne doivent pas hésiter dans ce cas à adopter ce moyen, plutôt que d'aller chercher à grands frais, comme on l'a fait parfois, des sources lointaines, nécessitant des constructions dispendieuses d'aqueducs et des travaux de captation, que l'emploi des galeries filtrantes évite avec avantage. La ville de Paris cependant, en réservant l'application des eaux de la Seine et de l'Ourcq aux services d'arrosage des rues et du lavage des ruisseaux, s'est imposée des dépenses considérables pour amener par des aqueducs d'un développement de plus de 30 lieues les eaux des sources de la Dhuis et de la Vanne, destinées spécialement à la consommation. Il y avait assurément une raison majeure pour adopter ce projet : l'énorme quantité d'eau potable qu'il faut distribuer chaque jour dans Paris pour suffire aux besoins domestiques, constituait une difficulté des plus sérieuses quand on envisage la nécessité de donner à d'aussi grands volumes d'eau une limpidité constante et une fraîcheur convenable. Il est certain que l'eau de la Seine, dans les moments de crues, ou dans les journées très chaudes de l'été, présenterait des conditions désavantageuses, et laissant de côté les craintes d'un chômage en temps de guerre, nous devons reconnaître que le grand problème de l'alimentation de Paris ne pouvait recevoir, au point de vue de l'hygiène publique, une solution meilleure que celle qui a été définitivement adoptée (V. Aqueduc). Mais quand il s'agit de villes d'une importance moyenne, où le chiffre de la population n'entraîne pas la nécessité de mettre en jeu des moyens aussi considérables que ceux qu'exigerait l'alimentation d'une très grande ville, la filtration peut toujours fournir une solution satisfaisante pour répondre à tous les besoins de la consommation.

L'emploi des galeries filtrantes devient alors un système excellent pour obtenir la limpidité et la fraîcheur nécessaires des eaux de rivière, en choisissant autant que possible pour la prise d'eau un emplacement en amont de la ville, et en établissant ces galeries, comme nous l'avons montré pour celle de Lyon, à une assez grande profondeur en contrebas du niveau de la rivière, sous une voûte en maçonnerie recouverte d'une épaisseur de terre qui maintient l'eau à l'abri des variations extérieures de la température durant les grands froids de l'hiver comme durant les fortes chaleurs de l'été.

Pour donner ici un autre exemple de *galerie filtrante*, nous représentons, figure 123, la coupe transversale de celle qui effectue depuis longtemps à Toulouse la filtration des eaux de la Garonne. La ville de Toulouse a commencé en 1823 l'établissement de sa distribution d'eau qui

echelle de 0,012 pour mètre

Fig. 123. — *Coupe transversale d'une des galeries filtrantes établies pour la distribution d'eau, à Toulouse.*

est devenue un des types les plus complets de ce genre de travaux ; c'est même à cette occasion qu'a été résolue pour la première fois, en France, l'application des galeries filtrantes naturelles à l'alimentation d'une grande ville.

Le filtre établi sur les indications et sous la direction de M. d'Aubuisson, a été creusé dans le banc d'alluvion sablonneuse formé par les dépôts que le courant de la rivière avait antérieurement accumulés sur le côté de son lit. Mais on avait pensé d'abord qu'il suffirait de pratiquer dans ces couches une large excavation dont le fond avait été abaissé à une profondeur suffisante au-dessous des basses eaux, et dont la surface avait été laissée découverte ; on s'était borné seulement à l'entourer d'une sorte de digue, formée des terres provenant de la fouille, qu'on avait élevée à un niveau supérieur à celui des plus hautes crues, pour mettre le filtre à l'abri des inondations. Pendant un certain temps après sa mise en fonctions, l'eau qui s'infiltrait à travers les couches de sable et de gravier dans lesquelles la tranchée avait été creusée, était d'une limpidité complètement satisfaisante. Mais des végéta-

tions de plantes aquatiques ne tardèrent pas à s'y développer, ainsi que les divers animaux qui peuplent les eaux douces ; et la pureté de l'eau finit par s'altérer tellement qu'il fallut aviser aux moyens de remédier à cet inconvénient, sous peine d'être forcé d'abandonner le système.

En effet, *pour les filtres à grande surface, comme pour les réservoirs, on ne doit jamais les laisser à ciel ouvert.* Amenés par le vent, avec les poussières qui existent dans les couches atmosphériques, à la surface du sol, les germes de végétaux et d'animaux s'ajoutent aux corpuscules solides, aux impuretés de diverse nature qui altèrent promptement la pureté de l'eau, tandis qu'il ne se produit en général aucun développement de la vie végétale ou animale dans une eau soustraite à l'action de la lumière et renfermée dans une galerie souterraine

Ce fut M. d'Aubuisson qui, frappé de cette idée, proposa de couvrir la galerie filtrante de Toulouse. Après avoir nettoyé soigneusement le fond de la tranchée, on construisit dans toute sa longueur un aqueduc en briques posées sans mortier, ayant une largeur de $0^m,60$ entre les parements intérieurs, et une hauteur de 1ᵐ,50, comme on le voit sur la coupe représentée par la figure 123. Cet aqueduc fut recouvert de dalles en pierre; puis on remplit, avec des gros cailloux, ensuite avec des petits, l'espace restant à droite et à gauche de l'aqueduc entre ses parements extérieurs et les côtés de l'excavation; enfin, on étendit au-dessus de ce remplissage une couche de gravier d'environ 0ᵐ,65 d'épaisseur, et on acheva de combler la tranchée avec la terre sablonneuse qui avait été extraite des fouilles. On nivela en dernier lieu la surface, sur laquelle on sema du gazon rétablissant ainsi à son niveau et en quelque sorte à son état primitif l'ancienne prairie sous laquelle maintenant subsiste la galerie filtrante, parfaitement protégée contre tous les accidents, et fournissant constamment une eau d'une limpidité et d'une fraîcheur irréprochables. On a établi successivement trois galeries filtrantes parallèles au cours de la rivière, toutes trois construites sur les

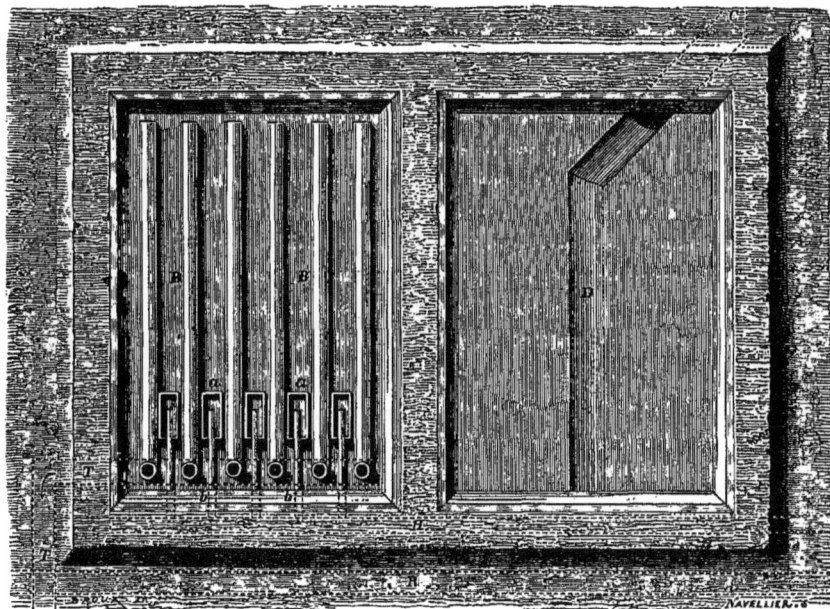

Fig. 124. — *Plan de l'un des réservoirs et du bassin de filtration correspondant, construits pour la distribution d'eau de Battersea (Angleterre).*

Fig. 125. — *Coupe transversale du réservoir et du bassin de filtration de Battersea.*

mêmes principes, et qui, depuis leur achèvement en 1825, ont alimenté d'eau potable la ville de Toulouse.

Un filtre naturel établi dans ces conditions ne saurait toutefois fonctionner indéfiniment sans être nettoyé de temps en temps; il convient donc de le diviser en plusieurs parties, dont chacune puisse être isolée des autres au moyen de vannes ou de tout autre appareil interceptant à volonté les communications. Il faut ménager dans les voûtes des regards et des descentes donnant accès à l'intérieur des galeries, puis visiter et nettoyer le filtre aussi souvent qu'il est nécessaire, afin de l'entretenir en état de bon fonctionnement. L'engorgement des couches filtrantes est d'ailleurs d'au-

tant plus lent à se produire que le courant de la rivière a une vitesse plus grande, car dans ce cas c'est le courant lui-même qui balaie et entraîne naturellement les matières dont le dépôt tend à encrasser le filtre. Quand cette condition n'est pas remplie, on peut parfois y suppléer par un nettoyage plus fréquent, et par le renouvellement partiel des couches filtrantes.

La méthode de filtration naturelle, que nous venons d'exposer, ne peut évidemment pas s'appliquer partout : ses bons résultats sont nécessairement subordonnés, d'abord à la nature des terrains, qui doivent être suffisamment perméables; en second lieu à l'influence plus ou moins grande que les impuretés charriées par les eaux peuvent exercer pour encrasser les couches filtrantes interposées. Dans tous les terrains sablonneux, dans les bancs d'alluvions de gravier et de sable, le système peut toujours être employé avec avantage. Il en a été fait de remarquables applications, notamment pour les villes de Bordeaux, de Tours, d'Angers, en France ; pour Nottingham, en Angleterre, et Perth, en Écosse.

Lorsque cette méthode n'est pas applicable, il faut recourir à la *filtration artificielle*, et la solution du problème devient d'autant plus difficile que les volumes d'eau sur lesquels on doit agir doivent être plus considérables. La méthode la plus simple consiste évidemment dans l'imitation de la filtration naturelle, en composant au moyen de couches superposées de sable et de gravier un appareil qui reproduit aussi exactement que possible l'action mécanique des terrains sablonneux dans lesquels nous avons vu fonctionner précédemment le système des galeries filtrantes naturelles.

Les dispositions du filtre peuvent varier selon les circonstances, mais le principe est le même dans les divers cas, et l'on peut toujours être assuré d'obtenir d'excellents résultats, quand on prend soin de proportionner convenablement les surfaces filtrantes et les épaisseurs des couches, avec la nature et le volume des eaux à filtrer.

Pour donner une idée de cette méthode de filtrage artificiel imitant la filtration naturelle par les couches sablonneuses, nous allons décrire sommairement les bassins de filtration établis à Battersea, pour filtrer les eaux de la Tamise destinées à la consommation d'une certaine partie de Londres.

L'installation comporte deux grands réservoirs accouplés, creusés dans le sol, ayant une superficie d'au moins 5,000 mètres carrés et une profondeur de 4 mètres, à côté desquels se trouvent deux bassins de filtration d'une longueur de 80 mètres sur une largeur de 58 mètres.

La figure 124 représente le plan d'un de ces réservoirs et du bassin de filtration correspondant; la figure 125 représente la coupe transversale de l'ensemble. Le premier compartiment, placé à droite dans les deux figures, est le réservoir ou *bassin de dépôt*, dans lequel les eaux de la Tamise peuvent être amenées par un canal R, au moyen de vannes qui établissent ou interceptent à volonté la communication. Le fond de ce réservoir, comme l'indique la coupe, est légèrement incliné vers une rigole médiane CD qui est destinée à recevoir, et, quand besoin est, à faire évacuer le dépôt sédimenteux que l'eau abandonne dès qu'elle est à l'état de repos. Après avoir ainsi subi un commencement de purification, l'eau passe du bassin de dépôt dans le bassin de filtration, qui est le compartiment indiqué à gauche des deux figures ; cette communication s'établit par la conduite T, construite en maçonnerie, d'environ 0^m,50 de diamètre. Ce bassin est muni de six canaux demi-circulaires, B, B, reposant sur son fond, formés d'une sorte de voûte en maçonnerie dans laquelle on a ménagé un grand nombre de trous donnant passage à l'eau qui arrive par la conduite T.

Ces voûtes, constituant les canaux d'entrée de l'eau, sont recouvertes par les couches filtrantes étendues au-dessus d'elles, dans l'ordre suivant :

Gros gravier	0^m30
Sable grossier	0.25
Sable fin	0.15
Sable de rivière	1.00
Epaisseur totale	1^m70

L'eau sortant par les orifices pratiqués dans les parois des canaux BB, traverse les matières filtrantes, et, clarifiée durant ce passage, vient se déverser dans les conduits *a b* qui communiquent avec le collecteur H; d'où elle est aspirée par les pompes destinées à l'élever pour la distribuer en ville en la refoulant à un niveau qui correspond à celui des maisons les plus élevées. Ces filtres fournissent en vingt-quatre heures 9,800 mètres cubes d'eau qui est livrée à la consommation au prix de *un centime* le mètre cube.

On a établi dans le quartier de Chelsea des filtres artificiels disposés dans le même genre que ceux de Battersea. Ils sont composés de deux réservoirs de dépôt, commençant la clarification, et de deux bassins de filtration ayant chacun 73 mètres de long sur 55 de largeur. Ces bassins fournissent en moyenne 14,000 mètres cubes par vingt-quatre heures. L'un des groupes fonctionne pendant qu'on nettoie l'autre. Les matières filtrantes sont superposées dans l'ordre suivant, à partir du bas :

Gravier grossier	1^m00
Gravier fin	0.15
Sable grossier	0.30
Sable fin de mer	0.60
Epaisseur totale	2^m05

La filtration des eaux de la Durance, à Marseille, est un des exemples les plus intéressants en ce sens que les eaux sont toujours troubles et limoneuses, de sorte que leur clarification présente une réelle difficulté.

Le filtre est composé de cinq couches superposées en bas en haut de la manière suivante :

Cailloux cassés (de 0^m,06)	0^m12
Petit gravier	0.12
Gros sable	0.18
Sable moyen	0.08
Sable très fin	0.30
Epaisseur totale	0^m80

Le nettoyage de ce filtre s'effectue en renversant le courant et lui faisant traverser les couches de bas en haut pour entraîner les matières dont la partie supérieure est chargée. On doit remarquer combien l'épaisseur de ce filtre est faible comparativement à celle des deux exemples cités plus haut. On serait porté à se demander si ce n'est pas ce motif qui explique pourquoi l'eau distribuée à Marseille laisse si souvent à désirer au point de vue de la clarification. Cependant il semble résulter d'expériences nombreuses que ce n'est pas, en général, *dans l'épaisseur des couches filtrantes*, mais plutôt dans l'état physique et dans la nature des matières qui les composent, que réside la puissance d'action d'un filtre.

Ainsi le système de filtration établi à Dunkerque par M. Pauwels (qui l'a fait breveter), ne forme en tout qu'une épaisseur de $0^m,66$, dans la composition de laquelle entrent des escarbilles de forge qui constituent le support de la couche de sable. Voici, du reste, l'ordre de superposition des matières constituant le filtre Pauwels, à partir du bas :

Briques de champ		0^m13
Carreaux perforés, en ciment de Portland		0.03
Galets de Calais		0.15
Escarbilles moyennes, lavées.	0.05	
— fines, —	0.05	0.15
— très fines	0.05	
Couche filtrante : sable des dunes lavé.		0.20
Épaisseur totale		0^m66

Ce filtre donne 16 mètres cubes d'eau par mètre carré et par 24 heures. Ce rendement est évidemment supérieur à celui qu'ont donné un grand nombre de filtres établis avec des couches d'une épaisseur beaucoup plus grande. C'est que la vitesse avec laquelle l'eau peut traverser les couches filtrantes influe notablement sur le rendement par heure, et c'est une grave erreur que d'augmenter inutilement l'épaisseur des couches qui n'ont d'autre effet que de servir de support et d'empêcher l'entraînement des matières fines : la couche filtrante proprement dite est toujours celle qui est composée des sables les plus fins, c'est elle qui agit réellement, celles de gravier, par exemple, qui servent de support aux sables fins, n'ont pas d'influence sur la limpidité de l'eau et ne font que retarder, *aux dépens du rendement, la vitesse d'écoulement,* quand on leur donne une épaisseur exagérée.

Le nettoyage est une des questions les plus essentielles à prévoir pour les filtres artificiels. Dans la plupart des cas il peut d'ailleurs se faire sans frais considérables. Les deux moyens qu'on applique ordinairement sont : 1º l'enlèvement, avec des râclettes ou des pelles, de la couche superficielle engorgée de limon, jusqu'à la profondeur reconnue nécessaire; puis le renouvellement de cette portion par des matières neuves; 2º le renversement du courant d'eau, en la faisant circuler en sens inverse du courant de filtration, pour faire ressortir du filtre les impuretés qui y ont été entraînées. Toutefois, ce dernier moyen n'est efficace qu'à la condition de pouvoir donner une assez grande vitesse au courant renversé qui doit purger les couches filtrantes, car sans cette condition essentielle le nettoyage serait long et insuffisant; l'enlèvement complet de la couche superficielle serait dans ce cas plus expéditif et plus sûr.

Pour compléter ce que nous avons à dire ici sur les méthodes de filtration naturelle ou artificielle, il nous reste à donner quelques renseignements généraux sur l'effet utile des surfaces filtrantes, et sur les prix de revient auxquels peut s'effectuer, dans des conditions ordinaires, la clarification des eaux en grande masse.

Effet utile des surfaces filtrantes. D'une manière générale on doit compter que : 1º le volume d'eau qui traverse une couche de sable est *en raison directe de la pression* sous laquelle l'infiltration se produit, et *en raison inverse* de l'épaisseur de la couche traversée; 2º que les matières solides en suspension, quelle que soit leur ténuité, même après le passage d'un très grand volume d'eau, ne pénètrent guère au delà de 2 à 3 centimètres, et qu'à 15 centimètres de profondeur la couche filtrante ne présente ordinairement plus la moindre trace de matières impures. Il est facile de s'expliquer d'après cela, pourquoi les filtres naturels se nettoient presque toujours par l'action même du courant, qui balaie et renouvelle sans cesse la couche superficielle, et pourquoi les filtres artificiels sont d'un nettoyage commode, qui n'exige généralement que l'enlèvement et le remplacement d'une petite portion de la couche supérieure. On en conclut aussi qu'il est inutile de donner à cette dernière couche une épaisseur trop grande, celle de 20 à 30 centimètres étant généralement suffisante, pourvu que le sable soit d'une finesse convenable, et qu'on ait soin d'en renouveler de temps en temps la surface.

Par conséquent, comme nous l'avons déjà fait remarquer :

1º La puissance d'action d'un filtre naturel ou artificiel dépend plutôt de la nature et de l'emploi judicieux des matières filtrantes, que de l'épaisseur des couches dans lesquelles s'effectue la clarification;

2º Le rendement en eau filtrée par heure dépend surtout de la pression due à la hauteur de l'eau, et de la vitesse avec laquelle le courant traverse les couches superposées.

Il importe donc, pour ne pas diminuer cette vitesse, surtout dans les filtres artificiels, de ne pas donner une trop grande épaisseur aux couches qui, servant uniquement de support aux matières les plus fines destinées à produire l'épuration mécanique proprement dite, n'ont d'autre but que d'empêcher l'entraînement de ces matières par le courant.

Nous avons vu d'ailleurs que c'est toujours à la partie superficielle de la couche filtrante que se déposent les impuretés, et nous savons que le nettoyage d'un filtre artificiel s'effectue d'autant plus facilement que la pénétration a été moins profonde. De là résulte l'utilité de composer la couche superficielle en sable d'une finesse aussi grande que possible.

Prix de revient de la clarification des eaux. Le prix de revient de la filtration naturelle ou artificielle dépend évidemment : 1º du prix d'installation des appareils filtrants; 2º des frais d'entretien et de nettoyage de ces appareils; le tout évalué comparativement au volume d'eau fournie dans le même temps par 1 mètre carré de surface filtrante. La filtration naturelle des eaux à Lyon coûte 7/10e de centime par mètre cube, le prix moyen de 8/10e a été obtenu dans un certain nombre d'autres applications. Enfin, pour les eaux de Nîmes, l'installation remarquable faite à la roche de Comps, sous la direction de M. Aristide Dumont, donne un prix de revient de 3/10ᵉ de centime par mètre cube. Dans cette dernière application la galerie filtrante n'a coûté, tous frais compris, que 600 francs par mètre carré de surface filtrante; celle de Lyon n'avait pas coûté moins de 1000 francs.

Le prix de revient de la filtration artificielle, telle que nous l'avons décrite par les exemples de Battersea et Chelsea, s'élève à une moyenne de 5/10ᵉ de centime par mètre cube. On voit donc que, dans tous les cas, lorsqu'il s'agit surtout de grands volumes d'eau à clarifier, les méthodes de filtration naturelle ou artificielle sont pratiques, et qu'elles peuvent se réaliser économiquement.

Nous allons passer maintenant à l'étude des appareils destinés à la clarification des liquides pour les usages domestiques et industriels.

FILTRE. *T. techn.* On donne la dénomination générale de *filtres*, comme nous l'avons dit déjà dans l'article précédent, à tous les appareils destinés à opérer la clarification des liquides, en les faisant passer à travers des matières poreuses qui retiennent les particules solides en suspension dans la masse à filtrer. Nous n'avons pas à revenir ici sur les effets physiques et chimiques de la *filtration* que nous avons décrits. — V. l'art. précédent.

On désigne sous le nom de *matières filtrantes* toutes celles qui possèdent la propriété d'effectuer la filtration et l'épuration d'un liquide, *mécaniquement*, par l'arrêt et le dépôt des substances solides en suspension, et *chimiquement*, par l'absorption des substances gazeuses ou dissoutes qu'il importe d'éliminer. Parmi les matières filtrantes les plus employées nous citerons :

1° *Substances végétales :* le papier, le coton brut ou cardé, le charbon de bois, l'étoupe, la sciure de bois, la paille, la toile ;

2° *Substances animales :* la laine tontisse, le feutre, l'éponge, le noir animal, les étoffes de laine ou de crin, la flanelle, etc. ;

3° *Substances minérales :* certaines pierres calcaires poreuses, le grès, la pierre ponce, les escarbilles de forge, et enfin, comme nous l'avons vu pour les grands filtres naturels ou artificiels, les sables et le gravier.

Certaines matières, parmi celles d'origine végétale ou animale, ne peuvent séjourner longtemps dans un filtre qu'à la condition d'avoir subi préalablement une préparation qui les rend imputrescibles. Du reste, toutes les matières quelconques avant d'être placées dans un filtre, ont besoin de subir quelque opération préliminaire de nettoyage et de triage, et nous croyons utile de donner ici quelques indications à ce sujet.

Préparation des sables. On doit choisir de préférence des sables siliceux, sans mélange de calcaire. La présence des matières calcaires se reconnaît facilement quand il se produit une effervescence en versant sur le sable essayé un peu d'acide chlorhydrique étendu d'eau. Par le tamisage avec des mailles de différentes grosseurs, on classe le sable en deux ou trois catégories suivant la finesse plus ou moins grande des grains.

Chaque catégorie est ensuite soumise à un lavage qu'on répète jusqu'à ce que l'eau sorte bien claire. Le sable peut alors être considéré comme suffisamment préparé pour être rangé par couches, selon son degré de finesse, dans la composition du filtre.

Préparation des éponges. Les éponges brutes destinées au filtrage doivent être choisies bien saines, d'un grain serré et d'une certaine finesse. Elles ont dû subir préalablement le traitement qui les débarrasse des matières calcaires contenues dans leurs tissus (V. le mot ÉPONGE, t. IV, p. 869); il suffit alors de les laver à grande eau, et à plusieurs reprises, pour les nettoyer à fond; ensuite, quand elles ne rendent plus qu'une eau parfaitement claire, on les presse dans un linge pour les essorer. Si on ne les emploie pas immédiatement, il faut les sécher avec soin, car si on les conservait humides, elles prendraient une odeur et une saveur désagréables de moisi. Cet inconvénient se produit quelquefois dans les filtres même, lorsque les éponges sont restées quelque temps sans être plongées dans l'eau. On leur enlève ce goût de moisi en les faisant macérer dans une dissolution très étendue d'ammoniaque liquide, et les soumettant ensuite à un lavage plusieurs fois réitéré.

Préparation des laines. Les déchets et les étoffes de laine qu'on veut employer pour le filtrage doivent avoir subi préalablement un dégraissage et un blanchiment au soufre, puis avoir été soumis à l'action de la vapeur, ou lavés dans une dissolution très légère de carbonate de soude. Quelques constructeurs rendent la laine imputrescible au moyen d'une préparation à base de cachou.

Préparation du charbon. Quand on emploie le charbon de bois, il faut d'abord le concasser en menus fragments, et lui faire subir ensuite un lavage qui enlève les poussières. Si on doit le mettre de suite en service, il vaut mieux le placer humide encore dans le filtre; sinon le charbon sec mettrait un certain temps à s'imprégner d'eau avant d'agir avec efficacité. Le charbon animal, en grains, peut être tamisé si l'on veut le séparer par grosseurs différentes, et il doit également être soumis à un lavage préalable pour le débarrasser des poussières et autres impuretés que le noir du commerce peut contenir.

Nous croyons inutile de parler de la préparation des autres matières qui peuvent entrer dans la préparation des filtres.

Ces notions générales étant exposées, nous pouvons dire que tous les filtres employés dans les usages domestiques et industriels, abstraction faite des formes et dispositions particulières que les inventeurs ont données à leurs appareils, ont toujours pour but d'imiter la filtration naturelle dont nous avons précédemment étudié les effets. La plus ou moins grande efficacité des matières filtrantes employées, leur choix et leur application plus ou moins rationnelle, constituent par conséquent les mérites respectifs des divers systèmes que nous allons successivement examiner.

Filtres domestiques. Le plus simple de tous les filtres, celui qu'on emploie pour de petites quantités de liquide, dans les pharmacies, dans les laboratoires de chimie, et souvent aussi dans les ménages, est formé d'une feuille de papier poreux, plié d'une façon telle qu'en l'ouvrant ensuite pour le placer dans l'entonnoir en verre destiné à lui servir de support, les plis forment entre eux des intervalles qui constituent autant de petits conduits par lesquels le liquide transsude à travers le papier et s'écoule ensuite facilement. Ce dispositif bien connu est représenté par la figure 126, sur la description de laquelle nous n'avons pas besoin d'insister plus longuement. Ce filtre ne serait pas applicable pour des opérations continues, comme, par exemple, la filtration des eaux destinées à la consommation des ménages. Il faut alors des appareils plus pratiques, plus

un grand nombre de fontaines on n'opère que la purification mécanique, et la matière filtrante est le plus souvent un diaphragme en pierre calcaire ou en grès poreux, comme on le voit sur la figure 127 représentant le plus répandu des types de fontaines de ménage. Dans la partie à gauche de la figure on aperçoit, par la déchirure de l'enveloppe indiquée à cet effet, la cloison en pierre poreuse qui sert à filtrer l'eau contenue dans le compartiment supérieur de la fontaine. Dès qu'on puise par le robinet correspondant à la chambre inférieure une certaine quantité d'eau filtrée, celle du réservoir supérieur s'introduisant à travers la plaque poreuse vient la remplacer. Le nettoyage

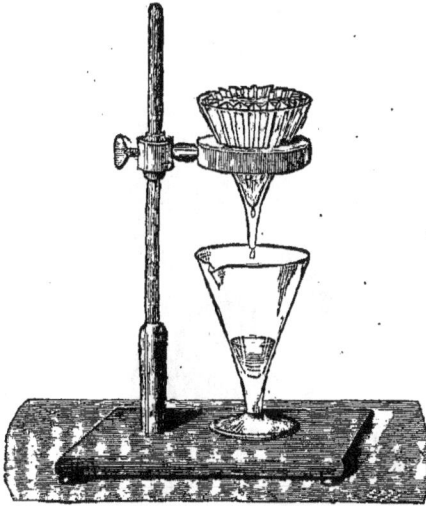

Fig. 126. — *Filtre de pharmacie et de laboratoire.*

Fig. 127. — *Fontaine filtrante pour les usages domestiques.*

commodes, dont le fonctionnement se produit sans interruption et répond à tous les besoins domestiques.

En effet, dans beaucoup de villes, la distribution de l'eau pour l'alimentation publique n'exclut pas l'intérêt de la filtration à domicile pour compléter l'épuration, lors même que l'eau a déjà subi une première clarification. Cette nécessité hygiénique devient plus impérieuse encore dans les localités qui ne sont pas pourvues d'une distribution d'eau potable, et où l'on a recours à des eaux de rivière, de pluie ou de puits, qui ne présentent pas toujours la limpidité et la pureté voulues.

Les appareils employés dans ce cas, sont généralement désignés sous le nom de *fontaines filtrantes*, et se composent d'un ou deux éléments principaux : une substance poreuse que l'eau traverse et qui retient les impuretés solides ; une substance absorbante, charbon ou autre agent désinfectant, opérant l'épuration chimique. Dans

du filtre se fait aisément, en grattant ou brossant avec une brosse dure la surface extérieure du diaphragme filtrant.

On peut, à la campagne, et sans recourir à l'emploi de cette fontaine, obtenir de l'eau filtrée dans d'excellentes conditions hygiéniques au moyen d'un appareil bien simple auquel on a donné le nom caractéristique de *filtre du pauvre homme*, parce que tout le monde, en effet, peut l'établir à très peu de frais. Il se compose d'un vase cylindrique ou conique, en bois ou en métal (un tonneau placé debout, un seau, ou tout autre vase analogue) dont le fond est percé d'un petit orifice destiné à l'écoulement de l'eau. Sur ce fond, on place un lit de morceaux d'éponges, puis une couche de charbon de bois écrasé en menus fragments, ensuite une couche de sable fin préalablement lavé, et enfin une petite couche de gravier destinée à empêcher le sable d'être remué quand on verse de l'eau sur la surface du filtre. Cet appareil, bien simple et facile à organiser, constitue un filtre suffisant pour obtenir une eau parfaitement limpide et pure, car les deux effets, mécanique et chimique, sont réunis dans son action. Cette application des propriétés absorbantes et désinfectantes du charbon a été mise à profit, par la plupart des constructeurs de filtres domestiques.

Dans un autre appareil, appelé du nom de son inventeur le *filtre Ducommun*, la plaque de grès poreux du type précédent, est remplacée par un diaphragme horizontal au milieu duquel est pratiqué un orifice bouché par un tampon d'éponges

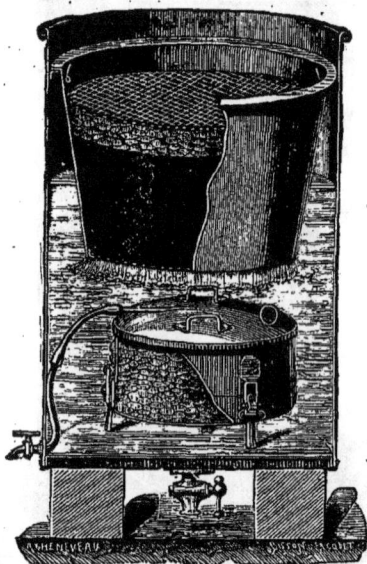

Fig. 128. — *Fontaine domestique, système Bourgoise, avec dégrossisseur et appareil filtrant.*

que l'eau doit traverser, et à la suite duquel elle passe dans une couche de charbon de bois, puis, une couche de sable, qui en effectuent la purification complète.

Les fontaines domestiques de M. Bourgoise sont aussi pourvues d'un filtre en charbon de bois concassé, qui est placé au-dessus d'un diaphragme en feutre comprimé rendu imputrescible par une préparation à base de cachou. La figure 128 représente un de ces filtres pourvu d'un appareil supérieur nommé *dégrossisseur*, qui commence la purification. Une grille métallique galvanisée reposant sur la couche de charbon l'empêche de se soulever. Ce qui caractérise l'action des filtres Bourgoise c'est l'arrivée de l'eau en dessous du diaphragme filtrant, avec courant ascensionnel opérant la filtration de bas en haut ; ce même principe est appliqué également dans les appareils où le diaphragme est remplacé par le fond poreux et où l'eau sort par la partie supérieure.

En Angleterre, on se sert souvent, pour les ménages, d'un filtre très simple, fonctionnant sous la pression des conduites. La figure 129 en représente une coupe verticale. Le vase intérieur F est une sorte de cuvette en grès poreux, constituant l'appareil filtrant, et placé dans une enveloppe cylindrique en métal complètement fermée par un fond en fonte P, et par une calotte également en fonte maintenue solidement par un étrier I et une vis de pression J. Cette fontaine pourrait fonctionner de haut en bas ou de bas en haut, mais pour la résistance du vase poreux il est évi-

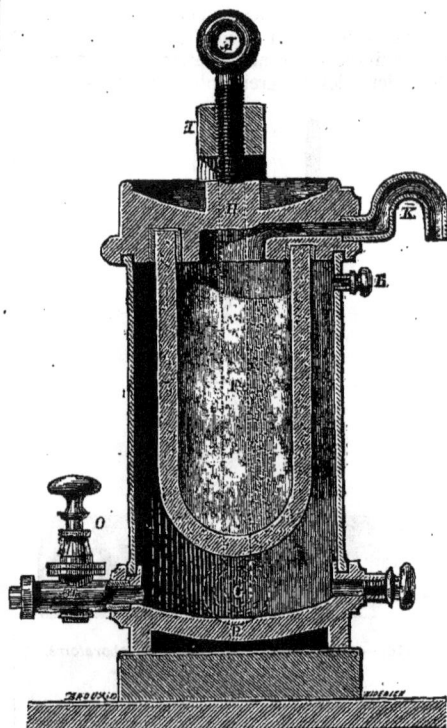

Fig. 129. — *Filtre fonctionnant sous pression, système anglais.*

demment préférable d'adopter le dernier mode de circulation et de faire arriver l'eau par le tuyau M, muni du robinet d'arrêt O, placé à la base de l'enveloppe. L'eau, s'introduisant sous la pression de la conduite dans l'espace entre l'enveloppe et la cuvette poreuse, traverse les parois de cette cuvette et vient sortir par le tuyau K. Le bouchon L est destiné à faire évacuer l'air au commencement du remplissage. Le nettoyage s'effectue facilement, il suffit, en effet, de fermer d'abord le robinet d'arrivée de l'eau, puis de desserrer la vis J, pour enlever le couvercle avec lequel vient la cuvette filtrante. Le démontage et la remise en place peuvent ainsi s'effectuer en quelques instants.

Le filtre sous pression, système Marcaire, exploité par la compagnie générale de filtrage des

eaux de Paris, fonctionne comme l'appareil anglais que nous venons de décrire, mais au lieu
d'un vase poreux opérant le filtrage, il emploie des
couches superposées de matières filtrantes que
l'eau traverse de haut en bas pour sortir clarifiée sous la pression des conduites de distribution,
montant à tous les étages d'une maison. L'appareil formé d'une petite caisse cylindro-conique en
fonte se place à volonté dans les cuisines d'une
maison d'habitation, et son robinet de puisage
d'eau filtrée peut être installé directement au-
dessus de la pierre à évier. Sous un très petit volume cet appareil effectue le filtrage pratiquement
au fur et à mesure du puisage de l'eau. Il offre,
comme l'appareil anglais représenté figure 129,
une grande facilité de démontage et de nettoyage.

M. Chanoit a imaginé un autre système de filtre
sous pression, fonctionnant par l'air comprimé. Il
se compose d'un cylindre métallique en tôle gal-

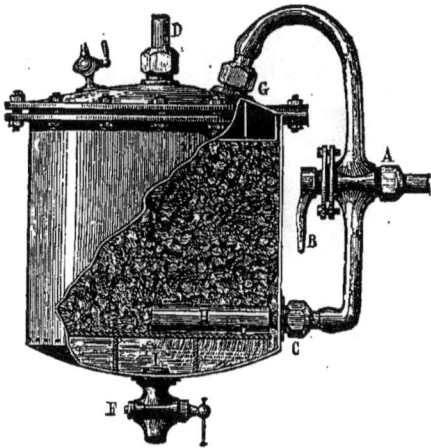

Fig. 130. — *Filtre Bourgoise, fonctionnant
sous pression.*

vanisée d'une résistance calculée en vue de la
pression intérieure à supporter, dans lequel se
trouve disposée, vers le bas de l'appareil, une
couche filtrante formée de matières imputrescibles. Le courant de filtration se fait de bas en
haut, l'eau purifiée occupant par conséquent la
partie supérieure de l'appareil jusqu'à un niveau
tel qu'il reste encore au-dessus de la surface
liquide une chambre d'air comprimé. L'eau de la
conduite arrive sous pression à la base du filtre,
s'élève à travers la couche filtrante formée de
laitier pulvérisé, puis se trouve emmagasinée
dans la partie supérieure en contact avec l'air
dont la force élastique fait équilibre à la pression
hydrostatique; elle se trouve ainsi comprimée et
aérée fortement. En même temps cette provision
d'air comprimé constitue une force dont on se
sert pour nettoyer le filtre, en fermant les deux
orifices d'entrée et de sortie de l'eau, et ouvrant
un troisième orifice, un robinet purgeur placé
au-dessous de l'appareil : immédiatement l'air
comprimé chasse l'eau à travers la couche filtrante,

et dans ce mouvement rapide effectué de haut en
bas, c'est-à-dire en sens inverse du courant de
filtration, les matières impures sont entraînées
vivement et le nettoyage s'opère avec autant de
promptitude que de perfection. Ce système s'applique aux usages domestiques aussi bien qu'aux
usages industriels dont nous allons nous occuper
maintenant.

Le même inventeur a créé un modèle de filtre
sous pression qui, avec un volume relativement
minime, produit un débit continu et abondant. Il
s'applique aussi bien aux usages domestiques,
pour l'alimentation des divers étages d'une maison, qu'aux usages industriels. Les plus petits
appareils ne débitent que 150 à 200 litres par jour,
tandis que les plus grands modèles atteignent un
débit de 2,000 et 4,000 litres à l'heure. Ce filtre,
dont la figure 130 représente un détail complet,
se compose d'une cuve cylindrique en fonte fermée
par un couvercle boulonné ; un double fond perforé reçoit les matières filtrantes. L'eau arrive
par le tuyau A dont le robinet B permet l'ouverture, et elle vient par le tuyau inférieur CH s'élever à travers la couche filtrante pour sortir
ensuite, complètement épurée, par le tuyau supérieur D placé au centre du couvercle. Le nettoyage s'effectue en renversant le courant; le
robinet B est disposé à 3 eaux pour permettre
d'intercepter le tuyau inférieur CH et diriger l'eau
par la branche supérieure G. On ouvre alors le
robinet de purge F placé sous le fond de l'appareil,
et l'écoulement se produisant alors de haut en
bas entraîne les impuretés et nettoie complètement les matières filtrantes.

Filtres industriels. Les filtres appliqués
aux usages industriels sont construits sur les mêmes principes et emploient les matières dont nous
avons précédemment parlé. Mais les dispositions
spéciales des divers systèmes acquièrent ici une
importance d'autant plus sérieuse que les dimensions des appareils atteignent des proportions
plus grandes, nécessitant par conséquent pour la
bonne construction et le bon fonctionnement
une attention plus minutieuse et une perfection plus complète dans tous les détails d'exécution. Nous étudierons d'abord cette question au point de vue du *filtrage industriel de
l'eau*, et nous étendrons ensuite notre examen au
filtrage des divers autres liquides que l'industrie
a besoin de clarifier.

— Dès 1806, l'application du filtrage des eaux pour la
consommation publique devint l'objet d'une entreprise
industrielle qui fut créée par Smith, Cuchet et Montfort.
Leurs filtres étaient formés de petites caisses doublées en
plomb, contenant à la partie inférieure une couche de
charbon interposée entre deux couches de sable, avec
un lit d'éponges comprimées constituant la couche supérieure sur laquelle arrivait l'eau à filtrer. Cet appareil,
auquel ils avaient donné le nom de *filtre inaltérable*,
n'était, d'ailleurs, qu'une application de données déjà
connues sur l'emploi et l'efficacité des matières filtrantes.

Quelques années plus tard, en 1814, Ducommun fit
breveter un filtre d'un rendement supérieur à ceux précédemment employés. Les couches filtrantes étaient disposées dans l'ordre suivant : 1° un fond perforé servant
de support; 2° une couche de gros sable ou gravier d'une

grosseur suffisante pour ne pas être entrainé à travers les trous du fond fixe; 3° une seconde couche de sable moyen, ne pouvant passer à travers les grains de la couche précédente; 4° une couche de sable fin ou de grès pulvérisé; 5° une couche de charbon concassé plus ou moins finement, selon l'épaisseur qu'on juge nécessaire de lui donner; 6° une succession en ordre inverse des couches précédentes, sable fin ou grès pulvérisé, puis sable moyen, puis gravier ou gros sable, et enfin diaphragme fixe, perforé, ayant pour but d'empêcher les matières de la couche superficielle d'être remuées par la chute de l'eau. Ce filtre ainsi composé peut filtrer en moyenne 450 litres par heure et par mètre carré.

L'arrivée de l'eau sur une couche supérieure composée de gros sable doit toutefois présenter quelques inconvénients au sujet de la pénétration des impuretés; car cette pénétration est rendue d'autant plus facile que les interstices sont plus grands, et par conséquent le filtre doit s'engorger jusqu'à une profondeur plus considérable. Ce défaut a été constaté, en effet, et l'on y remédie en partie, par un lit d'étoupes placé sur le plateau inférieur. Nous pensons qu'on ferait mieux de former la couche superficielle en sable fin, et l'on obtiendrait sans doute ainsi de meilleurs résultats de ce filtre dont le fonctionnement est déjà en général très satisfaisant.

Le comte Réal, en 1815, avait inventé un appareil destiné à la filtration de l'eau et des huiles, ou à l'extraction des principes colorants. L'appareil consistait en un cylindre vertical divisé sur sa hauteur en plusieurs compartiments par des diaphragmes mobiles; la filtration s'effectuait sous la pression d'une assez forte couche de liquide occupant la partie supérieure du cylindre.

Un peu plus tard, en 1819, à Leipsick, Hoffmann créait une sorte de filtre à pression d'air, où le liquide était poussé à travers les couches filtrantes par de l'air refoulé au moyen d'une pompe de compression. Cette même idée a été depuis lors appliquée comme nous l'avons déjà dit par M. Chanoit dans son filtre à air comprimé.

Un autre appareil de filtrage pneumatique très ingénieux fut imaginé par le docteur Rommerhausen, à Acken; son principe est l'action de la pression atmosphérique s'exerçant au-dessus du liquide à filtrer, tandis qu'on fait le vide, au moyen d'une pompe pneumatique, en dessous des couches filtrantes.

Nous avons relaté ici ces deux ingénieuses inventions parce qu'elles nous paraissent avoir été le germe ou du moins le prélude d'applications importantes; le principe de la compression se retrouve, par exemple, dans les *filtres presses* (V. ce mot), le principe de l'extraction par le vide a donné naissance au procédé connu sous le nom de *clairçage* des pains dans les sucreries.

La question du filtrage industriel fit un pas considérable lorsque, en 1836, M. Henri Fonvielle imagina un système de filtre fermé, mobile, dont le nettoyage s'effectué facilement et rapidement par le renversement du courant sous pression d'eau. Ce filtre, qui a été l'objet d'un rapport élogieux présenté à l'Académie des sciences par Arago, fut bientôt le point de départ de nombreux et intéressants perfectionnements, exploités par une Compagnie à laquelle la ville de Paris avait alors concédé exclusivement la filtration des eaux de la Seine, sous le nom de *Compagnie générale de filtrage des eaux de Paris.*

Déjà James Peacock et Robert Thom, en Angleterre, avaient appliqué le principe de la filtration en vase clos; mais le mérite caractéristique de la disposition imaginée par M. Fonvielle consiste surtout dans la façon et la perfection avec laquelle le nettoyage du filtre s'opère par l'inversion du courant agissant énergiquement, soit en un point, soit simultanément en plusieurs points de l'appareil.

Nous ne pouvons entrer ici dans le détail des perfectionnements successifs apportés à l'invention de M. Fonvielle par MM. Vedel, Bernard, Mareschal, Souchon, Tard, David et Manceau. Nous allons décrire les appareils actuels tels que les établit maintenant la Compagnie générale de filtrage. La figure 131 représente la coupe d'un filtre industriel composé, comme on le voit, d'un vase conique en fonte de fer, fermé par un couvercle assemblé au moyen de boulons placés dans des encoches qui en rendent la mise en place et l'enlèvement très faciles. Deux tubulures latérales, l'une en haut du corps de l'appareil, l'autre au bas, sont destinées, la première à l'entrée, la seconde à la sortie de l'eau. La figure montre ainsi en A la couche d'eau arrivant sur le diaphragme perforé qui maintient en place les matières filtrantes. Celles-ci sont rangées, en descendant, selon l'ordre suivant, B, couche d'éponges,

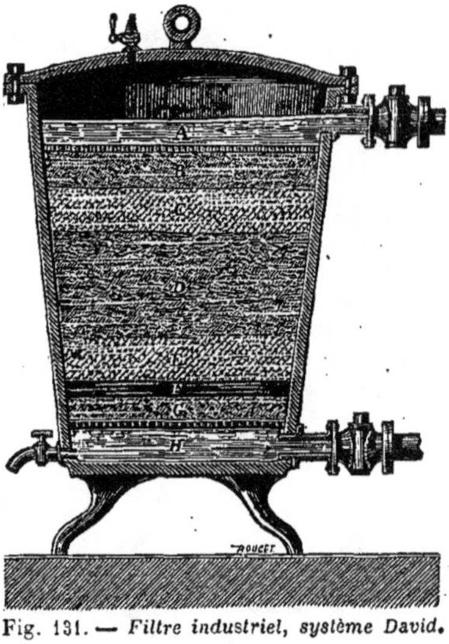

Fig. 131. — *Filtre industriel, système David.*

C, laine tontisse rendue imputrescible, D grès pulvérisé et seconde couche de laine imputrescible, F noir animal en grains ou charbon de bois concassé, G sable ou gravier fin, reposant sur le fond fixe perforé qui supporte les couches filtrantes. L'eau traversant les trous de ce diaphragme arrive dans le bas du récipient, en H, d'où elle sort par la tubulure correspondante. Les deux tubulures étant munies d'un robinet, on peut à volonté établir ou intercepter le courant.

Pour mettre l'appareil en marche, il suffit de tenir d'abord fermé le robinet de la tubulure inférieure de sortie, mais en ayant soin d'ouvrir le petit robinet purgeur qu'on voit à gauche, également à la base de l'appareil, pour laisser écouler l'air à mesure que l'eau s'introduit par le haut du filtre. Quand la cuve est complètement remplie d'eau, et qu'on l'a laissée couler pendant quelques minutes par le robinet purgeur, on ferme celui-ci et on ouvre le robinet de sortie.

Le nettoyage s'effectue, si l'on veut, par le renversement du courant, en disposant la tuyauterie de manière à pouvoir produire cette inversion et rejeter l'eau sale par la partie supérieure. Mais quand on a besoin de procéder à un nettoyage complet, et qu'on veut enlever et laver les matières filtrantes, le démontage et le remontage du filtre n'offrent, comme on peut le voir, aucunes difficultés. Il suffit de desserrer les boulons pour enlever le couvercle, retirer successivement les couches filtrantes et les replacer, après les avoir soumises à un lavage convenable, dans l'ordre où elles étaient primitivement.

Les débits et dimensions principales des appareils que la Compagnie de filtrage établit pour l'industrie sont donnés par le tableau suivant :

Débit à l'heure en litres	Diamètre des tubulures	Hauteur de la cuve	Diamètre supérieur	Diamètre inférieur
litres				
300	0ᵐ015	0ᵐ500	0ᵐ440	0ᵐ390
500	0.020	»	0.450	0.440
1.200	0.027	»	0.650	0.350
2.500	0.035	»	0.770	0.470
4.000	0.040	»	0.860	0.590
6.000	0.050	»	1.130	0.890

L'application de ce système à la filtration de grands volumes d'eau nécessite par conséquent la multiplication des appareils. Ainsi, pour un débit de 30 mètres cubes à l'heure, il convient d'em-

Fig. 132.

ployer 6 cuves du plus grand modèle, dont 5 en fonctions, et une en nettoyage ou en cas d'arrêt de l'une des autres.

Dans la raffinerie de MM. Lebaudy frères, un ensemble de 12 filtres de ce système a été établi pour fournir une quantité de 1,200 à 1,500 mètres cubes par 24 heures. C'est cette installation qui fait le sujet de notre figure 132 montrant la batterie de filtres, telle qu'elle a été installée pour cette application.

M. Bourgoise, dont nous avons déjà cité le nom à propos des filtres domestiques, a disposé un appareil de filtrage industriel dont le débit est considérable eu égard aux dimensions de l'emplacement qu'il occupe. Cet appareil se compose d'une grande cuve rectangulaire dans laquelle sont des caisses filtrantes reposant sur une cloison horizontale avec laquelle elles sont boulonnées, de

façon à former au pourtour de leurs bords des joints étanches, qui partagent la cuve en deux compartiments entièrement isolés. Chacune des caisses filtrantes présente les dispositions ordinaires des filtres Bourgoise, un diaphragme perforé formant le fond de la caisse et supportant les couches filtrantes dont la partie supérieure est également recouverte et maintenue en place par un autre diaphragme perforé. L'eau s'introduit par le bas de la cuve, s'élève par filtration ascendante dans les caisses et vient se rassembler et s'écouler à la partie supérieure de l'appareil. Les filtres de ce genre peuvent atteindre un débit variant de 20 à 100 mètres cubes à l'heure, avec des dimensions relativement aussi restreintes que possible.

FILTRATION DES VINS, DU CIDRE, DU VINAIGRE, etc. Les lies ou les fonds des pièces, chez les négociants en vins, sont généralement filtrés au moyen de *chausses* en laine, analogues à celles qu'on emploie en droguerie ou dans les usages domestiques, mais de dimensions généralement plus grandes. Un appareil fort simple et très usité consiste en une cuve en bois sous le fond de laquelle sont fixées un certain nombre de ces grandes chausses formées d'un tissu spécial en laine; la cuve, élevée sur un bâti en bois à une hauteur convenable, reçoit le liquide à filtrer qui, passant à travers les chausses, vient tomber dans une seconde cuve en bois placée au-dessous de la première.

FILTRATION DES LIQUEURS ET SIROPS. L'emploi des filtres en papier est généralement le moyen adopté pour les usages domestiques, mais, dans l'industrie, les liquoristes ont besoin d'un appareil plus grand et plus expéditif. On emploie souvent dans ce cas une chausse en tissu de laine ou de coton croisé, que l'on garnit de coton cardé, de laine tontisse, ou de pâte à papier blanc. Pour se servir d'une chausse en laine surtout quand elle est neuve, il est bon de l'imprégner préalablement du sirop ou de la liqueur à filtrer afin de resserrer les pores du tissu avant de commencer l'opération. La chausse se place dans un entonnoir ou bien se suspend au moyen d'un cercle fixé à son rebord; on peut aussi disposer l'appareil filtrant avec un châssis quadrangulaire qui porte alors le nom de *carrelet*, garni de pointes, sur lesquelles se fixe un tissu de forme analogue.

FILTRATION DES HUILES. Les huiles sont en général difficiles à clarifier; elles ont donné lieu à des dispositions spéciales dans le détail desquelles nous ne pouvons entrer ici. — V. HUILE.

Dans beaucoup d'établissements on a employé des filtres composés de lits de paille alternativement placés avec des lits de tourteaux d'œillette réduits en grains, comme l'a indiqué M. Julia de Fontenelle. Dans d'autres on emploie le filtre de MM. Grouvelle et Jaunez, formé d'une caisse ou cylindre en fer-blanc, contenant une couche de mousse tassée d'environ 5 centimètres d'épaisseur, sur laquelle on place une autre couche de tourteaux concassés, d'environ 15 à 20 millimètres seulement d'épaisseur. Les huiles animales, l'huile de pied de bœuf notamment employée pour le graissage des machines, et les huiles minérales destinées au même usage, doivent également subir un filtrage soigneusement effectué avant d'entrer dans le commerce. Les divers fabricants emploient, à cet effet, des matières filtrantes qui diffèrent selon la nature des produits. La sciure de hêtre, la pâte à papier, le charbon de bois entrent dans la composition d'un filtre proposé par M. Tard, pour la filtration d'un certain nombre d'huiles et adopté par plusieurs épurateurs.

Nous terminerons ici ce que nous nous sommes proposé de dire sur les filtres industriels en général. Nous avons ainsi passé en revue les principales applications du filtrage des eaux et des divers autres liquides, les notions seront complétées d'ailleurs par la description d'un appareil qui a reçu, depuis un certain nombre d'années, d'importantes applications dans l'industrie, le *filtre-presse*, dont l'usage est maintenant très répandu,

principalement dans les sucreries et dans certaines manufactures de produits chimiques. — G. J.

* FILTRE-PRESSE. On donne ce nom aux appareils employés dans l'industrie, pour séparer d'un liquide des corps solides qui s'y trouvent en suspension.

L'action des filtres-presses repose sur le principe suivant : Toute filtration, c'est-à-dire la séparation d'un liquide d'avec les substances solides qu'il tient en suspension, est d'autant plus rapide que la surface filtrante est plus grande, et l'opération est encore accélérée si l'on exerce une forte pression sur la masse à filtrer. On obtient un pareil résultat en introduisant celle-ci dans des boîtes ou capacités verticales très étroites, mais relativement très hautes, dont les parois latérales sont formées d'une plaque de tôle perforée, sur laquelle est appliqué un filtre en toile. La masse à filtrer est refoulée dans les boîtes à l'aide d'un *monte-jus* (V. ce mot) ou d'une pompe; sous l'influence de la pression produite par la vapeur du monte-jus ou par la pompe, le liquide enfermé dans la masse est expulsé, il passe à travers les surfaces filtrantes et les particules solides restent dans les boîtes. Plusieurs boîtes de ce genre sont réunies sur un support commun, de façon à pouvoir être alimentées par un seul et même tuyau. Afin de rendre plus facile l'enlèvement du résidu, une fois l'opération terminée, les boîtes sont formées par la juxtaposition de cadres à rebords saillants, sur lesquels sont appliquées les plaques perforées, recouvertes elles-mêmes par les toiles filtrantes. Lorsque les cadres sont serrés les uns contre les autres, il reste entre eux un espace vide, qui constitue la boîte proprement dite, et quand on les écarte, le résidu, sous forme d'un tourteau solide, tombe de lui-même et peut alors être enlevé facilement. — V. SUCRERIE.

— L'invention des filtres-presses est due à l'anglais Needham, qui, en 1828, prit une patente pour un appareil destiné à effectuer rapidement la séparation de l'eau contenue dans la pâte de kaolin employée pour la fabrication de la porcelaine. L'appareil de Needham a figuré, avec quelques modifications, à l'Exposition internationale de Londres, en 1862, et c'est sous cette forme nouvelle qu'il fut introduit dans les sucreries. Une fois l'attention attirée sur ces appareils, un grand nombre de constructeurs se sont occupés de les perfectionner : Daneck, le premier, substitua le fer au bois employé par Needham, pour la *construction de ses filtres-presses*; son exemple fut suivi par Trinks, dont les filtres-presses furent longtemps les meilleurs de tous; nous citerons encore Riedel, Walkhoff, Dehne, Durieux et Roettger, etc., comme ayant beaucoup contribué à rendre ces appareils d'un usage pratique et satisfaisant. Actuellement les modifications sont tellement nombreuses qu'il existe presque autant de dispositifs différents que de constructeurs.

Les filtres-presses sont surtout employés dans les sucreries pour la séparation du jus des écumes et des dépôts de carbonatation, et aussi quelquefois pour l'extraction du jus des betteraves râpées; on s'en sert également dans les brasseries, dans les fabriques de bougies stéariques, les distilleries, etc. — V. BOUGIE, BRASSERIE, SUCRERIE. — Dʳ L. G.

FINAGE. T. *de métall.* On appelle *finage* ou *mazéage*, l'opération préliminaire de l'affinage de la fonte. Lorsqu'en Angleterre, au commencement de ce siècle, Parry et Cort inventèrent le *puddlage*, c'est-à-dire l'affinage au four à réverbère, par le pétrissage de la fonte liquide ou semi-liquide, on reconnut vite que ce travail était très fatigant pour l'homme. On chercha alors à l'avancer par une préparation mécanique préalable, dont on emprunta le principe à l'affinage au bas foyer, et on créa le *finage* ou *mazéage*.

Le *finage* est l'insufflation d'une certaine quantité d'air dans la fonte liquide, afin de faciliter le puddlage : cette opération se fait dans un four spécial, appelé *finerie* ou *mazerie*.

Lorsqu'on appliquait peu ou point l'analyse chimique à la métallurgie, on se contentait souvent d'affirmer des faits que la science exacte a démontré plus tard être faux. C'est ainsi qu'on a dit, pendant longtemps, que le *finage* ou le *mazéage* avaient pour but de *décarburer la fonte*, avant de la soumettre au puddlage. Le produit obtenu, le *fine-métal* a été considéré jusqu'à ces dernières années comme *de la fonte à un degré de décarburation moindre.* Les analyses suivantes montrent, au contraire, que le *finage* a surtout pour effet, d'enlever le *silicium* de la fonte, bien plus que le *carbone*.

Essais de M. Evans, à Bowling (Angleterre).

	Carbone	Silicium	Soufre	Phosphore
Fonte solide.	3.686	1.255	0.033	0.565
Fonte après fusion . . .	3.510	0.575	0.034	0.557
Fonte après insufflation 10'.	3.707	0.478	0.038	0.537
Fonte après insufflation 20'.	3.644	0.273	0.032	0.530
Fonte après insufflation 28'.	3.544	0.154	0.025	0.509
Fine métal.	3.342	0.130	0.025	0.490
Perte finale 0/0 de chacun des éléments. . .	9.33	89.56	24.24	13.27

On voit que le finage est, avant tout, une opération qui a pour but d'enlever le *silicium* de la fonte. C'est comme la première période de l'affinage Bessemer où le carbone ne commence à disparaître en quantité notable que lorsque la majeure partie du silicium a été oxydée.

Il résulte des analyses ci-dessus que dans le finage il y a une certaine déphosphoration. Il doit donc y avoir de l'acide phosphorique dans les scories du finage. Berthier, dans son *Traité des essais par la voie sèche*, a donné l'analyse d'une scorie de finage des forges de Dudley, en Staffordshire, où la proportion d'acide phosphorique atteint 7 0/0.

Silice	27.6
Protoxyde de fer.	61.2
Alumine.	4.0
Acide phosphorique.	7.2
	100.0

Cette présence du phosphore dans les scories du finage peut être considérée comme le point de départ de la découverte si importante de la *déphosphoration.* Grüner, dans ses remarquables *Études sur l'acier,* parues en 1867, faisait ressortir cette déphosphoration partielle au *finage* et l'attribuait à la possibilité d'avoir une scorie basique en présence des parois de fonte refroidies. *Dès que les scories renferment* 40 0/0 *de silice, les bases ne retiennent plus l'acide phosphorique.* Or, nous voyons que la scorie de finage de la forge de Dudley renfermait moins de 30 0/0 de silice, nous trouverions, de même, que la scorie de puddlage où la teneur en silice peut tomber au-dessous de 10 0/0, renferme de grandes quantités d'acide phosphorique.

Dans leur communication sur la déphosphoration, MM. Thomas et Gilchrist ont reconnu que les études de Grüner sur la possibilité d'éliminer du phosphore dans l'opération du finage en présence de scories riches en oxyde de fer, ont été la base et l'encouragement de leurs recherches.

FINE MÉTAL. T. *de métall.* On appelle *fine métal* le produit de l'opération du *finage* ou *mazéage* (V. FINAGE). Le fine métal est de la fonte dont on a éliminé la majeure partie du silicium, tout en conservant presque tout le carbone qu'elle renfermait.

Son aspect est celui d'une fonte blanche lamelleuse ; l'élimination du silicium a permis au carbone que renfermait la fonte grise, qui lui a donné naissance et dont une partie était à l'état de graphite, de se dissoudre complètement. C'est ce qui explique que la transformation du fine métal en fer puisse se faire rapidement ; dès que l'oxygène provenant de l'air ou des scories riches en oxyde de fer, qui accompagnent le puddlage, est en présence du fine métal, celui-ci agit énergiquement sur le carbone et le transforme en oxyde de carbone sans qu'il soit nécessaire que la masse soit liquide.

Le puddlage du fine métal est donc, essentiellement, un *puddlage sec* ou en *sable,* à une température qui n'a pas besoin d'être très élevée, tandis que le puddlage de la fonte non finée donne surtout lieu à un *puddlage gras* ou en *bouillons.* Le puddlage du fine métal n'a plus lieu qu'en Angleterre dans quelques forges. Il a disparu du continent où l'on puddle les fontes blanches pour fers communs, et des fontes grises pour fers supérieurs et pour aciers puddlés.

FINERIE. T. *de métall.* Four dans lequel se fait l'opération du *finage* ou du *mazéage.* La figure 41, page 72, volume 1, donne le dessin en plan et élévation d'une *finerie anglaise.* Dans une sorte de cubilot, dont les parois inférieures sont en fonte, on charge un mélange de coke et de creusets de fonte. Celle-ci, en fondant, se rassemble dans un bassin A où elle reçoit l'action oxydante de six tuyères plongeantes qui amènent de l'air à la pression de 12 à 15 centimètres de mercure par centimètre carré. L'air insufflé à la surface du bain y pénètre de quelques centimètres, puis sort en traversant le mélange de coke et de fonte qui remplit la partie supérieure du four, brûle le coke et s'échappe en produisant un mélange d'oxyde de carbone et d'acide carbonique.

Le produit de l'opération s'appelle *fine métal* en anglais, et *fonte finée, fonte mazée* en français. Le finage s'applique aux fontes grises et donne un métal à cassure blanche, lamelleuse.

FINETTE. Etoffe de coton croisée employée pour doublures. On la tisse par l'armure sergée. Le principal lieu de production de cet article est Troyes, mais on en fabrique aussi à Rouen.

*FINISSAGE. Outre à l'action de parfaire un travail, de l'achever, d'y mettre la dernière main, on donne ce nom, en *métallurgie*, au laminage qui se fait généralement en deux opérations. Dans l'*ébauchage*, on commence l'étirage au moyen d'une compression qui facilite l'élimination des scories qui accompagnent le fer; dans le *finissage*, on achève l'étirage. Cette opération se fait au laminoir, en se préoccupant surtout d'arriver vite et exactement à la forme demandée.

On appelle aussi *finissage*, l'opération qui a pour but de terminer les rails, les éclisses et autre matériel des chemins de fer, en sortant des laminoirs et avant de passer sous l'inspection des contrôleurs. Pour les rails, notamment, le finissage comporte le *dressage*, la mise à longueur par *fraisage*, le *perçage* des trous d'éclissage et du patin.

*FINISSEUR, EUSE. *T. de mét.* Ouvrier, ouvrière, chargé de la dernière opération d'un travail. C'est ainsi que l'on désigne l'horloger qui fait le mouvement des montres et des pendules, l'armurier qui termine une platine, l'ouvrier qui est chargé de faire la pointe des épingles.

*FINISSEUSE. *T. de métall.* On nomme ainsi la dernière cannelure d'un laminage; c'est celle qui doit donner la forme *finie* ou le profil demandé. La barre qui sort de la cannelure finisseuse n'a pas exactement la forme finale de l'échantillon quand il sera froid. Il y a lieu de tenir compte de la différence entre le *profil à chaud* et le *profil à froid,* par suite du *retrait* ou contraction que subit la barre dans toutes ses dimensions en se refroidissant. La dernière passe au laminage, celle qui se fait dans la *cannelure finisseuse,* a lieu à une température relativement basse, par suite du refroidissement progressif de la barre laminée, l'usure y est plus grande que dans les autres cannelures. Comme, d'ailleurs, la barre finie doit présenter, aussi exactement que possible, la forme demandée, il est assez d'usage d'avoir deux cannelures finisseuses pour un profil donné, ce qui prolonge l'existence des cylindres avant de les envoyer au tournage. || *T. de filat.* Troisième carde d'un assortiment. — V. CARDE.

* FIRMINY (Aciéries et forges de). Les aciéries de Firminy ont été fondées en 1854. Beaucoup de procédés nouveaux sont en usage dans ces usines; on peut citer entre autres les fours à réchauffer, système Bicheraux; la compression de l'acier, système Bouniard; le pilon atmosphérique, système Chenat. Le puddlage a été étudié aussi d'une façon spéciale : c'est ainsi qu'après avoir modifié les fours à puddler comme forme et comme dimen-

sions, on a appliqué à plusieurs reprises le brassage mécanique ; dans ce système le brassage à la main, très pénible pour le puddleur, est remplacé par le mouvement circulaire d'une ailette double hélicoïdale sur la sole fixe du four à puddler ; il permet de passer des charges plus fortes et par suite augmente sensiblement la production pendant le même temps et avec la même quantité de combustible.

Depuis 1855, la date de la création de l'atelier des ressorts, plus de 1,800,000 ressorts ont été livrés aux divers chemins de fer et à la carrosserie. Les usines de Firminy possèdent une moulerie où l'on peut facilement composer des pièces de 30 à 40 tonnes pour la fonte et des pièces de 130 à 140 kilogrammes pour le bronze.

Outre les 21 pilons qui fonctionnent, un nouveau marteau de 25 tonnes de masse et à chabotte indépendante vient d'être construit ; ce pilon et ses fours à réchauffer sont installés dans une halle spacieuse de 28 mètres de long sur 21 de large, la charpente est montée sur des colonnes en fonte de 9 mètres de haut.

La Société ne perd pas de vue l'amélioration du sort de ses ouvriers ; la première caisse de secours pour les établissements métallurgiques de la Loire a été créée dans les usines de Firminy en 1855 ; la Société a constitué, en 1874, sans secours pécuniaire des ouvriers, un fonds de prévoyance destiné à leur venir en aide, qu'ils soient blessés, malades, infirmes ou âgés.

L'effectif du personnel est de 94 employés et de 1,658 ouvriers.

* FIVES-LILLE (Compagnie de). La Compagnie de Fives-Lille, actuellement constituée en Société anonyme, possède les établissements de construction de Fives (Nord), de Givors (Rhône), les trois sucreries d'Abbeville (Somme), de Coulommiers (Seine-et-Marne) et de Neuilly-Saint-Front (Aisne).

Les ateliers de Fives et de Givors ont été fondés en 1862 ; les principaux travaux que la Compagnie y exécute sont les suivants : appareils de toute sorte pour la fabrication du sucre et de la distillerie, machines à vapeur et locomobiles de tous types, locomotives, essieux montés, matériel de chemins de fer, dragues, appareils hydrauliques de manœuvre et de levage, ponts et charpentes métalliques, etc.

A Fives, les ateliers occupent une superficie de 10 hectares environ dont 5 hectares 1/2 de bâtiments couverts ; l'usine est desservie par un réseau de chemins de fer relié avec la ligne du Nord ; ils disposent d'une force motrice de plus de 700 chevaux fournis par les générateurs et les machines à vapeur fixes et autres, répartis de divers côtés dans l'établissement.

La situation de Fives-Lille, dans le département de la France le plus important par sa population, son industrie et son agriculture, lui assure la main-d'œuvre abondante et économique avec des conditions d'existence favorables pour les ouvriers qui y sont employés ; de plus, le voisinage de la Belgique et celui de la mer, lui facilitent l'importation des matières premières nécessaires à ses grandes fournitures pour l'étranger, qui ne sont ainsi grevées que de frais de transports par terre très limités.

Fives-Lille a attaché son nom à un grand nombre de constructions célèbres, entre autres, les ponts de Tulln (Autriche), du Nil (au Caire), du Tage (Santarem) et le fameux pont sur le Lümfjord, au Danemarck, dont les fondations ont été faites, au moyen de l'air comprimé à la profondeur formidable de 36 mètres. C'est là un des plus beaux travaux de l'art de l'ingénieur.

La Société a organisé pour ses ouvriers un magasin de denrées, une boulangerie et un réfectoire ; elle a en outre une école et une bibliothèque pour les apprentis et des cours pour les adultes. Désireuse d'assurer une retraite à ses ouvriers, elle a créé en leur faveur une caisse de prévoyance alimentée par un prélèvement fait sur les bénéfices annuels de la Société. Des terrains et une dotation importante ont été fournis par la Compagnie pour la création d'une église, d'un presbytère, d'une salle d'asile et d'écoles communales.

I. *FIXAGE. On donne ce nom à l'une des opérations de l'apprêt des tissus de laine, dont le but est de stabiliser chaque filament composant l'étoffe, afin de maintenir les fils de chaîne et les fils de trame dans la position primitive qui leur a été donnée.

Pendant le tissage, en effet, les fils de trame, en croisant les fils de chaîne, prennent une forme ondulée résultant uniquement de la tension de ces derniers. Lorsqu'après le tissage on retire un fil de trame, il cherche sensiblement à reprendre sa forme droite primitive, de sorte que, si l'on soumettait le tissu aux opérations de la teinture sans fixer les fils de trame, ceux-ci se déplaceraient facilement lorsque les fils de chaîne ne seraient plus tendus et formeraient des *éraillures*. En principe, le fixage ne devrait être autre qu'un apprêt humide à une température égale à celle que les tissus auront à subir pendant les opérations ultérieures. Mais comme les fabricants de tissus font encoller les fils de chaîne pour leur donner plus de maintien pendant le tissage, il est nécessaire tout d'abord d'enlever ce parement entrant dans la proportion de 8 à 10 0/0 et se dissolvant dans l'eau chaude à une température de 40 à 50°. Aussi, le fixage se compose-t-il de deux opérations bien distinctes :

1° Un décollage opéré au moyen de l'eau chaude vers 40 à 50° ;

2° Le fixage proprement dit, se faisant également dans l'eau chaude, mais à une température de 70° à 80°.

La *machine à fixer* la plus employée se compose de deux bacs renfermant chacun un appareil rotatif portant des rouleaux pour recevoir les pièces enroulées. Dans le premier bac, contenant une eau chauffée à 50°, s'opère le désencollage : on le vide deux fois par jour. Dans le second, où l'eau est à une température plus élevée, se produit le fixage : on y donne au moyen des rouleaux une certaine tension à l'étoffe au moment où elle passe

du premier bac dans le second, ou bien dans le second seulement ou bien quand elle sort de ce dernier. Les pièces séjournent 30 minutes dans chaque bac.

A la sortie du second bac, chaque pièce descend dans un réservoir à eau tiède et passe ensuite entre des rouleaux exprimeurs. Elle est entraînée, par le mouvement mécanique d'une plieuse, sur une table où elle est pliée : on l'y reprend pour suivre les opérations du dégorgeage, du rinçage, du mordançage et de la teinture. — A. R.

II. *FIXAGE. T. de photog. Opération à l'aide de laquelle on conserve l'impression de l'image positive en la rendant insensible à la lumière. — V. PHOTOGRAPHIE.

* FLACHAT (Eugène), né en 1802 et mort à Paris en 1873, fut l'un des plus grands ingénieurs du siècle. Doué d'une intelligence des plus lumineuses et des plus fertiles, il fut le fondateur de la Société des Ingénieurs civils (1848), qui l'élut sept fois son président ; toute sa vie, d'ailleurs, il resta le collaborateur assidu, l'âme et la lumière des délibérations de cette grande Société.

Il est impossible de trouver une existence où les faits remarquables, les travaux hardis et grandioses soient plus abondants. Il n'a rien ignoré de l'art de l'ingénieur : en tout, il a été maître ; nulle difficulté, nul obstacle, nulle circonstance imprévue ne le trouvait dépourvu de ressource ; sa fécondité était surprenante et il se tirait toujours avec honneur et succès des embarras qui avaient arrêté les gens les plus compétents. Les services rendus à l'industrie nationale par cet homme éminent sont tels que sa mémoire doit être rangée parmi celle des plus incontestables illustrations du pays.

Destiné d'abord à sa sortie du collège à la carrière commerciale, il fonda avec ses deux frères une Société de sondage dont il fut le comptable ; puis sa vocation se faisant jour il devint chef d'atelier. A partir de ce moment il a été sans interruption à une longue série de travaux remarquables et d'autant plus méritoires que la plupart étaient des innovations ; son autorité devint telle, qu'après s'être ainsi formé lui-même il était arrivé à faire accepter ses avis aux plus éminents ingénieurs officiels. Il avait surtout l'horreur de la routine et possédait au plus haut degré l'initiative, l'audace, la passion du progrès ; sa vie entière se ressentit de ces qualités.

En 1833, il quitta les sondages pour construire l'hôtel de la Douane sur le canal Saint-Martin, ainsi que tous les appareils de levage et de manutention, nouveaux à l'époque, dont ils furent aménagés. En 1834, il installa les premiers laminoirs dans l'Est, à Hainville (Meuse) ; il construisit les hauts-fourneaux de Tussy, près de Vaucouleurs, les forges de Commercy, celles de MM. Dupont et Dreyfus, à Chézy (Ardennes), celles de Vierzon (Cher), les fonderies de Niederbronn, d'Apremont, de Seven (Haute-Saône). Dans toutes ces usines naissantes, il perfectionnait les appareils ou en inventait de nouveaux et on lui doit la plus grande part dans la prospérité de l'industrie métallurgique du Cher, de la Haute-Marne et de la Meuse.

Pendant tout le temps qu'il exécutait ces travaux, il se livrait dans son cabinet à une foule d'études nouvelles comme celle des docks et des bassins de la Joliette, à Marseille, des docks du Hâvre, d'usines à gaz de résine à Calais'et Orléans. Mais une spécialité surtout le préoccupait, et restera son principal titre à la reconnaissance du pays : c'est celle des chemins de fer dont il fut en France le véritable créateur.

Ce fut en effet Flachat qui installa dans notre pays le premier railway à traction à vapeur sur la ligne de Saint-Germain. Redoutant la montée de la rampe spéciale près de Saint-Germain même, il fit appliquer entre cette localité et le Pecq, le procédé atmosphérique imaginé dès 1810 par l'ingénieur danois Medhurst. Il s'illustra déjà par la conception et l'exécution des machines pneumatiques qui faisaient le vide dans le tuyau général placé entre les rails. Mais par une sorte de coquetterie scientifique il tenait à surmonter la difficulté au moyen de la locomotive seule, et en effet, avant même l'inauguration du système pneumatique, les trains étaient remorqués par des machines restées célèbres, l'*Hercule* et l'*Antée* qui ont depuis été imitées de cent façons dans tous les pays pour la traction des grosses charges sur de fortes rampes.

Il est l'inventeur des *murs en aile* dans les ouvrages d'art, innovation nécessaire pour les ponts sous rail et qu'il ne réussit à faire adopter qu'avec la plus grande difficulté par le corps des ponts-et-chaussées dont la tradition était les *murs en retour*, et l'on sait l'importance que ce corps attache aux traditions ! On lui doit encore la couverture en fer de la gare Saint-Lazare au moyen de combles du système Polonceau et le premier usage que l'on fit dans les charpentes métalliques du fer à double T, si universellement employé aujourd'hui. A chaque travail nouveau, Flachat signalait son génie par un progrès important et durable dans l'art des constructions.

La petite ligne de Saint-Germain fut, en fait, la véritable école nationale des chemins de fer ; elle plaça Flachat au premier rang parmi les autorités en la matière et rien ne se fit plus tard dans cette branche, comme établissement, exploitation, ou construction de matériel, sans qu'on le consultât. On lui doit spécialement, en collaboration avec Regnault, l'application du télégraphe électrique aux lignes ferrées.

Après la ligne de Saint-Germain, il construisit celle de Versailles (rive droite), avec Mony et Clapeyron. Il resta toute sa vie ingénieur-conseil de la Compagnie de l'Ouest.

En 1849, il établit le premier chemin de fer espagnol dans les Asturies ; mais c'est surtout comme ingénieur de la Compagnie de l'Ouest qu'il eut, à partir de 1851, à accomplir les grands travaux qui illustrèrent le plus sa carrière ; tels sont l'agrandissement de la gare Saint-Lazare où il employa le premier, des fermes de 40 mètres de portée sans appui intermédiaire ; la reconstruction des ponts de Clichy et d'Asnières qui furent les premiers ponts en tôle exécutés en France,

malgré la répugnance des ingénieurs de l'État ; et l'établissement du chemin de fer d'Auteuil. C'est lui qui le premier, en collaboration avec Clapeyron, soumit toutes les pièces des ponts métalliques à la rigueur du calcul mathématique au lieu de les abandonner complètement à l'empirisme et à la routine comme faisaient et font encore d'ailleurs le plus souvent les Anglais. C'est avec un pareil système qu'on obtient de temps en temps de grandes catastrophes analogues à la chute du pont de la Tay. Flachat est encore l'inventeur de la locomotive-tender ; il prit la plus grande part à la construction du chemin de fer du Midi où il établit les ponts métalliques de Langon, d'Aiguillon et de Moissac qui sont restés des types. Une de ses œuvres les plus hardies est la reprise en sous œuvre et la restauration de la tour de la cathédrale de Bayeux avec l'aide de M. de Dion, un de ses nombreux élèves de l'École Centrale dont il aimait à s'entourer. Il a joué un très grand rôle dans les Expositions internationales, entre autres en 1867, et il a laissé beaucoup d'ouvrages dont le plus célèbre est le *Guide du mécanicien, constructeur et conducteur de locomotives*, publié en 1840 en collaboration avec Petiet. Il est l'auteur d'un projet monumental de halles centrales pour Paris, projet qui fut copié en partie et amoindri par l'auteur du projet actuellement exécuté. On lui doit encore un projet de chemin de fer métropolitain aboutissant aux halles en collaboration avec M. Bionne, ingénieur en chef du contrôle.

En 1870, il se mit à la tête de ce corps auxiliaire du *génie civil* qui contribua à la défense de Paris, fortifia la capitale, fondit des canons, fabriqua des mitrailleuses et eût enfin sa grande part de cet héroïsme, malheureusement stérile, qui du moins a sauvé l'honneur. Mais les malheurs de la guerre et les horreurs de la Commune qui suivirent, le frappèrent à mort et il succomba peu de temps après, laissant derrière lui cette gloire d'avoir été l'un des fondateurs du génie civil français. — A. M.

* **FLACHE**. *T. techn.* Solution de continuité dans une roche, dans une pierre. || Le bois *flache* est celui qui offre des déchets dans l'équarrissage et dont les arêtes ne sont pas vives.

FLACON. Petite bouteille très soignée et qui se ferme généralement avec un bouchon de même matière ou de métal.

FLAGEOLET. *Instr. de mus.* Instrument à vent et à bec de bois dur ou d'ivoire et percé de six trous, quatre en-dessus et deux en dessous. || Jeu de l'orgue le plus aigu de tous.

* **FLAMAND** (Style et art). On ne peut guère faire remonter jusqu'à l'antiquité l'histoire de l'art en Belgique. Le pays de la Basse Meuse et de l'Escaut, favorisé par ses forêts épaisses, sa population robuste et aguerrie, a résisté longtemps à la conquête romaine, et n'a que peu profité de cette civilisation brillante qui avait couvert l'Italie et la France de merveilleuses constructions.

L'architecture n'a laissé que des vestiges sans importance. La plupart des églises élevées du vr° au xr° siècle, mal construites, en matériaux peu durables, n'ont pas résisté et ont dû être réédifiées. L'église abbatiale de

Saint-Bavon, à Gand, qui datait du viie siècle tombait déjà en ruines au ixe. De même il ne reste rien, ou seulement des fragments peu intéressants de l'église primitive de Tournai, de celles de la Vierge, à Huy, de Saint-Servais, à Maestricht, de Sainte Waudru, de celles élevées au viie siècle à Gertruidenberg et à Marchiennes.

La transition offre déjà plus d'intérêt, avec Saint-Sauveur, à Bruges, l'abbaye de Villers, Notre-Dame de Ruremonde, Saint-Jacques, à Tournay, Saint-Quentin et Saint-Piat, à Tournai, le chœur de Saint-Martin, à Ypres, mais surtout l'un des plus curieux et des plus beaux monuments flamands : la cathédrale de Tournai. L'extérieur est d'un aspect véritablement monumental, avec ses cinq tours carrées dont trois offrent un mélange très curieux du roman et de l'ogival. Rien n'est plus imposant que l'aspect de son immense vaisseau divisé en trois nefs qui font retour sur les transsepts par deux travées, et qui sont formées par deux rangs superposés de 40 piliers réunis par des arcades en fer à cheval.

L'église collégiale de Nivelles, quoique gâtée intérieurement par des réparations inintelligentes, et le cloître de Tongres sont encore de la belle période de la transition. Pour terminer avec ce qui rappelle l'art roman, citons encore quelques maisons à Tournai, le château-fort de Gravenstein, à Gand, et le château d'Ath (xiiie siècle) qui a un beau donjon carré. La halle aux blés de Gand, bien que construite en 1323, est également romane par les ouvertures et l'appareil. On y remarque déjà les côtés latéraux des pignons découpés en escalier, disposition qui devient caractéristique de l'architecture de la Flandre et de l'Allemagne du Nord.

Il faut donc arriver à la période ogivale pour rencontrer des monuments complets et vraiment dignes d'admiration. Encore peut-on dire d'une manière générale que les églises des premières périodes sont moins riches d'aspect en Belgique que partout ailleurs à la même époque. On n'y observe que rarement ces grandes rosaces qui donnent aux façades tant de légèreté ; les *triforiums* sont simples, souvent même on les a remplacés par des balustrades ; les galeries sont petites et basses, et il est rare de voir des piliers réunis en faisceau. Les tours sont basses, carrées, surmontées de toits obtus ; enfin ce n'est qu'en Flandre qu'on voit ces flèches construites en briques, qui n'offrent que peu de résistance, et qui éloignent toute idée de décoration artistique ; c'est une nécessité du pays. Les porches sont peu communs, les portails presque toujours isolés ; les architectes flamands

n'ont pas compris le parti qu'ils pourraient tirer de ces trois portails qui contribuent à l'harmonie merveilleuse des cathédrales de Paris, de Reims, de Chartres, d'Amiens, etc.

Dès les premiers débuts de l'art ogival en Belgique, on reconnaît l'influence française. Elle est très remarquable dans Sainte-Gudule, à Bruxelles, qui est la plus importante des églises de la première période, à laquelle se rattachent encore Notre-Dame de Tongres, Saint-Martin d'Ypres, Saint-Léonard de Leau, et le chœur de la cathédrale de Tournai.

A la période ogivale secondaire appartiennent l'église de Saint-Jean, à Bois-le-Duc, une des plus jolies et des plus riches de Belgique, le grand Béguinage à Louvain, Notre-Dame-de-Huy, dont l'extérieur modeste ne se distingue que par une belle rosace, mais dont l'intérieur, aux murs couverts de panneaux sculptés, est d'une élégance et d'une justesse de proportions parfaites. Enfin un véritable bijou artistique, la petite église de Notre-Dame-de-Hall, qui est considérée comme une des merveilles du xive siècle.

Mais c'est surtout à l'art flamboyant que la Flandre doit ses plus superbes monuments. Elle était au xve siècle dans toute sa splendeur commerciale et politique ; la ferveur religieuse était encore assez grande pour produire de belles choses, et en quelques années s'élèvent partout de merveilleuses constructions : St-Martin, à Courtrai, St-Sulpice, à Diest, surtout N.-Dame, à

Fig. 133. — *Chapelle du Saint-Sang, à Bruges.*

Anvers, la plus grande des cathédrales flamandes. L'intérieur est nu et pauvre, et ne doit son aspect imposant qu'à ses sept nefs. L'extérieur est surtout remarquable par une superbe tour, haute de 122 mètres et œuvre de Pierre Amel, né en France, à Boulogne-sur-Mer. Il est regrettable qu'un autre architecte, chargé de l'achèvement de cette tour, ait cru devoir y ajouter un couronnement à jour de fort mauvais goût, qui nuit à l'effet pyramidal.

Saint-Rambaut, à Malines, possède aussi une belle tour à jour qui n'a d'autre point d'appui que les murs latéraux ; dans la même ville, la tour de l'église Notre-Dame est lourde et massive comme un donjon.

Les intérieurs deviennent également plus ornés et peu à peu ils atteignent même une grande richesse d'ornementation. L'intérieur de Saint-Pierre de Louvain est superbe d'aspect, avec son jubé et ses précieux tabernacles sculptés. Saint-Bavon a dans le chœur et les bas côtés de belles voûtes ogivales à nervures croisées, de riches balustrades flamboyantes et des fenêtres flanquées de tourelles octogones d'une élégance remarquable.

Nous arrivons enfin aux deux merveilles de la Belgique, aux types les plus parfaits peut-être du style flamboyant : Saint-Jacques à Liège et la chapelle du Saint-Sang, à Bruges. L'extérieur de Saint-Jacques est régulier et d'une ornementation sobre; on y rencontre une tour romane qui *semble égarée dans ce monument ogival;* mais son intérieur incomparable est au-dessus de toute description.

La chapelle du Saint-Sang, à Bruges (1533), dont nous donnons la façade (fig. 133), est construite comme Saint-Waudru, en pierre bleue du pays. On lui reproche une recherche qui laisse pressentir la fin du règne ogival. Mais on ne peut qu'admirer ses trois portiques superposés formant avant-corps, et couverts de sculptures remarquables ; les voûtes sont à compartiments prismatiques du plus heureux effet. On ne peut rien imaginer de plus élégant, de plus original.

A droite de la chapelle se trouve l'ancien greffe du tribunal de Bruges, construit dans le même style, et qui date de la même époque.

Avant d'aborder l'étude de la Renaissance flamande, il nous faut retourner en arrière et voir quels étaient les progrès faits par l'architecture civile depuis l'époque romaine; c'est là surtout, en effet, que l'art flamand se révèle et devient original. De bonne heure, les bourgeois ont joui d'une liberté presque absolue, et ils ont pu sans crainte faire étalage de leurs richesses: de même les villes, aussitôt affranchies, affirment leurs libertés par des beffrois et des édifices communaux qui rappellent les châteaux-forts de leurs anciens maîtres. Il est aisé de reconnaître la trace des anciennes habitations féodales dans les halles et les hôtels de ville ; le donjon est devenu le beffroi; le plan reste carré, et aux angles du quadrilatère, on retrouve les tourelles en saillie et les toits bordés de créneaux en balustrades. Voyez la halle aux draps d'Ypres, ne semble-t-elle pas une construction militaire? Son aspect sévère et sobre, dû surtout à son appareil en briques, rappelle en grand les palais toscans du moyen âge. Elle date du XIIIᵉ siècle (fig. 134).

Le beffroi de Bruges (1291) encore fort beau, était autrefois surmonté d'une flèche pyramidale en bois qui en portait la hauteur à 107 mètres. La halle aux draps de Gand, qui date de la période ogivale secondaire, a une jolie façade bien que de peu d'étendue. Enfin, dans le même style, citons les boucheries d'Ypres, en pierres de taille et briques, et d'Anvers, avec ses pignons en gradins, disposition qui caractérise l'architecture civile du nord de l'Europe.

Mais aucun de ces édifices d'utilité publique n'approche pour la richesse et l'élégance, des hôtels de ville que possèdent les villes principales de la Belgique, et qui tous sont remarquables. Le premier en date, est celui d'Alost, dont la façade est occupée par une jolie tour élancée; puis viennent l'hôtel de ville de Bruges, 1377, et enfin, au XVᵉ siècle, les quatre merveilles de l'art flamand : Bruxelles, Louvain, Gand et Audenarde.

L'hôtel de ville de Bruxelles est un trapèze de 80 mètres sur 35. La façade est régulière, sauf en ce qui concerne la tour, et percée de fenêtres rectangulaires partagées en croix, à linteaux et chambranles cannelés du plus bel effet; aux angles, des tourelles sculptées; et, dominant l'édifice, une tour en pierre, à jour, chef-d'œuvre de hardiesse et de légèreté, à laquelle rien ne peut être comparé. L'architecte, dit-on, se pendit de désespoir parce qu'elle n'était pas placée au centre. Nous ne savons ce qu'il faut penser de cette légende, mais il est certain que ce défaut ne nuit en rien à la beauté de l'œuvre et à la gloire de son auteur.

Fig. 134. — *Halles d'Ypres.*

L'hôtel de ville de Louvain est d'une richesse inouïe. Six tourelles octogones, aux angles et au centre, sont couronnées de flèches à jour et dominent trois étages de fenêtres ogivales entre lesquelles on a sculpté de superbes panneaux. Dans l'intervalle des fenêtres du premier étage se trouvent 36 niches, en encorbellement, surmontées de dais à jour.

Celui de Gand devait rivaliser avec les précédents, mais, faute d'argent, il n'a pu être achevé; il manque un étage, et un toit bâtard termine brusquement l'édifice qu'il écrase. L'architecte qui en avait tracé les plans était Eustache Polleyt.

L'hôtel de ville d'Audenarde, formant un trapèze isolé sur trois côtés, domine majestueusement une belle place publique. Au-dessus d'un rez-de-chaussée bordé d'un portique de neuf arcades à ogives écrasées, s'élèvent deux étages de fenêtres ogivales séparées par des niches couvertes de dais. Les archivoltes des arcades du portique et celles des fenêtres sont entourées d'une guirlande de feuilles rampantes terminées par un panache. Le second rang de fenêtres est surmonté à la hauteur du toit d'une balustrade découpée en meneaux flamboyants. Le toit, fort haut, est percé de nombreuses lucarnes et de deux grandes fenêtres flanquées chacune de quatre pinacles qui servaient de support à autant de génies en bronze doré. Enfin, au centre de la façade surgit en avant-corps une belle tour d'environ 40 mètres, carrée jusqu'aux deux tiers de la hauteur, et octogone aux étages supérieurs; elle finit en coupole et porte la statue dorée d'un guerrier tenant une bannière aux armes de la ville. Ce beau monument est dû à l'architecte Van Pede, et date de 1530.

Parmi les plus curieux édifices publics de la Belgique, nous pouvons citer encore, à Gand, les maisons des poissonniers et des bateliers; à Anvers, la bourse; à Bruxelles, la maison du roi, qui datent du xvie siècle.

Les maisons en pierre sont fort rares et n'ont pu appartenir qu'à de puissantes familles. Bruges, Ypres, Gand, Anvers, Malines, Tournai, Ath, conservent encore quelques belles maisons ogivales en pierre et en briques du xve et du xvie siècle; Bruges est surtout riche en habitations anciennes : l'hôtel de Mote, l'hôtel de Bouchoute comptent parmi les plus curieux de la Belgique.

La Renaissance a trouvé un développement plus difficile en Belgique que partout ailleurs, sans doute par suite de l'état de troubles où se trouva la Flandre aux xve et xvie siècles. Aussi, manque-t-elle d'originalité. Elle procède d'abord de la Renaissance française, pour se rapprocher, à la fin du xvie siècle, de la Renaissance allemande. Le greffe de Bruges, l'hôtel Granvelle, à Bruxelles; le collège Vandale à Louvain, la maison des arbalétriers à Bruges et la belle maison des poissonniers à Malines, sont les seules constructions de la Renaissance au xvie siècle qui méritent une mention.

Mais, où la richesse et la fécondité des artistes de la Renaissance se manifeste avec le plus d'éclat, c'est dans les accessoires religieux qui décorent la plupart des églises flamandes. Tels sont les autels de la Madeleine, dans l'église Sainte-Waudru, à Mons, et du chœur de Saint-Jacques, à Liège; le beau tabernacle de Leau, qui est un véritable monument divisé en dix étages; le jubé de la cathédrale de Tournai, magnifique portique de trois arcades à plein cintre, retombant chacune sur un entablement porté par deux colonnes doriques en marbre jaspé, avec bases en marbre noir et chapiteaux en albâtre.

Il n'est presqu'aucune ville flamande dont les églises ne soient ornées de stalles, de chaires, de remarquables confessionnaux sculptés de la Renaissance ou de la belle époque du xviie siècle.

En Belgique, l'architecture religieuse passe presque sans transition du style ogival au style bâtard du xviie siècle. L'église des Augustins à Bruxelles, les églises des Jésuites à Anvers, à Bruges, à Namur et à Louvain sont des monuments construits avec cette sûreté de méthode, cette sévérité de lignes, ce luxe intérieur, mais en même temps cette sécheresse d'aspect et ce mauvais goût qui caractérisent les constructions faites par ces architectes. Il faut avouer cependant, qu'en tenant compte des défauts du style jésuite, Saint-Michel de Louvain et Saint-Loup, à Namur, sont considérées comme dignes de rivaliser avec les plus beaux types de l'architecture religieuse du milieu du xviie siècle. Le xviiie siècle au contraire n'est pas riche en monuments importants. Le règne de Joseph II fut peu favorable à l'architecture. La suppression des couvents amena la suspension des grandes constructions entreprises par les ordres ou les fabriques, et la guerre contre la France, après avoir attiré les étrangers en Belgique, eut pour conséquences la destruction des églises et la dilapidation de leurs richesses. C'est ainsi que les cathédrales de Bruges, de Liège, d'Arras, de Cambrai ont été entièrement dépouillées sans profit pour l'art, leurs ornements ayant été dispersés dans des mains ignorantes et avides.

L'église des Minimes, à Bruxelles, l'église des Augustins, à Bruges, sont de jolis édifices du commencement du xviiie siècle. Puis viennent dans l'ordre de date, la magnifique cathédrale de Saint-Aubin à Namur (1751-1767), la chapelle de l'ancienne cour (1760) qui reproduit le plan de la chapelle de Versailles, l'abbaye de Bonne-Espérance (1776) due au célèbre architecte Dewez, ainsi que celle de Whierbeeck (1790), près de Louvain, qui est considérée comme son chef-d'œuvre. C'est la dernière église de quelque importance, consacrée depuis les événements de 1787 jusqu'à la fin de l'empire.

Mais la révolution de 1830, en affranchissant le culte de toute entrave, donne un nouveau développement à l'architecture religieuse, et en peu d'années on voit s'élever la chapelle des dames de la Charité à Bruges, Saint-André, à Tournai, Saint-Macaire, à Verviers, Saint-Joseph, à Bruxelles, les églises ogivales de Borgerhout, de Saint-Georges, à Anvers, de Saint-Boniface, à Bruxelles, l'église romane de Schaerbeek, qui font le plus grand honneur aux architectes belges modernes : Suys, Dumont, Roeland, Van Overstraeten, etc.

Pendant ces dernières années, l'architecture civile a fait de grands efforts pour sortir de l'indifférence où l'avait plongée l'incurie des empereurs. Le nouveau gouvernement a déployé dans ce sens la plus grande activité. Le palais de l'université et le grand théâtre, à Gand, dus à Roeland, le théâtre royal d'Anvers, celui de Liège, les hôtels de ville de Namur et d'Alost, la nouvelle bourse, les quais et l'entrepôt d'Anvers, l'entrepôt et l'hôpital de Louvain, enfin, à Bruxelles, les galeries Saint-Hubert, et tout récemment le palais de justice dans cette même capitale, montrent le succès des efforts tentés par l'école belge moderne.

Peinture. La peinture flamande tient une place exceptionnelle dans l'histoire de l'art, tant par son ancienneté et l'originalité de ses procédés que par la notoriété d'artistes tels que les frères Van Eyck, inventeurs de la peinture à l'huile, Hans Memling, Quentin Metzys, Franz Floris, les Breughel, Rubens et Van Dyck, qui suffiraient à illustrer un pays, et leurs disciples Jordaens, Van der Meulen, les Téniers, Ph. de Champaigne, etc. Mais l'école flamande n'a guère traité la peinture décorative, et son histoire ne peut rentrer dans le cadre qui nous est imposé. A peine pourrions-nous citer quelques vitraux au xvie siècle, tels que ceux de la cathédrale de Bruxelles, dont les cartons furent donnés par Coxie et Van Orley, inspirés évidemment des principes et des procédés français, mais remarquables par l'expression et la couleur. Au xve siècle, les Van Eyck et leurs élèves ont donné dans l'illustration des manuscrits de véritables merveilles, notamment le Bréviaire et le missel du duc de Bedfort, la légende de Sainte-Catherine d'Alexandrie, etc.

Sculpture. Les sculpteurs flamands, bien que fort nombreux, sont peu connus pour la plupart en dehors de la Belgique, et leur réputation n'est pas comparable à celle des peintres de la même époque. On pourrait croire même que pendant longtemps la sculpture fut considérée comme un art inférieur, car beaucoup d'œuvres parmi les plus anciennes sont restées anonymes. Nous citerons pourtant au xvıᵉ siècle Glosencamp, Adrien Raset, Jougelinck, Lecreux et Claude Floris; au xvııᵉ, les frères Duquesnoy, les Quellyn et les Verbrugghen, familles fécondes en grands artistes, Plumier, d'Anvers, et enfin, dans l'école belge actuelle, les frères Geefs.

Gravure. L'art de graver sur bois est très ancien en Flandre, et ce pays le dispute même, preuves en mains, à l'Allemagne, pour l'invention de l'imprimerie. Dès le xvıᵉ siècle, ses artistes se consacrent à la gravure au burin et y acquièrent rapidement un talent remarquable, surtout dans la reproduction du paysage. Comme souvent en Flandre, nous voyons des familles entières s'illustrer dans cette branche de l'art : les Van den Bosch, les Sadeler, qui comptent parmi les plus célèbres, les Wierix, les Galle, les de Bruyn, graveurs de pères en fils. L'impulsion donnée à la peinture par Rubens et son école, devait avoir également une grande influence sur la gravure. Aussi, en peu d'années les procédés se perfectionnent, l'art s'élève, la personnalité se montre. Élèves d'une même école, s'attachant à reproduire les mêmes chefs-d'œuvre, Soutman, Wischer, Bolswert, Poutiers ont un talent et un caractère particulier. Ils ont laissé des élèves également remarquables et qui sont venus aux xvııᵉ et xvıııᵉ siècles, jusqu'en France et en Italie, où ils se montrèrent les rivaux habiles des plus célèbres graveurs de leur temps. De nos jours, Calamatta a fondé à Bruxelles une école de gravure, sous la direction du gouvernement, et qui a produit d'excellents résultats.

Dentelles. La Belgique conserve encore sa supériorité pour la fabrication de la dentelle. Le point flamand a reçu le nom générique de *malines*, mais les plus beaux dessins à plusieurs fuseaux et à plusieurs mains, viennent des faubourgs de Bruxelles ; les dentelles fabriquées à Malines même sont moins recherchées et d'une exécution moins parfaite. Devant la concurrence qui leur a été faite en Angleterre ; à Venise et en France, à Alençon, à Valenciennes et au Puy, les fabriques flamandes n'ont cessé de décroître d'importance, et si leurs tissus sont toujours d'une perfection remarquable, leur production est chaque jour plus restreinte.

Tapisseries. C'est aux ducs de Bourgogne que les Flandres furent redevables de l'essor que prirent au xvᵉ siècle leurs métiers à tapisseries. En 1466, Philippe-le-Bon faisait exécuter à Bruxelles l'*histoire d'Annibal,* et déjà les ateliers de Tournai et de Bruges rivalisaient avec les fabriques d'Arras qu'ils devaient bientôt surpasser. Des ateliers importants se fondaient en même temps à Ypres, à Middelbourg et à Alost. Les œuvres des frères Van Eyck sont reproduites surtout par les artistes flamands qui ont excellé à retracer ces personnages un peu roides, ces paysages étroits, ces physionomies mystiques et naïves. L'influence des ateliers flamands, et principalement de ceux de Bruxelles, est prépondérante pendant tout le xvıᵉ siècle, puis, après avoir été éclipsée par l'Italie, elle reprend une vie nouvelle avec Rubens, Jordaens et Téniers. C'est le dernier éclat de ces fabriques fameuses ruinées par les ateliers français et allemands. Au xvııᵉ siècle, les tapisseries de valeur sortent des Gobelins, d'Aubusson, de Beauvais. Aussi la décadence est-elle aussi rapide que complète, et en 1794, le dernier atelier bruxellois est fermé par la mort de l'unique représentant d'une famille célèbre par ses artistes : Jacques Van der Borght. — V. l'art. BELGIQUE. — C. DE M.

Bibliographie : J.-B. SCHAYES : *Histoire de l'architecture en Belgique,* 6 vol. in-12 ; D. RAMÉE : *Histoire de l'architecture ;* HOPE : *Histoire de l'architecture ;* La Belgique *monumentale.*

*FLAMBAGE. *T. techn.* 1° Le flambage est une opération destinée à enlever aux étoffes, au moyen d'une combustion rapide, les brins de fil ou de duvet qui se trouvent à leur surface. On l'appelle encore dans certaines contrées *roussi, grillage, gazage,* etc., mais ce dernier mot s'applique surtout aux fils. — V. GAZAGE, GRILLAGE. || 2° Procédé de conservation des bois au moyen d'une carbonisation superficielle.

FLAMBANT. *Art hérald.* Se dit d'une pièce ondée en forme de flamme ; on dit aussi *flamboyant.*

*FLAMBARD, FLAMBERGE. — V. ARMES, § *Armes blanches ;* ÉPÉE.

FLAMBEAU. Torche de cire ou de résine qu'on porte à la main, et, par extension, *chandelier, candélabre,* destiné à porter des chandelles ou des bougies pour l'éclairage des intérieurs. — V. CHANDELIER.

FLAMBOYANT (Style). On a donné le nom de *flamboyant* à la dernière période de l'art ogival qui comprend la fin du xıvᵉ siècle et le xvᵉ. Elle se distingue par des ornements flammés et en S qui donnent, en effet, aux édifices construits à cette époque un aspect *flamboyant.* Cette période est celle où l'art ogival atteint toute sa splendeur ; mais on lui reproche son défaut d'unité, ses lignes grêles, l'abus du détail dans l'ornementation, les feuillages profondément fouillés, les pinacles sculptés, les flèches à jour, qui, sans profit pour l'ensemble, occupent l'esprit et détournent l'attention. Tout dans ce style qui a cependant produit des merveilles, indique une décadence prochaine. Mais où l'art flamboyant excite une admiration sans réserve, c'est dans tous les accessoires qui se rattachent à l'architecture, mais n'exigent pas comme elle de grandes surfaces dont il faut harmoniser les diverses parties. Tels sont les meubles, les clôtures de chœur, les jubés, les autels, les ustensiles en métal ciselé, etc. Là on ne peut que rendre hommage à l'habileté des ouvriers et à la fécondité de leur talent. — V. OGIVAL.

I. FLAMME. *T. de chim.* Gaz en combustion et dont la température est assez élevée (au moins à 600°) pour qu'il devienne lumineux. Un corps solide fixe, comme le fer, non susceptible de se gazéifier devient *incandescent* par la chaleur, mais ne donne jamais de flamme. Pour qu'il y ait flamme, il faut que le corps combustible soit gazeux (comme l'hydrogène, l'oxyde de carbone, le gaz d'éclairage) ou susceptible de le devenir, au moins partiellement, sous l'action du feu (comme l'alcool, les huiles, la bougie, le bois, le soufre). Tout corps qui brûle doit donc laisser dégager un gaz. La flamme est le *lieu* de la combustion ; au-delà de cet espace, le gaz refroidi n'est plus lumineux ; c'est pourquoi la flamme est *limitée.* Elle est *mobile* comme le gaz lui-même et *tend à monter* par suite de la force ascensionnelle que le gaz a acquise par la chaleur. La quantité de gaz à brûler diminuant, la flamme va en s'amincissant et affecte la *forme conique.* Quand on allume une bougie ou une lampe, la chaleur communiquée à la mèche décompose la matière végétale dont elle est formée, de là un dégagement de gaz combustible qui, se combinant avec l'oxygène de l'air, donne une flamme. La chaleur dégagée dans cette combustion fait fondre le corps gras qui monte dans la mèche par capillarité. Là, il est décomposé par la chaleur, en donnant naissance à un gaz qui brûle à son tour et produit la chaleur nécessaire pour fondre et décomposer une nouvelle portion du corps gras, et ainsi de suite; ce qui explique la *continuité* de la flamme.

Pour que la combustion d'une flamme se continue, il faut que la chaleur produite par la combinaison de la matière combustible avec l'oxygène de l'air soit suffisante pour porter les parties voisines à la température de l'inflammation. Par conséquent, plus la température d'inflammation est basse, plus il y a de chances qu'elle continue.

En soufflant brusquement sur la flamme d'une bougie, on disperse le gaz inflammable dans une grande masse d'air, ce qui le refroidit assez pour que la combustion cesse. Cependant la mèche fournit encore du gaz. La colonne de fumée qui s'en dégage peut être enflammée par sa partie supérieure, la combustion s'y propage de haut en bas et la mèche se rallume. Enfin, la flamme s'éteindra encore si l'air n'a pas libre accès, ou si l'oxygène qu'il contient est trop raréfié. C'est ainsi qu'on explique pourquoi on fait de la braise en renfermant dans un étouffoir du charbon incandescent; pourquoi un charbon rouge de feu s'éteint s'il est placé sur une plaque de fer et comment on éteint les feux de cheminées en bouchant hermétiquement leurs deux extrémités. Il est facile de prouver que la flamme des lampes ou des bougies est due à une matière gazeuse provenant de la décomposition des corps gras. Il suffit de mettre dans une fiole de l'huile ou de la bougie, de fermer la fiole avec un bouchon traversé par un tube effilé. En chauffant le vase, la matière grasse éprouve une sorte d'ébullition ; il se dégage bientôt un gaz qu'on peut enflammer au bout du tube. La lumière en sera blanche comme celle d'une lampe ou d'une bougie.

C'est en décomposant par la chaleur la houille des diverses substances organiques qu'on produit le gaz de l'éclairage.

Éclat et chaleur des flammes. Toutes les flammes ne se ressemblent pas, il en est de très éclatantes et de très pâles, de très chaudes et d'autres qui le sont beaucoup moins. L'*éclat* d'une flamme n'est pas en rapport avec sa température. Il dépend surtout de la présence des particules solides qui s'y trouvent en suspension. Ainsi, la flamme de l'hydrogène est très pâle, quoique très chaude, par ce que le produit de sa combustion (la vapeur d'eau) est gazeux. Il en est de même des flammes du soufre, de l'oxyde de carbone, de l'acide sulfhydrique, de l'alcool, etc., qui donnent lieu à des composés gazeux : acide sulfureux, acide carbonique, vapeur d'eau ; tandis que les flammes du phosphore, du magnésium, du zinc sont très éclatantes, parce qu'elles donnent comme produits de leur combustion des corps solides : acide phos-

phorique, oxydes de magnésium, de zinc, qui, tout en abaissant la température de la flamme y deviennent incandescents et lui donnent un grand éclat.

La flamme du gaz de l'éclairage, celles des bougies et des lampes sont principalement formées d'hydrogènes carbonés qui éprouvent une combustion incomplète et abandonnent du carbone très divisé qui devient incandescent. On peut constater la présence du charbon dans une flamme de lampe ou de bougie, en y introduisant une lame métallique, ou en écrasant la flamme avec une soucoupe froide, il se formera à sa surface un dépôt de charbon. La flamme d'une bougie donne peu de clarté, à cause de sa faible surface, on en obtient davantage avec la lampe à huile à double courant d'air. On peut rendre éclatante la flamme de l'hydrogène en faisant passer le gaz dans un vase contenant une couche de benzine où de térébenthine. En l'enflammant à sa sortie, il donnera une flamme blanche très lumineuse.

Pour montrer directement l'effet des corps solides sur une flamme, il suffit d'y introduire des fils très fins de platine, ou des filaments d'amiante. L'éclat de la flamme en sera augmenté très sensiblement, bien que leur présence, au sein du gaz en combustion, en ait abaissé la température. Un mélange d'oxygène et d'hydrogène projeté enflammé sur la chaux vive, sur la magnésie ou la zircone, produit une flamme d'un éclat que l'œil peut à peine supporter.

La pression et la densité du gaz jouent aussi un rôle dans l'éclat des flammes. Ainsi, M. Frankland a démontré qu'un mélange détonant, qui à la pression ordinaire brûle avec une flamme pâle, donne, à mesure que la pression augmente, une flamme de plus en plus éclatante. M. Sainte-Claire Deville a expliqué cet effet par l'élévation de température que cette pression détermine. D'après M. Frankland, l'éclat des flammes ne serait pas dû à la présence des corps solides, mais à la densité des vapeurs et des gaz, qui deviennent lumineux à des températures d'autant plus basses que ces corps sont plus denses. La comparaison des densités suivantes nous expliquerait pourquoi la flamme de l'hydrogène est faible, tandis que celle du soufre et du phosphore sont éclatantes :

La densité de l'hydrogène étant. . . .	1.0
— de l'oxygène est	16.0
— de la vapeur d'eau	18.0
— de l'acide sulfureux.	32.0
— du chlore.	35.5
— de la vapeur d'acide phosphorique	71.0

Selon M. Frankland, l'acide phosphorique n'existerait pas à l'état solide mais à l'état de vapeur dans la flamme du phosphore. De même qu'on augmente à volonté l'éclat d'une flamme, on peut aussi le faire disparaître, il suffit pour cela d'introduire dans son intérieur un courant d'air capable d'opérer la combustion complète du carbone. Les becs de Bunsen, dits *brûleurs*, donnent, avec le gaz d'éclairage, une flamme pâle, mais beaucoup plus chaude que la flamme blanche des becs de gaz ordinaires. Les brûleurs de M. Perraux, de

M. Schlœsing, fondés sur le même principe, peuvent, par des dispositions particulières, accroître considérablement la chaleur des flammes, surtout en employant l'oxygène au lieu de l'air.

D'autre part, la présence de tout gaz inerte, comme l'azote, l'acide carbonique, la vapeur d'eau, dans une flamme en abaisse nécessairement la température. Il en est de même des bons conducteurs de la chaleur.

Flammes inverses. On sait que les gaz, dits *combustibles*, brûlent dans une atmosphère d'oxygène. Inversement, on peut faire brûler l'oxygène dans une atmosphère de l'un de ces gaz, en employant des dispositions analogues. On fait arriver le gaz comburant ou combustible, par un tube effilé, on l'enflamme par une étincelle électrique, il brûle dans l'atmosphère qui l'entoure. C'est ainsi que l'hydrogène brûle dans l'oxygène et réciproquement l'oxygène dans l'hydrogène. Il en est de même de l'oxyde de carbone, de l'acide sulfhydrique, des hydrogènes carbonés, etc. On donne aussi le nom de *flamme inverse* à la flamme du gaz d'éclairage brûlant dans des tubes (siphons Subra) disposés de manière que la flamme soit dirigée de haut en bas, l'appel du gaz se faisant dans ce sens.

Fig. 135.
Flamme d'une bougie.

CONSTITUTION DE LA FLAMME. La flamme d'un corps simple en combustion est homogène dans toute son étendue ; mais il n'en est pas de même de celle d'un corps composé, par exemple de la flamme d'une bougie. On y distingue, avec un peu d'attention, trois couches concentriques (fig. 135).

Une *enveloppe extérieure*, a, b, c, mince, pâle, jaunâtre à la partie supérieure b, c, et bleue à la base a ;

Une *enveloppe moyenne d*, très étendue, blanche, très éclairante ; c'est la flamme proprement dite ;

Une *partie centrale e*, obscure. Cette disposition s'explique facilement :

1° L'*enveloppe extérieure* qui entoure la flamme comme un manteau, est pâle parce que sa température est très élevée, la combustion du carbure d'hydrogène y étant complète, parce que l'air environnant lui fournit l'oxygène nécessaire à cet effet et que les produits de la combustion sont la vapeur d'eau et l'acide carbonique. La *base* bleue est formée de vapeurs d'hydro-carbure transformées en oxyde de carbone par une combustion incomplète, non par manque d'oxygène, mais parce que la température y est insuffisante pour transformer l'oxyde de carbone en acide carbonique.

2° Dans l'*enveloppe moyenne* se trouvent les produits gazeux de la décomposition du corps gras, mais l'air n'y ayant pas un libre accès, la combustion des hydrogènes carbonés y est incomplète, l'oxygène qui a pu pénétrer est absorbé par l'hydrogène seul et le carbone reste en suspension dans la flamme ; c'est ce qui lui donne de l'éclat, tout en abaissant sa température. Pour comprendre les effets résultant de combustion complète dans une flamme, il faut se rappeler ce principe de chimie. « Lorsqu'un corps, composé de plusieurs éléments, est soumis à l'action d'une quantité d'oxygène insuffisante pour que sa combustion soit complète, ce sont toujours les éléments les plus combustibles qui brûlent les premiers. » Or, le mélange gazeux provenant de la décomposition des corps gras, étant formé de carbures d'hydrogène, l'hydrogène, corps plus combustible que le carbone, brûle le premier. Voilà ce qui explique la mise en liberté du charbon dans la partie médiane de la flamme. Il en est de même pour le gaz d'éclairage.

3° Enfin, dans la *partie centrale*, où l'oxygène de l'air ne peut pénétrer, il n'y a pas de combustion. Cet espace reste donc *obscur*, étant rempli de gaz inflammable ou de vapeurs de la substance grasse qui ne brûlent qu'en arrivant dans l'enveloppe moyenne et dans la partie supérieure de la flamme.

Constitution de la flamme d'une bougie.

		Enveloppe extérieure		Partie moyenne d	Partie centrale e
		base a	partie supérieure b c		
Constitution physique.	Couleur.	bleue.	jaune pâle.	blanche, éclairante.	obscure.
	Température.	assez élevée.	températ. maxima en b'.	moins élevée.	relativement basse
Constitution chimique.	Composition	oxyde de carbone.	combustion complète ; formation de vapeur, d'eau et d'acide carbonique.	combustion incomplète ; carbone en suspension rendant la flamme éclairante.	pas de combustion. par défaut d'accès d'air.
	Effets sur les métaux, les oxydes, les sels.	flamme désoxyd.	flam. oxydante.	peu oxydante.	partie désoxydante

Quand l'air ne vient pas en assez grande quantité à la partie supérieure pour y brûler le gaz inflammable qui y monte, la lampe *fume*. La température de cette partie centrale est relativement très basse (on en verra la preuve plus loin). En écrasant la flamme avec une toile métallique on distingue très bien les trois anneaux correspondant aux trois couches concentriques de la flamme. Un fil fin de platine ou de fer introduit transversalement dans la flamme, devient incandescent sur les bords de la flamme et reste obscur dans la partie centrale.

Le tableau précédent résume les propriétés de la flamme qu'on peut regarder comme une distillation sèche, où les gaz résultant de la décomposition (huile empyreumatique, hydrogène carboné, oxyde de carbone, hydrogène, azote, etc.), sont portés à une température capable de les rendre lumineux.

La constitution des *flammes du gaz de l'éclairage* ne diffère pas de celle que nous venons d'indiquer, si le gaz s'échappe par une seule ouverture. Quant aux flammes qui éclairent les rues, elles sont produites par une large nappe de gaz formée de deux couches extérieures peu brillantes (parce que la combustion y est complète), et d'une couche intérieure contenant un excès de charbon qui donne à la flamme son éclat. En augmentant l'étendue de la couche intérieure par un écoulement convenable du gaz, on produit une vive clarté. La *flamme de l'alcool* est plus simple et ne présente que deux parties distinctes : l'une intérieure très peu lumineuse, l'autre extérieure qui l'est davantage. Un fil de fer fin plongé transversalement dans cette flamme reste obscur dans la partie centrale et devient rouge blanc dans l'enveloppe. La connaissance de la constitution chimique des diverses parties d'une flamme est nécessaire pour les essais au chalumeau. — V. Chalumeau.

Analyse chimique de la flamme par l'aspirateur de M. Nicklès (fig. 136). On peut explorer les diverses parties d'une flamme, au moyen d'un appareil très simple imaginé par M. Nicklès. Il consiste en un aspirateur formé d'un flacon à robinet, plein d'eau, fermé par un bouchon que traverse un tube de chalumeau ou simplement un tube de verre recourbé, dont la partie effilée pénètre dans la flamme. En ouvrant le robinet,

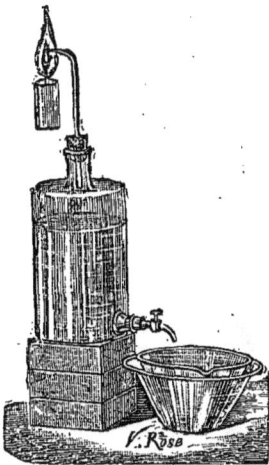

Fig. 136. — *Appareil Nicklès.*

l'eau s'écoule aussi lentement qu'on le veut; les gaz sont aspirés et l'on voit une colonne blanche de vapeurs descendre dans le flacon. Ces gaz peuvent être recueillis et analysés ou brûlés à l'ouverture du flacon débouché.

Effets des toiles métalliques sur les flammes. Une toile métallique abaissée sur une flamme l'éteint à mesure qu'elle descend et permet de voir, à travers les mailles, les diverses parties annulaires de la flamme qu'elle intercepte. Elle agit, par sa grande surface et sa conductibilité, en refroidissant les gaz enflammés, au point d'arrêter leur combustion. Ils s'échappent alors sous forme de fumée à travers les mailles de la toile métallique, au-dessus de laquelle on peut d'ailleurs les enflammer. C'est d'après cette propriété, remarquée par Davy, que sont construites les lampes des mineurs, ou lampes de sureté de Davy, de Combes, etc. La diminution de température est ici proportionnelle à la petitesse des ouvertures et à la masse du métal, ainsi qu'à sa conductibilité.

On peut constater à l'aide d'une toile métallique que, non seulement le gaz ne brûle pas dans la partie centrale de la flamme, mais encore que la température y est assez basse. Pour cela, on ménage dans la toile une petite ouverture par laquelle on introduit une allumette soufrée ou même phosphorique qui n'y prend pas feu. On y peut introduire de la poudre de chasse, du phosphore, sans que ces substances s'enflamment. On a confectionné des vêtements et des masques en toile métallique avec lesquels on peut pénétrer impunément dans les flammes d'incendie.

En plaçant verticalement dans la flamme d'une bougie un morceau de toile métallique ayant la forme même de cette flamme, on voit les bords de la toile devenir incandescents, tandis que la partie centrale reste obscure et se couvre de noir de fumée. Cette expérience est une sorte d'analyse physique de la flamme.

Lampe sans flamme. Un fil de platine roulé en spirale, chauffé au rouge et porté rapidement dans un vase au fond duquel se trouve une couche d'éther, continue à rester incandescent, par suite d'une combustion incomplète des vapeurs qui viennent à son contact. Il ne se produit pas de flamme. L'extrémité inférieure du fil métallique doit être assez rapprochée de la surface du liquide; pas trop cependant, car l'éther s'enflammerait. Le fil de platine reste suspendu à une feuille de papier ou de carton qui doit fermer incomplètement le vase.

Flammes colorées. — V. Couleur, § *Couleur des flammes*, t. III. 988.

Flammes monochromatiques. On nomme ainsi toute flamme qui n'a qu'une seule couleur. Ainsi la flamme jaune de l'alcool salé est monochromatique et donne dans l'obscurité, aux corps environnants, des teintes très différentes de celles qu'ils ont au grand jour. — V. Couleur, § *Les couleurs dans leurs rapports avec les lumières artificielles*, p. 987.

Flammes de Bengale. Les *flammes* ou *feux de Bengale* sont formés par des mélanges de poudre et de matières salines douées de la propriété de colorer les flammes. On en fait de toutes les couleurs; les rouges, les vertes et les bleues sont les plus recherchées. On introduit la composition dans une terrine peu profonde; on recouvre la surface de pulvérin et l'on sème dessus quelques morceaux de mèche avec un brin d'étoupille pour y mettre le feu. Les pots ainsi préparés sont recouverts de papier ou de parchemin, pour les garantir de l'humidité. On enlève le couvercle avant d'enflammer le mélange.

COMPOSITION DE QUELQUES FEUX DE BENGALE.

Flamme rouge.

Salpètre	. . . . .	48
Soufre	. . . . . .	13
Antimoine	. . . . .	7

Flamme verte.

Soufre	. . . . .	16
Vert de gris	. . .	1
Antimoine	. . . .	0.5

Flamme bleue (très belle).

Pulvérin	 4
Salpètre	. . . . 2 ou 3
Soufre	. . . . 3 ou 4
Limaille de zinc	. . . . . . 3 ou 17

V. Tessier : *Traité pratique des feux colorés.*

Flammes sonores, chantantes, sifflantes, sensibles. Lorsque l'hydrogène ou le gaz de l'éclairage brûle à l'extrémité d'un tube effilé et qu'on fait descendre verticalement sur la flamme un tube de verre jusqu'au tiers environ de sa longueur, cette flamme rend un son qui correspond à celui que donnerait un tuyau d'orgue ouvert, de mêmes dimensions. En faisant glisser ou bout de ce tube une enveloppe en métal ou même en papier, on en augmente la longueur et l'on fait varier à volonté la hauteur du son rendu. Le pyrophone de M. Kastner est fondé sur le principe des flammes sonores. En observant ces flammes à l'aide d'un miroir tournant, on voit qu'elles présentent des alternatives périodiques d'éclat et d'extinction partielle ou totale. La production du son, en cette circonstance, est donc due aux vibrations des flammes, lesquelles ont pour cause le courant d'air ascendant que la chaleur de la flamme détermine dans le tube qui l'enveloppe (V. CHALEUR. § *Effets sonores*, t. II, p. 490). Lorsqu'une flamme est *silencieuse* dans le tube qui la recouvre à hauteur convenable, on peut la faire *sauter* et même *chanter*, en émettant un son presqu'à l'unisson du tube. Pendant qu'une flamme *chante*, si l'on émet une note presque à l'unisson de la sienne, il se produit des *battements* qui la font sauter synchroniquement. La danse de la flamme s'observe encore lorsqu'elle n'a pas, dans le tube, la position convenable pour qu'elle chante (Tyndall, *Le Son*, p. 272).

Flammes nues. Lorsque le tube, à l'extrémité duquel brûle une flamme d'hydrogène, est convenablement effilé, la flamme est quelquefois extrêmement sensible à divers sons, bruits ou sifflements produits à une assez grande distance; elle fléchit, puis s'allonge. Par exemple, en prononçant la lettre S, même assez doucement, à la distance de plusieurs mètres, la flamme s'infléchit, fait la révérence; si l'on récite le vers fameux :

Pour qui sont ces serpents qui sifflent sur vos têtes?

la flamme fait des bonds désordonnés. En frappant les mains l'une contre l'autre, ou en produisant certaines notes avec le violon, on obtient de

même des mouvements brusques plus ou moins violents de la flamme.

D'après Tyndall (*Le Son*, p. 247, 272), lorsqu'on augmente la pression du gaz qui alimente une flamme nue ou sans tube, les dimensions de la flamme augmentent de même. Mais si la pression dépasse une certaine limite, la flamme *gronde* ou *ronfle*. Elle peut devenir alors un réactif acoustique d'une incomparable délicatesse; ainsi « à une distance de 30 mètres, le chant d'un moineau suffit pour émouvoir fortement la flamme. » Des résultats semblables s'obtiennent d'ailleurs avec des gaz non enflammés, rendus visibles par leur mélange avec de la fumée.

M. Decharme a produit des sons très variés, en dirigeant sur une flamme de gaz d'éclairage un courant d'air, à l'aide d'un tube adapté à une poire en caoutchouc que l'on comprime plus ou moins. En faisant varier le diamètre du tube et sa position par rapport à la flamme et en remplaçant par divers autres gaz (oxygène, hydrogène, azote, acide carbonique, etc.), on modifie la hauteur, l'intensité et le timbre des sons produits par ce moyen.

Application des flammes. 1º A *l'éclairage*, par les lampes, bougies, gaz d'éclairage, torches, veilleuses, etc. (V. ÉCLAIRAGE); 2º au *chauffage* des appartements, par le bois, la houille, la tourbe, le gaz d'éclairage; au chauffage des longues chaudières à vapeur, etc.; 3º au *flambage* des étoffes, pour en enlever les filaments superficiels (V. GRILLAGE); 4º à la *soudure* des métaux, dans l'industrie, l'orfèvrerie, etc.; 5º aux *essais au chalumeau* (V. CHALUMEAU); 6º à l'*analyse spectrale*, 7º à la *pyrophonie*, 8º Des flammes d'alcool colorées en vert ou en bleu, sont quelquefois employées dans les urnes funéraires. 9º On a préconisé l'emploi des flammes sur les lieux élevés, pour écarter les orages, préserver de la foudre et de la grêle. 10º On a aussi allumé de grands feux dans les rues pour purifier l'air en temps d'épidémie; mais les effets relatés dans ces circonstances ne sont pas assez concluants pour inspirer toute confiance.

II. FLAMME. *T. techn.* Outil de l'ouvrier ardoisier pour débiter l'ardoise en feuillets. || *T. de mar.* Banderolle d'étoffe taillée en pointe aux couleurs nationales et qui sert de signe de commandement, ou aux couleurs variées pour la transmission des signaux. || *Art hérald.* Meuble d'armoiries terminé à sa partie supérieure par trois pointes ondoyantes.

FLAN. *T. d'imp.* Sorte de carton humide destiné à prendre les empreintes typographiques. — V. EMPREINTE. || *T. de monn.* Disque de métal prêt à être frappé, pour en faire un jeton, une médaille, une monnaie.

FLANC. *T. de fortif.* Les flancs sont les parties d'un ouvrage de fortifications qui ont pour but de défendre, par leurs feux, les faces des bastions ou des forts collatéraux. Ainsi (V. fig. 2 de l'art. FACE) les flancs cd et $b'd'$ flanquent de leurs feux les faces $b'a'$ et ac, et leur action s'oppose à l'établissement de batteries de *brèche* en k et k'.

* **FLANCHIS.** *Art hérald.* Se dit d'un petit sautoir alésé.

FLANDRIN (HIPPOLYTE). La mort d'Hippolyte Flandrin atteignit l'art français dans l'ordre de ses manifestations les plus rares. Avec lui, disparaissait le représentant unique et convaincu autant que distingué du spiritualisme religieux à notre époque. Si l'Ecole française ne comptait au rang de ses peintres préférés Le Sueur et Prudhon, le peintre qui nous fut enlevé en 1854 devrait être considéré comme le pur interprète du spiritualisme dans l'art. L'auteur de la *Vie de saint Bruno* et de mille compositions où la forme antique ne servit que de vêtement radieux à l'âme moderne, Le Sueur et Prudhon sont les seuls qui se soient élevés aussi haut qu'Hippolyte Flandrin et qui l'aient devancé dans les voies du spiritualisme, et Le Sueur seul dans la voie du spiritualisme chrétien. C'était donc excès de modestie chez Flandrin que de se maintenir en tutelle, pour ainsi dire, sous le nom et l'autorité de M. Ingres. Cependant le jeune homme de 20 ans, qui arrivait de Lyon en 1829 et entrait dans l'atelier de M. Ingres, dut recevoir de cet artiste expérimenté de bien précieuses leçons.

Deux grandes productions nous restent qui attestent la grandeur constante du sentiment religieux chez Hippolyte Flandrin : le chœur de l'église Saint-Germain-des-Prés et la nef de l'église Saint-Vincent-de-Paul. C'est en 1846, que fut achevée la décoration du chœur de Saint-Germain-des-Prés. Il avait suffi de quelques années au peintre, pour se dégager des liens de l'imitation qui avaient gêné sa liberté d'allures dans l'exécution de la chapelle Saint Jean, à Saint-Séverin. Les deux murailles de chaque côté du chœur lui étant livrées, il peignit sur l'une *Jésus-Christ portant sa croix*, sur l'autre l'*Entrée de Jésus-Christ à Jérusalem.* Nous ne parlerons que de la seconde composition, la première avec d'incontestables beautés ne réunit point les mêmes éléments de simplicité ni d'unité ; il y a dans la mimique des principales figures quelque chose d'excessif, qui enlève quelque peu de sa noblesse à l'ensemble de la scène.

L'*Entrée à Jérusalem* est au contraire un chef-d'œuvre de noblesse et de sérénité. Par suite d'un calcul ingénieux, l'artiste a neutralisé la froideur de son exécution en adoptant un fond d'or. A ce procédé purement matériel, hâtons-nous de le dire, s'est borné l'emprunt de l'artiste aux peintres de l'école byzantine. C'est à l'école romaine de la première moitié du XVIᵉ siècle qu'il a demandé le caractère du dessin par lui depuis adopté et conservé. Les moyens purement graphiques de cette œuvre, et on peut le dire de toutes les œuvres de M. Flandrin, ne sont donc pas extrêmement personnels ; ils ne sont pas une conquête du génie de l'artiste, comme chez Rembrandt, Rubens, Eugène Delacroix. Ce qui lui appartient en propre, c'est la mise en œuvre de ces moyens. Sur le fond d'or, se détache la silhouette carrée des créneaux, l'hémisphère des coupoles qui indique l'approche d'une grande

ville. Le Christ occupe le centre de la composition. Il est monté sur l'ânesse que ses disciples sur son ordre lui ont amenée avec l'ânon. Par un artifice de perspective linéaire évidemment prémédité, le front nimbé du Sauveur dépasse la ligne accidentée des monuments et emprunte de son éclat à la richesse du fond. Le Christ s'avance plein de douceur, de mansuétude et de sérénité pensive vers le peuple, vers les groupes d'hommes qui crient à son approche : « Salut et gloire au fils de David! » vers les femmes agenouillées, qui poussent leurs enfants au-devant de lui. Ses disciples lui font cortège, portant les palmes cueillies au bois des Oliviers. La figure du Christ est particulièrement remarquable et je ne crois pas qu'il soit possible d'adresser un plus grand éloge à un peintre de sujets religieux.

La figure du Christ offre, en effet, une des très rares occasions où il soit permis à l'artiste de rechercher le type et ce qu'on est convenu d'appeler l'idéal. Cependant, comme toute recherche de cette nature conduit fatalement les écoles d'art à la banalité, il faut une inspiration et des conditions de talent très particulières pour y réussir convenablement. Ces conditions, Flandrin les possédait toutes. Il n'était pas gêné par une surabondance de vigueur pittoresque qui lui eût fait créer peut-être une belle image esthétique, mais non précisément celle du Christ. D'autre part, il avait l'âme assez haute pour concevoir, le talent assez distingué pour réaliser cette figure où viennent s'achopper les génies très individuels, aussi bien que les talents vulgaires.

Le chœur de Saint-Germain-des-Prés n'était qu'un prélude à une œuvre plus importante et plus complète. Le chef-d'œuvre de Flandrin est sans contredit la nef de l'église Saint-Vincent-de-Paul.

Flandrin a composé son sujet avec une simplicité apparente qui exigeait une singulière variété d'invention pour ne point tomber dans la plus cruelle monotonie ; il a dirigé vers le trône du Sauveur une longue procession de saints et de saintes qui s'avancent lentement dans l'attitude de l'adoration. A droite, il a placé les saints, les saintes à gauche. Il a divisé chacune des deux théories en six groupes séparés par un palmier. Toutes les figures nimbées s'enlèvent, comme au chœur de Saint-Germain-des-Prés, sur un fond d'or.

L'artiste a choisi pour texte de décoration du bandeau qui fait face à l'abside la *Mission de l'Eglise* : saint Pierre et saint Paul enseignant les nations. Au centre, s'élève un autel orné du monogramme du Christ et surmonté d'une croix. Sur les degrés, d'un côté, saint Pierre, la main droite étendue, catéchise les peuples de l'Occident ; de l'autre côté, saint Paul enseigne les peuples de l'Orient.

Cette longue frise, où tant de figures sont assemblées dans une attitude presque identique en apparence, est cependant extrêmement variée dans le détail de l'exécution. Le dessin y est d'une correction sévère et d'une suprême élégance. La couleur elle-même y est combinée dans une série d'harmonies toujours heureuses. Il faut louer en particulier les blancs rompus avec habileté par des teintes chaudes et transparentes. Après avoir reconnu les mérites de l'exécution technique il est essentiel, avec un artiste du tempérament de Flandrin, d'insister plus fortement encore sur des mérites d'un autre ordre, sur la haute expression religieuse de cette œuvre. Les personnages de cette litanie pittoresque ont tous un caractère commun et l'on serait étrangement surpris s'il n'en était pas ainsi; ils expriment tous l'adoration divine et la glorification. Comment l'artiste a-t-il traduit le sentiment de l'adoration? Est-ce seulement par la direction uniforme du regard vers le trône du Christ? C'eût été un procédé trop commode et fatigant par la répétition. Il a donc cherché et trouvé quelque chose de plus expressif et de plus profond. Il a interprété l'adoration par l'humilité et l'abandon de soi. Chacune de ces figures peut être prise isolément pour un type de renoncement aux choses extérieures, chacune vit en soi, contemplant le foyer de l'amour divin qui consume son propre cœur, ou hors de soi, tendant de toutes les parties de son être vers l'objet de cet amour. Cette tension des forces spirituelles vers une sorte d'aimant irrésistible s'accomplit, sans violence, continuement; elle agissait hier, elle agira demain encore, et toujours, pendant toute l'éternité. Cet état d'adoration est devenu la vie même, la source de toute pensée, de tout désir, de toute volonté; il est dégagé de toute lutte troublante, de toute incertitude, de toute anxiété : c'est un élan de prière et de recueillement qui n'aura plus de fin, une profondeur mystique qui plonge dans un abîme sans fond.

Nous ne savons rien qui communique l'émotion religieuse au même degré que cette constante et multiple reproduction du même sentiment. L'émotion se dégage de cette peinture, elle descend des murailles de l'église avec une abondance inexprimable et par saveur de mysticité qui tombent comme une fraîche rosée sur l'assemblée des fidèles. Nous avons dit que ces personnages exprimaient non seulement l'adoration, mais encore la glorification. Si l'adoration est un sentiment, la glorification est un état, une manière d'être. Pour distinguer de quelle façon l'artiste a traduit cet état, il faut donc s'inquiéter non de l'expression morale des personnages, mais de leur expression plastique. Ici encore, nous sommes amenés à louer ce que dans tout autre milieu nous serions forcé de blâmer. Il en est de ces saints glorifiés, participant à la béatitude divine, comme de Jésus-Christ, personne divine participant à l'infirmité humaine. La figure du Christ, nécessairement, doit laisser, à travers l'homme, transparaître le divin ; de même, chez le saint glorifié, on ne doit apercevoir l'homme qu'à travers les voiles transparents de la gloire céleste, qui est une participation au divin. C'est pourquoi, de nouveau, l'individualité doit s'effacer et le type devenir purement idéal. L'harmonie doit être faite entre le sentiment intérieur et la forme sensible, l'accident s'anéantir et se fondre dans une unité moralement supérieure. Il faut attribuer à l'observation de ces convenances spéciales l'aspect sculptural, dégagé du réel, qu'offre cette admirable frise. Grâce à cet abandon (heureux une fois par hasard) des conditions essentielles de l'originalité, grâce à la hauteur de ses propres convictions, l'artiste nous a révélé dans la nef de Saint-Vincent-de-Paul le plus haut degré que l'âme puisse atteindre dans la sanctification, il a fait une œuvre qui réalise une des plus hautes conceptions du spiritualisme.

Pour les détails biographiques, nous glanons çà et là dans les notices très sympathiques que la mort du peintre a multipliées. Hippolyte Flandrin naquit à Lyon en 1809. Il étudia d'abord sous la direction du peintre lyonnais Magnin, ami d'Orsel, puis sous celle de Legendre Hérald, de Révoil et de son propre frère aîné Auguste Flandrin, mort en 1844. Il obtint le premier grand prix de Rome en 1832, trois ans après être entré dans l'atelier de M. Ingres; au Salon de 1836 il eut une deuxième médaille, une première aux Salons de 1837, 1848 et 1855. Il fut nommé chevalier de la Légion d'honneur en juin 1841, puis officier en août 1853. C'est aussi en 1853, qu'il entra à l'Académie des Beaux-Arts, où il succéda à M. Blondel. Nous empruntons enfin à l'un de ses biographes ces lignes qui, sur l'homme même et non plus sur l'artiste, expriment pleinement le sentiment de tous ceux qui ont approché Hippolyte Flandrin.

« Toutes les personnes qui ont connu Flandrin rendent hommage à l'aménité, à la droiture, à l'élévation de son caractère, à la sincérité de ses convictions, à la sûreté de son commerce. L'homme avait les mêmes qualités que l'artiste. Il était d'une nature très douce et conciliante... Il aimait son art avec passion, il l'a pratiqué avec tous les scrupules d'une conscience délicate. Il mettait à bien peindre le soin que l'honnête homme met à se bien conduire. » — E. C.

FLANELLE. On désigne sous ce nom une famille de tissus, ordinairement de laine cardée, tirés à poil légèrement et quelque peu foulés. On en distingue dans le commerce deux grandes catégories: les *flanelles proprement dites* et les *flanelles tartans*.

Les flanelles proprement dites sont celles dont la production est le plus considérable. Ce sont des tissus légers, dont les uns sont lisses comme la mousseline, d'autres croisés des deux côtés comme le mérinos, d'autres croisés à l'endroit seulement comme le cachemire d'Écosse. Tous sont en laine peignée ou cardée, mais le plus souvent cardée. Leur principal emploi est pour vêtements destinés à être portés sur la peau, et qui font en quelque sorte partie du linge de corps (gilets, camisoles, etc.). L'aspect de ces tissus est des plus variables : les uns (par exemple les flanelles-frises) sont rudes et grossiers, les autres (comme les flanelles-mousselines) ont une grande finesse et une extrême douceur. Chaque sorte a d'ailleurs son mérite et sa valeur propres, soit au point de vue de la durée, soit pour telle ou telle destination qui lui est plus spécialement assignée ; l'une doit se recommander par la douceur et la chaleur qu'elle porte, l'autre parce qu'elle produit sur la peau une légère excitation ; par les mêmes motifs, les conditions de fabrication diffèrent : ainsi, tantôt la chaîne est de laine peignée et la trame de laine cardée, tantôt on emploie la laine cardée pour chaîne et pour trame, telle sorte nécessite l'emploi de la laine d'Allemagne, telle autre l'emploi de la laine de France, tandis que le plus ordinairement on ne fait usage que de la blousse de ces diverses laines. On emploie ordinairement les flanelles en blanc ; pour obtenir ce blanc, on a recours au soufrage ; il y a pourtant aussi des flanelles de couleurs, d'autres imprimées ou façonnées : les couleurs que l'on donne sont l'écarlate, le rose, le gris, etc.; et ces mêmes tissus, soit imprimés, soit façonnés, présentent des carreaux, des semis de pois, des rayures, et divers autres petits sujets. Les flanelles dites *domets*, en chaîne coton et trame laine cardée, ne sont pas employées au même usage que celles où la laine est la matière seule employée : elles servent pour doublure, pour gilets à mettre par dessus la chemise, etc., leur consommation est assez restreinte, mais leur bas prix en facilite la vente.

Les flanelles-tartans ne se font presque plus ; elles servent pour doublures, manteaux, robes, jupes, gilets, robes de chambre, etc. Leur fabrication dérive de celles des tartans écossais, tissus à grand carreaux de diverses couleurs (rouges, verts, bruns, nuancés de bleu), servant à faire des plaids, des jaquettes, des robes, des écharpes, etc., mais on les fait beaucoup plus légères et on les varie à l'infini par une foule de combinaisons différentes de lignes et de couleurs. On fait ces sortes d'étoffes lisses ou croisées, c'est-à-dire ou par l'armure taffetas, ou par l'armure sergée. — **A. R.**

FLATOIR. *T. techn.* Outil de graveur et d'ouvrier en métaux.

FLASQUE. *T. d'artill.* Chacune des deux pièces principales de l'affût d'un *canon*. — V. ce mot.

* **FLAVANILINE.** *T. de chim.* La flavaniline est une matière colorante jaune obtenue en chauffant de l'acétanilide avec du chlorure de zinc à une température de 250-270°. On fait bouillir le produit de la réaction avec de l'acide chlorhydrique et on précipite la matière colorante par le sel après addition d'une certaine quantité d'acétate de soude. La flavaniline ne renferme pas d'oxygène ; sa formation s'explique par l'équation.

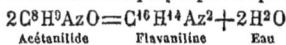

$$2C^8H^9AzO = C^{16}H^{14}Az^2 + 2H^2O$$
Acétanilide   Flavaniline   Eau

La flavaniline teint la laine et la soie en un beau jaune à nuance verte. Elle appartient à la série des corps quinoléiques.

* **FLAVOPURPURINE.** *T. de chim.* Matière colorante contenue dans l'alizarine artificielle. On l'obtient par fusion de l'acide anthraquinone β disulfonique avec la potasse.

Elle forme des aiguilles d'un jaune d'or qui fondent au-dessus de 330°. La flavopurpurine a pour formule $C^{14}H^5O^2(ON)^3$. C'est une trioxyanquinone.

FLÉAU. 1° *T. d'agric.* Instrument composé d'un manche et d'une verge en bois attachés l'un au bout de l'autre avec des courroies, et qui sert à battre le blé. — V. BATTRE LES GRAINS (machines à). || 2° *T. techn.* Verge qui supporte les deux bassins d'une balance. || 3° *T. de serrur.* Barre de fer méplate, à l'aide de laquelle on ferme les portes charretières. Cette barre est percée au milieu, agit sur un axe et se loge dans deux *supports* placés à contresens l'un de l'autre et fixés sur les vantaux. || *Fléau de persienne.* Objet de quincaillerie fait en forme de poignée d'espagnolette, monté sur une platine et se fermant dans un support.

I. FLÈCHE (Arme). Ce projectile, partie intégrante des appareils connus sous le nom d'*arc* et d'*arbalète*, date de l'antiquité la plus reculée. Toutes les races humaines se sont servies de la flèche lancée par divers engins, soit pour la chasse, soit pour la guerre, et telle est l'excellence de cette arme qu'elle a survécu fort longtemps à l'invention de la poudre.

La dimension et le plus ou moins de rigidité de l'arc réglaient la longueur des flèches ; il y en avait de fort courtes pour les arcs durs à bander, et de plus longues pour ceux qui étaient longs et souples. Le tir était d'autant plus juste que la flèche s'équilibrait mieux dans sa longueur. En général, les archers tiraient de manière à ce que leurs projectiles décrivissent des courbes et vinssent d'en haut retomber sur les parties vulnérables des combattants ennemis ; il fallait alors calculer approximativement la parabole, comme le font nos modernes artilleurs. Avec des flèches courtes, le tir pouvait être à peu près horizontal ; mais la flèche allait se heurter à des boucliers, à des cuirasses, à des hauberts, à des cottes de mailles, qui en paralysaient l'effet.

Le bois des flèches était ordinairement fait de frêne, de pin ou de mélèze ; on choisissait des brins à fils serrés et réguliers, pour que la flèche fût à la fois rectiligne et légère. Le poids du bois et celui du fer devaient être pondérés de telle façon que le centre de gravité fût banni au milieu de la longueur ; aussi les meilleures flèches étaient-elles celles qu'on avait soin de renfler en forme de cylindres doublement coniques pour en assurer l'équilibre.

À l'extrémité de la flèche se plaçait le fer, qui avait remplacé le silex des âges préhistoriques.

On appelait *penne*, *empenne*, *empennage*, les plumes ou autres appendices légers, accompagnant le corps de la flèche et destinés à lui imprimer un mouvement plus rapide. Lorsque les progrès des armes à feu eurent rendu l'usage de la flèche inutile, les *flèchiers* ou archers se conservèrent, dans les villes, à l'état de troupes du guet, et de compagnies de l'arc. Ce n'est plus aujourd'hui qu'un genre de sport.

II. FLÈCHE. *T. d'arch.* C'est par analogie qu'on a donné le nom de *flèches* à ces pyramides aiguës de pierre, de charpente ou de métal, qui s'élancent du toit de nos églises et semblent vouloir percer les nues pour arriver jusqu'au ciel ! Dans la symbolique chrétienne, la flèche architecturale est l'emblème de la prière ; elle représente l'oraison *jaculatoire* qui, du cœur et des lèvres du fidèle, monte à Dieu comme un trait.

Il ne faut donc pas s'étonner de remarquer des flèches exécutées ou en projet dans la plupart des anciennes églises ; l'architecte, interprète de la foi du temps, tenait essentiellement à les symboliser dans les diverses parties de son œuvre, et la flèche était le motif architectural qui marquait le mieux l'élancement des cœurs chrétiens vers la Jérusalem céleste.

En principe, dit Viollet-le-Duc, tout clocher était fait

pour recevoir une flèche de pierre ou de bois; c'était la terminaison obligée des tours religieuses : d'abord peu élevées, elles prennent graduellement plus d'importance, affectent la forme de pyramides à base octogone et finissent par devenir très aiguës. Elles ont alors une hauteur égale à celle des tours qui leur servent de support, se percent de lucarnes, d'ajours, et arrivent à ne plus former que des réseaux de pierre.

On distingue entre les flèches qui font corps avec l'édifice, ayant été conçues en même temps, et celles qui, ajoutées depuis comme motif de décoration, ne sont en réalité que des superpositions plus ou moins hétérogènes. Les premières témoignent d'une grande habileté de plan et d'une parfaite entente des lois de la perspective chez les architectes qui les ont élevées. C'est par des transitions habilement ménagées qu'ils ont su, en partant d'une base carrée et massive, — celle de la tour servant de socle à la flèche, — transformer leurs lignes, amincir, évider la pyramide et arriver ainsi à la terminer en aiguille. Les flèches ajoutées semblent généralement des hors-d'œuvre; elles n'ont pas toujours des points d'appui naturels dans les parties solides de l'édifice, et ne donnent pas une silhouette en harmonie avec le monument qu'elles sont censées décorer.

Flèches de pierre. Elles comptent parmi les plus anciennes; à dater du xiiᵉ siècle, elles sont, sauf de rares exceptions, à base octogone et plantées sur des tours carrées. La sécheresse des grandes lignes droites qu'elles présentent est tempérée par quelques points saillants; des têtes, des excroissances végétales, des figures chimériques, des crochets, et plus tard des figures debout ou assises, des animaux, des fleurs, toute la flore et tout le bestiaire du moyen âge. Les flèches les plus riches au point de vue décoratif sont celles des xivᵉ et xvᵉ siècles; l'architecture de cette époque était en effet d'une grande fécondité ornementale, et nul doute que les architectes d'alors ne les eussent multipliées, s'ils avaient disposé de ressources aussi considérables que leurs confrères du xiiiᵉ siècle. A partir du xviᵉ, les flèches de pierre disparaissent presque complètement.

Flèches en charpente. Celles-là surtout sont généralement indépendantes des édifices qu'elles surmontent. La flèche de charpenterie, dit Viollet-le-Duc, est une œuvre à part, complète, qui possède son soubassement, ses étages et son toit; elle peut, il est vrai, être posée sur une tour en maçonnerie, mais elle s'en distingue par une ordonnance particulière à elle appartenant; c'est un édifice de bois entier, placé sur un édifice de pierre qui lui sert d'assiette, comme les coupoles modernes de Saint-Pierre de Rome, des Invalides, du Val-de-Grâce, etc., sont des monuments distincts, indépendants de la masse des constructions qui les portent.

Les pyramides en charpente sont celles qui ont gardé le nom de *flèche*, de préférence à celles de pierre; le poids de ces dernières a obligé les architectes soit à les démolir, quand elles menaçaient ruine, comme celles de Saint-Denis et de Saint-Germain-des-Prés, soit à les remplacer par des pièces de bois formant toiture et recouvertes de plomb. Les flèches en charpente se combinèrent alors avec les combles, prirent leur point d'appui sur les quatre piliers du transsept, à défaut de tour, et s'élancèrent du haut de la croisée, symbolisant plus que jamais le jet de la prière chrétienne vers le ciel. On peut citer, comme modèle de ce genre, la flèche de l'église abbatiale et cathédrale de Saint-Bénigne de Dijon.

La durée d'une flèche en charpente, toujours exposée à choir par suite de la torsion des bois et de la violence des vents, dépend essentiellement de la solidité de la *souche*, c'est-à-dire de l'ensemble des fiches, contre-fiches, arbalétriers qui en forment la base et la relient au reste de la toiture.

On a construit ou reconstruit, de nos jours, beaucoup

de flèches en charpente; nous nous bornerons à citer celles de Notre-Dame et de la Sainte-Chapelle de Paris où tous les bois sont revêtus de lames de plomb, et tous les ornements en plomb repoussé.

Flèches en métal. L'application du fer aux différentes parties des édifices en général et des églises en particulier, est toute moderne. L'architecte des Halles de Paris, M. Baltard, l'a essayé une première fois à Saint-Augustin; l'un de ses élèves l'a imité à Notre-Dame-de-la-Croix. Mais jusque-là, l'emploi du fer était limité aux voûtes, aux fermes et autres parties intérieures; il était réservé à l'architecte de l'une des grandes églises de Rouen d'appliquer ce métal à la réédification d'une flèche en charpente et d'obtenir ainsi, pour le vieil édifice auquel il s'agissait de la superposer, un poids sensiblement moindre, en même temps qu'une élévation et une sveltesse beaucoup plus grandes. Des pièces métalliques appliquées aux pyramides qui surmontent nos basiliques, c'est peut-être le moyen de rendre leurs flèches aux anciens édifices qui les ont perdues, et d'en enrichir les églises modernes dans des conditions de solidité, de durée et d'économie inconnues au moyen âge. — L. M. T.

III. **FLÈCHE.** *T. techn.* Longue pièce de bois courbée qui joint les deux trains d'une voiture. || Dans un creuset de verrerie, partie qui va du fond au bord.

*FLECTOMÈTRE. T. d'atel. Certains constructeurs appliquent le nom de *flectomètre* aux machines d'essai à la flexion. Ces machines sont destinées, comme on sait, à relever les flèches prises par les pièces essayées sous des pressions déterminées qu'elles permettent également de mesurer. — V. Essais mécaniques des métaux.

FLEUR. *T. techn.* Chez les peaussiers, côté de la peau où le poil était adhérent, l'autre côté se nomme *chair.* || Parties les plus fines de certaines matières : amidon, farine, soufre, etc. || *Fleur de grenadier.* Les fleurs du grenadier (*Punica granatum*) nommées aussi *balauste*, d'un beau rouge, inodores, sont d'une saveur styptique, elles donnent une couleur noire avec le sulfate de fer, servent à faire une encre verdâtre et sont employées pour tanner le maroquin. || *Art hérald. Fleur de lis.* Emblème héraldique de la maison royale de France.

FLEURS ARTIFICIELLES. Imitation des fleurs ou des plantes naturelles.

Historique. La fraîcheur des fleurs, comme leur floraison, est de courte durée; aussi les peuples qui en ont fait usage ont recouru de bonne heure à l'imitation, afin de jouir toute l'année de ces délicats et fragiles ornements. Les peuples de l'Inde primitive avaient poussé très loin la fabrication des fleurs artificielles; d'un autre côté, les sépultures antiques de Thèbes ont mis à découvert des fleurs faites de lin de couleur qui prouvent que les Égyptiens n'étaient pas restés étrangers à cette gracieuse industrie.

Suivant M. Natalis Rondot, les livres chinois ne font mention des fleurs artificielles qu'au iiiᵉ siècle de notre ère. On a des renseignements assez précis sur la nature de ces imitations dans le cours du xᵉ siècle. Ainsi, sous les Tchéou postérieurs (951-960), il fut enjoint aux dames du palais de faire des fleurs de pêcher avec des feuilles de mica et de s'en parer lorsqu'elles devaient manger à la table de l'empereur, et celui-ci promettait sa faveur à la dame dont les fleurs seraient les plus belles. On imita les fleurs de pêcher jusqu'au jour où des fleurs de prunier, détachées par le vent, tombèrent sur la joue de la princesse Cheou-yang.

L'usage des fleurs artificielles dans la coiffure est, notamment depuis le XIIIᵉ siècle, presque universel en Chine. Au nord comme au midi, il n'est femme si pauvre ou si vieille qui ne parsème de fleurs ses cheveux. Les missionnaires ont fait connaître le mode de travail et le degré d'habileté des ouvriers de Péking au XVIIIᵉ siècle. « La consommation prodigieuse des fleurs artificielles et leur bon marché, lit-on dans les *Mémoires concernant les Chinois*, vont au delà de tout ce que nous pouvons dire. Ce qui nous frappa le plus fut la manière dont les ouvriers taillent leurs différentes espèces d'étoffes de. soie, leur font prendre la forme qu'ils veulent avec des fers chauds et des moules, puis en varient les couleurs à leur gré. Ce qui sort de leurs mains est si fini que l'empereur Kang-ki défia une fois le père Parennin de distinguer entre divers pieds d'orangers qui étaient dans la salle, les naturels d'avec les artificiels. »

Chez les Romains, les couronnes de fleurs naturelles eurent un rôle très important. Celles d'hiver, dont on se servait quand la terre ne donnait plus de fleurs, étaient faites de lames de cornes teintes de diverses couleurs. Mais après avoir employé à satiété les fleurs naturelles, ce peuple blasé finit par accorder la préférence à de certaines fleurs parfumées, faites en soie, exécutées d'après des dessins indiens, et que l'on fabriquait à Alexandrie.

De Byzance, l'usage des fleurs artificielles passa à Venise, d'où les Italiens l'introduisirent en France dans la seconde partie du moyen âge. Au XIVᵉ siècle et au XVᵉ, les *chapeliers de fleurs* disposaient des fleurs naturelles pour l'ornement de la coiffure, et il est à présumer qu'à certains moments de l'année, ils les remplaçaient par des fleurs faites avec du parchemin, du velours et de la soie tissée.

Celles-ci, connues sous le nom de *fleurs italiennes*, se confectionnaient à l'aide de rubans que l'on frisait et auxquels on donnait une forme aussi naturelle que possible à l'aide de fils de fer ou de cuivre adroitement dissimulés. Ces imitations, bien qu'ayant avec les fleurs naturelles une ressemblance plus ou moins éloignée, n'étaient que d'informes copies. Aussi, l'usage des fleurs artificielles ne se répandit-il sérieusement qu'au XVIIᵉ siècle, lorsqu'on eut substitué aux rubans des plumes, matières premières beaucoup plus délicates, beaucoup plus élégantes, mais auxquelles il était fort difficile de donner les nuances requises. Le plumage des oiseaux de l'Amérique du Sud, qui ne perd jamais ses teintes brillantes, est particulièrement propre à cet usage, et les indigènes de cette partie du monde ont longtemps pratiqué avec succès la fabrication des fleurs en plumes.

Les plumassiers, comme on le voit dans les statuts qui leur furent accordés sous Henri IV, avaient le droit « de teindre les bouquets de fleurs, pour mettre sur les autels des églises, sur les buffets et sur les lits des personnes de condition; » mais ce privilège ne concernait que les fleurs en plumes d'oiseaux, et non les fleurs en étoffe ou les fleurs en cocons de vers à soie, semblables à celles qu'on faisait en Italie et qui joignaient à une couleur brillante une apparence veloutée.

Dans le courant du XVIIIᵉ siècle, la fabrication des fleurs artificielles fit des progrès sensibles : ce fut alors que les plumassiers et les faiseuses de modes commencèrent à s'emparer de cette industrie. Mais, jusqu'à cette époque, on n'avait reproduit que des fleurs de fantaisie. Vers 1708, un nommé Séguin, natif de Mende, dans le Gévaudan, étant venu se fixer à Paris, eut l'heureuse idée d'appliquer ses connaissances en botanique et en chimie à l'imitation des fleurs. Il est le premier qui ait songé à prendre la nature pour modèle. Il découpait aux ciseaux tous les organes qui composent les fleurs. C'est lui qui, le premier, introduisit en France la mode des fleurs artificielles semblables à celles fabriquées en Italie, c'est-à-dire en étoffe et en moelle de sureau. Les belles élégantes donnèrent bientôt la vogue à ces nouveautés, qui n'auraient eu dès lors, selon la poétique expression de Campenon, plus rien à envier à la nature

Si, sur ces fleurs, enfants d'une autre Flore,
On eût pu voir les pleurs d'une autre Aurore.

Séguin, en effet, s'attacha à rendre plus fidèle l'imitation des fleurs, et à donner des soins particuliers à la teinture et au coloriage de ses produits; bientôt de nouvelles matières, telles que la gaze, le taffetas et la batiste, furent employés en même temps que le papier, le parchemin, la coque de ver à soie et la toile. Enfin, en 1770, un Suisse, dont le nom est resté ignoré, imagina d'employer l'emporte-pièce, espèce de poinçon évidé avec lequel on découpe d'un seul coup six ou huit feuilles ou autant de pétales. Peu à peu on se servit du gaufroir gravé et de sa cuvette, entre lesquels on place les feuilles découpées pour leur donner, à l'aide d'une presse ou du balancier, les nervures caractéristiques.

Lors de la réorganisation des communautés, en 1776, le privilège de faire des fleurs artificielles fut accordé aux faiseuses de modes et aux plumassiers, qui prirent le titre de *maîtres* et de *maîtresses-fleuristes*, en tête des statuts que la nouvelle communauté reçut en 1784.

A la fin du XVIIIᵉ siècle, les fleurs fabriquées à Paris avaient une réputation européenne; onze grands fabricants s'occupaient de cette industrie, entre autres le sieur Beaulard, « marchand de modes » et fleuriste de Marie-Antoinette, dont l'histoire a gardé le souvenir des merveilles écloses sous ses doigts. Ses fleurs, comme celles du printemps, étaient vivantes, pour les yeux et pour l'odorat.

Plus tard, ce fut Joseph Wenzel qui fit les fleurs artificielles de la reine. On raconte que vers la fin de décembre 1784, un prince de la famille royale, voulant offrir à la reine quelque présent d'un goût nouveau, fit appeler Wenzel et lui demanda de confectionner une fleur qui n'eût pas sa pareille. Wenzel fit une rose admirable dont les pétales, représentant le chiffre de la reine, étaient formés avec des pellicules qui se trouvent sous la coquille des œufs. Les dames de la cour s'enthousiasmèrent, dit-on, et voulurent imiter Wenzel. Il consentit à leur donner des leçons et eut, entre autres élèves, Mᵐᵉ de Genlis, qui excellait surtout dans l'art de faire les bleuets, les coquelicots, les marguerites et les myosotis.

Wenzel, à la fois botaniste et artiste, perfectionna beaucoup la fabrication des fleurs artificielles. Il publia même un livre, en 1790, où il proposait d'établir à Paris une manufacture capable d'occuper 4,000 femmes à la fabrication des fleurs. J.-B. Pujoulx, dans son ouvrage intitulé : *Paris à la fin du XVIIIᵉ siècle* (1801) nous apprend que cette manufacture de végétaux aurait eu pour but la création, à Paris, d'un jardin botanique artificiel.

La Révolution faucha, du même coup, les fleurs artificielles et les têtes; mais dans les dernières années du Directoire, quand le calme eut succédé à la tempête et que les arts, sortant d'un long état de prostration, se furent réveillés comme par enchantement, les fleuristes habiles surgirent de toutes parts. La princesse Constance de Salm, dans un *Rapport sur les fleurs artificielles*, lu à la 64ᵉ séance publique du Lycée des Arts, le 30 vendémiaire an VII (1799), nous apprend qu'une artiste distinguée, Mᵐᵉ M..., auteur de fleurs artificielles, était parvenue, à force de temps et d'expériences, à donner à ses gracieux produits un tel degré de perfection qu'on pouvait à peine les distinguer des fleurs naturelles.

« Pour parvenir à cette perfection, Mᵐᵉ M... ne s'est servie cependant d'aucun nouveau moyen; mais l'expérience lui a fait connaître ceux qu'elle devait préférer. Après les avoir tous pris, laissés, repris ou abandonnés, elle se détermina à se borner à l'usage des ciseaux, à rejeter le fer comme donnant aux fleurs une forme trop régulière, et enfin à les colorer avec le pinceau, ce qui rapproche en quelque sorte son art de celui de la peinture. Ces procédés, comme on le voit, n'ont rien de particulier; aussi n'est-ce pas cela seul qui l'a fait réussir : c'est cette persévérance, ce désir de bien faire, cette ardeur inexprimable qui tient à l'esprit créateur, quel qu'il soit, qui est nécessaire au génie même, et qui fait qu'avec les mêmes moyens, les mêmes circonstances, tel reste obscur où tel autre obtient le succès le plus brillant et le plus mérité.

« Il est aisé de concevoir combien cette nouvelle perfection des fleurs artificielles peut devenir avantageuse pour la France. Il n'y a pas encore longtemps que celles qu'on y employait étaient en partie tirées de l'Italie; nous pouvons à présent y reporter les nôtres, et c'est, pour ainsi dire, une nouvelle conquête que nous venons de faire sur ce pays. »

Le fameux Wenzel existait encore à cette époque. Henrion, dans son curieux livre : *Encore un tableau de Paris* (1800), raconte que dans les bals, si nombreux alors, où les femmes rivalisaient de coquetterie, les unes s'enorgueillissaient de la plume placée dans leur coiffure, tandis que d'autres préféraient porter « l'élégant chapeau de satin rose, sur lequel brillait la boule de neige sortie des ateliers de Wenzel... »

De 1820 à 1830, la fabrication des fleurs artificielles prit un nouvel essor. Les fabriques se divisèrent en spécialités et obtinrent de cette manière des produits mieux façonnés et d'un prix plus modique. Les fleuristes artificiels tels que Jourdan, Mme Roux, Mme Prévost, eurent un certain succès en poussant jusqu'aux dernières limites l'art d'imiter la nature.

Selon un journal de modes intitulé *le Protée* (juillet 1834), les coquettes des premières années du règne de Louis-Philippe ne connaissaient qu'un fleuriste : le célèbre Batton, breveté de la mode pour ses *fleurs chinoises* et son *noisetier des Indes*. On vantait surtout, pour la garniture des chapeaux, ses longues grappes d'acacia rosé, son ébénier aussi mobile, aussi gracieux; son chèvre-feuille, les roses des quatre saisons, les giroflées rouges panachées, le mouron et les pâquerettes. Batton avait de plus imaginé des « épis de riz, dont les grains transparents formaient de longues et fortes grappes entourées de barbes touffues, destinées aux pailles demi-habillées pour les mois d'été, ainsi que de jolies couronnes qui descendaient contre la joue. » Constantin fut, à la même époque, un artiste de grand talent.

Après 1840, les fleurs de velours, de chenille, les feuillages de taffetas et l'article clinquant ouvrirent au commerce des fleurs artificielles des débouchés plus étendus. A cette époque, on comptait à Paris 143 fabricants de fleurs et 16 marchands d'apprêts.

Les événements de 1848 amenèrent l'emploi des feuillages artificiels pour les fêtes publiques. On créa un genre de fabrication pour cet usage qui fit ouvrir des maisons spéciales.

Depuis cette époque déjà lointaine, l'art du fleuriste n'a point cessé de faire des progrès. Fleurs des champs, violettes de Parme, gardénias tout blancs, lilas de Perse, pivoines rouges et roses pompon, verts muguets, tout, jusqu'aux camélias couleur de neige ou de feu, a été reproduit avec une vérité surprenante. Mais tous n'y ont pas également réussi. Cette multitude de folioles colorées qui composent la fleur, ce calice qui la reçoit, cette tige qui la soutient, ces feuilles qui l'environnent et la protègent contre l'intempérie de l'air, ces organes délicats, cachés dans son sein, qui ne paraissent au vulgaire qu'un agrément de plus, mais qui, pour le naturaliste éclairé, sont la source de la vie et de la reproduction des fleurs; ces détails innombrables enfin, exigent, dans ceux qui veulent les imiter, un zèle, une aptitude et un esprit

d'observation qu'il n'est pas donné à tout le monde d'avoir.

C'est par ces qualités réunies que Mme la comtesse de Baulaincourt, qui fut tout à la fois une grande dame et une habile ouvrière, se fit, il y aura bientôt vingt ans, une réputation méritée dans cet art distingué et charmant. Les roses exposées par cette artiste, en 1867, à l'Exposition universelle de Paris, sont restées célèbres. « Une vraie magicienne que cette fleuriste de haut lignage, dit un écrivain contemporain. Cet admirable bouquet de roses, qui n'ont besoin que de parfum pour paraître tout à fait naturelles, contient 180 espèces de roses, c'est-à-dire toutes les variétés connues. Les jardiniers les plus expérimentés vont s'arrêter devant cette vitrine, et plus d'un botaniste, privé d'odorat, s'y tromperait. A l'exception du feuillage, Mme de Baulaincourt a tout fait elle-même, tiges, corolles, pétales et étamines; et encore repeint-elle le feuillage de ses doigts de fée. »

TECHNOLOGIE. En résumé, les progrès de la fabrication des fleurs artificielles n'ont réellement reçu leur plein développement qu'à partir de l'année 1826, lorsque la division du travail eut facilité son essor; alors seulement, les diverses opérations qui constituent la fabrication cessèrent d'être exécutées dans le même atelier, et il s'établit des industriels spéciaux pour la fabrication des outils, pour le trempage des étoffes, la fabrication des diverses parties de la fleur, pistils, étamines, ovaires, boutons, etc., pour l'assemblage et le montage. Les résultats favorables de cette division du travail ne tardèrent pas à se manifester : l'outillage amélioré permit de produire des formes plus variées, les procédés de teinture se multiplièrent et donnèrent des nuances plus fines; la fabrication de nouvelles étoffes et de nouveaux papiers, en même temps que l'emploi de matières récemment découvertes, comme la gutta-percha et le collodion, donnèrent le moyen de rendre les apprêts beaucoup plus délicats; enfin une science plus exacte et un goût plus sûr présidèrent à l'assemblage et au montage des fleurs. La division du travail est poussée si loin aujourd'hui, que certains fabricants s'adonnent spécialement à la reproduction de quelques espèces, notamment de la rose, de l'œillet et de la fleur d'oranger pour bouquets et couronnes de mariées, etc. Les fabricants de roses, qui sont connus sous le nom de *rosiers*, se subdivisent même en plusieurs spécialités; les uns font la rose fine pour parure, d'autres la rose pour ornementation, quelques-uns s'attachent à faire plus particulièrement certaines variétés de la rose.

Viennent ensuite les fabricants spéciaux, dits *marchands d'apprêts*, qui font et vendent aux fleuristes les calices, pistils, étamines, bourgeons, etc., ceux qui fabriquent les fruits et les boutons pleins; ceux qui préparent exclusivement les feuilles, folioles et appendices nécessaires pour monter les branches fleuries; des industriels, appelés *verduriers*, font les herbes, les épis, les graines et les queues des fleurs, et enfin d'autres fabricants ont pour spécialité les poudres diamantines brillantes qu'on obtient en disposant, sur des plaques de verre collodionnées, la matière colorante en couche mince; ces plaques étant soumises à une haute température, la peinture s'écaille, elle est recueillie, pulvérisée très finement et utilisée pour donner plus de fraîcheur à la fleur.

Il existe, en outre, les *fleuristes* proprement dits, qui font l'assemblage et la soudure des organes des fleurs, la confection des pétales et celle des branches fleuries. Ces industriels teignent chez eux ou font teindre dehors les étoffes destinées à faire les fleurs fines, telles que les mousselines de Tarare et de Saint-Quentin, soieries, velours de soie et de coton, etc.; puis ils font mettre en œuvre et assembler les apprêts par des ouvrières fleuristes, travaillant à l'atelier ou en ville. Ces ouvrières se divisent en fleuristes spéciales pour fleurs sur nature, et en ouvrières pour fleurs de fantaisie. Les fleurs assemblées au dehors reviennent ensuite à l'atelier, où elles sont montées en parures et en bouquets par d'habiles ouvrières qui donnent aussi la dernière tournure aux pièces montées par les façonniers qu'on occupe en ville.

Indépendamment des fleurs fines, qui sont expédiées dans tous les pays du monde, les fleuristes fabriquent aussi des fleurs communes, qui ne sont guère employées qu'à composer des bouquets d'église et de salon. Ces fleurs se font en papier, qu'on achète tout trempé chez les fabricants de papiers. Le découpage du papier à l'emporte-pièce, le gaufrage à la presse, l'assemblage des diverses parties de la fleur, et le montage des bouquets, ont lieu à l'atelier. Ces fleurs communes se vendent presque toutes à l'intérieur, et les fabricants n'en exportent que de faibles quantités pour l'Angleterre et l'Amérique.

Paris n'a plus, comme autrefois, le monopole de la fabrication des fleurs artificielles: Lyon, Bordeaux, Nancy, Tours, Nantes et Rouen se livrent aussi à ce genre d'industrie, mais les produits parisiens l'emportent sur tous ceux des autres villes de France et de l'étranger, par la perfection du travail et le bon goût qui les distingue. Les Anglais ont fait quelques progrès dans ces derniers temps, mais ils ne sont pas encore arrivés à bien tremper les couleurs; les Allemands réussissent mieux et produisent surtout à très bon marché. Les uns et les autres copient les types créés en France.

L'industrie des fleurs artificielles est classée aujourd'hui dans les articles de Paris, ses produits s'élèvent chaque année à une trentaine de millions.

Les matières principales employées pour la confection des fleurs artificielles sont: le nansouk, le jaconas, la batiste, le taffetas, le satin, la mousseline, la gaze, le crêpe, pour les pétales; le taffetas de Florence, le velours, la peluche, le satin, pour les feuilles; on se sert encore de cocons de ver à soie, qui prennent à la teinture un brillant coloris; de fanons de baleines, taillés en feuilles et blanchis, de rubans, de plumes d'oiseaux, de cuir, de cire, de papier, de fil de fer et de laiton, etc., etc.

Les outils dont les fleuristes font presque exclusivement usage sont:

La *pince* ou *brucelles*, instrument indispensable pour saisir toutes les parties des fleurs que l'artiste dispose, pince, contourne ou dresse.

C'est en tenant la pince sur le côté qu'on trace les stries des pétales de beaucoup de fleurs, et c'est avec la tête des brucelles trempée dans la colle qu'on en fixe les parties les plus délicates.

Fig. 137.

Les *boules de bois* ou *de fer* (fig. 137) qui servent à *bouler*, c'est-à-dire à rendre convexes ou concaves les pétales des fleurs qu'il s'agit d'imiter. Le nombre des boules, chacune d'un diamètre différent (2 à 35 millimètres) varie de 10 à 12, la plus petite se nomme *boule d'épingle*.

Le pied de biche, espèce de mandrin à crochet dont on se sert pour former la principale côte ou nervure de quelques pétales.

Le *découpoir* ou *emporte-pièce* (fig. 138), qui sert à découper les pétales et les feuilles et à leur donner l'apparence des pétales et des fleurs naturelles. Chaque plante exige autant de découpoirs qu'elle possède de pétales et de feuilles de grandeurs et de formes différentes.

Fig. 138.

Le *gaufroir* ou fer à frapper les feuilles (fig. 139 et 140) sert à donner aux feuilles l'apparence de la nature. Ces deux derniers outils sont inutiles aux fleuristes amateurs, qui peuvent trouver dans le commerce les diverses parties de la plante que ces instruments servent à confectionner.

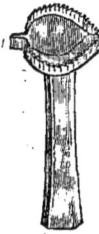

Fig. 139 et 140.
Gaufroir et sa cuvette.

La fabrication des fleurs artificielles comprend quatre opérations principales: le *découpage*, le *gaufrage*, l'*assemblage* et le *montage*.

Le découpage se fait généralement au découpoir ou emporte-pièce, mais souvent aussi on découpe les pétales et les feuilles à l'aide de ciseaux et d'après des patrons tracés à l'avance sur des feuilles et des pétales naturels. Parfois encore, on a recours aux dessins qui accompagnent la plupart des livres qui traitent de la fabrication des fleurs en papier et en étoffe (fig. 141 à 143).

Le gaufrage s'exécute soit à la pince (*griffage*), soit à la boule (*boulage*).

L'assemblage consiste à réunir les pétales autour du cœur de la fleur. Cette opération est des plus longues et des plus délicates.

Le montage a pour but la réunion des diverses parties de la fleur à la tige et des différentes tiges à la branche principale.

Les procédés mécaniques permettent aujourd'hui de fabriquer très rapidement les fleurs artificielles. Voici, d'après M. Turgan (*Les grandes* usines), comment on opère industriellement.

L'étoffe, mousseline ou nansouk, reçoit d'abord à la brosse un apprêt d'amidon et de gomme plus

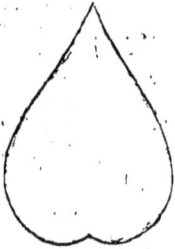

Fig. 141. — *Quart de pétale de pavot.*　　Fig. 142. — *Couronne de la marguerite.*

ou moins teintée, suivant l'usage auquel on la destine ; lorsqu'elle est sèche, on découpe à l'emporte-pièce l'étoffe pliée en neuf, et l'on obtient

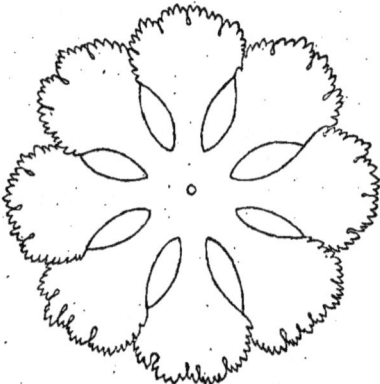

Fig. 143. — *Pétale d'œillet.*

ainsi les pétales de la corolle et les sépales du calice, appelés *araignes*, en terme de métier (fig. 144 à 146). Le frappeur, ouvrier chargé de ce travail,

Fig. 144 à 146.

fait alors un certain nombre de pétales et les passe à l'ouvrier chargé de leur donner le *trempé* et de les nuancer.

Voici comment il opère. Après avoir plongé les pétales un instant dans l'eau pour obtenir une

teinte bien égale, le nuanceur les débarrasse, à l'aide de papier buvard, de leur excès d'humidité ; puis il étage ses pétales sur un coussinet et laisse tomber sur chacun d'eux une gouttelette de couleur qu'il dégrade soit au pinceau, soit avec le doigt. Pour faire venir la nuance en mourant vers l'onglet du pétale, il verse à cet endroit une goutte d'eau qui délaie la couleur et la dégrade. Ensuite, si cela est nécessaire, il panache le pétale au pinceau et imite toutes les nuances accidentelles que celui-ci peut présenter.

Cette fabrication préliminaire est terminée par le rinçage dans une eau additionnée de mordants qui fixent la couleur, par le séchage à l'étuve, le triage et la mise en boîte. Ces boîtes, contenant en général une grosse (12 douzaines), sont distribuées aux fleuristes proprement dites, qui doivent en dresser la fleur voulue.

L'ouvrière a devant elle, sur sa table, du fil de fer nommé *trait*, un petit pot de colle composée de gomme arabique, de la ouate, les boîtes contenant les pièces préparées par le frappage et le nuançage, ainsi que d'autres pièces faites par des spécialistes, telles que les pistils et les étamines. Veut-elle faire une rose à demi-éclose, elle commence par *gaufrer* les pétales au moyen de la *boule* et presse le pétale en tous sens, étirant l'étoffe pour lui faire prendre la forme cintrée.

Avec la baguette de fer qui surmonte sa pince et qui lui sert à appuyer l'effort de ses doigts, elle modèle, en les retroussant plus ou moins, en les fermant, en les ouvrant, les bords externes des pétales, qui doivent être différents, suivant qu'ils appartiennent au centre ou à la surface de la fleur. Les pétales sont ensuite assemblés sur un *trait* à l'extrémité duquel l'ouvrière enroule d'abord de la ouate ; elle colle sur la ouate par l'onglet les pétales intérieurs, puis les extérieurs, puis enfin le calice. Cela fait, elle entoure le trait d'une bande de papier, d'étoffe ou de baudruche colorée en vert, suivant la finesse de la rose (V. BOYAUDERIE). Enfin, avec la baguette de sa pince, elle repasse l'extrémité des sépales, répare les imperfections qu'a pu laisser la rapidité du travail, et quand la fleur est terminée, elle pique son trait dans une pomme de terre s'élevant devant elle en haut d'une petite tige de fer, et qui a déjà reçu les fleurs précédentes.

Les fleurs terminées sont groupées par grosses et peuvent être vendues telles quelles, pour être assemblées ensuite avec des feuilles et d'autres fleurs, former des coiffures, des garnitures de chapeaux et de robes.

Pour les parures en espèces communes, les feuilles sont simplement en papier d'un ton uni, d'un vert plus ou moins heureux. Pour accompagner les fleurs fines, on exécute des feuilles d'une fabrication beaucoup plus compliquée.

Découpées, comme les pétales, à l'emporte-pièce, les feuilles passent une à une dans les mains des *ombreurs* qui, au moyen de *gabarits* formant réserves, peignent sur le premier fond uni des parties nuancées, et figurent des nervures avec des couleurs à l'eau.

Les feuilles sont ensuite munies d'un *trait* qui

servira de queue, puis sont frappées dans une presse à balancier, dont le poinçon et la matrice, le plus souvent copiés sur nature, leur donnent l'apparence d'une feuille végétale. Cette opération terminée, on les passe dans un bain de cire vierge ou dans un vernis teinté ; enfin elles reçoivent à la brosse une très légère couche de fécule de pommes de terre, qui leur donne un aspect agréable et un toucher très doux. Pour velouter les feuilles, on étend dessus une substance adhésive et transparente, et on les saupoudre de tontisse.

Quant aux fruits, aux raisins, aux cerises, aux groseilles et aux gouttes d'eau sur les pétales, ils sont préparés par des émailleurs spéciaux.

Les parures de mariées forment également une spécialité : les boutons de fleurs d'oranger, faits autrefois si difficilement en fixant sur une boule d'ouate les rognures de peau blanche, déchets de la fabrication des gants, se terminent aujourd'hui en trempant ces boutons d'ouate dans la cire blanche.

Les pièces pour fleurs d'église se découpent dans les papiers de couleurs communes, et les boîtes sont envoyées dans les couvents, où on les assemble avec des feuillages en papier ou en gaze dorée ou argentée.

De temps à autre, les fleuristes font naître toute une flore de fantaisie qui ne le cède guère en beauté à la reproduction de la fleur vraie. Dès que la mode est fatiguée des fleurs naturelles, tantôt grosses, tantôt petites, elle arrive tout à coup, sans transition d'aucune sorte, aux feuilles bronzées, aux fruits d'or, à la fleur chimérique créée par une imagination vagabonde.

Il n'est pas du reste de production plus variable : quelquefois ce sont les feuilles qui plaisent, d'autres fois ce sont les mousses et les herbes des champs, le coquelicot, la marguerite, le bleuet, assemblés par un nœud de paille ; une autre saison, ce sont les bruyères et les myosotis; l'oreille d'ours et la pensée, avec leurs feuilles en velours, ont eu leurs jours de triomphe.

Les fleurs qui résistent le plus à ces variations sont : les roses de toutes espèces, de toutes couleurs et de toutes grandeurs ; les violettes, les lilas violets et blancs; les marguerites simples et doubles, les chrysanthèmes. Les camélias et les dahlias, qui dans la nature ont l'air de fleurs artificielles, sont d'un moins fréquent usage.

Malgré les craintes témoignées par l'honorable rapporteur de l'exposition de Vienne, il n'y a pas lieu, pour l'industrie des fleurs artificielles, de craindre les efforts de la concurrence étrangère. Comme l'a fait justement remarquer M. Turgan, la rapidité des variations de la mode est trop grande pour qu'il soit possible de suivre ces variations autre part qu'à Paris, au point même où elles se produisent. Pour la reproduction fidèle de la nature, il faut un sentiment artistique et une éducation professionnelle qu'il est difficile d'atteindre et surtout de conserver hors Paris. — S. B.

Hygiène. La fabrication des fleurs artificielles a été pendant de longues années, une industrie occasionnant de nombreux accidents, surtout lorsque par suite de l'emploi des verts de Scheele ou de Schweinfurst, on produisait des verts pour feuillages, qui, mal fixés sur les papiers ou étoffes, se détachaient dans les opérations du découpage à l'emporte-pièce, du dédoublage, du gaufrage, de l'armature ou du montage, et permettaient alors aux composés arsenicaux d'être absorbés par les voies respiratoires ou par contact direct avec la peau. Un premier progrès fût réalisé par M. Bérard Teuzelin, de Paris, qui employait pour teinter, un collodion chargé de la matière colorante voulue : mais on ne tarda pas à prohiber sur la demande du Conseil de salubrité de la Seine, l'emploi de certaines couleurs (1859) pour la fabrication du papier, et surtout actuellement que les nuances d'aniline sont journellement employées et les matières anciennement utilisées presque complètement abandonnées, l'industrie de la fabrication des fleurs artificielles est moins sujette à produire des intoxications. Nous devons, cependant, signaler et blâmer l'emploi d'une certaine pâte demi-fluide qui contient une couleur rouge-vermillon toute précipitée, et dont l'application est plus rapide. La préparation en est tenue secrète, mais il a été établi, par des analyses récentes, qu'elle contient une quantité notable de plomb, et qu'elle présente des dangers d'intoxication, non seulement pour les ouvriers qui en font usage, mais aussi pour les dames qui portent les fleurs fabriquées avec cette couleur. Il reste encore à tenir compte, au point de vue de l'hygiène, des inconvénients que peuvent provoquer chez la femme un repos absolu, un mouvement continuel des bras et la station du corps dans une attitude parfois gênante ; mais ce sont là des inconvénients généraux, qui se retrouvent dans d'autres professions et qui n'ont rien de spécial au sujet qui nous occupe. On peut admettre que toute profession doit offrir des dangers, quand celui qui l'exerce est obligé de manier continuellement des produits toxiques ; ce n'est donc, surtout, que dans quelques opérations, celles qui se pratiquent au début du travail de la fabrication des fleurs, que l'on devra chercher à éviter les causes d'accidents possibles.

Bibliographie : Natalis Rondot : *Rapport sur les objets de parure, de fantaisie et de goût,* 1851 ; *Rapport du délégué de la corporation des fleurs artificielles à l'Exposition de Vienne,* 1874 ; Turgan : *Les grandes usines, Etablissement Marienval,* 1878 ; Constance de Salm : *Rapport sur les fleurs artificielles,* dans ses *Œuvres,* t. IV ; *Magasin pittoresque* 1882 : *Industrie des fleurs artificielles;* Statistique de l'industrie à Paris, 1860 : *Fleurs artificielles;* Spire Blondel : *Recherches sur les couronnes de fleurs,* 2e édit., 1876.

FLEURDELISÉ, ÉE. *Art hérald.* Se dit des pièces dont les extrémités sont terminées par une fleur de lis.

FLEURÉ, ÉE. *Art hérald.* Pièces terminées en fleurs ou bordées de fleurs, on dit aussi *fleureté.*

FLEURÉE. T. de teint. L'indigo, pour être utilisé en teinture, doit passer à l'état soluble ; on prépare cette substance en dissolution par divers moyens, lorsque la dissolution a été pendant quelque temps à l'air, une oxydation survient et l'indigo au contact de l'air s'oxyde, bleuit et perd par conséquent ses propriétés tinctoriales. L'indigo, ainsi oxydé et qui se trouve sous forme d'écume à la surface des cuves, s'appelle *fleurée*. On a soin de la recueillir et de la traiter à nouveau après dessiccation par les moyens ordinaires. La fleurée constitue de l'indigotine presque pure; elle entraîne avec elle des sels de chaux qui passent à l'air à l'état de carbonate et que l'on peut facilement éliminer par l'acide chlorhydrique faible. — J. D.

FLEURET. *T. d'arm.* Épée longue, flexible, à lame carrée, terminée par un bouton garni en peau et dont on se sert dans les exercices des salles d'armes. — V. ARME, § *Armes blanches.* || *T. de min.* Barre de fer aciérée à son extrémité à l'usage du mineur, pour percer les trous dans les roches dures. || *T. de filat.* Soie en fils de frison moulinés. Elle sert dans la passementerie, surtout pour la fabrication des lacets et des galons dorés ou argentés. On la teint sans grande précaution dans ce dernier cas, car elle est recouverte d'un fil métallique ou d'un fil de soie très fin métallisé lui-même. — V. FRISON.

* **FLEURIEU** (CHARLES-PIERRE-CLARET, COMTE DE). Savant hydrographe, né à Lyon, en 1738, mourut à Paris, le 10 août 1810. C'est à lui que revient l'honneur d'avoir créé un instrument propre à déterminer aussi exactement que possible les longitudes sur mer. Son horloge marine fabriquée par Berthoud, et qu'il employa à bord de l'*Iris* en 1768 et 1769, eut un immense retentissement dans le monde savant de cette époque.

FLEURISTE. *T. de mét.* Le même nom s'applique à celui qui cultive les fleurs naturelles et, aux ouvriers et ouvrières qui fabriquent les *fleurs artificielles.* — V. cet article.

FLEURON. *T. d'arch.* Petite rose placée au milieu du tailloir dans le chapiteau corinthien, sur le gorgerin du chapiteau dorique romain, sur le tore de certaines bases et au pourtour des archivoltes couronnant les portes dans l'architecture romane. || *Fleuron d'amortissement.* Dérivation tirée du règne végétal et qui forme amortissement au sommet de certains membres de l'architecture gothique, tels que pinacles, pignons, dais, etc.

— Cet ornement est apparu dans l'architecture qu'au XIIᵉ siècle; les plus anciens spécimens que nous en possédons appartiennent à la cathédrale de Chartres. Il semble cependant que le principe de ce genre de décoration remonte beaucoup plus haut; certains auteurs l'ont trouvé dans l'ornementation végétale qui surmonte la coupole du monument de Lysicrates à Athènes, dans la célèbre pomme de pin en bronze qui se voit dans les jardins du Vatican et qui devait former le couronnement d'un édifice antique. — V. FLORE ORNEMENTALE.

|| *T. de typ.* Vignette, ornement composé de feuilles, de fleurs, de fruits, etc., et qui se place dans un en-tête, à la fin d'un chapitre ou dans quelque autre partie d'un ouvrage.

* **FLEUVE.** *Iconogr.* Les modernes, s'inspirant des artistes de l'antiquité, ont représenté les fleuves sous les traits de vieillards à la barbe et aux cheveux longs, appuyés sur une corne d'où l'eau coule, et tenant d'une main l'aviron, symbole de la navigation.

FLEXION. La *flexion* des corps solides est la branche la plus importante de cette science spéciale qui intéresse au plus haut point l'art de l'ingénieur, et qui a pour objet la stabilité et l'économie des constructions; ce qu'on appelle la *résistance des matériaux.*

La mécanique générale ou *rationnelle* déduit, par le raisonnement, des conséquences rigoureuses, des vérités générales, d'un petit nombre de lois absolues de la matière. La mécanique *appliquée*, au contraire, ne fournit que des lois approximatives sur les forces et les mouvements qu'elle étudie, et tous ses calculs, comme toutes ses déductions, sont basés sur des expériences ou sur des hypothèses qui semblent réalisées dans la pratique.

Telle est, par exemple, l'hypothèse du mouvement par tranches parallèles dans certains problèmes d'hydraulique ou par tranches transversales dans les études d'allongement, de contraction, de torsion ou de flexion. Telles sont encore les lois de l'élasticité des solides, du frottement, etc.

Ces hypothèses ne sont certainement pas d'une exactitude absolue, mais elles sont suffisamment approchées de la réalité pour fournir des résultats conformes aux données de la pratique, et permettent l'application du calcul à bien des cas où cela serait impossible autrement.

D'ailleurs, une fois ces hypothèses admises, la mécanique rationnelle reprend tous ses droits et procède par application des principes rigoureux des mathématiques pures. C'est ainsi qu'après une déformation résultant de l'action de certaines forces, lorsque le mouvement est produit et que le corps reste immobile, les forces qui sollicitent une portion définie de ce corps, sont soumises aux *six conditions générales de l'équilibre*, savoir:

$$(1) \begin{cases} \Sigma Fx = 0 \\ \Sigma Fy = 0 \\ \Sigma Fz = 0 \end{cases} \qquad (2) \begin{cases} \Sigma Mx F = 0 \\ \Sigma My F = 0 \\ \Sigma Mz F = 0 \end{cases}$$

dans lesquelles Fx, Fy, Fz représentent les projections de chacune des forces auxquelles est soumis le corps sur trois axes quelconques de l'espace, et ΣFx, ΣFy, ΣFz les sommes de toutes les projections de ces forces prises respectivement sur chacun des axes par des plans parallèles aux deux autres. De même le système (2) représente la somme des moments respectifs de toutes les forces par rapport aux trois axes de projection. On sait que pour chaque force, ce moment est le produit obtenu en projetant rectangulairement la force F, par exemple, sur un plan perpendiculaire à l'axe considéré, soit ox, et multipliant la projection obtenue par la distance de cette projection, ou de la force elle-même, à l'axe.

En outre, on affecte les résultats du signe $+$ ou $-$, selon que les projections tombent d'un côté ou de l'autre de l'origine o des axes de coordonnées, l'une de ces directions étant prise arbitrairement comme positive. Pour les moments, on fait une hypothèse analogue sur le sens de la rotation du corps autour de l'axe considéré.

Dans le cas qui nous occupe, de l'étude d'une portion définie d'un corps soumis à l'action de forces extérieures et résistant par suite des réactions intérieures ou moléculaires qu'il développe, les forces en jeu sont : le poids de la portion de corps considérée, les actions exercées par les corps voisins qui l'ont suivi dans sa déformation, les réactions des appuis fixes, enfin les actions appelées *forces élastiques* exercées par les portions voisines du même corps et qu'on en a supposé détachées par la pensée.

Le système des équations (1), considéré isolément, signifie que si toutes les forces étaient transportées au même point, en conservant leurs directions parallèles à elles-mêmes, elles se détruiraient mutuellement dans leur ensemble; c'est ce qu'on exprime en disant que leur *résultante de translation* est nulle. Si donc on écrivait que la somme des projections des forces sur un quatrième axe est nulle, on n'aurait pas une relation nouvelle, l'équation ainsi obtenue n'étant qu'une conséquence nécessaire des trois autres qui la renferment implicitement.

Le système (1) signifie encore que, lorsque le système (2) n'est pas vérifié, les forces F peuvent sans rien changer, ni aux sommes des projections, ni aux sommes des moments par rapport à un système quelconque de trois axes de l'espace, être remplacées par deux forces formant un couple.

Si, au contraire, c'est le système (1) qui ne se vérifie pas, les trois équations du système (2) signifient que les forces F ont une résultante et que celle-ci passe par l'origine des coordonnées.

Une quatrième équation, jointe aux trois du système (2) en évaluant les moments des forces par rapport à un quatrième axe de projection passant par le même point d'origine, n'aurait pas plus de valeur que l'équation analogue dans le système (1); elle est implicitement comprise dans les trois premières. Si ce quatrième axe Ωv, par exemple, ne passait pas par l'origine o, le système des quatre équations (2) ainsi obtenues signifierait que la résultante passant par o serait, en outre, dans un même plan avec Ωv. Par conséquent, pour écrire que cette résultante est nulle, il ne faudrait plus que deux axes de projections concourants pris dans ce plan.

Si, outre le système (2), on prenait la somme des moments de toutes les forces par rapport à deux nouveaux axes Ωv, Ωt, concourant en un point Ω, différent de o,

$$\Sigma Mv F = o \qquad \Sigma Mt F = o,$$

cela signifierait que la résultante est dirigée suivant la droite $o\Omega$. Pour exprimer que cette résultante est nulle, il ne manquerait plus qu'une équation de projection sur cette droite, ou une équation de moments autour d'un sixième axe situé dans un plan différent de $o\Omega$.

Dans les problèmes de flexion, on suppose les forces toutes dans un plan ou deux à deux symétriques par rapport à un plan. Les équations d'équilibre se réduisent alors à deux équations de projection et une équation de moments, ou à deux équations de moments autour de |deux axes

perpendiculaires au plan et à une équation de projection sur une droite joignant ces axes; ou enfin à trois équations de moments autour de trois axes perpendiculaires au plan des forces et non situées dans un même plan.

Cela posé, il ne peut entrer dans notre cadre restreint de présenter ici un exposé complet de la théorie de la flexion. Nous essaierons, néanmoins, de présenter à nos lecteurs les notions scientifiques indispensables en même temps que les résultats les plus utiles à appliquer dans la pratique courante.

Allongement. On appelle *allongement* l'augmentation de longueur que prend un solide soumis à un effort graduel et insensible s'exerçant dans le sens de cette longueur. Lorsque la charge est enlevée, le corps peut reprendre sa dimension première; le plus souvent il conserve une certaine augmentation de longueur qu'on appelle *allongement permanent;* la partie de l'allongement total qui a disparu à la cessation de l'effort s'appelle *allongement élastique.*

Des expériences restées classiques ont été faites sur l'allongement d'une barre de fer forgé de 15 mètres de longueur et de $0^m,1313$ de diamètre moyen, par Hodgkinson. Il remarqua que, jusqu'à la charge de 13 kilogrammes par millimètre carré, l'allongement total par mètre de longueur primitive est à peu près proportionnel à la charge. Si donc on appelle :

N la charge totale normale à la section droite du prisme;

Ω la surface de cette section droite;

L la longueur primitive de la barre sans charge;

ΔL l'allongement total;

E un coefficient spécial spécifique et constant appelé *coefficient d'élasticité;*

$i = \dfrac{\Delta L}{L}$ l'allongement par mètre.

On conclut que jusqu'à la charge de 13 kilogrammes le fer subit des allongements satisfaisant à la formule

$$N = E\Omega i.$$

Pour le fer forgé E = 20 environ, donc :

$$N = 20\,\Omega i$$

pourvu que N soit exprimé en kilogrammes, Ω en millimètres carrés et i en millimètres. Cette notation est incommode dans les calculs où il est préférable de rapporter tout à la même unité, au mètre linéaire ou superficiel.

La formule devient alors :

$$N = E\Omega 10^6 i 10^3 = E\Omega i 10^9$$

et pour le fer forgé :

$$N = 20\ 10^9 \Omega i.$$

Jusqu'à 13 kilogrammes de charge, l'allongement permanent est environ le 1/100 de l'allongement total. Au delà, il devient plus sensible et suit une loi peu régulière. Mais dans tous les cas, l'allongement élastique reste à peu près proportionnel à la charge vérifiant la formule précédente jusqu'à la charge de 30 kilogrammes. On appelle *limite d'élasticité* la charge qu'il ne faut pas dépasser pour que l'allongement reste proportionnel à cette charge.

La tension par unité de surface sera donc :

$$\frac{N}{\Omega} = Ei$$

On adopte en pratique le chiffre de 6 kilogrammes par millimètre carré de section pour le fer ; c'est environ le 1/6 de la charge qui produirait la rupture. Pour la fonte, ce chiffre tombe à $1^k,5$ à 2 kilogrammes, la charge de rupture étant $9^k,5$ à 13 kilogrammes. Quant au bois, on ne doit jamais lui faire supporter une charge de plus de $0^k,8$ à $0^k,9$ par millimètre carré de section.

Compression. Elle résulte d'un effort tendant au contraire à raccourcir la pièce dans le sens de sa longueur.

On applique à la compression les mêmes lois qu'à l'extension ainsi que la formule

$$N = E\Omega i$$

le coefficient E. restant également le même. Les charges à l'écrasement complet diffèrent seulement un peu des charges de rupture par allongement, ainsi pour le fer c'est 25 kilogrammes par millimètre carré, pour la fonte 60 kilogrammes, etc.

Ces notions élémentaires et indispensables étant bien admises, nous allons aborder maintenant l'étude du problème de la *flexion* proprement dite.

Flexion plane. On considère, comme nous l'avons déjà dit, la pièce soumise à la flexion comme symétrique par rapport à un plan de figure et toutes les forces qui la sollicitent comme symétriques deux à deux par rapport à ce plan. On suppose, en outre, que la pièce est composée, dans ce sens de la longueur, de fibres parallèles qui s'infléchissent en restant dans le même plan vertical parallèle au plan de symétrie ou *plan de flexion.* On admet enfin que toutes les sections droites du prisme restent après la flexion des sections droites de la pièce courbée ou fléchie. Toutes ces hypothèses se réalisent sensiblement dans la pratique.

Cette dernière hypothèse, d'ailleurs, entraîne comme conséquence l'allongement des fibres supérieures, la compression des fibres inférieures et par suite l'invariabilité de dimensions d'une couche intermédiaire qu'on appelle *fibre neutre;* le lieu géométrique des centres de gravité de toutes les sections droites se trouve naturellement dans le plan de symétrie et prend le nom de *fibre moyenne.* Toutes les fibres ont, d'ailleurs, à chaque instant, le même centre de courbure et sont par conséquent équidistantes.

Cela posé, considérons une pièce prismatique dans les conditions précédentes (fig. 147) ; une tranche A B, primitivement normale aux fibres longitudinales, étant venue en ab encore perpendiculaire à ces fibres, de manière que les portions supérieures se soient allongées, que les parties inférieures se soient raccourcies, et que la fibre neutre oo' soit restée invariable continuant à aboutir au point o'. Le mouvement étant supposé accompli, nous pouvons appliquer au système des forces en jeu les six équations générales d'équilbre citées plus haut. Or, ces six équations peuvent se réduire ici à trois, grâce à la symétrie des efforts et de la figure dans l'espace. Prenons, en effet, pour axes des coordonnées trois droites rectangulaires passant par le point G où la fibre moyenne rencontre la section droite AB ; Gx étant choisi dans la direction de la fibre moyenne, Gy dans une direction perpendiculaire et Gz normale au plan des deux autres, c'est-à-dire au plan de symétrie de la pièce.

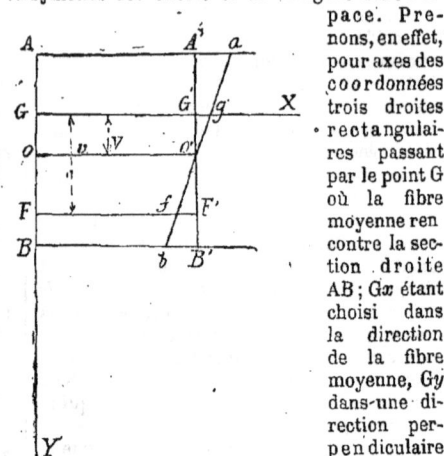

Fig. 147.

Soient P, P', P'', etc., les forces agissant sur les pièces dans le plan Xy et qui sont toutes, par hypothèse, les résultantes des forces extérieures agissant sur cette pièce deux à deux et symétriquement par rapport à ce plan. Soient de même f, f', f'', les actions moléculaires ou élastiques exercées sur le solide considéré par la portion de solide placée à gauche de la section AB, actions qui sont les résultantes de toutes celles qui s'exercent dans la masse du corps par suite de la même convention. On voit, d'après ce que nous avons dit plus haut, que le système (1) se réduit aux deux premières équations et le système (2) à la dernière. On aura donc :

$$\Sigma fx + \Sigma Px = 0$$
$$\Sigma fy + \Sigma Py = 0$$
$$\Sigma Mzf + \Sigma MzP = 0$$

Trois équations nécessaires et suffisantes pour l'équilibre, on en tire :

$$\Sigma fx = -\Sigma Px \text{ ou } N$$
$$\Sigma fy = -\Sigma Py \text{ ou } T$$
$$\Sigma Mzf = -\Sigma MzP \text{ ou } \mu$$

en supposant le sens positif des moments des forces P dans la rotation de OX vers OY.

N est ce qu'on nomme la *tension longitudinale* ou somme des efforts extérieurs dirigés suivant l'axe du solide. Il est entendu que N comme P ne se rapporte qu'à la portion de solide qu'on a supposée détachée du reste en AB. Si ∞ est la section, on appelle quelquefois $\frac{N}{\infty}$ la *tension moyenne.*

T s'appelle l'*effort tranchant;* c'est la somme de toutes les composantes des forces extérieures tendant à faire glisser la portion du corps situé à droite de A B de celle qui est à gauche, la force qui tend, en un mot, à couper le solide transversalement suivant le plan A B.

Enfin μ prend le nom de *moment fléchissant*, c'est la somme des moments des forces extérieures par rapport à l'axe OZ; c'est réellement lui qui est pour ainsi dire l'âme de la flexion observée sur la pièce.

Les équations précédentes peuvent donc s'écrire :

$$N + \Sigma fx = 0$$
$$T + \Sigma fy = 0$$
$$\mu + \Sigma Mzf = 0.$$

Cela posé, G étant la position du centre de gravité de la section AB et GX la fibre passant par tous les centres analogues ou fibre moyenne, cherchons la force moléculaire développée sur une fibre longitudinale de section élémentaire $d\alpha$ située sur la parallèle FF' à GX. Cette fibre s'est raccourcie de F'f; d'après la loi connue et vue précédemment

ici

$$N = E\alpha i$$
$$N = E\alpha \frac{\Delta L}{L}$$

d'où :

$$\frac{N}{\alpha} = E\frac{\Delta L}{L}.$$

Posant $\frac{N}{\alpha} = R$ tension par unité de surface, il vient :

$$R = E\frac{\Delta L}{L}$$

c'est-à-dire

$$R = E\frac{fF'}{FF'} = E\frac{fF'}{GG'}.$$

Donc la force moléculaire totale développée sur la section $d\alpha$ sera $R d\alpha$ ou

$$f = R d\alpha = E d\alpha \frac{fF'}{GG'}.$$

Appelons v la distance de la fibre considérée à la fibre moyenne, c'est-à-dire la fibre passant par les centres de gravité des sections successives, et V la distance de la *fibre neutre*, c'est-à-dire celle dont la longueur n'a pas varié, à la même fibre moyenne. Admettons, en outre, que la limite d'élasticité n'ait pas été dépassée et que l'intervalle oo' soit un infiniment petit du premier ordre; quoique le plan AB ait dévié de la verticale en ab, on peut considérer les composantes normales des forces élastiques qui s'exercent après la flexion sur ce plan Σfx, comme suivant la même loi que si les fibres traversant cette section lui étaient exactement perpendiculaires, en un mot confondre Σfx avec Σf. Or, en remarquant que les triangles $o'fF'$ et $o'gG'$ sont semblables il vient :

$$\frac{fF'}{gG'} = \frac{o'F'}{o'G'} = \frac{v-V}{V}$$

d'où :

$$fF' = gG'\frac{v-V}{V}$$

donc, remplaçant dans la valeur de f, il vient :

$$f = E d\alpha \frac{gG'}{GG'}\frac{v-V}{V}$$

mais

$$\frac{gG'}{GG'} = \frac{\Delta L}{L} = i$$

donc

$$f = E i d\alpha\frac{v-V}{V}$$

la somme de ces actions moléculaires sera donc

$$\int E i d\alpha\frac{v-V}{V} = \frac{E i}{V}\int v d\alpha - E i \int d\alpha.$$

Or, $\int v d\alpha$ est la somme des moments des éléments de la surface par rapport à son centre de gravité, somme qui, comme on sait, est nulle, donc tout ce terme est nul et il reste $- E i \int d\alpha$.

Donc la première de nos équations d'équilibre devient :

$$N - E i \int d\alpha = 0$$

$$(1) \quad N - E i\alpha = 0 \text{ ou } N = E i\alpha$$

loi d'équilibre dans les conditions que nous avons supposées. On a admis, en outre, que le coefficient d'élasticité est le même à la compression et à l'allongement, ce qui est sensiblement exact, quand on ne franchit pas la limite élasticité.

La troisième équation relative aux moments donne de même

$$\mu + \int E i d\alpha\frac{v-V}{V}v = 0$$

ou

$$\mu + \frac{E i}{V}\int v^2 d\alpha = 0$$

en négligeant, comme plus haut, le terme nul, qui a pour expression :

$$E i \int v d\alpha.$$

Or, la quantité $\int v^2 d\alpha$ représentant la somme des produits de chaque élément de surface par le carré de sa distance à un axe déterminé est ce qu'on appelle le *moment d'inertie* de la surface par rapport à cet axe. Dans le cas qui nous occupe, c'est l'axe passant par le centre de gravité GX. Si donc nous appelons I ce moment d'inertie, l'équation précédente devient :

$$\mu + \frac{E i I}{V} = 0$$

$$(2) \quad \mu = -\frac{E i I}{V}.$$

Enfin, nous avons vu plus haut que

$$R = E\frac{fF'}{GG'} = E i\frac{v-V}{V}$$

donc :

$$R = E i\frac{v}{V} - E i.$$

Mais, nous venons de trouver par les formules (1) et (2) les expressions de $E i$ et de $\frac{E i}{V}$ que nous pouvons transporter dans cette dernière qui devient alors :

$$R = \frac{v\mu}{I} \pm \frac{N}{\omega}$$

Le signe $\pm$ dépend du sens des forces selon qu'on étudie l'action du solide supposé séparé sur la portion restante ou bien qu'on fait l'hypothèse contraire.

C'est la formule fondamentale de la flexion; elle donne l'effort supporté par chaque unité de surface de la section sous l'effet de la flexion considérée.

On l'emploie souvent sous une forme plus simple.

Si, en effet, $N = o$ l'allongement i qui est égal à $\frac{N}{E\omega}$ devient nul et $V = \frac{Ni}{\mu\omega} = o$, donc la ligne des fibres neutres se confond avec celle des centres de gravité ou fibre moyenne. Par conséquent :

$$\mu = \frac{E I i}{V} = E I \frac{o}{o}.$$

forme de l'indétermination. Mais on a une autre expression de μ

$$\mu = \frac{R I}{v - V}$$

qui se réduit alors à

$$\mu = \frac{R I}{v}$$

puisque $V = o$.

Donc, lorsqu'il n'y a pas de tension longitudinale la formule de la résistance devient

$$R = \frac{v\mu}{I}$$

qui est la plus employée dans la pratique.

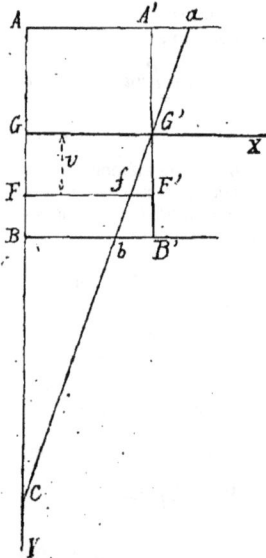

Fig. 148.

Si, d'ailleurs, on considère (fig. 148) comme précédemment une fibre FF' qui est devenue Ff;

comme les plans A B et ab sont supposés infiniment voisins, leur point de rencontre C est le centre de courbure, et G C représente le rayon de courbure de la fibre moyenne ρ. Mais les triangles semblables G G'C et fF'G' donnent

$$\frac{f\text{F}'}{\text{G G}'} = \frac{\text{F}'\text{G}'}{\text{G C}}$$

ou bien

$$\frac{\Delta \text{L}}{\text{L}} = \frac{v}{\rho} \quad \text{ou} \quad i = \frac{v}{\rho}$$

donc

$$\text{N ou} \int f d\omega = \int \text{E} i d\omega = \int \text{E} \frac{v}{\rho} d\omega = \frac{\text{E}}{\rho} \int v d\omega$$

mais $\int v d\omega = o$ donc $N = o$.

Par conséquent, toutes les fois que la ligne des fibres neutres et celle des fibres moyennes se confondent, la tension longitudinale est nulle. Ce cas se présente souvent dans les applications.

En résumé, si la tension longitudinale est nulle, la ligne des fibres neutres se confond avec celle des centres de gravité et réciproquement.

Cette théorie présente de nombreux cas particuliers et de fréquentes applications, surtout au point de vue de la construction des combles et des charpentes métalliques. — A. M.

FLINT ou **FLINT GLASS.** T. de phys. (De l'anglais *flint*, caillou, et de *glass*, verre). Verre pesant à base de plomb. Voici, d'après M. Dumas, la composition du flint-glass de Guinand :

Silice..	42.5
Alumine.	1.8
Oxyde de plomb.	43.5
Chaux.	0.5
Potasse.	11.7
	100.0

Le flint, doué de pouvoirs réfringent et dispersif supérieurs à ceux du verre ordinaire, est employé en optique pour former des prismes propres à décomposer la lumière en un spectre très pur. Il sert à faire, avec le *crown-glass*, des lentilles achromatiques pour les microscopes, les télescopes, les lunettes astronomiques, terrestres, etc.

* **FLOCHE.** 1º Organsin à deux bouts, mais très fort. La qualité des floches est caractérisée par leur degré de finesse. Les plus fines prennent le nom de *filets*, et sont consacrées spécialement, dans ce cas, à la fabrication des résilles pour retenir les cheveux. || 2º Grosseur dans un fil de matière végétale résultant d'un entraînement subit de filaments à une seule place.

* **FLORE.** Myth. Déesse qui présidait aux fleurs et dont le culte était établi chez les Sabins avant la fondation de Rome. On la représente généralement dans tout l'éclat de la première jeunesse, avec un visage doux et satisfait, une bouche gracieuse et demi souriante; elle est légèrement vêtue, couronnée de fleurs tressées et elle tient de la main gauche une corne d'abondance d'où s'échappent des fleurs et des fruits.

* **FLORE ORNEMENTALE.** T. d'art. Il semble naturel que les sculpteurs chargés de la décoration des mo-

numents aient cherché tout d'abord à copier les modèles qu'ils avaient sous les yeux, car la combinaison des lignes qui forment ce qu'on a appelé depuis le *dessin d'ornement*, dénote une recherche qui exige déjà une grande pratique de l'art. Cependant chez les peuples les plus anciens, les fleurs introduites dans la décoration ont une portée symbolique et mystique qui restreint leur usage. Le lotus et les palmes sont le plus fréquemment retrouvés sur les monuments égyptiens, hindous, chinois; le lotus surtout qui, de toute antiquité, était chez ces peuples l'attribut de la divinité.

Les Grecs, les premiers, semblent avoir emprunté à la flore de leur pays des motifs d'ornements appliqués d'une façon rationnelle à l'architecture, mais la seule feuille d'acanthe semble constituer la base de leur décoration.

Les Romains, et après eux les Byzantins, ont fait également un grand usage de la flore ornementale ; les artistes Byzantins montrent même une grande richesse et une grande variété dans leurs imitations. Nous ne pouvons entrer dans plus de détails dans cette histoire de la flore d'ornement dans l'antiquité, question qui

Fig. 149. — *Feuilles d'érable.*

trouve sa place dans les articles spéciaux consacrés à l'art dans chacun de ces pays.

Mais la flore romane et surtout la flore gothique méritent une étude particulière par leur importance, leur variété et leurs procédés d'exécution ; ce sont aussi celles qui nous intéressent davantage, la France étant d'une richesse incomparable en monuments do cette époque.

L'architecture du moyen âge possède sa flore particulière, qui se modifie à mesure que l'art progresse ou décline, c'est d'abord une imitation de la sculpture romaine et byzantine, puis, vers la fin de l'époque romane, les

artistes s'affranchissent de ces traditions ; ils cherchent à copier la nature elle-même, et, après bien des hésitations et des tâtonnements, ils parviennent à créer de toutes pièces une ornementation aussi riche qu'originale.

Comme le fait si bien remarquer Viollet-le-Duc, dans son *Dictionnaire de l'architecture*, c'est à la rivalité des architectes laïques et des architectes sortis des cloîtres qu'est dû surtout le développement de cet art nouveau. Dès le milieu du XIIᵉ siècle, les artistes laïques de l'Ile de France et de la Bourgogne cherchent des modèles

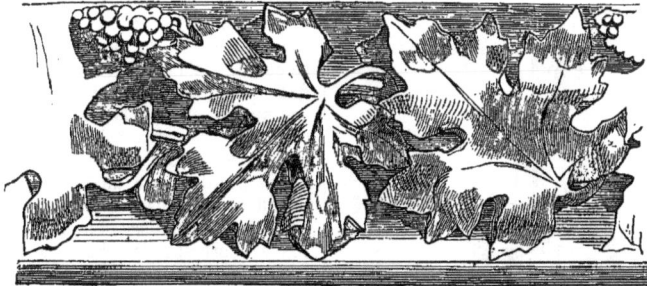

Fig. 150. — *Feuilles de vigne.*

dans les modestes fleurs des champs, au moment où elles n'ont pas encore atteint leur complet épanouissement, et en composent les beaux chapiteaux de St-Julien-le-Pauvre, à Paris, de Senlis, de Sens, de St-Leu-d'Esserent, du chœur de Vézelai, de St-Rémi, à Reims. Bientôt les feuilles s'ouvrent, s'étalent, les tiges s'allongent, les fruits apparaissent ; on voit déjà le lierre, la vigne, le houx, les mauves, l'églantier, l'érable. A la fin du XIIIᵉ siècle ils en viennent à copier le chêne, le prunier, le figuier, le poirier, les feuilles d'eau, les fougères, etc.

Chaque objet garde sa physionomie particulière, au point d'être facilement reconnaissable même pour des observateurs inexpérimentés. C'est ainsi qu'on a pu reconstituer la flore ornementale du moyen âge et constater que presque toutes nos plantes ont été mises à con-

tribution par les artistes ; on retrouve même trace de plantes exotiques, qui ne croissent qu'en Grèce et en Orient, et où il faut voir une imitation éloignée de sculptures byzantines, peut-être même un vestige des Croisades.

Ainsi dans toutes leurs créations, les artistes du moyen âge n'ont pas perdu de vue les conditions nécessaires à l'existence même de leurs procédés ; conserver à la flore ornementale ses éléments constitutifs, mais modifier les détails, masquer les irrégularités en réunissant les végétaux ou en modifiant leur position, et souvent même utiliser leurs défauts pour obtenir un effet décoratif. On ne peut qu'admirer la fertilité d'invention de ces artistes, et la science de leurs procédés.

Nous ne pouvons non plus donner des détails complets

sur la flore du moyen âge. Les végétaux le plus fréquemment employés exigeraient déjà une nomenclature fastidieuse.

Voici un exemple qui peut donner un aperçu de la variété apportée par les sculpteurs d'un même pays dans leurs motifs d'ornements empruntés à la flore. M. Saubinet, dans la seule cathédrale de Reims, a signalé les plantes suivantes :

Acanthe.	Hydrocotyla vulgaris.
Cirsium acaule.	Assarum vulgare.
Quercus.	Ilex aquifolium.
Quercus pedunculata.	Vitis, avec grappes.
Vitis vinifera.	Castaneus, avec fleurs.
Potentilia fragaris.	Fougères.
Rosa canina.	Assarum europeanum.
Ranunculus lingua.	Glechoma hederacea.
Sagittaria sagittifolia.	Lauriers.
Agrimonia.	Arum vulgare.
Hedera helix.	Malva sylvestris.

A mesure que l'art ogival se développe, puis entre en décadence, l'imitation des végétaux devient servile et tombe dans le réalisme. Les sculpteurs choisissent les feuillages les plus découpés : les chardons, les épines, l'armoise, l'algue marine, et les sculptent avec une hardiesse et une sûreté de main admirables. La plupart de ces feuilles, taillées en pleine pierre, ne tiennent au monument que par un point. Le fleuron que

Fig. 151. — Fleuron du XIVe siècle.

nous donnons figure 151, avec ses trois rangs de feuilles, est sculpté avec une hardiesse et une désinvolture qui atteignent l'exagération. Il est emprunté à Saint-Urbain de Troyes, où il termine le gâble d'une fenêtre.

C'est le dernier effort des sculpteurs en fleurs du moyen âge. Leurs successeurs ne cherchent plus à créer; ils imitent aussi bien la décoration des artistes du XIVe et du XVe siècle que celle des Romains dont la Renaissance apporte les modèles, leur art décroît alors rapidement et l'étude de la flore n'offre plus qu'un intérêt restreint; on voit apparaître le dessin d'ornement tel que nous le comprenons de nos jours, c'est-à-dire produisant un effet décoratif par la répétition des mêmes lignes. Ce retour à l'ornementation antique subsiste pendant trois

siècles. Le XVIIe même se signale par une richesse et une variété plus grande, ainsi que par l'habileté de l'exécution. Il faut revenir à la fin du XVIIIe siècle pour retrouver des artistes sortant de cette routine qui étouffait toute idée nouvelle. Pourtant l'art architectural y gagne peu. Les guirlandes tenues par des amours, les roses et les marguerites que surmontent des pigeons, les bouquets de fleurs champêtres sont plus utiles à la décoration des appartements qu'à l'aspect extérieur des monuments. Du moins peut-on dire que malgré une profusion et une exagération regrettables, la flore ornementale du XVIIIe siècle est souvent employée avec goût, et qu'elle atteint bien le but cher aux artistes de cette époque; elle charme l'œil par les détails, et attire l'attention aux dépens de l'ensemble : mais ce ne sont pas là les conditions requises par l'art monumental. — C. DE M.

FLORENCE. T. de tiss. Taffetas très léger que l'on emploie pour doublure, et qui se fabriquait autrefois à Florence ; d'où son nom.

*FLÔTRES. T. de pap.** On désigne sous ce nom dans la fabrication du papier à la main, les feutres qui servent à recevoir la feuille de papier humide au moment où elle quitte la forme. Un certain nombre de feuilles de papier, alternant chacune avec un feutre, composent la pile que l'on met en presse, pour en extraire la plus grande quantité d'eau contenue. Les flôtres doivent être lavées de temps en temps à l'eau contenant du savon ou un peu de sel de soude en dissolution. Pour augmenter la durée des flôtres et leur résistance à l'action permanente de l'humidité, on les passe, avant emploi, dans une dissolution chaude de matières tannantes. L'écorce de chêne sert généralement dans ce but.

FLOTTANT, ANTE. Art. hérald. Se dit des navires et des poissons qui semblent flotter sur les ondes.

FLOTTEUR. 1o T. de mach. Appareil destiné à indiquer le niveau de l'eau dans une chaudière ; il se compose d'une sphère, ou d'une lentille creuse, fixée à l'extrémité d'un bras de levier relié à un axe qui traverse la façade ou l'enveloppe de la chaudière, en passant dans un presse-étoupe. Cet axe porte à l'extérieur un index dont les différentes positions sur un cadran, bien en vue du chauffeur, indiquent la hauteur de l'eau à l'intérieur de la chaudière. Les positions extrêmes de l'index, correspondent au manque d'eau ou à un niveau trop élevé, elles sont accusées par l'ouverture d'un sifflet à vapeur, dont le bruit strident appelle immédiatement l'attention du surveillant. On doit de temps à autre visiter le flotteur, attendu que si sa densité change par suite de dépôts à sa surface, les indications ne concorderaient plus avec celles de la densité primitive; ces indications varient aussi avec le changement de densité de l'eau de la chaudière. Son emploi, limité d'ailleurs aux chaudières fixes, est généralement délaissé: on se sert aujourd'hui dans le même but des tubes de niveau.

L'indicateur magnétique de Lethuillier et Pinel se compose également d'un flotteur, en forme de sphéroïde, dont la tige passe librement dans un piétement en fonte terminé par une boîte carrée, en cuivre fondu. Le bout de la tige du flotteur porte un fort aimant magnétique. Contre l'une des faces de la boîte en cuivre, il existe une aiguille isolée de tout support mécanique et qui n'est maintenue que par l'attraction de l'aimant auquel elle sert d'armure. Les positions de cette aiguille indiquent les fluctuations du niveau intérieur; deux sifflets avertisseurs du manque ou du trop d'eau sont mus automatiquement par des taquets placés sur la tige du flotteur.||2° Bonhomme ou baguette indicatrice d'un manomètre à mercure.||3° *T. d'hydraul.* Appareil léger que l'on fait flotter sur un cours d'eau pour en déterminer la vitesse.||4° *T. de mar. Flotteur de torpille.* Assemblage de bois destiné à supporter une torpille divergente remorquée par un câble conducteur, à la surface de l'eau, jusqu'à ce qu'un choc, reçu par l'une des antennes du flotteur, dégage la torpille. Si à ce moment on ferme le circuit, la torpille éclate et exerce ses effets destructeurs contre l'objet qui a produit le choc. Le flotteur est relié à la remorque par une patte d'oie, dont les longueurs des deux branches sont calculées de manière à maintenir un certain angle de divergence avec la route suivie par le bâtiment.

*FLUATATION. *T. de chim.* Nom donné par M. L. Kessler à l'opération qui consiste à durcir les pierres calcaires, par le moyen des fluosilicates.

Ces sels, d'ailleurs nombreux, en se décomposant à l'air, remplissent de silice, corps très dur, les pores de la pierre, d'où leur avantage et la raison de leur emploi. On avait auparavant préconisé dans le même but les solutions de silicates alcalins, mais ceux-ci faisant tache le bois, le verre, le linge, dissolvant les pinceaux qui servaient à badigeonner les matériaux; on a dû y renoncer pour employer les fluosilicates.

Les fluosilicates dont les oxydes sont solubles dans l'eau, sont insolubles dans ce liquide, et inversement; il en résulte que les fluosilicates solubles se décomposent au contact des calcaires, sans y rien laisser de soluble, alors que les silicates alcalins laissaient dans la pierre, à côté de la silice, des sels alcalins qui commençaient déjà à la salpêtrer.

En même temps que la silice, les fluosilicates abandonnent du spath fluor, et un oxyde ou son carbonate, tous insolubles, qui concourent à l'oblitération des pores et au durcissement. Les deux exemples suivants représentent les deux principaux types de ces réactions.

L'un se rapporte à la décomposition du fluosilicate de magnésie :

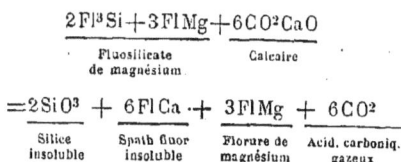

$$2Fl^3Si + 3FlMg + 6CO^2CaO$$

| Fluosilicate de magnésium | | Calcaire | |

$$= 2SiO^3 + 6FlCa + 3FlMg + 6CO^2$$

| Silice insoluble | Spath fluor insoluble | Florure de magnésium | Acid. carboniq. gazeux |

L'autre exprime la réaction du fluosilicate de zinc :

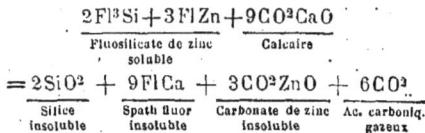

$$2Fl^3Si + 3FlZn + 9CO^2CaO$$

| Fluosilicate de zinc soluble | | Calcaire | |

$$= 2SiO^2 + 9FlCa + 3CO^2ZnO + 6CO^2$$

| Silice insoluble | Spath fluor insoluble | Carbonate de zinc insoluble | Ac. carboniq. gazeux |

Au point de vue chimique, la solution du problème ne laisse donc rien à désirer; dans la pierre à durcir, on n'introduit que de la pierre; au point de vue physique, le résultat est plus satisfaisant encore.

En effet, les silicates alcalins en se desséchant laissaient un verre très peu soluble et imperméable à l'eau; pendant leur emploi, il était très difficile d'empêcher cet effet de se produire par certaines places, et de les vernir. Lorsqu'une pierre ainsi vernie venait à geler, après avoir été mouillée dans son intérieur, l'eau qu'elle renfermait ne pouvant plus sortir, se solidifiait en s'accumulant sous sa surface, et la faisait éclater.

Les fluosilicates ne peuvent produire cet effet. En se desséchant, ils cristallisent, et la glace fond au contact des cristaux, et ils ne forment pas d'enduit imperméable, à cause du dégagement d'acide carbonique qui accompagne la réaction et doit s'échapper au dehors; ils ne tachent pas en brun comme les silicates, n'ayant pas leur alcalinité.

Les fluosilicates étant nombreux, on doit les choisir, au point de vue économique, et aussi eu égard à leurs effets accessoires.

Veut-on laisser à la pierre sa couleur, on doit choisir le fluosilicate de magnésium; pour la blanchir, on devra prendre le fluosilicate de zinc, celui de plomb, ou le sel double d'alumine et de zinc. Veut-on produire un durcissement instantané, en même temps qu'une imperméabilisation plus avancée, on obtiendra ces effets avec le fluosilicate d'alumine simple.

Au contraire, si l'on se propose de teindre la pierre, on emploiera : pour le bleu verdâtre : le sel de cuivre; pour le gris verdâtre fixe : le sel de chrome; pour le vert : un mélange d'acide chromique et du sel de cuivre; pour le jaune : un mélange d'acide chromique et de fluosilicate de zinc ou de plomb; pour le brun-sépia : le fluosilicate de manganèse, suivi d'une imprégnation d'acide permanganique; pour le rose-violacé : le sel de cuivre suivi de cyanure jaune; pour le noir : les sulfures solubles, après les fluosilicates de cuivre ou de plomb, etc.

La dissolution des fluosilicates a pour effet non seulement de durcir la pierre, mais encore d'agglutiner sa poussière; on se sert de cette propriété pour boucher les pores de sa surface, en les remplissant d'une pâte humide, faite avec sa sciure; on peut même la lisser ensuite, en la frottant avec une surface dure et rigide.

Après dessiccation, on donne une couche de dissolution faible, puis une seconde de fluosilicate plus concentré. Cette surface peut alors se polir comme le marbre.

En remplissant les cavités superficielles des calcaires tendres ou grossiers, on les durcit, et si la poudre calcaire est colorée par du charbon, du vermillon, des émaux en poudre, du sesquichlorure de chrome, du sulfure de cadmium, des ocres, etc., et agissant comme nous venons de le dire, on fait apparaître des dessins souvent très fins, qui tranchent plus ou moins sur la teinte naturelle; si en outre on fait usage pour durcir d'un fluosilicate coloré, on développe d'autres dessins provenant d'une gradation de tons que prennent par sélection, depuis le blanc pur, ses diverses parties, suivant qu'elles sont dures ou tendres.

La poussière des calcaires n'est pas la seule qui soit durcie par fluatation. Il en est de même de celle des argiles, des laitiers, et de tous les silicates attaquables par les acides. Celles de ces poudres qui ne dégagent pas d'acide carbonique au contact des acides peuvent servir à faire une pâte qu'on peut mouler ou employer comme lut. — V. Fluosilicique (Acide).

L'architecture, la statuaire, la marbrerie, sont désormais en possession d'un procédé aussi sûr que simple d'application, leur permettant la substitution, avec une grande économie, aux pierres dures, de calcaires tendres, faciles à travailler. L'art des vitraux peints en profitera aussi dans une large mesure, car les fluosilicates succédant ou alternant avec les silicates offrent un moyen aussi commode qu'économique, pour la fixation à froid des émaux colorés à la surface du verre. Enfin, l'industrie du cimentage y trouvera le meilleur agent de *brûlage* des surfaces cimentées, destinées à être badigeonnées ou peintes à l'huile.

L'application en a été faite depuis plusieurs années sans qu'aucune avarie ne soit jamais signalée. Au nouvel Hôtel des postes et télégraphes, M. Guadet, son architecte, a fait fluater en 1883 toutes les parties extérieures les plus exposées à la pluie. A l'Hôtel-de-Ville de Paris, on a fluaté les couloirs menant à la salle du conseil, et outre le durcissement, on a empêché la pierre de tacher les vêtements. Les cordons des mains-courantes, dans les escaliers en colimaçon des cours, ont été lissés, et peuvent désormais se laver, etc.

FLUIDE. *T. de phys.* On donne le nom commun de *fluides* aux liquides et aux gaz. On nommait naguère encore *fluides impondérables* ou *incoercibles* les causes premières de la lumière, de la chaleur, de l'électricité et du magnétisme. Il est démontré et admis aujourd'hui que la lumière est due à un mouvement ondulatoire de l'éther universel qui remplit l'univers; que la chaleur ne doit pas être attribuée à un fluide particulier qu'on nommait *calorique,* qu'elle n'est qu'un mode de mouvement de l'éther et de la matière pondérable. Pour expliquer les phénomènes d'électricité et de magnétisme, on emploie encore les mots de *fluides positif et négatif;* de *fluides boréal et austral;* mais ce sont là de simples conventions; car tout porte à croire que ces phénomènes sont dus à un mode de mouvement particulier de l'éther et de la matière pondérable.

Le *perd-fluide* est un conducteur métallique terminé par une plaque de tôle plombée enfoncée dans le sol, pour donner issue à l'électricité atmosphérique dans les paratonnerres, ou à celle des piles dans la télégraphie et la téléphonie.

On a désigné pendant longtemps, et à tort, les liquides sous le nom de *fluides incompressibles,* et les gaz ou vapeurs sous celui de *fluides élastiques,* car les liquides sont compressibles (très peu à la vérité) et très élastiques dans le sens vrai du mot. — V. Élasticité.

FLUIDITÉ. *T. de phys.* Etat des corps liquides ou gazeux, par opposition à la *solidité.* La fluidité plus ou moins grande d'un liquide peut s'estimer approximativement d'après le temps plus ou moins long qu'il met à reprendre son niveau dans le vase qui le contient. C'est ainsi que l'on constate que l'eau a plus de fluidité que l'huile, l'alcool plus que l'eau, l'éther plus que l'alcool. Il en est de même des vapeurs lourdes et visibles qu'on fait osciller dans un flacon dont elles occupent la partie inférieure.

FLUOR. *T. de chim.* Nom donné à un corps simple, que jusqu'à présent l'on n'a pu encore isoler, mais que d'après ses combinaisons on peut considérer comme devant être un métalloïde gazeux, de la famille du chlore, et qui devrait être doué d'une énergie bien plus grande que ce dernier, puisque lorsqu'on cherche à l'isoler, on n'a pu encore trouver de corps susceptibles de le conserver sans être immédiatement attaqués. Son équivalent serait de 19, et son poids atomique de 19 également.

Le fluor existe dans la nature sous différentes combinaisons, surtout à l'état de fluorures, c'est-à-dire combiné avec les métaux; il se trouve sous la même forme dans le règne organique, comme dans la tige des équisétacées, des graminées; puis dans le règne animal, notamment dans les os, les dents, l'urine, le sang, le lait.

*FLUORANTHÈNE. *T. de chim.* Hydrocarbure contenu dans le goudron de houille et dans les produits de distillation des minerais de mercure, à Idria. Sa formule est $C^{15}H^{10}...C^{30}H^{10}$. Il fond à 109-110°, et bout à 250-251, sous la pression de 60 millimètres de mercure. Il se dissout à chaud dans l'acide sulfurique concentré, en donnant une liqueur bleue.

*FLUORÈNE. *T. de chim.* Syn. *Diphénylonéthylène.* Carbure d'hydrogène ayant pour formule $C^{26}H^{10}...C^{13}H^{10}$, découvert par M. Berthelot dans les huiles lourdes de goudron et l'anthracène brut. Il est solide, cristallisé en lamelles blanches, fond à 113°, bout à 305°; est soluble dans l'éther, la benzine, le sulfure de carbone, peu dans l'alcool. Il se combine à l'acide picrique. On l'obtient par distillation fractionnée des huiles lourdes.

*FLUORESCÉINE. *T. de chim.* Produit intermédiaire de la fabrication de l'*éosine.* — V. ce mot.

*FLUORESCENCE. *T. de phys.* Lueur qui se produit sur certaines substances lorsqu'on les expose dans la région ultra-violette du spectre solaire. Stokes a expliqué le phénomène en disant que les rayons plus réfrangibles que les rayons violets se transforment en rayons moins réfrangibles (qui pĕuvent devenir visibles) quand ils traversent cértains corps, tels que le *spath-fluor*, qui a valu le nom de *fluorescence* à ce phénomène, ainsi que certains verres colorés, et notamment les dissòlutions aqueuses où alcooliques de sulfate de quinine, d'esculine, de gaïac, de chlorophylle, etc. On donne aussi quelquefois à ce phénomène le nom de *diffusion épipotique* (diffusion de la lumière à la *surface*). La fluorescence n'est, selon M. Becquerel, qu'un cas particulier de la *phosphorescence* (Becquerel : *La lumière, ses causes et ses effets.* t. I, p. 330). Tyndall, *La lumière*, p. 176. — V. CHALEUR, § *Effets lumineux, phosphorescents.*

* FLUORHYDRIQUE (Acide). *T. de chim.* Voir pour les propriétés et l'emploi, t. I, p. 20. Comme l'art de la gravure sur verre en emploie de grandes quantités, nous croyons utile d'indiquer comment on l'obtient industriellement. 1° Lorsque l'on veut plonger les glaces dans des bains acides, on peut obtenir un liquide convenable avec 100 kilogrammes d'eau, 25 kilogrammes de fluorhydrate de fluorure de potassium, et 25 kilogrammes d'acide chlorhydrique ordinaire (Tessié du Mottay et Maréchal); 2° pour l'avoir en solution, M. Kessler décompose dans des cylindres horizontaux en fonte, 100 kilogrammes de fluorure de calcium pulvérisé, par 80 kilogrammes d'acide sulfurique à 66°. On condense l'acide dans des récipients en plomb. Les 50 à 55 kilogrammes obtenus marquent 40° Baumé.

3° A la cristallerie de St-Louis, on chauffe au rouge sombre, dans des cornues de grès, 100 kilogrammes de fluorure de calcium pulvérisé, 200 kilogrammes acide sulfurique à 60°, et 170 kilogrammes de sulfure de calcium, destiné à garantir le vase contre une attaque trop brusque. On obtient par ce procédé un liquide qui contient 400 grammes d'acide fluorhydrique par kilogramme, et marque 20° Baumé.

* FLUORINE. *T. de minér.* Syn. Fluorure de calcium, spath-fluor. — V. t. II, p. 71.

* FLUORURE. *T. de chim.* Nom donné aux composés du fluor et des métaux. Ces sels sont encore peu connus, quelques-uns se retrouvent à l'état naturel, d'autres sont les produits de l'art; les uns sont solubles, comme ceux alcalins; le fluorure d'argent; la plupart sont insolubles, tels sont les fluorures de calcium, baryum, strontium, aluminium, plomb, etc.; l'acide azotique n'agit pas sur eux; l'acide chlorhydrique les décompose en partie. Ceux alcalins se combinent molécule par molécule à l'acide fluorhydrique, pour faire des fluorhydrates de fluorure, exemple :

$$KFl, HFl = KHFl^2.$$

Etat naturel. Il existe peu de fluorures : la *fluorine* et la *cryolite* sont les seuls assez abondants pour être employés industriellement. Ce dernier est un fluorure double de sodium et d'aluminium, contenant 54,16 de fluor, pour 32,73 de sodium et 13,06 d'aluminium : il cristallise en prisme doublement oblique, est blanc nacré, parfois un peu jaune, et vitreux ; D=2,9 ; dureté 2,5 à 3. Ce minéral, très abondant au Groënland

sert pour l'extraction de la soude, la fabrication de l'aluminium et des sels d'alumine. On connaît encore des fluorures, de magnésium, *sellatte;* d'aluminium, *prosopite et ralstonite;* de cérium, *flucérine.*

Caractères chimiques. Ces sels se reconnaissent ainsi : avec l'acide sulfurique concentré, ils dégagent par l'aide d'une faible chaleur, des vapeurs blanches d'acide fluorhydrique, qui attaquent le verre. Mêlés à de la silice, ils donnent avec l'acide sulfurique du fluorure de silicium gazeux, qui se décompose par l'eau, en donnant de la silice gélatineuse. Ceux solubles ne précipitent pas par l'azotate d'argent; ils fournissent avec les sels de baryum, un précipité blanc, soluble dans les acides azotique et chlorhydrique. Les chlorures de calcium et de magnésium y produisent un précipité gélatineux, transparent et peu visible, qui se sépare bien par l'ébullition, ou avec l'ammoniaque.

PRÉPARATION. Ceux solubles se font en dissolvant dans l'acide fluorhydrique, les oxydes anhydres ou hydratés; les fluorhydrates s'obtiennent en séparant en deux portions égales un volume donné d'acide fluorhydrique, neutralisant l'une d'elles par l'oxyde, et versant le produit dans l'autre moitié.

* FLUOSELS. *T. de chim.* Produits formés en dissolvant dans l'acide fluorhydrique des sels oxygénés à acides métalliques, et dans lesquels, tout ou partie de l'oxygène se trouve remplacé par du fluor. Ils sont neutres en général. Tels sont les fluantimoniates, fluarséniates, fluoborates et fluoxyborates, fluoniobates et fluoxyniobates, fluosilicates, fluostannates, fluotantalates, fluotitanates, fluoxymolybdates, fluoxytungstates, fluozirconates.

* FLUOSILICIQUE (Acide). *T. de chim.* Corps produit par la décomposition du fluorure de silicium au moyen de l'eau. C'est un liquide excessivement acide lorsqu'on l'obtient en solution saturée, fumant à l'air, d'une conservation très difficile, puisqu'il attaque le plomb, le verre, fait casser les tourilles de grès ; il peut s'évaporer sans résidu dans des capsules de platine. Dans l'industrie, on ne peut le garder que dans les tonneaux que M. Kessler a fait breveter et qui sont doubles, goudronnés, puis placés l'un dans l'autre, et enfin isolés par une composition bitumineuse que l'on fond et coule dans l'intervalle qu'ils laissent entre eux, et qui se solidifie par refroidissement. Pour le préparer, on chauffe dans un ballon en verre 2 parties d'acide silicique (sable), 1 partie de fluorure de calcium pulvérisé et 4 parties d'acide sulfurique concentré. Il se dégage des vapeurs incolores que l'on conduit par un tube assez large au fond d'une éprouvette contenant du mercure, puis au-dessus de l'eau distillée. Le gaz se décompose au contact de l'eau et donne des flocons blancs, qui finissent par faire prendre le liquide en gelée. On sépare par expression cette silice gélatineuse et on filtre le liquide au papier, pour avoir la solution d'acide fluosilicique. Celle-ci, à 10 0/0, a une densité de 1,083 ; la concentration en a séparé la

silice qu'elle pouvait contenir. L'acide fluosilicique sert, dans l'analyse chimique, à isoler les
alcalis, soude et potasse, etc., qu'il précipite de
tous leurs sels; pour faire le chlorate de baryte;
pour isoler la crème de tartre; on l'a proposé
pour remplacer l'acide tartrique, en teinture, ou
même à l'intérieur, vu son innocuité (limonades,
eaux gazeuses, fabrication de certaines bières, traitement des vins, etc.). Il sert à obtenir la silice
très divisée qui s'emploie pour faire la dynamite.

FLÛTE. Instrument à vent formé d'un tube cy-
lindrique percé de trous et dont les pièces, dites *corps* ou *pattes* au nombre de trois ou quatre, sont emboîtées les unes dans les autres; un canal ou *perce* le tra- verse dans sa longueur jusqu'au *pied* qui est ouvert, et l'embou- chure consiste en un trou laté- ral placé vers la tête qui est fer- mée.

—Les poètes attribuent à Pan, le dieu rustique et sauvage, l'invention de la flûte dont l'idée lui fut inspi- rée par le bruit du vent dans les ro- seaux; il observa que le son variait selon la longueur des roseaux, et en disposant à côté les uns des autres des tuyaux d'inégale longueur, il créa la flûte qui porte son nom. — Minerve dont le sens artistique était plus dé- veloppé, remplaça cet instrument gros- sier par une flûte à un seul tuyau percé de trous, mais lorsqu'un jour elle vit dans l'eau d'une fontaine ses joues gonflées en jouant de son instru- ment, elle se trouva si laide qu'elle jeta sa flûte avec dépit. Quoi qu'il en soit, et sans reproduire les différentes versions relatives à l'invention de la flûte, il est certain que cet instrument était en usage dès la plus haute anti- quité; les monuments et les textes nous en offrent de nombreux témoignages.

La flûte jouait un rôle important chez les anciens et, selon son timbre ou sa forme, elle avait sa place marquée dans une foule de circonstances de leur vie : elle conduisait le soldat aux combats, se mêlait aux plaisirs or- giaques des prêtres de Cybèle, elle accompagnait de ses airs lents et lu- gubres les cortèges funèbres et reten- tissait en notes éclatantes dans les pompes triomphales.

Depuis le moyen âge elle fut d'un usage fréquent à côté du luct, de l'es- pinette, de la harpe; et un poète du XIVᵉ siècle, Guillaume de Machau nous apprend que de son temps la flûte traversière était déjà connue.

Cors sarrazinois et doussaines
Tabours, flaustes traversaines.

La *flauste, fleuste, flutte* qui devint la *flûte* dès le XVIIᵉ siècle reçut au XVIIIᵉ de grands perfectionnements; un grand artiste allemand Quantz y ajouta des clefs et en fit un ins- trument agile et d'une remarquable justesse d'intonation.

Fig. 152.
Flûte de Bœhm.

Les flûtes se divisaient autrefois en *flûtes à becs*, dont il ne reste guère que le flageolet, et les *flûtes traver- sières*. La petite flûte et le fifre sont des flûtes traver- sières de petites dimensions.

La flûte traversière, la seule en usage aujour- d'hui, a acquis de grandes qualités de douceur, de souplesse et de puissance, grâce aux progrès réalisés par les recherches et les travaux des fac- teurs modernes, et notamment de Gordon et de Bœhm. Ce dernier inventa, en 1832, une disposi- tion nouvelle fondée sur les lois de la vibration de l'air dans le tube; il ajouta un mécanisme de clefs et d'anneaux en se préoccupant de la position naturelle et sans fatigue des doigts sur l'instru- ment, et le jeu devint ainsi plus facile. Les flûtes du système Bœhm se font à perce cylindrique ou à perce conique; celle que nous représentons figure 152 est à perce conique.

* FLUVIOGRAPHE. Sorte de *marégraphe* simplifié installé sur les rivières canalisées, auprès de chaque barrage, pour enregistrer les variations de niveau de la retenue (V. BARRAGE). C'est en même temps un appareil d'avertissement pour les barragistes qu'il prévient, par une sonnerie spéciale, aussitôt que le niveau s'abaisse ou s'élève au delà des limites fixées pour éviter, soit l'é- chouage des bateaux, soit la submersion des pro- priétés riveraines; ces avertissements dispensent les agents d'une surveillance assidue, très pénible pendant la nuit, tandis que les diagrammes four- nis par l'appareil permettent de contrôler leur service.

Le fluviographe se compose d'un flotteur, logé dans une gaîne en planches pour le soustraire au clapotement de l'eau; le fil auquel ce flotteur est suspendu s'enroule sur une poulie, puis s'attache à un chariot porte-crayon; le crayon inscrit les mouvements du flotteur sur un papier fixé soit sur un cylindre, soit sur un disque, entraîné par un mouvement d'horlogerie; l'appareil à cylindre est employé pour les indications hebdomadaires; l'appareil à disque pour les indications journa- lières. Le chariot est muni d'un taquet qui, par son contact avec des lames flexibles, donne pas- sage à un courant électrique et actionne la sonne- rie placée dans la chambre du barragiste. Ces lames, au nombre de deux, sont espacées de façon à enfermer les variations de la retenue dans des limites fixées d'avance à 50 centimètres environ. Les inscriptions du fluviographe ne dépassent pas ces limites, les seules nécessaires pour le règle- ment des retenues formées par les barrages mo- biles.

L'appareil est simplement fixé sur deux conso- les, contre la face amont de la culée du barrage, dans une boîte en chêne fermée par des glaces sur trois côtés, recouverte d'une toiture et proté- gée par un rideau mobile en toile; on le rentre en magasin lorsque les eaux atteignent le cou- ronnement de la culée.

FLUX. T. de chim. On donne ce nom, dérivé de *fluere*, couler, à des corps employés dans l'in- dustrie comme fondants, et qui diffèrent de ces derniers (V. FONDANT), en ce que les *flux* sont toujours préparés avec du nitre et du tartre, tandis que les fondants peuvent être constitués par n'importe quel corps capable d'en faire fondre d'autres.

Deux produits seulement portent le nom de *flux* : le *flux noir* est obtenu en chauffant 1 partie de salpêtre avec 2 parties de bitartrate de potasse; ce n'est, en somme, qu'un mélange de carbonate de potasse et de charbon très divisé; il s'emploie lorsque l'on veut faciliter la fusion des métaux; le *flux blanc* est préparé en chauffant parties égales de salpêtre et de bitartrate de potasse; c'est un mélange de carbonate et d'azotate de potasse que l'on utilise, lorsque dans la fusion, une partie du métal à fondre doit être oxydée.

* **FOCOMÈTRE.** *T. de phys.* Instrument destiné à mesurer la distance focale principale des lentilles convergentes. Le focomètre le plus exact est celui de Silbermann. Il se compose d'une règle divisée portant trois supports, l'un fixé au milieu de la règle et sur lequel on place verticalement la lentille en expérience, et deux autres supports mobiles soutenant des tubes horizontaux dont les extrémités les plus rapprochées de la lentille sont munies de petites lames translucides en forme de demi-cercles, et portant des divisions égales sur diamètre.

FOI. *Art. hérald.* Meuble d'armoiries composé de deux mains jointes ensemble pour symboliser l'alliance et la fidélité.

* **FOISONNEMENT.** *T. techn.* 1° Le volume des terres retirées d'une fouille est toujours supérieur à celui que ces terres présentaient avant l'extraction. On dit alors qu'elles *foisonnent*, et cette augmentation cubique varie suivant la nature des déblais. Pour la terre végétale de diverses espèces (alluvions, sables) elle est de 1/10°; pour la terre franche très grasse, de 1/5°; pour la terre marneuse et argileuse moyennement compacte, de 1/2; pour la terre marneuse et argileuse très compacte et très dure, de 7/10°; pour la terre crayeuse, de 1/5°; pour le tuf dur ou moyennement dur, de 55/100°. || 2° L'extinction de la chaux donne aussi lieu, pour cette matière, à une augmentation de volume qui varie de même suivant la nature de la chaux employée. — V. Mortier.

FOLIO. Dans les registres et manuscrits, le folio est composé de 2 pages (*recto* et *verso*), et l'on numérote par feuillets et non par pages; en *typographie*, le folio est le chiffre que l'on met au haut de chaque page.

* **FOLIOT.** *T. de serrur.* Pièce de fer ou de cuivre qui fait mouvoir le demi-tour d'une serrure à l'aide de la tige d'un bouton double qui passe au travers.

* **FOLLE.** *T. techn.* Sorte d'essoreuse qu'on emploie dans certains ateliers de blanchiment et de teinture, et qu'on nomme aussi *panier à salade*.

* **FONÇAGE.** Ensemble des opérations exécutées pour le creusement des puits, c'est-à-dire l'extraction des déblais, l'épuisement des eaux et la construction du revêtement. Dans les terrains solides, tant que l'eau n'est pas trop abondante, le fonçage n'offre pas de difficultés et on se contente de consolider la fouille, à mesure que l'on descend, avec un boisage ou un blindage plus ou moins soigné, suivant la durée assignée à l'emploi de l'ouvrage. Pour les puits permanents, comme ceux des usines et des habitations, on emploie un revêtement en maçonnerie. Dans ce cas, le procédé de fonçage, le plus simple et le plus ancien, consiste à faire descendre dans la fouille un cylindre en maçonnerie de briques serrées par des boulons entre deux couronnes de bois dur, dont le diamètre intérieur est égal à celui que doit avoir le puits et dont la largeur est déterminée par l'épaisseur du revêtement. La couronne inférieure est taillée en biseau et présente la forme d'un couteau circulaire dont le tranchant est à l'extérieur; le parement extérieur de cette maçonnerie doit être très soigné, afin de diminuer la résistance due au frottement des terres. On creuse à l'intérieur pour dégager le tranchant et à mesure que le cylindre descend, on ajoute par le haut de nouveaux anneaux de maçonnerie. Si le fonçage du premier cylindre est arrêté avant d'avoir atteint la profondeur nécessaire, on en construit un second dont le diamètre extérieur est un peu plus faible que le diamètre intérieur du précédent, et on le fait descendre de la même manière; on épuise les eaux soit avec les vases qui servent à l'extraction des déblais, soit à l'aide d'une pompe spéciale.

Les dimensions et la profondeur des puits creusés pour l'exploitation des mines sont trop considérables pour permettre l'emploi de ce procédé; on est presque toujours obligé de construire le revêtement au fur et à mesure du fonçage (V. Puits). Cependant c'est en remplaçant le cylindre en maçonnerie par un tube en fer ou en fonte, formé d'anneaux superposés, que l'on est parvenu à franchir les terrains sablonneux et aquifères, d'autant mieux que l'emploi du métal permet d'exercer sur le tube la pression nécessaire pour le forcer à descendre, dans les cas où la pesanteur est insuffisante et toujours à la condition qu'il soit possible d'épuiser les eaux affluentes et de maintenir à sec le fond du puits. Lorsque l'épuisement devenait impossible, même avec les plus puissantes machines, il fallait abandonner le travail; c'est en 1841, que M. Triger, arrêté pour le fonçage d'un puits dans une île de la Loire, près de Chalonnes, imagina de fermer le tube à l'aide d'un plafond plus solide et d'y comprimer de l'air pour refouler l'eau; le tube devint alors une véritable cloche à plongeur au fond de laquelle les ouvriers pouvaient travailler. Pour pénétrer dans le tube rempli d'air comprimé, on adapte sur le plafond une chambre avec deux portes ou clapets étanches que l'on ouvre successivement, d'abord pour entrer dans la chambre, puis pour passer de la chambre dans le tube; des robinets permettent de régler l'entrée et la sortie de l'air comprimé pour établir l'équilibre de pression nécessaire; c'est donc un véritable sassement pour le passage d'une pression à l'autre et par suite de cette analogie, la chambre a reçu le nom d'*écluse à air*.

On peut employer, pour écluser les déblais, le même procédé que pour le passage des ouvriers ; mais il est préférable d'avoir une disposition spéciale pour l'entrée et la sortie des bennes, ou mieux encore, d'employer une drague verticale, mobile dans un tube intérieur au premier, et débouchant, par le haut à l'air libre, par le bas dans un puisard rempli d'eau de façon à former une fermeture hydraulique. Quant à l'eau, elle est refoulée naturellement par la pression de l'air, à travers un tuyau qui descend jusqu'au fond du puits et qui se prolonge en forme de siphon débouchant à l'extérieur. On laisse pénétrer dans ce siphon une petite quantité d'air qui, se mêlant avec l'eau, diminue sa densité et permet de réduire la pression de l'air nécessaire pour l'épuisement. Cet écoulement d'air permet en outre de renouveler celui qui est vicié par la respiration des ouvriers et la combustion des appareils d'éclairage. Les déblais de sable sont également mélangés avec l'eau du siphon et rejetés au dehors d'une façon économique. M. Triger avait indiqué, dès 1845, lorsqu'il rendit compte à l'Académie de son procédé de fonçage à l'air comprimé, la possibilité de l'appliquer à la fondation des piles de ponts. Cette application fut réalisée la première fois, en 1851, en Angleterre, pour le pont de Rochester, sur la Medway ; il est employé depuis sur une échelle toujours croissante à des opérations qu'il eût été impossible d'aborder avec les anciens procédés (V. FONDATION). Les cloches à plongeur perfectionnées, que l'on emploie aujourd'hui avec tant de succès aux travaux sous-marins, dérivent également de ce procédé, dont elles ne diffèrent que par leur précieuse facilité de déplacement.

L'expérience a démontré que le passage des ouvriers dans les écluses à air, ainsi que le séjour dans l'air comprimé n'offrent, en général, aucun danger ; le premier effet de la compression de l'air se manifeste par une sensation désagréable dans les oreilles, sensation qui dure jusqu'à ce que l'air soit introduit à la pression ambiante dans les trompes d'eustache. Il en résulte, après la sortie, une sensibilité des organes auditifs assez grande pour rendre douloureuse la perception d'un bruit un peu intense. Les ouvriers qui travaillent à des profondeurs de 15 à 20 mètres sont quelquefois atteints de paralysie musculaire des membres inférieurs qui peut s'étendre aux membres supérieurs, si la profondeur augmente encore. Ces accidents sont passagers et la plupart des hommes peuvent retourner au travail ; du reste on réduit successivement la durée des relais de 4 heures à 3, puis à 2, et finalement à une seule ; à cette dernière limite on a pu travailler, sans danger, à plus de 33 mètres sous l'eau ; on a seulement constaté que le nombre de fois que l'on respire, dans un temps donné, se réduit de 30 à 50 0/0, ce qui semble indiquer que l'organisme réagit contre l'introduction d'une dose d'oxygène deux ou trois fois plus grande que dans l'atmosphère normale. Le plus grand danger existe au moment de la sortie, ou comme on dit du déséclusement. On doit opérer une décompression lente et graduée, que les ouvriers, toujours pressés de sortir après leur travail, sont malheureusement portés à abréger d'une manière dangereuse. Il n'y a d'exception que pour ceux qui ne peuvent pas supporter le froid qui résulte de la dilatation brusque de l'air, et qu'il faut se hâter de faire sortir. On doit, en tout cas, se munir de vêtements de laine que l'on quitte pour ceux de travail et que l'on dépose dans une chambre chauffée, à proximité, pour se changer en remontant. On recommande après le travail, de rester quelque temps dans les tubes ou caissons pour se sécher, et après la sortie, de se renfermer dans une salle bien chaude, de se couvrir de vêtements de laine et d'attendre que l'effet réfrigérant de l'écluse soit effacé. Les ouvriers doivent s'astreindre à une tempérance absolue et suivre un régime alimentaire fortifiant. Au pont de Saint-Louis, en Amérique, avec une pression de trois atmosphères et demie, sur 352 ouvriers, 30 furent sérieusement malades et 12 succombèrent ; parmi ces derniers quelques-uns n'avaient séjourné que deux heures dans l'air comprimé. Par contre, plus de la moitié des ouvriers travaillèrent sans interruption ni accidents.

L'éclairage est une des difficultés de ce genre de travaux ; on n'employait, à l'origine, que la chandelle ou les lampes à l'huile; mais la combustion est très rapide et dégage beaucoup de fumée ; sous la pression correspondant à 30 mètres de profondeur, une chandelle ne met à brûler que les 3/5 du temps qu'elle mettrait à l'air libre. Si on éteint la flamme en soufflant dessus, elle se rallume immédiatement et on peut même la rallumer dix à douze fois de suite en une demi-minute. On réussit assez bien à purger l'atmosphère, remplie de parcelles de charbon en projetant, dans la chambre de travail, de l'eau sous forme de rosée. On a essayé, en Amérique, l'éclairage au gaz oxyhydrique et l'éclairage au gaz ordinaire ; mais le premier est trop coûteux et le second avait le double inconvénient d'élever beaucoup la température et de vicier l'air plus fortement que les chandelles. On a trouvé dans ces derniers temps une solution plus parfaite avec les lampes électriques et notamment les lampes à incandescence qui suppriment tous ces inconvénients.

Par extension, on applique souvent l'expression de fonçage à la descente des tubes et des caissons que l'on remplit ensuite de maçonnerie pour servir de fondation. Le fonçage des pieux désigne le procédé, d'invention récente, qui consiste à enfoncer les pieux dans le sable en leur frayant un passage au moyen d'un jet d'eau comprimée et sans avoir recours au battage. — J. B.

|| T. de raff. de sucre. Opération qui consiste à laisser reposer les pains, après l'égouttage, dans un endroit bien aéré. || T. d'ard. Abatage de l'ardoise qui se fait à la poudre ou à la pointe.

* FONCÉE. T. techn. Nom des gradins pratiqués dans une carrière d'ardoises. — V. ARDOISIÈRE, § Exploitation.

* FONCET. T. de serrur. Plaque qui forme la couverture d'une serrure et au travers de laquelle est percée l'entrée de la clef.

FOND. En général, partie basse d'une chose creuse, côté opposé à la partie supérieure ou avancée d'une chose, et particulièrement en *T. techn.*, tissu, réseau sur lequel on exécute des dessins, des broderies, un ouvrage à l'aiguille, une dentelle ; bâti disposé pour recevoir un objet et le maintenir en place.

Fond. *T. d'imp. s. ét.* Quand le dessin d'une étoffe ou d'une tenture quelconque comprend plusieurs couleurs, celle qui, en général, couvre la plus grande surface porte le nom de *fond.* Si le fond n'est pas coloré ou est blanc, on spécifie sous le nom de *fond blanc.* Quelquefois, par l'agencement du dessin, le fond peut n'occuper qu'une faible partie de la surface, c'est alors la couleur de ce fond qui fait ressortir l'enluminage. Le fond proprement dit est uni ; quand il a des formes définies, il s'appelle plus spécialement *soubassement,* et quand il est à deux couleurs on l'appelle *fond camaïeu.*

Les fonds s'obtiennent par teinture ou par impression ; les fonds obtenus par teinture sont dits *mattés, foulardés, plaqués* ou *cuvés,* suivant les opérations par lesquelles ils ont été produits. Les fonds par impression s'obtiennent, au rouleau, par des gravures spéciales, par hachures simples, hachures croisées mille points (V. GRAVURE), suivant que l'étoffe doit être plus ou moins traversée. Au rouleau le fond s'imprime presque toujours en dernier lieu, car l'écrasement dû à la pression de la machine fait perdre aux couleurs leur vivacité, les rend plus maigres en outre que l'intensité diminue par l'écrasement. Dans l'impression à la main, les fonds s'obtiennent avec des planches feutrées que l'on rapplique plusieurs fois sur l'étoffe. La première impression se donne en frappant fortement sur la planche avec le maillet d'imprimeur ; à la deuxième impression, on frappe seulement avec la paume de la main. De cette façon, le tissu est bien imbibé et la couleur devient très égale.

Les fonds par teinture, plaquage, mattage, sont traversés et les deux côtés de l'étoffe à peu près égaux d'intensité, tandis que les fonds imprimés laissent l'envers du tissu plus ou moins blanc, suivant la profondeur de la gravure.—J. D.

FONDANT. *T. de métall.* On nomme *fondant* toute matière ajoutée à un lit de *fusion* (V. ce mot) pour obtenir la séparation de la gangue d'avec la matière utile. Ainsi, dans la métallurgie du fer, au haut fourneau, le carbonate de chaux ou castine est un *fondant* destiné à fournir de la chaux au silicate qui doit constituer le laitier.

Dans le traitement de certains minerais de cuivre oxydés, le sulfate de chaux est un *fondant* apportant le soufre qui doit produire la matte ou sulfure de cuivre et de fer. Il est rare que l'on soit obligé de se servir de la silice comme fondant, les minerais et les cendres du combustible en apportent généralement un excès ; on est plutôt conduit à ajouter des bases pour la scorie, comme la chaux, la magnésie, la baryte, ou certains éléments spéciaux, comme le soufre, l'arsenic, qui doivent se combiner au métal que l'on

cherche à obtenir. || *T. de céram. et de verr.* Les fondants constituent avec la matière colorante, l'émail destiné à recouvrir les objets.—V. ÉMAIL et FAÏENCE. || On appelle *fondants,* les diverses bases qui, par leur combinaison avec la silice, fournissent des silicates fusibles nécessaires à la fabrication du verre.

FONDATION, FONDEMENT. *T. de constr.* Ensemble des travaux de substruction nécessaires pour asseoir solidement un édifice. Du système employé pour atteindre ce but et de la bonne exécution de ces travaux dépend, en grande partie, la durée de la construction. Il importe, tout d'abord, que la base sur laquelle doit reposer l'édifice soit suffisamment résistante pour supporter le poids propre du bâtiment, la charge accidentelle qu'il peut recevoir et les ébranlements passagers auxquels il est exposé. Autrement cette base s'affaisse d'une manière inégale dans les différents points de sa fondation, et il se manifeste des déchirements et des ruptures qui compromettent l'existence de la construction. En un mot, il faut fonder sur un terrain naturellement incompressible ou rendu tel par des moyens artificiels.

Nous diviserons les fondations en deux grandes classes : les *fondations sur le sol* et les *fondations sous l'eau.*

I. FONDATIONS SUR LE SOL.

Cette première classe comprend plusieurs subdivisions, motivées surtout par le genre de terrain sur lequel les fondements doivent être établis. Avant donc d'arrêter un mode de fondation, il faut examiner attentivement toutes les circonstances locales ; s'assurer, soit par des *sondages* (V. ce mot) suffisamment multipliés et prolongés, soit par le forage des puits, de la nature, de l'épaisseur et de l'inclinaison des couches, et rechercher comment se comporteront les eaux souterraines, après les modifications qu'on se propose d'introduire dans la disposition naturelle des lieux. Au point de vue de la résistance qu'ils peuvent offrir pour les fondations, on peut diviser les terrains en trois catégories principales : la *première,* renfermant les sols les plus favorables, sur lesquels on peut établir directement les fondations, tels que les diverses espèces de rocs, les tufs, les marnes et les sols pierreux qu'on ne peut attaquer qu'à la mine ou au pic ; la *deuxième,* comprenant tous les terrains graveleux et sablonneux, qui ont la propriété d'être incompressibles lorsqu'ils sont encaissés ; la *troisième,* formée de tous les terrains qui présentent des difficultés plus ou moins grandes, lorsqu'il s'agit de les consolider et de leur donner une résistance uniforme suffisante dans toute l'étendue des fondations. Les terrains mouvants, comme le sont principalement les sols glaiseux, et les terrains compressibles, tels que ceux qui sont tourbeux ou fraîchement rapportés, appartiennent à cette dernière catégorie.

Fondations sur terrains incompressibles. Les fondations sur le roc et sur le tuf sont les plus simples ; elles pourraient même être établies à la surface du sol ; il suffirait de déblayer et de dresser cette surface. Mais il convient de descendre à une certaine profondeur, 0m,30 au moins, soit pour s'opposer au glissement, soit pour garantir la base contre les désagrégations qui se produisent à la suite des actions atmosphériques. Si la surface du sol n'est pas trop inégale, on dresse l'assiette des fondations de niveau dans toute leur étendue ; dans le cas contraire, on fait reposer la construction sur des gradins horizontaux. On procède ensuite à l'exécution de la maçonnerie de fondation. Si cette maçonnerie est en moellons ou en meulière, l'ouvrier commence son travail en posant une première assise bien liaisonnée sur un lit de mortier étendu au fond de la fouille ; il recouvre cette assise d'une autre couche de mortier, sur laquelle il établit, de la même manière, et toujours de niveau, un deuxième rang de moellons ou de meulière. Il continue ainsi jusqu'à ce que le sommet de la maçonnerie soit arrivée à 0m,10 ou 0m,15 en contre-bas de la surface du sol. On donne à cette fondation de 0m,05 à 0m,10 d'*empatement*, c'est-à-dire de saillie sur chaque face du mur qu'elle doit supporter, pour répartir la pression sur une plus grande surface et être sûr qu'il n'y aura pas de porte-à-faux. Le moellon employé doit toujours être du moellon dur ou de roche, et le mortier à base de chaux hydraulique ou de ciment. Quelquefois les fondations s'exécutent en *libages*, ou pierres dressées seulement sur leurs faces horizontales : lorsque le fond de la fouille est bien nivelé, on y étend un lit de mortier, sur lequel on pose successivement des assises de forts libages, dont les joints sont croisés en tous sens et garnis de mortier. Tantôt ces fondations sont entièrement en libages jusqu'au niveau du sol ; tantôt les libages forment *chaînes* dans les parties qui doivent supporter de fortes charges, comme celles qui se trouvent sous les angles, les trumeaux, les piliers, etc., et les intervalles de ces chaînes sont remplies en maçonnerie de moellon ou de meulière. Dans les localités où la pierre de taille et les moellons durs sont rares, on a ordinairement recours au béton, qui procure presque toujours une grande économie. On donne à la couche de béton de 0m,30 à 0m,80 d'épaisseur et une largeur telle qu'elle forme un empatement faisant saillie sur les faces des murs qu'elle doit supporter.

Les mêmes systèmes de fondation peuvent s'appliquer à des terrains pierreux, graveleux ou sablonneux. Mais, en raison de la plus grande mobilité de ces terrains, il faut pénétrer à une plus grande profondeur et donner au pied des maçonneries, libages ou couches de béton, des empatements proportionnés aux pressions exercées. Si ces terrains sont de nature à être entraînés par les eaux, on s'oppose à cet effet, soit par des encaissements en charpente, soit par des murs de garde en maçonnerie, qu'on descend jusqu'au-dessous des points où l'action des eaux est susceptible de s'étendre, ou bien encore par des drainages qui éloignent ces eaux des murs de fondation.

Il arrive souvent que la couche solide, recouverte de terres impropres à recevoir les fondements de l'édifice, se trouve à une profondeur telle qu'on doit renoncer à l'atteindre par des fouilles qui seraient trop dispendieuses. On a recours alors à divers procédés dont nous allons énumérer les principaux.

Fondations sur piliers ou piles. Les fondations sur piliers en maçonnerie sont fréquemment appliquées dans les endroits où le sol est formé, jusqu'à une certaine profondeur, de terres végétales qui ont été remuées ou de matières rapportées. L'emploi de ces piliers n'est, toutefois, admissible qu'autant que le terrain remblayé présente assez de cohésion pour que l'on y puisse excaver des puits. Ces fondations se composent d'une série de piliers descendant jusqu'au terrain solide, et reliés dans le haut par des arcs sur lesquels s'appuient les maçonneries supérieures. On les exécute parfois en meulière ou en moellons, mais plus souvent en béton. Ce système est quelquefois appliqué dans un but d'économie, même lorsqu'on procède au déblai intégral des terres rapportées. On fait alors la fouille ; puis on construit les piles, dont on remplit les intervalles avec des terres provenant de cette fouille, en formant avec ces terres les *pâtés* devant servir à l'établissement des arcs. Dans certains cas enfin, la basse fondation est un mur continu de peu de hauteur, sur lequel on élève les piliers, et l'on répartit la pression de ceux-ci sur toute la longueur du mur, en disposant ce mur, à sa partie supérieure, en arcs renversés, dont les naissances sont placées sous les socles des divers piliers.

Fondations sur pilotis. Elles conviennent lorsque le sol incompressible est situé sous l'eau, ou bien, en terrain sec, sous des couches compressibles, à des profondeurs si grandes qu'on ne puisse le mettre à découvert sans des dépenses considérables. Dans ce système, les pieux sont enfoncés sur toute l'étendue des fondations, avec un espacement de 0m,80 à 1m,20 d'axe en axe, selon la charge qu'ils doivent supporter et suivant leur diamètre, qui est, en général, de 1/24 de leur longueur. Ces pieux, battus à la plus forte limite de refus, peuvent supporter jusqu'à 50 kilogrammes par centimètre carré de section. On a soin de les enfoncer en quinconce et de les receper tous de niveau à une hauteur convenable ; puis on enlève entre eux la terre ameublie par le battage, et on la remplace par un blocage en pierres sèches, ou mieux par une maçonnerie en mortier hydraulique. On augmente ainsi la rigidité du système. On pose ensuite un *grillage* en charpente, formé de *longrines*, reliant les files longitudinales de pieux, et de *traversines* s'assemblant à mi-bois sur les longrines. On arase le remplissage au niveau du grillage, et sur le tout on établit une plate-forme en madriers sur laquelle on élève l'édifice. Comme cette plate-forme adhère mal à la maçonnerie, il peut être avantageux de la remplacer par une forte couche de béton qui enveloppe les pieux jusqu'à une certaine profondeur, de manière à les maintenir parfaitement. Les pilotis ordinaires en bois, battus à la *sonnette* (V. ce mot), sont terminés en pointe à leur partie inférieure et armés ordinairement de sabots en fer ou en fonte. On leur substitue souvent des pieux *à vis*, qui présentent une très grande résistance à l'arrachement et à la compression, et permettent d'établir des constructions solides sur des terrains très peu propres à les recevoir.

Fondations sur terrains compressibles. Si le terrain solide se trouve à une trop grande profondeur pour qu'on puisse l'atteindre, il faut se résigner à prendre pour assiette de la fondation le sol compressible qui forme la couche superficielle. On parvient à donner à ce terrain un certain degré de résistance, soit en y enfonçant, de distance en distance, un pieu en bois que l'on retire pour remplir l'alvéole qu'il laisse avec du mortier ou du béton, que l'on pilonne fortement, au fur et à mesure de leur pose. On recouvre ensuite le tout d'une épaisse couche de béton également bien pilonné. Il est avantageux d'interposer entre cette couche et le sommet des pieux un massif de sable de 0^m,60 à 0^m,80 d'épaisseur, que l'on forme par lits successifs de 0^m,15 à 0^m,20, parfaitement pilonnés et mouillés d'un lait de chaux très épais. Ce sable a pour effet de répartir les pressions d'une manière uniforme. On a même fait des pilotis en sable pur. Si cette matière peut quelquefois être utilisée de la sorte dans des terrains compressibles mais secs, son emploi doit être absolument proscrit dans les sols affouillables.

Dans les terrains peu compressibles on se contente souvent d'établir sur le sol même une plate-forme faite de *racineaux*, pièces de charpente méplates, et de madriers de chêne fixés sur ces pièces à l'aide de chevillettes. Avant de clouer les madriers, on a soin de remplir l'intervalle des racineaux avec du béton ou avec des moellonnailles posées à bain de mortier. C'est sur cette plate-forme qu'on établit la fondation. Le même système peut être appliqué sur un terrain consolidé par des pieux en bois ou en béton.

Quand le sol est très compressible, on lui donne d'abord un certain degré de solidité, soit en le chargeant de pierres qui s'y enfoncent, soit en y faisant pénétrer des pieux par le gros bout, afin que l'élasticité du terrain ne les soulève pas, soit encore en combinant ces deux procédés. Sur le sol ainsi préparé on pose une plate-forme en bois ou une couche de béton, suivant les circonstances.

Ce sont les terrains d'argile détrempés par les eaux qui présentent les plus grandes difficultés. Visqueux, élastiques, ces terrains se comportent à peu près comme des liquides. Ils transmettent la pression en tous sens et s'affaissent inégalement, pour peu qu'ils ne soient pas chargés d'une manière uniforme. Les pilotis n'y adhèrent pas et tendent à sortir quand on bat les voisins. Le seul procédé efficace est l'établissement de plates-formes d'une grande étendue, offrant à la construction de larges empatements et répartissant les pressions avec une grande uniformité, même pendant l'exécution du travail. Les difficultés sont encore plus considérables si l'on veut fonder sur des terrains de ce genre lorsqu'il sont immergés.
— F. M.

II. FONDATIONS SOUS L'EAU.

Lorsque l'emplacement des fondations se trouve au-dessous de l'eau, on a recours à différents procédés appropriés, non seulement à la nature des terrains, mais aussi à la profondeur et au régime de l'eau qui les recouvre.

Lorsque le terrain est incompressible et que la hauteur de l'eau ne dépasse pas 2 mètres, on circonscrit l'emplacement de la fondation au moyen d'un *bâtardeau* (V. ce mot) et on épuise les eaux de façon à pouvoir exécuter à sec les maçonneries. Lorsque la hauteur de l'eau dépasse 2 mètres, les bâtardeaux ne sont plus suffisamment étanches et leur établissement devient trop coûteux; on établit alors la fondation au moyen d'une *caisse sans fond étanche*. On construit cette caisse à sec, sur un chantier voisin; elle se compose de poteaux et de palplanches maintenus par des ceintures de moises horizontales. Les palplanches sont coupées de la longueur nécessaire pour que le bord inférieur de la caisse s'adapte au relief du terrain, relevé par des sondages. Les parois doivent être calfatées avec soin. On conduit ces caissons à leur place en les faisant flotter, et on les échoue en chargeant la partie supérieure avec des matériaux pesants déposés sur des madriers, en travers de la caisse. Pendant l'échouage, on soutient la caisse à l'aide de crics ou de chèvres installés sur un échafaudage qui l'embrasse entièrement et l'oblige à descendre verticalement. Lorsque la caisse repose sur le fond, on coule du béton jusqu'à moitié de la hauteur de l'eau extérieure, en ayant soin de disposer, le long des parois, de fortes pierres qui serviront de parements quand les bois de la caisse seront détruits. Lorsque le béton a fait prise, on épuise l'eau qui se trouve dans la caisse et l'on construit la maçonnerie à sec. Dans les eaux courantes, on protège la caisse en exécutant des enrochements sur tout son pourtour.

Si le sol résistant est recouvert d'une certaine épaisseur de terrains incompressibles, mais affouillables, on se contente de construire à terre la carcasse de la caisse, et on met les palplanches en place, après l'échouage, en les enfonçant jusqu'au rocher; on drague ensuite l'intérieur de la caisse jusqu'au terrain solide et on coule du béton jusqu'à 20 ou 30 centimètres en contre-bas de l'étiage; on achève de clore la caisse à l'aide d'un bâtardeau en béton, appuyé contre les palplanches, et laissant à l'intérieur l'espace nécessaire aux maçonneries; il faut alors que la caisse reçoive des dimensions plus grandes que la fondation qu'elle doit contenir; en tout cas, sa hauteur doit suffire pour qu'elle dépasse le niveau des plus hautes eaux connues; avec ce système, on peut descendre une fondation jusqu'à 8 ou 10 mètres, dans les eaux calmes.

On peut rattacher à ce genre de fondations les *Crib-Works* si employés aux Etats-Unis pour les digues, môles, murs de quais et barrages. Ce sont, en effet, des espèces de coffrages en bois dont les parois longitudinales atteignent de 10 à 15 mètres, et sont reliées par des cloisons transversales ; un grillage à claire-voie est établi à 30 centimètres de fond ; il est formé par deux cours de pièces qui se croisent. Ces caissons, que l'on remplit simplement de pierres jusqu'au niveau de l'eau, émergent de 1ᵐ,50 à 2 mètres. Ceux qui servent de quais ou de môles sont recouverts d'un plancher qui porte la chaussée.

Le cas le plus fréquent est celui dans lequel le terrain solide est recouvert par des couches incompressibles, mais mobiles et susceptibles d'être emportées ou amollies par les eaux, tels que le sable, le caillou, l'argile, les schistes, etc. On peut alors établir les fondations sur pilotis, comme il a été dit précédemment, mais en ayant soin de maintenir le plan de recepage un peu au-dessous du niveau des plus basses eaux, afin d'éviter la destruction certaine des pieux par les vers ; c'est ainsi, par exemple, que l'on a été obligé de reprendre en sous-œuvre, il y a une vingtaine d'années, les magasins des subsistances de Cherbourg ; or, ces travaux de reprise sont toujours très coûteux et très dangereux.

Fondations par caissons étanches à l'air libre. En général, sur les pieux ainsi recepés, on descend un caisson fermé par le bas et suffisamment étanche pour que l'on puisse travailler à sec dans l'intérieur ; les parois verticales forment des panneaux mobiles qui s'enlèvent après l'achèvement des maçonneries et peuvent servir plusieurs fois. Ces caisses, construites sur un chantier incliné, sont mises à l'eau et amenées en place comme des bateaux ; elles descendent peu à peu sous le poids de la maçonnerie que l'on construit à l'intérieur, jusqu'à ce qu'elles viennent reposer sur les pieux.

Fondations sur béton par encaissement. On remplace souvent avec économie les fondations sur pilotis par des *fondations sur béton encaissé*. Ce procédé consiste à battre autour de l'emplacement une enceinte de pieux et de palplanches ; on drague dans cette enceinte jusqu'au terrain inaffouillable et on coule du béton jusqu'au niveau de l'étiage, de façon à créer un massif artificiel sur lequel on élève la maçonnerie ; lorsque l'on redoute de grandes variations du niveau des eaux, on établit sur le béton un bâtardeau ou un coffrage de la façon indiquée plus haut.

Fondations tubulaires. Lorsqu'il faut, pour arriver au terrain solide, traverser des couches profondes de terrains compressibles et affouillables, on a recours aux fondations tubulaires, c'est-à-dire que l'on enfonce, en nombre suffisant, des tubes en métal que l'on remplit ensuite avec du béton. Au lieu de colonnes creuses en métal, on emploie quelquefois des cylindres en maçonnerie (V. Fonçage) ou des blocs cubiques également maçonnés, mais évidés à l'intérieur pour être enfoncés par le même procédé. — V. Écluse.

Le tunnel de Londres, sous la Tamise, a été établi par Brunel au moyen de puits en maçonnerie, de 15 mètres de diamètre, foncés à 25 mètres de profondeur ; les blocs évidés en maçonne-

rie ont été et sont encore employés à Saint-Nazaire, à Rochefort, à Lorient et à Bordeaux, dans des couches de vase de 12 à 15 mètres d'épaisseur ; des tubes en fonte de 2ᵐ,50 de diamètre, foncés à l'air libre, ont été employés par Brunel, en 1852, et le pont de Neufville, près du Mans, repose sur des tubes en tôle de 1ᵐ,80, foncés par le même procédé. Dans l'île d'Anglesey, sur la ligne de Chester à Holy-Head, R. Stéphenson a établi la pile centrale d'un grand viaduc sur 19 pilots en fonte, de 35 centimètres de diamètre et de 4ᵐ,88 de longueur, foncés au moyen du vide, suivant le système Pott qui a précédé l'emploi de l'air comprimé ; ce dernier procédé a surtout reçu de nombreuses applications pour les fondations des piles de ponts, entre autres, le pont de Mâcon (3 pilots de 3 mètres de diamètre pour chaque pile), le pont de Bordeaux (2 tubes en fonte de 3ᵐ,68 de diamètre, dont on a obtenu l'enfoncement au moyen de presses hydrauliques) ; le pont d'Argenteuil, dont chaque pile repose sur deux cylindres en fonte de 3ᵐ,60 de diamètre, réduits à 3 mètres au-dessus de l'étiage.

Le nombre des pilots augmentant avec l'importance des ouvrages, on a été conduit, pour ne pas l'exagérer et pour utiliser toute la surface, à leur donner une section carrée et à les juxtaposer. C'est ainsi que M. Fleur-Saint-Denis, pour les fondations du pont de Kehl, sur le Rhin, a employé pour les piles trois caissons en tôle de 3ᵐ,50 de côte et de 3ᵐ,60 de hauteur, foncés simultanément à côté les uns des autres ; pour chaque culée, il a fallu quatre caissons de 7 mètres sur 5ᵐ,80 et de 3ᵐ,60 de hauteur, formant ensemble une surface de 23ᵐ,50 sur 7 mètres ; le poids d'un caisson était d'environ 32,000 kilogrammes.

Chaque caisson était muni de deux cheminées latérales, en tôle, d'un mètre de diamètre, pour le passage des ouvriers et l'entrée de l'air envoyé par des machines soufflantes installées sur des bateaux ; une écluse à air surmontait chacune de ces cheminées. Une troisième cheminée, dite de service, était établie au centre du caisson ; cette cheminée, de 1ᵐ,50 de diamètre, descendait à travers le caisson jusqu'au fond du lit du fleuve ; elle était ouverte par les deux bouts et par conséquent remplie d'eau à la hauteur du niveau extérieur ; elle contenait une noria mue par la vapeur et servant à l'extraction des déblais. A mesure de leur enfoncement, les caissons étaient prolongés par un coffrage en tôle étanche que l'on remplissait de béton pour contrebalancer la sous-pression et faciliter la descente ; arrivés à la profondeur de 20 mètres sur le rocher, les caissons furent remplis de maçonnerie ainsi que les emplacements laissés vides par le démontage des cheminées.

Le succès de cet important travail a généralisé ce mode de fondation ; seulement aux caissons juxtaposés on a substitué un caisson unique, dont la partie inférieure sert de chambre de travail. Au pont de Collonges, en France, et au pont de Saint-Louis, en Amérique, on a perfectionné ce système en plaçant l'écluse à air directement sur le plafond de la chambre de travail ; les cheminées contenant les échelles et les appareils d'extraction sont installés au-dessus de l'écluse et débouchent à l'air libre; on évite ainsi les démontages répétés des écluses et on diminue notablement la capacité qu'il faut maintenir pleine d'air comprimé; enfin, la descente et la montée des ouvriers se font à l'air libre.

Un dernier perfectionnement a été réalisé par M. Montagnier; c'est un procédé mixte qui semble réunir les avantages des deux systèmes de fondation, à l'air libre et à l'air comprimé. Le caisson, avec sa chambre de travail, reçoit immédiatement la hauteur nécessaire pour qu'une fois descendu, il émerge d'une quantité suffisante; l'air comprimé n'est employé que pour exécuter dans le rocher l'encastrement des bords du caisson et celui de la pile, ainsi que la première assise de maçonnerie. Lorsque l'on a obtenu sur le pourtour du tran-chant du caisson une étanchéité assez grande pour être certain de pouvoir épuiser sans difficulté l'intérieur du caisson, on démonte les extrémités du plafond de la chambre de travail et on achève la construction de la pile à l'air libre. Le caisson est ensuite entièrement démonté et peut servir à une nouvelle opération, ce qui réalise une économie importante sur les anciens systèmes; toutefois, le caisson-bâtardeau, comme l'appelle son inventeur, ne peut être employé que jusqu'à 5 mètres au plus de profondeur; au delà de 5 mètres, il faut revenir au précédé ordinaire.

Dans une notice publiée aux *Annales des Ponts et Chaussées* sur les procédés de fondations, M. l'ingénieur Liébeaux évalue de la façon suivante les prix moyens et la durée d'exécution des fondations de piles pour chaque système. — J. B.

Fondations à 2 mètres environ de profondeur.

	Par digue	Avec caisson sans fond	Avec caisson-bâtardeau
Prix de revient moyen du mètre cube.	120 fr.	180 fr.	150 fr.
Durée d'exécution probable.	30 à 40 jours	40 à 50 jours	15 à 20 jours

Fondations à 4 mètres environ de profondeur.

	Avec bâtardeau	Par digue	Avec caisson sans fond	Par l'air comprimé système ordin⁰	Avec caisson-bâtardeau
Prix de revient moyen du mèt. cube	130 fr.	100 fr.	150 fr.	150 fr.	120 fr.
Durée d'exécution probable. . . .	40 à 50 jours	30 à 40 jours	40 à 50 jours	20 à 30 jours	20 à 30 jours

FONDERIE. Au point de vue général, *usine où l'on fond les métaux en vue de leur utilisation dans les arts et métiers*; mais, en raison de l'importance considérable de cette application des produits de la fonderie, on a dû spécialiser les genres de fonderies, et chacun d'eux est l'objet d'une industrie de premier ordre. Nous suivrons l'ordre alphabétique.

Fonderie d'acier. L'acier, plus encore que la fonte, possède la propriété précieuse de pouvoir donner des moulages résistants et d'une grande utilité dans l'industrie. La fabrication de l'acier, avant le grand essor imprimé par les procédés Bessemer et Martin-Siemens, était très coûteuse; on ne cherchait donc à appliquer ce métal qu'à des emplois très spéciaux, dans lesquels le prix de revient importait peu. Ajoutons, d'ailleurs, que les premiers moulages d'acier étaient criblés de soufflures et n'inspiraient qu'une médiocre confiance dans leur solidité.

L'énorme résistance de l'acier, comparativement à la fonte, fit travailler de tous côtés la question, dont une première solution vint de Westphalie. Il est incontestable que les premiers aciers coulés sans soufflures furent faits en Allemagne et les expositions universelles des vingt dernières années en font foi. On se rappelle encore avec étonnement ces cloches énormes et ces roues pleines de Bochum, dont le poids dépassait 10,000 kilogrammes et qui présentaient une surface extérieure aussi exempte de défauts que leurs cassures fines et serrées. Depuis, en France et en Angleterre, on a fait des aciers sans soufflures, mais sans arriver à la perfection de moulage si couramment résolue par les Allemands.

Il y a plusieurs méthodes employées dans la fonderie d'acier.

1° On coule un acier très carburé et, par conséquent, très dur. Il est facilement sans soufflures et prend convenablement les empreintes; mais comme il manquerait de résistance à froid et pourrait se briser sous le choc, on le recuit avec soin pendant un ou deux jours, en ayant soin de laisser refroidir lentement les pièces. C'est le procédé employé à Sheffield, et dans quelques usines d'Allemagne. La fusion a lieu généralement au creuset.

2° On produit des aciers de dureté moyenne en ayant soin de combattre la tendance aux soufflures par une *addition de fonte siliceuse*. C'est le procédé de Bochum et de Krupp. On obtient, par cette méthode, d'excellents moulages si on a soin de les mouler convenablement. Le recuit n'est pas indispensable, mais il est généralement employé pour donner un peu plus de douceur aux pièces; il ne dure pas aussi longtemps que pour les aciers extra durs faits par l'autre procédé. Comme pour celui-ci on emploie le creuset.

3° On opère en grand, au four Martin-Siemens, en prenant pour base un bain de fonte manganésée et évitant, dans les additions, toute cause d'oxydation. On réduit ainsi au minimum les dégagements gazeux qui sont produits par l'action de l'oxygène sur le carbone. Quand le métal est suffisamment adouci et que la scorie conserve cependant une couleur vert clair, qui dénote l'absence de peroxyde de fer, on fait une *addition siliceuse* spéciale. Cette addition est du *siliciure de manganèse*, qui présente, en moyenne, la composition suivante :.

   Silicium. . . . . 9 à 11
   Manganèse . . . . 18 à 25
   Carbone . . . . 1.5 à 2.

On remarquera la faible teneur en carbone; elle est due à l'action que le silicium exerce sur la solubilité du carbone dans la fonte, il tend à l'éliminer, tandis que le manganèse, au contraire, tendrait à en augmenter la proportion. Il en résulte que si on ajoute 3 à 4 0/0 de cet alliage peu carburé, on obtient des *aciers doux et sans souf-flures*. C'est le procédé de Terre-Noire. Les aciers sans soufflures, obtenus par cette méthode, ont une très grande ténacité, surtout après un recuit ou une trempe à l'huile. C'est ainsi qu'on a pu faire des aciers donnant les résultats suivants sur des barrettes de 10 centimètres de longueur.

	Métal cru			Métal recuit ou trempé à l'huile		
	Limite d'élasticité	Charge de rupture	Allongement p. 100	Limite d'élasticité	Charge de rupture	Allongement p. 100
Acier dur pour projectiles.	19ᵏ§ à 24.3 à 20.6	35ᵏ à 40.4 à 40.5	1.5 à 2 à 2	22ᵏ4 à 27.3 à 24.2	51ᵏ à 59 à 51	3.4 à 8.50 à 12.2
Acier doux.	à 23.2	à 43.7	à 3.3	à 25.3	à 52	à 17
Acier extra-doux.	10. à 13.3	32.7 à 34.4	12 à 12.5	16 à 18.8	34.5 à 35.6	24.3 à 28.5

Une semblable qualité de métal a ouvert aux moulages d'acier des débouchés nouveaux.

On fait actuellement des obus qui percent obliquement (à 30° d'incidence) des blindages de fer d'une épaisseur égale à leur diamètre et cela sans grande déformation, et sans rupture. L'idée hardie de lancer contre des murailles cuirassées des lingots d'acier n'ayant subi d'autre travail mécanique qu'une trempe à l'huile, est une grande nouveauté, aussi bien en artillerie qu'en métallurgie. Elle est due entièrement à l'usine de Terre-Noire, en la personne de son directeur, M. Euverte, grâce aux perfectionnements apportés dans la fabrication de l'acier par ses ingénieurs, MM. Valton et Pourcel.

On a fait ainsi, également, des plaques de blindage pour tourelles et navires; mais le résultat est moins bon que pour les projectiles, et la résistance de ces cuirassements est inférieure à ce que donne l'acier martelé ou les plaques mixtes.

L'acier doux sans soufflure, quand il sort du four Martin-Siemens où il a été produit, ne reste sans soufflures, dans les moules où il est coulé, que dans un certain nombre de cas. C'est-à-dire qu'un moulage fait avec de l'acier sans soufflures, peut renfermer des cavités par la réaction de l'acier sur le moule qui le renferme, le problème des *aciers durs sans soufflures* peut être considéré

comme résolu pour la plupart des formes de moulage, mais celui des *aciers doux sans souf-flures*, quoique résolu en principe, ne l'est en réalité que pour un certain nombre de formes.

Toute pièce qui est coulée en coquille et de forme pleine, peut être garantie sans soufflures, quoique en acier très doux. Toute pièce coulée en coquille et que l'on peut creuser au tour, peut être également sans aucune soufflure.

Quant aux formes compliquées, où l'on ne peut employer que le moulage en sable, il y a malheureusement encore beaucoup de cas où l'homogénéité laisse à désirer. Mais la résistance de l'acier fondu est tellement supérieure à celle de la fonte que, dans la plupart des cas, il n'y a pas lieu de s'effrayer beaucoup de ces moulages d'acier imparfaits, ils rendent souvent d'excellents services.

Il reste à indiquer comme un nouvel emploi de l'acier coulé, l'application que l'on a tenté d'en faire à la fabrication des bouches à feu. On sait tout le service qu'a rendu l'artillerie de marine en France, avec ses canons de fonte tubés et frettés; il était donc naturel, après les preuves si étonnantes de supériorité de l'acier coulé sur la fonte, donné par les nouveaux projectiles d'acier, d'essayer également ce métal comme *corps* et comme *tubes* de bouches à feu. Le premier essai fut celui d'un tube de 20 centimètres de diamètre et de 3 centimètres d'épaisseur, auquel on fit subir des épreuves à outrance, sans parvenir à le rompre. On ne trouva qu'une déformation inférieure que donne généralement, dans les mêmes circonstances, l'acier forgé et trempé à l'huile.

Cet essai encourageant ne fut cependant pas continué; c'est en effet une grave affaire que de modifier aussi radicalement, tout le système d'artillerie d'un pays. Il était réservé à cette invention française d'être appliquée en Suède, par la Compagnie de Bofors, avec les procédés de Terre-Noire. Il semble, d'après les premiers essais, qu'une grande partie de l'artillerie suédoise sera faite en acier coulé. C'est donc par cette voie détournée que l'emploi du métal coulé reviendra en question dans l'artillerie française.

Fonderie de bronze. — V. Bronze, Bronze d'art.

Fonderie de canons. Établissement dans lequel on ne fabriquait autrefois que des bouches à feu en bronze ou en fonte, et qui devait son nom à la principale des opérations qui était alors le coulage. Il a existé jadis en France des fonderies de canons dans un certain nombre de villes; mais le nombre en a été réduit de plus en plus, et actuellement il n'en reste plus que deux : celle de Bourges, dépendant de l'artillerie de terre et celle de Ruelle qui appartient à la marine. Dans ces deux établissements le nombre de bouches à feu en bronze ou en fonte qui y sont coulées chaque année est de plus en plus restreint; mais en revanche toutes les nouvelles bouches à feu en acier ou en fonte frettées, dont la plupart des éléments sont fournis par l'industrie privée, y sont usinées et complètement terminées. (V. Bourges et Ruelle.) Toutefois, depuis quelques années, on a repris à Ruelle la fabrication des bouches à feu en bronze, perfectionnée par l'adoption du coulage en coquille et de l'opération du mandrinage. — V. Bouches a feu.

Fonderie de caractères. — V. Caractère d'imprimerie, § *De la fonte des caractères.*

Fonderie de cloches. — V. Cloche.

Fonderie de fonte de fer. La résistance de la *fonte*, tant à l'écrasement qu'à la flexion, et la facilité avec laquelle elle peut passer à l'état liquide, ont donné naissance à la *fonderie*. La majeure partie de nos pièces de machine, beaucoup de nos constructions métalliques sont en fonte moulée.

La *fonderie* emploie, plus spécialement, la *fonte grise*, qui a une grande fluidité, de la résistance au choc et de la douceur quand on la travaille à l'outil. La *fonte blanche* serait trop pâteuse et trop fragile. La *fonte truitée* n'est qu'une qualité intermédiaire entre la fonte blanche et la fonte grise, on ne l'obtient pas en marche courante ordinaire, et d'ailleurs, elle est, comme la fonte blanche, très dure, et quelquefois même impossible à travailler aux outils. On ne l'emploie donc qu'exceptionnellement, pour des usages spéciaux que nous décrivons à l'article Fonte, § *Fonte trempée.*

Parmi les variétés de *fonte grise*, désignées par les numéros 1 à 4, en descendant l'échelle, de la fonte la plus noire à celle qui se rapproche de la fonte truitée; la fonte la plus communément employée dans la fonderie mécanique et d'ornement, est la *fonte n° 3*. La fonte n° 1, la plus chargée en graphite, la plus noire et celle qui a le plus gros grain, manque de fluidité; elle est un peu pâteuse, par suite de l'excès de carbone non dissous; de plus elle a une structure poreuse; d'ailleurs c'est la plus chère à produire, on ne l'emploie donc qu'en mélange et on la recherche pour permettre la fusion des *bocages* et débris de vieilles fontes que leur oxydation superficielle transformerait en fonte blanche. Le type de la *fonte de moulage*, est la fonte n° 3, mais on l'obtient le plus souvent par un mélange de fontes n° 1 et 2, et de vieilles fontes plus ou moins blanches.

Il y a deux manières de réaliser la qualité de fonte la plus convenable au moulage : la *première fusion*, qui se fait en prenant la fonte au fourneau même et ménageant, dans ce but, une allure régulière ; la *deuxième fusion*, la plus employée et qui se fait, le plus généralement, au *cubilot*.

Les diverses qualités que l'on peut demander à la fonte de moulage, sont : 1° la *fluidité*, qui permet aux moindres détails des moules d'être reproduits. Nous avons vu qu'on l'obtenait par un numéro convenable de carburation. On peut l'augmenter par la composition chimique de la fonte. Les fontes *phosphoreuses* sont éminemment fluides, tandis que les fontes *sulfureuses* sont généralement pâteuses. C'est avec des fontes très

chargées en phosphore que l'on fait ces moulages très fins et très délicats dont Berlin a eu, jusqu'à présent, la spécialité ; 2° la *résistance* de la fonte est maximum dans la fonte truitée, mais elle peut être influencée également par la composition chimique. Les fontes pures, ou légèrement siliceuses, sont très restreintes, tandis que les fontes phosphoreuses donnent des moulages fragiles ; 3° la *douceur à l'outil*, qui se manifeste, soit dans l'ébarbage, soit dans le travail d'ajustage. Elle est maximum dans les fontes n° 1 et minimum dans les fontes blanches.

En *première fusion*, ces diverses qualités s'obtiennent par le mélange convenable de minerais et l'allure du fourneau ; en *seconde fusion*, on les réalise par le mélange des fontes.

Ces préliminaires étant posés relativement à la qualité de la fonte de moulage, il nous reste à traiter la question de la *fonderie* proprement dite.

Elle comprend : le *moulage*, la *coulée*, l'*ébarbage*. Le *moulage* s'obtient au moyen de sable siliceux, auquel est incorporée de l'argile, pour donner du liant à la pâte. Le mélange destiné à produire le *sable de moulage* le plus convenable se fait par des broyages et des tamisages sur lesquels il est inutile de donner de détails. Quand on a une argile non calcaire qui se trouve à l'état naturel dans le voisinage de la fonderie, on l'amaigrit avec du sable siliceux ou du poussier de coke, ou de charbon de bois. On apprécie l'humidité que doit avoir le sable en le maniant et le formant en boule ; il ne doit pas mouiller la main ; et, cependant, il doit conserver la forme qu'on lui imprime. Comme, dans la coulée, il se dégage des gaz au refroidissement, le sable doit être assez poreux pour leur donner issue, et c'est dans ce but que l'on y incorpore du sable siliceux et du poussier de charbon. On doit éviter la présence de la chaux, qui foisonnerait en présence de l'eau si elle était cuite ou qui se cuirait au contact de la fonte. Pour la même raison, il faut éviter les alcalis et les oxydes métalliques, qui produiraient une fusion partielle et gâteraient la surface des pièces.

Les grains du sable doivent être homogènes, autant que possible, sans poussière trop menue qui amènerait des tassements irréguliers.

Le *moule* est généralement en bois et, pour tenir compte du *retrait* que prend la fonte en se solidifiant et se refroidissant, il doit avoir des dimensions linéaires de 1/95 à 1/98 plus grandes que la pièce à obtenir. Il est bon de vernir les modèles en bois pour empêcher le gonflement par l'humidité. Les modèles en fonte ou en autres métaux sont plus rarement employés. Le moulage se fait de deux manières principales : à *découvert*, ou en *châssis*. Dans quelques cas spéciaux, comme lorsqu'il s'agit de la *fonte dure*, dont on veut obtenir la *trempe* partielle ou totale, on moule en *coquilles*, c'est-à-dire dans des moules en fonte.

Le moulage à *découvert* s'emploie quand une partie des faces seulement de la pièce doit être conforme au modèle, les autres faces pouvant être plus ou moins nettes et plus ou moins planes. Ainsi, par exemple, une plaque de dallage de forme carrée doit avoir une face unie ou portant une empreinte nette, tandis que la face opposée n'a besoin que d'être à peu près plane, puisque c'est celle qui sera placée en terre. Il suffira donc d'appliquer le modèle sur du sable égalisé au préalable et de l'enfoncer à la profondeur que doit avoir la pièce ; on amènera ensuite la fonte liquide dans la cavité ainsi formée et en lui ménageant un déversoir en une partie du contour, on aura une surface supérieure suffisamment nette dans la plupart des cas. Le moulage à découvert, ainsi obtenu, porte aussi le nom de *moulage en sable vert*, parce qu'on n'use d'aucun artifice pour communiquer au moule une dureté spéciale (par la cuisson, par exemple); on emploie le sable dans son état naturel. On se sert du moulage à découvert toutes les fois qu'on n'a pas besoin d'une grande précision, parce qu'il est très économique.

Dans le *moulage en châssis*, qui est le plus usité, on découpe, soit réellement, soit par la pensée, le moule en plusieurs parties séparées par des plans horizontaux, et chacune de ces parties est moulée à part, puis réunie au moment de la coulée. On obtient ainsi un creux complexe qui se démoule facilement et dont toutes les faces sont conformes au modèle.

Prenons, comme exemple simple, une sphère pleine. Nous emploierons un premier châssis qui portera l'empreinte en creux de la moitié de la sphère et on bourrera du sable autour du modèle. On opèrera de même avec un autre châssis qui portera l'empreinte de l'autre moitié de la sphère et le trou par lequel arrivera la fonte. En superposant ces deux châssis, on aura la sphère complète. Naturellement, cette superposition devra être faite avec soin et elle sera rendue immuable au moyen d'un clavetage.

Les châssis sont des cadres en fonte ayant généralement la forme carrée ou rectangulaire et dont quelques-uns portent des traverses entre deux faces pour maintenir le sable. Ce sont des sortes de boîtes en fonte, sans couvercle et souvent sans fond, et que l'on ajuste les unes au-dessus des autres au moyen d'oreilles percées de trous et dans lesquelles peuvent passer des clavettes.

Quand on a un grand nombre de pièces semblables à faire, les châssis se rapprochent de la forme à obtenir. On a moins de sable à tasser dans ce cas et moins de main-d'œuvre. Aussi, l'outillage d'une fonderie demande-t-il un matériel de châssis vraiment considérable pour opérer économiquement et avec précision.

Le *moulage en sable étuvé* ne diffère du moulage en châssis ordinaire que par une forte dessiccation du moule, que l'on obtient généralement dans des étuves à air chaud. On arrive ainsi à une solidification du sable qui permet de supporter plus facilement la pression du métal en fusion, quand le simple tassement serait insuffisant. Quelquefois, l'étuvage du moule s'obtient à feu nu, en suspendant chaque châssis au-dessus d'un feu de coke, mais cette manière simple d'opérer amène une assez grande consommation de combustible. Il est préférable d'employer un courant d'air chaud,

qui n'amène jamais de frittage de la surface du moule et permet ainsi d'obtenir de meilleurs résultats.

Le moulage est une industrie de tours de main où l'esprit ingénieux des ouvriers peut se donner carrière ; aussi, les mouleurs sont-ils, en général, habiles et intelligents. Chaque pièce à obtenir est un problème qu'il s'agit de résoudre aussi adroitement et aussi économiquement que possible. Quand le moule a donné son creux dans le châssis, on en pare la surface intérieure en projetant une pluie d'eau et tamisant au-dessus du *noir fin*, composé généralement de houille maigre en poudre impalpable. On passe ensuite des outils polisseurs de formes variées et l'on répare avec soin les écornures qui ont pu se produire, soit dans l'étuvage, soit dans les manipulations des châssis.

Quand certaines parties doivent venir *de fonte* avec des creux, on ménage ceux-ci au moyen de *noyaux*. Ce sont des parties solides, étuvées à part à cause de leurs faibles dimensions et que souvent le *manque de dépouille* empêcherait d'obtenir dans une première empreinte.

Pour les pièces qui sont répétées un grand nombre de fois, on a imaginé des simplifications intéressantes à citer. Ainsi, par exemple, pour le moulage des projectiles cylindro-coniques, où il faut ménager les portées qui doivent recevoir les ailettes, on emploie des moules métalliques démontables une fois le moulage obtenu. Le moule peut alors s'extraire du châssis sans craindre que les parties en saillies puissent s'arracher. On supprime ainsi l'emploi de noyaux difficiles à poser, ou bien, au contraire, on facilite leur pose, suivant les systèmes employés.

En un mot, le moulage est une industrie délicate, qui a fait de grands progrès depuis une vingtaine d'années et dont nous ne pouvons donner ici qu'une idée excessivement succincte. Quand il s'agit du *moulage en coquille*, le problème semble simplifié, puisque le moule est en fonte. Il n'en est rien, la question se complique encore davantage, car il s'agit d'obtenir une trempe d'une certaine épaisseur tout en ayant une grande résistance. L'épaisseur de la coquille, en amenant un refroidissement plus ou moins rapide, vient alors jouer un rôle important. Cependant, pour la solution des problèmes de ce genre, la composition et le mélange des fontes jouent le rôle principal, la nature et l'épaisseur de la coquille ne viennent qu'après.

La *coulée* ne présente pas autant d'intérêt que la question du moulage, cependant, pour obtenir de bonnes pièces bien saines, certaines précautions sont nécessaires. La fonte doit couler très fluide et ne jamais être près de son point de solidification ; exception doit être faite pour les moulages en fonte dure où la trempe réussit mieux avec une fonte peu chaude. Quand la fonte doit être reçue dans une poche, ce qui est le cas le plus général, celle-ci doit être chauffée au préalable. La manœuvre du transport des grues, d'un point à un autre de la fonderie, doit être effectuée aussi vivement que possible, pour que la fonte conserve toute sa chaleur. Les chemins de fer aériens ou sur le sol, les grues hydrauliques les plus puissantes et les plus rapides, tout doit être mis en œuvre pour hâter l'arrivée de la fonte au point où elle doit être employée.

Pour assurer le dégagement des gaz en dissolution dans la fonte, on pratique dans l'intérieur des moules, des trous avec de longues aiguilles et on allume ces gaz pendant la coulée au moyen de bouchons de paille enflammée. On évite ainsi les accumulations de mélanges explosifs, soit dans le moule, soit en dehors.

Quand on veut éviter, autant que possible, les cavités produites par le dégagement des gaz après le refroidissement de la surface, on emploie ce qu'on appelle des *masselottes*. On appelle ainsi une partie cylindrique ou conique qui surmonte le moule et doit exercer simplement sur les parties inférieures une pression proportionnelle à sa hauteur. Cette partie du moulage devra être enlevée plus tard à l'ébarbage.

La masselotte a encore un autre but, c'est d'empêcher le retassement central dans les moulages très volumineux. Si la communication entre le moulage et la source liquide venait à être interrompue avant la solidification de la partie centrale, le retrait se ferait de l'extérieur à l'intérieur et il se produirait un vide dans le milieu. Pour obvier à cet inconvénient, on cherche, par un large orifice de coulée et un certain volume de métal placé au-dessus, à alimenter le moule au fur et à mesure que se produit la contraction de volume au refroidissement. La masselotte agit de même et empêche le *retassement central*. Pour faciliter encore son action, il est de bonne pratique en fonderie, de *pomper la masselotte* avec une tige de fer qu'on introduit dans la longueur de la masselotte et jusqu'à l'entrée de la partie utile du moule, on cherche, par un mouvement de va-et-vient, à briser les croûtes solides qui pourraient interrompre la communication entre le moulage qui se refroidit et la masselotte encore liquide. Quelquefois même, quand on voit baisser le niveau de la fonte au sommet de la masselotte, on ajoute vivement de la fonte liquide pour parachever le remplissage du moule et l'*abreuver*.

Pour éviter le *blanchiment* de la fonte dans les parties minces, il faut employer des moules bien secs, mais la composition chimique de la fonte est surtout, sur ce point, la partie importante. On évite ce blanchiment des parties minces, parce qu'il est généralement accompagné de fragilité, et, en tout cas, d'une dureté qui résiste aux outils les mieux trempés.

Le *manganèse* facilite le blanchiment, tandis que le *silicium* s'y oppose, parce que le premier augmente la proportion de carbone combiné et que le second la diminue; tels sont les principaux éléments chimiques sur lesquels on peut agir dans la composition des mélanges, soit au haut fourneau, soit au cubilot, pour éviter le blanchiment des moulages.

L'*ébarbage* est une opération qui a pour but d'enlever aux moulages la terre adhérente et les bavures que le métal, en s'infiltrant entre les châssis mal jointifs, a pu produire. Il est aussi nécessaire, quand plusieurs pièces sont coulées dans le même châssis et communiquent ensemble par un jet de métal. Ce travail se fait généralement à la masse et au ciseau et ne présente rien de particulier. — F. G.

FONDEUR. *T. techn.* Celui qui fond les métaux pour la fabrication des canons, des caractères d'imprimerie, des cloches, etc..

FONDOIR. *T. techn.* Bâtiment qui fait partie d'un abattoir et où l'on fait fondre les graisses et les suifs.

FONDU (Métal). — V. MÉTAL FONDU.

FONDUS. *T. d'imp. s. ét.* L'impression, comme elle se fait en général, main, rouleau ou perrotine, ne donne qu'une seule couleur. On est arrivé par des moyens détournés à produire avec une planche unique, non seulement la dégradation d'un ton, mais encore plusieurs couleurs diverses se fondant l'une dans l'autre, comme dans l'arc-en-ciel. On donne à ce genre d'impression le nom de *fondu* ou *d'iris*.

Le fondu à la planche se fait au moyen de l'agencement suivant: Supposons que l'on veuille imprimer un rouge foncé allant en dégradations au rose clair, puis celui-ci passant au vert clair pour terminer par du vert foncé, on préparera une série de couleurs représentant ces divers tons par des coupures différentes. Il est évident que la composition de ces couleurs devra être telle que l'une ne nuise pas à l'autre. Au lieu de garnir le châssis avec la brosse, comme le tireur le fait d'ordinaire; on installe une série d'autant de godets longs qu'il y a de couleurs. Dans ces godets, on plonge une planche d'une construction particulière. Celle-ci est munie de fils métalliques ou de lames qui prennent la couleur déposée dans les godets. Ces fils ou lames servent à transporter les couleurs sur le châssis. Pour former alors le fondu, on promène sur le drap une sorte de rouleau tampon garni de feutre et formé d'autant de petits rouleaux qu'il y a de couleurs. En tamponnant la surface du châssis, on fait varier la marche du rouleau de quelques centimètres, soit à droite, soit à gauche, et par cela on les égalise et on obtient ainsi le fondu sur le châssis. Pour l'obtenir sur l'étoffe, on le prend au moyen de la planche à imprimer et on le dépose sur l'étoffe. La marche du tampon se règle d'après le fondu à faire; si ce fondu est à faire en longueur, le tampon ne fonctionnera que dans le sens rectiligne; s'il doit former des festons, il faudra aller en ondes; que le fondu soit à faire en cercle, il faudra tourner le tampon suivant une circonférence avec une des extrémités comme centre et le tampon formant rayon, mais de toutes façons, s'arranger à ne mélanger que les couleurs voisines, soit la première avec la seconde, celle-ci avec la troisième, etc., et éviter de faire passer la première dans la troisième, etc.

Le fondu au rouleau s'obtient par la gravure. Plus celle-ci est profonde, plus la couleur est intense et *vice versâ*. Le fondu au rouleau à plusieurs couleurs nécessite plusieurs cylindres. Cependant, on est arrivé à le produire avec un seul.
— V. GRAVURE.

Les fondus à la perrotine se font d'une façon analogue à ceux de la planche. — J. D.

Bibliographie : PERSOZ : *Traité de l'impression des tissus* ; GIRARDIN : *Éléments de chimie appliquée* ; DOLFUS-AUSSET : *Matériaux pour la coloration des étoffes.*

I. FONTAINE. On distingue : 1° les *fontaines naturelles*, c'est-à-dire les *sources*, et 2° les *fontaines artificielles* qui comprennent les appareils divers employés pour distribuer l'eau destinée aux services publics, dont nous parlerons ci-dessous, et les appareils de ménage servant à conserver et purifier l'eau pour les usages domestiques, dont il a été parlé aux mots FILTRATION et FILTRE.

Fontaines publiques. On désigne sous cette dénomination générale, dans les villes pourvues d'une distribution d'eau, les divers genres de fontaines destinées à satisfaire aux besoins de

Fig. 153. — *Type des fontaines Wallace installées à Paris.*

la population, ou bien à servir à l'arrosage et à la décoration des rues et des places publiques.

Dans la première catégorie nous rangerons les bornes-fontaines, les bouches de lavage et les bouches d'incendie (V. DISTRIBUTION D'EAU). Dans la seconde catégorie se trouvent les fontaines jaillissantes, les fontaines monumentales.

Avant de nous occuper de ce dernier genre de fontaines publiques, nous allons mentionner ici un type nouveau dont la création et la propagation font honneur à l'homme généreux dont le nom reste désormais attaché à ces appareils qu'on appelle les *fontaines Wallace.* Appliquant sa grande fortune au service de ses idées philanthropiques, sir Richard Wallace a fait installer à Paris un certain nombre de fontaines, d'un modèle spécial, où le public peut à toute heure puiser une eau fraîche et limpide pour la boisson. Ce modèle que représente la figure 153 comporte un piédestal en fonte sur lequel sont placées trois statuettes supportant un dôme élégant, dont le fond présente un petit orifice par lequel jaillit de haut en bas un jet d'eau qui tombe dans le bassin formé par la partie supérieure du piédestal. Deux gobelets en fer battu attachés par une chaînette au piédestal, permettent de puiser et de boire l'eau fraîche qui coule à jet continu. On a créé depuis l'installation des premières fontaines Wallace, d'autres types analogues, notamment ceux qui ont la forme d'une petite colonne ou d'une borne, comme on en voit dans la plupart des squares de Paris et dans les avenues des bois de Boulogne et de Vincennes.

Les fontaines jaillissantes appliquées à la décoration des places publiques comprennent les jets d'eau, les gerbes, les grandes fontaines monumentales. Nous aurions une liste nombreuse à citer, si nous voulions entrer dans le détail des fontaines publiques les plus remarquables, depuis les admirables sujets qui composent les grandes eaux de Versailles et de Saint-Cloud, jusqu'aux puissantes gerbes comme celles du bassin du Luxembourg, des Tuileries et du Palais-Royal.

— La gerbe du Palais-Royal débite 82 mètres cubes par heure, celles du rond-point des Champs-Élysées débitent 90 mètres cubes. La fontaine du square Louvois débite 32 mètres cubes, à peu près le même chiffre que celles de la Porte-Guillaume, à Dijon (33 mètres cubes). Ces débits considérables, possibles lorsqu'on dispose de grandes quantités d'eau pour les services publics, sont loin d'être atteints dans la plupart des villes de province ; mais on obtient déjà des effets décoratifs satisfaisants avec des débits de 5 à 10 mètres cubes par heure ; et dans bien des localités même, on orne des places publiques avec des fontaines ne débitant pas plus de 2 à 3 mètres cubes à l'heure.

Une fontaine monumentale comprend en général trois parties distinctes : le bassin inférieur, le plus souvent en maçonnerie de pierre de taille et de ciment, parfois en fonte, établi sur une fondation solide en béton ; le motif sculptural, en pierre, en marbre, ou en fonte, avec une ou deux vasques superposées, ou bien sans vasque, selon les sujets représentés et selon le goût des artistes qui ont conçu et exécuté l'œuvre ; enfin, la distribution d'eau, les tuyaux d'alimentation dissimulés dans l'intérieur du sujet, et terminés par les ajutages d'où s'échappent les jets d'eau sous l'action de la pression qui les pousse vers les orifices de sortie.

L'alimentation des fontaines publiques à jets multiples nécessite des dispositions spéciales pour régler le débit de chacun des jets. Pour fixer les idées à cet égard, supposons une fontaine du genre de celle que nous représentons par la figure 154. Une gerbe centrale s'élèvera par un ajutage supérieur, et deux têtes de dauphins produiront en dessous de la gerbe deux jets latéraux retombant dans la vasque en fonte, d'où l'eau déborde ensuite pour tomber dans un bassin en maçonnerie. L'alimentation se fait au moyen d'un tuyau principal A, placé à une certaine profondeur sous le sol, et trois branchements soudés sur la conduite A servent à distribuer l'eau, le branchement C aboutissant à la gerbe supérieure, les branchements B et D allant aux têtes de dauphins disposées en dessous de cette gerbe. Des robinets d'arrêt placés à l'origine de chaque branchement permettent d'intercepter et de régler les débits des trois tuyaux. Un tuyau de trop-plein E, à l'origine duquel se trouve une pomme d'arrosoir, maintient constant le niveau de l'eau dans le bassin inférieur. Si l'on veut établir une fontaine avec un plus grand nombre de jets, on appliquera la même disposition, en établissant sur la conduite principale A autant de branchements distincts, avec robinet, qu'il y aura de jets à desservir séparément.

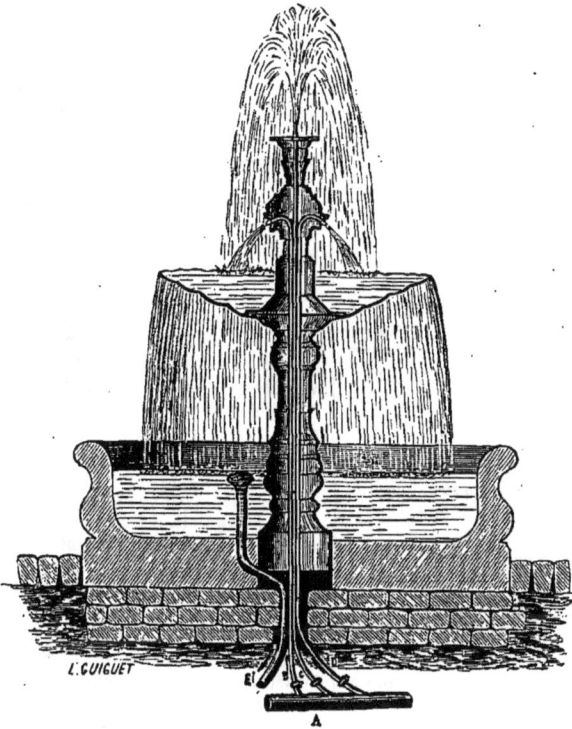

Fig. 154. — *Coupe théorique représentant les tuyaux d'alimentation d'une fontaine à jets multiples.*

Les données qui permettent de se rendre compte de la hauteur à laquelle peut parvenir un jet d'eau jaillissant par un ajutage déterminé, sont du domaine de l'hydraulique, et sont l'objet de détails intéressants dans les traités spéciaux sur cette matière. Nous ne pouvons entrer ici dans l'étude de cette question. Bornons-nous donc à dire que la hauteur verticale du jet est sensiblement égale à celle qu'on obtient en déterminant la *hauteur piézométrique*, c'est-à-dire la charge effective représentée par la distance verticale du centre de l'orifice d'écoulement jusqu'à la surface du liquide à l'origine de la conduite, et en retranchant de la valeur de cette charge entière la somme des ré-

sistances occasionnées par le frottement sur toute la longueur de la conduite et sur l'orifice de sortie. Cette donnée théorique est sujette à deux causes de diminution de la hauteur, principalement pour les gerbes qui s'élèvent verticalement, par suite de la résistance de l'air d'abord, et aussi par suite de la chute des gouttes liquides qui retombent sur les filets ascendants et neutralisent en partie leur force ascensionnelle.

D'une série d'expériences exécutées pour déterminer l'influence des pertes de charge sur la hauteur du jet, Mariotte et Bossut ont obtenu des résultats qu'on peut exprimer par la formule ci-dessous :

$$h' = h - 0,01\,h^2$$

dans la quelle h représente la hauteur totale ou charge effective mesurée depuis le centre de l'orifice jusqu'au niveau supérieur du point de départ du liquide; h' représente la hauteur que le jet atteindra. L'expérience démontre que les diminutions dans l'élévation des jets verticaux varient sensiblement dans le même rapport que les carrés des hauteurs h représentant la charge totale sur l'orifice d'écoulement.

Les *ajutages* servant d'orifice de sortie sont de formes diverses, selon les effets qu'on veut obtenir, tantôt *cylindriques*, tantôt *coniques* et *convergents*, quelquefois enfin *divergents*. Les ajutages cylindriques sont en général les plus employés. Pour donner un exemple de la disposition des ajutages destinés à composer une gerbe, nous pouvons emprunter à M. d'Aubuisson de Voisins la description de celle qu'il a fait établir pour la fontaine jaillissante de la place des Carmes à Toulouse.

Supposons l'orifice des jets à 9 mètres en contrebas du niveau du réservoir, et la perte de charge égale à 1ᵐ,50 sur la conduite d'amenée. Par conséquent la charge effective h sur l'orifice sera égale à 9 — 1,50, soit 7^m,50. D'après la formule précédente, la hauteur h' à laquelle le jet pourra atteindre sera donnée par l'équation

$$h' = 7^m,50 - 0,01 \times \overline{7,50}^2 = 6^m,96.$$

La gerbe sera formée par un jet placé au centre de la calotte hémisphérique, et deux rangs concentriques de huit ajutages chacun. Si l'on a fixé préalablement à 70 pouces d'eau le débit qu'on veut obtenir, on donnera au jet central un débit plus fort que celui des autres ajutages, soit, par exemple, 6 pouces d'eau, avec un diamètre de 0^m,0154. Ensuite les huit jets du premier rang seront établis de manière à s'élever à 6 mètres, avec un débit de 4 pouces 1/2 chacun, un diamètre de 0,0117 et une inclinaison de 73°,45', avec un angle de convergence de 8° ; les huit derniers ajutages du second rang, lançant l'eau à 5 mètres de hauteur auront un diamètre de 0^m,0097, un angle de convergence de 2°, et une inclinaison de 70°,43'. La boîte qui portera la calotte hémisphérique sur laquelle seront placés les ajutages aura un diamètre de 0^m,30 et une hauteur à peu près égale ; la calotte qui en ferme la partie supérieure porte le nom de souche, en terme de fontainier, parce que c'est sur elle que sont implantés les ajutages. Du milieu de cette calotte, on décrira avec un rayon de 0^m,141 la circonférence sur laquelle se placeront les 8 premiers ajutages, à égale distance les uns des autres. Pour les huit du second rang on décrira une circonférence concentrique avec un rayon de 0^m,1675, en plaçant chacun des jets exactement au milieu de la distance entre ceux du rang précédent. Ces ajutages consistent en petits cylindres de bronze ayant 0^m,03 de diamètre et autant de longueur, vissés sur la calotte, et percés longitudinalement aux diamètres et à l'inclinaison qui ont été indiqués précédemment.

Cette disposition est en général celle de toutes les gerbes à jets multiples, formant en retombant une surface analogue à celle d'une demi-sphère par suite de l'inclinaison et de la hauteur variable donnée aux filets liquides. — G. J.

II. **FONTAINE**. *T. de phys.* On donne ce nom à divers appareils avec lesquels on fait jaillir des liquides par la pression et la force élastique de l'air, ou la pesanteur de l'eau. || *Fontaine de Héron.* On désigne sous ce nom tout appareil (dont la disposition première est due à Héron d'Alexandrie, — 120 ans avant notre ère) destiné à élever l'eau au-dessus de son niveau, sans employer de force motrice, en faisant seulement intervenir la compression spontanée de l'air sur le liquide enfermé dans deux compartiments superposés et communiquant entre eux par deux tubes verticaux. Ces vases sont surmontés d'une cuvette pour recevoir le jet, qui dure jusqu'à épuisement du liquide dans le vase supérieur. Une application pratique de cet appareil est celle de la célèbre machine employée à Schemnitz (Hongrie) pour épuiser l'eau de la mine. || *Fontaine de compression.* Vase produisant un jet d'eau par la compression de l'air. Ce vase, à parois résistantes, est à demi-plein d'eau ; on y foule de l'air, au moyen d'une pompe à main, par un tube plongeant dans le liquide.

Après avoir fermé le robinet, dévissé la pompe et mis à sa place un ajutage percé d'une fine ouverture (ou de plusieurs), on ouvre le robinet. L'air fortement comprimé exerce sur le liquide une pression qui le fait monter en jet d'autant plus élevé que la compression de l'air a été plus forte. La hauteur du jet va en diminuant et s'arrête lorsque la pression à l'intérieur du vase devient égale à celle de l'atmosphère extérieure. — V. COMPRESSION DE L'AIR.

*FONTAINE. Architecte, était né à Pontoise d'une famille d'architectes dont plusieurs semblent avoir eu du talent. Mais les traditions s'étaient peu à peu perdues ; l'aïeul était décorateur et le père fontainier-plombier. C'est en qualité de commis de son père que le jeune Fontaine fut envoyé à l'Isle-Adam, sous les ordres d'André, architecte de valeur, qui devina la vocation de son élève, et à ses sollicitations le père se décida enfin à le placer chez Peyre jeune, dont l'atelier avait alors une grande renommée. C'est là, en 1779, que Fontaine se lia avec Percier de cette amitié que la mort seule devait rompre, et qui eut de si grands résultats. — V. EMPIRE.

Après un premier succès remporté à l'école, Fontaine part pour Rome, obtient la pension du roi, et peut se livrer à l'étude de l'antique, en compagnie de Percier qui, grand prix de l'Académie, était venu l'y rejoindre. Les deux amis travaillèrent en commun jusqu'aux événements de 1790. Mais à cette époque, le père de Fontaine, ruiné par la révolution, rappelle son fils, et dès lors, commence pour le jeune architecte la lutte la plus pénible contre la misère. Il tente de tous les expédients, se chargeant de travaux dont personne ne voulait, dessinant pour des fabricants de tissus ou de meubles, vivant difficilement, mais acquérant dans ce travail de tous les instants cette fertilité d'imagination et cette sûreté de dessin qui firent plus tard sa réputation. Après un voyage que, découragé, il avait fait en Angleterre, et qui lui fut inutile, il entra comme décorateur à l'Opéra, se fit de brillantes relations dans cette place où il avait retrouvé Percier, et fut enfin chargé par M. Chauvelin de réparer sa maison de la rue Chantereine, contiguë à celle de Bonaparte. Cette restauration, qui comprenait jusqu'aux meubles et aux tentures, fut le point de départ de la réputation de Fontaine. Madame Bonaparte s'intéressa à lui et bientôt Napoléon nommait les deux amis architectes du Louvre et des Tuileries. Déjà Fontaine avait restauré la Malmaison, et, de concert avec Percier, il fut chargé de l'entretien des châteaux de Saint-Cloud, de l'Elysée, de Fontainebleau, de Compiègne, ainsi que des décorations des cérémonies du sacre et du mariage de l'empereur.

Fontaine montra dans ces travaux la sûreté de son goût et de son talent, qui lui créèrent une situation tellement supérieure, que tous les régimes qui se sont succédé en France jusqu'en 1853, date de sa mort, lui ont conservé la direction des bâtiments civils et des écoles d'architecture. Mais on n'a de lui que peu d'œuvres personnelles et originales ;

les plus importantes sont l'Arc de triomphe du Carrousel, imité de l'arc de Septime-Sévère, à Rome, et la chapelle expiatoire de la rue d'Anjou, toutes deux en collaboration avec Percier. On y remarque, comme dans toutes les œuvres de ces deux artistes, une étude profonde de l'art des Grecs et des Romains.

Fontaine a laissé d'importants ouvrages d'architecture, parmi lesquels : *Palais, maisons et édifices modernes de Rome*, Paris, 1798, avec Percier et Bernier. *Description des cérémonies et fêtes qui ont eu lieu pour le mariage de S. M. l'empereur Napoléon avec l'archiduchesse Marie-Louise*, 1810, avec Percier. *Choix des plus célèbres maisons de plaisance de Rome et de ses environs*; 1810-1813, avec Percier. *Recueil de décorations intérieures*, comprenant les études sur l'ameublement, les bronzes, l'orfèvrerie, etc., Paris, 1812. *Résidences des souverains*, Paris, 1833, avec atlas, etc.

FONTAINERIE. On désigne par ce mot l'industrie qui s'occupe de la fabrication, de l'établissement et de l'entretien des fontaines, conduites et robinets.

FONTAINIER. *T. de mét.* Ce nom s'applique quelquefois à l'ingénieur chargé de rechercher les sources et de conduire les eaux au lieu de leur distribution ; mais d'une façon plus générale, on désigne par ce mot le fabricant de fontaines domestiques, ainsi que le raccommodeur de fontaines ou remetteur de robinets qui, à Paris, signale son passage au moyen d'un timbre, ou d'un cornet sur lequel il joue des airs populaires ; on écrit aussi *fontenier*.

I. FONTE. La fonte est le produit de la fusion des minerais de fer au haut fourneau. Théoriquement, il y a une infinité d'intermédiaires entre le fer chimiquement pur et la fonte, qui est un carbure de fer pouvant contenir jusqu'à 6 0/0 de carbone. Pratiquement, on ne distingue que trois types :

1° Le *fer*, qui renferme moins de 1 millième de carbone, avec des traces des impuretés qui se trouvaient dans les minerais qui ont servi de point de départ à sa fabrication ;

2° L'*acier*, qui est du fer allié à un peu plus de carbone que le fer lui-même. La proportion de carbone ne dépasse généralement pas 1,5 0/0 dans les aciers les plus carburés ;

3° La *fonte*, qui est du fer renfermant une proportion de carbone qui peut aller jusqu'à 6 0/0. Le fer chimiquement pur est presque infusible, et c'est le carbone qui lui donne de la fusibilité. Aussi la fonte est-elle le plus fusible des trois types de métal dont nous venons de donner la classification.

Les fontes portent différents noms suivant l'aspect de leur cassure et leur composition chimique.

Les *fontes grises* sont d'une teinte foncée, et le carbone en excès s'y est séparé à l'état de *graphite*. Aussi leur donne-t-on le nom de *fontes graphiteuses*. Une partie seulement du carbone qu'elles renferment se trouve à l'état combiné, l'autre s'est séparée de la masse au moment de la solidification.

Les fontes *blanches* renferment tout leur carbone à l'état combiné.

Les fontes *truitées* sont un intermédiaire entre les fontes grises et les fontes blanches. C'est un mélange des deux qualités. Tantôt c'est la fonte blanche qui domine et alors la fonte grise disséminée en petites sphères se présente sous forme de taches circulaires noires résultant de l'intersection du plan de la cassure avec les sphères de fonte grise. Ou bien, quand la fonte grise domine, la fonte blanche se présente sous forme de taches blanches sur le fond gris de la cassure. Dans le premier cas, on dit que la fonte est *truitée blanche*, et dans le second cas, on l'appelle fonte *truitée grise*. Le mot *truité* a été donné à cette nature de fonte parce que sa cassure rappelle l'aspect de la peau de la truite.

Les fontes se classent dans le commerce en numéros qui indiquent leur nature. Les fontes les plus graphiteuses, les plus grises, portent le n° 1. Elles sont généralement tendres à l'outil, mais l'excès de carbone qu'elles renferment leur donne peu de fluidité et peu de résistance. Le n° 3 est le type de la *fonte de moulage*, facile à couler et assez résistante. Le n° 2 est intermédiaire. Le n° 4 est à grain très serré, on n'y aperçoit guère de points noirs de graphite. C'est la plus résistante des fontes.

Pour les numéros supérieurs la classification varie avec les pays et les usines. Généralement les n°s 5 et 6 sont de nuance truitée. Au delà, ce sont des fontes blanches.

Les fontes blanches se divisent en *fonte lamelleuse*, correspondant à une allure relativement chaude ; *fonte grenue*, moins carburée que la précédente ; *fonte caverneuse*, présentant des soufflures résultant de la réaction de l'oxyde de fer du minerai sur le carbone combiné, avec production d'oxyde de carbone, qui est resté emprisonné dans la masse.

Un des corps que renferme fréquemment la fonte, c'est le *silicium*. Les fontes qui en ont une proportion de plus de 1 0/0, sont appelées *fontes siliceuses*. Elles ont été mises en lumière par l'opération Bessemer où elles jouent un rôle important. Le silicium, qu'elles renferment, est un élément, calorifique prépondérant qui se transforme en silice pendant l'affinage. Au contraire, dans le puddlage et l'affinage au bas foyer, on évite la présence du silicium, car il retarde la décarburation et cause un déchet supplémentaire par la grande quantité de silice qu'il produit.

Les *fontes Bessemer* doivent renfermer au moins 1,5 0/0 de silicium, pas plus de 2 millièmes de soufre et moins de 1 millième de phosphore.

Les *fontes Thomas* destinées à la déphosphoration doivent contenir au plus 1 0/0 de silicium, moins de 2 millièmes de soufre et près de 2 0/0 de phosphore. Le manganèse, dans la proportion de 1 à 2 0/0 semble un auxiliaire très utile.

Fonte malléable. Lorsqu'on compare les différents corps composés de fer et de carbone susceptibles d'être utilisés dans les arts, nous trouvons les types caractéristiques suivants :

Types	Teneur en carbone p. 100	Fusibilité	Malléabilité	
			à froid	à chaud
Fer pur..	0	nulle.	très grande	très grande
Fer doux..	0.05	faible.	très grande	très grande
Acier doux	0.1	moyenne.	grande.	grande.
Acier dur.	1	assez grande.	faible.	faible.
Fonte....	3 à 4	grande.	nulle.	nulle.

C'est-à-dire, qu'à mesure que la fusibilité, qui est proportionnelle à la teneur en carbone, va en augmentant; la résistance à froid qui est un élément important de l'utilité d'un métal, va en diminuant. Il est donc à peu près impossible de réunir ensemble ces deux qualités : *résistance à froid* et *fusibilité*. Il n'y a que certaines nuances d'acier qui pourraient résoudre le problème, mais nous avons vu (V. FONDERIE D'ACIER) que la réalisation des moulages d'acier de toutes formes ne peut être considérée, surtout dans les petits échantillons, comme un problème complètement résolu.

On comprend alors, qu'en observant la facilité avec laquelle on obtient, par la fusion de la fonte, les objets les plus compliqués de forme, on ait cherché également à communiquer à ces pièces moulées une résistance s'approchant de celle du fer malléable, qu'il serait coûteux d'obtenir par forgeage du fer.

— Il est probable que, dès le xve siècle, on a cherché à adoucir la fonte moulée au moyen d'opérations qui étaient restées plus ou moins secrètes. La première publication sur ce sujet est due à Réaumur ; dans l'*Art de convertir le fer forgé en acier et l'art d'adoucir le fer fondu*, paru en 1722, il a jeté les bases de l'industrie de la *fonte malléable*.

En 1863, il ne se produisait guère en France que 1,500 tonnes de fonte malléable par an et à peu près autant en Allemagne, tandis qu'en Angleterre il s'en faisait près de 30,000 tonnes. Actuellement, ces chiffres se sont beaucoup augmentés et le bon marché des objets ainsi obtenus en a développé l'usage. Beaucoup de pièces que l'on fabriquait autrefois en fer forgé, s'obtiennent maintenant en fonte malléable, au détriment, parfois, du consommateur, car la fragilité du métal n'est pas toujours entièrement disparue.

La base de l'industrie de la fonte malléable, c'est le *recuit des objets moulés en fonte en présence de matières neutres ou oxydantes*.

La première opération c'est d'obtenir un moulage bien net; et, comme la fluidité de la fonte ne doit pas tenir à une cause étrangère, comme la présence du phosphore, par exemple, il faut que la fonte soit très chaude, ce qu'on n'obtient sûrement que par la *fusion au creuset*.

Cette fusion se fait soit dans des petits foyers à coke, comme ceux que l'on emploie pour l'acier fondu à outils (aciéries de Sheffield) ou à canons (aciéries Krupp) ; soit, ce qui est plus économique, dans des creusets chauffés au gaz par le système Siemens. On arrive ainsi à une fluidité au moins aussi grande en ne consommant que de la houille, et, de plus, comme le creuset n'est pas en contact avec les cendres du combustible, il peut mieux résister à des fusions répétées. La meilleure matière pour les creusets est sans contredit le graphite. Il est complètement réfractaire et n'introduit pas de silicium dans la fonte comme lorsque la pâte est argileuse, et nous verrons tout à l'heure qu'on évite la présence du silicium dans la fonte destinée à être rendue malléable. Pour les pièces plus volumineuses et dont la qualité est plus négligée, on se contente de la fusion au cubilot avec un excès de coke. Le moulage doit être fait avec soin, les fontes employées ayant un retrait de 2 0/0 et se refroidissant assez vite. Il faut éviter les épaisseurs supérieures à 3 ou 4 centimètres, et n'employer que des angles arrondis, sans changements trop brusques d'épaisseur.

La fonte étant bien fluide, on procède à la coulée. Dès que le métal est solidifié on démoule rapidement pour éviter la production de fentes dans les parties minces, au point où elles sont reliées aux parties plus épaisses.

On nettoie et on ébarbe avec soin, ce qui est une opération délicate amenant beaucoup de rebuts. La fonte étant plus ou moins blanche est assez fragile, et le détachage des coulées peut amener des ruptures par un coup frappé à faux. Avant de disposer les pièces dans les caisses à recuire, on les enduit quelquefois d'une couche de blanc d'Espagne en suspension dans du sel ammoniac. On évite ainsi les collages, les adhérences pendant le chauffage.

La fonte recherchée pour la fabrication des objets malléables est en général sans soufre ni phosphore et peu siliceuse. On l'obtient surtout dans le Cumberland et le Lancashire avec des hématites rouges de première qualité. On employait autrefois des fontes au bois d'un prix élevé (fonte de Lorn), mais actuellement on réussit très bien avec les fontes d'hématite appelées Harrington et Ulverstone, obtenues au coke à basse température, ou même à l'air froid, et avec un lit de fusion très chargé en chaux. On repasse dans la fusion les pièces manquées, les jets de coulée, en proportion plus ou moins forte suivant la qualité que l'on cherche à obtenir.

La fonte réellement graphiteuse est écartée, on se contente de fontes d'un gris clair pour les objets les plus volumineux ou dont la qualité est moins soignée; en général, on n'emploie que des fontes blanches chaudes ou truitées blanches, afin d'éviter la présence du graphite, autant que possible, tout en conservant de la fluidité. Ces fontes ont, de plus, l'avantage de renfermer peu de silicium, puisqu'elles sont produites à une température relativement basse et que le silicium se réduit surtout en présence d'un excès de chaleur dans le haut fourneau.

Ces précautions de n'employer, au moulage des pièces qui doivent être transformées en fonte malléable, que de la fonte peu silicieuse et peu graphiteuse, sont le résultat de la pratique, mais elles sont parfaitement justifiées par l'étude scientifique des transformations chimiques que subit le métal pendant le recuit.

Miller a étudié le premier ce que deviennent

les différents éléments de la fonte pendant cette opération :

	Avant	Après
Carbone combiné	2.217	0.434
Graphite	0.583	0.446
Silicium	0.951	0.409

On voit que le graphite est resté à peu près dans la proportion que renfermait la fonte et que le silicium a été réduit de moitié environ, tandis que le carbone combiné a été diminué de 80 0/0. Davenport a fait, en 1871, des recherches analogues qui ont paru dans l'*American. Journal of science and arts*, et qui ont donné des résultats dans le même sens.

	Avant	Après un 1er recuit	Après un 2e recuit
Carbone	3.430	1.510	0.100
Silicium	0.445	0.438	0.449
Soufre	0.059	0.067	0.083
Phosphore	0.315	0.327	0.315
Manganèse	0.529	0.585	0.525

Dans un autre exemple les résultats sont les mêmes.

	Avant	Après un 1er recuit	Après un 2e recuit
Carbone	3.465	0.430	moins de 0.1
Silicium	0.585	0.614	0.614
Soufre	0.105	0.147	0.162
Phosphore	0.280	0.290	0.290
Manganèse	0.585	0.616	0.575

Quoique le carbone n'ait pas été distingué en carbone graphiteux et carbone combiné, ces résultats sont plus intéressants que ceux de Miller. Le silicium, le phosphore et le manganèse ne sont pas modifiés, et le soufre est plutôt un peu augmenté par l'influence du combustible employé au chauffage. Seul le carbone est éliminé sérieusement sous la forme gazeuse de l'oxyde de carbone probablement, tandis que les autres éléments, ne pouvant donner lieu qu'à des composés solides et non volatils à la température à laquelle on opère, ils ne sauraient diminuer; ils n'ont donc pour effet que d'agir défavorablement sur la résistance du produit.

Dans une étude qui a paru en 1881, dans les *Annales de Chimie et de Physique*, M. Forquignon a publié le résultat de ses recherches sur les effets que produisent sur la fonte les différents recuits.

Quand on recuit la fonte dans une matière inerte, comme le charbon, voici ce qu'il se produit : par la seule action d'une température élevée, il y aurait changement d'état du carbone combiné ; il se formerait une espèce de carbone amorphe d'une nature spéciale, se séparant du fer et lui laissant alors une douceur plus grande. Ce qui est plus

probable encore, c'est qu'il se forme un nouveau carbure de fer, moins riche en carbone, tandis que l'excès de celui-ci se sépare et forme des petites agglomérations disséminées plus ou moins irrégulièrement. La présence du manganèse entrave cet adoucissement, sans doute à cause de la grande affinité de ce corps pour le carbone. *Quand on recuit la fonte dans une matière oxydante*, comme c'est le cas dans l'industrie de la fonte malléable, les choses se passent différemment. Le carbone est éliminé de proche en proche, en commençant par la couche superficielle; le graphite de la couche suivante se combine avec le fer de la couche décarburée et disparaît ensuite par l'action oxydante, etc., et l'opération continue jusqu'au minimum de carburation possible. C'est l'inverse de ce qui se passe dans la *cémentation* (V. ce mot) où le fer se charge, de proche en proche, de carbone, en commençant par la surface extérieure.

La matière oxydante, qui est à peu près la seule employée actuellement dans le recuit pour fonte malléable, est *l'oxyde rouge de fer*, ou peroxyde anhydre. C'est lui qui cède le plus facilement son oxygène en se transformant en oxyde magnétique.

$$3 Fe^2 O^3 = O + 2 Fe^3 O^4.$$

Cet oxyde s'emploie plutôt en grains fins qu'en poudre.

En Autriche, on se sert surtout de carbonate de fer grillé et transformé ainsi en peroxyde anhydre. Du reste, la transformation du peroxyde de fer au contact du carbone peut ne pas s'arrêter à la production de l'oxyde magnétique, elle peut aller jusqu'au fer métallique au bout d'un certain temps. L'oxyde de fer servant de cément est stratifié par couches minces avec les objets en fonte, qui sont généralement de faible dimension (clefs de serrures, éperons, boucles de harnais); leur diamètre ne doit pas dépasser 10 à 20 millimètres, autrement l'action serait incomplète; la décarburation ne pénétrerait pas jusqu'au centre et il faudrait plusieurs recuits. Le tout est placé dans des vases bien empilés dans un foyer en forme de four. On évite soigneusement l'action de l'air sur les pièces à recuire, ce qui s'obtient par une bonne fermeture des caisses et leur lutage avec de l'argile.

Ces caisses durent très peu et se font généralement en fonte de même nature que celle que l'on doit rendre malléable. La fonte grise se ramollit et donne lieu à des déformations. Il y aurait peut-être quelque avantage à essayer les caisses en acier coulé, qui réussissent si bien dans le recuit des tôles minces pour fer-blanc.

Nous donnons, dans la fig. 155, la coupe en travers d'un four à recuire. C'est un four de galère, ayant deux grilles sur toute la longueur des grands côtés du rectangle et qui porte, sur un massif central élevé au-dessus du niveau de la houille, une série de caisses cylindriques de 30 à 35 centimètres de diamètre, sur environ autant de hauteur. Il y a quatre rangées de ces caisses. On commence par placer la première couche horizontale des caisses, puis la suivante, en ayant soin de les remplir des pièces de fonte et du cément oxydant.

Le maniement est ainsi plus facile que si les caisses étaient remplies au préalable.

Lorsque le four est rempli, on allume le feu sur les grilles en ayant soin de boucher les fissures par lesquelles l'air pourrait pénétrer. On fait progresser lentement la température, qui atteint le rouge vif au bout de vingt-quatre heures ; on l'y maintient pendant trente-six à quarante-huit heures, puis on cesse d'alimenter les grilles en bouchant les cendriers. Le refroidissement dure trente-six à quarante-huit heures, après quoi on passe au défournement.

La consommation de houille est assez forte avec

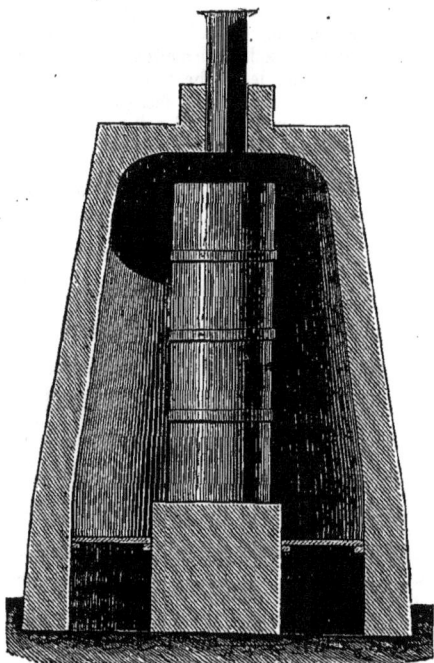

Fig. 155. — Coupe d'un four à recuire.

un semblable mode de chauffage, et la conduite du foyer est délicate. Si on chauffe trop, il peut y avoir corrosion des pièces par le cément ; si on chauffe d'une manière insuffisante, la malléabilisation ne pénètre pas jusqu'au centre.

Un type de four à recuire, très. usité en Angleterre, c'est le four du système Siemens, qui permet de régler facilement la température ; mais, pour qu'il soit économique, il faut que les gazogènes soient réunis et desservent un ensemble de plusieurs fours, autrement, il y aurait perte de combustible par l'intermittence des opérations. L'avantage du système Siemens, c'est qu'on peut obtenir des températures suffisamment élevées avec des combustibles de très médiocre qualité. La tourbe, le lignite, le bois, la houille, etc., peuvent être employés à cette opération.

La lenteur que présente naturellement ce mode de décarburation de la fonte, rend difficile et coû-

teux ce genre d'affinage. Si pure que soit la fonte employée, elle contiendra généralement plus d'éléments étrangers que n'en renfermerait le fer puddlé obtenu avec des qualités plus communes ; la fonte malléable n'a subi, en effet, qu'une épuration insignifiante ; si certains éléments ont été oxydés, ils n'ont pu être expulsés et le métal reste peu homogène.

La fonte malléable est poreuse et de densité assez faible, 7,10 au lieu de 7,7 à 7,8 que possèdent l'acier ou le fer. Quand la malléabilisation a été bien faite, le métal est devenu mou et flexible à froid ; il est rare, cependant, qu'il ne reste pas un noyau central un peu fonteux. La fonte malléable peut atteindre une résistance à la traction de 35 kilogrammes par millimètre carré, mais avec peu ou point d'allongement.

Après le recuit, les pièces qui ont 3 à 4 millimètres d'épaisseur, sont assez minces pour être considérées comme suffisamment décarburées ; quand l'épaisseur atteint 10 à 20 millimètres, il faut deux recuits, et de 20 à 30 ou 40 millimètres, au moins trois recuits, sans être certain d'une grande homogénéité.

Les pièces recuites sont placées dans des tonneaux tournants remplis de sable, pour enlever le minerai et le sable de moulage qui peuvent adhérer.

Les objets rendus malléables sont ensuite livrés au serrurier pour leur donner le fini demandé, ajustage, dressage, etc., d'autres sont polis, vernis et galvanisés.

Fonte miroitante. Fonte spéculaire. Fonte à facettes. On donne ces qualifications à la fonte renfermant une proportion de manganèse supérieure à 4 ou 5 0/0. Cette qualité de fonte est blanche, très carburée (renfermant jusqu'à 6 0/0 de carbone combiné, sans aucun graphite), et sa cassure est tout à fait différente de celle des autres fontes. Elle se brise en grande lamelles, toujours irisées, quand elles se sont produites à chaud, mais qui peuvent être d'un blanc brillant, quand la cassure a été obtenue à froid. C'est de cette propriété que vient le nom de fonte *spéculaire* ou *miroitante*, en allemand *spiegel eisen*.

Fonte trempée. — On donne le nom de *fonte trempée* à la *fonte durcie* superficiellement par un refroidissement rapide au contact d'un corps froid. La fonte grise devient blanche par la trempe et acquiert de la fragilité ; aussi on ne s'en sert que dans les cas spéciaux et on l'évite dans la fonderie des pièces mécaniques ordinaires.

La *trempe de la fonte* semble due au passage, à l'état combiné, de tout le carbone que renferme celle-ci ; donc toute cause qui empêchera la dissolution du carbone, empêchera, en même temps, la trempe de la fonte ; c'est ainsi que les fontes *siliceuses* sont peu propres à la trempe, tandis que les fontes *manganésifères* la favoriseront.

Il existe plusieurs procédés pour obtenir la fonte trempée, nous allons les passer en revue.

1° *Fusion au cubilot.* On fait des mélanges de fonte grise à grain serré et de fonte truitée ou blanche. On recherche, dans ce but, les fontes au bois, faites à l'air froid (pour éviter le silicium). Avant la coulée des pièces, on rassemble la fonte liquide dans une poche et on-ne l'introduit dans les moules en fonte que lorsque sa température s'est notablement abaissée. L'épaisseur et le volume du moulé en fonte, appelé *coquille*, influent sur le degré de trempe. Celle-ci semble d'autant plus forte que la fonte est moins chaude par rapport à la température de la coquille. Ce fait, qui est le contraire de ce que l'on observe dans la trempe de l'acier, tient sans doute à ce que les rapports de masse sont différents dans les deux cas. On trempe généralement l'acier en objets relativement petits, dans une masse liquide assez grande et où les surfaces en contact sont renouvelées. La fonte se trempe, au contraire, en grande masse relativement au moule qui la renferme et réchauffe celui-ci d'autant plus que sa température initiale est plus élevée.

2° *Fusion au cubilot d'un mélange de fonte et de fer.* On fond de la bonne fonte grise, aussi peu siliceuse que possible, en y mélangeant des ferrailles de bonne qualité. On arrive ainsi à une teneur en silicium très faible et les fontes obtenues peuvent être très dures, sans cependant manquer de résistance.

3° *Fusion, au four Siemens, d'un mélange de fonte et d'acier.* Par cette méthode, on peut employer des fontes siliceuses sans inconvénient, car le mélange avec les riblons d'acier, plus ou moins oxydés, fait disparaître presque totalement le silicium introduit. En ayant soin de prendre des échantillons fréquents pendant la fusion on peut opérer avec beaucoup de certitude et obtenir des produits plus réguliers que par les autres procédés. Au lieu de débris d'acier, on peut ajouter de la fonte mazée, ce qui a également l'avantage de ne pas incorporer de silicium dans le mélange à fondre, le mazéage, comme nous l'avons dit (V. FINERIE), éliminant le silicium de la fonte.

La fonte trempée ne servait guère qu'à la fabrication de laminoirs durs pour les tôles minces, lorsque, dans ces dernières années, surtout en Allemagne et en Angleterre, on a trouvé des débouchés nouveaux à cette matière.

Un industriel de Magdebourg, M. Gruson, a beaucoup travaillé la fabrication et les applications de la fonte trempée; il y a même quelques années, on avait donné le nom de *métal Gruson* à la qualité qu'il avait réussi à produire et qui présentait, à la fois, de la dureté et de la résistance. On a fait surtout des croisements et changements de voie en fonte trempée, qui ont eu un certain succès pendant quelque temps; mais sous le choc répété des trains, il finit par naître des fissures et la rupture arrive rapidement.

Un emploi important, dont l'initiative appartient à M. Gruson, c'est l'application de la fonte trempée aux fortifications permanentes. Des coupoles tournantes en fonte, d'une épaisseur d'un mètre environ et où la trempe s'étend sur une profondeur de 15 à 20 centimètres, sont placées dans des forts, aux points les plus sujets à l'attaque ou dont la défense importe le plus. Les projectiles viennent se briser sur cette surface convexe que sa dureté empêche d'être entamée, tandis qu'armée d'une pièce de gros calibre avec une embrasure aussi réduite que possible, cette tourelle invulnérable peut atteindre tous les points de l'horizon. — V. CUIRASSEMENT DES OUVRAGES DE FORTIFICATIONS.

La fig. 694, t. III, donne la coupe d'une tourelle en fonte, du type Gruson, et semblable à celles qui ont été installées dans différents forts qui entourent Metz, notamment au fort Saint-Quentin. Ajoutons que sous les coups multipliés de l'artillerie la fonte trempée se fissure et finit par se pulvériser; cette prétendue invulnérabilité n'est donc que relative. Le poids énorme sous lequel il faut l'employer pour qu'elle puisse résister aux chocs en bannit l'usage dans la marine, mais pour les fortifications à terre, c'est encore ce que l'on a trouvé de plus résistant.

Un autre emploi de la fonte trempée, qui possède encore une certaine actualité, c'est le projectile destiné à percer les cuirassements en fer.

En 1867, à l'Exposition universelle, M. Gruson montrait des projectiles en fonte dure ou fonte trempée qui avaient percé d'épais blindages de fer sans avoir éprouvé ni rupture ni déformation. Ces projectiles ogivo-cylindriques n'étaient trempés et blanchis que dans l'ogive; le corps cylindrique restant gris, à texture serrée. Le capitaine Palliser, de l'artillerie de marine anglaise, arrivait de son côté à des résultats analogues et installait une importante fabrication de ces projectiles à l'arsenal de Woolwich.

Tant qu'il s'est agi de percer des blindages en fer, les projectiles Pallisser, comme on les appelle encore, ont triomphé surtout en Angleterre. En tir normal, ils se comportaient en effet merveilleusement, mais en tir oblique, ils tombaient généralement en morceaux, sans produire de grands effets destructeurs sur les muraillements. Il est donc difficile de s'expliquer cet engouement pour une matière qui répond si peu aux conditions exigées, puisqu'en fait d'attaque, le coup oblique est de beaucoup le plus fréquent et c'est le seul sur lequel il faille compter. La plupart des gouvernements ont adopté le projectile en fonte trempée, sinon comme définitif, au moins en attendant les perfectionnements inévitables que font espérer les projectiles d'acier.

Gruson en Allemagne, Gradatz en Styrie, Gregorini en Lombardie, Finspong en Suède, Woolwich en Angleterre, Terre-Noire et Commentry en France, telles sont les meilleures marques de projectiles en fonte dure ou trempée.

Il existe, à Buda-Pesth, un centre important de fabrication de fonte trempée, et on a trouvé une application de ce métal à la meunerie. On fait des cylindres en fonte dure qui remplacent en totalité ou en partie le travail des meules de pierre.
— F. G.

II. **FONTE.** *T. de typog.* Assortiment des lettres et signes qui composent un caractère complet d'une grosseur déterminée. || *T. de sell.* Fourreaux de cuir qui, placés à l'arçon d'une selle, reçoivent les pistolets. || *T. de verr.* Temps que dure la fusion d'une quantité déterminée de matières vitrifiables. || *T. de hong.* Réunion des peaux travaillées ensemble.

FONTS BAPTISMAUX. Bassin où, dans l'église, on conserve l'eau du baptême.

— Dans les premiers temps de l'Eglise, le baptême se donnait sans doute par aspersion, car on ne saurait expliquer autrement que des milliers de personnes aient été baptisées en un jour par un apôtre ou par un évêque, comme on le voit souvent dans les chroniques des premiers siècles du christianisme. Cependant, lorsque la religion nouvelle s'étant répandue, le nombre des néophytes devint moins considérable en même temps que le droit de conférer le baptême était donné à tous les prêtres, on revint au baptême par immersion comme plus conforme aux traditions et à la lettre même des écritures. Cette pratique fut confirmée par les papes et les conciles, et pendant tout le moyen âge, on ne connut pas d'autre manière de procéder ; les vitraux, les miniatures, les bas-reliefs en font foi.

La cuve baptismale devait donc avoir de grandes dimensions ; aussi bâtissait-on, pour la contenir, un édifice à part, appelé *baptistère*, et placé au midi des églises. La plupart ont disparu. En France, on n'en trouve que deux : le *baptistère* de Saint-Jean, à Poitiers, le plus ancien monument religieux que nous possédions, et au Puy le *temple de Diane*, qui, malgré son nom tout païen, doit avoir eu cette même destination.

Dès le xiiᵉ siècle, l'usage avait prévalu de baptiser les enfants dès leur naissance et il n'était plus besoin de baptistères. Les fonts étaient donc établis dans les églises mêmes. Mais ils restent toujours séparés soigneusement de la nef, et en souvenir des traditions, ils sont pendant plusieurs siècles surmontés d'un édicule ou d'un dais qui tend à en faire un lieu distinct du reste de l'église.

Il existe des fonts du xiiiᵉ siècle à Limay, près de Mantes ; à Saint-Etienne, près de Gournay ; à Cluny ; du xivᵉ siècle à Langres, à Jumièges. Ceux de la cathédrale d'Hildesheim, qui datent du xiiiᵉ siècle, sont considérés comme les plus *intéressants* qui *existent*, et les mieux composés par le choix des sujets et des inscriptions. La cuve repose sur quatre personnages ayant chacun un genou en terre, et tenant une urne dont l'eau se répand sur le pavé ; ce sont les figures emblématiques des quatre fleuves du Paradis, dont le rapport symbolique avec les vertus cardinales est inscrit sur un cercle porté sur leurs épaules. Sur la cuve même, quatre bas-reliefs représentent le passage du Jourdain par Josué, le passage de la mer Rouge, la Vierge et l'enfant Jésus, devant lesquels se trouve l'évêque donateur Wilhems, et le baptême du Christ. Au-dessus des fleuves, huit médaillons représentent la *Prudence* et Isaïe, la *Tempérance* et Jérémie, le *Courage* et Daniel, la *Justice* et Ezéchiel. Le couvercle conique est également couvert de bas-reliefs. (De Caumont, *Bulletin monumental*, t. XX.)

Nous donnons (fig. 156) une cuve baptismale de l'église de Luxeuil, qui est couverte de sculptures fort intéressantes, représentant le baptême du Christ et quelques figures du Nouveau-Testament. Bien que les sujets et l'exécution semblent indiquer une époque plus reculée, ces fonts ne remontent pas au delà du xivᵉ siècle. Mais peut être l'artiste se sera-t-il inspiré d'un modèle du commencement du xiiiᵉ.

A Bâle, à Strasbourg subsistent encore de précieux fonts du xvᵉ siècle. Ceux de l'église Saint-Sebalt, à Nuremberg, qui datent aussi du xvᵉ siècle, sont d'un travail délicat. Ils comprennent seize figures fort bien sculptées : autour du pied les quatre évangélistes, en ronde bosse ; autour de la cuve, les douze apôtres, en bas-relief.

L'obligation de se servir des cuves baptismales n'était

pas absolue, car on conserve un beau vase de travail persan, dans lequel une tradition veut qu'aient été baptisés les enfants de saint Louis. Une partie des fonts du baptême de saint Louis existent encore dans l'église de Poissy.

Fig. 156. — *Cuve baptismale à Luxeuil.*

Bien qu'au xvᵉ siècle on baptisât encore par immersion, notamment à Strasbourg, dès la fin du xivᵉ, l'usage du baptême par infusion s'était répandu, et il devient exclusif au xviᵉ. Les fonts baptismaux cessent, dès lors, d'appartenir à l'architecture. L'importance du travail d'ornementation semble diminuer en même temps que leur dimension, et ils se composent le plus souvent d'une coupe supportée par une colonnette. Ils ne présentent que peu d'intérêt. Les fonts sont toujours séparés de la foule des fidèles par une grille ou une clôture, mais on a abandonné tout attribut rappelant les baptistères des premiers âges du christianisme, et un simple couvercle a remplacé les édicules du xiiiᵉ siècle, les chapeaux en menuiserie du xivᵉ et les dais sculptés avec pinacles et clochetons qui étaient encore en usage à la fin du xvᵉ siècle. — C. DE M.

*FONTURE. Ensemble des espaces vides qui séparent les aiguilles dans le métier à tricot. Lorsqu'il y a deux jeux d'aiguilles, le métier est alors dit *à double fonture.* — V. BONNETERIE.

I. FORAGE. *T. techn.* Opération qui consiste à percer dans une pièce métallique un trou cylindrique, avec un outil appelé *foret.* Cet outil doit être animé à la fois de deux mouvements : un mouvement de rotation afin de décrire la surface de révolution demandée, et un mouvement d'avance afin d'opérer le trou sur toute la longueur de la pièce. De ces deux mouvements, celui de rotation est, en général, relatif : la pièce tourne et le foret ne fait qu'avancer en ligne droite, de cette façon, s'il venait à dévier de sa direction, on en serait averti par les oscillations de la barre porte-outil.

Une machine à forer est donc, le plus généralement, constituée par la combinaison d'un tour horizontal, quelquefois même vertical, et d'un banc de forage ou de forerie en fonte dressé parallèlement à l'axe du tour et dans son prolongement. Sur le banc glisse dans une coulisse un chariot porte outil ; le mouvement de ce chariot est pris sur la poupée du tour et on peut, en changeant les engrenages, faire varier à volonté le rapport des vitesses. Le même banc de forage peut également servir à l'*alésage*, c'est-à-dire, à l'agrandissement du diamètre d'un trou déjà percé ; il suffit pour cela de remplacer l'outil par un autre dont le tracé est un peu différent. — V. PERCER (Machine à).

II. FORAGE. *T. techn.* Dans son acception générale, c'est l'opération qui a pour but de creuser un *puits*, on en trouvera l'exposé à ce dernier mot, et nous ne retenons ici que ce qu'on entend par *forage* ou *mine forée* dans le génie militaire. C'est un trou de mine cylindrique de 10 à 30 centimètres de diamètre, au fond duquel on dispose une charge de poudre, soit dans le forage lui-même, soit dans une *chambre* d'un diamètre plus grand.

Les forages sont employés dans la guerre souterraine, soit pour augmenter la puissance des écoutes et permettre au mineur de se renseigner sur la position de son adversaire, soit pour lui donner le camouflet ou pour l'empêcher de tourner les rameaux d'attaque. Les outils employés pour pratiquer un forage sont les suivants : le trépan simple ; la pelle à fer cylindrique, ou pelle d'Arras ; la machine à camouflets ; la grande tarière.

Dans les terrains de consistance ordinaire, le trépan simple, qui affecte à peu près la forme d'une tarière de charpentier, permet à deux hommes de creuser assez rapidement un forage de 10 à 12 centimètres de diamètre et de 3 à 4 mètres de profondeur, ce qui peut rendre de grands services dans la défense pour écouter, ou pour préparer des camouflets. Quand le terrain est assez consistant, on emploie avec avantage une sorte de louchet recourbé, connu sous le nom de *pelle d'Arras*, qui donne un tour cylindrique de 15 à 18 centimètres.

Avec la machine à camouflets, on peut pratiquer de l'intérieur même des galeries et à peu près dans toutes les directions, des forages de 20 centimètres de diamètre et d'une longueur de 5 à 6 mètres au plus. La grande tarière, qui exige pour sa manœuvre une brigade de 6 hommes et un espace assez large, se compose : 1° d'un couple de tarières ou cuillères pontées et munies d'un galet directeur ; l'une tournant à gauche, l'autre à droite ; 2° d'une tige de manœuvre, sur laquelle s'applique un tourne-à-gauche ou une clef Flachat ; 3° d'un jeu d'allonges en fer à section carrée avec olives directrices ; 4° d'un tolet muni d'un treuil de traction ; 5° d'un pieu à vis destiné à fournir un point d'appui au tolet de manœuvre ; 6° d'un tourne-à-gauche ; 7° d'un refouloir ; 8° d'un jeu d'allonges de refouloir munies d'olives à raclettes ; 9° d'une curette.

Cet outillage permet, en employant alternativement les deux tarières pontées, d'exécuter, sans déviation, des forages de 10 à 15 mètres de longueur et de 22 à 30 centimètres de diamètre. Lorsque l'on veut porter en tête d'un forage une forte charge de poudre, on pratique à l'extrémité une chambre au moyen d'une charge de dynamite à laquelle on fait faire explosion. On charge généralement les forages à l'aide de gargousses de poudre de mine, à enveloppe métallique, que l'on pousse au fond du canal par chapelets de 4 ou 6 à l'aide du refouloir en bois ; la gargousse du milieu de la charge contient une amorce électrique avec ses conducteurs réunis en câble. Le chargement opéré, on achève la préparation de la mine forée par un bourrage composé de tampons cylindriques d'argile.

FORCE. On appelle *force*, en mécanique, toute cause qui tend à mettre un corps en mouvement ou à modifier le mouvement déjà existant d'un corps. Cette définition, comme la plupart de celles qui servent de point de départ à de longs développements scientifiques, est assez obscure en elle-même, parce qu'au fond elle repose sur des abstractions et des hypothèses qu'il est nécessaire de préciser. Malgré tout son appareil de formules mathématiques, la mécanique est, en réalité, une science d'observation. L'étude du déplacement qu'il nous est donné d'observer dans les corps qui nous environnent aussi bien que dans les astres qui voyagent à travers les espaces du ciel, a conduit les mécaniciens à considérer tous les mouvements, si compliqués qu'ils soient, comme des manifestations et des conséquences d'un petit nombre de principes simples qu'ils se sont efforcés de dégager et de rédiger sous forme de *lois*. Ces lois qu'on appelle aussi *les axiomes* ou *les principes fondamentaux de la mécanique* sont, à proprement parler, des *hypothèses* qu'on a mises en avant pour relier entre eux les phénomènes de mouvements observés, et dont la vérité objective s'est trouvée démontrée *a posteriori* par ce fait que les conséquences les plus lointaines qu'on en a pu tirer, aussi bien que les plus immédiates, se sont toujours montrées en parfait accord avec l'expérience. Tous les développements mathématiques qui constituent la plus grande partie de la mécanique rationnelle, n'ont pas d'autre objet que la recherche des conséquences de l'application des principes fondamentaux aux cas particuliers plus ou moins complexes, qui se rencontrent dans les expériences scientifiques ou dans la pratique de l'industrie.

Les principes fondamentaux de la mécanique ont été énoncés au mot DYNAMIQUE auquel nous renverrons le lecteur. Le premier de tous est celui de l'inertie, qui consiste en ce qu'un corps abandonné à lui-même doit rester, soit en repos, soit en mouvement rectiligne et uniforme. — V. INERTIE, MOUVEMENT.

Le principe de l'inertie une fois admis et l'expérience nous montrant à chaque instant des corps qui passent de l'état de repos à celui de mouvement, d'autres qui, d'abord en mouvement, finissent par rentrer dans le repos et d'autres, enfin, dont les mouvements sont curvilignes ou variés, nous sommes obligés d'admettre que les éléments matériels de ces corps subissent l'effet d'une cause étrangère à eux-mêmes, et c'est cette cause inconnue qui a reçu le nom de *force*. Il n'est pas inutile de faire remarquer que nous sommes dans une ignorance absolue au sujet de la nature intime de cette cause de mouvement, de même que nous ne possédons aucune idée sur l'essence même des atomes matériels. En employant les mots matière et force, la mécanique ne préjuge absolument rien sur les questions que ces deux idées peuvent suggérer à l'esprit des philosophes. Il se peut que la force soit en fait inséparable de l'atome. On peut soutenir qu'il n'y a réellement, dans l'univers, aucune force au sens objectif du mot, et que le mouvement des corps ne se modifie que par la communication qu'ils reçoivent du mouvement de la matière environnante ou la transformation des mouvements intestins de leurs dernières particules en déplacements sensibles. On peut, au contraire, défendre la théorie de Leibnitz et ne voir dans les atomes que des centres de force inétendus. Ce sont là des spéculations métaphysiques dont nous sommes loin de méconnaître l'intérêt, mais qui ne sont pas du domaine des sciences positives. Celles-ci doivent se borner à étudier les phénomènes et à les comprendre dans des énoncés généraux appelés *lois* qui en fassent saisir le lien et les conséquences, et permettent d'en prévoir de nouveaux. Du reste, les forces ne figurent dans les équations de la mécanique que par les nombres qui les mesurent et elles sont mesurées d'après leurs effets, c'est-à-dire d'après les mouvements des corps et les déformations des solides, de sorte qu'en dernière analyse, la notion de force s'élimine d'elle-même et la mécanique, comme les autres sciences expérimentales, se borne à l'étude et à la prévision des *phénomènes* dans des circonstances déterminées.

COMPARAISON DES FORCES. Trois éléments sont nécessaires pour déterminer complètement une force. Ce sont : 1° son point d'application ; 2° sa direction ; 3° son intensité.

Le point d'application est le point du corps sur lequel agit la force et qu'elle tend à mettre en mouvement. En faisant abstraction des dimensions d'un corps solide, on arrive à la notion abstraite du *point matériel* si utile en mécanique, et qu'il faut bien se garder de confondre avec la notion concrète de l'atome. Un corps quelconque est toujours supposé constitué par une infinité de points matériels, de sorte que toute force est appliquée à un point matériel.

La direction de la force est la direction du mouvement qu'elle imprimerait à un point matériel en repos qui ne serait soumis à aucune autre influence.

L'intensité d'une force dépend des effets qu'elle est capable de produire, mais il faut la définir avec précision, et nous ne pouvons le faire qu'en entrant dans quelques développements. Les effets des forces, ce sont les mouvements qu'elles impriment aux points matériels. Il reste à déterminer quel est l'élément du mouvement qui doit servir à la comparaison des forces. On ne saurait songer à employer la vitesse, puisque d'après le principe de l'inertie, un corps qui n'est soumis à

aucune force, est en mouvement uniforme et possède, par conséquent, une vitesse qui peut être absolument quelconque. Ce sont les *variations* de la vitesse qui doivent servir à la mesure de l'intensité des forces.

Le *principe de l'indépendance des effets d'une force avec le mouvement antérieurement acquis par le point d'application*, consiste en ce que la même force, appliquée au même point matériel déterminera toujours pendant le même temps le même accroissement (positif ou négatif) de vitesse, quelle que soit la vitesse primitive du mobile. Il en résulte qu'un point matériel soumis à l'action d'une même force de direction invariable, prendra un mouvement tel que la vitesse s'accroisse ou diminue de quantités égales pendant des temps égaux. Un pareil mouvement est appelé *mouvement uniformément varié*, et la quantité constante, positive ou négative, dont s'accroît la vitesse pendant l'*unité de temps* s'appelle l'*accélération*. — V. MOUVEMENT.

Il devient alors naturel de considérer l'accélération comme le principal effet d'une force et l'on est conduit à définir le rapport de deux forces comme égal au rapport des accélérations qu'elles impriment à un même point matériel. Il faut cependant remarquer que cette définition n'aurait aucun sens si l'on n'admettait pas, comme un principe fondamental, que le rapport des accélérations produites par deux forces sur un même point matériel reste le même quand on change le point matériel qui sert à la comparaison. C'est en cela que consiste le principe de la proportionnalité des forces aux accélérations, principe qui n'est nullement évident, et qu'il ne faut pas confondre avec une simple définition du rapport de deux forces.

UNITÉS DE FORCE. Dès qu'on sait déterminer avec précision le rapport de deux forces, il ne reste plus qu'à choisir une *force unité* pour être en possession de tout ce qui est nécessaire à leur mesure. Cette unité est généralement empruntée à l'action de la pesanteur qui joue un rôle si important dans tous les phénomènes au milieu desquels nous vivons, et, par conséquent, dans toutes les applications industrielles. Tous les corps qui nous environnent sont sollicités vers le centre de la terre par une force d'attraction qui varie avec le corps considéré, la position qu'il occupe sur la terre et son altitude au-dessus de la surface. Cette force est le *poids* du corps. En France, on a choisi pour unité de force le *gramme*, qui est le poids qu'aurait dans le vide un centimètre cube d'eau distillée prise à la température de son maximum de densité, à la latitude de 45° et au niveau de la mer. Pratiquement, c'est la millième partie du poids du *kilogramme étalon*, construit en 1799, par la Commission des Poids et Mesures et déposé au Conservatoire des Arts et Métiers, à Paris On a fait à ce choix d'unité le reproche que le centimètre cube d'eau distillée ne conserve pas le même poids en différentes latitudes et à différentes altitudes. L'inconvénient qui en résulte est tout à fait nul tant qu'on se borne à comparer entre eux les poids de différents corps, parce que tous ces poids varient précisément dans le même rapport avec la latitude et l'altitude, de sorte que deux corps de poids égaux, à Paris, conserveront des poids égaux en quelque lieu qu'on les transporte. Mais il devient très réel, au moins au point de vue théorique, dès qu'on veut comparer le poids d'un corps avec d'autres forces, telles que les tensions des ressorts, les pressions des gaz, les attractions électriques, etc. Les mesures de ce genre faites hors de Paris, devraient subir quelques légères corrections relatives à la latitude et à l'altitude. C'est pourquoi, dans le système des unités de l'Association Britannique, adopté par un congrès international, on se sert du centimètre cube d'eau distillée pour définir, non une force, mais une *masse*, et l'unité de force qui a reçu le nom de *dyne* est la force capable d'imprimer à une masse de 1 gramme, c'est-à-dire à un centimètre cube d'eau distillée prise à son maximum de densité, une accélération de $0^m,01$ par seconde de temps. L'accélération de la pesanteur, à 45° et au niveau de la mer, étant de $9^m,80896$, il en résulte que le poids de 1 gramme vaut $980^{dynes},896$. Le *kilodyne*, ou 1,000 dynes, vaut donc un peu plus du gramme, et le *mégadyne*, ou 1,000 kilodines, un peu plus du kilogramme. Ce nouveau système d'unités, peut-être plus parfait en théorie, présente d'assez graves inconvénients en pratique ; il est fort douteux qu'il parvienne jamais à détrôner l'ancien, en dehors des mesures électriques pour lesquelles, du reste, il a été spécialement imaginé.

Composition des forces. D'après le principe de l'*indépendance des effets des forces*, un point matériel soumis à l'action de plusieurs forces prendra pour mouvement définitif la résultante de son mouvement antérieur et des divers mouvements qu'il aurait pris s'il avait été soumis isolément à l'action de chacune des forces.

Le problème qui aurait pour objet la recherche du mouvement d'un point matériel sous l'action de plusieurs forces se ramène ainsi à celui de la composition de plusieurs mouvements simultanés, de sorte que l'étude des mouvements en eux-mêmes, et indépendamment de leurs causes doit précéder l'étude des effets produits par les forces. Cette étude qui a reçu le nom de *cinématique* constitue ainsi le premier chapitre, et non le moins important de la mécanique.

On voit aussi que si plusieurs forces sont appliquées à un même point matériel, on pourra les remplacer par une force unique capable de produire un mouvement identique à la résultante des mouvements que produiraient isolément chacune d'elles. Cette force unique est appelée la *résultante* des forces données qui prennent, par opposition, le nom de *composantes*. Le problème de la composition des forces se ramène évidemment à celui de la composition des mouvements.

Il peut arriver que tous les mouvements simultanés dont il est ici question se détruisent mutuellement de sorte que leur résultante soit le repos. Dans ce cas, la résultante des forces est évidemment nulle, et l'on dit que ces forces se font *équilibre*. La question de l'équilibre des forces est une des plus importantes qui se présentent en méca-

nique, et les problèmes auxquels elle donne lieu constituent la partie de la science appelée *statique* (V. ce mot). Il est évident que deux forces égales et de sens contraire appliquées au même point matériel se font équilibre, puisqu'elles tendent à imprimer à ce point des mouvements égaux et inverses qui se détruisent nécessairement. De là résulte que la résultante de plusieurs forces est égale et directement opposée à une force unique qui ferait équilibre au système de forces données. On voit ainsi que le problème de l'équilibre se rattache intimement à celui de la composition des forces ; aussi ce dernier est-il le problème fondamental de la statique.

Les forces sont caractérisées par les accélérations qu'elles impriment à un même point matériel ; les accélérations sont, comme les vitesses, des lignes droites définies par leur direction et leur grandeur. Il s'ensuit que les forces peuvent être représentées par des lignes droites parallèles et proportionnelles à leur accélération sur un même point. Comme de plus, l'accélération de la résultante est la résultante des accélérations des composantes, il s'ensuit que tous les théorèmes démontrés en cinématique sur la composition des accélérations s'appliquent sans aucun changement à la composition des forces appliquées à un même point matériel. On obtient ainsi les résultats suivants :

1° La résultante de deux forces de même direction appliquées au même point est égale à leur somme algébrique (les forces de sens contraire étant prises avec les signes contraires) ;

2° La résultante de deux forces appliquées au même point dans des directions différentes est représentée en grandeur et direction par la diagonale du parallé-

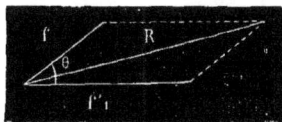

Fig. 157.

logramme construit sur les droites qui représentent les composantes. C'est la règle dite du parallélogramme des forces.

Si f et f' (fig. 157) sont les deux composantes, et θ l'angle de leur direction, la résultante R aura pour valeur :

$$R = \sqrt{f^2 + f'^2 + 2ff' \cos \theta} ;$$

3° La résultante de trois forces appliquées dans des directions quelconques à un même point matériel est représentée par la diagonale du parallélipipède construit sur les trois composantes.(*parallélipipède des forces*) ;

4° La résultante d'un nombre quelconque de forces appliquées à un même point matériel s'obtient en portant à la suite l'une de l'autre avec leurs directions propres, les droites f_1, f_2, f_3, f_4, qui représentent les composantes. On forme ainsi une ligne polygonale, et si l'on joint le point de départ à l'extrémité R du dernier côté on obtient la représentation de la résultante (*polygone des forces*) (fig. 158). De même qu'on peut composer plusieurs forces en une, inversement on peut remplacer une force unique par plusieurs autres dont l'ensemble produirait le même effet. Dans la plupart des cas où se présente le problème de la décomposition des forces, il s'agit de décomposer une force en trois autres dont les directions sont données. Le problème est entièrement déterminé; il revient à chercher un parallélipipède dont on connaît la diagonale et la direction des arêtes. Pour mettre en équation les problèmes de mécanique, on choisit le plus souvent trois axes de coordonnées rectangulaires, et l'on décompose toutes les forces que l'on considère suivant les directions de ces trois axes. Les composantes ne sont alors autre chose que les projections de la résultante sur chacun des axes coordonnées. Si plusieurs forces F_1, F_2, F_3, etc., sont appliquées à un même point M, et qu'on veuille déterminer les projections de leur résultante R, on projettera d'abord chacune d'elles suivant les directions des axes Ox, Oy, Oz. Soient :

$$X_1 Y_1 Z_1$$
$$X_2 Y_2 Z_2$$
$$X_3 Y_3 Z_3, \text{ etc.}$$

ces projections.

Les forces X_1, X_2, X_3, qui ont la même direction admettent une résultante égale à leur somme, il en est de même des deux autres groupes, de sorte que le système proposé se ramène aux trois forces :

$$R_x = X_1 + X_2 + X_3 + \text{etc.}$$
$$R_y = Y_1 + Y_2 + Y_3 + \text{etc.}$$
$$R_z = Z_1 + Z_2 + Z_3 + \text{etc.}$$

qui sont les projections de la résultante R. On arriverait au même résultat par l'application du théorème des projections.

Tout ce que nous venons de dire se rapporte seulement au cas de plusieurs forces appliquées à un même point matériel. Un problème non moins intéressant et d'une application non moins fréquente est celui de la composition des forces appliquées en différents points d'un corps solide. Cette question qui sera traitée avec détails au mot Statique peut être abordée par deux procédés différents. Nous nous bornerons à indiquer ici la marche suivie dans la méthode qui nous paraît préférable. On commence par étudier la composition de deux forces parallèles, et l'on prouve que leur résultante est égale à leur somme algébrique et appliquée en un point qui partage la droite unissant leurs points d'application en deux segments inversement proportionnels aux intensités des composantes. La résultante est entre les deux composantes si celles-ci sont de même sens, en dehors dans le cas contraire. Grâce à ce théorème on peut composer un nombre quelconque de forces parallèles. — V. Centre, § *Centre des forces parallèles*.

Il en résulte aussi que deux forces égales, parallèles et de sens contraires et dont les directions

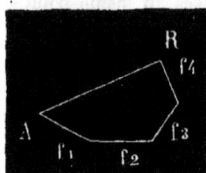

Fig. 158.

ne sont pas sur une même ligne droite ne peuvent admettre de résultante unique. Un pareil système de deux forces, qui ne peut produire d'autre effet que de faire tourner sur lui-même le corps auquel il est appliqué sans imprimer aucun déplacement à son centre de gravité, a reçu le nom de *couple*. La théorie des couples a été complètement établie par Poinsot. Ce célèbre géomètre a déterminé les conditions suivant lesquelles un couple pouvait être remplacé par un autre, et il a fait voir que plusieurs couples appliqués à un même solide se composaient en un seul d'après certaines règles fixes et simples qui reposent sur la considération du produit de la distance des deux composantes d'un couple par leur intensité commune, produit qui a reçu le nom de *moment du couple*. — V. Moment.

Imaginons qu'en un point arbitraire A du corps solide nous appliquions deux forces directement opposées égales et parallèles à l'une de celles qui sont appliquées au corps, puis deux autres égales et parallèles à une deuxième du système, et ainsi de suite pour toutes les forces données. Il est évident que l'introduction de toutes ces forces nouvelles qui se font deux à deux équilibre ne pourra modifier en aucune façon le mouvement du solide. Or, chacune des forces appliquées au point A, en sens inverse d'une des forces du système, forme avec celle-ci un couple, de sorte que le système proposé se trouve remplacé par un nouveau système formé de plusieurs couples et des forces appliquées en A dans le même sens que les forces primitives. Tous les couples se composent en un seul d'après la règle de Poinsot; toutes les forces restant en A, se composent en une seule d'après la règle du polygone des forces, de sorte que finalement : *tout système de forces appliquées en différents points d'un corps solide peut se ramener à un couple et une force unique, qui n'est autre chose que la résultante de toutes les forces du système transportées parallèlement à elles-mêmes en un point du solide arbitrairement choisi.*

La force unique ainsi déterminée est indépendante du point choisi comme centre de réduction; mais le moment du couple en dépend essentiellement. Il peut arriver qu'en choisissant convenablement ce centre de réduction le couple s'anéantisse. Pour qu'il en soit ainsi, il faut et il suffit qu'après avoir réduit les forces à l'aide d'un centre arbitraire, les composantes du couple soient parallèles à la force unique définitive. Dans ce cas, en effet, le système se réduit à trois forces parallèles qui admettent une résultante unique. Ce mode de réduction des forces appliquées à un corps solide se prête admirablement à l'étude de l'équilibre d'un corps solide libre ou gêné par des obstacles. On arrive ainsi très facilement à poser les 6 équations d'équilibre d'un solide libre, parmi lesquelles 3 expriment que la résultante est nulle, c'est-à-dire que le centre de gravité ne subira aucun déplacement, et les 3 autres expriment que le moment du couple est nul, c'est-à-dire que le corps ne tournera pas sur lui-même.

Forces de réaction. On admet comme

principe fondamental que toute force appliquée à un point matériel émane d'un autre point matériel lequel se trouve soumis lui-même à une force égale et contraire à la première. C'est cette deuxième force qu'on appelle la *réaction*, et le principe précédent qui a été formulé pour la première fois par Newton, s'appelle *le principe de l'égalité de l'action et de la réaction*. Quelques exemples nous en feront mieux saisir le sens.

Le soleil attire la terre ; mais la terre attire aussi le soleil, et cette deuxième force est la *réaction* de la terre sur le soleil. L'aimant attire le fer, le fer attire aussi l'aimant, c'est la *réaction* du fer sur l'aimant.

Un corps solide est posé sur une table : son poids est une force qui agit sur la table pour la comprimer et la déformer, les molécules dérangées de leur position d'équilibre tendent à y revenir d'après une force d'élasticité qui sera d'autant plus grande que la déformation sera plus considérable. Aussi la déformation ira en augmentant jusqu'à ce que la force d'élasticité soit devenue égale au poids du corps. Cette force d'élasticité qui fait ainsi équilibre au poids du corps est la *réaction de la table*. Si le poids était trop lourd, la réaction ne pourrait devenir égale à ce poids, et la table serait brisée.

Un corps solide est suspendu à l'extrémité d'un fil, le fil s'allonge sous l'action du poids, les molécules s'écartent et une *réaction* élastique se développe, augmentant avec l'écart des molécules, jusqu'à ce qu'elle devienne égale au poids du corps. Cette réaction d'un fil s'appelle aussi la *tension* du fil. Si le poids est trop lourd, la tension ne pourra parvenir à lui faire équilibre et le fil sera brisé.

Un gaz comprimé dans une enceinte, la vapeur enfermée dans une chaudière exercent sur la surface intérieure du vase une force ou pression qui est équilibrée par la *réaction* des parois ; si celles-ci ne sont pas assez résistantes, la réaction ne peut égaler la pression intérieure, et il se produit une explosion.

Lorsqu'on veut établir une machine, il importe de calculer avec le plus grand soin l'intensité des réactions qui se développeront dans les diverses pièces, afin de donner à celles-ci une résistance suffisante. Il ne faut pas oublier que l'inertie joue un rôle considérable, surtout dans les pièces animées de mouvement rapide, de sorte que les réactions, quand la machine est en marche, sont très différentes de ce qu'elles seraient à l'état de repos. Enfin, si la machine doit supporter des chocs, les réactions seront exagérées dans des proportions considérables.

MESURE PRATIQUE DES FORCES. Les forces qu'on peut avoir à mesurer dans la pratique, telles que les poids des corps, les pressions des gaz, la force du vent ou d'une chute d'eau, les actions électriques ou magnétiques s'exercent généralement sur des corps de forme et de dimensions très variées de sorte qu'il serait très difficile de déterminer directement l'accélération qu'elles imprimeraient à un même point matériel. Aussi, pour mesurer une force, cherche-t-on à la comparer directement avec l'unité de forces en la faisant agir sur un appareil spécialement imaginé dans ce but. La méthode employée repose sur ce que deux forces qui font équilibre à un même système de forces sont égales entre elles puisqu'elles sont toutes deux égales à la résultante du système. Elle consiste à chercher une force d'intensité connue qui puisse faire équilibre, comme la force en expérience à une même force antagoniste. Ce n'est pas autre chose qu'une généralisation de la méthode de pesée imaginée par Borda et dite de la *double pesée*.

La balance est, en effet, un excellent appareil pour la mesure des forces : c'est à la fois le plus simple et le plus précis. La force antagoniste est le poids de la tare que l'on met dans un des plateaux pour équilibrer le poids ou la force à mesurer. La force d'intensité connue est fournie par des poids marqués que l'on substitue ensuite au poids qu'on veut déterminer.

Les autres instruments pour la mesure des forces portent le nom générique de *dynamomètres* (V. ce mot). La plupart du temps la force antagoniste est fournie par la tension d'un ressort ; elle augmente avec la déformation de celui-ci, de sorte que l'égalité entre la force en expérience et la force connue se reconnaît à ce qu'elles produisent toutes deux la même déformation. Le plus souvent, l'instrument porte un appareil indicateur de la déformation, qui a été gradué à l'avance par l'application de poids connus, de sorte que la mesure se fait par une simple lecture ; mais la méthode est au fond la même.

Les pressions des gaz et de la vapeur se mesurent d'une manière spéciale, par comparaison, soit avec la pression d'une colonne de mercure, soit avec la pression atmosphérique.

Dans les expériences délicates de physique, on emploie souvent, comme force antagoniste destinée à équilibrer celles qu'on veut comparer, la réaction produite par la torsion d'un fil de métal. Cette réaction possède, en effet, une propriété précieuse pour la commodité des mesures : elle est proportionnelle à l'angle de torsion, de sorte que, dès qu'on sait quel est l'angle de torsion produit par une seule force connue, il suffit d'une seule lecture pour chaque mesure ultérieure. — V. BALANCE ÉLECTRIQUE, TORSION.

Souvent aussi, on mesure directement l'accélération produite par la force en expérience, en faisant appel aux résultats de la théorie du *pendule*. On peut, en effet, calculer cette accélération quand on a déterminé la période des oscillations d'un pendule sous l'influence de la force qu'on étudie. C'est ainsi que Borda a pu calculer, à la fin du siècle dernier, l'accélération de la pesanteur. C'est par la combinaison des deux méthodes que Cavendish est parvenu, à la même époque, à mettre en évidence et à mesurer l'attraction de deux sphères de métal, d'où il a pu déduire, par comparaison avec la pesanteur, la densité moyenne et la masse du globe terrestre.

Force centripète. Lorsqu'un point matériel décrit une ligne courbe, il est souvent commode, pour étudier son mouvement, de décomposer la force qui le sollicite en deux autres, dont l'une est tangente et l'autre normale à la trajectoire; la première est appelée force *tangentielle*, l'autre force *normale* ou *centripète*. — V. CENTRIPÈTE.

Force d'inertie, force centrifuge. — Si l'on veut obliger un point matériel à suivre un autre mouvement que le mouvement rectiligne et uniforme, il faut le soumettre à l'action d'une force qui modifie à chaque instant sa vitesse et la direction de sa trajectoire; cette force sera par exemple la tension d'un fil, ou la réaction de la surface solide sur laquelle on l'oblige à se mouvoir. On dit alors que le corps en mouvement réagit à son tour sur le fil ou la surface fixe, et cette réaction d'un corps en mouvement s'appelle la *force d'inertie*. Elle est proportionnelle à la masse et à l'accélération du mobile, égale et directement opposée à la force qui agit sur le mobile. C'est la force d'inertie d'un boulet de canon qui brise les obstacles à son mouvement. On peut décomposer la force d'inertie en une force tangentielle et une force normale à la trajectoire. La composante normale s'appelle *force centrifuge*. Elle est égale et directement opposée à la forte centripète. — V. CENTRIFUGE, INERTIE.

Force centrifuge composée. Force fictive introduite dans l'étude des mouvements relatifs. — V. CENTRIFUGE, § *Centrifuge composée*.

TRAVAIL DES FORCES. On appelle *travail d'une force constante* le produit de cette force par la projection du chemin parcouru par le point d'application sur la direction même de la force. Ce travail est considéré comme positif ou négatif, suivant que la projection du déplacement est dans le sens même ou le sens inverse de la force.

Si la force est variable, on appelle *travail élémentaire* de cette force le travail correspondant à un déplacement infiniment petit du mobile, et calculé en supposant la force constante pendant la durée de ce déplacement : c'est un élément infiniment petit. Le travail total correspondant à un déplacement fini du mobile est la somme ou plus exactement l'*intégrale des travaux élémentaires correspondant aux différents éléments du déplacement*.

Le travail des forces joue un rôle considérable dans l'étude de la mécanique. Au point de vue des applications, c'est l'élément utile qu'on cherche à se procurer par l'emploi des machines, la production économique d'une machine étant évidemment proportionnelle d'une part à l'intensité des résistances qu'elle aura vaincues, et d'autre part au chemin qu'elle aura fait parcourir à cette résistance. Si, par exemple, la machine est destinée à élever des poids, son effet utile est proportionnel à la fois à la grandeur du poids soulevé, et à la hauteur à laquelle ce poids aura été élevé. Un article spécial sera consacré au mot TRAVAIL. — V. CHALEUR § *Équivalent mécanique*, DYNAMIQUE, ÉNERGIE.

Force vive. On appelle *force vive* d'un point matériel en mouvement le produit de sa masse par le carré de sa vitesse. La force vive d'un système de corps en mouvement est la somme des forces vives de tous les points matériels qui le composent. Il faut avouer que la dénomination de *force vive* est fort mal choisie, car l'idée qu'elle exprime n'a rien de commun avec celle de *force*. Il est préférable d'appeler cet élément *puissance vive*, ou, mieux encore, *énergie actuelle* (V. ÉNERGIE). La force vive est un élément mécanique des plus importants, grâce au théorème suivant sur lequel nous reviendrons à l'article TRAVAIL.

L'accroissement total de force vive d'un système en mouvement est égal au double de la somme algébrique des travaux de toutes les forces qui agissent sur le système pendant le même temps.

Il en résulte qu'un travail positif augmente la vitesse du mobile, c'est pourquoi on l'appelle *moteur*. Un travail négatif qui la diminue est dit *résistant*.

La force vive mesure ainsi la quantité de travail que peut fournir un corps en mouvement, car, pour anéantir le mouvement, il faut soumettre ce corps à des forces dont le travail négatif, c'est-à-dire *résistant*, est juste égal à la moitié de la force vive perdue.

Une machine industrielle partant toujours du repos pour rentrer dans le repos, l'accroissement total des forces vives est nul. Donc aussi la somme des travaux de toutes les forces est nulle, c'est-à-dire que le travail positif ou *moteur* est précisément égal au travail négatif ou *résistant*. De là résulte l'impossibilité du mouvement perpétuel, et l'inanité des efforts de tous ceux qui ont essayé de construire des machines capables de produire un travail utile, c'est-à-dire résistant, sans force motrice qui puisse fournir le travail positif. — V. CHALEUR, § *Équivalent mécanique*, DYNAMIQUE, ÉNERGIE, MOUVEMENT, TRAVAIL.

Force motrice. Force nominale des machines. On appelle *force motrice* toute force capable d'être utilisée pour les usages industriels. Les forces motrices naturelles sont les chutes d'eau, la force du vent, la force musculaire de l'homme ou des animaux.

Les forces motrices artificielles sont empruntées soit à la pression de la vapeur d'eau (machines à vapeur), soit à la dilatation d'un gaz sous l'action de la chaleur (machines à air chaud, machines à gaz), soit à l'énorme tension des gaz produits subitement dans une action chimique (conflagration de la poudre et des matières explosibles), soit enfin aux actions électriques (machines mues par les courants des piles) (1).

Les machines employées dans l'industrie peuvent se répartir en deux grandes classes. Les unes n'ont pas d'autre objet que de produire du mouvement, ou mieux du travail. Ce sont les *machines motrices*. Les autres, qui reçoivent le mouvement de la machine motrice servent à produire l'effet

---

(1) Quand on emploie les courants des machines dynamo-électriques pour produire des actions mécaniques, la véritable force motrice est celle qui fait mouvoir la machine dynamo-électrique, l'électricité ne servant que d'intermédiaire. Dans tous les cas, toutes les fois qu'on utilise les forces motrices artificielles, on ne fait que transformer en travail une partie de la chaleur produite par une combustion ou une action chimique.

utile qu'on veut obtenir : ce sont les *machines-outils*.

Au point de vue mécanique, la valeur d'une machine motrice dépend de la quantité de travail qu'elle est capable de produire dans un temps donné, puisque c'est ce travail qu'utilisent les machines-outils. On sait que l'unité de travail est le *kilogrammètre*, travail nécessaire pour élever un poids de 1 kilogramme à 1 mètre de hauteur; mais, ici, le temps est un élément essentiel pour la détermination de la puissance d'une machine motrice, car on conçoit qu'à la longue une machine de très faible puissance finirait par produire un nombre indéfini de kilogrammètres. La puissance des machines, ou, suivant l'expression consacrée, leur *force nominale*, se mesure donc d'après le nombre de kilogrammètres qu'elles fournissent en une seconde. L'unité adoptée en France est le *cheval-vapeur* : c'est la puissance d'une machine capable de produire 75 kilogrammètres *par seconde*. Ainsi une machine pouvant élever toutes les secondes 150 kilogrammes à 2 mètres de hauteur, fournira 300 ou 75×4 kilogrammètres par seconde et sera dite d'une *force de 4 chevaux*. — V. CHEVAL-VAPEUR.

Il faut reconnaître que le mot *force* est ici très mal choisi. Il serait à désirer qu'on arrivât peu à peu à faire prévaloir celui de *puissance*, qui donne une idée beaucoup plus nette de la quantité qu'il s'agit de mesurer. Remarquons qu'une machine à feu peut fonctionner avec une puissance bien différente de sa force nominale. On conçoit, en effet, qu'en activant la combustion dans le foyer, on élèvera la pression dans la chaudière et les cylindres et qu'on augmentera par conséquent la force motrice et le travail produit. On peut encore modifier la puissance en changeant la distribution de manière à faire varier la détente. Mais toutes les machines sont construites en vue d'une allure et d'une pression déterminées, de façon que leur rendement économique soit le meilleur possible quand on les fait marcher dans les conditions prévues à l'avance. C'est la puissance de la machine quand elle fonctionne dans ces conditions normales qu'on appelle la *force nominale de la machine*.

La puissance nominale d'une chute d'eau peut aussi s'évaluer en chevaux-vapeur. Mais la machine hydraulique destinée à recueillir le travail pour le transmettre à l'arbre moteur ne le transmettra jamais tout entier, de sorte que la puissance de la machine sera toujours inférieure à celle de la chute d'eau.

Au point de vue économique, la force motrice, ou plus exactement le *travail moteur*, est une véritable marchandise, que peut vendre tout propriétaire d'une machine. Un pareil contrat s'appelle une *location de force motrice*. Le locataire est autorisé à faire mouvoir ses machines-outils en empruntant le mouvement à l'arbre de la machine motrice du propriétaire : il achète ainsi tout le travail consommé par ses outils pendant la durée de la location.

Dans le même ordre d'idées, on a cherché à subdiviser et à transmettre au loin le travail d'un moteur. La solution de ce double problème intéresse au plus haut point l'avenir de l'industrie mécanique. Elle permettrait d'utiliser dans des usines d'un accès facile un grand nombre de forces motrices naturelles qui ne sont pas exploitées à cause des difficultés de communications et de transport, tandis que les petites industries qui ne consomment que fort peu de travail, pourraient se dispenser d'un moteur et le remplacer par une location beaucoup plus avantageuse.

Le problème du transport de la force motrice à distance a été en partie résolu par l'emploi des câbles télodynamiques (V. TRANSMISSION). Il semble qu'une solution bien préférable serait fournie par l'emploi de machines dynamo-électriques, qui transformeraient le travail moteur en énergie électrique au point de départ, et, inversement, les courants électriques en travail au lieu d'arrivée. De nombreuses expériences ont été entreprises à ce sujet par M. Marcel Deprez, et l'on sait le retentissement qu'elles ont eu. Les dernières ont été faites au chemin de fer du Nord, au mois de mars 1883, en présence d'une commission nommée par l'Académie des sciences. Les résultats se sont montrés des plus satisfaisants, et si le problème n'est pas encore résolu d'une façon complète au point de vue industriel, sa solution paraît cependant assez avancée pour qu'on puisse espérer la voir bientôt entrer dans le domaine de la pratique. Serait-il bien téméraire de prévoir qu'à une époque qui n'est peut-être pas très éloignée, de puissants courants électriques parcoureront, dans les villes, un vaste réseau de fils métalliques, apportant dans chaque atelier, dans chaque habitation, la lumière, la chaleur et la force motrice ? — M. F.

*FORCE. *T. de typogr.* Largeur du prisme qui porte l'œil du *caractère d'imprimerie*. — V. cet art.

FORCEPS. *Inst. de chirurg.* On donne le nom de *forceps* à des instruments obstétricaux, variables dans leur construction, dans leur figure, mais invariablement disposés en forme de pinces à deux branches séparables. Le forceps est destiné non seulement à délivrer les femmes en mal d'enfant, mais encore, quand cela se peut, à sauver la vie du fœtus.

— C'est depuis les temps les plus reculés qu'existe l'idée de suppléer ou de remplacer la nature en appliquant des instruments sur la tête de l'enfant encore contenue dans les parties maternelles, mais ce n'est guère que dans le cours du XVIIe siècle que fut imaginé, construit et mis en usage le premier forceps.

Vers 1650, Chamberlen, chirurgien-accoucheur de nationalité anglaise, inventa pour délivrer les femmes en couches un instrument dont il se servit maintes fois en France et non sans succès.

Mais, circonstance peu recommandable en faveur de sa mémoire, il se garda bien de dévoiler son secret, et ses fils du reste, qui lui succédèrent dans la pratique, suivirent précieusement son exemple. Ce n'est qu'en 1730 que les chirurgiens cherchant sans y parvenir, tant était bien gardé le secret, à découvrir le fameux instrument anglais, se décidèrent à en créer un, pour ainsi dire de toutes pièces, si frêles étaient les indications qu'ils avaient pu surprendre.

Le *forceps*, instrument construit entièrement en acier, se compose de deux branches, une mâle et une femelle, et chaque branche est elle-même constituée par trois parties : la cuiller, le mode d'articulation et le manche. La *cuiller* seule est destinée à être introduite dans l'intérieur des parties maternelles pour y saisir la tête du fœtus. Elle est large, aplatie et de ses deux faces, l'interne, concave, s'adapte à la convexité de la tête de l'enfant, l'externe, convexe, se met directement en rapport avec la concavité des parois de l'excavation pelvienne.

Pour que l'instrument soit plus léger, la cuiller présente une ouverture centrale appelée *fenêtre*, qui a en outre l'avantage de permettre aux bosses pariétales de la tête du fœtus de s'incliner dans le vide qu'elle contribue à former. La cuiller, en outre de ces deux courbures, en présente une troisième selon ses bords qui porte le nom de *courbure pelvienne*. La plus grande largeur des cuillers est de 5 centimètres, la largeur de la fenêtre est de 3 centimètres.

Cette partie de l'instrument n'a pas beaucoup varié depuis Levret (1770). Il n'en est pas de même des deux autres qui, du reste, sont de moindre importance.

Le *mode d'articulation* était, au début, dans l'instrument de Levret, représenté par une mortaise centrale et un pivot. La fonction s'effectuait par un axe tournant et une plaque en coulisse, l'axe pivotant au moyen d'une clef. De nombreuses modifications furent apportées, dont voici la principale : dans le forceps français, qui est le plus en usage, la mortaise est creusée, sur le côté de la branche femelle, et l'articulation se fait, non plus en soulevant la branche femelle pour faire pénétrer le pivot dans la mortaise, mais simplement en rapprochant les deux branches jusqu'à ce que le pivot entre dans la mortaise à fraisure où on le fixe en le faisant descendre comme une vis qui entrerait dans un écrou.

Les *manches* en fer sont recourbés à leur extrémité en forme de crochet mousse. L'un d'eux porte à son extrémité une olive creuse qui se dévisse en laissant à nu un crochet aigu. L'autre se démonte au milieu de sa longueur de manière à laisser voir une pointe acérée qui peut servir de perce crâne. Ce crochet à pointe acérée n'est plus guère en usage depuis l'invention du céphalotribe, et aucun accoucheur un peu prudent n'oserait s'en servir aujourd'hui.

Le forceps, en raison de sa longueur, étant un instrument peu portatif, on eut l'idée, pour le rendre moins embarrassant, de faire briser les manches de l'instrument, et Charrière parvint à résoudre ce problème sans que l'instrument en lui-même perdît de ses qualités ; une moitié des branches tourne sur l'autre au moyen d'un tenon et les queues d'aronde qui, avec les petits ressorts, relient finalement le manche à la cuiller, ne laissent rien à désirer au point de vue de la solidité. — Dr A. B.

FORCES. *T. techn.* Grands ciseaux dont les branches sont unies par un demi-cercle d'acier qui fait ressort pour en faciliter le jeu, et dont on se sert pour tondre, couper, tailler. || *Art hérald.*

Meuble qui représente l'instrument qui vient d'être nommé ; il paraît ordinairement en pal et la pointe en haut.

* **FORERIE.** *T. techn.* Atelier où s'exécute le forage des pièces d'artillerie. || Machine à percer à l'usage des serruriers pour pratiquer des trous dans le fer.

FORET. *T. techn.* Outil qui sert à percer les métaux et même la pierre, ou le bois. La partie travaillante du foret est toujours en acier trempé, elle présente la forme d'une pointe plus ou moins obtuse à biseau généralement double ou quelquefois simple. Ces pointes doivent être assez aiguës pour pénétrer facilement dans le métal et assez obtuses pour ne pas se briser. L'angle des arêtes coupantes varie généralement de 70 à 80° et il est plus élevé pour la fonte et l'acier en raison de leur dureté que pour le fer et le bronze. Pour obtenir un angle de coupe suffisamment aigu, on ménage habituellement sur les flancs du foret deux gorges cylindriques tangentes au plan de coupe et dont les génératrices sont parallèles aux arêtes coupantes. Les forets ont généralement au-dessus de la pointe un diamètre supérieur à celui du corps pour faciliter le dégagement des copeaux, toutefois cette disposition présente cet inconvénient que l'outil est moins bien guidé.

Les forets sont commandés à la main à l'aide d'un archet ou d'un vilebrequin, ou ils servent d'outils dans les machines à percer. Les forets conduits à l'aide d'un archet sont animés d'un mouvement de rotation alternatif, ils doivent être à un double biseau, et ils sont munis d'une pointe qui sert à guider l'outil et qui doit être placée bien au centre pour que le trou soit exactement rond. S'il doit au contraire agrandir un trou, le foret est alors guidé par un goujon du calibre du trou placé devant le tranchant, et il prend le nom de *foret à goujon*. Les *forets à vilebrequins* travaillent en tournant d'un mouvement de rotation continu, comme ceux des machines-outils, et ils sont appuyés directement par la pression de l'ouvrier qui les conduit, ou mieux par une vis de pression spéciale qui appuie sur la tête du vilebrequin et sert en même temps à le guider. Ces outils à la main ne peuvent servir qu'à exécuter de petits ouvrages, mais ils sont d'un emploi très utile pour percer les pièces que l'on ne peut pas déplacer ou percer commodément sur une machine à percer.

Les forets de machines-outils sont guidés par des porte outils spéciaux qui doivent les maintenir parfaitement dans l'axe de l'arbre. On rencontre d'ailleurs actuellement quelques types de porte outils ajustables pouvant recevoir des forets de formes et de dimensions variables, et l'emploi est appelé à s'en généraliser (V. Percer [Machines à]). Ces forets sont généralement à double biseau avec gorge d'évidement, mais on applique aujourd'hui très fréquemment le type hélicoïdal connu sous le nom de *foret américain*. Cet outil est formé d'une tige cylindrique en acier terminée par une pointe en biseau et creusée d'une rainure hélicoïdale, disposition qui présente l'avantage d'assurer un angle de coupe bien constant sur toute la longueur de l'hélice. On arrive ainsi sans difficulté à percer des trous profonds parfaitement droits et même alésés ; on est obligé seulement d'affûter le foret avec une meule spéciale. On emploie également des forets sans pointe qui sont tranchants seulement sur leur contour, et qui prennent souvent aussi le nom de *broches*, ils sont formés par des tiges en acier creusées également de rainures latérales, et sont destinés à élargir en les alésant des trous déjà percés par des forets ordinaires.

Ajoutons qu'avec la plupart des métaux on peut faire agir le foret à sec, mais avec le fer ou l'acier il est nécessaire de le lubrifier d'une manière continue ; il est bon également de ne pas trop précipiter le mouvement pour ne pas détremper l'outil. On ne doit pas dépasser, par exemple, une vitesse de marche de 35 à 40 tours par minute pour des trous d'un diamètre de 25 millimètres et au-dessous, et il convient de la diminuer quand le diamètre augmente.

FORGE, FORGEAGE. On appelle forge : 1° l'établissement où se fabrique le fer. C'est dans cette acception que l'on dit : *forge à la catalane, forge comtoise ou à l'allemande, forge à l'anglaise.*

Caractérisons chacun de ces genres de forges. La *forge à la catalane* est le premier progrès réalisé sur les méthodes simples qu'employaient les peuples de l'antiquité dès l'*âge de fer*, et que nous retrouvons encore chez les peuplades sauvages. Le minerai de fer est converti, dans une seule opération, en une matière soudable et malléable, par l'action du charbon de bois. Cette réduction se fait dans de *bas-foyers*, creusés dans le sol et activés par la soufflerie hydraulique d'une *trompe.*

La *forge comtoise* obtient la réduction complète du minerai par le traitement au haut fourneau, tandis que dans la forge catalane, la gangue entraîne à l'état de silicate une grande partie de l'oxyde de fer. On peut donc obtenir du fer avec tous les minerais, riches ou pauvres, par la méthode comtoise, tandis que la méthode catalane ne pouvait traiter avantageusement que les minerais excessivement riches. La *fonte* ou *fer combiné au carbone* est coulée, en sortant du haut-fourneau, en longs parallélipipèdes ou *gueuses* que l'on décarbure ensuite au *bas-foyer* ou *feu d'affinerie*. Cet affinage ou décarburation se fait, comme dans la méthode catalane, en présence du charbon de bois et par l'action oxydante d'une soufflerie également hydraulique, mais moins primitive que la trompe.

La *forge à l'anglaise* permet de traiter tous les minerais par le combustible minéral, généralement moins cher et plus abondant que le combustible végétal. C'est donc une conquête importante de l'homme, puisqu'il peut ainsi multiplier ses moyens de production du métal qui lui est le plus utile. La forge à l'anglaise comporte le *haut-fourneau*, la *finerie* et le *puddlage*. Dans le *haut-fourneau*, le minerai est transformé en fonte par le *coke*, produit de la carbonisation de la houille. Dans la *finerie* ou *mazerie*, la fonte subit un commencement d'affinage au contact du coke et est transformée en *fine-métal* ou *fonte mazée*, qui se distingue surtout de la fonte ordinaire en ce que la majeure partie du silicium de celle-ci a disparu ; ce qui facilite l'opération finale ou *puddlage*. La décarburation du fine-métal ou fonte mazée se fait sur la sole d'un four à réverbère, chauffé par la combustion de la houille, mais sans contact avec celle-ci. La houille est brûlée sur une grille et ce sont les flammes qui en résultent qui viennent chauffer la fonte étendue sur la sole, par réverbération contre la voûte du four. On n'a donc plus besoin d'un combustible aussi pur que le charbon de bois, et les houilles impures, sulfureuses ou chargées de cendres, peuvent être utilisées. C'est donc une grande extension des moyens de production du fer. Celui-ci, obtenu sous forme de *loupes* ou d'éponges imprégnées de scories est séparé de celles-ci par le *cinglage*. Tandis que dans la forge catalane ou la forge comtoise, l'éponge de fer était transformée directement en barres par étirage sous le marteau ou *martinet* mû par la force hydraulique d'un cours d'eau, dans la forge à l'anglaise, le cinglage ou expulsion des scories se fait par compression sous une presse ou *squeezer* et mieux encore sous un *marteau-pilon* mû par la vapeur. Le fer, séparé de la majeure partie des scories qui empêchait la soudure des particules métalliques, a la forme de prismes irréguliers appelés *blooms*, que l'on transforme en barres plates ou en billettes carrées par l'ébauchage et le finissage entre des cylindres cannelés.

Le côté défectueux des forges à l'anglaise est le puddlage. Dans cette opération, l'homme armé d'un lourd crochet en fer brasse la fonte à demi fondue, jusqu'à ce que le renouvellement des surfaces au contact oxydant de la flamme et de l'oxyde de fer qui forme la sole du four à puddler ait amené la décarburation complète. Le puddlage est une opération d'autant plus pénible que l'homme est obligé de développer une force physique assez grande, en restant exposé à la chaleur énervante qui rayonne du four et le frappe directement par l'orifice pratiqué à la porte et par lequel il passe son crochet ou *ringard*. Ce travail du puddleur a été encore aggravé par la suppression presque générale du mazéage. On ne puddle plus guère que des fontes non finées, ce qui prolonge l'affinage, mais permet d'opérer plus économiquement.

L'introduction du puddlage mécanique n'a guère donné de résultats satisfaisants, il faut donc se féliciter, avec les vrais amis de l'humanité, de l'importance de plus en plus grande que prend la fabrication de l'acier doux, et de l'extension des applications de ce nouveau métal partout où on employait le fer.

2° On donne aussi le nom de *forge* à l'opération par laquelle on communique au fer la forme que réclament les besoins de l'industrie.

Le *forgeage*, fondé sur la malléabilité du fer chauffé au-dessus de la chaleur rouge, se fait presque exclusivement au *marteau*, c'est-à-dire par choc d'un bloc métallique sur l'objet placé sur une *enclume*.

Quand il s'agit de pièces de petite dimension, le forgeage se fait à la main au moyen de marteaux mus à bras d'homme. C'est ainsi que se fait la petite et la grosse serrurerie, en ce qui concerne la forme à donner aux pièces avant le finissage et l'ajustage.

Le *feu de forge*, qui sert de base à ce travail, est un foyer soufflé.

La *petite forge* se compose d'une aire en briques surmontée d'une hotte en tôle H pour l'évacuation des produits de la combustion. Comme le montre la figure 159, à l'extrémité de cette aire, du côté où s'élève la hotte H, en O se trouve une *buse* ou

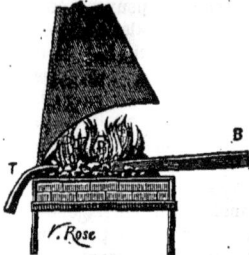

Fig. 159.

tuyère T par laquelle pénètre le vent. Ce vent est donné, soit par un soufflet à contrepoids, comme dans les forges des maréchaux, soit au moyen d'un ventilateur, quand plusieurs feux sont réunis dans le même atelier. Généralement, de O à P, on maintient un conduit, en tassant de la houille menue et mouillée sur un mandrin que l'on retire ensuite. On empêche ainsi la concentration du foyer trop près de la tuyère, le conduit ainsi formé se carbonisant quand on allume du feu à son extrémité et permettant à un moment donné d'avoir un plus grand volume de foyer. La partie O P est alors recouverte de charbon mouillé pendant le travail, et c'est alors en P que se place l'objet à chauffer PB que l'on recouvre de charbon humide. Le combustible étant en contact direct avec la pièce de fer que l'on chauffe, il faut éviter qu'il renferme du soufre, autrement celui-ci pourrait influencer la qualité du fer.

Lorsqu'on a de grosses pièces à manier, on emploie un feu de forge ayant une forme circulaire, plus commode pour l'accès de tous les côtés et qui généralement n'a pas de hotte. Il faut alors un atelier plus aéré, avec une lanterne ouverte à la partie supérieure du toit pour faciliter l'écoulement des produits de la combustion, qui autrement incommoderaient les ouvriers.

Généralement à côté de chaque feu de forge se trouve une ou plusieurs grues servant à faciliter le maniement des pièces.

Pour le chauffage des petits objets, comme les rivets, les chevillettes, et qui a lieu généralement en plein air, on se sert de *forges portatives*. Ce sont des caisses cylindriques ou prismatiques en tôle. Dans la partie inférieure est le soufflet, mû par un levier à mouvement alternatif ou par un petit volant que l'on manœuvre d'une main. Dans la partie supérieure est la plate-forme de chauffe et la buse qui amène le vent.

La *grosse forge*, qui agit sur des blocs quelquefois considérables, a un matériel tout diffé-

rent. Le chauffage se fait dans des fours à réverbère, souvent de dimensions très grandes. Les blocs sont transportés par des grues puissantes sous un *marteau-pilon*, généralement disposé de manière à laisser libre l'accès tout autour de la pièce.

L'introduction, dans la grosse forge, du marteau à vapeur ou *marteau-pilon* (V. MARTEAU-PILON) a été un grand progrès. Il a seul permis d'aborder le forgeage de pièces que les bras humains, quelque multipliés qu'ils fussent, n'auraient pu réussir. On peut encore remuer des blocs énormes et transporter des colosses comme on en voit en Égypte, avec des engins simples actionnés par un grand nombre d'hommes, mais comment modeler des masses incandescentes de 50 tonnes et plus, autrement que par des moyens mécaniques.

Les progrès croissants de l'emploi de l'acier sont destinés à jeter une grande perturbation dans le forgeage. Autrefois, les plus grosses pièces en fer se faisaient par le soudage successif de mises de fer puddlé; on pouvait donc avec une puissance de choc très limitée obtenir des pièces d'un poids considérable, puisqu'on accroissait petit à petit le volume et le poids des pièces. L'acier se trouvant en blocs ou lingots d'un seul morceau, il faut nécessairement des marteaux beaucoup plus puissants pour étirer et façonner de semblables masses. Aussi le forgeage au pilon s'obtient actuellement avec des poids de marteaux de plus en plus lourds.

Les aciéries de Krupp, à Essen, ont débuté par un marteau-pilon de 50 tonnes. Actuellement on a dépassé ce poids qui semblait tout d'abord la limite du possible et on atteint couramment 80 tonnes, notamment au Creusot et aux aciéries de Saint-Chamond (ancien établissement Petin-Gaudet).

Dans quelques usines on emploie un mode de forgeage qui n'est compatible qu'avec l'emploi de l'acier, c'est le *forgeage à la presse hydraulique*. Imaginé par Haswell, le directeur des ateliers de constructions des chemins de fer autrichiens à Vienne, ce mode de façonnement du métal se fait sans choc et par compression lente. On l'applique surtout au matriçage de pièces d'un profil compliqué; il faut alors que les *étampes*, entre lesquelles se trouve comprimé le métal, reproduisent avec une *dépouille* convenable la forme désirée. La difficulté qu'il faut vaincre, c'est de ne pas faire éclater les *matrices* servant à l'*étampage*. Ce mode de forgeage n'est pas très répandu, mais il semble appelé à un certain avenir. — F. G.

FORGES ET ACIÉRIES DE FIRMINY. — V. FIRMINY.

FORGES ET ACIÉRIES DE LA MARINE ET DES CHEMINS DE FER. L'importance qu'occupe cet établissement dans l'industrie métallurgique s'explique par sa grande production et la valeur de ses produits. Nous ne pouvons mieux faire apprécier la place considérable que cette société tient parmi nos grandes usines, qu'en donnant un aperçu sommaire de sa production annuelle :

— 18,000 tonnes de rails d'acier; environ 5,000 tonnes

de bandages en fer, acier fondu ou puddlé ; 2,000 tonnes de roues et 2,000 tonnes d'essieux en fer ou acier ; 1,500 tonnes de ressorts et environ 7,000 tonnes de tôles ou cornières ; 8 à 9,000 tonnes de blindages, d'aciers pour outils, de canons et de frettes.

Cette Société possède cinq usines principales et une mine de fer oxydulé en Sardaigne. Les usines sont à Toga (Corse), Givors (Rhône), Rive-de-Gier, Assailly et Saint-Chamond (Loire). Rive-de-Gier, qui depuis longtemps fabrique des pièces de forge au marteau-pilon, s'est depuis quarante ans extraordinairement développé ; aujourd'hui on y compte 18 marteaux-pilons de 2,000 à 28,000 kilogrammes. Assailly a la spécialité de la fusion des aciers dans les creusets chauffés au gaz (appareils Bessemer et fours Martin-Pernot). Saint-Chamond fabrique les bandages sans soudure, et a eu le mérite de faire connaître ce procédé que l'on pratique de toutes parts maintenant. Givors, sous l'habile impulsion de son directeur, M. Magnin, a reçu de grandes améliorations qui ont permis de produire davantage avec de notables économies de combustible.

Grâce à la perfection de son outillage, à la science et aux soins de ses ingénieurs et directeurs d'usines, cette Société a toujours été en mesure de répondre aux exigences des administrations de la Guerre et de la Marine et de satisfaire ce besoin de progrès incessant qui caractérise la grande industrie des chemins de fer.

On compte dans ces divers établissements environ 6,000 ouvriers et une force de 6,500 chevaux-vapeur fournis par 60 machines.

* **FORGES DE CHÂTILLON ET COMMENTRY.** — V. Commentry.

* **FORGES DE COMMENTRY-FOURCHAMBAULT.** — V. Commentry-Fourchambault.

* **FORGES ET FONDERIES DE TERRE-NOIRE.** — V. Terre-Noire.

FORGERON. Ouvrier qui travaille le fer à chaud. C'est l'un des métiers qui exige le plus de force et d'intelligence de la part de l'ouvrier. En effet, lorsqu'il s'agit de manier sur une enclume, à l'extrémité de lourdes tenailles, ou au bout d'un ringard, un lopin de fer ou d'acier, il faut avoir une poigne solide ; pour donner à ce lopin la forme déterminée par un gabarit ou par un dessin coté, il faut apprécier à l'œil la quantité de métal nécessaire, prévoir l'épaisseur convenable pour que la pièce ne garde pas de traces de feu si elle doit être polie, lui laisser un excès de dimensions à chaud afin que, à froid, elle possède juste les cotes du dessin ou la forme du gabarit, toutes choses qui ne s'acquièrent que par une pratique intelligente. Dans les forges où le marteau-pilon n'a pas encore pénétré, les *frappeurs*, *masseurs* ou *daubeurs* sont les aides du forgeron qui commande brièvement, pendant que la lourde masse des daubeurs tombe en cadence sur la pièce à étendre ou à souder. Dans ce dernier cas, les coups sont moins rudes, mais plus rapides, les masseurs vont en *rabattant* ; les bluettes brûlantes voltigent de toutes parts, le forgeron et ses aides ne s'en préoccupent guère, la sueur qui découle de toutes parts amortit l'ardeur de l'étincelle sur le buste et le tablier de cuir protège le bas du corps.

La description des diverses opérations du forgeron nous conduirait trop loin, contentons-nous de dire que l'on distingue trois espèces de soudures : celle à *chaude portée*, celle *bout à bout* et la soudure à *gueule de loup*. Les principaux outils de forge sont : les tenailles, dont la forme des mors caractérise le nom ; les marteaux et les masses ; les tranches ; les dégorgeoirs ; les chasses ; les poinçons et les matrices, etc.

FORMAT. Dimension de la feuille imprimée d'un livre en hauteur et largeur ; le format prend son nom du nombre de feuillets que présente chaque feuille imprimée et pliée, c'est-à-dire de la moitié du nombre de pages qu'elle renferme. Ainsi, l'in-plano a 2 pages ; l'in-folio, 4 ; l'in-4, 8 ; l'in-8, 16 ; l'in-12, 24 ; l'in-16, 32 ; l'in-18, 36 ; l'in-24, 48 ; l'in-32, 64 ; l'in-48, 96 ; l'in-64, 128 ; l'in-72, 144 ; l'in-96, 192. C'est par le format que sont déterminées les conditions typographiques d'un livre.

FORME. *T. de constr.* Couche de sable sur laquelle on établit un pavage. || Lit de poussier que l'on étend sur un plancher pour poser le carrelage. || *T. de typogr.* Châssis de fer qui contient fortement maintenues les pages de caractères de la moitié de la feuille à imposer, et disposées pour l'impression ; le nombre de pages varie selon le format, il est de huit dans l'in-octavo, de douze dans l'in-douze, etc. || *T. de pap.* Châssis de bois garni d'un tissu métallique qui sert à la fabrication du papier. || *T. de sucr.* Vase conique percé d'un trou à son sommet et qui sert à l'égouttage du sucre en pâte. || *T. techn.* Modèle plein qui sert à donner à certains objets la configuration qu'ils doivent avoir, comme les chaussettes, les chapeaux, etc. || Vase percé de trous pour l'égouttage du fromage.

FORME DE RADOUB. On appelle de ce nom un bassin dans lequel on exécute à sec les opérations de radoub, c'est-à-dire les réparations aux corps des navires. La forme communique avec l'avant-port ou le bassin à flot par un pertuis qui se ferme au moyen de portes, comme les écluses, ou plus souvent au moyen d'un bateau-porte. Lorsque l'on veut y introduire un navire, le pertuis est ouvert et la forme remplie d'eau ; lorsque le navire est entré, on ferme le pertuis et on épuise l'eau de la forme avec des pompes actionnées par une machine à vapeur ; on a soin, à mesure que l'eau diminue, de soutenir le navire latéralement au moyen de pièces de charpente inclinées, appelées *accores* ou *épontilles*. Dans les ports à marée, on peut faire entrer les navires au moment de la haute mer ; la plus grande partie de l'eau de la forme s'écoule naturellement à mesure que la mer descend et les pompes n'ont à enlever que la tranche qui se trouve au-dessous du niveau des basses mers. Quand les réparations sont terminées, on fait rentrer l'eau dans la forme par des aqueducs ménagés dans la maçonnerie des bajoyers et fermés au moyen de vannes. Le navire est remis à flot et sort, aussitôt que l'élévation du niveau de l'eau permet d'ouvrir le pertuis.

Avec les dimensions actuelles des navires, les formes de radoub sont des ouvrages de maçonnerie très importants et très coûteux, mais indispensables à l'outillage d'un port ; leur profil est constitué par des espèces de redans ou d'escaliers à grandes marches, qui rappellent la courbure de la coque des navires et qui servent de points d'appui pour les épontilles. Le radier est garni, suivant l'axe, de *tins* ou pièces de bois transversales, régulièrement espacées, sur lesquelles repose la quille du navire. Des rigoles rassemblent les eaux d'infiltration et les eaux pluviales dans un puisard d'où la machine les extrait pour maintenir la forme complètement à sec. Des escaliers sont ménagés dans la maçonnerie, pour la circulation des ouvriers, et des couloirs inclinés, pour le passage des pièces de bois et des matériaux nécessaires aux réparations; des grues sont installées sur les bords pour la manœuvre des pièces lourdes, et des halles, construites auprès de la forme, servent

d'ateliers. Enfin, l'ensemble de ces établissements est généralement clos par une grille.

Les figures 160 à 163 représentent le plan, les coupes transversales et une partie de la coupe en long de l'une des trois formes construites sur la rive sud-ouest du bassin de la Citadelle, au Hâvre; sa longueur, sur tins d'échouage, est de 70 mètres; le pertuis d'entrée a 16 mètres de largeur au couronnement et 8 mètres de creux au-dessus du seuil; les aqueducs de vidange ont été mis en communication avec l'avant-port, de telle façon que la forme assèche complètement en vives eaux et que les pompes n'ont à enlever, en morte eau, qu'une tranche d'eau de $2^m,90$. L'épuisement est fait par une pompe débitant 12 mètres cubes à la minute et actionnée par une machine à vapeur. Il est inté-

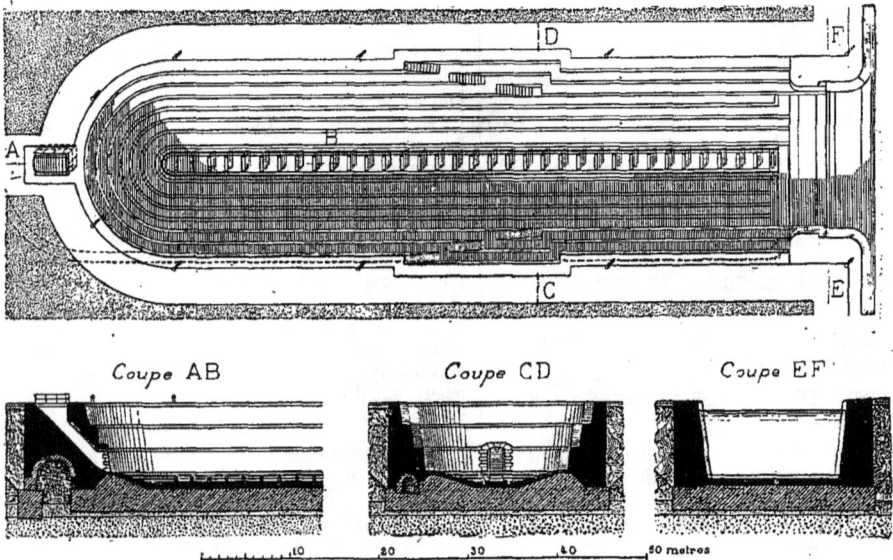

Fig. 160 à 163. — *Forme de radoub du Hâvre.*

ressant de rappeler que c'est pour l'épuisement de la forme de Paimbœuf qu'a été faite l'une des rares applications de la force due au jeu des marées; la pompe de cette forme est mise en mouvement par une turbine Fontaine, alimentée avec l'eau emmagasinée pendant la haute mer dans un réservoir de 700 mètres carrés. (V. le Mémoire de M. l'Ingénieur Léchalas, *Annales des Ponts et Chaussées*, 1865, t. I).

La construction des formes de radoub rentre dans la même catégorie de travaux que celle des *écluses* (V. ce mot), mais elle présente plus de difficultés à raison de la nécessité d'une étanchéité absolue et des variations de pressions auxquelles les ouvrages sont exposés. La plus grande de ces difficultés se rencontre dans l'établissement des fondations; c'est ainsi que l'on a été obligé de construire les anciennes formes de Toulon dans un caisson en charpente, de 98 mètres sur 30, foncé à 10 mètres de profondeur; malgré les précautions les plus minutieuses, le bassin était loin

d'être étanche, et pendant bien longtemps, il fallait avoir 180 hommes aux pompes d'épuisement, pour maintenir la forme à sec. Ce n'est que vingt cinq ans plus tard que l'emploi des bétonnages sous l'eau permit d'obtenir une étanchéité suffisante. Ces formes, qui datent de 1774, sont encore en service.

Les perfectionnements de la construction métallique et l'emploi de l'air comprimé ont permis d'appliquer ce procédé aux fondations des formes de radoub de la darse de Missiessy, dans ce même port de Toulon, mais sur une échelle bien plus considérable et avec un succès complet. On a construit chacune de ces formes dans un caisson en fer de 144 mètres sur 41 et de 19 mètres de hauteur, que dix-huit chambres à air comprimé, ménagées sous le plancher, ont permis de foncer à plus de 10 mètres et d'asseoir régulièrement sur le fond de la darse. La construction de ces deux formes a coûté environ 7,500,000 francs.

Dans le port militaire de Brest on a profité de

la configuration du terrain pour construire une forme double, accessible par ses deux extrémités, elle peut servir tantôt dans toute sa longueur, tantôt partagée en deux parties par un bateau-porte placé au milieu ; chacune des parties fonctionne alors comme une forme distincte. Une forme double du même genre existe dans les établissements de radoub du port de Marseille.

Les portes de flot sont surtout employées en Angleterre pour la fermeture des formes de radoub ; on préfère en France les bateaux-portes ; on nomme ainsi de grandes caisses dont la forme rappelle celle d'un bateau et que l'on peut à volonté faire flotter pour les déplacer ; on les échoue en travers du pertuis pour le fermer. Elles sont, dans ce but, divisées en compartiments étanches que l'on remplit d'eau pour faire descendre le bateau-porte, dont la quille et les saillies latérales, étrave et étambot, se logent dans des rainures ménagées dans le radier et les bajoyers du per-

tuis ; ceux-ci sont inclinés de façon que le dégagement n'exige pas une trop grande émersion. Pour assurer l'étanchéité, les parties qui portent contre les rainures sont garnies de pièces de bois recouvertes de feuilles de caoutchouc. Ce genre de fermeture est plus solide et occupe moins de place que les portes d'écluse ; il peut, en outre, supporter la pression dans un sens comme dans l'autre ; mais la manœuvre est trop lente et exige trop de précautions pour en permettre l'emploi à la fermeture des écluses de navigation, tandis qu'il convient parfaitement pour les formes de radoub. Les anciens bateaux-portes étaient construits en bois ; on emploie aujourd'hui la tôle et le fer et on leur donne la forme indiquée par les figures 164 et 165, qui représentent, en demi-élévation, en demi-coupe longitudinale et en coupe transversale, le bateau-porte de la forme du Hâvre ; les membrures, formées de cornières, sont assemblées sur la quille et reliées par de fortes varan-

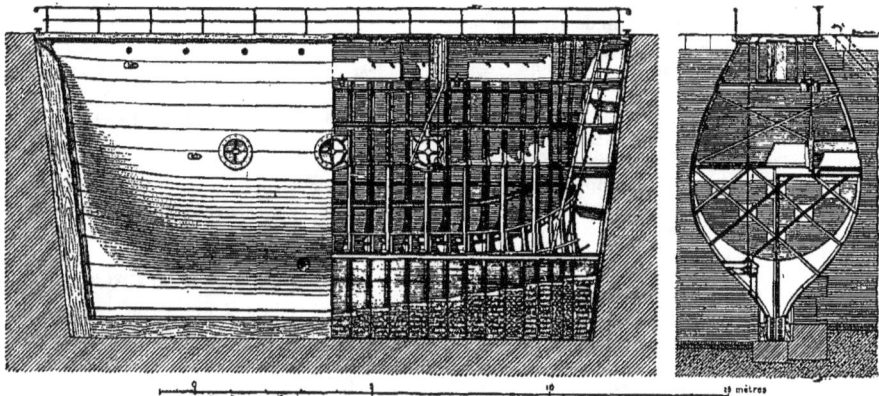

Fig. 164 et 165. — Bateau-porte des formes de radoub du Hâvre.

gues, une carlingue, des ceintures longitudinales, un pont étanche, une passerelle supérieure et des croix de Saint-André. Le bordé est établi avec des feuilles de tôle rivées à clin. Le pont étanche partage le bateau en deux capacités distinctes : la capacité inférieure, formant flotteur, contient le lest et doit être constamment à sec ; ce lest est d'ailleurs réglé de telle sorte que le bateau, abandonné à lui-même, flotte au niveau du pont étanche. La capacité supérieure peut, à volonté, être tenue à sec ou mise en communication avec l'eau du bassin à flot, au moyen de trois vannes qui s'ouvrent, de chaque côté de la coque, au niveau du pont étanche. Dans le même compartiment et sous la passerelle, se trouve une caisse dont le fond est au-dessus des plus hautes marées et qui reçoit l'eau nécessaire pour faire échouer le bateau. Pour obtenir ce résultat, on ouvre les vannes et on remplit la caisse à eau supérieure, soit avec une pompe, soit avec de l'eau empruntée aux conduites de la ville ; sous le poids de cette surcharge, le bateau descend ; l'eau du bassin pénètre par les vannes dans le compartiment supérieur, au-dessus du pont étanche et le bateau ne tarde

pas à s'échouer. Pour le faire flotter, on écoule l'eau de la caisse supérieure dans le compartiment inférieur resté en communication avec le bassin.

Le prix élevé des formes de radoub en maçonnerie et les difficultés que l'on rencontre presque toujours pour leur établissement ont conduit à l'emploi de formes flottantes ; ce sont des espèces de pontons formés de caissons étanches juxtaposés, fermés sur les côtés et sur l'un des bouts, et munis à l'autre bout d'une paire de portes d'écluse ou d'une porte à rabattement. Lorsque tous les caissons sont pleins d'eau, l'appareil est échoué sur le fond du bassin ; on y fait entrer le navire à réparer et on pompe l'eau des pontons qui remontent peu à peu et soulèvent le bateau ; on ferme les portes aussitôt que leur crête arrive à fleur-d'eau et on achève de mettre la forme à sec. On a longtemps construit des formes flottantes en bois qui suffisaient pour les bâtiments de petit et de moyen tonnage ; mais elles ne pouvaient offrir assez de rigidité pour les navires modernes et leur longueur constante en limitait l'emploi ; on les a remplacées par des appareils imaginés en Amérique sous le nom de *Sectional-Docks* ou *Balance-Docks*. — V. Docks, § *Docks flottants*.

M. Clarke a construit, vers 1860, aux docks Victoria, à Londres, un autre genre d'appareil qui soulève directement le navire et son ponton au moyen de presses hydrauliques ; le ponton se vide à mesure qu'il émerge, ce qui supprime l'épuisement. Les presses hydrauliques, au nombre de 32, sont rangées verticalement sur deux files suffisamment espacées pour recevoir les navires du plus fort tonnage et les pistons sont reliés, deux à deux, par des poutres jumelles fer qui peuvent descendre à 8^m,50 de profondeur et sur lesquelles on échoue le ponton. L'eau est comprimée par quatre pompes mises en mouvement par une machine à vapeur de 50 chevaux. La manœuvre est simple et rapide ; un navire de 6 mètres de tirant d'eau peut être, en quarante minutes, installé à sec sur un ponton tirant environ 1^m,25, qu'il ne reste plus qu'à conduire dans un bassin spécial construit près de l'appareil ; mais ce transport est quelquefois dangereux par les grands vents et, en définitive, l'appareil n'a pas été reproduit. M. Couche en a donné la description dans les *Annales des Mines* de 1861. — J. B.

*FORMÈNE. *T. de chim.* C^{2}H^4=C H^4. Syn. : *hydrogène protocarboné*, *gaz des marais*, *méthane*, *hydrure de méthyle*. L'un des principaux carbures d'hydrogène gazeux, et le premier terme de la série des hydrocarbures saturés C^{n}H^{2n+2}, dits *paraffines*, à cause de leur résistance à l'action des réactifs.

État naturel. Ce corps se produit dans un très grand nombre de circonstances, surtout en présence des matières organiques. Lorsque cette décomposition a lieu au sein de l'eau, on le voit se dégager en bulles, qui crèvent à la surface, ce qui lui a valu le nom de *gaz des marais ;* lorsque le liquide est peu abondant, il soulève la masse pour se répandre au dehors ; c'est ce qu'en Italie on a nommé les *volcans de boue*. Si lors de son arrivée à la surface d'un liquide, il rencontre un corps en combustion, il peut alors s'enflammer, et produire le phénomène que l'on désigne sous le nom de *rivières de feu*, ou encore de *fontaines ardentes*, surtout lorsqu'il existe dans le voisinage des sources de pétrole. Dans le Dauphiné, en quelques points de la mer Caspienne, en Chine, en Pensylvanie, on peut voir des phénomènes naturels de ce genre. Le formène se produit parfois en très grande quantité dans le sein de la terre, et s'accumule dans certaines houillères ; c'est lui qui constitue le *grisou*, dont on connaît les effets explosifs désastreux, lorsqu'il détone par son mélange avec l'air, et son inflammation, au contact d'un corps en ignition. Notons encore, que dans l'organisme animal, le formène se produit pendant certaines fonctions, comme la digestion ; il fait partie, avec l'hydrogène et l'azote, des gaz intestinaux.

Propriétés. C'est un gaz incolore, insipide, presque inodore, très léger, puisque sa densité est de 0,56 ; il est liquéfiable, sous l'influence du froid (Cailletet), incomburant, mais il brûle avec une flamme jaunâtre, en absorbant l'oxygène de l'air :

$$C^2H^4+O^8=C^2O^4+2(H^2O^2).$$

il est peu soluble dans l'eau.(1/25e), bien plus dans l'alcool (1/2). C'est le moins carburé des carbures hydriques. Il n'est absorbé à froid, ni par le brome, ni par l'acide sulfurique, les hydracides, le permanganate de potasse, les métaux alcalins, les solutions métalliques, ce qui permet facilement de le distinguer des gaz analogues.

L'hydrogène est sans action sur lui, l'oxygène n'a d'action qu'au rouge, mais alors il le détruit ; ce gaz s'y combine cependant, par voie indirecte. Quelques corps, comme le chlore, le brome, exercent sur le formène une action remarquable, soit directement, soit en se substituant à l'hydrogène, partiellement ou en totalité. Ainsi, le chlore décompose au rouge le formène :

$$C^2H^4+Cl^4=4(HCl)+C^2$$

mais, sous l'influence de la lumière solaire, il s'unit à un équivalent de carbure, pour faire le *formène monochloré* ou *éther méthylchlorhydrique* :

$$C^2H^4+Cl^2=HCl+C^2H^3Cl.$$

Cet éther, traité par la potasse, se dédouble, en engendrant de l'alcool méthylique, et du chlorure de potassium :

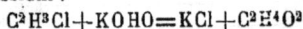

$$C^2H^3Cl+KOHO=KCl+\underset{\text{Alcool méthylique}}{C^2H^4O^2}$$

l'éther méthylchlorhydrique en présence du chlore se décompose, en laissant substituer un équivalent du chlore, à un équivalent d'hydrogène. Il se produit du *formène bichloré* :

$$C^2H^3Cl+Cl^2=HCl+C^2H^2Cl^2$$

sur lequel l'action du chlore permet encore une substitution analogue, avec formation de *chloroforme*, ou *formène trichloré* :

$$C^2H^2Cl^2+Cl^2=\underset{\text{Chloroforme}}{C^2HCl^3}+HCl.$$

Si l'on vient enfin à fixer un nouvel élément de chlore, on enlève tout à fait l'hydrogène, et l'on obtient du perchlorure de carbone, ou *formène quadrichloré*,

$$C^2HCl^3+Cl^2=\underset{\substack{\text{Perchlorure} \\ \text{de carbone}}}{C^2Cl^4}+HCl ;$$

lequel, en présence des alcalis, engendre de l'acide carbonique et fait des carbonates :

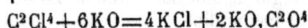

$$C^2Cl^4+6KO=4KCl+2KO,C^2O^4$$

Le formène n'est pas attaqué par les acides, mais il peut s'unir à eux, par voie indirecte, avec élimination d'eau.

PRÉPARATION. Il existe divers moyens d'obtenir le formène, en dehors du procédé naturel qui permet de recueillir dans un flacon plein d'eau, le gaz des marais que l'on capte à l'aide d'un entonnoir renversé et en agitant la vase ; dans presque tous les procédés, on emploie un corps qui contient autant de carbone que le formène doit en posséder.

1° Si l'on fait passer sur du cuivre chauffé au rouge un mélange de vapeurs de sulfure de carbone et d'acide sulfhydrique, on recueille du formène pur ;

$$C^2S^4 + 4HS + 8Cu^2 = C^2H^4 + 8(Cu^2S)$$ (Synthèse par M. Berthelot);

2° En traitant le formène quadrichloré par l'hydrogène, en excès, on décompose le premier, en lui enlevant le chlore :

$$C^2Cl^4 + H^8 = C^2H^4 + 4(HCl)$$

3° En désoxydant l'oxyde de carbone. Si l'on fixe les éléments de l'eau sur de l'oxyde de carbone, on forme (mais cela en présence seulement d'un alcali), de l'acide formique (1), ou mieux du formiate de baryte (2), de potasse, de soude, etc., comme le montrent les équations suivantes :

$$(1) \quad C^2O^2 + H^2O^2 = C^2H^2O^4$$
$$(2) \quad C^2O^2 + H^2O^2 + BaO = C^2H^2O^4, BaO$$

ce qui revient à la formule

$$C^2O^2 + BaO, HO = C^2HBaO^4$$

car il n'y a que un demi-équivalent d'eau de combiné, et si l'on soumet à l'action de la chaleur le formiate, celui-ci se décompose, son oxygène forme de l'acide carbonique, et l'hydrogène s'unit au charbon restant pour faire du formène ;

$$4(C^2HBaO^4) = C^2H^4 + C^2O^4 + 2(C^2O^4, 2BaO).$$

4° Le procédé le plus habituellement employé pour préparer ce gaz, est la décomposition de l'acétate de potasse anhydre, en chauffant fortement ce sel, avec deux fois son poids de chaux sodée. On lave le gaz dans l'eau, puis dans l'acide sulfurique concentré, pour l'avoir pur :

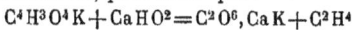

$$C^4H^3O^4K + CaHO^2 = C^2O^6, CaK + C^2H^4$$

il reste comme résidu un mélange de carbonate de chaux et de potasse.

Le formène se forme encore aux dépens d'un grand nombre de composés organiques, ce qui explique pourquoi il constitue près de la moitié du gaz d'éclairage obtenu par la distillation de la houille. Nous ne pouvons les passer tous en revue, nous citerons cependant quelques exemples. Ainsi, (a) lorsqu'on traite l'alcool méthylique à froid par l'acide iodhydrique, on fait de l'éther méthyliodhydrique (1), lequel, chauffé à 280°, avec une solution d'acide iodhydrique, donne le formène (2).

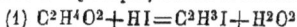

$$(1) \quad C^2H^4O^2 + HI = C^2H^3I + H^2O^2$$
$$(2) \quad C^2H^3I + HI = C^2H^4 + I^2$$

(b) la méthylamine traitée par le même acide, donne une réaction analogue :

$$C^2H^5Az + (HI)^2 = C^2H^4 + AzH^3 + I^2$$

(c) l'acide cyanhydrique, toujours avec le même corps, ou l'hydrogène naissant, en fournit également :

$$C^2AzH + H^6 = C^2H^4 + AzH^3$$

(d) le zinc-méthyle en se décomposant dans l'eau, produit du formène :

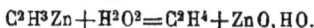

$$C^2H^3Zn + H^2O^2 = C^2H^4 + ZnO, HO.$$

Nous nous bornerons à ces exemples, pour ne pas trop nous étendre, mais il était indispensable de donner ces détails pour faire comprendre l'importance d'un gaz qui constitue la moitié souvent du volume du gaz de l'éclairage, et dont certains dérivés, comme le bromoforme, l'iodoforme, et surtout le chloroforme, ont reçu de nombreux emplois. — J. C.

FORMIER. *T. de mét.* Ouvrier qui confectionne les moules en bois imitant le pied ou la jambe et sur lesquels on fait les souliers, les bottines, les bottes; le formier fait les bustes pour la confection et autres formes employées par les commerçants et les industriels.

FORNO-CONVERTISSEUR. — V. ACIER.

FORT. Ouvrage de fortification, d'une étendue restreinte, construit sur un point dominant et armé principalement d'artillerie à longue portée pour défendre un passage, protéger les abords d'une place forte ou renforcer la valeur tactique d'une ligne de défense.

— Dans l'antiquité et au moyen âge, avant l'invention des canons, les forts se sont généralement confondus avec les *châteaux-forts*, les *donjons* ou les *citadelles* dont nous avons donné en détail l'historique et la description dans cette encyclopédie.

Depuis le XVI° siècle, les forts ont été construits spécialement en vue de résister aux attaques de l'artillerie et aménagés intérieurement de manière à se prêter à l'emploi du canon pour la défense. Les dispositions adoptées par les ingénieurs dans la construction des forts de l'époque moderne ont donc été très variables et ont presque toujours suivi les progrès de la fortification. C'est ainsi que l'on a construit d'abord des forts bastionnés, avec ou sans chemins couverts, à un seul étage de canons, suivant les systèmes de Vauban et de Cormontaigne; puis ensuite des forts casematés à un ou plusieurs étages, suivant le système de Montalembert ou le système polygonal, tels furent les forts édifiés en Allemagne, en Angleterre, en Belgique, de 1820 à 1870.

Depuis 1870, le service du génie, en France, a abandonné les types anciens des grands forts bastionnés pour se rapprocher beaucoup des dispositions admises à l'étranger et qui avaient jadis été imaginées et proposées sans succès par des ingénieurs français. Nous résumerons brièvement, dans les termes suivants, les conditions essentielles auxquelles doit satisfaire, de nos jours, un fort disposé suivant les règles de l'art moderne et capable d'opposer une sérieuse résistance :

1° Il doit être établi sur un lieu dominant et tracé de manière à bien découvrir le terrain en avant à grande distance, à ne laisser aucun angle mort dans les fossés, à échapper aux coups d'enfilade et à n'exposer aux coups plongeants que le moins possible d'hommes, de matériel et de bâtiments ;

2° On devra assurer avec beaucoup de soin la surveillance et la protection des fossés et des abords de l'ouvrage, par un chemin couvert et des dispositifs spéciaux, de manière à ne donner aucune prise à l'escalade et aux attaques nocturnes par surprise, qui sont toujours à redouter, surtout pour les forts isolés ;

3° Les parapets intérieurs, les casemates, les cavaliers et les terre-pleins du fort et de ses batteries annexes doivent être disposés de façon à assurer à l'artillerie de la défense la supériorité des vues et la sécurité d'installation, et à faciliter le déplacement des pièces en vue de l'emploi du tir indirect et de la conservation des feux, jusqu'à la période des attaques rapprochées;

4° La défense rapprochée sera basée surtout sur

l'emploi des fusils de rempart, des mitrailleuses et des armes à répétition qui permettent à un petit nombre de tirailleurs bien postés de résister aux plus audacieuses attaques. Dans ce but, des parapets et des masques métalliques et des abris spéciaux, fixes ou mobiles, devront être préparés en vue de favoriser l'emploi efficace des petites armes;

5° La garnison et les approvisionnements seront logés sous des abris souterrains, à l'épreuve du bombardement, bien secs et bien ventilés. Des espaces suffisants seront réservés dans les cours et dans les chemins couverts pour y installer les troupes dans des baraquements, tant que le fort n'est point attaqué. L'ensemble des dispositions intérieures de la forteresse ne devra se trahir à distance par aucun détail de construction reconnaissable à l'œil, tels qu'embrasure, traverse saillante, flèche, tourelle, pignon, etc., susceptible de servir de repères au tir de l'assiégeant;

6° Toutes les communications intérieures seront établies en galerie blindée ou placées sous des traverses voûtées à l'épreuve de la bombe. Quant aux communications avec l'extérieur, elles seront peu nombreuses, faciles à reconnaître et à parcourir, bien défilées par le chemin couvert et surtout surveillées à l'aide de postes avancés;

7° Les forts avancés d'une grande place ou ceux qui sont destinés à servir de centres de résistance ou de points d'appui pour une ligne de défense, auront peu de profondeur, et leur largeur sera proportionnée à l'importance du rôle tactique qu'ils sont appelés à remplir. Ils devront toujours être soutenus par des batteries annexes, et on aura soin de les grouper de telle sorte que chaque fort soit toujours protégé en avant et sur ses flancs par les feux d'artillerie de deux forts latéraux au moins. Cette disposition permettra aux défenseurs d'employer avec avantage le tir convergeant, seul moyen de réduire les batteries et établissements de l'assiégeant; .

8° Dans tout fort d'arrêt ou fort isolé, on préparera, avec un soin particulier, le flanquement des dehors et l'organisation du chemin couvert et des défenses accessoires sur les glacis. En divers points des glacis, on construira des contremines, moyen certain de prolonger la résistance rapprochée avec un petit nombre de défenseurs. En général, les forts d'arrêt seront armés d'une ou deux tourelles cuirassées à deux pièces. De plus, dans la plupart des cas, les forts d'arrêt doivent être protégés du côté des points d'attaque, par des postes extérieurs fortifiés et blindés, contenant des tirailleurs et des vigies;

9° Enfin, on doit considérer comme un principe essentiel et absolu, que la surveillance extérieure d'un point fortifié doit être exercée avec autant de vigilance que s'il s'agissait de la garde d'un corps de troupe campé en présence de l'ennemi. En conséquence, on devra toujours protéger les contrescarpes des fossés par des grilles et les faire précéder, à 150 ou 200 mèt., par un avant-chemin couvert, ou contre-glacis, renfermant des blockhaus crénelés pour les postes de surveillance; en avant de ces postes, on disposera à 800 ou 1,000 mètres, une ligne d'embuscades et de coffres blindés, à demi-enterrés, destinés à loger des veilleurs et tirailleurs, avec lesquels le commandant du fort communiquera par signaux télégraphiques ou téléphoniques.

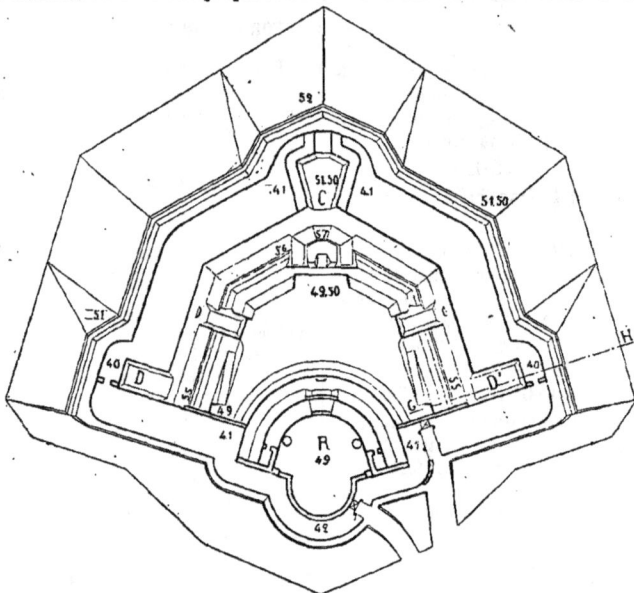

Fig. 166. — *Lunette ou fort avancé de Cologne* (1).

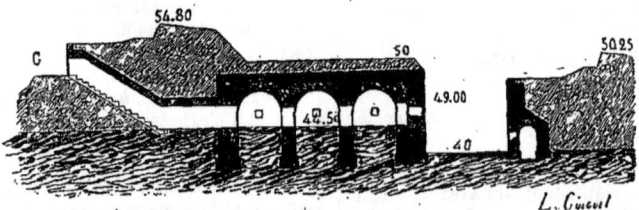

Fig. 167. — *Lunette de Cologne. Coupe de la caponnière D suiv. G H* (1).

(1) Les cotes ou chiffres des figures indiquent en mètres les hauteurs relatives des diverses parties de la fortification.

Tout ouvrage organisé conformément aux principes précédents ét convenablement armé d'artillerie et de tirailleurs bien dressés, assurera à ceux qui se mettent sous sa protection les avantages d'une bonne installation défensive qui sont : *Voir et n'être point vu, atteindre et n'être pas atteint, concentrer ses feux et diviser ceux de l'adversaire, surprendre et n'être jamais surpris.* Le tracé et la

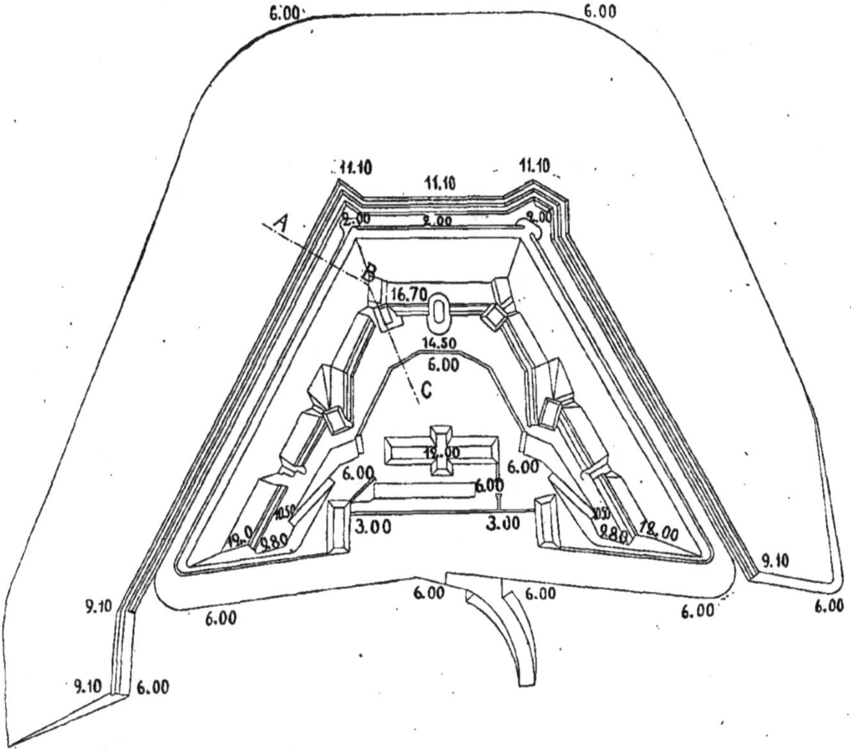

Fig. 168. — *Plan du fort Bingen, construit à Mayence en 1865.* (V. la note p. 235.)

forme extérieure des forts modernes sont extrêmement variables ét dépendent beaucoup de la forme du terrain, de la position des points à battre et de la distance des forts collatéraux. Dans un camp retranché, on donne habituellement aux forts la forme d'une lunette très aplatie dont les faces antérieures sont flanquées par une *caponnière* C, placée au saillant, et les flancs par deux demi-caponnières ou *ailerons*, D et D' (fig. 166 et 167). La gorge peut être bastionnée ou tenaillée

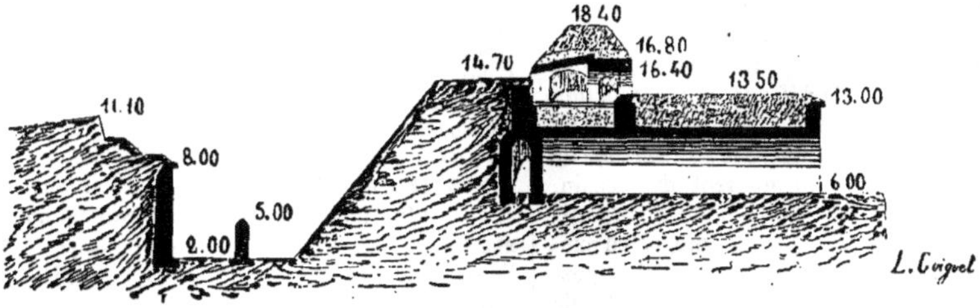

Fig. 169. — *Fort Bingen, coupe suivant ABC.* (V. la note p. 235.)

suivant la forme du terrain et défendue par un réduit central R.

L'ouvrage ne se compose généralement que d'une seule enceinte dont l'intérieur est divisé en deux parties par un parados destiné à abriter les défenseurs du front de gorge. Dans certains cas, on établit deux étages de feux à ciel ouvert, dont un rempart bas, spécialement organisé pour la défense par l'infanterie et un cavalier en arrière dont les crêtes sont disposées pour la grosse artillerie. Cette distinction entre la partie du fort qui doit agir de loin par l'artillerie et celle qui doit servir à la défense rapprochée par les petites armes, est très avantageuse et a été recommandée par le maréchal de Saxe et par le général Prévost.

L'armement d'un fort permanent de camp retranché peut varier de 30 à 80 pièces de canon de place, et la garnison de 500 à 2,000 hommes au plus. La dépense de construction est comprise entre 1,800,000 francs et 5,000,000, et revient en moyenne à 700 francs par homme logé et 50,000 francs par installation de pièce de canon.

On peut admettre qu'un fort armé d'artillerie et situé dans un site découvert, exerce une action efficace sur une zône de 3 à 4 kilomètres au delà de son mur de contrescarpe.

Comme exemples de forts modernes, on peut citer le fort Alexandre, à Coblentz; les forts de Cologne, dont un type est représenté en plan par la figure 166 ; le fort Bingen, à Mayence (fig. 168 et 169); le fort Cambridge, qui fait partie des défenses de l'île de Wight et de la rade de Spithead en avant de Portsmouth, le fort de Castle-Hill à Douvres.

En France, les forts les plus remarquables sont les forts du Mont-Valérien, de Cormeilles, de Saint-Cyr, de Villeneuve-Saint-Georges, qui font partie des défenses avancées de l'échiquier de Paris; les forts du Mont St-Michel, d'Ecrouves et de Villers-le-Sec, à Toul; le fort d'arrêt de Manonvillers, le fort des Rousses, les ouvrages avancés de Belfort, de Briançon et le fort de la Tête-de-Chien qui domine la principauté de Monaco.

Ces divers ouvrages permanents construits à loisir à l'aide de toutes les ressources dont on dispose en temps de paix, offrent assurément de sérieuses garanties de résistance, mais on doit se garder de les trop multiplier si l'on ne veut pas éparpiller les forces actives du pays et se laisser entraîner à d'énormes dépenses, qui, dans beaucoup de cas, peuvent être inutiles.

Forts improvisés. Comme il est impossible de construire à l'avance des fortifications sur tous les points dont l'occupation peut être utile pendant une phase déterminée de la défense d'un pays, la recherche des moyens permettant d'improviser rapidement des ouvrages de fortification habitables et résistants, s'impose comme un devoir étroit à nos ingénieurs militaires. En effet, lorsqu'une place exige pour l'extension et le complément de ses moyens de défense, la construction de certains forts sur des points indiqués, il ne suffit pas d'admettre en principe la convenance de construire ces ouvrages au moment du besoin, il faut absolument en prévoir les détails d'organisation et en préparer d'avance les moyens d'exécution. On se souvient qu'en 1870, il a été impossible de terminer en temps utile les forts de Châtillon et de Montretout, que l'on a voulu construire par les procédés ordinaires, au lieu d'improviser des moyens actifs et puissants. On a reconnu les inconvénients des ouvrages édifiés au dernier moment avec des maçonneries incomplètes ou humides et avec des charpentes de bois et des gabionnades ; ils sont presque toujours inhabitables dans la mauvaise saison et exigent pour

leur construction des ouvriers spéciaux et un temps beaucoup trop long. Ce problème de l'organisation en temps utile de forts improvisés ne peut être résolu de nos jours que par l'emploi d'un système de *fortification mobile*, qui consiste à rassembler d'avance en magasin des dispositifs spéciaux et des éléments simples, composés de pièces métalliques transportables et d'un montage facile et disposées de telle sorte qu'il suffise d'un ingénieur et d'une centaine d'ouvriers ou de soldats quelconques, pour opérer en quelques jours le montage et la mise en place de l'ossature d'une batterie casematée, ou d'un fort complet sur la position dont on veut augmenter rapidement la valeur défensive. Les logements et magasins une fois construits, les parapets et les traverses qui doivent résister au canon seront rapidement et solidement constitués avec des sacs à terre et de gros gabions métalliques remplis à l'aide de la terre empruntée aux fossés ou empruntée sur d'autres points, suivant la nature du sol occupé par l'ouvrage. — V. Fortification, § *Fortification mobile.*

Bibliographie : Montalembert: *L'art défensif, Le Fort-Royal;* Carnot : *Défense des places;* Brialmont : *Défense des Etats et les camps retranchés,* 1876; De Villenoisy : *Essai historique sur la fortification;* Viollet-le-Duc : *Histoire d'une forteresse; Le Spectateur militaire: Etude sur la fortification de Paris,* 1872-73.

FORTERESSE. Dénomination de caractère général que l'on a appliquée, à diverses époques indifféremment, aux positions fortifiées ou aux citadelles destinées à défendre un état ou une province.

Dans la plupart des auteurs techniques, le mot *forteresse* désigne plus spécialement une petite place forte ou un grand fort isolé et dominant, protégé par des dehors ou par des ouvrages avancés, défendu par une garnison nombreuse placée sous les ordres d'un gouverneur militaire.

— On a souvent donné dans ce sens le nom de *forteresses* à certains grands châteaux-forts de l'époque féodale tels que le château Gaillard, les châteaux de Coucy, de Péronne, de Pierrefonds, d'Avignon, et la cité de Malte. Beaucoup d'écrivains ont aussi appelé *forteresses* les prisons d'État fortifiées, telles que les châteaux de Pignerol, de Vincennes, d'Exiles, la Bastille, le Spielberg, le château d'If, la prison de l'île Sainte-Marguerite, la tour de Louches, le château Saint-Ange, à Rome, etc.

Au nombre des forteresses modernes on peut citer : Gibraltar et le Trocadéro, en Espagne, Cronstadt et Bomarsund, en Russie, les petites places de Longwy, Bitche, Briançon etc., en France. — V. les mots Château-fort, Citadelle, Fortification. — B. H.

FORTIFICATION. *Art milit.* (Etym. lat. *Fortificare,* rendre plus fort.) Le mot *fortification,* dans son sens le plus ancien et le plus large, désigne l'ensemble des moyens matériels employés par l'homme pour accroître sa résistance contre ses ennemis, soit en utilisant les accidents naturels du sol, soit en créant des obstacles artificiels par les ressources de l'industrie.

La fortification, réduite avec l'homme primitif à des procédés rudimentaires et instinctifs, a suivi, à travers les âges, les progrès de l'art militaire et de la civilisation latine. Les nations les plus policées et les plus industrieuses ont compris de

FORT

bonne heure la nécessité de mettre leurs familles et leurs trésors à l'abri des peuples barbares et déprédateurs ; aussi, ont-elles développé rapidement les ressources de la fortification, qui, grâce au génie inventif et pratique des Italiens et des Français, est devenue à la fois un art puissant et une science profonde dont Vauban, Montalembert et Carnot sont les plus illustres fondateurs.

HISTORIQUE. L'art de se fortifier est aussi ancien que l'humanité; il résulte naturellement de la nécessité où se sont trouvés les premiers hommes de défendre leurs vies et leurs propriétés contre les bêtes fauves et contre les tribus voisines. Les récentes découvertes de l'anthropologie ont démontré que, dès l'âge de pierre, les hommes, groupés par familles dans de profondes cavernes, savaient déjà défendre l'entrée de leurs demeures par des blocs ou par des barricades de pierre. Les cités lacustres, les monuments mégalithiques et celtiques, les tumuli, les trilithes et les murs cyclopéens, retrouvés à diverses époques, affectent, dans beaucoup de cas, des dispositions qui ne laissent aucun doute sur le but défensif de ceux qui les ont édifiés dans l'antiquité. On retrouve surtout des applications très nettes de la fortification artificielle dans les anciennes acropoles qui devinrent successivement des citadelles, puis des places fortes, dans les châteaux-forts, dans les tours de garde et les donjons et dans les nombreuses enceintes des villes antiques — V. les articles CHATEAU-FORT, DONJON et ENCEINTE.

Alexandre-le-Grand trouva le pays des Hyrcaniens et des Mediens défendu par des haies et des rangées d'arbres plantés très serrés. A la même époque les petits États de l'Inde étaient entourés de remparts en terre revêtus de fascines ou de pieux reliés par un clayonnage d'osier. La plupart des grandes nations de l'Orient tels que les Juifs, les Assyriens, les Mèdes et les Perses construisirent, du xxᵉ au xᵉ siècle avant Jésus-Christ, de vastes et puissantes enceintes pour protéger leurs camps et ensuite leurs principales villes. Telles furent Ninive qui avait 90 kilomètres de circonférence, Babylone, Thèbes, Memphis, Ecbatane, Persépolis, Jérusalem, Carthage, etc. Ces immenses fortifications se composaient de murs de 20 à 35 mètres de hauteur et de 6 à 12 mètres d'épaisseur, flanquées par de nombreuses tours dépassant les murs de 12 à 20 mètres.

Les Gaulois construisaient des forteresses sans murs ni tours flanquantes. L'enceinte d'Avaric (Bourges), fameuse par la description qu'en a donné César, occupait un mamelon presque entièrement entouré de marais abordable d'un seul côté. La superficie comprise dans cette enceinte était de 35 hectares; ce qui suppose une population d'environ 8,000 âmes. Le rempart, haut de 13 mètres, était formé de lits successifs de poutres entrecroisées dont les intervalles étaient remplis de pierres et de terre argileuse corroyée.

Les Germains, protégés par leurs forêts et par leurs montagnes, avaient peu de places fortes.

Le peuple Romain est le premier qui ait construit des forteresses d'après un plan stratégique. Sous la République, les Romains érigèrent de petits forts le long des routes militaires, pour couvrir leurs lignes d'opérations, protéger leurs dépôts et surveiller le pays par des postes et des signaux. Les Arabes et les Turcs imitèrent plus tard les mêmes dispositions en Espagne et sur les côtes d'Afrique.

Sous les empereurs romains les généraux chargés de défendre l'empire élevèrent des forteresses sur les frontières, sur le Rhin central, sur la Moselle et sur le Danube, et la muraille des Pictes (210 ans après J.-C.) qui séparait l'Angleterre de l'Écosse avait une étendue de 118 kilomètres. Végèce, écrivain militaire romain (400 ans après J.-C.), donne dans son traité les détails les plus précis sur la manière dont il convenait de construire les remparts et les tours d'une ville de guerre. Après la chute de l'Empire, l'art de la fortification resta longtemps stationnaire parce que les travaux défensifs élevés à l'époque romaine étaient plus que suffisants pour résister aux hordes barbares qui n'avaient ni balistes, ni catapultes, ni béliers. Pour faire des sièges il fallut revenir aux machines des anciens, progrès relatif qui ne fut réalisé que vers le viiiᵉ siècle de l'ère chrétienne.

Charlemagne, pour maintenir les peuples conquis, fit construire de nombreuses tours isolées sur les points dominants. Il fit exécuter également par ses armées de grands travaux de fortification de campagne. Au nombre de ceux-ci on peut citer les têtes de pont de l'Elbe qui étaient formées de puissants parapets en terre et en bois.

L'empereur Henri Iᵉʳ, au xᵉ siècle, entoura de remparts la plupart des places frontières de l'empire d'Allemagne parmi lesquelles on peut citer Tangermunde, Werben, Arnebourg, Gardelegen et Salzwedel. Ces dernières forteresses permirent d'éloigner les Vandales de la rive gauche de l'Elbe.

Au moyen âge, les fortifications se multiplièrent sous la forme de manoirs, abbayes fortifiées et châteaux-forts qui furent édifiés surtout du xᵉ au xiiᵉ siècle. Les villes aussi furent entourées de murs avec tours précédés de fossés profonds, et au xivᵉ siècle on comptait en France environ 2,000 villes à enceinte fortifiée. Nous renvoyons d'ailleurs à nos articles CHATEAU-FORT et DONJON, ainsi qu'au beau livre de M. Viollet-le-Duc sur l'architecture du moyen âge pour tous les détails relatifs à cette période de l'art des fortifications qui précède l'emploi du canon dans la défense des places. Nous nous bornerons ici à citer parmi les plus belles et les plus curieuses places fortes construites par les habiles ingénieurs du moyen âge : Avila en Espagne, Moissac divisée en deux enceintes fortifiées, Aigues-Mortes, Angers, Rouen, Besançon, Avignon, Metz, Verdun, Vendôme, Paris et surtout la cité de Carcassonne. Cette ville, fortifiée par ordre de Saint-Louis et achevée par Philippe-le-Hardi, était au xiiiᵉ siècle une place forte de premier ordre, bien défendue par une double enceinte munie de tours et par un château-fort qui commandait le cours de l'Aude et le pont qui la traversait. Ces fortifications admirables témoignent hautement du soin que les architectes militaires français de cette époque apportaient à mettre les places en garde contre toute surprise, et des combinaisons ingénieuses et variées auxquelles ils avaient recours pour embarrasser l'assiégeant et déjouer ses plans d'attaque. C'est dans tous ces détails de la défense pied à pied, dit Viollet-le-Duc, qu'apparaît véritablement l'art de la fortification du xiᵉ au xviᵉ siècle. C'est en examinant avec soin les moindres traces des obstacles défensifs de ces époques que l'on s'explique ces récits d'attaques gigantesques transmis par les légendes. Devant ces moyens de défense si bien prévus et combinés, on se figure sans peine les travaux énormes entrepris par les assiégeants, ces beffrois mobiles, ces estacades, boulevards ou bastilles que l'on opposait à un assiégé qui avait calculé toutes les chances de l'attaque, prenait souvent l'offensive avec audace et ne cédait jamais un point que pour se retirer dans un réduit plus fort.

Au xiiiᵉ siècle la fortification se perfectionne, les ingénieurs augmentent le diamètre et la saillie des tours de l'enceinte, les ferment du côté de la ville et les percent de meurtrières nombreuses de manière à permettre le flanquement des courtines. Pour faciliter également la surveillance du pied des tours et s'opposer à l'approche des mineurs assiégeants, on donna à la partie antérieure de ces tours la disposition d'un angle saillant formant une sorte d'éperon en avant de la convexité.

Au xivᵉ siècle apparaissent aux portes des villes et des châteaux-forts les ponts-levis. Antérieurement les portes étaient fermées par de forts vantaux doublés de fer ou par des. *herses* défendues par des mâchicoulis, et l'on franchissait les fossés sur des ponts en charpente que l'on enlevait en cas de siège. Vers la même époque les anciens *hourds* de bois sont remplacés par des *corbeaux* et des *mâchicoulis* en pierre, soutenant au sommet des tours une galerie ou *bretèche* en encorbellement, de laquelle les défenseurs pouvaient battre le pied de la muraille et empêcher les attaques par la mine ou par l'escalade. L'emploi des mâchicoulis qui caractérise essentiellement la fortification du xivᵉ et du xvᵉ siècle se retrouve dans la construction des remparts et du château d'Avignon. — V. ENCEINTE.

Les remparts de Bâle étaient formés, comme ceux d'Avignon, d'une muraille continue garnie de fortes tours carrées. L'emploi de cette forme pour les tours des enceintes urbaines paraît avoir été assez répandu dans l'Est et dans le midi de la France, surtout dans les cités qui offraient beaucoup d'issues et principalement toutes les fois qu'il fallait protéger un passage étroit.

Système bastionné. Dans le courant du xviᵉ siècle, les progrès accomplis par l'artillerie eurent pour effet d'obliger les ingénieurs à terrasser les murs d'enceinte et à rendre les tours massives pour pouvoir les armer de canons; on établit ensuite derrière les murs des parapets en terre pour protéger les hommes et le matériel contre les gros projectiles. Dès lors les enceintes furent toujours précédées d'un fossé dont les déblais servaient à masser les remparts, parapets et traverses. Le talus du fossé situé du côté du rempart prit le nom d'*escarpe*, le talus opposé celui de *contrescarpe*.

L'adoption de remparts terrassés et de larges fossés engendrant des angles morts obligea les ingénieurs à modifier en même temps le tracé général de l'enceinte. Les murs en ligne droite garnis de tours furent remplacés par une succession de redans et de courtines, disposition qui avait déjà l'avantage de donner des feux croisés en avant des faces droites. Ces redans, ne permettant cependant qu'un flanquement très incomplet du fossé, furent améliorés et transformés en bastions par les ingénieurs italiens. Castriotto, Maggi et Macchi furent les premiers auteurs dans les ouvrages desquels on trouve des idées nettes sur le flanquement réciproque des bastions et sur les principes véritables du *système bastionné*. Les flancs devant donner des feux non seulement le long des courtines, mais aussi sur les faces des bastions, on fut conduit à donner à ces bastions une forme pentagonale et à soumettre le tracé de l'enceinte à des règles géomé-

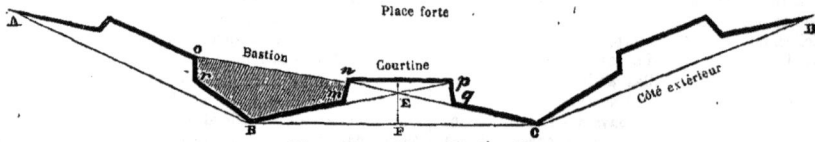

Fig. 170. — *Front bastionné.*

triques basées sur l'application des principes du flanquement. Le tracé bastionné prit alors la forme très nette indiquée par la figure 170.

La portion d'enceinte telle que *o r B m n* formant une saillie pentagonale est un *bastion* dont les grands côtés, Br et Bm sont les *faces*, et les petits côtés tels que *o r* et *m n* sont les *flancs*. La partie BmnpqC, comprise entre les saillants de deux bastions consécutifs et occupant une longueur variable entre 300 et 350 mètres, se nomme un *front bastionné*. Dans ce tracé la courtine *n p* est évidemment la partie la plus forte et la mieux défendue grâce à sa position rentrante et au large fossé qui la précède; les saillants des bastions B et C sont au contraire les points les plus faibles; aussi dans l'attaque des places il est de règle do marcher sur les capitales de deux bastions collatéraux et de s'attacher à pratiquer avec le canon une brèche à celles des faces de bastion dont les maçonneries sont le plus en évidence.

L'ingénieur qui le premier ait appliqué le système bastionné avec une grande habileté et une véritable science de la fortification est le célèbre Paciotto, qui fut l'auteur des citadelles de Cambrai, de Turin et d'Anvers; cette dernière, que l'on considère comme son chef-d'œuvre, fut construite en 1567. La cité Valette, dans l'île de Malte, fut fortifiée en 1568 par Parisot de la Valette au moyen d'une enceinte bastionnée construite conformément aux tracés de Paciotto. Dans un ouvrage publié en 1570, Galasso Alghisi propose divers types d'enceintes composées d'une suite de redans et de flancs égaux en longueur aux lignes flanquées; les saillants étant alors les parties accessibles sont tous retranchés de façon à pouvoir se défendre isolément. Le flanquement de revers se fait par des pièces basses placées sous des casemates. Cet ingénieur doit être considéré comme l'inventeur des systèmes tenaillés et des forts étoilés qui furent repris plus tard et imités par les Allemands.

La fortification bastionnée dans le courant du xviiᵉ siècle se développe en Europe en donnant lieu à un grand nombre de combinaisons et de systèmes différents, parmi lesquels il faut citer les travaux de Marchi, Busca, Floriani, des ingénieurs espagnols dont le plus illustre est Pierre de Navarre, qui le premier appliqua l'emploi des fourneaux de mines à la réduction régulière des forteresses et ceux des ingénieurs hollandais Stevin, Marollois et Freitag qui organisèrent les places fortes des Provinces unies sous l'impulsion des princes de Nassau, et appliquèrent les manœuvres d'eau à la défense.

L'ingénieur allemand le plus célèbre de cette période est Daniel Speckle, né en 1536 et mort en 1589. Il se fit surtout remarquer par ses améliorations intelligentes aux anciennes places, par les nombreuses applications qu'il fit aux places allemandes des tracés et des dispositions en usage chez les Italiens, et par l'important traité qu'il a laissé sur l'art des fortifications. Après Speckle

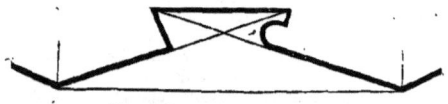

Fig. 171. — *Front d'Errard.*

on peut encore mentionner le baron de Groote qui, en 1617, propose quelques dispositions originales et nouvelles, et Dillich qui, dans sa *Peribologie* (1640), a publié un grand nombre de dessins de fortification et dans laquelle il insiste sur l'emploi fréquent des dehors, tenailles, demi-lunes, lunettes, etc. En France, dans la seconde moitié du xviᵉ siècle, apparaît Jean Errard, né à Bar-le-Duc en 1554. Préoccupé de cacher avec soin les flancs du front bastionné aux atteintes de l'ennemi, il leur donne, ainsi que l'indique la figure 171, une direction faisant un angle aigu avec la courtine; ce tracé fut appliqué à Bergerac, Clérac, Monheur, Montauban, Sedan, Doullens, ainsi qu'aux citadelles d'Amiens et de Verdun. Le chevalier Deville, né à Toulouse en 1596, a laissé d'excellents écrits. Dans le tracé qu'il préconise (fig. 172), il tient les flancs perpendiculaires à la courtine et les compose de deux parties, l'une basse qui flanque surtout le fossé, l'autre plus haute.et placée en arrière, qui bat le glacis. Il admet des orillons d'un bon tracé, attache une assez grande importance à ce que l'angle saillant des bastions soit droit, et recommande beaucoup l'emploi des dehors, c'est-à-dire du chemin couvert des ravelins ou demi-lunes.

Le comte de Pagan (1604-1665), un des esprits les plus distingués de son temps, devint le rival de Deville et composa un remarquable ouvrage sur les fortifications où l'on trouve des principes nouveaux et les idées les plus larges. Pagan, considérant les bastions comme les pièces capitales de l'enceinte, leur subordonne tout le tracé. Il enseigne que l'on doit occuper les lieux dominants de la position à fortifier par de grands bastions, à angle très ouvert, que l'on réunit ensuite par des cour-

Fig. 172. — *Front de Deville.*

tines de longueur variable. Son front (fig. 173) peut avoir jusqu'à 400 mètres de développement et est tracé par le côté extérieur à l'aide de règles très simples et très pratiques. Attachant beaucoup d'importance au flanquement par l'artillerie, il organise sur le flanc retiré derrière les orillons trois étages de feux et protège chacun des bastions par de puissantes contregardes et une petite demi-lune ; enfin il insiste sur l'organisation défensive du chemin-couvert.

Après Pagan, dont les idées nouvelles soulevèrent de graves discussions, on ne peut plus citer, dans la première moitié du xvii° siècle, d'autre ingénieur ayant fait faire quelques progrès à l'art des fortifications. Il faut arriver sans transition à Vauban, dont le génie et la puissante personnalité dominent tous les ingénieurs de l'époque. Vauban (1633-1707), maréchal de France et commissaire général des fortifications, membre de l'Académie des

Fig. 173. — *Front de Pagan.*

sciences, fut le créateur et l'organisateur de tout le système défensif de la France sous le règne de Louis XIV. Ses diverses méthodes de fortification appliquées par lui à un très grand nombre de places fortes, ont été résumées à trois tracés ou systèmes distincts.

Premier système. Le premier tracé de Vauban (fig. 174) est un front bastionné de 180 toises (351 mètres) de côté extérieur ; la perpendiculaire a une profondeur variable suivant le nombre de côtés du polygone à fortifier. Les flancs sont concaves et garnis d'orillons ; l'escarpe qui doit mettre la place à l'abri de l'escalade a une hauteur de 9 à 10 mètres ; la courtine est protégée par une tenaille et défendue en avant par une demi-lune. La contrescarpe est défendue par un chemin couvert muni de traverses organisées pour la fusillade. C'est ainsi qu'ont été fortifiés le fort Louis, du Rhin, l'enceinte pentagonale de Huningue, les places hexagonales de Sarrelouis et Phalsbourg, l'enceinte heptagonale de Maubeuge, etc.

Deuxième système. Tracé de Landau. Dans ce tracé, Vauban a remplacé les anciens bastions du corps de place par des *tours bastionnées* qui, grâce à leurs petites dimensions, échappent au ricochet et au tir en bombe. Chaque tour est masquée à l'ennemi par un bastion détaché en terre formant contre-garde. Ces tours sont per-

cées de casemates assez basses sous lesquelles on abrite les canons destinés à défendre les courtines et les fossés. La courtine entièrement droite a environ 350 à 400 mètres de longueur. Ce tracé doit être considéré comme l'origine de la fortification polygonale casematée.

Troisième système. Neuf-Brisach. Le troisième tracé de Vauban ne diffère guère du précédent qu'en ce que la courtine, au lieu d'être rigoureusement droite, offre au milieu un rentrant muni de deux flancs comme dans l'ancien système bastionné (fig. 175).

Ce fut seulement vers 1760 que Vauban fit l'application de ce tracé perfectionné à la place de Neuf-Brisach ; il construisit dans cette place de nombreux logements et magasins casematés pour abriter les défenseurs et les approvisionnements contre le bombardement dont les effets étaient alors devenus redoutables. Enfin, le grand

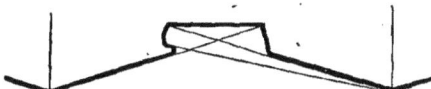

Fig. 174. — *Vauban, premier tracé.*

ingénieur compléta la défense de cette place modèle par des demi-lunes fortement établies et munies de réduits qui ajoutèrent beaucoup à la valeur défensive de l'enceinte.

Nous donnons ci-contre le dessin d'un plan en relief de la place de Thionville extrait de la *Topographie française* de Châtillon, qui montre d'une façon saisissante les dispositions du corps de place et des dehors d'une enceinte fortifiée dans le premier système de Vauban (fig. 176).

Parmi les ingénieurs du xvii° siècle qui ont cherché à rivaliser avec Vauban, on peut citer Rimpler qui mourut en 1683, en défendant Vienne contre les Turcs. Il ressort des ouvrages un peu confus de cet auteur, qu'il reproche aux ingénieurs de son temps de ne pas assez couvrir les défenseurs contre les feux verticaux des assiégeants.

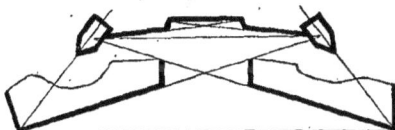

Fig. 175. — *Troisième système de Vauban.*

Aussi veut-il que l'on multiplie les parapets, les bonnettes et les traverses, afin d'arrêter les coups dangereux. Il propose des enceintes compliquées, des retranchements successifs, des casemates et des galeries de mines, mais ne donne aucun tracé clair et pratique permettant de constater qu'il ait réalisé, comme on l'a prétendu, des progrès bien définis sur ses rivaux.

Le plus célèbre et le plus habile adversaire de Vauban fut le hollandais Coehorn, ancien colonel d'infanterie qui eut à défendre Namur contre son illustre rival. Coehorn a donné deux tracés qui sont des applications savantes du système bastionné en pays aquatique ; le second tracé, qui est le plus simple et le plus pratique, a été exécuté à Berg-Op-Zoom, à Nimègue, à Sas de Gand, etc. La fortification de Coehorn, remplie de combinaisons ingénieuses, se distingue surtout par la préoccupation de protéger les maçonneries par des couvrefaces et des contregardes et par les obstacles qu'il oppose avec habileté aux progrès de l'assiégeant en forçant celui-ci à traverser une série de fossés, les uns pleins d'eau, les autres secs, mais à fond marécageux. Les fortifications de Coehorn, excellentes en temps ordinaire, présentaient toutefois le grave inconvénient d'avoir des escarpes trop basses et de nombreux angles-morts, de telle sorte que par un froid rigoureux de 12 à 15°, l'eau se congelant dans les fossés, les places hollandaises perdaient leur valeur; c'est ainsi que la plupart d'entre elles furent aisément escaladées par les troupes françaises pendant le rude hiver de la campagne de 1795.

Système de Cormontaigne. Cormontaigne, mort en 1752 avec le grade de maréchal de camp, fut considéré en France comme le continuateur de Vauban, bien qu'il ait abandonné la nouvelle voie ouverte par le grand ingénieur français pour s'attacher tout particulièrement à perfectionner dans ses détails la fortification bastionnée; il contribua aussi à l'éducation et à l'organisation de l'arme savante du génie dont Vauban était le fondateur. Cormontaigne, dans le tracé de son front type, supprime les orillons et adopte de grands flancs rectilignes dont la direction fait un angle obtus avec la courtine. Son côté extérieur ayant 351 mètres, il donne 98 mètres de longueur aux faces des bastions.

Sa demi-lune, spacieuse et munie d'un bon réduit, est tracée de manière à bien couvrir les angles du flanc avec la courtine et la face du bastion. Il ajoute à son front bastionné une pièce nouvelle : le *réduit de place d'armes rentrante* dont on voit des exemples à Metz et à Thionville, et qui fut aussitôt adoptée en Allemagne, à Luxembourg.

C'est Fourcroy et le général La Fitte de Clavé qui arrangèrent et publièrent, vers 1806, le *Mémorial de l'attaque et de la défense des places* à l'aide des notes laissées par Cormontaigne, auxquelles ils ajoutèrent beaucoup de

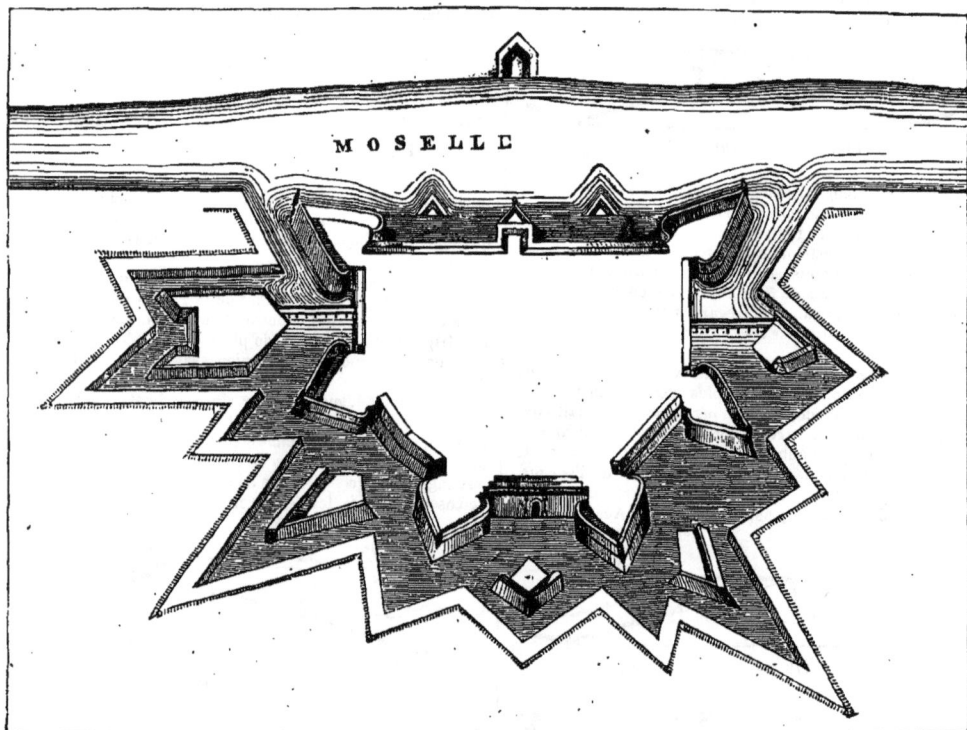

Fig. 176. — *Plan relief de la place de Thionville, vers 1645 (premier système de Vauban).*

considérations qui n'étaient pas d'accord avec l'esprit et les principes de cet ingénieur.

Bélidor, moins célèbre que Cormontaigne, pourrait être cependant, sous beaucoup de rapports, regardé comme le véritable disciple et même le continuateur de Vauban. Dans ses excellents traités de la *Science des ingénieurs* et l'*Architecture hydraulique,* il a réuni et développé avec talent, tous les préceptes de Vauban sur la construction. Bélidor, adoptant les dernières idées de Vauban, préconise les demi-revêtements et les batteries de flanquement casematées. Le système de fortification, proposé par cet ingénieur au maréchal de Belle-Isle, comportait un corps de place bastionné, à flancs très courts, servant de retranchement général à une enceinte extérieure formée par des bastions détachés et une tenaille revêtue unie aux flancs en corne de bélier. Le tout était complété par un système de mines très habilement étudié.

Écoles de Mézières et de Metz — Bousmard — Meusnier

—*Haxo.* Pour conserver et transmettre les principes et les traditions de l'art de Vauban et de Cormontaigne, on créa en 1748 l'école d'ingénieurs de Mézières, dont la direction fut confiée successivement à Chastillon, Duvignau et Villelongue qui en dirigèrent l'enseignement avec beaucoup d'esprit pratique et d'intelligence. C'est alors qu'apparut le type de front moderne connu sous le nom de *front de l'école de Mézières*, qui devint plus tard l'objet de modifications successives. Les principes et les méthodes de cette école, tenus secrets pendant longtemps, ne furent connus que vers 1792, lors de la publication de l'important ouvrage de Bousmard ayant pour titre : *Essai général de fortification, de l'attaque et de la défense des places.* Contrairement aux préjugés de certains chefs d'école, Bousmard a compris qu'il n'y a pas de *système absolu* et que la véritable valeur de la fortification réside dans la manière dont elle est appropriée à l'armement et à la configuration du sol. Voici en quels termes il s'exprimait à ce propos : « Aussi l'art de Vauban, plier la fortification au terrain, devint-il la seule fortification pour les vrais ingénieurs. L'art du système demeura celui des auteurs et des professeurs de fortification qui n'en firent, n'en défendirent, n'en *attaquèrent jamais*, et souvent n'en virent que sur le papier. »

Les idées de Bousmard furent surtout appliquées et perfectionnées par l'illustre général Chasseloup-Laubat qui fit construire à Alexandrie, puis à Castel, faubourg de Mayence, des fronts conformes à ces nouveaux principes. Aux escarpes pleines du corps de place, il substitua des voûtes en décharge afin d'avoir des abris couverts et un étage de feux. Il organisa derrière les contrescarpes des galeries de revers crénelées et employa pour le flanquement des fossés, des casemates et des caponnières empruntées au système de Montalembert. Parmi les ingénieurs célèbres formés par l'école de Mézières, nous devons citer : 1° Meusnier de Place, qui prit une part glorieuse à la défense de Mayence où il inaugura le système de défense active avec contre-approches, appliqué depuis par Todleben à Sébastopol et par Denfert à Belfort ; 2° le général Marescot qui a pris une part très active à tous les travaux de fortification exécutés sous Napoléon Ier, et a proposé de remplacer les escarpes par des talus à terre coulante ne conservant comme obstacle passif que la contrescarpe revêtue ; 3° le général Haxo, qui réforma l'enseignement professé à l'école de Metz, laquelle avait remplacé celle

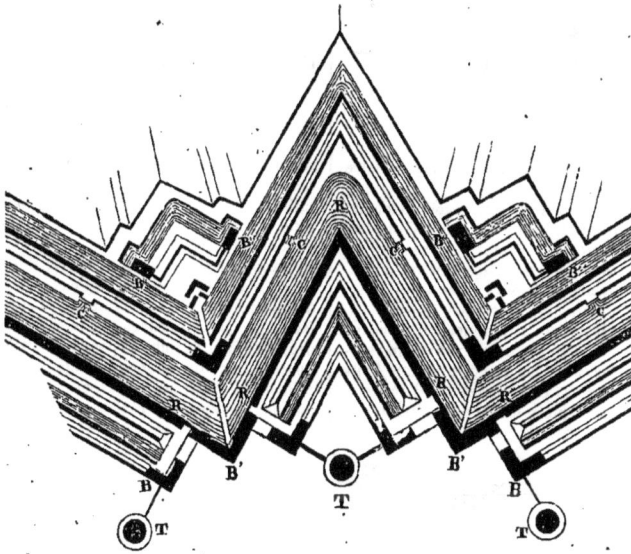

Fig. 177. — *Fortification tenaillée (premier système de Montalembert).*

de Mézières. Cet ingénieur conservant, malgré les idées nouvelles, les anciennes traditions, préconisa comme type de front de fortification un front bastionné dans lequel il s'attacha à réunir la plupart des petites améliorations de détail étudiées par ses prédécesseurs auxquelles il ajouta quelques dispositions ayant surtout pour objet d'augmenter le nombre des pièces et de masquer les trouées des fossés. Il imagina notamment les casemates dont les embrasures sont masquées par un parapet indépendant percé de voûtes qui laissaient passer les projectiles de la défense tout en protégeant les maçonneries contre les coups de l'assiégeant. Après le général Haxo, vint le professeur Noizet, qui s'attacha également à dessiner un front type en perfectionnant quelques détails secondaires, mais sans apporter au système bastionné aucune amélioration notable.

Choumara. Les écoles de Mézières et de Metz, se bornant à maintenir un enseignement de tradition et de détail, n'ont en réalité fait faire, en France, aucun progrès considérable à l'art de la fortification. Le seul ingénieur qui ait perfectionné le système bastionné et découvert des propositions nouvelles, est le commandant Choumara qui, par son génie original et puissant, laisse bien loin

derrière lui ses devanciers. En soumettant les combinaisons de Vauban à un examen profond, l'illustre Choumara a formulé le premier les principes fondamentaux suivants qui permirent d'apporter de notables améliorations à tous les systèmes de fortification.

1° L'escarpe, obstacle passif, et la crête du parapet, ligne de feu représentant la défense active, ayant chacune un objet différent à remplir, ne doivent pas être soumises aux mêmes règles de tracé. L'escarpe, dont l'objet essentiel est d'empêcher l'escalade, doit être tracée de manière que la garnison puisse facilement en surveiller le pied. Quant aux parapets qui sont destinés à protéger l'artillerie et les tirailleurs, leurs crêtes doivent être disposées de manière à donner au tir l'action la plus avantageuse sur la campagne.

L'application de ce principe, si remarquable et si simple, a permis à son auteur de modifier les fortifications de façon à obtenir des feux en capitale des bastions, à allonger les crêtes utiles des flancs et à éviter les coups d'enfilade.

2° Modification du tracé des parapets de façon à changer à volonté le tir de l'artillerie de la défense. Ce principe, qui conduit comme conséquence au *tir indirect*, a reçu une large et intelligente application dans les défenses de Sébastopol et de Belfort.

3° Création dans l'intérieur du fossé d'un glacis tracé de manière à couvrir l'escarpe contre les batteries assiégeantes placées sur la crête du chemin couvert.

4° Séparation du parapet de l'escarpe dont le sommet forme un mur détaché derrière lequel circule un chemin de ronde.

A ces principes essentiels, Choumara a ajouté une grande quantité de dispositions et de remarques ingénieuses et utiles qui font des ouvrages de cet éminent ingénieur la continuation de ceux de Vauban.

Pendant que l'école de Mézières et tout le corps du génie français se renfermaient exclusivement dans l'étude et le perfectionnement du système bastionné, deux officiers français, esprits indépendants et clairvoyants, Montalembert et Carnot, posaient dès la fin du XVIIIe siècle les grands principes de la fortification nouvelle qui, repoussés systématiquement par le gouvernement français, furent rapidement adoptés par l'Allemagne et l'Autriche.

Montalembert. Le marquis de Montalembert, général de cavalerie, né à Angoulême le 16 juillet 1714, mort en 1799, avait été frappé des défauts inhérents à la fortification bastionnée, et il entreprit d'exposer ses critiques et ses idées nouvelles dans un ouvrage très considérable intitulé : *La fortification perpendiculaire, ou l'art dé-*

fensif supérieur à l'offensif. Il reproche surtout au système bastionné les défauts suivants :

1º Tout l'espace compris entre les flancs des bastions et la courtine est à peu près complètement perdu pour la défense de la place, la tenaille n'est d'aucune utilité.

2º La demi-lune séparée de la place a l'inconvénient de masquer les feux de la courtine sans offrir les avantages d'une défense énergique.

3º La disposition des flancs est vicieuse, attendu qu'ils

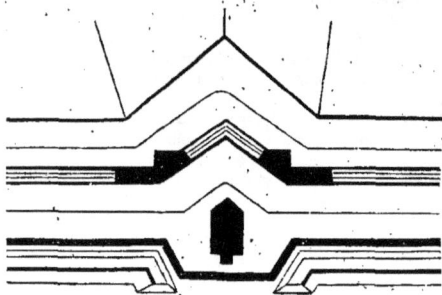

Fig. 178. — *Fortification polygonale (deuxième système de Montalembert).*

sont pris à revers par les coups d'enfilade dirigés contre les bastions.

4º L'artillerie et les défenseurs sont complètement exposés au bombardement, et le nombre des canons mis en batterie est généralement insuffisant pour assurer au défenseur la supériorité de feux sur l'assiégeant.

A ce système Montalembert oppose la *fortification dite tenaillée* et la *fortification polygonale.*

Dans la fortification tenaillée, à flanquement perpendiculaire (fig. 177), le corps de place consiste en un rempart en maçonnerie précédé d'un large fossé que flanquent deux fortes batteries casematées B, B, à deux étages et surmontées d'une plate-forme pour l'artillerie.

Ce rempart R R contient une galerie voûtée dont les embrasures à canons et les créneaux voient par dessus le couvre-face, le terrain des attaques. En arrière règnent un chemin de ronde, puis un mur crénelé et un rempart en terre précédé d'un fossé dont la défense est confiée aux batteries casematées B' B'. Les tours T, T armées d'artillerie forment des réduits de sûreté.

Le couvre-face général qui protège tout le front se compose d'un parapet en terre mur crénelé détaché et chemin de ronde; ce couvre-face est défendu par un nouveau fossé dont la contrescarpe à terre coulante est précédée d'un chemin couvert garni de places d'armes rentrantes dont les fossés et glacis sont battus par les coffres flanquants B'', B''. Montalembert, considérant avec raison le canon comme l'âme de la défense des places, tient à conserver les pièces jusqu'à la fin du siège, et dans ce but, il place presque toute l'artillerie sous des casemates ingénieusement disposées, mais il compte trop sur la résistance des maçonneries aux boulets.

Le système polygonal, différant du précédent a été exposé par Montalembert : 1º dans la description de son fort type, dit *fort Royal*, qui tient une grande place dans l'histoire de la fortification du XIXᵉ siècle ; 2º dans un remarquable projet de défense de Cherbourg, qui est le meilleur et le plus pratique qu'ait proposé le fécond ingénieur. L'enceinte se compose de grandes faces rectilignes pouvant avoir jusqu'à 600 mètres de longueur ; le rempart en terre, isolé du côté de la ville par un mur crénelé, est précédé du côté de la campagne par une muraille casematée (fig. 178). Des fossés pleins d'eau séparent cette enceinte d'un couvre-face général en terre en avant duquel se trouve un nouveau fossé avec chemin couvert. Le flanquement est obtenu au moyen de grandes caponnières en maçonnerie armées de canons, placées au milieu des grands côtés de l'enceinte et protégées par un couvre-face particulier qu'enveloppe le couvre-face général. Le projet de Montalembert pour les fortifications de Cherbourg est, de toutes ses productions, la mieux conçue et celle qui a été accueillie avec le plus de faveur en Allemagne, en Angleterre et en Autriche où elle a été très

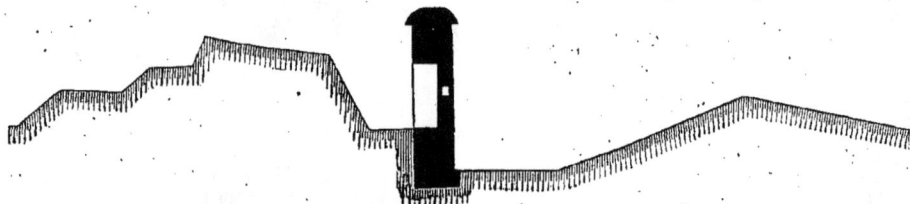

Fig. 179. — *Profil des glacis et du mur détaché de Carnot.*

fréquemment appliquée ou imitée. Par contre, les idées hardies et profondes de l'illustre novateur furent repoussées et dépréciées systématiquement en France par Fourcroy, Grenier, d'Arçon, et par la plupart des chefs du corps du génie qui eurent le tort grave de ne pas faire profiter la France de la révolution accomplie par un de leurs compatriotes dans l'art de fortifier les places.

Non seulement Montalembert modifia profondément le système de construction et de défense des enceintes fortifiées, mais encore, et c'est peut-être là son plus beau titre de gloire, il affirma nettement les principes qui consistent à défendre les places au moyen de forts détachés et de travaux de campagne avancés. Il est un des inventeurs de la défense active et mobile, seule méthode applicable aux grandes places modernes et dont Meusnier, Rogniat, Todleben et Denfert ont su tirer habilement parti.

En ce qui concerne la fortification de campagne, Montalembert a brillamment appliqué dans ses beaux projets des lignes d'Oléron, construites en 1761 et des lignes de défense de la Lauter, les principes qu'il a posés lui-même dans les termes suivants :

« Le feu du canon et de la mousqueterie des retranchements ne peut détruire que par sa *quantité* et par sa *durée.*

« La quantité dépend du nombre de troupes qui peuvent l'exercer sur la même étendue de terrain.

« La *durée* dépend, ou la grandeur des obstacles que l'attaquant aura à franchir, ou de la longueur de l'espace qu'il aura à parcourir sous sa direction. »

En artillerie, Montalembert indiqua plusieurs dispositions ingénieuses et fut le premier à préconiser l'emploi, pour la défense des places, d'armes à tir rapide et se chargeant par la culasse.

Carnot. Carnot fut, avec Chasseloup-Laubat, un des

rares ingénieurs français qui surent comprendre et apprécier le génie de Montalembert et l'importance de ses innovations. Après la publication de son livre célèbre : *De la défense des places fortes*, Carnot proposa au système de Montalembert diverses améliorations consistant principalement : 1° à placer des batteries de mortier en capitale des ouvrages ; 2° à substituer au mur de contrescarpe qui empêche les sorties, *un glacis en contrepente* ; 3° à détacher du parapet le mur d'escarpe qu'il munit d'arcades crénelées et qu'il borde d'un chemin

de ronde intérieur circulant au pied du talus extérieur du rempart. La figure 179 représente le profil du glacis du fossé et du mur détaché inventés par cet illustre ingénieur, tels qu'on peut les voir dans l'annexe du château de Vincennes.

Sous l'empire des idées et des instructions magistrales de Montalembert et de Carnot, il se produit en Europe, pendant la première moitié du xixe siècle, une évolution nouvelle et complète dans l'art de défendre et de fortifier les États. C'est *notamment sous* l'influence des progrès

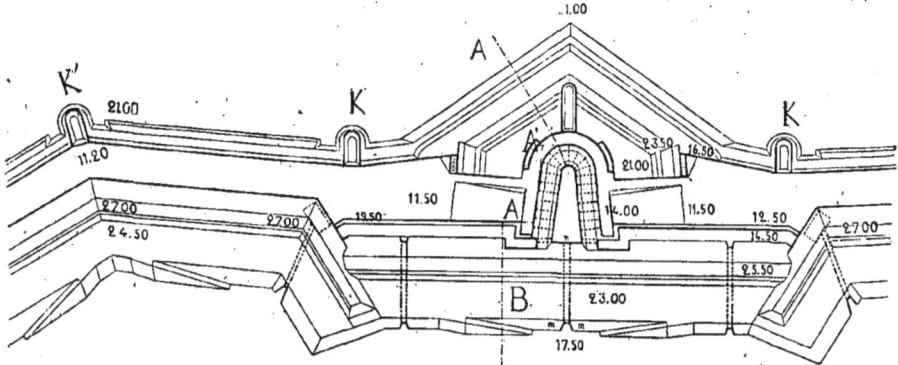

Fig. 180. — *Plan d'un front de la place de Stettin. (V. la note p. 235.)*

inaugurés par ces deux ingénieurs français que les Allemands, déjà préparés à accepter ces innovations par les travaux antérieurs de Speckle, Rimpler, Landsberg et du suédois Virgin, créèrent leurs places neuves à forts détachés telles que Mayence, Coblentz, Rastadt, Gemersheim, Cologne, Stettin, Minden, Ulm, etc.

La ville de Coblentz, placée dans l'angle formé au confluent du Rhin et de la Moselle, est enfermée dans un corps de place à tenailles très ouvertes présentant un parapet avec murs détachés à la Carnot. Les fossés sont battus par des caponnières précédées de glacis en contrepente. La place est protégée par une ceinture formée de

forts détachés. Le fort Alexandre, construit en 1820 suivant le système polygonal de Montalembert, défend la rive droite de la Moselle et se relie avec la ville par le fort Constantin ; sur la rive gauche sont : les forts Moselle, Bubenheim, Neuendorf ; enfin sur la rive droite du Rhin se dressent le fort de Pfaffendorf et la citadelle puissante d'Ehrenbreitstein. L'artillerie de tous ces forts est abritée sous de belles casemates, et les défenses des abords sont complétées par des systèmes de mines.

Pour achever de donner une idée des nouvelles fortifications allemandes et montrer comment elles dérivent des systèmes français, nous représentons dans les fig. 180

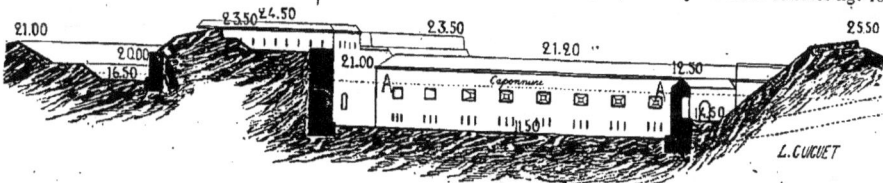

Fig. 181. — *Place de Stettin, coupe brisée suivant A B (Caponnière). (V. la note p. 235.)*

et 181 le plan et la coupe d'un front de l'enceinte de la place de Stettin, construite de 1862 à 1863. Cette fortification est une combinaison du système polygonal de Montalembert avec murs détachés à la Carnot. Le côté du polygone a environ 500 mètres de longueur ; les faces des bastions ont 110 mètres et les flancs 15 à 20 mètres.

La caponnière flanquante A (fig. 181), qui occupe le milieu du front, se rattache directement au mur Carnot de la courtine ; elle est disposée conformément aux principes de Montalembert. Arrondie en demi-cercle à son extrémité antérieure, elle se compose de deux branches casematées à deux étages de feux comprenant entre elles une petite cour intérieure.

Cette caponnière est couverte contre les coups plongeants par un ravelin en demi-lune A' dont elle est séparée par un fossé étroit et profond. Le fossé du corps de

place large de 20 mètres devant les faces des bastions, a une largeur de 25 à 30 mètres devant la courtine.

Il règne en avant du fossé et tout le long de l'enceinte un chemin couvert défendu par des places d'armes saillantes et rentrantes dont chacune est occupée par un coffre ou blockhaus K, K' flanquant en maçonnerie percé de créneaux. Ces réduits de place d'armes sont indépendants du chemin couvert et leurs entrées pratiquées dans la contrescarpe du grand fossé, à 2 mètres au-dessus du fond.

Une large poterne *mn* (fig. 180) conduit de l'intérieur de la place dans la cour de la caponnière centrale, d'où partent deux escaliers conduisant dans son fossé et de là dans les flancs du ravelin. Ce front de fortification largement tracé et bien construit est un très remarquable exemple de l'excellent résultat qu'auraient pu obtenir nos ingénieurs s'ils s'étaient attachés à sortir de la routine pour appliquer aux nouvelles places françaises les tracés et dispositions préconisés par Montalembert, Chasseloup, Carnot et Choumara. Ici se termine l'*historique classique* des progrès de la fortification permanente en Europe.

Fortification moderne. *Camps retranchés et échiquiers de défense.* Au XIXᵉ siècle, l'art de la fortification voit son importance s'accroître et son domaine s'agrandir, par suite du développement de la stratégie et de la création des chemins de fer. De nos jours, l'ingénieur militaire ne doit pas seulement posséder l'art de construire habilement les enceintes des villes et les forts isolés, il doit aussi connaître la science qui consiste à grouper les ouvrages et les places fortes et à répartir les points défensifs sur le territoire, de manière à interdire aux armées envahissantes la possession des points stratégiques et des régions dont la perte entraînerait celle du pays tout entier.

Camps retranchés permanents. Ce qui caractérise surtout les divers systèmes de défense appliqués en Europe au XIXᵉ siècle, c'est l'emploi de *camps retranchés* permanents que l'on a organisés autour des grandes places pour servir de pivots d'opérations ou de lieux de refuge aux armées en campagne. Les premiers camps retranchés conçus par Vauban étaient créés au moment de la guerre, et se composaient d'une ligne continue d'ouvrages en fortification semi-permanente, appuyée à une place forte. Ils avaient surtout pour but : 1º de menacer les flancs des lignes d'opérations de l'ennemi, si celui-ci s'avançait imprudemment au cœur du pays ; 2º de prolonger la défense de la place en agrandissant son périmètre d'action ; 3º de donner aux petites forteresses les propriétés des grandes places de guerre.

Plus tard, Vauban et d'autres ingénieurs ont admis la nécessité de remplacer la ligne continue par des ouvrages à intervalles et de créer autour des grandes villes une vaste enceinte défensive, dont l'enceinte fortifiée n'était plus que le réduit où le *noyau*.

Voici comment le général Rogniat exposait, en 1816, ses conceptions sur l'emploi des camps retranchés :

« Il faut, dit-il dans ses *Considérations sur l'art de la guerre,* que les camps retranchés soient capables de contenir 100,000 hommes au besoin et n'exigent cependant que fort peu de temps pour leur *défense ordinaire,* et qu'ils laissent à l'armée qui s'y réfugie momentanément toute son action et tout son développement lorsqu'elle veut reprendre l'offensive. Il n'y a pas de meilleur moyen de remplir ces conditions que *celui d'établir quatre forts autour de chaque place, formant un immense carré dont la place occuperait le centre.* Ces forts, fermés en tous sens, seraient établis sur les sommités les plus avantageuses, à environ 12 à 1,500 toises (3,000 mètres) des ouvrages de la place et espacés entr'eux de 2 à 3,000 toises.

« La garde ordinaire de ce camp retranché, qui est restreinte à celle des 4 forts, pourrait ne pas exiger plus de 800 hommes, et la place, qui en serait le réduit, mettrait en sûreté tous les établissements et les dépôts nécessaires à l'existence et à la réorganisation des armées. »

Ce système, qui consiste à réduire le camp retranché au groupement de quatre petits forts autour d'une place, était assez imparfait et a été vive-

ment critiqué par Napoléon. Il n'en fut pas moins le point de départ des camps retranchés modernes et des discussions nombreuses et ardentes qui ont divisé et divisent encore les stratégistes et les ingénieurs dans le difficile problème de la défense des États par les fortifications.

On est généralement d'accord aujourd'hui pour former les camps retranchés d'une ligne de forts à défense indépendante. Selon le général Brialmont les intervalles des forts ne doivent pas excéder 5 à 6,000 mètres, afin qu'ils puissent se protéger mutuellement, et leur distance à l'enceinte, déterminée par la nécessité de mettre la ville à l'abri du bombardement, doit être de 6 à 7,000 mètres. Dans ces conditions un camp retranché établi autour d'une ville ayant un diamètre de 5 kilomètres se composerait d'au moins 10 forts, occupant une circonférence de plus de 50 kilomètres de développement.

C'est à peu près d'après les principes précédents qu'ont été établis les grands camps retranchés d'Anvers, de Paris et de Metz, que l'on considérait, il y a vingt ans, comme pouvant échapper à l'investissement et au blocus.

Or, la guerre d'invasion de 1870 vint démontrer d'une façon éclatante que le système ordinaire des camps retranchés était insuffisant pour empêcher le blocus et, par suite, la chute des grandes places fortes. Les armées réfugiées sous les murs et derrière les forts des places de Metz et de Paris ont arrêté longtemps les efforts de l'ennemi, mais elles ont été bloquées hermétiquement, et n'ont pas pu rompre la ligne d'investissement. Ce résultat avait d'ailleurs été prévu et indiqué bien avant 1870 par des ingénieurs et des généraux qui avaient démontré l'insuffisance et même, dans certains cas, le danger des camps retranchés dits *places de refuge.* Les questions les plus controversées alors étaient les suivantes :

1º Les camps retranchés permanents doivent-ils comprendre une ligne de forts seulement ou une ligne de forts et une enceinte ?

2º Comment doit être constituée l'enceinte ?

3º Comment doit être constituée la ligne des forts, ou le camp retranché proprement dit ?

On admet maintenant la nécessité d'une enceinte et l'on condamne les camps retranchés qui, comme celui de Lintz, sont constitués sans noyau central.

« Un camp retranché sans *noyau central,* dit le général Brialmont (*Étude sur la défense des États*), n'est qu'une ligne repliée sur elle-même, or, toute ligne simple forcée est une ligne perdue. C'est pourquoi le duc de Wellington eut la précaution de construire en arrière de sa première ligne de Torres-Vedras, une seconde ligne, et en arrière de celle-ci les retranchements continus de Saint-Julien, destinés à protéger le rembarquement des troupes.

« L'enceinte d'un camp retranché destiné à servir de pivot de manœuvre et de place de refuge à l'armée d'une grande puissance militaire, atteint parfois son but lorsqu'elle est à l'abri d'une attaque de vive force. A ce point de vue, l'enceinte construite en 1840 autour de Paris, a plus d'importance qu'elle n'en aurait dû avoir, et on aurait pu se contenter d'une enceinte polygonale beaucoup plus simple et bien moins coûteuse. »

Quant au choix et à la disposition des forts, la

question a été résolue de plusieurs manières. Tantôt on a donné la préférence à un système de fortins à défense réciproque, tantôt à un système de forts à défense indépendante.

Les tours maximiliennes de Lintz, reliées par un chemin couvert palissadé, et les fortins du général Paixhans, reliés par des épaulements, appartiennent au premier système. Les forts de Paris, de Lyon, de Vienne, de Cracovie, de Metz et d'Anvers appartiennent au second. La figure 182 représente le plan du camp retranché d'Anvers.

Les forts détachés de la place d'Anvers ont des fossés pleins d'eau et occupent une largeur de 400 mètres de front sur autant de profondeur en capitale. Le front de tête est flanqué par une caponnière centrale, en forme d'as de pic, armée de

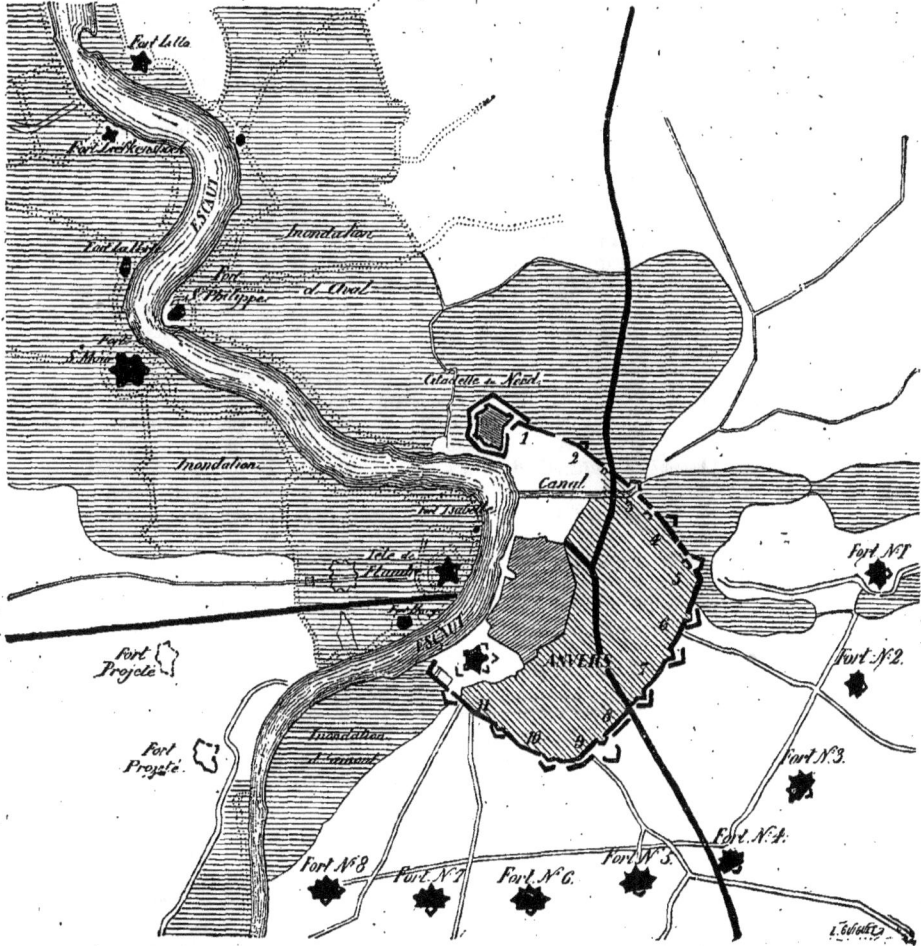

Fig. 182. — *Enceinte fortifiée et camp retranché de la place d'Anvers.*

d'ouze pièces. Les fossés des flancs, légèrement évasés, sont battus par les feux de pièces placées sous des ailerons ou demi-caponnières basses. La gorge de chaque fort est tenaillée et présente en capitale un grand saillant dans lequel est établi un puissant réduit en maçonnerie. Les crêtes de l'ouvrage ont un commandement de 9 mètres sur la campagne; des abris voûtés et des casemates sont organisés sous les parapets du front de tête.

Cette grande place, boulevard de la Belgique, tire plutôt sa puissance de la proximité de la mer, qui en rend l'investissement très difficile, que de la disposition des forts extérieurs. Ceux-ci ont été organisés surtout en vue de la défense rapprochée, leurs vues ne sont pas assez étendues pour lutter avec succès contre des attaques éloignées, et ils sont eux-mêmes beaucoup trop près de l'enceinte de la place pour mettre actuellement la ville et les grands établissements à l'abri du bombardement. A ce point de vue, le camp retranché d'Anvers, quoique d'exécution récente, appartient à l'époque de l'artillerie lisse à courte portée et a été établi sous l'empire des idées qui ont présidé aux fortifications de Paris, en 1840.

On comprit enfin, après les désastres de 1870, la nécessité de remédier aux graves défauts du camp retranché de Paris, et il se produisit à cette occasion, parmi les ingénieurs et les stratégistes les plus distingués, un mouvement d'idées qui donna lieu à d'intéressantes discussions et à la publication de projets divers. Ces études, élaborées par des hommes ayant assisté aux péripéties d'une guerre formidable, dans laquelle les places fortes ont joué un rôle important, sont en général remarquables et ont fait faire des progrès sensibles à la science de la stratégie défensive, fort négligée en France avant 1870.

Parmi ces divers projets, nous nous bornerons à décrire les plus importants, qui sont :

I. *Considérations sur le système défensif de Paris*, par le commandant du génie Ferron (aujourd'hui chef d'état-major général), brochure avec 1 carte (avril 1873).

II. *Organisation du système défensif de Paris*, par M. le général du génie Tripier (Tanera, 1873).

III. *Étude sur le rôle stratégique et sur l'organisation défensive de la région de Paris*, avec 3 cartes (*Spectateur militaire*, 1873), par le capitaine du génie R. Henry, aide-de-camp du général Chanzy, en 1870.

IV. *Étude sur la fortification des capitales, avec application à la place de Paris*, par le colonel belge Brialmont (1873).

V. *Discussion devant l'Assemblée nationale du projet de loi concernant les fortifications de Paris et du Rapport du général Chabaud-Latour* (1874).

Il y a deux points sur lesquels les auteurs de ces projets sont unanimement d'accord, c'est la nécessité absolue de mettre en principe les capitales à l'abri du *bombardement* et de faciliter les *mouvements tactiques extérieurs* des armées enfermées dans les camps retranchés.

I. Le projet du commandant Ferron consistait à accroître considérablement l'étendue et les ressources tactiques du camp retranché de Paris et à créer une tête de pont à Montereau, de façon à permettre à une armée spéciale de défense, dite *armée de la Seine*, de tenir campagne entre Paris et Fontainebleau, en se réfugiant au besoin sous les forts de Paris. Dans cette hypothèse, l'auteur proposait de construire de petits forts, armés de 16 à 25 canons, sur les positions suivantes : Villeneuve-Saint-Georges, Ablon, Torcy, Servon, Montély, Mont-Énard, Cerçay, Roissy, Lamiraut, La Pointe-Est, le Télégraphe, le bois Saint-Martin, Montsaigle, Nosgoïn, Vaujours, le Raincy, Luzancy, Coubron, Chelles, Aulnay-les-Bondy, Garges, Écouen, Domont, Bauffremont, Chanony, Frepillon, tête de pont de Pontoise, Évecquemont, Puiseux, Génicourt, Anvers, le Temple, Triel, Courdimanche, Boissy-l'Aillerie, Ennery, Aigremont, Saint-Jammes, Saint-Cyr, le Haut-Buc, Verrières, Palaiseau, Paray, la Butte-Chaumont.

Ces 44 forts, réunis par un chemin de fer de grande ceinture, devaient coûter 43 millions et exiger 20,000 hommes seulement pour leur défense.

II. Le général **Tripier**, préoccupé avant tout d'assurer à l'armée réfugiée sous Paris les moyens de rompre l'investissement, réclame l'occupation des positions avancées qui doivent faciliter à cette armée des débouchés et lui permettre de rayonner autour de la position centrale, de façon à écraser en détail les divers corps de l'armée ennemie. Il propose, en conséquence, d'étudier les projets de mise en état de défense des lignes de combat : Saint-Cyr-Palaiseau, Villeneuve-Saint-Georges, Chelles-Vaujours, Écouen-Montmorency, les hauteurs de l'Hautie et le contre-fort de Saint-Jammes ; mais il estime que l'on peut se borner à défendre ces diverses positions par les moyens que fourniront aux derniers moments les ressources de la fortification mobile et des ouvrages de campagne.

L'éminent général résumait ainsi son système :

La défense de Paris doit comprendre outre l'enceinte continue actuelle :

1° Une *première ligne intérieure* de forts détachés très solidement organisés pour mettre la place à l'abri du bombardement ;

2° Une *seconde ligne d'occupation extérieure*, poussée jusqu'aux obstacles naturels susceptibles de servir de bases d'opérations à une armée qui opérera autour de la position centrale tactique et stratégique de Paris, ligne soutenue par un petit nombre d'ouvrages isolés.

Ce travail est surtout remarquable par la préoccupation constante, chez son auteur, de l'importance qu'il faut attacher aux propriétés tactiques des lignes, du bassin central de la Seine, dans les opérations de la défense active de Paris, mais il n'indique pas de solution définitive et immédiatement pratique.

III. Le capitaine Henry, estimant qu'il ne suffit pas d'accroître le diamètre du camp retranché de Paris et d'y ajouter un très grand nombre de petits forts pour en empêcher l'investissement, a reproché aux divers systèmes proposés d'être *trop étendus* pour assurer la défense tactique ou rapprochée de Paris, et *trop restreints* pour permettre de rompre le blocus et d'opérer une bonne défense stratégique du bassin central de la Seine.

Cet ingénieur base la défense stratégique de la capitale sur les deux principes suivants :

1° Dans la défensive, celui qui veut tout couvrir, ne couvre rien ; 2° l'armée de Paris ne peut s'opposer à l'investissement que si elle dispose d'un échiquier organisé de façon à *diviser l'armée ennemie* en plusieurs groupes *séparés entre eux* par des rivières et par des obstacles fortifiés très éloignés du noyau central.

En conséquence, le capitaine Henry a proposé le système suivant ;

1° Une enceinte, *dite de préservation*, composée d'une ligne de forts détachés, disposés de manière à mettre, dans tous les cas, la ville à l'abri du bombardement ;

2° Un polygone, ou *échiquier stratégique de défense*, dont les pivots sont constitués par de véritables places fortes, capables de supporter un siège, et établies sur la Seine, sur la Marne, sur l'Oise et sur les croisements des grandes lignes ferrées du Nord et de l'Est, à 20 ou 30 kilomètres de la capitale.

Dans cet ordre d'idées, le capitaine Henry a

proposé, pour constituer son échiquier stratégique de défense de la région de Paris, la création
des ouvrages suivants :

1° Pour compléter l'enceinte de préservation :
construire les forts détachés de Châtillon, Celle-
Saint-Cloud, Bergerie, Mont-Avron, Hautes-
Bruyères, Orgemont et des têtes de pont à Be-
zons et Brie-sur-Marne.

2° Constituer le polygone stratégique de défense en établissant cinq places fortes solides,
défendues par 2,500 hommes au moins, à Meulan, Creil, Lagny, Corbeil et Rambouillet, et soutenues par les forts de Cormeilles, Chelles et Villeneuve-Saint-Georges, et par une tête de pont à
Montereau.

Les places fortes de Meulan, Lagny et Corbeil,
organisées de manière à former tête de pont et
soutenues en arrière par les forts avancés de Cormeilles, Chelles et Villeneuve-Saint-Georges, assurent à l'armée de Paris la possession *complète et
continue du bassin central* de la Seine, empêchent
l'investissement et facilitent aux armées de secours les moyens d'agir efficacement pour faire
lever le siège par une série d'opérations combinées avec les défenseurs.

Ce large et puissant système de défense avait
l'avantage de n'exiger qu'une dépense de 36 millions et une garnison fixe de 35,000 hommes pour
l'enceinte de préservation et les places fortes de
l'échiquier défensif.

IV. Le général Brialmont a proposé de fortifier
les capitales au moyen de deux ou trois camps
retranchés, établis symétriquement en dehors de
la ville, à une distance telle qu'entre les forts
intérieurs et l'enceinte il y eut une zone de 8 kilomètres de largeur.

Appliqué à Paris, ce système conduirait à l'occupation d'un cercle intérieur de 26 kilomètres
de diamètre, ou de 78 kilomètres de circonférence,
et à la création de 36 à 40 forts, avec une trentaine de batteries intermédiaires. Il exigerait une
dépense d'environ 130 à 140 millions.

Le système du général Brialmont assure une
défense active, énergique; il est bien conçu au
point de vue de la fortification moderne, mais il
ne peut dispenser d'une *enceinte de préservation* et
il offre l'inconvénient grave de comporter la construction d'un grand nombre de forts et d'établissements accessoires exigeant des dépenses
considérables.

V. L'Assemblée nationale, dans ses séances du
21 au 27 mars 1874, après une brillante discussion du Rapport du général de Chabaud-Latour, à
laquelle prirent part le général Chareton, le colonel Denfert-Rochereau, Thiers, les généraux
Valazé et Billot, adopta définitivement, pour les
fortifications de Paris, un projet mixte d'extension du camp retranché, qui offre certaines analogies avec les projets décrits ci-dessus. En vertu
de la loi de 1874, un crédit de 60 millions fut ouvert pour augmenter le camp retranché de Paris,
en établissant des forts sur les positions suivantes, choisies par la Commission de défense :
Cormeilles, Montlignon, Domont, Stains, Saint-
Jammes, Marly, Saint-Cyr, Haut-Buc, Villeras,

Verrières, Châtillon, Palaiseau, Villeneuve-Saint-
Georges, ouvrages de la Marne, Chelles et Vaujours.

Ce camp retranché offre assurément des ressources sérieuses pour la défense de la capitale ;
mais, malgré le grand nombre de forts dont il se
compose, il ne met pas complètement Paris à
l'abri de l'investissement, parce qu'on a omis
d'occuper par de solides forteresses les trois positions essentielles de l'Hautie, de Lagny et de
Corbeil, qui sont les clefs de l'échiquier stratégique de la Seine.

Définition de la fortification moderne. De ces diverses études et discussions, il résulte que l'art
de la fortification est devenu plus nécessaire qu'il
ne l'a jamais été pour la conservation des nations.
A notre époque, on peut définir la fortification :

« L'art d'accroître la valeur défensive d'une position
tactique ou d'une région stratégique, en y créant des
obstacles matériels puissamment armés d'artillerie et
disposés de manière à offrir la plus grande résistance
possible et à prêter à toute opération de campagne entreprise dans leur voisinage, des points d'appui solides et
durables, tout en n'exigeant pour leur défense et leur surveillance, qu'un nombre minimum de combattants. »

Au triple point de vue de la durée, de la résistance et de l'importance des moyens d'exécution
ou d'improvisation, on doit distinguer quatre espèces de fortifications :

1° *La fortification permanente*, qui comprend les
ouvrages défensifs considérables, qu'une nation est
obligée d'édifier pendant les loisirs de la paix,
pour assurer la défense d'une frontière ou d'une
région stratégique, en y consacrant toutes les ressources de l'art et de l'industrie;

2° *La fortification mobile*, qui consiste à compléter les ouvrages nécessaires à la défense, en
établissant au moment de la guerre, à l'aide d'é-
léments portatifs résistants tout préparés d'avance
tels que (charpentes, gabions, panneaux, poutres
métalliques divisibles, sacs à terre et briques
crues, etc.) certains types normaux de fortins, redoutes ou batteries d'une installation simple et
d'un montage facile et rapide, sans avoir besoin
de recourir à l'emploi de la maçonnerie et des ouvrages d'art.

3° *La fortification de campagne*, comportant les
ouvrages d'une certaine importance et d'une certaine durée, que l'on construit pendant le cours
d'une guerre, avec les éléments qui se trouvent
sur les lieux. Telles sont les camps retranchés de
campagne, les têtes de pont, les redoutes et lunettes, les lignes, les parallèles, les batteries de
siège, les contre-approches, etc., etc.;

4° *La fortification passagère*, dans laquelle on
peut faire rentrer la fortification de champ de bataille. Elle comprend les embuscades et postes
d'avant-garde fortifiés, les épaulements, les tran-
chées-abris, les blockhaus et défenses accessoires,
la mise en état de défense des bois et des villages
qu'un corps d'armée peut avoir à fortifier en quelques heures pour assurer sa position de combat
ou protéger les abords d'une place forte.

Principes généraux de la fortification moderne.
Nous avons résumé à l'article FORT les conditions

essentielles auxquelles doivent satisfaire de nos jours les forts avancés des camps retranchés et les forts isolés. Le corps du génie français, sous la direction éclectique et intelligente du général Seré de Rivières, est revenu aux larges principes posés par Montalembert, Chasseloup-Laubat, Carnot, Rogniat, et a adopté dans l'établissement des forts les dispositions les plus variées. En ce qui concerne les positions fortifiées et les grandes places,

il convient toujours d'observer les principes suivants :

1° Toute position d'une certaine importance doit toujours être occupée, *au minimum*, par trois ouvrages disposés en triangle, de façon que l'un d'eux puisse au besoin servir de réduit aux défenseurs des deux autres et que lorsqu'un ouvrage est attaqué, il puisse être défendu et battu par les feux croisés des deux autres.

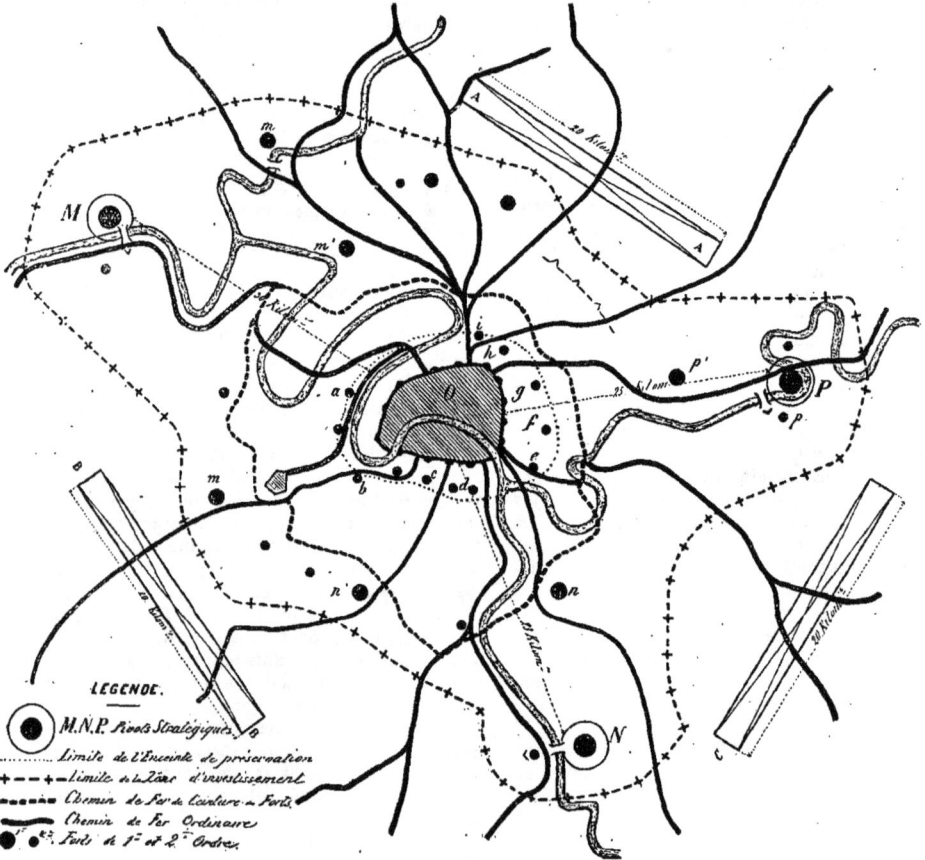

Fig. 183. — *Echiquier stratégique de défense ayant pour centre une capitale.*

2° Toute place ou *forteresse* exclusivement militaire, doit être placée autant que possible sur un cours d'eau et au point d'intersection de plusieurs voies de communications. Elle doit se composer d'un noyau, ou réduit central (qui sera soit un grand fort fermé de toutes parts, soit une ville à enceinte continue), que l'on protégera dans un rayon de 2 à 3 kilomètres, par 4 ou 5 petits forts détachés occupant les points les plus favorables du site, se défendant mutuellement et soutenus en arrière par les feux du fort principal, dont ils seront comme les satellites. Ainsi constituée, la forteresse ordinaire, ou *groupe secondaire*, réalisera l'application du principe de l'*association des points résistants* et pourra contre-battre avec

succès, par les feux de ses diverses batteries, les feux convergents de l'assiégeant, ce que ne peut faire un fort isolé.

3° Ne jamais construire d'ouvrages complètement isolés, que dans certaines positions tout à fait exceptionnelles et inaccessibles, comme il s'en présente parfois en pays de montagnes.

4° Toute grande *place d'armée* de premier ordre, doit être établie sur un ou plusieurs cours d'eau, de façon à interdire à l'ennemi un nœud de routes et de voies ferrées. La ville sera mise à l'abri d'une surprise par une enceinte polygonale continue très simple, avec mur à la Carnot et bastionnets de flanquement. A 7 ou 8 kilomètres en avant de cette enceinte, sera établie une ceinture de forts fermés, tels que $a, b, c, d, e, f, g, h, i, j$, espacés de 3 à 4 kilomètres et formant camp retranché (fig. 183). Afin d'empêcher l'ennemi de bloquer complètement l'armée défensive, opérant sous la protection du camp retranché, on établira à 16 ou 20 kilomètres en amont et en aval de la ville, sur chaque rivière passant au travers ou à proximité de cette ville, de solides forteresses tête de pont, telles que M, N, P, qui seront reliées à l'enceinte du camp retranché par un ou deux forts: m, m', n, n', p, p', disposés de façon à battre, à surveiller les cours d'eau et à empêcher toute tentative de passage de l'ennemi, entre une des forteresses et le noyau du camp retranché. Par cette disposition, les différents groupes de l'armée assiégeante, A A,

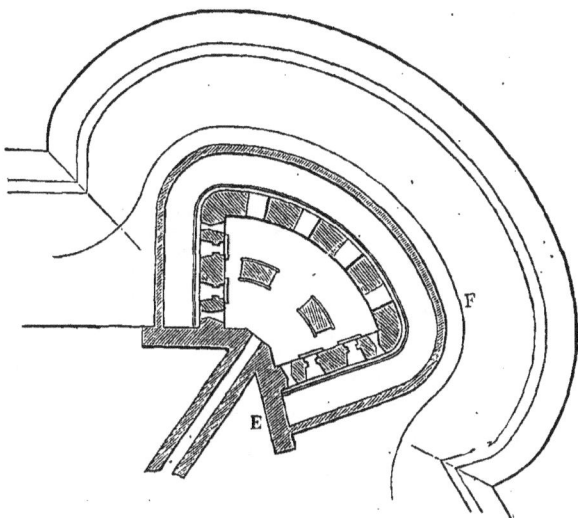

Fig. 184. — *Caponnière de tête d'un fort moderne. Plan.*

BB, CC, ne pourront communiquer entre eux qu'en construisant à grand peine sur les rivières qui les séparent, des ponts qui seront à plus de 22 ou 23 k. de la ville, ce qui revient à dire que l'investissement sera impossible et que les forces de l'assiégeant seront divisées en 2 ou 4 parties, suivant que la région stratégique occupée par l'armée de dé-

Fig. 185. — *Elévation E F de la caponnière.*

fense sera traversée par un ou deux cours d'eau (fig. 183). Il en résulte que l'armée assiégée pourra, à un moment donné, concentrer dans un secteur toutes ses forces pour attaquer et détruire le groupe de l'armée assiégeante qui voudrait s'opposer à une jonction avec une armée extérieure, ou à une reprise des hostilités en rase campagne.

5° En ce qui concerne l'organisation des forts et

forteresses, nous ne pouvons entrer dans beaucoup de détails et nous renverrons à cet égard à notre article Fort et aux ouvrages les plus récents publiés sur la fortification polygonale et sur les camps retranchés. Nous nous bornerons à rappeler que la plupart des fronts des enceintes et des forts modernes doivent être flanqués par une caponnière centrale armée d'obusiers et de mitrailleuses destinés à battre les fossés. La figure 184 ci-contre représente le plan d'une caponnière de tête flanquant les deux branches du fossé principal d'un fort moderne. L'élévation EF (fig. 185) montre les dispositions extérieures des embrasures et des créneaux de cette caponnière. Les parapets du fort, qui doivent généralement être armés d'artillerie, sont garnis de traverses blindées sous lesquelles sont établis des magasins à poudre et des abris pour les servants.

6° *Fortification mobile.* Depuis quelques années, plusieurs ingénieurs se sont préoccupés de diminuer, en partie, les énormes dépenses qu'entraîne la construction des forts permanents en maçonnerie en faisant usage de ce que nous avons appelé la *fortification mobile*. Ce procédé consiste à constituer dès le temps de paix, dans chaque grande place centrale, un approvisionnement d'*éléments de construction* en bois, en fonte et en tôle de fer ou d'acier rendus inoxydables, préparés de telle sorte, qu'au moment de la guerre on n'ait plus qu'à transporter ces éléments et à les assembler avec des brides et des boulons de façon à constituer des abris, des parapets, des caponnières, des embrasures, des blockhaus, des galeries couvertes, des observatoires, etc. On peut ainsi, avec des soldats quelconques, monter et mettre en place en quelques jours l'ossature complète d'un petit fort, d'une redoute ou d'une batterie et achever rapidement les parapets et les traverses en comblant tous les vides à l'aide de gabions métalliques et de sacs remplis de terre ou de briques crues préparées par les habitants. Déjà, avant 1870, le général Tripier avait imaginé d'employer pour la construction des ouvrages complémentaires de défense, des caisses portatives en tôle et des gabions métalliques démontables. Le général Brialmont admet très bien la possibilité de construire des caponnières et des blockaus flanquants en *fonte durcie* que l'on peut ensuite recouvrir d'une couche épaisse de terre. En 1880, un commandant du génie a proposé un système de charpente réticulée divisible, composé d'éléments tétraédriques ou triangulaires portatifs en acier qui permet de construire, sans ouvriers spéciaux, l'ossature des parapets, des traverses et des casemates d'un fort improvisé, ainsi que des cavaliers et des tours d'observation. Les intervalles triangulaires de cette charpente sont fermés avec des plaques de tôle, puis rendus massifs par des sacs remplis de terre, fortement tassés entre les cloisons. Dans un curieux ouvrage publié en 1892, sous le titre de *La Fortification du présent et de l'avenir*, le colonel autrichien Otto von Giesse, poursuivant la même idée, propose de construire des forts improvisés avec divers éléments métalliques transportables, conservés en magasin, tels que grands gabions en acier étamé, pour parapets, murs crénelés en tôle d'acier, grillages et poutres métalliques pour casemates, cylindres creux en acier, pour passages couverts, poternes, mines, etc. Cette idée nouvelle d'employer des éléments portatifs en métal pour la construction des fortins et batteries, offre une importance et un intérêt considérables au point de vue des ressources qu'elle peut fournir à la défense active d'une grande place, telle que Paris, par exemple, où l'on trouverait toujours en grande abondance les matériaux et le personnel nécessaires pour réaliser rapidement des constructions de ce genre.

7° *Organisation défensive des États.* Bien des théories ont été proposées depuis 1870 pour l'emploi des camps retranchés, dans la défense des frontières et des régions intérieures des grandes nations européennes. Nous nous contenterons de citer à ce sujet l'extrait suivant de la *Philosophie de la Guerre*, du commandant Henry, qui nous semble résumer clairement l'état actuel de la question.

« Dans ce grave problème de la défense des Etats, c'est, avant tout, à la stratégie et aux conditions actuelles de viabilité que l'ingénieur militaire doit demander les combinaisons et les hypothèses qui lui permettront de faire le choix des bases d'opérations offensives et des principales *régions stratégiques* dans lesquelles il conviendra de rassembler et de concentrer les ressources de la défense du territoire.

« Ce n'est plus sur la ligne frontière qu'il faut multiplier les places fortes, car, si dès le début on se trouve réduit à la défensive, ce ne peut être que par la perte de deux ou trois batailles décisives qui auront livré à l'invasion les débouchés et les voies ferrées pénétrantes. Il faut alors, au lieu d'essayer de *faire tête sur tous les points à l'ennemi* envahissant, concentrer ses forces au *cœur même du pays* dans un petit nombre de *régions* offrant des obstacles naturels renforcés par des ouvrages, bien préparées et abondamment approvisionnées d'avance pour une lutte prolongée. Les villes fortes ordinaires, à simple enceinte, habitées par une population bourgeoise, ne sont plus capables d'offrir une résistance sérieuse à un siège en règle, ou même à une tentative de bombardement. Les camps retranchés de petites dimensions, analogues à ceux que l'on a créés depuis une trentaine d'années, sont fatalement condamnés à subir un blocus prolongé

qui isolera du reste du pays le général assez imprévoyant pour s'y laisser enfermer dans une attitude passive avec toute son armée.

« Ce n'est donc ni dans les places fortes isolées, ni dans les camps retranchés indépendants qu'il faut chercher le salut du pays envahi. Mais si, au lieu de disséminer ainsi sur tous les points du territoire des obstacles trop restreints et des forces insuffisantes, on choisit une région bien définie, naturellement accidentée, offrant, vers sa partie centrale une *grande place d'armée*, munie de ses forts détachés, puis, qu'à une distance de 25 à 30 kilomètres de ce noyau central, on établisse sur les voies fluviales et ferrées qui viennent y converger, un certain nombre de solides forteresses et quelques forts d'arrêt à l'entrée des défilés, on créera un large et puissant système de défense susceptible d'opposer à l'invasion une résistance extrêmement considérable. Supposons, en effet, que l'on ait rassemblé et organisé dans la place centrale de l'*échiquier de défense* une armée formée de 3 ou 4 corps commandée par un général connaissant bien les positions et les ouvrages fortifiés de la région. Appuyé sur les forteresses avancées du polygone stratégique, dont la résistance locale prolongée interdit à l'ennemi l'accès des grandes communications, le commandant de la défense aura l'initiative des mouvements et conservera toujours la faculté de prendre toutes les positions de front ou de flanc qu'il jugera convenables pour le succès de ses opérations. Parfaitement assuré de n'être jamais tourné ni coupé de son centre d'opérations, qui est la place d'armée, il tentera avec confiance les manœuvres et les attaques les plus hardies sur tout le pourtour de son *échiquier de défense*; il pourra même en sortir lorsqu'il jugera l'occasion favorable pour opérer sa jonction ou combiner ses mouvements avec une armée de secours venue de l'intérieur du pays. Ainsi, grâce à cette disposition, l'armée de la défense jouira de toute la liberté de ses mouvements et ne pourra être ni investie, ni bloquée, ni réduite à capituler (comme cela a eu lieu avec les camps retranchés) avant que l'ennemi ne soit parvenu à s'emparer, par un siège, de deux des forteresses principales qui forment les sommets du polygone stratégique.

« L'envahisseur, au contraire, se trouve dans la situation la plus défavorable. Embarrassé dans un pays accidenté dont toutes les positions militaires sont gardées ou organisées au profit du défenseur et dont tous les pivots de manœuvre sont solidaires, troublé et harcelé par des attaques de flanc et de front soudaines et multipliées, il risque à chaque instant d'être enveloppé ou coupé de ses communications. Pour entreprendre le siège d'une des forteresses du polygone, il lui faudrait l'entourer complètement, or, ce blocus est impossible, puisque chaque forteresse étant à quelques kilomètres des forts du camp retranché central, peut être secourue à bref délai par l'armée de défense toute entière. »

En admettant qu'après bien des efforts et des combats heureux, l'assiégeant parvienne à s'opposer aux secours et à s'emparer du secteur compris entre deux des pivots de l'échiquier, il ne lui sera pas possible de profiter de la voie qu'il se sera ouverte, puisque, malgré ce succès, il reste exposé sur ses deux flancs aux attaques incessantes de l'armée de défense et plus tard à celles des armées de secours.

« Ainsi, il ne parviendra à se rendre maître de la région ainsi défendue qu'en entreprenant contre elle, avec des forces triples de celles qui lui sont opposées, une longue et pénible campagne de réduction systématique, après laquelle il trouvera encore intacte devant lui la place d'armée centrale dont il lui faudra faire le siège régulier. Or, une série d'opérations aussi difficiles exigera un temps fort long, pendant lequel les armées de secours auront pu se former et viendront dégager la région envahie dont l'étendue est trop considérable pour que l'ennemi puisse s'y défendre sur tous les points. »

Dans ce système chaque échiquier de défense occupant un vaste polygone de 60 à 80 kil. de grand axe pourrait couvrir une base stratégique défensive d'environ 100 kilomètres, et il suffirait d'établir en arrière d'une frontière de 150 lieues de développement, trois échiquiers de ce genre se soutenant mutuellement, pour assurer à la défensive la supériorité sur l'offensive et entraîner la destruction des armées d'invasion.

Ces idées, formulées pour la première fois en 1873, à l'occasion du système général de défense à adopter pour la France, furent d'abord repoussées par l'ancienne école, puis ensuite accueillies favorablement par certains ingénieurs et notamment par Viollet-le-Duc. Dans un très intéressant ouvrage intitulé *Histoire d'une forteresse*, l'illustre architecte qui, à l'exemple d'Albert Dürer, fut aussi un ingénieur militaire remarquable, reprit la même thèse dans les termes suivants (chap. XVII).

« *Faire tête à l'invasion sur tous les points à la fois* a toujours été difficile; ce problème est aujourd'hui plus difficile encore à résoudre si l'on se tient sur la défensive, il faut se borner alors à préserver *le cœur même du pays et certaines régions* déjà protégées par la nature, qui permettent d'opérer sur les flancs des armées d'invasion; régions possédant derrière elles de vastes centres d'approvisionnement.

« *Cette extension des échiquiers de défense devra se diviser en deux zones avec un noyau central. La zone intérieure se composerait d'ouvrages permanents, formant une enceinte de préservation*, ligne de forts à intervalles suffisamment appuyés en cas de guerre par des ouvrages de campagne. *La zone extérieure consisterait en l'occupation de points stratégiques bien choisis et étudiés à l'avance*, formant des petits camps protégés par des ouvrages passagers et permettant à une armée de se couvrir sans que l'ennemi puisse épier ses manœuvres. »

D'autre part, le *Journal des sciences militaires* a publié en mars 1884, sur les conditions d'investissement et de défense du camp retranché de Paris, un article très remarqué dû à M. le général de Villenoisy dont le nom fait autorité en matière de fortifications. L'honorable général, admettant complètement les principes exposés plus haut au sujet des échiquiers de défense, regrette que

« Les ouvrages avancés de notre capitale aient été construits plutôt dans des intentions simplement défensives, que pour favoriser une action offensive; qu'on les ait trop également répartis sur le pourtour de la place, au lieu de créer autour de Paris, à grande distance, *un nombre restreint de centres très solides*, susceptibles à la fois de maintenir l'ennemi et de protéger des retours offensifs. »

Comme l'auteur du projet publié en 1873 par le *Spectateur militaire*, le général de Villenoisy estime que l'on aurait dû construire des forteresses tête-de-pont à Lagny sur la Marne, à Meulan et à Corbeil sur la Seine, à Pontoise sur l'Oise et occuper comme pivots stratégiques les positions de Rambouillet, de Montlhéry-Torfou et de Dammartin, qui rendraient l'armée de défense maîtresse de tous les débouchés stratégiques de l'échiquier de la Seine.

On peut conclure de ces citations, que le système de défense des états par *les échiquiers stratégiques*

de défense à noyau central, tend à prévaloir de plus en plus sur les petites places en cordon sur la frontière ou sur les forts nombreux et disséminés sans soutiens et sans méthode. Ce système parfaitement logique et conforme aux vrais principes de la stratégie défensive, nous semble être devenu l'expression caractéristique de la grande fortification moderne.

Bibliographie. — V. FORT.

*FORTUNE. *Myth.* Divinité allégorique qui présidait aux destinées des humains et qui eût un culte et des autels; on la voit sur un grand nombre de bas-reliefs et de médailles antiques, chauve, aveugle, ayant une corne d'abondance à la main, ou un soleil ou un croissant sur la tête, ou encore tenant un gouvernail. Dans d'autres représentations, ses pieds sont ailés, l'un des deux posé sur un globe ou sur une roue. Les artistes modernes la représentent au gré de leur imagination, mais le plus souvent on lui donne les traits d'une jeune femme, les yeux bandés et l'un de ses pieds ailés sur une roue. Nous avons renversé les autels de cette divinité capricieuse, mais son culte est toujours en honneur et le monde entier appelle ses faveurs et se prosterne devant ses arrêts.

FOSSE. Cavité pratiquée dans le sol pour servir à divers usages; *fosse à chaux*, trou dans lequel on conserve la chaux éteinte; espace entouré de murs au milieu duquel le fondeur place l'objet à fondre; cuve du tanneur pour y mettre le cuir imbibé; cavité pratiquée au-devant du balancier où se frappent les monnaies; *fosse à piquer le feu*, longue cavité établie dans une gare, entre les rails, et dans laquelle le mécanicien peut descendre pour piquer le feu, vérifier les pièces de la machine et au besoin faire les petites réparations; *fosse à purin*. — V. CONSTRUCTION RURALE.

FOSSE D'AISANCES. Réceptacle disposé en sous-sol, dans les habitations, pour emmagasiner provisoirement les matières fécales, amenées des étages supérieurs par une canalisation spéciale. On distingue : les *fosses fixes* et les *fosses mobiles*.

Les premières sont des espèces de réservoirs ou citernes établis dans la hauteur de l'étage des caves, soit sous la maison, soit à l'extérieur, mais attenants à l'un des murs de fondation. Ces fosses peuvent donner lieu à des infiltrations de matières éminemment fermentescibles, susceptibles de corrompre les eaux des puits plus ou moins éloignés, de déterminer la formation du salpêtre dans les murs voisins, d'émettre des gaz qui attaquent l'odorat et compromettent la santé publique.

— Aussi, la construction de ces réceptacles est-elle soumise à des règlements administratifs. En vertu des ordonnances de police du 23 octobre 1819 et du 1er décembre 1853, il est interdit, à Paris et dans les communes avoisinantes, d'employer comme fosses les puits, puisards, égouts et carrières abandonnés. Ces fosses doivent être construites en pierre meulière et en mortier de chaux maigre avec enduit lissé à la truelle, être voûtées en plein cintre avec 2 mètres de hauteur sous clef. Il est prescrit de faire le fond en forme de cuvette, de pratiquer une ouverture d'extraction de 1 mètre sur 65 centimètres, de donner au tuyau de chute au moins 25 centimètres de diamètre, s'il est en terre cuite et 20 centimètres s'il est en fonte, d'établir parallèlement un tuyau d'évent de 25 centimètres au moins de diamètre, élevé jusqu'à la hauteur des souches de cheminée. Il est défendu de faire dans les fosses des compartiments, piliers apparents ou angles rentrants. A ces prescriptions, nous ajouterons que l'emplacement de ces réservoirs doit être choisi de manière à rendre l'opération de la vidange le moins incommode possible.

Toutefois, ces dispositions ne peuvent faire disparaître les inconvénients des réactions chimiques auxquelles donne lieu le contact prolongé des matières, et d'où résulte la production de gaz méphytiques et explosibles. On a donc cherché à changer le système des fosses fixes. On sait que dans beaucoup de localités les matières fécales sont reçues dans des tonneaux ou des baquets que l'on va vider dans la campagne, où leur contenu est très recherché comme engrais. C'est ce système régularisé et perfectionné que l'on s'est efforcé de substituer à l'ancien. Dans les fosses dites *mobiles* sont placés des récipients appelés *tinettes*, auxquels aboutit le tuyau de chute et où la séparation des matières se fait automatiquement. A Paris, dans les rues pourvues d'égouts, les liquides sont évacués à la conduite publique à l'aide d'un branchement particulier mis en communication avec la tinette par une canalisation en fonte. Les solides restent dans les tonneaux, qu'on enlève quand ils sont trop pleins et que l'on remplace par dès récipients vides. La fosse même est un caveau de petites dimensions pris dans la hauteur des caves et aménagé d'une façon spéciale. — V. VIDANGES.
— F. M.

FOSSÉ. 1° *T. de p. et chauss.* Fosse prolongée, creusée le long d'une grande route ou des terres, et destinée à servir de limite ou d'écoulement des eaux. Leur construction, qui doit toujours être soignée, dépend de la nature du sol ; si la terre est compacte, argileuse, on donne à la paroi intérieure une inclinaison à 45° ; si elle est sablonneuse, mobile, la pente doit être plus douce. Les dimensions du fossé dépendent de sa destination et son entretien est l'une des conditions essentielles de sa conservation ; un curage périodique et le gazonnement augmentent la durée des fossés et diminuent les frais d'entretien ; en outre des haies vives maintiennent les terres de la berge et consolident les parois. || 2° *T. de fortif.* Excavation pratiquée autour des ouvrages de fortification, d'un camp, d'une ville, etc., pour en défendre l'accès. Les fossés sont secs, lorsqu'ils sont creusés à des hauteurs où l'eau arriverait difficilement, ou pleins d'eau, lorsqu'on peut les inonder à volonté. On les construit en talus, à fond de cuve, revêtus ou non d'une maçonnerie ; leur largeur varie de 2 mètres à 6 mètres ; leur profondeur variable atteint jusqu'à 30 mètres. On les franchit au moyen de ponts-levis. — V. FORTIFICATION.

*FOUCAULT (JEAN-BERNARD-LÉON). Physicien français, né à Paris, le 18 septembre 1819, mort à Paris, le 11 février 1868. Il se destina d'abord à la médecine, mais il abandonna bientôt les études médicales pour se consacrer à la physique expérimentale vers laquelle l'entraînaient son goût pour les sciences et son esprit remarquablement inventif. Possesseur d'une assez grande fortune, il put se livrer sans inquiétude aux recherches qui le passionnaient, et ne connût pas les misères qui ont entravé les débuts de tant de carrières scientifiques. Indépendant de toute attache professionnelle, ayant acquis lui-même, à loisir et librement l'instruction qu'il désirait, en dehors de toute préoccupation de programme imposé, il s'est véritablement formé lui-même, par l'étude et la réflexion personnelle, et non par les leçons des maîtres. Peut-être est-ce à cet ensemble de circonstances aussi bien qu'aux heureuses qualités dont l'avait doué la nature qu'il faut attribuer cette puissante originalité qui fut le trait saillant de tous ses travaux, soit qu'il voulût perfectionner une méthode déjà connue, [soit qu'il imaginât quelqu'une de ces belles expériences aussi simples dans leur principe qu'inattendues dans leur réalisation, et qui s'imposaient à la fois à l'étonnement du public et à l'admiration des savants.

Personne n'ignore qu'on doit à Foucault la preuve matérielle et positive du mouvement de rotation de la terre. Il suffit de rappeler la fameuse expérience du pendule qu'il installa sous la coupole du Panthéon en 1851. Quelques minutes suffisaient à constater dans le plan d'oscillation une déviation dont le sens et la grandeur se sont montrés en tous points conformes à la théorie. C'est pour le même objet qu'il imagina le petit appareil appelé *gyroscope*.

La plupart des autres travaux de Foucault se rapportent à l'optique. C'est lui qui démontra que la lumière se propage moins vite dans l'eau que dans l'air, résultat inconciliable avec la théorie de l'émission. Pour cela il se servit d'un appareil qui, modifié et complété, lui servit douze ans plus tard non plus seulement à comparer les vitesses de propagation de la lumière dans deux milieux différents, mais bien à déterminer la mesure absolue de cette vitesse dans l'air. On comprendra facilement ce qu'il y a de remarquable à mesurer, dans un laboratoire de quelques mètres d'étendue, une vitesse qui atteint 300,000 kilomètres par seconde.

On doit encore à Foucault d'intéressantes études, faites pour la plupart en collaboration avec Fizeau, sur la lumière électrique, sa puissance photométrique et l'usure des charbons entre lesquels on fait jaillir l'arc électrique. Dès le début de ce mode d'éclairage, il avait imaginé un régulateur pour maintenir automatiquement l'écartement des charbons ; quand on représenta l'opéra du *Prophète*, c'est lui qui fut chargé de construire l'appareil lumineux destiné à figurer le soleil levant dans la scène des patineurs. Il découvrit le phénomène si curieux de la résistance considérable qu'on éprouve à faire tourner rapidement un disque de cuivre entre les deux pôles d'un puissant électro-aimant, phénomène utilisé plus tard par Violle pour déterminer la valeur de l'équivalent mécanique de la chaleur (V. CHALEUR, § *Équivalent mécanique*). On lui doit encore un régulateur à force centrifuge pour maintenir uniforme le mouvement des équatoriaux autour de l'axe polaire, et un procédé d'argenture chimique du verre qui lui permit de fabriquer des miroirs de télescopes en verre argenté d'une rare perfection et de beaucoup supérieurs aux miroirs métalliques employés autrefois. Ce procédé a été décrit au mot ARGENTURE sous le nom de *procédé de M. Martin*. M. Martin est en effet l'élève et le successeur de Foucault pour ce genre de fabrication.

Foucault fut nommé membre du bureau des longitudes en 1862 et membre de l'Académie des sciences en 1865. Sans être considérable, son influence fût des plus heureuses sur le développement des idées modernes. Ces expériences du pendule et du gyroscope ont apporté le couronnement à l'œuvre de Copernic et de Galilée. Celles du miroir tournant, en faisant définitivement triompher la théorie des ondulations lumineuses, ont contribué à donner à la science contemporaine la physionomie qui la caractérise. A défaut d'autres travaux, de pareils résultats suffiraient à immortaliser son nom.

*FOUCQUET (JEAN), peintre miniaturiste, né à Tours vers 1415, mort vers 1485. Bien que le nom de *Jean* FOUCQUET ne fût pas inconnu, car il figure comme peintre d'office et enlumineur du roi Louis XI sur un manuscrit de la Bibliothèque nationale, ce n'est qu'au milieu du XIX° siècle qu'on a rendu à ce grand artiste français le rang qui lui revient dans l'histoire de l'art. De l'aveu même de ses contemporains, il était considéré comme supérieur aux autres peintres du XV° siècle ; et il fallait, en effet, que sa réputation fût déjà établie, pour que le pape Eugène IV lui demandât son portrait à une époque où l'Italie possédait tant d'artistes éminents. Cependant cette gloire a passé, ce nom s'est peu à peu perdu, au point qu'on a attribué la plupart des œuvres de Jean Foucquet aux artistes flamands, notamment aux Van Eyck, et cela contre toutes les vraisemblances.

Comme le fait si bien remarquer Vasari, qui cependant n'a pas accordé à Foucquet, dans sa *Vie des peintres*, la place qu'il méritait, on reconnaît dans les œuvres de Jean Foucquet un sens artistique si profond, un style si large, un goût si exquis, que ces qualités suffiraient pour conjecturer que leur auteur n'était pas seulement miniaturiste, mais peintre de tableaux. Foucquet avait fait le voyage d'Italie et en avait rapporté de précieuses études, aussi ses miniatures offrent-elles de nombreuses réminiscences de l'antique et de la renaissance italienne, tout en gardant le sentiment naïf et le charme tout particulier des primitifs du moyen âge. Ses paysages dénotent une science de la perspective qu'on ne rencontre pas communément chez les miniaturistes du XV° siècle.

La première œuvre importante de Foucquet, dont la date soit certaine, est le *Cas des nobles hommes et femmes malheureuses*, traduction de Boccace, que le miniaturiste a enrichi de 91 compositions de la plus grande valeur artistique. Le morceau capital de cette suite est le frontispice. Le roi Charles VII, présidant un lit de justice, est entouré de près de trois cents personnages, qui, malgré les proportions très restreintes du dessin, sont des portraits très facilement reconnaissables. L'œuvre a été terminée le 24 novembre 1458, « à Aubervilliers-les-Saint-Denis, pour Étienne Che-

valier, conseiller du roi Charles VII, maître des comptes et trésorier de France. »

Cet Étienne Chevalier paraît avoir été le principal protecteur de Foucquet, car c'est pour lui encore que fut peint le diptyque de Melun, dont les deux volets ont été malheureusement séparés en 1793. L'un, qui représente la Vierge et l'enfant Jésus entourés d'anges, est au musée d'Anvers ; l'autre, qui comprend les portraits de Chevalier et de son patron saint Étienne, appartient à M. Louis Brentano, de Francfort. Enfin, pour ce même Chevalier, Foucquet exécuta le célèbre livre d'*Heures*, qui est considéré comme son chef-d'œuvre et dont les feuillets ont été arrachés au XVIII° siècle et dispersés. M. Brentano en possède quarante. Ces miniatures sont admirables de couleur et de justesse de proportions. La vérité des attitudes, la force de l'expression, le charme des paysages, l'exactitude des costumes contribuent à faire de ces compositions les spécimens les plus parfaits et les plus précieux de l'art français avant la Renaissance.

Nous citerons encore les onze miniatures des *Antiquités des Juifs*, par Joseph, terminées vers 1465, et celles du livre d'Heures de Marie de Clèves, duchesse d'Orléans (1472), exécutées par les ordres du roi Louis XI, dont Jean Foucquet était le « peintre d'office et enlumineur. »

C'est là tout ce que nous connaissons d'une manière certaine de l'œuvre du grand artiste. Mais, sans doute, on lui restituera des miniatures encore gardées dans des collections particulières, ou attribuées à des maîtres allemands ou italiens, grâce à ce préjugé déplorable qui porte les amateurs français à attribuer une plus grande valeur intrinsèque, à mérites égaux, aux œuvres d'artistes étrangers.

On conçoit que, dans l'état actuel des études sur l'histoire de la miniature au moyen âge, il soit fort difficile de se rendre compte de l'influence de Jean Foucquet sur cette branche de l'art. Elle dut être grande cependant, si l'on considère la réputation du maître et la haute situation qu'il occupait à la cour. Beaucoup de livres à images de son époque sont dus évidemment à ses élèves, et ils se distinguent absolument de ceux qui précèdent, par des qualités qui n'appartiennent qu'à Foucquet. Nous avons d'ailleurs les noms de plusieurs de ses élèves, peintres illustres eux-mêmes. Ce sont, d'abord, Louis et François, ses fils, puis Jean Poyet, Jean d'Amboise, Bernard et Jean de Posay, etc. Parmi les œuvres les plus remarquables, où se retrouve l'influence de Jean Foucquet, on cite la *Traduction du Tite-Live* en 3 vol. in-f°, et les *Antiquités des Juifs*, traduction de C. Coquillard, superbe édition terminée du vivant de Foucquet, mais où on ne peut reconnaître la main même du maître. Peut-être fut-elle exécutée sous sa direction. Il faut espérer que cette pléiade d'artistes trouvera un jour des historiens érudits qui feront pour elle ce qu'ont fait pour Jean Foucquet, de Bastard, P. Paris et de Laborde, à qui revient l'honneur d'avoir rétabli la mémoire du plus grand artiste français du moyen âge.

L'école française des miniaturistes, dont Foucquet est le maître le plus puissant et le plus original, peut être comparée certainement aux écoles de Flandre et d'Italie, qui ont profité de l'oubli dans lequel est resté notre art national. Si la peinture française est inférieure à celle des Pays-Bas pour la vivacité et la variété des représentations de la nature, ainsi que pour l'énergie de la composition et du mouvement, elle lui est supérieure par le style plus large, par les lignes mieux ordonnées, par le goût des draperies et des ornements, par la grandeur et le charme de la conception. De même, on ne trouve pas chez les artistes italiens cette connaissance du clair-obscur, cette science de la perspective, ce respect des traditions, cette exactitude des paysages et des détails des costumes ou de l'ameublement, qui indiquent chez Jean Foucquet le précurseur d'une époque féconde pour l'art. Selon la belle expression de Paul de Saint-Victor, il semble qu'il peignait entre le crépuscule du moyen âge et l'aurore de la Renaissance. — C. DE M.

FOUGASSE. *T. d'art milit.* Sorte de mine peu profonde, ayant pour but de projeter une gerbe de pierres sur l'ennemi qui attaque un ouvrage. Les fougasses sont employées dans les défenses accessoires. Pour préparer une fougasse, on creuse sur le glacis de l'ouvrage à protéger une sorte d'entonnoir conique, dont l'axe est incliné à 45° du côté de l'attaque probable ; on dispose, au fond, une boîte contenant de 30 à 50 kilogrammes de poudre de mine, puis on achève de charger ce fourneau avec un plateau en bois, par-dessus lequel on entasse des pierres en quantité suffisante. On met le feu au fourneau à l'aide d'un cordeau porte-feu préparé d'avance et d'une mèche ordinaire. L'explosion projette violemment les pierres suivant une gerbe qui retombe sur les assaillants.

FOUILLE. *T. de terrass.* Excavation pratiquée dans le sol pour la construction d'ouvrages tels que routes, canaux, fondations d'édifices, etc. Suivant la nature des terres et les conditions dans lesquelles l'opération s'effectue, les outils et les procédés varient ; de là plusieurs sortes de fouilles :

1° La *fouille en excavation* ou *fouille couverte* se pratique en souterrain, dans un massif ; elle exige l'étaiement des terres au fur et à mesure que l'on avance ; 2° la *fouille en déblai* s'exécute à ciel ouvert. Elle a lieu, par exemple, quand il s'agit d'établir des caves dans les sous-sols d'un édifice. Les outils employés sont : pour les terres ordinaires, les sables, les graviers, etc., la pioche dite *tournée* et la *pelle* en fer battu ; pour les terres meubles et humides, telles que la terre végétale, le sable fin, la tourbe, l'argile et quelquefois la marne, la *pelle*, la *bêche* ou le *louchet ;* pour les terres dont la consistance approche de celle du roc, la *pince,* le *pic* et les *coins,* que l'on enfonce à coups de *masse* dans des *tranches* ou *saignées* pratiquées à l'aide du pic ; pour le roc dur, la *pointerolle,* outil en fer terminé d'un côté par une pointe obtuse, et de l'autre par une tête carrée,

sur laquelle on frappe avec une massette à manche court ; pour les roches excessivement dures, le *fleuret,* tige en fer rond de 0ᵐ,03 à 0ᵐ,04 de diamètre et de 0ᵐ,50 à 0ᵐ,75 de longueur, terminée d'un bout par une tête, et de l'autre par un biseau courbe et allongé ; 3° la *fouille en rigole* est exécutée pour la *fondation* des murs ; elle est toujours étroite, et, quand elle est profonde, elle nécessite l'emploi d'étais. On procède par couches de 0ᵐ,30 à 0ᵐ,40 d'épaisseur, aussi bien pour ce genre de fouille que pour les fouilles en déblai, et l'on jette la terre sur le côté, c'est-à-dire sur *berge.* Si la profondeur de la fouille dépasse 0ᵐ,50, on établit, au moyen de planches montées sur tréteaux, des *banquettes,* sur lesquelles les ouvriers déposent les terres et où d'autres les reprennent pour les jeter sur le sol ; 4° dans la *fouille par abatage,* on attaque la masse latéralement, en creusant au dessous, et on la détache par partie, en faisant tomber les portions qui ne sont plus retenues que par la cohésion des terres, à l'aide de coins. Ces terres, en s'éboulant dans la fouille, s'ameublissent au point de pouvoir être, pour ainsi dire, chargées directement avec la pelle. On peut, de cette manière, détacher, à la fois, des masses de 20 à 30 mètres cubes.

On appelle encore : *fouille dans l'embarras des étais* celle dont on est forcé de soutenir les parois ; *fouille dans l'eau,* celle où le terrain est humide et ébouleux ; *fouille sous l'eau,* celle où l'on rencontre une nappe d'eau naturelle ou de l'eau de source et dans laquelle il faut d'abord épuiser ou dévoyer le liquide. Si l'on veut exécuter dans l'eau même la fouille des terres, des sables ou des graviers, on emploie la *drague à main,* et, lorsque les fouilles sont considérables, cet outil est remplacé très avantageusement par un *bateau-dragueur,* que fait fonctionner, soit un manège à un ou deux chevaux, soit une machine à vapeur. — F. M.

*****FOUILLEUSE.** *T. d'agric.* Charrue destinée à creuser profondément le sol. — V. CHARRUE.

*****FOUILLIS.** *T. d'imp. s. ét.* Les dessins que l'on grave pour l'impression sur étoffes se répètent, et la distance d'un motif à l'autre forme le rapport (V. CADRAGE). Dans certains cas, on cherche à imiter les marbres par exemple, et on reproduit des stries, des veines, des formes indéterminées et sans rapport. Ce mode constitue le *jaspé.* Quand le dessin est informe et ne se reproduit pas on le nomme *fouillis.* Pour l'obtenir, on laisse courir au hasard une ou plusieurs molettes tantôt dans le sens de la circonférence, tantôt dans celui de la longueur du rouleau. On obtient encore le fouillis en couvrant le rouleau de taches de laque et en rongeant à l'acide. — V. GRAVURE, § *Fouillis à l'acide.*

I. FOULAGE. On sait que les filaments de la laine de même que certains autres poils d'animaux ont la propriété, en raison de leur surface rugueuse, de s'enchevêtrer et de se lier les uns aux autres, sous l'action de frottements et de pressions convenables, au point qu'il n'est plus possible, lorsqu'ils sont unis, de les séparer sans les rompre. La confection des *feutres* (V. ce mot) repose sur cette propriété qui est également utilisée dans la fabrication des draps et de certains autres tissus de laine, lesquels par le foulage qu'on leur fait subir après tissage acquièrent plus de force et plus d'épaisseur, en même temps qu'ils prennent leur toucher et leur aspect bien connus.

Longtemps l'opération du foulage a été produite au moyen de pilons verticaux ou de maillets dont la face inférieure présentait des cannelures, venait battre la pièce d'étoffe rassemblée dans une auge creuse et à courbure régulière, qui contenait de l'eau savonneuse ou additionnée d'argile (terre à foulon) destinée à faciliter le feutrage.

Les machines plus perfectionnées dont on fait usage aujourd'hui reposent quelquefois encore sur le même principe, mais alors la pièce, dont les deux extrémités ont été cousues ensemble, passe entre des rouleaux disposés au-dessus de l'auge. Ces rouleaux, en tournant, entraînent l'étoffe et changent constamment sa disposition, afin de rendre plus régulière l'action des maillets : ces derniers, généralement au nombre de deux, sont mus par un arbre à double coude, et battent la partie qui plonge dans l'eau.

Le foulage est cependant plus généralement obtenu par une compression que l'on fait subir au tissu en largeur aussi bien qu'en longueur. La pièce, dont les deux extrémités ont été cousues ensemble, traverse d'abord un anneau, qui la rassemble en une sorte de boudin, puis passe entre deux cylindres à axes horizontaux très énergiquement pressés l'un contre l'autre, au moyen de leviers et de poids, ou par des ressorts analogues à ceux des voitures. Le cylindre inférieur reçoit un mouvement de rotation par les poulies motrices de la machine, et actionne le cylindre supérieur par des roues d'engrenage à dents suffisamment allongées. Ces cylindres compriment en largeur l'étoffe qui s'engage ensuite dans un conduit, composé d'un fond et de deux parois latérales, entre lesquelles se trouve disposé un sabot pressé par un ressort ou par un levier et des poids. Le tissu poussé par les cylindres est obligé de soulever et de repousser le sabot en se tassant contre lui, ce qui produit le foulage dans le sens de la longueur. Tout cet appareil est porté par des bâtis à parois pleines et en avant par une porte ; la partie inférieure forme une sorte de cuve dans laquelle vient plonger l'étoffe pour s'y imbiber de l'eau savonneuse destinée à en faciliter le feutrage.

On peut évaluer à chaque instant le degré de foulage, en mesurant la longueur à laquelle s'est réduite la pièce, au moyen d'une roulette munie d'un compteur que l'on appuie contre elle dans son trajet vers les cylindres fouleurs.

La pièce, en effet, à mesure qu'elle se foule se contracte aussi bien en longueur qu'en largeur. Pour les draps fortement feutrés, cette contraction peut atteindre jusqu'à 30 0/0 des dimensions primitives ; pour les étoffes légères de fantaisie elle n'est quelquefois que de 2 0/0. Les laines fines

et vrillées, lorsqu'elles ont été traitées par la carde seulement, permettent d'atteindre un fort foulage, lorsqu'elles sont employées à l'état de fils peignés ; le foulage ne pourra être que beaucoup moindre, en raison de la fatigue déjà éprouvée par les filaments à la filature. Le foulage que l'on peut atteindre varie du reste en quelque sorte proportionnellement à la finesse, au vrillement et à la rugosité des laines employées à la confection du tissu, soit pour la chaîne, soit pour la trame. — P. G.

II. FOULAGE. 1° *T. d'imp.* Pression exercée par la platine de la presse manuelle et par le cylindre de la presse mécanique sur la feuille de papier que l'on veut imprimer. ‖ Relief produit sur le revers de la feuille par l'impression des signes typographiques. Le foulage se vérifie en ramenant au même plan la surface des divers caractères ; on le règle en tirant plusieurs feuilles sans encrer la forme, pour se bien rendre compte du relief laissé au dos du papier et par suite, de la pression variable avec la nature des caractères. ‖ 2° *T. de tann.* Opération que, au moyen de foulons, on fait subir aux peaux que l'on trempe dans une eau pure.

FOULARD. *T. de tiss.* Tissu léger formé par une chaîne soie et une trame fantaisie, employé pour robes ou pour mouchoirs de cou. On le teint généralement en pièce, mais il arrive aussi qu'on le tisse avec la soie teinte en flottes avant tissage ; quelquefois aussi on l'imprime, en employant les mordants plaqués à place. Le foulard se fait en armure unie ou taffetas et en toutes couleurs.

*FOULARD D'APPRÊT. *T. techn.* Pour encoller les tissus, c'est-à-dire pour les enduire de la matière destinée à leur donner l'apparence et le toucher qu'exige leur vente, on se sert de machines dites *à apprêter* ou *foulards d'apprêts*, ayant des agencements différents, suivant les effets qu'elles sont destinées à produire. — V. APPRÊT, § *Encollage.*

Tantôt les tissus sont apprêtés en les plongeant dans un bain d'apprêt ou de colle, puis en les comprimant entre deux cylindres qui servent à faire pénétrer cette colle dans l'intérieur des tissus et à enlever l'excédent inutile ; tantôt on les apprête d'un seul côté en les faisant passer entre deux cylindres comprimeurs, celui du bas amenant alors seul la colle dont il s'imprègne en trempant dans une bassine qui en est remplie, ou bien en le faisant frotter plus ou moins fortement sur un rouleau imprégné de colle et tournant en sens contraire de leur marche, ou bien encore en versant directement la colle dont l'excédent est enlevé par une ou plusieurs raclettes.

Dans le premier cas, la machine se compose d'une bassine contenant de la colle et de deux rouleaux épureurs soumis à l'action de leviers de pression. Dans le deuxième cas, la machine reste la même, mais le rouleau apprêteur reçoit une gravure en mille points ou mille raies et la bassine est réglable, afin que l'on puisse faire plonger le rouleau plus ou moins profondément dans le bain de colle, ou même la lui communiquer par un fournisseur. Dans le troisième cas, le rouleau de pression disparaît. Dans le quatrième cas, enfin, la colle est versée sur l'étoffe, soit par un distributeur mécanique, soit simplement à la main avec une cuiller ; des raclettes enlèvent la colle en excès et la font retomber dans une bassine destinée à la recueillir. Souvent ces appareils sont disposés devant les machines à sécher ou à ramer, ce qui permet de réunir les deux opérations.

FOULE. *T. de tiss.* On donne le nom de *foule* à l'ouverture que produit le métier à tisser dans la chaîne, en élevant tous les fils qui doivent recouvrir la trame et en abaissant ceux qui doivent être recouverts par elle ; la navette est lancée à travers cette ouverture et la duite (fil de trame) se trouve placée par conséquent dans les conditions qu'exige la contexture du tissu. — V. Tisser (Métiers à).

FOULERIE. *T. techn.* Atelier où se fait le foulage des tissus, des cuirs, des chapeaux ; on dit aussi *fouloir.*

*FOULEUR, EUSE. *T. de mét.* Celui, celle qui fait le foulage. || *Fouleuse.* Machine qui sert au foulage dans les fabriques de chapeaux. — V. Chapellerie.

FOULON. *T. de mét.* Ouvrier qui foule et apprête les draps ; on dit aussi et mieux *foulonnier.* || *Terre à foulon.* Espèce d'argile qui, mélangée avec du savon et de l'urine, facilite le dégraissage des draps.

*FOULONNAGE. *T. techn.* Apprêt que l'on fait subir aux tissus de laine, et principalement aux draps.

FOUR. *T. de chim. et techn.* On donne le nom de four, non seulement aux constructions voûtées en maçonnerie où l'on fait cuire le pain, la pâtisserie, les viandes, poissons, fruits, légumes, etc.; mais encore aux appareils, de nature et de forme très variées, qu'on emploie dans les laboratoires de chimie et dans les ateliers industriels, pour porter les corps que l'on y introduit, à des températures plus ou moins élevées, dans le but d'en opérer la cuisson, la fusion, la calcination, la combinaison avec d'autres corps, la décomposition, etc.

Ce n'est pas ici le lieu de décrire les différentes sortes de fours usités en chimie et dans les arts industriels, nous donnons, pour chaque application spéciale, un exposé de la forme, de la destination, des fonctions et de l'usage du four employé dans ces circonstances particulières. Notre but, dans cet article, est seulement de donner un aperçu, en quelque sorte théorique, des fours en général, en énumérant d'abord les opérations qui se pratiquent par leur moyen, en indiquant les températures qu'elles exigent, les phénomènes qu'on y observe, puis en recherchant les dispositions, les conditions les plus avantageuses pour leur destination.

A. Énumérons d'abord les principales opérations que l'on peut avoir à effectuer à l'aide des diverses sortes de fours, en commençant par celles qui, en général, exigent les températures les moins élevées, ce sont les suivantes :

L'*évaporation* des liquides, soit pour en opérer la concentration, soit pour amener à cristallisation les sels qu'ils tiennent en dissolution : opération dans laquelle la température ne dépasse guère 110 à 120°. Elle se fait dans des vases en plomb, en fonte, en terre, en verre, etc.

La *dessiccation*, comme celle qu'on opère sur la pierre à plâtre, pour en chasser l'eau de cristallisation que contient le sulfate de chaux. On donne aussi à cette opération le nom de *cuisson du plâtre.* La dessiccation se pratique également sur le sulfate de protoxyde de fer ; son eau de cristallisation est chassée à 300°, le sel passe du vert au blanc.

La *carbonisation*, par exemple celle des os, qu'on fait en les plaçant concassés dans des pots incomplètement fermés et superposés dans un four. Telle est aussi l'opération par laquelle on transforme, en vases clos (cylindres métalliques, véritables fours), les bois de choix destinés à la fabrication de la poudre à canon et de la poudre de chasse. Telle est encore l'opération qu'on fait subir aux terres argileuses dans la fabrication du noir animalisé (engrais), du charbon désinfectant, de la revivification du noir animal, etc.

L'*incinération* des matières organiques végétales et animales, détritus, débris d'abattoirs, d'équarrissage, sang, matières fécales, pour les transformer en poudrette, en engrais.

La *calcination*, opération dont le type est la transformation des carbonates calcaires en chaux vive (calcis), par le départ de l'acide carbonique ; elle s'effectue dans des fours ouverts, à fonctionnement intermittent ou continu. Elle se pratique également, sur les diverses pierres à chaux hydrauliques, sur les pouzzolanes, propres à donner avec la chaux grasse des mortiers hydrauliques, sur les terres argileuses et calcaires qui servent à la préparation du noir animalisé, sur l'alunite, les argiles pour la fabrication de l'alun, sur le mélange d'acide borique et de bichromate de potasse, dans la fabrication du vert de chrome, à la température de 500°.

Le *chauffage* des minerais, par exemple celui d'antimoine, avec sa gangue terreuse, dans des pots percés de trous au fond, par lesquels s'écoule le sulfure très fusible, pour être recueilli dans des creusets placés en dessous.

L'*affinage* des minerais, de cuivre, par exemple.

Le *puddlage* de la fonte de fer.

Le *grillage* des minerais renfermant des sulfures comme ceux de fer, d'antimoine, de plomb, de cuivre ; le soufre brûle, laisse finalement le minerai à l'état d'oxyde ou de sulfate ; celui des arséniures métalliques, du fer arsenical, des galènes siliceuses, etc.

La *fusion* (a) des métaux, des alliages, pour en opérer la coulée dans des lingotières, ou des moules, en terre, en sable, etc., canons, cloches, timbres d'horlogerie, bronzes d'art, laitons, objets divers de bijouterie, fontes de fer, etc. (b) du verre, du cristal, des émaux, etc.

La *vaporisation* ou *volatilisation* ou *sublimation*, (a) du soufre pour le purifier, en l'amenant à l'état de *fleur de soufre*, ou pour en opérer ensuite la fusion ; (b) de l'arsenic, vers 300° ; (c) des minerais d'étain et même de plomb.

La *combustion* du zinc, par exemple, pour le transformer en oxyde ou *blanc de zinc*, sous l'action d'un courant d'air chaud à 300°; elle s'effectue aussi dans un four spécial (four à zinc) où la combustion, une fois commencée, s'entretient d'elle-même aux dépens du métal.

La *réduction* des oxydes, des sels en métaux, opération qui exige quelquefois une température assez élevée et que l'on fait à l'aide du charbon dont la combustion produit de l'oxyde de carbone qui prend à l'oxyde son oxygène pour former de l'acide carbonique et laisser le métal en liberté. Telle est l'opération qui s'exécute sur les oxydes d'étain, de plomb, de fer, etc.

Les *décompositions* des corps et leurs *combinaisons*, leurs *réactions* qui s'effectuent sous l'influence de la chaleur, sont réalisées dans la préparation d'une multitude de produits chimiques, soit dans les laboratoires, soit dans les ateliers industriels.

B. Dans l'emploi des fours, un des principaux éléments de la question serait la connaissance, sinon exacte, du moins approximative de la température qui doit correspondre à la réussite de l'opération qu'on a en vue d'exécuter. Malheureusement, cette notion fait défaut dans le plus grand nombre des cas. Lorsqu'on cherche à s'éclairer à ce sujet, en consultant les annales de l'industrie, on ne trouve que des renseignements vagues et par suite sans utilité ; car en dehors de la mesure, de l'appréciation numérique des faits, presque tout est abandonné au hasard. On a opéré pendant longtemps et l'on opère encore aujourd'hui empiriquement sous ce rapport.

Dans la pratique d'une industrie qui fonctionne ainsi, empiriquement mais régulièrement, depuis de longues années, il est rare qu'on veuille y avoir recours à des appareils scientifiques (thermomètres, pyromètres), fussent-ils excellents. La tradition, l'usage, l'habitude, le coup-d'œil, suffisent pour évaluer, par estime, non pas la température elle-même, mais les effets produits qui annoncent qu'on a atteint le degré de chaleur nécessaire et que l'opération a été bien conduite et touche à son terme; on n'en veut pas davantage ; c'est tout ce qu'il faut pour la réussite. Ainsi, dans les verreries, on juge que la fusion est arrivée au degré convenable « lorsqu'on voit que le verre est parfaitement fondu et sans bulles, après l'avoir écumé et enlevé les matières étrangères flottantes, désignées sous le nom de *fiel de verre* ». C'est alors qu'on le travaille.

Pour venir en aide à l'industrie, les inventeurs ont construit cependant divers pyromètres s'appliquant à un grand nombre d'opérations et fournissant des indications précises, des points de repère, des guides sûrs. Il serait à désirer que l'usage de ces instruments se généralisât dans toutes les industries où la chaleur joue un rôle prépondérant. On agirait alors avec méthode et assurance; on se mettrait à l'abri des insuccès, des mécomptes. Il faut dire toutefois que si la connaissance de la température est un élément très utile dans l'emploi des fours, elle n'est pas toujours suffisante. Il faut aussi tenir compte, du temps depuis lequel la chaleur agit avec telle ou

telle intensité, des phénomènes concomitants ou même irréguliers, accidentels, qui se produisent dans le cours d'une fabrication. Quoi qu'il en soit, cette connaissance sera toujours, par elle-même, un puissant auxiliaire de sécurité et de succès.

Bien que les indications théoriques relatives aux opérations qui se pratiquent dans les fours soient rarement données dans les ouvrages techniques, néanmoins on en connaît un certain nombre, dont celles qui suivent donneront une idée.

On sait, qu'en général, la température des fours varie depuis celle de 270°, suffisante pour la cuisson du pain, jusqu'à celle de 2,500° nécessaire pour la fusion du platine iridié; que pour chasser complètement l'eau de la pierre à plâtre il faut une chaleur de 300° à 400°, maintenue pendant dix à douze heures, selon la quantité de matières introduites dans le four et selon l'activité et la continuité du foyer; que la fabrication du zinc exige une température de 570°; que dans la revivification du noir animal, la matière doit être portée au *rouge cerise;* que pour un grand nombre d'autres opérations, par exemple, la fabrication de la soude, de l'aluminium, la fusion du cristal, le puddlage de la fonte, la température doit atteindre le *rouge blanc*. La cuisson de la porcelaine demande une chaleur qui n'est pas moindre de 1,200° et atteint quelquefois 1,500°. Comme cette opération est bien délicate et doit être conduite avec le plus grand soin, les indications pyrométriques sont ici indispensables. A la manufacture de Sèvres, on s'est servi jusqu'en ces derniers temps du pyromètre de Brongniart; actuellement on y fait usage, ainsi qu'à Limoges, d'un instrument plus précis, plus sensible, le pyromètre de MM. Boutier frères. (V. PYROMÈTRE, et la Revue *la Nature,* du 17 mai 1884, p. 396, et le *Bulletin de la Société d'Encouragement* de janvier 1884, p. 38).

Pour obtenir dans les fours les températures diverses, exigées dans chaque cas particulier, on a recours : dans les laboratoires, à la combustion du charbon de bois, du coke concassé, du gaz de l'éclairage; dans les becs de Bunsen, de celle du gaz oxhydrique, plus ou moins comprimé; dans l'industrie, les fours sont chauffés au bois, au charbon, au coke, à la houille, aux huiles lourdes de schiste, et, dans quelques circonstances spéciales, comme dans la fusion du platine ou des autres métaux qui l'accompagnent dans son minerai, on a recours à un système de plusieurs chalumeaux oxhydriques, envoyant sur la matière leurs flammes descendantes.

C. Imaginons maintenant qu'on ait à construire un four, dans le but de produire un effet connu, bien déterminé, par exemple la fusion, la calcination d'une substance donnée, la réduction d'un minerai, la combinaison ou la décomposition d'un corps, etc., et cherchons les conditions qu'il doit remplir. Il est évident que le meilleur four, le mieux approprié à sa destination, sera celui qui permettra de réaliser l'effet voulu, de la façon la plus simple, la plus prompte, la plus économique, tout en employant des matériaux offrant des garanties de solidité et de durée, dont la ma-

nœuvre sera la plus commode, et qui enfin utili-
sera le mieux la chaleur fournie par le combustible choisi.

Si l'intérieur du four ne doit être porté qu'à une
température peu élevée, c'est-à-dire inférieure à
1,000°, il suffira d'employer des matériaux ordinaires, assez réfractaires cependant : terres et
calcaires argileux ou siliceux tassés, pour former
la *sole*, l'*âtre*, ou plancher du four ; briques pour
la *voûte* ou *dôme* et les *murs*.

Si la *température* doit être *plus élevée* et dépasser 1,200, il sera quelquefois nécessaire, selon
les matières travaillées, de revêtir de plaques de
fonte les parois latérales intérieures, afin de les
défendre des coups de feu trop violents qui pourraient détériorer les matériaux. Les cendres d'os
lavées et tassées, comme pour les coupelles, ou
battues en couches suffisamment épaisses, pour
former la sole du four, peuvent servir utilement
dans maintes circonstances où l'on n'opère que
sur des quantités de matière peu volumineuses.
Au lieu de répandre la matière directement dans
le four, et de la chauffer à feu nu, on la place
parfois dans des creusets en plombagine, en charbon de cornue, dans des cylindres métalliques, ou,
comme dans la cuisson de la porcelaine, on entoure les objets de cylindres en terre.

Enfin, si la *température* doit être portée à un
très haut degré, comme la fusion du platine et de
ses congénères, il faudra employer à la construction du four les matériaux les plus réfractaires :
la chaux vive, certains calcaires argileux ou
un peu siliceux (comme la pierre de Saint-Wast,
qui a servi à M. Henri Sainte-Claire-Deville pour
fondre le lingot de 250 kilogrammes), et avoir
recours aux sources de chaleur les plus énergiques.

En métallurgie, un four se compose ordinairement de deux parties : l'une intérieure, qu'on
nomme quelquefois *chemise*, l'autre, extérieure,
revêtement ou *armature*, qui sert à consolider le
massif intérieur. Pour la première, qui doit supporter une température élevée, il faut employer des
matières très réfractaires, n'éclatant pas au
feu : le quartz broyé en sable et agglutiné par un
ciment qui ne doit pas être trop siliceux, mais
contenir de l'alumine et de l'argile. On fabrique
des argiles réfractaires à l'aide d'argiles plastiques que l'on *amaigrit* avec des grains de quartz,
pour éviter qu'elles se fendillent par la chaleur,
ou avec des détritus de fourneaux hors de service.
On se sert aussi de mortier réfractaire, produit
par un mélange de bouillie claire d'argile naturelle et d'argile cuite, de briques formées exclusivement de quartz et de calcaire, de la *brasque*,
poussier de charbon mêlé à l'argile.

Pour la seconde partie, on la construit en matériaux ordinaires.

Quant à la *forme*, les fours peuvent être, selon
les cas, circulaires, elliptiques, rectangulaires,
plus ou moins allongés. La sole plane pourra être
fixe ou tournante. Dans le premier cas, elle sera
légèrement inclinée (de 10 à 30°) vers l'ouverture, pour faciliter l'écoulement des matières en
fusion, ou le défournement des matières solides.

Si le résultat de l'opération doit rester au four
après fusion, comme un *culot* métallique, la sole
horizontale sera plus ou moins concave. Dans les
cas où l'on doit opérer à la fois sur de grandes
quantités de matières, comme dans la production
de la chaux et du plâtre, les fours seront verticaux, coniques, tronconiques, ovoïdes, sans sole
fixe, les pierres elles-mêmes serviront à la construction des voûtes, en arches de pont, sous lesquelles on introduira le combustible ; la flamme
ascendante trouvera un passage dans les interstices que laissent naturellement entre elles les
pierres brutes disposées à cet effet.

D. Ici pourrait se placer la description sommaire des différentes sortes de fours ; mais, ainsi
qu'il a été dit en commençant, cette description
ferait double emploi avec celle qu'il faudra nécessairement donner dans chaque cas particulier où
l'on fera usage d'un four appliqué à une opération
spéciale. Nous nous contenterons d'en décrire
deux, dont l'un est le type des fours les plus
usités et dont l'autre s'applique à une opération
tout exceptionnelle. Le premier, le *four à réverbère*, constamment employé dans les laboratoires
et dans l'industrie, a sa *sole* plane, horizontale ou
légèrement inclinée, quelquefois concave ; la forme
générale de ce four est circulaire, elliptique ou
rectangulaire. La voûte, ou *réverbère*, qui a pour
destination de renvoyer la chaleur vers la sole et
d'y ramener la flamme, est quelquefois en dôme
semi-sphérique, plus ou moins élevé ; ordinairement cette voûte est en surface courbe plus ou
moins surbaissée. La distance entre la sole et la
voûte dépend du volume et de la nature des substances qui doivent être placées dans le four, ainsi
que de la température que l'on doit atteindre. En
chimie, on a des fours qui n'ont que 5 centimètres
de largeur, véritables creusets ; dans l'industrie,
on en construit qui n'ont pas moins de 3 mètres
de largeur. Le *foyer* est situé à une extrémité du
four ; la flamme passe de là dans le four, dont
elle longe la voûte en léchant aussi les matières qui
couvrent la sole, et se rend à l'autre extrémité
dans la *cheminée* (ou le tuyau d'appel) destinée à
activer la combustion par le tirage qu'elle détermine. Il y a souvent, entre le foyer et la sole, une
élévation qu'on nomme l'*autel*, contre lequel on
rassemble les produits qui ont déjà subi l'action
suffisante du feu.

En général, le four est chauffé, non avant d'y
introduire la matière (comme cela se pratique
pour la cuisson du pain, pour la fabrication de
l'alun, etc.), mais pendant que cette matière y
séjourne ; opération qui est quelquefois de longue
durée. Dans certains cas particuliers, comme dans
le four de MM. Deville et Debray, la flamme arrive
par en haut (*per descensum*) au moyen d'un tube
qui amène le gaz oxhydrique en traversant le sommet de la voûte, d'où elle se répand sur la matière.

Remarquons, en passant, que par la disposition
concentrique des tubes d'arrivée des deux gaz
(oxygène et hydrogène), on peut déplacer l'un de
ces tubes dans l'autre et, par la manœuvre des
robinets, rendre à volonté la flamme *oxydante* ou
réductrice.

Tant que l'on n'a à fondre que de petites quantités de platine, 1 kilogramme par exemple, le four composé de deux parties (le *creuset* et le *couvercle*) peut être formé de chaux vive. Mais pour un lingot plus considérable, il faut employer une matière plus résistante, comme on va le voir.

Le four qui a servi à la fusion du lingot de 250 kilogrammes de platine iridié destiné à la confection des étalons métriques et des kilogrammes de la Commission internationale du mètre, mérite une mention spéciale. Ce four avait la forme d'un cylindre aplati, de 1^m,40 de diamètre et de 0^m,22 de hauteur, composé de deux parties : le *creuset* et le *couvercle* plat. Il était tout entier en pierre de Saint-Wast (calcaire à gros grains, contenant 5 0/0 de silex). La chaleur a décomposé la sole sur une certaine épaisseur, de 0^m,02; il y a eu dégagement d'acide carbonique; de sorte qu'en réalité le lingot fondu reposait sur de la chaux vive. Les 250 kilogrammes de platine avaient été préparés par lingots partiels de 5 à 10 kilogrammes, taillés en lamelles, qu'on introduisait dans le four par deux ouvertures latérales, au fur et à mesure de la fusion. A l'aide de sept chalumeaux à gaz oxhydrique comprimé, et traversant la voûte, la flamme arrivait en descendant sur le métal (système de MM. Deville et Debray). Grâce à ces dispositions, il n'a fallu que 65 à 70 minutes pour opérer la fusion complète du lingot total, d'un poids insolite. Jamais, en effet, on n'avait eu à fondre une pareille masse de platine. La température finale, en cette circonstance remarquable, a été évaluée à 2,300°. La consommation d'oxygène a été d'environ 3 mètres cubes, ou 120 litres par kilogramme de platine fondu. Cette opération, parfaitement réussie, a été faite au Conservatoire des Arts et Métiers, le 13 mai 1875, dirigée par M. Henri Sainte-Claire-Deville, aidé de M. Tresca fils.

La différence entre *four* et *fourneau* n'est pas bien grande, car il arrive souvent que l'une des expressions est prise pour l'autre, *ad libitum*. Tel auteur, en effet, dit en parlant, par exemple du traitement d'un minerai, qu'on emploie un *four à réverbère*, un autre dit, pour la même opération, *fourneau à réverbère*. Pour distinguer ces deux appareils, on pourrait convenir que le fourneau est simplement destiné à chauffer les vases, creusets, cylindres, renfermant la matière, et que le four contient les matières soumises directement à l'action de la chaleur. Mais cette distinction n'existe pas dans la pratique.

C'est dans l'emploi de ces fours et fourneaux où la température est portée à une grande élévation, qu'on observe des phénomènes remarquables de combinaison, de décomposition, de dissociation, de volatilisation, etc. C'est avec leurs chaudes flammes bleuâtres, qu'on fait ce que M. Henri Sainte-Claire-Deville appelait, dans un langage imagé, de la *chimie bleue*, par opposition à la *chimie blanche* ou magie blanche.

L'énumération que nous donnons dans le tableau suivant montre en même temps dans quelles industries on fait usage des fours.

Enumération des principaux genres de fours usités dans les laboratoires et dans l'industrie.

Four aérotherme.
— annulaire.
— automatique.
— Bernard Palissy.
— des boulangers.
— à briques.
— à bronze.
— à calcination.
— à carbonisation.
— à chaux.
— chinois.
— à combustion du soufre.
— coulant.
— à coupelle.
— à cuivre.
— à cuve.
— Deville et Debray.
— double.
— à deux foyers.
Four à flamme { ascendante. descendante. latérale.
Four de fusion.
— à gaz.
— à grillage des minerais.
— intermittent.
— à laiton.
— liégeois.
— à mercure.
— mixte (à briques et à chaux).
— à moufle.

Four ovoïde.
— des pâtissiers.
— à platine (fusion).
— à plâtre.
— à porcelaine.
— portatif (1700°).
— à potasse.
— de potier.
— à puddler.
— à pyrites.
— à raffiner.
— à réchauffer.
— à réverbère { fixe. mobile.
— silésien.
Four à sole fixe { plane. horizontale. inclinée. concave.
Four à sole tournante.
— à soude.
— à tremper.
— à tuiles.
— à tuyaux de drainage.
Four des verriers { cristal. recuisson des glaces. verre à vitres.
Four universel (aux huiles lourdes de M. Henri Ste-Claire-Deville, $t = 1300°$).
— à zinc.

C. D.

CLASSIFICATION DES FOURS.

On peut distinguer dans les fours, en général, plusieurs parties, parmi lesquelles : la *chauffe*, c'est là que se fait la combustion qui doit produire la chaleur; le *laboratoire*, c'est là que se font les réactions; les *carnaux* et les *rempants* qui conduisent les produits de la combustion à la *cheminée*.

A un autre point de vue nous classerons les fours en deux catégories. Les fours *sans récupération de chaleur*, c'est-à-dire où les produits de la combustion, mélangés aux gaz et aux vapeurs qui ont été dégagés dans l'opération, se rendent directement dans la cheminée pour être déversés dans l'atmosphère. Les fours à *récupération de chaleur*, c'est-à-dire où les produits de la combustion et les gaz de l'opération, emmagasinent dans certains appareils, la plus grande partie de la chaleur que possèdent ces gaz et ces vapeurs. Cette chaleur est ensuite utilisée au chauffage de l'air ou des gaz combustibles brûlés dans l'opération, de manière à élever la température obtenue finalement.

Fours sans récupération de chaleur. Nous distinguerons: 1° les *fours à alandiers*. On nomme ainsi les fours *où la chauffe est séparée du laboratoire et où les produits de la combustion sont en contact avec les corps qu'ils doivent échauffer*. La grille ou *alandier* est rarement unique, car la température serait très variable dans l'enceinte chauffée; très élevée dans le voisinage du foyer, cette température s'abaisserait près de la cheminée. Aussi multiplie-t-on généralement les *alandiers* dans ce genre de fours. Si le laboratoire a une section carrée ou rectangulaire on met une grille à chacun des angles avec une seule cheminée centrale. Disons tout de suite qu'avec ce genre de fours, on ne peut obtenir de températures élevées. Comme type de fours à alandiers, nous citerons les fours à cuire la porcelaine.

2° *Les fours de galère.* On nomme ainsi les fours *où la chauffe, dans une position centrale, échauffe le laboratoire placé de chaque côté.* Comme dans le four à alandiers, le combustible et le corps à échauffer sont séparés et il y a contact avec les produits de la combustion. Généralement, dans les fours de galère, une voûte commune recouvre la chauffe et les deux laboratoires latéraux ; mais malgré la réverbération de la chaleur qui en résulte, la température est assez faible dans cette sorte de fours, quoique la consommation de combustible soit assez élevée ; cela tient à l'appel rapide des gaz brûlés par la cheminée qui existe à une extrémité du four.

Nous citerons comme type de fours de galère, les fours à distiller le sulfate de fer à Nordhausen en Allemagne, et ceux à liquater les terres sulfureuses en Sicile.

3° *Les fours à réverbère.* Ce sont des fours *où, non seulement le combustible, brûlant sur une chauffe séparée, ne se mêle pas avec les objets à chauffer, placés sur une surface plane ou concave, appelée sole mais encore, où la surface seule de ces objets est en contact avec les produits de la combustion.*

Le chauffage a lieu par la *réverbération* de la chaleur, de la *voûte* sur la *sole.* Ce sont les fours qui utilisent le mieux la chaleur et ceux qui permettent d'atteindre les températures les plus élevées sans récupération de chaleur.

Quand on veut chauffer fort, on augmente la surface de la grille ou on augmente la section du laboratoire.

En abaissant la voûte aussi près que possible de la sole, on force les gaz à se rapprocher du corps à échauffer et on ajoute au rayonnement direct des flammes, le chauffage par contact avec la surface. Si, par un moyen naturel ou artificiel, la surface en contact avec la flamme vient à se renouveler, le chauffage en est d'autant plus activé.

Presque tous les fours industriels sont à réverbère, il nous suffira de citer les fours à puddler et à réchauffer, employés dans la métallurgie du fer.

4° *Fours à cuve.* Ce sont ceux *où le combustible et le corps à traiter sont chargés par couches alternatives et par conséquent mélangés plus ou moins intimement.* Les fours à cuve ont une forme générale cylindrique, modifiée par la pratique en deux troncs de cônes réunis par leur base, de manière à présenter un aspect plus ou moins ovoïde.

La *cuve*, à partir de l'orifice supérieur appelé *gueulard*, va en s'élargissant jusqu'au *ventre* où le diamètre est maximum. Ceci a pour but de faciliter la descente des matières en diminuant le frottement à la circonférence.

Les matières traitées et le combustible lui-même perdant de leur volume au fur et à mesure de leur descente, on a été conduit à rétrécir ensuite la section d'une manière plus ou moins uniforme jusqu'à l'endroit inférieur où a lieu généralement

la *combustion.* Celle-ci a lieu, tantôt par *tirage naturel*, comme dans la cuisson de la chaux, tantôt par *insufflation d'air* au moyen de machines soufflantes, comme dans les hauts-fourneaux. Cette dernière disposition a pour effet de concentrer la combustion et, par conséquent la chaleur, dans la partie inférieure, tandis qu'avec le tirage naturel toute la masse de la cuve est à une température, qui, sans être régulière, est peu différente depuis le haut jusqu'en bas.

Dans un four à cuve, il y a deux courants de matières. Un *courant solide* qui, introduit froid par la partie supérieure, s'échauffe peu à peu à mesure qu'il descend. Un *courant gazeux*, formé des produits de la combustion et des gaz provenant des réactions chimiques ; il échauffe le courant solide à mesure que celui-ci descend, en se refroidissant lui-même jusqu'au moment où il se dégagera dans l'atmosphère ou dans des appareils destinés à utiliser son pouvoir calorifique.

Les fours à cuve sont ceux qui utilisent le mieux la chaleur, il n'y a, en effet, de perte de chaleur que par le rayonnement des parois, ce qui est peu de chose, en somme. Mais ce genre de four ne peut pas être considéré comme un four de chauffage. C'est éminemment un four de réactions chimiques et même de fusion.

Si le produit obtenu doit passer à l'état liquide, il faut évidemment fondre les cendres du combustible en même temps que la partie stérile des minerais traités, à laquelle on donne le nom de *gangue.*

Le four à cuve est le vrai four métallurgique et rien n'a pu le remplacer jusqu'à présent.

Fours à récupération de chaleur. Les fours à *récupération de chaleur* sont, tantôt des fours de chauffage, tantôt des fours de fusion. Ce qui les caractérise c'est : 1° l'emploi du combustible à l'état gazeux ; 2° l'utilisation de la chaleur contenue dans les produits de la combustion. Le chauffage a lieu par la combustion de gaz composés d'oxyde de carbone et d'hydrogène, plus ou moins mélangés d'acide carbonique et d'azote, et qui proviennent, en général, de la distillation ou de la combustion imparfaite de combustibles solides. — V. GAZOGÈNE.

Pour augmenter la température de combustion de ces gaz, on a eu l'idée de chauffer au préalable : 1° le gaz ou l'air seul ; 2° l'air et le gaz ; d'où deux systèmes bien différents :

1° Le système *à chauffage d'un seul des éléments de la combustion* peut être caractérisé par le *chauffage Ponsard.*

Les produits de la combustion, avant de se rendre dans l'atmosphère, traversent des briques entrelacées, qui, étant creuses, laissent passer l'air destiné à la combustion du gaz. L'air peut arriver ainsi à avoir une température voisine de celle qu'ont les produits de la combustion ; ce qui limite cet échauffement c'est le défaut de conductibilité de la terre cuite qui constitue les briques dont nous avons parlé. On voit, en effet, si on nous a bien compris, que le courant des produits de la combustion n'est séparé de l'air destiné à la combustion que par l'épaisseur de la paroi d'une brique creuse.

Ce système est un progrès incontestable sur les anciennes méthodes, mais il reste en arrière des résultats obtenus par le chauffage préalable de l'air et du gaz. On comprend, en effet, que l'un des éléments seul étant chauffé, la température ne peut être aussi élevée que si l'air et le gaz sont tous deux chauffés.

2° Le système *à chauffage des deux éléments de la combustion* se fait par *renversement* du courant gazeux produit par la combustion ou *récurrence*.

De chaque côté du four à réverbère se trouvent deux empilages de briques destinés à absorber en s'échauffant la chaleur perdue des produits de la combustion. Lorsque, par un passage prolongé de ces gaz chauds l'empilage s'est suffisamment échauffé, on *renverse le courant gazeux* au moyen d'un système de vannes, qu'il est inutile de décrire ici, les produits de la combustion se rendent dans deux autres empilages de briques, tandis que ceux qui avaient servi sont traversés par l'air et le gaz qui doivent se combiner. L'air et le gaz, circulant chacun dans un empilage spécial, le refroidissent en s'échauffant et leur température de combustion est portée au maximum que l'industrie ait pu atteindre jusqu'à présent.

Le système Siemens, dont nous venons de donner une idée succincte, est donc un système *à renversement* ou *à récurrence*, puisque, de temps en temps, on change la direction du courant gazeux des produits de la combustion et que l'on fait passer les éléments gazeux du chauffage à l'endroit où se trouvaient ceux-ci. Avec ce genre de fours, on obtient des températures aussi élevées que par le chauffage *en vase clos* qui est le type du chauffage le plus intense, et point important, ce résultat est obtenu avec une grande économie de combustible. — F. G.

FOURBISSEUR. *T. de mét.* Artisan qui s'occupe

du *fourbissage* (polissage) des armes blanches, qui les monte et les rend brillantes.

— Le fourbisseur occupait autrefois un rang élevé dans la hiérarchie des métiers ; sa profession le mettait en rapports constants avec les nobles et les gens de guerre, et les ordonnances exigeaient même que son atelier fût suivi d'une salle d'armes où seigneurs et cavaliers pussent essayer rapières et colismardes.

FOURCHE. Instrument employé pour manœuvrer les substances herbacées et ligneuses. Les fourches sont d'un usage général dans toutes les exploitations agricoles ; elles servent dans les champs au ramassage des foins et des pailles ; dans les fermes, à l'enlèvement des fumiers. Les fourches employées dans les exploitations ordinaires sont prises dans des branchages flexibles, dont les ramifications sont convenablement disposées. Dans certaines localités, c'est du châtaignier, du frêne que l'on ramollit par un passage au four et que l'on dresse en les laissant un certain temps fixés entre des piquets, solidement enfoncés dans le sol. Les fourches en bois les plus recommandées sont celles de micocoulier, dont la Provence, le Languedoc et le Roussillon ont, pour ainsi dire, le monopole de production. Dans ces pays, ainsi que dans tout le sud de l'Europe, le micocoulier croît spontanément et atteint 10 à 15 mètres de hauteur. Son bois est dur, compact, fin, doué d'une grande élasticité, facile à travailler et susceptible de prendre un beau poli. Par une taille spéciale, on arrive à faire développer des bifurcations de façon à obtenir des fourches bidents et tridents pour les foins ; à 4 et 5 dents pour les fumiers.

Les fourches en bois présentent certains inconvénients, elles sont fragiles et offrent beaucoup de résistance à la pénétration lorsqu'il s'agit d'enlever des matériaux en tas. On est arrivé à fabriquer d'une façon courante des fourches métalliques désignées dans le commerce sous le nom de *fourches américaines.* Dans ces instruments, les dents en acier sont réunies au manche par une douille en tôle. Elles sont d'une grande légèreté et d'une grande facilité de manœuvre ; leur seul inconvénient est que les garçons d'écurie peuvent blesser les animaux lors de l'enlèvement des litières. Les fourches à foin ont 2 à 3 dents ; le manche en frêne a une longueur qui varie entre 1m,20 et 2m,10 ; la longueur des dents est de 23 à 35 centimètres. Les fourches à fumier ont des dents de 30 centimètres de longueur au nombre de 3 à 4, le manche a 1m,40. On fabrique également, dans le même système, des crocs à fumier, dont les dents recourbées d'équerre sont au nombre de 3 à 4 et de 25 centimètres de longueur environ ; le manche a de 1m,80 à 2m,10. — M. R.

Fourche-fouilleuse. — V. CHARRUE, § *Charrue sous-soleuse.*

FOURCHÉ, ÉE. *Art hérald.* Croix dont les branches sont terminées par deux pointes qui forment une fourche.

FOURCHETTE. 1° Ustensile de table à 3 ou 4 dents dont on fait usage pour saisir les aliments ou les maintenir pendant le découpage.

— Les premières fourchettes dont il soit fait mention dans un inventaire de l'argenterie de Charles V (xive siècle), n'avaient que deux dents comme la fourche, d'où le nom qu'elles portent.

|| 2° *T. techn.* Instrument de fer servant à tourner certaines pièces à chaud. || 3° *T. d'arch.* Intersection de la pente du comble avec les deux petites noues de la couverture d'une lucarne. || 4° *T. de mécan.* Synonyme de *pendillon*, pièce de laiton ou d'acier qui reçoit la tige du balancier d'une pendule et lui transmet le mouvement de l'échappement. || 5° Appareil destiné à éviter l'usure des couteaux d'une balance, en les soulevant lorsque celle-ci est au repos. || 6° Pièces assemblées dans le lisoir d'une voiture.

*FOURCROY (ANTOINE-FRANÇOIS DE). Célèbre chimiste, membre de l'Institut, né à Paris le 15 juin 1755, mort en 1809. La branche de la maison de Fourcroy, à laquelle il appartenait, était tombée dans la pauvreté; son père avait été réduit à exercer l'état d'apothicaire, qui lui fut même bientôt interdit. Antoine connut la misère dans son enfance et dans sa jeunesse. Grâce à la protection de Vicq-d'Azyr, il put faire ses études médicales, qu'il abandonna cependant, pour se livrer à celles de la chimie dont le cours professé par Bucquet lui inspira le goût. Si Fourcroy se fit connaître d'abord comme naturaliste, comme médecin et comme chimiste, ce fut surtout comme professeur qu'il s'illustra. C'est à son incomparable talent de parole qu'il dût, sur la recommandation de Buffon, l'honneur de succéder, en 1784, à Macquer dans la chaire de chimie au Jardin du Roi, malgré la redoutable compétition de Berthollet. Le cours qu'il y fit pendant vingt-cinq ans eut un succès extraordinaire. L'année suivante (1785), il fut admis à l'Académie des sciences. En 1789, il figura au nombre des créateurs de la *Nouvelle nomenclature chimique.*

En 1792, Fourcroy devint un homme politique. Il fut nommé député suppléant de Paris. À la Convention, il fut un des membres les plus actifs du Comité de l'instruction publique. En 1797, il fit partie du Conseil des Anciens, puis du Conseil d'Etat, après le 18 brumaire. En 1801, il est nommé directeur général de l'instruction publique. Lors de la proclamation de l'Empire, il espérait devenir Grand-Maître de l'Université. Quand il apprit que Fontanes lui avait été préféré, il en conçut un profond chagrin. Il ne put se consoler de sa disgrâce, malgré le titre de comte que l'Empereur lui conféra, avec une dotation de 20,000 francs de rente. Il mourut à l'âge de cinquante-quatre ans, au milieu d'une fête de famille, au moment où l'Empereur le nommait directeur général des mines.

On lui doit la création d'une Commission des arts pour sauver de la destruction une foule de chefs-d'œuvre, l'agrandissement du Jardin des Plantes. Il protégea, pendant la Terreur, Chaptal, Desault, Darcet, mais ne put pas, malheureusement, sauver Lavoisier. Comme membre du Salut public, il organisa l'École polytechnique et donna après le 9 thermidor, la première idée de l'École normale. Il fit comprendre l'Instruction publique et l'Institut dans l'acte constitutionnel de l'an III. On lui doit encore, comme directeur général de l'Instruc-

tion publique, l'érection des Écoles de Médecine de Paris, de Montpellier, de Strasbourg, celle de 12 Ecoles de droit et de plus de 300 lycées ou collèges. Il contribua, plus que personne, par son double enseignement oral et écrit, à répandre les doctrines de la nouvelle chimie. On peut dire que sans Fourcroy, Lavoisier n'eut pas été compris aussi tôt et aussi bien.

Fourcroy, sans avoir attaché son nom à de grandes découvertes, a, néanmoins, contribué, d'une manière très notable, aux progrès de la nouvelle chimie dont il propagea les doctrines par sa parole autorisée et par ses écrits. Ses recherches ont porté sur tous les points de la chimie et spécialement sur l'analyse des matières animales et végétales, alors fort peu avancée. Il découvrit l'albumine végétale, le gras des cadavres, constata la présence du phosphate de magnésie dans les os, analysa les eaux sulfureuses, trouva un mode de séparation du cuivre d'avec l'étain, découvrit divers composés détonant par la percussion.

Il fit, en collaboration avec Vauquelin, la découverte de l'identité de l'acide obtenu par la distillation du bois avec l'acide du vinaigre, il établit la composition immédiate des matières solides ou liquides de l'organisme animal ou végétal, il expliqua la production des vapeurs nitreuses dans la combustion de l'air inflammable (hydrogène) et indiqua les conditions dans lesquelles il convient d'opérer pour les éviter et obtenir de l'eau pure.

Principaux ouvrages publiés par Fourcroy : *Leçons d'histoire naturelle*, publiées d'abord en 2 vol. (1781), puis en 4 v. (1789) et en 5 v. (1791), puis refondues en 6 vol. in-4° ou 11 vol. in-8° (1801) sous le titre de : *Système des connaissances chimiques et de leurs applications aux phénomènes de la nature et de l'art; Collection de Mémoires de chimie*, 1784, in-8°; *L'art de connaître et d'employer les médicaments*, 2 vol. in-8° (1785); *Entomologia parisiensis*, 2 vol. in-12 (1785), avec addition de 300 espèces d'insectes non décrits par Geoffroy; *Philosophie chimique*, 1792, 1795 et 1801, ouvrage traduit dans toutes les langues. Avec Lavoisier, Berthollet et Guyton-Morveau; *Méthode de nomenclature chimique*, in-8° (1787); *Analyse des eaux sulfureuses d'Enghien*, 1 vol. in-8° (1788); *Essai sur le phlogistique et les acides*, 1 vol. in-8° (1791); *La médecine éclairée par les sciences physiques*, 4 vol. in-8° (1791); *Procédés pour extraire la soude du sel marin*, 1 vol. in-4° (1795); *Tableaux synoptiques de chimie*, in-folio, (1800-1805); publications dans divers journaux et recueils de sociétés savantes, de plus de 150 Mémoires portant sur des expériences qu'il avait faites.

*FOURDINOIS (ALEXANDRE), ébéniste, né en 1799, eut une action décisive sur la Renaissance de nos arts industriels. Son père, sculpteur chez Jacob-Desmalter, célèbre fabricant de meubles de l'Empire, lui donna les premières notions de l'art et du métier et, à la mort de son père, le jeune Fourdinois fut trouvé digne de lui succéder dans ses travaux de sculpture et d'ornement. En 1834, il fonda l'établissement de la rue Amelot avec la pensée haute d'élever son art. Son talent éprouvé, son étude patiente des styles éclairée par un goût sévère, pouvaient désormais se développer librement; l'outil et l'esprit du sculpteur avaient trouvé une voie nouvelle. Fourdinois avait conservé la tradition et la devise de Jacob, son illustre patron, *honnête en ses meubles dessous comme dessus* et ainsi, il voulait que ses ouvrages solidement construits fussent revêtus de la belle parure de l'art. C'était l'époque de l'affranchissement des règles étroites de l'ancien classicisme; sous cette rénovation puissante qui proclamait la liberté de l'art, il comprit qu'il devait satisfaire ce besoin d'originalité et d'exactitude qui se faisait sentir partout, et il accomplit dans la décoration de l'habitation, la révolution que le romantisme avait faite dans toutes les manifestations de l'art. Nous ne nous arrêterons pas aux expositions qui ont précédé celle de Londres (1851), Fourdinois avait, en maintes circonstances, affirmé ses grandes qualités, mais il eût à Londres, avec son grand buffet en noyer sculpté, un succès retentissant qui fût une des causes du mouvement qui se produisit chez nos voisins en faveur de l'enseignement artistique industriel. Le gouvernement français le récompensait de ses efforts par la croix de chevalier de la Légion d'honneur.

En 1855, au Palais de l'Industrie, il remporta la grande médaille d'honneur avec une cheminée monumentale en bois, marbre et bronze. En 1857, il abandonna la direction de ses ateliers à son fils, sans cependant se désintéresser complètement des questions d'art auxquelles il avait consacré une fière et laborieuse existence. Il mourut à Paris en 1871, il était officier de la Légion d'honneur depuis 1861.

Son fils, *Henri* FOURDINOIS, seul chef de la maison depuis 1865, a encore enrichi l'héritage patrimonial; par les œuvres hors ligne qu'il a exposées en 1867 et en 1878, aussi bien que par l'intelligente impulsion qu'il a donnée à l'ameublement, il tient une place éminente dans nos industries d'art.

FOURGON. Espèce de charrette couverte qu'on emploie dans l'armée pour le transport des bagages, des vivres et des munitions et, par extension, tout véhicule destiné au transport des bagages. || Tige de fer qui sert à *fourgonner*, c'est-à-dire à remuer le feu d'un foyer, d'un four.

FOURIER (JEAN-BAPTISTE-JOSEPH). Célèbre géomètre, né à Auxerre, le 21 mars 1768, mort à Paris le 16 mai 1830, était fils d'un simple tailleur. Devenu orphelin à l'âge de huit ans, il fit ses études à l'École militaire d'Auxerre, dirigée par les Bénédictins de la congrégation de Saint-Maur. Pendant la Révolution française, il lutta pour le triomphe des idées nouvelles et fut envoyé à l'École normale que la Convention venait de fonder dans le but de créer un personnel de professeurs capables de régénérer l'enseignement public. Il ne tarda pas à s'y faire remarquer par des qualités exceptionnelles et y devint bientôt maître de conférences. A la fondation de l'École polytechnique, on lui confia une chaire d'analyse mathématique.

Quelques années plus tard, il suivit Bonaparte en Égypte, où il se lia d'amitié avec le général Kléber; il fut secrétaire perpétuel de l'Académie que Bonaparte fonda au Caire sous la présidence de Monge. Pendant toute la durée de l'occupation, son activité ne se démentit pas un seul instant; il partageait son temps entre des recherches archéologiques qui lui font le plus grand honneur et des missions diplomatiques qu'il savait toujours mener à bonnes fins, grâce à la finesse de son esprit et à l'aménité de son caractère. Lorsque Bonaparte revint en Europe, accompagné de Monge et de Berthollet, Fourier présidait une Commission qui étudiait dans la haute Égypte les monuments de l'antique civilisation de ces contrées; aussi, ne revint-il en Europe qu'avec les derniers débris de l'armée française, après la capitulation signée par Menou.

Dès son retour, il fut nommé préfet de l'Isère. Déployant dans ce nouveau poste toutes les qualités administratives dont il avait fait preuve en Égypte, il rendit au département de très grands services, parmi lesquels il faut citer en première ligne le desséchement des marais de Bourgoin. Pendant les Cent-Jours, Napoléon lui confia la préfecture du Rhône, qu'il dut quitter au retour définitif des Bourbons. Rentré à Paris sans fortune, il dut à la protection du préfet de la Seine, M. de Chabrol, son ancien élève à l'École polytechnique, la direction supérieure de la statistique de la Seine avec 6,000 francs d'appointements.

Il fut nommé membre de l'Académie des sciences le 27 mai 1816; un peu plus tard, il devenait membre de l'Académie française. C'est le 19 août 1822 qu'il fut nommé secrétaire perpétuel de l'Académie des sciences, en remplacement de Delambre. L'autorité d'Arago ne fut peut-être pas sans influence sur cette nomination.

Les recherches scientifiques de Fourier se rapportent surtout aux mathématiques. On lui doit un *Mémoire sur la résolution des équations numériques*, travail qui servait de point de départ à la belle découverte de Sturm sur le même sujet, ainsi qu'un nouveau mode de développement des fonctions en série, qui est connu dans l'enseignement classique sous le nom de *série de Fourier*, et qui permet de mettre en évidence les principales variations périodiques d'une fonction. Son principal ouvrage est la *Théorie analytique de la chaleur*, qu'il composa quand il était préfet de Grenoble; c'est un véritable chef-d'œuvre scientifique qui traite surtout de la propagation de la chaleur par conductibilité, et dans lequel il est prouvé que la chaleur centrale du globe terrestre ne peut pas augmenter de plus d'un millième de degré la température moyenne de la surface. La *Théorie analytique de la chaleur* a été publiée en 1822 à Paris, chez Didot.

FOURNEAU. Appareil de forme et de matières variables, dans lequel on soumet certaines substances à l'action de la chaleur. — V. aussi FOUR. || En *T. de min. milit.*, on donne ce nom à une chambre de mine chargée de poudre ou de dynamite dans le but de produire à un moment donné un effet destructeur. Lorsqu'on met le feu à une charge de poudre placée en O (fig. 187), à une certaine profondeur au-dessous du sol, la déflagration produit une masse considérable de gaz à une température très élevée.

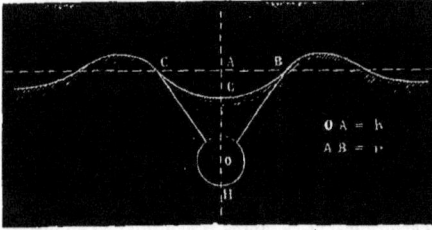

Fig. 187. — *Fourneau de mine et entonnoir.*

Ces gaz, par leur force expansive, compriment les terres dans toutes les directions et déterminent généralement une projection extérieure. La masse de terre qui recouvre le fourneau se trouve lancée verticalement en formant une gerbe laissant au-dessous d'elle une excavation que l'on a appelée *entonnoir* en raison de sa forme conique. A la surface du sol, la base de l'entonnoir est généralement un cercle dont le rayon A B = r varie avec la ligne O A = h qui mesure la plus courte distance du centre des poudres au vide le plus voisin ou à la surface du sol. La ligne O B = R qui joint le centre des poudres au bord de l'entonnoir s'appelle *rayon d'explosion* tandis que h se nomme la ligne de moindre résistance et r rayon de l'entonnoir.

Le vide qui se produit autour de la charge au moment de l'explosion a la forme d'une sphère et se nomme *chambre de compression*. La masse de terre C H B est ensuite projetée de telle sorte que le vide de l'*entonnoir réel* momentanément produit est C H B A, mais comme les terres en retombant comblent en partie ce vide, il ne reste en définitive qu'un *entonnoir* tel que C G B en forme de cuvette dont la profondeur A G n'est qu'une fraction de la ligne de moindre résistance h.

Si l'on place des charges différentes à une même profondeur h, dans un même terrain de surface horizontale, on obtient des entonnoirs différents et suivant la valeur que prend le rapport $\frac{r}{h} = n$ du rayon r à la ligne de moindre résistance, on classe le fourneau dans une des trois catégories suivantes :

1° *Fourneau ordinaire,* c'est celui dont l'explosion produit un entonnoir ayant un indice n égal à l'unité, c'est-à-dire ayant un rayon r égal à la ligne de moindre résistance h;

$$\frac{r}{h} = 1.$$

2° *Fourneau surchargé* dans lequel le rayon de l'entonnoir r est plus grand que la ligne de moindre résistance h

$$\frac{r}{h} = n > 1.$$

3° *Fourneau sous-chargé* dont l'indice n est moindre que l'unité, c'est-à-dire pour lequel le rayon r est plus petit que la ligne de moindre résistance

$$\frac{r}{h} = n < 1.$$

Lorsque deux fourneaux établis dans le même rameau sont disposés de telle manière que le second doive jouer dans l'entonnoir du premier, celui-ci s'appelle le *fourneau de tête* et l'autre la *retirade.*

Les mineurs militaires ont adopté pour déterminer les charges des fourneaux la règle suivante :

Pour obtenir en kilogrammes le poids de la charge de poudre d'un fourneau ordinaire dont la ligne de moindre résistance h est donnée en mètres, on fait le cube de cette longueur et on multiplie le résultat par un coefficient K qui dépend de la nature du terrain. Cette règle se traduit par la formule (1) C = K . h³. Pour obtenir la charge d'un fourneau surchargé ou sous-chargé dans lequel la valeur n ou le rapport $\frac{r}{h}$ est déterminé, il faut multiplier la charge qui à la même profondeur donnerait un fourneau ordinaire par l'expression :

$$\left(\sqrt{1 + n^2 - 0{,}41}\right)^3$$

Cette règle se traduit par la formule :

$$(2) \quad C = K h^3 \left(\sqrt{1 + n^2 - 0{,}41}\right)^3$$

Cette formule (2) comprend d'ailleurs la formule (1) comme cas particulier lorsque n = 1. Les valeurs du coefficient K sont variables depuis 1,20 jusqu'à 4, suivant la nature du terrain ou de la maçonnerie. Dans les terrains ordinaires on prendra K = 1,50, dans l'argile K = 2, dans la bonne maçonnerie ou le roc ordinaire K = 3.

FOURNEAU DE CUISINE. *T. de fumist.* Nom des appareils fixes ou mobiles installés dans les cuisines des habitations particulières ou des établissements publics pour la cuisson des aliments.

Le *fourneau ordinaire* ou de *construction* est une sorte de coffre de maçonnerie de plâtre ou de briques, élevé d'une certaine hauteur au-dessus du sol et supporté par des jambages laissant entre eux des vides où se placent des caisses en bois servant à renfermer le charbon. La plaque supérieure, dite *feuillasse,* est carrelée en faïence et percée de trous dans lesquels on encastre des cuvettes en fonte, fermées inférieurement par de petites grilles où se dispose le charbon. Au-dessous de ces ouvertures, à 0m,30 de distance environ, est établie une aire qui reçoit les cendres et qu'on appelle *cendrier.* Ces deux aires superposées sont maintenues par des plates-bandes ou barres de fer plat repliées en équerre et terminées, à leurs extrémités, par des queues de carpe qu'on scelle dans la muraille. On divise souvent le cendrier par des cloisons verticales en autant de compartiments qu'il y a de réchauds et l'on ferme chacun d'eux par une porte en tôle à coulisse permettant de régler l'arrivée de l'air sous la grille pour activer ou modérer le tirage. On revêt aussi de carreaux de faïence la partie du mur de fond en contact avec le fourneau. Ces appareils sont établis sous une grande hotte qui sert à l'évacuation des vapeurs et gaz de toute nature, à l'aide d'un tuyau de cheminée ordinaire. Cette hotte recouvre, en même temps, l'*âtre* ou foyer destiné à la rôtisserie et fermé par un rideau en tôle.

Le combustible employé dans les fourneaux que nous venons de décrire est le charbon de bois. L'usage de la houille, les expériences et les travaux de Rumford sur ce sujet ont apporté des changements considérables dans le construction de ces appareils qui ont pris le nom de *fourneaux économiques*. Rumford songea le premier à réduire le foyer à de très petites capacités, à établir sur un seul foyer plusieurs marmites de dimensions modérées, et des chaudières à eau sous lesquelles il utilisait la chaleur perdue de la fumée, à rôtir la viande dans des fours en tôle, etc. Cependant Rumford donnait un foyer séparé à chaque série de marmites, à chaque four à rôtir, il employait encore des réchauds au charbon de bois. Aujourd'hui on ne se sert que d'un seul foyer. Des plaques de fonte ou de fer rougies par l'action directe du feu permettent de disposer sur une même surface un bien plus grand nombre de vases et d'en conduire la marche de front. Ces plaques sont, en partie, formées de rondelles concentriques s'emboîtant les unes dans les autres et qu'on peut enlever en tout ou partie, de manière à obtenir des trous de diamètres différents. On peut ainsi préparer toutes sortes de mets, tels que grillades, omelettes, fritures, ragoûts de viandes et sauces. Puis on établit autour du foyer la marmite à potage, le four à rôtir et la chaudière munie de son robinet.

Dans les fourneaux qui servent aux grands établissements, restaurants, hospices, casernes, collèges, etc., on dispose à la suite du foyer de grandes marmites fixées à demeure et qui servent à la préparation du bouillon, à la cuisson des légumes. Des robinets y versent l'eau directement.

On désigne sous le nom de *cuisinières* des fourneaux-poêles en fonte qui se trouvent dans le commerce entièrement prêts. Ces appareils, destinés à la fois au chauffage et au service culinaire sont des poêles en fonte avec dispositions plus ou moins complexes, suivant qu'ils renferment ou non un four ou un bain-marie. La plaque supérieure porte des rondelles mobiles permettant d'y placer les vases culinaires comme sur les fourneaux précédents. — F. M.

FOURNEAU (HAUT-). Le haut-fourneau est l'appareil qui sert au traitement des minerais de fer pour produire ce carbure de fer que l'on appelle *fonte* (V. ce mot). Un haut-fourneau consiste essentiellement en une cavité formée de deux troncs de cône accolés par leur grande base et placés verticalement. On y introduit, par la partie supérieure appelée *gueulard*, le combustible, le minerai et les substances additionnelles ou fondants, qui se répartissent par couches alternatives et peu épaisses. Par la partie inférieure on souffle de l'air pour brûler le combustible.

On voit dans la figure 188 les différentes parties d'un haut-fourneau : G, gueulard par où se fait le chargement des matières ; C, cuve ou premier tronc de cône, où se fait la descente ; V, ventre ou point de raccordement des deux troncs de cône, supérieur et inférieur. Quelquefois cette partie est cylindrique, au lieu de se réduire à une arête circulaire. Le tronc de cône inférieur porte le nom d'*étalages* E dans la partie supérieure et plus particulièrement celui d'*ouvrage* O, dans le voisinage des tuyères T. Dans le *creuset* K se réunissent les produits de la fusion du minerai, c'est-à-dire la *fonte* et le *laitier* ou *scorie*.

La *fonte* est la partie métallique du résidu de la fusion, le *laitier* est la partie terreuse. Le laitier est un silicate de chaux et d'alumine, dont la densité, étant moindre que celle de la fonte, lui permet, dans le *creuset*, de flotter au-dessus de celle-ci.

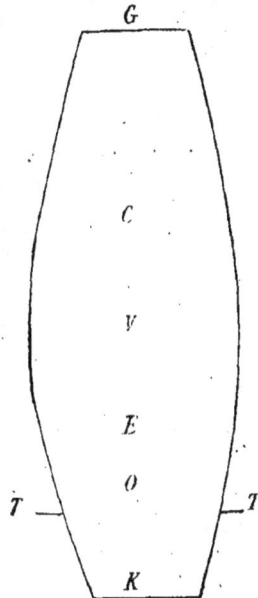

Fig. 188

Voici comment fonctionne un haut-fourneau : on charge alternativement le combustible et le minerai additionné des substances nécessaires à la fusion et que l'on appelle *fondants*. Ce chargement se fait par la partie supérieure au fur et à mesure que le vide produit à la partie inférieure a fait descendre l'ensemble des charges. Le combustible est brûlé par de l'air soufflé dans des orifices pratiqués au-dessus du creuset et appelés *embrasures de tuyères*. Sous l'action de l'air insufflé à une certaine pression, le combustible se transforme en un mélange d'azote et d'oxyde de carbone chargé de toute la chaleur que produit la combustion du carbone. Il peut bien se faire un peu d'acide carbonique sous l'action de l'oxygène se trouvant en excès, mais cet acide carbonique se transforme presque immédiatement en oxyde de carbone au contact du carbone incandescent. Ce mélange d'azote et d'oxyde de carbone s'élève dans le fourneau en passant entre les interstices des matières solides, se refroidit en réchauffant celles-ci, et s'échappe par le gueulard après avoir rempli dans l'intérieur du fourneau son rôle réducteur sur le minerai. Il y a donc dans un haut-fourneau deux courants marchant en sens contraire : le *courant ascendant*, dont la température va en décroissant depuis le creuset jusqu'au gueulard, et qui est gazeux; le *courant descendant*, formé des matières solides chargées, dont la température va en croissant de haut en bas et qui s'échauffe au contact du courant gazeux.

On voit immédiatement que la vitesse de descente des charges ne dépend que de la quantité de combustible brûlée dans l'unité de temps. A mesure qu'une certaine quantité de combustible est réduite en gaz, à la partie inférieure sous l'action de l'air insufflé, il se produit un vide que les matières solides placées au-dessus tendent à remplir. Ce vide finit par se faire sentir à la partie supérieure et on fait alors un nouveau chargement de matières solides. Tel est le fonctionnement mécanique du haut-fourneau.

La quantité de matières passées par vingt-quatre heures dans un haut-fourneau, et les produits qui en résultent donnent donc lieu à une *production* [qui est évidemment proportionnelle à la quantité de combustible consommé pendant le le même temps. Il n'y a de limite à cette production que la réalisation plus ou moins complète de la *réduction* à effectuer.

Dans le haut-fourneau à fer, la réduction a lieu au moyen de l'oxyde de carbone. Le combustible consommé à la partie inférieure a donc un double effet : 1° il produit en cette partie une température élevée qui amène la fusion des matières utiles et leur séparation des matières inutiles ; 2° par les produits de sa combustion, il amène la réduction des minerais.

Le minerai de fer (qui peut être considéré comme du peroxyde de fer) se change peu à peu à mesure qu'il descend dans le haut-fourneau, successivement en oxyde magnétique, protoxyde, sous oxydes plus ou moins définis et enfin fer métallique et il se forme de l'acide carbonique. Le fer métallique pur étant très difficile à fondre, se combine plus ou moins avec le carbone en présence; il se produit alors du *carbure de fer* ou *fonte* qui renferme la majeure partie du fer du minerai.

$$3CO + Fe^2O^3 = 2Fe + 3CO^2.$$

Il suffirait donc théoriquement de 3 équivalents de carbone à l'état d'oxyde de carbone pour réduire 2 équivalents de fer.

$3 \times 6 = 18$ de carbone.

$2 \times 28 = 56$ de fer.

La réduction demanderait par conséquent pour un de fer 18/56 ou 0,32 de carbone. Mais plusieurs raisons viennent changer cette quantité et la majorer sensiblement.

D'abord, si l'oxyde de carbone a la propriété de réduire l'oxyde de fer en donnant lieu à une production de fer métallique et d'acide carbonique, *inversement*, le fer métallique peut, sous l'action de l'acide carbonique, donner de l'oxyde de fer et de l'oxyde de carbone. C'est une question de température et de composition de mélange gazeux. A mesure que le gaz composé primitivement d'azote et d'oxyde de carbone se charge d'acide carbonique, il perd une partie de son pouvoir réducteur, puisqu'à côté se produit un élément oxydant. Il y a donc, suivant la tempéra-

ture, certains *points d'équilibre* où un mélange d'oxyde de carbone et d'acide carbonique est sans effet réducteur, comme sans effet oxydant. Il en résulte qu'une notable partie de l'oxyde de carbone qui traverse le fourneau ne se transforme pas en acide carbonique et n'épuise pas son pouvoir réducteur.

Voici quelques *points d'équilibre*, c'est-à-dire des températures où un certain mélange d'oxyde de carbone et d'acide carbonique est sans action sur le fer comme sur l'oxyde de fer.

Au rouge sombre : 60 volumes d'acide carbonique.
              40 — d'oxyde de carbone.
Au rouge vif : 32 volumes d'acide carbonique.
              68 — d'oxyde de carbone.
Au rouge blanc : 10 volumes d'acide carbonique.
              90 — d'oxyde de carbone.

Puisque tout l'oxyde de carbone, produit à la partie inférieure par la combustion du carbone de la charge sous l'action de l'air insufflé, ne se transforme pas en acide carbonique pour les raisons données plus haut, la quantité de carbone nécessaire à la réduction du minerai de fer est supérieure à ce que nous indiquait un premier calcul, où l'on supposait l'utilisation du carbone par son oxydation au plus haut degré.

Le haut-fourneau n'en est pas moins un des appareils métallurgiques les plus parfaits au point de vue de l'utilisation de la chaleur; l'inconvénient qu'il présente, c'est cette nécessité du contact du combustible et de la matière à réduire. Il en résulte que les cendres et toutes les impuretés que renferme ce combustible peuvent influer sur la qualité du produit. D'un autre côté, la grande hauteur que l'on est obligé de donner au haut-fourneau pour utiliser autant que possible la chaleur et le pouvoir réducteur des gaz dégagés par la combustion qui a lieu à la partie inférieure, soumet le combustible à un broyage et à un écrasement qui ne sont pas à négliger. On ne peut donc employer que des combustibles qui résistent à cet effort de pulvérisation. C'est donc une des raisons qui font consommer surtout du coke ou du charbon de bois. Une autre raison pour l'emploi de ces combustibles carbonisés, c'est que, dans la combustion de la houille et du bois, la décomposition des hydrogènes carbonés et leur volatilisation absorbent une certaine quantité de chaleur qui vient en déduction de celle que produit la combustion du carbone fixe. Ce refroidissement est loin d'être négligeable. 1 kilogramme de matières volatiles absorbe, pour se dégager de la houille, environ 1,900 calories. 1 kilogramme de carbone produit, en se transformant en oxyde de carbone, 2,473 calories.

On voit donc, si l'on tient compte des cendres, qu'une *houille*, dégageant 50 0/0 de gaz, serait bien près de ne produire aucun effet dans le haut-fourneau. De plus, les gaz hydrocarburés se transformeraient rapidement, au contact du combustible incandescent et du minerai, en hydrogène libre et oxyde de carbone qui emporteraient hors du fourneau une grande quantité de chaleur.

On avait cru que l'hydrogène, qui est un élément de réduction si puissant, pourrait rendre d'utiles services dans le haut-fourneau où l'on se propose précisément une action de ce genre. La facilité avec laquelle la vapeur d'eau, produite dans l'action réductrice de l'hydrogène, se décompose en hydrogène et oxyde de carbone au contact du carbone incandescent, rend illusoire l'action de l'hydrogène au haut-fourneau. Telles sont les raisons qui obligent à employer des combustibles ne renfermant pour ainsi dire que du carbone fixe.

Dans certains pays, comme les États-Unis, on se sert beaucoup d'anthracite qui renferme peu de matières gazeuses. En Écosse, on a pu utiliser des houilles maigres ou demi-grasses pour la réduction des carbonates de fer du terrain houiller

fourneaux renferment généralement 25 à 35 d'alumine, le reste étant presque exclusivement de la silice.

La *chemise extérieure* est tantôt simplement une enveloppe de tôle destinée à maintenir l'ensemble de la construction, tantôt, au contraire, c'est un massif de maçonnerie peu ou point réfractaire et dont le volume est considérable.

On avait pensé pendant longtemps qu'il fallait s'opposer le plus possible au refroidissement extérieur, pour diminuer les pertes par rayonnement. On revient maintenant à des idées plus conformes à la théorie.

La réduction des minerais de fer commence à une température assez basse, 4 à 500° par

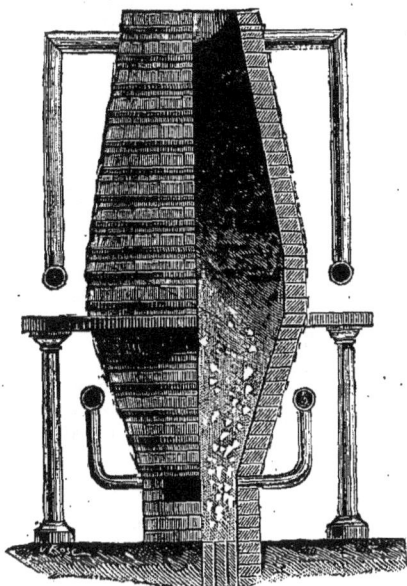

Fig. 189.

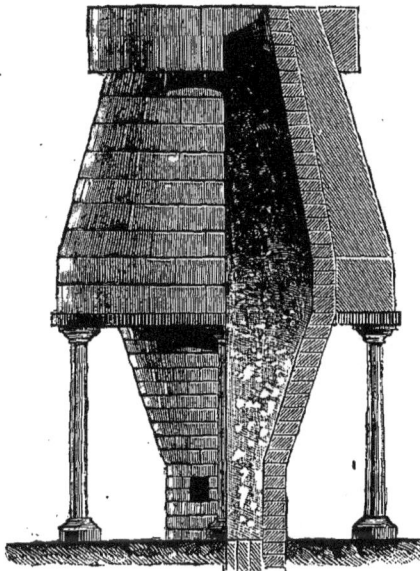

Fig. 190.

au haut-fourneau, mais la consommation est considérable, elle s'élève à deux fois la quantité de coke qui serait nécessaire, et le minerai étant facile à réduire, ne demande pas une allure très chaude.

Un haut-fourneau se compose généralement de deux *enveloppes* ou *chemises*. La *chemise intérieure* est essentiellement réfractaire et doit en outre résister à l'usure par frottement que produisent, en descendant, les éléments de la charge. Cette chemise est formée de briques de grande dimension pour diminuer le nombre des joints. Pour faciliter leur cuisson, on les fait peu épaisses et généralement on obvie à leur gondolage et à leur défaut d'exactitude dans les dimensions par une *taille* ou appareillage. Destinées à remplir un espace annulaire, ces briques ont plus ou moins la forme des voussoirs d'une voûte. Les joints verticaux et horizontaux sont remplis par un mortier de nature chimique analogue aux briques qu'elles doivent cimenter. Les briques de hauts-

exemple, et le refroidissement qui peut se faire dans la partie supérieure du fourneau n'a pas un effet aussi nuisible qu'on le pensait tout d'abord. C'est dans la partie inférieure surtout qu'il faut concentrer la chaleur, car c'est là qu'a lieu la fusion et la séparation des matières utiles d'avec celles qui ne le sont pas. Il y a donc actuellement tendance à simplifier la chemise extérieure pour rendre moins coûteuse la construction des fourneaux.

Un ingénieur allemand, M. Buttgenbach, a même eu l'idée audacieuse de supprimer l'enveloppe extérieure et de la remplacer par des cercles. Nous devons à la vérité de dire que les fourneaux *sans chemise* (fig. 189) fonctionnent aussi économiquement que les autres, quoique la perte par rayonnement dans les parties supérieures y soit incontestablement plus considérable que dans les fourneaux à massif extérieur.

En Angleterre, les fourneaux sont d'un type intermédiaire, la chemise extérieure se compose d'une enveloppe légère en maçonnerie et d'une enveloppe de tôle (fig. 190). La chemise intérieure est séparée de la chemise extérieure, soit par un vide qui se remplit naturellement par la dilatation au moment de l'allumage, soit par du sable ou mieux du charbon menu.

En France, l'ancien type de haut-fourneau à chemise extérieure était très massif. C'était une pyramide à quatre faces, avec des évidements en voûte à la partie inférieure (fig. 191) pour permettre d'approcher du creuset. En O, se trouvait le trou de coulée pour la fonte et en L un plan incliné sur lequel coulait le laitier.

La disposition actuelle, la plus répandue, se rapproche du type anglais; c'est-à-dire que les

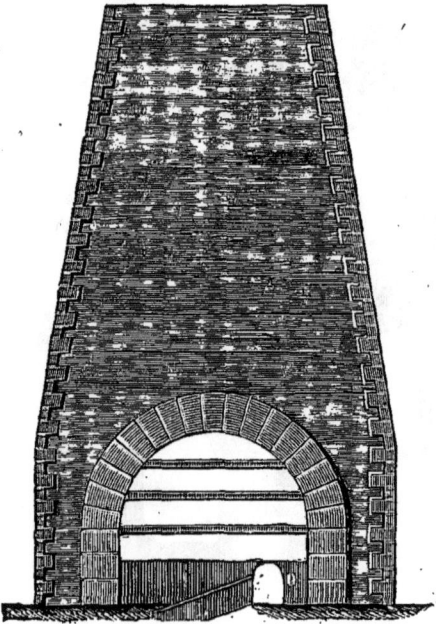

Fig. 191.

abords du creuset sont dégagés en soutenant la partie supérieure par des colonnes de fonte. Quant à la chemise extérieure, elle est beaucoup amincie et on la maintient par une série de cercles, comme dans les fourneaux Buttgenbach. L'inconvénient du type anglais, c'est qu'il ne permet pas facilement de se rendre compte de l'usure de l'intérieur, puisque tout le fourneau est renfermé, à la partie supérieure, par un tube continu en tôle. Les fourneaux enveloppés de cercles permettent, jusqu'à un certain point, de juger extérieurement comment se comportent les diverses assises, mais sans que les réparations soient pour cela plus faciles pendant la marche.

Le fourneau sans chemise extérieure est, en réalité, le plus commode. L'air qui circule librement autour rafraîchit, incontestablement, la maçonnerie réfractaire sur les deux tiers de la hauteur. Lorsqu'une usure locale menace de faire

percer le fourneau, on en est averti par des fissures qui donnent passage aux gaz. La nuit, ces parties plus minces rougissent; souvent même des cercles cassent par la poussée des charges. On peut alors disposer un échafaudage, remplacer les assises détériorées et prolonger notablement la durée du fourneau. Il est en tout temps facile de faire dans les joints des sondages que l'on rebouche et qui indiquent très exactement l'épaisseur dans les différentes parties. Ces fourneaux ne consomment pas plus de combustible que les autres, pour une qualité de fonte donnée, et ils sont économiques à construire, avec un maniment infiniment plus commode.

La capacité des hauts-fourneaux est très variable. Autrefois, les fourneaux au bois n'avaient qu'une dizaine de mètres cubes. Actuellement, on ne construit guère de fourneaux au coke ayant un volume inférieur à 100 mètres, et le type le plus courant se rapprocherait plutôt de 200 mètres cubes. En Angleterre, on est allé exceptionnellement jusqu'à 1,000 et 1,100 mètres cubes, mais il ne semble pas que

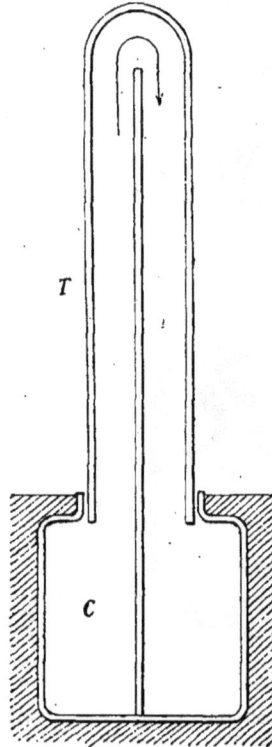

Fig. 192.

ces dimensions soient à imiter. Il est difficile d'agir efficacement et avec rapidité sur de semblables masses quand il se produit quelques dérangements et, d'ailleurs, leur production n'est pas en rapport avec leur volume. Un fourneau de 1,000 mètres cubes n'a jamais donné dix fois plus de fonte qu'un fourneau de 100 mètres cubes; il en donne seulement trois ou quatre fois plus. Il y a donc un mauvais emploi du capital immobilisé dans une construction trop volumineuse pour l'effet produit.

Il faut, qu'aux environs des tuyères, la température soit assez élevée pour fondre le laitier et la fonte, et faciliter leur séparation par les différences de densité. Cette température ne peut être obtenue qu'en n'écartant pas beaucoup les parois extrêmies, autrement le vent ne pénètrerait pas avec assez de force jusqu'au centre pour y brûler le coke. On a beau augmenter le volume de la cuve, on ne peut accélérer la descente des matières qu'en raison du coke brûlé dans l'espace entre les tuyères, espace forcément assez limité.

La hauteur influe plus que le volume sur l'économie de combustible dans les fourneaux. La réduction devant s'effectuer tout entière sous l'action des gaz qui s'élèvent, on comprend que plus on prolongera le contact de ces gaz avec les matières solides à réduire, plus on avancera la réduction, qui n'aura plus lieu dè s'achever à la partie inférieure au détriment d'une partie du combustible solide. Les Anglais, avec leur coke très résistant à l'écrasement, sont allés jusqu'à 25 mètres et plus de hauteur, sans inconvénient. En France, où les cokes sont plus friables, il est rare qu'on puisse dépasser 18 à 20 mètres sans désavantage. Les fourneaux au bois étaient et sont encore assez bas à cause de la friabilité du charbon végétal.

Un des grands progrès réalisés, au XIXᵉ siècle, dans le travail des hauts-fourneaux, a été le chauffage de l'air insufflé à la partie inférieure. Cette innovation, due à l'Écossais Neilson, a

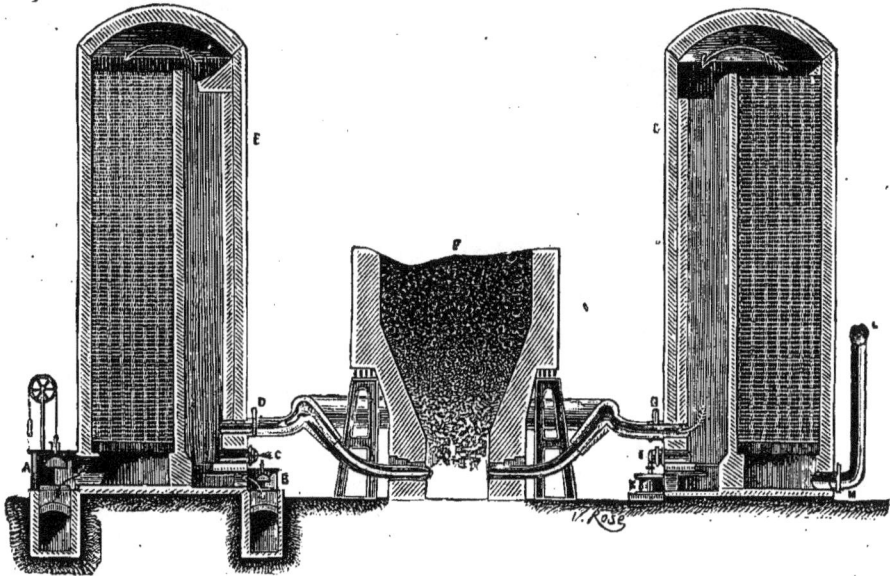

Fig. 193.

A Valve conduisant à la cheminée les gaz brûlés. — B Valve d'entrée des gaz arrivant du fourneau pour chauffer l'appareil. — C Entrée d'air pour brûler les gaz destinés au chauffage de l'appareil. — D Valve interrompant la communication entre l'appareil en chauffage et le fourneau. — E Appareil en chauffage. — F Haut-fourneau. — G Appareil en soufflage. — H Valve permettant la communication entre l'appareil en soufflage et le fourneau. — I Entrée d'air, fermée pendant le soufflage. — K Entrée du gaz, fermée pendant le soufflage. — L Entrée de l'air venant de la machine soufflante. — M Valve interrompant l'arrivée de l'air soufflé.

permis d'économiser une grande partie du combustible employé dans les hauts-fourneaux.

Nous avons vu que la réduction du minerai de fer, dans ces appareils, demandait un combustible spécial, obtenu chèrement par la carbonisation de la houille ou du bois. La chaleur développée par la combustion se partage entre l'oxyde de carbone et l'azote de l'air insufflé; toute unité de chaleur apportée par l'air devra donc économiser une certaine proportion du combustible nécessaire à la production de la température élevée que nécessitent les réactions qui doivent se produire. On pourra donc insuffler moins d'air, introduire moins d'azote, dont le rôle inerte est une perte forcée de chaleur et de plus il y aura moins de cendres à fondre; d'où moins de laitier à former.

Le tout est d'obtenir économiquement ce chauffage de l'air qui doit diminuer la proportion de combustible employé. Fort heureusement pour la réalisation pratique de ce problème, les gaz, qui se dégagent des hauts-fourneaux possèdent, après avoir produit leur effet utile, un pouvoir calorifique considérable.

En moyenne, les gaz du gueulard renferment en poids : azote, 50; oxyde de carbone, 20 à 30; acide carbonique, 30 à 20.

Les gaz obtenus dans les gazogènes Siemens et qui servent, par la régénération, à l'obtention des températures les plus élevées, renferment : azote, 60; acide carbonique, 5 à 10; oxyde de carbone, 25 à 30.

Les gaz qui s'échappent des hauts-fourneaux, sont donc un combustible précieux, qui pourra être utilisé avantageusement au chauffage de l'air. Actuellement, avec ces gaz, en employant des dispositions convenables, on peut non seulement porter l'air à une température de 7 à 800°, mais

encore produire assez de vapeur pour faire marcher la machine soufflante et les appareils qui
servent à monter les charges.

Pendant longtemps on a chauffé l'air des hauts-
fourneaux en le faisant passer dans des tubes en
fonte placés dans des chambres où l'on brûlait du

gaz. On retrouve encore des appareils de ce genre
en Angleterre, dans de très grandes usines, et,
dans quelques autres pays, dans des établissements de peu d'importance. Mais la tendance générale est d'employer des appareils en briques
réfractaires, d'un volume comparable à celui du

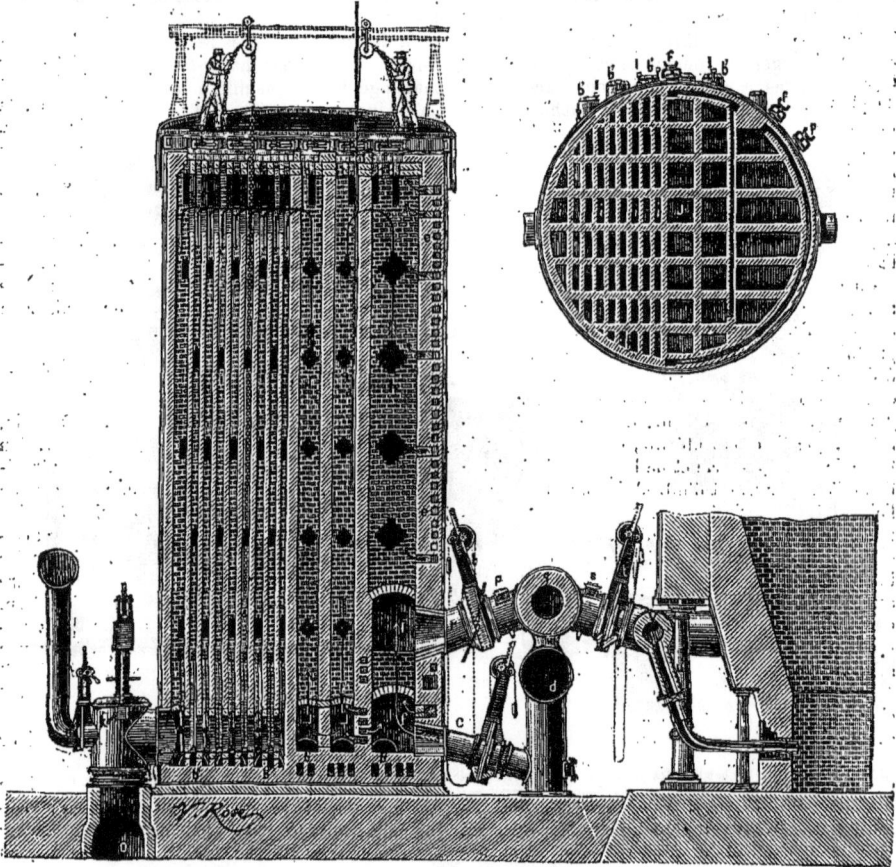

Fig. 194 et 195.

a a a' a' Portes de nettoyage du haut et du bas, pour nettoyer du dehors sous la chaleur rouge. — b b' Racloir à manche et racloir à boulet. — c Collecteur de gaz. — d Valve à gaz avec registre de sécurité. — e e e' Valves et orifices de l'air de combustion. — f f Carneaux dans lesquels l'air de combustion s'échauffe — g Première montée des gaz, vastes chambres de combustion dans lesquelles un homme peut entrer pour piquer les murs s'il y a lieu. — h Première descente des gaz, id. — i Deuxième montée des gaz, id. — j j j Deuxième descente pendant laquelle les gaz brûlés abandonnent leur chaleur. — k Lunettes de regard pour suivre la combustion et pouvoir la régler. — l Valve de fumée avec registre de sécurité. — m Collecteur de fumée. — n Collecteur de vent froid. — o Valve à vent froid. — p Valve à vent chaud. — q Valve à sable pour isoler un appareil. — r Collecteur de vent chaud. — s Valve méca-nique pour isoler un haut-fourneau. — t Valve à sable pour isoler la valve s — u Tuyau circulaire à vent chaud. — v Porte-vent Whitwell.

fourneau qu'ils desservent et où, alternativement,
on fait brûler du gaz et passer l'air froid sortant
de la soufflerie.

La figure 192 donne la disposition la plus généralement adoptée pour le chauffage du vent au
moyen de tubes en fonte. Une conduite C est
noyée dans la maçonnerie et porte implantés un
certain nombre de tubes cloisonnés T dans lesquels circule l'air. Ces tubes sont chauffés extérieurement par les gaz du haut-fourneau brûlant
dans des chambres en maçonnerie. Le grand

inconvénient de ce mode de chauffage, c'est que
la chaleur doit traverser par conductibilité la
paroi de fonte, et, par conséquent, on ne peut,
sans risquer de fondre celle-ci, obtenir une température élevée. En général, quand on arrive à
450°, sans trop brûler de tuyaux, c'est un bon
résultat.

Le chauffage par les appareils en briques est
bien supérieur à tous les points de vue. La figure 193 explique suffisamment son mode de fonctionnement. On distingue deux types principaux

d'appareils en briques pour le chauffage du vent des fourneaux.

Le système Cowper, où chacun des appareils se compose d'une chambre de combustion et d'un récupérateur en treillis de briques·réfractaires.

Le système Whitwell, où le récupérateur est formé de murs parallèles.

Le système Cowper présente l'avantage incontestable d'avoir plus économiquement une grande surface de chauffe ; par contre, il est d'un nettoyage très difficile. Le système Whitwell demande de plus grandes surfaces, ou, ce qui revient au même, plus d'appareils pour obtenir une température donnée du vent ; la température y est moins régulière, mais il est moins facile à engorger par les poussières entraînées, il est nettoyable. La figure 193 représente un haut-fourneau et deux appareils Cowper, dont l'un est en chauffage et l'autre en soufflage.

On comprend facilement que le gaz du fourneau, mêlé d'une quantité d'air suffisante, puisse échauffer l'empilage de briques que traversent les produits de sa combustion. Inversement, de l'air froid circulant dans un empilage semblable, chauffé à blanc, doit forcément se charger d'une grande quantité de chaleur. La limite de température, que l'on peut obtenir, dépend de l'infusibilité de la maçonnerie et de la quantité d'air que l'on fait passer avant d'introduire de nouveau de l'air et du gaz, c'est-à-dire de la fréquence des renversements du courant d'air. Théoriquement, deux appareils devraient suffire, l'un en soufflage, l'autre en chauffage ; mais, en pratique, il en faut au moins trois, pour pouvoir nettoyer de temps en temps. Lorsqu'on veut atteindre de grandes productions, il n'est pas rare de voir quatre ou cinq appareils pour desservir un seul fourneau.

Les frais d'installation d'un semblable mode de chauffage sont assez considérables, mais les avantages que l'on peut en obtenir sont tellement importants qu'on ne doit pas hésiter à employer ce perfectionnement.

Les figures 194 et 195 donnent le détail de l'installation Whitwell pour le chauffage du vent. La légende explicative, qui y est jointe, dispense d'une longue description. On n'a figuré qu'un appareil, celui qui est en chauffage, et on a supposé qu'on faisait le nettoyage en marche, mais il est préférable d'arrêter le chauffage pendant ce travail. Le nettoyage se fait, comme on le voit, par des raclettes suspendues au bout de tiges et de chaînes, comme pour un ramonage de cheminée. Les poussières se déposant surtout dans les premiers compartiments, ceux-ci sont assez larges, de manière à ne pas être obstrués. Les compartiments suivants sont plus étroits, pour utiliser mieux la chaleur des gaz. La figure 195 montre les détails d'une coupe transversale. On voit qu'un certain nombre de regards servent à montrer l'état de l'intérieur de l'appareil. On juge à la couleur des briques de l'intensité du chauffage.

Comme pour le système Cowper, il faut plusieurs appareils desservant un seul fourneau. Les uns sont en chauffage, les autres en soufflage.

Leur nombre dépend de l'activité de la soufflerie et de la production que l'on veut donner au haut-fourneau. Ce genre d'appareils est devenu indispensable à la métallurgie du fer pour produire économiquement la fonte. On peut admettre facilement qu'on obtient la même qualité de produit, c'est-à-dire une fonte également grise, en employant 20 à 25 0/0 de coke de moins.

L'inconvénient de la haute température du vent, telle qu'on l'obtient avec les appareils en briques, c'est la facilité apportée à la réduction du silicium. On est obligé alors, dans le cas où la présence de ce corps n'est pas recherchée dans la fonte, d'avoir des laitiers plus calcaires et moins alumineux. En effet, la silice se réduira d'autant plus difficilement qu'elle sera mieux saturée par la chaux et qu'il y aura moins d'alumine en présence pour former des aluminates. Si, au contraire, on voulait favoriser la réduction du silicium, il faudrait diminuer la chaux autant que possible et ajouter de l'argile pour faciliter la formation d'aluminates. — F. G.

*FOURNETTE. _T. techn_. Petit fourneau à réverbère qui sert à la calcination de l'émail.

*FOURNEYRON (Benoît). Ingénieur, né à Paris, le 1er novembre 1802, mort le 8 juillet 1867. Son père était géomètre à Saint-Etienne, et les traditions de famille poussaient le jeune Fourneyron vers les sciences mathématiques qui ont décidé de sa carrière. Après de brillantes études au collège de Saint-Etienne, il entra en 1817 à l'école des maîtres mineurs de Saint-Etienne qui venait d'être fondée pour remplacer celle de Kaiserlautern, dont le territoire nous avait été enlevé par la coalition européenne. Fourneyron dut obtenir une dispense pour entrer dans cette école, qui exigeait des candidats l'âge de 15 ans révolus. Il en sortit malgré cela le premier en 1819, au bout de ses deux ans d'études. Pendant toute la durée de son séjour à l'école, d'ailleurs, il servit de répétiteur de mathématiques à ses camarades. Il leur enseignait en même temps le levé des plans pendant les récréations. Il avait été en effet de bonne heure formé par son père dans cette branche, et possédait déjà à fond le maniement des appareils de géodésie. Depuis cette époque, Fourneyron donne l'exemple de la carrière la mieux remplie qui se puisse voir et présente toute sa vie le type du travailleur consciencieux et ardent appuyant son activité sur une intelligence et une sagacité extraordinaires.

Il dirigea d'abord les exploitations de mines du Creusot, les recherches de l'Arbresle (Rhône), celles qui ont décidé de la mise en exploitation du riche bassin d'Alais (Gard), et en 1821, secondé par un de ses camarades, Achille Thirion, il fit l'étude des premiers chemins de fer français, celui de Saint-Etienne à Andrezieux à traction de chevaux, dont M. Thirion devint dans la suite le directeur. Il partit ensuite pour la Franche-Comté comme directeur des forges de la famille Pourtalès et introduisit dans la région la fabrication du fer-blanc alors peu connue en France. En même temps il se livrait à de nombreux essais sur la résistance des matériaux, science nouvelle qui avait elle aussi à faire de bien grands progrès. C'est quelque temps après (1822) qu'il se livra à l'étude approfondie des appareils hydrauliques, qu'il en perfectionna un grand nombre et imagina ce moteur nouveau à axe vertical qui a rendu depuis de si grands services et qui porte son nom, la *turbine Fourneyron*. Ce moteur présentait sur les anciennes roues à augets et à palettes, l'immense avantage de pouvoir toujours fonctionner pendant les grandes crues des rivières, et de permettre par suite de ne plus redouter les chômages ruineux pour les ouvriers comme pour les chefs d'usine.

On lui doit également d'avoir rendu pratique le célèbre frein dynamométrique de Prony, dont il avait constamment besoin dans ses expériences. Il reçut à cette occasion le prix promis par la Société industrielle de Mulhouse, qui avait reconnu l'utilité de cet appareil et avait promis une récompense à celui qui le transformerait de manière à en rendre les applications faciles (1828). C'était en effet l'une des qualités les plus remarquables de cet esprit ingénieux, de rendre facilement pratiques la plupart des conceptions théoriques de cabinet. De 1829 à 1836, il se fixa à Besançon où il s'occupa de la construction de ces nouveaux moteurs qui firent alors beaucoup de bruit et se propagèrent rapidement; après avoir dirigé pendant deux ans les forges de M. Diétrich, à Niederbronn (Alsace), il vint se fixer à Paris où sa réputation l'avait précédé et où il ouvrit un cabinet de consultations industrielles. Là, il se livra, pour la France et l'étranger, à la rédaction de projets techniques de toutes sortes concernant les nombreuses spécialités dans lesquelles il avait acquis une si haute compétence.

En 1839, il était décoré de la Légion d'honneur et recevait une médaille d'or pour l'invention de sa turbine. En 1843, il se présenta à l'Académie des sciences et échoua contre le général Morin qui l'emporta de quelques voix après plusieurs tours de scrutin. On peut dire que le véritable insuccès de Fourneyron fut qu'il n'était pas polytechnicien! En 1846, il fut nommé chef de son bataillon de garde nationale et un peu plus tard, en 1848, membre de l'Assemblée constituante, comme représentant du peuple pour le département de la Loire. En même temps il était nommé administrateur de la Caisse d'épargne de Paris. En 1855, il exposa de nouveaux types de ses turbines dites *pliodynamiques*, *géminées* et *bigéminées* et obtint une nouvelle médaille d'or.

Enfin, en 1867, il exposa encore plusieurs machines sortant de ses ateliers. Il avait été nommé, dès 1866, membre du jury pour l'admission à l'exposition universelle de Paris, classe 52. En décembre de la même année, il était désigné par la Commission impériale comme membre du jury international pour la distribution des récompenses aux membres de la classe 53, groupe VI (Machines et appareils de la mécanique générale).

Les fatigues exceptionnelles auxquelles il se livra pendant ses dernières années, se croyant toujours aussi vigoureux que dans les premières années de sa jeunesse, amenèrent chez lui une maladie d'estomac qui l'enleva subitement en juil-

let 1867, au moment où il allait être nommé officier de la Légion d'honneur. Avant de mourir, il avait légué par testament des sommes importantes à un très grand nombre de Sociétés savantes, de municipalités, d'anciens serviteurs, etc., montrant ainsi que les hommes supérieurs savent toujours allier au plus haut degré les qualités du cœur à celles de l'intelligence. — A. M.

*FOURNIER (Pierre-Simon), typographe, né à Paris, en 1712, fut poussé dès l'enfance dans la carrière suivie par son père, typographe lui-même; il dirigea ses premiers efforts vers l'étude de la gravure sur bois; plus tard, il se rendit célèbre par la gravure sur acier de diverses sortes de *caractères* (V. ce mot). Il a publié : *Dissertation sur l'origine et les progrès de graver le bois*; *Modèle des caractères de l'imprimerie*; *Manuel typographique*; *Traité historique et critique sur l'origine et les progrès des caractères de fonte pour l'impression de la musique*. Pierre Simon mourut dans sa ville natale en 1768.

*FOURNISSEUR. Ce mot a, dans une foule de métiers, une signification que son nom indique suffisamment; dans l'*impr. s. ét.* c'est un appareil chargé de transmettre la couleur du châssis sur le cylindre à imprimer. Il se fait en bois, en métal ou en bois garni de calicot, mais aujourd'hui on emploie de préférence les fournisseurs en bois recouverts de caoutchouc. Ce sont simplement des rouleaux de bois recouverts d'un manchon en caoutchouc d'environ 8 à 10 $^m/^m$ d'épaisseur. Ce manchon est fixé à ses extrémités sur le rouleau de bois par des écrous qui se vissent sur l'axe même du fournisseur. De cette façon, la couleur ne peut pénétrer dans le manchon et on peut facilement laver celui-ci. — V. Châssis.

*FOURQUET. T. techn. Pelle ovale de bois ou de métal, en usage dans divers métiers; à l'art. Brasserie, p. 918, nous présentons le fourquet qui sert au mélange du malt.

FOURREAU. Sorte de gaîne, d'étui ou d'enveloppe, destiné à couvrir et à préserver l'objet qu'il renferme.

FOURREUR. T. de mét. Celui qui apprête les peaux garnies de poil. — V. l'art. suivant.

I. FOURRURE. Nom donné au pelage de certains carnassiers ou rongeurs, et aussi, par extension, aux peaux emplumées de quelques oiseaux, comme le cygne, l'eider, etc. La fourrure constitue pour ces animaux un vêtement naturel plus ou moins épais, que l'homme leur enleva et apprit de bonne heure à préparer pour en faire des vêtements artificiels, tels que manteaux, manchons, etc. ainsi que des tapis, afin de se mieux garantir du froid et de l'humidité.

Le prix considérable qu'on met à la dépouille des animaux, surtout dans les pays froids, est toujours relatif à la difficulté de se la procurer, et à la beauté réelle de la fourrure. Cette beauté consiste dans la longueur du poil de l'animal, sa douceur, son épaisseur et sa couleur.

HISTORIQUE. L'usage de porter comme vêtement la peau des animaux tués à la chasse, et comme ornement les parties les plus belles de leur fourrure, paraît avoir existé chez tous les peuples primitifs. On connaît la représentation légendaire d'Hercule revêtu de la dépouille du lion de Némée. D'autre part, Homère nous dépeint le troyen Dolon portant une peau de loup; mais ce loup était blanc, ce qui prouverait que sa fourrure était venue du Nord, d'où l'on peut conclure que les anciens Grecs connaissaient les pelleteries, et qu'ils étaient déjà, par les Phéniciens, en relations commerciales avec les habitants des zones glacées.

Mais à l'époque de leur complète civilisation, les Grecs ne regardaient plus l'usage des fourrures qu'avec une répugnance extrême. De tous les peuples de l'antiquité, les Perses sont les seuls qui mirent les vêtements fourrés au nombre des objets de luxe.

Les Romains et les Grecs du Bas-Empire considéraient encore les fourrures comme un signe caractéristique de barbarie. Ovide, dans ses Tristes, et Tacite, dans son livre sur La Germanie, peignent, l'un et l'autre, en termes méprisants, la rudesse et la férocité des Scythes et des Fenni « qui n'ont d'autres vêtements que des peaux, d'autres lits que la terre. »

A partir du VIᵉ siècle, lors des conquêtes des Germains, des Francs et des Goths, — sous le règne de Justinien, l'Italie fut un moment soumise au sceptre d'un roi Goth, et les Gaules furent envahies par les Francs qui s'y établirent, — l'usage des fourrures se répandit peu à peu en Europe. Tout en s'accommodant aux jouissances et au luxe des habitants des pays civilisés, les conquérants ne renoncèrent pas à toutes leurs coutumes barbares. Ils conservèrent, entre autres, le goût des fourrures, quoique la température plus douce des climats nouveaux sous lesquels ils étaient venus se fixer, leur permit de s'en passer. En effet, ils remplacèrent les peaux grossières dont ils se couvraient par les étoffes plus commodes et plus agréables de l'Italie et des Gaules, mais ils n'en recherchèrent qu'avec plus d'ardeur les fourrures rares et précieuses, moins à cause de la nécessité que par ostentation. Jornandès, qui fut le secrétaire des rois Goths d'Italie, parle dans son histoire, écrite vers 552, des Suètres (département du Var) qui, tout en vivant durement, s'habillaient de fourrures très riches et d'un beau noir.

Lorsqu'aux derniers temps de l'empire romain, les fourrures furent devenues un article de commerce recherché, les marchands s'occupèrent activement des moyens de s'en procurer. La Scandinavie et les contrées situées sur les bords de la mer Baltique fournissaient les peaux de martre-zibeline. D'un autre côté, les marchands établis à Constantinople tiraient des districts montagneux, où le Tigre ou l'Euphrate prennent leur source, ainsi que de la Perse et de la Mésopotamie, des quantités considérables de fourrures de toute espèce; tandis que les marchands grecs établis en Crimée et ceux de Cappadoce expédiaient chaque année à Constantinople et dans le reste de l'Empire, une grande quantité de menue fourrure sous les dénominations de rats de Pont et rats de Babylone. De tous les animaux auxquels on peut attribuer ces dénominations, l'hermine est le seul qui soit bien connu; telle est du reste l'opinion de Du Cange.

Les auteurs les plus anciens qui en ont fait mention, le nomment hermelin, corruption du mot armellino, qui, en italien, signifie arménien. Il est très vraisemblable que c'est de l'Arménie que les Européens tiraient les peaux d'hermine : elles étaient apportées en Italie par des marchands génois ou vénitiens qui faisaient ce commerce.

On trouve l'usage des fourrures établi en France dès les premiers rois. Charlemagne, dont la cour affichait le plus grand luxe, était vêtu d'ordinaire fort simplement. Il avait, suivant Eginhard, l'habitude de porter en hiver un pourpoint de peaux de loutre : « expellibus lutrinis thorace confecto; » mais en été, rapporte le moine de Saint-Gall, il se couvrait, pour la chasse, d'un petit manteau de peau de mouton : « pellicium berbicinum. » Dans les solennités, Charlemagne se montrait plus élégant : ses vêtements étaient fourrés d'hermine, de petit-gris et de renard.

On employait particulièrement à cette époque les peaux de martre, de loutre, de chat, de loir et d'hermine. Une loi somptuaire de l'an 808 défend de vendre ou d'acheter le meilleur rochet fourré de martre ou de loutre plus cher que 30 sols, et, fourré de peau de chat, 10 sols.

Plus tard, les seigneurs ne dépensèrent pas moins en fourrures qu'en garnitures d'or. L'hermine, la martre, le petit-gris ou dos de l'écureuil du nord, et le menu vair coûtaient si cher, que le signe le plus certain de l'opulence était d'en posséder beaucoup.

<blockquote>
Richoise n'est ne de vair ne de gris ;
Li cuers d'un hom vaut tout l'or d'un païs.
</blockquote>

lit-on dans le Roman de Garin le Loherain (1).

Lorsqu'en 1096 les Croisés envahirent le palais de l'empereur, à Constantinople, leurs chefs scandalisèrent cette cour polie par la grossièreté de leurs façons, mais non pas par celle de leurs vêtements. Albert, chanoine d'Aix-la-Chapelle, a décrit, dans la relation qu'il a donnée de cette entrevue, les vêtements sompteux de pourpre, de drap d'or, d'hermine, de martre, de gris et de vair dont se parèrent à cette occasion les principaux chefs des croisés. La princesse Anne Comnène, qui s'y connaissait, témoigne, dans son Alexiade, qu'ils étaient somptueusement habillés de tissus d'or et de fourrures « à la mode française. »

Les relations directes de l'Europe avec l'Asie, par suite des Croisades, firent affluer les fourrures précieuses, si rares auparavant. « Le goût pour la pelleterie se changea en fureur, dit M. Quicherat, et la consommation fut telle, que les artisans en cette partie formèrent des corporations plus nombreuses que bien d'autres métiers qui répondaient aux besoins indispensables de la vie. Ceux à qui leurs moyens ne permettaient pas les fourrures d'Arménie et de Sibérie, se rabattirent sur les peaux de renard, d'agneau, de lièvre, de chat, de chien. Les fourrures entrèrent même dans la distribution de vêtements que l'on faisait aux pauvres, tant cette chose était devenue de nécessité première. On ne se contentait plus de porter la dépouille des bêtes en pelissons; on en fourrait les manteaux, on en bordait le bas, les manches et l'encolure des tuniques. La couleur naturelle des peaux fut déguisée par divers artifices. On mouchetait l'hermine en disposant symétriquement sur la fourrure la houpe de poils noirs qui est au bout de la queue de l'animal; les peaux à poil blanc furent teintes en couleur, particulièrement en rouge. Saint Bernard a exprimé son indignation au sujet des manchettes de fourrure vermeille qu'il voyait aux poignets des prêtres. Gueules était le nom de ces sortes de garnitures, et c'est pourquoi la couleur rouge en blason s'est appelée gueules. Des bandes de gueules disposées alternativement avec d'autres bandes de vair ou d'hermine produisaient des fourrures bariolées, qui devinrent plus tard des emblèmes héraldiques. »

Pendant longtemps il fut défendu aux bourgeoises de se vêtir des quatre grandes fourrures, — la zibeline, l'hermine, le vair et le gris, — dont l'usage était exclusivement réservé aux femmes nobles. Cependant, peu

---

(1) Le vair, que l'on distinguait en menu vair et gros vair, était un assemblage de petits morceaux de peaux d'hermine et d'une espèce particulière de belettes à robe cendrée, nommées gris. Le vair tirait son nom de la variété des peaux dont il était fourni, pellis varia. Dans le menu vair, les teintes foncées des peaux qui tranchaient sur le fond étaient très nombreuses, très rapprochées et par conséquent plus petites. Dans le gros vair, elles étaient beaucoup plus clairsemées.

après le règne de Louis IX, les femmes des bourgeois enrichis dans le commerce commencèrent par déployer un luxe en rapport avec leur fortune et se parèrent de riches fourrures. C'est ainsi que le *Livre de la taille*, pour l'année 1292, compte 214 fourreurs à Paris. Mais sur les sollicitations des seigneurs de sa cour, Philippe-le-Bel, par une ordonnance de 1294, défendit aux bourgeoises de ne porter ni vair, ni gris, ni hermine, et leur enjoignit de se défaire de leurs fourrures dans le délai d'un an. « Robes fourrées d'hermine pour les dames, robes fourrées de *chat* pour les bourgeoises, » dit cette ordonnance. La loi toutefois fut loin d'être observée, et le luxe des fourrures prit des proportions encore plus considérables.

On aura une idée de la consommation extraordinaire de fourrures qui se faisait alors, par l'extrait suivant d'un *Mémoire d'Estienne de La Fontaine*, argentier et maître de la garde-robe du roi Jean-le-Bon (1350-1351) : « Pour trois pièces et demie de velours pour faire un surtout, un manteau habillé, et un chapeau doublé d'hermine pour le roi, à l'occasion de la fête de l'Etoile. Pour ledit surtout une fourrure de 346 peaux d'hermine; pour les manches et poignets 60, pour le froc 336 » : en tout 742 peaux pour un seul habillement. Le même document nous apprend encore que le duc d'Orléans, petit-fils du roi Jean, portait une robe à relever de nuit, pour la fourrure de laquelle on avait employé 2,797 dos de petit-gris, et une robe faite de 1,054 ventres de menu vair pour la cloche, 678 ventres pour le surcot clos, 565 ventres pour le surcot ouvert, et 90 pour le chaperon.

Pendant le règne désastreux de Charles VII, la mode suivit son cours au milieu des calamités du royaume, mais l'habitude des fourrures n'existait plus que dans les grandes maisons. Nous savons bien par Monstrelet que sous Louis XI, en 1467, les dames et damoiselles supprimèrent les longues queues de leurs robes et les remplacèrent par des bordures de gris et de martre; toutefois, à partir de Charles VIII, le luxe des étoffes de soie et de velours commença à se substituer à celui des fourrures qui furent dès lors employées beaucoup moins dans le costume.

Le xvi⁰ siècle ramena la mode des fourrures un instant abandonnée. François Rabelais, dans le chapitre de son *Gargantua*, consacré à la fiction de l'abbaye de Thélème et qui se rapporte à l'année 1530, dit qu'en hiver les dames de ce galant monastère portaient des robes de couleur « fourrées de loup-cervier, genette noire, martres de Calabre, zibelines et autres fourrures précieuses. » Mais le luxe fut poussé tout de suite trop loin. Une ordonnance, rendue en 1532, intima aux financiers et gens d'affaires de s'abstenir de draps de soie et de fourrures.

Sous le règne de Henri III apparaît, pour la première fois, le *manchon* d'hiver en satin ou en velours doublé de fourrure, objet nouveau pour lequel on ne sut pas créer un nom puisque, remarque M. Quicherat, celui de *manchon* désignait auparavant et désigna longtemps encore après, les manches qui n'allaient que jusqu'au coude. En effet, les statuts donnés aux pelletiers, en 1586, mentionnent les *manchons* ou bouts de manche fourrés. Quoiqu'il en soit, il lui dans l'*Inventaire des biens de la veuve du président Nicolai*, année 1597, chap. *Habits à l'usage de la dicte dame* : « Item, un manchon de velours doublé de martre... »

A l'époque de Louis XIV, le manchon figurait, dans la tenue d'hiver, chez les hommes comme chez les femmes.

En 1692, les caprices de la mode répandirent de plus en plus les manchons de fourrure parmi les femmes. Ils étaient devenus la niche de petits chiens qu'il était de bon ton de porter partout avec soi. Le *Livre des Adresses* pour la même année 1692 nous apprend que la demoiselle Guérin, rue du Bac, faisait à Paris commerce de *chiens-manchons.*

Quant aux autres vêtements fourrés tels que le *pelis-*

son, ils étaient toujours en usage pour l'hiver. Le pelisson (du vieux mot français *plisson*) était, comme on sait, une pelisse ordinaire doublée d'hermine. C'est pour cela que les Précieuses avaient appelé l'ami de Mlle de Scudéry, Pélisson, *Herminius.*

La *palatine*, fourrure de dame qui couvre le col et le devant de la poitrine, date de ce temps. Nous pouvons déterminer l'époque précise de son baptême d'après une lettre que la princesse Palatine, autrement Madame, belle-sœur du roi Louis XIV, adressait de Saint-Germain à sa tante, l'électrice de Hanovre, le 14 décembre 1676 : « Le roi me témoigne chaque jour plus de faveur... Cela fait que je suis actuellement très à la mode, et que, quoi que je dise, quoi que je fasse, que ce soit bien ou mal, les courtisans l'admirent. C'est à tel point que, m'étant avisée, par ce temps froid, de mettre ma vieille zibeline pour avoir plus chaud au cou, chacun s'en est fait une sur ce patron, et c'est maintenant la très grande mode. Cela me fait bien rire, car ces gens, qui aujourd'hui admirent cette mode et la portent, sont précisément les mêmes qui, il y a cinq ans, se moquèrent si fort de moi et de ma zibeline que, depuis ce temps, je n'osai plus la mettre. »

Le règne de Louis XVI fut propice à la mode des manchons de fourrure, auxquels on donna parfois les noms les plus excentriques — V. Costume.

Comme au temps de Louis XIV, les hommes le disputaient aux femmes en fait de fourrures. Une estampe du recueil d'Enault nous montre un élégant de 1778 habillé à l'anglaise, en frac et les bras à moitié cachés dans un énorme manchon. Ces manchons étaient pour la plupart en « loup de Sibérie, » nous apprend le *Magasin des Modes nouvelles françaises et anglaises*, décembre 1788. « Nos jeunes gens ne portent guère leur manchon qu'à leur main ou sous le bras. » Enfin, dans le *Dictionnaire historique de la ville de Paris*, par Hurtaut et Magny, 1777, on lit ce qui suit : « Les mantes sont bannies : on porte pour fichu une palatine de duvet de cygne, qu'on appelle un *chat;* chaque femme a un chat sur le col. »

Les statuts et privilèges des marchands fourreurs et pelletiers de la ville et faubourgs de Paris, avaient été donnés par le roi Jean en 1346. Ils furent successivement confirmés par Charles V, en 1367; par Henri III, en 1586; par Louis XIII, en 1618, et par Louis XIV, en 1648.

Les fourreurs formèrent d'abord le quatrième corps des marchands de Paris. En 1776, ils furent agrégés aux bonnetiers et aux chapeliers, et composèrent avec eux le troisième des six corps de marchands. Actuellement, selon M. Emile Cottenet, les fourreurs emploient les peaux des animaux qui se rencontrent dans les quatre parties du monde à l'état sauvage ou domestique; aussi la récolte, l'échange et le transport des fourrures donnent lieu à un trafic considérable entre l'Amérique du Nord, la Russie orientale, l'Allemagne et la France. L'industrie dont il s'agit a pour intermédiaire la Compagnie anglaise de la baie d'Hudson, établie sous Charles II, en 1670 ; la Compagnie danoise du Groenland, dont le centre est à Copenhague, et la Compagnie russo-américaine, qui a son comptoir à Moscou. Les pelletiers s'approvisionnent aux grandes foires de Francfort et de Leipzig, dans les ventes publiques de Copenhague et dans les ports de l'Océan et de la Méditerranée.

FABRICATION. L'industrie de la fourrure, en France, se divise en trois classes d'industriels : 1° les collecteurs ou ramasseurs de peaux ; 2° les marchands en gros ou pelletiers ; 3° les fourreurs. Les principaux pelletiers sont en même temps confectionneurs de fourrures.

Autrefois, les fourreurs exécutaient eux-mêmes l'*apprêt* et le *lustrage* des peaux, mais maintenant ils s'adressent à des industriels spéciaux, qui travaillent à façon.

Les ouvriers apprêteurs écharnent les peaux à l'état brut; ils les graissent du côté de la chair, et les foulent avec les pieds dans un tonneau pour qu'elles s'imprègnent parfaitement du corps gras; ensuite ils grattent de nouveau le cuir avec le couteau; ils assouplissent la peau, et la dégraissent avec de la sciure de bois, du plâtre ou du sable chaud; enfin ils la battent, la terminent à la baguette et la peignent. Les peaux ainsi préparées sont envoyées au lustreur. Jusqu'en 1820, les procédés de teinture ou de lustrage étaient restés fort arriérés. A cette époque, la teinture des peaux fit un très grand progrès à Lyon, et, pendant quelques années, le lustrage de cette ville fut seul estimé; mais des industriels établis à Paris étant parvenus à obtenir un lustrage supérieur à celui de Lyon, le commerce des peaux se développa rapidement dans la capitale, à ce point qu'on y fait maintenant pour une somme considérable en peaux de lapin seulement.

Le travail des ouvriers lustreurs consiste à faire l'application du mordant, à donner les couches de teinture à la brosse, à tremper dans un baquet de teinture les peaux dont le fond doit être teint, et à faire le battage et le dégraissage; chez plusieurs lustreurs ces deux dernières opérations se font à la mécanique. Il ne reste plus alors qu'à confectionner les peaux, le fourreur les fait couper par des ouvriers spéciaux, et monter et coudre par des femmes qui travaillent, soit à l'atelier, soit chez elles.

Le fabricant se charge enfin de garder les fourrures pendant la saison des chaleurs, et de leur donner tous les soins qu'exige leur conservation.

Les peaux le plus communément employées à Paris sont : les peaux de lapin, les peaux de martre, parmi lesquelles on préfère les zibelines de Sibérie, qui donnent les fourrures les plus estimées; les peaux de fouine, les peaux de putois, les peaux de vison, espèce de martre d'Amérique et d'Europe, dont la fourrure est recherchée pour les vêtements de femme; les peaux de rat musqué du Canada, les peaux de petit-gris, espèce d'écureuil habitant le nord des deux continents; les peaux d'hermine, dont les souverains ornent leurs manteaux, les magistrats leurs robes, les chanoines de quelques chapitres leurs aumusses et leurs camails. Enfin la peau du chat domestique sert à faire des manchons à bon marché, celle du chat angora remplace dans les pelisses la peau de renard blanc et plusieurs autres espèces de peaux de chat des contrées du Nord, employées dans la capitale pour y être préparées par l'industrie parisienne. A ces peaux d'un grand emploi il faut ajouter les peaux d'agneau du Nord et de l'Italie, du Béarn, d'Arles, de Russie et de Perse; les peaux de Chinchilla, tirées du Chili par Lima et Buenos-Ayres; celles de la loutre du Canada, du renard et particulièrement du renard noir de Sibérie, les peaux de lièvre blanc, les peaux plus rares de lièvre noir de Russie; les peaux de loup de Sibérie, dont on fait des manchons; les peaux de genette qui viennent d'Espa-

gne, de Turquie et surtout d'Afrique; les peaux de castor, très estimées en pelleterie, quand les animaux ont été tués en hiver; les peaux d'ours de Pologne, de Russie et d'Amérique, dont on fait des manchons et des bonnets pour l'armée, etc.

Les peaux de lion, de tigre, de panthère, de cerf, d'ours blanc, de carcajou, ne servent en pelleterie qu'à faire des tapis et des caparaçons; celles du bison de l'Amérique du Nord sont utilisées pour garnitures de chancelière, tapis d'appartement, de voiture et de voyage. Au travail des peaux des quadrupèdes la pelleterie a joint la fabrication de fourrures faites avec des peaux de cygne, de grèbe et d'oie. Ces fourrures servent à confectionner des palatines et des garnitures de robe.

Depuis une trentaine d'années, la pelleterie parisienne a pris un développement considérable, et le chiffre de ses transactions a plus que quadruplé; la plus grande partie de ses produits est consommée à Paris même, le reste se partage entre les départements et l'étranger. — S. B.

Bibliographie : CHARRIER : *Discours traitant de l'antiquité, utilité, excellence et prérogatives de la pelleterie et fourrure, avec plusieurs remarques curieuses et considérations morales,* Paris, 1634; REVUE BRITANNIQUE : *Du commerce et de l'usage des pelleteries chez les anciens et chez les modernes,* mai, 1834; QUICHERAT: *Histoire du costume en France,* 1875; *Statistique de l'industrie à Paris pour 1860,* art. *Fourreurs et pelletiers; Rapports des délégations ouvrières à l'Exposition de 1867 :* art. *Fourreurs;* Octave UZANNE : *L'Ombrelle, le Gant et le Manchon,* 1883.

II. **FOURRURE.** *T. techn.* Tringles de bois qui servent à remplir ou à masquer des vides, à caler des pièces de charpente. || *Art hérald.* Nom des émaux représentant les peaux destinées au costume. — V. ÉMAIL, § II.

*FOYATIER (DENIS), statuaire, né à Bussière (Loire), en 1793. Il sentit de bonne heure se développer en lui une irrésistible vocation pour la sculpture; envoyé à l'École des Beaux-Arts de Lyon par le curé de son village, il y suivit les cours du sculpteur Marin et remporta en 1816 le premier prix de sculpture. Il partit aussitôt pour Paris, entra à l'atelier de Lemot et débuta au salon de 1819 par la statue d'un *Jeune Faune* qui lui valut une médaille d'or. En 1827, il exposa une *Amaryllis* et le modèle en plâtre de son *Spartacus* resté le chef-d'œuvre de l'auteur malgré les nombreuses critiques qui lui furent adressées. Foyatier envoya au salon de 1831 la *Jeune fille au chevreau* et la statue de la *Prudence*; à celui de 1833, un groupe colossal représentant un épisode de la *Destruction d'Herculanum*; il fut nommé chevalier de la Légion-d'honneur l'année suivante. Parmi les principales œuvres créées par lui depuis, nous citerons la statue de *Sainte-Cécile,* en 1842, la statue d'*Étienne Pasquier,* en 1844, la *Siesta,* en 1855, la statue équestre de *Jeanne d'Arc,* en 1857 et la statue de l'*Immaculée-Conception,* en 1858. Il mourut à Paris le 20 novembre 1863.

I. **FOYER.** *T. techn.* Outre l'âtre de la cheminée, partie de l'appareil où l'on fait du feu et que le lecteur trouvera aux mots CALORIFÈRE, CHEMINÉE, le *foyer* est cette partie d'une chaudière ou d'un four industriel dans laquelle on place le combustible dont on fait usage. Le foyer se compose en général : d'une porte ou d'une trémie par laquelle on opère le chargement du combustible ; d'une sole, partie pleine dont le rôle est d'empêcher la trop grande élévation de température de la porte ; d'une grille formée de barreaux assez espacés entre eux pour que l'air puisse facilement pénétrer à travers la couche de combustible ; de galoches rivées contre les parois du foyer, ou scellées dans ces parois, pour recevoir les sommiers ou supports de grille sur lesquels reposent les talons des barreaux ; d'un autel destiné à relever la flamme pour qu'elle ne darde pas perpendiculairement contre la lame d'eau de la boîte à feu, dans les chaudières à retour de flammes ; d'un cendrier muni d'une porte à un ou deux battants, sa section libre doit être suffisante pour laisser passer le volume d'air nécessaire pour maintenir l'activité de combustion, il sert, en outre, à recevoir les résidus, cendres, scories ou mâchefers que peut contenir le combustible employé.

Les foyers sont placés à l'extérieur ou à l'intérieur des chaudières. La première disposition ne se rencontre que pour les chaudières industrielles ; les produits de la combustion sont mieux utilisés avec les foyers intérieurs. Cette partie de la chaudière réclame des soins particuliers pour sa construction, il faut qu'elle puisse résister à la chaleur intense qui s'y dégage et, de plus, supporter les changements de formes que lui font subir la dilatation et la contraction. Les chaudières à haute pression remplaçant aujourd'hui, presque partout, celles à basse ou à moyenne pression d'autrefois, on a donc choisi généralement pour les foyers, comme pour les chaudières, la forme cylindrique. parce que c'est celle qui offre le maximum de résistance. En se reportant à l'art. CHAUDIÈRE, p. 925, 932, 933, on verra l'agencement adopté par certaines usines pour la construction des foyers. L'usage des foyers en tôle gaufrée, plissée ou ondulée (on emploie indifféremment l'une ou l'autre de ces expressions), tend à se répandre, surtout pour les chaudières en acier ; avec ce genre de tôle, les effets de dilatation et de contraction sont beaucoup moins à craindre qu'avec des parois lisses, en outre, la surface de chauffe directe est un peu augmentée pour une même longueur de grille.

Du plus ou moins de facilité de la conduite d'un foyer dépend l'économie de la chaudière, toutes choses égales d'ailleurs. Il ne faut pas qu'il soit trop profond, sous peine de laisser le fond de la grille inactif, parce que l'outil du chauffeur ne peut l'atteindre que difficilement ; la longueur de 2^m,20 centimètres est rarement dépassée.

L'une des premières conditions de bon établissement d'un foyer est de réserver, entre la grille et le ciel du fourneau, un espace suffisant pour que les gaz de la combustion puissent s'y développer à l'aise. On a reconnu, par expérience, que la puissance calorifique de plusieurs chaudières a été notablement accrue en abaissant le plan de grille.

Le plus grave inconvénient que présente l'emploi d'un combustible solide dans un foyer à grille, est d'admettre l'élément comburant en raison inverse du besoin. En effet, la charge de combustible frais, quelle que soit sa nature, recouvré le combustible en ignition, diminue les orifices d'accès et augmente la résistance au passage de l'air.

Avec les combustibles de composition mixte (hydrogène et carbone), c'est au moment où les hydrocarbures distillent que le volume d'air admis dans le foyer est à minima ; le contraire a lieu quand l'hydrogène a disparu.

Un dilemme se pose : si l'air qui traverse la grille est suffisant pour enflammer les hydrocarbures, il sera trop considérable après la combustion de ces gaz ; si, au contraire, l'afflux de l'air est réglé pour satisfaire d'une façon convenable à la combustion du carbone, il y aura insuffisance d'air pour combustionner les hydrocarbures dégagés de la houille crue. Dans ce cas, l'hydrogène se combinera avec l'oxygène disponible dans le foyer, le carbone dissocié se condensera sous forme de suie, de fumée, de charbon fuligineux. Dans le cas contraire, si l'air admis suffit à la combustion des hydrocarbures, il excédera progressivement les besoins du foyer, la section libre grandissant à mesure que la résistance à l'entrée de l'air diminue.

Toute l'habileté du chauffeur et la science de l'ingénieur se brisent contre le fonctionnement anti-théorique du foyer à grille.

La température relativement basse du foyer est une autre cause de perte, elle rend la scorie du combustible pâteuse, le mâchefer s'étale sur les barreaux en couche d'épaisseur et d'étendue variables. Pour compenser la réduction progressive des espaces libres, il n'est d'autre ressource qu'une ouverture plus grande du registre et une dépression barométrique plus considérable dans le foyer.

L'air comburant pénètre avec plus de vitesse par les orifices libres, tandis que les gaz combustibles distillent lentement sur les plaques de scories. Les filets gazeux, de nature variable, cheminent parallèlement dans les carneaux ; l'analyse des gaz décèle la présence simultanée de l'oxyde de carbone, de l'oxygène libre et une proportion relativement faible d'acide carbonique.

En résumé, le foyer à grille alimenté d'air par le dessous, ne peut engendrer qu'une combustion défectueuse par insuffisance d'air, ou des pertes calorifiques par un volume d'air excessif. Avec une grille obstruée par le mâchefer, les deux causes de perte se manifestent au même moment.

C'est pour obvier à ces causes diverses de perte qu'un ingénieur, M. Dulac, qui depuis longtemps s'occupe de chaudronnerie à vapeur, a étudié et pratiqué l'arrivée d'air sur la grille par un surchauffeur placé latéralement. L'air ainsi chauffé se mélange plus intimement avec les hydrocarbures, la température du foyer est portée à son maximum, le lieu le plus actif de la combustion est reporté vers le milieu du foyer. Le courant d'air rafraîchit les buses du surchauffeur et les empêche de fondre. Les scories se produisant à une température élevée, 1400 à 1600°, n'ont plus de tendance à s'étaler en nappe sur les barreaux, elles s'écoulent liquides dans la couche et se solidifient au contact des barreaux, de là elles tombent dans le cendrier. Les barreaux sont composés de tubes à circulation d'eau, à dilatation libre ; la surface de chauffe directe est ainsi augmentée de la somme des surfaces des tubes. L'ouverture de la porte met en jeu le mécanisme d'ouverture des buses du surchauffeur. L'arrivee d'air chauffé et brassé énergiquement avec les gaz de la combustion, puisqu'il arrive dans une direction perpendiculaire à celle du tirage, est réduite à un minimum. Cette disposition du foyer est très rationnelle et paraît avoir donné de bons résultats.

D'autres inventeurs ont essayé successivement les grilles mobiles, les grilles à secousses, les chargements automatiques, etc. (V. GRILLE DE FOYER). Il est aisé de concevoir combien la durée de toute complication mécanique, assujettie à une chaleur aussi intense que celle d'un foyer, doit être éphémère. Il en résulte des chômages imposés par les réparations, chômages qui s'accordent peu avec les nécessités d'un service courant et qui expliquent suffisamment pourquoi ces applications plus ou moins ingénieuses ne sont guère répandues dans la pratique. Quelques chercheurs ont eu l'idée d'arriver à économiser le combustible, en captant une partie de la chaleur inutilement déversée dans l'atmosphère par la cheminée. Parmi ces derniers on peut citer M. Criner dont le foyer est caractérisé par une voûte tapissée de colonnettes disposées en chicanes, de manière à forcer le courant naturel du gaz à s'infléchir à chacune des rencontres avec ces chicanes, pendant son trajet vers la cheminée. Ces colonnettes, à l'ensemble desquelles l'inventeur a donné le nom de *mélangeur*, produisent un très bon effet, au double point de vue économique et fumivore, d'après le bulletin de l'*Industrie minérale* de juin 1884.

M. Berthelé a essayé de réaliser un effet analogue en se servant de cônes réfractaires, dans lesquels la chaleur dégagée par la combustion doit s'emmagasiner, pour être ensuite restituée, par rayonnement, vers les parois de la chaudière.

Nous ne reviendrons pas ici sur les détails que nous avons donnés déjà à l'article CHAUDIÈRE, nous les compléterons seulement en ce qui concerne les foyers des chaudières de locomotives, ce qui nous fournira l'occasion de montrer l'influence de la nature du combustible sur la disposition même du foyer en rappelant les modifications importantes que ce type de foyer a subies pour s'adapter aux combustibles employés maintenant par les chemins de fer. Les foyers des premières locomotives étaient chauffés exclusivement avec du coke qu'on croyait nécessaire pour mettre à l'abri de la fumée, et comme ce combustible doit être brûlé en couches épaisses ne laissant presque pas de vides pour le passage de l'air, on employait alors des foyers à grille étroite et très plongeants, qu'on était obligé de laisser par suite en porte à faux, ne pouvant y placer au-dessous un essieu

pour les soutenir. En outre, il fallait serrer l'échappement d'une manière exagérée pour amener l'appel d'air nécessaire à la combustion d'une masse épaisse et aussi dense ; enfin, au point de vue économique, on se trouvait obligé de se restreindre à l'emploi de certaines houilles spéciales plus propres à la fabrication du coke — V. *Annales des mines*, 1851, t. XIX.

On se décida, assez lentement d'ailleurs, à remplacer le coke par la houille crue en employant toutefois d'abord le gros exclusivement, puis, comme on hésitait à recourir au menu, on essaya les agglomérés, et on dût reconnaître que cette substitution était plus avantageuse au contraire pour la conduite du feu ; la houille crue s'enflamme plus facilement que le coke, elle assure une production de vapeur plus abondante, elle n'oblige pas à serrer l'échappement dans les mêmes proportions, elle est même plus favorable à la conservation des tôles de foyer, tant qu'elle n'est pas trop sulfureuse.

L'emploi de la houille crue en grelassons obligeait déjà à augmenter les dimensions du foyer, pour n'avoir plus une couche aussi épaisse au-dessus de la grille ; mais on se trouva amené à des modifications plus complètes encore lorsqu'on voulut utiliser les menus sans les agglomérer. Il fallut, en effet, réduire l'épaisseur de combustible à 4 ou 5 centimètres, pour avoir un afflux d'air suffisant, on dût augmenter en conséquence la surface de la grille et par suite sa longueur, puisque la largeur est limitée par l'écartement des rails. Il fallut, d'autre part, réduire l'écartement des barreaux à 5 millimètres au plus pour empêcher le tamisage, et en diminuer en même temps l'épaisseur pour avoir une section libre suffisante. — V. GRILLE.

On eut ainsi des foyers très allongés dépassant souvent 2 mètres, dont les grilles furent inclinées à l'avant pour assurer la distillation progressive en quelque sorte du charbon tombant de l'arrière à l'avant, et on leur donna en même temps de larges portes à doubles vantaux pour faciliter le chargement du charbon et le décrassage de la grille. Ces foyers élargis et moins profonds purent être supportés par un essieu intermédiaire spécial, et pour l'armature, ils furent soutenus simplement par un quadrillage d'entretoises verticales rattachant le ciel plan du foyer à celui de la boîte à feu ; on dût renoncer aux poutres longitudinales qui, devenues trop longues, écrasaient complètement les plaques tubulaires.

On retrouve ainsi toutes les caractéristiques du foyer Belpaire dont nous avons donné le dessin à l'article CHAUDIÈRE (fig. 1045), et qui est approprié essentiellement, comme on voit, à la combustion du menu. L'application de ce foyer avait été limitée d'abord aux locomotives à marchandises, car la conduite du feu paraissait plus difficile sur les machines à voyageurs, et on ne voulait pas imposer aux mécaniciens des trains rapides ce surcroît de travail ; mais actuellement les compagnies, comme celle du Nord en particulier, n'hésitent pas à l'appliquer sur leurs machines rapides, comme c'était le cas pour la chaudière du Nord que nous avons représentée. Bien que ce type de foyer, assurant sans appareil spécial la combustion du menu de qualité ordinaire, paraisse appelé à se généraliser dans l'avenir, il ne faut pas oublier que la nature spéciale des houilles à consumer impose fréquemment pour les foyers des types différents. Ainsi, par exemple, sur le réseau d'Orléans, on brûle surtout des houilles à flamme longue et fumeuse pour lesquelles l'emploi d'un appareil fumivore est à peu près indispensable, et on rencontre d'ailleurs un grand nombre de foyers munis d'appareils analogues, tant en France qu'à l'étranger.

Nous n'insisterons pas ici sur la théorie de ces appareils, nous dirons seulement que leur rôle doit consister surtout à empêcher la formation de la fumée; car il est presque impossible de la brûler lorsque la température des gaz dégagés du foyer n'atteint plus la température de combustion du carbone; c'est donc dans le foyer même qu'il faut atteindre ces gaz, brûler complètement le carbone qu'ils entraînent, et surtout les hydrocarbures qu'ils renferment, car il y a là une cause de perte considérable qui passe souvent inaperçue, les hydrocarbures de la houille ne donnant pas à la fumée de coloration particulière. On s'attache donc à assurer le brassage des gaz et leur mélange complet et bien intime dans l'intérieur du foyer avec l'air aspiré, afin d'obtenir une combustion parfaite.

Un moyen très simple auquel on a recours souvent en Amérique et qui est peu usité chez nous, consiste à perforer un certain nombre d'entretoises sur les côtés et à l'avant du foyer, de manière à faire arriver à 30 centimètres environ au-dessus de la grille une nappe d'air de volume suffisant pour brûler les gaz sans trop les refroidir. Cette disposition paraît donner de bons résultats en Amérique avec les houilles demi-grasses et les foyers en acier employés ; mais on y a renoncé chez nous, principalement à cause de l'érosion qui se produisait sur les tôles de cuivre de nos foyers, au voisinage de ces prises d'air.

En Angleterre, on préfère généralement ménager une entrée d'air par la porte du foyer, et on dispose à l'intérieur un auvent qui rabat le courant sur la grille. Cette disposition qui a l'inconvénient de donner un courant oblique, présente l'avantage d'assurer un mélange plus intime de gaz, et elle préserve mieux les parois du foyer puisque le courant d'air froid ne les atteint pas directement. La tôle de l'auvent seule se brûle rapidement, mais le remplacement en est facile. Nous citerons, par exemple, l'auvent mobile de Carrick dans lequel la porte du foyer est formée par une sorte de trémie mobile autour d'un axe horizontal pour faciliter le chargement du combustible. Dans certains cas, d'ailleurs, on supprime l'auvent intérieur, et c'est la porte même qui en remplit l'office.

Sur les chemins de fer de l'Est et de Lyon, on emploie avec succès l'appareil Thierry qui agit en quelque sorte d'une manière analogue au moyen d'un auvent de vapeur. L'appareil Thierry comprend, en effet, une série de jets de vapeur disposés de manière à diriger sur les gaz du foyer l'air aspiré par l'ouverture de la porte. Ces jets de vapeur sont fournis par un tuyau percé de trous communiquant avec la chaudière et qui est disposé sur la paroi d'arrière au-dessus de la porte du foyer. En Allemagne, on rencontre fréquemment l'appareil Friedmann, qui est formé d'un grand auvent fermé par des clapets avec prise d'air au-dessus de la porte du foyer. Cet appareil très efficace est aussi très encombrant et nous n'y insisterons pas ici, non plus que sur l'appareil Reimherr employé sur quelques chemins de fer turcs. (V. l'Étude de M. Richard, *Revue générale des Chemins de fer*, n° d'octobre 1879.)

On peut employer également des auvents en briques à l'intérieur du foyer pour assurer le mélange intime des gaz, suivant une disposition qui se rencontre souvent en Angleterre, mais qui n'est guère appliquée sur le continent, où l'on se défie toujours, non sans une certaine raison, de cette maçonnerie encombrante à l'intérieur des foyers. Il faut reconnaître cependant, que c'est là une disposition simple et économique en même temps qu'efficace. Aux États-Unis, on emploie souvent aussi les briques réfractaires pour former réflecteur, mais en les plaçant au-dessus d'une voûte à tubes d'eau; ces appareils donnent d'ailleurs, paraît-il, en service des résultats très satisfaisants, et grâce à la circulation intense qui s'y établit, ces tubes à eau ne s'encrassent pas.

On a essayé également de remplacer ces voûtes en briques formant réflecteur par des bouilleurs à circulation d'eau; mais cette disposition, qui paraît cependant tout indiquée, n'est pas sans présenter de nombreuses difficultés en raison des obstacles que les bouilleurs rigides apportent à la libre dilatation des parois du foyer. Il faut ajouter, en outre, qu'elle n'augmente la surface de chauffe que d'une manière apparente en quelque sorte, puisqu'elle soustrait toujours une certaine partie du ciel du foyer à l'action de la chaleur rayonnante. Dans le bouilleur Buchanam, par exemple, l'avant du foyer est presque entièrement isolé de la partie arrière par le bouilleur, et il forme alors une véritable chambre de combustion comme celle qu'on rencontre sur les machines américaines.

La Compagnie d'Orléans qui brûle, comme nous le disions, les houilles grasses et fumeuses du centre de la France, emploie l'appareil Ten-Brinck comprenant un bouilleur suspendu librement par les tuyaux qui le relient aux parois latérales du foyer, disposition qui assure le mélange intime des gaz avec l'air aspiré par la porte du foyer. Cette porte est munie d'autre part d'une embouchure en forme de trémie par laquelle s'opère le chargement du combustible, elle est surmontée d'une ouverture munie d'un clapet permettant de régler à volonté l'appel d'air sur la grille.

Sur les machines américaines, comme c'était le cas pour la machine qui figurait à l'Exposition de 1878, le foyer, proprement dit, est prolongé parfois par une chambre de combustion spéciale dont il est séparé par un autel. Cette disposition a l'avantage d'améliorer la combustion tout en préservant la plaque tubulaire, et bien que le foyer doive toujours être considéré comme la meilleure chambre de combustion, il y aurait peut-être intérêt à l'essayer chez nous pour activer la vaporisation sur les machines à marchandises, par exemple; les foyers de ces machines sont toujours, en effet, relativement petits et les tubes fort allongés, ce qui gêne le tirage.

Citons, en terminant, le type de foyer en briques si curieux qui a été essayé récemment par M. Verderber sur les chemins hongrois. Dans cette disposition, dont on trouvera la description dans la *Revue générale des Chemins de fer*, février 1879, le foyer est constitué complètement par une chambre en briques réfractaires posée à l'intérieur de la boîte à feu, et la chaudière proprement dite est réduite au corps cylindrique. Les expériences exécutées sur une chaudière de locomotive modifiée d'après ce principe, ont paru établir qu'on pouvait obtenir la même vaporisation avec le seul corps cylindrique ainsi utilisé qu'avec une chaudière à foyer ordinaire. On a remarqué que les dépôts qui se font habituellement autour du foyer se reportaient surtout autour du premier mètre de tubes. Les gaz de combustion arrivaient, en outre, plus chauds dans la boîte à fumée, ce qui en augmentait le volume et obligeait à serrer l'échappement. Un foyer ainsi installé a pu supporter une marche de cinq mois sans être ébranlé par les trépidations continuelles de la machine.

Rappelons enfin que la combustion énergique des foyers de locomotives doit toujours être entretenue nécessairement par un tirage artificiel obtenu, en marche, comme on sait, au moyen de la vapeur d'échappement qui est dirigée dans la cheminée. Au repos, la combustion deviendrait nécessairement lente et fumeuse, et pour l'entretenir, on est obligé de diriger dans la cheminée un jet de vapeur emprunté à la chaudière au moyen d'un tube spécial appelé souffleur. L'action du souffleur active immédiatement le feu et elle est très précieuse pour obtenir une mise rapide en pression.

Il y aurait encore à considérer le foyer au point de vue de sa résistance à la pression, mais nous ne reviendrons pas sur ce sujet, en raison de ce que nous avons dit déjà aux articles CHAUDIÈRE et ENTRETOISE, nous parlerons seulement des principaux types d'armatures aujourd'hui employés pour soutenir le ciel du foyer.

Ainsi que nous l'avons dit déjà, on renonce aux anciennes armatures par poutrelles lourdes et encombrantes, surtout aux fermes longitudinales qui écrasaient les plaques tubulaires. Quand on conserve les fermes, on a soin de les disposer transversalement en les appuyant sur des corbeaux rattachés aux parois latérales de la boîte à feu, seul mode efficace pour soulager les parois du foyer. L'armature par des entretoises légères rattachées directement au ciel de la boîte à feu telles que celles du foyer Belpaire (V. CHAUDIÈRE, fig. 1045 et 1046) paraît plus simple et préférable. Cette disposition n'est guère adoptée, toutefois, lorsque le ciel de la boîte à feu n'est pas plan comme celui du foyer. Ces entretoises s'inclinent alors en effet d'une manière irrégulière sous l'action des dilata-

tions qui agissent inégalement, elles supportent des efforts très différents et gauchissent les tôles. En Amérique, cependant, on rattache fréquemment le ciel plan du foyer au ciel courbé de la boîte à feu par des entretoises ou des tirants qu'on a soin d'articuler pour ne pas gêner les dilatations des tôles du foyer.

Quand on emploie des poutrelles pour soutenir le ciel du foyer, on en calcule généralement la section en les considérant comme des solides chargés par millimètre de longueur d'un poids uniformément répété de $p\,\dfrac{l}{100}$ kilogrammes.

p étant la pression absolue de la vapeur par centimètre carré, l l'espacement des poutrelles en millimètres. Partant de là, on détermine la hauteur h des poutrelles (conjuguées deux par deux) de longueur L et d'épaisseur b par l'équation suivante, en supposant que les fibres extrêmes travaillent à 6 kilogrammes par millimètre carré :

$$h = 0,025\,\mathrm{L}\sqrt{p\,\frac{l}{b}}$$

pour $b = 10$ millimètres,

$$h = 0,008\,\mathrm{L}\sqrt{p\,l}.$$

Le diamètre d des entretoises est déterminé par la formule suivante :

$$d = \frac{l\sqrt{p}}{20}.$$

On a essayé différentes dispositions pour soutenir le ciel du foyer sans avoir recours à des armatures aussi compliquées, et sans revenir à la forme en berceau définitivement abandonnée maintenant.

Parmi les types les plus remarquables, nous citerons celui de M. Polonceau qui comprend un ciel formé par la réunion de plusieurs arches obtenues par le cintrage des fers en U et reliés par leurs nervures. On interpose entre les nervures accolées qui raidissent le ciel de petites lames de cuivre qui assurent l'étanchéité du joint. Ainsi que le remarque M. Richard, dans la *Revue générale des chemins de fer*, c'est là en somme un segment d'un foyer de chaudière de Cornouailles renforcé par des anneaux d'Adamson, c'est donc une application très simple d'un type de construction éprouvée et elle paraît appelée à un plein succès. On a essayé également de former le ciel par une tôle ondulée dont les sinuosités transversales augmentent ainsi le moment d'inertie. Cette disposition, qui a été appliquée avec succès, en Allemagne et en Autriche, par MM. Krauss et Haswell, a donné des résultats satisfaisants, et elle paraît particulièrement avantageuse pour les petites locomotives de lignes à voie étroite dont elle simplifiera beaucoup la construction.

Nous reviendrons à l'article GRILLE sur les foyers destinés à brûler des combustibles spéciaux, comme les houilles minérales qu'on commence à employer en Russie et surtout aux Etats-Unis.

Nous avons dit à l'article CHAUDIÈRE que les tôles des foyers de locomotives sont encore fabriqués en cuivre sur toutes les lignes françaises, tandis qu'à l'étranger, surtout en Angleterre et en Amérique, on emploie l'acier depuis longtemps, tant pour les plaques que pour les entretoises. Pour les plaques en cuivre des parois, on emploie généralement des tôles résistant à une charge de 20 à 22 kilogr. par millimètre carré, et donnant un allongement de 20 à 35 0/0 sur 200 millimètres. La plaque tubulaire doit avoir une raideur un peu plus grande que celle des autres parois afin de résister au frottement des tubes ; aussi recommande-t-on toujours de lui faire subir un écrouissage au marteau à la main, et on lui donne à cet effet une surépaisseur de 2 à 3 millimètres qui disparaît après l'opération. Pour les entretoises, on emploie des cuivres en barre un peu moins malléables donnant une résistance de 20 à 25 kilogrammes avec un allongement de 25 0/0.

Le montage des tôles de foyer et le perçage des barres d'entretoises et des tubes à fumée, constituent des opérations très délicates qui demandent à être faites avec le plus grand soin pour assurer l'étanchéité des assemblages. On trouvera des détails à ce sujet dans les traités spéciaux ; et nous n'y insisterons pas ici. Voir *Revue générale des chemins de fer*, n° juillet 1883 ; Leroy : *Traité pratique des locomotives* ; Richard et Baclé : *Manuel du mécanicien*.

II. **FOYER**. *T. de géom.* Les sections coniques ou courbes du second degré présentent cette particularité remarquable, que les distances de chacun de leurs points à un point fixe et à une droite fixe de leur plan sont dans un rapport constant. Réciproquement le lieu des points qui jouissent d'une pareille propriété est une courbe du second degré, car si l'on représente par α et β les coordonnées du point fixe, par $lx+my+n=o$ l'équation de la droite fixe et par e le rapport constant, l'équation du lieu s'écrit immédiatement :

$$(x-\alpha)^2+(y-\beta)^2=e^2\,(lx+my+n)^2.$$

Le point fixe s'appelle *foyer*, la droite fixe *directrice* et le rapport constant *excentricité*. L'excentricité est plus petite que 1 dans l'ellipse, plus grande que 1 dans l'hyperbole et égale à 1 dans la parabole.

Les coniques à centre présentent deux foyers symétriques par rapport au centre et situés sur le grand axe. Les droites qui joignent un point quelconque de la courbe aux deux foyers s'appellent *rayons vecteurs*. Dans l'ellipse, la somme des deux rayons vecteurs d'un même point est constante et égale au grand axe ; dans l'hyperbole, c'est la différence des rayons vecteurs qui est constante. Dans ces deux courbes, la tangente en chaque point fait des angles égaux avec les deux rayons vecteurs de ce point. La parabole n'a qu'un foyer qui est situé sur l'axe de la courbe ; la tangente fait des angles égaux avec le rayon vecteur du point de contact et la parallèle à l'axe.

La notion de foyer se généralise pour les courbes de degré supérieur par des considérations analytiques que nous ne pouvons développer. Si l'on fait tourner une conique autour de l'axe focal, on obtient une surface de révolution admettant un ou deux foyers, ainsi qu'un ou deux plans directeurs engendrés par la rotation des directrices. D'après les théorèmes que nous avons rappelés plus haut sur les tangentes, si l'on imagine qu'une source de lumière soit placée en l'un des foyers d'un ellipsoïde de révolution, tous les rayons lumineux émanés de cette source iront, après leur réflexion sur la surface, converger à l'autre foyer. De même tous les rayons émanés du foyer d'un paraboloïde de révolution, se réfléchiront sur la surface parallèlement à l'axe, tandis que des rayons primitivement parallèles à l'axe iraient après réflexion converger au foyer. Ces propriétés sont utilisées dans la fabrication des miroirs convergents.

Les surfaces du second ordre à trois axes inégaux n'admettent plus de système de foyers et de plans directeurs, mais des systèmes de foyers et de directrices. Il y a une infinité de foyers à chacun desquels correspond une directrice, et tous les foyers sont répartis sur une courbe du second ordre appelée courbe *focale* de la surface considérée.

On sait que les planètes et les comètes décrivent autour du soleil des coniques dont le soleil occupe l'un des foyers. L'équation polaire d'une pareille courbe rapportée à son foyer et à son axe est :

$$\rho=\frac{p}{1+e\cos\omega},$$

e désigne l'excentricité. || *T. d'opt.* Foyer d'une lentille, lieu où se concentrent les rayons lumineux, ou les rayons de chaleur, reçus sur un verre de forme appropriée. || *Foyer lumineux*, lieu où s'opère la combustion dans une lampe électrique à arc ou à incandescence.

FRAISE. *T. de mécan.* Outil en acier trempé, dont la surface cylindrique extérieure est creusée en forme de *dents* (fig. 196). Dans le mouvement de rotation rapide qu'on imprime à la fraise (ainsi qu'on le verra dans l'art. suivant), chacune des dents, en venant se mettre en contact avec la pièce à travailler, enlève une portion de métal, plus ou moins forte selon le degré d'avancement du chariot et suivant le tracé de la pièce. Les fraises sont de deux espèces : *de forme* ou *cylindriques*.

Les fraises de forme sont employées pour obtenir un profil déterminé, comme un creux, un arrondi, pour tailler des engrenages droits ou hélicoïdaux, etc. Dans chacun de ces cas particuliers, la fraise est tournée au profil de la pièce à exécuter, et la taille est droite, dirigée suivant des rayons et exécutée au burin et à la lime. Nous ne nous étendrons pas davantage sur ce genre de fraise parce qu'il présente moins d'intérêt que la fraise cylindrique, et qu'il varie à l'infini suivant le travail demandé.

L'emploi des fraises cylindriques tend à se généraliser dans les ateliers de construction, depuis qu'on est parvenu à les obtenir mécaniquement à l'aide de la machine à tailler les fraises de M. Launoy, et qu'on peut les affûter et les rectifier au moyen de la machine de M. Kreutzberger.

La fraise cylindrique est taillée sous forme d'hélice de préférence à la taille suivant une génératrice, ou droite, car celle-ci surtout tranche plutôt le métal qu'elle ne le scie et augmente notablement les résistances passives.

Mais si la taille hélicoïdale répond à la question, son inclinaison, le nombre de dents donné pour un diamètre donné de fraise, etc., influent considérablement sur le rendement et le fini du travail.

Nous avons cru devoir donner ici quelques renseignements sur la construction des fraises d'après les notes publiées par M. Desgranchamps, sous-chef des ateliers à la Compagnie Paris-Lyon-Méditerranée, dans le *Bulletin de la Société des anciens élèves des écoles nationales des arts et métiers*, notes qui ont servi de bases à l'établissement de l'outillage de bien des ateliers.

Fig. 196. — *Coupe et vue extérieure d'une fraise.*

Des expériences faites à l'usine d'Indret ont permis d'établir que l'angle de moindre résistance pour un outil de machine à raboter était de 55°; et l'angle d'incidence ou de coupe de 4°; il convient en un mot d'adopter pour l'outil les angles de coupe indiqués sur la figure 197. Si on considère une fraise comme un outil de machine à raboter, et qu'on admette que l'inclinaison de la tangente soit de 55°, tous les points de la courbe hélicoïdale viendront se présenter successivement sous le même angle, ils travailleront sous l'angle de moindre résistance, et dans ce cas le pas de l'hélice sera d'environ 4 fois 1/2

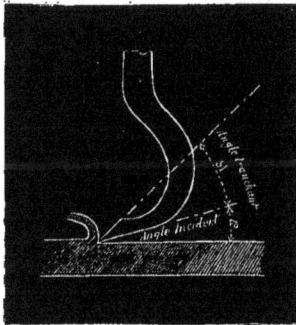

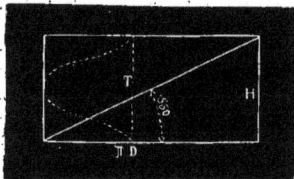

Fig. 197. — *Coupe à donner à l'outil raboteur, d'après les expériences d'Indret.*

Fig. 198. — *Tracé théorique de l'hélice de la fraise.*

le diamètre. En effet, si on appelle H le pas (fig. 198), π D étant la circonférence développée, T l'hypothénuse du triangle rectangle ou la tangente, on a :

$$H = T \sin 55° \qquad \pi D = T \cos 55°.$$

d'où

$$H = \frac{\pi D \sin 55°}{\cos 55°} = \pi D \times \tan g 55°.$$

En effectuant on trouve H = 4,8 D.

Dans la pratique, on prend généralement 4,5, et les comparaisons faites avec des fraises dont le pas était respectivement de 6 à 10 fois le diamètre, ont établi que la fraise au pas de 4,5 était préférable, qu'elle produisait des copeaux plus longs, en plus grande quantité et que le travail était mieux fini.

Le nombre de dents à donner aux fraises a été déterminé pratiquement, en fonction du diamètre, et on a admis que, pour éviter l'engorgement des rainures, il fallait 7 dents pour un diamètre de 20 millimètres et qu'on pouvait augmenter d'une dent pour chaque 5 millimètres d'augmentation de diamètre.

En appelant N le nombre de dents, D le diamètre de la fraise en millimètres, on a :

$$N = \frac{D-20}{5} + 7.$$

La longueur de la partie utile de la fraise n'est pas non plus sans importance, et on peut dans l'établissement d'un outillage suivre une règle à peu près générale qu'on peut exprimer ainsi :

$$L = 4(D-2) + 8.$$

L étant la longueur de la partie utile en centimètres,

D = le diamètre de la fraise en centimètres.

Cette formule a été établie en supposant que la partie utile était de 80 millimètres pour une fraise de 20 millimètres de diamètre, et qu'on pouvait augmenter cette partie de 40 millimètres pour chaque centimètre d'augmentation de diamètre.

Enfin, la dent doit présenter une forme suffisamment résistante et une coupe convenable.

La forme est donnée par la taille à l'aide d'une molette dont les bases ont respectivement 40 et 21 millimètres de diamètre et sont distantes de 13 millimètres. La profondeur de la dent est limitée par la rencontre des génératrices du tronc de cône de la molette avec la face de la dent qui suit immédiatement.

L'angle d'incidence ou de coupe s'obtient facilement à l'affûtage avec la machine de M. Kreuzberger, mais cette opération ne doit se faire qu'en dernier lieu et servira à rectifier le faux rond résultant de la trempe.

A cet effet, il est indispensable pour avoir des fraises bien centrées de ne terminer la partie qui se fixe après la machine qu'après la trempe.

La trempe des fraises doit surtout être particulièrement soignée, on devra tenir compte de la qualité de l'acier employé, et s'attacher à préparer le bain d'huile et d'eau pour qu'après le recuit (jaune paille) la dureté de la fraise soit telle, qu'elle puisse être assez difficilement attaquée par une lime douce.

FRAISER (Machine à). La machine à fraiser est d'invention récente, elle a remplacé, dans beaucoup de cas avec avantage, les machines à mouvement alternatif, telles que machines à raboter, à mortaiser, dans la construction des pièces de machines. Son emploi s'est surtout généralisé depuis qu'on a pu obtenir les fraises à des prix modérés, et que le fraisage a été rendu automatique par l'emploi de calibres guides.

Il existe différents types de machines à fraiser, les unes sont verticales, les autres horizontales.

Nous nous occuperons plus spécialement des machines verticales dont le type a été créé par M. Bouhey, car elles permettent de rendre à volonté le fraisage automatique ou non. Le bâti de la machine est à peu près disposé comme celui des machines à mortaiser. Un arbre vertical à l'extrémité inférieure duquel est montée la fraise, reçoit un mouvement de rotation rapide (180 à 190 tours à la minute), par l'intermédiaire de pignons d'angle commandés par un arbre horizontal qui reçoit lui-même son mouvement de la transmission; un cône à étagement permet de faire varier la vitesse. Le plateau circulaire sur lequel est placée la pièce à travailler est disposé de façon à obtenir automatiquement le mouvement circulaire radial et transversal par des combinaisons d'engrenages et de vis.

La machine donne de très bons résultats tant que le travail à faire reste dans la limite de ces trois mouvements, mais lorsqu'il s'agit d'obtenir des pièces de formes diverses, les déplacements des chariots doivent se faire à la main, le travail obtenu se fait lentement, et le fini n'est dû qu'à l'habileté de l'ouvrier.

M. Desgranchamps a apporté à cette machine une modification très heureuse permettant le fraisage automatique d'une pièce de forme quelconque. Le mouvement transversal du plateau étant donné, il s'agissait d'obtenir en même temps un déplacement perpendiculaire dans des conditions déterminées afin que la fraise puisse parcourir tous les points de profils variés.

Ce résultat a été obtenu par l'adjonction sous le plateau longitudinal d'une crémaillère, au lieu de bâtis, crémaillère commandée par un pignon monté sur un arbre horizontal dont l'extrémité extérieure à la machine est actionnée par deux leviers munis de contre-poids, l'un de 15 et l'autre de 30 kilogrammes. Ces leviers possèdent un cliquet qui, par l'intermédiaire d'un rochet commun, permet de les rendre solidaires de l'arbre.

Pendant le travail, ces contre-poids s'élèvent ou s'abaissent suivant le profil parcouru par un galet installé sur le devant du plateau et maintenu en contact avec un gabarit fixé sur un support disposé sur le plateau longitudinal, par la pression déterminée par les contre-poids (maximum 450 kilogrammes).

Ce perfectionnement entraîne avec lui la suppression du traçage préalable des pièces, à condition toutefois que leur installation sur le plateau soit rapide et que leur position soit invariable par rapport au gabarit. La pratique a démontré que dans le travail de pièces de fortes dimensions on peut adopter des fraises de 30 millimètres de diamètre et leur donner une vitesse de 195 tours. Dans ces conditions, l'avancement linéaire de la fraise peut aller jusqu'à 3 centimètres par minute. Avec une fraise double de diamètre, la vitesse de rotation serait moitié moindre, et l'on ne pourrait doubler l'avancement linéaire sans trop charger la machine et amener des ruptures de fraises.

FRAISOIR. T. techn. Sorte de vilebrequin à l'usage des ouvriers qui travaillent le bois.

FRAMÉE. Arme des Francs et des Germains sur la forme de laquelle les écrivains ne sont point d'accord; on croit généralement que c'était un long javelot.

FRANCISQUE. Arme offensive des Francs qui ont été les premiers à en faire usage, de là son nom; c'était une hache à un tranchant et emmanchée comme les haches modernes.

FRANGE. Tissu à filets retombants pour servir d'ornement aux vêtements, aux meubles, aux draperies, et qui se rattache à la fabrication de la passementerie. Certaines serviettes sont également garnies à leurs extrémités, ou sur tous leurs bords, de franges produites pendant le tissage même. On les tisse les unes à la suite des autres, en laissant entre elles un certain espace, dont les fils de chaîne restés libres forment les franges des extrémités; les franges latérales sont produites par la trame qui est retenue à une certaine distance des deux bords de l'étoffe par quelques fils que l'on supprime ensuite.

FRANQUEVILLE (ALFRED-CHARLES-ERNEST FRANQUET DE). Ingénieur des ponts et chaussées, né en 1809, à Cherbourg, sorti de l'école polytechnique, en 1829, le premier de sa promotion. Son œuvre principale, celle à laquelle son nom reste attaché, c'est la création et le développement de notre système de voies ferrées. Il rédigea et fit accepter par les Compagnies et par les pouvoirs publics les conventions de 1859, ainsi que la grande loi de mars 1845, sur le rachat des actions de jouissance, loi qui, en délivrant l'État de nombreuses difficultés avec les concessionnaires de canaux, permettait au pouvoir central d'abaisser les tarifs et de rendre effective la concurrence des voies de navigation avec les chemins de fer. Tout ce qui s'est fait en France dans les grands travaux publics pendant quarante ans, routes, canaux, ports, chemins de fer, a été construit et dirigé par lui. Il était à sa mort (1878), directeur des ponts et chaussées et des chemins de fer.

FRAPPE. Empreinte que fait le balancier sur la monnaie ou les médailles. || Assortiment de matières pour la fonte des caractères d'imprimerie.

FRAPPEUR. T. de filat. Organe du batteur, tournant avec une grande rapidité, et qui a pour fonction de débarrasser la matière textile des corps étrangers qu'elle contient. || T. de mét. Ouvrier qui, dans le travail de la forge, seconde le forgeron en frappant sur le fer au moyen d'un marteau à devant de 7 à 8 kilogrammes, qu'il manie à deux mains.

* **FRASAGE.** *T. de boul.* Opération du pétrissage par laquelle l'ouvrier ajoute au levain la quantité de farine nécessaire pour obtenir la pâte ; c'est ce qu'on appelle *fraser* la pâte. On dit aussi *fraisage, fraiser.*

* **FRAYON.** *T. de meun.* Pièce métallique fixée sur le manchon d'anille d'une meule et qui, en agitant l'auget, fait tomber le grain dans l'œillard de cette meule.

FREIN. *T. de mécan.* Organe installé sur une machine ou un corps en mouvement dont il doit absorber la force vive, ou régulariser la vitesse de marche. La plupart des freins reposent généralement sur un principe commun et agissent en absorbant l'effort à détruire par un travail de frottement, soit de rotation ou de glissement ; toutefois ils présentent des dispositions très diverses suivant les applications auxquelles ils sont destinés. Nous citerons, par exemple, les freins employés dans l'artillerie pour modérer ou annuler le mouvement des bouches à feu au moment du tir (nous nous en occuperons plus loin), les freins dynamométriques dont nous avons parlé au mot DYNAMOMÈTRE et qui servent à mesurer les travaux qu'ils absorbent; les freins des différents types de véhicules qui servent surtout à ralentir ou à absorber la vitesse de marche, lorsqu'on peut craindre qu'elle ne s'accélère d'une manière dangereuse.

Cette dernière classe de freins présente aujourd'hui une importance capitale pour les véhicules de chemins de fer : ceux-ci atteignent, comme on sait, des vitesses énormes qu'il faut arriver à suspendre d'une manière instantanée pour ainsi dire ; cette question a fait en outre dans l'exploitation des voies ferrées l'objet d'études suivies, à la suite desquelles ces appareils ont été transformés en quelque sorte dans ces dernières années, et en raison du vif intérêt qu'elle présente, c'est par elle que nous allons commencer dans l'étude qui va suivre.

Freins des véhicules de chemins de fer. *Observations sur la nature des sabots et l'installation des freins.* Les freins des véhicules se composent généralement d'un sabot en bois ou en métal, fer, fonte ou acier, qui frotte au contact de la jante ou du bandage de la roue en mouvement. Ces sabots sont actionnés par une timonerie manœuvrée à l'aide d'un levier ou plus fréquemment d'un volant à vis qui permet de les amener au contact de la roue contre laquelle ils doivent frotter. Les sabots étaient presque toujours en bois jusqu'à ces dernières années, mais cette matière présente l'inconvénient d'être trop compressible, ce qui oblige à régler fréquemment l'écartement des sabots. D'autre part, on a observé sur les pentes un peu longues, notamment à la descente du Brenner, qu'à la suite d'un frottement prolongé, le bois était susceptible de s'enflammer. Ajoutons enfin, que le bois donne un frottement plus élevé que le métal, et qu'à ce point de vue, il paraît plus efficace, tout en ayant l'inconvénient d'entraîner parfois le calage des roues, car son coefficient de frottement est supérieur à celui

des bandages contre les rails de la voie, et on a reconnu d'ailleurs, comme nous le disons plus bas, qu'il convenait toujours d'éviter le calage complet.

Les premiers essais pratiqués pour déterminer le frottement comparatif des sabots en bois et en fonte remontent aux expériences restées classiques exécutées par MM. Vuillemin, Guebhard et Dieudonné aux chemins de fer de l'Est, en 1867 ; nous ne les rappellerons pas ici, nous résumerons seulement les avantages et inconvénients des divers types de sabots, d'après l'avis émis par l'*Union des chemins de fer allemands* (réunion de 1878).

Les sabots en bois sont d'un prix très modéré, mais ils s'usent trop rapidement et calent les roues qui s'usent ainsi d'une manière inégale et nuisible.

Les sabots en fer forgé ne calent pas aussi facilement, mais ils usent rapidement les bandages.

Les sabots en fonte sont moins chers, calent rarement les roues, et usent les bandages d'une manière modérée, mais ils ont l'inconvénient de s'user eux-mêmes trop rapidement. Ces sabots donnent donc de bons résultats, mais ceux en acier fondu paraissent préférables, car ils présentent les mêmes avantages et ne donnent pas lieu à une usure aussi rapide. Les sabots en acier non fondu échauffent les bandages et les attaquent fortement.

L'action retardatrice des sabots de freins se trouve influencée d'ailleurs au moment de l'arrêt par une foule d'éléments qu'il est impossible de négliger si on veut obtenir quelque précision dans les résultats ; dans ses belles expériences restées classiques en quelque sorte, et qui ont servi de point de départ et de modèle aux expériences ultérieures sur les freins continus, M. le capitaine Douglas Galton est arrivé à établir les six lois suivantes qui dominent en quelque sorte toute la question des freins :

1° L'application des freins aux roues lorsque le calage n'a pas lieu, ne semble pas retarder la vitesse de rotation des roues ;

2° Il y a toujours entre le moment du calage partiel et celui du calage total un intervalle de temps appréciable durant lequel la vitesse de la roue décroît graduellement, cet intervalle serait d'environ trois secondes à la vitesse de 96 kilomètres à l'heure ;

3° La résistance créée par l'application des freins sans le calage des roues est beaucoup plus grande que celle qui résulte du calage. Il n'y aurait d'exception que dans le cas d'une marche à très faible vitesse d'après les conclusions de M. Séguéla ;

4° Pendant la période qui précède immédiatement le calage, la force retardatrice croît beaucoup au-delà de celle qui existait avant cette période. A ce moment, la vitesse de rotation de la roue décroît très rapidement, par suite le coefficient de frottement entre le sabot et la roue ainsi que la force retardatrice croissent très rapidement.

M. Douglas Galton a observé en effet que le coefficient de frottement variait en raison inverse de la vitesse. Ses observations peuvent se résumer dans le tableau suivant, dressé par M. G. Marié, ingénieur au chemin de fer de Lyon :

Avec des sabots en fonte frottant contre des bandages en acier, on obtient les chiffres suivants :

Vitesses en kilomètres à l'heure	Coefficient de frottement
0	0.33
10	0.27
20	0.23
40	0.17
60	0.14
80	0.11
100	0.07

Avec des sabots en fer frottant contre des bandages en acier :

25	0.170
50	0.130
85	0.110

Le coefficient de frottement varie en outre avec le temps, il diminue de 1/3 environ au bout de 10 secondes d'application des sabots, et de 1/2 au bout de 20 secondes d'application ;

5° La pression exigée pour caler les roues est beaucoup plus grande que celle qui est nécessaire pour les maintenir calées, il semble y avoir une relation entre le poids sur roues, l'adhérence et la vitesse.

On lira d'ailleurs avec intérêt une note publiée sur cette question par M. Séguéla dans les *Annales des mines, Études sur l'action des freins* (livraison des *Annales* de septembre-octobre 1882). L'auteur y a présenté une discussion théorique très complète et a fourni, en outre, l'explication des résultats obtenus dans les expériences de M. Galton. Nous ne pouvons pas résumer ici ce travail intéressant, nous nous bornerons à citer la formule dans laquelle il a représenté la relation du coefficient de frottement f_1 avec la vitesse :

$$f_1 = 0,330 - 0,0106\,v = \varphi\,(v)$$

v étant exprimé en mètres à la seconde, et pour tenir compte des variations par rapport aux temps :

$$f_1 = \varphi\,(v)\left(1 - \frac{t}{40}\right).$$

On trouvera également dans l'étude déjà citée de M. Séguéla, diverses indications intéressantes sur les rapports à observer entre les différents éléments en présence dans l'installation des sabots et des organes commandant le frein, pour obtenir le maximum d'effet utile au point de vue de l'arrêt. D'une manière générale, on peut dire que dans l'attirail d'un frein, on devra éviter les dispositions où les freins serrent par entraînement, car la pression sur les sabots n'est plus réglée par le moteur et ces freins sont en outre difficilement modérables. Il faut que les sabots soient toujours maintenus aussi près que possible des roues de manière à pouvoir entrer en contact immédiatement. Dans les véhicules à voyageurs, surtout ceux de première classe, on s'attache également à suspendre les sabots aux boîtes à graisse de préférence au châssis, pour soustraire celui-ci aux trépidations qu'entraîne le serrage du frein ; en outre, l'action même du serrage tend à faire basculer la caisse.

On doit toujours faire agir les freins à la fois sur les deux roues calées d'un même essieu, on s'exposerait autrement, en effet, à décaler ces roues. Il serait bon également, pour diminuer la pression latérale sur les coussinets des roues, de disposer à la fois deux freins sur chaque roue, l'un à l'avant, l'autre à l'arrière ; mais cette disposition, qui a l'inconvénient de compliquer l'attirail servant à actionner les sabots, n'est guère appliquée.

Pour les locomotives ayant plusieurs roues accouplées, on fait agir quelquefois les freins sur un seul des essieux accouplés, l'effort exercé se transmet aux autres par l'intermédiaire des bielles d'accouplement ; mais il en résulte, comme on le comprend, une grande fatigue pour les bielles.

On doit s'attacher, comme nous l'avons dit plus haut, à éviter le calage dans la manœuvre des freins, car le frottement de glissement continu des bandages contre les rails amène une détérioration rapide des bandages et même des rails ; il se produit sur la circonférence du bandage des méplats qui entraînent plus tard des ruptures. Ce fait s'observe fréquemment, par exemple, sur les bandages en acier des roues de tenders qui avaient à subir particulièrement l'action du frein lorsqu'on n'appliquait pas encore les freins continus intéressant à la fois tous les véhicules du train ; ces bandages présentaient de nombreux méplats et prenaient même une sorte de trempe résultant de l'échauffement produit par le calage, l'acier subissait une altération profonde qui lui communiquait une grande fragilité. On a remarqué également que les rails placés dans le voisinage des disques d'arrêt, sur tous les points de la voie où s'exerçait l'action des freins, subissaient une usure très accentuée, et présentaient même aussi une fragilité excessive. En dehors de la considération du matériel, et au point de vue même de la rapidité des arrêts, il convient d'éviter le calage, ainsi que l'a reconnu le capitaine Douglas Galton. Il est préférable de tenir, au contraire, toujours les sabots juste au point où le calage va se produire sans jamais l'atteindre ; le coefficient de frottement présente alors, en effet, sa valeur la plus élevée, et comme les roues conservent toujours leur mouvement de rotation, leur force vive est continuellement absorbée par le frottement des sabots, et elle se régénère en empruntant continuellement celle du train en marche qui se trouve ainsi soutirée en quelque sorte. On a même essayé de rendre le calage impossible comme dans la disposition appliquée par M. Wœhler, en Allemagne, et dans laquelle la pression exercée par les sabots était rendue proportionnelle à la pression même des roues sur les rails. M. Westinghouse, l'inventeur si ingénieux du frein continu à air comprimé, avait installé également sur les sabots de ses freins des appareils rendant le calage impossible en proportionnant continuellement la pression sur les sabots aux variations du coefficient de frottement résultant continuellement des variations de vitesse du train pendant la période de ralentissement. Malheureusement l'appareil de M. Westinghouse paraît trop délicat pour rentrer dans la pratique courante, et l'application ne s'en est pas répandue malgré le grand développement qu'a reçu son type de frein.

Freins agissant par frottement de glissement. En dehors des freins fondés sur le principe du frottement de roulement, on connaît aussi quelques types assez rares de freins agissant par frottement de glissement, nous les citerons seulement pour mémoire, car l'application en a été presque immédiatement abandonnée pour ainsi dire : tels sont, par exemple, le frein d'Adam dont les sabots étaient des coins en fer venant s'insérer entre la roue et le rail, celui de M. Laignel qui fut appliqué sur les plans de Liège, et le frein à patin de Didier qui comprenait des patins suspendus au châssis et appliqués contre le rail, au milieu de l'écartement des deux roues d'une voiture, par une pression énergique développée instantanément. Il suffisait, en effet, de dégager un rochet qui retenait le châssis, et par une disposition particulière des menottes, les ressorts cessent de porter, et tout le châssis vient peser sur le rail.

Types divers de freins par frottement de roulement. Les organes de manœuvre des sabots, la nature et la disposition du moteur qui les met en jeu, présentent aussi une importance considérable dans l'installation des freins qui leur doivent la plus grande partie de leur efficacité, principalement au point de vue de la rapidité de l'action. C'est sur ce point surtout que s'est exercée l'imagination des inventeurs, et il serait presque impossible d'énumérer la liste des freins inventés ou réédités par des gens trop souvent peu au courant des nécessités pratiques de la question.

On a appliqué différentes dispositions pour augmenter la puissance d'action du garde-frein et surtout la rapidité du serrage; on a employé, à cet effet, des organes emmagasinant un effort développé à l'avance, et le restituant ensuite d'une manière instantanée. Tel est, par exemple, le contre-poids de M. Bricogne, et le ressort de M. Lapeyrie. Le contrepoids appliqué par M. Bricogne au frein Newall et dont l'application s'était généralisée sur les véhicules à freins du chemin de fer du Nord agissait en tombant, quand il était déclenché, sur le levier de serrage, et le garde complétait ensuite le serrage en agissant sur la vis de manœuvre. Le contrepoids était ensuite remonté à la main. Le ressort de M. Lapeyrie se remonte à l'avance dans des conditions analogues et fournit aussi en se déclenchant l'effort de serrage d'une manière instantanée.

Pour augmenter la force retardative développée par les vagons enrayés, on a soin généralement d'en augmenter le poids en les lestant. Les fourgons à freins des express du chemin de fer du Nord reçoivent, par exemple, un lest de plus de 2,000 kilogrammes formé par des dalles de fonte établies sous le parquet; les fourgons de marchandises sont lestés à 12 tonnes.

Freins réunis par groupes. On s'est trouvé amené à augmenter le nombre des vagons munis de freins entrant dans la composition des trains, et pour n'avoir pas à multiplier pareillement le nombre des serre-freins, on s'est attaché à mettre la manœuvre des freins de plusieurs vagons à la fois dans les mains d'un seul agent; on a employé, à cet effet, des organes de transmission de différentes natures destinés à relier entre eux les freins d'un groupe de plusieurs véhicules successifs. Nous citerons, par exemple, le frein Newall qui a été l'objet d'une application générale sur le réseau du Nord. La transmission est établie à l'aide d'arbres de couche installés sous le châssis des voitures et reliés entre eux par des manchons avec rotules. L'effort est déterminé par le déclenchement des contrepoids de M. Bricogne, les arbres reçoivent alors un mouvement

de rotation qui détermine le serrage des sabots des freins.

On a essayé aussi de commander les freins des véhicules voisins en déclenchant les appareils de manœuvre au moyen d'une corde réunissant ceux de plusieurs vagons. Telle est, par exemple, la disposition du frein Exter qui a été appliqué sur la pente de Neuenmarkt, où il actionnait trois ou quatre vagons à la fois. On peut citer également le frein de Creamer, aux Etats-Unis, qui était actionné par la détente d'un ressort, les freins hydrauliques de Clark et Baker.

Pour augmenter la puissance et la rapidité d'action des freins, on a cherché, d'autre part, à emprunter des moteurs spéciaux plus efficaces que l'action des serre-freins, on a essayé, en particulier, d'utiliser la force vive elle-même du train pour fournir le travail résistant qui devait l'absorber. Le frein à contre-vapeur en est un exemple simple, puisque le travail de la gravité, qui augmente la force vive du train, est occupé à fournir sur les organes de la machine l'effort résistant nécessaire pour retenir le train. Nous n'y insisterons pas ici, car nous en avons parlé déjà. — V. Contre-vapeur.

Le frein Heberlein, connu également sous le nom de frein Nevada, agit par entraînement en empruntant le mouvement même de la roue.

Frein automoteur. Une autre disposition, plus ingénieuse peut-être, est celle du frein automoteur utilisant directement pour l'arrêt, la compression des ressorts de traction résultant du mouvement de recul communiqué par la machine à la tête du train. C'est l'idée du frein automoteur dont l'application a été poursuivie avec tant de persistance par M. Guérin. Le principe en est rationnel en lui-même, mais l'application pratique en a toujours rencontré de sérieuses difficultés.

Freins continus. Dans les différents types de freins à transmission que nous venons de décrire, la transmission se trouve toujours limitée à un petit groupe de vagons seulement, et on comprend, en effet, qu'il soit difficile d'en réunir un nombre un peu grand par l'intermédiaire d'un arbre de transmission unique dont la mise en mouvement absorbe nécessairement, en raison des frottements inévitables, la plus grande partie de l'effort moteur. Cependant les exigences croissantes de l'exploitation des voies ferrées, en augmentant la vitesse et la rapidité de succession des trains sur une même ligne, ont obligé à augmenter en même temps la puissance d'arrêt dont on pouvait disposer. On a reconnu ainsi tout l'intérêt qu'il y aurait à mettre dans les mains du mécanicien lui-même, qui est le meilleur juge de l'opportunité de l'arrêt, un appareil d'un fonctionnement sûr et rapide lui permettant d'agir à la fois sur tous les freins des véhicules de son train. C'est là le seul moyen en effet d'obtenir cette action instantanée, indispensable par exemple en cas de danger, que ne peut jamais donner le serre-frein. On y a réussi en employant, pour transmettre l'effort moteur, un fluide comme l'air comprimé ou raréfié, par exemple, dont les déplacements n'absorbent aucun effort, et on a appliqué également l'électricité qui paraît d'ailleurs, à première vue, particulièrement indiquée pour ce rôle. On a essayé également les transmissions par pression hydraulique, mais l'installation en est beaucoup plus compliquée et s'est peu répandue, et les principaux types de freins continus appliqués couramment aujourd'hui, sont fondés sur l'emploi de l'air comprimé ou raréfié; ce sont les seuls dont nous nous occuperons ici; nous y joindrons également le *frein électrique* qui toutefois n'est pas encore nettement sorti jusqu'à présent de la période d'essai.

Freins continus fondés sur l'emploi de l'air comprimé ou raréfié. Les freins continus fondés sur l'emploi de l'air se rattachent, comme nous venons de le dire, à deux types principaux, les *freins à vide* dans lesquels l'effort moteur est obtenu par l'action de la pression atmosphérique en faisant le vide à l'intérieur des organes du frein, et ceux *à air comprimé* dans lesquels l'effort moteur est obtenu en y envoyant de l'air sous pression. Dans les freins du premier groupe, la puissance motrice est nécessairement limitée à la pression atmosphérique, tandis que dans ceux du second, elle peut être augmentée d'une manière indéfinie pour ainsi dire, aussi les freins à air comprimé sont-ils généralement plus efficaces que ceux à vide. Par contre, les freins à vide présentent, comme on le verra plus loin par les descriptions, l'avantage d'une installation particulièrement simple, réduite à quelques organes robustes, et cette considération a suffi pour porter sur ce type le choix d'un grand nombre de Compagnies de chemins de fer; nous reviendrons d'ailleurs sur la comparaison à établir entre les deux principaux types de freins après en avoir donné la description.

Frein à air comprimé. Le frein à air comprimé a été appliqué d'abord, en Amérique, par M. Westinghouse vers 1867, et cet ingénieux inventeur y a apporté, depuis lors, tant de perfectionnements que son nom est devenu en quelque sorte inséparable de ce type de frein. En France, l'essai en fut commencé vers 1876 par la Compagnie de l'Ouest, qui l'appliqua bientôt sur tout son matériel, et les Compagnies françaises de P. L. M., du Midi, d'Orléans et de l'Est, l'adoptèrent également pour répondre aux termes de la circulaire ministérielle du 2 novembre 1881 sur l'emploi des freins continus.

Frein Westinghouse à air comprimé non automatique. Dans sa première disposition, ce frein comprend simplement un réservoir à air comprimé installé sur la locomotive et mis en communication par une conduite générale régnant sur toute la longueur du train avec les cylindres à frein dont chaque véhicule est muni. Ceux-ci renferment à l'intérieur un piston mobile qui agit en se déplaçant sur les leviers de manœuvre des sabots de freins disposés sous le châssis de la voiture, pour les écarter ou les rapprocher des bandages des roues. Le réservoir à air comprimé est fermé au moyen d'un robinet à trois voies placé à la main du mécanicien; quand celui-ci veut serrer les freins, il admet de l'air comprimé à l'intérieur de la conduite, le piston du cylindre à frein se déplace alors en obéissant à l'effort de la pression et serre ainsi les sabots; quand il veut desserrer, au contraire, il suffit au mécanicien de manœuvrer le même robinet en mettant la conduite en communication avec l'atmosphère, l'air comprimé s'é-

chappe au dehors, et les pistons rappelés en arrière dégagent en même temps les sabots.

L'air comprimé dans le réservoir est amené par une pompe spéciale fixée sur la boîte à feu de la locomotive et empruntant la vapeur de la chaudière. Cette pompe agit automatiquement pour maintenir dans le réservoir une pression déterminée, elle entre en action quand cette pression s'abaisse, et s'arrête quand elle est atteinte. Le tuyau de prise de vapeur est fermé, à cet effet, par une soupape chargée elle-même par la pression de l'air du réservoir. La vitesse de marche de la pompe se règle ainsi d'elle-même, et le nombre des coups peut varier de 30 à 100 par minute; la contenance du réservoir est de 12 mètres cubes environ.

La conduite générale est formée d'un double tube régnant sur toute la longueur du train, et dont les tronçons sont raccordés d'un véhicule au suivant par des accouplements en caoutchouc. L'emploi du double tube est une garantie de sécurité et facilite en même temps l'accouplement des vagons. Ajoutons enfin que chacun des tuyaux branchés partant de la conduite sous chaque vagon pour se rendre au cylindre à frein, est obturé lui-même par une valve équilibrée ayant pour but d'isoler celui-ci automatiquement du reste de la conduite s'il venait à s'y produire une fuite importante capable d'empêcher le serrage.

Frein à air comprimé automatique. Dans la disposition que nous venons de décrire, le frein ne peut entrer en action que sous l'action d'une cause intentionnelle extérieure, il n'est pas automatique en un mot, et on se trouve toujours exposé au moment où on y fait appel à le trouver hors d'état d'agir, comme, par exemple, s'il s'est produit une avarie en cours de route, si la conduite présente une fuite, si un accouplement s'est détaché, etc. Pour remédier à cet inconvénient, les inventeurs de différents types de freins ont cherché à les rendre automatiques, c'est-à-dire capables d'entrer d'eux-mêmes en action dès qu'il s'y produit une avarie. Tant que le train continue sa marche, le mécanicien est donc sûr d'avoir sous la main le moyen de l'arrêter en cas de besoin.

Dans ce type, M. Westinghouse a conservé les principaux organes que nous avons signalés déjà : la pompe et le réservoir général sur la machine, la conduite générale régnant sur tout le train, et sous chaque vagon, le cylindre à frein dont les pistons actionnent les sabots; seulement, à l'inverse de ce qui se produisait dans les dispositions premières, la pression de l'air comprimé règne en permanence à l'intérieur de la conduite, et c'est en y établissant une communication avec l'atmosphère qu'on détermine le serrage des freins. On comprend que cette disposition assure bien l'automaticité, puisque toute avarie accidentelle établissant une fuite dans la conduite, entraîne, par là même, le serrage et prévient de l'accident. Il devient en outre facile aux conducteurs du train de serrer aussi les freins, s'il est nécessaire, par la simple manœuvre d'un robinet disposé à cet effet sur la conduite dans les fourgons du train, et on pourrait même donner faculté aux voyageurs dans les voitures si on le jugeait convenable.

D'autre part, quand il veut desserrer le frein, le mécanicien n'a qu'à rétablir la pression dans la conduite en la mettant en communication avec le réservoir d'air comprimé, toujours alimenté automatiquement par la pompe de la machine.

Installation du frein continu automatique. La conduite générale forme alors un tuyau unique, et chaque vagon comprend (fig. 199 et 200), indépendamment du cylindre à frein H, un réservoir à air comprimé spécial G : ces deux appareils sont rattachés par deux tuyaux de raccord venant se réunir en F sur un tronc commun *h* pour aller rejoindre la conduite E. En ce point est interposé sur la bifurcation une sorte de robinet spécial à trois voies appelé *triple valve*, qui est destiné à établir en temps opportun la communication, soit de la conduite générale avec le réservoir d'air comprimé, ou bien de celui-ci avec le cylindre à frein, ou enfin de ce dernier avec l'atmosphère.

En marche normale, la triple valve isole le réservoir du cylindre à frein qu'elle met en communication avec l'atmosphère, et l'air comprimé contenu dans la conduite générale se répand librement dans le réservoir. Quand on veut serrer les freins, on produit dans la conduite une dépression qui déplace le piston de la triple valve, et celui-ci dans sa nouvelle position rétablit la communication entre le réservoir et le cylindre à frein, en isolant le premier de la conduite, et le second de l'atmosphère. La pression de l'air comprimé actionne alors le piston du cylindre à frein qui se déplace en entraînant les sabots des freins, comme dans la disposition non automatique décrite plus haut. Quand on veut desserrer, au contraire, on rétablit la pression dans la conduite, et la triple valve revient à sa position initiale.

Cet appareil si ingénieux est représenté dans

Fig. 199. — *Montage du frein à air comprimé Westinghouse sur un fourgon. Vue en élévation.*

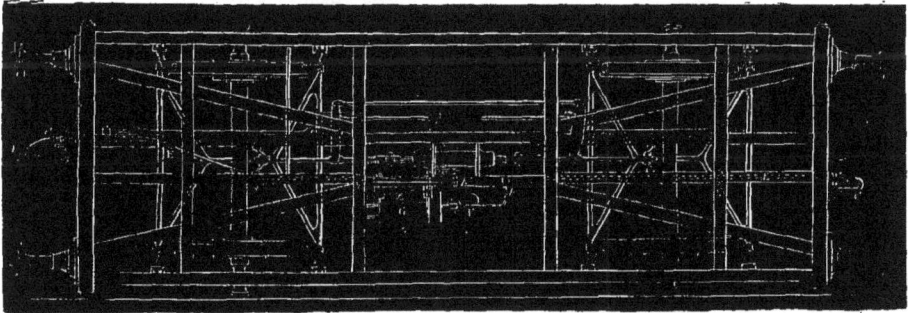

Fig. 200. — *Montage du frein à air comprimé Westinghouse sur un fourgon. Plan du châssis.*

G Réservoir d'air comprimé. — *H* Cylindre à frein. — *F* Triple valve. — *h* Conduite allant de la conduite générale à la triple valve. — *h'* Conduite venant du cylindre à frein. — *E* Tuyaux de la conduite générale — *e e'* Raccords. — *D* Robinet de serrage du frein dans les fourgons. — *d'* Manomètre indicateur.

la figure 201 sous sa dernière forme adoptée par l'inventeur, et on verra par la description qui va suivre qu'il constitue en quelque sorte une merveille d'invention par la délicatesse, la précision et la sûreté de son fonctionnement. La triple valve comprend deux chambres de diamètres différents maintenues isolées par un piston 5-9 à tige guidée 5, et oscillant à l'intérieur de la grande chambre.

Dans la position représentée, ce piston occupe le haut de la grande chambre, et il ouvre la communication entre celles-ci par l'intermédiaire d'une rainure pratiquée à cet effet dans le haut de la paroi *d* de droite comme l'indique la flèche, il la ferme, au contraire, dès qu'il vient à s'abaisser en masquant la rainure. L'air venant de la conduite générale par la conduite B, se répand librement à l'intérieur de la grande chambre, et peut arriver dans la petite lorsque le piston occupe la position représentée sur la figure, de là il se répand dans le réservoir du vagon par la conduite C, il y a par suite équilibre de pression entre la conduite et le réservoir ; c'est la situation correspondant au desserrage dont nous avons parlé plus haut.

Le cylindre à frein est relié d'autre part à la conduite A, et celle-ci débouche en a, comme on le voit, sous un tiroir mobile 6 compris lui-même

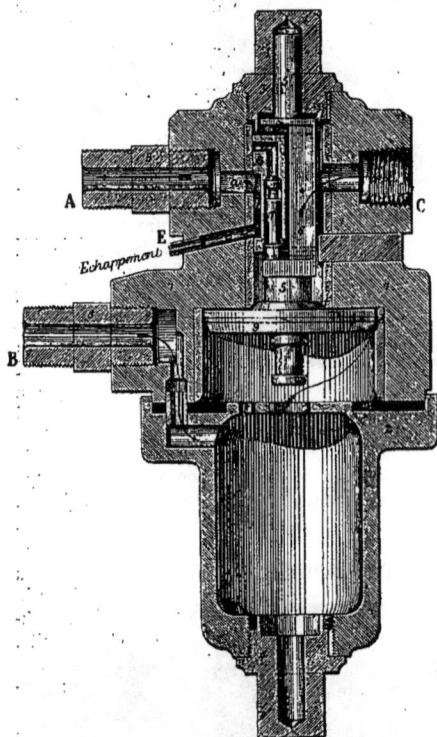

Fig. 201. — *Coupe de la triple valve.*

B Tuyau venant de la conduite générale. — C Tuyau venant du réservoir. — A Tuyau venant du cylindre à frein. — E Echappement dans l'atmosphère. — 5-9 Piston mobile. — 6 Tiroir maintenu entre les ergots du piston.

avec un peu de jeu entre deux ergots ménagés sur la tige du piston. Ce tiroir oscille donc avec le piston en glissant sur la paroi de la chambre supérieure et, dans ce mouvement, il masque ou découvre l'orifice de la conduite A. Lorsqu'il est en haut de sa course, comme c'est le cas représenté, cette conduite débouché sous le tiroir, le cylindre à frein se trouve isolé dès lors de la chambre, et mis en communication avec l'atmosphère par le petit tuyau E qui débouche continuellement sous le tiroir.

Dès qu'il se produit, au contraire, une dépression dans la conduite, l'air comprimé du réservoir abaisse le piston 5-9 à fond de course et le tiroir ainsi entraîné obture d'abord l'orifice de la conduite du cylindre à frein, puis la démasque entièrement

dans la chambre supérieure en fournissant à l'air du réservoir une issue vers le cylindre à frein, ce qui assure le serrage ainsi que nous l'avons dit plus haut. Enfin, lorsque la pression se rétablit dans la chambre inférieure, le piston se relève et vient reprendre sa position initiale en rétablissant la communication de la conduite avec le réservoir où l'air comprimé rentre à nouveau en y rétablissant la pression, et en même temps l'air venant du cylindre en A s'échappe dans l'atmosphère sous le tiroir par E.

Cet appareil permet même d'obtenir un serrage gradué dans une certaine mesure, car il suffit de déterminer dans la conduite un abaissement de pression assez faible pour que le piston descende doucement sans s'abaisser tout à fait. La soupape représentée.en 7 qui bouche le canal intérieur du tiroir 6, et qui fait corps avec le piston 5-9, s'abaisse avec lui, tandis que le tiroir ne se déplace guère et ne découvre pas l'orifice, si on ne dépasse pas le jeu qui lui est laissé, l'air comprimé peut bien arriver dans le cylindre à frein, mais seulement avec une pression réduite en raison des frottements résultant du chemin contourné qu'il est obligé de suivre.

Il faut reconnaître toutefois, qu'il est très difficile de graduer l'action du frein dans ces conditions, aussi bon nombre d'ingénieurs estiment-ils qu'on ne peut pas y compter d'une manière certaine, et à la Compagnie de Lyon, par exemple, on a préféré recourir à une disposition spéciale dont nous parlerons plus bas.

Les accouplements en caoutchouc servant à relier les tronçons de la conduite d'un vagon à l'autre ont été l'objet de nombreux perfectionnements. M. Westinghouse est arrivé à en faire, en effet, autant de robinets automatiques se fermant d'euxmêmes de manière à prévenir les fuites d'air quand on veut séparer les vagons dans la composition des trains, s'ouvrant, au contraire, lorsqu'on les assemble, et qui enfin restent ouverts sans se briser, assurant ainsi le fonctionnement du frein quand la séparation se produit sous un effort violent, comme dans les cas d'une rupture d'attelages.

Après cette description sommaire des principaux organes du frein Westinghouse qui forment certainement de véritables modèles d'invention élégante et ingénieuse, bornons-nous à dire qu'on retrouverait des dispositions aussi remarquables dans chacun des autres détails de ce frein. Ainsi, nous signalerons seulement la valve de réduction installée sur les cylindres à frein, et ayant pour but de régler continuellement la pression des sabots sur les bandages, d'après la vitesse de marche, de manière à donner continuellement à la force retardatrice sa valeur maxima, et surtout d'éviter le calage, comme nous l'avons dit plus haut.

Il importait, d'autre part, avec un frein automatique, d'éviter toutefois qu'une fuite légère et sans importance ne déterminât un arrêt intempestif du frein, M. Westinghouse avait également disposé à cet effet un appareil spécial appelé *valve de fuite, leakage valve;* mais plus tard, il reconnut qu'il pouvait y renoncer sans trop d'inconvénient, et il s'est borné à pratiquer une petite rainure dans le fond du cylindre à frein. L'air comprimé arrivant ainsi en petite quantité peut s'échapper au dehors sans agir sur le piston. On peut dire, en un mot, que les organes du frein Westinghouse sont quelquefois un peu compliqués, mais on ne saurait nier qu'ils ne soient merveilleusement appropriés à leur destination, et on peut ajouter que malgré leur complication, le fonctionnement en reste bien sûr, et qu'il ne se produit guère de dérangement en service.

La conduite d'air régnant sur toute la longueur du train peut être utilisée d'une manière très avantageuse pour assurer les communications des voyageurs avec le mécanicien sur sa machine. La Compagnie de l'Ouest, par exemple, a disposé à cet effet, un appareil très simple qui fonctionne depuis longtemps sans accident. Un tuyau D (fig. 199) emmanché sur la conduite E débouche dans chaque compartiment, l'orifice en est fermé par une poignée mise à la disposition des voyageurs. En tirant celle-ci, on ouvre un petit orifice qui détermine dans la conduite une dépression suffisante pour assurer, par l'intermédiaire d'un appareil spécial installé sur la machine, le fonctionnement du sifflet avertisseur, sans entraîner cependant le serrage des freins. L'orifice ainsi découvert, lance en même temps l'air sur les bords d'une petite cloche située sur le toit de la voiture qui indique ainsi d'où est parti l'appel; il est impossible, d'autre part, de remettre la poignée en place, ce qui indique, en outre, le compartiment.

Il arrive souvent qu'on se trouve empêché d'intercaler dans un même train des voitures munies de freins de types différents, faute de pouvoir utiliser la conduite des voitures étrangères; M. Westinghouse est arrivé également à remédier à cet inconvénient en disposant un accouplement universel pour freins continus à air, permettant d'intercaler des voitures munies du frein à vide, sans interrompre la conduite dans un train muni des freins à air comprimé, et réciproquement.

On trouvera la description de cet appareil si curieux dans la *Revue industrielle*, n° du 30 janvier 1884.

L'organe qui donne peut-être le plus de difficultés d'entretien, communes d'ailleurs dans une certaine mesure aux autres types de frein continu, est l'accouplement en caoutchouc auquel personne n'aurait songé à l'avance; le caoutchouc, en effet, se gerce et se crève même assez facilement, et on n'obtient pas toujours une fermeture bien étanche, surtout dans les raccords avec les parties métalliques, où il se produit souvent des fuites au bout de quelque temps de service. L'expérience a montré également que la faible résistance de cette matière pourrait même, dans certains cas, favoriser des tentatives criminelles, comme le fait s'est produit au mois de décembre 1883, sur un train allant de Perpignan à Cerbère; un malfaiteur qui venait de commettre un attentat a pu ralentir le train en coupant les tuyaux en caoutchouc de la conduite, ce qui lui a permis de s'é-

chapper du train. L'administration supérieure a attiré l'attention des Compagnies sur ce fait par une circulaire en date du 14 mars 1884, en signalant que les raccordements métalliques permettraient de remédier à cet inconvénient; la Compagnie de Lyon et celle de l'Ouest étudient, en effet, l'application des accouplements métalliques, et cette dernière Compagnie a même fait figurer un modèle d'accouplement métallique à l'Exposition de Rouen en 1884, cet appareil fonctionnait déjà depuis six mois, sans accident. Peut-être suffirait-il d'ailleurs de défendre le caoutchouc par une toile métallique noyée dans l'épaisseur. Il y a là, dans tous les cas, un point faible commun dans une certaine mesure à tous les systèmes de freins continus sur lequel il reste encore des progrès à réaliser.

Frein à air comprimé automatique et modérable de la Compagnie de Lyon. Le frein Westinghouse présente l'inconvénient d'être difficilement modérable, et, en outre, en cas d'avarie, la disposition automatique occasionne, comme on sait, l'arrêt des trains en pleine voie, on se trouve obligé par suite de desserrer à la main les sabots de chaque véhicule. Frappée de ces difficultés, la Compagnie de Lyon qui a adopté le frein Westinghouse, après de nombreuses expériences comparatives dont on trouvera un compte rendu dans le numéro de mai 1879 de la *Revue générale des chemins de fer*, a cherché néanmoins à perfectionner ce frein en lui apportant certaines modifications. Elle est arrivée à réaliser ainsi un frein continu à la fois automatique et modérable, qui est constitué en réalité par la combinaison des deux types de frein Westinghouse dont nous avons parlé, le frein automatique et le non automatique.

Elle dispose à cet effet, sur toute la longueur du train une seconde conduite spéciale pour le frein modérable, avec un deuxième robinet de manœuvre placé sur la machine à l'orifice de la conduite. Enfin, sur chaque triple valve est interposée une double valve d'arrêt destinée à isoler les deux conduites, automatique et modérable.

En principe, l'air comprimé venant du réservoir de la machine est amené par la seconde conduite dans les cylindres à frein de chaque véhicule où il produit le serrage. Cet air est ensuite évacué dans l'atmosphère par le robinet de manœuvre lorsqu'on veut desserrer.

On voit donc qu'il y a serrage du frein modérable lorsque la conduite correspondante est remplie d'air, et desserrage lorsqu'elle est vidée, c'est le phénomène inverse qui se produit, comme on sait, avec le frein automatique.

Nous ne donnerons pas ici la description complète des appareils spéciaux de ce type de freins qu'on trouvera dans le numéro de février 1883 de la *Revue générale des chemins de fer*. Disons seulement que le robinet de manœuvre interposé entre le réservoir et la conduite générale comprend un piston et une soupape à double clapet, pressés l'un contre l'autre par des ressorts en spirale dont on peut faire varier la tension en agissant sur le volant d'une vis de serrage. Dans ce mouvement, on déplace plus ou moins la soupape;

celle-ci découvre le tuyau d'arrivée d'air par un orifice plus ou moins élargi, et elle assure ainsi l'admission de l'air en quantité correspondante dans la conduite générale. La position de la soupape se règle automatiquement par les réactions opposées de la pression de l'air et de la tension des ressorts de manière à maintenir dans la conduite une pression déterminée bien constante. La disposition de la double valve d'arrêt installée contre la triple valve, permet d'employer à volonté le frein automatique ou le frein modérable, mais si une avarie se produit en cours de route et vient déterminer le serrage des freins, elle agit alors en isolant complètement la conduite du frein automatique jusqu'à ce que la pression d'air y soit rétablie, et on peut desserrer les freins sans difficulté en vidant l'air contenu dans la conduite modérable.

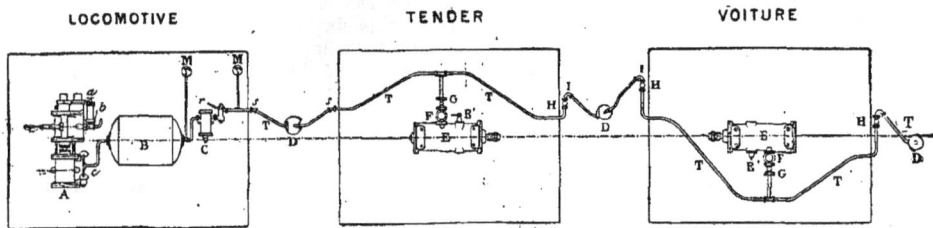

Fig. 202. — *Installation générale du frein Wenger.*

A Pompe à air de la machine. — *B* Réservoir d'air. — *M* Manomètre. — *D* Accouplement. — *C* Régulateur de pression. — *r* Robinet de manœuvre. — *T* Conduite générale. — *H* Robinet d'isolement des vagons. — *E* Cylindre à frein. — *F* Soupape d'équilibre. — *E'* Soupape d'échappement.

On arrive donc ainsi :

1° A serrer le frein isolément par l'une ou l'autre des deux conduites en agissant sur le robinet de manœuvre qui lui est spécial ;

2° A modérer l'action des freins dont on peut serrer graduellement les sabots en ayant recours au type de frein modérable ;

3° A annuler l'action du frein automatique dans le cas où elle pourrait devenir un inconvénient par les arrêts intempestifs qu'elle détermine en marche.

Frein à air comprimé automatique et modérable système Wenger. A côté du frein Westinghouse, il convient de signaler le type de frein disposé par M. Wenger et qui se recommande par ses qualités spéciales. Il est très simple en effet, d'un entretien facile, le fonctionnement en est sûr, et il est peu sujet à se déranger. On peut ajouter, en outre,

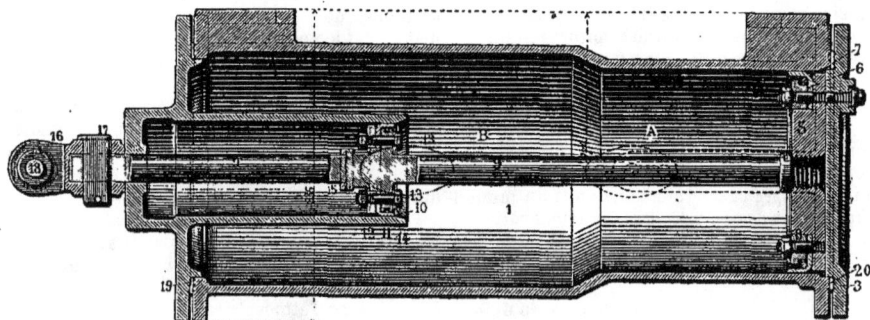

Fig. 203. — *Coupe du cylindre à frein Wenger.*

B Soupape d'échappement. — *A* Soupape d'équilibre communiquant avec le fond du cylindre par le conduit représenté en traits pointillés.

qu'il est plus facile à modérer que le frein Westinghouse tout en étant cependant aussi puissant, ainsi que l'ont montré les résultats des nombreuses expériences entreprises à ce sujet par une de nos grandes Compagnies de chemins de fer.

On trouvera la description du frein Wenger dans différentes publications techniques spéciales, notamment dans les études publiées en 1882 dans le *Génie civil*, la *Revue générale des chemins de fer*, le *Portefeuille d'Oppermann*, etc. Toutefois ce frein a subi depuis cette époque de nombreux perfectionnements qui l'ont profondément modifié, et les renseignements que nous allons donner s'appliqueront à la forme la plus récente décrite par M. G. Richard dans une brochure publiée chez M. Gauthier-Villars en 1883, et dans la *Revue générale des chemins de fer*, numéro de mai 1884.

La disposition générale du frein est la même que celle du type Westinghouse : une conduite générale T (fig. 202) régnant sur tout le train et mise en communication avec les cylindres à frein E installés sous chaque voiture, reçoit l'air comprimé venant d'un réservoir spécial B alimenté par une pompe A placée sur la locomotive. La pression de l'air comprimé règne en permanence dans la conduite, et elle est réglée à volonté par le mécanicien au moyen d'un régulateur de pression C et d'un robinet de manœuvre r établis à la sortie du réservoir. Une conduite spéciale, non représentée sur la figure, avec son robinet de manœuvre distribue l'air comprimé aux freins du tender dont le serrage peut être ainsi maintenu indépendamment de celui des freins des voitures.

Les cylindres à frein, dont nous représentons la coupe dans la figure 203, comprennent chacun un double cylindre renfermant, comme on le voit, deux pistons 5 et 15 de sections différentes, montés sur une tige unique 9 commandant l'attirail des freins. Ces pistons sont munis de cuirs emboutis 7 et 10 qui portent seuls sur les parois des cylindres dont leurs parties métalliques sont éloignées avec un certain jeu. L'air comprimé venant de la conduite est admis dans le cylindre en traversant la soupape d'équilibre A, il arrive par le canal représenté en traits pointillés en débouchant auprès du fond 20 du cylindre derrière le piston à large section, et il pénètre graduellement dans la grande chambre 1 du cylindre en soulevant la garniture en cuir 7 qui se présente par le dos; mais lorsqu'il a rempli complètement le cylindre, l'air ne peut plus s'en échapper, car il rencontre alors sur les deux pistons les garnitures en cuir embouti 7 et 10 qu'il presse sur leurs faces, et il se ferme toute issue à lui-même, en les appliquant sur la paroi des cylindres avec un effort d'autant plus énergique que la pression est plus élevée.

Cette application des cuirs emboutis formant un joint étanche sur une face seulement, qu'on rencontre dans les principaux organes du frein Wenger est, ainsi que le remarque M. Richard, une des caractéristiques les plus heureuses de ce type de frein; car elle permet de simplifier grandement la construction de ces organes et de rendre les frottements presque insensibles. Un mouvement de dépression des cuirs, d'une amplitude de 1 dixième de millimètre à peine, suffit en effet pour laisser passer le peu d'air nécessaire pour réparer les fuites légères qui empêchent seules d'employer toujours la même masse d'air.

En temps normal, la pression d'air s'exerce sur les deux faces du grand piston, et la réaction supportée par le petit piston repousse la tige commune à fond de course à gauche, le frein est desserré; lorsque la pression diminue, au contraire, sur la face extérieure du grand piston, tout l'ensemble est repoussé à fond de course à droite, c'est le serrage qui se produit, c'est la situation représentée sur la figure 203.

Cette dépression, produite dans la conduite générale, se transmet dans le cylindre à frein par le jeu de la soupape d'équilibre, représentée figure 204, qui est une sorte de robinet à trois voies, mis en communication, comme on le voit, avec la conduite générale par le canal A, le cylindre à frein par B et l'atmosphère par C. Cette soupape comprend un piston 4-6 muni d'une garniture en cuir embouti 5 formant joint étanche de haut en bas et contrebalancé par un ressort 8. Un obturateur 9 maintenu entre deux saillies

pratiquées sur la tige du piston suit les mouvements de celui-ci, et ferme ou découvre le conduit C débouchant dans l'atmosphère.

Dans la situation normale, les freins étant desserrés, l'air comprimé venant de la conduite se répand dans le cylindre à frein en soulevant le cuir embouti 5, le piston est repoussé vers le haut sous l'action du ressort inférieur 8; et l'obturateur 9 masque l'orifice d'échappement, c'est la situation représentée sur la fig. 204. Dès que la pression s'abaisse au contraire dans la conduite, l'action de l'air comprimé venant du cylindre en se

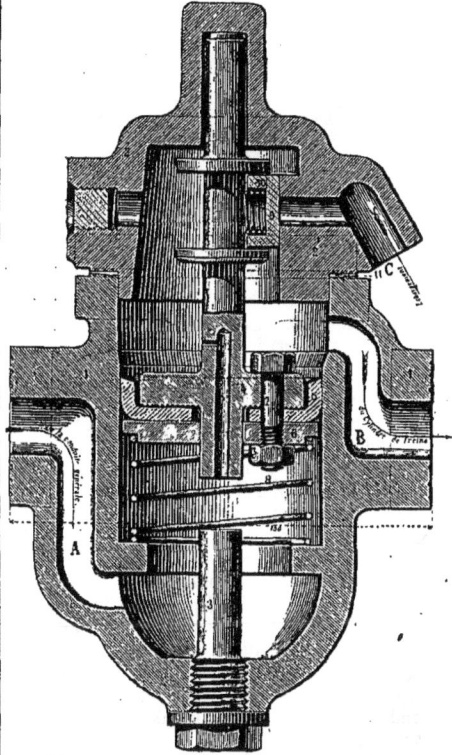

Fig. 204. — Coupe de la soupape d'équilibre.

détendant, abaisse le piston de la soupape et son obturateur, l'air s'échappe dans l'atmosphère jusqu'à ce que sa pression soit assez réduite pour que le piston se relève. On réalise ainsi un certain équilibre entre la pression de l'air dans les cylindres et celle de la conduite, pression que le mécanicien peut régler à volonté au moyen du robinet de manœuvre, comme nous le dirons plus bas. Le petit trou pratiqué au centre de la tige du piston laisse pénétrer un petit filet d'air comprimé suffisant pour empêcher celui-ci de se déplacer sous les moindres fuites.

En dehors de la soupape d'équilibre A (fig. 203), chaque cylindre à frein est muni d'une soupape d'échappement B qui peut se commander à la main pour assurer en cas de besoin le desserrage des freins.

Les accouplements du frein Wenger sont représentés dans les figures 205 et 206, ils sont formés de deux mains en fonte malléable 1 avec raccords en caoutchouc 2 maintenus hermétiquement serrés par la pression même de l'air ; ils sont complétés par des robinets d'isolement (fig. 202) qu'il faut ouvrir ou fermer pour accoupler ou désac-

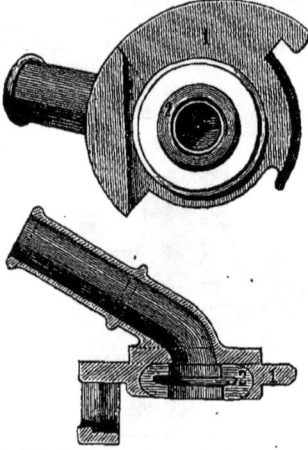

Fig. 205 et 206. — *Accouplement Wenger.*
Coupe et plan.

coupler les vagons. La cavité de la clef de ces robinets est percée de petits trous qui laissent s'échapper dans l'atmosphère l'air comprimé des raccords pour faciliter le découplage.

Le frein Wenger est complété par le régulateur de pression C et le robinet de manœuvre r installé sur la machine. La disposition très simple du régulateur assure, dans la conduite, une pression déterminée, pratiquement indépendante de celle du réservoir. Le robinet de manœuvre permet de mettre la conduite générale en communication avec le régulateur de pression ou avec l'atmosphère. La disposition des trois branchements ménage, entre les deux positions extrêmes de serrage et de desserrage, une sorte de zone très étendue permettant au mécanicien de graduer l'action des freins.

Nous avons dit que le cylindre à frein du tender était rattaché à une conduite spéciale permettant d'avoir recours aux freins du tender sans actionner en même temps ceux du train. Il est muni, à cet effet, d'une soupape spéciale dite *de retenue* destinée à empêcher la sortie de l'air comprimé, à maintenir la pression et à assurer par suite un serrage bien constant, même sur un très long parcours.

Une pratique suffisamment prolongée permettra seule d'apprécier complètement ce type de frein, et de reconnaître, en particulier, si les pistons en cuir embouti, qui en font le caractère distinctif, se comporteront toujours d'une manière aussi satisfaisante, mais on ne saurait nier toutefois que tant que le fonctionnement en reste bien régulier, ce frein ne soit un des plus simples et des mieux entendus.

Frein continu à vide non automatique, système Smith. Ce type de frein dont le principe avait été donné déjà en 1860, par MM. du Tremblay et Mar-

tin, comprend une conduite générale régnant d'une extrémité à l'autre du train comme dans le système Westinghouse ; l'effort moteur est obtenu en y faisant le vide, et les pistons des cylindres à frein se déplacent sous l'effort de la pression atmosphérique en entraînant les sabots des freins. Le vide est obtenu par l'entraînement dû à un courant de vapeur débouchant dans un éjecteur installé sur la chaudière de la locomotive à l'orifice de la conduite. Nous avons donné au mot Éjecteur la description de cet appareil et nous avons représenté (fig. 416, t. IV), la coupe de l'éjecteur dû à M. Pascal et au moyen duquel on peut obtenir un vide supérieur à 60 centimètres de mercure.

Le cylindre à frein installé sous chaque vagon, était formé primitivement d'une sorte de soufflet en caoutchouc dont l'intérieur était en communication avec la conduite générale. Ce soufflet se comprimait dès qu'on y faisait le vide pour serrer le frein, et le fond mobile entraînait avec lui la timonerie du frein. Il revenait à sa position initiale et desserrait ainsi les freins dès qu'on rétablissait la communication avec l'atmosphère. Plus tard, ce soufflet en caoutchouc a été remplacé par une capsule en fonte munie intérieurement d'un diaphragme

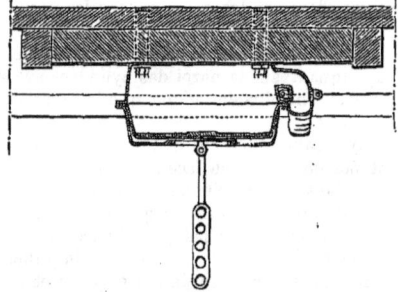

Fig. 207. — *Sac Hardy avec capsule en fonte et diaphragme en caoutchouc pour frein à vide.*

en cuir ou en caoutchouc sur lequel est fixée une rondelle en tôle qui sert à entraîner également la timonerie du frein (fig. 207). Dans cette disposition, due à M. Hardy, le fonctionnement reste toujours le même, le diaphragme se dilate ou se comprime suivant qu'on fait le vide à l'intérieur de la capsule ou qu'on y rétablit la pression d'air.

Enfin, on a essayé depuis quelques années, surtout en Angleterre, où le frein à vide est fréquemment employé, de remplacer la capsule en fonte par un cylindre avec piston du système Clayton, dont la disposition est représentée figure 208 pour les freins automatiques. Le piston en fonte P relié aux leviers du frein oscille dans un cylindre B, il est entouré d'un anneau en caoutchouc représenté en traits pointillés à la partie supérieure du piston qui doit former garniture étanche. Lorsque le piston est à fond de course en haut ou en bas, l'anneau se loge dans les rainures ménagées à cet effet aux deux extrémités, et lorsque le piston se déplace, l'anneau roule sur lui-même en se comprimant entre le piston et la paroi interne du cylindre, ce qui assure l'étanchéité sans augmenter sensiblement le frottement.

Quel que soit le type de cylindre à frein employé ces organes doivent toujours présenter un diamètre supérieur à celui des cylindres du frein à air comprimé, puisque la pression par unité de surface est plus réduite, la conduite générale présente elle-même plus de vide intérieur pour augmenter la rapidité de propagation du vide. D'ailleurs, on emploie généralement deux conduites indépendantes reliées seulement à l'extrémité du train, ce qui donne une garantie supplémentaire pour le cas où une avarie se produirait en marche à l'une des conduites. De même, on dispose quelquefois une conduite spéciale pour la machine et le tender, et l'éjecteur employé est alors formé par la réunion de deux appareils agissant l'un sur les freins de la machine et l'autre sur ceux du train. D'autre part, l'action même de la pression atmosphérique qui est extérieure au tuyau, contribue à le consolider et le ménage ainsi davantage. La manœuvre du frein est particulièrement simple et se comprend immédiatement d'après la description que nous venons de donner ; le mécanicien qui veut serrer les freins n'a qu'à ouvrir le robinet amenant à l'éjecteur la vapeur de la chaudière, il apprécie le

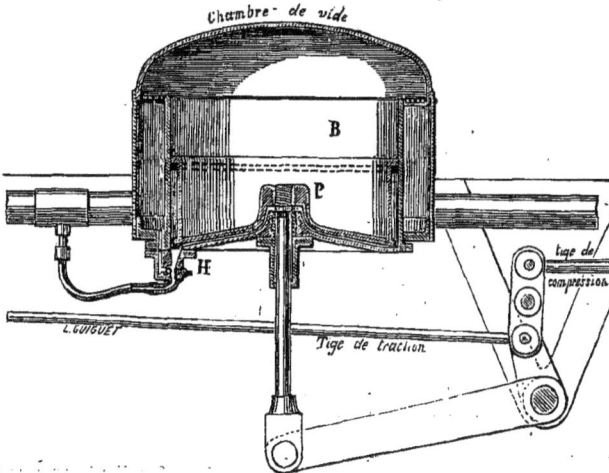

Fig. 208. — *Frein à vide automatique. Cylindre à frein, type Clayton.*

degré de vide obtenu dans la conduite et par suite l'intensité du serrage au moyen d'un *vacuomètre* qu'il a devant les yeux, le vide se maintient ainsi tant qu'il est nécessaire, car dans un appareil bien installé, les rentrées d'air sont pour ainsi dire inappréciables. Quand le mécanicien veut desserrer les freins, il lui suffit d'admettre l'air à l'intérieur de la conduite, en soulevant une soupape ménagée à cet effet sur l'orifice de la conduite.

Le frein ainsi disposé n'est pas automatique, mais il a été complété récemment par un appareil accessoire permettant de signaler les défaillances, sans entraîner l'arrêt du train. Dans ces conditions, tant qu'il ne se produit rien d'anormal, le mécanicien peut arrêter sans aucune hésitation puisqu'il est toujours sûr que son frein est en état de fonctionner en cas de besoin.

La locomotive est munie, à cet effet, d'un petit éjecteur accessoire capable d'établir seulement un vide de 2 centimètres, par exemple, dans la conduite, et insuffisant par suite pour serrer le frein. Ce petit éjecteur auxiliaire fonctionne d'une fa-

çon continue, un appareil avertisseur indique à chaque instant l'état de la conduite et prévient par une sonnerie dès qu'une rentrée d'air trop abondante détruit le vide entretenu par le petit éjecteur. Le mécanicien ainsi prévenu fait fonctionner le gros éjecteur pour reconnaître la gravité de l'avarie. La Compagnie du Nord avait appliqué déjà, depuis 1880, une disposition analogue au moyen d'un petit cylindre à frein auxiliaire muni d'un contact électrique indiquant également les rentrées d'air dans la conduite.

On peut avoir recours également à cette disposition pour mettre les voyageurs dans les voitures en communication avec les gardes ou le mécanicien : on amène, à cet effet, dans les cloisons de compartiments, un branchement de la conduite fermé par une vitre qu'on peut briser facilement, on détermine ainsi une rentrée d'air suffisante pour actionner l'avertisseur.

Le frein peut être réglé facilement puisqu'il suffit de déterminer le degré de vide en ouvrant l'éjecteur d'après l'intensité de serrage qu'on veut obtenir.

On peut même disposer le levier de l'éjecteur de manière qu'il soit manœuvré automatiquement ce qui permet ainsi d'assurer le serrage des freins en cas de besoin, sans l'intervention du mécanicien. Dans la disposition appliquée au chemin de fer du Nord, le levier de l'éjecteur est commandé par le déclenchement de l'armature de l'électro-aimant du sifflet dit *électro-automoteur*. Ce sifflet peut être actionné par un courant électrique venu de l'intérieur du train ou recueilli par la machine en passant au-dessus d'un contact installé à cet effet sur la voie. On comprend quelle précieuse garantie de sécurité une pareille disposition apporte à l'exploitation, puisqu'on n'a plus à redouter les conséquences des erreurs du mécanicien. Un disque à l'arrêt muni d'un contact électrique, se protège lui-même en quelque sorte, en agissant à la fois sur le frein et sur le sifflet électro-automoteur et il éveille, en outre, sûrement l'attention du mécanicien. — V. Sifflet.

Frein à vide automatique. Le frein à vide non automatique est encore, ainsi que nous l'avons dit plus haut, celui qui est le plus fréquemment appliqué, toutefois on peut réussir également à donner l'automaticité à ce type de frein tout en lui conservant ses qualités si précieuses de simplicité.

Dans cette disposition, le vide règne en permanence dans la conduite, et toute avarie qui rétablirait la communication avec l'atmosphère assure ainsi le serrage du frein. Le cylindre à frein de chaque véhicule, représenté figure 208, est recouvert à la partie supérieure d'une cloche, et forme alors une chambre fermée dans laquelle on fait le vide au-dessus et au-dessous du diaphragme mobile P, il

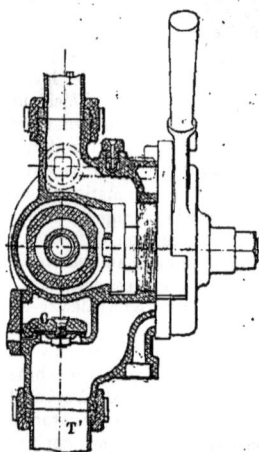

Fig. 209. — *Appareil de manœuvre du frein à vide automatique.*
Coupe horizontale.

T' Conduite de vapeur du gros éjecteur E. — T Conduite de vapeur du petit éjecteur central.

est isolé de la conduite générale par un appareil interposé H portant le nom de *ballvalve*. Cet appareil comprend, comme on le voit, une simple bille en caoutchouc H qui peut osciller devant l'orifice des tuyaux débouchant dans les deux chambres. Aussitôt que la pression atmosphérique est rétablie dans la conduite, cette bille est appliquée contre l'orifice du tuyau débouchant dans la chambre supérieure et elle le bouche en y maintenant le vide, tandis que l'air atmosphérique peut passer librement dans le bas du cylindre en y soulevant le diaphragme P. Pour desserrer les freins,

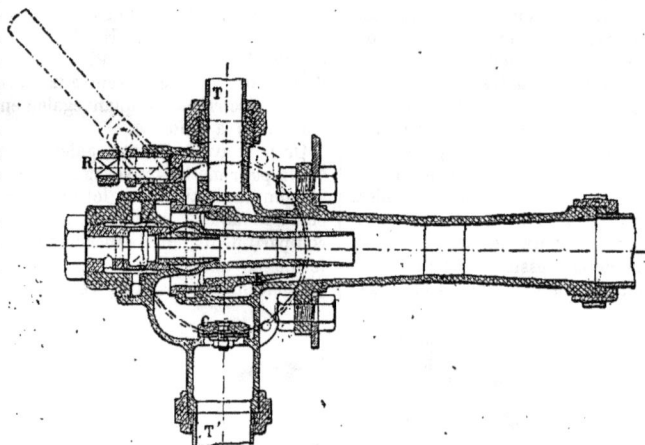

Fig. 210. — *Appareil de manœuvre du frein à vide automatique.*
Coupe verticale.

il suffit de rétablir le vide dans la conduite et d'aspirer seulement la faible quantité d'air qui s'est introduite sous le diaphragme.

Pour actionner le frein, le mécanicien dispose de deux éjecteurs de diamètres différents, le gros éjecteur sert à déterminer le vide dans la conduite au départ du train, et en cours de route; après

chaque arrêt, il suffit d'avoir recours au petit éjecteur pour enlever le volume d'air rentré dans la conduite.

Ces deux éjecteurs sont commandés ainsi que la valve de rentrée d'air par un levier unique sur lequel agit le mécanicien. Cette disposition évite ainsi toute hésitation dans la manœuvre du frein, car cet appareil remplace à la fois les deux éjecteurs, le robinet de prise de vapeur, la valve à air et le clapet de retenue du vide. L'éjecteur ainsi modifié est représenté dans les figures 209 à 211. Le levier de manœuvre porte, comme on le voit, une sorte de clapet, représenté figure 211, percé de trous dont les diamètres sont calculés de manière à obturer plus ou moins les prises d'air A ou de vapeur V, suivant la position qu'il occupe lorsqu'on le fait tourner autour de son axe. Dans la position extrême du levier, le gros éjecteur qui comprend la prise annulaire de vapeur arrivant

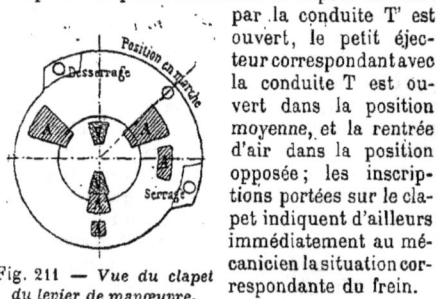

Fig. 211 — *Vue du clapet du levier de manœuvre.*

par la conduite T' est ouvert, le petit éjecteur correspondant avec la conduite T est ouvert dans la position moyenne, et la rentrée d'air dans la position opposée; les inscriptions portées sur le clapet indiquent d'ailleurs immédiatement au mécanicien la situation correspondante du frein.

La soupape obturant la rentrée d'air dans l'éjecteur, a subi également quelques modifications applicables d'ailleurs aux deux types de freins à vide, elle a été remplacée par un clapet de retenue d'air reporté dans une boîte spéciale ou boîte à vide, ménagée au-dessous de l'éjecteur dans la conduite pour retenir l'eau de condensation et les poussières que le courant d'air peut entraîner, et cette disposition a diminué de beaucoup l'usure des organes mobiles et altérables du frein comme les diaphragmes des cylindres.

Il est inutile d'ajouter qu'on peut donner aux conducteurs du train dans les fourgons, et même aux voyageurs dans les compartiments des voitures, la faculté d'agir sur le frein automatique au moyen de valves à air disposées sur des branchements communiquant avec la conduite.

On dispose également une valve automatique à l'extrémité du train pour augmenter la rapidité du serrage, cette valve comprend une soupape très légère qui se soulève aussitôt que la pression d'air se fait sentir dans l'intérieur de la conduite, et elle assure ainsi par l'extrémité du train la rentrée d'un volume d'air abondant.

Nous ne pouvons pas entrer ici dans de plus grands détails sur l'installation de ce type de frein;

mais on voit par ce rapide résumé, combien elle est admirable de simplicité, elle ne comprend comme organe mobile que les diaphragmes, mais autrement toutes les pièces sont fixées à demeure, et ne subissent aucun déplacement, aucune fatigue, on n'y rencontre aucun ressort, aucune pièce susceptible de se fausser, l'automaticité est amenée par une simple bille en caoutchouc. Ajoutons enfin, que d'après les relevés des accidents en service publiés par le *Board of Trade*, et qui portent déjà sur une expérience de plusieurs années, ce frein présente beaucoup moins de défaillances en service que le frein à air comprimé.

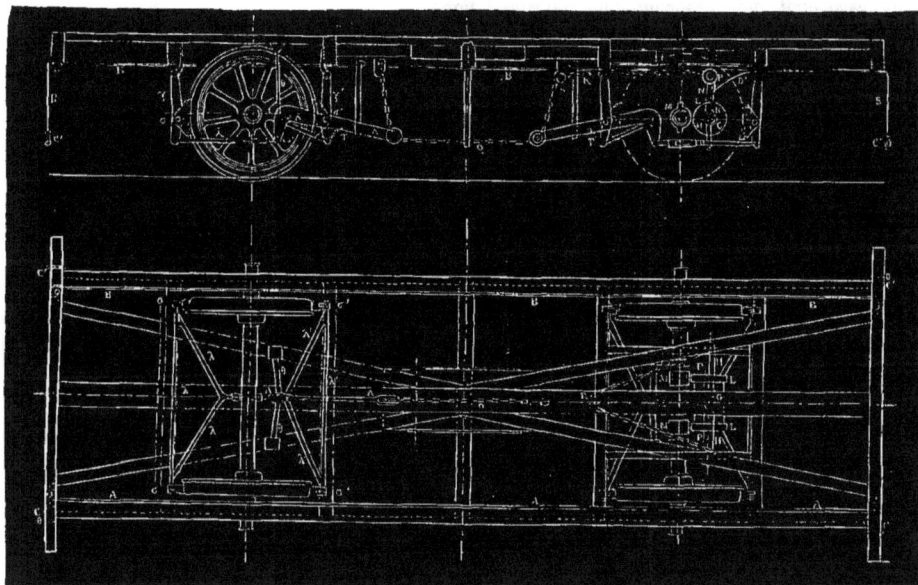

Fig. 212. — *Vue en élévation et en plan de l'installation du frein électrique sur un vagon.*

A B Fils conducteurs du courant régnant sur toute la longueur du train. — *C C'* Accouplements reliant les fils conducteurs entre les voitures successives. — *D D'* Fils de dérivation réunissant les deux fils conducteurs *AB* aux fils de l'électro-aimant *HG*. — *HG* Electro-aimant monté sur un axe *H*, placé au niveau de l'essieu et entraînant par enroulement, des chaînes du frein attachées en *K*. — *L* Frottes servant d'armatures de l'électro-aimant et produisant l'entraînement par friction des chaînes du frein *Q* — *M* Manchons montés sur l'essieu commandant par friction l'électro-aimant — *N* Supports oscillants de l'électro-aimant. — *P* Tambour sur lequel passent les chaînes du frein. — *S* Poulie de renvoi. — *R* Compensateur de longueur des deux chaînes. — *T* Ressorts de rappel des chaînes. — *σ σ'* Sabots suspendus par les tige *γ*. — *λ* Tringles en fer reliant les sabots *σ*.

Nous mentionnerons seulement sans la décrire, la disposition du frein automatique due à MM. Sanders et Bolitho qui diffère peu d'ailleurs de celle dont nous venons de parler. On en trouvera la description dans la *Revue générale des chemins de fer*, 1er semestre 1881.

En terminant ce qui est relatif au frein à vide, nous devons rappeler que l'idée en est due à MM. du Tremblay et Martin qui en avaient indiqué le principe dans les brevets pris par eux en 1860.

Frein électrique. L'application de l'électricité à la commande des freins paraît toute indiquée en principe, puisque la transmission devient alors tout à fait instantanée, et elle met ainsi les freins du train en marche aussi complètement que possible dans la main du mécanicien. De nombreux essais ont été entrepris, en effet, dans cette voie ; M. Achard, qui a attaché son nom

en quelque sorte à cette application, créait déjà, en 1869, un premier type de frein qu'il essayait au chemin de fer de l'Est, et depuis lors il n'a cessé de poursuivre la réalisation de cette idée avec un talent et une persévérance que le succès n'a pas encore pleinement récompensés. On trouvera dans l'étude magistrale de M. Regray, publiée dans *La Lumière électrique*, un compte rendu complet et des plus intéressants de ces différentes tentatives poursuivies depuis 1869, sous des formes diverses; nous ne pouvons les résumer ici, et nous nous bornons à les rappeler succinctement. Sous la première forme essayée, en 1869, le frein était même automatique, mais l'action en était un peu brusque et difficile à modérer ; les roues se calaient trop facilement. Ce type de frein comprenait des organes particulièrement ingénieux, mais délicats, jouant un rôle analogue à celui du régulateur et de la triple valve des freins à air comprimé; le fonc-tionnement en était souvent irrégulier, et on y renonça bientôt pour adopter des organes d'en-clenchement plus robustes, en abandonnant même l'automaticité. Dans les essais entrepris, en 1875, au chemin de fer du Nord, le type employé com-prenait sous chaque véhicule un cylindre en fer doux entouré d'une bobine de fil reliée au circuit général, et calé sur un faux essieu tournant au contact de l'essieu du vagon. Quand le courant passe, le cylindre métallique attire à lui deux manchons fous sur son arbre, et ceux-ci sont entraînés dans le mouvement de rotation en ten-dant les chaînes de serrage des freins. Le système d'embrayage était déjà beaucoup plus robuste, mais il présentait l'inconvénient de maintenir le cylindre magnétique dans un mouvement de ro-tation continuel, il fut modifié dans les essais en-trepris postérieurement au chemin de fer de l'Est, en donnant au cylindre magnétique la forme d'un pendule oscillant suspendu sous le châssis dans le voisinage de l'essieu. Ce pendule est attiré par le passage du courant au contact de cet essieu dont il partage le mouvement. En même temps, la Compagnie de l'Est remplaça les piles par une petite machine dynamo-électrique spéciale, action-née par un moteur Brotherhood installé sur la locomotive.

On poursuivit également les expériences sur les divers organes du frein, et on reconnut qu'avec les électro-aimants montés en dérivation, il con-venait d'en augmenter la résistance pour obtenir un effet appréciable sur les dernières voitures du train. On augmenta également la section de la conduite et la tension de la machine électrique.

Le frein ainsi disposé est représenté sur la fi-gure 212 que nous avons reproduite d'après *La Lumière électrique*. L'électro-aimant HG est sus-pendu à l'extrémité des tiges oscillantes N, il est mobile autour d'un axe H sur lequel est atta-chée l'extrémité des chaînes Q commandant les sabots du frein. Lorsque le courant passe, les frettes L dont il est muni viennent frotter au con-tact du manchon M monté sur l'essieu du vagon, et elles sont entraînées par friction dans le mou-vement de celui-ci aussitôt que l'aimantation a déterminé une force attractive suffisante. Pour produire le serrage, il suffit donc de faire passer le courant dans le fil conducteur A B, et l'électro-aimant attiré au contact de l'essieu tend immé-diatement les chaînes du frein. Pour desserrer, au contraire, il suffit d'interrompre le courant, les chaînes des sabots sont rappelées en arrière par les ressorts T.

Résumé des expériences comparatives entreprises sur les différents systèmes de freins continus. Les premiers essais sur les freins continus à air com-primé ont été entrepris, comme nous l'avons dit plus haut, en Angleterre, en 1869.

Ces expériences, les premières en date, doivent être classées aussi parmi celles qui méritent le plus de confiance en raison des conditions de soin, de précision et d'impartialité dont elles ont été entourées; aussi, croyons-nous devoir les signaler brièvement, d'après le compte rendu que nous

avons publié dans la *Revue scientifique*, en 1881. Elles furent exécutées, en 1875, sur la section de Newark à Thurgarton sur la ligne du Mid-land Railway; toutes les Compagnies y furent convoquées, et six d'entre elles y envoyèrent huit trains pourvus de quatre freins différents : deux avaient le frein Westinghouse, deux le frein Smith, deux le frein à pression hydraulique de Clarke et Webb, et les deux autres le frein à main de Steele. La même série d'expériences fut répétée sur tous les trains le même jour, afin de les placer autant que possible dans des conditions bien identiques; les différentes observations furent relevées par des sapeurs et des officiers du génie répartis sur la ligne.

La section d'essai avait une longueur de 8 kilo-mètres; on lançait les trains sur un premier par-cours de 4^{km},8 et on relevait ensuite les espaces parcourus pendant le ralentissement jusqu'à l'ar-rêt dans le parcours suivant qui était de 3^{km},2 sur un profil en palier. La première section fut parta-gée elle-même en intervalles de 244 mètres pour déterminer la vitesse du train lancé, et la seconde, en intervalles de 61 mètres pour les observations proprement dites. Des contacts électriques dispo-sés sur la voie à l'extrémité de chaque intervalle ainsi déterminé, permettaient de relever avec une grande précision, en observant même les fractions de seconde, le temps écoulé pendant le passage du train entre deux contacts successifs. On eut soin de déterminer, au préalable, sur chacun des trains la résistance au roulement due à l'atmosphère et aux efforts de frottement, afin de pouvoir les dé-duire du travail résistant total et apprécier ainsi exactement le travail dû aux freins.

On s'attacha à actionner les freins dans les cir-constances les plus variées, soit en agissant de la machine, par exemple, en vue d'un signal d'arrêt ou d'un obstacle imprévu, soit d'un des fourgons ou même d'un compartiment de voyageurs ou en-fin en simulant une rupture d'attelages.

Nous ne pouvons entrer ici dans le détail de ces expériences importantes qui sont relatées, d'ail-leurs, dans le rapport de la Commission, nous nous contenterons de reproduire le tableau résu-mant les résultats moyens obtenus.

Distance parcourue avant l'arrêt complet avec les différents types de freins.

Désignation des freins	Vitesse en kilom. à l'heure		
	48 kil.	72 kil.	96 kil.
	mètres	mètres	mètres
Frein Westinghouse à air comprimé.	99	231	360
Frein hydraulique.	156	353	626
— Smith.	163	396	651
— à main.		723	

On voit par là que la distance parcourue avant l'arrêt est réduite dans une proportion énorme par l'application de freins continus comparés aux freins à main. On remarque, d'autre part, que cette dis-tance est sensiblement plus élevée avec le frein à vide qu'avec le frein à air comprimé. Cette différence doit être attribuée surtout à ce que l'effort de serrage se propage beaucoup plus lentement avec le premier type de frein. La Commission royale a cherché à déterminer ce retard avec précision, et elle a reconnu qu'une pression d'air de 6 kilog., par exemple, se propage à l'extrémité du train en une seconde et demie environ, tandis qu'il faut plus de cinq secondes pour transmettre un vide de 40 centimètres de mercure, et le train lancé avec toute sa vitesse parcourt facilement 120 mètres pendant cette période. Le desserrage demande 6 secondes environ avec le frein Westinghouse, et 24 secondes avec le frein à vide. Cette considération du retard dans la transmission de l'effort du serrage explique pourquoi la réduction de vitesse est beaucoup moins marquée dans les premiers instants du serrage avec le frein à vide ; le train conserve une forte proportion de sa force vive, et, par suite, les collisions qui pourraient survenir seraient alors beaucoup plus dangereuses. Ce résultat a été mis en relief surtout par les expériences exécutées plus tard en Allemagne.

En terminant son rapport, la Commission royale d'Angleterre a exposé avec sa haute autorité les conditions indispensables que tout frein continu, pour être satisfaisant, doit essayer de remplir :

1° Le frein doit agir d'une manière certaine, la mise en action par le mécanicien ou les gardes du train doit être facile et instantanée ;

2° Il doit être automatique ;

3° Il doit être d'un usage journalier et applicable à tous les arrêts des différents trains en service normal ;

4° Enfin, il ne doit comprendre que des organes robustes et d'une réparation facile.

Ces essais ont eu un grand retentissement, car ils ont établi nettement pour la première fois les avantages et les inconvénients comparés des différents types de freins et par suite les résultats qu'on en pouvait attendre ; en indiquant nettement le but à atteindre ils ont entraîné des perfectionnements importants dans l'installation de ces freins. Comme cette question des freins continus est arrivée à s'imposer à l'attention de toutes les Compagnies de chemins de fer, ces expériences comparatives ont été reprises dans les différents pays, en portant surtout sur les deux types rivaux qui se partagent aujourd'hui l'attention des ingénieurs, le frein à vide et le frein à air comprimé.

En France, les Compagnies de chemins de fer ne sont pas restées en arrière et elles ont commencé les essais sur les différents types de freins continus à partir de 1876. La Compagnie du Nord, dont le mode d'exploitation se rapproche beaucoup de celui des Compagnies anglaises, fut la première qui entra dans cette voie ; elle entreprit d'abord des essais comparatifs sur le frein électrique et le frein à vide, puis elle s'attacha spécialement à celui-ci en raison de sa grande simplicité, et elle l'appliqua rapidement à tout son matériel à voyageurs. On trouvera dans la *Revue générale des Chemins de fer*, numéro de septembre 1878, un compte rendu du résumé des longues expériences que ses ingénieurs poursuivirent avec tant de zèle sur ce type de frein auquel ils appor-

tèrent de nombreux perfectionnements. La Compagnie de l'Ouest poursuivait de son côté les essais sur le frein à air comprimé qu'elle adopta définitivement. Cet exemple fut suivi par la Compagnie du Midi, puis par la Compagnie de Lyon qui appliqua également ce type de frein en y apportant toutefois les modifications dont nous avons parlé plus haut. La Compagnie de l'Est, tout en continuant les essais sur le frein électrique que ses ingénieurs ont perfectionné d'une manière très sensible, décida, néanmoins, l'application du frein Westinghouse qu'elle appliqua en attendant que le frein électrique fût définitivement sorti de la période des essais. La Compagnie d'Orléans adopta aussi le frein à air comprimé en appliquant toutefois le type Wenger simultanément avec le Westinghouse.

A la suite d'un rapport présenté sur cette question en juillet 1880, par M. G. de Nerville, le Ministère des Travaux publics appela l'attention des Compagnies sur cette question par ses circulaires en date du 13 septembre 1880 et du 2 novembre 1881, en leur demandant de munir tous leurs trains express de freins continus dans un délai de deux ans à dater du 1er septembre 1880. Les freins à air comprimé sont, en résumé, ceux qui sont les plus fréquemment appliqués chez nous ; mais, néanmoins, la question de la préférence à accorder à l'un des types de frein est encore loin d'être définitivement tranchée ; nous devons dire, en outre, que le frein à vide a reçu aussi de nombreuses applications, surtout en Angleterre, et il y a conservé d'ailleurs ses partisans convaincus. Il serait encore un peu prématuré d'établir une opinion définitive sur une question aussi controversée, nous nous contenterons d'établir la comparaison d'après les conclusions d'un rapport présenté à ce sujet par M. E. Marié, ingénieur en chef de la Compagnie de Lyon. V. *Revue générale des Chemins de fer* numéro de mai 1879.

Le frein Westinghouse est, en général, beaucoup plus efficace lorsqu'il est neuf, que le frein Smith, ainsi que l'ont montré toutes les observations faites jusqu'à présent. Il peut être modéré à la rigueur au commencement du serrage ; mais le réglage en paraît plus difficile d'une manière continue pour la descente d'une longue pente, par exemple, que celui du frein Smith. On a cité, en outre, avec le frein Westinghouse certains cas où le train s'est trouvé enrayé par le mauvais fonctionnement du frein, celui-ci une fois serré refusant de se desserrer.

Le frein Westinghouse exige une dépense de vapeur presque continue, tandis que le frein Smith ne consomme la vapeur qu'au moment même de l'arrêt alors qu'elle est la moins nécessaire ; d'autre part, l'action bruyante de l'éjecteur est parfois gênante dans les gares couvertes.

Le frein Westinghouse produit des arrêts un peu brusques, qui sont la conséquence même de l'énergie de son action, mais un mécanicien un peu expérimenté arrive néanmoins avec ce type de frein, en ralentissant graduellement, à éviter les secousses trop fortes pour les voyageurs, qui seraient nuisibles en même temps pour le matériel.

Ce réglage est peut-être plus difficile qu'avec le frein Smith'; mais comme d'autre part la transmission de l'effort s'opère beaucoup plus rapidement jusqu'à l'extrémité du train, il y a moins de choc résultant des réactions des véhicules entre eux.

Sans prendre parti dans ce débat, nous nous bornerons à rappeler que la question ne peut être tranchée qu'à la suite d'une expérience assez prolongée qui mette bien en évidence les qualités et les défauts des organes des freins en service. Peut-être aussi, convient-il d'ajouter que si la question n'est pas encore résolue d'une manière unanime, cela tient, en grande partie, à ce que les conditions d'exploitation diffèrent souvent d'un réseau à l'autre, et les dissemblances qu'ils présentent peuvent amener par suite à rechercher davantage certaines qualités spéciales qui sont plus négligées ailleurs. On ne saurait méconnaître d'autre part, que les différentes Compagnies n'en ont pas moins poursuivi, au prix d'efforts persistants, l'application à tout leur matériel du type de frein qu'elles avaient choisi et elles y ont apporté souvent des perfectionnements très sensibles.

Freins d'affût ou de recul. On sait que tout affût portant une bouche à feu doit participer au mouvement de recul que prend celle-ci sous l'influence de la pression exercée par les gaz de la poudre ; mouvement dont la vitesse est d'autant plus grande que le projectile est animé d'une plus grande vitesse à sa sortie de la bouche à feu.

Avec les anciennes bouches à feu, la masse de l'affût, le frottement sur le sol, la plate-forme où le châssis de ses points d'appui que l'on multipliait au besoin, suffisaient pour maintenir le recul dans des limites acceptables, il n'en est plus de même aujourd'hui.

Pour les affûts de montagne, de campagne et de siège qui sont montés sur roues, on a tout naturellement songé à utiliser pour limiter le recul le même système d'enrayage ou un système analogue à celui dont on se sert pour la route (V. plus loin FREIN DE VOITURES). Les affûts de campagne et de siège actuellement en service ont été pourvus de deux *sabots d'enrayage* (V. CANON, fig. 147 et 149), de façon à permettre d'enrayer les deux roues. Deux chaînettes fixées de chaque côté du moyeu maintiennent le sabot et l'obligent à suivre la roue lorsqu'on ramène l'affût en batterie sans que les servants aient à s'en préoccuper ; mais par suite des soubresauts, la fatigue de l'affût est considérable, et dans les terres argileuses les sabots se collant contre les roues rendent la manœuvre, à bras en avant, fort pénible. Le *frein à vis et à patins* actuellement à l'essai ne présente pas les mêmes inconvénients, mais il exige du servant un grand effort sur la manivelle pour n'obtenir qu'une pression relativement peu forte, et de plus, il doit être serré et desserré à chaque coup. Le capitaine Lemoine a proposé également pour les affûts de campagne un frein analogue à celui qui a été adopté par la Compagnie des Omnibus. Ce frein a le grand avantage d'être automatique ; en effet, par suite du recul les cordes en s'enroulant serrent fortement les patins contre le cercle des roues tout en agissant elles-mêmes sur le moyeu, tandis que lorsqu'on ramène l'affût en batterie les cordes se desserrent d'elles-mêmes. On a aussi essayé à diverses reprises des freins n'agissant que sur le moyeu des roues, mais ces freins sont généralement peu puissants et fatiguent beaucoup les roues. Le *frein à écrou*, adopté pour les affûts de montagne du dernier modèle, rentre dans cette catégorie ; il se compose d'un écrou qui est vissé sur le bout de l'essieu et que l'on tourne à l'aide d'un levier, le moyeu se trouve alors serré entre la rondelle d'épaulement d'essieu et la rondelle de bout d'essieu interposée entre lui et le moyeu.

Au lieu et place des freins de recul on emploie souvent, lorsque l'affût est installé sur une plate-forme horizontale, des *coins de recul*, sortes de plans inclinés que l'on place en arrière des roues et sur lesquels celles-ci s'élèvent en reculant, tandis que la crosse continue à glisser sur la plate-forme ; lorsque le recul cesse, l'affût par son propre poids redescend à sa position primitive.

Lors de l'introduction des canons rayés, pour atténuer la violence du recul devenue plus énergique des anciens affûts marins, on se borna à perfectionner la brague dont les points d'attache furent munis d'un système de ressorts (V. CANON, fig. 152), et à disposer aux points extrêmes où devait s'arrêter l'affût des tampons de choc élastiques. Mais bientôt on reconnût la nécessité de régler les mouvements de recul avec plus de précision et d'en diminuer encore l'étendue, et l'on se décida à avoir recours à l'emploi d'organes spéciaux tels que le *frein à mâchoires* et le *frein à lames*.

Le frein à mâchoires, fort simple mais peu puissant, se compose de griffes reliées au flasque et embrassant les côtés du châssis contre lesquels on

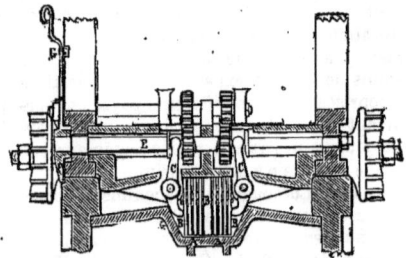

Fig. 213. — *Coupe d'un frein à lames pour affût monté sur grand châssis.*

A Grandes lames fixées au châssis. — B Lames pendantes reliées à l'affût. — CC Mâchoires de serrage. — E Arbre de serrage. — F Petit bras du levier de serrage. — G Grand bras du levier de serrage.

peut les serrer fortement. Le frein à lames est basé sur le même principe seulement on a multiplié les surfaces frottantes (fig. 213). Il se compose essentiellement de lames fixes ou grandes lames A fixées à demeure sur le châssis parallèlement aux grands côtés, et de lames mobiles ou pendantes B, beaucoup plus courtes, portées par l'affût et venant s'intercaler entre les précédentes. On exerce la pression sur les lames mobiles extérieures au moyen de mâchoires ou fourchettes de serrage C que l'on manœuvre à l'aide de l'arbre E et du levier G de serrage ; cette pression transmise aux autres lames est multipliée par le nombre des surfaces en contact et peut ainsi, suivant le calibre, être réglée en augmentant le nombre des lames. En regard du petit bras F du levier de serrage, est disposée sur le châssis une came contre laquelle il vient buter dès que l'affût commence à reculer ; le serrage automatique du frein se trouve ainsi assuré, mais le retour en batterie ne peut avoir lieu automatiquement et il faut après chaque coup, desserrer le frein. Afin de tenir compte de l'état des surfaces frottantes ou de leur degré d'usure, il est nécessaire de pouvoir faire varier le serrage ; à cet effet, le frein est muni d'un appareil régulateur au moyen duquel on peut, par l'intermédiaire d'engrenages, faire varier la position initiale des mâchoires avant que le levier de serrage exerce son action sur elles.

Les *freins à lames* appliqués pour la première fois en Angleterre, en 1865, sont devenus bientôt d'un usage général dans tous les pays pour le service des affûts marins et affûts de côte montés sur grand châssis. Aujourd'hui, on semble devoir donner la préférence aux *freins hydrauliques* dont la première application a été également faite en Angleterre vers 1869; ces freins, bien que d'une construction plus délicate, ont l'avantage d'avoir un fonctionnement beaucoup plus régulier.

Un frein hydraulique (fig. 214), réduit à ses parties essentielles, comprend, suivant le calibre de la bouche à feu, un ou deux corps de pompe fixés au châssis ou à l'affût, et par corps de pompe un piston dont la tige est reliée inversement à l'affût ou au châssis. Le corps de pompe, hermétiquement fermé, est rempli d'un liquide incongelable, le plus généralement un mélange d'eau et de glycérine ou une huile lourde de pétrole, de façon à pouvoir fonctionner par n'importe quelle température; le piston est percé d'un certain nombre d'orifices par lesquels le liquide est forcé de s'écouler d'un côté à l'autre de la pompe lorsque le piston est en mouvement. La vitesse que doit acquérir le liquide, et par suite la résistance qu'il oppose au mouvement, est

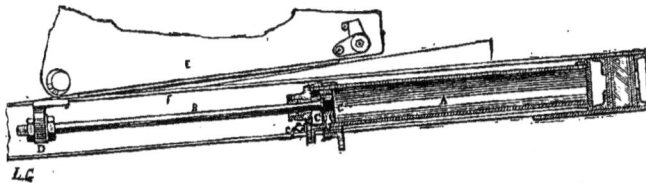

Fig. 214. — *Coupe d'un frein hydraulique pour affût monté sur grand châssis.*

A Corps de pompe fixé au châssis. — *B* Tige du piston reliée à l'affût. — *C* Piston. — *D* Point d'attache de la tige avec l'affût. — *E* Affût. — *F* Châssis.

d'autant plus forte que la vitesse de l'affût est plus grande et que le rapport des orifices d'écoulement à la surface pressée est plus petit. Au contraire, les mouvements de mise en batterie et hors de batterie s'exécutant très lentement, la section des orifices est alors suffisante pour assurer le débit et la résistance développée est très faible.

Quelquefois on laisse dans le corps de pompe un peu d'air, cet air devant se comprimer au moment du recul, et agir comme matelas pour diminuer la violence du choc initial ; cet air est d'ailleurs nécessaire pour tenir compte de la variation de volume de la portion de la tige du piston engagée dans le corps de pompe. L'expérience ayant montré que le fonctionnement du frein était plus régulier quand le corps de pompe était complètement rempli de liquide, pour en rendre invariable la capacité, on a prolongé la tige de l'autre côté du piston par une *tige compensatrice* de façon que l'une sorte par l'un des bouts de la pompe, à mesure que la seconde pénètre par l'autre et que le volume de la tige se trouve ainsi compensé.

Dans les premiers freins hydrauliques qui ont été construits, la section des orifices d'écoulement était constante; il en résultait que l'action du frein ne dépendait que de la vitesse de recul de l'affût et atteignait brusquement son maximum, d'où

de violentes secousses qui fatiguaient le matériel. Pour rendre la résistance uniforme, et même progressive, on a imaginé divers dispositifs permettant de faire varier la section d'écoulement: ou bien un certain nombre de trous du piston se ferment automatiquement à mesure que l'affût recule sur le châssis, ou bien la grandeur des orifices va en diminuant. Pour arriver à ce dernier résultat, on a eu tout d'abord recours à l'emploi soit de tiges coniques s'engageant de plus en plus dans les orifices du piston, soit de nervures d'épaisseur variable fixées longitudinalement contre les parois intérieures du corps de pompe et se déplaçant dans des échancrures ménagées sur le pourtour du piston ; le plus généralement aujourd'hui, le piston est percé d'un certain nombre de trous à section constante, et des rainures à profondeur variable sont creusées longitudinalement sur la face extérieure du corps de pompe.

L'emploi des freins hydrauliques se généralise de plus en plus; pour le service à bord ils ont, sur les freins à compression, l'avantage de permettre de maintenir l'affût fixé sur son châssis tant qu'on ne tire pas et de s'opposer automatiquement aux mouvements rapides et dangereux que l'inclinaison du navire dans un coup de roulis peut imprimer à la pièce. A terre, on commence également à les employer, surtout dans les tourelles et casemates cuirassées. On s'en sert même pour limiter le recul de certains affûts de siège montés non pas sur châssis mais sur roues, tels que l'affût de 155 ; dans ce cas, le corps de pompe est relié au moyen d'un collet à tourillons à un pivot faisant corps avec la plate-forme et l'extrémité de la tige du piston est reliée à l'affût par une articulation.

Freins de voitures. Pour faciliter la retenue dans les descentes des voitures fortement chargées, on leur adapte ordinairement des freins à l'aide desquels on augmente les difficultés du mouvement en faisant naître des résistances passives telles que le frottement. Le procédé le plus simple consiste à *enrayer* l'une des roues de derrière, c'est-à-dire à l'empêcher de tourner soit en embarrant contre un des rais à l'aide d'un levier, soit en embrassant la jante près d'un rai à l'aide d'une corde dite *enrayure* ou d'une *chaîne d'enrayage* fixée à la voiture. Ce mode d'enrayage a été pendant longtemps le seul en usage, en particulier pour les voitures du matériel de guerre, bien qu'il occasionne une grande fatigue de la roue.

Dans les voitures de l'artillerie, on a cherché à faire disparaître, ou au moins à atténuer en partie, les défauts que l'on reprochait à la chaîne d'enrayage en adaptant, en 1854, un *sabot d'enrayage*, sorte de patin à oreilles avec semelle en acier, qui est relié à la voiture par une chaîne. Pour enrayer, on le place devant la roue qui monte dessus ; la chaîne, en se tendant, empêche le sabot de passer en arrière, et la roue ne portant plus sur le sol cesse de tourner ; le sabot frotte seul sur le sol et en même temps il atténue un peu les vibrations que les chocs communiquent à la roue. Pour désenrayer, on allonge brusquement la chaîne au moyen d'une chaîne d'échappement que l'on dégage, et la roue, passant pardessus le sabot, revient au contact du sol. Avec ce système, l'obligation d'arrêter la voiture pour enrayer ou désenrayer a été supprimée, mais il n'en reste pas moins l'impossibilité de faire varier la résistance suivant les circonstances ; au contraire, même, le frottement variant suivant la pression normale est d'autant plus grand que la pente est plus douce. Enfin, pour les voitures à deux roues, l'enrayage d'une seule roue est peu admissible parce que sur un terrain raboteux les chocs et les oscillations dans le sens horizontal fatiguent beaucoup le limonier et peuvent même le renverser, car sa position est toujours forcée ; mieux vaut alors, en pareil cas, dételer les chevaux de devant et les atteler en retraite sur le derrière de la voiture.

Pour toutes ces raisons on a donné depuis longtemps la préférence pour les voitures de roulage, les diligences et même les voitures de luxe, à un mode d'enraiement un peu plus compliqué, mais beaucoup plus commode et que l'on a même adapté dans ces dernières années à la plupart des voitures du matériel de guerre. L'enrayure, ou *frein*, consiste en une barre transversale ou *traverse*, disposée en arrière ou en avant des roues de derrière à peu près à hauteur de l'essieu et portant à chacune de ses extrémités une plaque de frottement, appelée *patin* ou *sabot*, en bois ou en fer, que l'on peut presser plus ou moins contre le cercle des roues au moyen d'un levier ou plus généralement d'une vis placée soit à l'arrière de la voiture, soit sur le devant. Dans ce dernier cas, la manivelle ou le volant se trouve placé à portée de la main droite du cocher, et l'action de la vis est transmise au frein par l'intermédiaire de cordes ou de leviers diversement combinés. Le mouvement des roues détermine un frottement qui est d'autant plus fort que les patins sont plus serrés ; on peut ainsi graduer la résistance selon la raideur de la descente et la dureté du sol et diminuer, voir même rendre nul, l'effort de retenue de l'attelage sans empêcher les roues de tourner. L'usure qui en résulte se répartit également sur tout le cercle. Lorsque le frottement additionnel, résultant de la pression des patins contre les cercles des roues, tend à devenir plus grand que le frottement des roues elles-mêmes sur le sol lorsqu'elles ne tournent pas, les roues se trouvent complètement enrayées ; on peut alors de temps en temps desserrer le frein tout juste assez pour laisser tourner un peu les roues et faire varier leurs points de contact avec le sol et les patins de façon à régulariser l'usure.

Jusqu'à ces dernières années le frein à vis et à patins avait été considéré comme suffisant, mais depuis la mise en circulation de tramways dans les grandes villes et des grandes voitures à trois chevaux de la Compagnie des omnibus dans Paris, on s'est demandé si l'on ne pourrait pas avoir recours à l'emploi du frein, non seulement pour retenir la voiture dans les descentes, mais encore pour diminuer la fatigue des chevaux dans les arrêts et surtout obtenir un arrêt à peu près instantané en cas d'accident. Tout d'abord on a cherché à augmenter la puissance du frein, en disposant quatre sabots et les faisant agir soit seulement sur les deux roues de l'essieu de derrière, à l'avant et à l'arrière, soit sur les faces intérieures des quatre roues, comme on le fait ordinairement pour les voitures en circulation sur les chemins de fer. Mais quel que soit le dispositif adopté, la manœuvre du frein à vis est trop lente ; il y a beaucoup de temps perdu dans les divers organes et son action, dans un moment critique où il faudrait enrayer subitement pour éviter un choc, n'est pas d'un effet suffisamment immédiat.

Actuellement la Compagnie des omnibus emploie avec succès pour le serrage du frein, sur tous les tramways et un certain nombre de ses grandes voitures, un système qui est dû au capitaine d'artillerie Lemoine. La traverse est sollicitée par des cordages enroulés plusieurs fois autour des moyeux et fixés à des ressorts qui permettent de déterminer une certaine tension initiale ; le sens de l'enroulement est tel que les roues en tournant agissent pour augmenter cette tension lorsqu'on exerce une traction sur les ressorts et que les patins sont ainsi fortement serrés contre les cercles tandis que les cordages agissent de leur côté sur les moyeux. La manœuvre s'exécute soit à l'aide d'un levier que le cocher peut déplacer à la main sur un arc en crémaillère de façon à graduer la pression, soit à l'aide d'une pédale sur laquelle il presse avec le pied lorsqu'il veut arrêter brusquement la voiture en cas d'accident.

FRÊNE. Arbre de la famille des oléacées, à feuilles opposées et à fleurs polygames, dont la hauteur peut atteindre jusqu'à 35 mètres avec 3 mètres de circonférence; son bois blanc, assez dur, élastique, très uni, est susceptible d'un beau poli et résiste bien à la flexion, aussi, l'emploie-t-on à de nombreux usages; dans le charronnage, il est utilisé pour les ouvrages de luxe, pour la confection des brancards; dans l'ébénisterie, il sert à faire des panneaux, des meubles, des chaises; on en fait des montures de fusils, des manches d'outils, etc.; on l'emploie également dans les constructions, mais sa dureté et sa pesanteur le rendent peu propre à la charpente. — V. BOIS.

*FRESNEL (AUGUSTIN-JEAN), physicien, membre de l'Académie des sciences, est né à Broglie près de Bernay (Eure) le 10 mai 1788; il mourut à Ville d'Avray en 1827. Fils d'un architecte, il fit ses études à l'École Centrale de Caen, entra en 1804 à l'École polytechnique, puis à l'École des Ponts et Chaussées et fut enfin nommé ingénieur. Il exerça ses fonctions dans la Vendée d'abord, puis dans la Drôme, puis dans l'Ille-et-Vilaine. Il embrassa avec ardeur la cause de la Restauration, croyant voir, dans la Charte de 1814, des garanties de paix et de liberté vivement désirées après le despotisme militaire de Napoléon. Aussi n'hésita-t-il pas en 1815 à se joindre à l'armée royale envoyée pour arrêter la marche de l'empereur. Destitué par le gouvernement des Cent-jours, il consacra ses loisirs à l'étude de l'optique dont il n'avait commencé à s'occuper que l'année précédente.

Fresnel avait toujours été d'une santé délicate, il mourut phtisique à l'âge de trente-neuf ans; il était alors ingénieur du pavé de Paris, secrétaire de la commission des phares, examinateur des élèves de l'École polytechnique, membre de l'Académie des sciences depuis 1823, et membre correspondant de la Société Royale de Londres depuis 1825.

Les travaux de Fresnel se rapportent exclusivement à l'optique; ils ont une importance si considérable qu'on doit les regarder comme ayant presque complètement créé la théorie moderne de la lumière. Une pensée capitale semble dominer toute son œuvre: partisan convaincu de la théorie des ondulations, il s'attache à en démontrer la vérité par des raisons tellement solides qu'elles puissent entraîner la conviction de tous les savants. Pour y arriver, il étudie mathématiquement les déplacements d'une molécule animée d'un mouvement de vibration autour d'une position moyenne; il montre comment ce mouvement se propage aux molécules voisines et finit par établir des formules qui renferment, on peut le dire, la prévision de tous les phénomènes d'optique. Il ne reste plus qu'à instituer des expériences pour vérifier les suggestions de la théorie. Dans tous les cas l'expérience s'est montrée con-

forme aux résultats annoncés par Fresnel, ou déduits de ses formules, raison déjà puissante pour faire prévaloir le système des ondulations. Ajoutons que tous les phénomènes si variés et si complexes de la double réfraction, de la polarisation et de la diffraction trouvent dans la théorie de Fresnel leur explication simple et naturelle, tandis qu'on ne parvient à les concilier avec le système de l'émission qu'à l'aide d'hypothèses invraisemblables et bizarres.

En dehors de ses travaux de science pure, Fresnel s'est occupé de perfectionner les appareils d'éclairage des phares. Aux miroirs paraboliques il substitua des lentilles à échelons de dimensions énormes, en même temps qu'il imaginait, de concert avec Arago, des lampes à plusieurs mèches concentriques dont l'éclat équivalait à 25 fois celui des lampes d'Argand à double courant d'air. L'administration, frappée des puissants effets de l'éclairage imaginé par Fresnel, en même temps que de l'économie qui résulterait de l'adoption de son système, l'autorisa à faire construire un de ses appareils sur la tour de Cordouan à l'embouchure de la Gironde. Ce phare fut achevé en 1823, et tous ceux qui ont été construits depuis cette époque ont été installés d'après les mêmes principes. On ne saurait trop insister sur les immenses services rendus à la navigation par l'invention de Fresnel, dont le nom déjà si considérable dans l'histoire de la science se trouve ainsi occuper une des premières places dans les annales de l'industrie.

FRESQUE. Procédé de peinture au moyen de couleurs en poudre délayées dans de l'eau de chaux et appliquées sur une muraille revêtue d'un enduit préparé à cette intention. Cet enduit composé de pouzzolane et de chaux éteinte ou de matières équivalentes, n'est perméable à la couleur que si cette sorte de mortier est frais, d'où vient le nom italien donné à ce genre de peinture, *fresco*, auquel correspond le mot français *frais*. La supériorité technique de ce procédé sur tous les autres consiste en ce que, convenablement pratiqué, il présente des qualités de résistance égales à celles mêmes de l'enduit et par conséquent des garanties de durée à peu près sans limites. On retrouve chaque jour, en effet, des fragments de fresques remontant à la plus haute antiquité. Pour l'histoire et pour l'esthétique de la *fresque*, nous renvoyons au mot PEINTURE A FRESQUE.

FRETTAGE. Opération qui consiste à mettre en place sur une bouche à feu en fonte ou en acier les frettes destinées à la renforcer. — V. BOURGES, FRETTE et RUELLE.

Au moment de leur réception les frettes sont réunies par séries destinées chacune à une bouche à feu. Dans chaque série les frettes ne doivent pas différer sur leurs diamètres intérieurs moyens de plus de 3 centièmes de millimètre. D'une série à une autre, au contraire, les tolérances peuvent être plus grandes, car c'est la bouche à feu qui doit être tournée à la demande de ses frettes; pour cela on mesure de nouveau avec le plus grand soin le diamètre intérieur des frettes à l'aide d'une *broche à expansion*, donnant le centième de millimètre, puis on mesure sur la bouche à feu les diamètres à l'emplacement du frettage avec *un compas* ou *calibre à pression constante* qui permet d'obtenir la même précision qu'avec la broche à expansion.

Avant leur mise en place, les frettes sont chauffées dans un four de manière à être dilatées et pouvoir être introduites sur le canon froid; à la fonderie de Ruelle les frettes sont chauffées à plat sur un chariot placé dans un four à sole tournante, tandis qu'à la fonderie de Bourges on les place de champ sur un chariot en forme de V très aplati glissant sur rails. La chauffe doit être arrêtée juste au minimum nécessaire, on en est averti quand une broche de longueur convenable entre librement dans la frette dans toutes les directions. La bouche à feu à fretter est ordinairement disposée sur des chantiers en bois horizontalement ou plus exactement la volée légèrement inclinée vers le sol; dans certaines usines elle est dressée verticalement. Les frettes sont introduites le plus ordinairement par la culasse, on ne les met en place que successivement lorsque la précédente est refroidie. Chaque frette, lorsqu'elle est chaude, est amenée au moyen d'une grue ou de

Fig. 215. — *Vue en plan d'une frette sur un canon.*
A. — Frette. — B Corps du canon. — C Cric hydraulique. — D Arrosoir. — E Chantier en bois.

crochets mus à la main et engagée sur la bouche à feu à l'aide de leviers. Pour achever de l'amener à sa place, la serrer contre les autres, et assurer les joints, on a recours à l'emploi d'un collier ou d'une griffes (fig. 215) fixés à l'extrémité de chaînes ou de tiges et sur lesquels on exerce une forte pression à l'aide d'un cric hydraulique ou d'une vis qui s'arc-boute contre la bouche de la pièce. Puis on dirige au moyen d'un arrosoir de forme convenable un jet d'eau froide d'abord sur le joint de façon à déterminer tout d'abord en cette partie la prise de la frette. Le reste de la frette est ensuite refroidi uniformément; le retrait dans le sens longitudinal se faisant ainsi sur le joint, celui-ci n'a pas de tendance à s'écarter.

Une fois le frettage terminé, on procède au tournage extérieur des frettes et au matage des joints. Lorsque la bouche à feu doit recevoir un second rang de frettes, on tourne le premier rang à la demande des frettes du second rang et opère pour la pose de ces frettes comme précédemment. On peut avoir aussi l'occasion de défretter un canon, cette opération est l'inverse du frettage. On suspend habituellement le canon, la culasse en bas, et on fait passer à l'intérieur un courant d'eau froide,

en même temps on chauffe les frettes en construisant autour un fourneau annulaire de la hauteur d'une frette et amenant successivement chaque frette à hauteur de ce fourneau. Quand la frette est suffisamment dilatée elle se détache et tombe par son propre poids. Quelquefois lorsque le serrage est trop fort on est forcé de couper les frettes pour les enlever.

FRETTE. On donne ce nom à des bandes de fer plat assez larges et épaisses, destinées soit à armer la tête des pilotis de fondation soumis aux chocs répétés d'un mouton, soit à réunir plusieurs pièces juxtaposées ou assemblées. Dans l'artillerie, ce sont des anneaux en acier, de faible longueur, à l'emploi desquels on a recours en les juxtaposant pour renforcer le corps d'une bouche à feu à hauteur des points qui fatiguent le plus, au tonnerre en général. Les frettes, dont le diamètre intérieur est un peu plus faible que celui de la bouche à feu, sont placées à chaud, et en se refroidissant exercent sur le corps de la bouche à feu un certain serrage initial dont la valeur est déterminée par le calcul de façon à augmenter la résistance à la rupture de la bouche à feu; en même temps elles donnent une plus grande sécurité, car si le tube intérieur venait à se briser sous les frettes, celles-ci restant en place empêcheraient la projection des éclats. — V. Bouche a feu.

En France, l'artillerie de terre et l'artillerie de la marine emploient de préférence des frettes en acier puddlé fabriquées par enroulement, d'après la méthode dite des bandages sans soudure; seules certaines frettes qui n'ont à résister qu'à des efforts d'expansion très réduits, sont en acier fondu. En Allemagne et en Russie, au contraire, on prend pour fabriquer toutes les frettes des disques pleins en acier fondu, qu'on perce d'un trou central et qu'on étire ensuite par le passage de mandrins progressivement croissants. Ce procédé de fabrication est plus simple mais moins rationnel que la méthode française. En effet, les frettes ayant pour objet principal d'assurer la résistance à l'expansion, il y a avantage à employer l'acier puddlé, non seulement parce que sa tenacité propre est supérieure à celle de l'acier fondu, mais encore parce que la faculté de soudage qu'il possède permet de composer les frettes d'un ruban enroulé, qui a subi le laminage et gagné par suite en solidité dans le sens même de l'effort auquel il doit résister. — Les frettes sont fabriquées dans l'industrie privée et livrées complètement terminées à l'établissement usineur, fonderie de Bourges ou de Ruelle, chargé de les mettre en place — V. FRETTAGE.

FRETTÉ, ÉE. *Art hérald.* Se dit des pièces chargées de *frettes*, c'est-à-dire de quatre cotices au moins, alésées et entrelacées moitié dans le sens de la bande et moitié dans le sens de la barre.

* **FRISAGE.** — V. RATISSAGE.

FRISE. *T. d'arch.* Partie de l'entablement située entre l'architrave et la corniche, appelée aussi par les Grecs *zoophoros*. Elle représentait dans les édifices grecs construits en imitation des bâtiments primitifs en bois, la rangée de solives qui s'appuyaient sur la maîtresse poutre ou *architrave*, en la coupant à angle droit. C'est toujours la partie la plus décorée de l'entablement, et on y rencontre le plus souvent des figures sculptées ou des animaux; la frise était destinée surtout à indiquer, par la nature de ses ornements, la destination du monument. Elle a donc une grande importance en architecture.

Dans l'ordre dorique, la frise offre cette particularité que l'extrémité des solives qu'on veut rappeler y est accusée par une table saillante. D'après Vitruve, pour cacher et orner ces bouts de poutres coupées, on y clouait des tringles de bois dont les joints étaient mastiqués avec de la cire. Ce sont les rainures formées par ces tringles que les artistes grecs ont rappelé plus tard en creusant sur la table saillante deux canaux et deux demi-canaux qui ont de plus l'avantage de rompre, par leurs lignes verticales, l'uniformité qui résulte des verticales de l'architrave et de la corniche. Ces entailles en biseau s'appellent *glyphes* et leur ensemble constitue le *triglyphe*, les deux demi-cannelures étant comptées pour une.

La frise est séparée de l'architrave par une moulure plate, la *bandelette* ou *tœnia*, reliée à chaque solive par des chevilles nommées *gouttes*, comme si elles représentaient les gouttes d'eau tombant des rainures du triglyphe. Le dernier triglyphe, par une nécessité de la perspective et de la régularité de la frise, se trouve toujours à l'angle même, au lieu de porter sur l'axe de la dernière colonne. En effet, il eut été absurde que l'édifice se terminât, comme le fait remarquer Ch. Blanc, aux angles par des vides, car c'est là surtout qu'un point d'appui est nécessaire. C'est ce que les Romains n'ont pas compris, car ils ont terminé la frise par une demi-métope.

Dans l'ordre ionique, et dans l'ordre corinthien qui n'en diffèrent pas en ce qui concerne l'entablement, la frise est plate, ornée seulement de sculptures; les triglyphes et les métopes ont disparu comme représentant les idées de force et de solidité que les Ioniens voulaient sacrifier à l'élégance.

Ce sont là les principes de l'art architectural dans toute sa pureté. Nous ne pouvons entrer dans le détail de toutes les modifications qui y ont été apportées, notamment par les Romains. Notons cependant de rares exemples de frises bombées, et plus tard des frises avec ouvertures ou *œils-de-bœuf* destinés à éclairer des chambres sous le comble. On retrouve des frises bombées dans l'architecture moderne; Palladio semble avoir repris le premier cette modification malheureuse qui consiste à introduire un corps compressible sous le poids énorme de la corniche.

— Nous avons dit que la frise recevait des ornements et des figures sculptées. Plusieurs sont célèbres par la beauté de ces bas-reliefs et leur importance artistique. Tels sont le cortège des Panathénées sur la frise du Parthénon, *Thésée et les centaures* au temple de Thésée, les belles sculptures d'Olympie, la frise du temple de la victoire Aptère, le combat des Lapithes et des Centaures au temple d'Apollon de Phigalie, enfin la *Gigantomachie* de l'autel de Pergame, due, dit-on, à Isigonos, et qui semble, par son style, marquer la fin de l'art classique de Phidias et de Praxitèle.

* **FRISON.** On donne ce nom à des déchets de cocons résultant du tirage de la soie et qui, peignés ou cardés, servent au filage de la *fantaisie* (V. ce mot). On en distingue trois espèces : 1° les *capitons*, qui proviennent de l'enveloppe extérieure; 2° les *costes*, obtenus dans le cours du tirage; 3° les *frisons* proprement dits. Les premiers sont les plus grossiers, les seconds sont plus fins et allongés en ruban, les troisièmes sont frisés, ramassés et ténus.

FRISQUETTE. *T. d'imp.* Châssis recouvert de papier collé et découpé que l'on met sur le tympan de la presse et de la feuille à imprimer, de façon à empêcher que les marges et tout ce qui doit demeurer blanc ne soient maculés. Les fabricants de cartes à jouer, les fabricants de papiers se servent également de frisquettes spéciales.

* **FRITTAGE.** *T. de métall.* 1° C'est l'opération par laquelle on calcine les matériaux basiques destinés à la déphosphoration.

Lorsqu'on cuit la *dolomie* (carbonate de chaux et de magnésie) ou le *calcaire* ordinaire, au delà de la température employée dans la fabrication de la chaux, on communique à la chaux et à la magnésie, un état physique spécial. Tous les calcaires, magnésiens ou non, prennent un retrait de 40 à 50 0/0, une texture demi-fondue, avec une grande dureté et une couleur d'un gris foncé, lorsqu'on les chauffe à une température suffisante. Dans cet état, ces matériaux sont bien moins sujets à l'absorption de l'humidité de l'air, ils ne se délitent plus aussi facilement. Broyés et mélangés avec 8 à 10 0/0 de goudron, ils forment des garnissages très résistants. On opère actuellement le frittage dans des cubilots dont la garniture est faite, de préférence, avec du fer chromé qui résiste très bien à la corrosion. || 2° *T. de verr.* Opération qu'on nomme aussi *fritte* et qui consiste à exposer à une certaine température les éléments nécessaires à la fabrication du verre, afin de les débarrasser avant la vitrification des matières qui, sans cela, donneraient une couleur défectueuse au verre. || 3° Opération par laquelle on soumet l'acétate de soude à la calcination, pour chasser le goudron qui s'est produit par la carbonisation du bois. || 4° — V. EMAIL.

FROID. La production artificielle du froid a été pendant longtemps exclusivement obtenue au moyen de ce qu'on a appelé des *mélanges réfrigérants*. Ces mélanges, composés de plusieurs substances dont *une* au moins doit être *solide*, produisent un abaissement de température par suite de la chaleur latente absorbée pour réaliser le travail de dissolution du corps solide dans le liquide, suivant un principe de physique bien connu. Le résultat définitif est donc toujours un produit liquide. Les premiers mélanges réfrigérants furent découverts par les académiciens de Florence. Les physiciens qui s'en occupèrent le plus ensuite, furent Fahrenheit, de Mayran et surtout Réaumur, qui dans les *Mémoires de l'Académie des sciences* de 1734, donne une longue liste de mélanges frigorifiques résultant de ses expériences.

Nous donnons à l'article GLACE ARTIFICIELLE une liste qui résume les principaux mélanges réfrigérants employés dans la pratique.

Une remarque importante à faire, c'est que l'action chimique qui se produit est toujours accompagnée d'un dégagement de chaleur. Par conséquent, pour obtenir une production de froid, il est indispensable que l'absorption de chaleur latente de dissolution, c'est-à-dire, la diminution de température résultant du travail de dissolution du corps solide dans le liquide, soit plus grande que l'élévation qui résulte inévitablement du travail chimique. C'est pour cela que les proportions des matières à mettre en présence sont fort importantes à bien observer. Une erreur dans ce sens pourrait amener un résultat diamétralement opposé à celui que l'on attend. Ainsi, en mélant 1 partie d'acide sulfurique concentré avec 4 parties de glace, la température s'abaisse de 20° parce que la fusion de la glace consomme beaucoup plus de chaleur que n'en produit la combinaison chimique de l'acide sulfurique avec l'eau formée ; l'excédent est donc enlevé aux corps voisins, d'où le refroidissement. Tandis que si l'on mélange 1 partie de glace avec 4 d'acide, c'est le contraire qui se produit et l'on obtient une élévation de température de 50 à 60°.

Le froid produit par les mélanges réfrigérants a nécessairement une limite, car le passage du sel de l'état solide à l'état liquide ne se produit plus quand la température est trop basse, et souvent à ce moment, le sel se séparerait de sa dissolution si elle était faite d'avance. Pour obtenir le maximum d'effet, il faut que les sels employés soient en poudre fine et bien secs, quoique contenant toute leur eau de cristallisation : le mélange doit être fait peu à peu en agitant continuellement. Il est bon en même temps, d'amener à l'avance à basse température les sels que l'on emploie et les récipients dans lesquels doit se faire l'opération, on refroidit quelquefois ces substances dans un premier mélange réfrigérant lorsqu'on veut par la suite obtenir un degré de froid intense. Il faut enfin empêcher par tous les moyens possibles l'accès de la chaleur extérieure ; on fait souvent usage, à cet effet, de plusieurs enveloppes concentriques qui entourent le vase dans lequel se fait l'opération ; tel est le cas, par exemple, de l'appareil connu sous le nom de *congélateur de Villeneuve*, qui sert à frapper les bouteilles et carafes.

Lorsqu'on veut obtenir des froids intenses ou opérer sur une grande échelle, on produit le refroidissement au moyen de l'évaporation d'une matière liquide très volatile.

La transformation d'un liquide en vapeurs exige, en effet, comme la fusion ou la dissolution d'un solide, l'absorption d'une certaine quantité de chaleur latente et cette absorption peut être utilisée comme précédemment, pour obtenir les abaissements de température.

Les appareils Carré sont des applications de ce principe. L'un d'eux est basé sur une expérience due à Leslie, le second sur le refroidissement produit par l'évaporation de l'ammoniaque liquide, à la façon du *cryophore de Wollaston*. — V. GLACE ARTIFICIELLE.

Depuis quelques années M. Pictet, de Genève, fait exploiter un brevet contenant des appareils fort ingénieux basés sur l'emploi de l'acide sulfureux liquide. Mais le progrès le plus important qui paraisse avoir été réalisé dans cette voie, consiste dans l'emploi des nouveaux appareils à air froid à l'aide desquels le froid se produit directement sans l'intervention d'aucun agent chimique.

MACHINES A AIR FROID. Ces machines sont destinées à la production du froid par l'emploi de l'air atmosphérique et de l'eau, à l'exclusion de tous agents chimiques quelconques. Le principe fondamental de ces machines consiste à comprimer d'abord une masse quelconque d'air, à lui enlever la chaleur qui s'est produite pendant la compression, pour la ramener sensiblement à la température ambiante, puis à laisser détendre cette masse d'air comprimé et rafraîchi, en la forçant à produire un travail mécanique qui vient en restitution du travail moteur dépensé pour la compression. L'air, en se détendant ainsi, produit un froid très considérable dépendant à la fois de la température de l'air à son arrivée dans la machine, de celle de l'agent employé pour rafraîchir l'air comprimé (cet agent est particulièrement de l'eau de puits) et enfin du degré de la détente de l'air comprimé et refroidi.

De nombreux essais avaient été tentés dans cette voie par les savants et les ingénieurs de tous les pays ; c'est ainsi que Gorrie et Newton (1850) en Amérique ; Smith et Kirk (1862) en Angleterre ; Windhausen (1869) en Allemagne et plusieurs autres en France, notamment P. Giffard, ont successivement présenté des machines diverses, fondées toutes sur le même principe.

La cause du succès absolu de la machine P. Giffard doit être attribuée, presque exclusivement, à la combinaison toute particulière des organes spéciaux qui régissent les diverses évolutions de l'air dans la machine. Avant la machine Giffard, les différents ingénieurs qui s'étaient occupés de la même question, avaient cru pouvoir se servir de l'air avec autant de facilité qu'on le fait pour la vapeur ou pour certains gaz journellement usités dans l'industrie. Or, c'était là une erreur profonde, et lorsque les calculs avaient établi d'une manière précise et rigoureuse les relations qui devaient exister entre les volumes d'air introduits dans la machine, le degré de détente et les températures respectives de l'air et de l'eau employés, on se trouvait en présence d'une machine qui dénaturait complètement toutes ces relations. En effet, les pistons de compression et de détente n'étant pas suffisamment étanches à l'air, de même que les joints et les presse-étoupes, il en résultait que l'on n'était plus maître des volumes de l'air en circulation, ce qui renversait toute l'économie du système. C'est donc sur ce point que l'attention a été dirigée et l'on a obtenu depuis, grâce à des organes spéciaux, l'évolution de l'air dans la machine avec une herméticité absolue. La machine que nous avons étudiée à l'Exposition universelle de 1878 est, en quelque sorte, le travestissement mécanique du calcul, en d'autres termes, c'est l'équation algébrique revêtue de ses habits de travail en fer, fonte et bronze.

Aussi, le froid obtenu avec cette machine est-il exactement ce que la théorie avait indiqué.

Les expériences journalières faites tant à l'Exposition que dans divers ateliers, démontrent qu'avec de l'air atmosphérique à une température normale d'environ 15° à 20°, de l'eau de rafraîchissement à environ 10°, une compression ne dépassant pas deux atmosphères cinq dixièmes et un degré de détente d'environ deux et demi, on obtient un abaissement de température de l'air de 60° à 70° différentiels, autrement dit, de l'air sortant de la machine à une température inférieure à 45° ou 50° au-dessous de zéro.

Au sortir du cylindre de détente, l'air froid chimiquement sec est dirigé vers l'endroit où il doit être employé.

Les applications des machines à air froid sont nombreuses et très variées ; nous citerons principalement :

La fabrication artificielle de la glace. Dans cette fabrication, la machine à air froid réalise des avantages considérables ; en effet, l'absence de tous produits chimiques est une garantie de la pureté absolue de la glace fabriquée, d'autre part, comme la glace ainsi produite peut avoir une température aussi basse qu'on le désire, c'est-à-dire 30°, 40°, 50° au-dessous de zéro, il en résulte qu'elle ne fond que très lentement à l'air atmosphérique, et que, par conséquent, elle se conserve très longtemps.

Ces machines sont encore appliquées à la fabrication des carafes et boissons frappées, celle de la bière, la conservation des vins mousseux, la congélation des vins et la fabrication des boissons gazeuses, la conservation du lait, la fabrication des beurres et fromages, celle des conserves alimentaires, l'emploi pour la conservation des jus de betteraves et de cannes, la congélation des eaux salines et l'extraction des sels en général, le transport et la conservation des viandes et denrées alimentaires, le refroidissement des halles et marchés, l'assainissement des hôpitaux, les applications médicales, l'aération et le refroidissement des chambres de machines et chaudières marines et industrielles, cales de navires, ateliers et théâtres, la conservation des fourrures, des laines et tissus, la fabrication des

produits chimiques, du chocolat, de la bougie, des savons, des produits pharmaceutiques, l'épuration des suifs et des huiles et enfin, les diverses applications aux distilleries, stéarineries, et aux fabriques de colle et de gélatine. — V. COMPRESSION DE L'AIR.

FROMAGE, FROMAGERIE. La fromagerie est le local destiné à la fabrication ou à la conservation des fromages. Quelquefois, une partie du lait mis en œuvre sert à la fabrication du beurre qui s'opère dans une chambre spéciale, c'est la *laiterie.* Les conditions nécessaires à l'établissement d'une fromagerie sont de maintenir une température uniforme, variant de +10 à +14 degrés centigrades et la possibilité d'y observer la plus rigoureuse propreté, c'est-à-dire de pouvoir écouler facilement les eaux de lavage. L'exposition la meilleure est celle du nord avec abris au midi, car il est plus facile de réchauffer le local que de le rafraîchir. Il faut entourer le bâtiment de rideaux d'arbres afin de le garantir pendant les grandes chaleurs ; éviter de placer le bâtiment sous le vent des porcheries, fumiers, et autres emplacements émettant de mauvaises odeurs, lesquelles se communiquent au lait avec la plus grande facilité. Il faut, à proximité de la fromagerie, un puits ou un cours d'eau afin d'avoir à sa disposition toute l'eau nécessaire au lavage. Pour rafraîchir la fromagerie, on la met (dans les terres sèches) en contre-bas du sol environnant et on l'entoure d'un fossé pour l'écoulement des eaux pluviales. Dans les terrains naturellement humides, on l'élève au-dessus du sol et on butte le bâtiment sur 0m,80 à 1 mètre de hauteur avec des terres extraites du fossé de ceinture.

La disposition des différentes pièces qui constituent la fromagerie ainsi que les dimensions à y appliquer, varient avec chaque sorte de fabrication. D'une façon générale, la fromagerie se compose : 1° du *vestibule d'entrée,* par lequel on pénètre dans 2° la *laiterie,* pièce où l'on dépose le lait et où on laisse monter la crème ; 3° la *fromagerie proprement dite,* local où se font les fromages ; elle renferme, suivant les cas, la chaudière à cuire, les moules, la *presse à fromage,* etc.; 4° le *saloir,* où les fromages sont salés et où s'opère le premier égouttage ; 5° le *séchoir* ou *haloir* ; 6° la *cave d'affinage,* dans laquelle on laisse le fromage jusqu'au moment de la consommation. Dans certains cas, la cave d'affinage est supprimée ; enfin, 7° la *laverie,* endroit où se nettoient tous les ustensiles nécessaires à la fromagerie.

Les murs doivent être épais et construits en matériaux isolants, afin que l'on soit toujours maître de la température intérieure. La couverture du bâtiment doit être peu conductrice de la chaleur ; le chaume conviendrait bien, mais il est d'un emploi difficile et présente des dangers d'incendie ; la tuile, avec hourdis de plâtre, est aussi employée ; il faut rejeter les couvertures métalliques, zinc et tôle galvanisée. Le comble sera à égout pendant, afin de préserver le plus possible le bâtiment des rayons solaires. Le local doit être frais et propre, conditions qui se trouvent remplies par l'emploi de voûtes à la place de plafonds en bourre ou en plâtre qui ne résistent pas longtemps à l'humidité; on emploie avec grand avantage les planchers en fer à double T garnis de voussoirs en briques à joints cimentés. Il est nécessaire de pouvoir en temps voulu ventiler énergiquement la fromagerie; à cet effet, chaque pièce sera munie d'un ventilateur à registre communiquant avec une cheminée d'appel. Il faut tâcher que les communications entre les différentes pièces se suivent bien suivant la marche de la fabrication; séparer par des murs de refend et des doubles portes les chambres où l'on chauffe le lait, des autres qui doivent être à une température inférieure; isoler complètement la laverie du reste du local pour éviter la propagation de l'odeur qui s'y dégage. Le sol doit être imperméable; on fait usage de pavés de grès ou de briques bis-cuites rejointoyées au mortier de chaux hydraulique ou au ciment; de dalles en schiste ardoisier de 0,30 de côté et de 0,08 à 0,10 d'épaisseur; de carreaux d'asphalte; de béton hydraulique, enfin de ciment de Portland. Le sol doit être légèrement concave avec des pentes de 0,005 à 0,010 par mètre pour l'écoulement des eaux; celles-ci passeront à l'extérieur du bâtiment par des siphons obturateurs en fonte et se rendront à une citerne ou puisard par un caniveau à forte pente. Les murs doivent être recouverts d'enduits lisses et unis afin d'être nettoyés facilement; à leur partie inférieure, et sur une hauteur de 0,50 à 0,80, ils auront un soubassement enduit de ciment de Portland. Les fenêtres seront de petites dimensions; on leur donne 0,30 × 0,50; 0,40 × 0,60; 0,50 × 0,70; elle sont garnies extérieurement d'un grillage en toile métallique et intérieurement de deux châssis, l'un vitré et l'autre à volets en jalousies; on adopte quelquefois un châssis à lames de persiennes mobiles pour régler la ventilation. La laverie sera toujours munie d'une pierre d'évier creusée de 0,10 et environ de 1 mètre de long sur 0,60 de large. La hauteur d'étage sera de 2 mètres; s'il y a une voûte très surbaissée, on donnera 2m,70 à 3 mètres à la clef. Un service d'eau fraîche doit être établi dans la fromagerie afin d'y maintenir la plus grande propreté.

Le chauffage du lait se fait à feu nu, ou mieux au bain-marie et à la vapeur; la bassine hémisphérique intérieure qui contient le lait est en cuivre étamé, et la chaudière extérieure est en fer battu; il y en a depuis 100 litres jusqu'à 1,000 litres. Le procédé rationnel de chauffage est évidemment celui de la vapeur; dans les grandes fromageries industrielles qui traitent plusieurs milliers de litres de lait par jour, on emploie un générateur de vapeur. Si l'on n'a pas besoin de moteur à vapeur, en emploie la chaudière verticale tubulaire (V. CHAUDIÈRE A VAPEUR, tome II, fig. 1034, 1035, 1036, 1037). La vapeur produite par le générateur est envoyée au fond d'une cuve en sapin, dans laquelle est encastrée une chaudière en cuivre. Il vaut mieux préférer les bassines entièrement métalliques.

Pour élever la température du local durant l'hiver, on emploie les systèmes de chauffage suivants : 1° chauffage au poële, les meilleurs sont les poêles mobiles sur roulettes du système Choubersky ou analogue; 2° le chauffage à la vapeur (V. tome III, p. 43); 3° le chauffage à l'eau chaude à l'aide d'une chaudière spéciale ou d'un thermosiphon, système employé dans la Brie et analogue au chauffage des serres et habitations. — V. tome III, p. 35.

FABRICATION DES FROMAGES. Les premières opérations de la fabrication du fromage sont : 1° la coagulation du caséum; 2° la séparation du caillé; 3° l'expression du petit lait. La coagulation spontanée du caséum est déterminée par l'acide lactique qui se trouve en liberté dans le lait aigri; dans ce cas, le fromage en garde un goût peu agréable. On fait cailler le lait d'une façon artificielle en employant des acides (ordinairement du vinaigre), le suc acide de certaines plantes notamment du galium ou caille-lait et du pinguicula vulgaris. Dans les bonnes fabrications, on se sert de la présure préparée avec une partie de l'estomac du veau appelée caillette et désignée dans le commerce sous le nom de peaux, mulettes, etc.; on emploie aussi de l'extrait de présure liquide, dont la composition et la préparation seront indiquées au mot PRÉSURE; son principe actif est la pepsine, secrétée par la membrane muqueuse de l'estomac.

Les fromages se font avec du lait naturel ou du lait écrémé. Suivant leur richesse butyreuse, ils sont gras, demi-gras ou maigres. Ils sont consommés frais ou affinés; sont fabriqués avec du lait de vache, de chèvre ou de brebis, quelquefois ces différents laits sont associés entre eux.

Tableau général des différentes espèces de fromages.

Fromages de consistance molle.	A. Fromages frais.	Maigres, mous, à la pie; à la crème, double-crème (dits Suisse), Neufchâtel; Bondons de Rouen, Malakoff, etc.; Coulommiers, Gournay, Mont-d'Or frais.
	B. Fromages affinés.	Brie, Camembert, Livarot, Pont-l'Évêque, Mignot, Marolles, Rollot, Macquelines, Compiègne, Neufchâtel, Coulommiers, Troyes, Ervy, Barberey, Chaource, Saint-Florentin, Ollivet, Epoisse, Langres, Mont-d'Or, Saint-Marcellin, Senecterre, Géromé ou Gérardmer, Limbourg.
Fromages de consistance solide ou à pâte ferme.	A'. Fromages pressés et salés.	Hollande, fromage de Bergues; fromage du Cantal ou de l'Auvergne; Septmoncel, Gex, Montcenis, Géromé, etc.; Sassenage, Roquefort et façon Roquefort, Chester, Cheddar.
	B'. Fromages cuits pressés et salés ou fromages de chaudière.	Gruyère français et suisse, Emmenthal, Port-du-Salut, Parmesan

Fromages de consistance molle. A. Fromages frais. Ils sont maigres ou gras suivant que le lait a été écrémé ou non; après la coagulation faite à froid, le petit lait est égoutté et le caillé enlevé avec une écumoire en bois ou en fer-blanc; on en remplit des moules en bois, osier, terre cuite ou fer battu; ces moules sont percés de trous. On les mange frais en y ajoutant un peu de sel, on les désigne sous le nom de fromages *maigres, mou* ou *à la pie*. 100 kilogrammes de lait donnent 10 kilogrammes de caillé pressé.

Le *fromage à la crème* se fait surtout aux environs des grandes villes, la fabrication est analogue au fromage précédent. Le lait est porté à 34°, puis écrémé à l'aide d'une cuiller en bois; 10 à 12 litres de lait fournissent environ 1 litre de crème. On jette la crème sur un tamis garni d'une toile fine; après l'égouttage, la crème est mise dans des petits cajets en osier garnis d'une fine mousse-line, et est ainsi livrée à la consommation; on mange le fromage en l'arrosant d'un peu de crème douce.

Les fromages de *Gervais, double-crème* ou *suisses* se font surtout dans la Normandie, en recharge-ant le lait de crème pur; puis on le coagule, le caillé est rompu et mélangé avec de la crème fine; on le moule en petits cylindres ou carrés enve-loppés de papier que l'on expédie dans des boîtes en bois.

B. *Fromages fermentés.* Les fromages fermentés, à pâte molle, deviennent onctueux à mesure qu'ils mûrissent, les fromages de *Brie* et de *Camembert* en sont les principaux types. Ces fromages se font gras, demi-gras ou maigres; certains fromages de choix sont additionnés de crème douce prove-nant d'une traite précédente. Après la traite, le lait est passé à travers un tamis et placé dans des récipients en terre ou fer battu d'une contenance de 15 à 30 litres; la mise en présure a lieu à 30 ou 33° centigrades. Au bout de trois à quatre heures, le lait est coagulé, on le met dans des cajets en osier placés sur des clayons en paille et on porte le tout à l'égouttage, qui se fait dans un atelier spécial maintenu à 17° au plus; l'égouttage dure de quarante-huit à cinquante heures, au bout de ce temps, on le sale avec du sel blanc fin pulvérisé. Après la salaison, les fromages sont por-tés dans le séchoir où ils se recouvrent au bout de quinze jours environ d'une mousse bleue; à ce mo-ment, on les expédie aux détaillants qui se chargent d'achever l'affinage dans des caves. Ordinaire-ment il faut attendre un mois pour que les fro-mages soient comestibles. Les fromages affinés demandent deux mois et demi à trois mois. On les fabrique surtout dans les environs de Coulom-miers et de Melun.

Les diverses colorations par lesquelles passent ces fromages sont dues à des végétaux cryptoga-miques; ils sont d'abord blancs, puis violets, bleuâtres et verts, enfin ils passent au rouge. Les fromages recouverts de cette dernière teinte doi-vent être rejetés, la fermentation a été poussée trop loin, ils ont un goût amer. Quant aux ani-maux qui se développent dans les fromages, ils sont dus à la faute du fromager qui n'a pas fermé les baies et couvert le trou de la serrure. Le ha-lage a pour but de sécher la surface du fromage afin de déterminer une croûte plus dure et d'em-pêcher la masse molle de l'intérieur de couler.

C'est d'après ce principe que se fabrique une foule de fromages désignés, dans le commerce, sous des noms différents, les principaux sont les fromages de *Neuchâtel, Bondon, Gournay, Ma-lakoff, Compiègne, Mont-d'Or, Pont l'Evêque, Géromé, Munster,* et *Livarot;* ce dernier fromage est, pendant l'affinage, relié sur sa tranche avec des feuilles de laîches (*typha latifolia*). Le petit lait restant de la fabrication, recueilli des tables à dresser ou des égouttoirs se rend dans une ci-terne et sert à l'élevage et à l'engraissement des porcs. Ces derniers, au bout d'un certain temps, ne reçoivent plus d'autre aliment que du petit lait; ils en consomment au maximum 30 litres par tête et par jour.

Fromages à pâte sèche ou ferme. Dans cette catégorie qui comprend des fromages toujours fermentés, on distingue les fromages pressés et les fromages cuits et pressés désignés encore sous le nom de *fromages de chaudière.*

A'. *Fromages pressés.* Comme type de la première sous-catégorie, se place, en premier lieu, le fro-mage de *Hollande.* On le fabrique maigre, gras ou demi-gras. Le lait est mis en présure à une tem-pérature variant entre 32° en hiver et 28° en été; il est nécessaire de réchauffer le lait préalable-ment refroidi de façon à l'amener à la tempéra-ture convenable. Ce chauffage s'effectue au bain-marie ou à la vapeur en faisant usage d'un des appareils dont nous avons parlé précédemment. On ajoute au lait la quantité de présure suffisante pour la coagulation. Lorsque le lait est pris, le caillé est rompu avec un diviseur, sorte de lyre formée de fils de cuivre parallèles, réunis à 2 poi-gnées. Dans certaines fromageries, on fait usage de machines spéciales désignées sous le nom de *moulins à caillé.* Le caillé rompu est jeté sur un tamis qui enlève la plus grande partie du petit lait; on réchauffe alors le caillé jusqu'à 36°, et on procède au malaxage, on le porte sur une table où il s'égoutte, et enfin on le renferme dans une toile et on le soumet à une légère pression, puis au bout de quinze à vingt minutes, on le renferme dans des moules en bois garnis d'un linge et composés de deux parties, l'une inférieure percée d'un trou, et l'autre supérieure s'emboîtant qu'on appelle *contre-moule.* Le tout est porté sous une presse à action continue. La pression est en moyenne de 20 kilogrammes par kilogramme de fromage fabriqué. Toutes les deux ou trois heures, le fromage est retourné; puis on le transporte au saloir et enfin au séchoir; pendant ces dernières opérations, le fromage est mis dans des moules en faïence, et avant de le livrer à la consomma-tion, on colore sa surface en brun jaunâtre avec une solution alcaline de rocou (*bixa orellana*), ou en rouge avec une solution de tournesol et de rouge de Berlin.

On suit la même marche de fabrication pour les fromages du *Cantal.* Dans ce département, le moulage et le pétrissage s'effectuent sur une sorte de table à trois pieds, désignée sous le nom de *chèvre* garnie sur son pourtour d'une rigole qui recueille le petit lait et l'écoule dans un seau.

Dans cette sous-catégorie, on rencontre des fromages dits *persillés;* leur pâte est marbrée à l'intérieur de veines bleues verdâtres, que l'on obtient en incorporant dans le caillé, au moment de la mise en moule, de la poudre de *pain moisi;* cette dernière substance contient les germes du *penicillum glaucum* qui détermine la teinte bleuâtre. C'est ainsi que se fabriquent les fromages de *Roquefort,* qui s'obtiennent dans l'Aveyron avec du lait de brebis, le fromage de *Septmoncel* dans le Jura (lait de vaches et de chèvres), les fromages du *Mont-Cenis,* dans la Savoie (lait de vaches, de chèvres et de brebis).

B'.. *Fromages de chaudière.* Le type principal de cette fabrication est le fromage de *Gruyère* qui a pris naissance en Suisse, dans les environs de la petite ville de Gruyère. Aujourd'hui, cette fabrication s'étend dans toute la Suisse, et en France dans les vallées du Jura, du Doubs, de l'Ain, de la Savoie, etc.; elle se fait dans les *châlets* ou dans les *fruitières* qui consistent en une association d'un certain nombre de cultivateurs pouvant réunir, au minimum, la quantité de lait nécessaire pour faire en une seule cuite un fromage de 30 à 35 kilogrammes. Le lait est placé dans une chaudière d'une contenance de 300 litres environ; elle est suspendue à une potence qui permet de l'éloigner ou de la placer sur le feu. Ce chaudron est remplacé avec avantage par les appareils à vapeur. Le lait est porté à une température de 27 à 30°, puis on le coagule avec la présure; au bout de vingt-cinq à trente minutes, lorsque la masse a pris une consistance gélatineuse, on sabre le caillé et on le divise en gros fragments. On le réchauffe à une température de 55° tout en continuant l'agitation, puis on vidange dans une toile de 2 mètres de long sur 1m,50 que l'on place dans un moule (en bois de hêtre) de grande dimension et on le soumet à la pression. Pendant ce temps, les molécules de caillé se soudent, et au bout de quarante-huit heures on le transporte à la cave ou au grenier; on le sale dans une proportion de 4 à 5 0/0 de son poids. La pression a la même intensité que celle nécessaire au fromage de Hollande. Les caves doivent être maintenues entre +17 et +8° centigrades.

Pour les fromages de Gruyère demi-gras, 100 litres de lait donnent 9 à 10 kilogrammes de fromage et 1k,250 à 1k,500 de beurre.

Valeur et production des fromages. La production française annuelle des fromages est de 150 millions de kilogrammes qui, au prix moyen de 1 franc à 1 fr. 50 le kilogramme, représente 200 à 250 millions de francs. C'est une nourriture saine, nutritive et bonne au goût. La consommation est en moyenne, en France, de 4 kilogrammes par tête et par an (6 francs).

On évalue à 20 millions de francs la valeur des fromages fabriqués annuellement dans les départements du Doubs et du Jura.

La valeur nutritive des fromages est très grande, voici un tableau général donnant la composition de différents fromages.

Valeur alimentaire des fromages.

				Matières		Eau
				azotées	grasses	
Fromages	frais		fromage à la Pie.	15.40	9.43	68.76
			fromage double crème. . . .	8.25	40.71	36.58
	fermentés	à pâte molle	Camembert .	19.50	21.05	51.94
			Brie . . .	13.04	25.70	45.25
		à pâte sèche	Hollande . . .	31.20	27.54	36.10
			Chester	26.65	25.73	35.92
		à pâte cuite	Gruyère . . .	32.50	24.00	40.00

M. R.

* FROMENT (GUSTAVE-ALEXANDRE), né à Paris le 3 mars 1815, appartenait à une honorable famille de Reims. A sa sortie de l'École polytechnique (1837) il partit en Angleterre dans le but d'y étudier la grande mécanique industrielle. De retour en France, il entra chez Gambey pour s'adonner à la construction des instruments d'astronomie et de géodésie; en quittant celui-ci, Froment créa un établissement d'un caractère tout spécial; la vapeur, la photographie, l'électricité, formaient le domaine de ses travaux, mais c'est surtout vers les applications de cette dernière qu'il concentra tous ses efforts. Pendant son séjour en Angleterre, lors de la découverte de la photographie, il parvint à produire et fixer des images sur papier sensible, mais sans chambre obscure. Froment inventa des télégraphes à cadran (1845), à signaux écrits et à claviers, ainsi qu'un interrupteur à vibrations sonores (1847); il perfectionna les boussoles de la marine et de l'État et contribua à la mise au jour d'inventions remarquables, telles que le métier Bonnelli, l'électrotrieuse, le pantélographe Caselli et l'appareil imprimeur Hughes. Nommé chevalier de la Légion d'honneur en 1849, officier de cet ordre en 1864 pour ses applications de l'électricité, il mourut en février 1865.

* FROMENT-MEURICE. — V. MEURICE.

FRONTISPICE. T. *d'arch.* Façade principale d'un édifice, décorée suivant un caractère qui indique, à première vue, la destination du monument. || **T. *d'imp.*** Par extension, on a donné ce nom aux gravures placées en regard du texte d'un livre, et dont le sujet est emprunté au caractère de l'ouvrage.

FRONTON. T. *d'arch.* Le fronton est la partie du faîte établi au-dessus des portes ou des croisées d'un bâtiment, et qui repose sur la corniche de l'entablement formant sa base. Il figure ordinairement un triangle d'ouverture variable dont les côtés extérieurs sont formés de deux corniches; l'espace intermédiaire constitue le *tympan*.

Le fronton n'étant que la continuation du toit à deux pentes, ne se rencontre pas dans les contrées où la nature du climat n'a pas fait sentir la nécessité de mettre l'intérieur du bâtiment à l'abri des eaux pluviales. En Égypte, en Assyrie, les couvertures étaient en terrasses.

— C'est donc dans l'architecture grecque que nous trouvons pour la première fois le fronton avec ses conditions essentielles d'élégance et de solidité. Chez les Grecs, le fronton se développant sous un angle très ouvert n'avait en hauteur que le huitième de sa largeur, d'où sa légèreté et sa grâce. Le tympan était tout préparé pour la sculpture, et si les temps primitifs, celui de Pœstum, par exemple, montrent un fronton nu et lisse, comme la métope, il est certain que dès le ıv⁰ siècle, les sculpteurs avaient su tirer parti du fronton. Le temple d'Egine (v⁰ siècle) était couvert déjà de rondes-bosses, ces figures étaient rapportées, et non sculptées en bas-relief comme il a été d'usage chez les modernes. Les admirables figures en ronde-bosse qui décoraient le fronton du Parthénon, à Athènes, ont pu ainsi être détachées et transportées au Musée britannique. Parmi les frontons les plus remarquables que nous ait laissé l'art grec, nous citerons ceux du temple d'Egine, représentant le combat d'Hercule contre Laomédon et Ajax défendant le corps de Patrocle, et ceux d'Olympie retraçant, l'un la course de chars où Pélops lutte avec Œnomans, l'autre le combat des Lapithes et des Centaures.

Chez les Grecs, le fronton était réservé aux temples seuls, et ce ne fut que tard que les Romains l'admirent dans les constructions civiles. La maison de Jules César fut la première, dit-on, qui fut couronnée par un fronton, et dès cette époque, cet ornement fut employé dans tous les édifices de quelque importance, mais en même temps ses proportions étaient altérées et s'éloignaient de la grâce des Grecs; le fronton romain devenait une sorte de pyramide aiguë choquante à l'œil. De plus, contrairement à son origine et à toute idée logique, on en fait usage dans toutes les parties de la construction où il n'a pas raison d'être, au-dessus des portes, des fenêtres, des niches, etc.

Cependant il y a loin de ces modifications regrettables à toutes les folies imaginées par les architectes de la Renaissance, qui avaient pris leurs modèles dans l'art romain dégénéré. S'écartant de plus en plus du rôle véritable réservé au fronton, ils en font un simple motif de décoration; et comme sa forme traditionnelle ne permettait aucune variété et aucune disposition originale, ils le déforment, le brisent, le contournent de toutes façons. « Affectant d'oublier l'origine si simple du fronton, qui est le toit, dit Charles Blanc, les uns ont inscrit un fronton courbe dans le tympan d'un fronton carré, pour enfermer ensuite sous cette courbe un nouveau triangle; les autres ont dessiné des frontons cintrés qui sont absurdes en grand puisqu'ils représentent un toit demi-cylindrique. Ceux-ci ont posé fronton sur fronton, figurant deux toits l'un sur l'autre, ceux-là ont contourné les corniches de leurs frontons, de manière à produire, par les enroulements de la pierre, l'imitation d'un cornet de papier. »

Les architectes semblent revenus depuis aux traditions plus saines de l'art antique. Déjà le fronton du Louvre était remarquable pour sa régularité et ses heureuses proportions, et dans ce siècle nous en citerons trois fort beaux, au Panthéon, au Corps législatif et à la Madeleine. Ce dernier, dont nous donnons le dessin (fig. 216), est orné de figures dues au ciseau de Lemaire, et

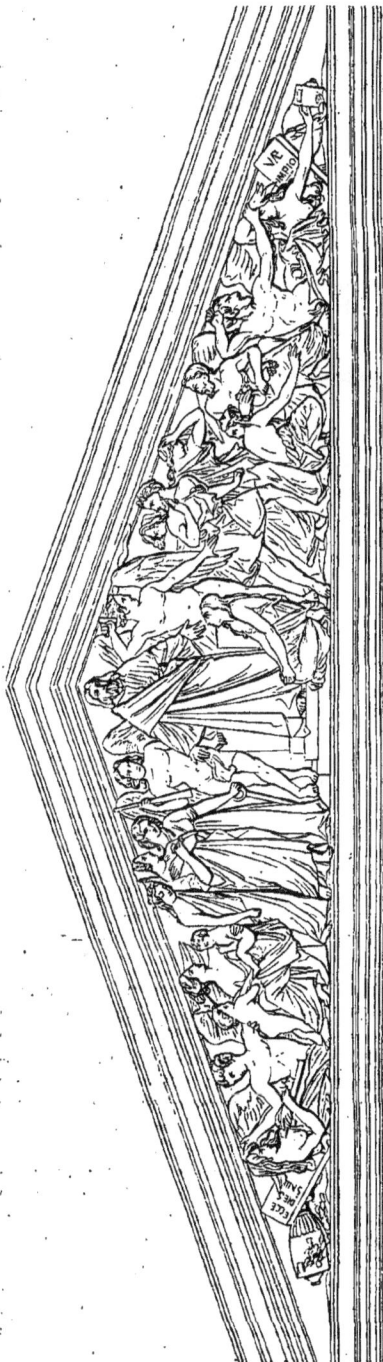

Fig. 216. — *Fronton de la Madeleine.*

représentant le jugement dernier. La figure de Jésus-Christ partage les deux groupes auxquels il tend les mains. A sa droite, un ange tient la trompette du jugement dernier, et auprès de lui sont la foi, l'espérance et la charité avec deux enfants. A l'extrémité, un ange appelle une sainte couchée sur la pierre d'un tombeau. A gauche du Christ, la Madeleine à genoux implore le pardon des damnés qu'un ange chasse vers l'angle du fronton, où un démon les précipite dans les flammes. Ce fronton, choisi à la suite d'un concours, est l'une des œuvres de sculpture les plus importantes du XIXᵉ siècle.

FROTTEMENT. Lorsqu'un corps solide reste constamment en contact avec un autre sur lequel il exerce une pression provenant soit de son poids, soit de toute autre force extérieure, on ne peut le déplacer qu'à la condition de vaincre à chaque instant une résistance à laquelle on a donné le nom de *frottement*. Le déplacement peut être un roulement ou un glissement, de là deux sortes de frottements, essentiellement différents l'un de l'autre. Celui qui se développe quand un corps roule sur un autre, et qui porte le nom de *frottement de roulement* serait plus exactement nommé *résistance au roulement*.

Le frottement proprement dit, ou *frottement de glissement*, se produit, ainsi que l'indique son nom, dans le glissement d'un corps sur une surface. Il est dû en partie, mais dans une faible mesure, à la déformation des surfaces pressées l'une contre l'autre, déformation qui a pour effet de produire en avant du point de contact un bourrelet que le corps glissant doit à chaque instant déprimer; sa principale cause doit être attribuée aux aspérités que présente toujours la surface des corps solides, et qui s'enchevêtrent les unes dans les autres, d'autant plus que les surfaces sont moins bien polies. Cette résistance peut être assimilée à une force appliquée au point de contact, tangente à la trajectoire décrite par ce point sur la surface fixe, et de sens inverse du mouvement; mais quant à sa valeur, elle dépend de trop d'éléments pour qu'une étude mathématique puisse établir les lois qui la régissent et qui sont exclusivement du domaine de l'expérience.

Les premières recherches à ce sujet sont dues à Amontons (*Mémoires de l'Ancienne Académie des Sciences*, année 1699). Ce physicien reconnut que le frottement est indépendant de l'étendue des surfaces en contact, mais il se trompa sur sa valeur, l'estimant beaucoup trop forte. Plus tard, en 1781, Coulomb, alors officier du génie militaire, présenta à l'Académie des sciences un mémoire relatif à des expériences exécutées à Rochefort et ayant un certain caractère de précision. L'appareil dont il se servait était formé d'un traîneau chargé de poids, glissant sur un banc horizontal; une corde parallèle au banc et attachée par l'un de ses bouts au traîneau, passait sur une poulie de renvoi, et, devenue alors verticale, se terminait par un plateau de balance sur lequel on plaçait les poids destinés à produire le mouvement. Les surfaces frottantes étaient constituées par les matières à expérimenter. Coulomb détermina d'abord l'effort nécessaire pour mettre le chariot en mouvement

(frottement au départ), il le trouva proportionnel à la pression et crut remarquer qu'il se composait de 2 parties: l'une proportionnelle à la surface de contact, l'autre indépendante de cette surface. Il chercha ensuite à évaluer le frottement pendant le mouvement; à cet effet, il observait avec une montre à secondes le temps que le chariot mettait à parcourir des chemins marqués sur le banc horizontal; la connaissance du mouvement du chariot et des poids qui le produisaient entraînait la détermination de la résistance. Ce procédé manquait d'exactitude, néanmoins Coulomb découvrit les lois suivantes qui furent vérifiées par la suite: 1º le frottement est proportionnel à la pression; 2º il est indépendant de l'étendue des surfaces en contact; 3º il est indépendant de la vitesse du mouvement. Coulomb remarqua, en outre, que le frottement au départ était plus grand qu'après un premier déplacement. En 1831-32-33-34, Morin, alors capitaine d'artillerie, exécuta à Metz une longue série d'expériences à l'aide d'appareils perfectionnés. Il opéra d'abord par un procédé analogue à celui qu'avait adopté Coulomb, mais pour étudier le mouvement du chariot il fit usage d'un appareil enregistreur qui lui permit d'obtenir une assez grande précision. Les lois énoncées par Coulomb furent ainsi vérifiées; de ces lois il résulte que le rapport du frottement à la pression est une quantité ne dépendant absolument que de la nature des surfaces en contact; c'est ce rapport que l'on nomme *coefficient de frottement*; il peut avoir deux valeurs suivant qu'il s'agit du frottement au départ ou du frottement pendant le mouvement. Morin détermina ce coefficient pour un très grand nombre de surfaces. Il étudia ensuite le frottement des tourillons à l'aide d'un dynamomètre de rotation à plateau et à style dont l'arbre pouvait recevoir des tourillons de rechange et des charges variables. Il reconnut ainsi que ce frottement était soumis aux mêmes lois que le frottement des surfaces planes; il fit enfin toute une série d'expériences sur le frottement des cordes et des courroies à la surface des tambours en bois et des poulies en fonte, et put ainsi vérifier les résultats de la théorie.

Le tableau de la page suivante est un extrait de celui qui fut publié par Morin à la suite de ses expériences.

THÉORIE MÉCANIQUE DU FROTTEMENT. En mécanique, les effets du frottement sont très variés. En général, il est la cause d'une grande perte de travail qu'il importe souvent de pouvoir évaluer (pivots, tourillons, engrenages). Dans d'autres cas, il devient utile en empêchant certains organes d'obéir aux forces qui les sollicitent (corps reposant sur un plan incliné, coin, vis et écrou). Dans la théorie succincte qui suit, nous allons examiner ces différents cas.

Nous admettons comme démontré par l'expérience que le frottement est: 1º indépendant de la vitesse du mouvement; 2º proportionnel à la pression, et par suite indépendant de l'étendue des surfaces en contact.

Coefficient et angle de frottement. Considérons (fig. 217) la surface S' glissant sur S et soient A le point de contact, N la réaction normale de S

Indication des surfaces en contact	Disposition des fibres	Etat des surfaces	Coefficient de frottement	
			après un contact de quelque durée	pendant le mouvement
Chêne sur chêne	Parallèles.	Sans enduit.	0.62	0.48
	Parallèles.	Frottées de savon sec.	0.44	0.16
	Perpendiculaires.	Sans enduit.	0.54	0.34
	Perpendiculaires.	Mouillées d'eau.	0.71	0.25
Orme sur chêne	Parallèles.	Sans enduit.	0.69	0.43
	Parallèles.	Frottées de savon sec.	0.41	0.25
Fer sur chêne	»	Mouillées d'eau.	0.65	0.21
	»	Frottées de savon sec.		0.49
Fonte sur fonte et sur bronze.		Graissées d'huile		
Fer sur fonte et sur bronze		ou	»	0.07 à 0.08
Bronze sur bronze.		de saindoux.		
Cuir tanné sur chêne	Cuir à plat.	Sans enduit.	0.61	0.35
		Mouillées d'eau.	»	0.29
Cuir tanné sur fonte et sur bronze	Cuir à plat ou de champ.	Mouillées d'eau.	»	0.36
Courroie sur tambour en chêne.	à plat.	Sans enduit.	0.50	»
Courroie sur poulie en fonte.	à plat.	Sans enduit.	0.28	»
Corde de chanvre sur chêne.		Sans enduit.	0.62	»
Calcaire oolithique sur calcaire oolithique .		Sans enduit.	0.74	0.64
Brique sur calcaire oolithique.		Sans enduit.	0.67	0.65
Chêne sur calcaire oolithique.		Sans enduit.	0.63	0.38

sur S', X la résistance opposée par le frottement, $\frac{X}{N}=f$ est le coefficient de frottement. On en tire la valeur $X=Nf$. La réaction totale de la surface

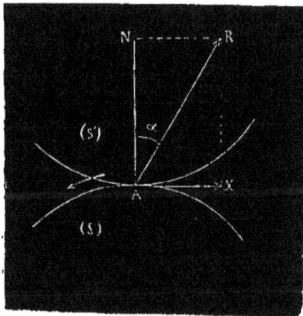

Fig. 217.

S sur S' est la résultante R de X et N. En appelant α l'angle que R fait avec N, on a $Nf=N\,tg\,\alpha$ et $R=\dfrac{N}{\cos\alpha}$, d'où l'on tire

$$f=tg\,\alpha \text{ et } R=N\sqrt{1+f^2}.$$

La réaction totale est ainsi déterminée en grandeur et en direction. L'angle α qui ne dépend que du coefficient de frottement est appelé *angle de frottement*.

Travail perdu par le frottement. Le frottement ne provenant que du mouvement relatif d'un des corps par rapport à l'autre, il faut, pour évaluer le travail perdu, ramener l'un d'eux au repos en appliquant à l'ensemble un mouvement égal et de sens contraire au sien. On connaîtra ainsi : le déplacement du point de contact; la réaction nor-male et le coefficient de frottement déterminant la grandeur de la résistance, le problème consistera simplement à évaluer le travail d'une force tangente à la trajectoire du point d'application.

Si ds est l'élément de l'arc parcouru par le point glissant, et N la réaction normale à chaque instant, le travail perdu par le frottement aura pour expression :

$$f\int N\,ds.$$

Plan incliné (fig. 218). Cherchons la condition pour qu'un corps de poids P, reposant sur un plan d'inclinaison i, se maintienne au repos. La

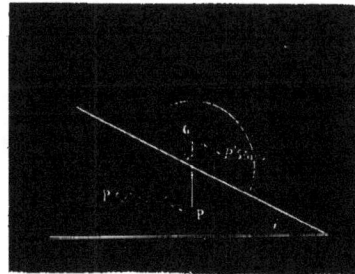

Fig. 218.

réaction normale du plan sur le corps est $P\cos i$ et le frottement qui se produirait si le corps glissait est $fP\cos i$. La composante du poids P, parallèle au plan incliné étant $P\sin i$, il faut pour que le corps puisse rester en repos :

$$P\sin i < fP\cos i \text{ ou } tg\,i < f.$$

Si α est l'angle de frottement donné par $tg\,\alpha=f$, la condition devient $i<\alpha$. Pour $i=\alpha$ le corps est en équilibre, et si $i>\alpha$ le corps glissera sur le plan incliné.

Vis et écrou (fig. 219). Supposons qu'il s'agisse de serrer une vis dont l'écrou est fixe, en lui appliquant un couple FF', dont le bras de levier est *l*. Soit Q la réaction de la surface de butée, et *i* l'inclinaison du filet que nous remplacerons par son hélice moyenne. En un point A de cette hélice, si N est la réaction du filet de l'écrou, le frottement sera N*f*. Pour que le couple FF' puisse faire tourner la vis, il faut que les forces F, F' soient au moins égales à celles qui feraient équilibre aux réactions N, aux frottements N*f* et à la résistance Q. Ecrivons donc que la somme des projections de ces forces sur XY est nulle ainsi que la somme de leurs moments par rapport au même axe. Ces deux conditions sont

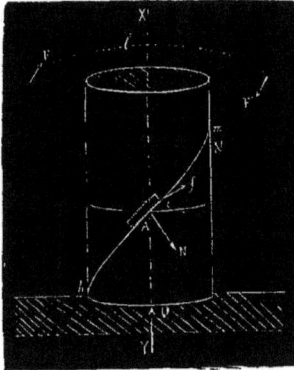

Fig. 219.

$$Q - [\cos i - f \sin i] \Sigma N = 0$$

et

$$F l - r [\sin i + f \cos i] \Sigma N = 0.$$

Eliminons ΣN. Il vient :

$$F l = Q r \frac{\sin i + f \cos i}{\cos i - f \sin i} = Q r \frac{tg \, i + f}{1 - f \, tg \, i}$$

et en introduisant l'angle de frottement α :

$$F l = Q r \, tg \, (i + \alpha).$$

Cette formule montre que l'effort à exercer croît beaucoup plus rapidement que l'inclinaison du filet; quand *i* devient égal au complément de α, F est infini, et pour toutes les valeurs plus grandes de *i*, il est impossible de serrer la vis. S'il s'agit de la desserrer, il faut dans les équations changer le signe de F et celui de N*f*. La formule devient $F l = Q r \, tg \, (\alpha - i)$. Si l'inclinaison *i* est plus petite que l'angle de frottement α, il faudra développer un effort pour desserrer la vis, qui dans ces conditions ne bougera pas si on l'abandonne à elle-même. Mais si *i* est plus grand que α, F change de signe et devient une résistance qu'il faut opposer au mouvement et sans laquelle la vis se desserrerait seule. On voit par là que si α est plus petit que 45°, ce qui a lieu pour les métaux lubrifiés, on peut donner à *i* une valeur comprise entre 90° — α et α. Une vis ainsi construite sera capable de développer un effort quand on la fera tourner, et pourra rétrograder sous l'influence de cet effort seul. Tel est le cas des poinçonneuses à balancier. Un fait semblable s'observe dans les engrenages à vis sans fin qui ne sont réciproques qu'autant que α est plus petit que 45° et que l'inclinaison du filet est com-

prise entre les mêmes limites que précédemment.

Coin. Un calcul très simple et tout à fait analogue aux précédents donne la condition nécessaire pour qu'un coin dont la section est un triangle isocèle d'angle φ au sommet, puisse pénétrer entre deux surfaces qu'il s'agit de séparer. Nous nous bornerons à donner les résultats. Pour que le coin puisse pénétrer il faut que l'on ait $\frac{\varphi}{2} < 90 - \alpha$; et il ne restera en place que si l'on a $\frac{\varphi}{2} < \alpha$.

Pivot (fig. 220). Quand un arbre vertical tourne dans une crapaudine, il se développe à la partie inférieure de cet arbre un frottement dont nous allons évaluer le travail. Soit R le rayon du cercle qui sert de base à l'arbre et qui constitue la surface frottante; si P est la pression totale sur cette

Fig. 220.

base, la pression par unité de surface sera $\frac{P}{\pi R^2}$, et la pression sur un élément à une distance *r* du centre et sous-tendant un angle $d\theta$ sera

$$r \, dr \, d\theta \frac{P}{\pi R^2};$$

le moment du frottement de cet élément par rapport au centre est

$$r^2 \, dr \, d\theta \frac{P f}{\pi R^2}$$

et le moment du frottement total :

$$\frac{P f}{\pi R^2} \int_0^R r^2 \, dr \int_0^{2\pi} d\theta = \frac{2}{3} P f R.$$

Le travail perdu pour chaque tour de l'arbre, égal à ce moment multiplié par 2π, sera donc d'autant plus petit que R sera moindre. Aussi a-t-on soin, en général, de terminer l'arbre par

Fig. 221.

une surface convexe, reposant sur une autre à courbure opposée afin de réduire autant que possible les dimensions du cercle de base.

Tourillons (fig. 221). Sous l'influence du frottement, un tourillon, animé d'un mouvement de rotation, s'élève le long de la paroi de son cous-sinet jusqu'à ce que la réaction totale au point de contact fasse équilibre aux forces extérieures qui sollicitent le coussinet; à ce moment, la réaction totale $N\sqrt{1+f^2}$ est donc égale à la résultante F des forces extérieures, et la réaction normale N est donnée par l'égalité $F=N\sqrt{1+f^2}$. Le frottement étant fN devient $\dfrac{fF}{\sqrt{1+f^2}}$ et pour un tour de l'arbre le travail perdu est, en appelant R le rayon du tourillon $2\pi\dfrac{FfR}{\sqrt{1+f^2}}$. On voit qu'il y a tout avantage à réduire R autant que le permettent les conditions de solidité de l'appareil.

Engrenages. Le frottement dans ces organes cause une perte considérable de travail, dont nous ne donnerons point l'évaluation mathématique quelque peu compliquée. Elle conduit, d'ailleurs, à une formule peu pratique que l'on remplace habituellement par la suivante :

$$\frac{Tf}{Tm}=f\pi\left(\frac{1}{n}+\frac{1}{n'}\right)$$

formule approchée où Tf est le travail du frottement, Tm le travail moteur, n et n' les nombres de dents des deux roues. Elle fait ressortir l'avantage qu'il y a à augmenter le nombre de dents; mais par ce fait leur épaisseur est diminuée ainsi que leur solidité, et l'on est encore ici limité par les conditions de résistance.

Frottement d'une corde sur un cylindre (fig. 222). Lorsqu'une corde est enroulée sur un cylindre et sollicitée à l'une de ses extré-

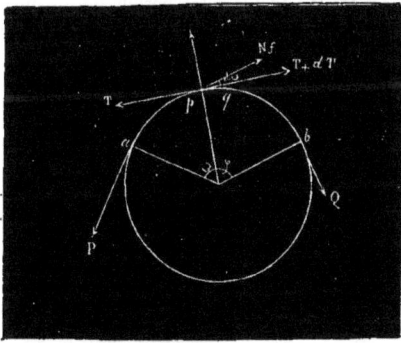

Fig. 222.

mités par une force P, il suffit d'un faible effort Q appliqué à l'autre pour résister à l'action de la force. C'est cet effort que nous nous proposons de calculer ici. Soient a et b les extrémités de l'arc $S=\varphi R$ embrassé par la corde et r le rayon du cylindre. Considérons en un point m, à une distance angulaire ω de a, deux éléments consécutifs mp et mq de la corde dont les tensions respectives sont T et $T+dT$, et faisant entre eux l'angle $d\omega$. La réaction normale N du cylindre, le frottement Nf, et les tensions des deux éléments

se font équilibre en m. On a donc en projetant sur la tangente et sur la normale $Nf+dT=0$ et $Td\omega=N$. D'où par l'élimination de N :

$$\frac{dT}{T}=-fd\omega$$

et en intégrant

$$\log T=-f\omega+C.$$

La condition à la limite (T=P pour $\omega=o$) donne la valeur de C. Dès lors la tension en b c'est-à-dire la résistance Q est donnée par la formule $Q=Pe^{-\omega f}$. Si la corde fait un nombre de tours n, la valeur de Q devient $Q=Pe^{-2n\pi f}$. Un très petit nombre de tours suffit donc à rendre Q extrêmement petit par rapport à P. C'est ce qui explique pourquoi les mariniers arrêtent si aisément leurs bateaux en enroulant deux ou trois fois l'amarre autour d'un poteau fiché en terre.

Récentes expériences. Les principes sur lesquels repose la théorie que nous venons d'exposer ont été mis en doute à la suite d'expériences plus récentes exécutées dans diverses Compagnies de chemins de fer. En 1851, M. Jules Poirée, sur le chemin de fer de Lyon, faisait remorquer par une locomotive un vagon à ballast plus ou moins chargé et dont toutes les roues étaient calées; il trouvait que pour des vitesses supérieures à 5 mètres par seconde le frottement diminue quand la vitesse croît. M. Bochet, ingénieur des mines, exécuta en 1856 et 1860 sur le chemin de fer de l'Ouest des expériences analogues ; il conclut que la diminution du frottement à mesure que la vitesse croît est un phénomène général pour des vitesses de 0 à 25 mètres par seconde et que la relation entre le frottement et la surface de contact des plus complexes ; il y aurait, suivant lui, une valeur de la surface donnant le minimum de frottement. Quant à la valeur du coefficient, elle peut varier de 1/5 à 1/12 pour le glissement sur les rails des bandages en fer ou en acier fondu. L'état de l'atmosphère a une très grande influence sur le frottement qui, d'après les expériences de MM. Wuillemin, Guebhard et Dieudonné, en désaccord sur ce point avec M. Bochet, paraît être plus grand par un temps sec ou une forte pluie que par un temps simplement humide. D'autres études ont été faites sur le frottement des fusées d'essieux de vagons, tournant dans des coussinets de bronze. Les plus anciennes sont dues à Wood qui trouva $f=0,05$ pour une pression de 7 kilogrammes par centimètre carré, et des valeurs de f plus grandes pour des charges inférieures ou supérieures à la précédente. Vers 1860, M. Kirchwéger aux ateliers de Hanovre, et MM. Bokelberg et Welkmer, aux ateliers de Gœttingue, firent des expériences précises à l'aide d'un appareil analogue au frein de Prony et trouvèrent que f est égal à 0,014 pour de grandes vitesses de rotation et plus grand pour des vitesses plus petites. En résumé, les lois fondamentales de la théorie du frottement peuvent être admises lorsque la vitesse, la charge ou la surface varient peu ; mais dans chaque cas, si l'on veut une valeur exacte du coefficient, il faut la tirer d'expériences faites dans des conditions analogues à celles dans lesquelles on se trouve.

Frottement des cuirs emboutis. Les cuirs emboutis sont d'un emploi général dans les machines toutes les fois qu'on veut obtenir un assemblage étanche avec un piston mobile, le frottement de ces cuirs exerce donc une grande influence sur le rendement de ces machines, et la détermination exacte de cet élément présente par suite en mécanique une importance particulière. Nous avons déjà signalé, au mot ESSAIS MÉCANIQUES DES MÉTAUX, les expériences exécutées au chemin de fer de Lyon par M. G. Marié pour en obtenir une mesure exacte, nous croyons devoir les résumer brièvement ici en raison de l'intérêt du sujet et des résultats tout à fait imprévus qu'elles ont donné. On en trouvera d'ailleurs un compte rendu détaillé dans les *Annales des mines*, 7ᵉ série, tome XIX.

Le tableau suivant, que nous empruntons au Mémoire de M. G. Marié, donne, pour chaque valeur de la pression exercée sur le piston d'expériences, celle de l'effort nécessaire pour le déplacer, d'où on a déduit le coefficient de frottement des cuirs emboutis pour chacune des pressions observées.

Pression en C en kil. par centimètre carré	Efforts sur le piston		Coefficient de frottement des cuirs emboutis	
	Maximum	Minimum	Maximum	Minimum
10	160	152	0.0049	0.0033
50	262	211	0.0050	0.0030
100	365	256	0.0045	0.0024
150	461	307	0.0042	0.0022
200	518	371	0.0038	0.0023
250	627	448	0.0038	0.0024
300	640	480	0.0033	0.0023
350	723	544	0.0033	0.0023
400	749	576	0.0030	0.0022
450	813	601	0.0029	0.0020
500	813	640	0.0027	0.0020
550	813	672	0.0024	0.0019
600	915	665	0.0025	0.0017
0	135	135	0.	0.

On remarquera que la valeur du coefficient de frottement va en diminuant à mesure que la pression augmente ; même sous sa valeur maxima le chiffre est toujours inférieur à 0,005 et, par conséquent, il peut être regardé comme négligeable dans la plupart des cas. Il ne faut pas oublier, ainsi que nous le disions plus haut, que le chiffre généralement admis est bien différent, il atteint, en effet, 0,120 et se trouve ainsi 24 fois supérieur au coefficient trouvé par M. Marié pour les cuirs bien graissés. Ces nouveaux résultats sont de nature à modifier complètement les opinions admises à ce sujet, et c'est ce qui donne un intérêt particulier aux recherches de M. Marié.

RÔLE DU FROTTEMENT DANS LA NATURE ET DANS LES ARTS. Le frottement joue dans la nature un rôle capital, il n'est pas de phénomène où nous ne retrouvions ses effets. C'est lui qui nous permet de marcher en opposant une résistance à notre pied ; sur un sol trop lisse, la marche devient difficile, parfois même impossible. Quand nous saisissons un objet, c'est le plus souvent le frottement qui le fait rester entre nos doigts. Les fils dont sont formés nos vêtements, les cordes qui nous servent journellement ne doivent leur solidité qu'au frottement des fibres qui les composent. C'est encore lui qui donne à nos constructions toute leur stabilité, et qui maintient les pilotis dans les sols mouvants, etc. Dans les arts mécaniques, comme nous l'avons déjà dit, son rôle est tantôt utile et tantôt nuisible. Ainsi les locomotives remorquent les trains à des vitesses considérables sans que les roues patinent parce que le frottement de glissement ou adhérence des roues motrices sur le rail surpasse l'effort de traction du train ; mais d'un autre côté, une partie considérable de la puissance de la machine est employée à vaincre les résistances de ses propres organes : dans une machine de 400 chevaux, le frottement des tiroirs en absorbe à lui seul de 30 à 35. Comme applications utiles, citons encore tous les genres de frein, les transmissions par courroies, les engrenages à frottement, etc. Dans les machines, on diminue le frottement en lubrifiant les surfaces avec des corps gras qui s'interposent entre elles, et de plus empêchent les pièces de chauffer ou de gripper ; encore faut-il que la pression ne soit pas assez forte pour chasser le corps lubrifiant. Il ne faut guère dépasser 15 kilogrammes par centimètre carré pour la graisse, 20 kilogrammes pour l'huile, 10 kilogrammes pour l'eau. Lorsque les pressions sont très fortes, on évite le grippement en remplissant d'alliages spéciaux, tels que l'antifriction, des cavités ménagées dans les parties frottantes. Ces alliages font en quelque sorte l'effet d'une graisse extrêmement consistante.

Nous avons parlé plusieurs fois du travail perdu par le frottement. En réalité ce travail se transforme en chaleur et n'est perdu que quand on abandonne la chaleur qu'il fournit. C'est en se basant sur cette transformation que Joule a déterminé l'équivalent mécanique de la chaleur.

Frottement dans le liquide et dans le gaz. Le frottement n'est pas spécial aux solides, il se manifeste aussi dans le mouvement des fluides dont les molécules éprouvent de la résistance à se déplacer soit sur la surface d'un corps solide, soit les unes par rapport aux autres. C'est pour cette raison que dans une rivière le courant est plus fort au milieu que sur les bords. — M. F.

FROTTERIE. T. techn. Action de faire disparaître au sortir du moule les barbes adhérentes aux angles et de donner une épaisseur égale à la tige des *caractères d'imprimerie*. — V. cet article.

FRUITÉ, ÉE. *Art hérald.* Se dit des arbres chargés de fruits d'un émail différent.

FUCHSINE. *T. de chim.* La fuchsine (*rouge magenta, azaléine, solférino*, etc.) est une belle matière colorante rouge, obtenue par l'oxydation d'un mélange d'alcaloïdes dérivant du goudron de houille. C'est une des premières matières colorantes artificielles obtenues (V. t. I, p. 173) et c'est encore la plus importante, après l'alizarine artificielle. Nous croyons donc utile, en raison de l'importance de cette fabrication, d'entrer dans certains détails théoriques et pratiques sur la production de la fuchsine.

— En 1856, Natanson observa dans l'action du chlorure d'éthylène sur l'aniline la formation d'une matière colorante rouge. Deux ans après, Hofmann obtint le même produit en chauffant, pendant trente heures en vase clos à 180°, le tétrachlorure de carbone avec l'aniline. Précédemment déjà, Gerhardt avait constaté la formation de matières rouges avec l'aniline dans diverses circonstances. Le premier procédé utilisé industriellement pour la production de la fuchsine est dû à Verguin ; il consiste à chauffer l'aniline à l'ébullition avec du tétrachlorure d'étain anhydre, SnCl⁴ (Brevet du 8 avril 1856, n° 40635). Le procédé de Hofmann a été introduit dans la pratique par Lauth, Ch. Dollfus-Galline et Monnet et Dury.

Le procédé de Verguin fut breveté en France en faveur de Renard frères, de Lyon ; la *possession exclusive de la matière colorante rouge* fut accordée à ces fabricants après un grand nombre de procès, et ce monopole a été pendant de longues années pour l'industrie française une charge des plus onéreuses.

Formation du rouge d'aniline. Le rouge d'aniline se forme dans beaucoup de circonstances ; de tous les procédés indiqués, deux seuls sont pratiques et se partagent la faveur des fabricants : ce sont : le procédé à l'acide arsénique, et le procédé Coupier à la nitrobenzine. Il serait à désirer que le premier de ces modes de fabrication, qui met en jeu un agent aussi dangereux que l'acide arsénique fut complètement abandonné.

CONSTITUTION ET NATURE DE LA FUCHSINE. La nature chimique et la constitution de la fuchsine ont été complètement éclaircies par les travaux de ces dernières années. Nous allons donner un résumé succinct des résultats obtenus. La fuchsine commerciale est le chlorhydrate d'une base incolore par elle-même, qu'on nomme *rosaniline* (Hofmann). Les dernières recherches ont montré qu'il existe toute une série de rosanilines homologues, dont le premier terme est la para-rosaniline de E. et O. Fischer. On savait depuis longtemps que l'aniline pure $C^6 H^5. Az H^2$, traitée par l'acide arsénique ne donnait pas de rouge. L'aniline dite *pour rouge* est un mélange d'aniline, d'ortho-toluidine et de para-toluidine. La fuchsine obtenue par l'oxydation de ce mélange est le second terme de la série ; sa formule est $C^{20} H^{19} Az^3 HCl$. La base libre (rosaniline) a pour formule $C^{20} H^{21} Az^3 O$. Elle constitue la majeure partie du produit commercial.

En oxydant par l'acide arsénique un mélange de 1 molécule de para-toluidine et 2 molécules d'aniline, on obtient la rosaniline la plus simple, la *para-rosaniline* $C^{19} H^{19} Az^3 O$, qui diffère de la rosaniline ordinaire obtenue en oxydant molécules égales d'aniline, d'ortho, et de para-toluidine, par CH^2 en moins. Si l'on remplace l'aniline ou la toluidine par leurs homologues supérieurs, on obtient toute une série de rosanilines homologues à poids moléculaire de plus en plus élevé. A mesure que le poids moléculaire augmente, la nuance tire plus sur le violet. Dans la formation des fuchsines, il importe de tenir compte des isoméries de position si nombreuses dans la série aromatique. Ce serait une erreur de croire qu'on peut remplacer une

base quelconque de la série de l'aniline par un isomère qui en diffère seulement par la position relative des groupes substituants ; si, par exemple, dans la production de fuchsine ordinaire, on remplace une molécule de para-toluidine par une molécule d'ortho-toluidine ou, en d'autres termes, si on oxyde un mélange de une molécule d'aniline et de deux molécules d'ortho-toluidine, on n'obtient *pas trace* de fuchsine. La présence d'un dérivé amidé de la para-série est *absolument nécessaire* à la production de fuchsine (E. et O. Fischer).

Rosenstiehl et Gerber ont rangé les alcaloïdes envisagés au point de vue de la production de fuchsines, en trois catégories différentes :

1° La première catégorie comprend la para-toluidine, l'α métaxylidine et la mésidine ;

2° La deuxième, l'aniline, l'ortho-toluidine et la γ métaxylidine ;

3° Finalement, la troisième comprend la méta-toluidine et la xylidine symétrique.

Les bases de la première catégorie appartiennent à la série para ; elles ne donnent, ni seules ni deux à deux, de la fuchsine lorsqu'on les soumet à l'action de l'acide arsénique. Mélangées avec deux molécules des bases de la seconde catégorie, on obtient des fuchsines. Les bases de la deuxième catégorie ne donnent également pas de fuchsines par elles-mêmes, elles n'en donnent qu'avec les bases de la première catégorie. Quant aux bases rangées dans la troisième catégorie, elles ne donnent de fuchsine ni seules ni combinées aux bases des deux autres catégories.

Nous dirons d'abord quelques mots de la para-rosaniline qui, quoique n'étant pas fabriquée industriellement, présente un intérêt scientifique considérable, car elle a donné la clef de la structure intime des dérivés de la rosaniline.

La para-rosaniline se prépare en traitant par l'acide arsénique à une température élevée un mélange de deux molécules d'aniline et une molécule de paratoluidine ; on l'isole tout comme la rosaniline ordinaire (V. plus loin). La base libre cristallise en aiguilles incolores, qui se colorent en rose à l'air ; elle est très peu soluble dans l'eau. Traitée par les acides minéraux concentrés, elle se dissout en brun-jaune ; l'addition d'une grande quantité d'eau fait virer la couleur au rouge, et une nouvelle addition d'acide donne de nouveau la coloration jaune ; ce phénomène est dû à la formation de deux sels qui contiennent diverses quantités d'acide. La rosaniline, en effet, est une base triacide ; les sels qui en dérivent par fixation de trois radicaux acides monovalents sont bruns, ils sont très instables, l'eau les décompose en donnant les sels monoacides qui, seuls, peuvent être obtenus à l'état de cristaux et qui constituent les produits commerciaux.

La para-rosaniline, traitée par les réducteurs, fixe deux atomes d'hydrogène en perdant une molécule d'eau ; on obtient un corps incolore, la *leucaniline* $C^{19} H^{19} Az^3$, dont les sels sont également incolores et qui ne peut pas être nettement transformé en rosaniline par l'action des oxydants. Cette leucaniline, traitée successivement par l'acide nitreux et par l'alcool, se transforme en triphényl-

méthane CH (C⁶H⁵)³. [V. Colorantes (Matières)].
On peut réaliser également la transformation
du triphénylméthane en rosaniline, en traitant cet
hydrocarbure par l'acide nitrique; le trinitrotri-
phénylméthane ainsi obtenu, oxydé par l'acide
chromique, se transforme en trinitrotriphényl-
carbinol et ce dernier, réduit avec précaution,
fournit de la rosaniline.

Cette élégante synthèse, due à MM. E. et O. Fischer, a donné la clef de la constitution de la rosaniline et des nombreux dérivés colorés qui s'y
rattachent. Les formules suivantes rendent compte
des rapports qui existent entre ces différentes substances.

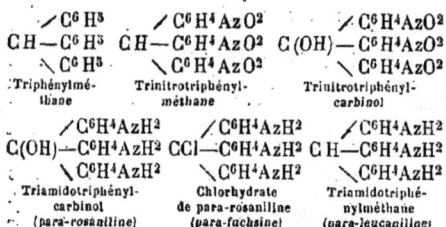

$$CH \begin{cases} C^6H^3 \\ C^6H^3 \\ C^6H^5 \end{cases} \quad CH \begin{cases} C^6H^4AzO^2 \\ C^6H^4AzO^2 \\ C^6H^4AzO^2 \end{cases} \quad C(OH) \begin{cases} C^6H^4AzO^2 \\ C^6H^4AzO^2 \\ C^6H^4AzO^2 \end{cases}$$

Triphénylmé-   Trinitrotriphényl-   Trinitrotriphényl-
thane   méthane   carbinol

$$C(OH) \begin{cases} C^6H^4AzH^2 \\ C^6H^4AzH^2 \\ C^6H^4AzH^2 \end{cases} \quad CCl \begin{cases} C^6H^4AzH^2 \\ C^6H^4AzH^2 \\ C^6H^4AzH^2 \end{cases} \quad CH \begin{cases} C^6H^4AzH^2 \\ C^6H^4AzH^2 \\ C^6H^4AzH^2 \end{cases}$$

Triamidotriphényl-   Chlorhydrate   Triamidotriphé-
carbinol   de para-rosaniline   nylméthane
(para-rosaniline)   (para-fuchsine)   (para-leucaniline)

Quant à la fuchsine ordinaire, elle diffère, comme
nous l'avons vu plus haut, de la para-fuchsine par
un groupe méthyle en plus. Sa formule est :

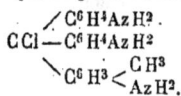

$$CCl \begin{cases} C^6H^4AzH^2 \\ C^6H^4AzH^2 \\ C^6H^3 < {CH^3 \atop AzH^2} \end{cases}$$

Ses propriétés sont analogues à celles de la
para-fuchsine. Elle teint les fibres textiles en
nuances plus violacées que la para-fuchsine.

La rosaniline, traitée par les éthers simples
(V. Éther) échange en partie l'hydrogène des
groupes AzH² contre le radical alcoolique dont on
a employé l'éther. Avec le chlorure de méthyle,
par exemple, on obtient une *triméthylrosaniline* dont
les sels constituent le *violet Hofmann*; ce produit
n'est plus guère employé aujourd'hui. L'aniline a
une action analogue; chauffée à 180° avec de la
rosaniline, elle donne une *rosaniline triphénylée*
insoluble dans l'eau (Bleu de Lyon, V. Bleu). Ce
corps se forme avec dégagement d'ammoniaque.

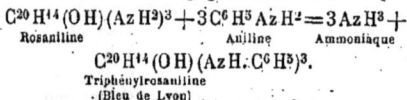

$$C^{20}H^{14}(OH)(AzH^2)^3 + 3C^6H^5AzH^2 = 3AzH^3 +$$
Rosaniline   Aniline   Ammoniaque

$$C^{20}H^{14}(OH)(Az H.C^6H^5)^3.$$
Triphénylrosaniline
(Bleu de Lyon)

Ces réactions sont de la plus haute importance
pour l'industrie des matières colorantes artificielles.

Nous avons tenu à donner un exposé succinct
de la théorie des rosanilines telle qu'elle a été établie par des travaux récents, car la connaissance
de ces faits a été d'une grande utilité pour l'étude
industrielle de la question. Nous allons maintenant passer à la partie pratique de cet exposé, en
décrivant les procédés actuellement suivis pour la
fabrication en grand de la fuchsine.

Fabrication industrielle de la fuchsine. *Pro-*
cédé à l'acide arsénique. Le procédé à l'acide arsénique date de plus de vingt ans; il n'a subi que

des modifications insignifiantes et tend à être
remplacé par le procédé à la nitrobenzine qui est
beaucoup plus avantageux. Les usines qui ont
conservé l'ancien procédé le font plus par routine
que par d'autres raisons. Il serait à souhaiter,
dans l'intérêt de la salubrité publique, qu'il fut
entièrement abandonné.

Ainsi que nous l'avons dit à plusieurs reprises,
la seule fuchsine commerciale est le chlorhydrate
de la rosaniline dérivant d'un noyau de 20 atomes
de carbone et formée aux dépens de molécules égales d'aniline, de ortho-toluidine et de para-toluidine.
dine. C'est le second terme de la série. Actuellement, la plupart des fabricants préparent
eux-mêmes leurs mélanges de toluidine et d'aniline. Autrefois, les anilines commerciales provenaient de la nitration et réduction successives
d'un mélange de benzine et de toluène (huiles
légères); c'étaient les anilines dites *pour rouge*.
Grâce aux efforts de M. Coupier, on est parvenu,
par l'emploi d'appareils à colonnes, analogues à
ceux usités dans les distilleries d'alcools, à séparer nettement la benzine et le toluène, qu'on
nitre et réduit séparément. La toluidine ainsi
préparée, renferme, en moyenne, 33 0/0 du dérivé
para. Les anilines pour rouge, préparées par mélange de cette toluidine avec de l'aniline, renferment donc un excès considérable d'ortho-toluidine;
pendant l'oxydation, cette dernière base, ainsi
qu'une partie de l'aniline, distillent et sont utilisées pour la préparation de la safranine (échappés). Voici quelle est, en moyenne, la composition
des anilines pour rouge.

Aniline	30 — 40 0/0
Ortho-toluidine	45 — 50
Para-toluidine	18 — 25

L'appareil employé pour la fabrication de la
fuchsine, consiste en une cornue cylindrique en
fer (fig. 223) chauffée sur voûte, le chapiteau est
traversé par un agitateur; un tuyau servant à introduire de la vapeur plonge jusqu'au fond de
l'appareil, un autre tuyau abducteur communique
avec un serpentin destiné à condenser les alcaloïdes qui distillent pendant l'opération (échappés).
A la partie inférieure, se trouve un large tube de
vidange. On introduit dans l'appareil 1,000 kilogr.
de mélange de bases et 1,500 kilogr. d'acide arsénique à 75 0/0. On chauffe pendant huit à dix heures à 190° ou 200° en agitant constamment.
Lorsqu'une tâte prélevée sur la masse est devenue
cassante et présente de beaux reflets mordorés, on
cesse de chauffer. La marche spéciale à suivre
diffère suivant les mélanges de bases employés.
Si, par exemple, on emploie un excès d'aniline, ce
qui régularise la réaction, on laisse des quantités
considérables d'alcaloïdes dans la cuite. Quelques
autres fabricants poussent, au contraire, l'action
de la chaleur jusqu'à distillation complète de l'a-
niline. Il est donc impossible de donner une règle
précise sur la manière d'opérer, qui diffère souvent notablement d'une usine à l'autre. On introduit petit à petit en agitant, de l'eau bouillante
dans la cornue, de façon à hydrater le produit
brut. A ce moment, on ferme à l'aide d'un robinet
le conduit abducteur des produits de distillation;

et au-moyen de la vapeur à haute pression, on chasse le contenu de l'appareil par un tube plongeant jusqu'au fond, dans de grandes chaudières closes munies d'agitateurs, dans lesquelles la dissolution du rouge brut se fait sous pression. On évite ainsi, dans une certaine mesure, de mettre en contact les ouvriers avec les produits arsénicaux. La température dans les chaudières d'extraction atteint 140° et la pression 5 atmosphères. Le contenu est ensuite chassé à travers un filtre de sable ou un presse-filtre qui retient, outre la matière résineuse, de la mauvaniline, de la violaniline et une petite quantité d'arséniate et d'arsénite de rosaniline. La solution qui a passé est conduite dans des barques, où on la laisse refroidir à 69-70°. On obtient ainsi un dépôt formé de mauvaniline et d'arsénite de rosaniline. Le liquide est transvasé dans des réservoirs en tôle et additionné d'une quantité de sel marin égale à celle du rouge brut. Il se forme alors, par double décomposition de l'arsénite et de l'arséniate de sodium et du chlorhydrate de rosaniline. Ce dernier, qui est insoluble dans une solution saline concentrée, se précipite. Au bout de quelques

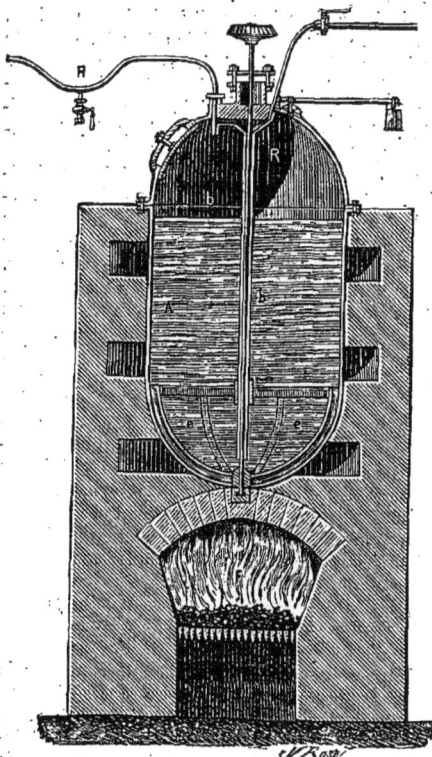

Fig. 223.

A Cornue cylindrique en fer — R Dôme de la cornue. — b Tube en fonte dans lequel se meut l'axe de l'agitateur a. — R Tube servant à l'issue des vapeurs d'eau et d'aniline qui se dégagent pendant l'oxydation et à l'introduction de la vapeur sous pression. — v Tube servant à l'introduction de l'eau pour hydrater la masse et servant également de tube de vidange la pression étant alors donnée par R. — F Foyer.

jours, on recueille le précipité, on le lave avec une petite quantité d'eau pour le débarrasser des eaux mères et des sels qu'il a entraînés et on le dissout dans 40 ou 50 fois son poids d'eau bouillante. La solution est filtrée et abandonnée à la cristallisation dans des grands bacs dans lesquels sont suspendues des baguettes en laiton. Après quelques jours, on soutire les eaux mères des cristaux qui se sont formés et on les précipite par du sel marin. Le chlorhydrate de rosaniline qui se sépare est purifié par cristallisation; la nouvelle eau mère ainsi obtenue renferme des matières colorantes jaunes; elle est réunie à celle du chlorhydrate brut.

Les eaux mères du chlorhydrate de rosaniline précipité renferment en outre, une certaine quantité de rosaniline, d'autres matières colorantes et les sels des acides de l'arsenic. On les traite par du carbonate de sodium; les matières colorantes se précipitent à l'état de bases insolubles; on filtre et on ajoute la quantité d'acide chlorhydrique nécessaire pour transformer ces bases en sels solubles dans l'eau. Ce produit desséché fournit le *cerise*. On peut le reprendre par l'eau bouillante additionnée d'acide chlorhydrique et précipiter la liqueur par du sel marin; on obtient ainsi une fuchsine à marque très jaune (grenat). Ce produit renferme une quantité considérable de chrysaniline; lorsqu'on tient à isoler cette dernière substance, on redissout la matière colorante dans l'eau et on soumet à une précipitation fractionnée par le sel marin. — V. plus loin.

Les dernières eaux mères qui ne renferment plus de matière colorante, contiennent encore une certaine quantité d'aniline et la totalité de l'arsenic employé. On les additionne d'un lait de chaux en excès et on distille. L'aniline passe avec les vapeurs d'eau et est recueillie.

Les eaux saturées d'aniline rentrent dans la fabrication, on les emploie pour épuiser les cuites. Le résidu calcaire qui reste dans l'appareil distillatoire renferme l'arsenic; on fait écouler ces eaux dans des fosses étanches et on les traite par un mélange de chaux et de sulfate de fer, avant de laisser couler dans les rivières; les boues arsénicales sont égouttées et jetées à la mer. Il n'existe presque pas d'usines qui régénèrent l'arsenic.

Traitement des résidus insolubles provenant de la dissolution du rouge brut. Les résidus insolubles qui restent dans les filtres-presses renferment encore une certaine quantité de rosaniline qu'on en extrait en les faisant bouillir avec de l'eau acidulée d'acide chlorhydrique. La solution est filtrée, puis précipitée par le sel marin; le chlorhydrate de rosaniline se sépare et est purifié par cristallisation, comme il a été dit plus haut.

Le résidu qui refuse de se dissoudre dans l'eau aiguisée d'acide chlorhydrique, est soumis à l'ébullition avec de l'eau fortement additionnée d'acide chlorhydrique. La solution est filtrée et précipitée par un lait de chaux. On obtient ainsi un produit dont on peut tirer parti en teinture pour obtenir des nuances marron. On le recueille sur un filtre et on le livre au commerce sous forme de pâte. Ce produit contient une quantité relativement grande. de chrysaniline à l'état impur. Pour isoler cette dernière, on le soumet à une précipitation fractionnée avec de petites quantités de sel marin ; la chrysaniline finit par s'accumuler dans les eaux mères. On achève la purification en redissolvant dans de l'eau acidulée avec l'acide chlorhydrique et on ajoute du nitrate de soude. La chrysaniline forme un nitrate peu soluble, qui se précipite sous forme d'une poudre orangée. Le produit ainsi obtenu constitue la *phosphine* commerciale.

PRÉPARATION DE LA ROSANILINE A L'ÉTAT DE BASE. La préparation de la rosaniline libre s'effectue sur une grande échelle pour la fabrication des bleus (V. BLEU). Le chlorhydrate de rosaniline purifié est dissous dans 30-40 fois son poids d'eau et la solution filtrée est précipitée par un léger excès de soude. Par le refroidissement, la rosaniline se dépose à l'état cristallisé. Les eaux mères qui renferment encore une petite quantité de rosaniline sont saturées par l'acide chlorhydrique et précipitées par le sel marin. La fuchsine ainsi obtenue est très impure et d'une nuance très terne. Elle rentre dans les sous-produits.

PROCÉDÉ COUPIER. Dans le procédé à l'acide arsénique que nous venons de décrire, c'est ce dernier corps qui fournit l'oxygène nécessaire à la production de rosaniline. Dans le procédé Coupier, l'oxygène est fourni par la nitrobenzine qui elle-même passe à l'état d'aniline et se transforme ultérieurement en partie en fuchsine.

Le procédé employé est le suivant :

Dans des chaudières en fonte émaillée, munies d'un agitateur, on introduit 40 kilogrammes d'aniline pour rouge qu'on sature avec de l'acide chlorhydrique ; on évapore jusqu'à ce que la cuite ait atteint une température de 140°, on ajoute 20 kilogrammes d'aniline et 40 kilogrammes d'une nitrobenzine dont la composition correspond à celle de l'aniline employée (1). Pendant la réaction on ajoute 1-2 kilogrammes de tournure de fer. On peut remplacer la tournure de fer avec avantage par certains sels métalliques, notamment par les *sels de vanadium*. Il suffit alors d'ajouter à la cuite 1-5/10000 du poids total de vanadate d'ammoniaque. Le fer ou le vanadium agissent ici comme *moyen de transport* de l'oxygène et se retrouvent à la fin de l'opération. Par l'emploi de vanadium, on obtient une masse qui s'épuise beaucoup plus facilement par l'eau (2). Le couvercle de la chaudière communique par un tuyau abducteur avec son réfrigérant, où viennent se condenser les vapeurs d'aniline et de nitrobenzine qui échappent à la réaction. La température de la chaudière est maintenue à 190-200°. Lorsqu'une tâte a acquis la texture et la couleur caractéristique de la fuchsine on jette le feu. L'épuisement s'effectue comme dans l'ancien procédé. Les dernières eaux-mères sont distillées avec de la chaux pour en retirer l'aniline, et le résidu

(1) Ici encore la composition des mélanges diffère notablement suivant les usines. On peut employer, par exemple, à l'état d'alcaloïde, de la toluidine seule et fournir l'aniline à l'état de nitrobenzine et ainsi de suite.

(2) Les sels de fer forment avec la rosaniline des espèces de laques presque insolubles dans l'eau et qu'on décompose difficilement.

s'écoule dans la rivière ; il ne renferme, en effet, que des sels abolument inoffensifs. Les échappés de la fabrication de la fuchsine par le procédé Coupier, sont constitués par un mélange de nitrobenzine et d'aniline. Ils rentrent dans la fabrication. On analyse ces corps de la manière suivante : on ajoute de l'acide chlorhydrique et on entraîne la nitrobenzine par un courant de vapeur d'eau ; on ajoute alors de la soude au résidu ; l'aniline mise en liberté distille ; la différence entre le poids total et le poids de l'aniline et de la nitrobenzine obtenus est due à des impuretés. Généralement, ces échappés renferment 25 0/0 de dérivé nitré et 75 0/0 d'alcaloïde.

La fuchsine obtenue par le procédé Coupier est plus riche en chrysaniline que la fuchsine à l'acide arsénique. On obtient en moyenne 25 0/0 de fuchsine et 25 0/0 de sous-produits riches en matière jaune du poids du mélange employé, déduction faite des échappés et de l'aniline régénérée.

Utilisation des résidus de la fabrication de la fuchsine. Les deux procédés de fabrication que nous venons de décrire sont loin de donner le rendement théorique en matière colorante. En effet, sur 100 parties de mélange, il se forme de 50 à 60 parties de corps résineux qui ne renferment pas de matière colorante. Dans le procédé à la nitrobenzine ces résidus sont exclusivement constitués par des substances organiques. On a essayé de les utiliser de la manière suivante : on les distille dans des cornues à gaz ; on obtient de l'eau, de l'ammoniaque et un mélange d'alcaloïdes qu'on décante et qu'on rectifie. La partie plus volatile renferme de l'aniline, de la toluidine, de la xylidine ; elle rentre dans la fabrication du rouge. La portion qui bout à une température plus élevée, est constituée par de la naphtylamine, de l'acridine, de la diphénylamine et des corps homologues. On les utilise dans la fabrication d'autres matières colorantes.

Le résidu de la distillation constitué par du coke, est brûlé sous les générateurs.

Les résidus du procédé à l'acide arsénique ne peuvent subir ce traitement à cause de la quantité notable d'arsenic qu'ils renferment. Lorsqu'ils se sont accumulés en grande quantité, on les jette à la rivière.

Dérivés sulfoconjugués de la rosaniline. Ces matières colorantes ont reçu, dans ces dernières années, une large application en teinture ; elles présentent, en effet, la propriété de ne pas virer sous l'influence des acides. On peut ainsi obtenir des nuances composées avec les couleurs azoïques qui sont presque toutes des dérivés sulfonés. La préparation de la fuchsine S ou As est très simple. On chauffe vers 150° 10 kilogrammes de fuchsine avec 40 kilogrammes d'acide sulfurique fumant à 25 0/0 d'anhydride. On arrête l'opération lorsqu'une tâte se dissout dans les alcalis en donnant une liqueur incolore. On verse le produit dans l'eau, on sature par la chaux et on filtre ; la liqueur filtrée qui renferme le sel de calcium de la matière colorante est transformée en sel de soude par double décomposition avec le carbonate de soude. On ajoute au liquide de l'acide chlorhydrique pour le transformer en sel acide et on évapore à siccité. Le sel acide ainsi obtenu présente le mordoré de la fuchsine ordinaire, tandis que le sel neutre est jaunâtre.

Emplois de la fuchsine. La fuchsine est une des matières colorantes artificielles les plus importantes, par elle-même, et comme matière première pour la fabrication des bleus. Vendue à l'origine à des prix extrêmement élevés (1,500 francs le kilogramme), elle a subi la marche descendante de toutes les couleurs d'aniline. Les plus belles marques de fuchsine se vendent actuellement dans les prix de 15 à 18 francs le kilogramme. La valeur totale de la production de la fuchsine peut être estimée à 15 ou 20 millions de francs par an.

La fuchsine est employée pour la teinture du coton, de la laine et de la soie. La fuchsine acide sert surtout à l'obtention de nuances mode sur laine par association avec les couleurs azoïques.

Les sous-produits de fuchsine sont également consommés en quantités considérables dans la teinture des tapis de qualité inférieure. — G. B.

FULMI-COTON. — V. CELLULOSE, COTON-POUDRE.

FULMINATE. Sel formé par la combinaison de *l'acide fulminique* avec certaines bases telles que l'oxyde de mercure, d'argent, etc. L'acide fulminique est formé de cyanogène et d'oxygène et a pour formule CyO ou C^2AzO, jusqu'ici il n'a pu être isolé et n'est connu qu'en combinaison. Les éléments de ses sels sont si faiblement unis entre eux, que le moindre choc, le moindre frottement, une faible élévation de température, ou l'action de l'acide sulfurique concentré, en déterminent la décomposition avec explosion.

— C'est en 1800 que Howard découvrit que les nitrates de mercure et d'argent, chauffés avec l'alcool et l'acide nitrique, donnaient des composés susceptibles de détoner avec une grande violence; on leur donna le nom de fulminates.

Le fulminate de mercure ou *mercure fulminant* (V. ce mot) est le seul dont l'usage se soit répandu. Ses effets brisants empêchent de l'employer au chargement des armes à feu, parce qu'il briserait le canon avant que le projectile ait eu le temps d'acquérir une vitesse suffisante; on ne peut l'utiliser que pour la confection des amorces, capsules, étoupilles et autres artifices dont on se sert pour transmettre le feu à une charge quelconque de poudre ou de tout autre explosif. Même pour la confection de ces divers artifices, on est forcé le plus généralement d'en mitiger l'effet en mélangeant le fulminate à d'autres corps (V. POUDRES FULMINANTES). On ne l'emploie seul que pour la fabrication des capsules spéciales, à l'emploi desquelles on est forcé d'avoir recours pour provoquer la détonation de la dynamite ou du coton-poudre. V. AMORCE, CAPSULE et DYNAMITE.

Le fulminate d'argent ou *argent fulminant* (V. ce mot) est encore plus dangereux à manier que le fulminate de mercure et détone avec encore plus de violence, aussi ne peut-il être employé pour la confection des amorces, mais il sert à préparer les amorces des bonbons chinois, appelés aussi pétards ou papillotes, ainsi que les cartes et pois

fulminants. Pour faire les amorces des bonbons, on prend une parcelle de fulminate d'argent humide que l'on colle avec quelques grains de verre pilé ou de sable, entre deux bandes étroites de parchemin et on laisse sécher; en tirant ces bandes en sens contraire, le frottement suffit pour déterminer l'explosion. Les cartes se préparent de la même manière; les pois fulminants sont de petites perles en verre creux dans lesquelles on introduit une faible quantité de fulminate; il suffit de les jeter par terre, ou de marcher dessus pour les faire éclater; quand on les manie sans précaution, ces jouets peuvent être dangereux, aussi ont-ils souvent causé des accidents.

Au contact de certains métaux tels que le zinc, le cuivre ou le fer, surtout si ces métaux sont en poudre fine, ou sous l'action de l'humidité et de la chaleur, il se produit une décomposition lente du fulminate de mercure; le mercure étant remplacé par les métaux; on obtient ainsi des fulminates correspondants de zinc, de cuivre, etc. Pour éviter la formation de ces fulminates, on doit avoir soin de recouvrir d'un vernis les enveloppes métalliques qui doivent contenir du fulminate de mercure.

Ces différents fulminates se conservent assez mal et n'ont pas été utilisés jusqu'ici; il en est de même des nombreux fulminates doubles d'argent, cuivre ou zinc et d'ammonium, baryum, calcium, etc., qui n'offrent d'intérêt qu'au point de vue de leur composition chimique. L'or et le platine dissous dans l'eau régale donnent également avec l'ammoniaque des produits fulminants sans application aucune.

FUMISTE. *T. de mét.* Ouvrier dont les travaux consistent à mettre ou à conserver en bon état les cheminées et les appareils de chauffage des habitations.

FUMISTERIE. *T. de constr.* Branche de la construction qui a pour objet l'établissement et l'entretien des cheminées, des poêles, des fourneaux, des calorifères, en un mot, de tous les appareils de chauffage et des conduites nécessaires soit à l'introduction de l'air dans les foyers, soit à l'évacuation des gaz produits par la combustion. Les ouvriers fumistes construisent les âtres, posent les rideaux, les tuyaux, placent les grilles, ramonent les cheminées, etc. Les outils qu'ils emploient sont le *marteau-hachette* des maçons avec lequel ils taillent surtout la brique; la truelle, un petit râteau à main, une échelle et des cordes. Ils reçoivent, en général, d'un fabricant spécial les objets de tôlerie dont ils ont besoin. A Paris, la plupart de ces ouvriers sont italiens.

FUMIVORE (Appareil). *T. techn.* On désigne sous ce nom les appareils ou les dispositifs employés pour assurer la combustion complète du charbon dans un foyer et conséquemment empêcher l'apparition de la fumée au sommet de la cheminée.

A quelque point de vue que l'on se place, le panache de fumée ne peut avoir que des effets nuisibles. Industriellement ou économiquement, il représente une certaine quantité de charbon qui se disperse dans l'atmosphère au lieu de contribuer à l'activité du foyer, mais c'est là le côté le moins important de la question, attendu qu'il suffit de quelques parcelles de carbone pour teinter la masse des gaz chauds résultant de la combustion. Hygiéniquement, il est peu salutaire de respirer un air mélangé de la sorte ; on s'aperçoit de ce désagrément dans les villes manufacturières surtout, et à bord, lorsque la fumée reflue dans certaines parties du navire ou même sur le pont. Elle laisse partout des traces de son passage, c'est pourquoi certains vieux marins regrettent le bon temps des navires à voiles, où tout était maintenu dans un état de propreté si remarquable, et où l'on ne risquait pas à tout instant de recevoir une escarbille dans l'œil.

Enfin, au point de vue de la puissance calorifique, les parties solides de la fumée se déposent dans les tubes et les courants de flamme, elles en rétrécissent les passages et s'opposent par leur épaisseur à la transmission de la chaleur à travers les parois.

C'est pour ces divers motifs que de nombreux inventeurs ont essayé des dispositions plus ou moins ingénieuses pour opérer la transformation complète du charbon en acide carbonique et en vapeur d'eau, résultat final d'une parfaite combustion.

Pour atteindre ce but, il faut qu'il arrive assez d'oxygène dans le foyer même, pour décomposer les hydrocarbures qui s'y forment et en déterminer la combustion au moment où ils se dégagent du charbon. Chaque nouvelle charge, dans les foyers alimentés à la main, est généralement suivie d'une ou plusieurs bouffées de fumée au sommet de la cheminée ; ceci provient de ce que les gaz carburés qui se dégageaient librement de la charge précédente, passée à peu près à l'état de coke, refroidis par le contact du combustible frais, ne peuvent plus brûler entièrement. Il faut donc fournir à ces gaz le moyen d'achever leur combustion en favorisant leur mélange aussi intime que possible avec l'agent comburant par excellence, l'oxygène, pendant leur parcours en un point quelconque au-dessus de la grille. C'est en multipliant les points de contact de cet agent avec le combustible et les hydrocarbures que l'on peut parvenir à éviter la production de la fumée.

Notons que ceci s'applique aussi bien aux lampes à huile de toutes sortes qu'aux becs de gaz et aux foyers des chaudières à vapeur.

De nombreux essais ont été tentés pour opérer la suppression de la cheminée ; nous n'entreprendrons pas d'en donner la nomenclature qui serait forcément incomplète, nous citerons cependant le *foyer fumivore de Chodzko*, la *grille de Holzhausen*, les *grilles à gradins*, les *grilles mobiles*, etc.

Injection d'air supplémentaire. Tous les foyers ordinaires des bâtiments de la marine militaire ont les portes percées d'un certain nombre de trous ; sur quelques rares navires, ces portes sont garnies d'une plaque glissante qui permet d'augmenter ou de diminuer la somme des trous libres ou leur section. L'autel est percé lui-même de trous de passage pour l'air, afin de fournir l'élément nécessaire à l'oxyde de carbone, qui arrive dans la boîte à feu, pour pouvoir passer à l'état d'acide carbonique.

En outre de ces moyens, on a employé diverses autres méthodes : entretoises creuses dirigeant l'accès de l'air vers le milieu de la hauteur de la couche (V. ENTRETOISE, FOYER); autel en fonte percé de nombreux canaux dans lesquels circule l'air appelé par l'élévation de température de l'autel. Cet air se mélange avec les produits de la combustion que l'on oblige à s'infléchir vers l'autel par une *chicane* partant du ciel du foyer. Ce dernier système donne de bons résultats, mais il n'a pas une longue durée, l'écran ou chicane se détériore vite ainsi que les canaux d'arrivée d'air.

De même que pour les grilles mobiles, de nombreux inventeurs ont attaché leurs noms à des systèmes d'injection d'air supplémentaire par des moyens analogues à ceux décrits ci-dessus.

Nous décrivons à l'article FOYER l'appareil Thierry qui est destiné à activer la combustion au moyen d'une injection de vapeur, faite dans le foyer afin d'assurer le mélange intime de l'air aspiré avec les hydrocarbures.

Des appareils analogues ont été proposés et essayés par MM. Courbebaissé, ingénieur de la marine, Turck, ingénieur du chemin de fer de l'Ouest, Kœrting, Cuau, etc. Dans ces systèmes l'injection supplémentaire d'air est obtenue par entraînement, à l'instar des injecteurs Giffard, si répandus aujourd'hui pour l'alimentation des chaudières.

Le jet de vapeur dans la cheminée ou le chauffage en vases clos, sont les seuls moyens fumivores employés couramment sur la plupart des navires, des torpilleurs et des canots à vapeur.

Dans l'industrie, les règles imposées par la législation pour la hauteur des cheminées, ont pour but de remédier à l'insuffisance des moyens fumivores que l'on a à sa disposition.

FUMIVORITÉ. *T. techn.* Action de brûler la fumée, ou mieux de s'opposer à la formation de la fumée, partout où ce produit désagréable peut se manifester.

FUSAIN. Procédé de dessin au moyen de tiges de bois de fusain calcinées à l'état de charbon. L'avantage, comme aussi l'inconvénient du charbon de fusain est qu'il adhère à peine aux surfaces sur lesquelles on l'applique, qu'on l'en fait disparaître très facilement par le plus léger frottement avec de la mie de pain, avec une peau de gant, même par le souffle. Son emploi par cela même est tout indiqué dans l'exécution de toute esquisse, aussi bien par l'élève qui cherche la mise en place des lignes essentielles d'un modèle graphique, que par l'artiste qui cherche le mouvement général d'une composition, la disposition d'un groupe, l'attitude d'une figure. Lorsque le dessinateur a déterminé au fusain un tracé ou trait satisfaisant, il fixe ce trait en le repassant au crayon noir ou à la plume, puis il efface, comme nous l'avons dit, le complaisant fusain dont il ne reste plus trace après qu'il s'est prêté à tous les tâtonnements et aux reprises d'une main inexpérimentée, comme aux emportements, à la fougue, aux repentirs, aux élans tour à tour d'une imagination d'artiste en travail de composition.

La fragilité du fusain cependant n'est pas irrémédiable, on peut le fixer au moyen de poussière d'eau gommée projetée à la surface à l'aide d'un instrument pulvérisateur. Il arrive donc souvent que séduits par la facilité de maniement du fusain, par la rapidité avec laquelle il rend les effets les plus larges, modèle les grandes masses et suit les contours les plus délicats, il arrive que les artistes n'emploient pas d'autre procédé pour achever des modèles complets ou cartons de compositions décoratives dessinés, dans ce cas, aux dimensions de l'exécution définitive de l'œuvre même. C'est ainsi que l'on conserve au Louvre les cartons de M. Ingres pour les vitraux de la chapelle de Dreux.

D'autre part, la douceur et la variété des tons du noir au blanc que l'on trouve dans le fusain, a conduit quelques artistes modernes à l'employer comme un procédé d'art complet et suffisant en soi. Decamps le premier a donné l'exemple, et à sa suite il s'est formé une école de *fusinistes* qui a produit dans les scènes de genre et dans le paysage des œuvres remarquables, dont nous évoquerons le souvenir en citant les noms de MM. Appian, Bonvin, Allongé, Max-Lalanne, Lhermitte, Pointelin, etc.

FUSEAU. T. *de filat.* Instrument dont se servaient anciennement les fileuses à la main et qui, plus petit et de même forme, sert encore aux dentellières. Il se composait d'un bâton en bois léger, de cinq à six pouces de long, renflé au milieu, et se terminant en pointe à chaque bout; il était muni d'un côté d'un rebord saillant destiné à maintenir le fil et à l'empêcher de s'échapper. Le fuseau servait alternativement à tordre le fil que l'ouvrière tirait brin à brin de sa quenouille, puis à le renvider en bobine. Le fuseau est devenu de nos jours la broche des métiers à filer Mull-Jenny et renvideurs. — V. DENTELLE, FILER (métiers à).

I. FUSÉE. T. *de pyrotechn.* Nom des artifices qui, d'une façon générale, servent à la communication du feu; c'est ainsi que le cordeau Bickford est quelquefois appelé *fusée lente* et le cordeau portefeu *fusée instantanée*, l'un et l'autre servent à transmettre le feu à distance avec une rapidité plus ou moins grande soit à des fourneaux de mine, soit à l'amorce, destinée à provoquer la détonation de charges de dynamite ou coton-poudre.

Fusées de projectiles creux. Appareils dont on se sert dans l'artillerie pour produire l'inflammation de la charge intérieure des projectiles creux. Il y en a de plusieurs sortes : les *fusées fusantes* ou *à temps* qui permettent de faire éclater le projectile au bout d'un temps déterminé, et qu'aujourd'hui on règle le plus habituellement de telle sorte que le projectile éclate en l'air, un peu avant de toucher le sol; les *fusées percutantes*, appelées aussi *mécanismes percutants* dans la marine, qui provoquent l'explosion du projectile par

suite du choc contre un obstacle; les fusées *mixtes* ou *à double effet* que l'on peut employer à volonté comme fusante ou percutante. En France, toutes les fusées sont confectionnées et chargées à l'Ecole de pyrotechnie de Bourges pour le compte de l'artillerie de terre, et à l'Ecole de pyrotechnie de Toulon pour le compte de la marine.

— Les premières fusées, dont l'emploi remonte à la fin du XVIe siècle, étaient de simples appareils *fusants* d'où le nom qui leur fut donné et leur est resté depuis; elles se composaient d'un tronc de cône en bois, engagé fortement dans l'œil du projectile et percé d'un canal central dans lequel était tassée une colonne de composition fusante, brûlant régulièrement et lentement. La longueur de cette colonne, et par suite la durée de combustion, était réglée de façon que même aux petites distances le projectile éclatât peu d'instants après son arrivée au but.

Tout d'abord on crut qu'il était nécessaire d'enflammer la fusée avant de mettre le feu à la charge de poudre de la bouche à feu; ce genre de tir, dit à *deux feux*, fut réglementaire en France jusque vers 1766. On s'aperçut alors que les gaz enflammés de la charge suffisaient, grâce au vent du projectile, pour assurer l'inflammation de la fusée placée à la partie antérieure du projectile. Avant d'introduire le projectile dans la pièce, on prit seulement la précaution de *décoiffer* la fusée, c'est-à-dire d'enlever le papier qui recouvre sa tête, de façon à mettre à découvert la composition fusante. La fusée fusante *en bois*, perfectionnée de manière à obtenir une plus grande régularité de combustion est encore employée aujourd'hui avec les bombes, obus et grenades sphériques; la fusée pour grenade à main a été munie d'une étoupille fulminante placée à l'entrée du canal contenant la composition fusante, le rugueux relié par un fil au bracelet ou à la fronde qui sert à lancer la grenade se trouve ainsi arraché, pour ainsi dire, automatiquement. Dans la guerre de siège, les projectiles creux sphériques n'étant le plus habituellement chargés qu'au fur à mesure des besoins, il était facile de faire varier à volonté la durée de la fusée, soit en la tronçonnant, soit en la perçant à la longueur voulue, mais il n'en pouvait être de même sur le champ de bataille. Afin de pouvoir disposer de plusieurs durées une fois la fusée en place sur le projectile, on essaya, vers 1854, sans grand succès du reste, des fusées en bois dans lesquelles on avait pratiqué plusieurs canaux parallèles correspondant chacun à une durée déterminée, il suffisait alors, suivant le cas, de déboucher l'un ou l'autre de ces canaux. Les fusées en bois, essayées également avec les obus oblongs des premiers canons rayés mod. 1858, se comportèrent fort mal; se trouvant placées à l'avant des projectiles, elles étaient le plus souvent, au moment du choc, brisées ou refoulées ou bien encore éteintes.

On eut alors recours à l'emploi des fusées *métalliques*, en laiton ou en bronze, vissées dans l'œil du projectile. Le canal fusant, communiquait par un canal pratiqué dans la tête avec des évents percés sur le côté; suivant l'évent débouché, la longueur de la colonne fusante se trouvait plus ou moins augmentée. On obtint ainsi jusqu'à six durées, mais dans la pratique on dut se borner à n'utiliser que les deux évents extrêmes. Pour les obus oblongs à balles, on construisit des fusées métalliques à quatre et même six canaux indépendants, suivant le calibre; mais les résultats obtenus furent peu satisfaisants. Dans l'un et l'autre cas, les différents points d'éclatement du projectile, correspondant à chacune des durées de la fusée, étaient trop espacés, et dans les intervalles, une partie du terrain ne pouvait, dans aucun cas, être battue par les éclats du projectile; c'est à cela que l'on doit attribuer, en grande partie, les mauvais résultats obtenus en 1870 par l'artillerie française avec ses projectiles armés de fusées fusantes.

La marine, la première, s'est préoccupée de la recherche d'un appareil permettant de faire éclater le projectile au moment même du choc; différents *mécanismes percutants* ont été mis successivement en service à partir de 1834, soit avec les obus sphériques des canons lisses, soit avec les obus oblongs des premiers canons rayés se chargeant par la bouche. Vers 1867, l'artillerie de terre adopta également une fusée percutante, dite fusée Démarest; cette fusée se comporta très bien au Mexique où elle fut employée pour la première fois; après la guerre de 1870-71, tous les projectiles des canons rayés furent provisoirement armés de la fusée Démarest.

Fusées percutantes. Toute fusée percutante se compose d'un corps métallique vissé dans l'œil du projectile, et percé d'un canal intérieur dans lequel se trouvent placés une amorce fulminante et un percuteur destiné à mettre le feu à l'amorce, par l'effet du choc du projectile contre un obstacle.

Dans certaines fusées, telle que la *fusée Démarest*, dite *percutante par refoulement*, le percuteur se compose d'un tampon en bois placé à la partie antérieure du canal et portant une petite tige métallique appelée *rugueux*; lorsque le projectile vient heurter l'obstacle par sa tête, le tampon est refoulé et le rugueux s'enfonçant dans l'amorce en détermine l'inflammation. Une plaque métallique qui recouvre la tranche antérieure de la fusée et que l'on n'enlève qu'au moment du tir, préserve le tampon contre tout choc accidentel dans les transports; des goupilles maintiennent, en outre, le tampon et s'opposent à ce qu'il se déplace prématurément. Le fonctionnement des fusées de ce genre exige que le projectile rencontre l'obstacle par sa partie antérieure, ce qui n'a pas toujours lieu surtout quand il s'agit du tir sur le sol, aux moyennes distances, avec les projectiles des nouvelles bouches à feu dont la trajectoire est très tendue. C'est pourquoi les fusées Démarest ne sont plus employées en France par l'artillerie de terre, qu'avec les projectiles des canons rayés se chargeant par la bouche, et par la marine que pour les obus des canons revolvers Hotchkiss.

On donne actuellement la préférence aux fusées percutantes fonctionnant par *inertie*; le percuteur est une masse pesante qui, disposée de façon à pouvoir se déplacer librement dans le canal de la fusée, tend à continuer son mouvement par l'effet de son inertie, lorsque le projectile est arrêté ou même seulement ralenti brusquement dans sa course; il en résulte un choc qui détermine l'inflammation de l'amorce. Dans les premières fusées de ce genre, pour éviter tout accident dans les transports, l'amorce était logée dans un bouchon porte-amorce que l'on ne mettait en place qu'au moment même du tir. En outre, pour éviter toute inflammation prématurée pouvant se produire pendant le chargement ou même par l'effet de la percussion produite au départ sans diminuer la sensibilité de la fusée, une goupille de sûreté, passant à travers le corps de fusée et le percuteur, maintenait ce dernier en place tant que le projectile n'était pas sorti de la bouche à feu; pendant le trajet dans l'air, cette goupille était projetée hors de son logement par l'effet de la force centrifuge développée par la rotation du projectile. Telle était la première fusée percutante prussienne encore en service aujourd'hui dans beaucoup de pays.

Les premières fusées ou mécanismes percutants fonctionnant par inertie adoptés en France, l'ont été par la marine; ils étaient du système Tardy, le bouchon porte-amorce était vissé à demeure, l'amorce était préservée par une rondelle métallique que le percuteur devait percer dans son mouvement en avant. Ce mécanisme fut ensuite remplacé par un autre dit *à double réaction*. Le percuteur est maintenu suspendu au milieu du canal par deux goupilles en métal mou et cassant, dites *freins de sûreté*. Au départ, en vertu de son inertie, le percuteur rompant en partie les freins qui le relient au corps de fusée, vient s'appuyer contre des goupilles d'arrêt destinées à limiter sa course; à l'arrivée il achève de rompre les freins en se portant en avant. En faisant varier la distance du percuteur aux goupilles d'arrêt, on peut faire varier la sensibilité du mécanisme.

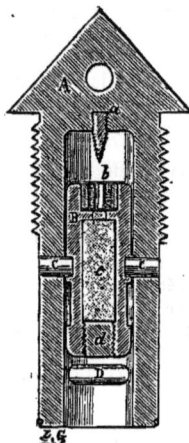

Fig. 224. — *Mécanisme à friction de la marine, mod. 1870, Echel. 1/2.*

A Corps de fusée en bronze. — a Rugueux. — B Percuteur ou marteau porte-amorce. — b Amorce. — c Charge de poudre. — d Tampon en bois. — C Freins en plomb. — D Goupilles d'arrêt.

Afin de mieux assurer la transmission du feu à la charge intérieure du projectile dans les derniers modèles dits *mécanismes à friction, modèle* 1870 ou 1876 (fig. 224), le percuteur, au lieu de porter le rugueux, porte l'amorce; une charge de poudre est placée dans une chambre à l'arrière du porte-amorce de façon à donner un long jet de flamme.

La plupart des modèles de fusées percutantes actuellement en service en France, aussi bien qu'à l'étranger, sont basées sur ce principe; on y a apporté des perfectionnements successifs ayant surtout pour but d'en assurer la sécurité complète, aussi bien dans les transports que dans le tir, tout en augmentant la sensibilité au moment du choc. Dans la *fusée percutante de campagne, modèle* 1875, *système Budin* (fig. 225 et 226), le percuteur est formé de deux parties s'emmanchant l'une dans l'autre, le porte-amorce et la masselotte, maintenus par un ressort dans une position telle qu'elles occupent toute la longueur du canal de façon à n'avoir aucun jeu tant que la fusée n'est pas armée, c'est-à-dire prête à fonctionner. Au départ du coup, la masselotte en vertu de son inertie reste en arrière et le porte-amorce pénètre dedans en aplatissant le ressort; les deux pièces n'en forment alors plus qu'une; une rondelle de carton placée au fond du canal amortit le choc et empêche le percuteur ainsi formé de rebondir. Pendant le trajet du projectile dans l'air, le percuteur reste au fond du canal où il est maintenu pour plus de sécurité par un ressort de sûreté et par la forme tronconique de la masselotte qui tend toujours, à cause du mouvement de rotation du projectile autour de son axe, à ramener le percuteur en arrière.

La fusée Budin offre toute sécurité dans les manipulations et les transports, mais elle exige pour l'armer l'emploi de fortes charges. C'est pourquoi

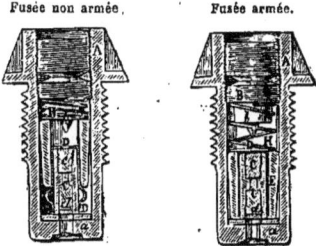

Fusée non armée.   Fusée armée.

Fig. 225 et 226. — *Fusée percutante de campagne mod. 1875 (système Budin). Echel. 1/2.*

A Corps de fusée en bronze. — *a* Rondelle de carton. — *B* Bouchon fileté en laiton portant le rugueux *b*. — *C* Porte-amorce en laiton. — *c* amorce.— *d* charge de poudre.— *D* ressort à pinces en laiton. — *E* masselotte en bronze. — *H* Ressort de sûreté en laiton.

on a adopté un autre modèle de fusée percutante, dite de *siège et de montagne*, *modèle* 1878-81, dans laquelle le système percutant, le même que celui de la fusée à double effet représentée figure 227, est plus sensible et peut s'armer aussi bien sous l'action des faibles que des fortes charges. Le ressort à pinces, qui oppose trop de résistance, est remplacé par un ressort à boudin : dans le tir avec une faible charge, la masselotte est arrêtée par les branches de la rondelle-agrafe, faisant corps avec elle, qui s'accroche aux stries du porte-amorce ; si, au contraire, la charge est forte, le ressort subit une plus grande flexion et le bout strié de la masselotte venant coiffer la rondelle de plomb qui repose sur l'embase du porte-amorce, se fixe sur elle par sertissage. Il existe plusieurs modèles de cette fusée ne différant entre eux que par les dimensions du corps de la fusée qui est appropriée aux dimensions de l'œil et du méplat des projectiles auxquels ils sont destinés.

Avec certaines fusées percutantes, destinées principalement au tir contre les terres ou les maçonneries, il y a quelquefois avantage à ce que le projectile éclate non pas au moment même du choc, mais seulement lorsqu'il s'est enfoncé d'une certaine quantité. On fait alors communiquer le feu de l'amorce à la charge intérieure du projectile par l'intermédiaire d'une colonne de composition fusante, brûlant lentement ; les fusées de ce genre sont connues sous le nom de fusée à *éclatement retardé*.

Fusées fusantes ou à temps. Le principe de la fusée fusante en bois et des fusées fusantes métalliques, à nombre restreint de durées, a été déjà suffisamment indiqué pour qu'il soit inutile d'y revenir, il ne sera donc question ici que des fusées fusantes ou *à temps*, dont on peut

faire varier la durée de combustion d'une façon à peu près continue.

Dans les premières fusées de ce genre, qui ont été construites à l'étranger, on a disposé horizontalement la colonne fusante, sous forme d'un canal circulaire logé dans un disque mobile sur la tête de la fusée formant plateau. Ce disque, qui a extérieurement l'apparence d'un cadran gradué, permet de déplacer à volonté et par degrés, pour ainsi dire insensibles, la position du point du canal circulaire par où le feu se transmet du canal horizontal au canal vertical communiquant avec la charge intérieure du projectile ; on peut ainsi faire varier la durée de combustion par seconde et même par dixième de seconde. Telle est la *fusée à cadran* qui, adoptée tout d'abord en Prusse vers 1870, a été mise en service successivement dans presque tous les autres pays. Dans certaines fusées à cadran dites à *étage*, pour augmenter encore la durée de combustion, on dispose le canal fusant en deux anneaux superposés dont on règle la position de l'un par rapport à l'autre comme dans le cas précédent. En France, on n'a repris l'étude des fusées à temps que depuis quelques années, alors que l'on a proposé un obus à balles qui, très efficace à cause du grand nombre d'éclats qu'il donne lorsqu'il éclate en l'air, au-dessus et un peu en avant du but, ne donne que des effets très médiocres comme percutant, une partie des éclats restant alors enfouis dans le sol. Après avoir essayé sans grand succès des fusées à cadran, on a imaginé de renfermer la composition dans un tube en plomb étiré à la filière et de l'enrouler en hélice autour d'un barillet en métal mou, de forme tronconique, qui constitue la tête de la fusée. En perçant le tube et le barillet à l'aide d'un débouchoir en un point quelconque, on peut faire varier à volonté la longueur de la colonne fusante et par suite la durée de combustion. L'appareil fusant de la fusée à double effet (fig. 227) en service en France est disposé de cette façon.

Avec les projectiles forcés des canons se chargeant par la culasse, la colonne fusante ne pouvant plus être enflammée directement par les gaz de la charge par suite de la suppression du vent, il a fallu avoir recours à un appareil spécial, dit à *concussion*, composé, comme le système percutant des fusées à percussion, d'une amorce fulminante et d'un percuteur séparés par un ressort mais placés inversement, de façon à fonctionner au départ et communiquer alors le feu à la colonne fusante.

Pour qu'une fusée fusante soit acceptable, il faut que les durées de combustion soient bien régulières ; ce résultat est fort difficile à obtenir, cette régularité dépendant à la fois du soin apporté dans le chargement et de la bonne conservation des fusées en magasin et dans les transports. Avec une fusée fusante irrégulière, les résultats deviennent complètement incertains et bien inférieurs à ceux du tir percutant qu'il est toujours possible de régler convenablement ; c'est pourquoi on a hésité pendant longtemps avant d'introduire à nouveau les fusées fusantes dans les approvisionnements. L'emploi de colonnes fusantes obtenues en chargeant la composition dans des tubes en plomb, d'assez grand diamètre, que l'on passe ensuite à la filière, est le procédé qui jusqu'ici paraît avoir donné les meilleurs résultats comme régularité de chargement et garantie de bonne conservation.

Fusées à double effet. Ces fusées sont constituées par la réunion dans un même corps de fusée d'un système percutant et d'un système fusant, disposés de telle sorte que l'on puisse, à volonté, s'en servir comme fusantes ou comme percutantes. En outre, au cas où le système fusant ne fonctionnerait pas, on est toujours sûr d'obtenir l'éclatement au point de chute.

Dans la fusée *à double effet modèle* 1880, actuellement réglementaire en France (fig. 227), on retrouve réunies la fusée percutante de siège et de montagne déjà décrite, ainsi que la fusée fusante à concussion, avec canal fusant enroulé en hélice, dont le fonctionnement est le suivant. Au départ, le concuteur faisant fléchir son ressort en vertu de son inertie, détermine l'inflammation de l'amorce qui communique le feu à une rondelle de poudre comprimée, placée dans la chambre du barillet. Les gaz enflammés ainsi produits s'échappent par un trou ménagé à la partie supérieure du barillet et du chapeau en laiton qui le recouvre, sans enflammer la composition fusante ; mais si l'on a percé en un point le barillet et le tube, la colonne fusante prend feu en ce point.

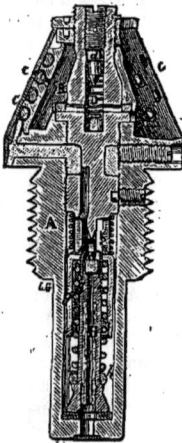

Fig. 227. — *Fusée à double effet de siège, mod. 1880.* Echel. 1/2.

A Corps de fusée en bronze. — *B* Barillet en métal mou. — *b* Rondelle de poudre comprimée. — *C* Chapeau en laiton. — *c* Trou percé. — *D* Appareil concutant comprenant : une amorce, un ressort à boudin et le concuteur *d*. — *H* Appareil percutant comprenant : un porte-amorce avec son amorce et sa charge de poudre, une rondelle-agrafe *K*, une rondelle de plomb *h*, un ressort à boudin dit ressort d'armement, une masselotte *g*, et un ressort à boudin dit *ressort de sûreté.*

Afin de faciliter le réglage de la fusée, le chapeau est percé de trous correspondant aux durées de seconde en seconde jusqu'à 20 secondes pour la fusée de campagne, 30 pour celle de siège ; si l'on veut faire varier la durée d'une quantité inférieure à une seconde, il suffit de faire tourner à la main le chapeau, après l'avoir rendu mobile en desserrant l'écrou de serrage qui le maintient en place, un vernier permet d'apprécier les déplacements correspondant à un dixième de seconde.

Ce mode de réglage étant assez délicat, surtout sur le champ de bataille, on a mis à l'essai une nouvelle fusée dont le chapeau est fixe. L'épaisseur du chapeau a été diminuée, de telle sorte qu'il suffit, pour régler la fusée, de percer à la fois, à l'aide d'une pince-débouchoir d'un modèle spécial, le chapeau, le tube et le barillet.

Fusées volantes. Les fusées volantes peuvent être comparées à une bouche à feu qui recule emportant avec elle la force qui la transforme en projectile. Elles se composent d'un cylindre suffisamment résistant, en carton ou en tôle, suivant le cas, appelé *cartouche*, chargé de composition fusante et coiffé d'un pot en carton, rempli d'artifices de garnitures ou d'un projectile explosif ou incendiaire. Si on met le feu à la partie postérieure de la composition fusante, celle-ci brûle lentement, et les gaz, tout en s'échappant vers l'arrière, exercent sur l'avant une pression qui détermine l'ascension de la fusée. Pour favoriser et accélérer la combustion, on ménage dans la composition un vide central appelé *âme* ; le dégagement des gaz a lieu par des évents ménagés à la partie postérieure du cartouche. Une *baguette directrice*, fixée sur le cartouche, sert de gouvernail et maintient la fusée dans la direction qui lui a été donnée, à la condition, toutefois, que l'air soit calme. A la fin de sa combustion, la composition met le feu à une petite charge de poudre, appelée *chasse*, qui communique le feu à la charge intérieure du projectile, ou allume les artifices de garniture renfermés dans le pot.

— Les fusées volantes ne sont pas d'invention nouvelle, les Chinois, les Arabes s'en servaient bien avant la découverte des bouches à feu ; leur usage ne se répandit, il est vrai, chez les peuples chrétiens, que vers le commencement du XIVᵉ siècle. A partir du XVIᵉ siècle, on cessa à peu près complètement de s'en servir ; cependant, leur usage se conserva en Orient, les Indiens, par exemple, s'en servirent pour résister aux armées anglaises. A partir de 1804, le colonel anglais Congrève se consacra à l'étude expérimentale de ces engins et réussit, en perfectionnant les procédés de fabrication, à en régulariser le mouvement et augmenter considérablement les portées. Les Anglais utilisèrent de suite les *fusées à la congrève* pour bombarder quelques points des côtes françaises, mais ce fut surtout la ville de Copenhague qui, en 1807, eut à souffrir de leurs effets.

A partir de ce moment, on put croire que l'adoption de ces fusées, d'un transport si facile, allait produire une *révolution complète* dans l'art de la guerre ; mais malgré tous les essais qui ont été tentés depuis lors, on n'a jamais pu réussir à en rendre le vol régulier. Aujourd'hui, les fusées volantes, après avoir eu un grand retentissement comme fusées de guerre, sont retombées dans l'oubli et on ne les emploie plus dans les armées que comme signaux ou bien comme amusements dans les feux d'artifice de réjouissance.

Fusées de guerre. Les fusées de guerre n'ont été réglementaires, en France, que de 1852 jusque vers 1866 ou 1867, époque à laquelle on cessa d'en fabriquer à l'école de pyrotechnie de Metz. Le cartouche était en tôle des calibres 5, 7 ou 9 centimètres pour l'artillerie de terre, 6, 9 ou 12 centimètres pour la marine ; il portait à la partie antérieure, un obus ogival d'un calibre un peu supérieur au sien ou une boîte incendiaire. Leur portée pouvait atteindre 3,000 mètres pour celles de petit calibre employées dans la guerre de campagne et 9,000 pour celles de gros calibre dont on devait se servir dans la guerre de siège ; portées qui alors pouvaient paraître exceptionnelles, tandis qu'aujourd'hui elles sont dépassées par les projectiles des nouvelles bouches à feu. Pour les tirer, on les posait simplement à terre sur un plan incliné dans la direction voulue, ou on les plaçait sur une sorte d'affût composé d'un trépied portant un auget auquel on pouvait donner l'inclinaison voulue à l'aide d'une crémaillère.

Les fusées de guerre ont été employées pendant la guerre de Crimée et dans les guerres d'Afrique ; quand elles atteignaient le but, elles causaient d'assez grands ravages, mais elles étaient souvent plus dangereuses pour ceux qui les tiraient que pour ceux contre qui on les tirait. Le bruit terrifiant produit par leur marche dans l'air les rendrait surtout précieuses pour arrêter la marche de la cavalerie ou mettre en fuite les peuplades sauvages ; aussi les Anglais n'ont-ils pas encore complètement renoncé à leur emploi aux colonies. Dans les fusées anglaises, du système Hale, la baguette a été supprimée comme encombrante et étant en même temps, lorsqu'il fait du vent, une cause de déviation ; pour assurer leur stabilité on leur communique un mouvement de rotation par l'intermédiaire même des gaz qui, au lieu de s'échapper par des évents ordinaires, sortent par des canaux hélicoïdaux et viennent presser sur des ailettes.

Fusées porte-amarres. On a également essayé, à plusieurs reprises, d'utiliser le tir de fusées analogues aux fusées de guerre, pour porter d'un point quelconque de la côte à bord des navires en détresse, une ligne permettant d'entrer en communication avec eux et d'établir à l'aide de cordages un va-et-vient pour amener à terre les naufragés. Mais leur tir par trop incertain les a fait rejeter en France, où on préfère avoir recours à l'emploi de bouches à feu légères pour lancer de véritables projectiles porte-amarres.

Fusées éclairantes. Dans les sièges on utilise quelquefois, pour éclairer les abords des ouvrages ou les travaux de l'assaillant, concurremment avec la lumière électrique et les balles à feu, des fusées éclairantes du calibre de 8 centimètres environ, dont la portée varie le plus ordinairement de 800 à 1,000 mètres. Le cartouche et le pot sont en tôle ; ce dernier renferme plusieurs étoiles éclairantes susceptibles d'éclairer pendant 10 à 15 secondes un espace de 700 mètres de long environ sur 500 de large ; un parachute qui se déploie au moment de l'explosion, ralentit leur chute.

Fusées de signaux. On s'en sert aux armées et dans la marine pour transmettre des ordres ou donner des avis à grandes distances, suivant certaines conventions arrêtées à l'avance. Celles en usage en France sont de trois calibres, 20, 27 et 34 millimètres ; le pot est en carton, la composition fusante est formée de 64 parties de salpêtre, 12 de soufre et 24 de charbon de bois dur ; le charbon, au lieu d'être employé en poussier, est concassé en grains de diverses grosseurs afin de laisser une longue traînée de feu pendant l'ascension de la fusée. Les artifices le plus habituellement employés sont des étoiles à feu blanc ou

rouge ; on emploie aussi quelquefois des serpenteaux, pétards, marrons, pluie d'or, etc.

Pour lancer les fusées de signal, on se sert d'un piquet ferré que l'on plante en terre, ce piquet porte deux pitons dans lesquels on introduit la baguette de la fusée de façon qu'elle soit à peu près verticale. On met le feu au brin de mèche à étoupille qui forme l'amorce ; une fusée lancée verticalement se dirige toujours contre le vent, on corrige cet effet en inclinant la fusée du côté opposé ; par les temps nuageux, lorsque les fusées jettent leur garniture dans les nuages, on incline également la fusée pour que l'éclatement se produise plus bas.

On emploie quelquefois comme fusée de signal une *fusée à dynamite*, dans laquelle la garniture est formée d'une cartouche de dynamite de 100 grammes qui fait explosion en l'air ; la détonation se fait entendre à de très grandes distances.

Fusées de réjouissance. Ces fusées, dont on fait une grande consommation dans les feux d'artifices, ne diffèrent des fusées de signaux que par la nature de la composition fusante et des garnitures ; on en fait de tous calibres. A mesure que le calibre augmente on doit avoir soin d'augmenter l'épaisseur du cartouche qui varie ordinairement du quart au tiers du calibre et de diminuer soit l'âme, soit la vivacité de la composition et quelquefois l'une et l'autre à la fois. La baguette de direction doit avoir huit à neuf fois la longueur du cartouche, on la fait la plus légère possible ; le centre de gravité de la fusée équipée doit être sur la baguette à une distance de 2 à 5 centimètres en arrière du cartouche.

Ces fusées sont tirées, soit isolément comme les précédentes, soit plusieurs à la fois, en bouquet ; on les dresse alors sur des tringles disposées sur plusieurs rangs et on les fait toutes communiquer entre elles par une mèche de communication logée dans une rainure des tringles.

II. FUSÉE ÉLECTRIQUE. On nomme ainsi les fusées dans lesquelles l'inflammation de l'amorce est obtenue au moyen de l'électricité ; celle-ci est employée de deux façons ; dans l'une c'est un courant de faible intensité et de haute tension, les conducteurs ont leurs extrémités plongées dans l'explosif, séparées par un très petit intervalle ou reliées par un conducteur volatil très ténu, l'électricité jaillit d'un pôle à l'autre sous la forme d'un petit arc voltaïque ou d'une succession d'étincelles. Dans l'autre, c'est un courant de grande intensité et de faible tension, dont les conducteurs ont leurs extrémités réunies par un fil métallique très mince, et d'une résistance électrique suffisante pour qu'il rougisse au passage du courant. Ce dernier système offre l'avantage de permettre la vérification des installations à l'aide d'un courant, assez faible pour ne pas provoquer l'échauffement, et d'un galvanoscope, mais il faut, pour cela, compléter le circuit avec un fil de retour.

Les fusées de Stateham sont établies pour des courants de tension ; la solution de continuité entre les pôles, sur deux à trois millimètres de longueur, est comblée par un fragment de gaine en gutta-percha enlevée à un fil de cuivre et sur lequel celui-ci a laissé des traces de sulfure. On a pu, avec ces amorces, faire partir un canon de Douvres à Calais, et de la Spezzia en Corse (150 kilomètres). On emploie aussi, pour relier les extrémités des conducteurs, une trace de graphite dans la rainure d'un bloc de bois appuyé sur la poudre. On peut ranger dans cette catégorie les amorces de Beardslee, Smith, Abel, Mowbray, Browne, Ebner, et celles de Shafner, spéciales pour les grosses charges.

Pour les courants de quantité, la jonction est établie à l'aide de six ou sept spires de fil de platine de 1/20 de millimètre, formant une hélice de 3 ou 4 millimètres de diamètre et de 4 à 5 millimètres de longueur, soudée aux extrémités des conducteurs avec un alliage de 1 de plomb pour 2 d'étain. On recouvre quelquefois cette hélice de collodion pour l'isoler de la poudre. Telles sont les amorces de Bourdonneau, Champion et Pellet, Smith, Mac Evoy, Fisher, etc.

L'emploi des courants de tension est préférable lorsque l'on veut faire détoner un grand nombre de mines dans le même circuit. — V. AMORCE, ETOUPILLE.

III. FUSÉE. *T. de mécan.* Partie de l'essieu qui tourne en frottant au contact des coussinets, elle reçoit l'effort de la charge supportée et le transmet aux organes mobiles qui sont formés par roues libres dans le cas des essieux indépendants, comme ceux des véhicules ordinaires, et par les essieux montés eux-mêmes lorsque ceux-ci sont calés sur les roues comme c'est le cas pour les véhicules de chemin de fer (V. ESSIEU). La préparation, l'entretien et surtout le graissage des fusées en service, doivent être l'objet d'un soin tout particulier pour prévenir l'échauffement et le grippage de ces appareils qui pourraient se trouver rapidement mis hors de service. On s'attache, à cet effet, à préparer des fusées dont la surface soit parfaitement polie, exempte de toute crique, on les rode même au besoin en les faisant tourner pendant un certain temps sur place, dans un appareil spécial pour obtenir un alésage parfait, et en service on a soin ensuite de les maintenir continuellement lubrifiés. — V. GRAISSAGE.

Les fusées des essieux sont presque toujours droites, mais on rencontre quelquefois, surtout sur les machines anglaises des fusées biconiques formées par la réunion de deux troncs de cône accolés par leur petite base, afin d'empêcher tout mouvement latéral des coussinets, mais cette disposition qui a l'inconvénient d'occasionner des chauffages très fréquents, s'est peu répandue chez nous.

Les fusées de wagons sont toujours disposées à l'extérieur des roues; quelquefois, surtout sur les machines locomotives, on rencontre des fusées doubles disposées sur le même essieu, l'une à l'intérieur, l'autre à l'extérieur des roues ; cette disposition réduit la pression et la fatigue des essieux et diminue les chances de rupture.

IV. FUSÉE. *T. d'horlog.* Ce mot est employé pour désigner un mobile intermédiaire entre le tambour, enfermant le ressort-moteur, et la première roue d'un rouage de chronomètre. La fusée a la forme d'un cône tronqué, roulant sur un axe, et qui est rayé circulairement d'une creusure en hélice, dans laquelle s'enroule la chaîne qui transmet le tirage du ressort-moteur au rouage. — V. CHRONOMÈTRE.

FUSELÉ, ÉE. *Art. hérald.* Se dit des pièces dont la surface est chargée de fusées de deux émaux alternés.

FUSIBILITÉ, FUSIBLE. *T. de phys.* La *fusibilité* est une qualité, une propriété générale que les corps possèdent à divers degrés, de pouvoir être fondus plus ou moins facilement sous l'action de la chaleur. Il n'y a pas de corps véritablement *infusibles* (V. à ce sujet CHALEUR, § *Changement d'état*, t. II, p. 489). Tous les corps doivent être fusibles, en effet, puisque, comme l'a fait remarquer Buffon, tout a été fondu à l'origine. Un corps est d'autant plus fusible que son *point de fusion* (V. FUSION) est moins élevé sur l'échelle des températures. On trouve parmi les corps tous les degrés de fusibilité (pour ne parler que des métaux); depuis le potassium qui fond à 55° jusqu'à l'iridium qui résiste au feu de forge le plus violent et ne se liquéfie que sous l'action du chalumeau à gaz oxhydrique comprimé, ou dans l'arc voltaïque d'une puissante pile électrique, à une température de près de 3,000°.

FUSIBLE (Alliage). Lorsqu'on mélange, en certaines proportions, plusieurs métaux déjà très fusibles par eux-mêmes, le point de fusion de cet alliage est abaissé, non seulement au-dessous de la moyenne des points de fusion des métaux composants, mais même au-dessous du point de fusion du métal le plus fusible d'entre eux. De tels alliages sont de véritables combinaisons à proportions définies ou des combinaisons dans des mélanges. Ainsi, quoique le plomb fonde à 320° et l'étain à 230°, un alliage formé de parties égales de ces métaux fond à 189°. En augmentant la proportion de plomb, le point de fusion s'élève et ne devient égal à celui de l'étain que quand cette proportion est double.

L'alliage de 2 parties de bismuth + 1 p. d'étain + 1 partie de plomb (H. Rose) fond à 94°; le point de fusion du bismuth est à 262°. On peut donc modifier à volonté le degré de fusibilité des alliages, en faisant varier la proportion des métaux composants. On a pu ainsi réaliser des séries d'alliages dont les points de fusion sont assez rapprochés les uns des autres pour embrasser, d'une manière presque continue, une certaine étendue de l'échelle des températures, et constituer de véritables thermomètres ou pyromètres. — C. D.

FUSIL. *T. d'armur. et d'art milit.* Arme à feu portative, la plus importante de toutes celles qui se tirent à l'épaule. Les fusils se distinguent surtout des carabines et mousquetons par la plus grande longueur de leur canon, toutes les autres parties sont le plus souvent les mêmes, surtout lorsqu'il s'agit d'un système d'armes du même modèle.

Dans toute arme à feu portative de ce genre, on distingue, comme parties principales :

Le *canon*, tube métallique qui constitue une véritable bouche à feu de très petit calibre et dont le vide intérieur comprend l'*âme* et la *chambre* (V. BOUCHES A FEU, *Tracé intérieur*); dans les armes se chargeant par la culasse, le canon est ouvert aux deux bouts et se prolonge dans certains modèles par une *boîte de culasse* destinée à recevoir la *culasse mobile*; dans les armes se chargeant par la bouche, le canon est fermé à l'arrière par une culasse pleine vissée à demeure, une *lumière* percée dans le tonnerre sert alors à mettre le feu à la charge. La *platine*, mécanisme destiné à produire l'inflammation de la charge ; dans les armes à *culasse mobile* la platine n'existe généralement pas, elle est remplacée par un mécanisme de percussion qui fait alors partie intégrante du *mécanisme de fermeture*. La *monture*, qui sert à relier entre elles les différentes parties de l'arme ; elle comprend trois parties : le *fût* qui sert à loger le canon, la *poignée* destinée à faciliter le maniement de l'arme, la *crosse* au moyen de laquelle le tireur appuie l'arme à l'épaule pour pointer et tirer. Les *garnitures* qui servent : soit à fixer le canon et la platine sur la monture, telles sont les boucles appelées *embouchoir*, *grenadière* et *capucine* et les vis de culasse et de platine; soit à protéger la monture contre les chocs, comme la *plaque de couche* et l'*embouchoir*, soit à faciliter le maniement de l'arme, comme la *sous-garde* dont les pièces principales sont la *détente* (V. ce mot), sorte de levier coudé sur lequel le tireur agit avec le doigt pour faire partir le coup, et le *pontet* qui protège la queue de la détente contre les chocs accidentels, et comme les *battants* de crosse et de grenadière ou de capucine qui servent à attacher la *bretelle*; soit enfin à faciliter le chargement ou le déchargement de l'arme ou son nettoyage, comme la *baguette*.

Lorsque l'arme à feu doit pouvoir en même temps servir d'arme de main, on y ajoute une *baïonnette* (V. ce mot) que l'on peut fixer à volonté à l'extrémité du canon.

Les conditions auxquelles sont assujetties ces diverses parties de l'arme étant souvent assez différentes suivant qu'il s'agit d'une arme de *guerre* ou d'une arme de *chasse*, nous étudierons à part chacun de ces groupes dont les origines ont été déjà indiquées séparément au mot ARMES, §§ *Armes à feu de guerre* et *Armes à feu de chasse*.

FUSIL DE GUERRE.

Au commencement de ce siècle, le *fusil à pierre* ou à *silex*, dit aussi *fusil de munition*, du calibre de 17 à 18ᵐ/ᵐ et tirant la balle sphérique, constituait l'armement de l'infanterie dans toutes les armées européennes; il y est resté en service jusque vers 1840, époque à partir de laquelle il fut transformé en *fusil à percussion* ou à *piston* pour l'emploi des capsules fulminantes.

Depuis lors, la question des armes à feu destinées à l'armement de l'infanterie n'a pas cessé d'être à l'ordre du jour, et aujourd'hui encore, elle est plus que jamais à l'état d'étude et en voie de transformation.

Sans nous arrêter aux différents modèles qui se sont succédé, nous aborderons de suite les armes modernes,

en renvoyant pour les premiers essais concernant les armes rayées, aux mots CARABINE et RAYURE.

Fusils rayés. La transformation qui eut lieu, de 1854 à 1857, des fusils de gros calibre existant en fusils rayés ne pouvait être considérée, même à l'époque, que comme une solution tout à fait provisoire. En effet, par suite de l'augmentation du poids de la balle, conséquence forcée de son allongement (36 grammes au lieu de 27), on avait dû, afin de rendre le recul supportable et de ménager le canon déjà affaibli par les rayures, réduire du 1/3 au 1/8 le rapport du poids de la charge à celui du projectile, d'où une diminution notable de la vitesse initiale, qui de 440 mètres environ était descendue à 325 mètres seulement.

Si, grâce au mouvement de rotation de la balle, le fusil transformé avait plus de justesse et une plus grande portée, en revanche, il avait une trajectoire beaucoup moins tendue, inconvénient grave pour le tir aux petites distances qui sont les distances habituelles de combat. Aussi, dès 1859, on s'était remis à l'étude et la Commission de tir de Vincennes avait été chargée de déterminer théoriquement aussi bien que pratiquement, les éléments d'un fusil neuf réunissant aux avantages des fusils rayés ceux de l'ancien fusil lisse ; on fut ainsi amené à discuter chacun des éléments de l'arme, dont la détermination est un problème fort complexe en raison de la liaison mutuelle qui doit exister entre eux et de la multiplicité des conditions souvent contradictoires auxquelles chacun d'eux doit satisfaire.

Une longue expérience avait montré que le poids du fusil ne pouvait pas dépasser 4ᵏ,500 et qu'autant que possible on devait se rapprocher de 4 kilogrammes. D'autre part, l'arme devant être tirée à bras francs, le recul devait être supportable, or de l'avis général le fusil modèle 1857, alors en service, se trouvait dans de bonnes conditions au point de vue du recul. Enfin, les considérations balistiques faisaient considérer comme indispensable l'adoption d'une vitesse initiale comprise au moins entre 400 et 450 mètres.

En appliquant au cas du fusil le théorème des quantités de mouvement, on a, entre les poids P et p de l'arme et de son projectile, la vitesse de recul v et la vitesse initiale V de la balle, la relation suivante : $Pv = pV$, dans laquelle on a substitué aux masses, les poids qui leur sont proportionnels et négligé la quantité de mouvement correspondante à la charge de poudre, quantité négligeable lorsque le poids de cette charge ne représente qu'une faible partie du poids de la balle. La valeur approximative des quantités P, v et V étant arrêtées comme nous venons de le dire, il ne restait plus qu'une inconnue p le poids de la balle ; on déduisit de la formule que ce poids devait être compris entre 20 et 25 grammes. Craignant que les effets meurtriers d'une balle trop légère ne fussent insuffisants, sa justesse et sa portée trop faibles, on s'arrêta, en France, au poids maximum de 25 grammes.

Restait à déterminer la forme de cette balle ; théoriquement la forme la plus convenable pour faciliter la marche du projectile dans l'air serait celle d'un solide de forme ovoïde ayant sa partie la plus renflée vers l'avant ; mais en revanche elle n'est guère favorable à la régularité du mouvement dans l'intérieur du canon et nécessite l'emploi d'un sabot en carton ou en bois pour centrer la balle et lui communiquer le mouvement de rotation. Seuls les Prussiens ont employé une balle de ce genre avec leur fusil à aiguille et encore ils n'y ont eu recours que parce qu'ils ont trouvé ainsi le moyen d'utiliser une arme d'assez fort calibre pour lancer une balle de moindre diamètre et de bénéficier des avantages inhérents aux armes de plus petit calibre sans être obligés de refaire leur armement. En France, les nombreux essais faits avec les balles en plomb allongées conduisirent à adopter une balle cylindro-ogivale à culot plat, sans gorge ni cannelure, ayant une hauteur égale à deux fois et demie son diamètre ou calibre, tandis que la balle du fusil transformé avait à peine 1^{cal},5.

Le poids de la balle, sa forme et la densité du métal étant connus il était facile d'en déduire son volume et par suite le diamètre de sa partie cylindrique que l'on trouva ainsi égal à 11 millimètres en nombre rond, calibre qui fut admis en principe dès 1863, et servit de point de départ aux études relatives à l'établissement d'un nouveau fusil rayé se chargeant par la bouche.

D'autre part, la poudre à employer devant avoir d'autant plus de vivacité que le calibre est plus petit, on dut rechercher également une nouvelle poudre à la fois plus vive et moins encrassante que la poudre à mousquet en service ; ces recherches aboutirent alors à l'adoption d'une nouvelle poudre à fusil dite poudre B. — V. POUDRE.

Le résultat de toutes ces études fut la présentation en 1865, par la Commission de tir de Vincennes, d'un fusil rayé se chargeant par la bouche du calibre de 11^{m}/^{m},5, pesant 4^{k},200 et tirant une balle de 27 grammes avec une charge de 5^{g},25 de poudre B.

C'est alors que surgit la question du chargement par la culasse.

Fusils se chargeant par la culasse.

L'idée du chargement par la culasse n'est pas nouvelle, les nombreux modèles d'armes se chargeant par la culasse des xvie, xviie et xviiie siècles que l'on retrouve dans les musées et collections d'armes en font foi. Mais si bon nombre de ces mécanismes, dont quelques-uns fort ingénieux, satisfaisaient plus ou moins aux conditions de manœuvre et de solidité qu'on doit exiger d'une arme de guerre, dans aucun d'eux les inventeurs n'avaient réussi à s'opposer complètement aux fuites de gaz et à obtenir une obturation complète. Lors des premiers essais sur le forcement des balles sphériques dans les fusils rayés, on songea tout naturellement à simplifier le chargement en introduisant la balle par la culasse ; c'est ainsi qu'on peut citer au xviiie siècle le *fusil à la Chaumette*, ou amusette du maréchal de Saxe ; sous la Révolution, le *fusil à la Montalembert* ; le *fusil de rempart*, français modèle 1831.

La mise en service des amorces fulminantes, en rendant plus facile l'inflammation de la charge, devait simplifier la solution du problème du chargement par la culasse. C'est ainsi que l'allemand Dreyse qui avait travaillé, en 1809, à Paris, chez l'armurier Pauly et avait

établi à son retour dans son pays une fabrique de capsules, fut conduit, dès 1836, à imaginer son *fusil à aiguille*. L'amorce fulminante était réunie à demeure à la cartouche que l'on introduisait sans la défaire, dans la chambre ; une aiguille, projetée par un ressort à boudin, venait à travers la poudre frapper le fulminate et déterminer l'inflammation, tous les débris de la cartouche étaient brûlés ou rejetés avec le projectile hors du canon. La fermeture n'était encore assurée que par la juxtaposition de deux troncs de cône s'emboîtant l'un dans l'autre et disposés de façon à rejeter les crachements en avant afin de les rendre moins gênants pour le tireur. Essayé en Prusse, en 1841, cette arme y fut mise presque aussitôt en service et conservée depuis, malgré ses nombreuses imperfections, jusqu'en 1871.

En 1853, sur la demande de l'empereur, le capitaine d'artillerie Treuille de Beaulieu, construisit pour l'armement des cent-gardes une carabine se chargeant par la culasse et tirant une cartouche, à culot métallique et à broche (V. CARTOUCHE), analogue à celles en usage avec les fusils de chasse se chargeant par la culasse du système Lefaucheux. La fabrication de ces cartouches laissait encore trop à désirer pour qu'il fut possible de les utiliser dans une véritable arme de guerre, du reste, on posait alors en principe que la confection des munitions de guerre devait être assez simple pour pouvoir être exécutée par les soldats eux-mêmes, avec les matières que l'on trouve partout, telles que le papier et la colle et que tous les éléments de la cartouche devaient être combustibles de façon à disparaître complètement dans le tir. Aussi, dans les quelques essais qui furent alors faits en France, on dut se préoccuper surtout de la recherche d'un système d'obturation indépendant de la cartouche ; le premier obturateur de ce genre, véritablement digne de ce nom, fut proposé, en 1858, par le contrôleur d'armes Chassepot ; il se composait d'une rondelle de caoutchouc placée en avant de la culasse mobile et garantie contre l'action destructive des gaz par une tête mobile métallique. — V. CULASSE, § *Comparaison des différents modes d'obturation*.

En 1864, on reprit en France les études relatives au chargement par la culasse, et le Dépôt central de l'artillerie où M. Chassepot était alors employé, en fut spécialement chargé. Prenant pour point de départ le mécanisme du fusil à aiguille prussien et sa cartouche avec amorce, on chercha à remédier autant que possible aux défectuosités qu'on reprochait à cette arme et on y adapta l'obturateur en caoutchouc. Afin de mieux assurer la combustion complète des débris de la cartouche ou leur expulsion, un vide que l'on appela *chambre ardente*, fut ménagé entre le culot de la cartouche et la tête mobile. Ces études étaient à peu près terminées lorsque survinrent les événements de 1866. Un modèle de fusil de petit calibre se chargeant par la culasse fut aussitôt établi en prenant les données du fusil, se chargeant par la bouche, proposé par la Commission de tir ; seulement le calibre fut réduit à 11 millimètres et la balle à 25 grammes. A ce nouveau fusil, on adapta le mécanisme de fermeture avec obturateur Chassepot, d'où le nom de *fusil Chassepot* qui lui est resté.

Une Commission supérieure, instituée au camp de Châlons fut chargée d'expérimenter en même temps que le fusil Chassepot, une arme du même système modifiée par le capitaine Plumerel, et plusieurs fusils, tirant une cartouche métallique, présentés par le général Favé, aide-de-camp de l'Empereur. Le fusil Chassepot fut adopté sans aucune modification au mois d'août 1866 et reçut alors la dénomination officielle de fusil modèle 1866. On en commença immédiatement la fabrication en grand qui fut poussée avec activité et au mois de juillet 1870, il existait déjà 1,200,000 de ces armes. Afin de permettre d'utiliser sa justesse et sa grande portée le nouveau fusil d'infanterie fut muni d'une *hausse* analogue à celle que l'on avait adoptée précédemment pour les carabines, la tension de la trajectoire était telle que le but en blanc correspondait à la distance de 200 mètres.

Le fusil d'infanterie modèle 1866 fut distribué, non seulement à toute l'infanterie de ligne, mais encore aux chasseurs à pied et aux marins de la flotte. Le système modèle 1866 fut complété par l'adoption d'un fusil de cavalerie qui reçut, après la guerre de 1870-71, la dénomination de *carabine de cavalerie;* vers la même époque furent également mis en service une *carabine de gendarmerie à cheval* avec baïonnette et une de *gendarmerie à pied* avec sabre-baïonnette, ces deux armes ne différaient de la carabine de cavalerie que par les garnitures, et enfin un *mousqueton d'artillerie.* Toutes ces armes durent tirer la même cartouche; il en résulta un recul d'autant plus fort que l'arme était plus légère, inconvénient peu grave, il est vrai, les troupes auxquelles la carabine et le mousqueton étaient destinées, ne devant s'en servir que fort rarement.

De même que le système Chassepot, le système *Carcano,* accepté en Italie en 1868 et le système *Karl,* en Russie en 1869, pour la transformation des fusils rayés se chargeant par la bouche, n'étaient qu'une modification du fusil à aiguille prussien; dans le fusil Karl, l'obturateur était en

Puissance	Désignation des modèles et systèmes	Canon		Rayures		Poids de l'arme		Longueur de l'arme		Cartouche			Vitesse initiale	Graduation de la hausse
		calibre	longueur	nombre	pas	sans baïonnette	avec baïonnette	sans baïonnette	avec baïonnette	charge de poudre	balle	poids total		
		mill.	mill.		mèt.	kil.	kil.	mèt.	mèt.	gr.	gr.	gr.	mèt.	mèt.
Allemagne	Fusil modèle 1871	11.00	835	4	0.550	4.500	5.330	1.830	1.800	5.00	25.0	42.00	440	1600
	Carabine de chasseurs, mod. 1871					4.500	5.200	1.200	1.700					1600
	— de cavalerie mod. 1871 . .	Mauser				3.330	»	1.000	»					1300
Angleterre	Fusil modèle 1874	11.43	840	7	0.500	3.970	4.705	1.257	1.829	5.50	31.1	49.12	401	1600
	Carabine modèle 1877	Martini-Henry				3.470	»	1.244	1.785	4.54	26.5	44.32	346	
	— d'artillerie mod. 1879 . . .					3.470	4.332	0.940	1.606					
Autriche-Hongrie	Fusil modèle 1873		848		0.724	4.170	4.690	1.281	1.749	5.00	24.0	42.50	438	1575
	— des troupes techniques mod. 1873	Werndl		6	0.526	3.250	3.630	1.004	1.478	2.60	24.0	33.90	367	
	— à répétit. de gendarmerie .	Fruwirth	566		0.526	3.680	4.060	1.037	1.511	2.18	20.3	28.70	307	
	— à répétit de gendarmerie .	Kropatschek			0.724	4.550	5.100	1.291	1.855	5.00	24.0	42.40	438	
	Carabine à répét. de gendarmer.				0.526					2.40	24.0	35.10	319	
Belgique	Fusil mod. 1853-67	Albini-Braendlin	860	4	0.550	4.500	4.890	1.380	1.840	5.20	25.0	41.00	417	2100
	Carabine mod. 1848-68	Terssen	800			4.816	5.516	1.290	1.870	5.00	25.0	41.00	417	
	Fusil mod. 1881	Comblain		4	0.300	4.300	»	1.254	»	5.00	25.0	43.30	400	
	Mousqueton mod. 1871		563	4	0.450	2.750	»	0.980	»	5.00	25.0	41.00		
Danemark	Fusil modèle 1867	Remington	903	5	0.710	4.150	4.900	1.282	1.831	3.90	25.0	34.70	405	750
	Carabine mod. 1867					3.250	»	0.915	»	3.25	25.0	34.70	328	
Espagne	Fusil modèle 1871	Remington	940	6	0.650	4.075	4.553	1.315	1.861	5.00	25.1	41.40	423	1000
	Carabine de cavalerie mod. 1871					3.275	»	0.963	»	4.00	25.0	41.00	345	
	Mousqueton du génie mod. 1871.					3.449	3.795	0.963	1.363					
Etats-Unis de l'Amérique du Nord	Fusil d'infanterie	Springfield	11.25	3	0.550	3.796	4.135	1.298	1.747	4.13	23.89	36.05	412	
	— de cadets					3.709	3.993	1.223	1.629	3.25	23.89	35.15		
	Carabine de cavalerie					3.112	»	1 032	»				335	
France	Fusil modèle 1874	Gras	11 00	4	0.550	4.200	4.760	1.305	1.827	5.25	25.0	43.00	450	1800
	Carabine de cavalerie mod. 1874.		820			3.500	»	1.175	»				435	1100
	— de gendarmerie mod. 1874 .		702			3.590	4.245	1.175	1.748				435	1100
	Mousqueton d'artillerie modèle 1874		702			3.260	3.915	0.990	1.503				415	1300
	Fusil de la marine à répétition mod. 1878	Kropatschek	510			4.600	5.080	1.243	1.764				450	
Hollande	Fusil d'infanterie	De Beaumont	745	4	0.750	4.415	4.800	1.320	1.832	5.00	25.0			1800
	Carabine de sapeurs	Remington	830				3.600		1.430					
	— de cavalerie		11.00			0.550	3.250	»	0.915	»	4.25	21.8	40.00		
	— de la maréchaussée								1.310					
Italie	Fusil modèle 1870	Vetterli	10.35	4	0.600	4.100	4.650	1.349	1.866	20.0	25.0	34.10	430	1600
	Mousqueton d'infanterie m. 1870					3.650	4.200	1.097	1.615				410	
	— de troupes spéc. mod. 1870					3.025	3.280	0.928	1.391				375	
	Fusil à répétition de la marine.	Bertoldo												
Japon	Fusil mod. 1880	Mourata	10.15	4	0.550	4.500	4.500	1.290	»	5.30	26.77	45.00	438	
Norvège	Fusil mod. 1867	Remington	12.17	6	0.900	4.500	5.110	1.358	1.841	4.09	23.7	35.80	380	
	— à répétition	Jarmann	10.15	4	0.558	4.435	4.720	1.343	1.782	5.10	21.85	41.43	495	
	— à répétition de la marine.	Krag-Peterson	12.17	6	0.900	4.420	5.170	1.250	1.770	4.09	23.7	35.80		
Russie	Fusil modèle 1871	Berdan 2	10.66	6	0.530	4.300	4 970	1.346	1.866	5.06	24.1	42.50	442	1800
	— de dragons mod. 1870 . .		833			3.390	3.880	»	1.223					
	— de cosaques mod. 1873 . .		730			3.390	»	1.233	»					
	Carabine de cavalerie mod. 1870		730			2.815	»	0.978	»					
Serbie	Fusil mod. 1880	Mauser-Koka	10.15	4	0.550	4.500		1.290	»	4.80	22.10	40.00	512	
Suède	Fusil mod. 1867	Remington	12.17	6	1.070	4.250	4.070	1.347	1.841	4.25	24.0	35.60	386	
	Carabine mod. 1870					2.970	»	0.861	»				342	
Suisse	Fusil à répétition mod. 1881 . .	Vetterli	10.4	4	0.660	4.600	5.160	1.321	1.800	3.75	20.2	30.50	435	1600
	Carabine à répétition mod. 1871					4.600	4.900	1.260	1.740					
	Mousqueton à répétition m. 1881		470		0.550	3.250	»	0.933	»					
	Fusil de cadet mod. 1870 . . .		680			0.600	3.200	3 500	1 150	1.030					

caoutchouc. Aussitôt après la guerre de 1870-71, le fusil Dreyse a été lui-même modifié d'après le système Beek, de façon à en améliorer l'obturation en y adaptant la rondelle en caoutchouc du fusil français.

Les épreuves que les armes modèle 1866, à peine entre les mains des troupes, eurent à subir en 1870-71, tout en permettant d'apprécier les qualités balistiques de l'arme, mirent en relief les nombreux défauts inhérents au mécanisme de la culasse et surtout à la cartouche. Une Commission instituée à Vincennes en 1872, pour l'étude des perfectionnements à apporter à cette cartouche, proposa de lui substituer une cartouche à étui métallique qui, beaucoup plus solide et moins sujette à se détériorer dans les transports, devait en même temps permettre de supprimer la rondelle en caoutchouc trop sensible aux variations atmosphériques, d'assurer l'obturation complète, d'éviter tout encrassement du mécanisme et enfin

de substituer à l'aiguille une tige plus forte, faisant l'office de percuteur et moins sujette à se fausser ou se briser.

En 1874, la France s'est décidée à changer de nouveau son armement; toutefois, le fusil modèle 1874, système *Gras*, n'est, à proprement parler, qu'une transformation du fusil modèle 1866, approprié au tir de la cartouche métallique et à l'extraction de l'étui vide, modifié, en outre, de façon à simplifier le démontage du mécanisme de culasse et augmenter la rapidité du tir en réduisant la charge à trois temps. Au point de vue balistique, l'arme est restée à peu près ce qu'elle était avant; toutefois, les perfectionnements successifs apportés dans la confection de la cartouche ont augmenté la justesse de l'arme et la régularité du tir; de plus la vitesse initiale, de 420 mètres seulement avec le fusil 1866, a été portée à 450 mètres.

De 1870 à 1874, la plupart des autres puis-

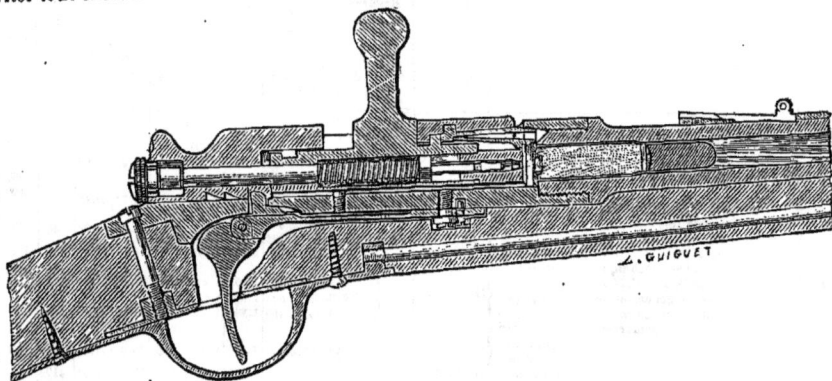

Fig. 228. — *Arme à verrou. Fusil français modèle 1874 (système Gras).*

sances ont également transformé leur armement et adopté un fusil de petit calibre, tirant une cartouche métallique. — V. CARTOUCHE.

Dans le tableau de la page 330, ont été réunies les principales données relatives à ces différentes armes; les différences entre les divers modèles, au point de vue balistique, sont de peu d'importance; seuls les mécanismes de culasse diffèrent, nous allons en discuter les avantages et les inconvénients.

Toutes les armes en service se divisent en deux groupes principaux: les armes à culasse mobile par *glissement*, dites armes à *verrou* ou à *tiroir*, suivant que le glissement a lieu dans le prolongement du canon ou perpendiculairement à son axe; les armes à culasse mobile par *rotation* qui se subdivisent en armes à *tabatière*, à *barillet* et enfin à *bloc*.

Armes à verrou (fig. 228). Les systèmes français, *Chassepot* et *Gras*; allemands, *Dreyse* et *Mauser*; hollandais, *de Beaumont*; russe, *Berdan* nº 2, et italien, *Vetterli* appartiennent à cette catégorie.

La fermeture est assurée par un *cylindre* qui peut prendre un mouvement de va-et-vient dans le prolongement du canon tout en étant soutenu

et guidé par une boîte de culasse vissée à l'arrière du canon. Ce cylindre se manœuvre à l'aide d'un *levier* pourvu le plus ordinairement d'un *renfort* qui, lorsqu'on rabat le levier à droite, prend appui contre un ressaut appelé *rempart*, limitant une échancrure pratiquée sur le côté droit de la boîte de culasse, et empêche ainsi le cylindre d'être projeté en arrière au départ du coup. Cette dissymétrie de l'arme est un des défauts que l'on reproche le plus aux armes à verrou, elle entraîne une déviation angulaire du projectile; dans le Vetterli, cet inconvénient a été en partie évité, le cylindre étant maintenu à la position de fermeture par deux tenons symétriques, mais le défaut de symétrie n'en subsiste pas moins à cause du levier qui se rabat à droite. Une *vis arrêtoir*, dont l'extrémité se déplace dans une rainure creusée dans le cylindre, une *rondelle arrêtoir*, ou une *clavette* butant contre un ressaut de la boîte de culasse ou du cylindre, limitent les mouvements du cylindre et l'empêchent de sortir de la boîte de culasse.

L'aiguille ou le *percuteur*, suivant que la cartouche est combustible ou métallique, est logée dans un canal creusé à l'intérieur du cylindre. Un *res-*

sort à boudin placé dans ce canal prend appui d'une part contre un ressaut du canal et, d'autre part, contre un épaulement faisant corps avec le percuteur ; le fusil de Beaumont est la seule arme à verrou dans laquelle le ressort à boudin ait été remplacé par un *ressort à deux branches* placé dans un évidement du levier. Le percuteur est relié à l'arrière à un *chien* qui porte le cran de l'armé. Dans les armes à aiguille, telles que le Dreyse et le Chassepot, ce chien s'armait à la main ; dans les autres mécanismes de culasse appropriés au tir de la cartouche métallique, comme on a été forcé d'augmenter la force du ressort, on a dû chercher à obtenir l'armé automatique. Dans ce but, à l'arrière du cylindre a été pratiquée une entaille formant rampe hélicoïdale, contre laquelle vient appuyer un coin également taillé en forme de rampe hélicoïdale, qui fait corps avec le chien ; il en résulte, lorsqu'on relève le levier pour ouvrir la culasse et fait par suite tourner le cylindre autour de son axe, une pression oblique analogue à celle d'un filet de vis contre son écrou, qui oblige le coin et par suite le chien à se reporter en arrière en bandant le ressort. Dans certains mécanismes, celui du Berdan n° 2 par exemple, le mouvement du chien en arrière est juste suffisant pour faire rentrer la pointe du percuteur, et ce n'est que lorsqu'on ramène le cylindre en avant pour fermer la culasse, que le chien est arrêté par la tête de gâchette et que le ressort est bandé complètement. Dans l'un ou l'autre cas, un des temps de la charge, celui d'armé, se trouvant supprimé, la charge se trouve réduite à trois temps, ce qui augmente d'autant la rapidité du tir.

Le mouvement de va-et-vient du cylindre facilite, d'une part, l'extraction de l'étui vide et permet, d'autre part, d'enfoncer la cartouche dans la chambre. L'*extracteur* est une griffe à ressort reliée à la culasse mobile et terminée en avant par un plan incliné qui lui permet de franchir le bourrelet de la cartouche au moment de la fermeture. L'extracteur devant toujours rester en regard du logement qui lui est ménagé dans le tonnerre, ne doit pas tourner lorsqu'on rabat le levier ; à cet effet, il est porté par une pièce séparée qui forme la partie antérieure du cylindre et que l'on nomme *tête mobile* ; cette pièce est reliée au cylindre de telle façon qu'elle est entraînée par lui dans son mouvement de translation, mais reste indépendante de son mouvement de rotation. Au fond de la boîte de culasse, un peu en avant de la tête de gâchette, est une petite vis ou toute autre pièce faisant saillie, dite *éjecteur*, contre laquelle le bourrelet, entraîné par l'extracteur, vient buter ; il en résulte un mouvement de bascule qui le projette hors de la boîte de culasse. L'adhérence de l'étui contre les parois de son logement pouvant être considérable, pour qu'il n'y ait pas arrachement, l'extracteur doit commencer par produire le décollement par un mouvement graduel et progressif et non par un brusque effort. Pour arriver à ce résultat, la tranche du tonnerre ou la rainure de la vis arrêtoir affecte la forme d'une rampe hélicoïdale ; la tête mobile appuyant contre cette tranche se trouve forcée, lorsqu'on relève le

levier, de se reporter en arrière d'une certaine quantité.

On a souvent reproché aux armes à verrou la possibilité d'occasionner des départs prématurés par suite du choc du cylindre contre la cartouche : dans les derniers modèles, la rampe hélicoïdale du tonnerre empêchant le cylindre d'être poussé à fond tant que le levier n'est pas rabattu, tout choc de ce genre est rendu impossible ; dans le fusil modèle 1874, la courbure donnée à l'extrémité de la rainure de la vis arrêtoir concourt au même but.

En plus des avantages que nous avons signalés, les armes à verrou sont de toutes les armes de guerre celles qui se prêtent le mieux à la facilité du démontage ; seulement, le mécanisme assez compliqué est forcément lourd et volumineux, surtout quand la cartouche est longue, à cause de la grande course que l'on est alors obligé de lui donner. Enfin, on leur reproche la lenteur relative du chargement, les arrachements possibles de la culasse mobile qui, assez fréquents dans les premiers modèles, ne sont plus à craindre aujourd'hui, et enfin les crachements dangereux pour le tireur en cas de rupture de l'étui.

Dans le but de remédier à ce dernier inconvénient, on a apporté, en 1880, quelques modifications à la boîte de culasse et à la tête mobile du fusil modèle 1874 ; ces modifications consistent en des dégagements pratiqués dans l'intérieur de la boîte et un agrandissement de la rigole ménagée dans la tête mobile de façon à faciliter le plus possible l'écoulement des gaz en cas d'accident ; on retrouve dans les autres modèles en service à l'étranger des dispositions analogues ayant le même but.

Armes à tiroir. Dans les armes de ce genre, la culasse mobile est une sorte de prisme ou de bloc qui se meut dans une coulisse perpendiculaire à l'axe du canon de haut en bas pour découvrir le tonnerre, de bas en haut pour le refermer ; ce bloc de fermeture est mis en mouvement par la rotation d'un levier formant sous-garde. Il n'y a eu pendant longtemps comme modèle d'armes de ce genre que la carabine des *cent-gardes* et le mousqueton américain *Sharps* ; actuellement le fusil belge *Comblain* en est le type le plus perfectionné. Dans cette dernière arme, la platine toute entière est logée dans le bloc dont le mouvement de glissement détermine l'armé automatique ; en même temps, le levier fait basculer un extracteur en forme de fourche qui, emboîtant le bourrelet de la cartouche, rejette l'étui vide hors de la chambre.

Armes à tabatière. Le bloc de culasse est mobile autour d'un axe parallèle à l'axe du canon et placé de côté à sa hauteur ; on l'ouvre à la façon du couvercle d'une tabatière, d'où le nom qui est resté à ce système de fermeture. Ce genre de fermeture est facile à adapter à une arme quelconque, aussi a-t-il été fort employé pour la transformation au chargement par la culasse des anciens fusils se chargeant par la bouche. Le fusil anglais *Enfield-Snider*, le fusil français *modèle* 1867, dit à *tabatière*, le fusil russe *Krink*, appartiennent à cette catégorie. Le percuteur traverse obliquement le bloc de culasse, on agit sur lui par le choc du chien de la platine à percussion qui a été conservée. Le tire-cartouche est formé par une partie de la tranche de culasse qui est mobile et que l'on peut ramener en arrière d'une petite quantité lorsque la culasse est ouverte, on dégage ainsi l'étui puis on achève de le retirer à la main.

Armes à barillet. Le bloc de culasse est un cylindre plein qui tourne, à la façon du barillet d'un revolver, autour d'un axe parallèle à l'axe du canon, situé dans le même plan vertical, mais un peu plus bas ; ce cylindre présente sur une partie de son pourtour une échancrure qui, venant se placer en face de la chambre lorsqu'on tourne le barillet pour ouvrir le tonnerre, démasque l'ouverture de la chambre de manière à permettre l'introduction de la cartouche. La face postérieure du barillet est forcée de rester en contact avec la face antérieure d'un coin taillé en rampe hélicoïdale ; il en résulte que les mouvements du barillet ne sont pas de simples rotations, ils sont compliqués d'une petite translation, disposition qui a pour but, non seulement de faire appuyer de plus en plus la tranche antérieure du barillet contre la tranche de culasse lorsqu'on ferme le tonnerre, mais encore de faciliter l'introduction de la cartouche et son extraction. L'extracteur est une sorte de levier coudé terminé à une de ses extrémités par une griffe et à l'autre par un tenon qui se déplace dans une rainure creusée sur le barillet ; celui-ci, en tournant et se reportant en arrière, fait basculer le levier, et la griffe, ramenée en arrière, rejette l'étui vide hors de la chambre. La percussion est assurée comme dans les armes du système précédent, par un percuteur qui traverse le barillet et sur lequel vient frapper un chien mis en mouvement par une platine à percussion ordinaire.

Il n'existe qu'un seul modèle d'arme de ce genre, c'est le fusil autrichien *Werndl.*

Armes à bloc tournant ou *à clapet.* Le bloc de culasse est mobile autour d'une charnière placée au-dessus du tonnerre, perpendiculairement à l'axe du canon ; pour ouvrir la culasse, on la relève d'arrière en avant à la façon d'une soupape ou d'un clapet. De même que le système à tabatière, ce système a été fort employé pour la transformation des anciens fusils ; tels sont : le fusil belge *Albini-Braendlin,* le fusil suisse *Milbank-Amsler,* le fusil autrichien *Wænzl,* le fusil russe *Berdan* n° 1, le fusil américain *Springfield.* Le bloc est traversé par le percuteur sur lequel vient frapper le chien d'une platine à percussion. Le bloc ayant une tendance à se relever, pour l'immobiliser au moment du départ du coup, on a habituellement recours au dispositif suivant : au chien est relié un pêne analogue à celui d'une serrure, qui, traversant la boîte de culasse, pénètre dans le bloc au moment même où le chien se rabat. Le tire-cartouche est formé de une ou deux branches avec griffe pour saisir le bourrelet, qui sont enfilées sur l'axe de rotation du bloc et entraînées par lui dans son mouvement de relèvement lorsqu'on ouvre la culasse ; ce mouvement circulaire ne pouvant avoir qu'une faible étendue, il en résulte qu'il n'y a pas d'éjection, l'étui est seulement ramené un peu en arrière, de telle sorte qu'on puisse le saisir avec les doigts. Avec ce genre de mécanisme, comme avec le système à tabatière, la charge se fait donc en cinq temps ; toutefois, ce mode de fermeture présente l'avantage de ne pas exiger pour son bon fonctionnement que la cartouche soit complètement poussée à fond, le bloc en se rabattant achève de la mettre en place.

Armes à bloc à rotation rétrograde (fig. 229). Il n'existe qu'une seule arme de ce genre, c'est le fusil américain *Remington,* adopté en Espagne, Danemark, Suède, Norwège, Grèce, Amérique du Sud, Égypte et Chine. Le mécanisme du Remington, composé d'un petit nombre de pièces peu susceptibles de dégradations, jouit de la réputation d'être fort simple et fort solide ; toutefois, l'ajustage de ces pièces demande une grande précision, sans laquelle elles se fausseraient et se dégraderaient rapidement.

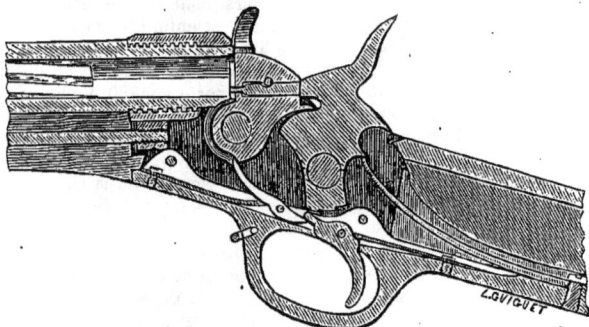

Fig. 229. — *Arme à bloc à rotation rétrograde. Fusil Remington.*

Le bloc de culasse est mobile autour d'un axe perpendiculaire à l'axe du canon et placé au-dessous vers l'extrémité avant de la boîte de culasse ; pour ouvrir la culasse, on le rabat en arrière en appuyant avec le pouce sur la crête qui sert à le manœuvrer, pour fermer la culasse on le ramène en avant. Le percuteur est logé dans le bloc ; le chien, monté sur un axe parallèle à celui du bloc et situé en arrière, se meut comme le bloc de culasse, en dedans de la boîte de culasse. Le tracé du bloc et du chien est tel que lorsque le chien s'abat, il vient se glisser sous le bloc qui se trouve alors appuyé en arrière et ne peut se rabattre sous l'action du recul, eu égard à la position relative des deux axes. Le tire-cartouche est une petite lame avec griffe, pouvant prendre dans le côté gauche du canon un certain mouvement de translation, lorsqu'elle est entraînée par le bloc de culasse dans son mouvement de rotation en arrière ; cette course étant très limitée, l'extraction de l'étui est incomplète et il faut l'achever à la main.

Armes à bloc de culasse tombant (fig. 230). L'axe de rotation du bloc, perpendiculaire à l'axe du canon et placé au-dessus, est reporté à l'arrière de la boîte de culasse. A sa partie antérieure, le bloc qui affecte une forme allongée est soutenu par la petite branche d'un levier de manœuvre, dont la grande vient se placer sous la poignée de l'arme, la culasse étant fermée. Si on fait basculer en avant la grande branche du levier, le bloc n'étant plus soutenu tombe sous l'action de son propre poids et démasque l'entrée de la chambre. L'extracteur est une sorte de fourche dont les deux branches embrassent le bourrelet de la cartouche, il est monté sur un pivot horizontal et terminé par une queue coudée ; le bloc tombant sur cette queue, fait basculer l'extracteur qui rejette l'étui vide hors de la chambre. La forme en gouttière que présente le dessus du bloc facilite l'expulsion de l'étui vide, ainsi que l'introduction de la cartouche.

Le percuteur est logé dans le bloc ; dans le fusil américain *Peabody*, dont sont dérivées toutes les autres armes à bloc de culasse tombant, le percuteur était chassé en avant par le choc d'un chien mû par une platine ordinaire ; dans le fusil bavarois *Werder*, le chien est agencé avec les autres pièces du mécanisme de fermeture. Enfin, dans le mécanisme du fusil anglais *Martini-Henry*, c'est un ressort à boudin qui agit sur le percuteur ; ce ressort se trouve bandé automatiquement lorsqu'on rabat le levier en arrière pour soulever le bloc et fermer la culasse.

Les mécanismes de culasse à bloc sont généralement plus simples et plus solides que ceux à verrou ; la manœuvre est un peu plus rapide et le bloc ne peut être projeté en arrière, mais en revanche, malgré le jeu que l'on est forcé de laisser entre le bloc et la tranche de culasse, si le soldat ne fait pas bien attention à pousser la cartouche à fond, le mécanisme peut se trouver enrayé. Il n'existe actuellement qu'un seul mécanisme d'arme à bloc qui achève automatiquement l'introduction de la cartouche, c'est celui qui a été proposé par l'armurier belge Nagant. Enfin, par suite du jeu, dont il vient d'être question, l'étui étant plus sujet à se gonfler ou se déchirer, il peut en résulter des difficultés d'extraction.

Avec les armes à verrou, il est, en général, facile de reconnaître à première vue si l'arme est armée ou non, il n'en est pas de même avec certaines armes à bloc, en particulier avec celles à bloc de culasse tombant, comme le Martini-Henry,

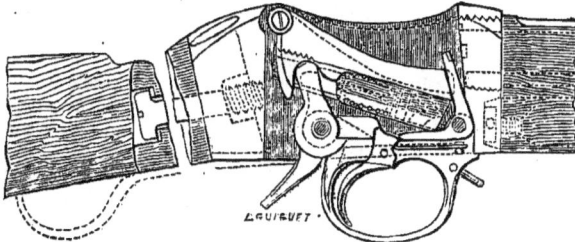

Fig. 230. — *Arme à bloc de culasse tombant. Fusil anglais modèle 1874 (système Martini-Henry).*

aucune des parties du mécanisme n'étant visible à l'extérieur ; aussi, a-t-on imaginé de placer en dehors sur le côté droit de la boîte de culasse un *index* qui, monté sur le même axe que la gâchette, indique par la position qu'il occupe si le ressort est ou n'est pas bandé.

Les premiers modèles d'armes se chargeant par la culasse étaient presque tous pourvus d'un *système de sûreté* plus ou moins compliqué, suivant le système de fermeture ; système ayant pour but de permettre d'enrayer à volonté le mécanisme et, par suite, de pouvoir manier l'arme chargée sans qu'une action exercée inopinément sur la détente put faire partir le coup. Ce dispositif devait remplacer le cran de sûreté de la platine des anciens fusils se chargeant par la bouche, cran qui était alors indispensable, l'arme devant toujours être chargée à l'avance. Actuellement, l'utilité de ce système de sûreté, qui complique le mécanisme sans grande utilité, est fort contestée ; on a, en effet, constaté que pour revenir de la position de sûreté à l'armé, il fallait presque autant de temps que pour charger l'arme.

Fusils à répétition. L'idée d'augmenter la puissance meurtrière des armes à feu portatives, soit en leur faisant lancer à la fois un grand nombre de balles ou chevrotines, produisant un effet analogue à celui que l'on obtient avec la mitraille des canons, soit en imaginant un dispositif permettant de tirer plusieurs coups de suite sans avoir à recharger l'arme, n'est pas nouvelle, on la retrouve dès la première apparition des armes à feu. Il existe dans les musées et collections d'armes anciennes de nombreux spécimens d'armes à répétition, dont la plupart datent des xviie et xviiie siècles ; le plus généralement un certain nombre de charges de poudre et de balles placées dans un magasin étaient amenées successivement dans le canon. Mais toutes ces armes, quelque habilement qu'elles fussent construites, ne remplissaient pas les conditions de simplicité que l'on doit exiger d'une arme de guerre. C'est seulement lors de l'apparition des cartouches métalliques que s'est ouverte en Amérique pour ces armes, une ère nouvelle de perfectionnement qui devait enfin les faire entrer dans le domaine de la pratique.

Fusils à magasin. La carabine *Spencer*, brevetée en 1862, est la première arme à répétition qui ait été employée à la guerre ; les Américains du nord s'en servirent avec succès pendant la guerre de Sécession. Le magasin, formé par un mince tube métallique, est logé dans le fût, il contient 7 cartouches ; pour le remplir, il faut renverser le fusil la bouche en bas, dégager l'ouverture ménagée dans la plaque de couche, retirer le tube magasin, y introduire les cartouches le culot le premier, en comprimant le ressort à boudin placé au fond, puis le remettre en place. Il suffit alors de faire fonctionner le mécanisme de culasse, qui appartient au système à bloc, pour que les cartouches poussées par le ressort passent successivement du magasin dans la chambre. Dans le modèle primitif, une fois le magasin épuisé, on se trouvait dans l'obligation de le recharger pour pouvoir reprendre le tir; plus tard, le mécanisme a été modifié de façon à permettre, en pareil cas, de continuer le tir en chargeant coup par coup.

Le fusil *Henry* fut également employé à la même époque par les États du nord, mais sur une moins vaste échelle que le Spencer.

Cette arme différait surtout de la précédente en ce que le magasin, au lieu d'être logé dans la crosse, était logé dans le fût sous le canon, ce qui avait permis de lui donner une plus grande longueur et d'y introduire jusqu'à 15 cartouches; ces cartouches étaient introduites dans le magasin par le haut; poussées par un ressort à boudin elles venaient se placer successivement dans une sorte de chariot ou transporteur. Lorsqu'on manœuvrait le mécanisme de culasse, ce chariot se déplaçait de bas en haut, de façon à amener la cartouche à hauteur de la chambre; le système de fermeture étant à verrou, la cartouche se trouvait poussée dans la chambre et le chariot s'abaissait de façon à se replacer en face du magasin.

Le fusil Henry perfectionné est devenu en 1865 le fusil *Henry-Winchester*; une ouverture, ménagée sur le côté droit de la boîte de culasse, permet de charger plus commodément le magasin en y introduisant les cartouches par l'arrière, et a rendu possible le chargement successif, coup par coup.

Pendant la guerre de 1870-71, le Gouvernement de la défense nationale fit acheter un certain nombre d'armes des systèmes Spencer et Henry-Winchester et en arma quelques corps francs. C'est également avec des carabines Henry-Winchester que les Turcs ont défendu Plewna; enfin les troupes chiliennes en ont aussi fait usage dans leur lutte contre le Pérou. Mais ces premières armes à répétition, ne tirant que des cartouches courtes et légères afin que le magasin put en contenir davantage, étaient fort inférieures au point de vue balistique aux fusils se chargeant par la culasse alors en service dans les différentes armées, et ne pouvaient guère être utilisées que pour le tir aux distances rapprochées.

Le fusil à répétition *Vetterli*, adopté en 1867 par la Suisse pour l'armement de toute son infanterie, est la première arme de ce genre qui ait joint aux qualités balistiques des fusils à un coup alors en usage, les avantages du système à répétition. Comme mécanisme de fermeture, cette arme est identique au fusil simple Vetterli, en service en Italie; comme principe du mécanisme de répétition, il est analogue à l'Henry-Winchester. Le magasin contenant 11 cartouches est logé dans le fût, les cartouches sont amenées du magasin dans la chambre par un transporteur; on remplit le magasin, ou on charge l'arme coup par coup en introduisant les cartouches par une ouverture ménagée sur le côté droit de la culasse.

De même que les deux armes américaines, le Vetterli suisse à répétition tire une cartouche à percussion périphérique, de façon à éviter tout éclatement accidentel pouvant provenir du choc répété de la pointe de la balle contre l'amorce de la cartouche suivante; de plus, on a serti la balle de façon à l'empêcher de s'enfoncer dans l'étui, et rendre autant que possible sa longueur invariable, condition alors indispensable pour le bon fonctionnement du mécanisme, le culot de la cartouche suivante pouvant s'engager dans l'auget à la suite d'une cartouche trop courte, et enrayer ainsi le mécanisme. — V. CARTOUCHE.

Lorsque l'on reprit, en Europe, après la guerre de 1870-71, l'étude des armes à répétition, on posa comme conditions aux inventeurs d'employer la même cartouche à percussion centrale qu'avec les autres armes et de pouvoir à volonté condamner le mécanisme à répétition, et charger coup par coup comme avec une arme ordinaire, de telle sorte que dans le cas où ce mécanisme viendrait à être détraqué, on puisse quand même se servir encore de l'arme. Vetterli, le premier, construisit une arme à magasin utilisant une cartouche à percussion centrale; l'amorce était un peu enfoncée de façon à ne pouvoir être atteinte par la balle voisine, disposition qui avait le grave inconvénient d'allonger la cartouche, et par suite de réduire le nombre de cartouches contenues dans le magasin. Depuis lors les nombreux essais qui ont été faits ont montré que cette précaution était superflue, et qu'il suffisait que l'amorce fut peu sensible pour qu'il n'y eut à craindre aucun accident; par surcroît de précaution, au lieu de laisser à la partie antérieure de la balle sa forme pointue, on peut la terminer par un méplat.

Dans le fusil *Fruwirth*, adopté en 1871 par l'Autriche pour l'armement de la gendarmerie, les deux conditions que nous venons d'énoncer ont été pour la première fois résolues d'une façon à peu près satisfaisante. Le système de fermeture ressemble beaucoup à celui du fusil Gras, le magasin est dans le fût, mais le transporteur, au lieu d'être un chariot, est un auget en forme de cuiller, oscillant, sous l'action directe du va-et-vient du système de fermeture, autour d'un pivot placé à l'arrière de la boîte de culasse. La culasse étant fermée, l'auget forme plan incliné en avant du débouché du magasin, une cartouche y est engagée. Quand on retire la culasse mobile en arrière, l'auget se relève amenant la cartouche dans le prolongement de la chambre. Lorsqu'on ramène la culasse mobile en avant, la cartouche est poussée dans la chambre, et quand on rabat le levier, l'auget vient se rabaisser en face du magasin. Lorsqu'on veut tirer en chargeant après chaque coup, on immobilise, à l'aide d'un dispositif spécial, l'auget qui forme alors le fond de la boîte de culasse; pour charger le magasin il faut ouvrir la culasse de façon à rabattre l'auget et découvrir ainsi l'ouverture du magasin.

Le fusil autrichien *Kropatschek* (fig. 231), adopté par la marine française pour l'armement de ses matelots sous le nom de *fusil de marine*, modèle 1878, n'est qu'un perfectionnement du système précédent. Le magasin contient 7 cartouches, l'auget une, en outre, il y en a une dans la chambre, ce qui donne un total de 9. A la suite des premiers essais faits en France, l'inventeur ajouta une pièce spéciale, dite *arrêt de cartouche*, destinée à assurer le bon fonctionnement du mécanisme à répétition indépendamment de la longueur de la cartouche. On n'a plus eu dès lors à se préoccuper de sertir la balle et on a pu employer sans mo-

dification aucune les mêmes cartouches qu'avec les autres armes.

En même temps que le fusil Kropatschek, la marine française a essayé le fusil américain *Hotchkiss* (fig. 232), arme également à verrou, mais le magasin logé dans la crosse ne contient que 5 cartouches. Il n'y a pas d'auget, les cartouches

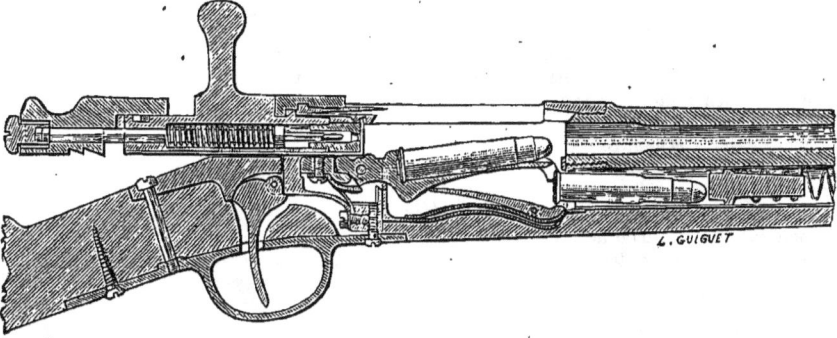

Fig. 231. — *Fusil à répétition de la marine française, modèle 1878 (système Kropatschek).*

vont directement du magasin dans la chambre; il en résulte que le mécanisme de répétition est excessivement simple et solide ; ce fusil, dont les imperfections de détail constatées dans les premières expériences ont été corrigées, a été adopté depuis, en 1881 par la marine des États-Unis, à la suite de nombreux essais faits sur un grand nombre de systèmes d'armes à répétition. Malgré le moins grand nombre de cartouches conte-

nues dans le magasin, on a préféré, en Amérique, un fusil avec magasin dans la crosse, parce que, le poids se trouvant mieux réparti, la mise en joue est plus commode, et la monture moins affaiblie et par suite moins sujette à se briser.

Dans le fusil *Krag-Peterson*, qui est en service depuis 1876 dans la marine norvégienne, le magasin est dans le fût ; le mécanisme, à bloc de culasse tombant, présente les avantages de solidité

Fig. 232. — *Fusil à répétition Hotchkiss.*

et de simplicité inhérents à ce système comme mode de fermeture, mais en revanche, au point de vue de la répétition, il présente l'inconvénient fort grave d'exiger, pour faire passer la cartouche dans le canon, un mouvement de plus qu'avec les armes à verrou, mouvement que dans le Krag-Peterson le tireur est obligé d'exécuter à la main ; il n'existe pas encore, du reste, d'arme à bloc à répétition dans laquelle ce mouvement se fasse automatiquement.

La Suède et la Norwège viennent d'adopter pour l'armement de toutes les troupes de leur armée de terre le fusil *Jarmann* à répétition ; l'Italie le

Bertoldo pour la marine seulement. Dans ces deux armes, le mécanisme de culasse appartient au système à verrou, le magasin est dans le fût, le mécanisme de répétition est à auget oscillant.

Dans les derniers modèles qui ont été présentés, on s'est surtout préoccupé de la possibilité de pouvoir, une fois le magasin vidé, continuer le feu coup par coup sans avoir à toucher au système de répétition qui continue de fonctionner à vide. Ce résultat a été obtenu dans le dernier modèle de fusil *Dreyse*. Cette arme présente, en outre, un autre avantage, c'est qu'elle peut fonctionner, quelle que soit sa position, la bouche en haut ou en bas, le tonnerre ouvert et l'arme retournée, la cartouche étant maintenue par le transporteur et les nervures de la boîte de culasse.

L'un des principaux reproches que l'on fait aux armes à magasin, et principalement à celles dont le magasin est dans le fût, c'est d'amener par suite des chocs répétés une déformation assez sensible des cartouches. Dans le fusil *Spitalsky*, l'inventeur a isolé chacune des cartouches dans un logement particulier. Il est arrivé à ce résultat en adaptant à l'arme un barillet, comme dans les revolvers, avec cette différence toutefois que ce barillet ne sert que de magasin et de transporteur pour amener les cartouches dans le canon, ce qui supprime le défaut d'obturation qui est le principal défaut des armes-revolvers; l'unique inconvénient de cette arme est le petit nombre de cartouches que le magasin peut recevoir et qu'on ne pourrait guère augmenter sans diminuer trop le calibre du canon.

Dans le fusil *Trabu*, l'auget est supprimé, la cartouche s'engage dans une rainure oblique qui forme le débouché du magasin, son culot vient buter contre une encoche de la boîte de culasse; lorsqu'on ramène la culasse mobile en avant, la tête mobile vient se glisser sous la cartouche et soulève la balle à hauteur de la chambre, le cylindre achève de la pousser à fond.

Pour augmenter le nombre de cartouches contenues dans le magasin, lorsqu'il est placé dans la crosse, on a imaginé dans le fusil *Mata* de placer à la suite du tube magasin qui contient six cartouches, un second magasin vertical en renfermant quatre; ces cartouches sont placées côte à côte et viennent tomber par leur propre poids dans le tube magasin d'où elles sont amenées dans la chambre.

Dans le fusil *Évans*, le magasin peut contenir vingt-six cartouches; à cet effet, il existe dans la crosse un arbre muni de compartiments dans lesquels s'engagent les cartouches, cet arbre est mis en mouvement par le système de fermeture; une bande d'acier hélicoïdale qui entoure l'arbre, force les cartouches sur lesquelles elle agit par le bourrelet, à avancer progressivement. Ce système fort ingénieux fonctionne bien, mais il est trop compliqué et trop coûteux pour pouvoir être appliqué à une arme de guerre.

Dans le fusil à répétition *Werndl*, du dernier modèle, le magasin, logé dans le fût qui est en tôle d'acier, se compose de trois tubes contenant chacun 9 cartouches, total 27; un poussoir permet d'amener tour à tour chaque tube devant le transporteur soit pour tirer, soit pour recharger. Cette arme, de même que la précédente, ne pourrait, à cause de son poids exagéré, être employée en campagne, mais peut-être pourrait-elle être utilisée dans la guerre de siège.

En résumé, les fusils à magasin actuellement existant, quelque perfectionné que soit leur mécanisme, suppriment seulement, et encore uniquement pour les cartouches placées dans le magasin dont le nombre est en général fort restreint, le temps de la charge correspondant à la mise en place de la cartouche; la répétition successive à de courts intervalles du mouvement de porter l'arme de la hanche à l'épaule et inversement pour épauler, puis faire fonctionner le mécanisme, engendrerait bientôt une fatigue excessive. Il faudrait donc pouvoir trouver un mécanisme assez perfectionné pour permettre le tir continu sans désépauler, le fusil *Henry-Winchester* est le seul qui jusqu'ici ait réalisé ce desideratum. Dans l'un et l'autre cas, du reste, une fois le magasin épuisé, le soldat devra forcément recourir au tir coup par coup; car, quelque facile et rapide que puisse être l'opération du chargement du magasin, il ne pourra songer à l'exécuter au milieu de l'action et devra forcément attendre le premier moment de répit que lui laissera l'ennemi.

Avec les derniers modèles d'armes se chargeant par la culasse, la vitesse maximum du tir coup par coup peut, pour un tireur exercé, atteindre 10 à 12 coups à la minute, en moyenne, elle est de 8 à 9; avec le système à répétition, on peut compter pour les cartouches du magasin sur une vitesse au moins double, soit environ 1 coup par deux secondes, ce qui fait que pour vider un magasin de contenance moyenne, le tireur ne mettra pas plus de 20 à 30 secondes.

Reste à savoir si, au point de vue de l'infanterie, cet avantage momentané est suffisant pour compenser les inconvénients inhérents aux armes à répétition qui sont l'alourdissement de l'arme et la complication du mécanisme. Dans ces conditions, en face de la dépense considérable qu'entraînerait la transformation de leur armement en armes à magasin, toutes les puissances ont hésité et se sont bornées à se mettre en mesure par des études et essais préliminaires, de pouvoir, le cas échéant, fixer rapidement leur choix et procéder dans le plus bref délai à une transformation.

Nous ne parlerons qu'en passant du gaspillage des munitions qui, d'après les adversaires des armes à répétition, doit être la conséquence forcée de leur adoption; chaque fois qu'il s'est agi d'un perfectionnement ayant pour conséquence l'augmentation de la rapidité du tir, la même objection a été mise en avant et chaque fois l'expérience a montré que la consommation des munitions n'avait pas augmenté dans des proportions aussi fortes qu'on avait semblé le craindre. Du reste, l'échauffement du canon qu'il devient difficile de tenir à la main, la fatigue de l'épaule du tireur seront toujours des modérateurs suffisants.

Chargeurs. La difficulté de prendre les cartouches dans la cartouchière est pour le soldat la principale cause de la lenteur du tir avec le fusil ordinaire; lorsque le tireur a devant lui les cartouches convenablement disposées, ou s'il les reçoit d'un auxiliaire, il peut atteindre aisément une vitesse de tir deux fois plus grande. Aussi, a-t-on cherché à perfectionner la cartouchière de telle façon que les cartouches y soient convenablement disposées et faciles à prendre.

Les Américains, les premiers, ont imaginé une sorte de cartouchière ou boîte légère en bois contenant 8 cartouches et pouvant être fixée sur le fusil; le soldat devait avoir ainsi un certain nombre de cartouches sous la main. Le *chargeur rapide Krink*, mis en essai dans l'armée russe pendant la dernière guerre d'Orient, est basé sur le même principe, seulement le mode de fixation sur l'arme a été perfectionné ; il se compose d'un teneur en acier qui se fixe sur le fût en l'emboîtant, sans nécessiter aucune modification de l'arme et qui sert à maintenir une boîte en carton de forme particulière, contenant une dizaine de cartouches.

De là à l'idée d'un *chargeur automatique*, ou magasin séparé, pouvant être fixé à volonté sur l'arme et permettant de la transformer instantanément en arme à répétition, il n'y avait pas loin, et ce pas fut bientôt franchi. L'américain Lee imagina de placer dans la monture, en avant de la détente, une boîte prismatique contenant cinq cartouches superposées et débouchant dans une échancrure pratiquée au fond de la boîte de culasse ; un ressort à branches plates fixé contre le fond de la boîte pousse les cartouches de bas en haut ; une fois le magasin épuisé on le remplace par un autre.

Le chargeur Lœwe (fig. 233), expérimenté en 1880 en Allemagne, et depuis dans presque tous les autres pays, n'est qu'un perfectionnement du précédent ; moyennant quelques dispositions de détail simples et peu coûteuses, il peut s'adapter

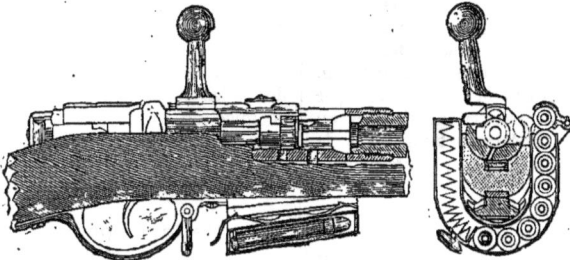

Fig. 233. — *Chargeur automatique (système Lœwe).*

à tout système d'arme à verrou. Le magasin est une sorte de boîte en tôle, en forme d'U qui peut contenir jusqu'à vingt-quatre cartouches, et emboîte le fût en le contournant, au lieu de le traverser. Une fois en place, il débouche à droite à hauteur de l'échancrure de la boîte de culasse, il est fermé par un couvercle que le levier de manœuvre, lorsqu'il est rabattu, empêche de se soulever ; lorsqu'on relève le levier, sous la pression du ressort qui pousse les cartouches, le couvercle se soulève juste assez pour laisser sortir une seule cartouche qui vient tomber dans la boîte de culasse et est ensuite poussée dans la chambre lorsqu'on ferme la culasse.

Bien d'autres systèmes de chargeurs automatiques ont été depuis lors proposés et expérimentés, entre autres le *chargeur Werndl*, sorte de tambour s'adaptant sur le côté gauche de la boîte de culasse et pouvant contenir jusqu'à ving-cinq cartouches qui sont poussées successivement dans la chambre par un ressort en spirale.

Pendant quelque temps les magasins séparés ont été fort en faveur ; tout en permettant de transformer rapidement et à peu de frais les fusils existant en armes à répétition, ils semblaient devoir échapper aux principaux reproches mis en avant par les adversaires des fusils à magasin.

Mais ils sont mal commodes à transporter, difficiles à mettre en place, gênants pour la manœuvre et beaucoup plus sujets à se détériorer que le mécanisme d'une arme à magasin.

Aujourd'hui surtout que l'on peut prévoir que, dans un avenir plus ou moins rapproché, l'adoption d'un fusil de petit calibre entraînera non pas une simple transformation, mais une modification complète de l'armement, l'étude des magasins séparés n'offre plus grand intérêt ; tout au plus pourrait-on les utiliser pour une transformation provisoire et à peu de frais des anciens fusils.

Fusils de petit calibre. Les premières études relatives aux fusils de calibre inférieur à 10 millimètres ont été entreprises en Suisse vers 1879, elles ont eu un certain retentissement et depuis lors, la question des fusils de petit calibre est à l'étude dans presque tous les pays. Accroître la tension de la trajectoire, de façon à avoir une trajectoire sensiblement rectiligne jusqu'à 600 ou 700 mètres, c'est-à-dire jusqu'à la distance à laquelle on peut encore distinguer les objets, tel est le but que l'on doit se proposer dans la recherche d'un nouveau fusil. Une fois ce résultat obtenu aux distances ordinaires de combat, le fantassin n'aura plus à se préoccuper d'apprécier la distance et de chercher la hausse convenable, problème qui pour lui, au milieu de la fumée et de l'énervement de l'action, est à peu près insoluble. La rapidité du tir peut sans aucun doute avoir, dans certaines circonstances du combat, une influence considérable, et les principes de tactique qui prévalent aujourd'hui pour l'infanterie en font, avec raison, l'une des conditions du succès, mais cette qualité n'a pas, au point de vue de l'efficacité du feu, la même importance que la précédente. Quant à la justesse, elle ne vient qu'en troisième ligne ; assurément, il est très utile pour les tirs d'exercice que la précision de l'arme soit très grande, parce que grâce à elle il est plus facile de former et d'apprécier les tireurs et de leur inspirer confiance dans leur arme ; mais sur le champ de bataille les écarts dus à l'arme disparaissent devant ceux qui proviennent du tireur et la propriété principale du fusil est, alors avant tout de posséder une zone dangereuse très étendue.

La tension de la trajectoire dépend de la vitesse initiale de la balle, du rapport de son poids à sa section et de sa forme. On s'est efforcé tout d'abord d'obtenir avec les fusils du calibre 11 millimètres une trajectoire plus tendue, en modifiant la forme de la balle et allongeant son ogive de façon à diminuer la résistance de l'air. Mais on ne pouvait songer à augmenter la charge de façon à obtenir une vitesse initiale de 500 ou 600 mètres sans diminuer le poids de la balle ; car le recul étant, comme nous l'avons vu, proportionnel au poids du projectile et à sa vitesse, pour rester dans des limites telles que le recul fut supportable, augmentant l'un des facteurs, il fallait forcément diminuer l'autre. Cette diminution du poids de la balle devait avoir, en outre, l'avantage de permettre d'obtenir une plus grande vitesse sans augmenter la charge dans de trop fortes proportions et par suite, sans atteindre des pressions susceptibles de compromettre la résistance du canon. A ce point de vue du reste, le choix de la poudre à employer a une importance capitale. — V. Poudre.

Mais d'un autre côté, l'expérience et la théorie sont d'accord pour montrer que la tension de la trajectoire dépend moins de la vitesse, que du poids du projectile par unité de section de laquelle dépend surtout la conservation de cette vitesse. Si donc, même avec une vitesse initiale beaucoup plus grande, le projectile n'était qu'une simple réduction à une échelle plus petite de la balle actuellement en service, la nouvelle arme serait forcément inférieure à l'ancienne au point de vue balistique. En effet, la surface opposée à la résistance de l'air ne serait diminuée que proportionnellement au carré des dimensions linéaires, tandis que la masse du projectile se trouverait réduite dans la proportion du cube de ces mêmes dimensions, et par suite, le poids par unité de section se trouverait abaissé. On a été ainsi amené, tout en diminuant le poids de la balle, à augmenter sa longueur et par suite à réduire de plus en plus le diamètre de sa partie cylindrique, c'est-à-dire le calibre de l'arme.

Le fusil suisse du calibre $10^{m/m},4$, avec sa balle de 20 grammes et une vitesse initiale de 435, ne donne pas au point de vue de la tension de la trajectoire de meilleurs résultats que les fusils de calibre 11 millimètres lançant une balle de 25 grammes avec une vitesse de 430 mètres ; le seul avantage qu'il présente c'est une diminution de poids des munitions, avantage appréciable, il est vrai, surtout avec une arme à répétition.

Le fusil *Jarmann* et le fusil *Mauser-Milovanovic*, tous les deux du calibre $10^{m/m},15$, qui viennent d'être adoptés l'un en Suède, l'autre en Serbie, marquent un premier progrès ; la balle pèse 22 grammes environ, et la vitesse initiale atteint 500 mètres. Mais ces deux armes sont encore loin de réaliser le desideratum auquel on doit tendre. On essaie actuellement aussi bien en France qu'à l'étranger, des armes des calibres 9 millimètres, $8^{m/m},5$ et 8 millimètres, on a même expérimenté en Suisse un fusil de $7^{m/m},5$.

Au-dessous de cette limite, il semble que le canon deviendrait trop difficile à fabriquer et à nettoyer, et de plus s'encrasserait trop rapidement.

D'un autre côté on admet aujourd'hui que le poids de la balle ne peut guère descendre au-dessous de 20 à 15 grammes, sans perdre ses qualités indispensables qui sont la conservation de la vitesse, la force de pénétration et les effets meurtriers. Avec un calibre trop réduit, il faudrait allonger outre mesure le projectile, jusqu'ici on n'a guère dépassé 3 à 4 calibres.

En effet, avec une balle trop longue, on s'exposerait à avoir un forcement par inertie trop considérable et de trop grandes déformations ; déformations auxquelles on doit attribuer pour la plus grande partie le défaut de justesse de l'arme, c'est pourquoi on essaie de fabriquer les balles en métal plus dur encore que le plomb durci à l'antimoine, mais pas assez dur cependant pour échapper aux rayures. Dans cette voie, les essais se trouvent limités par la nécessité de n'employer que des métaux d'un usage courant et d'un prix pas trop élevé.

Enfin, pour assurer dans l'air la stabilité de l'axe de la balle, on serait forcé de lui donner une vitesse de rotation d'autant plus accusée que sa longueur est plus grande. Avec le calibre 11 et la balle de 2,5, calibre de longueur, le pas avait été fixé de 50 à 60 calibres, avec le calibre 9 et une balle de 3 calibres on doit déjà le réduire à 25 calibres environ. Avec une inclinaison aussi forte des rayures, la balle, même en plomb durci, échappe aux rayures, le métal est arraché ; pour obvier à cet inconvénient, on essaie actuellement des balles en plomb durci recouvertes d'une mince chemise de cuivre. Le forcement est alors plus régulier, l'usure de l'âme moins rapide, mais en revanche par suite des difficultés de fabrication le prix de revient est beaucoup plus élevé.

Fusils de rempart. Sous ce nom, on désigne des fusils de gros calibre que leur poids ne permet pas d'emporter en campagne, et que l'on ne peut utiliser que pour l'attaque ou la défense des places. Du temps des fusils lisses, l'emploi de ces fusils permettait d'obtenir de plus grandes portées et des effets de destruction plus considérables de façon à atteindre l'ennemi embusqué derrière les gabionnades. Depuis la mise en service des nouveaux fusils se chargeant par la culasse, l'utilité de ces armes a été fort contestée, la portée et la force de pénétration de la balle paraissant bien suffisantes. On n'en a pas moins entrepris l'étude de fusils de rempart se chargeant par la culasse, des calibres de 18 et 20 millimètres ; les résultats obtenus jusqu'ici n'ont pas paru assez concluants pour entraîner l'introduction d'une pareille arme dans la composition des équipages de siège ou l'armement des places.

Fabrication des fusils de guerre. Toutes les armes à feu destinées à l'armement des troupes sont fabriquées dans les manufactures de l'État [V. Armes (Manufactures d')]. Dans chacune des trois manufactures de Saint-Étienne, Tulle et Chatellerault, on fabrique complètement les fusils et mousquetons avec leur épée ou sabre-baïonnette ; la manufacture de Saint-Étienne fabrique seule les carabines. Le département de la marine n'a pas de manufactures d'armes, il a recours soit aux manufactures de la guerre, soit à l'industrie privée.

D'une manière générale, depuis 1866, tout le travail est fait aux machines-outils ; on obtient ainsi avec plus de rapidité et à meilleur compte des produits identiques, de telle sorte que des pièces quelconques peuvent être réunies pour former un fusil. Le travail à la main n'a été conservé que pour le finissage et l'ajustage des pièces. On n'a pas encore réussi à obtenir dans la confection de chaque pièce une précision suffisante pour rendre inutile l'ajustage et obtenir à proprement parler des pièces *interchangeables*. Seuls, jusqu'ici, l'épée et le sabre-baïonnette sont établis de façon à être réellement interchangeables, c'est-à-dire pouvoir être fixés sur n'importe quelle arme, condition qu'il était indispensable de réaliser, les hommes pouvant dans une prise d'armes ou toute autre circonstance échanger entre eux, par mégarde, leur fusil ou leur baïonnette.

Canon. Les canons des anciens fusils lisses étaient en fer forgé, et obtenus en roulant à chaud sur un mandrin cylindrique une bande de fer dont on soudait ensuite les bords. Lorsque ces canons eurent été rayés, on s'aperçut que le métal était trop tendre et que les rayures s'usaient trop rapidement, aussi depuis 1863 on ne fabrique plus que des canons en acier fondu.

Les canons bruts de forge sont livrés aux manufactures par l'industrie ; ce sont des barres pleines d'acier fondu auxquelles on a déjà donné grossièrement au marteau-pilon et à l'aide d'étampes, la forme voulue ; dans chaque lot, un certain nombre sont soumis à des épreuves de réception ayant pour but de s'assurer de la qualité du métal.

Le canon brut de forge est dressé de façon à le rendre bien droit, puis percé ou *foré* à un calibre un peu inférieur au calibre définitif qu'il doit avoir. Le canon placé verticalement sur la machine à percer est animé d'un mouvement de rotation rapide autour de son axe, tandis que le foret a un mouvement de descente suivant le trou à percer. L'opération du perçage est une des plus délicates ; l'ouvrier doit vérifier souvent, à l'aide d'instruments spéciaux, si son outil marche bien droit et *dresser* le canon, c'est-à-dire ramener à coups de marteau la partie non encore percée, dans la direction de l'outil, dès que celui-ci vient à s'infléchir. On augmente ensuite le diamètre du trou percé par des *alésages* successifs de manière à lui donner une forme parfaitement cylindrique et l'amener à très peu près au diamètre qu'il devra avoir. Pour l'alésage, le canon est placé horizontalement sur le banc d'alésage et est animé d'un mouvement de translation, l'outil a un mouvement de rotation ; on se sert d'abord d'une mèche à entaille, puis ensuite d'une mèche blanche dont les arêtes vives enlèvent les spires tracées par la première, et polissent la surface intérieure. Après l'alésage, le canon est dressé à nouveau, l'objet de ce nouveau dressage est de faire disparaître les défauts que peut présenter intérieurement le canon. L'ensemble de ces diverses opérations constitue ce qu'on appelle l'*usinage intérieur*.

Parallèlement à l'usinage intérieur, par l'*usinage extérieur* on enlève l'excédent de métal et on rend la surface extérieure du canon concentrique à l'âme. Il y a quelques années on ébauchait l'opération par un *rabotage* effectué le long des génératrices, et on

la terminait par l'*émoulage* qui donnait au canon sa forme définitive. Ces deux opérations ont été supprimées, et aujourd'hui grâce à l'emploi de tours perfectionnés on peut faire entièrement au tour l'usinage extérieur. Entre les différentes passes du tournage, on fait subir au canon des dressages analogues aux précédents et par l'opération du *compassage*, faite au moyen d'une sorte de compas d'épaisseur, on s'assure que le canon a bien la même épaisseur aux différents points de son pourtour. Le canon est ensuite soumis à un certain nombre d'opérations dont l'ensemble constitue le *garnissage*. Certaines d'entre elles ont pour but de permettre l'*enculassage*, quant aux autres elles ont principalement pour but de munir le canon de ses accessoires, tenons, embases du guidon, etc., et de terminer ces différentes pièces ainsi que d'achever les chambres, la bouche, etc. La plupart de ces opérations sont exécutées au moyen de fraises ou à la lime ; le brasage des tenons et de l'embase du guidon est fait au laiton. Le polissage extérieur du canon se faisait autrefois à la meule, il se fait aujourd'hui au moyen de machines qui permettent de polir 10 canons à la fois ; chaque canon animé d'un mouvement de rotation passe, en avançant, entre deux mâchoires en bois enduites d'huile et d'émeri.

Le canon, une fois terminé extérieurement, avant que l'usinage intérieur soit complètement achevé, on le soumet à l'*épreuve de la poudre* de façon à constater s'il présente une résistance suffisante ; au cas où l'épreuve ferait apparaître à l'intérieur quelque léger défaut, on aurait encore la possibilité de les faire disparaître par un alésage ultérieur. Pour cette épreuve, on visse sur le bouton une fausse culasse pleine ; pour les canons de fusil modèle 1874, on prend une charge de 16 gr. de poudre et un lingot de plomb de 45 grammes. Après l'épreuve, les canons sont nettoyés et visités avec le plus grand soin ; puis on termine les dernières opérations du garnissage et on passe enfin à celles du *finissage* qui sont : le dernier alésage ; le *rayage* qui se fait au moyen de machines spéciales, le canon est placé verticalement ou horizontalement dans une position fixe, l'outil est animé à la fois d'un mouvement de translation et d'un mouvement de rotation combinés de façon à produire un mouvement hélicoïdal, correspondant au pas de la rayure. Le *polissage* de la *chambre* se fait au moyen d'une machine qui met en mouvement un cylindre en noyer enduit d'huile et d'émeri. Le *polissage intérieur* du canon s'effectue au moyen de manchons en plomb enduits d'huile et d'émeri, fixés à l'extrémité de grandes tringles auxquelles une machine communique un mouvement alternatif de va-et-vient.

Une fois le canon complètement terminé extérieurement et intérieurement, on ajuste dessus les différentes pièces composant la hausse et le guidon, qui ont été fabriquées à part, et on les brase à l'étain, une fois leur position bien repérée de façon à établir une correspondance exacte entre la ligne de mire ainsi déterminée et l'axe du canon. Le brasage à l'étain manque de solidité, surtout lorsque le canon est échauffé par un tir prolongé, mais il est imposé par la nécessité de chauffer le canon le moins possible pour ne pas le déformer.

Les boîtes de culasse sont fabriquées en acier fondu de même qualité que celui des canons : on leur fait subir des opérations analogues à celles auxquelles sont soumis les canons : perçage, alésage, garnissage, etc. On les ajuste ensuite chacune sur un canon en particulier.

Pour la fabrication des pièces de la culasse mobile on emploie, suivant les cas, de l'acier fondu plus ou moins trempé et recuit ; par le forgeage et l'étampage, on donne à la plupart de ces pièces une première forme grossière, on les achève ensuite à l'aide des machines-outils.

Pour la confection de la majeure partie des garnitures, le travail n'est qu'un simple travail de serrurerie.

Monture. Les bois employés à la fabrication des montures doivent être légers et solides, à texture serrée, doux à l'outil, peu sujets à se fendre à cause des nombreux logements et encastrements qu'on doit y pratiquer et enfin peu susceptibles d'être attaqués par les vers. Le bois le plus employé est le noyer, c'est celui dont on se sert en France ; en Russie, on utilise le bouleau, dans quelques autres pays, le hêtre et le châtaignier.

Les bois sont débités à la scie sous forme de bois bruts ayant grossièrement la forme de la monture ; à leur arrivée à la manufacture, ils sont soumis à une visite minutieuse. Les montures doivent être faites avec du bois bien sec, sans cela elles se déjetteraient par la dessiccation ; cette condition exigeait autrefois qu'on fît dans les manufactures de grands approvisionnements, la dessiccation naturelle devant durer trois mois au moins ; aujourd'hui, on a recours à la dessiccation artificielle qui est beaucoup plus expéditive. — V. Dessiccation.

Il y a quelques années, tout le travail de la monture était fait exclusivement à la main ; le travail ainsi fait présentait peu de régularité et était fort long. Aujourd'hui, les bois sont travaillés avec des machines à façonner qui forment une série complète permettant de façonner le bois depuis la plus simple ébauche jusqu'aux derniers détails. Ces machines se divisent en trois types principaux : tours à copier, machines à copier, machines à profiler ; le nombre des opérations successives est assez considérable, mais le travail s'exécute quand même rapidement. Le canal de la baguette est seul percé à la main, à la machine cette opération donnait trop de rebut.

Les montures des mousquetons et carabines, que l'on fabrique en bien moins grand nombre que celles des fusils sont encore faites à la main.

Montage. Cette opération consiste à munir le bois du canon enculassé et de toutes les pièces de garniture ; ce travail est fait par un monteur qui s'aide au besoin de la lime, ce qui du reste deviendra de moins en moins nécessaire quand on sera arrivé à une interchangeabilité complète. On ajuste sur le canon enculassé une culasse mobile et on soumet l'arme à une deuxième épreuve à la poudre, qui a pour but de s'assurer de la so-

lidité de la boîte et du mécanisme et du bon fonctionnement de ce dernier. Cette épreuve se compose de deux coups dont un avec une cartouche contenant 6 grammes de poudre et une balle de 36 grammes, et l'autre avec une cartouche réglementaire.

L'arme une fois terminée, la monture est enduite d'huile de lin dans toutes ses parties ; le canon et les différentes pièces de garniture sont bronzées. Le canon et les pièces de grandes dimensions sont bronzées chimiquement ; le métal est attaqué par une solution acidulée, il se forme une couche de rouille et d'oxyde magnétique. En frottant avec une brosse en fil de fer, on enlève la rouille, tandis que l'oxyde adhérant fortement reste seul et forme une sorte de vernis à la surface. Pour les pièces d'acier de petites dimensions, le bronzage est un simple changement de couleur obtenu par un recuit convenable ; les pièces en fer, telles que les boucles, peuvent être bronzées par l'application, à la température du bleu foncé, d'un mélange d'huile de lin, d'essence de térébenthine et d'un vernis hydrofuge.

L'arme complètement achevée est présentée au contrôleur d'armes qui, muni d'instruments vérificateurs, vérifie toutes les pièces, y fait apposer les marques réglementaires ainsi que la marque d'un poinçon qui lui est spécial ; il devient dès lors responsable de leur bonne fabrication.

Bibliographie : Cours d'artillerie. Armes portatives, par Labiche, Delagrave, 1879 ;*Manuel complet d'artillerie*, par Plessix, Baudoin, 1883 ; *Les fusils à répétition*, par Bornecque, Baudoin, 1883 ; *Cours des écoles de tir*, Baudoin, 1884.

FUSILS DE CHASSE

Les fusils de chasse se chargeant par la culasse sont devenus aujourd'hui d'un usage à peu près général ; on fabrique encore cependant des fusils, dits *à baguette* ou *à piston*, se chargeant par la bouche, leur prix est moins élevé et les munitions reviennent moins cher, puisque leur prix se trouve diminué de celui de la douille. Malgré cela, les perfectionnements successifs apportés aux armes se chargeant par la culasse, la diminution de leur prix de revient grâce à la fabrication d'une partie des pièces à la machine, les avantages que l'on a réussi à leur assurer sur les fusils se chargeant par la bouche, tant au point de vue de la sécurité et de la facilité du chargement que sous celui de la portée et du groupement de la charge de plomb, permettent de supposer que le fusil à baguette est destiné à disparaître à peu près complètement d'ici peu d'années.

Tout fusil de chasse, qu'il se charge par la bouche ou par la culasse, comprend le plus ordinairement deux canons de fusil assemblés ensemble à l'aide de deux bandes de même métal, l'une supérieure et l'autre inférieure, qui sont soudées et, de chaque côté de la monture, une platine et un chien qui reçoivent leur mouvement de deux détentes distinctes correspondant chacune à l'un des canons.

Canons. Les canons des fusils de chasse sont lisses ; ils permettent de tirer à volonté, soit à plomb, soit à balle sphérique; toutefois le tir à plomb est d'un usage beaucoup plus répandu que le tir à balle, qui n'est employé que pour la chasse du gros gibier. En pareil cas, on préfère le plus souvent, en particulier pour la chasse aux bêtes fauves, avoir recours à l'emploi des carabines de chasse rayées, qui ont une justesse de tir et une force de pénétration que les fusils lisses ne peuvent fournir (V. CARABINE). Le *calibre* des fusils de chasse est encore aujourd'hui exprimé par le nombre de balles sphériques, de même diamètre que le canon, qui se trouvent contenues dans une livre de plomb : il en résulte que lorsque le diamètre augmente, le nombre de balles à la livre diminuant, le calibre est indiqué par un chiffre de plus en plus faible. Lors de l'apparition des fusils se chargeant par la culasse, on fit les douilles des cartouches du calibre exact du canon, mais on s'aperçut bientôt que c'était le diamètre intérieur de la douille, et non son diamètre extérieur qui devait correspondre au calibre de l'arme. Les fabricants furent ainsi amenés à diminuer le diamètre du canon dans les fusils se chargeant par la culasse, en ménageant à sa partie postérieure une *chambre* pour recevoir la douille, et un *drageoir*, partie fraisée destinée à en loger le bourrelet. Il en est résulté, pour un même calibre, une différence de 1/2 millimètre environ entre le diamètre des canons des fusils se chargeant par la bouche et de ceux se chargeant par la culasse. Le tableau suivant donne, pour les calibres les plus usités, les diamètres correspondants des canons se chargeant par la culasse exprimés en millimètres.

Calibre	10	12	16	20	et	24
Diamètre	19$^{m/m}$,4	18.5	17.6	16.6	et	15.9

Ces chiffres varient, du reste, un peu avec chaque fabricant.

Le calibre 16 est le plus répandu en France; en Angleterre et en Amérique, et même actuellement en France, on tend à lui substituer le calibre 12, qui a l'avantage d'une charge plus forte, d'un groupement mieux réparti, d'une portée plus longue sans que le poids de l'arme soit beaucoup plus élevé et son recul plus sensible, et qui convient également bien pour chasser tous les gibiers, du plus petit au plus gros.

Le calibre 14 est à peu près inconnu en France, et il est fort difficile d'y trouver des cartouches de ce calibre; en Amérique et en Angleterre, il avait autrefois la même faveur que le calibre 16 en France.

Le calibre 20 ne peut convenir qu'aux chasseurs qui aiment un fusil léger et qui craignent les détonations ou le recul; on l'emploie surtout dans les grandes chasses en battue, où chaque chasseur doit pouvoir tirer dans sa journée un grand nombre de coups.

Les calibres 24, 28 et 32 ne sont guère fabriqués que pour les femmes et les jeunes gens. Le calibre 10 est réservé, en France, pour le gibier de mer et de marais; les calibres 8, 6 et 4, appelés *canardières*, servent pour la chasse au gibier d'eau, ils sont le plus ordinairement à un

coup. Pour ces gros calibres, même avec une forte charge de poudre, la portée efficace de la charge de plomb ne peut guère dépasser 80 à 100 mètres.

C'est pourquoi, de tout temps, les armuriers ont cherché à améliorer le tir des fusils de chasse, en modifiant la forme de l'âme du canon de façon à accroître la portée et la pénétration de la charge de plomb, tout en augmentant son groupement. De nombreux essais furent faits sans grand succès avec des canons à âme conique, à âme rayée en long, à âme espagnolée; dans ces derniers, le canon était foré de façon à présenter deux cônes tronqués dont les sommets étaient réunis par une partie cylindrique de longueur variable. Il y a une trentaine d'années un Américain imagina de visser à la bouche du canon un tube en cuivre d'un diamètre moindre que le diamètre de l'âme; après une longue période de tâtonnements sur la position et la forme à donner à ce ressaut ou étranglement, la question a été résolue en Angleterre, en 1874, par l'adoption du forage à étranglement dit *choke-bore*, des deux verbes anglais *to choke*, étrangler, et *to bore*, forer.

Ce ressaut ou étranglement permet aux gaz d'acquérir leur tension maximum, empêche la bourre de culbuter et la redresse au besoin; placé près de la bouche, il obvie à la tendance qu'ont les grains de plomb de faire éventail en quittant le canon, et les distribue sur une surface moins grande, à condition, toutefois, que la longueur et le tracé du ressaut soient tels, que les plombs ne viennent pas se heurter contre la partie de la paroi diamétralement opposée. Aussi, ce mode de forage exige-t-il de grandes précautions et un soin minutieux; le tracé varie avec la nature de chaque canon, et résulte d'une série de tâtonnements et d'essais successifs que l'on doit renouveler pour chaque arme en particulier afin d'arriver au maximum de concentration et de portée. Avec un canon de mauvaise qualité, prédisposé à se dilater sous l'effort de la charge, à se boursoufler, on n'obtiendrait pas de bons résultats, l'étranglement s'userait rapidement et serait plus nuisible qu'utile; enfin ce mode de forage ne pourrait être appliqué aux armes se chargeant par la bouche.

L'étranglement est dit plein (*full* en anglais) ou *modifié* (*modified*), selon que l'âme est plus ou moins rétréci; il est *full* lorsque l'âme est du calibre immédiatement supérieur à celui de l'étranglement, ainsi l'âme étant du calibre 12, l'étranglement sera du calibre 14, on a alors le maximum de rendement, de groupement et de pénétration. L'étranglement *modified* est moins fort que le précédent, son diamètre peut varier depuis le diamètre de l'âme elle-même jusqu'à celui du *full-choke*; le groupement sera alors d'autant meilleur que le resserrement sera plus fort.

La distance à laquelle un canon ordinaire cylindrique donne les meilleurs résultats ne dépasse guère 27 mètres; au delà, les plombs sont tellement écartés les uns des autres, qu'un faisan, par exemple, ne serait pas touché, et qu'à 45 mètres ªl serait à peu près hors d'atteinte. Avec le *full-choke*, au contraire, à 40 mètres une perdrix est criblée ; à 65 mètres un faisan ne passerait pas dans la charge et serait atteint par un grand nombre de plombs. La pénétration est également accrue dans la même proportion.

Les canons *choke-bore* portent habituellement l'indication *pas pour balle* (*not for ball*); cela provient de ce que tout d'abord on interdisait, comme une chose dangereuse, de tirer à balle avec ces canons; l'expérience a prouvé qu'on pouvait le faire sans inconvénient, à condition, toutefois, que la balle soit de calibre correspondant, non pas à l'âme, mais à l'étranglement, de façon à y passer sans trop se déformer.

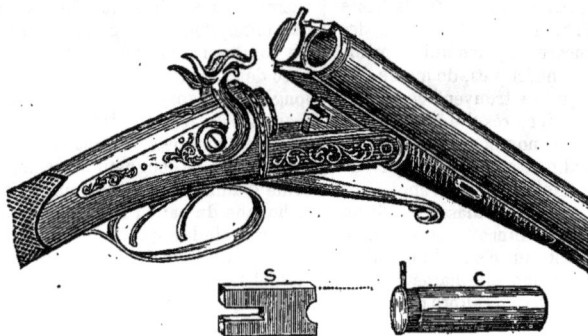

Fig. 234. — *Fusil, système Lefaucheux, à broche et à simple griffe.*
S Loupe d'accrochage. — C Cartouche à broche.

Dans les fusils de chasse à canons *choke-bore*, le plus ordinairement un seul canon est *full-choke*, de façon à pouvoir servir pour les grandes distances, l'autre n'est que *modified-choke*, et sert pour les distances plus rapprochées; la puissance d'un canon *full-choke* est en effet telle, que, à courte distance, la charge de plomb pourrait hacher le gibier.

Systèmes de fermetures. Le fusil à baguette est trop connu pour qu'il soit nécessaire d'en donner la description, il sera donc question ici uniquement des différents systèmes de fusils se chargeant par la culasse. Tandis que pour les fusils de guerre, on a donné la préférence au canon fixe

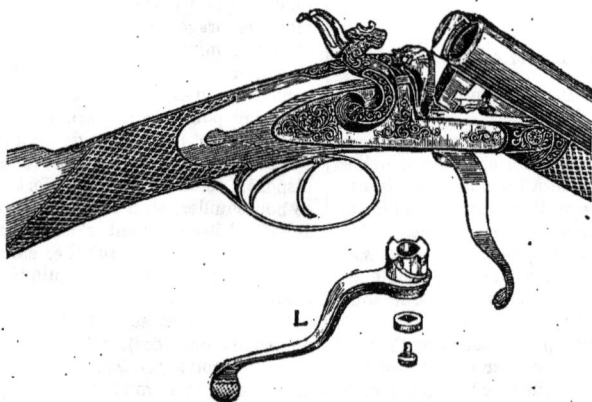

Fig. 235. — *Fusil, système Lefaucheux, à percussion centrale, avec clef anglaise à double griffe.*
L Clef anglaise.

et à la culasse mobile, pour les fusils de chasse, au contraire, on a fait l'inverse : la culasse étant fixe, c'est le canon et le fût qui sont mobiles. Dans ce genre, on a essayé des fusils *à glissières*, à *canons tournant* et à *canons pivotant latéralement*. Le seul système qui ait survécu est celui des fusils à *canons basculant*, reconnu le plus commode et le plus sûr pour les fusils à deux coups.

Le fusil dû à l'armurier français Lefaucheux,

est le premier fusil à bascule d'un usage réellement pratique qui ait été imaginé ; sa première apparition remonte à l'année 1832. Aujourd'hui encore, ce sont les fusils de ce système que l'on trouve le plus communément entre les mains des chasseurs de tous les pays. De nombreux perfectionnements, dus à la plupart aux armuriers anglais, ont été depuis lors apportés successivement au modèle primitif, mais n'ont guère été jusqu'ici appliqués qu'à des armes de luxe d'un prix relativement élevé.

Ce genre de fusils est caractérisé par un mouvement de bascule des canons qui produit l'ouverture et la fermeture de la culasse et permet l'introduction de la cartouche; il s'exécute autour d'une goupille fixée horizontalement à l'extrémité de la bascule. La bascule est cette partie métallique du fusil, fixée à demeure à la monture, contre laquelle viennent buter les canons et qui leur sert de support. Elle comprend : la *table de bascule*, creusée pour recevoir le système d'accrochage des canons, système qui varie suivant le mode de fermeture, et la *culasse*, partie solide et épaisse destinée à opposer sa force d'inertie à l'expansion des gaz; elle se termine à l'arrière par deux prolongements appelés, celui d'en haut, *queue de culasse*, et, celui d'en bas, *queue de sous-garde*, qui sont destinés à l'assujettir sur la crosse.

Dans le Lefaucheux primitif (fig. 234), à la position de fermeture, les canons étaient assujettis au moyen d'une *clef* placée sous le corps de bascule ; cette clef se mouvant de droite à gauche, en avant des gâchettes faisait pivoter une griffe qui, s'engageant dans une encoche pratiquée dans la *loupe d'accrochage*, pièce métallique soudée en dessous et entre les deux canons, les maintenait appliqués contre la culasse. Ce système de fermeture à simple griffe laisse fort à désirer, la griffe placée trop en avant laisse sans appui la partie du canon qui a à supporter le plus grand effort, celle qui est la plus proche de la culasse ; il en résulte un léger ébranlement à chaque coup et la bouche du canon bascule, ce qui nuit au tir et occasionne des fuites de gaz.

Pour remédier à ce défaut, les armuriers anglais imaginèrent la clef à double griffe ou clef anglaise (fig. 235) ; l'entaille pratiquée dans la loupe a la forme d'un T, dans cette entaille s'introduit, lorsqu'on manœuvre la clef, un bouton à double flanc qui assure la jonction des canons sur la table de bascule d'une façon beaucoup plus certaine. Lorsque la culasse est fermée, le levier qui sert à manœuvrer la clef vient se placer sur la sous-garde au lieu de s'allonger sous le fût comme dans le modèle précédent. Grâce à cette disposition, on a pu remplacer le fût en fer, qui a toujours fait rejeter, en Angleterre, le Lefaucheux français, par un *devant détaché en bois* sur lequel vient se poser la main gauche du tireur.

Dans les Lefaucheux primitifs, pour enlever le devant en fer et détacher les canons, il fallait retirer la goupille de bascule ; pour rendre plus facile ce démontage, on a, dans certains modèles, ajouté à la clef ordinaire une seconde clef plus petite se manœuvrant en sens inverse et destinée uniquement à permettre de détacher les canons sans avoir à enlever la goupille.

Les premiers fusils Lefaucheux tiraient tous la cartouche à broche (V. CARTOUCHE) ; c'est en 1862 que parut, en Angleterre, le premier fusil de chasse à bascule tirant une cartouche à percussion centrale et, bien que l'introduction de ce nouveau mode d'inflammation ait rencontré alors une vive résistance de la part de bon nombre de chasseurs, le fusil à percussion centrale fut bientôt à la mode en Angleterre. Le plus grand reproche que l'on faisait alors aux fusils de ce genre, c'était de ne pas permettre de voir d'un coup d'œil si l'arme était chargée ou non, l'absence de broche ne permettant plus de constater aussi aisément la présence des cartouches dans la chambre ; c'est pourquoi, quelques armuriers imaginèrent des indicateurs ou petites tiges qui apparaissaient au-dessus de la culasse lorsque le fusil était chargé, mais on les rejeta bientôt comme n'étant d'aucune utilité. En dehors des avantages inhérents à la cartouche elle-même, l'emploi des fusils à percussion centrale permet d'éviter les accidents occasionnés par les broches des cartouches qui font saillie et de supprimer les crachements qui se manifestent toujours au tonnerre avec les cartouches à broches. En même temps, il rend plus facile le chargement, le tireur n'ayant plus à se préoccuper de disposer la cartouche de façon que la broche pénètre dans l'entaille ménagée à cet effet, sur la tranche arrière du canon ; enfin, il facilite le déchargement, grâce à l'emploi d'un extracteur qui permet de supprimer le crochet tire-cartouche auquel on doit avoir recours pour retirer les douilles vides des cartouches à broche. Cet *extracteur* se compose, le plus ordinairement, d'une pièce mobile, détachée de la tranche de culasse ; à la partie inférieure de l'extracteur est soudée une tige qui joue dans un logement pratiqué entre les canons. Cette tige venant buter contre un épaulement qui fait saillie dans la bascule, fait mouvoir automatiquement l'extracteur lorsqu'on fait basculer les canons ; sa course est limitée par une vis, une seconde tige placée à la partie supérieure sert de guide (fig. 236).

Dans les premiers fusils à percussion centrale la culasse était percée à jour pour livrer passage au chien terminé par une tige conique laquelle, comme dans les revolvers, frappait l'amorce sans intermédiaire ; ce système n'offre pas assez de sécurité contre les crachements dans le cas où une cartouche viendrait à crever. C'est pourquoi, dans les modèles que l'on fabrique maintenant, la percussion est indirecte, c'est-à-dire qu'elle a lieu par l'intermédiaire d'un *percuteur* ou marteau qui, placé dans un logement ménagé dans la culasse, est frappé par le chien et transmet le choc à l'amorce. Au percuteur disposé horizontalement, on préfère le percuteur oblique sur lequel la tête du chien agit dans de meilleures conditions. Certains percuteurs sont munis d'un ressort de rappel destiné à les faire rentrer dans leur logement ; on préfère généralement les percuteurs libres, c'est-à-dire sans ressorts, car ceux-ci sont sujets à se briser et alors le fusil ne peut plus s'ouvrir, tandis que lorsque les percuteurs sont libres dans le mouvement de bascule des canons l'extracteur les fait rentrer dans leur logement.

Les fusils à percussion centrale sont le plus habituellement à *platine rebondissante* (V. PLATINE) ; aussitôt après la percussion, le chien se redresse et vient se replacer de lui-même au cran de sûreté, ce qui est une garantie contre les accidents. Avec les fusils à broche, au contraire, l'emploi de la platine rebondissante n'est guère possible, parce qu'alors, le chien cessant de presser sur la broche après l'avoir frappée, celle-ci pourrait être projetée ; accident qui ne peut se produire lorsque le chien pèse de tout son poids sur la broche.

Aux systèmes à clef on préfère aujourd'hui les systèmes à *levier*, qui ont l'avantage d'une fermeture plus rapide ; il suffit, en effet, d'un mouvement un peu sec pour opérer le rapprochement des canons contre la table de bascule. Les armuriers anglais ont désigné sous le nom générique de *snap-action* tous les modèles de fusils à bascule dont la fermeture s'opère automatiquement, c'est-à-dire par le seul fait du redressement du canon, sans que la main ait à intervenir pour assurer ou affermir cette fermeture. Le principe de ce mode de fermeture consiste dans l'emploi d'un *verrou* qui peut glisser dans une rainure ménagée dans la table de bascule. Lorsqu'on veut ouvrir la culasse, on agit sur un *levier* de manœuvre qui, par l'intermédiaire d'un excentrique, reporte le verrou en arrière, et le dégage ainsi de l'entaille de la loupe d'accrochage dans lequel il était engagé. Dès que l'on ramène les canons à la position de fermeture, un ressort chasse le verrou en avant et le force à s'engager de nouveau dans l'entaille de la loupe d'accrochage. Le premier fusil de ce genre a été construit également en Angleterre, vers 1862; le levier peut occuper, suivant le modèle, diverses positions qui en rendent le maniement plus ou moins commode.

Le levier à *volute*, dit aussi *levier français*, est placé en avant du pontet; pour le manœuvrer, il faut le relever d'arrière en avant.

Le levier *latéral* (*side lever*) ou levier à serpent (fig. 236), qui fut pendant longtemps le modèle préféré des armuriers anglais et américains, contourne le corps de la bascule et vient s'appliquer sur le côté droit; son pivot est placé en avant du pontet de sous-garde, il se manœuvre de haut en bas par une poussée opérée sur sa tête quadrillée. Ce levier latéral est facile à manier, mais il a l'inconvénient d'empêcher le port à la bandoulière du fusil armé et peut occasionner des accidents s'il n'a pas été poussé à fond; de plus, sa tête quadrillée est gênante, elle peut même par fois blesser la main lorsqu'on arme ou désarme le chien de la platine opposée. Le levier *supérieur* (*top lever*) (fig. 237) pivote entre les chiens, au-dessus de la poignée, sur la queue de culasse; il se manœuvre de droite à gauche. Sa simplicité, son fonctionnement facile, son peu de volume, le rendent le plus recommandable de tous les leviers. Il permet de porter le fusil de n'importe quelle manière sans crainte d'accrocher ou déranger le levier; au moment de tirer, le

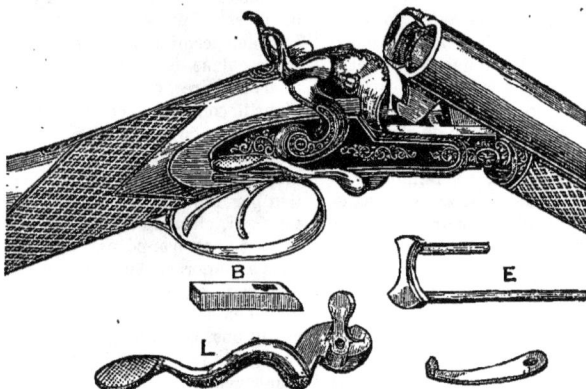

Fig. 236. — *Fusil à levier latéral et simple verrou.*
B Verrou simple. — E Extracteur. — L Levier latéral.

chasseur n'a qu'un coup-d'œil à jeter pour voir si le fusil est bien fermé et le levier en place; après le tir, la main peut agir sur le levier et faire basculer les canons sans quitter la poignée.

Tandis que les clefs des premiers fusils à bascule ne peuvent actionner que le bouton qui leur sert de pivot, le même levier peut actionner plusieurs verrous. Les fusils à *simple verrou* sont inférieurs au Lefaucheux ordinaire avec clef à simple griffe, ils doivent être complètement rejetés comme ne pouvant résister à un long usage. Le *double verrou* est préférable; dans les fusils à double verrou, entre les canons sont soudées deux loupes d'ac-

crochage portant chacune à l'arrière une entaille qui sert d'encastrement à l'un des verrous. Les deux verrous, ou pênes, font partie d'une seule et même tige en acier, percée d'une mortaise destinée à livrer passage à la loupe d'accrochage la plus rapprochée de la culasse. Grâce à cette disposition, la surface d'appui est plus grande et par suite la fermeture beaucoup plus solide. On fabrique également des fusils à *triple verrou* avec les trois pênes logés également dans la table de bascule, mais cela oblige à réduire à de si faibles dimensions les trois loupes d'accrochage et à enlever à la table de bascule une telle quantité de métal que tout le système s'en trouve affaibli; aussi, a-t-on toujours préféré les fusils à double verrou.

Même avec le double verrou, les canons, n'étant pas maintenus à leur partie supérieure, tendent à basculer au moment de l'explosion de la charge, et par suite à se séparer de la culasse. Cette disjonction, quelque faible qu'elle puisse être, grâce à la bonne construction de l'arme, existe toujours quand même; elle s'augmente par l'usage, et au bout de quelque temps on est contraint de faire rapporter un morceau d'acier contre la culasse pour resserrer les canons. Pour remédier à ce grave inconvénient, les armuriers anglais ont imaginé, vers 1873, de relier également les canons à la culasse à leur partie supérieure, au moyen d'un *verrou supérieur*. La bande supérieure

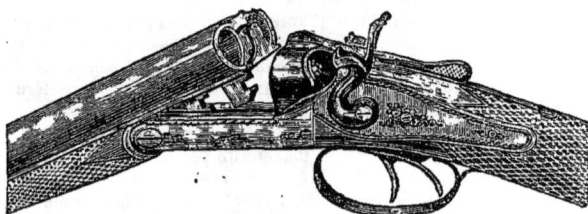

Fig. 237. — *Fusil à levier supérieur et double verrou.*

qui relie les deux canons, prolongée en arrière, s'engage dans une mortaise pratiquée à la culasse; elle porte une gâche dans laquelle vient s'engager un verrou ou pène cylindrique, qui traverse la culasse et est également actionné par le levier, en même temps que le double verrou inférieur (fig. 238 et 239). Les canons, ainsi maintenus par la goupille de bascule, par le double verrou de la table de bascule et par le verrou supérieur, sont inébranlables, ils ne peuvent ni basculer, ni dévier à droite ou à gauche.

A partir de 1862, on a proposé, en Angleterre, un grand nombre de fusils de chasse sans chiens apparents, dits *Hammerless*, qui aujourd'hui sont fort appréciés des chasseurs anglais et américains, mais encore peu répandus en France. Dans les uns, on utilise les platines latérales ordinaires dont le chien a été supprimé et la noix allongée de façon à former une sorte de percuteur qui vient frapper directe-ment l'amorce à travers une ou-verture ménagée dans la culasse; dans les autres, les pièces de la batterie sont montées sur la plaque de déten-te, les ressorts qui agissent sur les percuteurs sont plats, quel-quefois même à boudin. Lors-qu'on manœuvre le levier pour faire basculer les canons, celui-ci agit sur la noix pour la bander et armer, par suite, automatique-ment les percuteurs (fig. 238); la manœuvre du le-vier, en pareil cas, exigeant trop de force, on est ar-rivé dans les derniers modèles de fusils *Hammerless*, à effectuer l'armé automatique, non plus à l'aide du levier, mais par l'intermédiaire du mouve-ment de bascule des canons. Cer-tains armuriers anglais ont es-sayé de rempla-cer les fusils sans chiens par des fusils à chiens à armement auto-matique, mais mais l'usage de ces armes ne s'est répandu. Elles n'avaient, en ef-fet, qu'un seul avantage de peu d'importance sur les fusils ordi-naires, à savoir : un léger accrois-sement de la ra-pidité de charge-ment, sans offrir les avantages des

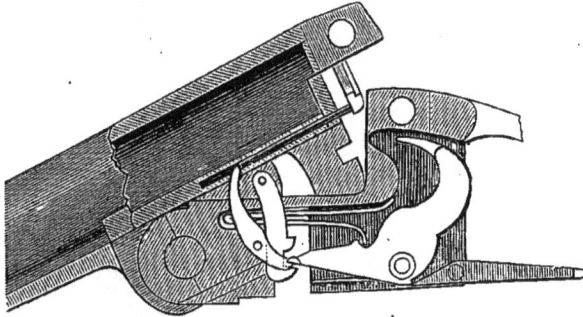

Fig. 238. — *Coupe de la batterie d'un fusil sans chien s'armant par le mouvement de bascule des canons.*

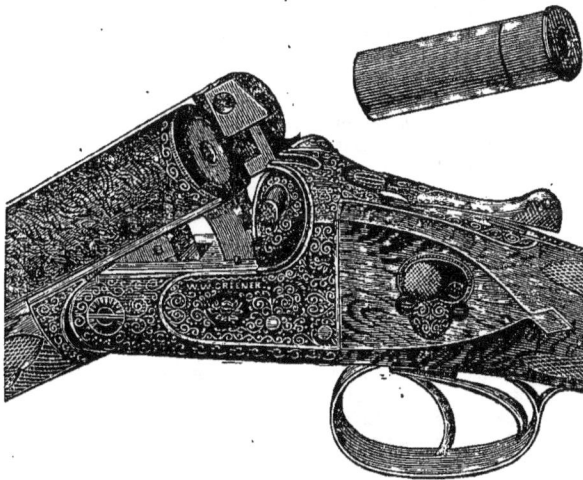

Fig. 239. — *Fusil sans chiens à triple verrou et à éjecteur automatique de Greener.*

bascule des canons. On a fait aux fusils sans chiens, lors de leur apparition, le même reproche, qui avait été fait aux fusils à percussion centrale; rien n'indique, en effet, extérieurement que le fusil est chargé et même armé. Pour obvier à cet inconvénient, quelques armuriers ont eu recours, comme précé-demment, à l'em-ploi d'indica-teurs; d'autres ont percé une pe-tite fenêtre sur chaque flanc de la monture, de façon à permet-tre au tireur d'e-xaminer la bat-terie et de se rendre compte du canon ayant fait feu. L'un et l'autre système n'a pas grande utilité.

Certains armuriers munissent, en outre, les batteries des fusils sans chiens d'un système de sûreté, destiné à tenir lieu du cran de repos dans les batteries ordinaires; ce système de sûreté se compose le plus habituellement d'un verrou au-tomatique sur lequel s'appuie la noix jusqu'au moment où elle est dégagée par la pression même du doigt sur la détente. Les dis-positifs de ce genre ne font que compliquer la batterie et gêner le tireur; avec une batterie, d'assez bonne construction pour rester à l'ar-mé jusqu'au mo-ment où le doigt agit sur la déten-te, ils ne sont pas nécessaires. Le seul verrou de sûreté qui puisse être réel-lement utile, c'est celui qui, se manœuvrant à la main, per-met au chasseur de condamner les détentes, par exemple, lors-qu'il veut sauter un fossé ou traverser un buis-son. Du reste, les fusils actuels peuvent être si facilement et si rapidement chargés et déchargés, qu'un chasseur prudent ferait encore mieux, en pareil cas, de décharger son arme.

Comme dernier perfectionnement apporté dans ces dernières années par les armuriers anglais aux fusils de chasse, il reste à signaler l'expulsion automatique de la cartouche tirée. L'extracteur

fusils sans chiens dont les principales qualités sont de supprimer les nombreuses causes d'accidents provenant de la facilité avec laquelle les chiens s'accrochent, soit aux branches d'arbres, soit aux vêtements et d'offrir une sécurité absolue dans le cas de la rupture de la douille d'une cartou-che, les gaz refoulés ne pouvant trouver une issue en arrière qu'en repoussant les percuteurs qui, à l'abattu, bouchent complètement la culasse et ne peuvent s'armer que par suite du mouvement de ordinaire repousse à la fois les deux étuis, tandis que, dans la plupart des cas, on n'a besoin de retirer qu'un seul étui, celui qui a fait feu; de plus, il faut achever de retirer ces étuis à la main. On construit aujourd'hui des fusils sans chiens avec *éjecteur automatique* (fig. 239). A chaque canon, correspond un éjecteur spécial; chacun d'eux est relié à sa batterie, de telle sorte que lorsque la noix qui a fait feu se trouve soulevée pour revenir à l'armé, elle fait jouer l'éjecteur correspondant qui rejette l'étui vide hors du canon (fig. 238).

FABRICATION DES FUSILS DE CHASSE. Les armes à feu de chasse sont fabriquées, en France, dans un certain nombre de villes, mais les centres principaux sont Paris et Saint-Etienne; c'est surtout à la fabrication parisienne que l'on doit les armes de luxe les plus élégantes. La réputation de Saint-Etienne date du commencement du xvıe siècle, et ce n'est qu'au xvıııe siècle que la Belgique et l'Angleterre ont commencé à conquérir la supériorité pour la fabrication des fusils de chasse; aujourd'hui, les armuriers anglais, surtout ceux de Londres et de Birmingham, font une très forte concurrence à ceux de Paris pour les armes de luxe; quant aux armes ordinaires, un grand nombre viennent de Liège, ou sont montées à Paris avec des pièces fabriquées en Belgique. Plusieurs maisons américaines ont entrepris sans grand succès de fabriquer entièrement les fusils de chasse, au moyen de machines, comme on le fait aujourd'hui pour les armes de guerre; mais si pour ces dernières la question de l'interchangeabilité des pièces a une grande importance, il n'en n'est pas de même pour les fusils de chasse pour lesquels il faut, au contraire, consulter le plus souvent les goûts particuliers de chaque acquéreur. Cependant une partie des pièces peuvent être faites, ou tout au moins ébauchées à la machine, ce qui permet de les livrer même en bonne qualité à des prix relativement peu élevés, mais tout le travail d'ajustage est encore exécuté à la main.

Dans les premières armes à feu, les canons étaient faits de fer, généralement d'une bande enroulée longitudinalement autour d'un mandrin pendant qu'elle était chaude, les deux bords étaient alors réunis et soudés ensemble; le plus souvent on employait deux bandes d'épaisseur différente, l'une pour la culasse, l'autre pour la partie antérieure, on les soudait ensuite ensemble. Les vieux clous des fers à cheval, faits de fer de meilleure qualité, furent fort employés au siècle dernier pour la fabrication des canons de fusil. La fabrication des canons à ruban fut imaginée vers 1806, et prit rapidement une importance considérable; elle consistait à enrouler en spirale autour d'un mandrin, une bande de métal dont les bords étaient taillés en biseau, de sorte que le bord de chaque spire recouvrait le bord de la précédente et lui était soudé. On tordit ainsi, d'abord des bandes de métal simple, puis ensuite des barres en clous de fer à cheval et enfin en damas. Pour la fabrication des bandes en *damas*, qui date de l'année 1844, on employa tout d'abord toutes sortes de débris de fer et d'acier, éclats de scies, plumes d'acier, rognures de fer de première qua-

lité, qui par suite de l'épuration et du martelage qu'ils avaient déjà subis étaient susceptibles d'offrir le plus de résistance et d'élasticité. Tous ces fragments coupés à une longueur uniforme, étaient chauffés au rouge blanc dans un feu de forge puis réunis en une loupe, qui était battue sous le martinet, puis étirée en lamelle. Ces lamelles coupées en baguettes d'égale longueur étaient placées l'une contre l'autre en quantité voulue de façon à former un paquet ou une masse qui était de nouveau chauffée au rouge, puis battue au martinet et étirée en barres. Dans les damas fins pour rendre plus intime la combinaison du fer et de l'acier, cette opération se renouvelait trois fois et même davantage. Aujourd'hui, on se sert pour la fabrication du damas, de métal entièrement neuf, qui donne des barres presque entièrement exemptes de cendrures et bien supérieures à celles dont la matière est composée de débris.

Les barres ainsi préparées sont d'abord tordues à chaud pour produire le dessin du damas, qui est plus ou moins fin suivant la proportion de fer et d'acier, puis ensuite assemblées par deux ou par trois, rarement plus, suivant la finesse du damas et soudées seulement à leur extrémité. La bande résultant de toutes ces opérations est enroulée en spirale autour d'un manchon, appelé *chemise*, formé d'une mince feuille de tôle destinée à disparaître; on soude successivement les différentes spires et on recommence ce travail à plusieurs reprises, en diminuant chaque fois la température de la chaude. Le canon terminé est repris ensuite mais à chaudes douces, presque à froid, et martelé soigneusement. On a reconnu que plus les chaudes sont basses, plus le martelage se fait à froid, plus le canon est résistant et meilleur est son tir. Les canons en damas anglais, ainsi que ceux de Léopold Bernard, à Paris, sont les plus renommés, ils sont généralement faits de trois barres tordues; les damas belges sont très fins, pour faire une bande on assemble jusqu'à 6 barres, aussi les dessins ont-ils une grande finesse, mais on reproche au métal d'être trop tendre et pas assez résistant.

Le canon forgé subit un *forage* destiné à faire disparaître la chemise et dégrossir l'âme du canon au diamètre voulu; cette opération se fait à la machine comme pour les canons des fusils de guerre. Par le *dressage*, on rend l'extérieur du canon plus régulier et on ne laisse que le métal nécessaire pour offrir la plus grande résistance tout en obtenant la plus grande légèreté possible. Le canon est ensuite poli à l'extérieur et à l'intérieur; le poli en long, pratiqué par les Anglais et Léopold Bernard, est bien préférable au poli diamétral qui rend le canon plus facile à s'encrasser et se plomber.

Le *garnissage*, qui vient ensuite, a pour but d'assembler côte à côte les deux canons d'un même fusil de telle sorte que leurs axes soient exactement dans un même plan horizontal et que les plans verticaux, passant par ces axes, se coupent à une distance variant de 30 à 40 mètres; en même temps on soude aux canons les loupes d'accrochage et les bandes supérieures et inférieures; l'espace vide existant entre les deux canons est rempli de distance en distance par des lames d'étain ou de cuivre. A la soudure au cuivre on doit préférer la soudure à l'étain, qui exigeant une température bien moins élevée, laisse aux canons toute leur résistance et leur élasticité.

Les canons terminés sont bronzés, le bronzage a pour but d'atténuer les reflets, d'empêcher la rouille et de montrer les spires du damas. On l'obtient en attaquant le métal par un acide, le fer étant plus attaquable que l'acier il en résulte ces dessins qui permettent de se rendre compte de la finesse de l'étoffe qui a servi à faire le canon. On doit rechercher un bronzage clair et transparent ; un bronzage noir cache généralement des défauts.

Comme on le voit, la fabrication des canons de fusil exige beaucoup de soins et un grand nombre d'opérations ; on ne doit donc pas s'étonner si les canons de certains fusils atteignent des prix fort élevés. Avant d'être livrés, ces canons sont en outre soumis par certains fabricants à des épreuves fort sérieuses de façon à pouvoir en garantir la solidité et donner toute sécurité aux chasseurs.

En Angleterre, ces épreuves sont obligatoires, elles se font à Londres depuis 1802 et à Birmingham depuis 1813, Bristol, bien que centre de fabrication, n'a pas de banc d'épreuves ; en Belgique, un banc d'épreuves a été également installé en 1810. En Amérique, il n'y a pas d'épreuves obligatoires, il en est de même en France où il existe cependant des marques d'épreuves spéciales à Paris et à Saint-Étienne ; ces dernières, instituées en 1717, furent réglementées en 1782.

A la suite de nombreux essais et tâtonnements, la longueur des canons des fusils de chasse a été fixée, pour les calibres de 12, 16 et 20, de 72 à 76 centimètres ; longueur suffisante pour permettre aux gaz de la poudre de produire le maximum d'effet et de bien guider le projectile ; une plus grande longueur des canons détruirait l'équilibre de l'arme, dont le centre de gravité doit être rapproché le plus possible du tireur. Pour la chasse sous bois, au lapin et au déboulé, et aussi pour les chasseurs dont la vue est fatiguée, on ne donne souvent aux canons que 65 centimètres ; le tir a moins de précision, mais ce défaut est compensé par la rapidité avec laquelle le chasseur, ayant son arme en main, peut mieux *jeter* le coup.

La bascule et les autres pièces, tels que le devant détaché et le levier, sont fabriquées à la machine, mais elles sont terminées et ajustées entre elles et avec les canons à la lime, par des ouvriers appelés monteurs. Dans les armes de prix, les accessoires tels que plaque de détente, détente, sousgarde, plaque de couche, etc., sont tous forgés à la main; dans les fusils communs, ils sont le plus souvent en fonte malléable et obtenus par étampage ; il en est de même des pièces de la platine, qui doivent être faites avec les fers ou aciers de meilleure qualité.

La *monture* des fusils de chasse se compose de deux parties séparées : la *couche*, qui comprend la *poignée* et la *crosse* ; le *fût*, appelé plus généralement *devant de bois détaché* ; ces deux parties sont séparées par la bascule qui se fixe à la poi-

gnée au moyen de vis. La monture est faite généralement en bois de noyer de plus ou moins belle qualité, selon la valeur de l'arme ; les meilleurs bois viennent du centre de la France. Jusqu'ici, on n'a pas trouvé une essence qui vaille le noyer; on emploie cependant quelquefois pour les montures communes le hêtre et le frêne. Autrefois, les armuriers vernissaient la monture, mais le vernis se cassait ou se gerçait ; maintenant, à la façon anglaise, on sature d'huile de lin le bois que l'on ponce et que l'on passe à l'émeri ; la monture prend ainsi un aspect mat qui lui donne un cachet particulier.

Le devant de bois détaché a pour but d'empêcher les canons, qui reposent sur lui, de se séparer de la bascule quand ils pivotent autour de la goupille et de présenter à la main un point d'appui dans le tir ; il n'existe pas dans les fusils Lefaucheux dont le fût est métallique. Ce devant détaché n'est fixé à demeure ni aux canons ni à la bascule ; pour le montage ou le démontage, il s'attache et se détache à volonté au moyen de différents mécanismes, dont les plus employés sont le tiroir, la pédale, la clef ou le bouton. En général, le fût est quadrillé pour être mieux tenu à la main et garni d'une armature en acier.

La poignée raccorde la bascule à la crosse ; on doit lui donner une forme telle qu'elle puisse être saisie aisément par la main pour tenir le fusil à l'épaule ; il est bon qu'elle soit quadrillée, de façon que la main humide et moite ne glisse pas sur sa surface. On lui donne parfois la forme d'une crosse de pistolet afin de permettre de mieux saisir l'arme ; cette forme, excellente pour un tir lent et posé, n'est pas favorable au tir rapide, précipité et surtout au doublé, la main étant alors obligée de se déplacer pour presser la deuxième détente.

La crosse sert à épauler, on y remarque : le *busc* ou *le nez*, qui est le ressaut placé en arrière de la poignée ; les *flancs* ou *joues*, qui sont les parties sur laquelle s'appuie la joue du tireur ; la *plaque de couche*, avec le bec et le talon de crosse, qui termine la crosse et doit emboîter l'épaule, de façon à répartir le recul sur la plus grande surface possible. La plaque de couche est garnie d'une plaque de fer, pour la protéger contre les chocs, ou mieux d'une plaque de corne, plus moelleuse à l'épaule ; on interpose quelquefois entre cette plaque et la crosse une plaque de caoutchouc de façon à amortir le recul.

La crosse doit être à la *couche* du chasseur, c'est-à-dire appropriée à sa conformation et à sa taille, de façon qu'en épaulant rapidement, le rayon visuel passe instantanément par le milieu de la culasse, le guidon et l'objet visé. On appelle *pente*, l'angle formé par la ligne qui passe par le busc et le talon de la crosse, d'une part, et une ligne idéale passant par le guidon et le milieu de la bande, d'autre part. Pour un chasseur maigre, long de taille, de col et de bras, il faut une crosse longue, fortement pentée et à joues épaisses, tandis que pour celui qui est gros, replet, petit de taille, de col et de bras et a les doigts courts, il convient de choisir une crosse droite, courte, à joues maigres, avec une poignée courte et mince. On donne encore à la crosse, afin de faciliter la mise en joue, une courbure latérale appelée *avantage*; l'avantage est à droite pour le chasseur qui tire à droite, tandis qu'il doit être à gauche pour celui qui tire à gauche. Tout chasseur qui commande un fusil doit donc envoyer à l'armurier les mesures suivantes : 1° distance comprise entre le centre de la plaque de couche et le milieu de la détente de droite; 2° distances qui séparent la bande supérieure des canons, supposée prolongée, du talon de la plaque de couche et du busc. Les crosses les plus longues ont, en général, 36 à 38 centimètres, les plus courtes 33; la *couche*, c'est-à-dire la mesure prise au-dessus de la plaque de couche, varie de 4 à 7 centimètres.

La nécessité de donner à la couche des dimensions et une forme qui varient avec chaque individu, ne permet pas, au moins pour les armes de prix, de fabriquer les montures des fusils de chasse à la machine, comme on le fait pour les bois des fusils de guerre, on est donc forcé de les faire à la main.

Bibliographie : Guide-carnet du chasseur, du tireur et de l'amateur d'armes, par LIBIOULLE, 1879; *Album* GALLAND, 1884; *Les armes de chasse*, par GUINARD, armurier à Paris; *Le fusil et ses perfectionnements*, par GREENER, traduit de l'anglais, 1884.

FUSION. T. de phys. On donne ce nom au passage d'un corps de l'état solide à l'état liquide, sous l'action de la chaleur (V. CHALEUR, § *Changements d'état*, t. II, p. 489, pour les généralités relatives à ce sujet). Comme les autres changements d'état, le phénomène de la fusion s'effectue suivant des lois déterminées, n'ayant d'ailleurs rien d'absolu.

Première loi. Un corps (lorsqu'il est pur) *fond toujours à une même température qui lui est propre*

Tableau des points de fusion.

Acide sulfureux .	— 100°	étain, 3 parties;	
Acide carbonique	— 78	plomb, 5 p. . .	94.5
Mercure.	— 40	Alliage de Henri	
Huile de lin. . .	— 20	Rose: Bismuth,	
Essence de téré-		2 p.; étain, 1 p.;	
benthine.. . . .	— 10	plomb, 1 p. .	94
Glace.	0	Etain	230
Huile d'olive 2,5 à	+10	Bismuth.	265
Beurre.	30	Plomb.	320
Suif.	33	Antimoine. . . .	440
Paraffine	43.7	Zinc.	450
Phosphore . . .	44.2	Aluminium. . . .	600
Blanc de baleine.	49	Bronze..	900
Stéarine	61	Argent pur. . . .	916
Cire blanche. . .	68	Laiton. . . . 950 à 1015	
Cire jaune.. . . .	76	Cuivre..	1050
Acide stéarique..	70	Fonte blanche. 1050 à 1100	
Naphtaline . . .	78	Fonte grise.. 1100 à 1200	
Iode.	107	Fonte manganésée	1250
Soufre . . . 108 à 115		Or monétaire..	1180
Colophane . . .	135	Or pur.	1250
Arsenic.	210	Acier. . . . 1300 à 1400	
Verre.	930	Fer doux fran-	
		çais . . . 1300 à 1600	
Métaux.		Fer martelé an-	
		glais..	1600
Potassium. . . .	55	Platine. . . 1850 à 2000	
Sodium.	90	Iridium.	>2500
Alliage de Darcet:			
bismuth, 8 p.;			

et qu'on nomme son point de fusion. Le tableau précédent montre qu'il y a des corps de tous les degrés de fusibilité.

Les points de fusion, les plus élevés surtout, présentent d'assez grandes incertitudes par suite des difficultés qu'on rencontre dans la détermination des températures et selon les procédés employés; les points de fusion variant aussi d'un échantillon à l'autre, pour les substances qui ne sont pas absolument pures.

Parmi les causes susceptibles de modifier le point de fusion des corps, on peut citer *la pression*. Mais il faut dire que ses effets, quoique bien constatés sur la glace, et spécialement sur les corps gras, n'en sont pas moins très faibles pour des pressions considérables, et, par conséquent, peuvent être négligés dans les conditions ordinaires. Une autre cause bien plus puissante, qui peut modifier très sensiblement le point de fusion, est celle des alliages et des mélanges entre métaux ou entre corps gras. Il est tout à fait remarquable que le point de fusion d'un alliage soit toujours plus bas que la moyenne des points de fusion des métaux composants. — V. FUSIBLE (Alliage),

L'acide stéarique fond à 70°, l'acide palmique à 62°; un mélange de 30 parties du premier et de 70 du second fond à 55°.

Deuxième loi. Dès qu'un corps commence à fondre, et pendant toute la durée de sa fusion, sa température reste fixe, malgré les causes de réchauffement qui l'entourent. C'est ce que l'on peut facilement vérifier en plaçant un thermomètre dans un vase contenant de la glace et qu'on met sur le feu. Tant qu'il restera de la glace à fondre, le thermomètre marquera 0° (le liquide doit être convenablement remué). Si le foyer est plus actif, ou la surface de chauffe plus grande, la fusion sera plus rapide, mais la température de la glace fondante restera invariable. On sait que cette propriété a été utilisée pour obtenir le premier point fixe du thermomètre centigrade. De même, en opérant sur le soufre contenu dans un creuset, on constatera que la température ira en croissant jusqu'au moment où le soufre commencera à fondre; c'est-à-dire vers 114°, et qu'à partir de ce moment jusqu'à ce que le soufre soit complètement fondu, le thermomètre placé dans le creuset (et préservé de toute influence étrangère) restera fixé à 114°, malgré la chaleur communiquée sans cesse au vase.

Comme ce phénomène d'absorption de chaleur pendant la fusion s'observe sur tous les corps, on en a déduit la loi énoncée ci-dessus.

Troisième loi. Dans la fusion d'un corps, il y a toujours une certaine quantité de chaleur absorbée. Cette disparition de la chaleur serait inexplicable si l'on n'admettait pas qu'elle est employée à opérer la fusion du corps. — V. CHALEUR LATENTE, t. II, p. 195.

Quatrième loi. Dans la fusion d'un corps, il y a toujours changement de volume. Généralement, c'est une augmentation; cependant, un certain nombre de substances, comme la glace, le bismuth, l'antimoine, l'arsenic, l'argent et quelques alliages, se contractent en passant de l'état solide à l'état liquide. Chacun sait que la glace flotte sur l'eau, son volume est donc plus grand que celui du liquide qu'elle déplace. On ne saurait objecter que cette légèreté relative de la glace tient aux bulles d'air qu'elle contient ordinairement, car, si l'on prend soin de chasser l'air de l'eau par une ébullition prolongée du liquide, la glace qui en provient est alors exempte de bulles et flotte pareillement sur l'eau. Sa densité est de 0,93, celle de l'eau étant 0,99 à 0°.

Fusion pâteuse ou vitrée. Un grand nombre de corps passent, avant de se fondre, par une phase de ramollissement, qui précède d'assez loin, pour quelques-uns, la fusion proprement dite, ce qui jette de l'incertitude sur la détermination exacte du point de fusion. Ainsi, le verre se ramollit à une température peu élevée, ce qui permet de le travailler facilement. Il en est de même du fer, du platine et même du plomb. Le phosphore, la cire, les corps gras, présentent également un état pâteux, visqueux, avant la fusion complète, bien fluide. Comme on trouve dans la série des corps soumis à la fusion, tous les degrés de ramollissement, jusqu'à la fusion nette (comme celle de la glace ou du soufre), on pourrait dire que la fusion brusque n'est qu'un cas particulier de la fusion pâteuse, la phase de ramollissement étant réduite ici au minimum.

Fusion aqueuse, fusion ignée. La première se présente quand un corps fond dans son eau de cristallisation, comme. le borax, l'azotate d'ammoniaque et beaucoup d'autres sels. La seconde a lieu pour les mêmes substances, quand l'eau s'est évaporée ; la chaleur continuant d'agir sur elles leur fait éprouver une seconde fusion au-dessous de la chaleur *rouge*.

Fusion double. Le soufre présente ce phénomène. A 114° il éprouve la fusion brusque ; à mesure qu'on élève sa température au delà de ce point, il s'épaissit de plus en plus jusqu'à 400°. Il est alors tellement visqueux qu'on peut renverser le vase qui le contient sans que le soufre s'écoule ; au delà, et dans le voisinage de son point d'ébullition, il reprend de la fluidité. Il s'opère ainsi une seconde fusion. Le sélénium offre des changements analogues, mais à des températures différentes.

Dissolution. Solution. Un autre mode de passage d'un corps de l'état solide à l'état liquide est celui qui s'effectue sans le secours de la chaleur, c'est-à-dire à une température quelconque. Cette sorte de fusion se nomme *dissolution* ou *solution*. On distingue : 1° *la dissolution physique*, comme celle du sucre dans l'eau, du soufre ou du phosphore dans le sulfure de carbone, de l'iode ou du camphre dans l'alcool, de la soie dans le chlorure de zinc, etc. La dissolution se fait avec une absorption de chaleur, souvent peu sensible, mais quelquefois très considérable, comme dans les mélanges réfrigérants ; 2° *la dissolution chimique*, dans laquelle la substance est dénaturée ; par exemple, la dissolution du zinc ou du fer dans l'acide sulfurique (le métal disparaît et il se forme du sulfate· de zinc ou de fer), celle

de l'argent dans l'acide azotique, de l'or dans l'eau régale, etc. Dans ces deux modes de dissolution, l'intervention de la chaleur active, en général, l'opération.

A la fusion, se rattachent intimement deux phénomènes : la *solidification* et la *surfusion*. — c. d.

FUSION (Lit de). *T. de métall.* On appelle *lit de fusion* le mélange qui doit assurer la séparation, à l'état liquide, de la matière utile d'une opération métallurgique. Pour calculer le lit de fusion, on doit connaître d'abord l'analyse chimique, aussi exacte que possible, des matières à fondre et des substances que l'on se propose d'ajouter.

Dans l'industrie du fer, au haut-fourneau, il s'agit de séparer le fer des matières terreuses qui l'accompagnent et qui sont généralement composées de silice, d'alumine et de chaux. On cherche à produire le silicate le plus fusible pour économiser, autant que possible, le combustible nécessaire. En pratique, quand on n'a pas en vue une fonte de qualité spéciale, et que l'alumine n'est pas en abondance dans les matières à fondre, on cherche à obtenir un silicate renfermant autant de chaux que de silice. Cette manière de faire conduit à un laitier ayant environ 40 de silice, 40 de chaux et 20 d'alumine. Ces proportions sont éminemment variables naturellement, mais quand l'alumine est inférieure à 25 0/0, on obtient toujours un laitier très fusible.

D'après les expériences de Berthier, un silicate est d'autant plus fusible qu'il renferme un plus grand nombre de bases. On cherche donc à multiplier les bases ; c'est dans cet ordre d'idées que l'on introduit de la magnésie ou de la baryte dans les laitiers.

A côté de ces conditions générales de la constitution des lits de fusion, se trouvent des conditions particulières dont il faut tenir compte dans beaucoup de cas et qui forcent à s'écarter des principes généraux dont nous venons de parler. Ainsi, lorsqu'on veut assurer. la concentration du soufre dans le laitier, il faut augmenter la proportion de chaux ; le laitier devient moins fusible, mais la silice étant plus que saturée, il reste un peu de chaux libre pour former du sulfure de calcium.

Lorsqu'on veut réduire le manganèse du minerai, il faut également augmenter la chaux du lit de fusion ; on assure ainsi la saturation de la silice et l'oxyde de manganèse est dans de meilleures conditions pour passer à l'état métallique.

On attribue, à juste titre, une action désulfurante au manganèse, dans le haut-fourneau. Il ne paraît pas prouvé que le soufre passe à l'état de sulfure de manganèse dans cette opération ; mais l'oxyde de manganèse ayant une grande affinité pour la silice, il reste, dans ce cas,. de la chaux libre pouvant former avec le soufre du sulfure de calcium.

On a cherché à établir le rapport entre l'oxygène de la silice et celui que renferment les bases et on en a déduit des règles pour la formation des laitiers et des scories. Il est rare, qu'en pratique, on se serve beaucoup de cette manière de compter, on préfère, en général, opérer autrement. Il n'est pas toujours facile, d'ailleurs, de trouver un rapport simple entre l'oxygène de la silice et celui des bases. L'incertitude tient, en grande partie, au rôle douteux de l'alumine que l'on peut souvent considérer comme un acide aussi bien que comme une base.

On donne le nom de *castine* au carbonate de chaux que l'on fait entrer dans le lit de fusion des hauts-fourneaux; les anciens métallurgistes appelaient *erbue* l'addition siliceuse destinée à combattre l'excès de chaux. On n'ajoute plus guère de matières siliceuses au haut-fourneau que lorsqu'on se propose de réduire intentionnellement du *silicium*; quand un minerai est trop calcaire, ce qui est rare, on le mélange avec un autre minerai siliceux, c'est plus rationnel, on le comprend, que de traiter séparément chacun de ces minerais, l'un avec addition de chaux et l'autre avec addition de silice. On obtient ainsi une moins grande proportion de laitier à fondre. — F. G.

FUSTET. Le fustet, aussi appelé *fustel, fustic, bois jaune de Hongrie, arbre à perruque, rhus cotinus* des botanistes, est un arbrisseau qui croît dans les Antilles et dans les parties méridionales de l'Europe et de la France. Il ne doit pas être confondu avec le vieux fustic ou bois jaune, qui est le *morus tinctoria*.

Ce bois est utilisé par les tourneurs et les tabletiers, mais principalement par les teinturiers, qui préfèrent celui d'Amérique à celui d'Italie. Il contient une matière colorante jaune, une matière rouge et un principe astringent. La matière jaune, ou *fustine*, est cristallisable, soluble dans l'eau, l'alcool, l'éther; par les alcalis, elle se colore en rouge. Par l'étain, on obtient une très belle laque qui est assez employée dans l'indienne pour faire des chamois. Le fer donne un précipité olive ainsi que le chrome. On emploie aussi le fustet pour la

teinture des laines, mais la nuance qu'il donne est peu solide; il a plus d'emploi pour la teinture des peaux et pour tanner les cuirs.

FÛT. 1° *T. d'arch.* Partie de la colonne comprise entre la base et le chapiteau. Le fût est lisse, à pans coupés et à cannelures; il est monolithe ou composé de pierres superposées; dans l'ordre ionique grec, il diminue régulièrement de grosseur de la base au sommet; dans les autres ordres il est renflé au tiers de sa hauteur, renflement qui lui donne plus de grâce, tout en augmentant sa solidité. Dans les ordres doriques, soit grec, soit romain, les fûts sont quelquefois à faces planes ou ornés de cavités peu profondes; dans les ordres ionique, corinthien et composite, les cannelures, plus accentuées, sont creusées en demi-cercle et séparées par un listel du tiers de leur longueur. Le module unité servant à mesurer les proportions de tous les membres des ordres d'architecture est donné par la moitié du diamètre de la partie inférieure du fût. || 2° *T. techn.* Le fût d'un rabot ou d'une varlope est le morceau de bois qui forme le corps de l'outil; dans plusieurs arts mécaniques, le mot *fût* est souvent synonyme de bois. || Nom donné aux tonneaux où l'on met les spiritueux et les huiles et indiquant bien plus encore la provenance que la capacité variant suivant les pays.

FUTAINE. Étoffe de coton croisée et tirée à poil, quelquefois à l'endroit seulement, quelquefois des deux côtés, mais d'un côté plus que de l'autre. Elle se fait par l'armure sergé, de 3 et 4 lisses. On l'emploie pour doublures de vêtements d'hiver, camisoles, jupons, etc. La futaine a été autrefois l'objet d'une fabrication très active; de nos jours, elle n'est plus aussi importante. Plusieurs localités en livrent encore au commerce; dans le nombre figurent en première ligne Troyes et Rouen.

G

GABARI ou **GABARIT**. *T. techn.* 1° Assemblage de planches minces ou de tôles, dont les contours dessinent exactement la ligne enveloppante d'une pièce ou la pièce elle-même. Quand on veut, par exemple, faire exécuter une plaque de cuirasse d'un navire, on aurait beau multiplier les vues et les coupes de la plaque en les dessinant, qu'on n'arriverait pas à lui donner la forme précise des surfaces gauches sur lesquelles elle doit s'appliquer. On fait alors un gabarit en bois que l'on ajuste à la place que la plaque doit occuper, et on expédie ce gabarit à l'usine qui fournit la cuirasse. Presque tous les corps de métier se servent de gabarits ; celui du chaudronnier est une simple vergette en fer que l'on contourne suivant la forme à donner à un tuyau ; ceux des forgerons et des ajusteurs servent à confectionner des objets strictement de mêmes dimensions, afin qu'ils puissent servir indifféremment l'un pour l'autre. || 2° Pour la pose de la voie des tramways ou des chemins de fer, on fait usage de règles avec des échancrures qui s'adaptent aux champignons des rails, de manière à vérifier exactement leur écartement, quand on place la règle transversalement sur la voie. || 3° *Gabarit de chargement. T. de chem. de fer.* Contour que ne doivent dépasser les vagons lorsqu'ils sont chargés de marchandises, ou les voitures d'une forme exceptionnelle, pour qu'ils puissent franchir les ouvrages d'art de la voie sans les effleurer. A cet effet, les gares sont ordinairement munies d'un appareil formé d'une tringle de fer, ayant la forme du gabarit-limite et suspendu à deux montants, que l'on place au-dessus de la voie ; on doit passer les vagons au *gabarit* avant de les expédier, et si la tringle de fer remue après le passage du vagon, c'est que celui-ci l'a effleurée et que le chargement dépasse, par conséquent, les limites réglementaires ; on le rectifie, dans ce cas, jusqu'à ce que le vagon passe sous le gabarit sans y toucher. Malheureusement les gabarits de toutes les administrations de chemins de fer ne sont pas semblables entre eux, parce que les ouvrages d'art des diverses lignes ont été construits à des époques successives et souvent d'après des cahiers de charges très différents. Aussi, faut-il qu'aux gares d'échange entre deux Compagnies voisines, on passe au gabarit tous les vagons qui doivent transiter d'un réseau sur l'autre.

GABION. *T. de fortif.* Panier cylindrique rempli de terre ou de toute autre matière, qui sert à abriter les assiégeants d'une place forte ; on en distingue de plusieurs sortes : ceux qui sont confectionnés par le génie et qu'on nomme *gabions farcis* ou de *sape*, et ceux que confectionnent les artilleurs, connus sous le nom de *gabions de batterie* ; l'ensemble de cet abri se nomme *gabionnade*. Depuis quelque temps, on fait usage, en Allemagne surtout, de *gabions métalliques*.

* **GÂBLE.** *T. d'arch.* A l'origine, ce terme était employé pour désigner la réunion, à leur sommet, de deux pièces de bois inclinées ; tel était le *gâble* d'une lucarne, comprenant deux arbalétriers assemblés dans un bout de poinçon et dont le pied reposait à l'extrémité de deux semelles. Par analogie, on a donné ce nom aux triangles en pierre, pleins ou ajourés dont on a commencé à surmonter les fenêtres et les portails des églises dans la seconde moitié du XIII° siècle.

— Ces gâbles sont garnis, sur leurs rampants, d'ornements appelés *crochets* ou *crosses* et, au sommet, d'un fleuron de couronnement. Le milieu du tympan est ordinairement percé d'un trèfle ou d'une rosace. Au XV° siècle, les gâbles surmontant les baies présentent quelquefois une courbure légèrement concave en dehors, avec un tympan découpé à jour et orné de panneaux et de rampants munis de choux frisés.

* **GABRIEL** (JACQUES-ANGE), architecte, né à Paris en 1710, appartenait à une famille d'architectes. Son grand-père avait construit le château de Choisy ; son père, élève de Hardouin Mansart, était un architecte de grand renom, inspecteur général des bâtiments du roi et membre de l'Académie. C'est dans ce milieu que le jeune Gabriel devait puiser le goût des fortes études et le culte des saines traditions qui le mirent à la tête des artistes de son temps. Le premier travail important entrepris par Gabriel, fut l'achèvement de la cour du Louvre, qui était restée abandonnée pendant près de soixante-dix ans, Il éleva le troisième étage destiné à cacher la hauteur des façades de Perrault du côté de l'est et du côté du nord. Il est évident que l'on ne peut juger le talent de Gabriel par cette construction qui ne lui appartient pas en propre et qui est loin de répondre à l'œuvre de Lescot.

C'est l'École-Militaire, commencée en 1751, qui a consacré la réputation de Gabriel. On y retrouve des réminiscences de Mansart et de Perrault, qui s'étaient inspirés, comme lui, des principes antiques ; mais là, comme dans tous les édifices élevés par Gabriel, on voit une tendance à réagir contre le mauvais goût qui envahissait l'architecture.

Les bâtiments de la place Louis XV, depuis le Garde-Meuble et le Ministère de la Marine, sont la plus éclatante protestation en faveur des principes de l'antique opposés aux doctrines Borromiennes. L'inauguration de cette place, en 1763, fut un véritable événement, et il est certain que ces monuments sont, avec le Panthéon, les plus belles *productions architecturales du XVIII* siècle. Inspirés évidemment de la colonnade de Perrault, ils lui sont supérieurs par la légèreté qui résulte des ouvertures du portique à rez-de-chaussée, et par l'élégance des avant-corps qui rompent la monotonie des colonnades. L'achèvement de la place de la Concorde, avec la perspective de la Madeleine et du Corps-Législatif, ne fut parfait que sous le règne de Louis-Philippe; mais on est toujours revenu aux principales idées qui avaient guidé Gabriel dans son projet.

Avec ces deux œuvres principales, nous pouvons citer encore la restauration de la cathédrale d'Orléans, le château de Compiègne (Oise) et surtout la salle de spectacle du château de Versailles; celle-ci est encore aujourd'hui un sujet d'études pour les artistes, et, selon l'expression de Vaudoyer, la critique doit se taire devant l'admiration sans réserve. Gabriel mourut en 1782, en pleine possession de sa gloire et de son talent.

GÂCHAGE. *T. techn.* Action de délayer le plâtre, le ciment ou le mortier. || Sorte de peignage que subit le duvet de cachemire avant le filage.

GÂCHE. *T. de serrur.* Pièce de fer fixée au chambranle d'une porte ou sur un bâti, et dans laquelle le pêne d'une serrure, d'un verrou, est engagé afin de tenir une porte fermée et, en général, pièce de fer qui a pour fonction de maintenir un objet contre un autre.

GÂCHETTE. *T. de serrur.* Petite tige de fer plat munie d'encoches, dans lesquelles pénètrent des tenons ménagés à la partie inférieure de la queue du pêne, et qui a pour fonction de maintenir celui-ci dans la position que lui donne le tour de clef. || *T. d'arm.* Pièce d'acier de la platine d'un fusil à silex et qui, par la pression de la détente, détermine la chute du chien.

GÂCHEUR. *T. de mét.* Outre le manœuvre qui gâche le plâtre et le mortier, le maître ouvrier charpentier, le chef des ouvriers charrons, dans les ateliers de chemins de fer, sont également désignés par ce nom.

GAÏAC. *T. de bot.* Arbre des Indes-Orientales, appartenant à la famille des rutacées, et dont deux espèces, les *guaiacum officinale*, Lin., et *guaiacum sanctum*, Lin., sont utilisées. Ils sont de taille moyenne, toujours verts, à fleurs bleues, et sont surtout abondants à Cuba, la Jamaïque, Haïti, Saint-Domingue, la Trinité, les côtes de l'Amérique du sud, etc.

Le bois, qui nous arrive quelquefois sous le nom de *bois de vie*, est compact et très lourd (D = 1,3). L'écorce et le bois (duramen), contiennent une résine qui donne de la saveur et de l'odeur au végétal. Le bois est surtout employé par les tourneurs pour faire les roulettes de meubles, les poulies, les boules de quilles ou autres, les maillets; il entre dans la préparation de certains médicaments sudorifiques; il n'en est guère exporté des pays de provenance, plus de 2,000 tonnes par an.

La résine découle du tronc des arbres, ou naturellement, ou par suite d'incisions, parfois encore après l'abattage, en chauffant légèrement les arbres. Elle est en larmes de couleur brun verdâtre, d'odeur balsamique, rappelant celle du benjoin, de saveur faible, mais irritant la gorge; elle fond à 85°, et se dissout dans les véhicules ordinaires, autres que l'eau ou les corps gras; les corps oxydants la colorent en bleu, ce qui a fait appliquer pour la recherche de l'ozone, la teinture alcoolique de ce corps (Schönbein). Les agents réducteurs et la chaleur font disparaître la teinte bleue.

La résine de gaïac contient environ 85,7 0/0 de son poids d'acides (acide guaïaconique, 70,3; acide guaïarétique, 10,5; acide guaïacique (matière colorante jaune, 4,9); de la résine proprement dite, 9,8; de la gomme et des sels. C'est à la présence de l'acide guaïaconique $C^{38}H^{40}O^{10}$ que l'on peut extraire en traitant le bois par le chloroforme, qu'est due la teinte bleue que nous avons signalée, et que l'anhydride chromique développe considérablement. La distillation sèche de la résine donne également des produits (*guaïacène*, $C^{5}H^{8}O$, à 118°; *guaïacol*, $C^{7}H^{8}O^{2}$; *kréosol*, $C^{8}H^{10}O^{2}$; et *pyroguaïacine* $C^{38}H^{44}O^{6}$, entre 205 et 210°) qui sont intéressants par les belles réactions colorées qu'ils donnent avec les alcalis pour les premiers, le sulfate de fer ou l'acide sulfurique chaud pour le dernier.

GAILLARD. *T. de mar.* On désigne ainsi chaque portion du pont supérieur des navires. La région placée à l'avant du mât de misaine se dit le *gaillard d'avant*, celle qui est placée à l'arrière du grand mât se dit le *gaillard d'arrière*. Le gaillard d'avant est ordinairement muni d'une *teugue* servant d'abri pour les hommes de quart et contenant une partie des engins destinés à la manœuvre des ancres. Le gaillard d'arrière est souvent occupé par une *dunette* renfermant les logements de l'état-major, les bureaux de la timonerie, la roue de gouvernail.

Le *pont des gaillards* est le nom que l'on donne ordinairement au pont supérieur; il reçoit tous les engins destinés à la manœuvre des voiles, des embarcations. Il est garni de canons dont l'ensemble forme la *batterie des gaillards*. Autrefois, cette artillerie ne comportait que des pièces légères, des caronades; aujourd'hui, on met sur le pont supérieur les canons du plus fort calibre afin de les utiliser le mieux possible en leur donnant un grand champ de tir. — V. CONSTRUCTION NAVALE.

GAILLETTE, GAILLETERIE. *T. d'expl. de min.* Dans les mines de houille, il est d'usage de trier à la main, dans l'intérieur de la mine, les plus gros morceaux de charbon et de les sortir dans des bennes spéciales, pour être directement chargés sur vagons et livrés au commerce. Le reste constitue le tout venant qui peut être livré tel quel au commerce, mais qui, le plus souvent, passe sur des grilles inclinées dont les barreaux sont espacés de 4 à 5 centimètres. Le menu traverse ces grilles, et ce qui reste au-dessus est trié à la main par des femmes ou des enfants, soit pendant la descente le long des grilles inclinées, soit sur des tables fixes ou tournantes. Les morceaux de charbon séparés des morceaux de schiste, sont désignés sous le nom de *gaillettes* ou *gailleteries*. — V. Charbonnage.

GAINE. Outre son acception d'étui, de fourreau, ce mot s'applique en *arch.* et en *sculpt.*, à une sorte de support en forme de pyramide quadrangulaire, plus large du haut que du bas et sur lequel on pose des bustes ; lorsque la gaine et le buste ne font qu'une pièce, on donne à l'ensemble le nom de *terme.* || *T. de constr. Gaine de chauffe.* Conduit d'air chaud qui, de la chambre de chauffe, se rend dans le local à chauffer.

*****GAINERIE.** Art de fabriquer des gaines, écrins, fourreaux d'épées, de sabres, de poignards, des boîtes, des portefeuilles et d'autres objets de petite dimension.

Historique. Les gainiers français se constituèrent en corporation sous le règne de Louis IX et en corps de jurande en 1323.

Un compte de la maison de saint Louis contient cette mention : « A Huc Pouvrel, gainier, pour une gaine entaillée à ymaiges d'or, livrée à Jean le Brasier pour le roy, 20 sols purisis. » En 1560, François II confirma les privilèges de la corporation des gainiers, et les étendit même ; ces nouveaux règlements demeurèrent en vigueur jusqu'en 1776 ; à cette époque, la corporation fusionna avec celle des coffretiers-malletiers. Les maîtres prenaient le titre de *gainiers-fourreliers* et *ouvriers de cuir bouilli.* — V. Corporation.

La gainerie a pris, en France, un accroissement considérable depuis le commencement de ce siècle, et plus spécialement depuis 1830, par suite du développement des industries auxquelles les gaines, des étuis ou des écrins sont nécessaires pour renfermer leurs produits.

Les Français, les Anglais et les Allemands sont passés maîtres dans la confection des sacs, des gaines, des coffres, des boîtes, des écrins. Cependant, si les Français l'emportent sur leurs concurrents, par le bon goût de leurs productions, il est incontestable que la rectitude mathématique des fermetures et des cases à secret fabriquées en Angleterre n'est pas égalée sur le continent.

Technologie. La fabrication des gaines, étuis et écrins, a pour outil principal un mandrin destiné à ménager le vide que doit remplir l'objet auquel est destiné cette gaine, cet étui ou cet écrin. Il va sans dire que les gainiers possèdent dans leur outillage une foule de mandrins correspondants à tous les objets de forme courante. Si le mandrin voulu leur fait défaut, ils le fabriquent. Le bois de frêne à la fois souple et liant convient admirablement pour cet usage. On le dégrossit au rabot ou au ciseau, puis on l'égalise à la lime, enfin on le polit à la pierre ponce. Quand le mandrin est terminé, on le frotte de poudre de savon ou de talc afin d'empêcher les enveloppes dont on l'entourera d'adhérer au bois. La gaine devant épouser étroitement ses contours, il est évident que de la perfection du mandrin dépend celle des ouvrages auxquels il servira de moule.

Les écrins sont des boîtes en bois ou en carton,

destinées à renfermer des bijoux, de la coutellerie, des instruments de précision, etc. Ces boîtes, destinées à renfermer sans ballotage des objets qui leur sont confiés, sont doublées de coton fin ou de laine bien cardée, recouvert d'étoffes plus ou moins riches.

Le chagrin et le galuchat sont les couvertes les plus employées dans la gainerie. Ils sont souvent ornés de dorures au fer ; dans ces dernières années, M. Giraudon, de Paris, a introduit dans la gainerie la peau de requin de Chine, qui se prête merveilleusement aux délicates et charmantes applications de cette industrie.

GAINIER. *T. techn.* Ouvrier qui fabrique les gaines, les étuis de mathématiques, les écrins, les articles de maroquinerie, etc. — V. Article, § *Gainier*.

GALACTOMÈTRE. Instrument propre à mesurer la richesse du lait d'après la proportion de ses éléments, on dit aussi *pèse-lait*.

GALBE. *T. d'arch.* Nom que l'on donne à la courbure plus ou moins gracieuse que présente le contour d'un chapiteau, d'un fût de colonne, d'un balustre, d'un vase, etc. Dans les colonnes appartenant aux ordres d'architecture, le galbe est une sorte de renflement du fût, qui se produit généralement vers le tiers de la hauteur à partir de la base. Les colonnes grecques de la belle époque présentent, à la fois, une diminution très visible dans la partie supérieure, et, vers le tiers inférieur, un très délicat renflement, semblable à la panse légère d'un vase très élancé. Toutefois, ce renflement, que les Grecs nommaient *entasis* et que nous appelons *galbe*, ne porte pas sur la partie verticale du pied de la colonne, mais sur l'oblique qui joint les extrémités des diamètres au sommet et à la base du fût, de telle sorte que c'est toujours le diamètre de la colonne à son pied qui marque le maximum de largeur. Plus tard, le renflement fut exagéré ; il dépassa cette verticale, et le plus grand diamètre de la colonne se trouva placé au 1/3 ou au 3/7 de sa hauteur. De cette façon, la colonne, franchement diminuée par le haut et légèrement amincie par le bas, ressemble à un fuseau dont les deux pointes seraient abattues ; aussi lui a-t-on quelquefois donné le nom de colonne *fuselée*.

GALÉE. *T. de typogr.* Planchette rectangulaire, en bois ou en métal, destinée à réunir les lignes qui sortent du compositeur jusqu'à ce que le compositeur en ait un nombre suffisant pour former un paquet ; le côté droit et la partie inférieure sont munis d'un rebord qui maintiennent la composition et de deux chevillettes qui fixent la galée sur la casse. — V. Composition d'imprimerie.

GALÉGA. *T. de bot.* On a bien souvent essayé de retirer des filaments textiles des tiges des *galega officinalis*, lin ; et *galega orientalis* (légumineuses), différents brevets ont même été pris pour rouir et teiller ces tiges industriellement, mais il ne semble pas jusqu'ici que l'on soit arrivé à un résultat pratique. Les feuilles servent, dans l'Inde, à obtenir un indigo de qualité inférieure.

GALÈNE. *T. de minér.* Syn.: *Plomb sulfuré.* Minerai de couleur grise, à éclat métallique, cristallisant en cubes, octaèdres ou cubo-octaèdres, mais se trouvant aussi en masses laminaires, grenues et parfois compactes; il se clive parfaitement en cubes; il est opaque, d'une dureté de 2,5 et d'une densité de 7,5. Sa formule PbS correspond à 13,39 de soufre, pour 86,61 de plomb. Il contient souvent un peu d'argent (V. COUPELLATION) et d'antimoine; on reconnaît très vite la présence du premier métal, en dissolvant le minerai dans l'acide azotique étendu, et y ajoutant un peu d'iodure d'amidon, qui se décolore immédiatement s'il y a de l'argent (Pisani); il se forme en même temps du sulfate de plomb et un dépôt de soufre. La galène décrépite par la chaleur, et fondue sur le charbon donne un dépôt métallique, en dégageant de l'acide sulfureux, et produisant une auréole jaunâtre. La galène se retrouve dans un très grand nombre d'endroits, parce qu'il y a eu en Europe deux grandes émanations plombifères; une à partir de l'époque triasique, par suite de laquelle les dissolutions qui amenaient ces minerais se sont répandues dans les fentes formées au milieu des sédiments triasiques ou infraliasiques (Morvan, Haute-Silésie, Prusse-Rhénane, etc.); l'autre, qui a accompagné le mouvement de dislocation qui a soulevé les Alpes et les Pyrénées. Ces deux périodes sont, en outre, caractérisées par la formation concomitante d'abondants dépôts de chlorure de sodium et de sulfate de chaux.

Usages. La galène est exploitée pour l'extraction de l'argent (de 0,01 à 1 0/0), du plomb; elle sert aussi pour le vernissage des poteries ordinaires (*alquifoux*); pour obtenir les divers composés à base de plomb. Ses principaux gisements, en France, sont à Poullaouen, Huelgoat (Bretagne); La Croix-aux-Mines (Vosges); Pongiban (Puy-de-Dôme); Vialas (Lozère); Villefranche (Aveyron); Largentière (Ardèche); Pizey (Savoie); Montcourtaut (Ariège); il en existe aussi en Algérie.

*GALÈRE. *T. techn.* Grand rabot à deux poignées manœuvré par deux hommes pour travailler les bois qui doivent être dressés à vives arêtes.

GALERIE DE MINE. *T. d'expl. de min.* On donne ce nom aux voies qui sont tracées dans les mines avec une direction plutôt horizontale que verticale. Si elles sont horizontales et dirigées suivant la direction du gîte, elles portent le nom de *galeries de direction*, de *galeries d'allongement*, de *chassages*, de *costeresses*, etc., ou de *recoupes*, si elles sont très courtes. Si elles sont horizontales et dirigées transversalement au gîte, elles s'appellent *galeries au rocher*, *travers banc*, *bowettes*, etc.; ou *traverses*, quand elles sont comprises dans l'intérieur du gîte. On donne aussi le nom de *galeries* à des voies inclinées qui peuvent être dirigées dans le gîte en demi pente ou suivant sa ligne d'inclinaison. On les appelle dans ce dernier cas, *galeries inclinées*, *montages*, *enlevures*, *descenderies* ou *vallées*, suivant le sens dans lequel elles ont été percées; quand elles sont très inclinées, on les appelle *fendues* ou *cheminées*, et quand elles le sont plus encore, elles passent dans la catégorie des *plans inclinés*.

Au point de vue de leur utilisation, les galeries se classent en plusieurs catégories : 1° les *galeries de roulage* ou *voies de fond* qui limitent à la partie inférieure un étage; 2° les *galeries de traçage*, qui embrassent tout le gîte avant qu'on ne commence le dépilage; 3° les *galeries d'écoulement*, qui servent seulement à faire circuler les eaux dans l'intérieur de la mine (V. EXHAURE); 4° les *galeries d'aérage* ou retours d'air, qui servent à faire circuler l'air; 5° les *galeries de recherche*, qui sont généralement des travers bancs.

Au point de vue de la section, on distingue les *petites galeries de mine* dont la section varie depuis 1 mètre sur 60 centimètres de haut, jusqu'à 1^m,50 sur 2 mètres de haut; les *grandes galeries de mine*, dont la section varie depuis 1^m,50 sur 2 mètres, jusqu'à 4 mètres sur 4 mètres, et les *tunnels* qui ont une section plus grande.

Le percement des galeries dans les conditions ordinaires est un travail qui a été décrit à l'article EXPLOITATION DES MINES. Il y a des terrains résistants dans lesquels on peut faire des vides sans les consolider, mais c'est l'exception, et en général les galeries de mine doivent être boisées, muraillées ou blindées (V. EXPLOITATION DES MINES). Nous allons seulement nous occuper ici du cas des terrains ébouleux et coulants.

Quand les terrains sont modérément ébouleux, on a recours au poussage simple. On dispose des cadres de boisage espacés d'environ 60 centimètres, supportant sur leurs chapeaux un coffrage en palplanches inclinées jointives. Ces palplanches reposent à l'extrémité postérieure, directement sur un cadre, au milieu sur un cadre, sauf l'interposition d'un coin, et à l'extrémité antérieure sur un cadre, sauf l'interposition d'un coin et de l'extrémité postérieure de la palplanche suivante. On commence par faire passer une palplanche entre le chapeau du dernier cadre de boisage et le coin qui supporte l'extrémité antérieure de la palplanche précédente. On la pousse à coups de massette en grattant au besoin avec le pic le terrain où on l'enfonce. Quand la palplanche est enfoncée de la moitié de sa longueur, on fait monter son extrémité postérieure au niveau de la partie supérieure du chapeau du cadre, on pose un cadre de boisage sous son extrémité antérieure, et on intercale un coin entre le chapeau de ce cadre et la palplanche. On continue à la pousser de la seconde moitié de sa longueur, et alors on pose, à l'extrémité, un cadre de boisage entre le chapeau duquel et la palplanche on intercale un coin qui restera, et au-dessous de celui-ci un contre coin qu'on enlèvera pour faire passer la palplanche suivante. Le travail se continue de la sorte avec régularité. Quand on rencontre des blocs sur lesquels se heurtent les palplanches, on les fait ébouler, ou, s'ils sont gros, on les fait sauter par de petits coups de mine. Au Creusot, deux ouvriers d'élite posent un cadre en 12 heures, et le prix de revient est de 25 francs par cadre ou de 35 francs par mètre courant.

Quand les terrains sont coulants, on applique

le procédé qui vient d'être décrit, non seulement pour le toit, mais aussi pour les parois latérales ; il faut en outre maintenir le front de taille par un bouclier composé de madriers horizontaux jointifs. On fait avancer d'abord les madriers supérieurs, malgré la poussée du terrain, et on les maintient par des cales appuyées sur le dernier cadre de boisage. L'intervalle entre les madriers avancés et ceux encore en place est bouché avec de la paille. La galerie, quand elle est faite, présente la forme de trémies qui s'emboîtent successivement les unes dans les autres. Les palplanches ne peuvent pas être toutes rectangulaires. Il faut en avoir de trapézoïdales, qu'on enfonce par le côté le plus large. Quelquefois on divise le bouclier en deux parties, au moyen d'un montant portatif, établi en son milieu, et relié aux deux montants du cadre précédent, par des jambes de force:

. Quand les terrains sont exceptionnellement coulants, on peut avoir recours au picotage, qui consiste à armer le bouclier de picots ou pyramides en bois à base carrée, entrant par leur pointe dans le terrain, et à remplacer les cales qui relient le bouclier au cadre précédent par des picots également enfoncés dans le terrain.

Généralement, quand il a fallu employer ces procédés spéciaux de poussage, on doit murailler la galerie. On défait le coffrage en reculant et au fur et à mesure qu'on enlève une trémie, on la remplace par un arceau en maçonnerie. On enlève les trémies facilement, car elles se présentent par leur petite base, et on remplace successivement chaque côté de la maçonnerie. S'il est impossible de défaire le coffrage avant de maçonner, on inscrit la maçonnerie dans le coffrage, et on enlève ensuite ce qu'on peut des bois, pour faire venir le terrain au contact de la maçonnerie.

Quelquefois on peut traverser des terrains coulants sans boisage préalable, par un poussage de maçonnerie, avec un bouclier antérieur, relié à la maçonnerie par un bouclier latéral. Le bouclier latéral est une espèce de collerette qui entoure la maçonnerie et qui est constituée par des rondins ou des palplanches en fer. Des trous permettent de les pousser en faisant levier avec une pince. Le bouclier est quelquefois soutenu par trois cadres en fer mobiles ; dans ce cas, au fur et à mesure qu'on avance, on démonte le cadre postérieur et on le remonte en avant.

Quand les galeries ont une large section, les procédés pour les tracer, surtout dans les cas des terrains ébouleux, peuvent différer notablement. Ils seront décrits à l'article TUNNEL. — A. B.

GALET. *T. techn.* Petite roue qui, en substituant le roulement au glissement d'une pièce quelconque, en diminue le frottement et dirige le mouvement de l'appareil ; on distingue le *galet* ordinaire qui roule dans une rainure, et le *galet à gorge*, évidé en forme de gorge. Les galets sont employés pour les plaques tournantes et les barrières des chemins de fer, les ponts tournants, etc. Dans les métiers à tisser, c'est une petite poulie sans rainure, placée et prise dans la fourchette

de la griffe ; le galet roule contre les courbures sinueuses, extérieures et intérieures, de la pièce qu'on appelle S ou *ressort de presse;* tantôt il porte contre la partie de l'S qu'il rencontre dans sa course ascensionnelle, et il éloigne le cylindre de la pointe des aiguilles ; tantôt il se heurte contre l'autre partie qu'il rencontre en retombant ; alors il ramène le cylindre, et conséquemment un carton contre les dites pointes.

GALIPOT. Sécrétion fournie par les canaux résineux de l'écorce de divers pins, et qui, recueillie pendant la belle saison, constitue la térébenthine, mais qui, se solidifiant à l'air après l'exploitation, forme des croûtes sur les arbres, et se nomme alors *galipot* ou *barras* (V. ce mot). Cette matière est solide, en croûtes d'un blanc-jaunâtre, demi-opaques, sèches, répandant l'odeur de térébenthine, et possédant une saveur amère ; elle est totalement soluble dans l'alcool, et en grande partie constituée par de *l'acide pimarique.* Les arbres qui fournissent le galipot sont : le *pinus sylvestris*, L., en Finlande, en Russie ; le *pinus laricio*, Poir, en Autriche, en Corse ; le *pinus Pinaster*, Soland. (pin maritime), dans le S.-O. de la France. Aux États-Unis, les *pinus australis*, Mich., et *pinus Tœda*, L., fournissent un produit analogue, connu sous le nom *d'encens commun* ou *américain* (*common frankincense*, des droguistes américains et anglais).

GALLE. Production anormale, connue depuis fort longtemps, puisque Théophraste, quatre siècles avant J.-C., indique son emploi dans le tannage et la teinture, et qui est constituée par des excroissances se développant sur diverses parties de certains végétaux, mais surtout sur les chênes.

Galles de chêne. Elles sont dues à la piqûre que font en un endroit donné les femelles de quelques insectes hyménoptères (*diplolepis*), ou hémiptères (*aphis*). Lorsque les femelles ont déposé un œuf dans la piqûre, aussi bien sur les bourgeons, les feuilles, les jeunes tiges, que sur l'inflorescence ou même le fruit, il se produit un grand afflux de sucs vers la partie piquée, un développement exagéré des tissus, d'où l'accumulation de certains principes, comme l'amidon et le tannin. Le jeune animal trouve donc dans la galle tous les éléments nécessaires à son développement, et lorsqu'il a subi ses diverses métamorphoses, il se creuse un chemin vers l'extérieur, perfore la surface et prend son vol, cinq ou six mois après sa naissance.

La présence ou non de l'insecte dans la galle du chêne (V. CHÊNE, t. III, p. 233) a une grande importance, commercialement parlant, car de cette présence dépend la plus ou moins grande valeur du produit.

Dans la *galle d'Alep*, celle qui est la plus estimée, on distingue en effet plusieurs sortes, celles dites *galles bleues, vertes ou noires*, en un mot, celles de teinte *foncée*, et les *galles blanches*. Les premières sont celles qui ont été cueillies avant que l'insecte ne soit parvenu à l'état parfait ; elles sont lourdes, sphériques, avec quelques parties irrégulières, de saveur acide et très astringente, la partie intérieure est de coloration brun-jaunâtre, offrant une cavité centrale, qui servait de demeure à l'animal, et qui était en grande partie constituée, lors de la formation de l'excroissance, par de l'amidon ; puis les secondes, qui sont plus grosses, plus arrondies, de teinte jaunâtre, beaucoup moins astringentes, et caractérisées par le trou extérieur qu'a pratiqué l'animal pour quitter sa demeure.

La *noix de galle* a une composition assez complexe ; Guibourt assigne à la galle noire d'Alep la composition suivante : (*Mat.méd.*, t. II, p. 286.)

Acide gallotannique	65.0
— gallique	2.0
— ellagique	2.0
— lutéogallique	
Chlorophylle et huile volatile	0.7
Matière brune	2.5
Gomme	2.5
Amidon	2.0
Ligneux	10.5
Sucre, albumine, sels	1.3
Eau	11.5
	100.0

C'est donc à l'acide gallotannique, un acide spécial à la galle, que ce produit doit ses propriétés astringentes, et comme il disparaît en partie quand la galle vieillit après le départ de l'animal, on comprend la moindre valeur des galles blanches. Les meilleures galles proviennent d'Alep, de Trébizonde, Bassora, Morée et Smyrne ; on en importe annuellement en France pour 100,000 francs environ.

Il existe encore dans le commerce, d'autres sortes de galles de chêne, telle est la *petite galle couronnée* d'Alep, qui croît sur les bourgeons à peine développés, la *galle marmorine*, celle d'*Istrie*, qui sont moins estimées que la précédente ; la *galle de Hongrie* ou de *Piémont*, qui se développe ordinairement sur un côté seulement de la cupule du chêne ordinaire (*quercus robur*, L.) ; la *galle corniculée* des jeunes branches, qui est très irrégulière, légère et creusée de plusieurs cellules ayant été habitées ; la *galle en artichaut*, qui est due à l'accroissement anormal de l'involucre de la fleur femelle du chêne rouvre ; enfin les *galles de France*, celles de l'Yeuse (*quercus ilex*, L.) ; celles du pétiole des feuilles du chêne rouvre, celles des feuilles, etc. Ces espèces sont trop peu riches en tannin pour être employées autre part que sur le lieu de production.

Galle de Chine ou du Japon. Elle est provoquée par la piqûre de l'*aphis chinensis*, Bell., faite sur les feuilles du *rhus semialata*, Mierrag ; plante de la famille des anacardiacées. Ces galles sont de teinte claire, complètement creuses, de 3 à 6 centimètres de long, sur 2 à 4 de largeur, de forme très irrégulière, à protubérances larges, s'accolant parfois au nombre de deux à trois, et rétrécies vers la base. Elles sont recouvertes d'un duvet épais, gris, velouté ; leurs parois n'ont que 1 à 2 millimètres d'épaisseur, et sont translucides, cornées, formées par une substance légèrement

rougeâtre. Elles contiennent dans leur intérieur une matière blanchâtre, laineuse, qui est constituée par les corps des insectes qui ont vécu dans l'intérieur de la galle.

Ce produit est très riche en acide gallotannique, puisqu'il en renferme de 65 à 95 0/0 ; il est très employé depuis quelque temps en Allemagne, de préférence à la galle d'Alep, pour faire un produit dit *tannin à l'eau* et obtenir de l'acide gallique ; on prétend que l'acide pyrogallique que l'on prépare avec ce produit n'est pas identique à celui fabriqué avec la noix de galle.

Galle de pistachier. Elle est également due à la piqûre que font les *aphis* sur les feuilles des pistachiers, plantes de la famille des anacardiacées. Elles sont en forme de cornes et se développent surtout sur le *pistoria terebinthus*, Lin., et le *pistoria lentiscus*, Lin. ; les dernières sont assez petites. La *galle de Bokhara* a la même origine, elle nous vient du nord-ouest de l'Inde. Ces galles sont rares en Europe, et par conséquent peu employées.

Galle de Tamarix. Cette excroissance, de volume très variable, se trouve sur les feuilles du *tamarix orientalis*, L., arbre qui croît abondamment dans les terrains salés de l'Inde. Il ne nous en arrive presque pas. —J. C.

*GALLÉINE. T. de chim. Syn. : *Phtaléine pyrogallique*. $C^{40}H^{12}O^{14}...$ $C^{20}H^{12}O^7$. Matière colorante obtenue en chauffant quelques heures entre 190 et 200° centigrades, deux parties d'acide pyrogallique et une partie d'anhydride phtalique. On reprend la masse par l'alcool, on filtre et on étend d'eau ; il se précipite une matière rouge-brun qui, purifiée par une cristallisation dans l'alcool étendu bouillant, donne des cristaux verdâtres.

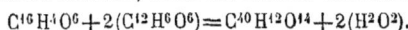

$$C^{16}H^4O^6 + 2(C^{12}H^6O^6) = C^{40}H^{12}O^{14} + 2(H^2O^2).$$

Anhydride phtalique	Acide pyrogallique	Galléine	Eau

Les solutions aqueuses de ce corps sont bleues par transmission ; la potasse la dissout avec coloration bleue, l'ammoniaque avec coloration violette. Elle teint en bleu les tissus mordancés en alumine et fer ; elle se rapproche beaucoup de l'*hématéine* (V. ce mot) et appartient probablement à la famille des bois colorés ; ce serait le premier exemple de corps de ce groupe préparé par voie de synthèse.

GALLIQUE (Acide). — V. ACIDE, t. I, p. 21

*GALLISAGE. — V. CHAPTALISAGE.

*GALLIUM. *T. de chim.* Corps simple métallique dont le symbole Ga=69,9, et qui a été découvert dans la blende de Pierrefitte, en 1875, par M. Lecoq de Boisbaudran. Il est dur, cristallin, cassant ; d'un blanc d'argent irisé, quand il vient d'être fondu ; il fond à 30° ; et cristallise en octaèdres allongés ; il est peu volatil ; sa densité est de 5,96 (Lecoq de Boisbaudran) ; il laisse sur le papier une trace gris-bleuâtre.

Il s'oxyde facilement à l'air ordinaire ; est attaqué par l'iode, le brome et surtout le chlore ; l'est faiblement, à froid, par l'acide azotique ; bien à chaud, par l'acide chlorhydrique, par l'hydrate de potasse. Son meilleur dissolvant est l'eau régale. Il s'allie facilement à l'aluminium à 30°, au platine, au rouge. Il donne dans le spectre deux raies très brillantes, une forte α à 193,72, et β à 208,90 (Lecoq).

Caractères des sels. L'hydrogène sulfuré ne précipite pas les solutions chlorhydriques, sulfuriques, acétiques, ammoniacales ou potassiques de gallium, mais dans les solutions acétiques ou alcalines, les sulfures étrangers formés peuvent entraîner le métal ; c'est même sur cette réaction qu'est basée l'extraction du nouveau corps.

Le sulfhydrate d'ammoniaque ne précipite que les solutions concentrées, mais les sulfures formés entraînent aussi ce métal des dissolutions faibles.

La potasse précipite les sels de sesquioxyde, et le précipité est soluble dans un excès de réactif. Il en est de même de l'ammoniaque libre ou carbonatée, des carbonates et bicarbonates de potassium et de sodium, et le précipité est soluble dans un excès de réactif. Les carbonates de baryum et de calcium, précipitent les sels de gallium, à froid ou à chaud. Le ferrocyanure de potassium est le meilleur réactif du gallium, surtout lorsque ce corps est en solution chlorhydrique très acide. Le ferricyanure n'a pas d'action. Le zinc, le fer, le cadmium, précipitent le gallium de ses solutions alcalines.

Recherche du gallium. On dissout la blende dans l'eau régale, puis on porte à l'ébullition pour chasser l'acide azotique, on laisse refroidir et on ajoute du zinc pur. Lorsque le dégagement d'hydrogène est à peu près terminé, on fait bouillir avec le métal, jusqu'à l'apparition de flocons blanchâtres. On recueille ce précipité, on le lave et le dissout dans l'acide chlorhydrique, puis on examine au spectroscope. 10 grammes de blende peuvent fournir la réaction spectroscopique, mais non les caractères chimiques, car ce métal y est contenu en si minime proportion, que 4,300 kilogrammes de minerai n'ont donné que 55 grammes de gallium pur à MM. Lecoq de Boisbaudran et Jungfleich. — J. C.

GALLOCYANINE. T. de chim. Nom générique donné par M. H. Kœchlin aux matières colorantes qu'il obtient en 1882, en faisant réagir à chaud une solution alcoolique de chlorhydrate de nitrosodiméthylaniline sur les tannins ou sur l'acide gallique. Ces matières sont violettes ou plus ou moins bleues, suivant le tannin employé ; celle de l'acide gallique est soluble en bleu dans l'eau, celle de la catéchine en violet, celle du morin en vert. Elles sont solubles dans l'ammoniaque, la soude, les sulfites acides, teignent directement la soie ; la laine, avec addition de chlorate ; mais ont besoin d'un mordant double pour se fixer sur coton.

GALON. Ruban épais, d'un tissu fort et serré, fait avec des fils de soie, de laine, de coton, de chanvre ou de lin, d'or, d'argent, de cuivre, etc., que l'on pose à cheval au bord des vêtements pour les empêcher de s'effiler ou qui, appliqués sur d'autres parties du costume, servent d'ornements.

GALONNIER. T. de mét. Ouvrier qui fait spécialement les galons.

GALOUBET. Cet instrument favori des anciens troubadours, et encore en usage chez les joueurs de tambourin provençaux, est une petite flûte à trois trous, de deux octaves au-dessus de la grande flûte, et d'une octave au-dessus de la petite ; le son en est très aigu et l'embouchure difficile.

GALUCHAT. (du nom de l'inventeur.) Peau de la raie pastenague et, par extension, peau de diverses espèces de squales lorsqu'elle a été préparée et rendue propre au travail de la gainerie. On distingue le galuchat à gros grains du galuchat à petits grains. On emploie, dans certaines industries, les parties les plus dures de cette peau et en particulier les nageoires en guise de râpes fines. A l'état brut, la peau du galuchat est dure et couverte d'aspérités, qu'on fait disparaître en frottant la peau avec du grès. On l'amincit ensuite à la pierre ponce et on l'amène à une épaisseur d'une demi-ligne. Réduit à cet état, les gainiers l'appliquent sur différents objets qu'ils ont d'abord revêtus d'un papier préalablement trempé dans une solution d'acétate de cuivre (vert-de-gris) qui communique une belle teinte verte au galuchat.

— Les Anglais nous ont longtemps fourni le galuchat à gros grains dont nous ignorions la provenance. C'est Lacépède qui l'a reconnu pour la peau de la pastenague que l'on pêche dans la mer Rouge et dans la mer des Indes.

*GALVANISATION. Ce terme technique aujourd'hui consacré par l'usage et d'un emploi si répandu est impropre, ou tout au moins n'offre pas par lui-même un sens aussi bien défini que ceux de la même famille, empruntés à la science par l'industrie. On entend en effet par *galvanisation*, la protection du fer contre l'oxydation au moyen d'une couverture de zinc ; tout le monde connaît le fil galvanisé, dont l'emploi tend de plus en plus à se substituer à celui du fil de fer même ; on devrait donc dire *zincage du fer*, et non *galvanisation*, mais l'usage de ce dernier mot l'a emporté.

La protection d'une pièce de fer ou de tôle, par un enduit de zinc, bien meilleur marché que l'étamage, ce qui explique l'extension de cette fabrication, peut s'obtenir, soit en plongeant la pièce de fer dans un bain de zinc fondu, soit en formant un dépôt de zinc à la surface par le secours d'un courant électrique, et comme cette application est très ancienne, que l'on a longtemps donné le nom de *galvanisme* à cette partie de la physique, c'est à cela probablement que remonte l'origine du mot *galvanisation*. Quant aux pratiques particulières relatives à cette industrie, elles n'offrent rien à signaler après ce que nous avons dit à propos des *dépôts métalliques*, auxquels il nous suffit de renvoyer le lecteur. Il est toujours nécessaire pour obtenir un dépôt bien adhérent, quel que soit d'ailleurs le procédé employé, que la surface du fer soit absolument purifiée de toute trace de rouille ou autre impureté, en un mot, il faut un *décapage* aussi complet que possible, l'article consacré à cette étude donne à cet égard tous les renseignements nécessaires. — V. Décapage, Dépôts métalliques.

GALVANISME. *T. de phys.* Ce mot s'applique spécialement à une branche de la physique qui eût pour objet, à l'origine, certaines contractions musculaires qu'éprouve la grenouille sous l'influence de l'électricité ; effets que Galvani voulut expliquer par la présence d'un fluide particulier, *fluide vital,* distinct de l'électricité et résidant dans le corps de l'animal. Plus tard, ces faits conduisirent les physiciens à d'autres explications contradictoires et à des expériences nouvelles qui accrurent le domaine de cette branche de la science, laquelle n'en conserva pas moins le nom de *galvanisme.* || On donne aussi le nom de *galvanisme* à la cause elle-même des excitations produites par l'électricité dans les nerfs et les muscles de l'homme et des animaux récemment privés de vie. C'est dans ce sens que l'on dit *galvaniser* un corps, c'est-à-dire lui faire exécuter, *sous l'action de l'électricité (statique ou dynamique), les mouvements qu'il accomplissait sous l'influence de la vie. — V. Électricité.

***GALVANO.** — V. Clichage, Cliché.

GALVANOMÈTRE. On désigne en général sous le nom de *galvanomètres* des instruments fondés sur les actions électro-magnétiques des courants électriques et servant à comparer les intensités de ces courants. — V. Électricité, §§ 9, 55, 70, 76, et Électrométrie.

Le plus souvent cette comparaison s'effectue en observant les déviations que les courants impriment à une aiguille aimantée, quand ils traversent un fil conducteur recouvert de soie enroulé autour d'un cadre, au centre duquel oscille l'aiguille portée sur un pivot ou suspendue par un fil de cocon. Tantôt cette aiguille aimantée est horizontale et disposée comme *l'aiguille de déclinaison,* et le galvanomètre est dit *horizontal ;* tantôt elle oscille dans un plan vertical, comme l'*aiguille d'inclinaison,* et le galvanomètre est dit *vertical.* — V. Aiguille aimantée.

Dans le galvanomètre horizontal, on dispose l'instrument de telle sorte que les tours de fil soient dans des plans parallèles au méridien magnétique, et par conséquent parallèles à la direction de l'aiguille aimantée, lorsqu'elle n'est pas déviée par un courant : l'aiguille est alors sur le zéro de la graduation du cercle divisé sur lequel elle se meut. Quand un courant traverse l'instrument, l'aiguille se met en équilibre sous l'action du courant qui tend à la dévier, et sous celle du magnétisme terrestre qui tend à ramener l'aiguille au zéro. Les deux actions étant proportionnelles à la quantité de magnétisme que renferme l'aiguille, il en résulte que les indications de cet instrument sont théoriquement indépendantes de l'aimantation de l'aiguille ; mais il faut que cette aimantation soit suffisante pour ramener rapidement l'aiguille au zéro, quand le courant cesse d'agir.

Dans le galvanomètre vertical, l'aiguille prend la direction de l'aiguille d'inclinaison ; par suite, dans notre hémisphère, son extrémité nord pointe

vers le bas, et elle n'est verticale que quand elle est placée dans un plan perpendiculaire au méridien magnétique. Pour qu'au repos, elle soit verticale dans tous les méridiens, on rend la moitié inférieure de l'aiguille plus lourde que la moitié supérieure. L'action du courant dépend alors du magnétisme de l'aiguille, tandis que la force qui l'équilibre en est indépendante, puisque c'est l'excès de poids de la partie inférieure ; comme le magnétisme de l'aiguille diminue avec le temps, il en résulte que la sensibilité diminue aussi et que les indications de l'instrument sont susceptibles de varier.

Il faut remarquer : 1° que le courant que l'on mesure par l'introduction d'un galvanomètre dans un circuit n'est plus le courant primitif, puisqu'on ajoute à la résistance du circuit celle de l'instrument ; 2° qu'il n'y a pas, en général, proportionnalité entre les intensités des courants et la déviation de l'aiguille.

Cette seconde remarque conduit à la *distinction* entre les *galvanoscopes,* qui servent seulement à déceler l'existence d'un courant et à reconnaître sa direction, et les *galvanomètres* proprement dits qui servent à mesurer l'intensité du courant. Mais un simple galvanoscope permet de reconnaître rigoureusement : 1° la destruction ou la non existence d'un courant ; 2° l'égalité de deux courants par l'égalité des déviations. D'où son emploi : 1° dans les méthodes de *réduction à zéro* ; 2° dans les méthodes de *substitution.* — V. Balance électrique et Électrométrie.

Il suffit que l'instrument soit très sensible. On accroît la sensibilité en usant d'une suspension très délicate, et en diminuant l'action de la terre par l'emploi d'un couple d'*aiguilles astatiques* (V. Aiguille aimantée), c'est-à-dire de deux aiguilles (ou séries d'aiguilles) solidaires, ayant à peu près

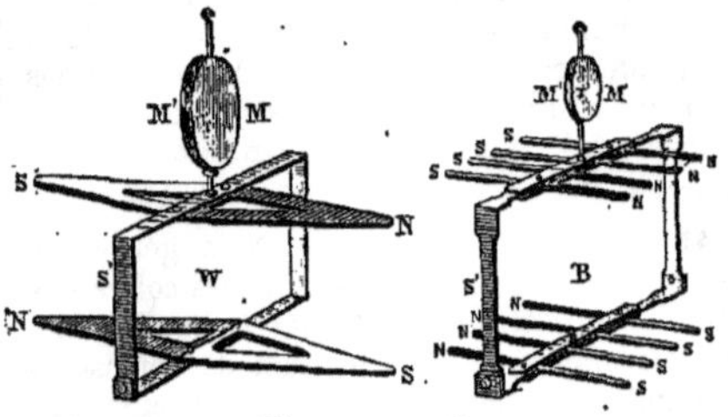

Fig. 240 et 241.

la même aimantation, et disposées parallèlement avec les pôles contraires en regard (fig. 240 et 241). L'action directrice de la terre sur un pareil système est la différence des actions qu'elle exerce sur chacune des aiguilles. Tantôt, l'une des aiguilles est intérieure au cadre et l'autre extérieure, tantôt chaque aiguille a son cadre spécial, et les fils des deux cadres sont reliés de façon que leurs actions s'ajoutent. Dans le premier cas, l'aiguille extérieure peut servir elle-même d'aiguille *indicatrice,* en la prolongeant, s'il est nécessaire, par un style léger parcourant les divisions d'un cadran ; dans le second cas, le système est muni d'une indicatrice spéciale montée sur l'axe commun des aiguilles aimantées. Pour éviter d'avoir à orienter l'instrument, on crée, à l'aide d'un *aimant directeur*, un méridien artificiel qui ramène l'aiguille au zéro quand le courant cesse de passer. Si les pôles de l'aimant directeur sont disposés comme ceux de la terre, cet aimant ajoute son action à celle de la terre ; s'ils sont disposés inversement, les deux actions se retranchent, et en plaçant l'aimant à une distance convenable, on peut les faire se compenser et rendre l'appareil tout à fait astatique.

Le *galvanomètre différentiel* (*Becquerel*) sert à constater l'égalité de deux courants : par l'enroulement simultané sur le cadre de deux fils identiques, on a deux circuits égaux que l'on fait parcourir en sens contraires par les courants que l'on compare. En donnant aux deux circuits des nombres de tours différents, on établit entre leurs actions un certain rapport que l'on détermine expérimentalement, et l'instrument fait connaître si les deux courants comparés sont entre eux dans ce rapport, qui est la *constante* de l'instrument. Quelquefois le second circuit est constitué par une bobine *extérieure* au cadre et placée à une distance variable de l'aiguille. On peut comparer alors des courants très différents, en envoyant le plus fort dans la bobine extérieure. Celle-ci est mobile sur une règle divisée, et l'on détermine la constante pour un certain nombre de positions de la bobine (*méthode différentielle de Siemens*).

Dans les galvanoscopes, il n'y a pas de proportionnalité entre la déviation et l'intensité du courant, et l'action du courant diminue à mesure que la déviation croît. En définitive, la position que prend l'aiguille aimantée sous l'influence d'un courant et celle de la terre est liée à l'intensité, mais la relation entre la déviation et l'intensité est en général complexe. Alors il est indispensable d'imaginer des instruments dans lesquels la relation entre l'intensité du courant et la déviation soit une fonction simple et bien connue, comme le *sinus* ou la *tangente* de la déviation, ou de graduer ces instruments d'une manière empirique. Pour graduer empiriquement, le plus simple sera d'opérer indirectement ; on placera dans le même circuit le galvanoscope et un galvanomètre des sinus ou des tangentes et on notera les déviations des deux instruments. On dressera une table et comme on sait à quoi correspondent les indications du galvanomètre, on aura la signification des déviations du galvanoscope. On pourra opérer directement en formant un circuit d'une pile connue, du galvanoscope et d'un rhéostat de résistance variable. On calculera la valeur de l'intensité pour différentes déviations et si la force électro-motrice est exprimée en *volts*, et la résistance en *ohms*, on aura l'intensité en *ampères*. — V. ÉLECTRICITÉ, § 56 et ÉLECTROMÉTRIE.

Les *galvanomètres* ou *boussoles des sinus ou des tangentes* (*Pouillet*) permettent de comparer les courants par les sinus ou les tangentes de leurs indications. Dans la *boussole des sinus*, le cadre est mobile autour d'un axe vertical : quand le courant fait dévier l'aiguille, on tourne le cadre en

la suivant jusqu'à ce qu'elle s'arrête dans son plan, et on lit l'angle dont le cadre a tourné. La proportionnalité aux sinus est rigoureuse, et il n'est pas nécessaire que le cadre soit circulaire : mais l'instrument ne peut mesurer tous les courants, car la valeur de 90°, qui est la plus grande que puisse atteindre l'angle, correspond à une certaine intensité finie.

Dans la *boussole des tangentes*, le cadre est fixe et on lit la déviation de l'aiguille : elle peut servir à la mesure des courants de toute intensité, puisque la déviation de 90° correspond à une tangente infinie ; mais, au delà de 45°, l'instrument est peu sensible, car il faut une grande différence entre les tangentes pour avoir une différence appréciable entre les angles. La théorie de cette boussole (V. ÉLECTRICITÉ, § 76) suppose que les pôles de l'aiguille restent toujours à la même distance des diverses parties du courant : pour se rapprocher de cette condition, il faut que l'aimant soit très petit et que le cadre soit circulaire et de grand diamètre. On prolonge d'ailleurs l'aimant par un style indicateur dont l'extrémité parcourt les divisions de la graduation.

La boussole des tangentes peut servir de boussole des sinus en rendant le cadre mobile et remplaçant l'aiguille des tangentes par une aiguille ordinaire en forme de losange allongé.

Le *multiplicateur conique* de M. Gaugain se rapproche beaucoup plus des conditions de la théorie : le cadre forme la base d'un cône droit au sommet duquel est placée l'aiguille, la hauteur du cône étant la moitié du rayon de base. On double l'action avec deux cadres placés symétriquement de chaque côté de l'aiguille.

Weber mesure les courants par l'action d'un cadre rectangulaire sur un *magnétomètre* (barreau aimanté suspendu) placé à distance. La déviation est très petite, mais il compense cette petitesse par la précision de la mesure en empruntant à Gauss le principe de la réflexion : un miroir collé à l'aimant réfléchit une échelle divisée disposée à quelque distance, et on lit la division réfléchie qui passe au réticule d'une lunette placée sur l'échelle.

Pour obtenir que l'aiguille se fixe du premier coup à sa position d'équilibre, Weber a *amorti* les oscillations en entourant l'aimant d'une masse de cuivre rouge, qui arrête les vibrations autour de la position d'équilibre par l'effet des courants induits que l'aimant en mouvement développe dans la masse. C'est le principe des galvanomètres *apériodiques* ou *amortisseurs*. On peut se contenter de placer sur le prolongement de la suspension une plaque d'aluminium plongeant dans un vase rempli d'eau à hauteur convenable.

La figure 242 représente le galvanomètre apériodique de Wiedemann. L'aimant circulaire A est renfermé dans une sphère en cuivre rouge S et le miroir *mm'* fixé à la suspension de l'aimant se meut dans la cage à glaces C. Les bobines placées de chaque côté de la sphère S peuvent se déplacer en faisant mouvoir une crémaillère, et on fait varier leur action en faisant varier leur distance à l'aimant,

La boussole des tangentes devient un *instrument absolu* (V. ELECTROMÉTRIE) si l'on connaît le nombre des tours de fil, les dimensions du cadre et la valeur de la composante horizontale du magnétisme terrestre. Il en est de même de la boussole des sinus, quand le cadre est circulaire et l'aimant très petit. Comme ces données sont difficiles à obtenir exactement, il vaut mieux, dans la pratique, déterminer la *constante* par comparaison électrique avec un *instrument étalon*.

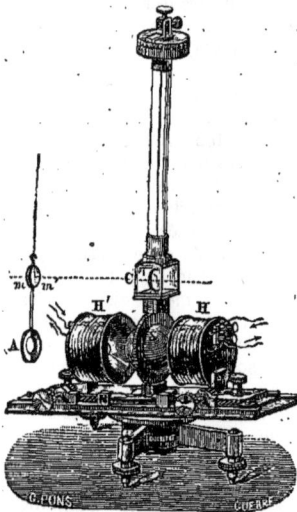

Fig. 242.

Du moment qu'on peut avoir la constante par comparaison avec un instrument absolu, on doit se préoccuper surtout de construire un appareil sensible et donnant des déviations proportionnelles. C'est un point de vue tout différent : on cherche à rendre le champ de force du courant autour de l'aimant, très intense et non plus très régulier : au lieu de quelques tours de fil enroulé sur un grand cadre, on prend des bobines ne laissant à l'aimant que l'espace nécessaire pour osciller librement, et l'on met le plus grand nombre de tours possible dans le voisinage de l'aimant, en formant les premières spires de fil très fin, sauf à employer pour les dernières du fil plus gros afin que l'appareil n'ait pas une résistance trop grande. On donne aux bobines une forme cylindrique aplatie, car les tours de fil placés suivant l'axe de l'aiguille ont plus d'action que ceux disposés latéralement. L'aimant est un tout petit ressort de montre, afin de ne pas trop s'écarter cependant des conditions théoriques, souvent on en dispose plu-

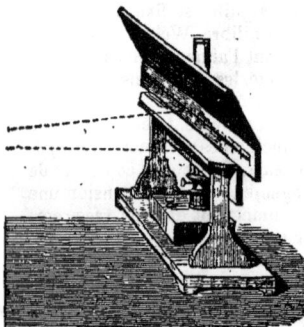

Fig. 243.

sieurs parallèlement, et on les colle au dos d'un petit miroir très léger. Une lampe placée derrière une échelle divisée (fig. 243), à la distance de 0m,75 ou 1 mètre du miroir, envoie sur celui-ci un faisceau lumineux à travers une fente de l'échelle. Un aimant directeur ramène, au repos, l'image réfléchie de la fente sur le zéro de l'échelle. Quand on fait passer le courant, les lectures de l'échelle sont égales au produit de la distance de l'échelle au miroir par la tangente d'un angle double de la déviation du miroir. Mais comme ces déviations, ramenées dans les limites de l'échelle, sont toujours très petites, on peut remplacer tang 2δ par 2 tang δ, en sorte qu'on a par le fait un galvanomètre des tangentes dont l'aiguille indicatrice atteint une longueur de 1m,50 ou 2 mètres, tout en restant impondérable, et dont les déplacements, sur une échelle droite divisée en parties égales, sont proportionnels à l'intensité du courant.

Pour les courants intenses, on ramène les déviations dans les limites de l'échelle en ajoutant des résistances dans le circuit du courant, ou en dérivant une portion du courant à travers une résistance reliant les deux bornes auxquelles aboutit le fil du cadre.

Si un courant d'intensité I se divise en deux courants G et S traversant l'un le galvanomètre de résistance g, l'autre la dérivation de résistance s,

$$m = \frac{g+s}{s}$$ est le *pouvoir multiplicateur* de la dérivation. C'est le nombre par lequel il faut multiplier G pour avoir I et I = mG.

D'où l'on tire la résistance s que doit avoir une bobine pour que, mise en dérivation sur un galvanomètre g, elle donne un pouvoir multiplicateur m. Si m = 10, 100 ou 1000, on a :

$$s = \frac{1}{9}g \text{ ou } \frac{1}{99}g \text{ ou } \frac{1}{999}g.$$

Habituellement, chaque galvanomètre est accompagné d'une boîte renfermant trois bobines de dérivation de pouvoir 10, 100, 1000, que l'on peut introduire à volonté (fig. 244).

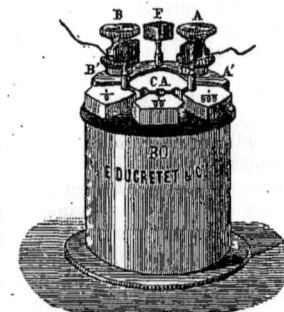

Fig. 244.

Le galvanomètre à miroir le plus simple est le *galvanomètre parlant*, employé comme appareil de réception dans la télégraphie sous-marine : le miroir et l'aimant sont fixés à un fil tendu par ses deux bouts dans un petit cylindre de cuivre introduit dans l'ouverture centrale. La figure 245 représente la forme dite *à trépied*.

Dans le *galvanomètre marin*, destiné aux essais des câbles électriques à bord des navires, on a soin que le fil tendu passe par le centre de gravité du système formé par l'aimant et le miroir, pour éviter les oscillations du roulis et du tangage. Enfin, pour préserver l'instrument des perturbations que produiraient les forces magnétiques extérieures (notamment le déplacement des masses de fer des machines en mouvement, et la variation de la masse de fer qui constitue l'armature du câble et qui change à tout instant pendant l'immersion ou le relèvement), on l'entoure

Fig. 245.

d'une cage épaisse en fer; car le magnétisme ne traverse pas une enceinte magnétique d'épaisseur suffisante.

Les *galvanomètres astatiques à réflexion* ont une bobine autour de chaque aimant. L'aimant supérieur, ou le système des petits aimants, est collé au miroir; l'aimant inférieur est muni d'une petite girouette en aluminium pour amortir les vibrations par la résistance de l'air. Dans le *galvanomètre astatique différentiel à réflexion*, les bobines supérieure et inférieure qui entourent chacun des aimants astatiques sont formées de deux parties : les deux moitiés antérieures de chacune des bobines constituent un des circuits, et les deux moitiés postérieures l'autre circuit. Pour avoir un appareil parfaitement différentiel, on égalise séparément l'effet magnétique de chaque circuit et leur résistance. Pour cela, on ajoute au circuit le plus faible quelques tours de fil que l'on place dans un tube de laiton, qui peut glisser dans un tube fixe situé derrière la bobine supérieure et sur le prolongement de l'axe du miroir. En approchant ou éloignant le tube mobile de l'aimant, on arrive à l'égalité complète des deux actions. On compense ensuite, s'il y a lieu, l'inégalité de résistance des deux circuits par une résistance auxiliaire, placée dans le circuit le moins résistant, de façon à ne pas agir sur l'aimant.

Les quatre extrémités des circuits aboutissent à quatre bornes, qui établissent les communications de l'instrument soit en différentiel, soit en simple avec l'un ou l'autre des circuits, ou avec les deux circuits parcourus successivement par le courant de façon à ajouter leurs effets (disposition en *tension*), ou avec les deux circuits parcourus simultanément et parallèlement par le courant de façon à ajouter aussi leurs effets (disposition en *quantité*).

Le *nombre de mérite* d'un galvanomètre, dont les déviations sont proportionnelles aux intensités des courants qui le traversent, est la résistance que doit avoir un circuit comprenant ce galvanomètre pour qu'une force électro-motrice de un

volt produise une déviation de une division. Plus la sensibilité d'un galvanomètre est grande, plus son nombre de mérite est élevé.

La *constante* d'un galvanomètre est la déviation produite par une force électro-motrice de 1 volt dans un circuit d'une résistance totale de un *meghom*. Si une pile de n volts donne une déviation r dans un circuit de résistance inconnue, $n\dfrac{d}{r}$ fera connaître en meghoms la valeur de cette résistance, d étant la constante du galvanomètre.

En donnant au galvanomètre une résistance très grande par rapport aux autres résistances du circuit, on pourra comparer directement, par les intensités des courants qu'elles produisent, les différences de potentiel de deux points reliés à l'instrument, ou les forces électro-motrices de diverses sources (galvanomètre de *tension*). Par contre, si l'on veut étudier les variations d'intensité d'un courant, ou mesurer la résistance intérieure d'une source, ou comparer des courants sans les altérer sensiblement, la résistance du galvanomètre doit être faible par rapport aux résistances du reste du circuit ou des sources que l'on étudie (galvanomètre de *quantité*).

Certains galvanomètres sont munis de deux circuits, l'un très résistant, l'autre peu résistant. Ils ont souvent deux graduations obtenues par comparaison avec un instrument absolu, l'une en *volts* pour les potentiels, l'autre en *ampères* pour les intensités. On donne alors le nom de *voltmètres* aux galvanomètres à grande résistance et d'*ammètres* à ceux à faible résistance.

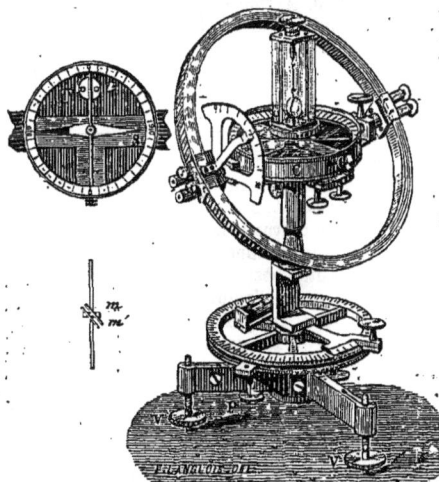

Fig. 246.

Divers instruments ont été récemment imaginés pour la mesure des courants énergiques engendrés par les machines magnéto ou dynamo-électriques. On peut se servir, à cet effet, du *galvanomètre* d'Obach, qui est un galvanomètre des tangentes dont le cadre vertical est rendu mobile autour de son diamètre horizontal et peut s'incliner plus ou moins sur le plan de l'aiguille (fig. 246). La déviation pour une intensité donnée est proportionnelle au *cosinus* de l'angle du cadre avec la verticale, et par suite diminue quand cet angle croît. On l'appelle aussi *galvanomètre des cosinus*. — V. ÉLECTRICITÉ, § 16.

Le *galvanomètre à arête* de M. Deprez n'a pas d'aiguille aimantée en acier, mais il est muni de dix-huit petites aiguilles en fer doux, montées parallèlement sur la même arête ou axe commun, et placées entre les longues branches d'un fort aimant en fer à cheval qui les polarise et les dirige dans son plan. Le fil est enroulé sur un cadre situé entre les aiguilles et les branches de l'aimant. Une aiguille indicatrice fixée à angle droit sur l'axe parcourt une graduation, et l'instrument peut être étalonné par comparaison avec un instrument absolu ; ou bien encore, on équilibre l'action magnétique par un poids mobile sur un bras de levier solidaire de l'axe. Dès que le courant passe, l'aiguille saute brusquement à sa nouvelle position d'équilibre, où elle vibre un instant comme un diapason. Cet instrument est donc *apériodique*.

Pour mesurer la différence de potentiel entre deux points du circuit d'une machine dynamo, MM. Siemens et Halske emploient un *galvanomètre de torsion*, dans lequel la force exercée sur un aimant, en forme de dé à coudre renversé, fendu longitudinalement et dont chaque moitié constitue un pôle, est équilibrée par la torsion d'un ressort en spirale. Ils mesurent l'intensité par l'*électro-dynamomètre de torsion*. — V. ÉLECTRO-DYNAMOMÈTRE.

L'*ammètre* de MM. Ayrton et Perry se compose d'un fort aimant en fer à cheval, à l'intérieur duquel se meut, sur un pivot vertical, un petit aimant prolongé par une aiguille indicatrice placée au-dessus d'un quadrant divisé. Cet aimant donne naissance à un champ magnétique constant, indépendant des variations du magnétisme terrestre. La bobine déviante est subdivisée en dix anneaux égaux, et dans chaque anneau les extrémités du fil aboutissent à des ressorts pressant sur un rouleau, de telle sorte qu'en tournant le rouleau dans une certaine position, tous les anneaux sont reliés en série, et dans une autre position, ils sont reliés en quantité. La course de l'aiguille est de 45° de chaque côté du zéro. On gradue cet instrument par comparaison avec un galvanomètre des tangentes, ou on détermine sa constante par une méthode directe.

Dans l'ammètre de sir William Thomson comme dans le précédent, on s'est préoccupé de pouvoir mesurer des courants très intenses, sans employer de dérivations. Le système d'aiguilles aimantées et le quadrant forment un équipage mobile sur une règle divisée à l'extrémité de laquelle se trouve une bobine fixe en forme d'anneau. L'action du courant sur le système magnétique dépendra donc de sa distance à la bobine, et pourra être calculée d'après la formule de Weber (V. ÉLECTRICITÉ, § 76). Pour les courants très intenses, on adapte à l'équipage un fort aimant directeur en demi-cercle, sur lequel on a inscrit un nombre M, indi-

quant en unités C. G. S. la valeur que possède au centre du système d'aiguilles le champ magnétique artificiel ainsi créé.

Pour se servir de l'instrument, on enlève d'abord l'aimant directeur et on fait tourner l'appareil, jusqu'à ce que l'aiguille indicatrice soit au zéro sous l'action de la terre seule. On replace l'aimant de telle sorte que l'aiguille reste encore au zéro. On fait ensuite glisser l'équipage et on l'arrête exactement sur une division de la règle telle que la déviation soit comprise entre 15 et 40° : soient δ la déviation, M le nombre inscrit sur l'aimant, N celui inscrit sur la règle, H l'intensité horizontale du magnétisme terrestre, l'intensité en ampères sera donnée par la formule

$$i = \frac{\delta\,(M + H)}{N}$$

Le *voltmètre* de MM. Ayrton et Perry et celui de M. Thomson, ne diffèrent de leur ammètre qu'en ce que la bobine renferme un grand nombre de tours de fil fin.

La *quantité* d'électricité qui passe dans un courant instantané, tel qu'un courant d'induction ou les courants de charge et de décharge des condensateurs, se déduit, par application des formules balistiques, de l'*élongation*, c'est-à-dire de la déviation instantanée et passagère que prend l'aiguille par l'effet de l'impulsion qu'elle reçoit (V. ÉLECTRICITÉ, § 57). Il importe, pour avoir des résultats dignes de confiance, que cette élongation ne soit pas diminuée par la résistance de l'air. On appelle *galvanomètres balistiques* les instruments dans lesquels on prend cette précaution est prise.

Tous les galvanomètres électro-magnétiques décrits jusqu'ici, reposent sur l'action d'un courant fixe sur un aimant mobile. Mais on peut aussi mesurer l'intensité par l'action d'un courant fixe sur un courant mobile (V. ÉLECTRICITÉ, § 78), à l'aide d'appareils analogues aux récepteurs télégraphiques fondés sur le même principe, tels que la lame d'or d'Highton qui, placée entre les deux pôles d'un aimant ou électro-aimant, dévie à droite ou à gauche suivant le sens du courant qui la traverse, et le *syphon-recorder* de Thomson, employé dans la télégraphie sous-marine, et qui consiste en une bobine mobile également entre les pôles d'un fort aimant permanent ou d'un électro-aimant.

Ainsi, dans l'un de ses *mesureurs de courant*, M. Marcel Deprez emploie une bobine de fil enroulé longitudinalement, dont l'axe est placé entre les branches de l'aimant permanent et parallèlement à elles. L'aimant et la bobine sont disposés tantôt horizontalement, tantôt verticalement. Dans le second cas (galvanomètre apériodique Deprez et d'Arsonval), la bobine est suspendue par les fils qui amènent le courant et dont la torsion fait équilibre à l'action électrique. Un miroir porté par la bobine permet d'appliquer la méthode de réflexion à la mesure de la déviation. Par une disposition imitée du *syphon-recorder*, on concentre les lignes de force du champ sur les tours de fil à l'aide d'un cylindre de fer doux *fixe*, placé à l'intérieur de la bobine. Ces appareils sont munis d'un second circuit consistant en une lame étroite d'aluminium formant un simple cadre rectangulaire très peu résistant que traverse le courant.

Enfin, M. Lippmann vient d'imaginer un *galvanomètre à mercure*, qui consiste simplement en un tube de verre deux fois recourbé et contenant du mercure. Le milieu de la partie horizontale du tube est percé de deux petits trous en regard l'un de l'autre, dans lesquels pénètrent jusqu'au mercure les fils de platine amenant le courant qui traverse ainsi l'élément de mercure mettant les deux fils en communication. De chaque côté du milieu du tube sont disposés les pôles d'un fort aimant : suivant le sens du courant, l'élément de mercure est sollicité à droite ou à gauche, et produit dans les branches verticales une dénivellation du liquide. L'intensité est mesurée par la pression qu'il faut exercer dans la branche où le mercure s'est élevé, pour ramener l'égalité de niveau dans les deux branches. En remplaçant l'aimant par une bobine, on obtient un électro-dynamomètre à mercure. On peut donc construire avec le mercure un *électromètre* (V. ce mot), un galvanomètre et un électro-dynamomètre. — J. R.

GALVANOPLASTE. *T. de mét.* Celui qui fait de la galvanoplastie, et particulièrement celui qui fait des clichés de cuivre pour la reproduction typographique.

GALVANOPLASTIE. Cette branche si importante de la science électro-chimique, est la plus anciennement connue par ses nombreuses applications industrielles qui l'ont rapidement vulgarisée. Pendant longtemps on a même confondu sous le nom général d'*art galvanoplastique*, toutes les nombreuses opérations dont le résultat final consistait à former, sur un modèle donné, un dépôt métallique adhérent et qui devait en épouser exactement toutes les formes. Cependant ces applications prenant tous les jours plus d'extension, sous l'impulsion de l'industrie elle-même, il devint bientôt nécessaire de procéder, pour les distinguer, à l'établissement d'une classification rationnelle, basée sur les principes scientifiques dont on faisait l'application. C'est cette même classification qui a été adoptée dans le *Dictionnaire*, de nombreux articles ont déjà été consacrés dans ce qui précède à l'exposition des principes scientifiques constituant l'électro-chimie, l'électro-métallurgie, etc., ainsi qu'aux opérations industrielles qui en sont la conséquence, dépôts métalliques, dorure, argenture, etc. Il nous reste donc avant d'entrer dans l'étude même de cet article, à définir ce que l'on doit entendre aujourd'hui sous le nom de *galvanoplastie*.

La galvanoplastie est l'art de reproduire exactement un objet déterminé à l'aide d'un dépôt métallique obtenu par la pile électrique : c'est un procédé de reproduction.

Par cette définition, nous nous séparons de quelques auteurs, qui considèrent la galvanoplastie comme l'art plus général de déposer sur un objet quelconque une couche métallique solide qui en épouse exactement la forme ; c'est qu'en effet, c'est là un dépôt métallique simple, une métallisation, opérations qui ont déjà été étudiées dans le *Dictionnaire*, et dont le résultat ne correspond plus au sens réel que la pratique a consacré désormais pour la galvanoplastie, laquelle comprend aujourd'hui l'art d'établir par les procédés électro-chimiques, la reproduction d'un objet quelconque dans toutes ses formes, avec tous les détails, de façon à pouvoir substituer cette reproduction à l'objet lui-même.

Les dépôts métalliques employés dans la galvanoplastie, sont exclusivement du cuivre, bien que les mêmes procédés permettraient la reproduction avec d'autres métaux, mais en pratique on se borne à ce seul métal. Ils s'obtiennent à l'aide de la décomposition par les courants électro-dynamiques des solutions de sels simples, généralement le sulfate de cuivre.

Le côté théorique de la question a déjà été suffisamment exposé précédemment (V. ELECTRO-CINÉTIQUE, § *Electrolyse*, ELECTRO-MÉTALLURGIE), pour que nous n'ayons pas à nous y arrêter davantage, et que nous passions directement à l'exposé des procédés pratiques.

Bain pour la galvanoplastie. Le bain galvanoplastique est ainsi que nous l'avons dit, formé par une dissolution d'un sel simple de cuivre, *le sulfate*, dans une eau acidulée par l'acide sulfurique. Cette acidulation a un double but, favoriser la dissolution du sel, et éviter des décompositions partielles donnant lieu à des précipités qui troubleraient le bain, comme cela arriverait avec des eaux un peu trop chargées de calcaire, et surtout pour favoriser le passage du courant, rendre le dépôt régulier, ni grenu, ni cassant. Les bains doivent être formés à saturation de sulfate de cuivre, et dans cet état, ils marquent environ 25° au pèse-sel, pour les températures ordinaires de 15° centigrades. La proportion adoptée pour l'addition d'acide sulfurique est celle de 8 à 10 0/0 de l'eau entrant dans le bain, proportion évaluée en volumes. La formation du bain est assez délicate, si l'on veut avoir des liqueurs bien homogènes, la solution de sulfate étant d'une plus grande densité que l'eau, et tendant par suite à se précipiter au fond des cuves. Lorsqu'on met la quantité de sel à dissoudre en une seule fois, il faut fréquemment agiter le mélange pendant la dissolution. Il est toujours préférable de disposer les cristaux dans une sorte d'écumoire en grès à la partie supérieure du bain, de sorte que les couches successives de la liqueur formée se superposent naturellement jusqu'à saturation homogène de toute la masse.

Le bain doit être entretenu saturé pendant son usage, et de ce qui précède on perçoit facilement le moyen pour obtenir ce résultat. Il suffira de laisser à la partie supérieure et baignant dans le bain des sacs perméables remplis de cristaux de sulfate. Il est superflu de dire que l'on doit toujours employer le sel dans son plus grand état de pureté. Les vases qui contiennent le bain n'offrent, comme condition indispensable, que celle de n'être pas attaqué par lui. Lorsqu'ils sont de petites dimensions, on peut les choisir, en grès, en porcelaine, en verre, toutes matières éminemment propres à ce but. Mais dans les ateliers où l'on reproduit de grandes pièces, les capacités que doivent offrir ces cuves, sont, en outre de la fragilité des substances précédentes, un obstacle à leur emploi. On se sert alors de grandes cuves en bois, revêtues intérieurement de gutta-percha, ou de plomb enduit d'un vernis isolant.

Des moules propres à la confection des objets galvanoplastiques. Le but de la galvanoplastie étant la reproduction exacte d'un objet déterminé, à l'aide d'un dépôt de cuivre sur une empreinte exacte en creux dudit objet, on comprend facilement qu'une des parties les plus importantes de cet art, réside dans la confection de ces moules. L'art du galvanoplaste se lie donc là intimement avec l'art du mouleur, et notre intention n'est pas ici d'étudier ce dernier dans toute sa généralité, nous nous contenterons d'exposer brièvement les traits bien particuliers, relatifs à la galvanoplastie.

L'opération du moulage présente deux variétés bien distinctes, suivant que l'objet est ou non de dépouille, c'est-à-dire suivant qu'on peut le retirer de l'enveloppe formant le moule, sans altérer celui-ci, ou bien suivant que cette opération est impossible. Dans le premier cas, le plus simple, le moulage n'offre aucune particularité relative au cas de la galvanoplastie. Toutes les matières ordinaires, plâtre, cire, stéarine, glu marine, gélatine, gutta-percha, métal de Darcet, peuvent être également employées, suivant que chacune d'elles est mieux appropriée à tel ou tel cas ; on doit prendre les précautions nécessaires pour que le moule prenne l'empreinte bien exacte du type, sans qu'il y ait trop de déformation par retrait au moment de la prise, et de façon à ce que le moule se détache facilement. Lorsqu'on se servira de plâtre, il faudra avoir bien régulièrement un excès, imbibé le modèle avec de l'huile, ou une émulsion de savon. La pièce étant enveloppée par une feuille mince de papier ou de plomb, de façon à former le fond d'une sorte de caisse, on enduit de plâtre gâché très clair, puis on verse une épaisseur convenable. La cire, la stéarine, la glu marine, s'emploient en les coulant fondues. La stéarine donnerait les empreintes avec une grande finesse, mais son grand retrait en refroidissant et faisant prise, détermine souvent des déformations qui limitent considérablement son emploi. Le métal Darcet est également peu employé, parce qu'il présente entre lui et l'objet, souvent des bulles d'air qui altèrent l'empreinte. Il aurait cependant l'avantage par sa conductibilité naturelle, d'éviter la nécessité des opérations ultérieures dont nous avons à parler.

Les deux matières les plus communément employées, et qui donnent les meilleurs résultats, sont la gélatine et la gutta-percha. La gélatine offre de telles qualités au point de vue de la finesse des empreintes obtenues, que de nombreux praticiens ont fait au sujet de son emploi de patientes recherches, afin de chercher à combattre ses défauts qui consistent principalement dans son peu d'imperméabilité. De nombreuses recettes ont été publiées à ce sujet, voici celles que la pratique semble

avoir consacré de préférence. Former la solution de gélatine avec 200 parties de cette matière, choisie de première qualité, 5 d'acide tannique et 4 de sucre candi. Enduire le moule obtenu avec de la gélatine puis avec une solution aqueuse à 10 0/0 de bichromate de potasse et portée à l'action de la lumière, faire précéder l'imbibition au bichromate, d'une première imbibition à l'albumine, etc.

Mais la matière dont il est fait le plus grand usage, c'est la gutta-percha, c'est avec elle qu'à de rares exceptions sont préparés tous les moules chez les galvanoplastes. La facilité de l'amollir à une température relativement basse, et de pouvoir ainsi, soit à la main, soit avec l'aide d'une presse, l'appliquer très exactement sur le modèle choisi dont elle épouse la forme on ne peut plus exactement, rend son usage des plus avantageux. Lorsque le modèle est de sa nature trop friable, pour supporter la pression nécessaire à la confection du moule avec la gutta-percha ramollie seulement, on fait fondre celle-ci et on la coule, comme s'il s'agissait de la cire ou de la stéarine. On peut également employer la gutta-percha liquide, sans la faire fondre, en se servant de sa dissolution dans le sulfure de carbone. Ce dernier procédé permet de prendre l'empreinte de matières de la plus grande délicatesse, telles que des pétales de fleurs.

Nous bornerons là cette nomenclature, car s'il fallait entrer dans le détail de toutes les matières susceptibles de faire les moules, nous serions entraînés bien au delà de notre cadre, toute pâte plastique susceptible de durcir sans retrait ni adhérence, peut être employée ; ou bien toute solution s'évaporant rapidement et laissant un dépôt remplissant les qualités de ces pâtes, solution de caoutchouc, pâte de glycérine et de litharge.

Jusqu'ici, nous avons toujours supposé l'objet que l'on voulait reproduire, de *dépouille*, c'est-à-dire offrant des formes telles qu'il pouvait être enlevé du moule fait sur lui, sans qu'aucune altération en résulte ni pour le modèle, ni pour l'empreinte. Si les galvanoplastes n'avaient pu obtenir des empreintes et par suite des reproductions, que des objets remplissant ces conditions, le champ de leur industrie, quoique assez large, l'eut été beaucoup moins qu'il ne l'est devenu. L'on avait d'abord tourné la difficulté en décomposant un objet en plusieurs parties, rentrant chacune d'elles dans la catégorie précédente, et puis on réunissait entre elles ces diverses fractions par la soudure, ou tout autre procédé. Mais aujourd'hui, grâce à d'ingénieux artifices dus à Lenoir, les galvanoplastes peuvent reproduire d'un seul coup, les objets même de formes les plus tourmentées. Ce procédé consiste à réaliser dans le moulage de la pièce les mêmes opérations que lorsqu'il s'agit de fondre une pièce. On exécute à l'aide de la gutta-percha un moule à pièces de l'objet, donnant exactement son empreinte en creux, comme si l'on opérait avec le sable dans une fonderie (V. BRONZE D'ART, § *Fabrication*) ; cela fait, on établit un noyau, comme pour la fonte, mais par un procédé différent. Ce noyau dit *carcan anode* est établi avec du fil de platine, entrelacé de façon à faire une sorte d'objet analogue au modèle, mais qui aurait subi sur toutes ses faces le même retrait. Il n'y a plus qu'à suspendre ce noyau dans le creux du moule (qui aura été rendu conducteur, opération que nous allons décrire tout à l'heure), à remplir du bain galvanique le vide entre le creux et le noyau et à faire passer le courant. Les figures 247 et 248 empruntées aux *Manipulations hydroplastiques* de Roseleur montrent une coupe du moule et de son noyau pour la reproduction d'une statue

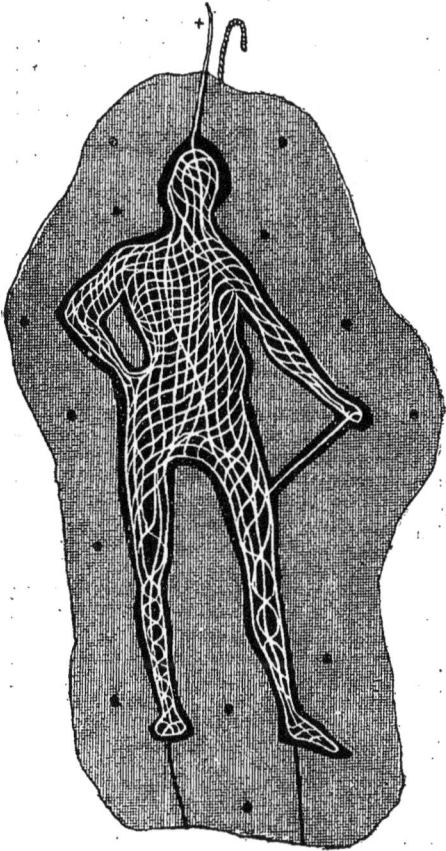

Fig. 247.

en pied représentée achevée. Seulement la pratique de cette opération exigeait quelques artifices pour en assurer le succès. Ainsi, il fallait être assuré qu'aucun point de contact n'existait entre l'intérieur du moule et le noyau, car alors le bain ne servait plus à la transmission du courant, et sa décomposition n'avait plus lieu. De tous les divers procédés employés, le meilleur est celui dû à Lenoir. Il consiste à interposer entre chacun des conducteurs du moule et le réceptacle de la batterie sur lequel ils sont connexés, un petit fil de fer très fin, qui fondrait forcément au cas où, au point voisin de l'aboutissement du conducteur correspondant, il y aurait un contact avec le noyau, le

courant tendant à passer tout entier par ce chemin. Il est inutile d'ajouter que de même que dans le moule du fondeur on laisse un trou de coulée, il faut ici laisser à travers le moule de gutta-percha un petit conduit pour assurer l'entretien du bain remplissant le moule. Lorsqu'on juge le dépôt suffisant, on retire la pièce du moule, et l'on détruit le noyau aussi parfaitement que possible, opération qui dépend complètement de l'habileté avec laquelle cette carcasse a été exécutée, et il ne reste plus qu'à boucher les petits trous que portent l'objet, servant au passage du liquide et du faisceau de conducteurs.

MÉTALLISATION DES MOULES. Une opération galvanoplastique revient à faire passer un courant à

Fig. 248.

travers un bain de cuivre, à l'aide de deux anodes plongés dans ce liquide, la décomposition du sulfate ayant pour conséquence le dépôt du cuivre à l'état métallique sur l'un des anodes. Cet anode est précisément le moule offrant l'empreinte de la pièce à reproduire, qui doit donc être conductrice ; or, la généralité des substances employées à la confection de ces moules ne jouissent pas de cette propriété; il faut donc la leur donner. C'est là l'opération désignée sous le nom de *métallisation*.

Nous n'avons aucun détail à donner ici sur cette opération qui a été décrite à l'article DÉPÔT MÉTALLIQUE.

Précautions à prendre pour assurer la régularité du dépôt. Ces précautions ressortent des principes généraux des lois qui régissent les courants, et de leurs actions sur les liquides qu'ils traversent; c'est par là que la galvanoplastie est incontestablement une branche de l'*électro-métallurgie*; l'article consacré à ce mot donne l'exposé de ces lois, et de leurs conséquences pratiques, nous n'avons pour ainsi dire rien à ajouter à cet exposé. On doit donc toujours se préoccuper de maintenir le bain au même degré de saturation, à la même température, régler l'intensité du courant de façon qu'il n'y ait pas de dégagement d'hydrogène sur l'anode du pôle positif. Enfin, et c'est surtout sur ce point que l'habileté pratique du galvanoplaste s'exerce particulièrement, il faut donner à l'anode une forme en quelque sorte correspondante au cathode, ce qui nécessite certains artifices quand l'empreinte possède des différences de relief considérables, de plus, il est bon dans le calcul de la surface à donner à l'anode de ne pas se baser simplement sur la surface apparente du cathode ou de l'empreinte, mais bien sur le développement de cette surface.

Dans la fabrication des objets ronde-bosse, reproduisant des pièces hors de dépouille, aussi bien d'ailleurs que dans ceux plus simples, l'application de ces principes nécessite une grande habileté chez les praticiens, dans la disposition des conducteurs du courant devant le répartir sur toute la surface que recouvrira le dépôt, pour tenir compte des aspérités et des creux, en un mot de toutes les parties qui par suite de formes spéciales tendraient à provoquer des *différences de marche* dans le courant.

Remplissage des galvanos. L'épaisseur donnée au dépôt de cuivre doit évidemment atteindre une valeur suffisante pour donner à l'objet fabriqué une résistance qui en assure l'usage, mais, d'un autre côté, la durée nécessaire pour obtenir ce résultat fut longtemps l'une des causes de l'élévation du prix de revient de la fabrication. Un artifice ingénieux a permis de tourner cette difficulté, et n'a pas peu contribué à l'extension de la galvanoplastie qui a pu livrer au commerce, à des prix minimes, les reproductions de pièces dont l'exécution ordinaire par la fonte et la ciselure aurait nécessité des dépenses énormes, sans compter que la reproduction identique du modèle permet, une fois la première ciselure exécutée, d'obtenir des produits de qualité constante. Cet artifice consiste, une fois l'objet retiré du moule, à le soumettre à un feu de forge, qui ne puisse l'altérer, et à y couler intérieurement de l'étain, de la soudure ordinaire de plombier, ou de la soudure de bronzier qui, grâce à la nature rugueuse des parois intérieures, adhère parfaitement, et donne un corps solide au galvano. De plus, on peut ainsi pour toutes les pièces en appliques, arraser parfaitement la surface formant l'envers de la pièce, et faciliter son ajustage sur les objets de bronze, bois ou autres qu'ils doivent recouvrir. — R.

GALVANOSCOPE. — V. GALVANOMÈTRE.

GAMBEY (HENRI-PRUDENCE). Constructeur d'instruments de précision, né à Troyes en 1789, mort à Paris le 29 janvier 1847. Sorti d'une condition des plus humbles, Gambey fut un de ces hommes remarquables qui se sont formés par eux-mêmes à force de travail et de talent et qui finissent par se créer une situation exceptionnelle dans la carrière qu'ils avaient embrassée. Il fut d'abord ouvrier, puis contre-maître dans les ateliers de l'Ecole des Arts et Métiers que Napoléon avait fondée à Compiègne et qui fut ensuite transférée à Châlons-sur-Marne. Quelques années plus tard il quitta l'Ecole de Châlons pour venir s'établir à Paris. A cette époque, l'industrie de la mécanique de précision n'existait pour ainsi dire pas en France. Tous les appareils de physique, tous les instruments d'astronomie se fabriquaient en Angleterre. Aussi, lorsque s'ouvrit au Louvre l'exposition universelle de 1819, on fut frappé de l'infériorité de nos instruments de précision; quelques personnes se souviennent de l'habileté exceptionnelle de l'ancien contre-maître de l'école de Châlons; on découvre Gambey dans un très modeste atelier du faubourg Saint-Denis, et on le supplie d'entrer en lice pour soutenir l'honneur de la France à l'exposition. Deux mois plus tard l'humble constructeur envoyait au Louvre des appareils tellement remarquables que le physicien anglais Kater déclarait que personne en Angleterre n'aurait pu faire mieux sous le double rapport de la précision et de l'élégance; Gambey eut une médaille d'or. Dès ce jour sa réputation était faite.

C'est lui qui donna au théodolite la forme portative universellement adoptée aujourd'hui. Il inventa le cathétomètre d'après les indications de Dulong et Petit, construisit les appareils de diffraction nécessaires à Fresnel pour ses célèbres expériences, en même temps qu'il imaginait un nouvel héliostat afin de remplacer celui de S'Gravesande, dont la précision était insuffisante. Enfin, il perfectionna la boussole d'inclinaison et de déclinaison.

Les grands instruments que Gambey construisit pour l'Observatoire de Paris, sont la plus importante et la plus durable partie de son œuvre. On y remarque un équatorial dont le mouvement d'horlogerie est réglé par un pendule ordinaire sans qu'il en résulte aucune intermittence dans le mouvement; une lunette méridienne admirablement installée pour la commodité et la rapidité des observations précises, et enfin le fameux cercle mural de 2 mètres de diamètre; ces deux derniers instruments sont en quelque sorte classiques, et leur description se trouve dans tous les traités de cosmographie.

Gambey était chevalier de la Légion d'honneur, membre de l'Académie des sciences et du Bureau des longitudes.

GAMBIER. *T. techn.* Outil du fabricant de glaces pour soutenir la cuiller remplie de verre fondu; le *gambier à main* est un petit crochet de fer qui sert à retirer la barre du four.

GANGUE. On désigne sous ce nom les substances qui accompagnent dans les filons les matières utiles. Les gangues les plus habituelles sont le *quartz*, le *feldspath*, la *calcite* et l'*aragonite*, le *gypse*, le *spath fluor*, la *barytine*, la *withérite*, etc. Chaque nature de matière utile est associée habituellement aux mêmes natures de gangues. On considère aussi comme gangues de véritables minerais, quand ils accompagnent des matières plus riches que l'on se propose seulement d'exploiter. La *sidérose* et l'*oxyde de fer* qui sont des minerais de fer, la *pyrite de fer* qui est un minerai de soufre, la *blende* qui est un minerai de zinc, sont assez fréquemment dans ce cas.

* **GANNAL** (JEAN-NICOLAS). Chimiste et médecin, né à Sarrelouis en 1791, mort à Paris en 1852, et dont le nom est surtout resté connu, par suite d'un procédé d'embaumement qu'il inventa, et auquel on a donné son nom. Destiné d'abord à la carrière médicale, il fit comme chirurgien militaire la campagne de 1812, et y fut fait plusieurs fois prisonnier par les Russes; puis, en 1815, il entra comme préparateur dans le laboratoire de Thénard, chez lequel il resta trois années. Au bout de ce temps, il s'occupa de recherches industrielles, et fut assez heureux pour découvrir en peu d'années un certain nombre de procédés nouveaux qui rendirent de réels services; c'est à lui que l'on doit, par exemple, le moyen de purifier rapidement le borax. La vulgarisation de sa découverte fit abaisser immédiatement la valeur du produit purifié, de 6 francs à 80 centimes le kilogramme. En 1820, il indiqua un procédé pour durcir les suifs par l'emploi des acides, ce qui amena l'invention de la chandelle-bougie; on lui doit l'application des rouleaux élastiques à l'imprimerie, ainsi que certains dispositifs pour cheminées à courants d'air. En 1830, lors de l'expédition d'Alger, la charpie de lin manquant complètement, il inventa la *charpie vierge*, ou charpie de chanvre, qui donna de très bons résultats. Ses travaux sur la *gélatine*, contenus dans deux brochures (Paris, 1834 et 1836), eurent pour effet de montrer qu'il ne fallait pas donner à ce produit la valeur alimentaire qu'on lui accordait jusqu'alors.

Deux travaux firent obtenir à Gannal le prix Monthyon : en 1827, *Son application du chlore gazeux à la guérison des catarrhes et de la phtisie;* en 1835, *son procédé pour la conservation des cadavres destinés aux études anatomiques, au moyen de l'acétate d'alumine.*

C'est ce dernier travail qui l'amena à faire des recherches sur le meilleur procédé d'embaumement. Nous n'avons pas besoin d'insister sur sa méthode, que nous avons décrite ailleurs (V. EMBAUMEMENT, t. IV, p. 762) et qui est du reste abandonnée aujourd'hui, mais nous devons constater que si, dès son apparition (1837), elle eût du succès, elle rencontra assez d'opposition cependant, pour qu'on ne consentit pas à l'employer lors de l'embaumement du duc d'Orléans (1842), ni plus tard, pour celui du prince Jérome Bonaparte (1869).

On doit à Gannal, entre autres ouvrages : *Histoire des embaumements et de la préparation des pièces d'anatomie*, 1 vol. in-8°, Paris, 1837. M. *Gannal et le docteur Pasquier, embaumeur du duc d'Orléans*, 1 broch. in-8°, Paris, 1842. *Lettre à l'Institut sur la question des embaumements. Du chlore employé comme remède dans la phtisie pulmonaire,*

broch. in-8°, 1833, Paris. *Mémoire descriptif sur un nouveau procédé de fabrication de la céruse*, etc., broch. in-8°, Paris, 1843. *Nouvelle lettre aux médecins sur la question des embaumements*, broch. in-8°, Paris, 1844. — J. C.

GANSE. Sorte de cordonnet de fil, de soie, d'argent, d'or, rond ou plat, dont on se sert dans l'ameublement comme ornement, et dans le costume pour arrêter ou attacher quelque chose.

Le métier à passementerie, en usage surtout à Saint-Chamond, avec lequel on fabrique plus particulièrement la ganse, a beaucoup de rapport avec l'appareil à tresser les cordes en coton qui actionnent les broches de filature et dans lequel la tresse se forme par un double mouvement de la bobine et de la poupée : 1° sur elle-même, afin de développer la longueur de fil nécessaire; 2° de translation sinueuse autour du plateau horizontal du métier. Tantôt les engrenages font suivre au fuseau ou poupée toute la circonférence du plateau, et alors la ganse est *ronde;* tantôt le fuseau, arrivé au point extrême de sa course, revient à son point de départ, et par suite les deux bords développés forment une ganse *plate;* quelquefois encore, la poupée décrit un circuit en forme de 8, ce qui donne la ganse *carrée;* enfin, les fuseaux, partagés en deux groupes, peuvent tresser ce qu'on appelle la *chaînette double.* On obtient des ganses festonnées en exerçant des efforts inégaux sur les fils d'un même groupe; la machine tresse sans relâche et suit tous les contours qui lui sont présentés; le nombre des éléments, l'assemblage des couleurs, modifient les effets et fournissent avec des moyens mécaniques restreints une variété considérable de nouveautés. — V. PASSEMENTERIE.

GANT. Sorte d'étui flexible et complexe, fait d'étoffe ou de peau, imaginé pour loger confortablement la main et la garantir du soleil, du froid et du hâle.

HISTORIQUE. De tout temps on a porté des gants dans les pays civilisés. Mais, avant d'être un objet de toilette, le gant servit d'abord à protéger la main : de là son nom grec *chiroteces*, « couvre-main ». Avec des peaux et des tissus grossiers, on fabriqua d'abord des mitaines, espèces de sacs sans divisions, sauf pour le pouce, puis des mitons coupés à la naissance des phalanges, de manière à laisser aux doigts leur liberté.

Chez les anciens, l'usage des gants fut beaucoup plus répandu en Perse et dans quelques pays du Nord que chez les Grecs et les Romains, chez qui cette partie du vêtement n'était guère portée que par les chasseurs et les laboureurs, qui s'en couvraient les mains pour garantir leur épiderme des épines.

La *manica* primitive était une sorte de mitaine ne couvrant que la main, et faite de cuir ou de fourrure; mais plus tard, le gant prit le nom de *digitale* et couvrit la main et les doigts. On en trouve un exemple sur un bas-relief de la colonne Trajane, où un gant absolument pareil aux nôtres est porté par un Sarmate.

La mode des gants, appelés alors *ouants* ou *wants*, prit beaucoup d'extension au moyen âge. Dès le VIe siècle, on voit paraître le gant de peau tout uni; il se recouvre plus tard de petites lames de métal et forme le *gantelet* adopté par la chevalerie, au commencement du XIVe siècle. — V. GANTELET.

C'est à partir de cette époque que l'usage des gants

s'introduisit dans les églises. Ils étaient généralement en soie brodée, comme les gants épiscopaux du XII° siècle, conservés dans le trésor de Brixen (Autriche). Les prêtres ne célébraient point la messe sans avoir les mains gantées. Le contraire était établi dans les tribunaux : il n'était pas permis de rendre la justice avec des gants, coutume qui s'est perpétuée jusqu'à nos jours. Les registres du Parlement contiennent un arrêt du 10 mai 1610, qui défend aux avocats de plaider avec des gants.

M. Paul Achard, dans sa *Notice sur la création, les développements et la décadence des manufactures de soie à Avignon*, ville où l'industrie de la ganterie était déjà importante au moyen âge, rapporte qu'il existait à Avignon, au XIV° siècle, une maison dite *Palmarie*, parce qu'on y faisait des gants qui recouvraient plus spécialement la paume de la main. Un siècle plus tard, suivant le *Registre des gradués de l'Université d'Avignon*, il était d'usage que celui qui, à cette Université, prenait le bonnet de docteur, fît présent à ses examinateurs de bonnets doctoraux (*biretos*) et de gants (*chirotecos*), terme qui prouve que les gants, dans le Midi, n'avaient pas de doigts à cette époque.

Pétrarque, dans ses poésies, parle des gants que portait la belle Laure. C'étaient là, à proprement parler, des moufles ou gants coupés dans des étoffes de soie venues d'Italie et même du Levant. « Ces gants, brodés d'or, dit Papon, dans son *Histoire de Provence*, étaient, selon toute apparence, d'étoffe : on ne connaissait pas encore l'art de tricoter les gants et les bas à l'aiguille. » C'est le cas de rappeler avec Michelet que Pétrarque, qui brûla tant d'encens sur l'autel de sa *divinité mortelle*, objet de ses hymnes sacrés, n'a jamais obtenu de Laure et ne lui a jamais demandé que la faveur de relever un jour son gant tombé.

Dans la première des cinq uniques lettres autographes que l'on possède d'Agnès Sorel (Collection de M. Chambry), lettre adressée à M¹¹° de Belleville, fille naturelle de Charles VI et d'Odette de Champdivers, la célèbre favorite prie sa bonne amye de « volloyr bailler à Christofle, porteur de la lettre, une robbe de gris doblée de blanchet et toutes paires de gans que trouverés en demourer, aiant ledit Christofle perdu mon coffre où je en avois prins un grand nombre. »

Enfin, dans le compte que rendit, en septembre 1454, Jean Bochetel, trésorier de Marie d'Anjou, femme de Charles VII, on voit que cette princesse s'habillait de noir dans la vie habituelle, qu'elle employait beaucoup de fourrures et couvrait ses mains avec des *gants blancs de chevreau*. « A Jehan Courtorier, gantier, demourant à Tours, pour une dozaine de paires gans de chevrotin blancs, pour lui faiz pour la dicte reine..... XXVII sols VI deniers. »

Au moyen âge, la coutume voulait que les souverains fissent des distributions de gants dans les tournois et les grandes cérémonies. Lors du tournoi que Charles VI fit célébrer pour conférer l'ordre de chevalerie au roi de Sicile et à son frère, en 1309, plusieurs dames marchèrent avec les chevaliers jusqu'à la barrière ; et, dit le moine de Saint-Denis, auteur de l'*Histoire de Charles VI*, « alors elles tirèrent de leur sein diverses livrées de rubans et des *gants de soie*, pour récompenser la valeur de ces nobles champions. »

Il en était encore de même sous le règne suivant. On sait par l'interrogatoire de la Pucelle du 3 mars 1430 que, lors du sacre de Charles VII, dans la cathédrale de Reims, on distribua, après la messe, des gants à tous les chevaliers et gentilshommes qui avaient assisté à la cérémonie.

Ce fut au XVI° siècle que la mode des gants reçut son plus grand développement. Auparavant, les gants étaient moins finement travaillés. Dans la *Chasse au vieil Grognard de l'antiquité* (1622), l'auteur faisant l'éloge de sa Majesté pour avoir « regaigné ses villes et rendu un peuple furieux *souple comme un gant*, » parle des cérémonies des financiers du temps passé et dit qu'il n'ose presque pas les décrire, « pour ce qu'elles apprestent à rire. L'on y voyait, dit-il, un père avec son vestement..... un mouchoir et des gants jaunes à la main, roides comme s'ils avoient été gelez..... »

Mais à l'époque des Valois, la ganterie avait réalisé de grands progrès, et plus que jamais les gants faisaient partie de l'habillement obligé des seigneurs et des dames de la cour. Les élégants préféraient généralement ceux de soie pour l'été ; l'hiver ils reprenaient les gants de laine ou de peau.

Suivant le *Dictionnaire de commerce*, par Savary des Brûlons, les gants les plus renommés se fabriquaient alors à Rome, à Paris, à Blois et à Vendôme ; selon Jean Godard, ceux de cette dernière ville étaient si fins qu'ils pouvaient être renfermés dans des coques de noix :

> ..... Les gants blancs de Vendosme
> Qui sont si délicats que bien souventes fois
> L'ouvrier les enferme en des coques de noix.

Ce Jean Godard, auteur d'un poème sur le *Gan*, dans lequel il énumère les principales espèces de gants que l'on portait vers 1588, nous apprend qu'il y avait, dans le nombre, des gants richement brodés de soie ou de fil d'or

> A petits entrelacs et mignarde peinture,
> Où se lit mainte hystoire et estrange adventure ;
> D'autres sont emperlez.....

Telle est la paire de gants très élégamment brodés d'or et de soie de couleur, travail italien du XVI° siècle, appartenant à M. Spitzer, et représentant des oiseaux au milieu de cornes d'abondance.

Nous avons dit que les Valois aimaient beaucoup les gants et les parfums. Ce goût fut fatal à la reine de Navarre, Jeanne d'Albret, empoisonnée avec des gants de senteur que lui avait vendus René, parfumeur milanais amené à Paris par Catherine de Médicis. Cette dernière portait tour à tour des gants d'Italie et des gants d'Espagne.

Les gants parfumés se répandirent bientôt jusqu'en Angleterre. Philip Stubs, dans son *Anatomie des abus* (1595), se plaint de ses contemporains trop curieux de frivolités nouvelles, et tourne en ridicule les dames de son temps qui portaient, entre autres choses, des gants parfumés. Ces gants, qui excitaient la bile du satirique, étaient devenus à la mode ; les écrivains du temps en font de fréquentes mentions. « Les gants que le comte m'a envoyés, dit Héro, dans Shakespeare, ont une excellente odeur. » Parmi les marchandises offertes par le colporteur Autolychos, personnage du même poète, se trouvent des gants « sentant aussi bon que les roses de Damas. »

La reine Elisabeth avait un caprice si particulier pour les gants, qu'elle se fit peindre gantée, quelque fière qu'elle fût de ses mains. Lors du voyage de la reine à Cambridge, en 1578, raconte Horace Walpole, le vice-chancelier lui fit don d'une paire de gants parfumés et « garnis de broderie et d'ouvrages d'orfèvrerie, qui coûtaient 60 shellings ; le papier dans lequel ils étaient renfermés s'étant ouvert, la reine admira leur beauté, et, pour témoigner le plaisir que lui faisait ce présent, elle leva une de ses mains et la ganta à moitié. »

La grande mode à cette époque consistait à porter ses gants à la main. Une miniature du recueil de Gaignières nous offre un personnage tenant un gant dans sa main. Cette manière de porter les gants est encore indiquée par le portrait de la reine Claude, femme de François 1er, reproduit dans le grand ouvrage de Montfaucon. Un émail de Léonard, daté de 1573, représente également Elisabeth d'Autriche tenant dans la main droite un éventail de plumes, et dans la main gauche ses gants. Il en est de même du fameux tableau du Titien : *Le jeune homme au gant*. Enfin, dans deux portraits de Clouet, conservés au

Louvre, Charles IX et Henri II tiennent chacun une paire de gants dans leur main droite.

La mode des gants de soie dura jusqu'à la fin du XVIe siècle. Ceux de peau ne prirent le dessus qu'au siècle suivant, sous Louis XIII, et ils l'ont toujours conservé depuis. Aux gants de cuir, de laine et de soie s'ajoutèrent dès lors les gants en satin et en velours.

On vantait surtout ceux de Rome et de Flers. Le tarif des gabelles de 1625, pour la ville d'Avignon, stipule que les gants de Rome paieront neuf sous d'entrée par douzaine; ceux de Flers six sous. Les gants en peau de daim ou de cerf, ceux en peau de chamois garnis d'or ou d'argent, ceux avec franges, devaient payer 24 sous par douzaine.

Le règne de Louis XIV fut aussi le règne des gants. On peut lire dans le journal de Dangeau, l'étiquette des gants et le cérémonial des mitaines. Suivant le Nouveau traité de la civilité qui se pratique en France parmi les honnestes gens, par Antoine Courtin (1675), c'était une règle générale qu' « il faut avoir le gant quand on donne la main à une dame.....; » d'autre part, l'Instruction chrétienne, par Gobinet, au chapitre Visites, établit qu' « en compagnie, excepté à table, les femmes doivent toujours être gantées. »

Un ancien proverbe, lisons-nous dans les Mélanges d'une grande bibliothèque, disait que, « pour faire de beaux et bons gants, il fallait que trois royaumes y concourussent : l'Espagne pour préparer et passer les peaux; la France pour les tailler; l'Angleterre pour les coudre, parce que les Anglais avaient déjà imaginé des aiguilles particulières pour bien coudre les gants, ce qui est assez difficile. » Du temps de Savary, le proverbe que nous venons de citer n'était déjà plus vrai; la France suffisait pour faire de beaux gants.

Les chroniqueurs du temps fourmillent d'anecdotes sur les gants. Tallemant, dans son historiette du marquis de Rouillac, un extravagant et un vrai Portughez derretido (littéralement Portugais confit, c'est-à-dire Fondu d'amour), rapporte qu'au cours, à l'heure de la promenade, « il y avoit dans son carrosse des cassettes pleines de gans, et il en envoyoit aux dames qui avoient le bonheur de lui plaire. »

Tout le monde portait donc des gants. De là, le besoin de senteurs dont on se parfumait outrageusement, et cela, chose fâcheuse à dire, par défaut de propreté. On en accommodait fortement le linge, et surtout les gants. La mode ayant fait entrer dans son domaine cet important accessoire, les parfums changeaient à tous propos et imposaient leur nom aux objets qui en étaient imprégnés. C'est ainsi qu'il y eut tour à tour des gants à l'Occasion et à la Nécessité, les gants à la Phyllis et à la Cadenet, puis les gants à la Frangipane, du marquis italien Frangipani, célébré par Balzac.

Dans une lettre du 18 octobre 1649, Nicolas Poussin écrit à M. de Chanteloup qu'il lui a acheté de bons gants à la frangipane. « C'est, dit-il, la signora Magdalana, femme fameuse pour les parfums, qui me les a vendus. »

Les gants furent généralement portés sous Louis XIV avec des rubans, des galons ou des franges en or et en argent. Ceux des femmes étaient « coupés, » c'est-à-dire fendus sur le dos de la main. Pendant le long règne du grand roi, plusieurs villes, sans compter Paris et Vendôme, s'acquirent une juste renommée par la perfection de leurs produits. C'est de cette époque que date la réputation des gants de Grenoble, de Blois, de Lunéville, de Niort et de Béziers; Ham fabriquait des gants gras connus sous le nom de gants de chien. Ces derniers, dont il est longuement question dans les Mémoires de La Force, se mettaient pour adoucir les mains.

Au XVIIIe siècle, l'industrie française faisait déjà des envois considérables de gants en Hollande, en Angleterre et même en Flandre et en Italie, bien que nous fussions tributaires de ces deux pays pour certaines sortes de gants.

Quant aux mitaines, ce nom ne s'appliquait plus, vers 1773, selon la Vie privée des Français, par l'abbé Legendre, « qu'aux gants dans lesquels tous les doigts restent à découvert, à l'exception du pouce. »

La Révolution ne prit de gants avec personne, pas même avec ceux qui l'avaient faite. Ce n'est que lorsque le Directoire ramena le luxe et les modes, que l'on vit reparaître les gants. D'après les Modes, et manières du jour à la fin du XVIIIe siècle, no 33, les femmes du temps de Barras portaient des gants de couleur noisette, longs et dépassant le coude; les Costumes français de la fin du XVIIIe siècle, no 56, montrent également les élégantes avec des gants longs de couleur noisette, froncés au-dessus du coude, et ornés d'une faveur verte. D'après ce dernier recueil, no 88, les hommes se contentaient de simples gants verts tout unis. Avec la Restauration, parurent les gants maïs ou paille; mais, selon le journal de modes Le Protée (juillet 1834), les gants d'un négligé « comme il faut » étaient en peau de Suède; « ils donnent à la main une douceur et lui laissent un parfum qui leur conserveront longtemps la faveur dont ils jouissent. » — V. COSTUME.

Aujourd'hui, le gant est le complément obligé de tous les costumes. En Angleterre, suivant les règles de la fashion, les gens du monde doivent porter le jour des gants de daim, de castor ou de chevreau, de diverses nuances, et le soir des gants paille pour le salon et pour le théâtre. D'Orsay établissait ceci, à Londres, en 1839, d'après la nomenclature de Brummel : « Un gentilhomme de la fashion anglaise, disait-il, doit employer six paires de gants par jour. — Le matin, pour conduire le briska de chasse : gants de peau de renne. — A la chasse, pour courir le renard : gants de peau de chamois. — Pour rentrer à Londres en tilbury : gants de castor. — Pour aller, plus tard, se promener à Hide-Park : gants de chevreau de couleur. — Pour aller dîner : gants jaunes en peau de chien. — Le soir, pour le bal ou le raout : gants en canepin blancs brodés en soie. Ce qui constituait pour le haut fashionable une dépense, pour les gants seulement, de 48 fr. 75 par jour, et par an, la somme de 17,793 fr. 75. Il y a de cela quarante-cinq ans. Qu'on juge de ce que cette exagération coûterait en 1884 !

On distingue au point de vue technique deux sortes de gants : les gants de peau et les gants de tissu.

Gants de peau. Les peaux qui sont presque seules employées pour la fabrication des gants sont celles d'agneau et de chevreau, les premières donnant des produits plus solides et plus fins que les secondes. Les dénominations de peaux de chien, de daim, de chamois, etc., s'appliquent à des peaux d'agneau et de chevreau très fortes et parfois à des peaux de mouton.

Suivant leur préparation, ces peaux fournissent des gants de dénominations différentes. Les gants glacés, par exemple, s'obtiennent par la mégisserie, les gants de castor par le chamoisage; quant aux gants de Suède, on les fabrique en retournant les peaux mégissées et mettant en dehors le côté de la chair lissé par un ponçage.

Dans le commerce, les gants sont établis par dimensions. Les mains d'homme, de femme et d'enfant sont classées dans 4 séries pour la longueur et 5 séries pour la largeur; des échelles de proportion ont servi de base à un numérotage par lettres et par chiffres, qui est représenté par une collection de 224 calibres de main et de pouce et de 112 calibres de fourchette et d'enlevure.

On emploie généralement, pour boutonner le gant, le bouton ordinaire, qu'on a essayé à diverses époques, mais toujours avec insuccès, de remplacer par les agrafes, œillets à griffes, lacets, verrous, etc. Enfin la couture, qui se faisait jusqu'en ces derniers temps entièrement à la main, se fait maintenant en partie à la mécanique, les ouvrières ne pouvant plus suffire à la demande. La couture à la main se fait au point de piqûre, avec de la soie torse; afin d'arriver à plus de régularité, l'ouvrière fait usage d'une mécanique en forme d'étau denté, elle pince entre les deux lèvres de cette mécanique les deux morceaux de peau qu'elle veut coudre ensemble et passe successivement l'aiguille dans chacune des dents. La couture à la mécanique se fait à l'aide de la machine à coudre ordinaire; les gants sont cousus au point de surjet ou piqués à l'aide de divers systèmes de machines spéciales.

Gants de tissu. Les gants de tissu comprennent : 1° les gants coupés; 2° les gants tissés.

Les gants coupés se fabriquent comme les gants de peau, c'est-à-dire qu'on découpe le tissu à la main ou à l'emporte-pièce, et qu'on assemble par la couture les différentes pièces du gant. Les tissus employés sont principalement des tricots de soie, de cachemire ou de laine, ou des tricots de cachemire et de laine foulés, provenant principalement de Nîmes. Les gants de tricot foulé, dont la consommation dans ces dernières années s'est accrue rapidement à cause de leur bas prix, arrivent principalement à Paris à leur dernier degré d'achèvement, bien que le tissage des tricots et la façon de couture et de piqûre n'aient pas lieu dans cette ville; les principaux fabricants de province y ont établi des dépôts considérables.

Quant aux gants tissés, ils se font à la main et surtout à la mécanique par les procédés de tissage du tricot que nous avons indiqués au mot Bonneterie, quelques-uns se font en filet sur les métiers mécaniques usités pour la fabrication du filet; ceux de tricot sont en coton, fil de lin, laine, soie ou bourre de soie; ceux de filet en soie ou bourre de soie seulement. On connaît les gants blancs en coton faits à la mécanique et employés par l'armée; ces gants se fabriquent à Troyes; les autres centres de fabrication se trouvent particulièrement dans le Pas-de-Calais, la Somme, le Gard et l'Hérault; le commerce principal s'en fait à Paris. — A. R.

Commerce des gants. C'est après la Révolution, ainsi qu'il a été dit plus haut, que s'est répandu dans toutes les classes l'usage des gants de peau et que la fabrication de cet article a fait l'objet d'une industrie spéciale. Les progrès accomplis par l'industrie de la ganterie, depuis près de cinquante ans, ont été très sensibles. Ils doivent être attribués en partie à la qualité des peaux mégissées en France.

Annonay, Paris, Grenoble, Romans et Chaumont préparent, en effet, des peaux de chevreau et d'agneau très favorables à la fabrication des gants *glacés*, et Milhau fournit des peaux chamoisées en quantité considérable pour la confection des gants d'agneau et de castor.

La fabrication est florissante partout aujourd'hui. Néanmoins les gants français jouissent, sur tous les marchés, d'une réputation d'élégance et de bonté qu'ils doivent à l'esprit inventif des industriels parisiens. C'est un de ces industriels, M. Xavier Jouvin, qui, en créant, vers 1817, la coupe à l'emporte-pièce, et en imaginant, un peu plus tard (1835), l'ingénieux système de mesures qui est employé aujourd'hui, a le plus contribué aux progrès modernes de la ganterie. Cette invention est tombée en 1850 dans le domaine public, mais la fabrication de la maison Jouvin s'en est accrue au point qu'elle produisait par an pour 3 millions de francs. Jouvin mourut en 1844.

Enfin, la couture des gants a gagné sous le rapport de l'élégance et de la solidité. Comme il a été dit dans le chapitre précédent, on coud maintenant à la mécanique. Cette couture se fait ordinairement dans le rayon des principaux centres où se fabriquent les gants. Les industriels de Paris emploient plus particulièrement des ouvrières des environs de Vendôme, de Mortagne, de Verneuil, de Mitry, de Tremblay, et de quelques autres communes des départements de l'Oise et de Seine-et-Oise.

C'est Paris qui fabrique les plus belles qualités de gants; Grenoble fait les gants de chevreau de qualité secondaire; Chaumont et Lunéville travaillent surtout pour l'exportation; Milhau, Niort, Vendôme et Saint-Julien se livrent de préférence à la fabrication des gants d'agneau, de daim et de castor. Enfin, le gant de Suède, qui porte ce nom parce que c'est en Suède que les premiers gants de cette espèce ont été fabriqués, se confectionne partout où l'on fabrique des gants glacés. Paris et Grenoble sont les deux seuls marchés pour la vente des gants; les fabricants des autres villes ne vendent pas sur place, ils ont à Paris des dépôts et des représentants.

L'Autriche et l'Allemagne s'adonnent surtout à la fabrication des gants de chevreau. Les principaux centres réputés sont Vienne et Prague, qui exportent chaque année des quantités considérables de gants dans toute l'Europe et même jusqu'en Amérique.

A l'Angleterre revient la spécialité des gros gants dits *peau de chien*, fabriqués avec des peaux de mouton du Cap et dont la qualité est excellente. L'Italie a fait également de grands progrès dans la fabrication des gants depuis l'Exposition de Paris, en 1867.

La Russie, le Danemark, la Suède, l'Espagne et le Portugal ne produisent guère de gants que pour la consommation intérieure. Cette fabrication, qui était naguère insignifiante en Amérique, y prend du développement depuis l'invention des machines à coudre, et le temps n'est peut-être pas éloigné où les produits américains entreront en concurrence avec les produits similaires d'Europe, et en restreindront, par suite, l'introduction aux Etats-Unis. — S. B.

Bibliographie : Pacicheli : *Schediasma judico-philologicum* (ouvrage curieux où l'on trouve tout ce que les anciens peuvent avoir dit sur les gants), Rome, 1691; *Revue britannique*, n° de décembre 1847 : *La main et le gant*; Statistique de l'industrie à Paris, 1860 : art. *Gants*; Oct. Uzanne : *L'ombrelle, le manchon et le gant*, 1883; Quicherat : *Histoire du costume en France*, 1875; *Journal of applied science*, n° de janvier 1874 ; baron de Mortemart-Boisse : *La vie élégante à Paris*, 1858, 1re partie : *De l'élégance personnelle*, ch. III, *Des gants*.

GANTELET. Espèce de gant très fort et garni de fer, qui faisait partie de l'ancienne armure. On portait toujours le casque et le gantelet dans les anciennes marches de cérémonie. On jetait le gantelet pour défier un ennemi au combat. De là l'expression moderne : *Jeter le gant.*

Le gantelet fut d'abord en mailles, comme la cotte, puis en lamelles mobiles de fer plat appelées *plates*, de manière à se prêter au mouvement de la main; la dou-

blure ou la paume était en cuir ou en étoffe. — V. Ar-
MURE.

Quand on se fut débarrassé des lourdes armures, pour
ne conserver que la cuirasse, le hausse-col ou la cotte
de maille sous des vêtements de laine, de soie ou de
velours, on abandonna de même le gantelet ou gant de
fer pour le remplacer par le gant de peau forte avec
manchette de cuir. C'était, comme on le voit, moins un
objet de toilette qu'une pièce d'équipement militaire.

|| *T. techn.* Morceau de cuir avec lequel les ou-
vriers de certains métiers protègent la paume de
leur main.

GANTIER. IÈRE. Celui, celle qui fabrique ou
vend des gants.

— La ganterie a toujours été regardée comme un des
métiers les plus distingués. Les fabricants de gants formaient une communauté importante, qui avait reçu
ses premiers statuts de Philippe-Auguste, en 1190; ces
statuts, confirmés sous différents règnes, furent renouvelés, en 1656, par Louis XIV.

En 1776, les gantiers déjà réunis aux parfumeurs et
aux poudriers, furent agrégés aux boursiers et aux
ceinturiers. Ils avaient à ce moment le droit exclusif de
fabriquer toutes sortes de gants, mitaines et autres ouvrages servant à couvrir les mains; de les doubler, de
les étoffer, ouvrager, enjoliver et enrichir de broderies
et passements en or et argent fin ou faux, en soie ou tous
autres ornements, et de les laver ou parfumer. Ils étaient
tenus de faire leurs gants avec de bons cuirs et de bonnes
étoffes, sans bout de doigt ni effondrure; de les tailler
dans de justes proportions, de les fournir et garnir des
mêmes étoffes que le corps dans toute leur longueur, jusqu'à deux doigts au-dessus de l'enlevure du pouce; de
les doubler et de les coudre selon les règles de l'art. Les
marchands merciers vendaient les gants en concurrence
avec les maîtres gantiers, mais la fabrication leur en
était interdite.

*GANYMÈDE. *Myth.* Fils de Tros, roi des Troyens.
Il était si beau et si bien fait que Jupiter voulut l'avoir
dans l'Olympe. Après la disgrâce d'Hébé, Ganymède fut
enlevé sur un aigle et transporté dans l'Olympe pour
devenir l'échanson et le favori du maître des dieux.
On le représente assis sur l'aigle qui le transporte.

GARAGE. T. *techn.* Opération par laquelle on
gare un convoi de vagons ou de bateaux, pour en
laisser passer ou pour en croiser un autre. Par
extension, ce terme s'applique au lieu ou à la
voie ferrée où se fait cette opération. Sur les canaux, c'est simplement un élargissement de la
cunette du canal; sur les chemins de fer, c'est une
des parties principales de la *gare* (V. ce mot) ou
de la station. Le garage des trains, sur les chemins de fer, est une opération que l'on entoure de
certaines précautions commandées par la sécurité.

*GARANÇAGE. T.** *de teint.* L'opération par laquelle
une étoffe quelconque, blanche ou non, est plongée dans un bain préparé et chargé de matière
colorante, porte le nom générique de *teinture.*
Quand il s'agit de la fixation de la matière colorante
de la garance, on donne à cette opération le nom de
garançage. Souvent aussi, on désigne sous le nom de
garançage, une opération de teinture dans laquelle
la garance ou l'un de ses dérivés joue un rôle très
accessoire, ainsi dans la teinture des genres garancines à bon marché, où les bois colorants remplacent tout à fait la garance ou ses dérivés. Cette
opération est une des plus importantes dans la
fabrication des toiles peintes. L'alizarine artificielle
qui a complètement remplacé la garance, se teint
de la même façon que celle-ci, mais avec beaucoup
plus de facilité. Tout ce que nous disons ici du
garançage se rapporte donc aussi bien à la teinture en garance, ou l'un de ses dérivés (garancine,
fleur, pincoffine, etc.), qu'à la teinture de l'alizarine artificielle.

On s'est servi anciennement pour cette opération
de chaudières rectangulaires en cuivre, murées
dans une maçonnerie. Au-dessus, se trouvait disposé dans le sens long, un tourniquet qu'un manœuvre mettait en œuvre, au moyen d'une manivelle, tandis que deux autres ouvriers placés en
face l'un de l'autre, aux deux côtés longs, dévidaient
et tendaient les pièces en les faisant passer du
tourniquet dans le bassin et *vice versa.* Le bout de
la pièce arrivé, on recommençait l'opération en
sens inverse, un autre ouvrier était chargé de
chauffer graduellement le bain, et la teinture une
fois amenée à l'ébullition, était considérée comme
terminée. Ce mode donnait lieu à de graves inconvénients, les pièces touchaient aux parois et recevaient des *coups de feu,* c'est-à-dire que le mordant
modifié par la chaleur se teignait autrement ou ne
se teignait pas du tout, d'où des taches. On a remplacé ces cuves par des caisses en bois qui plus
tard ont été chauffées à la vapeur.

C'est en 1820 qu'a eu lieu cette application. On
a ensuite adopté des moteurs mécaniques, ce qui a
permis de fabriquer plus sûrement, plus rapidement et plus économiquement. Les cuves à teindre
que l'on emploie aujourd'hui, se composent d'une
cuve en bois d'environ 2 mètres de long et de 1
mètre de large dans le haut. Le bas est cylindrique pour permettre d'employer moins de bain; au
fond de la cuve se trouve une roulette pour guider les pièces; au-dessus de la cuve est un tourniquet à 6 ou 8 pans, en avant du tourniquet est un
râteau qui guide les pièces: ce tourniquet a de
0^m,60 à 0^m,80 de diamètre et fait de 42 à 35 tours
par minute.

La disposition la plus récente permet d'employer très peu de vapeur, en même temps
que la teinture se fait en boyau (chaque pièce
reliée à elle-même) ou bien à la *continu* (la pièce
allant d'un bout de la cuve à l'autre et revenant
jusqu'à saturation complète). Dans les nouvelles
cuves, qui se font aussi en fonte, ou en bois garni
de cuivre, on a adapté un système d'entrée et de
sortie de la pièce qui permet de faire ces opérations
mécaniquement. La vidange se fait très rapidement par une grande soupape placée au-dessous
de la cuve. Quand on teignait en garance, garancine ou fleur, on recueillait les bains pour en faire
du garanceux. Avec l'alizarine, où on épuise les
bains, on ne recueille plus ceux-ci, on les perd.

Ces cuves servent non seulement à la teinture
en alizarine ou garance, mais aussi pour tous les
genres *teints,* tels que les deuils, ou les teintures en
cochenille, en quercitron, en bois divers, etc. On a
longtemps cru que les teintures à feu nu valaient
mieux *pour le bois de campêche* que les teintures
à la vapeur. Ce sont les expériences de Houton de
Labillardière qui, le premier, remarqua qu'en tei-

gnant en cuve chauffée à la vapeur, il fallait ajouter de la craie au bain de teinture, observation faite précédemment par Haussmann, pour la teinture en garance; dans le bain d'eau ordinaire, il y a plutôt concentration de la quantité de calcaire, tandis que dans un bain chauffé à la vapeur et par conséquent augmenté par la condensation de l'eau distillée, il y a dilution de la quantité de chaux, d'où une précipitation moindre de l'hématine sur le tissu.

La contenance des cuves permet de teindre en boyau de 6 à 8 pièces de 100 mètres de tissu ordinaire, avec environ 700 litres d'eau.

Le garançage, comme nous venons de le voir, se fait en boyau ou à la continu; on le fait aussi au large pour certains genres où il est essentiel d'avoir des pièces très unies. La cuve qui sert alors est analogue à celle décrite p. 891, t. I (V. Bousage). Chaque praticien y introduit les modifications que comportent les genres à traiter.

L'opération du garançage était, — car avec l'alizarine artificielle bien des inconvénients ont disparu, — l'une des opérations les plus délicates. Parmi les nombreuses influences desquelles on devait tenir compte, nous indiquerons seulement, sans nous y arrêter, les plus marquantes. La qualité de l'eau (avec la garance) doit être calcaire pour produire des teintures solides. La température doit aller en croissant, sans subir de retrait. Les pièces doivent être lavées à fond pour ne pas abandonner en teinture des mordants non fixés ou des épaississants qui troublent le bain et précipitent la matière colorante au détriment du tissu à teindre. La quantité d'eau doit être proportionnelle aux pièces à teindre; trop d'eau demande une plus grande quantité de matière colorante, trop peu d'eau empêche l'uni de la teinture; il faut proportionner les quantités de matière colorante avec les couleurs suivant la force des mordants, l'épaisseur des tissus, leur longueur: enfin, teindre en un temps donné que l'expérience seule indique: si l'on teint trop rapidement, il y a perte de matière colorante et quand on teint trop longtemps, c'est au détriment de la couleur et du blanc; en outre, on dépense inutilement du temps et de la vapeur. Outre ces influences majeures, il en existe encore d'autres qui réagissent sur la teinture; ainsi, que l'on entre en bain avec des pièces sèches ou des pièces mouillées, froides ou chaudes, que le bain de teinture soit froid ou tiède, que la cuve soit ouverte ou fermée, etc. L'addition de certaines matières joue aussi un grand rôle: dans la teinture des garances, on ajoute de la craie, pour mieux fixer la matière colorante; dans les teintures en garancine contenant du rouge, on met comme correction de l'eau, de l'acide sulfurique ou oxalique, dans les garancines avec violet, de l'acide sulfurique ou acétique. Les teintures pour rouge alizarine sont mélangées de son, de savon, de sumac, de colle. Quand on a des eaux ferrugineuses, on emploie le phosphate de soude et la crème de tartre, on y ajoute aussi de l'acide sulfoléique ou de l'oléine aux bains d'alizarine; cette addition a pour but de former une laque qui facilite considérablement l'avivage du rouge et

qui, dans certains cas, dispense d'un huilage. Dans la teinture en garance proprement dite, l'addition de matières diverses a été complètement étudiée par H.-J. Schlumberger, qui a constaté que certaines substances, telles que le sucre, la noix de galles, le nénuphar, le quercitron, le sang de bœuf, le lait, donnaient un rendement de 20 0/0 en plus, tandis que d'autres, telles que la farine, la gomme, le salep, la salicine, la sciure de bois de chêne, etc., diminuaient de 10 à 15 0/0 le rendement.

Quand les tissus sont très chargés de couleur, on est obligé de teindre deux fois, il faut alors avoir soin de ne pas dépasser 40° à 50° Réaumur, à la première teinture et n'aller à 70° ou 80° Réaumur ou au bouillon qu'à la teinture finale. Comme il est très difficile de savoir si l'on a mis trop ou trop peu de matière colorante dans une teinture, on doit avoir une échelle, faite d'avance, de mordants teints en diverses proportions, depuis la teinture trop faible jusqu'à celle contenant un mordant sursaturé. On met un échantillon de mordant type dans la teinture et quand on est arrivé aux 2/3 de l'opération, on enlève l'échantillon et on le sèche, on peut voir alors si l'on est dans les conditions voulues, l'échantillon dit de saturation comparé au type doit être un peu plus faible que la nuance que l'on veut obtenir. S'il est déjà trop fort, il faut sortir de la teinture, et s'il est trop faible ajouter de la matière colorante. Dans ce cas, il est préférable d'arrêter l'opération, de refroidir la teinture et de recommencer tout à fait. En ajoutant à une haute température, la matière colorante, c'est toujours au détriment du blanc, et la teinture ne se fait plus aussi régulièrement, — J. D.

Bibliographie : Bulletins de la Société industrielle de Mulhouse; Bulletins de la Société industrielle de Rouen; Traité de l'impression des tissus, par Persoz; Traité des matières colorantes, par Schutzenberger; Moniteur scientifique de Quesneville, 1884; Chimie appliquée, par J. Girardin; Impression et teinture, par Kaeppelin, 1868; Etudes sur l'Exposition, Lacroix, 1878; Stohmann's Chemie; Dictionnary of manufactures and mines, du Dr Ure, 1878; Chemistry as applied to the arts and manufactures, 1880; Textil colourist, Oneill, 1877.

GARANCE. La garance est une plante originaire de l'Asie moyenne et de l'Europe méridionale; elle a été cultivée dans les temps les plus reculés dans le Levant, à Smyrne, à Andrinople, dans l'île de Chypre, et c'est de là qu'elle vint en Europe en passant par la Grèce et l'Italie. La garance a eu, avec l'indigo, le privilège d'être, pendant des siècles, l'une des matières colorantes les plus employées. Sa résistance aux divers agents décolorants, au savon, à la lumière, en avaient fait une des matières les plus précieuses pour la teinture, jusqu'au jour où la science vint prouver son influence sur l'industrie en créant de toutes pièces l'alizarine artificielle. — V. Plus loin le chapitre spécial.

— Cette mémorable découverte date de 1869 et depuis cette époque, la production de la garance qui s'élevait encore, en 1865, à 30 millions de kilogrammes, s'est réduite à 200,000 kilogrammes en 1880.

D'après Pline, les Grecs l'appelaient ερυθρόδανον et les Romains varantia d'où on fit plus tard le nom rubia.

On l'employait alors à la teinture des laines et des cuirs. Dioscoride affirme que la meilleure garance était celle de Toscane. Les habitants de la Gaule méridionale, au rapport de Strabon, teignaient leurs étoffes en violet en mélangeant le suc du pastel avec celui de la garance. D'après Guérin, les Celtes cultivaient la même plante sous le nom de *waranche*. Le nom français *garance* vient de *varantia* ou *verentia* qu'on donnait, au moyen âge, à la racine et qui signifie *couleur rouge ou vraie couleur*. Il est remarquable que dans la plupart des langues le nom de cette plante rappelle l'usage qu'on en fait.

Au VIIᵉ siècle, suivant Doublet et d'après les chartes de Dagobert et de Childebert, on vendait à la foire Saint-Denis, près Paris, des racines sèches de garance et des étoffes teintes avec elles. Charlemagne en protégea la culture qui se développa énormément à Caen où l'exportation de garance constituait l'une des branches les plus lucratives du commerce de cette ville. Au XIIᵉ siècle, les dames italiennes faisaient usage pour leur habillement d'*écarlate de Caen*, c'est-à-dire d'étoffes de laine teintes en rouge avec la garance cultivée en Basse-Normandie. Vers le milieu du XVIᵉ siècle, les Flamands et les Hollandais s'emparèrent de cette branche d'industrie agricole, qui disparut peu à peu de Caen, sans en laisser le moindre vestige. Charles-Quint favorisa la culture de la garance dans la province de Zélande. C'est en 1507 qu'elle fut essayée en Silésie par Jean Huller. Oubliée pendant de longues années en France, la garance fut introduite, en 1729, à Haguenau, en Alsace, par Frantzen; Hoffmann y bâtit, en 1760, le premier moulin à broyer cette racine. Un arménien catholique de Julfa, faubourg chrétien d'Ispahan, Jean Althen, vint s'établir à Avignon, où il fut accueilli par M. Clausemette, sur les terres duquel il cultiva de la garance sans pouvoir en tirer parti. Dès 1760, puis sous Louis XVI, le ministre Bertin fit venir de Chypre, des graines de *rubia peregrina* qui, distribuées en Provence et en Alsace, donnèrent un tel essor à la production, qu'en 1789, la première de ces provinces en vendait pour 152,000 livres à l'Angleterre et que l'Alsace en exportait 50,000 quintaux. Pendant les guerres de la République et de l'Empire, on délaissa cette culture et on eût recours aux produits de Hollande pour suffire aux besoins de l'industrie. En l'an IX, il n'y avait en France que onze moulins à garance, tandis qu'en 1860, le seul département de Vaucluse en comptait près de cinquante qui fournissaient environ 50 millions de kilogrammes de poudres propres à la teinture. Cette industrie se développa d'une manière rapide à partir de 1815. La couleur rouge, adoptée pour le pantalon et le liséré des habits des troupes, contribua à ce remarquable résultat. Depuis 1848, cette culture importée en Algérie a fourni des produits de qualité supérieure.

Nous verrons un peu plus loin les quantités considérables que la France a produites de ce végétal, naguère si précieux et aujourd'hui complètement délaissé.

La garance a donné son nom à l'immense famille des rubiacées, si riche en espèces utiles (caféier, quinquina, ipécacuanha, luculia, etc.). Cette plante est vivace, elle pousse avec des tiges tétragones, grêles, diffuses, très rameuses, longues de 6 à 9 décimètres, garnies à chacune de leurs nœuds de feuilles verticillées, ovales, pointues, hérissées de poils très rudes et accompagnées de stipules intermédiaires; ses fleurs petites, d'un jaune verdâtre, naissent sur des pédoncules disposés dans les aisselles des feuilles supérieures; elles offrent un tube calicinal ovo-globuleux à limbe à peine sensible et une corolle à 4 divisions, 4 à 5 étamines courtes; un ovaire infère bilocu-

laire surmonté d'un style bifide. Les fruits sont noirs, velus, succulents, sous-globuleux, didymes, un peu plus gros que des graines de moutarde; ce sont des mélonides, c'est-à-dire qu'ils ont deux loges cartilagineuses; sa racine, nombreuse, forte, charnue, de la grosseur d'une plume d'oie, s'étend beaucoup et s'enfonce fort avant en terre, parfois jusqu'à 1ᵐ,80 dans les terrains propices, c'est-à-dire meubles et légèrement humides : elle est saturée d'un liquide jaunâtre qui manque dans les tiges; c'est ce liquide qui, en absorbant l'oxygène de l'air, se convertit en principe tinctorial rouge. L'épiderme rougeâtre recouvre une écorce d'un rouge-brun foncé; au centre, se trouve un méditullium d'un rouge pâle et jaunâtre; la saveur en est amère et styptique.

Il n'existe pas moins de 53 espèces de garance qui ont été spécifiées par M. Godron, de Nancy. Les principales espèces cultivées sont le *rubia tinctorum*, cultivé en Europe; le *rubia lucida*, cultivé en Europe; le *rubia peregrina*, cultivé en Europe et en Orient, et le *rubia munjista*, principalement cultivé au Bengale, Népaul et au Japon. Les racines sont les seuls organes employés en teinture. Leur pouvoir tinctorial est d'autant plus grand qu'elles ont cru dans une région plus chaude. L'âge, du reste, amène les mêmes changements qu'une température élevée; il y développe la matière colorante à un tel point que, peu abondante à un an, elle y double au moins à trois ans et qu'à neuf ans la puissance tinctoriale est deux fois plus grande encore. Les racines sont alors presque totalement dégagées de sucre, des acides et des matières pectosiques qui entravent la teinture lorsqu'on emploie des racines moins âgées.

— La garance *marchande* portait différents noms. On donnait aux racines entières le nom d'*alizaria* et celui de *garances* aux poudres préparées pour la teinture. Les alizaris étaient moins employés, on spécifiait les *alizaris* de Chypre, du Comtat et d'Auvergne. Quant aux poudres dites *garances*, elles offraient un grand nombre de variétés; et si nous en donnons la nomenclature c'est au point de vue rétrospectif, car les teinturiers de nos jours n'ont plus à compter avec ces marques si diverses qui en faisaient de véritables charades.

Il y avait trois sortes principales : les *garances de Hollande*, celles d'*Alsace* et celles du *Comtat*.

Les *garances de Hollande* se spécifiaient en garance *mulle* ou O, cette poudre provenait de la mouture au billon du premier étuvage ou des débris résultant du *robage* ou *tamisage*; la garance *surfine* ou SF, racines de choix et les garances *robées* ou *non robées*, c'est-à-dire que les racines avaient été soumises à un frottement et à un tamisage destinés à séparer les racines faibles, des plus fortes qui étaient les plus estimées. Conservées en tonneaux, ces poudres se prenaient en masse, on les qualifiait alors de *grappées*.

Les *garances d'Alsace* offraient de plus nombreuses variétés : il y avait la marque O, mulle; la marque MF, mi-fine; FF fine fine; cette marque provenant de la mouture des racines en sortes robées et représentait la poudre normale; SF, surfine; SFF, surfine fine; CF et CFO, mélanges de MF et de O.

Les *garances du Comtat* avaient encore plus de marques que les précédentes; d'abord on les partageait en *paluds* et en *rosées*; les premières provenaient de terres marécageuses ou *paluds*, fournissaient des racines rouges et les secondes crues dans les autres terres don- naient des racines *rosées*. Voici ces diverses marques :

O ou mulle | sans autre désignation.
En sortes |

		à chacune de ces marques
FF	fine	on ajoutait les lettres :
SF	surfine	P pour palud.
SFF	surfine fine	R pour rosée.
SFFF	double surfine	PP pour palud pur.
EXTF	extra-fine	RPP pour rouge palud
EXTSF	extra-surfine	pur.
EXTSFF	extra-surfine fine	moitié rosée, moitié palud sans distinction.

On était arrivé à un tel luxe de spécifications que les consommateurs ne s'y reconnaissaient plus et ce d'autant moins que, telle poudre pompeusement marquée, n'était fort souvent que très médiocre et mélangée de matières étrangères. Aussi, dans les dernières années, plusieurs fabricants avaient pris le sage parti de ne plus employer qu'une seule lettre pour désigner la qualité du produit.

Les garances hollandaises s'expédiaient en fûts de chêne de 600 à 1,000 kilogrammes. Les Alsaces en barriques de 800, 400, 200. Les Comtats en fûts de bois blanc de 900 à 1,000 kilogrammes.

La production totale de la France a été d'environ 6,500 quintaux de 50 kilogrammes, en 1790; de 10,000 quintaux, en 1815, pour aller en croissant de 1,000 quintaux par an jusqu'en 1823. En 1824, la production est de 19,000, et va progressivement jusqu'à 50,000 quintaux de 50 kilogrammes, ou 25,000,000 de kilogrammes; en 1862, 26,500,000 kilogrammes pour descendre à 15 millions de kilogrammes, en 1870. Il y a encore deux années de forte production, 1872 avec 25 millions, 1873 avec 23, puis arrive une décroissance très rapide : 1875, 20,000,000; 1876, 14 millions; 1877, 7 millions; 1878, 2 millions 1/2; 1879, 500,000. Aujourd'hui 1884, la production est tout au plus de 200,000 kilogrammes.

Les importations ont toujours été relativement faibles, la France étant le pays producteur. Les moyennes d'importations en garances racines sont de 1 million de kilogrammes, de 1851 à 1860, et s'élèvent plus tard à 6 millions. Les exportations qui portent principalement sur les poudres sont de 10 à 12 millions de kilogrammes, de 1850 à 1873, d'où elles descendent à 3, en 1877. L'exportation de garancine était en moyenne de 2 à 3 millions de kilogrammes représentant six fois le poids en garance.

Les principaux dérivés de la garance, desquels nous allons aussi traiter, se fabriquaient en France, ainsi, la *fleur de garance*, la *garancine*, la *poudre pour violet*, dite *alizarine*. L'Angleterre produisait de la *pincoffine*, produit analogue à l'alizarine pour violet.

De toutes les matières colorantes, la garance est peut-être celle qui a donné lieu au plus grand nombre de recherches, et malgré cela, on n'est pas absolument fixé sur la véritable nature chimique de cette racine, au moins pour ce qui regarde les matières colorantes qui s'y trouvent. On y admet les principes suivants : une *matière colorante jaune*; une *matière colorante rouge*, ligneux, glucose, matières mucilagineuses ou gommeuses, pectine et acide pectique, fécule, matières extractives amères, matières albuminoïdes, résine odorante, résine rouge, matière grasse, matière brune soluble dans la potasse, acide rubérythrique, principe particulier devenant vert par les acides (chlo-

rogénine ou acide rubichlorique), acides tartrique, citrique, malique, en partie combinés à la chaux et à la potasse, enfin, sels minéraux, tels que sulfates et phosphates de potasse de soude, chlorures de potassium, de sodium, carbonates et phosphates de chaux et de magnésie, silice, alumine et oxyde de fer.

Nous venons de voir que la garance contient un colorant jaune et un colorant rouge; on a longtemps discuté pour savoir si l'un était dérivé de l'autre, ce qui était l'opinion de Decaisne, qui n'admettait qu'une matière, tantôt jaune, tant qu'elle était emprisonnée dans le tissu végétal, et tantôt rouge, aussitôt qu'elle subissait l'action de l'air. Les derniers travaux de E. Kopp, Schützenberger et Schiffert, semblent établir que, dans la garance, tant fraîche que moulue et conservée, il y a des matières colorantes solubles qui, sous l'influence d'une matière azotée qui joue le rôle de ferment, se dédoublent en glucose et en principes colorants tels que :

L'alizarine, d'un rouge foncé, la purpurine, d'un rouge pourpre, la pseudo-purpurine, d'un rouge brique; toutes trois teignent les mordants d'alumine en rouge, mais l'alizarine seule donne des couleurs résistantes à l'avivage; une matière orange, teignant en rouge les mordants aluminiqués et se changeant en purpurine et charbon par la sublimation; enfin, une matière jaune, xanthopurpurine, teignant les mordants d'alumine en jaune et distincts de la xanthine de M. Kuhlmann. Tous ces corps bien définis formeraient, d'après Schützenberger et Schiffert, une série naturelle dont les termes seraient reliés par des relations de composition très simples et remarquables.

Alizarine	$C^{14}H^8O^4$
Xanthopurpurine	$C^{14}H^8O^4$ isomère de l'alizarine.
Purpurine	$C^{14}H^8O^5$ oxyalizarine.
Matière orange	$C^{14}H^{10}O^6$ hydrate de purpurine.
Pseudopurpurine	$C^{14}H^8O^6$ oxypurpurine.
Munjistine	$C^{15}H^8O^6$
Hydropurpuroxanthine	$C^{14}H^{10}O^4$.

L'alizarine produit de la purpurine par oxydation, et, d'un autre côté, la purpurine, l'hydrate de purpurine et la xantho-purpurine ou purpuroxanthine, se forment facilement aux dépens de la pseudo-purpurine. M. Rosenstiehl a établi que la purpurine devient purpuro-xanthine par réduction, que l'hydro-purpuro-xanthine se transforme en purpuro-xanthine et que cette dernière, en s'oxydant, devient purpurine; il fait remarquer que c'est la transformation de la pseudo-purpurine en acide carbonique et en purpurine qui donne à la garance et à ses dérivés commerciaux leurs qualités comme matières colorantes. Au point de vue pratique, l'alizarine est le seul principe colorant de la garance, qui ait de l'importance. — V. ALIZARINE et l'art. suivant.

La garance n'a pas été employée seulement à l'état de poudre, on est arrivé à lui faire subir de nombreuses transformations et la liste des produits commerciaux dérivés de cette matière colorante est assez longue. En voici une rapide énumération : charbon sulfurique ou garancine, de Robiquet et Colin (V. Charbon sulfurique), 1826; fleur de garance, de Lagier, 1828; colorine de Girardin et Grelley, 1840; garancine de Léonard Schvarz, 1843; fleur de garance de Julian et Rocquer, 1851; Azale de Gerber et Dollfus, 1852; pincoffine ou alizarine commerciale de Pincoff et Schunck, 1853; carmin de garance de Schvarz, 1853 (V. Carmin de garance); rubérine; purpurine commerciale de E. Kopp, 1861; alizarine verte de E. Kopp, 1861; alizarine jaune de Schaaf et Lauth, 1864; alizarine de Rochleder; purpurine de Meissonnier, 1868; extraits de garance de diverses sortes, parmi lesquels nous citons seulement ceux de Meissonnier, Pernod, Duncan, enfin, des laques de garance pour rouge, rose, puce, grenat, etc., de diverses provenances.

Nous ne pouvons indiquer ici les modes de préparation de tous ces produits, nous allons indiquer sommairement le mode de préparation des principaux dérivés commerciaux.

Fleur de garance. Ce produit n'est autre que de la garance en poudre lavée à l'eau acidulée et débarrassée ainsi des principes solubles, gommes, sucres, etc. La fleur donne de plus beaux violets et des couleurs roses et violettes plus foncées que la garance avec les mêmes mordants d'alumine et de fer; la dose en teinture est de une partie de fleur pour représenter deux de garance.

Garancine. Ce produit, aussi appelé *charbon sulfurique,* est obtenu en traitant successivement la poudre de garance par l'eau acidulée d'acide sulfurique et la vapeur d'eau, le dépôt qui retient toute la matière colorante est filtré, lavé, exprimé, séché et pulvérisé. Dans cette opération, la matière colorante de la garance n'est pas altérée par l'air qui carbonise les autres principes. La garancine est de la garance réduite à sa partie utilisable : la garancine teint parfaitement les rouges, bruns puce, mais les violets et roses sont plus ternes et moins solides. On emploie une partie de garancine pour trois de fleur ou pour 6 de garance. La force, du reste, était assez variable et le mode de teinture dépendait beaucoup de la neutralité des eaux et de la correction des bains de teinture.

Pincoffine. L'alizarine commerciale, ou pincoffine, est obtenue en exposant la garance, la fleur ou la garancine, aussi neutre que possible, à l'action de la vapeur d'eau surchauffée. Le pouvoir tinctorial est plus faible que celui de la garancine, mais elle donne de plus beaux violets; on fait des violets presqu'aussi éclatants que ceux obtenus par la fleur, sans avoir besoin de traiter au savon, mais ils sont moins résistants.

Garanceux. Les garances et garancines provenant des bains de teinture contiennent encore de la matière colorante. C'est en faisant bouillir ces résidus avec de l'acide sulfurique, lavant et neutralisant, qu'on obtient le garanceux, qui servait comme garancine inférieure.

La garance et ses dérivés servent dans la teinture : les mordants que l'on emploie sont ceux de fer, d'alumine, de chrome, elle se teint aussi avec d'autres oxydes métalliques, comme l'urane et on obtient ainsi les couleurs suivantes : rouge, rose,

violet, lilas, palliacat, puce-gris, marron, noir. Par fixage à la vapeur, on ne peut employer que les extraits qui donnent à peu près toutes ces couleurs, mais moins solides. Pour les *essais de garance et de ses dérivés.* — V. Essai des matières colorantes. — J. D.

— V. *Dictionnaire bibliographique de la garance,* par Girardin, Cloüet et Dépierre, chez Baudry, Paris.

ALIZARINE ARTIFICIELLE.

Depuis la publication de l'article Alizarine, on a réalisé de grands progrès dans la fabrication de cette matière colorante, ce qui nous engage à entrer dans quelques détails sur cette industrie.

La préparation de l'alizarine, — et disons ici une fois pour toutes que, sous le nom générique d'*alizarine,* nous comprenons les mélanges commerciaux des diverses oxyanthraquinones, — peut être scindée en six opérations distinctes :

1° Distillation du goudron, purification des huiles à anthracène (green-greese);

2° Purification et sublimation de l'anthracène;

3° Préparation et purification de l'anthraquinone;

4° Préparation de l'anthraquinone sulfo-conjuguée;

5° Fusion;

6° Purification de l'alizarine.

Nous ne décrirons pas ici la première opération qui est traitée à l'article Goudron. Nous parlerons aussi brièvement que possible des cinq autres opérations et nous terminerons cet article par la fabrication de la nitroalizarine et du bleu d'alizarine.

Purification de l'anthracène. L'anthracène brut est purifié ordinairement par sublimation à l'aide de la vapeur surchauffée. Le produit est introduit dans une bassine en tôle chauffée à feu nu; un serpentin percé de trous fait arriver la vapeur à la surface de l'anthracène; les vapeurs se rendent par un gros tube dans des chambres dans lesquelles on fait arriver de l'eau froide en pluie fine. On chauffe l'anthracène vers 250° et on fait arriver par le serpentin un violent courant de vapeur d'eau surchauffée à 250°. L'anthracène se volatilise et se dépose dans les chambres refroidies sous forme d'une farine jaune, ressemblant à la fleur de soufre. On broye le produit en pâte sous des meules spéciales.

Préparation de l'anthraquinone. L'opération précédente a surtout pour but d'obtenir l'anthracène dans un état de division extrême, qui lui permet d'être facilement attaqué par le mélange oxydant. On commence d'abord par déterminer par des essais quelle est la quantité d'oxydant à employer pour n'oxyder que l'anthracène; ce résultat étant atteint, on procède à la fabrication proprement dite de la manière suivante. Dans des cuves en bois doublées en plomb, on introduit 200 kilogrammes d'anthracène sublimé à 50 0/0 et 3,000 litres d'eau. On ajoute 192 kilogrammes de bichromate de potasse (1) et on chauffe à l'ébullition; on

(1) Dans ces derniers temps on remplace généralement le bichromate de potasse par le sel de soude correspondant. Ce mode de procéder est plus avantageux au point de vue du prix de revient. Les opérations s'exécutent d'une manière identique.

ajoute alors par filet mince et en agitant continuellement 272 kilogrammes d'acide sulfurique 66°, dilué à 30° Baumé. L'opération dure huit à dix heures ; la chaleur dégagée par la réaction suffit d'abord pour maintenir la masse en ébullition ; plus tard, il est nécessaire de chauffer à l'aide d'un courant de vapeur. On laisse refroidir et on filtre ; l'anthraquinone insoluble reste sur le filtre ; les eaux mères qui renferment de l'alun de chrome sont soumises à la cristallisation ou sont traitées en vue de la régénération du bichromate.

Purification de l'anthraquinone. Le produit brut ainsi obtenu est chauffé à 100° avec 3 parties d'acide sulfurique 66°. Tout entre en dissolution ; on verse alors le liquide dans des bassines doublées en plomb à large surface et on abandonne au refroidissement ; l'anthraquinone se dépose en aiguilles. On fait bouillir avec 20 parties d'eau, on filtre et on lave. La solution filtrée est brune, elle renferme les impuretés de l'anthracène à l'état d'acides sulfonés. On achève de purifier l'anthraquinone en la traitant par une dissolution étendue et bouillante de carbonate de sodium. Le produit renferme alors de 93-95 0/0 d'anthraquinone pure.

Préparation de l'anthraquinone sulfoconjuguée. Le mode opératoire varie suivant que l'on veut obtenir de l'acide mono ou disulfoné. C'est le premier qui donne de l'alizarine proprement dite (dioxyanthraquinone) ; les acides disulfonés fournissent, par fusion, de l'alizarine pour rouge, qui est un mélange de diverses trioxyanthraquinones.

Pour fabriquer le dérivé monosulfoné, on chauffe à 160° dans des chaudières en fonte émaillée et munies d'agitateurs : 100 kilogrammes d'anthraquinone avec 100 kilogrammes d'acide sulfurique à 45 0/0 d'anhydride. Après une ou deux heures de chauffe on verse dans l'eau et on filtre pour séparer l'anthraquinone non attaquée. Le liquide acide est saturé à chaud par une lessive de soude caustique faible. Par le refroidissement, le sel de soude de l'acide monosulfoné qui est peu soluble, se sépare sous forme de paillettes blanches nacrées. Les dérivés disulfonés restent dans les eaux mères. Si on veut obtenir le dérivé disulfoné, on opère comme ci-dessus, en doublant la quantité d'acide sulfurique. L'acide obtenu est saturé par la soude et le sel fondu directement.

Fusion. La transformation des acides sulfonés de l'anthraquinone en oxyanthraquinones s'effectue au moyen de soude caustique. Voici le mode de fabrication universellement adopté.

Dans des chaudières fermées, semblables aux chaudières à vapeur, munies d'agitateurs et pouvant résister à une pression de 8 atmosphères, on introduit, par exemple, 100 parties d'anthraquinone-monosulfonate de soude, 300 parties de soude caustique et 14 parties de chlorate de potassium ; on ajoute assez d'eau pour obtenir une pâte liquide et on chauffe pendant quarante-huit heures à 170°. On chasse la masse par la pression de la vapeur elle-même dans des cuves en bois, où se trouve une quantité d'eau telle que la liqueur marque 10° Baumé lorsque tout est entré en dis-

solution. On obtient avec le sel monosulfoné, de la *dioxyanthraquinone (alizarine pour violet).* Si on emploie le sel disulfoné, on obtient un mélange de diverses *trioxyanthraquinones.* La soude en fusion agit donc comme oxydant (V. plus loin) ; en effet, il se dégage de l'hydrogène ; c'est pourquoi on ajoute du chlorate de potasse qui a pour but de détruire l'hydrogène au fur et à mesure de sa formation.

Purification de l'alizarine. La liqueur dont il a été question plus haut est constituée par de l'alizarate de soude. On l'additionne d'acide sulfurique ou chlorhydrique étendus ; l'alizarine se précipite sous forme d'une masse d'un beau jaune. On chasse à travers un filtre-presse et on lave jusqu'à ce que les eaux de lavage qui s'écoulent soient complètement neutres.

La masse pâteuse est introduite dans une cuve en bois munie d'agitateurs de forme spéciale et additionnée d'eau de manière à avoir une pâte titrant 20 0/0. Il n'est pas possible de dessécher la pâte ; l'alizarine sèche ne teint pas aussi bien que la pâte ; ce fait est dû probablement à un état d'hydratation spécial du produit.

THÉORIE DE LA FABRICATION DE L'ALIZARINE. L'anthracène soumis à l'oxydation, se transforme en une diacétone, l'anthraquinone

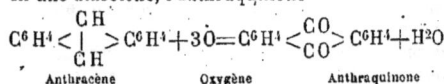

$$C^6H^4 < \begin{matrix} CH \\ | \\ CH \end{matrix} > C^6H^4 + 3O = C^6H^4 < \begin{matrix} CO \\ CO \end{matrix} > C^6H^4 + H^2O$$

Anthracène   Oxygène   Anthraquinone

l'oxygène nécessaire est fourni par le bichromate de potassium.

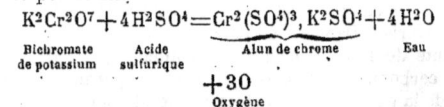

$$K^2Cr^2O^7 + 4H^2SO^4 = Cr^2(SO^4)^3, K^2SO^4 + 4H^2O$$

Bichromate   Acide   Alun de chrome   Eau
de potassium   sulfurique

$$+3O$$
Oxygène

Dans le traitement de l'anthraquinone à l'acide sulfurique fumant, il se forme des dérivés plus ou moins sulfonés, suivant l'énergie de l'action.

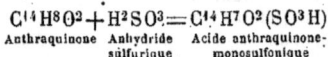

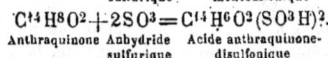

$$C^{14}H^8O^2 + H^2SO^3 = C^{14}H^7O^2(SO^3H)$$

Anthraquinone   Anhydride   Acide anthraquinone-
     sulfurique   monosulfonique

$$C^{14}H^8O^2 + 2SO^3 = C^{14}H^6O^2(SO^3H)^2$$

Anthraquinone   Anhydride   Acide anthraquinone-
     sulfurique   disulfonique

Finalement ces acides, fondus avec la soude caustique, fournissent les dérivés oxygénés correspondants ; nous avons dit plus haut que la soude agissait en même temps comme oxydant, de sorte que l'anthraquinone monosulfonée donne à la fusion une dioxyanthraquinone, au lieu d'une monooxyanthraquinone comme on pouvait s'y attendre ; il est probable que la réaction a lieu en deux phases : il se forme d'abord de la monooxyanthraquinone, que la soude fondante transforme ensuite en alizarine.

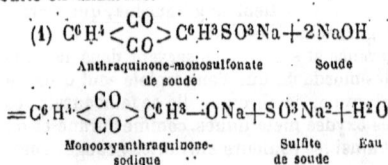

$$(1)\ C^6H^4 < \begin{matrix} CO \\ CO \end{matrix} > C^6H^3SO^3Na + 2NaOH$$

Anthraquinone-monosulfonate   Soude
de soude

$$= C^6H^4 < \begin{matrix} CO \\ CO \end{matrix} > C^6H^3 - ONa + SO^3Na^2 + H^2O$$

Monooxyanthraquinone-   Sulfite   Eau
sodique   de soude

$$(2)\ C^6H^4 <_{CO}^{CO}> C^6H^3ONa + NaOH$$

Monooxyanthraquinone sodique

$$= C^6H^4 <_{CO}^{CO}> C^6H^2 <_{ONa}^{ONa} + H^2.$$

Dioxyanthraquinone sodique Hydrogène
(Alizarate de soude)

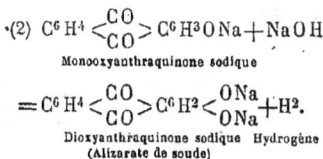

Le chlorate de potasse qu'on ajoute à la masse a pour but de détruire cet hydrogène en le transformant en eau.

En reprenant par l'eau, le sulfite de soude formé et l'alizarine entrent en dissolution à la faveur de la soude caustique. L'addition d'acide chlorhydrique détermine la formation d'un précipité d'alizarine qui n'est soluble que dans une liqueur alcaline.

L'industrie de l'alizarine artificielle a atteint actuellement le plus grand état de perfection dont elle est susceptible. Elle s'exécute dans des usines montées à l'aide des appareils les plus perfectionnés qui permettent d'obtenir en matière colorante un rendement qui atteint les 98 0/0 du rendement théorique.

— On trouve dans l'alizarine commerciale un grand nombre de marques qui, toutes, peuvent se réduire principalement à deux : l'*alizarine pour violet* constituée par de l'alizarine pure, et l'*alizarine pour rouge* où les trioxyanthraquinones dominent. L'alizarine commerciale ne renferme pas de purpurine. La production de ces matières est des plus considérables : elle atteint, à elle seule, le chiffre total d'affaires des autres couleurs tirées du goudron de houille. On peut l'estimer environ à 12 millions de kilogrammes de pâte à 20 0/0, représentant une valeur moyenne de 60 millions de francs. La presque totalité de l'alizarine commerciale est fabriquée par les usines allemandes. Cette quantité de matière colorante correspond au moins à 84 millions de kil. de garance.

Orange d'alizarine. L'orange d'alizarine est une alizarine nitrée. Pour le préparer, on se sert d'alizarine pour violet (alizarine proprement dite), on dessèche la pâte et on l'expose en couches minces à l'action des vapeurs nitreuses . On peut encore mettre l'alizarine sèche en suspension dans la nitrobenzine et faire passer un courant de vapeurs nitreuses à travers le mélange. La réaction qui a lieu est la suivante :

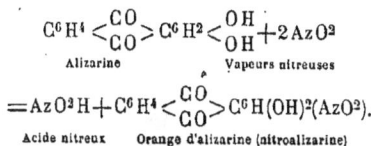

$$C^6H^4 <_{CO}^{CO}> C^6H^2 <_{OH}^{OH} + 2AzO^2$$

Alizarine   Vapeurs nitreuses

$$= AzO^3H + C^6H^4 <_{CO}^{CO}> C^6H(OH)^2(AzO^2).$$

Acide nitreux   Orange d'alizarine (nitroalizarine)

On dissout la nitroalizarine dans la soude caustique, on précipite par l'acide chlorhydrique. Le produit se trouve dans le commerce sous forme de pâte.

La nitroalizarine donne avec les mordants de fer un violet rouge, et avec les mordants d'alumine un orange très vif et très solide.

Bleu d'alizarine. Le bleu d'alizarine s'obtient en soumettant la nitroalizarine à l'action d'un mélange de glycérine et d'acide sulfurique.

La réaction qui a lieu est exprimée par la réaction suivante :

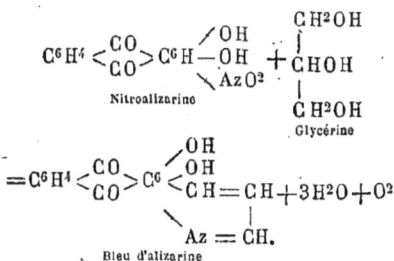

$$C^6H^4 <_{CO}^{CO}> C^6H -\!\!<^{OH}_{OH}_{AzO^2}\ +\ \begin{matrix}CH^2OH \\ | \\ CHOH \\ | \\ CH^2OH\end{matrix}$$

Nitroalizarine   Glycérine

$$= C^6H^4 <_{CO}^{CO}> C^6 <^{OH}_{OH}_{CH} = CH + 3H^2O + O^2$$

Az $=$ CH.

Bleu d'alizarine

La formation d'oxygène entraîne la production de matières secondaires brunâtres et diminue le rendement. Voici comment s'effectue la fabrication en grand de ce produit. Dans des chaudières en fonte émaillée, on chauffe à 120-150°, 5 parties de glycérine, 5 parties d'acide sulfurique et 2 parties de nitroalizarine sèche. La réaction achevée, on verse le tout dans une solution de potasse, on ajoute la poudre de zinc et on chauffe. La solution se réduit ; on filtre, et on précipite la matière colorante par un courant d'air.

Ce produit n'a jamais été employé sur une grande échelle ; en revanche, depuis quelques années, on trouve dans le commerce un bleu d'alizarine soluble, qui est formé de la combinaison bisulfitique de l'ancien bleu d'alizarine.

Voici comment on fabrique ce nouveau produit. On laisse reposer pendant une à deux semaines le bleu d'alizarine en pâte à 10-12° avec 25-30 0/0 d'une dissolution concentrée de bisulfite de soude. D=1.25. On filtre ; le résidu est constitué par du bleu d'alizarine inattaqué. Le nouveau bleu se trouve en dissolution. En évaporant la liqueur à une basse température, ou en ajoutant du sel marin, la matière colorante peut être isolée à l'état sec. La dissolution est d'un rouge brun ; additionnée de soude ou d'acides minéraux, elle se décompose en bleu d'alizarine insoluble et en acide sulfureux. Toutefois, la dissolution peut être additionnée d'acide acétique, d'acide tartrique ou de leurs sels de magnésium, calcium ou chrome sans qu'il y ait précipitation ou formation d'une laque. On peut, par exemple, imprimer un mélange semblable et fixer le bleu d'alizarine au vaporisage. Cette propriété rend le bleu d'alizarine précieux pour la fabrication des indiennes.

Le bleu d'alizarine a pris naissance par l'union de 1 molécule de bleu et 2 molécules de bisulfite de soude. Sa formule est donc :

$$C^{17}H^9AzO^4.2SO^3HNa.$$

La faculté du bleu d'alizarine de se combiner aux bisulfites est due à la présence du groupe quinoléique, car ni les purpurines, ni l'alizarine ne se combinent au bisulfite de soude. — G. B.

GARANCERIE. Atelier de garançage.

GARANCEUR. T. de mét. Ouvrier qui fait le garançage.

GARANCINE. — V. GARANCE.

GARANTIE. On entend par *garantie des matières d'or et d'argent* un ensemble de mesures à l'aide desquelles le titre et, par conséquent, la valeur de ces matières sont constatées officiellement.

HISTORIQUE. L'or et l'argent sont des métaux si précieux et la cupidité trouve à les falsifier un si grand lucre, que les transactions dont ils sont l'objet sont, depuis bien des siècles et dans tous les pays civilisés, soumises à des règlements spéciaux. L'autorité publique a cru devoir protéger les citoyens contre des fraudes très dangereuses, et, presque toujours elle est intervenue, non pas seulement pour punir ces fraudes, mais pour les empêcher. La garantie est actuellement régie en France par la loi du 19 brumaire an VI. La première trace de réglementation de la garantie nous trouvions remonte à l'année 1275. Elle est contenue dans une ordonnance de Philippe-le-Hardi, portant (art. 15) que « dans chaque ville où il y aura des orfèvres se trouvera un seing propre à signer les ouvrages qui y seront faits. »

Une ordonnance royale de 1673, que la loi du 19 brumaire an VI a en partie reproduite, établit un droit de marque et de contrôle qui s'était élevé, en 1789, à 7 livres 13 sous 9 deniers par once d'or et 5 livres par marc d'argent. Ce droit fut aboli en 1791 et le commerce des métaux précieux demeura libre jusqu'à la loi de l'an VI. Cette loi qui est encore en vigueur, bien qu'elle ait été adoucie dans la pratique, distingue deux classes de personnes : celles qui font le commerce de l'or et de l'argent, et celles infiniment plus nombreuses qui constituent la clientèle de ce commerce. Aucune tutelle n'est jugée nécessaire pour sauvegarder les intérêts des premières qui ont acquis des notions techniques et l'expérience; tandis qu'on a jugé utile de préserver les autres de tout dommage, en des affaires où elles arrivent inexpérimentées. Les différences entre les personnes se traduisent par des différences entre les régimes qui s'appliquent à la matière brute ou à la matière ouvrée. En effet, les gens du métier seuls achètent celle-là, le public achète celle-ci. Voilà pourquoi la matière change de régime en même temps qu'elle change de forme.

TECHNOLOGIE. La question à résoudre avant d'acheter des matières d'or ou d'argent est, nous l'avons vu, de savoir quel degré de pureté atteint le métal. S'il s'agit de matières brutes ou bien hors de service, on les rend homogènes en les transformant en lingot, puis on détermine la proportion du fin. L'essayeur délivre au possesseur du lingot un bulletin énonçant cette proportion. C'est toujours une fraction dont le dénominateur est 1,000. Souvent, il insculpe à l'aide de poinçons sur le lingot les chiffres indicatifs de cette valeur. L'essayeur exerce une profession libre qui est soumise seulement à la justification de l'aptitude à l'exercer; son diplôme lui est conféré après examen devant la Commission des monnaies. L'essayeur engage sa responsabilité en délivrant un certificat qui sert de passeport au lingot; sa rémunération est au maximum de 1 franc par essai d'or et de 75 centimes par essai d'argent.

Le législateur a pensé qu'au moyen d'empreintes appliquées sur les pièces d'orfèvrerie, on pourrait indiquer aux acheteurs le titre de chaque pièce, et pour éviter la confusion qu'une diversité trop grande aurait amenée, il a limité à trois le nombre des titres pour l'or et à deux pour l'argent. Les titres de l'or sont 920/1000, 840/1000 et 750/1000; ceux de l'argent 950/1000 et 800/1000. De plus, la loi établit l'obligation pour tous les orfèvres, sous peine d'amende et de confiscation, de présenter les objets d'or et d'argent qu'ils ont fabriqués, à un bureau de garantie pour y être marqués des poinçons de l'État. Ces bureaux de garantie sont au nombre de 93 en France et en Algérie. Ils relèvent, pour la partie technique, du bureau des monnaies et pour la partie fiscale des contributions indirectes. Un droit de garantie de 30 francs par hectogramme d'or, et de 1 fr. 60 par hectogramme d'argent est, en effet, perçu pour tout objet soumis au poinçonnage. A ce droit, il faut ajouter la rétribution des essayeurs, dont le tarif est plus élevé que celui des essayeurs libres.

Les marques de garantie sont loin d'être aussi lisibles que les chiffres insculpés par les essayeurs du commerce sur les lingots. A raison du petit volume de la plupart des objets présentés, les marques du bureau de garantie sont microscopiques, le plus souvent, et toujours emblématiques. Les préposés seuls et un petit nombre de commerçants peuvent, en s'aidant de la loupe, les distinguer les unes des autres. C'est pour dérouter la contrefaçon qu'elles ont été faites illisibles pour le public, que dans la pensée du législateur, elle devait renseigner. Cette précaution n'a pas suffi cependant, il a fallu donner à l'administration le droit de changer les symboles de garantie quand bon lui semblerait, et de faire apporter dans ses bureaux tous les ouvrages revêtus des anciennes marques, pour y recevoir l'empreinte des poinçons de recense. Au delà d'un délai très limité qui part du jour où les poinçons nouveaux fonctionnent, tous les ouvrages sur lesquels les marques anciennes seules sont apposées, tombent sous le coup des rigueurs dont nous avons parlé, si ces marques ne sont pas accompagnées de la recense. Malgré cela, la contrefaçon était toujours redoutable. On imagina alors de graver des signes très déliés sur la bigorne où l'on appuie le bijou pour le poinçonner. De cette manière, le coup de marteau qui imprimait le poinçon supérieur, imprimait aussi par contre-coup les images gravées sur la bigorne; la fraude rencontrait une nouvelle difficulté dans la variété des empreintes laissées par la bigorne, tous les bijoux ne s'appuyant pas au même endroit.

Cependant, les bijoux n'échappent pas pour cela à la contrefaçon, qui réussit parfois soit à imiter les marques, soit à les transporter d'un objet de valeur sur un objet de valeur inférieure, soit enfin à introduire des matières viles dans un objet marqué des poinçons de garantie.

Les ouvrages venant de l'étranger doivent être revêtus des poinçons de garantie français, à moins qu'ils n'en aient été revêtus avant leur sortie de France. Sont exceptés de ce droit, les objets appartenant aux ambassadeurs et les bijoux d'or et d'argent servant à l'usage des voyageurs, pourvu que le poids n'en excède pas 5 hectogrammes. Si ces objets sont mis en vente, ils doivent acquitter le droit de garantie. Lorsque des ouvrages neufs d'or et d'argent fabriqués en France et ayant acquitté les droits de garantie sont envoyés à l'étranger pour y être vendus, les deux tiers de ces droits sont remboursés au fabricant.

GARDE. *T. d'arm.* Partie d'une arme blanche qui, située entre la lame et la poignée, couvre la

main et l'empêche de porter le long de la lame.
‖ Morceau de bois placé aux deux extrémités des
peignes du métier de tisserand, pour assujettir les
broches. ‖ Anneaux qui soutiennent un peson,
une romaine ; la *garde faible* est la plus éloignée
du centre de la balance, la *garde forte* est la plus
voisine de ce centre. ‖ Bande de papier pliée en
trois qui sert à tenir fixé dans le battant, le peigne
du rubannier. ‖ Feuillet blanc ou de couleur placé
au commencement et à la fin d'un livre. — V. BRO-
CHAGE. ‖ *Gardes* (toujours au pluriel), synon. de
garnitures. Pièces placées dans l'intérieur d'une
serrure pour s'opposer à l'introduction de toute
clef étrangère.

* GARDE-BRAS. *T. d'arm. anc.* Pièce qui s'adaptait
aux cuirasses et qui allait de l'épaulière jusqu'auprès de
la cubitière, pour augmenter la défense du bras. — V.
ARMURE, CUBITIÈRE.

* GARDE-COLLET. *T. d'arm. anc.* Pièce qui relevait
au-dessus de l'épaulière, pour empêcher le coup de lance
d'atteindre le colletin.

GARDE-CORPS. Parapet à hauteur d'appui, en
pierre, en bois ou en métal, qu'on établit au bord
d'un endroit dangereux, d'un passage élevé, pour
empêcher qu'on ne tombe en bas ; on dit aussi
garde-fou.

* GARDE-CROTTE. *T. de carross.* Large bande de
cuir placée au-dessus des roues pour garantir de
la boue les personnes qui sont dans une voiture
découverte.

GARDE-FEU. Grille ou toile métallique mobile
que l'on pose devant une cheminée pour empêcher
les accidents. ‖ Nom de certains ouvriers dans
les hauts-fourneaux.

* GARDE-MAIN. *T. techn.* Objet qui empêche le
contact de la main sur un ouvrage auquel on
travaille, et notamment le parchemin percé de
trous qui couvre le travail des brodeurs.

* GARDE-MINÉS. On donne ce nom aux agents
auxiliaires des ingénieurs des mines ; ils sont
nommés, après examen, par le ministre des travaux publics. Les connaissances imposées aux
candidats sont, outre une écriture très lisible, les
éléments de la langue française et l'arithmétique,
les notions sur les logarithmes, la géométrie élémentaire, la trigonométrie rectiligne, le dessin
graphique, la méthode des projections, les appareils à vapeur, la levée et la copie des plans superficiels et souterrains.

* GARDÈNE. *T. de bot.* Nom propre à plusieurs
plantes, le *gardenia genipa*, arbre qui croît dans
l'Amérique du sud, le *genipa aculeata* et le *gardenia
raudia* qui croissent à la Jamaïque, en français
nous l'appelons aussi *jasmin du Cap*. Le fruit vert
du *gardenia genipa*, coupé et exposé à l'air, prend
une teinte bleu foncé vif et sert aux habitants du
sud de l'Amérique pour teindre leur peau. La
couleur ne disparaît qu'avec le renouvellement
de l'épiderme. Cette couleur n'est pas attaquée
par le savon ni par le jus de citron. Une étoffe de
coton trempée dans le jus des fruits devient bleu
foncé, résistant au savon et à la lumière, et inaltérable aux sels d'alumine et de fer. Si on laisse

sécher les fruits, ils deviennent bleu foncé. La
couleur est soluble dans la soude et dans la potasse. La chaux est sans action sur elle, ce qui la
différencie de l'indigo. L'acide sulfurique avive
la couleur. Le suc paraît avoir une certaine analogie avec l'indigo, mais n'a pas été étudié suffisamment. Une fois devenu bleue la liqueur perd
la propriété de se fixer sur le coton. L'acide nitrique détruit ce bleu en le faisant passer au jaune.
D'après Hartsinck, le suc laiteux du *carica papœya*
l'enlève quand il est placé sur une étoffe. Le *gardenia* dont il s'agit ici ne doit pas être confondu
avec le *gardenia florida*, L., de la famille des rubiacées comme le *gardenia genipa* ; le fruit de
celui-ci est une baie orangée, munie de côtes,
tandis que celui du *genipa* est vert jaunâtre puis
bleu.

GARDE-PLATINE. *T. techn.* Pièce du métier de
bonneterie qui préserve les platines du contact
de la presse. ‖ Pièce qui couvre la platine d'un
fusil.

GARDE-ROBE. *T. techn.* Appareil dont on munit
les sièges d'aisances pour les fermer hermétiquement, et préserver les appartements des odeurs
provenant des fosses.

GARE. 1° *T. de navig.* Lieu disposé sur les rivières pour servir d'abri aux bateaux contre les
glaces et les inondations, et aussi (gare d'eau)
pour servir au débarquement des marchandises
amenées par bateau. ‖ 2° *T. de chem. de fer.* Par
extension, lieu de dépôt des marchandises et
d'embarquement ou de débarquement des voyageurs sur un chemin de fer. Le point spécial de
la gare où s'effectuent ces deux dernières opérations, prend plus particulièrement les noms d'*embarcadère* ou de *débarcadère*. En général, le terme
de *gare* s'applique de préférence aux installations
les plus importantes (gares de bifurcation, gares
de tête), tandis qu'on réserve le nom de *station*
aux installations plus modestes (stations de passage) et celui de *halte* aux installations tout à fait
économiques, qui ne sont ouvertes qu'au service
des voyageurs et qui n'ont qu'un caractère d'intérêt local.

— Le nombre des gares et stations, actuellement ouvertes sur les chemins de fer français, est d'environ
8,000. Les différentes gares de Paris (voyageurs ou
marchandises) donnaient, en 1880, une recette brute
totale de 163 millions ; venaient ensuite, par ordre d'importance : Bordeaux 34 millions, Lyon 24 millions, Marseille 20 millions, Toulouse 15, Le Hâvre et Cette 13,
frontière d'Erquelines 12, Rouen 7, Dunkerque, Le Mans
et Lille 6, etc. Comme importance de trafic, l'ordre est
loin d'être le même que pour la recette ; ainsi pour les
voyageurs, il est le suivant : Paris, Lille, Lyon, Bordeaux, Rouen, Marseille, Nancy et Reims ; pour les
marchandises : Paris, Cette, Marseille, Bordeaux, Lyon,
Erquelines, Longwy, Le Hâvre, Givet, Dunkerque, etc.
Il y a lieu de remarquer, d'ailleurs, que, de même que Paris,
les villes de Bordeaux, Cette et Toulouse ont plusieurs gares distinctes appartenant à des Compagnies différentes.
Lorsqu'au contraire, les lignes de plusieurs Compagnies
aboutissent à une même gare, cette gare prend le nom
de *gare commune* et est gérée par l'une de ces Compagnies dans des conditions indiquées sommairement à
l'article EXPLOITATION. Nous envisagerons successivement

les gares au point de vue de la disposition des voies et au point de vue de la disposition des bâtiments.

1º *Disposition des voies.* L'adoption de bonnes dispositions dans l'organisation des voies d'une gare est une question d'un grand intérêt. L'expérience prouve, en effet, qu'une gare mal installée est d'une exploitation très coûteuse. Si l'on veut échapper à cet inconvénient majeur, il faut assurer à la fois la rapidité et la sécurité des mouvements ; pour la rapidité, il faut disposer d'un emplacement suffisant, multiplier les ressources, et suivre une méthode rationnelle dans l'organisation générale des voies ; pour la sécurité, il convient de concentrer la surveillance des appareils et d'installer les signaux partout où cela est nécessaire. Nous laisserons de côté cette seconde question qui est traitée à l'article SIGNAUX. Ce serait un véritable non sens que de donner le plan d'une gare destinée à servir de type, deux gares ne se trouvant, pour ainsi dire, jamais dans les mêmes conditions d'emplacement et d'importance ; nous devons donc nous borner à citer quelques exemples pris parmi les dispositions les plus recommandables, aux divers degrés de l'échelle, et en procédant du simple au composé.

Stations de passage. La plus petite station comporte, pour peu qu'elle soit ouverte à tous les services de grande et de petite vitesse, c'est-à-dire si c'est une véri-

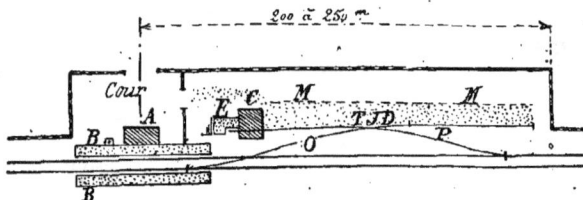

Fig. 249. — *Type de petite station sans plaques.*

table station et non une simple *halte*, outre le bâtiment et les quais d'embarquement des voyageurs, une halle à marchandises et un petit quai découvert desservis par une voie de garage au moins ; le personnel d'une station d'aussi faible importance étant très restreint, un chef aidé quelquefois d'un homme d'équipe, on évite l'emploi de plaques tournantes sur lesquelles les vagons chargés ne peuvent être tournés à bras que si l'on y attelle quatre hommes. La voie de garage est donc reliée à ses deux bouts avec les voies dites *principales* sur lesquelles circulent les trains ; mais, pour faciliter les manœuvres des trains qui, à leur passage, ont des vagons à prendre ou à laisser sur cette voie, il faut que ce mode de liaison soit commodément disposé. Nous citerons comme un modèle dans ce genre, une disposition de voies avec *traversée-jonction* qui a été récemment appliquée à un certain nombre de petites stations du réseau du Nord. Cette disposition est indiquée en croquis à la figure 249, chaque voie étant représentée par un seul trait et les voies principales par un trait plus épais ; le bâtiment des voyageurs est en A, les quais d'embarquement sont en B, la halle en C ; une chaussée empierrée M borde la voie sur laquelle se fait le chargement et le déchargement des marchandises par vagon complet, qui ne craignent

pas l'humidité, ou en d'autres termes, la *voie de débord*. Cette voie est en impasse et reliée en son milieu avec les deux voies principales au moyen de ce qu'on appelle une *traversée-jonction* qui permet de passer aisément, par aiguilles, d'un des quatre bouts de voie à chacun des trois autres. On forme les vagons que doivent enlever les trains, sur les bouts de voie O, P, où les machines les prennent sans déranger ceux qui sont en chargement sur la voie de débord.

Ce type de station convient à un trafic qui ne dépasse pas 10 à 12 vagons par jour. Au delà de cette limite, non seulement les dimensions seraient insuffisantes et la place manquerait pour caser tous les vagons que l'on reçoit à la fois, mais les manœuvres des trains seraient plus compliquées, plus longues et exigeraient leur stationnement en gare pendant un temps excessif. Dans ce cas, on n'hésite pas à avoir recours à des plaques, et la disposition de la figure 250, appliquée sur les nouvelles lignes en construction par l'Etat, dans la région du Nord (Busigny à Hirson, par exemple), peut être considérée comme un modèle dans ce genre. La gare représentée à ce croquis est celle du Nouvion, avec son bâtiment principal A et ses quais B, la halle C, le quai à bestiaux D, le treuil roulant E. Une traversée rectangulaire relie entre elles les cinq voies de garage ou de débord situées de chaque côté des voies principales, de manière que les trains de marchandises puissent prendre et laisser leurs vagons en une seule manœuvre, quel que soit le sens de leur marche. Une station outillée de cette manière, avec des dimensions bien proportionnées, peut assurer un trafic de 30 à 40 vagons par jour, c'est-à-dire une moyenne déjà élevée ; car, à moins qu'il ne s'agisse d'une localité tout à fait industrielle, il n'y a pas beaucoup de chefs-lieux de canton qui aient un tel mouvement de marchandises. Dans ces conditions, le faciès d'un plan de gare de passage ne peut guère varier que par le nombre de voies de garage intercalées entre les voies principales et que l'on appelle *service local*, c'est-à-dire l'ensemble des installations où se fait la manutention des marchandises. Ce service local est placé tantôt du même côté que le bâtiment des voyageurs (c'est le cas des deux croquis qui précèdent), et alors la même cour d'accès est commune aux deux services, tantôt du côté opposé et en face de lui (V. fig. 251), disposition qui allonge moins la gare, mais qui crée deux issues et rend la surveillance moins facile.

Le plus grand nombre des stations de passage est disposé de manière à pouvoir garer les trains de marchandises dépassés par d'autres trains, ou croisés par eux s'il s'agit d'une ligne à une seule voie. On se borne souvent, sur les lignes à double voie, à poser une seule voie de garage reliée à ses deux extrémités, comme au Nouvion (fig. 250), avec les voies principales par des aiguilles qui sont toujours prises en *talon* par les trains circulant sur les voies principales et sur lesquelles on fait refouler le train qu'on veut garer. On évite, en effet, de la manière la plus absolue, les aiguilles prises en pointe qui ne sont acceptées qu'aux bifurcations, et qui sont alors gardées et enclenchées avec des signaux spéciaux.

Quelquefois cette voie de garage est intercalée entre les deux voies principales afin que le train, en se garant, ne coupe pas l'autre voie principale; nous donnons comme exemple une station d'une ligne à voie unique, où les aiguilles sont nécessairement abordées en pointe aux deux bouts de la gare, la station de Lamballe (fig. 251) sur le réseau de l'Ouest, telle qu'elle était antérieurement à la construction de la ligne de Dinan. Mais avec cette disposition, il faut couper les trains garés, pour laisser passer les voyageurs d'un quai

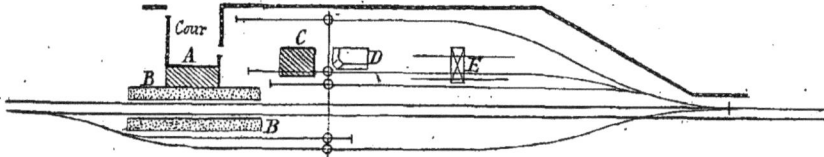

Fig. 250. — *Type de station moyenne (le Nouvion).*

à l'autre, et la surveillance est moins commode, puisque la vue est masquée par des vagons.

La cour des marchandises donnant accès à la halle, aux quais et à la voie de débord, a généralement 20 à 25 mètres de largeur, elle sert à la circulation des voitures, ainsi qu'au déchargement à terre des marchandises encombrantes; lorsqu'elle est encadrée par une seconde voie de débord, dite *voie de ceinture*, comme au Nouvion (fig. 250), on lui donne une largeur de 25 à 30 mètres. Les halles ont au plus 80 à 100 mètres de longueur et leur quai a 8 à 15 mètres de largeur;

les halles et les quais découverts sont généralement placés à la suite l'un de l'autre, sur la même voie, et séparés par des traversées rectangulaires espacées de 100 mètres. La surface de quai nécessaire pour un trafic donné, varie avec la nature de ce trafic; cependant, on admet qu'il faut aux halles d'arrivée 1 mètre carré pour 25 tonnes de trafic annuel et aux halles d'expéditions, 1 mètre carré pour 40 à 50 tonnes. Cette différence tient à ce que les délais accordés pour l'enlèvement des marchandises par les destinataires, réduisent beaucoup l'utilisation de la surface du

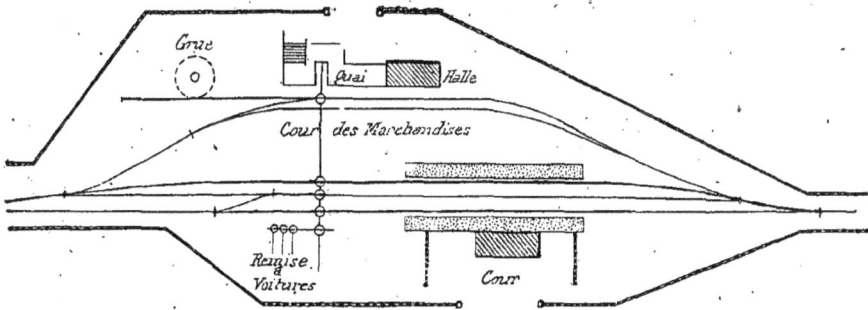

Fig. 251. — *Type de station moyenne (Lamballe).*

quai. Si la même halle sert à la fois aux arrivées et aux expéditions, on prend une moyenne qui est de 30 à 35 tonnes par mètres carrés.

Gare de bifurcation ou d'embranchement. Quand un embranchement peu important se soude à une grande ligne, l'origine de la petite ligne forme, en quelque sorte, une gare de tête juxtaposée à une station de passage. On fait aboutir la voie d'embranchement en impasse près de l'un des quais; une seconde voie placée à côté de la précédente et reliée avec elle à ses extrémités, par des aiguilles, de manière à former ce que l'on appelle une *demi-lune*, sert à dégager la machine

qui passe de tête en queue, lorsque le même train fait un service de navette sur l'embranchement. Comme exemple d'une disposition applicable à un embranchement un peu plus important, mais ne nécessitant pas la création d'une véritable bifurcation sur la ligne principale, nous citerons la station des Laumes, tête de ligne de Semur à Avallon, sur l'artère de Paris à Dijon (fig. 252). Ici la ligne de Semur ne finit pas en impasse, de manière que, le cas échéant, les trains qui en viennent puissent passer directement sur la ligne principale; mais, comme il s'agit d'une station de passage sur une artère principale et que l'on a voulu y éviter toute aiguille en pointe, les trains

venant de Paris, que l'on veut diriger vers Semur doivent être refoulés par l'aiguille a. La localité étant très peu importante et ne donnant
presque pas de trafiç pour l'embranchement, le
mode de liaisons assez compliquées, qui met
l'embranchement en relation avec le service local
n'a pas d'inconvénients sérieux. Mais dans la plupart des cas, les trains de l'embranchement sont
mixtes, c'est-à-dire que l'on place des vagons de

marchandises entre la machine et les vagons de
voyageurs, il est donc nécessaire que l'on puisse
facilement ajouter ou retirer ces vagons avant le
départ ou après l'arrivée des trains de l'embranchement.

Lorsqu'il s'agit de lignes d'importance à peu
près égale, on place la gare soit dans l'angle de la
bifurcation soit sur le tronc commun. La première
disposition est peu usitée, et elle ne peut convenir

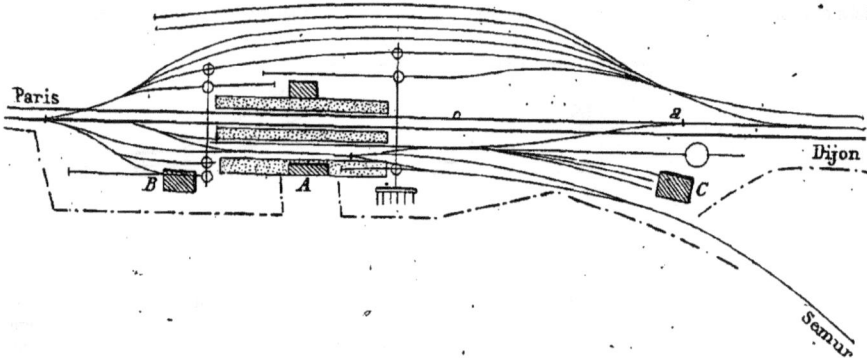

Fig. 252. — *Station d'embranchement (Les Laumes).*

que dans le cas de deux lignes seulement; nous citerons comme exemples, Ermont sur le Nord, Ju-
visy sur l'Orléans, Moret sur la ligne de P.L.M. L'autre cas est le plus général, les diverses lignes arrivent soit séparément, soit sur les mêmes rails, jusqu'au bâtiment en face duquel on dispose autant
de voies desservies par des quais, qu'il y a de
directions aboutissant à la ligne; souvent on place
aux deux bouts entre les voies, des liaisons en

croix ou *bretelles* pour donner toutes les facilités
sans réserver d'affectation spéciale aux voies; on
reçoit les trains, quelle que soit leur provenance,
sur l'une des voies restées libres. Une cabine d'en-
clenchements concentre d'ailleurs la manœuvre
de toutes ces aiguilles d'entrée de gare et celle
des signaux destinés à protéger les mouvements
que les machines y effectuent. Il y a plusieurs
quais d'embarquement généralement couverts

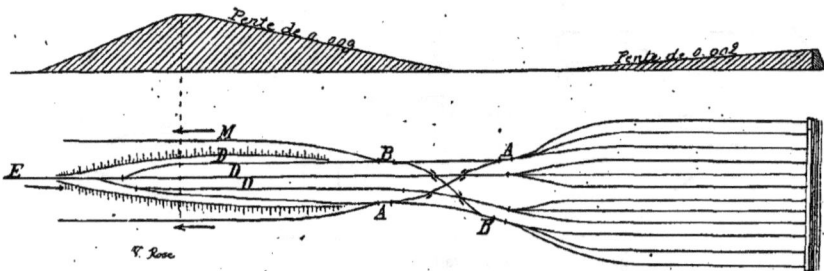

Fig. 253. — *Disposition d'un faisceau de triage par la gravité.*

d'une grande halle en face du bâtiment principal;
au bout de ces quais, dans les intervalles des
voies de circulation, sont intercalées des voies pour
le dépôt des vagons que l'on ajoute en tête des
trains. Nous passons rapidement sur les détails,
d'ailleurs assez arides de ces installations, en
esquissant seulement les lignes générales du plan,
pour ne pas dépasser la limite du cadre de cette
étude sommaire.

Gare de triage. Dans de grandes gares, on
évite habituellement de faire circuler les trains

de marchandises sur les voies du service des
voyageurs; on les dirige, dès l'entrée de la gare,
dans les voies de garage qui leur sont affectées,
qui sont reliées par des aiguilles à leurs deux
extrémités, et qui ont environ 400 mètres de longueur pour contenir les trains complets de 60 vagons. Le remaniement des trains de marchandises
dans les gares de *triage* prend, de jour en jour,
plus d'importance, à mesure que les mailles du
réseau des voies ferrées se multiplient et que les
trains renferment les éléments destinés à être
envoyés dans des directions plus nombreuses. Le

triage est une opération qui précède celle de la *formation* des trains, et qui consiste à décomposer un train en autant de coupes qu'il y a de directions pour les vagons dont il est formé. Ce triage se fait maintenant, en général, par la gravité sur des voies terminées en impasse et formant un faisceau relié à des voies de débranchement. Ainsi, en admettant qu'il y ait 12 voies de triage (fig. 253), une bretelle à traversées-jonctions A A B B et 4 voies D, en pente de 9 millimètres sur lesquelles on refoule les trains par la voie en rampe E ; les terrassements forment un dos d'âne artificiel de manière que quand le train à trier est refoulé sur l'une des voies D, la machine se détache et en décrochant successivement les vagons, on les laisse rouler sur celle des voies de triage correspondant à leur direction ; celles-ci sont en rampe légère pour amortir la vitesse du vagon qui, sans cette précaution, irait en s'accélérant, de sorte qu'il en résulterait des chocs. Quand une voie de triage est pleine (on ne leur donne, à moins de circonstances spéciales,

que 150 à 200 mètres de longueur), on retire son contenu par l'une des deux voies de sortie MM, qui sont en palier ou en rampe peu sensible. Cette méthode est excessivement rapide et économique et peut s'appliquer à des gares existantes, tandis que la méthode des *grils* anglais, dont nous allons dire aussi quelques mots, exige que le terrain se prête, par des déclivités naturelles, à l'installation de la gare de triage. Les grils se composent de faisceaux successifs de voies reliés entre eux par la tête de leurs aiguillages, et disposés en pente de 8 à 12 millimètres ; les vagons numérotés à l'avance sont abandonnés à la pesanteur et reçus dans le premier groupe qui contient autant de voies qu'il y a de directions. Les voies du second gril sont courtes et l'on y fait, pour chaque direction prise successivement, le classement des vagons par destination ; enfin, le troisième faisceau sert à former les trains de chaque direction avec les éléments classés sur le gril précédent ; par conséquent, les vagons arrivant pêle-mêle à une extrémité, sortent à l'autre bien classés dans les

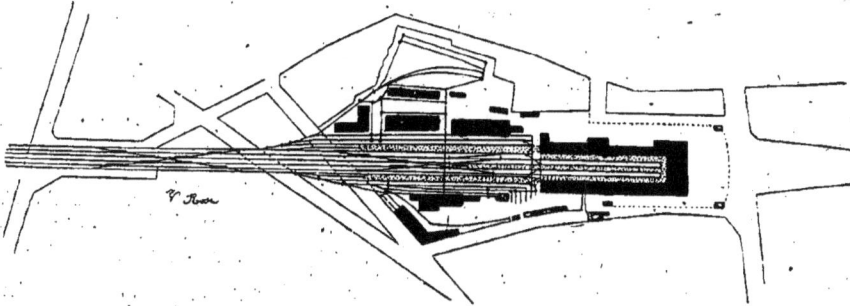

Fig. 254. — *Gare de l'Est, à Paris.*

trains qui doivent les écouler, il n'y a donc aucune perte de temps pour rebrousser, et tout se fait par la gravité sans le secours des machines. Seulement cette installation exige une grande longueur de terrain en pente continue (1 kilomètre au moins) et, de plus, elle n'est utilisable que dans le cas d'un courant régulier de trafic qui va toujours dans le même sens, sans quoi la remonte d'une partie de ces vagons serait un obstacle sérieux.

Gare terminus. Les gares de tête, comme celle de Paris ou de certaines grandes villes, où l'on a établi un point de rebroussement (Orléans, Tours, Boulogne, Bordeaux), sont en impasse. Leur disposition et leur surface est très variable, suivant que l'on y fait le service de la grande ligne ou celui de la banlieue. Pour la grande ligne, on dispose un ou plusieurs quais d'arrivée et de départ, selon que les trains doivent se succéder à long ou à bref intervalle. En effet, le déchargement des bagages à l'arrivée exige toujours un certain temps, et de même au départ, il faut refouler le matériel vingt à trente minutes avant l'heure. Nous donnons à la figure 254, le plan de la gare de l'Est, récemment remaniée, et où il y a,

au fond de la gare, sous la halle, quatre voies à quai, et dans l'avant gare, quatre autres voies bordant les quais extérieurs. Toutes ces voies sont commodément reliées par des bretelles en traversées-jonctions, manœuvrées de deux cabines d'enclenchement.

Pour le service de la banlieue, il est préférable de multiplier les trottoirs servant de débarcadère et les voies d'arrivée et de départ sur lesquelles le matériel des trains arrivés peut stationner, sans subir de remaniement, jusqu'à l'heure de leur départ. Au Nord, où il y a un service mixte de grande ligne et de banlieue, la gare n'aura pas moins de 14 voies d'arrivée ou de départ, quand les travaux entrepris seront terminés. Quant à la gare Saint-Lazare, qui est la gare de banlieue par excellence, elle est formée d'une série de gares accolées les unes aux autres, et la grande ligne y a été tellement sacrifiée, qu'il est actuellement question d'un remaniement complet des dispositions existantes. Pour multiplier les voies et les débarcadères sous les halles, on est conduit à placer les voies côte à côte, comme dans le croquis que nous avons donné de la gare de l'Est. Dans ce cas, les machines des trains arrivés restent emprisonnées jusqu'à ce qu'on ait pu enlever le matériel; pour les trains de banlieue, c'est un inconvénient que l'on évite en reliant entre elles les deux voies par une bretelle, de manière à dégager la machine par la voie voisine dès qu'elle devient libre; ailleurs, en sacrifiant une voie intercalée entre deux voies d'arrivée et reliée à elles par une plaque ou des aiguilles, on obtient un dégagement immédiat pour la machine, mais on perd de la place sous la halle couverte pour une voie qui doit toujours rester libre.

Ce qui précède concerne exclusivement le service des voyageurs, dans les gares terminus, il n'y a guère que le service des marchandises en grande vitesse qui soit confondu avec celui des voyageurs, et, dans ce cas, une simple halle du côté du départ, une autre du côté de l'arrivée suffisent pour un gros trafic de messageries. Les voies sur lesquelles stationnent les fourgons que l'on remplit de ces colis doivent être en relation commode avec celles des trains de voyageurs afin que l'on ajoute aisément, par plaque ou par aiguille, les fourgons de messageries en tête des trains, car il faut un courant de trafic de grande vitesse extrêmement important pour justifier la création de trains spéciaux de messageries. Il en est tout autrement du service des marchandises en petite vitesse qui constitue plus de la moitié de la recette du chemin de fer, et qui, dans une grande ville comme Paris, demande un emplacement trop considérable pour qu'on puisse l'installer

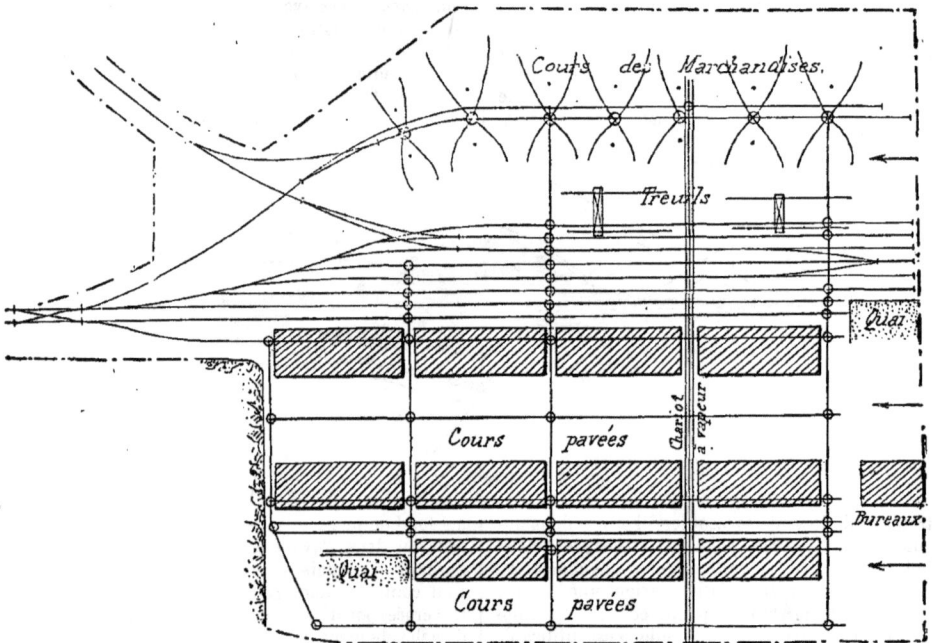

Fig. 255. — *Type d'une gare de marchandise (Lille, Saint-Sauveur).*

sur des terrains coûteux, au cœur de la ville, il faut nécessairement le reléguer dans des quartiers excentriques ou même *extra muros*. En Angleterre, où les marchandises ne séjournent pas en gare, où les Compagnies peuvent les camionner d'office jusque dans les magasins du destinataire, si celui-ci ne préfère les faire enlever immédiatement par ses soins, la gare de marchandises se réduit à un simple quai de débord muni des engins les plus perfectionnés, à manœuvre rapide; d'un côté les vagons arrivent, de l'autre les camions, et les marchandises ne font que traverser le quai. En France, les habitudes sont différentes, grâce au délai que l'administration accorde aux destinataires pour opérer l'enlèvement de leurs marchandises; ce délai exagéré est de quarante-huit heures à partir de la mise à la poste de la lettre avisant le destinataire, et comme la Compagnie ne peut, pendant tout ce temps, immobiliser le vagon en le laissant à la disposition du destinataire, elle décharge la marchandise sur des quais dont la surface doit être proportionnée à cet usage; si donc le trafic journalier d'une gare est de 1,000 tonnes, ses quais et ses cours doivent être calculés de manière à pouvoir contenir 3,000 tonnes; on voit immédiatement que cette formule abusive exige de place, le commerce étant habitué à user des délais et à se servir de la gare comme d'un magasin gratuit.

Quoi qu'il en soit de l'étendue de ces gares de marchandises qui, à Paris, couvrent jusqu'à 30 et 40 hectares de terrain, la disposition des voies est généralement calquée sur un type uniforme, à l'exception des gares spéciales dont nous dirons ensuite quelques mots. Les trains sont reçus dans des faisceaux de voies d'arrivée où on les décompose suivant la nature du chargement. Les halles d'arrivages sont échelonnées le long de ces voies, ou sur une même voie, ce qui rend le dégagement moins facile. Quelquefois, comme à Bercy, on les dispose perpendiculairement aux voies d'arrivée, et il faut alors tourner tous les vagons sur plaque. La manœuvre est alors plus coûteuse, mais l'espace est mieux utilisé et l'accès plus commode pour le public. Les halles d'expéditions moins nombreuses, parce que la Compagnie n'est pas à la merci du public pour le chargement des marchandises, sont disposées de manière que les vagons vidés dans les halles d'arrivages puissent facilement se remplir dans les halles d'expéditions, et de là passer aux voies de départ qui communiquent avec le faisceau de formation des trains. Le mieux serait une sorte de disposition circulaire dans laquelle le vagon n'aurait jamais à rebrousser, mais qui ne se prêterait que difficilement aux autres exigences du service. Nous donnerons comme exemple la gare de Saint-Sauveur, à Lille (fig. 255), où un certain nombre de halles sont directement reliées par aiguilles, tandis que l'autre partie servant à la douane n'est reliée que par plaques.

Gares spéciales. Parmi les gares destinées à des marchandises spéciales, les gares aux charbons sont les plus importantes ; quand une gare écoule chaque jour 3 à 400 vagons de houille, il est essentiel que des mesures soient prises pour le déchargement rapide de ces vagons, de manière qu'on puisse les renvoyer de suite aux fosses et en tirer l'utilisation maxima. Il faut donc que les vagons déjà vides puissent être retirés de suite sans être gênés par ceux dont le déchargement n'est pas terminé ; des bouts de voies courts rayonnent autour de plaques situées sur une voie mère répondant à ce programme, c'est ce que l'on appelle les voies en X, dont un exemple existe

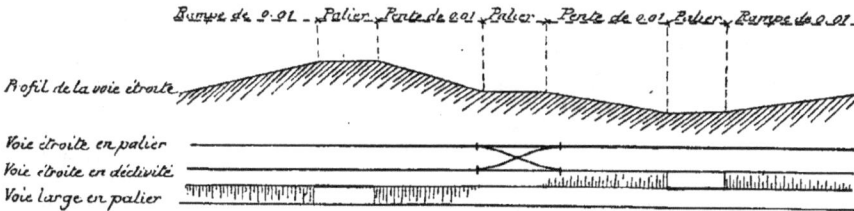

Fig. 256. — *Transbordement en fosse.*

précisément à la gare de Saint-Sauveur (fig. 255). Pour manœuvrer rapidement ces vagons, on fait usage d'une petite machine de *manutention* qui circule sur une voie spéciale voisine de la voie mère des X. Pour lancer les vagons sur les X, cette machine, qui porte à l'avant un cabestan à vapeur, enroule une corde attachée soit directement au vagon, soit en passant par une poulie de renvoi, fixée dans le sol aux emplacements indiqués sur le croquis par des points. Avec ce système, on arrive à alimenter et à renouveler plusieurs fois par jour une ligne d'X, d'autant plus que les vagons peuvent être accostés des deux côtés par des tombereaux, ce qui active leur déchargement.

A Paris, une certaine partie des charbons arrivant en gare sont entreposés dans la gare même sur des chantiers loués à des marchands qui y font la vente de leur houille. Dans ce cas, il est évident que ce n'est pas aux X qu'il faut avoir recours ; des groupes de trois voies, reliés à leurs extrémités par des aiguilles et transversalement par des plaques ou des chariots, sillonnent des cours pavées dans lesquelles sont découpés, le long des voies, les chantiers avec une chaussée de circulation entre deux rangées de chantiers loués ; la voie du milieu sert au dégagement des vagons vides.

Les gares pour le service des pierres ou des fers ont à peu près la même disposition, seulement, la voie qui dessert les chantiers est munie d'un treuil roulant d'une portée de 12 mètres, au-dessous duquel sont empilées les pierres à mesure qu'on les décharge.

Gares de transbordement. Certaines marchandises de détail sont toujours transbordées dans les gares communes à deux administrations, où se fait la transmission des colis qui transitent d'un réseau à l'autre ; ce transbordement est d'ailleurs obligatoire et s'applique à toutes sortes de marchandises, quand le contact a lieu entre deux lignes à écartement de voie différent.

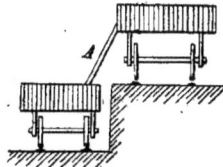

Fig. 257.

Pour les colis de détail qui, comme ceux qui sortent d'un vagon, doivent être chargés dans plusieurs autres, on dispose un quai de 5 à 6 mètres de largeur et d'environ 50 mètres de longueur, entouré d'un quadrilatère de voies reliées entre elles par des plaques ; à l'intérieur, se trouvent des voies parallèles au quai et servant à l'approvisionnement des voies de transbordement, ou au dégagement des vagons vides. Pour les marchandises pondéreuses on place un treuil roulant à cheval sur les deux voies, de largeur différente ; enfin, quand il s'agit de charbons, de minerai, de betteraves ou d'autres marchandises en vrac et en grandes masses dursibles, on fait le transbordement *en fosse*, à niveaux différents. La voie la plus large est conservée horizontale, l'autre est disposée d'une part, en contre-haut, d'autre part, en contre-bas, par rapport à sa voisine et est reliée avec une autre voie étroite, en palier sur toute sa longueur, qui sert à dégager les vagons ou à les amener, au moyen d'une bretelle qui les réunit entre l'estacade et la fosse (fig. 256). Une *goulotte* ou couloir mobile A (fig. 257) met les deux vagons en communication et en pelletant la marchandise sur ce couloir, on arrive à vider rapidement un vagon dans l'autre, surtout quand ils ont la même capacité et quand on n'est pas obligé de faire des manœuvres pour en amener un second. Dans ce cas, le prix de revient de transbordement peut descendre à 0,10 ou 0,12 par tonne.

Au début de l'installation des lignes à voie étroite, cette question du transbordement paraissait plus grosse qu'elle n'est en réalité, on avait même préconisé l'emploi de plates-formes qui pourraient contenir deux cadres, par exemple, sur le vagon de la petite ligne, trois sur celui de la grande; on aurait transbordé les cadres tout chargés au point de jonction; mais on a renoncé à cette disposition qui n'eût offert que des avantages illusoires, parce que, quand on transborde des marchandises de détail comme celles qu'il s'agissait de mettre en cadre, il est rare que le contenu de tout un vagon ait la même direction.

Gares maritimes. Cette catégorie de gare est, pour ainsi dire, d'invention récente. Jusqu'à ces dernières années, nos ports étaient très incomplètement desservis par des voies ferrées; les plus fortunés d'entre eux possédaient une seule voie qui courait le long des quais et qui était d'une exploitation incommode et coûteuse. Les travaux récemment exécutés à Dunkerque ou entrepris à Calais, sur le modèle de ceux que la Belgique a exécutés à Anvers, ont appelé l'attention générale sur l'outillage des ports, en entendant par le mot *outillage*, non seulement les engins permettant d'embarquer ou de débarquer les marchandises, mais encore et surtout la disposition des voies ferrées sur le port. Or, les bassins des ports ne sont que des quais ou des cours de gare, d'une nature particulière, dont les véhicules sont des bateaux au lieu d'être des camions; il faut donc prendre des dispositions pour libérer rapidement le matériel du railway et principalement le matériel nautique, dont le stationnement représente souvent une dépense de 300 ou 400 francs par jour. Il faut donc bien relier les bassins avec la gare centrale et disposer les voies sur les quais de manière à tirer du bassin son utilisation maxima. Nous donnons à la figure 258 un croquis de la disposition qui a prévalu pour les deux ports cités plus haut; chacun d'eux porte, d'abord, un groupe de trois voies, près de l'arête, l'une

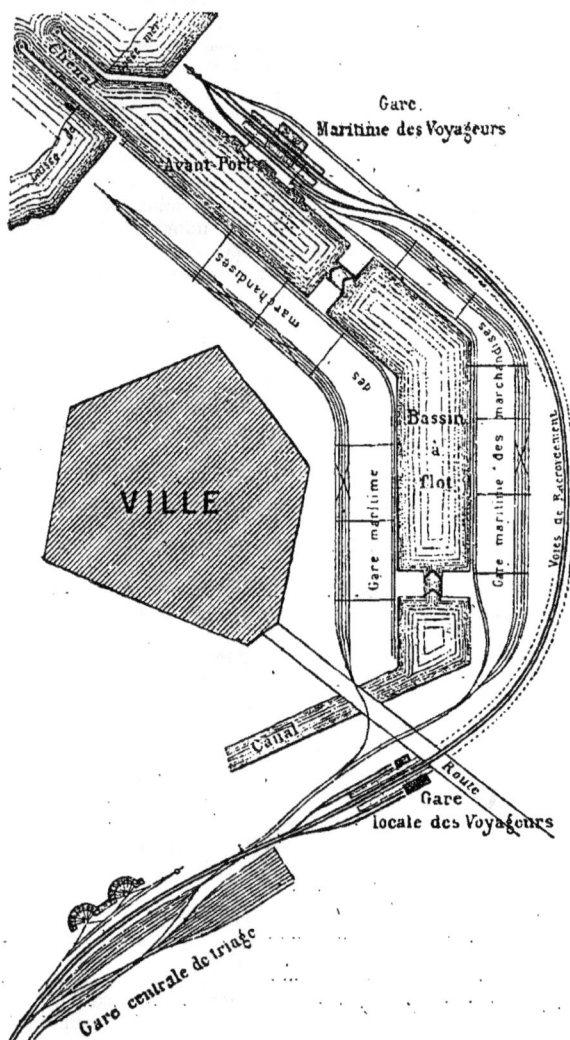

Fig. 258. — *Type de gare maritime (Calais).*

pour la grue, l'autre pour les vagons en déchargement direct du bateau, puis une aire de dépôt (cour, hangar ou magasin à étages) pour les marchandises qui ne sont pas transbordées immédiatement en vagon et qui séjournent au port, soit pour subir les formalités de douane, soit pour la convenance spéciale des commissionnaires. De l'autre côté de l'aire de dépôt, est un groupe de cinq voies pour les vagons en chargement, pour les vagons vides, pour les trains à l'arrivée, pour les trains au départ et pour la circulation des machines. On voit que la longueur nécessaire pour faire, dans ces conditions, le service d'une seule arête de quai, est d'environ 80 à 100 mètres, pour un quai double il faut 140 à 150 mètres environ, parce que les deux voies de trains et la voie de cir-

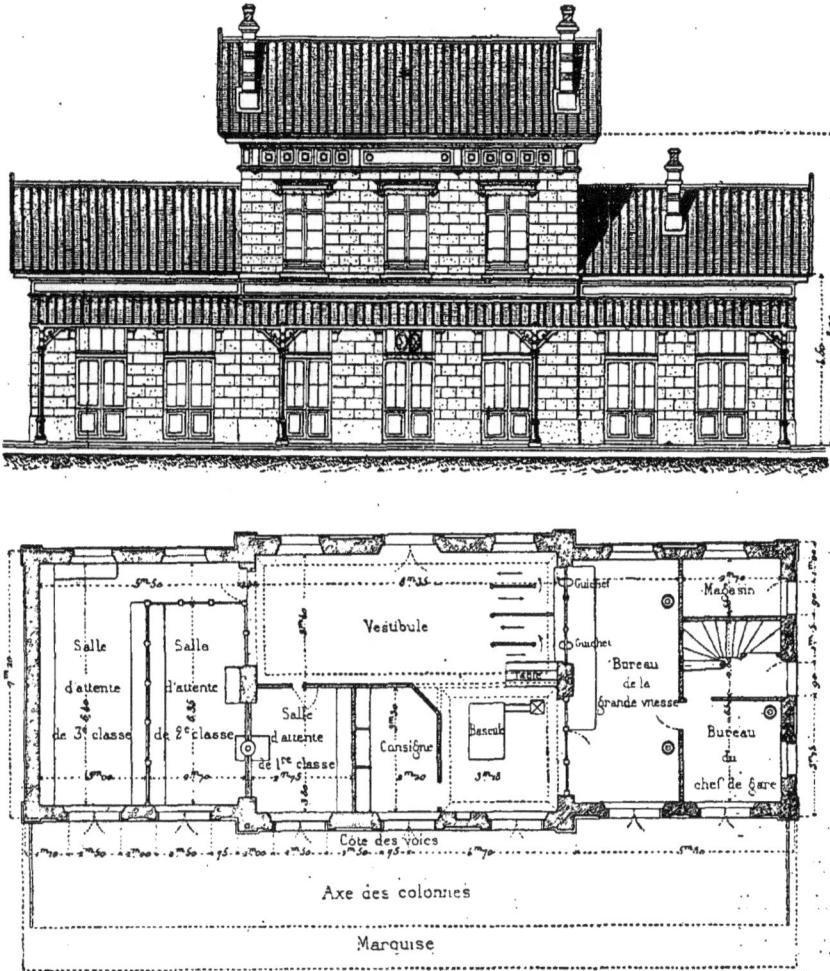

Fig. 259 et 260. — *Type de bâtiment pour station moyenne. Elévation et plan du rez-de-chaussée.*

culation serviraient pour les deux moitiés du quai.

Pour le service des voyageurs, le quai où accostent les paquebots, doit être, autant que possible, sous peine de gêne, distinct de ceux où abordent les bateaux du service des marchandises. La disposition des voies y est celle d'une gare terminus ouverte d'un côté, à laquelle doit être annexé un système permettant de charger ou de décharger les fourgons à bagages à l'aide de grues dont la flèche descend au-dessus des bateaux.

DISPOSITION DES BÂTIMENTS. Nous avons séparé complètement la question des bâtiments des gares, qui se rattache plutôt à l'art de l'architecte qu'à celui de l'ingénieur. Là encore, il y a lieu de distinguer entre le plan qui donne la distribution du rez-de-chaussée, généralement affecté à l'usage exclusif du public, et l'élévation qui est soumise à des considérations esthétiques qu'il ne faut pas laisser de côté : il y a une architecture de chemins de fer qui, pour être spéciale, n'en doit pas moins observer certaines proportions, sans lesquelles ce que l'on construit est nécessairement laid et incommode. Il n'y a donc pas lieu de séparer ces deux côtés de la question et nous ferons, dans chaque cas, suivre le plan de l'élévation qui lui correspond, nous serions presque tentés de dire qu'il rend nécessaire.

En passant sous silence les haltes qui font l'objet d'une construction spéciale, le bâtiment de station le plus rudimentaire comporte, en général, un vestibule, une salle d'attente, un bureau et un escalier conduisant à l'étage où se trouve le logement du chef de station. Dès que l'importance de la station s'accroît, il faut séparer les salles d'attente en trois classes, distinguer le bureau de la grande vitesse, où se tiennent le receveur aux billets, le préposé aux bagages et le télégraphiste, du bureau du chef de gare ; ajouter une consigne, un magasin, ce qui conduit à annexer deux ailes au corps central muni d'un étage dans lequel se trouve un logement de 50 à 80 mètres carrés pour le chef. Tel est le type de station courante (fig. 259 et 260) pouvant faire face à un mouvement de 20 à 30,000 voyageurs par an. On compte d'ailleurs 1,000 à 1,200 voyageurs par mètre carré de salle d'attente.

Dans le croquis que nous donnons d'une station prévue pour les chemins de fer de la Corse, l'escalier est relégué dans l'une des ailes , on est fatalement conduit à cette solution si l'on ne veut pas gêner la distribution du rez-de-chaussée du corps central et si l'on veut donner une sortie commode pour le ménage du chef. On en est quitte pour faire déboucher cet escalier dans un couloir mansardé placé dans le comble de l'une des ailes sans étage. Cette combinaison est applicable tant que l'aile n'a pas plus de trois travées. Au delà de cette limite, une telle distribution aurait des inconvénients et l'on peut avoir recours à une autre disposition dont l'aspect architectural est favorable à l'emploi de la brique. Le corps central forme un vaste *hall* sans étage, affecté au service des bagages. Les pavillons sont, au contraire, surmontés d'étages ; l'un est affecté au buffet et l'on peut loger un sous-chef, l'autre est réservé au chef de gare.

Dans les deux types de distribution que nous venons de donner, on remarquera que la bascule destinée au pesage des colis de bagages est d'un type spécial ; c'est une romaine automatique posée à fleur du sol, on y fait passer les tricycles tarés d'avance, et la bascule donne sur un cadran bien visible du voyageur, le poids réel du bagage, déduction faite de la tare. Avec ce système qui, quoique récent, s'est rapidement répandu dans un grand nombre de gares de nos grands réseaux, il n'est plus nécessaire de mettre des tables pour le dépôt des bagages au départ ; les tricycles, dont l'approvisionnement est calculé à cet effet, servent, pour ainsi dire, de tables mobiles. Cela dégage le vestibule, où il suffit de conserver seulement des tables pour la remise des bagages à l'arrivée, ainsi que pour le service des messageries qui, à moins qu'il ne soit important, se fait ordinairement dans le bâtiment principal. Comme type de station de passage, nous croyons intéressant de citer encore l'élévation du bâtiment de la nouvelle gare de Pierrefonds, qui est un véritable modèle d'élégance et de goût, dû à un architecte de talent, M. Dunnett, qui a trouvé le moyen de ne pas déparer par un médiocre vis-à-vis l'œuvre de restauration accomplie par Viollet-le-Duc sur le château de Pierrefonds.

Les tendances de l'architecture des gares, à l'étranger, sont tout autres ; en Allemagne, on ne trouve que la massive caserne, dépourvue de goût, mais ne manquant pas d'une certaine grandeur. L'Angleterre et les Etats-Unis font de véritables églises, ou de petits palais imités de la Renaissance, qui manquent de simplicité et dans lesquels on ne serait guère disposé à reconnaître, au premier abord, un embarcadère ou un débarcadère. Le problème est d'ailleurs extrêmement difficile à résoudre pour une gare terminus qui manque généralement de motifs de façade, puisque le service s'y fait sur les côtés, l'arrivée d'une part, le départ de l'autre. Cette difficulté a été tranchée à la gare de Paris-Orléans par l'installation du bâtiment de façade du côté des départs, tandis que le côté de l'arrivée est complètement sacrifié. La gare du Nord possède, au contraire, une façade frontale dessinée par M. Hittorf, qui est malheureusement un peu lourde et qui se prêtera mal aux agrandissements futurs. D'après les projets à l'étude, tout le service serait précisément concentré sur cette façade, sauf les arrivées qui resteront dans la grande cour couverte attenante à l'aile droite.

Ici, comme pour le service des marchandises, on rencontre, en France, des exigences locales, inconnues des Anglais, par exemple, et qui pèsent d'une manière onéreuse sur les installations de nos gares terminus. Parmi ces exigences, il faut citer surtout celles de l'octroi qui réclame une visite minutieuse des colis et des bagages ; de là, la nécessité de réserver des tables sur une étendue considérable et en double rangée, dans des salles dont l'énorme superficie pourrait être plus utilement affectée à un autre usage, au lieu qu'en Angleterre, par exemple, les voitures et les omnibus, les tramways même, pénètrent jusque dans la gare, où se fait le transbordement des voyageurs avec une célérité et une aisance enviables.

Une autre de ces sujétions qu'impose aux Compagnies françaises le tempérament tracassier de notre Administration, c'est de loger la douane, qui, plus rigoureuse encore que l'octroi, s'enferme dans des salles ou des halles à elle exclusivement consacrées, occupe dans les gares de vastes bureaux et fait payer quelquefois très cher au public l'avantage souvent minime de ne pas subir de visite à la frontière. Le service du contrôle est moins exigeant, il se contente généralement d'un bureau pour le commissaire de surveillance, dans les gares où il y a un fonctionnaire en résidence. Quant aux accessoires, tels que le service de poste et de télégraphe, de bureaux ambulants, les locaux qu'ils occupent dans les grandes gares sont du moins l'objet de locations régulières et cette occupation ne constitue pas un véritable droit. Dans la plupart de ces gares, on a récemment fondu dans un même local les postes et les télégraphes ; c'est une grande salle, au centre de laquelle entre le public et qui, sur trois de ses côtés, est garnie de guichets grillagés ; on ménage à côté de cette salle un bureau pour le directeur du service, une salle pour les facteurs et les courriers, un magasin pour les piles, etc.

Les buffets des gares sont également des locaux loués à un fermier, moyennant certaines conditions, telles que la fixation, par exemple, d'un tarif maximum pour les objets de consommation livrés aux voyageurs ; au buffet qui comporte souvent des salons spéciaux et réservés, est annexée une buvette qui est au buffet ce que la salle de 3º classe est aux salles de 1ʳᵉ et de 2ᵐᵉ classes. A l'étranger, et notamment en Belgique, ces buffet et buvette sont même respectivement situés dans les salles d'attente et en font partie intégrante. Enfin, par une innovation récemment importée d'Angleterre et que goûtera certainement le public, de véritables hôtels ont été créés dans certaines gares terminus ; il en existait un, depuis assez longtemps à Lille ; mais l'installation que la Compagnie de Lyon a réalisée à Marseille est, par son ampleur, la première tentative de ce genre en France, et elle a précisément failli échouer devant la coalition des hôteliers de la ville, que cette concurrence inattendue avait syndiqués dans un commun effort. La Compagnie ayant eu gain de cause contre eux et le public avec elle, cet exemple ne tardera pas à être suivi : la nouvelle gare maritime de Calais, notamment, aura prochainement son hôtel terminus pittoresquement installé à l'extrémité de la jetée du port. — M. C.

— V. *Agenda Dunod*, nº 6, Chemins de fer ; *Revue générale des chemins de fer*, nº de juillet 1882.

GARGOUILLE. T. *de constr*. Partie d'une gouttière ou d'un tuyau qui sert de conduite à l'écoulement des eaux pluviales.

— Jusqu'au milieu du XIIIᵉ siècle, les eaux de pluie tombaient directement du larmier de la corniche, ce qui dégradait l'édifice. On eut ensuite l'idée d'utiliser comme aqueducs les arcs-boutants qui, dans les constructions religieuses, partaient du sommet de la nef. Les eaux, recueillies dans le créneau de pierre des grands combles, passaient à travers les têtes des contre-forts en coulant le long de l'arc dans des rigoles creusées dans l'épaisseur de la pierre et étaient rejetées au loin par les gargouilles. Ces tuyaux de pierre, faisant une grande saillie sur l'édifice, étaient d'un aspect heurté et disgracieux. Aussi, les artistes du moyen âge se sont-ils attachés tout particulièrement à leur décoration. Les gargouilles sont toujours un morceau de sculpture important ; elles affectent des formes bizarres, généralement celles d'hommes ou d'animaux grotesques, accrochés et cramponnés au bas des spirales, et qui lancent l'eau avec des contorsions.

De l'architecture religieuse, la gargouille avait passé dans l'architecture civile. Mais là, son importance est moins grande, parce que les eaux n'ont plus un arc-boutant pour les conduire au loin, aussi est-elle moins ornée et attire-t-elle moins l'attention, même dans les résidences seigneuriales. Peu à peu elle se simplifie, se raccourcit, au point de n'être plus qu'une légère saillie sur la façade du monument. Dès lors la gargouille disparaît, et avec elle ces fantaisies sculptées qui contribuaient à l'originalité du moyen âge.

GARGOUSSE. T. *d'artill*. Enveloppe, en forme de sac cylindrique, destinée à recevoir la charge de poudre d'une bouche à feu.

Les gargousses en papier ordinaire, encore en usage aujourd'hui avec les canons de siège et place d'anciens modèles, se composent d'un rectangle enroulé sur un mandrin et encollé en forme de cylindre et d'un culot circulaire, réunis l'un à l'autre par encollage. Pour les pièces de côte et de marine, les gargousses sont faites de préférence en parchemin ou papier parcheminé ; elles sont ainsi plus solides, préservent mieux la poudre contre l'humidité et ne donnent ni dans l'âme ni au dehors de résidus en ignition, le parchemin ne brûlant que fort difficilement ; en outre, la colle de farine ou d'amidon est remplacée par de la colle au caséum moins susceptible de se détériorer à l'humidité. Avec les canons de campagne, on se sert de préférence de gargousses en étoffe, moins sujettes à se déchirer ; elles portent le nom de *sachets*. Pour leur confection, on emploie d'une façon à peu près exclusive la *serge*, étoffe pure laine, ou la *bourre de soie* qui, comme le parchemin, ne laissent pas de résidus enflammés ; le rectangle et le culot sont cousus avec du fil de laine ou de soie ; on emploie également le même fil pour former la ligature destinée à fermer le sac. Dans la marine française l'emploi de la bourre de soie a été proscrit, l'expérience ayant montré que cette étoffe s'altère au contact de la poudre sous des climats chauds et humides. La serge verte est colorée au moyen d'une dissolution de sulfate de cuivre destinée à la préserver des insectes ; la serge blanche, qui depuis 1861 est employée de préférence par l'artillerie de terre française, est traitée par l'acétate de plomb. Pour la confection des charges destinées aux bouches à feu des derniers modèles, l'artillerie de terre française fait usage de tissu de bourre de soie spéciale, dit *toile amiantine* ; de son côté la marine emploie pour les charges des bouches à feu des plus gros calibres une serge spéciale, dite *serge forte* ou serge Boca, du nom des fabricants, rendue peu extensible par un procédé spécial de façon à pouvoir donner aux gargousses une grande rigidité par un tassage énergique. Avant d'être employées à la confection des sachets, les étoffes sont soumises à des épreuves de résistance et de combustibilité.

Lors de l'adoption des canons se chargeant par la culasse, on a essayé de disposer la gargousse elle-même de façon à l'utiliser pour assurer l'obturation comme on y avait réussi avec les cartouches métalliques des armes à feu portatives. Dans ce but, on a d'abord fixé à l'arrière du sachet un culot en carton embouti, puis le commandant de Reffye a fait adopter, en France, pour les canons de 5, 7 et 138 (V. CANON) une gargousse métallique (fig. 261) qui est encore en service. Elle se compose d'un culot en laiton embouti et d'une douille en fer-blanc, dont la liaison est assurée par une rondelle de carton comprimé. La douille est formée par un rectangle enroulé dont les bords se rejoignent sans être soudés, le joint est couvert par une bande de métal; le tout est entouré intérieurement et extérieurement de plusieurs révolutions de papier. Le culot est renfoncé en forme de cuvette et porte en son centre un rivet-paillette et autour quatre évents destinés à laisser passer les gaz de l'étoupille; dans la cuvette est engagé à frottement un petit culot dont le trou central correspond au débouché de la lumière. Au moment de l'explosion la cuvette est aplatie et le rivet-paillette, s'appliquant contre le trou du culot, assure l'obturation de la lumière. La charge est composée de rondelles creuses de poudre comprimée, surmontées d'une rondelle creuse de graisse et d'une rondelle de carton qui ferme la gargousse.

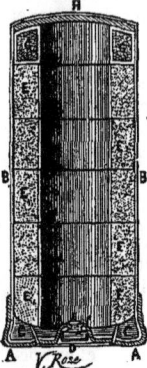

Fig. 261. — Gargousse pour canon de 7.

Ech. 1/5. — *A* Culot en laiton. — *B* Douille métall. — *C* Rondelle en carton. — *E* Poudre comprimée. — *D* Culot de *prise de feu.* — *H* Carton.

La gargousse métallique a l'avantage de permettre d'obtenir d'une façon à la fois simple et complète l'obturation de la culasse et même du canal de lumière et de diminuer la fatigue de la bouche à feu; mais, d'autre part, on lui a reproché d'être trop coûteuse et de trop augmenter le poids mort des munitions à transporter, aussi a-t-on renoncé en France à s'en servir avec les bouches à feu des derniers modèles. — V. CULASSE.

GARNI. T. de constr. On donne ce nom aux morceaux de pierre formés de débris de carrières ou de fragments de moellons brisés qui servent à faire des remplissages ou des murs peu soignés. || *Art hérald.* Se dit d'un badelaire ou d'une épée dont la garde, la poignée et le pommeau, sont d'un autre émail que la lame.

GARNISSAGE. 1° T. techn. Matière quelconque que l'on emploie pour combler un vide ou pour recouvrir un objet. || *2° T. defond.* Argile réfractaire dont on garnit l'intérieur des poches à couler. || *3° T. de mach.* Matières servant à garnir un presse-étoupe. || *4° T. de mar.* Fil de caret, limande ou bitord avec lesquels on recouvre un cordage, un organeau, une jarre, etc. || *5° T. de filat.* On donne ce nom à l'une des opérations de l'apprêt des draps, couvertures, etc., par laquelle on rend laineuse la surface de l'étoffe en la grattant de manière à ramener une partie des filaments qui ont été froissés par le feutrage; on l'appelle encore *tirage à poil.* Pour les draps, cette opération devient très importante et porte le nom de *lainage.* Le principe des machines à tirer le poil est celui-ci : étant donné un tissu tendu, animé d'un mouvement de translation entre deux rouleaux, si on fait tourner dans un sens perpendiculaire à celui du mouvement de translation, sur la partie tendue du tissu, un rouleau garni de pointes de cardes ou de chardons, ce rouleau tirera à poil le tissu suivant la génératrice de contact. — V. CHAR-

-DON et GRATTAGE. || 6° Mise en place des crochets, des aiguilles et des épinglettes, dans le bâti, soit d'une mécanique Jacquard, soit d'une mécanique dite *armure.* || 7° *T. de céram.* Opération qui consiste à garnir une pièce d'ornements ou d'accessoires, au moyen de l'applicage. — V. CÉRAMIQUE, § *Technologie.*

I. *GARNITURE. T. de mécan.* On donne dans les ateliers le nom de *garnitures,* à des enveloppes spéciales destinées à former joints étanches autour de certains organes de machines mobiles ou amovibles. Mais cette expression est souvent appliquée plus spécialement aux joints des tiges de régulateurs, de tiroirs et de pistons des machines à vapeur à la sortie des boîtes à vapeur et des cylindres. Les garnitures doivent être établies avec des précautions toutes spéciales et présenter assez d'élasticité pour fermer toute issue au fluide qu'elles sont chargées d'intercepter, quelquefois l'air ou l'eau, mais généralement la vapeur, et cela sans gêner d'autre part le mouvement de l'organe autour duquel elles sont posées, et sans lui imposer un frottement exagéré.

Le chanvre est encore la matière la plus fréquemment employée pour former les garnitures sur les machines à vapeur; mais il présente toutefois l'inconvénient de durcir en présence de la vapeur humide. Le caoutchouc dont l'usage semblerait tout indiqué pour cette application doit être exclu en raison de l'action du soufre sur le fer. On commence d'ailleurs à employer des garnitures entièrement métalliques dont l'usage paraît appelé à recevoir un grand développement.

Les garnitures en chanvre des tiges de tiroir et de piston se préparent avec une mèche enduite de suif qu'on enroule soigneusement autour de la tige jusqu'au point de remplir entièrement la boîte. On emmanche alors la tige, et l'on serre la garniture au moyen du presse-étoupe, on ajoute ensuite du chanvre s'il est nécessaire, et l'on serre de nouveau en remplissant continuellement le vide ainsi formé. Malgré toutes ces précautions, il se déclare souvent encore quelques fuites lorsque la machine est mise en pression, et il convient alors de resserrer la garniture à nouveau pour les arrêter.

Dans la préparation de la garniture, on doit s'attacher à remplir exactement la boîte d'une manière bien régulière, afin d'obtenir un serrage parfaitement uniforme sur toute la surface de la tige pour ne pas s'exposer à la fausser, ce qui pourrait entraîner la rupture du presse-étoupe. Les garnitures en chanvre doivent être surveillées continuellement en service, il ne faut pas négliger de les resserrer à nouveau lorsqu'il s'y déclare quelque fuite, et de les remplacer lorsque le chanvre a perdu de son élasticité et commence à se brûler.

Dans les garnitures métalliques, la tresse en chanvre est remplacée par un anneau en métal antifriction qui est serré au contact de la tige par des ressorts, ou plus fréquemment par l'écrou de réglage. Ces garnitures ont l'avantage de n'exiger pour ainsi dire aucun entretien, mais le serrage en est très délicat et le graissage doit être particulièrement soigné.

Nous citerons comme exemple la *garniture Duterne* et la *garniture Pile* qui ont reçu déjà de nombreuses applications sur les locomotives de nos différents chemins de fer.

La garniture Duterne se compose d'une bague cylindrique terminée à ses deux extrémités par deux biseaux venant s'appliquer, l'un sur la bague du fond, et l'autre sur le presse-garniture de manière à obtenir facilement un serrage hermétique fermant toute issue à la vapeur. Le presse-garniture muni d'un godet graisseur ordinaire, reçoit, en outre, un petit réservoir annulaire concentrique à la tige qui assure la lubrification de celle-ci. Cette lubrification est absolument indispensable, car autrement la garniture s'échauffe, se grippe, et quelquefois même elle entre en fusion; les mécaniciens doivent donc visiter fréquemment les mèches de graissage pour s'assurer qu'elles fonctionnent bien. D'après les instructions de la Compagnie de Lyon, le presse-garniture doit simplement s'appuyer contre la garniture pour la maintenir en place sans la comprimer. Lorsque la garniture est neuve, il se produit souvent quelques fuites, mais celles-ci disparaissent au bout de quelques jours sans qu'il soit nécessaire d'augmenter le serrage.

La garniture Pile présente une disposition tout à fait analogue, seulement elle est formée par une série de plusieurs anneaux superposés, ordinairement six, dont les trois premiers présentent une épaisseur croissante de manière à dessiner un tronc de cône. Grâce à cette disposition, les anneaux peuvent avancer graduellement à mesure de l'usure de ceux qui les précèdent, et une même garniture conserve ainsi une durée indéfinie pour ainsi dire puisqu'il suffit de remettre un anneau à l'arrière toutes les fois qu'il est nécessaire. La garniture peut se conserver, en effet, tant qu'on n'a pas à démonter la tige, mais elle se brise nécessairement dès qu'on veut l'enlever, car la tige se rode toujours un peu sur la longueur de la course dans la partie frottante, et il se forme ainsi deux bourrelets qu'on ne peut plus faire passer à travers la garniture; c'est là d'ailleurs, un inconvénient commun à toutes les garnitures métalliques, mais qui est particulièrement sensible avec celle-ci en raison du grand nombre de pièces qu'elle comporte. On évite d'autre part l'emploi de l'huile pour lubrifier la tige en ménageant sur la bague de fond, et en arrière de la garniture, des cannelures spéciales où la vapeur est admise et forme ainsi lubrifiant.

Il arrive souvent que les garnitures métalliques adhèrent fortement au boisseau et qu'il est difficile de les détacher lorsqu'on veut enlever la tige frottante; on y réussit habituellement en formant un enduit de résine autour de la tige pour assurer l'entraînement de la garniture.

Nous donnons ici, à titre d'exemple, la composition du métal des garnitures Duterne: étain 14, plomb 76, antimoine 10.

Les différents joints des chaudières sont également rendus étanches par l'interposition de garnitures en chanvre enduites de mastics spéciaux, généralement à base de minium. La couche de chanvre est interposée entre deux couches de mastic recouvertes elles-mêmes d'un peu de suif pour qu'elles n'adhèrent pas trop aux tôles. Elle doit être répartie aussi uniformément que possible pour ne pas fausser les écrous de serrage. La même tresse de chanvre peut servir plusieurs fois en renouvelant les couches de mastic.

Les coussinets d'essieux, de têtes de bielles, d'excentriques, qui peuvent s'échauffer par le frottement continu qu'ils subissent en service, sont munis souvent d'un revêtement en métal antifriction qui prend également le nom de garniture. On ménage, à cet effet, dans le bronze du coussinet des rainures qui reçoivent l'alliage fusible, celui-ci étant trop fragile pour qu'on puisse en faire un revêtement complet. Pour poser cette garniture, on nettoie convenablement tous les creux à l'aide de l'acide chlorhydrique, puis on y coule une légère couche d'étain qui doit assurer l'adhérence du métal antifriction, le bronze doit être maintenu pendant cette opération à la température de fusion de l'étain. On laisse ensuite figer l'étain, puis on coule le métal antifriction en maintenant le coussinet à une température voisine du point de fusion de l'alliage.

Les métaux antifriction sont toujours des alliages d'étain, d'antimoine et de cuivre ou de plomb; nous donnons ici la composition de quelques alliages employés en France :

	Chemin du Nord	Chemin d'Orléans
Cuivre.	10	5
Étain.	80	71
Antimoine.	10	24

D'après la définition donnée en commençant, on applique également le nom de *garniture* aux enveloppes de piston de machines destinées à assurer l'étanchéité du joint mobile sur les parois du cylindre. Actuellement, on n'emploie guère pour ces garnitures que des bagues métalliques, en bronze, en fonte ou en acier, qu'on tendait primitivement par des ressorts; mais on les met en tension, aujourd'hui, en ayant recours seulement à leur propre élasticité sans l'intervention de ressorts. C'est la disposition dite des *pistons suédois*, comportant ces pistons munis sur leur pourtour de rainures circulaires dans lesquelles on insère, à refus, les bagues métalliques. Celles-ci sont formées d'anneaux tournés au diamètre du cylindre, on les coupe ensuite d'un trait de scie pour les appliquer sur les rainures des pistons; en se détendant, elles viennent s'appliquer contre les parois du cylindre et ferment ainsi toute issue à la vapeur en formant un joint bien étanche. Comme on emploie habituellement plusieurs bagues pour un même piston, on a toujours soin de chevaucher les joints pour fermer tout passage à la vapeur.

Quelquefois au lieu d'avoir recours à des ressorts pour assurer la tension des bagues métalliques entourant le piston, on applique la pression même de la vapeur comme dans le piston système Giffard, et on obtient ainsi une fermeture d'autant plus étanche que la pression est plus énergique.

II. GARNITURE. Nom générique des objets qui ont pour fonction de décorer l'objet principal, comme le dessus d'une cheminée ; les becs, anses et autres parties accessoires d'une poterie ; la poignée et la garde d'une épée, etc. || *T. de constr.* Partie de treillage remplissant un vide entre les bâtis. || Pièces de fer qui forment la défense intérieure d'une serrure et qu'on nomme aussi *gardes.* || *T. d'hydraul.* Ensemble des accessoires, tels que clapets, cuirs, étoupes, frettes qui entrent dans la fabrication d'un piston de pompe. || Maçonnerie que l'on fait à l'intérieur des carreaux qui forment la paroi d'un poêle. || *T. de mar.* Atelier où l'on prépare les diverses parties du gréement d'un navire. ||. Garniture du cabestan, mise en place des barres et du rabout de barre et mise en prise de la chaîne de l'ancre dans le *barbotin* ou couronne à empreintes. || Garniture d'une vergue, ensemble des poulies, des cordages et des ferrures dont la vergue doit être munie, etc. || *T. de typogr.* On donne ce nom aux blocs de fonte que le metteur en pages dispose dans le châssis autour des pages, pour représenter les marges de papier que doit laisser l'impression. Les garnitures qui se composent des *fonds* et des *têtes* sont accompagnées de biseaux et de réglettes, et le tout est serré fortement au moyen de coins pour être porté sous la presse.

*GARNITURE DE CARDE. *T. de filat.* Les garnitures de cardes sont formées par des lanières dans lesquelles sont implantées ou *boutées* les aiguilles qui, dans les machines, produisent l'opération du cardage. On a vu à l'article CARDAGE que dans les filatures du coton et de la laine, l'action des aiguilles des cardes consiste à démêler et à débrouiller les filaments qui composent ces matières textiles ; l'effort qu'elles ont à exercer est peu considérable, mais nécessite beaucoup d'élasticité. On réalise ces conditions en employant pour la fabrication des aiguilles, du fil de fer fin et de très bonne qualité, ou quelquefois, dans le cas de la laine, des fils d'acier très légèrement trempé, et, pour les lanières qui leur servent de monture, une ou plusieurs épaisseurs de toile de coton ou de laine recouvertes et réunies les unes aux autres par des feuilles de caoutchouc naturel ou vulcanisé. Les cardes à étoupes de lin, de chanvre ou de jute, ayant à produire un travail beaucoup plus énergique, puisque, tout en démêlant les fibres, elles doivent en outre les diviser et y effectuer pour ainsi dire une sorte de peignage, les dents se font toujours en forts fils de fer aiguisés en pointes, et les montures sur cuir, sauf pour celles des grands tambours où les aiguilles droites et pointues sont implantées dans des douves en bois. C'est à l'aide de machines que l'on fabrique les garnitures pour laine et coton ; celles-ci exécutent le travail automatiquement et avec une très grande vitesse. Le fil de fer ou d'acier se déroule d'un rouleau placé sur un dévidoir à côté de la machine ; il est saisi par une pince et coupé par une cisaille à la longueur voulue, puis replié en forme d'U, par des doigts. En même temps, des poinçons percent dans le ruban, qui doit former la base de la garniture, et qui se

déplace graduellement en face de la machine, deux trous dans lesquels viennent immédiatement s'engager les deux branches de l'U qui forment deux aiguilles de la garniture. Enfin, du côté opposé de la monture, des doigts viennent soutenir la base de ces dents pendant que d'autres doigts appuient sur elles pour leur donner le pli voulu : vers le milieu de la hauteur des aiguilles pour la laine, et au tiers à peu près à partir de la base pour le coton. Tous les organes de ces petites machines (dont il n'existe guère d'ateliers qu'à Lille et à Rouen) sont actionnés par des excentriques, montés sur l'arbre moteur, et fonctionnent avec une précision telle qu'elles peuvent mettre en place de 2 à 300 dents par minute. Les garnitures, pour le travail de la laine sont souvent bourrées, c'est-à-dire que l'on forme une sorte de feutre qui remplit la partie inférieure des aiguilles pour les soutenir pendant leur travail sans leur enlever leur élasticité.

Les garnitures pour étoupes de lin ne se font pas de la même façon : on fabrique séparément les dents qui sont également doubles et en forme d'U, puis on les enfonce ou boute dans les lanières de cuir préalablement percées aux points voulus. Les garnitures destinées aux rouleaux de petits diamètres, ainsi qu'aux peigneurs de toutes les cardes, y affectent la forme de rubans de 4 à 5 cent. de largeur, et s'enroulent en hélice sur les rouleaux de manière à les recouvrir complètement. Pour les grands tambours et les briseurs, on emploie de préférence des plaques rectangulaires, ayant une largeur égale à celle des tambours, et une hauteur de 12 à 15 centimètres environ. Ces plaques se clouent par leurs deux bords sur les tambours parallèlement à leur axe (V. CARDE). On indique le degré de finesse des garnitures de cardes par des numéros en rapport avec la grosseur des fils de fer employés à leur fabrication et le degré de rapprochement des aiguilles. Les numéros les plus employés pour laine et coton sont compris entre 16 et 32 (fils carcasse), et le nombre des aiguilles qu'elles portent varie de 25 à 60 par cent. carré ; pour les étoupes les numéros vont de 12 à 22 [jauge de Paris (V. FILS MÉTALLIQUES)] : les dents sont beaucoup plus grosses et plus espacées. — P. G.

GAUDE ou **VAUDE.** On désigne sous ces noms, et quelquefois aussi sous celui de *lutéon,* une espèce de réséda, le *reseda luteola,* qui est employée en teinture à cause de la matière colorante jaune qu'elle renferme. La gaude est une plante bisannuelle de 1 à 1^m,30 de hauteur, qui croît spontanément dans presque toute l'Europe et qui est cultivée en France (Normandie et Midi), en Allemagne (Saxe, Bavière, Wurtemberg, Thuringe), en Hollande et en Angleterre. On la sème en juillet et en août et on la récolte un an après, au moment où elle est en fleur en l'arrachant ou la coupant au ras du sol ; elle est ensuite séchée à l'air et à l'ombre, puis réunie en bottes et livrée sous cette forme au commerce. On distingue dans le commerce trois sortes de gaude : la *gaude française,* la *gaude anglaise* et la *gaude allemande* ; la première est la plus estimée.

La matière colorante de la gaude a été isolée en 1832 par Chevreul, qui lui a donné le nom de *lutéoline* ; elle a été ensuite étudiée par Molden-hauer (1856), puis par Hlasiwetz et enfin par Schützenberger et Paraf (1861). Pour extraire la lutéoline, qui se trouve accumulée vers les sommités fleuries de la plante, on commence par épuiser la gaude hachée en menus morceaux, dans un appareil à déplacement, par l'alcool bouillant, jusqu'à ce qu'on ait une solution concentrée; celle-ci étant mélangée avec de l'eau donne un abondant précipité floconneux d'un vert jaunâtre sale, que l'on expose pendant 20 minutes à la température de 250° dans un tube en verre épais, scellé à la lampe et chauffé au bain d'huile dans un canon de fusil. Après refroidissement, on trouve déposées sur les parois du tube de jolies aiguilles jaune d'or, que l'on purifie en les redissolvant dans de l'eau surchauffée. Ainsi obtenue, la lutéoline ($C^{20} H^{12} O^8$) se présente sous forme de fines aiguilles quadrangulaires jaunes, groupées concentriquement ; elle a une saveur amère et astringente, elle est inodore, elle fond au-dessus de 320° et se sublime en se décomposant partiellement. Peu soluble dans l'eau froide, plus soluble dans l'eau chaude, elle se dissout facilement dans l'alcool et dans l'éther. Traitée par l'acide phosphorique anhydre, la lutéoline se transforme en une matière rouge, qui se dissout dans l'ammoniaque avec une couleur violette.

Usages. La gaude est employée en teinture pour produire sur les tissus de coton, de laine et de soie mordancés en alun des couleurs jaunes, qui sont très brillantes et très solides. Mais aujourd'hui, elle est presque complètement remplacée dans les fabriques d'indiennes par le quercitron, qui est beaucoup plus riche en matière colorante, et elle n'est choisie de préférence à ce dernier que pour la teinture des laines et des soies. On prépare avec la gaude une très belle laque jaune à l'usage des peintres et des fabricants de papiers peints. — Dr L. G.

Bibliographie : Journal de chimie médicale, t. VI, p. 175; *Journ. f. prakt. chem.*, t. LXX, p. 428; *Ann. Chem. Pharm.*, t. CXII, p. 107; *Bulletin de la Soc. chim.*, 1re série, 1861, p. 18; BAILLON : *Histoire des plantes*, t. III; P. SCHUTZENBERGER : *Traité des matières colorantes*, t. II, p. 456.

GAUFRAGE. *T. techn.* Opération qui consiste à former sur les étoffes, le cuir, le papier, des figures en creux et en relief, ou des effets de tissage. Il y a plusieurs systèmes en usage; mais le plus usité et aussi le plus expéditif, est toujours celui où l'on se sert d'une machine, assez semblable aux laminoirs dont on fait usage pour aplatir les lames des métaux, et qui se compose de deux cylindres métalliques d'égale dimension, portant chacun la gravure du même dessin, l'un en creux, l'autre en relief. Ces deux cylindres étant chauffés, sont superposés ; et l'étoffe, humectée d'avance avec un liquide d'apprêt, passe entre eux, et reçoit une très forte pression, qui reproduit instantanément tous les détails du dessin original des cylindres. Cette reproduction est d'une durée aussi grande que celle du tissu, en tant que celui-ci n'est pas mouillé ou exposé à l'humidité, et c'est de la précision dans la ren-contre des gravures des cylindres que dépend la régularité des dessins. Aussi, les rouleaux étant exactement de même diamètre, sont-ils commandés par des roues de même denture. Lorsqu'on veut colorer ces dessins d'une autre nuance que le fond de l'étoffe, on enduit les cylindres chauffés de matières propres à être teintes, puis on les essuie jusqu'à ce qu'il ne reste plus de teinture que dans les creux, et on applique les parties du tissu qui, entrant dans ces creux, en prennent en même temps la forme et la teinture.

Le gaufrage sur velours diffère du précédent en ce qu'il suffit de la gravure en creux sur un cylindre seulement, et que le deuxième reste uni. Dans cette opération, le creux de la gravure étant au moins égal à la hauteur du poil du velours, ce poil se trouve aplati sur toutes les parties qui ne rencontrent pas la gravure, tandis qu'il reste debout dans toutes les parties concaves du cylindre gravé, pour produire le dessin. C'est surtout pour la fabrication des « velours d'Utrecht » qu'on emploie le gaufrage.

Depuis un certain temps, on emploie beaucoup, en Angleterre et aux États-Unis, de nouveaux appareils dans lesquels le gaufrage se trouve remplacé par un tondage particulier qui, au lieu d'aplatir le poil des tissus spéciaux, le coupe : cette coupe, se faisant suivant des variations infinies, permet d'obtenir une catégorie nouvelle d'étoffes. — A. R.

GAUFRIER. *T. techn.* Ustensile composé de deux fers qui, par leur réunion, constituent le moule dans lequel on fait cuire les *gaufres*, sorte de pâtisserie légère ayant la forme d'un gâteau de miel.

* **GAUFROIR.** *T. techn.* Fer à gaufrer.

GAULOIS (Art). Il ne reste de l'architecture des Gaulois, nos ancêtres, que des pierres immenses, grossièrement taillées, isolées ou posées les unes sur les autres, sans aucun lien, ni ciment, ni fondations. Ces monuments *mégalithiques* sont encore en assez grand nombre en France, surtout en Bretagne, et en Angleterre ; on en trouve d'ailleurs dans tous les pays où les Celtes ont passé, par exemple en Espagne, en Scandinavie, etc.

Ces monuments avaient un caractère religieux, cela est évident. Ils ont été dressés par les druides, et servaient à des tombeaux ou à des cérémonies mystérieuses. Aussi ont-ils partout les mêmes dispositions. La pierre simple, dressée sur une pointe est un *menhir* ; le plus souvent on rencontre des traces de rangées entières de menhirs ; le plus célèbre de ces alignements est celui de Carnac (Morbihan), qui se composait encore, il y a deux siècles, de plus de six mille pierres. Les menhirs disposés en cercle forment un *cromlech*, où se tenaient sans doute les assemblées religieuses ; enfin le dolmen (fig. 262) est une sorte de table de pierre composée de deux ou plusieurs menhirs supportant une pierre plate. Ces monuments sont encore nombreux, grâce à la masse des pierres dont ils sont formés. Le cromlech de Stone-Henge, près de Salisbury (Angleterre) est la plus belle réunion de dolmens qui existe. L'allée couverte d'Essé (Ille-et-Vilaine) est formée de pierres de dimensions extraordinaires. A Bagneux près de Saumur, une autre allée couverte a plus de 20 mètres de long. Tel seulement on peut étudier chez les Gaulois un essai architectural, mais leur art était encore bien primitif. Parmi les dolmens isolés, qui sont très répandus en France, surtout en Bretagne et dans le pays chartrain, où ils portent les noms de *pierres fites*, de *pierres levées*, *tables de César ou de Gargantua*, *pierres du diable*, *grottes de Merlin*, on cite ceux de Maintenon, d'Epone, de l'Ile Bouchard, de Trye-Château, de Lockmariaker. On ne sait comment les Gaulois transportaient et élevaient ces gigantesques monolithes. Quelques-uns se trouvent à plusieurs lieues de tout gisement de pierre similaire.

C'est là tout ce que nous connaissons de l'architecture chez les Gaulois. Leurs constructions privées étaient dans l'enfance. Quelque peu flatteur que cela puisse paraître à leurs descendants civilisés, il est certain que nos ancêtres habitaient, dans le midi, des grottes creusées dans les rochers, et au nord des huttes de branchages, dont les interstices étaient remplis avec de la terre délayée et mélangée d'herbes ou de paille hachée.

Fig. 262. — *Dolmen*.

Ce n'est pas dans ces réunions de huttes que les Gaulois se défendaient contre les attaques du dehors. Ils avaient pour lieu de refuge des enceintes palissadées avec des troncs d'arbres séparant des assises de pierres brutes, entourées d'un fossé et situées sur des élévations naturelles ou factices; c'est ce qu'ils appelaient l'*oppidum*. Malgré le peu de solidité de ces défenses, elles furent un obstacle sérieux à la conquête, et les Romains eux-mêmes employèrent souvent ce système de

Fig. 263 à 265. — *Poignées d'épées gauloises*.

retranchement expéditif. Il reste encore un curieux oppidum gaulois à Roc-de-Vic (Corrèze).

Les Gaulois étaient arrivés, dans l'art industriel, à un degré de perfection attesté aujourd'hui encore par des bijoux, des armes, des poteries, des ustensiles de toutes sortes. On peut même étudier l'ornementation de cette époque reculée dans les broderies bretonnes modernes. Les ornements linéaires, surtout *les dents de loup*, et les fougères en forment la base.

Dans les sépultures les plus anciennes, on trouve des silex et des armes ou de petits outils en os : ce sont les débuts de l'art en Gaule; plusieurs de ces objets sont

façonnés grossièrement et décorés d'ornements primitifs. Mais où les Gaulois se révèlent excellents ouvriers, c'est dans la fabrication des poteries et des bijoux (V. BI-JOUTERIE). Leurs amphores, leurs urnes, leurs gobelets, leurs coupes affectent des formes élégantes et originales, et cette industrie devait avoir en Gaule une importance exceptionnelle, car il nous est parvenu un grand nombre d'objets en parfait état de conservation.

Parmi les bijoux les plus fréquemment rencontrés sont les colliers ou *torques*, les poignées d'épées (fig. 263 à 265), les bracelets, les plaques décoratives de ceinture, de bouclier et de fourreau d'épée, les agrafes et ces larges plaques qui se portaient sur la cuirasse. Ces objets sont en bronze ou en cuivre, ce qui a assuré leur conservation, car ceux fabriqués avec des matières précieuses ont été depuis longtemps fondus; il n'en est parvenu jusqu'à nous que quelques-uns qui appartiennent à des particuliers. Le musée de St-Germain n'en possède pas.

Les Gaulois, et surtout les Eduens, étaient émailleurs habiles. On a retrouvé sur le mont Beuvray, dans l'ancienne Bibracte, près d'Autun, une fabrique d'émaillerie qui a été l'objet d'une étude très complète publiée dans le recueil de la *Société des antiquaires de France* (tome XXXIII, 1872). On a trouvé là et ailleurs de nombreux spécimens d'émaux très curieux et d'une très belle exécution. Enfin, signalons l'habileté des Gaulois, ce qu'ils furent en relations avec les Romains, à frapper des pièces de monnaie de bronze, d'argent et d'or, ainsi qu'à imiter les statères grecs qu'ils avaient rapportés de leurs conquêtes en Macédoine.

Les Gaulois étaient depuis longtemps en contact avec les Romains lorsque César conquit leur pays, aussi est-il fort difficile de déterminer à quelle époque exactement l'art Gaulois devint l'art Gallo-Romain, car l'assimilation des procédés et des principes des conquérants fut très rapide dans ces populations riches et intelligentes.

Des caractères de l'architecture Gallo-Romaine, nous ne dirons rien, car ils diffèrent peu de l'art romain lui-même (V. ce mot). Mais nous passerons rapidement en revue les principales constructions laissées dans notre pays par la civilisation romaine.

La plus ancienne en date est le temple de Vernègues, près d'Aix. Ces ruines sont peu importantes; mais il nous reste deux monuments religieux complets : le temple d'Auguste et Livie à Vienne (Isère) et la maison Carrée à Nîmes; plusieurs tombeaux curieux : celui dit de Pilate à Vienne, ceux de Vaison (Vaucluse), de St-Remi, de Cabasse (Var), etc.

Fig. 266.
Boucle de ceinture.
gallo-romaine.

Les Romains ont laissé aussi beaucoup de camps retranchés dont les enceintes subsistent encore, surtout dans la région du nord. Le mieux conservé est celui de Jublains (Mayenne). Ces camps, ainsi que les villes principales étaient reliés par des *voies*, dont le tracé avait été étudié avec tant de soin qu'il est encore suivi par beaucoup de nos routes nationales. Les ponts, situés sur ces chemins sont souvent de remarquables constructions, notamment les ponts de Vaison (Vaucluse), de Sommières (Gard), sur le Virdoule, de Saint-Chamas (B.-du-Rh.), sur la Touloubre, qui a deux arcs de triomphe à ses extrémités, enfin le plus beau de tous, dont la destination principale était de conduire à Nîmes les eaux des rivières d'Eure et d'Airan, c'est le pont aqueduc du Gard, ouvrage auquel rien ne peut être comparé même en Italie. D'importants vestiges d'aqueducs se voient encore à Arcueil (Seine), à Gargal-lon (Var), à Lyon, à Coutances, à Saintes, Vienne, Néris, etc.

Les bains et les amphithéâtres jouaient un grand rôle dans la vie des Gallo-Romains. Les thermes de Julien, à Paris, montrent les principales dispositions des bains antiques; ce sont les mieux conservés, avec ceux de Nîmes qui sont d'une grande richesse de décoration. Des amphithéâtres presque complets subsistent encore à Orange, à Nîmes, à Arles, à Lillebonne (Seine-Inférieure). Celui de Nîmes, surtout, est remarquable par ses dimensions et son bel état de conservation.

C'est à peu près ce qui subsiste des édifices publics élevés sur notre sol par les Romains. Comme nous l'avons dit plus haut, ils représentent l'art de la métropole dans toute sa perfection. Où il faudrait chercher l'art gallo-romain proprement dit, c'est dans les *villas* élevées par les riches Gaulois ou même par les Romains qui en avaient confié la construction à des artistes de la contrée. Malheureusement, il n'en est resté que peu de chose. Cependant les mosaïques, les carrelages, les fragments de peinture qu'on a retrouvés dans beaucoup de localités, à Saint-Médard (Vendée), à Jurançon (Basses-Pyrénées), à Perennou (Finistère), etc., offrent des caractères qui les distinguent de ceux de l'Italie. On y retrouve le système d'ornementation que nous avons signalé dans l'art décoratif des Gaulois. De même les sculptures Gallo-Romaines que nous possédons, montrent pour la plupart l'inexpérience d'un peuple moins civilisé que les conquérants. Le curieux bas-relief que nous donnons (fig. 267) date évidemment des débuts des relations entre les artistes Gaulois et les Romains. Il représente le combat d'un sanglier (en celtique *surbur*) contre un lion. Il a été détaché des ruines d'un temple élevé sur le mont Donon (Vosges) et signalé par la tradition comme dû à des artistes gaulois. Mais en général les sculptures gallo-romaines ne se distinguent guère que par le mélange des

Fig. 267. — *Bas-relief trouvé au mont Donon.*

traditions druidiques ou l'introduction *de saies* ou de *torques* qui en révèlent l'origine.

L'industrie en Gaule s'était développée à la faveur de la paix au point de faire une concurrence sérieuse aux fabriques d'Espagne et d'Italie. Les draps rouges d'Arras, les gros draps de Langres et de Saintes étaient exportés dans tout l'empire. Et les villes du Nord avaient le monopole de ces *toges* appelées *caracalles* dont un empereur prit le nom. Enfin jusqu'à l'invasion des barbares, les provinces transalpines conservèrent leur supériorité dans la fabrication du cuir et des vêtements. —
C. DE M.

Bibliographie : BORDIER et CHARTON : *Histoire de France;* BATISSIER : *L'art monumental;* Bosc et BONNEMÈRE : *Histoire nationale des Gaulois;* CERFBEER DE MEDELSHEIM : *L'architecture en France.*

GAVARNI (GUILLAUME-SULPICE-CHEVALLIER) (*sic*), qui devait se faire connaître sous le nom populaire de GAVARNI, est né le 21 nivôse an XII (13 janvier 1804), rue des Vieilles-Haudriettes, n° 5, dans la maison du chaudronnier à l'enseigne de *Sainte-Opportune.*

De l'atelier de l'architecte Dutillard où il fut

placé tout enfant, nous ne savons par quelle force majeure ou par quel goût d'une carrière nouvelle, le jeune homme de treize à quatorze ans se trouve à l'atelier d'instruments de précision de Jecker. De l'atelier de Jecker, après avoir passé par la pension Butet de la rue de Clichy, il entre vers les seize ou dix-sept ans à l'école du Conservatoire, dans l'atelier de Leblanc, où il apprend le dessin des machines. C'est vers ce temps qu'il chercha à gagner avec de petits dessins, l'argent de ses menus plaisirs. L'indépendance déjà formée dè son caractère n'ayant pu se plier à la roideur et au rigorisme du professeur Leblanc, il gagnait sa vie au jour le jour, chez Adam le père, à graver des traits à l'eau-forte. Il en était là lorsque dans un moment d'anxiété sur l'avenir et de besoin d'un traitement fixe, il se décida à accepter la proposition que lui faisait Adam d'aller graver le pont de Bordeaux, et il partit aux appointements de douze cents francs par an, avec un ami de l'atelier, du nom de Clément; ils commençèrent leur travail sous la direction de M. Deschamps. Quelques douze mois après, il rompt avec M. Deschamps, il est affranchi des travaux du bureau. Il se lance à l'aventure, allant à l'inconnu, devant lui, comme vaguement attiré vers les grands paysages par une vocation de peintre. De retour à Paris, en 1828, sa vie, toute sa vie appartient désormais à Paris. Un de ses amis travaillait pour Susse. Il proposa au débutant de le mettre en rapport avec le marchand à la mode. A quelques jours de là, le jeune artiste apportait deux dessins. « Mais pour la vente, il faut une signature, lui dit Susse. » Guillaume-Sulpice-Chevallier était encore plein de l'amour de ses chères Pyrénées où il vécut près d'un an. Là, dans la boutique, sur le comptoir, pris d'un subit *revenez-y* à sa bien-aimée vallée, et comme s'il se rebaptisait, au souvenir, à l'eau de la cascade il signait, la signature de la popularité future de son talent : GAVARNI.

Il s'installait avec son père et sa mère tout en haut de la butte Montmartre, près du télégraphe, et là, commençait bientôt l'année 1830, la grande année du travail d'après nature de Gavarni. Etudes de la vie vivante, qui ont ceci de particulier, qu'elles la surprennent et la fixent sur le papier dans son mouvement intime et familier, dans le vif du vrai, telle qu'elle est quand elle n'est pas gênée, contrariée, roidie, dépouillée par la pose de la spontanéité et de la franchise de la grâce ; des études qui semblent commencées à l'insu des personnes, en plein naturel, d'un travail, d'une occupation, d'une flânerie, d'une méditation ou d'un sommeil ; des études où, quand les gens s'aperçoivent qu'il les dessine, le dessinateur a déjà arrêté leur physionomie et leur silhouette avec l'instantanéité d'une chambre noire. Souvent même, du mouvement il ne saisissait au vol qu'un détail, un de ces riens d'un moment, une de ces actions d'une partie du corps, qui charment tout à coup l'œil d'un artiste, un morceau de geste, un bras de femme nu et sortant voluptueusement de l'épaulette d'un corset, le croisement de deux pieds dont un talon pose sur un cou-de-pied et

qu'on dirait se caresser au bas d'une robe molle, des pages entières de mains, le dessin de Gavarni fut toujours amoureux de la main, comme l'avait été avant lui le dessin de Wateau; des mains d'homme, des mains de femme avec leur expression, leur nervosité, leur esprit, leur mobilité, leurs signes de race, les mains douces du monde aussi bien que les mains rudes du peuple, celles qu'il noue autour du culot d'un brûle-gueule, celles dont il cherche, sur tant de feuilles de papier, tous les jeux d'élégance et de coquetterie à se ganter d'un chevreau trop étroit et à le boutonner sur le poignet renversé. Et ce n'était encore là que la moitié de son travail et de son étude. En même temps qu'il poursuivait la vie dans la vie de la ligne humaine, il s'attachait avec la même patience, la même ténacité au *rendu* animé du vêtement, de ce qui enveloppe, habille, étoffe le corps moderne.

La nature dans son animation, c'est donc son unique maître ; il ne travaille que d'après elle, essayant de l'*empoigner*, de la rendre telle qu'il la voit, dans sa réalité exacte, à force d'études et d'un vouloir entêté, études serrées, dures, anguleuses, mais fidèles et d'une certaine rigidité primitive, à la Holbein, roide, naïve et gauche. On y sent encore le débat, la lutte chez l'artiste contre les premières habitudes et la routine de sa main, les leçons de son enfance, ses jeunes années appliquées au dessin de précision, d'architecture et de machines. Mais, peu à peu, se détachant de cette sécheresse linéaire de la figuration, arrivant au large et à l'expression du contour humain, il trouve enfin dans son perpétuel tête-à-tête avec le vrai, sa ligne à lui, cette ligne qui commence à porter sa signature, cette ligne originale et libre, ce trait courant et spirituel, ce *faire* entièrement dégagé de l'imitation et qui paraît se tourner dans sa force grasse vers le style de Decamps, il trouve ce dessin de lumière, qu'il éclaire maintenant par une science toute nouvelle de l'effet, et où, dans le rondissement plein de son crayon, avec un rien d'estompage au pouce de sa mine de plomb, il fait tourner moelleusement une taille dans une ceinture de robe, donne la valeur d'un chignon brun sur la douceur d'une nuque.

A partir de cette année 1830, répétons-le, Gavarni est Gavarni, le Gavarni des dessins signés de son talent et de sa marque, sans qu'il ait besoin d'y mettre son nom en bas.

Pendant que Gavarni se livrait, dans sa retraite de Montmartre, à cet acharné travail d'après nature, Emile de Girardin qui venait de fonder la *Mode*, le choisissait pour le dessinateur de son journal.

C'était dans les bureaux de la *Mode* que Gavarni nouait des amitiés avec MM. Lantour-Mezeray, Eugène Süe, Duponchel, de Mortemart, et que commençait sa liaison avec Balzac qui, l'année suivante, l'invitait à une lecture de sa *Physiologie du mariage* et le chargeait de l'illustration de sa *Peau de chagrin*. Dans les jours qui suivaient la révolution de juillet, Gavarni s'essayait pour la première fois à la caricature politique : *Vieux habits, vieux galons, Ballon perdu.*

Dès 1832, Gavarni est un talent connu et apprécié, un talent que les éditeurs recherchent, que le *Musée des Familles* occupe, que Philippon fait travailler et dont l'*Artiste* donne presque tous les mois une planche. Mais en cette année 1832, ce qui commence à faire son nom parisien, à le répandre au delà des abonnés de la *Mode*, à l'apprendre à la foule, ce sont deux recueils : les *Travestissements· pour 1832* et les *Physionomies de la population de Paris*, deux séries où se révèlent à la fois ce double talent du grand inventeur fantaisiste du costume et du délicieux habilleur de la femme, en même temps qu'il se montrait le plus·exact peintre des caractères et des types de la grande ville.

En 1837, Gavarni commençait les *Fourberies des femmes en matière de sentiment*, suivies d'une série ingénieuse, la *Boîte aux lettres*. Ces deux séries sont véritablement le point de départ de Gavarni, du Gavarni de la légende et du dessin, en même temps que ses débuts auprès du grand public du journal quotidien. Une autre série suit de près les deux premières, celle qui a pour titre : *Leçons et conseils*. En 1839, Gavarni lance une nouvelle série dont le succès est tel qu'on se disputait le *Charivari* aux tables des cafés. C'est la série en soixante lithographies des *Etudiants*, la rieuse· et charmante monographie d'un monde disparu, d'un quartier latin qui n'est plus, tenant et condensant dans ses légendes et, ses images toute la gaieté, l'indépendance, la libre insouciance de la jeune jeunesse· d'alors, l'étudiant et la grisette, cette autre espèce disparue de la race parisienne. Nous entrons avec·Gavarni dans l'intérieur intime de ces ménages, dans cette chambre où sèche·sur une ficelle une économique lessive; dans cette chambre qui a au mur, sur une planchette, une tête de mort, un Code civil· avec des papillotes pour marques, des pistolets, une blague à tabac, des pipes et, dans un· angle, un petit poêle qui n'est guère chauffé l'hiver que par les lettres de l'*ancienne*, brûlées par la nouvelle maîtresse.

Bien inférieure à cette série des *Etudiants* était la série que Gavarni avait consacrée l'année précédente aux *Artistes*, et où il n'avait guère apporté que l'esprit courant du rapin et le comique déjà connu de la vie d'atelier. Dans une série intitulée l'*Eloquence de la chair*, on rencontre des planches représentant des·leçons de bâton et de savate. Scènes intéressantes qui sont la révélation d'un des· goûts de cette génération de 1830, où les hommes de lettres et les artistes, épris de la force physique, amoureux·des aventures brutales, étaient gagnés, à l'imitation de lord Seymour, au plaisir de *se cogner* avec le populaire. En 1841, Gavarni dessinait la série des *Lorettes* avec un tel succès que le *Charivari* lui demandait des suites en 1842, en 1843; et près de dix ans plus tard, ·l'artiste déjà vieux revenait à ce sujet de jeunesse qui·avait fait une partie de sa réputation et de sa popularité et le complétait par la série des *Partageuses*; une œuvre où le dessinateur et l'écrivain des légendes luttèrent entre eux de finesse, de délicatesse, de profondeur d'observation, une œuvre

en cent-vingt planches, dont le double talent de l'artiste fit la monographie la plus complète et la plus réussie de la lorette. C'est en 1842 qu'il découvrit une veine comique, jusqu'alors inexplorée par la littérature et la peinture, une veine nouvelle à laquelle nul avant lui n'avait touché. C'est la série amusante et inattendue qui se dégage des demandes,·des interrogations, des remarques, des indiscrétions, des naïvetés de l'enfance, de ce qui sort de risible ou de féroce de la bouche rose de ces angéliques bourreaux qu'il appelle les *Enfants terribles*. Innocents petits êtres avec lesquels Gavarni introduit et amène dans les ménages des coups de théâtre de cinquième acte; un ressort et un ·moyen tout neuf dans l'intrigue et le dénouement de la Comédie humaine. Balzac en comprendra l'importance, se souviendra des *Enfants terribles* et les emploiera après Gavarni dans la *Marâtre*.

En 1843, paraissent les *Musiciens comiques ou pittoresques; Physionomies des chanteurs*, publiés dans la *Revue de la Gazette musicale*, une série où Gavarni dépense la plus minutieuse imagination, fait passer devant les yeux tous ces types si variés, si divertissants, si drôles, des faiseurs de bruit de Paris, et où il trouve des idées d'une si fine bouffonnerie comme le concert donné par un enfant de trois mois. Cette série, avec les autres séries de la même année, montre enfin et bien décidément chez Gavarni un dessin tout personnel. Qu'on se rappelle la *Foire aux Amours*, les *Débardeurs*, le *Carnaval*, le carnaval de Gavarni!

Nous citerons encore, parmi tant d'ouvrages illustrés par Gavarni, le *Juif-Errant* d'Eugène Süe. En 1846 et 1847, années où Gavarni publie ou continue les séries des *Impressions de ménage*, du *Carnaval*, des *Affiches illustrées*, des *Gentilshommes bourgeois*, des *Mères de famille*, des *Baliverneries parisiennes*, des *Faits et gestes des Propriétaires*, des *Patrons*, etc., il les baptise d'*Œuvres nouvelles* avec la conscience d'un talent qui se sent dans toute sa force et dans toute sa plénitude. Dans ces séries *Carnaval*, *Impressions de ménage*, les *Mères de famille*, etc., au milieu de ces œuvres spirituelles, se détache une série qui a passé inaperçue, révélant chez l'artiste un talent inattendu, une force dans le sinistre, une science de la silhouette du chenapan, du coquin, de l'assassin, dix planches où il a déroulé comme la route scélérate du vol et du crime et qu'il a appelé le *Chemin de Toulon*.

Gavarni partait en 1847 pour l'Angleterre, précédé par sa réputation et un renom d'élégance et enlevait ces·croquis si exacts, si anglais : croquis paraissant dans *Gavarni in London* ou publiés par l'*Illustrated London-News*, l'*Illustration française*.

En 1852, le comte de Villedeuil eut l'ambition de fonder un journal quotidien illustré, *Paris*, dans le genre du *Charivari*, mais purement littéraire. Dans le *Paris*, paraissaient les cinq dizains : les *Partageuses*, les *Lorettes vieillies*, la *Foire aux amours*, *Histoire de politiquer*, les *Propos de Thomas Vireloque*, dizains qui s'augmentaient au fur et à mesure des numéros du journal, de seconds, de troisièmes dizains. A ces séries, Gavarni en·

ajoutait de toutes nouvelles: *Les maris me font toujours rire*, *les Parents terribles*, *Piano*, *les Petits mordent*, *Histoire d'en dire deux*, *Manières de voir des voyageurs des bohêmes*, *Etudes d'Androgyne*, etc., la belle suite si profondément étudiée des *Anglais chez eux.* Plus sombre et plus redoutable encore est le tableau que Gavarni, dans les *Lorettes vieillies*, nous donne de la vieillesse de l'amour et de sa décrépitude. A la date de 1854 avait paru l'artistique album dans lequel Gavarni présentait au public le remarquable talent musical de sa femme, *Illustration des Mélodies* de Mme Jeanne Gavarni. En 1857, l'année du journal *Paris*, le 8 avril, il avait exécuté depuis le 1er janvier, quatre-vingt-seize planches, une planche par jour, sauf deux jours. Et cela, en dehors de quelques aquarelles et de tentatives malheureuses d'eaux-fortes. Gavarni jetait aux étalages des livres d'étrennes pour le premier jour de l'an 1859, *D'après Nature*, quatre dizains qui ne tournent plus, ainsi que ses premières séries, autour d'une classe, encadrent une idée et où il y a des modèles de grâce moderne comme la lithographie qui a pour légende: « Il lui sera beaucoup pardonné parce qu'elle a beaucoup dansé. » Ces quarante planches étaient comme les adieux superbes de son Œuvre au public. Toute la première partie de l'année 1863, Gavarni la passait dans un état d'indifférence triste, de découragement mélancolique, une sorte de démoralisation. Il n'avait plus aucun goût pour son travail et ne faisait plus qu'avec effort et comme une corvée les insipides illustrations de *Robinson Crusoé*, de *Gulliver* et de ces autres livres d'étrennes dont avait la spécialité l'éditeur Morizot. Après tant de travaux, une œuvre de dix mille pièces, Gavarni mourait le 24 novembre 1866.

GAYAC. —. V GAÏAC.

*GAY-LUSSAC. Célèbre physicien et chimiste, né en 1778, à St-Léonard (Haute-Vienne), mort à Paris, le 9 mai 1850. Son père était procureur du roi et juge au Pont de Noblac. C'est au milieu des troubles de la Révolution, qu'il se prépara, dans deux pensions de Paris, successivement supprimées, et dans la banlieue, aux examens d'admission à l'Ecole polytechnique. Il fut reçu le 6 nivôse an VI, après de brillantes épreuves. Il fut un des élèves les plus distingués, comme il en devint plus tard un des professeurs les plus illustres et les plus goûtés. En 1800, appelé comme aide de Berthollet dans les travaux de laboratoire, il devint bientôt l'ami du savant chimiste, et nommé peu après répétiteur du cours de chimie de Fourcroy à l'Ecole polytechnique. En 1804, il accomplit, dans un but scientifique, deux ascensions aérostatiques, l'une avec Biot, l'autre seul. C'est dans ce second voyage aérien, de Paris à Rouen, qu'il s'éleva à la hauteur de 7,016 mètres. Il recueillit à 6,036 mètres, de l'air pour en faire l'analyse; fit des observations thermométriques, hygrométriques et magnétiques. Ses analyses eudiométriques ont fixé la composition de l'air et de l'eau.

De 1805 à 1806, il fit avec Humboldt, son ami, un voyage en France, en Suisse, en Italie et en Allemagne, voyage durant lequel il fit des observations sur le magnétisme terrestre, sur la météorologie, etc. En 1806, il accomplit son beau travail sur la dilatation du gaz. Le Mémoire dans lequel il a été exposé peut servir de modèle dans toutes les recherches de ce genre. C'est dans cette même année qu'il fut élu membre de l'Académie des sciences. En 1807, il est admis à la savante Société d'Arcueil, fondée par Berthollet; c'est dans les Mémoires de cette Société que furent publiées ses observations magnétiques et ses recherches sur les lois des combinaisons des gaz. Viennent ensuite ses travaux exécutés en collaboration avec Thénard; au moyen de la pile de l'école polytechnique et la préparation de grandes quantités de potassium et de sodium, métaux qu'ils mirent en contact avec presque toutes les substances chimiques. Vers cette époque, les deux chimistes émirent l'opinion que l'acide muriatique oxygéné pouvait être regardé comme un corps simple (qu'on nomma plus tard *chorine*, *chlore*). Ils firent encore ensemble de nombreuses analyses de matières organiques.

En 1813, Gay-Lussac accomplit ses belles recherches sur l'iode. Son Mémoire est un modèle que Ballard a suivi pour ses découvertes du brome et de ses composés. En 1815, il fait la découverte du cyanogène (C^2Az), corps binaire remarquable qui, dans toutes ses combinaisons, joue le rôle de corps simple, premier exemple d'un phénomène qui n'est plus une exception en chimie. Il obtint aussi le premier l'acide prussique (cyanhydrique) pur. En 1816, il inventa le baromètre portatif à siphon. En 1822, il donna l'explication du mode de suspension des nuages. Il rendit d'importants services à l'industrie par ses analyses des liquides spiritueux, par l'invention de son alcoomètre centésimal accompagné de tables de correction pour les températures, par ses méthodes d'essais et d'analyses d'une grande précision, par ses recherches sur l'alcalimétrie, la chlorométrie, par ses essais des matières d'or et d'argent.

Comme professeur, Gay-Lussac se distingua par un langage et un style exempts de phrases ambitieuses, mais sobre, correct, nerveux et parfaitement adapté au sujet. Connaissant les langues étrangères, anglaise, allemande, italienne, il était au courant des travaux des savants de tous les pays. Comme expérimentateur, il avait une grande habileté, une rare sagacité d'observation, et une merveilleuse ingéniosité de ressources. Cependant, malgré sa grande adresse comme manipulateur, il fut plusieurs fois victime d'accidents imprévus; il faillit perdre la vue à la suite d'une explosion produite par une grande quantité de potassium. Dans son laboratoire, dont la majeure partie des appareils avaient été construits de ses propres mains, régnait un ordre intelligent. Comme savant, il eut à soutenir de longues polémiques avec Dalton, Davy, Berzélius, à cette époque de rénovation entière de la chimie.

Gay-Lussac fut le successeur de Fourcroy dans la chaire de chimie de l'Ecole polytechnique; professeur de chimie au Collège de France, à la Faculté des sciences et au Jardin des plantes; vérificateur des ouvrages d'or et d'argent à la Monnaie de Paris; chimiste à la direction des tabacs, membre du comité consultatif des arts et manufactures; membre du conseil de perfectionnement des poudres et salpêtres; administrateur de la manufacture de glaces de Saint-Gobain et Chauny; député, de 1831 à 1839; pair de France en 1839.

Travaux publiés : Relation de sa première ascension aérostatique, présenté à l'Institut; *Relation de son second voyage aérien (Annales de chimie, t. LII). Dilatation des gaz et des vapeurs (Annales de chimie,* t. XLIII). *Travail sur l'eudiométrie; Voyage en France, en Italie, en Allemagne; observations magnétiques* (intensité, inclinaison) *(Mémoire de la Société d'Arcueil et Annales de chimie, t. XLIII). Baromètre à siphon portatif,* perfectionné par Burten. *Recherches expérimentales sur la capillarité. Instruction sur les paratonnerres* (1827) *(Annales de chimie et de physique,* t. XXVI). *Alcoomètre avec tables pour la recherche des liquides spiritueux. Recherches physico-chimiques,* en collaboration avec Thénard, 2 vol. in-8°. *Préparation du potassium et du sodium, isolement du bore* (1821), *(Mémoires de la Société d'Arcueil,* t. II; *Annales de chimie,* t. LV à LXIX). *L'iode (Annales,* t. LXXXVIII à XCVI), *Découverte du cyanogène (Annales,* t. XCV). *Loi des combinaisons des gaz (Mémoires de la Société d'Arcueil,* t. II; *Bulletin de la Société philomatique,* 1808). *Cours de physique et de chimie,* 2 vol. in-8, Paris, 1827, 1828. *Instruction sur l'essai des matières d'or et d'argent par voie humide,* 1 vol. in-4°, 1832. Enfin un grand nombre d'autres *Mémoires* dans les recueils précités et dans ceux de diverses Sociétés savantes. — C. D.

GAYRARD (Raymond). Statuaire et graveur, né en 1777, mort à Paris en 1858; artiste aussi habile que fécond, il a laissé un nombre considérable d'œuvres qui révèlent un talent ingénieux et distingué.

GAZ. T. de phys. et de chim. Matière dont les molécules, n'étant plus retenues par la cohésion, se dispersent en tous sens, jusqu'à ce qu'elles rencontrent un obstacle, comme les parois d'un vase résistant, contre lesquelles elles rebondissent, s'entrechoquent alors les unes les autres, où jusqu'à ce que, libres dans l'espace, comme l'air atmosphérique, elles ne soient retenues à la surface de la terre que par la pesanteur. — V. Chaleur, § *Changements d'état.*

Gaz considérés au point de vue physique. Les gaz, malgré la diversité de leur nature, ont des propriétés qui leur sont communes et qu'ils partagent même avec les liquides : la *mobilité,* la *fluidité* (ce qui a fait donner le nom commun de *fluides* aux gaz et aux liquides), *l'élasticité,* la *compressibilité.* Mais tandis que les liquides sont très peu compressibles, les gaz, au contraire, le sont éminemment. C'est une de leurs propriétés caractéristiques. Les gaz ont une *force expansive* dont l'effet est d'augmenter pour ainsi dire indéfiniment leur volume. C'est pourquoi ils n'ont pas de volumes déterminés; ils prennent ceux des vases dans lesquels on les tient

renfermés : quand on parle d'un litre, d'un mètre cube de gaz, on entend par là, d'après une convention tout à fait arbitraire, que le volume de ce gaz est pris à la pression moyenne 760 millimètres et à la température 0° (conditions normales).

Le principe de la *transmission de pression* des liquides, celui de l'*égalité de pression en tous sens* et même ceux de l'*équilibre* et du *mouvement* des liquides, soumis à la seule action de la pesanteur, la loi de *décroissement de pression avec la hauteur,* ainsi que le *principe d'Archimède,* sont applicables aux gaz.

L'air et les gaz sont *pesants,* car un ballon de verre pesé successivement vide et plein de gaz, donne une différence de poids très appréciable. De là, la détermination de la *densité* des gaz comparativement à celle de l'air (V. Densité, § *Densité du gaz*). Les gaz sont éminemment, *élastiques* et *compressibles.* Il en est qui peuvent supporter des pressions considérables, de plusieurs centaines d'atmosphères, sans perdre la faculté de reprendre leur volume primitif, dès qu'on cesse de les comprimer. Il faut dire toutefois qu'un grand nombre d'entre eux, en subissant des pressions plus ou moins fortes, perdent leur état gazeux et deviennent liquides (V. Compressibilité, § *Compressibilité des gaz,* et plus loin, *Condensation des gaz*). A côté de la compressibilité des gaz se place naturellement leur *raréfaction,* au moyen de machines à faire le vide. Cette raréfaction a été poussée aux extrêmes limites, dans ces derniers temps, à l'occasion du passage de l'électricité dans le vide.

Mélange, diffusion des gaz. Lorsque deux gaz, n'ayant entre eux aucune action chimique, sont renfermés dans deux ballons de verre communiquants, le gaz de chaque ballon pénètre dans l'autre et se mêle à celui qui l'occupe, malgré la différence de densité des ces gaz placés dans les conditions les plus défavorables, le plus léger (hydrogène) étant dans le ballon supérieur et le plus lourd (acide carbonique) dans le ballon inférieur. C'est l'expérience de Berthollet. La loi du mélange des gaz se démontre au moyen de divers appareils dont le premier a été imaginé par Gay-Lussac; cette loi se formule ainsi : *Dans un mélange de plusieurs gaz, la force élastique est égale à la somme des forces élastiques de tous ces gaz, considérés comme occupant chacun le volume total.* Cette loi s'applique aussi aux mélanges de gaz et de vapeurs.

Dissolution des gaz dans les liquides. Un gaz formant une atmosphère au-dessus d'un liquide, exerce sur lui une pression, pénètre plus ou moins rapidement dans ce liquide et en quantité variable avec la nature des deux fluides en contact. *Première loi : Les quantités d'un même gaz dissoutes dans l'unité de volume d'un liquide, sont proportionnelles à la pression que ce gaz exerce sur la surface du liquide.* On nomme *coefficient de solubilité* d'un gaz dans un liquide, à une température déterminée, le nombre qui exprime le volume de gaz (évalué aux conditions normales de température et de pression) que peut dissoudre, à cette température, l'unité de volume de liquide à la pression normale ; quantité variable non seulement avec la nature du liquide, mais encore avec celle des gaz en expérience. Exemple : 1 litre d'eau à 15°, sous la pression normale, absorbe 0^l,030 d'oxygène, 0^l,015 d'azote, 1 litre d'acide carbonique, 670 litres de gaz ammoniaque. *Deuxième loi : Lorsqu'un mélange de plusieurs gaz est en présence d'un liquide, chacun d'eux se dissout comme s'il était seul*, plus lentement, mais en même quantité, eu égard à la pression totale du mélange. La présence des matières salines dans les eaux des sources, des rivières, des lacs et des mers, influe aussi sur la solubilité des gaz qu'elles peuvent contenir.

Occlusion des gaz. Un autre phénomène qui se rattache à la dissolution des gaz est celui de leur *occlusion* dans les métaux, phénomène observé par Graham qui en a constaté l'effet maximum entre le palladium et l'hydrogène. Le palladium (servant d'électrode négative dans l'électrolyse de l'eau) peut occlure 982 fois son volume d'hydrogène et le laisser dégager en très grande partie, dans le vide, et en totalité par une température élevée (V. *Annales de chim. et de phys.*, 4e sér., t. XIV, p. 315 et t. XVI, p. 188; *Dictionnaire de chim. de Wurtz, Occlusion*). MM. H. Deville et Troost ont constaté la *perméabilité* du platine et du fer pour le gaz hydrogène. Récemment M. Troost a trouvé qu'une feuille mince d'argent se laisse traverser au rouge par l'oxygène. Peut-être sortira-t-il de là un procédé d'extraction de l'oxygène de l'air (*Comptes rendus de l'Académie des sciences*, 9 juin 1884, p. 1427).

Endosmose des gaz (V. ENDOSMOSE). Enfin l'*adhérence* des gaz contre les parois des vases qui les contiennent, constatée par la grande difficulté de les expulser entièrement, la polarisation des électrodes et des éléments de pile, rentrent encore dans la même catégorie de phénomène. Tous ces effets de dissolution, d'occlusion, d'endosmose, d'adhérence, se produisent avec des *vitesses* variables selon la nature des corps en présence.

Condensation ou *liquéfaction des gaz.* C'est le passage des gaz à l'état liquide. L'opération se fait par refroidissement, par compression ou par les deux moyens réunis. La condensation de l'acide sulfureux, du chlore s'effectue avec facilité par le premier moyen ; celle de l'ammoniaque, du chlore, de l'acide sulfhydrique par le second procédé ; celle de l'acide carbonique exige des appareils métalliques très résistants ; le troisième procédé s'applique aux gaz difficiles à liquéfier : protoxyde d'azote, oxygène, azote, oxyde de carbone, hydrogène, etc. La différence qu'on a maintenue longtemps entre les gaz et les vapeurs n'a plus sa raison d'être, depuis qu'on est parvenu à liquéfier les six gaz dits *permanents*. Il faut actuellement considérer un gaz comme une vapeur fort éloignée de son point de liquéfaction ; toutefois, on peut conserver le nom de *gaz* proprement dits à ceux qui affectent l'état gazeux quand on les recueille dans les conditions ordinaires de température et de pression.

Pour les propriétés générales des gaz, relatives à la chaleur, à l'électricité : *Dilatation, conducti-* *bilité* (thermique et électrique), *pouvoirs rayonnant, absorbant, diathermane ; chaleur spécifique des gaz.* — V. ces mots.

Applications physiques et mécaniques des gaz. C'est sur les propriétés générales des gaz que sont fondés les instruments et applications qui suivent : *baromètres, manomètres, machines pneumatique et de compression, cloche à plongeur, explorateur sous-marin, machines soufflantes, ventilateurs, parachutes, briquet à air, résistance de l'air au mouvement des projectiles, niveaux à bulle d'air, pompes aspirantes, foulantes*, etc., *siphons.*

Tirage des cheminées, ventilation, navigation, moulins à vent, pompes à vent, mouvements de l'air, théorie des cyclones ; tous les phénomènes qui ont rapport à l'hygrométrie font partie de l'étude des gaz.

Gaz au point de vue chimique. En physique, on ne s'occupe que des propriétés générales des gaz ; en chimie, on étudie les propriétés particulières de chacun d'eux, spécialement celles qui les caractérisent ; on indique leur *état naturel*, les différentes manières de les préparer, de les recueillir, de les purifier ; on signale leurs *propriétés organoleptiques*, couleur, odeur, saveur, action sur l'organisme ; leurs *propriétés physiques*, densité, solubilité ; leurs *propriétés chimiques*, combustibilité, action qu'exercent sur eux la chaleur, l'électricité, la lumière, l'air, l'eau ; les combinaisons qu'ils peuvent former avec les autres corps simples ou composés ; on en détermine la composition, la formule, par analyse ou par synthèse ; on en signale les applications aux autres sciences, aux arts, à l'industrie. Nous renvoyons, pour tous ces détails, aux articles spéciaux et aux traités de chimie. Ici, se placent encore les questions suivantes : *chaleur de combinaison des gaz, phénomènes de substitution* (spécialement celle du chlore à l'hydrogène), *dissociation* (V. ces mots). Nous énoncerons seulement les lois des *combinaisons des gaz* découvertes par Gay-Lussac.

Première loi : Quand deux gaz se combinent, dans les mêmes conditions de température et de pression, *c'est toujours dans des rapports simples* :: 1 : 2 : 3, etc., ou 2 : 3 ..

Deuxième loi : Le volume du composé est aussi dans un rapport simple avec ceux des gaz composants.

Exemples :

1 v. de chlore   + 1 v. d'hydrogène = 2 v. d'ac. chlorhydriq.
1 v. d'oxygène   + 2 v. d'hydrogène = 2 v. vapeur d'eau.
1 v. d'azote   + 3 v. d'hydrogène = 2 v. de gaz ammoniac.

Troisième loi : Quand deux gaz se combinent à volume égal, le volume du composé est égal à la somme des volumes des composants (1er exemple) ; *si la combinaison a lieu entre volumes inégaux il y a toujours condensation* (2e et 3e exemples).

Enumération des gaz. On connaît environ une cinquantaine de gaz proprement dits, sans compter les vapeurs que les liquides peuvent produire lorsqu'on les chauffe où qu'on les porte à l'ébullition.

Liste des principaux gaz.

	Formule	Couleur	Odeur	Saveur	Toxicité	Enflammabilité
Acétylène..	C⁴H²		tr. fort. de gaz d'écl.		toxique	flammé écl. fuligin.
Acide bromhydrique.. . .	HBr		acide, forte	très acide	tox. suffocant	
— carbonique. : . . .	CO²		très faible	acide faible	impr. à la resp.	
— chloreux	ClO³	jaune	od. de chlore	acide	tox. suffocant	
— chlorhydrique . . .	HCl		acide très forte	extrém. acide	tox. suffocant	
— chloroxycarboniq. .	COCl		suffoc. larmes	très acide	tox. suffocant	
— fluorhydrique. . . .	HFl		extrém. acide	extrém. acide	tox. suffocant	
— hypoazotique (vap.)	AzO⁴	rouge	très acide	très irritante	tox. suffocant	
— iodhydrique.. . . .	HI		très acide	très irritante	tox. suffocant	
— sélénhydrique. . . .	HSe		fétide	fétide	toxique	
— sulfhydrique	HS		fétide	fétide	tox. vénéneux	flamme bleu-pâle
— sulfureux.	SO		très ac. caract.	très acide	tox. suffocant	
— tellurhydrique . . .	HTe		fétide	fétide	tox. suffocant	
Air atmosphérique.. . . .					respirable	entretient la comb.
Allylène.	C⁶H⁴		alliacée	désagréable	tox. suffocant	flam. blanche fum.
Ammoniaque..	AzH³		très piq. caract.	très caustique	tox. suffocant	
Azote	Az				inerte	
Bioxyde d'azote.	AzO²		inconnue	inconnue	inconnue	
Buthylène.	C⁸H⁸				toxique	fl. blanche éclair.
Carbure d'hydrogène. . .	C⁴H⁸				toxique	flamme blanche
— — . .	C⁸H¹⁰				toxique	flamme blanche
Chlore.	Cl	jaune verd.	forte, caractér.	caustique	tox. suffocant	
Chlorure de cyanogène..	CyCl		piquante	piquante	tox. suffocant	
Cyanogène.	Cy		od. d'am. amèr.	sav. d'am. am.	très vénéneux	flamme pourpre
Ethylène (gaz oléfiant) . .	C⁴H⁴		od. éthérée	éthérée	toxique	fl. blanche éclair.
Fluorure de bore..	BoFl³		suffocante	très acide	tox. suffocant	
— de silicium . . .	SiFl²		très forte	acide	tox. suffocant	
Formène (gaz des marais)	C²H⁴				toxique.	flam. blanche-pâle
Gaz de l'éclairage.			od. d'acétylène	désagréable	toxique	fl. blanche éclair.
Hydrogène.	H				inerte	flamme pâle
— arsénié..	AsH³		alliacée	alliacée	tox. suffocant	flamme livide
— phosphoré. . .	PhH³		alliacée	alliacée	tox. suffocant	spontan. enflam.
— silicié.	Si²H⁴		inconnue	inconnue	tox. suffocant	spontan. enflam.
Méthylamine..	C²H⁵Az		od. ammoniac	sav. ammon.	tox. suffocant	
Oxygène.	O				respirable	
Ozone..			caract. phosph.	s. du hommard.	très irritant	
Propylène.	C⁶H⁶		od. phosph.	sav. phosphor.	toxique	flamme blanche
Protoxyde d'azote. . . .	AzO				respirable	entretient la comb.

A cette liste, on peut encore ajouter accessoirement les gaz suivants :

Acétylène bromé (C⁴HCl)
Ether méthylfluorhydrique = C²H³Fl.
Ether méthylique C²H¹¹O
Ether méthylsulfocarbon.

Formène monochloré C⁴H³Cl
— bichloré C⁴H²Cl².
— trichloré C⁴HCl³.
etc.

Enfin, pour compléter l'énumération, il ne sera pas inutile d'ajouter encore les dénominations suivantes :

Gaz à l'eau (hydrogène).
— aqueux (vap. d'eau).
— des bois (par distillat.)
— des cimetières (PhH³)
— comburants.
— combustibles.
— délétères.
— détonants.
— grisou (hyd. protocarboné.)
— des hauts - fourneaux (CO, CO²).
— hilarant ou hilariant (AzO).
— de houille (gaz de l'éclairage).

Gaz de l'huile (gaz de l'éclairage).
— hydrogène protocarboné (C²H⁴).
— hydrogène bicarboné (C⁴H⁴).
— hydrogène sulfuré (HS).
— incolores.
— incombustibles.
— inflammables.
— inodores.
— light (gaz de l'éclair.).
— méphytique (CO²).
— des mines de houille (C²H⁴).

Gaz des mines de lignites (C²H⁴).
— odorants.
— oxhydrique (O + 2H).
— phosgène (CO + Cl).
— phosphorique (PhH³).
— platine (H sur toile de platine).
— plomb (HS).
— portatif.
— des puits forés.
— respirables.

Gaz des rivières inflammables.
— rutilant (AzO⁴ vap.).
— spontanément inflam.
— suffocants.
— sylvestre (CO²).
— des terrains ignés.
— de tourbe.
— tonnant (O + 2H).
— toxiques.
— vénéneux.
— volcaniques.

Quant aux *applications chimiques des gaz*, elles sont trop nombreuses pour être énumérées ici ; on les trouvera dans les articles relatifs à chacun d'eux en particulier. Nous citerons seulement les suivantes : le briquet à gaz hydrogène (allumeur), l'emploi du *gaz oxhydrique* pour la lumière Drummond et la production des hautes températures (fusion du platine, soudures, etc.), celui de l'acide carbonique dans la fabrication des eaux gazeuses, celui de l'acide sulfureux pour l'extinction du feu de cheminées, de la décoloration de la soie, de la laine, de la paille ; celui de l'ammoniaque comme caustique ou comme réfrigérant énergique, celui du chlore dans la préparation des chlorures décolorants, et dans la désinfection ; enfin le gaz de l'éclairage et les machines à gaz.

GAZ D'ÉCLAIRAGE. Toutes les substances organiques en général, d'origine végétale ou animale, et particulièrement tous les combustibles fossiles, quand on les calcine en vase clos à une température suffisamment élevée, se décomposent en donnant naissance à des produits volatils de composition complexe, qui forment un mélange de gaz et de vapeurs ayant la propriété de brûler avec une flamme plus ou moins éclairante suivant la matière soumise à cette opération. Les composés gazeux qui donnent la lumière la plus brillante, sont ceux qui contiennent en plus grande proportion des combinaisons d'hydrogène et de carbone, l'hydrogène protocarboné, bicarboné, et divers autres hydrocarbures très riches en substances combustibles.

La fabrication industrielle du gaz d'éclairage est l'application de cette décomposition chimique, en même temps que le résultat d'une série d'opérations ayant pour but d'abord de dissocier les éléments solides et gazeux, pour obtenir le dégagement aussi complet que possible de ces derniers, puis de les soumettre à une condensation qui liquéfie les vapeurs, et à une épuration qui élimine les produits nuisibles aux propriétés éclairantes des composés hydrocarbonés.

HISTORIQUE. Les premières applications pratiques de l'éclairage au gaz ne remontent guère qu'au commencement de ce siècle. On savait, il est vrai, depuis longtemps que les matières organiques calcinées à l'abri du contact de l'air produisaient des gaz combustibles. Dès 1739 James Clayton, en étudiant l'action de la chaleur sur la houille renfermée dans un vase clos, avait reconnu la production de quatre substances différentes, un gaz inflammable, une eau chargée d'alcali et d'odeurs empyreumatiques, du goudron, et enfin un résidu solide. En 1767, l'évêque de Llandoff, répétant les expériences de Clayton, et d'un autre physicien nommé Haley, constata que le gaz produit par la distillation de la houille conservait la propriété de s'enflammer même après avoir passé dans l'eau.

Aucune application utile n'avait encore été faite de ces expériences de laboratoire, lorsqu'un ingénieur français, Philippe Le Bon, en 1785, faisant l'étude des produits gazeux obtenus par la calcination du bois en vase clos, conçut et proposa l'utilisation du gaz inflammable pour l'éclairage des habitations. Bientôt, il signala également la possibilité d'appliquer de la même manière *les produits gazeux de la houille*, mais il s'attacha plus spécialement à la distillation du bois, et créa des appareils au moyen desquels il obtenait du gaz d'éclairage, des goudrons et des acides pyroligneux. Après une longue série d'essais, Le Bon obtint en 1801 un brevet d'invention qu'il résumait en ces termes : *Thermolampes ou poêles qui chauffent, qui éclairent avec économie et qui offrent avec divers produits précieux une force motrice applicable à l'industrie.* Cette définition est, au point de vue historique, un document très remarquable, parce qu'elle nous montre que l'inventeur, par un de ces éclairs de génie qui font que des esprits supérieurs devancent leur époque, avait imaginé d'un seul coup toutes les applications importantes que le gaz devait recevoir dans l'avenir. Le Bon fit la première démonstration publique de son système en effectuant l'éclairage au gaz de l'hôtel Seignelay, rue Saint-Dominique Saint-Germain, à Paris. Malheureusement, au lieu de trouver l'appui et les sympathies qu'une si belle conception aurait dû faire naître

autour de lui, Le Bon, après avoir perdu ses espérances et avoir épuisé sa fortune en efforts infructueux, mourut de mort violente (sans qu'on ait jamais su exactement s'il y avait eu assassinat ou suicide), avant d'avoir vu éclore le germe fécond de l'industrie nouvelle dont il avait voulu doter son pays.

Pendant que Le Bon étudiait la distillation du bois, Murdoch, en Angleterre, s'était appliqué à la distillation de la houille, et dès l'année 1792, il avait démontré par des expériences publiques la possibilité d'obtenir du gaz utilisable pour l'éclairage. En 1798, il fit la première application industrielle de l'éclairage au gaz de houille dans les ateliers de MM. Watt, Boulton et Cie, à Soho, près de Birmingham. En 1805, Murdoch, qui avait apporté déjà de notables perfectionnements à ses appareils, établit une nouvelle usine à gaz pour l'éclairage de la filature de coton de MM. Philipps et Lee à Salford, et bientôt ensuite il installa le même éclairage dans celle de M. Henry Lodge, à Halifax, avec le concours de son disciple Clegg, devenu depuis l'un des plus célèbres promoteurs de l'industrie du gaz.

L'invention naissante accueillie avec autant de faveur en Angleterre que celle de Le Bon avait rencontré d'indifférence chez nous, prit bientôt son essor, et un professeur d'origine allemande nommé Winsor qui, dès 1802, avait publié en anglais et en allemand la traduction d'un mémoire adressé par Lebon à l'Institut, et qui depuis lors avait enseigné et répété les expériences de Le Bon et de Murdoch, obtint en 1812 un bill autorisant la création d'une grande Compagnie pour l'éclairage d'un quartier de Londres. A peu près à la même époque, M. le comte Chabrol de Volvic, alors préfet de la Seine, dont l'attention avait été attirée par les tentatives déjà faites en Angleterre pour appliquer le nouveau système d'éclairage, fit établir à l'hôpital Saint-Louis, à Paris, une usine à gaz destinée à expérimenter cet éclairage.

Winsor étant venu à Paris, en 1817, pour chercher à y créer une entreprise semblable à celle qu'il avait faite à Londres, installa un appareil pour l'éclairage au gaz du passage des Panoramas. Trois ans plus tard, en 1820, Pauwels, qui avait apporté de sérieux perfectionnements dans les appareils de production du gaz, fit construire, par ordre du gouvernement, une petite usine destinée à l'éclairage du palais du Luxembourg et du théâtre de l'Odéon. Peu de temps après, il organisa la Compagnie Française, qui créa dans le faubourg Poissonnière la première usine à gaz pour l'éclairage de Paris. Bientôt une autre Compagnie fondée par MM. Manby et Wilson construisit une seconde usine qui éclaira une autre portion de Paris. L'élan une fois donné, de nouvelles Compagnies s'organisèrent, notamment celles fondées par MM. Payn et Lacarrière, et plusieurs usines à gaz s'élevèrent successivement dans Paris. Les lanternes à gaz remplacèrent les anciens réverbères à l'huile, et la consommation du gaz s'étendit rapidement dans les magasins, les cafés, les théâtres et jusque dans les maisons particulières.

En 1855, les sept Compagnies, existant alors pour l'éclairage de Paris, opérèrent leur fusion sous le nom unique de *Compagnie Parisienne* dont la fondation eut pour base la conclusion d'un nouveau traité de concession qui fixa le prix du gaz à 15 centimes pour l'éclairage public, et à 30 centimes pour l'éclairage particulier. Ce traité, renouvelé en 1861 entre la Ville de Paris et la Compagnie Parisienne, n'a pas subi depuis lors de modifications quant au prix du gaz, et cette immense entreprise, concentrée ainsi dans les mains d'une puissante administration, a pris un développement considérable qui constitue maintenant une des plus grandes opérations industrielles existant en France.

Le département de la Seine, à lui seul, possède actuellement 26 usines à gaz, dont la production annuelle est évaluée à 283 millions de mètres cubes, représentant la consommation de Paris et de sa banlieue. On y compte 47,400 lanternes publiques, et la canalisation employée pour desservir cet immense réseau atteint le chiffre de 2,024 kilomètres.

Après s'être propagée d'abord dans les grandes villes, l'industrie du gaz est entrée dans une voie de progrès rapides, les usines se sont multipliées en grand nombre, et nous les voyons maintenant s'étendre jusqu'aux plus petites villes qui en restaient jusqu'alors deshéritées. Le nombre des usines à gaz existant actuellement dans les principaux États de l'Europe est réparti à peu près de la manière suivante :

France, 928 ; Algérie, 8 ; Alsace-Lorraine, 39 ; Belgique, 110 ; Suisse, 59 ; Allemagne, 572 ; Autriche. 59 ; Italie, 114 ; Espagne, 59 ; Portugal, 6 ; Bohême, 30 ; Danemark, 9 ; Suède, 23 ; Norwège, 12 ; Hollande, 117 ; Russie, 12 (1).

PRINCIPES GÉNÉRAUX DE LA PRODUCTION DU GAZ. Comme nous l'avons dit en commençant, toutes les matières d'origine végétale ou animale, distillées en vase clos, produisent des gaz inflammables contenant des proportions variables de carbone et d'hydrogène et brûlant avec une flamme plus ou moins éclairante, suivant la nature des substances employées. Plus les matières sont riches en carbone et en hydrogène, plus elles possèdent d'hydrogène en excès sur la quantité de ce gaz nécessaire pour constituer de l'eau avec l'oxygène qu'elles contiennent, et plus elles sont susceptibles de donner du gaz d'un pouvoir éclairant plus élevé.

Les matières premières dont la distillation peut produire du gaz d'éclairage sont nombreuses, mais il n'y a en réellement que quelques-unes qui reçoivent dans l'industrie une application journalière. Toutefois, pour en donner une nomenclature complète nous les classerons de la manière suivante :

1° *Combustibles minéraux.* Houilles, lignites, bitumes, schistes bitumineux et les huiles provenant de leur distillation, huiles naturelles de naphte et de pétrole. Comme intermédiaire entre cette division et la suivante, nous plaçons ici les courbes ;

2° *Substances végétales.* Résines et bois résineux, poix et goudron de bois, graines et plantes oléagineuses, huiles végétales et tourteaux provenant de leur fabrication ; marcs de pommes, de poires, de raisin ; sciure de bois, liège, écorces, coquilles de noix et d'amandes ; et en général toutes les matières ligneuses et les déchets industriels de ces matières ;

3° *Substances animales.* Graisses, os, cornes et poils, huiles animales, suint provenant du dégraissage des laines, déchets de filature, de cardage et de peignage de laines, résidus des stéarineries, des fonderies de suif, des savonneries, des tanneries et corroieries, et, en général, tous déchets provenant des diverses industries qui travaillent les matières animales.

Beaucoup de ces matières, comme on le voit, ne sont applicables que dans des limites très restreintes et dans des circonstances toutes particulières. Aussi, ne nous occuperons-nous ici que des

(1) Nous regrettons de ne pouvoir joindre ici le relevé du nombre d'usines en Angleterre

principales, et tout d'abord de la fabrication du gaz de houille, qui, en raison de son importance, mérite la première et la plus large place dans l'étude que nous nous sommes proposé de faire. La nature chimique, l'origine et les procédés d'extraction de la *houille* étant traités à ce mot nous n'en parlerons pas, et nous aborderons de suite la production industrielle du gaz d'éclairage.

FABRICATION DU GAZ DE HOUILLE

Le choix des meilleures qualités de houille étant le point de départ d'une bonne fabrication, on doit donner la préférence à celles qui produisent le plus grand volume de gaz avec le pouvoir éclairant le plus élevé, et qui laissent comme résidu le coke le mieux aggloméré s'appliquant avantageusement au chauffage domestique. Il n'y a qu'un petit nombre de houilles qui réunissent cet ensemble de conditions ; mais suivant les circonstances locales, suivant le prix de revient à pied d'œuvre, on peut considérer comme assez étendues les limites dans lesquelles les diverses qualités de houille sont susceptibles de convenir pour la production du gaz, pourvu que leur rendement arrive à couvrir dans une mesure convenable les frais de fabrication. Théoriquement, les houilles les plus propres à la fabrication du gaz sont celles qui contiennent la plus forte proportion d'hydrocarbures et qui ont le plus d'hydrogène en excès sur l'oxygène qu'elles renferment. Néanmoins, cette donnée ne se vérifie pas toujours pour la houille, aussi bien que pour les graisses et les huiles, et l'analyse élémentaire d'une houille ne suffit pas pour déterminer sa valeur au point de vue de la fabrication industrielle du gaz. Pour se renseigner exactement à ce sujet, on doit soumettre un échantillon, d'un poids connu, à un essai préalable dans un appareil réalisant autant que possible les conditions de la fabrication. Parmi les appareils de ce genre destinés aux essais pratiques des houilles, à l'usage des usines à gaz, nous citerons seulement celui qui nous paraît le plus complet et le plus pratique. Il se compose d'un petit fourneau chauffé au gaz, dans lequel se trouve une cornue cylindrique où s'opère la distillation de l'échantillon de houille à essayer, puis d'une série d'appareils produisant la condensation et l'épuration du gaz, en même temps que la séparation du goudron et de l'eau ammoniacale, dont on détermine le poids et par conséquent la proportion par rapport au volume de gaz pur qu'on recueille dans un petit gazomètre très exactement jaugé. On obtient ainsi des données précises et pratiques sur le rendement d'une houille, en coke, en goudron et en gaz, dont on mesure facilement le pouvoir éclairant au moyen des appareils photométriques dont nous parlerons plus tard (V. PHOTOMÈTRE). On a par conséquent tous les éléments nécessaires pour apprécier la qualité des charbons qu'on veut employer pour la production du gaz.

En général, les houilles grasses à longue flamme sont celles qui conviennent le mieux aux usines à gaz. En France, les meilleures variétés se trouvent : dans les bassins du Nord et du Pas-de-Calais, à Lens, à Courrières, Billy-Montigny, Nœux,

Anzin, Denain, etc. : dans le bassin de la Loire, à Saint-Étienne, à Montrambert, La Béraudière, Malafolie, Roche-la-Molière, etc. ; dans les bassins de Commentry et de Decazeville, à Cranzac, à Carmaux ; enfin, dans les bassins du Midi, à Bességes, à Graissessac, etc. En Belgique, c'est le bassin de Mons qui fournit les meilleures qualités ; en Angleterre, c'est celui de Newcastle ; en Allemagne ceux de Saarbruck et de la Rhurr.

On doit éviter autant que possible l'emploi des houilles pyriteuses, parce que les pyrites (sulfure de fer) produisent à la distillation un dégagement d'hydrogène sulfuré qui constitue l'une des impuretés les plus préjudiciables à la bonne qualité du gaz. Ces houilles nécessitent par conséquent plus de soins et plus de frais pour l'épuration. L'essai préalable des charbons parmi lesquels on se propose de choisir celui qui donne les meilleurs rendements doit donc porter aussi sur la plus ou moins grande pureté du gaz obtenu, si l'on veut réunir toutes les conditions désirables pour une bonne fabrication.

L'humidité des charbons, quand on les laisse exposés aux intempéries, a une influence sensible sur leur rendement en gaz, qui peut ainsi être réduit de 20 et 25 0/0. On devra donc toujours conserver, à l'abri des pluies, la houille destinée à la production du gaz.

DISTILLATION. La distillation est l'opération préliminaire qui a pour but de décomposer, à l'abri du contact de l'air et sous l'action d'une température d'environ 1,000 à 1,200°, la houille en produits gazeux, liquides et solides, qu'on sépare ensuite par d'autres opérations successives de condensation et d'épuration. Quand on soumet la houille à l'action de la chaleur, jusqu'à ce qu'elle arrive à 150 ou 200°, le seul changement sensible qu'elle éprouve consiste dans la perte de son eau d'interposition. Si la température continue à s'élever, les phénomènes de la décomposition commencent à se manifester : les éléments réagissent alors les uns sur les autres, et ceux qui ont le plus d'affinité entre eux, l'oxygène et l'hydrogène, l'oxygène et le carbone, se combinent pour former de l'eau et de l'acide carbonique, accompagnés d'un premier dégagement d'hydrogène carboné ; puis, l'action de la chaleur augmentant de plus en plus, la série des réactions continue, il y a formation d'oxyde de carbone, et de nouvelles combinaisons plus riches d'hydrogène et de carbone donnent naissance à l'hydrogène bicarboné et à divers autres hydrocarbures à équivalent très élevé, les uns gazeux, les autres liquides ; ces derniers constituent les huiles lourdes et les goudrons. En même temps l'azote, qui existe aussi dans le charbon, s'associe avec l'hydrogène pour former de l'ammoniaque, avec le carbone pour former du cyanogène, tandis que le soufre des pyrites engendre du sulfure de carbone, du sulfhydrate d'ammoniaque et du sulfocyanure. Enfin, quand tous les éléments, dissociés d'abord, ont ainsi constitué cette multiplicité de combinaisons parmi lesquelles se trouve le mélange de gaz inflammables propres à l'éclairage, l'excès de carbone qui n'a pas été absorbé par les réactions chimiques reste à l'état de coke avec les substances minérales non décomposées. Comme on le voit, le gaz d'éclairage extrait de la houille est un mélange complexe dont les éléments sont nombreux. On en a dressé la liste suivante :

		Formules chimiques	Proportions moyennes p. 100	
1° Mélange composant le gaz éclairant.	Hydrogène.	H	50.2	45.6
	Hydrogène protocarboné.	CH^4	32.8	34.9
	Bicarbure d'hydrogène (éthylène). . . .	C^2H^4	3.8	4.1
	Acétylène.	C^4H^2	traces	»
	Butylène.	C^4H^8	»	2.3
	Propylène.	C^8H^8	traces	»
	Oxyde de carbone.	CO	12.9	6.6
	Azote.	Az	»	2.7
2° Vapeurs existant en mélange et contribuant au pouvoir éclairant	Benzine et homologues.	$C^6H^6, C^7H^8, C^9H^{10}$, etc.		
	Naphtaline.	$C^{10}H^8$		
3° Impuretés à éliminer, nuisibles au pouvoir éclairant.	Hydrogène sulfuré (acide sulfhydrique). .	H^2S		
	Acide carbonique.	CO^2		
	Acide sulfureux.	SO^2		
	Sulfure de carbone.	CS^2		
	Cyanogène (acide cyanhydrique). . . .	$CyH = CAzH$		
	Acide sulfocyanhydrique.	$CAzHS$		
	Ammoniaque.	H^3Az		
	Sulfure d'ammonium.	$(AzH^4)^2S$		

En outre de tous les produits gazeux que nous venons d'énumérer, la distillation de la houille produit encore, à l'état de vapeurs qu'on liquéfie par la condensation, les *goudrons*, qui sont eux-mêmes composés de plus de 20 substances différentes (V. GOUDRON), et les *eaux ammoniacales* qui renferment ordinairement quatre à cinq combinaisons diverses d'ammoniaque.

On conçoit, sans peine, à quelles variations de qualité peut être exposé un mélange aussi complexe, et l'on comprend à l'examen de cette liste que la fabrication du gaz exige des soins spéciaux pour éliminer les composés nuisibles à la pureté et au pouvoir éclairant. Par la même raison, on comprend aussi que la composition et la densité du gaz soient variables durant les diverses phases de la distillation. Le tableau ci-dessous donne à ce sujet des renseignements intéressants. Nous n'y faisons pas figurer l'hydrogène sulfuré, l'acide carbonique, l'ammoniaque, ni les autres produits nuisibles au pouvoir éclairant; ce tableau ne donne par conséquent que la proportion pour cent des gaz utilisables, le rapport des volumes produits et le rapport des intensités lumineuses correspondant à la composition du mélange gazeux pendant cinq heures consécutives de distillation.

	Rapport du volume total produit	C^2H^4	CH^4	H	CO	Az	Rapport des intensités lumineuses
1re heure.	21.3	13	82.5	0	3.2	1.3	54
2e heure.	25.4	12	72.0	8.8	1.9	5.3	48
3e heure.	21.3	12	58.0	16.0	12.3	1.7	40
4e heure.	14.5	7	56.0	21.3	11.0	4.7	35
5e heure.	8.2	0	20.0	60.0	10.0	10.0	10

On voit que la production des hydrogènes carbonés, qui contribuent le plus à l'intensité de la lumière, diminue à mesure que la distillation s'avance, et qu'elle devient très faible dans la cinquième heure, tandis qu'au contraire le dégagement de l'hydrogène pur, qui n'est pas éclairant, va en augmentant graduellement. Aussi, le gaz obtenu pendant la cinquième heure est environ cinq fois moins éclairant que celui de la première heure, qui lui-même est le plus riche sous ce rapport.

Il résulte de là qu'il est toujours désavantageux, au point de vue de l'éclairage, de prolonger la distillation au-delà de la cinquième heure. La production en volume suit d'ailleurs la même progression que l'abaissement du pouvoir éclairant, comme le montre la première colonne du tableau, et l'on voit que si dans la première et la troisième heure la production est sensiblement la même, elle atteint son maximum durant la deuxième heure, puis décroît rapidement jusqu'à la fin de la cinquième. Si l'on prolongeait pendant une sixième heure, le rapport s'abaisserait au chiffre de 2,4, ce qui est à peu près le dixième partie seulement du volume obtenu pendant chacune des trois premières heures. Une durée de cinq heures suffit donc pour obtenir une distillation complète, et la température doit être régulièrement maintenue au degré convenable pour effectuer entièrement dans ce laps de temps la décomposition de la houille.

Nous allons passer maintenant en revue les divers appareils concourant à la fabrication du gaz de houille; nous les diviserons de la manière suivante :

1° Appareils de distillation, cornues et fours;

2° Appareils de condensation produisant l'épuration physique, barillets, condensateurs, scrubbers, laveurs ;

3° Extracteurs, valves de distribution ;

4° Appareils d'épuration chimique, épurateurs ;

5° Compteurs de fabrication et de consommation ;

6° Gazomètres ;

7° Régulateurs d'émission du gaz, manomètres et indicateurs de pression.

Le cadre de cette étude ne nous permet pas d'entrer dans la description de tous les genres d'appareils se rattachant à la classification que nous venons d'énumérer. Nous nous bornerons par conséquent à signaler les types principaux, ceux qui sont le plus en usage et que nous considérons comme les meilleurs.

APPAREILS DE DISTILLATION. Les vases fermés dans lesquels s'effectue la distillation se nomment cornues ; elles se composent généralement d'un demi-cylindre horizontal fermé à son extrémité postérieure et muni à sa partie antérieure d'une tête qui porte la tubulure de sortie du gaz, et qui reçoit pour la fermeture un tampon ou obturateur qu'une vis de pression applique fortement sur la face de la tête. Les formes ordinairement adoptées représentent en section transversale soit un ovale, soit un ⌓ renversé.

Au début de l'industrie du gaz, on faisait les cornues en fonte; on les fait encore ainsi pour de petites installations et pour du gaz extrait de matières autres que la houille. Mais la fonte se brûle trop vite, elle subit au feu des déformations, elle s'allonge, et son allongement persiste à tel point que nous avons vu des cornues cylindriques de 2 mètres, atteindre au bout de quelques mois de chauffage une longueur de $2^m,10$ à $2^m,12$. En outre, la fonte coûte cher et on lui préfère avec raison les cornues en terre réfractaire avec têtes en fonte, qui sont universellement adoptées depuis déjà de longues années.

La fabrication de ces cornues se fait avec des mélanges de matières réfractaires cuites, pulvérisées, et de terres réfractaires fraîches, le tout amené à l'état de pâte consistante, aussi homogène que possible. On étend une couche de ce mélange à l'intérieur de moules en bois, formés de tronçons annulaires superposés ; on le bat fortement avec des maillets en bois de forme spéciale, de façon à lui donner intérieurement la forme et les dimensions voulues tandis que les parois internes du moule fixent les dimensions extérieures. On tient compte d'ailleurs dans la confection des moules des diminutions de longueur et de largeur que doit occasionner le retrait à la cuisson. Quand la cornue est ainsi moulée et qu'elle a acquis par un commencement de dessiccation une consistance suffisante, on la démoule, on laisse achever le séchage aussi lentement et aussi complètement que possible avant la mise au four dans lequel s'effectue la cuisson. Depuis quelque temps, un nouveau système de moulage mécanique des cornues a été imaginé et réalisé avec succès en Angleterre par M. John Cliff. Ce système est également appliqué maintenant, en France, par la Société française de fabrication mécanique des cornues, dont l'usine est située à Ivry-sur-Seine. Il repose sur le principe de la fabrication mécanique des briques et des tuyaux de drainage. Il consiste sommairement en une presse puissante, dont le piston refoule la terre dans un mandrin qui lui donne les épaisseurs et les contours voulus. La cornue sort du moule comme un long et gros tuyau, fabriqué d'une seule pièce. La compression énorme que subit la terre doit lui donner une plus grande compacité que le battage à la main, si toutefois il ne se produit pas à la sortie du moule des déchirements dans la masse pâteuse, accident qui peut d'ailleurs être facilement évité en réglant convenablement les vitesses respectives du piston et du plateau qui reçoit la cornue.

Les cornues en terre réfractaire sont plus ou moins poreuses au début, malgré l'épaisseur de 6 à 7 centimètres qu'on donne à leurs parois, mais cet inconvénient disparaît vite dès que le goudron et le graphite ont bouché les pores de l'enveloppe réfractaire. Elles ont un défaut plus sérieux, celui d'être exposées à se fendre par le retrait ou par un coup de feu, quand le chauffage est irrégulièrement conduit, et quand par négligence ou par maladresse, les chauffeurs n'apportent pas à la mise en feu, ou au chauffage journalier, tous les soins voulus. D'ailleurs, les cornues fendues accidentellement se réparent avec facilité, au moyen de terre réfractaire délayée, et mieux encore avec certaines préparations spéciales qui se vendent sous le nom de *mastics réfractaires*, parmi lesquels nous citerons seulement le *mastic Alleau*, produit français, le *mastic Sellars*, produit anglais, et enfin un produit belge, le *ciment volcanique* de Winkelmann.

Les cornues réfractaires sont munies de têtes en fonte maintenues au moyen de boulons d'une forme spéciale, et assemblées avec un joint composé de mastic de fonte, ou de limaille avec de la terre réfractaire. La tubulure de sortie, qui occupe la partie supérieure de la tête, reçoit le tuyau ascensionnel par lequel s'élèvent les produits de la distillation. La partie antérieure de la tête porte un rebord contre lequel vient s'appliquer *l'obturateur*, qui est en fonte ou en tôle emboutie, et qui repose par ses deux oreilles latérales sur des mamelons venus de fonte à droite et à gauche de la tête. Dans ces mamelons sont emmanchés, et fixés au moyen de clavettes, les deux branches portant l'étrier en fer qui sert à faire appliquer, par la vis de pression dont il est muni, l'obturateur contre la face antérieure de la tête de cornue. Pour assurer la fermeture complète, on garnit les bords de l'obturateur d'un lut argileux. On peut composer ce lut avec un mélange d'argile et de vieille chaux d'épuration, ou employer simplement de la terre à four délayée en pâte molle.

Depuis quelque temps, on a préconisé un système d'obturation des cornues sans lut, dont l'emploi a été adopté déjà par un certain nombre d'usines à gaz. Le bord de l'obturateur et celui de la tête de cornue sont dressés et rodés de façon à obtenir une adhérence complète sans lutage; de plus, un mode de fermeture à excentrique remplace avantageusement la vis de pression; l'obturateur est assemblé avec la tête par une articulation qui permet de le manœuvrer sans avoir besoin de l'enlever et de le replacer alternativement, ce qui supprime la perte de temps et l'incommodité que présente la manœuvre des obturateurs isolés jusqu'alors en usage.

Pour effectuer *le chargement* des cornues, le moyen le plus simple consiste à jeter à la pelle la quantité de charbon constituant *une charge;* ordinairement la charge est d'environ 100 kilogrammes par cornue de dimensions courantes (2^m,60 de longueur intérieure, 55 à 60 centimètres de largeur, 35 de hauteur). La difficulté du chargement est d'obtenir une répartition en couche aussi régulière que possible du charbon sur la sole de la cornue. La couche ainsi étendue occupe environ la moitié de la hauteur intérieure des cornues. Les chauffeurs adroits acquièrent assez vite l'habitude nécessaire pour rendre uniforme l'épaisseur de la charge, condition essentielle pour que toute la masse de charbon subisse régulièrement et également l'action de la chaleur.

Dès que la dernière pelletée de charbon a été jetée dans la cornue, le chauffeur applique l'obturateur sur l'embouchure, et par un serrage rapide opère la fermeture hermétique. Le gaz commence immédiatement à se dégager par le tuyau ascensionnel qui le conduit au premier appareil désigné sous le nom de *barillet*. On a essayé divers systèmes destinés à éviter la perte de temps et de gaz qui résulte du chargement à la pelle. Le plus simple est le chargement *à l'écope*, sorte de caisse en tôle ayant à peu près les dimensions que doit avoir la charge placée dans la cornue; cette écope est remplie de charbon et enfoncée sur la sole, puis brusquement retournée sans dessus dessous et retirée rapidement; cette manœuvre, quand elle est exécutée par des ouvriers exercés, produit une régularité parfaite de la couche de charbon qui reste déposée sur la sole dès qu'on retire l'écope. On a proposé aussi des moyens mécaniques de chargement que nous nous bornerons à signaler ici; ils n'ont d'intérêt que pour les grandes usines, et jusqu'alors ils n'ont pas encore produit de résultats assez pratiques pour en généraliser l'emploi.

Quand la distillation est complètement achevée, on procède au *déchargement*, qu'on appelle aussi *délutage*. A cet effet, le chauffeur desserre un peu la vis de pression qui produit la fermeture, il écarte légèrement l'obturateur en présentant au-dessus une allumette ou une torche en papier ou en étoupe pour enflammer le gaz qui s'échappe à travers les fissures du lut. Cette précaution est indispensable pour éviter l'explosion qui se produirait au contact immédiat de l'air rentrant dans la cornue, si l'on enlevait d'un seul coup et brusquement l'obturateur. Le chauffeur retire ensuite, au moyen d'un crochet ou d'un ringard en fer, le coke incandescent qui est reçu dans une brouette en tôle, dont le coffre basculant sur deux tourillons permet un renversement rapide. Dès que la brouette est hors de la salle des fours, le coke est étendu à terre et arrosé d'eau pour en opérer immédiatement l'extinction.

Les cornues sont généralement groupées au

nombre de 2, 3, 5 ou 7 dans les fours, dont les dimensions et les dispositions présentent diverses variantes dans le détail desquelles nous ne saurions entrer ici. Les fours à 7 cornues s'emploient surtout dans les usines d'une certaine importance. Le spécimen qui est représenté par la figure 268 est un des types les plus usités. Une déchirure ménagée à dessein dans la paroi latérale, permet de voir la superposition des cornues C à l'intérieur du four. On voit en F la porte du foyer par laquelle on introduit le coke destiné au chauffage. Les têtes de

Fig. 268. — *Batterie de sept cornues pour la fabrication du gaz.*

cornues P sont surmontées des tuyaux ascensionnels T par lesquels le gaz se dégage et arrive au barillet B, placé en avant sur des supports verticaux. Les tuyaux T sont recourbés à leur partie supérieure, et viennent plonger dans le mélange d'eau ammoniacale et de goudron que contient le barillet porté sur des colonnes de fonte en avant du four. Plus souvent, le barillet est placé sur le four lui-même, dont il affleure à peu près la façade.

On a essayé de distiller la houille sans cornues, en la chargeant en grande masse dans des fours spéciaux, dont la Compagnie Parisienne a appliqué depuis longtemps le type remarquable dû à MM. Pauwels et Dubochet. La distillation produit alors du coke de qualité supérieure, beaucoup mieux aggloméré, et une proportion plus grande de goudron ; aussi ces fours conviennent-ils moins pour la fabrication du gaz d'éclairage que pour la fabrication industrielle du coke et goudron comme on la pratique dans certaines exploitations houillères. Les fours de M. Knabb, par exemple, et divers autres genres, conviennent principalement pour cette application.

On a substitué avantageusement le *chauffage par gazogènes* au chauffage direct effectué par les foyers placés au centre des fours. Le chauffage se fait avec plus de régularité, la température se maintient plus constante, et peut atteindre une limite plus élevée. Les principaux systèmes employés à cet effet seront décrits au mot Gazogène, où nous leur consacrerons une place spéciale.

L'économie de chauffage et de main-d'œuvre qu'ils procurent recommande leur application à l'attention des chefs d'usines, mais les dépenses d'installation qu'exigeaient les premiers types créés ne les rendent possibles que pour les grandes usines. A ce point de vue, nous signalerons une innovation récente faite par M. Jouanne afin de rendre ce mode de chauffage désormais accessible pour les usines de minime importance, avec des résultats économiques sinon aussi complets qu'avec les grands gazogènes, du moins très largement satisfaisants et rémunérateurs. C'est un système de foyer où le combustible est converti partiellement en gaz, et où la flamme est activée par un courant d'air chaud traversant un récupérateur logé dans les côtés du four ; ce foyer occupe la même place que celui des anciens fours, et il peut leur être appliqué, sans avoir besoin de substructions coûteuses et d'emplacements souterrains comme l'exigent les types de gazogènes jusqu'alors en usage.

Les usines qui ne trouvent pas facilement l'écoulement de leurs goudrons peuvent avoir intérêt à les utiliser pour le chauffage des fours. A cet effet, on fait arriver sur la grille, par un tuyau ou par une goulotte en fonte, un mince filet de goudron, qui s'enflamme et brûle avec une vive intensité. Quelquefois on supprime la grille, et on la remplace par une cuvette en terre réfractaire, mais il nous paraît plus simple de maintenir la grille et d'y mettre une légère couche de coke. Nous avons employé souvent avec avantage l'introduction d'un petit filet d'eau en même temps que le filet de goudron ; la décomposition de l'eau produit de l'hydrogène qui brûle et de l'oxygène qui active puissamment la combustion. C'est dans ce même but, que M. Alleau a créé une disposition spéciale permettant d'injecter un petit jet de vapeur d'eau qui entraîne le filet de goudron et en facilite la combustion.

APPAREILS DE CONDENSATION. *Barillet.* Cet appareil, dont nous avons déjà cité le nom, est destiné à commencer la condensation des matières liquéfiables mélangées au courant gazeux qui s'échappe des cornues. Il se compose ordinairement d'un cylindre en fonte ou en tôle, de forme entièrement circulaire ou méplate à la partie supérieure, fermé à ses deux extrémités par des plateaux boulonnés. Le gaz y pénètre par les tuyaux ascensionnels dont l'extrémité recourbée vient plonger, de 3 à 5 centimètres environ, dans le liquide que renferme le barillet. Le niveau de ce liquide, mélange de goudron et d'eau ammoniacale provenant des premières condensations, est maintenu constant par un tube, ordinairement en forme de siphon, qui sert en même temps à l'écoulement du trop plein, en régularisant par conséquent le niveau et la sortie du liquide.

La forme cylindrique que nous venons de décrire, telle d'ailleurs qu'on l'a déjà vue dans la figure 268, présente certains inconvénients quand on a besoin d'effectuer le nettoyage à fond de l'appareil, par exemple lorsqu'après un certain temps de service une couche de goudron très épaisse remplit la partie inférieure du barillet. On obvie à cet inconvénient par l'emploi des barillets dits *à tabatière* ou *cloisonnés*, basés sur le principe des boîtes à poussières appliquées depuis long-

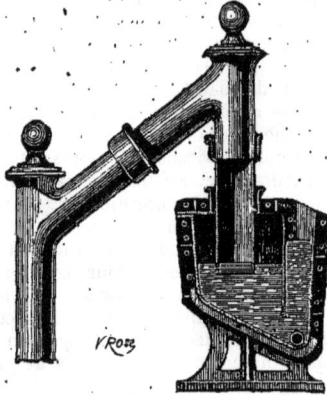

Fig. 269. —. *Type de barillet.*

temps déjà dans l'utilisation des gaz sortant des hauts-fourneaux. Nous donnons ici, figure 269, un de ces types de barillets cloisonnés, que nous avons appliqué dans plusieurs usines; cet appareil, entièrement en fonte, présente dans toute sa longueur une ouverture par laquelle le nettoyage peut s'effectuer avec la plus grande facilité durant la marche de la fabrication.

Condensateurs. On donne ce nom aux appareils de divers systèmes employés pour achever la condensation des produits volatils qui restent encore dans le gaz, à sa sortie du barillet. Ces produits se composent principalement de goudron, d'huiles lourdes et d'eau ammoniacale. Les condensateurs ont, par conséquent, pour but d'effectuer la première partie de l'épuration du gaz, celle qu'on appelle l'*épuration physique*. Le courant gazeux traverse une série de tuyaux, dans lesquels il abandonne, par le refroidissement et le frottement qu'il subit au contact de leurs parois, les matières liquéfiables qu'il a entraînées mécaniquement à l'état de vapeurs ou de globules déjà condensés. La surface extérieure des condensateurs est refroidie, soit par l'air ambiant, comme dans le *jeu d'orgue* ordinaire, soit par l'eau, comme dans les condensateurs immergés.

Il ne faudrait pas croire qu'il y a avantage à pousser la condensation aux plus extrêmes limites, ce serait, au contraire, s'exposer à diminuer notablement le pouvoir éclairant du gaz. En prolongeant dans les réfrigérants le contact du gaz avec

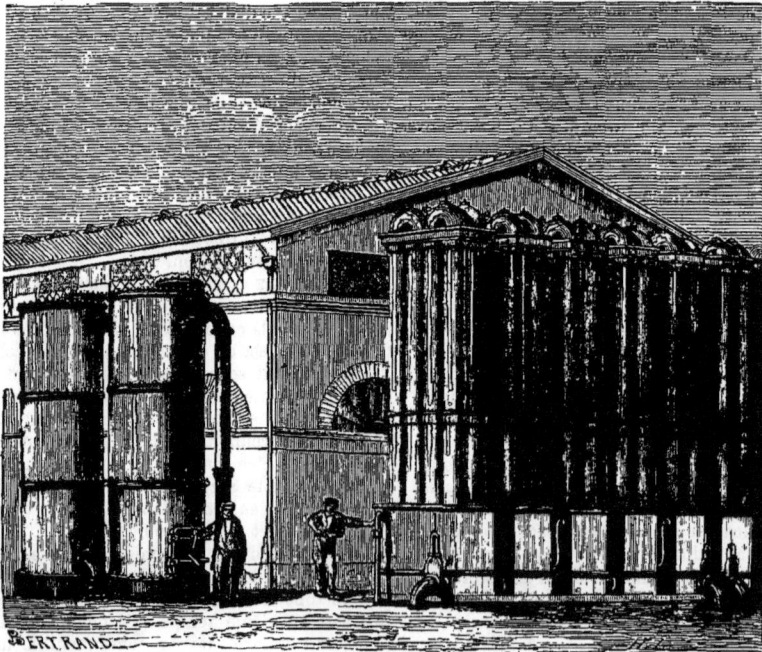

Fig. 270. — *Condensateurs à jeu d'orgue.*

le goudron froid dans lequel les vapeurs d'hydrocarbures sont solubles, on favorise par conséquent l'absorption de ces vapeurs; on abaissera donc le titre du gaz d'autant plus que la condensation aura été faite à basse température, et que le contact du gaz avec le goudron aura été plus prolongé. On obtient le maximum de pouvoir éclairant en réalisant les deux conditions suivantes :

1° En ne poussant pas la condensation au delà d'une température voisine du point d'ébullition des huiles légères, environ 70 à 80°;

2° En supprimant autant que possible le contact du gaz refroidi avec le goudron condensé.

Les meilleures dispositions à donner aux appareils de condensation sont, par conséquent, celles qui se rapprochent le plus de ces deux conditions.

La figure 270, qui représente une vue d'ensemble des *condensateurs à jeu d'orgue* de l'usine à gaz de la Villette, à Paris, donne une idée de la disposition générale de ces appareils. Ils consistent, comme on le voit, en faisceaux de tubes de fonte en forme d'U renversés, verticalement placés sur des caisses rectangulaires, également en fonte, cloisonnées intérieurement de façon à diviser le courant gazeux pour le faire circuler successivement dans tous les tubes du faisceau correspondant à chaque caisse de condensateur. Le trop plein des liquides condensés s'écoule par des syphons analogues à celui du barillet, et va se rendre dans la citerne à goudron. En règle générale, la vitesse de passage du gaz dans les condensateurs ne doit pas excéder 3 mètres par seconde.

La surface de condensation peut être, en pratique, calculée à raison de 1 mètre carré par 100 kilogrammes de houille distillée en vingt-quatre heures. On admet assez généralement que la surface totale des barillets, des tuyaux adducteurs et des appareils réfrigérants doit être au moins *le double* de la surface de chauffe des cornues. Ces données expérimentales, prises comme guide, permettent d'obtenir une bonne condensation, et l'on ne doit jamais perdre de vue que c'est une condition essentielle pour assurer ensuite une bonne épuration. L'action des condensateurs à jeu d'orgue n'est généralement pas suffisante pour condenser toutes les matières entraînées par le courant gazeux. Les produits ammoniacaux principalement résistent à cette action, et pour en compléter l'élimination aussi que possible, il faut soumettre le gaz à un lavage assez prolongé, en le mettant en contact avec une quantité d'eau convenable pour dissoudre la totalité des sels ammoniacaux volatils qu'il renferme encore à la sortie du condensateur.

On a employé divers genres de laveurs. Ceux qui sont basés sur le principe du barbotage du gaz dans l'eau sont efficaces, mais ils ont le grave inconvénient de déterminer une résistance, et par conséquent d'exiger un excès de pression qui est un obstacle à l'écoulement libre du gaz, et une cause de pertes, quelquefois même de perturbation dans la fabrication. Le plus simple et le meilleur des laveurs est sans contredit la *colonne à coke*, appelée aussi *scrubber* (terme anglais), qui a le double avantage d'effectuer une division très grande du courant gazeux, en multipliant sans aucun excès de pression les surfaces de contact avec l'eau de lavage. La figure 270 en montre deux à gauche des condensateurs à jeu d'orgue. La colonne à coke est un cylindre vertical, en fonte ou en tôle, fermé à sa partie inférieure par un fond plein et à sa partie supérieure par un plateau dans lequel on ménage une ouverture pour l'introduction du coke, et un siphon pour l'introduction de

l'eau destinée à l'arrosage intérieur. Le bas de la colonne est muni d'une grille, disposée au-dessus du tuyau d'entrée du gaz; le coke est entassé sur cette grille jusque vers le haut de la colonne; l'eau, amenée par le siphon supérieur, est divisée sur la masse de coke, soit par une pomme d'arrosoir, soit par tout autre mode d'aspersion, et elle s'écoule à travers les interstices des fragments de coke, en rencontrant par conséquent durant sa descente le courant ascendant de gaz dont elle opère le lavage à l'état de division le plus favorable pour l'absorption des matières solubles. Lorsque le gaz arrive au haut de la colonne à coke, il trouve le tuyau de sortie par lequel il se rend ensuite aux épurateurs destinés à achever chimiquement sa purification.

Dans les usines à gaz de petite importance, où l'économie des frais d'installation et d'emplacement est une condition essentielle, nous avons souvent employé avec avantage un condensateur, dont le premier type a été créé pour nous il y a une quinzaine d'années sous le nom de *condensateur à triple effet*, parce qu'il réunit effectivement trois modes d'action qui concourent simultanément à rendre la condensation aussi complète que possible. Il se compose, d'une caisse rectangulaire, en tôle ou en fonte, divisée intérieurement par des cloisons longitudinales dans lesquelles le gaz circule d'abord avant d'arriver aux tuyaux inclinés dans lesquels son refroidissement doit s'effectuer. La partie supérieure de la caisse reçoit un courant d'eau qu'on peut régler à volonté, suivant le degré de refroidissement à obtenir. Le groupe de tuyaux placé au-dessus de cette caisse, comprend plusieurs éléments formés chacun d'un tuyau central, de section correspondante à celle de la conduite venant du barillet, et de deux tuyaux latéraux n'ayant l'un et l'autre qu'une section à peu près moitié moindre que celle du premier. La circulation du gaz s'établit de telle façon qu'après avoir passé dans les deux tuyaux latéraux du premier élément, les deux courants se rassemblent en un seul dans le tuyau central, puis le courant unique arrive au tuyau central du second élément, à la sortie duquel il se divise dans deux tuyaux latéraux; au troisième élément, les deux courants latéraux se rassemblent à nouveau dans le tuyau central, et ainsi de suite, autant de fois qu'il y a d'éléments superposés. Cette succession de divisions et de réunions alternatives des courants gazeux a pour effet de produire un mélange, et, si l'on peut appliquer ici cette expression, un *brassage* énergique des molécules, qui favorise au plus haut degré la condensation, et l'élimination des matières condensées. Une inclinaison convenable facilite d'ailleurs l'écoulement du liquide depuis l'élément supérieur jusqu'à la caisse, où il descend pour s'écouler ensuite par un siphon régulateur qui maintient constant le niveau intérieur.

Enfin, pour compléter l'action de l'appareil, les faisceaux tubulaires sont surmontés de scrubbers dont deux sont remplis de coke arrosé par un filet d'eau, et le troisième, celui du milieu, est muni de diaphragmes formant des chicanes contre les-

quelles le courant gazeux vient se briser et abandonner les plus légers globules de goudron qu'il
entraîne. Dans le premier et le second scrubber le
lavage peut être effectué à l'eau ammoniacale
faible; puis, dans le troisième, le lavage à l'eau
pure complète l'élimination des produits ammoniacaux. Cet appareil réalise, comme on peut en

juger par la description sommaire qui précède,
toutes les conditions essentielles pour assurer
une entière et parfaite condensation.

Dans les usines existant depuis un certain nombre d'années, où la fabrication a pris une extension avec laquelle les appareils primitivement
installés ne sont plus en rapport, il arrive souvent

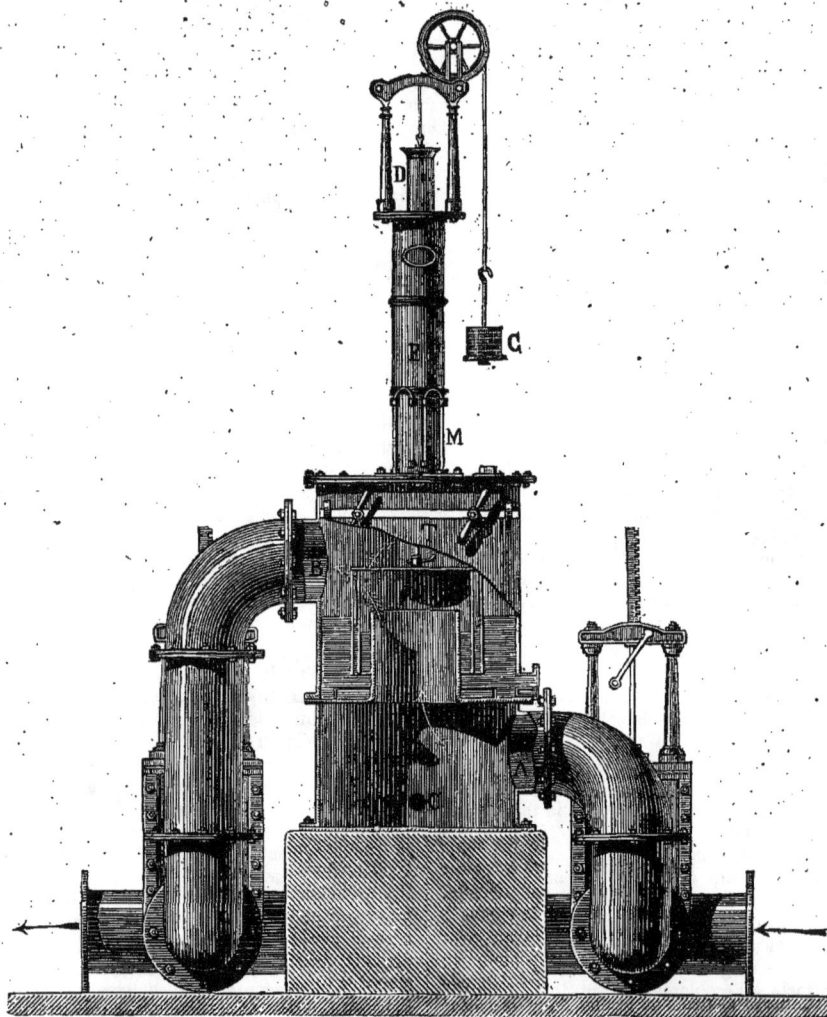

Fig. 271. — *Condensateur par choc, de MM. Pelouze et Audouin.*

que les réfrigérants deviennent insuffisants et
qu'à leur sortie le gaz entraîne encore des goudrons
légers qu'il est essentiel d'éliminer. Dans bien des
cas, on ne dispose que d'un emplacement restreint
et l'installation des systèmes ordinaires de condensateurs peut être fort embarrassante. Il est
avantageux alors de recourir à l'emploi d'appareils
qui, sous de petites dimensions, ont une grande
efficacité; ce sont les *condensateurs par choc*, basés
sur ce principe déjà indiqué tout à l'heure que les
globules de goudron sont facilement arrêtés quand

on interpose sur le passage du courant gazeux un
certain nombre de diaphragmes qui coupent et
contrarient ce courant.

La première application de ce principe a été
faite à Genève, en 1847, par M. Colladon. MM. Pelouze et Audouin l'ont appliqué depuis lors dans
la construction d'un appareil où le gaz traverse
plusieurs plaques de tôle perforée, placées de façon
que les trous de la première correspondent aux
parties pleines de la seconde, et ainsi de suite.
M. Servier a remplacé les plaques perforées par

des tiges verticales disposées en rangées circulaires, qui se contrarient et forment chicanes de l'une à l'autre.

Le condensateur de MM. Pelouze et Audouin est représenté par la figure 271 dans laquelle on voit en coupe la cloche formée par les 4 cylindres concentriques en tôle perforée, disposés deux à deux avec croisement des orifices, comme nous l'avons dit tout à l'heure ; ces plaques sont écartées seulement de 1 1/2 à 2 millimètres, de sorte que le gaz y subit un frottement qui force les globules à adhérer aux parois métalliques contre lesquelles ils sont projetés et viennent s'écouler continuellement. Le gaz arrive par le tuyau inférieur A et, par la tubulure verticale de la caisse inférieure, il débouche sous la cloche condensatrice qui baigne en partie dans le goudron. Il traverse les deux couples de plaques perforées, et rencontre ensuite le tuyau B par lequel il sort de l'appareil. Le goudron et l'eau ammoniacale, qui se déposent sur les plaques forment la couche liquide dans laquelle est plongée la partie inférieure de la cloche condensatrice. Une disposition ingénieuse permet à cette cloche de s'élever ou de s'abaisser automatiquement dans le liquide, de sorte que la hauteur des parois perforées découvertes corresponde toujours à la section nécessaire pour livrer passage à la quantité de gaz qui afflue suivant les diverses phases de la fabrication. A cet effet, la cloche condensatrice est suspendue par une tige clavetée à une autre petite cloche D plongeant dans une colonne creuse E qui surmonte l'appareil. Cette cloche D est reliée à un contrepoids G, variable à volonté, servant à régler l'équilibre, suivant la perte de pression que doit subir le gaz par son passage dans l'appareil. Le manomètre N placé sur la caisse supérieure indique cette perte de pression. Ainsi équilibrée la cloche condensatrice s'élève ou s'abaisse automatiquement selon que la quantité de gaz à laquelle elle doit livrer passage augmente ou diminue. Une des faces de la caisse supérieure est munie d'un large tampon T maintenu par des étriers en fer, qui permet de visiter facilement la cloche et de la nettoyer quand besoin est. Ce nettoyage est assez fréquent lorsque l'appareil est appliqué à retenir des globules de goudron d'une certaine densité. On l'effectue aisément en soumettant la cloche à un courant de vapeur d'eau ou en la lavant avec du méthylène (esprit de bois). Le trop plein du goudron déposé dans la caisse supérieure déborde par la tubulure centrale et tombe dans la caisse inférieure, d'où il sort par la tubulure C.

Il faut avoir soin de ne pas exposer ce condensateur à une température inférieure à 10 ou 12° ; il est donc essentiel de ne pas le placer au dehors des ateliers, car il serait alors sujet à s'obstruer durant les grands froids de l'hiver. C'est un inconvénient de ce genre de condensateurs par choc, où les passages du gaz sont réduits à des orifices extrêmement petits pour augmenter l'efficacité de l'action mécanique opérée par le frottement que subit le courant gazeux.

D'autres appareils, dans la description desquels nous ne pouvons entrer ici, ont encore été proposés pour effectuer la condensation et le lavage du gaz. Parmi eux nous citerons seulement le laveur scrubber rotatif de MM. Chandler et fils, employé en Angleterre dans un grand nombre d'usines, et le nouveau condensateur-laveur à compartiments superposés, de M. Chevalet.

Dans l'opération du lavage, qu'on l'effectue avec la colonne à coke, ou qu'on applique des laveurs faisant passer le gaz à travers une couche d'eau, il est avantageux de commencer par l'emploi de l'eau ammoniacale, et de terminer seulement le lavage avec de l'eau pure. Cette méthode a d'abord pour effet d'augmenter le degré de saturation de l'eau ammoniacale et d'en rendre le traitement plus fructueux ; mais elle a de plus l'avantage de purger complètement le gaz de l'ammoniaque qu'il contient. Lorsqu'on met le gaz impur en contact avec l'eau ammoniacale faible que donne la distillation, cette eau absorbe encore facilement une nouvelle proportion de produits ammoniacaux et se charge de plus en plus jusqu'à un certain degré qu'il convient de ne pas dépasser en pratique ; en outre, l'acide carbonique du gaz en se substituant à l'acide sulfhydrique du sulfhydrate d'ammoniaque contenu dans l'eau, forme du carbonate d'ammoniaque très soluble et met en liberté l'acide sulfhydrique qu'on élimine facilement dans l'épuration chimique dont nous parlerons tout à l'heure.

Quand on applique l'eau ammoniacale légère au premier lavage du gaz, il faut en employer environ cinq à six hectolitres par mille kilogrammes de houille distillée en 24 heures. Il est toujours nécessaire d'ailleurs de compléter ce lavage par une dernière opération à l'eau pure, dans laquelle le gaz achève complètement de se débarrasser des dernières traces de produits ammoniacaux.

EXTRACTEURS ET VALVES DE DISTRIBUTION. *Extracteurs.* Durant la distillation, le gaz qui se dégage dans les cornues doit vaincre, pour s'écouler jusqu'au gazomètre, la somme de toutes les résistances qu'il rencontre à son passage dans les barillets, les condensateurs, les laveurs, les épurateurs : il a, en outre, à subir la pression déterminée par le poids du gazomètre lui-même. De là résulte une pression totale qui s'oppose à l'échappement du gaz, et plus elle est élevée, plus il y a tendance à la formation du dépôt de graphite qui se forme sur les parois internes des cornues par la décarburation du gaz. De plus, cette pression augmente l'importance des pertes occasionnées par les fissures des cornues. Frappé par l'observation de ces faits, Grafton, à qui l'on attribue l'invention des cornues en terre réfractaire, étudia les moyens de remédier à ces inconvénients ; il imagina un appareil destiné à aspirer le gaz à la sortie des condensateurs et à le refouler dans le gazomètre. Cet appareil, basé sur le principe du tambour du compteur inventé par Clegg, comme une sorte de roue à godets, est d'ailleurs analogue à celui que Blochmann, de Dresde, avait lui-même imaginé en 1825, et qui avait pour but de maintenir continuellement en suspension les particules de chaux dans le lait de chaux où on faisait arriver le courant de gaz pour en opérer la purification ; il supprimait la résistance due au passage du gaz dans le liquide, et simultanément, il diminuait la pression à l'intérieur des cornues.

Tel est, en résumé, le principe des extracteurs, auxquels on donne aussi le nom d'*exhausteurs*, destinés à aspirer le gaz au fur et à mesure de sa production et à le refouler dans les gazomètres. On place généralement ces appareils à la suite des condensateurs, plutôt qu'en avant, pour éviter que le dépôts de goudron les engorgent trop rapidement.

Pour que l'influence d'un extracteur se fasse utilement sentir sur la fabrication, il faut que l'appareil maintienne aussi près que possible de zéro la pression dans les cornues et le barillet, mais il faut éviter de dépasser cette limite, car on ferait le vide et on s'exposerait à aspirer les gaz du foyer à travers les fissures ou les pores des cornues.

Il y a divers systèmes d'extracteurs, basés sur des principes fort différents. Après le tambour à aubes hélicoïdales de Grafton, nous citerons la Cagniardelle inventée par Cagniard de Latour, sorte de vis d'Archimède dont l'axe est incliné de façon que la partie supérieure se trouve hors de l'eau dans laquelle tout le reste de l'appareil est plongé. En faisant tourner cette vis, renfermée dans une caisse métallique, où le gaz afflue par

Fig. 272. — *Extracteur à cloches, de Pauwels.*

un tuyau d'amenée disposé à cet effet, on emmagasine à chaque tour une petite portion de gaz dans la première spire de l'hélice, qui, lorsqu'elle vient plonger dans l'eau, force ce gaz à continuer son parcours dans les spires suivantes. Cet appareil est aujourd'hui abandonné comme celui de Grafton. Les systèmes d'extracteurs maintenant en usage peuvent se ranger en quatre classes distinctes : les extracteurs à cloches, les extracteurs à piston, les extracteurs rotatifs et enfin les extracteurs à jet de vapeur basés sur le même principe que l'injecteur Giffard. Nous allons décrire sommairement un des principaux spécimens de chacun des quatre types que nous venons d'énumérer.

Le type le plus employé parmi les extracteurs à cloches est celui que Pauwels avait établi jadis à l'usine à gaz d'Ivry (Compagnie Parisienne).

Cet extracteur, dont la figure 272 représente une vue d'ensemble, se compose de trois cloches en tôle, K, K', K'', à mouvements alternés, s'élevant et s'abaissant successivement dans des cuves éga-

lement en tôle remplies d'eau jusqu'à une certaine hauteur maintenue constante. Chacune de ces cloches est reliée à un arbre moteur horizontal par deux bielles accouplées sur des manivelles coudées : cet arbre, placé en dessous des cuves, communique à chaque cloche un mouvement alternatif de haut en bas et de bas en haut, dont les oscillations sont réglées par la position respective des manivelles de façon que la première cloche étant par exemple au bas de sa course, la seconde soit au haut, et la troisième à moitié. Ces cloches sont d'ailleurs guidées par des tiges verticales fixées d'un bout à une poutre supérieure et de l'autre bout au fond des cuves. On conçoit que les mouvements d'ascension aspirent le gaz qui est amené du barillet par le tuyau M, tandis que les mouvements de descente le refoulent ; et comme ces mouvements des trois cloches sont tiercés de manière que l'écoulement du gaz soit constant, l'aspiration qui s'effectue dans le tuyau N'P' par les trois embranchements *t*, *t'*, *t''*, et ensuite le refoulement, se produisent avec une complète régularité, par les tuyaux qui viennent pénétrer intérieurement sous chacune des cloches et qui se relient avec les deux conduits principaux d'amenée N' et d'évacuation N que l'on voit en avant des cloches, au bas de la figure 272. Les tuyaux de refoulement T, T', T'', sortant des cloches viennent déboucher dans le collecteur N P au moyen de plongeurs qui jouent le même rôle que dans les barillets, formant une sorte de soupape hydraulique qui empêche le gaz refoulé de refluer vers l'appareil. Une valve O placée à l'entrée permet d'intercepter à volonté l'arrivée du gaz. Le principe de cet extracteur a été appliqué en Angleterre, par la *London gaz company*, et en Allemagne, dans l'usine de Magdebourg où M. Unruh en a fait une installation intéressante. Un des avantages inhérents à ce genre d'appareils à cloches est l'absence presque complète de frottement et par suite le peu de force motrice qu'ils exigent pour leur mise en mouvement.

Les *extracteurs* à piston sont basés sur le principe des machines soufflantes ; ils agissent à la manière de pompes à air, à double effet, aspirant le gaz et le refoulant successivement par les mouvements de va-et-vient des pistons. Les cylindres peuvent être disposés horizontalement, ou verticalement. La première disposition a été plus généralement adoptée par les constructeurs français qui ont établi ce genre d'appareils. La similitude de ces extracteurs avec les pompes à air des machines soufflantes nous dispense d'entrer ici dans leur description détaillée.

Les *extracteurs rotatifs* ont sur les précédents types l'avantage d'exiger moins de place et beaucoup moins de frais d'installation.

L'extracteur de Beale, qui est l'un des spécimens les plus anciens et les plus employés, est construit sur le principe des pompes rotatives. La figure 273 représente une vue d'ensemble de son installation. Il se compose d'une enveloppe cylindrique en fonte dans laquelle tourne un tambour excentré, dont l'axe horizontal A est monté sur deux tourillons extérieurs munis de presse-étoupes. Le tambour intérieur porte, dans toute sa longueur, deux rainures, diamétralement opposées, dans lesquelles glissent deux palettes longitudinales, qui jouent le rôle de pistons durant le mouvement de rotation. Le tuyau d'aspiration se branche sur un des côtés de l'enveloppe extérieure, le refoulement de l'autre côté, l'un et l'autre munis des valves V¹ et V², qui permettent d'intercepter le passage du gaz. Les deux tuyaux sont, en outre, mis en communication par un tuyau de retour MNP, dans une des branches duquel se trouve un clapet de retenue actionné par le secteur denté C et la crémaillère D. Cette crémaillère est elle-même reliée à la cloche d'un régulateur de pression sous la cloche duquel un

Fig. 273. — *Vue d'ensemble d'un extracteur rotatif, système Beale.*

tuyau maintient constamment une pression pareille à celle que détermine dans les barillets la plus ou moins grande production du gaz. Cette cloche est d'ailleurs équilibrée de façon que sous l'action de la pression qu'on veut maintenir fixe dans le barillet, le clapet repose sur son siège et ferme toute communication entre le tuyau d'aspiration et celui de refoulement.

Lorsqu'il arrive que l'extracteur tourne trop vite et tend à aspirer plus de gaz que la production n'en fournit, il se produit dans le barillet un vide qui abaisse la pression au-dessous de la limite normale qu'on a fixée. Mais aussitôt cet abaissement de pression se faisant sentir sous la cloche par le tuyau qui la met en communication avec le barillet, cette cloche descend, et fait agir la crémaillère qui ouvre immédiatement le clapet de retour ; alors une partie du gaz refoulé repasse du côté de l'aspiration jusqu'à ce que la pression normale soit rétablie dans le barillet, ce qui a lieu

presque instantanément. La pression se rétablissant, la cloche remonte et ferme à nouveau le clapet. S'il arrive, au contraire, que l'extracteur tournant trop lentement n'absorbe pas tout le gaz de la production, ou même s'il venait à s'arrêter complètement par une cause accidentelle, un tuyau de secours, désigné en terme de métier sous le nom de *by-pass*, muni d'une valve automatique, met immédiatement l'entrée en communication avec la sortie : l'élévation de pression, déterminée par l'arrivée du gaz en excès à l'entrée, fait ouvrir la valve et le passage s'établit librement comme s'il n'y avait plus d'extracteur. Cet appareil, d'une grande simplicité et d'un entretien peu coûteux, n'a certes pas le rendement des extracteurs à piston, mais sa commodité et son prix moins élevé lui méritent souvent la préférence, et quand on a pris soin de bien proportionner sa puissance avec le volume de gaz qu'on a besoin d'aspirer, quand on règle sa vitesse à la limite normale de 70 à

80 tours par minute, on peut obtenir un effet utile de 70 à 75 0/0, avec un fonctionnement satisfaisant ainsi qu'un entretien facile et peu coûteux.

MM. Bryan Donkin et Cie, constructeurs à Bermondsey ont apporté récemment à cet extracteur des perfectionnements qui, en réduisant sensiblement le frottement et en augmentant le rendement en gaz aspiré, en ont fait un appareil avantageux sous tous les rapports.

Les *extracteurs à jet de vapeur* se recommandent par leur grande simplicité d'installation, leur prix peu élevé, la suppression des transmissions de force motrice et le peu d'emplacement occupé. Ces considérations expliquent la faveur avec laquelle les appareils de ce genre ont été accueillis dans l'industrie du gaz. Toutefois, il faut bien reconnaître que leur rendement laisse souvent à désirer et que la dépense de vapeur dépasse celle qu'exige l'emploi des machines motrices pour un même volume

de gaz aspiré par heure. Mais ces inconvénients paraissent devoir être compensés dans la plupart des cas par la simplicité extrême des appareils et la facilité de leur mise en fonction.

Les types les plus employés dans les usines de France, sont ceux de MM. Koerting frères et de MM. Corpet et Bourdon. Nous donnerons seulement ici la description des premiers. Ils sont basés, comme nous l'avons dit déjà, sur le principe de l'injecteur Giffard; le jet de vapeur est lancé dans l'appareil par un orifice étroit dont on règle la section au moyen d'une aiguille conique qu'on amène au point voulu; la vitesse d'entraînement, correspondant à la pression de la vapeur, produit l'aspiration du gaz et son refoulement dans les appareils placés à la suite de l'extracteur. La figure 274 représente en plan l'installation complète de cet extracteur. L'appareil proprement dit est indiqué en A A, et relié aux tuyaux d'entrée I

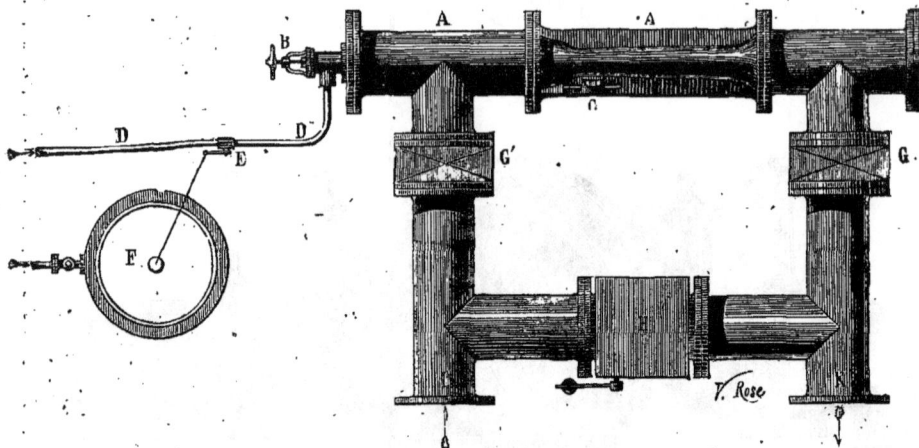

Fig 274. — *Vue en plan de l'installation d'un extracteur à jet de vapeur, système Koerting.*

et de sortie K. Les deux valves G et G' ouvrent ou ferment le passage, et le *by-pass* mettant en communication l'entrée et la sortie porte un clapet automatique H qui laisse passer le gaz en cas d'insuffisance d'aspiration ou d'arrêt de l'appareil. Le jet de vapeur arrive par le tuyau DD; un robinet à volant B règle l'admission de la vapeur. Pour mettre le débit de l'appareil en rapport avec les variations de la production, un petit régulateur de pression F, communiquant avec le barillet, comme celui dont nous avons parlé pour l'extracteur Beale, commande le levier qui manœuvre le papillon E interposé sur l'arrivée de vapeur pour la régler selon les besoins et la marche de la fabrication du gaz.

Les extracteurs à jet de vapeur se placent, en général, entre les scrubbers et les épurateurs, dont nous allons parler maintenant. Mais la température de la vapeur à la sortie de l'appareil, nécessite presque toujours l'adjonction d'un condensateur supplémentaire assez puissant pour éliminer toute la vapeur et éviter les dépôts de naphtaline qui se produiraient sans cette précau-

tion. C'est là un surcroît de dépense qui diminue en partie ce qu'il y a de séduisant au premier abord dans la simplicité de l'appareil.

ÉPURATEURS. Nous arrivons maintenant à la phase de la fabrication du gaz qui présente la plus grande importance au point de vue de la pureté du produit; c'est l'élimination, par voie chimique, des matières gazeuses impures qui subsistent après le passage dans les condensateurs et les laveurs. Nous en avons déjà donné la liste, nous ne reviendrons pas sur cette partie de la question; nous allons aborder de suite l'examen des appareils et des procédés employés pour réaliser aussi complètement que possible l'épuration chimique. Les épurateurs se composent ordinairement d'une caisse en fonte, ou en tôle, rectangulaire ou cylindrique, dont un type général est représenté en coupe verticale par la figure 275.

Nous ne parlerons pas ici des épurateurs au lait de chaux et à d'autres matières liquides qui ont été employés naguère et dont l'usage est presque entièrement abandonné aujourd'hui, à cause de l'excès de pression qu'ils déterminent quand on y fait barboter le gaz et qu'on n'a pas d'extracteur pour atténuer cette pression, aussi sans doute à cause de l'incommodité qu'on éprouve pour se débarrasser des résidus liquides que laisse cette méthode d'épuration.

On emploie de préférence des matières sèches, à l'état pulvérulent, et la plus ordinairement usitée est la chaux vive, éteinte en poudre avec la moindre quantité d'eau possible. C'est à ce genre d'épuration qu'est destinée la caisse représentée par la figure 275. Le gaz arrive par le tuyau inférieur G, il s'élève à travers les trois couches de chaux vive A A'A'' étalée sur des claies en bois ou en métal ; puis, il se rassemble dans la chambre supérieure C de l'épurateur d'où il sort par le tuyau H. Le couvercle, généralement en tôle, qui recouvre la caisse, est mobile et s'engage dans une gorge hydraulique FF qui en opère la fermeture étanche ; il suffit de donner à cette gorge, et par conséquent au niveau de l'eau qu'elle contient, une hauteur supérieure à la pression maximum qui doit exister dans les appareils. Un petit manomètre O placé sur le couvercle indique la pression intérieure ; mais le manomètre doit être mobile et pouvoir s'enlever à volonté pour n'être pas exposé à être brisé quand on manœuvre les couvercles. Pour faciliter cette manœuvre, on adapte sur le couvercle un robinet ou bien un tampon,

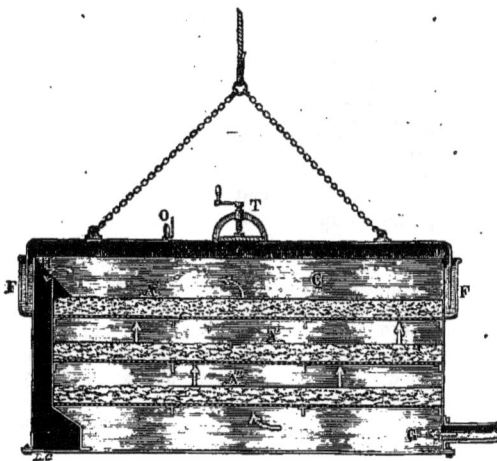

Fig. 275. — *Coupe verticale d'un épurateur.*

comme celui qui est indiqué en T dans la figure 275. Ce tampon, mû par une vis, permet d'ouvrir un orifice par lequel l'air peut rentrer ou s'échapper, lorsqu'on élève ou qu'on abaisse le couvercle dans la gorge hydraulique. Sans cette précaution, l'eau ferait résistance à l'enlèvement ou serait projetée pendant la descente. Quand les couvercles ont une dimension qui ne permet pas de les manœuvrer à la main, on les suspend au moyen de chaînes aboutissant à un palan, ou à un treuil, ou à une grue, au moyen desquels la manœuvre est des plus faciles. Dans d'autres types d'épurateurs, la caisse est partagée en deux compartiments par une cloison médiane, et les deux orifices d'entrée et de sortie correspondent chacun à la partie inférieure de chaque compartiment.

On a construit aussi des épurateurs en maçonnerie de briques, et ciment, en béton aggloméré, qui offrent sur les caisses métalliques l'avantage de n'être pas exposés aux altérations par l'oxydation et surtout par l'action des composés sulfurés et ammoniacaux.

Laissons de côté la question de forme et de

construction, qui n'a qu'une importance secondaire et étudions, au point de vue chimique, les principaux procédés employés pour l'épuration du gaz. Dans la pratique ordinaire, on ne se préoccupe que de l'élimination de l'acide carbonique, des composés ammoniacaux, de l'acide sulfhydrique et de ses combinaisons.

Enlèvement de l'ammoniaque. Nous avons déjà vu comment le lavage à l'eau ammoniacale faible, puis à l'eau pure, enlève la presque totalité de l'ammoniaque. On avait proposé l'emploi d'une solution très étendue d'acide sulfurique, mais l'entraînement des vapeurs acides par le courant gazeux attaque les appareils et les conduites et ce procédé ne saurait être appliqué sans inconvénients. M. Mallet avait employé avec succès le lavage dans une dissolution de chlorure de manganèse, résidu des fabriques de chlore et d'eau de javelle, ainsi que l'action d'une dissolution de sulfate de fer. Il se produit au contact des composés ammoniacaux une double décomposition de laquelle résultent, dans le premier cas, du chlorhydrate et dans le second du sulfate d'ammoniaque, tandis que d'autre part il se forme du carbonate de manganèse ou de l'oxyde de fer qui absorbent l'acide sulfhydrique.

Cette méthode qui, malgré son efficacité remarquable, ne s'est pas généralisée, nécessite l'emploi de trois laveurs disposés en cascade dans lesquels sont contenues les solutions épurantes. Le tuyau qui amène le gaz vient plonger de 2 à 3 centimètres dans le liquide, et un diaphragme perforé opère la division des bulles de gaz pour rendre plus complet leur contact avec la solution épurante qu'un agitateur remue pour favoriser la réaction et tenir en suspension les molécules du précipité qui se forme. La disposition en cascade permet de faire circuler le gaz en sens inverse du courant d'eau, de sorte qu'il commence à passer par la cuve inférieure pour venir achever son épuration dans la cuve supérieure où arrive la liqueur nouvelle.

Pour épurer 1,000 mètres cubes de gaz par le chlorure de manganèse, il faut employer 80 kilogrammes de solution brute étendue d'eau en quantité suffisante pour qu'elle marque 10° à l'aréomètre.

La pression absorbée par le barbotage du gaz dans le liquide peut être évitée en substituant à ce barbotage un mouvement mécanique imprimé à des diaphragmes qui présentent successivement leur surface humectée de solution épurante à l'action du gaz; mais, dans ce cas comme dans l'autre, la complication des moyens est un obstacle à la généralisation du système, et les usines de moyenne ou de minime importance, qui ne sont pourvues ni d'extracteur, ni de moteur, ne peuvent employer cette méthode.

L'épuration par la voie sèche est beaucoup plus simple et plus pratique. On peut l'appliquer pour l'élimination de l'ammoniaque en imprégnant d'une solution de chlorure de manganèse ou de sulfate de fer; de la sciure de bois qu'on étale sur les claies de l'épurateur. Un autre procédé, proposé par M. Cavaillon, est basé sur l'emploi du sulfate de chaux ou plâtre en poudre; qui, par une double décomposition au contact du carbonate d'ammoniaque, donne naissance à du sulfate d'ammoniaque et à du carbonate de chaux. Mais la réaction se produit difficilement, et la méthode n'a pas reçu de consécration pratique. M. Penot avait proposé l'emploi du sulfate de plomb; mais ce produit, qui est à l'état de résidu dans les fabriques d'acétate d'alumine, n'est pas en assez grande abondance dans le commerce pour être utilisé avantageusement. Ce procédé est ingénieux en ce que le sulfate d'ammoniaque formé peut être facilement enlevé et recueilli par un lavage après lequel il reste du sulfure de plomb qui, par un grillage à l'air, reconstitue le sulfate primitif, et peut alimenter une série d'épurations successives.

Élimination de l'acide carbonique. La présence de l'acide carbonique dans le gaz est éminemment nuisible au pouvoir éclairant, comme le prouvent les chiffres suivants. En désignant par 100 le pouvoir éclairant d'un gaz totalement exempt d'acide carbonique, on a pour celui qui en contient :

0 d'acide carbonique, pouvoir éclairant		100
5 —	—	70
25 —	—	10
33 —	—	5

La chaux est, en général, l'agent le plus employé pour enlever l'acide carbonique. On l'a quelquefois utilisée à l'état de lait de chaux, comme nous l'avons déjà dit, mais il est plus simple de procéder par voie sèche en plaçant la chaux en poudre sur les claies de l'épurateur, par couches d'environ 10 centimètres d'épaisseur. Pour amener la chaux vive à l'état pulvérulent, il faut l'arroser avec la quantité d'eau la plus petite possible, pourvu qu'elle suffise à l'extinction complète en réduisant la masse délitée à l'état de poudre fine sans qu'elle paraisse mouillée. On ne doit pas éteindre la chaux trop longtemps d'avance, ce serait s'exposer à lui faire perdre une partie de son efficacité.

En pratique, 1,000 mètres cubes de gaz peuvent être épurés avec 100 kilogrammes de chaux vive pesée avant l'extinction. Toutefois, la composition chimique de la chaux, c'est-à-dire la proportion plus ou moins forte de matières étrangères qui se trouvent associées avec le carbonate de chaux dans la pierre calcaire, influent nécessairement sur l'efficacité de la chaux pour l'épuration; on doit, par conséquent, préférer les chaux les plus

pures et les rechercher autant que possible. On a proposé de mélanger la chaux en poudre avec de la sciure de bois, ou du poussier de coke, pour la diviser et favoriser le contact du gaz avec les molécules de la matière épurante. Ce moyen peut être bon, et il n'empêche pas de tirer parti de la vieille chaux d'épuration pour la culture. Son application comme amendement sur les prairies naturelles ou artificielles, les trèfles, les luzernes, donne en général de bons résultats, moyennant certaines précautions et à des doses qui ne doivent pas dépasser 600 à 800 kilogrammes par hectare. La meilleure manière de l'employer consiste à faire des composts avec des couches alternatives de feuilles sèches, de mousse ou d'herbes, et de terre végétale, entre lesquelles on intercale les lits de chaux.

Élimination de l'acide sulfhydrique. L'acide sulfhydrique et les autres composés sulfurés qui l'accompagnent souvent dans le gaz d'éclairage non épuré, sont des impuretés dont l'enlèvement est absolument indispensable. Ce sont eux qui produisent en majeure partie la mauvaise odeur que répandent les fuites de gaz, eux surtout qui noircissent les métaux, les peintures et les dorures exposés à leur contact. L'acide sulfhydrique, quand il existe dans le gaz d'éclairage, se transforme durant la combustion en acide sulfureux, dont les émanations déterminent une odeur insupportable dans les locaux où elles se dégagent. On conçoit combien les usines doivent attacher d'importance à l'élimination de ces impuretés aussi désagréables à l'odorat que nuisibles à la santé.

La chaux, soit à l'état de lait de chaux, soit à l'état de poudre sèche, a la propriété d'absorber une partie de l'acide sulfhydrique, mais son action n'est pas suffisante dans la plupart des cas, surtout quand on distille des houilles pyriteuses. On lui a substitué, avec succès, l'application de l'oxyde de fer hydraté, qui possède la propriété de se transformer en sulfure de fer au contact de l'acide sulfhydrique, et de se revivifier ensuite par une simple exposition à l'air pour revenir à l'état primitif d'oxyde et s'appliquer à une succession nombreuse d'opérations semblables. La réaction chimique s'explique de la manière suivante : l'acide sulfhydrique est décomposé par l'oxyde de fer, employé à l'état de peroxyde, et il donne naissance à un mélange de soufre et de sulfure de fer hydraté; le sulfure de fer exposé au contact de l'air, subissant l'action de l'oxygène, se transforme, à son tour, en soufre et en peroxyde de fer : $Fe^2O^3 + 3HS = Fe^2S^3 + 3HO$. On peut employer l'oxyde de fer naturel ou celui que laissent comme résidu certaines industries. Mais, dans la pratique, on a adopté une méthode fort simple pour la préparation d'une matière épurante à base de peroxyde de fer, d'après le procédé proposé par M. Laming et adopté maintenant dans un grand nombre d'usines à gaz.

Parmi les diverses préparations, voici une première manière telle qu'on l'emploie dans les usines de la Compagnie Parisienne :

Pour avoir *un mètre cube* de matière épurante,

on mélange dans un cuvier en bois, 7 hectolitres de sciure de bois avec 250 kilog. de sulfate de fer finement pulvérisé ; on fait arriver dans le fond du cuvier un jet de vapeur d'eau qui dissout le sulfate jusqu'à ce que la sciure de bois en soit complètement imprégnée. Puis, on étale cette sciure sur un sol dallé, et on la mélange à la pelle avec 4 hectolitres de chaux vive éteinte en poudre. On l'emploie sur les claies ordinaires, par couches de 8 à 10 centimètres d'épaisseur.

On peut remplacer les proportions indiquées ci-dessus par les suivantes, qui fournissent environ 400 litres de matière épurante :

    100 kilogr. de sulfate de fer ;
    280 litres de sciure de bois ;
    160 litres de chaux hydratée en poudre.

La chaux décompose le sulfate, de fer et se transforme en sulfate de chaux tandis que le peroxyde de fer est mis en liberté.

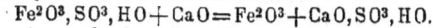

$$Fe^2O^3, SO^3, HO + CaO = Fe^2O^3 + CaO, SO^3, HO.$$

Au mode de préparation que nous venons de décrire, nous préférons le suivant, qui nous paraît devoir favoriser davantage la réaction chimique, et éviter surtout que certaines particules de sulfate de fer puissent échapper à cette réaction, comme cela peut arriver quand on a fait absorber d'avance la dissolution par la sciure de bois. La meilleure manière de procéder, à notre avis, consiste à faire d'abord le mélange de la chaux hydratée en poudre avec la sciure de bois dans les proportions ci-dessus. Ensuite, on arrose ce mélange avec la dissolution de sulfate de fer, et on brasse la matière à la pelle. Bientôt, on voit le mélange acquérir une teinte de rouille très prononcée due à la formation du peroxyde de fer. Au bout de 24 heures de repos, cette matière est bonne à mettre en service. La sciure de bois qu'on emploie de préférence est celle des bois blancs et du sapin ; mais on peut lui substituer la tannée, ou le poussier de coke tamisé.

On admet généralement qu'il faut donner aux épurateurs une surface de quatre mètres carrés par 1,000 mètres cubes de gaz à épurer en 24 heures. Avec cette surface de contact, un même cube de matière épurante à l'oxyde de fer peut épurer, environ 85,000 mètres cubes de gaz. La même matière peut supporter, en moyenne, cinquante revivifications avant que son pouvoir absorbant soit épuisé au point de la mettre hors de service. La réaction s'explique de la manière suivante :

$$Fe^2S^3 + 3O = F^2O^3 + 3S.$$

La revivification de la matière épurante est une des conditions essentielles de l'application économique de ce procédé. Le soufre qui s'accumule à chaque opération peut finir par atteindre une proportion de 30 à 40 0/0 du poids total, de sorte que l'efficacité d'un même volume de matière décroît à mesure que la proportion de soufre augmente. En outre, il se forme dans le mélange des sulfocyanures de fer et d'ammoniaque, du cyanoferrure de fer et du sulfate d'ammoniaque. On peut prolonger l'action de la matière en la soumettant à un lavage qui enlève l'ammoniaque, mais au bout d'un certain temps la masse perd son action et doit être rejetée. On peut alors l'utiliser pour l'ex-

traction du soufre, et du cyanoferrure, ce dernier s'appliquant surtout à la fabrication du bleu de Prusse.

L'emploi de l'oxyde de fer dans l'épuration n'a pas d'action sur l'acide carbonique, et ne saurait, par conséquent, dispenser de l'usage de la chaux. Il convient donc toujours de combiner l'épuration à la chaux avec celle à l'oxyde de fer pour obtenir du gaz d'une pureté parfaite.

Pour terminer ce que nous nous sommes proposé de dire sur l'épuration chimique du gaz, il nous reste à parler d'une nouvelle matière épurante, ou plutôt d'une nouvelle méthode de préparation de la matière épurante à l'oxyde de fer, proposée par M. Friedrich Lux, de Ludwigshaffen-sur-Rhin, et désignée par lui sous le nom du *Luxmasse*. Déjà précédemment M. Deicke avait signalé un procédé basé sur l'oxydation directe de la limaille de fer ou de fonte. M. Lux propose d'employer une matière obtenue en calcinant dans un four un mélange de minerai de fer, réduit en poudre fine, et de carbonate de soude. Il se forme ainsi du sesquioxyde de fer, avec de la soude qui se combine avec de la silice et de l'alumine, suivant la composition du minerai. En traitant le produit de cette calcination par un lavage à l'eau, on enlève les matières solubles, et le sesquioxyde de fer hydraté reste déposé ; quand il a été suffisamment purifié par une série de lavages, on le fait sécher et l'on obtient ainsi une matière qui contient, d'après l'auteur du procédé, 70 à 80 0/0 d'oxyde de fer en poudre fine, et 5 0/0 de carbonate de soude. Ce carbonate de soude contribue à retenir l'acide sulfhydrique, et la masse ainsi obtenue possède, paraît-il, une plus grande efficacité que la matière préparée par la précédente méthode que nous avons indiquée ; elle peut aussi être mélangée avec de la sciure de bois ou du poussier de coke pour en faire usage dans les épurateurs.

ESSAIS PRATIQUES DE LA PURETÉ DU GAZ. L'importance que les chefs d'usines doivent attacher à la bonne épuration du gaz, implique naturellement l'obligation de se rendre compte du degré de pureté obtenu et de rechercher les traces de matières impures qui pourraient encore subsister dans le gaz. La détermination du pouvoir éclairant est un des moyens de contrôle les plus essentiels, car le défaut de pureté influe considérablement, comme nous l'avons dit, sur la qualité et l'intensité de la lumière produite. L'ensemble des procédés employés pour déterminer le pouvoir éclairant du gaz est du domaine de la *photométrie*, et nous reporterons à ce mot ce que nous aurions à dire ici pour les *essais photométriques* du gaz.

Nous nous bornerons à l'examen des *essais chimiques* au moyen desquels on peut rechercher la présence et déterminer la proportion d'acide carbonique, d'ammoniaque, et d'acide sulfhydrique, contenus dans le gaz d'éclairage.

Recherche de l'acide carbonique. On peut déceler la présence de l'acide carbonique par plusieurs essais :

1° En exposant à l'action d'un jet de gaz une bande de papier imprégné d'une dissolution de curcuma, dont la nuance jaunâtre passera au brun, ou une bande de papier trempé dans une liqueur de tournesol dont la nuance bleuâtre sera rougie ;

2° En faisant barboter un courant de gaz dans une solution filtrée d'eau de chaux, de *chlorure de calcium*, d'*eau de baryte*, de *chlorure de baryum*, où la présence de l'acide carbonique produira un précipité de carbonate de chaux ou de baryte.

Recherche de l'ammoniaque. On peut reconnaître l'existence des composés d'ammoniaque de la manière suivante :

1° En soumettant à l'action d'un jet de gaz une bande de papier de tournesol rougi par du vinaigre ou de l'eau acidulée ; la couleur rouge reviendra à la nuance bleue primitive de la teinture de tournesol ;

2° En faisant barboter le gaz dans une solution limpide de sulfate ou de chlorure de cuivre dont la nuance passera au bleu foncé ;

3° En faisant barboter le gaz dans une solution d'acide sulfurique préparée avec de l'eau distillée dans les proportions usitées pour les essais dosimétriques de la méthode Péligot. La liqueur étant préalablement colorée par une goutte de teinture de tournesol, la nuance rosée virera au bleu dès que l'acide aura été saturé par l'ammoniaque et que la liqueur deviendra alcaline. Cette opération se fait sur une très petite quantité de liqueur acidulée, et elle doit être prolongée jusqu'au bout du temps nécessaire pour que la proportion d'acide ait été saturée par l'ammoniaque du courant gazeux qu'on fait barboter dans le liquide d'épreuve.

Recherche de l'acide sulfhydrique. Les composés sulfurés se décèlent facilement en mettant à profit la propriété qu'ils ont de noircir les sels de plomb ou d'argent. On peut procéder de la façon suivante :

1° Exposer à l'action d'un courant de gaz une bande de papier imprégné d'une dissolution de *sous-acétate de plomb* (extrait de saturne) ;

2° En faisant barboter le gaz dans cette dissolution ou dans une dissolution de nitrate d'argent. Il se formera, au contact des moindres traces d'acide sulfhydrique, un précipité noir de sulfure de plomb ou d'argent.

Pour effectuer les essais pratiques du gaz d'éclairage, M. Jouanne a disposé, depuis longtemps déjà, un appareil désigné sous le nom d'*essayeur-analyseur*, comportant deux éprouvettes dans lesquelles le gaz est mis en contact avec les liqueurs d'épreuve. Cet appareil se prête non seulement aux analyses qualitatives, ayant pour but uniquement de rechercher la présence des impuretés, mais aussi aux analyses quantitatives permettant de doser exactement, par l'emploi de dissolutions titrées, les proportions de matières impures contenues dans un volume déterminé de gaz d'éclairage.

VALVES D'ARRÊT ET DE DISTRIBUTION. Nous avons déjà vu que l'installation d'une usine à gaz nécessite l'interposition sur le parcours des conduites, de valves ou robinets, destinés à ouvrir ou fermer l'accès aux divers appareils et à effectuer ou intercepter la distribution du gaz dans les directions

voulues. Les valves employées à cet effet sont de divers genres ; les unes, dites *valves sèches*, ont un diaphragme vertical mû par une crémaillère ou par une vis, les autres sont à clapet ; d'autres enfin, dites *valves hydrauliques*, sont basées sur l'emploi de l'eau pour obtenir une fermeture étanche. Ces dernières ne sont pas sujettes aux causes de fuites et de dérangement qui rendent souvent incommode et incertain l'usage des valves sèches à diaphragme vertical. — V. VALVE.

Pour le service des salles d'épuration, on emploie assez fréquemment une sorte de valve hydraulique à laquelle on donne le nom de *distributeur*, à cause des fonctions qu'elle remplit, en faisant passer à volonté le gaz, soit simultanément, soit alternativement dans plusieurs épurateurs. Le distributeur se compose d'une cuve en fonte, contenant, en outre des tuyaux d'arrivée et de départ du gaz, deux tuyaux verticaux pour chaque épurateur à desservir. Dans cette cuve, remplie d'eau, plonge une cloche en tôle divisée en compartiments dont chacun recouvre les tuyaux de la cuve par groupes de deux à deux. Les cloisons intérieures qui constituent ces compartiments n'ont que la moitié de la hauteur de la cloche prise à partir du dessus, de sorte que, lorsqu'on élève cette cloche hors de la cuve, les cloisons arrivent à dépasser le niveau des tuyaux, tandis que les parois cylindriques de l'enveloppe continuent encore à plonger de la moitié de leur hauteur dans l'eau. Alors à ce moment, on peut faire varier la position des compartiments et emboîter dans tel ou tel de l'un d'eux tel groupe de deux tuyaux que l'on veut, de manière à établir ou à supprimer selon les besoins, la communication des épurateurs entre eux.

COMPTEURS DE FABRICATION. Pour suivre la marche de la production et connaître exactement le volume de gaz fabriqué, il est nécessaire d'installer des compteurs de dimensions proportionnées à cette production. Leur construction est basée sur le même principe que les compteurs d'abonnés ; on leur donne, en raison de leurs fonctions spéciales, la dénomination de *compteurs de fabrication*. Nous avons déjà parlé de ces appareils en donnant la description des *compteurs à gaz* (V. ce mot) de divers genres en usage. Nous renverrons donc le lecteur à cette description, et nous nous bornerons à rappeler ici l'utilité des compteurs de fabrication pour les usines à gaz. Ils sont généralement munis d'un appareil enregistreur nommé *rapporteur*, au moyen duquel un tracé graphique est produit automatiquement sur un disque en papier par le mouvement de la grande aiguille de l'horloge qui accompagne le mécanisme des cadrans destinés à marquer les volumes fabriqués. On peut, par conséquent, à l'aide du compteur, se rendre compte des quantités de gaz produites à tout moment, apprécier les rendements d'une houille donnée, suivre la marche de la distillation, et contrôler avec le *rapporteur* toutes les phases de la fabrication. Le compteur constitue ainsi un instrument précieux dont les indications sont un guide sûr afin d'évaluer les volumes de gaz emmagasinés dans les gazomètres pour être livrés ensuite à la consommation. Les dimensions courantes des compteurs de fabrication sont établies d'après la quantité de gaz à produire en 24 heures; ils doivent, pour bien fonctionner, avoir une capacité suffisante pour débiter cette production en ne dépassant pas la vitesse de 100 tours par heure.

GAZOMÈTRE. Les gazomètres sont les récipients où l'on recueille le gaz à mesure qu'il se produit, afin de l'emmagasiner en quantités suffisantes pour alimenter toujours régulièrement la consommation.

La disposition généralement adoptée pour la construction des gazomètres, comme le montre la figure 276, consiste dans une cuve en maçonnerie étanche, pleine d'eau, dans laquelle plonge une cloche en tôle pouvant s'élever ou s'abaisser suivant qu'elle se remplit de gaz ou qu'elle se vide; cette cloche est guidée par des colonnes en fonte le long desquelles roulent des galets, également en fonte, mobiles dans des chapes fixées sur la calotte de la cloche. L'entrée et la sortie du gaz ont lieu par deux tuyaux qui descendent dans un puisard en maçonnerie étanche, pla-

Fig. 276. — Gazomètre avec puits des valves.

cé à côté de la cuve, puis traversent la base du mur et remontent à l'intérieur de cette cuve jusqu'au dessus du niveau de l'eau. La partie inférieure de ces tuyaux est embranchée sur une cuvette en fonte qui remplit le rôle de siphon, pour recueillir les condensations. Les valves d'entrée et de sortie se placent ordinairement dans ce puisard, ce qui lui a fait donner le nom de puits des valves qu'on lui applique généralement. Tel est, en quelques mots, le principe de l'installation d'un gazomètre. Mais la construction comporte un grand nombre de détails et constitue l'ouvrage d'art le plus important, celui qui exige le plus de soins, dans l'établissement d'une usine à gaz. Nous traiterons au mot GAZO-MÈTRE les principaux points de cette question, notamment : les règles à suivre pour la construction des cuves en maçonnerie, l'épaisseur à donner aux murs circulaires et au radier, le choix et l'emploi des meilleurs matériaux, la construction des cloches en tôle, les soins à apporter aux rivures, les divers modes de guidage employés.
— V. GAZOMÈTRE.

Nous allons nous borner ici à quelques données générales, et d'abord nous indiquerons un second type de gazomètre dans lequel l'arrivée et la sortie du gaz, au lieu de se faire par les tuyaux souterrains, se font par des tuyaux articulés, extérieurs, toujours accessibles, faciles à entretenir et à surveiller. Cette disposition est indiquée par la figure 277 qui montre la coupe transversale d'un gazomètre à tuyaux articulés, du type créé par Pauwels, dès les débuts de l'industrie du gaz. Ce genre d'installation a l'avantage de supprimer le puisard dont nous avons parlé pour le type précédent; il supprime en même temps les inconvénients que présente le nettoyage des tuyaux immergés dans la cuve, quand il s'y produit des dépôts de naphtaline. Cette facilité de nettoyage et de surveillance est une des raisons qui militent le plus en faveur de l'emploi des tuyaux articulés. On doit aussi leur donner la préférence dans les cas où la nature du terrain rend difficile et coûteuse la construction du puits des valves atteignant une profondeur au moins égale, sinon supérieure à celle de la cuve, comme on le voit sur la figure 276.

Le poids de la cloche en tôle, faisant résistance à la poussée du gaz, détermine la pression sous laquelle ce gaz est comprimé dans le gazomètre et chassé dans la conduite de sortie. Cette pression, exprimée par une hauteur manométrique en centimètres d'eau, peut se calculer de la manière suivante : soit h la hauteur cherchée de la colonne d'eau manométrique, S la surface totale correspondant au diamètre de la cloche, exprimée en centimètres carrés, et P le poids connu des tôles, cornières, armatures intérieures, galets de guidage, rivets, boulons, peinture, en un mot le poids total de la cloche et des accessoires qu'elle porte, exprimé en grammes pour obtenir la valeur de h en centimètres. Evidemment la colonne d'eau qui fera équilibre à la pression du gaz sera égale au produit de la section S par la hauteur h, et le poids de ce volume d'eau déplacé sera égal à celui de la cloche P. De là l'équation

$$Sh = P \text{ d'où l'on tire } h = \frac{P}{S}.$$

En d'autres termes : la hauteur de la colonne

manométrique mesurant la *pression exercée sur le gaz par une cloche de gazomètre s'obtient en divisant le poids total de cette cloche par la surface de la section horizontale correspondant au diamètre.*

On peut également, à l'aide de la même formule, calculer le poids inconnu d'un gazomètre d'après la pression qu'il exerce en appliquant la première équation S h. = P. Dans ce calcul, nous faisons abstraction de la perte insignifiante de poids que subit par son immersion dans l'eau la partie cylindrique de la cloche. Cette quantité est effectivement négligeable dans le calcul de la pression exercée. La formule ne tient pas compte non plus de la différence de densité du gaz par rapport à l'air, bien que la force ascensionnelle résultant de cette différence ait pour effet d'atténuer dans une très faible proportion la pression atmosphérique extérieure. Cette force ascensionnelle, qui détermine l'élévation des ballons dans l'air, est absolument négligeable pour un gazomètre, eu égard au poids considérable de la cloche par rapport à la densité du gaz qu'elle contient

La pression d'une cloche est d'autant plus réduite que la section S est plus grande, puisque le poids P se trouve réparti sur un plus grand nombre de centimètres carrés. En général, il convient de donner au diamètre une dimension égale à environ trois fois la hauteur. Dans les grands gazomètres on dépasse souvent cette proportion.

Fig. 277. — *Coupe transversale d'un gazomètre à tuyaux articulés, système Pauwels.*

Lorsque la pression exercée par une cloche est trop forte, ce qui est un inconvénient grave pour la fabrication du gaz, on munit cette cloche de contrepoids qui équilibrent une partie de son poids et qui permettent de régler à volonté la pression. Ces contrepoids sont ordinairement composés de plusieurs disques en fonte, suspendus à des chaînes mobiles sur des poulies, et superposés en nombre convenable, qu'on peut diminuer ou augmenter selon qu'on veut élever ou abaisser la pression du gaz.

L'un des exemples les plus intéressants que nous puissions citer comme spécimen d'une excellente installation de gazomètres, est celle de l'usine à gaz de la Villette à Paris. L'ensemble de cette installation comprend douze gazomètres ayant chacun une capacité de 10,000 mètres cubes, une hauteur de 13 mètres et un diamètre de 32 mètres. La Compagnie Parisienne a fait construire depuis lors, dans d'autres usines, des gazomètres de 25,000 et 30,000 mètres cubes.

DISTRIBUTION DU GAZ. Ne voulant pas revenir ici sur ce qui a été dit à DISTRIBUTION, au sujet de la nature et des divers systèmes de tuyaux et de joints, nous allons nous borner à donner d'une façon sommaire quelques renseignements sur la détermination des diamètres convenables pour l'alimentation d'un réseau de canalisation. La distribution du gaz est une question importante, pour laquelle il faut se défier des appréciations empiriques, et recourir, au contraire, aux notions de la théorie et de l'expérience, en calculant d'une manière certaine les diamètres à donner aux diverses ramifications du réseau à desservir. Il faut notamment tenir compte de la quantité de gaz à fournir sur chaque branche principale, de la longueur du parcours à établir, et de la différence de niveau d'un point à l'autre. En outre, pour assurer la pression la plus couvenable dans l'étendue du périmètre à alimenter, il faut aussi connaître la perte de charge que produit le frottement du gaz dans les conduites, parce qu'elle dépend du diamètre et qu'elle acquiert d'autant plus d'intensité que celui-ci est plus réduit. Pour déterminer, par le calcul, les diamètres des conduites de gaz, on trouve dans les traités de Clegg et de Schilling, traduits par M. Servier, la formule suivante :

$$(1) \quad Q = 78,600 \, d^2 \sqrt{\frac{h d}{\jmath (l + 50,9 \, d)}},$$

dans laquelle

Q représente le volume de gaz à débiter par heure;

h la pression sous laquelle il s'écoule;

d le diamètre cherché ;

$\jmath$ la densité du gaz;

l la longueur de la conduite.

Lorsque cette longueur est quatre à cinq cents fois plus grande que son diamètre, ce qui est le cas ordinaire, l'expression peut se simplifier comme suit :

$$(2) \quad Q = 78,600 \, d^2 \sqrt{\frac{h d}{\jmath l}} \cdot$$

et enfin, en prenant pour la densité $\jmath$ du gaz de houille la valeur de 0,42 la formule devient

$$(3) \quad Q = 78,600 \sqrt{\frac{h d^5}{l}} \cdot$$

M. Arson, ingénieur en chef de la Compagnie Parisienne, a fait de remarquables expériences sur l'écoulement du gaz en longues conduites, et il en a déduit des formules au moyen desquelles il a calculé des tables qui donnent, pour des diamètres variant depuis 0m,050 jusqu'à 0m,700, les volumes écoulés en mètres cubes par seconde ou par heure, les vitesses moyennes en mètres, et les pertes de charge par 1,000 mètres de longueur de conduite exprimées en mètres de hauteur d'eau. Les *Tables de M. Arson* (publiées dans les *Mémoires de la Société des Ingénieurs civils*, 1867), ont été établies d'après la formule suivante :

$$(1) \quad p = \frac{4 \, L}{D} \times \frac{1,293 \times \jmath}{1000} \left(au + bu^2 \right)$$

et en remplaçant l'expression $\frac{1,293 \times \jmath}{1,000}$ représentant le poids du fluide gazeux qui s'écoule par la lettre π la formule s'écrit plus simplement :

$$(2) \quad p = \frac{4 \, L}{D} \pi \left(au + bu^2 \right).$$

Dans la formule ci-dessus (2) le terme $(au + bu^2)$ est l'expression du frottement en fonction du premier et du second degré de la vitesse moyenne u; les coefficients a et b sont des valeurs qui dépendent de la nature de la surface frottante, et qui ont été déterminées par une série d'expériences pour un certain nombre de diamètres ou par interpolation pour les diamètres intermédiaires.

Ne pouvant faire entrer dans le cadre de cette étude les tables complètes de M. Arson, nous

avons cru utile d'en composer un extrait qui donne les débits et les pertes de charge dans les conduites de gaz, pour un certain nombre de diamètres courants et pour des volumes variant depuis 10 jusqu'à 500 et 1,000 litres par seconde. C'est ainsi que nous avons dressé la table que nous donnons à la page suivante. Les pertes de charge étant données pour 1,000 *mètres* de longueur de conduite, on en déduit par conséquent la *perte de charge par mètre*.

La distance et l'altitude de l'usine par rapport aux centres principaux de consommation, doivent être prises en considération dans l'étude d'un réseau de conduites. L'usine à gaz se plaçant autant que possible au point le plus bas du périmètre à alimenter, on doit compter que par chaque mètre d'élévation la force ascensionnelle du gaz, et par suite la pression initiale au départ croît dans la proportion de 0,0008 à 0,001 millimètre d'eau. Par contre, s'il faut que le gaz descende d'un point élevé vers un autre point inférieur, la perte de pression qui en résulte, en plus de la perte de charge due au frottement, est également de 0,0008 à 0,001 millimètre. On devra donc avoir égard à ces causes d'augmentation ou de diminution de pression quand on aura à alimenter des points plus élevés ou plus bas que le niveau de l'usine.

RÉGULATEURS DE PRESSION. La pression qu'il convient de donner en pratique dans le parcours d'un réseau, doit être en général assez élevée pour qu'elle atteigne au moins 20 millimètres de hauteur d'eau à l'entrée des compteurs ; il faut, en conséquence, maintenir aussi régulière que possible la pression moyenne dans les conduites principales de distribution. Les *régulateurs d'émission*, placés à la sortie des usines, ont pour but de maintenir constante cette pression dans tout le périmètre. Toutefois, un seul régulateur au départ du gaz ne remplit qu'imparfaitement ce but, et c'est pour remédier à cette imperfection que M. Giroud a proposé de répartir dans l'étendue du réseau, aux points de bifurcation des conduites, des régulateurs spéciaux dont le rôle est de maintenir sur chacun des points déterminés la pression constante qu'on veut obtenir. Il a imaginé aussi d'autres dispositions dans lesquelles les régulateurs d'émission placés à l'usine sont reliés aux points de jonction du réseau par des tuyaux dits *de retour*, qui accusent les variations de pression et mettent en action les régulateurs destinés à en atténuer les effets.

Nous allons nous borner à donner ici quelques indications sommaires sur ces appareils.

En principe, un *régulateur de pression*, abstraction faite des modifications et des perfectionnements que les constructeurs ont apportés à ce genre d'appareils, consiste dans une soupape conique suspendue à une cloche équilibrée sous laquelle s'exerce la pression du gaz ; la soupape peut ainsi, selon les mouvements de montée ou de descente de la cloche, se mouvoir dans l'orifice d'un tuyau vertical par lequel doit sortir la totalité du gaz qui se rend dans la canalisation. La cloche se meut dans une cuve en fonte où débouchent, au-dessus d'un niveau d'eau maintenu

Diamètres	Volumes écoulés		Vitesses moyennes en mètres par seconde	Pertes de charge pour 1.000 mètres de longueur en mètres de hauteur d'eau
	par seconde	par heure		
0,050 a = 0,000702 b = 0,000489	0m3001	3m36	0.509	0m0216
	0.005	18.0	2.546	0.2287
	0.010	36.0	5.093	0.8038
	0.015	54.0	7.639	1.6949
0,081 a = 0,000589 b = 0,000489	0.001	3.6	0.194	0.0034
	0.005	18.0	0.970	0.0269
	0.010	36.0	1.950	0.0780
	0.020	72.0	3.831	0.2524
	0.025	90.0	4.851	0.3757
	0.040	141.0	7.762	0.8904
0,100 a = 0,000550 b = 0,000475	0.001	3.6	0.127	0.0016
	0.005	18.0	0.636	0.0115
	0.010	36.0	1.273	0.0311
	0.020	72.0	2.546	0.0948
	0.030	108.0	3.819	0.1911
	0.040	144.0	5.092	0.3199
	0.050	180.0	6.365	0.4812
0,135 a = 0,000470 b = 0,000442	0.010	36.0	0.698	0.0085
	0.020	72.0	1.397	0.0238
	0.030	108.0	2.096	0.0458
	0.050	180.0	3.493	0.1103
	0.070	252.0	4.890	0.2018
	0.100	360.0	6.986	0.3897
	0.120	432.0	8.384	0.5489
0,150 a = 0,000440 b = 0,000430	0.010	36.0	0.566	0.0054
	0.020	72.0	1.132	0.0148
	0.030	108.0	1.692	0.0280
	0.050	180.0	2.829	0.0665
	0.075	270.0	4.244	0.1368
	0.100	360.0	5.659	0.2317
	0.150	540.0	8.488	0.4952

Diamètres	Volumes écoulés		Vitesses moyennes en mètres par seconde	Pertes de charge pour 1.000 mètres de longueur en mètres de hauteur d'eau
	par seconde	par heure		
0,200 a = 0,000330 b = 0,000395	0m3010	36m30	0.318	0m0015
	0.020	72.0	0.636	0.0038
	0.050	180.0	1.591	0.0159
	0.075	270.0	2.387	0.0317
	0.100	360.0	3.183	0.0526
	0.150	540.0	4.774	0.1100
	0.200	720.0	6.366	0.1883
	0.250	900.0	7.956	0.2872
0,250 a = 0,000240 b = 0,000360	0.010	36.0	0.203	0.0005
	0.020	72.0	0.407	0.0013
	0.050	180.0	1.018	0.0052
	0.100	360.0	2.037	0.0168
	0.150	540.0	3.055	0.0347
	0.200	720.0	4.074	0.0587
	0.300	1080.0	6.111	0.1258
	0.400	1440.0	8.148	0.2181
	0.500	1800.0	10.184	0.3355
0,300 a = 0,000180 b = 0,000332	0.010	36.0	0.141	0.0001
	0.020	72.0	0.283	0.0005
	0.050	180.0	0.707	0.0020
	0.100	360.0	1.414	0.0064
	0.150	540.0	2.122	0.0132
	0.200	720.0	2.829	0.0222
	0.300	1080.0	4.244	0.0474
	0.400	1440.0	5.658	0.0819
	0.500	1800.0	7.073	0.1258
0,500 a = 0,000125 b = 0,000310	0.025	90.0	0.127	0.00002
	0.050	180.0	0.254	0.00008
	0.100	360.0	0.509	0.0003
	0.200	720.0	1.018	0.0011
	0.300	1080.0	1.528	0.0025
	0.400	1440.0	2.037	0.0045
	0.500	1800.0	2.546	0.0069

constant, les deux orifices d'amenée et de sortie du gaz. Plus la pression augmente dans le réseau des conduites, plus la cloche en communication avec lui tend à s'élever, en élevant pareillement la soupape conique qui rétrécit d'autant plus l'orifice de sortie du gaz; lorsque la pression s'abaisse, la cloche descend et la soupape, suivant son mouvement, dégage de plus en plus la section de l'orifice. La pression elle-même est par conséquent l'agent moteur qui règle automatiquement l'émission du gaz. L'un des meilleurs types de régulateur de pression, construit par la Compagnie continentale, est représenté en coupe (fig. 278), c'est le régulateur à double soupape conique; le double cône annule l'influence de la pression sur la surface de la soupape, puisque le gaz se divise dans l'appareil en deux courants, ascendant et descendant, qui, agissant en sens inverse, se neutralisent et sont sans effet sur la cloche.

Nous ne dirons rien ici des compteurs ni des appareils d'éclairage et des brûleurs; ni des appareils destinés à mesurer et à enregistrer la pression; nous les décrirons plus tard aux mots spéciaux, INDICATEUR DE PRESSION, MANOMÈTRE. — V. BEC A GAZ, COMPTEUR, DISTRIBUTION DU GAZ.

Pour terminer ce que nous avions à dire sur la fabrication et l'application du gaz de houille, il nous reste à signaler quelques essais tentés en vue d'obtenir avec un même volume de gaz une plus grande somme de lumière, soit en augmentant directement son pouvoir éclairant, soit en le brûlant dans des conditions spéciales susceptibles de donner à la flamme une intensité lumineuse beaucoup plus éclatante. Pour augmenter directement le pouvoir éclairant du gaz de houille, il y a deux méthodes principales :

1° L'addition dans la distillation d'une certaine proportion de matières telles que le boghead (schiste bitumineux), le cannel-coal, qui produisent du gaz beaucoup plus riche que le gaz de houille;

2° La carburation du gaz au moyen d'essences légères avec lesquelles on le met en contact dans les appareils désignés sous le nom de carburateurs. La difficulté d'obtenir des essences de composition homogène et régulière, l'influence qu'exercent sur ces produits volatils les variations de température, ont été jusqu'alors la pierre d'achoppement de ces tentatives dont aucune n'a donné de résultats véritablement pratiques. — V. CARBURATION.

Parmi les divers procédés proposés pour augmenter l'intensité de la flamme, nous citerons d'abord celui de MM. Bourbouze et Wiesnegg, qui a pour principe la combustion du gaz dans un bec de chalumeau alimenté par un courant d'air comprimé à une demi-atmosphère. Le jet gazeux se trouve enflammé dans une sorte de calotte en

V. Rose

Fig. 278.

fils de platine qui sont portés à l'incandescence et qui augmentent puissamment l'activité de la combustion. Les inventeurs ont proposé aussi l'adjonction, dans la calotte en platine, d'un cône de magnésie, qui donne à la flamme une vivacité et un éclat très remarquables. Ce principe, comme celui de la lumière Drummond qui consiste à projeter un jet de gaz et d'oxygène sur un bâton de craie ou de magnésie, offre une certaine analogie avec celui des becs intensifs récemment proposés par M. Clamond, qui fait intervenir également un courant d'air et un panier en magnésie pour augmenter l'intensité de la combustion et l'éclat de la flamme.

M. d'Hurcourt avait antérieurement indiqué un autre système qui consistait à effectuer préalablement un mélange de 1 volume de gaz et 2 vo-

umes d'air, puis à le projeter, sous une pression de 5 à 6 centimètres d'eau, dans un bec à trous circulaires surmonté d'un cône en fils de platine qui, devenu incandescent, donne à la flamme une très grande intensité. Mais les proportions indiquées pour le mélange du gaz et de l'air sont précisément celles qui constituent un *mélange détonant*, dont le danger rendrait impraticable l'application du système.

Le procédé qui a jusqu'alors éveillé le plus vivement l'attention publique, est celui que M. Tessié du Motay a essayé d'appliquer d'une façon pratique à l'éclairage de quelques voies et de quelques établissements publics de Paris. Ces essais, restés cependant infructueux, ont eu un grand retentissement et il est possible qu'ils ne soient pas le dernier mot de cette question intéressante. Après avoir imaginé un procédé ingénieux et économique pour la production de l'oxygène, par la décomposition et la réoxydation successives du permanganate de soude, M. Tessié du Motay a proposé, sous le nom d'*éclairage oxyhydrique*, un système qui consistait à projeter simultanément un faisceau de jets de gaz et de jets d'oxygène sur un petit bâton de magnésie. C'est encore, comme on le voit, une modification de la lumière Drummond. L'incandescence de la baguette de magnésie donne à la flamme une très grande intensité. Pour remédier à l'usure rapide des bâtons de magnésie, ce qui était un des inconvénients du système, M. Caron a proposé l'emploi de la *zircone*, préparée à l'état de pureté et façonnée en forme de petits crayons ou de cônes; la durée est devenue plus grande, et la vivacité de la flamme a été augmentée par cette substitution de la zircone à la magnésie.

Le bec spécial imaginé par M. Tessié du Motay pour l'application de son procédé consistait en un groupe circulaire de petits tuyaux disposés deux à deux de manière à lancer des jets opposés l'un à l'autre qui viennent se choquer au-dessus et à très petite distance d'un autre tuyau par lequel s'échappe un jet d'oxygène. Quatre faisceaux de cette nature étaient disposés sur une couronne annulaire qui, par une double conduite intérieure, recevait le gaz de houille et l'oxygène qui se distribuaient respectivement aux ajutages destinés à leur écoulement. Ces quatre faisceaux entouraient le crayon de magnésie ou de zircone, qui se trouvait ainsi enveloppé dans la flamme circulaire à laquelle son incandescence communiquait un éclat d'une très vive intensité.

L'éclairage oxyhydrique a l'inconvénient de nécessiter une double canalisation, une double plomberie, pour amener jusqu'aux brûleurs les deux gaz concourant à la production de la lumière. C'est un obstacle, mais ce n'est pas un empêchement absolu aux perfectionnements et aux applications de ce système dans l'avenir. Les essais tentés depuis lors par MM. Brin frères pour la production industrielle de l'oxygène, peuvent contribuer à donner un regain d'intérêt à ce système d'éclairage, d'autant plus qu'en utilisant déjà l'oxygène de l'air alimentant la combustion

du gaz, on obtient avec les becs intensifs des résultats très satisfaisants.

GAZ DE BOGHEAD, DIT GAZ RICHE.

Le *boghead* est un schiste bitumineux noirâtre, à
texture compacte, à cassure conchoïde, qui produit par la distillation une grande quantité de
gaz beaucoup plus riche que celui de la houille
en matières hydrocarburées, et par conséquent
beaucoup plus éclairant. La composition moyenne
du boghead d'Ecosse, qui est réputé comme le
meilleur pour la production du *gaz riche*, est la
suivante :

Matières bitumineuses	77.00
Matières argileuses	22.17
Eau d'interposition	0.83
	100.00

Les matières argileuses donnent à l'analyse,
d'après M. Payen :

Silice	59.25
Alumine	39.98
Chaux et manganèse	0.11
Potasse	0.10
Sulfure de fer	0.56

Cette liste nous permet de voir d'abord que le
boghead contient, en général, une très minime
proportion de sulfure, ce qui constitue un avantage important au point de vue de la pureté du
gaz produit. Ensuite,
nous remarquons que
le résidu obtenu par
la distillation n'a au-
cune analogie avec le
coke, il n'est pas com-
bustible ; mais en re-
vanche, il pourrait ser-
vir, si on voulait en
tirer parti, à la fabri-
cation des sels d'alu-
mine, de l'alun no-
tamment. En outre,
les matières bitumi-
neuses contiennent

[Fig. 279. — *Petite usine à gaz riche, système G. Jouanne.*]

une très faible quantité de substances azotées, et
la production des eaux ammoniacales est presque
nulle dans la fabrication du gaz de boghead.

Disons toutefois que la composition du boghead
est loin d'être constante, et que toutes les variétés
de schiste bitumineux qu'on livre au commerce
présentent des différences dans la qualité et dans
le rendement en gaz. Lorsque le boghead est suffisamment riche, on peut l'enflammer (en morceaux
minces) au contact d'une allumette ou d'une
bougie.

Quand on chauffe rapidement le boghead dans
une cornue portée à une température aussi élevée que possible, 1,000° environ, on obtient un
dégagement très abondant de gaz et très peu de
goudron, tandis que si on opère la distillation à
une température moins élevée, on a plus de goudron et moins de gaz. Ainsi, lorsqu'on emploie le
boghead à la fabrication de l'huile de schiste, ce
qui est du reste la principale et la plus importante de ses applications (V. HUILE DE SCHISTE,
HUILES MINÉRALES), on ne dépasse jamais la tem-

pérature du rouge sombre pour éviter de décomposer en gaz les hydrocarbures qu'on tient, au
contraire, à obtenir à l'état d'huiles lourdes pour
en extraire ensuite, par une série de rectifications,
l'*huile de schiste* et divers autres produits liquides.

Dans la plupart des cas, la fabrication du gaz
de boghead se fait sur une petite échelle, dans
des appareils de dimensions restreintes, appliqués
à l'éclairage d'établissements industriels qui veulent fabriquer eux-mêmes le gaz nécessaire à leur
consommation. Nous en verrons cependant tout à
l'heure une application qui se fait en grand à Paris pour la production du gaz portatif. Mais, en
général, c'est plutôt pour les installations particulières, pour des manufactures, des châteaux,
des casinos, que le gaz de boghead se recommande par ses qualités spéciales, sa richesse, sa
pureté, son pouvoir éclairant considérable. Le
boghead produit ordinairement de 300 à 350 mètres cubes de gaz par tonne, et le bec consommant
40 litres de ce gaz donne au moins autant de lumière qu'un bec consommant 140 à 150 litres de gaz
de houille. Par conséquent, 100 kil. de boghead
produisent, en raison du chiffre du rendement en
gaz et de la proportionnalité du pouvoir éclairant,
une somme de lumière à peu près égale à celle
qu'on obtiendrait avec 350 kilogrammes de houille;
ou bien, en d'autres termes, un mètre cube de
gaz de boghead pro-
duit autant d'éclaira-
ge, à lumière égale,
que 3 mètres et demi
à 4 mètres de gaz de
houille. Cette compa-
raison fait nettement
ressortir l'avantage
que présente ce gaz
pour les installations
particulières où la ré-
duction des dimen-
sions des appareils de
fabrication offre à la
fois l'économie de dé-
pense première, la simplicité de construction, la
facilité de la conduite et de l'entretien, alliées
avec la pureté et la richesse du gaz.

Nous donnons, comme spécimen d'un appareil
pour la production du gaz riche par le boghead,
la vue d'ensemble d'une petite usine du type créé
par M. Jouanne, et appliqué depuis 1865 à l'éclairage de nombreux établissements industriels. La
figure 279 montre cet appareil. Le fourneau contient trois cornues en fonte, cylindriques, chauffées
par le foyer placé au milieu et en contrebas de la
voûte. Les cornues sont protégées contre l'action
destructive du feu par une enveloppe en terre réfractaire qui rend le chauffage plus régulier en
même temps qu'elle met la fonte à l'abri des
coups de feu. Le gaz produit dans les cornues se
rend au barillet, et de là au condensateur-laveur,
qu'on vient en avant du gazomètre où il va ensuite
s'emmagasiner.

Le boghead, concassé en menus fragments (plus
ils sont minces, plus la distillation s'opère facilement avec un meilleur rendement), s'introduit

dans les cornues, soit en le jetant à la pelle, soit de préférence avec une écope en tôle contenant la charge complète pour chaque cornue. La matière n'éprouvant aucun gonflement, on peut remplir sans inconvénient la capacité presque entière des cornues, quelle que soit leur forme, soit cylindrique, soit en forme de ◠ très aplati, comme celles qu'on emploie à l'usine du gaz portatif de Paris.

Gaz riche *provenant de matières diverses* Avant que l'usage du boghead se soit répandu, on avait déjà mis en pratique la fabrication du gaz riche au moyen de diverses matières, notamment la résine, les matières grasses, les résidus des stéarineries, le *suinter* qu'on obtient en traitant les eaux de lavage des laines par de la chaux vive délayée dans ces eaux mêmes, ou bien en traitant ces eaux par l'acide sulfurique qui met en liberté les oléates et margarates qu'on recueille en même temps que le suint qui surnage sur les liquides soumis à ce traitement. Divers autres résidus ou matières particulières peuvent encore être employés pour la production du gaz riche, par exemple, les tourteaux de graines oléagineuses, les graisses et les huiles animales. Pour les matières employées à l'état sec et solide, les cornues horizontales et les dispositions ordinaires des petites usines à gaz conviennent indistinctement, mais pour les substances liquides et susceptibles de se liquéfier, on a adopté souvent d'autres dispositions dont nous allons parler brièvement.

GAZ D'HUILE.

Une des variétés les plus intéressantes de gaz riche est celle qu'on obtient en soumettant directement à la distillation, dans des cornues en fonte, des huiles minérales ou végétales, des huiles de pétrole brutes, et plus généralement les huiles lourdes (*huiles vertes*) provenant de la distillation des schistes ou de la rectification des pétroles naturels.

— Il y a longtemps déjà que le gaz d'huile a été essayé et appliqué avec succès. Dès 1830, en Angleterre, M. Taylor avait construit un appareil produisant le gaz par la décomposition des huiles végétales, qu'il faisait arriver en filet continu dans une cornue chauffée au rouge et contenant du coke incandescent pour faciliter la distillation. Depuis lors, le développement de la fabrication de l'huile de schiste et des huiles minérales en général, ainsi que les importations des huiles de pétrole d'Amérique et des principautés Danubiennes, ont donné à la production du gaz d'huile un essor nouveau. Nous avions nous-même, dès l'Exposition universelle de 1867, installé un appareil à gaz d'huile qui a fonctionné pendant la durée de cette exposition, et qui a obtenu une médaille pour ses bons résultats; on en trouvera la description dans les comptes rendus officiels de cette Exposition.

Parmi les nombreux systèmes qui ont été mis en pratique, depuis celui que nous venons de signaler, nous citerons seulement, comme présentant le plus d'originalité, ceux de MM. Durieux, Chambrelan, Maring et Mertz, Pintsch, etc...

En principe, tous les appareils destinés à la fabrication du gaz d'huile, comportent une ou plusieurs cornues, dans lesquelles on fait couler l'huile en filet mince par un siphon qui intercepte toute communication du gaz de l'intérieur avec le dehors. L'huile arrivant sur les parois chauffées à la température du rouge sombre (environ 850 à 900°), qu'il ne convient guère de dépasser, se décompose en gaz, en goudron et en un résidu solide qui se forme en petite quantité. Le gaz produit passe dans un condensateur où il se sépare du goudron, et ensuite dans un épurateur où il traverse des couches de chaux ou de matière épurante à l'oxyde de fer. Il y a certaines huiles qui nécessitent très peu d'épuration, parce qu'elles ne produisent à la distillation que des quantités insignifiantes d'hydrogène sulfuré et d'ammoniaque. Mais il y en a d'autres qui exigent beaucoup plus de soins, et c'est une erreur de croire que le gaz d'huile n'a généralement pas besoin d'être soumis à l'épuration; cette erreur explique la défectuosité de certains appareils sous ce rapport.

Les hydrocarbures les plus généralement employés sont : les goudrons de schiste, produisant en moyenne 35 à 40 mètres cubes par 100 kilogr.; les goudrons de pétrole, produisant en moyenne 50 à 60 mètres cubes par 100 kilogr.; les pétroles bruts, produisant en moyenne 60 à 75 mètres cubes par 100 kilogr.

L'appareil Durieux se distingue par la disposition spéciale de la cornue cylindrique, qui est placée verticalement dans un fourneau; ses deux extrémités sortent du massif de briques; la partie supérieure est reliée avec le barillet par un tuyau servant au dégagement du gaz; la partie inférieure porte une pièce facile à démonter quand on veut visiter et nettoyer la cornue. L'intérieur de cette cornue est garni d'une spire hélicoïdale, de 50 millimètres de largeur, venue de fonte avec la paroi cylindrique dans toute sa hauteur. L'huile arrivant au sommet de cette spire, descend du haut en bas en léchant sur tout son parcours cette surface chauffée au rouge, au contact de laquelle elle se décompose rapidement. Un barillet et une colonne à coke complètent l'appareil, et le gaz sortant de la colonne à coke se rend dans le gazomètre. L'épuration paraît insuffisamment prévue dans cette disposition, et le nettoyage, quoique l'auteur annonce qu'il s'effectue facilement en établissant un courant d'air du bas en haut de la cornue par les deux extrémités ouvertes à cet effet, doit être difficile quand on emploie des matières qui laissent un dépôt assez abondant comme cela arrive avec certaines qualités d'huile.

L'appareil Maring et Mertz, un de ceux qui ont eu le plus de succès jusqu'alors, est surtout remarquable par sa simplicité. La figure 280 en représente une vue d'ensemble. Son fourneau, de petites dimensions, renferme une cornue verticale légèrement conique, sorte de cuvette dont le fond est plongé dans la flamme du foyer qui entoure cette cornue jusque vers son point de raccordement avec la plaque horizontale supportant la tête d'où part le tuyau de dégagement du gaz. L'huile arrive par une tubulure latérale munie d'un tube communiquant avec l'entonnoir où tombe le liquide que fournit un réservoir placé à proximité de l'appareil. L'alimentation de l'huile est régularisée par un robinet à secteur, à la suite duquel se trouve, sur la branche horizontale du tuyau, un autre robinet destiné à intercepter l'écoulement de l'huile quand on veut ouvrir la tête de cornue.

Après sa sortie de la cornue, le gaz se rend dans un laveur qui remplit la fonction d'un barillet ordinaire, puis de là il passe dans un épurateur divisé en deux compartiments par une cloison verticale médiane, de sorte que le gaz arrivant à la

Fig. 280. — *Appareil à gaz d'huile, système Maring et Mertz.*

Le four a son foyer surmonté d'une voûte, au-dessus de laquelle se trouve l'espace où se chauffe la cornue conique. Le réservoir d'alimentation d'huile est relié par un tube, et par un robinet gradué, avec la partie supérieure de la cornue. La tête de cornue, fixée sur la plaque K recouvrant le four, communique par le tuyau L avec la colonne ascensionnelle qui conduit le gaz au laveur V, d'où il se rend par le tuyau Z à l'épurateur dont le couvercle C est manœuvré par un petit treuil E monté sur la conduite descendant au laveur. Le gaz sort de l'épurateur et se rendant au gazomètre par le tuyau placé à la partie inférieure, du côté opposé au laveur.

partie inférieure de cet épurateur, parcourt d'abord de bas en haut la première moitié, puis de haut en bas la seconde en redescendant vers le tuyau de sortie qui le conduit au gazomètre. Chaque compartiment de l'épurateur est divisé horizontalement par deux autres cloisons qui supportent, l'une un lit de cailloux et de coke, l'autre une couche de matière épurante, qui peut être à volonté de la chaux ou de l'oxyde de fer. Cet appareil ainsi constitué réunit, par conséquent, les éléments indispensables pour une bonne fabrication et pour la production d'un gaz de bonne qualité. Le seul reproche qu'on puisse lui adresser, c'est l'usure assez rapide des cornues et l'exiguïté de ses proportions, qui, tout en constituant dans les cas ordinaires un de ses mérites principaux, peut devenir un défaut quand on veut l'appliquer à la distillation d'huiles impures de qualité inférieure qui nécessitent des soins particuliers pour la fabrication du gaz.

L'appareil Pintsch, qui est employé depuis une douzaine d'années en Allemagne, et qui a été importé récemment en France pour l'éclairage des vagons de chemins de fer, a pour principe l'emploi de cornues horizontales géminées, en forme de ⌒, superposées dans un fourneau en briques réfractaires, au dehors duquel saillissent leurs

extrémités. L'huile contenue dans un réservoir placé sur le fourneau, s'écoule en mince filet dans l'entonnoir d'un siphon fixé sur le côté de la tête de la cornue supérieure; l'écoulement est réglé par un robinet à vis qui se trouve sur la branche verticale du siphon. L'huile, en arrivant dans la cornue supérieure, tombe dans une auge en tôle où se dépose la majeure partie des résidus ce qui facilite ainsi l'enlèvement après chaque journée de marche. La communication de la cornue supérieure avec la cornue inférieure s'établit par la double tête, et c'est à l'extrémité opposée à cette tête que se trouve le tuyau par lequel le gaz descend au récipient de goudron d'où il va ensuite se rendre dans les appareils de purification. La distillation commencée dans la cornue supérieure, s'achève dans la cornue inférieure. A sa sortie du récipient de goudron, le gaz passe ensuite dans un condenseur formé d'un cylindre vertical en tôle, pour aller enfin dans un épurateur où il traverse des lits de chaux ou d'oxyde de fer qui le dépouillent complètement des impuretés produites par la décomposition de l'huile. Le gaz est alors emmagasiné dans le gazomètre après son passage dans le compteur qui enregistre le rendement de la fabrication, et quand on l'applique à l'éclairage des voitures de chemins de fer, il est puisé dans ce gazomètre par une pompe de compression qui le refoule à la pression de 10 atmosphères, dans des réservoirs cylindriques en tôle, désignés sous le nom d'*accumulateurs*, qui servent ensuite à remplir les réservoirs spéciaux placés sous les vagons, dans lesquels il est amené ultérieurement à la pression de 6 atmosphères.

Ce système est actuellement mis en pratique par la Compagnie des chemins de fer de l'Ouest, ligne de Paris-Auteuil, par la Compagnie de l'Est et de P.-L.-M. pour leurs trains de grande vitesse, et par la ligne de l'Etat, gare de Tours.

GAZ PORTATIF.

L'idée de transporter et livrer le gaz à domicile aux consommateurs a été réalisée d'abord par M. Houzeau-Muiron, de Reims, qui a fait, dans cette ville, la première application du gaz extrait des huiles pour l'alimentation de l'éclairage particulier. Plus tard, M. Houzeau vint fonder à Paris la *Compagnie du Gaz portatif* qui commença à fonctionner en établissant, au domicile des consommateurs, des gazomètres dans lesquels le gaz était emmagasiné sans être comprimé. Le système actuel de *Gaz portatif* que nous voyons fonctionner dans Paris et dans quelques autres villes, a pour principe la compression du gaz à 10 atmosphères pour le livrer ensuite chez les consommateurs à 7 ou 8 atmosphères de pression. On comprend aisément l'avantage qu'il y a dans cette méthode, qui permet de transporter sous le même volume une quantité dix fois plus grande de matière éclairante.

Mais le gaz de houille ne se prête pas à cette application; la compression lui enlève tout pouvoir éclairant, par la condensation des hydrocarbures qu'il renferme. Le gaz de boghead, au contraire, ainsi que le gaz extrait des matières grasses et des huiles minérales, peut être comprimé à 10 atmosphères sans perdre une portion trop grande de ses qualités éclairantes, et il conserve encore, après la compression, une puissance lumineuse d'au moins trois fois et demi à quatre fois celle du gaz de houille. On a même pu avec certaines huiles dépasser cette limite. Par conséquent, l'emploi du gaz de boghead ou du gaz d'huile est nécessairement applicable au gaz portatif.

La production du gaz à l'usine n'offre rien de particulier en dehors des méthodes de fabrication que nous avons précédemment indiquées. Que ce soit du gaz de boghead ou du gaz d'huile, la distillation et l'épuration s'effectuent comme nous l'avons déjà expliqué, et le gaz produit se rend à un gazomètre exactement semblable à celui des usines à gaz de houille. Mais au lieu d'être en communication avec une canalisation distribuant le gaz en ville, ce gazomètre communique directement avec les pompes destinées à y puiser le gaz pour le comprimer ensuite dans les récipients destinés à le transporter chez les consommateurs.

La pompe employée pour cette compression est à piston plongeur. Le piston se meut dans une garniture de cuir embouti, qui assure l'étanchéité, et comme la compression dégage une assez forte chaleur, il faut envelopper le cylindre d'un courant d'eau qui maintient la température à un degré convenable. La compression produit en moyenne, la condensation de 100 grammes d'hydrocarbures ou essences légères, par mètre cube de gaz de boghead. Ces essences, composées en majeure partie, de benzène, de cumène, d'acide phénique, donnent un liquide très volatil, dont la densité ordinaire est de 0,830, qui reçoit diverses applications, notamment pour la dissolution du caoutchouc, le dégraissage, la fabrication de la nitro-benzine, etc.

Le transport du gaz chez les consommateurs s'effectue au moyen de voitures contenant un certain nombre de cylindres en tôle, dans lesquels le gaz est comprimé directement par la pompe à la pression de 10 à 11 atmosphères. On installe chez le consommateur, soit dans une cour, soit sur les toits, des cylindres en tôle, également construits pour résister à de fortes pressions, dans lesquels on transvase le gaz des voitures de transport, jusqu'à ce qu'il ait atteint la pression de 7 à 8 atmosphères au maximum. Nous laissons de côté les détails d'installation des voitures, des robinets de réglage et des appareils de remplissage, dont la description nous entraînerait trop loin. On peut d'ailleurs aisément s'en rendre compte en voyant fonctionner, à Paris, les voitures de la Compagnie du gaz portatif.

On conçoit que la combustion du gaz aux becs, ne peut se faire sous les fortes pressions qu'on emploie pour emmagasiner le gaz dans les cylindres des abonnés. Il faut réduire, et rendre constante, la pression d'écoulement de manière à

brûler le gaz dans des conditions analogues à celles du gaz de houille, et pour cela on a imaginé un régulateur ingénieux qui se place entre le récipient de gaz comprimé et les brûleurs, et qui règle l'émission du gaz sous une pression qu'on peut faire varier à volonté et réduire jusqu'à quelques millimètres d'eau. Ce régulateur se compose d'une sorte de cuvette en fonte dont une des parois est formée par une membrane flexible, mobile, en cuir gras, qui peut se soulever ou s'abaisser selon les variations de pression du gaz qui afflue dans la capacité de l'appareil. Cette membrane, dont le poids est rendu variable à volonté en la chargeant plus ou moins, porte une tige articulée à l'extrémité d'un levier qui manœuvre une petite soupape conique obturant ou démasquant l'orifice de sortie du gaz. Les mouvements de la membrane font par conséquent ouvrir ou fermer le passage du gaz selon les variations de la pression initiale qui agit sur cette membrane et l'écoulement du gaz est maintenu constant à la pression qu'on veut obtenir pour l'alimentation des brûleurs.

La question économique de l'exploitation du gaz portatif dans les villes, a été souvent l'objet de controverses dans l'examen desquelles nous n'avons pas à entrer ici. Disons seulement que cette application ne paraît présenter des avantages réels que dans certains cas particuliers, quand des raisons de dépenses excessives, ou d'autres causes d'impossibilité locale s'opposent à l'établissement de conduites souterraines pour la distribution du gaz courant.

Mais quand il s'agit d'applications spéciales comme l'éclairage des vagons de chemins de fer, par exemple, l'emploi du gaz portatif est appelé à rendre d'éminents services que l'on conçoit et que l'on apprécie facilement. — V. ÉCLAIRAGE DES VOITURES A VOYAGEURS.

GAZ DE BOIS ET DE TOURBE

On a essayé d'appliquer dans certains cas la distillation du bois et de la tourbe à la fabrication du gaz d'éclairage. L'emploi du bois avait été, on le sait, l'idée première de Philippe Le Bon; mais dans la pratique, elle n'a pas donné de résultats assez satisfaisants pour l'adopter. Le gaz de bois, même en distillant les essences résineuses, est toujours associé à une grande proportion de vapeur d'eau et d'acide carbonique, qui nécessitent des soins particuliers pour la condensation et l'épuration. Le pouvoir éclairant est généralement plus faible qu'avec la houille. Les sous-produits, quand la distillation s'opère à une température élevée, perdent une partie de leur qualité et ne peuvent rivaliser avec ceux qu'on obtient quand on fait simplement subir au bois la carbonisation en vase clos comme on le pratique dans les fabriques d'acide pyroligneux. De sorte qu'aucun avantage ne ressort de la fabrication du gaz de bois. Il en serait peut-être différemment de l'emploi de la tourbe, dont l'application a donné, dans plusieurs tentatives effectuées à ce sujet, des résultats intéressants. Les sous-produits sont en grande partie composés d'un goudron liquide et d'acide pyroligneux, mais associés à une certaine quantité d'ammoniaque qui n'existe pas quand on distille le bois.

Dans les deux cas la distillation laisse un résidu solide utilisable pour le chauffage domestique; quand on opère sur le bois, c'est une braise légère, facilement inflammable, très bonne à employer dans les fourneaux de cuisine; quand on distille la tourbe le résidu est un charbon de tourbe également susceptible d'être utilisé pour les usages domestiques. La fabrication du gaz de tourbe, plutôt que celle du gaz de bois, peut dans certains cas particuliers, surtout quand la matière première existe à proximité, être réalisée avantageusement.

GAZ A L'EAU.

Lorsqu'on soumet la vapeur d'eau à l'action du charbon incandescent, en la faisant passer, par exemple, à travers un tube contenant du charbon de bois, chauffé au rouge dans un fourneau de laboratoire, l'eau est alors dissociée et ses deux éléments se trouvant ainsi mis en liberté, l'oxygène se porte sur le charbon avec lequel il se combine en donnant naissance à de l'oxyde de carbone ou de l'acide carbonique, tandis que l'hydrogène se dégage et peut être séparé de l'acide carbonique formé par la réaction. Le mélange d'hydrogène et d'oxyde de carbone n'est pas éclairant, mais il peut le devenir si on l'enrichit par des hydrocarbures.

Tel est, en peu de mots, le principe des tentatives qui ont été faites jusqu'alors pour l'application du *gaz à l'eau* à l'éclairage. Mais, en dehors de cette application, l'usage qu'on peut faire du gaz à l'eau pour la mise en marche des moteurs à gaz et pour l'aérostation, d'après les remarquables tentatives faites actuellement en vue de la direction des ballons, donne aujourd'hui à la production de ce gaz un puissant intérêt d'actualité et peut-être d'avenir.

En 1848, M. Gillard fit établir à Passy une usine pour fabriquer le gaz par la décomposition de la vapeur d'eau dans des cylindres en fonte au contact du charbon de bois incandescent. Mais le gaz ainsi obtenu contenait, après son épuration par la chaux qui absorbait l'acide carbonique, une proportion d'environ 20 0/0 d'oxyde de carbone, ce qui constituait une cause d'insalubrité et même un danger réel en raison des propriétés toxiques de ce gaz. La combustion était effectuée sans recourir à la carburation : la flamme était rendue éclairante par l'incandescence d'une petite calotte en fils de platine qui surmontait le brûleur.

Le procédé Gillard a été appliqué pendant quelque temps pour l'éclairage de la ville de Narbonne, et dans les ateliers de dorure et d'argenture de M. Christofle, à Paris. Un rapport intéressant a été publié sur l'installation de cette dernière usine, par M. Jacquelain, dans les comptes-rendus de la Société d'Encouragement. La composition du gaz fabriqué était la suivante :

Hydrogène..	76.3
Oxyde de carbone . .	14.7
Acide carbonique. .	2.0
Air. . . .	5.0
Vapeur d'eau non condensée	2.0
	100.0

Les cornues en fonte se détruisaient rapidement, étant soumises à une double cause d'altération, l'action du feu à l'extérieur, et l'action de l'oxygène qui, malgré son affinité pour le carbone, exerçait néanmoins une influence destructive sur la fonte chauffée au rouge. Pour remédier à cet inconvénient, M. Galy-Cazalat proposa d'employer une sorte de cubilot en tôle, garni intérieurement d'une chemise en briques réfractaires et rempli de coke qu'on chargeait par la partie supérieure, munie à cet effet d'un tampon hermétique. Une ouverture pratiquée au bas du cubilot permettait d'enlever les cendres ; enfin, un tuyau de dégagement placé latéralement donnait issue au gaz produit par la décomposition de la vapeur d'eau. On faisait à volonté arriver à la base de l'appareil un courant d'air forcé ou un jet de vapeur. Avec le courant d'air on activait la combustion et, quand la masse était en pleine incandescence, on fermait l'arrivée de l'air, puis on lançait le jet de vapeur, qui produisait immédiatement le dégagement du gaz, jusqu'à ce que le charbon s'étant peu à peu refroidi par l'introduction de la vapeur, on recommençât à nouveau l'injection de l'air pour ranimer la combustion et remettre le coke à l'état d'incandescence afin de renouveler la même opération.

Ce système de production du gaz à l'eau a été modifié et perfectionné par M. Giffard, qui avait fait construire un remarquable appareil au moyen duquel était gonflé le ballon captif qui a si vivement attiré l'attention publique lors de l'Exposition universelle de 1878. Cet appareil constitue l'un des meilleurs moyens qu'on puisse employer pour fabriquer le gaz destiné au gonflement des aérostats.

Puisque nous parlons du gaz susceptible de servir à cet usage, signalons encore un appareil construit par M. Egasse pour la *production à froid* de l'hydrogène pur au moyen de l'acide chlorhydrique ou de l'acide sulfurique, produisant en présence d'un métal, la décomposition de l'eau. L'appareil employé à cet effet est représenté figure 288. Il est monté sur une voiture, afin de pouvoir s'installer facilement à côté du ballon à gonfler. Il se compose de dix vases cylindriques garnis de plomb intérieurement dans lesquels on met l'eau, les rognures de métal et la proportion voulue d'acide pour obtenir la réaction. Le gaz se dégage à l'extrémité postérieure de l'appareil. La dissolution de chlorure obtenue par l'action de l'acide chlorhydrique sur le métal est recueillie dans des bonbonnes pour être ensuite traitée, si on le veut, en vue d'utiliser le chlorure produit.

GAZ PRODUIT PAR LA CARBURATION DE L'AIR.

C'est une expression impropre que celle de *gaz* appliquée à ce système qui consiste, en somme, à faire entraîner par un courant d'air, avec lequel elles se mélangent plus ou moins intimement, des vapeurs d'essences volatiles, telles que celles de la benzine, de la gazoline ou autres hydrocarbures légers, qui communiquent au mélange ainsi produit la propriété de brûler avec une flamme éclairante, éclatante même, suivant la qualité de l'essence employée. Cette méthode qui repose, comme on le voit, sur le principe de la carburation, en a tous les défauts et tous les inconvénients. Elle n'en est pas moins l'objet d'un grand nombre de tentatives, dont le succès dépend, en général, de certaines conditions spéciales auxquelles le système se prête assez bien, quand il n'y a pas un très long parcours de tuyaux à alimenter, et quand ces tuyaux ne sont pas exposés à des variations sensibles de température.

Tous les appareils imaginés, depuis le *phonogène* présenté, en 1860, par Mongruel, jusqu'aux plus récents, comportent: 1° un récipient contenant le liquide volatil destiné à émettre des vapeurs qui doivent se mélanger à l'air ; 2° un mode quelconque d'insufflation de l'air, par un ventilateur mû à l'aide d'un contrepoids à la façon des anciens tourne-broches, ou d'un mouvement d'horlogerie assez puissant. Quelques lignes suffiront pour en faire comprendre le principe et la disposition générale.

Dans la plupart des appareils, l'insufflation de l'air est produite au moyen d'un compteur-aspirateur mis en mouvement par un contrepoids; l'air est aspiré par le centre de l'appareil, il est refoulé dans le carburateur placé en arrière ou

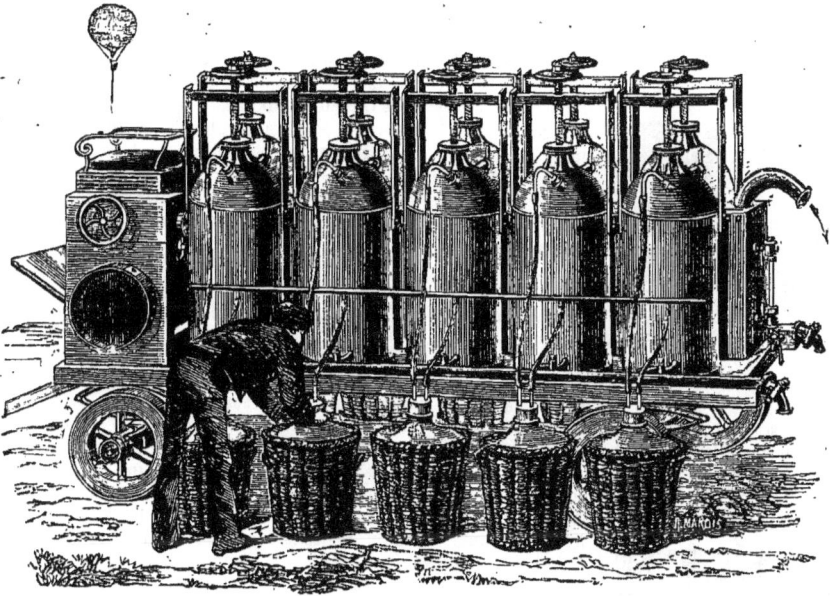

Fig. 281. — *Fabrication du gaz hydrogène, pour le gonflement des aérostats.*

au-dessus ; un compartiment supérieur reçoit le liquide par un entonnoir. Enfin, l'air chargé de vapeurs inflammables vient passer avant de se rendre aux brûleurs, dans un petit gazomètre qui a pour effet de régulariser son écoulement et sa pression, afin d'assurer la fixité des flammes.

On recommande spécialement, pour ce système d'éclairage, l'emploi des becs à verre, à 30 ou 40 jets, qui sont effectivement beaucoup plus avantageux que les becs papillon pour obtenir une lumière convenable. On sait en effet que les becs papillon ou manchester éclairent mal, quand il y a dans le gaz de houille une certaine proportion d'air, et c'est pour le même motif que les constructeurs d'appareils carburateurs conseillent avec raison de ne pas faire usage de ces brûleurs qui ne seraient pas favorables à la propagation de leur système. — G. J.

*GAZAGE. Opération qui a pour but de faire disparaître les duvets dont certains fils et tissus sont recouverts, en faisant passer ces derniers au travers ou au-dessus d'une flamme de gaz. Pour les tissus proprement dits, cette opération porte plus spécialement le nom de *flambage* ou de *grillage* lorsqu'on fait passer l'étoffe sur une plaque ou un cylindre rougis au feu (V. GRILLAGE), mais on conserve généralement pour les fils le terme de *gazage*.

GAZE. On donne ce nom à des tissus légers et transparents en coton ou en soie, dans lesquels les fils et les duites restent nettement séparés les uns des autres. Les gazes sont employées pour rideaux, voiles et vêtements de dames, blutoirs de moulins, etc.

Il est nécessaire que les fils et les duites, pour conserver invariablement leurs positions respectives, soient liés les uns aux autres d'une manière plus intime que dans les autres tissus; on a recours pour cela à une combinaison ingénieuse connue généralement sous le nom de *tour anglais*.

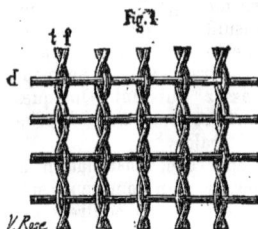

Fig. 282. — *Contexture de la gaze.*

Chaque fil de la chaîne est remplacé par deux fils, dont le premier porte le nom de *fil fixe* ou *fil de raison*, et le second celui de *fil de tour*. Le fil fixe reste baissé sous toutes les duites; le fil de tour lève toujours sur elles, mais alternativement à droite et à gauche du fil fixe, avec lequel il se croise. La figure 282 montre clairement ce mouvement. Le fil de tour et le fil fixe se serrent fortement l'un contre l'autre, et semblent ne former qu'un seul fil dans le tissu.

Les gazes se fabriquent sur les mêmes métiers à tisser que les autres étoffes, mais avec un système particulier de lames pour produire le mouvement des fils (fig. 283). Les fils fixes sont tous rentrés dans les mailles d'une première lame (lame fixe) F. Chaque fil de tour passe d'abord dans une maille située à droite du fil fixe, et appartenant à une seconde lame A, puis dans une maille située à gauche du même fil fixe et portée par la troisième lame B. Entre ces deux mailles il a croisé le fil fixe en passant au-dessous de lui.

On voit immédiatement qu'en levant la lame B on détermine la levée des fils de tour à gauche de leurs fils fixes, c'est-à-dire l'un des pas de la gaze; le second pas, c'est-à-dire la levée de ces fils à droite des fils fixes, sera obtenu en levant la lame A, à condition de rendre les fils de tour indépendants des mailles de la lame B. Cette alternative de solidarité et d'indépendance des

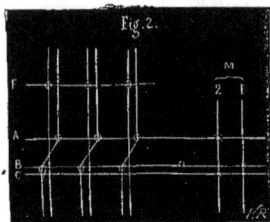

Fig. 283. — *Remettage sinueux des fils de gaze.*

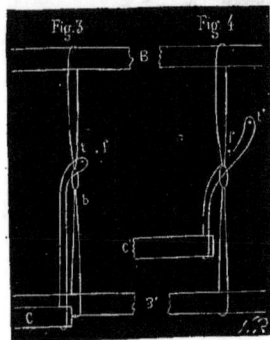

Fig. 284 et 285. — *Lame à culotte.*

fils de tour et de ces mailles est obtenue par la disposition connue sous le nom de *lisse anglaise* et représentée par les figures 284 et 285. La lame B porte des mailles ordinaires, mais le fil *t* passe dans une boucle, ou demi-maille portée par une baguette spéciale C qui constitue la *culotte*. Les demi-mailles de la culotte traversent les mailles de la lame B. On voit alors que, lorsque la culotte C est au même niveau que la lame B, les demi-mailles maintiennent les fils contre les mailles *b* et établissent la solidarité et qu'au contraire, si on lève la culotte sans lever la lame, les demi-mailles permettent aux fils de s'éloigner des mailles et de prendre le mouvement qui leur est donné par la lame A (fig. 285) pour se lever à droite des fils fixes *f*. Il faudra donc, comme le font voir les marches M de la figure 283; pour le premier pas de la gaze, lever la lame B, en même temps que la culotte C qui doit suivre son mouvement comme si elle faisait corps avec elle, et pour le second pas, lever la lame A et la culotte C, tandis que la lame C restera baissée.

Lors du premier pas, les fils de tours, levés par la lame B, mais maintenus baissés par la lame A, sont obligés de se relever brusquement entre ces deux lames, ce qui a fait donner à ce mouvement le nom de *pas dur*, qui n'est pas sans fatiguer les fils. Dans le second pas, les fils se lèvent librement sur toute la longueur du métier, c'est le *pas doux*.

L'armure de la gaze peut se combiner dans les tissus avec toutes les autres armures (V. TISSAGE) pour la production de tissus à rayures longitudinales ou transversales (grenadines ou autres) ou pour former toutes sortes de dessins.

Les rideaux présentent généralement des dessins plus opaques, formés par une seconde trame, plus grosse que celle du fond, et qu'on lance entre chacune des duites de la gaze en faisant lever les fils fixes dans les parties où le dessin doit se produire. Les lames qui actionnent les fils de tour ne subissent pas de modifications, mais les fils fixes sont alors rentrés dans les maillons d'une mécanique Jacquard. On coupe après tissage, au moyen d'une tondeuse, toutes les parties de ces duites qui sont restées flottantes sur le tissu là où les fils fixes n'ont pas été levés. Leur présence remplit l'intervalle que laissent entre elles les duites du fond, et rend opaques les parties correspondantes de l'étoffe, tandis que les autres parties conservent leur transparence. — P. G.

GAZEUSE. *T. de mét.* Ouvrière qui fait, dans la dentelle, les remplissages des feuilles et des fleurs.

GAZIER, IÈRE. *T. de mét.* Le gazier est celui qui fabrique, répare ou entretient les appareils nécessaires pour l'éclairage au gaz. || *Gazier* ou *gazière.* S'applique à l'ouvrier ou l'ouvrière qui fabrique de la gaze.

GAZOGÈNE. *T. tech.* Genre spécial de foyers dans lesquels les combustibles solides, au lieu d'être brûlés à *flamme vive*, sur une grille alimentée par un abondant courant d'air, et d'exercer directement leur action sur les corps ou matières à chauffer, sont d'abord soumis à *une combustion incomplète*, qui a pour but de les décomposer en fluides gazeux, qu'on dirige ensuite et qu'on brûle dans les appareils de chauffage où ils doivent produire leur effet utile. En d'autres termes, un gazogène est un foyer à combustion imparfaite, remplissant le rôle de *générateur de gaz combustibles* qui peuvent être conduits et utilisés à distance, partout où l'on veut, suivant les besoins des applications diverses à réaliser.

Il est facile de se rendre compte de la différence et des avantages qui résultent de l'emploi du gazogène au lieu des foyers à combustion ordinaire. Dans ces derniers, où l'on brûle toujours le combustible solide sur *une grille vive*, on laisse pénétrer dans le foyer une quantité d'air au moins double de celle qui serait théoriquement nécessaire pour opérer la combustion complète; cet excès d'air traversant le foyer sans être décomposé, le refroidit considérablement et occasionne la perte d'une notable partie du calorique développé par la combustion. En outre, la fumée enlève une portion plus ou moins grande de carbone qui échappe à la combinaison avec l'oxygène et qui produit une perte sensible de combustible.

Au contraire, dans l'emploi des fluides gazeux engendrés par un gazogène, on peut déterminer et régler avec exactitude la proportion d'air nécessaire à la combustion, en se rapprochant beaucoup plus des données théoriques et en évitant les causes de perte de calorique auxquelles sont condamnés les foyers à grille vive où l'air afflue en excès. On peut en outre diminuer notablement, sinon même supprimer, la déperdition d'éléments combustibles qui résulte de l'entraînement des molécules de carbone par la fumée. La combinaison de l'oxygène de l'air avec les fluides gazeux s'effectuant avec beaucoup plus de facilité, aucunes de leurs parties n'échappent à la combustion, et en opérant le mélange des quantités respectives de gaz et d'air dans les proportions et dans les meilleures conditions voulues, on arrive à utiliser, autant qu'il est pratiquement possible de le faire, toute la puissance calorifique des combustibles.

Dans la plupart des applications, on échauffe préalablement au moyen de la chaleur perdue que les produits de la combustion entraînent dans les carneaux allant à la cheminée d'évacuation, l'air qu'on introduit dans la chambre de chauffe. En alimentant la combustion avec de l'air ainsi préalablement chauffé, on récupère par conséquent, au profit de l'effet utile du combustible gazeux, une partie de la chaleur perdue. On réalise par ce moyen une importante économie de chauffage, et l'on favorise en même temps l'obtention des températures élevées, nécessaires dans certaines applications. Les principaux avantages des gazogènes peuvent donc se résumer ainsi :

Emploi judicieux et utilisation plus parfaite de tous les éléments combustibles;

Faculté de régler et de proportionner à volonté la quantité d'air atmosphérique et d'opérer son mélange intime avec les fluides gazeux pour obtenir la meilleure combustion possible;

Facilité de conduire et de régulariser le chauffage, ainsi que la marche des opérations à accomplir;

Possibilité d'atteindre de très hautes températures avec une notable économie de combustible, par l'emploi de l'air chaud et la récupération des chaleurs perdues;

Faculté de conduire à toute distance du générateur les gaz combustibles, pour en utiliser les effets calorifiques sur tous les points voulus, suivant les exigences de la fabrication, quelles que soient les dispositions des locaux et des constructions à aménager.

Une autre raison aussi qui milite en faveur de l'emploi des gazogènes, c'est la possibilité d'employer des combustibles de qualité inférieure, qui seraient incapables de développer la température voulue, si on les brûlait dans des foyers ordinaires. Tels sont, par exemple, les poussiers de houille maigre, les charbons anthraciteux, etc.

Ne pouvant entrer ici dans tous les détails que comporte cette intéressante question, nous croyons devoir signaler à nos lecteurs, parmi les diverses publications écrites sur ce sujet, le *Guide pratique du constructeur d'appareils de chauffage*, par M. Pierre Flamm, ainsi que le mémoire présenté au Congrès d'Alais (*Bulletin de la Société de l'industrie minérale*, année 1882), par M. A. Lencauchez, et l'ouvrage publié par le même ingénieur, sous le titre : *Étude sur les combustibles en général et sur le chauffage par le gaz* (E. Lacroix, éditeur, 1878).

Nous trouvons dans ce dernier ouvrage le tableau suivant, donnant le rendement en gaz de chauffage de divers combustibles employés dans les gazogènes les mieux appropriés à cette application.

Combustibles de qualité moyenne	Gaz fourni pour 1 kilogr. de combustible solide		Chaleur dégagée par la combustion du gaz fourni par 1 kil. de combustib.	Puissance calorifique du combustible solide	Perte due à la gazéification	Valeur relative comparée à celle de la houille à gaz
	En poids	En volume à 0° et à 0m760				
	kil.	mèt. cub.	calories	calories	p. 100	
Coke traité au haut-fourneau	6.150	5.000	4500	7000	36	0.927
Coke de gaz d'éclairage	5.325	4.260	4260	6400	33	0.878
Anthracites et houilles maigres	6.330	5.075	5075	7500	32	1.046
Houille à coke et à gaz	4.116	3.520	4850	6600	27	1.000
Lignite commun (40 0/0 d'eau)	1.669	1.460	2090	3375	38	0.431
Tourbe moyenne (18 0/0 d'eau)	2.110	1.770	2375	3250	28	0.490
Bois, à 25 0/0 d'eau hygrométrique	1.930	1.615	2390	2900	18	0.498

Ces rendements en gaz combustibles sont ceux qu'on obtient dans une marche tout à fait irréprochable, et avec des combustibles se comportant bien au gazogène; mais ces conditions ne sont généralement pas remplies aussi complètement dans la pratique, et ce serait par conséquent une erreur de considérer les gazogènes comme évitant entièrement la perte des éléments utiles. Ce qui est incontestable, c'est qu'ils sont, plus ou moins, une source d'économie, et par conséquent les meilleurs gazogènes, au point de vue de leur fonctionnement industriel, sont ceux qui permettent d'obtenir la plus grande somme possible de calorique utilisé, avec une même quantité donnée de combustibles.

En général, un gazogène complet comprend les éléments suivants :

1° Le *générateur*, fourneau rectangulaire, avec ou sans grille, dans lequel on introduit, par un gueulard placé ordinairement à la partie supérieure, une couche épaisse de combustible, qu'on se propose de convertir, par une combustion incomplète, en oxyde de carbone, accompagné souvent d'une certaine proportion d'hydrogène carboné.

2° Les *carneaux conducteurs du gaz*, qui amènent les gaz combustibles jusqu'au four où ils doivent être brûlés.

3° Le *récupérateur*, formé par l'ensemble des conduits où circule l'air destiné à alimenter la combustion, après avoir été chauffé au contact des parois que les flammes et les fumées sortant du four lèchent óu enveloppent extérieurement.

4° Les *brûleurs*, orifices par lesquels sortent les jets de gaz combustibles, en se mélangeant avec les jets d'air chaud que d'autres orifices juxtaposés amènent après leur passage dans le récupérateur.

Les dispositions de détail varient d'un système à l'autre, mais il faut toujours que les organes divers d'un bon gazogène répondent à ces quatre éléments généraux. Comme nous ne pourrons pas entrer ici dans la description de tous les systèmes de gazogènes qui ont été essayés jusqu'à présent, nous allons d'abord donner quelques indications sommaires sur le rôle, sur le fonctionnement, et sur les conditions d'installation de chacun des éléments constitutifs d'un gazogène.

Générateur. On sait que le principe de l'appareil consiste dans l'entretien d'une combustion incomplète, suffisante pour produire la distillation et le dégagement des substances gazeuses contenues dans les combustibles solides. Cette décomposition s'effectue généralement à la température du rouge vif. Mais il est essentiel d'empêcher les gaz, oxyde de carbone et hydrogène, mis en liberté, de se consumer dans le générateur même, comme cela se passe pour les foyers ordinaires; il faut, au contraire, conduire ces gaz en dehors du générateur, et les amener, au fur et à mesure des besoins, dans la chambre de chauffe où leur combustion doit développer leurs effets calorifiques. Par conséquent, il importe avant tout de régler et maintenir dans la proportion strictement nécessaire l'arrivée de l'air dans le générateur pour entretenir seulement en ignition la couche inférieure de combustible. Cette couche,

échauffant par contact et par rayonnement les couches supérieures, détermine leur décomposition en fluides gazeux qui s'élèvent dans la partie supérieure du générateur, d'où un conduit les dirige vers les points où ils doivent être utilisés.

Le chargement du combustible dans le générateur s'effectue par le gueulard, garni ordinairement d'une *trémie*, sorte de récipient à fond mobile, avec couvercle supérieur également mobile et indépendant du fond. En levant ce couvercle, on peut remplir de combustible la capacité intérieure de la trémie, puis, remettant en place le couvercle, on fait manœuvrer le fond qui s'abaisse pour laisser tomber dans le fourneau la provision de combustible, sans qu'il y ait communication de l'air extérieur avec le dedans du générateur. Le fond mobile a souvent la forme d'un cône, ce qui facilite la répartition uniforme du combustible dans le fourneau; une tige suspendue à une chaîne avec contrepoids permet de manœuvrer aisément le fond de la trémie. Le couvercle, également suspendu, si son poids nécessite cette précaution, est ordinairement engagé dans une rainure où l'on met du sable fin qui forme un lut suffisamment étanche pour empêcher la rentrée de l'air extérieur dans le fourneau.

La *grille* est disposée, tantôt avec des barreaux parallèles à l'axe du générateur, tantôt avec des barreaux à gradins qui sont d'un usage commode, parce qu'ils sont plus faciles à décrasser et à remplacer en marche. Le *cendrier* est tantôt ouvert, tantôt clos, selon qu'on veut alimenter la grille avec un courant d'air libre, appelé par l'effet du tirage même, ou qu'on veut employer un courant d'air forcé, refoulé par une soufflerie ou par tout autre moyen d'injection mécanique.

Prise et carneaux du gaz. Les carneaux conducteurs du gaz partent du générateur, en un point placé ordinairement vers le sommet, où s'effectue la *prise de gaz*. Ils sont construits en tôle, ou en maçonnerie, selon les convenances locales; la tôle est employée de préférence pour les conduits qui doivent rester apparents et passer à une certaine hauteur, tandis qu'on emploie plutôt la maçonnerie de briques réfractaires pour les conduits souterrains. Ces carneaux, dont le passage peut être ouvert ou fermé au moyen de vannes, vont aboutir aux fours où doit s'effectuer la combustion, et ils se terminent, à leur débouché dans ces fours, par les brûleurs, dont nous parlerons tout à l'heure.

Récupérateurs. Les *récupérateurs*, appelés aussi *régénérateurs*, sont des conduits, généralement en briques creuses ou pièces réfractaires perforées, formant par leur juxtaposition un nombre plus ou moins grand de carneaux dans lesquels circule l'air appelé par le tirage, ou poussé par une soufflerie. Ces conduits sont chauffés par la chaleur perdue, c'est-à-dire par les flammes et la fumée sortant du four où s'opère la combustion des fluides gazeux.

Il y a deux genres principaux de récupérateurs. Le premier type consiste en deux appareils géminés, remplissant alternativement à tour de rôle les mêmes fonctions. Pour la clarté des explications qui vont suivre, désignons-les par les lettres Y et Z. On échauffera d'abord l'ensemble des conduits du récupérateur Y en y faisant passer les produits de la combustion, jusqu'à ce que la masse entière de maçonnerie ait acquis le degré de température de ces produits gazeux. Alors, quand le récupérateur Y se trouvera ainsi convenablement chauffé, on y introduit l'air qui doit s'échauffer au contact de ses parois, en leur reprenant la chaleur qu'ils ont précédemment emmagasinée. Pendant ce temps, au moyen d'une combinaison de carneaux et de registres, on a dirigé les produits de la combustion dans le second récupérateur

à petite section pour multiplier les surfaces de contact, dans lesquels circulent les produits de la combustion; et à côté de ces carneaux, ou dans leur intérieur même, sont disposés d'autres carneaux où se fait la circulation de l'air destiné à être échauffé par la chaleur perdue que les flammes abandonnent aux parois des conduits qu'elles parcourent après leur sortie du four. Ce système, par conséquent, est beaucoup plus simple comme installation et comme fonctionnement. Les gaz de la combustion y cheminent côte à côte avec l'air à chauffer, séparés seulement par les cloisons minces des carneaux. Il convient toutefois

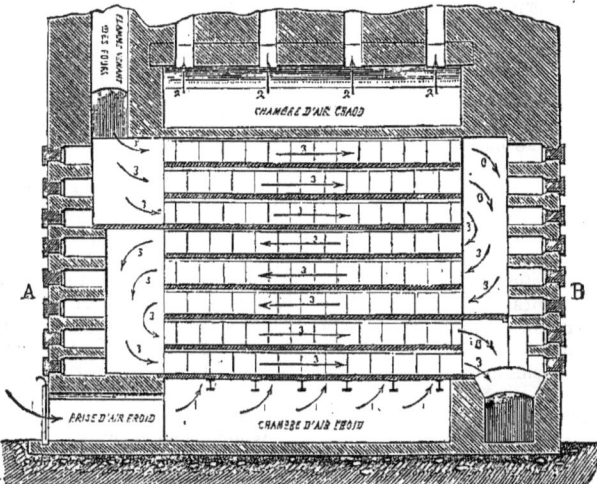

Fig. 286. — *Récupérateur, coupe verticale.*

Z, qui s'échauffe à son tour et qui atteint la température voulue, tandis que Y se refroidit en cédant à l'air qui le·traverse le calorique qu'il possédait. Lorsque Z est suffisamment échauffé, on intervertit à nouveau les courants, on ramène les produits de la combustion dans le premier appareil Y, et on fait circuler l'air à chauffer dans le second, Z. Et ainsi de suite alternativement, chaque fois que l'on veut renverser les· courants de flamme ou d'air pour échauffer d'abord un des deux récupérateurs, puis lui reprendre par le passage du courant d'air le calorique emmagasiné. Le jeu de ce système est, comme

de·faire marcher l'air en sens inverse des produits gazeux, dans leurs conduits respectifs.

Telle est, en somme, abstraction faite des détails spéciaux introduits dans chaque système par les constructeurs, l'action générale des deux types principaux de récupérateurs. Toutes les dispositions imaginées pour réaliser le principe fondamental de la récupération, diffèrent plus ou moins dans leur agencement, dans leurs organes et dans l'efficacité de leurs résultats. Les plus compliquées, qui ont pour but de rendre aussi complète que possible l'utilisation des chaleurs perdues, présentent des difficultés de construction et d'entretien qui ne sont

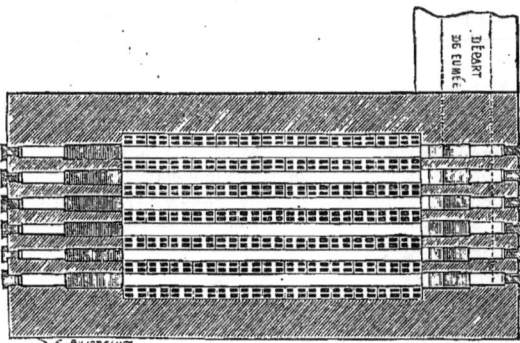

Fig. 287. — *Coupe horizontale suivant la ligne A B.*

on le voit, assez compliqué, à cause des combinaisons multiples des carneaux et des registres nécessaires pour le renversement alternatif des courants de flammes et d'air. En outre, l'obligation d'avoir deux récupérateurs semblables double les frais d'installation et double l'espace occupé par l'appareil.

L'autre système de récupérateur consiste en un certain nombre de carneaux, généralement

pas toujours compensées par la supériorité du fonctionnement, et nous considérons qu'un bon récupérateur doit toujours être d'une simplicité aussi grande que possible, alliée à une efficacité suffisante pour présenter à la fois un effet utile satisfaisant, avec une construction facile et peu coûteuse.

Un des types de récupérateurs réalisant le mieux les conditions que nous venons d'énumérer est

sans contredit celui de MM. R. Radot et A. Lencauchez, qui en ont fait de nombreuses applications pour diverses industries. Les figures 286 et
287 représentent ce récupérateur, la première
en coupe longitudinale, et la seconde en coupe
horizontale suivant la ligne AB. Dans la figure
286, les flèches portant les nos 1 indiquent le sens
du courant d'air froid arrivant au bas des conduits
verticaux formés de briques à quatre trous, juxtaposées en lignes parallèles qui s'intercalent entre
les conduits horizontaux que parcourent les gaz
chauds sortant du foyer, comme le montrent les
flèches nos 3. L'air échauffé dans son passage de
bas en haut à travers les trous des briques perforées, se réunit dans la chambre supérieure d'où
il sort suivant la direction des flèches nos 2 pour
se rendre au point où il doit se mélanger dans le
foyer proprement dit avec les gaz combustibles.
La simplicité de construction de cet appareil en
rend l'installation toujours facile, et les faibles
épaisseurs des parois de tous les carneaux assurent
une excellente transmission du calorique et par
conséquent une parfaite efficacité.

Brûleurs. Les brûleurs sont les appareils ou
orifices qui terminent les conduites de gaz combustibles et d'air atmosphérique, au point où doit
s'effectuer l'inflammation des premiers au contact
de l'oxygène amené par l'air au sein du mélange
gazeux. Les meilleures dispositions de brûleurs
sont évidemment celles qui favorisent le mélange
le plus intime des jets de gaz et d'air, en résistant sans altération à la haute température que
la combustion développe à la sortie des orifices.

Une des dispositions les plus simples consiste
dans une plaque en terre réfractaire, percée d'un
grand nombre de trous par lesquels le gaz s'échappe
en jets minces, dans un état extrême de division.
Les courants verticaux sont généralement préférables pour le gaz, et les jets d'air, également
divisés, doivent alors arriver dans une direction horizontale ou oblique, de manière à rencontrer les filets gazeux, à les heurter, à les
couper pour ainsi dire, afin d'effectuer avec eux
un mélange complet, dont toutes les molécules
soient nécessairement soumises aux réactions
qui produisent la combustion et la flamme. On
emploie aussi avec avantage un genre de *brû-
leur-chalumeau*, à jets parallèles et alternés de gaz
et d'air, qui produisent de longues flammes et une
excellente combustion.

Là encore, comme pour les récupérateurs, les
dispositions imaginées par les constructeurs sont
tellement variées, que nous devons nous borner
à en indiquer le principe; les divers types qu'on
rencontrera dans l'industrie sont généralement
tous basés sur cette condition essentielle pour leur
bon fonctionnement, et ceux qui la réalisent avec
le plus de simplicité sont encore les meilleurs.

Mise en marche d'un gazogène. Maintenant que
nous connaissons les principaux éléments constitutifs d'un gazogène, nous allons étudier la mise
en marche et la conduite de ce genre de foyers
qui, naturellement, ne se gouvernent pas à la manière des foyers ordinaires. Quand la construction
est prête à fonctionner, on commence par baisser

les registres à gaz, on ferme ceux d'admission de
l'air, on ouvre la trémie et on enflamme, à l'intérieur du générateur, une couche de paille, de copeaux ou de menu bois, puis on introduit par la
trémie, toujours en la laissant ouverte, une petite
quantité de combustible qui s'enflamme bientôt à
son tour. La fumée sort alors par la trémie. Dès
que la couche de combustible est suffisamment
embrasée, on la recouvre d'une nouvelle quantité
jusqu'à ce qu'on ait atteint une épaisseur de 50 à
60 centimètres sur la grille, et on laisse de nouveau cette couche s'échauffer et s'enflammer à la
partie inférieure. Quand la combustion devient
assez active pour que des jets de flamme apparaissent au-dessus de la couche de combustible,
on ajoute une nouvelle couche qui la recouvre entièrement jusqu'à l'épaisseur normale pour la
bonne marche du gazogène. Alors, on ouvre légèrement les registres à gaz et on ferme en partie
la trémie, afin de forcer les fluides gazeux à s'é-
chapper par la conduite qui leur donne issue, et
par laquelle ils s'écoulent en chassant d'abord devant eux l'air atmosphérique que renfermait cette
partie de l'installation.

Quand le courant gazeux commence à arriver
dans le four où on veut l'utiliser, la nuance et la
vitesse de la fumée indiquent si le moment est
venu d'introduire l'air qui doit servir à alimenter
la combustion; on essaie alors d'ouvrir un peu les
registres d'admission d'air et d'enflammer le mélange gazeux avec une poignée de copeaux. Si le
mélange s'enflamme, on ferme hermétiquement
la trémie du générateur, et on procède alors au
règlement de la quantité d'air nécessaire pour entretenir la combustion dans de bonnes conditions.
Le chauffeur doit alors appliquer toute son attention à produire du gaz en quantité suffisante dans
le générateur, et à régler l'arrivée de l'air dans
la chambre de combustion, en proportion correspondante au volume de gaz à brûler. Les flammes
de couleur roussâtre, avec dégagement de fumée,
sont l'indice d'un manque d'air, il faut alors ouvrir davantage les registres jusqu'à ce que la
flamme devienne claire et que la fumée dispa-
raisse. Les flammes longues et blanches indiquent
que le mélange est bien fait, mais qu'il y a excès
de gaz et d'air, par conséquent, excès de dépense;
dans ce cas, on diminue l'introduction de l'un et
de l'autre des éléments, jusqu'à ce qu'on ait réglé la combustion au degré convenable d'intensité.
Les flammes blanches, mais courtes, indiquent
une insuffisance de substances combustibles;
il faut alors augmenter un peu l'arrivée du
gaz.

Avec de la pratique, un chauffeur arrive aisément à une réglementation convenable de la combustion et à un mélange parfait des quantités
d'air et de gaz nécessaires pour une bonne marche
des foyers. Il doit seulement s'attacher à manœuvrer les registres avec précaution, pour ne pas
dépasser trop brusquement les justes limites, et
ne pas aller d'une extrémité à l'autre; il doit opérer lentement l'ouverture ou la fermeture, en observant attentivement les variations pour les atténuer insensiblement autant que possible.

Le chauffeur doit aussi veiller avec soin à l'entretien de la couche normale de combustible et du bon état de la grille. Si on laissait la couche devenir trop peu épaisse, ou s'il se produisait sur la grille des trouées par lesquelles l'air s'introduirait en trop grande abondance, il pourrait en résulter des explosions dont la violence serait proportionnée aux quantités d'air qui auraient pu s'introduire dans le générateur sans avoir été décomposé par son passage à travers le combustible en ignition. Puisque nous parlons des explosions que ce défaut de surveillance peut amener, nous devons dire que tous les gazogènes sont généralement pourvus d'orifices d'évacuation, et de soupapes de sûreté, qui donnent au mélange gazeux une libre issue dans le cas où une explosion viendrait à se produire. Les couvercles des orifices de sûreté sont ordinairement posés dans des rainures garnies de sable, sans être fixés en aucune manière, de sorte qu'une explosion les soulèverait et les déplacerait sans difficulté pour donner libre passage à l'excès de pression que produirait un mélange détonant.

Il ne faut jamais laisser mettre à découvert une portion quelconque de la grille, car ce serait l'indice d'une insuffisance d'épaisseur de combustible ou d'une agglomération empêchant la couche de descendre normalement à mesure que la combustion s'effectue. Dans ce cas, il faut faire tomber le combustible sur la grille, pour régulariser la couche, et introduire par la trémie une charge nouvelle. On ménage ordinairement dans le dessus ou dans l'un des côtés des générateurs, des regards qui permettent de surveiller et de régulariser, à l'aide de ringards, l'entretien constant d'une épaisseur convenable de combustible sur toute la surface active du générateur.

Ces notions générales sur la constitution et le fonctionnement des gazogènes vont nous permettre maintenant de faire mieux saisir le mode d'action de quelques spécimens dont nous allons donner la description sommaire. Nous ne citerons que peu d'exemples, parmi les plus intéressants que pourraient nous fournir les applications, aujourd'hui très nombreuses, des gazogènes à la métallurgie, à la verrerie, à la cristallerie, à la fabrication du gaz d'éclairage et, en général, à toutes les industries employant des foyers à haute température. Le premier type dont nous nous occuperons, est le gazogène appliqué par MM. Siemens frères, à les fours de verrerie et des fours à puddler, avec le régénérateur de leur invention consistant en quatre appareils géminés, dans lesquels on réchauffe alternativement, par un jeu compliqué de carneaux et de registres, au moyen de la chaleur perdue, le gaz combustible et l'air atmosphérique destinés à la combustion.

Les essais de MM. Siemens frères en vue de récupérer, dans les appareils de chauffage, une partie de la chaleur perdue, remontent à l'année 1846, mais ce n'est que dans leur brevet de 1857 que l'application pratique de leur système de récupération a été consacrée définitivement. Les combustibles sont transformés en produits gazeux dans un générateur rectangulaire surmonté de tuyaux en tôle, dans lesquels ils s'élèvent d'abord pour redescendre ensuite, par les conduits qui les dirigent vers les appareils où le chauffage doit être effectué. Ce qui caractérise le système adopté alors par MM. Siemens, c'est l'emploi de quatre récupérateurs, accouplés deux à deux : l'un des deux de chaque couple est destiné à échauffer l'air alimentant la combustion, l'autre échauffe les gaz combustibles, de sorte que l'air et les gaz, avant leur mélange, traversent d'abord, en allant de la partie la plus froide vers la partie la plus chaude, les deux chambres réticulées du premier couple de récupérateur, et quand ils arrivent aux brûleurs à l'orifice desquels ils doivent se mélanger, ils ont déjà acquis une température presque égale à celle du fourneau, ce qui permet d'obtenir des flammes d'une intensité beaucoup plus considérable, et de réaliser une économie de combustible beaucoup plus grande que dans les foyers ordinaires.

Chaque couple de récupérateurs sert ainsi alternativement à absorber d'abord les chaleurs perdues qu'ils reprennent aux produits de la combustion circulant dans leurs chambres réticulées ; puis quand ces chambres sont arrivées à un degré convenable, on intervertit les courants, on fait passer l'air dans l'une, et les gaz à brûler dans l'autre chambre du premier couple, tandis que les produits de la combustion dirigés dans le second couple vont l'échauffer à son tour, pour lui faire restituer la chaleur qu'il aura absorbée, quand le premier couple aura été suffisamment refroidi et qu'on rétablira la circulation de l'air et des gaz dans le second couple. Le jeu de registres et la disposition des carneaux nécessaires pour effectuer ces interversions de courants alternativement, présentent nécessairement une certaine complication, et la construction de quatre chambres de récupération, en deux couples géminés, entraîne des frais élevés de premier établissement et nécessite des emplacements réunissant diverses conditions qu'on ne peut pas toujours réaliser en industrie.

Le système Siemens avait été, dès ses débuts en France, essayé à la Compagnie Parisienne du gaz pour le chauffage d'une batterie de fours. Mais cette application avait paru si compliquée et si coûteuse, qu'elle ne s'était pas depuis lors généralisée malgré ses avantages au point de vue de l'économie du chauffage. Depuis quelques années, de grandes simplifications ont été apportées par M. Siemens à son système, spécialement en vue de son application au chauffage des fours d'usines à gaz, et les essais faits à l'usine de Dalmarnock, en Ecosse, ont donné, paraît-il, d'excellents résultats, au point que le système a été étendu déjà à plus de cinquante-huit fours. Dans cette nouvelle disposition, le gazogène placé en contrebas du sol, est une chambre cylindrique en briques, renfermée dans une enveloppe métallique, comme un cubilot. Il a 2^m,70 de hauteur, 0^m,90 environ de diamètre, et il se rétrécit à 0^m,50 à la partie supérieure, qui est fermée par un couvercle en fonte. Il n'y a pas de grille, le combustible repose directement sur le fond du gazogène, mais la partie inférieure est munie de plusieurs ouvertures de 0ᵐ,30 de longueur sur 0ᵐ,15 environ de hauteur, servant à retirer les cendres et à introduire l'air nécessaire à l'alimentation de la combustion qui décompose en produits gazeux les couches supérieures de combustible. Le coke est employé pour cette production de gaz ; le mélange obtenu par les réactions qui s'opèrent dans la masse de combustible a donné la composition suivante dans plusieurs analyses :

Hydrogène.	8.7
Oxyde de carbone.	28.1
Acide carbonique.	3.5
Oxygène.	0.4
Azote.	59.3
	100 0

Sous le four à gaz, où sont placées huit cornues à chauffer, il y a deux chambres de régénérateurs formés de carneaux en briques ; il y a deux carneaux latéraux dans lesquels circulent les gaz de la combus-tion qui se rendent à la cheminée, abandonnant ; durant ce parcours, leur chaleur aux parois du conduit placé au milieu d'eux, par lequel arrive en sens inverse le courant d'air à chauffer. L'air entre d'abord dans une grande chambre au centre de l'appareil, puis il se divise en deux courants qui se rendent à droite et à gauche dans les carneaux des récupérateurs placés de chaque côté du four.

Le gaz sortant du gazogène arrive au-dessus des cornues inférieures, sous une plaque réfractaire, par deux larges ouvertures à côté desquelles débouchent aussi deux autres ouvertures donnant accès à l'air chaud qui vient du récupérateur. Cette disposition, plus simple que l'ancienne, nous semble se rapprocher de divers autres systèmes dont nous allons parler maintenant.

Le système Ponsard, venu depuis le Siemens, est d'une installation beaucoup plus simple que le type primitif à récupérateurs géminés. Il réunit sur

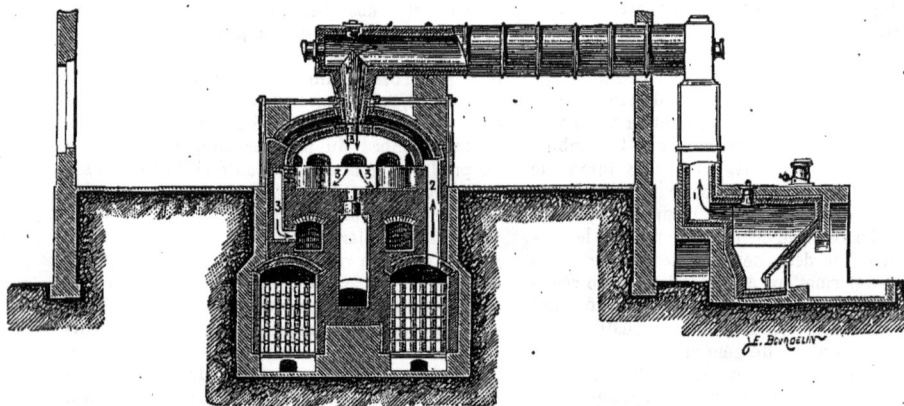

Fig. 288. — *Four de verrerie avec gazogène, système R. Radot.*

le même emplacement le générateur, le récupérateur et le foyer, ou *laboratoire*, dans lequel les produits gazeux et l'air chaud viennent se mélanger. Les gaz passent immédiatement du gazogène dans la chambre de chauffe en conservant, par conséquent, toute leur chaleur acquise ; on ne les conduit donc pas à distance, comme dans l'ancien Siemens, on évite leur refroidissement, mais il faut grouper toute l'installation en produisant le gaz à côté même du foyer où s'opère sa combustion. Un autre point caractéristique du système Ponsard, c'est la marche continue sans renversements ni intermittences de courants, simplification dans la construction et dans le fonctionnement de l'appareil. Le générateur, ou gazogène, est établi en contrebas du sol ; la grille, à barreaux inclinés ou à gradins, reçoit par une trémie disposée au sommet du générateur, la couche de combustible dont on proportionne l'épaisseur selon sa nature. Le fond de la trémie est fermé par un clapet basculant au moyen d'un levier avec contrepoids ; le dessus de cette trémie est muni d'un couvercle en fonte plongeant dans une rainure remplie de sable fin. Des ouvertures sont ménagées sur le dessus du four pour introduire des ringards, quand on a besoin de régulariser la couche de combustible.

La forme intérieure du générateur est celle d'un prisme quadrangulaire, dont l'une des faces, celle opposée à la grille, est inclinée pour faciliter la descente de la charge de combustible. Un registre disposé à la partie supérieure de la voûte, donne passage aux gaz et permet de régler à volonté ou de fermer l'orifice. Les gaz sortant du générateur ont une température assez haute, qui favorise leur ascension vers le laboratoire placé à un niveau supérieur, et dans lequel ils débouchent avec une certaine pression. C'est là qu'ils viennent se mélanger avec l'air qui arrive du récupérateur où il s'est préalablement échauffé. Le récupérateur est composé de briques réfractaires creuses ou de briques pleines, constituant par leurs dispositions spéciales une combinaison de carneaux, les uns que les gaz de la combustion traversent de haut en bas avant de gagner la cheminée, les autres que l'air à chauffer traverse au contraire de bas en haut, depuis la partie la plus refroidie jusqu'à la plus chaude, pour venir ensuite se mélanger aux brûleurs avec les gaz combustibles sortant du générateur. Les fours Ponsard sont employés dans un assez grand nombre d'industries et principalement dans les établissements métallurgiques, pour les fours à réchauffer et les fours de fusion.

Parmi les applications des gazogènes qui offrent le plus d'intérêt nous citerons ici le *four à brûleur central et à flamme renversée* que M. R. Radot, ingénieur, a appliqué avec succès à des fours de verrerie, comme le montre le spécimen représenté par la figure 288. On voit à droite de cette figure le gazogène avec sa grille à gradins et sa trémie de chargement. Les gaz combustibles qui s'en dégagent par l'orifice placé au bout de la voûte, suivant la direction des flèches 1, sont dirigés, au moyen d'un conduit d'une longueur plus ou moins grande, en maçonnerie réfractaire consolidée par des ceintures métalliques, jusqu'au four où ils pénètrent et s'enflamment, dans le sens des flèches 3, en rencontrant à leur passage dans le brûleur placé au sommet de la voûte de ce four, le courant d'air chaud qui vient, comme l'indique la flèche 2, des récupérateurs placés en contrebas et dans lesquels redescendent ensuite les produits de la combustion en sens inverse du courant d'air, tel que nous l'avons vu dans la description de ce genre de récupérateur, figures 286 et 287.

Une autre application importante des gazogènes

est le chauffage des fours d'usines à gaz, que nous avons déjà signalé en traitant la question du *Gaz d'éclairage*, et tout à l'heure encore en parlant des gazogènes Siemens. Nous représentons ici, par la figure 289, une vue d'ensemble d'une installation de fours à gaz chauffés au moyen de gazogènes, du système R. Radot et A. Lencauchez, tel que ces ingénieurs l'ont appliqué dans un certain nombre de grandes usines de Paris et de province. Les gazogènes et les récupérateurs sont placés en dessous des fours, ce qui nécessite, comme le montre la figure 289, un étage inférieur de 3m,30 à 3 mètres de hauteur en contrebas du dallage de la halle des fours. Quand on ne peut pas les enterrer ainsi dans le sol, on exhausse d'autant le dallage de la halle, mais alors il faut élever le charbon pour les charges des cornues, ce qui se fait sans frais de manutention plus considérables. Les fours sont à neuf cornues

Fig. 289.

au lieu de sept qu'on met ordinairement dans ceux qui sont chauffés par des foyers à grille. L'orifice de chargement du gazogène est simplement fermé par un tampon en fonte, qu'on voit à la base de la façade de chaque four, sur le dallage de la halle; c'est par cet orifice qu'on enfourne le coke employé pour l'alimentation du gazogène. Des registres servant à régler les prises d'air sont disposés sur la face des gazogènes et dans les portes des cendriers. L'introduction de l'air dans ces appareils se fait sous la seule action du tirage. Mais il y a d'autres cas où l'on emploie des *foyers soufflés*, dans lesquels l'air est entraîné par des moyens mécaniques, souffleries, aspirateurs ou injecteurs à vapeur, qui permettent d'obtenir des températures plus élevées, ou d'utiliser des combustibles tels que l'anthracite dont la décomposition est beaucoup plus difficile.

Nous n'entrerons pas davantage dans la description des divers autres systèmes de gazogènes employés aujourd'hui dans l'industrie ; ce que nous avons dit des principaux types suffit pour faire bien comprendre l'usage de ces appareils qui se répandent de plus en plus et qui sont appelés à rendre de grands services dans les applications exigeant de hautes températures, telles que les verreries, les cristalleries, les forges, fonderies, aciéries, et en général dans toutes les industries métallurgiques. — G. J.

GAZOMÈTRE. Nous avons déjà décrit les principales dispositions et les divers genres de gazomètres dans l'article consacré à la fabrication du GAZ D'ÉCLAIRAGE, § *Gazomètres*. Nous nous bornerons à donner ici quelques notions sommaires sur la construction des cuves et des cloches de gazomètres.

La cuve est généralement une vaste citerne en maçonnerie, complètement étanche, pour l'établissement de laquelle on doit toujours apporter la plus grande attention au choix des matériaux, à leur qualité, à leur mode d'emploi, à la nature du terrain dans lequel on fait la construction. Le radier est généralement en béton, le mur circulaire en bonne maçonnerie de moellon dur ; le mortier de chaux hydraulique doit être exclusivement employé et appliqué avec les soins les plus minutieux. La bonne exécution des maçonneries est la meilleure garantie de l'étanchéité parfaite que doit avoir la cuve d'un gazomètre.

Le mortier de chaux hydraulique entrant dans la composition du béton et de la maçonnerie est, en général, formé de 1 partie de chaux en pâte ferme pour 1 partie 8/10° de sable de rivière de très bonne qualité. Le béton pour la construction du radier est composé, pour chaque mètre cube, de $0^m,600$ de pierres cassées à l'anneau de 6 centimètres, et de $0^m,800$ de mortier, ce qui correspond à trois brouettées de mortier pour quatre brouettées de cailloux cassés. L'emploi du béton et son pilonnage doivent se faire avec les précautions nécessaires pour assurer la prise aussi rapide et aussi complète que possible.

Pour la construction du mur circulaire, les matériaux doivent être de premier choix, et être mis en œuvre avec plus de soins qu'on ne le fait généralement pour les maçonneries ordinaires. Les moellons doivent être posés à bain de mortier, de façon qu'il ne reste entre eux aucun vide, ni intervalle libre. Il faut avoir soin que le parement intérieur du mur soit bien d'aplomb et qu'il forme une surface circulaire aussi régulière que possible, ce qu'on obtient en fixant au centre de la circonférence un repère invariable à l'aide duquel on peut toujours, à mesure de l'avancement

du mur, vérifier la courbure au moyen d'un gabarit établi à cet effet.

La surface intérieure de la cuve reçoit un enduit en ciment de la meilleure qualité, en deux ou trois couches qui doivent former ensemble une épaisseur de 3 à 5 centimètres. Le mortier de ciment employé pour faire cet enduit doit être composé de moitié sable de rivière bien pur et de moitié ciment. La dernière couche est lissée soigneusement et doit, après séchage, être complètement exempte de gerçures ou de fentes, qui pourraient occasionner des fuites plus ou moins graves lorsque la cuve serait remplie d'eau.

On donne aux murs des gazomètres des épaisseurs variables avec la hauteur et le diamètre de la cuve, ainsi qu'avec la nature du terrain. La forme de leur section transversale est ordinairement celle adoptée pour les murs de soutènement, la face intérieure étant verticale, et la face extérieure inclinée ou à gradins, suivant qu'on juge à propos d'adopter l'un ou l'autre de ces deux modes de construction.

Les formules relatives à l'établissement des murs de soutènement et des murs circulaires s'appliquent à la construction des cuves de gazomètres en maçonnerie. La pression de l'eau est, en réalité, la force prédominante qui tend à déformer la cuve ; elle a beaucoup plus d'action pour renverser le mur, que n'en peut avoir du dehors au dedans l'effet de la poussée des terres. C'est donc principalement de l'effort intérieur, c'est-à-dire de la pression exercée par l'eau contre les parois de la cuve, qu'il faut se préoccuper pour assurer la stabilité du mur circulaire. Cette pression est égale, en un point quelconque, au poids d'une colonne d'eau qui aurait pour base l'unité de surface et pour hauteur la distance mesurée depuis son centre de gravité jusqu'à la surface de l'eau. D'autre part, la poussée des terres, le poids et la cohésion des maçonneries, sont les principales forces qui agissent en sens inverse de la pression de l'eau et qui tendent à la neutraliser ; l'effort de rupture auquel le mur circulaire sera soumis aura donc pour valeur la différence entre ces forces contraires, c'est-à-dire que l'influence de la poussée de l'eau, qui est la plus grande de ces deux forces, sera d'autant plus diminuée que la résistance des matériaux et du terrain sera plus considérable.

Si nous appliquons à la détermination de l'épaisseur des murs la formule donnée par Poncelet, en désignant par H la hauteur verticale du revêtement en maçonnerie, par α le complément de l'angle formé par le talus naturel des terres avec l'horizontale, par p le poids d'un mètre cube de terre, et par p' le poids d'un mètre cube de maçonnerie, l'épaisseur cherchée E sera donnée par l'expression

$$(1) \quad E = 0,285\, H \tan g \frac{1}{2}\alpha \sqrt{\frac{p}{p'}}$$

formule qui, pour les terres et les maçonneries ordinaires se réduit à

$$(2) \quad E = 0,285\, H.$$

D'autre part, l'épaisseur nécessaire pour résister à la poussée de l'eau, en désignant par h la hauteur depuis le niveau de la surface jusqu'au fond de la cuve, sera donnée par la formule

$$(3) \quad E \doteq 0,865 (H-h) \sqrt{\frac{1000}{p'}}$$

et si on remplace p' par la valeur moyenne numérique $=2000$, la formule devient

$$(4) \quad E = 0,865 (H-h) \sqrt{\frac{1}{2}} = 0,62 (H-h).$$

Si l'eau affleure le bord de la margelle, la valeur h devient égale à 0, et l'on a enfin :

$$(5) \quad E = 0,62 H.$$

De cette valeur de E, il faut donc retrancher celle qu'on a précédemment obtenue (2) pour le cas de la poussée des terres et maçonneries ordinaires ; on aura ainsi l'expression finale :

$$E = 0,62 H - 0,285 H$$

$$E = 0,335 H = \frac{1}{3} H.$$

Ce sont, en pratique, les plus fortes dimensions qu'il soit nécessaire de donner à la base des murs de gazomètres, et quand les matériaux employés sont d'excellente qualité, quand la cohésion des mortiers est aussi grande qu'on peut l'obtenir, il n'y a pas d'inconvénient à réduire dans une certaine proportion, l'épaisseur maxima donnée par la formule pratique ci-dessus.

La construction d'une cuve de gazomètre dans les terrains imprégnés d'eau, quand il y a des sources plus ou moins abondantes et qu'il faut recourir aux épuisements, exige une grande surveillance, une attention constante, et des moyens d'action très énergiques pour empêcher les infiltrations qui viendraient altérer et compromettre la solidité et l'étanchéité des maçonneries.

Dans le cas de mauvais terrains, n'offrant pas une résistance suffisante, on a recours aux fondations sur pilotis ou sur bâtis en assemblage de charpente de chêne. On emploie aussi, dans ce même cas, avec avantage, des cuves en tôle, ou en fonte ; ces dernières sont composées de plaques ou panneaux avec nervures s'assemblant entre elles comme des brides au moyen de boulons et de joints étanches.

La confection des cloches en tôle est un travail de chaudronnerie qui n'offre guère de particularités à noter, si ce n'est l'attention qu'on doit apporter à la régularité et à l'étanchéité des rivures. Généralement la partie cylindrique de la cloche est formée de rangs successifs de feuilles de tôle qui ont 1 mètre de hauteur ; chaque rang doit recouvrir d'au moins 3 centimètres le bord du rang inférieur. L'épaisseur de la tôle varie suivant le diamètre qu'on veut donner à la cloche. Pour des gazomètres de 15 à 20 mètres de diamètre, on emploie des tôles qui ont au moins 2 1/2 à 3 millimètres d'épaisseur.

Le diamètre des rivets ainsi que leur écartement varie avec l'épaisseur de la tôle. Pour des tôles ayant 2 à 3 millimètres d'épaisseur, on adopte des rivets de 8 à 9 millimètres de diamètre, et on met

d'axe en axe une distance égale à environ trois fois ce diamètre.

Souvent on interpose entre les recouvrements de ces feuilles de tôle des bandes de papier goudron ou de toile, enduites de minium ou de céruse, qui assurent l'étanchéité des jonctions.

Pour que la cloche n'éprouve pas, par suite de ses mouvements, des déformations quelconques, il convient de la consolider, d'abord par de fortes cornières, au bas de la partie verticale et à la naissance de la calotte, ensuite par un autre cercle également en cornière placé intérieurement au tiers environ de la hauteur, et si celle-ci excède 5 mètres, on y mettra au moins deux cercles intérieurs répartis à distance égale. Pour maintenir pareillement la calotte, on peut disposer une armature fixe, formée d'une série de cornières ou fers à T rayonnant du centre jusqu'à la circonférence et portant des treillis transversaux en fer, analogues à des poutrelles de charpentes métalliques. Quand les gazomètres n'ont pas plus de 10 à 12 mètres de diamètre, il est plus simple de soutenir les calottes à l'aide d'arcs-boutants en fer à T fixés d'un bout sur le cercle placé au tiers de la hauteur, et de l'autre bout sur un cercle rivé au tiers du rayon de la calotte mesuré à partir du centre. Dans les grands gazomètres, on a parfois adopté aussi pour supports des charpentes intérieures élevées sur le radier de la cuve.

Le guidage des cloches de gazomètre en vue d'assurer et de maintenir leur verticalité parfaite, durant leurs mouvements de montée et de descente, est une des questions qui doivent fixer l'attention des constructeurs.

La charpente extérieure destinée à guider ces mouvements est ordinairement composée de colonnes en fonte ou en tôle et fer, qu'on remplace quelquefois par les pilastres en maçonnerie. Ces colonnes sont reliées à leur partie supérieure par un entretoisement en fer plus ou moins ouvragé, comme le montrent les figures de gazomètres que nous avons données à l'article GAZ D'ÉCLAIRAGE. Les colonnes portent des rails ou guides sur lesquels roulent les galets de guidage supérieurs, tandis que d'autres guides scellés dans la cuve servent au roulement des galets inférieurs.

Le guidage des cloches se fait souvent avec des poulies à gorge montées dans des chapes en fonte qui sont boulonnées sur la calotte et au bas de la partie cylindrique ; mais la meilleure disposition pour ce guidage est celle dite à *galets tangentiels*, dans laquelle correspondent à chaque colonne, deux galets qui viennent rouler latéralement le long de la nervure ou du rail vertical en fer à T destiné à leur servir de guide ; les axes de ces galets sont par conséquent horizontaux, et leur plan est vertical ; ils sont montés sur un support rivé ou boulonné sur le haut de la partie cylindrique de la cloche près de la cornière où la calotte prend naissance, et vers le bas de la cloche près de la cornière qui est rivée à la partie inférieure. Un troisième galet, en forme de rouleau, placé transversalement entre les deux premiers, complète cet ensemble, en roulant sur la face antérieure de la nervure. De cette façon, les mouvements d'oscillation du gazomètre ne peuvent avoir lieu dans aucun sens, et de quelque côté qu'il tende à se pencher, il se présente toujours une partie des galets roulant sans aucun effort le long des guides contre lesquels ils viennent s'appuyer.

Nous croyons inutile d'entrer dans de plus longs détails sur la construction des gazomètres en général. Les deux systèmes principaux pour l'entrée et la sortie du gaz, par tuyaux intérieurs avec puits à siphons, et par tuyaux extérieurs avec articulations mobiles, ont déjà été signalés dans notre article sur le GAZ D'ÉCLAIRAGE, où l'on trouvera les détails complémentaires que nous avons donnés au sujet des gazomètres. — V. GAZ D'ÉCLAIRAGE. — G. J.

*GAZOSCOPE. *T. de techn.* Appareil destiné à avertir de la présence de gaz explosibles dans un appartement ou une galerie de mine, avant le moment où le mélange est devenu explosif.

*GEINDRE. *T. de mét.* Se dit de l'ouvrier boulanger qui pétrit le pain, à cause de l'espèce de gémissement qu'il fait entendre en travaillant.

GÉLATINE. *T. de chim.* Sorte de colle obtenue avec les os, ce qui permet de la distinguer de celle faite avec les peaux et tendons. Comme composition chimique, elle diffère de cette dernière, à laquelle on réserve le nom de *chondrine*; lorsqu'elle est absolument pure, elle est constituée ainsi

Carbone	30.10
Hydrogène	6.46
Azote	18.30
Oxygène	45.00
Soufre	0.14
	100.00

Hunt représente sa formule par $C^{12}H^{10}Az^2O^4$; ce serait pour lui un nitryle, dérivé d'une matière cellulosique :

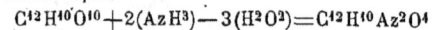

$$C^{12}H^{10}O^{10} + 2(AzH^3) - 3(H^2O^2) = C^{12}H^{10}Az^2O^4$$

MM. Schützenberger et Bourgeois, lui ont depuis assigné la formule suivante : $C^{76}H^{124}Az^{24}O^{29}$.

La gélatine n'est, somme toute, qu'une modification de l'osséine, tissu organique des os, qu'ont provoquée l'action concomitante de la chaleur et de l'eau.

Caractères. C'est une matière neutre, solide, incolore, quand elle est pure, brune quand elle est de qualité commune, parfois teintée par des matières étrangères; inodore, insipide, se présentant sous la forme commerciale de petites feuilles rectangulaires striées par des lignes s'entrecroisant obliquement, dures mais flexibles comme la corne, fragiles et à cassure nette, quand elles sont sèches. Sa solution est douée d'un pouvoir rotatoire « D = — 138°. » Sous l'influence de la chaleur, elle se ramollit, fond à 100°, puis au delà, brunit, en répandant une odeur de corne, se boursoufle, s'enflamme, et laisse un charbon très volumineux. La gélatine se gonfle dans l'eau froide, en absorbant 40 0/0 d'eau, mais sans se dissoudre sensiblement; l'action de la chaleur sur l'eau en provoque la dissolution facile. La solution se prend en gelée par le refroidissement; il suffit de 1 0/0 du corps pour produire cet effet, mais alors cette gelée est très altérable à l'air, et se liquéfie par putréfaction. Cette solution est précipitée sous forme de flocons par l'alcool concentré, et si on agit avec la gelée refroidie, on la déshydrate, ce qui amène un retrait variable. C'est en employant des liqueurs alcooliques de degré différent, que l'on est parvenu à obtenir la réduction automatique de planches gravées, puis moulées à la gélatine.

Comme caractères chimiques, les solutions de gélatine ont des propriétés spéciales : elles ne sont pas influencées par l'action des acides, des alcalis, de l'alun, du brome, de l'iode, des sels de fer, de cuivre ou de plomb; mais le protochlorure d'étain y produit un précipité blanc; le bichlorure de mercure et l'azotate mercurique, un précipité blanc, soluble dans un excès de réactif; le chlore gazeux, des flocons blancs nacrés, se réunissant en filaments visqueux et collants; enfin, les tannins, et toutes les matières astringentes, un précipité blanc-grisâtre, floconneux, abondant, et soluble dans un excès de gélatine ou de lessive. L'acide acétique dissout la gélatine ramollie; l'acide azotique, à chaud, la transforme en acide oxalique; l'acide sulfurique, en divers produits, tels que la *leucine*,

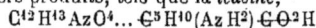

$$C^{12}H^{13}AzO^4... C^5H^{10}(AzH^2)CO^2H$$

et la *glycollammine*, (sucre de gélatine)

$$C^4H^5AzO^4... CH^3(AzH^2)CO^2H;$$

l'hydrate de baryte fournit avec la gélatine des produits de dédoublement au nombre desquels sont la glycollammine et l'alanine; enfin, le bichromate de potasse, dans la proportion de 2 0/0 du poids de gélatine, rend celle-ci insoluble, après son exposition à la lumière. Ces diverses propriétés ont reçu de nombreux emplois; ainsi, elles expliquent l'usage de la gélatine pour la clarification des liqueurs alcooliques; les réactions qui se passent dans le tannage des peaux, et la dernière, l'emploi des solutions chromatées pour la confection des parasols imperméables de la Chine ou du Japon, ainsi que son utilisation en photographie, etc.

FABRICATION. Nous renvoyons, pour connaître les procédés de fabrication employés dans l'industrie, aux détails donnés aux mots COLLE, article *Colle d'os*, t. III, p. 600, et à ESSAI DES DROGUES, t. IV, p. 913.

Variétés commerciales. On trouve dans le commerce, des gélatines très pures, comme la grénétine, que fabriquait à Rouen, l'industriel qui lui a donné son nom; c'est de toutes la plus estimée, elle est absolument incolore, et en lames très minces; après, vient celle de Bouxwiller, puis, parmi les espèces blondes, toujours en plaques plus épaisses, les gélatines, dites *colles de Hollande*, de *Flandre*, de *Cologne*, de *Givet*; enfin, parmi les moins pures, celles de Souabe, d'Allemagne et de Paris.

Usages. La gélatine blanche sert à confectionner des gelées alimentaires ou médicamenteuses, le tissu appelé *taffetas d'Angleterre*; à apprêter les tissus (V. BLANCHIMENT) pour leur donner de la main et de la souplesse, les rendre imperméables, ou impénétrables aux poussières (gazes pour lustres); à faire des pièces anatomiques transparentes; à vernir des lithographies, photographies, etc.; à faire des feuilles minces employées comme papier à décalquer, ou pour faire des fleurs artificielles, après mélange avec des couleurs convenables, ainsi que des cartes de visites, des pains à cacheter, etc. La gélatine colorée et aromatisée sert à faire la colle à bouche; l'enveloppe des capsules médicamenteuses; le collage du papier; l'écaille artificielle; mélangée à de la glycérine, elle forme un enduit très solide qui remplace fort bien la cire pour cacheter les bouteilles de vin; puis mélangée, toujours à la glycérine, et à divers produits, la pâte qui sert à obtenir les épreuves avec les *chromographes* (V. ce mot), etc. — J. C.

Gélatine explosive. — V. DYNAMITE, § *Dynamite-gomme.*

GELÉE. *T. de pharm.* On donne ce nom à des préparations de consistance semi-solide et tremblante, et dont la base essentielle est la gélatine et la colle de poisson, pour les produits animaux; la gélose, la pectine, les matières amylacées, pour les matières tirées du règne végétal.

En pharmacie, les gelées sont préparées soit avec la gélatine, soit au moyen de plantes qui renferment les principes dont nous venons de parler, et qui, liquides, tant que la préparation est chaude, prennent par le refroidissement la consistance voulue. Une seule gelée est à base de gélatine proprement dite, c'est la *gelée de corne de cerf*, ainsi que le produit qui en dérive, et que l'on désigne sous le nom de *blanc-manger.*

Les gelées préparées avec les matières amylacées sont faites de façons variables. Pour préparer la *gelée d'amidon*, ou colle d'amidon sucrée, on délaie avec soin 32 grammes d'amidon dans un peu d'eau, puis on ajoute la quantité de liquide nécessaire pour compléter 500 grammes, on édulcore avec 125 grammes de sucre, puis on fait bouillir quelques instants, on aromatise avec une teinture quelconque, et on laisse refroidir. Les *gelées de fécule de pommes de terre, de sagou, de salep, d'arrow-root*, se font de même.

Dans quelques gelées pharmaceutiques, la matière amylacée, contenue dans certaines plantes, avec un principe spécial, comme la lichénine des lichens, contribue à donner la consistance voulue. Pour préparer la *gelée de lichen*, on fait bouillir ensemble 75 grammes de saccharure de lichen (32,5 poudre de lichen lavé et 325 sucre), et le même poids de sucre, dans 150 grammes d'eau; on écume, et on verse dans un vase contenant 10 grammes d'eau de fleurs d'oranger. On fait de la même manière la *gelée de carragahen.*

Enfin, il est divers corps qui contiennent un principe spécial, la *gélose*, lequel a la propriété de former également une gelée par refroidissement, et qui servent, comme les algues, à obtenir des produits que l'on commence à beaucoup apprécier. La *gelée de mousse de Corse*, s'obtient avec l'algue de ce nom, qu'on lave, puis fait bouillir

dans un volume d'eau suffisant pour, avec 30 grammes de plante, avoir 200 grammes de liquide. On passe avec expression, on y fait fondre 60 grammes de sucre, on ajoute 60 grammes de vin blanc et 5 grammes de colle de poisson, déjà ramollie dans l'eau. On cuit en consistance voulue, on passe à l'étamine, et l'on porte en lieu frais.

Les *gelées de fruits* du commerce sont loin d'être préparées comme nous l'avons dit, ce ne sont souvent que des solutions de colle ou de gélose, acidifiées, colorées et aromatisées artificiellement, sans contenir de fruits. — V. CONFITURE. — J. C.

*** GÉLIVITÉ.** *T. de constr.* Défaut que présentent certaines pierres et qui se manifeste sous l'action de la gelée: ces pierres s'égrènent, se corrodent, se fendent même et se délitent en feuillets ou en éclats irréguliers. Ni l'inspection de la texture, ni l'analyse chimique ne peuvent faire prévoir quelles sont celles qui sont dans ce cas. On se contentait autrefois d'essayer quelques blocs de la carrière ou du banc nouvellement exploités en les laissant exposés à l'air pendant plusieurs hivers: méthode longue et peu concluante. De nos jours, on emploie, pour résoudre cette question, un procédé très expéditif, dans lequel on substitue la force d'expansion due à la cristallisation d'un sel à celle qui résulte de la congélation de l'eau. On trempe, à chaud, un cube d'essai dans une solution de sulfate de soude saturée à froid. On retire l'échantillon et on l'expose à l'air pour que l'eau s'évapore. Le sel cristallise, et on reconnaît que la pierre n'est pas *gélive*, s'il ne s'en est détaché aucun fragment au bout de quelques jours; dans le cas contraire, on peut juger de son degré de gélivité par la quantité de détritus formés. Notons ici que quelques pierres, gélives au sortir de la carrière, ne le sont plus lorsque, ayant été exposées quelque temps à l'air, elles ont perdu leur *eau de carrière.*

GÉLIVURE. *T. techn.* Défaut des bois dû à l'action de fortes gelées suivies de brusques dégels. La sève diminue de volume en se dégelant, et la force de contraction, l'emportant sur l'adhésion latérale des fibres, fait éclater le bois en déterminant des fentes qui se dirigent du centre à la circonférence. Les bois qui présentent ce défaut sont impropres à la construction, parce que les intervalles qui séparent les fibres sont des réceptacles d'humidité et, par suite, des causes de pourriture. Une trop prompte dessiccation du bois, après qu'il a été abattu, donne quelquefois naissance à des fentes dirigées également suivant les rayons, mais qu'il ne faut pas confondre avec les gélivures et qui sont, d'ailleurs, beaucoup moins préjudiciables à l'emploi du *bois*. — V. ce mot.

*** GÉLOSE.** *T. de chim.* Syn.: *haï-thaô*. Matière extraite par Payen de différentes algues étrangères, comme le *gehelium corneum*, Linné, de Java, la *phearia lichenoïdes*, Linné, de l'île Maurice, mais qui existe également, bien qu'en quantité moindre, dans celles de nos pays. Elle constitue le produit commercial vendu sous le nom de *haï-thaô*, ou de *thaô français*, suivant sa provenance.

Le haï-thaò est amorphe, incolore, sous forme de prismes ridés, de 2 centimètres de côté sur 25 à 28 de longueur, ou en petits fragments de même longueur, mais de la grosseur d'une plume, et réunis alors sous forme de petites bottes. Il se gonfle dans l'eau froide, se dissout dans l'eau bouillante, forme à poids égal, dix fois plus de gelée que la grenétine, puisqu'il en suffit de 2 0/0 pour solidifier l'eau. Il est insoluble dans l'alcool, l'éther, les acides ou les alcalis étendus ; mais il se dissout dans les acides sulfurique et chlorhydrique concentrés. Pour l'obtenir, on traite la plante par l'acide acétique, puis par l'eau, et enfin par l'ammoniaque; on reprend ensuite le résidu par l'eau bouillante, laquelle donne, sans autre traitement, une gelée diaphane par refroidissement. Ce produit nous arrive actuellement par balles de 80 à 120 kilogrammes, et vaut environ 4 francs le kilogramme, pris en gros, à Cherbourg (H. Sauvage).

Usages. Le thaò sert à faire les gelées alimentaires, les confitures, etc.; à apprêter les tissus de coton, chanvre et laine, et surtout les étoffes de soie ; à faire des feuilles minces pour battre l'or, etc. Pour plus de détails, voir le *Bulletin de la Société Industrielle de Rouen*, 1876, p. 24.

GÉMINÉ. ÉE. T. *d'arch.* Se dit des membres d'architecture disposés deux par deux comme les fenêtres, les arcades, les colonnes ; la façade du Louvre donne un exemple de colonnes géminées.

GEMME. Nom donné à certains produits de nature minérale et que leur éclat, leur dureté, leur couleur, ou diverses autres propriétés, rendent précieux et font rechercher. Les gemmes comprennent, avec les pierres précieuses proprement dites, certaines pierres remarquables par la beauté des travaux qu'elles peuvent offrir. Nous ne pouvons, dans cet article, donner que des généralités, puisqu'à chaque mot spécial on trouvera les propriétés diverses de chacune de ces gemmes, mais ce que l'on peut affirmer, c'est que la recherche des pierres que nous comprenons sous ce nom, remonte aux premiers âges de la civilisation. On les utilisait surtout comme parure, ou, à cause des propriétés qu'on leur accordait, aussi bien comme remèdes dans les maladies, que comme moyen d'influencer les actions ou les sentiments des individus, ou même encore, comme préservatif contre les accidents qui pouvaient survenir.

Les gemmes doivent se classer d'après la nature de leur composition chimique. On peut les diviser en trois groupes :

1° Celui à base de carbone, qui ne comprend qu'un seul corps, le diamant;

2° Celui à base d'alumine, formé par les saphirs, rubis, topazes, émeraudes, etc.;

3° Celui à base de silice, contenant la silice pure, hydratée, ou les silicates, etc.

Quelle que soit la nature ou la provenance des gemmes, lorsqu'on en connaît qui offrent de l'analogie entre elles et portent le même nom, on désigne la plus précieuse sous la qualification d'*orientale*, et la seconde sous celle d'*occidentale*.

1er *groupe.* Nous n'avons rien à ajouter à l'histoire du *diamant*, qui a été décrite dans cet ouvrage, t. IV, p. 222.

2° *groupe.* Nous rangeons dans ce groupe les pierres qui sont presqu'uniquement constituées par de l'alumine, comme le *corindon*, les *rubis, saphirs, topazes, émeraudes* et *améthystes*, qui doivent leur couleur à une petite proportion (1.5 0/0) de matières étrangères. Le *chrysobéryl*, la *chrysolithe*, la *cymophane* et *l'œil de chat*, sont formés d'alumine et de glucine ; les *rubis spinelle* et *balais*, sont constitués par de l'alumine, de la magnésie, et 3 0/0 de silice environ ; enfin, l'*émeraude commune*, le *béryl* et l'*aigue-marine*. Quoique renfermant souvent jusqu'à 68 0/0 de silice, elles ne peuvent être séparées de ce groupe, à cause de l'aluminium et de la glucine qu'elles contiennent.

3° *groupe.* Ce groupe très important comprend d'abord la silice pure, ou *cristal de roche*, avec ses variétés colorées transparentes, souvent faciles à confondre, pour un œil non exercé, avec les pierres du groupe précédent : telles sont la *topaze occidentale*, colorée en jaune par de l'oxyde de fer; la *topaze enfumée*, ou *diamant d'Alençon*, qui contient plus ou moins de matières bitumineuses ; l'*améthyste ordinaire*, colorée par du manganèse ; le *saphir d'eau*, renfermant de l'alumine et du fer et teinté en bleu ; les *rubis de Bohéme* ou du *Brésil*, devant leur teinte rose, au fer et au manganèse ; enfin, l'*hyacinthe de Compostelle*, colorée par du peroxyde de fer. A côté de ces pierres, se rangent les variétés de silice hydratée, que l'on désigne sous les noms d'*opale* et d'*hydrophane*, et qui ne sont plus cristallisées.

Puis viennent les espèces opaques ou semi-transparentes, que l'on désigne sous le nom général d'*agates*, et dans lesquelles on établit deux subdivisions :

(*a*) Les agates à une seule teinte, tels sont : la *calcédoine*, la *saphirine*, la *chrysoprase*, le *cacholong*, la *cornaline*, l'*héliotrope* ;

(*b*) Les agates à plusieurs teintes comprenant les variétés dites *onyx, sarde, sardeonyx, sardoine, sardagate*, puis les *jaspes noirs, verts, rouges, sanguins, bruns*, ainsi que le *caillou roulé d'Egypte.*

Au nombre des silicates recherchés comme ornement, on peut citer : parmi les silicates de zircone, le *zircon*, l'*hyacinthe*; parmi les silicates de magnésie et de fer, le *péridot*, la *chrysolithe*, l'*olivine*; parmi les silicates d'alumine et de fer, les diverses variétés de grenats, *grenat ordinaire, grenat almandin, grenat grossulaire, grenat ouwarovite*, etc., la *tourmaline*; au nombre des silicates de chaux et de magnésie, se trouve le *jade oriental* ou de Chine, le *jade néphrétique.*

Il est une pierre fine qui ne rentre dans aucune des catégories jusqu'ici indiquées, c'est la *turquoise*, c'est un phosphate d'alumine cuprifère. Cette pierre n'a de valeur que lorsqu'elle vient d'Orient, car celles dites de la Nouvelle-Roche ne sont que de l'ivoire fossile ayant absorbé des sels de cuivre.

Il faut encore placer parmi les pierres précieuses, quelques corps que l'on trouve parfois en amas assez considérables, tels sont le *lapis-lazuli*, le *labrador*, qui sont de véritables silicates alcalins, et la *malachite*, ou cuivre carbonaté vert.

Nous ne pouvons terminer cet article sans rappeler que l'on est, de nos jours, arrivé à reproduire artificiellement un certain nombre de pierres fines, qui ont la densité, la dureté, l'éclat, la couleur, et jusqu'aux propriétés cristallographiques et optiques des gemmes naturelles.

MM. Gaudin, Ebelmen, de Sénarmont, H. Sainte-Claire Deville et Caron, Debray, Frémy et Feil, ont attaché leur nom à ces travaux et obtenu, par exemple, de l'alumine en cristaux assez gros pour être taillés, et servir dans l'horlogerie (1877), du corindon, des rubis, des saphirs, du disthène; M. Monnier a reproduit l'opale noble avec tous ses caractères physiques; il y a déjà longtemps qu'un Mémoire déposé à l'Institut indique le moyen d'obtenir le diamant cristallisé, etc. Jusqu'à présent, on n'a pu préparer ces corps en cristaux assez volumineux pour que l'on puisse supposer voir bientôt tomber le prix des pierres précieuses naturelles.

GÉNÉRATEUR. Terme employé fréquemment comme synonyme de *chaudière à vapeur.* — V. cet article. || *Générateur d'électricité*, nom sous lequel on désigne souvent les piles en général, qu'elles soient liquides, sèches ou thermo-électriques; on l'applique également aux machines photo-électriques. — V. ÉLECTRICITÉ. || *Générateur à gaz.* — V. GAZOGÈNE.

GÉNÉRATRICE. T. de géom. Lorsqu'une ligne quelconque, droite ou courbe, se déplace dans l'espace, le lieu des positions successives qu'elle occupe est une surface qui est dite *engendrée* par la ligne mobile, laquelle prend le nom de *génératrice.* On peut même concevoir une surface comme engendrée par le mouvement d'une *génératrice*, qui se déforme en même temps qu'elle se déplace. Enfin, une même surface peut être considérée comme engendrée de plusieurs manières par différents systèmes de génératrices. Par exemple, un cylindre peut être considéré comme engendré par une ligne droite qui se déplace parallèlement à elle-même en s'appuyant constamment sur une directrice fixe, ou bien par une ligne courbe qui se déplace sans se déformer, de manière que trois de ses points glissent sur trois lignes droites parallèles. De même, une surface de révolution peut être engendrée par une génératrice droite ou courbe qui tourne autour d'un axe, ou bien par une circonférence qui se déplace en changeant de grandeur, de manière: 1° que son plan reste toujours parallèle à lui-même; 2° que son centre décrive une droite perpendiculaire à ce plan; 3° qu'un point de la circonférence décrive une ligne fixe.

Le plus souvent, on réserve le nom de *génératrices* aux génératrices rectilignes, c'est-à-dire aux lignes droites qui engendrent une surface par leur déplacement. Les surfaces qui admettent des génératrices rectilignes, c'est-à-dire qui peuvent être considérées comme engendrées par le déplacement d'une ligne droite, sont dites *surfaces réglées.* C'est évidemment parmi les surfaces réglées

qu'il faut chercher celles qu'on peut appliquer sur un plan sans déchirure ni duplicature, et qui sont appelées, pour cette raison, surfaces *développables* (V. ce mot). Les génératrices des surfaces développables présentent cette particularité d'être toutes tangentes à une même surface gauche. Comme exemple de surfaces développables, citons les cylindres dont les génératrices sont parallèles, les cônes dont toutes les génératrices passent par un même point qui est le sommet du cône, enfin l'hélicoïde développable, lieu des tangentes à une même hélice.

Parmi les surfaces réglées qui ne sont pas développables, on distingue les surfaces à *plan directeur*, dont toutes les génératrices sont parallèles à un même plan. Tels sont les *conoïdes*, engendrés par une droite qui reste parallèle à un même plan et s'appuie constamment sur un *axe rectiligne* et une *directrice* courbe; ces surfaces sont utilisées dans la construction des navires et de certaines voûtes biaises. Le paraboloïde hyperbolique est un conoïde dont la directrice est droite. Parmi les surfaces gauches qui n'ont pas de plan directeur, nous citerons l'hyperboloïde à une nappe engendrée par une droite mobile qui s'appuie sur trois droites fixes. Il peut arriver que l'hyperboloïde soit de révolution. Dans ce cas, on peut le considérer comme engendré par une droite qui tourne autour d'un axe non situé dans le même plan.

GENÊT. On désigne sous ce nom différentes espèces de plantes d'où l'on a extrait ou d'où l'on extrait encore des matières filamenteuses. Il y a à distinguer trois genres de genêts: le *genêt commun*, le *genêt d'Espagne* et le *genêt épineux.* 1° Le *genêt commun* (*genista scoparia*, papilionacées-génistées) le moins connu des trois, longtemps utilisé dans le Midi, n'est plus guère employé ni comme matière textile, ni même comme pâte à papier. Aujourd'hui, on s'en sert de temps en temps pour faire des balais et couvrir les chaumières du pauvre dans les campagnes; 2° le *genêt d'Espagne* ou *genêt odorant*, nommé en Espagne *genestrino* (*spartium junceum, spartianthus junceus, genista juncea*, famille des joncacées), est très répandu dans nos jardins; ses rameaux ressemblent à des tiges de jonc et portent des fleurs jaunes. Il croît aussi à l'état sauvage dans les terres sablonneuses. Dans les villages pauvres du Bas-Languedoc, il est très utilisé comme matière textile. Dans les communes, on porte de la toile de genêt, comme on porte dans le Nord et le Centre de la toile de lin. Cette toile est d'abord roussâtre et grossière, mais elle est forte et nerveuse, et devient blanche avec le temps; elle est presque inusable. Pour l'obtenir, on coupe le genêt à la serpe aussitôt qu'il a fleuri, on en forme de petits paquets qu'on triture avec un pilon de bois en ayant soin surtout de débarrasser les extrémités des tiges; on empile ensuite ces paquets dans des fossés en les recouvrant de paille et d'herbe et en les arrosant d'une manière intermittente pendant neuf jours consécutifs. Les paysans déterrent le tout au bout de ce temps et battent le genêt avec une batte plate, de manière à pouvoir déjà en détacher la partie fibreuse. Ils nettoient alors les brins un à un le mieux possible, étendent les paquets en éventail pour vérifier s'ils ne contiennent pas de matières étrangères, puis réunissent le tout en une seule liasse qu'ils conservent jusqu'à l'hiver. A cette époque, la filasse se détache très facilement des parties de tiges qui y sont encore adhérentes, on la peigne à la main dans les fermes et on en forme finalement des pelotes ou des écheveaux qui sont ultérieurement filés par les femmes du pays. Dans un grand nombre d'autres contrées, le genêt sert comme litière, mais il serait curieux de tenter si l'on ne saurait l'y utiliser d'une manière plus satisfaisante ; 3° le *genêt épineux* (*parkinsonia aculeata*, légumineuses-papilionacées) est une plante rare utilisée comme textile dans les pays chauds seulement. Elle est connue sous les différents noms de *kadjoe djepoen* (Indes), *tjampaka mœlie* (Malaisie) et *Barbadoes flowerfence* (Iles de la Sonde). — A. R.

GENÉVRIER. Genre d'arbres toujours verts, dont le bois veiné est susceptible d'un beau poli et qu'on emploie à une foule d'usages. — V. Genièvre.

GÉNIE. *Iconog.* Divinité subalterne qui, chez les Paiens, présidait à la naissance et à la vie des humains. Dans les arts le plus souvent, ce sont de petits enfants ailés, grassouillets et pétulants, qui animent une composition et servent parfois à en caractériser le genre ; la peinture et la sculpture ont recours aux Génies pour personnifier les Vertus, les Passions, les Arts libéraux, que l'on distingue par les attributs qui les accompagnent.

*GÉNIE CIVIL. Le *génie civil* par opposition au *génie militaire*, caractérise l'art d'exécuter tous les grands travaux publics ou industriels à l'aide des sciences appliquées.

— A l'origine des temps, les premières sociétés durent se livrer à des travaux de toutes sortes pour s'abriter contre les éléments, se procurer les choses indispensables à l'existence et se protéger contre les bêtes féroces : c'est là l'origine des premiers travaux d'*ingénieurs*.

Ces travaux primitifs furent des enceintes exécutées autour des premières cités en formation ; des fossés submersibles autour de ces fortifications élémentaires ; des canaux pour alimenter ces fossés. C'est par ignorance de la construction de ces enceintes et de ces fossés que les premiers hommes s'étaient établis au milieu des lacs, qui constituaient pour eux la meilleure des protections ; ils avaient dû néanmoins installer leurs premiers villages, les *cités lacustres*, sur des pieux battus ou pilotis, nous donnant ainsi le premier exemple de fondation sous les eaux.

Les besoins de la défense étant les premiers ressentis par un peuple, et la guerre un mal inévitable, c'est immédiatement vers la fabrication des engins de guerre que se porta l'attention des premiers ingénieurs. — V. l'art. suivant.

Le premier métal employé fut certainement le cuivre parce qu'on le trouvait fréquemment et qu'on le trouve encore quelquefois tout préparé ou à *l'état natif* ; ce qui n'arrive jamais pour le fer qu'on extrait avec tant de peine de son minerai.

C'est le cuivre qui a donné son nom à l'île de Chypre.

L'industrie des mines et de la métallurgie parvint à être assez avancée chez les Anciens, comme on peut en juger d'après les échantillons qu'ils nous ont laissés et la difficulté que nous éprouvons encore aujourd'hui à préparer certains métaux et certains alliages qu'ils employaient couramment. Les premiers mineurs connus en Europe furent les Cyclopes qui, comme nos mineurs d'aujourd'hui fixaient leurs lampes à leur chapeau afin de s'éclairer tout en conservant les mains libres, et paraissaient de loin ne posséder qu'un œil unique très brillant au milieu du front : d'où la légende.

La mécanique commença son règne par la confection de machines élémentaires de chantier et d'engins de destruction, catapultes et autres, destinés à lancer des projectiles et à éventrer les fortifications. On dut, certes, se servir de treuils, de poulies, de grues élémentaires, dans la construction de ces gigantesques travaux antiques comme la tour de Babel, les Pyramides d'Egypte, etc. Mais il ne faut pas oublier que dans la plupart des cas, ces tours de force étaient accomplis par une population poussée par le fanatisme religieux ou soumise à l'esclavage. De toutes façons, le pouvoir despotique qui commandait, disposait de milliers de bras peu exigeants ; et d'ailleurs les hécatombes d'hommes résultant d'accidents, de défauts dans les installations, etc., comptaient à peu près pour rien. On conçoit que dans de pareilles conditions on ait pu faire ce qu'il est impossible de faire aujourd'hui même avec les engins modernes les plus perfectionnés.

Les travaux publics et les mines prirent un certain essor en Grèce surtout au temps de Périclès.

Mais c'est surtout pendant la période romaine que le génie civil présente, sous toutes les formes, ses plus belles manifestations et beaucoup des travaux construits à cette époque sont pour nous des sujets d'étonnement, quand on songe aux moyens rudimentaires dont disposaient leurs auteurs. Rien ne leur fut étranger : travaux publics et particuliers, constructions de tous genres et avec tous matériaux, chaussées, ponts, grands viaducs, distributions d'eau, égouts, régularisation et détournements de cours d'eau, canaux, dessèchements, irrigations, construction de ports, de quais, de phares, d'enceintes fortifiées, d'aqueducs ; l'exploitation des mines, minières, carrières, les procédés métallurgiques. Partout les restes majestueux que nous voyons encore aujourd'hui debout devant nous, attestent d'une façon éloquente, la grandeur et la puissance de ce peuple qui fut en même temps, chose à remarquer, le premier sous le rapport de l'organisation, et des succès militaires.

On voit que, dès cette époque, l'art de l'ingénieur avait su engendrer de grandes choses et l'expérience et les leçons de ces glorieux ancêtres, précieusement recueillies par nos pères, ont encore leur place dans la pratique de nos jours et nous servent souvent de modèles ; comme la langue, la jurisprudence et les institutions de ce grand peuple ont servi à inspirer les nôtres dans une large mesure.

L'œuvre des Romains d'ailleurs est la première dans l'antiquité qui embrasse le cadre complet des travaux publics. Quelques branches isolées de ces œuvres d'utilité publique avaient été seules, avant eux, l'objet des efforts des grandes générations des Assyriens, des Egyptiens, des Phéniciens, des Carthaginois.

La première idée des chemins pavés est due aux Carthaginois ; cette réforme amena dans les voies de communication une révolution analogue à celle que l'on eût à constater de nos jours avec les chemins de fer. On comprend, en effet, l'immense avantage présenté par ces nouvelles voies praticables en toutes saisons sur les anciens chemins où la circulation était intermittente au lieu d'être toujours assurée et facile. C'est alors qu'on lança immédiatement dans toutes les directions, ces grandes voies dont le caractère était surtout politique et militaire et qui, à cause de ce double but, furent achevées bien avant le réseau de second ordre. Nous avons d'ailleurs vu de

même à notre époque les grandes routes nationales achevées bien avant le réseau vicinal, et les grandes artères
de chemins de fer construites avant le réseau secondaire.

L'État romain ne se préoccupa pas de la construction
d'autres routes que celles qui étaient nécessaires à la
grande circulation des armées, du butin et des impôts.
C'est l'initiative locale qui dut exécuter les nombreux
raccordements nécessaires pour compléter le système des
voies de communication. On voit qu'il y a là beaucoup
d'analogie avec ce qui s'est passé en France lors de la
promulgation de la loi du 1836 sur les chemins vicinaux.

Puis, la domination romaine grandissant chaque jour,
et la métropole devenant de plus en plus tributaire de
ses provinces, surtout dans les premières années de
l'Empire, les transports par routes furent trouvés trop
coûteux et l'on se mit à rendre les rivières navigables, à
construire des canaux, des ports, des phares, etc. Et,
chose des plus remarquables, c'est sous ce régime despotique et autoritaire que la plus grande liberté fut laissée
aux communes et aux provinces pour l'exécution de ces
nombreux et importants travaux qui se multiplièrent
sous toutes les formes : voies navigables, ports, phares,
enceintes, rues, aqueducs, égouts, palais, cirques, temples,
amphithéâtres, thermes, etc. L'État se réservait seulement les travaux présentant une réelle importance
politique.

C'est alors que fut construit le *Grand-Cirque* qui, au
dire de Fablius Victor, contenait 385,000 places ! les
Thermes de Caracalla, la *Basilique de Constantin*, le
Colisée, etc. Quel exemple pour les siècles modernes et
surtout pour la génération actuelle où la tendance est
de tout monopoliser entre les mains de l'État-provi-
dence, et où cette tendance donne de si piètres résultats !

C'est surtout cette initiative généreusement laissée aux
vaincus qui captiva ces derniers, le vainqueur se contentant de donner une salutaire impulsion et de répandre son
souffle civilisateur. Aussi, au lendemain de la conquête,
les provinces se couvraient de routes, de canaux, de
ponts, de temples, d'arcs-de-triomphe, de thermes, etc.,
qui séduisaient et entraînaient ces peuples neufs et en
faisaient rapidement de précieux auxiliaires ; c'est là
surtout l'explication de cette longue domination romaine
de quatre à cinq siècles sur un immense empire, et pendant lesquels il se produisit aucune révolte sérieuse,
si ce n'est vers les frontières.

C'est de cette façon surtout que les Romains s'y prirent
pour conserver la Gaule, qu'ils considéraient comme la
plus intelligente des contrées soumises, après avoir brisé
les dernières résistances d'Ambiorix, de Vercingétorix et
de Camulogène. Traités avec une grande modération par
les vainqueurs qui n'établirent aucune mesure vexatoire,
aucun impôt onéreux, nos pères, en présence d'une civilisation supérieure, se laissèrent facilement séduire ; leur
intelligence enthousiaste et naïve s'empara bien vite des
présents qu'on lui apportait, profita des leçons qu'on lui
donnait, et il en résulta une alliance étroite et une fusion
complète entre les deux races si bien faites pour se comprendre. La civilisation romaine fut même rajeunie dans
ce sang nouveau et beaucoup plus pur que celui de la
métropole et il en résulta, à la gloire de nos aïeux, cet
ensemble de belles productions qui caractérise la période
gallo-romaine et qui est, sans contredit, la plus brillante
de la grande époque latine. On voit, d'après cette étude
résumée que notre époque est loin d'avoir tout innové et
doit beaucoup restituer au passé ; la part de notre temps,
par ses découvertes propres, reste d'ailleurs suffisamment belle.

C'est sur la tradition romaine qu'ont vécu presque
exclusivement le moyen âge et les temps modernes jusqu'au siècle dernier, comme c'est sur les institutions
romaines que s'est constituée la France, à ce point que la
plupart de ces traditions restent encore toutes vibrantes
au milieu de nous. C'est là certainement l'explication de

la façon dont notre patrie, fidèle et principal héritier d
la civilisation latine, a su à plusieurs reprises, se relever
par son courage et son génie à travers des monceaux de
ruines et des flots d'ennemis, et reprendre pour la plus
grande rage de ces derniers, sa place à la tête de l'humanité.

Un des plus grands progrès réalisés dans la construction des édifices fut l'usage de la voûte que les Romains
employèrent à profusion et qu'on rencontre, au contraire, si peu dans les édifices grecs, caractérisés surtout
par des bandeaux droits et des architraves supportées
par des colonnes. Les Romains cependant n'ont pas eu
les premiers l'idée de la voûte ; ils la prirent aux Étrusques qui en firent usage déjà à Arpino et au pont de
Cora où l'on remarque des voûtes sphériques à trois
rouleaux ; le Trésor d'Atrée en Grèce dû aux anciens Pélasges, ancêtres des Étrusques, présente également une voûte sphérique en cul-de-four. Mais les
Pélasges eux-mêmes la tenaient, comme l'art de travailler
les métaux, de l'Orient d'où ils étaient venus. On ne peut
en effet, songer aux toitures plates dans les pays dépourvus de pierres et de bois comme l'ancienne Chaldée ; on
ne disposait que de petits matériaux et il fallut nécessairement recourir à la voûte pour les mettre en œuvre. La
voûte actuelle à voussoirs avec joints convergents remonte
donc au moins aux origines de la race assyro-chaldéenne,
à la fondation de Babylone et de Ninive 1,900 ans
avant J. C. Des fouilles exécutées dans les ruines de
Ninive ont, en effet, permis de retrouver des voûtes présentant tous les types actuellement connus : demi-cercle
ou plein-cintre, arc de cercle, anse de panier, ogive étroite
ou évasée, toutes exécutées dans la perfection en briques
à claveaux d'argile cuite pour les travaux souterrains, et
crue pour les constructions au-dessus du sol. Certaines
façades sont même décorées de briques émaillées.

Avant l'adoption de la voûte, les ouvertures ou baies
des édifices étaient formées de plates-bandes surmontant
des piliers verticaux ; quelquefois, et afin de la soulager,
la plate-bande était surmontée d'un évidement triangulaire de décharge comme à la porte du trésor d'Atrée.

Les Romains firent faire d'énormes progrès à l'appareillage et à l'installation des voûtes ; ils exécutèrent
toutes leurs coupes avec un soin et une précision remarquable ; ils surent, dans les constructions les plus hardies, mettre très économiquement en œuvre les matériaux même les plus grossiers, avec un art et une habileté qui nous laissent beaucoup à imiter. Il nous est venu
d'eux des voûtes en pierre de taille, de grand ou moyen
appareil, en briques ou en maçonnerie mixte, briques
et pierres alternées ; ils en firent même en béton, en
blocages et en poteries.

Leur type préféré était le plein-cintre qui est d'ailleurs
resté le caractère distinctif de ce style du commencement du moyen âge qu'on appelle le *roman*. Rarement,
ils faisaient des voûtes en arcs de cercles dans lesquelles
ils n'avaient pas confiance ; dans tous les cas, la flèche
ne descendait jamais au-dessous des 2/3 du rayon, tandis que de nos jours elle atteint le 1/10 de l'ouverture. Ils
ne possédaient d'ailleurs aucune notion théorique sur
la matière ; les exemples antérieurs, l'expérience des
ingénieurs, un peu de routine, un peu de hasard, telles
étaient leurs seules ressources ; ils n'avaient aucune connaissance de la résistance des matériaux, qui est une
science d'origine toute moderne.

Ils construisirent d'ailleurs aussi des coupoles, des
voûtes brisées, et tous les types que nous connaissons de
nos jours ; mais leur tendance était surtout la simplicité
et ils ne se complurent jamais, sans nécessité absolue,
aux véritables tours de force et aux complications de
coupes biaises, de pénétrations, de voussures et arrières
voussures que l'on rencontre si souvent dans les constructions gothiques et même dans les édifices modernes.

Chez les Romains cependant, avons-nous déjà dit,

nombre de travaux furent exécutés par des collectivités résultant de l'action directe de la vie municipale bien entendue, action qui fut, même sous les empereurs, si libre et si féconde à Rome. Cela dura jusqu'aux Antonins ; à partir de ce moment, l'autorité inquiète et jalouse de l'État paralysa toute initiative isolée et tous les grands travaux furent suspendus. Ce fut le commencement de la décadence qui fut achevée par l'invasion des Barbares. Mais s'il y eut dans la suite une certaine résurrection dans les travaux publics, ce ne fut qu'après la restauration du pouvoir central ou de la vie municipale.

La civilisation et les traditions romaines se conservèrent surtout dans la Gaule parce qu'elles avaient profondément séduit ce peuple intelligent et artiste et opéré la fusion complète des deux races. Mais, en outre, l'Italie trop longtemps courbée sous le joug des Barbares qui s'y livrèrent des guerres intestines, et l'Espagne envahie jusqu'au XIIIᵉ siècle par les Maures, ne furent pas suffisamment en possession d'elles-mêmes pour sauver la moindre épave de cette brillante civilisation antique dont on retrouve pourtant des traces dans notre histoire et dans nos mœurs.

Ce furent surtout les hordes barbares venues de la Germanie qui ont toujours, à toutes les époques, jeté des regards de convoitise sur la Gaule, qui constituèrent le grand éteignoir de la civilisation romaine si bien assimilée par le peuple gaulois. Ces races du nord, brutales et grossières, ne surent rien comprendre aux raffinements de cette civilisation si nouvelle pour eux et plongèrent pour plusieurs siècles, sous la forme de la domination franque, la Gaule dans les ténèbres. Du Vᵉ au VIIIᵉ siècle en effet, en dehors des travaux exécutés par Brunehaut dans les Flandres et de la réparation des routes par Dagobert, on ne voit pas poindre la moindre lueur à travers cette période de barbarie noire.

Cela dura ainsi jusqu'au IXᵉ siècle, à l'époque où règne cet empereur vraiment grand sous toutes ses faces qu'on nomme Charlemagne. Il fit réparer dans tout l'empire les routes et chemins avec le concours des troupes et au moyen d'une sorte d'impôt de prestation dont nul, grand ou petit parmi les riverains, ne pouvait se soustraire. Les *missi dominici* renouvelés des *procuratores* et *curiosi* des Romains tenaient la haute main à l'exécution de ces mesures. Il encouragea de toutes ses forces l'exploitation des mines en France et en Allemagne, et afin de développer le commerce dans son immense empire, il conçut lui-même et traça le plan d'un canal reliant le Danube au Rhin. Il fit restaurer les ponts, entre autres celui de Mayence, fit rallumer les phares, et institua en même temps trois lignes de postes allant en Italie, en Germanie et en Espagne.

Mais sa mort, le principe d'autorité fut fort amoindri, et le sentiment de l'intérêt général n'existant pas dans une nation encore divisée à tant de points de vues, le mouvement se ralentit sous ses successeurs.

Cependant Louis le Débonnaire, en 820 et 823, institua les travaux à péages qui permirent à des entreprises privées de construire certains ouvrages moyennant la concession de droits perçus sur les personnes intéressées à s'en servir. On vit de la sorte s'élever 12 ponts sur la Seine.

En 854, Charles-le-Chauve fut obligé de rappeler les ordonnances ou *capitulaires* de son père et de son grand-père et fit réparer les ponts par les concessionnaires. Mais le pouvoir absolu, nécessaire à cette époque pour mener à bonne fin tous ces travaux, manqua de plus en plus surtout pendant les Xᵉ et XIᵉ siècles, qui furent caractérisés par un retour complet à l'anarchie féodale.

Les monastères seuls, grâce à l'inviolabilité qui s'attachait à cette époque à tout ce qui portait un caractère religieux, purent vivre tranquilles au milieu de cette tourmente et acquirent une grande prospérité. C'est là que se conserva pendant cette période de ténèbres, toute la force

vive intellectuelle de la nation ; tout ce qui n'était pas moine était soldat, il en résulta que les moines purent fonder dans leurs confréries des corporations entières d'artisans de toutes sortes, d'ouvriers instruits et disciplinés par leurs ordres ; ainsi sont restées célèbres les abbayes de Cluny, Citeaux, Caen, Clairvaux, le Mont-Saint-Michel, Fontenay, Pontigny, etc. En même temps qu'ils conservaient les trésors littéraires du passé, les moines se faisaient ingénieurs, architectes, mineurs, métallurgistes, agriculteurs, etc., et sauvaient pour l'avenir la plupart des conquêtes antérieures dues au génie de l'homme.

A la suite du passage de la date fatale si redoutée de l'an 1000, et dans un sentiment de reconnaissance, un grand mouvement religieux se produisit qui fit surgir partout des églises et des cloîtres et occupa des corporations tout entières de maçons, de tailleurs de pierres, de charpentiers, existant déjà depuis le Xᵉ siècle et qui vinrent seconder les corporations monastiques. — V. COMMUNAUTÉS, CORPORATIONS.

C'est alors qu'apparut l'ogive, déjà appliquée par les Visigoths en Italie et les Arabes en Espagne. La France devint le foyer de l'art gothique qui rayonna ensuite sur toute l'Europe, et qui eut son maximum d'essor au XIIᵉ siècle au retour des Croisades. — V. OGIVAL.

Puis, des voyages dans l'Extrême Orient naissaient des besoins de locomotion inconnus jusqu'à ce jour et la nécessité de restaurer les routes et de construire des ponts. Ces derniers furent surtout établis par une corporation religieuse qui se créa spécialement dans ce but et prit le nom de *frères pontifes* ; ils fonctionnaient surtout grâce aux quêtes, aux aumônes, aux dons de diverses sources. Ils copièrent l'art gallo-romain, mais n'employèrent jamais de si bons mortiers et montrèrent nombre de défauts dans leurs ouvrages, surtout dans les fondations. Ils rendirent néanmoins, à cette époque, de très grands services : on leur doit le pont d'Avignon (1177-1188), le pont de Bonpas, le pont de la Guillotière à Lyon (1245), le pont St-Esprit sur le Rhône, dont la première pierre fut posée par le prieur des Clunistes (1265-1309). Le Pont-Neuf en 1598, les ponts sur l'Arno en Italie. La corporation fut dissoute vers la fin du XVIᵉ siècle.

Tous ces travaux étaient plus ou moins imités des Romains. Ils se caractérisent surtout par des irrégularités qu'il est assez difficile d'expliquer autrement qu'en les supposant voulues. Ainsi, les arches d'un même pont présentent rarement la même ouverture et la même hauteur sous clef ; dans la série d'arcades d'une façade ou d'un portique, les impostes d'une même voûte sont souvent à des hauteurs inégales, variant quelquefois de toute l'épaisseur d'un voussoir comme aux arènes d'Arles. Il en est de même souvent en plan ; ainsi le pont du Gard présente une courbe sensible sans qu'on en puisse découvrir l'utilité ; les ponts, aqueducs, etc., font des coudes tout à fait inexplicables et qui semblent peut-être dus à des erreurs d'implantation. Cependant, nous le répétons, il est probable que dans certains cas, ces irrégularités apparentes furent faites à dessein afin d'enlever aux ouvrages cette monotonie sèche et froide qui est un peu le défaut de nos travaux modernes.

Le pavage des rues de Paris date également du XIIᵉ siècle et fut fait par Philippe-Auguste (1184). Philippe-le-Hardi créait le port d'Aigues-Mortes, aujourd'hui fort avant dans les terres ; St-Louis y fit construire un phare sur la tour de Constance. Une active surveillance fut faite sur les routes et chemins. Mais tout cela fut interrompu par la guerre de Cent ans, qui livra aux Anglais les deux tiers de notre territoire (1346-1451).

Après la suppression des frères pontifes, les traditions de ces derniers furent suivies par un certain nombre de religieux qui étaient les seuls ingénieurs, c'est-à-dire les seuls représentants de la science et de l'étude à cette époque. Tels furent le cordelier F. Joconde qui construisit les ponts de Ponte-Corvo, le Petit-Pont et le Pont-Notre-Dame, à Paris. L'augustin F. Nicolas qui refit le pont de bateaux de Rouen (1710). Le dominicain F. Romain, qui fut l'inventeur de la première drague et établit le pont de Maëstricht (1683), le Pont-Royal et fut un des premiers ingénieurs des ponts-et-chaussées. Le carme Truchet qui construisit le canal d'Orléans (1716).

Dès le xve siècle, l'Italie exécutait les habiles desséchements et les irrigations savantes qui ont décuplé la richesse agricole des plaines de la Lombardie, de la Toscane et du Piémont.

Puis vint l'époque de la Renaissance, le goût de l'antiquité et l'imitation des beaux exemples de la Grèce et de Rome. Dès la première campagne d'Italie faite sous Louis XII, le goût public était modifié; de là sortirent le pont Notre-Dame, le Palais de Justice de Rouen, les châteaux de Blois et de Gaillon. On remarqua en passant à Venise en 1481 les écluses à sas et à réservoirs, et François Ier les fit appliquer dans le projet des premiers canaux à point de partage qu'il fit étudier par Léonard de Vinci en 1516. Sous la Renaissance proprement dite, on voit surgir un style nouveau, un peu frivole, auquel on doit Fontainebleau, St-Germain, Chambord, Chantilly, Chenonceaux, le Louvre dû à Pierre Lescot et les Tuileries de Philibert Delorme.

Après une période nulle occupée par les guerres de religion, on voit Henri IV et Sully dessécher les marais, ouvrir des routes, créer le canal de Briare, étudier plusieurs autres canaux, achever le Pont-Neuf. Les travaux publics prirent d'ailleurs depuis cette époque un développement normal et régulier. Sully fut nommé grand-voyer de France en 1599 et fit dresser des états annuels des routes, ponts, chemins, péages, etc., il commença le canal de Beaucaire qui ne fut achevé qu'en 1706 et fit organiser les premiers services réguliers de roulage. De là il faut arriver à Richelieu pour trouver quelque chose dans cet ordre d'idées. Celui-ci réorganisa la marine, fit fortifier les côtes, améliorer ou créer les ports du Hàvre, de Brest, de Toulon, de Dieppe, de Brouarre, des Sables d'Olonne, et acheva le canal de Briare, qui devait être l'amorce d'un grand canal destiné à relier les deux mers et à faire passer par l'intérieur, nos vaisseaux de guerre de l'Océan à la Méditerranée. On voit que cette idée, reprise de nos jours, n'est pas précisément neuve.

Colbert également donna une forte impulsion aux travaux publics en France. Il appliqua le premier la corvée des grands chemins, surtout dans les pays nouvellement conquis, à l'exemple des Romains. Il essaya plus tard, avec l'aide du grand ingénieur militaire Vauban, d'exécuter des travaux en régie avec l'aide de l'armée comme l'avait déjà tenté Sully. Mais sa tentative éprouva, comme la première, l'échec le plus complet, et l'on dut revenir au système de concessions à l'industrie privée, seul système qui en pareille matière soit dans la vérité.

Colbert entreprit de réparation des anciennes routes et la création d'un certain nombre de nouvelles surtout entre Paris et Versailles. Ces routes couraient en général droit devant elles sans souci du profil en long et présentaient une largeur excessive pour suppléer au manque d'entretien; elles étaient d'ailleurs à peine empierrées sauf dans le voisinage des villes.

Il fit également reconstruire un grand nombre de ponts; le Pont-Royal, à Paris, par J.-H. Mansard, ceux de Moulins, de Nevers, de la Charité, d'Orléans, de Beaugency, de Blois, d'Amboise, de Tours, de Melun, de Montereau, de Sens, de Joigny, etc. Ces travaux cependant généralement mal conçus et mal exécutés; les grandes crues en emportèrent plusieurs et certains ouvrages, comme les ponts de Blois et de Moulins durent être reconstruits deux ou trois fois dans le même siècle.

Il fit réparer les digues de la Loire, en créa de nouvelles le long du Drac; améliora la navigation de l'Oise, de l'Aube, du Lot, de l'Isle; il fit étudier des améliora-

tions pour la Seine, la Somme, le Doubs; projeta le canal de Tarascon à l'étang de Berre et fit étudier le canal de Bourgogne. Il fit construire le canal du Languedoc avec Cette comme tête de ligne (1666); plus tard, il reprit le projet de canaliser le Bras de Fer sur le Rhône; il créa, outre le port de Cette, ceux de Rochefort, Port-Vendres et Lorient, d'après une construction nouvelle et rationnelle indiquée par Vauban et Lahire.

Tous ces travaux, faute d'un budget assez riche, étaient concédés à péages à des particuliers ou imposés à des villes intéressées.

Tout cela d'ailleurs, construit beaucoup moins solidement que les ouvrages romains, tomba dans un pitoyable état faute d'un entretien suffisant et le Régent en fut ému à ce point qu'il fonda en 1715 le corps des Ponts-et-Chaussées disposant de ressources normales et chargé de la construction et de l'entretien des routes et ponts. Et pour aider le Trésor, on rétablit la *corvée royale des grands chemins* qui pesait seulement sur les *taillables* des campagnes et souleva dans la suite une formidable explosion de haine contre les classes privilégiées qui en étaient exemptées. Turgot et Malesherbes essayèrent en vain de la supprimer et de la remplacer par un impôt également réparti sur les trois ordres. Elle ne fut définitivement abolie qu'en 1790; elle avait créé le réseau complet de nos grands chemins mais au prix de véritables tortures imposées sous toutes les formes (amendes, prison, garnissaires, etc.) aux seuls habitants des campagnes.

Les grandes nations de l'Europe suivirent l'exemple donné par Colbert et imitèrent la France: Ferdinand VI et Charles III en Espagne avaient réparé les routes, creusé les canaux de Castille, d'Aragon, du Manzanarès, de Murcie, du Guadarama, de San-Carlos et d'Urgel, encouragé de toutes façons la marine, l'agriculture et l'industrie. Le même mouvement était donné en Autriche par Marie-Thérèse et Joseph II.

Mais la plus belle période en travaux d'ingénieurs de toutes sortes avant l'époque actuelle fut sans contredit, celle de Napoléon Ier. On exécuta le canal de l'Ourcq, celui de Nantes à Brest et du Rhône au Rhin; on ouvrit nombre de canaux de desséchements et d'irrigations; on créa le port de Cherbourg, les routes de la Vendée, celle du Simplon où des ingénieurs français imaginèrent et appliquèrent pour la première fois le macadam, les routes du mont Cenis, du mont Genève, de Tarare, de Metz à Mayence; la ville de Paris eut à sa disposition, dès 1803, le pont des Arts, en fonte, construit par de Cessart et Dillon, puis les ponts d'Iéna et d'Austerlitz, on édifia le Panthéon et l'on continua le Louvre.

On commença le nouveau réseau des routes nationales auxquelles on fit travailler les prisonniers de guerre comme au temps des Romains; on créa le port d'Anvers, on commença de dessécher les marais Pontins.

Voyons rapidement ce que devenaient pendant ce temps les mines et la métallurgie. Les mines chez les Grecs furent particulièrement en honneur sous Périclès; les exploitations actuelles du Laurium ne sont que l'épuisement plus complet des anciennes scories abandonnées à cause des procédés insuffisants de l'époque et qui constituent encore pour les modernes un minerai suffisamment riche pour être exploité. L'Etat était propriétaire des mines mais les faisait exploiter par des fermiers.

Chez les Romains, au contraire, les mines étaient complètement libres; l'Etat avait des mines comme tout propriétaire ordinaire dans les terrains qui lui appartenaient, et se réservait en outre, sous l'Empire, la propriété de toutes celles qui se rencontreraient dans les pays annexés. Les autres étaient la propriété de particuliers y compris le fond et le tréfond ainsi que tout ce qu'on pouvait édifier au-dessus; en un mot: « *usque ad cœlum usque ad profundum* » comme disaient les Romains. L'exploitant d'ailleurs agissait à son gré en payant seulement un impôt comme tous les autres industriels.

Les carrières furent aussi fort bien exploitées chez eux; les nombreux palais de marbre, édifices divers, cirques, arcs de triomphe, etc., qu'ils nous ont laissés, en sont une preuve palpable.

On possède peu de renseignements sur l'État des mines dans l'ancienne Gaule; comme pour bien d'autres choses, les premières notions sur la question datent de l'invasion romaine. Les Romains soumirent les mines qui existaient en assez grand nombre sur le territoire gaulois aux lois et usages de Rome. Au moyen âge, les premières exploitations houillères, fort négligées alors, se rencontraient dans le centre de la France, en Auvergne et dans le Forez. Les mines de fer doivent avoir existé dans notre pays à une époque très ancienne; on rencontre encore aujourd'hui nombre de localités dont les noms ont conservé la tradition des forges dont on voit encore les mines et les scories.

Les mines furent ensuite abandonnées à l'époque de l'invasion des Barbares jusqu'à Charlemagne qui leur fit reprendre une certaine activité en France et en Allemagne. Après lui, et au milieu de l'anarchie générale, elles retombèrent dans l'oubli jusqu'au xie siècle, sauf pour quelques mines exploitées par des monastères et d'autres dans les Alpes et en Espagne où les Sarazins continuèrent à extraire du cuivre et de l'argent. Au xiie siècle, il se forma des corporations de mineurs et des travaux furent entrepris dans les Vosges, les Pyrénées, le Rouergue, le Béarn, l'Auvergne, le Forez, le Nivernais, les Alpes et le Gévaudan; on avait surtout à lutter, à cette époque, contre les difficultés de l'aérage, de l'épuisement et contre l'avidité des seigneurs qui prélevaient dix et même 20 0/0 des produits comme redevance.

Après la fin des guerres avec les Anglais, on recommença à s'occuper sérieusement des mines. Louis XI édicta, à ce sujet, une ordonnance qui date de 1471. Puis les évènements qui suivirent anéantirent à peu près toutes les exploitations, et l'on ne voit revivre l'industrie minière que sous Henri IV auquel on doit aussi un Edit sur la matière datant de 1604.

Les deux lois de 1471 et de 1604 peuvent être considérées comme ayant servi de point de départ à la loi de 1810 qui régit actuellement les mines en France, en Belgique, en Grèce, en Portugal et, en partie, en Italie.

L'invention de la poudre et des galeries d'écoulement fit faire d'importants progrès aux exploitations des mines qui furent poussées activement en France, en Allemagne, en Suède, en Angleterre, en Alsace-Lorraine, en Franche-Comté. Après une nouvelle interruption due aux guerres religieuses et à la guerre de Trente Ans, les mines et la métallurgie reprirent au xviiie siècle un essor très important, surtout sous l'impulsion des Etats Provinciaux.

C'est ainsi que furent successivement abandonnées ou reprises les exploitations de plomb de Pompéan, en Bretagne, de cuivre de Chessy et de St-Bel; de fer des Pyrénées, de Bourgogne, du Berry, du Nivernais, du Perche et de Champagne; de galènes argentifères de Croix-aux-Mines (Vosges) exploitées depuis 1315 et de cuivre et de plomb argentifère de Sainte-Marie-aux-Mines en activité depuis le xe siècle.

Les principales mines d'Espagne furent celles de mercure d'Almaden; toutes les autres furent abandonnées lors de la découverte de l'Amérique et de ses nouveaux et riches gisements.

En Allemagne, les mines du Harz étaient en pleine prospérité depuis le ve siècle; on trouvait l'argent en Saxe, l'étain en Bohême, le mercure, le fer et le plomb en Styrie, l'or en Hongrie et en Transylvanie.

L'Angleterre présentait de nombreuses et riches mines de fer, de cuivre, de plomb, d'étain et attaquait plus tard ses riches gisements houillers.

En Suède, on avait des mines de fer; en Norwège les mines d'argent de Kongsberg.

Les procédés d'exploitation des mines avaient fait de grands progrès jusqu'au siècle dernier et l'on avait dépassé depuis longtemps les limites obtenues dans les travaux par les Romains. La métallurgie proprement dite fut plus longtemps stationnaire à cause de l'ignorance complète dans laquelle on se trouvait des lois de la chimie.

Cependant à la fin du xviie siècle, on savait obtenir les métaux autrement que par la méthode catalane et l'on pouvait réduire au moyen de fours récemment inventés, les hauts-fourneaux, les minerais pauvres avec addition de castine ou d'erbue pour attaquer la gangue.

Dès 1750, le haut-fourneau présentait à peu près le type actuel mais avec soufflerie à l'air froid; on savait puddler au charbon de bois et cingler la loupe au martinet. En 1752, on commença à puddler à la houille et à brûler du coke dans les hauts-fourneaux.

La loi de 1810 a surtout permis aux houillères de prendre un grand développement et c'est de ce côté que se sont portés tous les efforts du siècle. Les mines métalliques ont été, au contraire, presque complètement délaissées en France : les insuccès obtenus dans quelques tentatives et la facilité de se procurer les métaux à l'étranger, en sont la principale cause. Nous possédons cependant des gisements métallifères nombreux et abondants dans nos montagnes; mais cela ne nous empêche pas de nous approvisionner chez les autres. Pour la houille même, nous sommes encore assez fortement tributaires de l'étranger; et quoique cette situation tende à diminuer chaque année, nous ne pouvons parvenir à extraire de nos nombreuses houillères la quantité de houille nécessaire à notre industrie.

C'est surtout de nos jours que l'ensemble des travaux qui constituent le domaine du génie civil a présenté un cadre complet et des plus remarquables, et que la période romaine seule peut rappeler de loin.

L'émancipation des travailleurs avait créé de nouveaux besoins; la main-d'œuvre devenait un facteur important et l'on était bien loin du régime du cep de vigne du centurion romain, ou même de la corvée de grands chemins. C'est alors qu'on eut recours à la science qui, sous toutes ses formes, vint prêter son concours au Génie civil. Les mathématiques, la mécanique, la physique, la chimie, la métallurgie, etc., permirent de produire mieux et plus rapidement, des quantités énormes de travail. En même temps, cette invasion scientifique créait un fossé profond entre les ingénieurs et les architectes qui se confondaient au moyen âge. Ces derniers aujourd'hui se consacrent plus particulièrement aux questions d'art se rattachant à la construction ou à la décoration des édifices; les ingénieurs se voyant obligés de plus en plus de se charger spécialement des questions purement théoriques de résistance des matériaux et de tout l'ensemble des questions scientifiques et techniques qui concernent la construction.

La vapeur, l'hydraulique, l'électricité, l'air comprimé, les explosifs, fournirent bientôt des moyens de remplacer la main-d'œuvre dans des conditions que les premiers inventeurs n'auraient jamais osé entrevoir. On tenait dès lors en main des puissances nouvelles pouvant permettre la création de travaux que quelques siècles auparavant auraient paru impossibles à réaliser.

Bien souvent, les théories modernes n'ont eu qu'à confirmer des procédés appuyés sur une pratique de plusieurs siècles ; les perfectionnements n'ont porté souvent que sur les détails sans rien changer aux principes, surtout en ce qui concerne la construction en maçonnerie. Les progrès les plus importants que nous ayons réalisés consistent dans l'usage à grande échelle du fer dans les constructions, dans l'établissement des voies ferrées, des piles et travées des ponts, des portes d'écluses, des phares, des conduites d'eau, dans le fonçage des puits et le revêtement des murs de quais.

Dans les terrassements et l'établissement des routes, nous avons à notre actif l'abatage des rochers à la poudre ou à la dynamite, le transport des déblais par voie ferrée et locomotive et l'emploi du rouleau compresseur. Mais nos chaussées sont loin de valoir les chaussées romaines ; la véritable merveille de notre siècle ce sont les chemins de fer avec leur accompagnement de tranchées, de viaducs et de tunnels. Ces derniers surtout dépassent au Mont-Cenis et au Saint-Gothard, tout ce qu'aurait pu concevoir l'imagination des anciens.

Pour les travaux de canaux, rivières, ports, le principal engin nouveau est la drague à vapeur qui a rendu les plus grands services. Elle a surtout fait ses preuves dans la construction du canal de Suez.

Les ports de mer, eu égard aux exigences de la marine moderne, ont pris des proportions et exigé des travaux dont les anciens ne pouvaient même pas se rendre compte. Il faut, en effet, pour les cuirassés, de grandes darses, des profondeurs de bassin d'au moins 7 mètres ; des bassins à flot fermés par de gigantesques écluses, des bassins de chasse, des bassins de radoub, des jetées, des môles, des brise-lames d'une grande importance, enfin, des docks et un outillage mécanique des plus complets comme complément.

La construction des phares a fait de tels progrès, que les côtes de Provence, par exemple, sont plus facilement reconnaissables la nuit que le jour.

Nos distributions d'eau sont mieux installées, au point de vue de l'économie des matières que celles des Romains, mais elles leur sont déplorablement inférieures au point de vue de l'abondance des eaux distribuées. Les égouts non plus, sauf dans quelques cas particuliers comme à Paris, n'ont pas réalisé de progrès sur le passé.

La métallurgie est une des branches qui ont fait le plus de progrès à notre époque, grâce surtout à la marche rapide de la chimie, cette science éminemment française et toute moderne qui amena la création d'une foule de nouvelles industries, comme celles du gaz d'éclairage, de la fabrication du sucre de betteraves, des alcools de grains, etc., et qui permit d'en perfectionner tant d'autres, comme la teinture, etc.

Mais, c'est la mécanique surtout, qui a pris de nos jours un essor tout à fait inconnu des anciens et même des siècles derniers ; elle le doit spécialement à l'usage de la vapeur qui amena une révolution complète dans l'industrie et surtout dans la machinerie de toutes sortes, par la facilité qu'elle donna de se procurer partout économiquement la force motrice.

Ajoutons qu'une grande part revient à la France dans le mouvement moderne, qui a vu monter si haut le Génie civil : ce sont ses savants, qui ont jeté les bases de toutes les théories actuellement les plus suivies dans l'étude si difficile de la résistance des matériaux, et c'est elle, la première, qui fonda des écoles spéciales destinées à former des ingénieurs ; l'École polytechnique pour les ingénieurs de l'armée et de l'État, l'École centrale des arts et manufactures pour les ingénieurs libres qu'on est plus particulièrement convenu d'appeler *ingénieurs civils* pour les distinguer de leurs collègues de l'État qui, même sans être militaires, sont des fonctionnaires portant des noms spéciaux, comme ceux d'*Ingénieurs des mines*, des *ponts et chaussées,* et des *manufactures de l'État.* L'Allemagne suivit l'exemple et possède aujourd'hui un certain nombre d'écoles analogues copiées principalement sur l'École centrale. Ce sont d'ailleurs les deux seuls pays où l'on forme de vrais ingénieurs possédant un enseignement théorique élevé, complété dans la suite par une pratique judicieuse. En Angleterre et en Amérique, la science est considérée comme très secondaire pour les candidats ingénieurs qui prétendent se contenter principalement de la pratique. Malheureusement, cette dernière, lorsqu'elle n'est pas guidée par la science, n'est autre chose en somme que de la mauvaise routine, et c'est avec une semblable outrecuidance que l'on arrive à enregistrer des catastrophes épouvantables comme celle du pont de la Tay.

C'est également la France qui a joué le rôle prépondérant dans l'établissement de tous les grands travaux qui ont marqué ce siècle dans tous les pays du monde. Ce sont des ingénieurs et des entrepreneurs français qui ont surtout représenté et illustré le Génie civil en Autriche, en Italie, en Espagne, en Russie, en Suisse, en Egypte, en Turquie et en Afrique. C'est à la France qu'on doit les plus grandes œuvres du siècle, le canal de Suez, prochainement celui de Panama, le Mont-Cenis et l'exécution des travaux du Saint-Gothard. Grâce aux nouvelles méthodes introduites dans la science et l'industrie, les ingénieurs sont parvenus à construire ces nombreux ouvrages, qui étonnent souvent par leur hardiesse et leurs proportions monumentales, et cela dans des conditions remarquables de célérité et d'économie, multipliant ainsi les relations des diverses parties de notre territoire entre elles et avec l'extérieur, augmentant par conséquent le bien-être et le bonheur de nos populations. — A. M.

GÉNIE MILITAIRE. Sous cette dénomination qui remonte au XVIIe siècle, on désigne le *corps des ingénieurs militaires, les troupes* placées sous leur commandement et l'ensemble *du matériel et des procédés techniques* employés dans les constructions concernant les fortifications et le casernement des troupes, et dans les travaux de guerre relatifs au franchissement des obstacles, à l'attaque et à la défense des places fortes.

HISTORIQUE. Le génie militaire s'est manifesté dès l'origine des sociétés en même temps que l'art de la guerre et les fortifications dont il est inséparable

(V. Château-Fort et Fortification). De tous temps, les peuples belliqueux ont senti la nécessité de faire appel aux combinaisons matérielles et au génie inventif des philosophes et des artisans, pour accroître la puissance de leurs armes dans l'attaque et pour compenser leur faiblesse numérique dans la défense. Dans les armées de l'antiquité, où les procédés du génie militaire ont joué un rôle important, les moyens techniques et mécaniques mis en œuvre n'étaient pas la spécialité exclusive d'un groupe restreint d'officiers et de soldats. Les souverains ou les chefs d'expédition attiraient et entretenaient auprès d'eux des savants, des mécaniciens, des architectes d'une habileté reconnue, qu'ils chargeaient de dresser des plans d'ouvrages et d'engins ; puis ils faisaient exécuter les travaux par leurs soldats et souvent aussi par des esclaves et des prisonniers qui marchaient à la suite des armées. C'est ainsi que par ses inventions savantes et ses engins extraordinaires, l'illustre Archimède sut prolonger pendant deux ans la défense de Syracuse, assiégée par le général romain Marcellus (215-212 av. J.-C.).

Chez les Grecs et les Romains, les généraux et commandants de légions, dont la culture intellectuelle était considérable, possédaient des connaissances étendues dans l'art de l'ingénieur militaire. Aussi, remarque-t-on l'intelligence, l'audace et l'énergie, avec lesquelles les chefs d'armées de cette époque ont fait usage à la guerre des travaux d'art et des moyens mécaniques les plus puissants, pour attaquer ou pour défendre les citadelles et les grandes places fortifiées.

On a pu voir aux articles Enceinte et Fortification la description sommaire des admirables travaux exécutés par les anciens pour la construction des grandes cités fortifiées de Ninive, de Babylone, Thèbes, Persépolis, Tyr, Carthage, Jérusalem. D'un autre côté, les plus fameux conquérants, tels que Cyrus, Alexandre le Grand, Xercès, Démétrius-Poliorcète, Scipion, Annibal, déployèrent pour faire les sièges de ces grandes villes une énergie et une ténacité merveilleuses, faisant appel à toutes les ressources des arts techniques et à des milliers d'ouvriers pour accomplir ces travaux gigantesques dont la postérité a gardé le souvenir.

Mais il faut arriver à l'époque de l'apogée de la grandeur romaine pour constater le développement régulier du génie militaire qui dominait alors partout et remplaçait le génie civil dans tout l'empire. Les préfets des provinces romaines ; tous anciens commandants de légions ou d'armées, étaient les véritables ingénieurs en chef des ponts et chaussées de leur district. Ils colonisaient militairement et faisaient construire des routes, des ponts, des aqueducs, des fortifications par l'armée et par les peuples vaincus. C'est ce qui résulte de la lecture des lettres de Pline le jeune et des ouvrages de Vitruve. Dans les troupes romaines de l'empire, chaque soldat était un terrassier ; mais, en outre, chaque légion avait à sa suite des groupes de charpentiers, menuisiers, maçons, serruriers, etc., pour construire les baraques des soldats et exécuter les machines, tours, ponts mobiles, etc., employés dans les sièges.

César, qui fit les sièges d'Avaricum et d'Alésia, et Titus qui prit Jérusalem, furent considérés comme les plus habiles ingénieurs militaires de leur temps. Contrairement à ce qui se voit souvent de nos jours, ces grands hommes de guerre, loin de dédaigner les ingénieurs, les architectes et les ouvriers d'art, les recherchaient avec empressement ; ils possédaient d'ailleurs eux-mêmes l'instruction technique nécessaire pour diriger les hommes de l'art, discuter leurs plans, et faire exécuter par les légions les ouvrages les plus gigantesques et les plus audacieux. Tout bon général d'armée doit être lui-même ingénieur ou savoir utiliser les talents des ingénieurs, a dit Frédéric le Grand. Cette maxime militaire, dont la valeur n'a fait que s'affirmer avec les progrès de la civilisation, était fort appréciée par Napoléon qui attachait une grande importance à l'outillage et aux travaux des troupes du génie.

Pendant la période du moyen âge, les armées, constituées très irrégulièrement, ne comportaient pas d'ouvriers militaires spéciaux comme les légions romaines ; mais les souverains et les grands seigneurs féodaux se disputaient les ingénieurs et architectes français, italiens et espagnols les plus distingués, pour la construction des châteaux-forts et des enceintes de villes (V. les articles Château-fort, Enceinte). Ils emmenèrent également avec eux dans leurs expéditions des mécaniciens et des spécialistes dont ils utilisaient les talents pour les travaux de siège. C'est surtout à la fin du XIe siècle, pendant les Croisades, que les Français donnèrent les preuves les plus éclatantes de leur vigueur et de leurs talents dans la poliorcétique, et les sièges de Nicée, d'Antioche et de Jérusalem, de 1097 à 1099, sont comparables aux plus belles opérations de guerre des Romains.

Parmi les sièges du XVIe siècle, il faut citer au premier rang le siège d'Anvers par le prince de Parme en 1535. De part et d'autre, les assiégeants et les assiégés, dirigés par des ingénieurs italiens, rivalisèrent d'intelligence et d'énergie et accomplirent des travaux dont la grandeur étonne l'imagination. L'un des exemples les plus mémorables de l'application de l'art de l'ingénieur à la guerre au XVIIe siècle, est le siège de la Rochelle, entrepris, en 1627, par Richelieu dans les conditions les plus difficiles et les plus extraordinaires. Le cardinal fit construire par les troupes, des lignes de circonvallation de 13 kilomètres de développement, flanquées de 11 forts et de 18 redoutes : puis pour fermer aux assiégés toute issue et tout secours par mer, il n'hésita pas à entreprendre l'édification d'une vaste digue dont le projet avait été conçu et proposé par Metezeau, architecte du roi, et Tiriot, maître maçon de Paris. Cette digue, de 1,500 mètres de longueur, fut commencée en plein hiver au milieu d'immenses difficultés : les travaux furent menés avec une telle énergie que cette œuvre prodigieuse fut terminée au printemps, et lorsque la flotte anglaise se présenta au mois de mai, elle fut réduite à battre en retraite après huit jours d'essais infructueux pour forcer le passage.

Corps du génie. Ce fut seulement sous le règne de Henri IV que les *engeigneurs* ou ingénieurs constituèrent un groupe spécial dans les armées françaises. Vers 1690, Louvois, sur la proposition de Vauban, créa le corps du génie, dont l'illustre maréchal fut le véritable chef et fondateur. Afin d'avoir un recrutement régulier d'officiers du génie, on institua en 1748, à Mézières, *l'Ecole du génie* qui, pendant plus de quarante ans, fournit à la France une pépinière d'excellents ingénieurs militaires, au nombre desquels il faut citer :

Fourcroy, La Fitte-de-Clavé, Bélidor, Bosmard, Chastillon, Duvigneau, Chasseloup-Laubat, Meusnier, Nirzet-Saint-Paul, Marescot, etc. — V. Fortification.

L'Ecole de Mézières fut supprimée par la Convention nationale et reconstituée, à Metz en 1794, à l'aide d'un noyau de dix-sept élèves choisis parmi les élèves de l'Ecole des ponts et chaussées. La même année, un arrêté du Comité de salut public créa une compagnie d'aérostiers qui fut placée sous le commandement du capitaine du génie Coutelle.

Après la fondation de l'Ecole polytechnique, l'Ecole de Metz devint une école d'application du génie et de l'artillerie, organisée de manière à suffire largement au recrutement des officiers de ces deux armes, qui n'y furent admis qu'en sortant de l'Ecole polytechnique. Depuis la guerre de 1870, l'Ecole de Metz a été transférée à Fontainebleau.

Attributions et travaux du génie militaire.

1° En temps de paix. Les officiers de l'état-major du génie, en outre des divers emplois qu'ils peuvent occuper dans les comités techniques, dans le service d'état-major et à l'Etat-major Général du ministre, sont plus spécialement chargés des fonctions ci-après : Etudes stratégiques et topographiques concernant la défense du territoire français et les opérations de guerre européenne ; reconnaissance des places fortes étrangères ; étude des projets, construction et entretien des places fortes, camps retranchés et forts détachés, dont l'ensemble forme le système défensif de la France ; construction, réparation et entretien des casernes de toutes les troupes, des manutentions, des parcs aux fourrages, des magasins de toute espèce et des hôpitaux militaires ; études diverses concernant l'aérostation militaire, les mines, la télégraphie, les chemins de fer, etc.

Le service du génie est également chargé d'examiner tous les projets établis par les services publics, les Compagnies de chemins de fer, ou par des particuliers, en vue de travaux à exécuter dans la zone frontière et susceptibles de modifier les conditions de la défense nationale ou des transports stratégiques en chemin de fer.

Les grandes commissions ou les comités dans lesquels le corps du génie est surtout représenté sont :

1° Le conseil de défense ;

2° Le comité des fortifications ;

3° La commission mixte des travaux publics ;

4° La commission militaire supérieure des chemins de fer ;

5° La commission de défense des côtes ;

6° La commission d'examen des engins de guerre.

2° Aux armées en campagne. Les officiers et les troupes du génie ont d'importantes fonctions qui consistent à improviser et à exécuter rapidement les travaux ci-après : amélioration des routes et reconstruction des ouvrages d'art détruits ; réparation ou reconstruction des voies ferrées, des viaducs, tunnels et ouvrages d'art détruits par l'ennemi ; franchissement des cours d'eau ou des ravins à l'aide de ponts construits sur des supports fixes ou flottants ; fortification improvisée ou mobile ; exécution de tous les travaux de terrassement, de clayonnage ou de charpente concernant la fortification passagère, les baraquements des troupes, l'attaque et la défense des places fortes ; travaux de sape et de guerre de mine dans les sièges ; travaux de colonisation, d'irrigation et de construction de routes et de ponts dans les colonies et en Algérie.

On voit qu'aussi bien dans la préparation de la défense du pays que dans les opérations de guerre, la tâche qui incombe au génie militaire est très considérable et qu'elle exige des ingénieurs militaires les connaissances techniques les plus variées unies à une longue pratique et à une grande énergie d'esprit et de caractère. En effet, plus la civilisation avance, plus il faut que l'homme de guerre tienne compte des progrès matériels accomplis ; une nation ne peut résister aux envahisseurs qu'en utilisant pour sa défense les moyens les plus puissants créés par l'industrie et la mécanique modernes, tels que les chemins de fer, les télégraphes, les machines à vapeur, les ballons et les nombreuses applications de l'électricité.

Pendant la triste guerre de 1870, c'est à un général du génie, Faidherbe, que l'armée du Nord a dû son organisation et les quelques succès dont notre pays a le droit d'être fier. C'est également un officier du génie, l'illustre Denfert-Rochereau, qui par son énergique et très savante défense a eu la gloire de conserver Belfort à la France.

Après 1870, le corps du génie a pris une part très importante à l'œuvre de reconstitution de la puissance nationale, en exécutant avec une activité et un talent remarquables, les nouvelles fortifications de la frontière et de la capitale, œuvre immortelle accomplie en moins de huit années grâce au génie, à la volonté et à l'infatigable énergie du général Séré de Rivières.

Parmi les découvertes et les innovations les plus récentes dues à des officiers du génie français nous citerons principalement :

Les casemates et les coupoles cuirassées en fonte durcie qui arment nos plus grands forts, ainsi que plusieurs affûts à éclipse ingénieux.

Les fortifications mobiles composées à l'aide d'éléments transportables préparés à l'avance.

La télégraphie optique, inventée par le colonel Mangin, qui a déjà rendu de très grands services.

La charpente divisible, à éléments triangulaires portatifs en acier, permettant de construire ou de réparer rapidement des ponts et viaducs sur les routes ou les voies ferrées.

L'application des appareils *microphoniques* et *téléphoniques* à la défense des forteresses.

Les ballons dirigeables pour les explorations et reconnaissances militaires, perfectionnés par le capitaine Renard.

Les observatoires mobiles aériens à conducteur électrique et téléphonique et à moteur fixe, récemment proposés par un chef de bataillon du génie.

Diverses applications de l'électricité à la mise du feu aux fourneaux de mines et à l'éclairage des abords des places fortes, etc., etc.

Tous ces travaux et inventions joints aux progrès accomplis dans les armes à feu apporteront certainement des modifications profondes dans l'art de la guerre surtout au point de vue de la défensive.

GÉNIE NAVAL. Le génie naval est formé par le personnel chargé de la construction et de l'entretien des navires. Dans la marine nationale, c'est le corps du *génie maritime* qui a la direction des chantiers et de la plupart des ateliers des arsenaux. Le personnel se compose d'officiers du génie maritime, appelés aussi *ingénieurs de la marine,* ou des constructions navales, et dont la hiérarchie est identique à celle des autres corps de la marine. L'inspecteur général et les directeurs des constructions navales ont rang d'officiers généraux; les ingénieurs de la marine de 1re et de 2e classe sont assimilés aux officiers supérieurs; les sous-ingénieurs de 1re, 2e et 3e classe aux officiers subalternes. Le recrutement s'effectue parmi les élèves du génie maritime qui ont satisfait aux examens de sortie de l'Ecole d'application du génie maritime, et parmi les maîtres entretenus des constructions navales qui ont subi avec succès un concours spécial annuel.

Les chantiers de l'industrie privée sont dirigés par des ingénieurs spécialement adonnés aux constructions maritimes et provenant soit du génie maritime, soit de l'Ecole centrale des arts et manufactures, soit de l'Ecole d'application du génie maritime dont les cours peuvent être suivis par des élèves libres autorisés par le ministre de la marine.

Le métier de constructeur de navires est des plus complexes; il exige des connaissances très variées à cause de la multiplicité des engins employés à bord. Dans la marine nationale, le même personnel est chargé des coques et des machines; dans les chantiers de l'industrie, les professions sont souvent plus spécialisées.

Les sciences indispensables sont relatives à la mise en œuvre des divers matériaux, à la technologie des ateliers, à la résistance des matériaux, à l'étude des machines à vapeur; ces connaissances sont enseignées dans la plupart des écoles. Il faut y joindre l'étude de l'architecture navale, de la construction navale et des propulseurs marins qui n'est enseignée que dans les écoles spéciales.

GÉNIE RURAL. L'ingénieur est l'*intermédiaire obligé entre le savant proprement dit et le praticien.* Toutes les sciences doivent donc lui être familières. Mais par la force des choses, chaque classe d'ingénieur s'attache plus fortement à l'étude des parties scientifiques dont telles ou telles industries profiteront, la spécialisation est chaque jour plus tranchée. L'industrie agricole a donc ou pourrait avoir ses ingénieurs. Laissant à des savants spéciaux l'application des sciences physico-chimiques et naturelles aux besoins de l'agriculture, l'*ingénieur agricole* se borne à *offrir* aux cultivateurs le secours des sciences mathématiques pures ou appliquées. Ainsi réduite, sa tâche est encore assez belle, si elle n'est pas rémunératrice.

Le *levé simple* ou *topographique* des diverses pièces de terre, pour en déterminer la figure, en projection horizontale et en relief, ainsi que la contenance, pour en faire même la division ou le partage, forme une première partie du génie rural, celle qui applique les théorèmes de la géométrie pure et les méthodes géodésiques qui en dérivent.

L'application des formules de l'*hydraulique* forme une seconde partie du génie rural : elle comprend la captation, la conduite et l'élévation des eaux nuisibles ou utiles; les divers travaux d'assainissement, de desséchement et de drainage, et ceux que comportent les irrigations de toutes les cultures et de tous les genres.

En troisième lieu, vient l'application des principes de la *stabilité des solides* et des formules de *résistance des matériaux* aux constructions en général : aux murs, aux digues et aux cloisons; aux voûtes, aux planchers et aux combles, etc. La distribution de ces diverses parties dans l'ensemble de chaque catégorie de bâtiments ruraux, exige la connaissance des besoins de l'industrie agricole. Enfin, l'application de la *dynamique des corps solides* aux machines agricoles, dont le nombre augmente chaque année et qui constituent un très grand nombre de groupes. L'industrie agricole est, en effet, celle qui a le matériel le plus complexe en raison de la diversité des travaux des champs et des fermes.

L'histoire du génie rural, comme science, est assez courte.

— Les anciens ouvrages agricoles ne présentent jusqu'à notre époque, que de vagues notions empyriques sur l'emploi et la construction du matériel le plus primitif et principalement, pour ne pas dire exclusivement, sur la charrue. Les quelques savants qui ont daigné s'occuper du matériel agricole jusqu'à nous, se sont seulement ingéniés à faire la théorie du versoir; très peu de noms à citer après Jefferson (président des Etats-Unis), et surtout Ridolfi, savant italien. Dombasle a traité la même question, mais pratiquement surtout. Après ces illustres devanciers, nous avons essayé, depuis que nous professons le génie rural (1851), de faire la théorie des diverses machines agricoles afin de fournir aux constructeurs des données et des principes capables de les guider dans leurs travaux. Les *charrues* (V. CHARRUE), les *herses* et les *rouleaux* ont fait surtout l'objet de nos études; car de leurs bonnes dispositions dépend principalement l'efficacité des travaux de préparation du sol et surtout l'économie de la main-d'œuvre et de la traction qu'exigent ces façons, très coûteuses en regard du peu de valeur des produits agricoles.

Malheureusement, il ne suffit pas au savant de définir et d'établir les conditions d'un bon instrument agricole, ni au constructeur de les exécuter : il faut que ces instruments perfectionnés se propagent dans la masse agricole qui est absolument réfractaire à ce progrès en France; l'*inertie* est un principe de la mécanique sociale comme de la mécanique rationnelle. La résistance au progrès est d'autant plus grande que la masse à faire avancer est plus dense.

Notre matériel agricole est des plus primitifs, sauf dans un très petit nombre de grandes fermes. Malgré les plaintes sur la rareté de la main-d'œuvre dans les campagnes, le matériel qui peut l'économiser ne se propage pas. C'est à peine si aux portes de Paris, on commence à remplacer les charrues, les herses et les rouleaux traditionnels.

Il a fallu une nécessité absolue pour que les machines à battre aient pris, depuis 1836, leur place définitive dans une bonne partie de nos fermes! Les faucheuses et les moissonneuses ne datent que de 1856 et laissent encore plus des 9/10 des récoltes à la faux et à la faucille. Les semoirs mécaniques ne sont employés que dans les fermes les plus recommandables et surtout dans la culture de la betterave.

On attribue le peu de chemin fait dans le perfectionnement du matériel agricole à l'absence d'*ouvriers suffisamment habiles pour les appareils modernes.* Où peut-on, en effet, former ces ouvriers? N'y aurait-il pas quelque chose à faire dans cette voie? C'est une première question que nous posons; et nous ne pouvons que la poser, car la place qui nous est ici accordée ne nous permet aucune discussion.

L'histoire de l'ingénieur agricole est encore plus courte que celle du génie rural. Il existera peut-être. La partie *géodésique* est actuellement le lot des *géomètres-arpenteurs*. Cette utile profession n'aurait-elle pas besoin d'une organisation particulière, assurant son recrutement, agrandissant son rôle, pour l'époque où un gouvernement pourra songer à la réfection du cadastre si absolument nécessaire, avec sa conservation assurée? C'est une seconde question que nous posons. Les travaux de drainage et d'irrigations n'ont jamais pu fournir, en France, une clientèle rémunératrice à des ingénieurs agricoles. Le service hydraulique des ponts et chaussées suffit largement à ce qui se fait en France. Il se fait si peu! Pourrait-on faire davantage? C'est notre troisième question. La construction des bâtiments ruraux est laissée aux architectes ordinaires qui, naturellement, ne mettent qu'en seconde ligne la bonne distribution de l'intérieur des bâtiments et leur groupement rationnel, etc.

Enfin, au point de vue mécanique, l'ingénieur agricole, qui pourrait avoir un très utile rôle dans l'organisation de la machinerie d'une ferme, est laissé de côté. La lutte pour l'existence, entre constructeurs, a rendu l'intervention de l'ingénieur ou du savant très difficile. Les concours de machines agricoles où il aurait dû avoir la première place, sont à très peu près abandonnés, pour des raisons diverses, connues ou inconnues. Doit-on abandonner ce moyen de montrer aux cultivateurs le matériel perfectionné? C'est une quatrième question.

L'administration de l'agriculture, qui avait cru devoir instituer un *diplôme d'ingénieur* agricole, y a renoncé après deux années d'essai. N'y a-t-il pas lieu d'y revenir? Cinquième question.

En résumé, actuellement, la profession d'ingénieur agricole n'existe pas en France, non parce qu'il manque d'ingénieurs capables d'offrir aux cultivateurs le *secours de la science de l'ingénieur*, mais parce que ce secours ne lui est pas demandé. Pourquoi? Sixième question.

L'enseignement du génie rural, en France, est assuré depuis 1849, à l'Institut national agronomique de Paris et dans les trois écoles nationales d'agriculture, à Grignon, Grand-Jouan et Montpellier. — J. A. G.

GENIÈVRE. *T. de bot.* Fruit du genévrier (*juniperus communis*, L., conifères). Le genévrier est un arbre toujours vert, dioïque, surtout répandu dans les régions tempérées et allant jusque vers la zone arctique; sa taille est variable avec le climat; en France, il n'atteint guère plus de 2 mètres, alors qu'en Norvège, on en trouve dans certaines forêts ayant jusqu'à 9 et 12 mètres. Son fruit est un galbulus, formé par la réunion de trois bractées charnues qui se sont accrues de façon à prendre l'apparence d'une baie; la partie la plus utile de la plante; il contient : 1 à 2 0/0 d'une huile essentielle, formée par un mélange de deux essences lévogyres, une isomère de l'essence de térébenthine, $C^{20}H^{16}$... $C^{40}H^{16}$ bouillant à 155°,

tandis que l'autre, qui prédomine dans le fruit mûr, est représentée par $C^{40}H^{32}$... $C^{20}H^{32}$ et bout à 205° centigrades; du sucre (33 0/0), de petites quantités d'acides acétique, malique et prussique, une résine, et une substance nommée *junipérine*. Ce fruit n'arrive à maturité que la seconde année.

On recueille surtout le genièvre dans le Doubs, le Jura, la Savoie et tout le sud de la France; en Autriche, en Italie. Il sert comme diurétique ou pour faire des fumigations, mais son principal emploi est d'en faire une boisson fermentée appelée *gin* (V. ce mot) et d'en extraire l'essence.

GENOU. *T. de mach.* Nom donné à différents joints susceptibles de se prêter à des déformations sans se rompre aux articulations, et généralement constitués par l'emboîtement d'une partie convexe portant sur une partie concave.

GENOUILLÈRE. 1° *T. techn.* Enveloppe qui sert à couvrir ou à garantir le genou des ouvriers, dans certains métiers. || 2° *T. de cordon.* Partie de la tige des bottes dépassant le genou. || 3° *T. d'artill.* Affût ou support à genouillère, pour les petites armes. || 4° Fusée à cartouche coudée dont on fait usage pour les feux tirés sur l'eau. || 5° *T. de fortif.* Partie la plus basse d'une batterie de canons. || 6° *T. de constr.* Porte, poteau, taquet, etc., à genouillère, lorsque l'objet peut se mouvoir dans plusieurs sens. || 7° Bout de tuyau coudé adapté aux bouches d'arrosage et que l'on fixe aux tuyaux avec lesquels on arrose les voies publiques.

|| 8° *T. d'arm. anc.* Partie de l'armure d'un chevalier, qui défendait le genou et se reliait par dessus aux cuissards et par dessous aux grèves ou jambières.

GÉODE. *T. de minér.* Masse creuse, plus ou moins sphérique, formée, en général, par la réunion de cristaux qui peuvent présenter à l'intérieur des substances amorphes, adhérentes aux cristaux, ou même isolées.

La plupart des géodes sont constituées par du silex (quartz blanc cristallisé, quartz améthyste, quartz rosé, quartz calcédonieux, quartz agate, etc.); on en trouve de belles dans l'Oberstein; les galets roulés par la mer en offrent aussi fréquemment des spécimens: Le fer hydroxydé, appelé *œtite*, est encore presque toujours sous la forme géodique, parfois avec noyau central détaché, ce qui à une certaine époque lui donnait une grande valeur; on le faisait monter comme les pierres fines, avec cercles d'or ou d'argent.

GÉODÉSIE. La géodésie est la science qui a pour objet la détermination de la figure géométrique et des dimensions de la surface terrestre. On doit la considérer comme un chapitre de l'astronomie à laquelle, du reste, elle emprunte ses méthodes et ses procédés, car toute opération géodésique comporte nécessairement un certain nombre d'observations d'étoiles. Mais la géodésie présente un intérêt pratique considérable, car elle est la base de toute étude géographique embrassant une certaine étendue de terrain au même titre que les opérations de levé des plans, sont la base de la construction d'une carte de petite étendue. C'est encore la géodésie qui permet de fixer avec certitude les positions relatives des villes et des stations importantes, et d'en déduire, par conséquent, leurs distances mutuelles; c'est elle, enfin, qui donne aux navires le moyen de suivre à la surface de l'Océan la route la plus courte ou la plus avantageuse.

— C'est à Newton qu'on doit la première idée de l'aplatissement de la terre aux pôles qui se présentait comme une conséquence nécessaire de son hypothèse sur la fluidité primitive du globe terrestre ; mais les mesures géodésiques, effectuées jusqu'au milieu du siècle dernier, étaient tellement imparfaites qu'elles semblaient indiquer, au contraire, un allongement dans le sens de l'axe polaire. La question ne fut définitivement résolue que vers 1750, par les fameuses expéditions du Pérou et de Laponie, sur lesquelles nous aurons bientôt à revenir, et qui ont mis hors de doute l'aplatissement de l'axe polaire.

Si l'on suppose la terre sphérique, il est évident qu'il suffirait de mesurer un arc de méridien dont on connaîtrait la valeur en degrés pour en déduire, par une simple règle de trois, la longueur de la circonférence entière, et par suite celle du rayon. Imaginons qu'on choisisse sur un même méridien deux stations dont on déterminera les latitudes avec soin; la différence de ces latitudes fera connaître la valeur angulaire de l'arc compris entre les deux stations; il ne restera plus qu'à mesurer la longueur de cet arc pour résoudre le problème. La détermination des latitudes s'obtient facilement par des observations astronomiques. Quant à la mesure de la distance des deux stations, c'est la partie la plus importante de l'opération. Il n'est évidemment pas possible de faire cette mesure directement, car des stations qui embrassent un arc de méridien de plusieurs degrés sont nécessairement très éloignées. On fait choix d'un certain nombre de stations intermédiaires situées, non sur la méridienne elle-même, mais à droite et à gauche, de manière qu'en les joignant par des lignes droites les unes aux autres et aux stations extrêmes, on forme un vaste réseau de triangles couvrant tout le pays parcouru par l'arc de méridienne à mesurer. Il est clair que si l'on connaissait tous les angles de ces triangles et la longueur d'un seul de leurs côtés, on pourrait reconstituer la figure entière et déterminer, soit par un procédé graphique, soit par les méthodes beaucoup plus précises de la trigonométrie, la distance des deux stations extrêmes, aussi bien que les distances mutuelles des stations intermédiaires. Or, la mesure des angles se fera facilement au moyen de lunettes et de cercles divisés, si les stations intermédiaires ont été choisies assez rapprochées pour que des signaux puissent être aperçus et visés de l'une à l'autre. Ces signaux pourront être des arbres remarquables, des clochers de villages, ou des constructions en charpente établies spécialement dans ce but. On ramène ainsi la mesure d'une longueur de plusieurs centaines de lieues à de simples mesures d'angles et à la mesure d'un des côtés du réseau de triangles, dont la longueur ne dépasse pas 10 à 15 kilomètres.

Ce côté sur lequel sera effectuée la *seule* mesure linéaire de toute l'opération prend le nom de *base* de la triangulation. Il est facile de comprendre que la mesure de la base est la partie capitale de toute l'opération, et que du soin qu'on y aura apporté dépendra tout le succès de la triangulation. Il faut, en effet, que cette mesure soit effectuée avec la plus grande précision, car l'erreur commise sera multipliée dans le rapport de la longueur de la base à celle de l'arc, et aggravée de toutes les erreurs tenant à la mesure des angles et à la longueur des calculs. Aussi, les précautions les plus minutieuses seront établies pour se garantir de toutes les chances d'erreur. La base doit être choisie dans un terrain plat, et son emplacement soigneusement jalonné. La mesure s'effectue au moyen de deux règles en sapin ou en platine qu'on porte successivement à la suite l'une de l'autre, *sans les faire toucher*, de peur de les déranger, en les plaçant sur des tréteaux. Divers procédés peuvent être employés pour mesurer le petit intervalle ménagé entre les règles. Le plus simple consiste à munir l'une des deux règles d'une petite réglette à coulisse qui est divisée et qu'on fait glisser doucement jusqu'à l'amener au contact de la règle voisine. Il faut s'assurer, à l'aide d'un niveau à bulle d'air, que chaque règle a été placée horizontalement sur les tréteaux, et viser de loin avec une lunette des repères marqués sur les règles, afin de les bien mettre dans le prolongement l'une de l'autre et dans l'alignement qui leur a été réservé. Il faut aussi tenir compte des dilatations et contractions produites par la température. Aussi, chaque règle est munie de plusieurs thermomètres qui doivent être observés chaque fois que la règle vient d'être placée. On comprend qu'avec toutes les précautions que nous venons d'indiquer, la mesure d'une base géodésique de 10 à 12 kilomètres de longueur soit une opération longue, délicate, et même quelque peu fastidieuse qui demande environ un mois de travail sur le terrain, sans compter le travail de cabinet nécessité par les calculs de réductions. Outre les corrections dues à la température, la mesure de la base doit être, en effet, *réduite au niveau de la mer*, car sur une surface convexe comme celle de la terre, la distance de deux points, situés sur deux verticales fixes, est d'autant plus grande que ces points sont plus élevés au dessus de la surface. C'est pourquoi la mesure de la base doit être accompagnée d'un travail de nivellement qui la relie à la mer afin de déterminer son altitude.

Il est assez remarquable que les opérations à effectuer, pour déterminer la figure de la terre, soient exactement les mêmes que celles qui servent à en mesurer les dimensions. On s'en rendra facilement compte en réfléchissant à ce qu'il faut entendre par *verticale* et *latitude* dès qu'on cesse de supposer la terre sphérique. La verticale qui doit être perpendiculaire à la surface des eaux tranquilles est nécessairement *normale* à la surface de la terre. Elle ne passe pas par le centre du globe, ce qui ne pourrait arriver que si la terre était sphérique. La latitude est l'angle que fait la verticale avec le plan de l'équateur, de sorte que la différence des latitudes de deux points situés dans le même méridien mesure l'angle, non pas des rayons terrestres qui aboutissent en ces deux points, mais bien de leurs deux verticales. Si donc on connaît la longueur d'un arc de méridienne et l'angle des deux verticales, c'est-à-dire des deux normales extrêmes, on en pourra conclure la courbure moyenne de l'arc. Celui-ci sera d'autant plus courbé qu'il sera plus court pour une même déviation de la verticale. On conçoit alors que des mesures géodésiques, effectuées en différentes régions d'une même méridienne, permettent de déterminer la courbure de cette méridienne en chacune de ces régions et d'en déduire par conséquent la figure géométrique. C'est ainsi que pour constater, par l'observation, l'aplatissement polaire prévu par Newton, l'Académie des sciences, en 1740, organisa deux missions chargées de mesurer des arcs de méridien dans le voisinage du pôle et de l'équateur. La mission de Laponie revint la première à Paris ; il résultait de ses travaux que dans les régions boréales où elle avait opéré, il fallait parcourir un arc de méridienne notablement plus grand qu'au centre de l'Europe, pour voir la verticale s'incliner d'un même angle. La conclusion nécessaire était donc que la surface de la terre est *moins courbée* dans le voisinage du pôle. Quelques années plus tard, la mission du Pérou revint avec des résultats qui confirmaient les précédents : la terre fut trouvée *plus courbée* à l'équateur qu'en Europe. Donc la terre est aplatie aux pôles. Quant à la valeur de cet aplatissement, il fut trouvé d'environ 1/300, c'est-à-dire que si l'on représente le rayon équatorial par 300, le rayon polaire sera représenté par 299.

Tout le monde connaît le magnifique travail géodésique qui fut effectué, en France, à la fin du siècle dernier et achevé avec un plein succès, malgré les déplorables conditions matérielles qui résultaient de notre triste situation politique. On sait, que pour établir le système métrique, la Commission des poids et mesures décida de recommencer la mesure de la terre ; les astronomes Delambre et Méchain, chargés de mesurer l'arc de méridienne qui s'étend de Dunkerque à Barcelonne, ne se laissèrent rebuter ni par les horreurs de la guerre civile, ni par la pénurie de leurs ressources. L'instrument qui leur servait à mesurer les angles était le cercle répétiteur de Borda (V. ce mot). Nous avons déjà eu l'occasion de faire remarquer que cet instrument, admirable pour les mesures géodésiques, se prêtait mal aux observations astronomiques. On s'en est servi avec trop de confiance pour la mesure des latitudes extrêmes, et c'est à cette circonstance qu'il faut attribuer l'erreur très faible qui fut commise dans le résultat définitif. La partie purement géodésique de l'opération fut, au contraire, admirablement conduite. La base fut mesurée dans une grande plaine qui s'étend au nord de Melun, entre cette ville et le village de Lieusaint ; elle avait un peu plus de 12 kilomètres de longueur. Lorsqu'on arriva à l'extrémité sud du ré-

seau, on voulut se rendre compte de l'approximation obtenue, en mesurant directement sur le terrain une deuxième base de vérification, afin de la comparer avec sa valeur déduite de l'ensemble de la triangulation ; cette seconde base fut choisie dans les environs de Perpignan, à plus de 200 lieues de la première ; elle avait aussi 12 kilomètres de longueur, et la différence entre le calcul et la mesure directe ne s'est élevée qu'à quelques pouces.

Quelques années plus tard, Biot et Arago prolongèrent la méridienne de France à travers l'Espagne et jusqu'à Formentera dans les îles Baléares. Tout récemment, le colonel Périer est parvenu à établir des signaux entre les côtes d'Espagne et celles de la province d'Oran, de manière à relier la méridienne d'Arago aux triangles géodésiques mesurés en Algérie, de sorte qu'aujourd'hui, un réseau non interrompu de triangles géodésiques couvre la France, l'Espagne et l'Algérie, permettant de déterminer avec une haute précision les positions relatives des villes de ces trois contrées. Parmi les remarquables travaux géodésiques, il faut citer encore le réseau des triangles mesurés dans l'Inde par les Anglais et la triangulation russe.

On ne s'est pas contenté de mesurer des triangles dans le sens des méridiens ; on en a aussi mesuré dans le sens des parallèles, dans le triple but de rectifier les positions géographiques, de s'assurer si la surface terrestre est bien de révolution, et enfin d'étudier l'influence de l'attraction des montagnes et des grands massifs du continent sur la déviation de la verticale. Il semblerait résulter de ces travaux que l'équateur n'est pas un cercle parfait, et qu'il présente une forme légèrement elliptique ; mais les résultats ne sont encore ni bien certains, ni bien concordants.

On peut aussi rattacher à la géodésie l'art de représenter sur un plan la surface de la terre, c'est-à-dire la construction de canevas des cartes géographiques. — V. CARTES et PLANS. — M. F.

GÉODÉSIQUE. T. de géom. On appelle ligne *géodésique* sur une surface, la ligne la plus courte que l'on puisse tracer sur cette surface entre deux points. C'est la ligne que recouvrirait un fil librement tendu sur la surface. Par chaque point de la surface passe une infinité de lignes géodésiques ; entre deux points, il n'y en a généralement qu'une seule. Sur un cylindre de révolution, les lignes géodésiques sont les génératrices et des hélices ; sur la sphère ce sont des grands cercles.

*GÉOGÉNIE. — V. GÉOGNOSIE.

GÉOGNOSIE. La géologie peut être considérée à deux points de vue différents suivant qu'elle se borne à l'étude et à la description des matériaux qui constituent actuellement l'écorce terrestre, ou qu'elle cherche à pénétrer l'histoire et le mode de formation de cette écorce. La partie descriptive de la science géologique a reçu de Werner le nom de *géognosie*, tandis que la partie théorique relative à la formation des roches recevait celui de *géogénie*.

Ces termes sont du reste assez peu usités aujourd'hui. — V. Géologie.

*GÉOLOGIE. La géologie est la science qui s'occupe de la constitution de la Terre, de la distribution des substances qui la composent et de l'histoire de la formation des terrains. Comme c'est dans les profondeurs du sol que l'homme va chercher la plupart des matériaux nécessaires à son industrie, on conçoit de quelle importance est l'étude de la géologie pour les ingénieurs qui s'occupent de la découverte et de l'exploitation des mines et carrières de toute espèce.

Considérée comme science naturelle, la géologie devrait embrasser la description et l'histoire de la Terre tout entière, depuis son centre jusqu'aux régions les plus élevées de l'atmosphère, et à ce point de vue, elle se rattache intimement à l'astronomie. Malheureusement, nous ne connaissons rien de l'intérieur de notre globe; la plus grande profondeur que l'homme ait pu atteindre est celle d'un puits de mine à Kuttemberg, en Bohème : le fond se trouve à 1,151 mètres au-dessous du sol. Si l'on songe que la longueur du rayon terrestre est d'environ 6,400 kilomètres on voit combien est mince la zone qu'il nous est donné d'observer. Aussi le géologue se voit-il obligé de borner ses recherches aux couches les plus superficielles du globe. C'est du reste la partie de la science qui intéresse le plus l'industrie.

Il est certain que la température de la terre était autrefois considérablement plus élevée qu'aujourd'hui, tellement élevée même, que toutes les matières qui la composent étaient à l'état de gaz ou de liquides. La terre a été autrefois fluide. A défaut d'autres raisons, l'aplatissement polaire suffirait à le prouver. Tout le monde sait que lorsqu'on descend dans les puits de mine la température s'élève avec la profondeur, d'environ 1° par 30 mètres. De ce double fait, on a cru pouvoir conclure qu'à une profondeur de 50 à 100 kilomètres régnerait une température capable de fondre les substances les plus réfractaires, de sorte que l'intérieur du globe ne serait qu'une masse immense de matière fondue; l'écorce superficielle et solide ne représenterait qu'une fraction insignifiante de la longueur du rayon. Cette conception soulève d'assez nombreuses objections, dont la plus grave est l'extrême ténuité de l'écorce qui ne saurait résister aux marées produites par l'attraction du soleil et de la lune sur cet océan de laves fondues. D'autre part, rien ne prouve que l'accroissement de la température se continue dans les mêmes proportions aux profondeurs qui n'ont pas été explorées. Aussi, sans nier que l'intérieur de la terre ait conservé des restes peut-être encore considérables de sa température primitive et qu'il y existe de vastes amas de substances en fusion, la science moderne commence à n'accepter qu'avec réserves l'hypothèse du feu central, et, en tous cas, à attribuer à l'écorce solide une épaisseur beaucoup plus considérable que celle qu'on lui supposait il y a un siècle. Quant à la nature des substances qui composent la masse intérieure de notre globe, il est certain que ce sont des métaux, car l'astronomie a prouvé que la densité moyenne de la terre est de 5,5, tandis que celle des roches superficielles, calcaires, grès, granits, etc., n'est que de 2 à 3. Il faut donc que les substances centrales aient une densité supérieure à la moyenne, et l'on ne connaît que les métaux dont le poids spécifique soit aussi considérable.

Quoi qu'il en soit de la manière dont on veuille se représenter actuellement la constitution du globe, il est certain qu'à une époque reculée la terre n'était qu'un sphéroïde liquide entouré d'une atmosphère considérable qui contenait toutes les substances susceptibles de se réduire en vapeur à l'extrême température où elles se trouvaient soumises. Les matières les plus denses, c'est-à-dire les métaux, devaient se trouver les plus près du centre, tandis que la surface était formée de liquides plus légers. Par suite des progrès du refroidissement, ces liquides superficiels ont commencé à se solidifier, en même temps que les vapeurs de l'atmosphère se condensaient. Une croûte s'est ainsi formée qui a été s'épaississant avec les siècles. Plus tard, la température de la surface continuant à s'abaisser, l'eau qui n'existait jusqu'alors qu'à l'état de vapeur a commencé à se condenser et à se précipiter sur le sol sous forme de pluies bouillantes. Cette eau contenait en dissolution une foule de matières qui se sont précipitées par la suite, formant au fond des mers des dépôts dont l'épaisseur augmentait avec les siècles. Mais ces matières ne se sont pas déposées simultanément. Les sédiments des mers primitives ont changé bien des fois de nature sous des influences qu'il est difficile de préciser, de sorte que les terrains ainsi produits se composent de couches parallèles superposées dont les plus profondes sont nécessairement les plus anciennes.

Si les choses s'étaient ainsi continuées régulièrement et tranquillement, le globe terrestre serait aujourd'hui recouvert uniformément par l'eau de la mer au fond de laquelle on retrouverait toute la succession des couches stratifiées dont nous venons de parler. Mais il était impossible que la mince écorce primitive résistât sans se déchirer à l'agitation de l'océan intérieur, d'autant plus que par les progrès du refroidissement, le globe subissait une contraction qui ne suivait pas la couche superficielle déjà refroidie. Celle-ci devenue ainsi trop grande cessait de reposer sur les laves inférieures; elle devait nécessairement se briser et se ployer donnant lieu à des *plissements* qui altéraient l'horizontalité primitive des sédiments, à des *soulèvements* qui faisaient émerger des dépôts déjà formés au-dessus du niveau des mers, et à des *éruptions* qui amenaient les matières ignées à travers les crevasses de l'écorce. Ainsi se dessinaient peu à peu les reliefs du sol; ainsi se sont creusés les lits des océans et se sont élevées les montagnes. De là, deux espèces de roches : les roches *neptuniennes* ou sédiments, et les roches *plutonniennes* rejetées par les éruptions du sein de la terre à la surface; ces dernières sont généralement arrivées à l'état de fusion, et se sont solidifiées ensuite. Souvent les laves fondues se sont frayées des chemins étroits à travers les dépôts stratifiés, formant ainsi de longs cylindres irréguliers, souvent ramifiés, dont la direction est toute différente de celle des couches qu'ils traversent. Ce sont les *filons*. Généralement ces filons sont constitués par des oxydes ou des sulfures métalliques, et ce sont eux qu'on exploite pour obtenir les métaux indispensables à notre industrie; d'autres fois, on y trouve du quartz, du mica, du porphyre, etc. Les roches de sédiment, au contact des matières incandescentes qui les traversaient à une très haute température, ont éprouvé des modifications profondes dues à l'action combinée de la chaleur et de la pression : c'est ce qu'on appelle le *métamorphisme* des roches. C'est ainsi que le calcaire s'est transformé en marbre, que les sables se sont vitrifiés en un grès compact, que les argiles se sont cuites et durcies comme dans nos fours à poteries; souvent aussi des actions chimiques sont venues s'ajouter à l'influence toute physique de la température : c'est à un phénomène de ce genre qu'il faut attribuer la formation de la *dolomie* produite par l'infiltration des vapeurs de magnésium dans des terrains calcaires.

Il ne faudrait pas croire que les soulèvements et les changements de niveau du sol ont toujours été l'effet de brusques secousses. Des oscillations d'une lenteur prodigieuse et qui se continuent encore de nos jours ont tour à tour soulevé et plongé dans la mer des plaines d'une étendue considérable. Du reste, sauf pour la formation des hautes montagnes, les actions lentes, presque insensibles, mais continuées pendant une longue suite de siècles ont plus contribué à la production du relief du sol que les commotions violentes. L'air atmosphérique, l'eau des fleuves et des pluies, les glaciers des montagnes produisent un travail de dégradation continue qui modifie à la longue le relief des collines et des vallées.

Quelquefois, dans les montagnes où les anciennes assises stratifiées ont été inclinées par les soulèvements antiques, les eaux des pluies et des torrents s'infiltrent à travers le calcaire jusque sur une couche argileuse qu'elles délayent et rendent molle et glissante, si bien que les couches supérieures se mettent à glisser dans la vallée, entraînant avec elles les cultures, les villages et leurs habitants dans un effroyable désastre. On sait qu'en Suisse, de pareilles catastrophes se sont plusieurs fois répétées sur les flancs des Alpes. Enfin, les avalanches de neige, et les glaciers qui descendent lentement dans les vallées brisant les rochers et roulant leurs débris avec eux viennent encore concourir à ce travail incessant de nivellement et de dégradation.

Il fut une époque où, par suite de circonstances encore mal connues, le climat de l'Europe, après avoir été l'analogue des climats intertropicaux actuels, s'est trouvé presque subitement refroidi et semblable à ceux de nos régions polaires. C'est l'époque *glaciaire*. Alors la plus grande partie du sol était couverte de glaciers dont on reconnaît la trace aux roches striées sur le flanc des montagnes, et à de longues lignes de cailloux polis ou *moraines* qui s'amassaient sur leurs bords. Dans leur lente progression, ces glaciers arrachaient au sol de gros blocs de rochers qu'ils allaient transporter à des centaines de lieues de distance. Plus tard, quand la température s'est relevée et que les glaciers ont fondu, ces blocs énormes ont été déposés sur le sol dans des terrains d'une constitution géologique toute différente : on les nomme *blocs erratiques*.

Nous avons dit que les dépôts successifs de sédiments au fond des mers étaient de natures différentes. Dans les contrées qui ont émergé les dernières au-dessus du niveau des eaux, on peut retrouver toute la succession de ces dépôts, et leur position fait connaître leurs âges relatifs. D'une manière analogue on peut déterminer l'époque géologique des soulèvements des montagnes, par les sédiments qui ont été soulevés le long de leurs flancs. Le plus souvent, les agents atmosphériques ont enlevé au sommet de la montagne les couches stratifiées, et dénudé la roche ignée, de sorte qu'en gravissant les pentes, on retrouve successivement, et dans l'ordre inverse, les dépôts qui existaient à l'époque du soulèvement. Dans la plaine, on pourra constater des dépôts plus récents qui se reconnaissent à leur horizontalité, ou bien à la direction différente des stratas, s'ils ont été soumis eux-mêmes à l'action d'un soulèvement postérieur au premier. Mais toujours l'époque de l'émersion d'un terrain sera indiquée par les sédiments qui lui manquent.

On a été conduit à diviser les époques géologiques en quatre périodes qui paraissent séparées l'une de l'autre par des modifications profondes arrivées lentement ou subitement, et qui se subdivisent elles-mêmes en plusieurs autres. Les débris d'animaux et de végétaux ou *fossiles* qu'on rencontre dans les terrains sont d'une grande utilité pour les caractériser, en même temps qu'ils nous renseignent sur la flore et la faune de ces époques reculées, et nous donnent même souvent des indications précieuses sur la manière dont se sont formés les dépôts. C'est ainsi que lorsqu'on trouve dans des calcaires compacts des coquilles d'une délicatesse et d'une fragilité extrême, on peut être assuré qu'elles ont été enveloppées dans une vase douce et fine qui ne s'est durcie qu'avec le temps.

Le terrain qui se trouve au-dessous des dépôts des quatre époques est constitué par le *granit*; on le nomme aussi terrain *azoïque*, parce qu'il ne renferme pas de fossiles. Parmi les roches ignées éruptives, il faut citer les basaltes, les porphyres, les quartz, etc., roches presque exclusivement formées par des silicates.

Dans les terrains primaires ou de transition, se reconnaissent trois étages :

1º Le terrain *silurien*, qui consiste en ardoises et schistes riches en minerais de cuivre et d'étain ; les ardoisières d'Angers appartiennent à cette période ; ou bien en marbres colorés; les principaux fossiles qu'on y rencontre sont des coquillages nommés *trilobite, lituite* et *orthis.*

2° Le terrain *dévonien*, ainsi nommé du Devonshire, en Angleterre ; il est formé surtout d'un grès coloré par l'oxyde de fer et nommé *vieux grès rouge;* on y trouve comme fossiles animaux, des reptiles, le *télerpeton*, et des poissons, le *ptérichtys*, et comme fossile végétal, l'*anthracite* (V. ce mot), formé, comme la houille, de débris carbonisés de fougères et d'équisetacées. Ce terrain est rare en France.

3° Le terrain *houiller* ou *carbonifère*, composé de calcaire et de grès, et reconnaissable aux immenses amas de forêts fossiles, qui, carbonisées par le temps, sont devenues la *houille* (V. ce mot). Les cycadées et les conifères commencent à apparaître dans les houilles. Comme fossiles animaux, on remarque, à cette époque, des poissons de la famille des squales, d'autres, à forme de lézard ou *sauroïdes*, et des *labyrinthodons*, à moitié lézards, à moitié batraciens.

Les terrains secondaires comprennent :

1° Le système du *trias*, qui se partage en trois étages dits des *grès bigarrés*, du calcaire *conchilien* et des *marnes irisées* ; ces dernières, communes en Lorraine, renferment d'abondants dépôts de sel gemme, dus vraisemblablement à l'évaporation de bras de mer isolés par un soulèvement du reste de l'Océan. Dans le terrain triasique, on trouve déjà des oiseaux et des mammifères marsupiaux.

2° Le terrain *jurassique*, abondant en France et en Europe ; il emprunte son nom à la chaîne du Jura, soulevée pendant cette période : il se subdivise en système du *lias* et système *oolithique*. Le lias comprend trois étages : l'inférieur, de grès quartzeux avec silex roulés ; l'intermédiaire, de calcaire, où abondent les coquilles bivalves, et le supérieur, de marnes fort abondantes renfermant des dépôts charbonneux exploitables. Ces marnes doivent, à la présence de l'argile, la propriété de fournir, par la calcination, une chaux hydraulique ; c'est aussi dans cet étage qu'on trouve les pierres lithographiques et les marbres des Pyrénées. Les fossiles les plus importants du lias sont d'immenses reptiles, *plésiosaure*, *ichtyosaure*, *ptérodactyle*, *mégalosaure*, etc. Le système oolithique renferme de nombreux minerais de fer ; on y reconnaît quatre étages dits le *grand oolithe*, l'*oxfordien*, le *corallien*, à cause des débris de coraux et des madrépores, et le *portlandien* ; ce dernier fournit aussi de la pierre lithographique ; il est extrêmement riche en fossiles de toutes sortes.

3° Le terrain *crétacé*, d'une épaisseur considérable, se divise en trois étages : le *néocomien*, le *grès vert* et la *craie*. Ce dernier, dont l'épaisseur est énorme, est formé d'un calcaire friable qui renferme une immense quantité de coquillages fossiles. Il semble que la roche elle-même ne soit autre chose que des débris de ces innombrables mollusques microscopiques.

Les terrains tertiaires se divisent en trois parties :

1° Le terrain *éocène*, qui forme le bassin de Paris : il comprend un étage d'argile plastique,

un autre de calcaire grossier, puis de calcaire siliceux, d'où l'on tire la pierre meulière, puis une couche de *gypse*, ou pierre à plâtre, célèbre par les ossements des mammifères étudiés par Cuvier, et enfin un dernier étage de marnes. L'organisation vivante a fait d'immenses progrès ; les végétaux phanérogames ont fait leur apparition, et déjà des mammifères de plusieurs ordres, surtout d'immenses pachydermes, *paleothérium*, *anoplothérium*, etc., peuplent les plaines de cette époque.

2° Le terrain *miocène*, est formé de grès et de calcaire grossier sans consistance, appelé *molasse ;* tels sont les grès de la forêt de Fontainebleau. En Touraine, on trouve, dans le même étage, le *falure*, amas de coquillages fossiles. Les mammifères les plus remarquables sont le *dinothérium* et le *mastodonte*, de l'ordre des pachydermes.

3° Le terrain *pliocène*, où commencent à se montrer des êtres encore vivants de nos jours ; on y trouve des rhinocéros et des hippopotames, des solipèdes voisins du cheval, et des éléphants qui ont remplacé le mastodonte disparu.

C'est à la fin de la période tertiaire qu'il faut placer la période glaciaire dont nous avons déjà parlé. C'est sans doute à la même époque qu'il faut faire remonter l'apparition de l'homme, qui a été certainement témoin de l'époque glaciaire. C'est alors aussi que commence la période *quaternaire* qui se continue jusqu'à nos jours et qui se caractérise au point de vue géologique par des alluvions d'eau douce dans les vallées et à l'embouchure des fleuves.

GÉOMÉTRAL. On nomme ainsi le plan ou projection horizontale de l'objet qu'on veut mettre en perspective. Il existe plusieurs méthodes pour mettre un objet en perspective ; mais toujours il faut commencer par dresser le plan de cet objet. Le plus souvent, on commence par faire la perspective de ce plan ou *perspective du géométral*. Chaque point de l'objet doit alors se trouver sur une verticale passant par la perspective du point qui lui correspond dans le géométral.

GÉOMÈTRE. Ce mot sert à désigner les arpenteurs de campagne qui se chargent de mesurer la superficie des pièces de terre. C'est là, à proprement parler, le véritable sens étymologique du mot ($\gamma \tilde{\eta}$ terre, $\mu \epsilon \tau \rho \rho \nu$ mesure).

Dans une acception plus relevée, on appelle géomètre le savant qui s'occupe de géométrie, mais par une singulière habitude de langage, ce mot est devenu synonyme de mathématicien, et l'on appelle géomètres, des savants qui, comme Newton, Lagrange, Laplace, ont surtout étudié l'analyse mathématique. Mais, dans ce sens, il convient de réserver ce nom pour les savants de premier ordre.

GÉOMÉTRIE. La géométrie est la science de l'étendue considérée sous le double rapport de la forme et de la mesure ; elle étudie les propriétés des formes définies avec précision et apprend à comparer les longueurs des lignes droites ou courbes, les aires des surfaces limitées, les volumes des solides. Le nom qui lui a été donné (γῆ, terre, μέτρον, mesure) semble indiquer que les premières études géométriques sont nées chez les Grecs du besoin de mesurer l'étendue des propriétés territoriales. Mais peu à peu, la géométrie s'est élevée de ce point de vue tout spécial à la hauteur d'une science abstraite, la plus belle, peut-être, qui soit sortie de l'esprit humain, et la plus indispensable, à coup sûr, au développement de nos connaissances et de notre industrie. Il n'est pas une seule de nos sciences, astronomie, mécanique, physique, chimie, etc., qui puisse être abordée avec succès si l'on ne possède une connaissance plus ou moins étendue de la géométrie. L'industrie y fait un appel incessant, et les nécessités des constructions de machines ou d'habitations, l'établissement des routes et l'aménagement des cours d'eau soulèvent, à chaque pas, des problèmes géométriques quelquefois très compliqués. Les arts, eux-mêmes, ne sauraient s'en passer. Le peintre, le sculpteur, ne peuvent l'ignorer sans s'exposer à des fautes grossières.

Pourtant, malgré sa grande utilité pratique, la géométrie est une science purement abstraite; les objets dont elle s'occupe, lignes, surfaces, volumes, sont de pures abstractions qu'on ne rencontre nulle part dans la nature et qui n'ont d'existence que dans notre cerveau. La science, elle-même, ne consiste qu'en un long enchaînement de raisonnements et de déductions qui repose sur deux ou trois principes fondamentaux, dont la vérité nous apparaît nette et claire sans aucune explication : ce sont les *axiomes*. Refusez d'admettre la vérité d'un de ces axiomes et tout l'édifice s'écroulera, car les théorèmes les plus compliqués ne sont que des conséquences lointaines et lentement déduites de ces axiomes fondamentaux. Aussi, l'étude de la géométrie, considérée à ce seul point de vue, constitue-t-elle, par la rigueur de ses raisonnements et l'obligation qu'elle impose à l'étudiant de rentrer en lui-même pour examiner attentivement toutes les étapes des déductions, un exercice des plus propres à former le jugement et à mûrir l'esprit : dans tous les pays civilisés, elle est devenue la base de l'enseignement scientifique.

Ce qui fait l'intérêt pratique de la géométrie, c'est que tous les objets qui nous entourent revêtent une forme qui rappelle à notre esprit les figures abstraites de la géométrie ; par la pensée, nous substituons à l'objet réel la figure géométrique qui paraît s'en rapprocher le plus, et nous établissons nos calculs comme si l'objet était réellement enveloppé par cette figure. Il n'y a pas de carré dans la nature, mais nous pouvons posséder un champ dont la forme diffère assez peu d'un carré pour que nous puissions la supposer telle; si nous voulons mesurer la superficie de notre champ, nous mesurerons celle du carré que nous lui substituons par la pensée. Il est bien vrai que nous commettons ainsi une légère erreur ; mais il ne faut pas oublier que si les sciences abstraites ne connaissent que les vérités précises et les raisonnements absolument rigoureux, les sciences appliquées, au contraire, ne vivent que d'approximation et d'à peu près. Dans l'industrie,

comme dans les sciences d'observation et de mesure, la précision ne consiste pas à éviter absolument l'erreur, mais à la rendre la plus petite possible et à la faire tomber au-dessous des limites où il devient impossible de la constater. Le progrès consiste beaucoup dans les perfectionnements des procédés de mesure et de vérification qui permettent de reconnaître des erreurs de plus en plus petites et obligent à plus de soin pour les éviter. Mais quels que puissent être les progrès que l'avenir nous réserve à cet égard, quelque délicate que puisse devenir la précision de nos mesures, l'erreur est inévitable, et la recherche de la précision mathématique dans les opérations matérielles est une pure chimère. On parvient aujourd'hui à mesurer des millièmes de millimètres, peut-être plus tard mesurera-t-on des millionièmes de millimètres ; les erreurs de mesure seront devenues mille fois plus petites ; mais toute longueur de moins d'un millionième de millimètre restera cependant au-dessous de la connaissance humaine quoiqu'elle ait autant d'existence réelle qu'une longueur de plusieurs lieues et qu'on puisse concevoir par la pensée les figures les plus compliquées tracées dans l'espace d'un millionième de millimètre carré. Mais au point de vue pratique, il est bien évident que toute erreur qu'il est impossible de constater est comme si elle n'existait pas.

— Les premières spéculations géométriques dont l'histoire nous ait conservé le souvenir, remontent aux philosophes de l'école ionienne (600 ans avant J.-C.). On attribue à Thalès de Milet la découverte de la proportionnalité des segments déterminés sur deux droites par des parallèles, théorème qui est la base de la théorie si importante des figures semblables. Plus tard, Pythagore découvrit le fameux théorème relatif aux aires des carrés construits sur les trois côtés d'un triangle rectangle; malheureusement ses disciples abandonnèrent bientôt les études géométriques pour se livrer à de misérables divagations sur les nombres, où la métaphysique et l'arithmétique produisaient le plus bizarre et le plus stérile assemblage. Aussi l'école pythagorienne, si brillante au début, cessa-t-elle de bonne heure d'apporter son contingent à la science. Cependant la géométrie progressait rapidement; les sections coniques commencèrent à être étudiées à Athènes, et quand parut Euclide (300 ans avant J.-C.), la géométrie possédait déjà une doctrine fortement constituée qui formait la base de l'enseignement donné par les philosophes. Il est bien difficile de faire la part de ce qui appartient en propre à Euclide, et de ce qu'il a dû emprunter à ses devanciers. Il est certain qu'un certain nombre de théorèmes et de démonstrations sont de son invention ; mais il serait puéril de vouloir lui attribuer la découverte de la plus grande partie des théorèmes contenus dans les treize livres de ses *Éléments*. Le véritable mérite d'Euclide, et il suffit à justifier l'immense renommée qui s'attache à son souvenir, est d'avoir coordonné les connaissances de son époque, de manière à présenter les vérités les plus importantes de la géométrie sous la forme d'une chaîne de déductions admirablement construite, chaque théorème étant amené comme une conséquence nécessaire des précédents par un raisonnement d'une précision et d'une rigueur absolue. Au début de l'ouvrage, Euclide a soin d'énoncer les axiomes sur lesquels il s'appuie, et plus tard, il se garde bien d'invoquer jamais une vérité qui ne soit contenue ni dans les axiomes, ni dans les théorèmes précédemment démontrés. On juge de l'effet que dut produire l'ap-

parition d'un tel livre à une époque où toute une école de
sophistes et de mauvais avocats enseignait l'impuissance du raisonnement et prétendait qu'il était possible
de prouver avec la même rigueur deux thèses absolument contraires. Il est certain que les éléments d'Euclide
ont contribué à sauver la philosophie grecque du danger
que lui faisaient courir les sophistes et qu'ils ont éclairé
les esprits en montrant nettement que les raisonnements
et les déductions, s'ils sont réellement impuissants à faire
connaître une vérité *absolument* nouvelle, sont, au contraire, un merveilleux instrument de progrès pour faire
découvrir une foule de vérités secondaires renfermées
et cachées dans une vérité fondamentale aperçue directement.

Il ne faudrait pas croire qu'à l'époque d'Euclide les
connaissances des Grecs se bornassent aux éléments qui
renferment à peu près ce qu'on appelle de nos jours la
géométrie élémentaire, car l'ouvrage d'Euclide est tellement admirable qu'après plus de 2,000 ans, il reste
encore la base de notre enseignement, et qu'on en peut
retrouver la trame dans le texte des innombrables traités
qui remplissent nos écoles. Euclide avait écrit un *traité
des porismes* et un *traité des sections coniques* qui ont
été malheureusement perdus. On ne sait même pas exactement ce qu'il faut entendre par le mot *porisme*. Après
lui, les progrès marchent à pas de géant. Apollonius de
Perge étudie les sections coniques et découvre la plupart
de leurs propriétés importantes. On sait qu'on lui doit la
théorie des diamètres conjugués et les beaux théorèmes
sur la somme des carrés de deux diamètres conjugués et
l'aire du parallélogramme construit sur deux diamètres
conjugués. L'ouvrage d'Apollonius qui ne nous est malheureusement pas parvenu en entier, excita une admiration universelle, et pendant plusieurs siècles, il fut la
source vénérée où allaient puiser tous ceux qui aspiraient
à se faire un nom dans la science.

Archimède qui fut à coup sûr le plus grand géomètre
de l'antiquité et peut-être de tous les temps, était presque
le contemporain d'Apollonius. Doué d'une puissance
d'invention véritablement prodigieuse, il traite, par
l'unique secours des méthodes intuitives que seules ont
connues les Grecs, des problèmes d'une complication
telle qu'ils restent embarrassants sans les ressources
modernes de l'analyse algébrique ; tel est celui de l'équilibre d'un tronc de paraboloïde de révolution flottant
dans un liquide. Mais ceux de ses travaux qui ont le plus
contribué aux progrès de la science sont relatifs à la
sphère. Il indiqua la fraction 21/7 comme valeur approchée du rapport de la longueur d'une circonférence à son
diamètre, et découvrit toutes les propriétés qui servent à
mesurer le volume de la sphère et des corps ronds. C'est
la première fois qu'on voit apparaître dans la géométrie
la considération des limites.

Après Archimède, il semble que la géométrie des Grecs
ait donné tout ce qu'elle pouvait ; peut-être la méthode
purement intuitive qu'ils appliquaient à leurs recherches était-elle devenue impuissante pour les travaux
qu'il aurait fallu entreprendre.

En tous cas, les époques qui suivent sont presque des
époques de décadence. A peine faut-il citer l'astronome
Ptolémée (200 ans après J.-C.) et ses théorèmes sur le
quadrilatère inscriptible, puis Ménélaüs qui fonda la
théorie des transversales. Ensuite la décadence s'accentue ; le monde occidental est en proie aux barbares ; tout
le mouvement intellectuel de l'humanité s'est réfugié à
Alexandrie où bientôt les disputes religieuses prennent
la place des recherches scientifiques ; puis arrive l'invasion des Arabes, l'incendie de la bibliothèque et la nuit
du moyen âge.

A la Renaissance, les traditions des anciens sont reprises ; mais les méthodes subissent de profondes modifications. L'algèbre devient l'auxiliaire indispensable de
la géométrie, et Descartes invente les coordonnées rec-

tilignes. En même temps la notion des infiniment petits
s'introduit définitivement dans la science, d'abord sous le
nom de *méthode des indivisibles* imaginée par Cavalieri et
perfectionnée par Wallis. Les questions qui paraissent
préoccuper le plus les géomètres de cette époque sont
celles qui se rattachent à la mesure des aires limitées
par des lignes courbes, à celles des volumes et à la détermination des centres de gravité. Cependant, Desargues fonde la théorie de l'*involution* et jette ainsi les
premières bases d'une méthode nouvelle destinée à devenir des plus fécondes entre les mains des géomètres
de notre siècle ; Pascal trouve le fameux théorème relatif à l'hexagone inscrit dans une conique, qui permet de
renouveler la théorie des coniques à un point de vue
entièrement nouveau ; Roberval, Pascal et Huyghens
établissent la théorie complète de la cycloïde, Huyghens
invente les courbes dites *développées*, et Newton fait la
classification complète des courbes du troisième ordre ;
après quoi, les études analytiques nécessitées par l'invention du calcul infinitésimal de Leibnitz et les recherches de la mécanique céleste absorbent les efforts de
tous les savants.

Il faut arriver jusqu'à Monge pour voir les études purement géométriques reprendre un nouvel essor grâce à
l'invention de la géométrie descriptive. De nos jours, enfin,
la géométrie pure est revenue en honneur à la suite des
magnifiques travaux de Poncelet et de Chasles sur les
propriétés projectives des figures. Une méthode nouvelle d'une admirable fécondité a été fondée sur la considération des rapports anharmoniques, le principe de
dualité a été mis en évidence, et les progrès de la géométrie sont aujourd'hui à la hauteur de ceux des autres
branches des mathématiques.

Nous avons déjà eu l'occasion de dire que les
éléments d'Euclide étaient encore aujourd'hui la
base de notre enseignement géométrique. Il y a
cependant, entre notre manière de comprendre la
géométrie, et celle des anciens Grecs une différence capitale qu'il importe de mettre en lumière.
Les Grecs ne connaissaient ni l'arithmétique, ni
l'algèbre ; ils ne pouvaient donc jamais faire appel
ni aux propriétés des nombres, ni à des méthodes
pour transformer des égalités. De plus, ils ne se
préoccupent jamais de mesurer les longueurs, les
aires ou les volumes de leurs figures ; ils se bornent à les comparer entre eux, et parlent souvent
de rapport, jamais de mesure ni d'unité. Aussi
dans leurs proportions, les deux termes de chaque
rapport qui sont des objets géométriques et non
pas des nombres, sont-ils inséparables. L'idée ne
peut pas leur venir de faire les produits des
extrêmes et des moyens, parce que pour eux le
produit des deux lignes ne peut avoir aucun sens.
Dans tous les théorèmes où nous faisons aujour-
d'hui figurer le produit de deux longueurs, les
Grecs faisaient figurer le rectangle construit sur
ces deux longueurs, et là où nous démontrons
que deux produits sont égaux, il leur fallait construire les deux rectangles correspondants, et
montrer l'équivalence de ces deux rectangles au
moyen de décompositions en triangles égaux ou
de quelque autre artifice. Aujourd'hui, au contraire, nous supposons toujours que les longueurs
des éléments de nos figures ont été mesurées à
l'aide d'une unité arbitraire, mais qui reste toujours la même, et ce sont les nombres de mesure
que nous introduisons dans nos raisonnements et
nos calculs à la place des longueurs elles-mêmes.

Aussi, ne nous faisons-nous jamais scrupule de multiplier deux lignes, car nous entendons par là qu'il faut multiplier les nombres qui les mesurent. Par exemple, si nous avons démontré par deux triangles semblables que la longueur C est moyenne proportionnelle entre les deux longueurs A et B, nous remplacerons les trois longueurs par les trois nombres c, a, b, qui les mesurent, et nous savons par l'arithmétique que les deux rapports $\frac{A}{C}$ et $\frac{C}{B}$ sont égaux à $\frac{a}{c}$ et $\frac{c}{b}$, d'où la proportion numérique $\frac{a}{c} = \frac{c}{b}$.

Nous en déduirons par la multiplication des moyens et des extrêmes : $c^2 = ab$.

Mais c^2 est le nombre qui mesure le carré construit sur C et ab celui qui mesure le rectangle construit sur A et B, d'où l'on conclut enfin que le *carré construit sur une moyenne proportionnelle est équivalent au rectangle construit sur les deux extrêmes*.

Pour les Grecs, au contraire, l'égalité des deux rapports $\frac{A}{C}$ et $\frac{C}{B}$ ne peut rien apprendre de relatif aux surfaces. Il faut le théorème de Pythagore sur le triangle rectangle pour prouver que le carré construit sur C est équivalent au rectangle AB, parce qu'on verra effectivement que le carré du côté de l'angle droit C est équivalent à un rectangle qui aura pour côté l'hypothénuse A et le segment B adjacent à C.

Notre méthode actuelle donne évidemment plus d'élasticité et de fécondité à nos recherches; mais elle a l'inconvénient de faire incessamment appel à des vérités qui ne sont pas du domaine de la géométrie, et elle détruit le charme de cette science qui savait se suffire à elle-même et n'empruntait rien à personne. L'inconvénient sera du reste atténué si l'on se rappelle que l'introduction de l'arithmétique et de l'algèbre, si commode qu'elle soit, n'est nullement nécessaire à l'édification de la géométrie dont les subtilités les plus compliquées ne sont au fond que le développement des conséquences des trois axiomes ou principes suivants qu'il importe de bien dégager, parce que dans leur simplicité, ils renferment virtuellement toute la science et suffisent à l'établir en toute rigueur :

1° Entre deux points on ne peut faire passer qu'une seule ligne droite;

2° Par un point pris hors d'une droite on ne peut mener qu'une seule parallèle à cette droite;

3° Si l'on joint un point pris hors d'une droite aux différents points d'une autre droite, toute droite qui rencontre deux droites de ce faisceau les rencontrera toutes, excepté une à laquelle elle sera parallèle.

Le deuxième axiome est le fameux postulatum des parallèles qui a donné lieu à tant d'essais infructueux de démonstration. Il est aujourd'hui reconnu que la recherche d'une démonstration est nécessairement illusoire et qu'il faut se résigner à l'admettre comme axiome au même titre que le suivant qui est relatif à l'existence du plan

défini comme surface telle que la ligne droite qui joint deux quelconques de ces points y est située tout entière. Certains géomètres ont voulu voir ce que deviendrait la géométrie si l'on refusait d'admettre le postulatum des parallèles, et ils sont arrivés à des conséquences fort curieuses. Leur étude qui est loin d'être stérile, constitue ce qu'on appelle la *géométrie non euclidienne*.

On s'étonnera peut-être de ne pas trouver dans nos trois axiomes la fameuse propriété de la ligne droite *d'être le plus court chemin d'un point à un autre*, suivant l'expression consacrée. C'est qu'en réalité, ce prétendu axiome est un véritable théorème qu'on peut démontrer en toute rigueur, comme l'a fait Euclide, et qui a été, bien à tort selon nous, supprimé par Legendre dans sa célèbre adaptation du livre d'Euclide aux besoins de l'enseignement moderne. Nous ne citons pas non plus d'axiomes sur les quantités égales et plus grandes ou plus petites parce que les mots *égal* et *plus grand* doivent être définis avec précision, et que les prétendus axiomes en question sont des conséquences de cette définition. Il ne faut jamais oublier qu'en géométrie l'égalité de deux figures est la possibilité de leur parfaite coïncidence.

Géométrie analytique. La géométrie analytique est l'étude des propriétés des figures par l'emploi des symboles et des opérations de l'algèbre. — V. COORDONNÉES.

Géométrie descriptive. La géométrie descriptive a pour objet la représentation des figures de l'espace sur une surface plane. Ce seul énoncé montre de quelle utilité elle doit être dans l'industrie pour l'étude des formes à donner aux différentes parties d'une construction, utilité d'autant plus grande que la géométrie descriptive ne se borne pas à représenter les figures solides, mais qu'elle fournit des méthodes pour représenter par des constructions planes toutes les opérations qu'on peut imaginer dans l'espace, telles que : tracé des plans et des droites parallèles ou perpendiculaires, des surfaces définies d'une manière quelconque, section des solides par des surfaces, détermination de l'intersection de deux surfaces, etc. La géométrie descriptive repose entièrement sur la considération des *projections* (V. ce mot). On obtient une première représentation de la figure solide en en projetant les différentes parties sur un plan fixe; mais comme une seule projection ne suffirait pas à déterminer la figure puisque chaque point pourrait occuper une position quelconque sur la projetante qui seule est définie par la projection, on fait une seconde projection sur un second plan, et pour la commodité des opérations, on imagine que l'un des deux plans de projection a été rabattu sur l'autre en le faisant tourner autour de leur intersection; de manière que l'épure puisse être dessinée sur une même feuille de papier. L'un des plans de projection est dit *plan horizontal*, l'autre *plan vertical*, et leur intersection *ligne de terre*. La méthode la plus féconde qui puisse être employée pour la résolution des problèmes de géométrie descriptive est celle des *changements de plans de projection* qui consiste à multiplier les projections d'un même objet sur des plans différents, comme on le fait dans les dessins industriels où l'on projette une même pièce sur trois ou quatre plans de manière à la montrer sous toutes ses faces. L'étude approfondie de la géométrie descriptive est indispensable à l'ingénieur qui se trouve à chaque instant obligé d'en appliquer les méthodes, et même à l'artiste, car cette étude doit nécessairement précéder celle de la *perspective* qui n'en est à proprement parler qu'un chapitre.

— Les premiers essais de géométrie descriptive paraissent remonter aux anciens maîtres charpentiers et tailleurs de pierre ; mais les épures ou *traits* qu'ils avaient trouvés pour chaque cas particulier furent copiés servilement par leurs successeurs et enseignés par la tradition comme des constructions dont on ne comprenait pas la raison. Au XVIIe siècle, Desargues perfectionna le *trait* par l'emploi de méthodes précises et géométriques qui reposaient déjà sur la considération des projections. Mais c'est Monge qui, tout à la fin du siècle dernier, créa pour ainsi dire de toutes pièces la géométrie descriptive et en fit un corps de doctrine solidement établi et tel que nous le connaissons aujourd'hui. Les méthodes qu'il imagina, non seulement rendirent le plus grand service aux arts industriels, mais encore elles ouvrirent une voie nouvelle et féconde aux recherches de géométrie pure. Depuis Monge, l'enseignement de la géométrie descriptive fut simplifié et perfectionné par une foule de professeurs éminents dont les plus remarquables ont été Ollivier, Martelet et de la Gournerie. — M. F.

*GÉORAMA. Représentation, sur une grande échelle, de la terre entière, au moyen d'un globe creux, de sorte que le spectateur, étant placé au centre de ce globe, embrasse l'ensemble des continents et des mers. On a donné le même nom à une carte en relief, exécutée sur un vaste terrain.

* GÉRANOSINE. Matière colorante. — V. ANILINE.

*GERHARDT (CHARLES-FRÉDÉRIC). L'un des chefs de l'école moderne de chimie organique, né à Strasbourg, le 21 août 1816, mort en cette même ville, le 19 août 1856. Destiné par son père à le remplacer dans la direction d'une usine de produits chimiques, Charles Gerhardt commença ses études au gymnase protestant de sa ville natale, puis il se rendit à Carlsruhe, à l'Ecole polytechnique, où il suivit le cours de chimie du professeur Walchner. Prenant de plus en plus goût à ces études spéciales, nous le retrouvons deux ans après à Leipzig, travaillant avec M. Shieber, à l'Institut de cette ville, et avec M. Erdmann. Mais leurs leçons, au lieu de le mettre à même de faire un fabricant de produits chimiques instruit et capable, firent naître en lui une ferme volonté, celle d'abandonner le commerce, pour se livrer aux études et aux recherches de chimie pure ; aussi, devant le refus de son père de le laisser prendre cette carrière peu productive, s'engagea-t-il à Haguenau, dans un régiment de lanciers. Trois mois après, la générosité d'un ami lui permettait de se racheter, et de reprendre le cours de ses études. Il vint d'abord à Giessen, travailler dans le laboratoire de J. Liebig, puis au bout de dix-

huit mois, il arrivait à Paris, en octobre 1838, où pour vivre, il donnait des leçons et des consultations de chimie, tout en commençant à traduire les œuvres de son dernier maître ; il nous les fit connaître à peu près toutes. Après deux années environ, ayant conquis tous ses grades universitaires, il commença à publier quelques travaux originaux, et en 1844, il fut, sur la demande de Thénard, nommé professeur de chimie à la Faculté de Montpellier, à la place de Balard, qui venait d'être appelé à Paris. C'est là qu'il termina les remarquables recherches qu'il avait entreprises sur les huiles essentielles. En 1848, il abandonna sa place pour revenir à Paris, continuer avec son collaborateur et ami, Laurent, les travaux de philosophie chimique, qui devaient illustrer sa trop courte carrière. Il créa, à ses frais, rue Monsieur-le-Prince, une école libre de chimie pratique ; il la dirigea pendant six ans, en faisant en même temps connaître ses idées théoriques sur la série des types, et sur la série des homologues, et en luttant, avec la plus grande ardeur, pour la défense d'opinions, qu'alors on ne voulait pas accepter, et qui aujourd'hui sont un de ses plus purs titres de gloire. En 1855, abreuvé d'ennuis, ne pouvant plus diriger son laboratoire, il accepta de M. Dumas, les places de professeur de chimie à la Faculté des sciences de Strasbourg, et à l'Ecole de pharmacie de cette ville. En même temps, l'Académie des sciences le nommait membre correspondant (21 avril 1856), ainsi que la Société Royale de Londres.

Mais il était trop tard, l'adversité, les luttes soutenues pour le triomphe de ses idées, l'avaient terrassé, et il mourut quelques mois après son arrivée, laissant dans la plus complète indigence, sa jeune femme et ses quatre enfants. Hâtons-nous d'ajouter, qu'à la suite d'une démarche à laquelle prirent part tous les membres de l'Institut présents à Paris, l'Etat s'occupa immédiatement de subvenir aux premiers besoins de la veuve, et prit les mesures nécessaires pour lui assurer, ainsi qu'à ses enfants, les moyens d'existence dont les avait privés la perte de l'homme éminent que l'Europe savante regrettait.

La grande originalité des idées de Gerhardt est d'avoir établi des théories simples, qui, en reliant entre eux les faits connus, en font prévoir d'autres, et conduisent dès lors, par une voie sûre, à des découvertes que l'on conçoit d'avance et qui devront forcément être faites. Pour lui, par exemple, les formules qui expliquent la composition d'un corps, n'ont pas une valeur absolue, elles ne doivent être prises que comme des équivalences, et en rapportant tous les oxydes et tous les acides oxygénés, au *type eau*, il a parfaitement fait comprendre comment se forment tous ces corps, en donnant en même temps une classification simple et commode, rangeant ses types par familles suivant leurs caractères et leurs analogies de constitution intime, suivant les analogies de métamorphoses ; en créant, en un mot, une méthode naturelle, analogue à celles, qu'en histoire naturelle, de Jussieu et Cuvier avaient créés avant lui.

L'œuvre de Gerhardt est fort importante ; on a

de lui quarante Mémoires environ, publiés dans les *Annales de Chimie et de Physique*, ou dans les *Comptes-rendus de l'Institut* ; parmi les plus importants, il faut citer : le *Mémoire sur les huiles volatiles*, loc. cit., 1840-1847 ; *Note sur les anilides*, loc. cit., 1846-1848 ; *Mémoire sur les acides anhydres*, loc. cit., 1852 ; *Mémoire sur les amides*, loc. cit., 1855. On lui doit, en outre, un *Précis de Chimie organique*, 2 vol. in-8°, 1844-1845 ; son *Traité de Chimie organique, suite à la Chimie de Berzélius*, 4 vol. gr. in-8°, 1854-1856, l'œuvre de sa vie entière, et le résumé le plus complet des travaux de chimie moderne, développé suivant ses idées propres, au point de vue de la classification, de l'homologie, de la théorie des types, etc ; un *Traité d'analyse chimique* (avec Chancel) ; l'*Appendice au Journal de Pharmacie et de Médecine*, 1 vol. in-8° (jusqu'en 1848) ; puis la traduction des œuvres et lettres de J. Liebig, comprenant : l'*Introduction à l'étude de la Chimie, par le système unitaire*, 1 vol. in-8°, 1848 ; *Traité de Chimie organique*, 3 vol. in-8°, 1840 ; *Chimie appliquée à la physiologie animale et à la pathologie*, 1 vol. in-8° ; *Chimie appliquée à la physiologie végétale et à l'agriculture*, 1 vol. in-8° ; *Lettres sur la Chimie*, 1 vol., Ed. Charpentier ; *Nouvelles lettres sur la Chimie*, 1 vol., Ed. Charpentier.
— J. C.

GÉRICAULT (Théodore-Anne), né en 1791, avait quitté Rouen, sa ville natale, pour entrer au lycée Napoléon, à Paris ; il y fit de rapides études écourtées par son amour de l'indépendance. Le premier emploi qu'il fit de sa liberté fut de se présenter chez Carle Vernet, le peintre de chevaux le plus en renom. C'est à son goût pour les chevaux, à ses relations mondaines que l'on doit l'œuvre originale qui décida de son avenir. Jusque-là, sa famille avait mis toute espèce d'entraves au développement et à l'application de ses connaissances artistiques. Lorsqu'en 1812, il exposa au Salon le portrait équestre de *M. Dieudonné en chasseur de la garde*, tout le monde comprit qu'on avait réellement affaire à une forte personnalité. L'année suivante, Géricault exposait le *Cuirassier blessé* quittant le feu.

Géricault avait l'humeur assez sombre, il usait vite la jouissance et cherchait fréquemment à s'échapper à lui-même. Pour faire diversion à l'une de ces lassitudes morales qui l'accablaient parfois, il entra aux premiers jours de la Restauration dans la Maison-Rouge du roi. Il porta trois mois le brillant costume de mousquetaire. Ce fut assez pour le dégoûter à jamais de l'uniforme ; il revint à ses pinceaux avec une nouvelle ardeur et, dès cette époque, il commença à préparer quelque grande œuvre où il pourrait donner la mesure de son talent, et partit pour l'Italie où, tout en continuant ses études d'après les maîtres, il espérait peut-être trouver un sujet de tableau. Lorsqu'il revint d'Italie, Géricault trouva l'école française marchant en béquilles sous la direction devenue hésitante des élèves de David. Il jugea l'occasion favorable pour se mesurer avec les noms illustres de l'école ; il crut l'instant venu de manifester son talent d'une façon éclatante. Les mémoires étaient

pleines encore du récit d'un immense désastre maritime rapporté par M. Corriard, l'un des rares survivants au naufrage de la *Méduse*. Géricault s'empara de cette émouvante donnée. Il la combina dans tous les sens, cherchant le plus pathétique et le plus pittoresque. L'étonnement des élèves de David fut plus grand encore devant le *Naufrage de la Méduse* que sept ans plus tôt devant le portrait équestre de M. Dieudonné. Leurs yeux habitués au procédé de peinture fluide et lisse sans consistance, sans épaisseur et manquant de corps, au dessin timide, tracé sous le carreau mathématiquement calculé, leurs yeux ne pouvaient s'accoutumer aux audaces de ce pinceau vigoureux, modelant ses figures en pleine pâte et trouvant ainsi des effets d'une puissance et d'une réalité saisissantes.

C'est du séjour de Géricault en Angleterre que date cette belle suite de lithographies où il a fait passer toutes les races de chevaux dans les attitudes les plus variées ; quelques amateurs possèdent aussi des études peintes sous l'empire de la même préoccupation ; le Louvre en a trois ou quatre. Elles nous révèlent chez le peintre français tout un ordre de qualités nouvelles, elles en confirment certaines autres qui nous font un devoir d'étudier comment Géricault a compris et rendu le cheval. Les études du Louvre, celles qui sont dans les galeries particulières, les lithographies publiées à Londres, celles dont Gihaut, à Paris, fut l'éditeur, offrent toujours et partout la représentation du même animal qu'accompagne à peine çà et là un palefrenier, un groom, un maréchal-ferrant. Il semble qu'un rapide examen suffisait à lasser l'attention fatiguée par l'incessante reproduction d'un type unique. Qu'on se détrompe ; il n'en est rien. On regarde ces dessins avec une curiosité toujours croissante, l'œil se réjouit de cette inépuisable variété ; on se demande : « Que trouvera-t-il maintenant ? » Et chaque feuillet que l'on interroge vous montre un nouveau tour de force qui paraît facile, une dernière difficulté vaincue. D'où leur vient cette variété sans pareille si ce n'est de ce que l'artiste possédait à fond son modèle ? La race pouvait changer, mais le type était passé dans son esprit avec ses plus infimes détails, et rien n'eût pu l'en arracher. Le peintre studieux en était arrivé à rendre les chevaux de face, de croupe, à toutes les allures indifféremment avec une égale sûreté de main. Sa science profonde lui permettait de s'abandonner à son exaltation native et d'arriver à traduire les objets extérieurs ou ses propres pensées, par intuition, en n'obéissant plus qu'à sa fantaisie. C'est ainsi que nous trouvons le même charme d'expression à ses compositions d'après le *Lara* de Byron et au croquis d'une rue de Paris occupée dans toute sa largeur par le matinal et trivial tombereau d'un boueux. Jamais la sale humidité parisienne ne fut associée à une impression d'une telle énergie ; il y a du spleen dans ce froid brouillard de l'aube en novembre, rendu avec un bout de crayon lithographique, comme il y a une révolte maudissante dans son *Lara*.

Le talent de Géricault a été sur lui-même un

continuel progrès ; phénomène assez rare, il ne s'est pas *noué*, il a toujours grandi en s'élargissant. Que l'artiste ait hésité à le mettre en œuvre, nous le croyons, mais les dessins de lui qui sont au musée de Paris montrent non seulement une habileté consommée, une science achevée de la nature, mais encore un constant effort pour arriver à l'expression idéale du mouvement dramatique. Les admirateurs de l'art antique n'hésiteront pas à rapprocher ce grand dessin des *Arènes*, des plus beaux morceaux de la sculpture grecque, et les centaures luttant — toujours la lutte ! — de l'admirable centaure du temps d'Adrien, placé aussi au Louvre et attribué aux sculpteurs Aristéas et Papias. C'est avec intention que nous comparons ces dessins à des œuvres sculptées, ils éveillent, en effet, l'idée de la statuaire que, à les examiner, on retrouve dans l'ampleur d'assise et dans la largeur du modelé indiqués par plans généraux. Au besoin son *Cheval écorché*, qui figure, moulé en plâtre, dans la plupart des ateliers, suffirait à nous justifier d'avoir pensé que Géricault eut été un grand sculpteur, comme son œuvre annonce qu'il eût été, selon toute probabilité, le plus grand parmi les peintres contemporains. Mais sa vie fut courte. Il fit successivement deux chutes de cheval et mourut à Paris le 18 janvier 1824. Il avait trente-trois ans.

* GERMAIN (Les). Les Germain occupent une si grande place dans l'histoire de l'orfèvrerie française qu'il importe de préciser la part de gloire qui revient à chacun des membres de la dynastie. Cette œuvre de justice ne va pas sans quelque difficulté. Les renseignements positifs sont assez rares, et les Germain ont été plus d'une fois confondus, non seulement les uns avec les autres, mais aussi avec des orfèvres qui, sans appartenir à la même famille, ont porté le même nom. Nous voudrions mettre un peu d'ordre dans ce chaos : un résultat aussi désirable ne peut être atteint qu'à l'aide d'une méthode strictement chronologique.

Pierre GERMAIN n'est pas le premier orfèvre de la maison; il est seulement le premier qui ait fait parler de lui. Né à Paris vers 1645, — cette date qu'aucun texte ne justifie ne résulte qu'approximative de l'âge que lui attribue son acte de décès — il était le fils d'un orfèvre, *François* GERMAIN dont l'histoire ne se souvient pas, mais qui, d'après les recherches de Jal, est mort le 7 janvier 1676. Pierre assista à l'enterrement de son père; dès cette époque, il était marié et il eut plusieurs enfants parmi lesquels un fils qui devait devenir la véritable illustration de la famille. De bonne heure, Pierre Germain paraît avoir été connu et protégé par Colbert. C'est grâce à lui qu'il travailla pour Louis XIV. Dans les comptes des Bâtiments du roi, on le voit d'abord occupé à faire des matrices pour des médailles. Le 8 juillet 1678, il reçoit un acompte sur le prix des « poinçons qu'il grave ». Ce n'était là que le commencement d'un long travail. Le 23 mai 1679, Pierre Germain touche 853 livres 2 sols comme parfait payement de la somme qui lui est due pour les « poinçons, carrez et médailles qu'il fait pour l'histoire du Roy ». Ainsi au

début, Germain est essentiellement graveur sur métaux.

A cette époque, Claude Ballin venait de mourir (1678). Une grande place était à prendre : il ne semble pas que Pierre Germain s'en soit emparé. Les anciens textes nous parlent cependant d'une œuvre d'orfèvrerie qui rendit son nom fameux. Les conquêtes de Louis XIV devaient être racontées dans un livre splendide. Germain fut chargé d'en faire la couverture. Il cisela dans l'or de petits bas-reliefs représentant des batailles et des allégories. On voyait, dans le motif principal, le roi appuyant la main droite sur un bouclier et posant la main gauche sur une massue : au fond, des génies ou des amours attachaient aux branches de deux palmiers des guirlandes de fleurs et des trophées d'armes. Pierre Germain n'avait pas inventé ces reliures en orfèvrerie; il s'était seulement souvenu du passé, ou plutôt il obéissait à une mode que Ballin venait de rajeunir lorsqu'il avait composé la couverture en métal de la *Réthorique des Dieux*. Louis XIV aimait ces somptuosités; vers la même époque, un artiste dont le nom est à peine connu, Thomas Le Roy, faisait pour lui « la garniture d'orfèvrerie d'un livre de devises » (1667-1668). De pareils travaux impliquaient un réel talent pour la ciselure, et tel était, en effet, le mérite particulier de Pierre Germain qui, en gravant des coins de médailles, avait acquis autant de fermeté que de souplesse dans le maniement de l'outil.

D'après l'*Histoire littéraire de Louis XIV* publiée en 1751, par l'abbé Lambert, Germain reçut en 1680, l'ordre de « travailler à plusieurs riches morceaux destinés à orner la grande galerie de Versailles ». Quels ouvrages l'artiste fit pour le roi, l'historien ne le dit pas et aucune preuve n'est venue confirmer son assertion. Le témoignage de l'abbé Lambert est cependant précieux, car il paraît avoir eu sur Pierre Germain et sur son fils des renseignements puisés à une source sûre.

Pour récompenser le zèle d'un maître aussi laborieux, Louis XIV lui avait donné un logement aux galeries du Louvre. C'est là que mourut Pierre Germain, le 23 septembre 1684 : d'après l'acte de décès, il avait environ trente-neuf ans. Une vie plus longue lui eut permis d'achever des œuvres plus nombreuses et de montrer dans de grandes pièces d'orfèvrerie, la richesse de son imagination et la sûreté de sa pratique. Pierre Germain, disparu trop tôt, n'a fait qu'ébaucher, au bénéfice de sa famille, une gloire à laquelle un de ses fils devait ajouter le rayon définitif.

Ce fils, qui fut une des illustrations du XVIIIe siècle, c'est *Thomas* GERMAIN. Il paraît être né à Paris, le 15 août 1673 ; cette date nous est donnée par l'abbé Lambert, et, à défaut d'un acte authentique, il y a eu lieu de l'accepter. Thomas était encore enfant quand il perdit son père, et ne put recevoir de lui aucune leçon. Sa situation intéressa Louvois, qui, vers 1688, l'envoya à Rome. Arrivé en Italie, Thomas Germain travailla, non seulement comme le doit faire un futur orfèvre, mais comme un vaillant écolier dont les ambitions généreuses ne s'enferment pas dans les étroites limites d'un art spécial. Tout en poursuivant son apprentissage, il dessinait ; accueilli par le sculpteur Pierre Legros, il sut, de bonne heure, exprimer une forme dans une argile complaisante ; en même temps, il prit goût à l'architecture, et particulièrement à celle de la décadence, car Rome alors n'enseignait pas la beauté des profils sévères et se plaisait plus qu'il ne convient au caprice des lignes turbulentes. Thomas Germain donna, dit-on, le plan d'une église qui fut construite à Livourne. Mais il voulut être orfèvre, et, dès sa jeunesse, il se montra habile à assouplir le métal et à lui prêter un langage. Il fit pour les Jésuites de Rome un *Saint Ignace* en argent qui était une véritable statue, et pour le grand-duc de Toscane, des vases, des bas-reliefs, des médaillons chargés de trophées et d'allégories. Au temps de l'abbé Lambert, ces œuvres existaient encore ; nous devons avouer que nous ne les avons pas retrouvées à Florence.

En quittant l'Italie, Thomas Germain s'arrêta à Marseille et à Lyon. Ces villes, dit son biographe, eurent des « preuves de sa capacité dans les beaux ouvrages qu'il y laissa ». Il arriva à Paris en 1704, d'après le *Dictionnaire des architectes*, d'Adolphe Lance ; en 1706, d'après l'abbé Lambert, qui, nous l'avons dit, ne parle pas au hasard de Germain et de ses œuvres. Il semble que l'artiste était attendu ; dès son retour, nous le voyons travailler pour le roi. Il achève un encensoir destiné à la chapelle de Fontainebleau, et Louis XIV, très aimable ce jour-là, a la bonté de dire au jeune orfèvre que le morceau lui paraît excellent et que lorsqu'on est le fils de Pierre Germain, on est obligé à bien faire.

Thomas le pensait aussi, et il ne négligea rien pour rester digne du renom paternel. Son activité ne connût plus le repos. Bien que les documents contemporains soient très incomplets, ils nous le montrent constamment occupé de la décoration des palais et des églises. En 1718, Thomas Germain fit pour Notre-Dame un soleil d'argent, œuvre fameuse et compliquée dont la description est partout. Les symboles eucharistiques, les épis de blé et les grappes de raisins se groupaient, avec des chérubins aux têtes ailées, dans ce monument d'un luxe excessif. On croit comprendre que toutes les pièces sorties de l'atelier de Thomas, au temps de sa première manière, n'étaient pas exemptes d'un certain italianisme un peu redondant. L'artiste a suivi volontiers les modes de son siècle ; mais il les a quelquefois corrigées.

Le Régent ne manqua pas d'utiliser le talent de Thomas Germain. Il lui fit faire en 1722, le soleil de vermeil que le jeune roi devait offrir à la cathédrale de Reims à l'occasion de son sacre. L'hostie y apparaissait dans une gloire brillante de rayons et de chérubins ; cette composition laissait une grande place à la sculpture, car elle était supportée par une base sur laquelle s'agenouillaient deux anges, l'un présentant à Dieu l'épée royale, l'autre offrant au Seigneur la couronne fleurdelysée. L'année suivante, Thomas recevait un brevet de logement aux galeries du Louvre (2 août 1723).

Dès lors, et sans négliger le service du roi, Germain commença à travailler pour les cours étrangères. Les souverains des grands royaumes, les princes de petite envergure faisaient des économies pour pouvoir se procurer quelque ouvrage du célèbre orfèvre. Thomas exécuta en 1723 la toilette du roi de Portugal, et, comme le succès de ces choses mondaines ne l'empêchait pas de passer pour habile dans les orfèvreries à intentions religieuses, l'électeur de Cologne lui demanda en 1725 un calice d'or.

Le chef-d'œuvre de Thomas Germain pendant ces premières années du règne de Louis XV, c'est la toilette qu'il composa et exécuta en 1726 pour la reine Marie Leczinska. On voit par une note du *Mercure* que cette toilette, faite d'argent doré, ne comprenait pas moins de cinquante et une pièces, harmonieuses par le style, mais très variées quant à la forme. C'étaient des coffrets à bijoux, des boîtes à poudre, des flacons, des cuvettes, des flambeaux, sans parler d'un miroir, que décorait un bas-relief, merveilleusement ciselé, où Germain avait représenté Vénus servie par les Grâces. L'orfèvrerie française compta ce jour-là une de ses productions les plus ingénieusement inventées et les plus élégantes. Le succès fut universel. Germain, devenu l'artiste à la mode, ne put refuser de faire des toilettes analogues pour une princesse du Brésil (1727), et pour Elizabeth Farnèse, reine d'Espagne (1728).

Après avoir satisfait au caprice de ces nobles clientes, Thomas Germain dût songer à Louis XV dont l'argenterie, singulièrement réduite par suite de la pénurie qui avait attristé la vieillesse de son aïeul, n'était pas digne d'un roi de France. Il commença pour lui en 1730 un service de table. L'exécution de cette vaisselle d'or dura plusieurs années. L'abbé Lambert, qui en parle avec admiration, cite comme la pièce la plus remarquable une écuelle à oreillons supportée par un plateau ovale. La fantaisie de Germain s'était librement exercée dans la décoration de ce plateau. On y voyait, dit l'historien, des écrevisses au milieu « des différents légumes qui composent un bouillon de santé ». Ces animaux et ces feuillages de métal, ces débauches de zoologie et de botanique, nous montrent que Thomas Germain, se ressouvenait encore de son éducation italienne et qu'il n'était pas tout à fait hostile au luxe surchargé que Meissonnier, alors à Paris, venait de mettre à la mode. Il est vrai de dire que ces plantes et ces bestioles lui fournissaient un prétexte pour faire voir sa dextérité dans la ciselure. Il y était, en effet, singulièrement spirituel et mordant.

La vaisselle d'or de Louis XV a péri avec bien d'autres chefs-d'œuvre ; mais on a pu admirer à la vente de M. Paul Eudel en 1884, une pièce qui, miraculeusement conservée, nous dit quelle était, en 1733, l'habileté de Thomas Germain. C'est une écuelle en vermeil, à deux oreilles plates, décorée d'ornements rocaille et des armoiries du cardinal Farnèse. Sur le couvercle, un artichaut. Cette pièce magnifique porte un R couronné qui en précise la date, et elle nous donne en même temps la marque personnelle de l'orfèvre, les initiales

GERM   GERM   467

T. G. séparées par un petit mouton suspendu comme celui de la Toison d'or. L'écuelle de l'ancienne collection Eudel est une merveille de goût et de ciselure. Si conforme qu'elle soit à l'idéal du moment, elle est d'un style opulent et sage et qui, sans ignorer le rococo, veut demeurer raisonnable et presque simple. Il y a là une réaction du bon sens français contre les violences ultra-contournées de Meissonnier et de son école.

Thomas Germain avait une grande situation dans Paris. Les poètes parlaient de lui. On a cité partout les vers que Voltaire lui a consacrés dans le *Mondain* (1736) et dans les *Tu et les Vous* où il célèbre « les plats si chers que Germain a gravés de sa main divine ». Toutes les fois qu'il sortait de l'atelier du Louvre une belle pièce d'orfèvrerie, le rédacteur du *Mercure* l'annonçait au monde, et les curieux allaient voir le nouveau chef-d'œuvre.

Doué d'une grande activité d'esprit, Germain n'aimait pas seulement à s'occuper de ses affaires : il voulait s'intéresser à celles des autres. En 1738, il fut nommé échevin de Paris, et l'on ne voit pas que le soin qu'il apporta aux questions municipales l'ait un seul instant détourné de son labeur. En même temps, il se rappelait ses premières études d'architecture et il commençait la construction de l'église Saint-Louis du Louvre, qui fut consacrée le 24 août 1744. Dargenville considérait l'édifice comme d'un dessin très élégant. L'orfèvre, devenu architecte, ne s'était pas borné à donner le plan de l'église ; il avait fourni les modèles aussi bien pour l'ornementation du portail que pour la décoration intérieure.

Louis XV se plaisait à employer le talent de Thomas Germain. Ayant résolu, en 1742, d'envoyer des cadeaux superbes au grand seigneur Mahmond Ier, il fit faire à son orfèvre préféré quelques ouvrages d'une dimension exceptionnelle. C'étaient une table d'argent, une grande cuvette ovale et diverses autres pièces dont la richesse dût étonner Constantinople. Du reste, il n'y avait guère de pays en Europe où le nom de Germain ne fut connu ; sans prétendre donner le catalogue de ses nombreux travaux, il faut rappeler que l'artiste avait fait de 1739 à 1741 la vaisselle du roi de Danemark et qu'il travailla beaucoup en 1744 pour la cour de Portugal. Les splendides orfèvreries qu'il envoya à Lisbonne comprenaient presque tout l'ameublement religieux d'une chapelle, six couronnes d'or, sept chandeliers d'argent doré et une croix de proportion monumentale.

Il ne semble pas que la vieillesse ait diminué le zèle de Thomas Germain. Bien qu'il fut déjà fort âgé, il retrouva, en 1747, assez d'imagination et de sève pour faire la toilette de la Dauphine et pour rajeunir par des inventions nouvelles un programme que tout le monde croyait épuisé. Son dernier ouvrage fut pour le roi (1748). Il comprenait deux grandes girandoles, véritables arbustes d'or, où l'on voyait des amours occupés à entrelacer aux rameaux et aux feuillages, de belles guirlandes de lauriers.

Thomas Germain mourut le 14 août 1748. Il laissait, avec des œuvres que la pauvreté des générations suivantes ne leur a pas permis de conserver, une réputation dont les changements de la mode n'ont point diminué l'éclat. « On sera surpris, disait l'abbé Lambert en 1751, que la vie de ce grand homme ait pu suffire à ce nombre infini d'ouvrages... Mais on le sera bien davantage, lorsqu'on sçaura qu'il ne laissoit rien paroître qui ne fut de sa composition et qui n'eût été dessiné, modelé et ciselé de sa main. » Ces derniers mots doivent être retenus. Thomas Germain est, en effet, un véritable maître. Il invente et il exécute. Il a su, mieux qu'aucun des artistes de son temps, composer une pièce d'orfèvrerie, et pour traduire son projet en or ou en argent, il a eu la certitude savante et le caprice heureux d'un ouvrier sans rival. Au point de vue de l'art et du style, son rôle a été très justement précisé par Mariette : « Depuis le célèbre Ballin, écrit-il, M. Thomas Germain est le plus excellent orfèvre que la France ait eu. Ce n'est pas que M. Meyssonnier ne puisse le lui disputer en certaines parties, mais à tous égards, je trouve M. Germain supérieur. Son goût d'ornement est plus sage, ses compositions moins fantasques, et, quant à l'exécution, la sienne n'est pas moins brillante... Il ne donne jamais dans des écarts blâmables et, autant qu'il le peut, il emprunte de l'antique et des bons maîtres ce qu'ils ont de beau et il en embellit sa manière. » Ainsi, même aux yeux d'un contemporain, Germain a fait du Louis XV très élégant, mais modéré et assagi, et, pour le travail du métal, pour l'accent nerveux et fin de la ciselure, il doit demeurer l'artiste décisif que le poète a célébré.

Malgré la multiplicité de ses occupations, Thomas Germain avait trouvé le temps de se marier. On sait par les registres des anciennes paroisses, qu'il épousa le 20 janvier 1720, Anne-Denise Gauchelet. Il en eut plusieurs enfants, entre autres un fils, François-Thomas, sur lequel l'histoire fournit quelques informations curieuses.

Si *François-Thomas* GERMAIN est presque aussi célèbre que son père, ce n'est point à ses œuvres qu'il doit sa notoriété, mais à la plus formidable des faillites qui étonnèrent le xviiie siècle. La fortune avait cependant paru lui sourire à son entrée dans la vie. Fils de l'orfèvre ordinaire du roi, il fut baptisé le 18 avril 1726, et dès son enfance, il put voir les grands travaux qui s'exécutaient dans l'atelier du Louvre. Son père, avant de lui mettre les outils à la main, voulait que François-Thomas apprît à dessiner. Il l'envoya à l'Académie royale de peinture : l'intention était excellente, le résultat demeura douteux. Un document administratif publié par les *Archives de l'Art français* (I. 256), nous apprend que le jeune Germain ne fut pas un très brillant écolier : il n'aurait pas « gagné une seule petite médaille pendant plusieurs années qu'il a suivi les leçons de l'Académie. » Ce début assez médiocre ne nuisit point à son avenir.

François-Thomas Germain est désigné comme sculpteur orfèvre du roi dans le brevet du 1er mars 1748 qui lui attribue un logement au

Louvre. Quelques mois après, la mort de son père le mettait en possession d'un capital que son ambition, déjà éveillée, considérait comme fort mesquin et d'une richesse dont il ne pouvait méconnaître la haute valeur, je veux dire la collection des dessins et des modèles de Thomas Germain. Et en effet, c'était là un inépuisable trésor. Pendant toute sa vie, François-Thomas utilisa ce fonds de modèles et c'est pourquoi on rencontre de lui des œuvres qui, exécutées à la fin du règne de Mme. de Pompadour, sont encore dans le style de 1730. Il adopta aussi le poinçon de son père, la toison qu'on voit figurer sur sa marque individuelle avec les lettres F. T. G.

Il s'occupa d'abord de terminer les pièces que Thomas, l'artiste « à la main divine » laissait inachevées. Le duc de Luynes raconte qu'au mois d'octobre 1751, Germain fit voir au roi à Fontainebleau un calice d'or qu'il venait « de finir pour l'électeur de Cologne. Il avait été commencé par feu son père. C'est un ouvrage fort cher, qui fait honneur à l'un et à l'autre. » Ainsi, François-Thomas Germain sembla d'abord vouloir rester digne du grand nom qu'il portait. A la même époque, il fut mêlé, en qualité d'orfèvre ordinaire du roi, à des besognes qui auraient dû faire saigner un cœur d'artiste. Associé à Jacques Roettiers, il reçut le 3 mars 1751 la douloureuse mission d'opérer la fonte d'un certain nombre de pièces d'argenterie et de vaisselle hors d'usage. Nous avons aux Archives nationales la liste des richesses qui disparurent en ce jour néfaste. Il y avait là des groupes et des statuettes, véritables œuvres d'art, dont la perte est éternellement regrettable. En se débarrassant de ce legs du passé, Louis XV se bornait à suivre l'exemple que lui avaient donné ses prédécesseurs : il mettait sa maison à la mode.

Le premier travail important de François-Thomas Germain paraît être le service de table qu'il exécuta en 1752 pour le nabab de Golconde. Ce service, qui était d'or et d'argent, fut envoyé au royaume des féeries et, depuis lors, on n'en a plus entendu parler. En même temps, le roi de Portugal, se souvenant de l'admiration qu'il avait professée pour le vieux Thomas Germain, commandait à son fils de grands travaux. Le duc de Luynes, toujours bien informé des menus événements de la cour, raconte que le 17 mai 1752, François-Thomas Germain montra au roi et à la reine un coquemar et une cuvette d'argent qu'il venait de faire pour l'apothicairerie du roi de Portugal ; il ajoute que le coquemar était décoré d'une figure d'Esculape : un coq et une cigogne ornaient les bords du bassin. Il est douteux que ces belles inventions existent encore.

Et cependant, un travail de François-Thomas Germain nous est resté. En 1884, on a vu passer à la vente de M. Paul Eudel, une paire de flambeaux portant avec sa marque le sigle correspondant à 1758. Le haut du panache, pour parler le langage de la curiosité, est orné d'ondes et de guirlandes : au pied, sont de belles agrafes. Ces flambeaux, à la fois élégants et sérieux, sont d'un style excellent. Ils font honneur au fils de l'illustre Germain.

Nul doute que, dans ces deux pièces, la fonte et la ciselure ne soient dues à François-Thomas et à ses habiles collaborateurs. Mais, quant à la composition, l'incertitude est légitime. Dans un mémoire justificatif qu'il nous a laissé et dont les *Archives de l'Art français* ont publié un fragment, l'artiste, défendant sa cause, assure qu'il est constamment à la tête de son atelier et que rien ne s'exécute chez lui que d'après ses dessins. Nous croyons que l'orfèvre exagère un peu la facilité et l'abondance de son invention. Nous savons qu'il s'est beaucoup servi des modèles qu'il avait trouvés dans la succession de son père et nous possédons la preuve que, lorsque vers la fin du règne de Mme de Pompadour, le goût commença à changer, François-Thomas, désireux de suivre le courant nouveau, demanda des types à des artistes de la jeune école. Au Salon de 1761, Falconet exposait deux groupes de femmes en plâtre. C'étaient, dit le catalogue, des « chandeliers pour être exécutés en argent. » Mais Diderot, moins discret que le livret du Salon, nous apprend que ces modèles étaient destinés à François-Thomas Germain. Enfin, pour en finir avec cette question, nous avons dans le livre consacré aux Caffieri, par notre collaborateur M. Jules Guiffrey, le contrat passé le 8 juillet 1765 au sujet de la fameuse toilette de la princesse des Asturies. Germain est loin de jouer dans l'opération un rôle capital : il s'associe pour l'exécution à Chancelier, orfèvre privilégié du roi, mais la direction de l'entreprise reste confiée à Philippe Caffieri « qui a inventé les dessins. » Sans multiplier les exemples, nous pensons que François-Thomas eut souvent besoin de l'imagination des autres.

Cependant Germain, protégé par la grande renommée de son père dont il paraissait être le continuateur, faisait des affaires avec toute l'Europe. Il avait organisé ses ateliers comme une vaste usine, et dépensant follement l'argent qu'il gagnait, il inquiétait ses amis par le luxe de sa maison. On lui reprochait d'avoir, dans Paris, des amours coûteuses. De là, une situation financière fort empêchée. Un jour vint où François-Thomas s'aperçut qu'il devait près de 2,400,000 livres. Il ne put tenir les engagements qu'il avait souscrits : en 1765, il était en faillite. Pour un artiste attaché au service du roi, la difficulté était grave. Le directeur des Bâtiments s'en émut : le 14 août, le malheureux Germain fut dépossédé du logement qu'il occupait au Louvre, et ce logement, qui avait été celui de son père et de son grand-père, fut concédé le 8 septembre au joaillier Jacqmin, l'ami de Boucher. Germain perdit en même temps le titre envié d'orfèvre ordinaire du roi, et nous en avons la preuve visible au bas du contrat passé pour l'exécution de la toilette de la princesse des Asturies. L'artiste disqualifié rentre dans la foule : il n'est plus qu'un « marchand orphèvre. »

Dès ce jour, un certain silence se fit autour du nom de François-Thomas Germain : il a pu travailler encore, mais pour une clientèle médiocre et sans intéresser les journalistes. Après la mort de Louis XV, l'orfèvre déchu rompit le silence. Profitant d'un changement de règne et s'imaginant que tout était oublié, Germain, qui demeurait alors chez son confrère Dapché, rue de la Vannerie, demanda, en 1776, à être réintégré dans son logement du Louvre. Le ministre lui fit répondre que la maison du roi ne pouvait être « l'asile d'un banqueroutier, » et l'on ne parla plus de François-Thomas Germain, qui mourut obscurément à une date inconnue.

A ces trois Germain, dont il est question dans les livres et qui sont dès à présent précisés par l'histoire, s'ajoutent d'autres orfèvres qui portaient le même nom et dont l'état-civil demeure indistinct. Le premier de ces Germain mystérieux est incontestablement un artiste et la critique regrette ne pas savoir sa vie. Il s'appelle Pierre et il est peut-être — car il s'agit ici d'une hypothèse — le même qu'un *Pierre François*, fils de l'illustre Thomas, baptisé à Paris le 9 mars 1722. Il serait ainsi un frère aîné de l'orfèvre dont on a raconté la faillite. Quoiqu'il en soit, Pierre Germain se révèle, en 1748, par un recueil bien précieux, les *Éléments d'orfèvrerie*. C'est un choix de modèles spirituellement gravés et si conformes au style de Thomas qu'on a pu un instant les lui attribuer. Le nom de l'auteur se retrouve dans un autre livre. En 1759, la corporation des orfèvres de Paris fit réimprimer ses statuts : une note inscrite en tête du volume nous apprend que cette publication fut faite par les soins des gardes en charge, et, on voit figurer parmi leurs noms celui de Pierre Germain. Ainsi, il était de la communauté ; il faisait même partie de l'état-major. Enfin, il est impossible de ne pas tenir compte des renseignements que nous apportent les *Tablettes de renommée*, curieux almanach imprimé en 1772. Ce livre qui, il est vrai, peut se référer à une situation un peu antérieure, constate l'existence simultanée de deux Germain dont les prénoms ne sont pas indiqués : « 1° Germain, au Carrousel, orfèvre et sculpteur du roi (c'est François-Thomas, à qui l'on donne encore le titre qu'il a perdu) ; 2° Germain le Romain, quai des Orfèvres, à la Garde royale, un des plus connus pour le bijou et la vaisselle. » Il n'est pas impossible que Germain le Romain soit le Pierre Germain, auteur des *Éléments d'orfèvrerie* et garde de la corporation en 1759.

Mais sur ce point toute certitude fait défaut. La prudence est ici d'autant plus nécessaire que ce titre de « romain » donné alors aux artistes qui avaient fait un séjour à Rome pourrait être revendiqué par un autre artiste. Ce dernier, plus inquiétant encore que ses homonymes, ne paraît pas appartenir à la famille parisienne des Germain, et c'est sans doute du côté de la Provence que ses origines devraient être cherchées. Léon Lagrange a publié dans les *Archives de l'Art français* (2e série) de curieuses lettres, écrites à Paris, de 1726 à 1729 et adressées à Jean-Baptiste Franque, architecte à Avignon. L'auteur est le neveu de l'architecte, il est jeune, il est orfèvre, il s'appelle Germain, et — coïncidence singulière — il est précisément occupé, quand la correspondance s'engage, à travailler avec Thomas Germain

à la toilette de Marie Leczinska. La façon dont l'artiste parle de l'illustre maître chez lequel il est employé semble prouver qu'il n'appartenait pas à la même famille. Ce Germain, avignonnais peut-être ou provençal, quitta bientôt Paris. On sait par une lettre de l'architecte Pierre Mignard, publiée aussi par Lagrange, qu'au mois d'août 1730 il était à Rome. Peut-on tirer de ce détail un commencement de lumière ? Germain, le neveu de l'architecte Franque, est-il revenu à Paris après son voyage en Italie ; a-t-il pris le surnom de Germain le Romain, a-t-il quelque chose de commun avec l'orfèvre que les *Tablettes de renommée*, de 1772, désignent aussi comme un « romain » et qui était alors connu « pour le bijou et la vaisselle ? » Ce sont là autant de questions que notre ignorance doit laisser quant à présent sans réponse. On voit par ce qui précède, combien il nous reste à apprendre avant d'écrire l'histoire des maîtres qui, dans les arts du décor et de la parure, ont été la gloire de la France. On voit aussi que, parmi tous les ouvriers de l'or et de l'argent qui ont porté le nom de Germain, la critique doit faire un choix et ne pas égarer sa louange. Le véritable artiste de la maison, celui qui a été et qui demeurera célèbre, c'est Thomas Germain, l'orfèvre inventeur dont Mariette a dit le beau style, le ciseleur magistral dont Voltaire a éternisé les robustes élégances. — P. M.

* **GERMOIR.** Sorte de cellier dépendant d'une brasserie et dans lequel on fait germer les grains.

GIBEICÈRE. Sac en cuir ou en toile à l'usage des chasseurs. ‖ *Art hérald.* Se dit d'une gibecière ou aumônière figurée dans l'écu.

GIBERNE. Petit coffret en cuir faisant partie de l'équipement du soldat, et dans lequel il renferme ses munitions et divers menus objets.

* **GIFFARD** (HENRI). Né à Paris le 8 février 1825, mort dans la même ville le 15 avril 1882. Quoique ne sortant d'aucune école technique et n'ayant fait à l'origine aucune étude spéciale, il manifesta toute sa vie des dispositions marquées pour les sciences appliquées et suppléa, par son travail personnel, à l'enseignement qui lui manquait. Dès 1841, il entrait dans ce bureau du chemin de fer de Paris à Saint-Germain et Versailles qui, sous la direction du grand ingénieur Flachat, fut la pépinière de tant de gens distingués. Mais la question qui le préoccupa immédiatement avec passion dès 1843, c'est-à-dire dès l'âge de dix-huit ans, fut celle de la direction des aérostats. Il étudia à fond, pendant plusieurs années, ce grand problème qui était alors tout à fait dans l'enfance et lui fit faire d'importants progrès. Il fut l'un des propagateurs ardents de ce ballon à forme allongée qui paraît devoir être adopté aujourd'hui en vue d'une solution définitive, et dès 1852, il s'enlevait dans un aérostat de ce type avec une machine à vapeur. Cet acte de crânerie fit sensation à l'époque, car on n'avait jamais osé jusque là garnir la nacelle d'un moteur à feu dans la crainte d'allumer le gaz du ballon ou d'enflammer les agrès. Il avait publié, dans les années précédentes, des ouvrages

importants dans lesquels il exposait ses vues sur la matière, ce sont : *Les applications de la vapeur à la navigation aérienne* (1851) et le *Travail dépensé pour obtenir un point d'appui dans l'air* (1852).

Son esprit chercheur se répandait en même temps sur les diverses branches de la mécanique ; il fit de nombreuses expériences sur la fabrication de l'hydrogène, sur les machines à vapeur à grande vitesse et imaginait ce merveilleux appareil portant le nom d'*injecteur* qui lui valut en 1859 le prix de mécanique de l'Académie des sciences. Cet engin, sur lequel il publia, en 1860, une notice ayant pour titre : *Notice théorique et pratique sur l'injecteur automoteur breveté*, a rendu de très grands services et s'est depuis universellement répandu. On sait qu'il permet l'alimentation des chaudières à vapeur sans le secours d'aucune pompe mue soit à bras, soit par la machine elle-même, soit par un moteur spécial. Fondé sur le principe de la communication latérale du mouvement des fluides, il est surtout employé sur les locomotives où l'on est toujours si gêné par la place à donner aux organes accessoires, et sur les chaudières à vapeur de terre et de mer. Il est particulièrement précieux dans la marine pour remplacer les pompes de cale et produire commodément les épuisements de fonds. On en a établi qui enlèvent ainsi jusqu'à 600,000 litres d'eau à l'heure. — V. Injecteur.

Puis, il fut repris par sa passion dominante pour les questions de navigation aérienne et tout le monde se rappelle le ballon captif qu'il fit installer au Champ de Mars pendant l'Exposition universelle de 1867.

Cette tentative ayant été couronnée d'un plein succès, il la reprit en 1878, en établissant dans la cour des Tuileries un ballon monstre qui intéressa vivement le public par ses dimensions, son mode de construction et ses accessoires (V. Aérostation). L'exploitation fut des plus fructueuses et Giffard se décida à démonter son ballon, afin de le transporter à Londres où il voulait recommencer l'épreuve. Mais à ce moment, il reçut des propositions des frères Godard qui le lui achetèrent et le réinstallèrent dans la cour des Tuileries ; on sait que le colosse fut, peu de temps après, complètement déchiré par l'ouragan du 16 août 1879.

Il se proposait de reprendre ses expériences de 1852 sur la direction des aérostats, lorsque la mort est venue interrompre une vie consacrée au travail, à la science et au bien.

Depuis le 24 janvier 1862, Giffard était chevalier de la Légion d'honneur. — A. M.

GILET. *T. du cost.* Espèce de veste de dessous, sans pans, ordinairement sans manches et formée de deux parties, dont l'une, celle de la poitrine, est en tissu de drap, de soie, ou autre, et l'autre, celle du dos, en étoffe plus commune ; on donne le même nom à une sorte de camisole de flanelle ou de coton, qui se porte sur la peau ou sur la chemise.

GILETIER, IÈRE. *T. de mét.* Celui, celle qui confectionne des gilets.

* **GILLOT** (Firmin). Né en 1820, à Brou, près de Chartres (Eure-et-Loir). Ses parents étaient cultivateurs et ne lui donnèrent qu'une instruction fort élémentaire, mais il avait l'intelligence ouverte, le goût du travail, et il devint en peu de temps, un des meilleurs ouvriers lithographes de Chartres. Il s'établit à Paris, en 1847, imprimeur lithographe, et depuis 1850, il s'appliqua sans relâche, sans trêve et sans repos, à la perfection de la découverte qui a illustré son nom. La première idée de Gillot avait été d'obtenir la transformation d'une épreuve lithographique en cliché typographique. Il y parvint en faisant le report à l'encre grasse, sur une planche de zinc, d'une gravure ou d'une lithographie, et au moyen d'acides qui mordaient en creux les parties blanches et non encrées pour laisser intactes les parties du dessin couvertes d'encre grasse ; de cette façon, il avait un relief et la planche de zinc devenait un cliché typographique. Le *Journal amusant* comprit les avantages considérables que les publications illustrées devaient tirer du procédé nouveau, et, supprimant son atelier de gravure sur bois, il confia à Gillot tous ses dessins. Depuis, le *gillotage* est si bien entré dans la pratique, qu'aujourd'hui un grand nombre d'illustrations qui, autrefois, s'obtenaient par la gravure sur bois, se font par la gravure chimique. Firmin Gillot est mort en juin 1872. M. Charles Gillot, son fils, par les perfectionnements qu'il a apportés aux procédés créés par son père, continue brillamment les traditions qui lui ont été léguées.

Il a, le premier, utilisé la photographie pour ce genre de gravure, en tirant d'abord un négatif sur verre à la chambre noire, et en produisant ensuite un positif sur le zinc recouvert d'un vernis sensible à la lumière. Les parties insolées deviennent insolubles dans les essences et on attaque par un acide le zinc non réservé. Par ce procédé, on évite le dessin sur pierre et on obtient un cliché réduit ou agrandi, selon les exigences du format.

* **GILLOTAGE.** (Du nom de l'inventeur. V. l'article précédent). Procédé de gravure chimique auquel l'inventeur avait donné le nom de *paniconographie*, mais que le succès a consacré sous le nom de *gillotage*. Ce procédé consiste à dessiner sur une pierre lithographique, un sujet que l'on reporte sur une plaque de zinc poli, le dessin est encré avec soin et la plaque est mise dans un bain d'acide nitrique qui mord et creuse les parties non encrées, ce qui produit le relief du dessin ; au moyen d'une épreuve photographique obtenue directement sur les plaques de métal, on peut se dispenser du dessin lithographique, et après les opérations d'encrage et de morsure, la plaque devient un cliché destiné à la presse typographique. — V. Gravure.

* **GILLS.** Nom donné aux pointes d'acier fixées aux barrettes des métiers de préparation pour lin, étoupe, bourre de soie, etc., et dont le but est de maintenir les fibres parallèles dans leur passage des rouleaux fournisseurs aux rouleaux étireurs. On en trouvera un exemple dans l'*étaleuse* pour lin (V. ce mot) et dans le *gills-box* pour laine peignée. — V. l'art. suivant.

*GILLS-BOX. *T. de filat.* Nom donné à l'une des machines qui concourent à la filature de la laine peignée. Les filaments qui composent les rubans fournis par les cardes sont encore irrégulièrement disposés, et imparfaitement redressés et parallélisés ; les *gills-boxes* sont les bancs d'étirage (V. Étirage) employés, soit avant le peignage, soit après cette opération, pour redresser convenablement ces filaments, et les paralléliser d'une manière parfaite. Comme toutes les machines du même genre, ils se composent d'une paire de cylindres fournisseurs, suivie, à une distance un peu supérieure à la longueur des filaments de la laine, par une paire de cylindres étireurs, animés d'une vitesse plus grande que les précédents, et qui produisent, par l'allongement du ruban, le glissement des filaments les uns sur les autres et leur redressement. Entre les fournisseurs et les étireurs, les rubans sont guidés par des barrettes munies de pointes, ou *gills*, qui maintiennent les filaments et les empêchent de diverger sous les actions électriques et autres, produites par frottements. Ces barrettes sont guidées, comme dans les machines du même genre employées pour le travail des lins, par des vis, qui leur donnent un mouvement de translation d'une vitesse un peu supérieure à celle que les fournisseurs communiquent aux rubans. Les étirages sont toujours combinés avec des doublages de manière que les rubans conservent sensiblement leur grosseur. Ces rubans, comme c'est toujours le cas pour la laine, sont recueillis à la sortie sous forme de bobines. Lorsque les laines sont teintes à l'état de rubans peignés, les teinturiers emploient des gills-boxes pour mêler les filaments et rendre les nuances parfaitement régulières et homogènes. — P. G.

*GIN. Liqueur alcoolique faite avec les baies du genévrier. Cette eau-de-vie qui se fabrique, en Hollande, avec le malt de seigle et l'orge, distillés sur du genièvre (1), n'est souvent, en Angleterre, qu'un mélange d'alcool de grains et d'essence de genévrier, ou même un mélange de malt, orge, cassonade, aromatisé avec du coriandre, du cardamome, du carvi, des graines de paradis, des écorces d'oranges, de la racine d'angélique, de calamus et de réglisse.

La fraude vient encore modifier souvent la composition du liquide qui nous occupe. Ainsi, on y ajoute de l'acide sulfurique, pour lui donner la propriété de faire la perle dans le verre où on le verse ; l'évaporation lente, sur du papier, de liquide chargé d'acide libre, produirait une coloration noire facile à distinguer ; l'addition d'eau rendra le liquide louche, en précipitant les essences ; on devra prendre le degré alcoolique de la liqueur, qui doit être de 48 à 50°, car souvent on clarifie le liquide au moyen

(1) Dans la seule petite ville de Schiedam, près Rotterdam, il y a 220 distilleries de genièvre.

d'addition d'alun, puis de carbonate de soude, lequel en précipitant l'alumine entraîne en même temps les matières en suspension ; alors on ne reconnaîtrait plus la fraude ; on y ajoute du sucre, qui cristallise par évaporation lente ; l'arome du poivre, de la graine de paradis, etc., est souvent retrouvé en frottant dans les mains un peu de liqueur alcoolique, et en percevant aussitôt l'odeur ; quant à la *coque du Levant*, Hassal recommande, pour la reconnaître, de reprendre par l'eau l'extrait sec de genièvre, et d'y plonger un poisson, qui ne tarde pas à manifester les signes de l'empoisonnement, si cette matière végétale avait été ajoutée au produit.

GIRANDOLE. Chandelier à plusieurs branches qui sert à la décoration des tables et des salles d'apparat. ‖ Assemblage de tuyaux disposés de telle façon que l'eau qui jaillit d'une fontaine produise un effet décoratif.

*GIRARD (L.-D.). Ingénieur civil, tué en 1871 par une balle prussienne sur un bateau de service, après le siège de Paris. On lui doit des perfectionnements importants dans l'hydraulique appliquée, entre autres : les turbines hydropneumatiques (en collaboration avec Callon) ; la roue turbine à axe horizontal ; les grandes pompes élévatoires pour l'alimentation du canal de l'Est (avec Callon) ; un barrage automoteur à presses hydrauliques sur l'Yonne (barrage de l'Ile-Brûlée) ; des études et des expériences nombreuses sur un nouveau système de chemin de fer à propulsion hydraulique (chemin de fer glissant), sur les écluses, les barrages et les distributions d'eau. Pendant le siège de Paris, il avait étudié, pour la Commission de la Défense nationale, une mitrailleuse à cheval, un canon à vapeur, un appareil pour lancer à 200 et 300 mètres des bouteilles pleines de sulfure de carbone, et enfin un pylone à fourreau qui fut expérimenté au fort de la Briche. La description manuscrite de ces dernières inventions existe aux archives de la Bibliothèque de l'École des ponts-et-chaussées. Une partie de ses remarquables études a été publiée, à diverses époques, chez Mallet-Bachelier et Gauthier-Villars.

*GIRARD (Philippe de). Inventeur de la filature mécanique du lin, né en 1775, à Lourmarin (Vaucluse), mort à Paris en août 1845. Il descendait d'une famille riche et considérée, et ses ancêtres avaient compté parmi les Vaudois les plus remarquables. Doué des plus brillantes qualités, il annonçait, étant encore enfant, qu'il serait un jour un homme distingué. Peinture, poésie, musique, mécanique, il excellait dans tout. La Révolution vint interrompre ses études. La famille de Girard était noble, elle dut quitter la France et s'exiler à l'île de Mahon (Espagne). Dans ces tristes circonstances, Philippe fut la providence de ses parents ; il se fit peintre de portraits. Mais Mahon n'est pas vaste et en peu de temps il eût fait tous les portraits de l'île ; il fallut songer à autre chose. Se sentant pour l'industrie une passion irrésistible, il abandonna l'Espagne, passa en Italie, et fonda à Livourne une fabrique de savons. Bientôt il put rentrer en France et établir à Marseille la première fabrique de soude artificielle, et une autre de produits chimiques.

Un matin, son père lui donna le *Moniteur* du 12 mai 1810 en lui disant : « Tiens, Philippe, tu trouveras là-dedans quelque chose qui te regarde. » Philippe prit le journal officiel et lut un décret ainsi conçu :

« Article premier. Il sera accordé un prix de un million de francs à l'inventeur, de quelque nation qu'il puisse être, qui fera la meilleure machine propre à filer le lin. — Art. 2. A cet effet, la somme de un million est mise à la disposition de notre ministre de l'intérieur. — Art 3. Notre présent décret sera traduit dans toutes les langues.»

Jamais Philippe de Girard ne s'était occupé de quoique ce fût ayant rapport au lin ; cependant, cela ne l'inquiéta pas, et, quittant son père, il s'en fut sous les arbres du jardin méditer le décret ; tout d'abord, il pensa qu'il devait étudier tout ce que, jusqu'alors, on avait tenté et inventé sur le sujet proposé, mais il rejeta vivement cette idée loin de lui, se disant avec raison que, puisqu'on offrait un million, c'est que certainement jamais encore rien de satisfaisant n'avait été fait : il comprit qu'il fallait tout tirer de lui-même, et, pour conserver son indépendance d'esprit, il résolut de négliger toutes ces tentatives et d'ignorer complètement les travaux de ceux qui l'avaient précédé. Son plan de travail étant adopté, il s'enferma dans sa chambre, et, se faisant apporter du lin, du fil, et une loupe, il se mit à tout examiner attentivement, détrempant le lin dans de l'eau, le tournant dans ses doigts, le divisant à l'infini, recommençant toujours. Toute la journée et toute la nuit se passèrent dans ce travail. Le lendemain matin, il descendit à l'heure ordinaire du déjeuner et trouva toute la famille réunie comme la veille ; alors, marchant vers son père et lui prenant les mains, il lui dit d'un air radieux : « Mon père, le million est à moi... il est à nous ! » Puis, saisissant quelques brins de lin qui avaient trempé dans l'eau, il les fit glisser les uns sur les autres en leur imprimant un léger mouvement de rotation ; il forma un fil d'une finesse extrême, et, le montrant à l'assemblée haletante, il ajouta : « Ce que je fais avec mes doigts, ma machine le fera... et ma machine est trouvée. » Elle l'était en effet, la tête avait conçu, il restait à exécuter.

A partir de ce moment, toutes ses pensées se tournèrent vers ce but ; et ses parents, pleins de foi en son génie, se mirent courageusement à sa suite, vendant leurs propriétés, engageant leur signature, leur honneur. Deux mois après s'être mis à l'œuvre, le 18 juillet 1810, Philippe obtint son premier brevet ; mais, voulant donner à ses procédés toute la perfection possible, il attendit encore deux ans, et ce ne fut qu'au commencement de 1813 qu'il établit une filature dans la rue Meslay, à Paris. Le concours devait être clos le 7 mai de cette année ; il était donc en mesure, et même le seul en mesure, pour obtenir le prix d'un million.

Mais les guerres de 1813 et 1814 étaient arri-

vées ; les préparatifs du concours que l'on faisait au Conservatoire des Arts et Métiers furent interrompus, et Philippe de Girard, oubliant son intérêt pour ne songer qu'à la patrie menacée, inventa des armes à vapeur pouvant tirer 160 coups par minute et percer à vingt pas la tôle à cuirasse. Sa dette de bon citoyen ainsi payée, il se remet à son œuvre et rentre dans sa filature ; mais le moment est malheureux, il a tout sacrifié en comptant sur le million promis, et le million lui manque ; il ne peut pas remplir ses engagements et se trouve en face d'une situation désastreuse : « Toutes les ressources sont épuisées, écrit-il à son frère, toutes nos fabriques sont fermées. » D'ailleurs, il ne peut plus compter sur sa famille ruinée aussi. La situation, on le voit, était des plus critiques, Philippe de Girard et ses frères employèrent tous les moyens pour triompher, et ce fut alors que deux de leurs employés, Lanthois et Cochard, ainsi que nous l'avons expliqué au mot FILATURE (§ *Filature de lin : Historique*), abusèrent indignement de leur confiance en allant porter en Angleterre les dessins des machines qu'ils avaient dérobés. Ce dernier coup acheva de ruiner Philippe de Girard, qui s'adressa au gouvernement, mais la Restauration, peu soucieuse de payer les dettes de l'Empire, repoussa cette demande. Il alla à l'étranger porter ses inventions et fonda successivement deux filatures, l'une à Hirtenberg, en Autriche ; l'autre à Zyrardow, en Russie.

En 1844, Philippe de Girard, qui avait vieilli sur la terre de l'exil, voulut revoir la France avant de mourir. Il revint ramené par sa nièce et sa petite-nièce ; une grande exposition de l'industrie venait à cette époque de s'ouvrir à Paris. Ce fut pour Philippe de Girard l'occasion d'un véritable triomphe. Aussitôt qu'il paraissait dans les salles, chacun se montrait ce glorieux vétéran de l'industrie et se découvrait avec respect devant lui. Après trente ans d'absence, il retrouvait là sa plus belle création : le métier à filer le lin. Au dernier jour, les exposants le choisirent pour présider le banquet final, dans lequel ils lui firent hommage d'une médaille d'or commémorative. En présence de pareils témoignages, il crut pouvoir s'adresser au gouvernement pour réclamer la récompense promise par l'empereur. Il présenta aux Chambres un Mémoire qui fut appuyé par Arago et Guizot ; mais le ministre et le savant échouèrent devant ce qu'on appelle des questions d'économie ; alors l'industrie privée fit pour lui ce que les représentants du pays n'avaient pas voulu faire, et la « Société des inventeurs et filateurs mécaniciens » lui assura une pension annuelle de 6,000 francs. Malheureusement, celui-ci en jouit peu de temps, et il mourut quelques mois après à l'âge de soixante-dix ans. ⸺ A. R.

*GIRARDIN (JEAN-PIERRE-LOUIS). Chimiste, né à Paris, le 16 novembre 1803, mort à Rouen le 30 mai 1884. Destiné par son père, pharmacien à Paris, à l'étude des sciences, Girardin fut admis fort jeune dans le laboratoire de la pharmacie centrale des Hôpitaux de Paris, en 1821; après avoir travaillé dans cet établissement, avec une ardeur que facilitaient de grandes aptitudes, il fut reçu le premier, en 1824, au concours de l'Internat des Hôpitaux. Dans cette nouvelle position, il sût se lier avec quelques jeunes gens qui devinrent plus tard ses collaborateurs, puis des hommes éminents, que l'enseignement pût s'attacher, et il montra bientôt la profondeur de ses connaissances en botanique et en pharmacie en obtenant, au concours, les premiers prix (médaille d'or) de l'École de pharmacie de Paris. Après deux années d'internat, J. Girardin entra au Collège de France, dans le laboratoire du baron Thénard, et ce fut sur la présentation de ce maître, qui avait, en peu de temps, su apprécier les qualités de son élève, qu'il fut accepté comme professeur des cours scientifiques que M. Barbet, alors maire de Rouen, voulait créer en cette ville. En 1828, il fut appelé à la chaire de chimie, qu'il illustra d'une façon toute spéciale, par la hauteur de son enseignement. Il m'appartiendrait à moi, qui fus son élève, et qui suis heureux de pouvoir ici rendre à sa mémoire un solennel hommage, de dire quelle était la nature de cet enseignement. Je pourrais dire que, jusqu'en 1858, époque à laquelle il quitta, pour une fois, sa patrie d'adoption, jamais cours ne fut plus suivi à juste titre que le sien, et que jamais professeur ne brilla par plus de clarté dans ses démonstrations, par plus de luxe dans ses expériences scientifiques. Je pourrais dire encore, ce qui se passait à l'époque où je l'ai connu, *comme professeur*, pour arriver bien avant l'heure des leçons, dans son amphithéâtre, trop petit pour un tel maître. Mais, tout cela ne vaudrait pas l'éloge que nous trouvons dans le procès-verbal de la séance du 5 juin 1839 de la Société d'Encouragement pour l'Industrie nationale, laquelle lui votait une grande médaille de platine; aussi, préférons-nous relater ce qu'à cette époque, M. Gaultier de Claubry, rapporteur, disait à son sujet : « Dans le courant de cette année, M. Girardin, d'accord avec le maire, M. Barbet, a transporté au dimanche les leçons de physique et de chimie, et bientôt l'amphithéâtre s'est trouvé trop petit pour la foule qui y accourait : force a été de suspendre le cours pour l'agrandir, et chaque dimanche, trois cents auditeurs encombrent la salle, qui ne peut contenir tous ceux qui s'y présentent, et dont une partie reste appendue aux fenêtres, même pendant un froid rigoureux. » Telle était encore en 1858, lors de son départ de Rouen, la physionomie des cours de notre savant maître. Nous ne pouvons comparer qu'un seul cours au sien, pour l'empressement que mettait le public à s'y rendre, et pour l'éloquence du professeur, celui que professait J.-B. Dumas, à la Sorbonne. Il fallait pour tous deux maintenir le public qui voulait, bien avant l'heure, se rendre aux savantes leçons des maîtres et être sûr de trouver de la place.

Mais revenons à M. J. Girardin, après son cours du dimanche, créé, en 1835, pour les ouvriers, et qui fut le premier de ce genre inauguré en province; il fut nommé, en 1836, membre cor-

respondant de la Société centrale d'Agriculture de France; en 1838, le conseil général de la Seine-Inférieure créa pour lui une chaire de chimie appliquée, à l'École d'agriculture que l'on fondait; en même temps, il était proclamé membre de la Société d'Encouragement de Paris, en récompense de la publication de ses leçons élémentaires de chimie, dédiées aux ouvriers de Rouen; c'est l'année suivante qu'il obtint de la Société d'Encouragement, la médaille de platine, qui lui fut décernée à la suite du rapport dont nous avons relaté un extrait. Ses nombreux travaux scientifiques lui permettant de publier un grand nombre de travaux et de brochures, l'auteur de cette notice en possède plus de cent cinquante, sans avoir la prétention de les avoir tous recueillis, — il fut nommé membre correspondant de l'Institut, en 1842. Cette récompense n'arrivait cependant qu'après sa nomination de chevalier de la Légion d'honneur, laquelle date de 1841. En 1846, ses travaux de chimie médicale, ses recherches toxicologiques, et les publications qu'il fit dans les journaux de pharmacie et de chimie médicale, lui ouvrirent les portes de l'Académie de médecine, dont il fut nommé correspondant. Voulant combattre les erreurs et préjugés qu'il voyait régner dans la région qu'il habitait, et qu'il s'efforçait de dissiper dans ses leçons de chimie agricole, il résolut de créer des conférences pratiques, et par sa parole, par sa persévérance, il arriva à vulgariser, dans le département de la Seine-Inférieure, les notions les plus exactes sur la valeur des engrais, sur les fumiers; puis il laissa, lors de son départ de Rouen, à son gendre, M. Morière, actuellement doyen de la faculté des sciences de Caen, le soin de continuer et de parfaire son œuvre. En 1856, lors de la création, à Rouen, d'une École préparatoire à l'enseignement supérieur des sciences et des lettres, il en fut nommé directeur, mais à peine avait-il eu le temps d'organiser les cours, que, cédant aux sollicitations de M. Rouland, alors ministre de l'Instruction publique, il consentit à abandonner sa chaire, son enseignement, son laboratoire, où « dès 1831, trente-cinq fils de teinturiers, de blanchisseurs, d'indienneurs (Gaultier de Claubry, *loc. cit.*) étaient venus puiser de bonnes pratiques et participer à son enseignement, » — et d'où, nous pouvons le dire sans crainte, sont sortis tous ceux qui, dans la région, s'occupaient ou s'occupent encore de chimie, — pour accepter la place de doyen et de professeur de chimie appliquée à la faculté des sciences de Lille; il venait d'être nommé officier de la Légion d'honneur (1857), quand il quitta Rouen, après avoir reçu des habitants de cette ville, l'hommage public de tous les regrets qu'inspirait son départ. M. J. Girardin resta cinq ans à Lille, puis fut nommé recteur de l'Académie de Clermont, où il demeura jusqu'au moment où, atteint par la limite d'âge imposée aux recteurs, il fut de nouveau renvoyé à Rouen, comme directeur de l'École des sciences qu'il avait organisée, et qui fut alors complétée par l'addition de nouveaux cours d'enseignement supérieur, et la création d'un laboratoire de hautes études. Il ne cessa d'occuper ce poste, qu'un an environ avant sa mort, réservant encore les derniers moments qu'il comptait pouvoir utiliser, à la terminaison d'un ouvrage, malheureusement resté inachevé, sur l'étude de l'*Industrie chimique chez les Anciens*.

Nous ne pouvons, dans cette courte biographie, résumer tous les titres de M. J. Girardin ; notons qu'il appartenait à Rouen, à la Société d'agriculture, à l'Académie des sciences et belles-lettres, à la Société d'émulation, à la Société industrielle qui vient de prendre l'initiative d'une souscription publique pour élever un monument en son honneur, etc. ; et qu'à l'étranger, il était également membre de diverses Sociétés savantes.

L'œuvre de M. J. Girardin est trop considérable pour que nous puissions songer à reproduire même les titres de tous ses travaux ; nous en avons imparfaitement cité un nombre approximatif. Parmi les œuvres capitales, nous pouvons mentionner :

Eléments de minéralogie appliquée aux sciences chimiques, Paris, 1826-1837, 2 vol. in-8°, planches (avec M. Lecoq) ; *Nouveau manuel de botanique* ou *Précis élémentaire de physiologie végétale*, 1 vol. in-8° avec pl., 1827 (avec M. Juillet) ; *Considérations générales sur les volcans*, 1 vol. in-8°, Rouen, 1830 ; *Leçons de chimie élémentaire*, faites le dimanche à l'Ecole municipale de Rouen avec tableaux, figures et échantillons, 1835, 1 vol., 5° édition, 1872-1875, 5 vol. in-8° ; ouvrage traduit en russe, en anglais, en allemand et en italien, ayant valu à l'auteur la médaille d'or des savants étrangers ; *Notice sur Ed. Adam*, in-8°, 1837, avec pl. ; *Mémoires de chimie appliquée, à l'industrie, à l'agriculture, à la médecine et à l'économie domestique*, 1 vol. in-8°, 1839 ; *Du sol arable*, in-8°, 1842, 2° édition ; *Des fumiers considérés comme engrais*, in-18, 1847, avec fig., 7 éditions ; *Technologie de la garance*, in-8°, 1844 ; *Traité élémentaire d'agriculture* (avec M. Dubreuil), 2 vol. in-18 av. fig., 1845 ; *Mélanges d'agriculture, d'économie rurale et publique et des sciences physiques appliquées*, 1852, 2 vol. in-18 avec fig. ; *Courte instruction sur l'emploi du sel en agriculture*, 1853, in-16, 6 éditions ; *Résumé des conférences agricoles sur les fumiers*, 1854, in-16, 14° édition (Girardin et Morière, Rouen), 1869 ; *Sur les nouveaux engrais concentrés du commerce*, 1854, in-16, Rouen ; *Moyen d'utiliser le marc de pommes*, 1854, in-16, Rouen, 4 éditions ; *Des marcs dans nos campagnes*, Rouen, 1854, in-16 ; *Considérations sur l'usage et l'abus de l'eau-de-vie et des autres liqueurs*, 1864, in-8°, etc.

Puis encore les publications périodiques dans lesquelles il faisait connaître ses œuvres :

Le *Bulletin universel de Ferrussac*, de 1827 à 1831.

Le *Journal de pharmacie et de chimie*, depuis 1836, jusqu'à sa mort.

Le *Journal d'agriculture pratique* de Bixio, depuis 1842.

La *Normandie agricole*, à partir de 1843.

Les *Cent traités pour l'instruction du peuple* (cinq traités, 1847).

Les comptes-rendus de l'Académie des sciences de Rouen, de la Société d'émulation, de la Société des amis des sciences naturelles de la même ville, de la Société industrielle, etc. — J. C.

* **GIRARDON** (FRANÇOIS). Sculpteur français, né à Troyes en 1630, mort à Paris en 1715, était fils d'un fondeur de métaux et fut placé très jeune chez un procureur. Le jeune clerc ne se sentait aucune vocation pour la chicane et ne cessait de dessiner et de modeler malgré la défense de son père. Celui-ci le fit entrer enfin chez un menuisier sculpteur de panneaux, qui lui enseigna les premiers principes de son art et le mit à même d'étudier, avec fruit, les quelques modèles que lui offraient les églises de Troyes, notamment les œuvres de Dominique et Gentil, sculpteurs du XVIᵉ siècle.

Peu après, le jeune artiste fut envoyé pour quelque travail au château de Saint-Liébaut, appartenant au chancelier Séguier, et il eut le bonheur d'attirer l'attention de ce personnage tout puissant. Placé à Paris chez Anguier, sculpteur de talent, puis envoyé à Rome avec une pension du roi, Girardon vit dès lors toutes les difficultés aplanies. A son retour de Rome, il sut s'attirer l'amitié de Lebrun, obtint par sa protection, pour Versailles et Trianon, plusieurs commandes importantes, qui consacrèrent sa réputation. Membre de l'Académie de peinture et de sculpture en 1657, professeur en 1659, inspecteur général après la mort de Lebrun, 1690, chancelier de l'Académie en 1695, il garda jusqu'à sa mort la faveur de Louis XIV, et exerça une grande influence sur la sculpture au XVIIᵉ siècle.

Les principales œuvres de Girardon sont, après le tombeau de Richelieu à la Sorbonne, qui passe pour son chef-d'œuvre, les quatre figures des bains d'Apollon, les victoires de la *France sur l'Espagne*, l'*Hiver* et l'*Enlèvement de Proserpine*, à Versailles, de beaux groupes d'enfants à Trianon, la statue équestre de Louis XIV, élevée sur la place Vendôme à Paris, et qui fut renversée en 1790, et plusieurs morceaux importants à Troyes, sa ville natale.

Bien que manquant de variété et d'invention, et bien que ses figures soient un peu courtes et ses draperies pesantes, Girardon a mérité d'être placé parmi les plus grands maîtres du XVIIᵉ siècle, par la correction de son dessin, l'élévation de sa composition un peu théâtrale, la justesse de l'expression et le naturel des attitudes et des mouvements. Malgré ces grandes qualités, il paraît juste de dire que sa réputation a été au-dessus de son talent, qui n'est pas comparable à celui de Puget, son rival malheureux.

* **GIRELLE.** T. *techn.* Plateau circulaire de bois qui se trouve au-dessus du tour du potier et sur lequel l'ouvrier place la pâte pour ébaucher sa pièce. — V. FAÏENCE, § *Technologie*.

GIRON. T. *de constr.* Partie horizontale d'une marche d'escalier et sur laquelle on pose le pied. — V. ESCALIER.

GIRONNÉ, ÉE. Art *hérald.* Se dit de l'écu divisé

en plusieurs parties triangulaires, ou *girons*, dont les pointes s'unissent au centre de l'écu et dont les émaux sont alternés.

*GIRONNEMENT. — V. Balancememt des marches.

GIROUETTE. Plaque mince de métal, mobile autour d'un axe vertical, que l'on fixe au sommet d'un lieu élevé pour indiquer la direction du vent.

— Au moyen âge, la faculté de surmonter d'une girouette le pignon d'un manoir était un droit seigneurial et la marque extérieure d'une prééminence, aussi la feuille de tôle qui constituait l'appareil était-elle, le plus souvent, découpée de manière à détacher dans le ciel les armes du haut baron qui habitait le logis; les simples chevaliers ne pouvaient avoir qu'une girouette en pointe, ne représentant qu'une simple pennon; à partir du XVIe siècle l'usage des girouettes s'étendit aux demeures des riches bourgeois.

*GIROUETTÉ, ÉE. *Art hérald.* Se dit d'une tour, d'un château, d'un mât de vaisseau, surmonté d'une girouette.

GISEMENT. Les gisements des matières minérales utiles que l'homme peut exploiter à la surface de la terre, ou dans sa profondeur, sont classés par la loi en *mines, minières* et *carrières*, selon la *nature* des matières qui les constituent. Au point de vue de leur disposition géométrique et de leur formation géologique, on distingue les *couches*, les *filons* et les *amas*.

1º Une *couche* est un élément des terrains stratifiés, sédimentaires ou neptuniens, qui ont été formés au sein de l'eau. On distingue ces terrains en lacustres et marins, suivant la nature des eaux où ils se sont déposés, et on est renseigné sur ce point par la faune et la flore fossile qu'on y rencontre. Les couches portent quelquefois diverses autres dénominations; ainsi, on dit : les strates jurassiques, les assises du terrain houiller, les bancs de matières pierreuses, etc. Si l'épaisseur des couches est faible, on les désigne sous le nom de *lits* ou de *feuillets*. On appelle *passées* des couches de houille minces, et *haveries* des lits argileux qui se trouvent au-dessous des couches de houille.

Les sources minérales qui débouchaient au fond de l'eau au moment du dépôt des terrains sédimentaires ont pu concourir à leur formation d'une façon plus ou moins active. Le mode de dépôt de ces terrains peut toujours se rapporter à une des cinq actions suivantes, ou à plusieurs agissant simultanément:

1º La *sédimentation*, quand des éléments enlevés par les eaux à des terrains antérieurs (érosion), ont été déposés par suite du ralentissement de la vitesse de l'eau;

2º L'*évaporation*, qui a donné lieu au dépôt des matières dissoutes. Ainsi se sont formés certains gisements de sel gemme, de chlorure de potassium, etc.;

3º La *précipitation*, c'est-à-dire la formation au sein des eaux par réactions chimiques, de matières insolubles qui se sont déposées. Comme exemples, on peut citer le gypse, le fer carbonaté des houillères, etc.;

4º La *végétation*. Les couches de combustibles minéraux sont le résultat de l'action de la température et de la pression, sur les débris accumulés d'une végétation très active, qui a régné sur la terre à diverses époques géologiques, et particulièrement pendant le dépôt du terrain houiller. Cette végétation se développait surtout près de bassins ou de golfes, transformés en marécages par la sédimentation;

5º La *vie animale*. La craie est formée de dépouilles de foraminifères, et beaucoup de calcaires sont constitués par des coquilles fossiles. Ce phénomène se produit encore de nos jours dans des mers profondes.

Quand une érosion est venue enlever, après sa formation, une partie d'un terrain stratifié, on voit affleurer les couches au jour, mais le contact de l'air altère souvent leur nature. Si un nouveau dépôt remplit le vide, l'affleurement de la couche en devient le chef ou la tête.

Une couche est limitée à la partie inférieure par une couche parallèle qui est son *mur*, et à la partie supérieure par une autre couche parallèle qui est son *toit*. Ces noms désignent quelquefois les plans géométriques de séparation. Le toit et le mur sont deux surfaces à peu près parallèles qui vont néanmoins se rejoindre tout autour de la couche qui, en général, a d'abord affecté la forme d'une grande lentille horizontale. Dans l'exploitation d'une couche, la qualité de son toit a une grande importance. S'il est ébouleux, il faut le soutenir. Quand il y a des clivages, ils découpent des blocs qui peuvent tomber sur les ouvriers, en laissant des cloches où peuvent s'accumuler des gaz dangereux. On appelle *faux toit* un mauvais toit de peu d'épaisseur, surmonté par un bon toit; il faut enlever le faux toit, bien qu'en tombant, il salisse la matière utile. La qualité du mur a aussi une certaine importance. Quand il n'est pas assez solide, cela peut donner lieu à des effondrements. Souvent il repousse, sous l'influence de la poussée des pieds-droits, ou à cause du foisonnement par hydratation des matières qui le composent; et on est obligé alors de le recouper de temps en temps.

La distance du toit au mur est la puissance de la couche. La houille se présente souvent en couches de moins de 30 centimètres de puissance, qui ne sont pas exploitables et s'appellent des *passées*. Il y a, à Decazeville, une couche de houille de 65 mètres de puissance. Les conditions les plus favorables sont celles qui sont réalisées dans la Ruhr, où on exploite de très nombreuses couches de 1 à 2 mètres de puissance.

Les couches se sont toutes déposées horizontalement, mais le refroidissement de la masse intérieure de la terre et la contraction qui en résulte, ont produit un phénomène analogue au dégonflement d'une vessie; les couches se sont inclinées, et en certains points, il s'est fait des ruptures appelées *failles* ou *crains*; les deux parties de terrains situées de part et d'autre sont tombées de quantités inégales, ou ont pu dans certains cas être soulevées, et il en est résulté des rejets ou accidents.

Une partie de couche plane est définie quand

on donne sa direction, c'est-à-dire l'angle de sa trace horizontale avec la méridienne, astronomique ou magnétique, et son inclinaison, c'est-à-dire l'angle qu'elle fait avec le plan horizontal. La direction se compte quelquefois du nord au sud par l'est, et alors elle est mesurée par un nombre compris entre 0° et 180°. Quelquefois aussi, on la compte du nord à l'est ou du nord à l'ouest, et elle est mesurée par un nombre compris entre 0° et 90° avec la mention du sens où on la compte, par exemple : N 27° E. L'inclinaison s'appelle encore *plongement* ou *pendage*. Il y a des couches qui ont été renversées de plus de 90°, et dont le toit géologique est devenu le mur géométrique et réciproquement. Pour les couches de houille, le toit et le mur géologiques présentent, en général, des caractères qui permettent de les reconnaître facilement : le toit est lisse, et le mur est spongieux. La ligne de plus grande pente de la couche se projette sur un plan horizontal, perpendiculairement à la trace de la couche. On la représente par une flèche dont on met la pointe dans le sens descendant. Une couche est divisée par une galerie horizontale, en deux parties appelées *avalpendage* et *amont-pendage*.

Une couche courbe est définie en chacun de ses points, par la direction et l'inclinaison de son plan tangent. On appelle *fond de bateau* une partie de couche cylindrique concave vers le haut; *selle*, une partie cylindrique convexe vers le haut; *fond de cuvette*, une partie de surface à simple courbure concave vers le haut; *dôme*, une partie de surface à simple courbure convexe vers le haut, et *col*, une partie de surface à double courbure. Ces derniers cas sont les plus rares. Un fond de bateau est caractérisé par une ligne de *thalweg*, et une selle par une ligne de *faite*. La région, située entre un thalweg et le faîte voisin, et comprenant une partie du fond de bateau et une partie de la selle, s'appelle *versant* ou *comble*. Les versants peu inclinés portent le nom de *plateurs*, et les versants très inclinés celui de *dressants*, *droits* ou *roides*, qu'ils soient ou non *renversés*. Deux versants contigus, au lieu de se raccorder par une surface courbe, peuvent faire un angle brusque, qui est même quelquefois aigu. On désigne alors le thalweg ou le faîte qui les sépare, sous le nom d'*ennoyage* ou de *crochon*.

Les couches, constituées par une matière malléable, ont été altérées de façon à présenter des parties renflées et des étranglements. Quand ce phénomène se reproduit périodiquement, on dit que la couche est en chapelet. Les parties renflées s'appellent aussi *coufflées* ou *bouillards*.

Quelquefois, des érosions ont enlevé des parties variables du toit d'une couche : les points où ont eu lieu ces enlèvements s'appellent *défauts de masse*. Quand les érosions ont enlevé le crochon qui sépare deux versants contigus, on dit que la couche fait *crochon en l'air*. Il existe parfois, au milieu des couches, des bancs lenticulaires d'une matière étrangère, appelés *nerfs* ou *barres*. Quand une couche vient à se barrer par l'interposition d'un nerf, on peut espérer que ses deux branches se rejoindront plus loin.

Il arrive souvent que dans l'étendue d'une couche, la matière qui la constitue change de nature. Le sable passe au grès, la houille au schiste houiller, l'oxyde de fer au grès ferrugineux. Dans le voisinage des dykes, les couches peuvent avoir éprouvé une action métamorphique qui a, par exemple, changé la houille en coke. Près des affleurements, le contact de l'air a pu modifier les couches, brûler le charbon et n'en laisser subsister que les cendres, brûler les sulfures et les transformer en sulfates que les eaux entraînent.

2° Un *filon* est une faille qui a été remplie de matières utiles, de l'une des trois manières suivantes : 1° tantôt c'est la pression qui a chassé les matières fluides de l'intérieur de la terre dans le vide qui leur était offert. La matière est homogène dans son ensemble, sauf les liquations qui ont pu donner naissance à des cristaux de diverses matières. Ce mode de formation qui a produit les dykes, a produit très peu de filons utiles; 2° dans la plupart des cas, les matières constitutives des filons ont été amenées par de l'eau chaude et sous pression, qui les déposait au fur et à mesure que sa température et sa pression diminuaient. Ces eaux ont pu changer de nature pendant le dépôt du filon, et il en résulte que les filons ainsi remplis présentent une structure rubannée, symétrique; il peut rester, au centre, de petites cavités appelées *druses*, tapissées des cristaux de la dernière formation; s'il est tombé dans le filon des fragments de la roche encaissante, on les trouve entourés des mêmes matières, qui se sont déposées sur les parois ou *épontes* du filon, et dans le même ordre; 3° quelquefois, au lieu d'être venues en dissolution, les matières sont arrivées par sublimation, et le filon présente la même structure rubannée symétrique.

Les filons se rencontrent dans les terrains sédimentaires et dans les terrains éruptifs. Quand ils se trouvent dans les terrains sédimentaires, ils coupent, en général, la stratification, car la stratification se rapproche de l'horizontale et les filons de la verticale. Quelquefois, les filons s'insèrent entre deux couches successives qui manquent d'adhérence, et prennent alors le nom de *filon-couche*, ou ils s'insèrent entre les terrains éruptifs et les terrains sédimentaires et prennent alors le nom de *filon de contact*.

L'*éponte* ou paroi du filon qui est située géométriquement au-dessus de lui s'appelle le *toit*, et celle qui est au-dessous s'appelle le *mur*. Ce qui fait la différence des filons et des couches, c'est que dans les filons, le toit et le mur sont contemporains. Quelquefois, les épontes manquent de netteté par suite de l'altération de la roche par les liquides ou les gaz, qui amenaient la matière du filon, ou bien elles sont marquées par une mince couche d'argile appelée *salbande*, et provenant du frottement des deux épontes.

Quand une faille traverse une suite de couches qui n'ont pas la même résistance, sa direction varie; elle se rapproche de la stratification dans les couches délitées, de la verticale dans les couches compactes et tendres et de la normale dans les couches dures. Si les couches d'égale résistance se reproduisent périodiquement, la faille prend la forme d'un escalier, et, s'il y a un rejet, la largeur de l'ouverture est périodiquement variable. Il en est de même si la faille s'est remplie et est devenue un filon. Quand certaines couches stratifiées sont attaquables par le liquide ou le gaz qui donne naissance au filon, le filon présente en ces points une augmentation de puissance, qui peut se reproduire périodiquement, si les couches attaquables alternent avec des couches inattaquables.

Un filon peut se barrer comme une couche. Il est probable que les trois filons de cinabre d'Almaden n'en font qu'un en profondeur. Ce phénomène a donné lieu, autrefois, à des difficultés en Hongrie, quand on accordait la concession d'un filon, au lieu d'accorder, comme on le fait maintenant, une concession limitée à des plans verticaux. Quand un mineur, en suivant un filon, arrive à un point où il se divise, il doit suivre de préférence la branche dont la direction s'éloigne le moins de la direction moyenne du filon, surtout si cette branche est située au mur. Si un filon s'éparpille, c'est souvent l'indice de sa fin. Les filons peuvent s'arrêter à une faille, quand celle-ci est antérieure, ou être rejetés par elle, si elle est postérieure. Si la faille se remplit à son tour, elle devient un filon croiseur. Souvent, quand deux filons se croisent, la ligne d'intersection présente une plus grande richesse; cela se conçoit aisément, car cette région a été plus disloquée, et plus facilement traversée par les liquides ou les gaz.

Les filons ont, en général, une certaine tendance à se réouvrir, ce qui rend souvent difficile leur étude. Un filon peut passer à l'intérieur d'un autre filon. Les filons ont de même que les failles et pour la même raison, une tendance à être accompagnés de filons parallèles, et de filons perpendiculaires. En général, des filons parallèles ont été formés à la même époque géologique, et leur histoire est à peu près la même.

Les matières qui remplissent un filon sont de trois sortes : le minerai, la gangue et le remplissage. Le remplissage est l'ensemble des débris de la roche encaissante; quand ces débris ont une grande importance, le filon est dit bréchiforme. La gangue est également stérile, mais elle est venue en même temps et par les mêmes voies que le minerai. Les gangues les plus habituelles sont le quartz, le feldspath, la calcite et l'aragonite, le gypse, le spath fluor, la barytine, la witherite, etc. On considère aussi comme gangues, quand elles accompagnent des matières plus riches, la sidérose, l'oxyde de fer, la pyrite de fer, la blende, etc. Le minerai est un métal qui se rencontre à l'état natif (or, argent, platine, cuivre, bismuth), ou combiné et formant des oxydes (étain, fer, manganèse), des sulfures (argent, cuivre, plomb, zinc, antimoine), des arséniures ou des arséniosulfures (nickel, cobalt), des carbonates (cuivre, zinc, fer), des chlorures (aluminium), ou des silicates (zinc, nickel). On considère la pyrite de fer comme un minerai de soufre, car on ne pourrait pas en extraire le fer économiquement.

Pour qu'un filon soit exploitable, il faut que les matières qu'on en extrait aient une teneur minimum d'environ 30 0/0 en fer, ou 5 0/0 en zinc, ou 3 0/0 en plomb, ou 2 0/0 en cuivre, ou 0,01 0/0 en argent, ou 0,001 0/0 en or.

La composition d'un filon varie en direction et surtout en profondeur. Presque tous les filons métalliques présentent près de la surface du sol un chapeau de fer, dont l'origine est la suivante : en arrivant près de la surface du sol, les sulfures se sont oxydés, et ont formé des sulfates que les eaux ont entraînés, et des oxydes qui sont restés. Il existe des gisements de minerai de fer, qui sont uniquement le chapeau de fer de filons pyriteux descendant en profondeur.

La richesse des filons est influencée par diverses circonstances. La première est la nature des roches encaissantes, qui est tantôt favorable, tantôt défavorable aux réactions chimiques d'où résulte le dépôt. Les parties des filons qui sont les plus roides sont les plus productives : cela résulte de la théorie des filons en escalier, et cette règle a été découverte expérimentalement par Richard Thomas. Henwood a formulé les deux règles suivantes : 1o les meilleures parties de filon sont celles qui traversent des roches de dureté moyenne, car les roches tenaces se fendillent au lieu de se casser nettement, et les roches tendres s'éboulent, et remplissent le filon de leurs débris; 2o les meilleures parties de filon plongent dans le sens de la stratification, parce que le plan de stratification est un plan de moindre résistance, et que les colonnes riches sont dirigées habituellement suivant l'intersection d'un plan de stratification avec le filon. M. Moissenet a observé que les parties riches d'un filon sont celles qui sont dirigées le plus exactement suivant la direction de la cassure, à laquelle il se rapporte. Il résulte de toutes ces règles que dans un système de filons parallèles, les parties riches se correspondent souvent en projection sur le plan de l'un d'eux. Les couches et les filons sont souvent brisés par des failles le long desquelles les deux parties de terrain peuvent avoir éprouvé un mouvement relatif atteignant parfois plusieurs centaines de mètres. Le lecteur trouvera des renseignements sur les failles à l'article FAILLE et sur la manière de les franchir à l'article EXPLOITATION DES MINES.

3o On désigne sous le nom d'amas, des gisements qui ont une forme ovoïde au lieu d'être lenticulaires comme les couches et les filons, c'est-à-dire d'avoir une dimension beaucoup faible que les deux autres. Quand le grand axe est presque vertical, l'amas est dit debout, et quand il est presque horizontal, il est dit couché. Par leur mode de formation, les amas peuvent se rapprocher, soit des couches, soit des filons. Quand un filon traverse une roche très facilement altérée par les matières qui donnent naissance au filon, il en résulte un amas dont on peut, en général, trouver la racine en profondeur. Un amas sédimentaire est généralement l'un des grains d'une couche en chapelets, séparé de ses voisins. Quelquefois il provient du remplissage par le haut d'une cavité résultant d'érosions. Il y a aussi des amas d'une origine mixte, qui proviennent de l'épanchement à la surface du sol, à une époque géologique quelconque, de matières fondues ou dissoutes arrivant du fond. C'est le mode de formation des coulées de lave.

Certains amas, appelés *stockwerks*, sont formés d'une matière utile tapissant une série de fissures qui traversent une roche dans tous les sens. Cette matière utile provient, en général, de la roche qui l'a pour ainsi dire suée. Cette dénomination s'applique principalement à certains gisements de cassitérite. On dit qu'un amas se présente en rognons, nodules ou concrétions, lorsqu'il se compose d'une matière d'abord répandue uniformément dans la masse de la roche, et qui s'est ensuite concentrée par des mouvements moléculaires en un grand nombre de très petits amas. Tels sont les silex et les boules de pyrite, de la craie, les noyaux de galène dans le trias, les rognons de fer carbonaté lithoïde du terrain houiller. Enfin, on désigne sous le nom de *grazenlæufer*, de très petites masses minérales, ne paraissant se rattacher à aucun gîte exploitable, et ayant une origine mal connue.

Tels sont les divers types des gisements que l'homme peut rechercher et exploiter à la surface de la terre ou dans sa profondeur. Nous avons décrit comment il y procède aux articles Exhaure, Exploitation des mines, Extraction, Lavage des matières minérales, Traction, Ventilation, etc. — A. B.

*GÎTAGE. Opération que l'on fait subir aux draps dans certaines fabriques après le passage à la vapeur, et qui consiste à les faire passer une vingtaine de fois sur un chardon sans force, en y injectant de l'eau pendant toute la durée de ce travail. On arrive ainsi à bien lisser le drap, tout en détachant du tissu la laine qui s'y trouve profondément fixée par l'effet de la vapeur et de la pression.

*GÎTE. T. *d'exploit. des min.* Lieu où se trouvent des gisements minéraux; il y a entre ces deux mots, *gîte* et *gisement*, cette différence que le premier s'applique à la contrée où se trouve le minéral, et le second à la place dont il s'y trouve. || T. *de constr.* Pièce de bois qui entre dans la construction du tablier d'un pont. || Poutrelle qui supporte, qui soutient les madriers d'une plate-forme.

*GLAÇAGE. T. *techn.* Opération que l'on pratique dans divers métiers et qui a pour but de donner du poli, du lustre; dans l'imprimerie, on glace le papier pour enlever toutes ses rugosités et le mieux préparer à l'impression. Cette opération se pratique au moyen de plaques de zinc entre lesquelles les feuilles sont placées, puis soumises au jeu d'un laminoir ou *presse à glacer*; les feuilles passent sur le cylindre inférieur qui les entraîne et sous le cylindre supérieur qui les presse.

Glaçage des tissus. Le glaçage des tissus s'obtient de deux façons différentes :

1° Par le passage entre un rouleau de fonte chauffé et l'un des cylindres en papier de la ma-

chine à cylindres, l'un et l'autre soumis à une très grande pression. Le rouleau de fonte développant une plus grande vitesse que le tissu, produit sur ce dernier un effet de friction ou de lustrage plus ou moins brillant;

2° Par l'action répétée d'un galet en métal ou en agate, agissant transversalement sur le tissu avec mouvement de va-et-vient. L'étoffe est animée d'un mouvement d'appel continu et présente ainsi successivement toute sa surface à l'action du galet.

Bien souvent, pour obtenir le glaçage dans ces deux cas, il faut préalablement que les tissus aient subi l'opération du cirage par leur passage sur un rouleau de cire, tournant en sens contraire de leur marche, et soumis à une pression plus ou moins considérable communiquée à l'aide de leviers surchargés de poids.

Glaçage des fils. — V. Fils a coudre.

|| Opération qui consiste à appliquer une couche de couleur ayant peu de corps, sur une peinture achevée, afin de donner à celle-ci plus d'éclat; on dit aussi *faire un glacis*.

I. GLACE. T. *de phys. et de chim.* Etat de l'eau solidifiée, naturellement ou artificiellement. — V. Eau. p. 504, t. IV.

Nous ne pouvons ici passer en revue les propriétés physiques, chimiques et physiologiques de la glace. Pour la *force expansive*, la *regélation*, la *plasticité* de la glace, qui sont ses propriétés les plus importantes, nous renvoyons à l'article Congélation.

Ajoutons que la glace est, de tous les corps, celui qui, à poids égal, exige le plus de chaleur pour se fondre. Sa *chaleur latente de fusion* est, en effet, de $79^{cal.},25$ (1 calorie étant la quantité de chaleur nécessaire pour élever de 1° la température de 1 kilogramme d'eau). Par suite, 1 kilogramme d'eau en se congelant dégage une quantité de chaleur égale à $79^{cal.},25$, ce qui explique la lenteur de prise en glace de l'eau des rivières. L'eau de mer, qui contient des sels en dissolution, gèle plus difficilement.

II. GLACE. On donne ce nom aux plaques [de verre fixées, soit dans des cadres placés au-dessus des cheminées ou sur les murs d'un appartement, soit dans les devantures de boutiques ou dans les châssis de croisées; les premières sont étamées d'un seul côté (V. Etamage, § *Etamage des glaces*), les secondes sont polies des deux côtés. — V. Glacerie, Miroir.

*GLACE ARTIFICIELLE. T. *techn.* La glace est une substance de consommation journalière, qui non seulement s'emploie pour rafraîchir les boissons, mais qui constitue également un produit indispensable à beaucoup d'industries, et un agent thérapeutique précieux dans nombre de maladies.

Il est donc nécessaire de pouvoir s'en procurer en tous temps, et à défaut de glace naturelle, de pouvoir en produire aisément. Malgré les nombreux approvisionnements que nous envoient la Suède, la Norvège, l'Amérique du Nord, malgré la récolte que nous faisons en France sur nos cours d'eau ou nos lacs, lorsque l'hiver le permet, il arrive fréquemment que ce produit vient à manquer par les fortes chaleurs, ou lorsque la saison froide n'a pas été assez rigoureuse. C'est qu'en effet, depuis quelques années, surtout depuis l'Exposition de 1878, on a pris dans notre pays l'habitude de boire froid, et que, avec les provisions anciennes, on n'aurait jamais pu suffire à une consommation de 10 millions de kilogrammes par an, pour Paris, par exemple, si l'on n'avait pu réussir à faire industriellement la glace à un prix rémunérateur. Il fallait, en plus, pouvoir répondre aussi aux exigences des clients qui demandaient de la glace claire et limpide, quand on en mettait dans leurs verres, et qui voulaient avoir de la glace opaque, lorsqu'on leur servait une carafe frappée. Actuellement, avec les appareils dont on dispose, on peut faire de la glace à 1 centime le kilogramme, au lieu de coûter 11 centimes d'achat et de droits, comme coûtait la glace naturelle, elle est, à volonté, ou transparente ou opaque, suivant que l'on a enlevé ou non l'air dissous dans l'eau, et solidifié plus ou moins rapidement.

Les moyens employés pour faire de la glace se divisent en deux catégories : les *moyens chimiques;* les *moyens physiques* ou *mécaniques.*

On ne peut les employer d'une manière indifférente, car les premiers coûtent beaucoup plus cher que les autres, et ne s'utilisent d'ordinaire que lorsque l'on veut se procurer une petite quantité de glace, sans tenir grand compte du prix de revient. C'est cette considération qui va servir de division à l'étude que nous faisons; nous allons passer successivement en revue les divers procédés qui servent à faire de la glace dans les ménages ou les laboratoires, et ensuite dans l'industrie.

1° FABRICATION DE LA GLACE DANS LES MÉNAGES. Pour faire de petites quantités de glace, on peut avoir recours à de simples mélanges, auxquels on donne le nom de *mélanges réfrigérants,* qui agissent en vertu de la loi qui régit le changement d'état des corps; ici, le passage de l'état solide à l'état liquide est instantané. Lorsque ce phénomène se produit, il y a absorption d'une certaine quantité de chaleur, laquelle est nécessaire pour opérer la fusion. Si cet effet mécanique a lieu en dehors d'une cause calorifique propre, c'est au milieu dans lequel s'opère la réaction que la chaleur est empruntée; aussi, voit-on le milieu subir un abaissement de température, variable avec l'énergie de la réaction. Il y a trois types de mélanges réfrigérants :

1° Celui dans lequel il y a fusion simple d'un corps, et où le refroidissement qui amène la fusion, tient à ce qu'une certaine quantité de chaleur a été empruntée au mélange, et transformée en travail mécanique de fusion. Comme exemples de ces mélanges, nous citerons ceux qui suivent :

Azotate de potasse pulvérisé.	5 p.	} 22°
Chlorhydrate d'ammoniaque pulvérisé.	5 p.	
Eau distillée.	16 p.	

Azotate de potasse pulvérisé.	5 p.	} 26°
Chlorhydrate d'ammoniaque pulvérisé.	5 p.	
Sulfate de soude pulvérisé	8 p.	
Eau distillée.	16 p.	

Azotate d'ammoniaque pulvérisé. . . .	5 p.	} 26°
Eau distillée.	5 p.	

Azotate d'ammoniaque pulvérisé. . . .	5 p.	} 29°
Carbonate de soude pulvérisé	5 p.	
Eau distillée.	5 p.	

Par l'agitation, on peut donc ainsi obtenir un *abaissement de température de 22° à 29°,* sur la température ambiante;

2° Dans le 2ᵉ type, on provoque la dissolution des sels, au moyen d'acides qui ne réagissent pas sur les corps; mais, s'il y a un peu de chaleur provoquée par l'affinité chimique, il y a un grand refroidissement, dû à la liquéfaction. Dans cette catégorie, nous placerons les mélanges suivants :

Sulfate de soude pulvérisé	8 p.	} 27°
Acide chlorhydrique concentré.	5 p.	

Sulfate de soude pulv.	3 p.	} 29°
Acide azotique.	2 p.	

Sulfate de soude pulv.	6 p.	} 33°
Chlorhydrate d'ammoniaque pulv.. . .	4 p.	
Azotate de potasse pulv.	2 p.	
Acide azotique.	4 p.	

Phosphate de soude pulv.	9 p.	} 39°
Acide azotique ordinaire.	4 p.	

3° Dans le 3ᵉ genre de mélanges réfrigérants, on obtient un effet double, en se servant de neige, ou de glace pilée, et d'un corps chimique. L'eau a de l'affinité pour le sel, mais pour agir, il lui faut pouvoir passer de l'état solide à l'état liquide, et alors, comme premier effet, il y a fusion de la neige ou de la glace, avec absorption d'une forte proportion de chaleur; à cet effet, vient s'ajouter celui dû à la dissolution du sel dans l'eau formée, d'où, au total, un travail mécanique double, et un refroidissement parfois très grand. Exemples de ces mélanges :

Neige	1 p.	} 17°
Alcool à 70°.	1 p.	

Neige	1 p.	} 20°
Alcool à 70°	2 p.	

Glace pilée.	2 p.	} 20°
Sel de cuisine.	1 p.	

Neige	12 p.	} 31°
Sel de cuisine.	5 p.	
Azotate d'ammoniaque pulv..	5 p.	

Neige ou glace pilée..	3 p.	} 48°
Chlorure de calcium hydraté pulv...	4 p.	

Neige	8 p.	} 55° à 68°
Acide sulfurique	4 p.	
Alcool	4 p.	
Eau	2 p.	

Ces mélanges s'emploient, soit en introduisant au milieu d'eux un vase où l'on a placé l'eau à congeler, soit au moyen d'appareils spéciaux, qui peuvent, dans les ménages, servir à l'obtention de la glace, à la confection de sorbets, ou à refroidir et frapper les vins, l'eau, etc.

Au nombre de ces appareils, il faut citer comme

étant les plus employés : la *glacière des familles* (fig. 290 et 291), instrument essentiellement constitué par un vase d'étain assez mince, dans lequel on met la substance à congeler et qu'après avoir recouvert au moyen d'un couvercle, on plonge dans le mélange réfrigérant, contenu lui-même dans un autre vase à parois plus épaisses. Le mélange utilisé est celui à l'acide chlorhydrique et au sulfate de soude, mais pour obtenir 2 kilogrammes de glace, il faut changer les produits réfrigérants toutes les dix minutes, ce qui devient coûteux, sans compter l'usure des vases par le contact de l'acide, et l'ennui d'avoir à manipuler ce dernier corps. On peut substituer, avec avantage, le mélange à l'azotate d'ammoniaque et eau, qui sert presque

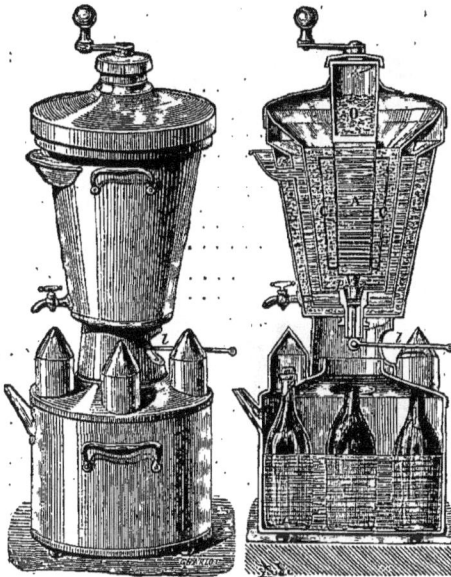

Fig. 290 et 291. — *Gla cière des familles.*

C, 0 Mélange réfrigérant.—*A* Vase pour recevoir le corps à congeler. — *l* Petit levier qui fait mouvoir la soupape *p* pour donner issue à l'eau glacée qui tombe dans le vase inférieur.

indéfiniment, puisqu'on peut retrouver le sel par évaporation.

La *malle glacière Toselli* peut donner un bloc de glace de 500 grammes en cinq minutes. Elle est construite comme la précédente, utilise l'azotate d'ammoniaque comme sel réfrigérateur, mais en diffère en ce que, au lieu de donner un cylindre plein, ou de petits prismes de glace, elle donne, en introduisant l'eau froide dans cinq tubes de diamètres différents, et de plus en plus grands, des cylindres de glace creux, qui, pouvant s'emboîter les uns dans les autres, se soudent aussitôt, et forment un bloc plein, qui résiste longtemps à la fusion.

Dans la *glacière Goubaud* (fig. 292), il faut, pour obtenir 500 grammes de glace, employer 2,500 gr. d'un mélange à parties égales d'azotate et de chlorhydrate d'ammoniaque, pour 2 litres d'eau. L'appareil est constitué par un vase d'étain à pa-

rois minces, formé d'un assemblage de tubes coniques fermés par le bas, et ouvrant à la partie supérieure dans un réservoir commun. Lorsque l'appareil est rempli d'eau, on y adapte un couvercle, lequel est surmonté d'une tige supportant une manivelle. Comme la plate-forme sur laquelle reposent les tubes est munie d'un pivot, on peut, lorsque le mélange réfrigérant entoure l'appareil, donner à celui-ci un mouvement de rotation qui facilite la congélation de l'eau intérieure.

Nous citerons encore, comme appareil assez portatif, la *glacière à bascule de Penant*, qui est essentiellement constituée par un cylindre métallique fermé hermétiquement par un couvercle doublé en caoutchouc. On met dans le cylindre le mélange au sulfate de soude et acide chlorhydrique, puis on y place un moule à côtes rempli de 800 grammes d'eau. On recouvre par une lame

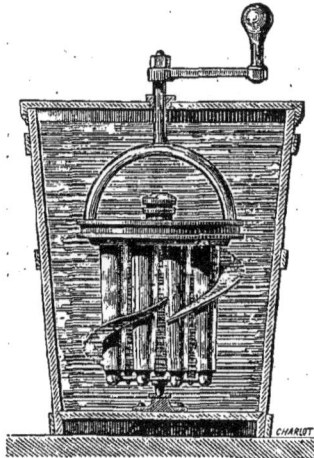

Fig. 292. — *Glacière Goubaud pour fabriquer de la glace.*

de caoutchouc pour maintenir en place ce moule, puis on ferme le cylindre avec un couvercle que retient une vis de pression. L'appareil ainsi disposé est alors placé sur un chariot à bascule que l'on agite pendant six minutes; au bout de ce temps, on remplace le mélange par une nouvelle quantité de sel et d'acide, et on agite à nouveau huit minutes. Pour faire les 800 grammes de glace, il faut compter en tout vingt minutes, et une dépense de 60 centimes.

Quant aux carafes frappées, elles peuvent se faire dans les ménages, soit au moyen des mélanges réfrigérants au sein desquels on plonge le vase contenant l'eau, soit au moyen d'un appareil fondé sur un autre principe, le froid, produit par l'évaporation obtenue en faisant le vide, telle est la *machine à glace* de M. Edmond Carré (fig. 293). Cet appareil permet de congeler 1 kilogramme d'eau en quatre minutes. Il se compose d'une pompe pneumatique A pouvant faire le vide à 1 millimètre, et d'un réservoir B en alliage de plomb et d'antimoine, destiné à contenir l'acide sulfurique nécessaire pour absorber la vapeur d'eau à mesure de sa formation, et que l'acide n'attaque pas à la température ordinaire. Ce réservoir contient la quantité d'acide nécessaire pour congeler 15 à 20 carafes, ou à en frapper 40 à 50. Il communique: 1° par son extrémité antérieure avec une carafe dans laquelle se met l'eau à congeler ; cette communication a lieu au moyen d'un tube muni des robinets *i*, ces derniers permettant d'interrompre l'arrivée de l'air extérieur ; 2° par son extrémité postérieure avec un tube inférieur B qui correspond à la pompe. Lorsqu'on manœuvre celle-ci, une tige fixée au levier K, fait mouvoir un agitateur placé dans l'acide, de façon à renouveler continuellement la surface de celui-ci. L'absorption de la vapeur d'eau étant ainsi facilitée, la congélation a lieu assez rapidement. M. Ed. Carré a dernièrement modifié cet appareil (1883), en renfermant l'acide dans deux réservoirs superposés, dont le plus élevé est muni d'une série de diaphragmes, lesquels forcent l'acide à circuler lentement. Cette disposition amène un refroidissement plus énergique. Il a également construit, sur le même modèle, des appareils de laboratoire dans lesquels le vide peut se faire sous une cloche.

Nous devons faire remarquer que tous les instruments destinés à faire le vide étant très délicats à manier, et toujours très compliqués, il est parfois fort difficile de les faire réparer, lorsque cela est nécessaire, autre part que chez le fabricant.

2° FABRICATION DE LA GLACE DANS L'INDUSTRIE. Pour pouvoir entreprendre la fabrication de la glace en grand, il fallait trouver un moyen qui permît de vendre ce produit au même prix, si non à meilleur marché que la glace naturelle, car le prix de revient établi en se servant des produits chimiques était beaucoup trop élevé. Divers inventeurs ont cru avoir trouvé ce moyen en se servant de procédés physiques ou mécaniques, que nous allons maintenant passer en revue, et qui sont basés, ou sur la compression des gaz, ou sur le changement d'état de certains produits très volatils.

Machine à glace avec l'air comprimé. On sait en quoi consiste l'expérience de physique connue sous le nom de « briquet atmosphérique. » Lorsque l'on comprime fortement l'air contenu dans un long tube fermé, la température de cet air, brusquement comprimé, peut s'élever assez pour

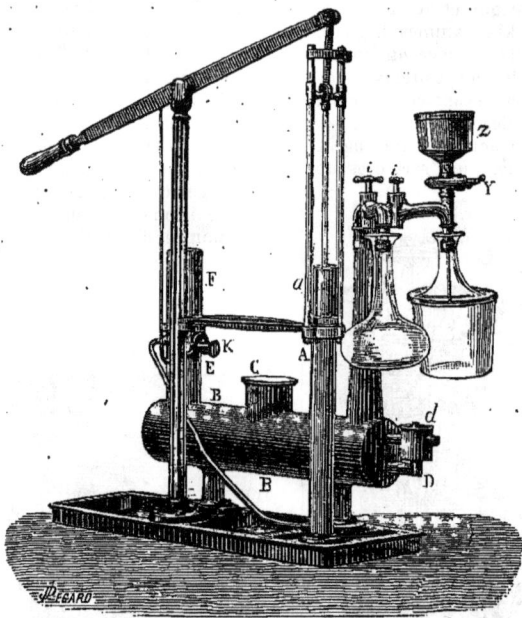

Fig. 293. — *Appareil pour frapper les carafes.*

enflammer un morceau d'amadou placé au fond de l'appareil. Si maintenant l'on détend le gaz comprimé, la température s'abaisse. Prenons un exemple : supposons que dans un appareil approprié, on comprime de l'air à 5 atmosphères, ce gaz aura une certaine température ; mais, si aussitôt comprimé, on le refroidit par un courant d'eau fraîche, on obtiendra, sans changer la pression, un air à 15°, si l'on veut ce chiffre, pourvu que l'on ait eu soin, pour faire la correction nécessaire par suite de l'abaissement de température, d'introduire un petit volume d'air. Si, maintenant, on raréfie cet air en lui faisant prendre un volume cinq fois moindre, la température s'abaissera aussitôt au-dessous de 0, et même de plusieurs degrés. Il en résulte donc, que si on comprime et raréfie ensuite de l'air, d'une façon continue, on obtiendra ainsi, sans dépenses, sans l'emploi d'aucun réactif chimique, et sans autre effort que celui d'un travail mécanique, une source constante d'air froid, que l'on pourra utiliser à faire de la glace (V. FROID). Tel est le principe qui a servi à M. Windhausen, à M. P. Giffard, pour construire leurs machines à faire la glace ; malheureusement, et malgré le succès obtenu par de nombreuses expériences, la pratique industrielle ne donne pas les résultats qu'on était en droit d'espérer.

Si, au lieu de chercher à produire du froid avec un corps qui, comme l'air, a une faible chaleur spécifique, on emploie un corps liquéfiable sous une faible pression, et sans production nécessaire d'une très basse température, les effets mécaniques et calorifiques à produire s'appliquent alors à des volumes bien moindres, et comme il faut toujours un même nombre de kilogrammètres, mais que le rendement est plus élevé, il y a économie. De là, l'emploi industriel de liquides obtenus par condensation de gaz, et qui vont maintenant servir dans les appareils industriels suivants :

Machines à ammoniaque. Appareils Carré. Cette machine, construite par M. Carré, frère de celui qui a inventé l'appareil où l'on emploie le vide, date de 1860. Elle est basée sur ce principe, que lorsqu'un liquide s'évapore, il absorbe de la chaleur, pour produire du froid, par suite du changement d'état. Ce refroidissement est d'autant plus grand que le liquide est plus volatil, et que la chaleur latente de vaporisation est plus considérable. Pour satisfaire à la seconde loi, M. Carré a choisi le gaz ammoniac, qui, lorsqu'il est liquéfié par la pression, constitue un liquide excessivement volatil. Si donc on comprime le gaz dans un petit espace, il se liquéfie par la pression de sa propre atmosphère, et si le récipient qui le contient est entouré d'eau, lorsque la vaporisation s'effectue, le froid engendré est assez intense pour congeler le liquide.

Pour faire la glace, on se sert d'un appareil en fer forgé, clos de toutes parts, et constitué essentiellement par deux pièces, une chaudière et un congélateur, reliées entre elles par un tube. La première A doit être remplie aux trois quarts, d'une solution aqueuse de gaz ammoniac, d'une densité de 0,88, et contenant, par conséquent, 31 0/0 de son poids de gaz ; cette chaudière est disposée de façon à laisser émerger la tige d'un thermomètre. Quant à la seconde pièce B, elle est close comme la première, de forme conique et annulaire, c'est-à-dire, laissant en son milieu un espace vide, dans lequel peut se placer un cylindre D à parois métalliques, qui renfermera l'eau à congeler. Pour faire fonctionner l'appareil, on commence par l'incliner pour faire écouler la solution gazeuse qui peut être restée dans le condenseur, puis on place la chaudière sur le fourneau, ce qui fait qu'en même temps le congélateur se trouve plongé dans un baquet plein d'eau froide, ou au moins, rempli de façon à ce que le niveau du liquide soit supérieur de quelques centimètres à celui du vase C. Alors, on introduit dans la chaudière le thermomètre bien huilé. Cet instrument indique seulement les températures qu'il faut atteindre : 130° — 140° — ou même 150°; ce dernier point n'é-

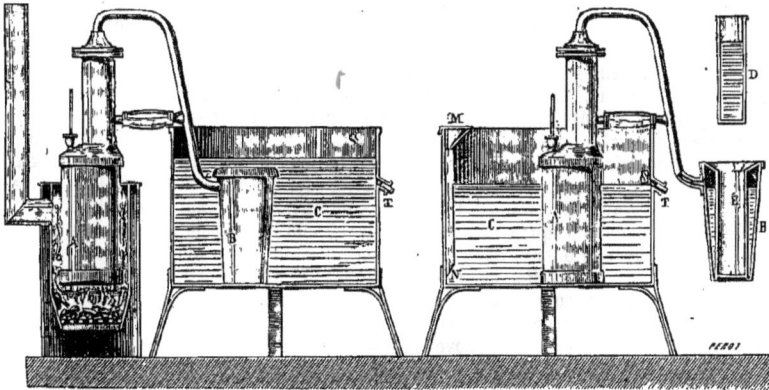

Fig. 294. — *Appareil Carré pour la production de la glace.*

tant nécessaire à obtenir qu'en été, si l'eau extérieure du baquet peut atteindre 25°. Par suite de l'action de la chaleur, le gaz se sépare de sa dissolution, il passe dans le condenseur, où il s'accumule sous pression, ce qui le liquéfie. Mais alors, si dès que la température de la chaudière atteint 130°, on refroidit celle-ci en la plongeant aux trois quarts dans le baquet, une distillation inverse s'effectue, le gaz retourne à la chaudière, où il se dissout, et dans sa volatilisation, le liquide condensé produit assez de froid pour solidifier l'eau placée au centre du condenseur E. Il faut, toutefois, avoir soin de remplir avec de l'alcool, l'espace laissé libre entre les parois du condenseur et du tube à eau, et d'envelopper le congélateur avec une étoffe conduisant mal la chaleur, comme la laine. Après une heure, la solidification est totale. On plonge le cylindre congelé dans l'eau du baquet, de façon à fondre la glace superficielle, et la séparer ainsi des parois du moule, puis on renverse, pour recueillir la glace. Ce système permet d'obtenir 5 kilogrammes de glace par kilogramme de charbon brûlé.

L'inconvénient de cet appareil est de ne pas donner de la glace d'une façon continue. Aussi, a-t-on construit, d'après le même système, des machines pouvant fonctionner sans intermittence, et donnant de plus ou moins grandes quantités de glace. MM. Mignon et Rouart en avaient envoyé une à l'Exposition internationale de 1878, qui donnait à l'heure 100 kilogr. de produit, avec une consommation de 1 kilogramme de charbon par 8 ou 10 kilogrammes de glace obtenue, suivant les dimensions de l'appareil.

Ces sortes de machines fournissent un corps qui revient de 3 à 5 centimes le kilogramme, car il est bien entendu que pour un bon fonctionnement, il ne doit y avoir aucune déperdition de gaz, et que la seule dépense est celle relative au combustible et à l'eau ; malheureusement, les grands appareils sont assez compliqués, ils sont en outre dangereux par suite des hautes pressions qui peuvent exister dans les chaudières, et atteindre 15, 18 et même 20 atmosphères, dans les pays chauds.

Machines à éther. La grande facilité avec laquelle l'éther se vaporise, et le froid qu'il produit, par suite de sa volatilisation, ont depuis longtemps porté à employer ce corps comme source de refroidissement. En 1836, Schaw prit un brevet pour rafraîchir les corps au moyen de l'évaporation de l'éther, mais nous ne sachons pas que son procédé ait jamais été appliqué industriellement. En 1856, M. Harrisson, de Victoria, construisit et fit breveter une glacière fonctionnant suivant le même principe; nous ne connaissons pas non plus les résultats pratiques obtenus avec son système.

L'éther qui a été choisi par plusieurs inventeurs est l'éther méthylchlorhydrique, gaz qui, liquéfié, bout à — 23°, et donne, par conséquent, un abaissement semblable de température, pouvant aller jusqu'à —55°, lorsqu'on active son évaporation par l'injection d'un simple courant d'air. Un mode industriel de préparation de ce corps a été donné par M. Tellier, en 1873, et son prix de revient n'atteignait que 5 francs environ par kilogramme ; en 1877, M. Camille Vincent, en distillant les résidus des eaux-mères des vinasses de betterave, est parvenu à en séparer de la triméthylamine, qui lui sert à préparer un éther méthylchlorhydrique ne valant que 4 francs le kilogramme d'éther liquéfié par pression de 8 atmosphères.

a. *Appareil Tellier.* M. Tellier a installé à Auteuil, sur les bords de la Seine, un établissement pour faire de la glace; il est également l'inventeur de procédés de conservation des matières alimentaires, au moyen de l'air froid. C'est son système qui avait été installé à bord du *Frigorifique*, navire destiné à alimenter avec des viandes fraîches de la Plata, les ports dans lesquels il faisait escale ou son port d'attache (Rouen). Dans ces appareils, l'éther liquéfié est introduit dans un réservoir traversé par un grand nombre de tubes qui livrent passage à une solution de chlorure de calcium dont la circulation est assurée au moyen d'une pompe. L'éther, en se volatilisant, emprunte de la chaleur à cette solution, puis après avoir cédé à l'air, ou à l'eau à refroidir, partie de cette chaleur, il se rend dans un condenseur d'où il est ramené dans les vaporisateurs. Les tuyaux qui contiennent la solution saline ne s'obstruent pas, à cause du mouvement de propulsion donné par la pompe, bien que parfois cette solution finisse, sous l'influence de l'énergie du refroidissement, par prendre une consistance pâteuse, les petits cristaux formés n'ont pas alors une grande cohésion, et n'adhèrent ni entre eux, ni aux parois. Lorsqu'on veut refroidir des chambres à air, on fait passer le liquide, au sortir de ces tubes, dans des tuyaux qui traversent des salles, divisées en compartiments ; la température de l'air ne tarde pas à descendre au-dessous de 0, et la vapeur atmosphérique se condense sous forme de givre, à la surface de tous les tuyaux, en entraînant dans sa solidification, les poussières et les germes suspendus dans l'air. Pour faire la glace, dans tous les appareils, on se sert de grandes cuves, au sein desquelles on arrime des boîtes prismatiques remplies d'eau et en métal, ou des carafes.

Ces machines, quoique simples, laissent à désirer, en ce sens que, par suite des volatilisations et condensations successives, l'éther méthylchlorhydrique s'acidifie, devient moins volatil, peut attaquer le métal des tubes, et doit donc être remplacé après un certain temps, ce qui ne laisse pas d'être assez coûteux. De plus, les dimensions des cylindres doivent être assez considérables, la rentrée de l'air a souvent lieu dans les tubes, les chances d'incendie sont grandes, et le graissage amène forcément la décomposition d'une partie du liquide réfrigérant; ces diverses causes tendent à faire renoncer aux appareils à éther, au moins pour la fabrication économique et industrielle de la glace.

b. *Frigorifère Vincent. Machines à glace Vincent.* M. C. Vincent, avec le même produit, applique le froid obtenu, soit à faire de la glace, en amenant le changement d'état par suite de la manœuvre d'une pompe aspirante et foulante, soit dans les laboratoires, à liquéfier les gaz, ou solidifier les liquides qui exigeaient l'emploi du protoxyde d'azote ou de l'acide carbonique solide, au moyen de son « frigorifère ». C'est un vase cylindrique en cuivre, à double paroi, entre les enveloppes duquel on introduit l'éther liquide, au moyen d'un robinet communiquant avec un réservoir. Une enveloppe métallique, remplie de matières isolantes, protège la partie centrale contre l'élévation de température qu'amènerait l'air ambiant ; cette partie porte trois pieds qui soutiennent l'appareil. Lorsqu'on a introduit dans la partie centrale le liquide à congeler, ou les tubes dans lesquels on fera arriver les gaz que l'on désire liquéfier, on ouvre le robinet amenant l'éther, celui-ci entre en ébullition pendant quelque temps, puis la surface devient tranquille et la température descend à —23°; pour arriver au-dessous de ce chiffre et solidifier du mercure, par exemple, (— 40°) il faut injecter de l'air froid dans l'appareil. On peut ainsi arriver à —55°.

c. *Skating-ring en glace artificielle.* C'est au moyen de semblables procédés, croyons-nous, que l'on a obtenu la glace qui formait le sol d'un skating, ouvert à Londres, le 7 janvier 1876, et dans lequel on renouvelait la glace tous les jours, après les exercices des patineurs. Cette glace, fort dure et fort limpide, n'a jamais cédé à l'action fondante de l'atmosphère, même avec des températures de 90° Fahrenheit (33° centigrades). Mais au lieu d'avoir une circulation de liquide salin, on faisait arriver dans les tubes un mélange constitué par de l'eau et de la glycérine.

Une semblable tentative d'établissement de skating-ring a été faite à Paris, la même année, dans les Champs-Élysées; on y congelait 1,500 mètres superficiels d'eau; cette glace revenait à 10 francs la tonne, et, après le service du jour, elle était cassée et mise en vente. La combinaison financière n'ayant pas réussi, cet établissement n'a pas tardé à être fermé. L'emploi de la glycérine dans ce cas spécial, était indiqué à cause de son manque d'action sur les tubes, et aussi, parce qu'avec les solutions salines, comme il y a presque toujours déperdition et fuites, par suite de la pression nécessaire pour faire circuler le liquide, le sel se mélangeait à la glace, lui donnait du goût, et augmentait. au lieu de la diminuer, la soif des consommateurs.

Machines Pictet à acide sulfureux liquide. Guidé

par la connaissance des inconvénients signalés dans les procédés de fabrication étudiés précédemment, M. Raoul Pictet, de Genève, a été conduit à substituer l'acide sulfureux anhydre, liquéfié, aux autres corps déjà cités, et, en 1876, il a fait connaître un appareil d'une extrême simplicité, au moyen duquel il produit de la glace à 1 centime environ le kilogramme (fig. 295).

Cette machine se compose : 1° d'une pompe à double effet, et entièrement en fonte; son piston est métallique et son mouvement extrêmement doux, grâce à la propriété très lubrifiante que possède l'acide sulfureux anhydre. Cette pompe peut être mise en œuvre, soit par un moteur direct, soit par une courroie de transmission; 2° d'un réfrigérant où se produit le froid, et 3° d'un condenseur dans

lequel l'acide sulfureux, redevenu gazeux, reprend l'état liquide.

Le réfrigérant se compose d'un cylindre tubulaire en cuivre étamé, contenant l'acide à vaporiser; il est horizontalement placé dans une cuve en tôle zinguée, dans laquelle sont disposées les bâches qui renferment l'eau à congeler, ou les carafes à frapper. Cette cuve est remplie d'une solution à 20° Baumé de chlorure de magnésium, laquelle étant incongelable, transmet très bien aux bâches ou aux carafes, un froid de — 6 à — 7° qui est produit, et qui se répartit partout fort également, grâce à la présence d'une hélice qui tourne à grande vitesse dans le bain, et fait ainsi circuler le liquide dans les tubes du réfrigérant. Ce réfrigérant communique par un tube en cuivre

Fig. 295. — *Appareil Pictet pour la production de la glace.*

avec les chambres d'aspiration de la pompe à double effet, de même que les chambres de refoulement de cette même pompe, sont réunies à la troisième partie de l'appareil, le condenseur, par un second tuyau analogue.

Le condenseur est un cylindre tubulaire identique au réfrigérant; un courant d'eau ordinaire traverse continuellement les tubes qu'il renferme pour enlever la chaleur produite par le changement de l'état gazeux à l'état liquide. La pompe, en effet, comprimant le gaz à 3 atmosphères, celui-ci reprend sa forme antérieure sans autre déperdition. Par suite de la présence d'un tube muni d'un robinet dit *régleur*, entre le condenseur et le réfrigérant, quand une fois ce robinet a été réglé, l'acide liquide peut retourner dans le réfrigérant pour se volatiliser à nouveau, et ainsi de suite.

Dans cet appareil, le froid se produit avec une pression ne dépassant pas 5 atmosphères, même avec une température ambiante de 35°, ce qui fait la supériorité du système, c'est que le liquide employé est, non seulement très volatil, mais qu'en outre, sa chaleur latente de vaporisation est de 94, c'est-à-dire de beaucoup supérieure à celle des autres liquides préconisés. Nous ferons remarquer, en plus, que l'acide sulfureux anhydre ne se décompose pas sous l'action de changements d'état réitérés, qu'il n'agit pas sur les métaux; qu'il dispense du graissage, puisqu'il lubrifie par lui-même, et qu'enfin, n'étant pas combustible, il ne peut créer de causes d'incendies.

La seule chose que l'on aurait pu redouter, au moment où l'on a fait connaître cet appareil, c'était la valeur de l'acide nécessaire au fonctionnement, ce qui aurait élevé le prix de revient de la glace;.mais, comme M. Pictet fournit également l'acide liquide, à raison de 5 francs le kilogr. (1); la valeur du produit fabriqué ne s'élève pas à plus de 1 centime, comme nous l'avons indiqué.

Les appareils Pictet sont aujourd'hui répandus dans le monde entier. M. Cailletet vient également de présenter à l'Académie des sciences de Paris (août 1884) une demande d'ouverture de pli cacheté, par suite de laquelle il dit avoir trouvé depuis onze ans, le moyen de produire de très basses températures avec le formène (Comptes rendus, t. XCVII, p. 1565).

LA GLACE ARTIFICIELLE AU POINT DE VUE DE L'HYGIÈNE. Nous n'avons pas à parler ici des inconvénients qu'il peut y avoir pour la santé, à boire des liquides trop froids, lorsque l'on a bien chaud, ou de ce que peut produire la glace en général. Nous voulons signaler seulement l'intérêt qu'il y a à n'employer que de la glace artificielle, convenablement préparée, et par cela, nous entendons, faite avec de l'eau filtrée, et la plus pure possible, ce qui n'a pas lieu d'ordinaire, à Paris, par exemple. On conçoit, en effet, que lorsque l'on glace de l'eau puisée à la rivière, ou dans des étangs ou réservoirs, créés souvent à proximité de l'usine, on emprisonne dans l'eau toutes les matières organiques et organisées, les microbes, etc., que le liquide contenait. De là, des inconvénients nombreux, pouvant résulter de l'emploi de cette eau; il serait très désirable que des ordonnances administratives exigeassent des fabricants l'emploi d'eau filtrée, pour faire la glace ou les carafes frappées.

Usages. On connaît les nombreuses applications que l'on fait de la glace, mais plus celle-ci sera produite économiquement et plus son usage deviendra grand. Une foule d'opérations industrielles, en effet, sont rendues plus faciles par l'emploi de ce produit, ou par la possibilité de refroidir l'atmosphère de certaines pièces. L'installation d'appareils frigorifiques dans nos halles et nos marchés empêcherait, par exemple, l'altération des matières alimentaires; les viandes, le gibier, le poisson,.etc., pourraient ainsi se conserver frais pendant un espace de temps assez long; les salles de spectacle pourraient être rafraîchies l'été; M. Carré avait même, dans le temps, fait un devis applicable au théâtre du Châtelet, et dont les frais d'installation se montaient à 30,000 francs, avec une dépense de 40 francs par jour; la bière de bonne qualité ne peut se faire, ne conserver ou se transporter, que dans des caves glacières ou dans des vagons isolants et souvent garnis de glace, la glace artificielle, plus économique, ferait employer ce corps plus fréquemment encore. La pro-

duction du froid pourrait remplacer l'emploi de la chaleur, par exemple; pour séparer l'eau pure des solutions salines, et opérer la concentration des eaux-mères pour la cristallisation de certains produits chimiques, acide acétique cristallisable, benzine, etc.; la précipitation de la paraffine des huiles minérales, serait facile avec ce procédé; la concentration des jus sucrés dans les sucreries, la bonification des vins (procédé Vergnette-Lamothe), etc., etc., pourraient devenir économiques. Nous ne voulons pas insister plus longtemps sur ces avantages, communs d'ailleurs, à la glace naturelle et artificielle. — J. C.

* **GLACERIE.** Commerce ou usine du glacier, de celui qui fabrique des glaces de verre.

HISTORIQUE. L'histoire de la glace et celle du miroir se confondent dans l'antiquité, la glace ayant été inventée comme un perfectionnement du miroir de métal. Nous nous efforcerons, cependant, de faire dans cet historique la distinction que les mots de glace et de miroir comportent, et nous renverrons à l'article MIROIR pour ce qui concerne ce dernier objet.

Il est incontestable que les premiers miroirs furent métalliques, les textes de la Bible aussi bien que ceux des écrivains grecs ne laissent pas de doute à cet égard. Pline, en son Histoire naturelle, fait le premier mention de miroirs de verre qui auraient été fabriqués à Sidon, en Phénicie. On a, d'ailleurs, retrouvé de tels miroirs dans des hypogées égyptiennes. D'Égypte leur usage passa en Grèce où il ne se généralisa cependant que fort tard. On ne croit pas que le miroir ait été connu à Rome avant le règne des premiers empereurs. A cette époque, les verreries de Sidon fabriquaient aisément de larges surfaces de verre que l'on doublait d'une feuille de métal, d'argent ou d'or. Les verriers de Brindes et de Rome avaient acquis une réputation justifiée par la perfection de leurs produits, quand les invasions des Barbares bouleversant et démembrant l'Italie, ruinèrent leur industrie. Elle aurait même complètement disparu, si quelques verriers n'avaient réussi à gagner Venise, où ils la restaurèrent. Au xe siècle, l'industrie du verre jouait déjà un rôle important dans la fortune de la République des Lagunes; au xive, elle était une de ses gloires. Pourtant, les glaces de Venise, quoique recherchées comme objets de haut luxe et payées au poids de l'or, fabriquées par le soufflage, c'est-à-dire par le procédé qui sert à la fabrication du verre à vitres, et obtenues en lames d'une dimension qui nous paraîtrait ridiculement exiguë, étaient remplies de bulles, de soufflures, de stries, d'imperfections. L'artifice du biseautage, l'invention de la gravure, la magnificence de la décoration, loin de les faire disparaître à nos yeux rendent, au contraire, ces défauts plus choquants. La glacerie de Venise, qui avait atteint son apogée aux xvie et xviie siècles, était ruinée au xviiie par la concurrence étrangère, quelque soin qu'aient pris les Statuts de l'inquisition de l'État, de formuler les menaces les plus terribles contre les ouvriers qui en porteraient les secrets et la main-d'œuvre à l'étranger.

En ce qui concerne la France, les secrets de la verrerie furent ravis à Venise par Colbert qui décida, à force d'adresse et d'argent, dix-huit ouvriers vénitiens, à venir s'installer à Paris, en 1660. Colbert accorda un privilège et des faveurs de toutes sortes à une compagnie qui se fonda pour inaugurer, en France, la fabrication des glaces de Venise. Cette manufacture de glaces de miroirs par des ouvriers de Venise, d'abord dirigée par Nicolas du Noyer, receveur-général à Orléans, éprouva dès l'abord toutes sortes d'embarras par suite de la mauvaise humeur des ouvriers qui voulaient retourner à

Venise, se plaignant que les engagements pris envers eux n'étaient pas tenus. Sur le conseil de Colbert, Nicolas du Noyer, qui voyait la ruine imminente, fusionna son industrie avec celle de la verrerie de Tour-la-Ville, dirigée par Lucas de Nehou, auprès de Cherbourg, dans la vallée de la Glacerie. Richard-Lucas de Nehou était arrivé à fabriquer, avant l'arrivée des Vénitiens en France, du verre blanc et des glaces à miroir. En 1656, il avait fourni les verres blancs du Val-de-Grâce. Son neveu, Louis de Nehou, devait réaliser, en 1688, une découverte immense, qui amena un changement radical dans la fabrication des glaces. Nous voulons parler de l'invention du *coulage* qui, substitué au soufflage, permit la fabrication de plaques de verre considérables, très pures, et d'épaisseur très égale. En 1693, Louis de Nehou s'associait avec Abraham Thevart, qui avait obtenu un privilège de trente ans pour la fabrication des *grandes glaces*, qui devaient mesurer au moins 60 pouces sur 40. Les deux associés transportaient, en 1695, leur industrie à Saint-Gobain. On connaît trop la glacerie de Saint-Gobain pour que nous ayons rien à ajouter à son sujet. Des fabriques de glaces furent fondées, dès 1773, en Angleterre, notamment à Ravenhead, près de Prescott. Cette glacerie a prospéré. Il n'en est pas de même de celles qui furent installées à la même époque en Allemagne. Parmi les fabriques concurrentes de Saint-Gobain, la plus importante, celle de Saint-Quirin-Cirey, fusionna avec sa rivale, en 1840. À l'heure où nous écrivons, d'autres glaceries fonctionnent, notamment à Montluçon, à Aniche, à Manheim (Bade), à Jeumont, à Sainte-Marie-d'Oignies, près de Namur, à Floresse (Belgique), etc. Il y a loin des *grandes* glaces du temps de Louis XIV, à celles que l'on fabrique couramment de nos jours, et qui, d'un poli admirable, d'une éclatante pureté, mesurent 20 et même 25 mètres superficiels.

Technologie. Le mélange le plus souvent employé dans la fabrication des verres à glace est le suivant dont nous empruntons la formule à M. Bontemps, qui la donne dans son *Guide du verrier* :

Sable blanc lavé	60.60
Sulfate de soude	25.45
Charbon en poudre	1.52
Carbonate de chaux	12.12
Acide arsénieux	0.31
	100.00

Cette matière est fondue dans des creusets ou pots qui sont fabriqués dans les usines elles-mêmes. Pour cela, on emploie de la terre de Champagne, de Montereau ou des environs de Namur. Lorsqu'on s'est assuré qu'elle ne contient ni pyrite, ni minerai métallique colorant, ni gypse, on la sépare en deux parties dont l'une est broyée telle quelle sous des meules en fonte, et l'autre calcinée, puis épluchée et broyée sous les mêmes meules. Les débris de fours, de cuvettes, bien dépouillés du vernis de verre qui s'est déposé à plat sur la face interne des fours, en cannelures régulières le long des voûtes, sont aussi concassés, pulvérisés, mêlés aux terres par parties égales, dans un pétrin vertical, à agitateur à hélices. On laisse ensuite reposer cette pâte pendant quelque temps dans des caves fraîches et humides, où elle se maintient au degré de plasticité voulu, puis on la pétrit dans des bacs carrés. Ce pétrissage qui se fait aux pieds s'appelle le *marchage;* il donne à ces masses de pâte une parfaite

homogénéité qui est nécessaire pour que l'action du feu se manifeste avec une égale intensité sur tous les points du pot ou creuset. Ces creusets sont modelés sous moules ou par la superposition de boudins de pâte que l'on soude entre eux, en ayant soin de créneler légèrement les surfaces de soudure ; ils mesurent 90 centimètres à 1m,20 de diamètre et autant de hauteur, leur épaisseur est de 6 centimètres pour les côtés et de 10 pour le fond. Le poids qu'ils supportent lorsqu'ils sont chargés est d'environ 700 kilogrammes. Aussi, ménage-t-on sur leur paroi, à mi-hauteur, une rainure annulaire profonde qui doit permettre aux cornes de la pince à chariot de les placer dans le four et de les retirer lorsqu'ils sont incandescents ; cette rainure donne également prise à une tenaille à bascule qui les saisit et les enlève d'un bout des halles de travail à l'autre. Avant d'employer ces creusets, on les fait sécher pendant six mois, puis on les cuit, enfin on les place dans un four spécial et quelques-uns sont maintenus au

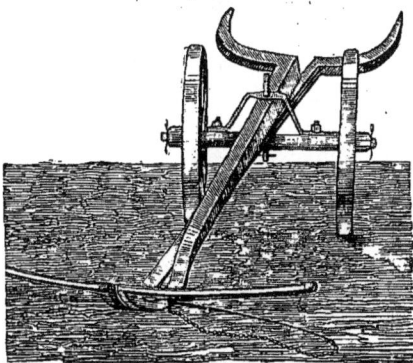

Fig. 296.

rouge afin de remplacer instantanément ceux qui tomberaient hors de service au cours d'une opération. Cet accident arrive généralement au bout d'une vingtaine de coulées.

À Saint-Gobain, les fours de cuisson sont au nombre de deux, placés sur une ligne médiane dans une grande halle qui mesure 70 mètres de long, sur 25 de large, et dont le sol est couvert de rails destinés à faciliter les manœuvres. De ces deux fours, l'un est en activité, l'autre en construction, ou prêt à remplacer le premier quand huit ou dix mois d'incandescence l'auront disloqué. Sur chacune des parois latérales de la halle sont disposés dix fours bas et profonds, nommés *carcaises ;* on introduit dans ces fours à recuire, les glaces qui viennent d'être coulées et qui sont encore toutes brûlantes ; elles s'y refroidissent avec lenteur. La forme des fours de fusion varie suivant les usines. Presque tous, autrefois, étaient chauffés au bois : on les alimente de houille maintenant, et on a généralement adopté partout les fours Siemens. Outre l'économie notable de combustible qui résulte de leur emploi, on leur doit de mettre le verre à l'abri des colorations qui se produisaient souvent lorsque les creusets se trouvaient en contact direct avec le combustible.

Les creusets remplis de mélanges faits avec grand soin, afin d'éviter toute production de verre ondé, sont introduits dans les fours fortement réchauffés. Au bout de sept à huit heures, la matière qu'ils contiennent entre en fusion, prend en fondant un retrait considérable qui la réduit bientôt à moitié de son volume primitif; on remplit alors jusqu'à trois reprises les creusets de matière vitrifiable en ayant soin, pour chaque enfournement, de ne pas attendre que la fonte du précédent soit complète. Par des ouvertures mé-

nagées dans le four, on peut surveiller chaque creuset à l'aide de lunettes de verre coloré. La fusion complétée, on affine le verre pour lui donner de l'homogénéité et en expulser, autant que possible, les bulles de gaz qui se sont produites dans la masse. L'affinage se faisait autrefois en transvasant les matières vitrifiées dans une cuvette placée dans le four même, à côté du creuset; on se servait, à cet effet, d'une poche en cuivre qui permettait en puisant le verre d'en écarter les impuretés réunies à la surface et qui sont désignées sous le nom de fiel. Cette opération du trégetage est actuellement supprimée: aujour-

Fig. 297.

d'hui, on enfourne, on fond et on affine dans le même creuset. L'affinage dure environ quatre heures, il se fait au moyen d'une ébullition tumultueuse qui soulève et fond les portions jusqu'alors réfractaires, mélange et égalise toutes les parties de la masse, volatilise et chasse toutes les matières volatiles contenues dans le creuset. On laisse alors baisser légèrement la température du four; le verre trop fluide s'étalerait mal sous le rouleau, il faut qu'il devienne pâteux, et par conséquent plastique; on obtient ce résultat par un refroidissement de deux ou trois heures que l'on nomme la braise ou le lise froid.

Le coulage des glaces est une opération très délicate, qui exige des ouvriers une régularité, un ensemble dans la manœuvre et une précision extrêmes.

Au commandement, les cornes du chariot, fig. 296, saisissent le creuset, et le portent à la tenaille d'une forte grue mobile sur rails ou d'une potence, ainsi que le montre la figure 297. Cet engin l'enlève à deux mètres du sol, et lui fait traverser rapidement l'espace qui le sépare de la table; grande surface de fonte plane, de 6 mètres sur 4, et pesant environ 30,000 kilogrammes. Sur cette table, préalablement saupoudrée de sablé fin, sont disposées des réglettes métalliques qui doivent arrêter les dimensions de la glace en hauteur et en largeur.

Pour la coulée, nous empruntons à M. Cochin la description qu'il en a donnée dans son ouvrage sur la Manufacture des glaces de Saint-Gobain, et reproduite par M. Henrivaux dans Le verre et le cristal, savante étude dans laquelle nous avons puisé divers renseignements. « Quand on entre pour la première fois la nuit dans une des vastes halles de Saint-Gobain, les fours sont fermés et le bruit sourd d'un feu violent mais captif interrompt seul le silence. De temps en temps, un verrier ouvre le pigeonnier du four pour regarder dans la fournaise l'état du mélange, de longues flammes bleuâtres éclairent alors les murailles des carcaises, les charpentes noircies, les lourdes tables à laminer et les matelas sur lesquels des ouvriers demi-nus dorment tranquillement.

. Tout à coup l'heure sonne : on bat la générale sur les dalles de fonte qui entourent le four, le sifflet du chef de halle se fait entendre et trente hommes vigoureux se lèvent. La manœuvre commence avec l'activité et la précision d'une manœuvre d'artillerie. Les fourneaux sont ouverts, les vases incandescents sont saisis, tirés, élevés en l'air à l'aide de moyens mécaniques ; ils marchent comme des globes de feu suspendus, le long de la charpente, s'arrêtent et descendent au-dessus de la vaste table de fonte placée avec son rouleau devant la gueule béante de la carcaise. Le signal donné, le vase s'incline brusquement, la belle

Fig. 298.

liqueur d'opale, brillante, transparente et onctueuse, tombe, s'étend comme une cire ductile et, à un second signal, le rouleau passe sur le verre rouge ; le *rangeur*, les yeux fixés sur la substance en feu, écrème d'une main agile et hardie les défauts apparents ; puis le rouleau tombe, s'enlève, et vingt ouvriers munis de longues pelles poussent vivement la glace dans la carcaise où elle va se recuire et se refroidir lentement. On retourne, on recommence sans désordre, sans bruit, sans repos ; la coulée dure environ deux heures, les creusets à peine replacés sont remplis, les fours sont fermés, les ténèbres retombent et l'on n'entend plus que le bruit continu du feu qui prépare de nouveaux travaux. »

A leur sortie de la carcaise où elles ont séjourné 3 ou 4 jours environ, les glaces sont passées sur une table, puis équarries à l'aide de diamants ou de petites roulettes d'acier trempé au mercure. Cette opération de la découpe demandant de nombreux soins, soit au point de vue des défauts à éliminer, soit à cause des accidents qu'il faut éviter pendant le maniement des glaces, il est nécessaire d'avoir une installation spéciale que nous représentons figure 298.

Ces glaces brutes sont ensuite portées au magasin d'où elles sortiront pour être soumises au *doucissage*.

Le doucissage est une opération qui a pour but d'user la glace de façon à rendre ses deux faces planes et parallèles; il s'exécutait autrefois sur des bancs de pierre, mais ceux-ci ont été remplacés par de grandes tables en chêne d'une superficie de 15 mètres carrés et animées d'un mouvement rectiligne de va-et-vient. Deux plateaux en fer ou bois sous lesquels sont vissées des lames en fonte reçoivent un mouvement de translation circulaire par l'intermédiaire d'un fort châssis également en fonte. Ce double mouvement et la grande superficie de la table ont permis de doucir deux fois plus vite que précédemment. Enfin, un dernier perfectionnement consiste à donner à la table circulaire en fonte ou fer un mouvement de rotation autour d'un pivot placé à son centre.

Pour doucir la glace avec l'un quelconque de ces appareils, il est indispensable de la sceller à la table qu'on humecte d'eau et qu'on saupoudre ensuite de plâtre; celui-ci s'échauffe au contact de l'eau et dégage une sorte d'atmosphère aqueuse sur laquelle la glace semble flotter. Six à sept hommes montent alors sur la glace et appuient sur elle assez fort pour chasser l'excédent de plâtre, mais assez adroitement pour étaler bien également la portion de pâte qui doit sceller la glace au banc. Au bout de quelques minutes, la glace est scellée. On met alors le tout en mouvement, et l'on projette successivement sur la face doucir du gros sable, puis du sable fin, en ayant soin d'empêcher, par un courant d'eau continuel, ces diverses matières de s'empâter.

Les glaces douciés des deux côtés, sont passées au *savonnage*. Les deux surfaces sont frottées verre sur verre avec interposition d'émeri de plus en plus fin et à l'aide d'appareils composés d'une table en pierre recouverte de toiles mouillées destinées à empêcher le glissement de la face fixe, et d'un châssis reposant sur une glace mobile dont le centre doit décrire un 8 allongé imitant le mouvement du savonnage à la main.

Comme dernière opération, les glaces ont encore à subir le *polissage* qu'on obtient à l'aide d'un appareil composé d'un cadre auquel on imprime un mouvement circulaire et contenant huit polissoirs feutrés, animés d'un mouvement rotatoire. Le polissage s'opère au moyen du colcotar. L'opération dure, en moyenne, douze heures pour les deux côtés d'une grande glace.

La pièce est alors terminée et possède cette admirable limpidité qui fait sa valeur.

Avant d'être livrées à l'*étamage* (V. ce mot) ou au commerce, les glaces sont portées dans de grandes pièces aux murs tendus de noir et soigneusement examinées. Les quelques imperfections qu'elles peuvent contenir déterminent leur classement, et par conséquent leur valeur.

Nous indiquerons seulement pour mémoire, l'importance considérable qu'a prise l'industrie de la glacerie depuis que les glaces ne servent plus seulement à faire des miroirs, mais aussi à clore les vitrines des magasins élégants.

* GLACEUR. *T. de mét.* Ce nom s'applique à l'ouvrier ou le fabricant qui fait le glaçage des étoffes, des papiers, etc.

GLACIÈRE (Construction). Les locaux destinés à la conservation, à l'état de glace, de l'eau naturellement gelée, exigent des dispositions très particulières. Le problème à résoudre consiste à maintenir dans la glacière une température qui ne soit jamais au-dessus de 0°. Il faut donc que la construction soit faite en matériaux aussi peu conducteurs que possible du calorique, veiller à ce qu'ils soient eux-mêmes à une température très basse au moment du dépôt et les garantir soigneusement de toute source de chaleur. On doit aussi tenir compte de ce fait que proportionnellement il se fond d'autant moins de glace, que la glacière est plus grande et en contient davantage. Les glacières sont ordinairement des puits ayant la forme de troncs de cône renversés et dont les parois sont revêtues de maçonnerie. La partie supérieure est protégée soit par une petite voûte recouverte de terre, soit par une charpente de forme conique revêtue d'une couverture en chaume très épaisse. L'accès a lieu par une entrée unique placée au nord et munie d'une double porte. A la partie inférieure, est ménagée une issue pour l'eau produite par la glace fondue. Sans cette dernière précaution, le contenu de la glacière serait bientôt mis en eau tout entier.

Ces dispositions, bien que très fréquemment adoptées, ne sont pas les plus efficaces au point de vue de la conservation de la glace. Il n'est pas démontré, par exemple, que l'enfouissement soit toujours un avantage. Dans nos climats, en effet, le sol, à une très faible profondeur, offre une température supérieure à zéro dans toutes les saisons. La forme même, en tronc de cône renversé, paraît également mal choisie; car, si la chaleur vient principalement de l'extérieur, la plus grande surface de glace se trouve exposée de ce côté; il en fond proportionnellement une quantité plus grande. Enfin, le conduit qui éloigne les eaux de fusion établit une communication permanente avec l'air extérieur. Il conviendrait donc de placer la glacière au-dessus du sol, de donner à sa capacité la forme cubique ou cylindrique, de la construire plutôt en bois qu'en pierre, toutes les fois que les conditions d'économie et de solidité le permettront, et surtout d'employer les doubles parois enfermant entre elles des couches d'air isolantes ou des matières très peu conductrices, telles que la paille, la mousse, le charbon, la sciure de bois. Cette sorte de tour serait garantie au dehors par une masse de sable, ou de terre sèche et couverte d'un plafond en charpente enduit des deux côtés, chargé et recouvert de paille. L'entrée, pratiquée dans la masse de terre, serait tournée au nord, garnie d'une porte double et précédée d'un appentis en paille. Le conduit d'évacuation des eaux de fusion serait disposé en siphon renversé, de manière à intercepter toute communication avec l'air extérieur. — F. M.

GLACIS. 1° *T. de fortif.* Pente qui s'étend du sommet du chemin couvert jusqu'à 50 mètres de longueur en avant de la contrescarpe des ouvrages de fortification, afin de permettre aux assiégés de découvrir la campagne. — V. FORTIFICATION. || 2° *T. de constr.* Maçonnerie de blocage exécutée en pente douce pour faciliter l'écoulement des eaux. || 3° Pente de la surface supérieure d'une cimaise de corniche pour faire écouler les eaux pluviales. || 4° Enduit appliqué sur une volige ou sur un lattis jointif et destiné à recevoir le plomb d'un faîtage ou d'un arêtier || 5° Teinte légère et transparente qu'on applique sur une autre couleur pour enlever la crudité de celle-ci.

* **GLAÇURE.** *T. de céram.* Enduit vitrifiable dont on recouvre certaines pièces céramiques pour les rendre imperméables et leur donner en même temps un éclat brillant et une plus grande intensité de couleur. — V. Céramique.

GLAISE. Nom de l'argile commune; c'est une terre compacte, impénétrable à l'eau; elle est douce, onctueuse au toucher, contenant un peu de chaux carbonatée et qui devient rougeâtre par l'action du feu. Elle sert, dans certaines constructions, à la fabrication des poteries, des tuiles et des pipes, et aux statuaires pour modeler leurs œuvres.

* **GLAUBÉRITE.** *T. de minér.* Sulfate double de sodium et de calcium, cristallisant en prisme rhomboïdal oblique de 83° 20', clivable suivant sa base, translucide ou transparent, à éclat vitreux, et pouvant être incolore, blanchâtre ou même rouge. D=2.75; dureté 2.5 à 3. Il se dissout dans l'eau en laissant un résidu blanc de sulfate de chaux. Il contient 57.56 0/0 d'acide sulfurique, 22.29 d'oxyde de sodium, et 20.15 d'oxyde de calcium.

On le trouve dans la Lorraine, à Vic; à Villarubia, en Espagne; au Pérou.

* **GLAUCOLITE** ou **GLAUCOLITHE.** *T. de minér.* Silicate double d'alumine et de chaux, contenant une certaine quantité de soude et des traces de potasse et d'eau. Il se rapproche de la Wernérite comme composition, comme cristallisation (prisme à base carrée) et comme densité (2.7) mais possède une coloration bleue. On l'a trouvé au lac Baïkal.

* **GLEUCOMÈTRE.** Instrument destiné à faire connaître la pesanteur spécifique du moût de raisin et la quantité de sucre qu'il contient.

* **GLISSADE.** *T. techn.* Opération de mégisserie qui consiste à promener le couteau à décharner sur la longueur de la peau et du côté de la fleur.

* **GLISSEMENT.** On dit qu'il y a glissement lorsque deux surfaces en contact se déplacent de manière que le point de contact sur l'une d'elles soit en mouvement relatif par rapport à l'autre. Dans le *roulement*, au contraire, la vitesse du point de contact de l'une des deux surfaces par rapport à l'autre est toujours nulle, de sorte que, si l'une des deux surfaces est immobile, le point de contact est le centre instantané de rotation de l'autre. En pratique, le glissement s'accompagne toujours de frottement qui est une cause de résistance et de perte de force vive. Aussi, cherchet-on, autant qu'il est possible, à remplacer le glissement par le roulement dont la résistance est beaucoup plus faible. C'est ainsi que pour certains rouages délicats, on a construit des engre-

nages sans glissement dont les dents de forme hélicoïdale *roulent* au lieu de glisser les unes sur les autres. (V. Engrenage, § *Engrenage de Hooke et de White*). Quelquefois aussi, au lieu de faire reposer un tourillon sur deux coussinets, on le place dans l'angle de deux roues dont les circonférences se croisent et qui sont entraînées par le mouvement du tourillon. Enfin, dans une foule de circonstances, l'usage des *galets* et des *rouleaux* permet d'éviter le glissement et de le remplacer par le roulement. — V. Frottement.

* **GLISSIÈRE.** *T. de mécan.* Pièce disposée à la sortie des cylindres et parallèlement à l'axe pour guider la crosse du piston des machines à vapeur dans son mouvement rectiligne de va-et-vient. La glissière est formée quelquefois par une barre unique enveloppée par la crosse; mais on préfère ordinairement, avec raison, une glissière double formée de deux barres, l'une inférieure et l'autre supérieure, disposition qui maintient mieux la tige du piston; quelquefois même on emploie quatre barres, saisissant la crosse aux quatre angles pour éviter sûrement toute déviation.

Les glissières doivent être particulièrement surveillées et graissées en marche comme toutes les pièces frottantes, surtout la glissière supérieure qui fatigue davantage. Les glissières sont fabriquées en fer ou en acier et rarement en fonte; mais la crosse du piston est souvent munie d'un revêtement en bronze dans les parties frottantes. Les dimensions des glissières se déterminent d'après la formule suivante, en supposant que le métal travaille à 6 kilogrammes environ par millimètre carré et en limitant à 1 millimètre à $1^{mm},5$ la flexion de la glissière:

b étant la largeur de la glissière, q la pression verticale exercée sur elle par la crosse, quand la

manivelle est verticale, $q = p\dfrac{A}{L}$, p étant la pression

de la vapeur appliquée sur le piston, A la surface du piston, r le rayon de la manivelle, L la longueur de la bielle;

l_1 et l_2 étant les distances du milieu de la crosse aux points d'attache de la glissière dans cette même position de la manivelle;

h la hauteur de la glissière en ce point est donnée par la relation:

$$h = \sqrt{\frac{q}{b}\frac{l_1 l_2}{l_1 + l_2}}.$$

GLU. (Du latin *glus, glutis*, colle). C'est une substance végétale très anciennement connue, molle et très collante, qu'on ne peut manier sans se répandre de l'eau, ou mieux de l'huile, sur les mains. Elle est en même temps extensible, filante, possède une saveur amère, une odeur forte; elle présente une couleur brune qui se fonce à l'air; elle brûle au contact du feu en répandant une odeur désagréable qui révèle la présence de l'azote. Elle est complètement insoluble dans l'eau, les alcalis et l'éther acétique; mais soluble à froid dans les acides, même étendus, dans l'éther sulfurique, l'éther oxalique; et soluble à chaud, dans l'alcool. L'acide sulfurique concentré la noircit; l'acide azotique lui fait prendre une couleur jaune et la divise en acide oxalique, en acide malique, en même temps qu'il détermine la production d'une cire et d'une résine; ces deux derniers produits en sont également séparés par l'alcool. Les huiles de romarin et de térébenthine la dissolvent aussi parfaitement. Cette matière résulte de la macération de plusieurs substances végétales, et se préparait le plus souvent autrefois par la décoction des baies du gui. Maintenant, on emploie un autre procédé dû à M. Bouillon-Lagrange, et qui consiste à l'extraire du houx épineux, arbrisseau de la famille des *rhamnées*. Mais on peut l'obtenir par le traitement des racines de la chondrille, de la vigne, de la viarne, du *robinia viscosa* et du *gentiana lutea*, en préparant un extrait éthéré que l'on traite ensuite par l'alcool.

La préparation de la glu exige un travail assez compliqué; comme nous l'avons dit, on se sert aujourd'hui exclusivement du houx (*ilex aquifolium* de Linné) que l'on cueille vers les mois de juin et juillet en ayant soin de faire choix des branches de dureté moyenne et de rejeter celles qui sont trop dures ou trop tendres. C'est l'écorce de cette plante qui sert à faire la glu; cette écorce est composée comme toutes les écorces des végétaux, de trois parties, le liber, le derme ou enveloppe subéreuse, et l'épiderme extérieur. On commence par plonger les branches dans l'eau bouillante, et on enlève l'épiderme; il reste alors le derme et le liber que l'on place dans un mortier et que l'on pile jusqu'à ce que le tout soit amené à l'état de pulpe de consistance pâteuse. On fait bouillir cette pâte quelque temps dans l'eau et on la porte dans des cuves en bois ou dans des pots que l'on fait séjourner, pendant une quinzaine de jours, dans une cave ou dans tout autre lieu humide à température peu variable. Là, la masse entre en putréfaction, et c'est dans cette espèce de fermentation que se produit la matière visqueuse (*viscum*, glu) et verdâtre qu'on enlève et qui constitue la glu. Avant de la livrer au commerce, il est néanmoins nécessaire de la débarrasser des impuretés qu'elle renferme, surtout des nombreux débris de tissus végétaux qui la souillent, en même temps que des parties que la décomposition n'aurait pas suffisamment transformées. Pour cela, on fait subir à la matière des lavages assez longs et répétés à grande eau ou mieux dans l'eau courante. On la conserve ensuite soit dans l'eau, soit dans du parchemin huilé, car elle adhère fortement à tout ce qu'elle touche.

On rencontre encore dans le commerce une autre espèce de glu d'aspect analogue à la glu de houx, mais de qualité inférieure et qui, pour ce motif, est d'un prix moins élevé. Sa fabrication est d'ailleurs également beaucoup plus facile; elle se fait simplement en faisant bouillir en vase clos de l'huile de lin que l'on a soin d'agiter d'une manière continue. Cette agitation répétée, jointe à la chaleur, finit par transformer l'huile en une masse agglutinative tout à fait analogue d'aspect et de propriétés générales à la glu. Aussi ce produit,

pour ainsi dire artificiel, est-il aujourd'hui très répandu.

Glu marine. Colle très énergique, employée surtout dans les constructions navales, d'où elle tire son nom, et où elle rend de grands services. C'est un mélange qui consiste en une dissolution de caoutchouc dans du naphte brut ou huile essentielle de goudron à laquelle on ajoute de la gomme laque. Voici comment l'inventeur, M. Jeffery, de Londres, en indique la préparation. On découpe en lanières aussi minces que possible une certaine quantité de caoutchouc que l'on fait dissoudre sur un feu doux à l'aide d'une chaudière de cuivre ou de fonte, dans environ dix fois son poids d'huile essentielle de goudron. On agite constamment jusqu'à dissolution complète du caoutchouc et l'on concentre pendant une dizaine de jours de manière à amener le mélange à la consistance pâteuse. On retire alors du feu, et on ajoute à la crème ainsi obtenue, environ deux fois son poids de gomme laque réduite en poudre fine; le tout se prend en une masse brune et dure que l'on chauffe de nouveau pour le ramener à l'état liquide et le couler ensuite en plaques que l'on livre au commerce.

Il suffit, pour l'emploi, de faire fondre ces plaques dans une chaudière de fonte, et d'en badigeonner les parties à recoller préalablement chauffées et qu'il faut avoir soin d'appliquer le plus rapidement possible l'une contre l'autre, la glu marine se solidifiant très vite même à d'assez hautes températures.

Cette colle produit une adhérence très énergique et est complètement insoluble dans l'eau, ce qui rend son emploi très précieux dans la marine, pour réparer les avaries survenues dans la mâture, les vergues, etc., et cela d'autant mieux que sa température de fusion étant de 120°, on n'a pas à redouter de la voir se ramollir trop facilement sous l'effet du soleil ardent des régions tropicales. En outre, d'après M. Jeffery, elle présente à la traction, une résistance à la rupture de 20 kilogrammes environ par centimètre carré, ce qui est supérieur au chiffre pratique admis pour le sapin dans le sens perpendiculaire aux fibres (12 à 15 kilogrammes); il en résulte qu'en cas d'accident survenant à une pièce réparée, la rupture se produit généralement à côté du joint

Une précaution indispensable à prendre pour souder deux pièces à la glu marine, est de bien dessécher préalablement les surfaces en contact, sans cela, la haute température à laquelle doit être employée la glu amènerait la vaporisation de l'eau contenue dans les pores du bois; il pourrait alors résulter de ce dégagement de bulles de vapeur, des poches et des solutions de continuité dans la matière agglutinative; la solidité du joint se trouverait donc gravement compromise.

La glu marine est employée aussi avec succès dans le bâtiment comme enduit hydrofuge pour combattre l'humidité des parties inférieures; une utilisation en grand de cette matière dans ce but a été faite au grand hôtel du Louvre à Paris. Il suffit de 1 kilogramme de glu marine pour recouvrir environ 1 mètre carré de deux couches. Le seul inconvénient sérieux de cette substance est d'être composée d'éléments coûteux qui en rendent le prix assez élevé.

On emploie souvent aussi dans le commerce, pour enduire les murs, les bois, les tuyaux de fonte, etc., une composition similaire beaucoup moins coûteuse mais de qualité très inférieure, composée d'huile de goudron, de brai et de blanc de zinc.

Glu translucide. La glu marine ordinaire présente, à cause de sa couleur foncée, un inconvénient grave lorsqu'on en veut faire usage avec des objets transparents. Aussi, pour ces cas particuliers, emploie-t-on généralement un produit spécial, dont le prix est, il est vrai, un peu plus élevé, et qui est dû à un américain, M. Lenher, de Philadelphie. Voici comment il se prépare :

On prend 75 parties de caoutchouc ordinaire que l'on fait fondre dans 50 à 60 parties de chloroforme; la solution étant achevée et complète, on ajoute environ 15 parties de mastic et on laisse macérer pendant huit jours environ. On obtient ainsi une glu qui présente la propriété de rester transparente sous une faible épaisseur; les objets de porcelaine et de verre peuvent donc être facilement réparés avec cette matière. — A. M.

*GLUCINE. — V. Glucinium.

*GLUCINIUM (Syn. : *Glucium, Béryllium*). T. *de chim.* Corps simple métallique, dont l'oxyde ou *glucine* a été extrait par Vauquelin, en 1797, de l'émeraude de Limoges et qui a été lui-même isolé par Woehler, en 1827.

D'après le procédé indiqué récemment par Nilson et Petterson, on obtient le glucinium de la manière suivante : Dans un tube en fer à parois épaisses, on introduit du chlorure de glucinium avec un léger excès de sodium, on ferme le tube à l'aide d'un bouchon à vis et l'on chauffe au rouge vif dans un fourneau à vent. La réduction achevée, on trouve dans le tube refroidi une masse blanche de sel marin fondu et solidifié, au-dessous de laquelle le glucinium s'est réuni en un feutrage de cristaux microscopiques brillants (prismes ou dendrites), à côté desquels on rencontre aussi des globules de métal fondu. Le métal ainsi obtenu, renferme 87,09 0/0 de glucinium, le reste étant formé de glucine, de fer et de silice; il offre une couleur blanchâtre analogue à celle de l'étain et une densité égale à 1,9111 (ou à 1,64, si l'on tient compte des impuretés). Il est dur et cassant, fusible à une très haute température, inaltérable au rouge dans la vapeur d'eau et dans l'oxygène; les acides le dissolvent avec dégagement d'hydrogène, et le chlore s'y combine avec incandescence. Le symbole du glucinium est Gl, son équivalent 4,6 et son poids atomique probable 13,8.

L'*oxyde de glucinium* ou *glucine*, Gl^2O^3, se rencontre dans différents silicates naturels, plus ou moins rares, tels que l'émeraude ou béryl; l'euclase, la gadolinite, le chrysobéryl ou cymophane, le leucophane. Pour préparer

de la glucine, on fond au fourneau à vent dans un creuset en terre de l'émeraude réduite en poudre avec la moitié de son poids de chaux vive. On dissout ensuite la masse fondue dans l'acide azotique, on évapore la solution à siccité et on calcine légèrement le résidu (composé de glucine, d'alumine, d'oxyde de fer, de chaux et de silice). On fait bouillir ce dernier avec une solution de chlorure d'ammonium; la chaux entre en dissolution, tandis que la glucine reste avec l'alumine, la silice et l'oxyde de fer; on lave bien le résidu et on le traite par l'acide azotique, qui laisse la silice; on verse la solution azotique dans une solution ammoniacale de carbonate d'ammonium; tous les oxydes sont alors précipités, mais la glucine se redissout après huit jours de digestion dans un excès de carbonate d'ammonium; on fait bouillir la solution, afin d'expulser ce dernier, et la glucine se dépose sous forme de carbonate, qui après lavage et calcination donne la glucine pure. La glucine se présente sous forme d'une poudre blanche, légère, insoluble dans l'eau, infusible, mais volatile au chalumeau à gaz oxyhydrique; elle se dissout facilement dans les acides, la potasse et le carbonate de potasse, mais non dans le carbonate d'ammonium. La glucine se précipite à l'état d'hydrate, lorsqu'on traite par l'ammoniaque la solution des sels de glucinium; la glucine hydratée absorbe l'acide carbonique de l'air et se dissout dans le carbonate d'ammonium.

Les *sels de glucinium* sont incolores, ceux qui sont solubles ont une saveur douce et astringente et une réaction acide. La *potasse*, la *soude*, l'*ammoniaque*, et le *sulfhydrate d'ammoniaque*, donnent dans les solutions des sels de glucinium, un précipité de glucine hydratée blanc et floconneux, insoluble dans l'ammoniaque, mais facilement soluble dans la potasse ou la soude, d'où il est de nouveau précipité par le chlorure d'ammonium; les *carbonates alcalins* produisent un précipité blanc de carbonate de glucine, soluble dans un grand excès de carbonate alcalin fixe, mais dans un excès moindre de carbonate d'ammonium; l'*acide oxalique* et les *oxalates* ne donnent pas de précipité; chauffés au rouge avec de l'*azotate de protoxyde de cobalt*, les sels de glucinium forment une masse de couleur grise. — Dr L. G.

*GLUCIQUE (Acide). Acide résultant de la déshydratation du glucose sous l'influence des alcalis (V. Glucose), et qui prend aussi naissance lorsqu'on fait bouillir du sucre de canne avec de l'acide sulfurique étendu. L'acide glucique, $C^{12}H^{18}O^9$, est un corps incolore, incristallisable, très soluble dans l'eau et dans l'alcool; il a une saveur acide très prononcée, il se décompose à 100° en brunissant fortement et il forme avec les bases des sels solubles dans l'eau. — Dr L. G.

*GLUCOMÈTRE. Sorte d'aréomètre destiné à faire connaître la pesanteur spécifique des moûts.

*GLUCOSANE. T. *de chim.* On donne ce nom au produit résultant de la déshydratation du glucose à la température de 170° (V. Glucose). La glucosane, $C^6H^{10}O^5$, est amorphe, elle a une saveur légèrement amère; elle dévie à droite le plan de polarisation, mais moins que le glucose. Traitée à l'ébullition par des acides étendus, elle est ramenée à l'état de glucose.

GLUCOSE. On comprend, sous ce nom, plusieurs principes sucrés, dont les caractères se rapprochent plus ou moins du glucose ordinaire ou normal (V. SUCRE). Ces corps se distinguent des autres matières sucrées par les réactions suivantes : 1° mis en contact avec le ferment alcoolique (levure de bière), ils entrent immédiatement en fermentation, sans subir, comme le fait le sucre de canne, de transformation préalable ; 2° les alcalis les détruisent à 100° et même à froid; 3° ils réduisent les solutions alcalines de cuivre, en donnant lieu à un précipité rouge de protoxyde de cuivre. Les principaux glucoses sont : le *glucose ordinaire* ou *sucre de raisin*, la *lévulose* ou sucre des fruits acides, la *maltose* résultant de l'action de la diastase sur les matières amylacées et la *galactose*, produit de l'action des acides minéraux dilués sur la lactose ou sucre de lait.

Le *glucose ordinaire, glycose, dextrose, sucre de raisin, sucre de fécule* ($C^6H^{12}O^6$), doit seul nous occuper ici.

HISTORIQUE. Lowitz a montré, en 1792, que la matière sucrée cristallisable du miel différait du sucre de canne, et Proust a reconnu la nature particulière du sucre de raisin, dont l'existence fut ensuite constatée dans un grand nombre d'autres fruits sucrés. Kirchhoff a découvert, en 1811, la formation artificielle du sucre de raisin par l'action de l'acide sulfurique dilué sur l'amidon, et Braconnot, en 1819, est parvenu à faire éprouver à la cellulose, à l'aide du même acide, une transformation analogue. De Saussure et Proust ont déterminé la composition de ce sucre, auquel Dumas a donné le nom de *glucose* (de γλυχύς, doux).

Le glucose se rencontre tout formé et associé à la lévulose ou au sucre de canne, dans un grand nombre de fruits sucrés, ainsi que dans le miel ; l'urine des malades atteints de diabète sucré, en renferme aussi des quantités plus ou moins grandes. Le glucose, en outre, prend naissance lorsqu'on fait agir des acides étendus sur les matières amylacées, la dextrine ; le sucre de canne, la cellulose et les substances végétales analogues ; enfin, les corps désignés sous le nom de *glucosides* (V. ce mot), tels que l'amygdaline, la salicine, etc., donnent également du glucose en se dédoublant sous l'influence des acides, ou des alcalis dilués ou d'un ferment spécial.

Propriétés du glucose. Le glucose se présente ordinairement en petits cristaux blancs et opaques, agglomérés sous forme de mamelons hémisphériques ou de choux-fleurs, et renfermant une molécule d'eau de cristallisation ($C^6H^{12}O^6, H^2O$) ; ces cristaux, inaltérables à l'air, se ramollissent à 60°, fondent à 80° et perdent leur eau de cristallisation à 100°. De l'alcool absolu bouillant, le glucose se sépare sous forme de fines aiguilles microscopiques anhydres ($C^6H^{12}O^6$), qui ne fondent qu'à 146°. Il se dissout dans 1,3 partie d'eau froide et en toutes proportions dans l'eau bouil-

lante. La solution est trois fois moins sucrée, pour une égale concentration, que celle du sucre de canne. Il se dissout aussi très facilement dans l'alcool faible, mais il est moins soluble dans l'alcool absolu. La solution du glucose dévie à droite le plan de polarisation de la lumière (d'où le nom de *dextrose*, qu'on a aussi donné au glucose); le pouvoir rotatoire spécifique, qui varie peu avec le dissolvant et la température, dépend, au contraire, de la concentration des solutions; suivant Tollens, il est donné pour le glucose hydraté en solution à n 0/0, par la formule :

$$(\alpha)_D = 47°,92541 + 0,015534\,n + 0,0003883\,n^2,$$

et d'après Soxhlet, le glucose anhydre en solution à 18,6211 0/0 offre un pouvoir rotatoire égal à :

$$(\alpha)_D = 52°,85.$$

Chauffé, à 170°, le glucose perd une molécule d'eau et se transforme en *glucosane* (V. ce mot) ; à une température encore plus élevée, il se change en caramel. L'acide sulfurique concentré dissout à froid le glucose sans le colorer et s'y combine en donnant naissance à un acide sulfoconjugué (*acide sulfoglucique*). L'acide azotique concentré transforme à chaud le glucose en acides saccharique et oxalique. Quand on chauffe une solution de glucose avec de la potasse ou de la soude caustiques vers 70°, la liqueur brunit et le glucose est transformé en *acides glucique* et *mélassique*. Le glucose donne également de l'acide glucique, lorsque, après l'avoir fondu dans son eau de cristallisation, on y ajoute une solution chaude de baryte; la masse se colore en brun et la réaction est très énergique. Si dans une solution alcaline de bioxyde de cuivre (liqueur de Fehling ou de Viollette), chauffée à l'ébullition, on ajoute une solution de glucose, il se produit un précipité jaune ou rouge de protoxyde de cuivre, et la quantité de bioxyde de cuivre réduite est proportionnelle à la quantité de glucose ajoutée: c'est sur cette réaction, dont la sensibilité est très grande, puisqu'une solution ne contenant que 0,00001 de glucose donne encore un précipité rouge, que repose le procédé généralement employé pour le dosage du glucose. Le glucose donne également, à chaud et aussi à froid, un précipité de protoxyde de cuivre avec le *réactif de Barfoed* (solution de 13,5 grammes d'acétate neutre de cuivre dans 200 centimètres cubes d'eau, additionnés de 5 centimètres cubes d'acide acétique à 35 0/0), qui n'étant pas précipité par la maltose peut servir à distinguer ce dernier sucre d'avec le premier. Le mercure, l'argent et l'or sont précipités de leurs solutions alcalines à l'état métallique par les solutions de glucose. Le glucose donne avec la chaux, la baryte et l'oxyde de plomb des combinaisons salines (glucosates) analogues à celles formées par le sucre de canne (saccharates), mais très instables; avec le chlorure de sodium, il forme des composés (glucosates de chlorure de sodium) parfaitement définis et cristallisables, qui offrent une saveur à la fois sucrée et salée.

Mis en contact avec de la levure de bière, le glucose fermente et se change en alcool et en acide carbonique; 100 kilogrammes de glucose donnent, en fermentant, 51,11 kilogrammes d'alcool et 48,69 kilogrammes d'acide carbonique ; la différence représente les petites quantités de glycérine et d'acide succinique qui se forment toujours en même temps. — V. FERMENTATION.

PRÉPARATION DU GLUCOSE. On peut préparer facilement du glucose pur à l'aide du miel ou du jus de raisin, où il se trouve tout formé, ou bien en faisant agir de l'acide chlorhydrique étendu sur du sucre de canne.

Pour extraire le glucose du *miel*, on traite celui-ci par de l'alcool à 95° qui dissout le sucre incristallisable (lévulose) et laisse la plus grande partie du glucose ; on lave ensuite le résidu à plusieurs reprises avec de l'alcool froid et on le purifie en le faisant cristalliser plusieurs fois dans l'alcool bouillant à 85°. Avec le *jus de raisin*, on procède de la manière suivante : après avoir laissé le jus se clarifier par le repos, on le chauffe à une douce température, puis on neutralise une partie de l'acide tartrique en le mélangeant avec du marbre ou de la craie en poudre, on le porte à l'ébullition et on le laisse reposer pendant vingt-quatre heures, afin que les sels de chaux insolubles se déposent. On clarifie ensuite le liquide avec du sang de bœuf, on l'écume, on l'évapore jusqu'à 26° Baumé et on l'abandonne à lui-même pendant quelque temps. On décante alors le liquide avec précaution, puis on le fait cuire jusqu'à 34° Baumé ; on obtient ainsi un sirop dont on peut se servir pour la plupart des usages auxquels on a coutume d'employer le glucose. Mais si l'on veut préparer du glucose solide, on verse le sirop encore plus concentré dans des cristallisoirs, où au bout de trois ou quatre semaines, il s'est déposé des cristaux grenus, que l'on sépare de la lévulose incristallisable ; à cet effet, on les introduit dans des formes à pain de sucre et, par clairçage avec une solution de glucose pur, on déplace la lévulose ou bien on les traite dans des turbines. La transformation du sucre de canne en glucose, d'après

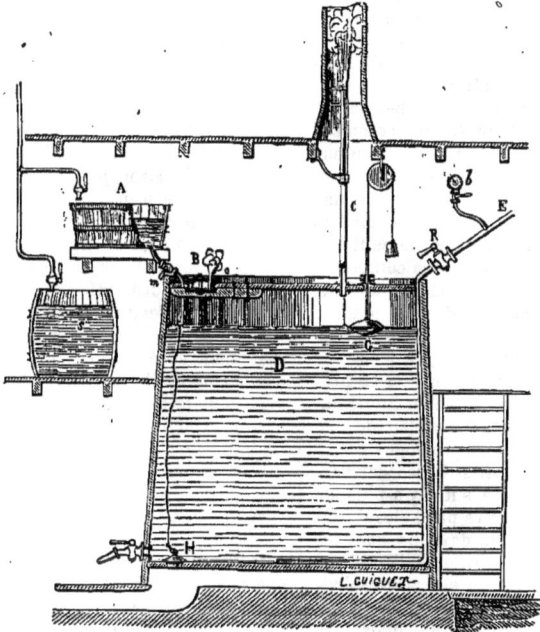

Fig. 299. — *Appareil pour la saccharification de la fécule.*

le procédé indiqué par Soxhlet, fournit un produit d'une pureté chimique absolue : Dans 500 centimètres cubes d'alcool à 90°, mélangés avec 20 centimètres cubes d'acide chlorhydrique fumant et maintenus à 45°, on ajoute par petites portions 160 grammes de sucre de canne, en agitant chaque fois jusqu'à dissolution complète; au bout de quelques jours, il se dépose environ 10 grammes de glucose anhydre. On recommence alors la même opération en employant 12 litres d'alcool, 480 centimètres cubes d'acide chlorhydrique et 4 kilogrammes de sucre, puis lorsque la solution est refroidie, on détermine la cristallisation en ajoutant les 10 grammes de glucose préparés en premier lieu. On essore le produit au bout de trente-six heures, on le lave à l'alcool et on le fait cristalliser dans l'alcool méthylique. On peut aussi, comme on l'a déjà dit, préparer le glucose en faisant agir des acides dilués sur les matières amylacées (fécule de pommes de terre, amidon); c'est le procédé que l'industrie emploie pour fabriquer le glucose ou sucre de fécule qu'elle livre au commerce.

FABRICATION INDUSTRIELLE DU GLUCOSE. La matière première est la fécule de pommes de terre, et le produit de sa transformation ou saccharification au moyen de l'acide sulfurique, est livré au commerce sous trois formes différentes : *Sirop de fécule, glucose en masse* et *glucose granulé*. Les premières opérations sont les mêmes, quelle que soit la forme que l'on désire obtenir ; pour les glucoses en masse et granulé, la saccharification doit être aussi complète que possible, parce que la dextrine, dont le sirop de fécule renferme toujours d'assez grandes proportions s'oppose à la cristallisation du sucre. — V. FÉCULE.

La fabrication du sucre de fécule comprend les opérations suivantes : 1° transformation de la fécule en glucose par l'acide sulfurique étendu (*saccharification*) ; 2° *saturation de l'acide* ; 3° *filtration* ; 4° *évaporation* et 5° *cristallisation.*

SACCHARIFICATION. La saccharification s'effectue ordinairement dans une cuve fermée D (fig. 299) en bois de sapin, d'une capacité de 160 hectolitres environ et dans laquelle on peut traiter à la fois

10,000 kilogrammes de fécule cuite. On commence par verser dans la cuve 15 à 16 hectolitres d'eau, puis 140 kilogrammes d'acide sulfurique et on fait ensuite arriver de la vapeur sous pression au moyen du tuyau en plomb E contourné en demi-cercle près du fond de la cuve et qui est percé de trous par lesquels la vapeur s'échappe en jets nombreux au sein du liquide. Le tuyau E est maintenant remplacé dans beaucoup de fabriques par une spirale en cuivre à travers laquelle circule la vapeur de chauffage ; l'eau condensée s'écoule alors au dehors et l'on évite ainsi la dilution qu'occasionne l'introduction directe de la vapeur au milieu du liquide. La fécule, préalablement délayée avec de l'eau dans le tonneau *s*, est introduite peu à peu dans le baquet A, d'où on la fait écouler dans la cuve par le robinet *m*. Le liquide ainsi introduit dans la cuve forme avec les 10,000 kilogrammes de fécule qu'il tient en suspension un volume de 140 hectolitres et la durée de son introduction est de sept heures environ. Au moyen du flotteur G, on reconnaît quand le liquide de la cuve a atteint une hauteur convenable. Les vapeurs qui se dégagent pendant l'opération s'échappent par le tuyau C dans une hotte en bois, qui les conduit au dehors. Un filet de vapeur, qui sort constamment par le petit orifice *o*, permet à l'ouvrier de se rendre compte de la marche de l'ébullition. La fécule ayant été ajoutée entièrement, on continue de faire bouillir pendant une heure encore, afin d'achever la saccharification. Dans cette opération, la fécule se convertit d'abord en dextrine et ensuite en glucose; la première transformation a lieu immédiatement, tandis que la deuxième ne s'effectue que sous l'influence d'une ébullition prolongée.

Pour reconnaître exactement si la saccharification est complète, c'est-à-dire s'il n'y a plus de dextrine, on se sert de l'épreuve par l'alcool, qui repose sur l'insolubilité de la dextrine dans les liquides alcooliques; dans ce but, on mélange une partie de la liqueur sucrée avec six parties d'alcool absolu, et si la dextrine est entièrement détruite, il ne se forme pas de précipité, mais seulement un léger trouble. L'essai par l'iode, encore fréquemment employé, est sans utilité, puisqu'il ne peut qu'indiquer que la fécule est transformée en dextrine. Suivant E. Krotke, on diminue beaucoup la durée de la saccharification en ajoutant à l'acide sulfurique une petite quantité d'acide azotique; on arrive au même résultat en chauffant sous une forte pression la fécule avec de l'eau ne contenant qu'une très faible quantité d'acide sulfurique.

Saturation. La saccharification achevée, on supprime l'arrivée de la vapeur en fermant le robinet R, et on procède à la saturation de l'acide sulfurique. Pour cela, on ouvre le trou d'homme B, et on verse peu à peu et avec précaution dans la cuve du carbonate de chaux (craie ou marbre) réduit en poudre ; de l'acide carbonique est immédiatement mis en liberté et il se forme du sulfate de chaux peu soluble, qui se précipite. On cesse l'addition du carbonate lorsqu'il ne produit plus d'effervescence, ou mieux lorsqu'une goutte du

liquide ne rougit plus le papier de tournesol bleu. Pour 140 kilogrammes d'acide, il faut environ 145 kilogrammes de craie.

Filtration et évaporation. L'acide étant saturé, on laisse le liquide reposer quelque temps, puis on le fait écouler dans un bac inférieur, et ouvrant ensuite la bonde H, en fait aussi écouler le dépôt de sulfate de chaux, que l'on reçoit sur un filtre en toile, où on le lave, après qu'il s'est égoutté ; ou bien, il est soumis à l'action d'un filtre-presse et lavé, si c'est nécessaire. Les eaux de lavage sont employées à la place d'une quantité équivalente d'eau fraîche pour une nouvelle saccharification. Le liquide ou sirop recueilli dans le bac est soutiré au bout de 10 à 12 heures et envoyé dans des filtres à noir en grains, analogues à ceux employés dans les sucreries. Au sortir des filtres, le sirop qui marque 14 à 16° Baumé, est dirigé dans des réservoirs inférieurs, d'où, à l'aide d'une pompe ou d'un monte-jus on l'élève dans un bac, pour le faire ensuite écouler dans des chaudières ouvertes et chauffées à la vapeur, ou mieux dans un appareil à évaporer dans le vide. Dans ces appareils, on concentre le sirop jusqu'à 27° Baumé bouillant (= 33° Baumé froid), et après l'avoir laissé reposer pendant 2 jours, afin que le sulfate de chaux devenu insoluble se dépose, on le livre au commerce. Pour obtenir un sirop bien blanc et limpide à l'usage des confiseurs et des liquoristes, on filtre de nouveau à froid le sirop précédent sur du noir animal en grains et on l'emballe immédiatement après la filtration. En saccharifiant la fécule comme il est dit plus haut, mais avec une dose plus faible d'acide sulfurique (14 à 15 kilogrammes pour 2,000 kilogrammes de fécule), concentrant le sirop jusqu'à 35° Baumé bouillant (= 40° Baumé froid), le filtrant à chaud sur du noir animal, on obtient un produit d'un goût plus agréable que le précédent et presque incolore. Ce sirop, qui est employé pour la préparation des confitures, des fruits confits, etc., est tellement épais, quand il est froid, qu'on ne peut y faire flotter un aréomètre ; de là vient le nom de *sirop impondérable*, qu'on lui donne dans le commerce. Le sirop impondérable contient plus de dextrine que de glucose et se rapproche par suite du sirop de dextrine préparé au moyen de la diastase, avec cette différence que dans ce dernier la maltose remplace le glucose. — V. DEXTRINE.

Cristallisation. Lorsqu'on veut préparer du *glucose solide en masse*, on emploie pour la saccharification un peu plus d'acide (30 kilogrammes pour 1,000 kilogrammes de fécule) et on concentre le sirop jusqu'à ce qu'il marque 40° Baumé à froid, on verse ensuite ce dernier dans des cristallisoirs et dès que la cristallisation est commencée on verse le liquide dans des tonneaux, où au bout de quelque temps il se prend en une masse solide de couleur jaunâtre, et dans lesquels on l'expédie.

On obtient un produit beaucoup plus pur et plus blanc (*glucose granulé*) en séparant les cristaux de glucose du sirop interposé. A cet effet, on verse le sirop filtré et refroidi dans des tonneaux disposés verticalement au-dessus d'un bassin plat et dont le fond est percé d'un grand nombre de trous fermés avec des bouchons en bois. Afin d'éviter la fermentation, on ajoute dans chaque tonneau 2 décilitres d'eau chargée d'acide sulfureux. Au bout de 8 à 10 jours, les agglomérations de cristaux commencent à se former et lorsqu'elles remplissent les deux tiers de la hauteur du liquide on retire les bouchons ; le sirop s'écoule et on favorise sa sortie en inclinant peu à peu les tonneaux. Le sucre ainsi obtenu est transporté dans une étuve, où on le pose sur des plaques de plâtre, qui absorbent le reste du sirop adhérent. La masse sèche est séparée par tamisage des agglomérations et la poudre est comprimée dans des formes à pains de sucre ou emballée telle quelle. Le sirop provenant de l'égouttage est retourné dans la cuve à saccharification, où on achève de transformer en sucre la dextrine qu'il contient toujours en assez grande quantité.

Depuis quelque temps, on prépare, en Amérique, de très grandes quantités de glucose avec le maïs; ce produit est obtenu par saccharification sous pression au moyen de l'acide sulfurique et livré au commerce sous forme de sirop (*sirop de maïs*).

Composition et essai du glucose commercial. Le sucre de fécule du commerce est bien rarement pur ; il renferme toujours, indépendamment du glucose, de l'eau, de la dextrine, du sulfate de chaux et quelquefois de l'acide sulfurique libre et de l'arsenic. La proportion de ces substances est extrêmement variable, comme le montrent les analyses suivantes dues à Geschwaendler :

	a	b	c	d	e
Glucose.	67.5	64.0	67.2	75.8	62.2
Dextrine.	9.0	17.4	9.1	9.1	8.8
Eau.	19.5	11.5	20.0	13.1	24.6
Matières étrangères diverses.	4.0	7.1	3.7	2.1	4.4

Lorsque, comme cela a lieu ordinairement, le glucose contient du *sulfate de chaux*, sa solution dans l'eau distillée est précipitée par le chlorure de baryum et par l'oxalate d'ammoniaque ; les glucoses les plus purs renferment au moins de 0,4 à 0,5 0/0 de sulfate de chaux. Dissous dans 2 parties d'eau distillée, le glucose pur donne une solution qui ne se trouble pas, lorsqu'on le mélange avec 5 à 6 volumes d'alcool à 90° ; la solution du glucose commercial, qui contient toujours de la *dextrine*, donne au contraire avec l'alcool un précipité plus ou moins abondant. La présence de l'*acide sulfurique libre* et de l'*arsenic* a été constatée par notre collaborateur Clouët; le premier se rencontre dans la plupart des glucoses, qui alors rougissent le tournesol, et sa proportion varie de 1,32 à 4,98 grammes par kilogramme; le second se trouve dans la proportion de 0,0025 à 0,007 grammes par kilogramme, dans les glucoses qui ont été préparés avec de l'acide sulfurique arsénical.

L'essai d'un sucre de fécule consiste le plus souvent à déterminer simplement sa *teneur en glucose*; cette détermination est effectuée par l'une des méthodes qui seront décrites plus loin (V.

DOSAGE DU GLUCOSE) ; les sucres de fécule du commerce ne renferment jamais plus de 80 0/0 de glucose, leur richesse moyenne ne serait même, d'après Ritter, que de 68,82 0/0. On peut aussi, si on le désire, doser la *dextrine* au moyen du procédé de Roussin (V. DEXTRINE) et déterminer par incinération, la proportion des *matières minérales*, et au besoin faire l'analyse de la cendre obtenue; la *teneur en cendre* d'un glucose ne doit pas dépasser 0,4 0/0 et la majeure partie de cette cendre doit être formée de sulfate de chaux.

Usages du glucose. Le glucose est employé à l'état de sirop ou sous forme solide, dans la fabrication de la bière et quelquefois de l'alcool, dans la préparation des liqueurs, des confitures, des conserves de fruits et de quelques autres produits alimentaires, pour l'amélioration des vins. On le substitue quelquefois frauduleusement, entièrement ou partiellement, au sucre de canne dans la préparation des sirops, et on s'en sert aussi pour falsifier les cassonades qui doivent être consommées directement. Il est du reste facile de reconnaître si un sirop renferme du glucose, à la coloration brune qu'il prend, lorsque, après l'avoir étendu d'eau, on le fait bouillir avec une solution de potasse caustique, qui n'altère pas le sucre de canne ou de betterave. Enfin, on transforme aussi le glucose en caramel par l'action des alcalis, pour l'employer ensuite à la coloration de la bière, du cidre, de l'eau-de-vie, etc. Le *sirop de maïs*, fabriqué en Amérique, est surtout employé à cause de sa belle couleur et de sa grande richesse en sucre, dans la préparation des liqueurs, des confitures, des fruits confits, etc. On le mélange aussi avec le miel de Californie qui offre à peu près la même couleur ; ce mélange, vendu pour du miel pur et très apprécié des Américains, est importé en grande quantité en Europe, où son prix peu élevé et son goût agréable lui procurent également un débouché facile.

La quantité de glucose consommée pour les différents usages qui viennent d'être indiqués est très considérable, puisqu'en France, on fabrique annuellement de 10 à 12 millions de kilogrammes de sucre de fécule, et que l'Allemagne a produit en 1882-83 : 9,290,300 kilogrammes de glucose solide, 19,107,400 kilogrammes de sirop et 1,279,000 kilogrammes de caramel (couleur de sucre).

DOSAGE DU GLUCOSE. On peut doser le glucose : 1° par la méthode optique (V. SACCHARIMÉTRIE) ; 2° par fermentation, et 3° par la méthode chimique. De ces trois méthodes, c'est la dernière qui est le plus fréquemment employée.

Méthode par fermentation. S'il s'agit, par exemple, de doser le glucose dans un sucre de fécule du commerce, on pèse exactement 5 grammes environ de l'échantillon à essayer, on les dissout dans l'eau distillée, et l'on verse la solution sans en perdre, dans un petit ballon A (fig. 300). Après avoir ajouté un peu d'acide sulfurique ou tartrique et 20 centimètres cubes environ de levure de bière fraîchement lavée et délayée avec un peu d'eau en une bouillie claire, on ferme le ballon à l'aide d'un bouchon traversé par deux tubes, dont l'un *b* est droit et plonge dans le liquide et dont l'autre, recourbé à angle droit, ne dépasse que très peu la surface inférieure du bouchon et porte un tube *c* rempli de chlorure de calcium. On pèse ensuite exactement le ballon ainsi disposé, et on laisse la fermentation s'effectuer à la température de 30° environ, qu'il est facile d'obtenir en plaçant l'appareil dans un bain-marie. La vapeur d'eau qui se dégage en même temps que l'acide carbonique est retenue dans le tube *c* par le chlorure de calcium, et une fois la fermentation achevée, on chauffe un peu le liquide, afin d'expulser l'acide carbonique qu'il retient en dissolution, puis on fait passer un courant d'air à travers l'appareil ; enfin, on pèse de nouveau ce dernier, et la différence de poids fait connaître la quantité d'acide carbonique dégagé, quantité à l'aide de laquelle il est facile de calculer la proportion de glucose contenue dans l'échantillon soumis à l'essai, sachant que 1 partie d'acide carbonique correspond à 2,16 parties de glucose.

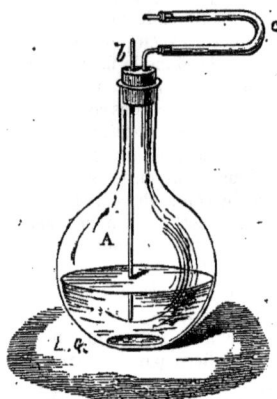

Fig. 300. — *Appareil de dosage.*

Méthode chimique. Cette méthode est basée sur la réaction du glucose sur les sels de cuivre en présence des alcalis (V. plus haut Propriétés du glucose), et l'analyse est effectuée au moyen de liqueurs titrées, qui contiennent généralement du sulfate de cuivre, du tartrate de potasse ou du sel de Seignette et de la soude caustique (liqueurs de Fehling, de Viollette, de Barreswill, etc.). Pour préparer la *liqueur de Viollette*, par exemple, on procède comme il suit : on commence par dissoudre dans 140 centimètres cubes environ d'eau distillée, 36,46 grammes de sulfate de cuivre cristallisé pur, sec et non effleuri, et à cet effet, on place le sel avec l'eau dans une petite capsule en porcelaine, puis on agite jusqu'à dissolution complète, à l'aide d'une baguette de verre qu'on laisse dans la capsule ; d'autre part, on dissout 200 grammes de sel de Seignette pur dans 500 centimètres cubes de lessive de soude à 24° Baumé, en introduisant dans un ballon jaugé d'un litre, le sel de Seignette et la lessive, et facilitant la dissolution par l'agitation du vase légèrement chauffé au bain-marie. On verse alors lentement la solution de sulfate de cuivre dans le ballon jaugé, en agitant de temps en temps ce dernier, afin de dissoudre le précipité qui se forme. On lave bien la capsule, on verse l'eau de lavage dans le ballon et on remplit celui-ci jusqu'au trait de jauge ; on agite et on laisse refroidir. Quand le liquide est revenu à la

température de 15°, on ajoute encore un peu d'eau distillée, de façon à compléter exactement le volume de 1 litre, puis on mélange bien le liquide par retournement, en tenant le ballon fermé avec la paume de la main. 10 centimètres cubes de la liqueur ainsi préparée correspondent à 0,05263 grammes de glucose.

Pour doser avec cette liqueur le glucose contenu dans un sucre de fécule, on procède de la manière suivante : dans un ballon jaugé de 100 centimètres cubes, on introduit 1 gramme de la substance exactement pesée, on ajoute environ 50 centimètres cubes d'eau distillée, on agite et, la dissolution achevée, on remplit le ballon jusqu'au trait de jauge. Après avoir bien mélangé la solution, on filtre et on en remplit une burette divisée en dixièmes de centimètres cubes. D'autre part, on introduit dans un tube à essais 10 centimètres cubes de liqueur de Viollette, on porte ce liquide à l'ébullition et on y fait tomber goutte à goutte la solution sucrée contenue dans la burette. Dès que les deux liqueurs sont en contact, il se forme un précipité rouge de protoxyde de cuivre, et à mesure que ce précipité augmente, la couleur bleue du liquide diminue d'intensité. On cesse de verser la solution sucrée lorsque le liquide est entièrement décoloré ; l'opération est alors terminée et il ne reste plus qu'à lire sur la burette combien on a employé de centimètres cubes de la solution sucrée et à calculer avec ce nombre la teneur centésimale du sucre de fécule soumis à l'essai. On a employé, par exemple, 6,1 centimètres cubes de solution sucrée ; ces 6,1 centimètres cubes contiennent 0,05263 grammes de glucose, puisque 10 centimètres cubes de liqueur de Viollette sont réduits par cette quantité de glucose, et 100 centimètres cubes correspondant à 1 gramme de sucre soumis à l'essai, en renfermeront

$$\frac{0,05263 \times 100}{6,1} = 0,8627 \text{ grammes} ;$$

le sucre essayé contient donc

$$0,8627 \times 100 = 86,27 \text{ 0/0}$$

de glucose. — V. Saccharimétrie: — Dʳ L. G.

Bibliographie : Pelouze et Frémy : *Traité de chimie,* t. V, 1865 ; Wurtz : *Dictionnaire de chimie,* t. I, 2ᵉ p., 1870 ; J. Girardin : *Leçons de chimie,* t. III, 1873 ; L. Wagner : *Die Stærkefabrication in Verbindung mit Dextrine und Traubenzuckerfabrikation,* 1877 ; Payen : *Précis de chimie industrielle,* t. II, 1878 ; R. Wagner et L. Gautier : *Nouveau traité de chimie industrielle,* t. II, 1879 ; Chevallier et Baudrimont : *Dictionnaire des falsifications,* 1882 ; Soxhlet : *De l'action des différents sucres sur la liqueur de Fehling,* in : *Moniteur scientifique,* p. 99, 1882 ; O. Dammer : *Lexikon der chemischen Technologie,* 1883 ; Post : *Traité d'analyse chimique appliquée aux essais industriels,* traduit de l'allemand par L. Gautier, 1884.

*GLUCOSIDÉS. On a donné ce nom à un groupe de produits naturels, qui ont pour caractère commun de se décomposer en *glucose* ou un isomère et en d'autres corps différents pour chaque espèce, lorsqu'on les soumet à l'action des acides minéraux dilués, d'une solution faible de potasse, de soude ou de baryte ou d'un ferment spécial (comme l'émulsine et la myrosine). Les glucosides appartiennent tous au règne végétal, excepté la chitine, qui est d'origine animale ; ils sont composés de carbone, d'hydrogène et d'oxygène, quelques-uns sont azotés, et l'acide myronique renferme du soufre. Parmi les nombreux glucosides actuellement connus, nous citerons les suivants : amygdaline, $C^{20}H^{27}AzO^{11}$, acide carminique, $C^{17}H^{18}O^{10}$, chitine, $C^9H^{15}AzO^6$, coniférine, $C^{16}H^{32}O^8 + 2H^2O$, convolvuline, $C^{34}H^{50}O^{16}$, daphnine, $C^{43}H^{16}O^9 + 2H^2O$, digitaline, esculine, $C^{45}H^{16}O^9 + 2H^2O$, hélicine, $C^{43}H^{16}O^7$, hespéridine, $C^{22}H^{26}O^{12}$, jalapine, $C^{34}H^{56}O^{16}$, acide myronique, $C^{10}H^{19}AzS^2O^{10}$, phloridzine,

$$C^{21}H^{24}O^{10} + 2H^2O,$$

populine (benzosalicine), $C^{20}H^{22}O^8 + 2H^2O$, quercitrine, $C^{33}H^{30}O^{17}$ (?), acide rubérythrique,

$$C^{20}H^{22}O^{11} (?),$$

acide saccharovanillique, $C^{14}H^{18}O^9 + H^2O$, salicine, $C^{43}H^{18}O^7$, saponine, $C^{32}H^{54}O^{18}$, etc. — Dʳ L. G.

* GLUTAMIQUE (Acide). Cet acide, homologue de l'acide aspartique et aussi nommé *acide amidoglutarique*, a été obtenu pour la première fois par Ritthausen. Il prend naissance, en même temps que de la leucine et de la tyrosine, lorsqu'on soumet le gluten à l'action prolongée de l'acide sulfurique étendu, et parmi les éléments du *gluten* (V. ce mot), c'est la mucédine ou mucine qui fournit le plus de cet acide (25 0/0), les autres n'en donnant que des proportions très minimes. L'acide glutamique, qui se produit aussi aux dépens de la légumine, de la conglutine et d'autres matières albuminoïdes végétales, par l'action de l'acide sulfurique dilué, se rencontre dans les jeunes pousses de la fève et de la courge, ainsi que dans les mélasses de betteraves. L'acide glutamique, $C^5H^9AzO^4$, se présente sous forme d'octaèdres rhombiques, incolores, fusibles à 135°-140° ; il est difficilement soluble dans l'eau froide, mais assez soluble dans l'eau bouillante, presque insoluble dans l'alcool ; il dévie à droite le plan de polarisation (pouvoir rotatoire spécifique $= +34°$,?) ; traité par l'acide nitreux, il se transforme en *acide glutanique* ou *oxyglutarique* ($C^5H^8O^5$), et *acide glutarique* ou *désoxyglutarique*, identique avec l'acide pyrotartique normal lorsqu'on le chauffe pendant longtemps à 120° avec de l'acide iodhydrique concentré.

Pour préparer l'acide glutamique, on épuise le gluten par l'alcool bouillant, on évapore l'extrait à siccité et l'on fait bouillir pendant 24 heures, dans un ballon muni d'un réfrigérant ascendant, 2 parties du résidu avec 5 parties d'acide sulfurique concentré et 13 parties d'eau. On neutralise avec de la chaux ou de la baryte, on filtre, on évapore au tiers, on précipite l'excès de chaux ou de baryte par l'acide oxalique, puis l'excès de ce dernier par le carbonate de plomb et enfin le plomb par l'hydrogène sulfuré, on fait ensuite cristalliser par évaporation. Les cristaux renferment, avec l'acide glutamique, de la leucine et de la tyrosine ; on élimine la première par l'alcool à 30° chaud, puis on traite par l'eau bouillante, qui dissout l'acide glutamique et laisse la tyrosine. — Dʳ L. G.

GLUTEN. On désigne sous ce nom la matière azotée, insoluble dans l'eau, qui donne à la farine des céréales la propriété de former avec l'eau une pâte liante. Le gluten, découvert par Beccari, en 1742, est surtout abondant dans la farine de blé, qui en renferme de 10,5 à 11 0/0 en moyenne. — V. FARINE.

Pour isoler le gluten des autres principes qui entrent dans la composition de la farine, on mélange de la farine de blé avec la moitié environ de son poids d'eau, et lorsqu'on a obtenu une pâte bien homogène, on malaxe celle-ci sous un filet d'eau jusqu'à ce que le liquide qui s'écoule entre les doigts ne soit plus lactescent ; l'eau entraîne l'amidon, la dextrine, les sels, etc., tandis que le gluten reste entre les mains de l'opérateur.

Le gluten ainsi obtenu, se présente sous forme d'une masse grisâtre, molle, très élastique, tenace, et d'une odeur fade rappelant celle de la farine ; il peut être étiré en fils plus ou moins longs, ou étendu sous forme d'une membrane translucide. Lorsque le gluten provient de farines qui ont subi un commencement d'altération, il perd beaucoup de son élasticité et de sa ténacité ; c'est pour cela que lorsqu'un expert doit se prononcer sur la question de savoir si une farine est altérée ou non, il recherche immédiatement si le gluten de cette farine offre une ténacité et une élasticité suffisantes (V. FARINE). Séché sur une surface solide, le gluten se transforme en écailles jaunes et cassantes. Il se gonfle dans l'eau pure, sans se dissoudre, mais si l'eau est additionnée de 1 à 2 millièmes d'acide chlorhydrique, il entre peu à peu en dissolution, et la liqueur ainsi obtenue dévie à gauche le plan de polarisation de la lumière. Il est un peu soluble dans l'alcool, et sa solubilité augmente lorsqu'il a subi un commencement d'altération. Le gluten humide abandonné à lui-même, entre en putréfaction et se liquéfie ; il se dégage de l'acide carbonique, de l'hydrogène et de l'hydrogène sulfuré ; dans le résidu de cette altération, on trouve de la leucine, de l'acétate et du phosphate d'ammonium. Soumis à l'action prolongée de l'acide sulfurique dilué, le gluten se transforme en *acide glutamique* (V. l'article précédent). 100 parties de gluten brut renferment : 55,7 de carbone, 7,8 d'hydrogène, 22,0 d'oxygène et de soufre et 14,5 d'azote.

Le gluten était considéré autrefois comme un principe immédiat pur, mais les travaux de Taddéi et ceux plus récents de Günsberg et de Rittershausen, ont montré qu'il n'en est point ainsi. Suivant ce dernier chimiste, le gluten contient quatre substances albuminoïdes : la *glutine* (*gluten-caséine*), la *fibrine* (*gluten-fibrine*), la *mucédine* ou *mucine* et la *gliadine*. Pour isoler la *glutine*, on épuise par digestion du gluten frais et pur, d'abord avec de l'alcool à 60°, ensuite avec de l'alcool à 80°, puis avec de l'alcool absolu et enfin avec de l'éther. Le résidu est formé par la glutine. En distillant jusqu'à la moitié l'extrait alcoolique, on obtient, par le refroidissement, la fibrine sous forme d'une masse jaune-brunâtre ; si, maintenant, on évapore la solution alcoolique d'où s'est déposée la fibrine, si l'on épuise le résidu par l'éther, puis, si on le redissout à chaud dans l'alcool à 60° et si ensuite on ajoute de l'alcool concentré, on précipite la mucine, tandis que la gliadine reste en dissolution, et pour la séparer il suffit d'évaporer sa solution.

Le gluten, à cause de sa grande richesse en azote, doit être considéré comme la partie essentiellement nutritive de la farine, et par ses propriétés et sa valeur nutritive, il se rapproche beaucoup de la fibrine de la chair. En outre, c'est lui qui permet à la pâte de farine dilatée par la fermentation de rester dans cet état et de donner ensuite par la cuisson un pain léger et spongieux. — V. Pain.

Le gluten n'est point l'objet d'une industrie particulière ; il est extrait de la farine de blé en même temps que l'amidon, d'après le procédé imaginé par E. Martin (V. Amidon). Le gluten est employé à la fabrication d'une pâte alimentaire (le *gluten granulé*), du pain de gluten destiné aux personnes atteintes de diabète sucré et pour la préparation de deux sortes de colles, la *colle-gluten* et la *colle végétale* ou *albuminoïde*. La colle-gluten est un mélange de gluten et de farine fermentée ; la colle végétale, de beaucoup supérieure à la première, est du gluten altéré par un commencement de putréfaction ; elle est moulée en tablettes comme la colle animale, et employée à la place de celle-ci pour coller le bois, la porcelaine, le verre, pour l'encollage des tissus et, comme succédané de l'albumine, pour fixer les couleurs, ou comme mordant dans la teinture et l'impression des étoffes (V. R. Wagner et L. Gautier, *Nouveau Traité de chimie industrielle*, 2e édition, t. II, p. 491).

Pour fabriquer le *gluten granulé*, on mélange du gluten frais avec deux fois son poids de farine, puis on introduit la pâte ainsi obtenue dans un cylindre garni intérieurement de chevilles en fer et dans lequel tourne un agitateur également garni de chevilles. Le cylindre étant animé d'un mouvement de rotation en sens inverse de celui de l'agitateur, la pâte y est déchirée et transformée en granules plus ou moins allongés, qui, après dessiccation à l'étuve, sont passés à travers des tamis de différentes grosseurs. Le gluten granulé constitue une pâte alimentaire très nourrissante, bien supérieure aux autres pâtes, puisqu'il représente une farine renfermant beaucoup plus de gluten que les farines les plus riches. L'industrie du gluten granulé a été créée par MM. Véron frères, de Poitiers (Vienne). — Dr L. G.

*GLYCÉRIDES. T. de chim. Les glycérides sont les éthers de la glycérine. La glycérine, alcool triatomique, forme avec les acides et les alcools mono-atomiques trois séries d'éthers neutres, une molécule de glycérine se combine avec un, deux ou trois molécules d'acides ou d'alcools, en abandonnant un, deux ou trois molécules d'eau. Les éthers de la glycérine sont désignés, en chimie, par

le seul nom du radical alcoolique qui les forme, en ajoutant la désinence *ine*, on dit donc *acétine*, *butyrine*, *éthyline*, etc. Les composés acides sont désignés par la racine du nom de l'acide auquel on ajoute *glycérique*, on dit : acide sulfoglycérique, acide tartroglycérique.

Les glycérides existent en grande quantité dans la nature, les corps gras étant constitués tous par des mélanges de glycérides, parmi lesquels dominent la tristéarine, la tripalmitine et la trioléine. Les glycérides sont isolés des corps gras, soit par leur différence de solubilité dans les alcools, soit par leur différence de degrés de fusion.

C'est à l'illustre Chevreul que nous devons la découverte de la constitution des matières grasses qui ne sont qu'un mélange d'éthers fournissant d'un côté les acides gras, et d'autre côté la glycérine comme base. Les remarquables travaux de M. Berthelot ont confirmé cette découverte.

Les corps gras naturels étant tous des glycérides formés par des acides gras ont les mêmes caractères physiques, insolubilité dans l'eau, fusibilité, densité inférieure à celle de l'eau, décomposition par la chaleur, etc.

Quant aux glycérides artificiels, la variété des acides dont ils sont formés, amène à n'avoir plus cette unité, mais tous les glycérides en présence de la chaleur et de l'eau se dédoublent en glycérine et en acide ; un peu d'acide minéral ou d'oxyde métallique favorise cette décomposition. C'est la base de la saponification, si bien observée par Chevreul. Ce dédoublement a lieu :

1° Sous l'influence des alcalis, des oxydes métalliques, il se forme alors un sel alcalin ou métallique, et la glycérine est mise en liberté. C'est la saponification ;

2° Sous l'influence des acides, avec de l'acide sulfurique, par exemple, l'acide gras est mis en liberté, et il se forme une combinaison d'acide et de glycérine, l'acide sulfoglycérique. Dans l'industrie, ce mode d'opérer est dénommé acidification ;

3° Sous l'influence de l'eau à haute température, et par conséquent en vase clos. On emploie la vapeur d'eau au-dessus de 200° centigrades. C'est la décomposition aqueuse ;

4° Enfin, sous l'influence de l'ammoniaque, il se forme, suivant M. Berthelot et suivant M. Bouïs, une amide et de la glycérine.

Parmi ces glycérides, on distingue les *glycérides acides*, et les *glycérides neutres*. Une plus longue étude des glycérides ne rentrerait pas dans le cadre de cet ouvrage, nous renvoyons le lecteur à l'excellent *Dictionnaire de chimie* de Wurtz, au mot *glycérides*.

La nitro-glycérine qui sert à produire la dynamite, n'est que l'éther nitrique de la glycérine. — V. Nitro-glycérine.

Découverte par Sobrero, la nitro-glycérine se prépare par l'action d'un mélange d'acide azotique et d'acide sulfurique sur la glycérine. Il importe d'avoir ces deux acides comme la glycérine au maximum de concentration. La nitro-glycérine se dégage du mélange sous forme d'une huile lourde qui est lavée à l'eau à plusieurs reprises. Sa densité est de 1,6. — L. D.

GLYCÉRILE. *T. de chim.* On donne ce nom à un groupe triatomique qui figure dans les composés glycériques. La glycérine constitue l'hydrate de glycérile.

GLYCÉRINE. *T. de chim.* La glycérine, composée de trois équivalents de carbone, de huit équivalents d'hydrogène et de trois équivalents d'oxygène ($C^3 H^8 O^3$) est un alcool triatomique susceptible de produire trois séries d'éthers auxquels on a donné le nom de *glycérides*.

HISTORIQUE. La glycérine a été découverte par Scheele, il y a plus d'un siècle, en préparant l'emplâtre de plomb, on lui donna à cette époque la dénomination de principe doux des huiles, mais c'est aux célèbres travaux de Chevreul que nous devons la connaissance de la constitution des corps gras, et de la glycérine (glycérides).

Pelouze, Redtenhacher étudièrent la glycérine, plus tard Berthelot parvint à réaliser la synthèse des corps gras naturels et à les reconstituer par l'action des acides gras sur la glycérine, cependant le premier éther artificiel de la glycérine a été produit par Pelouze et Gélis qui obtinrent la butyrine.

La glycérine ne prit d'importance au point de vue industriel que lorsque les progrès de la fabrication des bougies stéariques, permirent d'en extraire de notables quantités. La découverte de la nitro-glycérine, puis celle de la dynamite, donnèrent subitement une grande importance commerciale à ce produit dont les applications étaient jusque-là, très restreintes, et c'est maintenant à plus de douze millions de kilogrammes pour l'Europe seule, qu'il faut évaluer la production annuelle de la glycérine extraite des stéarineries. Une nouvelle source de glycérine est venue dans ces dernières années, augmenter encore l'importance de cette production, c'est la glycérine de savonnerie. Il convient donc d'ajouter aux noms des savants ci-dessus celui de l'ingénieur Droux, que Wagner, dans son traité de chimie, considère comme le véritable créateur de la fabrication industrielle de la glycérine, c'est encore à lui qu'est due l'extraction des glycérines de savonneries.

Propriétés. La glycérine se forme constamment à côté de l'alcool, de l'acide carbonique et de l'acide succinique, dans la fermentation alcoolique des sucres fermentescibles (dextrose, lactose). D'après les observations de Pasteur, la quantité de glycérine qui prend alors naissance est d'environ 1 1/2 à 2 0/0 du poids du sucre. La glycérine a été produite artificiellement par Wurtz, la synthèse n'est cependant pas totale car le tribromure d'allyle n'a pu être obtenu par lui, qu'en partant de la glycérine.

La glycérine pure est un liquide incolore, inodore, sirupeux, d'une saveur franchement sucrée et agréable, qui exposé à l'air en *attire* rapidement l'humidité. C'est un dissolvant des plus énergiques, car suivant M. Surin, elle dissout en toutes proportions :

Le brome. .	L'acide sulfurique.
L'iodure ferreux.	— azotique.
Le monosulfure de sodium.	— chlorhydrique.
Le chlorure d'antimoine.	— phosphorique.
— ferrique.	L'acide acétique.
L'hypochlorite de soude.	— tartrique.
— de potasse.	— citrique.

L'acide lactique.	La codéine.
L'ammoniaque.	L'azotate d'argent.
La potasse caustique.	— acide de mercure
La soude caustique.	

100 parties de glycérine dissolvent :

Carbonate de soude. .	98	Acide borique. . . .	10
Borax.	60	— . benzoïque. .	10
Tannin	50	Acétate neutre de	
Urée.	50	cuivre.	10
Arséniate de potasse .	50	Sulfure de chaux. .	10
— de soude. . . .	50	— de potasse .	10
Chlorure de zinc. . .	50	Bicarbonate de sou-	
Iodure potassique. . .	40	de.	8
— de zinc.	40	Tartrate ferricopo-	
Alun.	40	tassique.	8
Sulfate de zinc. . . .	35	Chlorure mercuri-	
— d'atropine. . .	33	que.	7.50
Cyanure de potasse. .	32	Sulfate de chincho-	
Sulfate de cuivre . .	30	nine.	6.70
Cyanure de mercure .	27	Emétique.	5.50
Bromure de potassium	25	Azotate de strych-	
Persulfure de potas-		nine.	3.85
sium.	25	Chlorate de potasse	3.50
Sulfate de fer. . . .	25	Atropine.	3.00
— de strychnine.	22.5	Sulfite de quinine. .	2.75
Chlorure d'ammo-		Brucine.	2.25
nium.	20	Iode.	1.90
Chlorure de sodium. .	20	Iodure de soufre . .	1.67
Acide arsénieux. . . .	20	Vératrine.	1.00
— arsénique. . . .	20	Tannate de quinine.	0.77
Carbonate d'ammonia-		Quinine.	0.50
que	20	Cinchonine.	0.50
Acétate de plomb. . .	20	Morphine.	0.45
Chlorhydrate de mor-		Iodure mercurique. .	0.29
phine	20	Strychnine	0.25
Lactate de fer. . . .	16	Phosphore.	0.20
Acide oxalique. . . .	15	Soufre.	0.10
Chlorure de baryum. .	10		

Dans certaines conditions d'abaissement de température et de pureté, la glycérine peut cristalliser; un refroidissement très intense n'est pas nécessaire, quelques degrés au-dessous de zéro suffisent pour produire cette solidification. C'est le hasard qui a fait découvrir la cristallisation de cet alcool, des bonbonnes de glycérine à 30°, expédiées l'hiver, de Vienne par la maison Sarg, ont été solidifiées et cristallisées en arrivant à Londres, dans l'usine de Price.

Suivant V. Lang, les cristaux de glycérine appartiennent au système rhombique, ils craquent sous la dent et fondent vers 20° au-dessus de zéro. Exposés à l'air, ils en absorbent rapidement l'humidité et tombent alors en déliquescence même à une basse température. La glycérine qui a cristallisé une première fois ne peut subir une seconde cristallisation; la densité de corps à l'état cristallisé est de 1,268.

Sous la pression atmosphérique, elle entre en ébullition vers 275°, tandis qu'elle distille à 230° dans le vide, mais elle commence à se volatiliser en quantité notable vers 115°, et même à des températures inférieures, ce fait assez peu connu des industriels cause une perte notable de glycérine aux stéariniers qui persistent encore à vaporiser leurs eaux glycérineuses avec des serpentins de vapeur au lieu d'employer les cylindres ou serpentins rotatifs évaporant à basse température (V. BOUGIE). Chauffée vers 150°, la glycérine cóncentrée prend feu au contact d'un corps enflammé et brûle avec une flamme non éclairante, à reflets bleus foncés, sans dégager d'odeur et sans laisser de résidus si elle est pure.

Elle se dissout en toutes proportions dans l'eau et dans l'alcool, mais elle est insoluble dans l'éther et dans le chloroforme; comme nous l'avons dit plus haut, c'est un des dissolvants les plus énergiques, sauf pour les matières grasses, les résines et les cires.

Densité. Dans le commerce, la glycérine se vend à diverses densités, 26° en Allemagne, 28° et souvent 30° en France et en Italie, mais à ce dernier titre elle a subi une épuration plus ou moins complète.

C'est à tort que les industriels se servent des aréomètres Baumé dans leurs relations commerciales, car il y a plusieurs modes de construire ce qu'on nomme les *pèses;* on ne devrait employer que des densimètres, instruments non sujets à variation. Suivant l'aréomètre Baumé ordinaire, le degré 28 correspondrait à une densité de 1,240 ce qui revient à dire qu'un litre de glycérine type du commerce pris à la température de +15° pèserait 1,240 grammes, tandis que l'aréomètre Baumé rectifié par Berthelot indiquerait 29° pour la même densité de 1,240.

MM. Champion et Pellet ont publié une excellente note à ce sujet, dont voici le résumé :

Les transactions commerciales sur les glycérines se font en prenant pour base le degré aréométrique. Nous ne saurions trop insister sur le côté défectueux de cette méthode.

Les aréomètres sont rarement d'accord entre eux, en raison de la graduation différente adoptée par Baumé et modifiée par Gay-Lussac.

Cette question, source de fréquentes réclamations, a été récemment résolue dans un travail important de MM. Berthelot, Coulier et d'Almeida, qui ont déterminé d'une façon rigoureuse la graduation que l'on doit adopter ; mais, tout en rendant hommage à l'intérêt de ces recherches, nous pensons que, dans ce cas comme dans les autres, le densimètre doit être substitué aux indications fictives de l'aréomètre.

Nous avons donc établi les densités des divers mélanges d'eau et de glycérine comparativement avec les degrés indiqués dans le travail que nous venons de citer, ainsi que les proportions d'eau correspondant aux densités. Ces déterminations ont été vérifiées au moyen de la glycérine pure et anhydre que l'on obtient en maintenant la glycérine pendant plusieurs heures à la température de 160°, et en terminant l'opération au moyen du vide. La densité trouvée concordait avec celle indiquée dans les ouvrages de Berthelot, soit 1,264. Le densimètre dont nous nous servions, construit spécialement pour cet usage par M. Salleron, indique les 1/10 de degrés entre 25 et 35°.

Dans le tableau qui suit, les densités sont prises à 15°. Un écartement de quelques degrés de température au-dessus ou au-dessous n'influence pas notablement les résultats.

FALSIFICATION. La glycérine pure doit être limpide comme de l'eau ; frottée entre les doigts

Densimètre. Poids du titre.	Degrés de l'aréomètre Baumé d'après M. Berthelot.	Degrés de l'aréomètre Baumé d'après M. Collardeau-Vacher.	Eau pour 100.
1.264.0	31.2	30.2	0.0
1.262.5	31.0	30.0	0.5
1.261.2	30.9	29.9	1.0
1.260.0	30.8	29.8	1.5
1.258.5	30.7	29.7	2.0
1.257.2	30.6	29.6	2.5
1.256.0	30.4	29.4	3.0
1.254.5	30.3	29.3	3.5
1.253.2	30.2	29.2	4.0
1.252.0	30.1	29.1	4.5
1.250.5	30.0	29.0	5.0
1.249.0	29.9	28.8	5.5
1.248.0	29.8	28.7	6.0
1.246.5	29.7	28.6	6.5
1.245.5	29.6	28.5	7.0
1.244.0	29.5	28.4	7.5
1.242.7	29.3	28.2	8.0
1.241.2	29.2	28.1	8.5
1.240.0	29.0	28.0	9.0
1.239.0	28.9	27.9	9.5
1.237.5	28.8	27.8	10.0
1.236.2	28.7	27.7	10.5
1.235.0	28.6	27.5	11.0
1.233.5	28.4	27.4	11.5
1.232.2	28.3	27.2	12.0
1.230.7	28.2	27.1	12.5
1.229.5	28.0	27.0	13.0
1.228.0	27.8	26.9	13.5
1.227.0	27.7	26.8	14.0
1.225.5	27.6	26.6	14.5
1.224.2	27.4	26.5	15.0
1.223.0	27.3	26.4	15.5
1.221.7	27.2	26.2	16.0
1.220.0	27.0	26.1	16.5
1.219.0	26.9	26.0	17.0
1.217.7	26.8	25.9	17.5
1.216.5	26.7	25.8	18.0
1.215.0	26.5	25.7	18.5
1.213.7	26.4	25.5	19.0
1.212.5	26.3	25.4	19.5
1.211.2	26.2	25.3	20.0
1.210.0	26.0	25.2	20.5
1.208.5	25.9	25.0	21.0

elle ne doit laisser aucune odeur; évaporée dans une capsule de platine, elle ne donne aucun résidu, et, incinérée dans la même capsule, elle ne doit laisser aucune cendre; elle ne brunit pas sous l'action de l'acide sulfurique, et enfin, essayée au nitrate d'argent ou avec l'oxalate d'ammoniaque, elle ne donne pas de précipité.

La glycérine falsifiée avec du sucre doit être essayée avec la liqueur de Felhing (solution alcaline de tartrate de cuivre). La présence du sucre de raisin est indiquée par la séparation à chaud du protoxyde de cuivre. La glycérine étant indifférente à la lumière, on pourrait encore à l'aide du polarimètre déterminer la falsification par le sucre.

L'essai par le molybdate d'ammoniaque indique encore rapidement la falsification par le sucre, le glucose, la gomme ou la dextrine. Quelques gouttes de glycérine étendues de cinquante fois leur volume d'eau distillée, soumises à l'ébullition avec 3 ou 4 centigrammes de molybdate d'ammoniaque et une goutte d'acide azotique, ne doivent pas changer de couleur si la glycérine est pure. — La coloration en blanc indique la falsification.

Le glucose peut aussi être décelé en laissant bouillir là glycérine falsifiée avec un peu de soude ou, de potasse caustique. La coloration brune indiquerait la présence du glucose. L'acide sulfurique produirait la même coloration sur la glycérine additionnée de sucre de canne. Les matières grasses y seraient reconnues par l'odeur d'acide butyrique dégagée par l'action à chaud de l'alcool et de l'acide sulfurique.

Usages. Les usages de la glycérine varient à l'infini. Il faut d'abord citer les nombreuses applications pharmaceutiques et celles de la parfumerie. Son action bienfaisante sur la peau, à l'état de glycérolés, la fabrication des cérats, crèmes, pommades, celle des sirops et des dissolutions en augmentent l'emploi tous les jours, en raison surtout de ses propriétés anti-fermentescibles. On l'emploie en proportions considérables pour le vin et pour la bière.

La fabrication de la nitro-glycérine (dynamite) en est le principal emploi industriel, car on évalue la consommation de la glycérine dynamite aux trois quarts de la production totale.

Elle sert de dissolvant dans un grand nombre d'industries chimiques, et enfin elle a trouvé de nombreuses applications pour maintenir l'humidité de certaines compositions, telles que les couleurs, les argiles, les ciments, ainsi que lorsqu'il s'agit d'empêcher la congélation de certains liquides. M. Mandet, puis M. Freppel, ont indiqué un encollage à base de glycérine qui a rendu les plus grands services hygiéniques, en dispensant les ouvriers tisserands de travailler dans les caves humides.

Les emplois de la glycérine vont sans cesse en augmentant dans toutes les industries chimiques.

FABRICATION. La glycérine ne s'extrait que des matières grasses, animales ou végétales, toute opération dans laquelle on saponifie les corps gras, la met en liberté.

Jusque dans ces dernières années, la glycérine n'était que le résidu de la fabrication de la bougie stéarique.

L'augmentation de la consommation et les hauts prix obtenus pour la glycérine de stéarinerie, ont fait rechercher les moyens d'en extraire des lessives ou résidus des savonneries, puis enfin à en faire l'extraction partielle des matières grasses avant leur transformation en savons. On trouvera à l'article BOUGIE (p. 842, vol. Ier) les opérations de saponification décrites en détail et page 859, les procédés de fabrication de la glycérine dans les stéarineries, il est inutile de les répéter ici.

Dans la fabrication des savons, la glycérine se retrouve presque sans altération dans les lessives salées sur lesquelles surnage le savon. Les lessives les plus riches en glycérine sont celles de *relargage*, c'est-à-dire celles séparées après l'empatage, ou première action de l'alcali caustique sur les matières grasses; cette séparation des lessives n'étant obtenue que par l'addition de sel marin qui augmente la densité de la lessive, la liqueur que l'on a traitée en vue d'en extraire la glycérine renferme donc un grand nombre d'impuretés qui ont rendu cette extraction des plus difficiles. En outre, les fabricants de savons, et notamment ceux de Marseille, ayant l'habitude d'établir, dans leur travail, un roulement de lessives soumises à plusieurs filtrations sur des alcalis plus ou moins épuisés, détruisent ainsi une partie de la glycérine et mélangent toutes leurs lessives riches ou pauvres; aussi, la quantité que l'on peut extraire de ces lessives ne dépasse-t-elle pas, en moyenne, 5 0/0 de glycérine à 28°.

Dans les grandes savonneries, à Marseille et en Angleterre, l'alcali employé est la soude brute sulfureuse, ou soude noire sortant du four à réverbère après la décomposition du sulfate de soude par la craie et le charbon.

La présence des sulfures a rendu l'extraction de la glycérine difficile et coûteuse. Partout ailleurs, où le savonnier emploie du carbonate de soude ou de la soude caustique, une partie des difficultés ci-dessus ont pu être évitées, mais la dissémination des savonneries n'a pas permis l'établissement de fabriques de glycérine. La moyenne des vieilles lessives usées fournies par les savonneries marseillaises contient :

1 à 2 de soude caustique.
2 à 3 de carbonate de soude.
1 à 2 de sulfure de sodium.
8 à 10 de chlorure de sodium.
3 à 4 de sulfate de soude.
2 à 4 d'hyposulfite de soude.
6 à 8 de matières organiques gélatineuses.
73 à 62 d'eau.
4 à 5 de glycérine anhydre.

Plusieurs procédés sont employés pour extraire la glycérine du mélange complexe ci-dessus.

Il faut toujours commencer par saturer les alcalis libres au moyen d'un acide puissant, sulfurique ou chlorhydrique, on commence en même temps l'attaque des sulfites ou hyposulfites. Il se produit alors un fort dégagement d'acide carbonique et de gaz sulfureux, et il y a formation de dépôts salins et boueux.

La liqueur filtrée est ensuite évaporée. Les bassines à feu nu ont été abandonnées en raison des dépôts salins, on a dû également cesser l'emploi des fours à réverbères (Porion) car encore plus que dans l'évaporation à feu nu, la haute température y détruit une portion de la glycérine.

Le cylindre rotatif L. Droux (fig. 301) est le mode d'évaporation le plus avantageux, en ce qu'il permet d'évaporer à basse température, et même avec des vapeurs perdues. Il se compose d'un cylindre métallique A B de dimensions variables, construit d'une seule pièce sans rivures, et monté sur deux axes creux SS servant à l'entrée et à la sortie de la vapeur. Une série de lames disposées parallèlement sur toute la circonférence du cylindre augmente considérablement la surface évaporatoire. Le cylindre baigne dans le liquide à évaporer ; animé d'un mouvement de rotation assez lent, il est recouvert à chaque révolution d'une couche de liquide, et réunit ainsi les meilleures conditions d'évaporation en surfaces minces et à basse température. L'extraction de l'eau condensée se fait automatiquement, cette eau sort en z et la vapeur non condensée en x. Les sels qui se déposent en grandes quantités à la surface extérieure du cylindre sont facilement détachés à l'aide d'un marteau, ou encore en les dissolvant dans une liqueur moins concentrée.

Dans l'usine de Marseille, douze cylindres de 2ᵐ,50 de long sur 0ᵐ,80 de diamètre suffisent à l'évaporation de plus de 40,000 litres par jour.

Une succession d'évaporations méthodiques amène la liqueur à une densité d'environ 1,260 (30°), puis elle est abandonnée à un repos pendant lequel elle cède par refroidissement une partie des chlorures et des sulfates, mais elle renferme encore de telles proportions de sulfures

à divers états que l'extraction directe de la glycérine n'en serait pas possible.

La désulfuration, trop longue à détailler ici, a lieu au moyen d'une oxydation par l'acide sulfurique et à l'aide d'un courant d'air chaud. On concentre alors de nouveau la solution jusqu'à 35 ou 36° et l'on obtient une liqueur fortement colorée, très sirupeuse, contenant encore un mélange de sels divers, dont on peut extraire 60 0/0 de glycérine, soit par combinaison, soit par distillation, soit encore par la dyalise.

Le premier mode réalisé industriellement par Depoully, Droux et Doucet, présente une très curieuse application industrielle de la synthèse chimique indiquée par M. Berthelot.

La glycérine est combinée avec un acide capable de former des glycérides insolubles dans l'eau. Cette combinaison est effectuée à l'aide de la chaleur, et en présence des impuretés contenues dans le magma en traitement. De simples la-

Fig. 301. — *Cylindre évaporateur rotatif.*

vages à l'eau bouillante enlèvent tous les sels et autres matières étrangères. Il ne reste plus pour obtenir la glycérine qu'à saponifier les glycérides. Voici comment on opère industriellement : la liqueur salée contenant environ 60 0/0 de glycérine à la densité de 36° Baumé est mélangée avec de l'acide oléique du commerce, dans la proportion de un de lessive glycérineuse salée pour quatre d'acide oléique, puis soumise à un brassage mécanique dans un cylindre en fonte, dénommé *combinateur*, placé horizontalement sur un foyer et muni d'un second cylindre à enveloppe de vapeur. La température est maintenue d'une façon fixe entre 170 et 175° centigrades.

L'eau que renfermait le mélange est d'abord éliminée, la combinaison s'effectue ensuite peu à peu, puis l'eau dégagée pendant la réaction de la glycérine sur l'acide gras s'échappe à son tour et, quand le dégagement n'est plus sensible, la reconstitution du corps gras neutre est effectuée.

L'opération exige douze à quinze heures. Selon les proportions de glycérine et d'acide oléique

en présence, il se forme des mélanges de monoléine, de dioléine et de trioléine. Dans le but de soustraire les matières au contact de l'air, l'appareil combinateur reçoit un courant d'acide carbonique, qui favorise, en outre, l'enlèvement des vapeurs d'eau engendrées dans la réaction.

La combinaison étant achevée, le corps gras neutre reconstitué (*glycéride insoluble*) est lavé à l'eau bouillante et débarrassé de tous les sels et de toutes les matières organiques. Dans une opération bien conduite, on parvient à combiner avec l'acide oléique jusqu'à 20 0/0 de glycérine.

Il ne reste plus qu'à saponifier le produit comme on le fait dans la fabrication de l'acide stéarique, pour obtenir, d'une part, la glycérine en dissolution dans l'eau et, d'autre part, l'acide oléique régénéré, qui est de nouveau employé à d'autres réactions.

La saponification s'opère dans l'appareil représenté à l'article Bougie, page 852, figure 521. Le traitement de l'eau glycérineuse a lieu comme il a été décrit page 859, et l'évaporation en est effectuée par le serpentin rotatif, figure 527 (T. I.), ou par un cylindre évaporateur rotatif.

Ce procédé, dans lequel le même acide oléique sert constamment de véhicule, consiste donc à faire absorber au glycéride (acide gras) une proportion double de glycérine et à la lui enlever ensuite par saponification ordinaire.

Le second procédé industriel d'extraction de la glycérine des lessives salées est basé sur la distillation. Distiller un produit altérable par la chaleur, en présence surtout de sels et de matières organiques encombrants le vase distillatoire, présentait certaines difficultés pratiques. Tous les industriels qui se sont livrés à la distillation de la glycérine, tant dans le but de l'épurer (raffineurs), que pour l'extraire des lessives salées, n'ont obtenu que des résultats inégaux avec l'appareil à distiller simple. La température détruit une portion de la glycérine, la transforme en pro-

duits secondaires qui l'altèrent, et sa condensation ne fournit que des glycérines impures, à densités variables qu'il faut de nouveau soumettre à une concentration.

L'appareil à distiller dans le vide, connu depuis longtemps, a été heureusement appliqué à la distillation de la glycérine, car comme l'indique Wurtz dans son excellent *Dictionnaire de chimie*, dans le vide la glycérine distille sans altération.

Cet appareil se compose d'un vase distillatoire B capable de résister à la pression atmosphérique et muni d'indicateurs de niveau, de température, de pression, etc. Il est entouré d'un double fond à enveloppe de vapeur surchauffée, lequel est lui-même installé sur un fourneau à retour de flamme, et près d'un autre fourneau recevant un serpentin surchauffeur de vapeur S. Une série d'injecteurs distribue dans l'appareil à distiller la vapeur surchauffée dans le fourneau voisin.

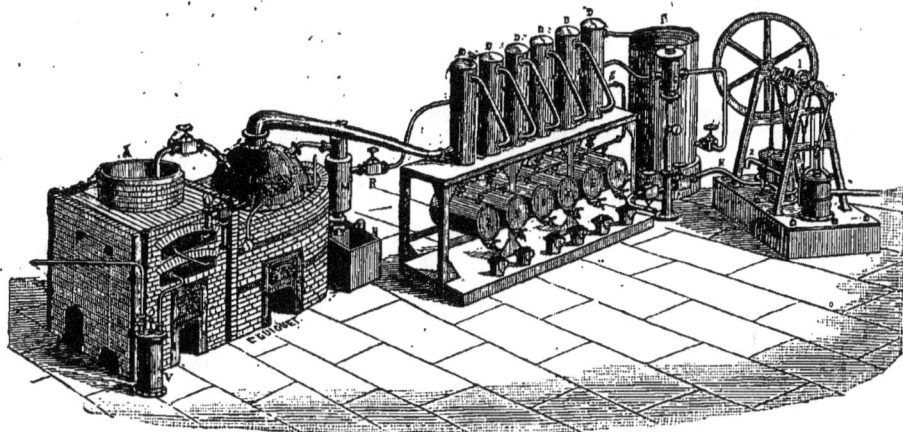

Fig. 302. — *Appareil à distiller la glycérine dans le vide*

Le fourneau du surchauffeur reçoit une chaudière A dans laquelle le produit à distiller est déjà chauffé (fig. 302).

La condensation des produits distillés a lieu dans une série de cylindres verticaux en cuivre DD, communiquant entre eux au moyen de tubes recourbés; à la suite de ces cylindres où la condensation ne s'opère que par le refroidissement à l'air, se trouve un serpentin ordinaire F, noyé dans l'eau, et condensant les derniers produits, puis un condenseur à injection d'eau froide, analogue aux condenseurs des appareils à cuire dans le vide employés dans les sucreries, et enfin une pompe à vide I à double effet. Cette pompe aspire et refoule constamment l'eau injectée dans le condenseur à injection, en même temps que celle provenant de la vapeur qui a été envoyée à l'état surchauffée dans la masse en distillation.

La glycérine condensée dans les cylindres DD ne pourrait en être soutirée par simple écoulement, toute ouverture devant donner accès à des rentrées d'air. Il existe donc sous chaque cylindre condenseur un récepteur E, ou petit cylindre clos, qu'une série de robinets met en communication

variable avec le grand condenseur supérieur. La communication étant établie avec les cylindres condenseurs DD, la glycérine distillée s'accumule dans les récepteurs EE; environ chaque demi-heure, on interrompt la communication entre les condenseurs et les récepteurs et on laisse rentrer l'air dans ces derniers par le tuyau S, d'où il n'y a plus qu'à soutirer la glycérine par simple écoulement. Quand la distillation est terminée, le soutirage des goudrons et des impuretés, laissés dans l'appareil, se fait au moyen de l'extracteur à vide de L. Droux. Il se compose d'un cylindre métallique M en communication à l'aide d'un tuyau plongeur avec le fond de l'appareil à distiller. En ouvrant le robinet R, qui relie la pompe à vide au cylindre, les goudrons et les résidus sont aspirés dans ce dernier par le tuyau S, et dès qu'ils sont suffisamment refroidis, ils tombent dans le bassin V placé sous le cylindre, et destiné à les emmagasiner.

Le premier cylindre fournit des glycérines toujours moins pures, mais on recueille couramment dans les cylindres 2, 3, 4, des glycérines entre 1,260 et 1,263 de densité, dans le cinquième des produits entre 1,250 et 1,260, et dans le dernier, de la glycérine à 1,230, tandis que le serpentin réfrigérant noyé dans l'eau ne fournit que des petites eaux glycérineuses. La lessive glycérineuse traitée comme il a été expliqué ci-dessus, neutralisée et désulfurée, et introduite dans l'appareil à distiller à la densité de 36°, fournit de 65 à 70 0/0 de glycérine à 30°.

Une distillation bien conduite suffit pour donner une glycérine renfermant moins de 1 0/0 d'impuretés, mais une seconde distillation est nécessaire pour l'obtenir plus pure.

Nous devons citer, pour compléter notre étude, un dernier procédé par dyalise mis en pratique, en Allemagne, dans l'usine de Kalk, près Cologne.

M. Fleming y procède par la dyalise au lieu d'employer la séparation des sels par la chaleur et par l'évaporation. Il emploie les mêmes appareils dyaliseurs que ceux en usage dans les sucreries pour osmoser la mélasse. La lessive glycérineuse neutralisée, pénètre dans les chambres de l'osmogène garnies de parchemin, tandis qu'un courant d'eau est envoyé en sens inverse. Une partie des sels de la lessive passe dans l'eau à travers le parchemin ; on concentre ensuite à la vapeur la liqueur osmosée une première fois, puis on la fait passer de nouveau dans l'osmogène jusqu'au moment où la plus grande partie des sels a disparu, mais on n'a pu parvenir à une épuration satisfaisante pour obtenir la glycérine pure, et l'on a dû terminer l'opération par la distillation. Ce procédé a été abandonné.

Les procédés de fabrication qui viennent d'être décrits, s'appliquent à l'extraction des glycérines contenues dans les lessives des savonneries, c'est-à-dire dans les résidus. Jusqu'à ce jour, il a été difficile de faire comprendre aux fabricants de savons qu'un tel mode d'opérer détruisait une partie de la glycérine et constituait une opération difficile et coûteuse.

En dehors de la glycérine obtenue forcément, quel qu'en soit le prix de vente, dans l'extraction de l'acide stéarique, l'avenir de la fabrication de ce produit est dans la déglycérination des matières grasses neutres, c'est-à-dire dans leur décomposition en acides gras et en glycérine avant leur emploi en savonnerie. La production de glycérine évaluée aujourd'hui à 12 millions de kilogrammes par an, pour l'Europe seule, pourra alors atteindre et dépasser même 30 millions de kilogrammes.

On a indiqué déjà page 852, volume I, figure 521, un appareil destiné au traitement des matières grasses neutres, en vue d'en extraire la glycérine, mais cet appareil, applicable également aux stéarineries, est d'un prix assez élevé, et demande une installation toute spéciale. Il ne peut être employé que dans les grandes savonneries.

M. L. Droux a introduit récemment dans l'industrie, un appareil beaucoup plus simple, applicable aux savonneries ordinaires, et qui, sans opérer complètement la transformation des matières grasses neutres en acides gras complets, suffit néanmoins à l'extraction sommaire des gly-

cérines. Cet appareil breveté, basé sur la saponification moléculaire, consiste en une série de cônes métalliques analogues aux appareils à jets (injecteurs, élévateurs) dans lesquels un courant de vapeur à haute pression aspire la matière grasse neutre en traitement et la projette, mélangée intimement à la vapeur, sur une plaque métallique, où elle se trouve divisée à l'infini. L'ensemble est renfermé dans un vase clos maintenu sous une pression de vapeur de 10 à 12 kilogrammes correspondant à la température nécessaire à la séparation de la glycérine.

L'opération s'accomplit avec de l'eau pure, mais comme dans toute saponification, la réaction peut être favorisée par l'intervention d'un oxyde métallique ou d'un acide quelconque, ou même d'un agent diviseur inerte tel que le carbonate de chaux, le carbonate de magnésie.

Indépendamment de la chaux et des alcalis, soude, potasse, on peut encore employer les oxydes métalliques tels que ceux de fer ou de zinc, ou même les métaux facilement oxydables par l'eau à haute température comme le zinc à l'état métallique. Toutes ces réactions connues depuis longtemps, sont le résultat de nombreux travaux sur la saponification.

L'eau glycérineuse séparée par simple dépôt, favorisé souvent par l'adjonction d'un acide faible, doit être saturée si l'on a employé un oxyde ou un alcali pour la saponification ; elle est ensuite évaporée soit à l'aide d'un serpentin rotatif, soit au moyen du cylindre rotatif décrit plus haut (fig. 301). Dans les conditions ci-dessus, on peut extraire par chaque 100 kilogrammes de matières grasses neutres, les quantités de glycérine brute à 28°, indiquées dans le tableau suivant :

Huile d'olive.	7 à 9
— de sésame	6 à 7
— d'arachide.	6 à 7
— de lin.	8 à 6
— de colza.	6 à 7
— de coton.	7 à 9
— de palme.	5 à 10
— de palmiste.	6 à 10
— de coco.	7 à 8
Suif ordinaire.	0 à 10
Saindoux (axonge)	6 à 9

Quelques savonniers objectent que le savon fabriqué avec les acides gras a une coloration plus foncée et un aspect tout autre, mais il faut admettre que la fabrication, par ce procédé, est plus rationnelle que par les matières neutres. C'est là l'avenir.

RAFFINAGE DE LA GLYCÉRINE. La glycérine des stéarineries et des savonneries ne peut être employée industriellement que dans quelques cas rares. Celle de stéarinerie renferme surtout des sels de chaux et diverses impuretés qu'il faut éliminer, tant pour la fabrication de la nitro-glycérine, que pour beaucoup d'usages industriels, et pour la pharmacie. On trouve, dans le commerce, des glycérines brutes tellement variables, que si certains stéariniers soigneux livrent des produits ne contenant que quinze millièmes de matières étrangères, nous avons pu constater, au contraire, jusqu'à

12 0/0 d'impuretés dans certaines glycérines. Les sels de chaux, de fer, de cuivre, le chlore, l'acroléine, la gélatine et divers acides gras, sont les principales matières rencontrées dans les glycérines brutes. Un traitement chimique approprié aux matières à éliminer est toujours indispensable ; après repos et filtration, la glycérine est soumise à la distillation.

Que le raffineur ait en vue la production de glycérine à 1,260 pour la fabrication de la nitroglycérine et de la dynamite, ou qu'il se propose d'obtenir des glycérines blanches et pures, il importe que les produits distillés ne renferment pas plus de trois à quatre millièmes d'impuretés.

Une distillation conduite lentement, et avec des appareils appropriés fournit même une glycérine pure, mais toujours un peu colorée.

Plusieurs raffineurs font encore usage des appareils ordinaires à distiller, mais dans tous les cas, il y a de grands avantages à n'opérer que dans le vide, où il suffit d'une température variant entre 200° et 220°, tandis que l'alambic ordinaire, exigeant 300° environ, cause toujours des pertes et des altérations dues à la destruction de la glycérine par la chaleur et à la formation de produits secondaires.

La glycérine à distiller étant chauffée dans la cornue jusqu'à 150 et 160°, dès que la pompe à vide est mise en marche, un abaissement de température considérable se produit, et quand le vide correspond à 65 cent. de mercure, le liquide n'accuse plus qu'une température de 75 à 80°. La distillation commence vers 180° et se continue de 200 à 210° pendant toute la durée de l'opération. La condensation a lieu dans les cylindres D D, aux températures suivantes :

160° à 170° dans le premier condenseur D ;
140° à 150° dans le second ;
125° à 135° dans le troisième ;
115° à 120° dans le quatrième ;
100° à 105° dans le cinquième ;
90° à 95° dans le dernier,

et enfin à la température de l'eau froide, soit de 10° à 30°, suivant la saison, dans le serpentin réfrigérant F.

On comprend que dans ces conditions, toute la vapeur d'eau, comme tous les produits volatils se trouvent aspirés par les pompes à vide, et que la condensation ne fournisse que des produits purs et à haute densité, car dans une opération bien conduite, on peut obtenir des glycérines à 1,264 de densité et renfermant moins de deux millièmes d'impuretés. Mais pour atteindre ce but, certaines dispositions sont à prendre dans la construction de l'appareil et des condenseurs.

Cent kilogrammes de glycérine commerciale de stéarinerie, qualité courante à 28°, peuvent fournir 80 à 85 kilogrammes de glycérine 30° (densité 1,260) dite *glycérine pour dynamite.*

Certaines glycérines impures ont donné jusqu'à 25 0/0 de perte à la distillation, mais il faut tenir compte, dans tous les cas, d'une perte de 9 0/0 due à la différence de densité, la glycérine étant prise à 28° et rendue distillée à 30°. La distillation sans l'aide du vide produit des pertes beaucoup plus considérables et ne fournit jamais de produits aussi purs.

Dans les deux cas, il y a tout avantage à distiller avec un grand courant de vapeur surchauffée, mais en opérant sans le vide, on n'obtient plus alors à la condensation que des glycérines faibles en densité, souvent mélangées de divers produits condensés à la température correspondante; c'est là encore un des nombreux avantages de la distillation et de la condensation dans le vide, en ce qu'elles fournissent directement des glycérines au maximum de concentration.

La distillation bien conduite peut donner des glycérines à peu près pures, mais ne suffit pas à sa décoloration complète.

Pour obtenir des glycérines blanches, il faut étendre le produit distillé avec de l'eau pure, puis lui faire subir à chaud, une ou deux filtrations sur du noir animal lavé. On doit alors concentrer la liqueur dans le vide pour la ramener à la densité voulue, ou lui fait subir une nouvelle distillation.

Le noir animal employé à la décoloration doit être choisi et lavé avec le plus grand soin, la glycérine dissolvant rapidement toutes les impuretés du noir, deviendrait bientôt plus impure qu'avant sa distillation. Le noir animal fabriqué avec le sang des animaux est le meilleur à utiliser, le noir d'os étant toujours impur.

La fabrication de la glycérine chimiquement pure, dite officinale, exige de grands soins et est très difficile à réaliser ; les seuls moyens à employer pour l'obtenir sont : une épuration chimique complète avant la distillation, une distillation lente et une condensation dans le vide des produits distillés, une filtration sur du noir animal pur, et une concentration dans le vide, la densité de la glycérine distillée ayant dû être ramenée à 15 ou 20° avant la filtration sur le noir animal. La glycérine blanche, purifiée par le seul traitement chimique que l'on trouve trop souvent dans le commerce, contient encore diverses combinaisons, et notamment de l'acide formique et des sels de chaux ; cette glycérine, appliquée sur la peau ou employée dans les préparations pharmaceutiques, produit de l'irritation au lieu d'exercer une action calmante, elle doit donc être absolument repoussée de tous les emplois pour la pharmacie ou pour la toilette. — L. D.

* GLYCÉRIQUE (Acide). *T. de chim.* L'acide glycérique résulte de l'action de l'acide azotique sur la glycérine, et de la décomposition spontanée de la nitro-glycérine. C'est un corps sirupeux, incolore à la température ordinaire, prenant une teinte brune quand on le chauffe à 120°, mais qui n'a pas encore reçu d'applications industrielles. Sa composition est $C^3 H^6 O^4$.

* GLYCÉROCOLLE. *T. techn.* La glycérocolle, ou *parement Freppel-Mandet,* du nom de ses inventeurs, est un mélange de glycérine et de gélatine employé à l'encollage des fils dans divers tissages. Ce parement a l'avantage, grâce à la présence de la glycérine, de conserver, sans fermentation, l'humidité nécessaire au tissage et a rendu les plus grands services hygiéniques en permettant aux ouvriers tisserands de travailler dans des ateliers éclairés et ouverts, tandis qu'autrefois certains tissages devaient s'effectuer dans des caves, pour conserver une humidité nécessaire aux fils. Ajoutons que le travail mécanique, en faisant disparaître une partie des inconvénients inhérents à la production manuelle, a diminué l'emploi de la glycérocolle.

* GLYCIDE. T. de chim. Le glycide $C^3 H^6 O^2$, serait l'anhydride encore inconnu de la glycérine. Son importance est grande, en ce qu'il régénérerait la glycérine avec une molécule d'eau.

* GLYOXYLINE. — V. Dynamite.

GLYPTIQUE. C'est le nom scientifique donné à l'art de la gravure sur pierres fines. On en a tiré les mots glyptologie, connaissance des pierres gravées, glyptothèque, collection de gravures. — V. Camée, Gravure sur pierres fines.

* GNEISS. T. de minér. Roche à texture rubanée, le plus souvent de couleur grise, d'une densité de 2,65; constituée comme le granit, de quartz, mica et feldspath, mais différant de cette roche par le parallélisme des lamelles de mica, et l'allongement des grains de quartz, qui affectent la forme lenticulaire. Le gneiss se trouve sous sa forme typique en Ecosse, en Scandinavie, dans les monts Hercyniens et dans le plateau central de la France. Il contient des prismes de fibrolithe en Bretagne (Pontivy, Plourin); il est parfois granitoïde dans les parties profondes des terrains primitifs; fibreux quand le feldspath est en fibres allongées; œillé lorsque le quartz et le feldspath sont en noyaux lenticulaires; amphibolique, chloriteux, graphiteux, cordiérique, lorsque les éléments qui rappellent ces noms y sont mélangés; rouge en Saxe; etc. Sa composition moyenne est la suivante, d'après Lasaulx :

Silice.	70.80	Potasse.	3.00
Alumine.	14.20	Soude.	2.10
Oxyde ferreux. .	6.10	Eau.	1.20
Chaux.	2.60		

GNOMON. Style vertical employé par les anciens pour mesurer la hauteur du soleil d'après la longueur de l'ombre projetée par le style sur un plan horizontal. A l'heure de midi vrai, l'ombre du style vient se placer sur la méridienne, et le rapport entre la longueur du style et celle de l'ombre fait immédiatement connaître la tangente trigonométrique de la hauteur du soleil. On obtient une approximation beaucoup plus grande dans les mesures, en disposant à la partie supérieure du style, une plaque percée d'un petit trou circulaire. Au lieu d'observer l'extrémité de l'ombre du style, on observe alors le centre de la partie éclairée qui se voit au milieu de l'ombre de la plaque.

GNOMONIQUE. Art de construire les cadrans solaires, du grec γνωμων, style. — V. Cadran solaire.

* GOBAIN (Saint-). — V. Saint-Gobain.

* GOBELETERIE. Industrie qui, autrefois, s'occupait spécialement de la fabrication des gobelets

de verre ou de métal, mais qui, aujourd'hui, se trouve répartie entre plusieurs métiers, de sorte que le gobeletier proprement dit a disparu.

* GOBELIN (Famille). Nom de plusieurs teinturiers qui, dès le xv° siècle, fondèrent l'établissement célèbre dont l'étude est l'objet de l'article suivant.

* GOBELINS (Manufacture des). Une famille de teinturiers venue de Reims et établie sur les bords de la Bièvre bien avant le xvi° siècle, où son écarlate était déjà célèbre, la famille Gobelin, donna son nom à un groupe de bâtiments où une manufacture royale de tapisserie fut établie dès le commencement du xvii° siècle.

—Henri IV, soucieux de rétablir l'ancien atelier royal qui de Fontainebleau avait été transporté par Henri II dans l'hôpital de la Trinité, à Paris, où il avait dû cesser d'exister par suite des troubles de la Ligue, avait fait venir de Flandre des tapissiers. Il les établit d'abord dans les bâtiments des jésuites de la rue Saint-Antoine, puis dans les dépendances du palais des Tournelles, et enfin, dès 1603, dans les bâtiments des Gobelins, bien que le privilège accordé aux deux entrepreneurs, Marc Comans et François de la Planche, ne date que de 1607, pour une durée de 15 ans.

Leur privilège, prorogé, en 1625, pour 18 ans, profita, après la mort du second des associés, à leurs fils, Charles de Comans et Raphaël de la Planche, qui se séparèrent à une date difficile à préciser.

Raphaël de la Planche s'en alla au faubourg Saint-Germain fonder un atelier à l'extrémité de la rue de Varenne, dans une rue qui porte son nom, tandis que Charles de Comans resta aux Gobelins, où il mourut en 1635. Son père, ayant repris la direction des ateliers, les céda la même année à son second fils Alexandre, qui mourut en 1650, sans héritiers, de telle sorte que la survivance fut accordée, Marc de Comans était alors décédé, à son troisième fils, Hippolyte de Comans, qui s'était retiré en Saintonge après avoir servi dans les armées du roi en vertu des titres de noblesse qui avaient été accordés à son père.

L'atelier des Gobelins, qui semble avoir été primé par celui du faubourg Saint-Germain, subsista cependant jusqu'en l'année 1662, mais en déclinant probablement.

Un P, suivi d'une fleur de lys, ou deux P, encadrant une fleur de lys qui marquent les tapisseries parisiennes, doivent certainement lui appartenir.

Tandis qu'il périclitait, le surintendant Fouquet avait établi au Maincy, près de sa résidence de Vaux, un autre atelier placé sous la direction de Ch. Le Brun, qui lui avait fourni les modèles d'une nouvelle tenture de Constantin et de celle de Méléagre. Aussi, après la disgrâce de Fouquet, Louis XIV ne fit-il que transporter aux Gobelins les ateliers de Maincy et le personnel qu'il fondit avec celui que Colbert y avait entretenu.

Cet établissement date de 1662, bien que les lettres patentes de fondation n'aient été données qu'en 1667.

Louis XIV acheta, des descendants de Comans, les anciens bâtiments qu'il agrandit par l'adjonction de propriétés voisines, plus tard il éleva un grand bâtiment à l'usage de logements et y établit tant bien que mal les ateliers et le personnel de la Manufacture royale des Meubles de la Couronne.

Aux ateliers de tapisserie de haute et de basse-lisse, il adjoignit, en effet, des ateliers de broderie, de menuiserie en meubles, de mosaïque dans le genre de Florence et enfin d'orfèvrerie.

Le tout fut placé sous la direction de Charles le Brun qui composa tous les modèles qu'une légion d'artistes exécutèrent en grand d'après ses maquettes, et qui servirent tant dans les ateliers des tapissiers que dans ceux des orfèvres.

Les pièces d'argenterie destinées à garantir les appartements de Versailles, furent fondues en 1689 afin de subvenir aux frais de la guerre. Les mosaïstes exécutèrent quelques dessus de table qui existent encore soit au Louvre, soit dans les palais nationaux, et les menuisiers semblent n'avoir établi que deux cabinets, celui du *Temple de la Gloire* et celui du *Temple de la Vertu*, destinés à la galerie d'Apollon, dont toute trace a disparu.

En outre, les ateliers pour la fonte des bronzes que Cucci modelait pour les appartements de Versailles et pour la fonte des groupes du plomb qui décoraient les pièces d'eau de ses jardins, étaient établis aux Gobelins ainsi que ceux de Coysevox et de Coustou.

Mais les travaux qu'on y exécutait ne durèrent qu'un temps, et ce sont les ateliers de tapisserie qui, en survivant à ceux qu'on leur avait annexés, constituent le caractère des Gobelins.

Il y en avait quatre à l'origine, deux de haute-lisse et deux de basse-lisse, dirigés par quatre entrepreneurs différents auxquels le roi fournissait les métiers, « les étoffes », c'est-à-dire les laines, les soies et les fils d'or ou d'argent et auxquels il payait les tapisseries exécutées à l'aune carrée, et qui sous-traitaient avec leurs ouvriers suivant un tarif très compliqué dont les prix étaient variables suivant la nature du travail à exécuter. Les entrepreneurs étaient en outre pensionnés par le roi.

Les laines étaient teintes dans la manufacture, mais les soies étaient achetées déjà teintes.

Le personnel des ateliers venu des Flandres se recrutait d'apprentis formés dans l'atelier, mais pour lesquels le chapelain de la manufacture tenait les « petites écoles ».

La comptabilité, très simple, était tenue, pour l'atelier des modèles par Baudrin Yvart qui en avait la direction, et pour les dépenses accessoires par un « concierge ».

Le Brun, qui était directeur, recevait, en outre, un traitement fixe pour tous les modèles qu'il composait. La direction supérieure appartenait au surintendant général des Bâtiments du Roi et des Manufactures.

Cette organisation avec des modifications diverses, résultant de la création de professeurs de dessin pour les apprentis et d'inspecteurs pour les ateliers, subsista pendant toute la durée de l'ancien régime.

Les premiers travaux des ateliers réorganisés par Colbert, avec l'achèvement des pièces que l'on avait apportées de Maincy, sont les suivants :

L'*Histoire du Roy*, d'après Ch. Le Brun, en 14 pièces, dont Van der Meulen exécuta surtout les modèles : Les *Actes des apôtres*, d'après les tapisseries de Mortlake fort probablement. Les *Résidences royales* ou les *Mois* en douze pièces, dont Anguier dessina l'architecture qui encadre les sujets peints par Van der Meulen. Baudrin Yvart peignit les grands personnages, les tapis et les orfèvreries qui garnissent les premiers plans ; Boëls les animaux et Baptiste Monnoyer les fleurs.

Les *Quatre élémens* et les *Quatre saisons*, d'après Ch. Le Brun, qu'accompagnent huit portières représentant chacune au milieu de légers ornements d'architecture, un dieu ou une déesse personnifiant un élément ou une saison, portières qui portent généralement le nom de *portières des Dieux*, et que composa Claude Audran.

Les *Muses*, d'après Ch. Le Brun, tenture tantôt de huit, tantôt de dix pièces, et les *Festons et Rinceaux* en huit pièces, composées surtout d'ornements encadrant les *divertissements du roi*.

L'*Histoire d'Alexandre*, d'après Ch. Le Brun, que la gravure a rendue si populaire, et la première *Tenture des Indes*, dont les modèles furent exécutés d'après des tableaux donnés au roi par le prince Maurice de Nassau

et représentant des habitants, des animaux, des plantes et des paysages du Brésil.

Les *Triomphes*, par Noël Coypel. La garniture d'une niche plate du château de Trianon, composée d'un Apollon et de trois panneaux d'arabesques. La tenture de *Moïse*, d'après les compositions de N. Poussin, agrandies par Bonnemer et complétées par Ch. Le Brun de deux sujets nouveaux. La tenture des *Dessins de Raphaël* et la tenture des *Dessins de Jules Romain* qui comprend surtout une histoire de Psyché qui ne rappelle en rien le style de l'élève de Raphaël. Les *Enfans jardiniers*, d'après Charles Le Brun ; la tenture des tableaux de Raphaël, parfois improprement appelée des *Loges du Vatican*, car elle représente les peintures qui décorent les chambres de ce palais, et enfin diverses portières qui portent les noms de *Portière de la Renommée, de Mars et du Char*, dont les armes du roi sont le motif principal, et quelques verdures animées de personnages de la fable.

Comme la pénurie du trésor augmentait, on s'occupa surtout dans les dernières années de la direction de Le Brun, de travailler d'après les anciens modèles et, en guise de nouveaux, de reproduire d'anciennes tentures du garde-meuble comme les *Chasses de Maximilien*, que l'on appela les *Belles chasses*, comme les travaux des douze mois de l'année, attribués à Lucas de Leyde, qu'on appela les *Mois Lucas* afin de les distinguer des *Mois grotesques*, où un dieu, dans le style de Jules Romain, personnifiant un des mois de l'année, est figuré au milieu d'ornements dans le style de la Renaissance, et enfin le *Scipion* et les *Fructus Belli*, d'après les deux tentures tissées en Flandre, comme les précédentes, d'après J. Romain.

Lorsque Ch. Le Brun mourut en 1690, on exécuta la *Tenture du palais de Saint-Cloud*, d'après Pierre Mignard, qui lui succéda dans la charge de directeur des Gobelins.

La manufacture était occupée à ces différents travaux, lorsque l'état des finances força de fermer officiellement les ateliers le 10 avril 1694. Mais les entrepreneurs continuèrent d'employer leurs meilleurs ouvriers, tandis que les autres se dispersèrent. Les uns retournèrent en Flandre, d'autres allèrent à Beauvais et un certain nombre s'engagèrent dans l'armée. Les pensions, aux différents membres de son personnel, continuèrent cependant à être servies. Les travaux reprirent, en 1699, lorsque Robert de Cotte, Mignard étant mort depuis quatre années déjà, lui succéda, sous la haute direction de Jules Hardouin ; Mansart fut nommé surintendant. Mais, aucuns modèles nouveaux ne furent mis sur les métiers jusqu'en l'année 1711 où l'on commença de fabriquer la tenture de l'*Ancien Testament*, d'après Antoine Coypel, et la tenture du *Nouveau Testament*, d'après Jean Jouvenet et Restout.

A cette époque, on commença de fabriquer dans les ateliers de basse-lisse, qui en furent longtemps occupés, ce qu'on appela des « chancelleries », parce que ces tentures étaient données aux chanceliers lors de leur installation.

En 1717, la tenture des *Métamorphoses* fut commencée en basse-lisse, et, en 1718, l'on mit sur le métier de haute-lisse la première pièce de la tenture de l'*Iliade*, d'après Antoine Coypel qui, étant le peintre favori du régent, avait toutes les protections requises pour recevoir la commande de modèles nouveaux.

Une tenture qui devint bientôt célèbre, l'*Histoire de Don Quichotte*, en 28 pièces, par Charles Coypel, commença à être mise en 1723, sur les métiers de haute-lisse, où elle ne cessa guère d'être fabriquée qu'à la Révolution. Le succès fut dû autant aux alentours qu'on lui donna successivement, qu'aux sujets eux-mêmes qui, étant de faibles dimensions, ne forment presque qu'un accessoire au milieu des ornements qui les accompagnent.

L'avènement de Louis XV motiva une tenture nouvelle, l'*Ambassade Turque*, dont Ch. Parrocel peignit les modèles en 1721, et qui fut mise sur le métier vers 1725. En même temps, la *Tenture des Opéras*, d'après Charles Coypel, fut commencée. Un peu postérieurement, en 1735, l'on mit sur le métier la *Tenture des chasses du Roy*, dont les modèles furent fournis par J.-B. Oudry, dont l'entrée aux Gobelins comme inspecteur, en 1736, en même temps qu'il était associé à l'entrepreneur de Beauvais, apporta quelques troubles dans les habitudes des tapissiers.

Une portière de *Diane*, exécutée en ces années, semble l'avoir été d'après un modèle de lui.

Les modèles de la *Tenture des Indes*, qui servaient depuis une quarantaine d'années étant dans un état déplorable, on demanda à François Desportes de les repeindre en les renouvelant quelque peu, ce qu'il fit dès 1737. Les modifications qu'il apporta aux anciennes compositions du XVII° siècle sont peu importantes dans la plupart d'entre elles. Mais cette nouvelle interprétation des anciens sujets donna un nouveau succès à cette tenture qui continua d'occuper les métiers, surtout de basse-lisse.

En 1739, fut commencée la *Tenture d'Esther*, dont les modèles peints à Rome par François de Troy, furent reçus en France avec enthousiasme.

L'année suivante, c'était le tour d'une *Tenture des Arts*, d'après Restout, qui comprenait *Apelles peignant Roxane et Pygmalion*.

L'influence de M⁽ᵐᵉ⁾ de Pompadour, qui fut si grande sur les arts au milieu du règne de Louis XV, fut lente à se faire sentir aux Gobelins, bien que dès la première année de son pouvoir, la favorite eût fait nommer l'oncle de son mari, M. Normand de Tournehem, directeur général des bâtiments du roi.

En même temps, quelques ouvriers, profitant de la maîtrise que leur accordait la durée de leur séjour aux Gobelins, les quittèrent afin d'exploiter des ateliers particuliers dans leurs environs.

Afin, sans doute, de remédier au mal, le tarif des prix alloués aux ouvriers pour l'exécution de leurs travaux fut modifié en 1748.

A la même époque, les entrepreneurs des Gobelins s'associèrent dans le but d'entrer en concurrence avec celui de Beauvais pour la fabrication des tapisseries destinées à garnir les meubles, afin d'occuper, sans doute, les ateliers de basse-lisse où les ouvriers habiles commençaient à faire défaut, les « officiers de tête », ainsi qu'on les appelait, ne voulant pas faire d'élèves.

L'entrepreneur Neilson, exécutant fort habile, modifiant les habitudes qu'on avait prises de couper les modèles par bandes successives que l'un passait sous la chaîne et sur laquelle on travaillait directement en basse-lisse, pour faire une tapisserie en contre-partie, il y substitua un calque retourné qui servait pour le trait, tandis que le modèle placé devant le tapissier, lui indiquait les colorations et le modèle.

Le mariage du dauphin avec Marie-Josèphe de Saxe, en 1747, fit commencer en 1750 une tenture de quatre pièces, d'après Charles Coypel, représentant quatre scènes de tragédie dans un alentour ovale, tenture unique qui fut envoyée en Saxe en 1752.

Dans cette même année 1750, fut commencée la *Tenture de Jason*, d'après François de Troy, dont la bordure fut peinte par Gravelot, et la *Tenture de Marc-Antoine*, en trois pièces seulement, d'après Natoire. C. Vanloo commença aussi une tenture de *Thésée*. Puis de nouveaux alentours sont commandés pour la tenture de Don Quichotte. A des bâtiments destinés à loger le personnel, déjà construits en 1725, on en ajouta d'autres, qui témoignent de l'intérêt que le marquis de Marigny, le nouveau directeur général des bâtiments du roi, prenait à la manufacture. Sa sœur, en effet, y fait de nombreuses commandes de meubles en dehors de celles du roi.

De nouvelles portières sont composées pour elle, et pour elle aussi, Cozette exécute deux pièces d'après François Boucher : *Le lever du soleil, le coucher du soleil*.

Oudry, qui semble avoir été plutôt subi qu'agréé par les entrepreneurs des Gobelins, qui s'absentaient lorsqu'il faisait son inspection, étant mort en 1755, François Boucher le remplaça comme inspecteur à leur grand contentement.

De plus, Soufflot, qui avait accompagné Marigny dans son long voyage d'étude en Italie, remplaça M. d'Isle dans la direction de la manufacture.

Celui-ci commença, avec l'aide de Vaucanson, à perfectionner les métiers de basse-lisse en rendant mobile sur un axe le châssis qui porte les deux ensouples, de façon à pouvoir le relever et voir l'ouvrage, ce qui avait été impossible jusque-là, à moins de démonter la pièce ; puis à renvoyer le teinturier, le dernier des Kerkove, qui, depuis la reconstitution des Gobelins par Colbert, s'étaient succédé dans l'atelier de teinture. Un Cozette le remplaça.

La présence de François Boucher aux Gobelins se manifesta, en 1758, par le commencement de l'exécution d'une tenture des *Amours des Dieux*, formée de quatre grandes pièces et d'autant de trumeaux assortis, composés d'enfants ; elle fut livrée à M. de Marigny avec un meuble complet sorti des ateliers de basse-lisse sur les dessins de Jacques, peintre d'ornement et de fleurs, qui composa de plus, les bordures des tentures de Boucher.

Pour utiliser les copies que faisaient à Rome les pensionnaires de l'Académie, on remit sur le métier une nouvelle tenture des *Chambres du Vatican*.

Les temps difficiles revinrent pour les Gobelins à cause de la pénurie de la caisse des bâtiments du roi, qui subvenait aux besoins de la manufacture. Aussi, les entrepreneurs ne rentrant plus dans les avances qu'ils faisaient chaque semaine à leurs ouvriers, menaçaient-ils de renvoyer ceux-ci, qui désertaient en assez grand nombre. Comme on voulait les retenir, on usa d'expédients, d'abord en continuant à autoriser les entrepreneurs à travailler pour le public, puis, en vendant au profit de la manufacture les tentures sans emploi exécutées pour le roi, et, enfin, en faisant payer par la caisse du garde meuble, avec un tiers de rabais sur le prix, les tapisseries que lui livrait la manufacture.

Comme on travaille sans but, les anciennes tentures sont incessamment remises sur le métier, comme celle d'*Esther* qui, en 1762, y revient pour la neuvième fois ; celle de *Jason* pour la septième. On ne compte plus le nombre de fois que la tenture des Indes est reproduite dans l'atelier de basse-lisse, ou combien de fois les *Portières des Dieux*, dont Teissier repeint les modèles complètement usés.

Les chancelleries occupent aussi le même atelier. Comme il faut donner de l'ouvrage à une centaine de tapissiers, on reprend, en 1763, les quatre sujets de la *Tenture de Dresde*, sous le nom de *Tentures des scènes d'opéra*, on distingue de la *Tenture des fragments d'opéra*, d'après le même, Charles Coypel. Cependant, en 1763, François Boucher prépara une *Tenture des Métamorphoses*, destinée à lutter avec celle de *Don Quichotte* par la richesse des alentours que Jacques peint l'année suivante sur les esquisses du maître. On achète à Hallé, la *Course d'Hippomène et d'Atalante*, et à Fragonard, sa composition de *Corésus se sacrifiant*, pour servir de modèles de tapisserie. Presque rien de nouveau n'est donné dans les ateliers, qu'un *portrait du roi* en pied, en 1769. On préfère revenir à l'*Histoire d'Esther* avec une nouvelle bordure de Jacques.

Le désordre est dans les ateliers de basse-lisse surtout, si bien qu'en 1770, on est obligé de faire un nouveau règlement pour y introduire de l'ordre et que, pour former des apprentis, on rouvre l'ancien séminaire, jadis créé par Colbert, et on en donne la direction à Neilson.

On 1772, on applique un nouveau tarif en même temps qu'on y commence une tenture des *Pastorales*, d'après Boucher.

En 1773, dans l'atelier de teinture dont les produits laissent à désirer, le chimiste Quemiset fait de nombreux et longs essais sous le contrôle de Macquer qui les approuve si bien, qu'en 1776, le magasin des « étoffes » ainsi qu'on appelle les soies et les laines employées dans la tapisserie est complètement renouvelé.

Une nouvelle tenture, d'après Amédée van Loo, dite des *Costumes turcs*, et composée de quatre pièces, avec bordures de Tessier, fut mise sur les métiers à partir de l'année 1778.

La mort de Soufflot, que les travaux du Panthéon devaient distraire des affaires des Gobelins, qui avaient été actives en ses commencements, mit à leur tête, en 1780, le premier peintre du roi, Pierre, dont la direction ne fut pas exempte de tracas. L'on semble s'y être plus occupé des questions de personnes et des questions d'organisation que de fabrication.

Les ouvriers pressés par la cherté du pain et ayant, de plus, à travailler sur de nouveaux modèles plus difficiles et plus compliqués, assuraient-ils, prétendaient être trompés sur le mesurage qu'ils voulaient modifier et réclamaient en définitive des salaires plus élevés.

De leur côté, les entrepreneurs se disant en avance envers le roi comme envers leurs ouvriers, se déclaraient hors d'état de continuer et être en perte.

Sur le budget de la manufacture, qui a peu varié depuis Colbert où il était de 100,000 livres par année, le coût des tapisseries entrait pour moitié environ. Le reste passait en frais généraux. Les entrepreneurs étaient payés à tant l'aune carrée, suivant leur mérite et la difficulté de la pièce ; plus, pour les étoffes, 60 fr. dont on défalquait le prix de celles qu'ils avaient reçues du magasin du roi. Enfin, à la fin du XVIIIᵉ siècle, ils touchaient en plus 60 autres livres par chaque aune carrée, indépendamment des pensions que le roi pouvait leur faire.

De leur côté, les ouvriers étaient payés d'après la besogne faite suivant un tarif très compliqué qui devait faire naître beaucoup de contestations. Comme le système des pensions de retraite n'était point régulièrement organisé, on gardait les vieux ouvriers à demi-pensionnés et à demi-rétribués.

La question des apprentis venait apporter un nouvel élément de discorde. Dans les ateliers de haute-lisse, c'étaient les ouvriers eux-mêmes qui formaient et avaient en charge les apprentis pour lesquels le roi payait une certaine pension décroissante suivant le nombre des années d'apprentissage ; à côté de l'atelier de basse-lisse, il y avait un « séminaire » dirigé par l'entrepreneur qui en avait tous les profits. Ses ouvriers réclamaient un régime égal à celui de la haute-lisse.

De nouveaux modèles mis sur le métier dès l'année 1782, vinrent augmenter les plaintes des ouvriers relativement au trop bas prix des façons. Ce fut une nouvelle tenture des *Amours des dieux*, d'après Vien, Pierre et Boucher.

Puis vers 1787, l'*Histoire de Henri IV* dont les sujets étaient singulièrement choisis.

Comme les tapissiers prétendaient que ces nouveaux modèles étaient beaucoup plus compliqués que les anciens, qu'on exigeait d'eux une reproduction plus exacte des colorations des tableaux de dimensions assez restreintes et qui avaient perdu tout caractère décoratif, en 1788, on augmenta la série des prix. Mais il semblerait que toutes ces améliorations n'étaient que sur le papier.

En 1789, les troubles du faubourg Saint-Antoine semblent avoir ému le personnel des Gobelins, si bien que Pierre se trouvait acculé à des mesures radicales de transformation de l'organisation intérieure de la manu-

facture lorsqu'il mourut et fut remplacé par Guillaumot.

Celui-ci provoqua un règlement de M. d'Angevilliers qui substitua un salaire à la tâche au salaire fixe, variant suivant la classe, dont la moyenne fut de 3 livres par jour.

Les entrepreneurs, sans quitter leur titre, ne furent plus que des chefs d'atelier payés 60 livres par aune carrée de France pour la haute-lisse et 40 livres pour la basse-lisse plus expéditive.

Au commencement de la Révolution, les questions de personnes et le seul fait de maintenir la manufacture, occupèrent plus que les questions de modèles et de fabrication le ministre de l'intérieur Roland auquel les Gobelins ressortirent.

En l'espace de trois années, Guillaumot fut destitué sous prétexte de non résidence, remplacé pendant un an par l'ancien entrepreneur Audran, puis par Augustin Belle, le fils de l'ancien inspecteur qui se fit remarquer surtout par son exaltation jacobine et qui brûla quelques tapisseries à cause de leurs emblèmes. Après Audran qui revint le remplacer, Guillaumot fut réintégré en 1795, après la mort de ce dernier.

Pendant ce laps de temps, les salaires des tapissiers divisés en quatre classes, avaient été augmentés et établis au taux de 4 à 7 livres suivant la classe.

Tandis que l'on continuait de fabriquer quelques tapisseries d'après d'anciens modèles de François de Troy, de Desportes, de François Boucher ou de Raphaël, que l'on croyait sans signification politique, on en mettait sur les métiers de nouvelles d'après Callet, Lagrenée le jeune, Belle père, Menageot, et Le Barbier l'aîné.

Roland voulut rétablir le salaire à la tâche et considérer comme démissionnaires ceux qui n'accepteraient pas ce mode de paiement : mesure qui ne semble pas avoir été mise en pratique.

Enfin, le Comité de salut public s'étant ému des sujets que l'on continuait de fabriquer aux Gobelins, en se contentant de remplacer partout où ils se trouvaient les emblèmes de la Royauté par les emblèmes de la République, une commission fut nommée pour s'enquérir de ce grave sujet.

Un jury d'artistes, nommé par le Comité de salut public, sur la présentation de la commission de l'agriculture et des arts et par celle de l'instruction publique, examina les modèles et les tapisseries en cours d'exécution et écarta les unes, comme ne répondant plus à l'idéal de l'art, tel qu'il était pratiqué par les peintres de l'école académique, et les autres, comme représentant des idées de la tyrannie et de la superstition. Il restait peu de chose ; une foule de tableaux soumis au jury ne trouvèrent pas grâce devant lui bien que leurs auteurs fussent dans le courant nouveau et par le genre de leur talent et par les sujets qu'ils avaient peints. La Convention elle-même s'en mêla, le 1ᵉʳ prairial an II, après avoir décidé que les tableaux qui auraient obtenu une récompense nationale seraient exécutés en tapisserie, elle décréta, qu'il « sera fait, incessamment, sous la surveillance de David, des copies soignées des deux tableaux de *Marat* et *Pelletier* pour être remis à la manufacture et y être exécutés. »

Le jury, auquel cinq tapissiers étaient adjoints, avait en même temps classé les tapissiers et les apprentis suivant leur mérite.

Après avoir réglé le passé et pourvu le présent, le jury s'occupa de l'avenir en rédigeant un programme de concours pour les modèles à exécuter aux Gobelins ; programme très complet en théorie, et qui ne tendait à rien moins qu'à refaire sur de nouveaux modèles les tentures variées par les sujets, les bordures et les alentours que les Gobelins avaient fabriqués jusque-là.

Enfin, le même jury choisit parmi les œuvres anciennes ou modernes conservées dans les dépôts de l'État, celles qu'on pouvait immediatement envoyer aux Gobelins pour y servir de modèles.

Afin de subvenir aux besoins de la manufacture, sans cesse accrus par les augmentations successives de traitement nécessitées par l'accroissement du prix des subsistances et la dépression des assignats, et de soulager en même temps le Trésor, on résolut de vendre des tapisseries.

En l'an IV, on en céda pour 574,000 fr. en valeur métallique à des créanciers de l'Etat, puis au ministère des affaires étrangères pour cadeaux diplomatiques. On put, grâce à cela, répartir une somme de 94,500 francs entre les divers membres du personnel de la manufacture qui n'était payé qu'en mandats avec 6 pour cent de leur valeur en numéraire et une distribution en nature de farine et de viande.

Reprenant, en l'an V, le paiement en numéraire, le ministre décida le 6 floréal (24 juin 1797) que les traitements et salaires anciens de 1791 seraient réduits d'un quart, ce qui était une amélioration sur le régime actuel. Mais l'année suivante, une augmentation de traitement, égale à la moitié de la différence entre les deux traitements, fut accordée à la plupart des ouvriers.

En l'an VII, le directeur Guillaumot peut, à l'aide de la vente de tapisseries au ministère des affaires étrangères, solder les arriérés des trois années précédentes. Il put même admettre de nouveaux des apprentis payés 20 livres par mois, somme partagée entre eux et les ouvriers qui leur donnent l'instruction.

Déjà, depuis sa rentrée aux Gobelins, il avait fait réintégrer Belle le père dans ses fonctions d'inspecteur-professeur de dessin. L'enseignement donné par cet actif vieillard, comprenait l'étude de la fleur, des draperies, de l'ornement, de la bosse, et le trait sur la chaîne où devait s'exécuter la tapisserie.

Guillaumot, apportant la même sollicitude à la partie matérielle de la fabrication, apporta aux métiers de la haute-lisse, un perfectionnement qui supprima l'appareil de cordages et de leviers à l'aide desquels les cylindres sur lesquels la chaîne est enroulée étaient maintenus en place. Une plaque de fer assujettie au bout des rouleaux, circulaire comme eux et dentée, reçut un valet attaché au montant. De plus, une traverse moisée dans les doubles montants de chaque côté du métier, au-dessous du cylindre inférieur, permit d'y établir l'écrou d'une vis appuyée à l'autre extrémité sur le palier mobile du cylindre inférieur. En faisant agir cette vis au moyen de leviers passés dans les trous de sa tête, on put faire monter ou descendre ce cylindre et le rapprocher ou l'écarter du cylindre supérieur afin de donner la tension nécessaire aux fils de la chaîne.

Guillaumot, enfin, imagina un métier où il espérait faire exécuter les tapisseries dans toute leur hauteur sans avoir besoin de les rouler non plus que leur modèle. Ces métiers, plus hauts que ceux employés jusque-là, garnis de deux ensouples très écartées l'une de l'autre, mais à écartement variable, étaient munis d'une estrade qui montait en même temps que l'ouvrage. L'Enlèvement d'Orythée, d'après Vincent, fut la première tapisserie qu'on y exécuta. Mais la tension nécessaire à donner aux fils ayant, à cause de leur longueur, occasionnée de nombreuses ruptures, il a fallu en ramener la hauteur aux dimensions des anciens métiers en maintenant moins d'écartement entre les deux ensouples. C'est ainsi qu'ils servent aujourd'hui.

De plus, ayant remarqué que les tapisseries, alors exécutées sur chaîne de laine, se grippaient au sortir du métier, il les fit clouer sur des châssis afin de les laisser sécher ainsi tendues.

Pendant la période révolutionnaire, les ateliers tout en continuant, surtout dans ceux de la basse-lisse, à travailler d'après d'anciens modèles sans couleur politique ou religieuse, comme ceux de la Tenture des Indes, exé-

cutèrent, d'après les peintres vivants, Vincent, Callet, Vien, Ménageot, Le Barbier l'aîné, Suvée, Doyen, Regnault et Lemonnier, les tapisseries, dont plusieurs étaient déjà sur le métier lors de la chute de la royauté.

Mais il ne paraît pas que l'on ait exécuté le Marat ni le Lepelletier, ainsi que la Convention l'avait décrété.

Dix métiers de haute-lisse et autant de basse-lisse étaient vacants. Une soixantaine d'ouvriers travaillaient dans les ateliers avec 18 apprentis; quant aux anciens tapissiers mis à la réforme, neuf étaient occupés comme surveillants et cinq dans les magasins des laines.

Lorsque l'Empire, le 18 mai 1804, eût succédé au Consulat à vie sous lequel on semble avoir repris l'ancienne tenture de l'Histoire de Henri IV, la manufacture, entrant dans le service de la liste civile, cessa de ressortir au ministère de l'intérieur pour passer dans les attributions de l'intendant général de la Maison de l'empereur qui remplaça l'ancien surintendant des Bâtiments du roi.

Un ordre extrême régna durant tout l'Empire dans la comptabilité de la Manufacture, dont le budget fut de 150,000 francs en moyenne. Il était établi par dépenses et par recettes : les premières étaient avancées par la cassette impériale; les secondes provenaient des remboursements par les manufactures de Beauvais et de la Savonnerie des laines que l'on teignait pour elles aux Gobelins, et des livraisons de tapisseries que l'on faisait au mobilier impérial, à l'impératrice elle-même et aux différents ministères, pour cadeaux. Les recettes étaient versées dans le trésor de la couronne.

Un décret de 1810 avait assuré le sort des anciens tapissiers hors d'état de travailler. Une pension leur était servie sur le budget de la Manufacture.

Le personnel administratif se composait du directeur, de l'inspecteur professeur de dessin, du dessinateur des ateliers, du concierge et de son commis, du chapelain, qui avait été rétabli, et du médecin, plus trois hommes de service, dont deux portiers.

Le personnel des ateliers comprenait :

Le directeur des teintures, un chef ouvrier et deux compagnons;

Un chef d'atelier de haute-lisse et 60 tapissiers divisés en quatre classes et 6 apprentis formés dans l'atelier;

Un chef d'atelier de basse-lisse, 28 tapissiers, également divisés en quatre classes, et 2 apprentis, enfin 5 rentrayeurs.

Entre le directeur et l'intendant-général de la maison de l'Empereur, qui fut le comte Daru, était placé le chef de division Chanal, qui fit l'intérim de directeur en 1809 et 1810, après la mort de Guillaumot et avant la nomination du peintre Lemonnier. Les propositions du directeur étaient l'objet d'un rapport de lui à l'intendant-général, à qui appartenait les décisions, sauf les cas où l'Empereur donnait des ordres.

Le directeur de l'atelier de teinture, Roard, pour lequel la place avait été rétablie, avait une position mixte, par suite de la création, par un décret du 4 mai 1809, d'une école pratique de teinture, qui ressortissait au ministère de l'intérieur. C'est lui qui en payait les dépenses, peu considérables d'ailleurs, et qui y nommait les élèves auxquels une pension de 1,000 francs pouvait être accordée. Ces élèves, au nombre de deux, d'abord, parfois au nombre de huit; étaient envoyés par les préfets des départements industriels.

Comme depuis Louis XIV, on n'employait que des laines anglaises aux Gobelins, l'on voulut essayer de celles fournies par les troupeaux de moutons mérinos de la bergerie de Rambouillet, dont plusieurs individus avaient été transportés au Jardin-des-Plantes; mais il ne paraît pas qu'il ait été donné suite à ces essais, dont les opérations préliminaires, faites d'ailleurs en dehors de la Manufacture, eurent lieu dans l'année 1805.

Cependant, en 1806, on commença l'exécution des tapisseries destinées à retracer l'image du souverain et les grands faits de son histoire. Mais, pour un grand nombre d'entre elles, leur exécution dura plus longtemps que l'Empire.

Quant aux ateliers de basse-lisse, ils eurent pour principale occupation de tisser les garnitures d'un meuble d'apparat dont la composition ne semble pas avoir été une petite affaire. Lagrenée en avait composé un qui n'avait pas été agréé, aussi, David, d'accord avec Fontaine, l'architecte de l'Empereur et Vivant Denon, directeur général des Musées, donna de nouveaux dessins qui furent exécutés en laine, soie, rehaussés d'or. Des portières aux armes de l'Empire et aux armes de l'Italie les occupèrent encore. En même temps, Dubois peignait un autre meuble pour la salle d'exercice des « Enfants de France. »

C'est que de grands faits s'étaient passés : le divorce avec Joséphine, le mariage avec Marie-Louise et la naissance du Roi de Rome le 10 mars 1811.

Tandis que les Gobelins vaquaient à ces différentes besognes, l'Empire tombait et la Restauration faisait interrompre l'exécution des tapisseries impériales, qui étaient transportées au garde-meuble. Quelques-unes d'entre elles représentent, dans les galeries des Gobelins, l'art de la tapisserie sous le premier Empire.

Les modèles de toutes ces tapisseries n'étaient rien moins que décoratifs, malgré les bordures dont parfois on les encadrait; mais surtout, ils n'avaient point été peints par des gens préoccupés de la traduction en laine qu'on devait en faire. Aussi, le directeur de teintures, Roard, avait-il raison de s'en préoccuper pour eux. Comme jadis les tapissiers de la vieille école du xviie siècle, il se plaignait de ce qu'on allait être obligé de ne plus employer des « couleurs de teinture. » Forcé de teindre une foule de gammes de couleurs, ou trop rabattues, ou trop claires, qui permettaient aux tapissiers de copier les tableaux qu'on leur donnait comme modèles, il prévoyait que ce qu'ils fabriqueraient dans ces conditions, se désorganiserait par suite de l'inégale solidité des couleurs employées. Les faits lui ont donné raison, car la plupart des tentures de cette époque, présentent des altérations de couleur et de ton les plus singulières.

Il y avait longtemps que l'on avait abandonné l'exécution si franche des anciennes tapisseries où, pour passer d'une couleur dans une autre, puis, plus tard, d'un ton dans un autre ton, on procédait par hachures, entant une couleur dans l'autre, ou les tons entre eux. On opérait par juxtaposition et la tapisserie était devenue comme une mosaïque de laines. Alors, un ouvrier de l'atelier de basse-lisse eut l'idée de revenir à l'ancien procédé en le modifiant, et, comme un peintre mélange les couleurs sur sa palette afin de produire des couleurs nouvelles ou des tons intermédiaires, il mélangea les laines sur sa broche, puis, développant cette pratique, qui date de 1812, Deyrolle, père, et surtout Gilbert Deyrolle, son fils, en vinrent à travailler par hachures de couleurs contrastées. Le second établit cette pratique à l'état de théorie, et, devenu chef d'atelier de haute-lisse, la propagea si bien, qu'elle est devenue de pratique courante aux Gobelins. Elle seule a permis d'exécuter les copies fidèles des tableaux qui ont continué de servir de modèles, et de donner une solidité apparente à ces copies.

Mais s'il y a altération des couleurs, des rayures apparaissent qui détruisent l'effet des parties où elle se produit; puis, du mélange de toutes les couleurs du prisme résulte un effet gris qui alourdit le ton général de la pièce. Ces procédés d'exécution par hachures de deux couleurs se développèrent pendant la Restauration où le baron des Rotours, ancien officier d'artillerie, remplaça Lemonnier destitué en 1816, en même temps que le directeur des teintures, Roard. Mais, ce ne fut guère qu'à partir du règne de Louis-Philippe qu'ils furent employés systématiquement.

La Restauration commença par faire tisser les portraits de *Louis XVI* et de *Marie-Antoinette*, puis ceux du souverain et de son frère, ainsi qu'une nouvelle tenture de l'*Histoire de France*, d'après Rouget.

Un *Martyre de Saint-Etienne*, d'après Abel de Pajol, offert au pape, en 1826, par Charles X et la *Bataille de Tolosa* d'après Horace Vernet, forment la part du règne de Louis XVIII.

Comme les tableaux originaux qui étaient donnés pour modèles, souffraient beaucoup à être roulés lorsqu'ils étaient trop grands, le directeur, des Retours, imagina, pour éviter cette opération, de creuser derrière les métiers, le long des murs où on les accroche, des fosses où on les descendait à mesure de l'avancement de la copie. Précaution excellente, en théorie, mais que la pratique rend dangereuse dans les ateliers humides comme ceux des Gobelins, où les fosses se trouvent en sous-sol.

Un des premiers actes du règne de Charles X fut de nommer comme directeur des teintures, en remplacement de M. La Boulaye-Marillac décédé, M. Chevreul, le 1er novembre 1824, qui, ainsi que ses prédécesseurs, dut professer un cours de chimie appliquée à la teinture, alternant avec un cours de teinture tant pour les élèves libres que pour ceux qui étaient admis par le ministre à travailler dans le laboratoire de la manufacture. Le principal travail de M. Chevreul fut de faire teindre par le chef d'atelier, Lebois, les laines des cercles chromatiques à l'appui de sa théorie des couleurs et de leur contraste. — V. CHEVREUL.

En même temps, l'atelier de basse-lisse était supprimé ; les quelques tapissiers qu'ou y entretenait encore à fabriquer des écrans et des ornements d'église, concurremment avec des tapis de mosquée, d'après Laurent, offerts au pacha d'Egypte, en 1822, passèrent dans l'atelier de haute-lisse, tandis que leurs métiers étaient transportés dans la manufacture de Beauvais.

Ils étaient remplacés aux Gobelins par ceux des tapis dits de la Savonnerie qu'on y apportait de l'ancienne manufacture de Chaillot dès lors supprimée par sa réunion avec celle des tapisseries de haute-lisse.

Tandis qu'il achevait les tapisseries commencées sous le règne précédent, le règne nouveau mettait sur le métier le *Portrait du roi* en costume royal, d'après Gérard, achevé en 1829, et celui de *Mme la duchesse de Berry avec ses enfants* d'après le même, achevé en 1827, et le *portrait en buste du Dauphin* d'après Laurence.

Enfin, quelques petites pièces destinées à garnir des écrans et à être données en cadeaux de peu de prix, s'achevèrent.

Pendant les premières années du règne de Louis-Philippe, tandis qu'on achevait les tapisseries commencées sous les règnes précédents, on commençait l'exécution de la galerie du Luxembourg d'après Rubens : admirables modèles pour des tapissiers qui eussent pu les interpréter avec la liberté dont en usaient ceux du xviie siècle, modèles bien supérieurs, en tous cas, pour des copistes fidèles, aux froides peintures académiques où les ouvriers des Gobelins étaient réduits depuis bientôt un demi-siècle et qui leur permirent, malgré la servilité de la reproduction, d'exécuter de vraies tapisseries décoratives. Les treize pièces de l'*Histoire de Marie de Médicis* qui sortirent des Gobelins, de 1834 à 1839, forment une exception au milieu de ce qu'on y faisait auparavant et de ce qu'on y fit après, quelqu'ait été le talent des tapissiers.

Une reproduction de *Philippe V* où Gérard semble avoir voulu faire suite à l'*Histoire du roi* de Ch. Le Brun, sortit en 1835 du métier.

Malgré un retour aux habitudes prises de copier des tableaux, on semble avoir senti que la tapisserie n'était plus dans sa voie traditionnelle. Aussi empruntant à la cathédrale de Meaux d'anciennes copies de la *tanture des actes des Apôtres*, d'après Raphaël, conservée au Vatican, les mit-on sur le métier, n'oubliant qu'une chose, c'est que pour

GOBE

GOBE

513

de si vastes compositions, d'un aspect si décoratif, il fallait une exécution également large et abréviée dans les colorations, dont on avait perdu la tradition. Aux six pièces de cette nouvelle tenture, succédèrent les copies de quelques-uns des cartons que J.-B. Ingres avait composé pour les vitraux de la chapelle Saint Ferdinand, en même temps que l'on entreprenait de compléter la suite des *Résidences royales* du temps de Louis XIV. Ne prenant dans l'ancienne tenture que le parti pris d'encadrer un sujet à une petite échelle dans une décoration à une échelle beaucoup plus grande, qui devenait le principal au lieu de rester un accessoire. Alaux et Couder, à qui fut confiée l'exécution des modèles, composèrent avec le *Palais de Saint-Cloud*, avec le *Château de Pau*, terminés en 1849, les seules tapisseries décoratives qui soient sorties des Gobelins depuis un demi-siècle.

La révolution de 1848 fit entrer les manufactures dans le domaine national et les mit dans les attributions du Ministère de l'agriculture et du commerce. Une commission de perfectionnement fut nommée, et les deux manufactures des Gobelins et de Beauvais furent réunies sous le même administrateur, qui fut M. Badin, peintre, qui succéda à M. Lavocat.

Le peintre Mulard qui avait succédé à Belle fils, comme inspecteur, mis à la retraite, eut pour successeur M. L. Muller.

Tandis que la commission de perfectionnement étudiait les réformes à opérer et dans quelle voie il fallait lancer la fabrication, l'incertitude de l'avenir faisait commencer, en 1849, un des pendentifs de la Farnésine, les *Adieux de Vénus*; et en 1850 un tondo pour la bibliothèque Sainte-Geneviève, l'*Étude surprise par la nuit*, d'après M. Balze.

L'empire se faisait. Les manufactures rentraient dans le service de la liste civile et, en 1859, on séparait de nouveau les deux manufactures des Gobelins et de Beauvais. M. Badin allait dans la seconde et M. Lacordaire, ingénieur, était mis à la tête de la première. On y achevait ce qui avait été commencé sous la monarchie de Juillet, et modifiant, pour les conformer aux institutions nouvelles, les alentours de la tenture des châteaux; on commençait en 1852 la *Vue du Louvre et des Tuileries*.

Mais revenant à la copie des tableaux, on exécutait successivement, le portrait de *Le Brun*, d'après Largillière, mais avec un entourage de Couder, celui de *Colbert* d'après Robert-Lefebvre, et le portrait en pied de *Louis XIV*, d'après H. Rigaud, destinés à conserver dans les galeries des Gobelins le souvenir des trois fondateurs de la manufacture royale en 1662.

En place du *Christ au tombeau* de Sébastien del Piombo, on reproduisit celui de Philippe de Champaigne; puis usant, pour économiser les frais de modèles, des copies que faisaient en Italie les élèves de l'Académie de Rome ou les artistes envoyés en mission par le gouvernement, la liste civile faisait reproduire la *Transfiguration* (1851), *Une sainte famille* (1852) et une réduction de la *Vierge au poisson* (1852), d'après Raphaël; la *Mise au tombeau*, d'après M. A. de Caravage, et l'*Assomption*, d'après la copie du Titien, par Serrur, achevée en 1858. Puis dans un genre tout opposé on reprenait d'anciens modèles de François Boucher.

Vers 1856, on commença l'exécution des quatre portraits de souverains et des vingt-quatre portraits d'artistes dont les modèles avaient été commandés à divers peintres pour la décoration des panneaux vides de la galerie d'Apollon au Louvre, travaux qui occupèrent une partie des ateliers jusqu'en 1863.

Lors du départ, en 1860, de M. Lacordaire, à qui l'on doit une *Notice sur les Gobelins*, composée d'après les archives de la manufacture, M. Badin réunit de nouveau les deux administrations des Gobelins et de Beauvais. Les portraits en pied de l'empereur et de l'impératrice

furent tissés trois fois en 1860 et 1861, en même temps que François Boucher devenait de plus en plus à la mode. On fabriquait concurremment l'*Amour sacré et l'amour profane* du Titien, pour lequel M. Dieterle avait composé une brochure, tandis que MM. Fouquet et Petit composaient celle du *But*, d'après F. Boucher, et M. Dieterle les panneaux qui devaient l'accompagner pour décorer un des salons de l'Élysée. Les *Muses*, d'après un agrandissement de la composition d'Eustache Lesueur, allèrent décorer un autre salon de l'Élysée.

L'ensemble des décorations de ce palais que l'on restaurait, fit entreprendre pour un troisième salon un grand travail d'ensemble de caractère exclusivement décoratif, inspiré des anciennes *Portières des dieux* de Claude Audran. La composition et l'exécution de la partie ornementale furent confiées à M. J. Dieterle, tandis que les figures étaient peintes par M. Paul Baudry, les animaux par M. Lambert et les fleurs par M. Chabal-Dussurgey. Cette décoration comprenant cinq panneaux, sept dessus de porte et autant de trumeaux, eut pour motif général la personnification des *Cinq sens*. Son exécution occupa les ateliers durant les dernières années de l'empire, d'où sortirent l'*Aurore* du Guide (1867) et l'*Air*, première pièce d'une nouvelle tenture des *Éléments* de Charles Lebrun dans la bordure de laquelle on avait substitué les armes de l'empire à celles de l'ancienne royauté.

Lors de la chute de l'empire, la République fit passer de nouveau les manufactures dans le domaine de l'État et leur service dans les attributions du ministère de l'Instruction publique auquel les Beaux-Arts furent adjoints. Bientôt tout travail cessa, les tapissiers pendant le siège étant enrôlés dans la garde nationale et les galeries d'exposition étant transformées en salles d'ambulance. Les tapisseries qui en garnissaient les murs ayant été roulées et réunies dans un rez-de-chaussée afin de les mettre à l'abri des bombes. L'état-major de l'un des secteurs de la défense s'installa dans la manufacture, dont l'un des bâtiments devint un magasin de vivres et de munitions de guerre.

Pendant l'insurrection de la Commune, un de ses états-majors se substitua à celui de la défense et les jeunes ouvriers quittèrent Paris afin de ne point être contraints de s'enrôler parmi les insurgés, les plus vieux étant restés pour garder autant que possible la maison que l'administrateur avait quittée pour se réfugier à Beauvais.

Le 23 mai, lorsque les troupes de Versailles chassant l'insurrection devant elles, menacèrent les Gobelins de deux côtés à la fois, l'incendie allumé dans l'ambulance se propagea dans tout le bâtiment qui la renfermait, brûlant dans l'atelier même adjacent les tapisseries qui étaient sur le métier ainsi que leurs modèles et, descendant au rez-de-chaussée consuma toutes les tapisseries qu'on y avait emmagasinées. Une grande partie de ce qui était exposé dans les galeries, de ce qui était en magasin et de ce qu'on était en train de fabriquer fut aussi détruit.

Lors de la reprise des travaux en juin 1871, sous l'administration provisoire de M. Chevreul, il n'y avait sur les métiers dans les ateliers où l'incendie ne s'était pas propagé, que deux des pièces des *Éléments* : la *Terre* et l'*Eau*. Pour donner de l'occupation au personnel, on prit dans les magasins de l'État une copie du *Saint-Gérôme* du Corrège, une copie de la *Charité* d'Andrea del Sarto, et les copies des deux figures *Comitas* et *Justicia* de Raphaël, que l'on avait commencé de fabriquer lorsqu'un nouvel administrateur, M. Alfred Darcel, fut installé à la fin de l'année 1871.

Cherchant à rendre à la tapisserie son caractère décoratif, la nouvelle administration placée sous la direction des Beaux-Arts, commença par faire exécuter de 1873 à 1878, d'après M. J. Mazerolle, huit panneaux destinés à garnir les trumeaux de la rotonde de l'Opéra affectés au service du glacier; puis, pour le Palais-de-Justice de Rouen deux répliques de *Justicia* et *Comitas* sur des fonds d'ornement et avec des entourages de M. Charles Lameire. Le *Vainqueur* que M. François Ehrmann semblait avoir composé en vue de servir de modèle pour une tapisserie; *Pénélope à son métier*, sujet et bordure de M. D. Maillart, professeur à l'École de dessin de la manufacture; *Séléné*, avec alentour de M. J. Machard, sortirent du métier en 1877.

Quatre panneaux destinés à décorer le salon central du Musée céramique de Sèvres commandés à M. Lechevallier-Chavignard, et symbolisant les quatre principales opérations de la céramique, furent exécutés de 1875 à 1880.

Une grande composition de M. J. Mazerolle, la *Filleule des fées*; deux dessus de porte de Chardin, la *Musique champêtre* et la *Musique guerrière* avaient remplacé les pièces précédentes lorsqu'une commission de perfectionnement étant instituée aux Gobelins, il fut décidé que l'on mettrait au concours les modèles de la décoration de la *Chambre* dite de *Mazarin* dans la Bibliothèque nationale. M. François Ehrmann sortit vainqueur de ce concours, en 1880, pour une composition symbolisant *les arts, les lettres et les sciences dans l'antiquité*. Deux autres compositions, l'une représentant ces mêmes arts, lettres et sciences pendant le moyen âge et l'autre pendant la Renaissance, et deux panneaux l'*Imprimé* et le *Manuscrit* complétèrent cette décoration dont on a commencé la fabrication en 1882.

En même temps, on mit sur le métier huit *Verdures* dont les modèles furent commandés par la direction des Beaux-Arts à huit paysagistes différents pour la décoration de l'escalier d'honneur du Sénat, concurremment avec quatre panneaux de fleurs exécutés à Beauvais.

L'incendie de 1871 ayant détruit les modèles et les tapisseries destinées à la décoration du salon des *Cinq sens*, au palais de l'Élysée, celles-ci d'ailleurs, si elles eussent été conservées, ne pouvant entrer dans les panneaux qui leur étaient préparés, il avait fallu commander de nouveaux modèles dont M. P.-V. Galland fut chargé, dès 1876, bien que l'exécution n'en ait pu être commencée qu'en 1879.

Une partie de ces derniers travaux occupent, en 1884, les ateliers de tapisserie de la manufacture.

L'organisation de celle-ci est restée la même depuis la Révolution.

Un administrateur est placé à sa tête, secondé par un inspecteur des travaux d'art dans les ateliers, et un contrôleur agent-comptable remplaçant l'ancien « concierge » dans les bureaux. L'école de dessin sert à recruter le personnel de l'école de tapisserie qui, établie sous l'administration de M. des Rotours, fut réorganisée en 1848 et développée en 1880. M. P.-V. Galland, inspecteur des travaux d'art depuis 1879, en remplacement de M. D. Maillart, qui avait fait l'intérim après la retraite de M. E. Muller, en 1873, fut nommé directeur de cette école, qui comprend:

Un cours élémentaire pour les élèves de l'école de tapisserie et pour des élèves libres, jeunes garçons dont plusieurs se destinent à entrer dans la Manufacture, et parmi lesquels un concours établit un choix.

Un cours supérieur que les apprentis et les jeunes tapissiers doivent suivre jusqu'à l'âge de vingt ans et dans lequel sont enseignés les éléments de perspective, d'architecture, l'ornement, la fleur et l'étude d'après le modèle vivant.

Une académie qui se tient pendant quatre mois d'hiver et dans laquelle le modèle vivant et l'antique sont étudiés alternativement de semaine en semaine. L'école de tapisserie forme, par des travaux progressifs qui comprennent la reproduction d'anciennes tapisseries, des apprentis qui entrent à l'atelier après avoir exécuté une tête en tapisserie.

Les apprentis, à leur entrée dans l'atelier, sont mis sur les travaux les plus faciles. Le personnel, sans être divisé par classes, comme jadis, reçoit des traitements variables avec le degré d'habileté. Un chef d'atelier, suppléé par des sous-chefs, surveille et dirige les travaux, qui sont eux-mêmes conduits par un chef de pièce pour celles où concourent plusieurs tapissiers.

Une retenue opérée sur les traitements permet de servir une pension de retraite à ceux qui parviennent à l'âge de 60 ans, pension qui est des quarante soixantièmes ou des deux tiers du traitement, tous ayant plus des quarante années de service qui seules comptent pour fixer le taux de la pension.

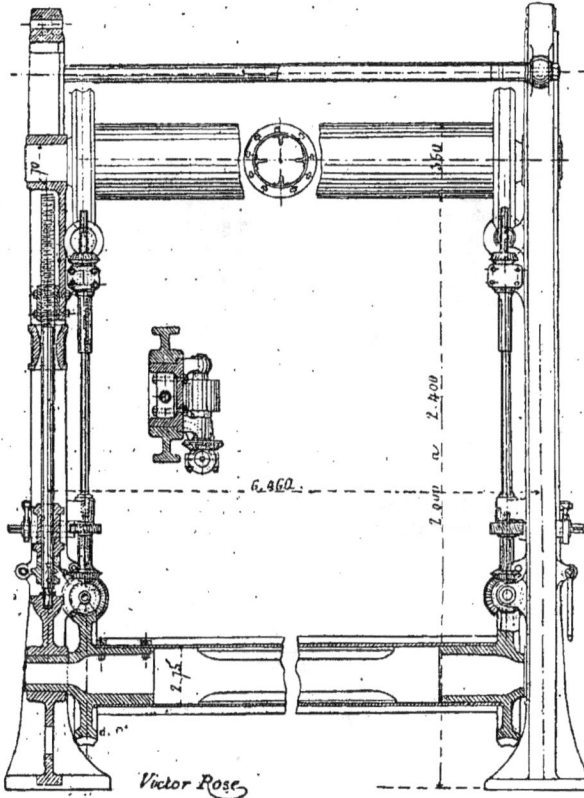

Fig. 303. — *Nouveau métier de haute-lisse. Gobelins 1880.*

Les trois quarts du personnel sont logés dans les bâtiments de la manufacture et une indemnité de logement est accordée à ceux qui ne peuvent y être admis. Un jardin est attribué à chacun de ses membres.

Comme jadis, l'atelier de teinture des Gobelins travaille naturellement pour les ateliers de la Savonnerie qui y sont annexés depuis 1825, et pour ceux de la manufacture de Beauvais.

Ils sont dirigés depuis la fin de l'année 1883 par M. Decaux, sous-directeur depuis l'année 1843, en remplacement de M. Chevreul, nommé directeur d'un laboratoire de recherches sur la théorie et la composition des couleurs, créé pour lui.

Quant aux métiers, plusieurs datent du temps de Louis XIV, quelque peu améliorés successivement à la fin du XVIII° siècle où l'on abandonna le système d'arrêt des cylindres au moyen de cordes et de leviers, ainsi qu'il est représenté dans l'Encyclopédie. Des disques métalliques percés de trous dans lesquels on enfonçait des chevilles, garnirent d'abord l'extrémité des cylindres. Puis Guillaumot leur fit substituer sur quelques métiers des roues à rochet. En même temps, le cylindre inférieur put rouler sur un palier mobile qu'actionne une vis, de façon à pouvoir l'écarter du cylindre supérieur, et donner à la chaîne la tension voulue, 3 kilogrammes environ par fil.

Les métiers de Guillaumot encore en usage, et sur lesquels il voulut faire exécuter des tapisseries sans les rouler, sont réduits, par le rapprochement des cylindres, à la hauteur des autres métiers : on a reconnu qu'en dépassant une certaine limite d'écartement, on risquait de rompre les fils de chaîne, même dans la tapisserie exécutée, lorsqu'on voulait leur donner une tension suffisante.

La rupture des cylindres de bois d'un ancien métier a fait essayer, en 1880, un métier entièrement métallique, construit dans les ateliers de M. Piat, d'après le programme fourni par l'administrateur de la manufacture, avec tous les perfectionnements que permet la mécanique d'aujourd'hui (fig. 303).

Les cylindres, supportant une pression énorme de 25 kilogrammes environ par centimètre linéaire, fléchissent de 0ᵐ,10 environ pour les longues portées, lorsqu'ils sont en bois, ceux du nouveau métier sont en tôle d'acier renforcée par quatre cornières à l'intérieur. Une garniture de bois les revêt.

Mus par des vis sans fin, ils peuvent être indépendants l'un de l'autre, ou dépendants, de façon à ce que l'un déroule la chaîne tandis que l'autre l'enroule. Enfin, le cylindre supérieur est porté par un palier mobile, mû également par une vis sans fin. La tension s'opérant de cette façon par l'intermédiaire des fils sur la tapisserie, risque moins de déchirer celle-ci que lorsque le cylindre inférieur étant seul mobile, c'est par l'intermédiaire de la tapisserie que s'exerce la traction.

Enfin, un petit métier de 1 mètre de portée, destiné aux essais et aux élèves de l'école de tapisserie, a été établi, comme le grand métier, avec ses deux cylindres solidaires ou non, à volonté, et cette simplification que la tension pouvant y être suffisante avec le jeu seul des cylindres, ceux-ci tournent sur des paliers fixes.

Établie dans des bâtiments dont plusieurs datent du temps de Henri IV, pour le moins, et qui tombent en ruine, même dans les parties restaurées sous Louis XIV et sous Louis XV, avec des ateliers mal éclairés et placés en contre-bas du sol dont l'humidité fait pousser des moisissures sur les tapisseries en cours d'exécution, la manufacture des Gobelins n'est digne ni des travaux qui s'y exécutent, ni de la France qui ne peut la montrer avec orgueil aux étrangers qui la visitent. Un plan de reconstruction générale a été dressé après bien d'autres, par M. Willbrod-Chabrol, approuvé par la commission des

Bâtiments civils, et présenté par le Gouvernement aux Chambres qui l'ajournent d'année en année. — A. D.

* **GODDE** (Étienne-Hippolyte). Architecte, né à Breteuil en 1781, mort on 1869 à Paris. Second grand prix d'architecture, il était, en 1813, architecte en chef de la ville de Paris et conserva ses fonctions jusqu'en 1848. Il a restauré un grand nombre d'églises, mais son œuvre capitale est l'Hôtel de Ville de Paris, qu'il a agrandi de 1840 à 1845, en collaboration avec Lesueur.

GODET. T. techn. Auget fixé aux roues et aux chaînes destinées à élever l'eau. || Petit bassin que les maçons font avec du plâtre ou du mortier sur les joints montants des pierres, pour y mettre un coulis. || Petit récipient dans lequel on verse l'huile destinée au graissage des pièces de machines. — V. GRAISSEUR.

GODRON. T. techn. Travail qu'on exécute sur des pièces d'orfèvrerie et qui consiste à produire un ornement en forme d'œuf allongé ; on applique aussi ce genre de décoration à certains ouvrages de menuiserie, de sculpture, ou autres : on les dit alors godronnés ; on écrit aussi gaudron.

* **GODRONNOIR.** T. techn. Sorte de ciselet qui sert à former des reliefs.

* **GOFFIN** (Hubert). Contre-maître mineur, mort en 1821, célèbre par un acte extraordinaire de dévouement qui lui valut une pension et la croix de la Légion d'honneur ; le 28 février 1812, il sauva d'une mort certaine 170 ouvriers qui travaillaient avec lui dans une mine du bassin de Liège, brusquement inondée.

* **GOMMAGE.** T. de teint. et d'app. Lorsque certains tissus de laine ou de matières textiles mélangées (laine et soie, laine et coton) ne prennent pas facilement les couleurs à l'impression, on prépare préalablement l'étoffe en la passant dans un léger bain de gomme. On donne aussi le nom de gommage, à certains apprêts de tissus fins qui, primitivement, ne s'apprêtaient qu'à la gomme ; aujourd'hui on les prépare tout différemment, et souvent sans gomme, bien que l'on désigne l'opération sous le nom de gommage.

GOMME. On donne ce nom à des substances incristallisables, qui se gonflent ou se dissolvent dans l'eau, en lui faisant prendre une consistance mucilagineuse. Elles sont caractérisées par la propriété qu'elles ont de fournir de l'acide mucique, en présence de l'acide azotique bouillant. Sous le rapport de la composition chimique, on doit les regarder comme des polysaccharides de la famille des glucosides ; celles solubles étant des diglucosides de la formule $C^{12}H^{10}O^{10}(C^{12}H^{10}O^{10})$, et celles insolubles, ainsi que les corps dits mucilages, des polyglucosides $(C^{12}H^{10}O^{10})^n$; en effet, ces corps jouent le rôle d'alcools polyatomiques, puisqu'ils forment des acides conjugués avec l'acide sulfurique, des produits explosifs avec l'acide nitrique, qu'ils s'unissent à l'acide acétique anhydre ou hydraté, à l'acide tartrique, aux chlorures acides, etc.

Les gommes solubles dans l'eau sont constituées par un principe spécial, appelé *arabine* $C^{24} H^{20} O^{20}$, 2 aq. combiné à de la potasse ou de la chaux, ce qui a fait dire à M. Frémy, que ce corps était un sel, un *gummate*, qui, à 150° devient *métagummate*, ou gomme insoluble. Cette matière est blanche, insoluble dans l'alcool, lévogyre de 36°; elle se décompose au delà de 150°, est précipitée par le sous-acétate de plomb, et transformée en galactose par l'acide sulfurique.

Les gommes qui se gonflent dans l'eau, sans y être solubles, contiennent de la *bassorine*,

$$C^{36} H^{30} O^{30};$$

cette matière, à 100°, offre la composition de la cellulose, chauffée avec de l'acide sulfurique à l'ébullition, elle se dédouble en gomme soluble et en glucose fermentescible. C'est le *métagummate* de M. Frémy.

Quelques gommes partiellement solubles dans l'eau contiennent, ainsi que les mucilages, de la gomme soluble et de la gomme insoluble, et non un principe particulier, comme on l'avait cru, et que l'on appelait *cérasine*. Les dissolutions de ces gommes deviennent solubles à l'ébullition, et possèdent alors les caractères de l'arabine.

Les gommes sont fournies par des plantes de la famille des légumineuses, des rosacées, des cactées. Leur caractère de solubilité, d'insolubilité, ou de demi-solubilité dans l'eau permet d'en faire des groupes naturels.

1° Gommes solubles dans l'eau. *Gomme arabique vraie* ou *turique*. Elle est fournie par plusieurs acacias, l'*acacia vereck*, Guill. et Perrot, l'*acacia seyal*, Delil, l'*acacia arabica*, Willd.; elle se forme dans la partie libérienne de l'écorce, et découle naturellement des fentes qui se font à l'extérieur. Elle est en larmes blanches, brillantes, fendillées à l'intérieur, comme à la surface, inodores, sans amertume et sans âcreté; elle faisait déjà l'objet d'un trafic important dix-sept siècles avant notre ère, mais elle ne paraît avoir été importée en Europe que vers 1449; la *gomme du Kordofan*, dite *gomme d'Hashabi*, est recueillie dans des paniers placés au-dessous d'incisions faites au tronc; c'est la seule variété qui soit ainsi récoltée, parmi cette sorte.

Gomme du Sénégal. Elle découle aussi de l'*acacia vereck* ainsi que des *acacias albida*, Delil., et *acacias adansonii*, Guill. et Perrot; elle a absolument la composition chimique de la précédente. On y distingue: 1° la *gomme du bas du fleuve*, en larmes incolores, ou en gros morceaux rouges, transparents à l'intérieur, et fendillés ou ridés à la surface; on attribue les larmes blanches à l'*acacia vereck*, les marrons rouges à l'*acacia neboned*, Guill. et Perrot; 2° la *gomme du haut du fleuve* ou *gomme salabreda*, qui vient de Galam, de Bondon; elle est en morceaux irréguliers, brisés, anguleux, blancs, mêlés de marrons noirâtres, opaques et souvent creux, constituant ce qu'on appelle la *gomme lignirode*. Ces gommes nous arrivent par Bordeaux, elles sont souvent mélangées de matières diverses, qu'on enlève par triage, notamment de la *gomme gouate* ou *gouaké*, qui est remarquable par sa saveur amère, et que fournit l'*acacia adansonii*, Guill.

et Perrot. La gomme du Sénégal se récolte après la saison des pluies, c'est-à-dire de novembre à juillet; on en expédie en France annuellement, environ 3 millions de kilogrammes, d'une valeur de 6 millions de francs.

Gomme de Suakim, de Tolca. Elle est fournie par l'*acacia stenocarpa*, Hoch., et l'*acacia seyal*, var. *fistula*, Schw.; elle se brise avec la plus grande facilité, et est constituée par des morceaux incolores et d'autres rouge-foncé; sa surface est rendue opaque et terne par un grand nombre de fissures superficielles. Elle est importée d'Alexandrie.

Gomme du Maroc, de Barbarie. Elle est en larmes vermiformes, claires, craquelées à la surface et fragiles; on en exporte annuellement 10,000 quintaux environ; elle est fournie par l'*acacia gummifera*, Willd.

Gomme du Cap. Elle provient de l'*acacia horrida*, Willd., et est d'un brun ambré, cassante et friable. Exportation, 50,000 kilogrammes environ par an.

Gomme de l'Inde orientale. Elle est en belles larmes volumineuses, d'un jaune-rosé, mais elle provient surtout de l'Afrique, qui l'expédie à Bombay. Il peut y en avoir une exportation moyenne annuelle de 15,000 quintaux par la mer Rouge, Aden et la côte d'Afrique. Elle est fournie par l'*acacia arabica*, Willd.

Gomme d'Australie. Cette gomme est en fragments assez volumineux, d'une teinte variant du jaune pâle, à l'ambre et au brun-rougeâtre (Wattle-Gum); sa solution desséchée passe pour se fendiller moins facilement que celle des autres sortes de gommes. Elle provient de l'*acacia decurrens*, Willd.

FALSIFICATIONS. On mélange souvent à ces diverses sortes de gomme, un produit analogue, qui découle du *feronia elephantum*, Cors., arbre de la famille des aurantiacées, commun dans tout l'Orient. Ce produit est en larmes stalactitiformes, arrondies, incolores ou rougeâtres; il n'a pas la même composition chimique que les gommes que nous venons d'étudier; sa solution est dextrogyre ($+4°$), et elle contient environ deux fois moins d'arabine que les autres. On mêle aux gommes arabique et du Sénégal, les gommes inférieures de Barbarie et de l'Inde.

Usages. Les gommes que nous venons de décrire ont de nombreux emplois. Les belles sortes d'Arabie ou du Sénégal, blanches ou blondes, sont utilisées dans la droguerie, la pharmacie, la confiserie, la distillerie, pour faire des pâtes, des sirops, des bonbons, des médicaments contenant des matières insolubles en suspension; dans les apprêts fins, la lingerie, la confection des dentelles. Les gommes colorées servent dans les apprêts ordinaires de tissus de coton, de laine, de soie, l'impression sur tissus; elles sont employées pour le collage des étiquettes, enveloppes, etc., la fabrication des allumettes, de l'encre, du cirage, etc.

2° Gommes insolubles dans l'eau. *Gomme adragante.* Elle est produite par divers arbustes, du genre *astragalus*, de la famille des légumineuses, qui croissent en Asie Mineure, en

Arménie, en Perse, ainsi que sur les bords de la Méditerranée. Cette gomme est de couleur blanchâtre pour les belles sortes, plus ou moins brune pour les qualités inférieures; elle est opaque, à peine translucide, de forme variable; elle absorbe 50 fois son poids d'eau pour former un mucilage épais; délayée dans un grand excès d'eau, elle précipite par l'acétate de plomb, mais reste claire avec une solution de borax ou de chlorure ferrique, ce qui la différencie des gommes solubles; elle précipite par l'alcool et trouble l'oxalate d'ammoniaque. L'on sait que ces propriétés sont dues à la bassorine qu'elle contient. Cette gomme n'a plus la même origine que les gommes solubles, elle est constituée par le tissu de la moelle et des rayons médullaires, qui s'est transformé peu à peu en mucilage, et qui a exsudé au dehors, soit spontanément, et alors sous forme de filaments rubannés, soit en se réunissant dans de vastes et profondes incisions, atteignant jusqu'à la portion médullaire de la tige, et permettant alors au produit de se condenser sous forme de larges plaques. Le mucilage de gomme adragante examiné au microscope, montre au milieu de la partie gommeuse gonflée, des cellules entières ou brisées, à parois gélatineuses, mais cellulosiques, puisqu'elles se colorent en violet par le chlorure de zinc iodé; puis, au milieu des cellules, des grains d'amidon globuleux de 15 à 20 millièmes de millimètres.

La gomme adragante est très anciennement connue, puisqueThéophraste au IIIe siècle, cite ses lieux d'origine, mais elle ne fut guère introduite en Europe que vers le XIIIe siècle; en 1305 elle était frappée d'impôt à Pise. Le commerce actuel en reconnaît plusieurs sortes: 1° La *gomme adragante en plaques*, ou *de Smyrne*, fournie par les *astragalus microcephalus*,Wild., et *astragalus kurdïcus*, Boiss., qui est en plaques de 1 à 4 centimètres de long, sur 1 de large, aplaties, arquées, marquées de stries courbes, semi-lunaires; il en est annuellement exporté de Smyrne environ 4,500 quintaux d'une valeur de 1,350,000 francs environ; 2° La *gomme adragante en filets*, ou *vermicellée*, qu'on retire des *astragalus verus*, Oliv., *astragalus creticus*, Lmk., *astragalus parnassii*, Boiss. et Held., vient surtout de Grèce; elle est en minces filets, aplatis, contournés sur eux-mêmes, de 2 à 3 centim. de long sur 2 millimètres de largeur, striés dans leur longueur. On trouve encore une autre sorte, qui tout en étant en filets, se distingue par sa coloration jaune-brun, c'est la *gomme de Morée*, qui serait produite par l'*astragalus cylleneus*, Boiss. et Held.

FALSIFICATIONS. La gomme adragante est souvent falsifiée, à Smyrne même, avec divers autres produits; d'abord avec une gomme inférieure, la *gomme de Bassora*, que nous allons décrire, puis avec de la *gomme de Caramanie*, laquelle, naturellement colorée en brun, est souvent blanchie avec du carbonate de plomb, avant d'être mêlée à la gomme adragante vraie. On en a même fait de toutes pièces avec des matières féculentes.

Usages. La gomme adragante est très employée dans l'industrie comme épaississant, elle sert dans quelques préparations pharmaceutiques, chez les confiseurs, pour la fabrication des papiers marbrés, etc.

Gomme de Bassora ou de *Sassa*; elle est en masses noduleuses à éclat cireux, d'un brun foncé, se gonflant dans l'eau, en formant une masse blanchâtre, volumineuse, que l'iodure ioduré de potassium sépare en deux parties, un liquide aqueux, et un dépôt floconneux coloré en bleu par l'iode, par suite de l'amidon qu'elle contient. Elle est formée par l'*astragalus gummifera*, Labil.

3° **Gommes partiellement solubles dans l'eau.** *Gomme kutera.* Elle nous vient des Indes Orientales, et en morceaux de forme variable, souvent plats et anguleux; elle est blanchâtre ou colorée en jaune rougeâtre, et souvent recouverte d'un enduit pulvérulent blanc; elle est demi-transparente, elle a une odeur faible et est parfois légèrement acide. Elle se dissout un peu dans l'eau, en laissant une gelée transparente insoluble. Elle ne contient pas d'amidon, et ne se colore pas en bleu par l'iode. Elle est constituée par 8 0/0 de son poids environ, d'arabine, et 92 0/0 de bassorine; elle provient de l'*acacia leucophlœa*, Roxb.

La *gomme de cerisier*, gomme *nostras* ou *de pays*, est produite par les cerisiers (*prunus cerasus*, L,), ou les pruniers (*prunus domestica*, L.), ainsi que quelques autres arbres à fruits à noyau (rosacées); tels que les merisiers (*prunus avium*, L.), les abricotiers (*armeniaca vulgaris*, L.); elle découle naturellement de l'écorce, en formant des morceaux irréguliers, arrondis, luisants, de teinte rouge-brun, souvent transparents, mais toujours translucides. Elle se comporte avec l'eau comme la sorte précédente,et ne contient pas plus qu'elle d'amidon.

Ces gommes dont le prix est peu élevé, sont utilisées par certaines industries, la chapellerie, l'apprêt du feutre, etc.

La *gomme d'acajou* fournie par l'*anacardium occidentale*, L., est en larmes allongées, dures, transparentes, souvent agglomérées, de couleur rouge-brun. Elle est formée d'arabine et de bassorine, et dans l'Inde, les Antilles, les Moluques, la Guyane, elle est très employée pour donner du lustre aux meubles et les préserver des insectes.

On connaît encore un certain nombre de gommes proprement dites, telles que celles d'anacarde orientale, de bancoulier, de cocotier, de manguier, etc., mais elles ne parviennent guère en Europe, et ne sont utilisées que dans leur pays de production. — J. C.

Gommes-résines. T. de mat. méd. On donne ce nom à des produits qui, comme les gommes, exsudent de certains arbres, ou naturellement, ou à l'aide d'incisions faites aux branches, et qui sont de véritables émulsions naturelles de résines, dans des matières gommeuses ou mucilagineuses. Ces sucs sont opaques, de saveur forte, d'odeur âcre, et elles contiennent encore, en outre, des principes que nous venons d'indiquer, des huiles volatiles, des sels, de l'eau. Elles se dissolvent imparfaitement dans ce dernier liquide en donnant à celui-ci une teinte opaline, mais se dissolvent très bien dans l'alcool faible. Ces produits sont fournis par des plantes de la famille des euphorbiacées, des guttifères, des araliacées, des ombellifères, des convolvulacées et des térébinthacées, et sont tous originaires d'Afrique ou d'Asie.

Nous ne décrirons que celles qui offrent quelqu'intérêt au point de vue industriel, ou qui sont utilisées par certaines professions.

Gomme-résine euphorbe. Substance en larmes irrégulières, qui est le latex desséché de l'*euphorbia resinifera*, Berg., plante qui croît au Maroc. Elle est reconnaissable aux deux ou trois petits trous coniques qu'elle présente, à sa couleur jaunâtre, à sa friabilité, mais surtout à sa saveur, qui d'abord peu sensible, devient bientôt âcre et corrosive. Elle contient une résine toxique, un principe drastique, l'euphorbon (Flückiger), et sert en médecine comme irritant, surtout à l'extérieur.

Gomme-gutte. Elle découle des incisions faites au tronc du *garcinia morella*, Desr., et dans lesquelles on introduit des entre-nœuds de bambou pour que le suc s'y concrète. Cette opération se fait au Cambodge, de février à mai. On trouve dans le commerce plusieurs sortes de gomme-gutte; la plus estimée est la *Gomme-gutte de Siam* qui est en cylindres de 4 à 5 centimètres de diamètre, sur 15 à 20 de longueur, portant à l'extérieur des stries laissées par l'impression du bambou. Elle est d'un beau jaune-orangé, opaque, à cassure conchoïdale, d'arrière goût âcre, et donne avec l'eau une émulsion d'un très beau jaune; elle contient le quart de son poids de gomme (arabine) et le reste de résine jaune très drastique. Il vient encore de la même provenance de la *gomme-gutte en gâteaux*, constituant des masses irrégulières plus brunes, contenant jusqu'à 19·0/0 d'amidon, ce que la première sorte n'offre pas, et une diminution correspondante de résine. La *gomme-gutte de Ceylan* est fournie par la variété *pedicellata*, Desr., du même arbre, mais elle découle du tronc, sous forme de larmes qu'on rassemble ensuite; elle a une couleur moins vive que la sorte précédente et ne contient pas d'amidon. Une variété encore plus commune est la *gomme-gutte de Mysore*, obtenue par incisions du *garcinia pictoria*, Roxb.; sa couleur vive passe facilement. La gomme-gutte pulvérisée est souvent falsifiée par de la fécule. Ce produit sert dans la peinture à l'eau, la teinture, et en médecine, comme purgatif drastique et comme anthelminthique.

Gomme-résine de lierre : fournie par les vieux troncs de l'*hedera helix*, L. (araliacées), lorsqu'il s'est développé dans l'Europe centrale. Elle est en morceaux irréguliers, d'un brun-noirâtre, et à odeur balsamique.

GOMMES-RÉSINES D'OMBELLIFÈRES. On en connaît cinq sortes :

(*a*) La *gomme ammoniaque*, qui provient du *dorema ammoniacum*, Don., et découle de toutes les parties de la plante. Elle nous vient par la voie de Bombay, et se présente sous deux formes, en *larmes* arrondies, jaune-brun à l'extérieur, d'un blanc laiteux à l'intérieur, s'agglutinant parfois entre elles, et formant alors la sorte dite en *masse*, laquelle s'obtient aussi en réunissant des parties déjà agglutinées sur le sol, avec des impuretés diverses. Cette matière a une forte odeur spéciale, une saveur âcre et amère; elle contient 70 0/0 de résine, 20 0/0 de gomme soluble et 1.5 0/0 d'huile volatile, le reste étant formé de sels, eau et gomme insoluble. Ces sortes viennent de Perse; elles sont quelquefois mêlées à une fausse *gomme ammoniaque*, dite *de Tanger* ou *Fasogh*, qui se reconnaît à sa teinte bleuâtre. Dans l'industrie, on s'en sert sous le nom de *ciment-diamant* pour recoller la porcelaine; c'est un antispasmodique, employé aussi comme expectorant, et pour faire certaines emplâtres.

(*b*) *Gomme asa-fœtida.* Elle est fournie par le *scorodosma fœtidum*, Bunge, qui croît en Perse, dans l'Afghanistan, les Indes-Orientales; ainsi que par le *narthex asa-fœtida*, Falc.; pour l'obtenir, on coupe le collet de la racine des plantes, on en recueille le suc deux jours après, et on répète plusieurs fois l'opération. Cette gomme-résine est *en larmes* ou *en masses*; les larmes sont ovalaires, brun-rouge, à cassure cireuse, s'agglutinant avec des matières étrangères pour faire la seconde sorte; l'odeur est alliacée, très forte; la saveur âcre, amère, repoussante. L'acide azotique colore la partie centrale des larmes en vert-malachite. L'asa-fœtida est formée par de la gomme soluble (20 0/0), une résine qui se colore en rouge-brun à l'air (50 à 60 0/0), une huile essentielle (4.5 0/0 environ) et diverses autres substances. On a falsifié ce produit avec de la poix blanche mêlée de suc d'ail, de la farine, du sable, du gypse. Cette résine est très appréciée par les Orientaux, comme condiment; elle est antispasmodique, anthelminthique, emménagogue; elle est employée en agriculture comme excitant pour les bestiaux. On prétend (dans l'Amérique du Nord) que son odeur agit sur les renards en les empêchant de fuir.

(*c*) *Gomme galbanum.* Elle nous vient de Perse, où on la récolte sur le *ferula rubricaulis*, Bois.; elle est en larmes, secrétées, soit sur la base de la tige, soit à l'aisselle des pédoncules des ombelles. Le commerce distingue un *galbanum mou* en *larmes*, jaune, à cassure cireuse, ou en *masses* formées par la réunion des précédentes; et un *galbanum sec*, en larmes ou en masses. L'odeur est forte et fétide, la saveur âcre et amère. Sa teinture alcoolique est colorée en violet par l'acide nitrique. Elle renferme de 6 à 7 0/0 d'huile volatile. Cette gomme-résine est stimulante et tonique.

(*d*) *Gomme-résine opoponax.* La plante qui la fournit, l'*opoponax chironium*, Koch, ne donne de résine que dans les pays chauds, la Syrie, l'Asie-Mineure, car elle n'en secrète pas en France ou sur les bords de la Méditerranée. Cette matière se retrouve encore en larmes ou en masses, d'un brun-rouge à l'extérieur, opaques; jaunes, à l'intérieur, légères, friables; les insectes en sont avides. L'odeur rappelle celle de l'ache, la saveur est âcre et amère. Elle contient une forte proportion de gomme (33 0/0), de l'amidon (4.20 0/0), et un peu de cire, avec d'autres substances. Depuis quelque temps ce produit est employé par la parfumerie; il est antispasmodique et expectorant.

(e) *Gomme-résine sagapenum*. Elle est attribuée au *ferula persica*, Willd., ou au *ferula szowitsiana*, D. C., et est fort rare aujourd'hui. Elle est en masses ou en larmes rappelant l'odeur de l'asa-fœtida; brune, poisseuse, quand le produit est en masses, de saveur âcre et amère; mais le plus souvent elle est fabriquée de toutes pièces, avec d'autres résines d'ombellifères, de la colophane, et du galipot. Elle a les mêmes usages que l'asa-fœtida.

GOMMES-RÉSINES SCAMMONÉES. Elle est recueillie sur le *convolvulus scammonia*, L., plante originaire de l'Asie-Mineure et de la Syrie; on taille en entonnoir le collet de la racine pour y recevoir le suc qui va s'écouler, et qui constitue la *scammonée de première goutte*, pour la distinguer de la *scammonée de seconde goutte*, obtenue par expression des racines broyées. Les sortes commerciales les plus pures sont désignées sous le nom de *scammonée d'Alep*; elles sont en morceaux de couleur gris-cendré, à cassure mate, à odeur de brioche, s'émulsionnant dans la bouche. Il en vient aussi en pains orbiculaires qui sont moins estimés, comme ceux dits *scammonée d'Antioche*, facilement reconnaissables aux points blancs, de calcaire, que l'on trouve dans la masse. Les secondes sortes sont appelées *scammonées de Smyrne*, ce qui ne préjuge cependant rien de leur lieu d'origine; elles sont en gros morceaux, lourds, foncés, peu friables, poissant avec l'eau, sans faire d'émulsion blanche, et souvent mélangés d'amidon. La scammonée renferme 90 0/0 de résine, et 1 à 3 0/0 de gomme; il est des sortes qui sont tellement falsifiées, qu'elles renferment 60 0/0 et plus, de silice, amidon, etc., avec des racines de jalap, gaïac, de la colophane, etc.

Il ne faut pas confondre ces gommes-résines avec le produit appelé *scammonée de Montpellier*, fourni par le *cynanchum Monspeliacum*, L. (asclépiadées), qui malgré son nom vient de Stuggard, et n'a aucune des propriétés des autres produits.

GOMMES-RÉSINES DES TÉRÉBINTHACÉES. La famille des térébinthacées fournit trois gommes-résines: (a) Le *bdellium*, produit par un *balsamodendron* et dont le commerce reconnaît deux variétés spéciales: le *bdellium de l'Inde* ou *balsamodendron roxburghii*, Arn., qui est en masses noirâtres, poisseuses, mêlées d'impuretés diverses, s'émulsionnant avec l'eau, de saveur âcre et amère, d'odeur forte et particulière; puis le *bdellium* d'Afrique, provenant du *balsomodendron africanum*, Arn., qui est en larmes arrondies, irrégulières, lisses, d'un jaune-rougeâtre, et de cassure cireuse. Son odeur est faible. Le bdellium contient 59 0/0 de résine, 30,6 0/0 de bassorine, 9,2 de gomme soluble et un peu d'huile volatile. Il sert en pharmacie, mais fréquemment aussi à falsifier la myrrhe, ou quelques belles sortes de gommes. (b) La myrrhe est fournie également par un *balsamodendron*, le *basalmodendron ehrenbergianum*, Berg., qui croît dans l'Arabie et sur les rives de la mer Rouge; mais elle est souvent expédiée à Bombay, d'où elle vient en Europe. Il existe deux sortes commerciales de myrrhe: la *myrrhe choisie*, en morceaux irréguliers, rougeâtres, à surface crevas-sée et recouverte de poussière, demi-transparents; leur cassure est brillante et huileuse, l'odeur douce et agréable, la saveur amère, mais aromatique; ce produit s'émulsionne dans l'eau et sa teinture alcoolique se colore en rose violacé par l'acide nitrique. La *myrrhe en sorte* est le résidu du triage de la précédente; les morceaux s'agglomèrent souvent en masse, avec des impuretés; elle est plus brune que la belle myrrhe. Elle contient à peu près parties égales de résine et de gomme (40 0/0) et 25 0/0 d'huile volatile, avec des sels, de l'eau, etc. Cette matière est souvent frelatée avec des substances moins chères, recouvertes de poudre de myrrhe; elle est très employée en Orient, pour la parfumerie, et comme stimulant et emménagogue, aussi entre-t-elle dans diverses préparations de notre pharmacopée. (c) L'*oliban* dont il a déjà été parlé sous le nom d'*encens* (V. ce mot) se divise en *oliban de l'Inde* (encens mâle), fourni par le *boswellia carterii*, Bird., et le *boswellia bhan-dajiana*, Bird., et en *oliban d'Afrique* (encens femelle), produit par le *boswellia sacra*, Fluck. — J. C.

*GOMMELINE. T. de chim. Variété de *dextrine* très pure que l'on emploie dans l'industrie comme épaississant. Elle se présente sous forme d'une poudre blanche très fine, et parfois en petits morceaux transparents, obtenus en mouillant le produit, puis le desséchant avant de concasser; c'est cette forme qui lui a fait donner son nom. En dissolution dans l'eau, même à 60 ou 70 0/0, elle donne par la chaleur une solution transparente, ce qui la différencie de la dextrine et du leïogomme.

GOND. *T. techn.* Pièce de fer sur laquelle pivotent les pentures d'une porte, d'une fenêtre, et que l'on fixe dans les jambages par une tige scellée dans la maçonnerie ou vissée sur les huisseries en bois.

GONIOMÈTRE. *T. de minér.* Instrument destiné à mesurer les angles que font entre elles les faces des prismes, des cristaux naturels ou de ceux qu'on produit dans les laboratoires. On distingue deux sortes de goniomètres: les *goniomètres d'application* et les *goniomètres à réflexion*. — V. CRISTALLOGRAPHIE, III, 1171; CHAMBRE CLAIRE, II, 539.

GORGE. *T. d'arch.* Moulure dont le profil est une courbe concave et qu'on emploie souvent dans les encadrements, les corniches et autres parties d'architecture; quand cette moulure est petite, on lui donne le nom de *gorget*. || *T. de fortif.* Intervalle compris entre les extrémités des côtés ou faces d'un angle saillant; la *demi-gorge* est une ligne menée de l'angle d'une courtine au centre d'un bastion. || *T. de serrur.* Pièce adaptée sur le grand ressort d'une serrure et présentant deux branches courbes pour faciliter l'action de la clef sur le pêne lorsqu'on la fait agir pour ouvrir ou fermer. || *T. techn.* Rainure concave pratiquée sur la circonférence d'une poulie pour recevoir la corde ou la chaîne. || Entaille que l'on fait dans une pièce quelconque.

GORGERIN. *T. d'arch.* Dans le chapiteau dorique, partie comprise entre l'astragale et les annelets.

|| *T. d'arm. anc.* Pièce qui protégeait la gorge sous l'armure des hommes d'armes.

*GORGET. *T. techn.* Sorte de rabot qui sert à faire les moulures appelées *gorges.* || *T. d'arch.* — V. GORGE.

*GOSSE (NICOLAS), peintre, né à Paris en 1787, mort en 1874, fut l'un des peintres officiels les plus féconds de ce siècle. Depuis l'année 1828, il ne cessa de travailler pour la décoration des églises et des édifices publics. Il suffira de citer les peintures de Saint-Étienne-du-Mont, du Panthéon, de Saint-Nicolas-du-Chardonnet, de Sainte-Élisabeth, les plafonds de l'Opéra-Comique, de la Comédie-Française, de l'ancien Théâtre-Italien de Paris, des théâtres de Lyon et de Strasbourg, du Palais-de-Justice de Rennes. Les galeries de Versailles ont également plusieurs toiles de grandes dimensions dues à son pinceau. On lui a reproché un défaut d'originalité et des faiblesses de dessin qui n'avaient pour excuse que sa prodigieuse facilité d'exécution.

GOTHIQUE. On a donné le nom de *gothique* au style architectural qui succède au style roman et qui a l'ogive pour principe fondamental (V. OGIVAL). L'origine de ce style est un des problèmes les plus débattus de l'histoire de l'art; la France, l'Allemagne, l'Angleterre, se sont disputé cette invention, mais ce qu'il y a de certain, c'est que jamais les Goths n'ont réclamé la priorité de l'emploie de l'ogive. C'est à leur réputation d'habileté comme architectes et comme constructeurs, qu'ils doivent sans doute d'avoir bénéficié d'une gloire qui n'a été attribuée à aucun de ceux qui y avaient de véritables droits.

GOUACHE. Procédé de peinture au moyen de couleurs en poudre détrempées à l'état de pâte avec de l'eau gommée additionnée de miel et parfois de colle de peau. On peut peindre à la gouache sur toute espèce de supports, papier, bois, toile, soie, satin, velours, ivoire, etc.; de là une multitude d'applications diverses dans les arts décoratifs. L'avantage de la gouache est de se prêter à une grande rapidité d'exécution, de fournir des colorations mates, d'une extrême fraîcheur et d'offrir, dans chaque gamme de couleurs, une variété de nuances considérable, d'une intensité beaucoup plus vigoureuse que dans l'aquarelle, se dégradant à l'infini jusqu'au blanc pur.

GOUDRON. Lorsqu'on soumet à la distillation sèche, c'est-à-dire lorsqu'on chauffe à l'abri du contact de l'air des corps organiques, comme les combustibles naturels (bois, tourbe, lignite, houille, schistes bitumineux), on obtient trois produits différents : 1° un résidu charbonneux (charbon, coke); 2° des gaz permanents (acide carbonique, oxyde de carbone, hydrogène, hydrogène sulfuré, azote, méthane, éthylène, acétylène, etc.) et 3° des vapeurs et des gaz condensables; en se condensant, ces gaz et ces vapeurs donnent naissance à un liquide qui, abandonné à lui-même,

se sépare presque toujours en deux couches : une couche aqueuse retenant en dissolution certains éléments de la partie condensable (acide acétique, alcool méthylique, ammoniaque, etc.), et une couche visqueuse ou huileuse contenant les éléments insolubles dans l'eau et qui constitue le produit auquel on donne le nom de *goudron.*

Tous les goudrons, quelle que soit leur origine, sont des liquides de couleur foncée, souvent noire, plus ou moins lourds que l'eau, d'une odeur forte et aromatique, inflammables et brûlant avec une flamme fuligineuse. Au point de vue chimique, les goudrons présentent des différences très grandes suivant la nature de la matière dont ils dérivent. Les goudrons de tourbe, de lignite et des schistes bitumineux renferment surtout des hydrocarbures de la série grasse, le goudron de bois des phénols et de leurs dérivés, et le goudron de houille des hydrocarbures de la série aromatique. Mais, outre ces éléments, on rencontre toujours une grande quantité d'autres corps, dont la nature varie, non seulement avec l'espèce du combustible, mais encore pour les mêmes sortes de combustibles, avec la température à laquelle a été effectuée la distillation, avec la rapidité de l'opération et même aussi avec la forme de l'appareil distillatoire. C'est pour cela que les goudrons sont toujours des mélanges extrêmement complexes, dont l'étude, à cause des très grandes difficultés qu'elle présente, restera encore longtemps incomplète. Toutefois, nous devons dire que les recherches effectuées dans ces dernières années, en agrandissant le champ des connaissances relatives à ces produits, ont permis d'en retirer les plus grands avantages, de sorte que le goudron de houille, par exemple, qui était autrefois le résidu le plus embarrassant de la fabrication du gaz d'éclairage, constitue actuellement le point de départ d'une industrie des plus florissantes (l'industrie des matières colorantes artificielles). — V. COLORANTES (Matières).

Goudron de bois (*goudron végétal, poix liquide*). Le goudron de bois prend naissance dans la fabrication de l'acide pyroligneux ou vinaigre de bois, du gaz d'éclairage au bois et du charbon de bois; il n'est alors qu'un produit secondaire, mais il devient produit principal dans la distillation des bois résineux, dont le but unique est, en effet, presque toujours l'obtention du goudron. Cette opération est effectuée par la méthode des meules ou dans des appareils (appareils suédois) disposés spécialement pour cet usage.

Méthode des meules. En Russie, on construit la meule avec des troncs d'arbres résineux ou des souches d'arbres morts et pourris, débités en bûches de 10 à 12 centimètres de grosseur; l'aire de la meule est en forme d'entonnoir et munie d'un trou en son milieu (fig. 304); sa surface est revêtue d'argile et garnie de bardeaux; le goudron coule sur cette surface, au centre de laquelle il se rassemble pour tomber ensuite par un tuyau dans un vase renfermé dans une cavité inférieure. Le bois est disposé en six ou huit couches verticales superposées, puis recouvert avec de la paille, du fourrage ou du fumier, et ensuite avec une couche de sable ou de terre, épaisse de 8 à 10 centimètres. La meule étant construite, on allume le feu à sa base par 40 ou 50 ouvertures, et on bouche celles-ci avec du sable dès que le feu s'est propagé de bas en haut. Au bout de six jours environ, pendant lesquels on s'occupe activement de garnir les creux, on étouffe la flamme produite par le gaz et l'essence de térébenthine, et l'on continue à entretenir la chemise en bon état. Après une période de dix à douze jours, on peut commencer à laisser couler le goudron, et l'on continue à le recueillir chaque matin Ce travail dure de trois à quatre semaines. On obtient ainsi avec 100 parties de bois 17,6 parties de goudron et seulement 23,3 parties de charbon. En Russie, où le bois ne coûte que la main-d'œuvre pour l'abattre, la production du goudron est une source importante de revenus; à Kremenczuk, on fabrique annuellement 25 à 30,000 barriques représentant une valeur de deux millions et demi à trois millions de francs; à Szitomar et à Berdiczew, on en produit à peu près autant.

Dans les landes de Bordeaux, on emploie sur une grande échelle la partie inférieure des sapins qui ont été ouverts pour récolter la résine. L'aire de la meule, établie à une certaine hauteur au-dessus du sol, est disposée exactement comme celle des meules russes, avec un tuyau muni d'un bouchon pour l'écoulement du goudron et un réservoir pour recueillir ce dernier. Le cœur de la meule est fait avec des bois placés verticalement et l'extérieur avec des pièces horizontales; le tout est recouvert d'une chemise en fraisil. Au bout de 60

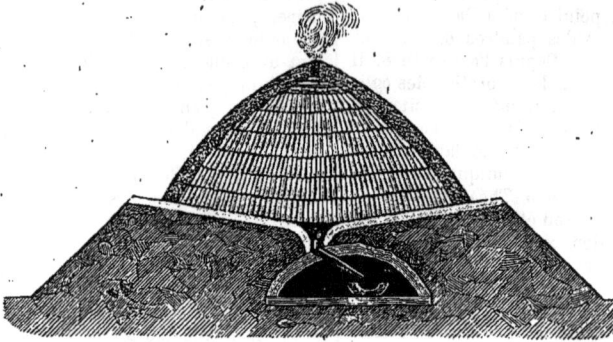

Fig. 304. — *Meule russe pour la fabrication du goudron.*

à 70 heures, lorsque le goudron qui s'est rassemblé dans la concavité de la sole a acquis une teinte brune, on le fait écouler trois ou quatre fois en 24 heures, en débouchant le tuyau qui aboutit au réservoir. Lorsqu'il ne se produit plus de goudron, on active le feu pour hâter la carbonisation du bois. Avec 7,500 kilogrammes de bois, on obtient 10 barriques de goudron de 150 kilogrammes chacune, soit 20 0/0 du poids du bois. La méthode

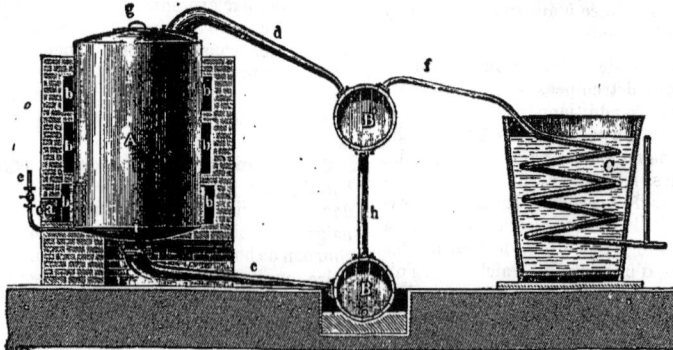

Fig. 305. — *Appareil suédois pour la fabrication du goudron.*

des meules est également appliquée dans la Basse-Autriche et en Bohème.

Appareils suédois. Ces appareils, qui sont analogues à ceux dont on se sert pour la distillation du bois en vue de la fabrication de l'acide pyroligneux (V. ACIDE ACÉTIQUE), doivent, à tous les points de vue, être préférés aux meules. La figure 305 représente un de ces appareils. La chaudière est en tôle forte et d'une capacité de 8 mètres cubes environ: on la remplit complètement, par le trou d'homme g, de morceaux de bois coupés de dimension et posés debout, puis on allume le feu en a; les gaz de la combustion, en circulant dans les carnaux b b, entourent la chaudière et la chauffent. Pour porter rapidement le bois à distiller à la température de 100°, on introduit par le tube e, dans la chaudière, un courant de vapeur. Le goudron liquide qui se rassemble dans la chaudière coule par le tube c dans le récipient B, tandis que les vapeurs du goudron passent par d dans le réfrigérant B', où une partie se condense et revient en B par le tuyau h; le reste se rend par f dáns le serpentin C. Les gaz non condensables sont ramenés sous la chaudière et brûlés. On obtient ainsi environ 14 0/0 de goudron avec les tiges de pins préalablement séchées à l'air, et 10 à 20 0/0 avec les racines; on recueille, en outre, au commencement de la distillation, de l'essence de térébenthine et de l'acide pyroligneux. Dans le procédé de Thomas et Laurens, également très avantageux, la distillation du bois est effectuée par la vapeur d'eau surchauffée à 300°.

Le *goudron de bouleau*, préparé en Russie, et notamment dans le gouvernement de Kostroma, est obtenu par distillation de l'écorce extérieure blanche du bouleau dans des appareils formés de simples caisses en tôle, communiquant avec un tonneau en bois servant de condensateur. L'écorce est enlevée en mai à l'arbre préalablement abattu et on la laisse empilée dans la forêt jusqu'en décembre, époque à laquelle commence la distillation.

Propriétés et composition du goudron de bois. Le goudron de bois de pin, préparé d'après les méthodes qui viennent d'être décrites, est une substance demi-liquide, brun foncé ou noirâtre; il a une odeur particulière, forte et tenace et une saveur âcre; sa densité varie entre 1,075 et 1,160, mais à une température élevée il est plus léger que l'eau. Il a une réaction *acide*. Il bout à 87° et s'enflamme à 105°, en brûlant avec une flamme fuligineuse, de laquelle s'échappent des petites bulles enflammées. Il se mêle facilement avec l'alcool, l'acide acétique, l'éther, le chloroforme, la benzine, les huiles grasses et volatiles; il se dissout dans les alcalis caustiques, mais il est insoluble dans l'eau, à laquelle il cède cependant par agitation différents produits en lui communiquant une teinte jaunâtre, sa saveur, son odeur et sa réaction acide. Certains goudrons offrent un aspect granuleux dû à des cristaux microscopiques de pyrocatéchine disséminés dans leur masse.

Le goudron de bois est un mélange d'un grand nombre de corps différents; on y trouve de l'acide pyroligneux, de l'acétone, de l'alcool méthylique, du toluène, de la benzine, du styrolène, de la naphtaline, de la paraffine, du rétène, des phénols (acides phénique, crésylique et phlorylique), de la pyrocatéchine ou acide oxyphénique, de la créosote, ainsi que du carbone et des corps moins bien connus, tels que le capnomor, l'eupione, l'assamar, etc. Le *goudron de bois de hêtre* renferme une grande quantité de créosote, pour l'extraction de laquelle il est surtout fabriqué. — V. Créosote.

Soumis à la distillation, le goudron de bois fournit d'abord de l'eau contenant de l'acide acétique et différents alcaloïdes, il passe ensuite une huile plus légère que l'eau, puis une huile plus lourde et il reste un résidu désigné sous le nom de *brai*. La quantité de ces différents éléments varie avec la provenance du goudron, comme le montrent les analyses suivantes, effectuées par Thénius:

Goudrons provenant de la carbonisation du bois de l'Autriche méridionale (a) *et de la Bohême* (b); *goudrons provenant de la distillation du bois de Linz* (c) *et de Salzbourg* (d).

| | 1 | | 2 | |
	a	b	c	d
	p. 100	p. 100	p. 100	p. 100
Eau acide	20	10	7	20
Huile légère	10	5	11	10
Huile lourde	15	15	20	15
Brai	50	65	60	45
Pertes	5	5	2	10

Le *goudron des fabriques de gaz au bois*, qui est produit à une très haute température, offre une couleur beaucoup plus foncée que celui des meules ou des fabriques d'acide pyroligneux; il est plus fluide, il a une odeur analogue à celle du goudron de houille et renferme beaucoup de phénol proprement dit, tandis que dans les autres goudrons on trouve surtout du créosol et du gaïacol et, à la place de naphtaline, de la paraffine.

Le *goudron de bouleau* pur est vert; suivant Louguinine, il ne contient ni acides, ni alcaloïdes, ni hydrocarbures de la série benzénique, mais on y trouve une grande quantité de pyrocatéchine. Soumis à la distillation, il donne une huile légère (essence ou huile de bouleau) contenant 1/15 environ d'un phénol particulier (phénol de bouleau) et une grande quantité de térébène; cette huile est employée dans la préparation du cuir de Russie, et c'est le phénol qu'elle renferme qui communique à ce cuir son odeur aromatique. Le *goudron de genévrier*, désigné sous le nom d'*huile de cade*, est fabriqué surtout aux environs d'Alais, par distillation sèche du tronc, des grosses branches et des racines de l'oxycèdre ou cade (*juniperus oxycedrus*); c'est un liquide brunâtre, ayant la consistance d'une huile épaisse, d'une odeur forte et désagréable et d'une saveur âcre et caustique.

Usages du goudron de bois. Les goudrons de bois résineux fabriqués en Suède et en Norvège, en Russie, en Écosse et au Canada, sont les plus estimés; toutefois, celui que l'on prépare dans les landes de Bordeaux, est de tout aussi bonne qualité, aussi, a-t-on l'habitude, pour le faire mieux accepter des consommateurs, de l'expédier dans des tonneaux (appelés *gounes*) semblables à ceux que l'on emploie pour les produits du Nord et de même contenance. La marine utilise des quantités considérables de goudron de bois pour le calfatage des navires, pour enduire les cordages, les voiles et les mâts; le goudron qui sert pour le calfatage est mélangé avec du brai gras ou de la résine, et le produit ainsi obtenu est désigné sous le nom de *poix navale* ou *poix végétale*. La médecine humaine et vétérinaire fait également usage du goudron dans les affections pulmonaires et cutanées. Le *goudron, produit secondaire de la préparation de l'acide pyroligneux*, ne convient pas pour les usages qui viennent d'être indiqués; on le soumet ordinairement à une distillation fractionnée, qui fournit deux ou trois groupes de corps, que l'on recueille à part pour les employer à la préparation de la créosote et de l'acide phénique.

Goudron de houille (*coaltar, goudron de gaz*). Le goudron de houille est, presque toujours, le produit secondaire de la fabrication du gaz d'éclairage ; il est quelquefois recueilli dans la carbonisation de la houille en fours, en vue de la production du coke métallurgique, mais, actuellement du moins, il n'est jamais fabriqué directement, c'est-à-dire comme produit principal.

HISTORIQUE ET STATISTIQUE. Dans une patente anglaise, datée du 12 août 1681, il est question de l'emploi de la houille pour la préparation du goudron. En 1737, Clayton donna quelques indications sur la nature des produits de la distillation des houilles et, en 1786, Lebon attira de nouveau l'attention sur ces produits et sur le parti qu'on peut en tirer pour la conservation des bois. Après la découverte du gaz d'éclairage, le goudron de houille resta, malgré cela, pendant longtemps sans beaucoup attirer l'attention des industriels et des chimistes ; une petite quantité était bien brûlée à l'état brut ou employée pour enduire le bois et les métaux, mais la majeure partie était encore pour les usines à gaz un résidu embarrassant. En 1822, Bethell et Dalston érigèrent à Leith la première usine pour la distillation du goudron ; le produit volatil ou naphte était employé par Mackintosh pour dissoudre le caoutchouc et on brûlait le résidu pour obtenir du noir de fumée. Bientôt après, l'huile légère fut aussi employée pour l'éclairage et, en 1838, Bethell se servait de l'huile lourde pour l'imprégnation du bois. A partir de ce moment, la distillation du goudron de houille commença à devenir une opération industrielle et pénétra ainsi sur le continent : en 1846, Brönner, en Allemagne, distilla le goudron de houille pour en extraire l'huile légère, de la créosote et l'huile lourde. En 1845, A. W. Hoffmann découvrit la présence du benzol dans les huiles légères de goudron ; deux ans plus tard, Mansfield fit connaître la composition exacte de ces huiles, ainsi qu'une méthode de préparation du benzol à l'état pur et en grand, et il montra que les huiles les plus légères constituaient d'excellentes matières éclairantes. La préparation de l'essence d'amandes amères artificielle ou essence de mirbane avec le benzol, suivit de très près la fabrication industrielle de ce dernier. Malgré ces découvertes et l'augmentation rapide de la production du goudron, ce produit resta encore quelques années sans acquérir beaucoup d'importance. Mais à partir de 1856, sa distillation prit un développement subit, par suite de la découverte des couleurs d'aniline (V. ce mot), dont le point de départ, le benzol, est extrait exclusivement du goudron de houille. Plus tard, les corps volatils plus lourds, comme l'*acide phénique*, la *naphtaline* et l'*anthracène* (V. ces mots) furent aussi extraits du goudron et employés à la préparation des matières colorantes, de sorte qu'actuellement le traitement de ce produit constitue une branche d'industrie dont l'avenir est tout à fait assuré.

La production annuelle du goudron de houille en Europe, est évaluée par Wurtz à 160,000 ou 175,000 tonnes et par Dehaynin 225,000 (V. BENZINE). Mais d'après Weyl, la production du goudron serait beaucoup plus considérable, il estime qu'elle s'élève pour toute l'Europe à 350,000 tonnes (1880), dont plus de la moitié serait fournie par l'Angleterre. Mills évalue à un chiffre encore plus élevé la production du goudron ; elle serait égale, suivant lui, à 450,000 tonnes pour l'Angleterre, à 50,000 pour la France, à 15,000 pour la Belgique, à 7,500 pour la Hollande. L'Allemagne distillerait chaque année 37,500 tonnes de goudron et les usines à gaz de Berlin en produiraient à elles seules 15,000 tonnes.

La majeure partie du goudron de houille est, avons-nous dit, le produit secondaire de la fabrication du gaz d'éclairage. Les éléments du goudron se dégagent des cornues à l'état de vapeurs en même temps que le gaz et viennent se condenser avec l'eau ammoniacale, dans le barillet, les condenseurs et le laveur. — V. GAZ D'ÉCLAIRAGE.

La quantité de goudron fournie par la houille varie avec la température à laquelle a lieu la distillation ; ainsi lorsque celle-ci est effectuée à une température graduellement croissante, on obtient beaucoup plus de goudron que lorsque la houille est soumise à une distillation brusque. Le rendement des houilles en goudron peut être évalué en moyenne de 5 à 6 0/0 de leur poids. Les houilles de Saint-Étienne ne donnent que 4 0/0 d'un goudron pauvre en huiles légères, celles d'Anzin et de Mons 6.73 0/0 et certaines houilles de la Prusse jusqu'à 7 0/0.

Propriétés et composition du goudron de houille. Le goudron de houille est un liquide noir, visqueux, plus ou moins épais, d'une odeur empyreumatique pénétrante et dont le poids spécifique oscille le plus souvent entre 1,2 et 1,15. On admet généralement qu'un goudron a d'autant plus de valeur que son poids spécifique est moins élevé (en supposant toutefois qu'il provient de houilles pures).

Considéré au point de vue chimique, le goudron de houille est constitué par le mélange d'une foule de corps très différents. On y trouve à la fois, outre une certaine quantité de carbone libre très divisé, des acides, des alcalis, des corps neutres (hydrocarbures des différentes séries). Comme l'énumération complète de tous les corps de ces différents groupes nous entraînerait trop loin, nous nous contenterons de mentionner parmi les corps neutres ou les hydrocarbures : la benzine, le toluène, le xylène, le cumène, la naphtaline, l'anthracène, la paraffine, l'acénaphtène, etc. ; parmi les acides : l'acide phénique, l'acide rosolique, l'acide acétique, etc., et parmi les corps basiques : l'aniline, l'ammoniaque, la leucoline, etc. De tous ces corps, les plus importants, sont la benzine et ses homologues ; puis l'acide phénique, l'anthracène et la naphtaline.

Lorsqu'on soumet le goudron de houille à la distillation fractionnée, il passe d'abord de l'eau ammoniacale, puis les différents hydrocarbures mélangés entre eux et tenant en dissolution les corps basiques et acides avec lesquels ils se trouvaient primitivement dans le goudron, et il reste finalement un résidu qui prend le nom de *brai*. Suivant la température à laquelle les différentes fractions sont recueillies, on les désigne sous les noms d'*huiles légères*, d'*huiles lourdes* et d'*huiles à anthracène*. Suivant la nature de la houille qui a été soumise à la distillation et aussi suivant la manière dont cette opération a été conduite, les goudrons fournissent des proportions variables des différentes huiles, dans lesquelles les corps énumérés précédemment se trouvent eux-mêmes en quantité plus ou moins grande. 100 kilogrammes de goudron donnent en moyenne :

Huile légère	1.80 à 2.00	kilogr.
Huile lourde	24.00 à 26.00	—
Huile à anthracène	0.95 à 1.00	—
Brai	66.00 à 65.00	—
Perte (eau, etc.)	7.26 à 6.00	—

(Cette analyse se rapporte à un goudron pauvre en huile légère ; la proportion de celle-ci est généralement plus élevée : 4 à 5 0/0). Le goudron provenant de l'épuration du gaz·au moyen de l'appareil Pelouze et Audouin (V. GAZ D'ÉCLAIRAGE) est beaucoup plus léger que le goudron ordinaire et il contient jusqu'à 20 0/0 d'huiles légères. Le goudron, produit secondaire de la fabrication du coke métallurgique renferme moins de benzine et d'acide phénique que le goudron de gaz, mais plus de toluène et de phénols supérieurs.

Usages du goudron. de houille. A l'état brut le goudron de houille est employé à de nombreux usages : pour la conservation des matériaux de construction (pierres, bois, fer), pour la fabrication de carton pour toiture, pour la préparation du noir de fumée, de l'encre d'imprimerie, comme désinfectant (mélangé avec de la chaux éteinte ou du plâtre, ou sous forme d'émulsion), etc. Mais ces différents emplois ne consomment qu'une très faible quantité de goudron ; la majeure partie de ce produit est soumise à la distillation en vue de la séparation des différents éléments.

DISTILLATION DU GOUDRON DE HOUILLE. Avant d'être soumis à la distillation, le goudron doit être déshydraté, c'est-à-dire séparé de l'eau ammoniacale qui s'y trouve toujours mélangée, parce que la présence de ce liquide offre le grave inconvénient de produire dans la masse que l'on chauffe, un boursouflement considérable. Pour opérer la *déshydratation*, on abandonne le goudron à lui-même à un long repos dans de grands réservoirs en tôle ou en maçonnerie. L'eau ammoniacale, étant plus légère que le goudron, se rassemble peu à peu à la surface de ce dernier, et on peut alors l'enlever à l'aide d'une pompe ou à un puisant. On dispose quelquefois dans les réservoirs un serpentin à vapeur, permettant de chauffer le goudron, afin de le rendre plus fluide et de faciliter la séparation de l'eau.

La distillation du goudron déshydraté est effectuée dans des chaudières en fonte ou mieux en tôle forte, qui présentent des formes assez différentes ; les unes sont cylindriques et plates, c'est-à-dire avec un diamètre plus grand que leur hauteur, et le fond est plat ou bombé en dedans ; les autres, également cylindriques et verticales, sont au contraire plus hautes que larges, avec fond et couvercle bombés ; elles peuvent, enfin, être en forme de cylindres horizontaux, le fond étant plat ou au contraire bombé en dedans ; c'est cette dernière forme qu'emploie la Compagnie Parisienne du gaz. La capacité de ces différentes chaudières dépend de l'importance des fabriques ; les plus petites peuvent contenir 200 kilogrammes de goudron, les plus grandes jusqu'à 25 ou 30,000 kilogrammes.

Les figures 306 et 307 représentent une chaudière cylindrique et verticale en tôle comme celles dont on se sert dans les usines anglaises. Le couvercle est bombé en forme de dôme et le fond concave *a* comme le rayon de courbure celui de la convexité supérieure. Le chapiteau *a* est en fonte et il s'adapte sur une ouverture circulaire du couvercle au moyen d'un collet ; *b* est le trou

d'homme qui sert pour le nettoyage de la chaudière, son couvercle est maintenu au moyen d'un étrier à vis et les joints sont bouchés avec de l'argile humide ; *c* est un tuyau en communication avec le réservoir à goudron et par lequel s'effec-

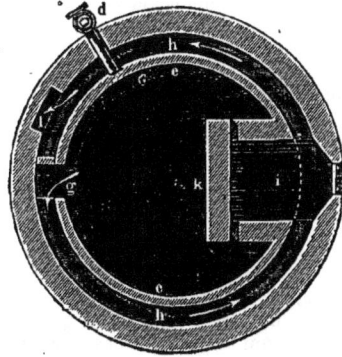

Fig. 306. — *Chaudière pour la distillation du goudron de houille (section transversale au niveau de la grille).*

tue le remplissage de l'appareil ; lorsque celui-ci est plein, on ferme ce tuyau, qui est muni à cet effet d'un robinet. Dans le dôme se trouve une autre ouverture, qui pendant le remplissage sert à introduire une petite baguette, afin de s'assurer

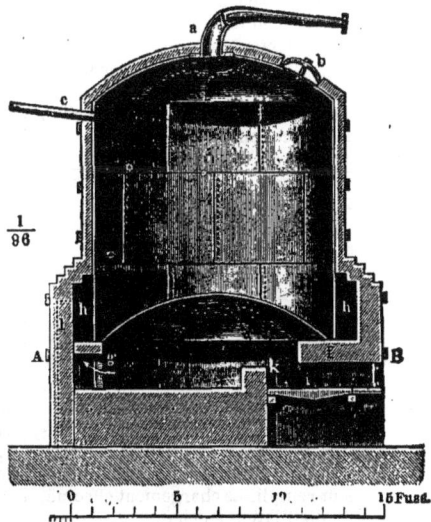

Fig. 307. — *Chaudière pour la distillation du goudron de houille (section verticale).*

du niveau du liquide ; on peut aussi dans le même but, adapter un peu au-dessous du tuyau c un petit robinet, par lequel le goudron s'écoule lorsque la chaudière est suffisamment remplie et que l'on ferme lorsque le liquide est arrivé à ce point. Tout près du fond de la chaudière se trouve le tuyau de vidange *d*, qui traverse la maçonnerie ; il sert à évacuer le brai, une fois la distillation terminée; *i* est la grille et *k* le pont de chauffe. La chaudière est préservée contre l'action trop énergique du feu, au moyen d'une voûte en maçonnerie, qui occupe environ les trois quarts de l'espace situé au-dessus de la grille (cette voûte est supprimée dans la figure). La flamme passe au-dessus du pont *k* et se dirige vers l'ouverture *g*, située vis-à-vis, de là elle pénètre dans l'espace annulaire *h* qui se trouve un peu plus haut, elle contourne toute la chaudière et elle arrive ainsi en *i* dans un canal, qui d'abord se dirige verticalement en bas, puis horizontalement et communique enfin avec la cheminée principale. La chaudière repose sur un mur circulaire *e*, qui n'est interrompu qu'au-dessus de la grille et vis-à-vis celle-ci en *g*, en *f* par la voûte protectrice, en *g* par une petite arcade pour le passage des gaz du foyer; elle est, en outre, entourée de tous les côtés par une maçonnerie légère, qui la protège contre le refroidissement extérieur. Les chaudières à goudron sont quelquefois munies d'une soupape de sûreté, d'un thermomètre et d'un système de tubes permettant d'introduire vers la fin de la distillation de la vapeur surchauffée au milieu du goudron, comme cela se pratique maintenant dans un grand nombre de fabriques, afin d'entraîner plus rapidement les vapeurs des hydrocarbures lourds.

Les *réfrigérants*, qui servent à condenser les vapeurs dégagées du goudron, sont ordinairement formés de tuyaux en fer ou en fonte superposés, réunis entre eux au moyen de pièces coudées et placés dans une caisse en tôle contenant de l'eau. Il est convenable d'adapter sur le tuyau supérieur un tube à vapeur, afin de pouvoir nettoyer tout le système par une injection de vapeur, et l'eau de la caisse doit souvent être chauffée au moyen d'un jet de vapeur, dans le cas où les tuyaux viendraient à se boucher par suite de la solidification des produits distillés ou entraînés par le boursouflement du goudron. Enfin, le réfrigérant doit être muni près de son orifice d'écoulement d'un tube vertical s'élevant au-dessus du toit de l'atelier, de façon à évacuer au dehors les vapeurs non condensées et les gaz permanents, qui se dégagent au commencement de la distillation.

On se sert pour recevoir les produits de la distillation, de *récipients* en tôle ayant la forme de caisses ou de cylindres et dont le nombre est égal à celui des fractions que l'on doit recueillir.

Pour charger les cornues, on y refoule le goudron directement à l'aide d'une pompe ou bien on l'y fait couler d'un réservoir supérieur, qui a été préalablement rempli. Le chargement effectué, on commence la distillation en chauffant d'abord doucement afin d'éviter une ébullition trop vive, qui entraînerait le boursouflement de la masse. Il passe d'abord, jusqu'à 105 ou 110°, de l'eau chargée d'ammoniaque et les hydrocarbures les plus légers; ce premier produit est recueilli à part et désigné sous le nom d'*essence de naphte*. Dès qu'il ne coule plus d'eau, on change le récipient, on chauffe un peu plus fort et on recueille, sous le nom d'*huiles légères*, ce qui distille jus-

qu'à 210°; on recueille souvent séparément les produits qui passent avant 150 ou 160° et ceux qui distillent de 160 à 210°; les premiers sont appelés *essences légères*, les seconds *huiles moyennes*. A partir de 210°, il n'est plus nécessaire de refroidir aussi fortement qu'au commencement de la distillation, et il faut même avoir soin d'élever la température de l'eau du réfrigérant, parce que la naphtaline qui passe à cette période de l'opération pourrait se solidifier et obstruer le tube réfrigérant. Les huiles qui distillent alors sont désignées sous le nom d'*huiles lourdes*; c'est le produit le plus abondant; on en retire facilement 20 à 25 0/0 du poids du goudron, tandis que la proportion des huiles légères ne dépasse pas 5 à 6 0/0.

Enfin, les huiles qui passent à partir de 270° jusqu'à 350 ou 400°, présentent après leur refroidissement une consistance butyreuse et une couleur verdâtre (qui a fait donner à ce produit le nom de *graisse verte*); ce sont les *huiles à anthracène*. A 400°, la distillation est terminée; on éteint alors le feu, on laisse un peu refroidir la chaudière et l'on évacue le résidu encore fluide par le tuyau de vidange, qui le conduit directement dans une sorte de chambre en maçonnerie voûtée parfaitement close; après avoir séjourné de 10 à 12 heures dans cette chambre, sa température s'étant abaissée à 120°, on le fait écouler dans des réservoirs en maçonnerie peu profonds, où il se solidifie complètement au bout de 8 à 10 jours.

TRAITEMENT DES PRODUITS DE LA DISTILLATION DU GOUDRON. *Essence de naphte, huiles légères et huiles moyennes.* On distille les deux tiers des huiles légères et de l'essence de naphte et on réunit le reste aux huiles moyennes; aux deux tiers des huiles légères et de l'essence de naphte qui ont passé à la distillation, on ajoute les produits de même nature qui ont été fournis jusqu'à 120° par la distillation des huiles moyennes. Le mélange de ces différents produits, préalablement débarrassés des alcaloïdes et des phénols, au moyen de traitements successifs par l'acide sulfurique et la soude caustique, est soumis à une nouvelle rectification en vue de l'obtention de la *benzine*. — V. ce mot.

Huiles lourdes. Les huiles lourdes ont une couleur vert-jaune clair, elles sont fortement fluorescentes, grasses au toucher; elles ont une odeur très désagréable et leur densité est toujours plus élevée que celle de l'eau; elles se composent essentiellement d'hydrocarbures, mais elles renferment aussi des phénols, de l'aniline, etc. Les huiles lourdes sont d'abord traitées, comme les huiles légères, par l'acide sulfurique et par la soude. Les lessives alcalines provenant de ce dernier traitement servent comme celles obtenues précédemment pour la préparation de l'acide phénique. Après cette épuration, les huiles sont soumises à la distillation fractionnée. On réunit aux produits similaires des opérations précédentes, tout ce qui passe au-dessous de 200°. Au delà de cette température, les hydrocarbures qui passent sont riches en naphtaline qui distille principalement entre 215 et 230°; on recueille ces produits à part, pour les employer à la préparation de la *naphtaline* (V. ce mot). On change le récipient lorsque l'huile qui passe ne contient plus de naphtaline, c'est-à-dire lorsqu'elle ne se solidifie plus par le refroidissement. On recueille alors des produits liquides, qui sont principalement employés comme huiles de graissage. En continuant la distillation, on obtient des huiles qui, par le refroidissement, se solidifient en une masse butyreuse de couleur jaune-verdâtre ; cette portion qui passe entre 270° et 320°, est réunie aux huiles à anthracène. A l'état brut, l'huile lourde est employée (sous le nom de *créosote de houille*) pour la conservation du bois et des cordages, pour ramollir le brai sec, pour préparer des vernis noirs avec le brai, pour délayer les couleurs à bon marché, pour fabriquer du noir de fumée, pour carburer le gaz d'éclairage, pour le chauffage et l'éclairage ; elle entre dans la composition de mélanges employés pour le graissage des machines et après l'avoir rectifiée, on la livre ainsi au commerce sous le nom d'*huile sidérale*.

Huiles à anthracène. Les huiles qui tiennent en suspension de la naphtaline, de l'anthracène et quelques autres hydrocarbures solides sont d'abord liquéfiées par chauffage à la vapeur, afin que la petite quantité d'eau qu'elles renferment puisse se rassembler à la surface et être enlevée. Elles sont ensuite abandonnées pendant quelque temps à elles-mêmes dans un endroit frais, où elles se prennent en une masse pâteuse, que l'on turbine afin d'enlever la majeure partie des matières huileuses. On expulse le reste d'abord à froid, à l'aide d'un filtre-presse et ensuite à chaud (40° à 50°) au moyen d'une presse hydraulique. On obtient ainsi des tourteaux, qui constituent l'*anthracène brut*, dans lesquels il peut y avoir jusqu'à 60 0/0 d'anthracène, lorsque les huiles employées sont riches en cet hydrocarbure. Les huiles lourdes séparées par pression à chaud retiennent une certaine quantité d'anthracène, que l'on peut en séparer par le filtre-presse, après les avoir abandonnées au repos. — V. ANTHRACÈNE.

Brai. Suivant la manière dont la distillation du goudron de houille est conduite, on obtient un résidu ou *brai* plus ou moins consistant. Si l'on ne distille que l'huile légère, il reste du *brai liquide* ou *asphalte* qui contient encore toute l'huile lourde ; on a du *brai gras* ne renfermant plus qu'une portion de l'huile lourde, lorsqu'on interrompt la distillation avant le passage de l'anthracène et enfin du *brai sec*, lorsqu'on pousse la distillation jusqu'à 350 ou 400°. Le brai gras se ramollit à 40° et fond à 60°, tandis que le brai sec ne se ramollit qu'à 100° et ne fond qu'à 150 ou 200°. Le brai liquide est employé, mélangé avec du sable, de la cendre, etc., comme succédané de l'asphalte naturel, pour recouvrir les trottoirs, pour isoler les fondations des murailles afin de les préserver de l'humidité du sol, pour préparer des mastics hydrofuges, etc. ; on s'en sert aussi pour fabriquer des tuyaux de conduite pour les eaux (tuyaux en papier imprégnés de brai), du papier d'asphalte destiné à remplacer le papier ciré, etc. Depuis que l'anthracène est devenu le produit le plus précieux de la distillation du goudron, on pousse presque

partout l'opération jusqu'à la fin, en vue de l'extraction de cet hydrocarbure et par suite le brai obtenu est maintenant presque toujours du brai sec. Ce brai est surtout employé pour la fabrication des briquettes après qu'on l'a transformé en brai gras ou *revivifié* en le mélangeant avec de l'huile lourde. On s'en sert, en outre, pour préparer du noir de fumée, comme agent de réduction, par exemple dans la préparation du sulfure de baryum et dans la fabrication de l'acier cémenté. En mélangeant le brai dans la cornue à distillation avec beaucoup d'huile lourde, on obtient le produit désigné sous le nom de *goudron préparé*, qui revient à un prix beaucoup moins élevé que le goudron brut et qui convient beaucoup mieux que ce dernier pour faire des enduits, pour préparer le carton pour toiture, etc. ; il pénètre plus profondément, sèche plus rapidement et donne un bel enduit brillant ; il est livré au commerce comme succédané du goudron de bois sous le nom de *goudron de Stockolm artificiel*. En dissolvant du brai dans de l'huile légère, du naphte ou de l'éther de pétrole, on obtient un vernis qui sèche encore plus rapidement. Mais comme tous ces emplois sont loin de consommer toute la quantité de brai produite, on a songé à soumettre ce dernier à une nouvelle distillation, afin d'en retirer l'anthracène qu'il renferme encore en assez grande quantité. Pour *distiller le brai*, on se sert de moufles en briques réfractaires ou de cornues en fonte ; on obtient ainsi, d'abord des huiles riches en anthracène, que l'on recueille à part, puis des huiles très grasses que l'on emploie pour le graissage, et un produit sublimé jaune rouge ; si l'on élève la température jusqu'au rouge, il reste finalement du coke (*coke de brai*) d'excellente qualité.

Goudrons de lignite, de tourbe, de schistes et de boghead. Ces différents goudrons sont ordinairement préparés en vue de l'extraction de la paraffine et des huiles minérales.

La préparation du *goudron de lignite* a lieu surtout en Allemagne ; on emploie, dans ce but, les lignites du district de Mersebourg (Halle, Zeitz, Weissenfels) et de la Saxe (Borna), qui fournissent les goudrons les plus riches en paraffine et en huiles minérales. La distillation de ces charbons, autrefois effectuée dans des fours, est maintenant pratiquée dans des cornues en fonte horizontales ou verticales. Les premières consistent en cylindres de 2,5 à 3 mètres de longueur, à section elliptique, disposées les unes à côté des autres dans un fourneau en maçonnerie et chauffées avec du lignite. Les gaz et les vapeurs se dégagent par un tuyau adapté à l'extrémité postérieure de la cornue, et la distillation terminée, il reste comme résidu un charbon pulvérulent, riche en cendre, qui est quelquefois employé comme combustible. Les cornues verticales ont environ 3 à 3m,5 de hauteur ; elles sont établies dans un fourneau, de façon qu'elles soient en dehors de ce dernier inférieurement et supérieurement ; elles sont, en outre, munies de dispositifs permettant un travail continu, c'est-à-dire de verser par la partie supérieure sans interrompre l'opération, une quantité de matière égale à celle que l'on a retirée inférieurement. Les vapeurs et les gaz se dégagent par un tuyau latéral. Afin de régler sûrement la température, qui exerce une grande influence sur la marche de la distillation, la nature et la quantité des produits, on injecte quelquefois dans les cornues de la vapeur d'eau surchauffée, et alors on diminue ou même on supprime le chauffage extérieur; le rendement en goudron est ainsi beaucoup augmenté.

Les gaz et les vapeurs qui se dégagent des cornues sont condensés dans de longs tubes simplement refroidis par l'air ambiant, ou bien dans des tuyaux à double surface refroidissante. Du condensateur, le goudron et l'eau coulent dans des bassins et sont séparés l'un de l'autre au moyen d'un dispositif analogue au récipient florentin. Les gaz non condensables sont dirigés dans une cheminée ou brûlés sous les cornues.

Les *goudrons de tourbe*, de *schiste* et de *boghead* sont obtenus à l'aide d'appareils analogues.

Le rendement en goudron dépend de la température à laquelle est effectuée la distillation; à une température relativement basse, on obtient une plus grande quantité de goudron et alors celui-ci est spécifiquement plus léger et plus riche en paraffine qu'à une plus haute température. Les lignites de la Saxe fournissent de 5 à 10 0/0 de goudron, la tourbe de 5 à 8 0/0, le boghead d'Écosse 34 0/0, les schistes de 5 à 25 0/0.

Le goudron de lignite se présente sous forme d'une masse épaisse offrant quelquefois la consistance du beurre; il fond entre 15 et 30° et son poids spécifique varie de 0,820 à 0,935; il a une couleur brun foncé, qui noircit à l'air, une odeur pénétrante et une réaction généralement alcaline. Il se compose essentiellement d'hydrocarbures à points d'ébullition très différents; il renferme aussi des bases (ammoniaque, aniline, picoline, etc.), et des corps acides (acides phénique, propionique, etc.). Le goudron, préparé à l'aide de la vapeur d'eau surchauffée, se solidifie dès la température de 55-60°, son poids spécifique est égal à 0,875, il a toujours une réaction acide et renferme une proportion de paraffine plus forte que le goudron obtenu par la méthode ordinaire.

Après avoir été déshydraté, c'est-à-dire séparé de l'eau ammoniacale avec laquelle il est mélangé, le goudron est distillé dans des cornues en tôle chauffées à feu nu et communiquant avec un serpentin réfrigérant en plomb. Il se dégage d'abord des produits très volatils et des gaz, puis dès hydrocarbures de la nature de la benzine; on change alors de récipient, afin de recueillir à part des huiles plus lourdes se solidifiant par le refroidissement. On pousse ordinairement la distillation jusqu'à ce qu'il ne reste plus dans la cornue qu'une masse poreuse (*coke de goudron*); mais quelquefois on arrête l'opération plus tôt afin d'obtenir du brai, qui peut être employé avec avantage pour la fabrication des agglomérés ou de l'asphalte artificiel.

Les huiles légères sont traitées pour photogène,

huile solaire, etc. (V. Huiles minérales), et les produits lourds (huiles paraffineuses) sont employés pour l'extraction de la *paraffine*. — V. ce mot.

Le *goudron de tourbe*, ordinairement préparé comme le goudron de lignite, est quelquefois aussi le produit secondaire de la carbonisation de la tourbe ou de la fabrication du gaz avec ce combustible. C'est un liquide huileux, brun ou noir brun, d'une odeur très désagréable et d'un poids spécifique variant de 0,896 à 0,965. Il offre une composition analogue à celle du goudron de lignite, et comme ce dernier, il fournit par distillation des hydrocarbures légers et des hydrocarbures lourds, lesquels sont aussi employés à la fabrication des huiles minérales et de la paraffine — V. Gaz d'éclairage, Huiles minérales, Paraffine.

Le *goudron de boghead* est surtout fabriqué en Angleterre, où le boghead est distillé soit en vue de la préparation d'un gaz très éclairant (gaz de boghead, gaz portatif), soit pour obtenir spécialement du goudron propre à la fabrication des huiles d'éclairage et de la paraffine. Dans ce dernier cas, la distillation est effectuée à une température beaucoup plus basse que lorsqu'il s'agit de produire du gaz d'éclairage. Le traitement que l'on fait subir au goudron de boghead pour en isoler les différents hydrocarbures qu'il renferme, est le même que celui auquel on soumet dans le même but le goudron de lignite. — V. Boghead, Gaz d'éclairage, Huiles minérales, Paraffine.

Le *goudron de schiste*, obtenu par distillation du schiste feuilleté (schiste à kérosène, naphtoschiste), offre beaucoup de ressemblance avec le goudron de boghead et est employé aux mêmes usages; mais depuis que l'exploitation des pétroles a pris une si grande extension, la distillation des schistes, ainsi que des lignites et des tourbes en vue de la fabrication des huiles minérales a beaucoup perdu de son importance. — V. Huile de schiste.

Goudron de pétrole. C'est le résidu de la distillation du pétrole; il consiste en un mélange de paraffine et d'hydrocarbures plus légers, et il est employé depuis quelque temps pour préparer les produits désignés sous les noms de *vaseline* et de *cosmoline*. — V. Pétrole.

Goudron animal, goudron d'os. — V. Huile animale de Dippel.

Goudron minéral. On donne quelquefois ce nom au bitume mou ou malthe. — Dʳ L. G.

Bibliographie : Wurtz : *Dictionnaire de chimie,* t. II, 1870 et supplément; Knapp : *Chimie technologique et industrielle,* t. I, 1870; Girard et de Laire : *Traité des dérivés artificiels de la houille,* 1873; Vincent : *Carbonisation du bois en vases clos,* 1873; Bolley et Kopp : *Traité des matières colorantes artificielles,* traduit par L. Gautier, 1874; Wurtz : *Progrès de l'industrie des matières colorantes artificielles,* 1876; Payen : *Précis de chimie industrielle,* t. II, 1878; R. Wagner et L. Gautier : *Nouveau traité de chimie industrielle,* t. II, 1879; G. Lunge : *Traité de la distillation du goudron de houille,* traduit par L. Gautier, 1885.

'GOUDRONNAGE. *T. de cord.* Opération qui a pour but de pénétrer de goudron les câbles destinés à la marine pour les préserver de l'humidité. On l'opère, soit sur les fils de caret, soit sur les cordés elles-mêmes, mais de préférence sur les fils, parce que le goudron ne recouvre jamais les cordes qu'à la surface et permet trop souvent à l'eau d'y pénétrer. Le goudronnage se fait, soit *à la main,* soit *à la mécanique.*

Le goudronnage des fils de caret à la main s'obtient en dévidant ces fils d'un touret sur un autre touret qu'on tourne à la main, et en les forçant, par le moyen d'un rouleau de pression, à traverser une chaudière remplie de goudron chaud.

Lorsqu'on se sert de machines à goudronner, on emploie à volonté deux procédés : l'un, dit *goudronnage au paquet,* qui consiste à immerger complètement les fils dans le goudron ; l'autre, dit *goudronnage par fil isolé,* dans lequel les fils de caret passent sur un cylindre poli qui tourne dans le goudron et s'en charge durant sa rotation. Les machines à goudronner se composent d'une manière générale, d'un grand réservoir en bois, garni quelquefois à l'intérieur de cuivre rouge, dans lequel le goudron est maintenu en fusion au moyen d'un serpentin, etc. ; cette caisse est munie de divers appareils, l'un qui favorise l'immersion, l'autre qui sert à retirer le fil goudronné, un autre, enfin, dont le but est d'exprimer le surplus du liquide et de le faire en même temps pénétrer plus avant dans le fil. En quittant la machine, les écheveaux de fil de caret sont transportés dans une salle spéciale où ils doivent se ramollir. La durée du *ramollissage* varie considérablement ; elle dépend de la quantité du travail, des exigences du cordier et de l'usage auquel les câbles sont destinés. Il y a des corderies anglaises dans lesquelles le temps que l'on consacre à cette opération oscille entre douze et quinze mois, mais généralement le temps adopté le plus long, en France, est de six à huit mois, et le plus court de deux mois.

|| *T. techn.* Goudronnage d'une chaîne, faire passer une chaîne, dont les anneaux sont préalablement chauffés, dans un bain de goudron, afin d'isoler le fer du contact de l'air ou de l'eau et d'en prolonger ainsi la durée. La même méthode est fréquemment appliquée par les serruriers pour noircir les plaques de targette, les palastres de serrure, les contours des anciens fers à repasser, etc., lorsqu'ils n'ont pas de corne à leur disposition ; dans ces cas, le goudron et de préférence le coaltar, est passé à la main avec un guipon sur le côté à noircir de la plaque.

GOUGE. *T. techn.* Outil dont on se sert dans divers métiers, et qui est formé d'un morceau d'acier trempé, creusé d'un côté et bombé de l'autre, et dont le tranchant est uni ou à dents. On lui donne toutes les formes que nécessite le travail à exécuter. Les forgerons se servent fréquemment d'une gouge *à chaud,* qui n'est autre chose qu'une tranche dont les arêtes sont recourbées. Les tourneurs en bois emploient une gouge affûtée en pointe pour dégrossir les objets qu'ils ont à confectionner.

GOUJON. *T. techn.* Tenon chevillé de forme quelconque qui sert à lier, à assembler plusieurs pièces.

'GOUJON (JEAN), sculpteur et architecte français, né vers 1515, mort en 1564.

Les dictionnaires biographiques qui savent tout, à qui aucune date, aucun détail n'échappe, répètent à l'envie que Jean Goujon, né à Rouen, ou du moins en Normandie, vers 1515, fut tué sur un échafaudage du Louvre pendant les massacres de la Saint-Barthélemy. Cette dernière circonstance est devenue un article de foi sur lequel il est à peine permis de formuler un doute. Or, quand on examine les choses de près, rien de moins vraisemblable. Toutes les dates avancées jusqu'ici pour l'époque de la naissance du grand artiste offrent la même incertitude. On ne sait rien de positif sur le lieu ni sur la date de la naissance de J. Goujon. Les villes de Rouen, d'Alençon et de Saint-Laurent-de-Condelle, se disputent l'honneur de lui avoir donné le jour, sans fournir aucune preuve à l'appui de leurs prétentions. Un recueil de portraits, publié peu après la mort du sculpteur et qui mérite par conséquent une certaine créance, le qualifie de Parisien. La question, d'ailleurs, est loin d'être tranchée par ce document, et, jusqu'à nouvel ordre, la date et la patrie de Goujon restent également indéterminées. Rien de plus rare, d'ailleurs, que la présence de son nom dans les textes ou les documents contemporains. La légende sur la mort tragique de Goujon ne repose, elle non plus, sur aucune preuve sérieuse. L'origine même de cette tradition n'a pu être retrouvée. On ignorait même, il y a peu de temps, si la prétendue victime du fanatisme religieux s'était convertie à la nouvelle religion. Tout ce qu'on a raconté sur cet épisode du massacre de la Saint-Barthélemy doit donc être relégué parmi les fables.

M. Berty a établi que le sculpteur figure pour la dernière fois sur les comptes du Louvre, en 1561-62. Après cette date, il n'est plus question de lui. Et le savant historien de Paris en conclut qu'on peut fixer la date de la mort de Goujon aux environs de 1562 et qu'en le supposant âgé, lors de son décès, d'une cinquantaine d'années, il faudrait faire remonter sa naissance entre 1510 et 1515. Les historiens, qui ne sont jamais arrêtés par un doute, racontent que Jean Goujon alla dans sa jeunesse en Italie et y étudia pendant plusieurs années. Comment expliquer, sans ce voyage, le grand style et le goût du plus illustre des sculpteurs français ? Or, tout cela est pure hypothèse. Jean Goujon trouva de bonne heure de l'ouvrage dans son pays, et il paraît ne l'avoir guère quitté ; il jouit même bientôt à la cour de la considération et du rang auxquels l'appelait son mérite éminent.

La première mention authentique, relative à ses travaux, a été conservée dans les archives de la fabrique de Saint-Maclou, à Rouen. Vers l'an 1540-41, Goujon donna le dessin des colonnes qui soutiennent les orgues de cette église. Les délicates sculptures décorant les portes de bois qui ferment les grandes baies du portail du même monument sont incontestablement de lui. Enfin, il est signalé, l'année suivante, comme ayant travaillé à une statue de l'archevêque Georges d'Amboise Bussy, faisant partie du tombeau du cardinal, dans la cathédrale de Rouen ; mais la statue à laquelle Goujon aurait mis la main a été remplacée par une autre. Il est qualifié à cette époque « tailleur de pierre et masson. »

En 1542, il arrive à Paris et devient de suite l'auxiliaire et le collaborateur des plus grands architectes de la Renaissance. Dès cette époque, Pierre Lescot le charge de la décoration sculpturale du jubé de Saint-Germain-l'Auxerrois. Un précieux document, découvert par M. le marquis de Laborde, ne permet aucun doute sur la date et l'authenticité des quatre Evangélistes et du bas-relief de l'Ensevelissement du Christ qui décorèrent pendant deux siècles ce jubé et qui sont aujourd'hui placés au Musée du Louvre. En 1544, notre artiste est employé aux travaux du château d'Ecouen, construit pour le connétable de Montmorency, sous la direction de Jean Bullant. M. F. de Lasteyrie a consacré, vers la fin de sa laborieuse carrière, une belle étude aux merveilles du château d'Ecouen et aux artistes qui en étaient les auteurs. L'autel en marbre et en pierre de Vernon, décoré par Jean Goujon d'un admirable bas-relief représentant le Sacrifice d'Abraham et de figures d'Evangélistes placées sous des niches agrémentées de délicates arabesques, est conservé aujourd'hui dans la chapelle du château de Chantilly. M. G. Lafenestre, avec sa compétence particulière, a récemment consacré une étude approfondie à cette belle œuvre de la Renaissance française. Il reste encore dans les bâtiments d'Ecouen plusieurs bas-reliefs dus au ciseau de Goujon, savoir : quatre Renommées et une Victoire marchant sur le monde en bas-relief.

Quelques années plus tard, en 1547, Jean Goujon. figure parmi les artistes attitrés du roi Henri II, avec la double qualité de sculpteur et d'architecte. On possède même de lui une très curieuse épître sur l'architecture, imprimée à la suite d'une traduction de Vitruve, par Jean Martin (Paris, in-folio, 1547). Il ne se contente pas d'écrire quelques pages sous ce titre « Jan Goujon studieux d'architecture aux lecteurs, salut, » il prend la peine de tracer la plupart des dessins sur bois dont ce livre est orné et qui constituent un témoignage authentique des plus précieux sur le style de l'artiste. D'ailleurs, l'auteur de la traduction ne manque pas de célébrer, dans la dédicace au roi, la glorieuse collaboration, grâce à laquelle sa traduction est « enrichye de figures nouvelles concernantes l'art de la massonnerie, par maistre Jehan Goujon, nagueres architecte de Monseigneur le Connestable, et maintenant l'un des vostres. » La période qui s'écoule entre l'année 1547 et 1562 est la plus féconde et la plus glorieuse de la vie de l'artiste. Alors, il travaille au château d'Anet et modèle cette Diane groupée avec un cerf, placée autrefois sur le portique d'entrée du château d'Anet et aujourd'hui installée au Musée du Louvre.

En 1550, Goujon décore la fontaine élevée sur ses plans, dite *fontaine des Innocents*, dont les bas-reliefs ont été transportés au Louvre pour assurer leur conservation et ont été remplacés par des copies sur les flancs du petit édicule tant de fois restauré et remanié. Bientôt après s'élève l'hôtel de Carnavalet, où Jean Goujon a laissé l'empreinte bien reconnaissable de son style dans les grandes figures des *Mois* placées au fond de la cour et les masques de satyres grimaçants, sculptés sur les claveaux des arcades de la galerie du rez-de-chaussée. Un érudit éminent, M. A. de Montaiglon, a déterminé avec beaucoup de sagacité la part qui appartient à notre sculpteur dans la décoration de cet édifice. Nous ne saurions mieux faire que de renvoyer le lecteur aux articles publiés par la *Gazette des Beaux-Arts* sur l'hôtel Carnavalet.

Restent les travaux du Louvre auxquels l'artiste paraît avoir travaillé jusqu'à la fin de son séjour à Paris. Il faut signaler, en première ligne, les Cariatides de quatre mètres de hauteur qui supportent la tribune, dans la salle dite *des Cent Suisses*. Le sculpteur a décoré de nombreux bas-reliefs, les fenêtres, les œils de bœuf et les trumeaux de la façade intérieure du Louvre de Henri II. Ce sont des figures allégoriques symbolisant le *Commerce*, l'*Abondance*, ou des *Génies* supportant le chiffre du roi, de sveltes profils de femmes disposés avec un art extrême autour des fenêtres arrondies de l'étage supérieur.

Le *Musée de sculpture ancienne et moderne*, du comte de Clarac, donne la liste complète des sculptures du Louvre attribuées au ciseau de Goujon. Réveil a gravé en dix-huit livraisons (1827-44) les statues et les bas-reliefs qui constituent l'œuvre complète du glorieux sculpteur.

Il résulte de documents récemment découverts en Italie, et tout dernièrement publiés dans la *Gazette des Beaux-Arts*, que Goujon quitta la France et, vers 1562, partit pour l'Italie par crainte des persécutions religieuses, après avoir embrassé le protestantisme comme beaucoup des grands hommes de la Renaissance.

Il mourut à Bologne en 1564. — J. G.

*GOUPILLAGE. Action de fixer les goupilles à leurs postes respectifs, de manière à ce qu'elles remplissent bien le rôle qui leur est assigné : empêcher un anneau de sortir de sa manille ; arrêter une clavette au point de serrage qu'on lui a donné ; assujettir une rondelle sur un arbre, relier une soupape à sa tige, etc.

GOUPILLE. Broche ou cheville de petite dimension, dont le but est défini à l'article ci-dessus. Les goupilles de l'horloger sont pour ainsi dire microscopiques ; celles de l'ajusteur affectent différentes formes : lorsqu'elles sont destinées à arrêter la course d'un objet sur un point fixe, on les fait coniques et on place le gros bout en dessus. Si le point porteur de la goupille est mobile, comme une clavette de bielle, par exemple, on se sert d'une goupille fendue, dont on a soin d'écarter les branches après la mise à poste ; enfin, on fait aussi usage de goupilles cylindriques, mais il faut avoir soin d'en river les extrémités, afin qu'elles ne puissent pas sortir de leur trou. Les proportions des goupilles sont subordonnées aux efforts qu'elles doivent supporter.

* GOURNABLE. *T. de mar.* Longue cheville en bois destinée à fixer le bordage sur la membrure, ou à relier entre elles diverses pièces de la charpente d'un navire.

* GOUTHIÈRE (PIERRE). Sculpteur, ciseleur et doreur du roi, né vers 1740, mort vers 1790, est resté le représentant le plus illustre du style de décoration en honneur à la fin du XVIIIᵉ siècle. Il enrichit des vases en matière précieuse, des tables, des guéridons, et autres petits meubles, pendules, baromètres, etc., de bronzes ciselés avec une extrême délicatesse et dont des perles, des rais de cœur, ou des fleurs, notamment des roses, constituent le principal élément de décoration. Il a laissé aussi des garnitures de cheminée, des flambeaux, des candélabres et des appliques traités avec une grande finesse. « Ses bronzes, comme le dit son principal historien, sont recherchés au poids de l'or. » Toutefois, si l'exécution est poussée à ses plus extrêmes limites, on ne saurait s'empêcher de constater dans leur travail une certaine mièvrerie bien éloignée de l'ampleur des belles décorations de style Louis XV. Gouthière fut occupé, dès 1770, par le roi et par Mᵐᵉ du Barry. En moins de trois années, il reçut de la favorite plus de 136,000 livres pour les bronzes dont il avait orné le délicieux pavillon de Louveciennes. Il travaillait alors sous la direction de l'architecte Le Doux.

Parmi les grands seigneurs qui se montrèrent les plus chauds protecteurs de l'artiste, figure en première ligne le duc d'Aumont. Ce riche amateur ne possédait pas moins de cinquante et un objets d'art exécutés par Gouthière ; on en trouve la nomenclature et la description dans le catalogue dressé après son décès, catalogue que M. le baron Davillier a somptueusement réimprimé en l'enrichissant de notes nombreuses. Encore, toutes les œuvres de l'éminent ciseleur, commandées par son riche Mécène ne figurent-elles pas dans ce catalogue. Quand le duc mourut, en 1782, beaucoup de pièces commencées et non terminées se trouvaient encore dans l'atelier de l'artiste. Une expertise eut lieu, et J.-B. Chéret, choisi comme arbitre par les parties, modéra les demandes de Gouthière à la somme de 88,470 livres. On a les prix atteints par les bronzes du duc d'Aumont ; ils montèrent généralement à des chiffres élevés pour l'époque, mais bien inférieurs encore aux sommes payées à l'auteur. Ils se vendraient aujourd'hui dix ou vingt fois plus. Gouthière travailla aussi pour la reine Marie-Antoinette, pour la duchesse de Mazarin, M. de Bondy et la plupart des grands seigneurs de la cour de Louis XVI. On vient de publier, dans le journal l'*Art*, le long « Mémoire des modèles de bronze, ciselure et dorure de porcelaines faites pour le service de Mᵐᵉ la duchesse de Mazarin, sous les ordres de M. Belanger, premier architecte de Mᵍʳ le comte d'Artois, par Gouthière, ci-

seleur-doreur du roi, en 1781. » C'est donc entre les années 1770 et 1785 que se place la période de la plus grande activité de l'artiste. A en juger par le nombre d'articles sortis de son atelier, il avait sous ses ordres un nombreux personnel.

Parmi ses œuvres caractéristiques, on peut citer les quatre bras à lumières, venant du cabinet du duc d'Aumont et faisant aujourd'hui partie des collections du baron Edmond de Rothschild. Elles représentent la plus haute expression du style et du talent du célèbre ciseleur. Gouthière travailla surtout sur les dessins des plus habiles architectes de son temps. On a déjà cité les modèles donnés par Le Doux, pour la comtesse du Barry, et par Belanger, pour la duchesse de Mazarin. L'architecte Dugourc, fort habile dessinateur, fut souvent aussi son inspirateur. Toutefois, on connaît des dessins pour bronzes exécutés par Gouthière lui-même et portant sa signature.

L'armoire à bijoux de la reine Marie-Antoinette, aujourd'hui conservée au mobilier national, lui est attribuée avec beaucoup de vraisemblance. Gouthière tenait boutique sur le quai Pelletier, à l'enseigne de la *Boucle d'or*. Là, se vendaient les articles de commerce courant, bien inférieurs nécessairement aux chefs-d'œuvre exécutés pour la famille royale ou pour les grands amateurs.

On admire dans les salles du Musée du Louvre, consacrées aux dessins français et aux pastels, un certain nombre de meubles d'une élégance exquise et d'une exécution admirable, rapportés du palais de Saint-Cloud, en 1870, ainsi qu'un thermomètre et un baromètre enrichis de bronzes traités avec une infinie délicatesse. Ces épaves du mobilier royal de Louis XVI et de Marie-Antoinette sortent, assure-t-on, de l'atelier de Gouthière. Comme nous l'avons dit, on ignore la date de la mort du grand artiste. On pense qu'il mourut pendant les premières années de la Révolution, dans une situation voisine de la gêne. — J. C.

GOUTTIÈRE. *T. de constr.* Petit canal, ordinairement en zinc, placé à la base d'un toit pour l'écoulement des eaux pluviales. || *T. de rel.* Dans une reliure, concavité régulière égale à la convexité du dos. || *T. de chirurg.* — V. BANDAGE.

GOUVERNAIL. *T. de mar.* On nomme ainsi un plan de bois ou de métal que l'on dispose à l'arrière des navires et dont l'orientation sert à diriger la route. Le gouvernail se compose essentiellement d'une partie plane appelée *safran* S et d'une *mèche* M servant à orienter le safran (fig. 308).

En général, la mèche est en fer ou en acier et reçoit à sa tête la *barre* B qui sert à manœuvrer le gouvernail. Sur les navires en bois, le safran est en bois, doublé de cuivre comme la coque, avec des armatures métalliques pour augmenter la solidité et la liaison de la mèche et du safran. Sur les navires en fer, le safran est entièrement métallique, formé (fig. 308) d'une armature en forgé A ; les évidements sont remplis par du bois recouvert de tôle. Le système de suspension varie avec les types de navire : le plus souvent, le gouvernail est muni de plusieurs *aiguillots* à pénétrant dans des supports à douille, appelés *feme-*

lots *f*, et portés par la pièce qui termine, à l'arrière, la charpente du navire et qu'on nomme *étambot* (V. Construction navale). L'axe de la mèche est vertical ou incliné suivant que l'étambot lui-même est vertical ou a de la quête.

Dans les navires à voiles et les navires à roues, c'est à l'étambot, proprement dit, qu'est fixé le gouvernail; dans les navires à hélice, le propulseur est renfermé dans une cage formée à l'avant par l'étambot d'avant et à l'arrière par l'étambot d'arrière; c'est alors ce dernier qui porte les femelots et reçoit le gouvernail. Dans les navires à deux hélices, il n'y a plus qu'un seul étambot, comme dans les navires à voiles; il reçoit le gouvernail. Dans

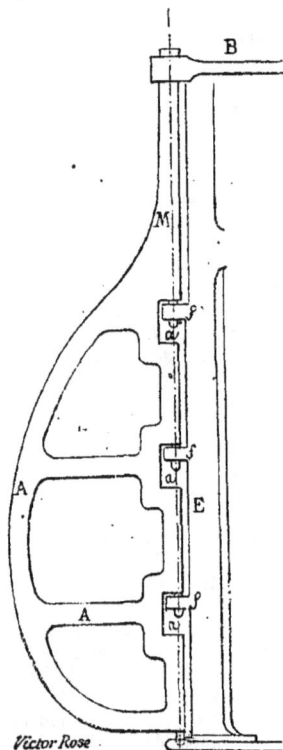

Victor Rose.

Fig. 308.

quelques types très spéciaux, on a disposé deux gouvernails symétriquement placés de chaque côté du plan diamétral; leurs mouvements sont identiques grâce aux liaisons établies entre les mèches. Dans d'autres cas, on dispose le gou-

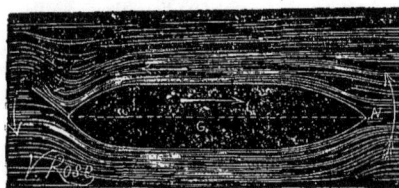

Fig. 309.

vernail en avant de l'hélice (torpilleurs Thornycroft).

Le principe du fonctionnement du gouvernail repose sur le mouvement relatif du navire et du liquide environnant; si le safran est dans le plan diamétral lui-même (barre droite) les actions provenant du liquide se font équilibre et le gouvernail est sans effet. Si, au contraire,

le safran fait avec le plan diamétral un certain angle, il reçoit une pression de la part du liquide, du côté où il est dévié et la poussée qui en résulte et qui dépend, à la fois, de la vitesse relative, de la surface du safran et de l'angle dont il est dévié, agit pour faire tourner le navire autour de son centre de gravité.

L'effet du gouvernail est d'autant plus énergique qu'il a de plus grandes dimensions et que la vitesse relative du navire et du liquide est plus grande. C'est pour cela que les bateaux de rivière, destinés au transport des marchandises, dont la vitesse est généralement faible, sont munis de gouvernails de très grandes dimensions; les grands navires rapides ont des safrans relativement bien plus faibles.

Lorsqu'un navire est *étale*, c'est-à-dire sans vitesse par rapport au fluide environnant, il ne subit aucun effet de la part de son gouvernail; lorsqu'il *cule*, c'est-à-dire lorsqu'il marche en arrière, l'effet est inverse de ce qui a lieu pour la marche en avant. Lorsqu'un navire à hélice est étale et que l'on vient à mettre la machine en mouvement, avant que le navire ait pris de la vitesse, le courant d'eau dirigé vers l'arrière par la rotation du propulseur, peut actionner le gouvernail et provoquer, de pied ferme, un changement de direction avantageux pour le départ.

Lorsqu'un navire est à l'ancre, au milieu d'un courant, il peut se servir de son gouvernail pour s'orienter par rapport au point fixe auquel il est attaché et, par suite, peut se déplacer transversalement. Cette propriété est quelquefois utilisée pour le passage de cours d'eau à l'aide de bacs.

L'angle dont le gouvernail est dévié influe sur le couple de rotation du navire, mais, toutes choses égales d'ailleurs, le maximum d'effet a lieu pour des valeurs voisines de 40°; aussi, se dispense-t-on de dépasser cette limite dans la pratique. Le plus souvent, on se contente d'atteindre 35° comme valeur extrême. Le mouvement de rotation du safran est obtenu à l'aide de la *barre du gouvernail*; c'est un fort levier fixé sur la tête de la mèche et que l'on manœuvre directement sur les embarcations et les petits navires; on dit alors que le gouvernail a une barre à main ou une *barre franche*. Dans certaines embarcations légères, on substitue à la barre franche une double barre munie de cordages que l'on tient à la main; c'est la barre dite à *tire-veilles*.

Dans les navires de plus grandes dimensions, la manœuvre de la barre franche serait pénible et dangereuse; on emploie alors une sorte de treuil multiplicateur formé d'un tambour horizontal, appelé *marbre*, manœuvré par un ou plusieurs hommes à l'aide de roues à poignées. Sur le marbre, s'enroule la *drosse* dont les extrémités sont fixées sur l'extrémité de la barre.

La drosse est formée, soit de cordages en cuir, soit de chaînes et de tringles en fer, passant sur des rouleaux.

Le roue de gouvernail est tantôt à l'arrière près de la barre, tantôt sur la passerelle de commandement généralement sur l'avant du milieu. Lorsqu'on navigue à la voile, on préfère employer une roue de l'arrière ; à la vapeur, on fait plus fréquemment usage des roues de passerelle. Sur les grands navires, on installe généralement plusieurs roues ; de plus, la tête de la mèche du gouvernail peut recevoir une barre de rechange en cas de rupture de la barre ordinaire. Un frein permet alors de maintenir le gouvernail immobile afin de faciliter la mise en place de cette seconde barre. La perte du gouvernail est une avarie extrêmement grave ; comme elle n'a lieu généralement que par mauvais temps, elle met le navire dans une position très critique. Ne pouvant gouverner, c'est-à-dire diriger sa route et s'orienter, le bâtiment devient le jouet des vagues et du vent. L'installation d'un *gouvernail de fortune* est une opération délicate, qu'il est bon de prévoir en se munissant à l'avance des matériaux nécessaires.

Sur les grands navires à vapeur, à marche rapide, les efforts à exercer sur le gouvernail, pour l'orienter avec rapidité et précision, deviennent très considérables pour les grands angles d'écart. Les drosses doivent être très robustes ; la manœuvre à bras de la roue nécessite un nombreux personnel. Depuis quelques années, on fait un fréquent usage d'appareils à gouverner, à vapeur, dont le maniement très précis n'exige de la part du timonier qu'un effort très faible. Parmi les engins les plus ingénieux et les plus répandus, nous citerons les *servo-moteurs* de Farcot et de Duclos, universellement adoptés par la marine de guerre et les grandes Compagnies de navigation.

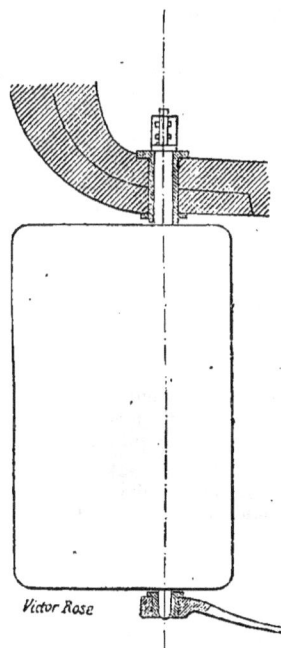

Victor Rose

Fig. 310.

Lorsque le safran a de grandes dimensions et que le navire est animé d'une grande vitesse, l'effort à exercer sur la mèche est considérable ; aussi, a-t-on cherché, à plusieurs reprises, à modifier les dispositions du gouvernail ordinaire tel qu'il vient d'être décrit, de manière à réduire le couple de torsion autour de l'axe de rotation du safran, tout en conservant la même efficacité au point de vue du changement de route du navire. C'est ainsi qu'on a muni certains bâtiments de guerre, de gouvernails *compensés* et de gouver-

nails à *safrans multiples.* Dans les premiers (fig. 310), le safran tourne autour d'un axe intermédiaire entre le bord et le milieu ; le mode de suspension doit être alors totalement modifié ; les aiguillots et femelots sont supprimés ; la tête de la mèche est guidée dans un manchon, le pied repose dans une crapaudine portée par le prolongement de la quille.

Les gouvernails à safrans multiples, dus à M. l'ingénieur Jœssel, sont formés de deux ou trois safrans parallèles, reliés entre eux par des armatures métalliques. Leur effet est très énergique tout en ne nécessitant qu'un couple de torsion modéré.

* GRÂCES (Les). Filles de Zeus et d'Eurynomé, les Kharites ou les Grâces appartiennent au même cycle que les *Heures.* Les artistes grecs les confondaient dans les scènes purement décoratives où ils visaient à l'élégance plus qu'à l'exactitude mythologique : témoin le joli vase attique rehaussé de dorures où l'une des Kharites et une des Heures sont associées dans une scène d'offrande. Comme les Heures, les Kharites ont le caractère de déesses gracieuses, et les noms qu'elles portent dans la tradition courante y font allusion, Aglaia, Thalia, Euphrosyné. Mais elles ont un rôle particulier, c'est de dispenser aux hommes toutes les qualités qui charment et séduisent. L'art archaïque traduisait naïvement cette conception en leur prêtant des attributs musicaux.

Tektaios et Angelion les avaient figurées en un groupe placé sur la main de l'Apollon colossal de Délos ; elles portaient les flûtes, la lyre et la syrinx. La tradition du style sévère les représente toujours complètement vêtues, par exemple, sur les bas-reliefs de l'hôtel des douze dieux et sur les bas-reliefs de Thasos, où Hermès est suivi de l'une des Kharites. L'art attique du v° siècle reste fidèle à ce type archaïque, nous en avons la preuve, grâce à un monument que le nom de l'artiste suffirait seul à désigner à notre attention. On sait que Socrate, fils du sculpteur Saphroniskos, avait dans sa jeunesse exercé l'art de son père ; il était l'auteur d'un groupe de Kharites vêtues placées à l'Acropole, derrière le piédestal d'Athena Hygieia. M. Benndorf a démontré récemment, dans une ingénieuse étude, que nous possédons les fragments mutilés du groupe attribué à Socrate. Restitué dans son ensemble, par comparaison avec une statue antique conservée au musée Chiaramonti, le bas-relief original, dont les fragments ont été trouvés à l'Acropole, accuse tous les caractères du style sévère du v° siècle : les Kharites sont représentées vêtues de longues robes et de chitons et se tiennent par la main comme un chœur de danseuses. Peut-on se flatter en toute sécurité de retrouver dans ces fragments le travail de la main de Socrate ? Il y aurait à coup sûr quelque imprudence à le faire. Il est tout au moins vraisemblable que ces débris sont ceux du bas-relief que les exégètes de l'Acropole montraient aux visiteurs comme l'œuvre du philosophe. La copie du musée Chiaramonti prouve qu'on en avait multiplié les répliques, et on ne s'étonne pas que le groupe de Socrate consacré par la curiosité publique se trouve reproduit sur une monnaie d'Athènes et sur un jeton de plomb de provenance athénienne.

A une époque plus récente, l'art dépouille les Kharites de leurs vêtements et les représente sans voiles ; mais Pausanias ignore quel artiste osa accomplir ce coup d'audace. Par analogie, avec les innovations qui se produisent dans le type figuré d'Aphrodite, il est permis de penser que l'influence de Praxitèle ne fut pas étrangère à cette tentative. Un grand nombre de monuments de style récent, bas-reliefs, statues, pierres gravées montrent les Kharites nues se tenant enlacées dans l'attitude que leur prêtent fréquemment les ciseleurs et les médailleurs de la Renaissance. Elles sont ainsi figurées dans un groupe conservé à Sienne et qui mérite une mention spéciale : Raphaël le copia, et dut à ce marbre la première révélation de l'art antique.

GRADIN. Marche ou degré. || Méthode d'exploitation des mines ou des carrières qui consiste à excaver en forme de dessous, d'escalier.

*GRADINE. T. techn. Ciseau à tranchant dentelé et fortement trempé qui sert aux ciseleurs, sculpteurs, tailleurs de pierres et autres artisans, pour enlever les aspérités laissées dans leurs ouvrages.

I. GRAIN. T. de métall. Le grain et le nerf que présente le fer, quand on le casse, sont le résultat d'une texture spéciale. L'aspect fibreux dénote un défaut complet d'homogénéité dans la masse métallique. Les particules des scories sont disséminées, mais non au hasard. Elles sont généralement alignées en longues files parallèles à la direction suivant laquelle le fer a été étiré.

Les scories empêchent les grains du fer de se souder complètement entre eux et donnent ainsi lieu, dans la masse métallique, à des surfaces de moindre résistance, qui sont orientées comme les scories elles-mêmes. C'est la présence de ces surfaces de moindre résistance qui empêche la cassure d'un barreau de fer d'être sensiblement plane et perpendiculaire à ses arêtes et qui donne naissance au nerf. Le grain ou absence de nerf est produit : par la fusibilité des scories (présence du manganèse, des alcalis, etc.); par la mollesse à chaud du fer (présence du phosphore); par la haute température à laquelle s'est fait le puddlage et qui a permis une élimination complète des scories, bien liquides (puddlage au four bouillant, puddlage en bouillons). Le nerf, au contraire, résulte du peu de fusibilité des scories partiellement peroxydées et portées à une température trop peu élevée pour assurer leur parfaite liquidité.

Avec des fontes phosphoreuses, qui, dans le travail ordinaire donneraient du grain plat et grossier, on peut obtenir du fer nerveux en introduisant de la chaux pendant le puddlage. La scorie devenant plus pâteuse se sépare plus difficilement et empêche la soudure des grains du fer.

II. GRAIN. 1° T. de tiss. Expression appliquée aux petits effets qui constituent le fond de certaines étoffes et sont compris dans la famille des contextures qu'on nomme armures-dessin. En effet, ces contextures donnent aux tissus un genre de configuration ayant le caractère de dessins très délicats, tels que sablés, chair de poule, granits, grains de poudre, jaspés, fouillis, bâtons rompus, guillochés, cailloutés, losangés, damiers, etc. On exécute parfois, sur ces fonds, de grands dessins, soit façonnés, soit espoulinés au battant-brocheur. On appelle gros-grain façonné, une étoffe artistique, exigeant quatre fils au rapport-chaine et six duites au rapport-trame. || 2° T. de grav. Effet que produisent les tailles diversement croisées. || 3° T. de joaill. Petite partie d'or en forme de grain qui maintient une pierre. || 4° T. de serrur. Ciseau d'acier à pointe courte pour percer la pierre, et à pointe recourbée pour travailler les métaux

dans les angles; ces outils se nomment grain d'orge. || 5° On donne le même nom en T. de charp. à un assemblage de deux pièces dont l'une est taillée en angle aigu et l'autre en angle rentrant. || 6° En T. de men., on nomme également grain d'orge une cannelure en forme de dent de scie et l'outil qui sert à faire cette moulure. || 7° Sorte de peau grainée qui sert à la reliure, la maroquinerie, etc.

GRAINES TINCTORIALES. Les baies que l'on emploie en teinture proviennent toutes de la famille des rhamnées. Les arbrisseaux qui les produisent sont connus sous le nom de nerprun des teinturiers. On distingue dans le commerce sept sortes commerciales, qui se subdivisent elles-mêmes encore en variétés. Toutes ces graines ont, en général, la grosseur d'un grain de poivre; elles sont d'un vert plus ou moins jaunâtre, quelquefois noirâtre, unies ou ridées à leur surface; elles contiennent deux, trois et même quatre semences aplaties d'un côté et convexes de l'autre; elles ont une saveur amère, désagréable et une forte odeur nauséeuse.

Graines d'Avignon ou de France. Ces baies, inégales, d'un vert jaunâtre ou foncé, sont produites par le rhamnus infectorius. Leur surface est unie et la forme ressemble à celle d'un cœur. Elles sont mêlées de grains avortés et de bûchettes. On les expédie par balles de 120 kilogrammes, et viennent du Gard où l'arbrisseau qui les produit n'est l'objet d'aucune culture spéciale.

Graines d'Espagne. Elles sont produites par le rhamnus saxatilis, elles ressemblent assez aux précédentes, mais elles contiennent moins de graines à trois coques. Vert foncé et tirant un peu sur le jaune.

Graines de Morée. Elles paraissent être les plus grosses des graines jaunes; elles ont deux coques, sont assez égales, de couleur jaune pâle ou blonde; on les expédie en balles qui contiennent des bûchettes et des impuretés.

Graines d'Italie. Elles sont produites par le rhamnus infectorius et ressemblent à celles de France.

Graines de Hongrie. Les graines de Hongrie ont le volume d'un pois et sont produites par le rhamnus catharticus.

Graines de Turquie. Les graines de Turquie comprennent plusieurs variétés qui, du reste, ont entre elles une grande ressemblance. Elles proviennent du rhamnus saxatilis et du rhamnus amygdalinus. Elles ont la grosseur d'un grain de poivre et ont ordinairement trois coques; on les expédie de Constantinople et de Smyrne, en balles de crin recouvertes de toile et pesant, en moyenne, 120 kilogrammes; on les distingue en graines de Valachie, qui sont les plus grosses; en graines de Bessarabie, qui sont les plus régulières et donnent un jaune vif et plus pur que les précédentes, aussi cette variété est-elle la plus recherchée, et enfin en graines du Levant ou d'Andrinople, analogues aux précédentes, mais contenant plus de grains noirs.

Graines de Perse. Ce sont les plus estimées des graines jaunes; elles sont les plus grosses, ont une belle couleur verte·et sont composées de trois et même de quatre coques, ce qui leur donne une forme trigone ou tétragone assez régulière, c'est leur caractère le plus saillant. Les graines de Perse proviennent des *rhamnus saxatilis, amygdalinus* et *aléoïdes*; on classe la graine de Perse en grosse, moyenne et petite. Les graines jaunes contiennent deux principes isomères, la *rhamnine*·et la *rhamnigine*. C'est ce dernier qui constitue la matière colorante. Ces principes sont solubles dans les liqueurs alcalines.

Les graines sont employées dans les teintures de tous genres, tissus, peaux, papiers, etc. On fait une laque appelée *stil de grain*, qui sert à peindre les parquets et les décors de théâtre. On obtient avec les divers mordants, des jaunes, oranges, modes, bois, olive. La décoction doit toujours être employée fraîche, car elle perd beaucoup en vieillissant. Quand on ajoute un peu de·tannin, les décoctions ne *tournent plus au gras*. La graine de Perse précipitée par l'étain donne de magnifiques jaunes et oranges, employés dans l'impression des tissus, principalement de la laine et de la soie. — J. D.

GRAINURE. *T. techn.* Effets que produisent les petits points en relief sur le cuir, les étoffes, les métaux. ‖ *T. d'art.* Action de former des ombres dans le dessin et la gravure par un grand nombre de points.

GRAISSAGE. *T. de mécan.* Opération qui est pratiquée sur les surfaces frottantes de tous les mécanismes en mouvement, et qui a pour but de maintenir celles-ci dans un état de lubrification convenable, afin de diminuer le plus possible leur usure et leur résistance au mouvement. Un bon graissage présente donc une importance capitale en mécanique, car c'est le graissage qui règle le coefficient de frottement des surfaces en contact, et par suite le travail . absorbé pour la marche même de la machine : il en détermine ainsi le rendement. Un appareil, très bien étudié d'ailleurs, peut consommer cependant une quantité de force motrice exagérée si le graissage en est négligé, sans compter tous les accidents qu'il est susceptible d'entraîner ; un organe mal graissé s'échauffe ou se cale toujours à la longue, il se brise ou se fausse et peut occasionner ainsi les avaries les plus graves.

Il convient donc d'interposer entre les surfaces métalliques en contact une matière· fluide pour donner un coefficient de frottement réduit, tout en étant cependant assez épaisse pour ne pas être expulsée sous la pression. Les matières gazeuses, comme l'air, seraient excellentes pour réduire le frottement, s'il était .facile de les maintenir interposées ; l'eau sous pression assurerait également un graissage très satisfaisant, ainsi que l'ont montré les curieuses expériences de M. Girard sur son chemin de fer glissant, le frottement du métal sur l'eau se trouve réduit, en effet, dans des proportions énormes ; mais il faut toujours avoir recours à des dispositions trop compliquées pour empêcher l'expulsion de ces lubrifiants en raison de leur

trop grande fluidité. Les seules matières pratiquement employées dans l'industrie comme lubrifiants sont les corps gras solides et liquides, et les huiles minérales.

Les matières solides sont presque toujours à base de suif; mais ce corps n'est presque jamais employé seul, car il ne pourrait entrer en fusion que lorsque les corps gras, en contact, seraient arrivées déjà à une·température un peu élevée, supérieure à 30°. Le suif est mélangé de préférence avec des graisses plus fluides ou des huiles, généralement de l'huile de lin,·de manière à former un composé pâteux facilement liquéfiable. Le suif employé pour le graissage doit être sans odeur et exempt de tout acide pour ne pas attaquer le métal. Le suif brut ne peut pas être employé directement pour cet usage, car il rancirait à l'air, et prendrait une réaction acide; après avoir été fondu et filtré, il doit être clarifié par une ou deux distillations successives effectuées en présence de la vapeur d'eau surchauffée et de l'acide sulfurique ou azotique.

Les matières liquides, huiles végétales ou minérales, assurent plus facilement le graissage aux températures ordinaires sans échauffement des pièces, et elles sont presque seules employées aujourd'hui. On doit s'attacher à ce qu'elles restent parfaitement limpides à toutes les températures, et ne donnent ainsi ni dépôt ni cambouis, qu'elles n'épaississent pas et ne s'enflamment pas au contact des pièces qui chauffent.

Les huiles organiques, comme l'huile de colza ou de navette, sont les plus fréquemment employées, mais elles laissent cependant un peu de cambouis et gèlent parfois en hiver. Les huiles minérales bien épurées se conservent mieux limpides ; mais d'autre part elles sont trop volatiles, et il est difficile de les employer au graissage de certaines pièces animées de mouvements rapides et qui s'échauffent facilement. Pour les cylindres de locomotives, par exemple, on est obligé d'y renoncer en raison de la température élevée de la vapeur, comme nous le disons plus loin, tandis qu'on peut les appliquer sur les machines marines où la pression est plus faible. On ajoute quelquefois un peu de pétrole aux huiles organiques pour en empêcher la congélation, et on agglomère, au contraire, les huiles minérales avec un peu de paraffine ou de cire. Du reste, on est arrivé actuellement, par des distillations successives convenablement dirigées, à obtenir des hydrocarbures bien·limpides, et qui sont sans action corrosive sur le métal.

Nous n'insisterons pas davantage ici sur les différentes matières employées au graissage de machines (V. GRAISSE, HUILES); nous dirons seulement quelques mots de l'action qu'elles peuvent exercer sur les organes métalliques, surtout en présence de la vapeur d'eau, et nous parlerons ensuite des divers procédés employés pour apprécier la qualité des huiles commerciales. D'après certaines expériences exécutées en Allemagne, et dont on trouve le compte rendu dans les *Mittheilungen aus dem Gebiete des Seewesens*, vol. II, p.523, il paraît résulter que les huiles organiques employées pour le graissage des cylindres des machines à vapeur, se trouvent décomposées en présence de la vapeur d'eau à haute pression. Il se produit alors des acides libres qui se portent sur le tartre, et des sels en dissolution, qui peuvent devenir une cause de danger dans les machines à condensation, s'ils se trouvent ramenés dans la chaudière avec l'eau d'alimentation.

M. Ricour, ingénieur en chef aux chemins de fer de l'Etat, a fait également des expériences comparatives intéressantes pour déterminer l'action des huiles organiques et minérales sur les organes des machines à vapeur (V. l'importante note qu'il a publiée dans les *Annales des ponts et chaussées*, n° d'avril 1884, *Sur diverses modifications introduites dans le mécanisme des machines locomotives des chemins de l'Etat*).

L'huile de colza essayée au laboratoire et soumise à des températures croissantes de 100 à 180°, se décompose, en absorbant successivement de l'oxygène et dégageant de l'hydrogène, la glycérine se sépare en même temps qu'il se forme des acides gras oléique et stéarique. La glycérine elle-même se décompose à 280° et donne de l'acide carbonique, de l'acide acétique et de l'acroléine. Il se produit sur les locomotives des réactions analogues pendant la marche à régulateur fermé en raison de l'élévation de la température dans les cylindres. L'acide oléique se combine en partie avec les poussières de cuivre ou de fer provenant de l'usure des tiroirs et de leurs tables, et forme ainsi des sels organiques qui se trouveront refoulés dans la chaudière pendant la marche à contre vapeur; dans l'analyse des dépôts de la chaudière, M. Ricour a pu retrouver, en effet, une proportion de cuivre appréciable. Ces sels organiques déterminent, en outre, dans la chaudière une corrosion des parois, car ils se trouvent décomposés en présence de l'oxygène contenu dans l'eau qui amène le fer à l'état de peroxyde, et l'acide ainsi mis en liberté attaque le fer des parois.

On a pu supprimer ces difficultés sur les chaudières marines en employant des huiles minérales qui ne donnent pas lieu à des décompositions analogues, mais il est impossible d'agir de même sur les locomotives, où la pression de marche est beaucoup plus forte et correspond à une température beaucoup plus élevée : en outre, dans la marche à régulateur fermé, l'aspiration des gaz chauds qui se produit nécessairement dans la boîte à fumée peut élever la température dans les cylindres jusqu'à 250 et 300°. Les huiles minérales sont alors complètement volatilisées sans produire d'effet utile, et même elles donnent lieu à des dépôts noirâtres d'une extrême dureté qui adhèrent au fond des cylindres, obstruent les lumières et troublent ainsi complètement la distribution. Le seul remède à ces difficultés, ainsi que l'a montré M. Ricour à la suite de ses recherches persévérantes, consiste à empêcher toute élévation de température pendant la marche à régulateur fermé, en arrêtant l'aspiration des gaz chauds, et aspirant, au contraire, l'air atmosphérique par une soupape spéciale ménagée, à cet effet, sur la boîte à vapeur. — V. LOCOMOTIVE et TIROIR.

Coefficient de frottement des matières lubrifiantes. Le coefficient de frottement des huiles varie dans une très forte proportion avec les différentes circonstances ambiantes, comme la vitesse de marche, la pression des surfaces en contact, la température, etc., et la détermination exacte de l'influence de ces divers éléments présente un grand intérêt à la fois théorique et pratique. De nombreux expérimentateurs ont essayé de résoudre cette question, nous citerons en particulier M. A. Thurston, qui a exécuté sur ce sujet des expériences suivies avec un appareil dont nous parlerons plus loin; en raison de l'importance du sujet, nous allons résumer brièvement les résultats auxquels il est arrivé.

Le coefficient de frottement de la fonte sur l'acier, et de l'acier sur la fonte lubrifiée avec l'huile animale ou végétale, diminue à mesure que la pression s'élève, et, d'après M. Thurston, la valeur de ce coefficient f peut être exprimée par la formule suivante :

$$f = \frac{a}{\sqrt{p}}.$$

Dans cette formule, p est la pression en kilogrammes par centimètre carré, et a une constante à déterminer par l'expérience pour les différentes huiles.

Avec l'huile de baleine......	$a = 0.084$
Avec l'huile minérale.......	$a = 0.126$
Avec l'huile de lard........	$a = 0.103$

Toutefois, cette formule n'est exacte que pour des pressions comprises entre 7 et 53 kilogrammes par centimètre carré. Au delà de cette limite, le frottement augmente pour reprendre à 70 kilogrammes la valeur qu'il avait vers la charge de 7 kilogrammes. Il faut remarquer, d'ailleurs, qu'on ne rencontre guère dans les machines, sauf quelquefois pour les têtes de bielles, des pressions supérieures à 70 kilogrammes. Le frottement au départ est toujours plus élevé que le frottement en marche, mais contrairement à celui-ci il augmenterait avec la pression. M. Thurston en représente les variations au moyen de la formule suivante :

$$f = a' \sqrt[3]{p}.$$

Pour l'huile minérale.....	$a' = 0.0225$
Pour l'huile de lard.......	$a' = 0.0170$

Dans les limites usuelles de vitesse, soit de 0m,50 à 6 mètres par seconde, les variations de frottement restent presque indépendantes de la vitesse, elles sont exprimées par la formule :

$$f = a \sqrt[3]{v}.$$

M. Thurston a étudié également l'influence de la température combinée avec celles de la vitesse et de la pression; il a reconnu qu'en général le coefficient de frottement va en décroissant pendant que la température augmente, et cet effet persiste jusqu'à une certaine température variable avec la vitesse; au delà de cette limite, il se produit, au contraire, une augmentation très sensible avec la température. Dans les conditions ordinaires, on peut admettre que pour des variations de température faibles d'ailleurs, le coefficient de frottement diminue presque proportionnellement au carré de cet accroissement.

Nous ne pouvons pas reproduire ici, les tableaux résumant les différentes expériences de M. Thurston, et qui sont donnés dans le *Manuel du mécanicien* par MM. G. Richard et L. Baclé ; nous ajouterons seulement que les lois posées par M. Thurston ne doivent pas être considérées comme s'appliquant nécessairement à tous les cas, puisque les expériences entreprises ultérieurement sur l'huile d'olive par MM. A. Rieu et Jean, ont donné des résultats qui paraissent, dans certains cas, en contradiction avec ceux qu'avait obtenus le professeur américain. D'après eux, le coefficient de frottement de l'huile d'olive diminue avec la densité de l'huile, il varie en raison inverse de la fluidité et de la température de l'huile. Dans certaines conditions, il s'accroît uniformément avec la vitesse, et presque uniformément avec la pression.

Essais mécaniques et chimiques des huiles. et des graisses. Les produits lubrifiants qu'on rencontre dans l'industrie présentent des compositions très variables tenant à leur degré de pureté, aux mélanges qui ont servi à les obtenir, etc., et il est impossible de les apprécier seulement d'après leur aspect extérieur. On les soumet donc à des essais spéciaux, simples et rapides permettant d'apprécier les résultats qu'on peut en attendre en service. On procède généralement au point de vue mécanique en s'efforçant de placer l'huile essayée dans les conditions du service, et d'évaluer son coefficient de frottement; mais on peut également avoir recours à des essais chimiques qui permettent aussi d'apprécier indirectement la résistance et la durée de l'huile essayée. M. Thurston indique huit points de vue différents auxquels il faut se placer pour apprécier complètement la qualité industrielle d'une huile donnée :

1° Le degré de pureté de l'huile ;

2° Sa densité; celle-ci donne une indication sur la pureté, surtout pour les huiles de colza qui sont les plus légères ;

3° Sa viscosité naturelle. Il ne faut pas, en effet, que l'huile soit trop fluide, car autrement elle s'échapperait des coussinets sans avoir épuisé toute son action. C'est ce qui explique que les graisses, tout en durant moins, sont souvent plus économiques que les huiles, car leur écoulement se règle de lui-même, suivant la température des surfaces frottantes.;

4° Sa tendance à s'épaissir en service, et surtout la proportion de cambouis qu'elle peut donner ;

5° Les températures de vaporisation, d'ignition et de décomposition auxquelles il convient d'ajouter la température de congélation pour certaines huiles organiques qui gèlent en hiver ;

6° Son acidité ; l'huile doit être parfaitement neutre, ainsi que nous l'avons dit plus haut ;

7° Son coefficient de frottement;

8° Son inaltérabilité; la plupart des huiles rancissent en effet à l'air libre.

On a construit des appareils spéciaux pour l'appréciation des propriétés physiques des huiles, appareils Bailey, Tagliabac, pour la densité, Napier pour la viscosité, etc., mais ces appareils sont peu employés et nous n'y insisterons pas ici. Pour mesurer la fluidité, par exemple, on se borne à mesurer la quantité d'huile qui passe en un temps donné par le canal d'un entonnoir à pointe effilée. On pratique plus fréquemment l'essai chimique, et surtout l'essai mécanique qui donne la mesure du coefficient de frottement et permet d'apprécier en même temps les propriétés de l'huile en service. Les appareils d'essai mécanique opèrent en mesurant l'effort d'entraînement qui se développe par l'intermédiaire de l'huile essayée entre deux organes spéciaux, l'un fixe et l'autre mobile ; cette force d'entraînement est d'autant plus grande que le pouvoir lubrifiant est moins considérable. MM. Deprez et Napoli emploient deux plateaux frottant au contact, suivant une surface d'appui et avec une pression mesurées à l'avance, et le plateau mobile est animé d'un mouvement de rotation bien déterminé. M. Thurston emploie un pendule oscillant autour d'un axe de suspension et susceptible de s'écarter plus ou moins de la verticale, suivant que la force d'entraînement développée par l'intermédiaire de l'huile essayée est plus ou moins considérable. MM. Myram et Stappfer emploient un arbre ordinaire de transmission qui tourne en frottant entre deux coussinets en bronze dont on peut faire varier la pression; on verse une quantité déterminée d'huile entre les coussinets, et on relève le nombre de tours effectués au moment où la température des coussinets atteint un degré fixé à l'avance.

Dans l'essai chimique des huiles, on s'attache à déterminer leur oxydabilité qui est en raison inverse de leur qualité utile, car les huiles facilement oxydables rancissent très vite, et donnent des produits acides qui attaquent le métal.

M. Girardin est l'inventeur d'un mode d'essai particulièrement intéressant, dans lequel il s'est attaché à mesurer l'action de l'oxygène sur l'huile en opérant par une action lente et modérée, semblable à celle de l'atmosphère et évitant les réactifs trop énergiques. Dans son procédé, l'huile est étalée en couche mince sur une plaque de verre qui est ensuite plongée dans un flacon d'eau commune, et celui-ci est bouché à l'émeri après qu'on a eu soin de chasser toutes les bulles d'air. L'expérience est ensuite abandonnée à elle-même, et l'huile s'oxyde aux dépens de l'oxygène contenu dans l'eau employée. On a dosé à l'avance la quantité d'oxygène contenue dans l'eau, il suffit donc de faire un nouveau dosage à la fin de l'expérience pour en déduire, par différence, la quantité d'oxygène absorbée et par suite l'oxydabilité de l'huile essayée.

Le dosage de l'oxygène dissous s'opère, d'ailleurs, très simplement au moyen d'un procédé volumétrique dû à MM. Girardin et Schützenberger. Ce procédé repose sur l'emploi de l'acide hydrosulfureux en dissolution titrée qu'on verse dans la

liqueur à essayer. Cet acide absorbe immédiatement tout l'oxygène dissous, et on reconnaît que
l'action est terminée par la décoloration d'une
matière colorée qu'on a ajoutée, au préalable, dans
la liqueur. Comme cette méthode est un peu longue et délicate, on se borne souvent à un essai
plus simple et rapide, mais qui est moins précis :
on fait baigner une plaque de cuivre dans l'huile,
et on mesure le temps écoulé jusqu'à l'apparition
de l'auréole bleue indiquant que l'huile, en s'oxydant, a attaqué le cuivre. Ajoutons que M. Girardin a pratiqué des expériences très intéressantes
sur les huiles, et qu'il est arrivé à formuler des lois
très importantes sur les mélanges ; on en trouvera
le compte rendu dans le mémoire qu'il a publié à
ce sujet.

Graissage en service. Le graissage des
organes d'une machine est une des fonctions les
plus importantes du mécanicien chargé de la conduire, et nous ne saurions trop répéter qu'une
négligence dans le graissage peut amener les
accidents les plus graves. Le mécanicien doit
donc surveiller continuellement les différents organes de sa machine, afin de s'assurer qu'aucun
d'eux ne s'est échauffé, et les maintenir toujours
suffisamment graissés. Il faut éviter bien entendu
de mettre de l'huile avec excès, et ne pas imiter les
mécaniciens inexpérimentés qui en répandent partout et n'en mettent pas toujours où il est nécessaire. Le point important est plutôt de s'assurer que
rien ne s'échauffe et que tous les graisseurs fonctionnent bien, que les trous ne sont pas bouchés,
que les mèches alimentent bien et sont de bonnes
dimensions, ni trop grosses, ni trop minces. On
observera que les pièces neuves consomment
toujours un peu plus d'huile, et il convient de
leur donner des mèches plus minces. Il y a là, en
un mot, une série de précautions qu'il ne faut
jamais omettre, mais que l'usage seul peut apprendre.

GRAISSE. On comprend, sous le nom de *graisses*,
une série de corps gras solides à la température ordinaire, d'une consistance plus ou moins ferme, et
passant à l'état fluide sous l'influence d'une chaleur peu élevée telle que celle que dégage la paume
de la main. Les *graisses* sont d'origine animale,
mais ce nom est donné, par assimilation de propriétés, à des produits d'origine inorganique, tels
que la *vaseline*, dite *graisse minérale*, et à des produits fabriqués industriellement et qu'on vend
sous le nom de *graisses à voitures*, à *vagons*, etc.
Nous ne nous occuperons ici que de l'étude générale des graisses, renvoyant le lecteur, pour plus
de détails, aux articles qui traitent spécialement
de chacune des graisses les plus employées dans
l'industrie.

Composition chimique. C'est Chevreul, le premier,
qui détermina la composition des graisses et montra qu'elles sont formées de trois éléments principaux, la *stéarine*, la *margarine* et l'*oléine* ; les deux
premiers de ces éléments sont solides et donnent,
en général, suivant que leur proportion est plus
forte, une consistance plus ferme aux graisses.

PRÉPARATION. L'extraction des graisses s'opère
généralement à la faveur d'une élévation de température qui provoque la liquéfaction du corps
gras, et lui permet de s'écouler du tissu qui le
contenait. On peut faciliter le départ de la graisse
en soumettant la matière première, préalablement
chauffée, à l'action d'une presse ; on obtient ainsi
un *tourteau* dont les dernières portions de corps
gras peuvent être éliminées à l'aide d'un dissolvant tel que le sulfure de carbone.

On peut arriver immédiatement à un rendement
maximum en désagrégeant les cellules du tissu
graisseux à l'aide d'un agent chimique qui n'attaque pas le corps gras. Cet effet est obtenu industriellement à l'aide d'une lessive alcaline faible
ou à l'aide d'acide sulfurique dilué.

Propriétés. Les graisses sont insolubles dans
l'eau, presque insolubles dans l'alcool froid, assez
solubles dans l'alcool bouillant et miscibles, en
toutes proportions, à l'éther, au sulfure de carbone
et aux divers hydrocarbures.

Les éléments qui forment les graisses sont des
combinaisons de *glycérine* et d'*acides gras* susceptibles de se dédoubler dans beaucoup de circonstances.

L'*eau*, à une température élevée, peut provoquer ce dédoublement, mais il est singulièrement
facilité par la présence d'une *base*. Emploie-t-on
un alcali tel que la *potasse* et la *soude*, il se forme
un sel connu sous le nom de *savon* où l'acide gras
est exactement neutralisé par l'alcali ; emploie-t-
on une base peu soluble telle que la *chaux*, le dédoublement a lieu également et si la proportion
de base est faible, on a d'une part, la *glycérine* et
d'autre part, un mélange de *sel calcaire* et d'acides
stéarique, *margarique* et *oléique*, mélange qui forme
le point de départ de la fabrication des *bougies
stéariques*.

Usages. Ce que nous venons de dire des propriétés des *graisses*, montre quelle est l'importance
de ces corps dans l'industrie de la *savonnerie* et
de la *stéarinerie*. Les graisses entrent pour une
bonne part dans l'alimentation de l'homme en
raison de leur nature ternaire qui en fait des
aliments respiratoires de premier ordre.

Les graisses de *mouton* et de *bœuf* sont plus
généralement connues sous le nom de *suif*. La
graisse de veau plus fine que les précédentes et
absolument dénuée d'odeur, est employée en parfumerie pour la préparation des pommades. La
graisse de porc ou *saindoux* est surtout consommée comme aliment ; il en est de même de la
graisse d'oie qui a un goût fort agréable.

Les *graisses* dites *industrielles* sont des mélanges
qui offrent l'apparence de la graisse et qui résultent de l'empâtage de l'huile de résine avec un
lait de chaux. — ALB. R.

* GRAISSESSAC. La Compagnie des mines de Graissessac est une Société anonyme, fondée le 7 octobre 1863,
pour 50 ans, qui exploite dans le département de l'Hérault les quatre concessions houillères du Bousquet, de
Boussagues, du Devois et de Saint-Gervais, comprenant
ensemble 6,330 hectares. Ces quatre concessions renferment un nombre limité de couches puissantes d'un charbon gras ou demi-gras flambant, convenable pour la
forge, et donnant un bon coke. L'extraction qui était de

130,000 tonnes, en 1864, s'est élevée dans ces dernières années à 300,000 tonnes par an.

* **GRAISSEUR.** *T. de mécan.* Organe ayant pour but de lubrifier continuellement les surfaces métalliques en contact sur les machines en marche, de manière à en adoucir les frottements, à en prévenir l'échauffement ou le grippage. La forme et les dispositions des graisseurs varient à l'infini suivant les usages auxquels ils sont destinés et les avantages qu'on s'est attaché à réaliser; nous ne pouvons évidemment passer ici en revue les différents types de graisseurs, nous nous bornerons à rappeler les qualités qu'on doit rechercher dans l'établissement de ces appareils, et nous indiquerons quelques-unes des dispositions adoptées pour les principales applications qu'ils peuvent recevoir.

Comme toutes les autres pièces de la machine, mais plus spécialement peut-être, les graisseurs doivent se composer d'organes simples et robustes dont la manœuvre et l'accès surtout soient bien faciles, même lorsque la machine est en marche, car il ne faut pas oublier que c'est dans l'alimentation des graisseurs d'accès un peu dangereux, que se produisent souvent les accidents de personnes. Le volume du graisseur doit être suffisant pour qu'on ne soit pas obligé de renouveler l'huile trop souvent, surtout en marche; l'appareil doit assurer, sur les surfaces frottantes, une alimentation automatique en quelque sorte bien régulière, et proportionnée aux besoins, s'arrêtant, en un mot, lorsque la machine cesse son travail, de manière à éviter toute dépense d'huile inutile. Lorsqu'il se forme du cambouis, il est bon qu'il ne vienne pas souiller l'huile neuve et limpide, et qu'il en reste isolé, il faudrait, pour ainsi dire, que le cambouis pût être expulsé à mesure de sa formation.

La plupart des graisseurs à huile alimentent au moyen de mèches qui aspirent l'huile dans le bain et viennent la distribuer sur les surfaces frottantes; la préparation et l'entretien de ces mèches exigent aussi des soins particuliers pour assurer un bon graissage. On emploie ordinairement pour leur confection un fil de cuivre ou de laiton plié en deux, dont on a tordu les branches, et autour desquelles on enroule une tresse de laine ou de coton; on donne plus ou moins de fils, suivant l'épaisseur à obtenir. La mèche, une fois mise en place, doit juste affleurer la portée du tourillon, et plonger dans l'huile par l'autre extrémité. Cette disposition de mèches présente l'inconvénient évident d'entretenir la dépense d'huile par aspiration, même pendant que la machine est arrêtée, et il convient donc de retirer ces mèches pendant les temps d'arrêt. On arrive, d'ailleurs, au moyen de graisseurs de dispositions convenables, à suspendre l'appel d'huile pendant les arrêts, ainsi que nous le disons plus bas.

On doit munir de graisseurs tous les organes animés d'un mouvement rapide, qui pourraient s'échauffer en marche si le graissage était insuffisant; nous citerons, en particulier, les essieux des véhicules de chemins de fer, les paliers d'arbres de transmission, les tourillons de bielles ou manivelles, colliers d'excentriques, les pistons, les tiroirs des cylindres de machines à vapeur, etc.

Chacun de ces organes exige un graisseur spécial, et comme aucun des graisseurs essayés jusqu'à présent n'a donné de résultats complètement satisfaisants, on s'est trouvé amené à créer pour ces appareils une infinité de types. Les fusées des essieux des véhicules de chemins de fer tournent, comme on sait, au contact d'un coussinet logé dans le réservoir de matière lubrifiante qui prend ici plus spécialement le nom de *boîte à graisse*. Les matières employées pour le graissage des essieux varient suivant les différentes Compagnies de chemins de fer, les unes emploient de l'huile qui paraît assurer un frottement meilleur, d'autres préfèrent encore la graisse qui s'expulse moins facilement sous les fortes pressions, et qui admet des dispositions de boîtes bien plus simples.

Avec la graisse, le réservoir est toujours disposé à la partie supérieure de la boîte, au-dessus du coussinet, la graisse est amenée sur les surfaces en contact par deux lumières pratiquées à travers la boîte et le coussinet, celles-ci s'épanouissent en forme de patte d'araignée tracée sur la surface intérieure du coussinet pour assurer la répartition de la graisse. Un obturateur en bois ou en feutre entourant l'essieu et, pénétrant dans une rainure pratiquée sur la boîte, prévient l'échappement de la graisse. La boîte est généralement coulée en fonte. On rencontre cette disposition, par exemple, sur les voitures de la Compagnie de l'Ouest.

Lorsqu'on emploie l'huile pour le graissage, comme on le fait plus généralement aujourd'hui, la disposition des boîtes devient bien plus compliquée, et la grande fluidité de l'huile oblige à prendre des précautions spéciales pour obtenir une fermeture bien étanche à l'arrière autour de l'essieu, précautions qui sont indispensables, tant pour empêcher toute perte de matière lubrifiante que pour prévenir l'introduction des poussières entre les surfaces frottantes. Les réservoirs d'huile sont disposés généralement au-dessous des essieux; mais quelquefois, on en emploie deux, l'un au-dessus, l'autre au-dessous. L'huile est toujours amenée par capillarité au contact des fusées, soit au moyen d'une mèche, de brosses ou de tampons, ou bien de rouleaux baignant dans l'huile et tournant au contact de la fusée.

On rencontre également des boîtes dites *à graissage mixte*, disposées pour fonctionner normalement avec l'huile et accidentellement avec la graisse. Le réservoir inférieur est rempli d'huile, et muni d'un tampon graisseur, comme dans les appareils précédents; le réservoir supérieur est rempli de graisse, il est fermé par un obturateur en alliage fusible qui entre en fusion à une température relativement basse, en cas de chauffage prolongé de la fusée; la graisse intervient ainsi seulement lorsque l'huile vient à faire défaut.

Les graisseurs à huile sont appliqués spécialement, en France, sur les chemins de fer de l'Est et de la grande ceinture, et aussi sur un grand nombre de lignes étrangères, les graisseurs mixtes se rencontrent sur les lignes du Nord, d'Orléans et de Lyon.

Les graisseurs des arbres de transmission sont généralement fermés par de simples réservoirs disposés sur les paliers, et traversés par un tube central qui s'élève dans le bain et descend jusqu'au coussinet. L'huile est amenée par capillarité au moyen d'une mèche traversant le tube et qui baigne dans l'huile à l'une de ses extrémités. Cette disposition présente l'inconvénient signalé plus haut d'entraîner une dépense d'huile continue, même lorsque l'arbre est au repos, à moins qu'on n'ait la précaution d'enlever la mèche.

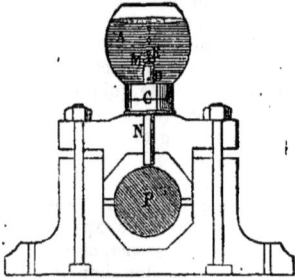

Fig. 311. — *Graisseur pour paliers.*

A Réservoir en verre. — *C* Manchon en bronze pour ouvrir et fermer l'appareil. — *N* Tube qui répand l'huile sur les tourillons. — *M* Petite calotte munie d'un trou *E* pour livrer passage à l'air. — *D* Trou qui laisse tomber l'huile sur l'arbre *P*.

On a cherché à remédier à cette difficulté et nous pouvons citer, par exemple, le graisseur De La Coux, dans lequel l'appel est déterminé par le mouvement même de l'arbre à lubrifier, il se proportionne ainsi à sa vitesse de marche et s'arrête avec lui. Un pareil graisseur est d'un fonctionnement très économique puisque la dépense d'huile est réglée en quelque sorte par les besoins.

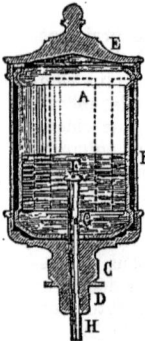

Fig. 312.

Graisseur blindé pour têtes de bielles.

A Réservoir en cristal revêtu d'un blindage en bronze *B*. — *C* Ecrou de fixation de l'appareil. — *D* Tube fileté. — *E* Couvercle fileté. — *F* Trou d'air. — *G* Trou pour laisser échapper l'huile. — *H* Tube alimentaire.

Sur les bielles, manivelles et colliers d'excentriques de machines, on a appliqué aussi des dispositions analogues pour supprimer les mèches des graisseurs et arrêter ainsi toute consommation pendant les arrêts. Comme ces organes sont dans un état de déplacement continuel, l'huile se trouve projetée dans toutes les directions sur les parois du réservoir, et en fermant celui-ci, on peut utiliser le mouvement de l'huile pour assurer le graissage. On recueille, en effet, les quelques gouttes qui viennent tomber dans l'orifice du canal débouchant sur le tourillon, cet orifice étant toujours d'ailleurs relevé à un niveau supérieur à celui du bain. Telle est la disposition imaginée par M. Polonceau qui est appliquée avec succès sur les locomotives de différents réseaux; le seul point délicat consiste à bien régler le diamètre de l'espace libre, pour obtenir une dépense d'huile juste suffisante.

Les autres pièces frottantes des machines en mouvement, comme les tiroirs et les pistons, doivent être aussi graissées en service bien que la vapeur elle-même forme déjà lubrifiant, et elles ont besoin de graisseurs spéciaux. Cette nécessité s'impose particulièrement pour toutes les machines, et les locomotives surtout, qui ont à marcher avec le régulateur fermé alors que les surfaces frottantes ne sont plus baignées par la vapeur. Ce graissage s'opérait autrefois sur les locomotives au moyen de graisseurs installés à l'avant sur les cylindres et qu'on remplissait d'huile pendant les arrêts. Pour graisser en marche, lorsque le régulateur était fermé, il fallait que le chauffeur allât lui-même à l'avant de sa machine verser de l'huile dans le graisseur. Cette manœuvre n'était pas, comme on le comprend aisément, sans présenter les plus grands dangers, et on y a renoncé aujourd'hui pour adopter une disposition qu'il serait intéressant d'appliquer sur les machines dont les cylindres sont d'accès difficile; les réservoirs des graisseurs sont reportés derrière l'écran du mécanicien qui peut les remplir directement de sa plate-forme sans être obligé d'aller à l'avant de sa machine; un tube en cuivre régnant tout le long de la chaudière amène l'huile sur la table du tiroir. Le graisseur ainsi disposé est formé ordinairement d'un simple réservoir fermé par un robinet que le mécanicien ouvre au moment où il veut graisser. Lorsque le régulateur est fermé, l'aspiration résultant du mouvement des pistons assure l'entraînement de l'huile, mais il serait impossible de graisser avec cet appareil pendant que le régulateur est ouvert, car la vapeur du cylindre viendrait, au contraire, dans le réservoir en rejetant l'huile au dehors. Si on veut obtenir un graissage continu, nécessaire dans certains cas, il faut donc refouler l'huile dans les cylindres, et le moyen immédiatement indiqué consiste à employer la vapeur empruntée directement à la chaudière, la chute de pression qui se produit dans la boîte à vapeur étant toujours suffisante pour assurer le refoulement; toutefois, on est obligé alors d'isoler complètement le graisseur de l'atmosphère, afin d'empêcher la vapeur de s'échapper au dehors. On connaît un grand nombre d'appareils disposés sur ce principe (graisseurs Consolin, Dorier, etc.); nous citerons seulement le graisseur Bouillon appliqué aux chemins de fer de l'Est et qui repose sur un principe légèrement différent. Ce graisseur s'installe directement sur le cylindre, et l'entraînement d'huile s'opère d'une manière automatique par l'action de la vapeur d'échappement dont un mince filet pénètre continuellement dans le graisseur et détermine l'évacuation dans le cylindre d'un volume d'huile égal au sien.

— V. *Revue générale des chemins de fer*, février 1880, août et décembre 1883.

*GRAMMONT (Dentelles de). Cette fabrication est concentrée dans les villes d'Enghien et de Grammont (Belgique). Elle comportait, autrefois, tous les genres de dentelles blanches en fil, fond clair et fond doublé, communes et à bas prix ; elle s'est aujourd'hui tournée du côté des dentelles noires en bandes et en grandes pièces ou morceaux. La dentelle qu'elle produit est une sorte de dentelle noire de *Chantilly* (V. ce mot}, à réseau moins serré, dans laquelle on a soin, par des combinai-sons spéciales, de tourner et même de supprimer toutes les difficultés du travail qu'exigent les dentelles françaises. Aujourd'hui, la fabrique à laquelle elle fait surtout concurrence est celle de *Bayeux* (V. ce mot). La dentelle de Bayeux est fine, légère, compliquée ; la dentelle de Grammont n'est qu'apparente, et, en conséquence, meilleur marché. Dans ces dernières années, les Belges ont inventé bon nombre de dessins nouveaux, mais ils se sont longtemps contenté de copier les dessins français ; n'y aurait-il, en ce cas, que la différence des frais de dessinateur, que déjà cette condition militerait en faveur du meilleur marché de la dentelle belge.

* **GRAND'COMBE** (La). La Société de la Grand'Combe exploite, dans le département du Gard, six concessions de mines de houille d'une étendue totale de 8,965 hec-tares (Champelauson, la Fenadou, la Grand'Combe, la Levade et la Tronche, St-Jean-de-Valeriscle et Trescol et Pluzor), et six concessions de mines de fer (Trescol, Trouillas, Blannaves, Champelauson, la Tronche et l'Affenadou). Elle possède dans les Bouches-du-Rhône la concession de lignites de Tretz, d'une étendue de 7,129 hectares. Le gisement houiller de la Grand'Combe comprend une vingtaine de couches d'une épaisseur totale d'environ 25 mètres. On y trouve du charbon maigre et du charbon gras propre à la fabrication du coke mais pas à la fabrication du gaz. Il contient beau-coup de cendres (9 à 20 0/0 pour les menus non lavés et 9 à 16 0/0 pour les gros), et est, en outre, extrêmement friable. Il en résulte que la Société est obligée de fabri-quer des agglomérés.

La production qui était déjà de 360.000 tonnes, en 1855, a suivi depuis lors une marche faiblement ascen-dante, et elle a dépassé, dans ces dernières années, 600,000 tonnes. La Société anonyme de la Grand'Combe formée le 3 octobre 1855, pour une durée de 50 années, est demeurée garante de deux emprunts émis le 26 avril 1840, et le 11 juillet 1844; par l'ancienne Société de la Grand'Combe et des chemins de fer du Gard à laquelle elle s'est substituée. Elle a fait elle-même un emprunt le 30 juin 1858. .

*GRANDVILLE(Jean-Ignace-Isidore Gérard, dit). Caricaturiste, né à Nancy en 1803, mort à Paris en 1847. Malgré le talent et la popularité, la vie de ce dessinateur célèbre ne fut qu'une pénible lutte contre la misère. Enfant débile et souffreteux, on lui avait épargné le travail réservé à ses frères, et son père, médiocre peintre miniaturiste, lui avait donné quelques leçons dont le jeune élève avait assez peu profité. Dans les modèles qu'on lui mettait sous les yeux, il ne voyait que le côté ridicule et risible, et on comprend aisément que ces dispositions étaient peu favorables au succès d'un peintre de portraits.

Venu à Paris pour exercer ce métier, le jeune artiste n'y rencontra donc ni la faveur ni la fortune, mais il trouva un ami, peintre de goût et d'esprit, Duval Le Camus, qui lui donna le bon conseil d'exploiter sa verve railleuse et d'éditer des charges et des pochades. Grandville avait trouvé sa voie.

Bien plus, il créa un genre. Partant de ce principe quelque peu paradoxal, mais original, que l'homme dans les circonstances les plus vulgaires de la vie, ressemble à la bête, il montra les hommes du jour et les types connus de la petite bourgeoisie ou du peuple sous les traits du coq, du dindon, du cochon, de l'âne ou du chien.

L'artiste avait su saisir des concordances sin-gulières, des ressemblances fugitives, l'importance d'une manie, d'un vêtement, d'un chapeau ou d'une canne, au point qu'il était impossible au public de se tromper sur le nom des personnages. La Cour elle-même n'était pas épargnée ; elle était seulement devenue la basse-cour.

Le *Dimanche d'un bon bourgeois* et les *Métamor-phoses du jour* (1828), sont les premières œuvres de J.-I. Grandville et celles qui tout d'abord fon-dèrent sa réputation.

A Grandville, caricaturiste, on doit un grand nombre de pages curieuses dans le *Charivari* et dans la *Caricature*, entre autres le *Mât de cocagne*, le *Convoi de la Liberté*, la *Basse-cour*, etc., les *Petites misères de la vie humaine*, *Jérôme Paturot*, et par certains côtés, les *Scènes de la vie privée et publi-que des animaux*, livre plus connu sous le nom des *Animaux peints par eux-mêmes*.

Mais à côté de Grandville caricaturiste, il y a Grandville dessinateur d'illustrations, dont plu-sieurs œuvres tiennent une très grande place dans l'histoire du livre au xixe siècle. Nous ne parle-rons que pour mémoire des dessins des *Caractères* de Labruyère, du *Voyage où il vous plaira*, de Ro-binson, de *Don Quichotte*, et de vingt autres publi-cations qu'il entreprit pour vivre ; mais il trouva un réel et légitime succès dans les œuvres où il devait donner aux animaux et aux objets inani-més les caractères et l'expression de la figure humaine. C'est à quoi il a parfaitement réussi dans les *Fleurs animées*, les *Etoiles*, surtout dans les *Fables de Lafontaine* où l'écrivain a trouvé dans le dessinateur un moraliste digne de le comprendre, et dans les *Animaux peints par eux-mêmes*. Ces deux ouvrages sont considérés comme des chefs-d'œuvre.

A ce pénible labeur l'artiste s'épuisait, ses em-barras d'argent continuels s'ajoutaient à ses cha-grins domestiques : il avait perdu en peu de temps sa femme et ses trois enfants. Vieilli avant l'âge, attristé et découragé au milieu même de ses suc-cès, il sentit sa raison s'égarer. A ces dernières années de sa vie sont dues des compositions étran-ges où se révèle un esprit malade : l'*Autre monde*, *Crime et expiation*, le *Voyage de l'éternité*, etc. Enfin, la mort de son dernier enfant fut le dernier coup porté à cette organisation affaiblie. Il mou-rut fou furieux en 1847, après une vie de luttes et de souffrances, au moment d'ailleurs où la révolution, en changeant le régime gouvernemen-tal et la base de la société qu'il avait ridiculisés, allait enlever au genre qu'il avait créé sa raison d'être et son succès.

GRANGE. T. de constr. agric. Construction dans laquelle on range les céréales en gerbes et où on ef-fectue le battage. Nous renvoyons à l'art. Construc-

TIONS RURALES, t. III, pour ce qui concerne les dimensions à adopter ainsi que les détails de construction. Voici comment on établit le calcul d'une grange à blé : un mètre cube contient 100 kilogrammes de récolte (33 kilogrammes de grain et 67 kilogrammes de paille) ; l'hectolitre de grain pesant 75 kilogrammes, exige un cube de 2ᵐ,200; par conséquent, en mettant à 25 hectolitres le rendement moyen à l'hectare, il faut 55 mètres cubes de grange pour loger la récolte d'un hectare.

Dans les petites exploitations, où le battage se fait encore au fléau, on ménage dans la grange un espace vide dit *aire à battre* de 3 à 4 mètres de largeur. Lorsqu'on se sert d'une machine, on l'installe le long d'un mur, le moteur (manège, machine à vapeur) est placé à l'extérieur. L'emplacement nécessaire à la batteuse est de 6 mètres de long, $\times$ 4 mètres de large.

Grange anglaise. Lorsqu'on serre toute la récolte dans les granges, celles-ci deviennent très grandes et par conséquent très coûteuses ; on peut alors établir le système anglais qui supprime cet inconvénient. La grange anglaise est suffisamment vaste pour loger la récolte que l'on peut battre en une semaine ; une batteuse est disposée sur l'un de ses côtés et une grande porte donne accès sur une cour entourée de murs, dite *cour des meules*, dans laquelle les meules de 50 à 100 mètres cubes de capacité reposent sur des plates-formes soutenues par des piquets s'élevant du sol à 0ᵐ,70 ou 0ᵐ,80, etc. En dessous des meules, court une petite voie ferrée qui pénètre dans la grange et aboutit à la batteuse. Pour rentrer une meule, on la soulève avec des vérins et on la laisse redescendre sur un vagonnet qui l'emporte. Au lieu de soulever la plate-forme, on a avantage à la laisser descendre sur le vagon, on emploie dans ce cas des sacs de sable, intercalés entre les piquets et la meule, que l'on ouvre au moment voulu comme pour le décintrement des *voûtes*.

Grange à maïs. Le maïs ne se conserve pas dans les granges ordinaires. Dans le Midi, les épis séparés de la tige sont attachés à des fils horizontaux formant ainsi des guirlandes que l'on accroche aux charpentes. Lorsque la production est importante, on construit des granges spéciales; sur des murs de 0ᵐ,50 à 0ᵐ,60 de hauteur, on élève des poteaux distants de 2 mètres à 2ᵐ,50 supportant une toiture légère. Les côtés sont fermés par des lames de jalousies; à l'intérieur, les guirlandes de maïs sont tendues sur des potences. La largeur de ces granges est un multiple de 1 mètre ou de 1ᵐ,50, on les construit quelquefois à deux étages. — M. R.

GRANIT ou **GRANITE**. T. *de minér*. Sorte de roche éruptive, très dure, offrant une résistance à l'écrasement de 500 à 1,500 kilogrammes par centimètre carré, d'une densité de 2,59 à 2,75 ; de nature acide (Elie de Beaumont), c'est-à-dire renfermant plus de 69 0/0 de silice ; holocristalline (entièrement cristalline), et dont les diverses variétés constituent le type granitoïde, opposé, par sa texture, au type vitreux qui comprend les roches amorphes.

Le granit commun est constitué par une agrégation de cristaux de feldspath, mélangés avec une moindre quantité de quartz, et du mica noir, en plus faible proportion, entourés par une pâte également cristalline; mais, comme ces éléments peuvent varier (feldspath albite, orthose, oligoclase, par exemple, mica blanc, au lieu de mica noir, etc.), il en résulte que l'aspect et la texture peuvent se modifier, et qu'il y a des variétés secondaires à étudier. Ainsi, dans la texture granitoïde, les cristaux visibles à l'œil nu sont uniformément développés (roches phanérocristallines), tandis que parfois les cristaux étant petits, ils donnent à la masse un aspect compact, comme cela a lieu dans les corps de texture euritique (roches cryptogranitiques). Il est fort difficile de différencier entre elles ces sortes de roches, si l'on n'emploie pas les procédés nouveaux que la *pétrographie* utilise aujourd'hui, c'est-à-dire l'usage du microscope polarisant, à lumière parallèle. Lorsqu'on examine la roche réduite en lamelle mince et à faces parallèles, avec les nicols croisés, on voit apparaître des aspects chromatiques des plus caractérisés. Le granit de Vire, par exemple, examiné sans nicol analyseur, offrira des parties brunes aux endroits où sera le mica, mais il restera transparent, sans aspect différent bien notable dans les autres parties de la préparation, tandis qu'avec le nicol, le quartz sera jaune mélangé de rose dans certaines parties, quelques-unes seront noires, d'autres jaunes (par suite d'orientation différente) ; le mica sera brun foncé ; le feldspath, jaune avec des raies noires; certains endroits bruns avec raies noires ; l'orthose sera grisâtre ou parsemé de taches brunes, avec lignes sinueuses bleu foncé. Ces caractères très tranchés, ne sont pas les seuls que la pétrographie a su tirer de l'emploi du microscope : avec un grossissement de 7 à 800 diamètres, M. Sorby, en 1880, a observé dans les cristaux de quartz du granit, des inclusions diverses, de gaz (acide carbonique), de liquides (eau ou solutions sursaturées de sel marin). Ces faits lui ont permis de conclure: que lorsque la roche s'est consolidée, l'eau existait en cet endroit, soit à l'état liquide, soit sous celui de vapeur comprimée, laquelle s'est ensuite condensée ; que de plus, les granits sont d'origine hydrothermale, qu'ils ont jailli à l'état pâteux, saturés de vapeur d'eau, et que le quartz y a pris le dernier l'état solide, puisqu'il remplit les vides laissés entre eux par le feldspath et le mica.

On reconnaît dans les granits divers types bien spéciaux : le *granit à petit grain* ou *commun*, ceux du Cotentin, de Bretagne, du Calvados, de l'Ille-et-Vilaine, sont employés pour les trottoirs ; ceux de Limoges, Ussel, Guéret, de Remiremont et du Hohneck, dans les Vosges; de Manzat (Puy-de-Dôme), etc., servent pour le pavage, ainsi que ceux du Néthou (Pyrénées) ; le *granit à grands cristaux*, de Cherbourg, Gelles, St-Quentin, du Puy-de-Dôme, etc.; le *granit porphyroïde* caractérisé par ses grands cristaux de feldspath (Laber-Ildut, Lesnevey, près Brest ; Vosges, du col du Bonhomme à Bussang; Meymac, Coudes, Mont-Pilat; Simplon; Vallée du Lys, lac d'Oô, etc.) ; le *granit gneissique*, dont les éléments sont orientés (Saxe);

le *granit euritique*, à grains excessivement fins ;
le *granit stéatiteux*, à stéatite verte (Brezonars,
Vosges) ; le *granit amphibolique*, dans lequel le
mica est remplacé par de l'amphibole hornblende
(Egypte) ; le *granit chloriteux* où le chlorite de fer
est substitué au mica (Mont-Blanc, Oisans). On
réserve le nom de *granilute* à celui qui contient à
la fois de l'orthose et de l'oligoclase.

La composition moyenne du granit est la suivante (Von Lasaulx) :

Silice	72.00	Oxyde manganeux	0.50
Alumine	16.00	Potasse	6.50
Oxyde ferreux	1.50	Soude	2.50
Chaux	1.50	Eau	1.00

A côté des granits proprement dits, se rangent
les roches de la même famille qui ont une grande
analogie avec le type du genre : le *granit à mica
blanc* ou à deux micas (Creuze, Haute-Vienne,
Corrèze, Cotentin) ; il constitue le Mont Saint-
Michel, la base du sol d'Avranches, Saint-Hilaire
de Harcourt, Tourbelaine, divers massifs en Cornouailles ; ils est souvent tourmalinifère et surtout stannifère ; la *granilite* également à mica
blanc, mais à grains fins (Morvan, environs de
Nantes, Guérande, Cervan, Lormes ; Coudes
(Puy-de-Dôme) ; Pontgibaud ; Fréjus (Var) ; Saxe ;
le *granitoporphyre*, Bœn, Urphé, Saint-Just (Loire),
Rochesson, Saint-Amé, dans les Vosges ; Crochat,
près Limoges ; Rothau, Pranal, Four-la-Brouque ;
Carlsbad. Les roches suivantes s'éloignent un peu
plus du granit : la *leptynite* (quartz et feldspath
mélangés), quelquefois avec mica isolé ; la *pegmatite* (quartz et feldspath isolés) ; la *protogyne* (quartz,
feldspath et mica talcqueux ou chloriteux [c'est la
plus récente des roches éruptives, alors que son
nom ferait supposer que c'est la plus ancienne]) ;
la *syénite* (quartz, feldspath oligoclase et amphibole hornblende) ; la *diorite* (feldspath albite et
hornblende).

Au point de vue de l'époque de leur formation,
on peut dire 1° que les granits proprement dits constituent une période essentiellement cambrienne,
se poursuivant cependant jusqu'au silurien inférieur, comme on le voit au métamorphisme qui
s'est produit par son contact ; 2° que les granits à
mica blanc s'étendent du silurien au dévonien,
en constituant la période granulitique ; et 3° que
l'époque carbonifère montre l'apparition des porphyres granitoïdes. Toutes ces roches acides, éruptives, constituent des massifs irréguliers, des
filons ou de véritables coulées.

Usages. Le granit est exploité non seulement
pour la confection des bordures de trottoir, le
pavage ou l'empierrement des routes, mais il faut
aussi attaquer ses massifs pour isoler les filons
métalliques qu'il renferme. Les plus abondants
sont ceux d'étain, d'oxyde ferrique, de blende, de
galène ; à Meymac, on exploite ceux de bismuth ;
on y trouve encore parfois du cuivre, assez abondamment, puis de l'or, de l'argent, du molybdène,
du wolfram, etc. — J. C.

GRANULE. Petit grain. En pharmacie, on désigne par ce mot une petite pilule composée de
sucre et d'une substance médicamenteuse ; son
poids varie de 3 à 10 centigrammes. Le sucre,
mélangé au médicament, a pour but de masquer la saveur de ce dernier, de faciliter sa dissolution ou sa désagrégation dans l'estomac ;
sous cette forme, presque tous les médicaments
peuvent être administrés aux malades avec le
très grand avantage de leur faire prendre les
substances les plus désagréables au goût et d'é-
viter les erreurs de dosage.

Les granules bien fabriqués et préparés selon
les bonnes prescriptions pharmaceutiques doivent
satisfaire aux conditions suivantes : 1° être solubles quand le médicament l'est lui-même ; 2° dans
le cas de l'insolubilité, ils doivent se diviser rapidement dans l'eau ; 3° ne contenir aucun principe
actif qui exerce une action sur le véhicule.

GRAPHIQUE. Se dit spécialement de toutes les
méthodes qui ont pour but la représentation des
objets par des lignes au moyen des procédés que
fournit le *dessin géométrique*. — V. ce mot.

En mathématique et en mécanique, la représentation des lois et phénomènes par des procédés graphiques a pris depuis quelques années
une très grande extension. Les épures spéciales
figurées dans ce but portent généralement le
nom de *diagrammes* ou simplement de *graphiques* ;
elles permettent de rendre facilement tangible pour
l'œil et le cerveau, dès solutions de problèmes
souvent très compliqués et très arides lorsqu'on
se borne, pour les représenter, à l'emploi des formules fournies par l'analyse pure.

La statistique, science qui a été spécialement
cultivée pendant ces derniers temps, a pris des
formes simples et facilement accessibles à tous,
grâce à l'usage des procédés graphiques qu'elle
tend de plus en plus à employer à l'exclusion de
tous les autres.

En mécanique, on est arrivé aujourd'hui à faire
produire un grand nombre de ces graphiques par
les mouvements eux-mêmes. Inversement on peut
tirer au moyen de l'analyse, des conclusions générales et des lois difficiles à découvrir autrement,
rien que par l'étude des courbes obtenues de la
sorte ; c'est ce qu'on fait, par exemple, lorsque
l'on déduit des lois de la pesanteur de la courbe
parabolique tracée par le poids tombant dans la
machine de Morin.

On sait, d'ailleurs, que la surface comprise
entre une courbe tracée par abscisses et ordonnées, et les axes de coordonnées, a pour expression l'*intégrale* de la fonction analytique représentative de la courbe $\int f(x)dx$; on a ainsi le moyen
d'évaluer bien des intégrales pénibles, et certaines méthodes approchées du calcul intégral
sont basées sur cette propriété. Réciproquement,
le calcul intégral peut fournir un moyen simple
d'évaluer rapidement une surface dont le périmètre est, à première vue, de forme très compliquée.

Tout le monde connaît les appareils nommés
indicateurs de Watt, et qui permettent d'évaluer
expérimentalement le travail d'une machine à
vapeur (V. INDICATEUR). De même, en acoustique,

on enregistre souvent par un procédé analogue, sur des surfaces enduites de noir de fumée, les vibrations produites par des corps sonores; certains instruments permettent de représenter rigoureusement les battements du cœur, du pouls, etc. — A. M.

GRAPHITE. T. de chim. Syn. : *plombagine, mine de plomb.* Variété naturelle de carbone, d'un noir gris ou d'un gris d'acier, opaque, à éclat métallique, flexible, si elle est en lames minces, cristallisant en rhomboèdres de 85°,29, ou en lamelles hexagonales, clivables suivant la base, ou se trouvant en masses écailleuses et compactes, à cassure inégale; d'une dureté de 1.5, d'une densité de 2.1 en moyenne; conduisant bien l'électricité; de toucher doux et gras, s'entamant facilement au couteau, et tachant en gris le papier ou les doigts (d'où son nom, de γραφω, j'écris).

Le graphite est infusible, brûle difficilement à la flamme extérieure du chalumeau, est insoluble dans les acides, fuse avec le nitre, en donnant du carbonate de potasse, et est, en presque totalité, constitué par du carbone pur. D'après Regnault, un échantillon a donné 97.27 de carbone, pour 2,73 de gangue quartzeuse, sans traces d'oxyde de fer; ce qui prouve bien que ce corps n'est pas un carbure de fer, comme on l'a pensé quelque temps.

Le graphite se trouve dans les granits, gneiss, micaschistes ou les calcaires saccharoïdes des terrains primitifs. Il en existe en France, le seul gisement exploité est à Chardonet, dans les Hautes-Alpes; on en rencontre encore dans les Pyrénées, les montagnes du Labour. Les gisements les plus célèbres étaient ceux de Borrowdale, de Kerwick, dans le Cumberland (Angleterre); ils sont presque épuisés; puis viennent ceux de Sibérie, à Jéniséi, ceux des monts Batougal et Ourals, découverts par le français Alibert; ceux voisins du fleuve Anotte, sur les frontières de la Chine, qui sont des plus importants; notons encore les gisements de Passau, Schwarzbach, Mugram (Bavière, Autriche), de Moravie, de Styrie, de Norwège, de Calabre; puis ceux de l'île de Ceylan, de Californie, et enfin de l'Amérique septentrionale (à Sturbridge, Massachusets; à Ficouderosa, New-Jersey; à Fishkill, New-York).

La présence du graphite et du diamant, uniquement dans les terrains primitifs, prouve l'existence du carbone, dans les premiers matériaux de la terre, bien avant l'apparition des êtres organisés; mais, ce sont les seules variétés de carbone que l'on puisse retrouver, offrant cette ancienneté.

Usages. Le graphite a de nombreux emplois. Il sert surtout à confectionner les crayons, non plus simplement en sciant les blocs, comme on le faisait avec les belles espèces du Cumberland, mais en réduisant le corps en poudre très ténue, le mélangeant avec de l'argile, et faisant, avec une matière mucilagineuse, une masse homogène que l'on introduit humide dans des cylindres où on la comprime pour la faire sortir en petites baguettes de forme variable que l'on coupe, sèche et calcine,

puis recouvre de bois, suivant les besoins (Conté). La plombagine sert encore, mêlée à l'argile, à faire des creusets réfractaires. Pulvérisée, elle est employée pour noircir la tôle et la fonte, et les préserver de la rouille; à graisser les machines, à enduire les empreintes destinées à la galvanoplastie, ainsi que les moules, dans les fonderies; on l'utilise aussi, dans la fabrication des chapeaux de feutre, pour donner certains tons, et un toucher doux; pour colorer le verre en noir, lisser la poudre ou le plomb de chasse, etc.

Il se forme de la plombagine dans les fentes qui se produisent sur les parois des hauts-fourneaux où l'on réduit le fer, par suite de la décomposition des gaz carburés à une haute température. Cette variété artificielle a la même composition que le graphite naturel. — J. C.

GRAPHOMÈTRE. Instrument de topographie dont on se sert dans les levés de plans pour la mesure des angles. Il remplace rigoureusement sur le terrain, cet objet qui sert également dans le cabinet à mesurer les angles sur le papier, et qu'on nomme un *rapporteur.*

Le graphomètre, dans sa forme la plus élémentaire, se compose d'un demi-cercle en laiton ou *limbe* horizontal gradué, présentant les divisions ordinaires de la circonférence en 180 degrés. Ce limbe, qui a de 16 à 22 centimètres de diamètre, donne lui-même les demi-degrés, ou les fractions de 30 minutes; un vernier accompagnant une pièce mobile ou *alidade,* permet de faire l'évaluation des angles jusqu'aux minutes.

Les *alidades* sont au nombre de deux, fixées au limbe; ce sont des règles plates, également en laiton, et présentant à leurs extrémités des retours à angle droit munis de *pinnules* ou fenêtres verticales, composées dans leur longueur de deux parties (fig. 313) : une fente étroite ou *œilleton,* et une ouverture plus large dans le prolongement de cette fente; un fil fin, ordinairement un crin de cheval, est tendu longitudinalement de manière à former l'axe des ouvertures les plus larges qui, horizontalement, correspondent d'une extrémité à l'autre de l'alidade, aux ouvertures étroites opposées. Il résulte de la correspondance ainsi établie à l'avance, que l'ouverture étroite ou œilleton de chaque fenêtre permet de viser le fil tendu dans la partie plus large de la fenêtre opposée; en même temps, on a toujours ainsi une fente étroite devant l'œil à chaque extrémité, sans être obligé de retourner l'alidade. On obtient avec cette disposition une ligne de visée aussi nette et aussi précise qu'il est possible de l'obtenir avec un instrument dans lequel on ne fait pas usage

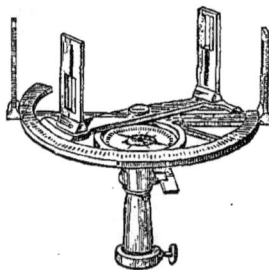

Fig. 313. — *Graphomètre.*

de la lunette. Il faut se garder, d'ailleurs, de jamais viser en sens contraire, c'est-à-dire en regardant une fenêtre étroite par une ouverture large, on y perdrait son temps et on n'obtiendrait que de mauvais résultats.

Cela posé, l'une des alidades est fixe sur le cercle de base, et correspond à la ligne 0—180°; l'autre est mobile autour d'un axe passant par le centre du limbe et peut faire avec la première un angle quelconque. Cet instrument est représenté par la figure 313 empruntée à l'ingénieur Chevalier.

Sur l'alidade fixe est tracée une ligne passant par le centre et correspondant aux fils des pinnules; c'est ce qu'on appelle la *ligne de foi*, et c'est à partir de cette ligne que se comptent les divisions du limbe. Une ligne analogue est tracée sur l'alidade mobile; cette ligne se continue au delà des pinnules et correspond au zéro de chaque vernier.

Les extrémités des alidades sont amincies en biseaux suivant des arcs de cercle ayant le même centre que l'appareil et dont la circonférence coïncide dans toutes les positions avec celle du limbe; ce sont ces biseaux qui portent les verniers.

L'axe du cercle se prolonge en dessous et se termine par une petite sphère de 0^m,02 à 0^m,03 de diamètre, qu'on appelle quelquefois le *genou*; cette boule se trouve saisie entre deux pinces creuses et sphériques ou *coquilles* dont l'une est fixe et l'autre mobile, et qu'on peut rapprocher ou éloigner l'une de l'autre au moyen d'une vis de pression; c'est ce qu'on appelle dans l'ensemble un assemblage à *rotule*. On peut, par ce moyen, donner au limbe toutes les positions voulues de l'horizontale à la verticale; les deux pinces qui enserrent la rotule sphérique étant échancrées latéralement de manière à laisser passer la tige qui réunit la sphère au limbe lorsque celui-ci doit occuper la position verticale.

Un pied à trois branches en bois de chêne complète le support qu'on peut fixer en terre, au moment d'opérer, au moyen de pointes plantées dans le bois et maintenues par des douilles aux extrémités des trois pieds.

La graduation du demi-cercle est double, c'est-à-dire que les degrés marqués d'abord de 0 à 180°, le sont ensuite dans l'ordre inverse de manière à permettre les lectures dans les deux sens opposés sans déranger l'instrument lorsqu'il est en station.

Généralement, le limbe présente dans sa quadrature quelques degrés de plus que 180 pour tenir compte de la largeur de l'alidade et permettre aux angles voisins de 180° d'être, comme les autres, mesurés au vernier.

Au limbe est adjoint le plus souvent une petite boussole qui ne sert pas ici à mesurer les angles, mais permet simplement de s'orienter sur le terrain.

Le plan de visée doit passer rigoureusement par l'axe de rotation de l'appareil, sans quoi il en résulterait des erreurs dans l'évaluation des angles; nous verrons plus loin comment l'on s'assure de ce fait.

Pour bien contrôler à l'avance l'exactitude de l'instrument, il faut amener l'alidade mobile sur l'alidade fixe, de manière que les zéros se correspondent; il faut alors que les fils des quatre pinnules soient bien dans un même plan. De petites vis dont les têtes pincent les fils contre les parois de l'appareil, permettent de redresser ceux-ci lorsqu'ils n'ont pas une bonne direction. Il faut encore que l'instrument soit bien centré, c'est-à-dire que l'alidade mobile présente son axe de rotation bien au centre du cercle gradué. On s'en assure en mesurant deux angles adjacents dont la somme doit toujours être 180° et qu'on trouve évidemment plus petite si l'alidade ne tourne pas autour du centre. On vérifie enfin la graduation du limbe en y promenant un peu partout une ouverture de compas connue qui doit embrasser toujours le même nombre de degrés. Ou bien encore en mesurant sur le terrain une série d'angles que l'on ramène au point de départ de manière à faire un tour complet d'horizon. Il est certain que si la graduation est exacte, on doit trouver en totalisant toutes les lectures, le chiffre de 360°.

Lorsqu'on veut pouvoir mesurer des angles dont les objets indicateurs sur le terrain sont assez éloignés, il faut remplacer dans le graphomètre ordinaire les alidades par une lunette horizontale tournant autour du centre du limbe et parallèlement à celui-ci. L'axe de la lunette est déterminé par le croisement de deux fils d'araignée, disposés à l'intérieur perpendiculairement l'un à l'autre, ou mieux par deux traits à angle droit gravés au burin sur la lentille même de l'oculaire. C'est ce qu'on nomme un *réticule* (V. CERCLE RÉPÉTITEUR). En outre, dans le graphomètre ordinaire, la hauteur des pinnules permet bien à la rigueur de viser en plongeant, et, par conséquent, de mesurer un angle incliné ramené à l'horizon; mais il est difficile d'évaluer ainsi les angles très inclinés par rapport à l'horizontale, et il faut alors employer un autre instrument, qui est le graphomètre à lunette plongeante ou *théodolithe* (V. ce mot). Si l'on veut, au contraire, mesurer un angle *dans son plan*, on n'a qu'à amener le limbe du graphomètre dans le plan de cet angle en le faisant incliner sur sa rotule, et à procéder comme à l'ordinaire.

On peut, à la rigueur, opérer avec un graphomètre présentant une erreur de centrage, pourvu que l'on connaisse la différence et que l'on en corrige les angles observés. Enfin, si α est l'angle exprimant l'approximation donnée par l'instrument, la limite à l'emploi du graphomètre est donnée par la formule :

$$x = \frac{0^m,0002}{2 \operatorname{Sin} \alpha}$$

x représentant le maximum de distance des points que l'on peut viser pour que leur déplacement n'excède pas l'erreur graphique permise dans l'exécution des plans de topographie. — A. M.

GRAPPIN. *T. de mar.* Instrument de fer, à pointes recourbées. Petite ancre terminée par quatre ou cinq branches recourbées. || *T. de verr.* Outil de fer qui sert à faire tomber le verre resté dans les pots quand le travail est terminé ; on dit aussi *grattoir.*

GRAS (Corps). — V. Corps gras, Huile.

* GRATTAGE. *T. techn.* Ce terme employé dans une foule d'industries se définit de lui-même, et il n'est point nécessaire de nous y arrêter. Il a, cependant, dans les industries des tissus une signification particulière que nous allons donner. On appelle *grattage* l'opération qui a pour but de *lainer* l'envers des velours de coton, de manière à les rendre duveteux. L'étoffe ainsi apprêtée paraît un peu plus épaisse et plus douce au toucher, et, conséquemment, elle semble avoir plus de main. Ce sont les acheteurs qui exigent que les pièces soient grattées. Le grattage peut servir aussi, quelquefois, à cacher l'envers de certains articles dont la croisure laisse à désirer.

Cet apprêt se fait toujours au détriment de la solidité du velours, puisque certains filaments du tissu se trouvent ainsi déchirés et même enlevés. Aussi, par exemple, ne gratte-t-on pas généralement l'envers des velventines lisses, façon soie, pour ne pas énerver cette étoffe, délicate de contexture, ni les demi-côtes, fond toile, très basse qualité.

Les fabricants de velours ne font généralement pas l'opération du grattage chez eux, car pour alimenter constamment une machine à gratter, il faut une très grande production, puisqu'une semblable machine peut traiter jusqu'à 40 et 50 pièces par chaque journée de douze heures. Le grattage est d'ailleurs une opération qui les gênerait, à cause de la quantité considérable de poussière qui en est la conséquence. Ils confient généralement ce soin aux teinturiers, imprimeurs ou apprêteurs.

La machine à gratter est un appareil des plus simples ; elle se compose d'un bâti sur lequel sont montés deux ou plusieurs tambours de 30 à 40 centimètres de diamètre. Les tambours sont recouverts de plaques de cardes, et tournent rapidement pendant qu'un mouvement de tirage, à vitesse lente, fait avancer la pièce dans le sens inverse de la marche des tambours, à raison de 20 à 22 centimètres par seconde. C'est la différence entre la vitesse des tambours et la vitesse de la pièce qui détermine l'action des pointes de cardes sur la surface d'envers des velours, et c'est cette action qui, à son tour, opère le lainage ou sorte de tirage à poil de l'étoffe. — A. R.

Le grattage a été également appliqué depuis quelques années aux étoffes de coton, dans le but de déterminer, à leur surface, la production d'une certaine quantité de duvet, lequel donne, jusqu'à un certain point au tissu, l'aspect et le toucher de la laine.

Cette opération se pratique depuis 1867, époque à laquelle la maison Gladbach (Prusse-Rhénane) envoya à l'exposition de Paris, de remarquables échantillons de tissus grattés. Cette opération, faite d'abord avec des chardons végétaux, puis avec des cardes métalliques, est aujourd'hui effectuée à l'aide de machines diverses qui varient entre elles suivant la manière dont les cardes sont

disposées, et suivant la façon dont elles agissent sur l'étoffe. Il y en a, en effet, qui agissent : (*a*) dans le sens de la longueur de la chaîne du tissu, et d'autres (*b*) dans le sens de la trame.

On gratte habituellement les pièces en écru, et on pratique ensuite le blanchiment, la teinture ou l'impression, pour produire les genres voulus ; mais exceptionnellement, pour certains articles, on gratte les pièces déjà imprimées, après dégommage fait avant l'impression, tout en disant qu'il est fort difficile de *lainer* les pièces ayant subi les traitements énergiques du blanc d'impression.

Par le grattage et l'impression des différents genres de tissus, croisés, satinés, etc., on produit une grande variété d'articles : finette, pilon, futaine, flanelle, pilon double face, tissus pour pantalons, jupons, etc. ; mais on affaiblit presque toujours d'une façon assez grande, la résistance de la fibre textile.

Ces articles qui se font surtout à Rouen et à Valenciennes, sont, en général, assez appréciés dans ces régions, et il s'en produit environ annuellement de 150 à 160,000 pièces de 70 à 80 mètres.

* GRATTEAU. *T. techn.* Sorte de ciselet qui sert à adoucir les reliefs des ouvrages en métal.

* GRATTE-BOESSE ou **GRATTE-BOSSE.** *T. techn.* Brosse de fil métallique dont on se sert dans certaines industries du métal, et particulièrement dans les travaux galvaniques, ainsi que dans la bijouterie, pour donner du brillant au bijou après sa mise en couleur. — V. Argenture, § *Grattebossage ;* Boesser.

* GRATTE-FONDS. *T. techn.* Outil en fer qui sert à faire le ravalement des façades en pierres de taille.

* GRATTERONS. Nom donné aux matières végétales qu'on trouve dans le commerce mélangées à la laine brute. — V. Egratteronnage, Echardonnage et Epaillage.

GRATTOIR. 1° Ce mot s'emploie pour désigner le morceau de faux dont se servent les coupeurs de velours de coton pour racler chaque *tablée* sur son endroit avant d'exécuter la coupe *longitudinale,* afin d'enlever les écailles ou boutons qui se trouvent à la surface du tissu. Pour cela, l'ouvrier tend fortement l'étoffe sur la table ; puis, tenant le grattoir des deux mains et dirigeant la partie concave de ce racloir vers le sens de l'impulsion qu'il va lui donner, il appuie le tranchant sur la superficie de l'étoffe qui constitue la tablée, et il le promène sur cette face, un peu obliquement au sens de la marche de l'instrument. Cette obliquité facilite le travail du grattage. Il importe qu'aucune place ne soit laissée inexplorée ou non grattée. Sans cet travail préalable, l'opération de la coupe longitudinale qui, pour ce genre de velours, est postérieure au tissage, offrirait plus de difficultés, et l'ouvrage serait souvent défectueux. || 2° *T. techn.* Outil à arêtes coupantes, formé souvent d'un vieux tiers-point, lime triangulaire, affûtée sur une meule, et dont l'ouvrier se sert pour parfaire un portage, celui d'un tiroir sur sa glace, d'un coussinet sur sa portée, etc.

On dit alors que la pièce est ajustée au grattoir. || 3° Instrument à arêtes tranchantes dont se sert le dessinateur ou l'écrivain pour faire disparaître les traits ou les mots inutiles sur le papier. || 4° *T. de men.* Lame d'acier dont les arêtes ont été rendues très aiguës, le plus souvent un vieux fer de rabot, afin de pouvoir râcler, unir le bois avant de le vernir. || 5° *T. de sculpt.* Outil de formes diverses, à l'aide duquel on adoucit les aspérités laissées par le ciseau. || 6° *T. de grav.,* Instrument qui sert à polir le bois. || 7° *T. de bijout.* Tige triangulaire en acier trempé que l'on repasse sur la pierre à l'huile et qui sert à mettre le bijou en état de recevoir le poli. || 8° *T. techn.* Outil de maçon et de peintre; il est en acier et muni d'un manche, pour nettoyer la surface d'une pierre, d'un enduit, d'un plafond, etc. || 9° Outil de plombier, destiné à aviver le plomb avant la soudure. || 10° Outil de tapissier de basse-lisse pour égaliser les duites.

GRAVEUR. Artiste qui grave soit les planches destinées à la reproduction par l'impression, soit des matières qui ne doivent pas être reproduites; il y a donc lieu de distinguer ces artistes selon les genres de gravures qu'ils pratiquent. — V. GRAVURE.

*GRAVIMÈTRE. Appareil pour mesurer la *densité gravimétrique* de la poudre (V. POUDRE); cette densité se détermine en mesurant le poids, évalué en kilogrammes, de la poudre non tassée contenue dans l'appareil qui se compose d'une mesure cylindrique en cuivre, de la contenance d'un litre. Pour y verser la poudre, on y adapte un entonnoir, également cylindrique, et d'une capacité un peu plus grande que le gravimètre lui-même; le bas de l'entonnoir est fermé par un obturateur mobile. L'entonnoir étant rempli, on fait couler la poudre dans le gravimètre de façon à la laisser dépasser les bords, et on l'arase exactement au moyen d'une râcloire en cuivre avant d'opérer la pesée.

Pour les poudres nouvelles à gros grains, lorsqu'on veut mesurer également leur densité gravimétrique, on se sert d'un vase cylindrique d'une contenance de 10 litres.

GRAVITATION. Depuis l'admirable découverte de Newton, on appelle *gravitation universelle* le phénomène de la force d'attraction qui s'exerce entre deux particules quelconques de matière, et, par conséquent, entre deux corps quelconques, quelle que soit la distance qui les sépare. La pesanteur ou gravité n'est qu'un cas particulier de la gravitation universelle; elle est due à l'attraction que la masse du globe terrestre exerce sur les objets environnants.

La découverte de la gravitation universelle marque une époque mémorable dans l'histoire de la science; c'est assurément l'une des plus belles conquêtes de l'esprit humain, et celle, peut-être, qui a eu le plus d'influence sur le développement ultérieur des idées et le progrès si rapide de nos connaissances. Sans insister sur son immense portée philosophique, nous ferons

seulement remarquer qu'elle a permis de rattacher à une cause unique et simple toutes les circonstances du mouvement des astres; qu'elle a, par cela même, habitué les physiciens à rechercher au milieu de tous les détails de l'expérimentation, la loi primordiale qui embrasse tous les phénomènes observés et qui permet d'en découvrir de nouveaux. D'une manière indirecte, les difficultés considérables de calcul qui se sont présentées dans l'application de la loi de Newton aux mouvements des astres, ont donné naissance aux magnifiques travaux des géomètres du siècle dernier, et, par suite, aux progrès si remarquables de l'analyse mathématique, ce merveilleux instrument de toute recherche scientifique et même industrielle. A un point de vue plus immédiatement pratique, la loi de la gravitation a permis d'édifier la théorie des marées, et de calculer, à l'avance, tous les détails du mouvement du flux et du reflux dans les ports de mer. Ajoutons enfin, que les belles recherches des Lagrange, des Laplace, des Poisson, sur la *Mécanique céleste,* ont constitué la théorie complète des forces qui varient en raison inverse du carré de la distance. Comme les actions électriques suivent précisément la même loi, les savants électriciens de nos jours trouvent aujourd'hui dans des résultats élaborés en vue de l'astronomie, de précieuses ressources pour l'édification d'une science qui paraît devoir un jour révolutionner l'industrie moderne.

Newton fit voir que les mouvements des astres, dont les lois avaient été formulées par Képler, indiquent la présence d'une force qui sollicite chaque planète vers le soleil, en raison directe de sa masse et en raison inverse du carré de sa distance à l'astre central. Il montra que la même force s'exerce également, entre les planètes et leurs satellites, et en général, entre deux particules quelconques de matières. Enfin, il prouva, par un calcul fort simple, que la pesanteur n'est qu'un cas particulier de cette gravitation universelle, la force qui retient la lune dans son orbite étant juste égale à ce que deviendrait la pesanteur terrestre à la distance de notre satellite.

Après Newton, il restait à vérifier expérimentalement, à la surface de la terre, la présence de l'attraction entre deux corps quelconques, et à mesurer la constante de la gravitation, c'est-à-dire l'intensité de la force qui se développe entre deux corps dont les masses sont chacunes égales à l'unité de masse et dont la distance est l'unité de longueur. Ce travail a été fait par Cavendish, qui put constater et mesurer la force d'attraction développée entre deux boules de plomb inégales. La connaissance de cette constante a permis de déterminer la masse, et par conséquent la densité moyenne du globe terrestre. Les expériences si intéressantes de Cavendish ont été reprises récemment par MM. Cornu et Baille.

On a beaucoup discuté sur la nature de l'attraction universelle. Les adversaires de Newton l'ont accusé de vouloir introduire de nouveau dans la science les qualités occultes dont on avait si étrangement abusé autrefois. Newton avait

pourtant pris la peine de s'expliquer à ce sujet ;
il disait : « *Les choses se passent comme si deux
molécules de matière s'attiraient toujours en raison directe du produit de leur masse, et en raison
inverse du carré de leur distance* », ce qui est absolument démontré par les faits. Quant à la nature même de l'attraction, loin d'en faire une
qualité occulte de la matière, il déclarait franchement qu'il n'en connaissait pas la cause, et n'était
pas très éloigné d'y voir une manifestation directe
de la volonté du Créateur pour établir l'ordre et
l'harmonie dans la nature.

Aujourd'hui, nous ne sommes pas plus avancés
que Newton. On a essayé bien des explications,
aucune n'est satisfaisante. On est cependant porté
à croire que l'attraction n'est qu'une manifestation d'un phénomène plus général ayant son siège
dans le même milieu qui sert de véhicule aux
ondes calorifiques et lumineuses. Les progrès de
la physique nous apprendront, sans doute, quel
lien existe entre la lumière, l'électricité et la gravitation. — M. F.

GRAVITÉ. Propriété qu'ont les corps d'être graves ou pesants. Ce mot est à peu près synonyme
de pesanteur ; il n'est guère employé que dans
centre de gravité. Quelques auteurs l'emploient
pourtant quelquefois comme synonyme de *gravitation.* — V. CENTRE DE GRAVITÉ; GRAVITATION,
PESANTEUR.

* GRAVOIR. T. *techn.* Outil du lunetier, servant
à faire les rainures des châssis qui doivent recevoir les verres.

GRAVURE. L'art de représenter les objets sur
le métal, sur la pierre ou sur tout autre corps
inflexible, par des contours dessinés en creux a
été pratiqué par les peuples de l'antiquité. Sans
parler même de certains monuments en os ou en
silex qui conservent encore le vestige de figures
tracées avec un instrument aigu, on trouve, dans
la Bible et dans les poèmes d'Homère, la description de plusieurs ouvrages exécutés à l'aide de
procédés analogues, et l'on pourrait citer, parmi
les plus anciens exemples de gravure, les caractères tracés sur les pierres précieuses qui ornaient
le pectoral de jugement du grand-prêtre Aaron,
ou les scènes représentées sur les armes d'A-
chille. Les Egyptiens, les Grecs, les Etrusques,
nous ont laissé des pièces d'orfèvrerie et des
fragments de toute espèce qui prouvent, du reste,
la pratique de la gravure dans leurs pays. Enfin,
personne n'ignore que l'usage des sceaux en métal et des cachets gravés en pierres fines était
général chez les Romains. La gravure dans le sens
absolu du mot, n'est donc pas une invention due
à la civilisation moderne, mais il a fallu que bien
des siècles s'écoulassent avant que l'on arrivât à
multiplier par l'impression les travaux exécutés
sur un exemplaire unique. L'art, fruit de cette
découverte, a reçu par extension le nom de *gravure,* et ce mot désigne aujourd'hui l'opération
qui produit une estampe. C'est de ce genre que
nous nous occuperons tout d'abord.

La planche destinée à fournir une estampe peut

être gravée en creux ou en relief. De là, une distinction absolue entre ces deux branches de la gravure, qui, partant de principe absolument
différent, n'ont aucun point de ressemblance ni
pour les procédés, ni pour le tirage des épreuves,
ni pour les résultats.

Gravure en relief. La gravure en relief est
surtout le plus précieux auxiliaire de l'imprimerie en caractères mobiles. Sur du bois de poirier,
ou mieux sur du bois de buis, dont le grain est
plus serré, on étend une légère couche de blanc
d'Espagne, sur laquelle le dessinateur trace à
l'encre ou à la mine de plomb les traits à reproduire. Avec un outil appelé *burin* ou *échoppe* le
graveur enlève profondément toutes les places
restées blanches, et, le travail achevé, il reste un
fac-simile, en relief, du dessin du maître.

La gravure sur bois de poirier, qui a été longtemps seule en usage, s'exécute sur *bois de fil,*
c'est-à-dire dans le sens longitudinal. A l'aide d'une
pointe tranchante en forme de lancette, le graveur
cerne les deux côtés du trait indiqué dans le dessin, en lui conservant avec soin son épaisseur,
puis avec une petite gouge, il fait sauter la partie
non cernée. Il faut ensuite régulariser les côtés de
ces portions concaves en creusant les bords perpendiculairement, afin qu'il ne se produise à l'impression aucune bavure. La gravure sur poirier exige
une grande dextérité surtout dans les tailles croisées et une grande attention pour ne pas dévier en
suivant la fibre du bois. Aussi, cette matière a-t-
elle été presque partout abandonnée pour le
buis.

Ce bois étant plus compact et plus dur, on
opère sur *bois debout,* c'est-à-dire dans le sens de
l'épaisseur. Le trait est ainsi plus net et le travail,
fait à l'échoppe en creusant tout le blanc d'un
seul mouvement, exige environ huit fois moins de
temps. On comprend donc que l'usage du buis
soit devenu général, dès que la taille sur bois
debout, inventée par Thomas Bewick, en 1770,
fut connue. Elle a été introduite en France, par
Thompson, en 1815.

Dans la pratique, et surtout de nos jours, le travail de la gravure sur bois est moins facile que
ne pourrait le faire croire cette description succincte. La plupart des dessinateurs indiquent les
différents tons de leurs compositions par des
teintes plates au lavis ou à l'estompe, reprises à
la plume, rehaussées d'encre de chine ou de
gouache. La tâche du graveur, primitivement toute
mécanique, est devenue plus importante. Il lui faut
disposer et combiner des tailles pour reproduire
l'effet voulu par le dessinateur. C'est ce qu'on
appelle *l'enveloppage des tailles.* Un autre procédé
consiste à conduire les tailles d'une extrémité à
l'autre du bois, en les maintenant parallèles et en
les variant d'épaisseur, suivant l'intensité de la
coloration. Ce travail peut être achevé mécaniquement.

M. Collas, par un moyen mécanique resté secret,
mais qui dérive évidemment du même principe
que le diagraphe et le pantographe, reproduit
en petit et directement par une gravure sur bois,

tous les objets de faible relief,. tels que médailles ou plaquettes sculptées. Un burin combiné avec un curseur qui suit les aspérités du modèle trace sur le bois des tailles qui ne se croisent jamais, et dont l'écartement plus ou moins grand détermine les clairs et les ombres.

On grave également en relief sur métal, en dessinant avec une encre ou un crayon inattaquable par·les acides, et en faisant mordre à l'eauforte la planche ainsi préparée; les traits sont donc en relief. Ce système est d'ailleurs très peu pratique, la morsure ne donnant pas une netteté de contours suffisante. M. Vial dessine sur une planche de zinc avec une encre au sulfate de cuivre, ou sur une planche de cuivre avec une encre au mercure, ou sur une planche d'argent avec une encre d'or. La planche étant mordue à l'acide, donne une épreuve en saillie de tous les traits du dessin. Cette méthode n'est utile que pour la reproduction des anciennes gravures.

Les machines·employées actuellement pour l'impression ne permettent pas de faire sur le bois lui-même le fort tirage nécessité par la plupart des grandes publications modernes, telles que notre *Dictionnaire*, sans altérer la netteté de la gravure. Aussi, la reproduction en métal par la galvanoplastie a-t-elle donné un grand essor à la librairie illustrée, en permettant plusieurs reproductions exactes du modèle sur bois, et le tirage sur un seul cliché de quinze ou vingt mille exemplaires. — V. CLICHAGE.

La gravure en relief n'est pas exclusivement réservée à la reproduction des œuvres des maîtres. Elle a des applications industrielles très importantes. Elle peut servir à la représentation de machines, d'appareils, de plans, etc.; elle est aussi usitée pour les impressions sur tissus, pour les papiers peints et pour les cartes à jouer. — V. plus loin le chapitre spécial : GRAVURE POUR IMPRESSION SUR TISSUS.

Gravure en creux. La gravure en creux s'obtient à l'aide du burin ou d'un acide. Elle se fait sur la pierre, le métal, le verre, le cuir, etc., et, en général, sur toute matière dure pouvant être attaquée par un outil d'acier ou mordue par un acide.

La *gravure en taille-douce* est pratiquée par l'un de ces procédés et souvent par les deux réunis; on trace le dessin avec une pointe, on creuse les traits avec un acide approprié à la substance sur laquelle on travaille et l'on termine au burin. Le *burin* est une tige d'acier bien trempé, affectant dans sa section la forme d'un carré ou d'un losange. Il ouvre le métal sans le rebrousser et en légers copeaux. On se sert aussi d'une pointe, dite *pointe sèche*, pour les traits d'une grande finesse que le burin ne pourrait tracer.

La *gravure au burin* est un art long et difficile à apprendre; elle exige des tailles de convention qui se composent de traits parallèles ou croisés, accompagnés souvent de points et qui donnent les' contours et les ombres. Le graveur doit être avant tout un excellent dessinateur, car les faux traits ne peuvent être repris qu'avec la plus grande

difficulté. Aussi, appelle-t-il souvent à son secours l'eau forte pour mettre en place le dessin, au moyen d'un tracé très légèrement mordu et qui disparaîtra ensuite facilement. On conduit le burin sur le métal, cuivre ou acier, en le tenant avec le pouce et les trois derniers doigts, l'index étendu sur la lame maintenant sa direction, et le manché en forme de demi-champignon s'appuyant dans le creux de la main (fig. 314). La planche est ensuite ébarbée au grattoir, dans le sens inverse à celui du travail au burin, de façon à rabattre et à enlever toutes les aspérités dues au passage de l'outil. Le trait

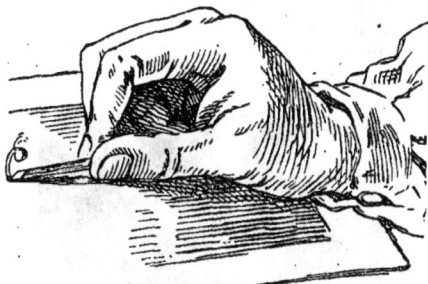

Fig. 314. — *Travail du burin.*

indiqué par le burin sera d'autant plus noir qu'étant plus profond il prendra plus d'encre. Cependant, l'habileté du graveur consiste à éviter les tons durs et secs, en remplaçant, s'il le peut, un trait profond par plusieurs légers, ou par des hachures croisées; car le tirage des épreuves de la gravure au burin ne donne que ce que l'artiste a tracé, au contraire de l'eau forte, qui peut être *engraissée*, comme nous le montrerons plus loin.

Pour tirer une épreuve en taille-douce, on fait pénétrer l'encre dans les tailles avec un tampon spécial. La planche est ensuite soigneusement essuyée avec des chiffons de mousseline, mais très légèrement, de façon à laisser toute l'encre dans les traits du dessin. Le papier humide est alors appliqué sur la plaque et passé sous une presse à cylindre qui fait entrer ce papier dans les tailles où il prend l'encre. La gravure sur acier ou sur cuivre donne des estampes d'un fini, d'une douceur et d'une délicatesse achevés; on lui reproche de la sécheresse dans le trait; elle n'a pas le brillant, la vigueur et la liberté d'allure de la gravure sur bois, ni surtout de l'eau forte.

La *gravure à l'eau forte* se fait sur cuivre, sur acier, sur zinc, au moyen d'acides appropriés au métal. La planche est enduite d'une mince couche de vernis et passée ensuite au-dessus d'une bougie jaune, dite *rat de cave* qui produit une fumée intense destinée à noircir la couche de vernis pour faciliter le tracé à la pointe et faire ressortir les traits. Le vernis qu'on emploie est généralement composé d'asphalte, de cire et de poix de Bourgogne, mais chaque artiste a, d'ailleurs, son vernis préféré et même ses procédés pour le modifier. Le graveur dessine directement sur le vernis avec une pointe qui laisse apercevoir le cuivre nu, parfois il entame légèrement la surface du métal, ce qui rend la morsure plus rapide. Lorsque le dessin est ainsi achevé comme on peut le voir figure 315, il borde la planche avec de la cire afin de former une cuvette dans laquelle il verse de l'acide nitrique à 20° environ. Il agite avec les barbes d'une plume, afin de rendre l'action régulière et d'en suivre les progrès. Lorsqu'il juge la morsure suffisante pour les traits fins, qui s'élargiraient par un contact plus prolongé avec l'acide, il lave la planche, recouvre ces portions du dessin avec du vernis au pinceau dont la fluidité permet un usage facile, et il recommence la morsure jusqu'à ce qu'il ait obtenu l'effet désiré (fig. 316). Il nettoie ensuite la plaque avec de l'essence de térébenthine. Le tirage des épreuves se fait comme pour la gravure au burin. Mais, au moyen de procédés que donnent l'expérience et l'habitude, l'ouvrier peut essuyer imparfaitement la planche et laisser une très petite trace d'encre, qui, s'écrasant à la presse, produit des empâtements du plus heureux effet. C'est ce qu'on appelle *engraisser les épreuves*. Les corrections peuvent se faire en revernissant la planche, ou en reprenant les traits avec le burin ou la pointe. D'ailleurs, l'eau forte est un genre de gravure toute de fantaisie ; chaque artiste a ses procédés, sa manière de conduire le dessin ou la morsure. C'est ce qui laisse à l'eau forte toute son originalité et sa valeur artistique ; sa finesse un peu heurtée, son indécision de lignes, sa chaleur de tons la rendent très précieuse pour les paysages, les dentelles, les cheveux, le pelage ou la plume, etc. En ce moment, ce procédé semble avoir conquis le monopole des estampes d'art, la

Fig. 315. — *Dessin sur le vernis.*

Fig. 316. — *Epreuve de la même planche.*

gravure au burin ne recevant plus que des encouragements officiels.

Pointe sèche. Pour les sujets de petite dimension et qui exigent une très grande finesse, les graveurs et surtout les peintres emploient parfois la pointe seule, sans le secours d'aucun autre procédé, ce qui leur laisse toute liberté d'allure, car la pointe se manie comme le crayon. Mais les épreuves sont toujours sans vigueur, ce qui restreint ce genre de gravure au portrait et aux paysages où se trouvent surtout des lointains ou de grands espaces d'eau.

Les autres modes de gravures en creux sur métal procèdent de l'eau forte ou du burin, parfois des deux à la fois. Nous les passerons rapidement en revue.

Gravure au pointillé. Les points sont, dans la gravure au burin, de précieux auxiliaires des tailles pour les parties claires et veloutées, telles que les chairs, les étoffes blanches, etc. On a été conduit par là à les employer à l'exclusion de tout autre trait ; la grosseur des points, leur rapprochement ou leur disposition doivent suffire pour traduire tous les effets ; mais ce genre de gravure, très usité à la fin du siècle dernier, et abandonné aujourd'hui presque complètement, n'a donné que des résultats défectueux, des épreuves ternes, plates et monotones.

Gravure dans le genre du crayon. Au contraire, ce procédé produit des effets curieux et artistiques. Pour donner aux traits de la gravure l'aspect que le grain du papier donne aux lignes du crayon, on emploie une sorte de roulette, montée sur un axe comme une molette d'éperon, et qui, présentant des aspérités inégales, produit par un mouvement de va-et-vient un pointillé qui imite assez fidèlement le granulé du crayon. Ce procédé s'applique au cuivre nu ou au cuivre recouvert de vernis ; dans ce dernier cas, on fait mordre à l'eau forte.

Il existe un autre moyen de produire ces effets par l'acide. La planche est recouverte d'un vernis dans lequel entre une partie d'axonge, et sur lequel on applique une feuille de papier grené légèrement humide, portant le calque du dessin.

Lorsque ce papier, séché, a adhéré au vernis, on repasse les traits du dessin avec une pointe mousse. Le papier retient toutes les parties du vernis qui ont été atteintes par le contact de la pointe, et dans une proportion d'autant plus grande que l'effort exercé a été plus grand. Le cuivre ainsi mis a nu irrégulièrement est soumis à l'action de l'eau forte.

Gravure au lavis. Elle donne des épreuves qui semblent être lavées à l'encre de chine ou à la sépia. Le procédé rappelle d'ailleurs celui de l'aquarelle, le peintre se servant d'acides au lieu de couleurs. Aussi, ce genre de gravure rendant exactement le travail de l'artiste, est-il, comme l'eau forte, très en vogue parmi les peintres ; il est donc fort difficile d'indiquer un mode exact de procéder, car chaque graveur a sa *recette* qu'il croit supérieure aux autres, et qui l'est peut-être, en ce qui le concerne, si elle convient mieux à son talent. Cependant, voici des règles générales dont on ne peut s'écarter. Le dessin est d'abord tracé à grands traits et mordu à l'acide, puis la planche est dévernie ; le peintre recouvre ensuite de vernis, au pinceau, tous les blancs qui ne fourniront aucune teinte au tirage et plonge de nouveau toute la planche dans l'acide, de façon à faire mordre très légèrement. Il lave à grande eau, recouvre les teintes faibles de vernis, fait mordre encore pour les teintes mixtes, puis de même pour les noirs et ainsi de suite autant de fois qu'il s'agit d'obtenir des teintes différentes. On raccorde ensuite avec un pinceau imbibé d'acide et passé en hachures

Fig. 317. — *Eau forte esquissée (1ᵉʳ état)*

rapides. La gravure au lavis exige beaucoup d'habitude et une grande habileté de main ; elle donne souvent des résultats remarquables.

Manière noire. Voici maintenant divers genres de gravure qui, au contraire de celles que nous venons de voir sont établis sur une planche de cuivre grenée, donnent une teinte noire uniforme qui constitue un fond. Avec un outil d'acier nommé *berceau* qu'on promène sur la planche, on obtient un grain uni et homogène ; puis, avec des grattoirs et des brunissoirs, le graveur écrase ou enlève ces grains dans toutes les parties lumineuses, les blancs étant entièrement polis, et procédant des noirs par une série de dégradations successives. C'est le contraire de la gravure au burin ou à l'eau forte. La manière noire, inventée en 1642, par Ludwig von Siegen, et popularisée dix ans après par le prince palatin Robert, a été très en faveur, et l'est encore en Angleterre, surtout pour les portraits, mais on lui reproche de manquer de caractère et de netteté dans les contours, aucun trait ne pouvant être arrêté d'une manière précise.

La *gravure à l'aquatinta* se fait de la même façon, mais le cuivre, au lieu d'être grené au berceau est grené à l'acide, à l'aide de méthodes très différentes suivant les artistes. Le fond est ainsi moins régulier et moins noir. Les graveurs habiles ont tiré un parti précieux de ce genre de travail.

On a essayé souvent de graver à la machine, mais sans grand succès Nous ferons pourtant mention d'un procédé mécanique qui, réclamant dans une certaine mesure le secours de l'art, a obtenu une grande vogue pour la production d'estampes à bon marché. Les rapides progrès de la gravure sur bois et de la chromo-lithographie en ont seuls arrêté l'essor. Voici en quoi il consiste : sur une planche de cuivre vernie, on trace à traits simples les contours des dessins (fig. 317), on fait mordre à l'eau forte, on nettoie et on recouvre avec du vernis transparent. Puis, la planche portée sous une pointe mécanique, est recouverte rapidement de lignes fines, parallèles et équidistantes, qui forment les ombres (fig. 318) ; elles sont mordues à l'acide comme les contours ; on peut même croiser les traits et obtenir des noirs très rigoureux.

La *gravure des cartes géographiques* et celle de la *musique* se rattachent aux précédentes. Les cartes géographiques sont établies sur laiton, sur étain ou sur acier. On grave à l'eau forte toutes les lignes qui n'exigent pas de traits franchement accentués, telles que les sinuosités des côtes et des rivières, des lacs et des marais, des crêtes de montagnes, etc. Le burin est employé pour les routes, les canaux, les maisons, les fortifications. Les tracés légers : longitudes et latitudes, ha-

chures, sont faits à la pointe guidée par une règle. Enfin, des poinçons, dits *pétitionnaires*, portent les signes conventionnels, tels que les différents ronds qui indiquent les villes, etc., et d'un coup sec d'un petit marteau on en fait entrer l'extrémité dans la plaque. Les lettres sont confiées à un ouvrier spécial. — V. CARTES ET PLANS, § *Carte de l'Etat-Major.*

La *gravure de la musique* se fait le plus souvent sur étain. L'ouvrier trace d'abord la portée, à l'aide d'un outil à cinq pointes équidistantes, puis avec des poinçons en acier portant chaque note et chacune de ses valeurs, il la frappe à sa place d'un coup de marteau. Les clés, les accidents, les liaisons sont ajoutées au burin.

Pour les éditions de musique ou de cartes géo-

Fig. 318. — *Même dessin achevé à la machine.*

graphiques à bon marché, on dessine d'abord sur pierre ou sur papier autographique et on fait un report sur métal que l'on fait mordre par les procédés ordinaires de la gravure chimique en relief.

C'est également en vue des éditions à bon marché qu'on reproduit, par des clichages analogues à ceux de la gravure sur bois, les planches gravées en creux. Pour les forts tirages qui doivent être faits sur cuivre ou sur étain on a recours à l'*aciérage.* — V. ce mot.

Camaïeu. Il nous reste à décrire un dernier procédé de la gravure pour impressions : c'est le *camaïeu.* Nous l'avons réservé parce qu'il exige plusieurs tirages pour une épreuve, et parce qu'il est usité surtout pour les dessins à plusieurs teintes. Son nom vient de *camée*, pierre gravée qui présente aussi des tons différents superposés. La découverte en remonte très loin. L'œuvre de Lucas Cranach, par exemple, nous montre des gravures en camaïeu des premières années du xvie siècle,

et dès le début, les résultats furent assez satisfaisants pour qu'on pût vendre comme dessins originaux des épreuves de camaïeu. La plupart des anciens camaïeux sont à deux teintes seulement, noir sur fond bistre, orangé ou verdâtre, et plusieurs sont imprimés par une méthode mixte ; le trait est fait en taille douce, et les couleurs sont appliquées typographiquement au moyen de la gravure sur bois, en employant pour chaque couleur une planche spéciale. Ce sont les procédés de la lithochromie, qui seront décrits dans un article spécial. — C. DE M.

Gravure sur pierre. C'est à Senefelder, qui a ouvert la voie à tant de procédés d'impression, que l'on doit ce genre de gravure. Préoccupé de trouver une matière moins chère que le cuivre, il eût l'idée d'employer une pierre très répandue en Bavière, et dont le grain fin et compacte présente au ponçage une surface très polie. Après avoir enduit la pierre du vernis usité pour le cuivre, il traça des caractères qu'il fit mordre ensuite à l'acide nitrique pour obtenir le creux nécessaire, puis le vernis enlevé, il encra sa pierre au tampon. C'était déjà un grand résultat, mais l'épaisseur de la pierre était un obstacle à l'emploi de la presse en taille-douce; il imagina alors la presse lithographique et l'impression au moyen de la gravure sur pierre était trouvée.

Depuis Senefelder, ce procédé de gravure sur pierre s'est amélioré et voici comment on procède actuellement : la pierre est polie au moyen de l'eau et d'une pierre ponce, puis séchée; pour la rendre non attractive au noir d'impression, on lui fait subir une préparation composée d'acide nitrique à 4 ou 5° dans un litre d'eau gommée que l'on étend à l'aide d'un blaireau et, pendant qu'elle est encore humide, on la frotte vigoureusement de noir de fumée avec un torchon. Lorsque la pierre est uniformément noire, elle est prête à recevoir la gravure, mais au préalable le trait est indiqué à la sanguine. La gravure se fait à la pointe du burin ou du diamant et elle apparaît en blanc sur le fond noir. Pour les travaux qui exigent de grandes teintes très fines, on se sert de machines perfectionnées qui donnent des résultats surprenants. L'importante maison Lemercier a produit ainsi des œuvres remarquables. Après la gravure, la pierre est frottée d'huile et le dessin creusé par la pointe absorbe le corps gras, puis la préparation gommée est enlevée avec une éponge mouillée d'eau et la pierre est encrée à l'aide d'une brosse imprégnée de noir délayé dans l'essence. Les traits gravés ressortent en noir et l'on peut obtenir par ce procédé les travaux les plus délicats.

Gravure chimique. L'on désigne ainsi tout procédé de gravure à l'aide d'un mordant; la surface à graver étant protégée, dans les parties qui ne doivent pas être creusées ou mordues, par une réserve formée, en général, d'un corps gras ou d'un vernis inattaquable par les acides.

La cire, l'encre d'imprimerie, le bitume de judée, la résine, la gélatine, la gomme et l'albumine bichromatées, et actionnées par la lumière, constituent des réserves, permettant de ne faire agir l'eau acidulée ou la vapeur d'acide fluorhydrique que sur les parties du métal, de la pierre ou du verre que l'on veut graver.

Dans les procédés de photogravure, la lumière sert surtout à former les réserves, puis c'est à l'aide de la gravure chimique que l'on grave, ainsi que procède le graveur à l'eau-forte après avoir, avec une pointe, découvert le métal du vernis gras qui le recouvre en entier, partout où des traits sont nécessaires à l'exécution de sa planche. S'il s'agit de la gravure chimique, appliquée à la formation de clichés typographiques, l'opération a lieu de façon à atteindre des creux assez profonds, dans les parties blanches, tout en préservant successivement contre l'action du mordant les parties de l'image suffisamment creusées.

Ces diverses indications sont données dans l'étude des genres de gravure obtenus avec ou sans le concours de la photographie.

HISTORIQUE.

Vers quel moment les travaux de la gravure, multipliés par l'impression, ajoutèrent-ils aux autres moyens de dessin un moyen nouveau et destiné à une popularité prochaine? Voilà ce qu'il suffira de rechercher. Tel est le point de départ qu'il convient de choisir ici sans remonter à des informations équivoques ou trop lointaines, à des spéculations archéologiques qu'excuseraient plus ou moins certains passages de Cicéron, de Quintilien, de Pétrone, et une phrase de Pline bien souvent citée sur les livres ornés de figures que possédait Marcus Varron. En se proposant, au surplus, de n'examiner la question historique qu'à partir d'une époque relativement moderne, on n'est pas sûr pour cela de trouver, encore moins de fournir à autrui, des explications pleinement satisfaisantes. Même réduite à ces termes, une pareille question est assez compliquée encore pour alimenter la controverse, assez vaste pour donner place à la légende aussi bien qu'à l'aperçu critique. Que la *xylographie*, c'est-à-dire l'art d'imprimer sur le papier des figures et des caractères fixes, taillés dans un bloc de bois, ait précédé l'invention de l'imprimerie en caractères métalliques et mobiles, cela, il est vrai, ne saurait être mis en doute. Des pièces à date authentique, telles que le *Saint-Christophe de 1423* et quelques estampes, publiées dans le cours des années suivantes, prouvent, avec une autorité irrécusable, la priorité du procédé xylographique.

Mais, qui sait depuis combien d'années on le pratiquait en Europe et quelles phases il avait traversées déjà, à quels usages il avait été appliqué avant de recevoir cette destination nouvelle et cette sorte de consécration? Le mieux comme le plus court sera d'admettre sur la foi d'Homère et d'Hérodote, d'Ézéchiel et de saint Clément d'Alexandrie, que depuis les âges historiques jusqu'aux premiers temps du christianisme, on n'a pas cessé d'imprimer sur diverses étoffes des ornements taillés dans des blocs de bois. A plus forte raison, nous ne marchanderons pas au moyen âge la possession d'un secret popularisé depuis tant de siècles. Qu'il nous soit permis, cependant, d'objecter que de tels faits n'impliquent pas nécessairement, là où ils se sont produits, la connaissance et la pratique de la gravure proprement dite; que plusieurs siècles ont pu se succéder durant lesquels on imprimait des toiles sans que pour cela on essayât de donner une application plus délicate à ce procédé industriel, sans qu'on songeât à le faire tourner au profit de l'art. Longtemps avant l'invention de l'imprimerie, on se servait de cachets dont les lettres, taillées en relief et enduites de couleur, déposaient par la pression leur empreinte sur le vélin ou sur le papier; les estampilles ou les patrons au moyen desquels les scribes et les miniaturistes esquissaient les contours des lettres majuscules dans les manuscrits n'auraient-ils pas dû aussi, à ce qu'il semble, hâter les derniers progrès et faire naître l'idée d'un perfectionnement décisif? On sait pourtant qu'il a fallu d'années et de recherches pour amener ce perfectionnement final. Suivant une opinion généralement accréditée, il faudrait voir dans les cartes à jouer les plus anciens monuments de la xylographie. Les documents sur lesquels se fonde cette opinion n'ont, toutefois, qu'une autorité négative.

Que la gravure en bois, au surplus, ait été d'abord appliquée à l'exécution des images de sainteté ou à la fabrication des cartes, le procédé n'en demeure pas moins, il faut le dire, celui que l'on s'accorde généralement à regarder comme le plus ancien, comme le premier mode de gravure qui ait fourni à l'impression des types à multiplier et à convertir en épreuves. Contrairement à cette opinion pourtant, un des plus sagaces et des mieux informés parmi les écrivains qui ont traité des origines de la gravure et de la typographie, M. Léon de Laborde, estime que la gravure en relief sur métal a provoqué la découverte de l'impression plus sûrement que n'aurait pu le faire le procédé xylographique. Dans un travail, publié en 1839, mais qui malheureusement n'a pas reçu depuis lors les développements que l'auteur se promettait de lui donner, M. de Laborde déclare que les premières gravures imprimées ont dû être des gravures criblées, c'est-à-dire ces estampes de fabrication bizarre et dans lesquelles les formes teintées en noir apparaissent parsemées de points blancs. Suivant lui, la gravure, ou, pour parler plus exactement, l'impression de la gravure aurait été inventée par des orfèvres plutôt que par des dessinateurs et des miniaturistes, parce que les orfèvres, pourvus, à raison de leur métier, des outils et du matériel nécessaires, se trouvaient en meilleure situation que personne pour arriver, sinon à la conquête préméditée, au moins à la découverte fortuite du procédé.

Nous voici parvenus à ce moment décisif où la gravure, riche de nouvelles ressources, est pratiquée pour la première fois par des maîtres. Finiguerra est, en réalité, l'inventeur de la gravure, puisque en se servant du nouveau procédé, il a su le consacrer par une habileté insigne et prouver sa force là où ses devanciers et ses contemporains n'avaient laissé entrevoir qu'une débile adresse. Il mérite sa renommée au même titre que Nicolas de Pise et Giotto, les vrais fondateurs de la dynastie des maîtres, le premier sculpteur et le premier peintre, à proprement parler, qui aient paru en Italie, bien que la sculpture et la peinture ne fussent rien moins que des nouveautés à l'époque où ils naquirent. Que la *Paix* de Florence, à ne consulter que la chronologie, ne soit pas le premier monument de la gravure, nous le voulons bien; toujours est-il qu'aucun des essais antérieurs, aucune des pièces dont on s'arme comme d'arguments irréfutables, pour ruiner la tradition accréditée, ne permettrait de soupçonner ce que nous montre cette estampe si justement célèbre. Donc, celui qui l'a faite, loin de rien usurper, a tout légitimement conquis. En dehors de la miniature et de la gravure en bois, il existait un procédé dont on se servait quelquefois pour reproduire certains modèles, des portraits ou des sujets de fantaisie, mais que les orfèvres employaient le plus habituellement dans la décoration des vases sacrés, des reliquaires ou des canons d'autel. La *chalcographie* (V. ce mot), c'est-à-dire la simple gravure sur métal et l'émaillerie dont les longtemps connues, il n'y avait dans le procédé dont il s'agit qu'un mode d'application particulier, une combinaison de ressources propres à l'une et à l'autre. On remplissait les tailles creusées par le burin dans une plaque d'argent ou d'argent et d'or, d'un mélange de plomb, d'argent et de cuivre dont la fusion avait été facilitée par une certaine quantité de borax et de soufre. Ce mélange de couleur noirâtre (*nigellum*, d'où *niello*, *niellare*), laissait à découvert les parties non gravées et s'incrustait, en se refroidissant dans les tailles où on l'avait introduit; après quoi, la plaque soigneusement polie présentait à l'œil un dessin en émail noir découpé dans le champ métallique et, par conséquent, l'apposition sur une même surface de parties ternes et de parties brillantes.

Vers le milieu du xv⁰ siècle, ce mode de gravure était fort usité en Italie, surtout à Florence, où se trouvaient les plus habiles *niellatori*. L'un d'eux, Tommaso, ou par abréviation, Maso Finiguerra, était comme beaucoup d'orfèvres de son temps, à la fois graveur, dessinateur et sculpteur; mais ni les dessins qu'on lui attribue, ni les bas-reliefs en argent ciselés, dit-on, par lui; de moitié avec Antonio Pollaiuolo, ni ses nielles n'auraient suffi peut-être pour faire vivre son nom : l'invention — dans la mesure que nous avons dite — de l'art d'imprimer les gravures en creux ou plutôt l'invention de l'art même de la gravure l'a immortalisé. Quoi de plus simple, cependant en apparence, que cette découverte ? Comment n'avait-elle pas été faite plus tôt ? On a peine à le comprendre, non seulement lorsqu'on songe au mode d'impression des planches gravées en relief était pratiquée, dès le commencement du xv⁰ siècle, mais aussi lorsqu'on rappelle que les *niellatori* avaient coutume de prendre

avec du soufre une empreinte et une contre-empreinte de leur travail avant de l'émailler.

Quoiqu'il en soit, Finiguerra, dès 1452, avait trouvé la solution du problème. C'est ce qui reste hors de doute depuis le jour où l'abbé Zani visitant, vers la fin du siècle dernier (1797), le Cabinet des estampes à la Bibliothèque de Paris, y reconnut imprimé sur papier, à une date incontestable, un nielle de Finiguerra.

Cette petite estampe ou plutôt cette épreuve, tirée avant que la planche fût niellée, d'une *Paix*, gravée par l'orfèvre florentin pour le baptistère de Saint-Jean, représente le *Couronnement de la Vierge*. Elle ne mesure pas plus de 130 millimètres en hauteur sur une largeur de 87 millimètres. Par ses dimensions, le *Couronnement de la Vierge* n'est donc, en réalité, qu'une vignette ; mais cette vignette est traitée avec un goût et une science si amples, avec un sentiment si profond du beau, qu'elle supporterait impunément l'épreuve de telle opération matérielle qui en centuplerait les proportions et en transporterait les lignes sur une toile ou une muraille. Il est à remarquer, toutefois, que parmi les œuvres attribuées, soit à Finiguerra, soit aux orfèvres du même pays et du même temps, aucune n'appartient à la classe des estampes proprement dites. En d'autres termes, il n'y a là encore que ce qu'on est convenu d'appeler des nielles, c'est-à-dire des épreuves sur papier des planches destinées à être émaillées plus tard, et non de planches gravées à titre de types fixes et définitifs. Est-ce donc que le maître et ses premiers imitateurs n'auraient pas su pressentir toutes les conséquences, tous les bienfaits de la découverte ? On serait presque autorisé à le croire. Les estampes florentines du xv⁰ siècle, autres que les nielles, celles du moins dont on connaît avec certitude les origines et les dates, sont d'une époque postérieure, non seulement à l'époque où travaillait Finiguerra, mais même à l'année de sa mort (1470). Tandis qu'en Allemagne, dès les premiers jours pour ainsi dire de la période d'initiation, le maître de 1466 et les siens multiplient à l'envi leurs œuvres et réussissent à tirer du procédé de la gravure en creux tous les éléments de progrès, toutes les ressources qu'il comporte ; à Florence, au contraire, vingt années environ s'écoulent durant lesquelles l'art semble s'immobiliser dans la pratique des conditions qui lui avaient été faites au début. Cependant, quelques années se sont écoulées dans le cours desquelles les tentatives d'émancipation et les progrès ont achevé de s'accomplir. Au lieu de demeurer dans une sorte de vasselage industriel et de continuer, à certaines modifications près, les traditions de l'émaillerie ou de la ciselure, l'art de la gravure désormais affranchi prend possession de son domaine et de lui-même. Cette délicatesse qui nous charme dans les bas-reliefs et dans les tableaux de l'époque, ce besoin commun aux sculpteurs et aux peintres contemporains de raffiner sur le vrai et d'en aiguiser les termes, cette prédilection enfin, pour l'expression rare, exquise, un peu subtile ; voilà ce qu'on retrouve chez les peintres-graveurs, successeurs immédiats de Finiguerra, et dans les œuvres qu'ils nous ont léguées ; voilà ce que les planches gravées alors à Florence démontrent aussi clairement que les sujets peints ou sculptés sur les murs des églises et des palais. Quel que soit, dans ces travaux, le lot à faire à Baccio Baldini, à Botticelli, à Pollaiuolo ou à tel autre, avec quelque sagacité que l'on y discerne et que l'on croie y discerner les inégalités de la pratique et les habitudes particulières de chaque main, les tendances ont, au fond, un caractère d'unité dont il importe surtout de tenir compte parce qu'il détermine la physionomie de l'école. Les estampes dues aux peintres-graveurs florentins venus après Finiguerra marquent une époque de transition entre le premier âge de la gravure italienne et le moment où l'art, entré dans sa période virile, n'hésite plus à user de ses forces et se montre à la hauteur de toutes les entreprises. Ce n'est plus à Florence, il est

vroi, qu'appartiendra, dans cette seconde phase, le privilège de la fécondité et des succès. Il semble qu'après
avoir coup sur coup donné naissance à tant de talents,
l'art florentin se repose épuisé par cette production rapide et qu'il laisse volontairement les écoles voisines
prendre sa place. Même avant l'apparition de Marc-
Antoine, les preuves principales d'habileté sont faites
en dehors de la Toscane, et si, aux approches ou au
commencement du XVIe siècle, les nombreuses planches
gravées par Robetta ne laissent pas de continuer et de
soutenir la bonne renommée de l'école florentine, un
pareil résultat est dû bien moins au talent personnel
du graveur, qu'au charme même et à la valeur intrinsèque des modèles.

De tous les graveurs italiens qui, vers la fin du XVe
siècle, achèvent de populariser dans leur pays l'art dont
Florence avait révélé les premiers secrets et fourni les
premiers exemples, le plus fortement inspiré comme le
plus habile est sans contredit Andrea Mantegna. Nous
n'avons pas ici à rappeler les titres de ce grand artiste dans l'ordre pittoresque proprement dit. L'œuvre
gravé de Mantegna ne se compose que d'une vingtaine
de pièces dont une moitié à peu près appartient à la
classe des sujets religieux, l'autre moitié à celle des sujets mythologiques ou historiques. Il n'est pas jusqu'aux
ornements architectoniques, jusqu'aux moindres objets
inanimés qui ne prennent, sous le burin de Mantegna,
une apparence passionnée et comme frémissante. On
dirait qu'après avoir étudié chaque partie de son sujet
en érudit et en penseur, Mantegna, à l'heure où il la figure sur le métal, n'éprouve plus que l'impatience fié-
vreuse de la main, d'une main irritée par la lutte, par sa
querelle avec le moyen. Et cependant, même à ne les
considérer qu'au point de vue du faire, des œuvres comme
la Mise au tombeau ou comme le Triomphe de César,
attestent le talent d'un graveur bien autrement expérimenté déjà, bien mieux informé des vraies ressources de
la gravure qu'on ne l'avait été jusqu'alors en Italie. Le
burin de Mantegna, manié avec une fermeté qui n'est
déjà plus de la sécheresse, n'imite pas encore les effets
de la peinture, mais il imite du moins les travaux du
crayon ou de la plume dans ce qu'ils ont de plus rapide
en apparence et de plus hardi; c'est là, outre la rare
vigueur de l'imagination, ce qui le caractérise et lui
assure la première place parmi les maîtres italiens antérieurs à Marc-Antoine. Mantegna eut bientôt de nombreux imitateurs. Les uns, comme Mocetto, Jacopo
Francia, Nicoletto de Modène et Jacopo de Barbari,
connu sous le nom de Maître au caducée, tout en mettant à profit ses exemples, ne poussèrent pas pour cela
l'abnégation jusqu'au sacrifice de leur goût et de leur
sentiment particuliers; les autres, comme Zoan Andrea
et Giovanni Antonio de Brescia, dont les œuvres ont été
quelquefois confondues avec celles de Mantegna lui-
même, s'appliquèrent non seulement à s'approprier sa
manière, mais à copier de point en point ses gravures, à
les contrefaire trait pour trait.

À peine le maître de 1466 et, un peu après lui, Martin
Schongauer viennent-ils de se révéler en Allemagne,
que leurs exemples sont suivis et leurs enseignements
docilement pratiqués par des disciples plus nombreux
encore que ne l'avaient été ou ne le devaient l'être
en Italie, vers la même époque, les graveurs contemporains de Finiguerra ou de Mantegna.

L'action exercée par celui-ci a au moins son équivalent dans l'ascendant pris de son côté par Martin Schongauer sur les artistes qui l'entourent, et, quant au maître
de 1466, le rôle d'initiateur qui lui appartient a presque
la même importance dans l'histoire de la gravure allemande que celui de l'orfèvre florentin dans celle de la
gravure italienne. Si l'artiste anonyme, qu'on appelle le
Maître de 1466, est le véritable fondateur de l'école
allemande de gravure, si même, — à ne considérer bien

entendu ses œuvres qu'au point de vue de l'exécution matérielle et du bon emploi de l'outil, — il se montre plus
habile qu'aucun des graveurs italiens de l'époque, suit-il
de là que son talent le place aussi sûrement que la chronologie, avant tous les autres graveurs du même siècle et
du même pays? Un de ceux-ci, Martin Schongauer, dit
aussi « le beau Martin, » ou par abréviation Martin
Schoen, aurait plus de droits encore à occuper ce premier rang. Avec plus d'imagination que le maître de
1466, avec un sentiment plus profond du vrai et un instinct plus clairvoyant du beau, il fait preuve d'une dextérité au moins égale dans la conduite des travaux et dans
le maniement du burin. Certes, si l'on compare les
estampes de Martin Schongauer aux belles estampes
flamandes ou françaises du XVIe siècle, les combinaisons
de taille-douce dont le graveur allemand se contente ne
laisseront pas de paraître bien insuffisantes ou bien
naïves; mais si l'on prend pour termes de comparaison
les pièces gravées dans les différents pays au XVe siècle,
on reconnaîtra que même comme praticien le maître de
Colmar a sur tous ses contemporains une éclatante supériorité. C'est avant tout, il est vrai, la force ou la grâce
de l'expression qui recommande des planches comme la
Fuite en Égypte, la Mort de la Vierge ou les Vierges
sages et les Vierges folles; pourtant à ces qualités imma-
térielles, pour ainsi dire, s'ajoutent une telle fermeté dans
le dessin, une telle résolution dans le faire que, malgré
les progrès survenus depuis l'époque où elles parurent,
de pareilles œuvres méritent de garder leur place parmi
celles qui honorent le plus l'art même de la gravure.

Tandis que, grâce au maître de 1466 et à Martin Schongauer, la gravure au burin se signalait, en Allemagne,
par des progrès aussi éclatants qu'imprévus, la gravure
en bois ne faisait guère que continuer ses humbles
traditions et que se conformer aux coutumes des premiers
temps; le permet, à peine, de pressentir l'habileté dont
les graveurs en bois feront preuve quelques années plus
tard sous l'influence d'Albert Dürer.

Les mérites qui caractérisent le talent et la manière
d'Albert Dürer se retrouvent presque au même degré
dans toutes les œuvres qu'il a laissées. On peut néanmoins citer, comme des exemples particulièrement significatifs de ce talent à la fois puissant et subtil : le Saint-
Hubert ou plus probablement le Saint-Eustache à la
chasse, s'agenouillant devant un cerf qui porte sur sa
tête un crucifix miraculeux, — le Saint-Jérôme dans sa
cellule, l'estampe, dite le Chevalier de la Mort; enfin,
la pièce connue sous le nom de la Mélancolie. Dürer
n'eût-il gravé que cette planche extraordinaire, n'eût-il
produit que cet ouvrage d'une originalité aussi saisissante que l'exécution même que par les intentions qu'il
exprime, il aurait fait assez pour marquer, à jamais, sa
place dans l'histoire de l'art et pour recommander son
nom à un impérissable respect.

Pas plus en Italie qu'ailleurs, il ne s'est trouvé au
XVIe siècle un graveur aussi originalement inspiré, aussi
savant, aussi habile praticien que celui-là. Marc-Antoine
lui-même, quelque supérieur qu'il soit au maître de Nuremberg par l'ampleur du sentiment et la majesté du
style, Marc-Antoine ne saurait le déposséder, ni de sa
légitime renommée, ni enlever à l'art qu'Albert Dürer
représente, sa vertu particulière et son autorité. — Né à
Bologne, où il avait étudié à l'école du peintre orfèvre
Francesco Francia, Marc-Antonio Raimondi n'était encore qu'un niellateur obscur, auteur par surcroît de
quelques planches gravées tant bien que mal, et d'après
les dessins de son maître ou d'après ses propres dessins,
lorsqu'un voyage qu'il fit à Venise et l'étude attentive des
estampes d'Albert Dürer lui révélèrent les conditions intimes d'un art dont il n'avait en quelque sorte connu
encore que les procédés extérieurs. Malheureusement,
tout en imitant, en vue de son instruction personnelle, des
modèles alors incomparables, le jeune graveur poussa

l'imitation un peu trop loin, puisque pour s'assurer un double profit, il copia avec le même soin le faire et la signature.

Quelques années plus tard, il arrivait à Rome où Raphaël, à la recommandation de Jules Romain, lui permit de graver d'abord un de ses dessins, *Lucrèce se donnant la mort*. D'autres modèles, sortis aussi du crayon de Raphaël, furent aussi reproduits par Marc-Antoine avec un succès tel que ces fac-simile de la pensée du « divin maître » se trouvèrent bientôt entre toutes les mains et que les meilleurs juges, parmi Raphaël lui-même, se tinrent pour pleinement satisfaits. L'école de Marc-Antoine devint, en peu de temps, plus nombreuse et plus active qu'aucune autre. Les Allemands eux-mêmes affluaient à Rome auprès du maître qui leur avait fait oublier Albert Dürer. De tous les points de l'Italie, les graveurs étaient venus se former ou se perfectionner à la même école.

Cependant, la mort de Raphaël vint priver le graveur d'une direction qu'il avait, au grand profit de son talent, docilement subie pendant dix ans. Marc-Antoine refusa de continuer, après la mort de Raphaël, des travaux que celui-ci ne surveillerait plus; mais comme pour honorer encore le maître en reproduisant les œuvres du disciple qu'il avait préféré, il s'attacha presque exclusivement à Jules Romain. La mort de Marc-Antoine n'entraîna pas la ruine de la gravure au burin en Italie. Les nombreux élèves qu'il avait formés et les élèves de ceux-ci continuèrent jusqu'au commencement du xviie siècle la manière du maître et propagèrent ses doctrines dans les pays voisins. Nous avons dit la révolution que leurs travaux opérèrent dans l'art allemand; on verra un peu plus tard l'art français subir à son tour l'influence italienne. En attendant, et du vivant même de Marc-Antoine, un genre de gravure particulier faisait, en Italie, des progrès rapides. Il consistait dans l'emploi de procédés popularisés par Ugo da Carpi pour tirer de plusieurs planches en bois des épreuves en camaïeu, c'est-à-dire des épreuves à deux, trois ou quatre tons, offrant à peu près l'aspect de dessins au lavis; procédés dont en réalité Ugo n'était pas l'inventeur, qu'il avait seulement améliorés depuis les premiers essais tentés à Augsbourg, en 1510, par Jost de Necker, et que devaient perfectionner Nicolo Vicentino, Andrea Andreani, Antonio de Trento et plusieurs autres. Une grande quantité de pièces exécutées de la sorte, d'après Raphaël et le Parmesan, attestent l'habileté de Ugo da Carpi, qui malheureusement se mit en tête d'introduire dans la peinture des innovations plus radicales encore que celles dont il s'était fait le promoteur dans la gravure.

L'usage de la gravure en camaïeu ne se prolongea guère en Italie et en Allemagne au delà des dernières années du xvie siècle; déjà même avant cette époque, la gravure en camaïeu avait pris, dans les deux pays, des développements assez importants; elle s'était signalée par des progrès assez décisifs pour que les procédés de la gravure en camaïeu perdissent beaucoup de la faveur avec laquelle on en avait d'abord accueilli l'emploi.

Précédemment, nous avons dit qu'une véritable régénération de la gravure en bois s'était accomplie, en Allemagne, sous l'influence d'Albert Dürer. Outre ces planches d'après les dessins du maître, gravées, sinon entièrement par lui-même, au moins dans une certaine mesure avec sa participation matérielle, outre ces suites, par exemple sur la *Vie de la Vierge* et sur la *Passion*, dont nous avons eu déjà l'occasion de parler à propos des copies au burin que Marc-Antoine en avait faites, nombre de gravures en bois, antérieures à la seconde moitié du xvie siècle, prouvent quelle extension l'art avait prise en Allemagne à cette époque et avec quelle habileté il était pratiqué par les successeurs de Volgemut. L'*Arc triomphal de l'empereur Maximilien*, œuvre de Hans Burg-

maïr et pour une partie d'Albert Dürer; le *Thewrdannck*, histoire allégorique du même prince, par Hans Schaenflein; la *Passion de Jésus-Christ* et les *Illustrium ducum Saxoniæ effigies*, de Lucas Cranach; bien d'autres recueils encore publiés à Nuremberg ou à Augsbourg, à Weimar ou à Wittemberg, mériteraient d'être cités comme des exemples remarquables de l'habileté particulière aux artistes allemands de cette époque. Enfin, lorsque, un peu plus tard, parurent les *Simulacres de la mort*, par Leuczelburger, d'après Holbein, ce chef-d'œuvre de la gravure en bois vint à la fois clore la période des progrès qui se poursuivaient, en Allemagne, depuis le commencement du xvie siècle et marquer dans l'histoire générale de l'art lui-même, le moment où il avait dit son dernier mot et atteint à la perfection.

Tandis que la gravure en bois achevait ainsi de se régénérer en Allemagne, elle continuait en Italie, et surtout à Venise, d'être pratiquée avec ce goût dans l'agencement, avec cette délicate sobriété dans le faire, dont les planches du *Polyphile*, publié avant la fin du xve siècle (1499) et celles qui ornent d'autres livres imprimés quelques années plus tard, nous fournissent des témoignages si concluants. Toutefois, les graveurs en bois italiens du xvie siècle ne se renfermaient pas si bien dans les limites de la tradition nationale qu'ils crussent devoir s'interdire absolument tout essai d'innovation. Au lieu de se confiner dans le rôle de commentateurs des écrivains, au lieu de se consacrer exclusivement, comme par le passé, à l'illustration des livres, ils entreprirent, à l'exemple des graveurs en taille-douce, de publier, dans des dimensions beaucoup plus grandes que le format d'un volume, des estampes reproduisant des dessins isolés, quelquefois même des tableaux. Les œuvres du Titien, particulièrement, servirent de modèles à d'habiles graveurs en bois dont quelques-uns, Domenico delle Greche et Nicolo Boldrini, entre autres, passent pour avoir travaillé dans l'atelier même et sous les yeux du maître. Encore Titien, suivant le témoignage très précis de Ridolfi, confirmé d'ailleurs par Mariette, ne se serait-il pas contenté toujours de les aider de ses conseils. Il aurait d'une fois tracé de sa propre main, sur le bois, les dessins que les graveurs devaient reproduire, et l'on pourrait citer, parmi les gravures ainsi préparées par lui, plusieurs *Vierges* dans des paysages et le *Triomphe de Jésus-Christ*, ouvrage, dit Mariette, « dessiné d'un grand goût et dans lequel les hachures qui forment les contours et les ombres..... produisent un moelleux qu'il n'y a guère que le Titien qui ait connu. »

Cependant, une école dont il est temps de parler, l'école des Pays-Bas, semblait se désintéresser aussi bien des progrès déterminés en Allemagne par Martin Schongauer et par Albert Dürer que des progrès accomplis plus récemment en Italie.

Rebelle en apparence aux influences du dehors, elle se contentait de consulter ingénûment ses propres forces et d'exploiter son propre fonds, en attendant l'heure prochaine où elle fournirait à son tour des enseignements et des exemples à ceux-là même qui se seraient cru jusqu'alors le droit de lui en donner.

L'histoire de la gravure dans les Pays-Bas, ne date, en réalité, que des premières années du xvie siècle, c'est-à-dire de l'époque où parurent les estampes de Lucas Jacobs de Leyde, né en 1494, mort en 1533. Ce qui caractérise les œuvres de Lucas de Leyde et, en général, celles de l'école dont il est le chef, c'est un vif sentiment des phénomènes produits par la lumière, Albert Dürer, Marc-Antoine lui-même ont dédaigné ou méconnu cette partie essentielle de l'art. Lucas de Leyde conçut l'idée d'affaiblir sensiblement les teintes en raison des distances, de donner aux ombres, suivant les cas, plus de transparence ou d'intensité, aux lumières ou aux demi-teintes, plus de vivacité relative ou de délicatesse. Un calcul si bien fondé, puisqu'il avait pour base les exemples même de la nature, fut la cause principale des succès du jeune maître hollandais. L'impulsion donnée par Lucas de Leyde à l'art de la gravure avait été, du vivant même du maître, secondée par plusieurs artistes hollandais, imitateurs plus ou moins heureux de sa manière : Alart Claessen, entre autres, un graveur anonyme, dit « le maître à l'écrevisse, » et Dirk Star ou Van Staren, ordinairement désigné sous le nom de « maître à l'étoile. » Après la mort du chef de l'école, le mouvement ne se ralentit pas. Les graveurs des Pays-Bas, insistant, de plus en plus, sur les conditions posées au début, surpassèrent bientôt les graveurs allemands et semblèrent avoir seuls le privilège de l'habileté dans l'art de ménager la lumière. Jamais l'influence d'un peintre sur la gravure ne fut aussi directe ni aussi puissante que l'influence exercée par Rubens. Ce grand maître avait prouvé dans ses dessins qu'en n'employant seulement que du noir et du blanc, on pouvait se montrer aussi opulent coloriste qu'en épuisant toutes les ressources de la palette. Il choisit parmi ses élèves ceux qu'il jugeait capables de suivre à cet égard son exemple, il leur fit quitter le pinceau, leur ordonna en quelque sorte d'être graveurs et leur communiqua si bien le secret de sa manière qu'il semble les avoir animés de son propre sentiment. Rappeler le succès de l'entreprise, c'est aussi rappeler les noms de Vorsterman, de Bolswert, de Paul Pontius, de Soutman, artistes savamment hardis qui du premier coup portèrent à sa perfection la gravure *coloriste*.

Les gravures de l'école flamande, au temps de Rubens, sont encore universellement répandues. Il est peu de personnes qui n'aient eu l'occasion d'admirer le *Thomiris*; le *Saint-Roch priant pour les pestiférés* ou le *Portrait de Rubens*, par Pontius; la *Descente de Croix*, par Vorsterman; la *Chute des réprouvés*, par Soutman, et cent autres planches aussi belles, gravées d'après le maître par ses nombreux élèves.

Enfin, qui ne connaît ce merveilleux chef-d'œuvre, le *Couronnement d'épines*, gravé par Bolswert, d'après

Fig. 319. — *Saint Louis débarquant à Carthage. Fac-simile d'une gravure en bois, extraite des* Passaiges d'Oultremer *(1518).*

Van-Dyck, et ces autres chefs-d'œuvre, dus à Van-Dyck lui-même, les portraits gravés à l'eau-forte d'artistes ou de curieux, amis du peintre, depuis les deux *Breughel* jusqu'à *Cornelissen*, depuis *Snyders* jusqu'à *Philippe Le Roy*. Cependant, les progrès par lesquels l'école flamande de gravure venait de se signaler allaient bientôt trouver leur équivalent dans le mouvement de réforme qui s'accomplissait en Hollande.

Enfin, à côté de ces œuvres dans l'exécution desquelles la gravure à l'eau-forte n'est intervenue que comme moyen préparatoire ou même quelquefois n'a pas été employée, nombre de pièces entièrement gravées à la pointe, nombre d'*eaux-fortes* proprement dites forment un ensemble, d'autant plus profitable à la gloire de l'école hollandaise, qu'on n'en trouverait l'équivalent à aucune époque dans les écoles des autres pays. C'est dans une période de quelques années, c'est presque au même moment que Adrien Brauwer et Ostade font paraître leurs *Scènes d'estaminet*, Ruysdaël et Jean Both leurs *paysages*, Paul Potter et Berghem, Adrien Van de Velde, Marc de Bye, Karel Dujardin, tant de charmantes petites pièces représentant des sites ou des personnages villageois, des troupeaux aux champs ou des animaux isolés. Il en est un qui se détache du groupe avec un éclat incomparable, avec toute la supériorité du génie sur le talent, c'est le célèbre et si justement célèbre, Rembrandt.

En voyant le *Sacrifice d'Abraham*, *Tobie aveugle courant au devant de son fils*, la *Résurrection de Lazare* et tant d'autres chefs-d'œuvre venus de l'âme et s'adressant à l'âme, qui s'aviserait de s'arrêter d'abord à la trivialité ou à la bizarrerie des types et des ajustements? Celui-là seul qui, sans s'occuper du reste, commencerait par examiner à la loupe le travail du rayon illuminant la scène dans *Jésus guérissant les malades*, dans l'*Annonciation aux bergers* ou dans les *Pèlerins d'Emmaüs*. Rembrandt a une manière immatérielle pour ainsi dire. Tantôt il touche, il heurte le cuivre comme au hasard, tantôt il l'effleure et le caresse avec une délicatesse exquise, avec une dextérité magique. Il interrompt dans la lumière le trait qui marque le contour pour le reprendre et l'accuser énergiquement dans l'ombre; ou bien, il adopte la méthode toute contraire et, dans l'un comme dans l'autre cas, il réussit avec la même infaillibilité à s'emparer du regard, à le contenter, à le convaincre.

Au moment où les écoles des Pays-Bas brillaient d'un si vif éclat, mais qui devait sitôt s'anéantir, que se passait-il en France et comment le beau siècle de la gravure s'y annonçait-il? Dès le commencement du xvie siècle, et même un peu auparavant, la gravure en bois est pratiquée, en France, avec une certaine habileté. Les Danses macabres, les Traités de morale si fort en vogue à cette époque, les Livres d'heures ornés, d'autres recueils encore imprimés avec fleurons et figures, à Paris ou à Lyon, permettent déjà de pressentir les prochains chefs-d'œuvre que feront paraître, en ce genre, Geofroy Tory, Jean Cousin lui-même et divers dessinateurs ou graveurs en bois appartenant au règne de François Ier ou à celui de Henri II; mais la gravure au burin ou à l'eau-forte, telle qu'elle est pratiquée alors par des orfèvres comme Jean Duvet et Etienne Delaune, par des peintres de l'école de Fontainebleau comme René Boyvin et Geofroy Dumonstier, la gravure n'est encore qu'un moyen de populariser les imitations à outrance de la manière italienne. Les estampes de Nicolas Beatrizet qui, d'ailleurs, avait été à Rome l'élève d'Agostino Musi; celles d'un autre graveur Lorrain, dont le nom a été italianisé, Niccolo della Casa semblent avoir pour objet unique d'ériger en doctrine l'esprit de contrefaçon et d'imposer aux graveurs français, cette religion négative à laquelle nos peintres s'étaient si malheureusement laissé convertir sous l'influence des Italiens appelés par François Ier. Pendant tout le xvie siècle et au commencement du siècle suivant, l'école française de gravure n'a-

Fig. 320. — Fac-simile d'une gravure en bois d'un Livre d'heures, représentant les bergers célébrant la naissance du Christ par des chants et par des danses (fin du XVe siècle).

vait donc, ni méthode, ni tendances qui lui fussent propres, et pourtant, la mode s'en mêlant, chacun se mit à manier le burin ou la pointe. A partir du règne de Henri II jusqu'à celui de Louis XIII, qui ne grava pas en France? Des orfèvres comme Pierre Woeiriot, des peintres comme Claude Corneille et Jean Gourmont, des architectes comme Du Cerceau, des gentilshommes, des femmes même, Georgette de Montenay entre autres, qui dédia à la reine Jeanne d'Albret, un recueil de devises et d'emblèmes gravé, dit-on, au moins en partie par elle; tout le monde prétendit creuser tant bien que mal le bois ou le cuivre. Encore une fois, les estampes de cette époque ne sont, pour la plupart, que des œuvres d'emprunt, des copies, tantôt maigres, tantôt emphatiques des modèles venus de l'étranger. Ce n'est qu'après une longue période de servitude que les graveurs français commen-

cent à se soustraire au joug de l'art italien pour se créer une manière et constituer enfin une école. L'honneur de ce progrès préparé, d'ailleurs, par deux graveurs de portraits et de pièces historiques, Thomas de Leu et Léonard Gaultier (fig. 321), appartient principalement à Jacques Callot.

Les eaux-fortes, aujourd'hui si justement admirées, de Claude le Lorrain, sont d'une époque postérieure à celle où parurent les eaux-fortes de Callot. Callot fut donc le véritable créateur du genre. La pointe acquit sous sa main une légèreté et une hardiesse que ne présageaient pas les essais antérieurs, essais à la fois rudes et lâchés. Elle imita l'allure vive et rapide du crayon dans l'indication du mouvement des figures, la rigueur de la plume, sinon celle du burin, dans le dessin des contours; en un mot, en donnant à ses planches l'aspect de la correction, sans leur ôter l'apparence d'improvisation qui convient aux œuvres de cette espèce, Callot détermina le caractère et les conditions spéciales de la gravure à l'eau-forte. Il fut présenté à Louis XIII qui, dès cette première entrevue, lui commanda de graver le Siège de La Rochelle.

La gravure à l'eau-forte introduite, à vrai dire, en France, par Callot y était devenue tout à fait de mode. Abraham Bosse et Israël Silvestre achevèrent d'en populariser l'usage, celui-ci en l'appliquant à la topographie et aux vues de monuments, celui-là en la faisant servir à l'illustration des livres de piété ou de science, à l'enjolivement des éventails ou des autres objets de luxe mis en vente alors dans cette galerie Dauphine du Palays qu'une de ses estampes nous représente, et dont une comédie de Corneille porte le nom. Il publia encore un nombre infini de pièces de toute sorte, scènes de mœurs, portraits, costumes, ornements d'architecture, etc., pièces gravées presque toujours d'après ses propres dessins, quelquefois d'après ceux du peintre normand Saint-Ygny. Abraham Bosse est sans doute un artiste de second ordre; il s'en faut qu'il soit un artiste sans mérite. Il possède l'instinct du dessin juste à défaut d'un sentiment et d'un goût raffinés; enfin, à ne le prendre que comme graveur, il a beaucoup de la pratique ferme, accentuée de Callot, avec quelque chose déjà de cette habileté sereine et toute française qui va se développer de plus en plus dans notre école de gravure.

Nous touchons au moment où l'école française de gravure entre pour n'en plus sortir dans la voie du progrès, où nos graveurs, après s'être mis d'abord à la suite des graveurs étrangers, marchent déjà à leurs côtés et sont bien près de les laisser à distance.

Fig. 321. — *Henri III, roi de France, fac-simile réduit d'une gravure de Léonard Gaultier (Bibliothèque de M. Ambroise Firmin-Didot).*

Vers le temps où les graveurs anglais commençaient à prendre rang parmi les artistes, où Callot et un peu après lui quelques graveurs français, déjà remarquablement habiles, réussissaient à fonder l'école qu'allaient bientôt illustrer les maîtres proprement dits, alors que les graveurs italiens ou allemands déméritaient de plus en plus, chez les autres nations, qu'y avait-il? En Espagne, une brillante phalange de peintres, dont quelques-uns, comme Ribeira, ont laissé des eaux-fortes, peu ou point de graveurs de profession; en Suisse, après Jost Amman, né à Zurich, en 1539, et mort en 1591, un certain nombre de graveurs de vignettes, héritiers de son habileté superficielle et de ses habitudes d'industriel plutôt que d'artiste, graveurs confondus, d'ailleurs, pour la plupart avec

les graveurs allemands de la même époque. Enfin, le peu de Suédois ou de Polonais, qui avaient étudié l'art, soit dans les Flandres, soit en Allemagne, ne réussirent pas à en populariser le goût dans leur pays et leurs noms ne pourraient guère figurer que pour mémoire parmi ceux des graveurs que nous avons mentionnés ici.

Une seconde phase qu'on pourrait appeler l'*époque française* va s'ouvrir pour la gravure.

Les graveurs du règne de Louis XIII avaient annoncé dans leurs ouvrages un mérite nouveau et préparé la venue des maîtres par excellence. A partir du moment où notre école de peinture commence à s'affranchir de l'imitation systématique pour faire, dans une certaine mesure, acte d'indépendance, l'art du burin s'avance résolument dans la voie qui lui est ouverte et se signale par des progrès de plus en plus significatifs. Sans parler de Thomas de Leu, qui d'ailleurs n'était peut-être pas né en France, ni même de Léonard Gaultier, parce qu'ils ont l'un et l'autre travaillé sous le règne de Henri IV, Jean Morin, dont la manière à la fois si pittoresque et si ferme, procède d'un mélange particulier de travaux à l'eau-forte, à la pointe sèche et au burin, Michel Lasne, Claude Mellan — quelles que soient la facilité un peu prétentieuse et l'adresse trop souvent affectée de sa pratique, — d'autres graveurs au burin diversement habiles n'empruntent plus rien des exemples étrangers. Leurs travaux font déjà mieux que présager l'essor de l'art français; mais bientôt, les graveurs remarquables ne se comptent plus dans notre école, et nous ne citerons ici que ceux dont les noms ont gardé une importance exceptionnelle dans ce riche ensemble de talents. L'un des plus éminents en mérite et aussi l'un des premiers suivant l'ordre chronologique, Robert Nanteuil, tout en étudiant les lettres et les sciences, à Reims, où il était né en 1626, s'occupait de dessin et de gravure; il entreprit à dix-neuf ans de graver le frontispice de sa thèse de philosophie. Renonçant à l'étude du droit, il se mit en route pour Paris où il arriva pauvre, inconnu, mais déterminé à réussir. De proche en proche, ses relations s'étendirent; il en vint bientôt à être chargé de reproduire sur le cuivre les dessins qui lui avaient été commandés par des membres du parlement et des personnages de la cour; enfin, le roi, dont ensuite il grava le portrait jusqu'à onze fois, dans des formats différents, lui accorda dès lors plusieurs séances au bout desquelles Nanteuil reçut le brevet d'une pension et le titre de dessinateur du cabinet Louis XIV ne se contenta pas de récompenser un ta-

Fig. 322. — *Bouffon de cour, gravure signée d'Ullrich, d'après H. Goltzius, peintre hollandais (commenc. du XVIIe siècle).*

lent déjà hors ligne; il voulut aussi, par des mesures générales, stimuler le développement de l'art lui-même qu'il déclara « libéral. » Il permit aux graveurs de l'exercer sans être soumis « à des maîtrises ni assujettis à d'autres lois qu'à celles de leur génie, » et sept années plus tard (1667), l'établissement royal des Gobelins devint une véritable académie de gravure. Tandis que Le Brun, qui en eut le premier la direction générale, y réunissait des peintres, des dessinateurs, des sculpteurs même, et y faisait exécuter, d'après ses cartons, les tapisseries des *Eléments* et des *Saisons*; Sébastien Leclerc (fig. 323) présidait aux travaux entrepris, aux frais du roi, par de nombreux graveurs français ou étrangers. Edelinck, l'un de ceux-ci, né à Anvers, en 1640, avait été appelé en France par Colbert. Une fois à Paris, il avait ajouté à ses qualités flamandes, les qualités propres à notre école et il s'était bientôt placé au premier rang des graveurs de l'époque. Après avoir dé-

buté ici par sa *Sainte Famille*, dite la *Vierge de François I*, d'après Raphaël, planche d'un aspect sévère et d'un dessin tout italien, il grave successivement, d'après Le Brun, la *Madeleine*, le *Christ aux anges*, la *Famille de Darius*, traductions admirables, où les défauts des originaux sont atténués et les mérites accrus par des moyens qui n'en laissent pas moins ressortir le caractère particulier et essentiel. Edelinck, en interprétant les œuvres de Le Brun, n'en change ni la signification, ni le style; il leur donne seulement plus de vraisemblance et de naturel, comme lorsqu'il grave d'après Rigaud, dont la pompe et le *flamboiement* deviennent, sous son burin, de la richesse et de la verve. S'agit-il, au contraire, de rendre une peinture où l'habileté se montre calme et mesurée? Ce talent si hardi, si brillant tout à l'heure s'empreint de sérénité et produit, avec une merveilleuse tempérance dans l'exécution, le portrait de *Philippe de Champaigne*, objet, dit-on, de la prédilec

Fig. 323. — *Défaite des Espagnols, près de Bruges, en 1667, gravure de Séb. Leclerc (1680), d'après le tableau de Le Brun.*

tion du graveur et l'un des chefs-d'œuvre de la gravure. D'ailleurs, au moment où Le Brun fut appelé au gouvernement des arts, le nombre des graveurs expérimentés était déjà considérable dans notre pays. Jean Pesne, le traducteur par excellence des œuvres de Poussin, avait fait paraître plusieurs de ces mâles estampes qui de nos jours encore maintiennent si justement en honneur le nom du graveur de l'*Evanouissement d'Esther*, du *Testament d'Eudamidas* et des *Sept Sacrements*. Claudine Bouzamet, dite Claudia Stella qui, par l'énergie extraordinaire de son talent, s'était mise au premier rang des femmes graveurs; Etienne Baudet, Gautrel s'étaient, comme Jean Pesne, presque exclusivement appliqués à reproduire les compositions du noble peintre des Andelys. De leur côté, François de Poilly, Roullet, Masson que son portrait du comte d'Harcourt et ses *Pèlerins d'Emmaüs*, d'après Titien, ont rendu si célèbre, plusieurs autres dont les noms ne sont pas connus avaient fait leurs preuves de talent avant de se consacrer à la reproduction des tableaux de Lebrun. Enfin, Nanteuil, qui n'a gravé, d'après celui-ci, que quelques portraits, jouissait déjà d'une grande réputation, lorsque Colbert institua aux Gobelins cette espèce de confrérie d'artistes

et voulut qu'il y entrât l'un des premiers. Edelinck, dès qu'il y fut admis à son tour, s'empressa de profiter des conseils du maître qu'il lui était donné d'approcher; à son exemple et sous ses yeux, il s'essaya bientôt dans la gravure du portrait. Qui, en effet, pouvait mieux que Nanteuil enseigner l'art spécial où il n'a eu que bien peu de rivaux et où personne ne l'a surpassé?

Gérard Audran, né à Lyon, en 1640, y avait reçu de son père les premiers enseignements de l'art. Il vint ensuite à Paris se placer sous la direction des maîtres les plus renommés de l'époque et se trouva par leur entremise en relation avec Le Brun. Traité en ami et presque sur le pied d'égalité par Le Brun qui ne se départait en faveur de nul autre de ses habitudes de suprématie officielle, Audran exerça sur le premier peintre du roi une influence considérable bien que secrète. Le Brun, en cela, se conduisait en homme habile et qui comprenait bien les intérêts de sa gloire; il avait tout à gagner en laissant toute liberté au graveur, dont le goût sûr corrigeait les erreurs de son propre goût et convertissait en coloris harmonieux un coloris assez ordinairement criard ou lourd, en fermeté de dessin et de modelé une expression souvent molle de la forme. Aussi les planches des *Ba-*

tailles offrent-elles, outre les grandes qualités de composition propres aux modèles, une résolution dans l'aspect général et les détails qu'il appartenait seul à Audran d'y ajouter. Les *Batailles d'Alexandre*, d'après Le Brun, une fois terminées, Audran grave d'après Le Sueur, le *Martyre de saint Protais*, plusieurs tableaux de Poussin, le *Pyrrhus sauvé*, entre autres; la *Femme adultère* et ce radieux *Triomphe de la Vérité*, une des plus belles planches d'histoire, sinon la plus belle qui aient jamais paru; puis, d'après Mignard, la *Peste d'Egine* et les peintures de la *Coupole du Val-de-Grâce*. Ces divers ouvrages, où l'élévation du sentiment et du goût ne se manifeste pas avec moins d'éclat que dans les précédents, sont aussi des modèles accomplis de gravure, à prendre ce mot dans le sens le plus littéral.

Les graveurs français appartenant à l'époque de Louis XV se divisent en deux groupes différents : l'un sous l'autorité de Rigaud et conservant en partie la tradition du siècle précédent; l'autre plus important en nombre et à certains égards plus habile, mais cherchant à la suite de Watteau ou de ses continuateurs le succès dans la gentillesse des intentions et du faire, dans l'expression du joli en toutes choses bien plutôt que dans la stricte imitation du vrai. Les successeurs immédiats de Le

Fig. 324. — *Le jeu de la Comète, gravure de Ph. Lebas, d'après Eisen.*

ces formes si peu sévères qu'affecte la gravure au xviiie siècle, quelque chose survit souvent de l'habileté magistrale et de la science des devanciers. Laurent Cars ne se souvenait-il pas des exemples de Gérard Audran et ne réussissait-il pas à les continuer à sa manière, quand il gravait d'après Lemoyne *Hercule et Omphale* ou la *Délivrance d'Andromède?* Là même où il s'agissait pour lui de reproduire, soit des scènes toutes de fantaisie, comme la *Fête vénitienne* de Watteau, soit de modestes scènes bourgeoises, comme les *Amusements de la vie privée* et la *Serinette*, d'après Chardin, n'avait-il pas l'art de suppléer par les ressources que lui fournissait son propre goût à ce qui pouvait manquer à ses modèles en force véritable ou en dignité! N'était-ce pas aussi en s'appropriant les doctrines ou tout au moins les procédés d'Audran, — c'est-à-dire en mélangeant librement comme lui les travaux du burin et ceux de la pointe, — que Nicolas de Larmessin, Ph. Lebas (fig. 324), Lépicié, Aveline, Duflos, Dupuis, d'autres encore, produisaient leurs charmantes estampes d'après Pater, Lancret, Boucher lui-même, malgré les impertinences de sa manière et les mensonges de son coloris, et surtout d'après Watteau, celui de tous les peintres du xviiie siècle qui a eu le privilège d'être le mieux compris et le plus brillamment traduit par les graveurs? Un peu plus tard, c'était à Greuze que revenait l'honneur d'occuper ceux-ci le plus habituellement et quelques-uns d'entre eux, comme Levasseur et Flipart, ne laissèrent pas d'accomplir avec talent, une tâche que rendait particulièrement difficile l'exécution à la fois molle et martelée des peintures originales.

Quelque rapide que doive être ici l'indication du mouvement de la gravure, en France, pendant tout le règne de Louis XV, comment ne pas mentionner pourtant à côté des planches d'histoire ou de genre, ces innombrables vignettes pour les romans, les recueils de fables ou de chansons pour les publications de toute espèce dont l'ensemble atteste si bien la fécondité et la grâce de l'art français à cette époque. Comment ne pas rappeler au moins les noms de ces aimables graveurs, dessinateurs

Brun avaient fort discrédité le genre héroïque; on était fatigué de ce pompeux étalage d'allégories, de cette tyrannie de la grandeur, de cette monotonie dans le faste; on se jeta, par un autre excès, dans l'exagération de la grâce et dans les coquetteries du sentiment. Les scènes pastorales ou prétendues telles, les sujets tirés d'une mythologie galante remplacèrent les hauts faits et les apothéoses académiques; il n'y eut pas dans les ouvrages nouveaux plus de naturel que dans les ouvrages surannés, mais il y eut du moins plus d'intérêt pour l'intelligence et d'agrément pour les yeux. A ne parler que de la gravure, les estampes publiées, en France, à cette époque sont pour la plupart des modèles d'esprit et de délicatesse, *comme celles qu'ont laissées les maîtres du siècle de Louis XIV*, sont des modèles d'exécution savante et de vigueur dans les intentions. Encore, sous bien souvent des petites compositions qu'ils reportaient sur le cuivre, de ces *poetæ minores*, ou si l'on veut de ces vaudevillistes de la gravure qui, depuis les *traducteurs* des dessins de Gravelot, d'Eisen et de Gabriel de Saint-Aubin jusqu'à Choffard, depuis Cochin jusqu'à Moreau, nous ont laissé tant de pièces empreintes de l'imagination la plus abondante et la plus souple ou de l'esprit d'observation le plus fin? Artistes ingénieux et inventifs entre tous, au goût délicat dans les inventions les plus capricieuses, au talent spirituel par excellence et dout l'habileté exquise, très savante sous des apparences frivoles, ne trouverait son équivalent dans les œuvres d'aucune autre époque ni dans l'école d'aucun pays. Placés en quelque sorte à égale distance des graveurs d'histoire contemporaine et des graveurs de vignettes, et comme partagés entre les souvenirs du passé et les exemples que leur fournissait le présent, Ficquet et, quelques années plus tard, Augustin de Saint-Aubin, gravaient ces petits portraits auxquels s'est attaché, de nos jours, un succès au moins égal à celui qui les avait accueillis originairement.

A mesure que s'était répandu parmi les artistes l'usage d'employer principalement l'eau-forte pour l'exécution de leurs travaux, la tentation de recourir à ce procédé de gravure rapide avait gagné de proche en proche jusqu'à ceux-là mêmes que leur situation sociale ou leurs occupations antérieures semblaient avoir le moins prédestinés à de pareils essais. Les graveurs amateurs devinrent bientôt presque aussi nombreux que les graveurs de profession. Il fut de mode à la cour et à la ville, d'apprendre à manier la pointe pour tracer une *bergerie* comme de s'habituer à tourner un madrigal; et l'exemple que le régent avait donné l'un des premiers, en gravant quelques vignettes pour une édition de *Daphnis et Chloé*, fut suivi par une foule de personnages de tout rang : grands seigneurs comme le duc de Chevreuse, le marquis de Coigny et bien d'autres, hommes de robe comme le président de Gravelle, financiers érudits ou écrivains comme Watelet, le comte de Caylus et d'Argenville.

Bien que la gravure de vignettes, ou tout au moins de compositions légères fût, au XVIIIe siècle, presque exclusivement pratiquée en France, même par les artistes les plus éminents, quelques-uns de ceux-ci cependant donnaient à leurs travaux une signification plus sévère et une physionomie moins en désaccord avec celle des œuvres antérieures. Plusieurs élèves de Nicolas-Henri Tardieu ou de Dupuis, luttaient avec constance contre les envahissements du genre à la mode, et transmettaient à leurs élèves de toutes les nations les enseignements qu'ils avaient eux-mêmes reçus dans leur jeunesse.

Cependant, au delà de nos frontières comme en France, de grands recueils étaient édités par ordre des souverains ou aux frais des riches amateurs pour consacrer le souvenir des événements contemporains; d'autres offraient la collection des statues conservées dans des galeries ou des cabinets célèbres. La *Galerie de Versailles*, commencée par Charles Simonneau, continuée par Massé, terminée enfin en 1752, après vingt-huit ans de travaux consécutifs, avait ouvert la série de ces précieux recueils dont le *Cabinet de Crozat*, les *Peintures de l'hôtel Lambert*, etc., étaient venus grossir le nombre. Un peu plus tard, l'exemple donné en France était suivi dans les autres pays, et l'on vit paraître successivement le *Museo Pio-Clementino*, la *Galerie royale de Dresde*, celle du comte de Bruhl, les recueils de' Boydell, publications qui honorèrent la seconde moitié du XVIIIe siècle en Italie, en Allemagne et en Angleterre. Enfin, la gravure de paysage, qui jusqu'à cette époque n'avait été que comme un accessoire de la gravure d'histoire, commençait à rivaliser avec celle-ci, grâce à Vivarès et à Balechou. C'est aux Français qu'appartient l'honneur d'avoir créé ce genre. On oublie trop souvent qu'ils y ont excellé les premiers et que les Anglais, à qui l'on attribue généralement le mérite de l'initiative, n'auraient peut-être pas pu se glorifier de Woollett et ses élèves sans les exemples de Vivarès.

Quoiqu'il n'ait pas, comme Vivarès, enseigné lui-même la gravure de paysage en Angleterre, Balechou contribua puissamment par ses ouvrages à instruire les graveurs de ce pays, et le plus habile d'entre eux, Woollet, avouait qu'il avait sous les yeux une épreuve de la *Tempête* lorsqu'il travaillait à la planche de la *Pêche*. Quant à Vivarès, après avoir gravé, à Paris, quelques planches d'après Joseph Vernet et les anciens maîtres, il alla se fixer à Londres où se rendirent aussi, mais un peu plus tard, Loutherbourg et plusieurs autres peintres français. Cependant, avant que les élèves ou les imitateurs de Vivarès prissent à sa suite possession de ce vaste domaine, la gravure en Angleterre s'était considérablement développée dans un autre ordre de travaux sous l'influence de deux artistes éminents, nés à vingt-cinq ans d'intervalle, Hogarth et Reynolds.

Les graveurs paysagistes et les graveurs en manière noire commençaient à vivifier l'école anglaise, et les premiers surtout lui donnaient par leurs talents une sérieuse importance. A partir de 1760, à peu près, Woollet publiait, d'après son compatriote Wilson, ou d'après Claude Le Lorrain, ces beaux paysages qui semblent moins des estampes que des tableaux, tant est suave l'harmonie de l'effet, tant l'atmosphère y a de transparence et le coloris de souplesse. Un peu plus tard, il achevait de se rendre célèbre par des travaux d'un autre genre et reproduisait, d'après Benjamin West, la *Mort du général Wolfe*, puis la *Bataille de la Hogue*, la meilleure composition du peintre américain, et aussi la meilleure planche historique qui ait jamais été gravée en Angleterre. Enfin, vers le même temps, Robert Strauge, qui avait été élève, à Paris, de Philippe Lebas, gravait en taille-douce, d'après Corrège et d'après Van Dyck, le *Saint-Jérôme*, le portrait de Charles Ier, ou, d'après les mêmes maîtres d'autres estampes aussi séduisantes qu'il faudrait louer sans réserve, si la correction du dessin y était égale à la grâce du modelé et à la flexibilité du ton.

L'école française du XVIIIe siècle a laissé des estampes d'une rare perfection, et c'est avec regret que nous devons renoncer au plaisir de rappeler tant d'œuvres délicates et charmantes. Si les artistes de cette époque surent interpréter le paysage avec le sentiment le plus élevé, ils furent non moins habiles à reproduire la physionomie humaine; il nous suffira de montrer ces deux têtes (fig. 325) si expressives, dues au talent de Boisseau, qui fut l'un des meilleurs aquafortistes de la fin du XVIIIe siècle, pour faire apprécier le degré d'extrême perfection de dessin et d'exécution auquel étaient parvenus les graveurs de ce temps.

Sans nous arrêter longuement à la série des innovations introduites dans la pratique de l'art depuis la fin du XVIIIe siècle, rappelons ici le procédé imaginé par Jean-Christophe Leblond sous le nom de *gravure au pastel* et que l'usage a consacré sous la dénomination plus générale de *gravure en couleurs*, bien que ce soit plutôt une impression qu'une gravure; puis, plus tard, la *gravure au lavis* de Jean-Baptiste Leprince, et la *gravure à l'aquatinte*. Fort simple en apparence, puisque le trait une fois gravé et mordu suivant les procédés ordinaires de l'eau-forte, elle consistait dans le travail d'un pinceau dont on se servait pour laver sur la planche avec un liquide corrosif comme on lave sur le papier avec de la sépia délayée ou de l'encre de Chine, la gravure au lavis exigeait pourtant dans les opérations préparatoires beaucoup de soin, beaucoup d'adresse, et jusqu'à un certain point des connaissances scientifiques. La qualité particulière du cuivre à employer, la composition des vernis et des mordants, d'autres conditions encore, dans le détail desquelles il n'est pas possible d'entrer ici, ne laissaient pas de rendre assez difficile l'usage du nouveau moyen. Aussi, la gravure dite *au lavis* ne tarda-t-elle pas à décourager les efforts de. ceux qui avaient tenté d'abord de suivre les exemples donnés par Le-prince.

Ce ne fut qu'après d'assez notables modifications et des perfectionnements dus à l'initiative d'artistes étrangers que la gravure au lavis, devenue à Londres la *gravure à l'aquatinte*, reparut en France. Grâce aux travaux de Debucourt, et un peu plus tard de M. Jazet son neveu, elle y acquit une popularité d'autant plus grande que ses produits, en raison de leur caractère même, se rapprochaient davantage de l'esprit qui avait inspiré et du genre d'exécution qui distinguait certaines peintures particulièrement en faveur à cette époque. Jehan Jazet, par exemple, qui fut le grand-père de nos peintres célèbres, Berne-Bellecour et Vibert, ne contribua-t-il pas singulièrement aux succès chez nous de l'aquatinte en l'appliquant dès les premières années de la Restauration à la traduction des tableaux d'Horace Vernet? Des planches telles que le *Bi-*

vouac du colonel Moncey, la *Barrière de Clichy*, le *Soldat laboureur* et tant d'autres, ne trouvaient-elles pas une sorte de laisser-passer auprès de tous dans les souvenirs qu'elles réveillaient, au moins autant que dans leurs propres mérites? Parmi ces artistes nouveaux, Boucher-Desnoyers songeait probablement beaucoup moins aux œuvres contemporaines qu'à celles des graveurs français du XVIIe siècle, lorsqu'il travaillait à sa planche de la *Belle Jardinière,* d'après Raphaël, ou à la *Vierge aux rochers,* d'après Léonard. Celles que l'on fit, sous le règne de Napoléon Ier, d'après David, obtinrent un succès d'à-propos, en achevant de populariser les compositions du maître; mais elles n'ont pu assurer aux graveurs une réputation durable. La faute, d'ailleurs, en est-elle tout entière à ceux-ci? Une part ne revient-elle pas aussi dans la médiocrité de leurs œuvres à l'action incertaine, malgré ses apparences de rigueur, exercée par le peintre lui-même. Quelques-uns des dessins ou des tableaux de Prudhon trouvèrent cependant, avant la

Fig. 325. — *Fac-simile d'eau forte de J.-J. Boissieu.*

fin du Directoire et de l'Empire, des traducteurs excellents dans Copia et dans Barthélemy Roger; et quant à Regnault, il avait vu, dans les dernières années du XVIIIe siècle, la gravure par Bervic, d'après son tableau l'*Education d'Achille,* obtenir un succès au moins égal à celui qui avait accueilli l'exposition de la toile originale au Salon de 1783. A l'époque où Bervic était réputé le premier des graveurs français contemporains, l'Italie s'enorgueillissait d'un graveur en réalité inférieur à lui, mais qui, dans la pénurie de talents où elle se trouvait alors, usurpait avec la complicité de tous la gloire d'un maître. Comme le sculpteur Canova, son aîné seulement de quelques années, Raphaël Morghen eut le bonheur de venir à propos. Elève et gendre de Volpato, dont chacun connaît les molles estampes d'après les *Stanze* du Vatican, Morghen partagea avec cet artiste débile et avec Longhi le privilège de reproduire des peintures admirables qui, depuis les grands maîtres, n'avaient plus été gravées ou qui ne l'avaient été à aucune époque. Cela seul donne quelque prix à ses planches défectueuses. Lorsque Morghen mourut en 1833, l'Italie tout entière s'émut à cette nouvelle, et d'innombrables sonnets, expression ordinaire des regrets ou de l'enthousiasme

publics, célébrèrent à l'envi « la gloire impérissable de l'illustre graveur de la *Cène.* »

Trois ans auparavant, un graveur dont les premiers succès avaient eu presque autant de retentissement en Allemagne, que ceux de Morghen en Italie, Jean Godard Müller s'était éteint dans l'isolement et la douleur. Son fils, Christian Frédéric Müller, avait été dès l'enfance voué à l'art qu'exerçait son père. Les planches qu'il grava pour le *Musée français,* publié par Laurent et Robillard, attestent une louable soumission aux principes des maîtres et une expérience de l'art déjà solide; mais c'est dans la *Vierge de Saint-Sixte* que le talent de Müller donne exactement sa mesure, et qu'il semble parvenu à sa maturité. Les travaux de Bervic et de Desnoyers, de Morghen et de Müller peuvent résumer l'état de la gravure en France, en Italie, en Allemagne, pendant les premières années du XIXe siècle. Les conditions de l'art se modifièrent bientôt sous l'empire d'autres idées et les graveurs allemands, déplaçant le but les premiers, entrèrent dans une voie nouvelle qu'ils suivent encore aujourd'hui. Quelques années ont suffi pour réduire l'art allemand à un état d'ascétisme réglementaire en quelque sorte, et depuis que MM. Overbeck, Cornélius et Kaulbach sont venus ajouter l'autorité de leurs exemples aux tentatives de leurs prédécesseurs, la réforme a été aussi radicale en Allemagne qu'avait pu l'être en France la révolution accomplie avec de tout autres vues par David. Il suffira de citer entre les nombreux spécimens de cette extrême réserve dans l'exécution, les *Scènes évangéliques* gravées d'après M. Overbeck par MM. Franz Keller, Ludy, Steinfensand, les planches d'après M. Cornélius, publiées à Carlsruhe ou à Munich par MM. Schaëffer, Merz et plusieurs autres, enfin d'après M. Kaulbach, la grande planche de Thaeter, représentant le *Combat des Huns*.

De tous les graveurs qui auront honoré notre époque, non seulement en France, mais encore dans les pays étrangers, le premier par le talent comme par l'influence générale qu'il exerçait depuis près d'un demi-siècle, est sans contredit M. Henriquel qui vient de mourir, ou, suivant le nom qu'il porta jusque vers la seconde moitié de sa carrière, M. Henriquel-Dupont. Les graveurs français du XVIIIe siècle eux-mêmes nous ont-ils laissé des planches plus largement et plus finement traitées tout ensemble que l'*Hémicycle du palais des Beaux-Arts*, le *Strafford*, le *Moïse exposé sur le Nil*, d'après Paul Delaroche, que l'admirable composition à l'eau-forte des *Pèlerins d'Emmaüs*, d'après Paul Véronèse, et que le portrait de *M. Bertin*, d'après Ingres ! Combien d'autres belles œuvres sorties de la même main, mériteraient, d'ailleurs, d'être citées à côté de celles-là ! M. Henriquel a le secret d'assouplir si bien les moyens dont il dispose, qu'il peint avec le burin ou avec la pointe, là où d'autres et des plus habiles, comme M. Laugier et M. Richomme, n'avaient su un peu avant lui que graver. Aussi, l'action exercée par le maître, soit sous forme d'enseignements directs, soit au moyen des œuvres signées de son nom, a-t-elle eu pour effet de rajeunir à plus d'un égard les conditions de la gravure dans notre pays, et de susciter des talents dont quelques-uns, tout en accusant clairement leur origine, n'en devaient pas moins avoir leur importance propre et mériter une place très honorable dans l'histoire de l'art contemporain. Parmi les élèves les plus distingués de M. Henriquel, plusieurs ont déjà cessé de vivre; M. Aristide Louis dont les deux figures de *Mignon*, d'après Scheffer, avaient obtenu au moment de leur apparition un succès populaire; M. Jules François, à qui l'on doit, entre autres belles planches, un véritable chef-d'œuvre, le *Militaire offrant des pièces d'or à une femme*, d'après le tableau de Terburg, conservé au Musée du Louvre; M. Rousseaux, le mieux doué peut-être des graveurs de sa génération, et dont les œuvres, si peu nombreuses qu'elles soient, suffiront pour faire vivre le nom. Qui sait même si quelque jour le *Portrait d'homme*, d'après le tableau du Louvre attribué à Francia, et le portrait de Mme de Sévigné, d'après le pastel de Nanteuil, ne seront pas recherchés avec autant d'empressement qu'on en met aujourd'hui à se procurer les pièces gravées par les anciens maîtres ? Si la mort prématurée de ces habiles graveurs a privé notre école d'une partie des talents sur lesquels elle semblait le mieux en droit de compter, combien d'autres heureusement nous restent dont les œuvres sont de nature à soutenir la vieille renommée de l'art français et à défier les comparaisons avec les produits de l'art étranger.

La gravure au burin a donc parmi nous, des représentants assez nombreux et surtout assez méritants pour démentir les appréhensions de ceux là même qui la croient ou qui affectent de la croire irrévocablement atteinte par le succès des procédés héliographiques. Que si l'on jette les yeux sur les travaux accomplis de nos jours dans un autre ordre de gravure, si l'on examine les œuvres produites, en France, par les graveurs à l'eau-forte contemporains, de ce côté encore on aura lieu d'être suffisamment rassuré. Ne saurait-on même sans exagération appliquer le mot de Renaissance à la série des progrès que nous avons vus s'opérer dans le genre de gravure illustré jadis par Callot et Claude Lorrain ? A quel moment, depuis le XVIIe siècle, la pointe a-t-elle été maniée dans notre pays par autant d'artistes habiles et avec un sentiment aussi vif de la couleur et de l'effet? La supériorité de notre école de gravure, quels que soient les genres qu'elle traite, a été, d'ailleurs, publiquement reconnue et proclamée dans une occasion assez récente ? N'est-ce pas tout d'une voix que les membres du jury international, chargé de décerner les récompenses à la suite de l'Exposition universelle de 1878, ont fait dans la distribution de ces récompenses une part prépondérante aux graveurs de notre pays. N'est-ce pas à l'unanimité et par acclamation que la médaille d'honneur a été accordée à Jules Jacquemart, pour ses admirables eaux-fortes? Peut-être même la part eut-elle pu, sans dommage pour la justice, être plus large encore si le jury, composé en majorité de Français, n'avait cru devoir tenir grand compte des conditions spéciales du concours ouvert à Paris, et de l'empressement avec lequel les artistes étrangers avaient répondu à notre appel. La situation de l'art dans les divers pays de l'Europe et l'importance respective des talents, n'ont pas changé depuis lors.

Gravure en médailles. La gravure des coins monétaires qui servent à frapper les médailles s'exécute sur une des extrémités de courts cylindres en acier non trempé. Le graveur enlève avec des burins trempés les parties superflues du métal; ce travail, laissant des angles aigus et des traits durs, est achevé et poli avec des limes très fines; il est d'ailleurs facile de tirer des épreuves successives sur de la cire molle, pour suivre les progrès de la gravure. Le coin est ensuite trempé au feu. Le plus souvent, aujourd'hui, la gravure est exécutée en relief, comme un camée, d'après un modèle en terre cuite ou en cire. Le cylindre d'acier dit *poinçon*, qui porte cette matrice, est destiné à entrer dans un cône à base très large en métal doux, dans lequel s'impriment peu à peu les formes gravées en relief. On peut obtenir ainsi plusieurs coins semblables qui permettent de multiplier les épreuves et de parer à tout accident. Ce procédé, qui avait été abandonné, est maintenant redevenu très en faveur.

Pour la frappe, les anciens plaçaient une lentille de métal entre les deux empreintes et martelaient, ce qui occasionnait des irrégularités et ne fournissait que des procédés défectueux. Le balancier actuel, mû par un pas de vis, donne une pression égale, permet d'établir les coins exactement l'un au-dessus de l'autre, et donne à la monnaie une forme précise, par l'adjonction d'une rondelle d'acier placée entre les coins et qui peut porter des caractères destinés aux tranches. Il est en usage depuis le XVIe siècle. Les anciens ont fabriqué aussi des monnaies fondues.

La gravure pour cachets, qui se fait en taille d'épargne sur métal par des procédés analogues, n'a qu'exceptionnellement une valeur artistique.

Gravure sur pierres fines. L'art de graver en creux ou en relief sur pierres fines a reçu aussi le nom de *glyptique*. On appelle *intailles* les pierres gravées en creux, et *camées* ou *gemmes* celles où le sujet est en relief. Le camée proprement dit, taillé sur sardoine ou sur coquillage, offre des couches superposées de diverses teintes à effets variés, tandis que la gemme est d'une seule couleur. — V. CAMÉE.

Le principal outil de graveur est le *touret* monté sur roue ou sur archet ; enduit, selon la matière à creuser, d'émeri, de poudre de rubis ou de diamant délayés dans l'huile, il agit à la façon d'une lime et creuse les traits en usant la pierre. Le diamant lui-même peut être gravé au touret ; on en a des exemples qui remontent au XVIᵉ siècle.

— On cite, en glyptique, de véritables merveilles de patience et de finesse de travail. Le Louvre possède un camée-onyx antique, représentant la famille de Tibère, qui comprend plus de vingt personnages avec des animaux, d'une délicatesse parfaite. La Renaissance a produit aussi beaucoup de pièces remarquables. Au commencement de ce siècle, l'impératrice Joséphine remit en faveur les intailles, mais pour peu de temps. Le dernier grand effort accompli dans l'art de la glyptique a été, sous Napoléon III, le grand camée sur sardonyx, représentant l'apothéose de Napoléon Iᵉʳ, d'après le plafond d'Ingres à l'Hôtel-de-Ville. Le camée coquille qui, pour les bijoux de peu de prix, avait été très à la mode, est lui-même abandonné.

Gravure sur verre. Elle se fait aussi au touret, mais surtout à la meule, sorte de broche terminée par une pointe d'acier ou une rondelle de cuivre et que l'on adapte au barillet d'un tour.

Fig. 326. — *Gravure à la meule.*

L'artiste commence par dessiner sur le verre, puis il suit ce tracé avec sa pointe ou sa roue, en appuyant plus ou moins (fig. 326). La finesse des traits est telle qu'on peut renfermer toute une action dans un espace extrêmement restreint (V. CRISTAL, § *Décoration du cristal*). Il existe des verres gravés de Wolf, célèbre graveur hollandais du XVIIIᵉ siècle, dont le dessin est si délié qu'il faut regarder à la loupe et à travers le jour pour en saisir les détails. C'est la pointe qui donne le travail le plus fin ; la roue, avec l'aide de l'émeri, fournit des résultats très satisfaisants mais certainement inférieurs au point de vue de la délicatesse. L'emploi de la roue n'est possible que pour les pièces de petites dimensions ; de plus, il exige chez le graveur une grande habileté de main. Aussi l'*acide fluorhydrique* (V. cet art.) est-il d'un usage très fréquent, soit à l'état gazeux, soit à l'état liquide. Le verre étant enduit d'un vernis composé de cire vierge et de térébenthine, on dessine avec une pointe comme pour l'eau-forte, puis on fait chauffer du fluorure de calcium avec de l'acide sulfurique concentré, et on expose le verre à la vapeur produite par ce mélange ; le dessin est alors gravé en traits dépolis. Si, au contraire, on entoure d'un bourrelet de cire la partie à graver et si on fait mordre à l'acide fluorhydrique liquide, les traits restent transparents. Le contact et même la vapeur de l'acide fluorhydrique sont extrêmement dangereux ; de plus, cet agent est tellement actif que seuls le plomb et le caoutchouc pur résistent à son action.

La gravure au sable, inventée par M. Tilghmann, consiste à projeter sur le verre, au moyen de la vapeur ou de l'air comprimé, un jet de sable qui dépolit et creuse instantanément. On peut graver ainsi non seulement sur verre, mais sur pierre fine. Les réserves se font avec un vernis élastique, tel que le collodion à l'huile de ricin ou le caoutchouc délayé dans l'alcool, qui résistent parfaitement au choc du sable. On fait également de la gravure sur verre en taille d'épargne par les mêmes moyens employés pour les camées.

Dans les creux du verre, on peut introduire diverses matières colorantes, qui augmentent l'effet décoratif, grâce à la transparence du fond. Les Allemands surtout ont tiré un heureux parti de ces procédés.

Genres divers. Les *nielles* dérivent du même principe. On grave finement au burin une plaque d'acier ou plus souvent d'argent, on remplit toutes les tailles avec un composé de sulfure métallique qu'on fait fondre au four ; la plaque est ensuite polie jusqu'à ce que la gravure seule reste chargée de sulfure et paraisse noire sur fond blanc ; l'opposition produit un fort bel aspect. Les nielles ont surtout été en usage à l'époque de la Renaissance et en Italie. C'est à un nielle de Maso Finiguerra qu'a été due, par hasard, l'invention de la gravure en taille-douce (1452).

La *damasquinure* se distingue de la niellure en ce que les incrustations des tailles se composent de fils métalliques au lieu de sulfures. Au moyen de métaux différents, on obtient de charmants effets de coloration. La damasquinure est surtout employée pour les armes et armures : elle semble avoir conduit à l'invention de la gravure à l'eau-forte. Les Italiens et les Orientaux se sont distingués aux XVᵉ et XVIᵉ siècles dans ce genre de gravure, qui est tombé dans une décadence complète.

Devons-nous comprendre dans les procédés de la gravure un procédé tout industriel dont les spécimens, très rares d'ailleurs, ont reçu le nom *d'empreintes en pâte?* Il donne sur le papier des images en relief d'un aspect analogue à celui que présentent les ornements de broderie ou de tapisserie. On introduit dans les tailles une pâte demi-liquide et on applique fortement une feuille de papier teinté qui, emportant cette pâte avec elle, forme une épreuve avec saillie que l'on saupoudre parfois de poussière métallique avant le durcissement de la pâte. Abandonné pendant plusieurs siècles, ce genre a été repris dernièrement sans grand succès, à ce qu'il semble, par un industriel parisien.

De même, la *gravure sur fers de reliure* n'est plus à proprement parler un genre de gravure. On emploie, il est vrai, le burin, mais parfois aussi on évide à la scie. Ces *fers*, destinés à être appliqués sur cuir au dos, aux coins et à l'intérieur de la couverture des livres, sont en cuivre. Leur gravure a fait de grands progrès depuis l'établissement, à Paris, de l'Allemand Haphaus, qui a introduit l'usage des grandes planches au moyen desquelles on obtient, par une seule pression, le gaufrage et la dorure de toute une surface de couverture en cuir. Autrefois, on procédait par la réunion de petits fers gravés séparément, ce qui permettait au relieur différentes combinaisons. Ce genre de dorure aux *petits fers* est encore usité pour les reliures de prix ; toute fantaisie est alors laissée à l'artiste, qui produit souvent des chefs-d'œuvre de goût et d'élégance. Parfois même, on grave à la pointe, sur le cuir, des ornements ou des arabesques qui viennent se combiner avec les dorures. C'est encore une branche de la gravure qu'il ne faut pas négliger, malgré son peu d'importance relative.

PROCÉDÉS DE GRAVURE A L'AIDE DE LA PHOTOGRAPHIE

L'action de la lumière sur diverses substances susceptibles de former à la surface de planches métalliques, soit des réserves inattaquables par les acides, soit des écrans perméables proportionnellement à l'action de la lumière, permet d'arriver à produire directement, avec le concours de la photographie, des planches gravées en creux ou en relief, sans que le burin d'un graveur ait à intervenir, sauf pour le cas de quelques retouches le plus souvent inutiles.

De cette application est née une industrie d'art aujourd'hui fort importante, ne s'occupant exclusivement que de *photogravure* ou d'*héliogravure*, ce qui signifie exactement la même chose ; elle comprend tous les genres de gravures pratiqués à l'aide de la photographie, et formant deux groupes distincts.

Nous allons indiquer sommairement en quoi consistent les deux subdivisions principales de la photogravure, qui sont : 1° *la photogravure en creux* ; 2° *la photogravure en relief ou typographique*.

Photogravure en creux. On a expliqué à l'article *gravure* ce que l'on entend par gravure en creux. Ce sont des planches dont les parties, gravées en creux, sont chargées d'encre lors de l'impression et forment l'image imprimée.

Les tailles ou les creux sont obtenus, dans la gravure ordinaire, en usant du burin ou de la pointe sèche, ou bien en attaquant le métal avec un acide dans les parties non réservées de la planche.

Au lieu d'exécuter à la main le travail qui consiste à découvrir le métal dans les parties à graver, on peut y arriver à l'aide de la lumière en utilisant la propriété qu'a cet agent physique de rendre insolubles ou bien imperméables , certaines substances telles que le bitume de Judée, d'une part, puis la gomme, l'albumine et la gélatine bichromatées, d'autre part. A l'article PHOTOGRAPHIE, les principes des diverses réactions utilisées se trouvent indiqués, nous nous bornons donc à décrire ici la technique spéciale de ce genre de gravure.

En ce qui concerne la photogravure en creux, il y a lieu de la subdiviser encore en deux genres distincts, suivant qu'il s'agit d'images au trait ou au pointillé et d'images à modelés continus.

1° *Photogravure en creux de sujets au trait ou au pointillé.* La réserve, dans ce cas, peut être formée avec du bitume de Judée ou avec de l'albumine bichromatée. La réserve au bitume de Judée s'obtient en prenant tout d'abord des plaques de cuivre ou de zinc bien planées et décapées que l'on recouvre, à l'aide d'une *tournette*, d'une très mince couche, bien égale et bien exempte d'impuretés, de bitume de Judée en dissolution à 5 0/0 dans la benzine anhydre.

Dès que cette couche est parfaitement sèche, on l'insole à travers un positif photographique ou exécuté à la main, bien translucide dans les parties blanches et très opaque dans les parties noires, puis, quand l'action de la lumière a produit un effet suffisant, ce que l'expérience indique, à moins que l'on n'use de certains procédés photométriques de contrôle, on immerge la plaque bitumée qui ne porte encore aucune trace visible de l'action de la lumière, dans un bain d'essence de térébenthine. Ce liquide dissout toutes les parties de la couche de bitume, non attaquées par la lumière, tandis que celles qui n'ont pas été préservées contre cette action par les traits ou points opaques, sont insolubles. On lave à grande eau, et l'on a une plaque de zinc ou de cuivre portant, formée par le métal dénudé, une image dont le fond est constitué par le bitume demeuré insoluble. Ce fond impénétrable à l'eau acidulée d'acide nitrique ou sulfurique, permet de ne laisser mordre que les parties non recouvertes de bitume. On procède alors comme dans la gravure à l'eau forte ordinaire, pour obtenir des creux plus ou moins profonds.

Au lieu de former l'enduit protecteur avec du bitume qui est peu sensible à la lumière, ce qui nécessite une longue durée d'exposition, si l'on veut arriver plus rapidement au résultat désiré, on peut employer une couche d'albumine bichromatée, dont la sensibilité est considérablement plus grande que celle du bitume, dans un rapport de 1 à 20 au moins. Cette liqueur sensible est facile à préparer : pour 100 grammes d'albumine bien battue en neige (4 blancs d'œufs frais environ), on met 2ᵍ,50 de bichromate de potasse et 50 centimètres cubes d'eau. On ajoute quelques gouttes d'ammoniaque à ce mélange, et l'on filtre avec soin dans un récipient bien propre. Ce liquide peut servir assez longtemps. On en recouvre les plaques métalliques, cuivre ou zinc, comme cela a été indiqué ci-dessus pour le bitume de Judée.

La dessiccation s'opère à chaud sur une plaque de fonte portée à une température d'environ 60 à 70° centigrades au plus, afin d'éviter la coagulation de l'albumine. La plaque, une fois bien sèche, mais refroidie, peut être aussitôt appliquée contre le positif, et l'exposition à la lumière, dans le châssis-presse, sera de 1 à 3 minutes environ en plein soleil et de 6 à 20 minutes à la lumière diffuse.

Il est à remarquer que les opérations qui viennent d'être indiquées pour la préparation de la plaque, doivent avoir lieu dans un jour très faible ou dans le laboratoire éclairé par une lumière jaune.

Après l'insolation, on met la plaque dans de l'eau colorée avec du rouge d'aniline; aussitôt a lieu la dissolution de toute l'albumine non insolubilisée se détache en rouge ou la couleur du métal dénudé partout où l'albumine s'est dissoute. On peut, de la sorte, juger de la valeur de l'image. Si elle est bien complète, si elle est exactement la contre-épreuve du cliché, on fait sécher, puis mordre dans une dissolution alcoolique de perchlorure de fer sec. Voici, d'ailleurs, la formule du liquide propre à la morsure :

Alcool absolu .... 100 grammes,
Perchlorure de fer desséché, à saturation,
Cette liqueur est filtrée plusieurs fois.

Pour pratiquer l'opération de la morsure, on prend une quantité quelconque de cette liqueur que l'on étend d'un égal volume d'alcool absolu.

Il faut, pour la morsure à l'acide, comme pour celle au perchlorure de fer, avoir soin de recouvrir d'un vernis isolant toutes les parties de la plaque, dessus et dessous, qui ne doivent pas être atteintes par le mordant. Une dissolution de bitume dans de la benzine à 6 0/0 constitue un excellent isolant.

2° *Photogravure en creux des sujets à teintes continues.* Ce genre de gravure est pratiqué de diverses façons, mais le procédé le plus simple, celui qui conduit le plus rapidement au résultat voulu, sans exiger un outillage compliqué, c'est le procédé Talbot à la gélatine bichromatée. On opère sur du cuivre plané et bien poli que l'on recouvre d'une couche mince de gélatine bichromatée. Cette couche est séchée à l'étuve, puis appliquée contre un positif et exposée à la lumière solaire directe ou diffuse. Après une insolation convenable, on lave à l'eau pour enlever le bichromate libre, puis, après dessiccation, on recouvre la surface entière d'un grain, comme pour l'aquatinte, et on fait mordre avec une dissolution aqueuse de perchlorure de fer. Ce liquide traverse plus ou moins la couche de gélatine, suivant qu'elle est plus ou moins perméable; la lumière ayant

agi sur elle de façon à imperméabiliser plus ou moins les diverses parties qu'elle a pu atteindre.

Après une morsure de quelques instants, on nettoie la plaque et l'on recommence l'opération qui vient d'être faite, mais en faisant varier la durée de l'exposition. Il va sans dire que pour retrouver la place occupée primitivement sur le métal par le positif, on a ménagé des points de repère d'une précision parfaite.

La deuxième morsure accentue la profondeur des creux qui correspondent aux noirs, tandis que les blancs et les demi-teintes sont peu modifiés. C'est là le procédé que pratiquent plusieurs des grandes maisons d'impression de Paris.

Il en est un autre qui exige plus de temps et dans lequel la planche gravée s'obtient par moulage galvanoplastique, sans que la gravure chimique ait à intervenir. Voici en quoi consiste ce procédé : l'image est obtenue à l'état de réticulation sur une couche de gélatine bichromatée et insolée. A l'aide de divers artifices, on obtient cette réticulation, qui est proportionnelle à l'action de la lumière; l'eau chaude notamment, additionnée d'ammoniaque, conduit à ce résultat.

La gélatine réticulée, une fois sèche, est contre-moulée sur un métal mou qui sert à recevoir le dépôt galvanique. Ce dépôt doit s'effectuer lentement pour que la plaque de cuivre soit formée d'un grain bien serré. Aussi, ne peut-on, par ce moyen qui donne de magnifiques gravures, obtenir une planche avant 15 à 20 jours.

C'est, sommairement indiqué, le procédé qui est pratiqué dans les ateliers de la maison Goupil, à Asnières.

Pour donner plus de solidité à ces planches gravées en creux dans lesquelles les dépressions sont peu marquées, l'on a soin de les aciérer, ce qui permet d'en tirer un nombre considérable d'épreuves, par les procédés ordinaires de l'impression dite en *taille-douce*.

Photogravure en relief. La photographie conduit à l'obtention de gravures en relief ou typographiques, soit d'après des sujets au trait ou au pointillé, c'est-à-dire d'après des gravures au burin et d'après des dessins sans demi-teintes, soit d'après des sujets à teintes continues, c'est-à-dire d'après des aquarelles, des lavis, des reproductions de tableaux à l'huile, et enfin d'après toutes copies photographiques sur nature : portraits, vues, monuments, etc.

Ainsi que nous l'avons fait pour la photogravure en creux, nous allons indiquer successivement qu'elle est la façon d'opérer dans les deux cas.

1° *Photogravure en relief d'après des sujets au trait ou au pointillé.* On peut, pour cette catégorie de sujets, employer les deux procédés au bitume de Judée ou à l'albumine qui viennent d'être décrits au § 1ᵉʳ de la *photogravure en creux*, mais avec cette différence que l'on use de négatifs au lieu de positifs. Quant à la morsure chimique, elle est conduite comme dans l'opération du gillotage.

2° *Photogravure en relief d'après des sujets à -demi-teintes continues.* On sait que pour user de planches gravées susceptibles d'être imprimées en même temps que le texte, il faut que les parties imprimantes de ces planches ou clichés typographiques soient en relief et à la hauteur des caractères. Il est donc impossible d'imprimer, simultanément avec les caractères, des images à modelés continus ; les modelés des images typographiques doivent être discontinus, c'est-à-dire formés par des points ou par des lignes plus ou moins larges, plus ou moins rapprochés et séparés toujours par des espaces absolument blancs plus ou moins serrés, plus ou moins grands. Il y a donc nécessité absolue, pour transformer une image à modelés continus en une image typographique, de couper ce modelé continu par des points ou par des lignes sans cependant rien enlever de l'ensemble de l'image. Il faut faire en un mot, ce que fait un graveur au burin sur métal ou sur bois quand il interprète un sujet à demi-teintes fermées.

Grâce à divers artifices ingénieux, l'on arrive automatiquement à obtenir un résultat analogue et sans que le moindre rôle soit accordé à l'interprétation.

Nous décrivons quelques-uns de ces artifices, car l'imagination des chercheurs, mise en éveil, par l'importance toujours plus grande des reproductions typographiques que l'on imprime plus rapidement et plus économiquement, s'est donnée carrière dans divers sens pour arriver, en définitive, au même but, qui est toujours la transformation, la plus directe possible, d'une image à teintes continues en un cliché typographique.

A. *Emploi d'un réseau entreposé entre le négatif et la plaque sensible.* Ce réseau formé de points très rapprochés, où des lignes très fines et très serrées se croisent entre elles obliquement ou à angle droit, a pour effet de couper les demi-teintes et les diviser par les espaces blancs dont il a été question plus haut. On n'arrive pas, avec un réseau ainsi employé à des résultats complets, aussi vaut-il mieux recourir au procédé suivant qui transforme les modelés continus en images typographiques de la façon la plus satisfaisante.

B. *Emploi d'un relief en gélatine par compression sur un réseau métallique.* Dans ce cas, on procède ainsi qu'il suit : une plaque d'un métal mou (celui qui sert à faire les caractères d'imprimerie) d'une dimension appropriée au sujet à transformer, est finement striée, avec la machine à griser, de raies ou mieux de sillons parallèles entre eux et se coupant obliquement. Ces sillons sont tracés avec un outil dont la pointe a la forme d'un V, ils ont la profondeur maxima d'un demi-millimètre, la plaque, vue sur une de ses sections, présente donc un aspect comparable à celui d'une scie.

Pour obtenir la transformation en cliché typographique à l'aide de cette plaque, l'on commence par faire un relief en gélatine d'après le négatif (V. IMPRESSION PAR LA LUMIÈRE), puis l'on encre avec de l'encre lithographique de report, les saillies de la plaque striée, et l'on place sur cette surface encrée une feuille mince de papier auto-graphique sur laquelle on pose le relief en gélatine. Enfin, le tout est mis sur le plateau inférieur d'une presse à vis ou d'une presse hydraulique, et une pression bien réglée d'avance vient comprimer la gélatine contre le bloc métallique, le papier interposé s'y incruste, pour ainsi dire, et il prend plus ou moins d'encre suivant qu'il a pénétré plus ou moins profondément sous des reliefs plus ou moins prononcés. Le papier, après cette opération, porte en encre de report, l'image telle qu'elle sera sur le cliché typographique, il n'y a plus qu'à la décalquer par les voies ordinaires sur du zinc et à faire agir la gravure chimique (V. GILLOTAGE). Ce moyen donne d'excellents résultats, il ne présente aucune complication, seulement la formation du relief en gélatine demande quelques jours. Il est une autre méthode plus expéditive que nous allons décrire.

C. *Réseau photographié dans la chambre noire en même temps que le sujet.* Pour éviter la superposition d'un réseau sur le négatif, entre ce dernier et la plaque bitumée, on a eu l'idée de photographier simultanément sur une même plaque sensible, le sujet à transformer d'une part et le réseau de l'autre. On place, par exemple, en face de la chambre noire et bien au point, une planche portant ce réseau formé de points ou de lignes et on démasque l'objectif pendant un temps suffisant pour reproduire ce réseau, puis on lui substitue le sujet qui pose à son tour et s'imprime sur la même plaque. Nous donnons, figure 327, un spécimen d'une gravure typographique obtenue par ce procédé, chez MM. Angerer et Göschl, de Vienne (Autriche).

Au développement, on a le tout, c'est-à-dire le réseau et l'image négative, incorporés dans le même véhicule ; un industriel suisse a eu l'idée de préparer des plaques sensibles portant le réseau de telle sorte, que l'on n'a qu'à opérer comme d'habitude et, après le développement, le négatif se trouve tout prêt à fournir une image typographique.

D. *Compression d'un relief en gélatine sur du papier quadrillé blanc.* On fabrique, pour l'exécution de dessins propres à la typographie, des papiers dits quadrillés blancs qui sont formés de lignes parallèles entre elles, se coupant à angle droit et formant saillie par voie de gaufrage dans une couche de blanc posée à la surface du papier. Ce papier peut servir tout comme la plaque métallique striée décrite au § B, mais on opère différemment. Sur le papier quadrillé, placé sur le plateau inférieur d'une presse hydraulique, on met une feuille très mince de papier noirci régulièrement avec de l'encre lithographique, puis on superpose le relief en gélatine et la compression a lieu.

L'effet obtenu est une image à modelés coupés, imprimée sur le papier quadrillé, il n'y a plus qu'à reproduire cette image à la chambre noire en la réduisant ; si l'on veut, à un certain degré, pour obtenir le négatif, qui par impression sur zinc bitumé, conduira à la formation du cliché typographique.

E. *Utilisation de la réticulation naturelle de la gélatine.* Un moyen très direct et très simple dont les résultats, dans certains cas, sont bien suffisants, consiste dans l'emploi de la réticulation de la gélatine bichromatée après une insolation convenable et une immersion dans un bain d'eau chaude additionnée d'ammoniaque. La granulation qui se forme à la surface de la plaque de gélatine est proportionnelle à l'action de la lumière ; on encre cette surface avec de l'encre de report comme cela a lieu dans le procédé d'*impression phototypique* et l'on en tire sur du papier autographique une épreuve que l'on décalque sur zinc, puis intervient la gravure chimique pour former le cliché typographique.

F. *Décalque d'une phototypie sur du papier quadrillé blanc.* Nous terminerons par la description d'un procédé qui exige le recours de quelques retouches à la plume, au pinceau, au crayon, mais dont on peut tirer, à l'occasion, un excellent parti en raison de sa grande simplicité.

L'image à modelés continus, est imprimée phototypiquement sur du papier autographique puis aussitôt reportée ou décalquée par pression sèche, c'est-à-dire sans foulage, sur du papier quadrillé blanc; il en résulte une image incomplète, surtout dans les grands noirs, qu'il faut fermer à la plume ou au pinceau, et puis dans de certaines demi-teintes que l'on

Fig. 327.

renforce au crayon lithographique. Ce travail de retouche est très facile et il conduit à l'image transformée que l'on n'a plus qu'à reproduire à la chambre noire, d'égale dimension ou réduite, pour former le cliché typographique en imprimant le négatif sur une plaque de zinc bitumé ou enduite d'albumine bichromatée.

Photogravure pour l'impression en couleurs. De même que la photogravure en

creux ou en relief sert à l'impression d'images d'une seule couleur, on peut, en multipliant les planches ou clichés, réaliser la formation d'images polychromes, ainsi qu'on les obtient avec les chromolithographies ou les typochromies, mais ayant, sur ces dernières, l'avantage de rendre avec plus de vérité les objets à reproduire.

La décomposition de l'ensemble du sujet coloré en ses couleurs distinctes, s'effectue de la même façon que pour la *chromolithographie* (V. ce mot), mais on prend pour base du travail la photogravure complète que l'on reporte sur pierre ou sur zinc autant de fois qu'il est nécessaire, suivant le nombre des couleurs isolées, ou monochromes, appelées à constituer, par superpositions successives, la polychromie complète.

Puis, on procède par élimination de toutes les parties de l'image entière qui ne doivent pas concourir à la formation de chaque monochrome. Un sujet complet, d'une couleur appropriée à la nature de l'éclairage et des couleurs d'ensemble de l'objet à représenter, devra terminer la polychromie en y apportant, non seulement l'unité du dessin, mais encore la couleur et le modelé des ombres.

Les polychromies obtenues par la photogravure ont donc un caractère de vérité et, le plus souvent, une valeur artistique qui les place aux premiers rangs parmi les images polychromes, parmi celles surtout représentant des sujets pris sur nature ou reproduisant des œuvres d'art. — V. IMPRIMERIE EN COULEURS.

Il est un procédé de photogravure en couleurs à l'aide duquel la polychromie, quelque soit le nombre des couleurs, est obtenue par une seule impression. La planche en creux reçoit un encrage varié. On peint, pour ainsi dire, à sa surface en disposant chacun des tons à la place qu'il doit occuper dans la polychromie; cet encrage local ne laisse pas que d'être fort délicat et d'exiger bien du temps, mais on arrive, de la sorte, à produire des gravures polychromes d'un fort bel effet. Les ateliers de la maison Goupil et Cie ont produit ainsi des estampes en couleur fort appréciées.

Ce procédé n'est certes pas nouveau, car il était pratiqué dès le siècle passé, mais il a beaucoup gagné au complément sans pareil que lui a apporté la gravure photographique.

GRAVURE POUR IMPRESSION SUR TISSUS

Les procédés employés pour obtenir la reproduction des dessins sur les tissus sont très variés.

— Primitivement, on se servait d'un pinceau, en un mot, on peignait la toile d'où est venu le nom de *toile peinte*. Dans certains pays, on employa le *gabarit*, ou patron en cuir ou en sorte de feutre découpé, que l'on appliquait sur l'étoffe et que l'on recouvrait uniformément de couleur; les intervalles du dessin formaient le dessin proprement dit sur la toile. On se servait aussi de petits réservoirs contenant la couleur et que l'on promenait sur l'étoffe. Cette couleur, qui n'était en somme qu'une *réserve*, empêchait l'étoffe de prendre dans le bain de teinture auquel elle était soumise (V. BATTIK); on employa des planches de bois dans lesquelles le dessin était découpé en creux, on y versait la couleur qui imbibait le tissu. On employa ensuite la méthode inverse, c'est-à-dire qu'on produisit le dessin en relief, sur des planches en bois avec lesquelles on prenait la couleur de dessus un *châssis* (V. ce mot) pour le reporter sur le tissu. Cette méthode fut le point de départ de la gravure sur bois qui sert encore aujourd'hui pour l'impression à la planche et à la perrotine. Vint ensuite le mode de graver le dessin en creux sur des plaques métalliques, ce qui constitua l'impression à la planche plate; enfin, d'une gravure creuse sur une surface plane métallique, on arriva à la confection d'une gravure en creux sur une surface cylindrique, ce qui constitue la gravure que l'on emploie actuellement pour l'impression au rouleau. Ces diverses méthodes subirent des transformations nombreuses et de plus nombreux perfectionnements, que nous allons rapidement examiner.

Quelques mots d'abord sur l'origine de la gravure pour impression. Le premier emploi pratique de la gravure paraît être l'empreinte. On connut, vers 1500, la *gravure en camaïeu* qui s'exécutait au moyen de trois planches, l'une portant le trait, la deuxième les demi-teintes et la troisième les ombres. C'est ce procédé qui fut employé pour la confection des toiles peintes pour tapisseries. Cette gravure était encore en 1746, mais les couleurs étaient à l'huile ou à l'eau et par conséquent manquaient de solidité. C'est à partir de cette époque que les graveurs sur bois imaginèrent de planter sur les bois des lamelles de cuivre façonnées de manière à obtenir des contours fins et ne s'engluant pas de couleur. Ce procédé resta stationnaire jusqu'en 1832 où survint le *polytypage*, puis la *gravure stéréotype* qui se faisait au moyen de moules en plâtre et qui date de 1838 ou 1840. Mais ce fut surtout le polytypage qui prévalut et qui est encore, aujourd'hui, employé pour les genres perrotines et les genres fins et délicats de l'impression à la main. Le picotage fut en grande faveur de 1840 à 1860, mais il est aujourd'hui complètement abandonné. La gravure en relief, dont nous venons de nous occuper, a considérablement perdu depuis la grande extension qu'a prise l'impression au rouleau. Vers le milieu du xviiie siècle, la gravure en creux servit pour l'impression par les planches plates. La gravure au burin, exécutée d'abord sur des plaques plates, fut ensuite exécutée sur des surfaces courbes par suite de l'emploi du rouleau, puis vint la gravure au poinçon ou au balancier qui date de 1802. La gravure au poinçon molette, due à l'américain Perkins, date de 1804; en 1808, l'anglais White imagina le tour à guillocher. La gravure à la molette date de 1820, ainsi que la machine à moletter. Vint ensuite, en 1850, le pantographe, enfin, en 1860, l'emploi du galvanoplastie, pour recouvrir les rouleaux de couches partielles de cuivre, et permettre ainsi de faire des soubassements ou des effets impossibles à obtenir par les autres procédés connus.

La gravure pour impression sur étoffes comprend :

1° La *gravure sur bois*, le *polytypage*, le *clichage*;

2° La *gravure en creux*, *au burin*, *par poinçon*, *par molette* ;

3° La *gravure au pantographe* ;

4° Les *divers genres* dérivés ou combinaisons des genres précédents.

Gravure sur bois, *pour impression à la planche et à la perrotine*. Les bois employés sont le buis, le poirier, le cormier, le noyer et le tilleul. Le buis a été abandonné à cause de son prix élevé ; le cormier est spécialement destiné aux gravures fines ; le poirier est utilisé dans les autres cas ; le tilleul est de préférence réservé aux moules pour clichés. Les planches à la main sont constituées par cinq planchettes superposées, croisées et collées, les deux de dessus et de dessous sont en poirier ; celles du milieu en sapin. On les rend solidaires au moyen de la caséine délayée avec un lait de chaux ; la colle-forte ne résisterait pas à l'eau. Ces planches ont sur le poirier l'avantage de coûter moins cher, aussi leur usage est-il devenu général. Les planches étant bien dressées, on découpe sur la surface opposée, deux cavités qui permettent à l'imprimeur de saisir la planche; en outre, on y perce un trou de 1 à 2 centimètres de profondeur qui sert à assujettir la planche sur l'établi du graveur. Ainsi préparées, les planches passent entre les mains du *metteur sur bois*. Le metteur sur bois décalque le dessin sur une feuille de gélatine (papier glacé); puis on enduit cette gravure d'encre typographique, et après le tirage des épreuves sur un châssis de taffetas gommé, on les reporte sur les planches. Les rentrures sont calquées au pinceau sur papier huilé, et décalquées sur les planches à l'aide d'un petit maillet de bois; sous les coups répétés du maillet, la couleur à l'eau carminée s'imprime sur le bois. Les outils du graveur sont : des gouges variées, des bout-avant, des ciseaux et des pointes (petite lame en forme de lancette qui sert à couper les contours). Au moyen de ces différents outils, il évide, creuse, met en relief les diverses parties qui constituent le dessin, puis la planche est polie à la pierre ponce pour servir telle quelle à l'impression. Ce procédé ne peut fournir des traits très délicats ou des picots aussi fins que la pointe d'une aiguille, on a alors imaginé de remplacer les parties délicates par des parties métalliques, moins sujettes à se casser ou à se détériorer. Ces picots sont des fils de cuivre ou de laiton, d'une longueur égale à deux fois la profondeur de la gravure et amincis à l'extrémité qui doit entrer dans le bois; on les y force au moyen d'une petite matrice sur laquelle on frappe avec un petit marteau, en ayant soin que l'extrémité qui fait saillie ne soit jamais au-dessous du niveau de la gravure, mais sensiblement à la même hauteur. L'emploi du picot a bientôt conduit le graveur à se servir de lames de métal de différentes épaisseurs et à leur donner toutes les formes possibles, telles que ronde, ovale, etc., au moyen de filières et machines à gaufrer. Il suffit alors de les implanter dans le bois en les associant convenablement pour représenter le dessin à exécuter. Quand il s'agit de grandes surfaces, on ne met que les contours du dessin et l'intervalle est rempli de feutre ou de drap, ce qui constitue les planches *chapeaudées* ou feutrées — V. FEUTRAGE DES PLANCHES.

La gravure sur bois sert principalement pour l'impression à la main. Cependant on grave aussi quelquefois des rouleaux en bois et en relief, pour certaines machines à imprimer beaucoup de couleurs et où les rentrures ne demandent pas beaucoup de délicatesse; *on a fait aussi des planches en caoutchouc durci.*

Gravure au cliché. Ce mode de gravure a été traité au mot CLICHÉ, auquel nous renvoyons le lecteur.

Gravure en creux, au burin, par poinçon, par molette. Lors de l'introduction de l'impression au rouleau, on grava les cylindres en creux et on appliqua en tant que possible, à la surface courbe, tous les procédés de la gravure à la planche plate ; on grava des poinçons qui au lieu d'avoir une surface plane avaient une surface concave correspondant à la convexité des cylindres, puis, on eut l'idée de graver en creux un petit cylindre en acier doux ; on trempait celui-ci, et en le pressant fortement contre un autre cylindre également en acier doux, on obtenait un relief, qui, trempé comme le premier, permettait, moyennant des appareils que nous allons voir, un nouveau transport sur le rouleau même qui se trouvait ainsi gravé en creux sur toute sa surface. Le burin, qui se manie à la main, a aussi été employé mécaniquement, ce qui a donné lieu à la gravure dite *guillochage*. D'après ce qui précède, nous pouvons établir dans la gravure en creux, les catégories suivantes :

Gravure au burin : à la main, mécaniquement ou guillochage ; — *gravure à la pointe sèche* : à la main, mécaniquement et à l'acide ; — *gravure au poinçon* : intermittent en enfonçant le poinçon perpendiculairement à l'axe du cylindre, ou par un mouvement de va-et-vient; continu, par la molette, soit tournant circulairement autour du rouleau, soit tournant en hélice.

Gravure au burin. Elle s'exécute à la main, comme la gravure ordinaire sur métaux (V. l'art. GRAVURE). Les graveurs emploient simplement des burins dont voici les courbes et les coupes (fig. 328 et 329).

On se sert aussi des burins à deux et plusieurs taillants pour faire certaines hachures. La gravure au burin, à la main, ne s'emploie que pour les genres particuliers, comme les tissus pour meubles qui représentent des sujets sans rapport. Quand il y a de grandes masses à faire disparaître, on recou-

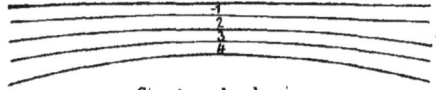

Courbes des burins

Coupe des burins

Fig. 328 et 329.

vre les autres de vernis spécial et on passe en acide nitrique à une certaine concentration qui ronge les parties qui doivent être dégagées. La gravure au burin faite mécaniquement ou *guillochage*, a été empruntée aux guillocheurs de boîtes de montre.

Gravure à la pointe sèche. Ce genre de gravure est en tous points analogue à un mode qu'emploient les graveurs des estampes. Le cylindre est recouvert d'un vernis ou bitume de Judée, puis on trace le dessin avec une pointe, qui met le métal à nu, et on attaque par l'acide nitrique qui donne la gravure en creux.

La gravure à la pointe sèche faite mécaniquement ne diffère de celle que nous venons d'indiquer qu'en ce que, dans ce procédé, c'est par une machine qu'est mû le burin ou diamant; nous aurons occasion de revenir sur ce procédé qui a donné lieu à la gravure au pantographe, dont le principe est le même, mais qui varie considérablement quant au mode d'exécution. Le procédé à l'acide a permis de faire des genres nombreux dont les noms se rapportent aux figures que l'on reproduit ainsi, les fouillis, les éclaboussés, les giclés, etc.

Les rouleaux rouges ou de cuivre sont ordinairement rongés par de l'acide nitrique pur; les rouleaux jaunes, alliage de cuivre et de zinc, par de l'acide nitrique et de l'acide acétique, on emploie aussi l'acide chromique (V. *Études sur l'Exposition de* 1878, t. IV, p. 404).

Pour que la morsure de l'eau-forte soit bien égale, le cylindre est placé sur deux coussinets et animé d'un mouvement de rotation ; il plonge en partie seulement, dans l'acide contenu dans une cuve en bois revêtue de gomme laque à l'intérieur.

La gravure à l'eau forte ne peut remplacer la gravure au burin, mais elle permet de diminuer considérablement certains travaux et a, dans divers cas, l'avantage d'une grande économie de temps. Malheureusement, ce genre de gravure est beaucoup moins solide que celui à la molette. Il ne permet pas d'imprimer un nombre aussi considérable de pièces ; les retouches ou le repassage ne sont pas pratiques en ce sens qu'ils sont très difficiles à exécuter et donnent souvent des rouleaux inégaux, qu'il faut, de nouveau, recouvrir de vernis (ce que l'on appelle *peindre à la main*) et acider en plusieurs fois pour obtenir la même profondeur sur toute la surface du rouleau.

Gravure au poinçon. La gravure au poinçon employée pour les petits motifs détachés est une invention française, elle date du commencement du siècle, et elle est due à Lefèbre, de Paris. Le dessin est gravé en relief sur un poinçon d'acier que l'on trempe après la gravure. Avec ce dessin en relief, on produit la gravure en creux sur le cylindre de cuivre placé sur une machine à dévider. L'empreinte est obtenue, soit par la pression d'une vis et d'un levier qui appuie le poinçon sur le cylindre, soit par choc, à l'aide d'une petite sonnette analogue à celles qui servent à battre les pilotis. Un poids de 5 à 10 kilogrammes tombant de 0,20 à 0,30 de hauteur suffit généralement. Pour que la gravure ait une profondeur régulière, le poinçon porte un repos ou partie plane qui, en butant contre le cuivre, arrête la pénétration à la profondeur nécessaire.

Gravure à la molette. La gravure à la molette et celle au poinçon molette ayant le même point de départ, nous allons d'abord examiner le procédé dit à la molette. Ce système date de 1803 et est dû aux anglais Perkin, Faihrmann, Heath, Loquet. La France ne l'adopta que vers 1820. Aujourd'hui, c'est le mode le plus généralement employé.

Ce procédé consiste à prendre un petit cylindre d'acier doux sur lequel on calque le dessin à graver. Il y a de nombreux moyens chimiques et

Fig. 330. — *Machine à moletter.*

mécaniques pour opérer le transport du calque sur ce cylindre, mais nous ne pouvons les détailler ici. Il est admis que le dessin est déjà proportionné à la circonférence du rouleau à graver et le petit cylindre en question représente une partie aliquote de cette circonférence, soit 1/10 ou 1/12 ou plus ou moins. Le dessin transporté est gravé au burin, on peut aussi le graver à l'acide ou au poinçon ou au tour à *guillocher* ou à la machine à graver les molettes. Ce petit cylindre porte le nom de *molette*, on le trempe, puis, au moyen de la *machine à relever*, on passe au transport de la gravure. La machine à relever est une sorte de laminoir où les molettes occupent la place des cylindres; on place la molette gravée sur des coussinets et on lui en oppose une autre tournée de la dimension voulue et préalablement adoucie par le recuit; on les fait tourner l'une sur l'autre sous une forte pression donnée par une grosse vis qui est à l'une des extrémités de la machine à relever. Par la pression, la molette, qui est trempée, s'enfonce dans celle qui ne l'est pas. Par des tours répétés et chaque fois avec augmentation de pression, on obtient en *relief* sur la nouvelle molette, l'image fidèle de la gravure en *creux* exécutée sur la première qui s'appelle *molette mère*. Alors, après avoir enlevé toutes les aspérités étrangères au dessin et les bavures, on trempe la *molette mâle* ou *relief* de la même manière que les molettes mère ou les *poinçons*. Puis, on procède à la gravure du rouleau au moyen de la machine à moletter.

La *machine à moletter* (fig. 330) est construite sur le même principe que le tour à poinçonner, avec cette différence que la chapelle porte-poinçon est ici remplacée par le porte-molette. Celui-ci est mis en communication avec un système de leviers qui, au moyen de poids, presse la molette contre le rouleau et fait qu'à mesure que celui-ci tourne, elle en reçoit le mouvement et s'enfonce insensiblement dans sa masse. Après un certain nombre de tours, et lorsque la molette ne peut plus s'enfoncer, on l'éloigne du rouleau, on fait avancer le chariot pour commencer une autre rangée, et l'on continue ainsi jusqu'à ce que le rouleau soit complètement gravé, on est souvent obligé de donner trois ou quatre et même plus de passes suivant les profondeurs que l'on veut obtenir. Il est évident qu'à chaque passe, il faut rentrer bien exactement la molette dans la première empreinte. Pour terminer, on polit le rouleau et on rectifie à la main quand il se présente des parties défectueuses. La gravure au *poinçon-molette* diffère de la molette en ce qu'on ne grave le dessin que sur un côté d'une grande molette, sans avoir égard à son diamètre, puis, le relief obtenu, on l'applique contre le cylindre et sur les points

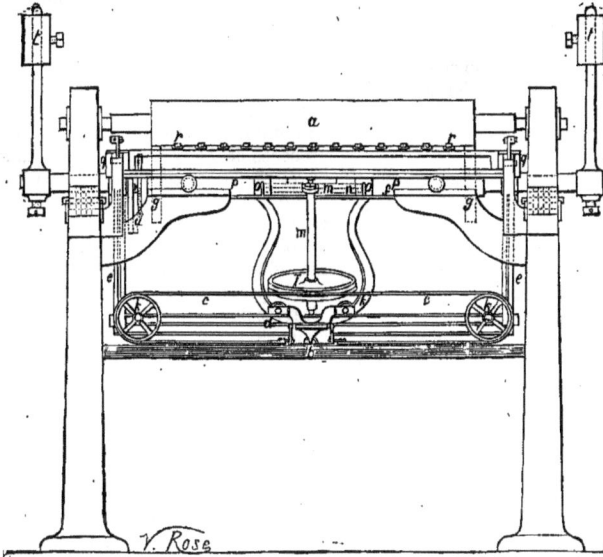

V. Rose

Fig. 331.

où le sujet doit figurer, en donnant simplement un mouvement de va-et-vient, au lieu de le faire tourner ; la première empreinte terminée, on passe à une autre, comme s'il s'agissait de graver au poinçon ; on emploie ce mode de procéder quand on a des figures indépendantes à faire et où il faudrait des molettes de trop grande dimension, ce que l'on cherche toujours à éviter, car plus une molette est grande, plus il y a de difficultés, soit à cause de l'inégalité de trempe, ou de la casse du relief, des défectuosités de tournage ou du déjet, etc. Quand nous aurons traité la gravure à l'acide, nous verrons les genres divers obtenus par la combinaison de ces différentes méthodes.

Gravure au pantographe. La gravure au pantographe a été imaginée, en Angleterre, vers 1834. Cette méthode, peu usitée en France, est très répandue dans les autres pays ; elle est très avantageuse pour la gravure du foulard, de la cravate, des dessins d'un grand rapport (V. Cadrage). On l'utilise pour les dessins qui ont un grand nombre de répétitions ; on les trace sur le cylindre en cuivre recouvert d'un vernis au bitume de Judée, puis on attaque à l'eau-forte.

Nous n'avons pas ici à décrire le fonctionnement du *pantographe* pour lequel nous renvoyons à ce mot, mais nous ferons remarquer que cet appareil à graver, dont nous donnons figure 331 la représentation, porte des pointes en diamant pour qu'elles ne puissent s'émousser.

Quand il faut graver des objets symétriques, on emploie des installations spéciales qui permettent de reproduire en une fois, les objets à droite et à gauche et à volonté, rapprochés ou éloignés, comme c'est le cas dans les coins des foulards. Quand le dessin a un très petit raccord et qu'on ne peut placer autant de diamants qu'il y a de rapports, on en place alors la moitié d'un côté du rouleau et l'autre moitié de l'autre. Naturellement, toutes ces dispositions demandent à être très minutieusement prises, car un écart d'un dizième de millimètre suffit pour rendre le rouleau, incapable d'être utilisé en impression.

Gravure à la pointe sèche ou guilloché. Tout le monde connaît les genres de dessins qui ornent les boîtes de montre, et auxquels on donne le nom de *guillochés*. Qu'on se représente un cylindre placé sur un tour à chariot et mis en mouvement pendant qu'un burin fixe en est rapproché, il sera rayé dans toute sa circonférence. La ligne tracée sur le rouleau sera un cercle, mais si on imprime au rouleau un mouvement de rotation sur son axe, et en même temps un mouvement de va-et-vient dans le sens de sa longueur, le burin, tout en restant fixe, produira des traits ondulés. C'est par la combinaison des mouvements du rouleau et du burin qu'on produit ainsi ce genre de gravure.

Nous allons maintenant donner une idée générale des genres divers que l'on obtient par la combinaison des principaux procédés que nous venons d'examiner.

Fondus. Ce genre, auquel on donne aussi le

nom d'*iris*, se fait de diverses manières. On grave sur la circonférence d'une petite molette, des picots très faibles, celle-ci, placée dans le porte-molette d'une machine à moletter, est munie d'un levier garni de poids et agissant comme une balance romaine. A la première passe, on donne peu de poids sur le levier, on avance la molette de quelques picots, et on augmente le poids, et ainsi de suite jusqu'à ce que l'on ait la plus grande profondeur voulue ; en diminuant ce poids on obtient l'effet inverse. Un autre moyen consiste à graver sur une seule molette des picots de grandeur et de profondeur différentes. On obtient ainsi avec plus de régularité des traits plus prononcés et on peut, en outre, faire entrer des sujets dans le fondu ou y ménager des blancs. Enfin, un dernier moyen consiste à graver un fond picot uni sur une molette, mais au lieu de le moletter comme d'ordinaire, il faut changer les coussinets du porte-molette, de façon à ce que la molette repose en biais ; il est évident que le côté le plus en relief donne une gravure plus profonde, tandis que l'autre côté donnera une empreinte plus faible.

Chinés. — V. ce mot.

Fouillis à l'acide et à la molette. En couvrant irrégulièrement de vernis et en rongeant à l'acide, on obtient le *fouillis à l'acide*. On lui donne plusieurs dénominations, suivant que le rouleau est plus ou moins couvert, et suivant les formes qu'il affecte. C'est ainsi que l'on produit le *sablé*, le *jaspé*, le *giclé*, l'*éclaboussé*, etc. Il est évident qu'en recouvrant le rouleau en de certains endroits avec du vernis, avant de ronger, on pourra obtenir des fouillis avec dessins réservés. Le *fouillis à la molette* se fait de diverses manières, on prend une molette dont le rapport ne cadre pas avec celui du rouleau, en molettant concentriquement, on obtient un fouillis, de même si l'on molette en spirale ; on produit un autre genre de fouillis en faisant passer plusieurs molettes l'une après l'autre sur le même cylindre, ou bien encore par la combinaison d'une rayure et d'un picot ou de deux petites formes l'une sur l'autre.

Demi-teintes. On peut les obtenir directement par la gravure, soit en hachures, soit en picots, mais pour certains genres délicats, on emploie le dépôt électrique, on grave tout le rouleau à une certaine profondeur, puis on couvre de mastic les parties qui doivent rester les plus profondes, et on dépose sur le rouleau, par voie électrique, du cuivre ; en répétant cette opération plusieurs fois, on arrive à produire des teintes excessivement délicates, et que l'on ne pourrait obtenir autrement.

Fonds. Les fonds s'obtiennent de diverses manières, ainsi, on grave *le dessin* au pantographe, puis au moyen d'un appareil spécial, appareil à tracer, on indique les hachures, on ronge ensuite à l'acide. On peut aussi les obtenir par la molette, sur laquelle on a gravé directement le fond, soit en hachures, soit en picots. Il existe encore, outre ces moyens, un appareil spécial dit machine à couper les fonds. Cet appareil se compose d'un tour sur lequel le rouleau peut tourner très len-

tement ; en même temps que ce rouleau tourne, un chariot qui porte un burin très fort, est animé d'un mouvement rectiligne suivant l'axe du rouleau. Cette pointe, qui peut, à volonté, pénétrer dans le rouleau ou en être écartée, décrit donc une hélice sur ce rouleau, et en le faisant avancer d'une petite quantité correspondant à la grosseur de la hachure que l'on veut avoir, on produit un fond dit *fond coupé*. Il existe encore d'autres procédés de gravure où la photographie, l'héliographie, l'électricité sont appliquées ; quelques-uns de ces procédés sont, ou trop chers, ou trop délicats, ou encore demandent la sanction de l'expérience, nous ne pouvons donc que les mentionner incidemment. — J. D.

GREC (Art et style). *Architecture.* L'art grec a mérité d'être considéré comme la forme la plus parfaite de l'art dans l'Antiquité, par sa beauté, par son élégance et par son unité. L'architecture grecque n'a jamais été dépassée. Elle est comme le résumé de ce que toutes celles qui l'ont précédée avaient de beau, et celles qui lui ont succédé, en l'imitant dans ses lignes générales et dans ses procédés de construction, n'ont jamais égalé sa pureté de lignes et sa convenance parfaite avec le but qu'elle avait à atteindre, et avec le paysage qu'elle devait compléter. C'est pourquoi, depuis vingt siècles, les monuments de la Grèce, quelque dégradés qu'ils soient, produisent une impression si profonde en inspirant une admiration sans réserves pour un peuple qui a laissé tant de chefs-d'œuvre.

Une des conditions de l'art grec, qui a beaucoup contribué à affirmer sa suprématie, mais qui aussi peut lui être reprochée, c'est son unité absolue. Ses monuments, par exemple, se ressemblent tous, quant aux lignes générales, pour une même époque. Les études artistiques étaient très complètes et d'une direction constante. Les nombreuses écoles de la mère patrie, de la Grande Grèce, de la Sicile, de l'Asie-Mineure, obéissaient à des principes immuables ; aussi, l'imagination des artistes a-t-elle dû souvent être entravée par ces règles sacrées auxquelles ils devaient se soumettre. Voilà pourquoi l'architecture grecque offre si peu de variété de style pendant les dix siècles de son existence ; elle est bornée à sa colonne, à son entablement et à son fronton ; ses éléments et sa conception s'opposant à un plus grand développement de formes ; l'initiative de l'architecte est réduite à une question de proportion entre ces diverses parties. De là, l'impossibilité pour les artistes postérieurs de s'inspirer des œuvres grecques : il faut copier, et non traduire. Enlevez un ordre d'un temple grec pour l'appliquer à une maison, à un tombeau, il n'en restera pas moins complet. C'est ce qui n'arrive pas dans l'architecture du moyen âge, où toutes les parties se tiennent, et où chaque élément, original, est destiné à compléter l'ensemble. L'art ogival est sans doute moins parfait que l'art grec, mais il est plus personnel et plus varié.

— Il est assez difficile de rattacher l'architecture grecque aux civilisations antérieures si brillantes de l'Inde, de la Perse et de l'Egypte. L'architecture égyptienne, bien qu'offrant des caractères architectoniques absolument distincts, peut cependant être considérée comme l'origine de celles qui lui ont succédé, car elle posséda la première les éléments primordiaux qui ont été mis en usage ensuite par les Grecs et après eux par toutes les nations civilisées, c'est-à-dire la colonne à proportions fixes, l'entablement, le plan unique, et, par dessus tout, la prédominance absolue de la ligne droite qui donne aux monuments égyptiens cette beauté imposante et ce caractère immuable qui en font un art nettement défini.

D'ailleurs, dès la plus haute antiquité, les Grecs étaient en rapports fréquents avec l'Egypte qu'ils pouvaient gagner facilement par mer en suivant les côtes de l'Asie Mineure et de la Syrie, et il est certain qu'ils ont dû y chercher des modèles. Mais comment expliquer cette modification profonde apportée par leurs architectes : autant les monuments égyptiens sont imposants par leurs proportions colossales et leur décoration somptueuse, autant les édifices grecs charment, par leur élégance, leur légèreté et la sobriété de l'ornementation qui trouve toujours une application utile pour masquer un détail choquant ou pour rompre la monotonie des lignes.

Il paraît donc juste d'admettre que l'art grec est un art original qui a pu chercher en Egypte et en Asie-Mineure les principes mêmes de l'architecture, mais qui les a aussitôt transformés pour son génie propre, et en a créé de toutes pièces, et sans tâtonnements, à ce qu'il semble, un style distinct. A ce style, il n'a fallu que quel-

Fig. 332. — *Temple de la Victoire,* à *Athènes, 460 av. J.-C.*

ques années de paix, d'union intérieure et de prospérité pour arriver à la perfection.

Il y a eu cependant, en Grèce, une première période, dite *pélasgique,* pendant laquelle les tribus grecques, encore dans une civilisation primitive et se disputant continuellement leur territoire, ne cherchaient aucune inspiration au dehors. Il nous reste quelques vestiges de cette civilisation à l'état d'enfance, qui sont intéressants au point de vue de l'archéologie. Ils remontent aux siècles qui précèdent immédiatement la guerre de Troie. Les premières constructions de la Grèce sont donc élevées sans art et sans souci de la forme et des proportions. Pour clore leurs villes, pour entourer leurs autels, les Pélasges entassaient d'énormes pierres irrégulières, assemblées sans lien et placées par assises horizontales ; c'est ce qu'on a appelé les constructions *cyclopéennes* ou *pélasgiques.* Tels sont les murs de Tyrinthe, qui remontent à 1380 avant l'ère chrétienne. Les murailles de Mantinée, de Samicum, de Mycènes nous montrent les efforts tentés par les Pélasges pour passer des constructions informes aux murs élevés avec des pierres taillées d'équerre. A Mycènes, se trouvent encore des ruines importantes : la porte des Lions et le trésor d'Atrée, qui sont certainement le plus ancien vestige de l'art primitif en Grèce. Le trésor d'Atrée est voûté au moyen d'un artifice dont nous ne pouvons donner la description ici, mais qui indique chez les ouvriers de cette époque des connaissances mécaniques très avancées. Cette construction remonte à environ quatorze siècles avant J.-C.

A l'époque de la guerre de Troie, les arts s'étaient développés au point que, sans que nous puissions suivre de près cette transformation, l'architecture grecque était devenue un art véritablement national procédant déjà d'après les principes qui ont assuré sa supériorité. Mais pendant plusieurs siècles encore, on ne construisit qu'en charpente ; c'est ce qui explique qu'aucun de ces monuments ne nous soit parvenu. Nous n'en possédons que des descriptions, où nous voyons que l'usage de la colonne et de la plate-bande était devenu général ; ajoutons que partout où il était possible, l'air circulait librement, et que tout tendait à donner au monument la plus grande égèreté d'aspect. Ce sont là les qualités qui distinguent l'art grec ; dès lors il était créé de toutes pièces.

Il est généralement admis aujourd'hui, d'après le système de Vitruve, que ces temples en bois ont servi de modèles à toutes les créations postérieures des Grecs, et que tous les détails qui entrent dans la composition des trois ordres, dorique, ionique, corinthien, surtout en ce qui concerne les deux premiers, ne sont que des imitations des pièces de charpente primitivement en usage.

Nous n'entrerons pas dans la description des trois ordres, qui ont été l'objet d'articles spéciaux (V. CORINTHIEN, DORIQUE, IONIQUE). L'ordre dorique est le plus simple et le plus sévère d'aspect. Rien n'y est sacrifié à l'élégance, les proportions sont rigoureuses, l'ornementation réduite aux détails indispensables. Evidemment originaire de l'Asie, où des colonies doriennes s'étaient établies, le dorique grec se dégage bientôt de ces éléments étrangers pour parvenir à des proportions parfaites. Il est facile de suivre ces transformations en étudiant les dimensions des colonnes qui, d'abord massives et trapues, s'élancent et atteignent cette relation étroite entre la hauteur et le diamètre, qui a été considérée comme la per

Fig. 333. — Le temple d'Erechthée.

fection dans l'art monumental. Les colonnes du temple de Corinthe, le plus ancien monument dorique que nous puissions étudier, n'ont que quatre diamètres de hauteur, aussi l'aspect est-il lourd et disgracieux, et le stuc qui recouvre l'édifice ajoute encore à sa pesanteur. Le temple de Neptune, à Pœstum, semble encore avoir un caractère sauvage et terrible, suivant l'expression de Charles Blanc, bien que les colonnes aient quatre diamètres et demi. Signalons le grand renflement de ces colonnes et l'étroitesse des entre-colonnements, ce qui contribue sans doute à rendre ce monument massif et trapu, pour ainsi dire. Le temple de Minerve, à Egine, offre déjà des proportions plus élégantes (cinq diamètres), et, enfin, nous arrivons à la perfection avec le temple de Thésée à Athènes, dont les colonnes ont cinq diamètres et demi. En même temps l'entablement diminue de hauteur, le chapiteau se redresse, le galbe prend de la fermeté ; c'est l'apogée de l'art dorique, dont le Parthénon d'Athènes est la production la plus admirable. Il est l'œuvre d'Ictinos, à qui l'on doit également le temple ionique d'Apollon Epicourios à Bassœ. Déjà Mnésiclès avait marié le dorique à l'ionique dans les Propylées, et la lutte entre ces deux ordres devait se terminer à l'avantage du dernier.

L'ordre ionique semble avoir été employé pour la première fois par Khersiphon dans le temple d'Ephèse (580 av. J.-C.). La colonne ionique diffère de la colonne dorique en ce que sa hauteur de huit diamètres et demi lui donne une élégance plus grande, et qu'au lieu de porter directement sur le stylobate, elle repose sur une base. Le chapiteau dérive d'un principe rectangulaire, l'échine est très diminuée, et le tailloir disparaît presque sous des volutes recourbées avec grâce. L'origine des éléments de l'ordre ionique a été cherchée en Asie-Mineure, à Khorsabad, à Golgos, à Ptérium, et on a même reconstitué un type primitif auquel on a donné le nom de proto-ionique. Mais ces recherches n'ont pas enlevé aux colonies ioniennes le mérite d'avoir créé un style original qui a permis aux architectes grecs de produire des merveilles.

Les circonstances, d'ailleurs, étaient favorables au développement de l'architecture. La période comprise entre les victoires sur les Perses et la domination macédonienne, c'est-à-dire de 479 à 336, est la plus brillante de la civilisation grecque. Le danger commun avait réuni les villes rivales. Avec les dépouilles de l'Asie on reconstruit les monuments détruits par Darius et Xerxès, et partout surgissent les plus habiles artistes : les sculpteurs Hippodamus, Ctésias, Phidias, Pœnonius ; les peintres Polygnote, Zeuxis, Apollodore concourent à la beauté des édifices élevés par Callicrates, Ictinus, Mnésiclès, Corœbus, Métagène, Polyclète et Xénoclès. Enfin, la direction ferme et intelligente de Périclès contribuait à mettre entre tous ces talents le lien qui constitue les grandes écoles ; son influence a eu une importance tellement grande sur le mouvement artistique de cette époque qu'elle lui a mérité de donner son nom à son siècle.

Les villes de la Grèce : Thèbes, Argos, Mégare, Sicyone, Delphes, Elis, Epidaure, aussi bien que les colonies d'Asie-Mineure, rivalisent de richesses dans leurs constructions. Après les Propylées, Athènes voit s'élever le joli temple ionique de la victoire Aptère (fig. 332) et un des chefs-d'œuvre de l'art antique, l'Erechthéion, est parvenu dans un bel état de conservation. Nous en donnons une vue (fig. 333) qui permet de se rendre compte de la richesse et de l'élégance de ses lignes. On y voit pour la première fois les caryatides importées d'Asie (fig. 334).

C'est en Asie que l'ionique atteint toute sa perfection, dans le sanctuaire d'Apollon Didyméen à Milet, dans les temples de Minerve Poliade à Priène, de Bacchus à Théos, d'Artémise à Magnésie, d'Apollon à Didyme, œuvre de Pœonios d'Ephèse, et Daphnis de Milet.

Après la guerre de Péloponèse, si funeste pour les mo

numents grecs, l'art reprend un nouvel essor. C'est la belle période de la peinture et de la sculpture. En ce qui concerne l'architecture, le mouvement est également important. Thèbes, Elis, Delphes, Messènes sont ornées d'édifices nouveaux. non seulement de temples, mais de théâtres, de palestres, de trésors publics. L'ordre corinthien, dû à Callimaque, commence à se montrer, notamment au célèbre sanctuaire de Minerve Aléa, à Tégée, qui avait été brûlé, et qui fut restauré par Scopas avec une magnificence sans égale. Nous touchons, d'ailleurs, à la décadence de l'art grec, et en particulier à la décadence de l'ordre ionique qui ne résiste pas aux fantaisistes modifications apportées par Hermogènes d'E-

Fig. 334. — *Caryatides.*

phèse et Thargélios de Tralles à ces principes qui avaient établi sa supériorité.

Pendant la domination macédonienne, l'architecture perd son caractère officiel ou sacré; les constructions publiques et privées prennent une importance plus grande; c'est le résultat d'un accroissement considérable dans certaines fortunes particulières, de l'indifférence générale pour les idées religieuses, battues en brèche par les philosophes, et de l'amollissement du peuple qui ne songe plus qu'au plaisir. Les palais, les théâtres, les galeries couvertes se multiplient, et s'il faut chercher quelque originalité chez les artistes, c'est dans la construction des édifices honorifiques consacrés à flatter la vanité des monarques ou à célébrer la victoire d'un athlète. C'est ainsi que le plus ancien exemple de l'ordonnance corinthienne se trouve dans le monument choragique de Lysicrate, élevé vers 334, en l'honneur de ce chorège qui avait remporté le prix aux fêtes de Dionysios. Le théâtre même de Dionysios a été dégagé, en 1862, et a permis d'étudier la disposition des théâtres grecs qui se composaient de trois parties essentielles : la scène, l'orchestre et les gradins destinés aux spectateurs; la plupart de ces édifices étaient d'une grande magnificence. Les gradins des stades de Messènes et d'Athènes avaient été couverts en marbre et décorés de colonnades dont on a retrouvé trace de nos jours.

La période brillante de l'ordre corinthien est celle de la civilisation romaine. En Grèce, il était peu employé dans les édifices privés, où l'ionique restait encore presque exclusif, et, comme nous l'avons dit, on construisait peu de temples nouveaux. L'Asclépiéion de Tralles, élevé par Thargelios, semble être le premier où la colonnade corinthienne ait été employée. Alexandre ne fit que restaurer le temple de Diane, à Ephèse, et terminer le sanctuaire de Minerve, à Priène. De même ses successeurs ne s'occupent guère que de réparations: Thèbes, Ephèse, Smyrne, Rhodes se relèvent des ruines causées par les guerres civiles. Mais c'est le dernier effort des artistes grecs. Ne trouvant plus à employer leur talent dans leur pays appauvri et asservi, ils vont retrouver les rois d'Egypte ou d'Asie, et ils décorent encore de monuments merveilleux, Alexandrie, Antioche, Séleucie, Pergame. La plupart de ces édifices ont disparu dans les guerres

qui désolèrent ces pays jusqu'à la conquête romaine. Les discordes entre les Achéens et les Etoliens amenèrent aussi la destruction d'un grand nombre de monuments anciens de la Grèce : Philippe de Macédoine détruisit Pergame de fond en comble et ruina Athènes; les Romains ravagèrent avec un acharnement sauvage tout ce qu'ils ne pouvaient pas emporter; Verrès en Sicile, Sylla à Athènes, Marcellus à Syracuse, Mummius à Corinthe, ont causé d'irréparables désastres. Il n'y a plus d'art en Grèce, et les conquérants apporteront leurs soins à étouffer dans ce pays, qui fut le berceau de ce qu'il y a de beau et d'élevé, tout retour vers les études qui avaient fait la gloire de ses anciens possesseurs.

Il nous parait utile, pour résumer ce court résumé de l'art monumental en Grèce, de dire quelques mots de la question si controversée de la polychromie architecturale. Les Grecs appliquaient-ils les couleurs à l'extérieur de leurs édifices? On l'a nié longtemps, malgré les affirmations d'archéologues savants et consciencieux. Mais depuis, de nouvelles découvertes sont venues à l'appui de passages d'auteurs anciens restés jusque-là obscurs, et on a dû admettre que les constructions grecques, notamment les temples, étaient peintes de couleurs vives et de dorures. Les triglyphes étaient généralement bleus, c'est le *cera cærulea* de Vitruve; les métopes étaient rouges, les colonnes jaune d'ocre et les tympans de couleur azurée. La question de la polychromie, chez les Grecs, parait résolue quant au principe, sinon touchant les détails, dont l'étude n'est pas assez complète encore. Il parait surprenant que les Grecs aient adopté ce genre de décoration contraire aux lois de l'esthétique, qui veut qu'en architecture chaque partie réponde à la destination qui lui a été fixée tout d'abord, et qu'elle en réveille l'idée par son aspect, ce qui n'est possible que si elle a gardé les apparences de solidité qui ne paraissent pas compatibles avec l'emploi de la couleur; mais leur goût était si parfait qu'ils avaient dû reconnaître à ces procédés des avantages assez grands pour justifier une dérogation à un principe, et dont nous ne pouvons nous rendre compte dans l'état de ruine où nous sont parvenus leurs monuments. — C. DE M.

Peinture et sculpture. L'art en Grèce avait commencé par être impersonnel, comme il est toujours à ses débuts. Si le nom d'un artiste venait alors à sortir de l'obscurité, c'était bien moins pour son talent qu'à titre d'inventeur comme Œudéos, par exemple, qui le premier avait représenté Minerve assise; ou, plus souvent encore, c'était à cause de la popularité du sujet qu'il avait traité, comme pour Anténor qui avait fait les statues d'Harmodius et d'Aristogiton. On peut citer comme exemple du style archaïque barbare une métope de Sélinonte, conservée au Musée de Palerme. Le sujet est la fable de Persée et de Méduse.

Une chose manquait à l'art hiératique. A côté de l'art traditionnel, qui se plaisait aux lignes parallèles, cherchait dans les draperies un système de plis régulièrement ajustés et puisait dans l'élément religieux des types calmes, des allures régulières et une majesté symbolique, survint un autre élément, celui des gymnases représenté par le génie dorien, né à Egine.

Egine est une île située entre l'Attique et l'Argolide. Dès la plus haute antiquité, les habitants de l'île d'Egine paraissent avoir été doués de ce goût pour les arts qui fut partagé plus tard par toute la Grèce. Ils embellirent leur île d'édifices et de temples magnifiques. Il y en avait trois peu éloignés l'un de l'autre : c'étaient ceux d'Apollon, de Diane et de Bacchus; un peu plus loin, il y avait un temple d'Esculape et un autre dédié à Vénus; mais le plus célèbre de beaucoup était le temple de Jupiter Panhellénios, dont on retrouve les ruines dans la partie nord-est de l'île, sur l'une des collines qui dominent la mer. C'est dans les deux frontons du temple d'Egine que la sculpture dorienne arrive à son apogée. Les statues

qui décoraient ces frontons sont aujourd'hui à la glyptothèque de Munich; elles représentent les exploits des
héros Oacides, ancêtres et protecteurs des Eginètes. Aucun ouvrage de l'art grec ne montre d'une manière aussi
fortement prononcée les caractères d'une époque de transition. La convention religieuse s'y combine de la façon
la plus étrange avec la recherche d'une réalité absolue.
Les têtes sont archaïques et les corps sont exprimés
avec une vérité saisissante. Les cheveux sont régulièrement
bouclés, les barbes pointues. On voit que l'artiste est
avant tout préoccupé des qualités de vigueur, d'élasticité et d'aplomb qui distinguent les athlètes. On peut
donc apercevoir, dès le début, la différence énorme qui
sépare la marche progressive de l'art dans l'antiquité et
dans les temps modernes. L'art antique commence par
la forme positive, matérielle, géométrique et n'arrive
que plus tard à la beauté et à l'expression. La statue de
Pallas, qui occupait le milieu des frontons, est vêtue
d'une robe à plis nombreux et symétriques. C'est, du
reste, le caractère de toutes les statues drapées de cette
époque. On peut s'en faire une idée en allant au Louvre
voir l'autel des douze dieux qui, par le style, se rattache
à cette période. On ne connaît pas le nom du sculpteur
qui a fait les marbres d'Egine. L'histoire, néanmoins,
nous a transmis les noms de quelques artistes célèbres,
dont les ouvrages datent à peu près de la même époque
et sont même antérieurs aux guerres médiques. Dans
tout le cours de la première période, les leçons de Di-
pœnus et de Scyllis, illustres chefs d'école, les travaux
importants et nombreux d'Anthermus et de Bupalus,
sculpteurs dont s'enorgueillissait la ville de Chio, et surtout les ouvrages de Canachus, de Sicyone, avaient fait
faire de grands pas à l'art. Il est généralement reconnu
aujourd'hui que les statues de l'époque primitive étaient
peintes. Les premières idoles de la Grèce « étaient, dit
Ottfried Muller, lavées, cirées, frottées, vêtues et frisées,
ornées de couronnes et de diadèmes, de colliers et de
boucles d'oreilles. »

Les guerres médiques sont l'époque décisive de l'histoire de l'art. Cette lutte fameuse, indépendamment de
l'intérêt politique qui s'y rattache, a eu un résultat immense dans tous les travaux de l'esprit. La double invasion de l'Attique, par les armées de Darius et de Xerxès,
avait causé matériellement un mal immense. Tous les
temples avaient été renversés, toutes les statues mises
en pièces, les habitations particulières incendiées.
Quand, après l'enivrement de la victoire, on se mit à
vouloir tout reconstruire, le peuple avait grandi de cent
coudées à ses propres yeux, et ce qui l'avait satisfait la
veille n'était plus à la hauteur de ses désirs.

Les beaux-arts répondirent à ce besoin nouveau et il
se forma une école de sculpteurs, dont Phidias est le
chef. Il serait pourtant injuste d'attribuer uniquement à
Phidias la grande révolution qui s'opéra alors dans les
arts. Polyclète et bien d'autres artistes fameux sont ses
contemporains. Myron devait être de quelques années à
peine plus âgé que lui. L'enseignement du dessin, à cette
époque, avait déjà pour base des procédés géométriques
rigoureusement appliqués et l'étude des proportions
était poussée aussi loin que possible.

Calamis et Myron, qui viennent immédiatement avant
Phidias, et Polyclète qui est son contemporain, marquent
le plus haut point de l'influence dorienne. Calamis acquit
une très grande célébrité par la manière dont il rendit
les cheveux. Il fut très remarqué parce qu'il fut l'un des
premiers et le premier, peut-être, qui s'attacha à traduire
la vie par les formes. Myron ajouta encore aux qualités
de son prédécesseur et parvint tellement à exprimer la
vie que toute la Grèce poussa des cris d'admiration. Dans
l'Anthologie on a recueilli plusieurs épigrammes sur sa
fameuse vache.

Quintilien résume ainsi la marche des écoles doriennes : « Callon et Egésias travaillaient durement et

dans le goût toscan; Calamis vint et corrigea cette raideur originaire; Myron donna ensuite plus de naturel et
de souplesse à ses productions, mais ce fut surtout dans
les ouvrages de Polyclète que l'on put reconnaître la régularité et l'agrément. » Par le mot régularité, il est

Fig. 335. — Le Thésée du Parthénon.

probable que Quintilien entendait la juste proportion et
la précision extrême dans l'imitation des mouvements.
Polyclète fit une statue qu'on appela le Canon ou la Règle,
tant elle était correcte et sévère, tant les lois de la mécanique osseuse et musculaire et celles des proportions y
étaient observées. C'était le portrait d'un homme debout et
armé d'une lance;
les jeunes artis-
tes s'en servaient
pour connaître
les proportions
qui expriment le
mieux l'homme
pourvu de la jeu-
nesse, de la force
et de la santé.
Polyclète avait
fait aussi un jeu-
ne homme cei-
gnant sa tête, sta-
tue que l'on ache-
ta un très grand
prix; un athlète
se frottant avec
un strigile; un
joueur d'osse-
lets, deux jeunes
filles portant des
corbeilles. Poly-
clète est contem-
porain de Phi-
dias et, si nous
en avons parlé
d'abord, c'est
qu'il se rattache
à l'école dorienne
par ses princi-
pes, tandis que

Fig. 336. — Statuette antique repro-
duisant la Minerve de Phidias.

Phidias, qui est le chef de l'école attique, était un novateur. On disait que Polyclète imitait mieux les hommes,
mais que Phidias était plus habile à représenter les
dieux.

Phidias (498-431 av. J.-C.), sculpteur athénien, est un
des personnages de l'antiquité dont la réputation s'est
maintenue avec le plus d'éclat. Son premier ouvrage
important paraît avoir été une statue de Minerve qu'il fit
pour les Platéens. Elle fut élevée, dit-on, avec le produit

des dépouilles enlevées aux Perses de Marathon, mais il est probable que ce ne fut qu'après les victoires de Salamine et de Platée, car si Xerxès l'eût trouvée debout, il n'eût pas manqué de la détruire.

La Minerve Poliade (ou protectrice de la ville) élevée dans l'Acropole d'Athènes, dut suivre de près celle de Platée. Placée sur le rocher de l'Acropole, élevé lui-même de quatre cents pieds, vêtue de la tunique et du péplum, elle avait le bras droit appuyé sur sa lance, le gauche tendait en avant son bouclier. Quand le navigateur approchait du cap Sunium, à cinq lieues d'Athènes, il apercevait de loin la pointe de sa lance et l'aigrette de son casque.

Phidias était architecte en même temps que sculpteur. On ne peut douter de ses connaissances, sous ce rapport, quand on voit que Périclès lui confia la direction de tous les travaux entrepris par le peuple. Le nom de Phidias est inséparable de l'Acropole d'Athènes. C'est l'Acropole qui portait la grande Minerve de bronze, et c'est au centre de l'Acropole que s'élevait le Parthénon, temple dédié à Minerve, et qui renfermait une autre statue de la déesse également par Phidias; mais celle-ci n'était plus en bronze, elle était en ivoire et en or. Phidias avait, en outre, décoré tout l'édifice avec des statues et des bas-reliefs exécutés sous sa direction.

Le Parthénon était un véritable musée et c'est là qu'on trouvait les grands chefs-d'œuvre de la sculpture et de la peinture, parmi lesquels se rencontraient de vieilles images hiératiques consacrées par la vénération attachée à leur ancienneté, et des offrandes de toutes sortes provenant de la piété des populations. C'est ainsi que les deux frontons du Parthénon représentaient:

d'un, la naissance de Minerve, quand elle s'élance tout armée de la tête de Jupiter; l'autre, la victoire qu'elle remporta sur Neptune dans la querelle qu'elle eut au

Fig. 337. — *Orphée et Eurydice, bas-relief.*

Fig. 338. — *Niobé, par Praxitèle.*

sujet de la ville d'Athènes. Dans le fronton oriental, destiné à rappeler aux Athéniens la naissance de leur Déesse, Phidias avait représenté Jupiter assis sur son trône au moment où Minerve vint au monde. Aux deux extrémités du fronton, on voyait la Nuit et le Jour, tous deux sur un char. Leurs chevaux semblaient d'un côté sortir de l'Océan et de l'autre y rentrer. Dans le fronton occidental, Minerve choisissait son peuple et l'olivier poussait entre elle et Neptune vaincu. Leurs chars étaient près d'eux et les personnages divins, juges du différend, étaient rangés de chaque côté du fronton. Toutes ces figures avaient de onze à douze pieds de haut; mais, vues du sol, elles semblaient de grandeur naturelle. Les sculpteurs Alcamène, Agoracrite, Ctésilas, Critias, Nésiostès, Hégias, Colotès, Pæonius, rivaux de Phidias, partagèrent l'exécution des frontons, de la frise et des métopes. Alcamène, dans l'opinion de M. Beulé, serait l'auteur du fronton occidental. Le fronton oriental lui parait avoir été exécuté directement par Phidias, qui s'était, en outre, réservé la statue de la Déesse placée à l'intérieur. De toutes les Minerves créées par Phidias et par la statuaire antique, la plus célèbre comme art est cette grande Minerve du Parthénon, d'une hauteur d'environ trente-sept pieds. Elle était en or et en ivoire; debout, la poitrine couverte par l'égide ornée de la tête de Méduse, et tenant d'une main sa lance, de l'autre une Victoire. Le casque était surmonté d'un sphinx au milieu, avec un griffon de chaque côté; près de la lance un serpent dressé représentait Erichtonus.

Les métopes du Parthénon représentaient les exploits des anciens héros athéniens et, entre autres, la victoire de Thésée sur les Centaures. Ce combat célèbre a été figuré sur un très grand nombre de bas-reliefs. Ceux des métopes du Parthénon sont d'un style particulier, qui n'est ni celui de la frise, ni celui des frontons. Elles ont été exécutées sous une direction unique, mais par des artistes différents ; on le voit à l'inégalité du talent. Nous en avons une au Louvre, qui n'est pas parmi les meilleures. Chaque métope représente un épisode du grand combat, en relief, de haute saillie sur le fond.

Les jeux athlétiques contribuèrent autant et plus peut-être encore que la danse à former le goût des Grecs, qu'on a si bien nommés un peuple de sculpteurs. Si la danse enseignait aux jeunes gens ce que c'est que la grâce et l'expression, c'est au gymnase qu'ils apprenaient ce qu'est la forme humaine. Les études constantes, les observations réitérées que faisaient non seulement les artistes, mais encore les instituteurs, les directeurs de palestres, les philosophes, et on peut dire toute la nation étaient suffisantes pour fi-
xer dans l'idée
de tout le mon-
de ce qu'est la
beauté humaine,
et quelles sont
les lois immua-
bles qui la
constituent.
Aussi, les Grecs
avaient-ils à ce
sujet, des prin-
cipes arrêtés et
des classifica-
tions rigoureu-
ses, qui ne sont
connus aujour-
d'hui que par
les artistes et
les érudits,
mais qui étant
universelle-
ment répandus
alors don-
naient à l'opi-
nion publique
un jugement
sûr et toujours
sain sur les œu-
vres des sta-
tuaires.

Tout le mon-
de connaît de
réputation le
Jupiter olym-
pien de Phi-
dias : il était
placé dans le

Fig. 339. — Laocoon.

temple d'Olympie, dont il occupait la hauteur tout entière, en sorte que, suivant l'expression de Strabon, il n'aurait pas pu se lever sans emporter la toiture. Le Jupiter olympien était regardé comme un chef-d'œuvre de l'art antique. Le dieu, fait d'or et d'ivoire, était assis sur un trône ; il tenait un sceptre de la main droite, et dans la main gauche une Victoire. Le trône sur lequel il reposait était orné de bas-reliefs.

Quand la guerre de Péloponèse fut terminée, on vit apparaître un nouveau style qui, dans la sculpture, fut surtout représenté par Scopas et Praxitèle. Scopas emprunta presque tous ses sujets au cycle de Bacchus et de Vénus : ce fut lui aussi qui fixa le type de ces divinités marines qui forment le cortège habituel de Neptune et d'Amphitrite. Scopas travaillait plus volontiers le marbre que l'airain, dont l'aspect sévère eût été moins convenable pour le genre de compositions qu'il aimait. Il avait fait aussi une très célèbre statue d'Apollon Citharède, dont on admirait l'expression profondément empreinte

d'enthousiasme et d'élan. Cette statue d'Apollon fut consacrée par Auguste à son dieu protecteur, ce qui fait que nous la voyons figurer sur des monnaies romaines. Un groupe de divinités marines, conduisant Achille vers l'île de Lemnos, passait dans l'antiquité pour le chef-d'œuvre de Scopas.

Les antiquaires attribuent à Scopas ou à Praxitèle le célèbre groupe des Niobides. La forme pleine de noblesse et de grandeur des visages trahit la douleur, mais sans que les traits soient défigurés. A cette tendance à traduire les passions de l'âme dans la statuaire, il s'en joint une autre, dont Praxitèle est le plus illustre représentant. Praxitèle vivait 336 ans av. J.-C. Ce fut lui qui commença à représenter Cupidon sous la forme d'un enfant plein de gentillesse et qui, dans le type de Vénus, substitua à la ma-
jesté de la puis-
sance divine
une recherche
et une coquet-
terie dans les
formes qui en
transformèrent
le type primi-
tif. Praxitèle fit
beaucoup de
figures de di-
vinités, mais
rarement des
héros et des
athlètes. (fig.
338).

A mesure
qu'on se rap-
proche de la
période macé-
donienne, la
statuaire se
préoccupe da-
vantage d'ex-
primer les sen-
timents de l'âme
sur la figure hu-
maine : en mê-
me temps, la
recherche de la
grâce dans les
formes tend à
se substituer à
la recherche de
la force. Quand
on arrive à
Alexandre, les
statues d'athlè-
tes deviennent rares ; la nouvelle organisation politique demandait autre chose à l'art, et les portraits idéalisés de grands personnages deviennent de plus en plus nombreux. Cependant, l'artiste qui fit le mieux les portraits d'Alexandre, Lysippe, était un sculpteur d'athlètes. Il cherchait à continuer les traditions de Polyclète et de l'école dorienne et ce fut lui qui fixa le type d'Hercule.

Sous les successeurs d'Alexandre, il se forma des écoles dans les différentes villes de la Grèce et de l'Asie-Mineure ; mais, après la conquête romaine, l'Italie absorba la plus grande partie des productions de l'art. Jusqu'aux princes syriens, il s'est encore produit des chefs-d'œuvre, mais on ignore la date de la plupart des statues que nous connaissons. On connaît, du moins, le nom de quelques-uns de leurs auteurs. C'est à Agasias, d'Éphèse, qu'on doit la belle statue du Louvre, connue sous le nom de *Gladiateur Borghèse* ; la *Vénus de Médicis* est due à Cléomène. On ignore quels sont les auteurs des statues l'*Enfant à l'oie* et le *Tireur d'épine*. Ces deux ouvrages se rattachent à la sculpture intime et répondent à ce que nous appelons en peinture des tableaux de genre. Enfin, le fameux groupe de *Laocoon* (fig. 339) est dû à Agésander et à ses fils Athénodore et Polydore, sculpteurs de Rome.

Nous ne connaissons malheureusement rien de la peinture décorative des Grecs; mais, si nous en croyons les auteurs anciens, elle atteignait une perfection égale à celle de la sculpture, dont elle se rapprochait, d'ailleurs, beaucoup par la manière de concevoir les sujets. Polygnote, de Thasos, qui acquit les droits de citoyen d'Athènes et fut l'ami de Cimón, comme Phidias devait l'être de Périclès, est le premier peintre dont les anciens aient admiré les productions. Les grandes compositions de cet artiste étaient peintes sur des tablettes de bois, et la disposition était réglée d'après les convenances architectoniques, car ces peintures ont toujours un caractère monumental. Il avait décoré le Pœcile d'Athènes, le temple de Delphes, le temple de Minerve à Platée, etc.

Polygnote vivait 436 ans av. J.-C. Parmi ses contemporains, les peintres les plus célèbres furent Mycon et Panœnus, le frère de Phidias. La décoration du Pœcile est due à ces artistes : on y voyait représentés : la *Guerre contre les Perses*, la *Prise de Troie*, peinte par Polygnote, et le *Combat des Athéniens et des Amazones*, peint par Myron. Ces peintures remarquables par le dessin, montraient encore l'enfance de l'art sous le rapport du coloris; ce fut Apollodore qui le premier s'occupa de cette partie de

Fig. 340. — *Apollon du belvédère.*

l'art : « Apollodore, dit Pline, ouvrit les portes de l'art et Zeuxis y entra. » Le perfectionnement qu'Apollodore avait apporté dans la peinture et où Zeuxis le surpassa était relatif au coloris. Apollodore est le premier qui ait imité les ombres aussi bien que les lumières, d'après les teintes mêmes du modèle : c'est ce que les Grecs appelaient *colorer l'ombre*. Jusque-là, on mettait sur tout le personnage une couleur uniforme et on indiquait les ombres par le moyen de hachures brunes ou noires, mais dépourvues de la couleur réelle.

Zeuxis naquit vers l'an 475 av. J.-C. Ce maître a exercé trop d'influence sur l'art et le goût pour que tout ce qu'on sait de sa vie ne soit pas de nature à nous intéresser. On doit croire que l'expression de la réalité était à cette époque la grande préoccupation des artistes grecs : du moins c'est ce que semblerait prouver le célèbre concours qui s'établit entre Zeuxis et Parrhasius.

Mais, il est certain que si les oiseaux des Grecs prenaient des fruits imités pour de véritables fruits, c'est que les oiseaux des Grecs n'étaient pas conformés comme les oiseaux de notre pays (1), et il est certain aussi que si les peintres de l'antiquité ne reconnaissaient pas un rideau peint d'un rideau véritable, c'est qu'ils n'avaient pas une aussi grande expérience de la peinture que les peintres d'aujourd'hui. Zeuxis avait peint un *Hercule enfant étouffant les deux serpents* et une *Centauresse allaitant ses petits*, deux tableaux qui mirent le comble à sa réputation. Mais, de toute son œuvre, aucune peinture n'est aussi célèbre que son *Jupiter* entouré des autres divinités. C'est des peintures de Zeuxis que Pétrone pouvait dire, plusieurs siècles après qu'elles avaient été exécutées : « Je n'ai pas vu sans frissonner des mains de Zeuxis, vivantes encore comme si elles étaient peintes d'hier. » Parrhasius est le rival de Zeuxis dans le siècle de Périclès. Parrhasius avait fait faire de nouveaux progrès à la peinture en donnant plus de vie aux figures, plus de finesse aux extrémités, plus de grâce dans la chevelure, une pondération plus savante dans la disposition générale. On citait de lui un *Thésée* qui, du temps de Caligula, était encore au Capitole, une admirable *Atalante* qui fut achetée par Tibère, un *Bacchus* qu'on trouva si beau qu'il donna naissance au proverbe corinthien : « Qu'est-ce que cela auprès du Bacchus? » Un *Coureur* tout armé, sur le corps duquel on croyait voir couler la sueur et un autre qui, arrivé au but, dépose tout haletant ses armes.

Presque en même temps que Zeuxis et Parrhasius, nous voyons apparaître Timanthe et Eupompe. Timanthe se fit connaître par des peintures de très petite dimension. Il avait fait, entre autres, un *Cyclope endormi et des Satyres* occupés à mesurer son pouce avec leurs thyrses. Mais il exécuta aussi des tableaux d'histoire, car il avait représenté le *Meurtre de Palamède*, tableau qu'on avait placé à Éphèse et qui fit une grande impression sur Alexandre-le-Grand. Timanthe vainquit Parrha-

(1) Zeuxis, cependant aussi orgueilleux qu'habile, ne se faisait point illusion sur le mérite de cette imitation de la nature car, ayant peint un jeune garçon qui portait un panier de raisins, il s'aperçut que les oiseaux, attirés par la ressemblance du fruit, s'approchaient pour le becqueter; mais il fit aussitôt cette réflexion : « Si les raisins ne sont pas mal, puisque les oiseaux y ont été trompés, il faut convenir que le jeune homme qui les porte n'est guère bien, puisqu'ils n'en sont point effrayés. »

sius dans un concours, dont le sujet était *Ajax disputant à Ulysse les armes d'Achille*. Mais son œuvre la plus fameuse est le *Sacrifice d'Iphigénie* ; dans ce tableau, il avait voilé la tête d'Agamemnon. Eupompe n'est connu que par un seul tableau, mais· qui était extrêmement célèbre ; il représentait· *Un vainqueur aux jeux gymniques*. Il fut le fondateur de l'école de Sicyone, d'où sortirent une foule d'artistes illustres, entre autres Pamphile qui fut le professeur d'Apelles et passait pour un homme très savant ; son enseignement, très renommé dans

Fig. 341. — *Ornement de style primitif.*

l'antiquité, était basé sur les applications de la géométrie à la peinture.

Apelles, le plus célèbre peintre des temps anciens, a fait un grand nombre de tableaux ; les plus fameux étaient une *Vénus sortant de l'onde*, connue sous le nom

Fig. 342. — *Terre cuite de Tanagra.*

de Vénus Anadyomène, une *Diane* au milieu d'un chœur de vierges qui lui offraient un sacrifice, et un portrait d'*Alexandre*, placé dans le temple de Diane· à Éphèse. C'est ce dernier tableau qui lui faisait dire avec orgueil qu'il y avait au monde deux Alexandre, l'un invincible, qui était fils de Philippe ; l'autre inimitable,

qui était le fils d'Apelles. Il avait fait aussi un très fameux tableau intitulé la *Calomnie*.

Le rival qu'on oppose ordinairement à Apelles est Protogène, qui fut un peintre de l'école de Rhodes, alors extrêmement florissante. On ignore quel fut son maître, mais on sait que sa jeunesse avait été très rude et qu'il vécut longtemps dans une grande pauvreté. Le plus fameux tableau de Protogène représentait *Jalysus fils du Soleil et de la nymphe Rhodos*. On prétendait que le peintre avait mis sept années à peindre la figure principale. Protogène finissait extrêmement ses tableaux, et Apelles lui reprochait de· ne pas savoir s'arrêter. Il avait peint dans le temple de Minerve des sujets tirés de l'Odyssée, entre autres, *Nausicaa conduisant une voiture traînée par des mulets*. On citait encore de lui un *Satyre au repos*, un *Athlète*, plusieurs sujets tirés de la vie d'Alexandre, et des portraits extrêmement célèbres, entre autres, celui du poète tragique Philiscus occupé à composer une tragédie.—Après Apelles et Protogène, les auteurs anciens signalent encore. Aristidès, de Thèbes ; Antiphile, d'Égypte, et plusieurs autres, qui s'illustrèrent durant la période macédonienne ; mais il paraît certain que la peinture cessa de progresser. La conquête romaine fit passer en Italie la plupart des chefs-d'œuvre dont les Grecs étaient si fiers, et la peinture, quoique toujours exercée par des artistes grecs, déclina rapidement, quand elle fut obligée de se plier aux goûts emphatiques des Romains. — E. CH.

Arts industriels. Terres cuites. La Grèce nous a laissé un grand nombre de ces petites sculptures, qui forment une branche très importante de l'art grec, et qui n'ont·été étudiées d'une manière complète que depuis peu ; beaucoup, cependant, ont une réelle valeur et nous révèlent, sous un aspect familier et pittoresque, la vie intime des anciens. L'étude de la *coroplastie* est une transition naturelle entre l'histoire de la sculpture et celle des vases peints.

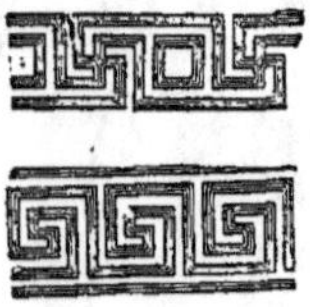

Fig. 343 et 344.
Grecques.

Les terres cuites forment deux catégories distinctes : les plaques estampées et les figurines. Les plaques estampées sont des empreintes obtenues à l'aide de moules, qui comprennent plusieurs personnages et dont le fond sont ajourés pour donner plus de légèreté. Ces plaques étaient peintes et appliquées à des murs ou à des parois de tombeaux. Il reste peu de ces petits monuments, mais presque tous sont du plus haut intérêt archéologique, car ils donnent la représentation de cérémonies antiques que le nombre des personnages a permis de rendre très complète.

Les figurines,· au contraire, sont isolées ; mais elles fournissent de· curieux détails sur l'habillement et les ornements des Grecs. Il nous en est parvenu un grand nombre, découvertes pour la plupart dans les sépultures. Les nécropoles de Tanagra et de Tégée ont donné surtout des figurines représentant des déesses ou des femmes grecques en costume d'intérieur ou de sortie, et traitées avec une grande habileté d'exécution et une grande variété d'expressions, telles que celle représentée fig. 342, coiffée du *petasos*. Les fabriques de l'Asie-Mineure, de Pergame, Smyrne, Éphèse, Milet et Tarse paraissent, au

contraire, s'être attachées à reproduire des figures très soignées de bateleurs, de marchands forains, de grotesques. L'exécution est ici parfaite, au point de se rapprocher des œuvres de la sculpture dont on retrouve souvent des copies.

Vases peints. Les premiers vases peints trouvés en Toscane vers la fin du XVII⁰ siècle, firent croire à l'existence, en Etrurie, d'une école originale de céramique. Ce n'est que plus tard qu'on reconnut qu'il fallait faire remonter plus haut l'origine de cet art, et que les vases

Fig. 345 à 348. — *Vases grecs ornés de figures rouges.*

étrusques étaient une imitation et même souvent une importation des vases grecs. L'étude raisonnée de cette branche de l'art est donc relativement récente, et la nomenclature des vases grecs est loin d'être rigoureusement fixée. Les types les plus fréquents sont l'*amphore* (fig. 345 à 348), le *cratère* (a), vase aux grandes dimensions, et qui servait au mélange de l'eau et du vin, le *stamnos* (b) et le *kélébé* (c), dont les formes élégantes ont été souvent reproduites de nos jours, de même que le *hylix* en forme de coupe. Le *canthare* était, par excellence, le vase dionysiaque : c'est une large coupe munie de deux anses très élevées et montée sur un pied. Parmi les vases plus petits, on remarque pour leur forme élégante, le *lékythos*, le *kotyliscos*, l'*épichysis* (d) et l'*alabastron* (fig. 349).

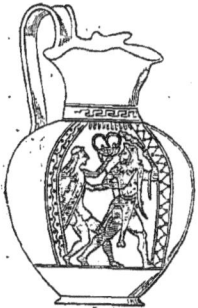

Fig. 349.
Vase pour le vin.

Sur ces vases, on peignait des figures noires sur fond rouge, ou des figures rouges sur fond noir. Dans le premier cas, la terre rouge du vase formait le fond et les silhouettes noires étaient obtenues au moyen d'une couleur à base d'oxyde de fer. Dans le second cas, tout le fond du vase était recouvert d'une large teinte noire,

et sur les figures réservées en rouge, le dessinateur traçait les détails au pinceau fin, en lignes d'une ténuité extrême. Plus tard, le noir et le rouge cessèrent d'être employés seuls, et on vit apparaître les peintures polychromes, mêmes dorées, qui furent fort en faveur au III⁰ siècle. Enfin, on a quelques exemples de vases à fond blanc ou jaune et à figures noires.

Numismatique et glyptique. Les plus anciennes monnaies grecques étaient de petits lingots d'argent irréguliers portant d'un côté un emblème simple : la tortue, l'abeille, le bouclier, et de l'autre la marque du carré qui maintenait la pièce pendant la frappe (fig. 350 et 351). Entre 580 et 460 av. J.-C., la fabrication se perfectionne, la face représente presque toujours une figure : Minerve, Aréthuse, etc., et l'envers un emblème avec une légende ou le nom de la ville désigné par l'initiale ou par quelques lettres seulement.

A partir du IV⁰ siècle, les monnaies grecques approchent de la perfection, leurs modèles sont inspirés des chefs-d'œuvre de la sculpture qui était à son apogée. Les médailles de Phénéos, en Arcadie; de Stymphale; celles frappées par la ligue Achéenne; enfin, celles de la Grande-Grèce, surtout celles de Syracuse, n'ont jamais été surpassées. Sous les Séleucides et sous les Ptolémées, le style s'altère peu à peu et la décadence du goût devient générale aussi bien dans la Grèce propre que dans les contrées où elle avait envoyé ses artistes (fig. 352 et 353).

L'étude de la glyptique ou des pierres gravées se rattache à celle des médailles par l'analogie des sujets. Au point de vue de la technique, les pierres gravées se divisent en deux catégories : les *intailles* et les camées. Les intailles étaient gravées en creux dans des pierres d'une seule teinte, telles que l'améthyste, l'agate, la cornaline, la chalcédoine, etc. Ces pierres, donnant une empreinte en relief sur la cire molle se portaient en chaton de bague et servaient de cachet. Les camées, au contraire, sont gravés en relief sur des pierres à plusieurs couches de couleurs différentes. Le sujet étant gravé sur la première, la deuxième forme le fond. Malgré les dimensions très petites de la pierre, les artistes grecs y ont gravé souvent des scènes à plusieurs personnages, élégantes et gracieuses et traitées avec la plus grande finesse. Lorsque l'usage fut introduit de décorer de pierres fines les vases

Fig. 350 et 351. *Monnaie d'Alexandre.*

précieux, on vit se dérouler sur ces gemmes de véritables scènes mythologiques ou historiques et comprenant un grand nombre de figures d'un fini admirable.

Ustensiles, armes et bijoux. Quelque modestes que soient les ustensiles d'usage commun aux Grecs, ils portent les traces de cette élégance qui était devenue un besoin pour ce peuple artiste. Nulle part les rapports de l'art et de l'industrie n'ont été plus étroits. Certains objets mobiliers, les miroirs, par exemple, sont de formes pures et svelties, et portent à leur revers des figures gravées au burin ou en relief; de même les plaqués de métal servant à décorer les meubles, les styles, les manches de strigiles, etc.

Les armes et armures grecques, dont les poètes nous ont laissé la description, indiquent chez leurs ouvriers une grande habileté. Sur les armures étaient ciselées des combats et des scènes héroïques d'une exécution très compliquée. Il ne nous est parvenu aucune de ces armures complètes. Mais nous avons des fragments très curieux, notamment un lambrequin de cuirasse appartenant à la collection Carapanos, et qui représente le combat d'Apollon et d'Héraklès. Une autre plaque de Dodone reproduit le combat de Pollux et de Syncée; elle servait de garde-joue de casque, et est, par conséquent, de dimensions très restreintes, néanmoins la facture est large et le dessin puissant. Ces armures étaient en airain repoussé.

Parmi les bijoux, il importe de faire une distinction entre ceux qui étaient destinés à des offrandes ou à des sacrifices funéraires, et ceux qui devaient être portés. Les premiers ne sont, le plus souvent, que de minces feuilles d'or et le travail en est moins parfait; dans les parures véritables, au contraire, l'artiste a donné libre essor à son imagination et à son talent. Dans les couronnes, dans les diadèmes, les colliers, les bracelets,

surtout dans les pendants d'oreille, le travail est admirable, et sur bien des points il n'a pu être égalé même par les orfèvres modernes; par exemple, on n'a pas retrouvé le procédé du *granulé* employé par les ouvriers grecs et étrusques. — V. BIJOUTERIE.

Ces bijoux ont été retrouvés dans les sépultures, car sinon, leur valeur intrinsèque en aurait amené depuis longtemps la destruction. Aussi, ne nous est-il parvenu aucun de ces grands vases de métal précieux, dont l'usage était fréquent vers l'époque macédonienne. Les quelques pièces d'orfèvrerie ancienne que nous possédons sont d'époques relativement récentes, et trahissent déjà la décadence de l'art.

Tapisseries. Les Grecs ont connu tous les procédés de tissages et de teinture propres à donner aux étoffes la plus grande perfection. Leurs vêtements et leurs tentures ont été longtemps célèbres. En ce qui concerne spécialement la tapisserie, ils ont excellé dans tous les genres; tapisserie de lin, de laine, de soie, d'or, tapisseries à longs poils ou unies, tapisseries de haute-lisse ou brodées. Cependant, il est juste de dire que les Grecs tenaient ces procédés des Orientaux, dont ils n'ont jamais pu atteindre la perfection. C'est ainsi que le voile doré du théâtre d'Athènes venait de Syrie et que le *parapetasma* du temple de Jupiter olympien était en partie teint de pourpre phénicienne, et en partie tissé en Assyrie. Pour la pourpre, surtout, les Grecs durent toujours s'adresser aux barbares. Aussi, les tissus de cette couleur étaient-ils d'un prix fort élevé. Le vêtement d'Alcimène avait été vendu, dit-on, aux Carthaginois pour 120 talents, soit environ 660,000 francs! Que pouvait valoir alors la tente d'Alexandre, en étoffes pourpres tissées d'or, et dont le vestibule seul avait quatre stades de tour? D'ailleurs, le bûcher élevé par le conquérant pour les funérailles d'Héphestion, et qui était tout tendu de pourpre, coûta environ 60 millions. Un si haut prix était un puissant encouragement pour cette branche de l'art industriel qui ne trouve chez nous une aussi grande faveur. — C. DE M.

Bibliographie? D. RAMÉE : *Histoire de l'architecture;* BATISSIER : *L'art monumental;* Ch. BLANC : *Grammaire des arts du dessin;* COLLIGNON: *Manuel d'archéologie grecque.* Consulter également les ouvrages spéciaux de MM. BEULÉ, HITTORF, SCHLIEMANN, R. MÉNARD, etc.

Fig. 352 et 353 — *Monnaie d'Elis avec la tête de Jupiter, par Phidias.*

GRÈCE (1). La Grèce est un pays nouveau, au point de vue de la production et de l'industrie, car l'époque de la domination turque a été pour elle funeste et stérile. En 1821, au moment des premières manifestations du mouvement insurrectionnel qui devait rendre à la Grèce sa liberté, l'industrie était nulle; l'agriculture ne comprenait guère que l'élevage des moutons et des chèvres, la culture de la vigne et la récolte du miel. Seul le commerce au cabotage entre la Grèce, la Turquie et les îles Ioniennes était florissant. Enfin, l'organisation du nouvel Etat ne s'étant pas achevée sans difficulté, ce n'est que depuis quarante ans environ que la Grèce a pu con-

(1) V. la note, p. 117, t. I

sacrer tous ses efforts au relèvement de l'industrie nationale. Il est d'autant plus curieux de constater quels sont les progrès réalisés dans ce court espace de temps, et de rechercher quel avenir économique peut être réservé à ce pays.

Il faut remarquer, d'ailleurs, que les événements qui ont agité la presqu'île des Balkans, à l'époque même de 'Exposition universelle de 1878, ont nui aux préparatifs faits par la Grèce pour y figurer. C'est ainsi que plusieurs de ses ateliers de forges, obligés de consacrer toute leur activité à la fabrication des machines et engins de guerre, se sont abstenus d'exposer leurs produits, et que les industries du tissage et de la tannerie, très importantes dans ce pays, n'ont été qu'imparfaitement représentées, par suite de la stagnation passagère de leur fabrication. Il n'en est pas moins constaté que la Grèce, dans les dix années qui ont précédé l'Exposition de 1878, a vu se créer plus de cent établissements industriels mus par la vapeur, et réunissant une force de 3,000 chevaux, ce qui est considérable pour une nation de 1,500,000 habitants. La grande industrie emploie environ 25,000 ouvriers et ses produits annuels s'élèvent à 170 millions de drachmes.

La marine marchande, malgré la concurrence que lui font les bâtiments à vapeur des autres nations européennes, est encore très florissante. Elle comprenait, en 1877, 10 vapeurs jaugeant 7,883 tonnes et 5,182 autres navires jaugeant 242,194 tonnes. Malgré le nombre relativement élevé de ses bâtiments, l'importation n'atteint que 100 millions à peine, et l'exportation ne dépasse pas 80 millions. Les principaux articles à l'importation sont les cotonnades, les céréales, le sucre, le bois, le bétail ; à l'exportation, le coton, les fruits secs, l'huile d'olive, le vin et quelques minerais. L'Angleterre a accaparé la majeure partie du commerce extérieur de la Grèce ; viennent ensuite la France, la Turquie, l'Autriche, l'Italie et la Russie.

En 1867 déjà, on avait été frappé du développement extraordinaire de l'imprimerie et des industries qui en dépendent. Ce progrès subit était dû aux passions politiques qui avaient favorisé l'apparition de nombreux journaux. En 1878, nous trouvons non plus seulement des journaux, mais des livres et des publications populaires. De 1867 à 1877, on a édité environ 1,200 volumes et le nombre des imprimeries s'élève à 104. En 1820, il n'y en avait que deux dans toutes les provinces grecques !

L'industrie céramique cherche à retrouver son antique splendeur. Les fabriques sont encore de fondation trop récentes, et leurs produits trop imparfaits au point de vue artistique pour lutter à l'exportation avec les vases et les tuiles des fabriques européennes. Mais elles suffisent aux besoins du pays, et leurs efforts tendent à les affranchir de toute sujétion étrangère. L'industrie des tapis paraît également appelée à un grand avenir ; elle occupait déjà plus de cent familles, et le chiffre élevé du nombre d'exposants — vingt et un — indique son importance. Tripoli et Lacride sont les centres de cette fabrication.

Le groupe des tissus était le mieux représenté au Champ-de-Mars. C'est qu'aussi, en moins de dix ans, le développement des filatures a été extraordinaire. Dix-huit filatures se sont établies, comprenant plus de trente-cinq mille broches. Six sont établies au Pirée, ville qui, en 1867, ne possédait aucune fabrique, et qui en contenait, en 1878, plus de trente : six filatures de coton, une filature de soie, trois forges, deux fabriques de machines agricoles, un atelier de céramique, deux verreries, deux clouteries, huit moulins à vapeur, deux fabriques de tissus et plusieurs fabriques de meubles. Les frères Volonaki, les frères Retsina, MM. S. Varouxaki, K. Lyginos produisent des fils de coton pour une valeur de près de cinq millions de francs. L'ouvroir des filles pauvres d'Athènes et MM. Stamopoulos et Tatsi, au

Pirée, mettent en œuvre ces cotons filés. et en font des toiles qui sont très estimées à l'intérieur du royaume.

La production de la soie est très importante, mais la principale fabrique, fondée à Calamata, en 1859, par MM. Fels et Cie est restée aux mains des Anglais. Quelques autres exposants, MM. Stravrianopoulos, Catzopoulos, Kyriapoulos, etc., sont en progrès constants, et leurs efforts réunis ont porté la production de la soie à une valeur de près de 1,500,000 francs.

La classe du vêtement offrait encore, en 1878, un grand attrait, et pour la dernière fois, sans doute, car le costume national tend à disparaître complètement. On n'en voit déjà plus dans les villes, et les villageois eux-mêmes s'en désaffectionnent. Les vêtements européens des frères Moritzi, à Athènes ; les chaussures de l'importante fabrique de MM. Joiopoulos et Vidalis font bien regretter les superbes costumes brodés et les élégantes tsarouchia. En moins d'un an, M. Lefcaditis, qui avait fondé à Athènes, en 1877, une fabrique de chapeaux européens, en a écoulé plus de 5,000 à l'intérieur du pays. La maison Tsaousopoulos, qui fournissait autrefois les fez du costume national, les exporte maintenant à l'étranger.

La Commission des prix olympiques pour les Expositions nationales, a envoyé au Champ-de-Mars de curieux échantillons des célèbres marbres de Paros, du Pentélique, de Naxos, de Skyros et de Tinos. La valeur de ces marbres atteint annuellement deux millions. Des moyens de transport moins coûteux permettraient d'étendre beaucoup l'exportation de ces marbres qui sont les plus beaux du monde.

Dix-huit sociétés minières, dont neuf florissantes, exploitent le plomb, le cuivre, le manganèse, l'alun, le soufre. La plus importante de ces exploitations est celle de Laurium, qui est aux mains des Français.

L'huile d'olive est encore un des principaux articles d'exportation, sa production s'élève annuellement à plusieurs millions de francs. La maison Charialos et Ralli, à Eleusis, fondée en 1877, est une des mieux outillées ; la valeur du matériel est évaluée à 300,000 francs. Cette industrie a reçu depuis un grand développement.

Le tabac, le miel, le vin et les peaux forment le complément de l'exposition des produits de la Grèce. La culture du tabac a pris une grande extension depuis que la France, la Belgique et l'Angleterre s'approvisionnent dans ce pays. Quant aux cuirs et aux peaux, qui n'occupaient au Champ-de-Mars qu'une place restreinte, on ne peut méconnaître l'importance de leur fabrication dont la valeur dépasse dix millions de francs. L'établissement de M. Kalouta, à Syra, livre chaque année pour 3 millions de francs de cuirs corroyés d'après le système français.

Enfin, nous dirons quelques mots des beaux-arts dont on avait déclaré l'infériorité, en 1867, et qui ont témoigné, en 1878, d'un progrès notable, dû aux efforts d'artistes de talent : MM. Charalambos Pachys, Gyzis, Nikoforos Lytras, Œconomos, Rallis, J. Rizo. Ces peintres ont étudié en Grèce, en Autriche ou à Paris. Mais quelques-uns sont retournés en Grèce et y formeront des élèves capables peut-être de créer une école. Les sculpteurs sont plus remarquables encore. MM. Léonidas Drossis, Kossos et Vroutos ont une réputation qui a dépassé les limites de leur patrie.

On le voit, la Grèce tend à se suffire à elle-même, et si ses progrès s'affirment, elle y réussira dans un avenir très rapproché. Pour le moment, une révolution économique semble devoir se produire dans ce pays par suite des efforts tentés par l'Autriche et la Russie pour se rapprocher de lui et lui faire parvenir leurs produits. Il y a là un danger pour le commerce d'exportation de la France et de l'Angleterre. D'ailleurs, avec des capitaux et une paix de longue durée, les Grecs parviendraient sans doute à exporter même des produits manufacturés, justifiant ainsi ces paroles de lord Stanley à la Chambre des Communes : « Les Grecs ont des aptitudes très remarquables, et je crois qu'ils ont devant eux un avenir superbe. Je ne doute point que, si les Grecs avaient confiance en eux et au temps, s'ils s'adonnaient de toutes leurs forces à l'amélioration et à l'exploitation intérieure de leur pays, non seulement ils développeraient beaucoup leurs propres richesses et celle du peuple, mais avec le temps, ils auraient ainsi contribué davantage à l'agrandissement de leur pays que par l'encouragement et les secours des agitations intérieures. »

GRECQUE. *T. de décor.* Ornement formé de lignes entrelacées, mais toujours parallèles ou perpendiculaires entre elles, on l'emploie ordinairement dans les frises (V. Grec): || *T. de rel.* Outil avec lequel on pratique sur le dos d'un volume des entailles qui doivent cacher les nerfs de la reliure.

GRÉEMENT. *T. de mar.* Ce mot s'applique d'une façon générale à l'ensemble des cordages : haubans, galhaubans, étais, etc., des manœuvres : drisses, bras, balancines, écoutes, etc., des poulies de toutes sortes et des divers palans qui servent à l'établissement et à la tenue de la mâture d'un navire, à l'orientation des vergues et des voiles, pour qu'elles reçoivent, sous l'angle voulu, l'impulsion du vent régnant. Les différentes manœuvres énumérées ci-dessus se classent en deux catégories : en manœuvres *dormantes* et en manœuvres *courantes*.

On dit qu'un gréement est lourd, lorsque les cordages qui le constituent sont de fortes dimensions. Sur la plupart des navires à vapeur, et même sur d'assez nombreux bâtiments à voiles, le gréement en filin a cédé la place au gréement en fil de fer pour toutes les manœuvres dormantes ; le fil d'acier est employé sur quelques navires dans le même but. Ce gréement offre, sous une section beaucoup moindre, une résistance plus considérable que l'ancien gréement en filin.

Le gréement de certains navires cuirassés se borne à quelques haubans destinés à soutenir un mât de signaux et à quelques drisses nécessaires pour le jeu des pavillons. Sur les bâtiments de combat, on prend la précaution de se débarrasser du gréement *des hauts*, avant d'entrer en action, afin que la chute de ce gréement ne crée pas un embarras pour le propulseur.

Dans le sens partitif, on dit aussi : gréement d'un mât, d'une vergue, d'une voile, mais dans ces cas, mieux vaut prendre l'expression à peu près synonyme de *garniture*. On dit encore dans le même sens, gréement d'une pièce d'artillerie, gréement d'une pompe, pour indiquer tous les accessoires nécessaires à la manœuvre d'une bouche à feu ou d'une pompe à main.

Quelques auteurs font usage du mot *agrès* au lieu de celui de *gréement*, lorsqu'il s'agit de l'ensemble du gréement d'un navire.

GREFFOIR. Petit couteau dont la lame, longue de 5 à 6 centimètres, est un peu arrondie par le bout du côté du tranchant, et dont le manche a la forme d'une spatule destinée à soulever l'écorce entaillée par la greffe.

GRÈGE. La grège, qu'on écrivait autrefois *grèze*, est le produit qu'on obtient en réunissant, au moment de les dévider, plusieurs brins de cocons. Pour obtenir la réunion de ces brins ensemble, on se sert d'appareils dits *tours à filer*, dont chacun se compose d'une vaste bassine contenant de l'eau chaude, et renfermant les principes gommeux d'opérations précédentes et dont la température varie suivant la qualité du cocon. Dans chaque bassine, l'ouvrière a deux lots de cocons destinés l'un et l'autre à former un fil grège ; chaque fil, après avoir passé par deux filières, croise l'autre fil, de façon que la légère pression qui résulte de ce contact, accélère le collage de chacun des brins dont ils sont composés, puis il passe sur deux guides animés d'un mouvement de va-et-vient de gauche à droite, et va s'enrouler sur un grand tour ou *asple* pour former les *flottes* de soie. Il est important qu'ils s'y envident dans un état de siccité parfaite, car s'ils arrivaient humides ils pourraient se coller à nouveau. La qualité des soies qui dérivent de ce brin dépendant de sa bonne fabrication, la fileuse doit veiller à ce que ces opérations s'accomplissent bien ; il dépend d'elle en particulier, que les cocons ne finissent pas tous ensemble, ce qui fournirait un fil inégal, étant donné que le brin de cocon va constamment en diminuant.

La grège la plus fine que l'on produise industriellement est faite avec trois cocons, elle titre 7 *deniers* (V. Numérotage) ; mais on peut, en augmentant le nombre des cocons, produire des grèges de 20, 40 et 60 deniers. Il n'y a, en Europe, d'autres limites à la grosseur du produit que la difficulté de grouper et maintenir en bon état de dévidage un grand nombre de cocons. Les grosseurs courantes, ce qu'on nomme les *titres usuels*, varient de 9 à 14 deniers ; les grèges d'un titre supérieur n'y sont préparées que pour des emplois spéciaux et ne s'y trouvent pas en stock, on leur donne le nom de *titres spéciaux*. En Asie, les grèges faites par petites parties dans la campagne (qu'on appelle, à leur arrivée dans nos ports, des *paquetailles*) varient de 15 à 16 deniers, mais, depuis quelques années, au Japon, en Chine et au Bengale notamment, on a établi des usines où se sont implantées les habitudes européennes et où l'on produit des grèges fines de 10 à 13 deniers. Leur régularité cependant n'est pas toujours bien grande, car on trouve parfois dans une balle de grège de Chine des passages de 18 à 20 deniers et d'autres de 30 à 35 ; on leur donne alors une régularité relative en les subdivisant en flottillons de 500 mètres de longueur et en réunissant ensemble les flottillons de même poids. En Europe, et particulièrement en Italie, on est arrivé pour les grèges fines à former des ouvrières qui savent corriger le brin d'un cocon neuf par le brin d'un cocon à moitié dévidé, et qui produisent ainsi une grège variant de 1 à 2 deniers au plus.

Lorsque les grèges sont fortes, on les emploie brutes et écrues (car elles ne pourraient supporter la cuite), en les destinant aux articles de chapellerie dits *gazes de Chambéry* ou pour la fabrication des tamis dits de *soie*. Mais si l'on veut qu'il reçoive d'autres applications, le brin grège doit passer sur de nouveaux appareils dits *moulins* (d'où l'expression de soie *moulinée* et de *moulinier*) qui lui donnent plus de force et de qualité (V. Moulinage). Il est, en outre, ultérieurement envidé sur bobines, et passe, pour s'y rendre, entre deux lames rapprochées qui en écartent tous nœuds et boutons, de façon à donner un fil bien égal et partout uniforme. — A. R.

GREIGNARD. *T. de fil.* Se dit d'un fil de lin, filé au mouillé, saisi trop rapidement par l'eau chaude et qui s'est crispé, pour ainsi dire, au sortir du bac du métier à filer.

GRÈLE. *T. techn.* Lame d'acier plate et dentelée à l'usage du tabletier pour *grêler*, c'est-à-dire arrondir certains objets.

GRELICHONNE. *T. techn.* Sorte de truelle en fer ; elle a la forme d'un trapèze ou se termine en pointe.

GRELIN. *T. de cord.* Nom de tout cordage composé, c'est-à-dire formé de cordages câblés ensemble comme de simples torons. — V. Câble, Corde.

GRÊLOIR. *T. techn.* Vase de fer-blanc percé de trous dont les ciriers se servent pour le *grêlage* de la cire, opération qui consiste à réduire la cire en ruban ou en grains.

GRENADE. *T. d'artill.* Projectile sphérique creux du plus petit calibre, fort peu en usage aujourd'hui, et destiné à être lancé à la main, ou à l'aide d'une fronde. La grenade chargée pèse 1ᵏ,160, le poids de la charge intérieure est de 0ᵏ,110, le diamètre extérieur du projectile de 8ᵐᵐ,2.

Pour lancer les grenades à la main, on se sert d'un bracelet en cuir qu'on attache au poignet et auquel est fixée une ficelle qui sert à retenir le rugueux de la fusée (V. Fusée) ; la portée moyenne des grenades ainsi lancées par dessus un parapet est de 20 mètres. Avec une fronde, un homme un peu exercé peut lancer la grenade à 50 mètres. On les utilise aussi quelquefois avec les anciens mortiers lisses pour une sorte de tir à mitraille, la bombe étant remplacée par un appareil dans lequel sont placées un certain nombre de grenades, leurs fusées disposées de façon à prendre feu au moment du départ du coup.

GRENADIER. *T. de bot.* Arbrisseau de la famille des myrtacées ; l'écorce de son bois, très dure, est d'un brun rougeâtre ; ses fleurs, d'un rouge écarlate vif, servent à faire une belle encre rouge et son écorce est utilisée pour le tannage des cuirs.

GRENADILLE. Bois des îles, qu'on nomme aussi *bois d'ébène rouge*, très dur et très pesant, brun-rougeâtre ou brun-olivâtre, veiné de brun ou de vert et dont on distingue plusieurs sortes parmi lesquelles, le *vert bâtard* et le *blond bâtard*, le premier d'un vert-noir et le second d'un vert-rougeâtre. Le bois de grenadille arrive en France en bûches de 0,10 à 0,15 centimètres de diamètre ; on l'utilise dans l'ébénisterie, la marqueterie et la tabletterie.

GRENADINE. 1° *T. de tiss.* Organsin auquel on a donné une direction inverse aux torsions dans les deux apprêts. Par suite de ces torsions qui sont très considérables, cette soie a toujours une tendance à se replier sur elle-même, aussi ne peut-elle être cuite qu'avec des appareils spéciaux qui la tiennent tendue durant toute la cuite (V. Décreusage). Ayant une apparence grenée et peu de brillant, elle demande à être bien rincée chaque fois, et par suite de sa contexture, à être battue sur une pierre pour être suffisamment dégorgée à chaque lavage ; elle serait exposée sans cela à sortir poudreuse des opérations de teinture, surtout pour les noirs. On l'emploie pour la passementerie, la fabrication des dentelles, etc. — V. Organsin. || 2° *T. de liquor.* Sorte de sirop fait avec de l'acide tartrique, aromatisé avec de la vanilline et coloré par de l'éosine.

GRENAGE. *T. techn.* Opération qui consiste à former les grains de *poudre*, au moyen d'un appareil nommé *grenoir*. — V. Poudre.

GRENAILLE. Métal réduit en menus grains, qu'on obtient en jetant la fonte, encore liquide, sur un crible placé au-dessus d'un baquet plein d'eau.

I. **GRENAT.** *T. de minér.* On donne ce nom à des silicates doubles d'alumine et d'un oxyde terreux, dont la formule générale peut être représentée par $Al^2O^3, SiO^3 + MO^3, SiO^3$, le métal M pouvant être du calcium, du fer ou du manganèse. Ils cristallisent dans le premier système, en dodécaèdres rhomboïdaux ou en trapézoèdres, avec les formes de passage, ou plus rarement en octaèdres modifiés. Ils sont colorés le plus souvent en rouge, en rouge-brun, noir, vert ou jaune ; leur éclat est vitreux, leur réfraction simple, la cassure est conchoïdale ; la dureté de 6,5 à 7,5 ; la densité de 3,5 à 4,5. Ils sont plus ou moins fusibles, et inattaquables par les acides, excepté ceux calcaires, que l'acide chlorhydrique dissout partiellement.

Ils se trouvent disséminés dans les roches cristallines, les trachytes, basaltes, gneiss, micaschistes, schistes argileux, talcs, diorites, serpentines, euphotides, etc.

On en admet cinq variétés : le *grenat grossulaire*, ou *essonite*, de teinte rouge-hyacinthe, mais pouvant être également jaune ou vert ; il a les caractères généraux indiqués plus haut, et renferme 39,91 de silice, 22,84 d'alumine et 37,25 de chaux. Il se trouve quelquefois en masses assez considérables ; les beaux cristaux viennent de Wilui (Sibérie, variété verte), d'Ala (Piémont), de Banat, de Cziklova, de Ceylan, de l'île d'Elbe.

Le *grenat almandin*, ou *Syrien*, qui a les mêmes caractères, est rouge violacé, allant au brun ; il est très abondant en Suède, au Tyrol, à Ceylan, dans le Groënland ; il en vient de beaux cristaux de Fahlun, de Eugso, de Zillerthal. Il contient 39,85 de silice, 20,60 d'alumine, 24,85 d'oxyde de fer, 0,46 d'oxyde de manganèse, 3,51 de chaux et 9,93 de magnésie. La variété dite *pyrope* est d'un rouge sang, et donne 1,80 0/0 d'oxyde de chrome. On la trouve en Bohème, à Mérorietz, à Stiefelbetge.

:Le *grenat mélanite* est en dodécaèdres jaunes, verts, bruns ou noirs ; il n'est que translucide, et est formé de 35,43 de silice, 31,50 d'oxyde de fer et 33,07 de chaux. On le trouve à Zermatt (Valais) ; Frascati, près Rome ; à Lindbo, à Altenan, à Salo ; au Vésuve ; en Norwëge, dans l'Oural, etc.

Le *grenat spessartine* cristallise en dodécaèdre rhombboïdal, avec trapèzoèdre ; il est translucide, jaûne ou rouge-brun ; il contient 36,28 de silice, 20,77 d'alumine et 42,95 d'oxyde manganeux. On l'a rencontré à Spessart, à Broddbo, en Bavière ; à Haddam, dans le Connecticut.

Le *grenat uwarowite* est encore de même forme, translucide, mais vert-émeraude ; il ne renferme plus d'alumine, qui y est remplacée par l'oxyde de chrome. Sa composition est la suivante : silice 35,93, oxyde de chrome 30,53, chaux, 33,54. On l'a trouvé dans l'Oural, à Bissersk, sur du fer chromé.

Usages. Les grenats sont employés comme bijoux, et dans l'horlogerie ; on en fait des vases : dans le trésor de la couronne de France, il y a eu une coupe en grenat estimée 12,000 francs, et deux tasses de 3,000 francs chaque ; plusieurs camées gravés sont célèbres ; certains grenats d'alluvion sont si petits et si abondants, qu'on les pulvérise pour polir les métaux, ou pour faire un fondant, dans la métallurgie du fer. — J. C.

II. **GRENAT.** *T. d'imp. et de teint.* Couleur analogue à la pierre du même nom. Le grenat désigne généralement les rouges rabattus de noir ; quand le noir domine, la couleur devient *puce.* On appelle aussi *grenat,* en teinture de laine et de soie, une matière colorante qui n'est autre que l'isopurpurate de potasse ; mais comme ce sel fait explosion par le moindre frottement, on le livre seulement en pâte, en l'additionnant de glycérine pour en empêcher la dessiccation. Les couleurs grenat s'obtenaient autrefois sur laine et sur soie par l'orseille, aujourd'hui on emploie presque exclusivement les couleurs d'aniline. Sur coton, les grenats se font : par teinture, avec un mordant de fer et d'alumine et par vaporisage, avec un mordant de chrome. Quand il s'agit de couleurs moins solides, on les produit par un mélange de cachou, de campêche et de fuchsine, additionné de tannin et fixé à l'émétique.

GRENELER. *T. techn.* Faire paraître les grains sur le papier, le cuir, le carton, etc. ; on dit aussi *graineler, greneter.*

* **GRENÉTINE.** Gélatine en feuilles minces. — V. GÉLATINE.

GRÈNETIS. Petits grains en relief autour des monnaies et des médailles ; on dit aussi *grainetis.*

I. **GRENIER.** On désigne sous ce nom, les locaux dans lesquels on emmagasine et conserve les grains (V. CONSTRUCTION RURALE, p. 833 et CONSERVA- TION DES GRAINS, p. 779 ; t. III). Dans les greniers ordinaires, les grains se mettent en tas de 0m,50 d'épaisseur ; 1 mètre carré de grains reçoit des 5 hectolitres. En France, la superficie totale des greniers à blé est de 1,800 à 2,000 hectares, chiffre qui montre toute l'importance de la question. Il

faut avoir soin d'assurer la solidité des planchers qui supportent 3 à 400 kilogrammes par mètre carré. Pour calculer leur résistance, on consultera avec fruit les chiffres suivants donnant pour différents grains le poids moyen à l'hectolitre : froment 76 à 80 kilogrammes ; seigle 72 à 76 ; avoine 46 à 50 ; orge 67 à 65 ; maïs 70 à 78 ; vesce 78 à 80.

Il doit régner dans le grenier une obscurité et une température constante ; les fenêtres seront garnies à l'extérieur d'un châssis de toile métallique (maille de 1m/m,1/4) et à l'intérieur d'un volet à lames de jalousies. Le plancher et le plafond seront soignés et les murs crépis. Les tas seront interrompus par des espaces de 4 à 5 mètres, afin de changer le blé de place pour l'aérer ; c'est l'opération du pelletage qui consiste à lui faire décrire une courbe dans l'espace en le lançant avec une pelle de bois.

Greniers magasins. Dans les grandes villes, on emmagasine d'énormes quantités de grains dans des greniers qui ont jusqu'à 8 étages de 3 mètres de hauteur chacun. Les planchers qui, dans ce cas doivent être fort résistants, sont supportés par des piliers en bois ou mieux des colonnes en fonte. Le grain est mis en tas ne dépassant pas 0m,70 d'épaisseur sur 2 mètres de large, séparés par des passages de 1 mètre ; la longueur des tas est de 15 à 20 mètres séparés par un espace pour le pelletage et le tarare. Le transport des grains est assuré mécaniquement dans le plan horizontal par des vis d'Archimède et en plan vertical par des chaînes à godets ou des *élévateurs* pneumatiques. — V. ÉLÉVATEUR.

Greniers mécaniques. La conservation des grains dans les greniers précédents augmente de 2 fr. 10 par an, le prix de l'hectolitre par les pelletages et tararages (0 fr. 90) qui s'effectuent une à deux fois par mois et par le déchet (1 fr. 20) résultant de cette manipulation. Ces considérations ont amené la recherche de modes plus économiques de conservation. On a effectué l'aération, le pelletage, etc., mécaniquement. Ces greniers mécaniques sont des cylindres ou des prismes à parois pleines en planches ou perforées en tôle. On laisse couler le grain à la partie inférieure ; une vis d'Archimède ou un élévateur le déverse à la partie supérieure d'un autre grenier ; le grain fait environ 40 passages par an ; on compte une force motrice de 1 cheval vapeur par 1,000 hectolitres, et les frais annuels de conservation ne reviennent qu'à 0 fr. 50 ou 0 fr. 60 par hectolitre.

Silos. Enfin, il existe un meilleur mode de conservation par les silos qui se construisent aujourd'hui en métal. Ils ont la forme de cylindres terminés par des troncs de cône, ou de prismes à angles arrondis. Ils sont établis en tôle de 2 à 3 millimètres, rivée à froid et raidie par des cornières extérieures. Il y en a qui ont une très grande capacité (Compagnie générale des omnibus, Compagnie générale des petites voitures, Paris), l'ensilage se fait par un temps sec et froid, le grain doit avoir moins de 15 0/0 d'eau ; sinon il s'altère. Le grain une fois introduit, la capacité est fermée, et il se conserve poids pour poids, qualité pour qualité. Pas de pelletage et autres manipulations, les frais sont réduits au minimum (0 fr. 40 à 0 fr. 60 par hectolitre et par an).

A consulter : *Etude sur la conservation des grains par l'ensilage*, par A. Müntz, *Annales de l'Institut national agronomique* t. IV. — M. R.

II. GRENIER. *T. de raff. de sucr.* Endroit des tiné au travail du sucre en pain. || *Travail de Hongrie.* Travail des cuirs après l'alunage et le séchage qui consiste à les disposer à bien prendre le suif en les frottant sur un bois de forme cylindrique.

GRENURE. *T. d'art.* Action de *grener*, c'est-à-dire de former des ombres dans un dessin ou une gravure par une foule de petits points. || *T. techn.* Effet que produisent les grains sur le cuir, le papier, les métaux, etc.

GRÉSAGE. *T. techn.* Action de polir à l'aide d'une pierre de grès.

I. GRÈS. *T. de géolog.* Roche résultant de l'agglomération du sable par un ciment naturel. Comme ce ciment peut varier de bien des manières, que les grains de quartz peuvent être plus ou moins gros, plus ou moins bien soudés ensemble, il en résulte que l'on distingue plusieurs sortes de grès.

Les *grès quartzeux* sont à petits grains, à ciment siliceux, mais avec une adhérence très variable, les rendant cohérents ou friables (*grès filtrants*), ceux qui sont très durs et dont la cassure est homogène et luisante, portent le nom de *grès lustrés*. Ils sont subdivisés en grès fins ou grès grossiers suivant la grosseur des grains de quartz. On nomme *grès psammites* ou simplement *psammites*, ceux dont les parties quartzeuses sont réunies par un ciment argileux, souvent micacé, et alors, cet élément étant très fréquemment réuni sur des surfaces planes, la roche devient fissile, par lames. Quelquefois, le mica et le quartz sont enchevêtrés de telle sorte que la roche est flexible ; c'est ce que l'on voit dans le *grès flexible du Brésil*. Les grès à ciment argileux sont désignés sous le nom de *grauwackes* ; ils sont constitués par de petits fragments de quartz et de schistes, reliés solidement entre eux par une gangue argileuse ou argilo-siliceuse. Les *grès argilo-calcaires* sont parfois désignés sous le nom de *macignos*, ils sont à base de marne dure, à teintes variables ou bigarrées, et se trouvent uniquement dans les terrains inférieurs à la période crayeuse. On nomme *grès ferrugineux* ceux à grains agglutinés par de l'oxyde de fer, souvent hydraté. Leur teinte est brun-rougeâtre. Les *grès verts* ont un ciment calcaire, marneux ou argileux ; leur teinte est due à de la glauconie, hydrosilicate de fer et de potasse. Enfin, on nomme *grès calcarifères*, des sables quartzeux agglomérés par un ciment de carbonate de chaux, celui-ci ayant formé des bancs d'une épaisseur souvent très grande, ou ayant amené la formation de cristaux (rhomboèdre inverse), comme cela se voit à Fontainebleau.

La formation des grès est due à deux causes, ou au simple ramollissement, sous l'influence de la chaleur centrale, comme pour les grès lustrés, les quartzites, ou à l'introduction, souvent bien tardive, du ciment entre les lits de sable qui se sont ainsi trouvés agglomérés. Ces causes expliquent pourquoi on retrouve du grès dans tous les étages géologiques ; ainsi, les grès de Przibram, de Potsdam, ceux à *Eophyton*, à *ficoïdes*, de Suède, sont cambriens ; les grès de Downton (Angleterre), de Ramsasa (Scandinavie), de Medina, Oneida (Amérique du Nord), les grès de May, les grès à *bilobites* (France), appartiennent à la période silurienne ; les vieux grès rouges, les grès du Bourbonnais, ceux à *Orthis Monnieri*, sont du terrain dévonien, comme ceux de Tannus (Rhin), de Catskil (Amérique septentrionale). Le terrain carbonifère en offre en divers endroits, notamment à Regny (Loire). Le Permien, dans les Vosges (grès rouge); le Trias, également dans les Vosges (grès bigarré), à Grœden, etc. ; on connaît les grès infraliasiques de Vic (Lorraine), de Kédange (Moselle), et ceux, liasiques proprement dits, de Hettange, du Luxembourg, d'Aiglemont, de Bjuf, du Cotentin ; dans le terrain oolithique, il faut citer les grès du Bray, de la Crèche, de Wirvigne. L'époque crétacée offre des grès dans tous ses étages ; il y a les grès verts wéaldiens ; les grès du comté de Cambridge, dans le gault ; et enfin, dans la craie, les grès du Maine, de Mondragon, d'Uchaux, de Mornas, de Sougraigue, de Beaumont, etc. Dans la période tertiaire, on trouve également de nombreuses assises de grès, à Carcas, à Issel, à Bruxelles, à Barreme, notamment, pour l'époque éocène ; à Kallingen (Suisse), à Mayence, à Bormida (Italie), pour le miocène ; et enfin à Théziers (Rhône), à Vienne (Autriche), à Niobrara, à North-Park, dans les Montagnes-Rocheuses, pour le pliocène.

Usages. Le principal emploi des grès est de servir au pavage des routes ; les plus durs, ceux par conséquent provenant des périodes les plus anciennes, sont les plus recherchés à cause de leur résistance à l'usure. Nous donnons ci-après, d'après le Ministère des travaux publics, le classement adopté pour les grès français, suivant leur dureté (essais par l'appareil Deval, prenant le chiffre le plus élevé pour le plus dur).

Douville (Manche)	7.6
Saint-Plaisir (Allier)	9.7
Le Monétier (Hautes-Alpes)	10.4
Le Cloître (Finistère)	10.8
Narbonne (Aude)	11.2
Solesme (Sarthe)	12.2
Treffendel (Ille-et-Vilaine)	12.7
Granchamp (Morbihan)	13.2
Châteaubriant (Loire-Inférieure)	14.0
Frépin (Ardennes)	15.4
Guérande (Loire-Inférieure)	15.8
Cholet (Maine-et-Loire)	16.9
Ligné (Loire-Inférieure)	17.2
Ham-sur-Sambre (Oise)	17.8
Gouvin (Morbihan)	18.2
Geunes (Maine-et-Loire)	18.9
Chadenet (Lozère)	19.0
Guichen (Ille-et-Vilaine)	19.1
Auxelles (Belfort)	19.2
Vireux (Meuse)	19.5
Haussy-Croix (Nord)	20.6

Cherbourg (Manche)	21.3
Saint-Jouan-de-l'Ile (Côtes-du-Nord) . .	21.7
Perrières (Calvados)	22.2
May-sur-Orne (Calvados)	26.3
Saint-Révérien (Nièvre)	26.7
Taulé (Finistère)	27.0
Saint-Clair (Orne)	30.0
Noyelle (Pas-de-Calais)	31.2

Les grès servent encore à faire des meules pour l'aiguisage des instruments d'acier, pour polir l'agate, pour faire des fontaines à clarifier l'eau, etc.
— J. C.

II. **GRÈS**. *T. de céram.* Les grès-cérames forment la sixième catégorie des poteries, d'après la classification de Brongniart.

Ils sont constitués par une pâte dure et sonore, opaque, à cassure serrée et à demi-vitreuse; ils sont complètement imperméables aux liquides, ce qui les rapproche de la porcelaine, dont ils possèdent presque toutes les qualités. On distingue deux espèces de grès : les *grès-cérames communs* et les *grès-cérames fins*. Les premiers sont employés à des usages grossiers, demandant des vases ou des récipients de peu de valeur; c'est ainsi que les bouteilles à encre et les cruchons destinés à renfermer de l'huile, de la bière ou certaines liqueurs, constituent des articles d'une haute importance pour les fabriques de grès. Les industries chimiques emploient beaucoup d'objets en grès commun de grandes dimensions, telles sont les touries à acides et un grand nombre d'appareils de différentes formes, servant à fabriquer les produits chimiques.

Les grès-cérames fins, dont la pâte est quelquefois blanche, et souvent colorée intentionnellement par des oxydes métalliques, sont employés comme objets de luxe ou sont façonnés pour être employés dans les ménages ou par les fabricants de comestibles.

La pâte des grès communs se prépare avec une extrême simplicité, elle est exclusivement formée d'argile plastique dégraissée par du sable quartzeux. Toutefois, la pratique a démontré que l'on obtient toujours une pâte de meilleure qualité en mélangeant plusieurs argiles convenablement choisies.

En général, afin d'éviter des frais de main-d'œuvre, on ne lave pas les argiles destinées à la fabrication des grès; on leur fait simplement subir un épluchage afin d'enlever les cailloux qu'elles renferment, puis on les coupe à la machine, et enfin, on procède au pétrissage après leur avoir ajouté la quantité d'eau nécessaire.

Le façonnage des pièces se fait généralement au tour et de la même manière que pour la *faïence* (V. ce mot). Les pièces de grandes dimensions, comme les touries, sont formées de deux parties tournées séparément, et que le tourneur ajuste ensuite l'une sur l'autre en les collant au moyen de barbotine. Les objets terminés sont séchés en plein air sous des hangars avant d'être passés au four.

Les fours employés à la cuisson des grès communs sont des demi-cylindres couchés et construits sur une sole inclinée; à la partie inférieure

se trouve le foyer qui a 1^m,80 de large; la longueur du four est de 13 à 14 mètres, il est divisé en deux parties par une cloison en briques, nommée *fenêtre*, et percée d'orifices destinés à laisser passer la flamme. La cuisson complète des grès communs dure huit jours. Afin de vitrifier la surface des pièces et de les rendre complètement imperméables, on projette dans le four, vers la fin de la cuisson, une certaine quantité de sel marin; ce sel est volatilisé par la haute température du four, et sa vapeur arrivant en contact avec la surface des pièces, y forme un enduit brillant constitué par un silicate de soude et d'alumine.

La fabrication des grès-cérames fins est beaucoup plus compliquée que celle des grès communs. Les matériaux employés à la préparation de la pâte sont nombreux, choisis avec soin et demandent, pour être amenés à l'état de pâte parfaite, toute la série d'opérations qui a été décrite pour la préparation de la pâte de faïence fine. Brongniart, dans son *Traité des arts céramiques*, indique la composition suivante pour la préparation d'une pâte blanche :

Kaolin de Saint-Yrieix	14
Argile plastique de Montereau	14
Silex	15
Sulfate de baryte	9
Pegmatite de Saint-Yrieix	27
Gypse	21
	100

D'après le même auteur, la composition de la pâte de grès fin pourrait être réduite aux éléments suivants :

Argile plastique de Dreux	25
Kaolin argileux de Saint-Yrieix	25
Feldspath de Saint-Yrieix	50
	100

En résumé, il faut, pour obtenir un grès fin, mélanger à une argile suffisamment pure et devenant très dure à un feu moyen, une matière remplissant le rôle de fondant et donnant après la cuisson une pâte complètement homogène. Les grès fins sont souvent recouverts d'une glaçure transparente dont la composition varie avec celle de la pâte : voici, d'après M. de Saint-Amans, une formule de glaçure pour grès fins :

Cristal	51
Sable quartzeux	7
Feldspath	17
Sulfate de baryte	25

La cuisson se fait dans des fours cylindriques verticaux se rapprochant beaucoup des fours à faïences fines : cette dernière opération dure trente heures, et le refroidissement près de deux jours. On ne saurait trop apprécier les qualités des poteries de grès et les services nombreux qu'elles sont à même de rendre. La porcelaine n'a sur les grès fins que l'avantage d'avoir une pâte parfaitement blanche et d'être translucide, qualités qu'il est facile d'obtenir avec la pâte de grès fin.

La fabrication des grès-cérames a, en France, une très grande importance, mais nous sommes obligés de reconnaître que les plus belles pièces de grès fin sont fabriquées en Angleterre.

Cette infériorité de notre part est inexplicable, et nous espérons qu'elle ne sera que passagère, car les fabricants français ont à leur disposition tous les matériaux nécessaires pour composer leurs pâtes, et nos artistes ont pour le moins autant de goût que ceux d'Angleterre. — V. CÉRAMIQUE. — E. G.

III. *GRÈS. On désigne sous ce nom l'enveloppe ou fourreau naturel qui accompagne constamment et sans solution de continuité le brin de soie, et y constitue de 18 à 27 0/0 du poids total. Son but est de préserver les fils, de leur donner plus de force, et de leur permettre une soudure légère dans la formation du cocon; ceux-ci s'agglutinent alors pour former une enveloppe solide qui ne pourra être désagrégée plus tard que par l'action de l'eau chaude. — V. Cocon, Décreusage.

Le grès est une substance purement animale, et il est étonnant de trouver dans plus d'un ouvrage moderne les expressions de *gomme* et de *résine* pour le désigner.

* GRÉSOIR. *T. techn.* Boîte qui renferme la poudre de grès nécessaire pour polir et tailler le diamant. || Outil du vitrier, pour rogner et façonner le verre.

* GRÉSIÈRE. Carrière de grès. L'extraction du grès se fait en divisant, au moyen de la poudre, les masses de grès dont les blocs sont ensuite subdivisés et réduits en morceaux de la dimension voulue pour pavés ou bordures; on dit aussi *gréserie*.

GRÈVE. *Moralité des grèves.* La grève est la menace faite, par ses ouvriers coalisés, à un chef d'industrie, de le ruiner, par la désertion indéfinie de ses ateliers, s'il ne consent pas soit à diminuer la durée de la journée de travail, soit à élever le taux des salaires, soit, le plus souvent, à faire les deux concessions à la fois. A ce point de vue, c'est la violation brutale des engagements antérieurement pris; c'est la force substituée au droit. Certes, nous reconnaissons à l'ouvrier, agissant isolément, le droit de stipuler les conditions de son concours à l'œuvre industrielle et de quitter le patron si ces conditions ne sont pas acceptées. Mais nous lui dénions formellement celui de fomenter une coalition, presque une insurrection, pour lui imposer ses volontés.

Ces coalitions sont, généralement, en outre, une violation de la liberté du travail, les ouvriers honnêtes, laborieux, qui comprennent les conséquences d'une suspension volontaire et souvent prolongée du salaire, surtout quand ils sont pères de famille, étant l'objet d'une pression qui les oblige à faire cause commune avec les grévistes.

D'un autre côté, la grève est rarement calme; elle se porte souvent à des excès de toute nature : attentats contre les personnes; attentats contre les propriétés.

La grève n'a pas, dans le plus grand nombre des cas, pour promoteurs les bons ouvriers de l'usine. Les vrais meneurs sont les ouvriers médiocres, négligents, intempérants, n'ayant que peu ou point de dépôts à la caisse d'épargne et risquant ainsi le moins possible dans la lutte dont ils ont pris l'initiative. Quelquefois, et surtout dans ces derniers temps, les meneurs n'appartiennent pas à l'atelier et même à la localité. Ce sont des agents de Sociétés secrètes, obéissant aux ordres de chefs qu'ils ne connaissent même pas, et accomplissant aveuglément une œuvre de destruction dont ils ne comprennent pas la portée.

Nous verrons ailleurs que la grève est d'autant plus coupable, qu'elle est inutile, le taux du salaire étant le résultat du rapport entre l'offre et la demande du travail, et le patron obéissant à cette loi aussi bien que l'ouvrier. Quand l'industrie est prospère, quand les commandes abondent, le travail est recherché, et sa rémunération s'élève. Dans le cas contraire, le patron est obligé ou de réduire les salaires, ou de diminuer, soit les heures, soit les journées de travail, ou enfin de se séparer d'une notable partie de son personnel ouvrier. En réalité, les salaires ont augmenté sans relâche depuis un demi-siècle, et dans une proportion assez sensiblement supérieure au prix de la vie matérielle.

Comme tous les faits économiques appelés à jouer un rôle de plus en plus considérable dans les évolutions de l'industrie, les grèves ont leur histoire, et cette histoire est féconde en enseignements de toute nature.

Nous passerons donc une revue rapide de celles qui ont le plus vivement attiré l'attention, d'abord dans notre pays, puis à l'étranger. Nous aurons ainsi l'occasion d'étudier les formes qu'elles ont successivement revêtues, les industries qu'elles ont frappées de préférence, les pertes qu'elles ont entraînées, ainsi que les obstacles qu'elles ont apportés au libre développement des intérêts matériels des pays où elles ont sévi.

Les grèves en France. HISTORIQUE. C'est une erreur assez répandue de croire qu'il n'existait pas de grève sous l'ancien régime. L'économiste Blanqui a beaucoup contribué à sa propagation, quand il a dit, dans son *Rapport sur la situation des classes ouvrières en 1848* : « Toutes ces complications datent d'un quart de siècle à peine et n'étaient guère connues avant la création des grandes manufactures. La pauvreté était plus générale et plus éparpillée; elle n'éclatait pas tout d'un coup, comme de nos jours, par des chômages soudains et imprévus ou par des *grèves menaçantes*. »

Il est certain que des grèves se sont produites, dans notre pays, aux XVIe, XVIIe et XVIIIe siècles. Au XVIe siècle, elles provoquèrent la célèbre ordonnance de 1539, qui, par son art. 191, « défend à tous les maîtres, ensemble aux compagnons, serviteurs de tous métiers, de faire aucunes congrégations ou assemblées, grandes ou petites, ni faire aucuns monopoles et n'avoir ou prendre aucune intelligence au fait de leur mestier, sous peine de confiscation de corps et de biens. » Dans les premiers jours du même siècle, Paris eut des grèves d'ouvriers imprimeurs et Lyon suivit de près son exemple. Elles provoquèrent d'abord des mesures de répression très énergiques, puis des édits du roi, dont le plus connu est celui du 28 décembre 1541, destiné à réprimer la coalition dont cette dernière ville fut le théâtre. On y lit :

« Depuis trois ans, aucuns serviteurs, compagnons imprimeurs, mal vivant, ont suborné la plupart des compagnons et se sont bandés ensemble pour contraindre les
maîtres imprimeurs de leur fournir de plus gros gages
et nourriture plus opulente que par la coutume ancienne;
ils n'ont jamais eu d'avantage; ils ne veulent point souffrir aucun apprenti besogner au dit art, afin qu'eux, se
trouvant en petit nombre aux ouvrages pressés et hâtés,
ils soient cherchés et requis des dits maîtres, et, par ce
moyen, leurs dits gages et nourriture, augmentés à leur
discrétion et volonté, ou autrement ils ne besogneront
point. » Les principaux mobiles des grèves sont tout
entiers dans ces lignes.

Au XVIIᵉ siècle, on cite la grève des toiliers de Caen
et des drapiers de Darnetal, des compagnons maréchaux et des ouvriers chapeliers de Paris; au XVIIIᵉ siècle, celles des ouvriers fabricants de bas de Paris (avril
1724), des ouvriers papetiers du Dauphiné (1724), des
ouvriers drapiers d'Amiens (1737), des ouvriers en
soie de Lyon (1744). Cette dernière coalition fut
grave; il y eut des condamnations à mort et aux galères, mais seulement pour les meneurs; les autres
furent acquittés ou amnistiés. M. Bonnassieux, des
Archives nationales, a raconté cette lamentable histoire
dans la *Revue d'Administration*.

Les grèves ne cessant pas, on voit paraître de nouveaux édits répressifs. Celui de 1749 est un des plus importants. Il régit toute la matière des coalitions d'ouvriers.
La défense d'en former est renouvelée par un arrêt du
Parlement de Paris du 12 novembre 1778; par d'autres
arrêts de la même cour des 3 décembre 1781, 23 février
1786, et par un édit de mars de la même année. Evidemment, les grèves ne discontinuaient pas.

Du Consulat jusqu'à la Restauration, on n'en signale
aucune ayant eu un certain caractère de gravité. Mais,
à partir de la paix générale, la substitution progressive
du régime manufacturier à celui des fabriques, où l'ouvrier travaillait sous l'œil et avec le concours matériel
du patron, détermine des coalitions qui n'ont cessé de
s'aggraver jusqu'à nos jours. C'est qu'en effet, le travail
en commun dans de vastes usines, où de nombreux ouvriers n'avaient plus ou fort peu de relations directes
avec les patrons, devait leur permettre, plus que par le
passé, de s'entendre, et de se concerter pour obtenir des
augmentations de salaire.

La grève reparaît, en 1819, non pas seulement en
France, mais sur presque tous les points du monde industriel. Le moment était mal choisi; un grand nombre
d'usines, par suite de l'excès de production qui avait succédé à la stagnation industrielle, fruit des guerres de la
République et de l'Empire, ayant dû se séparer d'une
notable partie de leurs ouvriers. La répression fut formidable, surtout en Angleterre, comme nous le verrons
plus loin. On était alors, en France, sous le régime du
Code pénal de 1810, qui punissait les coalitions d'ouvriers plus sévèrement que celles des patrons, beaucoup
plus rares et moins menaçantes pour l'ordre public. La
Révolution de 1830 laissa intactes les dispositions de ce
Code. Ce n'est qu'après celle de 1848 qu'on fut amené à
penser que les patrons devaient être soumis aux mêmes
peines, la coalition restant, d'ailleurs, un délit. Cette
grave modification du Code de 1810 fut l'objet de la loi
du 27 novembre 1849. Les ateliers nationaux, organisés
à Paris et dans les grandes cités industrielles de la province pour adoucir les effets de la crise industrielle de
1848, provoquèrent la grève la plus formidable dont aucun pays ait encore été le théâtre, puisqu'elle aboutit à la
guerre civile et ensanglanta, pendant trois jours, les
rues de Paris. La sédition réprimée, les ouvriers comprirent qu'ils ne devaient pas attendre du recours à la
force, le triomphe de leurs exigences; et, sous prétexte
de former des Sociétés de secours mutuels, ils organisèrent de véritables Sociétés secrètes par corps d'état.

C'est en vain que l'administration se réserva le droit de
choisir les présidents de celles de ces Sociétés dont il
avait approuvé les statuts (*Sociétés reconnues*); ils se donnèrent des chefs occultes. Quant aux Sociétés libres ou
simplement *autorisées*, on sait qu'elles jouissent d'une
indépendance absolue, à laquelle ne porte, en réalité,
aucune atteinte le droit, pour les agents de l'Etat, d'assister à leurs assemblées générales. En fait, les membres
des Sociétés des deux catégories paient une double cotisation, l'une ostensiblement pour les dépenses de l'association (secours et frais médicaux); l'autre secrètement
pour assister les grévistes.

Lorsque, en 1861, l'empereur envoyait, à ses frais, un
certain nombre d'ouvriers d'élite à l'Exposition de Londres, pour les mettre en mesure d'étudier, sur place, les
nouvelles créations du génie industriel, il ne se doutait
guère des graves conséquences que devait avoir cette
libéralité. Ce qui est certain, c'est que ces ouvriers étaient
à peine installés à Londres, qu'ils se mettaient en rapport avec le Comité central des *Trades unions*, ce fléau
de l'industrie anglaise, dont les membres étalèrent, à
leurs yeux, une aisance due, disaient-ils, à la hausse
des salaires que leur avait procurée une guerre incessante contre les patrons. Nos ouvriers, convaincus que
la même guerre leur procurerait le même bien-être, scel-
lèrent, avec les délégués des associations, non seulement de l'Angleterre, mais même des autres principaux
Etats d'Europe, un pacte d'appuis mutuels dans les grèves
qui éclateraient à des moments convenus. Ce fut l'origine
de la trop célèbre *Internationale*.

On peut douter que le législateur français ait été
heureusement inspiré, lorsque, le 25 mai 1864, sans tenir
compte de l'expérience de l'Angleterre, il accordait à
nos ouvriers le droit de coalition, s'il était exercé sans
violence ni *fraude* (?). Il importe de remarquer, en
outre, que le droit de coalition était introduit dans notre
législation pénale à une époque où venait de commencer
l'épreuve, redoutable pour notre industrie, mal préparée,
de la liberté commerciale. L'exercice de ce droit exposait évidemment nos fabricants au double danger et de
la concurrence étrangère et des inévitables exigences
d'une main-d'œuvre bien décidée, comme on ne devait
pas tarder à le voir, à porter à sa dernière limite l'usage
de l'arme que l'on mettait entre ses mains. Et, en effet,
dès 1866, les délégués français au congrès ouvrier de
Genève obtenaient les honneurs de cette assemblée tumultueuse, qui, on se le rappelle, prodigua les menaces
au Capital et à la Société dans son organisation actuelle.
C'est à ce congrès que l'*Internationale* ne craignit pas
de faire connaître, pour la première fois, son programme,
programme qui peut se résumer ainsi : nécessité, pour
assurer le bonheur de l'humanité et particulièrement
l'émancipation des travailleurs, de supprimer les trois
tyrannies suivantes : tyrannie *politique* ou *matérielle*
représentée par les gouvernements existants; tyrannie
religieuse représentée par le clergé de tous les cultes;
tyrannie *sociale* représentée par les possesseurs du capital.

Arrivons à l'historique des grèves qui, depuis la loi
de 1864, ont apporté, dans nos industries une perturbation profonde, et faisons connaître, tout d'abord, celles
de Paris, les plus graves de toutes, parce qu'elles donnaient à la province un exemple qu'elle n'a que trop
fidèlement suivi.

Les grèves à Paris. 1872-1877. Dans cette
période, malgré une reprise générale du travail dans
toutes les branches de l'industrie, et alors que la main-
d'œuvre est plus demandée qu'offerte, les grèves sont
relativement rares. Par une étrange contradiction, elles
reparaissent nombreuses, exigentes, violentes même à
partir de 1877, c'est-à-dire créant une crise d'une intensité et d'une durée presque sans exemple.

1878-1879. Citons, par ordre de date, mais surtout de gravité, la grève des ouvriers typographes, commencée en mars 1878 et terminée seulement dans la première quinzaine de juin. Ces ouvriers étaient certainement, après les ouvriers d'art, parmi les mieux rétribués de Paris, et pouvaient être considérés, à ce titre, comme appartenant à ce que nous appellerons l'aristocratie ouvrière. La grève a été générale. La plupart des patrons, pressés de commandes, cédèrent ; une douzaine de maisons, des plus importantes, ont, cependant, résisté aux demandes des grévistes et ont obtenu gain de cause. — Vers la fin de septembre, les menuisiers, appuyés par leurs chambres syndicales (dont nous constatons ici, pour la première fois, l'entrée en scène ostensible) demandent aux patrons : 1º une augmentation de 10 centimes par heure ; 2º la réduction à dix heures de la journée de travail ; 3º le paiement sur le pied du double des heures supplémentaires ; 4º la paie tous les quinze jours ; 5º l'abolition, par les patrons, du marchandage. Les patrons ont accepté la première et la troisième de ces conditions. — Les charpentiers font grève à leur tour et obtiennent également une partie des avantages stipulés par les menuisiers.—Vient le tour des scieurs de long (octobre 1879) qui exigent, en outre, que les patrons leur paient le temps employé à se rendre, de la place de grève (1) où ils sont embauchés, au chantier où ils doivent travailler ; cette dernière condition est seule repoussée. — Les fumistes suivent l'exemple. Les patrons cèdent sur certains points et les travaux sont repris en octobre. Les ébénistes viennent ensuite demander la réduction de la journée de travail à dix heures et le paiement de l'heure à raison de 0 fr. 80. Ils prétendent aussi se faire payer le prix intégral des meubles qu'ils n'ont fait qu'ébaucher avant de se mettre en grève. Les patrons accordent 0 fr. 75 et le conseil des prud'hommes décide que les grévistes achèveront les meubles ébauchés. Des concessions mutuelles amènent la reprise du travail. — A peu près à la même époque, les jardiniers-horticulteurs demandent la suppression de la veillée (travail de la fin de la journée en hiver), ou tout au moins la diminution des heures de travail. Les patrons résistent et les ouvriers reprennent leur travail. — Fin octobre, les ouvriers fondeurs en cuivre réclament : 1º une augmentation de salaires pour ceux de leurs confrères qui travaillent à la journée ; 2º 1/10 de plus pour les travailleurs aux pièces ; 3º la suppression des heures supplémentaires ou un tarif spécial pour ces heures. Ces conditions sont acceptées en partie. — Grève bien plus redoutable des ouvriers boulangers (novembre). Si, en effet, cette grève se prolonge, Paris est exposé à manquer de pain, à moins que l'Etat ne mette à la disposition des patrons les ouvriers de la manutention militaire. Heureusement que la coalition n'est pas générale et que le travail est continué par un nombre d'hommes suffisant pour que Paris continue à être à peu près approvisionné. Il est vrai que les patrons ont fait d'importantes concessions. Les prétentions de ces grévistes étaient les suivantes : 1º 7 fr. par jour pour quatre fournées à deux ouvriers et paiement à raison de 1 fr. 50 des fournées supplémentaires ; 2º 7 fr. par jour pour six fournées à trois ouvriers et 1 franc par fournée supplémentaire ; 3º maintien de 20 centilitres de vin et de 1 kilogramme de pain par jour. La forme de cette grève est curieuse : les ouvriers n'abandonnaient pas en réalité le travail ; mais ils avaient trouvé un moyen ingénieux de forcer la main aux patrons en leur appliquant ce qu'on a appelé le système dit de ratation. Il consistait en ceci. Ils se rendaient dans des bureaux de placement et y restaient à la disposition des boulangers, obligés de venir les y chercher et de payer, pour

(1) Rappelons, à ce sujet, que c'est à cette place que se rendaient les ouvriers qui voulaient se faire embaucher, ainsi que ceux qui avaient quitté leurs patrons. De là le nom de grèves donné aux coalitions.

pouvoir satisfaire leurs clients, le prix qu'ils demandaient. Le lendemain, ils disparaissaient pour recommencer la même manœuvre. La grève durait encore dans les derniers jours de janvier 1880. Elle a fini par une transaction.

L'industrie du bâtiment était florissante à cette époque et les ouvriers devaient en profiter pour faire la loi aux entrepreneurs. En effet, les maçons demandent que leur salaire soit porté, de 4 francs pour les garçons, de 5 fr. 50 pour les limousins (qui font le gros œuvre de la maçonnerie), de 6 fr. 50 pour ceux qui terminent le bâtiment, respectivement à 5 fr. 50, 6 fr. 50 et 8 francs. Les patrons cèdent dans une certaine mesure.—Plusieurs industries de luxe ont également à lutter contre des exigences de même nature, notamment de la part des fondeurs de bronze. Nous ne voulons pas dire des bronziers en général ; car, dans les ateliers où l'on fabrique les bronzes fins, d'autres ouvriers, comme les ciseleurs, les ajusteurs, etc. ont continué à travailler. Seuls, les fondeurs ont fait grève. Seulement, si cette grève se fut prolongée, il est évident que ceux qui n'y figuraient pas auraient dû cesser de travailler faute de matière première.

1880. Les grèves semblent diminuer cette année, peut-être parce que les ouvriers d'un assez grand nombre de corps d'état ont, en 1878 et 1879, imposé leurs volontés aux patrons. Arguant, comme les ouvriers, d'un prétendu enchérissement de la vie matérielle, les paveurs demandent un salaire plus élevé, et, ne l'obtenant pas, cessent de travailler. L'accord se fait, sur la promesse du Directeur des travaux de Paris, que la série des prix sera relevée à partir de 1881.—Même demande des maréchaux ferrants et dans la proportion, passablement élevée, de 40 0/0. Ils réduisent plus tard leurs prétentions et acceptent le tarif, plus modestement majoré, que leur proposent les patrons. — En juin, les ouvriers en meubles sculptés demandent : 1º le paiement des salaires par quinzaine (prétention raisonnable et acceptée par la généralité des chefs d'industrie) ; 2º 75 centimes (au lieu de 70) l'heure ; 3º le paiement des heures supplémentaires de nuit à raison de trois heures pour deux de travail effectif ; soit, en tout, une augmentation de 20 0/0 sur le tarif en vigueur. Pressés par les commandes, un grand nombre de patrons acceptent.—Grève, en septembre, des ouvriers ébénistes du faubourg Saint-Antoine. Le 26, 55 maisons ferment leurs ateliers, ne voulant pas accepter les prétentions de la commission exécutive (institution nouvelle, qui va jouer un grand rôle dans les grèves ultérieures). Cette mesure est naturellement blâmée par une assemblée de grévistes. Le président y fait, aux applaudissements de ses auditeurs, les professions de foi les plus socialistes, et termine, d'une part, en annonçant que toutes les chambres syndicales ouvrières de Paris ont offert de soutenir financièrement la grève ; de l'autre, en rappelant à ceux de leurs camarades qui continuent à travailler leur promesse de verser, au profit des grévistes, une cotisation hebdomadaire de 3 francs. La grève se prolongeant, les patrons, gravement atteints dans leurs intérêts, se décident à céder. Autre coalition des ébénistes spécialistes. Dans une assemblée générale de la corporation, la résolution suivante est adoptée à l'unanimité : « La corporation des ébénistes de la Seine remercie toutes les chambres syndicales ouvrières et quelques groupes de l'étranger qui ont répondu à son appel et leur assure la réciprocité en cas de besoin. »—Le 5 octobre, les ouvriers teinturiers en soie quittent leurs ateliers. Le 21, le plus grand nombre y rentre, les patrons ayant fait des concessions.

Signalons la première grève, dans le même mois, de 500 des 600 ouvrières de la grande maison de parfumerie Pivert, voulant un tarif nouveau. Ce tarif n'étant pas accepté, elles rentrent dans l'établissement dont le chef se borne à éliminer les meneuses.

1881. En octobre, la chambre syndicale des ouvriers

peintres en bâtiment publie une note par laquelle elle fait connaître l'intention de former une commission exécutive, qui « aura pour but de provoquer une augmentation des salaires et la réduction de la journée de travail *dans le plus bref délai possible*. Des listes de souscriptions circuleront dans tous les ateliers pour couvrir les frais qu'entraînera son fonctionnement. »

Mentionnons rapidement, avant d'arriver à de plus importantes, la grève des relieurs-doreurs demandant : 1º un salaire minimum de 5 francs; 2º 10 centimes de plus par heure pour tout ouvrier gagnant depuis 5 francs; 3º un minimum de 4 francs pour les femmes travaillant à la journée et une augmentation correspondante pour celles qui travaillent aux pièces. — Les facteurs de pianos et orgues demandent une majoration de salaire de 20 0/0, la fixation du prix de l'heure à 60 centimes, la réduction à dix heures de la journée de travail, la suppression du marchandage et des petites fournitures faites par l'ouvrier. L'assemblée générale, organe de ces exigences, termine ainsi ses résolutions : « La commission exécutive est mise en demeure d'agir dans un délai de huit jours, avec *toutes les rigueurs que comporte la situation.* » — La grève des ouvrières reparaît : les blanchisseuses de Paris et de la banlieue demandent 3 francs par journée de travail réduite à dix heures et menacent patrons et patronnes, d'une *résistance à outrance (sic)*. Elle paraît, toutefois, avoir peu duré.

Les ouvriers chapeliers entament, contre les patrons, une lutte pour le succès de laquelle la chambre syndicale s'impose des sacrifices véritablement énormes, puisqu'ils paraissent avoir atteint le chiffre de 600,000 francs de dépenses en secours. Ce fait indique l'importance des ressources dont disposent actuellement, à l'aide des cotisations imposées aux ouvriers, les institutions de cette nature. On a dit, avec raison, à ce sujet, que la chambre des chapeliers possédait très probablement avant la grève, un capital d'un million et qu'avec ce capital elle aurait pu fonder une Société coopérative dans des conditions favorables. Au début, cette grève avait rencontré de nombreux dissidents; mais ils avaient dû quitter l'atelier sur la menace de l'assemblée générale de les expulser de la corporation.

Les ouvriers de l'industrie des glaces et verres ayant signifié aux patrons leur intention d'obtenir la réduction à dix heures de la journée de travail et une augmentation du prix des heures supplémentaires, surtout de nuit, et les patrons ayant repoussé cette double prétention, leurs ateliers sont désertés.

Nous arrivons à la grève la plus considérable de l'année, celle des charpentiers. Ces ouvriers, au nombre de plus de 5,000, ayant voulu imposer aux entrepreneurs un tarif sensiblement supérieur au tarif en vigueur, et ceux-ci l'ayant repoussé, les chantiers sont immédiatement abandonnés. La grève, alimentée par les ressources de la chambre syndicale et par des subventions de source inconnue, prend un caractère d'acuité qui appelle l'attention du conseil municipal. Le directeur des travaux est vivement interpellé pour avoir paru n'être pas favorable aux prétentions des grévistes : « Aujourd'hui, avait dit ce fonctionnaire, les charpentiers demandent que leur salaire soit porté de 8 à 10 francs, soit une augmentation de 20 0/0. Si cette prétention était admise, qu'arriverait-il? Le prix de la construction à Paris augmenterait dans la même proportion; le travail se ralentirait ainsi fatalement et cela au grand détriment des ouvriers, dont l'intérêt est avant tout d'avoir du travail. » Ce langage, expression du plus simple bon sens, est vivement relevé par la majorité du conseil, et provoque une vive manifestation de sa part en faveur des grévistes.

L'année 1881 est close et la crise dure toujours. Mais, dans l'intervalle, il s'est formée une *Union*, dite *fédérative*, composée de *cercles d'études sociales*, qui a nommé une commission dite des grèves, chargée d'organiser une *solidarité ouvrière*. Cette commission aura pour mission de soutenir, contre les patrons, les divers groupes corporatifs qui veulent obtenir à la fois un salaire plus rémunérateur et la réduction des heures de travail. Dans ce but, elle se mettra en rapport avec les grévistes, s'informera des motifs de la grève et leur donnera moralement et matériellement tout l'appui qu'ils sont en droit d'attendre du parti ouvrier. Dans ce but également, elle constituera d'urgence une caisse de secours qui sera alimentée par des souscriptions dans tous les groupes ouvriers et par des collectes dans les assemblées générales. Elle organisera aussi des *conférences* (?).

1882. L'Union fédérative des ouvriers du bâtiment devait amener, dans les premiers jours de février, une tentative de fédération analogue des patrons; cette tentative a été faite par les entrepreneurs, particulièrement menacés à cette époque. Ils ont nommé une commission chargée de jeter les bases d'une organisation de cette nature. Cette menace de coalition de la part des patrons n'intimide nullement les ouvriers, qui persistent dans leurs demandes. Des concessions réciproques amènent le retour aux ateliers.

En juillet, les ouvriers mégissiers se coalisent et convoquent les patrons à une discussion contradictoire publique. Ces derniers ne s'y étant pas rendus, les ouvriers prennent, en assemblée générale, la décision suivante : « Considérant qu'en fuyant la discussion, les patrons avouent qu'ils n'ont aucun argument à opposer à nos justes revendications; qu'il leur est notamment impossible de défendre, devant les ouvriers, l'odieuse exploitation dont ces derniers sont l'objet dans des ateliers qui seraient mieux nommés des *bagnes*, décident de continuer la grève, jusqu'à ce qu'ils viennent trouver la commission exécutive des ouvriers. »

En mai, les ouvriers du cartonnage prenant les patrons en pleine exécution de commandes importantes, les avaient forcés de signer un tarif qui augmentait les salaires et réduisait la journée de travail. La saison morte venue, les patrons veulent revenir sur des engagements qui leur ont été littéralement imposés. Les ouvriers se remettent en grève; une transaction les rappelle dans les ateliers.

Nouvelle grève en octobre, plus grave peut-être que celles qui l'ont précédée dans l'année, celle des ouvriers de l'ameublement et spécialement du meuble sculpté. Il s'agit, en effet, ici, du maintien ou de la perte de la supériorité artistique de ces ouvriers, justement renommés par leur habileté, et de la prise de possession par l'étranger d'une industrie jusque-là essentiellement parisienne. Les grévistes demandent : 1º que le prix de la journée de travail, déjà augmenté à la suite d'une première grève, de 20 0/0 en juin 1880, soit porté de 75 à 85 centimes; 2º que, pour les ouvriers aux pièces, c'est-à-dire exécutant entièrement des meubles, le prix en soit fixé, en cas de contestations avec les patrons, par une commission spéciale composée de patrons et d'ouvriers, n'ayant à tenir aucun compte des engagements antérieurs survenus entre eux. Si les membres de cette commission ne parvenaient pas à se mettre d'accord, le *personnel d'atelier* serait convoqué et les ouvriers présents, sans distinction de leur nombre, auraient à voter, par *bulletin secret*, sur les prix donnés par les experts-patrons, puis sur ceux qu'auraient fixés les ouvriers de la commission, et ce prix, ainsi fixé par l'atelier, *devrait être accepté par le patron*. De pareilles exigences suffiraient pour compromettre gravement la cause des ouvriers. Qu'est-il résulté de cette grève, qui s'est prolongée outre mesure, c'est que l'industrie du meuble a été atteinte à ce point que les exportations ont sensiblement diminué et que le meuble étranger est venu faire concurrence au nôtre jusque sur le marché intérieur.

N'oublions pas de dire que la grève des ébénistes avait suivi de près celle du meuble sculpté et qu'au programme de ces deux grèves figurait le droit, pour les chambres syndicales ouvrières, de mettre à l'index les ateliers qui ne l'accepteraient pas.

A la suite de ces grèves successives des ouvriers de l'ameublement, grèves également désastreuses pour eux et les patrons, les ouvriers tapissiers devaient demander leur part des concessions faites par ces derniers. Mais la saison d'hiver, la plus fructueuse pour eux, se présentant sous de fâcheuses apparences, ils se ravisent et lèvent, le 17 décembre, l'interdit qu'ils ont lancé sur les ateliers dissidents.

1883. Nous ne pouvons guère signaler, cette année, que la grève des ouvriers chaisiers, grève depuis long-temps imminente. Au sujet de cette coalition, nous lisons dans une convocation de la *fédération* de l'ameublement adressée à une grande assemblée des ouvriers de cette industrie, le passage suivant : « Vous aurez à entendre le rapport des ouvriers chaisiers sur leur conflit avec les patrons et à *vous prononcer énergiquement contre ces derniers.* »

Les grèves dans les départements.

Les grèves dans les départements ne sont pas moins instructives. Disons immédiatement qu'elles ont été, non pas spontanées, mais le résultat de l'influence exercée sur la province par la fédération ouvrière de la capitale. Ajoutons qu'elles ont eu, généralement, un caractère de violence inconnu à Paris.

Reculons d'un certain nombre d'années pour signaler la plus affligeante des grèves qui se sont produites immédiatement après la loi de 1864; celle du Creusot. Voilà une usine où tout a été organisé en vue du bien-être de l'ouvrier, où fonctionnent, avec un incontestable succès, les institutions de prévoyance et de charité les mieux appropriées aux besoins de l'ouvrier, où le taux moyen du salaire a atteint un chiffre supérieur à celui des autres centres de la même industrie, dont la direction est animée, pour le personnel de ses ateliers, de la plus vive sollicitude. Eh! bien, sans raison connue, sans provocation quelconque de la part de la Compagnie, sur un simple mot d'ordre venu de Paris, les ateliers de cette usine modèle sont tout à coup désertés, et des intérêts considérables subitement mis en péril.

Revenons aux années les plus récentes :

1878. La grève de Monceau-les-Mines (Haute-Saône), commencée en 1877, ne s'est terminée qu'en mars 1878. Elle s'est signalée par de graves désordres de la part des mineurs, secrètement dirigés par des agitateurs politiques. La grève de Decazeville (Aveyron), motivée par la nécessité, pour la Compagnie, de réduire les salaires pour pouvoir lutter contre la concurrence étrangère et même intérieure, n'a pas présenté l'affligeant spectacle de la précédente. Mis en mesure d'apprécier la situation, les mineurs ont fini par reconnaître le devoir rigoureux qui incombait à la Compagnie et sont redescendus dans les fosses. Tel devait être aussi le dénouement des grèves des houillères de Châtillon et de Commentry (Allier). — Citons, maintenant, les grèves des ouvriers teinturiers en soie de Saint-Chamont et de Tarare; des ouvriers boulangers de Besançon et de Bordeaux, où les patrons sont contraints à accepter le nouveau tarif qui leur est imposé; des ouvriers chauffeurs, mécaniciens et soutiers des ports de Marseille, etc., etc. La fin de l'année est signalée par deux nouvelles grèves de mineurs, presque aussi graves que celles que nous venons de mentionner, les grèves de la Loire et d'Anzin (Nord). Nous verrons cette dernière se reproduire en 1883-84 et avec une intensité exceptionnelle.

1879. La grève des tisseurs de Lyon, motivée par une réduction de salaire qu'a rendue inévitable la crise industrielle (commencée en 1877), est celle qui a le plus attiré l'attention en 1879. Viennent ensuite, par ordre de dates, la grève des ouvriers métallurgistes de Monta-

taire, près de Creil, à la suite du refus des patrons d'augmenter les salaires; des ouvriers de la filature de Roussy à Saint-Quentin, terminée par une réduction de salaires imposée par les patrons; des ouvriers charpentiers de Valence (Isère); enfin, des ouvriers boulangers de Marseille.

1880. Cette année, nous constatons une véritable épidémie de grèves. L'énumération serait longue, si nous voulions être complet. C'est la grève des tisseurs de Roubaix qui ouvre cette lamentable série. Commencée en janvier, elle paraît s'apaiser vers la fin de ce même mois; mais, sous l'influence d'inconnus, d'étrangers à la ville qui se mettent en rapport avec le comité gréviste, elle reprend en mars. Nouvelle intermittence vers la fin d'avril, mais aussi nouvelle recrudescence en mai. Dans le même mois, les teinturiers en coton se joignent aux tisseurs, et, quelques jours après, éclate (toujours dans la même ville), la grève des ouvriers peintres. On constate que les grévistes, avant l'arrivée de la force armée appelée par l'autorité locale, font, au mépris des douaniers, hors d'état de leur résister, une vaste contrebande sur la frontière belge. Le 13 mai, des troubles éclatent dans la ville et la force armée intervient enfin pour refouler les émeutiers et rétablir le service de la douane. Dans le courant de mai, les grévistes font une démarche de conciliation auprès du préfet du Nord et de la Chambre de commerce de Roubaix. Une intervention officielle auprès des patrons reste sans effet. Nouvelle détente en juin, suivie de nombreux retours aux ateliers. A partir de ce moment, la grève peut être considérée comme terminée.

Grève des tisserands à Bolbec (Seine-Inférieure), avec lesquels ceux de Lillebonne font cause commune. Une foule ameutée brise les vitres des maisons des patrons. La force armée intervient et arrête les meneurs, qui sont immédiatement jugés (cas de flagrant délit) par le tribunal du Hâvre. A la suite de ces actes de vigueur, l'ordre renaît et le travail est repris.

Grève de l'industrie lainière à Reims, dans les premiers jours d'avril; les ouvriers demandent la réduction à dix heures de la journée de travail. Le maire et député de la ville fait vainement appel à leur patience en leur faisant espérer l'adoption, par la Chambre, d'un projet de loi dont il est l'auteur et qui applique cette réduction à toutes les industries. Scènes de désordre dans les journées des 17, 18 et 19 mai; intervention obligée de la force armée. Arrestation et condamnation des meneurs, dont un grand nombre sont des repris de justice, tous étrangers à l'industrie lainière. La grève s'étend à d'autres corps d'état; les maçons et les menuisiers se joignent aux lainiers et donnent à la grève un caractère particulier de violence. Les ouvriers pères de famille, qui veulent retourner à l'atelier, sont l'objet de menaces et même de voies de fait. La force armée intervient de nouveau et sa présence amène, comme toujours, ce double résultat de faire disparaître les agitateurs, qui craignent d'être arrêtés, et de calmer ainsi presque subitement les esprits. La grève finit fin mai; les patrons n'ont pas cédé.

Grève de divers corps d'état à Lille (filateurs, tisseurs, penduliers, fondeurs en fer, mouleurs, chaudronniers, mécaniciens et chauffeurs, paveurs, filtiers, etc.). Les grévistes reçoivent des secours de mains inconnues et font, par masses, la contrebande sur la frontière belge.

Grève des tisseurs et filateurs d'Armentières (Nord). Dix mille grévistes, qui se sont réunis sur la frontière belge, sont dispersés par la troupe. Le maire a la bonne idée de faire afficher le texte des lois qui interdisent les menaces et les violences. Cette publication produit un effet d'apaisement que les meneurs, comme toujours étrangers à la ville, cherchent vainement à faire cesser. La grève prend fin.

Bordeaux est le théâtre, en mai, de grèves qui se propagent, en quelque sorte, épidémiquement : grèves de charpentiers, de chauffeurs, d'ébénistes, de charrons, de forgerons, de tonneliers, de cablots, d'ouvriers des usines à gaz, etc., etc. Les patrons ayant fait des concessions et les secours du dehors venant à tarir, les grèves finissent en novembre.

Une grande ville comme Lyon ne pouvait échapper à l'invasion de la grève. Ce ne sont pas seulement les tisseurs, mais encore les maçons, les peintres, les plâtriers, les tailleurs de pierre et charpentiers qui suspendent leur travail. Les constructions s'arrêtent immédiatement. Des concessions réciproques, et la non arrivée des secours promis, mettent fin à ces grèves vers la fin de novembre.

· Grève des mineurs houillers, en septembre, à Denain (Nord). Elle devient générale en octobre. Par une particularité singulière, les grévistes n'adressent tout d'abord aucune demande aux Compagnies, ne manifestent aucun désir précis; ils se bornent à des promenades, pacifiques en apparence, dans les rues. Mais cette attitude n'ayant rien de rassurant, la force armée est requise et la justice entre vigoureusement en scène par l'organe du chef du parquet de Valenciennes, qui fait afficher une énumération des peines dont peuvent être frappés les auteurs des actes de violence de toute nature. Le 1er novembre, la grève atteint son maximum d'intensité. Mais c'est généralement à ce moment que la réaction commence à se produire. En présence de besoins urgents, beaucoup de mineurs voudraient retourner aux fosses; ils en sont détournés par les meneurs, qui annoncent comme certaine la prochaine, soumission des patrons. On remarque une mesure très sage, prise, au début de la grève, par le directeur d'un des charbonnages abandonnés, c'est la recommandation aux débitants de boissons des environs de la mine, de fermer, moyennant indemnité, leurs établissements pendant sa durée. La grève finit par l'épuisement des ressources des mineurs et l'arrestation des meneurs.

· On avait pu craindre qu'elle gagnerait les exploitations d'Anzin et d'Aniche; il n'en a rien été; mais la contagion s'est étendue aux bassins de Firminy et de Roche (St-Étienne), où elle a déterminé une diminution de la production d'environ 1,500 à 1,600 tonnes de houille par jour. C'est dire assez que, dans tout le bassin de St-Étienne, la houille a fait absolument défaut. Cette grève a entraîné des actes de violences et des attentats à la propriété, qui ont porté surtout sur les machines des puits d'extraction, dont un grand nombre ont été brisées. L'arrestation des meneurs a mis fin à la grève.

Nous ne ferons que mentionner la grève des tisserands de Flers, terminée par une entente entre les patrons et les ouvriers sur le prix des salaires; celle des typographes de Nice, qui a fini sans aucune concession des patrons; celle des maçons de la même ville terminée à l'amiable; celle des maçons du Creuzot, qui a pris fin dans les mêmes conditions; celle des plâtriers de Saint-Malo, remplacés, chose assez extraordinaire, par des ouvriers de Paris, qui viennent terminer rapidement des maisons d'habitation que des Anglais se font construire sur les bords de la mer; celle des ouvriers du bâtiment à Orléans; des maçons de Tarare, dont les patrons ont accepté les conditions; des filateurs de Tourcoing, dont les demandes ont été partiellement accueillies. On remarque l'ordre donné par la municipalité de cette dernière ville aux ouvriers étrangers de rester chez eux, sous peine d'expulsion, pendant la durée de la crise; grèves des menuisiers de Saint-Omer, etc.

Les grèves de femmes ont eu, cette année, une certaine importance. Les fileuses de Gange (Hérault) avaient vainement sollicité une augmentation de salaire pour une journée de même durée; les patrons ont dû céder sous une pression de l'opinion publique, qui considérait la demande comme fondée. Les corsetières de Lyon, informées que les patrons ont reçu des demandes importantes et urgentes pour l'Amérique du Sud, leur imposent un salaire plus élevé. Les bobineuses et casemateuses de certaines usines de Lille font une démarche dans le même sens et, quoique n'ayant rien obtenu, se décident à rentrer dans leurs ateliers. Les cigarières de Lyon ont demandé le retour à certains usages qui leur faisaient autrefois une situation un peu meilleure et qu'un nouveau directeur a supprimés. Elles ont échoué. Il s'agit ici de l'État et d'une fabrication dont il a le monopole, monopole très fructueux, comme on sait. Il est regrettable que l'autorité supérieure ne soit pas intervenue pour autoriser une concession qui, paraît-il, n'avait rien d'exagéré et qu'appuyait l'opinion publique. Les fileuses d'Alais ont également rencontré une sympathie générale, lorsqu'elles ont réclamé 25 centimes d'augmentation sur une journée de 1 fr. 25 et une diminution de une heure sur une journée de douze heures. Remarquons que les grèves de femmes ont été, généralement, de peu de durée, parce qu'elles n'ont reçu aucun secours du dehors, témoignage non équivoque du peu de sympathie qu'elles rencontrent chez les ouvriers, qui voient, avec une certaine jalousie, leur concurrence dans l'industrie.

1881. La grève des houilleurs de Commentry a provoqué un fait sans précédents dans l'histoire de la lutte du capital et du travail. On a vu un conseil municipal, composé de socialistes révolutionnaires, voter, aux dépens des contribuables, une subvention de 25,000 fr. au profit des grévistes. Nous aimons à croire que ce témoignage de sympathie a dû rester stérile, le préfet n'ayant pu approuver une pareille délibération. Le conseil ne s'en est pas tenu à cette manifestation; il a ouvert une souscription publique et invité tous les conseils municipaux de France à y prendre part. Il a, en outre, sommé le préfet d'avoir à retirer, comme constituant un élément de désordre, la force armée, que ce fonctionnaire avait dû envoyer sur les lieux. Les grévistes, probablement très touchés de ces témoignages de sympathie, n'en ont pas moins dû retourner au travail.

Grève dans les usines et hauts-fourneaux de Marquis (Pas-de-Calais), mais, cette fois, provoquée par la mauvaise situation financière de l'établissement, qui n'a pu payer les salaires de la quinzaine échue. Sa mise en liquidation n'a pas empêché, d'ailleurs, les ouvriers de recevoir plus tard, comme créanciers privilégiés, une légitime satisfaction. Grève des ouvriers plâtriers de Poitiers demandant que le prix de l'heure de travail soit porté de 35 à 50 centimes. Grève des ouvriers ébénistes de Châteauroux (Indre) sur le refus des patrons d'accepter un nouveau tarif de salaires. Grève des charpentiers et menuisiers de Lille; une concession des patrons les ramène à l'atelier.

1882. La grève la plus considérable de cette année a été celle des mineurs de Bessèges (Gard) demandant à la fois la diminution de la journée de travail, le relèvement du minimum des salaires, la suppression du travail à prix fait, le paiement double des heures supplémentaires, la suppression des amendes, le paiement des salaires par quinzaine et, prétention assez étrange, la suppression des magasins et économats fondés par la Compagnie, sur la gestion desquels on leur avait insinué qu'elle réalisait d'importants bénéfices. On a même vu se produire un incident entièrement nouveau, l'intervention de députés de l'extrême gauche de la Chambre se rendant sur les lieux, quoique étrangers à la localité, pour soutenir et encourager la grève. Il est juste de dire qu'ils ont dû revenir assez promptement à Paris, assez froissés de l'accueil plus que froid qu'ils ont reçu.

La grève des vermicelliers de Marseille ne mérite qu'une simple mention; mais celle des cordonniers de la même ville se recommande à l'attention par cette circonstance que les patrons, réunis en syndicat, sont venus en aide à ceux de leurs confrères qui avaient le plus à souffrir de la désertion de leurs ateliers.

1883. La grève des porcelainiers de Limoges a eu un certain retentissement. Un journal de la localité l'a appréciée en ces termes : « Cette grève présente une réelle gravité, en raison, non seulement des misères terribles qu'elle engendre, mais encore des conséquences dangereuses qu'elle peut avoir pour cette grande industrie de la céramique qui fait la prospérité et la notoriété de Limoges. » Un autre journal s'exprime ainsi : « Le côté le plus sérieux de la question, c'est que de très grandes fabriques de porcelaine se sont successivement établies en Angleterre, en Allemagne et jusqu'en Amérique, et que la fabrique de Limoges voyait déjà diminuer ses débouchés, lorsque la grève a éclaté. » Les ouvriers, probablement après avoir lu ces sages et tristes avertissements, ont consenti à ajourner leurs réclamations.

La grève des ouvriers des ports de Marseille (la deuxième depuis 1879) a porté à l'industrie des transports maritimes dans cette ville un préjudice peut-être définitif, un assez grand nombre de bâtiments étrangers ayant, depuis, pris l'habitude de se rendre à Gênes ou à Trieste. Que sont, auprès de grèves aussi calamiteuses, celles des menuisiers de Reims, des ouvriers en cuirs ou en peaux de Nantes, des plâtriers de Pau, des maçons d'Aix, des mineurs de Lières (Pas-de-Calais), des meuliers de La Ferté-sous-Jouarre, des brodeurs de Saint-Quentin, des meuniers de Marseille, de certaines catégories de tonneliers de la même ville.

1884. La grève des mineurs d'Anzin, une des plus déplorables qui aient affecté notre pays, œuvre plus évidente que jamais des menées révolutionnaires, qui ont pour objet, ou si l'on veut pour conséquence obligée, la ruine de notre industrie, la grève d'Anzin est encore trop présente à tous les esprits au moment où nous écrivons (juillet 1884), pour que nous ayons à en reproduire les phases diverses. Disons seulement qu'elle a obtenu les plus vives sympathies de tous les organes du parti socialiste dans la Presse et à la Chambre, et que ces sympathies trahissent sa véritable origine.

Les grèves à l'étranger. *Angleterre.* Détournons nos regards de la France et voyons si le même fléau sévit ailleurs. Et, tout d'abord, consultons l'histoire des grèves en Angleterre.

Le régime manufacturier, c'est-à-dire du travail en commun dans de vastes locaux, s'y étant établi plus tôt qu'ailleurs, elle a dû être le théâtre des premières grandes grèves. Ces grèves ont été organisées plus tard par les associations puissantes connues sous le nom de *Trades Unions*, qui leur ont donné une extension qu'elles n'avaient encore reçue dans aucun autre pays. Et, en effet, ce ne sont plus, comme en France, quelques patrons frappés isolément, mais des industries entières, mises en interdit. La grève y a donc passé, en Angleterre, en quelque sorte à l'état d'institution, d'organisme, dont l'action probable et même certaine doit figurer dans les prévisions normales de pertes et profits des industriels. La grève s'y prolonge, en outre, plus que partout ailleurs, alimentée qu'elle est par les subsides des *Trades Unions* dont les caisses sont largement pourvues, d'abord par le produit des cotisations, très régulièrement payées, de millions de travailleurs, puis, au besoin, par les retraits des caisses d'épargne où les versements des ouvriers ont atteint des sommes énormes ; quelquefois même par les sacrifices d'opulents philanthropes. En frappant d'interdit, comme nous l'avons dit, des régions industrielles tout entières, les *Trades Unions* mettent les patrons dans l'impossibilité d'appeler dans leurs ateliers des ouvriers d'autres localités. Quant aux ouvriers étrangers, les persécutions dont ils sont l'objet ne tardent pas à les obliger à revenir dans leur pays. Puis, les procédés industriels de l'Angleterre ne sont pas les mêmes que sur le continent, et un certain temps est nécessaire aux étrangers pour les connaître et les pratiquer. La liberté des coalitions étant

absolue, en Angleterre, la force armée n'intervient pas, comme chez nous, comme mesure comminatoire mais seulement quand les personnes et les propriétés sont réellement en péril. Seulement dans l'intervalle, de graves désordres ont pu se produire et se sont habituellement produits en effet.

Les *Trades Unions* ne font pas de socialisme, les saines notions de l'économie politique étant trop répandues dans le pays pour qu'elles osent s'aventurer sur un terrain de cette nature. Elles ne songent donc nullement à attaquer le capital, la propriété, la religion, les gouvernements. Elles n'ont qu'un but, qu'un objectif, l'amélioration incessante du sort de la classe ouvrière dans la mesure du possible. Nous disons du possible; car lorsqu'une industrie est véritablement en souffrance, non seulement elles ne cherchent pas à lui porter, par la grève, le coup de grâce; mais encore elles interviennent pour décider les ouvriers à accepter des réductions de salaires, bien préférables à des renvois en masse. Il faut dire aussi que les manufacturiers anglais, disposant le plus souvent de ressources considérables, continuent, plutôt que de renvoyer leurs ouvriers, à accumuler les stocks de produits momentanément sans débouchés, ou à vendre ces produits sans bénéfices, peut-être même à perte.

Depuis quelques années, il s'est formé, dans le même pays, avec l'approbation des *Trades Unions*, devenues beaucoup moins violentes, beaucoup plus éclairées que dans les premiers temps de leur existence, une institution qui a eu plusieurs fois pour résultat de prévenir et, dans tous les cas, de terminer rapidement les grèves : c'est celle de l'*arbitrage*, librement accepté par les parties intéressées. La commission d'arbitrage est formée, en nombre égal d'ouvriers et de patrons et présidée, avec voix prépondérante, par une notabilité dans la science ou dans la politique, dont l'impartialité et la compétence ne font l'objet d'aucun doute. Les industriels n'hésitent pas, d'ailleurs, à mettre à la disposition de la commission, leurs livres de commerce et leur correspondance pour qu'elle puisse statuer en pleine connaissance de cause.

Pour l'explication des grèves en Angleterre, il importe de ne pas perdre de vue que tous les ouvriers n'appartiennent pas aux *Trades Unions*; beaucoup ont formé des associations particulières, dont les chefs, moins éclairés que ceux de la grande fédération, ne tiennent pas compte, dans leurs encouragements à la grève, des situations industrielles.

La fréquence des grèves dans ce pays a eu deux résultats d'une extrême importance : la concentration des industries dans un petit nombre relatif d'usines, par suite, la réduction des frais généraux ; puis l'application, à un degré inconnu ailleurs, des machines à la production. De là, le bon marché comparatif de certain nombre de fabrications pour lesquelles l'Angleterre est sans rivale comme prix et qualité, telles que la métallurgie et les tissus. Cette substitution, sur une large échelle, de la machine aux bras qui, dans un pays comme la France, dont la population, très faiblement progressive d'ailleurs, n'émigre pas, aurait les plus fâcheuses conséquences pour l'ouvrier. Elle en a beaucoup moins de l'autre côté de la Manche, où les 57 colonies anglaises sollicitent, comme un bienfait, une immigration qui, facilitant l'accroissement rapide de leur population, laisse encore dans la mère patrie une main-d'œuvre abondante.

Les divers résultats favorables des grèves ne se sont naturellement produits qu'à la longue, et, dans l'intervalle, les luttes entre le capital et le travail ont été fréquentes et vives, comme nous allons le voir.

En 1817, les ouvriers s'arment; ils sont dispersés par des charges de cavalerie et 557 d'entre eux, traduits aux assises, sont l'objet de condamnations plus ou moins sévères. En 1818, l'émeute ouvrière devient encore plus redoutable; cent mille hommes s'assemblent à

Peterfield et jurent d'exterminer les fabricants; ils sont dispersés par la force armée. La grève reparaît non moins formidable, en 1825 et 1826, provoquant une répression impitoyable. C'était une époque de crise industrielle très caractérisée, la production, pendant les premières années postérieures à 1815, c'est-à-dire à la paix générale, s'étant trouvée de beaucoup supérieure aux besoins de la consommation et d'énormes stocks restant invendus.

Les grèves d'années plus rapprochées nous offriront plus d'intérêt. Mais, tout d'abord, reproduisons un article du *Times* de 1870 sur les résultats des grèves de 1800 à 1869. « Depuis le commencement de ce siècle, on a compté 167 grèves *locales* ou *générales* de quelque importance, c'est-à-dire organisées par les ouvriers d'un corps d'état dans une seule ville, ou par les ouvriers de ce même corps d'état dans un centre industriel tout entier. La durée moyenne de ces grèves a été de quinze jours; la plus longue de six mois; la plus courte de huit jours. Dans ces 167 grèves, les patrons ont résisté 47 fois, toutefois, pour accueillir plus tard, quand l'activité industrielle l'a permis, une partie des prétentions de leurs ouvriers. Ces derniers ont donc triomphé le plus souvent et ainsi obtenu des diminutions de la journée de travail et des augmentations de salaires. On a calculé que les pertes totales résultant de ces 167 grèves, — pertes des salaires pour les ouvriers, bénéfices non réalisés par les patrons, perte d'intérêt sur le capital fixe et circulant, pertes sur les matières premières avariées, pertes pour les entreprises de transports et pour les marchands, par suite de la misère des ouvriers, — se sont élevées à plus de 1,500 millions de francs. »

1871. Grève des mécaniciens de New-Castle et de Gateshead (bords de la Tyne, en Ecosse); id. des menuisiers, qui ont obligé les ouvriers belges, appelés par les patrons, à retourner dans leur pays; id. des houilleurs de la Galles du Sud, demandant la réduction à neuf heures de la journée de travail.

1872. Fin, en avril, de la grève de ces houilleurs. Elle a duré près de quatre mois et a laissé sans ouvrage, si ce n'est sans pain, près de 60,000 hommes.

1873. Grève (inconnue encore en France) des *ouvriers agricoles* du comté de Suffolk, demandant aux fermiers une augmentation de salaires. 6,000 laboureurs, conduits par un agitateur que cette grève a rendu célèbre, Joseph Arch, ont quitté leur travail et se promènent en Angleterre, sollicitant la charité publique.

1874-75. Nouvelle grève des houilleurs du pays de Galles, entraînant la fermeture de 150 hauts-fourneaux et laissant 20,000 hommes sans travail. Grève des ouvriers de 14 des hauts-fourneaux de Middlesbourg. Grève des mineurs de Durham. Grève des ouvriers constructeurs de navires sur les chantiers de la Tyne; 50,000 hommes sont sans travail. Grève des forgerons du pays de Galles; ils ont consenti à une réduction de salaires, motivée par la crise industrielle, mais moindre que celle qu'ont voulu leur imposer les patrons. Grève des ouvriers métallurgistes du South-Staffordshire.

1876-77. Fin de la grève des chantiers de la Tyne par des concessions réciproques; elle a duré six mois. Grève des maçons de Londres; elle dure cinq mois; les grévistes ont été remplacés, dans l'intervalle, par des ouvriers venus de tous les pays du Continent et protégés par l'autorité.

1877 a été une des années des plus dures épreuves pour l'industrie anglaise. 69 corps d'états différents ont pris part à 191 grèves ayant entraîné la perte de 977 semaines ou de 5,862 jours de travail. Pour six seulement et naturellement des plus importantes, 72,000 hommes ont déserté, plus ou moins longtemps, leurs ateliers. Pour cinq grèves seulement, les pertes de salaires ont été évaluées à 18 millions de francs.

1878. Grève des filateurs de Preston, Blackburn, Darwen et Acrington; elle laisse sans ouvrage plus de 120,000 personnes. Grève des ouvriers des filatures du Comté de Lancastre, par suite d'une réduction de 10 0/0 sur les salaires imposée par les patrons, qui souffrent des conséquences d'une production exagérée. Les ouvriers s'étaient déclarés prêts à accepter le sacrifice qui leur était demandé, si les patrons voulaient bien réduire leur production, en diminuant les heures de travail, jusqu'à écoulement des stocks; mais, par des raisons qu'ils n'ont pas cru devoir donner, les patrons ont refusé.

En résumé, le nombre des grèves dans cette année a été de 277, dont 181 avaient éclaté l'année précédente. Dans quatre seulement, les ouvriers ont obtenu intégralement ce qu'ils demandaient; dans 17 autres, il y a eu transaction. Dans les 256 autres, les ouvriers ont dû céder.

1879. Grève partielle des fondeurs, des aciéreurs, puis des houilleurs du Monmouthshire et grève nouvelle dans la Galles du Sud; grève partielle des puddleurs, ainsi que des ouvriers de forges et de laminoirs. Grève des cotonniers d'Ashton (Lancastre). Actes de violence contre les ouvriers qui veulent continuer à travailler; intervention de la force armée. Grève de Durham et de Blackburn.

1880. L'auteur d'un travail lu, le 20 janvier, à la Société de statistique de Londres, a constaté que de 1870 à 1880 inclusivement, le nombre des grèves a été, en Angleterre, de 2,352. C'est en 1871 et 1872 qu'on en a constaté le plus (345 et 355), puis en 1879 (325).

1881. Aggravation de la grève de Lancashire; 50,000 ouvriers sont sans travail; violences contre les dissidents; lutte contre la police, obligée de battre en retraite.

1882. Fin de la grève de la Galles du Nord, commencée en 1881. Cette année voit adopter, dans beaucoup de charbonnages, le principe d'une échelle mobile qui consiste dans la hausse ou la baisse des salaires, selon que le prix de la tonne de charbon s'élève ou diminue. Grève des houilleurs du Staffordshire du Nord. D'après l'*Economist* du 24 juin 1883, le nombre des grèves importantes a été de 20 en 1882.

1883. Par l'extension de la grève du Staffordshire, qui entraîne la fermeture d'un certain nombre de hauts-fourneaux, manquant de charbon, 8,000 hommes sont sans travail, mais reçoivent des secours des *Trades Unions*, qui allouent à chaque gréviste, depuis quelques années, 10 shill. par semaine, et 1 shill. de plus par enfant. Grève des mineurs du Yorkshire, dont les ouvriers, appartenant à l'Association nationale des ouvriers métallurgistes, en reçoivent un secours hebdomadaire. Grève dans les fabriques de limes de Scheffield. Grève partielle des mécaniciens à Glasgow. Grève dans les forges du Staffordshire du Sud; elle porte sur 20 à 30,000 ouvriers, perdant plus de 1 million de francs de salaires par semaine. Grève des mineurs des Comtés du Middland. Grève des tisseurs du Lancashire.

Le nombre des grèves du 1er février au 6 décembre 1883 a été de 29. La majorité a porté sur les trois industries les plus importantes de l'Angleterre : la production houillère, la métallurgie et la fabrication des tissus.

1884. Grève des houilleurs du Staffordshire et du Worcestershire-Ouest; de 13 à 14,000 grévistes ont quitté leur travail refusant d'accepter une réduction de 3 pennies (30 centimes) par jour. Grève des houilleurs de Dowlay, auxquels on a refusé une augmentation de salaires. Ceux des ouvriers métallurgistes du nord de l'Angleterre, ayant été réduits, on s'attend à une grève formidable dans cette région. Grève des cotonniers de Barnley, sur le refus des patrons d'accepter un tarif plus élevé; 8,000 ouvriers sans travail. Nouvelle grève probable des ouvriers des chantiers de la Tyne, dont les salaires ont été réduits de 2 shill. par semaine. Grève des jutiers de Dundee et des sidérurgistes de la même ville. Grève prolongée des constructeurs de machines dans le Sunderland; elle dure depuis une année et sans probabilité d'un dénouement prochain. La crise industrielle est, d'ailleurs, très forte en Angleterre en ce moment; les usines se ferment en grand nombre. Les chantiers de la Clyde sont particulièrement éprouvés. Au lieu de 150 navires d'un tonnage de 300,000 tonnes en moyenne annuelle à cette époque, il ne s'en construit que 80 d'un tonnage de 140,000 tonnes. Même diminution des constructions à Greenock et dans le port de Glasgow.

Les faits dominants des grèves anglaises de 1870 à 1884 sont : 1° les progrès considérables, non pas seulement des *Trades Unions*, mais encore de toutes les associations ouvrières sous les dénominations les plus variées et par suite l'accroissement, pour la main-d'œuvre, des moyens de lutter efficacement contre les chefs d'industrie; 2° l'application progressive du principe de l'arbitrage; 3° l'adoption, dans plusieurs districts industriels, de l'échelle mobile des salaires; 4° la diminution des actes de violence contre les personnes et les propriétés.

Il est assez remarquable que l'ouvrier anglais n'argumente pas, à l'appui de ses *revendications*, de l'enchérissement de la vie; il est vrai qu'il se produit, dans cet heureux pays, un phénomène curieux; c'est l'abaissement notable du prix des denrées alimentaires et d'un grand nombre de matières premières de l'industrie.

Etats-Unis. Aux Etats-Unis, les grèves sont aussi fréquentes et d'aussi longue durée qu'en Angleterre. Elles y ont, peut-être à un plus haut degré, le même caractère de violence. Citons les suivantes : grève, en 1872, de presque tous les corps d'états de la ville de New-York; elle a duré deux mois et entraîné, pour les patrons et les ouvriers réunis, une perte évaluée à 83 millions de francs; la grève des métallurgistes de Pensylvanie, en 1875; la grève, en 1877, des machinistes d'un certain nombre de chemins de fer (grève qui ne s'est pas encore produite sur le Continent). L'enquête à laquelle elle a donné lieu a fait découvrir une association formidable, celle de « la Société fraternelle des machinistes, » comptant 12,000 affiliés ou 80 0/0 du total des machinistes de la voie ferrée à cette époque. La pression sur les Compagnies ne s'est pas manifestée seulement par la suspension du travail; mais encore assez souvent par la destruction des machines et voitures, par l'enlèvement et la destruction des rails, enfin par l'anéantissement des marchandises. Les pertes résultant de ces actes de vandalisme ont été évaluées à 125 millions de francs. Les trains ont dû être accompagnés par des détachements de la milice. La crise, commencée en mars 1877, a pris fin en août. Grève, dans ce dernier mois, d'un grand nombre de mineurs et notamment de mineurs houilleurs. Grève des chauffeurs de chemins de fer en novembre de la même année.

1878. Grèves dans les forges, les houillères, les filatures, les chantiers de construction de navires et dans l'industrie des transports maritimes. A l'occasion de cette dernière grève, les ouvriers se sont armés; ils se sont exercés publiquement au maniement du fusil, paradant dans les rues des villes et se déclarant prêts à prendre une revanche de leur défaite par la force armée à l'occasion de la grève des chemins de fer. En juillet, les fermiers de l'Ohio sont sommés, par lettres anonymes, de s'abstenir de l'emploi des machines, sous peine de les voir briser, et la menace ne tarde pas à se réaliser dans quelques districts agricoles. En octobre, la *Trade Assembly* de Saint-Louis décrète une grève générale aux Etats-Unis et au Canada, grève dont une assemblée générale fixera la date et qui ne pourra être prévenue que par la réduction à huit heures de la journée de travail, par la suppression du paiement des salaires en marchandises et du *travail des enfants*.

1882. Grève des ouvriers métallurgistes de la Pensylvanie et de la vallée de l'Ohio; elle laisse sans travail

100,000 hommes. Partout, les employés des Compagnies font cause commune avec les grévistes. Grève des portefaix dans les ports de New-York et de Jersey-City, un de ses faubourgs maritimes. Elle prend fin par l'entrée au service des Compagnies des immigrants qui n'ont pas encore eu le temps de s'enrôler dans les associations ouvrières. Mais, en même temps que les grévistes retournaient au travail, ils s'affiliaient à la grande *Société des Chevaliers du Travail* appelée, paraît-il, à devenir le syndicat central de toutes les forces ouvrières des Etats-Unis.

1883. Grève (qui se reproduira en 1884) des ouvriers télégraphistes. La grande importance des fonctions que remplissent ces ouvriers, ainsi que les mécaniciens des chemins de fer, a fait naître la pensée de demander au Congrès de décider qu'ils seraient désormais considérés comme appartenant à un service public et de frapper d'une forte pénalité l'abandon de ce service; mais, jusqu'à ce jour, cette demande n'a pas été accueillie.

Ainsi, c'est aux Etats-Unis que la grève a revêtu ses formes les plus agressives, puisqu'elle n'a pas craint de porter les atteintes les plus graves à la propriété et de lutter à main armée contre la force publique. C'est en partie le résultat d'une immigration qui porte généralement sur des aventuriers, souvent obligés de quitter leur pays sous une pression de l'opinion. C'est aussi le résultat de la facilité avec laquelle les grévistes d'un corps d'état peuvent trouver du travail dans une autre branche d'industrie. Enfin, aux Etats-Unis, comme en France, et peut-être encore plus qu'en France, le socialisme joue un rôle prépondérant dans les grèves. Il faut également tenir compte du tarif douanier de l'Union qui, en mettant l'industrie nationale à l'abri de la concurrence étrangère, a provoqué des excès de production suivis de crises qui ont déterminé de fréquentes réductions de salaires ou même des faillites, dont les ouvriers ont été les premières victimes. Le parti ouvrier croit, d'ailleurs, pouvoir compter sur le Congrès, qui lui a donné, en effet, récemment deux preuves de sympathie, d'une part, en interdisant les immigrations de Chinois, qui lui faisaient une concurrence redoutable; de l'autre, en adoptant un bill qui interdit l'entrée aux Etats-Unis d'ouvriers européens embauchés, en nombre plus ou moins important, pour un travail déterminé. Toutefois, ce bill n'a pas encore reçu la sanction présidentielle.

Belgique. Les grèves sont relativement rares en Belgique, parce qu'elles ne reçoivent pas des associations ouvrières les mêmes encouragements que dans les trois pays qui viennent de nous occuper. Nous ne pouvons guère signaler que les suivantes, qui ont fait, en Belgique et au dehors, une certaine sensation : la grève des mécaniciens de Bruxelles, en 1871; celle des mineurs du bassin houiller de Charleroy, en septembre 1879; la grève partielle des mineurs des charbonnages de Mons, en octobre 1879.

Allemagne. Les grèves sont en petit nombre et tout à fait locales en Allemagne, d'abord parce que le régime manufacturier y est de création relativement récente et que les ouvriers n'ont pu, par conséquent, former les mêmes associations puissantes qu'en Angleterre, aux Etats-Unis et probablement bientôt en France. La législation est, d'ailleurs, indirectement prohibitive de ces associations, le *petit état de siège* mettant les autorités locales en mesure de prévenir toute tentative de coalition. L'ouvrier allemand doit donc être peu disposé à se priver volontairement, par la grève, des moyens d'existence dont il a impérieusement besoin et qu'aucune Société ne pourrait lui fournir. D'un autre côté, ses dépôts à la caisse d'épargne n'ont pas la même importance que ceux de l'ouvrier anglais et même français. Ses besoins sont, d'ailleurs, bien moindres : sobre, frugal, généralement tempérant, il se contente de peu. D'un autre côté, si les salaires sont moins élevés en

Allemagne qu'en Angleterre et en France, la vie y est notablement moins chère. Enfin l'Allemand n'a pas la même initiative hardie, violente au besoin, qui caractérise l'ouvrier anglais et français; il n'est pas *homme d'action*. Il faut dire, à ce sujet, que la société allemande toute entière est organisée despotiquement, presque militairement et que l'esprit de discipline contracté à l'armée et le respect, encore profond, du principe d'autorité et de ses moindres organes, agit préventivement sur les grèves. L'ouvrier allemand a, en outre, la ressource de l'émigration, et quand il est mécontent de son sort, il aime mieux émigrer que s'insurger inutilement contre ses patrons. Le gouvernement impérial s'occupe, d'ailleurs, très activement d'améliorer son sort. Les lois d'assurance, récemment votées par le Reichstag, contre les accidents, contre la maladie, et suivra bientôt celle qui aura pour objet la constitution de pensions en cas de vieillesse ou d'invalidité, sont une preuve certaine de la vive sollicitude (politique ou purement humanitaire) dont le sort des classes ouvrières est l'objet de sa part. Ces diverses assurances ont pour base principale les subventions des patrons, et, au besoin, le concours financier de l'Etat.

Italie. L'Italie ne connaît pas encore les grèves industrielles, le régime manufacturier y étant presque naissant; mais elle est exposée à des grèves agricoles, dont la fréquence et la violence sont l'objet de graves soucis dans les régions gouvernementales. Citons, notamment, celle des moissonneurs, qui sévit actuellement dans la haute Italie. Dans ce pays, ce n'est pas au sein des centres industriels, qui n'existent pas, que peut se produire la question ouvrière, mais dans les campagnes. Le paysan est, en effet, un paria dans la plus grande partie de l'Italie; ce n'est pas à son profit que la Révolution s'est faite; elle ne lui a apporté que des charges sans compensation. Sa situation est, en réalité, déplorable. Il suffira, pour en donner une idée, de dire que, dans les riches plaines de la Lombardie et de la Vénétie, on compte plus de 100,000 paysans atteints de la pellagre, résultat d'une extrême misère. Jusqu'ici l'émigration a constitué à cette situation dangereuse une sorte de soupape de sûreté, qui empêche de redoutables explosions; mais les grèves de la nature de celle que nous venons de signaler — et il s'en est produit un certain nombre aggravées par des conflits sanglants avec la troupe — prouvent que les paysans commencent à s'organiser. Le jour où cette organisation sera complète, et où l'autorité ne se trouvera plus en face de groupes isolés, mais d'une véritable armée de grévistes, le péril deviendra réellement menaçant.

PEUT-ON PRÉVENIR LES GRÈVES?

Terminons par quelques observations générales.

La première question que soulève l'étude des grèves nous paraît être celle-ci : quelles sont leurs causes, et, ces causes une fois connues, peut-on les conjurer?

Les grèves ont trois causes principales : 1° le désir de l'ouvrier, toujours convaincu que le patron réalise des bénéfices considérables, d'avoir une part de plus en plus grande de ces bénéfices; 2° la nécessité que les crises commerciales, spéciales ou générales, imposent aux chefs d'industrie de réduire les salaires; 3° l'adoucissement graduel de la législation répressive des coalitions.

En ce qui concerne particulièrement l'ouvrier français, il faut encore tenir compte du sentiment que le suffrage universel lui a donné de sa valeur politique et du rôle qu'il peut jouer désormais dans le gouvernement de son pays.

Ce n'est pas tout : les prédications socialistes lui ont fait croire qu'il est un déshérité au milieu d'une société sans entrailles pour lui; et c'est encore une des causes intimes et en quelque sorte inconscientes de sa lutte contre le patron, organe à ses yeux de cette société. Ce préjugé est tellement répandu dans les classes ouvrières, et si fortement entretenu par leurs flatteurs politiques, qu'il ne nous paraît pas inutile de rappeler succinctement ici, pour le combattre, ce que l'Etat, les communes, les particuliers, isolés ou associés, ont fait pour elles.

Citons d'abord les institutions de prévoyance, comme les caisses d'épargne, dont les dépôts ont été implicitement garantis par l'Etat, qui les reçoit en comptes courants; puis les caisses d'assurance par l'Etat, assurances de pensions viagères, de capitaux après décès, assurances contre les accidents. Citons ensuite les encouragements législatifs et même pécuniaires de l'Etat (et des particuliers, membres cotisataires et purement honoraires), aux Sociétés de secours mutuels. Dans les grandes crises industrielles, l'Etat donne la plus forte impulsion possible aux travaux publics et fait tous ses efforts pour que les villes industrielles puissent employer à des travaux d'utilité publique les bras inoccupés. L'Etat subventionne un grand nombre d'établissements charitables fondés par les communes ou par des associations. Il a créé, entre autres établissements d'instruction technique pour les ouvriers, trois grandes écoles d'arts et métiers d'où sortent d'habiles contremaîtres qui sont l'honneur de la grande et petite industrie.

L'Etat a encouragé la formation des chambres syndicales ouvrières, auxquelles il vient d'accorder les privilèges de la personnalité civile et le droit de s'entendre, de se concerter pour améliorer le sort de leurs adhérents. Il a consacré le droit de réunion, d'association, de liberté absolue de la presse, dont les ouvriers profitent largement. L'Etat a supprimé, à leur profit, la prépondérance de l'élément patron dans l'organisation des conseils de prud'hommes. En cas de litige sur le payement du salaire, la valeur juridique du témoignage de l'ouvrier est aujourd'hui la même que celle du patron. L'Etat a réglé, dans un intérêt de santé publique, le travail des femmes et des enfants dans les manufactures. Pour prévenir autant que possible les accidents industriels, il veille, par des agents spéciaux, à la bonne installation des machines, à la solidité des chaudières. Il donne des secours aux familles en cas d'accidents mortels. Dans ses conventions récentes avec les chemins de fer, il a exigé la formation de trains d'ouvriers à prix réduit.

Les villes ont aussi fait beaucoup pour l'ouvrier. Elles ont, en grand nombre, exonéré les petits loyers de l'impôt mobilier, dont elles ont prélevé le montant sur le produit de l'octroi. Elles ont fondé l'assistance publique sous la forme de secours en argent ou en nature, de crèches, de salles d'asile, d'hôpitaux, d'hospices, d'asiles d'aliénés, de maisons de retraite. Elles ont organisé une assistance spéciale pour les enfants abandonnés. Elles ont créé des voies intérieures de communication destinées surtout à rapprocher l'ouvrier de son usine. Elles ont fondé des écoles gratuites de dessin, des écoles d'apprentissage, des écoles techniques, etc.

Il serait trop long d'énumérer ce que les particuliers, soit isolés, soit associés, ont fait pour les classes ouvrières. Pour Paris, la seule énumération des établissements privés d'utilité publique ou de bienfaisance qui leur sont consacrés, formerait un fort volume.

Les patrons ont fait aussi beaucoup dans les grandes usines en créant des institutions de prévoyance ou de bienfaisance de toute nature. Les Compagnies de chemins de fer ont fondé, pour leurs ouvriers, des économats qui leur vendent, au prix de revient, les denrées alimentaires, les combustibles, les vêtements et les objets de ménages. Les Dollfus, les Kœklin, de Mulhouse, sont allés jusqu'à construire pour leurs ouvriers, et à louer à prix réduit, des habitations autour de l'usine, habitations dont ils peuvent devenir propriétaires en payant un assez faible supplément à leur loyer. Ce sont les mêmes maisons qui ont alloué aux ouvrières devenues mères, de cinq à six semaines de traitement sans travail, pour leur donner la faculté de donner les premiers soins à leurs nouveaux-nés. De là, une diminution sensible de la mortalité des petits enfants.

Les ouvriers ont souvent tenté de justifier leur demande d'une augmentation de salaire par les bénéfices des patrons. Or, il est aujourd'hui de notoriété publique que ces bénéfices ont été considérablement réduits, surtout depuis les traités de commerce de 1860, comme conséquence de la concurrence extérieure, concurrence par suite de laquelle les produits étrangers ont même envahi le marché intérieur, après nous avoir disputé victorieusement les marchés extérieurs.

Quant à l'enchérissement de la vie, il est incontestable pour les produits alimentaires de luxe et pour le logement; il ne l'est pas pour le pain; il ne l'est pas pour les morceaux de viande dont l'ouvrier voulait bien se contenter autrefois; il ne l'est pas pour le vêtement, pour le meuble, pour les ustensiles de ménage, en un mot, pour l'ensemble des produits fabriqués. L'ouvrier, d'ailleurs, se marie de moins en moins pour se soustraire aux charges d'un ménage. Avec son salaire actuel, — qui, soit dit en passant, s'est plus rapidement élevé que celui des denrées alimentaires, comme nous pourrions le démontrer avec les documents officiels, — si l'ouvrier était sobre, tempérant, modeste dans ses dépenses de toute nature, s'il n'avait pas la prétention de se donner toutes les douceurs d'une vie aisée, s'il était prévoyant pour les mauvais jours, pour les chômages ordinaires et extraordinaires, il pourrait largement se suffire; — d'autant plus que ce salaire, comme nous l'avons déjà dit, s'accroît forcément avec le développement industriel et avec la rareté relative de la main-d'œuvre déterminée par le très faible accroissement de la population en France.

La législation sur les coalitions, par ses adoucissements successifs, qui sont allés jusqu'à l'impunité absolue, a certainement contribué à l'accroissement des grèves. Nous avons fait connaître ailleurs les modifications, toutes en faveur de l'ouvrier, dont elle a été l'objet presque après chaque révolution nouvelle en France. Aujourd'hui, le délit de coalition n'existe plus, et la liberté des grèves est entière, absolue. L'autorité se borne à protéger les personnes et les propriétés, et à assurer, autant que possible, aux dissidents, la possibilité de rentrer à l'usine. La magistrature fait son devoir; mais les quelques jours de prison qu'elle inflige aux auteurs des actes de violence ne font que provoquer de vifs ressentiments, et si elle prononce des pénalités plus fortes, de fréquentes amnisties, les assimilant à des condamnés politiques, les rendent promptement à la liberté.

Abandonné à lui-même, à ses seules inspirations, l'ouvrier français pourrait peut-être vivre en bonne intelligence avec le patron. Mais la lecture exclusive des journaux révolutionnaires, les congrès ouvriers, l'action incessante des sociétés secrètes l'enlèvent à lui-même et obscurcissent son intelligence, qui devient absolument réfractaire aux enseignements du plus simple bon sens. La législature actuelle a fait, d'ailleurs, de son mieux pour faciliter l'organisation et le triomphe des grèves. La suppression du livret, le droit absolu, pour l'ouvrier, de constituer des chambres syndicales sous la seule condition d'une déclaration préalable à l'autorité, la faculté, pour ces chambres, de se concerter en vue d'une action commune contre les patrons, la formation, en ce moment en voie d'exécution, à Paris, d'un syndicat central des mêmes chambres, syndicat qui sera leur *commission exécutive*, — voilà ce que les élus du suffrage universel avaient promis et ont donné à leurs électeurs, ouvriers en majorité.

Les conséquences des grèves sont trop connues pour que nous ayons à les énumérer ici. Pour nous, nous n'hésitons pas à leur attribuer, en grande partie, la crise industrielle qui sévit en France depuis 1877. Elles ont, d'ailleurs, pour résultat de déshabituer l'ouvrier du travail; elles font perdre notamment à l'ouvrier artistique l'habileté pratique qui a fait si longtemps, par exemple, rechercher les produits parisiens. Elles conduisent, en ce qui concerne les patrons, à cette nécessité, pour ne pas perdre leurs débouchés, de substituer, dans leurs fabrications, des matières premières de la moindre valeur possible à celles qu'ils employaient autrefois.

La grève, considérée de plus haut, en poussant à l'antagonisme aigu du capital et du travail, fomente la haine mutuelle des classes qui les représentent. Elle est ainsi un élément, non pas seulement de révolution sociale, mais encore de guerre civile. Rappelons-nous la grande grève des ateliers nationaux. Nous négligerons cette autre conséquence de la grève, l'arrivée, en nombre considérable, dans nos ateliers, d'ouvriers étrangers, nos ennemis et nos espions.

Existe-t-il des moyens préventifs des grèves? Nous avons peu de foi dans l'efficacité de ceux que nous allons citer. En Angleterre, on a essayé, souvent avec succès, de l'arbitrage par une commission que préside une grande personnalité politique. Nous ne croyons pas que nos ouvriers accepteraient la décision d'une commission de cette nature. Nous cherchons vainement, d'ailleurs, la notabilité politique qui réunirait les suffrages des ouvriers et des patrons. On a beaucoup vanté les avantages de l'association aux bénéfices. Mais d'abord très peu de maisons, en France ou à l'étranger, ont cru devoir y recourir, et celles qui l'ont adoptée avaient, depuis longtemps, un mouvement considérable d'affaires qui leur permettait de tenter l'expérience sans dangers pour elles. Elles comptaient peut-être aussi sur la notoriété que leur donnerait une innovation hardie, pour accroître leur clientèle. Mais, en équité, nous comprenons peu une association où tous les risques incombent à une catégorie de ses membres, quand les autres n'en ont que les bénéfices, d'abord sous la forme du salaire, puis d'une part dans les profits. Cette inégalité de traitement est-elle justifiée par une différence dans les apports? Nullement, l'ouvrier apporte le travail de ses bras; le patron le capital et l'intelligence, l'intelligence qu'exigent le bon choix des matières premières, la recherche des meilleurs procédés de fabrication, la découverte des débouchés, l'enquête sur la solvabilité des acheteurs, sur les besoins, sur les goûts, sur les caprices même des consommateurs, les relations avec les banques, avec les entrepreneurs de transports, le courtage, l'assurance, etc.

Quant à la *Coopération*, qui fait de l'ouvrier un patron, elle serait, si elle pouvait toujours réussir, la meilleure solution du problème, puisqu'elle consacre l'union intime du capital et du travail. Mais ses déceptions ont été si graves et si nombreuses en France, malgré le concours financier de l'Etat, qu'on ne sait si l'on doit conseiller à l'ouvrier d'y recourir, en supposant qu'il puisse réussir à former, par l'association, les capitaux nécessaires pour l'exploitation d'une industrie de quelque importance.

Si l'on ne peut pas conjurer les causes de la grève, peut-on, au moins, en modérer l'action? Les gouvernements ne peuvent-ils pas intervenir promptement et énergiquement pour prévenir les pressions sur les dissidents? On a cru remarquer que, lorsque la force armée se présentait sur le théâtre de la crise, cette crise diminuait presque subitement d'intensité. Nous voyons, d'ailleurs, que des avantages à ce que l'autorité intervienne pour s'efforcer d'amener une transaction entre les intéressés. Il est bon aussi, comme nous l'avons vu, que l'autorité locale fasse connaître, par voie d'affiche, les pénalités qu'encourent les fauteurs des actes de violence. Quant aux patrons, ils ont aussi des devoirs à remplir. Ils doivent s'efforcer d'entretenir, avec leurs ouvriers, des relations *personnelles* aussi bienveillantes que possible, en leur rendant, par exemple, tous les petits services qui peuvent justifier des besoins accidentels. Une hausse momentanée et toute spontanée des salaires, dans le cas d'une grande prospérité industrielle, ou d'un enchérissement subit et considérable des denrées

alimentaires dans la localité, lors même qu'elle imposerait un sacrifice assez sensible au patron, serait à la fois une bonne action et un acte d'excellente politique. Nous ne parlons pas des institutions de prévoyance et de charité si nécessaires au sein de ces grandes agglomérations d'ouvriers, qui, comme au Creusot, et dans quelques autres usines, vivent isolées, presque séparées du reste de la population. Les Compagnies n'ont pas attendu, pour en doter leurs établissements, un mouvement d'opinion dans ce sens. — A. L.

* **GRIBEAUVAL** (JEAN-BAPTISTE, VAQUETTE DE). Ingénieur militaire, né en 1715, mort en 1789. Il servit en Autriche et fut élevé au grade de feld-maréchal par Marie-Thérèse; rappelé en France, il fut nommé premier inspecteur de l'artillerie. Il a introduit dans l'artillerie française des réformes et des perfectionnements qui ont illustré son nom. — V. ARTILLERIE.

*GRIFFAGE. *T. techn.* Opération du gaufrage des fleurs artificielles.

* **GRIFFE.** *T. techn.* 1° Outil de serrurier, formé d'une barre de fer ayant à son extrémité un tenon saillant de forme carrée, pour couder ou cintrer le fer. || 2° Outil qui sert à tracer les pannetons d'une clef. || 3° Tenaille du doreur et de divers ouvriers pour tenir un objet. || 4° Instrument à cinq pointes qui sert au graveur de musique pour déterminer les tracés des portées. || 5° Caisse sans fond placée entre les deux jumelles ou montants de la mécanique Jacquard, et dans laquelle se trouvent les lames métalliques ou couteaux qui servent à enlever les crochets restés verticaux pendant le fonctionnement du métier. || 6° Sorte de rateau à dents recourbées à l'usage du maçon pour triturer le mortier. || 7° Pointes de la sertissure qui servent à enchâsser les pierres.

GRIFFON. *Art. hérald.* Animal fabuleux, représenté moitié aigle, moitié lion, et toujours rampant. || *T. techn.* Lime plate à bords dentelés.

GRIL. Outre l'ustensile de cuisine, que tout le monde connaît, on donne ce nom, en *t. de mar.*, au plan horizontal établi à l'aide de forts madriers fixés sur un sol résistant, dans les ports à marée, au-dessus duquel vient se placer le navire dont on veut visiter ou réparer la carène. A marée basse, la quille repose sur le gril et le navire est maintenu, dans la position qu'on veut lui faire occuper, par des accores ou des amarrages. || *T. d'hydraul.* Claire-voie placée en amont d'une vanne pour arrêter les immondices que la rivière charrie. || *T. de chem. de fer.* — V. GARE.

I. **GRILLAGE.** Treillis de fil métallique, à mailles diverses, destiné à former des clôtures, des séparations, des volières, etc. Le grillage se fait à la main, ou mécaniquement; il est à deux torsions, à simple torsion, à triple torsion, ondulé et à fil droit.

Le grillage à la main est employé: 1° lorsque la difficulté du travail ne permet pas d'utiliser les grillages mécaniques, à cause de la forme de l'objet sur lequel il doit s'appliquer exactement;

2° sur des châssis en fer, ou en bois, qui doivent abriter des vitraux ou former des séparations ; 3° pour des grilles de tarares, ou toute autre application industrielle pour laquelle la forme variée des mailles ne peut être obtenue mécaniquement.

Le grillage mécanique à simple torsion est formé de spirales, ou ressorts à boudin, en fils métalliques de grosseurs déterminées par la maille à obtenir. Ces spirales sont produites par une machine, munie à son extrémité d'un manchon sur lequel s'enroule le fil ; elles sont cylindriques ou méplates. Chaque spirale, à sa sortie du manchon, passe comme un tire-bouchon dans chacun des anneaux de la spirale précédente et forme ainsi un tissu mobile auquel on peut donner toutes les dimensions. L'écartement des anneaux des spirales donne la grandeur de la maille qui peut être extrêmement petite.

Le grillage mécanique à trois torsions est une invention récente, dont les premiers brevets datent de 1853, et dont la fabrication est restée pendant près de vingt-cinq ans le monopole du marché anglais. Ce *grillage* est produit par des machines dont le mécanisme est disposé de façon à permettre à deux fils de fer de se tordre alternativement à droite et à gauche pour former la maille. Le mouvement de rotation, imprimé aux pignons qui donnent l'écartement de la maille, est produit par une crémaillère fixée à une bielle qui la pousse en avant ou la ramène en arrière à chaque série de torsion. Ce grillage, qui sert principalement aux clôtures de chasses, de jardins, de basses-cours, de vitraux, de volières, etc., est galvanisé après sa fabrication afin de souder toutes les mailles entre elles et d'éviter l'oxydation.

Le grillage ondulé est formé de fils légèrement ondulés, placés en diagonale et présentant au point de contact de chaque fil une légère dépression, déterminant la grandeur de la maille et empêchant le glissement d'un fil sur l'autre. Généralement monté sur des cadres en fer, il est employé pour garnir des soubassements de grilles, des panneaux de portes, des guichets, et rarement pour des clôtures d'un grand développement.

Le grillage à fil droit, moins usité, est fait comme le treillage en bois servant aux clôtures de chemins de fer. Il se compose de fils droits, bien dressés, reliés par des fils plus minces, tordus entre chaque fil droit, suivant l'écartement de ces fils.

II. GRILLAGE. T. de métall.

Le grillage a pour but d'expulser des minerais certaines parties inutiles ou nuisibles, tout en les préparant à l'opération définitive qui doit produire le métal cherché. Dans la métallurgie du fer, le grillage chasse l'eau, l'acide carbonique et rend le minerai plus perméable aux gaz qui doivent effectuer la réduction. On grille les minerais carbonatés dans le pays de Siegen et en Autriche-Hongrie ; on grille aussi ceux qui proviennent des houillères, et les minerais du Cleveland, que l'on peut rapprocher des carbonates. En Suède, les minerais de fer sont principalement des oxydes magnétiques,

combinaison de protoxyde et de peroxyde. On les grille d'une manière générale, bien plus pour leur communiquer un état physique favorable à la réduction, plus de perméabilité aux gaz, par exemple, que pour en expulser des matières inutiles ou nuisibles qui en sont presque toujours absentes dans cette région. En dehors des exemples cités, le grillage a disparu, à peu près partout, de la métallurgie du fer.

Il se fait, surtout, avec les gaz des hauts-fourneaux et cette pratique est à recommander, car elle ne met en contact avec le minerai aucun des éléments nuisibles qui se rencontrent dans les combustibles, soufre ou phosphore, et dont la présence diminuerait la qualité des produits.

Dans la métallurgie du cuivre, le grillage a pour but d'éliminer à l'état d'acide sulfureux la majeure partie du soufre. Le fer, qui a été oxydé, peut ensuite se combiner facilement à la silice, et être ainsi expulsé dans la fusion pour mattes. Le grillage se fait tantôt en tas, à l'air, tantôt en cases (V. Cuivre), tantôt au four à réverbère. Dans la métallurgie du fer, le grillage a lieu dans des fours à cuve qui peuvent avoir jusqu'à 10 et 12 mètres de hauteur.

Au point de vue chimique, le grillage est éminemment une opération oxydante, les protoxydes passent à l'état de peroxyde, et la présence du combustible, en faible proportion d'ailleurs, n'agit que pour élever la température.

III. *GRILLAGE. T. techn.

Le grillage est une opération destinée à enlever aux étoffes, au moyen d'une combustion rapide, les brins de fil ou de duvet qui se trouvent à leur surface. On l'appelle encore dans certaines contrées *roussi, flambage, gazage*, etc., mais ce dernier mot s'applique surtout aux fils. — V. Gazage.

— C'est à Rouen, vers 1810, qu'on a appliqué pour la première fois le grillage aux tissus ; on s'aperçut alors que l'impression sur calicot était beaucoup plus parfaite lorsqu'une partie du duvet de l'étoffe était enlevée, et on imagina de faire passer celle-ci sur un cylindre de fonte rougi à blanc qu'on tournait constamment. Cette opération fut adoptée plus tard, en 1815, par les imprimeurs d'Alsace, qui substituèrent au cylindre une plaque de fonte convexe, puis, en 1820, par les teinturiers d'Amiens, pour leurs velours de coton et leurs tissus de laine ; enfin, en 1840, par les teinturiers de Paris, pour les tissus de laine.

A cette époque, M. Molard, sous-directeur du Conservatoire des Arts-et-Métiers, eut l'idée de flamber l'étoffe au moyen de la flamme du gaz. Cette idée ne fut mise à exécution qu'en 1847 par un anglais, Samuel Hall, qui construisit alors une machine qui fut adoptée à Paris, Lille et Rouen, pour les toiles et les calicots.

En 1826, M. Descroizilles fils imagina le grillage à l'alcool enflammé. Sa machine fut usitée pendant quelque temps à Tarare et Saint-Quentin pour les tulles et tissus légers. Ce ne fut qu'en 1860 que M. Coke, à Manchester, imagina une nouvelle manière de griller, au moyen d'un mélange de gaz et d'air atmosphérique. Cette machine modifiée et construite en France par M. Tulpin, de Rouen, eut un grand succès. M. Blanche, manufacturier à Puteaux, installa, en 1873, une *grilleuse* qui est aujourd'hui généralement employée en France et en Allemagne ; elle est basée sur le principe du chalumeau, un courant d'air forcé produit la combustion du gaz.

Nous allons étudier ces différents systèmes.

Grillage au cylindre. Ce mode de grillage est considéré comme n'existant plus ; néanmoins nous pensons que quelques anciennes usines doivent encore l'employer. Dans une note
publiée il y a quelque temps dans le *Bulletin de la
Société industrielle de Mulhouse*, M. Justin Schultz
a écrit en effet les lignes suivantes : « Il y a

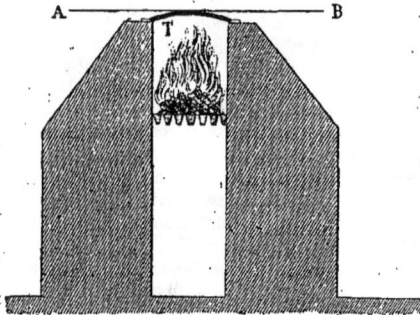

Fig. 354. — *Grillage à la plaque.*

quelques années, en visitant un très grand
établissement d'étoffes imprimées, j'y ai trouvé
un grillage tel qu'il existait à l'origine, avec un
cylindre en fer qu'on tournait. Les personnes qui
avaient la direction de l'établissement et qui étaient
très expérimentées et capables, prétendaient préférer ce système à tous les autres. »

**Grillage
à la plaque.**
La figure 354
représente la
coupe verticale
d'un appareil
de grillage à
la plaque. Un
segment en tôle
de fer T est pla-
cé à la clef d'une
voûte de four
et chauffé au
bois ou à la
houille. Le tis-
su AB passe
rapidement au-
dessus. Cette
disposition a
été abandon-
née et rempla-
cée par une pla-
que demi-cylin-
drique repré-
sentée fig. 355.

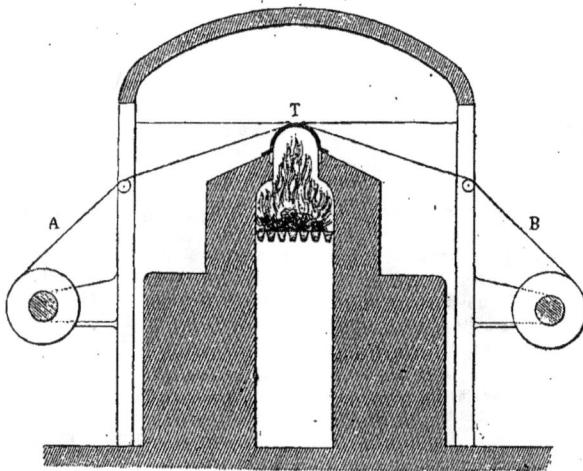

Fig. 355. — *Grillage à la plaque cintrée.*

De la sorte, le tissu ne peut être en communication qu'avec la plaque et non plus avec les
parties où le métal est joint à la maçonnerie, et,
suivant la nature du tissu et l'intensité du feu,
on peut augmenter à volonté la surface de contact
au moyen de plusieurs rouleaux guides échelonnés sur les montants de l'appareil.

Les pièces de tissu qui doivent passer — de
deux à quatre fois — sur la plaque sont ordinai-

rement accouplées au bout l'une de l'autre et enroulées sur un cylindre en bois de même longueur
que la plaque.

L'ouvrier grilleur, auquel est ordinairement

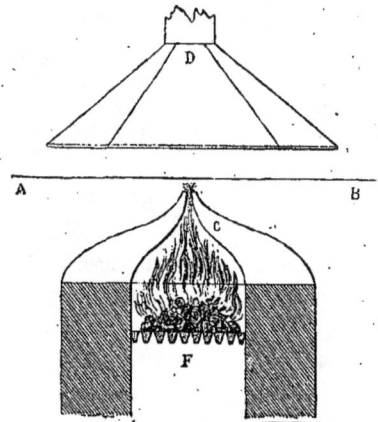

Fig. 356. — *Grillage à la flamme de coke.*

adjoint un aide, doit surtout veiller à bien gouverner son feu, afin que la plaque ne soit pas chauffée inégalement et qu'un côté du tissu ne soit pas
plus flambé que l'autre. Le grillage à la plaque
ne peut s'appliquer aux couleurs, qui sont toujours altérées
par cette forte
chaleur, on
grille alors
avant de tein-
dre. Les tissus
alpacas noirs,
en Angleterre,
sont grillés
teints, sur pla-
ques de cuivre
chauffées au
rouge vif, pour
avoir un bril-
lant tout à fait
solide. La pièce
est passée hu-
mide, c'est un
apprêt en même
temps qu'un
grillage.

On ne doit
jamais griller
à la plaque les
tissus qui ont
les lisières molles ; il se produit toujours, en ce
cas, des marbrures qui nuisent à la vente de l'é-
toffe.

En règle générale, le grillage du tissu donne
plus d'affinité pour la teinture, les nuances sont
plus nourries et la matière colorante pénètre
mieux dans la fibre.

Grillage à la flamme de coke. Ce mode

de grillage, employé dans plusieurs manufactures importantes de l'Angleterre est représenté figure 356.

Au-dessus d'un feu de coke F est une espèce de cornue C à laquelle on a fait une fente pour laisser passer la flamme poussée par un ventilateur. Une cheminée D, placée sur le foyer, enlève les produits de la combustion, et le tissu AB passe au-dessus de la flamme produite par l'oxyde de carbone.

L'inconvénient de ce système est que la flamme, passant complètement au travers du tissu, le flambe d'une façon trop complète, et le fait paraître après l'opération plus vieux et plus léger qu'il ne l'est en réalité. En outre, il y a toujours un énorme dégagement d'acide carbonique, qui incommode beaucoup les ouvriers.

Grillage à l'alcool. On a commencé par faire couler l'alcool, pour l'enflammer ensuite, dans une petite gouttière placée au-dessous d'un cylindre ; la pièce passait alors sur la flamme en recevant le mouvement de ce cylindre, mais on perdait ainsi beaucoup d'alcool.

Puis on a employé une espèce de lampe à niveau constant, dont le réservoir métallique communiquait par un tube horizontal avec une multitude de petits becs donnant une flamme mince non interrompue qui avait pour longueur la largeur de l'étoffe. Comme, à mesure que le bec métallique d'une lampe à alcool s'échauffe, il s'opère une distillation qui tend à grandir de plus en plus la flamme au point que, souvent, on ne peut plus la maîtriser, le réservoir et le tube étaient entourés, pour obvier à cet inconvénient, d'une couche d'eau froide qui se renouvelait sans cesse.

Enfin, M. Decroizilles, de Rouen, a imaginé des tuyaux de plomb percés dans toute la longueur de leur partie supérieure de petits trous munis chacun d'une mèche d'amiante, et qui communique avec un réservoir d'alcool disposé de telle sorte que ce liquide ne s'écoule dans le tube qu'au fur et à mesure que celui-ci est vide. Cet appareil, surtout applicable aux étoffes légères, est abandonné à cause du prix élevé de l'alcool.

Grillage au gaz. Les machines les plus employées pour griller au gaz, ou plutôt, avec un mélange de gaz et d'air atmosphérique, sont au nombre de deux : l'une, plus ancienne, inventée par M. Tulpin, constructeur à Rouen ; l'autre, plus récente, due à M. Blanche, manufacturier à Puteaux.

Machine Tulpin. Les premières grilleuses au gaz, d'origine anglaise, présentaient des inconvénients qui les ont fait abandonner, le tissu passant sur la flamme arrêtait la combustion, comme le fait la toile métallique dans la lampe Davy, il en résultait une grande perte de gaz non brûlé, des dépôts de noir de fumée sur les étoffes soumises à l'opération et une mauvaise odeur difficile à enlever. Tulpin, de Rouen, a évité ces difficultés, la pièce touche la flamme tangentiellement sur ses deux faces, en laissant le sommet tout à fait libre. Le tissu est guidé par des rouleaux en cuivre, il y a ainsi deux contacts sur une seule

rampe de gaz, mais comme la pièce d'étoffe forme une chambre au-dessus de la flamme, on est obligé d'enlever les produits de la combustion qui s'accumulent dans cette sorte de couloir, à l'aide d'un ventilateur aspirant. Il faut deux rampes semblables dans la machine pour avoir un grillage suffisant. — V. Apprêt.

Comme la consommation de gaz était considérable et la combustion encore incomplète, M. Tulpin a ajouté un petit ventilateur supplémentaire qui envoie de l'air dans le tuyau du gaz et forme un mélange plus facile à brûler ; il est bien entendu que le mélange ne peut se faire dans un réservoir où il produirait une explosion, et comme la pression du gaz d'éclairage dans les tuyaux n'est que de 8 à 12 millimètres d'eau, la pression de l'air injecté doit être très faible pour ne pas produire le refoulement du gaz.

La machine Tulpin a eu beaucoup de succès, mais elle présente divers inconvénients : 1° grande dépense de gaz dont on n'utilise qu'une partie ; 2° l'ouvrier ne voit que l'envers de la pièce, il ne peut donc pas corriger les irrégularités de grillage ; 3° la grillure ou laine brûlée bouche souvent les becs d'introduction du gaz, il en résulte des lacunes dans la flamme, et par suite, des rayures sur la pièce, qu'on ne voit pas immédiatement.

Machine Blanche. Elle est basée sur un autre principe, celui du chalumeau. L'air arrive avec une pression de 40 à 50 centimètres d'eau par un tube effilé. Le tuyau de gaz est placé au-dessous. Ces deux tubes sont enfermés dans un manchon de 20 centimètres de longueur, et aplati au sommet comme un bec de clarinette. Le jet d'air fait appel au gaz, se mélange avec lui, et vient brûler au sommet du manchon.

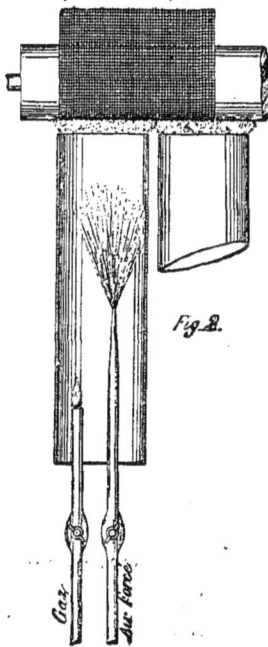

Fig. 2.

Fig. 357.

Des robinets règlent la proportion d'air et de gaz. La combustion est d'autant plus vive que la pression d'air est plus grande (fig. 357). La flamme bleuâtre, très courte, vient frapper la pièce, qui est guidée par un rouleau de cuivre. La combustion est complète, il n'y a aucune odeur et aucun dépôt de noir de fumée. L'ouvrier voit sa pièce se dérouler à l'endroit, et en cas d'accident ou d'arrêt du moteur, la rampe se renverse en arrière de façon à ne pas brûler le tissu. Le nettoyage des becs peut se faire en marchant. Une pompe refoule l'air dans un réservoir muni d'une soupape qui règle la pression. La rampe est formée, suivant la largeur des tissus, d'une série de tubes semblables fixés sur un châssis en fer, qui est mobile sur son axe.

On a remplacé, dans quelques machines, la série des tubes ou manchons par un gros tube horizontal fendu dans sa longueur, mais ce n'est qu'un changement de position, le principe est le même : un courant d'air forcé qui fait appel au gaz, comme dans le chalumeau de laboratoire.

IV. **GRILLAGE.** Nom générique des ouvrages formés par l'entrecroisement de pièces de bois ou de métal ; en *t. de constr.*, c'est un assemblage de pièces de charpente qui sert à asseoir les fondations sur pilotis, sur terrain glaiseux ou marécageux.

* **GRILLAGEUR.** Fabricant, ouvrier qui fait ou pose le grillage.

GRILLE. 1º *T. de constr.* Treillis de grosse charpente que l'on emploie dans les fondations sous l'eau. || 2º *T. de dor.* Treillis de fer qui sert à exposer l'ouvrage au feu. || 3º *T. de fumist.* Coquille en fonte que l'on place dans une cheminée pour brûler le charbon de terre ou le coke. || 4º *T. de tiss.* Assemblage de tringles servant à empêcher de tourner les crochets d'un métier. || 5º *Art. hérald.* Porte grillée représentée sur l'écu. || Barreaux de la visière d'un heaume, à la hauteur des yeux.

I. **GRILLE.** Clôture à jour. Ces clôtures se font en bois, en fer, en bronze ou en fonte. Des grilles en bois, nous ne parlerons pas, car leur charpente est le plus souvent très simple, et éloigne toute idée artistique ; mais les grilles en métal ont une très grande importance dans l'archéologie, par leur travail et par leur appropriation à l'architecture.

— Les anciens, et surtout les Romains, ne connaissaient que les grilles coulées en bronze et qui étaient toujours de dimensions restreintes, à cause de la cherté de la matière première et des difficultés de l'exécution. Il semble que ce fut des Gaulois que les Romains apprirent à forger de grandes pièces en fer, et à les assembler avec précision. Depuis la conquête des Gaules jusqu'aux premiers siècles du moyen âge, on voit partout des grilles en fer, mais petites encore, car les pièces étaient forgées au marteau, et obtenir une barre longue, d'une épaisseur égale, aux angles bien nets était une première difficulté qui fut pendant longtemps insurmontable. Aussi, lorsqu'on pouvait en faire les frais, employait-on encore le bronze. La grille de Notre-Dame d'Aix-la-Chapelle, remontant à Charlemagne, est en cuivre coulé.

Les grilles en fer sont d'abord composées de barres carrées ou méplates se coupant à angle droit ou en losange. Vers le commencement du XIIᵉ siècle, on y ajoute des rinceaux artistement travaillés. Il nous en reste un exemple remarquable dans la cathédrale du Puy. Peu à peu les fabricants s'enhardissent, et assemblent des panneaux d'ornement formant par leur réunion de grands dessins,

pour les riches clôtures des sanctuaires, des trésors, des reliquaires, des tombeaux. Telles les clôtures du chœur de l'église de Saint-Denis, de l'église abbatiale de Saint-Germer, la grille du tombeau de la reine Eléonor à Westminster. La plupart sont surmontées de défenses en saillies : pointes, flèches, chardons, qui ajoutent encore à la richesse et à la variété des ornements.

Les grillages des fenêtres offrent aussi des dessins, plus simples en général, mais d'une élégance parfaite. Ce sont des enroulements en fer méplat, des clavettes croisées et rivées, des brindilles en fer carré, contournées en rinceaux et étampées, comme on en voit encore à l'église de la Brède (Gironde), à Agen, à Soissons et dans les édifices du XIIIᵉ siècle. Au XIVᵉ déjà, on emploie avec succès les plaques de fer battu découpées, qui étaient d'une fabrication moins coûteuse que le fer forgé. De même, on ne soude plus, on rive, aux dépens de la solidité et de la légèreté. D'ailleurs, les ouvriers de cette époque excellent dans le travail du fer et il est regrettable que leurs procédés se soient perdus avec les progrès de l'industrie mécanique.

A dater du XVᵉ siècle, on ne trouve plus assez riches les grilles déjà si compliquées des siècles précédents ; on imagine alors de donner une importance plus grande aux couronnements des montants ; on y voit apparaître des attributs, des figures fantastiques, des pointes de fer très ouvragées, constituant d'excellentes défenses. C'est la plus belle époque de la serrurerie d'art. L'habileté des ouvriers est devenue extrême, ils se jouent de difficultés qui sont pour nous insurmontables, et partout on retrouve trace de la fertilité de leur invention. A Constance, à Troyes, à Strasbourg, dans beaucoup de localités du Nord et de l'Est, on voit encore des chefs-d'œuvre de ferronnerie. Les ouvriers de ces contrées avaient déjà une supériorité qu'ils ont conservée, d'ailleurs, dans la fabrication du fer et dans les industries qui en dépendent, et leurs assemblages ingénieux évitaient ces rivets et ces goupilles qui rendent les ouvrages modernes en fer à la fois si compliqués et si peu solides. Dans le midi et dans l'ouest de la France, la ferronnerie est moins travaillée et moins finie, tandis qu'en Flandre et en Allemagne, l'exécution est toujours parfaite. Nous n'avons rien de comparable, par exemple, aux grilles du tombeau de Maximilien, à Inspruck, à celles des cathédrales de Constance, de Munich, d'Augsbourg, qui datent des XVᵉ et XVIᵉ siècles.

La fonte moulée, employée par l'industrie, a permis de fabriquer des pièces fort jolies, fort compliquées d'ornement, et de prix relativement très modéré, ce qui a généralisé l'emploi des grilles, et a étendu leur rôle dans l'architecture. Mais en même temps disparaissait toute originalité dans le travail. La plupart de ces grilles ne méritent donc plus une étude spéciale au point de vue de l'art, elles rentrent dans le domaine de l'industrie. Cependant, depuis quelques années on semble revenir au mélange du fer forgé mélangé avec la fonte et la tôle. C'est sans doute le point de départ d'une renaissance de la ferronnerie qui nous permettra de retrouver, dans ces ouvrages en métal, non plus des lignes générales de modèles connus, mais les traces du travail et de l'originalité de l'ouvrier.

— Aux grilles déjà citées, nous pouvons ajouter celles plus modernes du Palais de Justice, à Paris, et l'entrée du Parc Monceau, dorées et ornées d'attributs. Dans l'intérieur des églises ou des palais, le fer ayant moins à craindre les intempéries, peut être poli au lieu de peint ; telles sont la grille du chœur de Saint-Germain-l'Auxerrois, et celles des galeries du Louvre, surtout la porte en fer repoussé de la galerie d'Apollon. Malheureusement, on n'a, pendant longtemps, apporté aucune attention à ces ouvrages de valeur que nous avaient laissé les époques précédentes. C'est ainsi que l'un des plus grands ouvrages de serrurerie d'autrefois, la grille de la place Royale a été remplacée, au milieu de ce siècle, par une grille en fonte qui n'a avec l'art que des rapports très éloignés. — V. Ferronnerie.

II. * GRILLE. *T. de tiss.* Cette expression sert à désigner diverses pièces de la mécanique Jacquard, savoir : 1° le long cadre armé de tringles métalliques et horizontales, sur lesquelles les anneaux ou châsses des aiguilles sont emprisonnées à l'aide d'épinglettes verticales ; 2° le cadre muni de tringles plates en bois de noyer, lesquelles, descendant jusqu'à la base du talon de chaque crochet, empêchent tous les crochets de tourner, chose essentielle pour forcer le bec de corbin de chacun d'eux à rester bien en regard du couteau qui lui correspond dans la griffe ; 3° le cadre de tubes, en verre ou en bois, qu'on place au-dessous et à une petite distance de la planche à collets, pour séparer entre eux tous les rangs de collets, régulariser la foule et assurer aux maillons, dont les arcades sont les plus obliques, une levée égale à celle des maillons suspendus aux arcades empontées au centre de la *planche d'arcade.*

*GRILLE DE FOYER. *T. techn.* Partie du foyer sur laquelle se fait le chargement du combustible. Elle se compose de barreaux de formes diverses, qui reposent par leurs talons sur des *sommiers* ou supports de grille ; ceux-ci sont logés dans des galoches rivées contre les parois du foyer. Les barreaux sont alignés côte à côte, par rangées, de manière à former une surface horizontale à laquelle on donne le nom de *surface de grille* ; cette surface est l'élément principal auquel on rapporte les dimensions des autres parties de la chaudière. — V. l'art. Chaudière, p. 932.

Avec le tirage naturel, on peut brûler utilement de 80 à 100 kilogrammes de charbon par mètre carré et par heure. Il résulte de ce fait, qu'avec les meilleures machines actuelles qui consomment environ 1 kilogramme de charbon par cheval et par heure, un décimètre carré de surface de grille peut suffire au développement d'une puissance de 1 cheval vapeur, c'est-à-dire de 75 kilogrammètres par seconde, mesurés sur le piston de la machine. Suivant la qualité du combustible la production de vapeur est de 700 à 900 kilogrammes par heure et par mètre carré de grille. Ces données varient extrêmement avec le tirage forcé, puisque suivant l'énergie de ce mode de tirage, on peut brûler de 120 à 500, 600 et même près de 700 kilogrammes de bonne houille, par mètre carré de grille et par heure.

Quel que soit le genre de grille adopté, il doit posséder les qualités suivantes : être facile à charger et à entretenir pendant la marche, c'est dans ce but que la plupart des grilles ont une inclinaison de 10 à 15 centimètres par mètre sur l'arrière de la porte du foyer. La grille doit être libre de se dilater dans tous les sens, et permettre le dégagement facile des cendres et des escarbilles, aussi les barreaux de grille ont-ils généralement,

comme section droite, la forme d'un trapèze, dont la petite base est en dessous ; cette disposition permet, en outre, l'introduction facile du *crochet* entre les barreaux, sans ouvrir la porte du foyer. Les vides sont égaux au quart de la section totale, sur les chaudières fixes, mais cette proportion s'élève à la moitié sur les chaudières de locomotives, où les vides sont égaux aux pleins ; il importe, en effet, de faciliter l'accès de l'air et d'empêcher la fusion des barreaux.

L'espace libre entre la grille et le ciel du foyer doit être suffisant pour que les gaz de la combustion puissent s'y dégager à l'aise ; (dans nombre de cas, on a reconnu qu'il était très avantageux d'abaisser le plan de grille au détriment de la section du cendrier) ; cet espace dépend naturellement de la nature du combustible, il peut être moindre avec du charbon maigre qu'avec du charbon gras, du coke ou du bois. Toutes les parties d'une grille doivent être facilement renouvelables, les barreaux sont souvent disposés de manière à pouvoir s'enlever isolément en service et permettre aussi de faire tomber le feu en cas de nécessité ; les grilles des locomotives actuelles sont toutes munies, à cet effet, d'un *jette-feu* spécial placé à l'avant et formé d'une partie de grille mobile autour d'un axe horizontal.

Lorsque la grille est convenablement étudiée, un bon chauffeur peut arriver à y brûler un charbon de qualité ordinaire d'une manière suffisante ; mais néanmoins, on a recours quelquefois à certains appareils spéciaux qu'on dispose dans le foyer pour assurer la combustion complète du charbon et éviter la production de la fumée. Dans certains cas, la grille elle-même est disposée pour assurer mécaniquement un chargement méthodique du combustible indispensable pour la marche régulière du feu. Parmi les divers types de grilles mécaniques, nous citerons, par exemple, celle de Taillefer qui se compose d'une sorte de chaîne sans fin formée par un grand nombre de tiges articulées figurant les barreaux. Le combustible est versé à l'avant à l'aide d'une trémie sur cette grille, et il est entraîné avec les barreaux mobiles d'un mouvement assez lent (deux mètres par heure environ) ; pour être entièrement brûlé lorsqu'il arrive au voisinage du tambour opposé. Cet appareil réalise, en quelque sorte, les conditions théoriques d'un bon chargement, et il donnerait des résultats tout à fait satisfaisants si l'entretien n'en était pas si difficile ; mais c'est là d'ailleurs un défaut nécessaire qui est commun à tous les organes mécaniques exposés à l'action d'un feu intense, aussi nous n'y insisterons pas davantage.

La disposition des grilles se trouve déterminée en grande partie par la nature du combustible employé. Les premières grilles des locomotives de chemins de fer, qui ne devaient brûler que du coke, avaient une surface très réduite, elles étaient très profondes et recevaient des couches très épaisses de combustible ; les barreaux en fer, d'assez forte section, laissaient à peine un vide égal au plein. Pour la combustion des houilles ordinaires à longue flamme, on emploie aujourd'hui des grilles allongées sur lesquelles on dispose des couches plus minces de combustibles, et on les incline de l'arrière à l'avant de la machine pour opérer dans le foyer une distillation lente du combustible introduit à l'arrière avant qu'il ne vienne tomber à l'avant. On s'attache également, pour prévenir la corrosion des barreaux, à les maintenir bien isolés et sans contact entre eux ; sur la grille Raymondière, par exemple, on emploie des bandes en fer plat de 1 centimètre d'épaisseur, posées de champ, dont l'écartement est maintenu par de simples têtes de rivets fixés sur les barreaux de deux en deux.

Pour éviter l'encrassage avec les houilles demi-grasses, on a souvent recours, surtout en Amérique, aux grilles à secousses ; tous les barreaux sont alors mobiles autour d'autant d'axes supportés par les tringles à secousses sur lesquelles le mécanicien peut agir à volonté. Quelquefois, les barreaux, qui sont en fonte, prennent une forme en zig-zag pour multiplier les rentrées d'air. On a été même jusqu'à supprimer complètement les barreaux pour les remplacer par des bras fixés sur des axes transversaux auxquels on peut communiquer un mouvement oscillant. Les grilles à secousses sont peu usitées en France, nous citerons seulement les grilles Goujet et Wackernie.

Pour la combustion du menu proprement dit, les barreaux sont rapprochés à des intervalles aussi petits que possible, de 3 millimètres seulement pour ne pas tamiser le menu ; on les prend en même temps très étroits pour ne pas réduire le vide, ce qui oblige, en outre, à en réduire la longueur, et on réalise ainsi la grille en gradins des gazogènes ou la grille du foyer Belpaire dont nous avons parlé déjà (V. CHAUDIÈRE et FOYER). Cette grille étant très allongée se trouve ainsi formée d'une série de barreaux reposant sur des supports intermédiaires ; les barreaux sont pris ordinairement en fonte et coulés par séries de trois ou quatre, l'emploi en est ainsi plus économique que celui des barreaux en fer. La section de ces barreaux se termine par un biseau fortement allongé et même quelquefois percé de trous pour obtenir un contact plus intime avec le courant d'air (grille Grandjean). Dans certains types de barreaux employés aux Etats-Unis, la section se bifurque à la partie inférieure et présente deux saillies verticales entre lesquelles s'engage le courant d'air. Les barreaux des grilles des torpilleurs qui sont en fer sont également percés de trous et rafraîchis par l'action d'un ventilateur spécial. Les sommiers sont formés également de barres entretoisées.

Lorsqu'on emploie l'anthracite qui est du carbone presque pur, développant par rayonnement la plus grande partie de sa chaleur dans le foyer, la grille se trouve soumise à une température intense, et les barreaux seraient rapidement brûlés s'ils n'étaient rafraîchis par une disposition spéciale. On ne se contente pas habituellement de l'action du courant d'air, et on dispose, à cet effet, les barreaux en forme de tubes creux à travers lesquels on fait circuler un courant d'eau emprunté à la chaudière. Dans cette disposition qui est très fréquente aux Etats-Unis, les tubes de la grille

sont inclinés de l'arrière à l'avant et débouchent à leurs deux extrémités dans les murailles d'eau du foyer, vis-à-vis de regards pratiqués dans les parois de la boîte à feu et qui permettent de les nettoyer facilement. On intercale simplement quelques barreaux pleins qu'on peut enlever pour faire tomber le feu. L'inclinaison des barreaux établit à l'intérieur une circulation suffisante pour prévenir toute corrosion. Une disposition analogue a été appliquée également en Angleterre, par M. Webb pour les machines à anthracite du *London and North Western Railway*. (V. *Engineering*, octobre 1872, et *Revue générale des Chemins de fer*, octobre 1879).

Dans ces dernières années, l'usage du pétrole a pris un certain développement, surtout en Russie, pour chauffer les foyers des chaudières marines et des locomotives, et on a dû disposer des grilles spéciales pour brûler ce combustible. Nous citerons, par exemple, la grille à pétrole installée en 1875 sur les locomotives du chemin de fer de Griazi à Tsaritzin. Cette grille comprend une rangée horizontale de tubes percés chacun d'ouvertures annulaires par lesquelles le pétrole s'échappe en jets. L'huile est lancée dans le foyer à travers ces trous par un courant central de vapeur amené par une grille inférieure formée d'une égale rangée de tubes disposés au-dessous de ceux à pétrole. Cet appareil, qui donnait déjà d'ailleurs des résultats très satisfaisants, a été perfectionné continuellement par M. Urquhardt qui s'est fait en quelque sorte une spécialité de cette application du pétrole. Dans le dernier type de foyer disposé par lui, le pétrole est lancé dans le foyer au moyen d'un véritable injecteur traversé par un courant de vapeur permettant de régler à volonté la dépense et l'intensité du jet. On trouvera la description des divers appareils imaginés par M. Urquhardt, d'après les principes posés il y a quinze ans par M. Sainte-Claire Deville, dans la *Revue générale des chemins de fer*, numéros d'octobre 1879, 1883 et de juillet 1884. L'emploi du pétrole, combiné avec un tirage suffisamment énergique, permet ainsi d'obtenir une combustion très active donnant une haute température et bien plus facile à régler qu'avec les combustibles solides, la grille s'entretient très propre et n'exige aucun entretien pour ainsi dire. Toutefois, malgré les progrès réalisés, ces appareils ne paraissent guère susceptibles d'une application pratique en dehors des pays de production, où le pétrole peut se rencontrer à un prix abordable ; nous devons reconnaître cependant que certains essais pratiqués actuellement à Paris, pour l'utilisation directe des huiles minérales résultant de la distillation de la houille paraissent donner des résultats très satisfaisants, et il y a tout lieu de penser que l'application est appelée à se développer pour certains cas spéciaux, notamment pour les chaudières des bateaux et surtout pour celles des torpilleurs. En Angleterre, on songe même aussi à en munir les chaudières de locomotives des trains express : la grande puissance calorifique du pétrole qui atteint le double de celle des houilles ordinaires, permettra d'obtenir, en effet, une vaporisation bien plus active encore avec les grilles élargies de ces machines. Par contre, les huiles minérales présentent des inconvénients très graves, en dehors de leur prix élevé qui atteint actuellement huit fois environ celui du charbon. Le transport et l'accumulation en sont très dangereux, car elles dégagent des essences volatiles qui peuvent donner lieu à la production de mélanges détonants, et elles ont, en outre, une odeur particulièrement désagréable.

Les premières recherches de M. Sainte-Claire Deville sur cette question ont été exécutées à bord de la *Pucelle* avec le concours de M. Dupuy de Lôme ; elles ont été poursuivies ensuite sur deux locomotives des chemins de fer de l'Etat (V. *Compte-rendu de l'Académie des sciences*, t. 63 et 69). M. Cody, ingénieur des forges et chantiers de la Méditerranée, a repris plus tard ces études avec un appareil analogue à celui de M. Sainte-Claire Deville et dont on trouvera la description dans le *Mémorial du Génie maritime* de 1883, 7ᵉ livraison, et il serait arrivé à obtenir une vaporisation d'eau de 13ᵏ,3 par kilogramme d'huile dépensé. D'après les résultats obtenus dans ces essais, on peut admettre que l'emploi des huiles minérales augmente la vaporisation de 50 0/0, et on voit par là que dans l'aménagement des bateaux, il permet de réaliser une économie de poids considérable, qui devient alors doublement importante, puis qu'elle permet d'augmenter pareillement la longueur des étapes. — V. GAZOGÈNE.

GRILLETÉ. ÉE. *Art hérald.* Se dit des oiseaux qui ont des *grillets* (sonnette ou petite cloche) d'un autre émail que le corps.

GRINGOLÉ, ÉE. *Art hérald.* Se dit des croix dont les extrémités se terminent en têtes de serpents.

GRIOTTE. Marbre de couleur rouge foncé, tacheté de rouge vif ou de brun, et l'un des plus estimés parmi les marbres de France.

*GRIPPEMENT. T. techn. Forte adhérence qui se produit entre deux pièces métalliques frottant l'une contre l'autre.

GRISARD. T. techn. Grès très dur et difficile à travailler ; on le nomme aussi *grès pif.* || Variété de peuplier. — V. BOIS.

GRIS. Couleur mêlée plus ou moins de noir et de blanc, et, par analogie, couleur de certains minéraux ; gris d'acier, gris de fer, gris de plomb, gris livide. || *Petit-gris.* Sorte de *fourrure.* — V. ce mot. || Sorte de marbre qu'on exploite en France : on distingue le *gris rosé*, le *gris perlé* et le *gris fleuri.*

GRISAILLE. T. d'art. Peinture formée avec le blanc et le noir et qui permet d'imiter le bas-relief ; on obtient tous les tons rendus par le clair et l'ombre, d'où le nom de *chiaro scuro*, clair-obscur, que lui ont donné les Italiens.

GRISOU. On désigne, sous ce nom, les gaz inflammables qui se dégagent dans les houillères, et dont les explosions causent dans ces mines des accidents heureusement assez rares, mais d'une gravité exceptionnelle.

— L'accident de Oaks Colliery (Yorkshire), le plus terrible qui soit jamais arrivé a fait 361 victimes, le 12 décembre 1866. Une statistique, peut-être incomplète, a relaté 35 accidents survenus de 1710 à 1880 dans les différents pays du monde et ayant fait chacun plus de 50 victimes. Néanmoins, le nombre des victimes des explosions de grisou n'est guère que le quart du total des personnes qui périssent dans les mines par des éboulements ou des causes diverses. Pendant les années 1860 à 1875, il y a eu dans les mines de houille de France, 679 ouvriers tués par explosion de grisou et 135 par asphyxie, sur une moyenne d'environ 50,000 ouvriers employés à l'intérieur, tandis que dans le même temps, le nombre total des ouvriers tués, tant à l'intérieur qu'à la surface, a été dans ces mines de 3,437.

A la suite d'une catastrophe, qui est survenue au puits Jabin, à Saint-Etienne, le 4 février 1876, et qui a fait 191 victimes, le gouvernement français s'est ému, et a chargé une commission de l'étude des moyens propres à prévenir les explosions du grisou dans les houillères. M. Haton de la Goupillière a rédigé, au nom de cette commission, un long et intéressant rapport, où le lecteur, que cette question intéresse, trouvera les détails, que le défaut de place nous empêche d'insérer ici. La commission a, comme résumé de ses travaux, publié des *principes à consulter dans l'exploitation des mines à grisou.*

Nous allons d'abord faire connaître la composition du grisou, ses propriétés physiques et chimiques, les caractères de son gisement dans la houille, l'influence des conditions atmosphériques sur sa sortie ; nous dirons un mot du rôle contesté que jouent les poussières de charbon, dans les explosions de grisou ; puis nous décrirons les moyens employés pour combattre le grisou, et qui consistent surtout à le noyer dans un assez grand volume d'air, pour le rendre inexplosif ; nous dirons comment il faut disposer les travaux dans une mine à grisou, comment il faut y éclairer les ouvriers, quelles précautions il faut apporter dans le tirage des coups de mine et quelle réglementation on adopte généralement ; nous parlerons des moyens de reconnaître et de doser le grisou, et nous terminerons en parlant des accidents qui se produisent malgré toutes les précautions, et des sauvetages auxquels ils donnent lieu.

Composition du grisou. Le grisou qu'on appelle encore *mofette, mauvais air, fire live, schlagendes wetter*, est un mélange complexe où domine presque toujours l'hydrogène protocarboné ou gaz des marais (C^2H^4 ; CH^4), qui y entre dans la proportion de 80 0/0. Il est généralement accompagné d'hydrogène bicarboné (C^4H^4 ; C^2H^4), d'acide carbonique, et d'air, avec une proportion prédominante d'azote. On a signalé aussi de l'hydrogène, de l'hydrure d'éthyle (C^4H^6 ; C^2H^6), de l'hydrure de propyle (C^6H^8 ; C^3H^8), de l'hydrogène sulfuré et du sulfhydrate d'ammoniaque ; la présence de ces derniers gaz peut s'expliquer par la présence des pyrites, mais quelquefois ils proviennent de la houille elle-même : M. Percy a trouvé dans une houille de l'île de Kerguelen, 13 0/0 de soufre avec très peu de fer.

La décomposition des matières organiques et excrémentielles laissées dans les vieux travaux, vient ajouter à l'air qui s'en dégage des produits ammoniacaux et des miasmes. Les incendies soûterrains fournissent également de l'acide carbonique et de l'oxyde de carbone, de l'acide sulfureux et les produits de la distillation de la houille et des bois.

Propriétés chimiques. Le gaz des marais est regardé comme insoluble dans l'eau même alcaline. Cependant, M. Chansselle a observé à Saint-Etienne que sous 17 mètres d'eau, c'est-à-dire à la pression de 2^{atm},7, le grisou peut se dissoudre dans environ 40 volumes d'eau. Un fait analogue a été observé à Crespin-lez-Anzin, par M. Chavatte. Le gaz des marais est condensé par l'éponge de platine.

Le gaz des marais est un corps combustible dont les deux éléments s'unissent à l'oxygène. Un volume de gaz, avec deux volumes d'oxygène, donne deux volumes de vapeur d'eau qui se condensent et un volume d'acide carbonique. La combustion du grisou dans un excès d'air fait donc disparaître, après le refroidissement, un volume à peu près double de celui que le grisou occupait.

Le gaz des marais, mélangé à l'air, ne brûle complètement pour donner de l'acide carbonique et de l'eau, que si sa proportion est moindre que 9,5 0/0. Au delà, mais seulement alors, il se produit en même temps de l'oxyde de carbone, et il reste de l'hydrogène carboné non brûlé. Quand le grisou brûle au bout d'un bec qui le débite, il donne une légère flamme bleue. M. Grüner, en accompagnant à Saint-Etienne le *pénitent*, dont la mission était d'enflammer le gaz au plafond des galeries, a vu des nappes blanches de feu courir au toit des ouvrages.

Si un mélange de grisou et d'air opéré dans des proportions convenables subit le contact d'un gaz enflammé, on a une véritable explosion, qui atteint son maximum d'énergie quand le grisou est mélangé à 7 fois son volume d'air, mais qui peut être empêchée par la présence d'une certaine proportion d'acide carbonique. L'étincelle électrique peut aussi déterminer l'explosion dans l'eudiomètre, du grisou mélangé de 6 à 16 fois son volume d'air.

M. Mallard a étudié la vitesse d'inflammation d'un mélange de grisou et d'air, il a trouvé qu'elle atteignait le maximum d'environ 0^m,60 par seconde quand le grisou était mélangé à 8 fois 1/4 son volume d'air. La vitesse beaucoup plus grande de propagation d'un coup de feu dépend de la vitesse d'inflammation, de la vitesse du courant d'air préexistant et de l'énorme poussée que produit l'expansion du gaz subitement porté à haute température. La température d'inflammation de l'hydrogène protocarboné est, d'après MM. Mallard et Lechatelier, de 780°; celle de l'hydrogène bicarboné est seulement de 550°. Il faut que cette température soit prolongée pendant un certain temps pour produire la combustion. La pression maximum qui se produit par l'inflammation d'un mélange de grisou et d'air est, d'après les mêmes expérimentateurs, de 6 à 7 atmosphères.

Propriétés physiques. L'hydrogène protocarboné a une densité de 0,558, mais le mélange de l'hydrogène bicarboné, de l'air et de l'acide carboni-

que, alourdit le grisou ; sa densité mesurée a varié de 0,58 à 0,96. En raison de sa légèreté, le grisou tend à s'accumuler au toit des galeries ; il se diffuse ensuite peu à peu, de sorte que l'air présente des teneurs en hydrocarbures qui diminuent du toit à la sole. Quand le grisou est mélangé à l'air, ces gaz ne se séparent plus.

Le gaz des marais est incolore, mais le grisou a un pouvoir réfringent, sensiblement différent de celui de l'air, ce qui permet quelquefois de voir de petits filets gazeux sortir du charbon pour gagner le toit des galeries sans se mélanger à l'air. Le gaz des marais est inodore et insipide, mais parfois le grisou a une odeur fétide et un léger goût de pomme. Il produit un certain picotement aux yeux. Il n'est pas toxique, mais il est asphyxiant à la façon de l'acide carbonique, quand sa proportion atteint le tiers du mélange. Heureusement quand on est asphyxié par le grisou, on tombe dans une région plus saine.

Gisement. Il est probable que le grisou existe dans les pores de la houille à l'état gazeux, mais certaines personnes pensent qu'il y est à l'état liquide ou solide. Les phénomènes de solubilité dans l'eau sous pression, la présence constatée d'hydrocarbures dans la houille, aussi bien que dans les rognons de fer carbonaté des houillères, et enfin les explosions de grisou produites en Belgique par la houille daloïde, et accompagnées de la projection d'une quantité énorme de menu, sont autant de raisons que mettent en avant les partisans du grisou liquide.

Quoi qu'il en soit, il est certain qu'il s'échappe sous une grande pression, en détachant une multitude de parcelles de houille ; il se produit alors une décrépitation qu'on appelle le *chant du grisou*. Quelquefois le front de taille se gonfle, se gauchit, éclate et s'exfolie. M. Chansselle ayant essayé, en 1867, de maintenir par un radier une sole grisouteuse qui poussait, a eu sa maçonnerie détruite. Cette grande pression fait même considérer, par les mineurs belges, le grisou comme un auxiliaire pour l'abatage. M. de Marsilly a vu des houilles qui dégageaient jusqu'à trois fois leur volume de gaz, et a reconnu qu'une pression de 5 atmosphères exercée sur la surface de ces houilles n'empêchait pas le dégagement. On a constaté, dans le filon, du grisou dont la pression dans la houille dépassait 16 atmosphères. La tension du grisou dans la houille tient aux conditions de sa formation, à la pression subie par le gîte de la part des terrains superposés et à leur plus ou moins parfaite imperméabilité.

Le grisou a pu parfois se dégager de la houille et s'accumuler dans des cavités naturelles existant au toit des couches et même quelquefois au mur. Suivant M. Devaux, ces *nids* ou *sacs* de grisou se rencontrent surtout aux crochons. Quand l'un d'eux débouche à l'air, il dégage du grisou et prend le nom de *soufflard*. On cite des soufflards, qui ont duré une cinquantaine d'années, et qui ont pu être captés et utilisés pour l'éclairage ; la pression du gaz y atteint parfois plusieurs atmosphères. Il y a eu à Frameries, le 17 avril 1879, un dégagement presque instantané de 4 à

500,000 mètres cubes de grisou. Les vieux travaux et même les travaux actuels peuvent aussi devenir, dans certains cas, des nids de grisou.

On admet que le gaz sort de la houille dans les premiers moments, de sa mise à nu, qu'au bout de quelques heures le dégagement n'est plus dangereux, et qu'après un temps plus ou moins long, il cesse complètement. Cependant, certaines houilles exposées à l'air perdent pendant plusieurs années une partie de leur pouvoir calorifique. Quand le dégagement des gaz a cessé à froid, il peut encore se prolonger à chaud. De même, le principe gras qui sert à coller le coke, se détruit quand on laisse la houille sur les haldes avant la carbonisation. La masse de gaz déversée journellement dans une mine, est sensiblement proportionnelle à la surface de houille mise à nu chaque jour, et par conséquent à l'extraction journalière. Le grisou ou un gaz analogue, a aussi été rencontré dans des mines de fer, de cuivre, de plomb, de sel, de soufre, etc. Il est probable que dans la plupart de ces cas, ce gaz avait une origine interne et filonienne comme dans les fontaines de gaz de la Chine, et les mines de pétrole de la Pensylvànie ; il peut aussi provenir, quelquefois, de dépôts de combustibles existant dans le voisinage, ou de la décomposition des bois, comme cela se produit dans les marais.

Influences atmosphériques. Comme la pression du grisou dans l'intérieur de la houille, ou dans les soufflards, est très considérable, les variations de la pression barométrique ne peuvent avoir sur son dégagement qu'une influence très faible.

Mais il reste dans les mines, même quand on les a remblayées, des vides qui peuvent atteindre le 1/6 et même le 1/3 du volume du charbon enlevé. Ces grands espaces vides ne sont pas aérés, et le grisou peut tendre à s'y accumuler. Il s'en échappe progressivement par diffusion, ou il subit une oxydation lente, et il en résulte que si on rentre après un temps considérable dans de vieux travaux, on n'y trouve en général que de l'acide carbonique. Quoi qu'il en soit, les vieux travaux, surtout s'ils sont situés, ce qui est le cas le plus habituel, à la partie supérieure de la mine, constituent de vastes poches où le grisou peut être enfermé à la pression atmosphérique. Une légère baisse barométrique peut, en dilatant ces gaz, favoriser leur invasion dans les travaux actuels. La chute brusque d'une certaine quantité d'eau dans un puits, ou un éboulement survenu dans la mine, peuvent aussi mettre en mouvement ces grands volumes d'air vicié.

Il résulte de ce qui précède que théoriquement, l'influence des variations du baromètre est possible, mais contestable. M. Galloway a constaté que la plupart des explosions de grisou survenaient dans une période de baisse barométrique, ou dans les trois jours qui la suivent ; mais M. Lechatelier a discuté ces observations, et en a tiré la conclusion inverse. M. Castel a constaté à Saint-Etienne que l'influence barométrique était nulle sur les explosions.

La température peut aussi avoir une influence sur les dégagements de grisou ; il en est de même

de l'état hygrométrique, car si l'air est sec, il se chargera de vapeur d'eau dans la mine et par cela modifiera la ventilation.

Rôle des poussières de charbon. Dès 1845, à propos d'une explosion survenue à Haswell, on a émis dans le *Philosophical magazine*, l'avis que les poussières de charbon, soulevées par l'explosion, avaient dû y prendre part. On a, en effet, retrouvé après cet accident, sur les boisages, des croûtes de 1 à 2 centimètres d'épaisseur, formées par les poussières, qui s'étaient agglutinées et qui avaient perdu presque toutes leurs matières volatiles en se transformant en coke. M. Dusouich a depuis lors émis des idées analogues à propos de plusieurs accidents survenus en France.

On a souvent observé au jour, l'inflammation de poussières de charbon, et on a constaté dans de nombreuses mines, par l'action des lampes ou des coups de mine, des flammes rougeâtres d'une dizaine de mètres de longueur, évidemment dues aux poussières. Dans beaucoup d'explosions de grisou, ces poussières ont perdu le quart ou même la moitié de leurs matières volatiles, et les expériences de MM. Mallard et Lechatelier, ont montré qu'elles pouvaient être enflammées par un coup de mine en l'absence de grisou. Ce fait se produit souvent lorsqu'on tire deux coups de mine consécutifs, dont le premier soulève les poussières, surtout si sa direction est plongeante.

Les gaz perdus par les poussières de charbon, portées au rouge par une explosion de grisou, peuvent à leur tour former avec l'air un mélange dont l'explosion aggrave le premier accident. La présence du charbon rend inflammable un mélange de grisou avec 112 fois son volume d'air, mélange qui ne serait nullement dangereux sans les poussières. Selon M. de Marsilly, elles brûlent en formant de l'oxyde de carbone.

Il résulte de ce qui précède que les poussières de charbon jouent souvent un rôle dans les explosions de grisou, sans qu'il soit toujours possible de démêler après l'accident l'importance et la nature de ce rôle.

Les charbons gras susceptibles de dégager une grande quantité de matières volatiles, donnent des poussières plus dangereuses que les charbons maigres. Vers la fin des postes, ces poussières sont soulevées par le travail d'abatage et de pelletage, et partant plus redoutables. Elles sont plus dangereuses dans les mines profondes où elles sont plus sèches et plus mobiles. On a recommandé, dans ce cas, l'arrosage du sol des galeries, ou mieux l'emploi d'une dissolution très hygroscopique de chlorure de calcium ayant pour effet de les fixer.

Ventilation. Le lecteur trouvera à l'article VENTILATION des renseignements sur ce service qui est très important, même dans les mines où la présence du grisou n'est pas à craindre. Dans les mines grisouteuses, il convient d'aérer beaucoup de façon à ne jamais laisser le grisou atteindre la proportion de 6 millièmes, et afin de rendre les poussières moins inflammables en les rafraîchissant. On recommande d'envoyer par heure un nombre de mètres cubes d'air égal au 1/20 ou au 1/10, du nombre de tonnes extraites par jour. En

Angleterre, on aère beaucoup. Ainsi, dans la mine de Hetton, on fait entrer plus de 100 mètres cubes par seconde. Certaines personnes pensent qu'il ne faut pas exagérer, et que les trop grands aérages favorisent les grands accidents de grisou. L'excès d'aérage soulève et dessèche les poussières et rend nécessaire un fort arrosage ; un courant rapide passe près des cloches du toit sans y pénétrer aussi bien qu'un courant plus lent, et il a, en outre, l'inconvénient d'occasionner des refroidissements aux hommes en sueur. Il faut absolument que la vitesse de l'air ne soit jamais suffisante pour faire sortir les flammes des lampes, et on atteint ce but en donnant partout une large section aux galeries et en subdivisant le courant d'air, dont la vitesse moyenne, dans les galeries, doit toujours être comprise entre 0,60 et 1,20 par seconde. Il est très essentiel, au point de vue du grisou, de brasser le courant d'air au moyen de portes d'aérage, convenablement disposées, pour n'avoir pas deux courants parallèles, d'air et de grisou.

L'air a tendance dans les mines à s'alléger en s'échauffant et en se chargeant de vapeur d'eau et de grisou. On recommande de le faire arriver dans la mine au fond du puits le plus profond, qui est le puits d'extraction, et de lui faire suivre une circulation ascensionnelle afin de profiter de son allègement, au lieu d'avoir à le combattre. On ne doit pas faire redescendre le courant une fois qu'il a passé sur un point grisouteux, parce que le grisou tendrait à s'accumuler à l'endroit le plus élevé du trajet de l'air.

Il convient de subdiviser le courant d'aérage en plusieurs circuits, on y trouve les avantages suivants : diminuer beaucoup les résistances à vaincre ; faire passer dans la mine de grandes quantités d'air, sans atteindre de grandes vitesses ; amener directement l'air vicié au jour au lieu de le faire passer sur toutes les lampes ; pouvoir, à l'occasion, augmenter la quantité d'air qui passe dans un quartier momentanément dangereux, et enfin, circonscrire les régions exposées aux coups de feu. Quand le courant est subdivisé, il faut exercer une surveillance active pour s'assurer qu'il ne se ralentit jamais dans une de ses branches. Les différents courants d'air se réunissent et se rendent au jour, ou au puits de sortie, par une galerie de retour d'air, qui doit avoir *une large section*, et être entretenue en bon état.

Il faut éviter les anfractuosités où le grisou peut se loger sans être balayé par le courant d'air. A cet égard, les galeries boisées présentent une grande infériorité par rapport aux galeries blindées et surtout aux galeries muraillées. Il est recommandé d'avoir pour chaque mine un plan d'aérage, indiquant les divers courants, et le volume d'air qui passe dans chacun d'eux ; et de charger un personnel spécial de mesurer régulièrement ce volume d'air dans les diverses parties de la mine, de rechercher le grisou et de signaler les points dangereux.

La différence de pression de l'air à l'entrée et à la sortie varie de 1 à 10 et quelquefois 20 centimètres d'eau. M. Murgue caractérise une mine par la section de l'orifice en mince paroi, à travers lequel la même dépression ferait passer dans le même temps la même quantité d'air. Il appelle *mines moyennes* celles dont les résistances équivalent à un orifice de 0^{m2},80 à 1^{m2},20 de section ; mines larges ou mines étroites, celles dont l'*orifice équivalent* est plus grand ou plus petit. M. Guibal appelle *tempérament mécanique* d'une mine le quotient de la dépression par le carré du débit. Il est facile de voir que le tempérament mécanique est inversement proportionnel au carré de l'orifice équivalent.

Pour apprécier la vitesse de l'air, on se contente parfois de mesurer avec quelle rapidité il faut marcher pour que la flamme de la lampe se tienne droite, ou bien combien de temps on met pour sentir à une distance donnée l'odeur de la poudre, après qu'on a vu sa déflagration, mais il vaut mieux se servir d'un anémomètre, instrument mis en mouvement par le courant d'air, et dont on mesure le nombre de tours dans un temps donné. M. Vicaire a imaginé un appareil qui met en train une sonnerie électrique dès que la vitesse du courant descend au-dessous d'une quantité donnée, suffisante pour maintenir le courant électrique ouvert, malgré un poids qui tend à le fermer.

Moyens d'assurer la ventilation. Le moyen le plus simple pour assurer l'aérage d'une mine, consiste à profiter des différences de niveau de ses orifices, mais cette différence donne lieu, en été et en hiver, à des mouvements en sens contraires, et entre ces saisons, il y a une période de transition où la mine est mal aérée. Cette raison doit faire condamner dans les mines grisouteuses l'aérage naturel.

On peut employer pour assurer l'aérage, des foyers placés à la partie inférieure des puits de sortie de l'air, et où l'on brûle des charbons de mauvaise qualité. Mais ce procédé est dangereux dans une mine franchement grisouteuse. Il est nécessaire de n'alimenter le feu qu'avec de l'air pur amené du dehors par des beurtias, et de faire passer les flammes dans un long rempart où elles s'éteignent avant d'atteindre le puits. Ces foyers d'aérage peuvent provoquer l'incendie des boisages situés à proximité, et si une explosion démolit les cloisons qui les séparent du puits, ils peuvent déterminer une série de nouvelles explosions. Il faut citer aussi, comme moyens d'aérage, les trompes, la vis hydropneumatique, et le système Blanchet (V. EXTRACTION). Il existe, en outre, un très grand nombre de ventilateurs, les uns à bras, les autres à vapeur, les uns aspirants, les autres foulants. On les établit près de l'orifice fermé d'un puits ou d'une galerie, à l'extrémité d'une petite dérivation. On devra employer de préférence pour une mine large un ventilateur à force centrifuge, et pour une mine étroite, un ventilateur à volume constant. On reproche aux ventilateurs de ne pas produire d'aussi grands aérages que les foyers. Cependant, celui de M. Guibal peut être poussé jusqu'à un débit de 80 mètres cubes par seconde.

La chute de l'eau en forme de pluie dans le puits d'entrée d'air, constitue un moyen efficace de ventilation après un accident. On a employé aussi, autrefois, des manches à vent, analogues à celles dont on fait usage dans les navires, pour aérer les soutes, mais ce moyen est peu efficace.

MM. Kœrting ont imaginé un appareil analogue à l'injecteur Giffard, et destiné à entraîner, avec un peu d'air comprimé, de grands volumes d'air ambiant. Cet appareil fonctionne pour aérer des galeries, pendant leur fonçage par la dynamite et la perforation mécanique. On peut remplacer, dans le Kœrting, l'air comprimé par de la vapeur d'eau. Il est possible de continuer à assurer l'aérage d'une mine, après un coup de grisou qui a détruit un ventilateur aspirant, installé en haut d'un puits, en envoyant au bas de ce puits la vapeur produite par le générateur de la machine qui faisait marcher le ventilateur. Si l'on a une machine établie dans la mine, on dirigera la vapeur d'échappement vers l'extrémité inférieure du puits de sortie d'air, et on pourra encore l'utiliser en la faisant circuler dans un tuyau non feutré, placé dans ce puits, de façon à échauffer l'air, comme le feraient des toque-feux.

M. Laur a proposé de donner de temps en temps des chasses au grisou, au moyen d'un coup de collier du ventilateur, de façon à en ralentir ensuite la production pendant un certain temps, mais ce procédé paraît inefficace et dangereux.

Disposition des travaux pour l'aérage. Pour diriger et subdiviser le courant d'air, on a recours à des portes, à des cloisons, à des tuyaux. Les portes servent à empêcher le passage de l'air, en des points où les hommes doivent néanmoins passer, ou à le restreindre à un guichet plus ou moins ouvert, dont le maître mineur a la clef. On recommande beaucoup l'emploi de doubles portes pouvant contenir entre elles un long train de vagonnets, et formant comme un sas d'écluse. Les portes importantes sont gardées par des portiers, et celles qui sont momentanément hors d'usage doivent être enlevées de leurs gonds. On peut diviser une galerie en une voie d'aérage et en un retour d'air, au moyen d'une cloison en planches recouvertes d'un lut argileux, ou quelquefois en briques, ou bien en plaçant dans un coin un tuyau de 20 à 30 centimètres de diamètre, en tôle ou en zinc, ou un conduit en bois d'une section un peu plus grande, formé de caisses emboîtées les unes dans les autres. Quand on perce une galerie dans un quartier grisouteux, il faut aérer ainsi son avancement, et s'il y a beaucoup de grisou, on préfère parfois percer deux galeries parallèles, reliées de distance en distance par des recoupes, dont la dernière seule est maintenue ouverte, toutes les autres étant fermées.

Dans les mines sujettes aux dégagements instantanés de grisou, il faut éloigner les feux nus de l'orifice des puits. Toute mine grisouteuse doit présenter au moins deux issues distinctes au jour, une pour l'entrée de l'air, l'autre pour sa sortie; il est bon de mettre ces deux issues aux deux extrémités des travaux afin de pouvoir les relier par un circuit moins compliqué. Dans le nord de la France, où le fonçage des puits coûte très cher, on se bornait habituellement jadis à

faire un seul puits, du moins dans les morts terrains, et à le séparer en deux par une cloison en bois. Malheureusement, cette cloison n'est pas étanche, et elle est combustible. La tendance actuelle est de faire partout deux puits jumeaux séparés par un massif d'au moins 3 mètres, qu'un coup de grisou ne puisse pas ébranler. Quand des travers bancs relient les puits à l'intérieur, on les muraille et on y installe des portes solides et étanches capables de résister à une explosion. Si les deux puits sont munis d'appareils d'extraction, cela facilite beaucoup les sauvetages en cas d'accident.

Les gradins renversés employés dans les dressants, et les maintenages, sont dangereux par l'abondance des angles rentrants qui peuvent devenir des nids de grisou. La méthode par tailles montantes ne doit pas être employée dans les mines grisouteuses, parce que le grisou séjournerait devant le front de taille au milieu des lampes. Les cloches qui peuvent se former dans le toit des ouvrages doivent être visitées et comblées. On doit s'abstenir le plus possible des ouvrages en remonte, et quand on est obligé d'y avoir recours, il faut les séparer en deux par une cloison étanche montant jusqu'au front, ou faire deux ouvrages jumeaux reliés de distance en distance par des recoupes que l'on ferme, sauf la dernière.

Il résulte d'expériences faites à Montrambert pour comparer l'action des ventilateurs aspirants ou soufflants, dans les chantiers en remonte ou en descente, que les seules dispositions admissibles, sont la descente avec refoulement, et la remonte avec aspiration. Dans la descente avec refoulement, c'est le front de taille qui présente une grande sécurité, tandis que dans la remonte avec aspiration, c'est toute l'étendue du travail, sauf le front de taille. Cette seconde solution ne vaut donc pas la première.

Si un tracé comprend un point maximum en cul de sac, il convient de le relier à un étage supérieur par un chemin d'air, percé dans la roche, au lieu de faire descendre le courant après qu'il a monté en ce point. Les planchers établis dans les puits devront être percés de trous ou à claire-voie, pour que le grisou ne s'accumule pas au-dessous.

Les méthodes par éboulement devraient être rigoureusement proscrites dans les gîtes grisouteux, car la chute du toit se fait au hasard, et le charbon qu'on a dû abandonner dégage du grisou dans la suite; il faut avoir recours aux méthodes par remblai, et il faut faire le traçage un certain temps avant de commencer le dépilage. Ce traçage fatigue le charbon, aide à la sortie du grisou et à l'assainissement du quartier; aussi vaut-il mieux le conduire jusqu'aux limites du champ d'exploitation, et battre ensuite en retraite vers le puits, de façon à ne pas avoir de galeries dans les remblais. En tout cas, on doit opérer avec régularité, et ne pas conserver des massifs vierges, entremêlés aux parties déhouillées.

Il est indispensable que les chantiers abandonnés ne soient pas en aval-pendage de ceux en activité, et que leur mauvais air ne tende pas à en sortir. Cette considération amène à commencer l'exploitation par les étages supérieurs, à ne pas les faire trop élevés, et à n'en avoir jamais plus de trois simultanément en train, un en traçage, un en exploitation et un en terminaison.

Certaines personnes conseillent d'éloigner les chantiers les uns des autres pour que la flamme d'un coup de grisou ait le temps de s'éteindre avant d'atteindre un chantier voisin, mais cette disposition n'empêche pas le flot irrespirable de porter partout l'asphyxie, et elle rend l'aérage plus difficile. M. Delafond conseille, au contraire, de concentrer les travaux.

Quand un quartier devient très grisouteux, la tendance habituelle est de l'abandonner en le barrant. Quelques ingénieurs pensent cependant que c'est un tort, et qu'il vaudrait mieux insister pour l'assainir, et pour supprimer cette cause d'infection. MM. Tournaire et Dusouich conseillent de remplacer, pour l'aérage, la voie de fond et la voie des remblais par deux autres voies parallèles, qui en seraient séparées par une planche de charbon, ou qui seraient taillées en plein massif dans une couche voisine de houille, ou même dans le rocher. On supprimerait ainsi les pertes d'air par les portes qui sont toujours mal jointes, au moins à la partie inférieure, par les remblais et entre les remblais et le toit. En traçant ces voies dans le rocher, on aurait, en outre, l'avantage d'assurer les communications dans la mine en cas d'incendie.

La tendance habituelle, quand on abandonne de vieux travaux, est de les isoler complètement du courant d'air. Cette méthode est bonne quand la pression du toit et le gonflement du mur tendent à comprimer fortement les remblais, mais s'il doit rester presque indéfiniment des vides dans les vieux travaux, il vaut mieux les assainir en y maintenant une certaine circulation d'air, à la condition qu'ils ne renferment pas du charbon abandonné à l'état de menu, et susceptible de fermenter et de prendre feu. M. Soulary propose, quand c'est possible, de drainer les vieux travaux au moyen de conduits en pierres sèches, qui déversent d'une façon continue et faible, dans le retour d'air général, le mauvais air des remblais. Quand on a des feux dans les vieux travaux, les drains ne doivent pas déboucher au retour d'air; ils aboutissent alors dans un tuyau collecteur, qui traverse un barrage étanche destiné à protéger le puits, et qui arrive au jour, où il est fermé par un chapeau presque exactement équilibré. Ce chapeau ne s'ouvre que pendant les faibles pressions barométriques, et ne laisse jamais rentrer de l'air pour alimenter les feux souterrains. L'inconvénient de ce système est d'être très compliqué; en outre, il est probable que les conduits proposés par M. Soulary s'oblitéreraient rapidement sans qu'on en soit prévenu. La question n'a du reste pas une très grande importance, car généralement les vieux travaux, au lieu de se remplir de grisou, finissent par s'en débarrasser.

Autres moyens de combattre le grisou. On a proposé ou employé divers moyens pour combattre

le grisou, autrement qu'en le noyant dans de grandes quantités d'air. Jadis, on faisait entrer dans les mines, avant le poste, un homme courageux, appelé *pénitent*, qui était vêtu d'un costume en cuir avec capuchon, et dont la mission était d'enflammer avec une mèche, en rampant à terre, le grisou qui s'était accumulé au toit des galeries.

On employait autrefois, sous le nom de *lampes éternelles*, des feux fixes placés au sommet des cloches, et destinés à consumer le grisou, au fur et à mesure de son arrivée, avant qu'il n'atteigne une proportion explosible. Malheureusement une de ces lampes ne brûle guère que 20 litres de grisou par heure. Au-dessous de ces feux fixes, on peut placer une toile métallique ou une cloison en terre poreuse. On peut aussi les remplacer par des étincelles électriques continues. L'emploi de ce procédé, sous l'une ou l'autre de ces formes, constitue un grave danger.

M. Minary a proposé de capter le grisou pour le conduire au jour en utilisant sa faible densité, ou en le faisant passer, par endosmose, dans des tuyaux en terre poreuse. Diverses personnes ont indiqué des moyens pour absorber ou détruire le grisou au fur et à mesure de sa production, mais aucun de ces procédés ne paraît applicable.

Éclairage. Puisque le contact d'une flamme peut allumer le gaz dangereux, on doit avoir recours, pour éclairer les ouvriers dans les mines à grisou, à des procédés spéciaux que nous allons énumérer. Le rouet à silex ou moulin d'acier a été imaginé pour éclairer les mines grisouteuses en 1760. Mais il ne donne par sa gerbe d'étincelles qu'une lueur irrégulière et insuffisante. D'ailleurs, son emploi a provoqué, en 1825 à Hebburn, une explosion de grisou. M. Alvergnat a construit un tube de verre recourbé, dans lequel il a mis une certaine quantité de mercure et fait le vide. En faisant passer alternativement le mercure d'une branche dans l'autre, il répand une lueur malheureusement trop faible. En outre, cet appareil est beaucoup trop fragile. On a essayé de l'emploi de matières phosphorescentes, comme le phosphore de Canton, ou la peinture Balmain à base de sulfure de calcium. Après avoir été exposées à la lumière, ces matières répandent pendant plusieurs heures une lueur violacée, mais trop faible.

La lumière électrique est peut-être appelée à rendre de grands services, particulièrement sous la forme des lampes à incandescence, qui donnent une lumière modérée, et qui sont transportables. Les inconvénients de cette lumière sont l'encombrement qui résulte des fils conducteurs et son prix élevé. On a employé pour des sauvetages, afin de s'éclairer dans un milieu irrespirable et impropre à la combustion, la lampe portative Dumas et Benoît, qui est un tube de Geisler, avec un élément Bunsen et une bobine de Ruhmkorpf, qu'on porte avec soi dans une giberne. Pour le fonçage d'un puits dans un milieu grisouteux, on pourrait installer une forte lumière électrique à l'orifice supérieur, et envoyer ses rayons au fond par un réflecteur. L'éclairage électrique a été aussi employé avec succès et économie dans de grandes excavations souterraines, mais ce n'est pas le cas des mines de houille.

Diverses personnes ont proposé de remplacer les lampes portatives par des lampes fixes brûlant dans des globes de verre où on enverrait de l'air comprimé par une canalisation. Les produits de la combustion s'échapperaient par une ouverture fermée par une toile métallique. Ce projet ne supporte pas l'examen, car il faut avant tout que les lampes de mine soient portatives.

La seule solution, qui soit jusqu'ici pratique pour l'éclairage des mines à grisou, est la lampe à treillis métallique, qui a été imaginée en 1815 par Davy, et dont l'emploi est basé sur ce fait qu'une toile en fils de fer ou de cuivre à mailles suffisamment serrées, entourant complètement une flamme, refroidit assez les gaz de la combustion, pour empêcher cette flamme de sortir, à moins qu'on ne lui communique une vitesse suffisante par un courant d'air ou en agitant la lampe. La vitesse pour laquelle la flamme n'a plus le temps de se refroidir, est avec les toiles ordinaires de 2,40 à 3,40 par seconde pour le grisou, et de 1,20 à 1,70 pour une atmosphère imprégnée de gaz d'éclairage. Aussi, quand le grisou d'une mine contient de l'hydrogène bicarboné, on doit employer des toiles métalliques à mailles plus serrées. M. Galloway prétend que le passage d'une onde sonore peut faire sortir la flamme de la lampe.

Si la flamme frappe pendant un certain temps la toile métallique, et si celle-ci vient à rougir, il y a un grand danger, parce que dans ce cas il suffit d'une moindre vitesse pour faire sortir la flamme. En outre, les poussières huileuses qui sont collées à la toile peuvent s'enflammer, et la toile peut elle-même brûler et se détruire.

L'inconvénient des toiles métalliques est de ne laisser passer que 40 0/0 de la clarté avec le tamis de cuivre, et 20 0/0 avec le tamis de fer. M. du Mesnil a proposé, en 1838, de remplacer l'enveloppe en toile métallique, en face de la flamme, par une enveloppe en verre. MM. Bay et This ont conseillé récemment l'emploi de fonds en verre pour éclairer de haut en bas les plans que l'on veut consulter. On a muni quelques lampes de lentilles qui concentrent la lumière dans certaines directions. L'inconvénient du verre est sa facile rupture par un choc, ou par le contact d'une goutte d'eau froide, mais ce danger pourrait être beaucoup diminué en ajoutant à l'enveloppe en verre une seconde enveloppe concentrique en verre ou en mica. Les cassures produites par l'eau froide sont d'ailleurs peu à redouter, car les morceaux restent jointifs et ne laissent pas passer la flamme.

Il est bon, en tout cas, d'assurer l'étanchéité du joint du verre et de la toile métallique, autrement qu'en limant le verre, ce qui le rend cassant. On avait fondé des espérances sur le verre trempé de M. Labastie, mais il a le très grave inconvénient de tomber tout à coup en poussière comme les larmes bataviques. Outre le tamis et le verre, M. Mueseler a introduit dans les lampes de mine un troisième organe, consistant en une cheminée intérieure en métal plein (fig. 358). Le courant d'air qui alimente la flamme entre par la partie inférieure du tamis cylindrique, traverse un tamis horizontal qui règne au-dessus de l'enveloppe de verre, descend jusqu'à la flamme, remonte dans la cheminée, par suite du tirage qui s'y établit, et sort par la partie supérieure du tamis cylindrique. Le tamis horizontal est annulaire; la cheminée le traverse, et doit être très bien jointe avec lui. Cette lampe est beaucoup moins sensible que la lampe de Davy, aux courants d'air qui tendent à faire sortir la flamme. Quand il y a du grisou, il brûle dans la lampe; les gaz brûlés encombrent les abords de la mèche, empêchent l'arrivée de l'oxygène et éteignent la lampe. L'extinction de cette lampe dans le grisou est un grand avantage, mais une certaine vitesse du courant d'air peut la maintenir allumée. Malheureusement elle s'éteint encore quand on l'incline, parce que le tirage de la cheminée devient alors insuffisant, ou quand on lui donne un mouvement plongeant trop rapide, par exemple en la posant à terre, ou en descendant les échelles, parce que cela diminue la vitesse relative de l'air qui descend sur la mèche. On dispose, près du puits d'entrée de l'air, une station de rallumage, où un préposé spécial, muni d'une clef, ouvre les lampes et les rallume. La lampe de mine est entourée

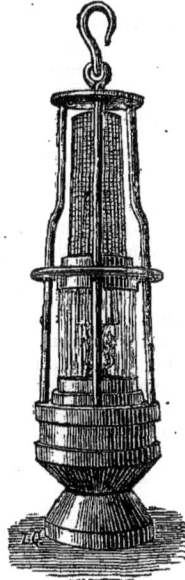

d'une armature destinée à la préserver contre les chocs; elle est munie d'une mouchette qui permet, de l'extérieur, d'agir sur la mèche. On peut lui adapter le dispositif Dubrulle qui la maintient fermée si on n'a pas d'abord abaissé la mèche jusqu'à extinction, et qui permet de l'ouvrir sans clef, dans le cas contraire; malheureusement, on parvient à l'ouvrir clandestinement en faisant charbonner la mèche, de façon à pouvoir ensuite la rallumer sans allumette. M. Villiers emploie, pour la fermeture, des pistons de fer doux à ressort, noyés dans le corps de la lampe, et empêchant son dévissage, à moins qu'on ne les extraie avec un fort électro-aimant. La lampe Dinan est soudée à chaque fois. M.

Fig. 358.

Aillot a imaginé une vis à 1,200 tours destinée à lasser la patience de l'ouvrier, mais dont on vient facilement à bout à la lampisterie, par une répétition d'engrenages. M. Armatoie a proposé un cadenas à lettres. Il existe un grand nombre de dispositifs de lampe caractérisés généralement par le mode de fermeture.

En Belgique, la lampe Mueseler est obligatoire. MM. Mallard et Lechatelier l'ont perfectionnée pour rendre moins faciles ses extinctions. Dans les quartiers peu grisouteux, on emploie souvent, en France, la lampe Boty qui est une lampe Mueseler sans cheminée intérieure. Les lampistes doivent signaler les tentatives d'ouverture de lampe qui ont laissé des traces, mettre au rebut les tamis dont une seule maille est brisée, nettoyer les tamis avec une lessive alcaline, qui met à nu la surface du métal, et enlève les poussières et l'huile. On peut essayer si une lampe est bonne en l'introduisant allumée dans un cylindre plein de vapeur de pétrole. Le mineur ne doit jamais abandonner sa lampe dans le chantier, de sorte que les lampes, par leurs numéros, font connaître à chaque instant les noms des hommes qui sont dans la mine. Il faut porter la lampe en marchant avec le bras allongé, et ne pas l'agiter, l'accrocher solidement aux parois pour qu'elle ne risque pas de tomber; baisser la mèche dès que la flamme marque, c'est-à-dire s'entoure d'une auréole bleue, qui signale le grisou; l'éteindre complètement si la flamme tend à emplir la lampe, et le faire en noyant la mèche dans l'huile, en plongeant la lampe dans l'eau, ou en l'étouffant sous les vêtements, mais jamais en soufflant dessus; se retirer à tâtons, en bon ordre quand les lampes sont éteintes, en se courbant pour trouver des couches d'air plus pur, si le grisou gêne la respiration.

Tirage à la poudre. Le tirage à la poudre offre le danger d'allumer soit le grisou, soit les poussières, pendant l'amorçage, ou au moment de l'explosion quand le coup débourre; et, en outre, la secousse reçue par l'atmosphère peut faire sortir la flamme des lampes.

On recommande d'employer exclusivement l'étoupille non goudronnée, allumée au moyen de l'amadou et du briquet, ou mieux encore l'étoupille à friction de M. Ruggieri. Il est bon de faire usage de la poudre comprimée, et particulièrement de la poudre comprimée papetée de M. Ruggieri, de façon à ne pas avoir de pulvérin. La poudre doit être aussi brisante que possible, afin de diminuer l'intensité de la flamme au moment de l'explosion. La meilleure solution serait d'avoir une poudre qui dégage des gaz très chauds, mais se refroidissant très vite; la cartouche Macnabb, qui renfermait dans ce but de l'eau dans un cylindre de papier carton entre la poudre et la bourre, n'a pas donné malheureusement de bons résultats.

Dans les gîtes grisouteux, les coups de mine en couronne doivent être interdits; dans les gîtes où les poussières abondent, on doit proscrire les coups plongeants, et ne jamais tirer deux coups de mine consécutifs. Dans les mines grisouteuses ou poussiéreuses, l'allumage des coups de mine doit être fait par des hommes spéciaux qui constatent, avant chaque coup ou volée de coups, l'absence du grisou dans le chantier. Il est également bon d'allumer les coups de mine par l'électricité au moment où tout le personnel se trouve hors des travaux.

Dans les mines très grisouteuses, il faut interdire le travail à la poudre et le remplacer par les aiguilles infernales, par l'eau ou l'air sous grande pression, ou par le bosseyement mécanique.

Réglementation. Les compagnies qui exploitent des mines grisouteuses ont préparé des règlements d'après les *principes à consulter*, publiés par la Commission du grisou, et d'après les conditions et les habitudes spéciales à leurs exploitations. Ces règlements ont reçu l'approbation préfectorale, et les contraventions qui y sont constatées entraînent des poursuites judiciaires, même si elles ne produisent pas d'accident; ils interdisent de fumer et d'ouvrir les lampes dans les quartiers grisouteux; ils autorisent les maîtres mineurs à fouiller les ouvriers pour constater qu'ils n'ont sur eux ni allumettes, ni pipes, ni tabac, ni clefs pour ouvrir les lampes. Dans certaines mines, ils accordent à l'ouvrier qui doit abandonner son chantier envahi par les gaz, le prix de sa journée, à moins que ce ne soit le résultat de sa faute ou qu'on ait pu lui donner à temps une autre occupation. Ces règlements font connaître les mesures à prendre en cas d'invasion du grisou et doivent être affichés sur les points de stationnement des ouvriers.

Moyens de reconnaître la présence du grisou. Le moyen le plus simple d'investigation est l'emploi de la lampe de sûreté et consiste à baisser la mèche à 3 millimètres et à cacher avec le doigt le corps de la flamme. On reconnaît le grisou jusqu'à la proportion de 3 et même 2 0/0. Voici, d'après M. Mallard, les apparences que présente la lampe Mueseler, selon la proportion de grisou comprise dans 1 volume de mélange : avec $0^{vol}.,067$ de grisou, la flamme diminue un peu d'éclat et s'entoure d'une faible auréole blanchâtre; avec $0^{vol}.,083$, elle diminue beaucoup de hauteur et d'éclat, la partie obscure du bas se développe, la partie supérieure devient fuligineuse, et s'entoure d'une auréole blanchâtre; enfin, elle s'éteint presque d'une façon périodique, laissant voir un cône renversé de flamme bleue allant de la mèche à l'ouverture inférieure de la cheminée; avec $0^{vol}.,091$ de grisou, les mêmes phénomènes se reproduisent, mais le temps qui sépare deux quasi-extinctions devient plus court; avec un volume un peu plus grand de grisou, la flamme bleue monte jusqu'à l'anneau de toile et l'extinction est complète.

Malheureusement, ces indications peuvent être masquées par la présence d'un peu d'acide carbonique; en outre, il est impossible d'approcher la flamme de la lampe à moins de 20 centimètres du plafond, dans cette région qui est précisément la plus dangereuse. Quand le grisou ne marque pas à la lampe, il peut suffire d'une faible augmentation de sa proportion, ou de l'influence de poussières charbonneuses pour le rendre dangereux. M. Steavenson conseille d'adapter à la lampe un verre bleu au cobalt de façon à voir mieux l'auréole bleue du grisou. MM. Delon frères ont proposé, dans le même but, de masquer le corps de la flamme avec un système d'écrans. MM. Mallard et Lechatelier ont imaginé un petit écran mobile très pratique; ils projettent la flamme sur un fond noir, l'observent à la loupe et peuvent apprécier la présence d'un quart pour cent de grisou.

Il existe divers appareils, capables d'avertir automatiquement de la présence du grisou. L'indicateur Monnier fait passer dans l'air, d'une façon périodique, des étincelles électriques qui provoquent l'explosion du grisou quand il y en a: mais cet appareil est compliqué et dangereux. L'indicateur Irvine est une flamme qui est située dans un tube de verre, et qui peut s'allonger par la présence du grisou, et produire le phénomène des flammes chantantes. L'indicateur Turquan se compose d'un fil combustible tendu à une distance de la flamme qu'elle ne franchira que s'il y a du grisou ; la combustion de ce fil déclenche la sonnerie d'un avertisseur électrique. L'indicateur Clermont est une lampe Mueseler dont la flamme chauffe une petite barre métallique. Dans le grisou, elle s'éteint, la barre se refroidit et éprouve un retrait qui fait marcher une sonnerie électrique. L'indicateur Anselle est un ballon de caoutchouc plein d'air, qui se gonfle par endosmose dans le grisou, et qui fait marcher une sonnerie électrique. L'indicateur Forbes est fondé sur la modification que la présence du gaz explosif imprime à la tonalité d'un diapason. Tous ces appareils offrent cet inconvénient d'endormir la surveillance des maîtres mineurs, et quelques-uns d'entre eux d'avoir leurs indications faussées par d'autres gaz étrangers.

Il importe de visiter la mine pour reconnaître les points dangereux avant l'entrée des ouvriers et particulièrement après les jours de chômage. A Bessèges, on arrête le ventilateur le dimanche, et le lundi matin, on *tâte le pouls* à la mine.

On peut se proposer, non seulement de reconnaître, mais de doser le grisou. M. Orsat a disposé un appareil de laboratoire, malheureusement trop compliqué pour doser dans l'air des mines, l'oxygène, l'acide carbonique, l'oxyde de carbone et les hydrocarbures. Le tube étincelle de M. Argus Smith est un briquet à air, renfermant de la

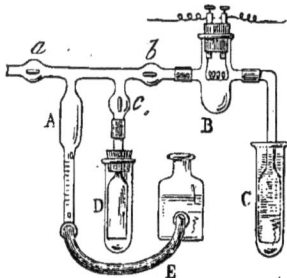

Fig. 359. — *Grisoumètre Coquillon (appareil de laboratoire).*

A Mesureur. — B Brûleur. — C Laboratoire. — D Tube à potasse. — E Tube en caoutchouc. — a, b, c Robinets.

mousse de platine qui rougit, dit-on, s'il y a dans l'air au moins 0,025 de grisou. L'appareil de M. Livenig se compose de deux spirales de platine placées dans des tubes, dont l'un est ouvert et dont l'autre est fermé et plein d'air normal; on apprécie leur éclat avec un appareil photométrique; la présence du grisou modifie l'éclat du platine.

Le grisoumètre de M. Coquillon (fig. 359) est fondé sur la propriété que possède un fil de platine ou de palladium chauffé au rouge blanc, par une pile Planté, ou mieux par la pile de M. Trouvé, de provoquer, sans explosion, la combustion du grisou dans un excès d'air, et la disparition d'un volume égal au double de celui de l'hydrogène protocarboné. M. Coquillon a construit deux types de son appareil, l'un portatif, qui est plutôt un indicateur qu'un mesureur, et l'autre délicat et fragile, qui est un excellent appareil de laboratoire.

Accidents. Les causes d'une inflammation de grisou peuvent être : une irrégularité dans le fonctionnement d'un foyer d'aérage, l'explosion d'une chaudière intérieure, le tirage d'un coup de mine, l'apparition soudaine du grisou dans une mine où on emploie des lampes à feu nu, l'ouverture d'une lampe de sûreté, la sortie de la flamme par un courant d'air, la déchirure du tamis d'une lampe, une allumette enflammée, une pipe allumée, etc. Quelquefois un très grand dégagement de grisou va s'enflammer à la surface. Ainsi, le 17 avril 1879, il est sorti par le puits de l'Agrappe à Frammeries, un volume de *quatre à cinq cent mille mètres cubes* de grisou, qui s'est enflammé sur un feu de la salle des machines, et qui a formé, pendant trois heures, une flamme de 3m,60 de diamètre et de 40 mètres de hauteur. La vitesse du flot gazeux était d'abord de 4 à 5 mètres par seconde, puis, quand la vitesse s'est ralentie, il est rentré de l'air qui a formé des mélanges détonants, et causé neuf explosions consécutives dont la dernière est survenue au bout de trois heures et demie.

Il est assez fréquent qu'une explosion soit suivie de plusieurs autres. A Oaks-Colliery, le 12 décembre 1866, une première explosion anéantit 334 hommes qui se trouvaient dans la mine ; 27 hommes descendirent alors et furent frappés par un second coup de feu ; dix-sept détonations se succédèrent pendant six jours ; on put néanmoins sauver un homme qui était resté vivant dans la mine. Au moment d'un coup de feu, les ouvriers sont brûlés, projetés et jetés contre les parois ou asphyxiés. On leur recommande, s'ils ont le temps de voir venir la flamme, de se jeter le ventre à terre et la figure dans la boue pour ne pas *avaler le feu*, qui leur désorganiserait les poumons. L'asphyxie peut être aussi produite par les poussières brûlantes qui envahissent la gorge, et par la suffocation qui en résulte. La mort est parfois rigoureusement instantanée, et produite probablement par un afflux du sang au cœur, causé par la pression énorme exercée dans les poumons. Les hommes qui survivent à l'explosion sont quelquefois empoisonnés par l'oxyde de carbone qui s'est produit. Certains mineurs qui ont échappé à un coup de feu ont perdu la mémoire.

Les boisages sont renversés et déterminent des éboulements, les portes et les cloisons sont détruites, le foyer d'aérage, ou le ventilateur, est disloqué. Toutes ces causes concourent à interrompre l'aérage. Les soufflards restent allumés et provoqueront une nouvelle explosion s'il revient du grisou. Les guidonnages sont déviés et la descente par les cages est souvent impossible. De la fumée et des flammes sortent par les puits.

Telles sont les conditions fâcheuses dans lesquelles doit être entrepris le sauvetage des ouvriers qui peuvent rester vivants dans la mine.

Dans certaines exploitations, on a la précaution d'établir, à côté de chaque porte importante, une porte légère mobile autour d'une charnière horizontale, et suspendue au plafond par un piquet. Un coup de feu enlève la porte principale et le piquet, et fait tomber la porte légère qui remplace momentanément celle qui a été emportée.

M. Verpilleux a également inventé une disposition destinée à empêcher les explosions de grisou de se propager au loin. Ce sont deux lourdes portes placées près l'une de l'autre, et s'ouvrant en sens contraire : des ressorts les tiennent presque plaquées contre la paroi. Une explosion, survenant d'un côté quelconque s'engouffre entre l'une des portes et la paroi, la ferme et empêche ainsi la propagation de l'onde destructive. Puis, par le refroidissement et la condensation de l'eau, il se fait un vide : les ressorts reprennent le dessus et rouvrent la porte, tandis que le vide qui se fait ferme l'autre porte et rend impossible la propagation du choc en retour. M. Mathet a proposé de remplacer les portes de M. Verpilleux par des portes formées de deux ou trois toiles métalliques superposées et entourées d'un fort cadre. Ces portes arrêtent absolument les flammes et comme elles laissent passer une partie du courant d'air, elles risquent moins d'être cassées. M. Chanssolle craint que les poussières en se collant sur la toile, ne l'exposent à se crever. M. Clermont a perfectionné les portes Verpilleux en les soulevant au plafond autour d'une charnière horizontale, et en les soutenant par un appui qui se trouve supprimé, dès que la flamme vient faire sauter une capsule située à une certaine distance en arrière.

M. Mallard a aussi indiqué l'emploi des portes mobiles suivant l'avancement des galeries en traçage. Elles seraient ordinairement ouvertes, mais on les fermerait au moment de l'allumage d'un coup de mine, pour réduire à un faible espace le coup de grisou qui peut se produire.

Il est bon d'établir dans les puits, en vue de faciliter les sauvetages, un système d'échelles verticales, qui ne risqueront pas d'être enlevées par l'explosion. Il est également très bon d'avoir, en dépôt, auprès des puits, des pharmacies portatives. Dans certaines mines, il y a des lieux de rendez-vous, où les mineurs doivent se rendre en cas d'accident, où ils trouvent même des dépôts de vivres, et vers lesquels on fait tendre les secours.

Sauvetages. De suite après l'explosion, on commence par établir, si c'est possible, une pluie artificielle dans le puits d'entrée d'air, et par envoyer au bas du puits de sortie d'air la vapeur des générateurs. On fait marcher très vite les ventilateurs, s'ils ne sont pas détruits. Puis, les ingénieurs et les maîtres mineurs descendent dans le puits avec tout le personnel disponible, soit par les cages, soit en leur substituant une benne, soit par les échelles. On entre dans les travaux

en suivant la marche du courant d'air : on déblaie au fur et à mesure les galeries et on rétablit les portes et les barrages. Si le courant d'air a été renversé par l'explosion, on apprécie s'il vaut mieux le rétablir dans sa première direction, ou le laisser dans la direction qu'il a prise ; quelquefois même, il est préférable de ne pas envoyer d'air du tout, pour éviter la production de mélanges détonants. On se sert d'eau de chaux ou de chaux en poudre pour absorber l'acide carbonique, et on est souvent obligé d'employer des appareils spéciaux pour pénétrer dans les milieux irrespirables.

Le plus ancien de ces appareils est le tube respiratoire, imaginé par Pilatre des Rosiers, en 1785 : c'est un tube muni de deux soupapes qui permettent l'inspiration de l'air pur envoyé d'une distance qui peut dépasser 100 mètres, et l'expiration de l'air des poumons ; le nez reste serré dans une pincette, et le tube s'applique sur la bouche d'une façon aussi étanche que possible, par un pavillon, qui peut être relié à un masque, muni de ouate afin qu'on puisse pénétrer dans la poussière ou la fumée. L'appareil respiratoire de M. Galibert se compose d'une hotte pleine d'air pur qu'on se met sur le dos, d'un tube respiratoire, qui part de la base de ce réservoir pour arriver dans la bouche, et d'un tube expiratoire qui part de la bouche pour arriver en haut du réservoir. De la sorte, on a dans la bouche une embouchure d'ivoire avec deux orifices, et en portant sur eux alternativement la langue, on aspire l'air du bas du réservoir, et on renvoie l'air expiré dans le haut de ce réservoir de façon qu'il ne mélange aussi peu que possible à celui du bas. On peut, avec cet appareil, respirer pendant quinze à vingt minutes, mais à la fin, l'air se vicie, et l'homme éprouve un malaise croissant. L'appareil de M. Kraft est un grand vêtement en cuir qu'on serre à la taille, qui enveloppe la tête de l'ouvrier et qui est muni de grandes lunettes pour permettre de voir. On alimente l'intérieur de ce capuchon au moyen d'un réservoir de 10 litres d'air comprimé à 20 atmosphères qu'on porte sur le dos. On laisse sortir l'air vicié du capuchon par un sifflet dont la tonalité baisse quand la pression n'est plus assez grande et qu'il faut songer à la retraite. L'aérophore Rouquairol-Denayrouze consiste en un grand réservoir d'air comprimé à 20 atmosphères, porté sur un chariot que l'on avance autant que possible, et qui est muni d'un tube, de façon à alimenter la respiration de l'homme à l'aide d'un tube respiratoire et d'un pince-nez. Ce tube alimente en même temps la combustion d'une lanterne. L'appareil portatif de M. Fayol est un soufflet carré du poids de 8 kilogrammes qu'on porte sur le dos. En relevant le fond, il se remplit de 180 litres d'air, et le poids du couvercle tend à le refermer et à faire sortir ces 180 litres qui alimentent la respiration du mineur, par un tube respiratoire muni de soupapes en caoutchouc très légères. La faible pression de l'air dans l'appareil Fayol est favorable à la respiration. Le grand appareil de M. Fayol est destiné à rester fixe, une fois qu'il a été transporté sur le chantier. C'est un distributeur dans lequel on envoie l'air par une petite pompe, et où six hommes le puisent par leurs tubes respiratoires ; une bougie enfermée dans une lanterne de verre reçoit aussi de l'air du distributeur. Il y a quelquefois un danger à atteler plusieurs hommes sur un même distributeur.

On pénètre dans les travaux en employant, si c'est nécessaire, l'un des appareils qui viennent d'être énumérés, et à la manœuvre desquels les ouvriers doivent être habitués. On donne les premiers soins aux blessés, aux brûlés et aux asphyxiés que l'on rencontre, conformément à l'instruction rédigée par le docteur Salmade, en 1813, et à celle toute récente du docteur Regnard. Il faut des précautions spéciales pour le transport des cadavres dont la décomposition est déjà commencée. On est renseigné par la lampisterie, sur les hommes qui peuvent encore se trouver dans les travaux et on les ramène tous, morts ou vifs. La description des spectacles de désolation qu'offrent les mines, après un accident de grisou, a été faite cent fois ; c'est un sujet fort triste que nous n'avons point à traiter. — A. B.

* GRISOUMÈTRE. — V. l'article précédent.

* GROIGNARD (ANTOINE). Ingénieur de la marine, né en 1727, mort en 1798. De 1773 à 1778, il construit les bassins du port de Toulon, ce qui lui valut le prix de un million promis à l'ingénieur qui parviendrait à créer cet établissement maritime. Il refusa le million, mais il reçut des lettres de noblesse avec la croix de Saint-Louis, le titre d'ingénieur général de la marine, avec une pension de 6,000 livres. Groignard a exécuté également à Brest des travaux remarquables.

* GROINSON. T. techn. Craie en poudre avec laquelle on prépare le parchemin.

GROS, GROSSE. T. de typog. Ces mots servent à former les noms de certains genres de caractères gros canon (42 à 44 points typographiques), gros romain (18 points), gros parangon (22 points), gros texte (14 à 16 points), grosse nonpareille (96 points), caractère d'affiches ; gros œil, caractère dont l'œil est plus gros que la force ordinaire du corps de ce même caractère. — V. CARACTÈRE D'IMPRIMERIE. || T. de tiss. Gros de Naples, gros de Tours. Étoffe de soie dont le grain est fort et épais. || Variété de charbon. — V. CHARBONNAGE.

* GROS (ANTOINE-JEAN) De tous les élèves de David dont le nom est resté populaire, Gros est le seul qui ait produit des œuvres capitales en s'affranchissant de la tutelle du maître.

Gros a fait deux chefs-d'œuvre ; le premier représente Bonaparte touchant une tumeur pestilentielle dans l'hôpital de Jaffa ; Bonaparte, et non pas un de ses généraux, était le héros de Jaffa, rien ne s'opposait donc à ce que l'artiste exécutât le sujet qu'il avait spontanément choisi. On le lui demanda en effet. Que faut-il louer davantage ? La noblesse que le peintre a imposée au costume moderne, la grandeur qu'il a donnée aux attitudes les plus désespérées ou la simplicité de quelques-unes d'entre elles ; celle, par exemple, du soldat que l'on opère, indifférent à l'opération, absorbé dans la contemplation du général ? La science de l'ajus-

tement, l'ampleur du dessin, l'émotion vibrant encore au souvenir du blocus de Gênes et de ses horreurs, la puissante harmonie du pinceau sont poussées dans cette œuvre, aussi loin qu'il était possible. Nous devons donc amèrement regretter qu'un défaut dans la pratique assombrisse chaque jour davantage ce tableau, qui mérite aujourd'hui comme il y a quatre-vingts ans, les lauriers dont les artistes et le public le couvrirent, lorsqu'il fut exposé pour la première fois au Salon de 1804. De ce jour, pour les esprits élevés qui pénètrent le sens intime des choses, Gros fut le plus grand peintre de son école. Après le succès des Pestiférés de Jaffa, Gros s'éleva résolument à de nouvelles audaces. Il peignit ainsi successivement : la Bataille d'Aboukir sous le jour intense de l'Orient, le Champ de bataille d'Eylau sous le jour terne et diffus de l'Europe du nord. La Bataille d'Eylau, considérée au point de vue technique, est la meilleure œuvre du peintre, celle où il s'est montré le plus habile, où il a vaincu le plus de difficultés. Le tableau de Jaffa flatte davantage, il est plus séduisant à l'œil : Eylau est, de toutes les œuvres de Gros, la plus réellement forte, elle en est aussi la plus grande par le caractère de beauté morale qui l'illumine. Tout s'efface dans l'œuvre de Gros, tout disparaît devant ceci : la neige et Napoléon.

Quelques années plus tard, le grand artiste est étouffé sous la peinture officielle, il ne se distingue plus de ses pâles imitateurs que par son talent d'exécution. Gros sentit le péril, sans doute ; poussé par David et par les médiocrités qui l'entouraient, il fit un suprême effort, mais au lieu de le tenter en avant, il revint sur ses pas, oublia ce qui avait fait sa grandeur et accepta de peindre la coupole du Panthéon. Gros est perdu maintenant, il est lancé sur la pente fatale où il roulera jusque dans la mort. D'Eylau à la Coupole, la transition est prévue, c'est une étude plus attentive des ressources et des procédés familiers à l'allégorie classique. Le moindre défaut de la Coupole est qu'on n'en puisse rien distinguer de la nef. Le peintre a subi les conditions architecturales du monument et on ne l'a pas laissé libre d'y remédier comme il l'avait proposé. Ce qui est plus grave, c'est que cette surface si étroite, d'en bas, paraît tout à la fois confuse et vide. Gros avait d'abord reçu le programme de représenter les quatre grandes origines de la monarchie : Clovis, Charlemagne, Saint-Louis, Napoléon. On comptait sans les événements, sans la rentrée des Bourbons, qui modifia le projet une première fois, sans le retour de l'île d'Elbe qui amena la restitution du plan primitif, enfin, sans la rentrée définitive de Louis XVIII qui, pour ne pas détruire complètement l'œuvre du peintre et pour y figurer lui-même, décida que la Coupole représenterait, sous le patronage de Sainte-Geneviève, les principales époques religieuses de la France. L'œuvre ne fut achevée que sous le règne de Charles X, et découverte en 1824. Les peintures de la Coupole avaient occupé douze ans de la vie de l'artiste qui, fréquemment, avait vu son œuvre interrompue par l'exécution obligatoire de portraits officiels pour la famille royale ou pour la cour.

La *Coupole* avait valu à Gros le titre de baron; il fut de plus immédiatement chargé de peindre une partie des plafonds du musée Charles X au Louvre. Ils sont encore en place excepté celui qui représentait *Le Roi donnant aux arts le musée Charles X*; le peintre reçut comme témoignage de satisfaction, la croix d'officier de la Légion d'honneur. Aucune des critiques que l'on a pu faire de ces plafonds n'a été trop forte. En apprenant le récent suicide de Léopold Robert, Gros s'était écrié : « Un peintre ne doit pas se tuer, il n'a jamais dit son dernier mot ». Quelque temps après, le 25 janvier 1835, il descendait d'un pied résolu une des berges de la Seine au Bas-Meudon, il allait s'étendre au milieu des roseaux sur un lit de sable, à 1 mètre sous l'eau, et là il attendait l'éternité. La postérité est venue qui peut lui appliquer plus justement qu'à tout autre ce qu'il disait à propos de Léopold Robert. Gros s'était arrêté à moitié de la route, non pas en 1835, mais en 1842.

*GROS BLANC. *T. de constr.* Sorte de mastic composé de colle et de blanc de craie qui sert à reboucher, avant d'appliquer la dorure en détrempe.

GROSSERIE. *T. techn.* Se dit des gros ouvrages de taillandier.

GROSSISSEMENT. 1° *T. de phys.* Dans les instruments d'optique (microscope solaire, microscope simple, lanterne magique, mégascope, microscope composé, lunettes terrestres ou astronomiques, chercheurs, réfracteurs, télescopes, etc.), le grossissement, en général, est le rapport entre la grandeur absolue de l'image et celle de l'objet. Toutefois, cette définition ne s'appliquerait pas aux objets très éloignés, aux corps célestes. Dans ce cas, le grossissement est le rapport des angles sous lesquels on voit l'image dans la lunette, et l'objet à l'œil nu. On distingue le *grossissement linéaire ou en diamètre* et le *grossissement en surface*. Ordinairement, il n'est question que du premier, le second s'obtenant en multipliant par lui-même le nombre qui représente le grossissement linéaire.

La grandeur réelle du grossissement est très variable selon l'instrument employé. Ainsi, pour la loupe et les petits microscopes, le grossissement ne va que de 2 à 50 ; pour les microscopes composés, il est porté jusqu'à 1,800. Pour les lunettes et les télescopes, le grossissement va de 60 à 1,000; celui de lord Ross peut supporter des grossissements de 6,000.

En théorie, le grossissement n'a pas de limite ; mais en pratique, il n'en est pas de même. L'expérience a montré que les grossissements considérables nuisent à la clarté des images et restreignent beaucoup trop le champ de vision. Aussi, pour les microscopes, les bons grossissements ne dépassent pas 260 diamètres.

|| 2° *T. de photog.* On donne ce nom à la reproduction plus en grand d'un objet. Le grossissement s'exprime encore numériquement. Cependant le nom de *grandissement* est plus usité dans ce cas.

GROTESQUES. *T. d'art.* Genre de compositions dans lesquelles on associe les choses les plus dis-

semblables, et souvent avec une représentation de la nature outrée et contrefaite.

— Ces ornements sont imités de ceux qui ont été découverts dans les *grottes* ou ruines du palais de Titus : de là leur nom. Callot excella dans ce genre.

GRUAU. *T. de méd. et de boul.* On nomme ainsi le fruit de l'avoine, débarrassé par son passage entre deux meules placées horizontalement, à distance, de la glume, de la glumelle, du tégument propre du cariopse, et réduit à la partie blanche et farineuse. Il sert sous cet état, à faire des tisanes adoucissantes et nourrissantes.

On désigne improprement sous le nom de *pain de gruau*, ceux préparés avec la plus belle et la plus fine farine de froment, mais ne contenant pas la plus petite trace de gruau (avoine) véritable.

GRUE. *T. de mécan.* Les grues sont des appareils de levage dont on se sert pour soulever les fardeaux et pour les transporter d'un point à un autre. Grâce à l'emploi d'organes multiplicateurs tels que les engrenages, les poulies, etc., les grues permettent à un ou plusieurs hommes de manœuvrer des masses qu'il serait impossible de déplacer directement à bras. On appelle *puissance* d'une grue la charge maximum qu'elle permet de lever, *portée* son rayon d'action et on peut les classer en quatre catégories qui se distinguent par les caractères suivants :

1° **Grues du premier genre.** Elles se composent d'un arbre vertical ou *fût* AB (fig. 360) fixé

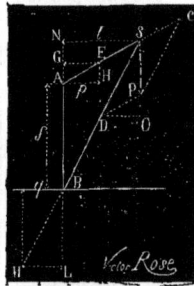

Fig. 360. — *Vue schématique d'une grue du 1er genre.*

en A et en B, d'une pièce oblique ou *flèche* BS et d'une troisième pièce horizontale ou inclinée AS que l'on appelle tirant ou *volée*. Le fût pouvant tourner autour de son axe, la grue a pour portée une circonférence dont le rayon est égal à la projection horizontale *l* de son tirant; le poids P s'attache à l'extrémité d'une chaîne passant sur une poulie S; en B, se trouve le train d'engrenages qui commande la montée ou la descente de la chaîne. Les deux composantes SC, SD de la force P font travailler le tirant et la flèche à la traction et à la compression ; on peut donc transporter en A et B les points d'application des forces SC, SD, et les décomposer à leur tour, on a alors $p = q$: en comparant les triangles semblables ABS SDP,

$$\frac{AB}{SP} = \frac{NS}{DO},$$

c'est-à-dire $\frac{f}{P} = \frac{l}{p}$ d'où $p = q = \frac{P l}{f}$. Donc, pour que q, représentant l'effort à exercer, soit petit, il faut que f soit grand et l très petit.

Ce type de grue est surtout employé dans les fonderies et les ateliers de construction de machines, pour desservir un cubilot ou une machine-outil, dont l'emplacement ne peut varier. On les fait ordinairement en bois ;

Fig. 361.
Vue schématique d'une grue du 2ᵉ genre.

cependant pour de grandes dimensions, on emploie des poutres tubulaires en tôle rivée ; nous citerons parmi les plus fortes de ce genre, la grue Weston en usage à l'usine métallurgique de Stamford, dans le Connecticut ; cet appareil n'a pas moins de 13 pieds de hauteur et 19 pieds de portée ; le fût a une hauteur totale de 24 pieds entre le pivot et la crapaudine (V. *The american machinist*, New-York, nº du 17 janvier 1883). Mais il est rare que l'on atteigne de pareilles portées, et, à partir de 4 mètres, on assure la poutre horizontale, en faisant usage d'un contre-tirant prenant son attache à la partie supérieure du fût. Pour de petites portées ne dépassant pas 2ᵐ,50, on se borne souvent à fixer le fût à un mur au moyen de deux supports boulonnés dans la maçonnerie, ce type de grue d'applique ou de potence s'emploie surtout dans les magasins à étages. Souvent, dans les fonderies, on a besoin d'une grue dont la portée soit variable; dans ce cas, la poutrelle horizontale est disposée de manière à servir de chemin de roulement à un petit chariot qui porte les poulies et les crochets auxquels se suspend le fardeau ; il y a alors, au bas de l'appareil, deux treuils de manœuvre. Dans d'autres types de grues, tels que la grue Henderson, par exemple, c'est la volée qui est variable ; le tirant est formé d'une chaîne qui s'enroule sur une poulie et dont on peut raccourcir la longueur. Seulement, comme la flèche se relève dans ce type de grue et qu'elle risquerait de heurter la charpente supérieure, on n'en fait pas usage à l'intérieur des ateliers et pour obte-

nir, en plein air, le point d'appui supérieur du fût, on ajoute deux poutres obliques d'un fort équarrissage qui forment un triangle avec le fût et avec le sol.

2º Grues du deuxième genre. Dans ces grues, le point d'appui supérieur est complètement supprimé, et c'est par le pied seul, solidement encastré dans le sol, que l'appareil résiste au renversement quand il travaille. L'équation d'équilibre des moments fléchissants donne (fig. 361) :

$$Xh = pf, \text{ et comme } p = \frac{Pl}{f}, \ X = \frac{Pl}{h}.$$

On voit par là que pour mettre la grue dans de bonnes conditions de résistance, il faut que sa portée ne soit pas trop grande, et la hauteur d'encastrement dans le sol soit, au contraire, maxima. On peut subdiviser les grues de ce genre en deux groupes, suivant qu'elles ont l'arbre fixe, ou que cet arbre peut tourner autour de son axe, de manière à faire décrire au fardeau une portion de circonférence ou une circonférence entière. Les premières sont évidemment d'un usage moins commode et moins répandu, puisqu'elles ne peuvent servir qu'à élever le fardeau sur place. Dans les deux cas, les fondations se composent d'un énorme dé en maçonnerie brute, avec chaux hydraulique, ayant une profondeur de 3ᵐ,50, et un diamètre de 4ᵐ,50 (type P.-L.-M.) ; au niveau du sol, l'arbre est muni d'une forte plaque de fonte qui est boulonnée, ou fixée par des tirants obliques, sur la masse de la maçonnerie, de sorte que l'arbre compose, avec les fondations, un tout homogène et indéformable ; la flèche s'assemble sur l'arbre, presque au niveau du sol. La construction de l'appareil est un peu plus compliquée ; nous donnons le croquis d'une grue de ce genre (fig. 362), établie sur le port de Rouen : l'arbre s'enfonce dans une cuve en fonte A formée de plusieurs anneaux superposés, encastrée dans la maçonnerie du quai,

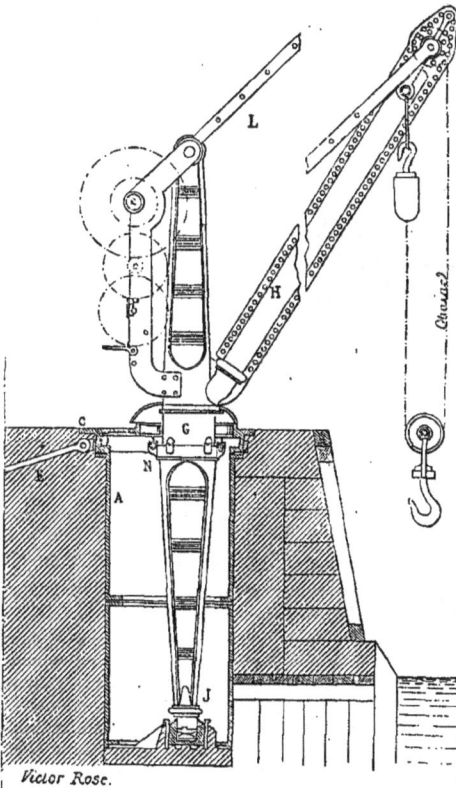

Victor Rose.

Fig. 362. — *Grue de 30 tonnes, du port de Rouen.*

et portant, à la partie inférieure, la crapaudine J. Cette cuve est recouverte d'une plaque C entourée d'une frette en fer D retenue par des tirants E solidement amarrés dans la maçonnerie. A sa sortie de la cuve, l'arbre G porte un collier muni de galets, disposés de manière que la charge ne porte pas toujours sur le même galet; l'orientation de la grue est ainsi facile à obtenir. Le rapport des trains d'engrenages, de la manivelle et du tambour étant de 900, 3 ouvriers développant individuellement un effort de 15 kilogrammètres à la manivelle, peuvent, en tenant compte des frottements, soulever un fardeau de 30 tonnes.

Pour éviter les fondations très importantes que nécessite le système de grues dont il vient d'être question, on fait maintenant un fréquent usage de grues, dites à plateau, dont le pied n'est encastré qu'à une profondeur de 1 mètre au-dessous du niveau du sol. Comme l'indique la figure 363, la stabilité de la grue est assurée par l'addition d'une large embase, formée d'un plateau en fonte, de 4m,50 de diamètre, armé de fortes nervures et noyé seulement dans le ballast. C'est ce type de grue que l'on installe surtout sur les quais découverts de grues à marchandises.

Dans les installations récentes, les grues à pivot d'une grande puissance ne sont pas des grues à main; on utilise, pour les faire mouvoir, la force de la vapeur, de l'eau sous pression, ou de l'air comprimé.

Grues à vapeur. Il y a deux cas à distinguer, suivant que la grue porte ou ne porte pas l'appareil générateur de la vapeur. Les grues de cette dernière catégorie ne sont guère employées que lorsque l'on en a un certain nombre concentrées dans un petit espace et alimentées par la même chaudière fixe; encore perd-on beaucoup de vapeur condensée dans les conduites. La grue Cavé, installée sur le canal de Montluçon, appartient à ce type; l'arbre mobile est creux, et la vapeur arrive à l'intérieur par un vide annulaire contenu dans le presse-étoupe situé au niveau du sol; de là, la vapeur se rend dans la machine motrice qui tourne avec la grue. Mais, dans la grande majorité des cas, la grue porte à la fois sa chaudière et sa machine. Tantôt la chaudière est placée à l'arrière de la grue et forme contre-poids, tantôt elle est placée dans l'axe même et tient lieu d'arbre, comme dans la grue Maldant, du port de Barcelone. La partie supérieure de l'arbre est creuse et contient de l'eau, ainsi que le foyer d'où les produits de la combustion se dégagent par une cheminée en tôle, située à l'opposé de la volée; le tirage y est activé par un jet de vapeur. Cette chaudière verticale est suffisante pour alimenter une machine de 4 chevaux qui agit pour soulever les fardeaux et aussi pour orienter la grue, au moyen d'une transmission spéciale, par engrenages.

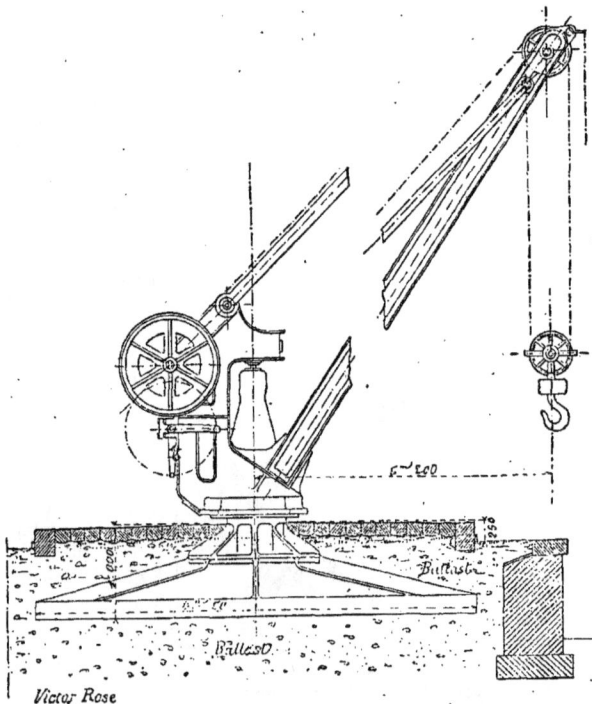

Fig. 363. — Type de grue à plateau.

Grues atmosphériques. Système Claparède. Ici encore l'arbre est creux, et à l'intérieur se meut un piston qui commande la chaîne à l'extrémité de laquelle s'attache le fardeau. Une machine pneumatique permet de faire le vide sous le piston; la descente de celui-ci, sous l'action de la pression atmosphérique, sert à faire monter le poids. Toute la partie supérieure de l'arbre est entourée d'une deuxième enveloppe mobile, à laquelle s'attachent la volée et le tirant, de sorte que l'on peut orienter la grue. L'inconvénient de ce système est de nécessiter des cylindres de grand diamètre et d'une hauteur au moins égale à celle à laquelle on veut élever les fardeaux. On pourrait éviter les grands diamètres, en faisant usage d'air comprimé, et en fermant la partie supérieure du cylindre. Le seul avantage est de ne pas nécessiter l'emploi de la vapeur qui se condense facilement en plein air, dans les pays froids.

Grues hydrauliques. Dans les ports, l'emploi de l'eau sous pression est extrêmement avantageux pour faire mouvoir les appareils de toute nature, et notamment les appareils de levage, tels que les grues et les *monte-charges* (V. ce mot). Un moteur central pompe l'eau et la refoule dans une canalisation qui aboutit à des *accumulateurs*, concentrés ou disséminés dans l'emplacement qu'occupent les appareils qu'il s'agit de faire mouvoir. Ces accumulateurs sont d'énormes cylindres verticaux dont les pistons supportent des rondelles

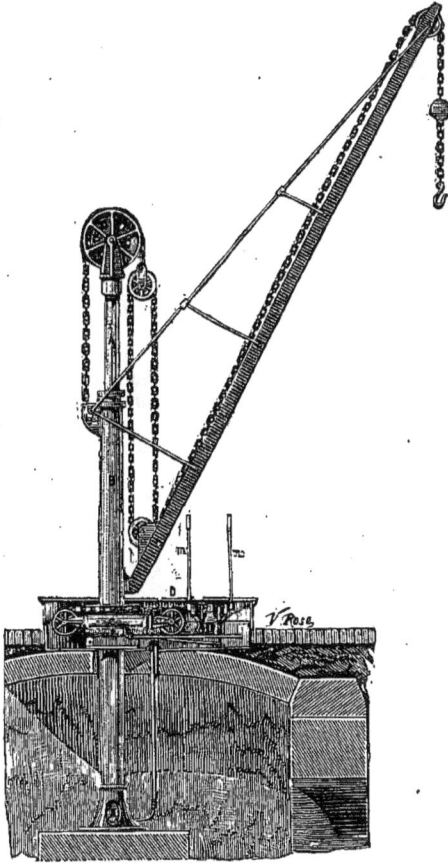

Fig. 364. — *Grue hydraulique, système Armstrong.*

de fonte d'un poids de 30 à 50 tonnes. Des accumulateurs, l'eau, sous une pression de 50 à 60 atmosphères, passe dans une conduite qui la distribue aux appareils récepteurs, chargés d'utiliser cette force motrice. Après utilisation, l'eau est ramenée par une conduite de retour à un réservoir, d'où elle peut être de nouveau utilisée pour l'alimentation des pompes. Nous donnons, figure 364, le croquis d'une grue hydraulique du système Armstrong. L'élévation du fardeau est obtenue par la montée du piston A à l'intérieur du cylindre B qui sert en même temps de fût pour la grue. Ce cylindre est à double enveloppe, et c'est sur l'enveloppe extérieure qu'est montée

la flèche et la volée, de manière que la grue puisse tourner indépendamment du mouvement d'ascension ou de descente du piston à l'intérieur du cylindre hydraulique. Cette orientation est elle-même obtenue mécaniquement par l'introduction de l'eau sous pression à l'intérieur d'un cylindre horizontal C dont le piston commande une chaîne attachée en un point fixe; le mouvement de ce piston commande par suite la rotation de tout le système et de l'arbre B autour de l'axe de la grue. Le mécanicien, qui se tient sur la plate-forme D commande l'introduction de l'eau dans l'un ou l'autre des cylindres hydrauliques, en manœuvrant seulement l'un des leviers mm_1.

La grande halle de la gare du port d'Anvers, longue de 200 mètres et large de 70 mètres, recouvre quatre quais de 7 mètres de largeur, séparés par deux voies charretières de 10 mètres de largeur et coupés transversalement par quatre traversées rectangulaires qui sont munies de plaques. Sur ces quais, sont installées 28 grues hydrauliques de 1,000 à 2,000 kilogrammes; à l'extérieur, sur les quais découverts, 16 autres grues, dont 3 sont de la force de 10,000 kilogrammes. D'après M. Sartiaux, le prix de revient de la manutention reviendrait à 11 centimes par tonne si la grue travaillait au maximum et manutentionnait 300 tonnes de marchandises par jour; mais il est évalué à 33 centimes par les ingénieurs belges, parce qu'elle travaille, en moyenne, au tiers de la charge nominale ou qu'elle nécessite quatre ou cinq minutes pour chaque opération.

3° **Grues locomobiles** *du troisième genre.* Il est souvent utile que l'appareil de levage puisse se déplacer d'un point à un autre, parce qu'il est plus commode d'aller chercher le fardeau que de l'amener sous l'appareil. Les grues locomobiles employées dans ce cas, sont alors montées sur un truck roulant muni de roues ordinaires, s'il s'agit des quais d'un port, ou de roues à boudin, si la grue doit circuler sur des rails de chemins de fer. En effet, l'importance des lignes ferrées qui restent à ouvrir est assez faible pour que l'on cherche à réduire au minimum les installations des stations; par exemple, au lieu de placer dans chacune d'elles un appareil de levage, on a pris le parti d'affecter une grue locomobile à un ensemble de lignes à faible trafic, de manière à l'utiliser successivement dans tous les points où son emploi sera reconnu nécessaire. La plate-forme qui porte la grue à pivot est, par conséquent, munie de tampons, de crochets d'attelage et de chaînes de sûreté, en un mot de tous les organes nécessaires pour qu'on puisse facilement atteler la grue à un train et la transporter sur rails d'une station à une autre. Cette grue est équilibrée par un contre-poids placé du côté opposé à la volée; de plus, quand on veut soulever des fardeaux d'un poids supérieur à 3 ou 4 tonnes, il est nécessaire qu'elle soit fixée au moyen de griffes qui s'accrochent aux rails et qu'on fait descendre à l'aide d'un écrou placé à leur partie supérieure. C'est à cette condition qu'on peut faire usage de grues roulantes d'une grande puissance (10 et

12 tonnes). Mais ces appareils sont beaucoup moins utilisés que les petites grues locomobiles et légères à l'aide desquelles on peut soulever des poids de 6 tonnes au maximum. L'emploi et le transport de ces appareils nécessite quelques précautions; lorsque la grue n'est pas en service, il faut desserrer les arcs de pression placés sous les boîtes à graisse, pour rendre aux ressorts toute leur élasticité, fixer la queue de la grue dans l'axe de la voie, pour que la flèche ne gène pas la circulation des vagons sur des voies latérales, ramener le contre-poids près du pivot et l'y fixer avec des broches d'arrêt. Pour le transport, la queue de la grue est placée, comme au repos, dans l'axe de la voie, et l'ensemble est attelé, autant que possible, en queue du train.

On dispose souvent les grues roulantes de manière qu'elles puissent, non seulement élever, mais aussi peser les fardeaux; c'est ce qu'on appelle la grue roulante *dynamométrique*. A cet effet, la poulie sur laquelle passe la chaîne servant à soulever le fardeau, porte aussi une romaine équilibrée; le crochet d'attache est en forme de T, à l'un des bras de ce T s'attache la chaîne passant sur cette poulie, à l'autre un brin de chaîne fixé, par son autre extrémité, à l'un des bras de la romaine. De même que les grues à pivot, les grues roulantes et pivotantes peuvent être mues mécaniquement; les grues Chrétien et Quillacq portent leur chaudière et leur machine; la vapeur y est utilisée pour obtenir l'élévation des fardeaux, l'orientation de la grue sur sa plate-forme, et la propulsion de cette plate-forme. MM. Armstrong ont

même résolu un problème plus difficile encore, c'est d'alimenter une grue roulante avec de l'eau sous pression fournie par une installation centrale d'accumulateurs. A cet effet, les deux conduites d'alimentation et d'évacuation sont placées entre les rails du chemin de roulement et sont mises en communication permanente avec le cylindre moteur qui forme l'arbre de la grue, au moyen de joints télescopiques parfaitement étanches.

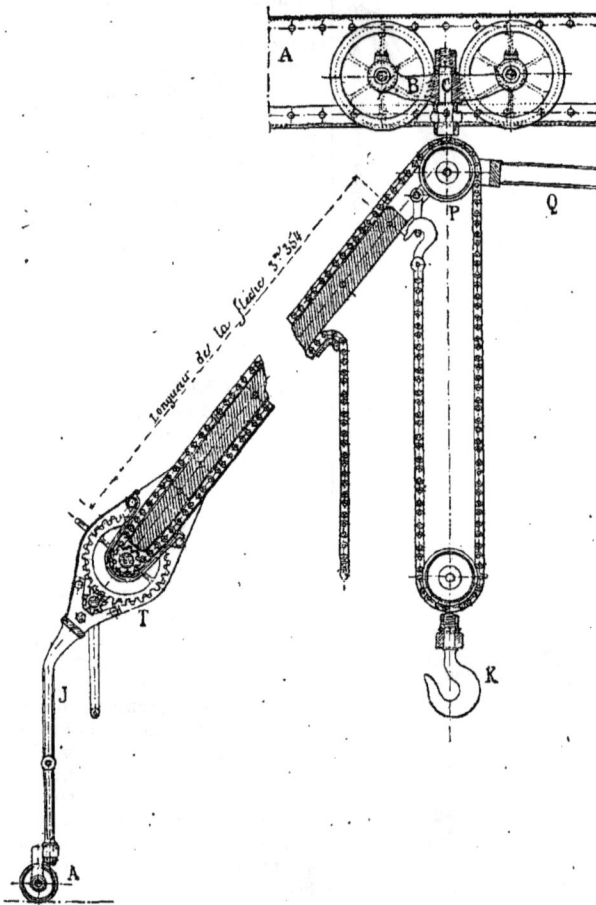

Fig. 365. — *Grue Nepveu.*

On peut encore classer parmi les grues roulantes du troisième genre, les grues dites *Nepveu* (fig. 365), communément employées sous les halles à marchandises. Ici, le chemin de roulement de la grue est supérieur et placé dans la charpente de la halle, il est formé de deux fers à I A assez rapprochés et disposés parallèlement aux fermes; il supporte un chariot B à 4 roues, auquel s'attache, au moyen d'un fort boulon C, la poulie P sur laquelle s'enroule la chaîne portant le crochet K; le corps de la grue G est équilibré par un contre-poids Q, et repose sur le sol du quai par un galet A; le treuil moteur T porte une noix triangulaire en guise de tambour; pour déplacer la grue et l'orienter autour de l'axe C, on se sert de la poignée J. Ce système de grue permet de manutentionner des colis d'un poids maximum de 2 à 3,000 kilogrammes.

4° Grues roulantes du *quatrième genre, ou* **treuils roulants.** Un treuil roulant se compose, en général, d'un chariot portant un treuil ordinaire ou à vapeur, et pouvant se mouvoir sur un chemin de roulement fixé à la partie supérieure d'une charpente. Celle-ci, à son tour, peut être fixe ou recevoir un mouvement qui la déplace dans le sens transversal.

A l'intérieur des ateliers, on emploie des treuils dont la charpente roulante est une simple plate-forme marchant sur deux rails, installés eux-mêmes sur des murs ou sur des piliers fixes. Ces appareils ne présentent, d'ailleurs, aucune particularité qui mérite d'être signalée. Les véritables treuils roulants, qui s'emploient en plein air, dans les gares de chemins de fer, ou sur les quais des ports, pour le bardage des pierres et pour le chargement des fers ou des bois en grume, d'une grande longueur et d'un poids considérable, comprennent, outre le treuil proprement dit, qui se déplace sur une plate-forme supérieure, deux bâtis verticaux, écartés de 8 ou de 12 mètres, supportant cette plate-forme et se roulant au moyen de galets, sur deux files de rails saillants.

Le type le plus répandu, pour le service des pierres, est celui dont nous donnons le croquis (fig. 366) et qui est d'un usage général sur le réseau du chemin de fer du Nord. La manœuvre du treuil A se fait à la partie supérieure; une échelle C donne accès à la plate-forme B. Quant au déplacement de la charpente, il est obtenu en manœuvrant un treuil spécial D situé à la partie inférieure. La partie de la charpente embrasse une voie ferrée et une voie charretière, de sorte que

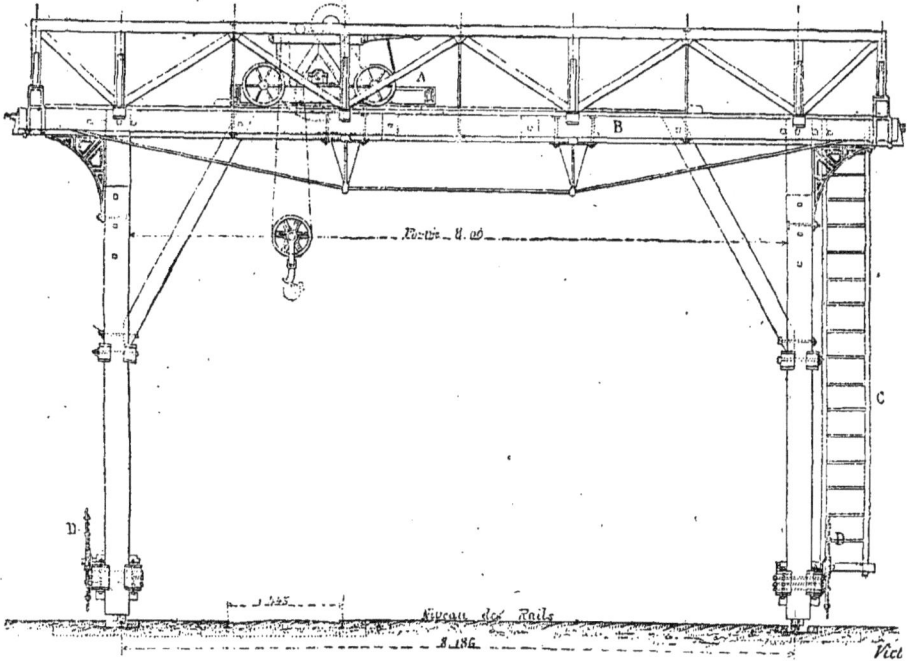

Fig. 366. — *Grue roulante de 8 mètres de portée pour le chargement des pierres. Élévation de face.*

le treuil se déplace au-dessus du vagon et du camion, pour transborder les matériaux de l'un à l'autre. Quand il s'agit de transborder de bateau en voiture, la plate-forme supérieure doit du côté de l'eau, déborder, en porte-à-faux au-dessus du bâti et de l'autre côté être équilibrée en conséquence; l'un des bâtis peut, d'ailleurs, descendre plus bas que l'autre, ce qui permet de racheter des différences de niveau qui ne sont pas sans importance; nous citerons, comme exemple de cette disposition, le treuil du quai d'Orsay, sur la berge de la Seine; le mouvement de déplacement du treuil s'effectue de la plate-forme supérieure, au moyen d'un renvoi par engrenages coniques.

Les treuils, d'une puissance de 20 tonnes, récemment installés pour le service des fers, à la gare de La Chapelle, sont mus par la vapeur et sont construits entièrement en tôle; le mécani-cien est posté dans une guérite vitrée, à mi-hauteur, latéralement à l'un des montants de la charpente et de là, il manœuvre la machine à chaudière verticale, qui opère le déplacement de la charpente, la translation du treuil et la rotation du tambour de ce treuil. Pour ne pas perdre le bénéfice de cette installation, quand on n'a à manutentionner que des masses divisibles, d'un poids bien inférieur à celui de l'engin, on fait usage d'une sorte d'élingue métallique, appelée *trapsier*, à l'aide de laquelle on peut enlever tout un lot de barres ou de fers plats.

Dans cet ordre d'idées, M. Chrétien construit des grues à pierres d'une portée totale de 28 mètres avec un porte-à-faux de 6 mètres environ, mues par la vapeur; dans le type de La Villette, le mécanicien et ses appareils forment contre-poids à l'extrémité opposée, la partie mobile du treuil se réduit à un simple chariot, tandis que le tambour avec ses engrenages sont fixes et près de la machine motrice ; les chaînes qui transmettent au chariot le double mouvement de translation et d'élévation du fardeau sont supportées, d'un bout à l'autre de la plate-forme, par six paires de galets. Enfin, on peut encore citer la grue roulante à *bique*, employée sur le port de Dunkerque et qui a réduit de plus de moitié le prix de revient de la manutention pour le déchargement des charbons. La benne qui descend dans le bateau, est accrochée à l'extrémité d'une chaîne passant sur une poulie mobile avec le piston du cylindre oscillant de la bique ; une chaudière à vapeur alimente ce cylindre : le tout est placé à la partie supérieure d'une plate-forme roulant sur des rails et au-dessous de laquelle est le vagon dans lequel se déchargent les bennes. Avec cet appareil, le chargement d'un vagon de 10 tonnes ne dure guère que dix-huit minutes, et le déchargement d'un navire de 1,000 tonneaux n'exige que trente heures. — M. C.

GRUE D'ALIMENTATION. *T. de chem. de fer.* Ces appareils, que l'on nomme quelquefois *grues hydrauliques*, mais qu'il faut se garder de confondre avec les appareils de levage, mus par la force de l'eau, servent à l'alimentation des tenders des locomotives, dans les gares et les stations. Une grue se compose essentiellement d'une colonne verticale en fonte creuse, à la partie inférieure

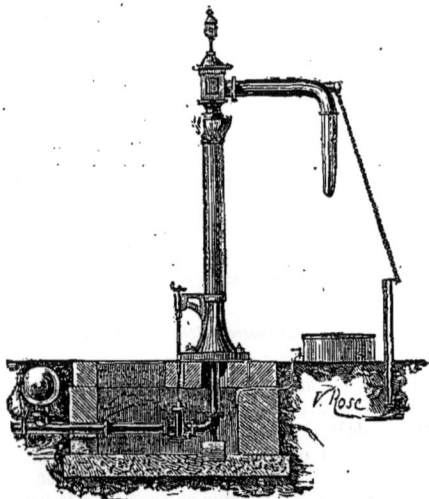

Fig. 367. — *Grue d'alimentation.*

de laquelle arrive l'eau sous la pression d'un réservoir voisin. Un robinet supérieur mis à la portée du mécanicien, qui le manœuvre sans descendre de sa machine, lui permet de remplir la bâche d'eau du tender au moyen d'un raccord en toile qui vient s'ajuster dans un entonnoir au-dessus de cette bâche d'eau. La grue, dont nous donnons le dessin (fig. 367), est à col tournant, c'est-à-dire que le col peut, après usage, être rabattu parallèlement aux voies, de manière à ne

pas gêner la circulation. Il y a des grues qui sont surmontées d'un réservoir en fonte ; mais, outre que ce réservoir ne peut jamais avoir une grande capacité, il a le défaut de faire reparaître, en partie, l'inconvénient auquel on veut remédier par l'installation de grues à la place de réservoirs ordinaires, qui masqueraient la vue le long des voies.

GRUME. Bois coupé, dont on a conservé l'écorce ; on s'en sert pour faire des meubles rustiques, des jardinières, etc.

GRUYÈRE. Sorte de *fromage.* — V. ce mot.

GUÈDE ou **GUESDE.** *T. de teint.* Matière colorante bleue, analogue à l'indigo, tirée d'une plante de la famille des crucifères. On l'appelle aussi *pastel* ou *vouède.* La guède contient environ trente fois moins d'indigo que les indigotiers. Il faut, en moyenne, 100 kilogrammes de feuilles pour produire un peu plus de 250 grammes d'indigo.

— Avant l'introduction de l'indigo en Europe, cette plante était cultivée en Thuringe, en Saxe, dans les Flandres, en Normandie et dans le midi de la France. C'était la couleur bleue la plus solide et la plus belle que l'on connût. Avant la découverte de l'Amérique, le commerce de la guède était immense. Toulouse et les environs en produisaient des quantités considérables. On mettait cette substance en coques ou pelotes ovales, dites *cocagnes.* Le pays était devenu si riche qu'on l'appelait le pays de Cocagne ou Cocagne, du nom de son industrie. Cette dénomination a passé en proverbe pour désigner un pays très fertile. Lescul, port de Bordeaux, en exportait près de 200,000 balles de 100 kilogrammes par an et les étrangers en éprouvaient un si grand besoin que pendant les guerres de la France, il était convenu que ce commerce serait libre et protégé.

GUÉDON ou GUÉDRON. *T. de teint.* Dans les ateliers de teinture en bleu d'indigo, le local spécial où se trouvent les cuves, porte le nom de *guesdre* ou *guèdre,* et l'ouvrier chargé spécialement du soin d'entretenir ces cuves, s'appelle *guédon* ou *guédron.*

GUERRE. *Iconogr.* Mars, Pallas et Bellone sont les représentations mythologiques de la guerre, mais elle est plus souvent figurée par Mars tenant de la main droite une lance et de la gauche un caducée. Les modernes ont personnifié de cent manières ce fléau que l'humanité traîne avec elle depuis les premiers âges du monde ; tantôt elle est dépeinte sous les traits d'une Furie, les cheveux en désordre, le visage courroucé, une épée nue à la main ; tantôt, d'après de Prezel (*Dictionnaire Larousse*), elle est « ainsi que Bellone, armée à l'antique, un casque en tête et une lance à la main, ou portée sur un char qui renverse tout sur son passage. Son regard est fier et même terrible. La Peur et la Mort marchent devant ses coursiers tout couverts d'écume. La renommée, qui vole autour d'elle, embouche sa double trompette et répand partout l'alarme et l'épouvante. »

GUÊTRE. *T. du cost.* Partie du vêtement que confectionne le *guêtrier,* et qui emprisonne le mollet et le dessus de la chaussure jusqu'au cou-de-pied, des boucles ou des boutons ferment la guêtre sur le côté extérieur ; on fait aussi des *demi-guêtres,* ou simplement *guêtres,* qui ne montent que jusqu'au-dessous du mollet.

GUEULARD. *T. de métall.* On appelle *gueulard,*

le sommet d'un haut-fourneau : c'est la partie par laquelle se fait le chargement. Pendant de longues années, on a opéré, dans la métallurgie du fer, à *gueulard ouvert*, c'est-à-dire que les gaz, qui s'échappaient de cette partie du haut-fourneau, étaient complètement perdus. Depuis le premier quart de ce siècle, partout, sauf dans quelques usines anglaises où l'esprit conservateur a refusé toute innovation, on marche à *gueulard fermé*, c'est-à-dire que l'on recueille soigneusement les gaz qui s'échappent. On les utilise au chauffage des chaudières qui desservent la machine soufflante et le monte-charges ; on s'en sert pour chauffer l'air, dans les appareils que nous avons décrits, lorsque nous avons parlé des hauts-fourneaux.

Les premiers fourneaux avaient un gueulard très étroit, pour faciliter par l'évasement jusqu'au ventre, la descente des éléments de la charge. Lorsqu'on a cherché à augmenter, de plus en plus, le volume des hauts-fourneaux, il a bien fallu élargir aussi les gueulards, ce qui a conduit à différents artifices de chargement destinés à répartir uniformément les matières sur la surface et empêcher que les menus se missent au centre et les gros morceaux à la circonférence, par la formation d'un cône naturel d'éboulement. Le premier artifice est la *trémie*. On nomme ainsi une portion de cylindre, descendant verticalement dans le fourneau et qui permet de maintenir libres, les orifices de prise de gaz, tout en améliorant la répartition du gros et du menu.

Le type de mode de chargement le plus répandu est l'appareil *cup and cône* qui tend à se généra-

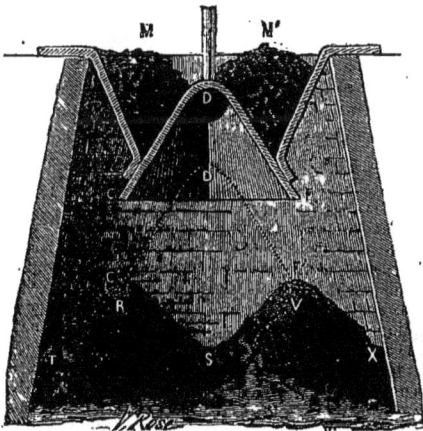

Fig. 368.

liser partout. Il se compose, comme l'indique la figure 368, d'une cloche en fonte, en forme de cône renversé, c'est ce qu'on appelle la *coupe*, qui se fixe à la plate-forme du gueulard. Au centre, se trouve un *cône*, qui peut, au moyen d'un balancier à contre-poids, descendre suivant l'axe du fourneau. Dans la première position CDF, le cône ferme la coupe et c'est dans l'intervalle MM' que se fait la préparation de la charge, qui tombe

d'un seul coup dans le fourneau quand le cône occupe la position C'D'F'. Il se fait ainsi deux talus TRS et SVX où le menu se trouve en R et V et le gros à la fois au centre du fourneau S et à la circonférence TX. On régularise ainsi la perméabilité des charges et, par suite, la régularité de la réduction par les gaz.

La tendance actuelle étant, de plus en plus, de donner aux hauts-fourneaux la forme cylindrique, il faut avoir de grands diamètres de gueulards si l'on veut, pour une hauteur donnée, avoir une grande capacité. Il en résulte l'obligation d'avoir une répartition du gros et du menu des charges, aussi égale que possible. L'appareil *cup and cône* suffit et sa simplicité le recommande aux métallurgistes. Les nombreuses dispositions de chargement plus compliquées les unes que les autres et qui ont été imaginées depuis une trentaine d'années, semblent tombées dans l'oubli, ou sont bien près d'y être.

Autrefois, on faisait de très petites charges à la fois, 500 kilogrammes de coke par exemple, ou même 250 kilogrammes de charbon de bois avec le minerai correspondant. On croyait arriver à une égale répartition des matières à fondre et du combustible indispensable à la fusion. On a reconnu récemment que le meilleur moyen d'avoir un mélange final aussi uniforme que possible, s'obtenait, au contraire, par de grosses charges initiales. On ne peut empêcher les substances plus lourdes spécifiquement, telles que le minerai et le carbonate de chaux, de traverser le combustible plus léger, mais il faut retarder ce résultat jusqu'au voisinage des tuyères, ce qui ne peut avoir lieu qu'en séparant les matières lourdes et les matières légères en couches aussi épaisses que possible au début ; pratiquement, on charge 2,500 à 3,000 kilogrammes de coke à la fois.

A l'emploi des gueulards de grands diamètres et des lourds appareils en fonte destinés à effectuer

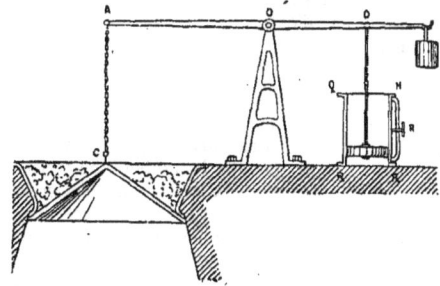

Fig. 369.

l'égale répartition des éléments de la charge, il faut joindre, comme complément indispensable, l'appareil à contre-poids pour la descente des matières.

Le meilleur système est, sans contredit, un appareil hydraulique à balancier, dont la figure 369 donne un croquis. AD est le balancier oscillant autour du point O supporté par des montants. En A est fixée la chaîne ou la tige articulée qui porte le cône de fermeture C. A l'extrémité du balancier, vers D est un contrepoids qui fait équilibre au poids du cône et à une faible partie de la charge, de manière qu'à vide, le cône est appliqué exactement contre le bord de la coupe.

En D est l'attache de la tige du cylindre à eau QR, où le piston peut, au moyen du canal latéral HR, faire passer d'une de ses faces sur l'autre, l'eau qui remplit le cylindre. Le robinet R sert à cette manœuvre qui est des plus simples.

La coupe étant pleine de minerai et le robinet R étant fermé, il suffit d'ouvrir celui-ci pour faire descendre la charge et faire passer l'eau de la face supérieure à la face inférieure du piston ; ce mouvement peut avoir lieu aussi doucement que l'on veut et l'on agit comme avec un frein. Quand le cône a laissé descendre la charge, le contrepoids fonctionne, ramène le levier horizontal ; en même temps, l'eau du cylindre repasse en sens inverse et l'on est prêt à faire une nouvelle charge.

* GUEULE-BÉE. *T. de mécan.* L'écoulement d'un liquide est dit à *gueule-bée* ou à *plein tuyau*, lorsque les filets fluides sortent de l'orifice extrême parallèlement à eux-mêmes. Ce fait se présente lorsque l'épaisseur de la paroi a au moins une fois et demie la plus petite dimension de l'orifice, ou lorsque celui-ci est prolongé par un ajutage quelconque, cylindrique, conique ou prismatique, d'une longueur égale à 3 ou 4 fois la dimension minimum de l'orifice. Dans ce cas, il n'y a pas de contraction extérieure et la vitesse de l'écoulement du liquide est donnée par la formule

$$v' = 0{,}82 v = 0{,}82 \sqrt{2gh},$$

formule dans laquelle v' est la vitesse réelle avec laquelle l'eau s'écoule et

$$v = \sqrt{2gh}$$

exprime la vitesse théorique de l'écoulement. Selon la forme des ajutages, le coefficient de v varie de quelques centièmes ; ainsi, pour l'établissement de jets d'eau à ajutages légèrement convergents, on peut prendre $v' = 0{,}87 v$. — V. Dépense, Écoulement.

* GUEULE-DE-LOUP. *T. de consir.* Assemblage de deux pièces dont la surface de l'une est concave et la surface de l'autre convexe. || Genre de fermeture qu'on applique aux battants d'une croisée et dont nous donnons un exemple à l'art. Fenêtre. || Outil à fût qui sert à faire les moulures dites *gueules-de-loup*. || Tuyau coudé qui fait partie de la mitre d'un conduit de fumée.

GUEULES. *Art hérald.* Couleur rouge ; à défaut de couleur, on représente l'émail de gueules par des hachures. — V. Email, II.

* GUEULETTE. *T. techn.* Ouverture d'un four, destinée à la manœuvre des outils.

GUEUSE. *T. de métall.* Nom que l'on donne aux masses de fonte prismatiques ou en forme de parallélogramme que l'on a coulées dans le sable, au sortir du fourneau de fusion. || Sorte de dentelle faite de fil blanc. || *Gueuse de lest.* Nom des blocs de fonte de 50 ou 100 kilogrammes qui servent à lester les navires de l'Etat.

*GUEUSET, GUEUSAT. *T. de métall.* Petite gueuse, saumon.

* GUIDE. 1° *T. techn.* Câble ou tringle qui sert à maintenir dans une direction verticale les fardeaux qu'on élève. || 2° *T. de men.* Morceau de bois que l'ouvrier fixe contre un rabot ou un autre outil du même genre, lorsqu'il veut recouper une feuillure. || 3° *T. d'ajust.* Arrêt placé sur un palastre de serrure ou ailleurs, pour limiter la partie à atteindre par les dents d'une lime. || 4° *T. de mécan.* Trou, clavette, mortaise, coulisse ou glissière servant à diriger le mouvement d'une pièce. || 5° *T. de tiss.* Petite pièce découpée dans une feuille d'acier et repliée sur elle-même, que l'on adapte à l'extrémité des couteaux employés pour la coupe des velours (V. Velours). || 6° *Guide-fils. T. de tiss. et de filat.* Organes qui dirigent les fils vers les bobines sur lesquelles ils doivent s'enrouler, de manière à les répartir en couches régulières. — V. Filer (Métier à).

*GUIDEAU. On appelle ainsi un système de radeaux employés dans les ports à marée pour établir au moment des chasses, des jetées temporaires qui dirigent le courant sur les atterrissements que l'on veut enlever. Ces radeaux se composent d'une plate-forme en madriers, clouée et chevillée sur une carcasse en charpente, dont les moises transversales ont une de leurs extrémités en saillie sur l'une des rives et armée d'un sabot en fer. Sur la rive opposée et perpendiculairement à son plan, le radeau est traversé par un rang de poteaux mobiles ; ce sont les béquilles d'échouage dont on peut faire varier la longueur en dessous de la plate-forme, de telle sorte que le radeau, qui s'appliquerait à plat sur le fond, à mer basse, est forcé de s'échouer dans une position plus ou moins inclinée, comme un pupitre ; l'ensemble des guideaux, alignés à la suite les uns des autres, forme un long talus qui soutient et dirige les eaux de chasses. Les guideaux, amarrés ensemble, sont conduits à l'emplacement convenable environ deux heures avant la basse mer, et sont orientés avec des ancres et des aussières. Après la chasse, et lorsque la mer commence à renflouer les guideaux, on remonte les béquilles pour éviter les redressements brusques, dangereux pour le personnel et le matériel, et on reconduit toute la masse flottante à son garage dans l'avant-port. L'emploi des guideaux augmente l'action des chasses de telle façon qu'à Dieppe, on a pu entraîner 1,500 mètres cubes de galets hors des jetées, dans une seule opération. A Dunkerque, on emploie pour soutenir les chasses, sur 300 mètres de longueur dans le prolongement de la jetée de l'Est, 30 guideaux de 10 mètres sur 7, armés chacun de cinq béquilles, de 8 mètres de longueur, que l'on abaisse ou relève à l'aide de treuils. 150 hommes et quelques canots d'aide sont nécessaires pour les manœuvres d'ensemble.

*GUIDON. *Art hérald.* Meuble de l'écu qui représente une enseigne fixée à la hampe d'une lance.

* GUILLAUMOT (Charles), architecte, né en 1730, mort en 1807. Il fut ingénieur en chef de la généralité de Paris, contrôleur des bâtiments royaux, et directeur de la manufacture des Gobelins (1789) (V. Gobelins). On lui doit divers ouvrages sur l'architecture.

GUILLAUME. *T. techn.* Rabot dont la lumière occupe toute l'épaisseur et dont le fer étroit, échancré, dépasse un peu le fût sur les côtés afin de pouvoir couper à angle vif et atteindre les fonds de certains ouvrages. Les charpentiers et les menuisiers en possèdent une grande variété ; le *guillaume* des tailleurs de pierres qui sert à finir des moulures ébauchées, est muni d'une poignée qui permet de le manœuvrer. ‖ Sorte de tamis qui prépare la poudre à l'opération du grenage.

* GUILLOCHÉ. On désigne sous ce qualificatif, une sorte d'effet classique produit sur le tricot par des entrelacements saillants. On obtient cet effet, dans le tissage de la bonneterie, par une modification dans la manière d'opérer le pressage ou la fermeture des becs des aiguilles (V. Bonneterie). Cette action, au lieu de se pratiquer simultanément sur tous les éléments de la fonture comme dans la production du tricot uni, s'opère par une presse, dite *presse à guillocher*, qui porte des encoches par intervalles correspondant à certaines aiguilles. Les mailles doubles ou multiples étant abattues, forment sur le tricot des entrelacements saillants dont l'ensemble concourt à l'effet général déterminé à l'avance, qui porte le nom de *guilloché*. On peut encore produire l'effet du guilloché et obtenir divers résultats analogues en remplaçant la presse à aiguille par le *peigne de Berlin*. On désigne sous ce nom, un mécanisme qui, au lieu d'une barre à encoches, porte une règle à aiguilles dont les pointes peuvent entrer dans les intervalles des becs des aiguilles du métier et en soulever les mailles. ‖ Genre de gravures consistant en lignes ondées ou croisées.

GUILLOCHIS. *T. techn.* Ornement que l'ouvrier *guillocheur* produit au moyen de divers traits entrelacés symétriquement les uns dans les autres, et qu'il exécute à l'aide d'un tour ou d'un outil particulier qu'on nomme *guilloche*.

* GUILLOIRE. *T. de brass.* Cuve dans laquelle on fait *guiller*, c'est-à-dire fermenter la bière. — V. Brasserie, § *Fermentation basse.*

* GUIMBARDE. *T. techn.* Sorte de rabot avec lequel les graveurs et les sculpteurs aplanissent les fonds. ‖ Bouvet de menuisier pour aller au fond de certains ouvrages que le rabot ne pourrait atteindre.

* GUIMET (Jean-Baptiste), inventeur de l'outremer artificiel, dit *bleu Guimet*, naquit à Voiron (Isère), le 20 juillet 1795, de Jean Guimet, ingénieur de grand mérite et d'Anne Mallet. Il fit ses études à Paris et fut admis à dix-huit ans à l'École polytechnique. Le 29 mars 1814, l'ennemi était aux portes de Paris, J.-B. Guimet fut l'un des plus empressés parmi les élèves de l'École

qui se dévouèrent à la défense de la capitale. Le 7 octobre 1815, il fut déclaré admissible dans les services publics, mais n'ayant pas été classé dans les ponts et chaussées, il resta à l'École, jusqu'au moment où elle fut licenciée, le 13 avril 1816. L'année suivante, après un brillant concours, il entrait dans les poudres et salpêtres.

La Société d'encouragement pour l'industrie nationale proposa, en 1826, un prix de 6,000 fr., pour la fabrication d'un outremer artificiel réunissant toutes les qualités de celui que l'on retire du lapis lazuli. Guimet se mit à l'œuvre et, dès l'année suivante, il obtenait d'heureux résultats.

De 1827 à 1828, il multiplia ses essais et arriva enfin à reproduire l'outremer avec tous les éléments qui le composent. Il commença, dès lors, à répandre ses produits dans le commerce ; il en avait établi un dépôt à Paris, rue du Cimetière-St-Nicolas, n° 7. Plusieurs artistes en firent l'essai et trouvèrent l'*outremer Guimet* aussi beau que celui qu'ils retiraient d'Italie ; le prix de l'outremer avait varié jusqu'alors entre 2,000 et 5,000 francs la livre ; Guimet livrait le sien à 25 francs l'once ou à 400 francs la livre. En 1828, il se présenta au concours et dans la séance générale du 3 mars, présidée par Chaptal, sur le rapport de Mérimée, le prix lui fut adjugé. En même temps que le bleu, il avait trouvé le moyen de produire des roses, des verts. — V. Bleu Guimet.

Guimet avait encore porté ses investigations sur d'autres applications de la chimie à l'industrie ; il avait inventé des moyens économiques pour la fabrication du blanc de céruse, et il avait, en outre, apporté dans l'administration des poudres et salpêtres de nombreuses améliorations au service dont il était chargé, aussi fut-il nommé, en 1830, commissaire des poudres à Lyon.

En 1834, l'outremer Guimet figura à l'Exposition de l'industrie française ; cette découverte, dont le mérite était consacré par des suffrages unanimes, valut à son auteur l'une des médailles d'or et la croix de chevalier de la Légion d'honneur. Cette même année, M. Guimet donna sa démission de commissaire des poudres et salpêtres pour se livrer entièrement à son industrie ; dès lors, il fonda son établissement de Fleurieux, qui prospéra au delà de ses espérances. La fortune ne tarda pas à l'élever à une position considérable ; vers 1843, il fut élu conseiller par la section du jardin des plantes de la ville de Lyon ; il prit une large part aux travaux de toutes les commissions qui s'occupèrent des eaux publiques de la cité lyonnaise.

En 1852, il fut nommé de la commission municipale et fit partie du conseil municipal qui lui succéda ; le 23 mars 1851, il fut nommé membre de la commission administrative de la *Martinière*, et plus tard vice-président ; en 1852, il fut appelé à la présidence de l'Académie des sciences de Lyon. A l'Exposition de 1849, il avait obtenu la grande médaille d'or ; en 1851, à celle de Londres, la grande médaille ; à l'Exposition universelle de 1855, il reçut la grande médaille d'honneur et le grade d'officier de la Légion d'honneur.

Le 8 avril 1871, la mort emporta cet homme de bien qui, « né avec un cœur d'élite et une générosité sans égale, dit M. E. Mulsant, mettait son bonheur à faire celui des autres (1). »

Son fils, M. *Emile* GUIMET, né le 2 juin 1836, dirige l'importante fabrique de Fleurieux-sur-Saône. Hors concours à l'Exposition de Lyon (1872), il a été nommé chevalier de la Légion d'honneur à la suite de sa remarquable Exposition de Philadelphie. C'est un savant doublé d'un artiste dont les compositions musicales ne sont point sans mérite. Voyageur infatigable, il a visité l'Amérique, le Japon, la Chine, les Indes, chargé par le ministère de l'instruction publique, d'étudier les religions de l'Extrême-Orient. Ses voyages ont été publiés chez Hetzel.

* **GUINAND** (PIERRE-LOUIS), opticien, mort en 1825, se rendit célèbre par sa découverte des secrets de fabrication du *flint-glass* que, jusqu'à lui, les Anglais seuls pouvaient produire. Son fils perfectionna encore cette industrie, et lorsque la Société d'encouragement proposa un prix pour les meilleurs procédés de fabrication des verres d'optique, il fut décerné (1839) à Guinand fils et à Bontemps.

GUINDAGE. *T. techn.* Action d'élever des fardeaux, des matériaux, à l'aide d'une machine, et ensemble des poulies, cordages et halements de cette machine.

* **GUINDEAU.** *T. de mar.* Cabestan ou treuil horizontal dont on se sert, principalement sur les navires de commerce, pour relever une ancre mouillée. Le guindeau ordinaire porte au milieu une cloche dans laquelle sont percées des mortaises pour recevoir deux ou trois barres à la fois; la chaîne s'enroule sur le tambour ou sur la couronne à empreintes, à mesure du fonctionnement des barres. Une roue à rochets, placée près chacune des extrémités, empêche le guindeau de dévirer sous l'effort de la chaîne. Le guindeau *à pompe* porte en son milieu une forte roue en fonte, dont la double denture, en sens inverse, est actionnée par deux forts linguets que l'on manœuvre à l'aide d'une bringueballe ou brimballe. Enfin, sur les paquebots, sur de nombreux navires de commerce et sur quelques navires de l'Etat, le guindeau est actionné par une machine à vapeur spéciale.

* **GUINDRAGE** ou **GUINDAGE.** *T. techn.* Dans l'industrie de la soie, longueur plus ou moins grande que présentent les écheveaux.

* **GUINÉE.** Toile bleue fabriquée sur le territoire français de Pondichéry. C'est un tissu de coton, teint au moyen de l'indigo et qui, depuis une époque fort reculée, est employé dans les transactions au Sénégal comme une véritable monnaie servant à régler les échanges. La véritable guinée de Pondichéry a une odeur toute particulière rap-

pelant celle de la solution alcaline d'indigo. On fabrique aussi cet article à Rouen, en Angleterre, en Belgique, mais les consommateurs qui sont fort connaisseurs, préfèrent la guinée de Pondichéry.

GUINGAMP ou **GUINGAN.** Tissu lisse en coton fabriqué avec des fils de couleur, le plus souvent de nuances claires, telles que bleu de ciel, rose, chamois, etc. On en fait d'unis, de rayés, d'autres disposés par carreaux. Ils reçoivent le glaçage qui exige un apprêt spécial. On les emploie pour robes et pour cravates. Le tissage s'en fait par l'armure taffetas.

* **GUIPAGE.** Revêtement de chanvre ou de ruban, imbibé de goudron de bois, dit *goudron de Norwège*, que l'on enroule autour des fils de cuivre isolés avec de la gutta-percha, afin d'empêcher celle-ci de s'oxyder et de se fendiller. Pour les câbles employés dans les égouts et les tunnels, le guipage est trempé, avant d'être goudronné, dans une solution de sulfate de cuivre, destinée à éloigner les animaux destructeurs.

GUIPURE. La guipure-dentelle a été mentionnée déjà à l'article DENTELLE; nous ne nous occuperons ici que des tissus employés sous le même nom comme rideaux, têtières pour meubles, etc.; et qui présentent une contexture toute spéciale, représentée par la figure 370.

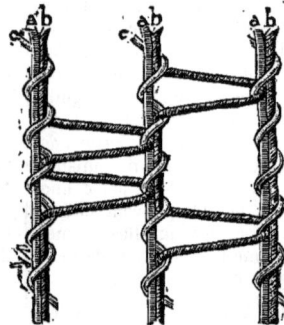

Fig. 370. — *Contexture de la guipure.*

a Fils de chaîne. — *b* Fils de dessin.
c Fils de tour.

La guipure est formée par une chaîne, dont les fils *a* restent tendus parallèlement entre eux à une certaine distance les uns des autres; la trame est remplacée par une série d'autres fils *b*, que nous appellerons *fils de dessin*, aussi nombreux que les premiers, et qui sont enveloppés avec eux par une troisième série de fils *c*, ou *fils de tour*.

On voit que tant que le fil de dessin reste auprès du fil de chaîne auquel il correspond, il est enveloppé avec lui par le fil de tour; les trois fils alors semblent n'en former qu'un seul, et produisent une bride dirigée dans le sens de la longueur de la pièce. Si, au contraire, on fait dévier le fil de dessin pour l'amener alternativement en face de son fil de chaîne ou de l'un des voisins, le fil de dessin est lié successivement à des fils de chaîne par les tours successifs des fils de tour, et produit une série de brides transversales, qui rapprochées les unes des autres, forment des parties pleines et opaques qui remplissent les intervalles entre les fils de chaîne et qui, par leur

(1) *Notice sur J.-B. Guimet,* par E. Mulsant, membre de l'Académie de Lyon.

ensemble, déterminent la liaison transversale du tissu. Les brides longitudinales laissent entre elles des jours, tandis que les brides transversales déterminent des pleins, ou parties opaques, et il suffit de répartir convenablement ces jours et ces pleins pour produire, par le tissu, tels dessins que l'on veut, fleurs, personnages ou sujets quelconques, plus ou moins bien rendus suivant l'habileté avec laquelle ils ont été combinés.

La fabrication mécanique des guipures a pris naissance, vers le commencement du siècle, à Nottingham (Angleterre), et a été importée en France, vers 1840. Les machines employées se rapprochent beaucoup des métiers à fabriquer les *tulles* (V. ce mot) et se construisent sur une grande largeur, variant de 5 à 8 mètres, de manière à fabriquer à la fois plusieurs pièces les unes à côté des autres.

Les fils de chaîne sont tous tendus verticalement entre deux rouleaux, disposés, le premier sur lequel ces fils au nombre souvent de plus de 3,000 ont été préalablement ourdis, au bas du métier, et l'autre, sur lequel devra s'enrouler le tissu à mesure de sa fabrication, à sa partie supérieure. Dans leur trajet, ces fils traversent chacun un guide, fixé à une barre horizontale qui reçoit un mouvement de va-et-vient, dont l'amplitude est égale à la distance qui sépare les fils de chaîne les uns des autres (cette distance est souvent désignée par son nom anglais *gate*, porte). Les fils, par conséquent, se déplacent, chacun d'eux venant alternativement occuper sa place, puis celle de son voisin de droite; chaque déplacement constitue une *motion* (mouvement). Les fils de tour sont fournis par de petites bobines composées de deux plaques circulaires en tôle mince d'environ 6 centimètres de diamètre, rivées l'une contre l'autre, de manière à ce qu'on puisse enrouler le fil entre elles. Ces bobines sont portées par des chariots (carèges, du mot anglais *carriage*, voiture) composés de plaques en tôle d'acier, affectant la forme d'un chapeau de gendarme, et dont l'épaisseur est assez faible pour qu'ils puissent passer librement entre deux fils de chaîne. Le nombre des carèges est égal à celui des fils de chaîne.

Les fils de tour sont fixés d'abord par leur extrémité au rouleau supérieur, et les carèges sont toutes engagées dans des rainures perpendiculaires au plan de la chaîne que présente un guide, composé de deux traverses horizontales, l'une en avant, l'autre en arrière de la chaîne. Chaque rainure se prolonge en ligne droite à travers les deux guides et correspond à une gate, c'est-à-dire un intervalle entre deux fils de chaîne. Ce guide est placé immédiatement au-dessus de la barre qui porte les guides des fils de chaîne.

Toutes les carèges se trouvent d'abord dans l'un des guides, par exemple, en avant de la chaîne; deux couteaux (catch-bars), régnant sur toute la largeur de la machine, agissent pour leur faire traverser la chaîne, chacune passant à droite du fil de chaîne correspondant. La barre des guides des fils de chaîne effectue alors son déplacement vers la droite, et les catch-bars font

revenir les carèges à leur position première, mais en raison du déplacement des fils de chaîne, elles passent chacune à gauche de ceux-ci, ayant par conséquent fait faire à chaque fil de tour un tour autour de son fil de chaîne. Quant aux fils de dessin, qui sont absorbés en longueurs variables, ils sont réunis séparément, chacun sur une bobine. Ces bobines, en nombre égal à celui des fils de la chaîne, sont toutes disposées sur des broches que porte un râtelier établi horizontalement à la partie inférieure de la machine. Les fils qui s'en déroulent, après avoir traversé de petits tendeurs, s'élèvent suivant une direction sensiblement verticale, de manière à correspondre chacun à un fil de chaîne, mais en passant dans l'une des rainures que présente une barre parallèle à celle qui porte les fils de la chaîne, et dont le mouvement a une amplitude plus grande, afin de produire, à chaque motion, le déplacement de ces fils de dessin, et la formation des brides transversales, c'est-à-dire des pleins du tissu.

Pour obtenir des jours, il suffit de faire sortir les fils de dessin correspondants, hors des rainures de cette barre, afin qu'ils cessent de participer à son mouvement et qu'ils continuent pendant plusieurs motions successives à correspondre au même fil de chaîne. Ce résultat est obtenu au moyen de pousseurs ou sélecteurs, petits leviers en relation au moyen de cordes avec les crochets d'une mécanique Jacquard, disposée à la partie supérieure du métier, à une hauteur suffisante pour que la direction des cordes ne soit pas trop oblique. C'est suivant la manière dont sont percés les cartons de cette mécanique, lesquels agissent les uns après les autres à chaque motion que les pousseurs déterminent, aux endroits prévus, la formation de vides ou de pleins.

Enfin, pour que le tissu soit compact et bien formé, le métier est muni, en outre, de deux peignes placés, l'un en avant, l'autre en arrière de la chaîne, et composés chacun d'une barre portant des aiguilles ou dents en acier réparties comme les fils de chaîne. Après chaque motion, l'un de ces peignes introduit ses dents entre les fils de chaîne et leurs fils de tour, au-dessous du croisement qui s'est produit, et se relève pour serrer ce croisement contre la partie déjà formée du tissu, et l'y maintenir pendant que l'autre peigne agit de la même manière à la motion suivante.

Lorsque le fil de dessin opère son mouvement entre deux fils, le métier est dit *monté en deux gates*. Lorsqu'il l'opère à la première motion entre deux fils et à la seconde entre trois, le métier est dit *monté en deux et trois gates*. Lorsqu'il l'opère entre trois fils à chaque motion, il est dit *monté en trois gates*.

Ce dernier montage est le plus employé.

GUIRLANDE. *T. d'arch.* Ornement formé de fleurs, de feuillages et de fruits et qu'on applique à la décoration des frises, des pilastres; on lui donne différentes formes, mais surtout celle de l'arc de cercle ou de la spirale.

GUITARE. Instrument à six cordes et dont on joue en pinçant de la main droite les cordes que pressent les doigts de la main gauche; il a la forme d'un violon très gros, la table est plate et sans chevalet, un trou circulaire percé au milieu de la table reçoit les sons qui, en frappant la caisse, augmentent d'intensité.

* **GUTENBERG** (Jean Geinsfleisch de Sulgeloch, dit), inventeur de l'imprimerie, était né à Mayence, vers 1400. On a peu de détails exacts sur les premières années de sa vie et sur le moment où il commença ses travaux; il y a lieu de croire que Gutenberg se trouva compromis dans les troubles qui signalèrent, à Mayence, l'entrée triomphale de Frédéric III, et qu'il fut forcé de s'expatrier. Quoi qu'il en soit, sa présence est certaine à Strasbourg dès 1434, et, en 1436, il figure sur les livres d'imposition de la ville au nombre des constables. Il avait déjà pris le nom de Gutenberg, qui était celui de sa mère.

Cette année même, Gutenberg s'associa avec un orfèvre nommé André Dritzehen, pour la taille de pierres fines et pour l'exploitation des *secrets merveilleux* qui excitaient la curiosité de tous. Mais l'entente ne dura pas et, en 1439, un procès retentissant, dont toutes les pièces existent encore à Strasbourg, s'engagea entre les associés. Gutenberg le perdit. Il lutta sans doute encore quelques années contre les difficultés qui lui étaient suscitées, puis, en 1443, il loue une maison à Mayence, dès 1444, il disparaît de la liste des notables imposés de Strasbourg, et enfin, en 1450, il contracte société avec le banquier Jean Fust qui s'engage à fournir 800 florins pour le matériel d'une imprimerie et 300 florins par an pour les frais de toutes sortes. Cette association paraît encore n'avoir rien produit, et alors, en 1455, Fust fit un nouveau prêt de 800 florins, en imposant pour associé Pierre Schœffer, habile calligraphe, qui apportait aux procédés de Gutenberg d'ingénieux perfectionnements. Des presses de Gutenberg, Fust et Schœffer sortirent quelques petits ouvrages : le *Catholicon*, la *Bible* aux trente-six lignes et celle aux quarante-deux lignes. Pour cette dernière, on est réduit aux conjectures, car elle ne porte ni nom, ni lieu, ni date.

L'acte qui liait les associés était fait de telle sorte qu'il pouvait être rompu au gré de Fust. Celui-ci n'hésita pas à profiter de cette clause et à s'emparer du matériel dont Gutenberg ne pouvait rembourser le prix. Mais l'année suivante, l'inventeur trouva de nouveaux fonds chez Conrad Humery, syndic de Mayence, et fonda une imprimerie d'où sortirent quelques petits ouvrages religieux dont le plus important n'a que trente feuillets. Sans doute les capitaux nécessaires manquaient à l'industrie naissante et la concurrence de Fust et Schœffer était très nuisible à Gutenberg, leurs procédés étant plus perfectionnés. Aussi voyons-nous Gutenberg, comme découragé de tant de déboires, négliger l'art qu'il avait créé et abandonner la lutte. Il prend parti dans les discordes qui agitaient l'Allemagne, il imprime même la circulaire de Thierry d'Issemberg, rival d'Adolphe de Nassau, puis semble avoir changé d'opinion, puisqu'un acte du 17 jan-

vier 1465, le nomme courtisan pensionné de l'archevêque. Serait-ce pour obtenir cette place qu'il n'avait pas signé les œuvres sorties de ses presses? ou bien, craignait-il de perdre ses droits de noblesse qui lui interdisaient de déroger en entreprenant des œuvres industrielles? En tous cas, aucun des livres édités par Gutenberg ne porte son nom, et on n'est pas d'accord sur la date de la plupart d'entre eux. Fischer qui a étudié spécialement la question, attribue à l'inventeur de l'imprimerie dix ouvrages dont il donne les noms. Mais cette opinion a été fort controversée.

Gutenberg étant mort sans héritiers, vers 1468, son imprimerie disparut avec lui, laissant Fust et Schœffer sans concurrent. C'est ce qui explique le peu qui a été dit de Gutenberg par ses contemporains, tandis que ses rivaux étaient comblés d'éloges. Il n'en reste pas moins acquis que Gutenberg fut l'inventeur et le promoteur de l'imprimerie et que Fust et Schœffer ne furent que ses successeurs; c'est, d'ailleurs, ce qui a été affirmé hautement par Jean Schœffer, fils de Pierre Schœffer et petit-fils de Fust, dans la préface du *Tite Live*, dédié à l'empereur Maximilien. Il dit que « c'est à Mayence que l'art admirable de la typographie a été inventé par l'ingénieux Jean Gutenberg, en 1450, et postérieurement amélioré et propagé, pour la postérité, par les capitaux et les travaux de Jean Fust et Pierre Schœffer. » Voilà un témoignage qui ne peut être récusé, et qui date de 1505, époque à laquelle plusieurs témoins étaient encore vivants. — V. Imprimerie typographique.

C'est donc comme au seul inventeur de l'imprimerie que Mayence a élevé à Gutenberg, en 1839, une statue, œuvre de Thorwaldsen, et que Strasbourg en inaugurait l'année suivante, une autre due au ciseau de David d'Angers. Tardifs hommages rendus à ce grand inventeur dont la gloire a été trop longtemps contestée!

GUTTA-PERCHA. *T. de mat. méd.* Syn. : *gomme de Sumatra, gomme gettania.* Substance fournie par l'évaporation du suc laticifère de l'*isonandra gutta*, Hooker, de la famille des sapotacées, et qui, étudiée en Malaisie par le Dr William Montgomerie, fut signalée par lui, en 1842, et parvint en Europe l'année suivante, par les soins de José d'Almeida.

Propriétés. La gutta-percha se présente dans le commerce sous forme de pains arrondis ou de blocs de 10 à 20 kilogrammes, souillés superficiellement par de la terre ou des débris végétaux. La masse est constituée par des couches minces, opaques, superposées; de couleur jaune-rougeâtre, due à des apocrenates de magnésie et d'ammoniaque, avec un peu de potasse et d'oxyde manganeux, mais pouvant être presque blanche, lorsque la matière est pure. La texture de chaque lamelle est celluleuse; par la traction, celle-ci devient fibreuse et acquiert de la résistance; la gutta est légèrement élastique, même à $+10^\circ$, lorsqu'elle est sous faible épaisseur. Sa densité est de 0,979, mais on croit que ce n'est qu'une densité apparente, due à la porosité et à l'interposition de l'air, car après laminage, les feuilles de gutta tombent au fond de l'eau. Soumise à l'influence de la chaleur, cette matière se ramollit entre 45 et 60°, se pétrit aisément à 100°, et peut alors conserver l'empreinte de toutes les formes qu'on lui a fait prendre, si on l'abandonne au refroidissement; elle fond à 120°, bout au delà, et distille, en ne laissant qu'un léger résidu de charbon. Elle est inodore et insipide, quand elle est pure, et conduit mal la chaleur et l'électricité. La gutta-percha est insoluble dans l'eau, peu dans l'alcool (1/6), les acides dilués, les solutions alcalines; avec l'éther ou les huiles volatiles, elle forme une pâte tenace, en se gonflant; les acides sulfurique, azotique ou chlorhydrique concentrés l'attaquent assez vivement. Ses meilleurs dissolvants sont l'essence de térébenthine, le chloroforme, la benzine, le sulfure de carbone; elle résiste à l'action de l'acide fluorhydrique ou des agents de fermentation. Combinée au soufre, elle se vulcanise et devient plus dure et plus élastique.

Composition. Comme constitution chimique, la gutta-percha pure peut être considérée comme un carbure d'hydrogène de la série $C^{10}H^8$...C^5H^8, mais polymère, et répondant à la formule $(C^{10}H^8)^n$. . $(C^5 H^8)^n$, doué d'un pouvoir rotatoire, et souvent modifié par oxydation, sous l'influence de l'air et de la lumière, dont l'action gagne de la surface au centre. Payen a, en effet, séparé de la gutta-percha trois principes résinoïdes, qu'il a isolés par l'action de l'alcool absolu bouillant, et qui sont les suivants :

1° La *gutta pure*, ayant pour formule $C^{40}H^{32}$... $C^{20}H^{32}$, matière insoluble dans l'alcool, dans l'éther, et qui constitue les trois quarts du produit brut. Elle est blanche, opaque, élastique, fond à 100°, et est soluble dans les principaux dissolvants de la gutta-percha ;

2° La *fluavile*, matière soluble dans l'alcool bouillant, et qui s'en dépose en masses amorphes, mais mamelonnées. C'est une résine jaunâtre, cassante, fondant à +50°, soluble à froid dans l'éther, l'essence de térébenthine, le chloroforme, la benzine, et qui est insoluble dans l'alcool à froid. Il en existe de 4 à 6 0/0 dans la gutta-percha, et sa formule est $C^{40}H^{32}O^2$... $C^{20}H^{32}O$ (Oudemans) ;

3° L'*albane*, matière résinoïde blanche, cristallisable, qui fond à +160° et est très soluble dans l'alcool absolu, l'essence de térébenthine, le sulfure de carbone, le chloroforme. Sa formule est $C^{40}H^{32}O^4$... $C^{20}H^{32}O^2$ (Oudemans).

Récolte. Pour obtenir la gutta-percha, dans les îles de la Malaisie, à Bornéo, à Sumatra, auprès de Singapore, et dans la presqu'île de Malacca, on fait des incisions de 1 à 2 centimètres de profondeur sur le tronc des arbres abattus ou sur pied, et l'on reçoit le suc qui s'écoule dans des noix de coco ou des vases en feuilles de palmier. Chaque pied peut donner environ de 40 à 50 kilogr. de liquide, qui représentent 15 à 18 kilogrammes de gutta. On laisse évaporer spontanément le suc, on le chauffe, pour obtenir des couches minces, que l'on ramollit ensuite dans l'eau chaude, puis

on réunit et on comprime, pour faire les pains destinés à l'exportation. Dans le pays de production, on en fait souvent des calebasses par concentration sur des moules faits de terre ou d'argile.

Purification. La matière brute ne peut servir pour la confection des divers objets employés dans l'industrie ; on lui fait subir pour la purifier ou la débarrasser de l'eau qu'elle a pu garder, un certain nombre de préparations. Tout d'abord on la coupe avec des machines spéciales, on la soumet à l'action de fortes râpes, en agissant toujours en présence d'un courant d'eau qui évite la production de chaleur ; souvent cette eau est rendue alcaline au moyen de carbonate de soude, ou chlorurée par l'hypochlorite de chaux. Sous l'influence de cette opération, les matières mêlées à la gutta se séparent, tombent au fond du vase, puis la masse utilisable se réunit à la surface de l'eau. Au bout de vingt-quatre heures on l'enlève, puis on la fait arriver au sein de l'eau, à une température de 100°, ce qui la ramollit et permet de l'agglomérer facilement, ainsi que de la déshydrater, en la faisant passer sous des laminoirs qui la réduisent en feuilles d'épaisseur variable. Le produit solidifié et refroidi passe alors dans des appareils qui ont pour but de déchirer, à l'aide de nombreux crochets, les feuilles que l'on doit pétrir, pour leur donner ensuite de l'homogénéité, par suite d'un nouveau passage entre des cylindres qui formeront des plaques d'une épaisseur variable, depuis 3 centimètres environ jusqu'à l'épaisseur d'une feuille de papier, et que l'on pourra facilement transformer ensuite, grâce à la facilité avec laquelle cette substance se soude à elle-même, rien que par la seule action de la chaleur.

Usages. La facilité avec laquelle on travaille la gutta-percha l'a fait employer dans un grand nombre de cas, mais l'action de l'air et de la lumière rendant ce produit cassant, son utilisation s'est trouvée restreinte. Réduite en feuilles minces, la gutta sert à rendre les vêtements imperméables, à faire des tuyaux ou des tubes de toutes dimensions, depuis les conduites pour eau, jusqu'aux tubes servant à envelopper les fils télégraphiques sous-marins ou sous-terrains, quand on les a préservés toutefois de l'action funeste de l'humidité, au moyen d'une enveloppe métallique. Cette même protection est donnée aux fusées de mines, chez MM. Bickfort, Davey et Chaune, des Chartreux, près Rouen. On fabrique en gutta, de nombreux instruments de chirurgie : seringues hypodermiques, sondes, bougies, catheters, spéculums, appareils pour prothèse dentaire ; des courroies de transmission, des semelles, fouets, harnais, boutons, vases, robinets, siphons ou entonnoirs, ainsi que des corniches ou des rouleaux d'impression,des peignes,des baleines artificielles. Par suite de la facilité qu'a la gutta fondue de prendre les formes les plus variées, on s'en sert pour faire des planches lithographiques, ou pour mouler des gravures sur bois, pour prendre des empreintes destinées à la galvanoplastie. Enfin, on a utilisé la gutta-percha dissoute dans le sulfure de carbone, puis décolorée au charbon animal, et coulée ensuite en lames minces sur des feuilles de verre, qui permettaient une rapide évaporation, pour faire des membranes, que l'on utilisait dans le but d'obtenir de fines épreuves lithographiques imperméables. La gutta a été préconisée aussi pour préparer des vernis hydrofuges, en la mélangeant de suif, de cire, ou de gomme-laque; des mastics, avec incorporation de poix ou de résine; ou un succédané du collodion, en la dissolvant dans le chloroforme.

Exploitation. Il est environ expédié annuellement 60,000 kilogrammes de gutta-percha en vrague, dans les ports de France, mais cette matière est bien plus utilisée en Angleterre, puisqu'il en est consommé environ un million de kilogrammes par an.

MÉLANGES DE GUTTA-PERCHA ET DE CAOUTCHOUC. On a dans ces derniers temps, cherché à obtenir, par le mélange de 1 partie du premier corps, pour 2 parties du second, des matières qui soient douées des qualités des deux produits ci-dessus nommés, sans en avoir les inconvénients. Ce mélange se vulcanise bien, et s'il est maintenu pendant plusieurs heures à +120°, il acquiert les qualités de la corne ou de l'os, et comme il se mélange facilement au plâtre, aux résines, aux sels de plomb, etc., on peut lui donner différents aspects, sans lui ôter de ses qualités essentielles. Dans le commerce, on trouve souvent des manches de couteau, des loquets de porte, des boutons, etc., faits avec cette composition.

A côté de la gutta-percha, il faut aussi ranger certains produits naturels, obtenus avec le suc de plantes voisines, qui pourraient être très facilement utilisés par l'industrie, si l'on en importait des quantités convenables.

Tels sont : 1° le suc du *balata* obtenu avec le latex du *mimusops balata*, Gœtn., de la famille des sapotées, qui nous arrive en France, depuis 1857, et qui offre des avantages analogues à ceux donnés par le mélange de gutta et de caoutchouc; ce produit, désigné aussi sous le nom de *bully-tree*, vient surtout de la Guyane, il se solidifie naturellement, par évaporation, en deux à cinq jours; il a la couleur et la consistance du cuir, est plus lourd que l'eau (D = 1,042), brûle facilement en donnant une odeur analogue à celle du fromage; fond à 145° et reprend après sa dureté primitive, se vulcanise, est plus élastique que la gutta, et se dissout à chaud dans le chloroforme, le sulfure de carbone, l'huile de naphte, en se déposant sous forme granulaire de ces dissolutions. On s'en sert pour faire des courroies, talons, pièces dentaires, des isolants pour fils télégraphiques;

2° Le suc de *macaranduba* obtenu par incisions sur le tronc du *mimusops elata*, arbre du Brésil et du Para, qui fournit un lait nutritif et agréable comme le lait de vache, lorsqu'il est frais, mais qui concrété, donne une matière résinoïde analogue au caoutchouc ou à la gutta. Elle se ramollit plus facilement que les produits qui nous occupent, mais reste collante et visqueuse. Elle est très élastique, et soluble dans l'acide sulfurique concentré. — J. C.

*GUYTON DE MORVEAU (LOUIS-BERNARD). Célèbre chimiste, né à Dijon en 1737, mort en 1816. Son père, professeur de droit, le destinait à la magistrature. Le jeune Guyton fut de très bonne heure avocat général au parlement de Dijon, place qu'il occupa jusqu'en 1786. Mais dès 1780, la chimie renouvelée par Lavoisier, le séduisit et occupa bientôt ses loisirs. Il professa, dans un des cours qu'il institua, la chimie nouvelle et fut frappé des inconvénients de la langue bizarre et obscure que parlaient les chimistes d'alors. Il conçut l'idée d'une nomenclature où les noms des substances en indiqueraient la composition. Son premier projet publié en 1782 et présenté à l'Académie des sciences ne fut pas accepté; mais, avec les conseils et la collaboration de Lavoisier, de Berthollet et de Fourcroy, il le refondit, et c'est de l'entente de ces quatre savants que sortit, en 1787, le système méthodique aujourd'hui accepté par tous les savants.

Il reconnut le premier, les propriétés désinfectantes de l'acide muriatique oxygéné (chlore), et publia à ce sujet un *Traité de désinfection de l'air*. Il rédigea en grande partie l'article *Chimie* pour l'*Encyclopédie méthodique*, Paris 1786; il y rassembla avec discernement tous les faits de la chimie moderne. Il y fit plusieurs rapports relatifs à l'industrie, aux sciences et aux arts; il s'occupa, avec Berthollet, de la fabrication de la poudre, par des procédés nouveaux, et se livra avec lui à des recherches sur le fer et l'acier. Enfin, il publia de nombreux mémoires dans les *Annales de chimie*, dans le *Journal des savants* et dans le *Journal de l'École polytechnique*. Guyton de Morveau prit une part active à la création de l'École polytechnique dont il devint professeur, puis directeur (1795). Il entra à l'Institut, lors de sa formation, et fut créé baron de l'Empire en 1804. — C. D.

GYPSE. *T. de minér.* Substance minérale connue ordinairement sous le nom de *pierre à plâtre* parce qu'elle sert, en effet, dans l'industrie à la fabrication de cette matière si utile dans la construction et qu'on appelle le *plâtre*. — V. ce mot.

Propriétés physiques et chimiques. Le gypse n'est qu'un sulfate de chaux hydraté dont la formule chimique est $CaO, SO^3, 2HO$; il contient deux équivalents, c'est-à-dire en poids 20,9 0/0 d'eau. Sa densité est 2,33. Il cristallise en tables transparentes dérivant du 5° système cristallin dont le type est le prisme oblique à base rhombe. Les cristaux se présentent en lames, en prismes volumineux ou en prismes transformés en lames et isolés dont le dernier mot est le cristal en *fer de lance* qui est le plus répandu. Il est incolore, insipide ou d'une saveur légèrement amère. Il est peu soluble dans l'eau; cependant celle-ci en dissout 3/1,000 aussi bien à froid qu'à chaud; la courbe représentative de la solubilité du gypse est une ligne droite de 10 à 100°. Il entre plus facilement en dissolution dans l'acide chlorhydrique (HCl) bouillant; dans une dissolution saturée de chlorure de sodium (NaCl), ou sel marin, qui en dissout 1/122 de son poids, et surtout dans l'acide sulfurique concentré avec lequel il forme un bisul-fate ($CaO, 2SO^3, HO$) qui est décomposé par l'eau. Il est complètement insoluble dans l'eau alcoolisée. Il se déshydrate entièrement lorsqu'on le chauffe à une température inférieure à 200° centigrades, surtout lorsque l'opération a lieu dans un courant de gaz.

La chaleur dépouille, en effet, le gypse de son eau et le transforme en une poussière blanche anhydre qui est le *plâtre*. Ce corps remis à nouveau en présence de l'eau, se combine avidement et instantanément avec elle pour redonner des cris-taux qui, vu leur formation précipitée, sont très petits et enchevêtrés dans tous les sens ; il en résulte que la masse prend presque subitement la structure solide : c'est ce qu'on appelle la *prise* du plâtre. On obtient le plâtre en chauffant le gypse dans des fours spéciaux qui produisent la matière d'une façon continue ou intermittente. — V. PLÂTRE.

Si dans la cuisson du plâtre, on élève trop la température, il se produit une sorte de *fritte* qui empêche ultérieurement l'hydratation facile.

Le gypse calciné doit être conservé à l'abri de l'humidité et même de l'air ; sans cette précaution, il s'hydrate peu à peu, il *s'évente*, en terme de chantier, et perd une partie de ses qualités comme plâtre.

Remis en contact avec l'eau après calcination, non seulement il fait prise, comme nous l'avons dit, mais sa température monte et ce caractère sert quelquefois à juger le plâtre. En outre, le volume du plâtre augmente en s'hydratant ; cette propriété est précieuse lorsqu'on l'emploie dans les opérations du moulage ; on est certain de prendre ainsi, grâce à cette dilatation, l'empreinte des plus petites finesses du moule.

La dureté d'un plâtre qui a fait prise dépend uniquement de celle du gypse qui lui a donné naissance, après le gâchage le plâtre reconstituant identiquement le gypse primitif employé pour la préparation du produit.

Dans certaines circonstances, comme dans les générateurs à vapeur, par exemple, le sulfate de chaux, dissous dans les eaux séléniteuses, se dépose à une température élevée qui dépasse géné-ralement 120°. Il forme alors des dépôts très adhérents et très dangereux qui provoquent des coups de feu et des explosions ; c'est ce qu'on nomme des *incrustations* (V. ce mot). Le calcaire ordinaire ou carbonate de chaux donne des dépôts beaucoup moins inquiétants parce qu'ils ne font pas *prise* comme le sulfate. Les cristaux de sulfate de chaux ainsi déposés dans les chaudières à va-peur ont pour formule chimique

$$HO, 2(CaO, SO^3).$$

Les matières organiques réduisent le gypse et en général le sulfate de chaux dans la nature et le transforment en sulfure de calcium. Ce sont sur-tout les matières organiques en décomposition qui produisent cet effet, parce qu'elles présentent au contact des sulfates, leur carbone en proportion relativement considérable et à l'état naissant. Or, on sait que c'est là une méthode générale de prépa-ration des sulfures que d'attaquer les sulfates correspondants par le charbon. Le sulfure de cal-cium ainsi produit est décomposé ensuite par l'acide carbonique qui recherche la chaux pour former du carbonate de chaux insoluble dans l'eau. Il en résulte un dégagement d'acide sulfhydrique faci-lement reconnaissable à son odeur d'œufs pourris. C'est là l'explication de la présence de l'acide sul-fhydrique dans certaines eaux qui contenaient à l'origine du sulfate de chaux. L'exemple le plus frappant que nous en possédions se trouve aux environs de Paris : ce sont les eaux d'Enghien.

Une réaction analogue se produit dans le sol de certaines grandes villes, comme Paris, lorsqu'on y rencontre de fortes proportions de sulfate de chaux. Le sulfure formé, peut devenir au bout de peu de temps une cause d'insalubrité et rend le sol im-propre à la culture en absorbant constamment l'oxygène de l'air qui pénètre dans la terre. Le seul remède, en pareil cas, est un aérage suffisant qui transforme les sulfures formés en sulfates.

Variétés. Le gypse, en résumé, n'est que du sul-fate de chaux hydraté. Certains sulfates de chaux dépourvus d'eau de cristallisation portent quel-quefois improprement le nom de *gypse*, mais ne peuvent en aucune façon servir à la fabrication du plâtre et ne doivent, par conséquent, entraîner aucune confusion avec le gypse proprement dit. Le vrai nom de ce sulfate de chaux anhydre est *kasténite* ou *anhydrite* ; il se rencontre surtout dans les terrains sédimentaires, et cristallise dans un système différent de celui du gypse, c'est le prisme droit à base rectangle. Mais on le trouve toujours bien nettement cristal-lisé.

Cela posé, il existe plusieurs variétés de sulfates de chaux hydratés, il y a les types *cristallin, fibreux, saccharoïde, compact* et *calcarifère*.

Le sulfate de chaux *cristallin* qui constitue plus spécialement le *gypse*, présente un clivage telle-ment facile, qu'on en sépare des lames ou feuillets très minces avec la simple lame d'un canif ; ce clivage est décelé dans tous les morceaux par la présence d'anneaux colorés. Il possède également deux autres plans de clivage moins distincts mais toujours indiqués par deux systèmes de stries. Les variétés cristallisées, classées par le célèbre Haüy dans le système du prisme droit à basse rectangle, ont été, depuis des recherches plus récentes, classées dans celui du prisme oblique à base rhombe dans lequel l'angle des faces est de 111°,30' et celui de la base sur une des faces de 109°,46'.

Les deux, formes les plus fréquentes sont : la variété *trapézienne* de Haüy que l'on rencontre souvent en cristaux et qui appartiennent à un prisme primitif oblique se clivant avec facilité en feuillets très minces.

La seconde forme, qui est celle que présente le plus fréquemment le gypse cristallisé, résulte de l'agglomération de deux cristaux élémentaires, le tout constituant finalement le cristal en fer de lance. A Paris, ces deux cristaux sont le plus souvent agglomérés dans un ciment calcaire. D'après la manière dont ils se sont formés, les cristaux en fer de lance présentent trois plans de clivage, dont deux à 60° qui se détachent facilement et un plus difficile perpendiculaire aux deux autres.

Le sulfate de chaux *fibreux* se trouve en plaques minces à fibres larges et droites avec une légère indication de clivage dans le sens de la longueur. Son éclat est soyeux et nacré, sa couleur d'un blanc laiteux translucide. Le sulfate de chaux *saccharoïde*, c'est-à-dire présentant une texture cristalline, fine, analogue à celle du sucre ou du marbre, est ce qu'on appelle l'*albâtre gypseux*, sa cassure est grenue et un peu inégale, sa couleur généralement d'un blanc de neige, quoique l'on en rencontre des échantillons jaunâtres, rougeâtres ou grisâtres. Il est très tendre et peut se tailler sans l'aide du ciseau ; c'est pour cela qu'on en fabrique couramment les objets communs comme vases et pendules. Il ne faut pas le confondre avec l'*albâtre calcaire*.

Le sulfate de chaux *compacte* a une cassure esquilleuse et possède une teinte jaunâtre.

Le sulfate de chaux *calcarifère* se compose de petits cristaux agglomérés de la variété trapézienne, il est jaunâtre et renferme généralement de l'argile et du carbonate de chaux.

Le gypse est très répandu dans la nature et constitue l'une des substances les plus intéressantes que l'on y rencontre à cause de ses nombreuses applications utiles à l'industrie, à l'agriculture, etc. Ordinairement incolore, il offre quelquefois des nuances jaune-clair, gris, rosé.

L'albâtre gypseux a la teinte magnifiquement blanche et la texture du marbre de Carrare ; il est d'un blanc pur et transparent, tel est celui que l'on tire de Toscane et dont on fait des objets d'art, des statuettes, etc., qui ne peuvent être que communes à cause du peu de solidité de la matière.

Gisements. Les cristaux de gypse se rencontrent dans tous les terrains de sédiment où ils se sont le plus souvent produits par décomposition. On remarque fréquemment, en effet, dans les argiles de toutes formations, des esquilles calcaires transformées partiellement en sulfate de chaux ; cela résulte de la décomposition de certains sulfures de fer ou pyrites très abondantes dans ces argiles, et qui engendrent de l'acide sulfurique par leur oxydation. En petites masses, le gypse constitue deux sortes de gisements bien distincts.

Il se rencontre en couches puissantes dans les terrains tertiaires ainsi que dans les marnes irisées de formation aqueuse ou neptunienne.

On le trouve ensuite dans les terrains secondaires en amas plus ou moins considérables qui, par leurs dispositions et les allures des terrains qui les entourent, paraissent avoir été déposés postérieurement à l'époque de formation de ces terrains. Certains amas sont alternés avec des roches plutoniennes et sont fréquemment associés avec du soufre, du bitume, du sel gemme, des dolomies.

Le gypse se présente dans la nature, soit en grandes masses, soit en amas d'une étendue plus restreinte. Les gypses primitifs qui ne sont en

réalité que des gypses de transition liés avec des gypses de formation secondaire, se rencontrent surtout dans les Alpes, en masses mêlées aux micas, aux talcs, etc., et montrent leurs affleurements au jour dans certains cirques ; dans cette catégorie, doivent être classés les gypses rencontrés dans la vallée d'Aoste, dans les travaux du Saint-Gothard, etc.

Dans les terrains secondaires, on rencontre du gypse disséminé en masses assez volumineuses renfermant des couches calcaires dans les salines de Bex en Suisse, à Brigg, à Saint-Léonard. Au-dessus, viennent les gypses des grès bigarrés qui présentent souvent la variété fibreuse dont nous avons parlé précédemment, et ont une coloration rose plus ou moins prononcée ; tel est le gypse de Conches, dans le département de Saône-et-Loire, ceux de Sicile et de Dax qui doivent leur odeur fétide au soufre qu'ils renferment.

Pour la première fois, on rencontre dans les gypses des terrains tertiaires, des débris d'êtres organisés qui n'avaient été remarqués jusque là que dans les calcaires, les schistes et les argiles qui les accompagnent.

C'est le gypse, la pierre à plâtre proprement dite, qui constitue le terrain de Paris, les collines de la rive gauche et la butte Montmartre tout entière ; souvent le gypse y est superposé au calcaire, quelquefois c'est l'inverse et il faut d'abord traverser le calcaire pour arriver au gypse. On y a découvert de nombreux débris d'animaux antédiluviens ; tels sont les restes des mammifères, le *Paleotherium* et l'*Anoplotherium*.

A Aix (Bouches-du-Rhône), à Narbonne, en Catalogne, on rencontre dans la mollasse des dépôts de gypse analogues à ceux du bassin parisien et renfermant les mêmes animaux ; ils ont donc été formés à la même époque. C'est la présence du gypse dissous dans les eaux du bassin de Paris qui rend celles-ci absolument impropres à l'alimentation, à la cuisson des aliments et même au lavage du linge. Les eaux séléniteuses, en effet, ont la propriété de coaguler l'eau de savon parce que le sulfate de chaux se trouvant en présence des stéarates, oléates et margarates de potasse ou de soude qui constituent le savon ordinaire, transforme, d'après les lois de Berthollet, ces sels en composés similaires à base de chaux, qui sont insolubles et se précipitent en grumeaux. Aussi, ne peut-on généralement pas se servir à Paris des eaux de puits pour les usages domestiques, et se voit-on obligé de recourir à l'eau de Seine souvent infectée par les égouts, ou mieux à l'eau de certaines sources ou de petites rivières amenées des environs.

Usages. Le gypse sert surtout, comme nous l'avons dit, à la fabrication du plâtre. Lorsqu'on le destine à cet usage, le meilleur gypse est celui des environs de Paris ; c'est celui qui fournit le plâtre de meilleure qualité, et cette supériorité a été souvent attribuée à la petite quantité de carbonate de chaux que contient toujours le gypse primitif et qui produirait de la chaux à la cuisson. C'est là une erreur, car si le gypse se déshydrate au-dessous de 200° pour donner du plâtre, il faut au calcaire une température de 800 à 1,000° pour se transformer en chaux en perdant son acide carbonique. Il ne peut donc jamais se produire de chaux pendant l'opération.

Le gypse une fois cuit, constitue une excellente matière d'agrégation dans la construction, à cause de sa solidification rapide au contact de l'eau. On l'emploie également en agriculture où il facilite le développement de certains végétaux, particulièrement des légumineuses.

Le plâtre un peu fin, gâché avec de l'eau contenant en dissolution de la gélatine ou de la gomme constitue ce qu'on appelle le *stuc*, qui se laisse polir et prend l'aspect extérieur du marbre en même temps qu'on peut lui donner des nuances très variées. -- V. STUC.

Le gypse peut parfaitement servir à la fabrication de l'acide sulfurique et son usage dans cette voie se propagerait certainement, si les soufres de Sicile venaient à monter considérablement de prix ou à nous manquer en cas de blocus.

Il suffit pour cela, de le traiter par le charbon en le portant à la température rouge dans une cornue de fonte, analogue à celles qui servent à la fabrication du gaz d'éclairage ; il se produit alors du sulfure de calcium et de l'acide carbonique que l'on recueille dans le gazomètre :

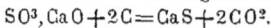

$$SO^3, CaO + 2C = CaS + 2CO^2.$$

Ce sulfure refroidi et mouillé, est soumis à l'action de l'acide carbonique qui a été obtenu en même temps que lui ; il en résulte la production de carbonate de chaux et un dégagement d'acide sulfhydrique :

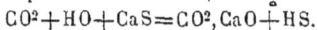

$$CO^2 + HO + CaS = CO^2, CaO + HS.$$

On enflamme ce gaz sulfhydrique qui, en brûlant, produit de l'eau et de l'acide sulfureux

$$HS + 3O = HO + SO^2,$$

et l'on dirige le produit de la combustion dans les chambres de plomb comme à l'ordinaire. — V. ACIDE SULFURIQUE.

On peut encore extraire l'acide sulfurique du gypse en formant un mélange de gypse et de sable qu'on porte au rouge vif ; la silice, d'après les lois de Berthollet, se porte alors sur la chaux pour former un silicate plus fixe que le sulfate ; l'acide sulfurique est mis en liberté, mais, vu la haute température, est décomposé en acide sulfureux et oxygène,

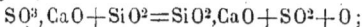

$$SO^3, CaO + SiO^2 = SiO^2, CaO + SO^2 + O ;$$

on facilite la réaction en faisant passer un courant de vapeur d'eau sur le mélange contenu dans un tube de porcelaine. A l'extrémité se trouve un tube de verre contenant de la mousse de platine légèrement chauffée qui retransforme les gaz qui s'échappent, l'acide sulfureux et l'oxygène, en acide sulfurique. Enfin, un dernier procédé est fondé sur l'insolubilité complète du sulfate de plomb et presque complète du chlorure de plomb (1 partie de sel se dissout dans 135 d'eau froide et 33 d'eau bouillante).

En mettant en présence du sulfate de chaux et du chlorure de plomb au milieu d'une grande quantité d'eau chauffée à 52°, il se produit du chlo-

rure de calcium et du sulfate de plomb. Ce dernier est recueilli et lavé avec soin et on le traite par l'acide chlorhydrique du commerce en chauffant encore à 52° ; il se précipite alors du chlorure de plomb au-dessus duquel surnage de l'acide sulfurique que l'on concentre au degré voulu pendant que le chlorure de plomb régénéré peut servir à d'autres opérations.

Les formules des réactions sont les suivantes :

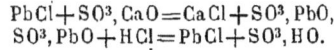

$$PbCl + SO^3, CaO = CaCl + SO^3, PbO,$$
$$SO^3, PbO + HCl = PbCl + SO^3, HO.$$

Nous avons vu que l'albâtre gypseux sert à la fabrication des objets d'art de peu de valeur. Enfin, le gypse soyeux sert à faire des camées communs à une seule nuance, des pendants d'oreille, etc. — A. M.

GYRATION, Mouvement circulaire. *Rayon de gyration*. T. de mécan. Dans presque toutes les questions de mécanique, il est utile de considérer la somme des moments des quantités de mouvements de toutes les particules d'un corps par rapport à certains axes. Lorsqu'un corps est animé d'un mouvement de rotation, la somme des moments par rapport à l'axe de rotation des quantités de mouvements des éléments matériels qui le composent a pour expression :

$$\omega \Sigma m r^2,$$

si l'on désigne par ω la vitesse angulaire, par m la masse d'un élément, et par r la distance de cet élément à l'axe de rotation. L'expression $\Sigma m r^2$ a reçu le nom de *moment d'inertie* du corps par rapport à l'axe considéré.

Si l'on imagine que toute la masse du corps soit répartie sur une circonférence, dont le plan serait perpendiculaire à l'axe et le centre sur cet axe même, le moment d'inertie de ce cercle sera proportionnel au carré de son rayon R, et il sera égal au moment d'inertie du corps si l'on a :

$$MR^2 = \Sigma m r^2$$

M étant la masse totale du corps. C'est ce rayon :

$$R = \sqrt{\frac{\Sigma m r^2}{M}}$$

qu'on appelle *rayon de gyration* du corps par rapport à l'axe considéré. C'est le rayon d'une circonférence de même masse et de même moment d'inertie que le corps donné. La considération du moment d'inertie ou du rayon de gyration joue un rôle important dans toutes les questions où l'on doit étudier un mouvement de rotation, telles que rotation de la terre et des planètes, théorie du pendule, théorie des volants de machines, des poulies de transmission, des régulateurs à force centrifuge, etc. — V. INERTIE, § *Moment d'inertie*.

GYROSCOPE. Petit appareil imaginé par Foucault (V. ce mot), pour mettre en évidence le mouvement de rotation de la terre. L'emploi du gyroscope repose sur ce principe de mécanique que lorsqu'un corps, qui n'est soumis à aucune force extérieure, est animé d'un mouvement de rotation autour d'un de ses axes principaux d'inertie, cet axe doit rester *parallèle à lui-même* si l'on vient à déplacer le corps d'une manière quelconque, tout en laissant l'axe libre de prendre toutes les directions. Si donc, on imagine qu'une toupie soit suspendue de manière à être soustraite à l'action de la pesanteur, et de façon que son axe de rotation puisse s'orienter dans tous les sens, il arrivera que cet axe conservera une *direction fixe* dans l'espace, quoi qu'il soit entraîné par le mouvement de la terre; par conséquent, il semblera se déplacer par rapport aux objets terrestres, et son mouvement relatif sera le même que celui des directions fixes du ciel, c'est-à-dire qu'il semblera tourner comme les étoiles autour de l'axe du monde, dans le sens du mouvement diurne et dans une période de vingt-quatre heures sidérales.

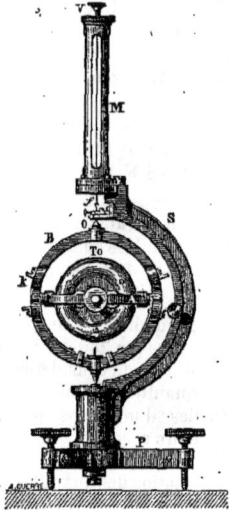

Fig. 371.
Gyroscope de Foucault.

T₀ Tore ou toupie. — *A B* Anneaux de cuivre assurant la mobilité parfaite de l'axe du tore. — *P* Pied muni de trois vis calantes. — *O* Pivot supérieur de l'anneau *B.* — *f* Fil supportant tout le système. — *K* Pince servant à fixer l'anneau *B* sur le pied courbe *S.* — *M* Colonne en cuivre. — *V* Vis servant à mesurer les torsions du fil et à changer l'azimut de *B.*

Le gyroscope de Foucault n'est pas autre chose qu'une toupie ainsi suspendue; il est représenté par la figure 371. La toupie est formée d'un tore de cuivre T₀ ; les deux extrémités de son axe viennent se fixer dans un anneau A suspendu horizontalement aux deux extrémités du diamètre perpendiculaire à l'axe du tore, de sorte que celui-ci peut prendre toutes les inclinaisons possibles sur l'horizon;

enfin, les deux pivots de ce premier anneau reposent sur un deuxième anneau B, dont le plan est vertical et qui peut tourner lui-même autour de la verticale, car il porte à sa partie inférieure un pivot reposant sur une crapaudine fixe, en même temps qu'il est suspendu par un fil métallique. Il s'en suit que son plan, et par suite l'axe du tore, peut s'orienter dans les azimuts. Il résulte donc de ce mode de suspension que l'axe du tore est entièrement libre ; de plus, il est évidemment en équilibre dans toutes ses positions. Tout l'appareil est supporté par un pied P muni de trois vis calantes. Pour faire l'expérience, on commence par imprimer au tore de cuivre un mouvement rapide en le portant sur un mécanisme spécial de rouages, puis on le place sur ses supports dans le premier anneau. On reconnaît alors que l'axe du tore semble décrire un cône autour de la ligne des pôles, et sa vitesse de rotation apparente est précisément celle qui conduirait à un tour entier par vingt-quatre heures.

Si l'on supprime l'anneau intérieur A, ou, ce qui revient au même, si l'on fixe l'axe du tore aux mêmes points où cet anneau repose sur l'autre B, l'axe du tore ne pourra plus se déplacer que dans un plan horizontal. L'expérience et la théorie indiquent qu'il exécute alors une série d'oscillations autour de la méridienne, sur laquelle il vient finalement se fixer quand les frottements ont absorbé ce mouvement oscillatoire, pourvu, toutefois, que la rotation de la toupie dure assez longtemps. Si, au contraire, on fixe l'anneau vertical dans un plan perpendiculaire au plan méridien, l'axe du tore ne pourra plus se déplacer que dans ce plan méridien. On le voit alors venir se fixer, après plusieurs oscillations, dans la direction même de l'axe du monde. Des cercles divisés permettent de relever avec précision la position du tore, de sorte qu'on peut, à l'aide de cet instrument, et sans aucune observation astronomique, déterminer la position du plan méridien, celle de l'axe du monde, et par suite, la latitude. — M. F.

H

HABILLAGE. 1° *T. d'horlog.* Action de placer les pièces d'une montre ou d'une pendule, selon les exigences du mécanisme. ‖ 2° *T. d'imp.* Travail du metteur en pages qui consiste à disposer autour des illustrations le texte de la composition, de façon à offrir un ensemble agréable à l'œil. ‖ 3° *T. de pellet.* Opération qui a pour but d'assouplir les peaux pour fourrures et les imbibant d'huile. ‖ 4° *T. de céram.* Ajouter à une pièce de poterie une partie quelconque, comme oreille, pièces, etc. ‖ 5° *T. de sucr.* Mise des pains de sucre en papier de couleurs différentes, selon que le sucre est destiné à la consommation intérieure, ou à l'exportation.

HABIT. Dans sa plus large acception, ce mot s'entend de tout vêtement; dans un sens plus restreint, l'habit est le vêtement de cérémonie du costume masculin; il est ouvert par devant et s'arrête à la taille, des pans ou basques le terminent par derrière.

— L'habit, qu'on nomme aussi *frac*, remonte au XVIIIe siècle; on le faisait alors en soie, en velours ou en drap surchargé de broderies d'or et d'argent; aujourd'hui certains fonctionnaires portent encore l'habit brodé, à collet droit, qu'on nomme *habit à la française.*

HABITACLE. *T. de mar.* Armoire située au milieu du gaillard d'arrière, et qui contient la boussole et le chronomètre du navire. — V. CONSTRUCTION NAVALE.

HACHARD. *T. techn.* Ciseau de forgeron.

HACHE. Instrument en fer, fixé à un manche par son côté le plus étroit, et dont le tranchant aciéré est large, de forme droite ou en arc de cercle. La hache diffère de forme selon les services qu'on en attend; on distingue, outre la hache proprement dite, la *cognée*, la *doloire* ou *épaule de mouton*, l'*herminette*, la *hache à main.*

Hache. Arme offensive que l'on trouve chez tous les peuples, depuis l'âge de pierre jusqu'à l'époque contemporaine, depuis le silex grossièrement taillé et emmanché dans un bois ou un ossement de renne, jusqu'à l'instrument en acier poli du sapeur-mineur et du sapeur-pompier.

— Les peuplades primitives de la Gaule, de la Scandinavie et du nord de la Germanie, connaissaient les haches de pierre, en silex, en jade, en jaspe, et leur substituèrent, plus tard, des haches en bronze. Les Francs du Ve siècle étaient armés de lourdes haches de fer appelées *francisques*, qui paraissent avoir été à deux tranchants et constituaient ainsi la *bipennis latine.* Taillant à ses deux extrémités, quand elle était maniée par un bras vigoureux, elle avait quelque rapport avec la *besaigue* des charpentiers, *bis acuta;*

Adoptée par la chevalerie, la hache devient, au moyen âge, une arme universelle, plus légère quand elle arme les hommes de pied, plus lourde quand elle est destinée aux gens d'armes, ou cavaliers. Elle affecte alors toutes les formes, rectangulaire, courbe, semi-circulaire, carrée, triangulaire, etc., et comporte tous les genres d'ornements; tranchante d'un côté, broyante de l'autre et terminée par une pointe effilée, placée au centre, elle constitue une arme complète, avec laquelle on coupe, on perce et on écrase. A la fois massue, sabre et épée, elle frappe d'aplomb, d'estoc et de taille, elle broye d'abord le heaume ou casque du cavalier, disjoint le haubert et fausse, par les coups répétés qu'elle porte, les diverses pièces de l'armure. Une fois que la tête et la poitrine de l'adversaire sont mises à découvert, la hache ou masse d'armes a terminé son rôle; commencent alors celui du *tranchant* qui balafre le visage et fend le crâne, puis celui de là *pointe* qui perfore l'estomac et va chercher le cœur de l'ennemi.

La hache était donc éminemment une arme de combat corps à corps, *cominus;* la découverte de la poudre à canon, obligeant de lutter de loin, *eminus*, lui enleva une grande partie de sa puissance; elle ne fut plus qu'un engin exceptionnel, employé dans les charges, comme notre moderne baïonnette, et devenant alors, grâce à la *furia francese*, un instrument terrible. L'abandon successif de l'armure de fer, du haubert, de la cotte de mailles et de toutes ces pièces métalliques qui formaient l'enveloppe du combattant, enleva à la hache sa principale raison d'être. La lance, le sabre, ou *latte* de cavalerie, l'épée, et autres armes perçantes ou tranchantes, la remplacèrent.

L'armurerie de luxe s'empara de cet engin, le perfectionna, l'enjoliva, en fit dériver la *hallebarde*, la *pertuisane* et autres haches ou lances de parade. (V. ces mots).

La vieille hache, à un seul ou à deux tranchants, avec pic d'un côté et lame affilée de l'autre, resta entre les mains des charpentiers, des couvreurs, des sapeurs-mineurs et des sapeurs-pompiers. Elle ne sert plus aujourd'hui qu'à combattre la nature inerte, les éléments et les fléaux, incendies, inondations, enrochements de mines, etc. Cependant, on a vu plus d'une fois des sapeurs en venir aux mains avec l'ennemi dans les tranchées et les contre-mines ; la hache alors reprenait son rôle et renouvelait, entre les mains des soldats du génie, les exploits des anciens preux. — L. M. T.

|| *Art hérald.* Meuble de l'écu représentant une hache. *Hache d'armes*, hache qui a un fer large à dextre, un pic à senestre, et dont le manche est arrondi. || *Hache consulaire*, hache entourée de faisceaux de verges comme on en portait devant les consuls romains.

* **HACHE-ÉCORCE.** *T. techn.* Machine destinée à couper l'écorce à tan, constituée par un tambour armé d'un grand nombre de couteaux et animé d'un mouvement de rotation qui peut s'élever jusqu'à 400 tours par minute, mais c'est là une vitesse que dans la pratique on n'atteint pas. Les écorces, étendues sur une table en fonte, sont comprimées par la rotation de cylindres alimentaires cannelés et amenées jusqu'aux tranchants qui les réduisent en parcelles d'un demi-millimètre de longueur environ.

HACHE-PAILLE. *T. de mécan. agric.* Machine destinée à opérer la division des fourrages et des pailles en fragments d'une longueur déterminée. Ces machines sont aujourd'hui d'un usage courant dans les exploitations agricoles où elles rendent de grands services, ainsi que dans les distilleries, sucreries, féculeries, etc. La paille ou le foin haché, mélangé à des racines débitées au *coupe-racines* (V. ce mot), donnent une ration alimentaire économique, très assimilable. Le hachage permet de faire consommer des fourrages peu agréables au goût en les mélangeant avec d'autres de meilleure qualité.

Les machines employées au hachage des produits végétaux prennent, suivant leur destination, les noms de *hache-paille, hache-ajonc, hache-maïs*, etc. Elles diffèrent par quelques détails de construction, mais en principe, elles se composent toutes d'un volant dont deux ou trois rayons sont occupés par des lames courbes à tranchant concave ou convexe bien affilé. Ces lames passent, en frottant légèrement, devant une bouche métallique par laquelle sortent les fourrages (avec un avancement régulier) qui sont poussés par un laminoir formé de deux rouleaux cannelés, en arrière desquels et horizontalement se trouve une longue trémie d'alimentation. Les cylindres alimentaires sont commandés par l'arbre du volant. La partie supérieure de la bouche est mobile ; elle tend à descendre sous l'influence d'un contre-poids et comprime la masse de fourrage, ce qui permet d'obtenir une section de coupe très nette. Dans certaines machines, la rotation des cylindres alimentaires est périodique et se fait à l'aide de cliquets. On préfère, avec raison, une rotation continue des cylindres ; on peut, par des mécanismes différents, changer le rapport de la vitesse

du volant à celle des cylindres, ce qui permet avec une seule machine de couper les matières à des longueurs différentes suivant les usages auxquels elles sont destinées. Certains hache-paille ont leurs couteaux enroulés en hélice sur un cylindre tournant en face de la bouche d'alimentation. Les hache-paille sont d'un maniement dangereux pour les ouvriers qui étalent les fourrages dans la trémie et dont la main peut se prendre entre les laminoirs ; à cet effet, il y a dans certaines machines un organe destiné à arrêter instantanément la marche des cylindres, sans pour cela arrêter la machine ou le moteur. Le travail mécanique dépensé par les hache-paille est très variable ; en général, on admet qu'il faut de 5 à 600 kilogrammètres pour couper 1 kilogramme de paille à 0,01 de longueur, à peu près la moitié si les morceaux sont de longueur double, et ainsi de suite. Un homme au hache-paille à bras, coupe de 40 à 45 kilogrammes de paille par heure. Les hache-maïs à vapeur, coupant par bouts de 0,04 à 0,05 exigent 3 à 4 chevaux de force et débitent environ 1,000 kilogrammes de maïs par cheval et par heure. — M. R.

HACHER. En *t. techn.*, tailler, former de légères incisions ; en *t. de grav.*, former par des traits croisés les ombres et les demi-teintes.

HACHEREAU, HACHETTE. Petite hache, marteau tranchant d'un côté, avec lequel les charpentiers et les menuisiers façonnent ce qu'ils ont dégrossi à la hache ; les maçons s'en servent pour faire des entailles dans les murs, ébousiner les pierres, etc.

* **HACHETTE** (Jean-Nicolas-Pierre). Géomètre, né en 1769, fut l'élève préféré de Monge, qui lui confia la chaire de géométrie descriptive, lors de la création de l'Ecole polytechnique. Il entra en 1816 à l'Académie des sciences et mourut en 1834. On a de lui : *Eléments de géométrie* (1817) ; *Traité de géométrie descriptive* (1832), et un grand nombre d'articles dans le *Journal de l'Ecole polytechnique*, le *Bulletin de la Société d'encouragemement*, etc.

* **HACHETTE** (Louis-Charles-François). Naquit à Rethel vers 1800. On lui doit d'inappréciables perfectionnements aux méthodes de la pédagogie moderne. Il fut, en effet, le premier éditeur qui publia des livres composés en vue des programmes de l'enseignement primaire et de l'enseignement secondaire. Il inventa également un matériel scolaire très étudié, et calculé de manière à satisfaire toutes les exigences de l'hygiène. Les amateurs de beaux livres n'oublient pas qu'il fut un des premiers, parmi les éditeurs de ce temps, à publier des éditions aussi remarquables par la correction typographique et l'illustration que par le luxe de l'impression.

Après d'excellentes études à Sainte-Barbe et à Louis-le-Grand, Hachette se destinait à l'enseignement. Il entra à l'Ecole normale en 1819. Il terminait sa troisième année d'études, quand, en 1822, l'école fut licenciée. L'enseignement lui était interdit. Il n'avait même pas le droit d'ouvrir un pensionnat. Après avoir vécu pendant quelque temps du produit de leçons particulières, Hachette acquit, en 1826, la librairie Brédif, groupa ses compagnons de disgrâce, Farcy, Quicherat, Géruzez, Lesieur, et avec leur aide, répondit en quelques années aux principaux besoins de l'instruction publique. Le gouvernement de Juillet encouragea ses efforts, et trouva en lui un précieux auxiliaire pour l'application de la loi de 1833 sur l'instruction primaire, loi qui avait révolutionné l'enseignement. Livres et matériel manquaient ; en peu de mois ils furent créés, et tous les besoins, grâce à Hachette, reçurent satisfaction. Chaque jour sa clientèle grandissait. Pour répondre à ses désirs, il fonda la Revue de l'instruction publique, le Manuel de l'instruction primaire, l'Ami de l'enfance. On peut dire que toutes les méthodes d'enseignement qui virent le jour entre 1826 et 1850, sortirent de sa librairie. En 1850, Hachette, avec l'aide de ses gendres, MM. Breton et Templier, joignit à sa maison, une librairie scientifique et littéraire. La maison Hachette, qui a publié une foule d'ouvrages de haute importance, comme les Dictionnaires de Belèze, Bouillet, Franck, Littré, Vapereau, Wurtz, et aussi des séries comme la Bibliothèque variée, la Bibliothèque des merveilles, la Bibliothèque rose, les Guides et itinéraires de P. Joanne, des ouvrages de haut luxe, comme la Bible, le Dante, le Tasse, Don Quichotte, illustrés par Gustave Doré, les Evangiles illustrés par Badi, — une merveille de typographie, — a donné aux érudits et aux lettrés des ouvrages de grande valeur, tels que, pour en citer un seul, la collection des Grands écrivains de la France, publiée sous la direction de feu M. A. Régnier.

Hachette, qui occupait ses loisirs par l'étude des questions d'assistance, de propriété, et qui prit une part considérable au triomphe définitif de la propriété littéraire, consacrée par décret du 18 mars 1852, mourut en 1864. Malgré d'innombrables travaux, il s'acquittait de ses fonctions de membre de la Chambre de commerce, et du Conseil de l'Assistance publique. Ses gendres, MM. Breton et Templier, et ses fils, MM. Alfred et Georges Hachette, lui ont succédé à la tête de la librairie.

HACHOTTE. T. tecñn. Outil qui sert à tailler, chez le couvreur, les lattes et les ardoises ; chez le tonnelier les douves, etc.

HACHURE. Dans le dessin et la gravure, on donne ce nom aux traits croisés que l'on fait pour exprimer les ombres, dégrader les nuances, faire les fonds, etc. ; dans l'art héraldique, ce sont des traits qui, par la direction qu'on leur a donnée, indiquent les couleurs et les métaux (V. Email) ; dans les dessins de machines ou d'architecture, les coupes sont indiquées par des hachures, et dans la topographie, ce sont des traits conventionnels qui ont pour fonction de donner la notion des pentes et de la forme des terrains.

HAÏ-THAÔ. — V. Gélose.

HALAGE. C'est le plus ancien des procédés employés pour faire marcher les bateaux sur les rivières et les canaux ; des hommes ou des chevaux, cheminant sur l'une des rives, tirent le bateau à l'aide d'une corde dont l'obliquité est combattue au moyen du gouvernail ; s'il n'y a pas de gouvernail ou s'il est insuffisant, on attache la corde de halage de façon à maintenir le bateau dans une obliquité telle que la résistance de l'eau sur le côté opposé du courant fasse équilibre à la composante de la traction perpendiculaire à la rive. Dans les deux cas, il convient de tenir le bateau aussi près que possible du chemin de halage et d'employer une corde assez longue, pour diminuer cette composante qui tend à rapprocher le bateau vers la rive et l'expose à s'échouer.

Sur les rivières, lorsque les sinuosités du chenal et son éloignement de la rive rendent le halage trop difficile, on modifie le système de traction en faisant tirer la corde par des hommes placés sur le bateau ; dans ce cas, l'autre extrémité de cette corde est attachée à un point fixe, généralement à une ancre mouillée dans le chenal ; pour éviter les arrêts, on emploie deux cordes, que des petits bateaux, appelés courriers, portent successivement en avant. C'est en remplaçant les hommes par des chevaux attelés à un manège installé sur un bateau spécial que le halage à points fixes est devenu le touage (V. ce mot). Sur les canaux, deux hommes peuvent haler des poids de 80 à 100 tonnes, mais en ne faisant par jour que 13 à 14 kilomètres ; pour chacun d'eux, l'effort moyen, à la vitesse de 60 centimètres par seconde, est d'environ 12 kilogrammes ; la durée du travail est de huit heures. Les chevaux de halage peuvent traîner le même poids avec une vitesse presque double, 1 mètre environ dans un canal à eau dormante ; en remontant un courant, leur effet utile décroît en raison du carré de la somme des vitesses du cheval et du courant.

Le halage par les hommes est celui qui coûte le moins cher ; cependant, à cause de sa lenteur et de l'encombrement qui en résulte, ce mode barbare d'emploi de la force humaine tend heureusement à disparaître ; il n'est plus guère employé que sur quelques canaux, et pour les bateaux vides.

L'usage général est le halage par chevaux qui se fait, soit par relais, comme autrefois les services de postes et de diligences, soit à longs jours, c'est-à-dire avec les mêmes chevaux pour un trajet considérable dont le prix est débattu à l'avance. Sur les canaux du Nord, une péniche de 280 tonnes emploie un attelage de deux chevaux, que l'on appelle une courbe et que l'on paie de 50 à 60 centimes par kilomètre ; c'est un peu moins d'un cinquième de centime par tonne kilométrique ; la vitesse moyenne varie de 1,500 à 2,000 mètres à l'heure. Les bateaux dits accélérés, qui marchent à raison de 3 kilomètres par heure, paient une courbe 80 centimes, soit un peu moins d'un tiers de centime par tonne et par kilomètre. Sur le canal de Bourgogne, les prix sont plus élevés et on paie environ 1 franc par courbe. Sur le canal du Berry, qui ne porte que des bateaux de 50 tonnes, le halage est fait par un âne, qui couche sur le bateau ; le cheminement journalier atteint quelquefois 16 kilomètres.

Halage à grande vitesse. On avait établi, en Ecosse,

un service à grande vitesse pour le transport par eau des voyageurs ; ce système n'est applicable que sur les canaux à petite section ; il exige de la part des chevaux une marche régulière, assez rapide pour que l'intumescence produite par le mouvement du bateau se trouve sous le bateau lui-même ; l'effort de traction est considérable et atteint au dynamomètre de 70 à 80 kilogrammes par cheval ; comme les chevaux vont au galop, ils se fatiguent promptement et on ne les fait courir qu'une demi-heure. Ce mode de halage a existé sous le nom de *coches d'eau*, sur le canal de l'Ourcq, entre Meaux et Paris ; on parcourait 47 kilomètres en moins de quatre heures, arrêts compris. Des coches d'eau ont existé également entre Paris et Auxerre (45 lieues en 4 jours), entre Toulouse et Cette, et même aux Etats-Unis, entre New-York et Philadelphie.

Halage à vapeur. On a proposé naturellement de remplacer les animaux par des locomotives routières ; des essais ont été faits sur le canal de Bourgogne, entre La Roche et Saint-Jean de Losne, avec des machines roulant sur un seul rail (système Larmenjat). L'état généralement mauvais des chemins de halage n'a pas permis d'établir un service régulier, et l'on est revenu à la voie double parcourue par des locomotives spéciales qui permettent d'obtenir, presque au même prix, une vitesse supérieure à celle des chevaux, et un service plus régulier. Une Compagnie française exploite ce système sur les canaux de Neufossé (13 kilomètres), d'Aire à la Bassée (42 kilomètres) et de la Haute-Deule (23 kilomètres). Sur les deux premiers, on emploie de petites locomotives de 5 tonnes 1/2 en charge, avec une paire de roues motrices ; ces machines, qui donnent un effort de traction de 800 kilogrammes sur la barre d'attelage, halent aisément deux bateaux chargés ensemble de 550 tonnes ; la vitesse varie de 2,400 à 2,500 mètres par heure et la dépense de charbon est d'environ 5 kilogrammes. Sur la Haute-Deule, où il existe un courant assez sensible, les locomotives sont à quatre roues couplées ; elles pèsent en charge 14,000 kilos et peuvent fournir un effort de traction de 2,000 kilogrammes. Dans ces deux types de machines, la transmission du mouvement se fait par l'intermédiaire d'engrenages. La voie ferrée est formée de deux rails vignoles, en fer, de 15 kilogrammes au mètre courant fixés sur les traverses à 1 mètre d'écartement. Le nombre des traverses est de 1,430 par kilomètre.

L'attelage des bateaux aux machines se fait au moyen de cordages, en aloès ou en chanvre, de 50 à 60 mètres de longueur et de 30 à 35 millimètres de diamètre. En 1883, les prix moyens, par tonne kilométrique, ont été de 0 fr. 0058 sur la Haute-Deule, et de 0 fr. 0036 sur les deux autres canaux.

CHEMINS DE HALAGE. La servitude de passage pour le halage des bateaux est aussi ancienne que la navigation ; le plus ancien document législatif sur ce sujet est une charte du roi Childebert, de 558, l'établissant pour l'amont de Paris, du pont de la Cité jusqu'à Sèvres. Elle a été réglée successivement par des ordonnances rendues en 1465, en août 1669, en décembre 1672, par un arrêt du

27 juin 1777, par les articles 556 et 650 du Code civil, et par le décret du 25 janvier 1808. Les propriétaires de terrains traversés par des voies navigables, et ceux des îles, sont tenus de laisser le long des bords un chemin de 24 pieds ($7^m,80$) de largeur, avec interdiction de planter ni haie, ni clôture plus près que 30 pieds ($8^m,75$), du côté que les bateaux se tirent, et un marchepied de 10 pieds ($3^m,25$) de l'autre côté, sous peine d'amende et confiscation. Pour les rivières flottables à bûches perdues, le marchepied est seul exigible. Le chemin de halage peut être exigé sur les deux bords ou transporté d'un bord à l'autre, selon les besoins de la navigation. La déclaration de navigabilité par l'administration entraîne la servitude, mais donne lieu à une indemnité réglée par le conseil de préfecture, de même que les modifications apportées aux anciennes servitudes. La zone de servitude est assujettie à suivre les variations du lit du cours d'eau, sans qu'il puisse en résulter de droit à une indemnité. La servitude est limitée aux besoins de la navigation ; toute autre circulation est interdite sur les chemins de halage, sous peine de contravention et de répression devant les tribunaux, à moins que le chemin ne soit classé et entretenu comme chemin vicinal, où que l'aggravation de servitude ne soit réglée par une indemnité aux propriétaires. Les chemins de halage sont aujourd'hui établis, pour la plupart, sur des terrains acquis par l'Etat et font partie du domaine public, comme les quais, ports, etc. D'un autre côté le halage peut être interdit partout où il devient gênant ou dangereux, comme dans la traversée des villes et des souterrains ; il est alors remplacé par le touage ou le remorquage.

Pour les rivières, le chemin de halage est établi sur la rive la plus rapprochée du chenal, et son niveau doit être un peu supérieur aux plus hautes eaux de navigation. On évite autant que possible de le faire passer d'une rive à l'autre, et lorsque le passage est inévitable, on tâche de l'installer au droit d'un pont déjà existant. Pour maintenir la continuité qui est indispensable, on ménage sous l'arche de rive des ponts une banquette d'au moins $2^m,50$ de largeur, avec la hauteur nécessaire pour le passage des chevaux. A la rencontre des affluents, on construit, dans l'alignement du chemin et au même niveau, des ponts de 2 mètres de largeur au minimum ; si l'affluent est navigable, le pont est relevé et reporté à l'intérieur des terres pour faire place à l'élargissement que produisent les courbes de raccordement des rives. Les chemins de halage doivent être empierrés ou mieux encore pavés sur une largeur de 2 mètres au moins ; on les garnit de pieux d'amarrage placés tous les 200 mètres en rase campagne, tous les 10 à 20 mètres aux abords de l'écluse et des ports ; ces pieux ont environ 35 centimètres de diamètre et 70 centimètres de saillie. Pour les canaux de navigation, on doit toujours réserver un chemin de halage sur chaque rive ; on appelle *chemin de contre halage* celui qui est affecté à la remonte des bateaux. — J. B.

Halage (Cale de). Ce sont des cales de même genre que les cales de construction (V. CALE), mais disposées de façon à permettre de remonter les navires sur la cale pour les radouber ou les refondre. Le navire, aussi allégé que possible, est amené sur un berceau immergé, surchargé de gueuses en fonte que l'on enlève ensuite pour que le berceau adhère à la carène. Le berceau est alors halé sur la cale au moyen de câbles avec treuils ou cabestans. Ce halage se faisait autrefois à bras et exigeait jusqu'à 1,200 hommes. On l'exécute actuellement au moyen de presses hydrauliques. Les cales de halage sont : à berceau roulant, comme celle de La Ciotat, ou à berceau glissant, comme celles des arsenaux. La grande mobilité des berceaux roulants oblige à diminuer l'inclinaison des cales, qui ne doit pas dépasser 5 à 5 1/2 0/0, tandis que la pente des cales à glissement peut être de 7 à 7 1/2 0/0. Il en résulte, entre les deux systèmes, une différence de longueur, *dans le rapport de 7 à 5*, qui rend les premières plus coûteuses à établir, d'autant que la hauteur du berceau roulant oblige encore à donner plus de longueur à l'avant-cale, afin de trouver à son extrémité le tirant d'eau nécessaire; l'augmentation du chemin parcouru étant précisément dans le rapport inverse de l'effort de traction, la dépense de halage est la même pour les deux genres de berceau. C'est pourquoi on donne la préférence aux cales à glissement qui coûtent moins cher à établir. Il existe à la Seyne une cale de ce génre qui peut recevoir des navires de 2,000 tonneaux, et dont le berceau est actionné par des presses hydrauliques agissant sur une chaîne en fer rond de 20 centimètres de diamètre, dont les maillons ont une longueur de 4 mètres, précisément égale à la course des plongeurs. On enlève ces maillons successivement, à mesure que le berceau remonte; il est vrai qu'il en résulte une perte de travail assez sensible, parce qu'à chaque remise en marche, il faut vaincre la résistance due à l'inertie d'une masse considérable, et au frottement dont le coefficient est de 1/40 du poids total, au départ, tandis qu'il n'est que de 1/120 pendant le mouvement. — J. B.

HALEUR A VAPEUR. Cabestan actionné par une petite machine à vapeur, avec embrayage par adhérence, et spécialement employé pour lever et rentrer à bord les filets, sur les bateaux qui se livrent à la pêche du hareng et du maquereau. Le haleur à vapeur supprime le virage à bras très dangereux et d'autant plus pénible que chaque bateau doit mettre à la mer de six à huit kilomètres de filets, ce qui permet d'évaluer à 40 kilomètres le chemin que parcouraient les hommes attelés aux barres de l'ancien cabestan. Sa création a été un des plus grands services rendus aux pêcheurs et il est juste de constater que le premier de ces appareils a été imaginé en 1869, par un constructeur du Hàvre, M. Caillard, et adopté par un armateur de Fécamp, M. F. Follin. — J. B.

HALIMÉTRIE, HALIMÈTRE. T. de chim. Méthode inventée par N. Fuchs, pour connaître la composition de la bière. Elle est basée sur ce fait, que 100 parties d'eau ne pouvant dissoudre que 100 parties de sel marin, un liquide, en dissoudra d'autant moins qu'il renferme plus d'extrait, d'alcool, etc.

Le *halimètre* est un vase en verre formé de deux tubes de calibre différent, et dont l'inférieur, plus petit et fermé par le bas, est gradué, chaque division correspondant au volume occupé par un grain (0^g,0625) de sel marin pulvérisé et pur. Pour faire l'essai, *on prend 1,000 grains (62^g,50) de bière*, et on les met dans un ballon avec 360 grains (20^g,46) de sel marin; on agite fréquemment, puis on chauffe au bain-marie à 38°. Au bout de 10 minutes, on laisse refroidir, on insuffle de l'air dans le ballon pour changer l'atmosphère de celui-ci, et

on pèse. La différence de poids est de 1 grain 1/2 environ, pour une bonne bière; elle représente la quantité d'acide carbonique disparu. On ferme alors le ballon avec le pouce, on agite pour réunir le sel marin non fondu et on verse le tout dans le halimètre, on secoue l'instrument pour bien tasser le sel, puis on lit le nombre de divisions qu'occupe celui-ci, ce qui permet de savoir à quelle quantité d'eau correspond le volume dissous. Il suffit pour cela de retrancher ce chiffre de celui qui représente le poids total du sel, et de multiplier le poids du sel marin dissous, par 2,778, pour obtenir la quantité d'eau libre contenue dans la bière; et par suite, la somme de l'alcool et de l'extrait, en déduisant du chiffre trouvé. 1 grain 1/2, poids perdu par la chaleur, et correspondant à l'acide carbonique.

On fait alors une seconde expérience pour déterminer le poids de l'extrait. On pèse dans le ballon 62^g,50 de bière (1,000 grains) et on fait bouillir jusqu'à réduction de moitié (soit 500 grains); l'alcool et l'acide carbonique se dégagent alors, on ajoute 180 grains (10^g,23) de sel marin et on agit comme précédemment. On lit ensuite le nombre de grains non dissous; supposons qu'il en reste 18, c'est qu'il y a eu dissolution de 162; on peut arriver encore à trouver le résultat autrement que par la méthode indiquée plus haut, en établissant le rapport $180 : 500 :: 162 : x$, d'où $x = 450$, ce qui montre qu'il y a 450 grains d'eau et par conséquent 50 d'extrait, chiffre que l'on déduit du premier résultat, pour obtenir par différence, la proportion d'alcool, qu'au moyen d'une table on réduit en quantité exacte d'alcool absolu.

L'essai halimétrique ne peut servir lorsque du glucose ou de la glycérine ont été ajoutés à la bière. — J. C.

HALLE. Pris souvent l'un pour l'autre dans le langage usuel, les mots *halle* et *marché* ont eu, à l'origine, une signification analogue. La seule différence consistait en ceci: la *halle* était plutôt un endroit clos, parfois couvert et affecté à la vente de denrées spéciales, tandis que le *marché*, sorte de foire aux comestibles, se tenait et se tient souvent encore en plein vent, sur une place publique, à certains jours de la semaine. Dans son *Dictionnaire raisonné d'architecture*, Viollet-le-Duc définit ainsi la *halle* au moyen âge: « lieu enclos, couvert ou découvert dans lequel des marchands, moyennant une redevance payée au seigneur dudit lieu, acquéraient le droit de vendre certaines natures de marchandises », et le savant auteur ajoute plus loin: « la halle se tenait sur une place, sous des porches d'églises, sous des portiques de maisons, autour des beffrois, des hôtels de ville, sous des appentis. Par le fait, la halle n'avait pas un caractère monumental qui lui fût particulier. » Il en était et il en est encore de même pour les marchés non couverts dans un grand nombre de villes. La qualification de *centrales* a seulement été ajoutée, de nos jours, à la désignation de *halles*, autrefois donnée à l'ensemble des marchés qui approvisionnaient Paris.

—Avant le xii° siècle, deux marchés existaient dans cette

ville, l'un situé dans la Cité, l'autre à la place de Grève. Leur insuffisance, à cette époque, détermina le roi Louis le Gros à faire achat d'un terrain dit les *Champeaux* ou *Petits champs*, placé un peu au nord-ouest et en dehors de la ville. Ce fut là l'origine des halles actuelles. Philippe-Auguste fit construire des abris clos et couverts et les entoura d'une muraille. Les halles s'agrandirent successivement et se multiplièrent à tel point qu'il n'y avait guère de sortes de marchandises qui n'eût la sienne. C'est de là que viennent les noms de la plupart des rues environnantes, telles que celles de la Toilerie, la Lingerie, la Cordonnerie, la Triperie, la Poterie, etc. On y vendait, à certains jours, des œufs, du beurre, des graisses, des poissons, des grains et du vin. Enfin, plusieurs marchands forains y avaient des halles particulières, qui portaient le nom de leurs villes, telles que les halles de Douai, d'Amiens, celles de Pontoise, de Beauvais, etc. Les halles subsistèrent en cet état jusqu'à François Ier et Henri II, qui les reconstruisirent. C'est de cette époque que datent les *piliers des halles*. A la fin du XVIIIe siècle, on distinguait dans cet immense marché : la *halle à la marée*, qui était située auprès de la rue de la Cossonnerie ; la *halle au poisson d'eau douce*, qui se tenait dans une maison située dans la même rue ; la *halle à la viande*, entre la rue Saint-Honoré et celle de la Poterie ; la *halle aux fruits*, dans l'ancienne halle aux blés ; la *halle aux poirées*, la *halle aux herbes et aux choux*, la *halle aux fromages*, la *halle aux cuirs*, la *halle aux draps et aux toiles*.

De nos jours, on donne plus particulièrement le nom de *halles* aux marchés établis dans des édifices parfaitement clos, où les objets de consommation sont emmagasinés et se vendent plutôt en gros qu'au détail. Chaque halle est habituellement affectée à une classe spéciale de marchandises et disposée en conséquence. Paris a deux marchés de ce genre : la *halle aux blés* et la *halle aux vins*. On entend plutôt par *marché* le lieu où se débitent en détail les objets d'une consommation journalière. Chaque ville un peu importante veut avoir aujourd'hui sa halle aux grains et son marché couvert.

Nous ne nous occuperons ici que des *halles à marchandises* et des *halles à voyageurs* qui exigent, dans les gares des chemins de fer, des conditions particulières de construction et d'aménagement et nous renvoyons à l'article MARCHÉ l'étude des halles affectées à la vente des denrées et des marchandises diverses.

Halle aux marchandises. On désigne sous ce nom de simples quais couverts d'abris, et destinés au dépôt des marchandises et des colis de toute nature transportés par le chemin de fer.

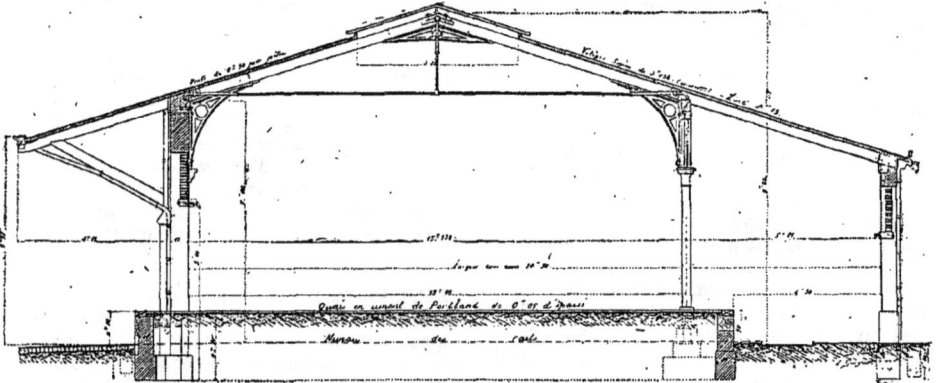

Fig. 372. — *Type de halle à marchandises.*

Les marchandises que l'on manutentionne sous les halles des gares sont, en général, des colis craignant l'humidité, tels que les grains, les sucres, les vins, les étoffes, les fers fins, enfin tout ce que l'on appelle ordinairement le *détail*, par opposition aux marchandises formant le chargement d'un vagon complet de dix tonnes, lesquelles sont habituellement chargées en *vrac*, c'est-à-dire sans aucun emballage. Il résulte de cette définition que, pour répondre entièrement à leur but, les quais des halles doivent être non seulement abrités, mais autant que possible, clos latéralement de manière à empêcher la pluie et le vent d'y pénétrer ; qu'en outre, ces quais doivent être accessibles, d'un côté aux camions qui amènent ou enlèvent les colis, de l'autre côté, aux vagons dans lesquels sont chargées ces marchandises. Le quai d'une halle est donc compris entre une cour pavée et une voie ferrée, qui le bordent sur toute sa longueur ; de plus, il est élevé au-dessus du sol, à

une hauteur suffisante pour que le chargement ou le déchargement des colis pondéreux puisse se faire sans difficulté par glissement ou roulement sur un pont en bois jeté entre le plancher du vagon et le sol du quai ; pour les colis de forme arrondie tels que les fûts et les sacs, on se sert de brouettes spéciales appelées *diables*.

Laissant de côté les halles ouvertes latéralement ou incomplètement fermées par des cloisons en planches qui ne descendent pas jusqu'au sol (par exemple la halle de la gare de Grenelle, sur le chemin de fer de Ceinture), les halles sont de vastes espaces clos, construits de manière à éviter l'emploi de poteaux ou de colonnes au milieu des quais, ce qui gênerait la circulation. Nous donnons un type de coupe en travers, pris (fig 372) sur une halle très importante. Les halles destinées à ne faire face qu'à un faible trafic, peuvent n'avoir qu'un quai d'une largeur de 5m,30, à l'intérieur des murs en maçonnerie ; le quai est recouvert d'un dallage en ciment, et éclairé par deux grandes fenêtres demi-circulaires percées dans les murs des pignons ; les portes latérales ont une largeur de 2^m,65 et une hauteur de 3 mètres, le comble déborde de part et d'autre des murs latéraux et forme des auvents extérieurs abritant la voie ferrée, ainsi que les camions qui viennent à quai ; la ferme peut d'ailleurs être disposée pour servir de chemin de roulement à une *grue Nepveu* (V. ce mot). Dans l'autre type de halle, qui est celui que nous représentons à la figure 372, le quai a une largeur utile de 15 mètres environ et le comble a une largeur totale de plus de 26 mètres ; du côté de la cour, le mur de clôture repose sur le quai qui forme encore une saillie extérieure de 0^m,70 sous l'auvent, pour permettre la circulation des agents chargés de la manutention des colis ; cependant, dans quelques cas très rares, au lieu d'être sous un auvent extérieur, la voie charretière est à l'intérieur de la halle entre le mur et le quai ; mais cette disposition est fort peu commode pour la circulation, faute [d'une largeur suffisante. Au contraire, la voie qui dessert le quai est presque toujours à l'intérieur de l'enceinte de la halle. Celle-ci est éclairée, non seulement par les fenêtres des pignons, mais par des lanterneaux ménagés dans le comble. Les ouvertures livrant passage aux vagons aux deux extrémités, sont fermées par des portes roulantes en bois, quelquefois en tôle.

Les halles ont rarement besoin d'être éclairées pendant la nuit, où il n'y a pas de service public ; par conséquent, le plus souvent, il suffira d'installer quelques becs de gaz pour la soirée. Cependant, il y a des cas où le travail continue pendant la nuit, comme sur les quais des expédi-tions des gares de Paris ; dans ce cas, on peut avoir recours à la lumière électrique, en ayant soin de blanchir intérieurement les murs de la halle, pour mieux refléter la lumière.

Halle de transbordement. Les quais couverts et très étroits, sur lesquels on transborde les marchandises d'un vagon dans l'autre, portent le nom de *halles de transbordement* (V. GARE). La construction de ces halles n'offre aucun caractère distinctif ; les voies qui encadrent les quais sont abritées sous la halle ; les quais interrompus pour le passage des traversées rectangulaires, sont munis de ponts en bois que l'on rabat lorsque l'on veut passer d'une portion de quai à une autre. Certaines halles de transbordement sont même absolument dépourvues de quais : ce sont celles qui abritent les opérations faites à l'aide de grues à vapeur. Dans ce cas, la halle est un simple hangar, dont le comble est muni de hottes pour l'échappement de la fumée, et sous lequel sont disposées trois voies parallèles ; celle du milieu reçoit la grue roulante, et chacune des deux autres les vagons entre lesquels doit se faire l'échange des colis enlevés à l'aide de la grue. Ce mode de transbordement n'est d'ailleurs applicable qu'à des vagons découverts, ou bien à des vagons fermés dont la toiture mobile peut se rabattre latéralement, de manière à laisser descendre verticalement le crochet de la grue.

Halle de voyageurs. Dans les gares très importantes, ainsi que dans les gares terminus, les voies sur lesquelles sont reçus et d'où partent les trains de voyageurs, sont abritées par une vaste halle supportée par des colonnes. Celles-ci étant un obstacle à la circulation des voyageurs sur les

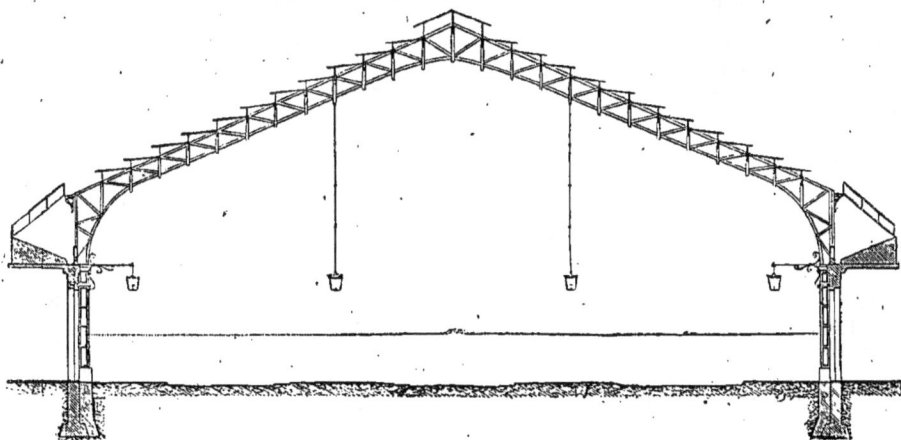

Fig. 373. — *Type de halle à voyageurs.*

quais, on évite, autant que possible, de les multiplier, en donnant aux fermes du comble, la plus grande portée compatible avec la solidité de la construction. La plus grande portée qui existe dans les gares de Paris, est celle des fermes à la Polonceau de la gare du Nord ; entre les colonnes en fonte qui en supportent les extrémités, il n'y a pas moins de 35 mètres ; la largeur totale de la halle entre les murs de retombée est de 70 mètres ; les colonnes ayant une hauteur de 25 mètres, l'ensemble de la halle présente un aspect grandiose et architectural qui laisse à l'œil une excellente impression. L'emploi d'arcs surbaissés formés de poutres en treillis permet de supprimer totalement les supports intermédiaires ; tel est le cas de la ferme du système de Dion dont nous donnons le croquis (fig. 373) pour l'application à une halle de 43 mètres de largeur. L'arc de la gare de Charing-Cross, à Londres, franchit une largeur de 60 mètres entre les retombées ; il n'est pas douteux qu'avec une poutre en tôle bien étudiée, on arrive à couvrir de plus grandes portées encore. Dans les gares terminus, la halle n'est ouverte qu'à une de ses extrémités, pour la pénétration des voies sous l'espace couvert ; encore cette face est-elle elle-même close, depuis le comble jusqu'à une hauteur de 6 à 8 mètres au-dessus du sol, par une vaste verrière qui empêche le vent et la pluie de s'engouffrer sous la halle. Dans les gares de passage, la halle n'est souvent fermée que sur l'un de ses côtés latéraux, non seulement parce qu'il n'y a de bâtiment que de ce côté, mais encore parce que les courants d'air y sont aussi moins pernicieux et moins violents que lorsque la halle forme une sorte de couloir ouvert aux deux bouts. Comme exemple de petite halle destinée à n'abriter que deux voies et les quais adjacents, nous citerons les stations du chemin de fer d'Auteuil, qui sont couvertes d'une simple feuille de tôle ondulée et galvanisée : c'est une disposition à la fois simple et économique, mais qui ne serait pas applicable si les machines devaient séjourner longtemps sous la halle, par la raison que, malgré l'enduit galvanisé, la tôle ne tarderait pas à s'oxyder sous l'action des vapeurs sulfureuses mêlées à la fumée du charbon.

Il n'est pas facile d'éclairer convenablement, pendant la nuit, les grands espaces qu'abritent les halles de voyageurs ; les becs de gaz supportés par des candélabres n'éclairent qu'une faible portion du quai environnant. Avec les fermes à arcs surbaissés, on a la ressource de suspendre à la poutre des lanternes destinées à recevoir de puissants becs intensifs, ce qui a en même temps l'avantage de dégager les quais ; mais la véritable solution consiste dans l'emploi de la lumière électrique, si favorable à l'éclairage des grands espaces. — M. C.

HALLÉ (Noël). Peintre, né à Paris en 1711, fut l'élève de son père *Claude-Gui* HALLÉ, peintre de talent qui décora Meudon et Trianon et mourut membre de l'Académie des Beaux-Arts. Noël Hallé remporta le grand prix, devint directeur des Manufactures royales de tapisseries et de l'Académie de France à Rome. Parmi ses grandes décorations, on cite, à Saint-Sulpice, le plafond de la chapelle des fonts baptismaux, un *Saint Vincent-de-Paul*, à Saint-Louis de Versailles, etc. Il mourut en 1781.

HALLEBARDE. Cette arme, offensive comme la hache, en dérive : c'est la réunion de la hache d'armes et de la lance.

— Le mot a pour racines les deux vocables allemands *Halbe Barthe* ou *Althe Barte*, qui confirment cette dérivation ; « arme de hast, » dit Viollet-le-Duc, c'est-à-dire emmanchée à l'extrémité d'une harpe ou javeline ; elle fut introduite en France par les Suisses et les Allemands, au commencement du xv⁰ siècle, mais ne paraît avoir été

adoptée régulièrement, pour les troupes à pied, que sous le règne de Louis XI. Il ne faut la confondre ni avec la *corsèque*, arme des fantassins corses, ni avec le *roncone*, arme de hast italienne, ni avec la *pertuisane*, genre de hallebarde dont l'étymologie est facile à établir ; elle était destinée, en effet, à faire un *pertuis*, ou blessure en profondeur.

Sous ces différents noms, la hallebarde eut diverses formes ; elle se composait essentiellement d'un dard plus ou moins long, avec des *oreillons*, ou crochets latéraux, droits, recourbés, à pointes doubles ou triangulaires, disposés de façon à accrocher les pièces de l'armure et à les déchirer, pour offrir plus de prise à l'assaillant. Adroitement maniée, la hallebarde de guerre était une arme terrible ; le fer en était forgé et aciéré avec soin ; il portait généralement, comme marque de fabrique, le scorpion, façon emblématique d'indiquer que la blessure était mortelle.

Les mêmes causes qui amenèrent la décadence de la hache firent décliner également la hallebarde. Elle devint alors une arme de luxe et un engin de parade entre les mains des gardiens de châteaux, de palais et autres résidences somptueuses. Les hallebardiers qui surmontaient autrefois les combles de l'Hôtel de Ville de Paris, au moment de son achèvement par Marin de la Vallée (1604), et qui ont été tout récemment réinstallés à leur poste d'observation par M. Ballu, font fort belle figure sur leurs piédestaux.

* **HALOGÈNE.** *T. de chim.* Terme qui désigne certains corps, comme les métalloïdes, qui étant électro-négatifs par rapport à d'autres, comme les métaux, peuvent se combiner avec ces derniers, pour former des sels, dits *haloïdes* par Berzélius. Comme corps halogènes il faut compter le fluor, le chlore, le brome, l'iode.

* **HALTE.** *T. de chem. de fer.* Simple point d'arrêt pour les trains de voyageurs, composé d'un ou de deux quais d'embarquement, à bordure gazonnée et d'un bâtiment rudimentaire, qui n'est souvent que la maison du garde du passage à niveau, auprès duquel est située la halte. Destinées à desservir des intérêts peu importants, les haltes sont disposées aussi économiquement que possible ; on n'y reçoit ni les chiens, ni les bagages et elles ne délivrent de billets que pour les stations les plus rapprochées ; on les considère même souvent comme établies à titre d'essai. Leur importance ne croît que par l'adjonction d'un embranchement industriel, raccordant une usine avec la voie ferrée. — V. EMBRANCHEMENT.

HAMAC. Sorte de lit formé d'un rectangle de toile ou d'un filet suspendu à deux points fixes par ses deux extrémités, de façon à pouvoir s'étendre et se balancer au besoin. Dans la marine, on lui donne le nom de *cadre*. — V. ce mot.

HAMEÇON. Petit crochet de fer terminé par une pointe nommée *barbe* ou *ardillon*.

HAMPE. Manche d'une hallebarde, d'un épieu ; bois de lance sur lequel on monte un drapeau, une bannière. || Manche d'un pinceau.

HANGAR. On désigne sous le nom de *hangar* les bâtiments élevés en vue de loger et d'abriter le matériel agricole et industriel ; nous renvoyons le lecteur à l'article CONSTRUCTIONS RURALES pour ce qui concerne les détails de la construction des hangars agricoles. La surface totale d'un hangar varie avec le matériel qu'il doit abriter, c'est-à-dire avec l'importance et la culture de l'exploitation.

HAPPE. T. techn. Sorte de crampon destiné à lier ensemble deux pièces de bois ou autre matière. || Outil du luthier pour tenir les pièces à travailler. || Tenaille de fondeur.

HAQUET. Charrette longue et étroite, sans ridelles, qui sert le plus généralement au transport des fûts de vin ; elle est construite de façon que l'extrémité arrière des brancards puisse s'abaisser sur le sol et former un plan incliné qui permet de descendre ou charger les tonneaux ; sur un treuil que portent les limons s'enroule une corde destinée à faire monter les fardeaux au moyen de bras de levier qui traversent l'arbre du treuil. Lorsque le chargement est terminé, la corde qui a servi à placer les fûts sur les brancards a encore pour fonction de les maintenir, durant le transport, serrés les uns contre les autres.

* **HARDILLIER. T. de tapiss.** Crochet en fer qui sert dans la fabrication de haute-lisse.

* **HARDINGHEN.** On exploite à Hardinghen, près de Boulogne-sur-Mer, un lambeau de terrain houiller que des considérations géologiques permettent de relier au terrain houiller anglais et au bassin houiller du Pas-de-Calais, qui n'est lui-même que le prolongement, sous la craie, du bassin houiller de la Belgique et de Valenciennes. Le terrain houiller d'Hardinghen repose sur le calcaire à *productus giganteus*, qui est l'étage supérieur du calcaire carbonifère. Il est limité à la partie supérieure par une faille à peu près horizontale, comme le plan de glissement du sud du Pas-de-Calais. On trouve au-dessus de cette faille le calcaire Napoléon, marbre gris-rosé, qui fait partie du calcaire carbonifère, de même que dans le bassin houiller du Pas-de-Calais, on trouve au-dessus du plan de glissement, soit le terrain houiller renversé, soit le calcaire carbonifère, soit les schistes dévoniens. Le bassin d'Hardinghen est limité au nord par une faille à peu près verticale, dirigée N 68° O, et désignée sous le nom de *faille de retour*. Au delà de cette faille, on trouve d'abord les dolomies du Hure, qui sont la base du calcaire carbonifère. Elles reposent sur les schistes dévoniens.

— La concession d'Hardinghen comprend la fosse Providence, qui est en pleine exploitation, et, plus au midi, la fosse Renaissance qui est presque abandonnée. Dans le champ d'exploitation de ces deux fosses, les couches plongent régulièrement de 20° vers le nord, et sont surmontées par le calcaire Napoléon qui plonge vers le nord de 12° seulement. Ce champ d'exploitation est limité à l'est et à l'ouest par deux failles, qui toutes deux relèvent les couches en dehors du champ d'exploitation. La région située au delà de la faille de l'est a été exploitée jadis par diverses fosses, actuellement éboulées, et la faille de l'ouest a été récemment franchie. Au sud du champ d'exploitation des fosses Providence et Renaissance, passe une faille qui relève notablement les terrains, et au delà de laquelle on trouve successivement, avec un plongement au midi : le calcaire carbonifère moyen et

supérieur, un lambeau de terrain houiller et le calcaire Napoléon.

* **HARMALINE., T. de chim.** Nom donné à deux corps d'origine bien différente. (A) Alcaloïde végétal découvert par Gœbel, en 1837, dans la graine du *peganum harmala* (Rutacées), qui a pour formule $C^{26}H^{14}Az^3O^2$... $C^{13}H^{14}Az^2O$, et qui a été étudié par Fritzsche. Elle cristallise en octaèdres, est peu soluble dans l'eau et l'éther, mais se dissout bien dans l'alcool, surtout à chaud ; elle colore la salive en jaune, se décompose par l'action de la chaleur, de l'acide nitrique, et aussi des agents oxygénants qui la transforment en une matière colorante rouge, soluble dans l'alcool. (B) Matière colorante violette obtenue par Kay, en mélangeant ensemble 50 parties d'aniline, 48 parties d'acide sulfurique (D=1,85) et 14 parties d'eau, puis y ajoutant 200 parties de peroxyde de manganèse pulvérisé. On porte à 100°, et la réaction produite par l'agent oxydant amène la formation de la matière colorante.

HARMONICA. Instrument de musique dans lequel les cordes sont remplacées par des lames de verre dont l'inégalité des longueurs détermine la variété du son ; l'exécutant frappe ces lames de verre avec un petit marteau flexible.

* **HARMONICON.** On a donné ce nom à une sorte d'harmonica, inventé à la fin du siècle dernier par un allemand nommé Müller, et qui se distinguait de l'harmonica à clavier, par l'adjonction d'un jeu de flûte et d'un jeu de hautbois.

* **HARMONICORDE. Inst. de mus.** Instrument, inventé par un allemand nommé Kaufmann, et qui consiste en un piano à queue muni d'un mécanisme que l'on actionne au moyen du pied.

* **HARMONIFLÛTE. Inst. de mus.** Harmonium qui fait entendre les sons semblables à ceux de la flûte. Cet instrument possède un clavier de trois ou quatre octaves et permet d'exécuter le chant avec l'accompagnement; son jeu de flûte très pur uni au jeu de la voix céleste, produisent des effets d'une grande douceur.

* **HARMONIPHON. Inst. de mus.** Instrument à vent et à clavier de 0m,42 sur 0m,12 et 0m,8 de haut, dont les sons ressemblent à ceux du hautbois. L'air est fourni par la bouche de l'instrumentiste dont le souffle modifie les sons et donne l'expression, en même temps que les doigts agissent sur le clavier.

HARMONIUM. Instrument à clavier et à anches libres, sans tuyaux. — V. ANCHE LIBRE, ORGUE EXPRESSIF.

HARNACHEMENT, HARNAIS. Ensemble des pièces de sellerie ou de bourrellerie qu'on adapte à un cheval, un âne, un bœuf, etc. ; soit pour le diriger, soit pour lui faciliter le tirage ou le transport. Suivant ces animaux, les diverses parties de l'harnachement varient avec le travail qu'ils doivent effectuer. Pour la traction, on emploie le licol, le collier, la bricole ou le joug, la sellette, l'avaloire ou reculement, les traits et le palonnier. Pour porter les fardeaux, on remplace une partie des précédents par la selle ou le bât. D'une façon générale, et quel que soit le genre de harnais et l'espèce animale à laquelle on le destine, il faut observer certaines conditions, en dehors desquelles, les moteurs ne donneraient pas tout l'effet utile qu'ils sont susceptibles de fournir. Les harnais doivent être aussi légers que possible tout en gardant les proportions nécessaires à leur solidité ; ils doivent être bien ajustés afin de ne gêner aucun mouvement de l'animal ; ils doivent s'appliquer exactement sur les parties qui les supportent sans y produire des frottements, qui sont dangereux, surtout dans les régions osseuses, mais en y exerçant des pressions directes d'ailleurs amorties par des coussins formés de crins ou de bourre à l'aide desquels le contact est établi d'une manière constante, ou encore des coussins à air. Les harnais doivent être suffisamment serrés pour éviter tout glissement qui blesserait l'animal, enfin ils ne doivent point mettre obstacle au libre exercice de ses fonctions physiologiques.

*HARNACHEUR. *T. de mét.* Nom de l'ouvrier sellier qui confectionne les harnais.

*HARNAIS ou HARNAT. *T. de tiss.* Ensemble des lames ou lisses au moyen desquelles les fils sont levés ou baissés au métier à tisser pour livrer passage à la navette (V. Tissage) ; à Lyon on lui donne le nom de *remisse*.

I. HARPE. Instrument de musique de forme triangulaire et à cordes verticales joué des deux mains. Cet instrument, qui n'avait, au commencement du moyen âge, que treize cordes, et dix-sept au xiiie siècle, en possède aujourd'hui de quarante-deux à quarante-six.

La harpe employée actuellement dans la plupart des pays de l'Europe, se compose de trois parties essentielles, la *caisse* ou *corps sonore*, la *console* et la *colonne*. Le corps sonore et la colonne, dit M. Casimir Colomb, sont réunis dans leur partie inférieure par une base qui s'appelle la *cuvette*. Le corps sonore est recouvert d'une *table d'harmonie* percée d'ouïes, sur laquelle sont fixés des boutons qui retiennent les cordes par une de leurs extrémités. L'autre bout des cordes s'enroule sur des chevilles rangées tout le long de la console servant à les tendre et à les accorder. La colonne sert à réunir et à maintenir les deux pièces précédentes. Un système de tringles, leviers et ressorts renfermé dans la colonne et la console et mis en mouvement par des *pédales* extérieures que presse le pied de l'exécutant, appuie au besoin les cordes contre des sillets qui les raccourcissent d'une quantité mathématiquement réglée et font varier par conséquent le ton en changeant les notes. Il y a sept pédales dans la harpe, autant que de notes dans la gamme ; chaque pédale agit sur toutes les notes du même nom. On fait des harpes qui ont autant de cordes que les pianos ont de notes.

Historique. D'origine évidemment orientale, la harpe est un des instruments les plus anciens. Elle est souvent représentée sur les monuments de l'Egypte pharaonique et de l'Assyrie ; elle a joui également d'une grande faveur chez les anciens Persans et chez les Hindous ; on en a même trouvé des modèles tout montés dans les tombeaux de l'ancienne Thèbes, lesquels sont en forme d'arc ou de forme triangulaire et dont le nombre des cordes varie de quatre à vingt-deux. La harpe égyptienne eut, en effet, à une époque très reculée, un assez grand nombre de cordes, puisque, sur l'affirmation de Wilkinson, il en existait à quatorze cordes dès le temps d'Amosis, premier roi de la xviiie dynastie, c'est-à-dire environ 900 ans avant Terpandre, et 1550 ans avant notre ère. Les cordes d'une harpe conservée au Musée égyptien, au Louvre, résonnent encore sous les doigts ; cet instrument est revêtu d'une enveloppe antique de cuir vert qui recouvre le bois. — V. aussi la figure 412 de l'article Egypte.

On pense, au contraire, que le *kinnôs* hébreu, avec lequel David dansa devant l'arche, était une espèce de petite harpe portative.

De l'avis d'écrivains compétents, la harpe proprement dite, telle que les modernes ont coutume de la représenter, semble n'avoir jamais pénétré en Chine ni au Japon. Suivant d'autres, elle n'aurait point non plus existé chez les Grecs, car on ne la trouve mentionnée dans aucun auteur, ni même chez les latins. On admet généralement que ces derniers ne se servaient que de harpes portatives, qu'ils appelaient *trigona, sambuca, nablia* ou *nablum*, suivant les dispositions particulières qu'elles affectaient.

La harpe de grande dimension était d'un usage universel chez les peuples du nord de l'Europe, notamment les Scandinaves, les Irlandais et les Ecossais, et c'est par eux qu'elle fut introduite, vers le ve siècle, dans les parties méridionales de notre continent.

En raison de ses qualités exceptionnelles, la harpe fut très commune en France aux temps de la chevalerie. Pour être un héros accompli, il fallait y exceller. Dans les réunions, comme le montre un passage du *Roman du roi Horn*, les hôtes étaient invités à en jouer à tour de rôle.

Les variétés de la harpe étaient fort nombreuses, et les formes qu'on lui donnait paraissent avoir été aussi diverses que les mots qui servaient à les indiquer. On la trouve désignée sous les noms de *psaltérion, cithare, décacorde*, etc. A partir de cette époque, la harpe devint peu à peu l'instrument de prédilection de nos pères, si bien qu'au xviie siècle, comme l'indique le *Dictionnaire de Furetière*, V. *Harpe*, le nombre des cordes employées d'ordinaire pour cet instrument avait triplé.

Après avoir été détrônée par le luth, comme instrument de cour, la harpe reprit faveur en France dans le xviiie siècle. Beaumarchais, dans sa jeunesse, possédait une prestigieuse habileté de harpiste. C'est grâce à ce talent que le jeune horloger devint maître de musique de Mesdames, filles de Louis XV, lesquelles, on le sait, étaient toutes bonnes musiciennes.

Dès lors, la harpe devint l'instrument à la mode. Les femmes remarquèrent qu'elle leur était particulièrement favorable, en raison des poses gracieuses qu'elle leur permettait de prendre. Celles qui avaient une taille svelte, de beaux bras et de belles mains, apprenaient à en jouer encore plus par coquetterie que par goût. La célèbre comtesse de Genlis s'y est exercée avec succès ; elle a donné des leçons et a rédigé une bonne méthode. Elle aimait à se faire entendre sur cet instrument aux fêtes données à son château, pour le couronnement de la rosière de Salency.

Le Musée du Conservatoire national de musique possède de très beaux modèles de harpes de cette époque. On y voit, entre autres, la harpe de la princesse de Lamballe et celle de la reine Marie-Antoinette (fig. 374).

Proscrite pendant la Révolution, la harpe reparut pour les fêtes du Directoire. Si l'on en croit Peltier, dans un passage de son ouvrage intitulé *Paris*, et daté du mois d'avril 1796, la harpe était « le triomphe des beaux bras de madame Tallien. »

La vogue de la harpe se continua pendant toute la durée du Ier Empire et de la Restauration. L'auteur du *Dictionnaire des étiquettes*, publié en 1818, ne manque pas de faire l'éloge de la harpe. « La harpe ne passera jamais de mode ; au contraire, parce que tous ceux qui commencent à en jouer sont assez jeunes pour adopter la bonne méthode, pour jouer des dix doigts, faire les tons harmoniques des deux mains, étudier les passages difficiles de la main gauche aussi bien que de la main droite, et devenir ainsi par la suite d'excellents professeurs de cet admirable instrument. »

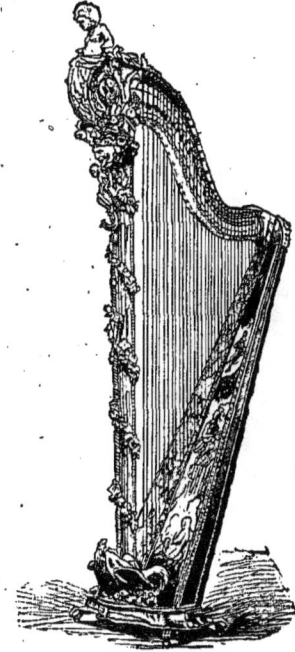

Fig. 374. — *Harpe de la reine Marie-Antoinette.*

En dépit de ces prédictions, la harpe est aujourd'hui à peu près inconnue comme instrument solo dans la musique de chambre ; les compositeurs toutefois l'emploient encore avec succès au théâtre. Elle figure aussi de temps en temps dans les mains de quelques virtuoses, tels que le célèbre Godefroid, et, contraste bizarre, dans celles des chanteurs des rues.

La harpe ne commença à recevoir de sérieux perfectionnements qu'au xviie siècle, parce que les changements qui s'opérèrent alors dans la musique nécessitèrent sa transformation. Vers 1660, un facteur tyrolien, dont le nom est resté inconnu, imagina d'élever le son des cordes en les tirant au moyen de *crochets* ou *sabots* fixés à la console. Les crochets avaient deux grands défauts, ils ne pouvaient élever les cordes que d'un demi-ton, et ils étaient sujets à de fréquents dérangements. On se mit donc à la recherche de nouveaux perfectionnements.

La résolution du problème n'eut lieu qu'en 1790, par l'invention du mécanisme à *fourchette* de Sébastien Érard, mais cet artiste ne le fit connaître qu'en 1794. Enfin, pour couronner ses travaux, le facteur célèbre inventa la harpe à *double mouvement*, qui parut pour la première fois, à Londres, en 1810, et dont chaque corde était représentative de trois sons.

M. Domeny, de Paris, a perfectionné, dans ces derniers temps, l'œuvre déjà si belle de Sébastien Erard. Mais à peine arrivée à son entier développement, la harpe a été abandonnée pour le piano, et l'on peut dire qu'elle a maintenant disparu de l'industrie. On ne fait plus de harpes à Paris que par exception et sur commandes spéciales.

Harpe éolienne. L'appareil musical appelé *harpe éolienne* ou *harpe météorologique*, n'a aucun rapport avec l'instrument qui précède. C'est une boîte de résonnance construite en sapin pour être très sonore, et sur laquelle sont tendues des cordes montées verticalement, en bas, sur une table d'harmonie. Cet instrument est uniquement destiné à produire des sons harmonieux par l'action du vent. Exposé à un courant d'air, les cordes s'agitent, frémissent, et, par le mélange de leurs vibrations molles et tendres, produisent une sorte de musique vague, qui n'est point sans charme, et dont l'étrangeté est le caractère principal. On établit ainsi, à de courtes distances, un certain nombre de harpes éoliennes qui, sous le souffle du vent, se répondent l'une à l'autre, et produisent, dans un site solitaire, un effet assez agréable.

On attribue généralement l'invention de la harpe éolienne au père Kircher, mais le fait est douteux ; on croit même en avoir trouvé l'idée dans plusieurs écrivains de l'antiquité. La harpe éolienne a fourni d'intéressantes expériences à l'acoustique. Elle est employée, en certains pays, soit comme curiosité dans les baies des tours en ruines, comme dans le vieux château de Bade, soit pour l'agrément des jardins de plaisance.

— On a essayé de construire, sur le même principe, plusieurs instruments de musique, tels que l'*Anémocorde* de Schnell, en 1789, et le *violon éolique* de M. Isonard, de Paris, en 1836. Mais toutes ces tentatives ont échoué. — s. b.

Bibliographie : Adrien de La Fage : *Histoire générale de la musique* ; Georges Kastner : *Parémiologie musicale*, V. *Harpe* ; Ad. de Pontécoulant : *Organographie, Essai sur la facture instrumentale* ; Casimir Colomb : *La musique* ; G. Chouquet : *Le Musée du Conservatoire national de musique, Catalogue raisonné* ; Georges Kastner : *La Harpe d'Éole*.

II. HARPE. *T. de constr.* Pierre d'attente qui doit servir au raccordement de la maison contiguë, ou pour continuer une construction. || Pièce de fer coudé qui sert à relier aux murs les poteaux corniers des pans de bois.

HARPON. Dans la pêche de la baleine et des gros poissons, on donne ce nom à un dard de fer, à pointe triangulaire bien acérée et recourbée, emmanchée dans une hampe de 2 mètres environ, et dont l'extrémité est munie d'un anneau auquel est solidement attachée la corde du pêcheur. Le maniement du harpon exigeait une grande adresse et un grand courage car, autrefois, le bateau pêcheur devait forcément se tenir dans les eaux du gigantesque cétacé, mais aujourd'hui on se sert de bombes-lances qui atteignent le poisson à une assez grande distance, pour que les pêcheurs n'aient plus à craindre les redoutables convulsions du monstre marin. — V. Baleine. || *T. de constr.* Pièce de fer plat qui sert à relier deux pièces de charpente ou une charpente et un mur.

HART. *T. d'agric.* Branche d'osier, de bouleau, souple et facile à tordre, qui sert à lier les cotrets, les fagots, les bourrées. || *T. de peauss.* Cheville à laquelle les peaussiers et les gantiers suspendent les peaux pour les étirer.

HASCHICH. Préparation enivrante, grasse, que

l'on emploie en Afrique, en Turquie, en Perse, en Birmanie, en Malaisie et en Chine. Elle s'obtient par l'infusion des fleurs et des pousses du *chanvre indien* (*cannabinées*, tribu des ulmacées), lequel contient une substance résineuse et glutineuse produite par des glandes, et qui renferme deux essences, le cannabène (C[18]H[20]; C[9]H[20]), et la haschichine (Smith) qui procurent une ivresse délirante, exhilarante et aphrodisiaque. En Perse, la résine est employée à peu près pure sous les noms de *cherris* (en boulettes) ou de *ganja* (en pains), ou encore de *bang*, à Hérat. Le haschich algérien porte le nom de *mhadjound*. La Turquie a défendu l'usage de ce produit depuis quelques années.

HASSENFRATZ (JEAN-HENRI). Minéralogiste, né en 1755, mort en 1827. Il était charpentier lorsqu'il se passionna pour l'étude de la minéralogie. Directeur du laboratoire de Lavoisier lorsque la Révolution éclata, il se jeta avec ardeur dans le mouvement révolutionnaire, et, en 1795, il fut nommé professeur à l'Ecole des mines, qui venait d'être créée. Il a conservé sa chaire jusqu'en 1814. On a de lui : *Tableau de minéralogie* (1796) ; *Traité de l'art du charpentier* (1804, in-8°) ; *Art de traiter les minerais de fer* (1812, 4 vol. in-4°) ; *Dictionnaire de physique* (*Encyclopédie méthodique*, 1816-1821, 4 vol. in-4°).

HAUBANS. *T. de mar.* Nom des cordages qui vont du haut du mât jusqu'à bâbord et à tribord du navire, et qui ont pour fonction d'étayer les mâts contre les secousses du roulis et de la tempête. — V. CÂBLE. || *T. de constr.* Cordage qu'on attache par un bout à un engin et par l'autre à un arrêt fixe.

HAUBERGEON. *T. du cost. milit. anc.* Cotte de mailles, plus courte que le haubert et sans manches, que portaient les écuyers et les archers du moyen âge. — V. ARMURE, COTTE.

HAUBERT. *T. du cost. milit. anc.* Tunique de mailles à manches que seuls les chevaliers du moyen âge avaient le droit de porter. Elle garantissait le cou au moyen d'une coiffe sur laquelle se mettait le heaume de combat et les manches allaient jusqu'au bout des doigts, qui étaient enveloppés dans un sac de mailles laissant en dehors le pouce armé de la même manière. Le haubert disparut pendant le XIVe siècle. — V. ARMURE.

HAUSMANNITE. *T. de minér.* Manganate manganeux qui se trouve sous forme de cristaux prismatiques ou octaédriques, ou en masses compactes et grenues, d'un noir brun, à éclat métallique ; D=4,75; dur.=5 à 5,5. Il renferme 69 0/0 d'oxyde manganique et 31 0/0 d'oxyde manganeux. On le rencontre à Ilmenau (Thuringe), à Ihlefeld (Hartz). C'est un des plus riches minerais de manganèse.

I. **HAUSSE.** *T. d'artill. et d'arm.* Appareil destiné à rendre simple et rapide l'exécution du pointage aussi bien pour les bouches à feu que pour les armes portatives. C'est le plus généralement une tige graduée portant le cran de mire et disposée de telle façon que l'on puisse élever ou baisser à volonté ce cran de mire dans les limites déterminées par la graduation de la tige. Par extension, on donne aussi le nom de *hausse* à la hauteur,

exprimée le plus ordinairement en millimètres, du cran de mire au-dessus du point de départ de la graduation ; pour éviter toute confusion, on est convenu d'écrire le mot *hausse* avec un H majuscule, pour désigner l'instrument, et avec un *h* minuscule, lorsqu'il est seulement question de la hauteur du cran de mire.

Le pointage à la hausse (fig. 375) n'est pas autre chose qu'un moyen de donner à l'arme l'angle de tir correspondant à la portée, tout en la disposant dans la direction du but. Supposons, en effet, que l'axe du canon étant dans la position AB, son prolongement BT soit la ligne de tir, et que le but soit en O ; si AH est la ligne suivant laquelle peut se déplacer le cran de mire, en donnant à la hausse une valeur AH telle que l'angle ABH soit égal à l'angle de tir TBO, on voit à la simple ins-

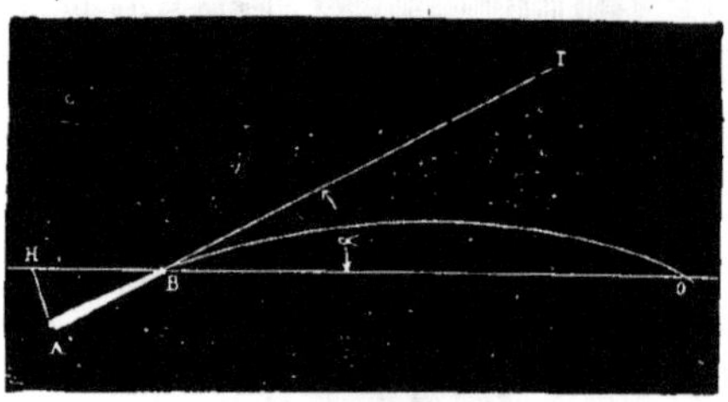

Fig. 375.

pection de la figure, qu'il suffit, pour donner à l'arme l'inclinaison voulue, de faire passer par le point O le rayon visuel passant par les points H et B. Dans la pratique, le guidon ou cran de mire de la bouche est un peu différent du point B, mais il n'y a pas lieu de tenir compte de cette différence ; quant à la ligne AH, ou bien elle est perpendiculaire à l'axe, comme cela a lieu pour les canons actuellement en service, ou bien elle est perpendiculaire à la génératrice supérieure du canon, comme pour les fusils, et se compte seulement à partir du pied de cette perpendiculaire. Dans le premier cas, en appelant *l* la distance AB, *h* la hausse et *a* l'angle de tir, on a *h*=*l*tg *a*; dans le second cas, on appelle *hausse pratique* la hauteur du cran de mire comptée perpendiculairement à la génératrice supérieure du canon, et *hausse totale*, la hauteur de ce même cran de mire au-dessus d'une parallèle à l'axe du canon menée par le sommet du guidon. La valeur de la hausse variant suivant la longueur de la ligne de mire *l*, lorsqu'on veut comparer entre elles les hausses d'armes de systèmes différents, on considère la *hausse théorique* ou *hausse comparative*, qui n'est autre que le rapport de la hausse totale à la longueur de la ligne de mire, ou autrement dit, la hausse correspondant à une longueur de mire de 1 mètre.

L'emploi de la hausse est basé sur le principe de la *rigidité de la trajectoire*, c'est-à-dire que l'on admet que la trajectoire reste indissolublement liée à l'arme et se relève ou s'abaisse avec elle sans changer de forme lorsqu'on fait varier l'angle de tir.

La Hausse la plus employée avec les fusils et carabines est la *Hausse à curseur* (fig. 376), qui se compose d'une planche, graduée en distance, élevée perpendiculairement à la génératrice supérieure du canon et pouvant se rabattre à volonté; le long de cette planche se déplace un curseur à ressort qui porte le cran de mire. Pour permettre le tir aux grandes distances et pouvoir par suite donner à la hausse une plus grande longueur sans rendre la planche trop embarrassante et trop sujette à se fausser, on a fixé au curseur une seconde planche mobile ou rallonge qui porte à sa partie supérieure un deuxième cran de mire. D'autre part, afin de faciliter le pointage aux distances rapprochées, la Hausse à curseur est le plus habituellement combinée soit, comme dans le fusil allemand Mauser, avec l'emploi de *lamelles* de hauteurs différentes portant chacune un cran fixe et pouvant pivoter autour d'une charnière, soit comme dans le fusil français,

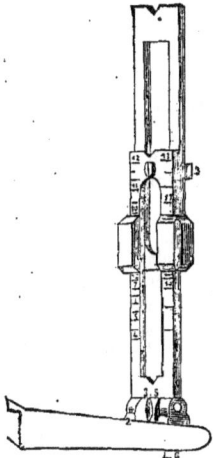

Fig. 376. — *Hausse à curseur et rallonge du fusil français, modèle 1874.*

modèle 1866, système Chassepot, avec l'emploi de *gradins* disposés sur le pied de la hausse, et sur lesquels on fait porter le curseur de façon à élever plus ou moins le cran de mire entaillé à l'extrémité de la Hausse sans redresser la planche complètement. Dans ce cas, le cran de mire décrit un cercle dans le plan médian autour de la charnière; les *Hausses circulaires* ou *à cadran*, adoptées pour certaines armes étrangères, sont construites d'après le même principe. Elles consistent (fig. 377) en une lame portant à son extrémité un cran de mire et tournant autour d'une charnière

Fig. 377. — *Hausse circulaire.*

entre deux oreilles qui portent une graduation en distance, et servent à fixer la lame dans la position convenable ; différents dispositifs sont employés pour immobiliser la planche.

Pour les bouches à feu, on a tout d'abord employé une *Hausse médiane*, composée d'une tige graduée glissant dans un canal ménagé dans le plan médian de la culasse. Avec les canons rayés, actuellement en service, afin de réduire les hausses, on a diminué la longueur de la ligne de mire et, à cet effet, on a placé le guidon sur un des tourillons de la pièce, et la hausse dans un canal latéral disposé à la culasse du même côté que le guidon. On a ainsi obtenu des *hausses latérales*, de moitié environ moins longues que les hausses médianes correspondantes; quant à l'erreur commise en dirigeant sur le but une ligne de mire latérale au lieu d'une ligne de mire médiane, elle peut être considérée comme insignifiante. Au lieu d'un cran de mire la Hausse porte un œilleton; sur ses faces sont gravées une graduation en distance, une autre en millimètres, et enfin une troisième en degrés; on la fixe dans son canal à la hauteur voulue au moyen d'un curseur pourvu d'une vis de pression et d'un ressort. Ce système présente un grave inconvénient; lorsqu'on veut déplacer le curseur, on est forcé de retirer la Hausse de son canal, ce qui entraîne une perte de temps et peut occasionner des erreurs, aussi étudie-t-on, en ce moment, un nouveau modèle de *Hausse à crémaillère*; un pignon engrenant avec une crémaillère entaillée suivant une des arêtes, permet de faire mouvoir la Hausse tout en la laissant à demeure dans son canal.

Avec les fusils rayés, les écarts latéraux dus à la dérivation étant en partie compensés par certaines autres déviations inhérentes à l'arme, on n'a pas eu besoin de se préoccuper de les corriger, sauf toutefois aux grandes distances, pour lesquelles on a dû déplacer latéralement le cran de mire correspondant. Avec les bouches à feu rayées, il ne pouvait en être de même, et l'on a dû imaginer un dispositif permettant de déplacer l'œilleton vers la droite ou vers la gauche, suivant que le projectile dévie à gauche ou à droite d'une certaine quantité que l'on nomme la *dérive*, et dont la valeur se déduit de la dérivation observée par un simple calcul de triangles semblables.

Tout d'abord, on avait admis que la dérive était proportionnelle à la longueur de la hausse, et on corrigeait la dérivation par l'emploi de *Hausses inclinées*, c'est-à-dire se déplaçant dans un canal oblique, de telle sorte que la dérive était donnée automatiquement. Outre que le principe n'était pas entièrement exact, ce genre de hausse ne se prêtait pas à la correction des écarts latéraux accidentels, écarts souvent supérieurs à la dérivation; aussi, dans les modèles de hausse actuellement en service, l'œilleton fait corps avec une réglette horizontale graduée en millimètres, dite *planchette des dérives*, qui est placée à l'extrémité supérieure de la tige de la Hausse, perpendiculairement à cette tige (V. CULASSE, fig. 703 et 704); on donne la dérive en déplaçant cette planchette dans le sens voulu au moyen d'un pignon et d'une crémaillère Afin de guider le pointeur, les dérives correspondant aux différentes distances ont été inscrites sur la tige en regard des hausses correspondantes.

La graduation d'une hausse se détermine soit expérimentalement, ce qui est le cas le plus général avec les fusils, soit par le calcul en les déduisant du tracé de la trajectoire, comme on le fait pour les bouches à feu; la valeur des différentes hausses correspondant aux différentes distances, déduites du calcul et exprimées en millimètres, sont inscrites dans les tables de tir des bouches à feu.

II. **HAUSSE.** 1° Ce mot désigne des anneaux mobiles sur un axe de rotation horizontal, employés pour fermer et pour ouvrir rapidement les barrages de rivière. La première application de ce genre de fermeture a été faite en 1839, sur la rivière de l'Isle, par l'ingénieur Thénard, avec des hausses tournant sur leur base et maintenues debout contre le courant par un arc-boutant en fer, butant sur un crampon scellé dans le radier du barrage; l'abattage était obtenu facilement au moyen d'une barre à talons; mais le relevage ne pouvait se faire qu'à l'aide de contre hausses qui supportaient la charge de la retenue pendant l'opération. Ce système était trop faible et trop compliqué pour de grandes retenues, et les hausses ne devinrent pratiques que grâce aux modifications apportées par M. Chanoine en 1855. — V. Barrage. ‖ 2° *T. de typogr.* Morceau de papier que l'on colle à certains endroits d'une forme pour rendre le foulage plus énergique. ‖ 3° *T. d'inst. de mus.* Petit coin de bois, placé entre la baguette et la pièce qui tient les crins de l'archet. ‖ 4° *T. techn.* Etui en terre réfractaire qui sert à donner la hauteur nécessaire à une *cazette.* — V. ce mot et Cerce. ‖ 5° Morceau de bois placé sous le potenceau du rubanier.

HAUSSÉ, ÉE. *Art hérald.* Se dit des pièces quand elles sont plus hautes que leur position ordinaire.

HAUSSE-COL. *T. du cost. milit.* Armure qui couvrait le cou en joignant le casque à la cuirasse et que, par un rattachement au passé, les officiers d'infanterie ont porté jusque dans ces dernières années sur leur tunique à la base du cou; c'était une sorte de croissant d'argent ou de cuivre doré dont les pointes étaient fixées aux boutons des épaulettes.

HAUSSIÈRE. — V. Aussière.

* **HAUSSMANN** (Jean-Michel). Chimiste et manufacturier, naquit à Colmar en 1749. Il avait fondé à Rouen, en 1777, une fabrique d'indiennes, mais quelques années après, il établit à Logelbach une manufacture de toiles peintes dans laquelle il mit en œuvre différentes découvertes importantes. A Rouen comme en Alsace, il appliqua les nouveaux procédés de blanchiment de Berthollet, fit faire des progrès considérables à la teinture, et, le premier, eut recours à la gravure pour l'impression des étoffes. Il mourut en 1824, à Strasbourg.

HAUT, E. *T. d'impr. Haut de casse.* Partie supérieure de la casse. ‖ *Haut-feuillet.* — V. Bas-Feuillet. ‖ *Art hérald.* Se dit d'une épée dont la pointe va au chef de l'écu avec le croisillon de la croix placé très haut.

HAUTBOIS. *Inst. de mus.* Instrument à vent et à anche, construit en bois d'ébène, de cèdre, de grenadille, etc., et formé de trois pièces ou *corps* qui s'emboîtent bout à bout pour former un tube

graduellement évasé et terminé par un petit pavillon; sur la longueur de l'instrument, qui est de 60 centimètres environ, sont percés des trous qui donnent l'échelle diatonique avec 12 clefs pour le jeu des dièses et des bémols. L'anche est double, c'est-à-dire constituée par deux lames de roseau, comme dans le basson. Le diapason du hautbois ordinaire s'étend du *si* grave du violon au *fa* suraigu; les sons ont quelque chose de naïf et de champêtre et sont d'une puissance qui domine les masses vocales et instrumentales. C'est un instrument qui exige une grande virtuosité pour en obtenir la douceur et le velouté qui produisent dans les symphonies les plus charmants effets.

HAUT-DE-CHAUSSE. *T. de cost. anc.* Culotte large qui de la ceinture allait aux genoux. — V. Chausses.

* **HAUTE-LICE** ou **HAUTE-LISSE.** *T. techn.* Trame de tapisserie, dont les fils sont disposés verticalement. — V. Basse-lice.

HAUTEUR. *T. de géom.* Dans un grand nombre de figures géométriques planes ou solides, on appelle *hauteur* un certain élément qui dépend naturellement de la forme de la figure et qui peut servir au calcul de la surface ou du volume.

La *hauteur* d'un triangle est la distance d'un des sommets au côté opposé qui prend par opposition le nom de *base.* Comme on peut choisir n'importe lequel des trois côtés pour base, il y a trois hauteurs dans un triangle. Le produit de chaque côté par la hauteur correspondante étant égal au double de la surface du triangle, ce produit reste le même pour les trois côtés. Si l'on désigne par a, b, c, les trois côtés, par h, h', h'', les hauteurs correspondantes, et par $2p$ le périmètre $a+b+c$, on aura les équations :

$$ah = bh' = ch'' = 2\sqrt{p(p-a)(p-b)(p-c)},$$

qui permettent de calculer les hauteurs quand on connaît les trois côtés. Si le triangle est isocèle, les deux hauteurs abaissées sur les côtés égaux sont égales, et les formules précédentes deviennent puisqu'on y suppose $b = c$:

$$ah = bh' = a\sqrt{b^2 - \frac{a^2}{4}}$$

Enfin, si le triangle est équilatéral, les trois hauteurs sont égales, et l'on a :

$$h = \frac{a\sqrt{3}}{2}.$$

Dans un triangle rectangle, la hauteur abaissée sur l'un des côtés de l'angle droit n'est autre chose que l'autre côté de l'angle droit; la hauteur abaissée sur l'hypoténuse est moyenne proportionnelle entre les deux côtés de l'angle droit; enfin, les équations précédentes se réduisent à

$$ah = bc$$

d'où :

$$h = \frac{bc}{a}$$

en désignant par a l'hypoténuse.

La hauteur d'un parallélogramme est la distance de deux côtés opposés dont la valeur commune prend le nom de *base*. Il y a deux hauteurs puisqu'il y a deux couples de côtés opposés. Le produit de la base par la hauteur correspondante représente la surface, si *a*, *b*, sont les deux côtés, et *h*, *h'* les hauteurs correspondantes, on aura encore :

$$ah = bh'.$$

Dans un rectangle, un quelconque des côtés peut être pris pour base et l'autre pour hauteur. La surface est encore égale au produit de la base par la hauteur. Dans un trapèze, la hauteur est la distance des deux côtés parallèles qui sont les bases ; la surface est égale au produit de la demi-somme des bases par la hauteur. Si *a* et *b* sont les bases, *c* et *d* les deux côtés obliques, et si l'on désigne par $2p$ l'expression

$$2p = a - b + c + d.$$

La hauteur pourra se calculer en fonction des côtés par la formule

$$h = \frac{2}{a - b} \sqrt{p(p - a + b)(p - c)(p - d)}.$$

La *hauteur* d'un prisme ou d'un cylindre est la distance des deux plans de base qui sont nécessairement parallèles. Le produit de la surface de base par la hauteur est égal au volume du prisme. La *hauteur* d'une pyramide ou d'un cône est la distance du sommet au plan de la base. Le produit de la surface de base par la hauteur est égal au triple du volume de la pyramide ou du cône. La *hauteur* d'un tronc de cône ou de pyramide à bases parallèles est la distance des plans des deux bases. La *hauteur* d'une zone sphérique (surface engendrée par un arc de cercle, en tournant autour d'un diamètre) est égale à la projection de l'arc générateur de la zone sur le diamètre fixe autour duquel s'est effectuée la rotation ; ou, ce qui revient au même, à la distance des plans des deux cercles qui limitent la zone. La *hauteur* d'un secteur sphérique (volume engendré par la rotation d'un secteur circulaire, c'est-à-dire par la surface comprise entre deux rayons et l'arc intercepté), celle d'un anneau sphérique (volume engendré par la rotation d'un segment de cercle, c'est-à-dire par la surface comprise entre un arc de cercle et sa corde), enfin, celle d'un segment sphérique (portion de sphère comprise entre deux plans parallèles) est la même que celle de la zone sphérique qui appartient à la surface de ces différents solides. Dans le cas du segment sphérique, c'est la distance des plans des deux cercles de base. Il peut arriver que l'un des petits cercles qui limitent une zone se réduise à un point. Dans ce cas, la zone prend le nom de *calotte*. La hauteur d'une calotte est alors la distance du plan du cercle de base au plan tangent qui lui est parallèle ; c'est la flèche de l'arc découpé dans la calotte par un plan qui contient à la fois le centre de la sphère et celui du petit cercle limitant la calotte. — M. F.

HAUT-FOURNEAU. — V. Forge, Fourneau.

HAUT-RELIEF. T. *d'art.* Sculpture qui se détache d'un fond et dans toute son épaisseur.

*HAÜY (l'Abbé René-Just). Célèbre minéralogiste né en 1743, à Saint-Just (Oise), mort à Paris le 3 juin 1822. Fils d'un pauvre tisserand, il fut remarqué par sa piété et son intelligence, par le Prieur de l'abbaye de son village natal, qui chargea un de ses moines de donner à l'enfant les premiers éléments. Bientôt ce protecteur lui procura une bourse au collège de Navarre où il acheva ses études. Lorsqu'il y eut pris tous ses grades, il y fut nommé régent de quatrième. De là, il passa comme régent de seconde au collège du Cardinal Lemoine où il rencontra Lhomond. Ces deux hommes de caractère et de qualités si semblables se lièrent intimement, et c'est à cette liaison que Haüy dût sa brillante carrière et que la science est redevable de découvertes de premier ordre. Lhomond aimait la botanique et en inspira le goût à son ami. Le Jardin des Plantes était près de leur collège et ils y faisaient de fréquentes visites. Là, voyant un jour la foule entrer au cours de Daubenton, Haüy la suivit par curiosité et s'intéressa vivement à la minéralogie. Ce qui le frappa tout d'abord comme une anomalie, fut la diversité des formes cristallines qu'affecte une même substance. Un heureux hasard vint dissiper ses doutes. Un jour, examinant chez un ami, un groupe de carbonate calcaire cristallisé en prisme, il laissa tomber le bloc ; un des prismes se brisa et Haüy remarqua avec surprise, que les fragments avaient tous les formes rhomboédriques du spath d'Islande, forme toute différente du bloc primitif. Ce fait fut pour Haüy un trait de lumière. Rentré chez lui, il prit successivement plusieurs cristaux de spath calcaire de formes diverses ; il les cassa et constata encore dans les fragments les formes caractéristiques du spath d'Islande. « Tout est trouvé...! » s'écrie-t-il : c'est la composition chimique d'une substance qui détermine la forme de ses cristaux élémentaires et c'est le mode de groupement de ces cristaux qui produit les formes si variées en apparence. Après avoir renouvelé avec le même succès ses expériences sur de nombreux cristaux complexes, il trouva une autre vérification de son hypothèse dans la mesure des angles. A partir de ce moment, la cristallographie était fondée et la minéralogie assise sur une base nouvelle. Pour compléter son œuvre et la présenter sous une forme vraiment scientifique, Haüy dut étudier la géométrie, l'algèbre et la trigonométrie. Il ne recula pas devant ces obstacles.

Bientôt, il communiqua sa découverte à Daubenton qui l'engagea à en faire part à l'Académie des sciences, ce qui présenta des difficultés, car Haüy était d'une extrême timidité. Néanmoins, la communication fut pour Haüy un grand succès. A la première place vacante, il fut nommé à l'unanimité membre de l'Académie (1783). Laplace, Lavoisier, Fourcroy, Berthollet, Guyton de Morveau allèrent au collège du Cardinal Lemoine pour entendre Haüy exposer son système. Sa réputation devint bientôt européenne. Après vingt ans de services dans l'université, ce qui lui donnait droit à une petite pension, il se retira pour vivre simplement et se livrer à ses chères études.

de cristallographie. Cette existence calme fut troublée par la Révolution ; il fut privé de ses pensions et de ses places, et comme prêtre non assermenté il fut mis en prison, après le 10 août. Mais l'Académie sollicita et obtint son élargissement ; enfant du peuple, il ne fut plus inquiété dans la suite. Il eut même le courage d'écrire en faveur de Lavoisier, de Borda et de Delambre. Sous la Convention, il fut nommé membre de la commission des poids et mesures, puis conservateur du Cabinet des mines (1794). C'est dans cette fonction qu'il forma, en peu d'années, la magnifique collection de minéraux qu'on admire dans les salles de l'Ecole. Il fut aussi professeur à l'Ecole normale. Lors de la création de l'Institut (1803), il fit partie de la deuxième classe. Sous le consulat (1802), il succéda à Dolomieu dans le cours de minéralogie du Muséum. Sous l'Empire, il entra à la Faculté des sciences de Paris. En 1814, Haüy, fils d'un pauvre artisan, reçut la visite de souverains étrangers ; des princes de la famille impériale de Russie suivirent ses cours qu'il faisait avec une grande distinction.

Principaux ouvrages d'Haüy : *Essai d'une théorie sur la structure des cristaux* (1794), 1 vol. in-8° ; *Exposition de la théorie de l'électricité et du magnétisme* (1797), 1 vol. in-8° ; *Traité de minéralogie* (1801), 4 vol. in-8° et atlas ; 2e éd. 1822 ; *Traité élémentaire de physique* (1803), 2 vol. in-8° ; *Tableau comparatif des résultats de la cristallographie et de l'analyse chimique relativement à la classification des minéraux* (1809), 1 vol. in-8° ; *Traité des caractères physiques des pierres précieuses* (1817), 1 vol. in-8° ; *Traité de cristallographie* (1822), 2 vol. in-8° ; avec atlas. *Nombreux mémoires* dans le *Journal des mines*, les *Annales de chimie*, les *Annales du Muséum*, le *Journal des savants*, le *Journal d'histoire naturelle*, le *Journal de physique*, etc. — C. D.

HAVAGE. T. d'exploit. des min. Opération qui consiste, dans les terrains stratifiés, à pratiquer une entaille profonde dans le sens de la stratification, pour faciliter l'abatage. — V. HAVEUSE.

HAVERIE. — V. GISEMENT.

HAVET. Clou à crochet. || T. d'imp. s. ét. Crochets d'étendage ou de *chambre à oxyder.* — V. cet article.

HAVEUSE. T. d'exploit. des min. On désigne sous ce nom, des machines employées dans les mines pendant la période de dépilage, pour faire tomber des roches tendres, comme la houille, en pratiquant sur le front de taille un *havage* horizontal à la partie inférieure, ou deux *rouillures* verticales à droite et à gauche.

La haveuse Carrett et Marshal se compose de plusieurs gouges en retraite les unes sur les autres qui enlèvent en quelque sorte la roche par copeaux consécutifs. Ces gouges sont actionnées par un piston mû par une chute d'eau, et le cylindre est porté sur un chariot placé sur un petit chemin de fer parallèle au front de taille. On ripe ce chemin de fer après chaque poste d'abattage, d'une quantité égale à l'avancement obtenu. La

réaction du rocher contre les gouges tendrait à renverser le chariot, mais il s'arc-boute contre le toit au moyen d'un deuxième piston actionné aussi par l'eau sous pression. On utilise également la force de l'eau pour faire avancer les gouges le long du front de taille.

La haveuse Jones et Levick est une machine à air comprimé dont le piston est relié à frottement dur avec un pic, auquel on peut donner à volonté indépendamment de son mouvement longitudinal aller et retour, un mouvement dans un plan vertical ou horizontal. Si un obstacle arrête le pic, le piston n'en continue pas moins sa course, et assure la distribution. Cet appareil a été essayé sans succès à Anzin.

La haveuse Winstanley et Barker, qui semble actuellement mériter la préférence, est une roue qui se meut dans un plan horizontal ou vertical. Elle est munie de dents sur son pourtour, et en outre, de dents inclinées sur ses deux faces près de son pourtour. Elle a un axe très court, porté par deux longerons, placés sur un chariot. Ses dents centrales engrènent avec un pignon qui reçoit son mouvement d'un piston par l'intermédiaire d'une bielle et d'une manivelle. Une semblable haveuse, mue par une machine à air comprimé, marchant à 80 tours par minute et consommant par tour 18 litres d'air à 3 atmosphères, fait en 8 ou 10 heures dans un charbon très dur une souscave de 75 millimètres de hauteur et de 85 centimètres de profondeur sur un front de taille de 100 mètres de large. Elle occupe 3 hommes et fait le travail de 20 à 25 bons ouvriers haveurs.

HAYESSINE. — V. BORAX, § Tiza.

HEAUME. La définition la plus complète de cette coiffure militaire a été donnée par Viollet-le-Duc : « armure de tête, dérivée du *cassis* ou casque du légionnaire romain, lequel consistait en une bombe de bronze, avec couvre-nuque, cimier bas et jugulaires, mais laissant, entre le crâne et le métal, un isolement plus ou moins considérable, afin de permettre à la tête de se mouvoir dans sa concavité, et pouvant se porter de deux manières, soit en dégageant le visage, soit en le masquant presque entièrement. » Ces *habillements de tête*, que les Grecs connaissaient, sont, dit le savant archéologue, d'une rare beauté ; ils s'adaptent merveilleusement au crâne, tout en laissant un isolement suffisant entre le front et l'occiput.

— Rien de plus varié que la forme et les ornements du heaume ; on en voit de fort originaux sur les bas-reliefs de la colonne Trajane et sur certains dessins en croux des amphithéâtres gallo-romains. La célèbre *tapisserie de Bayeux* montre les Saxons et les Normands coiffés de heaumes coniques ou elliptiques (V. ARMURE). Un regrettable manuscrit de la bibliothèque de Strasbourg, brûlé en 1870, par les Allemands, en faisait voir d'hémisphériques qui tiennent au haubert et se rattachent aussi à l'armure générale du guerrier. Les parties essentielles du heaume étaient la *bavière* et le *bacinet*; le reste était ornement, et, par conséquent facultatif.

Réduit à sa plus simple expression, le heaume était casque de guerre ; on le faisait en fer et on lui donnait une forme basse ; grandi, surélevé, ornementé de cimiers de toute nature, il n'était plus qu'une coiffure de parade, et ne se portait qu'aux joutes, tournois, carrousels et autres amusements équestres. On façonnait d'abord les heaumes de guerre avec des plaques de fer que l'on rivait ensemble ; mais les coups de haches d'armes disloquaient ces plaques et faussaient le heaume, ce qui contraignait les heaumiers à le forger d'une seule pièce.

Les meilleurs heaumes venaient de Lombardie, de Vénétie et des Flandres ; mais on en fabriquait aussi à Poitiers, à Arras et surtout à Paris, en la rue de la Heaumerie. L'importance de cette fabrication est attestée non seulement par l'existence d'une voie publique peuplée de heaumiers, mais encore par la mention expresse qu'en fait Etienne Boileau, au temps de saint Louis, puisqu'il leur consacre un chapitre de ses « Establissemens des mestiers. » — V. Armure, Corporations. — L. M. T.

* **HÉBÉ.** *Myth.* Déesse de la jeunesse. Elle était fille de Jupiter et de Junon. Elle épousa Hercule, symbolisant ainsi la jeunesse alliée à la force. Hébé était l'échanson des dieux, mais un jour, en versant le nectar, elle tomba si malheureusement qu'elle laissa voir ce que la pudeur ordonne de cacher. Le maître de l'olympe la disgracia et donna ses fonctions à Ganymède. On lui donne la figure d'une belle fille au printemps de la vie, couronnée de fleurs et tenant une buire à la main. Dans la célèbre statue de Canova, elle tient une coupe d'or.

* **HEILMANN.** (Josué). Né, en 1798 est l'inventeur de la peigneuse qui porte son nom et qui a révolutionné, lors de son apparition, les industries de la filature du coton et de la laine peignée. Il était le fils d'un modeste commerçant de Mulhouse qui ne lui donna qu'une instruction des plus élémentaires. En 1815, ses parents montèrent une petite filature de coton à la main, et l'envoyèrent à Paris comme apprenti dans une manufacture similaire. Là, il put suivre les cours du Conservatoire, ce fut ce qui décida de sa vocation. Il n'avait que 21 ans lorsqu'il fut appelé peu de temps après, pour diriger un établissement au Vieux-Thann ; au bout de deux ans, la filature qu'il dirigeait et qui était toute mesquine, comptait dix mille broches. Ce fut lui qui décida dès lors de l'essor de l'industrie cotonnière en Alsace. Malgré son peu de fortune, il devint bientôt le gendre de M. J. Kœchlin, l'un des manufacturiers les plus importants du pays, et on le vit alors parmi les fondateurs et les membres les plus actifs de la Société industrielle de Mulhouse. On lui dut alors l'invention de la première machine à broder pratique, restée jusqu'à ce jour à peu près telle qu'il l'avait conçue et communément employée en Suisse. Ce ne fut seulement qu'à la fin de sa vie, en 1845, qu'il inventa la fameuse peigneuse qui, d'un seul coup, substitua partout au travail à la main le travail automatique. Cette machine ne figura, pour la première fois, à une exposition qu'en 1855, et le jury la proclama l'invention la plus importante qui depuis quarante années eût été faite en filature. Plus tard, la Société d'encouragement pour l'industrie nationale lui décerna le prix d'Argenteuil de 12,000 francs, destiné à récompenser la découverte la plus importante faite dans toute industrie, de six ans en six ans. Heilmann est mort en 1852. — A. R.

I. **HÉLICE.** Les surfaces cylindriques étant développables, imaginons qu'on enroule un plan sur un cylindre quelconque après avoir tracé dans ce plan une ligne droite qui ne soit ni parallèle ni perpendiculaire aux génératrices du cylindre. Après l'enroulement du plan, la ligne droite sera devenue une certaine ligne courbe tracée sur le cylindre. C'est cette courbe qu'on appelle une *hélice*. C'est une ligne géodésique de la surface, c'est-à-dire le chemin le plus court qu'on puisse suivre sans quitter la surface pour aller d'un point à un autre. Elle coupe toutes les génératrices du cylindre sous un même angle, d'où il suit que sa tangente fait toujours le même angle avec la section droite du cylindre. Ces deux propriétés sont évidentes si l'on remarque que dans le développement du cylindre, l'hélice se transforme en une ligne droite. Comme le plan considéré peut s'enrouler en faisant plusieurs tours successifs autour du cylindre, on voit que l'hélice est indéfinie dans les deux sens comme la droite qui lui a donné naissance et qu'elle s'enroule autour du cylindre par une succession indéfinie de spires égales et également espacées.

Généralement parlant, on peut tracer des hélices sur des cylindres de forme quelconque, mais la plupart du temps, on désigne spécialement sous le nom d'*hélice* celle de ces courbes qu'on peut tracer sur un cylindre de révolution ; c'est la seule qui ait un intérêt pratique, la seule dont nous poursuivrons l'étude. L'arête d'une vis triangulaire a la forme d'une hélice. On peut encore la considérer comme engendrée par un point qui tourne autour du cylindre en même temps qu'il s'avance dans le sens de l'axe d'une quantité proportionnelle à l'angle dont il tourne. Ce qui fait l'intérêt pratique de l'hélice et ce qui a permis de l'appliquer à la construction des vis, c'est la propriété remarquable, qu'elle partage avec la ligne droite et le cercle, d'être partout identique à elle-même, en sorte qu'un arc d'hélice peut glisser tout le long de la courbe sans jamais cesser d'être en parfaite coïncidence avec la portion de cette courbe qu'il recouvre ; deux arcs de même longueur pris sur la même hélice sont exactement superposables. L'hélice est la seule courbe gauche qui jouisse de cette propriété ; elle la doit à ce que son rayon de courbure et son rayon de torsion conservent la même valeur en tous ses points.

Une spire complète de l'hélice est un arc qui fait un tour complet du cylindre de manière à commencer et à finir sur la même génératrice. Chaque génératrice du cylindre est coupée une fois par chaque spire, de sorte que son intersection complète avec la courbe se compose d'une succession indéfinie de points également espacés. La distance commune de deux consécutifs de ces points, distance qui ne dépend en rien de la génératrice considérée, s'appelle le *pas de l'hélice*, c'est le chemin qu'on a décrit dans le sens de l'axe du cylindre quand on a parcouru une spire complète. Si l'on rapporte l'hélice à trois axes rectangulaires, en prenant pour axe des z l'axe du cylindre, et pour axe des x une des perpendiculaires à celui-ci qui rencontrent l'hélice, les équations de l'hélice seront, h désignant le pas :

$$x^2 + y^2 = r^2 \quad z = \frac{h}{2\pi} \operatorname{arc} tg \frac{y}{x}.$$

II. **HÉLICE.** On appelle ainsi, en marine, un propulseur formé de surfaces courbes dérivant de la surface de vis (hélicoïde gauche) et placé à l'arrière du navire, à une certaine profondeur.

L'appareil moteur, logé dans les flancs du navire, communique à l'hélice un mouvement continu de rotation autour d'un axe s'éloignant peu de l'horizontale. L'eau attaquée par les diverses portions des surfaces hélicoïdales est refoulée vers l'arrière, et par réaction, l'arbre, sur lequel est montée l'hélice, reçoit une poussée vers l'avant et la transmet au navire lui-même. Si rien ne s'oppose au mouvement du navire, celui-ci acquiert une vitesse en rapport avec la puissance développée par le moteur et absorbée par le propulseur.

Les hélices, généralement adoptées aujourd'hui, sont en métal fondu, fonte de fer, bronze ou acier. Elles se composent d'un *moyeu*, servant à l'emmanchement du propulseur sur l'extrémité de l'arbre moteur, et d'un certain nombre d'ailes (deux, trois ou quatre).

Fig. 378.

La figure 378 représente une hélice à deux ailes, les figures 379 et 380 sont les projections sur un plan perpendiculaire à l'axe et sur un plan passant par l'axe d'une hélice à quatre ailes.

Généralement, le moyeu est cylindro-ogival ; ses dimensions relativement à celles de l'ensemble

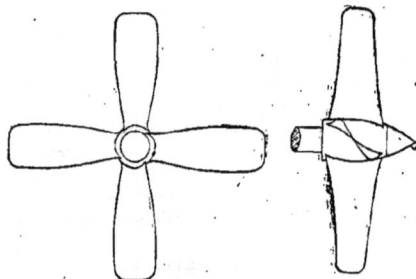

Fig. 379 et 380.

du propulseur varient beaucoup avec les constructeurs Les ailes sont souvent fondues à part et rapportées sur le moyeu à l'aide de boulons et de clavettes. Dans la marine française, on fait généralement toute l'hélice d'un seul morceau.

Chaque aile constitue une portion de la *surface travaillante* du propulseur. L'hélice opère la propulsion par suite de l'inclinaison des diverses parties des ailes par rapport à son axe de rotation, mais la régularité de cette inclinaison n'est pas nécessaire comme elle l'est dans le cas des vis se

déplaçant d'un mouvement hélicoïdal à l'intérieur de corps solides. Aussi, les constructeurs adoptent-ils les formes les plus variées et font-ils usage de surfaces hélicoïdales diversement inclinées, engendrées par le mouvement de génératrices droites ou courbes, perpendiculaires par rapport à l'axe, et s'appuyant sur des directrices à pas constant ou variable.

Les premiers propulseurs à hélice comportaient une surface de vis continue ; mais on n'a pas tardé à abandonner cette disposition pour adopter des palettes hélicoïdales séparées (ailes) laissant entre elles un passage plus facile pour les filets liquides et surtout réduisant notablement la longueur du propulseur.

Les éléments géométriques à considérer dans ce propulseur sont : 1° le *diamètre*, c'est-à-dire le diamètre du cylindre concentrique à l'axe de l'arbre et enveloppant les extrémités des ailes ; 2° le *pas*, c'est-à-dire le pas de la surface de vis qui se rapproche le plus de la surface travaillante des ailes ; 3° la *fraction de pas*, c'est-à-dire le rapport de la surface totale des ailes à celle de la surface de vis complète, ayant une longueur égale au pas. La fraction de pas totale est d'ailleurs répartie également entre chaque aile : pour chacune d'entre elles, elle peut avoir diverses valeurs depuis la naissance (sur le moyeu) jusqu'à l'extrémité.

Les ailes peuvent être plantées tout droit sur le moyeu, ou bien rejetées sur l'arrière. L'adoption de génératrices courbes ou inclinées sur l'axe, de fractions de pas variables du moyeu à l'extrémité, d'ailes rejetées sur l'arrière, conduit à des formes bizarres et tourmentées sous lesquelles on a de la peine à reconnaître le propulseur primitif. L'épaisseur à donner au métal des ailes, diminue du moyeu aux extrémités, elle doit être suffisante pour prévenir les déformations et ruptures pendant la marche. Les ailes doivent être amincies vers le bord de manière à fendre l'eau plus aisément ; les surfaces doivent être régulières et unies pour réduire au minimum la *résistance propre* de l'hélice.

Par suite de l'inégalité d'épaisseur aux divers points des ailes, la surface non travaillante (dans la marche normale en avant) diffère sensiblement de la surface travaillante et se trouve dans des conditions relativement désavantageuses lorsqu'on l'utilise à son tour dans la marche en arrière. Cette allure, qui ne se produit qu'exceptionnellement, résulte du changement du sens de rotation de l'arbre moteur.

INSTALLATION DES HÉLICES. Les hélices sont tantôt simples, tantôt doubles. Dans le premier cas, on ménage à l'arrière du navire un espace vide appelé *cage* de l'hélice (fig. 381) et limité par l'étambot-avant, l'étambot-arrière ou le gouvernail lui-même, le sommier (à la partie supérieure) et le prolongement de la quille destiné à soutenir le pied de l'étambot ou à recevoir la mèche du gouvernail. — V. CONSTRUCTION NAVALE et GOUVERNAIL.

L'arbre de l'hélice est supporté à sa sortie de l'étambot-avant par la *chaise* d'hélice, sorte de palier garni intérieurement de coussinets formés par des douves de gaïac. Quelquefois l'arbre traverse le moyeu et vient reposer sur une seconde chaise fixée sur l'étambot-arrière.

Le plus souvent dans la marine française, l'hélice est en *porte-à-faux*, c'est-à-dire, qu'elle ne

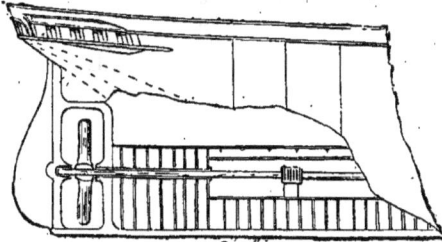

Fig. 381

'possède pas de support sur l'étambot-arrière ; le moyeu est alors terminé par une pointe en ogive destinée à diminuer sa résistance propre.

Autrefois, dans les navires mixtes, destinés à marcher tantôt à la voile, tantôt à la vapeur, on faisait de grands sacrifices pour supprimer ou réduire notablement la perte de vitesse occasionnée, dans la marche à la voile, par la présence du propulseur inerte. On installait alors les *hélices à remonter* ou *hélices amovibles* qui pouvaient être retirées de leur place habituelle et logées à l'intérieur du navire, au-dessus de la flottaison, dans une sorte de puits muni de guides et d'engins de levage. Cette disposition à peu près impraticable avec les hélices à quatre ailes, fut souvent adoptée avec des hélices à deux ailes, mais elle avait toujours le défaut d'être encombrante, de gêner les emménagements de l'arrière et de réduire la solidité de la coque dans cette partie.

Il est préférable d'adopter, dans ce cas, les hélices Mangin formées de deux paires d'ailes placées l'une devant l'autre à une petite distance. Par ce dispositif, on réduit notablement les dimen-

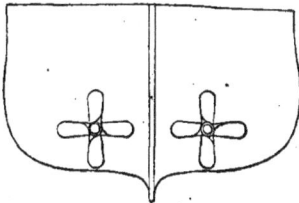

Fig. 382.

sions en largeur et on peut en plaçant les ailes verticalement, masquer suffisamment le propulseur derrière l'étambot pour que la marche à la voile ne soit que peu affectée par sa présence.

Quand on fait usage d'hélices à ailes déployées non amovibles, ce qui est le cas le plus fréquent, on diminue la résistance qu'elles opposent à la marche à la voile, lorsque la vitesse du navire atteint une certaine valeur, en *affolant* le propul-

seur, ce qui s'obtient en *désembrayant* l'hélice, c'est-à-dire en supprimant la jonction entre l'hélice et le moteur.

Dans le second cas, le navire est pourvu de deux hélices. On les dispose alors simultanément de chaque côté du plan diamétral ; les arbres sortent de la carène à une distance plus ou moins grande et sont soutenus par des chaînes supplémentaires. La cage est supprimée bien entendu (fig. 382).

Généralement les deux hélices sont *indépendantes* et pourvues chacune d'un moteur spécial, de telle sorte qu'on peut leur communiquer à volonté soit la même allure, soit des allures différentes et même des sens de rotation différents. Très rarement les hélices sont *conjuguées*, c'est-à-dire qu'elles sont conduites par un même moteur et possèdent par suite des allures rigoureusement égales.

Dans tous les cas, pour des motifs que nous signalerons plus loin, on donne aux hélices doubles, des sens de rotation différents pour une marche dans le même sens.

INSTALLATION DE L'ARBRE D'HÉLICE. L'arbre d'hélice pénètre dans le navire à travers le coussinet en gaïac contenu dans la chaise, il est alors logé, sur une certaine longueur, à l'intérieur du *tube d'hélice*, conduit entièrement métallique, rempli d'eau, communiquant d'ailleurs d'une façon permanente avec l'extérieur par les joints des douves de gaïac. La partie avant du tube d'hélice est munie d'un *presse-étoupe* à l'intérieur duquel tourne l'arbre et qui s'oppose à l'entrée de l'eau dans le navire. Pour préserver l'arbre de l'usure, il est garni de bronze à l'emplacement de la chaise et à celui du presse-étoupe et de cuivre rouge dans toute la longueur du tube. A l'intérieur du navire, l'arbre est soutenu par des paliers, en nombre variable avec la distance qui sépare le presse-étoupe du moteur. L'un de ces paliers, voisin du presse-étoupe, dit *palier de butée*, est muni de *cannelures* dans lesquelles s'engagent des *collets* de l'arbre et sert à transmettre à la charpente du navire la *poussée* communiquée à l'arbre par l'hélice. Le palier de butée est donc le point d'appui de la propulsion, il exige, en raison de son rôle important, des soins tout particuliers dans sa construction et dans son entretien, graissage et arrosage. L'arbre est généralement en plusieurs morceaux reliés entre eux par des tourteaux ou manchons de jonction ou d'accouplement. Un *désembrayeur* permet d'affoler l'hélice ; un *frein* à lames sert à l'immobiliser pour faciliter l'embrayage.

Les arbres d'hélice sont en fer forgé ou en acier; depuis quelque temps on adopte pour les arbres qui ont à supporter de grands efforts des tubes en acier creux fabriqués à l'instar des canons. On obtient ainsi une solidité et une légèreté plus grandes. Il peut être utile de donner quelques chiffres relativement aux types les plus récents et les plus intéressants :

Les grands paquebots transatlantiques de construction récente ont des hélices à quatre ailes dont le diamètre atteint 6^m,40 et dont le poids est d'environ 20,000 kilogrammes. Leur allure dépasse souvent 60 tours à la minute, ce qui fait pour les extrémités des ailes, une vitesse circonférentielle de 20 mètres à la seconde ou près de 40 nœuds. La puissance transmise par l'arbre d'hélice n'est pas éloignée de 8,000 chevaux de 75 kilogrammètres ; le diamètre des arbres pleins atteint 50 centimètres.

Les grands navires de guerre les plus récents ont généralement deux hélices indépendantes avec appareils moteurs complètement séparés et indépendants. Sur les petits navires rapides destinés à porter ou lancer des torpilles, on réalise de belles vitesses avec des hélices à trois ailes en acier forgé, rapportées sur un moyeu également en acier. Les machines motrices tournent à de grandes vitesses (jusqu'à 400 tours par minute) et développent 500 chevaux environ.

Le fonctionnement de l'hélice comme propulseur présente quelques particularités dignes de remarque. L'eau rejetée à l'arrière par le choc des ailes atteint le gouvernail avec une vitesse plus grande que celle du navire ; il en résulte que pendant la marche, l'effet du gouvernail est plus énergique, à vitesse égale du navire, que si la propulsion était autre. En particulier, lorsque le navire étant immobile, on fait tourner l'hélice, l'action du gouvernail se fait sentir d'une manière sensible avant que le navire ait acquis une vitesse appréciable. Cette propriété est souvent mise à profit dans les appareillages.

L'emploi judicieux et opportun de deux hélices indépendantes favorise beaucoup les manœuvres lorsque le bâtiment est au repos ou à faible vitesse; on peut aussi tourner presque sur place, mais à grande vitesse l'effet est moins marqué.

Pendant la marche, les navires à une hélice ont une tendance à *abattre sur un bord*, c'est-à-dire à tourner lentement d'un côté déterminé, dépendant du sens de rotation du propulseur, changeant par suite quand on passe de la marche en avant à la marche en arrière. Ce phénomène peut s'expliquer par l'inégalité d'action des ailes de l'hélice lorsqu'elles sont à la partie supérieure ou à la partie inférieure de leur trajet; il n'a pas grand inconvénient dans la pratique, car on le corrige par une légère orientation de la barre du gouvernail. Les navires à deux hélices n'éprouvent pas cet effet d'*abattée*, parce qu'on communique aux deux hélices des rotations de sens différents.

L'hélice a certains avantages et certains inconvénients qu'il est bon de signaler pour établir une comparaison judicieuse avec les propulseurs à roues. Le fonctionnement de l'hélice est peu influencé par les mouvements de roulis et la bande, mais il l'est beaucoup dans les tangages violents que font éprouver au navire la marche contre une grosse mer. L'hélice est un engin robuste, bien abrité et dissimulé qui s'impose dans les navires de guerre. Ce propulseur a l'inconvénient d'exiger plus de profondeur que les roues ; il a besoin d'être bien immergé pour fonctionner convenablement, ce qui donne au tirant d'eau arrière du navire, une valeur notablement supérieure au diamètre même de l'hélice.

L'adoption de deux hélices indépendantes a pour avantages la diminution du tirant d'eau arrière et l'augmentation de sécurité provenant du dédoublement de l'appareil moteur. Son inconvénient est d'accroître sensiblement la dépense de construction et d'entretien.

Les formes d'un navire à hélice doivent être fines et bien continues pour faciliter l'arrivée des filets d'eau dans la zone d'action du propulseur. L'utilisation de la force motrice se fait aussi bien avec les deux hélices qu'avec une seule.

On a l'habitude d'appliquer aux essais d'hélice la formule suivante :

$$V = M \sqrt[3]{\frac{F}{B^2}}$$

dans laquelle F représente la force en chevaux de 75 kilogrammètres développés sur les pistons de la machine motrice et fournis par l'indicateur de Watt, B^2 est, en mètres carrés, la surface de la portion immergée du maître couple; V la vitesse du navire exprimée, suivant la coutume des marins, en nœuds (V est le nombre de milles marins [1,852 mètres] parcourus en une heure) ; enfin, M est un coefficient numérique, généralement compris entre 3,5 et 4,5, qui varie d'une classe de navires à l'autre et pour un même navire suivant l'immersion, l'état de propreté de la carène, l'état de la mer, etc. On lui donne le nom de *coefficient d'utilisation*.

Grâce à la mobilité des particules liquides, l'hélice n'avance pas dans l'eau comme une vis dans un écrou solide. L'avance du navire pour un tour de l'hélice est différente; généralement, de la valeur du pas de la surface hélicoïdale. On appelle *coefficient de recul* ou simplement *recul* le rapport de la différence entre le pas et l'avance par tour, au pas lui-même.

Le recul varie ainsi que le coefficient M, mais sa valeur moyenne est voisine de 0,10.

Des expériences ont été faites à diverses reprises dans les arsenaux de la marine militaire en vue d'élucider la théorie de ce mode de propulsion. Les principaux résultats sont dus aux travaux de MM. Moll, Bourgois, Taurines, Guède et Jay. M. Taurines inventa, dès 1852, une série d'appareils fort ingénieux, destinés à mesurer pendant la marche, le couple moteur transmis à l'hélice, et la valeur de la poussée exercée par l'hélice sur le palier de butée. Ces appareils, fonctionnant comme dynamomètres de rotation et dynamomètres de poussée, ont été appelés quelquefois *hélicomètres*.

HÉLICOÏDAL. T. *de ciném*. Qui tient de la nature de l'hélice. *Mouvement hélicoïdal;* c'est le mouvement d'un corps qui tourne autour d'un certain axe fixe, en même temps qu'il se déplace dans la direction de cet axe avec une vitesse de translation qui reste dans un rapport constant avec sa vitesse angulaire de rotation. Dans ce mouvement, tous les points du corps décrivent des hélices de même pas, mais de rayons différents.

HÉLICOÏDE. T. *de géom*. On appelle *hélicoïde* toute surface engendrée par le mouvement hélicoïdal d'une droite quelconque. On peut même concevoir des hélicoïdes à génératrices courbes ;

tel est le cas de la surface de voûte d'escalier connue sous le nom de *vis de Saint-Gilles*, qui est engendrée par le mouvement hélicoïdal d'un demi-cercle situé dans un plan vertical, la concavité dirigée vers le bas, l'axe du mouvement étant vertical. Parmi les hélicoïdes ordinaires, il faut citer l'hélicoïde développable, lequel est le lieu des tangentes à une même hélice. La condition pour qu'un hélicoïde soit développable est la suivante : menons la perpendiculaire commune à l'axe du mouvement et à la génératrice ; il faut que la génératrice fasse avec le plan perpendiculaire à l'axe, le même angle que l'hélice décrite par le pied de cette perpendiculaire sur la génératrice. Quand la génératrice rencontre l'axe, l'hélicoïde devient une *surface de vis*. La surface de vis est dite à *filet carré*, si la génératrice est perpendiculaire à l'axe, à *filet triangulaire* dans le cas contraire ; la surface de vis à filet carré s'appelle aussi quelquefois l'*hélicoïde gauche*, quoique à la vérité tous les hélicoïdes qui ne sont pas développables soient des surfaces gauches. Tous les hélicoïdes jouissent de cette propriété remarquable, que si l'on suppose la surface entraînée dans le mouvement hélicoïdal, elle ne cesse jamais de coïncider avec sa position primitive, seulement ce sont les spires successives qui viennent prendre la place de l'une d'entre elles. De là vient l'intérêt pratique de ces surfaces. Quand on fait tourner une vis dans un écrou fixe, la surface du flanc de la vis ne cesse jamais de coïncider avec la surface fixe de l'écrou ; seulement, à chaque tour, la vis s'avance dans le sens de l'axe d'une longueur égale au pas (V. Vis). L'équation d'un hélicoïde quelconque rapporté à son axe et à un plan perpendiculaire est :

$$x \sin \frac{2\,\pi \left(z - k\,\sqrt{x^2 + y^2 - r^2}\right)}{h}$$

$$- y \cos \frac{2\,\pi \left(z - k\,\sqrt{x^2 + y^2 - r^2}\right)}{h} = r$$

où h est le pas, k la tangente de l'inclinaison de la génératrice sur le plan perpendiculaire à l'axe, et r la plus courte distance de la génératrice à l'axe ou le rayon du cylindre auquel la génératrice est toujours tangente et dans lequel la surface ne pénètre point.

Si $k = \dfrac{h}{2\,\pi\,r}$, on aura l'hélicoïde développable,

$$x \sin \left(\frac{2\,\pi\,z}{h} - \sqrt{\frac{x^2 + y^2}{r^2} - 1} \right)$$

$$- y \cos \left(\frac{2}{h} \frac{z}{} - \sqrt{\frac{x^2 + y^2}{r^2} - 1} \right) = r.$$

Si $r = o$, on aura la surface de vis à filet triangulaire dont l'équation se réduit à :

$$z = k \sqrt{x^2 + y^2} + \frac{h}{2\,\pi} \operatorname{arc} tg \frac{y}{x}.$$

Enfin, si de plus $k = o$, on aura la surface de vis à filet carré ou hélicoïde gauche :

$$z = \frac{h}{2\,\pi} \operatorname{arc} tg \frac{y}{x}.$$

* HÉLICOMÈTRE. — V. Hélice, II.

* HÉLIOGRAPHE. T. *de télégr.* Instrument destiné à utiliser les rayons solaires pour échanger des signaux entre deux postes en vue l'un de l'autre. Il fut imaginé, en 1856, par Lescurre, inspecteur des télégraphes, pour remplacer, en Algérie, le télégraphe aérien. Il se compose de deux miroirs, dont le premier, servant d'*héliostat*, renvoie les rayons solaires sur le second, lequel les dirige, à volonté, sur le poste correspondant. Les signaux consistent en éclairs, brefs ou longs, combinés comme le *point* et le *trait* dans l'alphabet Morse. Ils sont produits en manœuvrant une clef Morse, qui commande les déplacements du second miroir, ou qui agit sur un obturateur formé de lames minces fonctionnant comme celles d'une jalousie. L'héliographe de Mance, en usage dans les armées coloniales anglaises, repose sur les mêmes principes. — V. Télégraphe, § *Télégraphie optique.*

* HÉLIOGRAVURE. — V. Gravure, § *Procédés de gravure par la photographie.*

* HÉLIOMÈTRE. L'héliomètre est un instrument qui a été imaginé par Bouguer pour mesurer le diamètre apparent du soleil suivant des directions différentes, de là vient son nom (ἥλιος soleil, μέτρον mesure). Plus tard, il fut perfectionné par Bessel, qui sut en tirer un immense parti. L'héliomètre se compose d'une lunette astronomique dont l'objectif a été scié en deux suivant un de ses diamètres, de manière que si l'on vient à faire glisser les deux moitiés de l'objectif le long du trait de scie, les images fournies par ces deux moitiés cesseront de coïncider et l'objet observé sera vu double. On peut ainsi arriver à obtenir deux images de soleil tangentes l'une à l'autre. En faisant maintenant tourner l'instrument autour de son axe, ce qui change la direction du trait de scie, on voit les deux images rouler l'une sur l'autre, et l'on peut juger, par leur contact parfait dans toutes les positions, que tous les diamètres sont égaux. Bessel s'est servi de l'héliomètre pour mesurer les distances de deux étoiles très voisines ; il a reconnu dans l'une d'elles un petit mouvement apparent annuel dû au mouvement réel de la terre autour du soleil. Il en a même pu déduire la distance de cette étoile à la terre. La découverte de Bessel est très importante en ce qu'elle a détruit la dernière objection qu'on pouvait élever contre le système de Copernic. Ajoutons que l'héliomètre est muni de cercles divisés qui permettent de mesurer le déplacement des deux moitiés de l'objectif et de manettes qui servent à le manœuvrer facilement sans quitter l'observation.

* HÉLIOSTAT. L'héliostat est un appareil qui sert à renvoyer dans une direction fixe les rayons du soleil, malgré le mouvement diurne apparent de cet astre. Dans une foule de recherches de physique, on a besoin de conserver pendant un temps assez long un faisceau de lumière très brillant et de direction invariable ; on ne peut guère l'obtenir qu'à l'aide d'une lampe électrique, ou bien avec la lumière solaire réfléchie par un héliostat, mais il y a des cas où la lumière électrique ne peut pas convenir. L'héliostat se compose essentiellement d'un miroir plan auquel un mécanisme d'horlogerie communique le mouvement nécessaire pour maintenir invariable le rayon réfléchi. Il faut pour cela que la perpendiculaire à la surface du miroir soit à chaque instant bissectrice de la direction fixe qu'on veut donner aux rayons réfléchis et de la direction mobile du soleil, laquelle décrit un cône autour de l'axe du monde. Diverses dispositions assez simples ont été imaginées dans ce but. Toutes reposent sur le déplacement d'une pièce mobile que le mouvement d'horlogerie entraîne autour de l'axe du monde à la vitesse d'un tour en vingt-quatre heures et en sens inverse du mouvement diurne. Il nous est impossible d'en décrire aucune ; disons seulement que l'une des plus avantageuses est due au physicien Foucault.

I. HÉLIOTROPE. Instrument imaginé par Gauss pour servir de signal géodésique de jour, en renvoyant d'une station à l'autre un faisceau de rayons solaires. Il se compose essentiellement de deux petits miroirs assemblés à angle droit de manière à renvoyer les rayons solaires dans deux directions exactement opposées. Ce système est placé en avant d'une lunette, dont il ne recouvre que la moitié de l'objectif. Il est installé de manière que l'arête des deux miroirs reste toujours perpendiculaire à l'axe optique, mais il peut tourner autour de cet axe optique et autour d'un axe perpendiculaire, de sorte que les miroirs peuvent prendre toutes les directions possibles. Il résulte de cette disposition que si l'on donne aux miroirs une inclinaison telle que l'un des faisceaux lumineux pénètre au centre du réticule, l'autre sera dirigé suivant le prolongement même de l'axe optique de la lunette. Il suffira donc de viser la station où l'on veut envoyer le signal, ce qui est possible grâce à la portion restée libre de l'objectif, et de faire mouvoir ensuite les miroirs jusqu'à ce que l'image lumineuse du soleil vienne recouvrir celle de la station pour être sûr que cette dernière recevra le signal.

Le colonel Perrier a simplifié considérablement cet instrument ; il n'emploie plus qu'un seul miroir monté sur deux axes comme un théodolite, et qu'on manœuvre à la main. Dans la direction de la station éloignée, on place une mire formée d'une plaque percée d'une ouverture un peu plus petite que le faisceau lumineux projeté. Il suffit alors de faire tourner le miroir jusqu'à ce que le faisceau réfléchi vienne éclairer par une couronne régulière les bords du trou de la mire.

II. HÉLIOTROPE. T. de minér. Jaspe sanguin des lapidaires. Variété d'agate qui présente un fond vert très foncé parsemé de taches, de veines ou points de couleur rougeâtre. Les artistes qui ont travaillé cette pierre ont heureusement utilisé les taches rouges qu'elle renferme ; c'est ainsi que la Bibliothèque nationale de Paris possède une tête de Christ dont les gouttes de sang sont figurées par les taches mêmes de la pierre.

— L'héliotrope se trouve en Sicile, en Sibérie, en Bohême et en Orient.

HÉLINGUE. T. de cord. Bout de corde en double qu'on utilise chaque fois qu'un cordage est fabriqué, et qui sert à en attacher l'extrémité à la manivelle. On dit aussi *palombe*.

HÉMATÉINE. T. de chim. $C^{16}H^{13}O^6$. Matière colorante rouge provenant du *campêche*. — V. ce mot.

HÉMATINONE. T. de verr. Sorte de verre déjà connu des anciens, puisque Pline en parle, et qu'on l'a retrouvé dans les fouilles de Pompéi ; il est caractérisé par sa coloration rouge vif, sa dureté, son aptitude au polissage, sa cassure conchoïdale et sa pesanteur (D=3,5). Il doit sa couleur au protoxyde de cuivre, et ne contient pas d'étain. On peut l'obtenir, d'après Pettenkofer en fondant ensemble, de la silice, de la chaux, de la magnésie anhydre, de la litharge, du carbonate de soude, des cendres cuprifères et des battitures de fer. Ebell croit que sa couleur est due à du cuivre métallique en fragments très fins, qui rendent le verre assez opaque pour lui donner l'aspect de l'émail.

HÉMATITE. T. de minér. Variété de fer oligiste. — V. Fer.

HÉMATOXYLINE. T. de chim. Matière cristalline, colorable $C^{16}H^{14}O^6$, contenue dans le bois de *campêche*. — V. ce mot.

HÉMIÈDRE, HÉMIÉDRIQUE. T. de cristallog. Se dit d'un cristal auquel il manque la moitié des éléments : sommets, arêtes, faces ou facettes (V. Cristallographie, § *Formes hémiédriques*). On distingue l'*hémiédrie superposable*, dont la boracite et le spath d'Islande nous offrent des exemples, et l'*hémiédrie non superposable*, forme affectée par l'acide tartrique et les tartrates ; à chacun de ces solides en correspond un autre qui lui est identique dans toutes ses parties, et cependant ces deux sortes de cristaux ne sont pas superposables. Ils sont analogues à ce qu'est la main droite par rapport à la main gauche ; aussi les appelle-t-on acide tartrique droit et acide tartrique gauche, tartrates droits, tartrates gauches. (V. pour plus de détails la *Chimie* de Pelouze et Frémy, t. IV, p. 285).

HÉMITROPIE. T. de minér. Les cristaux qu'on trouve dans la nature ou qu'on produit artificiellement, sont souvent groupés et forment des *macles* plus ou moins complexes, parmi lesquelles on distingue les *hémitropies*, dispositions fréquentes, résultant de l'accolement, avec pénétration plus ou moins avancée, de deux cristaux seulement, avec inversion de l'un d'eux, c'est-à-dire que les faces et les arêtes similaires sont disposées en sens inverse. Cette inversion résulte d'une demi-révolution de l'un des cristaux, l'autre restant immobile, de là le nom d'*hémitropie* donné par Haüy à ce mode de groupement. L'hémitropie présente des formes variées suivant que le plan de jonction est parallèle, perpendiculaire ou oblique à l'axe. Le *gypse* offre de fréquents exemples d'hémitropie à angle rentrant (variété trapézienne d'Haüy). Il en est de même de l'*albite*, de l'*orthose*, du *feldspath*, de la *cassitérite* (oxyde d'étain) ou bec *d'étain*, de la *staurotide*, du *rutile*, etc.

* HÉMODROMOGRAPHE. — V. Enregistreur, § *Enregistreurs employés en physiologie.*

* HENNÉ. *T. de bot.* Arbre originaire de l'Orient, *Lawsonia alba*, Lamk., (Salicariées) dont les feuilles réduites en poudre fine, et mises en pâte avec du suc de citron, servent dans toute l'Asie, le Malabar, l'Egypte, le Sénégal, etc., à teindre en rose-orangé, les mains, les pieds et les ongles des femmes ; l'addition d'eau de chaux permet de teindre la laine, le cuir, la barbe et les cheveux, et même en Perse, les chevaux. On assure que les marques produites ainsi sur les poils sont presque ineffaçables. La racine sert également de fard en Orient.

* HENNIN. *T. de cost.* Sorte de bonnet, coiffure de forme très élevée et pointue que les femmes adoptèrent au XIVe siècle. — V. Costume.

* HENRIQUEL-DUPONT (Louis-Pierre). Graveur, né à Paris en 1797, était entré d'abord dans l'atelier de Guérin pour apprendre la peinture, puis, après trois ans d'études, il demanda des leçons de gravure à Bervic qui avait alors la plus grande vogue et qui venait de remporter le prix décennal sur tous les ouvrages édités en France depuis le commencement du siècle. Toutefois, le temps que le jeune homme avait consacré à la peinture ne fut pas inutile à sa carrière ; il a donné à son talent cette ampleur et ce caractère élevé que l'on remarque dans ses œuvres, et qu'il ne doit certes pas à Bervic, graveur sec et minutieux dans les détails, excellent d'ailleurs pour enseigner les difficultés techniques du métier. Trois ans après, en 1818, le jeune Henriquel-Dupont ouvrait déjà un atelier, et, en 1822, il exposait le *Portrait d'une jeune femme et de son enfant*, d'après Van Dyck, qui fut très remarqué. Depuis cette époque, sa réputation n'a fait que s'accroître, grâce à un labeur de tous les instants, car son œuvre gravé comprend plus de quatre-vingt-dix pièces, presque toutes considérées comme des chefs-d'œuvre. Nous citerons *Strafford*, *Moïse sauvé des eaux*, l'*Ensevelissement du Christ* d'après Paul Delaroche, l'*Abdication de Gustave Wasa* d'après Hersent, la grande fresque de l'*Hémicycle du Palais des Beaux-Arts*, qui lui coûta dix années de travail (1853), le *Christ consolateur* d'après Scheffer, et ces portraits gravés tantôt avec l'autorité du burin, tantôt avec la légèreté et la finesse d'une pointe spirituelle : *Louis-Philippe*, le *Marquis de Pastoret*, *Bertin* d'après le tableau d'Ingres, une des pages les plus magistrales de la gravure, *Tardieu*, *Brongniard*, *Mme Pasta*, *Ary Scheffer* et en dernier lieu le charmant petit portrait du *Père Petetot*.

Les récompenses honorifiques n'ont pas été épargnées à celui que l'on considère à bon droit comme le maître de la gravure moderne. Il a remporté une deuxième médaille en 1822, deux médailles d'honneur en 1853 et 1855, chevalier de la Légion d'honneur en 1831, officier en 1855 à la suite de l'Exposition universelle, où il avait envoyé des œuvres admirables, il a été élu à l'Académie des Beaux-Arts, en 1849, en remplacement de Richomme, et membre honoraire de l'Académie royale de Londres, en 1869. Depuis 1863, il était professeur à l'école des Beaux-Arts, et cet enseignement aussi bien que celui qu'il avait commencé dans son atelier quarante ans auparavant, a rajeuni les procédés de l'art en France, et a mis au jour des talents réels, dignes du grand maître dont ils recevaient les leçons. M. Henriquel-Dupont a eu la douleur d'en perdre déjà plusieurs, et des meilleurs, parmi lesquels Aristide Louis, François Rousseaux, dont les œuvres sont dignes du haut enseignement qu'ils avaient reçu.

Henriquel-Dupont a produit un grand nombre de planches qui serviront de modèles aux générations d'artistes qui n'ont pu suivre ses leçons, et si l'art de la gravure peut encore résister à la concurrence des procédés héliographiques, c'est grâce à la perfection et à l'habileté de main dont Henriquel a donné tant d'exemples, et qu'il a puisées dans l'étude des maîtres anciens.

HEPTAGONE. *T. de géom.* Qui a sept angles et sept côtés.

* HEPTYLE. *T. de chim.* $C^{14}H^{15}$...C^7H^{15}. Radical dont on admet la présence dans les dérivés de l'alcool heptylique.

Son hydrure $C^{14}H^{16}$...C^7H^{15}.H, est un liquide mobile, d'odeur agréable, brûlant avec une flamme fuligineuse ; suivant sa provenance, il bout entre 92° et 98°, et sa densité varie de 0,69 à 0,71. On l'obtient par la distillation fractionnée des huiles de pétrole d'Amérique, par la distillation des huiles provenant du cannel-coal de Wigan (Lancashire), ou encore par l'action du chlorure de zinc sur l'alcool amylique.

* HEPTYLÈNE. *T. de chim.* $C^{14}H^{14}$...C^7H^{14}. Syn. : *œnanthylène*. Carbure d'hydrogène liquide, homologue de l'éthylène, incolore, très léger et très mobile, d'odeur alliacée, insoluble dans l'eau, soluble dans l'alcool ; suivant sa provenance, sa densité varie de 0,70 à 0,73, et son point d'ébullition de 94 à 96°.

Ce produit est contenu, avec un grand nombre d'autres hydrocarbures, dans l'huile légère provenant de la distillation du boghead, dans le pétrole d'Amérique. On l'obtient encore au moyen de l'acide azélaïque ou de l'éthylamyle. Il se combine directement au brome, moins facilement avec le chlore.

* HEPTYLIQUE (alcool). *T. de chim.* Syn. *hydrate d'heptyle.* $C^{14}H^{16}O^2$...C^7H^{15}.H.O. C'est un liquide huileux, incolore, insoluble dans l'eau, soluble dans l'alcool et l'éther ; sa densité est de 0,819, son point d'ébullition varie, suivant la provenance, entre 155° (Faget) et 179° (Wills) et il est probable que celui réel est de 173°, pour l'alcool normal.

Cet alcool existe à l'état naturel dans l'huile de marc de raisin, celui-là passe entre 155 et 160° à la distillation ; on peut l'obtenir au moyen de l'huile de ricin, en transformant celle-ci en ricinolate de potasse ou de soude, distillant par petites portions avec un excès de soude hydratée, puis rectifiant les parties recueillies entre 170 et 180°. Cet alcool bout à 178°,5. On peut encore le préparer avec l'hydrure d'heptyle qu'on fait passer à l'état de chlorure, puis d'acétate, lequel donne l'alcool par la distillation avec de la potasse.

HÉRALDIQUE. Cette science, qui était celle des *hérauts d'armes*, grands déchiffreurs de blasons et généalogistes infaillibles dans toutes les questions de paternité, de filiation, d'alliance, de bâtardise, de dérogeance, d'ennoblissement, etc., etc., a été portée au plus haut point par les spécialistes des deux derniers siècles. Les d'Hozier, les Paillot, les Ménestrier, les Vulson de la Colombière, les La Chesnaie du Bois, le P. Anselme et beaucoup d'autres, ont fait de la connaissance des armoiries un corps de doctrines qui a ses principes, ses inductions, ses déductions et toutes ses conséquences. En réalité, et dans le temps démocratique où nous vivons, c'est une science d'ancien régime qui tient à l'histoire par plus d'un point : sans être l'un de ses yeux comme la géographie et la chronologie, elle aide à en éclaircir les détails et parfois à en percer les obscurités.

Dans le monde industriel et artistique où se renferme ce *Dictionnaire*, l'héraldique a encore sa place : elle se rattache, en effet, d'une part, à la peinture et à la sculpture décoratives, d'autre part, à la gravure et aux arts qui en dérivent. L'architecture elle-même lui doit plus d'un motif de décoration : les portes monumentales, les voussures, les impostes, les amortissements de baies, les clefs de voûte intérieures et extérieures, les pendentifs que les constructeurs des xve et xvie siècles, ont multipliés, comme les stalactites suspendues aux parois des cavernes, sont autant d'applications de l'héraldique à l'art de bâtir et de décorer. Les monuments funéraires, en particulier, les hauts et bas-reliefs des murailles, les verrières, les stalles, les chaises, les bancs-d'œuvre, les bahuts, les dais armoriés, en bois, en pierre, en marbre qui remplissaient jadis les églises, les cimetières, les cloîtres, les châteaux, les parloirs aux bourgeois et les maisons de ville, ne sont pas autre chose que de l'héraldique décorative.

Au temps où florissait le manuscrit, l'héraldique était l'auxiliaire des transcripteurs et le joyau destiné à dissimuler, sous les splendeurs de l'or et de la couleur, la monotonie de la lettre onciale ou gothique. Les grands seigneurs aimaient à décorer leurs livres d'*ex libris*, et le meilleur, le plus clair était leur propre blason. Pour n'en citer que trois exemples fameux, le roi Charles V, le duc Jean de Berry, son frère; Juvénal des Ursins, archevêque de Reims, frère du prévôt des marchands de Paris, avaient fait peindre et dorer leurs armoiries, entre les entrelacs, les enroulements et autres arabesques, sur toutes les pages des manuscrits qui composaient leur « librairie ».

De même que l'impression remplaça la copie, la xylographie, ou gravure sur bois, se substitua naturellement à la miniature pour les figurations héraldiques dans les livres. Ce fut alors qu'on imagina un système de hachures et un pointillé conventionnels qui donnèrent, à l'œil exercé, la vue des *émaux* et des *couleurs*. Des deux émaux, l'un, l'or, fut figuré au moyen de petits points remplissant la pièce héraldique dorée ; l'autre, l'argent, fut indiqué par une surface lisse, sans points ni hachures. Parmi les couleurs, le rouge, ou *gueules*, eut pour trait caractéristique des hachures verticales ; le bleu ou *azur*, des hachures horizontales ; le *sinople* ou vert, le *pourpre* ou violet, des hachures obliques allant de gauche à droite, ou de droite à gauche ; quant au *sable* ou noir, il fut représenté par des hachures horizontales et verticales se croisant à angle droit. Les *lambels*, les *brisures* indiquèrent les cadets et les bâtards ; la forme losangulaire fut adoptée pour le blason des femmes et des filles ; bref, la gravure, entrant profondément dans le système figuratif qui est toute l'héraldique, exprima tout avec des signes de convention.

Si nos lecteurs veulent se donner une idée de la richesse et de la variété de ce genre de figuration, ils n'ont qu'à parcourir, à la Chalcographie du Louvre, la collection de l'Armorial du Saint-Esprit, relevée par les graveurs au siège de l'Ordre, dans le couvent des Augustins à Paris, où elle formait la décoration de la salle capitulaire. On peut suivre là tout un cours d'héraldique, même en le restreignant, comme nous l'avons fait, à la science de la figuration décorative.

* HERCULE. *Myth.* L'histoire de l'art dans l'antiquité est si intimement liée aux idées philosophiques et religieuses des Grecs, qu'il est impossible d'en comprendre la marche sans avoir une notion des croyances qui avaient cours parmi les artistes et de l'importance qu'on attachait à leurs œuvres. La conception que les Grecs avaient du divin les a empêchés de représenter leurs dieux dans une attitude violente, ou d'exprimer sur leur visage la marque des passions. Hercule, comme héros, peut être représenté dans l'exécution de ses durs travaux, mais comme dieu, il est toujours représenté au repos. Si la beauté est la forme visible du dieu, le calme et la placidité peuvent seuls traduire son expression morale; mais à chaque dieu répond, en outre, un type particulier en rapport avec son caractère. La force bienfaisante du héros qui détruit les monstres et qui triomphe des mille obstacles que la terre fait naître sous les pas de l'humanité, est exprimée dans l'art par le développement des muscles, la petitesse de la tête, l'ampleur de la poitrine et la vigueur des membres. La massue et la peau de lion sont les attributs ordinaires d'Hercule. Les exploits du héros sont fréquemment représentés dans les peintures des vases grecs et sur les bas-reliefs; mais lorsqu'il est représenté comme dieu, il a l'attitude calme qui convient à la puissance incontestée, et il se repose de ses prodigieux travaux.

Les principaux travaux d'Hercule, l'Héraklès grec, doivent être rappelés ici. Ils sont au nombre de douze décrits par Pausanias dans l'ordre suivant : 1° le Sanglier d'Érymanthe; 2° l'Enlèvement des cavales de Diomède; 3° le Combat contre le triple Géryon; 4° Héraklès et Atlas dans le jardin des Hespérides; 5° Héraklès nettoyant les étables d'Augias; 6° la Lutte d'Héraklès contre l'Amazone Hippolyte; 7° la Biche Cérynite; 8° le Taureau de Crète; 9° l'Hydre de Lerne; 10° les Oiseaux du lac Stymphale; 11° le Lion de Némée. La description de Pausanias s'arrête incomplète ici; mais on sait que la douzième métope du temple d'Olympie montrait . 12° Héraklès entraînant Cerbère.

Le fameux *Hercule Farnèse*, de Glycon, au Musée de Naples, très connu par les copies qu'on en voit dans les jardins nationaux, aux Tuileries, à Versailles, etc. ; l'*Hercule enfant*, du même Musée, et le fragment antique si connu sous le nom de *torse du Belvédère*, que Michel-Ange, devenu aveugle, aimait à pétrir de ses mains, sont les plus fameuses représentations antiques d'Hercule. Parmi les représentations d'Hercule qui sont au Louvre, la plus importante est celle qu'on intitule *Hercule et Téléphe*. Le dieu est au repos : sa massue est dans sa main droite, tandis qu'avec la gauche il porte le petit Téléphe. L'art français moderne aura produit de belles images d'Hercule qui ont, par une singulière fatalité, péri l'une et l'autre dans les incendies de la Commune de 1871 ; l'*Hercule enfant étouffant deux serpents*, marbre charmant de Clésinger, placé au pied du petit escalier à double révolution, descendant du pavillon de Flore dans le jardin réservé aux Tuileries, et les onze tympans du salon de la Paix, à l'ancien Hôtel-de-Ville, représentant autant d'épisodes de la vie d'Hercule, par Eugène Delacroix. Nommons enfin, — car sous sa forme légère l'œuvre est digne de mémoire, — un très spirituel album de caricatures à l'imitation des peintures des vases grecs rouges sur fond noir, représentant *Les douze travaux d'Hercule*, dessiné dans un goût excellent du style antique et plaisamment poussé à la charge par un jeune artiste, encore élève de l'Ecole des Beaux-Arts, en 1870, et qui fut tué d'une balle prussienne pendant la guerre. Il se nommait A. Coinchon.

* HÉRISSON. T. *de filat.* Nom donné à l'ensemble d'un cylindre travailleur et de son débourreur dans les *cardes* (V. ce mot). Petits cylindres en cuivre, garnis d'aiguilles qui dans les bancs d'étirage ou bobinoirs à laine servent à guider les rubans entre les cylindres fournisseurs et étireurs. ‖ Lames de fer flexibles implantées dans une tige, de façon à former une sorte de boule que l'on promène dans une cheminée pour la ramoner.

HERMÈS. Dans la *myth.* grecque, c'était le nom de Mercure, sous lequel il présidait aux sciences et à l'industrie. ‖ On a donné ce nom aux gaines portant une tête de Mercure, puis on l'a appliqué à toutes les gaines à section carrée, terminées par une seule tête ou deux têtes accolées. Les termes des Romains rappellent les hermès des Grecs.

HERMINE. Animal carnassier du genre martre, dont le pelage d'hiver, blanc légèrement teinté de jaune, constitue une fourrure recherchée. ‖ *Art hérald.* L'un des émaux héraldiques représentant une fourrure blanche, mouchetée de noir. C'est le symbole de la pureté ; la *contre hermine* est la fourrure noire mouchetée de blanc.

* HÉRON DE VILLEFOSSE (Antoine-Marie, baron). Minéralogiste (1774-1852). Inspecteur des mines dès 1811, Napoléon lui confia l'organisation du service des mines dans les pays conquis de l'Allemagne. La Restauration le créa baron, et en 1832, il était nommé vice-président du Conseil des mines. Il a laissé de remarquables écrits sur l'industrie minière et métallurgique.

I. HERSE. Dans la cultivation du sol, la herse est le complément indispensable de la charrue. Ses travaux sont très variés. Ce sont des ameublissements : 1° de jachère, quand on rompt les bandes des labours ; 2° de préparation à l'ensemencement, lorsqu'on émiette les mottes par les passages successifs d'une même herse seule ou

alternant avec le *rouleau* ; 3° de nivellement, lorsqu'on termine la préparation de la couche destinée aux semis. La herse est aussi employée au nettoyage : 1° des champs récemment rompus par la charrue, ou le scarificateur après la moisson ou au printemps (elle arrache les herbes et les racines de mauvaises plantes) ; 2° des blés récemment levés, ce qui est un sarclage économique. Enfin, la herse sert à recouvrir les semences de diverses espèces. Voici la classification que nous avons adoptée :

Herses TRAINANTES	RIGIDES : en *rateau* à 1 ou 2 rangs, à châssis rectangulaire, trapézoïdal ou triangulaire, à 3 ou 4 traverses ou limons dentés, à bâti parallélogrammatique.	
	ARTICULÉES : bâti en Z ou S, composé de 3 ou 5 herses idéales : articulation de 2, 3, 4 ou 5 de ces bâtis.	
	QUASI-SOUPLES : nombreux châssis à 2 ou 3 dents.	
	SOUPLES : à *chaînes, mailles* ou *dents maillées*.	
Herses ROULANTES	RIGIDES : à 2 ou 3 rouleaux rigides armés de dents et se suivant.	
	SOUPLES : à nombreux disques en étoiles à grands œils.	
Herses ROTATIVES	à 1 ou 2 bâtis circulaires dentés.	

La *dent*, unique pièce travaillante des herses, quelles qu'elles soient, est un coin à arête verticale ou oblique (la pointe en avant ou en arrière). Les premiers nous avons essayé de faire la théorie de ce coin dans les conditions de son emploi, l'émiettement de la terre (V. Coin, II). Il résulte de notre travail, que nous ne pouvons reproduire ici, que les sillons creusés par les dents doivent être assez proches, et le dos de la dent assez épais par rapport à cet écartement, pour que les murailles restant entre ces sillons se résolvent en miettes, ou s'écroulent après le passage de la dent. Le problème ainsi posé, l'angle d'action du coin doit être égal au complément de l'angle de frottement du fer sur la terre, si l'on veut que la traction soit la moindre possible ; cet angle, en terre moyennement compacte, serait de 63°,26'. En pratique, on adopte le plus souvent 90°, puisque la dent est faite de fer carré. Pour les terres très compactes, cet angle est parfois de 55° seulement. L'écartement des sillons doit être de 3 centimètres, en ajoutant autant de centimètres qu'il y a de kilogrammes de poids de herse par dent. L'épaisseur au dos doit être égale à la moitié de l'écartement des sillons. La longueur des dents, le quadruple de l'écartement des sillons. Les hersages de jachère ne peuvent être bien faits que par des herses ayant un poids de 2 à 3k,75 par dent, et des dents inclinées, la pointe en avant, d'environ 60° sur l'horizon. Les autres ameublissements peuvent être faits avec des dents moins inclinées et des poids de 1k,25 à 1k,75 par dent. Enfin les hersages légers et de recouvrement des semences n'exigent que des poids de 0k,6 à 1 kilogramme, les dents étant verticales.

Nos expériences dynamométriques ont confirmé notre théorie, la traction exigée par une herse est sensiblement proportionnelle au poids afférent à chaque dent. En fonction de l'entrure h de la dent, on a, pour exprimer la traction T par dent, la formule $T = k. h^{1,75}$... Le coefficient k varie entre 0 005 et 0,008, suivant la nature et l'état des terres. L'entrure est proportionnelle à la puissance trois cinquièmes du poids par dent. Enfin le travail moteur par mètre cube remué ou ameubli est en raison directe de la racine carrée du poids par dent. On augmente l'énergie d'une herse ou son entrure en la chargeant. Toute ferme bien outillée doit avoir des herses lourdes, moyennes et légères ; ies travaux sont ainsi rapidement faits et efficaces. En passant plusieurs fois en long et en travers d'un champ avec une herse d'un poids insuffisant, on n'obtiendra jamais un travail aussi profond qu'en commençant par un hersage avec une herse lourde, en continuant par une herse moyenne passant en travers des premières traces, et finis-sant par une herse légère passant en long. On économisera ainsi du temps et de la force.

Quelle que soit la forme du châssis, la répartition des dents se fait par rangs transversaux rappelant le rateau primitif. Sur ces barres idéales, les dents doivent être également distantes et de façon que chaque dent fasse sa trace ou son sillon distinct, et que tous les sillons soient à un même écartement. Il est tout naturel enfin que les rangs transversaux de dents (dits de travail simultané) soient également distincts. Ces conditions ne peuvent être satisfaites qu'en mettant les dents à égale distance sur deux, trois, quatre ou cinq limons parallèles convenablement inclinés sur la ligne de traction. Pour avoir des rangs transversaux plus nombreux sans arriver à un angle trop ouvert, on remplace le parallélogramme unique, incliné vers la droite, par trois parallélogrammes mis bout à bout, le premier incliné à droite, le

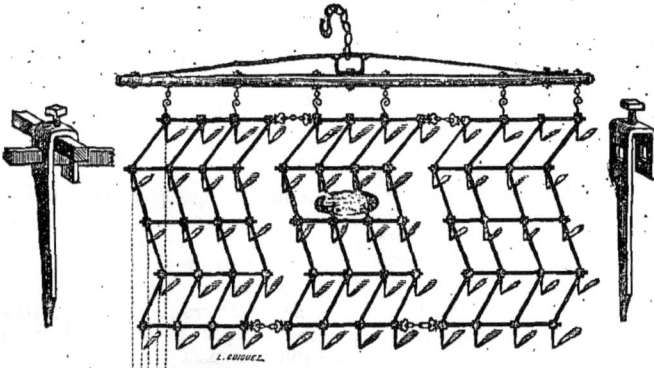

Fig. 383. — *Herse Pécard, articulée à limons en Z, avec l'indication du mode de fixation des dents.*

second à gauche et le troisième à droite, les limons doivent alors former chacun un long Z, comme le montre la figure 383 représentant en perspective, une herse articulée formée de 3 herses à 4 limons en Z.

La fixation des dents sur les limons doit être telle qu'il n'y ait aucune crainte de perdre des dents par desserrage des écrous ou des coins de serrage.

Chaque constructeur soigneux emploie un dispositif spécial, pour maintenir fermement les dents que les vibrations des limons tendent à desserrer : les uns placent sous l'écrou une longue bande de tôle enfilée sur le bout fileté, et après serrage définitif de l'écrou, on rabat d'un côté la tôle contre le limon, et de l'autre on la relève contre l'écrou ; d'autres mettent au-dessus de l'écrou une goupille traversant le bout fileté et ouverte à son extrémité. Enfin, d'autres emploient le mode de fixation suivant : les dents sont terminées par un talon à œil qui passe dans une mortaise pratiquée dans les limons de la herse. Pour fixer la dent en place, on introduit dans l'œil une clavette ou coin et une bande de feuillard, facile à remplacer. Dès que la clavette est serrée à refus, on replie les deux extré-mités du feuillard qui forment alors un arrêt très solide. — J. A. G.

II. HERSE. Grille de fer ou de bois, composée de pals ferrés, pouvant se manœuvrer isolément et qui servait à la défense des portes de villes ou de châteaux-forts. || *T. de théât.* Appareil horizontal et mobile suspendu dans les frises du théâtre et portant une rangée de becs de gaz pour éclairer la scène, lorsque la décoration est ouverte. || *T. de peauss.* Cadre sur lequel on tend les peaux pour les faire sécher et travailler. || *Art hérald.* Meuble de l'écu représentant une herse de cultivateur ; la *herse sarrazine* rappelle la herse de guerre, elle est de six pals alaisés et pointus par le bas, avec traverses horizontales garnies de clous et un anneau au milieu de la traverse supérieure.

*HESSE (Nicolas-Auguste). Peintre, né à Paris en 1795, mort en 1864, a exécuté un grand nombre de peintures décoratives. De bonne heure, il s'était adonné à la peinture historique ; son talent de composition et sa science du dessin, lui avaient depuis longtemps acquis une certaine notoriété, lorsqu'il fut nommé membre de l'Académie des Beaux-Arts (1863). Ses cartons, ses fresques, ses décorations, forment un ensemble de travaux considérables, parmi lesquels nous citerons diverses peintures décoratives à Notre-Dame de Bonne-Nouvelle, à Saint-Pierre de Chaillot, à Notre-Dame de Lorette, à Sainte-Clotilde, à Paris; puis la *Promulgation du Concordat,* dans le Palais du Luxembourg, et d'autres œuvres exécutées dans les églises de province.

HÊTRE. T. de bot. L'un des plus beaux arbres de nos forêts ; c'est le *Fagus sylvatica* de Linné, de la famille des cupulifères ; le fan ou foyard des habitants de la campagne.

Le hêtre croît dans toutes les parties tempérées de l'Europe, de l'Asie-Mineure, de l'Arménie, de la Palestine ; il s'avance dans quelques points de la Norwège, jusqu'au 59° de latitude septentrionale. C'est un arbre dont la hauteur peut atteindre 40 mètres, dont les racines peu profondes s'étendent horizontalement à une grande distance ; son tronc droit, à écorce gris-clair, s'élance sans se ramifier jusqu'à une grande hauteur, et se termine par une cime touffue ; les feuilles sont ovales-aiguës, dentées, luisantes à la surface et pubescentes inférieurement ; les fleurs mâles constituent de longs chatons ovoïdes, pendants ; les fleurs femelles sont réunies sur de courts pédoncules à l'aisselle des feuilles supérieures ; le fruit appelé *faine* est constitué par deux noix trigones, il est mûr en octobre.

Le hêtre est un des arbres les plus utiles. Son bois sert à un grand nombre d'usages : lorsqu'on doit l'employer pour la charpente, on l'abat en été alors qu'il est encore en sève, ce qui remédie à l'élasticité naturelle qui lui fait défaut, et permet de l'utiliser dans la marine et dans la confection des travaux submergés. Il sert à faire des meubles communs et prend très bien la couleur. C'est un bois recherché comme combustible, car il donne plus de flamme et de chaleur que le chêne; son charbon est également supérieur. L'écorce est astringente et s'emploie pour le tannage; ses fruits servent à l'alimentation des animaux et surtout des porcs, qu'ils engraissent rapidement ; mais particulièrement à préparer une huile comestible qui se conserve longtemps sans rancir si elle a été faite avec des fruits bien mûrs, secs, et si l'expression a été obtenue à froid. La créosote de hêtre est, de toutes, celle que l'on estime le plus en médecine.

Parmi les variétés du hêtre commun, il en faut citer quelques unes : tel est le *hêtre à feuilles pourpres, fagus sylvatica purpurea,* Ait. ; le *hêtre hétérophylle* à feuilles de saule, *fagus sylvatica heterophylla,* Lond. ; le *hêtre pleureur* ou *parasol, fagus sylvatica pendula,* Lodd., à feuilles pendantes. Comme autre espèce de hêtre, on doit mentionner le *hêtre ferrugineux, fagus ferruginea,* Ait., qui se trouve aux Etats-Unis, et a les feuilles aiguës ainsi que les bourgeons courts et obtus. Il a les mêmes emplois que le précédent, quoique considéré comme étant de qualité inférieure au hêtre commun.

HEURTOIR. T. techn. Pièce quelconque qui frappe ou arrête une autre pièce, comme le mor-

ceau de fer ou de fonte scellé dans une pierre encastrée dans le sol et destiné à arrêter les battants d'une porte cochère ; le chasse-roue que l'on établit de chaque côté d'une porte cochère pour protéger la construction contre le choc des roues de voitures ; la partie verticale du busc d'une écluse, contre laquelle les portes viennent s'appuyer ; le massif de terre ou l'assemblage de charpentes munies de tampons de choc qui, dans les gares extrêmes ou dans certaines voies de manœuvres, arrêtent les locomotives ou les vagons qui possèdent encore une certaine vitesse ; l'espèce de marteau adapté à la porte d'une maison pour frapper, heurter ; ils ont été remplacés presque partout par des sonnettes ou des appels électriques, mais certains spécimens de heurtoirs en bronze ou en fer forgé et ciselé, conservés dans les musées et les collections sont de véritables œuvres d'art par leur modelé et leur exécution.

HEUSE. T. techn. Piston qui joue dans le corps d'une pompe.

HEXAÈDRE. Volume ou solide à six faces. L'hexaèdre régulier est le *cube.* — V. ce mot.

HEXAGONAL (Système). **T. de minér.** Nom qu'on donne au quatrième système cristallin. — V. CRISTALLOGRAPHIE.

HEXAGONE. T. de géom. L'hexagone est un polygone de six côtés. Le côté de l'hexagone régulier inscrit dans un cercle est égal au rayon du cercle, ce qui fournit le moyen de partager une circonférence en six arcs égaux. Il en résulte aussi que l'hexagone régulier peut se décomposer par ses diagonales en six triangles équilatéraux disposés symétriquement autour du centre. L'hexagone régulier a par suite pour apothème

$$a = \frac{c\sqrt{3}}{2},$$

c désignant le côté, et pour surface

$$S = \frac{3c^2\sqrt{3}}{2}.$$

Il n'y a pas d'hexagone régulier étoilé, car si l'on joint de deux en deux les sommets de l'hexagone régulier ordinaire, on obtient un triangle équilatéral, et si on les joint de trois en trois, on obtient un diamètre. L'hexagone régulier étant la forme qu'on donne le plus souvent aux écrous, on doit se rappeler en dessinant un écrou, que les côtés opposés sont parallèles et que les trois diagonales qui joignent les sommets opposés passent par le centre. Il ne faut pas oublier non plus que si l'on projette un hexagone régulier sur un de ses diamètres, l'un des côtés sera vu de face en vraie grandeur, tandis que les deux côtés adjacents se projetteront suivant la moitié de leur longueur.

On doit à Pascal le théorème suivant dont l'importance est extrême dans la théorie des coniques : *Lorsqu'un hexagone quelconque est inscrit dans une conique, les trois points d'intersection des trois couples de côtés opposés se trouvent sur une même ligne droite.* Le théorème corrélatif est dû à Brianchon. *Si un hexagone quelconque est circonscrit à une conique, les trois diagonales qui joignent les sommets opposés passent par un même point.* Ces deux théorèmes conduisent à des conséquences remarquables lorsqu'on suppose qu'un ou plusieurs des côtés de l'hexagone se réduisent à de simples points.

* HEXASTYLE. *T. d'arch.* Se dit d'un portique qui a six colonnes de front.

* HEXATÉTRAÈDRE. *T. de cristallog.* Solide dérivé du cube par bisellement. Pour concevoir cette forme, il faut imaginer sur chaque face du cube une pyramide quadrangulaire droite. Les faces du bisellement sont donc disposées par *quatre* sur les *six* faces du cube ou hexaèdre; de là le nom d'hexatétraèdre, du grec εξ, six, τετρα, quatre et εδρα, face. On désigne quelquefois ce solide par le nom descriptif de *cube pyramidé*. C'est l'une des nombreuses formes du diamant brut.

* HIBISCUS. *T. de bot.* On donne ce nom à un nombre considérable de textiles des plus variés, généralement de qualité très médiocre, de couleur blanche ou légèrement jaunâtre d'un bel éclat, très divisibles, cassant sous l'ongle avec facilité, et employés dans leurs pays de production pour faire des cordes et des toiles d'emballage. Tous sont fournis par la famille des malvacées. Les principales espèces qui les produisent sont :

1° L'*hibiscus cannabinus*, cultivé surtout au Bengale, où il atteint une hauteur de 2 mètres à 2m,50. La filasse retirée de l'écorce est employée pour la fabrication des cordes; il en vient quelquefois en Angleterre, où elle est connue sous les noms de *jute bâtard, faux jute, jute* ou *chanvre de Madras, chanvre de Bombay,* de *Deccan,* de *Gambon, brown'hemp,* etc.; 2° l'*hibiscus textilis*, qui croît à la Guyane française, où on le désigne sous le nom de *mahot à fleurs roses* et qui fournit les rubans jaune-orange qui servent à envelopper les paquets de cigares de la Belgique; 3° l'*hibiscus esculentus*, très connu en Afrique sous le nom de *gombo*, la moins solide de toutes les fibres de ce genre et qui a été proposé quelquefois pour la fabrication du papier (V. *Comptes-rendus de l'Académie des sciences,* 1875; note de M. Landrin sur la fabrication du papier au moyen du gombo), usage auquel il est affecté aux Etats-Unis; 4° les *hibiscus clypeatus, mutabilis* et *tiliaceus*, désignés aux Antilles françaises sous les noms de *mahot à la côte, mahot mahotière, liège des Antilles, guimauve*; 5° l'*hibiscus sabdariffa* dont l'écorce produit aussi de la filasse, mais dont on utilise, surtout dans les pays de production, le calice charnu de la fleur pour en faire des tartes et des confitures. On l'appelle encore *oseille de Guinée rouge, indian sorrel, roselle* (Indes); 6° l'*hibiscus digitatus* ou *chanvre de mahot* qui, dans la Guyane française, est utilisé pour la fabrication des cordes, et dont les fleurs sont aussi comestibles. On l'appelle encore *oseille de Guinée blanche*; 7° l'*hibiscus striatus* qui croît aux Indes où l'on en fait des cordes, et qui passe pour donner des filaments plus fins que ceux des autres espèces; 8° l'*hibiscus diversifolius* appelé encore *kalakala* (îles Fidji) et

armatees (Hindoustan); 9° l'*hibiscus surratensis* ou encore *kastoerie, gammat oetan* (Java); 10° l'*hibiscus populneus* ou encore *gang sooreya* (Ceylan), *miro* et *faux bois de rose* (Tahiti). Nous citerons encore les *hibiscus speciosus* (orono), *vitifolius* (shoeblack, kavoroh), *radiatus* (Shoeblack purple), *furcatus* (nambereeta, kondagongura) *gossypinus* (gombo des bois, sert pour les filets dans l'Inde), *heterophyllus* (coryjong, kurrajong vert, dtharang ganga des aborigènes), *lampas* (Jamaïque), etc. — A. R.

HIE. Instrument très lourd avec lequel on enfonce les pavés; on le nomme aussi *demoiselle.*

* HINDOU (Art). « Les religions de l'Inde, dit Lamennais, renferment toutes une idée panthéiste unie à un sentiment profond des énergies de la nature. Le temple dut porter l'empreinte de cette idée et de ce sentiment. Or, le panthéisme est à la fois quelque chose d'immense et de vague. Que le temple s'agrandisse indéfiniment, qu'au lieu d'offrir un tout régulier saisissable à l'œil, il force, par ce qu'il a d'inachevé, l'imagination à l'étendre encore, à l'étendre toujours, sans qu'elle arrive jamais à se le représenter tout ensemble comme un et comme circonscrit en des limites déterminées, l'idée panthéiste aura son expression. Mais, pour que le sentiment relatif à la nature ait aussi la sienne, il faudra que ce même temple naisse en quelque sorte dans son sein, s'y développe, qu'elle en soit la mère pour ainsi parler. C'est là, dans ses ténébreuses entrailles que l'artiste descendra, qu'il accomplira son œuvre, qu'il fera incuber la vie, une vie qui commence à peine à s'individualiser en des productions à l'état de simple ébauche, symbole d'un monde en germe, d'un monde qu'anime et qu'organise dans la masse homogène de la substance primordiale, le souffle puissant de l'Être universel. »

L'esprit contemplatif et rêveur du peuple indien est plus propre aux conceptions métaphysiques qu'aux arts plastiques. Si la constitution hiératique et la persévérance des ouvriers hindous ont pu réaliser ces temples souterrains qui creusent des montagnes entières, on chercherait en vain dans l'Inde un esprit organisateur qui puisse diriger ces immenses efforts vers un but architectonique plus élevé. Au milieu d'une abondance et d'une richesse inouïe de formes de toute espèce, l'architecture ne trouve pas un rythme déterminé, une cadence d'où résulte l'harmonie, et l'immensité de ses efforts produit sur l'esprit une impression étrange plutôt que grandiose. Les vastes constructions de l'Inde étonnent plutôt qu'elles n'attachent; l'impression en est confuse. Dans ce pays où tout est prodigieux, l'homme s'est senti écrasé par la toute puissance divine. Au milieu de l'exubérante végétation de son sol, l'Hindou a compris que la nature était immense et ne s'est pas aperçu qu'elle était belle.

Parmi les temples creusés dans le rocher que l'on rencontre dans l'Indoustan, aucun n'est plus célèbre que les souterrains d'Ellora. Vue de loin, la montagne sur laquelle sont accumulées ces masses énormes semble une réunion de palais, une ville fantastique habitée par des géants : c'est l'endroit vénéré où l'on adore le dieu Siva, la troisième personne de la trinité hindoue, le dieu destructeur, qui tue pour créer, et entretient par la mort la vie universelle. Changé, tour à tour, en éléphant et en coq, Siva est monté sur un taureau ou sur un tigre, les gencives armées de dents aiguës, les bras et la taille entourés de serpents avec un collier de crânes humains autour du cou. Siva s'appelle aussi Gandahâra, parce qu'il porte le Gange sur sa tête. Il y avait, autrefois, dans la montagne d'Ellora une piscine célèbre, dont l'eau rendait la santé au malade qui venait s'y baigner; mais les agents du dieu de la mort la desséchèrent tellement qu'elle fut réduite à presque rien. Le rajah Ilou, tourmenté par une horrible maladie, cherchait inutilement l'eau qui devait le guérir Pourtant, comme il était occupé à prier, il en aperçut un peu, mais si peu qu'elle aurait tenu dans le creux que fait le sabot d'une vache qui piétine le sol. Cela suffit pourtant pour guérir Ilou qui, dans sa reconnaissance, fit creuser ces gigantesques souterrains d'Ellora, réunion de constructions étranges, dont la principale est appelée Kailâça, parce que Kailâça est le nom de la résidence habituelle de Siva. Si nous en croyons les dévots hindous, cette histoire se serait passée il y a environ huit mille ans; toutefois, les archéologues français pensent que ces constructions datent du deuxième siècle environ av notre ère. Toutes les parties du Kailâça travaillées de main d'homme ne forment qu'un seul et même bloc, bien qu'elles semblent avoir été construites pierre par pierre; c'est un autel de grandes figures taillé en forme de temple L'ornementation fine et délicate des détails ressemble à un travail d'orfèvrerie plutôt qu'à de la sculpture monumentale Les parois des murailles sont couvertes de milliers de statues et de sujets relatifs à la mythologie hindoue Tous les souterrains d'Ellora sont creusés dans la montagne et présentent une grande quantité de salles et de galeries taillées dans le roc vif; on y trouve des colonnes massives et de dimensions gigantesques, qui sont d'un seul morceau avec leur entablement. Des éléphants de grandeur colossale servent de base à des quartiers de roches énormes, et tout l'aspect produit une impression étrange, qui frappe l'esprit de stupeur, sans éveiller jamais l'idée de beauté, telle que les Grecs l'ont conçue. Nous n'entreprendrons pas de décrire en détail ces immenses constructions d'Ellora; toute une montagne est métamorphosée en demeures mystérieuses pendant un espace de près de deux lieues. C'est un dédale de temples, de corridors, de chapelles, dont toutes les surfaces sont couvertes de bas-reliefs et de rondes-bosses. Les salles les plus célèbres sont celles de Djagannatha, le temple de Paraçoura-Brahma et celui d'Indra (fig. 384). Ces édifices ne reçoivent la lumière que

Fig. 384. — *Vue d'une partie du temple d'Indra, appartenant aux excavations d'Ellora, dans le Dekkan.*

par les portes. Le temple d'Indra, dieu de l'éther et des cieux visibles, présente une vaste entrée taillée dans le roc et gardée par deux lions accroupis. Au milieu du temple est un autel de grandes figures sculptées aux angles : on voit à droite un éléphant, à gauche une colonne dont le chapiteau est surmonté de deux figures assises. Tout autour on a pratiqué une suite de grottes qui s'enfoncent dans la montagne. Dans leur ensemble, les monuments de l'Inde peuvent se ranger en trois catégories qui répondent à l'ordre chronologique : 1° ceux qui sont taillés dans le roc ou temples souterrains; 2° ceux qui sont élevés au-dessus de terre, mais avec des pièces souterraines; 3° ceux qui s'élèvent librement au-dessus du sol. Ces derniers sont d'une date beaucoup moins ancienne. — V. INDIEN.

*HIPPURIQUE (ACIDE). *T. de chim.* Nom donné à un corps découvert dans l'urine des herbivores, par Rouelle, et étudié par Liebig. Il est en prismes amers, fusibles par la chaleur, mais décomposables à 250°, en donnant de l'acide benzoïque, et répandant une odeur prussique ; chauffé avec de la chaux hydratée, il donne de la benzine et de l'ammoniaque, ce qui le distingue de l'acide

benzoïque. Il se forme dans l'économie humaine, par suite de la décomposition des matières alimentaires et de l'oxydation des produits albuminoïdes, et s'élimine par les reins.

Il peut se dédoubler, par hydratation, en glycocolle et en acide benzoïque, de même que l'acide benzoïque a été la cause de sa production. sa formule $C^{18}H^9AzO^6...G^9H^9AzO^3$ montre la réaction :

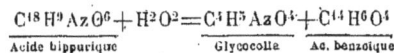

$$C^{18}H^9AzO^6 + H^2O^2 = C^4H^5AzO^4 + C^{14}H^6O^4$$

Acide hippurique   Glycocolle   Ac. benzoïque

On l'obtient facilement en concentrant l'urine de cheval, additionnant d'acide chlorhydrique, reprenant les cristaux qui se séparent par l'eau bouillante, puis faisant passer dans la liqueur un courant de chlore gazeux jusqu'à saturation. En refroidissant brusquement, l'acide hippurique cristallise; on le décolore avec du noir animal, si les cristaux sont colorés, et on fait recristalliser.

*HIRONDE (Queue d'). — V. ARONDE.

*HISTOIRE. *Iconol.* Elle était fille de Saturne et

d'Astrée; les monuments antiques nous la montrent sous les traits de Clio, l'une des neuf Muses; les artistes l'ont représentée majestueusement assise, couronnée de lauriers et souvent ceinte d'un diadème; elle tient une trompette d'une main et de l'autre s'appuie sur des livres et des manuscrits épars; quand elle est debout; on lui donne un air imposant, une plume ou un style à la main, elle est vêtue d'une robe blanche, emblème d'impartialité et de véracité, de grandes ailes déployées symbolisent la rapidité avec laquelle elle parcourt le monde; quelquefois encore, elle écrit sur un livre supporté par les ailes du Temps.

* HITTORFF (Jacques-Ignace). Architecte, est né à Cologne, en 1792. Elève de Percier et de Bellanger, il sut de bonne heure, par son esprit studieux et son talent très souple, prendre une position brillante dans le monde des arts. Il bâtit, en collaboration avec Joseph Lecomte, le théâtre de l'Ambigu-Comique, et, nommé architecte du roi, il fut chargé d'organiser les fêtes et cérémonies royales. Après la Révolution de 1830, il fut chargé d'édifier l'église Saint-Vincent-de-Paul, étrange macédoine de styles dont nous ne devons point charger la mémoire de Hittorff, car la conception en est due à Lepère. On lui doit encore, entre autres travaux importants, le Cirque du boulevard et celui des Champs-Elysées, la décoration de la place de la Concorde, les embellissements du Bois de Boulogne et la construction de la gare du Nord. Hittorff a publié de remarquables ouvrages et de nombreux Mémoires sur l'architecture. Elu en 1853, membre de l'Académie des Beaux-Arts, il mourut à Paris, le 25 mars 1867.

* HIVER Iconol. On représente l'hiver sous les traits d'un vieillard qui se chauffe, ou encore d'un homme couvert de glaçons ayant la chevelure et la barbe blanche; on lui donne aussi la figure d'une femme emmitouflée dans des habits fourrés. Un sculpteur contemporain, s'inspirant de La Fontaine, nous a donné une figure de la cigale, toute frissonnante sous la morsure du froid.

* HODOMÉTRIE ou ODOMÉTRIE. T. de phys. Art de mesurer les distances parcourues, au moyen d'un instrument appelé hodomètre ou odomètre. Cet instrument, en forme de montre, est encore appelé podomètre ou compte-pas. — V. ce dernier mot.

* HOLLANDAIS (Art). Architecture. Les habitants de la Hollande, occupés à lutter sans cesse contre les envahissements de la mer, ont donné peu de soins à l'architecture proprement dite. Les constructions les plus remarquables qu'ils ont élevées sont des digues immenses, qui du sud au nord, empêchent l'envahissement du pays.

Les quelques constructions monumentales élevées en Hollande n'ont rien de la splendeur des édifices belges et flamands. Elles se rapprochent plutôt, par leur sévérité et leur lourdeur, de l'art allemand. On sent que les riches bourgeois ou agriculteurs de ce pays ont mené une vie austère et éloignée de toute aspiration idéale. Joignez à ce caractère même de la race néerlandaise que les édifices anciens ont disparu au milieu des guerres civiles et que les nouveaux, élevés ou modifiés par les protestants, sont d'une simplicité voulue et maintenue avec un soin jaloux.

Les églises, devenues pour la plupart des temples réformés, ne sont connues que sous des désignations banales. Nous citerons, parmi les plus remarquables, la Grande Eglise, à Dordrecht; le Munsterkerke, à Rure-monde, superbe monument byzantin; la cathédrale de Bois-le-Duc, ogivale comme Saint-Pierre de Leyde; l'église des Réformés de Bréda, qui a une tour admirable de 94 mètres de hauteur; la Grande Eglise, à Gouda, célèbre par ses vitraux du xvi⁰ siècle dus aux frères Crabeth; Sainte-Walburge à Zutphen; Saint-Servan, à Maestricht, qui, quoique reconstruite en grande partie, conserve des vestiges importants d'une des plus anciennes églises de la Hollande; la nef est de la fin du x⁰ siècle.

Un peu avant la réforme qui devait porter un coup funeste à l'architecture religieuse des Pays-Bas, de grands efforts avaient été faits, et de très belles constructions s'étaient élevées de toutes parts. Beaucoup ont été pillées et brûlées pendant les guerres civiles. Nous citerons parmi celles qui ont subsisté, le Klooster-kerke et le Grootekerke, à La Haye; l'Eglise Neuve, d'Amsterdam, les Grandes Eglises, à Rotterdam, à Arnheim, à Harlem, dont les deux dernières ont des tours remarquables par leur hauteur. Dès les premières années du xvi⁰ siècle, on est plus occupé à détruire ou à réparer qu'à construire. Au xviI⁰ siècle, Amsterdam voit s'élever l'église de l'ouest et l'église du sud; Saint-François, à Rotterdam, est copiée sur la chapelle de Versailles, dont la réputation était immense et qui servit de modèle, à cette époque, à plusieurs églises étrangères; enfin l'Eglise Neuve et l'église des Remonstrants, à La Haye, datent du milieu du xvii⁰ siècle. Au xix⁰ siècle, on construit encore beaucoup, mais sans grand souci des conditions climatériques, des traditions ni du cadre au milieu duquel doivent se montrer les églises nouvelles.

De l'architecture militaire, il ne reste rien, ou presque rien; à Brederode et à Tilingen, des ruines très incomplètes; à Bréda, le Château-Vieux de Henri de Nassau (1350) et le Château-Neuf de Guillaume III (1696); à Leyde, le Burg, qui a été réparé récemment et représente encore une des plus belles défenses féodales du nord de l'Europe. Quelques villes conservent de belles portes fortifiées, notamment à Haarlem, la porte d'Amsterdam, puissante construction du xv⁰ siècle.

La Hollande est pauvre également en palais et en somptueuses résidences. Les deux palais royaux de La Haye, construits par le stathouder Guillaume III et par le roi Guillaume II, ne sont remarquables que par leur mauvais goût et leur aspect mesquin. La Maison du Bois, résidence de la reine, est d'une riche décoration intérieure; mais les toiles de prix qui en étaient le plus bel ornement ont été vendues en 1850 par Guillaume II.

L'architecture municipale et privée est plus remarquable. La plupart des villes hollandaises possèdent encore de vieilles maisons, construites aux xv⁰ et xvi⁰ siècles par les riches bourgeois ou les corporations, et qui sont curieuses sous le double rapport de l'ancienneté et de l'architecture. Au contraire, les demeures actuelles de l'aristocratie sont d'une simplicité et d'une uniformité éloignées de tout sentiment artistique ou pittoresque. Mais les hôtels de ville méritent d'attirer l'attention. Celui d'Amsterdam, élevé au milieu du xvii⁰ siècle sur 13,659 pilotis, et qui coûta 30 millions de florins, est le plus beau par ses dimensions et son élégance; ses dessins et son plan sont dus à Jacob van Campen, qui donna aussi ceux de l'hôtel de ville de Bois-le-Duc. Celui de Leyde, de la fin du xvi⁰ siècle, est surchargé d'ornements qui gâtent une façade d'heureuses proportions; ceux de Rotterdam et de Delft sont aussi d'une décoration maladroite. Il faut faire une exception pour l'hôtel de ville de Middelbourg, bâti en 1548 par Charles le Téméraire; il est du plus beau style ogival flamboyant; un beffroi carré à tourelles domine l'édifice et un balcon sculpté s'avance en encorbellement sur la place publique. Il est décoré des statues des comtes et comtesses de Flandre.

Peinture. Les artistes hollandais, qui constituent une des plus importantes écoles de peinture, par leur union, par leur manière bien distincte et par la solidité de leur touche, un peu lourde peut-être, sont surtout peintres d'intérieurs, de portraits, et de paysage ou de marine. Ils ne rentrent donc pas dans le cadre qui nous est tracé, car ils s'occupèrent peu de la peinture décorative vers laquelle cependant ils semblaient portés. Nous n'avons que peu de noms à citer dans cette branche de l'art : Abraham Mignon, Maria van Oosterwyck, Rachel Ruysch, Van der Myn, Van Spaendonck, van Os. Encore ces artistes chassés de leur pays par la pénurie des commandes, ont-ils exercé à Londres ou à Paris leur art qui était, alors, aux XVIIe et XVIIIe siècles, dans toute sa splendeur en France et en Angleterre.

L'école hollandaise contemporaine est encore fort nombreuse; mais atteinte à la fin du siècle dernier par une irrémédiable décadence, elle s'inspire des maîtres anciens et cherche sa voie. Elle a produit de bons peintres, mais peu de grands artistes, surtout si l'on considère qu'Ary Scheffer, quoique né à Dordrecht, appartenait à l'école française, et que M. Alma Tadéma a fait son éducation artistique en Belgique, sous la direction de Leys.

Sculpture. Il n'y a que peu de choses à dire de la sculpture en Hollande. Sans doute par les mêmes raisons que nous avons données plus haut, cet art, qui exige des frais d'exécution assez importants, n'a trouvé d'encouragements que dans le genre funéraire, celui où la statuaire est le moins libre de choisir ses sujets et de prendre son essor. Aussi les artistes hollandais, abordant les tombeaux sans de fortes études préalables, n'ont-ils produit que des œuvres médiocres. Nous citerons cependant Xavery, né à Anvers, auteur des statuettes en marbre qui ornent les orgues de la Grande-Église de Harlem, et Vinkenbrink, qui a sculpté en 1649 la chaire de l'Église-Neuve d'Amsterdam couverte de bas-reliefs et de feuillages d'une délicatesse de dessin achevée.

A notre époque, la Hollande a voulu, comme les autres pays, honorer la mémoire de ses grands hommes par des statues dont l'exécution a été confiée à des artistes nationaux. La sculpture a trouvé là une impulsion utile, et on a vu ériger successivement les monuments commémoratifs de Rembrandt à Amsterdam, de Coster à Harlem, par Royer, de Guillaume le Taciturne à La Haye, par M. de Nieuwerkerke, de Henri Tollens à Dordrecht, par M. J. Strackée. Ces sculpteurs de talent ont formé des élèves qui tentent de relever l'art en Hollande, et dont les efforts ne seront pas perdus.

Gravure. La Hollande a fourni aux XVIe et XVIIe siècles les plus illustres graveurs. Lucas de Leyde, Ph. Galle, Crispin de Passe et ses fils, Cornelis Cort, les Houdins, appartiennent à la première période; la seconde, qui commence à Rembrandt, dont les eaux-fortes sont des chefs-d'œuvre estimés à l'égal d'un tableau, est la plus brillante. Plus de cent noms pourraient être cités parmi les plus habiles artistes. La plupart des peintres faisaient l'eau-forte et y excellaient; leurs planches valaient leurs toiles pour le soin et la verve de l'exécution, et les épreuves en sont très recherchées. Mais bientôt la gravure, comme la peinture, arrive à une décadence complète; le dessin s'altère, les procédés se perdent; les graveurs hollandais ne peuvent soutenir la lutte contre les artistes anglais et français et la plupart sont allés chercher à l'étranger des leçons et des modèles. — C. DE M.

* **HOLLANDE** (1). La part prise à l'Exposition universelle de 1878 par la Hollande a été importante, mais dans la plupart des branches de l'industrie, elle a affirmé une décadence qui s'était déjà manifestée précédemment. Tandis que la séparation des Pays-Bas a été pour la Belgique le point de départ d'une extraordinaire prospérité, elle semble avoir précipité la ruine des provinces du Nord.

Le gouvernement hollandais fait pourtant de louables

(1) V. la note p. 117, t. I.

efforts et de grands sacrifices pour développer l'instruction primaire, qui est la base du développement du pays. La Hollande est un des pays où les classes inférieures et moyennes sont le plus et le mieux instruites; elle possède des écoles professionnelles florissantes, des écoles primaires spacieuses, saines et bien aménagées; enfin l'enseignement supérieur est assuré par deux grandes associations, la Société Néerlandaise pour le progrès de l'industrie et la Société Hollandaise des Sciences, qui ont toutes deux exposé au Champ de Mars.

L'imprimerie et la librairie, autrefois si florissantes, est fort bien représentée encore par quelques grandes maisons; mais leur rôle est fini, les papeteries anglaises et les imprimeries françaises et belges ont absorbé tout ce que ces industries peuvent fournir en Europe.

De même dans le groupe des meubles et accessoires du mobilier, les objets anciens envoyés par le roi des Pays-Bas et provenant du palais du Loo, attiraient seuls l'attention du public par leur valeur artistique ou les souvenirs historiques qui s'y rattachent. La section des fabricants modernes était d'une pauvreté regrettable. Rien autre que des imitations de la Renaissance hollandaise ou allemande ou des laques orientales, qui occupent un assez grand nombre d'ouvriers. Mais on chercherait en vain une idée nouvelle ou un modèle original.

Gouda et Gorinchem, célèbres par leurs pipes, Delft, dont les faïences anciennes sont si recherchées, n'offrent que des produits défectueux ou démodés.

L'appui du roi a conservé un certain éclat aux fabriques royales de Deventer dont les tapisseries ont paru des chefs-d'œuvre, et aux pièces d'orfèvrerie de la maison Van Kempen qui a exécuté pour lui le *vase Nautilus aux armes de Zélande* et le *plateau aux armes de Hollande*, qui étaient la principale attraction de cette partie de l'Exposition.

Les tissus ont été une des principales sources de richesses des Pays-Bas. La toile de Hollande, le velours d'Utrecht étaient célèbres jusqu'au commencement de ce siècle. Maintenant la toile, fabriquée surtout à Dordrecht, ne trouve guère de débouchés que dans le pays même et dans les colonies. L'abandon presque complet des toiles pour bâtiments a porté le dernier coup à cette industrie autrefois sans rivale. Cependant de grands efforts ont relevé récemment la fabrication des draps; les manufactures de Tilbourg, au nombre de 32, emploient 1,043 chevaux vapeur, et près de 4,500 ouvriers. Nous ne citerons que comme mémoire le grand succès de l'exposition hollandaise, les costumes nationaux portés par des figures modelées par M. Lacomblé. Ces costumes avaient été restitués par M. Herman ten Kate et P. Stortenbeker, car la plupart ne sont malheureusement plus qu'un souvenir. L'uniformité gagne maintenant tous les pays où pénètre l'industrie anglaise ou française.

Il y a vingt ans, il y avait en Hollande 2,000 fosses à tan, et cependant un seul exposant a envoyé des peaux corroyées, c'est M. Verkuijlen, à Schijndel; il paraîtrait aussi que les Hollandais n'ont pas continué la lutte contre les États scandinaves, pour le matériel de pêche, car il n'est représenté que par quelques filets sans intérêt.

Une industrie en progrès notable, c'est la fabrication des bougies; la fabrique royale d'Amsterdam est passée de moins de 2 millions de bougies, en 1867, à 16 millions. La Société Apollo de Schiedam, fondée seulement en 1869, occupe 400 ouvriers. A la fabrique royale est jointe une fabrique de produits chimiques qui donne des bénéfices considérables; elle a dans le pays de nombreux concurrents; la maison Sanders fabrique par an 25,000 kilogrammes de peptone.

Comme tous les pays du Nord, surtout ceux où domine l'élément germanique, la Hollande possède de remarquables produits alimentaires. Ce sont ses principaux articles d'exportation. Les célèbres fromages, le genièvre, les liqueurs de Wynand Foking, de Lucas Bols sont connus dans le monde entier et ces maisons datent des XVIe et XVIIe siècles. M. Lenswelt Nicosia fabrique par an 100,000 kilogrammes de biscuit ; M. Toens, à Heerenveen, exporte de grandes quantités de pain d'épice de Frise. Enfin, parmi les branches les plus importantes de cette industrie, nous trouvons les chocolats de M. Driessen, qui emploie chaque jour 2,000 kilogrammes de cacao, les conserves de M. Nieuwenhuijs qui, en 1877, a envoyé à l'armée de Sumatra 50,000 litres de lait conservé, les glucoses de M. Verweij (70,000 kilogrammes par an). Une seule usine produit 1 million 1/2 de kilogrammes de chicorée, et une autre pour 3 millions de fleur de farine de blé. Voilà la vraie richesse du pays.

Une exposition, particulière à la Hollande, est celle qui représente les immenses travaux accomplis par ses ingénieurs. Ces travaux inspirent une profonde admiration pour ce peuple hollandais, qui a vaincu la mer à sa patience et, son opiniâtreté, il a, pied à pied, disputé le terrain à la vague envahissante et transformé des lacs immenses en riches villages et en plaines fertiles ; là hardiesse de ses jetées et de ses digues, la superbe audace de ses ponts et de ses viaducs resteront l'éternel honneur de cette nation vigoureuse. Quelques chiffres à ce sujet : les digues du Leck, qui protègent l'existence de plus d'un million d'habitants, coûtent par an 100,000 fr. d'entretien, et 1,200 ouvriers veillent en permanence, prêts à porter secours aux points menacés. Celles de Zélande Nord, pour lesquelles on a employé un million de mètres carrés de revêtements ou fascines et 12 millions de mètres carrés de revêtements en pierre, coûtent, comme entretien, près de 1,500,000 francs. Le plus grand travail entrepris dans ce siècle est le desséchement de la mer de Haarlem, qui a rendu à la culture une surface de 18,000 hectares. Mais la merveille peut-être de l'industrie hollandaise est le canal d'Amsterdam à la mer, œuvre de l'industrie privée. La Hollande possède en canaux une longueur de 2,918,000 kilomètres.

Les Beaux-Arts ne soutiennent pas non plus la comparaison avec l'ancienne école hollandaise qui a produit tant de chefs-d'œuvre. Cependant, des peintres de talent avaient envoyé au Champ-de-Mars des toiles intéressantes. Beaucoup de ces artistes, d'ailleurs, sont des habitués de nos expositions annuelles et souvent ils n'ont de hollandais que l'origine ; MM. Mesdag, Bischop, Roelofs sont connus depuis longtemps du public parisien. Ils forment, avec M. Hortenbeker, Maris, Julius van der Saude Bakhuijzen, une école qui semble s'être imposé de s'éloigner des anciens maîtres nationaux dont se rapprochent, au contraire, M. Schenkel, Herman et C. ten Kate. Celui-ci a envoyé un petit bijou, l'Enrôleur qui, par une habile entente du clair obscur, par un heureux groupement des personnages, rappelle bien le modelé rond sans lourdeur des Metzu. De même la Consolation de la veuve, de Mme Biss-

chop Swift, a mérité tous les suffrages. Enfin, il ne faut pas quitter cette section, sans rendre hommage au talent de M. Israël, un parisien né en Hollande qui, depuis 1861, n'a cessé d'être fidèle à nos Salons.

Où l'exposition hollandaise était également fort remarquable, c'est en ce qui concerne les aquarelles signées des noms que nous venons de citer, pour la plupart, et qui rivalisent avec les meilleures de l'Ecole anglaise.

* HOLOÈDRE, HOLOÈDRIQUE (Forme). T. de cristallog. Se dit d'un cristal de forme symétrique complète, par opposition au cristal hémièdre dans lequel il manque la moitié des éléments, sommets, arêtes ou faces. — V. CRISTALLOGRAPHIE.

* HOMOLOGUES. T. de chim. On donne ce nom à certains composés organiques qui remplissent les mêmes fonctions et suivent les mêmes lois de métamorphoses. La classification par séries homologues a été proposée, pour l'étude des corps appartenant à la chimie organique, par Gerhardt, en 1844. Elle est basée sur ce fait, enseigné dans la théorie atomique, que certains corps polyatomiques, comme le carbone, par exemple, peuvent souder tout ou partie de leurs atomes constituants, par l'échange de deux, quatre ou six de leurs atomicités, et que de plus, plusieurs atomes peuvent s'unir directement entre eux. Il en résulte une série de groupements qui peuvent être saturés par l'hydrogène, ou d'autres corps. Dans la série des carbures d'hydrogène homologues, nous trouvons des corps qui ne diffèrent entre eux que par CH^2 et dont la formule générale est alors $C^n H^{2n+2}$ (ou $C^2 H^2 \ldots$ formule générale $C^{2n} H^{2n+2}$ dans l'ancienne notation). Tels sont (V. le tableau de la page 670) :

Non seulement ces corps ont la même fonction chimique, mais leurs propriétés physiques varient aussi suivant une progression assez régulière, le formène, l'éthylène, l'acétylène sont gazeux ; l'amylène, son hydrure, la benzine, sont liquides ; les derniers termes, comme l'éthalène, sont solides. En outre, leur point d'ébullition varie de 20 à 25° en plus ou en moins par rapport à l'homologue qui suit ou précède un carbure donné.

La série des homologues parmi les alcools serait représentée par la série suivante, puisque ces alcools sont des carbures auxquels on a fixé $H^2 O$ (ou $H^2 O^2$ suivant la notation suivie) :

Série des alcools éthyliques.

		ou		ou	
Alcool méthylique	$CH^2(H^2O)$		CH^4O		$C^2H^4O^2$ (équiv.)
— éthylique	$C^2H^4(H^2O)$		C^2H^6O		$C^4H^6O^2$
— propylique	$C^3H^6(H^2O)$		C^3H^8O		$C^6H^8O^2$
— butylique et isomères	$C^4H^8(H^2O)$		$C^4H^{10}O$		$C^8H^{10}O^2$
— amylique et isomères	$C^5H^{10}(H^2O)$		$C^5H^{12}O$		$C^{10}H^{12}O^2$
— caproïque (hexilique)	$C^6H^{12}(H^2O)$		$C^6H^{14}O$		$C^{12}H^{14}O^2$
— œnanthylique (heptylique)	$C^7H^{14}(H^2O)$		$C^7H^{16}O$		$C^{14}H^{16}O^2$
— caprylique (octylique)	$C^8H^{16}(H^2O)$		$C^8H^{18}O$		$C^{16}H^{18}O^2$
— nonylique	$C^9H^{18}(H^2O)$		$C^9H^{20}O$		$C^{18}H^{20}O^2$
— caprique (décylique)	$C^{10}H^{20}(H^2O)$		$C^{10}H^{22}O$		$C^{20}H^{22}O^2$
— éthalique (éthal)	$C^{16}H^{32}(H^2O)$		$C^{16}H^{34}O$		$C^{32}H^{34}O^2$
— cérotique	$C^{26}H^{52}(H^2O)$		$C^{26}H^{54}O$		$C^{32}H^{54}O^2$
— mélissique	$C^{30}H^{60}(H^2O)$		$C^{30}H^{62}O$		$C^{60}H^{62}O^2$

Type	Composés (formules et noms)
C^nH^{2n+2}	CH^4 méthane ou formène ; C^2H^6 éthane ou hydrure d'éthylène ; C^3H^8 propane ou hydrure de propyle ; C^4H^{10} butane ou hydrure de butyle ; C^5H^{12} pentane ou hydrure d'amyle ; C^6H^{14} hexane ; … ; $C^{14}H^{32}$ éthalane ; $C^{18}H^{34}$
C^nH^{2n}	C^2H^4 éthylène ; C^3H^6 propylène ; C^4H^8 butylène ; C^5H^{10} amylène ; C^6H^{12} hexylène ; … ; $C^{14}H^{28}$ éthalène
C^nH^{2n-2}	C^2H^2 acétylène ; C^3H^4 allylène ; C^4H^6 crotonylène ; C^5H^8 valérylène ; …
C^nH^{2n-4}	C^5H^6 valylène ; … ; $C^{10}H^{16}$ camphène
C^nH^{2n-6}	C^6H^6 benzine ; C^7H^8 toluène ; C^8H^{10} xylène ; C^9H^{12} cumène ; $C^{10}H^{14}$ cymène ; $C^{11}H^{16}$ laurène
C^nH^{2n-8}	C^8H^8 cinnamène
C^nH^{2n-10}	C^8H^7 acétényl-benzine
C^nH^{2n-12}	$C^{10}H^8$ naphtaline
C^nH^{2n-14}	$C^{12}H^{10}$ diphényle
C^nH^{2n-16}	$C^{14}H^{12}$ stilbène
C^nH^{2n-18}	$C^{14}H^{10}$ anthracène
C^nH^{2n-20}	$C^{18}H^{12}$ chrysène

On se rappelle que dans les formules par équivalents on doit doubler l'exposant du carbone.

Il est inutile de donner d'autres exemples, on doit avoir saisi, par ceux relatés ici, ce que l'on désigne sous le nom de corps homologues. — J. C.

*HOMOTHÉTIE. *T. de géom.* Propriété des figures homothétiques. On dit que deux figures sont homothétiques lorsqu'elles se correspondent point par point de manière que les droites qui joignent 2 points homologues passent toutes par un même point appelé *centre d'homothétie*, et que les distances de ce centre à deux points homologues quelconques soient dans un rapport constant. L'homothétie est directe ou inverse suivant que les deux points homologues sont toujours d'un même côté ou toujours de part et d'autre du centre d'homothétie. Deux figures homothétiques sont toujours semblables.

Il serait très rationnel, contrairement à ce qui se fait dans l'enseignement élémentaire, de faire dériver la similitude de l'homothétie; on appellerait *figures semblables* celles qui peuvent être amenées par un simple déplacement à devenir homothétiques. Si du reste la définition ordinaire est parfaitement correcte tant qu'on ne considère que des figures formées de lignes droites, celle que nous venons de donner est la seule qui convienne aux figures dans lesquelles entrent des lignes courbes, et la seule qui soit effectivement usitée dans ce cas.

*HONGRIE (Bois de). — V: FUSTET.

*HONGROIERIE, HONGROYAGE. Industrie qui forme une branche bien distincte de l'art du tanneur, quoique le hongroyeur, ainsi que le tanneur, ait pour mission de transformer la peau d'un animal quelconque en cuir. La tannerie opère la transformation d'une peau en cuir, à l'aide d'une matière végétale, la hongroierie avec des matières minérales, dont la base est l'alun et le sel marin, que l'on fait pénétrer dans la peau et qui s'y maintiennent à l'aide du suif. S'il s'agit d'une petite peau, comme celle du mouton, par exemple, ce travail prend le nom de *mégisserie* ; pour les grosses peaux, comme celles du bœuf, de la vache et du taureau, on l'appelle *hongroierie*.

— Ce cuir est dit de *Hongrie* parce que c'est de la Hongrie que nous vient cette façon de le préparer. Sa fabrication, en France, remonte à Henri IV. C'est lui qui fit établir la première manufacture de cuirs hongroyés. Il y installa un habile tanneur, nommé Rose, qu'il avait envoyé en Hongrie étudier les procédés de fabrication. Son emploi est considérable, en France, dans la bourrellerie, pour les harnais communs. Sa solidité est grande ; elle est indiquée par ses divers emplois.

Le cuir de Hongrie que l'on a rasé et qui n'a pas été dépilé avec le secours de la chaux est d'une solidité remarquable et s'entretient de longues années, rien qu'avec du suif de bœuf ou de mouton. Les courroies de transmission, dont les jonctions sont faites avec des coutures, sont généralement cousues avec du cuir de vache hongroyé. Cependant, dans les endroits où les rongeurs, souris et rats sont nombreux, on se sert aujourd'hui de lanières en cuir de vache parcheminé ; de même pour les godets des chaînes qui servent à monter le grain et la farine.

Le cuir blanchi à la chaux perd tous les jours de son importance. Il en est ainsi du cheval qui se vend aujourd'hui très cher en poil et, ne s'emploie guère plus que pour le tannage ordinaire de chêne, car, à prix égal, on préfère au cheval, la vache ou le bœuf. La peau de taureau est également employée, mais est moins estimée.

On a fait longtemps usage du licol en cuir de Hongrie, mais on y a maintenant à peu près renoncé : les jeunes chevaux étant attirés par l'odeur de ce cuir au sel, sont tout disposés à le mâchonner, ce qui amène souvent des luttes dans les écuries.

En somme, le cuir hongroyé est un excellent cuir qui demande des soins minutieux dans sa fabrication, laquelle a été très améliorée par un fabricant parisien, M. Lepelley, dont les inventions ont rendu le travail plus facile et en ont enlevé les parties les plus pénibles à l'ouvrier. Dans ces dernières années, cet inventeur a imaginé un cuir de Hongrie n'ayant point, comme l'ancien, le défaut de repousser, sous l'action de la température, le sel et l'alun que le suif seul retient dans l'intérieur de ce cuir. Ce nouveau cuir de Hongrie pouvait recevoir les teintures que l'on désirait. Nous avons vu des harnais ainsi faits et dont la durée a été fort longue. Mais, en industrie, les progrès rencontrent des résistances et les améliorations sont lentes à entrer dans la pratique. On y reviendra, sans doute, mais à l'heure présente on s'en tient à l'ancien cuir de Hongrie. — CH. V.

HONGROYEUR. *T. de mét.* Celui qui prépare les cuirs dits de *Hongrie*. — V. l'art. précédent.

*HONGUETTE. Ciseau carré terminé en pointe à l'usage des marbriers et des sculpteurs pour tailler le marbre ; on dit aussi *hoquette*.

*HONORABLE. *Art hérald.* On entend par *pièces honorables* dans le blason, les pièces principales qui occupent la plus grande partie du champ de l'écu.

HÔPITAL. Etablissement destiné à recevoir des indigents civils ou des militaires pour le traitement gratuit de maladies susceptibles de guérison radicale ou temporaire.

HISTORIQUE. L'assistance hospitalière n'existait pas chez les anciens. Les auteurs citent bien les secours donnés, sans doute à titre de pensions, aux soldats athéniens mutilés ; l'existence, chez les Romains en campagne, d'emplacements réservés aux hommes et aux chevaux malades ; mais aucun ne parle, ni en Grèce, ni à Rome ou dans toute autre ville de l'Empire, des hôpitaux destinés soit aux soldats blessés, soit aux malades indigents. C'est aux chrétiens d'Orient que sont dus les premiers de ces établissements, datant du IIIe siècle. On sait que saint Basile en fonda un aux portes de Césarée. C'est également à la charité privée que revient, en Occident, l'honneur des premiers efforts tentés dans cette voie bienfaisante. On appelait plus particulièrement *Hôtels-Dieu* ou *Maisons-Dieu* des établissements où les voyageurs, les pèlerins et les pauvres étaient reçus, logés et soignés gratuitement ; *léproseries* ou *maladreries* des maisons situées hors des villes et dans lesquelles étaient relégués les lépreux, d'abord admis dans les hospices. La fondation de l'Hôtel-Dieu de Paris par saint Landry, remonte au VIIe siècle ; celle de l'Hôtel-Dieu de Lyon, à l'année 542, sous le règne de Childebert Ier. Pendant les XIe, XIIe et XIIIe siècles presque toutes les abbayes avaient un hôpital dans leur enceinte. Les maisons hospitalières renfermaient alors, dans leur principal corps de logis, une grande salle, ordinairement divisée en trois nefs, celle du milieu restant libre et les lits étant rangés le long des murs dans les bas-côtés. Cette disposition, qui existait à l'Hôtel-Dieu de Caen, se retrouve encore dans les anciens hospices du Mans et d'Angers, à l'Hôtel-Dieu de Chartres et à l'hôpital de Tonnerre. Dans chaque ville, il y avait presque toujours plusieurs hôpitaux plus ou moins importants. Les pauvres et les malades étaient soignés dans ces maisons, au moyen de dons et de fondations charitables faits par des particuliers, de quêtes prélevées par les frères et par les communes.

Jusqu'alors, l'administration de ces établissements, en France, avait été confiée au clergé. A la suite d'abus, elle lui fut retirée au XVIe siècle et attribuée, par édit royal, à des laïques. Les dilapidations cessèrent, et notables améliorations furent introduites dans plusieurs hôpitaux. Mais les progrès, sous le rapport des conditions hygiéniques, furent si lents qu'à la fin du siècle dernier, la plupart de ces établissements offraient aux malheureux obligés d'y avoir recours un séjour des plus pénibles. « A l'Hôtel-Dieu, dit Tenon dans un mémoire publié, en 1788, sur les hôpitaux de Paris, le nombre des lits est de 1219, dont 733 dits *grands*, ayant 52 pouces de largeur, où couchent quatre et même six hommes,... et 486 dits *petits*, ayant trois pieds de largeur et dans lesquels les malades couchent seuls. » Aujourd'hui, cet usage des lits communs, si fatal aux malades, est partout supprimé et, comme nous le verrons plus loin, des limites ont été assignées au nombre d'indigents traités dans un même établissement.

— En 1786, une commission prise dans le sein de l'Académie des sciences fut chargée d'étudier les moyens d'obvier aux fâcheux effets de l'encombrement des salles de l'Hôtel-Dieu de Paris, dont la majeure partie, du reste, avait été détruite par un incendie le 30 décembre 1772. Divers projets furent présentés pour la reconstruction des bâtiments anéantis. Un programme élaboré par la commission pour l'examen des divers plans écarta tout projet comportant l'agglomération de 4 à 5,000 malades et s'arrêta au maximum de 1,200. Nous croyons qu'il faudrait réduire encore ce chiffre : en groupant des pavillons de 100 à 500 malades, on ne devrait pas dépasser pour l'hôpital 500 à 800 lits.

Généralités. Placés sous l'autorité du ministre de l'intérieur et dirigés par des commissions administratives, les établissements hospitaliers se divisent en deux classes principales : les *hôpitaux* proprement dits et les *hospices*. Les premiers sont plus spécialement destinés à recevoir les malades et les blessés qui n'ont recours que temporairement à la charité publique ; les seconds sont des asiles pour les vieillards, les enfants ou les incurables. Souvent aussi un seul établissement sert à la fois, d'hôpital et d'*hospice* (V. ce mot). Les hôpitaux proprement dits se divisent eux-mêmes en deux grandes classes : les *hôpitaux généraux*, destinés aux affections aiguës ou chirurgicales et les *hôpitaux spéciaux*, réservés pour le traitement de maladies déterminées. Certaines maisons hospitalières, notamment en province, reçoivent d'ailleurs, cette double destination. On peut encore les diviser, d'après une distinction toute moderne, en *hôpitaux permanents* et *hôpitaux temporaires.*

Hôpitaux permanents. Au point de vue de l'art des constructions, l'établissement d'un hôpital est soumis à des conditions multiples que nous allons examiner.

Emplacement. Deux opinions diamétralement opposées sont en présence au sujet de la *situation*. Les uns veulent que les hôpitaux soient construits près des centres de population qu'ils sont appelés à desservir, évitant ainsi de longs trajets aux malades et facilitant les visites des parents et amis. Les autres estiment que ces établissements doivent être distribués sur le périmètre des villes, tout en admettant l'installation de postes médicaux dans les différents quartiers pour les secours les plus urgents et la direction à donner aux malades, suivant le mal dont ils sont atteints. Cette dernière solution, préconisée par tous les hygiénistes français, assurerait davantage le repos des pensionnaires de l'hôpital, permettrait de les placer dans des conditions hygiéniques plus favorables et de profiter du prix moins élevé des terrains pour soulager plus de misères. Dans un rapport adressé il y a deux ans à peine, à la Société de médecine publique, M. le docteur Rochard s'exprimait ainsi : « Avec les sommes dépensées pour les constructions de l'hôpital Lariboisière (10,445,143 francs) et de l'Hôtel-Dieu (60,000,000 environ), on aurait pu entourer Paris d'une ceinture de 16 hôpitaux de 500 lits, fonder 24 hôpitaux de secours et créer un système de transports aussi confortable que possible». Pour le même prix, l'Assistance publique aurait ainsi pu créer 10,400 lits au lieu de 1,000. L'éloquence de ces chiffres nous dispense de conclure. Nous ajouterons seulement quelques indications générales. L'emplacement doit être tel que l'hôpital reçoive largement l'air, la lumière, la chaleur. Ce doit être, autant que possible, un terrain élevé

légèrement incliné, sec, plutôt de nature calcaire ou granitique, et dans lequel le drainage puisse se faire naturellement, tout drainage artificiel étant dispendieux et insuffisant. Le voisinage d'une rivière à eaux claires et rapides est très avantageux pour l'alimentation de l'hôpital en eau potable et abondante. Le voisinage des terrains bas et humides, des canaux et des eaux dormantes, est, au contraire, à éviter. L'exposition la plus favorable pour les salles de malades, lesquelles doivent être éclairées sur les deux faces, est encore controversée ; celles du nord-sud paraît jusqu'ici réunir le plus grand nombre de suffrages dans nos régions. Les conditions climatériques locales doivent servir de guide en cette matière.

Dimensions, population. Les dimensions des établissements hospitaliers doivent être en rapport avec les besoins de la population qu'ils sont appelés à desservir, besoins sujets à des variations qui peuvent être considérables, en cas d'épidémie, par exemple. Mais convient-il d'avoir, dans une ville importante, un petit nombre de grands hôpitaux ou un grand nombre de petits ? Il est admis que les malades guérissent mieux dans les petits hôpitaux que dans les grands, toutes les autres conditions étant égales d'ailleurs. Toutefois, l'on reproche aux petits établissements nombreux et disséminés : 1° d'élever considérablement les frais d'installation et le prix de journée du malade ; 2° de rendre la surveillance administrative difficile et de nécessiter des déplacements coûteux et préjudiciables aux malades, lorsque ces hôpitaux sont appelés à desservir des centres de population considérables et éloignés. Les chiffres cités plus haut, au sujet des frais occasionnés par la construction de l'hôpital Lariboisière et de l'Hôtel-Dieu, à Paris, et de ceux qu'aurait exigés l'installation d'établissements disséminés, montrent que ces reproches ne sont pas parfaitement fondés. On s'est arrêté, de nos jours, à une solution intermédiaire : on a voulu traiter les malades dans de petits hôpitaux ou pavillons et grouper ceux-ci autour d'un centre administratif, afin qu'ils participent aux avantages d'économie que l'on a pensé être l'apanage des grands établissements. En les rapprochant ainsi, il faut, d'un côté, ne pas nuire à leur isolement, à leur indépendance, ni à leur bonne exposition ; d'un autre côté, ne pas les éloigner les uns des autres, de telle façon qu'il en résulte une gêne pour la commodité et la régularité du service, on a reconnu qu'en espaçant les pavillons, on diminue le danger, sans le conjurer d'une façon absolue. Il reste donc indiqué de réduire toujours, autant que possible, le nombre de malades traités dans le même établissement. Cette précaution est surtout indispensable pour les maternités.

Plan général. Le système des pavillons séparés, groupés autour d'un centre administratif, est, disions-nous ci-dessus, le plus généralement adopté de nos jours. Il est accepté en Angleterre et en Amérique. Quant aux grands hôpitaux de l'Allemagne, ils présentent souvent d'heureuses dispositions intérieures : mais en général, ils sont inférieurs aux nôtres. Ce sont, pour la plupart, de vastes constructions rectangulaires qui contiennent des salles adossées les unes aux autres et s'ouvrant toutes sur un large corridor. Ces salles, à la vérité, ne contiennent, en général, qu'un petit nombre de lits ; mais elles ne reçoivent que d'un seul côté l'air extérieur et la lumière, et communiquent trop facilement les unes avec les autres. Le principe étant donc admis, quelle est la disposition générale qui satisfait le mieux à toutes les conditions du problème ? S'il s'agit de petits hôpitaux ne devant renfermer que 100 ou 200 lits au maximum, ils peuvent avoir quatre salles de malades et deux pavillons composés chacun d'un rez-de-chaussée surélevé et d'un premier étage. On les disposera sur une même ligne, séparés par un bâtiment destiné à l'administration et aux dépendances. Il sera presque toujours possible de choisir, pour ces petits hôpitaux, une orientation favorable et de les entourer de jardins, en évitant le voisinage immédiat des arbres de haute futaie.

Pour les grands hôpitaux de construction ancienne et moderne, une foule de dispositions existent qui présentent plus ou moins d'avantages et d'inconvénients. La forme rayonnante ou panoptique, adoptée pour les prisons et souvent préconisée pour les établissements hospitaliers, ne paraît pas convenir ici. La surveillance à exercer n'est pas de même nature. La plupart des salles de malades reçoivent nécessairement une exposition peu favorable ; l'air se renouvelle difficilement au sommet des cours triangulaires qui séparent les salles et qui ne reçoivent jamais les rayons solaires dans une partie de leur étendue. Les formes carrée ou rectangulaire et la forme de croix présentent des inconvénients analogues à des degrés divers. Cependant le rectangle est très convenable, s'il est ouvert à l'une de ses extrémités et si sa largeur est telle que l'une des ailes ne porte pas ombre sur l'autre. Ainsi, dans nos régions, un hôpital formé de deux longs côtés occupés par les salles de malades et exposés nord et sud, la grande cour étant close à l'ouest par le corps de logis affecté aux dépendances et limitée au levant par un mur de clôture ou un bâtiment très peu élevé, présentera une disposition générale très satisfaisante. Si l'hôpital était considérable, la forme en H assurerait aux services généraux une position plus centrale. Une des cours, il est vrai, serait ouverte à l'ouest, mais on pourrait former abri, de ce côté, avec les constructions accessoires qu'exige tout grand établissement. L'hôpital de la marine, à Rochefort, est construit sur un plan de ce genre.

Dans l'application du principe moderne des pavillons isolés, la disposition la plus simple est celle dans laquelle les pavillons sont parallèles et réunis entre eux et aux pavillons administratifs par une galerie rectiligne. Ils sont disposés sur un rang dans l'hôpital de Brest, dans celui de Vincennes, dans l'hôpital militaire de Malte, dans l'*Episcopal Hospital* de Philadelphie. Les pavillons peuvent aussi être placés sur deux rangs, à droite et à gauche d'une grande galerie de communication, ainsi qu'on le voit à l'hôpital

militaire de Woolwich, au *Judiciary square hospital* de Washington, à l'hôpital de Blackburn, etc.

Les pavillons sont encore établis sur deux rangs perpendiculaires à deux galeries parallèles, comme à l'hôpital Lariboisière (fig. 385) et à *West-Philadelphia hospital*, au nouvel hôpital civil et militaire de Montpellier, construit par M. C. Tollet. Les avantages que présentent ces diverses dispositions, comparées à celles adoptées pour les anciens hôpitaux, sont incontestables. La contagion du mal y paraît moins redoutable et la répartition par genre de malades plus facile ; mais à côté se trouvent des inconvénients assez graves : le service et la surveillance sont rendus pénibles et difficiles par les grandes distances à parcourir dans l'intérieur de l'établissement. Les cours qui séparent les pavillons sont ordinairement trop étroites pour laisser pénétrer suffisamment les rayons du soleil et même pour que l'ombre d'un pavillon ne se projette pas sur l'autre. Dans le

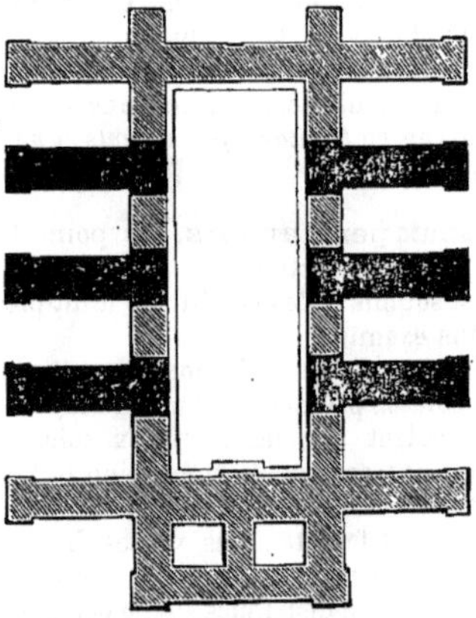

Fig. 385.

cas de l'exposition nord-sud, comme à l'hôpital de Lariboisière, toute une série de cours est ouverte à l'ouest ; enfin, les frais d'installation sont très considérables, parce que cette disposition exige une grande étendue de terrain, un grand développement de murs extérieurs, de nombreux escaliers et de longs portiques. Les 612 lits de malades de l'hôpital Lariboisière reviennent chacun à 17,033 francs. Les pavillons de cet édifice, qui ont 45 mètres de longueur, 10 de largeur et 18 de hauteur, ne sont séparés que par un intervalle de 20 mètres, chiffre trop faible pour une bonne insolation et aération ; car ils sont couverts les uns par les autres. Il ne semble pas qu'il y ait eu là un emploi judicieux des ressources destinées au soulagement des pauvres. Toutefois, il faut reconnaître que d'aussi fortes dépenses ne s'imposaient pas d'une façon impérieuse et que ce n'est pas le système qu'il faut surtout blâmer, mais la manière dont il a été appliqué. Le nouvel hôpital de Montpellier, dont la figure 386 représente une vue en perspective, a été établi sur un plan général analogue à celui de Lariboisière, mais dans des conditions bien autrement avantageuses et sur lesquelles nous aurons à revenir. Examinons d'abord quelles dispositions spéciales doivent être admises pour les diverses parties des établissements hospitaliers.

Pavillons. En principe, chaque pavillon ne devrait comporter qu'un rez-de-chaussée élevé sur sous-sol ou caves voûtées. Si les circonstances ne permettent pas d'adopter ce parti, il ne faut pas superposer plus de deux rangs de salles occupées par des malades. Notons que les salles du rez-de-chaussée sont très avantageuses pour les convalescents et que l'on doit, de préférence, y installer les services de chirurgie. Dans le dernier cas, le pavillon d'hôpital comprend donc, outre le sous-sol ou les caves, un rez-de-chaussée et un premier étage. Cette disposition a été appliquée par M. Tollet à l'hôpital de Montpellier, mais sans aucune superposition de dortoirs ; 54 lits de conva-

lescents sont répartis, avec d'autres services énumérés ci-après, dans de petites salles placées au rez-de-chaussée. Dans le même établissement, divisé en plusieurs quartiers, l'espace compris entre les pavillons de malades d'un même quartier est de 19 mètres (une fois 1/2 la hauteur). Chaque pavillon comprend, outre la salle collective, trois salles particulières pour deux lits, une tisanerie, une lingerie, un réfectoire, une chambre de surveillant, un cabinet pour le médecin, une salle de bains, des water-closets, des lavabos, une trémie pour l'évacuation du linge sale, le tout de plein pied avec la salle collective. Celle-ci et ses annexes sont élevées de $3^m,20$ au-dessus du sol naturel, sur des soubassements voûtés, dont une partie est utilisée pour préau couvert, pour des magasins d'objets propres ne pouvant produire aucune émanation, pour cham-

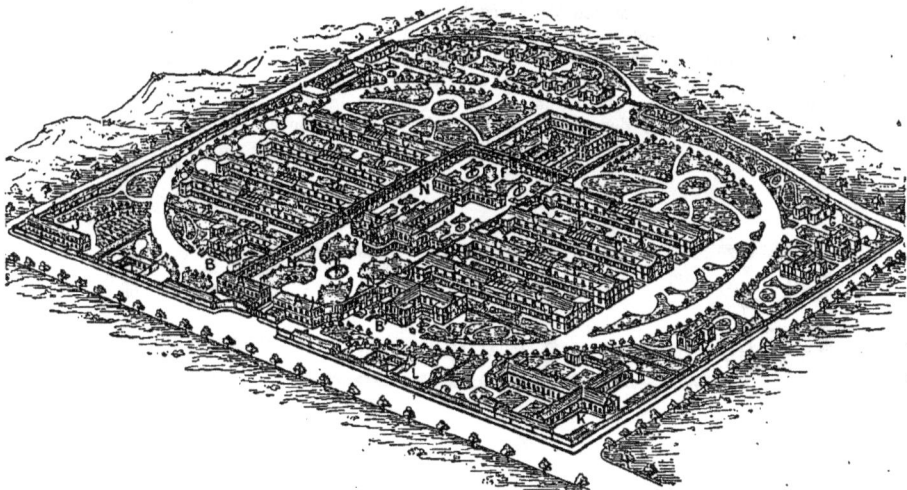

Fig. 386. — *Hôpital de Montpellier* (1).

A Direction. — A' Consultations externes. logements des internes. — B, B Malades payants. — C, C, C, C Malades. — D Services généraux et cliniques. — E Bains. — F Communauté et chapelle. — G, G, G, G Contagieux. — H Dissection. — J Buanderie. — K Maternité. — K' Infirmerie de maternité. — L, L Malades à observer. — M Réservoir d'eau. — N, N, N Galeries de communication.

bre de chauffe du calorifère, dépôt de combustibles, salle de jour et réfectoire de convalescents, etc. On voit ainsi que chaque pavillon forme, en quelque sorte, un petit hôpital indépendant pour les services les plus fréquents.

Salles. Examinons maintenant quelle doit être la disposition de la *salle d'hôpital*, c'est-à-dire de l'élément essentiel de l'établissement. Nous avons déjà parlé de son orientation ; nous avons dit aussi qu'elle doit être percée de fenêtres sur chacun de ses longs côtés, afin d'assurer un jour convenable sur tous les points et permettre de renouveler rapidement l'air à l'intérieur. Pour déterminer les dimensions de la salle, il faut compter sur une superficie assez importante accordée à chaque malade ; l'expérience a prouvé qu'on ne saurait en racheter la longueur et la largeur par une hauteur même considérable. Il

est avantageux aussi pour les malades de ne pas se trouver réunis en trop grand nombre dans une même salle. Le chiffre de 50 et 40 lits par salle est trop fort, celui de 32 ne doit pas être dépassé ; encore faut-il qu'un certain nombre de lits, 2 ou 3, restent vides comme lits de rechange. Ces lits, de 1 mètre de large, sont habituellement disposés sur deux rangées, qui s'appuient contre les murs longitudinaux. Les trumeaux des fenêtres doivent avoir la largeur nécessaire, 3 mètres, pour comprendre deux lits et la ruelle qui les sépare, ainsi que le montre le plan ci-joint (fig. 387) qui représente une des salles de l'hôpital de Lariboisière. La largeur même des fenêtres étant de $1^m,40$ au minimum dans les embrasures, l'espacement de ces ouvertures, d'axe en axe, peut être fixé à $4^m,40$ environ. La salle ne devant pas avoir moins de 9 mètres de largeur dans œuvre, la longueur des lits étant de 2 mètres et leur tête ne touchant pas au mur, il en résulte, pour le passage central, une largeur de 5 mètres environ, qui permet, en cas

(1) Cette figure est empruntée au *Traité sur l'étude et les progrès de l'hygiène en France*, par MM. H. Napias et A.-J. Martin, Paris, G Masson, éditeur, 1882.

de nécessité absolue, d'ajouter une rangée de lits disposés dans le sens de la longueur de la salle. La hauteur de celle-ci doit être de 5 mètres environ. Dans ces conditions, l'espace cubique par lit est de 50 mètres, chiffre qu'il faut considérer comme un minimum, sans préjudice du système de ventilation à établir pour donner le volume d'air pur nécessaire à la salubrité. C'est ce chiffre ou peu s'en faut qui est donné par les hôpitaux de Paris, de Londres et de Berlin. Les hôpitaux d'Italie sont généralement les mieux pourvus sous ce rapport, car la capacité des salles s'élève souvent à 70 et 80 mètres cubes par lit. Nous avons vu que les salles placées au rez-de-chaussée doivent être élevées sur caves à une hauteur de 0m,60 au moins au-dessus du sol. Dans les hôpitaux construits suivant le système Tollet, les pavillons sont élevés sur des piles isolées en brique ou en meulière, et cette disposition remplace très avantageusement les sous-sols complètement clos, qui restent toujours sombres et humides.

Des dispositions spéciales sont à prendre pour éviter dans les salles tout ce qui est de nature à donner de la poussière, à offrir des réceptacles à la saleté ou aux insectes, à s'opposer au renouvellement de l'air. Les parois doivent être rendues imperméables et susceptibles d'être lavées à grande eau, à l'aide de 3 couches de peinture à l'huile sur enduit lisse, tandis que les surfaces extérieures doivent laisser leurs pores ouverts à l'influence sanitaire de l'air libre et des vents. Ces enduits et peintures, en bouchant les pores des matériaux, détruisent, il est vrai, le bon effet de la ventilation naturelle qui s'effectuerait par filtrage, sous l'action des vents et des différences de température sur les deux faces; mais cette ventilation, trop peu régulière, ne compenserait pas les avantages du lissage et de l'imperméabilisation des parois internes. Les plafonds doivent être exécutés en plâtre, peints à l'huile, autant que possible et ne pas présenter de ressauts. Tous les angles intérieurs seront arrondis; les planchers parquetés et frottés ou mieux revêtus d'une mosaïque imperméable avec pentes, caniveaux et gargouilles nécessaires pour faciliter les grands lavages.

Quant à la forme que présente la section des salles, elle est généralement rectangulaire. Nous

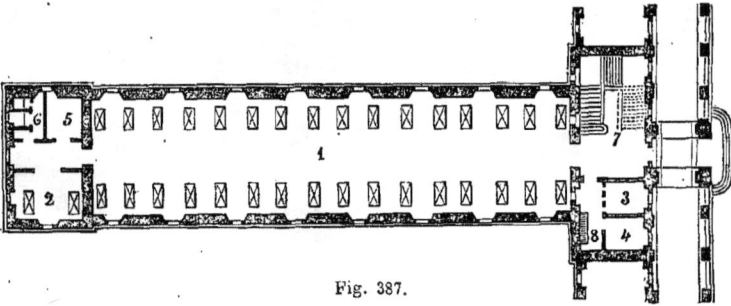

Fig. 387.

croyons cependant devoir signaler une section toute particulière, appliquée dans le système Tollet et qui paraît devoir donner d'excellents résultats. A Montpellier, l'enveloppe des salles est composée d'une ossature en fer, de forme ogivale, avec remplissage des parois internes en briques de 0m,05, encastrées dans les nervures des arceaux métalliques. La voûte ainsi constituée produit une poussée très faible sur les pieds-droits et, combinée avec l'ossature, permet d'assurer la stabilité de la construction, sans le secours de tirants, de contre-forts, etc. De plus, dans les salles dégagées d'étages supérieurs, la voûte ogivale remplace avantageusement le lanterneau qui surmonte fréquemment ces salles; l'air vicié s'accumule de tous les points de la salle dans l'angle dièdre curviligne du faîtage, et trouve là des ouvertures d'évacuation munies de registres, réparties sur différents points du sommet.

Dépendances des salles. Chaque salle doit avoir des annexes particulières, telles que pièces d'isolement pour certains malades, chambres de surveillants, water-closets, salle de bains, etc. Nous avons vu quelle était l'importance de ces services annexes dans les hôpitaux du système Tollet. La figure 387 indique l'emplacement de ceux qui sont affectés aux salles de l'hôpital Lariboisière. On voit sur ce plan : 1, la salle collective ; 2, une chambre à 2 lits affectée aux malades qui doivent être isolés ; 3, le cabinet de la surveillante ; 4, un office avec baignoires ; 5, un dépôt de linge sale ; 6, des latrines ; 7, le grand escalier ; 8, l'escalier de service. Les grands escaliers doivent être larges, faciles, bien éclairés et composés de rampes droites, séparées par des paliers de repos.

On ne saurait prendre trop de précautions pour s'opposer à la communication avec les salles des mauvaises odeurs qui proviennent des privés et soit du dépôt de linge sale, soit du trou par lequel, dans les hôpitaux de construction récente, ce linge tombe dans des wagonnets qui le transportent immédiatement à la buanderie. Il faut toujours interposer entre ces services, dits *infectieux*, et la salle, un vestibule largement aéré et chauffé en hiver. De plus, les sièges, les urinoirs, les fosses doivent être construits d'après les meilleurs systèmes connus. Quand on peut disposer d'une grande quantité d'eau et chasser dans une rivière voisine, à courant rapide, les matières fécales et les eaux ménagères, il faut négliger la valeur des engrais qu'on peut en tirer et adopter

les systèmes anglais et américain. Un égout collecteur reçoit tous les tuyaux des fosses d'aisance ;
on y fait couler l'eau des bains, des cuisines, des
buanderies, etc., et, grâce au courant qui s'y
établit, les excréments et les eaux vannes sont
rapidement charriées au loin. Avec un pareil système, des cuvettes à siphon ou à fermeture hermétique et une bonne surveillance, cette partie
importante du service ne laisse rien à désirer. Si
les conditions nécessaires pour le réaliser font
défaut, le procédé le plus efficace est l'emploi des
appareils diviseurs, avec désinfection des matières par le sulfate de fer ou le chlorure de
zinc.

Services annexes. Outre la petite salle de bains
attenante à chaque salle de malades, les hôpitaux
doivent avoir un local spécial où le service bal-
néaire est installé avec tout le soin que mérite
son importance. Tout d'abord, les salles de bains
doivent communiquer à couvert avec les salles
de malades et en être le plus rapprochées possible. Elles sont habituellement disposées soit dans
un pavillon particulier, soit dans le corps de logis
qui renferme les principales dépendances de l'é-
tablissement. Ce service comprendra, pour être
installé d'une manière satisfaisante : un générateur à vapeur ; une salle pour bains gazeux ; une
autre pour l'hydrothérapie, avec tout le matériel
nécessaire à l'administration si variée des dou-
ches ; une salle de repos ; une ou plusieurs salles
communes de 8 ou 10 bains chacune ; quelques
chambres à un bain chacune.

Les cuisines et les buanderies doivent être assez
éloignées des salles pour que les vapeurs nauséa-
bondes qui s'en dégagent soient sans inconvénients. La cuisine est installée soit à rez-de-chaussée dans le pavillon des *services administratifs,*
soit dans un bâtiment particulier. Elle doit être
vaste et dallée, de préférence, en ciment. Les parois seront aussi revêtues d'un enduit en ciment
sur deux mètres de hauteur ; le reste sera enduit
en plâtre et peint à l'huile. On donne à la cuisine
comme annexes : un sous-sol, une laverie, un
réduit pour l'épluchage des légumes, des magasins, des espaces réservés pour la distribution
des vivres. La buanderie renferme les dispositions spéciales pour chacune des opérations du
blanchissage (V. ce mot). On doit encore tenir
éloignées des pavillons de malades : les salles
d'opérations et d'autopsies et la salle des morts,
en leur donnant des issues particulières au dehors.
Nous ne pouvons nous arrêter à décrire les dispositions à donner à ces derniers locaux ; nous nous
contenterons de recommander pour eux une large
distribution d'eau, d'air et de lumière, condition
indispensable pour la propreté absolue qui doit
y régner.

Les *services administratifs* comprennent : les
bâtiments destinés au logement du directeur et
des divers employés, la pharmacie, la tisanerie,
la dépense, des magasins où sont conservés les
vivres, les vins et alcools, très fréquemment la
cuisine et la buanderie, un atelier de couture, un
local pour les vêtements que les malades ne conservent pas sur eux et une chambre pour

soumettre ces effets à des fumigations, des bureaux, une chambre de garde, une salle de conseil
où seront déposés les registres médicaux. Tous
ces services doivent être disposés, suivant les
circonstances locales, de telle sorte que le repos
des malades soit le moins possible troublé par
le mouvement des relations avec l'extérieur et
que le service soit établi dans de bonnes conditions.

Dépendances diverses. Tout hôpital doit aussi
renfermer une chapelle ouverte à tous les cultes
reconnus par la loi.

Des promenoirs couverts et des cours plantées
d'arbres sont nécessaires pour les convalescents.
Les intervalles entre les pavillons des malades
doivent être également plantés d'arbustes et semés de pelouses. Ces arbres et arbustes sont
choisis parmi les essences variées convenant au
terrain et au climat. Il serait bon, dans les régions
ensoleillées, d'établir des bassins avec jets d'eau
au milieu des pelouses. Le trop plein de ces bassins ainsi que les eaux pluviales s'écouleraient
d'abord à l'air libre, puis par les tuyaux servant
à l'évacuation des eaux sales, afin de contribuer
à leur nettoiement. Il faut surtout éviter la
stagnation des eaux. A cet effet, tous les bâtiments doivent être accompagnés de revers pavés,
fortement inclinés, et les ruisseaux doivent avoir
une pente très prononcée. La surface des cours
doit être bombée et bien entretenue. Les tuyaux
affectés à la canalisation des eaux sales seront à
parois lisses et imperméables, avec un diamètre
calculé pour que l'écoulement se fasse à pleine
section ; tous les bâtiments doivent être pourvus
d'obturateurs hydrauliques.

Enfin, si les sources d'alimentation d'eau ne
sont pas très voisines, il serait bon d'établir un
réservoir d'une contenance de 50 à 100 mètres
cubes qui aurait pour but de parer aux cas de réparation des tuyaux de conduite extérieurs. Si le
sol est incliné, ce réservoir serait placé dans la
partie culminante du terrain et recouvert d'une
épaisse couche de terre, le fond du radier étant
de 1^m,30, au moins, au-dessus du niveau des salles
les plus élevées.

HÔPITAUX SPÉCIAUX. Presque toutes les conditions que nous venons de passer en revue
s'appliquent également aux hôpitaux *spéciaux,*
quand ils ne sont pas réunis aux hôpitaux généraux, pour former ce que l'on pourrait appeler
des hôpitaux *mixtes.* Mais, parmi ces établissements spéciaux, il en est qui méritent plus particulièrement de fixer notre attention : ce sont les
Maternités. De toutes les constructions hospitalières, ces dernières sont peut-être celles où les
réformes actuelles sont le plus nécessaires. Pour
ne pas sortir du cadre qui nous est imposé par la
nature même de cet ouvrage, nous nous bornerons
à emprunter au savant traité de MM. Napias et
Martin sur l'*Hygiène en France* les conclusions
suivantes, récemment adoptées par la Société de
médecine, à la suite d'un rapport de M. le docteur
Thévenot :

« 1° Les recherches expérimentales les plus récentes, ainsi que les déductions de la clinique,

permettent aujourd'hui d'affirmer que la maladie des femmes en couches qu'on désigne sous les noms de *fièvre puerpérale, infection puerpérale, septicémie puerpérale,* est éminemment contagieuse ;

2° La contagion se fait par les tiers, par les pièces de pansements, par les instruments, par les objets qui servent à la toilette, enfin par l'air ambiant ;

3° Ces causes de contagion ne peuvent être prévenues qu'autant que les Maternités ne se trouveront pas directement réunies à un hôpital général et que, dans les Maternités, les bâtiments des femmes en couches seront rigoureusement séparés des infirmeries ;

4° Les femmes accouchées doivent être isolées au moins les six premiers jours qui suivent l'accouchement ; les femmes, apportées du dehors et suspectes, seront isolées dans des bâtiments spéciaux ;

5° Il y aura un personnel médical et un personnel d'infirmiers, d'une part pour le service d'accouchements et, d'autre part, pour le service des infirmiers ;

6° Le personnel médical devra s'abstenir de pratiquer des autopsies, de faire des dissections, de manier des pièces anatomiques, de faire des pansements chirurgicaux ;

7° Dans les Maternités, on emploiera les différents moyens et méthodes de désinfection ; toutes les précautions antiseptiques devront être prises ;

8° Les bâtiments destinés à recevoir les femmes en couches doivent être isolés, ne contenir qu'un petit nombre de chambres ayant chacune un lit, et être aérés sur toutes les faces ;

9° Les mesures recommandées dans ces derniers temps pour assurer la salubrité des locaux hospitaliers seront *à fortiori* appliquées dans les Maternités ;

10° Une étuve à désinfection sera installée dans chaque Maternité. »

Aération. Ventilation naturelle ou artificielle. Chauffage. Éclairage. Le chauffage, la ventilation et l'éclairage des salles d'hôpital ne sont que des cas particuliers de la grande question du chauffage et de la ventilation des édifices publics, question qui se trouve traitée, avec tout le développement et la compétence qu'elle comporte, dans des articles spéciaux de notre *Dictionnaire,* auxquels nous renvoyons nos lecteurs. Il nous suffira d'énumérer ici les quelques dispositions particulières affectées au genre d'établissements que nous étudions. Disons de suite, que s'il était possible de les appliquer en toute saison, l'aération et la ventilation naturelles sont toujours préférables à l'emploi de procédés artificiels. Nous distinguons ici entre *l'aération,* qui est l'exposition à l'air et à la lumière et la *ventilation* proprement dite, qui est due à des courants atmosphériques, et qui a pour effet de renouveler l'air des salles, d'en purifier constamment l'atmosphère. C'est pour qu'elles soient exposées de tous côtés à l'air et à la lumière que l'on place, de nos jours, les salles de malades dans des pavillons séparés, lar-

gement espacés. On ne saurait trop insister sur la nécessité de faire pénétrer la lumière à flots ; il est toujours facile, au moyen de persiennes, d'en modérer l'intensité.

La ventilation naturelle s'effectue par les fenêtres, par les portes et par les ouvertures communiquant avec l'extérieur. Les cheminées et les foyers ouverts y concourent activement pendant la saison froide. Ce mode de renouvellement de l'air, si rapidement vicié par les exhalations organiques d'individus malades, est d'une importance capitale, au point de vue de la salubrité des salles. En effet, la quantité d'air qui parcourt ces salles dans un temps donné, lorsque les fenêtres sont largement ouvertes, est hors de toute proportion avec ce qu'on obtient par les appareils de ventilation les plus puissants. Dans les salles d'hôpital, les fenêtres doivent être nombreuses, opposées, ou mieux alternant avec les trumeaux de la face opposée. Elles doivent être larges et hautes et monter presque jusqu'au plafond, car c'est vers la partie supérieure que s'accumule l'atmosphère échauffée des salles. Elles doivent aussi descendre assez bas pour qu'on obtienne des courants d'air jusqu'au niveau des planchers. Dans les salles de 5 mètres d'élévation, ces ouvertures auront une hauteur moyenne de 4 mètres à 4^m,25 ; elles seront divisées en deux ou trois compartiments, et le compartiment supérieur sera fermé par un châssis vitré, mobile autour d'un axe. Une tringle en fer ou une corde passant dans une poulie permet de régler le degré d'inclinaison du châssis, qu'un contre-poids tend continuellement à fermer. Le châssis, s'ouvrant obliquement et ne s'abaissant pas jusqu'à l'horizontale, dirige les courants d'air vers le haut de la salle et protège les malades contre leur action directe. Les deux compartiments inférieurs de la baie peuvent être fermés par des châssis semblables à celui du haut, ou bien on peut les réunir et y mettre des croisées ordinaires.

Parmi les nombreux systèmes adoptés pour la *ventilation artificielle* des hôpitaux, les uns n'ont pour agent que le calorique qui se développe dans les salles mêmes occupées par les malades, et se rapprochent sensiblement de la ventilation naturelle ; les autres sont plus dispendieux : ils nécessitent des machines et des dispositions spéciales. Le plus simple de tous est le suivant : l'air extérieur pénètre par des ouvertures pratiquées au plancher de la salle, à la partie inférieure des murs, s'échauffe dans la salle, devient plus léger, monte vers les points plus élevés et s'échappe par des ouvertures semblables aux premières, percées au plafond ou à la partie supérieure des murs. Ce système, suffisant dans la saison chaude, est tout-à-fait inacceptable dans les grands froids, le chauffage exigeant la fermeture des bouches d'appel. Un autre système, peu différent et assez satisfaisant en hiver, consiste à conduire, par des tuyaux, l'air venant du dehors dans une gaîne qui enveloppe un poêle placé à l'une des extrémités de la salle. Cet air s'échauffe rapidement au contact du poêle : pénètre dans la salle par des bouches, dites *de chaleur,* pratiquées sur la gaîne enveloppe; monte, grâce à son excès de température, vers les parties supérieures; redescend le long des murs, au contact desquels il se refroidit un peu et se disperse dans la salle. L'excès de pression, produit par son entrée incessante, permet à cet air de s'échapper par les joints des portes et des fenêtres ou par des bouches de sortie pratiquées dans le plancher ou dans la muraille. Que l'on transporte ce poêle dans le sous-sol et que l'on conduise sa gaîne et ses bouches de chaleur à travers les planchers et les murailles jusque dans les salles, on a le point de départ des calorifères au moyen desquels on obtient le chauffage et la ventilation réunis.

Quant aux procédés de ventilation artificielle, les résultats qu'ils produisent sont rarement proportionnés aux frais qu'ils occasionnent. La mortalité n'a pas diminué d'une manière sensible dans les hôpitaux où l'on a installé des appareils ventilateurs. Mais, pour réduire ceux-ci à leur juste valeur, il n'est pas nécessaire de les supprimer. Tant qu'on peut ouvrir les fenêtres, ils sont, il est vrai, à peu près inutiles; mais pendant les longues nuits d'hiver et les grands froids, ils peuvent contribuer, d'une manière efficace, à la salubrité des hôpitaux. Il y a deux procédés en vigueur: la ventilation *par appel* et la ventilation *par propulsion*. Dans le premier cas, on attire l'air vicié hors des salles et l'on fait ainsi appel à l'air pur; dans le second, on insuffle de l'air pur et l'on expulse une même quantité d'air vicié. Les cheminées et les foyers à air libre sont de puissants instruments de ventilation, qui agissent par appel d'air vicié. Mais ce mode de renouvellement de l'air exige que le foyer soit allumé et l'on ne peut pas toujours satisfaire à cette condition; d'ailleurs, il est insuffisant lorsque la température extérieure n'est pas très basse. Il est, de plus, très dispendieux, surtout en raison de la grande perte de chaleur, qui atteint 88 0/0. Ce système est cependant en vigueur en Amérique. Les meilleurs procédés sont ceux qui reposent sur le principe de la combinaison du *chauffage* et de la *ventilation* (V. ces mots). Bornons-nous à citer quelques-unes des applications faites dans certains établissements de création ancienne ou récente.

Deux hôpitaux sont pourvus, à Paris, d'appareils ventilateurs par propulsion, ce sont: l'hôpital Necker, où fonctionne le système du docteur Van Hecke et les pavillons de droite de l'hôpital Lariboisière, où sont placés les appareils à vapeur construits par Farcot (système fusionné des ingénieurs Thomas, Laurens et Grouvelle). Dans ce dernier établissement, la ventilation produite s'élève, dans l'état normal, à plus de 60 mètres cubes par lit et par heure. On pourrait la doubler, en cas de maladies contagieuses ou d'épidémies qui obligeraient à encombrer les salles. Trois des salles de ce même édifice sont chauffées à l'eau chaude et ventilées par appel, suivant le système Léon Duvoir. Ces appareils donnent de bons résultats; mais ils exigent des dépenses considérables de premier établissement.

Au nouvel hôpital civil et militaire de Montpellier, il y a double système de ventilation d'hiver et d'été. En hiver, ce procédé se combine avec le chauffage; celui-ci a lieu: 1° par un calorifère avec chambre de chauffe, placé en soubassement; 2° par une large cheminée ventilatrice adossée à l'un des pignons et munie d'un appareil Fondet spécial. Les orifices d'introduction d'air chaud ou bouches de chaleur, au nombre de cinq, sont munis de registres et peuvent distribuer dans la salle 120 mètres cubes par lit et par heure, à la vitesse de $1^m,25$ par seconde. L'évacuation de l'air vicié a lieu dans les mêmes proportions et à une vitesse un peu supérieure: 1° par la cheminée; 2° par trois gaînes d'une section suffisante, l'appel étant produit par le passage des tuyaux de fumée de la cheminée du calorifère et par l'appareil Fondet. En été, il y a ventilation diurne, par les ventouses inférieures, les portes et croisées, et, comme nous l'avons dit plus haut, par les échappements munis de registres de l'angle dièdre du faîtage; ventilation nocturne, au moyen de l'introduction d'air neuf par les ventouses inférieures et par les impostes des portes et des croisées ouvrant à soufflet dans leur partie supérieure, à raison de 100 mètres cubes d'air par heure et par lit. L'air vicié, dans ce dernier cas, est évacué, en mêmes proportions, par l'angle dièdre curviligne du faîtage. A l'hôpital de Saint-Denis, construit récemment par M. Laynaud, suivant le système Tollet, les pavillons sont élevés sur piles et c'est dans ces sous-sols à ciel ouvert que sont installés des calorifères du système Michel Perret, foyers à étages multiples, analogues aux fours à pyrites, permettant de brûler toute espèce de combustibles pulvérulents, tels que la poussière de charbons maigres, de houilles pauvres et de coke, la sciure de bois et les résidus des autres foyers. Les conduites d'air chaud longent les parois des pavillons et aux deux extrémités de chaque trumeau correspond une bouche de chaleur. Au centre des salles, existe, en outre, un poêle de fonte qui complète le chauffage et établit un tirage d'air produisant la ventilation. Celle-ci est favorisée par les nombreuses et larges ouvertures de la salle, par des volets placés au-dessous des fenêtres.

Ajoutons, en terminant l'examen de cette question du chauffage et de la ventilation, que nous voudrions voir adopter le système suivant: foyers ouverts dans les salles de malades et usage simultané des poêles calorifères ou de la vapeur. Le chauffage à l'eau chaude a l'avantage de ne pas surcharger l'air des salles et de ne lui communiquer aucune propriété nuisible; mais il est très coûteux d'installation et d'entretien.

Des appareils d'éclairage doivent être installés dans toutes les parties de l'établissement. Il sera bon d'employer l'éclairage électrique, dès que ce procédé sera assez perfectionné pour donner une lumière douce et économique. Si l'on fait usage du gaz dans les salles de malades, il importe de surmonter les becs de conduits évacuateurs, de façon à porter au dehors les produits de la combustion et à contribuer à la ventilation.

Aspect architectural. Tous les grands hôpitaux de Londres et de Paris ont un aspect monumental plus ou moins accusé et qui varie avec la date de leur construction. En Italie surtout, ces établissements sont ornés de façades somptueuses. Nous ne sommes nullement partisan de ces dépenses faites pour le regard et contrastant avec le dénûment des malheureux qui y reçoivent l'hospitalité. Le véritable genre de beauté qui nous paraît convenir à ces édifices, réside dans la bonne ordonnance de la construction, dans la simplicité des formes, dans l'harmonie des proportions.

Mobilier des salles. Parmi les meubles spéciaux que doit renfermer un hôpital, le lit est naturellement le plus essentiel. Il doit être en fer, sans rideaux, peint de couleur claire, avec un sommier élastique, matelas de crin, couverture de laine et traversin. La tête du lit doit porter une tablette sur laquelle se placent les médicaments, tisanes, pancarte, etc. A chaque malade, il faut une table de nuit garnie d'une tablette assez large pour qu'il puisse, au besoin, y prendre ses repas, une chaise et une gibecière ou pochette pendue à la tête de son lit. Tel est le mobilier personnel du malade. Le cabinet de l'infirmier en chef ou de la surveillante renfermera, outre un mobilier un peu plus complet que celui des malades, plusieurs grandes armoires fermant à clef et contenant du linge de rechange. Les fenêtres doivent être garnies de volets persiennes et de grands rideaux blancs, sans grillages, ni barreaux. Ajoutez à cela, un nombre suffisant de vases de nuit, de chaises percées, bassins, plats et urinoirs, toujours tenus dans un état de propreté absolue. Enfin, tout hôpital a besoin d'un certain nombre de lits hydrostatiques et de lits mécaniques, en nombre variant suivant la nature et la gravité des malades qui y sont soignés.

Hôpitaux temporaires. A côté des idées généralement admises pour la construction des hôpitaux permanents, il importe de tenir compte de cette opinion toute nouvelle, mais partagée par des hommes compétents, qui réclame la suppression de ces grands édifices, difficiles à assainir et dispendieux, pour les remplacer par des *hôpitaux-baraques* renouvelés, dans presque toutes leurs parties, tous les dix ou quinze ans. Parmi les hommes qui préconisent ce changement radical, il faut citer MM. Jœger et Sabourand, qui furent chargés, pendant le siège de Paris, de la construction des baraquements des ambulances du Luxembourg et du Jardin des Plantes. Ces architectes, dans un Mémoire qu'ils ont publié récemment, rappellent les résultats très satisfaisants obtenus par les hôpitaux-baraques provisoires, établis pendant les dernières guerres, en Europe et en Amérique, et présentent un projet dans lequel, ils s'efforcent de donner à ces constructions le plus possible des avantages des hôpitaux permanents, tout en évitant leurs inconvénients. Dans ce projet, nous signalerons particulièrement l'ossature en fer, les doubles parois en briques, la double toiture, le sous-sol contenant

les appareils de chauffage et la lanterne avec volets persiennes mobiles permettant de régler la ventilation. Ces hôpitaux, assurent les auteurs du projet, pourraient être démolis, sauf la carcasse métallique et reconstruits tous les dix ou quinze ans. Il y a là de très intéressantes dispositions, mais la nécessité d'une réforme aussi radicale que celle du remplacement des hôpitaux permanents par les hôpitaux-baraques ne nous paraît pas encore démontrée. Nous reconnaissons, au contraire, que ces constructions légères sont d'un emploi très judicieux, lorsqu'elles affectent forcément le caractère provisoire, par exemple, en temps de guerre. Plus faciles à installer et moins coûteux encore sont les hôpitaux *sous tentes*, qui appartiennent à cette même classe d'établissements temporaires. Mais nous ne nous étendrons pas davantage sur ce sujet, nous bornant à renvoyer le lecteur aux détails donnés, dans cet ouvrage, à l'article BARAQUEMENT. — F. M.

HOQUETON. *T. de cost. milit. anc.* Sorte de sayon à manches, à l'usage des archers du moyen âge, et qui était fait en étoffe ou en cuir.

HORLOGE, HORLOGERIE. Le mot *horloge*, d'où dérive *horlogerie*, vient du grec *hôra*, heure, et *légô*, j'indique. L'industrie de l'horlogerie a pour but la création d'appareils mécaniques destinés à mesurer l'écoulement du temps exprimé en jours, heures, minutes, secondes et fractions de secondes.

— Les anciens mesuraient ce temps au moyen de *cadrans solaires*, de *sabliers* et de *clepsydres*. Au début de l'ère chrétienne, on connaissait déjà les clepsydres à rouage. Le principe de ce genre de transmission de force se trouve exposé dans Aristote. C'est ce qu'il appelait le *mouvement des cercles contigus* (fig. 388); cependant, nous ne remonterons pas, quant à la partie historique de

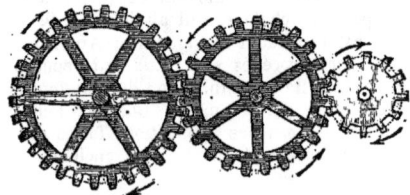

Fig. 388.

notre sujet, plus haut que le xe siècle, parce que c'est vers cette époque que prit naissance l'horlogerie purement mécanique et qu'elle succéda à l'horlogerie hydraulique. Cette transformation, d'une très grande importance, eut lieu par suite : 1º de la cessation de l'emploi de l'eau comme force motrice, et de son remplacement par un poids suspendu à une corde enroulée sur l'axe du premier engrenage mobile de la clepsydre ; 2º de l'invention, et de l'application à la dernière roue de ce rouage, du premier de ces dispositifs qu'on a depuis désigné sous le nom général d'*échappements*.

Le véritable art de l'horlogerie ne fut donc fondé que le jour où on inventa l'échappement et le poids mort agissant comme moteur sur une roue. On en attribue la découverte, sur de sérieuses présomptions, à Gerbert, qui fut pape en 995, et qui exécuta certainement l'horloge célèbre de Magdebourg; enfin, au XIIᵉ siècle, le mécanisme était complété par la sonnerie automatique dont on trouve trace pour la première fois dans les *Usages de l'ordre de Citeaux* (1120) qui prescrit au sacristain de régler l'horloge de façon à ce qu'elle sonne pour les matines. La véritable horloge était fondée.

Nous signalerons tout d'abord les horloges à automates qui atteignent souvent des dimensions et des complications extraordinaires. Une des premières, qui date du XIVᵉ siècle, est celle de Lunden, en Suède, qui s'ouvrant à chaque heure, montrait la Vierge Marie assise sur un trône et présentait l'enfant Jésus à l'adoration des Mages, aux sons des trompettes. Au-dessous, deux chevaliers se frappaient d'autant de coups de lance qu'il y avait d'heures à sonner. En France, les figures de ces sortes de monuments étaient nommés *Jacquemarts*. Le plus célèbre est celui de Dijon, que le duc Philippe-le-Hardi avait enlevé à la ville de Courtrai. Le Nord en est rempli, il en existait aussi à Sens, à Auxerre, à Metz, etc. L'horloge monumentale la plus célèbre, peut-être, est celle de la cathédrale de

Strasbourg qui était comptée au XIVᵉ siècle parmi les merveilles de l'Alsace. Elle marque, avec les heures, toutes les positions des astres, le quantième, la lettre dominicale, les saints du jour, etc. La Mort frappe les heures et les quatre âges de la vie sonnent les quarts. A midi, le coq perché sur une des tours bat des ailes et chante trois fois, et les douze apôtres viennent s'incliner successivement devant le Christ. Cette magnifique œuvre d'art était restée longtemps muette. Un habile horloger de Strasbourg, Schwilgué, a passé plusieurs années à la réparer, et depuis 1842, elle se montre de nouveau dans toute sa splendeur à l'admiration des visiteurs de la cathédrale (fig. 389).

La première horloge publique, à sonnerie authentique construite par un français (Beaumont), existait à Caen, en 1314. Quelque temps après, en 1370, une autre avait été installée au Palais de Justice actuel sous Charles V; elle était l'œuvre de l'allemand Henri de Vic, et avait coûté huit années de travail Après de nombreuses réparations, elle a été définitivement remplacée, de nos jours, par une autre dont le mécanisme est

L. Desmarest. D   ANDREW. BESTELLE
Fig. 389 — *Horloge de Strasbourg.*

d'une rare perfection. Les horloges à mécanisme allégorique et symbolique ont été abandonnées pendant plusieurs siècles. On y revint un instant sous Louis XIV, pour donner lieu à flatter la faiblesse de ce roi pour les plates adulations. Il était figuré à cheval sur l'horloge de Versailles, et la Victoire venait à chaque heure le couronner, pendant que les Amours frappaient sur des boucliers portés par des guerriers. Le mécanisme en était d'ailleurs très remarquable..

Les premières montres authentiques firent leur apparition à Nuremberg, vers 1500. Si nous en jugeons par une de ces pièces que nous avons eue sous les yeux, elles étaient fort grosses, de forme ovale; ce qui leur a valu le nom d'œufs de Nuremberg, et elles devaient être fort gênantes lorsqu'on essayait de les porter sur soi.

Les progrès de l'horlogerie furent plus rapides en France que partout ailleurs. Il existe dans beaucoup de collections, publiques ou particulières, des montres de la Renaissance qui sont, vu la pénurie des moyens mécaniques du temps, de véritables chefs-d'œuvre de goût et de délicatesse d'exécution.

Les guerres de religion et la révocation de l'Edit de Nantes désorganisèrent cette industrie. La Suisse, l'Angleterre, la Hollande et l'Allemagne s'enrichirent de nos pertes. Cela n'empêcha pas, qu'au point de vue de la science et de l'invention, les horlogers français restèrent au premier rang. C'est à leurs travaux et, ajoutons pour être justes, à ceux des horlogers anglais, qu'on doit le chronomètre de marine, ce chef-d'œuvre de la science appliquée unie à une prodigieuse habileté de la main.

TECHNOLOGIE. Toute machine à mesurer le temps est donc formée par l'ensemble : 1° d'un moteur (poids, ressorts, air comprimé, électricité, etc.); 2° d'un rouage ou train d'engrenages, transmettant l'effort moteur à l'échappement ; 3° d'un échappement (à mouvements saccadés ou continus), c'est-à-dire d'un petit système mécanique, à la fois modérateur et régulateur, et propre à empêcher que le travail du moteur ne s'épuise trop vite.

Moteur et rouage. Sur le cylindre a (fig. 390), tournant sur deux tourillons, est enroulée une cordelette à laquelle est suspendu le poids moteur P. La roue b, solidaire du cylindre a, transmet l'effort du poids au pignon c, sur lequel est rivée la roue d, et la roue d au pignon suivant, et ainsi de suite. Admettant que la roue b, quoique ayant le même axe que le cylindre, soit indépendante de ce dernier, si un ressort est, par une extrémité, rivé au cylindre sur lequel on l'enroule, et que l'autre extrémité soit fixée à la roue b, celle-ci tournera sous l'action de ce ressort cherchant à se dérouler et l'effet sera le même.

Fig. 390.

C'est ce qui se passe dans les montres et les pendules. Là, sur la roue b a été soudée une haute virole enfermant un ressort roulé sur lui-même et dont une extrémité est fixée à l'axe et l'autre à l'intérieur de la virole ou tambour (fig. 391).

Échappement. On conçoit que le déroulement du rouage serait très rapide et que le poids (ou le ressort) arriverait promptement à la fin de son déroulement, si un artifice mécanique ne ralentissait pas le mouvement de la dernière roue, en ne laissant échapper ses dents que une à une, et à intervalles réguliers. C'est la fonction que remplit l'échappement.

La figure 392 nous représente l'échappement dit à folliot, le premier qui ait existé. Ce premier échappement consistait en une roue à dents aiguës agissant alternativement sur deux palettes portées par un axe commun, perpendiculaire à celui de la roue; l'axe des palettes, suspendu à un cordon, tournait sur deux pivots. Quand une dent poussait l'une des palettes, celle-ci cédait; l'axe des palettes tournait en tordant le cordon et la dent passait outre. Aussitôt qu'elle s'était avancée d'une quantité réglée d'avance, la dent opposée sur le diamètre de la roue, rencontrait l'autre palette, et ce contact donnait à l'axe un mouvement rotatoire, en sens contraire du premier. L'action continuait ainsi jusqu'à épuisement complet de la force motrice. La torsion et la détorsion de la corde jouaient, comme on le sent, un rôle actif dans tout ce travail.

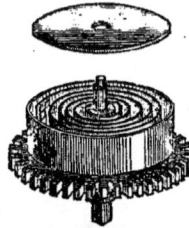

Fig 391.

Le mouvement rotatoire par demi-tours alternatifs à droite et à gauche devait s'accomplir avec lenteur. Pour lui faire remplir cette condition, une règle en métal était fixée en croix avec l'axe vertical et portait suspendu, à chacune de ses extrémités, un poids nommé régule. La règle était dentelée comme une scie, afin qu'on pût rapprocher ou éloigner les poids du centre de rotation, selon qu'il était nécessaire d'accélérer ou de retarder le mouvement de l'horloge.

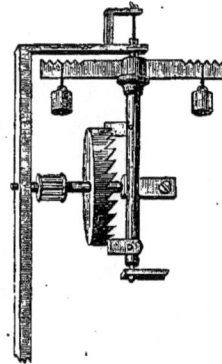

Fig. 392.

Les premières horloges étaient d'une exécution fort grossière ; elles ne marchaient que 6 heures. Le cadran tournait sur l'axe central et un index, avançant un peu vers le haut, servait à indiquer l'heure. Un de leurs premiers perfectionnements consista dans l'adjonction d'une sonnerie de réveil, puis, nous le croyons du moins, vint celle des heures. La figure 393 nous montre, de face et de profil, une ancienne horloge à réveil, à poids et contre-poids. Il suffit de tirer celui-ci pour que sa poulie à encliquetage tourne en sens contraire et remonte le poids moteur.

Un fait curieux et digne d'être signalé, c'est que les progrès de l'horlogerie n'ont pas eu pour point de départ les besoins de la science ou de la vie civile, mais bien les exigences de la vie monastique.

De nos jours, on peut classer les différents mécanismes d'horlogerie, dans deux principales divisions, offrant elles-mêmes des subdivisions : l'*horlogerie de précision*, qui comprend les chronomètres de bord et de poche, les régulateurs astronomiques, et quelques compteurs. L'*horlogerie civile* dans laquelle sont rangées les montres, les pendules, les grosses horloges de clochers, de monuments, de villes.

On pourrait former une troisième division englobant l'*horlogerie électrique et pneumatique*.

Avant de considérer dans son ensemble, chacune de ces diverses branches de l'industrie horlogère, il nous paraît nécessaire d'étudier d'abord, mais séparément, le moteur, le rouage transmettant la force motrice, et l'échappement qui la régularise, c'est-à-dire les trois dispositifs dont l'ensemble constitue un mécanisme d'horlogerie.

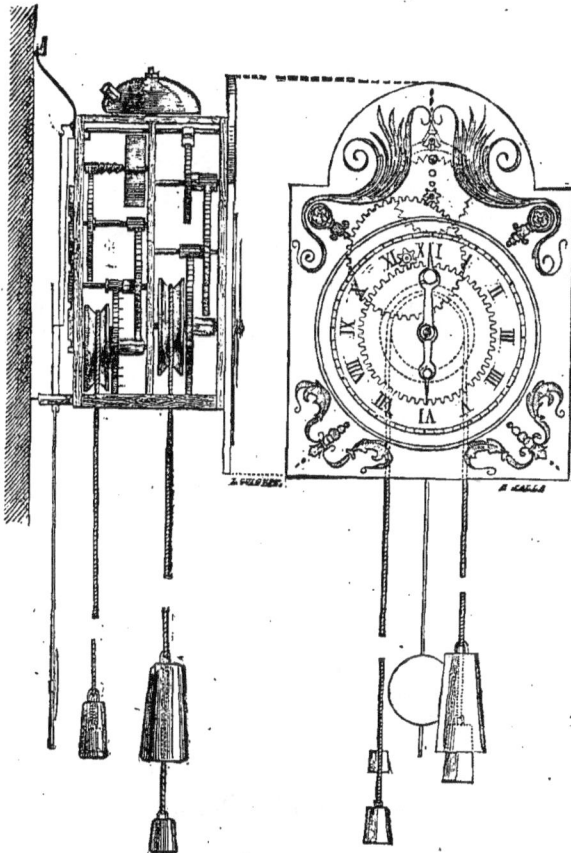

Fig. 393. — *Horloge à poids, vue de profil et de face.*

Force motrice. Une force constamment égale est ici un grand élément de succès ; on l'obtient presque avec le poids suspendu, toutefois il faut tenir compte qu'à mesure du déroulement de la corde, le poids de celle-ci s'ajoute au poids même du moteur. Une très bonne disposition, que l'on doit à Julien Le Roy, fait descendre la corde entre le cylindre, sur lequel elle est enroulée, et l'axe du deuxième mobile ; l'effort de pression se partage sur les deux premiers axes. Quant au ressort, il produit une force inégale qui va constamment en décroissant ; on a vu à l'article CHRONOMÈTRE comment on peut régulariser

l'action d'un ressort. En principe, il faut qu'un ressort fait de bon acier et bien trempé, se développe sans secousses, que dès le début de son développement, tous ses tours se détachent l'un de l'autre. Le frottement sur le fond du barillet et contre l'intérieur du couvercle peut être adouci en y pratiquant des sillons allant du centre à la circonférence. L'huile conservera plus longtemps sa fluidité et les surfaces frottantes seront diminuées.

Engrenages. La construction des engrenages destinés à la petite horlogerie, offre des difficultés lorsque l'on cherche à exécuter les dentures suivant les lois de la théorie formulées dans les *Traités de mécanique* (V. ENGRENAGE, et les *Traités d'horlogerie*, V. Moinet, C. Saunier), d'abord à cause de leurs faibles dimensions, et ensuite parce que l'horlogerie en montres, par exemple, emploie, en grande quantité, des pignons d'un petit nombre de dents, ou en terme de métier, d'*ailes* ; pignons dont une partie de la conduite, sous l'action de la dent de la roue qui mène, se fait avec un frottement inégal et rentrant. Les engrenages où la courbe des dents a la forme d'une épicycloïde, sont ceux préférés par les horlogers, et avec raison, parce qu'ils peuvent réaliser cette courbe, ou en approcher, tandis qu'il est extrêmement difficile, sinon impossible, d'exécuter dans une forme mathématique, pour en faire l'application dans les montres, l'engrenage dit *en développante de cercle*, malgré ses qualités théoriques.

Échappements. Les échappements usités dans l'horlogerie moderne sont de diverses sortes, en voici d'abord l'énumération : *échappement à détente des chronomètres* (V. ce mot), que nous connaissons ; *échappement à ancre*, dit *de Graham*, qu'on place dans les pendules et régulateurs des observatoires ; *petit échappement à ancre* (à recul ou à repos) *pour les pendules ordinaires du commerce* ; *échappement à rouleaux*, dit *de Brocot*, son créateur, et qu'on met dans les pendules de cheminées ; *échappement à chevilles* destiné aux horloges monumentales ; enfin, les deux échappements appelés simplement *échappement à cylindre* et *échappement à ancre*, à peu près les seuls qu'on rencontre aujourd'hui dans les montres modernes et les petites pendules portatives.

L'échappement à détente a été décrit à l'article CHRONOMÈTRE, nous y renvoyons.

ECHAPPEMENTS DES PENDULES. *Échappement de Graham* (fig. 394). Un pendule oscillant et entraînant par l'intermédiaire d'une barre coudée à une extrémité, et appelée la *fourchette*, l'ancre *b b'*, qui a son centre de mouvement propre, tout en oscillant avec ce pendule, constituent la partie capitale du mécanisme. La roue,

Fig. 394.

sollicitée par le rouage moteur (représenté ici par un petit poids suspendu à un fil enroulé sur l'axe de la roue), appuie sa dent *e* sur le plan incliné qui termine le bras de l'ancre de ce côté, et quand le pendule oscille vers la droite, cette dent, en pressant sur ce plan incliné, donne une impulsion à l'ancre qui la transmet, par la fourchette, au pendule. L'impulsion achevée, le bras gauche de l'ancre a pénétré entre deux dents de la roue et la dent supérieure s'appuie en *d* sur ce bras. C'est le *repos* ; la roue restant immobile. Au retour du pendule, la dent *d* lui donne une impulsion en pressant sur le plan incliné et lui échappe au moment où l'autre bras de l'ancre *b'* a pénétré entre les deux dents *e* et *e'* (qui se sont avancées). La dent *e'* va s'appuyer contre le bras *b'*, et la roue devient de nouveau immobile ; c'est le deuxième *repos*. Il cesse au retour du balancier vers la droite, quand la dent *e'* actionne le plan incliné, et donne la troisième impulsion, et ainsi de suite.

Les parties essentielles et qui demandent à être déterminées avec soin, sont : 1° l'épaisseur des becs de l'ancre dépendant de l'écartement des dents de la roue ; 2° le tracé du plan incliné ; 3° le tracé du petit arc de repos. En dehors de ces points fondamentaux, tout le reste peut varier, ainsi, par exemple, les becs de l'ancre peuvent être pointus et les dents de la roue porter des fuyants ou plans inclinés, etc.

Ces détails sont suffisants pour faire comprendre le fonctionnement de l'ensemble de l'échap-

pement ; quant aux principes qui dirigent l'artiste dans l'exécution, si on désire les connaître, il faut recourir aux traités spéciaux. Ces observations sont également applicables à toutes les descriptions qui suivent.

Échappement à ancre des pendules ordinaires. Il diffère du Graham en deux points : 1° son centre de mouvement est plus rapproché du centre de la roue ; 2° les petites surfaces de repos peuvent être concentriques ou excentriques à leur centre de mouvement, et la roue après le dégagement, au lieu de rester immobile, prend dans le deuxième cas, un mouvement de recul caractérisé. Ce recul en augmentant la résistance qu'éprouve le pendule à étendre son oscillation et en précipitant son retour, est un des éléments

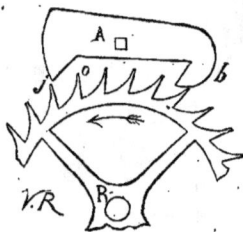

Fig. 395.

du réglage. La figure 395 nous représente un échappement à recul. Le balancier oscillant à gauche, la dent appuyée contre la courbe *b* recule d'abord, puis au retour du balancier, elle avance en chassant le bras *b* devant elle et lui échappe ; la dent *o* tombe sur le plan incliné *j*, recule d'abord sous sa pression, puis le chassant devant elle, donne une nouvelle impulsion au balancier et ainsi de suite.

Échappement à rouleaux de Brocot (fig. 396). Son fonctionnement et sa forme sont pareils à ceux du Graham. Il ne diffère de ce dernier que sur deux points : 1° le repos a lieu sur la convexité de deux petits cylindres implantés dans les bras *c, c'* de l'ancre, cylindres entaillés jusqu'à moitié ; 2° l'impulsion est donnée par la dent de la roue non plus sur un plan incliné droit, mais sur un arc de cercle embrassant le quart de la circonférence complète du cylindre. Cette disposition offre l'inconvénient que la

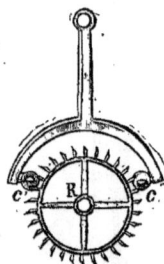

Fig. 396.

roue, quand elle donne une impulsion, marche en précipitant son mouvement et tombe au repos par une forte chute. C'est pourquoi le Brocot, excellent pour pendules d'appartement, lorsqu'il est bien construit, ne doit être placé ni dans les régulateurs de précision, ni dans les grosses horloges.

Échappement à chevilles. Le Graham lui-même ne réussit bien dans les pendules que si elles reposent sur une base non sujette à ébranlement ; et dans les horloges que si elles reposent sur une base immuable et non pas au sommet d'un clocher, et aussi lorsqu'elles ne sont pas embarrassées de longues conduites d'aiguilles, aboutissant à des cadrans plus ou moins éloignés.

L'échappement à chevilles, dans la généralité des cas, est celui qui convient aux horloges.

La figure 397 nous en présente un modèle de démonstration, où l'action du rouage est remplacée par un petit poids dont la corde est enroulée sur l'axe de la roue R. Comparé au Graham, on voit tout de suite à l'inspection du dessin, que l'ancre A n'est autre chose que l'ancre de Graham, dont on a rapproché les deux branches ; l'une plus courte que l'autre, afin que chacune des chevilles qui remplacent les dents de la roue, après chaque repos, suivi d'une impulsion sur le plan incliné des becs d et c, passe entre ces deux becs, et se dégage de l'ancre.

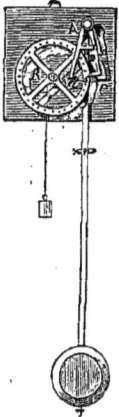

Les repos peuvent être des arcs de cercle concentriques à leur centre de mouvement, mais généralement les constructeurs les tracent de façon à produire un peu de recul progressif dans le mouvement de la roue. Ils trouvent dans la bonne proportion de ce recul un élément de réglage.

Fig. 397.

Echappement à cylindre (fig. 398). Ce système est actuellement le plus employé dans les montres de construction française et suisse. Sa roue porte au bout des dents, relevées en équerre, des plans inclinés saillants. Le balancier annulaire, qui s'ajuste en bb, est porté par un arbre cylin-

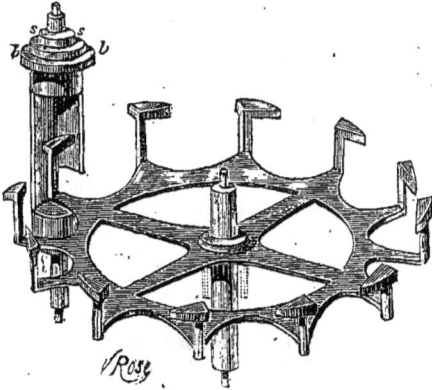

Fig. 398. — *Echappement à cylindre.*

drique, creux, et qu'on a limé de façon à ne conserver sur une bonne partie de sa longueur que la moitié de cette sorte d'écorce métallique, et, vers le bas, une nouvelle entaille, pratiquée dans ce demi-cylindre creux, en a réduit la partie conservée au 1/4 de la circonférence totale. En voici le but : comme on le voit dans la figure, une dent se trouvant arrêtée, par suite de la rotation du balancier, à l'intérieur du cylindre et celui-ci continuant son mouvement, la base du petit bras formant équerre, pénètre

dans l'entaille susdite, et c'est cette entaille qui permet au balancier d'accomplir un tour entier. Ceci, préalablement entendu, rend l'explication de l'ensemble du fonctionnement facile. Lorsque l'on remonte la montre, la roue R (fig. 399) entre en mouvement et le plan incliné d'une dent vient appuyer comme en a contre le rebord de l'écorce cylindrique, la pousse de toute la hauteur du plan

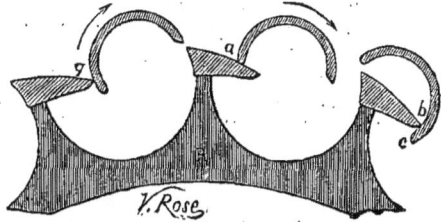

Fig. 399. — *Détail de la figure précédente.*

incliné et donne ainsi une impulsion au balancier. Le plan a ayant actionné le cylindre, tombe au repos à l'intérieur de ce cylindre comme en b. Au retour du balancier, ramené par le spiral, le plan incliné b se trouve au bord de l'écorce c, glisse dessus en la poussant en arrière, et restitue ainsi au balancier la force qu'il a perdue durant l'oscillation qu'il vient d'accomplir. La dent qui suit b, tombe alors au repos sur la partie extérieure de l'écorce, comme en q, et au retour du balancier donne une nouvelle impulsion, et ainsi de suite.

Echappement à ancre des montres. C'est celui qu'ont adopté de préférence les fabriques américaines et anglaises: Il se fait actuellement beaucoup en Suisse. Nos fabriques de Besançon ne s'y mettent que lentement, et c'est un tort, les montres à cylindre n'ont pas de chance de succès, quant à leur vente à l'étranger, où elles ont à lutter contre les montres à ancre des Américains et des Anglais.

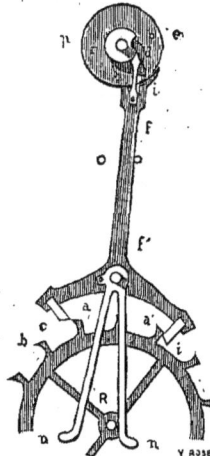

Cet échappement est une modification de celui de Graham, qui est alors approprié aux pièces portatives. Il existe une certaine variété dans les formes des échappements à ancre des montres. Celui représenté figure 400 est employé dans les belles montres des fabriques françaises et suisses. On voit que les plans inclinés d'impulsion sont partagés entre la dent de la roue et le bec de l'ancre. Ce modèle paraît réunir les meilleures qualités. Les Anglais élargissent les becs de l'ancre et font les dents de la roue pointues. Enfin, les

Fig. 400.

Américains ont apporté, dans l'ensemble, quelques modifications de détails, propres à faciliter la fabrication par les machines.

Connaissant le fonctionnement du Graham, le lecteur a dû saisir, à première vue, le fonctionnement de l'échappement à ancre des montres, que représente la figure 400. Sur un axe pivote l'ancre *a a' f'*, ses deux bras sont garnis de fuyants ou becs en saphir ou rubis. L'ancre est prolongée en *f'* par un bras *f* (*la fourchette*), terminé en enfourchement au milieu duquel a été pratiquée une entaille rectangulaire ; au-dessus d'elle s'avance, fixée par une vis sur le grand bras, une pièce terminée en pointe et qu'on appelle, de sa forme, le *dard.* L'axe du balancier porte : 1° un plateau circulaire *p e*, dans lequel est encastré, par-dessous et perpendiculairement, le *doigt de levée* en rubis, espèce de petit tenon, qu'en face de *e* indique un petit espace ovale laissé en blanc ; 2° un rouleau (entre *r* et *d*) échancré par devant, c'est-à-dire dans la partie qui fait vis-à-vis au doigt de levée (une erreur de dessin a placé cette échancrure un peu de côté). Quant à l'appendice *nn*, fixé sur l'ancre, il a pour objet de faire simplement équilibre au poids de la fourchette *f*. C'est un contre-poids.

Fonctions. Quand la roue entre en mouvement, une de ses dents, soit la dent *a*, repousse en arrière le bras *c*, et une autre dent *a'*, tombe au repos sur le bras *i*. La fourchette reste immobile, appuyée contre une cheville implantée dans la platine qui porte le tout. Ce mouvement du bras de fourchette a eu pour effet de chasser vers la droite le doigt de levée qui occupait l'espace vide rectangulaire qu'on voit au-dessous du dard. Le balancier en reçoit une impulsion, et tourne vers la droite ; mais bientôt ramené par le spiral ou ressort-réglant, il revient sur lui-même et fait rentrer le doigt de levée dans l'entaille de l'enfourchement, le doigt entraîne la fourchette vers la gauche. C'est alors que la dent *a'* actionne le bec *i*, restitue au balancier sa force perdue ; puis cette dent se dégage, tandis que la dent *b*, tombe sur le bras *c*. Un nouveau repos a lieu, il cesse quand le balancier revient sur lui-même, ramené par le spiral, et ainsi de suite.

Les cornes du grand bras *f* ont pour objet d'assurer la rentrée du doigt dans l'entaille. La fonction du dard est d'empêcher un *renversement* de l'ancre, c'est-à-dire d'empêcher que, par l'effet d'une secousse, l'ancre se détache de sa cheville d'appui et tourne de l'autre côté, ce qui dérangerait tout le fonctionnement régulier de l'échappement. Au moment où le doigt vient de rentrer entre les cornes de la fourchette, le renversement n'est plus à craindre, et, à ce moment, la pointe du dard répondant à l'échancrure du rouleau, plus rien ne s'oppose à ce que la fourchette passe de l'autre côté, où l'entraîne le doigt de levée venant d'entrer dans l'entaille rectangulaire.

Echappement Duplex tangent. L'échappement Duplex a eu longtemps, en Angleterre, une grande réputation et une vogue méritées, malgré la fragilité de son axe, l'inconvénient de son repos, se faisant en grande partie en frottement rentrant, ses

difficultés d'exécution, etc. Les facilités de fabrication de l'échappement à ancre actuel et les bons résultats qu'on en obtient ont fait complètement délaisser le Duplex. Comme l'échappement à ancre ne réussit que médiocrement dans les petites pendules portatives, dites *pièces de voyage*, M. Saunier a repris le Duplex et l'a transformé de façon à lui conserver ses qualités natives et à faire disparaître ses défauts, signalés dès l'origine. Voici en quels termes, un ingénieur-constructeur distingué, M. J. Berlioz, rend compte de cette nouvelle disposition dans les *Etudes sur l'Exposition de 1878*, de E. Lacroix : « Ce nouvel échappement applicable aux pièces d'horlogerie portatives présente les qualités suivantes : le repos sur l'axe se fait rigoureusement à la tangente ; l'entaille faite dans l'axe est un vrai réservoir à huile, et malgré cette entaille, l'axe reste fort solide. La levée qui, dans le Duplex ancien, ne pouvait pas varier pour une grandeur de roue, peut être ici plus grande ou plus petite à volonté. Ce nouvel échappement (appliqué aux pièces de voyage) réunit donc les qualités de l'ancien après avoir fait disparaître ses défauts. Voici sa description : « La roue R (roue de repos) (fig. 401) porte sur son contour de grandes dents relevées du champ (2 seulement sont représentées en R et *r*), et à l'intérieur un même nombre de petites chevilles *a*, *b*. Si on ne voulait pas implanter des chevilles dans la roue même, on placerait à l'intérieur de celle-ci une petite roue portant des dents en saillie comme *b* et *a*. La ligne pointillée de *b* en *a* représenterait alors l'épaisseur du fond de cette petite roue (*roue d'impulsion*). L'axe du balancier B est cylindrique, il est coupé à la hauteur du repos de la grande roue, d'une entaille *h*. Sur cet axe, au point de repos, est chaussée une écorce cylindrique D (vue isolée en *d*) et au-dessous de l'écorce cet axe porte le doigt d'impulsion C (vu isolé en *c*). *Fonctionnement.* Le balancier B tournant vers la droite, la dent R reste immobile, appuyée sur l'écorce D en mouvement de rotation. Au retour du balancier, cette dent R pénètre dans l'ouverture de l'écorce (qui correspond à l'entaille de l'axe). Cette dent R s'avance alors en pressant sur la lèvre de l'écorce et lui échappe au moment où le doigt *i*, qui vient de passer devant la dent *a*, se trouve en bonne position pour recevoir une im-

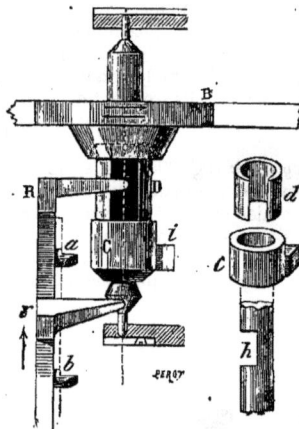

Fig. 401.
Echappement Duplex modifié.

pulsion de cette dent *a*. L'impulsion terminée, la *deuxième grande dent r* s'appuie contre l'écorce ; un nouveau repos a lieu, avec un petit recul au moment où l'entaille de l'écorce tournant vers la droite est rencontrée par la dent. Puis au retour du balancier cette dent pénètre dans l'entaille, s'en échappe et la petite cheville *b* donne une nouvelle impulsion, et ainsi de suite.

CHRONOMÈTRES, HORLOGES, PENDULES, MONTRES

Nous connaissons, par le détail, ce qui constitue le fond de toute machine à mesurer le temps ; c'est-à-dire le *moteur*, le *rouage*, l'*échappement*. Il nous reste à considérer comment cet ensemble a été disposé en conformité des usages auxquels il était destiné, usages qui ont fait diviser l'industrie de l'horlogerie en quatre groupes principaux : *chronométrie, horlogerie monumentale, pendules, montres*. Nous donnons le dessin et la description d'un spécimen appartenant à chacun de ces groupes.

Chronométrie, horlogerie de précision. Sont rangés sous ces dénominations, le *chronomètre de bord et de poche*, le *régulateur d'observatoire*. En ce qui concerne les *chronomètres*, nous renvoyons à ce mot. Quant au régulateur astronomique, qui n'est, au fond, qu'une pendule de précision à poids-moteur, battant la seconde et gardant l'heure avec une précision absolue, son article ne peut être séparé de celui qui concerne sa partie capitale le *pendule-compensateur* à mercure ou à gril. Ces sujets exigent des développements qu'on trouvera à l'article PENDULE (*du*).

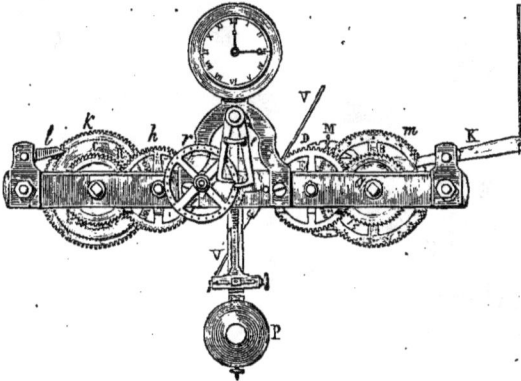

Fig. 402. — *Mécanisme d'une grosse horloge.*

Horloges de tours, etc. dites **grosses horloges.** L'horlogerie monumentale, autrefois œuvre grossière de serrurerie, a fait de grands progrès dans le siècle dernier, sous l'action de Julien Le Roy et plus particulièrement des Lepaute, famille d'artistes justement célèbres. Le siècle actuel a apporté divers perfectionnements de détails, dus en assez grande partie à Antide Janvier et aux Wagner oncle et neveu. Aujourd'hui, les horloges sortant des ateliers de MM. Borrel, Henry Lepaute, Collin, Paul Garnier, etc., peuvent être imitées mais ne sont surpassées nulle part. La figure 402 nous donne une vue de face d'une grosse horloge à sonnerie. A gauche, le rouage transmettant l'effort du poids moteur (non représenté) à la roue d'échappement *r*, on sait comment cette roue actionne, par ses chevilles, l'ancre *e*, et par suite le pendule P, puisqu'ils sont solidaires ;

à droite est le rouage de la sonnerie (son poids moteur n'est pas représenté); K est la détente des heures faisant frapper le marteau sur la cloche, quand le mouvement de l'horloge déclanche celui de la sonnerie ; en V, on voit de profil, le volant modérateur qui rend réguliers les coups frappés par le marteau ; en M, la roue de compte. Nous ne pouvons ici entrer dans les détails de la minuterie (voir plus loin la disposition de celle des pendules); des conduites d'aiguilles, donnant l'heure sur plusieurs cadrans avec une horloge unique ; etc. Il faut avoir recours aux traités spéciaux.

Disons seulement deux mots des *remontoirs d'égalité*. Les horloges placées au haut des clochers n'ont pas une base stable ; le clocher vibrant plus ou moins quand on sonne les cloches. Beaucoup d'horloges donnent l'heure au loin, et parfois sur plusieurs cadrans ; ces longues conduites par tiges métalliques donnent lieu à des frottements considérables et souvent peu réguliers ; enfin, le vent a de l'action sur les longues aiguilles, toujours exposées en plein air. Pour atténuer ces causes de dérangements ou d'irrégularités dans la marche de l'horloge, on a imaginé le remontoir d'égalité. Voici, en principe, en quoi il consiste: la dernière roue du rouage, qui commande la roue d'échappement, est indépendante de ce rouage et se meut sous l'effort d'un ressort ou d'un poids, dont l'action est continuelle et sensiblement égale sur cette roue. Ramener le ressort au même degré de tension, ou le poids à la même hauteur, voilà à quoi se borne le travail du rouage moteur, et l'échappement soustrait ainsi aux grandes perturbations que subit la force motrice, ne donne plus au balancier que des impulsions assez sensiblement égales.

Pendules à l'usage civil. Les pendules de nos appartements ne sont, en réalité, que des horloges de dimensions réduites. Quelques-unes ont pour moteur un poids, mais le plus grand nombre, devant être posées sur l'entablement des cheminées, empruntent leur force motrice à un ressort, s'enroulant sur un axe à l'intérieur d'un tambour ou barillet. Les figures 403 et 404, nous représentent le mouvement de la pendule moderne à sonnerie. Dans la réalité, les deux platines sont superposées ; étant reliées l'une à l'autre par quatre piliers, indiqués aux mêmes endroits sur les deux figures. En tenant compte de cette observation, il sera facile de comprendre la description qui suit.

Le mouvement de la pendule est composé, comme celui des horloges, de deux rouages : celui des heures et celui de la sonnerie.

Rouage des heures (fig. 404). Le barillet B, qui contient le ressort moteur (une déchirure du couvercle laisse voir ce ressort), engrène avec le pignon de la roue c. Cette roue engrenant à son tour avec le pignon porté par l'axe de la roue m, donne le mouvement à cette dernière, qui le communique, par l'intermédiaire d'un pignon, à la roue d, et celle-ci, agissant sur le pignon de la roue d'échappement, fait tourner cette roue e dont les dents aiguës, en actionnant par intervalles réguliers les quarts de cercles intérieurs des demi-cylindres de l'ancre a, d'un échappement Brocot, donneront au balancier les impulsions nécessaires à l'entretien de son mouvement oscillatoire. Les nombres du rouage sont combinés de façon que la roue m fasse exactement un tour en une heure.

Pour avoir simultanément l'indication des heures et des minutes sur le cadran, il faut interposer entre le cadran et le rouage une *minuterie.* Voici en quoi elle consiste. L'axe de la roue m est prolongé de telle façon que lorsqu'on emboîte la platine du cadran (fig. 403) sur les piliers de l'autre platine (fig. 404), cet axe répond au centre de la figure 403.

Sur cet axe prolongé est ajustée à frottement assez ferme, et par un long tube, dit *canon* ou *chaussée* en horlogerie, la roue S. Le haut de son canon est limé en forme de carré sur lequel s'ajustera l'aiguille des minutes ; la roue S faisant exactement un tour par heure. Cette roue commande la roue N, et le pignon de celle-ci commande la grande roue M, rivée sur un canon tournant librement sur celui de la roue S. Les nombres de dentures sont ici calculés pour que la roue S faisant un tour par heure, la roue M en

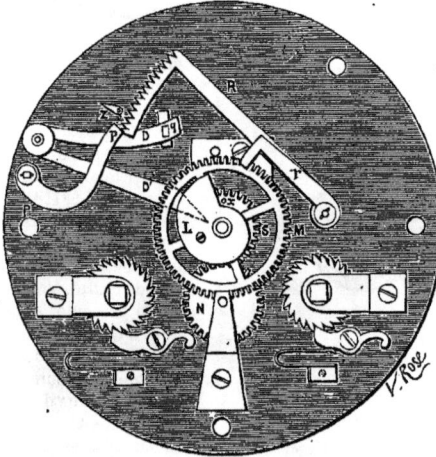

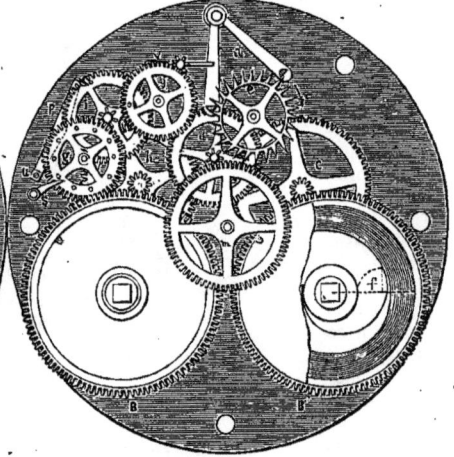

Fig. 403 — *Mouvement des pendules à l'usage civil.* — Fig. 404.

fasse un en douze heures. C'est donc le canon de cette roue M qui portera l'aiguille indicative des heures.

Sonnerie. Elle comprend trois parties : le rouage, vu à gauche de la figure 404, le marteau et son timbre placés derrière la pendule et non représentés, et l'ensemble des détentes formant la *cadrature*, ainsi nommée de sa situation directement sous le cadran. Nous serons bref pour le *rouage :* le barillet actionne la roue h (fig. 404) ; celle-ci la roue des chevilles g, qui fait tourner la roue i, laquelle actionne j, qui donne le mouvement au volant v, destiné à ralentir et à régulariser le déroulement du rouage. *Cadrature.* Deux axes traversent perpendiculairement les deux platines, superposées et reliées l'une à l'autre par leurs quatre piliers : 1° l'axe du marteau portant l'*ergot* ou bras de levée s (figure 404) ; 2° l'axe de l'S (terme employé pour désigner la pièce P p [figure 403]) portant en retour d'équerre le bras de levier u p (figure 404) terminé en haut par un bec d'arrêt, dont nous allons faire connaître la fonction, ainsi que le fonctionnement des au-

tres pièces de la cadrature qui sont : la double *détente* (figure 403) D D', dont les deux branches solidaires ont le même centre, fixe, de mouvement ; le râteau a deux bras R et r, solidaires aussi sur un centre de révolution unique, et le *limaçon* L, fixé par une vis sur la roue des heures M. Deux petites chevilles sont implantées dans la roue S (une seule x, peut se voir) ; elles sont placées de façon à soulever la détente D' qui opérera le dégagement du rouage à l'heure et à la demie. Voici du reste le fonctionnement de l'ensemble. Quand la sonnerie est au repos, la détente D-D' occupe la position où nous la montre la figure 403. La pièce P p soutient, par son extrémité p, le râteau R r en l'air, tandis que le levier u p (figure 404) solidaire avec la pièce P p (figure 403) bute par son bec en équerre contre une cheville portée par la roue i et tient ainsi en arrêt tout l'ensemble de la sonnerie.

Par suite de la marche de la pendule, une cheville de la roue S rencontre le bras D' de la détente et le soulève lentement, ainsi que la pièce P p (qu'une cheville met en communication avec

D') et jusqu'au moment où le bras u p (fig. 404) laisse échapper la roue i, et le bras courbe P p (fig. 403) laisse tomber le râteau qu'il soutenait. Il en résulte un double effet : 1° le rouage entre en mouvement et est arrêté presqu'aussitôt par la butée de la cheville de la roue j qui conduit le volant v, contre une petite palette, rivée sur le bras D, et indiquée en q (fig. 403) ; 2° le râteau n'étant plus soutenu tombe et, par son bras r, vient se reposer sur le limaçon L, ne laissant dépasser en dessous de l'index z (ajusté sur le prolongement de l'axe de la roue i), qu'un nombre de dents correspondant aux heures qui doivent sonner. Cette première phase du dégagement de la sonnerie s'appelle le délai ou préparation à sonner. A un intervalle de temps très court, la détente D' échappe définitivement à la cheville de la roue S, la détente retombe, tandis que la pièce p s'appuie contre les dents du râteau ; le rouage devenu libre défile et produit un double effet : 1° sa roue de cheville g (fig. 404) en soulevant l'ergot s, élève le marteau qui frappe les heures, tandis que l'index z (fig. 403) à chaque tour relève le râteau d'une dent, jusqu'à ce que la pièce P p reprenant la position qu'elle occupe dans la figure 403, le bec du bras de levier u p, se présentant à l'encontre de la cheville de la roue i (figure 404), arrête celle-ci et la sonnerie entre en repos. Le système qui vient d'être décrit est celui adopté pour les pendules de choix ; il offre l'avantage que la pendule ne peut pas mécompter, c'est-à-dire sonner l'heure à la demie, ou sonner une autre heure que celle indiquée par les aiguilles ; inconvénient que présente assez souvent l'autre système dit à roue de compte ou à chaperon. Ce dernier, revenant à un prix moins élevé, est très répandu dans le commerce. En l'examinant, tous ceux qui ont suivi avec quelque attention la description ci-dessus, se rendront facilement compte des différences.

Pendules de voyage. On désigne ainsi de petites pendules portatives à l'aide d'un anneau de suspension placé à la partie supérieure de la boîte. Elles sont réglées par un échappement de montre, c'est-à-dire pourvu d'un balancier annulaire et d'un spiral. C'est même ce qui constitue la principale différence entre ce genre d'horlogerie et les pendules ordinaires ayant pour régulateur un balancier rectiligne. On fait aujourd'hui, à Paris, un grand nombre de pendules de voyage, de formes très variées. Des artistes de goût en ont créé quelques spécimens gracieux et élégants ; ce genre est un de ceux qui offrent de nombreuses ressources pour l'application de l'art à l'industrie. Malheureusement, il offre aussi des facilités pour la fabrication à l'emporte-pièce et à bas prix ; deux plaies fatales au travail qu'elles rabaissent.

Montres à l'usage civil. On les désigne généralement et tout court sous le nom de *montres*, mais nous croyons qu'il est utile d'ajouter ici les mots : à l'usage civil, parce que assez souvent les *chronomètres* dits d'*observation*, sont appelés, indifféremment, *montres-marines* ou *chronomètres de bord*. Les longs détails donnés au sujet de la

pendule simplifient beaucoup notre tâche, parce que les organes de la montre ne diffèrent de ceux de la pendule que par leurs dimensions réduites et par un arrangement différent de ces organes.

La figure 405 représente le mouvement d'une montre moderne : d barillet, renfermant le ressort moteur, et mettant en mouvement un train d'engrenage de trois roues dites *roue du centre* ou *grande moyenne; petite moyenne* et *roue de secondes*. Cette dernière ainsi dénommée parce que dans la généralité des montres actuelles elle fait un tour par minute, et qu'il suffit de prolonger son pivot du côté du cadran, et un peu au-dessus de ce cadran, pour qu'en y ajustant une petite aiguille, dont la pointe parcourt d'un mouvement continu un cercle gradué, on ait l'indication des *secondes-trotteuses* ; qualifiées ainsi pour les distinguer des *secondes-fixes*, dont nous parlerons plus loin, et qui sont produites par des alternatives de mouvement et de repos. La roue de seconde mène la roue (au-dessous de k) d'un échappement à cylindre (voir sa description plus haut). Le réglage se

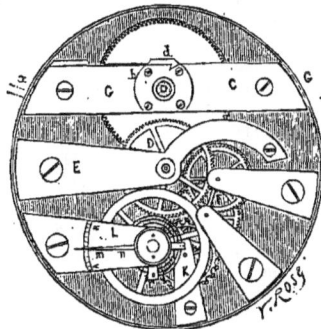

Fig. 405. — *Mouvement de montre.*

fait par la raquette m n ajustée sur le pont L du balancier. Sa tête porte deux fines goupilles entre lesquelles passe le ressort-réglant dit *spiral*. Quand on pousse la queue de la raquette vers A, il y a raccourcissement de la partie agissante du spiral et la montre avance ; quand, au contraire, on la ramène vers R, on allonge cette partie agissante, et la montre retarde. La minuterie, non représentée, et qui se trouve sous le cadran, n'est qu'une réduction d'une minuterie de pendule.

Montres à remontoir au pendant. Une importante amélioration a été apportée aux montres modernes, par la suppression de la clef, accessoire médiocrement commode et qu'on peut perdre ou égarer, et par son remplacement par un petit mécanisme ajouté à la montre et qui permet, en tout temps, de la remonter et de la remettre à l'heure sans avoir recours à une clef de remontage. Le nombre des brevets, pris pour des remontoirs de formes variées, est considérable. Celui dessiné dans la figure 406 n'est pas le meilleur de tous, beaucoup du reste sont équivalents, mais c'est l'un des plus propres à faire bien comprendre l'idée générale et les effets mécaniques du remontoir. Ces effets sont de deux sortes : le remontage de la montre ; la mise à l'heure des aiguilles.

Remontage. Sur l'axe du barillet est fixée la roue *b* ; un cliquet engrène avec ses dents et lui permet de tourner dans un sens, mais non de rétrograder. Une roue S de même dimension engrène avec la roue *b*. Cette roue S tourne à frottement doux, sous une rondelle à portée *a a'*, fixée par trois vis, sur une sorte de levier, dont la large tête est indiquée en pointillé, sous *a a'*, et qui se termine par un bras *l* s'allongeant vers la droite. Le centre de mouvement de cette pièce est sur la vis *a'*, vue en pointillé. Sur le bras *l* une courte et forte cheville, indiquée par un petit cercle blanc, a été rivée. Dans la carrure de la boîte de la montre est ajustée une pièce P P', dite la *pompe*, ou la *poussette*. Elle ne peut pas remonter vers P', mais sous une pression, elle peut descendre vers P. Enfin la queue de la boîte est traversée longitudinalement par une tige portant à poste fixe, en haut, un fort bouton moletté et en bas une roue de champ en acier (vue au-dessous de R) et qui engrène avec la roue S. On voit tout de suite qu'en faisant tourner entre ses doigts, de la droite vers la gauche, le bouton moletté, la roue S, mise en mouvement, fera tourner la roue *b*, qui remontera le ressort moteur.

Passons à la remise à l'heure : on a ajusté sur le

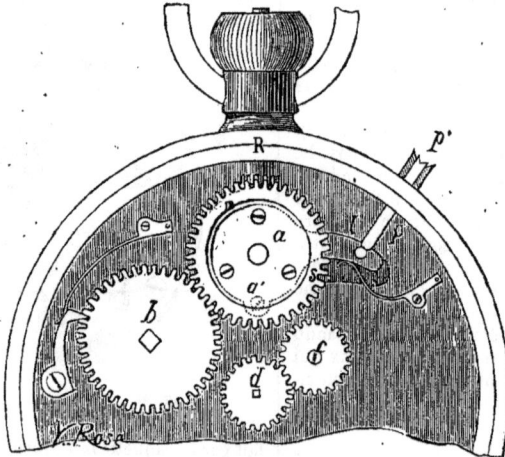

Fig. 406.

carré des aiguilles une petite roue *d* : elle entraîne dans son mouvement journalier une autre petite roue *c*, qui doit être légère et avoir une grande facilité à se mouvoir. Quand on veut remettre à l'heure, on presse avec l'ongle du doigt, sur la poussette, en P' ; cette poussette descend, et agissant sur le bras *l*, dont le centre de mouvement est en *a'*, éloigne la roue S, de la roue *b*, et, sans que cette roue S cesse d'engrener avec la roue R, elle va engrener avec la petite roue *c*. En manœuvrant alors le bouton moletté, on fait tourner les aiguilles dans le sens que l'on veut, et celles-ci amenées au point convenable, l'ongle quitte la poussette, qui recule, et tout se remet dans l'état que nous représente la figure 406.

Montres battant les secondes. On a vu au chapitre : *Montres à l'usage civil*, en quoi consiste la différence de la montre à secondes-trotteuses, comparée à la montre à secondes-fixes. Cette dernière est pourvue, à côté du rouage ordinaire, d'un deuxième rouage dont l'axe du dernier mobile, un pignon, porte un léger bras de levier, dit le *fouet*, qui s'appuie sur une aile du pignon de la roue d'échappement et comme elle est en mouvement, lui échappe bientôt pour aller s'appuyer sur l'aile suivante, et ainsi de suite. Il en résulte que le rouage ajouté, et qui conduit une grande aiguille occupant le centre du cadran, fonctionne par alternatives de mouvement et de repos, et chacun de ceux-ci répondant à une division du cadran, l'aiguille frappe pour ainsi dire la seconde par un petit coup sec et reste fixe jusqu'à la seconde suivante. Le fouet, au lieu de s'appuyer à l'aile du pignon, repose parfois sur la dent d'une petite étoile placée au-dessous.

Les chocs perpétuels que subit la roue d'échappement, et le surcroît de force motrice, qui arrive à ce dernier, lorsqu'on arrête le mouvement de la seconde (en poussant un petit verrou sur lequel vient s'arrêter le *fouet*), sont cause que les montres à secondes-fixes se règlent plus difficilement qu'une bonne montre ordinaire ; elles exigent, en outre, une exécution soignée.

On a fait des montres à secondes d'un grand nombre de systèmes. La plupart sont de qualité médiocre, parce qu'avec ces systèmes quelques secondes peuvent rester en chemin sans qu'on s'en aperçoive.

Montres à répétition. La création des réveille-matin, facilement portatifs et pouvant être placés sur un meuble à proximité du lit, ont fait à peu près disparaître les montres à répétition ; leur description n'offrirait donc qu'un intérêt rétrospectif, nous ne nous y arrêterons pas.

Compteurs, chronographes, chronoscopes. Délimiter la signification des mots *chronographe* et *chronoscope* n'est pas facile, beaucoup d'auteurs et de praticiens les confondent ou les emploient indifféremment l'un pour l'autre. Nous pensons qu'on devrait laisser à ces deux mots la signification qu'on leur a donnée à un certain moment, en horlogerie, et qui est la plus conforme à leur étymologie.

Chronographe venant de deux mots grecs *temps*, *écrire*, devrait être appliqué aux appareils à pointage, à aiguilles poseuses d'encre, à aiguilles dites *dédoublantes*, c'est-à-dire double et qu'on peut ramener brusquement à zéro, ou arrêter l'une après l'autre, leur écartement fournissant la mesure du temps écoulé entre les deux arrêts, etc. ; et *chronoscope*, fait de deux mots grecs *temps*, *examiner*, qui suppose une certaine continuité d'action, d'examen, devrait désigner les appareils à mouvement continu, réglés soit par un pendule conique, un pendule ordinaire, etc., appareils où l'on *suit le temps* sur un papier qui se déroule, et où ses variations sont enregistrées par une action automatique, électrique, mécanique, etc.

Quoi qu'il en soit, et après avoir renvoyé au mot Chronographe dans ce *Dictionnaire*, nous ajouterons que les horlogers, généralisant le mot *compteur* (V. ce mot), l'appliquent à tous mécanismes destinés à mesurer des intervalles de temps. De là *compteur simple, compteur-chronographe, compteur de secondes, de tierces*, etc. Nous venons d'expliquer l'effet des aiguilles dédoublantes; disons quelques mots des *aiguilles poseuses d'encre* (fig. 407). L'aiguille du compteur fait un tour de cadran en une minute; elle est formée de deux

Fig. 407.

aiguilles superposées ; *u b* et *t d*. La partie *t d* est élastique. En *u* l'aiguille *ub*, un peu en arrière de la pointe qui décrit le cercle des secondes, porte une petite poche ou cavité circulaire, percée d'un petit trou à son centre. Au-dessus, et correspondant bien exactement au trou, se présente la fine pointe de la lame élastique *t d*, sur laquelle un petit étrier renversé *z* est à cheval. Un coup sec donné sur le poussoir du compteur fera descendre l'étrier, la pointe de *d u* passera par le trou de l'aiguille et ira toucher le cadran, au-dessous du cercle des secondes, en se relevant vivement. Si l'on a, préalablement, mis une goutte d'encre grasse dans la petite poche *u*, chaque coup d'un doigt sur le poussoir, produira un point noir sur le cadran.

Fabrication de l'horlogerie moderne. A l'origine, une montre, une pendule était exécutée entièrement par un ouvrier unique. Le plus souvent, il était aussi orfèvre et faisait la boîte, qu'il gravait et ciselait. On conçoit, sans peine, combien alors était restreinte la production de l'horlogerie. Plus tard, quand elle fut devenue une industrie d'une certaine importance, le travail se divisa par spécialités : le blanctier faisait l'ébauche, qu'achevait le finisseur en pivotant le rouage qu'il installait en place. L'échappementier exécutait l'échappement et l'ajustait à la suite du rouage, et, enfin, le repasseur revisait et retouchait l'ensemble, réglait le mouvement et le mettait en boîte.

La fabrication des ébauches de montres et des mouvements des pendules par les machines, a été commencée, en France, par les Japy, de Beaucourt, et a pris, sous leur direction, une extension considérable (V. les *Grandes usines* de Turgan). De nos jours, les Américains voulant se soustraire au joug du monopole européen, et manquant d'un nombre suffisant de bons ouvriers, tentèrent de demander à la machine, ce que la main avait seule fourni jusque-là. Des usines colossales furent montées ; des machines, longtemps étudiées et

exécutées par des mécaniciens habiles, y furent installées et, enfin, après de longs efforts, ces usines purent livrer au commerce de bonnes montres, dont la presque totalité des organes provenait du travail des machines.

Les fabricants de montres de la Suisse, voyant se fermer devant eux d'importants débouchés, redoublèrent d'efforts, et comme les ouvriers habiles étaient nombreux chez eux, ils se décidèrent à introduire le travail des machines partout où elles offraient un avantage sérieux ; par une nouvelle et intelligente division, ou subdivision du travail, qui cantonnait l'ouvrier dans la confection d'une spécialité, ou même d'un seul article, ils sont aujourd'hui sur le point de vaincre les Américains.

—La France possède, à Besançon, une puissante fabrique de montres. Ses progrès ont été rapides et soutenus depuis une vingtaine d'années. Il est certain que cette marche en avant continuera, si ses nombreux fabricants, à l'exemple des Suisses, s'entendent pour ouvrir aux produits de leur industrie, les marchés étrangers. L'Angleterre vend plus de montres qu'elle n'en fabrique. Elle y trouve, sans doute, cet avantage, par suite de l'immense étendue de son commerce, de réaliser les gains du vendeur sans courir les risques du fabricant. Nos pendules et nos grosses horloges se maintiennent au premier rang. Nos chronomètres égalent en qualité les meilleurs sortis des ateliers de l'Angleterre qui, malheureusement, en fabrique au moins *trente fois* plus que nous. Elle approvisionne, outre la marine anglaise, presque toutes les marines étrangères.

Statistique de l'industrie horlogère. *Montres et chronomètres.* L'industrie des chronomètres de marine, principalement concentrée en Angleterre, a une importance plutôt scientifique que commerciale ; elle donne lieu à un commerce qui ne doit guère dépasser un million de francs. Certains auteurs suisses portent au chiffre de *six millions* le nombre des montres fabriquées dans leur pays. Évidemment ce chiffre est exagéré. La France ne fait pas tout à fait un demi-million de montres. Les États-Unis (dont une seule fabrique puissamment outillée, en mettrait dans le commerce mille par jour), en produiraient annuellement huit cent mille.

Nous avons lieu de penser que l'Angleterre ne peut guère dépasser le chiffre de trois cent mille, si toutefois elle l'atteint.

Si on admettait comme exacte la donnée Suisse, la production annuelle serait de 7 millions 1/2 de montres ; mais, comme nous l'avons dit plus haut, l'exagération de ce chiffre est évidente. Ajoutons que, d'après des calculs qui nous paraissent sérieux, le chiffre d'environ 4 millions, d'ailleurs fort respectable, et qui aurait même besoin d'être appuyé sur des documents précis, doit être plus près de la vérité.

Pendules. La France a le monopole de la vente des belles pendules, et elle exporte ses pendules ordinaires dans un certain nombre de pays étrangers. Le chiffre de sa production est estimé à près de 30 millions de francs. En Autriche, on fait de bons régulateurs à poids pour salle à manger ; ce commerce est porté à 10 millions de francs environ. L'Allemagne produit en pendulerie de divers genres, à peu près deux fois autant de pièces que la France, mais l'exécution en est si médiocre, que le chiffre du commerce auquel elles donnent lieu est inférieur à celui de la France. Il y a, en Allemagne, une tendance de plus en plus accentuée, à atteindre à notre niveau. La pendulerie américaine se fait par grande quantité. L'emporte-pièce joue un rôle important dans sa fabrication qui, du reste, est fort grossière. Son prix de vente étant très bas, elle s'écoule assez facilement en Amérique et dans les colonies. Cette horlogerie n'a obtenu aucun succès en France. On portait le commerce auquel elle donne lieu à environ 12 millions de francs, il y a déjà un certain nombre d'années. Aujourd'hui, ce chiffre doit être plus élevé.

CURIOSITÉS DE L'HORLOGERIE. Parmi les combinaisons modernes présentées aux expositions, les pendules dites *mystérieuses* ont souvent captivé l'attention publique sans la satisfaire ; livrons la clef du mystère en décrivant deux de ces combinaisons.

Fig. 408.

Pendule mystérieuse de Robert-Houdin (fig. 408). La colonne qui supporte le cadran et ce cadran lui-même, étant en verre transparent, ne laissent pas dèviner la cause du mouvement des aiguilles. En voici l'explication : le cadran est formé de deux glaces : l'une immobile et sur laquelle les heures sont gravées ; l'autre, en communication avec les aiguilles, et qui peut tourner. Cette glace est dentelée sur sa circonférence, dentelure qui se dissimule dans la garniture du cadran. La force motrice, qui est cachée à la base de la pendule, fait tourner une tige en verre, dissimulée dans le milieu de la colonne, et son extrémité supérieure, par un jeu d'engrenages, actionne la glace mobile et la fait tourner ; ce mouvement produit celui des aiguilles. D'autres pendules mystérieuses sont pourvues de deux glaces rectangulaires. Celle de derrière, par un de ses coins, reçoit du moteur, caché dans le socle, un petit mouvement de bascule, qui se transmet aux aiguilles.

Horloge mystérieuse de H. Robert fils (fig. 409). Une glace unique suspendue en l'air par deux cordons et une paire d'aiguilles la constitue. Le principe du mouvement est ici absolument différent du précédent. Les deux aiguilles sont complètement libres, et sans mécanisme apparent ; si on leur imprime un mouvement de révolution, elles reviennent d'elles-mêmes à leur position, après quelques oscillations. La marche des aiguilles est due au déplacement de leur centre de gravité. Sous la queue de l'aiguille un petit mouvement d'horlogerie déplace circulairement une masse : quand elle est à son plus grand éloignement du centre de l'horloge, la pointe de l'aiguille est sur midi ; quand la masse est à son plus

Fig. 409.

grand rapprochement, le côté de la pointe, étant le plus lourd, cette pointe indique 6 heures : après avoir passé successivement par les heures intermédiaires. Cette horloge est une ingénieuse application de l'aiguille de Peschot, mais ce qui en constitue la nouveauté, c'est qu'elle est à deux aiguilles reliées par une minuterie (cachée au centre) tout en restant libres.

Pendule cosmographique Mouret. Mentionnons encore comme appareil scientifique et d'utilité journalière, la pendule Mouret. La figure 410 nous représente l'un des modèles spécimens qui ont été mis dans le commerce. Un mouvement d'horlogerie, en outre de l'heure qu'il fait marquer sur un cadran, conduit une sphère, dont le mouvement donne le *temps vrai*, tandis que le pendule qui règle son horloge lui fait marquer le *temps moyen* ; ce passage du temps moyen au temps vrai se fait par de simples combinaisons géométriques. On obtient avec la même exactitude, à chaque instant, le champ d'illumination et le champ d'ombre, la durée de l'aurore et du crépuscule, l'angle de la déclinaison solaire et l'angle de la perspective de l'axe, le tracé exact des deux hélices semi-annuelles que *décrit* le rayon vertical et la position de ce rayon vertical.

De là découlent les indications climatériques et toutes les conséquences de la marche du soleil entre les deux solstices. Une aiguille montre, sur un cadran horizontal, le jour de l'année, une autre aiguille recourbée marque le rayon vecteur,

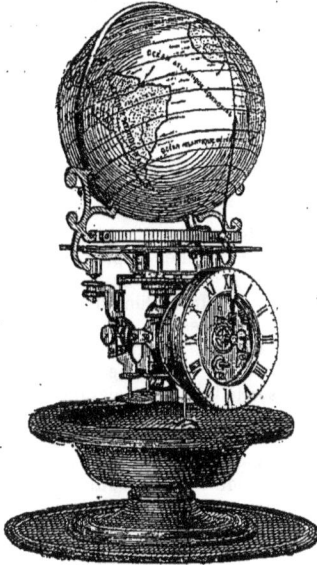

Fig. 410.

ou la ligne idéale partant du centre du soleil et venant constamment aboutir au centre de la terre.

Horloges pneumatiques. Le principe de cette application est le suivant : étant donnée une colonne d'air, à la pression atmosphérique, contenue dans un tube, si l'on met une extrémité de cette colonne en mouvement d'une façon quelconque, l'extrémité opposée reçoit à l'instant le même mouvement.

L'usine centrale de distribution de l'heure se trouve sensiblement au centre d'un réseau ; elle se compose de machines et compresseurs produisant l'air comprimé nécessaire à la consommation. L'air est accumulé dans des réservoirs à une pression variant de 1 à 3 atmosphères, et est ensuite détendu dans des récipients distributeurs, qui sont en communication avec les accumulateurs par l'intermédiaire d'un appareil régulateur de pression. Cet appareil renouvelle dans les distributeurs, l'air qui s'échappe à chaque minute de ces derniers pour être envoyé dans la canalisation, de telle sorte que ces distributeurs contiennent toujours de l'air à une pression constante.

L'horloge centrale est un régulateur à balancier, de parfaite construction, tous les jours réglé sur l'heure de l'Observatoire. Ce régulateur comporte, outre son mouvement ordinaire, un mécanisme additionnel, spécialement destiné à faire mouvoir un tiroir de distribution ; il a l'avantage de se remonter automatiquement, c'est-à-dire de remettre à leur place, à chaque minute, les contrepoids moteurs qui s'étaient déplacés par la marche des deux mécanismes. Ces deux mouvements sont distincts et cependant intimement liés entre eux, c'est-à-dire que celui du tiroir ne fonctionne que par suite de la marche de celui des aiguilles. Ce dernier marche naturellement d'une façon régulière et continue, tandis que celui du tiroir ne peut fonctionner que deux fois par minute ; la première fois à la 60e seconde de chaque minute expirée, pour l'ouverture du tiroir, d'où provient le départ de l'air dans la canalisation ; la deuxième fois à la 20e seconde de la minute suivante pour le retour de la pression dans l'atmosphère, par suite de la fermeture du tiroir. Il en résulte que, pendant 40 secondes, l'équilibre se rétablit dans la canalisation qui ne contient bientôt plus que de l'air à la pression atmosphérique. Cette durée de 20 secondes, pendant laquelle le tiroir reste ouvert, est un résultat d'expérience,

Fig. 411.

elle varie suivant les longueurs de canalisation.

Les organes qui constituent les horloges pneumatiques sont : 1° un récipient ou cylindre, dit le *distributeur*, dans lequel est accumulé de l'air comprimé ; 2° un système de canalisation, partant du distributeur, et dont chaque tuyau conduit l'air comprimé à un cadran placé à l'intérieur des maisons ou sur la voie publique (fig. 411); 3° un cadran pourvu d'aiguilles et d'une minuterie et, portant du côté opposé à sa platine, les diverses pièces représentées dans la figure 412. Les onctions de ces pièces sont expliquées plus loin ; 4° une grosse horloge régulatrice qui toutes les minutes, ouvre le gros tuyau de distribution.

Chaque petit tuyau aboutit à un tambour placé derrière chacun des cadrans. L'intérieur de ce tambour est rempli par une sorte de boîte en cuir, dont le haut peut se soulever à la façon des soufflets de forge.

Chaque minute, un déclenchement produit par l'horloge régulatrice, ouvre une issue à l'air comprimé, qui est lancé avec force dans les tuyaux. En arrivant à l'intérieur de la boîte en cuir, il en fait gonfler le haut ; celui-ci soulève

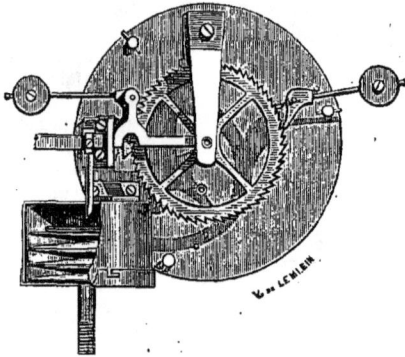

Fig. 412.

un levier, qui, en mettant en jeu le système de leviers et de cliquets de la figure 412, fait brusquement avancer la grande roue (dentée sur le nombre 60) d'une dent. Comme l'axe de cette roue porte la grande aiguille du cadran, celle-ci s'est donc avancée d'une minute, et l'aiguille des heures, par l'intermédiaire de la minuterie, d'un 60e de l'intervalle d'une heure à l'autre.

Horloges électriques. L'électricité a été appliquée à l'horlogerie comme moteur et comme agent de transmission à distance de l'heure d'un régulateur. Comme moteur, on l'a fait agir sur le pendule pour en assurer l'isochronisme, ou, pour le remettre au point, sur un poids ou un ressort, faisant marcher un échappement à force dite *constante*. Mais, comme l'avait déjà fait remarquer Breguet, le courant est encore trop mal connu, et son action n'est pas suffisamment égale, pour que, malgré quelques succès partiels, on puisse considérer l'électricité comme offrant les garanties de régularité indispensables à la bonne horlogerie.

Quant à la transmission de l'heure à distance, les longues transmissions et l'électricité elle-même, sur un parcours étendu, sont sujettes à de nombreuses causes de perturbation, et par suite d'irrégularité dans leur service. Là encore, malgré des succès de détail, le problème ne peut être considéré comme résolu.

Reste l'application de l'électricité au réglage ou à la remise à l'heure des horloges. Deux princi-

paux systèmes ont été employés : celui de Breguet qui consiste à munir chaque aiguille d'un appendice caudal assez long. A midi, sous une action électrique, deux roues engrenant ensemble et portant deux chevilles, entrent en mouvement ; leurs chevilles attaquent simultanément, et de chaque côté, les queues des aiguilles, ajustées simplement à frottement assez ferme, et les ramenant dans la verticale, remettent les pointes sur midi. Ce système réussit assez bien dans les pendules, mais on saisit, sans peine, les difficultés que présenterait son application aux lourdes aiguilles des horloges de clochers. Plusieurs autres systèmes de remise à l'heure ont été proposés, voici sur quel principe reposent les dispositions qui ont le mieux réussi.

La roue d'échappement de l'horloge, réglée à un certain nombre de secondes *d'avance* en 12 heures, porte, perpendiculairement à son champ, une petite cheville. A proximité de cette roue se trouve un bras de levier, qui, sous une action électrique, partant d'un Observatoire par exemple, vient se placer, un certain nombre de secondes avant midi, sur le chemin que décrit la cheville de la roue d'échappement. Quand cette cheville butte sur le levier, les aiguilles sont sur midi, et la roue d'échappement étant en arrêt, elles demeurent immobiles, tandis que le balancier, n'ayant plus de contact avec la roue, oscille librement. Au midi de la pendule de l'observatoire, le courant se rompt, le levier d'arrêt se relève et la roue d'échappement reprend sa marche.

L'application de l'électricité à l'horlogerie n'appartient pas à la science de l'horloger et ne saurait trouver place dans cette étude spéciale, nous renvoyons donc le lecteur aux articles relatifs à l'électricité et au mot TRANSMISSION, où nous consacrerons un chapitre spécial à la transmission de l'heure à distance. — c. s.

— V. *Exposé des applications de l'électricité*, IVe volume de notre regretté collaborateur M. le comte du MONCEL ; *Traité d'horlogerie* de C. SAUNIER.

HORLOGER. *T. de mét.* Fabricant ou réparateur d'horloges, de pendules, de montres.

— Dès l'invention de l'horlogerie mécanique, les serruriers furent les collaborateurs des horlogers pour la construction des rouages ; les premiers devaient faire le mécanisme, les seconds le réglaient et le mettaient au point ; mais bientôt ces derniers devinrent assez habiles pour se passer du concours des serruriers, et, sous François Ier, nous voyons les « horlogers » fabriquer en boutique, et de toutes pièces, les montres originales que renferment les collections et les musées. L'importance que les œuvres d'horlogerie avait déjà prise sous Louis XI avait amené ce roi à donner des statuts aux horlogers. François Ier, en 1544, confirma ces statuts et réglementa le métier. L'apprentissage fut fixé à huit années et les jurés étaient investi de pouvoirs étendus ; ils pouvaient entrer chez les maîtres à toute heure, et briser, séance tenante, toute pièce défectueuse. Ils furent longtemps assimilés aux orfèvres, et les règlements relatifs aux matières employées par les uns et les autres étaient presque les mêmes.

Une ordonnance de 1643 leur donna l'indépendance et l'autonomie, mais en leur enjoignant de graver leurs

Fig. 413.

noms sur leurs ouvrages. Saint-Eloi est le patron des horlogers.

*HORNBLENDE. *T. de minér.* Sorte d'amphibole dont les cristaux, ordinairement dodécaédriques, sont d'un vert foncé ou d'un noir brunâtre ; ils doivent leur couleur à une forte proportion de protoxyde de fer ; ils renferment, en outre, de l'acide fluorique et de l'alumine. On trouve dans les laves de l'Auvergne une espèce qu'on nomme la *hornblende balsatique*, et dont les écailles offrent un beau rouge par transparence.

HORTICULTURE. Art qui a pour objet le perfectionnement de la culture des jardins ; son domaine comprend la connaissance des terres et des engrais, la culture des végétaux comestibles ou d'ornement, les procédés de culture dans les serres, l'art de dessiner un parterre, une corbeille, ou d'établir une serre, un jardin fruitier ou potager, etc.

HOSPICE. On appliquait autrefois ce nom à des maisons dans lesquelles les religieux donnaient l'hospitalité aux pèlerins. On désigne ainsi aujourd'hui, des établissements ouverts gratuitement ou moyennant une modique somme, à des indigents, à ceux que l'âge ou des infirmités prématurées, reconnues incurables, mettent dans l'impossibilité de pourvoir à leur existence. L'hospice diffère essentiellement de l'*hôpital* (V. ce mot) quant à sa destination ; mais il en est le complément indispensable ; c'est la maison de retraite du pauvre.

A ces établissements, conviennent un grand nombre des dispositions applicables aux hôpitaux. Dans certains pays, en Angleterre, par exemple, l'hospice se confond généralement avec l'hôpital ;

le même établissement accueille indistinctement les affections et les infirmités les plus diverses et se borne à les répartir dans des quartiers séparés. Cet usage existe, en France, dans la plupart des villes de province, où les administrations hospitalières ont des ressources trop limitées pour entretenir plusieurs établissements. A Paris, au contraire, les infirmités sont classées par spécialités et installées dans des bâtiments construits et appropriés suivant la destination particulière affectée à chacun d'eux.

Les maisons de ce genre se divisent en *hospices proprement dits* (Salpétrière, Bicêtre, Incurables, Enfants assistés), *hospices fondés* (la Reconnaissance, Dévillas, St-Michel) et *maisons de retraite* (Ménages, La Rochefoucauld, Sainte-Périne). Les établissements qui renferment des aliénés reçoivent plus spécialement le nom d'*asiles* ; ce sont des maisons mixtes, qui tiennent, à la fois, de l'hôpital, de l'hospice et de la maison de sûreté.

Les conditions particulières que doivent remplir les hospices, au double point de vue de l'hygiène des bâtiments et de l'installation des pensionnaires, varient suivant la condition des individus qui y sont recueillis. Nous nous bornerons à donner quelques détails sur l'un des plus importants de ces établissements, l'hospice des Incurables d'Ivry-sur-Seine, édifice de construction toute récente et dont la figure 414 représente une vue à vol d'oiseau. C'est en 1634 que le premier hospice d'Incurables fut fondé à Paris, rue de Sèvres ; cette maison était destinée à recevoir indistinctement les hommes et les femmes. Après la révolution, les constructions de la rue de Sèvres furent réservées aux femmes seulement, et on destina aux hommes l'ancien couvent des Récollets, rue du Faubourg-St-Martin. Plus tard, les Incurables-hommes furent transférés dans la caserne Popincourt, et, en 1869, les deux établissements séparés de la rue de Sèvres et de l'hospice Popincourt furent réunis dans un vaste établissement unique, construit, à Ivry, par M. Labrouste, architecte en chef de l'Administration de l'Assistance publique et M. Billion, architecte inspecteur. L'installation des services intérieurs (ventilation, chauffage, etc.) est due à M. Ser, ingénieur.

L'hospice peut contenir 2,000 lits. Les bâtiments seuls couvrent une surface de plus de 20,000 mètres. L'aspect général du plan offre trois masses de bâtiments présentant chacune un ensemble complet et reliées entre elles par une galerie médiane, qui règne dans toute la largeur de l'édifice et aboutit, de chaque côté, au porche de la chapelle. La partie centrale comprend, au milieu et en façade sur la cour d'honneur, la chapelle de l'hospice, et, au fond, le bâtiment des infirmeries ; entre celui-ci et la chapelle, tous les services généraux ont été groupés de manière à pouvoir desservir également le quartier des hommes, placé à gauche, et celui des femmes, à droite. Ces deux quartiers, parfaitement symétriques, constituent deux hospices distincts et complets. Ils ont chacun la forme d'un quadrilatère, dont trois côtés seulement sont construits, les extrémités des bâtiments latéraux étant reliées au fond par une simple galerie, au centre de laquelle se trouve, au rez-de-chaussée, une salle de réunion pour les administrés. Les bâtiments affectés à ces derniers ont chacun trois étages; ils sont divisés, dans leur longueur, par des pavillons renfermant les escaliers. Chaque dortoir contient 36 lits et possède une petite pièce spécialement réservée aux soins personnels de propreté. En arrière de la façade principale, un pavillon, construit perpendiculairement à celle-ci, s'avance jusqu'à la galerie centrale et forme ainsi deux cours intérieures dans le grand quadrilatère. A gauche de la porte d'entrée, se trouvent la loge du concierge et

le bureau de l'architecte; à droite, sont placés les bureaux, les logements du directeur et de l'économe. Les logements des employés sont à gauche au premier étage. Les cuisines, les bains et le service des machines sont placés derrière la chapelle. Les lits, disposés sur deux rangs, dans les dortoirs, sont en fer; chacun est pourvu, d'un sommier, de deux matelas et de rideaux blancs. Chaque pensionnaire a une armoire à clef, une table de nuit, une chaise et un fauteuil; un tiroir-commode est installé au-dessous du lit. Telles sont les conditions générales dans lesquelles a été établi cet hospice, qui peut être con-

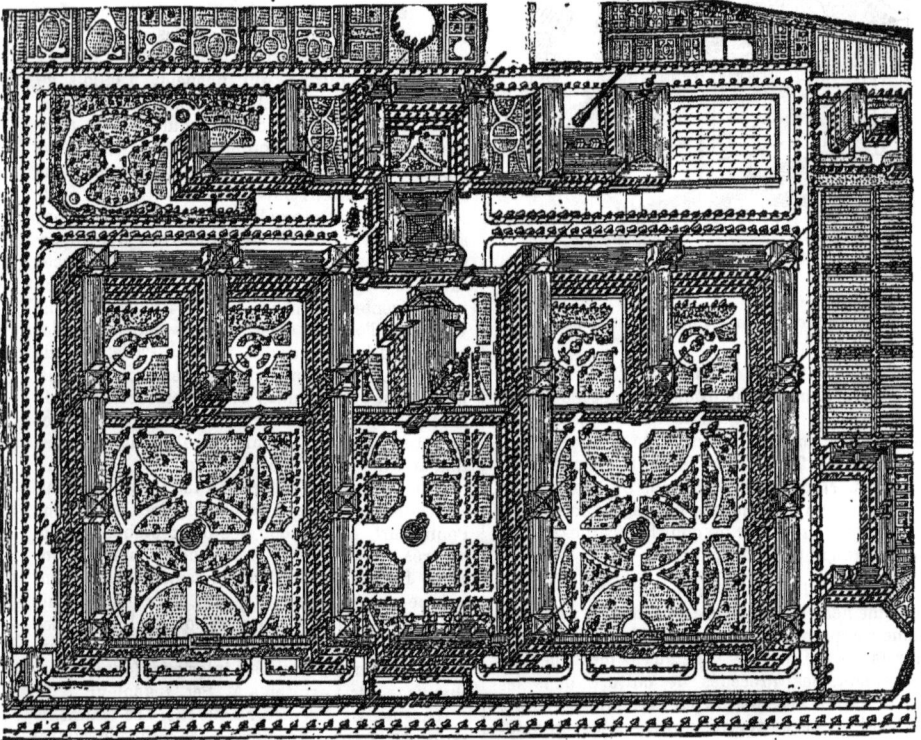

Fig. 414. — *Hospice d'Ivry, vue à vol d'oiseau.*

sidéré comme une succursale des hospices de la vieillesse, Bicêtre et la Salpêtrière. Quant aux dispositions particulières concernant le chauffage et la ventilation de ce genre d'établissements et à celles qui s'appliquent aux services annexes, elles sont, pour la plupart, analogues aux dispositions adoptées pour répondre aux mêmes besoins dans les hôpitaux et décrites dans divers articles de cet ouvrage. — V. Chauffage, Hôpital, Ventilation.

Nous croyons cependant qu'il est bon de citer quelques-unes des conditions très spéciales auxquelles doivent satisfaire les hospices ou asiles d'aliénés. Dans un programme rédigé, il y a deux ans, à ce sujet, M. le docteur Lunier, inspecteur général de ces établissements, donne des indications parmi lesquelles nous trouvons les sui-

vantes : terrain à surface plane et légèrement incliné vers l'est ou le sud-est; — superficie de 1 hectare au minimum et de 1 hectare et demi au maximum par 100 malades, avec domaine cultural; — dortoirs de $3^m,50$ à 4 mètres de hauteur sur 7 mètres à $7^m,50$ de largeur dans œuvre ; 20 à 25 mètres cubes par lit dans les dortoirs ordinaires, 25 à 30 pour ceux des malpropres et 30 à 35 dans les infirmeries et les habitations individuelles; — ces dimensions augmentées d'un tiers au moins, quand les habitations ne seront pas ventilées au moyen d'ouvertures munies de registres, établies, les unes au niveau du plancher, pour l'entrée de l'air extérieur, les autres au plafond ou au ras du plafond, ouvrant dans des cheminées d'appel, pour l'évacuation de l'air vicié; — 12 à 16 lits, au maximum, par dortoir; — les cellules établies sur 3ᵐ,50 de longueur, 4 mètres de hauteur, 2ᵐ,80 de largeur, offrant ainsi une capacité de 39 mètres cubes ; enfin le chauffage effectué à l'aide de deux poêles à double enveloppe Péclet. — F. M.

HÔTEL. T. d'arch. Sans nous arrêter à l'hôtel, maison meublée, qui n'offre point d'intérêt, nous abordons de suite les habitations auxquelles on donne ce nom et qui, demeures de grands seigneurs ou de riches particuliers, se distinguent par un extérieur élégant ou monumental, et sont dispo-sées pour le logement d'une seule famille. A l'o-rigine et au moyen âge, le mot hôtel était réservé à toute habitation seigneuriale ne possédant pas les droits féodaux réservés aux châteaux seuls. Les demeures souveraines mêmes conservaient ce nom, tel, par exemple, l'hôtel Saint-Paul.

— Les hôtels apparaissent nombreux dès le déclin du pouvoir féodal. En même temps que disparaissent les guerres de seigneur à seigneur, et que s'établissent, par les soins des municipalités, les murailles qui doivent suffire à la défense des villes, les droits féodaux sont abolis pour les communes, les habitations seigneuriales ne sont plus disposées pour la résistance armée ; les mu-railles crénelées, les tours, les portes hersées sont deve-nues inutiles, et si on les aperçoit encore pendant quel-ques années, c'est par tradition et parce qu'il était diffi-cile de changer sans transition toutes les règles usitées dans l'architecture.

L'hôtel du moyen âge s'isole et ne conserve que peu de communications avec le dehors. Le plus souvent, il n'a sur la rue que les communs ou même un mur de clô-ture ; les appartements sont sur des cours ou des jardins, et ils occupent des espaces considérables. Il ne reste aucune habitation intacte de ce genre antérieure au xvᵉ siècle, mais à cette époque déjà, on construisait de splendides habitations n'ayant plus aucun caractère féodal. Il nous reste, en France, un fort beau spécimen d'un hôtel du milieu du xvᵉ siècle, c'est la maison élevée à Bourges par Jacques Cœur, argentier du roi Char-les VII. Elle est adossée à deux tours gallo-romaines, restes des fortifications primitives de la ville, et qui lui conservent un aspect de château-fort. Mais rien n'est plus pittoresque que la façade sur la rue, avec son élégant pavillon central, et sa cour intérieure où l'on rencontre des escaliers et des tourelles saillantes, des petites portes et de larges baies, de curieux bas-reliefs, des devises et des armes sculptées, le tout jeté avec cet oubli complet de symétrie qui n'est qu'un charme de plus. Ce bel hôtel, le plus complet et le plus important que nous possédions, malgré de nombreuses mutilations, sert maintenant d'hôtel de ville, et il a été habilement restauré.

On n'a pu sauver à Paris, en 1840, une demeure somp-tueuse digne de rivaliser avec celle de Jacques Cœur : c'est l'hôtel de la Trémoille, construit en 1490. Encore bien conservé, il n'a pu échapper à la destruction, et on n'a conservé que quelques fragments transportés à l'école des Beaux-Arts. La tourelle, le grand escalier et les portiques avec leur premier étage étaient une des plus belles créations de la fin du xvᵉ siècle.

L'hôtel de Cluny, qui date de la même époque, est heureusement parvenu jusqu'à nous, grâce à Du Somme-rard, qui y avait installé ses collections. Après les vicis-situdes les plus diverses, il devint, en 1842, la propriété de l'État, qui, en y joignant les Thermes romains contre lesquels il est adossé, en a fait un ensemble des plus curieux, quoique assez disparate. L'architecture en est moins élégante que celle de l'hôtel de la Trémoille, mais la construction est bien complète, et l'aspect ne manque pas d'originalité ni de grâce.

Tout autre est l'hôtel de Sens, à Paris, qui cependant est aussi un édifice du xvᵉ siècle. D'aspect féodal dans ses proportions restreintes, il conserve les tours et les cré-neaux des siècles passés. Les archevêques de Sens, qui l'a-vaient construit comme pied-à-terre à Paris, étaient pour-tant, par le saint caractère dont ils étaient revêtus, des sei-gneurs pacifiques. Quoiqu'il en soit, leur hôtel est curieux. Mais la façade seule a été restaurée ; l'intérieur est mutilé complètement depuis qu'on y a installé une fabrique.

Il reste deux tourelles et une partie ogivale de l'hôtel que le connétable Olivier de Clisson avait fait construire rue du Chaume. Le duc François de Rohan, prince de Soubise, l'acheta, en 1697, le fit réparer, et depuis, l'hôtel garda le nom de Soubise (fig. 415). Dans les bâtiments construits depuis par Lemaire, on a installé récemment le dépôt des archives, qui a reçu ainsi un cadre digne de ses richesses, au milieu des sculptures de Coustou jeune, et des peintures de Natoire et de Vanloo.

Il y a quelques années, Paris et quelques grandes villes de province conservaient encore d'importants vestiges des hôtels somptueux de cette époque. Pres-que tous ont disparu. De l'hôtel de Cluny à celui du Bourgtheroulde, à Rouen, il n'y a qu'une distance de quelques années ; cependant la différence est profonde entre les deux édifices. L'hôtel de Bourgtheroulde, cons-truit sous le règne de François Iᵉʳ, est du pur style Renaissance ; la partie la plus remarquable est une tou-relle octogone située à l'angle droit de la façade ; elle est couverte de sculptures curieuses, ainsi que la galerie sur la cour qui lui est adjacente, et sur laquelle se dé-roule en bas-reliefs la célèbre entrevue du Camp du Drap d'or. Angers possède plusieurs hôtels ou logis très remar-quables, surtout l'hôtel de Pincé, et le logis Adam. Blois, Orléans, Tours, le Mans, Chartres, ont aussi de curieuses demeures du xviᵉ siècle. Le goût italien y lutte encore avec les habitudes françaises auxquelles il faut rapporter quelques traces d'archaïsme : les tourelles, les créneaux indiqués seulement et masqués par les sculptures, et les chapelles ogivales, quand l'importance de l'hôtel le com-portait, ce qui n'était pas rare. L'un des plus somp-tueux de ces hôtels est celui d'Ecoville, à Caen, où est aujourd'hui la Bourse.

Mais dès le milieu du siècle, la France est en proie à la triste des guerres civiles ; la noblesse tout en-tière s'y trouve mêlée, et elle paraît peu dans les grandes villes. Confinée dans ses châteaux de province, elle serait plus disposée à les fortifier qu'à les embellir de cons-tructions nouvelles. Il y a donc là une lacune de près d'un demi-siècle, après lequel les maisons des familles nobles reparaissent dans un style tout différent de celui qui avait jusqu'alors prévalu. Toute trace de la féodalité a cédé devant les besoins de confortable inconnu aupara-vant. Plus de tourelles, plus d'escaliers à vis, plus de fe-nêtres étroites et à meneaux ; les portes d'entrée prennent de grandes dimensions, pour laisser passer les carrosses dont l'usage était devenu général ; les escaliers à rampes droites et à larges dégagements prennent une place très importante dans l'architecture ; enfin, le jour circule partout dans des intérieurs aménagés avec soin, et où l'on retrouve les premiers tâtonnements des habiles dis-tributions qui feront la gloire des architectes à la fin du xviiiᵉ siècle.

En quelques années, tout un quartier de Paris, le Ma-rais et l'Ile Saint-Louis, se garnit d'habitations somp-tueuses dont beaucoup sont parvenues jusqu'à nous. La plus connue est l'hôtel Lambert, bien que sa réputation soit due surtout aux artistes éminents qui ont décoré ses appartements. Il fut construit par Levau.

Sous Louis XIV, l'architecture privée se ressent de l'influence du grand roi qui, des bâtiments royaux, se fait sentir par imitation dans les hôtels ; tous ont des plans uniformes, des lignes droites, régulières, symé-triques ; on est étonné de ne pas y rencontrer une réduction de la colonnade du Louvre ou de l'attique de Versailles. A défaut d'originalité, on doit leur reconnaître, du moins, la grandeur et une plus grande recherche de commodité et d'élégance. Un quartier nouveau se fonde, dans la partie basse de la rive gauche de la Seine qui s'étendait depuis le quartier Hautefeuille jusqu'à la hauteur du palais des Tuileries; c'est le quartier Saint-Germain. En quelques années, on voit s'élever là les hôtels de Luynes, de Clermont, de Belle-Isle, et, sur la rive droite, l'hôtel de La Vrillière, aujourd'hui la Banque de

France, l'hôtel de Soubise, l'hôtel de Beauvais, élevés par les plus habiles architectes, et décorés à cette époque même ou au commencement du règne suivant, par des artistes tels que Lebrun, Cotte, Natoire, Boucher, Carle Vanloo, etc. La bourgeoisie enrichie par le commerce, la noblesse de robe, le clergé, les financiers se font construire également des demeures confortables, solidement bâties, aux fenêtres larges et hautes, aux toits élevés en mansardes. Dans les provinces, l'art est un peu plus indépendant; si la plupart des hôtels conservent cet aspect

Fig 415. — *Hôtel de Clisson, rue des Archives, à Paris.*

symétrique et froid qui distingue les constructions du XVIIᵉ siècle, ils gardent cependant trace des goûts et des tendances de leurs propriétaires et offrent une variété plus grande. Plusieurs villes sont encore fort riches en hôtels de cette époque, notamment Rouen et Angers.

Mais Louis XIV meurt, et avec lui cesse le style grandiose et froid qui signalait son époque. Il se fait dans l'architecture la même transformation que dans les lettres et dans les mœurs; tout devient joli, agréable, mais petit et recherché; le goût se corrompt et tombe bientôt dans l'extravagant et le style rococo ou Pompadour règne en maître dans les habitations privées, parce qu'il correspond bien à la disposition d'esprit de ceux qui doivent y demeurer; ce n'est qu'alors, et d'après les conseils de

Robert de Cotte, qu'on supprime les solives apparentes des planchers, qu'on décore et qu'on peint les plafonds, qu'on place des glaces au-dessus des cheminées. C'est la plus belle époque pour les hôtels, grâce à la variété de talents d'illustres architectes: Boffrand, Gabriel, Lassurance. L'hôtel du Petit Bourbon, les hôtels de Montmorency, de Torcy, d'Argenson, de Seignelay, à Paris, dus à Boffrand, l'hôtel de Châtillon et celui de Noailles, par Lassurance, adepte du style rococo, l'hôtel de Lauzun, dans le nouveau quartier du Roule, sont remarquables par leur variété, leur élégance et leur opulence. La province suit ce mouvement, et vient chercher à Paris les artistes les plus en renom. C'est ainsi que Boffrand est appelé en Lorraine et à Wurtzbourg, et que Louis construit, à Bordeaux, les hôtels de la Préfecture, Loriague et Lumel.

La période suivante, qui précède la Révolution, voit s'élever beaucoup d'habitations dans le quartier de la Chaussée d'Antin, mais leurs lignes mesquines et prétentieuses s'éloignent du style somptueux du règne de Louis XV, et elles se rapprochent des *maisons* (V. ce mot). D'ailleurs, la même observation se rapporte à toutes les habitations particulières élevées depuis; les conditions moins larges de la vie, les aménagements intérieurs mieux conçus, la cherté du terrain et des matériaux ont réduit les dimensions des hôtels; en même temps, la vie devient plus en dehors, les ouvertures se multiplient, les façades sont plus variées. Si les portes cochères disparaissent peu à peu, en revanche les balcons, les terrasses se multiplient; il n'est pas rare de rencontrer une *loggia* à l'italienne ou un portique pompéien à côté d'une copie de la Renaissance et non loin d'une maison gothique. C'est dans ce goût parfois disparate, et qui est poussé actuellement dans ses limites extrêmes, qu'ont été construits, à Paris, les nombreux hôtels qui entourent l'église de la Madeleine, et tout ce quartier neuf de la plaine Montceau, qui date de quelques années à peine, et où la plus grande partie des habitations particulières n'ont qu'une dizaine de mètres de façade sur la rue, et le plus souvent pas de cour intérieure. C'est l'hôtel réduit à sa plus simple expression.

A l'étranger, tous les pays qui ont eu longtemps une aristocratie riche et puissante : l'Allemagne, les Flandres, l'Espagne, l'Italie, ont gardé de somptueux hôtels, la plupart des XVIᵉ et XVIIᵉ siècles. En Italie et en Espagne, on leur donne surtout le nom de *palais*, qui a été réservé chez nous aux édifices royaux ou publics. L'architecture privée de tous ces pays a reçu une place spéciale dans les articles consacrés à leur art particulier. — C. DE M.

HÔTEL DE VILLE. Dans les premiers siècles du moyen âge, les habitants des villes n'avaient d'autre

Fig. 416. — *Hôtel de Ville de Paris* (Gravure extraite de la *France illustrée*, par Malte Brun, J. Rouff, édit.).

lieu de réunion que l'église, et d'autre signal de ralliement que ses cloches. Le clergé s'était toujours montré fort jaloux de ce monopole, qui lui permettait une surveillance directe et un contrôle sur les affaires civiles. Aussi, toutes les chartes de communes, octroyées aux bourgeois à partir du XIᵉ siècle, comprennent-elles le droit d'élever une maison commune et un beffroi. Mais jusqu'au XIVᵉ siècle, les communes passèrent par bien des vicissitudes, et le premier acte du seigneur rentré en possession de ses droits était de supprimer l'un et l'autre. Il n'en est donc resté qu'un très petit nombre antérieurs à cette époque, tel que le beffroi de St-Antonin (Tarn-et-Garonne), qui date du XIIᵉ siècle. Au Midi, les hôtels de ville sont petits et mal construits, parce que les villes ont peu de ressources et qu'elles ont été constamment en butte aux entreprises des seigneurs ou aux ravages des guerres civiles; au Nord, au contraire, en Flandre et en Brabant, dans un pays riche et depuis longtemps en possession de ses franchises, de superbes monuments s'élèvent, qui constituent, notamment, une des principales richesses artistiques de la Belgique. Nous n'avons rien en France, parmi nos constructions municipales, de comparable aux hôtels de ville de Bruxelles, d'Anvers, de Bruges, de Louvain, de Gand, qui forment un ensemble admirable. — V. FLAMAND (Art).

Bien plus, sur tout le domaine royal, qui s'étendait du Mans, à Soissons et Sens, il ne fut élevé aucun édifice municipal jusqu'au XVᵉ siècle. La royauté voyait avec plaisir la rivalité entre seigneurs et communes s'affirmer et prendre le beffroi pour *palladium*, mais elle ne souffrait rien de semblable chez elle, et sa puissance, devenue tout d'abord très grande, assura le maintien de ces dispositions. Seule, la ville de Paris, par son importance, put obtenir un lieu commun de réunion, et encore les débuts de cette municipalité furent-ils fort modestes. Ce n'est qu'à la faveur des guerres civiles du xiv° siècle que le *parlouër aux bourgeois* put être transféré par Etienne Marcel dans une grande construction située sur la Grève, appelée la *maison aux piliers* (1357). C'était un petit logis qui consistait, dit Sauval, en deux pignons tenant à plusieurs maisons bourgeoises. Il y avait loin de cette maison fort simple aux superbes hôtels de ville et aux beffrois hauts comme des donjons qui étaient l'orgueil des cités affranchies et qui servaient à la fois de lieu de réunion, de guettes pour avertir de l'approche de l'ennemi, de prison, de dépôt d'archives et de magasin d'armes. Paris n'avait donc rien de semblable.

Au commencement du xvi° siècle, on décida la reconstruction entière de l'hôtel de ville de Paris. En 1549, les deux premiers étages étaient élevés, lorsqu'un artiste italien, Dominique Boccardo, offrit à Henri II un plan remarquable par son élégance, et qui fut aussitôt accepté. C'est celui qui a été exécuté sous sa direction et, après une suspension nécessitée par les guerres civiles, achevé par André du Cerceau. On sait que cette admirable construction a été incendiée en 1871. Mais le nouvel édifice de MM. Ballu et de Perthes en rappelle les principales dispositions.

L'élégant belvédère, notamment, a été conservé. Il rappelle le beffroi primitif et conserve les traditions symboliques qui affirmaient les libertés municipales à côté du clocher de la cathédrale et des tours du palais royal. Il faut savoir gré à MM. Ballu et de Perthes d'avoir, par un désintéressement trop rare chez les artistes, abandonné tout intérêt personnel et d'avoir reproduit le chef-d'œuvre de Boccardo dans des proportions plus grandes et avec

Fig. 417. — *Hôtel de Ville de Reims.*

une perfection de détails et d'ensemble que n'avait peut-être pas au même degré l'hôtel de ville primitif, œuvre de plusieurs générations (fig. 416).

Un autre joli édifice municipal du commencement de la Renaissance, également dans le domaine royal, est l'hôtel de ville de Compiègne, encore intact; le beffroi est placé au milieu; à Arras, au contraire, le beffroi très élevé est placé sur le côté occidental de l'hôtel de ville, édifice très remarquable de la plus belle période de la Renaissance; celui d'Evreux est également du xvi° siècle.

Les luttes municipales s'étant apaisées, ou plutôt s'étant confondues avec les guerres civiles et religieuses, l'hôtel de ville avait perdu dès le xv° siècle toute signification politique agressive. Il était admis que toute grande

cité devait avoir sa maison commune, et on en construisait partout dès que le besoin s'en faisait sentir. En général, ces édifices sont peu importants, mais ceux de Reims et de Lyon sont remarquables. Le bel hôtel de ville de Reims, élevé en 1627, fut terminé seulement au commencement de ce siècle. Il se compose d'un bâtiment central avec deux pavillons en ailes; au milieu s'élève un campanile élégant; l'ordonnance générale se compose de deux étages, l'un dorique, l'autre corinthien. Le respect des traditions était tel, même à cette époque, que les dispositions générales et l'ornementation sont encore tout entières du xvi° siècle. Pourtant certains détails appartiennent bien au xvii° siècle; ainsi qu'on pourra s'en rendre compte en comparant cet hôtel de ville avec celui de Paris (fig. 417),

L'hôtel de ville de Lyon, un des plus importants que nous possédions, est de quelques années moins ancien, mais déjà il diffère entièrement des précédents. C'est un style nouveau qui apparaît. La façade principale se compose de deux pavillons couverts de dômes à quatre pans, et d'un bâtiment en arrière-corps avec un grand balcon au premier étage. Au milieu, se détache une portion saillante surmontée d'une arcade avec caryatides où se trouve la statue équestre de Louis XIII. Un campanile surmonte l'édifice.

Le règne de Louis XIII avait été très favorable à l'architecture municipale ; Louis XIV, au contraire, consacre aux dépenses du Louvre, de Versailles, de Marly, les ressources d'un trésor déjà bien épuisé, et les grands travaux publics en souffrent. On continue seulement les constructions commencées. Louis XV, en face de semblables embarras pécuniaires, montre une pareille insouciance, et ces deux longs règnes de cent quarante années n'ont pour ainsi dire rien produit pour les municipalités de province. A part la capitale, qui absorbait presque tous les fonds disponibles, quelques grandes villes seules, Nancy, Valenciennes, Rennes, reçoivent de la munificence royale, de rares embellissements.

Ce qui a donné à l'architecture municipale le plus grand essor, c'est l'organisation politique et financière du xixe siècle, qui laisse aux communes la libre disposition d'une partie de leurs recettes et les autorise à emprunter. Leur premier soin fut d'élever des hôtels de ville somptueux, auxquels on ne peut reprocher qu'une uniformité de lignes qui tend principalement à réunir l'architecture du xviie siècle avec les campaniles légers et la décoration élégante du xvie siècle. Celui du Hâvre est un des plus beaux ; parmi les plus récents, qui même ne sont pas entièrement achevés, nous citerons ceux de Rouen, d'Amiens et de Saint-Denis. — c. de m.

Bibliographie : Verdier et Cattois : *Architecture municipale et privée ;* Gaihabaud : *L'art dans ses diverses branches chez tous les peuples ;* Viollet-le-Duc : *Dictionnaire d'architecture ;* Cerfberr de Médelsheim : *L'architecture en France.*

*HOT-FLUE. T. *d'imp. et de teint.* Il existe divers modes de séchage pour les tissus imprégnés de mordants ou de bains colorants, un de ceux qui est le plus employé est le séchage à la *hot-flue* que l'on appelle aussi *chambre chaude, mansarde* et encore *course chaude,* qui est le véritable nom français, mais que, dans la pratique, on a changé pour lui substituer le nom anglais de *hot-flue.* Dans ce système, la pièce quand elle est bien guidée et a une tension convenable, sèche sans qu'il puisse y avoir influence de contact comme dans les tambours ; elle a de plus l'avantage, quand elle est bien construite, de sécher rapidement, ce qui n'a pas lieu dans les étentes, soit à air chaud, soit à air libre. Quand il s'agit du séchage appliqué à une machine à imprimer, on l'appelle plus spécialement *course,* et on réserve le nom de *hot-flue* à l'appareil séchant au moyen de l'air chaud produit par la chaleur d'un foyer et non par la vapeur comme dans les courses à plaques. Une *hot-flue* se compose généralement d'un bâtiment à l'épreuve du feu, d'une longueur de 10 à 15 mètres et plus, d'une largeur de 2 à 3, et de 3 à 4 mètres de haut. Des montants en fer, garnis de roulettes en cuivre ou en fer-blanc étamé, sont placés de façon à pouvoir supporter commodément la pièce à sécher, laquelle marche généralement dans le sens horizontal (le plus grand développement sans courbe) pour éviter les plis. Une plieuse mécanique plie l'étoffe ou l'enroule suivant les besoins de la fabrication. Pour bien fonctionner et donner un rendement satisfaisant, une hot-flue, dans de bonnes conditions, doit sécher de 80 à 100 pièces de 100 mètres de tissu ordinaire pesant 10 kilogrammmes, dans l'espace de 10 heures de travail ; son développement doit être de 50 à 60 mètres de course. Il est évident que la pression donnée au foulard à une grande influence, mais en moyenne, ces données se rapportent à un foulard humectant 100 mètres à raison de 6 à 8 litres de bain, pour un tissu de $0^m,90$ de large.

La hot-flue sert pour les unis, pour les mordançages, pour l'alunage, pour les préparations à l'acide oléique ou sulforicinique, pour les bleutages ; on en fait également usage pour matter en couleurs plastiques légères, comme les couleurs à base d'ocres. — j. d.

HOTTE. Instrument de transport, variable dans sa forme et dans sa capacité, selon les contrées et les usages auxquels on le destine, mais ordinairement constitué par un panier en osier dont une partie plate s'applique sur le dos au moyen de bretelles qui ont pour fonction d'assujettir sur le dos du porteur, le fardeau à transporter. || Partie évasée, en forme de hotte renversée, qui termine le bas d'une cheminée de forge, de fourneau ou de cuisine. || Cuvette destinée à recevoir les eaux ménagères et pluviales.

HOUBLON. Le houblon (*humulus lupulus*) est une des matières premières les plus importantes de la fabrication de la *bière* (V. ce mot) ; c'est une plante vivace, dioïque et à tige grimpante, de la famille des urticées (fig. 418). Les chatons ou fleurs femelles, récoltés généralement sans semences, que l'on désigne sous le nom de *cônes de houblon* (fig. 419), sont les seules parties de la plante employées en brasserie, et on ne cultive que les houblons femelles, en ayant soin de détruire les plantes mâles, afin d'empêcher la fructification des fleurs femelles, qui aurait pour conséquence de diminuer considéra-

Fig. 418. — *Houblon femelle.*

blement la valeur des cônes. La culture du houblon est surtout développée dans les pays où la bière constitue la boisson nationale ; l'Angleterre, la Belgique, la Bavière, le Wurtemberg, l'Alsace-Lorraine et la Bohême sont les pays qui produisent le plus de houblon, comme on peut s'en rendre compte par les chiffres suivants, qui indiquent à combien s'élève, en moyenne, par année, la récolte de cette plante dans les différentes contrées européennes :

	Kilogrammes
Angleterre.	25.000.000
Belgique.	12.500.000
Bavière.	10.500.000
Wurtemberg.	4.250.000
Alsace-Lorraine	3.750.000
Bade.	2.250.000
Posen.	1.750.000
Brunswick et Vieille-Marche	1.800.000
Autres pays allemands.	750.000
Bohême.	7.500.000
Autriche-Hongrie.	2.100.000
France.	1.800.000

Le houblon est cultivé sur échalas ou sur palissades ; la floraison a lieu en juillet et en août, et la récolte environ deux mois après, alors que les cônes sont d'un jaune légèrement verdâtre.

Fig. 419.
Cône
de houblon.

Composition du houblon. Les éléments actifs du houblon, pour lesquels celui-ci est employé en brasserie, se trouvent dans toutes les parties du cône, mais surtout dans la poussière jaunâtre, qui se rencontre à la base de la surface interne des folioles ou bractées, dont le cône est formé. Cette poussière ou *lupuline*, comme on la nommait autrefois (Griessmayer donne aussi le nom de *lupuline* à un alcaloïde particulier, rencontré par lui dans le houblon), est constituée par de petites granulations vésiculaires, de $0^{m/m}$,15 de diamètre, renfermant un assez grand nombre de principes, dont les plus importants sont : une huile essentielle particulière ou *essence de houblon*, une substance résineuse, la *résine de houblon* et du *tannin* ; on y trouve, en outre, des matières analogues à de la cire, un pigment jaune, de la gomme, de petites quantités de sucre et d'acide succinique, et des éléments minéraux.

L'*essence de houblon* est un liquide jaunâtre, à odeur forte, ne rappelant que très peu celle du houblon, et d'une saveur brûlante et un peu amère ; elle est peu soluble dans l'eau. Pour l'obtenir, il suffit de distiller du houblon frais avec de l'eau ou de le faire traverser par un courant de vapeur ; elle se sépare à la surface du liquide distillé sous forme d'une couche oléagineuse. Le houblon renferme de 0,4 à 0,8 0/0 de cette essence, qui, d'après R. Wagner, consisterait en un mélange d'un hydrocarbure $C^5 H^8 ... C^{10} H^8$, isomère de l'essence de térébenthine, et d'une huile oxygénée de la formule $C^{10} H^{18} O ... C^{20} H^{18} O^2$.

La *résine de houblon*, que Lermer considère comme formée de trois corps résineux différents,

est l'élément le plus important ; elle est d'un brun jaunâtre et offre une saveur amère, forte et persistante ; elle est très difficilement soluble dans l'eau, principalement dans l'eau pure et en l'absence de l'huile essentielle ; exposée au contact de l'air, elle s'altère et devient insoluble dans les liquides qui la dissolvaient auparavant, mais cette altération ne se produit pas tant qu'elle est en présence de l'huile essentielle. Quand les cônes sont conservés pendant longtemps, l'essence s'évapore et, ne préservant plus alors la résine du contact de l'air, celle-ci s'altère, de sorte que le rôle de l'huile essentielle consisterait non seulement à communiquer à la bière un arome particulier, mais encore et surtout à empêcher la décomposition de la résine. Suivant Rautert, c'est à cette dernière qu'il faut attribuer presque tous les effets pour la production desquels le houblon est employé dans la préparation de la bière, et elle est, en même temps, le principe amer du houblon, que d'autres considèrent comme distinct de la résine.

Le *tannin* du houblon n'est pas identique avec celui de la noix de galle, il se rapproche plutôt de celui du bois jaune (acide marin-tannique). Son principal rôle dans la fabrication de la bière, consiste à précipiter les matières albuminoïdes, et, par suite, à faciliter la clarification des moûts.

Rautert, analysant un houblon d'Ellingen, lui a trouvé la composition centésimale suivante :

Huile essentielle.	0.50
Résine.	15.90
Tannin.	3.02
Gomme.	11.10
Substances extractives.	6.40
Cellulose et substances insolubles	48.33
Sels solubles.	0.25
Eau.	14.50

Les principes actifs du houblon sont très inégalement répartis dans le cône. Les granulations ou la lupuline renferment surtout de l'huile essentielle avec beaucoup de résine, tandis que les bractées sont riches en tannin et contiennent de la résine, mais pas d'essence.

Conservation du houblon. Pour que le houblon se conserve avec toutes ses propriétés, il est indispensable de le dessécher aussitôt qu'il a été récolté. Quand le temps est favorable, il suffit d'étendre les cônes au soleil sur des toiles ou mieux encore sur des claies en fils métalliques, disposées les unes au-dessus des autres et espacées de façon à permettre le libre circulation de l'air. Mais lorsque le temps est pluvieux, on étend le houblon sur le plancher d'un grenier bien aéré, en ayant soin de le retourner de temps en temps au moyen de fourches ou de râteaux, ou bien on emploie avec avantage des séchoirs à air chaud analogues aux touailles des malteries, en faisant bien attention de ne pas élever la température au-dessus de 34 à 35°. On reconnaît que le houblon est suffisamment desséché à ce que les cônes crépitent comme du papier lorsqu'on le froisse, et à ce que les pédoncules, qui sont ridés, se cassent facilement quand on les courbe ; 100 kilog. de houblon vert donnent ordinairement 25 kil. de houblon sec.

Lorsque le houblon doit être exporté, on a

l'habitude, depuis quelque temps, pour le rendre encore plus inaltérable, de le soufrer, c'est-à-dire de l'exposer, après sa dessiccation, à l'action d'acide sulfureux, que l'on produit en brûlant du soufre à l'étage inférieur d'une sorte de touraille, au-dessous du houblon étendu sur des tamis en toile métallique disposés à l'étage supérieur. On emploie ordinairement pour le soufrage de 100 kilogrammes de houblon, 1 ou 2 kilogrammes de soufre. Le houblon soufré offre une couleur jaune claire dans toutes ses parties, tandis que dans le houblon non soufré, les bractées sont jaunes ou jaune verdâtre et les pédoncules d'un vert foncé ou bruns. Au lieu de soufrer le houblon, on peut aussi, comme cela se fait quelquefois en Allemagne, l'humecter avec une petite quantité d'alcool.

Une fois desséché (et soufré ou imprégné d'alcool, s'il est destiné à l'exportation), le houblon est emballé dans des toiles à tissu serré, imperméables à l'air, où on le tasse fortement à la main ou à la presse hydraulique ; cette dernière méthode, qui permet de loger de grandes quantités de houblon dans un petit espace, assure au produit une conservation beaucoup plus longue, si bien qu'après un séjour de deux à trois ans dans un pareil emballage, il offre encore toutes ses propriétés primitives.

Le local dans lequel le brasseur emmagasine sa provision de houblon doit être parfaitement sec, à l'abri de la lumière et de toute cause d'échauffement ; on y entasse les balles pour en extraire de temps en temps, au moment de l'employer, la quantité exactement nécessaire.

Chaar a proposé de conserver le houblon en le comprimant dans des tonneaux enduits de poix ou des caisses en bois doublées de zinc et le mettant dans des glacières. Brainard empile le houblon sec dans des sacs bien desséchés, qu'il emmagasine dans un local exposé au nord et construit avec des matériaux imperméables à l'air ; ce local est entouré d'une seconde muraille et recouvert d'un toit, tous deux formés de corps mauvais conducteurs de la chaleur ; l'espace vide entre les deux murailles est en communication avec une glacière, de façon que la température de la chambre à houblon soit constamment à +10°.

Caractères du bon houblon. Le houblon ne doit pas contenir de graines ; les cônes doivent être entiers et tout à fait clos au sommet, d'un vert blanchâtre ou jaunes, mais non verts, brunâtres ou rouges. Le houblon rouge est trop mûr ou altéré, celui qui est vert n'est pas mûr. Les cônes ne doivent pas être trop fortement desséchés, parce qu'alors les écailles se séparent facilement et qu'une trop forte chaleur leur enlève une partie de leur arome ; si, au contraire, ils ne sont pas suffisamment secs, ils moisissent facilement et prennent une mauvaise odeur. Le bon houblon bien mûr est gras et visqueux au toucher, et il dégage une odeur fortement aromatique ; il contient beaucoup de lupuline (9 à 18 0/0, selon la provenance), dont les granulations sont pleines, sphériques et de couleur jaune clair ou jaune citron ; frotté dans la main, il laisse une traînée vert jaunâtre, grasse au toucher. Avec le temps, et s'il est conservé

dans de mauvaises conditions, le houblon perd son arome et change d'aspect, il devient généralement plus sombre et se couvre de taches ; au bout d'un an, il a déjà perdu de sa valeur et au bout de six ans, il est devenu complètement inodore et brun.

Pour reconnaître si un houblon a été soufré, on en fait digérer une petite quantité dans l'eau, on filtre et on mélange le liquide, dans un petit ballon, avec du zinc et de l'acide chlorhydrique chimiquement pur (en quantité juste suffisante pour avoir un très faible dégagement de gaz) ; on suspend ensuite, dans le col du ballon, une bande de papier d'acétate de plomb, qui se colorera en brun ou en noir, si le houblon a été soufré. Pour être probante, la réaction doit se produire au bout de 10 à 20 minutes seulement, parce que l'extrait aqueux de tous les houblons dégage de l'hydrogène sulfuré après un long contact avec l'hydrogène à l'état naissant.

Comme il arrive quelquefois que l'on soufre le houblon vieux afin de lui communiquer la couleur du produit frais et de le vendre comme tel, il est convenable de faire suivre l'essai précédent d'un examen à la loupe des grains de lupuline ; cet examen fera reconnaître facilement si l'on a affaire à un houblon ainsi falsifié, car le soufrage est sans action sur la couleur brune que les grains de lupuline prennent avec le temps, ainsi que sur les rides qui se produisent à leur surface.

Extrait de houblon. Depuis quelques années, on fabrique, en Amérique, sur une très grande échelle des *extraits de houblon,* qui sont employés avec beaucoup de succès à la place du houblon lui-même. La préparation de ces extraits est faite d'après le procédé de J.-R. Whiting, de New-York City, et les produits obtenus sont conservés dans des pots hermétiquement clos. Le brasseur qui se sert de l'extrait de houblon n'a rien à changer dans ses opérations et ne trouve aucune différence dans les résultats, si ce n'est que l'extrait est exempt de toutes les impuretés qui peuvent se rencontrer dans le houblon en balles — Dr L. G.

* **HOUBLONNAGE.** — V. Bière, Brasserie.

* **HOUDON** (JEAN-ANTOINE). Sculpteur, né à Versailles, en 1740, mort à Paris, en 1828. Privé de tout appui aux débuts de ses études, malgré les dispositions extraordinaires qu'il manifesta dès l'âge de dix ans, il ne put s'attacher à aucun maître, et il n'est considéré comme élève de Pigalle que parce qu'il suivait les cours de l'Académie royale, où ce dernier était professeur. Il obtint le prix de Rome avant l'âge de dix-neuf ans, et mit à profit son séjour dans la ville éternelle, pour produire, outre les envois prescrits par le règlement, des morceaux importants qui le mirent aussitôt en réputation ; notamment la statue en marbre de *Saint-Bruno* à Sainte-Marie aux Anges, dont le pape Clément XIV disait : « qu'elle parlerait certainement, si la règle de l'ordre ne lui avait imposé le silence ». Revenu à Paris après dix ans d'études en Italie, il exposa en 1771 une statuette, *Morphée,* qui le fit admettre parmi les *agréés* de l'Académie. Cette même œuvre, exécutée

plus tard en marbre dans une plus grande dimension, lui valut la place d'académicien en titre. Peu
après, Houdon exposait trois statues qui le mirent
à la tête des sculpteurs de son époque : une *Ves-
tale*, une *Minerve* et surtout l'*Ecorché* resté son
œuvre la plus célèbre. Les copies de cet ouvrage
se multiplièrent aussitôt par suite de son utilité
évidente pour les études, et, aujourd'hui encore,
l'*Ecorché* se trouve dans tous les ateliers.

Parvenu à l'apogée de la gloire et de la popularité, Houdon se vit sollicité par les illustrations de
l'Europe entière qui voulaient poser devant lui.
Entraîné par ce courant il abandonne dès lors la
grande sculpture, où il avait produit déjà de si
belles choses, pour se consacrer au portrait. A
part sa *Diane* exécutée pour l'impératrice de Russie,
et à laquelle on refusa les honneurs du Louvre
parce qu'elle était nue, contrairement aux traditions mythologiques, à part la *Frileuse* et l'*Oiseau
mort* qui eurent un succès prodigieux, il ne donna
plus que des portraits. Emmené en Amérique par
Franklin, il sculpta le buste de Washington qui
se trouve dans la salle des séances de l'Etat de
Virginie, puis, revenu en Europe, ceux de Jean-
Jacques Rousseau, Catherine II, Diderot, Turgot,
Gluck, Sophie Arnoult, Tourville, statue de
grandes dimensions, Buffon, d'Alembert, Franklin, Louis XVI, La Fayette, le comte de Provence,
le roi de Prusse, Mirabeau, Bouillé, etc. En 1781,
il avait exposé une statue de *Voltaire* assis, qui
peut être considérée comme le dernier effort de
l'école classique en sculpture. Voltaire est encore
drapé à l'antique, bien que l'auteur ait escamoté
habilement l'anachronisme, et ce costume souleva
une vive polémique, qui contribua, sans doute, à la
prospérité de l'école moderne. Pendant la Révolution, Houdon fut tenu à l'écart et put s'en estimer
heureux, car l'éclat de son nom aurait pu lui être
funeste, mais l'Empire lui rendit le rang auquel il
avait droit parmi les artistes. Chevalier de la
Légion d'honneur à la création de l'ordre, il reçut
des commandes importantes et exécuta les bustes
de Napoléon, de l'impératrice Joséphine, de
Ney, etc.

Plus préoccupé du vrai que de l'idéal, il apportait le soin le plus méticuleux aux moindres détails
de la figure ; de là, cette grande qualité de ressemblance et de vérité qui distingue ses portraits,
mais aussi une afféterie et une minutie qui l'a
éloigné de ce caractère grandiose qu'on admire dans
la sculpture antique. Ce qui lui a valu surtout les suffrages des critiques, c'est l'observation des poses
habituelles, de l'humeur et de l'esprit du modèle.
C'est par là qu'il a ouvert les voies à l'école moderne, et l'on peut dire que Rude, Pradier, David
d'Angers, qui sont parvenus à faire rendre au
marbre tous les sentiments de la passion et de la
vie, procèdent plus ou moins de Houdon, qui marque la transition entre les traditions classiques et
les tendances de la nouvelle école à laquelle on
allait devoir tant de chefs-d'œuvre.

HOUE. Ce nom désigne toute une classe d'appareils très divers, la plupart modernes, ayant tous
pour but la *cultivation* du sol entre les lignes de
plantes en végétation : les plantes sarclées proprement dites (betteraves, pommes de terre,
colza, etc.) toujours semées en lignes, et la plupart des autres plantes, les céréales surtout. Les
instruments de culture de la *vigne* appartiennent
même à ce groupe. Cependant le nom de *houe*
s'applique plus spécialement à un outil de la petite
culture formé d'une lame mince en fer à tranchant
aciéré ou toute en acier, adaptée par une douille
au bout d'un manche assez court formant un angle
aigu avec le plan de la lame. Les travaux de cultivation entre les lignes de plantes étant très variés,
une seule forme de houe ne pouvait évidemment
suffire. On a des houes à lames minces carrées,
triangulaires, en demi-cercle ; la lame peut être
pleine ou évidée au centre. Enfin, il y a des houes
fourchues à deux dents plates ; d'autres à 3 ou 4
dents de section carrée. Généralement, ces houes
agissent par percussion, l'ouvrier se tenant forcément très *courbé vers la terre* ; c'est une cause de
fatigue exceptionnelle pouvant amener des déformations qui ne sont pas rares parmi les vieux
vignerons. On a fait des houes qui se poussent ou
se tirent, l'homme restant debout. Dans cette position, l'effort moteur est très réduit. La houe
proprement dite à lame pleine a de 0,1 à 0,15 de
largeur, on la nomme parfois *binette*. L'outil peut
être à deux fins ; à lame d'un côté de la douille et
à fourche du côté opposé, pour le jardinage surtout. Lorsque la houe possède une lame forte,
pour un travail un peu profond, elle prend parfois
le nom de *hoyau*, de *fossoir*.

En grande culture, les travaux seraient par trop
coûteux à la main ; on les fait à l'aide d'appareils
attelés dits *houe à cheval* (comme terme générique),
ou *bineurs, binoirs, binots, sarcleuses*, etc. Les pièces
travaillantes des houes à cheval varient suivant
le travail à exécuter : soit qu'il y ait plusieurs
instruments spéciaux, soit qu'un seul puisse être
armé des pièces travaillantes propres aux divers
travaux à faire. Pour *trancher* sous terre les racines
de mauvaises herbes, il faut des lames plates horizontales très tranchantes, en forme de fer de lance,
de triangle rectangle, de demi-cercle, de faucille, etc. Pour *biner* ou *ameublir* la croûte superficielle, on a de fortes dents de herse ou de petits pieds
de scarificateurs armés de pointes d'acier, de petits
socs en patte de canard. De petites herses articulées à dents ou à mailles, arrachent et recueil-
lent les mauvaises herbes dont les racines ont été
préalablement tranchées. Pour *butter*, on emploie
un corps de charrue dit *rechausseur* (pour les
vignes) ou même une petite charrue ordinaire. Le
binage est alors réellement un nouveau labour.

Une *houe à cheval* destinée à cultiver un seul
intervalle, se compose d'un âge avec régulateur à
l'avant et mancherons à l'arrière ; et portant directement les pièces travaillantes : 3 lames horizontales tranchantes ou 3 socs, le premier à deux
tranchants, en fer de lance, les autres à un seul
tranchant et symétriquement placés, ou enfin,
trois pieds de scarificateurs. Si le travail doit être
complexe, l'âge porte, en avant, un large soc très
tranchant en fer de lance, puis 2 lames horizontales en faucille coupant en dehors de la voie par-

courue par le soc, suivies ou précédées de deux fortes dents de herse. Enfin, parfois on suspend à l'arrière une herse traînante à dents ou à mailles. On a ainsi le *binage* et le *sarclage*. Tous les outils étant fixés à l'âge, la houe est *rigide*, et son travail n'est régulier en profondeur que si le sol est plan et uni. La largeur embrassée par les outils doit être égale à la largeur de l'intervalle à travailler qui varie de plantes semées ; elle doit donc être réglable. Parfois, les outils latéraux sont placés sur des barres articulées contre les deux faces verticales de l'âge et s'ouvrant en forme de V plus ou moins : c'est l'*expansion angulaire*. D'autres fois, les outils ont des tiges horizontales glissant dans une douille de l'âge ; l'expansion est parallèle.

On a fait des houes pouvant sarcler ou biner deux ou trois intervalles. Seule, la *houe à outils indépendants*, permet un travail régulier sur une grande largeur, et entre de nombreux intervalles de lignes plantées, comme les blés semés en lignes. Chaque outil ou chaque paire d'outils, est fixé sur un levier traînant sur le sol. L'entrure de ces outils est donc uniforme s'ils sont tous pareils, de même poids et identiquement placés sur leurs leviers. Un treuil à levier permet de déterrer d'un seul coup tous les outils, en soulevant par deux chaînes, une barre passée sous ces leviers. Un gouvernail permet au conducteur de maintenir tous les outils entre les lignes de blé, malgré les écarts possibles de l'attelage. On peut, en outre, régler l'entrure selon les besoins. Cette houe peut être dite *souple* et c'est le complément obligé des semoirs à blé en lignes. En France, elle est encore peu répandue. — J. A. G.

|| Rabot qui sert au maçon pour corroyer le mortier.

. *HOUGUETTE*. *T. techn.* Outil pointu à l'usage du marbrier, pour fouiller le marbre.

HOUILLE. *Propriétés de la houille.* La houille est la variété moyenne et la plus abondante des combustibles minéraux. Quand on la calcine brusquement en vase clos, ou qu'on la carbonise en grand, ses éléments fixes sont agglutinés fortement par un principe collant et laisseut, comme résidu, un combustible dense et sonore, désigné sous le nom de *coke* (V. ce mot). Les lignites et les anthracites ne donnent pas de coke. Les houilles présentent des propriétés diverses qui peuvent se rapprocher de celles des anthracites ou de celles des lignites. Les anthracites laissent, par la calcination en vase clos, 85 à 95 0/0 de résidu fixe, non aggluliné, et ne dégagent, à la distillation, que des traces de matières huileuses ou aqueuses. Les lignites donnent, par la calcination en vase clos, au plus 50 0/0 de résidu fixe non aggluliné, et dégagent, à la distillation, des liquides plutôt acides qu'alcalins.

La classification officielle des houilles, en France, comprend les quatre classes suivantes : 1° les *houilles à courte flamme* et à coke fritté, ou un peu boursouflé, donnent 75 0/0 à 85 0/0 de coke par la calcination en vase clos ; elles se ramollissent peu quand on les charge dans un foyer à

grille en ignition, et donnent une flamme courte avec un grand brasier de coke en ignition ; 2° les *houilles grasses maréchales* et à coke très boursouflé, donnent environ 70 0/0 de coke par la calcination en vase clos ; elles se ramollissent considérablement quand on les charge sur un foyer à grille en ignition, et sont peu utilisées pour ce genre de foyer; cette variété assez rare convient tout spécialement aux feux de maréchaux; 3° les *houilles grasses à longue flamme* et à coke un peu boursouflé, donnent 60 à 65 0/0 de coke par la calcination en vase clos; elles se ramollissent un peu sur la grille, mais sans l'obstruer autant que les houilles maréchales, et donnent une flamme abondante et très vive, avec un médiocre brasier de coke en ignition ; 4° les *houilles maigres à longue flamme* et à coke toujours fritté, laissent 50 à 60 0/0 de coke par la calcination en vase clos, et donnent une flamme assez longue mais peu vive, avec un faible brasier de coke en ignition. Le menu ne peut pas se transformer en coke.

La houille se compose de charbon dans la proportion de 50 à 85 0/0 associé principalement à de l'oxygène et à de l'hydrogène. Quand on distille la houille, il se dégage des hydrocarbures, qui ne préexistent pas, car la houille pulvérisée n'abandonne rien à l'éther ou à la benzine. Le rapport du poids de l'oxygène à l'hydrogène, varie depuis 0,50 dans les houilles confinant à l'anthracite, jusqu'à 4 dans les houilles confinant au lignite (1). Les éléments de la houille sont toujours combinés à une petite proportion d'azote et de soufre. Les matières inorganiques, qui se trouvent dans les cendres, et dont la proportion varie de 2 à 10 0/0, sont formées des éléments suivants : silice, acide sulfurique, potasse, soude, chaux, alumine, peroxyde de fer, pyrite, etc. Les mêmes substances, et dans la même proportion, existent dans un mélange de lycopodes et de fougères. En outre, la houille renferme de l'eau, et à 121° en dégage 3 à 5 0/0. Quand la houille est mélangée à des débris de la roche encaissante, la proportion des cendres augmente notablement.

Le lecteur trouvera à l'article COMBUSTIBLES MINÉRAUX des renseignements complémentaires sur les diverses propriétés de la houille. Nous allons seulement parler ici de son pouvoir calorifique. Le pouvoir calorifique d'un combustible est le nombre de calories que dégage l'unité de poids, c'est-à-dire le nombre de kilogrammes d'eau dont on peut élever la température de 1°, en brûlant 1 kilogramme de combustible. Le pouvoir calorifique des divers combustibles a été mesuré par divers chimistes, par Lavoisier, par Dulong, et, plus récemment, par Favre et Silbermann. Berthier a imaginé un procédé très simple, pour mesurer le pouvoir calorifique d'une houille, en admettant, ce qui n'est pas tout à fait exact, qu'il est proportionnel à la quantité d'oxygène qu'elle absorbe pour brûler, et en mesurant la perte de poids d'un excès de litharge, avec lequel on brûle un gramme de houille.

On peut calculer approximativement le pouvoir calorifique d'une houille, d'après sa composition.

(1) Ce rapport est 8 dans la cellulose d'où provient la houille.

On suppose que tout le carbone qu'elle contient passe à l'état d'acide carbonique, que tout l'oxygène qu'elle renferme soit primitivement combiné à de l'hydrogène pour former de l'eau, et que le surplus de l'hydrogène passe au moment de la combustion à l'état d'eau condensée. Le pouvoir calorifique du carbone est de 8,000, et celui de l'hydrogène de 34,500; par conséquent, celui d'une houille contenant C de charbon, H d'hydrogène et O d'oxygène sera approximativement :

$$8000\,C + 34500\left(H - \frac{O}{8}\right).$$

Quand l'eau produite n'est pas condensée, cela diminue beaucoup la chaleur dégagée, car 1 kilogramme de vapeur d'eau à 100° conserve 606 calories. Il en est de même quand une partie du carbone reste à l'état d'oxyde de carbone, puisque l'oxyde de carbone a lui-même un pouvoir calorifique de 2,400.

GISEMENT DE LA HOUILLE. La houille se rencontre au sein de la terre en forme de couches, associées à des couches de schiste, de grès et de carbonate de fer, et remontant à des époques géologiques à peu près quelconques. Néanmoins, l'époque à laquelle il s'est déposé le plus de couches de houille est celle qu'on désigne sous le nom de *terrain houiller*. L'anthracite se rencontre généralement dans les terrains plus anciens, et le lignite dans les terrains plus récents.

On a d'abord admis que la houille avait été formée par l'action de la température et de la pression sur les débris accumulés d'une végétation très active, qui s'est développée dans des bassins ou des golfes transformés en marécages par la sédimentation, mais les travaux récents des géologues ont modifié quelque peu cette théorie.

Les continents de l'époque houillère avaient trop peu d'amplitude et de relief pour être parcourus par de grands fleuves. Ils étaient analogues à ce que sont actuellement les plaines du nord de l'Europe, où on ne trouve que des lacs, et des lagunes défendues contre la mer par un cordon littoral. La température était élevée, à peu près uniformément sur toute la surface de la terre, et l'atmosphère était humide, lourde et très chargée d'acide carbonique. Il se développait au bord des lagunes une puissante végétation. Les genres suivants sont reproduits dans l'atlas annexé à l'explication de la carte géologique de France, par M. Zeiller :

Cryptogames vasculaires : équisétinées (calamites, asterocalamites, asterophyllites, volkmannia, macrostachya, annularia), *rhizocarpées* (sphenophyllum), *fougères* (sphenopteris, diplothmena, cardiopteris, nevropteris, dictyopteris, odontopteris, callipteris, callipteridium, mariopteris, alethopteris, lonchopteris, pecopteris, aphlebia, caulopteris, ptychopteris, megaphyton), *lycopodiacées* (lepidodendron, lepidophloios, ulodendron, bothrodendron, knorria, lepidostrobus).

Phanérogames gymnospermes : cycadées (sigillaria, stigmaria, cordaïtes, poacordaïtes, dorycordaïtes,

doleropteris), *conifères* (calamodendron, walchia, dicranophyllum).

En outre, on rencontre à l'état silicifié des graines de végétaux gymnospermes non encore connus. On les classe à part et elles constituent les genres *trigonocarpus, cardiocarpus* et *rhabdocarpus*.

Ces végétaux ne se rencontrent pas indifféremment aux divers niveaux du terrain houiller, et peuvent permettre de distinguer le terrain houiller supérieur, moyen et inférieur. Les restes de cette végétation étaient entraînés au fond des lagunes par des pluies abondantes, et dans ce mouvement, les tiges restaient quelquefois verticales. Les couches épaisses de débris végétaux, déposées au fond des lagunes étaient protégées par l'eau contre l'oxydation à l'air libre. De temps en temps, un régime plus violent dégradait les pentes voisines de la lagune, et entraînait au fond, des débris minéraux, dont les couches alternaient avec les détritus végétaux. Les débris végétaux, accumulés au fond de l'eau, ont été désorganisés ; ils ont d'abord subi une sorte de fermentation tourbeuse qui a transformé la cellulose $C^6 H^{12} O^6$, en acide ulmique $C^{20} H^{14} O^6$. Celui-ci, sous l'influence de la température et de la pression, s'est enfin transformé en houille. Il résulte, en effet, des expériences de M. Fremy, qu'en soumettant à la chaleur et à la pression, de la cellulose, des feuilles, des bois frais ou desséchés, on n'obtient rien qui ressemble au charbon de terre, mais qu'en y soumettant le sucre, l'amidon, la gomme, ou l'acide ulmique dérivé de la vasculose, on a un produit noir, comme la houille, insoluble dans les dissolvants neutres, acides ou alcalins.

La composition de la houille dépend de la nature des végétaux qui l'ont constituée, mais surtout de la température et de la pression qui ont présidé à sa formation, et des actions de métamorphisme qu'elle a subies ultérieurement. Les dépôts de houille se sont formés dans les lagunes, c'est-à-dire au bord des continents de l'époque houillère. A l'intérieur de ces continents, le combustible minéral n'a pu se former que dans des dépressions assez circonscrites. Au large, il ne se faisait, à cette époque, que des dépôts calcaires. Comme la région polaire et la région tropicale étaient sans doute immergées à l'époque houillère, il est vraisemblable que les bassins houillers sont situés entre le 40e et le 75e parallèle.

La moitié de la houille consommée dans le monde provient des bassins houillers anglais. On exploite aussi avec activité les bassins des États-Unis, de l'Allemagne, de la France, de la Belgique et de l'Autriche, et plus faiblement ceux de l'Espagne et de la Russie. Il est probable que la Chine et le Japon possèdent de très riches bassins encore presque inexplorés. Dans l'hémisphère austral, on exploite un peu la houille en Australie, et on l'a découverte en Afrique. Le lecteur trouvera à l'article BASSINS HOUILLERS des renseignements sur la situation des bassins français et des principaux bassins connus jusqu'ici dans les

diverses parties du monde, et à l'article Charbonnages des renseignements sur leur production.

EXPLOITATION DE LA HOUILLE ET PRODUITS DIVERS
QU'ON EN TIRE. Nous avons donné à l'article Charbonnages, des renseignements, sur les caractères
qui distinguent les exploitations de combustibles
minéraux des autres exploitations minières; nous
étudions au mot Lavage les procédés employés
pour le triage et l'épuration du charbon, et nous
ne nous occupons ici que du traitement de la
houille au point de vue des produits industriels
auxquels elle donne naissance.

On extrait de la houille des produits très divers,
parmi lesquels on peut citer principalement : le
coke pour la métallurgie et pour le chauffage domestique, le gaz pour l'éclairage et le chauffage,
le sel ammoniac, le goudron de houille et ses nombreux dérivés, le brai pour la fabrication des
agglomérés.

La distillation de la houille laisse dégager :
1° des gaz (éthylène, formène, hydrogène, oxyde
de carbone, acide carbonique, hydrogène sulfuré,
acétylène, etc.); 2° des vapeurs (sulfure de carbone,
sels ammoniacaux, hydrogènes carbonés); 3° des
liquides entraînés à l'état vésiculaire (eau ammoniacale, goudron complexe). Le résidu est composé de carbone et de matières minérales, et
aggloméré par un principe collant qui se trouve
surtout dans les houilles grasses.

Suivant le produit qu'on veut obtenir, on choisit
une variété spéciale de houille et on dirige différemment la distillation : 1° si on veut faire du coke
métallurgique, il faut distiller la houille à très
haute température; on peut utiliser le gaz pour
chauffer des chaudières. Dans le four Knab, on
commence par débarrasser le gaz du goudron qui
y est mélangé, et on l'utilise ensuite au chauffage
des fours à coke eux-mêmes ; 2° si on veut faire
du goudron, on choisit du boghead, et on le chauffe
progressivement à une température relativement
basse. On réussit mieux encore en employant
l'eau surchauffée ; 3° si on veut faire du gaz, on
chauffe à une température intermédiaire. On
obtient, dans ce dernier cas, un coke tendre, très
combustible, et très bon pour l'usage domestique.
Le gaz passe par le barillet, par les tuyaux d'orgue et par d'autres appareils réfrigérants, où il
dépose les liquides entraînés ; il traverse ensuite
un mélange de sulfate de chaux et de peroxyde
de fer destiné à arrêter l'hydrogène sulfuré et
les sels ammoniacaux. En abandonnant à eux-
mêmes les liquides qui se sont déposés dans les
réfrigérants, il s'opère une liquation entre l'eau
ammoniacale et le goudron.

Le goudron de houille est un liquide noir, visqueux, odorant ; il renferme une cinquantaine de
substances, parmi lesquelles les principales sont
celles que nous indiquons dans le tableau de la
colonne suivante.

Le goudron peut être directement employé à
des usages divers, enduits préservatifs, asphalte
artificiel, charbon de Paris, etc., ou servir à fabriquer des essences de houille. En le chauffant modérément pendant quelques heures, dans une

	Formules (1)	Point d'ébullition
Sulfure de carbone..	CS^2	47°
Hydrure de caproyle..	C^6H^{14}	70°
Benzine.......	C^6H^6	82°
Eau..	H^2O	100°
Toluène	C^7H^8	110°
Acide acétique	$C^2H^4O^2$	120°
Aniline..	$C^6H^5Az H^2$	182°
Phénol.	C^6H^6O	183°
Naphtaline..	$C^{10}H^8$	212°
Paraffine, mélange v.		200° à 300°
Anthracène	$C^{14}H^{10}$	360°

chaudière au moyen d'un serpentin, il s'opère
une liquation entre le goudron proprement dit et
une certaine quantité d'eau ammoniacale. On
sépare cette matière en la faisant écouler par un
robinet de vidange. Pendant cette opération, il
distille des essences légères que l'on condense
dans un réfrigérant. Le goudron épuré est soumis
à une distillation fractionnée dans laquelle on
recueille d'abord des essences, puis des huiles, et
qui laisse comme résidu, du brai. L'essence la
plus légère distille de 60° à 150° et a une densité
de 0,78 à 0,82. L'essence la moins légère distille
de 150° à 200° et a une densité de 0,82 à 0,85.
L'huile la moins lourde distille de 200° à 220° et
a une densité de 0,85 à 0,90. En la laissant
refroidir, il se forme des cristaux de naphtaline,
que l'on sépare, et que l'on comprime sous forme
de gâteaux par des presses hydrauliques. L'huile
la plus lourde, qui distille après 220° contient
beaucoup de paraffine. Quand la distillation est
achevée, on ouvre le robinet de la cornue, le
brai s'écoule, et se solidifie ensuite plus ou moins
rapidement. Suivant que la distillation a été
poussée plus ou moins loin, le brai est à la température ordinaire, pâteux, gras ou sec. Si on le
chauffe au rouge, il dégage des hydrocarbures,
solides à la température ambiante, notamment
de l'anthracène, et le résidu est un coke très
pur.

Le traitement des essences comprend une purification par l'acide sulfurique, une purification par la soude ou la chaux, et une rectification sur de la chaux qui donne la benzine pure
du commerce. Si on la distille de nouveau, ce
qui passe entre 80° et 120° s'appelle benzol, et est
surtout composé de benzine et de toluène. On peut
séparer ces deux corps par une distillation à 100°
et par un traitement à l'acide sulfurique étendu
de 1/8 de son volume d'eau, qui dissout seulement les hydrocarbures autres que la benzine.
La benzine commerciale traitée par l'acide azotique
se transforme en nitrobenzine (essence de mirbane
des parfumeurs) mélangée de nitrotoluène. On neutralise ce produit par du carbonate de soude, ou
par de l'ammoniaque, en chauffant à 110° pour
décomposer le nitrate et le nitrite d'ammoniaque.
En réduisant par de l'hydrogène naissant, la nitrobenzine du commerce, il se forme un mélange
d'aniline et de toluidine. Ce mélange contient

(1) Les formules indiquées dans cet article, sont les formules atomiques. Elles sont établies en posant : H = 1, O = 16, S = 32, Az = 14,
C = 12.

comme impuretés : de l'eau, de l'acide acétique, de l'acétone, de la benzine, etc.

$$C^6H^5.AzO^2+3H^2=C^6H^5.AzH^2+2H^2O$$
$$C^7H^7.AzO^2+3H^2=C^7H^7.AzH^2+2H^2O$$

On purifie ce produit par des rectifications et par l'emploi de réactifs chimiques, et on obtient l'aniline commerciale (mélange d'aniline et de toluidine) qui sert de base à la fabrication des matières colorantes, dont plusieurs s'obtiennent par l'emploi de réactifs oxydants.

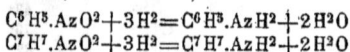

$$3(C^6H^7Az) \qquad -3H^2=C^{18}H^{15}Az^3$$
Violaniline

$$2(C^6H^7Az)+(C^7H^9Az)-3H^2=C^{19}H^{17}Az^3$$
Mauvaniline

$$(C^6H^7Az)+2(C^7H^9Az)-3H^2=C^{20}H^{19}Az^3$$
Rosaniline

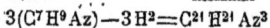

$$3(C^7H^9Az)-3H^2=C^{21}H^{21}Az^3$$
Chrysotoluidine

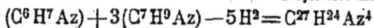

$$(C^6H^7Az)+3(C^7H^9Az)-5H^2=C^{27}H^{24}Az^4$$
Mauvéine

En traitant la rosaniline par de l'éther méthyl-iodhydrique CH^3I, on obtient :

La rosaniline { méthylée (violet-rouge). diméthylée (violet). triméthylée (violet-bleu).

En la traitant par de l'aniline $C^6H^5.AzH^2$, on obtient :

La rosaniline { phénylée (violet impérial rouge). diphénylée (violet impérial bleu). triphénylée (bleu de Lyon).

V. les articles ANILINE et COLORANTES (Matières). Dans la distillation du goudron de houille, le phénol, ou acide phénique, accompagne les essences et les huiles. Si on veut en obtenir des quantités notables, il faut mettre à part les produits qui distillent de 175° à 210°. On les traite par la potasse, on sépare le phénate de potasse par décantation, on déplace l'acide phénique par un autre acide et on le soumet à des rectifications. L'acide phénique sert à divers usages, notamment à la fabrication de l'acide picrique

$$C^6H^3(AzO^2)^3O.$$

On soumet les huiles aux opérations suivantes : un traitement acide, un traitement alcalin, un traitement à l'acide sulfurique concentré, un lavage à l'eau alcaline, une rectification, un traitement au sulfate de fer pour enlever les matières sulfurées. On obtient ainsi l'huile sidérale.

L'anthracène est contenu dans les graisses vertes qui distillent entre 340° et 360° quand on pousse la distillation jusque là. On le purifie par sublimation, on le transforme en anthraquinone $C^{14}H^8O^2$, puis en alizarine $C^{14}H^6(HO)^2O^2$ et en purpurine $C^{14}H^5(HO)^3O^2$, identiques aux matières colorantes qu'on extrayait jadis de la garance.

Le brai sert surtout à fabriquer des agglomérés. On mélange du brai gras avec des menus de houille grasse et même de houille maigre, dans un malaxeur chauffé à 100° par un courant de vapeur d'eau, et on comprime ensuite fortement le mélange. On peut remplacer le brai gras par du brai sec à la condition d'employer de la vapeur surchauffée à 150°.

Nous donnons, à ce sujet, divers détails aux articles AGGLOMÉRÉS, CHARBON MOULÉ; le lecteur trouvera également des renseignements plus complets sur les divers produits dérivés de la houille aux articles ANILINE, ANTHRACÈNE, BENZINE, COKE, GAZ D'ÉCLAIRAGE, GOUDRON, NAPHTALINE, etc.

Nous n'avons guère fait qu'énumérer ici les principaux produits accessoires qu'on peut tirer de la houille. On l'emploie directement, dans presque toutes les industries, à la production de la chaleur ou de son équivalent la force, et on peut dire sans exagération que nous sommes maintenant dans l'âge de la houille. En brûlant la houille accumulée au centre de la terre, nous restituons à l'atmosphère l'acide carbonique qui en a été enlevé par la végétation pendant le dépôt du terrain houiller. Quand tous les gisements de combustibles qui existent sur la terre seront exploités jusqu'à une profondeur de 1,000 à 2,000 mètres, ce qui arrivera dans un petit nombre de siècles, il faudra recourir probablement à la chaleur solaire, ou à la force des marées, pour remplacer cette source féconde de chaleur et de force. — A. B.

STATISTIQUE

La France possède de nombreuses mines de houille, concentrées principalement dans quelques départements privilégiés. Notre production houillère, qui augmente d'année en année et double à peu près tous les quinze ans, dépasse aujourd'hui 20 millions de tonnes. Notre consommation atteint 30 millions, nous avons donc un déficit de 10 millions de tonnes à combler. C'est la Belgique, pour 5 millions, l'Angleterre pour 3 et demi, l'Allemagne pour 1 et demi, qui suppléent à ce déficit.

Hâtons-nous de dire qu'il n'y a en Europe que l'Angleterre, et l'Allemagne, et en Amérique les Etats-Unis, qui produisent plus de houille que la France. La Chine sera un jour le pays le plus productif. C'est dans les départements du Pas-de-Calais et du Nord, de la Loire, du Gard, de Saône-et-Loire, de l'Allier, de l'Aveyron, des Bouches-du-Rhône, que se trouvent concentrées nos plus fécondes houillères.

Nous complétons ici, par d'intéressants renseignements, la statistique que nous avons donnée à l'article CHARBONNAGES.

Anzin, la plus puissante de ces mines, a extrait, en 1881, 2,280,000 tonnes; Lens, 991,000 tonnes; Aniche, 637,000, et tout le Nord et le Pas-de-Calais, ensemble 8,902,000 tonnes.

A Saint-Etienne, Montrambert a fait 570,000 tonnes; Roche-la-Molière et Firminy, 578,000, et tout le bassin de la Loire et de Rive-de-Gier, 3,516,000 tonnes.

La Grand'Combe a livré 700,000 tonnes, et tout le bassin du Gard, 1,933,000 tonnes. Blanzy et le Montceau, ont fait 815,000 tonnes et cette année 1,000,000. Le Creusot, Montchanin et Decize, 516,000, et tout le bassin de Saône-et-Loire et du Nivernais, 1,552,000 tonnes.

Decazeville a extrait 400,009 tonnes, et tout le bassin de l'Aveyron, avec Aubin, 1 million.

A Châtillon et à Commentry, deux Compagnies ont fait ensemble 927,000 tonnes, à peu près par moitié chacune, et tout le bassin de l'Allier, 960,000.

Enfin, les mines de lignite ou de houille sèche de Provence ont produit 497,000 tonnes, dont 258,000 pour le bassin d'Aix, dans les Bouches-du-Rhône.

Les huit principaux départements du Pas-de-Calais, du Nord, de la Loire, du Gard, de Saône-et-Loire, de l'Allier, de l'Aveyron, des Bouches-du-Rhône, ont fait ainsi plus de 17 millions de tonnes sur 19,776,000, qui a été le chiffre de l'extraction pour 1881.

Le nombre total des mineurs occupés au dedans comme au dehors de toutes ces mines dépasse le chiffre de 100,000.

D'un très intéressant travail publié par M.. Vuillemin, nous extrayons les considérations et les chiffres utiles qui suivent :

Les machines à vapeur qui fonctionnent sur le globe développent une force estimée à 46 millions de chevaux-vapeur. Le cheval-vapeur a la puissance de 3 chevaux vivants, et un cheval vivant la force de 7 hommes. Ainsi les machines à vapeur fonctionnant sur la surface de la terre représentent la force de près d'un milliard d'hommes. C'est plus du double de l'effectif des travailleurs correspondant à la population du globe, 1,455,923,000 habitants dont un tiers seulement est en état de travailler.

Aussi, la puissance industrielle d'une nation est en raison directe de la richesse de ses gisements houillers, de sa production et de sa consommation de houille ; exemple, l'Angleterre qui produit à elle seule la moitié de la houille consommée sur la surface de la terre.

La houille est donc la matière par excellence, et tout ce qui se rattache à sa production offre un grand intérêt.

PRODUCTION (1855-1869-1880). Au cours des années comprises entre 1855 et 1869, une augmentation notable s'était déjà produite, ainsi que le constatent les chiffres donnés ci-dessous de la production de la houille en 1855 :

Pays	Production en 1855	Proportion p. 100
Grande-Bretagne	65.912.000	70.40
Prusse.	9.688.000	10.20
Belgique.	8.120.000	8.72
France.	6.160.000	6.56
Autriche.	1.680.000	1.74
Saxe.	1.120.000	1.19
Espagne et Portugal. . .	280.000	0.30
Bavière.	168.000	0.18
Autres Etats européens. .	560.000	0.71
Europe.	93.688.000	100.00
Etats-Unis.	10.312.000	»
Ensemble.	104.000.000	»

De 1869 à 1880, l'augmentation continue.

M. Smith, président du *The iron and steel Institut*, dans son discours d'ouverture de la session du mois de mai 1881, évaluait à 100 millions de tonnes l'augmentation totale sur le globe de la production de la houille pendant les 10 dernières années.

Il donnait à l'appui de son évaluation les chiffres de production du tableau ci-dessous, qui dénotent, dans cette période, un accroissement de la production totale de plus de 50 0/0, de 60 0/0 pour l'Allemagne, de 125 0/0 pour les Etats-Unis.

Pays	Production en 1869	en 1880
Grande-Bretagne. . .	107.506.683	147.000.000
Etats-Unis.	28.100.000	63.500.000
Allemagne.	26.774.000	42.161.000
France.	13.500.000	18.857.000
Autriche.	4.100.000	6.000.000
Belgique.	12.943.000	14.000.000
Russie.	588.000	2.200.000
Espagne.	550.000	750.000
Totaux.	194.070.683	294.468.000

HOUILLÈRE. Mine de houille. — V. CHARBONNAGES.

HOUILLEUR. *T. de mét.* Ouvrier des mines de houille.

HOULETTE. *T. techn.* Outre le bâton de berger, que ce mot désigne, on l'applique encore à l'instrument de fer qui sert, dans une fonderie, à porter la cuiller pleine de métal fondu ; à une cuiller en usage chez les glaciers pour préparer les glaces et les sorbets.

*HOUPPETTE. *T. techn.* Petit ciseau carré et terminé en pointe, à l'usage du sculpteur, pour tailler le fond de certains ornements.

*HOURD. *T. d'arch. milit.* Ouvrage en bois qui servait à la défense des enceintes, dans l'architecture militaire du moyen âge. Le hourd était composé d'une double galerie en charpente établie à cheval sur le sommet des tours et des courtines. Une des galeries formait un encorbellement à large saillie à l'extérieur et abritait les défenseurs, qui, de là, pouvaient facilement couvrir de projectiles les approches des murailles. La galerie intérieure servait à l'approvisionnement de la première en hommes et en moyens de défense. Un toit à simple ou à double pente recouvrait le tout, et les intervalles des poutres formant les pièces principales étaient remplis par de forts madriers en chêne. Dans les tours recouvertes d'une toiture conique le hourd était simplement constitué par la galerie extérieure. Le service avait lieu par l'intérieur du comble.

HOURDAGE, HOURDIS. *T. de constr.* Maçonnerie de briques ou de plâtras formant remplissage entre les solives d'un plancher ou les pièces d'un pan de bois. Dans les planchers et pans de bois en charpente, le hourdis est exécuté généralement en plâtras posés à bain de plâtre ; l'entrevous ou remplissage entre deux solives de plancher, prend le nom d'*auget* parce que ordinairement le dessus en est cintré en forme d'auge. Dans les planchers en fer, le hourdis s'exécute également en plâtre et plâtras ou bien en briques et plâtre, en briques et mortier ou même en poteries creuses. Les planchers de rez-de-chaussée ont fréquemment leurs entrevous exécutés en ciment et briques posées en forme de voûtains, ce qui les rend susceptibles de porter de fortes charges, et imperméables à l'humidité provenant des caves.

HOUSSE. *T. techn.* Pièce d'étoffe qui couvre la croupe d'un cheval ; couverture d'un siège de cocher ; enveloppe de meubles, ordinairement faite en coutil. || Peau de mouton en laine que les mégissiers appellent aussi *houssée*, parce qu'elle sert aux selliers et aux bourreliers pour faire des housses. || *Moulage à la housse.* — V. CÉRAMIQUE, § Moulage, FAÏENCE.

HOUX. Arbrisseau de la famille des rhamnées, selon la méthode de Jussieu, et dont l'espèce principale est le *houx commun* (*ilex aquifolium*, Linn.) ; sa couleur d'un vert foncé et luisant en fait une parure d'hiver ; son bois très fin est susceptible d'un beau poli, mais difficile à raboter ; il prend très bien la couleur noire, ce qui le rend propre aux ouvrages d'ébénisterie ; on en fait des haies vives de longue durée, des baguettes de fusil et des manches d'outils, on peut le tourner comme le buis dont il a le tissu compact et la solidité. Son liber est utilisé dans la fabrication de la *glu*.

HOYAU. — V. Houe.

* **HUBAC** (Louis), sculpteur, né à Toulon, en 1776, mort le 7 mars 1830, fut l'un des derniers représentants de cette belle école toulonnaise qui a doté notre marine de ces superbes proues de navires si finement sculptées. Toulon lui doit plusieurs œuvres remarquables, et notamment la restauration des belles cariatides de Puget à l'hôtel de ville.

* **HUBERT** (Jean-Baptiste). Ingénieur, né à Chauny (Aisne), en 1781. Il devint directeur des constructions navales, attaché au port de Rochefort, où la mort vint le surprendre en 1845. On lui doit une foule d'améliorations qui ont fait faire de sérieux progrès à la construction navale. On a de lui une *Table de proportion des câbles en fer et des ustensiles pour servir à leur installation et à leur manœuvre* (in-4° avec planches, Paris 1825).

HUCHET. *Art hérald.* Meuble du blason, représentant un petit cor de chasse.

HUILAGE. T. techn. Opération qui consiste, dans une foule d'industries, à tremper les objets dans un bain d'huile.

HUILE. *Généralités sur les huiles.* Les huiles proprement dites sont des corps gras, liquides à la température moyenne des pays où on les prépare et dont les caractères physiques ont beaucoup d'analogie. Les huiles ont la propriété commune de flotter à la surface de l'eau et de pénétrer dans le papier en le rendant transparent d'une façon persistante. Sous nos climats, certaines graisses conservent le nom d'*huile* qu'elles portent dans les régions chaudes où on les produit : telles sont les huiles de palme, de coco, de laurier, etc.

La densité des huiles varie de 0,881 à 0,929, deux huiles ont des densités plus fortes :

L'huile de lin cuite	0.941
L'huile de ricin	0.966

Les huiles proprement dites sont des éthers de la glycérine, dénommés *glycérides tertiaires*, c'est-à-dire des combinaisons de glycérine et d'acides gras à molécule élevée et dont les principaux sont :

L'acide oléique..	$C^{18}H^{34}O^2$ at....	$C^{36}H^{34}O^4$ (éq.)
— palmitique.	$C^{16}H^{32}O^2$	...$C^{32}H^{32}O^4$
— margarique	$C^{17}H^{34}O^2$	...$C^{34}H^{34}O^4$
— stéarique..	$C^{18}H^{36}O^2$	...$C^{36}H^{36}O^4$

M. Chevreul a dévoilé, le premier, la constitution des corps gras et montré qu'ils sont un mélange d'éthers, qui, en fixant les éléments de l'eau, fournissent, d'une part, des acides gras, et de l'autre, de la glycérine, comme termes constants. M. Berthelot, par ses nombreux travaux sur la glycérine, a mis hors de doute la constitution des principes que les corps gras naturels renferment.

Par analogie, on a donné le nom d'*huiles* à des liquides ayant une composition chimique très différente de celle des corps gras que nous venons d'étudier, mais qui s'en rapprochent beaucoup par certaines propriétés physiques ; parmi eux, nous citerons les huiles minérales et de goudron, les huiles de schiste, etc.

On peut classer les huiles de la manière suivante, d'après leur origine : *huiles végétales, huiles animales, huiles minérales, huiles essentielles* (V. Essences), *huiles de distillation* comprenant : les huiles de goudron, de résine et de schiste.

Parmi ces huiles, celles d'origine végétale sont de beaucoup les plus importantes, aussi leur donnerons-nous ici la première place.

HUILES VÉGÉTALES.

État naturel. On rencontre des corps gras huileux dans presque toutes les parties qui forment les végétaux, mais c'est plus particulièrement dans les semences que s'emmagasinent les huiles ; souvent l'huile est contenue dans la pulpe, comme dans le cas de l'olivier, du cornouiller sanguin. On trouve rarement l'huile dans la racine, cependant le souchet comestible présente cette particularité.

Les huiles sont enfermées dans les tissus végétaux sous forme de gouttelettes. Dans les graines des plantes, de l'albumine végétale se rencontre fréquemment associée à l'huile ; lorsqu'on les broie avec l'eau, l'albumine maintient l'huile en suspension et produit une émulsion.

Propriétés physiques. Voici les caractères généraux des huiles végétales : 1° leur saveur est douce laissant un arrière goût de noisette ; 2° leur odeur est légère, mais se développe lorsqu'on verse quelques gouttes d'huile dans le creux de la main et qu'on l'échauffe par la friction ; 3° les huiles végétales sont insolubles dans l'eau ; la plupart sont solubles dans l'éther, le sulfure de carbone, peu dans l'alcool ; les huiles sont solubles aussi dans les huiles volatiles, naturelles ou pyrogénées, telles que l'essence de térébenthine, le pétrole, la benzine, etc. ; 4° leur couleur est jaune tendant plus ou moins sur le vert ou sur le brun. On peut enlever cette coloration en faisant digérer les huiles à +70°, pendant vingt-quatre heures, sur du charbon animal, puis, après avoir filtré, en les exposant à l'action des rayons solaires. On a aussi employé pour cela le permanganate de potasse. Les huiles d'amandes douces, d'arachide, de sésame se décolorent quand, après avoir été chauffées à 250°, on les insole pendant quelques jours (V. Blanchiment des huiles). Les huiles végétales communes dissolvent les alcaloïdes principaux, les oxydes de zinc et de cuivre ; le soufre et le phosphore, l'iode et le brome y sont très solubles, ces deux derniers corps toutefois ne tardent pas à altérer les huiles.

Action de la chaleur. Les huiles supportent une température de 250° sans s'altérer, mais à l'ébullition elles se décomposent en donnant des produits hydrocarburés très combustibles. Ce phénomène se produit lorsqu'on enflamme une mèche imbibée d'huile et il explique l'importance de ces corps gras pour l'*éclairage* (V. ce mot).

Soumises à l'action du froid, les huiles végétales finissent par se prendre en masse. Voici quelques points de congélation :

L'huile d'olive se congèle à. . . . . . . + 2°
— de navette . . . . — 3°75
— de colza. . . . . — 6°25
— d'arachide. . . . . — 7°
— d'amandes . . . . —10°
— d'œillette et ricin. . . . . . . —18°
— de lin. . . . . —27°6

Action de l'air. L'action de l'air permet de les diviser en deux catégories bien distinctes : *1°* les huiles siccatives ; *2°* les huiles non siccatives, mais qui rancissent par l'acidification.

Les *huiles siccatives* sont les huiles de lin, de noix, de chènevis, d'œillette, de ricin, de croton, de sapin, de pin, de madi, de raisin, d'épurge, de courge. Ces huiles, au contact de l'air, perdent leur liquidité, s'épaississent, et se transforment en corps ayant l'apparence des résines.

Ces changements sont dus à l'action de l'oxygène qui peut être tellement vive qu'elle aboutit, parfois, à l'inflammation des huiles. On produit rapidement ces divers phénomènes en ajoutant aux huiles, de la litharge, du minium, du bioxyde de manganèse, du borate ou de l'acétate de manganèse.

D'après M. Bouis, on obtient des huiles siccatives et incolores, en préparant directement de l'oléate de plomb par l'acide oléique et la litharge, et en dissolvant à froid cet *oléate* dans l'huile. Les causes pouvant activer l'oxydation des huiles sont : la chaleur, la lumière et la nature de la surface en contact avec l'huile. M. Cloez a vu que les *huiles siccatives* absorbent l'oxygène de l'air et augmentent en poids ; l'élévation de température active l'oxydation.

La lumière exerce une influence manifeste, car, dans l'obscurité l'oxydation de l'huile se ralentit considérablement.

Dans la siccatisation, il y a perte de carbone et d'hydrogène et assimilation du gaz oxygène atmosphérique. Les huiles oxydées à l'air fournissent comme produits de décomposition des composés acides gazeux et volatils, des acides gras, et une matière insoluble ; de plus, elles ne contiennent plus de glycérine. L'acide hypoazotique transforme l'oléine des huiles siccatives, en un produit liquide et non solide ainsi qu'on l'observe dans le cas des huiles non siccatives. L'acide sulfurique concentré brunit rapidement les huiles ; il s'échauffe et dégage de l'acide sulfureux, surtout si on élève la température.

Traitées par les alcalis et l'eau, dans certaines conditions de température, les huiles grasses donnent les acides gras mentionnés plus haut qui, s'unissant aux alcalis, produisent des *savons*.

EXTRACTION INDUSTRIELLE DES HUILES VÉGÉTALES. L'établissement dans lequel se trouvent toutes les machines nécessaires à l'extraction des huiles de graines, se nomme *tordoir, moulin à huile* ou plus communément *huilerie*. Les graines oléagineuses sont d'une qualité supérieure dans les années chaudes; dans les années qui manquent d'eau, les graines sont petites; lorsque les pluies sont abondantes, elles ne mûrissent pas. Les graines oléagineuses sont sujettes aux attaques de très petits insectes; aussi, lorsque ces graines se trou-

vent dans un grenier, il faut avoir soin de remuer à la pelle pour aérer. Lorsque l'insecte a réussi à exercer ses ravages, il faut de suite mettre la graine au travail pour s'en débarrasser.

On peut résumer ainsi les opérations nécessaires pour l'extraction des huiles de graines : *1° nettoyage de la graine* ; *2° écrasage et froissage de la graine* ; *3° chauffage de la graine à feu nu ou à la vapeur* ; *4° première pression* ; *5° second écrasage des graines pressées ou rebat* ; *6° nouveau chauffage* ; *7° seconde pression*.

Le nettoyage consiste à débarrasser la graine, au moyen de sasseurs, blutoirs et ventilateurs, de la terre, des tiges et des cosses vides, qui s'y trouvent mélangées. Le *décortiqueur* est composé, soit de plusieurs cylindres cannelés entre lesquels passe la graine, soit de deux disques rayés, dont l'un, mobile, tourne avec une vitesse de 300 à 400 tours à la minute. Ce dernier système de décorticage par friction est le meilleur. Le mélange, à la sortie du décortiqueur, passe dans un blutoir où la séparation se fait par un ventilateur. L'amande plus lourde, tombe entre les laminoirs où elle est

Fig. 420. — *Petit broyeur.*

écrasée pendant que les débris de péricarpes sont chassés par un coup de vent. Les *laminoirs* (fig. 420) sont composés de cylindres en fonte unis, à deux rangs superposés inclinés de 45°, commandés par des poulies de diamètre différent, avec courroies, dont les unes sont croisées pour imprimer le mouvement rotatif en sens inverse. Les cylindres sont serrés les uns contre les autres par des vis agissant sur les coussinets des arbres formant glissières.

Une grosse cale en caoutchouc, interposée entre la butée et le coussinet, permet aux cylindres de livrer passage aux clous et autres corps qui pourraient y tomber.

On peut donner aux cylindres inférieurs une vitesse plus grande que celle des cylindres supérieurs, il se produit alors écrasement et déchirement de la graine. Après son passage aux laminoirs, la graine réduite en pâte est ensachée dans les scourtins.

Le *scourtin* est un tissu en poils et crins mélangés. Le meilleur tissu est celui dont la chaîne est en crins et la trame en sisal ; il est léger, solide et élastique.

L'ensachement de la pâte se fait au moyen de distributeurs automatiques mesurant une quantité régulière, égale de grains ; puis, on comprime les scourtins chargés, afin de pouvoir en loger le plus possible dans la presse d'extraction. Ces pressions s'exercent dans des presses hydrauliques verticales ou horizontales dont on peut à volonté chauffer les plaques à la vapeur. Ces presses sont identiques à celles employées dans la fabrication des bougies. On doit pouvoir disposer de pressions alternatives de 70 et de 220 atmosphères (fig. 421).

Les *moulins* (fig. 422) sont composés de deux meules verticales en granit, appelées *valseuses*, de 2 mètres de diamètre, et de 0m,40 de largeur, roulant sur une troisième meule horizontale appelée *lit* ou *gîte*, avec une vitesse de rotation de 18 tours

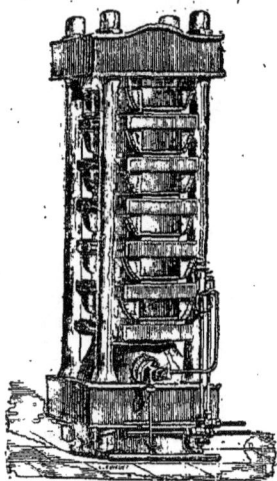

Fig. 421. — *Presse à huile.*

à la minute. Comme elles sont cylindriques, elles sont forcées, lorsqu'elles se promènent autour de l'axe de rotation qui les entraîne, de glisser en tournant sur elles-mêmes, ce qui produit l'écrasement et le mélange intime de la matière.

Ces meules sont traversées à leur centre, par des boîtes en fonte qui renferment des bagues en bronze servant de coussinets à l'essieu en fer, autour duquel elles doivent tourner, pendant qu'il est entraîné dans la marche que lui imprime l'axe vertical. Les ouvertures centrales de chaque meule sont un peu plus grandes que les boîtes qu'elles reçoivent, pour que la pierre ne les touche pas; ces boîtes sont coincées à la pierre avec des coins en bois. L'arbre vertical est percé, à la hauteur de l'axe des meules, d'une ouverture oblongue, bien dressée, pour permettre au manchon qui entoure le milieu de l'essieu, de monter ou de descendre avec celui-ci, suivant que les meules s'élèvent lorsqu'on charge de pâte le

moulin, ou qu'elles s'abaissent lorsqu'on le décharge.

L'essieu est retenu par une clavette à chaque extrémité des boîtes, de sorte que les meules ne peuvent s'écarter ni d'un côté ni de l'autre. L'arbre vertical pivote sur une crapaudine en bronze ajustée au fond de la petite colonne en fonte scellée au centre du gîte. Il est en fer forgé et percé dans sa partie supérieure pour le passage d'une tige en fer reliant le balancier porte-râteau à la manette que le meunier manœuvre à volonté au moyen d'une tringle placée à sa portée. En tirant cette tringle, il soulève les tiges parallèles suspendues par une bielle à l'extrémité du balancier et portant à leur base une râcle courbe en fer destinée à renvoyer la matière, après qu'elle a été suffisamment triturée, vers les ouvertures pratiquées dans la cuvette en fonte qui entoure le gîte. Pendant tout le temps de la trituration qui est de 20 minutes environ, ces ouvertures sont fermées par des portes à coulisse en tôle, et la râcle est maintenue élevée au-dessus de la matière pendant que, du côté opposé, un râteau cintré, ajusté aussi à la partie inférieure de deux tiges verticales établies comme les premières, ramène constamment la matière sous les meules.

Un autre petit râteau, très court, porté par deux autres tiges verticales fixées au même cadre, est placé près du centre, pour repousser vers les meules, la matière qui tendrait à s'accumuler près de la crapaudine et qui échapperait par cela même à la trituration. Le gîte doit être bien dressé, et les meules verticales parfaitement cylindriques; les unes et les autres sont piquées au moins tous les deux ans, pour obtenir une bonne trituration.

On est obligé souvent d'ajouter un peu d'eau à la pâte pour faciliter sa trituration sous les meules. La proportion d'eau à ajouter varie de 1 à 5 0/0, et elle doit être mélangée avec beaucoup de circonspection; trop d'eau produisant une pâte molle qui se travaille avec difficulté, brise les scourtins et renverse parfois les presses; une pâte trop sèche donnant un tourteau friable qui renferme, à la sortie de la presse, une plus grande quantité de matières grasses. Du reste, on arrive avec un peu de pratique à connaître, par une simple pression de la pâte entre les doigts, si la quan-

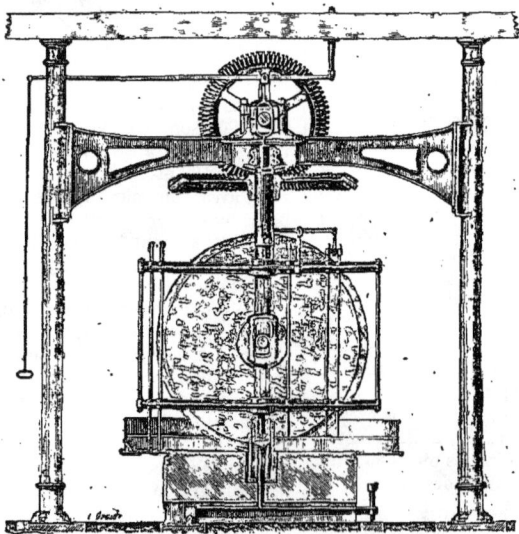

Fig. 422. — *Broyeur à vapeur ou manège.*

tité d'humidité est suffisante pour une bonne trituration.

Dans la plupart des fabriques et des usines, on
procède à peu près de la manière suivante :

L'*huile de première pression* obtenue à froid, ou
huile extra, est envoyée à décanter dans des bacs,
avant d'être pompée dans les réservoirs qui alimentent les filtres. La *pâte* sortant de première
pression subit un *rebat* au moulin, avant de passer à la seconde pression ; puis elle est soumise à
un troisième rebat au moulin, après une légère
torréfaction dans les *chauffoirs à vapeur*, afin
de coaguler l'albumine, qui, par sa viscosité, est
un obstacle à la sortie de l'huile renfermée dans
la farine. Ces *chauffoirs* sont des étuves chauffées
à la vapeur ou à feu nu qui consistent en une
sorte de boîte circulaire en tôle, à bords peu élevés,
dans laquelle on met la matière à réchauffer. Cette

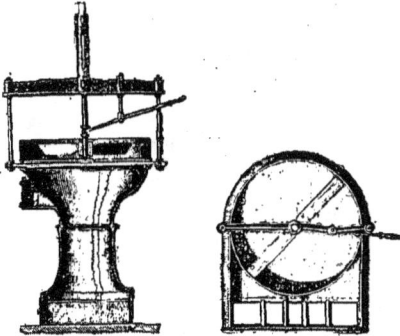

Fig. 423 et 424. — *Chauffage des graines.*

boîte est posée sur un bâti à l'intérieur duquel
se trouve une chaufferette ou un cylindre de vapeur ; le bâti supporte un cadre vertical, dont le
côté supérieur est percé en son milieu d'une ouverture que traverse un arbre vertical porteur, à
sa base, de palettes qui agitent continuellement la
masse de façon à répartir également la température. Ces palettes sont disposées sur un
anneau qui glisse sur l'arbre vertical, de telle
façon qu'avec une fourche on puisse les élever
au-dessus du bord du chauffoir, retirer celui-ci,
vider son contenu et le recharger à nouveau
(fig. 423 et 424).

A la sortie de ces appareils, la pâte subit une
troisième pression à chaud. Pendant la trituration
dans le moulin, la température de la pâte s'élève
de 10° elle atteint alors 30° ; en moyenne, à la sortie
des chauffoirs la température varie de 45 à 48° ;
c'est une limite qu'il ne faut pas dépasser, si l'on
veut obtenir une huile de bonne qualité et un tourteau convenable.

Epuration. Les *huiles brutes* végétales sont plus
ou moins altérées par la chaleur. Elles renferment
la matière colorante et les principes résineux
contenus dans la graine, des matières albumi-
neuses qui les rendent troubles, et font qu'elles
brûlent en répandant de la fumée ; une épuration
chimique est nécessaire. L'*épuration* des huiles
consiste à les battre, soit avec de l'acide sulfurique
à 66°, soit avec des lessives de soude ; puis, après

l'un ou l'autre de ces traitements, on agite la masse
avec de l'eau, on laisse reposer quelques jours, on
décante et on filtre.

L'opération se fait habituellement dans un bac
à fond cylindrique, doublé en plomb, pouvant contenir de 7 à 8 hectolitres d'huile.

Le fond du bac est occupé par un agitateur à
palettes en bois, faisant 15 à 20 tours par minute.
Il est mis en mouvement au moyen d'une poulie
et d'une chaîne sans fin. On verse lentement et par
fractions, l'acide sulfurique dans l'huile, et on
brasse jusqu'à ce que la masse liquide ait pris
une teinte verdâtre. On emploie de 2 à 3 0/0
du poids de l'huile en acide sulfurique, et quelquefois moins, si on élève la température de
l'huile.

A mesure que l'acide agit, l'huile devient noire,
on laisse reposer 24 heures, puis on ajoute un
volume d'eau pure à 75°, égal aux 2/3 du volume
de l'huile ; on brasse fortement, jusqu'à ce que le
liquide ait une apparence laiteuse. Le mélange est
écoulé dans des réservoirs placés dans un atelier
où la température est maintenue de 25 à 30°.

Après quelques jours de repos, on décante
l'huile surnageante, et on la filtre. Cette dernière
opération se fait de plusieurs manières ; on a proposé de filtrer l'huile : 1° à travers une couche de
coton ou de laine cardée ; 2° sur du charbon, ou
à travers une flanelle sur laquelle on place 8 à
10 centimètres de son de froment bien nettoyé ;
3° dans des paniers plats remplis de sable de
rivière ; 4° sur de la mousse d'arbre bien exempte
de feuilles ; 5° en recevant l'huile dans des cuves
dont le fond est percé de trous garnis de mèches
de coton. — V. Filtration.

Dubrunfaut a indiqué une méthode qui donne
de bons résultats. On ajoute à une huile à épurer
2 0/0 d'acide sulfurique, comme nous l'avons dit ;
puis, quand le dépôt est opéré, on additionne de
craie ; le papier de tournesol indique quand la
saturation est complète ; on laisse reposer quelques
heures et on soutire l'huile dans les filtres. Au
lieu de terminer par une filtration, on peut employer le procédé suivant indiqué également par
Dubrunfaut.

Dans une futaille de 6 hectolitres, on verse
50 kilogrammes de tourteaux de graine, on bat le
mélange et on laisse déposer ; après 8 ou 9 jours,
on soutire 4 hectolitres d'huile parfaitement claire,
qu'on remplace par une égale quantité d'huile
trouble ; 3 jours après, on retire 4 hectolitres, et
on continue ainsi jusqu'à ce que les 50 kilogrammes de tourteaux ne clarifient plus. Ces 50 kilogrammes de tourteaux peuvent clarifier 200 hectolitres d'huile. Pour l'épuration à la lessive
alcaline, on se sert ordinairement de lessives de
soude marquant de 36 à 37° Baumé, auxquelles on
ajoute 2 parties de chaux en poudre pour augmenter leur causticité ; 5 parties de cette lessive
suffisent pour 100 parties d'huile. On opère le
mélange en agitant vivement, et on élève en même
temps la température à 55 ou 60°, en faisant barboter dans la masse un courant de vapeur. Après
15 minutes, on cesse de chauffer, on décante et on
filtre. On a aussi essayé, avec plus ou moins de

succès, pour l'épuration des huiles, les méthodes suivantes :

1° Traitement de 100 kilogrammes d'huile par un mélange de 600 grammes d'ammoniaque et 600 grammes d'eau distillée ;

2° L'action du chlorure de zinc et d'un courant de vapeur d'eau ;

3° L'incorporation à l'huile de 3 0/0 de fécule de pommes de terre, avec élévation de température ;

4° Le chauffage de l'huile en présence d'un mélange d'acide azotique et de chlorate de potasse ; ou bien de chromate de potasse, d'acide chlorhydrique et d'acide sulfurique ;

5° L'insufflation de l'air pendant l'action de l'acide sulfurique concentré, accompagnée du passage d'un courant de vapeur pour élever la température à 100°.

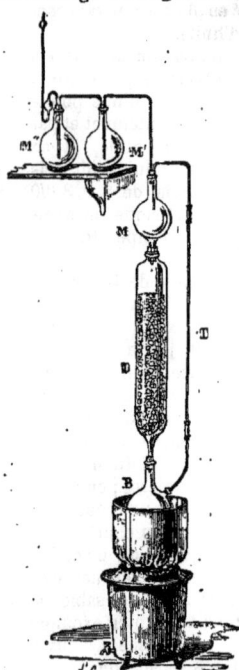

Fig. 425. — Appareil Cloez.

D Allonge contenant les graines à essayer. — B Ballon renfermant le dissolvant (éther ou sulfure de carbone). — M' et M'' Ballons où vont se condenser les vapeurs échappées à la condensation en M, à la sortie du tube T.

Détermination des rendements. Rendements théoriques. La proportion totale d'huile contenue dans une graine oléagineuse est déterminée en épuisant la graine convenablement divisée par des dissolvants tels que l'éther, le sulfure de carbone, la benzine, etc. Pour les matières ne contenant que quelques centièmes de principes gras, il est préférable de commencer le traitement par l'eau bouillante qui enlève les substances gommeuses, etc., et de faire l'extraction par le sulfure de carbone, parce que l'éther dissout des matières autres que les corps gras ; dans ce cas, il convient de traiter le résidu de l'évaporation par l'eau et de dessécher de nouveau. Il faut amener le produit à analyser à un état de siccité constant, en le chauffant assez longtemps à la température de 100 à 110°. Pour faire l'extraction, on se sert de l'extracteur à distillation continue de M. Payen, de l'élaïomètre de M. Berjot, ou de l'appareil à épuisement de Cloez (fig. 425). Le liquide filtré est évaporé dans une capsule tarée, et, après évaporation, l'augmentation de poids de la capsule indique la quantité de matière grasse. M. Cloez a déterminé la proportion de matière grasse d'un très grand nombre de substances ; il a indiqué : 1° le nom du produit ; 2° son poids sous un volume déterminé ; 3° la perte en humidité à 100° ; 4° le poids des cendres ; 5° la matière grasse pour 100 du produit initial ; 6° la matière grasse pour 100 du produit desséché à 100° ; 7° la densité de la matière grasse à 15°. Ces renseignements pour les huiles végétales les plus usuelles sont indiqués par le tableau disposé au bas de la page.

Rendement pratique. Il est évident que le rendement des graines en huile, dépend des années, du climat, de la culture, etc.

Ce rendement subit donc, dans la pratique, des fluctuations qui dépendent d'abord des causes énoncées plus haut, et ensuite de l'outillage plus ou moins perfectionné des différents fabricants. Ainsi, dans des conditions favorables, l'arachide peut donner jusqu'à 45 0/0 d'huile, se décomposant ainsi :

Huile de 1re pression. 30.55
— de 2e pression. 8.33
— de 3e pression. 6.94
                              45.82

Le colza peut rendre 33 à 35 0/0 d'huile ; le coton rend 13 0/0 ; le lin, 30 0/0 environ ; l'olive, 20 0/0 ; l'œillette, 38 à 40 0/0.

Le rendement est diminué, d'abord par les pertes accidentelles de fabrication, ensuite par l'huile entraînée dans les différents résidus de cette fabrication.

Ces résidus sont les *tourteaux* et les *fèces* provenant de l'épuration. L'huile retenue dans le tour-

Noms des plantes	Poids de l'hectolitre du produit	Perte en eau à 100°	Cendres p. 100	Matière grasse en poids		Densité de la matière grasse à 15°
				p. 100 du produit normal	p. 100 du produit desséché	
Amande douce.	58.92	5.64	2.85	55.69	59.02	0.918
Arachide décortiquée	62.15	5.26	1.62	50.5	53.30	0.918
Colza.	68.80	7.64	3.56	43.4	47.00	0.911
Coton.	63.00	9.30	3.76	23.67	26.10	0.936
Lin.	79.62	7.84	3.90	37.95	41.17	0.935
Navette.	66.7	8.7	3.36	40.9	44.8	0.915
Noix.	44.16	4.68	2.00	64.32	67.48	0.928
Œillette.	62.8	7.5	6.26	44.00	47.56	0.957
Olive.	67.10	29.20	1.79	39.45	55.72	0.916
Palme.	62.25	2.38	0.82	71.6	73.3	0.965
Ricin décortiqué.	56.1	3.76	2.56	68.8	71.49	0.963
Sésame.	62.2	5.24	5.68	53.9	56.9	0.924

teau est d'autant plus considérable que les principes albumineux et l'amidon sont en plus grande proportion. Les tourteaux retiennent, en moyenne, de 5 à 6 0/0 de leur poids de matières grasses, ce chiffre peut s'élever jusqu'à 10 ou 15 0/0.

Le déchet d'épuration en fèces, est de 1.5, 2 et 5 0/0 du poids de l'huile.

L'épuration à la soude, donne 12 à 15 0/0 de fèces.

Résidus de la fabrication des huiles. Ces résidus sont : 1° les tourteaux ; 2° les fèces ; 3° les eaux acides ou alcalines provenant de l'épuration.

Tourteaux. On emploie les tourteaux à la nourriture du bétail et comme engrais pour les terres. Voici la composition d'un tourteau de lin employé pour l'alimentation du bétail :

Eau	7	à 12 0/0
Huile	5.5	à 10 »
Matières organiques azotées	41.72	»
Azote dans ces matières	7.30 à	8 »
Substances organ. non azotées	32 à	33 »
Cendres	4 à	5 »
Acide phosphorique	1.33	»

La proportion d'eau peut quelquefois monter à 13 et 14 0/0 ; cette quantité d'eau est considérée comme très désavantageuse par le cultivateur et le nourrisseur. Comme nourriture, le tourteau de lin paraît plaire davantage aux animaux ; il rafraîchit leurs organes, et leur permet d'absorber une quantité d'aliments plus considérable, ce qui provoque un engraissement plus rapide. Le tourteau d'arachide est fade ; mélangé avec un peu de sel en poudre, il est facilement accepté par les bestiaux. On le donne réduit en poudre, sous forme de pâte, en soupe ou buvées ; on le cuit parfois avec d'autres aliments végétaux. On peut donner aux animaux de 1 à 3 kilogrammes de tourteau par jour, mélangé avec du foin et de la paille ; on peut varier au bout de quelque temps ce régime par l'addition d'orge.

Fèces. Les fèces sont vendues aux savonniers pour en faire du savon mou ; on a cherché à les employer, avec plus ou moins de succès, pour préparer du gaz d'éclairage ; enfin, dans quelques fabriques, on leur fait subir un traitement spécial pour en retirer l'huile qui s'y trouve.

Eaux acides. Les eaux acides servent pour décaper la tôle ; l'acide sulfurique qu'elles renferment dissout l'oxyde de fer.

Huile d'amandes. L'huile du commerce se retire de la semence des amandes douces et amères. L'amandier (*amygdalus communis*, Lin., et *amygdalus amara*, Hort.) se trouve plus spécialement au midi de la France. L'amande douce donne une huile dont le tourteau vaut plus cher. Les semences fournissent de 40 à 45 0/0 d'huile.

Propriétés physiques. Huile très fluide, de densité égale à 0,917 et de couleur légèrement ambrée ; elle est presque dépourvue d'odeur et de saveur ; elle rancit facilement.

Usages. On emploie cette huile en pharmacie comme adoucissant et laxatif. Le tourteau de l'amande douce sert aux parfumeurs pour faire la *pâte d'amandes*. Dans le commerce, on falsifie fréquemment cette huile à l'aide des huiles d'œillette et de sésame.

Huile d'arachide (1). La plante dont l'amande fournit cette huile s'appelle également *pistache de terre* (*arachis hypogœa*, Lin., légumineuses) ; elle croît spontanément dans tous les pays intertropicaux. Elle atteint au Sénégal 25 à 35 centimètres de hauteur. Le fruit qui se développe dans le sol, contient deux à trois amandes blanches, farineuses et oléagineuses. Le rendement est meilleur dans les années chaudes. Un hectare planté en arachides donne, en moyenne, 60 hectolitres de graines pesant de 23 à 39 kilogrammes l'hectolitre.

100 kilogrammes d'arachides débarrassées de la terre et des corps étrangers qui les souillent, donnent environ :

Cosses ou péricarpes	22	0/0	25	0/0
Episperme	3.22	»	3.22	»
Germe	2.90	»	2.90	»
Amande	71.88	»	68.88	»

Propriétés physiques. L'huile faite à froid est à peu près incolore et présente une odeur agréable ; l'huile faite à chaud possède, au contraire, une odeur ainsi qu'une saveur désagréables et elle est colorée ; la densité de l'huile est de 0,918. L'huile d'arachide renferme un peu plus de margarine que l'huile d'olive ; aussi, sous l'influence du froid, les huiles d'arachides déposent-elles un corps solide. L'huile d'arachide n'est pas siccative ; à 15°, elle rancit lentement ; lorsque la température s'élève, cette huile devient complètement rance et rougit alors le papier de tournesol.

Usages. Comme huile comestible l'huile d'arachide de première pression peut rivaliser avec l'huile d'olive, et le mélange se fait assez fréquemment, dans le commerce, dans la proportion de 50 à 75 0/0.

L'huile de deuxième pression vaut 10 à 15 francs de moins par 100 kilogrammes que l'huile de première pression. Cette huile est excellente pour le graissage ; elle peut être appliquée pour l'éclairage. C'est surtout dans l'industrie du *beurre d'oléomargarine* que l'huile d'arachide a trouvé un emploi important. Ce beurre contient 20 à 30 0/0 d'huile qui lui donne de l'élasticité et surtout le goût de noisette que possède l'huile extra d'arachide. L'huile d'arachide se saponifie parfaitement et fournit des savons doux et mousseux dont on fait grand usage dans l'industrie, principalement dans le blanchiment de la soie et de la laine.

STATISTIQUE. La production des arachides dans le monde entier, pendant une année ordinaire, est de 175 millions de kilogrammes. Sur cette quantité, la côte d'Afrique en fournit 70 millions de kilogrammes. En France, 15 fabriques représentant 640 presses hydrauliques, sont employées spécialement à l'extraction de cette huile.

Huile de coco. Elle offre la consistance de l'huile dans les pays où on la prépare, mais sous nos climats elle a l'apparence du beurre, d'où son nom de *beurre de coco*. Elle s'obtient par l'ébullition avec l'eau, des amandes écrasées des noix de coco (*coccos nucifera*, Lin., palmiers). Elle

(1) Nous devons à l'obligeance de M. Fleury, directeur de l'huilerie de Bacalan, à Bordeaux, quelques-uns des renseignements contenus dans ce chapitre.

est employée dans la savonnerie, pour la préparation des savons mousseux. — V. Coco.

Huile de colza. Cette huile est extraite des graines du *colza* ou *chou oléifère* (*brassica oleifera*, Dec., crucifères). Cette plante est cultivée dans les départements du nord de la France; elle contient environ 40 0/0 de substance oléagineuse. L'extraction de son huile ne présente rien de particulier.

Propriétés physiques. L'huile épurée est jaune, limpide, d'une odeur forte et caractéristique; elle blanchit à l'air; sa densité égale 0,913.

L'huile du commerce est fréquemment falsifiée par les huiles d'œillette, de lin, de ravison et par l'acide oléique.

Usages. L'huile de colza est employée pour l'éclairage, et à la fabrication des savons mous.

STATISTIQUE. Les rapports du Jury de l'Exposition de 1878 contiennent les statistiques suivantes : le colza occupe annuellement, en France, environ 150,000 hectares dont la répartition est ainsi faite : Calvados, 32,500; Seine-Inférieure, 17,300; Saône-et-Loire, 14,000; Eure, 10,500; Lot-et-Garonne, 7,300; Nord, 4,000; Somme, 3,400. Le colza est très cultivé en Belgique et en Hollande, où il occupe 25,000 hectares donnant un rendement de 20 hectolitres à l'hectare. Les autres pays produisant le colza sont la Russie, où le colza et la navette occupent 21,000 hectares, l'Autriche-Hongrie, où la récolte annuelle de 60,000 à 100,000 hectares, est de 1,600 à 1,700 kilogrammes à l'hectare, l'Angleterre, qui cultive peu de graines oléagineuses en dehors du colza. L'Inde exporte aussi ce produit.

Huile de coton. Cette huile est extraite des graines du cotonnier (*gossypium arboreum*, Lin., malvacées).

EXTRACTION. L'extraction se fait à froid ou à chaud, par pression. Quand on opère à chaud on soumet la pulpe ou farine, pendant toute la durée de la pression, à une température voisine de 100°. L'épuration se fait à l'aide de l'acide azotique et du chlorate de potasse. Le rendement au raffinage est de 80 à 85 0/0. Avec 1,000 kilogrammes de graines on obtient en moyenne : 1° 10 kilogrammes de fibres de coton pouvant être filé; 2° 490 kilogrammes (près de 50 0/0 du poids de la graine) de cosses constituant un combustible excellent; 3° 365 kilogrammes de tourteaux; 4° 135 kilogrammes d'huile.

Propriétés physiques. L'huile de coton est une huile rougeâtre, lorsqu'on la voit en grande masse, jaune foncé sale, vue sous de petites épaisseurs; sa densité égale 0,930. L'huile du cotonnier extraite à froid, bien épurée, ne possède ni odeur, ni saveur bien sensibles; elle présente une teinte jaune paille et une fluidité analogue à celle de l'huile d'olive.

Usages. L'huile brute est utilisée pour la fabrication du savon, pour le graissage et comme succédané de l'huile de lin, dans la fabrication des couleurs, des vernis et de l'encre d'imprimerie. En Algérie, les Kabyles s'en servent pour cuire leurs aliments. L'huile épurée s'emploie pour l'éclairage; enfin l'huile extraite à froid, épurée, décolorée et conservée à l'abri de l'air, est utilisée pour être mélangée à l'huile d'olive.

STATISTIQUE. Actuellement, la production annuelle d'huile de coton aux Etats-Unis, est de 70,000 hectolitres, dont les 2/3 sont exportés en Europe pour être mélangés avec les huiles d'olive.

Alexandrie exporte annuellement 220,000 tonnes de graines de coton à destination presque exclusive de Marseille. La production égyptienne est de 2,500,000 kilogrammes d'huile épurée, et de 1,200,000 kilogrammes de tourteaux.

La production totale des graines de coton, aux Etats-Unis, est de 16,200,000 quintaux métriques.

Huile de Lagor, de Cochinchine. — V. t. I, p. 655.

Huile de lin. Cette huile est extraite des semences ou graines du *linum usitatissimum*, Lin., qui en fournit environ 22 à 34 0/0 de son poids. Les graines sont abandonnées pendant 3 ou 4 mois dans un lieu sec; par une légère torréfaction dans des vases en terre ou en cuivre, on détruit le mucilage qui recouvre leur surface, puis on soumet à la pression.

Propriétés physiques. Lorsque l'huile est obtenue à froid, elle est jaune clair, elle a une odeur qui lui est particulière. L'huile obtenue à chaud est brunâtre. Pour se rendre compte de sa qualité, on remplit une bouteille plate et on examine à la lumière. Si l'huile provient de graines avariées ou non mûres, elle a un aspect opaque, trouble et épais, une réaction acide, un goût amer, et une odeur rance et forte. Une huile provenant de bonnes graines paraît limpide et claire, sa réaction est neutre, elle a un goût douceâtre et peu d'odeur. L'huile de lin est soluble dans 5 parties d'alcool bouillant, et dans 40 parties d'alcool froid; sa densité est de 0,939. C'est l'huile siccative par excellence, on parvient à hâter la siccatisation par divers procédés qui seront décrits au mot VERNIS.

Usages. Cette huile a une haute importance dans les arts. C'est le véhicule de la peinture à l'huile et la base des vernis gras qui servent dans l'impression sur les métaux; on en fait de l'encre d'imprimerie. L'huile de lin est falsifiée quelquefois par l'huile de poisson.

— On évalue la quantité de graines de lin récoltée en France à environ 10 millions de kilogrammes ; sur ce chiffre, on exporte un million de kilogrammes des graines en Belgique et en Angleterre.

Huile de navette. Cette huile se retire, par la pression, des semences du *chou navet* et du *chou rave* (*brassica oleifera*, Dec.; *brassica gongyloïdes*, Mil., crucifères). C'est une huile non siccative, d'odeur agréable, de couleur jaune, d'une viscosité assez grande; sa saveur est douce et agréable rappelant le goût d'origine; sa densité égale 0,913. Cette huile sert à l'éclairage, à la fabrication des savons verts, dans le foulage des étoffes de laine, et à la préparation des cuirs.

— On récolte, en France, environ 20 millions de kilogrammes de graines d'œillette et de navette réunies.

En 1875, on a employé 441,885 hectolitres de graine de navette, qui ont produit 10,543,145 kilogrammes d'huile et 16,760,101 kilogrammes de tourteaux. En Russie, la culture du colza et de la navette occupe 21,000 hectares. La navette est très cultivée en Galicie et en Hongrie.

Huile de noix. On la retire du fruit du noyer royal (*juglans regia*, Lin., juglandées). Pour l'extraction, on conserve les noix deux ou trois mois, puis on les concasse pour enlever l'amande à laquelle on fait subir une pression à froid, et une pression à chaud. L'huile de première pression dite *vierge* est fluide, incolore et d'odeur faible. L'huile pressée à chaud, dite *tirée à feu*, est verdâtre, caustique et siccative. *L'huile vierge* est comestible. Pour la peinture fine, l'huile de noix est préférable à l'huile de lin.

Huile d'œillette. Elle se retire des graines du *pavot somnifère* (*papaver somniferum*, Lin., papaveracées) qu'on soumet à la pression à froid et à chaud. L'huile de première pression appelée *huile blanche*, est presque incolore, elle rancit difficilement; sa densité est de 0,925. Cette huile est comestible, on la mélange souvent à l'huile d'olive. L'huile ordinaire est très siccative, on l'emploie dans les peintures fines.

— L'œillette occupe, en France, 45 à 50,000 hectares; son huile est surtout en faveur dans les départements du Pas-de-Calais, de la Somme, de l'Oise. — V. Huile de navette.

Huile d'olive. L'huile d'olive s'extrait du fruit de l'olivier d'Europe (*olea europea*, Lin., jasminées). On cueille l'olive lorsque le fruit est de couleur jaune, citron. L'olive se compose de 4 parties distinctes: l'épiderme, la pulpe, l'amande, la partie ligneuse qui l'entoure. L'huile comestible est toute entière dans la pulpe du fruit. Le procédé d'extraction le plus perfectionné consiste à soumettre les olives, préalablement bien lavées, à l'action d'un cylindre vertical armé de pointes, et entouré d'une toile métallique. La chair des olives est lacérée, la pâte obtenue passe dans un autre appareil horizontal qui opère le lavage des noyaux, et les expulse parfaitement nettoyés, ainsi que les peaux. La pâte est mise dans des *cabas* ou *scourtins* et portée à la presse. L'huile de première pression constitue l'*huile vierge*. La seconde pression se fait en présence d'une certaine quantité d'eau bouillante. Les tourteaux de seconde pression sont retravaillés dans des ateliers spéciaux appelés *ressenses*. L'huile de première pression est clarifiée au soleil à 15°.

Propriétés physiques. L'huile d'olive pure est très fluide, onctueuse, transparente; elle est jaune verdâtre ou jaune pâle. Sa saveur est douce et agréable rappelant le goût du fruit. A quelques degrés au-dessus de 0 elle se trouble; à — 6°, elle dépose de la stéarine; elle se conserve très longtemps sans rancir. L'huile d'olive est émolliente, sa densité est de 0,914.

Usages. Les huiles d'olive se distinguent dans le commerce en *huiles vierges* ou huiles comestibles, *huiles lampantes*, *huiles de ressenses*, *huiles tournantes* et *huiles d'enfer*.

L'*huile de ressenses* est employée pour la fabrication des savons. Les *huiles tournantes* sont employées dans l'impression sur étoffes.

L'huile comestible est falsifiée par un grand nombre d'huiles d'une valeur moindre. En médecine, mêlée avec la cire et l'eau, elle forme le *cérat*.

Les horlogers s'en servent pour adoucir les frottements.

L'huile d'olive que l'on obtient en faisant subir aux olives l'action de l'eau chaude, avant de les soumettre à la pression, prend le nom d'*huile tournante*; on la spécifie ainsi, parce qu'elle possède le pouvoir, étant mélangée à une dissolution de carbonate sodique ou potassique à quelques degrés (2 ou 3), de produire une émulsion lactescente, légèrement colorée en jaune; plus l'émulsion est durable, plus cette huile est estimée. L'huile tournante sert à préparer les tissus destinés à la teinture en rouge turc. On la faisait entrer dans quelques mordants d'alumine pour augmenter l'éclat du rouge, mais son usage tend à disparaître depuis la généralisation de l'emploi de l'huile soluble ou acide sulfoléique. — V. plus loin Huile soluble pour rouge turc.

— Les oliviers occupent, en France, 130,000 hectares, donnant environ 2,500,000 hectolitres de fruits. L'olivier est à peu près la seule plante oléagineuse cultivée en Espagne, surtout aux îles Baléares. Cette plante occupe 858,000 hectares; l'huile est préparée avec peu de soins en Espagne.

En Italie, le rendement annuel est d'environ 3,400,000 hectolitres. La Grèce produit l'olive ainsi que l'Algérie qui donne, en moyenne, 100 millions de kilogrammes de fruits, produisant 300,000 hectolitres d'huile; sa culture, en 1876, occupait 5,500 hectares.

Huile de palme. L'huile de palme, connue aussi sous nos climats sous le nom de *beurre de palme*, provient du fruit de certains palmiers qu'on trouve sur les côtes de la Guinée, de l'Inde, surtout l'*areca oleracea*, Lin., palmiers. Le fruit cueilli à maturité, est amoncelé en tas, et abandonné à la fermentation pendant un mois. Lorsque celle-ci est suffisamment avancée, on jette les fruits dans des grandes cuves, et on fait bouillir avec de l'eau. De cette façon, après une trituration dans des mortiers grossiers, façonnés dans des troncs d'arbres, on retire l'amande du fruit et on fait bouillir de nouveau la partie corticale. L'huile de palme qui vient surnager, est recueillie avec des cuillers en bois.

Propriétés physiques. L'huile de palme est solide à la température de 15°, sa densité est de 0,904; elle est d'un blanc jaune ou jaune rougeâtre, sa saveur est douce et parfumée, son odeur rappelle l'iris ou la violette; son point de fusion varie de 30 à 35°. Cette huile rancit facilement. L'huile colorée exposée à la lumière se décolore facilement. Voici une méthode de blanchiment très usitée en Angleterre. Pour blanchir 450 kilogrammes d'huile, on emploie 2^k,260 de bichromate de potasse, 4^k,500 d'acide chlorhydrique concentré et 1^k,100 d'acide sulfurique. L'huile est portée, dans un bac en bois, à la température de 40° environ. On ajoute une portion du bichromate préalablement dissous dans un peu d'eau, puis de l'acide chlorhydrique, et enfin de l'acide sulfurique; on brasse la masse, l'huile paraît noire tout d'abord, puis devient vert foncé et enfin vert clair. L'apparition d'une mousse épaisse indique la fin de l'oxydation; si à ce moment, un échantillon soutiré et décanté ne paraît pas suffisamment blanchi, on ajoute le reste du bichromate et des acides chlorhydrique et sulfurique, on brasse et on laisse reposer une heure. L'huile claire est décantée et lavée à l'eau chaude ; on soutire enfin l'huile surnageante.

Usages. L'huile de palme sert à la préparation des savons et à la fabrication des bougies.

Pour les savons, cette huile est souvent mélangée au suif, dans la proportion de 20 à 30 0/0. — V. BOUGIE.

— En France, l'importation annuelle des huiles de palme et de coco réunies, est de 10 millions de kilogrammes.

Huile de sésame. Elle est extraite du fruit du *sesamum orientale*, Lin., bignoniacées. L'huile de première pression ou de *froissage*, est jaune doré, sans odeur, sa saveur est faible ; à — 5º elle se congèle en masse, sa densité est de 0,923. Elle est comestible, on la mélange ordinairement avec l'huile d'olive et l'huile d'arachide.

— En France, l'importation annuelle des graines de sésame est de 60,000 tonnes. Les pays de production sont le Sénégal qui exporte à Marseille, tous les ans, de 500 à 600,000 quintaux métriques de graines ; le rendement dans ce pays, est de 45 hectolitres de graines, à l'hectare. Le sésame est aussi cultivé au Japon, au Siam, en Cochinchine et dans l'Inde.

HUILES ANIMALES

État naturel. L'organisme animal contient dans toutes ses parties une certaine quantité de corps gras ; certains animaux ont des tissus plus particulièrement chargés de ces matières et ce sont ces tissus qui sont utilisés pour une extraction industrielle. On obtient une huile du lard épais qui se trouve sous la peau des baleines, des cachalots, des dauphins et des phoques. On traite plus spécialement pour en avoir l'huile, l'intestin des esturgeons, des saudres ; le foie des morues, des squales et des raies.

Les abatis des mammifères, tels que la vache, le bœuf, le cheval, le mouton, dénudés de chair, fournissent de l'huile.

Huiles de poisson. *Méthodes générales d'extraction.* Les huiles dites *de poisson* sont extraites la plupart du temps sur place, c'est-à-dire dans les ports, à proximité des grandes pêcheries, ou bien à bord des bâtiments pêcheurs. Les procédés d'extraction des *huiles de poisson* varient suivant les pays ; cependant on peut les résumer en deux méthodes distinctes.

1º On accumule le poisson dans des tonneaux et on verse par-dessus de l'eau bouillante. La masse, sous l'influence du temps, se transforme en une pâte rougeâtre, infecte, que l'huile ne tarde pas à surnager ; on la puise à mesure qu'elle se sépare. On n'obtient ainsi que des huiles de poisson industrielles.

2º La seconde méthode donne de plus beaux produits ; elle consiste à faire arriver de la vapeur sur les foies nettoyés contenus dans des vases de bois, ou bien, à traiter les foies dans des vases à double fond chauffés à la vapeur, et dans lesquels la filtration s'opère simultanément. L'huile reçue dans des barils est épurée en y mettant un peu de sel, lequel précipite les matières organiques

en suspension. Un autre procédé consiste à ajouter 3 ou 4 0/0 de potasse à la chaux ; le sang, la gélatine animale, etc., sont entraînés au fond des vases.

Usages. Les huiles de poisson entrent dans la fabrication du savon mou, dans la préparation des cuirs, elles servent au graissage des machines. On les mélange aux autres huiles destinées à l'éclairage et à l'industrie.

Certaines d'entre elles ont des propriétés médicinales importantes (V. plus loin HUILES MÉDICINALES). Les résidus des foies mélangés à une certaine quantité de chaux servent à faire un engrais fertilisant de très bonne qualité.

Huile de baleine. Cette huile s'obtient par la fusion du lard épais qui se trouve dans de vastes cavités occupant la partie supérieure et antérieure de la tête et du corps de la baleine, *balæna mysticetus*, Lin., mammifères. L'huile qui se trouve liquide dans l'animal vivant, se fige à l'air, et laisse déposer une matière solide qui est le *blanc de baleine brut*. La partie liquide huileuse constitue l'*huile de baleine* proprement dite. C'est une huile plus ou moins brune, d'une odeur de poisson assez désagréable ; elle se congèle à 0º ; sa densité égale 0,927. Elle entre dans la fabrication des savons mous et sert à la préparation des cuirs. Dans le commerce, on mélange l'huile de baleine aux huiles à éclairer. — V. BALEINE et BLANC DE BALEINE.

Huile de cachalot. Cette huile est identique à la précédente en ce qui concerne l'extraction, etc. Elle est fournie par le *physeter macrocephalus*, Scharv., mammifères.

Elle est jaune orange clair, elle dépose par le froid, et sa densité = 0,888 à 15º.

Huiles de dauphin et de phoque. Ces huiles sont jaune citron, leur odeur forte rappelle celle du poisson, la densité à 20º est de 0,918 ; elles sont très solubles dans l'alcool. Les usages de ces huiles sont les mêmes que ceux de l'huile de baleine. Elles proviennent, la première du *delphinus delphis*, Lin. ; la seconde du *phoca vitulina*, Lin., mammifères.

Huile de foie de morue. — V. plus loin, HUILES MÉDICINALES.

HUILES ANIMALES PROPREMENT DITES

Huile de pieds de bœuf. Cette huile se prépare en faisant bouillir avec de l'eau, dans un vase à double fond, chauffé à la vapeur ou bien à feu nu, les pieds de bœuf, cheval, mouton, etc., dénudés de chair et de nerfs. On enlève à la cuiller l'huile qui vient surnager. Quelques fabricants opèrent le dégraissage dans des cylindres en forte tôle, de 10 hectolitres de capacité environ, sous une pression de 2 atmosphères ; les rendements sont meilleurs. L'huile de pied de bœuf est jaune paille, ou jaune rougeâtre, sans odeur, et d'une saveur agréable. Cette huile est limpide, ne dépose que par un grand froid ; elle ne rancit pas ; sa densité égale 0,916 ; elle sert beaucoup dans le graissage des machines, et aussi pour celui des rouages des horloges.

Huile de suif. Dans le commerce, on appelle

aussi *huile de suif* ou *oléine*, un produit qu'on extrait du suif par pression ménagée.

Huile de saindoux. Cette huile vient en grande quantité des Etats-Unis, où elle est obtenue en séparant du saindoux le corps gras liquide qu'il renferme. C'est une huile d'un goût agréable, d'une odeur faible, qu'on emploie sur une large échelle pour le graissage des machines.

HUILES MINÉRALES

Les *huiles minérales* sont des produits liquides, plus ou moins fluides, qui sont composés de carbures d'hydrogène à points d'ébullition très variables. Elles comprennent : le *pétrole*, qu'on rencontre en masses énormes dans l'Amérique septentrionale, et les *huiles de naphte* dont les gisements les plus importants se trouvent en Russie, sur les bords de la mer Caspienne. L'usage de ces huiles pour l'éclairage et le graissage ne remonte pas à une époque bien éloignée. Ainsi, ce n'est qu'en 1858 que l'exploitation du pétrole a commencé aux Etats-Unis, par la découverte de la première source, faite par un américain nommé Drake. Depuis cette époque, à la suite de forages nombreux, la production du pétrole a considérablement progressé. La même extension a suivi la découverte des gisements d'huiles de naphte du Caucase. — V. ÉCLAIRAGE, GRAISSAGE, PÉTROLE.

HUILES DE DISTILLATION

Ces huiles comprennent surtout celles qu'on obtient au cours de la distillation pyrogénée de la *résine* et des *schistes*.

Huile de résine. Si on soumet dans une cornue de la *résine* ou *colophane* à l'action d'une température de plus en plus élevée, il distille un mélange de gaz et de vapeurs, condensables en un liquide assez fluide, odorant, et dont la densité est moindre que celle de l'eau. Ce liquide présente quatre formes industrielles qu'on peut classer ainsi :

1° L'*essence*, d'une densité de 880 à 900 ; 2° l'*huile blonde*, d'une densité de 960 à 970 ; 3° l'*huile bleue*, d'une densité de 975 à 980 ; 4° l'*huile verte*, d'une densité de 975 à 990.

L'*essence* est employée aux lieu et place de l'essence de térébenthine pour le nettoyage des pièces grasses. Les *huiles de résine* servent pour la préparation des *graisses à voitures* (mélange d'huile et de lait de chaux) et des vernis d'imprimerie. — V. RÉSINE.

Huile de schiste. On peut rattacher à ces produits, les *huiles de boghead*. Ces huiles, employées pour l'éclairage, proviennent de la distillation à feu nu de schistes bitumineux qu'on rencontre en France, à Autun, et en Ecosse. L'inconvénient de ces huiles est d'avoir une odeur assez forte, qu'il est difficile de faire disparaître par l'épuration chimique.

Huile de goudron. Au cours de la préparation du *gaz d'éclairage* (V. ce mot), il se forme une petite quantité de carbures épais, noirs dont l'ensemble porte le nom de *goudron* (V. ce mot). Le goudron, soumis à la distillation, donne de la benzine et des hydrocarbures homologues, puis des phénols, de la naphtaline, etc. Les huiles lourdes qui passent à la fin de la distillation portent plus spécialement le nom d'*huile de goudron*, et sont employées pour l'injection des traverses de chemins de fer et la fabrication du *noir de fumée*.

ESSAI DES HUILES

Nous allons exposer une méthode d'analyse qui résume les travaux publiés par M. Rémont dans ces dernières années, sur la recherche de la composition des mélanges d'*huiles du commerce*. On rencontre dans ces huiles :

1° Des *huiles lourdes de schiste ou de pétrole*, insolubles dans l'alcool et inattaquables par les alcalis ;

2° Des *huiles de résine*, insolubles dans l'alcool, mais ne résistant pas complètement à l'action des alcalis, à chaud ;

3° Des *huiles grasses neutres*, à peine solubles dans l'alcool, et saponifiables à chaud ;

4° De l'*acide oléique*, connu dans le commerce sous le nom d'*oléine*, soluble dans l'alcool, saponifiable par les alcalis en solutions étendues, même à froid ;

5° Enfin la *résine* ou *colophane*, soluble comme le précédent, dans l'alcool ou les lessives alcalines, mais en différant par l'aspect et la propriété qu'elle a d'agir sur la lumière polarisée.

Tout essai doit être précédé de l'examen des propriétés organoleptiques de l'échantillon, de la façon dont il se comporte sous l'influence de la chaleur, de la détermination de la densité, etc. V. le tableau de la page 719.]

Dans les trois cas (1), (2) et (3), on saponifie l'huile de la manière suivante : on pèse 20 grammes d'huile qu'on chauffe jusqu'à ce qu'on soit arrivé à la température de 100°, à ce moment on fait couler, en agitant, un mélange de 15 centimètres cubes d'alcool et 15 centimètres cubes de lessive de soude à 36° Baumé, et on continue à chauffer. Lorsque l'eau et l'alcool ont presque disparu, on verse 150 centimètres cubes d'eau, environ, dans la capsule, et on fait bouillir une demi-heure. On constate alors :

A. Dans ce cas, quoique la solution de savon soit complète, on peut être en présence d'huiles à peine attaquées par les alcalis, lorsqu'elles sont seules, mais qui sont dissoutes par le savon qui se forme, lorsqu'elles sont mélangées dans la proportion de 10 à 15 0/0 à des éléments saponifiables. On verse dans la solution savonneuse un petit excès d'acide sulfurique et on fait bouillir; les acides gras viennent surnager. On prend une partie de ces acides gras qu'on additionne peu à peu de 50 parties d'alcool à 85° centésimaux, puis d'une ou deux gouttes d'acide chlorhydrique :

1° *Il se produit un trouble persistant* se résolvant en gouttelettes adhérentes aux parois, cela prouve que ces acides gras renferment de l'huile lourde, soit de pétrole, soit de résine; ces acides gras peuvent exister *initialement* dans l'échantillon essayé, ou être le produit de la décomposition de

Une partie d'huile agitée avec 4 parties d'alcool à 80° centésimaux donne :

Une solution complète. On verse peu à peu de l'alcool jusqu'à ce qu'il y en ait 50 parties, on a :

- Une solution limpide. La densité de l'échantillon à 15° :
  - Varie entre 900-905. Le produit n'agit pas sur la lumière polarisée. → *Acide oléique ou oléine commerciale.*
  - Est supérieure à 905. Le produit agit sur la lumière polarisée. → *Acide oléique mélangé de résine.*
- Un trouble plus ou moins abondant se résolvant en gouttelettes huileuses → *Acide oléique renfermant, au maximum, 15 0/0 de produits insolubles dans l'alcool (1).*

Une solution fort incomplète. On agite 10 centimètres cubes d'huile et 40 centimètres cubes d'alcool à 85° et on abandonne au repos.

- Une très petite portion de l'huile a été dissoute. → *Huiles lourdes de pétrole ou de résine ou huile grasse pure ou mélangée (2).*
- Une portion notable de l'huile a disparu. → *Acide oléique ou résine mélangée d'une forte proportion de produits insolubles dans l'alcool (3).*

L'huile a conservé sa fluidité, et, lors de l'affusion d'eau, s'est séparée nettement. Une portion de la solution aqueuse décantée additionnée d'acide sulfurique donne :

- *Un louche insignifiant.* L'huile n'a pas une densité supérieure à 0,920. Elle n'agit pas sur la lumière polarisée. Une goutte d'huile, mise sur une assiette avec trois gouttes de perchlorure d'étain anhydre, ne donne pas de coloration violacée. → *Huiles lourdes de schiste ou de pétrole.*
- *Un louche assez fort* se résolvant en gouttelettes visqueuses, répandant une odeur résineuse accentuée. L'huile agit sur la lumière polarisée.
  - Supérieure à 0,975. → *Huile de résine.*
- Traitée par le perchlorure d'étain, elle prend une coloration brune, virant peu à peu au violet. La densité de l'échantillon est
  - Inférieure à 0,975. → *Huile de résine pure, ou mélangée d'huile de pétrole.*

L'huile s'est épaissie. La masse pâteuse, après traitement à l'eau bouillante,

- S'est dissoute complètement, A.
- S'est dissoute partiellement en laissant surnager des globules huileux, B.

l'*huile grasse* contenue dans cet échantillon; les résultats obtenus en suivant la marche indiquée dans le tableau auront édifié l'opérateur sur ce point;

2° *Si la solution est limpide*, on est en présence d'*acides gras purs ou mélangés de résine;* ces acides gras proviennent d'une *huile grasse, soit pure, soit mélangée* d'acide oléique; comme précédemment, le tableau renseignera exactement sur ce dernier point. Pour savoir si on est en présence de *résine*, on recherche d'abord si l'échantillon initial agit sur la lumière polarisée (ni les huiles grasses pures, ni les acides gras en provenant, ne jouissent du pouvoir rotatoire); d'autre part, la densité des acides gras pourra donner de bonnes indications; seulement, comme ils sont solides à la température ordinaire, on les fera fondre.

M. Baudoin a publié un tableau des densités des acides gras de différentes huiles prises à la température de 30°; ces densités varient entre 0,892 et 0,900, sauf pour l'huile de lin, dont les acides gras pèsent 0,910. Comme la résine a une densité supérieure à 1,000, il s'ensuit qu'une faible proportion élève très sensiblement la densité des acides gras auxquels on l'ajoute, et lorsque cette densité sera supérieure à 0,900, il y aura de grandes chances pour qu'on soit en présence d'un mélange.

B. Ce cas est le même que le précédent, seule-ment, la proportion des éléments non saponifiables est supérieure à 15 0/0 du poids du mélange.

Les cas que renferme la seconde partie de la catégorie A sont très fréquents puisqu'ils comprennent toutes les *huiles grasses neutres*, soit d'origine animale, soit d'origine végétale, qui circulent dans le commerce, pures ou mélangées entre elles, à destination de l'éclairage ou de l'alimentation.

L'analyse de ces huiles présente de grandes difficultés, car on se trouve en face de produits ayant une composition chimique très voisine, ne différant guère entre elles que par les impuretés qu'elles renferment, impuretés à propriétés mal définies, et variant suivant les espèces, les pays d'origine, ou les années de récolte des matières premières.

Le goût, l'odeur, la couleur des huiles peuvent guider l'opérateur qui a l'expérience de ces sortes de choses, mais ces caractères ne sont précis que lorsqu'on est en présence d'une huile pure ou d'un mélange où l'un des composants domine nettement. L'analyse met en œuvre, pour l'examen des huiles grasses, une foule de procédés d'investigation que nous ne pouvons étudier ici; nous nous attacherons seulement à exposer les méthodes les plus fréquemment employées :

1° *Détermination de la densité.* La densité des

huiles varie suivant les espèces, ainsi qu'on peut s'en rendre compte par l'examen du tableau ci-dessous, dressé par Lefebvre, et qui donne le poids d'un hectolitre des diverses huiles à la température de 15°.

Huile de cachalot	88.40 kilogr.
— de suif ou oléine	90.03 —
— de colza d'hiver	91.47 —
— de navette d'hiver	91.55 —
— de navette d'été	91.57 —
— de pieds de bœuf	91.60 —
— de colza d'été	91.67 —
— d'arachide	91.70 —
— d'olive	91.70 —
— d'amandes douces	91.80 —
— de faine	92.07 —
— de ravison	92.10 —
— de sésame	92.35 —
— de baleine filtrée	92.40 —
— d'œillette	92.53 —
— de foie de morue	92.60 —
— de foie de raie	92.70 —
— de chènevis	92.70 —
— de caméline	92.82 —
— de coton	93.06 —
— de lin	93.50 —

La prise de densité peut être faite à l'aide d'un densimètre ordinaire, mais généralement, dans le commerce, on utilise l'instrument recommandé par Lefebvre, et qui consiste en un densimètre ne comprenant que les indications relatives à des huiles qui ont une densité comprise entre 900 et 940; cela permet d'espacer davantage les degrés de l'échelle et de montrer, par des touches diversement colorées, les points correspondant aux densités des huiles pures qu'on rencontre le plus fréquemment dans le commerce.

2° *Détermination du point de congélation.* Cette détermination est faite en soumettant à un abaissement de température progressif le corps gras à examiner; en ayant soin de plonger dans la masse un thermomètre, on peut observer le point où la congélation a lieu.

Tableau des points de congélation.

Huile ou beurre de laurier	+30°
— de palme ancienne	32 à 36°
— de palme récente	27°
Beurre d'illipé	26 à 28°
— de galam	21 à 22°
Huile de coco	20°
— de cachalot	8°
— d'olive	6°
— de baleine	1°
— de pied de bœuf, de morue, de hareng, de moutarde	0
— de dauphin, d'arachide	—3°
— de navette	—3°75
— de sésame	—5°
— de colza	—6°25
— d'amandes	—10°
— de ricin	—16°
— d'œillette, de caméline	—18°
— de lin, de chènevis	—27°5

3° *Détermination du point de solidification des acides gras.* Cette détermination est précédée de la saponification de l'huile et de la décomposition du savon formé, pour en séparer l'acide gras.

Voici, résumées, les indications données par Dalican pour arriver au but :

Peser 50 grammes d'huile, les chauffer jusqu'à 120° puis y verser, en agitant, un mélange de 40 centimètres cubes de lessive de soude à 36° Baumé et de 25 centimètres cubes d'alcool à 40° Baumé. Continuer l'agitation, tout en chauffant, jusqu'à ce que le savon se prenne en masse; à ce moment, verser sur le savon 1 litre d'eau et faire bouillir le tout quarante-cinq minutes. Décomposer le savon par un mélange de 3 parties d'eau dans laquelle on a versé 1 partie d'acide sulfurique; verser de ce mélange jusqu'à précipitation complète du savon et continuer l'ébullition jusqu'à ce que la couche d'acides gras qui vient surnager soit bien claire. Après repos, enlever l'eau et couler l'acide gras dans un tube un peu large. Pour prendre le *point de solidification*, on plonge un thermomètre au sein du liquide, de manière que le réservoir de mercure se trouve au centre de la masse, et on observe la descente de la colonne jusqu'au moment où, le corps gras commençant à se solidifier, le mercure devient stationnaire; à ce moment, on agite l'acide gras avec le thermomètre, la température baisse puis remonte à un degré qui est le point de solidification. Dans le cas où l'acide gras ne se solidifierait pas à la température ordinaire, on le refroidirait en immergeant, à plusieurs reprises, le tube dans de l'eau. En opérant de cette façon, on a trouvé les chiffres qui suivent pour les huiles commerciales les plus importantes.

Huile d'arachide	28°	Huile d'olive à bouche	21°
— de coco	29°		
— de colza	18°	— d'œillette ou de pavot	17°
— de coprah	28°		
— de coton	32°	— de palme	44
— de lin	19°	— de palmiste	28°
— de navette	17°	— de ravison	6°
— de niger	26°	— de ressence	22°
— de noix	9°	— de sésame	22°

4° *Détermination de l'échauffement en présence d'acide sulfurique.* Maumené est le premier qui songea à utiliser les différences que présente l'action de l'acide sulfurique sur les diverses huiles pour caractériser ces dernières. Il observait l'échauffement qui résultait du mélange de 50 grammes d'huile et de 20 grammes d'acide sulfurique. Dalican a modifié ce procédé en mélangeant 20 grammes d'huile et 20 grammes d'acide sulfurique. L'opération s'exécute dans un verre à pied conique, au fond duquel on verse d'abord l'acide sulfurique, puis, par-dessus la quantité d'huile convenable; on plonge dans l'huile le réservoir d'un thermomètre suspendu à un point fixe, puis, avec un agitateur en verre, on remue fortement les deux liquides et on observe l'élévation de température produite, en défalquant du point atteint, la température initiale. Voici les résultats observés par Dalican, d'une part, et M. Baudouin d'autre part.

Huile d'arachide	46°	Huile de coton	65°
— de coco	18°5	— de lin	104°
— de coprahs	18°	— de navette	56°
— de colza	49°	— de niger	75°

Huile de noix. . . .	88°	Huile de palmiste. .	20°
— d'olive, à bou-		— de ravison.. .	56°
che.	37°5	— de ressence. .	38°5
— d'œillette ou		— de ricin. . . .	.52°
de pavot. .	74°	— de sésame. . .	58°

5° *Action de l'acide hypoazotique.* Félix Boudet a observé que les huiles se comportent de manières très différentes en présence de l'acide hypoazotique, et les résultats de ses travaux lui ont permis de différencier les *huiles siccatives*, de celles qui ne le sont pas, en utilisant les réactions de cet agent. A cet effet, on verse dans deux flacons d'égale grandeur, d'une part, l'huile à essayer et, d'autre part, une huile analogue mais d'une pureté certaine, afin d'avoir un point de comparaison sûr. Pour 100 parties d'huile, on introduit dans chaque flacon un mélange de 3 parties d'acide azotique à 35° et 1 partie d'acide hypoazotique. On agite bien les deux flacons et on les abandonne dans un endroit frais, en ayant soin de noter l'heure, puis on observe de temps en temps jusqu'au moment où l'huile est assez figée pour qu'on puisse renverser le flacon sans qu'elle coule; on note l'espace de temps exigé par cette transformation. Voici ce qui se passe au cours de cette réaction : l'*oléine* des *huiles non siccatives* est transformée en un isomère solide l'*élaïdine*, tandis que les *huiles siccatives*, au contraire, conservent leur liquidité à l'exception, toutefois, de l'huile de ricin.

Cette réaction permet principalement de constater l'absence des huiles de graines dans l'huile d'olive qui, pure, se solidifie très vite, tandis que 1/100° seulement d'huile d'œillette, par exemple, retarde la prise en masse de quarante minutes.

Nous venons d'exposer les principales méthodes d'essai des huiles ; en ce qui concerne les procédés reposant sur la coloration que prennent ces corps gras en présence de tel ou tel agent chimique, nous renverrons le lecteur aux traités spéciaux. — ALB. R.

HUILES MÉDICINALES.

T. de pharm. On donne ce nom à un certain nombre de corps gras fixes, liquides, que l'on différencie des *beurres* (V. ce mot), et qui sont ou d'origine animale ou d'origine végétale, et sont employés dans l'art de guérir. Ces préparations se font souvent en grand, comme l'huile de foie de morue, soit à froid, soit à chaud, voir même avec l'intermédiaire de l'eau, de la vapeur pour certaines sortes ; ou s'obtiennent, lorsque l'on n'en veut faire qu'une petite quantité, à l'aide de divers dissolvants, alcool, éther, sulfure de carbone, huiles grasses, etc., par macération et déplacement dans les premiers cas, par macération, digestion, décoction et expression dans d'autres, enfin, parfois, par simple solution.

On divise les huiles médicinales en deux groupes, les *huiles médicinales naturelles* et les *huiles officinales*.

HUILES MÉDICINALES NATURELLES.

Elles se subdivisent à leur tour en deux sections : les *huiles animales*, les *huiles végétales* : Un certain nombre de produits employés jour-

nellement en thérapeutique, et même dans l'industrie, sous le nom d'*huiles de poisson*, sont spécialement à citer.

Huile de foie de morue. Elle se prépare en grand sur les côtes d'Islande, de Terre-Neuve, de Suède, de Norwège, de Danemarck, avec les foies de divers poissons du genre *gadus*, surtout la *gadus morrhua*, L., puis les genres voisins, *gadus callarias*, L., *gadus æglefinus*, L., *gadus minutus*, Müll., *gadus merlucius*, L., *gadus carbonarius*, L., *gadus molva*, L., *gadus brosmius*, Müll. et *gadus lota*, L. ; appartenant tous à la tribu des malacoptérygiens subbranchiens, et à la famille des gadoïdes.

Caractères. L'huile de foie de morue a une coloration variable, suivant la sorte commerciale que l'on considère, blanche, ambrée, blonde, brune ou noire ; elle a une saveur franche, une odeur de sardine, sans âcreté. Elle se congèle à 0° ; sa densité a $+15°$ est de 0.932. Traitée par l'acide sulfurique concentré, elle développe une coloration rouge carmin, passant au brun après quelque temps. D'après de Jungh, elle contient de l'oléine, de la margarine, de la butyrine, de l'acétine, des acides biliaires, un principe colorant (la *gaduine*) et des corps inorganiques, iode (0,31 00/00), chlore, brome, soufre, avec des sels de chaux, magnésie et soude, etc.

Actuellement, en Danemarck, en Norwège, à Terre-Neuve, ou même au Canada, on emploie des méthodes perfectionnées, qui permettent d'obtenir des produits moins colorés, moins odorants et en même temps moins sapides que les produits livrés par le commerce il y a encore quelques années, par le traitement des foies de morue, dès leur réception, par la chaleur produite au moyen d'un courant de vapeur d'eau, ce qui amène à la fois une séparation rapide de l'huile, et une filtration instantanée. En Norwège, on opère avec des chaudières à double fond, pour obtenir l'huile peu colorée ; on laisse la clarification s'opérer par le repos, puis on décante et filtre l'huile. Le résidu est ensuite chauffé à feu nu, dans des chaudières en fonte, ce qui sépare, entre 60 et 70° et en facilitant la rupture des cellules graisseuses par une agitation continue, une huile blonde, que l'on emploie dans le pays pour l'éclairage ; puis enfin on pousse la chaleur, après séparation de la plus grande quantité d'huile, pour en extraire les dernières portions. Cette huile noire, dite *huile cuite*, est réservée pour l'industrie.

Dans le Danemarck, l'extraction de l'huile préparée pour les usages médicinaux se fait d'ordinaire au moyen d'appareils constitués par deux vases de même forme cylindrique, mais de dimensions variables, dont l'intérieur, celui qui reçoit les foies frais, est percé latéralement de petites ouvertures dans lesquelles s'engage un tube de fonte servant à conduire l'huile qui se séparera dans des cornues en verre. L'espace libre laissé entre les deux vases est chauffé par la vapeur produite dans des appareils extérieurs remplis d'eau, et qui sont légèrement chauffés pour amener la température à $+40°$ environ. Les foies

HUIL

des poissons sains donnent l'huile incolore de première qualité, ceux des poissons maigres ou mal développés, donnent une seconde sorte, plus colorée ; les foies altérés ou provenant de poissons malades fournissent la qualité inférieure d'huile. Les résidus, mélangés de chaux vive, sont utilisés comme engrais. Le procédé d'extraction employé au Canada, rappelle le procédé norwégien, mais dans ce pays, la clarification de l'huile s'effectue en additionnant le liquide d'une certaine quantité de sel, ce qui amène la coagulation des matières organiques restées en suspension.

D'après le Dʳ Delattre (de Dieppe), on devrait toujours, pour avoir une huile vraiment active, empêcher les foies de recevoir le contact de l'air, pendant le temps de la préparation. Pour obtenir ce résultat, il opérait dans des ballons en verre, chauffés au bain de sable par un thermo-siphon, et au sein d'une atmosphère d'acide carbonique. Il préparait ainsi une huile peu colorée, sans avoir de formation d'acides oléique, sulfurique et phosphorique qui se retrouvent dans les huiles foncées en couleur, et surtout, d'acides cholique et acétique, qui donnent aux huiles noires une âcreté désagréable.

Usages. L'huile de foie de morue est un médicament réparateur, qui active les sécrétions, rend la digestion plus facile et rétablit les forces en combattant l'appauvrissement de l'économie (Bouchardat) ; elle s'emploie parfois à l'extérieur en pommades. Les huiles de dernières expressions sont souvent mélangées avec les huiles de dauphin, baleine, cachalot et phoque, et vendues aux corroyeurs et aux mégissiers sous le nom d'*huiles de poisson.*

Commerce. L'huile de foie de morue nous vient surtout de Dunkerque, d'Ostende, de Hollande, d'Angleterre, de Norwège (Bergen principalement) et de Terre-Neuve (îles Loffodes et Saint-Jean). Il nous en arrive annuellement de Terre-Neuve environ 2,395,000 kilogrammes, fournis par 40 millions de morues qui sont vendues sèches et salées.

Huile de foie de raie. Elle se fabrique sur les côtes françaises, et à Dieppe en particulier, avec les foies frais de la raie bouclée (*raja clavata,* Lin.), de la raie blanche (*raja batis.* Lin.), de la raie pastenague (*raja pastinaca,* Lin.), abondante dans la Méditerranée, ainsi que de la raie aigle (*raja aquila,* Lin.). Cette huile s'extrait par expression directe entre des plaques métalliques légèrement chauffées, ou par l'action de la vapeur d'eau, ou même de l'eau à l'ébullition. Elle est jaune, faiblement odorante, ne se décolore pas par l'action d'un courant de chlore, comme l'huile de foie de morue ; se teinte en rouge clair par l'action de l'acide sulfurique, mais par l'agitation prend après quelque temps une teinte violette, alors que l'huile de morue devient noire ; elle contient moins d'iode et de soufre que cette dernière huile, mais plus de phosphore.

C'est un succédané de l'huile de foie de morue, plus facile à prendre à cause de son goût peu prononcé ; mais le commerce ne vend souvent sous ce nom qu'un mélange d'un quart d'huile de foie de morue avec trois quarts d'huile d'olive.

Huile de foie de squale. Cette huile a été préconisée par le Dʳ Delattre, de Dieppe, et se fait comme la précédente, avec les foies frais des squales, appartenant, comme les raies, à l'ordre des séluciens ; les espèces qui fournissent l'huile sont l'aiguillat (*squalus acanthias,* Lin.), le rochier (*squalus catulus,* Lin.), l'humantin (*squalus centrina,* Lin.), l'ange (*squalus squatina,* Lin,), l'émissole (*squalus mustelus,* Lin.) et le renard (*squalus vulpes,* Gmel.).

Elle est de couleur ambrée, se rapprochant pour l'odeur et la saveur de l'huile de morue ; elle laisse facilement séparer, par le repos, une notable quantité de stéarine, que l'on a parfois utilisée sous le nom de *squalin* (Dʳ Collas, à Pondichery), en place de graisse. L'huile de squale est plus riche en iode et en phosphore que les précédentes, mais par contre renferme moins de soufre et de brome.

Huile d'œufs. Elle s'obtient avec les jaunes d'œufs, qui contiennent 21 0/0 de leur poids d'un mélange d'oléine et de margarine. Elle est jaune, limpide, de saveur douce et agréable ; elle laisse déposer à une basse température des cristaux de margarine ; elle se dissout peu dans l'alcool, mais bien dans l'éther, la benzine, le chloroforme, etc. Elle rancit très facilement à l'air. Elle contient de la cholestérine et un principe jaune.

On la prépare en chauffant les jaunes d'œuf dans une capsule, en remuant sans cesse, jusqu'à ce que la masse pressée entre les doigts laisse suinter l'huile. On l'introduit alors dans un sac d'étoffe, et on la comprime entre des plaques métalliques chauffées. Planche l'obtient en agitant les jaunes dans un flacon avec leur poids d'éther, laissant 48 heures en contact, puis en décantant l'éther et le distillant. L'huile d'œuf reste comme résidu.

La seconde sorte d'huiles médicinales naturelles comprend les huiles végétales, concrètes (beurres de cacao, de palme, de muscade, de coco, de ghea, V. BEURRE), ou liquides ; parmi ces dernières, se trouvent les huiles de croton, d'épurge, de ricin, obtenues avec les semences de diverses euphorbiacées.

Huile de ricin. Elle provient du *ricinus communis,* Lin., et est quelquefois désignée sous les noms d'*huile de castor* et d'*huile de palma christi.* Bien préparée, elle est incolore, et presque dépourvue d'odeur et de saveur, épaisse, visqueuse, non siccative ; sa densité est de 0,963, elle bout à 265°. Son caractère particulier est d'être soluble dans l'alcool concentré. Elle contient des acides palmitique et ricinolique combinés à la glycérine. Par la chaleur, elle donne de l'aldéhyde œnanthylique $C^{14}H^{14}O^2...(C^7H^{14}O)$ (œnanthol), analogue aux huiles essentielles. Distillée avec de la potasse elle fournit, par dédoublement de son acide ricinolique, de l'alcool caprylique (Bouis), de l'acide sébacique, et de l'hydrogène.

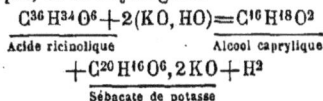

$$C^{36}H^{34}O^6 + 2(KO,HO) = C^{16}H^{18}O^2$$

Acide ricinolique   Alcool caprylique

$$+ C^{20}H^{16}O^6, 2KO + H^2$$

Sébacate de potasse

L'huile de ricin donne, avec l'acide azotique, des acides sébacique et œnanthylique; avec l'acide hypoazotique, de la *palmine* ou *ricinolaïdine*; avec l'ammoniaque, de la *ricinolamide*.

Pour la préparer, on fait passer les ricins entre des cylindres assez éloignés les uns des autres pour briser seulement leur enveloppe; on vanne ensuite, pour enlever l'épisperme, on monde à la main afin de retirer les corps étrangers, puis on met les cotylédons dans des sacs de coutil et les soumet graduellement à la presse. Le tourteau est ensuite broyé, puis repressé; il donne une nouvelle quantité d'huile, que l'on mélange à la première, et on filtre. En Amérique, on prépare l'huile autrement qu'en France et en Italie, en faisant bouillir les semences avec de l'eau. Cette huile est plus colorée, et a pris un goût assez prononcé. Elle est quelquefois mélangée avec d'autres huiles, ce qu'il est facile de vérifier grâce à la complète solubilité de l'huile de ricin dans l'alcool concentré. L'huile de ricin est un purgatif doux, mais en Chine, et en général dans l'Orient, elle est employée comme comestible.

Huile de croton. Elle est fournie par le *croton tiglium*, L.; est limpide, de couleur jaune brun, très âcre, d'odeur désagréable; rubéfiante à l'extérieur, drastique et dangereuse, même à petites doses, lorsqu'on la prend à l'intérieur. Elle est soluble dans l'éther, peu dans l'alcool (35 0/0). Elle contient de la stéarine, de la palmitine, de la myristine, de la laurine et des glycérides oléiques, comme l'acide crotonique, l'acide angélique; son principe rubéfiant est le crotonol

$$C^{14}H^{14}O^4 \ldots C^7H^{14}O^2$$

Elle s'extrait, soit par expression à froid, après mouture, puis reprenant le tourteau par deux fois son poids d'alcool à 80° et laissant macérer à 60° pendant quelques instants, passant et distillant pour enlever l'alcool, soit en opérant par déplacement, et traitant les semences broyées par de l'éther alcoolisé au quart. On chauffe ensuite au bain-marie, pour volatiliser le dissolvant et l'on filtre.

Huile d'épurge. On la prépare comme la précédente, avec les graines de l'*euphorbia lathyris*, Lin.; elle offre une assez grande analogie avec l'huile de croton.

HUILES OFFICINALES.

On donne encore à ces préparations le nom d'*oléolés*; elles se font, en général, avec des huiles d'amandes douces, d'olives, de pavots, et consistent dans des dissolutions de certains principes d'origines bien diverses: végétale (camphre, camomille, etc.), animale (cantharides) ou minérale (phosphore).

On les obtient de différentes manières: 1° par simple *solution* à froid, comme pour l'huile camphrée, en triturant dans un mortier 1 p. de camphre dans 9 d'huile d'olive; 2° par *macération*, dans un vase couvert, ou à l'étuve, au bain-marie, à la température du soleil, après avoir convenablement divisé les substances, pour faciliter le contact avec le corps gras, puis agitant, exprimant,

et filtrant de suite, si les produits à dissoudre ne contiennent pas d'eau (fleurs sèches de camomille), ou laissant reposer un jour, puis filtrant sur un papier huilé, si l'on a employé des fleurs fraîches, des bulbes (huiles de roses, de lys, etc.). Dans ces cas là, on fait souvent deux ou trois macérations semblables, avec la même huile, sur des fleurs nouvelles; 3° par *digestion*, au bain-marie, pendant deux heures, en mettant une partie de matière pour dix d'huile d'olive, exprimant et filtrant. On prépare ainsi l'huile de fenugrec, de mélilot, d'absinthe, etc., de cantharides, en prolongeant davantage (six heures) l'action de la chaleur pour cette dernière, ou en évitant l'action de l'air, comme pour l'huile phosphorée; 4° *par décoction*, en contusant les plantes fraîches (ciguë, jusquiame, belladone) chauffant à feu nu, pour chasser l'eau de végétation, laissant digérer deux à trois heures, pour faciliter l'action dissolvante de l'huile, puis passant avec expression, et filtrant; 5° *par coction* et *infusion*, lorsqu'avec les plantes fraîches, peuvent se trouver certaines parties volatiles, que la première opération pourrait faire disparaître. C'est ainsi que pour obtenir le baume tranquille, on chauffe d'abord, avec l'huile les diverses plantes narcotiques, puis on verse l'huile chaude sur des plantes et des fleurs sèches, et on laisse digérer douze heures, au bain-marie, avant de passer avec expression, et de filtrer.

Les oléolés contiennent des matières actives en dissolution, des alcaloïdes parfois, des acides libres, quelques sels, des matières résinoïdes, des huiles volatiles, des matières colorantes; mais ils ne renferment pas, à l'exception toutefois de certains principes muqueux, de gomme, d'albumine, de gluten, d'amidon, etc.

On donnait le nom d'*huiles pyrogénées* à certains principes huileux qui proviennent de la distillation sèche de quelques substances pharmaceutiques. Leur composition est variable, elles sont d'odeur forte, de couleur brune, âcres, très inflammables. Elles sont aujourd'hui abandonnées. — J. C.

Huiles diverses. *Huile soluble pour rouge turc.* Depuis une quinzaine d'années, les industries de la toile peinte et de la teinture emploient, en quantités considérables, une huile *soluble dans l'eau.* — Ce produit est généralement un acide sulfoléique.

— Frémy, en 1832, en avait décrit les propriétés et Runge, en 1834, en tenta le premier l'application à la teinture, mais sans succès. Ce n'est que vers 1870, qu'on l'appliqua, d'abord en Alsace, pour la mordançage des tissus destinés à être imprimés en bleu d'aniline et en rouge d'alizarine. Les Anglais, vers 1874, remplacèrent l'huile d'olive, avec laquelle on l'avait produit jusqu'alors, par l'huile de ricin appelée aussi *castor oil*, et ce produit devint bientôt d'un usage général.

L'huile soluble se prépare, en ajoutant peu à peu, de manière à éviter toute élévation de température, 20 0/0 d'acide sulfurique à 60° Baumé à 100 parties d'huile de ricin, on laisse en contact trente-six à quarante heures, on lave ensuite le tout à l'eau additionnée de sel de cuisine; on juge l'opération terminée quand les eaux de lavage ne présentent plus de réaction acide. L'huile surnageante est alors additionnée d'un peu d'ammoniaque liquide en quantité suffisante pour qu'elle devienne complètement soluble dans l'eau; l'huile ainsi préparée se vend dans le commerce sous le nom d'*huile double*, elle renferme de 75 à 90 0/0 d'huile, mais on en trouve aussi qui n'en renferme que 50 0/0. Pour déterminer la quantité d'eau contenue dans une huile soluble, il suffit d'en introduire un volume déterminé, 100 centimètres cubes, par exemple, dans une éprouvette graduée, on y ajoute 20 centimètres cubes d'acide chlorhydrique et 80 0/0 d'eau. On a dans l'éprouvette un volume d'environ 200 centimètres cubes. On chauffe au bain-marie, l'huile se sépare et remonte à la surface; après refroidissement, on n'a qu'à lire sur l'éprouvette le volume qu'elle occupe, la différence entre le volume primitif et le volume final d'huile représente le pourcentage en eau.

On prépare, en Allemagne, une autre huile soluble qui est un mélange de sulforicinate de soude et de sulfopyrotérébenthinate de soude. Le sulforicinate de soude est obtenu comme nous venons de l'indiquer, mais est neutralisé au carbonate de soude au lieu de l'être à l'ammoniaque. Le sulfopyrotérébenthinate de soude se prépare en traitant à chaud 100 parties de colophane par 250 d'acide nitrique, puis évaporant. Le résidu est chauffé à 260° dans un autoclave: on traite la masse fluide et refroidie par 20 0/0 d'acide sulfurique et on neutralise à la soude; on mélange alors parties égales des deux produits pour former l'huile en question.

Huile admirable. Nom donné par Arnaud de Villeneuve à l'essence de térébenthine (xiii° siècle).

Huile d'aniline. — V. ESSAI DES DROGUES.

Huile animale de Dippel. Huile empyreumatique goudronneuse qui se produit dans la distillation de la corne de cerf avec des os.

Huile de Belouga. — V. t. I, p. 624.

Huile de cade. Goudron de genévrier.

Huile de Gabian. Huile minérale hydrocarbonée, s'échappant d'une source située à Gabian, près de Pézenas (Hérault). Cette source ne donne que 200 kilogrammes environ d'huile par an.

Huile de Rangoun. Pétrole goudronneux qu'on rencontre dans la partie de la Birmanie qui avoisine la ville de Rangoun; elle a la même composition que la précédente.

Huile de succin. Corps gras liquide qui accompagne l'acide succinique dans les produits résultant de la distillation sèche du succin.

Huile de vitriol. Nom donné à l'*acide sulfurique*.

Huiles volatiles essentielles. — V. ESSENCE.

Bibliographie: Dictionnaire de chimie pure et appliquée, de WURTZ; *Chimie industrielle*, de WAGNER, traduction de L. GAUTIER; *Chimie appliquée aux arts industriels*, de GIRARDIN; *Traité des matières colorantes*, de RENARD(1883); *Bulletin de la Société d'encouragement*, t. II, III, V, VIII; *Rapports du Jury de l'Exposition universelle de 1878*; Thèse de M. CLOEZ sur l'*Oxydation des matières grasses d'origine végétale*; *Bulletin de la Société chimique de Paris*, t. XXXIII; *Éléments de pharmacie*, AUDOUARD, 1 vol. in-8°, Paris.

* HUILERIE. Fabrique, magasin d'huile.

HUILIER. Ustensile de table contenant les burettes à l'huile et au vinaigre; se dit aussi du fabricant d'huile.

HUISSERIE. *T. de constr.* Se dit du bâti en bois qui forme l'encadrement d'une porte; partie de menuiserie formant cloison ou barrière.

* HUIT-EN-HUIT. *T. de tiss.* Dans le papier quadrillé qu'on emploie pour la mise en carte des dessins Jacquard, il y a trois genres de rectangles carrés, savoir : 1° le *petit* rectangle ou petite case; 2° le rectangle *moyen*, comprenant sur son plan un certain nombre de petites cases ; 3° enfin le *grand* rectangle, dont le plan contient presque toujours cinq rectangles moyens, en travers comme en hauteur. Le trait d'encadrement des rectangles moyens est plus accentué que celui des petites cases, et le trait d'encadrement des grands rectangles est plus apparent que celui des rectangles moyens. Une grande feuille contient un nombre arbitraire de ces grands rectangles. Lorsque le tissu est *carré*, c'est-à-dire quand il renferme juste autant de duites que de fils dans un centimètre carré, on se sert de papier *huit-en-huit* ou de papier *dix-en-dix*, pour mettre l'esquisse en carte, parce que, précisément, les carrés moyens de ces papiers ont autant de petites cases en travers qu'en hauteur. La réduction carrée du papier est alors en concordance parfaite avec celle de l'étoffe qu'il s'agit d'embellir par un dessin. — V. MISE EN CARTE.

* HUÎTRIÈRES. Les huîtrières sont des établissements dans lesquels se fait l'élevage et l'engraissement des huîtres. Ces mollusques comestibles se trouvent dans presque toutes les mers, mais les variétés auxquelles ils appartiennent dépendent des localités. Les huîtres vivent à une faible profondeur, on les rencontre donc à proximité des côtes; solidement ancrées aux rochers du fond; elles sont plus ou moins disséminées, mais se présentent le plus souvent en grandes masses désignées sous le nom de *bancs*. En France, les bancs les plus considérables en même temps que renommés sont échelonnés le long des côtes de Gascogne (Arcachon), de la Saintonge (Marennes), de Bretagne (Vannes, Auray, Cancale, etc.) et de Normandie. L'huître ainsi que la moule appartient à la classe des acéphales (embranchement des mollusques); elle est hermaphrodite, c'est-à-dire que chaque animal est muni des organes mâle et femelle, et se féconde lui-même à l'époque de la reproduction. La ponte a lieu ordinairement de juin à fin septembre. Les œufs restent un certain temps dans le sein maternel, puis à l'éclosion, ils sont expulsés du manteau de la mère ; les jeunes individus au moment de leur sortie ont environ 2/10 de millimètre de diamètre et portent le nom de *naissain* ; ils se répandent au dehors munis d'un appareil de natation, et vont à la recherche d'un point pour s'y fixer immédiatement. Une huître produit de un à deux millions d'embryons à chaque portée. Si le naissain ne rencontre pas de corps solide auquel il puisse se fixer, il est entraîné per les flots et

périt; de même s'il est englouti dans la vase, qui est un milieu impropre à son existence. Aussitôt fixée, l'huître grandit assez rapidement. Voici quelles sont ses dimensions (diamètre) en millimètres :

A la naissance.	0.2	millimèt.
A 15-20 jours	1 à 1.5	—
1-2 mois	5 à 6	—
3-4 —	13 à 15	—
5-6 —	21 à 23	—
12-14 —	35 à 40	—

C'est vers la troisième année que l'huître atteint son complet développement et devient comestible. Les pêcheurs arrachent les huîtres du fond de la mer au moyen d'une drague formée d'un cadre de fer auquel est fixé un filet; la drague est attachée à l'arrière d'un bateau voguant à pleines voiles; de temps en temps elle est remontée, et on opère le triage du contenu. Les huîtres qu'on en retire ont une saveur et une odeur caractéristiques qui proviennent de la vase, et qu'il faut enlever pour les livrer à la consommation. Pour cela, on les laisse séjourner pendant plus ou moins de temps dans des bassins ou parcs peu profonds, à fonds rocailleux et visités par la mer à chaque marée. Le procédé que nous venons de décrire pour l'amélioration et l'engraissement des huîtres est connu depuis longtemps. On en attribue l'invention à un riche romain, Sergius Orata, contemporain de Cicéron, qui parqua des huîtres provenant de Brindes, dans le lac Lucrin, qui communique avec la Méditerranée. Cette méthode s'est étendue au lac Fusaro (situé près du précédent), alimenté par des huîtres tirées du golfe de Tarente; elle est encore pratiquée à Marennes, Arcachon, Cancale, Grandville, Saint-Vaast-la-Hougue, etc.

Il y a une trentaine d'années, on remarqua que les huîtres diminuaient considérablement; les bancs, en raison des demandes croissantes et du facile transport par chemin de fer, avaient été appauvris par une exploitation à outrance. L'administration de la marine intervint alors et régularisa l'exploitation de ces bancs. Mais déjà on avait fait plusieurs essais en vue de repeupler les côtes. Le cadre qui nous est assigné ne nous permet pas de décrire en détail ces expériences qui furent commencées en 1852-1853 sous les auspices des ministres de la marine, de l'agriculture et du commerce, et durant lesquelles s'illustrèrent MM. Ackerman, Coste, de Bon et bien d'autres. Après des succès et des revers, on finit par établir d'une manière précise les bases d'une nouvelle industrie, toute française d'origine, qui a reçu le nom d'ostréiculture (culture de l'huître).

L'ostréiculture consiste à recueillir les huîtres à l'état presque embryonnaire, à favoriser leur développement, à les élever, enfin à les engraisser, c'est-à-dire à augmenter les produits en quantité et en qualité. Les bancs naturels sont sous la surveillance de l'inspection de la marine et sont soumis à des règlements très sévères. A certaines époques de l'année, quelques bateaux seulement ont l'autorisation de les draguer, et une partie des huîtres qu'ils en retirent servent de point de départ dans le peuplement des parcs, le reste est livré au commerce. On estime que les bancs (sur les côtes françaises) couvrent une superficie de plus de 200,000 hectares. En 1875, les parcs à huîtres étaient au nombre de 23,134, qui occupaient 5,890 hectares et donnaient la vie et le travail à 22,900 personnes. L'ostréiculture est allée constamment en progressant, et aujourd'hui ces chiffres accrus dans une grande proportion montrent toute l'importance de cette nouvelle industrie, qui fournit à la population un aliment inépuisable.

Les huîtrières sont établies sur des terrains appelés crassats (à Arcachon), qui, à chaque marée, sont recouverts par la mer. Ces terrains, ressemblant à des prairies, sont tapissés par une herbe fine et serrée (moussillon). Avant d'établir le parc, on commence par arracher les grandes herbes et par enlever les matières étrangères, mais on a soin de ne pas arracher le moussillon, car on a reconnu que l'huître cultivée sur les terrains dénudés est moins féconde et plus délicate aux intempéries. Au contraire, dans la partie de l'huîtrière réservée à l'engraissement, le sol doit être débarrassé du moussillon. On a également reconnu que la qualité des huîtres était une question de fonds : les terrains dont le sol est consistant, argileux et coquiller sont les plus aptes à la culture du mollusque. Après ces opérations préliminaires, le terrain est divisé en compartiments désignés sous les noms de claires, parcs ou viviers de 1 à 2 ares de surface. La hauteur de l'eau dans ces compartiments doit être dans les uns de 0^m,40 à 0^m,50, et dans d'autres de 0^m,15 à 0^m,20 seulement; ces derniers se trouvent en amont; nous verrons tout à l'heure les différentes pratiques auxquelles on se livre dans chaque série de compartiments. Le fond de chaque parc est laissé intact ou amélioré, suivant les considérations précitées, par l'apport de sable fin, de gravier, de galets ou de coquilles; les côtés sont formés par des digues en terre, maintenues par des palplanches et des piquets; les parcs communiquent entre eux ou avec un canal général par des bondes ou des petites vannes, et le canal débouche à la mer par une écluse ou grande vanne de prise d'eau qui permet soit de faire rentrer dans le parc l'eau salée au moment du flux, soit de la retenir pendant le jusant. Si le parc n'est pas très abrité, les claires sont divisées par des planches qui empêchent la formation des vagues, par l'action du vent, qui pourraient dégrader les digues ou déplacer les huîtres. Les claires ont, en moyenne, 4 à 5 mètres de largeur sur 30 à 40 mètres de longueur. Enfin, l'organisation est complétée par des abris ou hangars destinés aux diverses manipulations, par un ponton contenant le logement du gardien ou parqueur et par une embarcation légère. Le nombre et les dimensions des articles ci-dessus varient avec l'importance de l'huîtrière et leur emplacement relatif avec la marche des opérations qui y sont pratiquées, et que nous allons décrire succinctement.

La première question qui se pose à l'ostréiculteur est la récolte du naissain ; celui-ci, on l'a vu, au moment de son émission, recherche un corps solide pour s'y fixer. Pour cela, on établit des *collecteurs* formés par des planches, des fascines, des coquilles, etc., que l'on dépose autour du banc, ou dans le compartiment contenant les huîtres mères. Les collecteurs les plus employés sont des tuiles courbes (faîtières); mais afin de permettre l'enlèvement facile du naissain, on les plonge à plusieurs reprises dans un bain de chaux hydraulique, ou on les recouvre de 3 à 4 millimètres d'un mortier contenant 1 de chaux pour 2 de sable fin, mélangé avec un peu de vase. Ces collecteurs se placent de différentes manières, suivant les localités (verticalement, obliquement, horizontalement), ils sont maintenus par des piquets et quelquefois réunis ensemble par des *filins* ou fils de fer. On les installe vers les mois de mai et juin ; ils restent en place jusqu'en octobre, l'émission du naissain se prolongeant jusqu'à la fin de septembre. A ce moment, on défait les collecteurs et on procède à l'enlèvement du naissain en coupant circulairement l'enduit autour de chaque huître à l'aide d'une sorte de ciseau à froid. Cette opération, appelée *détroquage*, se fait sous les hangars par un atelier de femmes et d'enfants, puis les collecteurs sont nettoyés et traités comme précédemment pour servir à la prochaine campagne. Dans certaines localités, l'huître n'est détroquée qu'à dix-huit mois, ce qui exige le double de collecteurs, mais aussi le déchet est plus faible. On a calculé à Auray (Morbihan), qu'en 1875, on a retiré de 2,580,370 collecteurs 110,563,000 naissains. Les jeunes huîtres détroquées sont mises dans les *ambulances* ou caisses de conservation, sur une épaisseur de 0ᵐ,03 à 0ᵐ,04, où elles restent deux mois ; pendant ce temps, on les aère et on les nettoie souvent. Les huîtres sont ensuite portées aux claires d'élevage où elles sont déposées sur le sol. Elles sont couvertes et entourées par des filets à mailles serrées qui les protègent des animaux destructeurs (crabes, etc.). Pendant les grandes chaleurs et les grands froids, on a soin de leur laisser toujours une épaisseur d'eau de 0ᵐ,20 ; ce niveau est abaissé pendant les beaux temps, ce qui se fait à l'aide des vannes. On les change une ou deux fois par an en les faisant passer dans des claires nettoyées ; enfin, après deux ans d'élevage, l'huître est devenue comestible, on l'accoutume à rester à sec. Le parqueur vide, à chaque marée, la claire qui contient les huîtres à vendre, celles-ci contractent l'habitude de maintenir leurs valves fermées en retenant une certaine quantité d'eau, ce qui leur permet, tout en conservant leur fraîcheur, de subir un voyage de plusieurs jours. Les huîtres vertes ou de Marennes sont très recherchées, on n'est pas du tout fixé sur les causes de cette coloration, on la croit produite par une maladie du foie ou par la présence, dans l'eau, d'un animalcule (*vibrio ostrearius*), mais elle paraît tenir du sol (argile riche en ferrugineux).

— Les huîtrières françaises ont livré à la consommation, en 1876, plus de 160,267,000 huîtres qui, en gros,

vendues à raison de 2 francs le cent, représentent une valeur commerciale de près de 3 millions. La création des parcs à huîtres ne peut se faire qu'avec une autorisation délivrée par le Ministre de la marine et des colonies. Ils sont soumis à une redevance annuelle au profit de l'Etat dont sont seuls dispensés les inscrits maritimes ainsi que leurs femmes, veuves ou enfants mineurs. — M. R.

* HUMECTAGE. *T. d'appr.* Opération qui a pour but de rafraîchir les étoffes destinées à être calandrées, en les ramollissant par une certaine quantité d'eau introduite après l'apprêt. L'humectage est une opération très délicate et demande à être surveillé de très près ; que l'on humecte imparfaitement, les tissus restent raides, secs, cartonneux, et si l'on humecte trop, il se produit un ramollissement exagéré de l'apprêt, qui peut quelquefois nécessiter le réapprêtage du tissu. Il peut arriver que si la marchandise est trop humectée, celle-ci moisisse et donne lieu à de graves avaries. L'humectage se fait journellement dans les ménages et chez les blanchisseuses, pour préparer le linge destiné à être repassé. On sait qu'à cet effet, les ménagères aspergent à la main ou au moyen d'une bouteille à petit orifice, les étoffes destinées à être calandrées. Les petits industriels emploient des balais qu'ils trempent dans l'eau et avec lesquels ils aspergent l'étoffe, mais ces moyens sont inapplicables dans l'industrie, qui se sert spécialement des *machines à humecter*. On emploie quelquefois des moyens détournés, ainsi (c'est ce qui se pratique encore assez souvent pour les genres faux-teints) on suspend les pièces dans une étente humide jusqu'à moiteur convenable. On se sert aussi de sels hygrométriques que l'on incorpore aux apprêts, ou bien encore on enroule les pièces dans des doubliers très humides. Ce dernier mode est assez fréquemment employé pour certains tissus de laine. — J. D.

HUMECTER (Machines à). Les principales machines à humecter sont : la *machine à brosse* (t. I, p. 210) qui se compose, en principe, d'une brosse circulaire plongeant dans l'eau. La brosse tourne rapidement et projette l'eau contre le tissu. Pour empêcher la formation de gouttes trop grosses, on place un tamis très fin entre la brosse et l'étoffe à humecter. Suivant les constructeurs, on place la brosse au-dessus ou au-dessous du tissu à humecter. L'*humecteuse de Fromm* est construite d'une toute autre façon ; sur la périphérie d'un cylindre, on a adapté suivant les génératrices une série de plaques de zinc ou de tôle galvanisée équidistantes et ayant la forme d'augets. Le cylindre tourne comme la brosse, et dans sa rotation, les augets, rasant la surface de l'eau, s'emparent d'une certaine quantité du liquide et le projettent sur l'étoffe, à travers un tamis.

Un système excellent, fondé sur le principe de l'injecteur Giffard, est l'appareil Stéphann, modifié par divers constructeurs, tels que Welter, Thomlison, Gebauer et, en dernier lieu, Bentley et Jackson. Voici comment l'appareil a été construit dans le principe : que l'on suppose une rangée horizontale d'environ vingt robinets (analogues à ceux usités pour les becs de gaz), et communiquant tous à un réservoir d'air. Ils sont inclinés d'environ 35° sous l'horizon. Au-dessous de chacun de ces robinets et de façon à se trouver à environ 4 ou 8 millimètres du jet d'air, se trouve autant de tubes ayant environ 45° d'inclinaison et plongeant dans un réservoir d'eau (fig. 426). Les robinets supérieurs, avons-nous dit, sont en communication avec un réservoir d'air sous pression (obtenue par ventilateur ou pompe). En s'échappant, l'air forme le vide dans le tube inférieur où le liquide s'élève alors jusqu'à l'orifice; il est ensuite projeté au dehors sous forme de poussière d'eau. M. Welter a perfectionné l'appareil en y ajoutant un ventilateur indépendant de l'enrouloir pour que toutes les parties de la pièce soient également humectées. Thomlison a placé l'appareil à angle droit, et la pièce, au lieu de marcher horizontalement, passe en biais à environ 45°. Il obtient ainsi une plus grande surface d'action. Gebauer a adapté deux appareils de projection, l'un au-dessus de la pièce qui marche horizontalement, et l'autre au-dessous, il peut ainsi humecter des deux côtés ou d'un seul côté et, à volonté, à l'envers ou à l'endroit, sans rien changer à la marche du tissu. Enfin, Bentley et Jackson ont placé une seule série de tubes à air flanqués de chaque côté de tubes à eau et à angle droit, de sorte que l'eau est projetée verticalement (fig. 427). De cette façon, il n'y a que les gouttes les plus fines qui arrivent au tissu AB, tandis que les grosses gouttes retombent d'elles-mêmes dans le réservoir. Des petites planchettes permettent encore de limiter le champ d'action, en laissant l'orifice d'humectage plus ou moins large.

Fig. 426.

Fig. 427.

L'humecteuse à trous se compose d'un tube percé de très petits trous et communiquant avec un réservoir d'eau, la pièce passe dessous, et est humectée par les gouttes qui tombent sous forme de pluie. Ce système primitif n'est employé que pour la laine.

L'humecteuse de Mather diffère complètement des systèmes précédents. L'appareil se compose d'un gros cylindre gravé avec de forts picots. Il est muni d'une râcle et plonge dans un réservoir d'eau. Le rouleau gravé tourne dans le sens inverse de la pièce, et deux roulettes permettent de donner à celle-ci plus ou moins de contact, suivant le degré d'humidité que l'on veut atteindre. Ces roulettes, en s'abaissant, augmentent le point de contact et, en s'élevant, le diminuent, de sorte que l'on peut, à volonté, laisser la pièce complètement sèche ou la mouiller tout à fait.

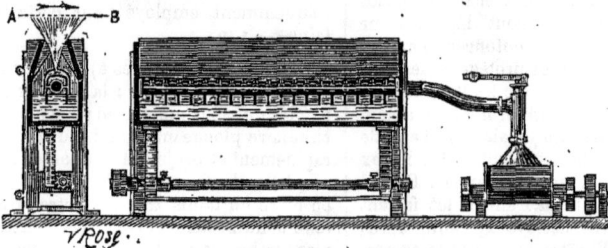

Il existe encore d'autres systèmes, tels que ceux de Schwob et Popp, de Gaulton, de Weisbach, de Herzog, de Renard, de Tulpin, etc., mais ils rentrent tous dans les principes des appareils décrits. — J. D.

*HUMIDIFICATION. Depuis longtemps, on s'est préoccupé d'humidifier l'atmosphère de certaines usines, notamment des filatures et des tissages. Dans les premières, en effet, par un temps trop sec, les fibres textiles s'étirent mal, elles deviennent duveteuses, cassent fréquemment, et la production des métiers peut de ce chef s'amoindrir de 15 0/0; dans les seconds, on remarque que la colle des chaînes tombe sous les métiers, de là, des reboutements fréquents qui déparent les tissus. La grande difficulté est d'obtenir le degré voulu d'humidification sans arriver à la saturation complète. Un grand nombre de brevets ont été pris dans ce but; on agit soit par des jets de vapeur, ce qui a l'inconvénient de chauffer l'air outre mesure; soit par des courants d'eau, ce qui ne produit pas toujours l'effet voulu; soit par la pulvérisation de l'eau froide en été, soit encore par l'injection continue d'air et de vapeur mélangés, etc.

HUNE. T. de mar. Plate-forme élevée, épaisse et large, en saillie autour d'un mât, et sur laquelle les matelots se tiennent pour voir au loin; elle sert, en outre, de point d'appui au mât supérieur. || Grosse pièce de bois à laquelle on suspend la cloche du bord.

*HURASSE. T. de forg. Bague à tourillons et en fonte qui supporte l'extrémité du manche d'un marteau à bascule ou à soulèvement.

* HURET (GRÉGOIRE). Graveur, né en 1610, mort en 1670. Il fut l'un des maîtres de la gravure au XVIIᵉ siècle; il a laissé une remarquable Histoire de la passion en 30 feuilles, et de belles planches d'après de Ph. de Champaigne, Vouet, etc.

* HUYOT (JEAN-NICOLAS). Architecte, né à Paris en 1780, fut l'élève de Louis David et de Peyre; il obtint le grand prix d'architecture en 1807. Après un séjour en Italie et de nombreux voyages

en Orient, il revint à Paris et fut nommé professeur à l'école des Beaux-Arts. Il termina l'Arc de triomphe et fut chargé de l'agrandissement du Palais de Justice (1836). Il était membre de l'Institut depuis 1823 ; il mourut en 1840. Huyot, qui était un savant archéologue, a laissé à la Bibliothèque nationale une merveilleuse collection de dessins et d'études.

HYACINTHE. *T. de minér.* Silicate de zircone, cristallisé en prismes quadratiques, de couleur rouge brun, transparents ou translucides, à éclat vitreux, légèrement adamantin, d'une densité de 4,35, et dont la dureté est 7,5. Il est inattaquable par les acides, et se décolore sans fondre, au chalumeau.

On trouve cette gemme dans les terrains granitiques ou basaltiques, les alluvions, les sables de rivière ; les plus belles viennent d'Espailly (Haute-Loire) et de Ceylan.

*HYALITE ou **HYALITHE.** 1° *T. de minér.* Variété de silice hydratée, contenant de 3 à 12 0/0 d'eau, en masses transparentes, incolores, mamelonnées et botryoïdes, et parfois employée en bijouterie, comme l'opale, avec laquelle elle offre beaucoup d'analogie. On en trouve à Santa-Fiora (Toscane), à Kaiserstuhl (Bade), à Walisch (Bohême). || 2° *T. de verr.* Sorte de verre commun, que l'on peut préparer avec certains silicates naturels, en les fondant avec du borax et de l'oxyde de plomb. L'hyalite noire est obtenue dans quelques pays avec les scories des hauts-fourneaux ou des feux d'affinerie (Bohême) ; dans d'autres, avec des roches amphiboliques ferrugineuses (Fichtelgebirge) ; voir même avec de la pierre ponce, du basalte, des laves.

* HYALOGRAPHE. Instrument à l'aide duquel on dessine mécaniquement la perspective.

* HYALOGRAPHIE. Art de graver sur le verre.

* HYALURGIE. Art de fabriquer le verre.

* HYDRACIDE. *T. de chim.* On donne ce nom à des composés jouant le rôle d'acide et dont l'un des éléments constituants est l'hydrogène, par opposition aux *oxacides*, qui renferment de l'oxygène. Ces corps *décomposent les oxydes en se détruisant eux-mêmes*, pour former des sels et engendrer de l'eau :

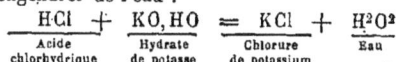

$$\underset{\substack{\text{Acide} \\ \text{chlorhydrique}}}{HCl} + \underset{\substack{\text{Hydrate} \\ \text{de potasse}}}{KO,HO} = \underset{\substack{\text{Chlorure} \\ \text{de potassium}}}{KCl} + \underset{\text{Eau}}{H^2O^2}$$

avec les peroxydes, il y a parfois dégagement de gaz, comme dans la réaction suivante :

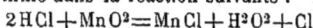

$$2HCl + MnO^2 = MnCl + H^2O^2 + Cl$$

La chimie moderne n'admet pas cette distinction en acides hydrogénés ou oxygénés. Pour elle, tous les acides sont hydrogénés, et l'hydrogène y est uni à un radical électro-négatif simple ou composé. C'est de l'*hydrogène basique*, qui, par voie de double décomposition, peut être remplacé par des métaux, à l'aide des hydrates basiques. La première formule peut être exprimée ainsi :

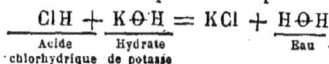

$$\underset{\substack{\text{Acide} \\ \text{chlorhydrique}}}{ClH} + \underset{\substack{\text{Hydrate} \\ \text{de potasse}}}{KOH} = \underset{}{KCl} + \underset{\text{Eau}}{HOH}$$

et si on lui compare la réaction d'un oxacide sur la potasse,

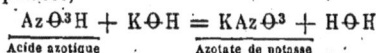

$$\underset{\substack{\text{Acide azotique}}}{AzO^3H} + \underset{}{KOH} = \underset{\substack{\text{Azotate de potasse}}}{KAzO^3} + HOH$$

on voit que dans ces formules, l'hydrogène de l'acide est uni, dans le premier cas, à un radical simple, le chlore, dans le second, à un radical composé AzO^3 ; et que, dans les deux cas, ces acides ont échangé leur hydrogène basique contre du potassium K, pour former de l'eau et des sels. — J. C.

*HYDRAMIDE. *T. de chim.* Nom des corps azotés, neutres, découverts par Laurent, et résultant de la combinaison de trois molécules d'aldéhyde, avec deux d'ammoniaque, et élimination d'eau. L'hydrobenzamide, le premier de cette série de corps, a été obtenu avec l'essence d'amandes amères.

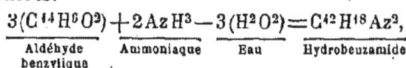

$$3(C^{14}H^6O^2) + 2AzH^3 - 3(H^2O^2) = C^{42}H^{18}Az^2,$$
$$\underset{\substack{\text{Aldéhyde} \\ \text{benzylique}}}{} \quad \underset{\text{Ammoniaque}}{} \quad \underset{\text{Eau}}{} \quad \underset{\text{Hydrobenzamide}}{}$$

ou

$$3(C^7H^6O) + 2AzH^3 = (C^7H^6)^3Az^2 + (H^2O)^3.$$
$$\underset{\text{Acide benzylique}}{} \qquad \underset{\text{Hydrobenzamide}}{}$$

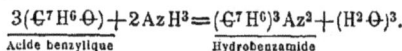

Les hydramides sont cristallisés, insolubles dans l'eau, solubles dans l'alcool, l'éther ; l'ébullition avec l'eau, les acides faibles, en décomposent quelques-uns en leurs deux éléments constituants ; l'action d'une forte chaleur ou de la potasse bouillante les transforme en alcalis isomères ; l'hydrogène sulfuré en fait des aldéhydes sulfurées.

Les hydramides les plus connus sont ceux obtenus avec les aldéhydes aromatiques (essences d'amandes amères, de cumin, d'anis, de reine des prés, etc.) et l'aldéhyde pyromucique (furfurol). — J. C.

HYDRATE. *T. de chim.* Corps contenant, ou supposé contenir les éléments de l'eau, mais en proportion définie. Lorsqu'on abandonne un corps à l'air, et qu'il s'effleurit, lorsqu'on le chauffe à une température variable, mais sans pour cela perdre ses propriétés, qu'il reprend son aspect primitif, après avoir été exposé à l'air humide, on dit que ce corps contient de l'*eau de cristallisation*. Il est évident que dans ce cas l'eau existait toute formée dans le corps. Mais, lorsque ce dernier se modifie sous l'influence de la chaleur, tout en perdant de l'eau, l'eau doit être regardée comme existant en lui à l'état d'*eau de constitution (eau basique* de Graham). C'est ce qui arrive dans ces corps qui, comme les alcools polyatomiques, peuvent être envisagés comme des hydrates de carbone $C^{12}(H^{12}O^{12})$ par exemple. Les théories chimiques modernes font cependant admettre que l'eau qui a été cédée par l'action de la chaleur, a dû *se former*, sous l'influence de celle-ci, aux dépens des éléments hydrogène et oxygène, existant dans le corps soumis à l'expérience.

Ainsi, on peut dire que l'alcool, $C^4H^6O^2$, est un hydrate d'éthylène, $C^4H^4.H^2O^2$; mais la théorie atomique porte à croire que dans ce corps, l'hydrogène joue un rôle spécial, et qu'il n'existe pas d'eau dans ce produit ; la formule équivalente $C^2H^5.OH$ montre, d'après cette théorie, que H entre dans la composition du corps comme un résidu monoatomique, lié par O au radical C^2H^5 ; O H est alors ce qu'on appelle l'*hydroxyle*, dans lequel H peut être remplacé par un radical métallique, un radical acide, un radical alcoolique, etc. Alors, d'après cette manière de voir, les acides

AzO^5, H O.... AzO^3H ; Ph O^5, 3 H O...Ph O^4H^3, etc.,

les bases K O, H O.... K' O H, les alcools, les phénols $C^{12}H^6O^2$... G^0H^5OH, plusieurs bases organiques oxygénées, etc., etc., ne seraient pas de véritables hydrates, mais des corps contenant tout ou partie de l'hydrogène à l'état d'hydroxyle ; ce corps pouvant, suivant son atomicité, avoir un exposant variable, K' O H est l'hydrate d'oxyde de potassium, Ba"(O H)² celui de l'oxyde de baryum, Bi"'(O H)³ celui de l'oxyde de bismuth, Sn""(O H)⁴ celui de l'oxyde d'étain, etc.

Le mot d'*hydrate* doit donc être réservé pour les composés contenant de l'eau de cristallisation, et, si on l'emploie toujours dans la nomenclature, même dans la notation chimique, c'est quelquefois à tort, et par habitude, pour ne pas créer de nouveau terme. — J. C.

* HYDRAULICIEN. Ingénieur qui s'occupe plus spécialement de travaux hydrauliques.

HYDRAULIQUE. L'*hydraulique* est l'ensemble des règles qui peuvent aider l'ingénieur à résoudre les problèmes relatifs à l'emploi et l'aménagement des eaux ; ces règles reposent elles-mêmes sur les lois de deux autres sciences : l'*hydrostatique*, c'est-à-dire l'étude des conditions d'équilibre des fluides et de la répartition des pressions qu'ils transmettent ; l'*hydrodynamique*, qui a pour objet l'étude des mouvements des fluides.

HISTORIQUE. A part quelques observations d'Aristote sur divers phénomènes d'hydrostatique, ce sont les travaux d'Archimède, de Ctésibios et de Héron qui ont posé les fondements de l'hydraulique ; Archimède (mort à Syracuse 202 ans av. l'ère chrétienne) est célèbre par la démonstration du principe d'hydrostatique qui porte son nom ; il n'est resté de lui qu'un traité des corps portés sur un fluide. Héron traita, dans ses pneumatiques, l'écoulement de l'eau, dont les clepsydres, ou horloges hydrauliques, étaient une application ; on lui doit aussi l'étude des propriétés du siphon et de ses applications, ainsi que celle de l'hydroscopie ou recherche des sources. Les anciens connaissaient, du reste, un certain nombre de machines hydrauliques, comme la vis d'Archimède, le tympan et la chaîne à godets ; les pneumatiques de Héron contiennent la description des pompes à incendie, qui furent ensuite complètement oubliées et ne reparurent qu'en 1518, à Augsbourg, et en France seulement, en 1599. L'emploi de l'eau comme force motrice ne vint que beaucoup plus tard et les moulins à eau ne remontent guère qu'au siècle d'Auguste. Frontin, inspecteur des eaux de Rome, sous Nerva et Trajan, signala, dans ses commentaires sur les conduites d'eau, la relation entre le débit d'un ajutage et la hauteur d'eau qui se trouve au-dessus.

Après la longue nuit du moyen âge, l'hydraulique reparut en Italie et en Hollande ; on la retrouve, vers l'an 1500, dans les manuscrits de Léonard de Vinci, aujourd'hui conservés à la Bibliothèque nationale de Paris. Mais le véritable fondateur de cette science fut Torricelli, disciple de Galilée (1608-1647) ; c'est lui qui, en démon-

trant la pesanteur de l'air, expliqua le mouvement de l'eau dans les pompes, attribué jusqu'alors à l'horreur de la nature pour le vide ; c'est en observant qu'un jet d'eau s'élève presque à la hauteur du niveau de l'eau dans le réservoir qui l'alimente, que Torricelli découvrit que la loi de l'écoulement en mince paroi est la même que celle de la chute des graves, et que la vitesse du liquide est égale à celle qu'il aurait acquise en tombant librement du haut du réservoir. Vers la même époque (1605) parurent les travaux de Stévin, ingénieur hollandais, qui rendit compte du phénomène connu sous le nom de *paradoxe hydrostatique*, et ceux du père Castelli (1628) sur la mesure des eaux courantes.

Dans son traité de l'équilibre des liqueurs, paru en 1663, Blaise Pascal démontra et raisonna les problèmes de l'hydrostatique ; en 1686, l'abbé Mariotte publia son traité du mouvement des eaux et, en 1714, Newton, dans sa deuxième édition des principes mathématiques, signala l'influence de la contraction de la veine fluide sur la dépense. C'est en 1738 que Daniel Bernoulli fit paraître son hydrodynamique, contenant le théorème qui sert encore de base à presque tous les calculs pratiques ; en 1744, d'Alembert posa les équations fondamentales du mouvement des fluides en leur appliquant son théorème des mouvements virtuels ; Euler et de Lagrange donnèrent ensuite aux équations la forme élégante que l'on connaît, et, cependant, leur belle théorie n'est pas entrée dans la pratique. L'hydraulique est restée une science expérimentale, œuvre d'un grand nombre de savants modernes parmi lesquels il convient de citer : Bélidor, 1737 ; Bossut, 1777 ; Du Buat, 1779 ; Venturi, 1791 ; De Prony, 1804 ; Bidone, 1811 ; Navier, 1819 ; Eytelwein, 1820 ; D'Aubuisson, 1827 ; Poncelet et Lesbros, 1832 ; Dupuit, 1848 ; Boileau, 1854 ; Darcy, 1857 ; Bazin, 1865 ; H. Gérardin, 1872 ; Kleitz, 1873, etc.

Hydrostatique. Les corps fluides sont ceux dont les molécules sont susceptibles de se mouvoir dans tous les sens, les unes par rapport aux autres, sans frottement appréciable ; l'absence absolue de frottement n'existe pas, et les frottements interviennent dans les mouvements dont la vitesse est un peu considérable ; mais lorsque la masse d'un liquide est en équilibre, absolu ou relatif, ou lorsque le mouvement des molécules est très lent, on considère la fluidité comme parfaite ; l'expérience confirme les résultats que l'on déduit de cette hypothèse.

L'hydrostatique ne s'occupe que des fluides considérés comme incompressibles, c'est-à-dire des liquides et plus spécialement de l'eau ; l'incompressibilité n'est pas non plus chose absolue ; mais la compressibilité de l'eau est tellement faible (cinq centimètres cubes environ pour un mètre cube, à la pression d'une atmosphère et à zéro de température), que l'on peut, dans la pratique, la considérer comme nulle, sans crainte d'erreur sensible. Une molécule liquide est toujours également pressée dans tous les sens ; ce principe est une conséquence de la fluidité. Dans une masse liquide en équilibre, on appelle *surface de niveau* le lieu géométrique des points pour lesquels la pression est la même ; entre deux liquides superposés, de densités différentes, la surface de séparation est une surface de niveau. Pour les liquides pesants, les surfaces de niveau sont, en chaque point, perpendiculaires à la direction de la force ; ce sont par conséquent des surfaces horizontales, que l'on considère comme planes sur une grande étendue, par suite de la grandeur du rayon de la terre.

Lorsqu'un liquide pesant est soumis à d'autres forces extérieures, la surface libre peut cesser d'être horizontale ; c'est ainsi que dans un vase contenant de l'eau et animé d'un mouvement de rotation autour de son axe, la surface se creuse et prend, sous l'action simultanée de la pesanteur et de la force centrifuge, la forme d'un paraboloïde de révolution. Si la vitesse de rotation est très grande, la force centrifuge devient prépondérante et la surface se rapproche de plus en plus de la forme cylindrique ; on peut citer, comme exemple, ce qui se passe dans les turbines employées dans les fabriques de sucre.

Principe de Pascal. Les pressions dues aux forces agissant sur les liquides, donc régies par un principe général, connu sous le nom de *principe d'égalité des pressions* et aussi sous celui de *principe de Pascal*, parce qu'il a été posé pour la première fois par le célèbre géomètre. Ce principe consiste en ce que les fluides transmettent uniformément, en tous sens, dans leur intérieur et normalement aux parois des vases qui les contiennent, la pression exercée en un point quelconque de ces parois. C'est une conséquence de la constitution des liquides et on le démontre facilement en appliquant le théorème, des travaux virtuels, comme l'ont fait Galilée, Descartes et Pascal. Si l'on prend un vase clos de forme quelconque, rempli de liquide, et si l'on pratique dans les parois deux ouvertures semblables auxquelles on adapte des pistons, on trouve qu'il faut, pour maintenir l'équilibre, appliquer la même force sur chacun des pistons. Comme il n'y a ni compressibilité, ni frottement et que l'on fait abstraction de la pesanteur, les forces en présence se réduisent à F et F', qui représentent les pressions normales aux deux pistons ; les chemins parcourus, ϵ, ϵ', sont les mêmes ; les travaux virtuels Fϵ et F'ϵ' sont de signe contraire et doivent donner une somme algébrique nulle, d'où résulte F=F'. Ainsi, deux éléments égaux sont soumis à des pressions égales, et, par conséquent, la pression varie proportionnellement à

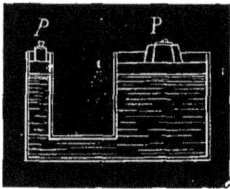

Fig. 428.

l'étendue de la surface. Il est difficile de vérifier rigoureusement cette proportionnalité, à cause du poids des liquides et du frottement des pistons ; on y arrive cependant à peu près avec l'appareil d'expériences de la figure 428, dont les pistons inégaux, tout en fermant hermétiquement, peuvent glisser à frottement très doux ; si l'on charge l'un des pistons, on voit qu'il faut, pour maintenir l'équilibre, charger l'autre piston de façon que la pression transmise par le fluide soit dans le rapport de leurs sections, c'est-à-dire que $\frac{P}{p}=\frac{S}{s}$ d'où Ps=pS.

Le principe d'égalité de pression a reçu une importante application dans la presse hydraulique, que Pascal avait imaginée en 1663, mais qui n'est devenue industrielle qu'en 1796, lorsque Bramah eût inventé les cuirs emboutis. — V. PRESSE HYDRAULIQUE.

Pression hydrostatique. De l'hypothèse de la fluidité parfaite et de l'incompressibilité, il résulte que, dans un fluide en repos, dont les parties ne sont sollicitées par aucune force extérieure autre que leur poids, une colonne verticale de liquide exerce sur sa base inférieure, une pression égale au poids de la colonne ; puisqu'il y a équilibre dans toute la masse, et que la pression exercée par une colonne de liquide sur une section horizontale quelconque se transmet latéralement, la pression est donc constante pour toutes les molécules d'une même section horizontale, et elle se transmet normalement aux parois du vase en tous les points de la section. On démontre que la pression doit être normale, parce que si elle était inclinée, elle aurait une composante parallèle à la paroi, composante qui, par suite de l'absence de frottement, ferait glisser la molécule le long de cette paroi, de sorte que l'équilibre n'existerait plus.

Cette pression est mesurée, sur chaque unité de surface de la section du liquide et du vase, par le poids d'une colonne de liquide ayant pour base cette unité et pour hauteur la profondeur mesurée verticalement de la section à la surface du liquide. Le poids de cette colonne est égal au produit de la hauteur par la densité du liquide, et comme pour un liquide homogène et incompressible, la densité est constante, on désigne simplement la pression par la hauteur du liquide.

Il ne faut pas confondre cette pression du liquide sur le fond du vase avec celle que le vase exerce sur son support ; cette dernière est égale au poids du vase et du liquide qu'il contient, tandis que la pression sur le fond est indépendante de la forme du vase et ne dépend que de la hauteur d'eau qu'il renferme ; si l'on remplit entièrement une bouteille à panse très large munie d'un col très long et effilé, la pression sur le fond pourra être beaucoup plus grande que celle qui est transmise au support par le poids de la bouteille ; cette contradiction apparente porte le nom de *paradoxe hydrostatique*.

Vases communiquants. Lorsque plusieurs vases de forme quelconque et contenant le même liquide communiquent entre eux, le liquide s'élève dans tous les vases à la même hauteur ; en effet, pour que la pression soit constante entre tous les points d'une même tranche horizontale du tuyau de communication, il faut que la hauteur du liquide dans tous les vases soit partout la même. L'instrument de nivellement appelé *niveau d'eau* est une application des vases communiquants. Lorsque deux vases communiquants renferment des liquides de densités différentes, la hauteur respective de ces liquides, au-dessus de la tranche horizontale qui les sépare, est en raison inverse de la densité. — V. la figure 163, art. ARTÉSIEN.

Pression d'un liquide homogène sur une surface

plane. Dans un vase rempli d'eau, chacun des éléments de la paroi supporte, normalement à son plan, une pression égale au produit de sa surface par la hauteur d'eau au-dessus de cet élément et par la densité du liquide ; la pression totale sur une portion de la paroi est la résultante de toutes les pressions élémentaires et, comme la somme des moments élémentaires de la surface pressée, par rapport à la surface de niveau, est égale au moment, par rapport à cette même surface, de la surface pressée, condensée en son centre de gravité, cette résultante sera mesurée par la hauteur H du liquide au-dessus de ce centre de gravité. Appelant A l'air de la surface pressée et P le poids spécifique du liquide, on aura, en kilogrammes, R = PAH. Le point d'application de P, que l'on appelle le *centre de pression*, est le centre des forces parallèles appliquées aux éléments de la surface A ; si celle-ci est horizontale, toutes les pressions sont égales et le centre de pression se confond avec le centre de gravité ; mais si la paroi est inclinée, l'uniformité des pressions disparaît. La surface peut alors être considérée comme ayant tourné autour d'un axe horizontal passant par le centre de gravité ; au-dessus de cet axe, les pressions ont diminué, tandis qu'elles ont augmenté en dessous ; leur résultante est descendue au-dessous de ce centre ; l'écart entre les deux centres augmente avec l'inclinaison et devient maximum lorsque la surface est verticale.

Si l'on désigne par x la distance du centre des pressions à la surface de niveau du liquide, et par I le moment d'inertie de la surface pressée, on aura, en vertu du théorème général des moments, $Rx = PI$, d'où $x = \dfrac{PI}{R}$, et en remplaçant R par sa valeur PAH, $x = \dfrac{PI}{PAH} = \dfrac{I}{AH}$.

Si la surface est un rectangle, ce qui est le cas le plus général des vannes, en appelant b sa largeur, h sa hauteur, m et n les distances des bases, inférieure et supérieure, à la surface de niveau, on aura $h = m - n$, $A = bh = b(m-n)$, $H = \dfrac{h}{2} = \dfrac{m-n}{2}$.

Le moment d'inertie du rectangle bh est égal à la différence des moments d'inertie des rectangles bm et bn, soit :

$$I = \frac{bh^3}{3} = \frac{bm^3}{3} - \frac{bn^3}{3} = \frac{b(m^3 - n^3)}{3},$$

et la formule $x = \dfrac{I}{AH}$ devient :

$$x = \frac{b(m^3 - n^3)}{3b(m-n)\dfrac{(m-n)}{2}} = \frac{2b(m^3 - n^3)}{3b(m-n)^2} = \frac{2}{3}\frac{m^3 - n^3}{(m-n)^2}.$$

Si la base supérieure du rectangle est à fleur d'eau, $n = 0$, $m = h$ et $x = \dfrac{2}{3}h$. La pression totale $R = \dfrac{Pbh^2}{2}$. Si la paroi est inclinée, la pression devient $R = \dfrac{1}{2}Pbh^2 \sin \alpha$.

Pression sur une surface courbe. Pour une surface courbe de révolution, la résultante est dirigée suivant le rayon qui passe au sommet de la courbe, et comme toutes les pressions élémentaires ont pour valeur leur projection sur le plan diamétral perpendiculaire à ce rayon, la pression totale est égale au produit de la pression sur l'unité de surface, par la surface du plan diamétral Pdl, et si $l = 1$, par Pd ; pour une sphère, on aurait $\dfrac{P\pi d^2}{4}$. Ces formules permettent de calculer l'épaisseur d'un tuyau ou d'une sphère ; connaissant la pression *intérieure* et appelant k la charge maximum que doit supporter, par unité de surface, la matière employée, on a, pour les tuyaux $Pd = 2ke$, et pour la sphère $Pd = 4ke$, ce qui montre, qu'à conditions égales, une sphère exige une épaisseur moitié moindre qu'un tuyau de même diamètre.

Principe d'Archimède. Un corps en repos, plongé en tout ou en partie dans un liquide, est soumis à des pressions dont la résultante est une force verticale, dirigée de bas en haut, égale au poids du volume de liquide déplacé par le corps. Pour les corps flottants, le poids du volume d'eau déplacé est égal au poids total du corps. C'est à tort que l'on dit quelquefois qu'un corps immergé perd une partie de son poids égale au poids du liquide qu'il déplace ; cette expression inexacte a trompé bien des inventeurs.

Un corps flottant est soumis à deux forces verticales opposées, son poids propre qui est appliqué à son centre de gravité G (fig. 429) et la poussée du liquide qui est appliquée en C au centre de gravité de la partie immergée. Pour les navires, ce dernier centre s'appelle le *centre de carène* et on désigne par *déplacement* le volume d'eau déplacé. Il y a équilibre lorsque les deux forces agissent

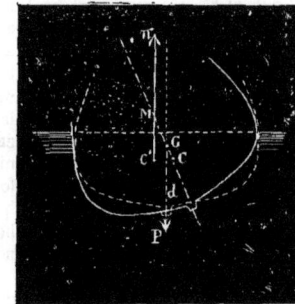

Fig. 429.

dans le prolongement l'une de l'autre, et cet équilibre est stable, lorsque le centre de gravité est au-dessous du centre de carène ; quand cette condition n'est pas réalisée, il faut, pour que l'équilibre soit stable, que le centre de gravité G se trouve au-dessous d'un point M situé sur la ligne qui passe par les deux centres et que l'on nomme *métacentre*. Ce point est déterminé, pour chaque inclinaison du navire, par l'intersection de la verticale qui passe par le nouveau centre de carène C' avec la ligne inclinée qui passe par le centre de gravité et le centre de carène primitif. La poussée π et le poids P forment alors un couple que l'on nomme *couple de stabilité* et qui tend toujours à redresser le navire ; si α est l'angle d'inclinaison, le moment de ce couple est $P \times MG \sin \alpha$. En appelant

r et a les distances respectives du centre de carène au métacentre et au centre de gravité, la formule s'écrit $P(r-a)\sin z$.

Lorsque le métacentre descend au-dessous du centre de gravité, le navire est exposé à chavirer : aussi, lorsqu'un navire est déchargé, on ramène le métacentre à la position convenable au moyen d'une quantité suffisante de lest.

La balance hydrostatique, les aréomètres de Fahrenheit et de Baumé, ainsi que leurs nombreux dérivés, sont des applications du principe d'Archimède.

Hydrodynamique. *Théorème de Bernoulli.* Les équations générales de l'hydrodynamique, basées sur les hypothèses de la fluidité parfaite et de la continuité, ne sont pas intégrables et sont restées jusqu'à présent sans utilité pratique. Les problèmes relatifs aux mouvements des eaux se résolvent actuellement en prenant pour base le théorème fondamental de D. Bernoulli, qui s'applique au régime permanent et se démontre simplement par l'application du théorème des forces vives. Cette démonstration conduit, pour chaque molécule d'un filet liquide en mouvement, à l'équation $\dfrac{v^2}{2g}+\dfrac{p}{\pi}+z=$ constante, dans laquelle $\dfrac{v^2}{2g}$ est la hauteur due à la vitesse v de la molécule ; $\dfrac{p}{\pi}$ est la hauteur représentative de la pression estimée, comme en hydrostatique, en colonne de liquide ; et z l'ordonnée de la molécule considérée au-dessus d'un plan horizontal de comparaison, ordonnée connue si l'on se donne le tracé du filet. La figure 430 est la représentation graphique de ce théorème pour

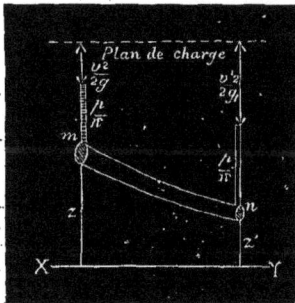

Fig. 430.

un filet mn rapporté à un plan de comparaison XY ; les sommets de toutes les verticales obtenues en ajoutant, en chaque point, les trois quantités z, $\dfrac{p}{\pi}$ et $\dfrac{v^2}{2g}$, sont situés dans un même plan horizontal que l'on appelle *plan de charge ;* en effet, leur somme représente une hauteur constante H qui mesure l'altitude du plan de charge au-dessus du plan de comparaison. Il en résulte que la charge au-dessus d'un point quelconque d'une masse liquide est égale à la somme $\dfrac{v^2}{2g}+\dfrac{p}{\pi}$ et comme à la surface d'un réservoir alimenté à niveau constant, il n'existe ni vitesse ni pression, cette surface représente le plan de charge. Enfin, puisqu'en chaque point d'un filet liquide déter-

miné, la somme des hauteurs représentatives de la vitesse et de la pression reste constante, il en résulte que toute augmentation de la vitesse entraîne une diminution correspondante de la pression ; on constate ainsi dans l'écoulement des liquides un principe analogue à celui de la transformation réciproque du travail en force vive.

L'équation du travail et des forces vives est établie sur l'hypothèse de la fluidité parfaite ; cette hypothèse est généralement fausse et il faudrait presque toujours faire intervenir les frottements des molécules liquides, soit entre elles, soit contre les parois qui les maintiennent ; le théorème de Bernoulli se complique alors des travaux des forces dues à ces frottements et ne peut plus être utilisé dans les calculs pratiques. On admet cependant trois cas dans lesquels les frottements sont négligeables en présence des forces extérieures : 1° le cas d'un fluide parfait animé d'un mouvement rectiligne et uniforme ; 2° celui d'un liquide animé d'un mouvement quelconque, mais très lent ; dans ces deux cas, les pressions varient sensiblement suivant la loi hydrostatique ; 3° lorsqu'une veine fluide, s'écoulant dans l'air, présente une section dans laquelle toutes les molécules ont des vitesses parallèles, la pression en chaque point de cette section est égale à la pression atmosphérique ; l'équation ne renferme plus alors d'autre inconnue que la vitesse et peut être appliquée, comme on le verra pour le théorème de Torricelli.

Écoulement des liquides. Le volume de liquide qui s'écoule par un orifice pendant l'unité de temps est ce que l'on nomme la *dépense* ou le *débit* de l'orifice ; la hauteur du liquide contenu dans le vase ou réservoir, au-dessus d'un point de l'orifice se nomme la *charge* sur ce point ; enfin, le courant qui jaillit hors de l'orifice s'appelle, en général, *veine liquide.* L'expérience apprend que le débit d'un orifice varie avec la charge, il augmente en même temps qu'elle et diminue à mesure que le niveau s'abaisse ; un niveau constant assure un débit également constant ; c'est celui que l'on rencontre le plus souvent dans la pratique et c'est à lui que se rapportent toutes les notions théoriques ou expérimentales relatives à l'écoulement des liquides. C'est pourquoi tous les réservoirs employés dans les expériences doivent être alimentés de façon qu'ils reçoivent plus de liquide qu'il ne s'en écoule par l'orifice considéré ; l'excédent s'écoule constamment par un trop-plein ou un déversoir, et les différences de hauteur du niveau peuvent être réduites à des fractions négligeables de la charge sur l'orifice. On réalise ainsi ce que l'on appelle un régime permanent et uniforme, c'est-à-dire tel que la vitesse des molécules qui passent successivement en un point quelconque de l'orifice reste constante en grandeur et en direction et que le volume d'eau dépensé pendant l'unité de temps se maintient sensiblement constant.

On distingue deux catégories d'orifices : les *orifices complets* dont le contour est une ligne courbe ou polygonale fermée, sur tous les points de laquelle passe le liquide, et les *orifices incomplets* dont le contour mouillé n'est pas fermé. La section d'un tuyau rempli d'eau, l'ouverture d'une vanne de fond sont des orifices complets ; la section d'un canal et celle d'un déversoir sont des orifices incomplets.

Les orifices complets comprennent : 1° les *orifices à minces parois*, dont la longueur est très faible par rapport aux dimensions de la section d'écoulement ; 2° les *ajutages*, orifices dont la longueur est comparable à ces mêmes dimensions ; 3° les *tuyaux* dont la longueur est beaucoup plus grande que les autres dimensions. Dans la pratique, ces divers orifices sont généralement circulaires ou rectangulaires ; mais les notions théoriques sont indépendantes de la figure des orifices.

Écoulement par un orifice en mince paroi. Si l'on considère un orifice en mince paroi percé dans le fond horizontal d'un réservoir à niveau constant, on voit que la charge est la même sur tous ses points, et comme la théorie suppose que toutes les molécules liquides qui passent par ces points sont animées d'une même vitesse, il en résulte que le volume qui s'écoule par seconde est un prisme ou un cylindre dont la base est l'aire de l'orifice et dont la longueur est le chemin parcouru dans ce temps. En appelant Q la dépense, A l'aire de la section et v la vitesse par seconde, on a $Q = Av$.

Afin de connaître la valeur de v, il suffit d'observer que, pour chaque molécule de masse m qui arrive de la surface du réservoir à l'orifice d'écoulement, le travail est égal au produit de son poids, p, par la hauteur de chute, h ; on suppose que dans cette chute la molécule n'est soumise à aucun frottement et que, par conséquent, la seule force à considérer est la pesanteur ; en appelant v_0 la vitesse initiale et v la vitesse finale, on a l'équation :

$$p h = \frac{m (v^2 - v_0{}^2)}{2}.$$

La hauteur h est généralement assez grande pour que la vitesse à la surface, v_0, soit nulle ; en remplaçant m par sa valeur $\frac{p}{g}$, l'équation donne

$v^2 = 2gh$ ou $v = \sqrt{2gh}$. C'est-à-dire que la vitesse de la molécule, en arrivant à l'orifice, est égale à celle d'un corps qui tomberait librement dans le vide de la hauteur h ; elle est indépendante de la densité du liquide et varie proportionnellement à la racine carrée de la charge. C'est l'énoncé du principe connu sous le nom de *théorème de Torricelli*.

Si l'orifice est percé dans une paroi verticale, chaque molécule qui s'échappe reste soumise à l'action de la pesanteur ; en même temps qu'elle est projetée horizontalement, elle tombe verticalement et décrit une parabole située dans un plan vertical. Au bout du temps t, le chemin horizontal est $x = vt = t\sqrt{2gh}$ et le chemin vertical est $y = \frac{g t^2}{2}$. En éliminant t entre ces deux équations, on obtient, pour la trajectoire, $y = \frac{g x^2}{2 v^2} = \frac{x^2}{4 h}$. C'est ce qui a permis de vérifier expérimentalement la formule de Torricelli, $v = \sqrt{2gh}$, en comparant la veine liquide qui s'échappe de l'orifice d'un réservoir à niveau constant avec le tracé de la parabole calculée à l'aide de l'équation précédente.

Contraction de la veine. La valeur de V donne pour le débit de l'orifice $Q = A\sqrt{2gh}$; mais l'expérience montre que cette valeur est trop forte et que l'erreur porte principalement sur la section ; en effet, les filets liquides arrivent à l'orifice en convergeant et la veine se rétrécit sensiblement jusqu'à une petite distance de la paroi ; c'est là que se trouve la section dans laquelle tous les filets ont acquis un mouvement parallèle, section qu'il convient de prendre pour mesurer le débit. Ce phénomène s'appelle *contraction de la veine* ; Newton qui l'a observé le premier, pour des orifices circulaires, avait conclu de ses expériences que le rapport des diamètres des deux sections était de $\frac{21}{25}$ ou 0,84 : il en résultait, pour les surfaces, un rapport égal au carré de 0,84 ou à 0,7056, soit à peu près $\frac{1}{\sqrt{2}}$. Ce rapport appelé *coefficient de contraction*, permet de remplacer la section de l'orifice par celle de l'aire contractée ; toutefois, la valeur assignée par Newton au coefficient de contraction est trop forte, et des expériences faites avec soin par Poncelet et Lesbros ont montré que : 1° les coefficients de contraction varient d'autant moins entre eux, pour des orifices différents, que les charges sont plus grandes ; 2° le coefficient de contraction augmente toujours à mesure que la charge diminue ; 3° ce coefficient atteint sa plus

Fig. 431 à 434. — *Sections de la veine à l'orifice,
à 0,15, à 0,30, à 0,50.*

grande valeur, à égalité de section, pour des orifices ouverts par le haut et formant déversoirs. Dans la pratique, on emploie généralement pour tous les orifices en mince paroi, soit circulaires, soit carrés, la valeur moyenne $m = 0,62$, ce qui donne pour le débit réel $Q = 0,62 A \sqrt{2gh}$. Quant à la distance entre la section contractée et l'orifice, elle est très difficile à mesurer exactement et on estime qu'elle varie de la moitié aux deux cinquièmes du diamètre de cet orifice. Les expériences de Lesbros ont, en outre, fait connaître le curieux phénomène de déformation des veines liquides, auquel on a donné le nom d'*inversion de la veine*, et dont les figures 431 à 434 peuvent donner une idée.

Puisque dans la section contractée les filets

liquides se meuvent parallèlement, cette section peut être considérée comme rentrant dans le troisième cas d'emploi du théorème de Bernoulli, qui donne, comme on l'a vu plus haut, l'équation :

$$\frac{v_0^2}{2g}+\frac{p_0}{\pi}+z_0=\frac{v^2}{2g}+\frac{p}{\pi}+z.$$

v_0 est la vitesse à la surface, vitesse à peu près nulle, parce que la section du vase est très grande par rapport à celle de l'orifice; p_0 et p sont les pressions au-dessus du liquide et autour de l'orifice, pressions égales entre elles et à la pression atmosphérique; z est la hauteur du niveau au-dessus du fond du réservoir pris comme plan de comparaison; z_0 la hauteur du centre de l'orifice au-dessus du même plan; on peut, en conséquence, ramener l'équation à

$$v^2=2g\,(z_0-z)=2gh,$$

et on retrouve pour la vitesse la même valeur $v=\sqrt{2gh}$. On a dressé depuis longtemps des tables qui donnent les vitesses correspondantes aux valeurs de h. Les plus complètes sont celles de Genieys et Cousinery qui sont calculées pour des hauteurs variant de millimètre en millimètre depuis zéro jusqu'à 5 mètres.

Ajutages. Si la paroi du réservoir était assez épaisse, environ la moitié du diamètre de l'orifice, on pourrait obtenir, pour une section déterminée S, une dépense presque égale à la dépense théorique, $Q=A\sqrt{2gh}$, en évasant cet orifice de façon que la section, à l'intérieur, soit égale à 1,61 S et

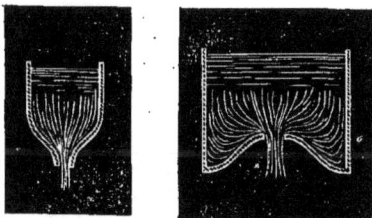

Fig. 435 et 436.

en donnant aux parois de l'ouverture le profil de la veine. La dépense réelle serait un peu plus faible que la dépense théorique, 0,98 environ, à cause des frottements.

Fig. 437.

Sans obtenir un résultat aussi complet que celui d'un orifice parfaitement évasé, on comprend que la contraction peut être d'autant plus diminuée que la forme des parois ramène mieux les filets liquides au parallélisme; elle sera faible si la paroi, au lieu d'être plane, est convexe au dehors et raccordée par une partie arrondie avec l'orifice (fig. 435); elle sera très grande, au contraire, si la convexité de la paroi est tournée vers l'intérieur (fig. 436) et elle atteindra le maximum, si l'orifice

est reporté dans l'intérieur du vase au moyen d'un bout de tuyau (fig. 437). Les portions de tuyaux que l'on adapte ainsi aux orifices se nomment des *ajutages* et celui de la figure 437 est un ajutage rentrant, dit *ajutage de Borda*, du nom du physicien qui l'a étudié. En appliquant à la masse liquide comprise entre la surface de niveau et la section contractée le théorème des quantités de mouvement, on démontre que la section contractée minimum est, dans ce cas, égale à la moitié de la section de l'ajutage, autrement dit que le coefficient de contraction s'élève à 0,50. La vitesse restant la même, la dépense est diminuée de moitié et devient $Q=0,50\,A\sqrt{2gh}$; les expériences de Borda ont vérifié l'exactitude de cette réduction. L'ajutage rentrant est rarement employé, et seulement parce que la veine est plus limpide et se conserve plus longtemps régulière; on en trouve un exemple dans les tonneaux de porteurs d'eau.

- La contraction est complète sur le côté d'un orifice rectangulaire dont la distance à la paroi du réservoir dépasse deux fois et demie la dimension de l'orifice mesurée sur la même ligne, horizontale ou verticale; on la regarde comme incomplète, lorsque cette distance, sans être nulle, est égale ou inférieure à la valeur précédente; il en résulte que pour ces orifices que l'on rencontre le plus souvent dans la pratique, la contraction peut être supprimée, soit sur le côté inférieur, soit sur les côtés verticaux, soit même sur les trois côtés, suivant que ceux-ci se trouvent dans le prolongement du fond et des parois du réservoir, ou d'un canal d'amenée assez grand pour que l'on puisse y regarder le niveau comme constant. On trouve dans les traités d'hydraulique des tables contenant les résultats d'expériences obtenus avec ces différentes dispositions; on en déduit que, dans le cas où la contraction est supprimée sur trois côtés, on peut, sans erreur notable, adopter 0,70 pour le coefficient de dépense d'une vanne de fond verticale. L'inclinaison de la vanne permet d'améliorer encore ce résultat, en diminuant la contraction sur le côté supérieur de l'orifice le coefficient s'élève alors à 0,74 pour une inclinaison à 1 de base pour 2 de hauteur et peut atteindre 0,75 à 0,80 pour une vanne inclinée à 45 degrés. Dans ce cas, la hauteur de l'orifice doit être mesurée verticalement et non dans le sens de l'inclinaison de la vanne.

Les vannes sont souvent suivies d'un canal ouvert de même largeur, que l'on appelle *coursier*, il conviendrait alors de prendre pour la charge la distance entre la surface de l'eau dans le coursier et celle du réservoir; mais, en général, la dépense n'est pas sensiblement modifiée tant que la charge sur le centre de l'orifice ne descend pas au-dessous de 3 à 4 fois la hauteur de l'orifice.

Pour les vannages, dits *en persiennes*, de certaines roues à augets, vannages qui sont inclinés vers l'aval et garnis d'ajutages directeurs, la dépense totale est égale à la somme des dépenses partielles de chaque orifice, et on emploie la formule $Q=mL\left(e\sqrt{2gh}+e'\sqrt{2gh'}+\dots\right)$, dans laquelle L est la largeur horizontale commune à tous les orifices ; e; e' sont les largeurs mesurées perpendiculairement aux parois, et h, h' les hauteurs de charge mesurées à partir du bord inférieur de chaque orifice. La valeur moyenne de m est alors 0,68, d'après les expériences de M. Boileau.

Ajutage cylindrique. Lorsque l'on adapte extérieurement à l'orifice un ajutage cylindrique horizontal, de même diamètre intérieur que cet orifice, mais d'une longueur au moins égale à une fois et demie ce diamètre, on constate que la veine liquide, après s'être contractée comme dans le cas de la mince paroi, s'élargit bientôt et remplit toute la section de l'ajutage, donnant ce que l'on appelle un *écoulement en gueule-bée*; si on mesure la dépense, on la trouve égale à $0,82\,\mathrm{A}\sqrt{2gh}$, c'est-à-dire plus grande que la valeur trouvée précédemment, $0,62\,\mathrm{A}\sqrt{2gh}$, pour l'écoulement en mince paroi. On a vu que dans cette dernière formule, le coefficient 0,62 s'applique à la section; mais comme à la sortie de l'ajutage cylindrique, l'écoulement a lieu à pleine section, c'est évidemment à la vitesse que s'applique le nouveau coefficient 0,82. Or, une expérience remarquable de Venturi, indiquée par la figure 438, a fait voir que, dans l'espace qui entoure la section contractée, il existe une dépression égale aux trois quarts de la hauteur de charge. Cette expérience consiste

Fig. 438.

à mettre la partie supérieure de l'ajutage, vis-à-vis de la section contractée, en communication par un tube recourbé avec un vase rempli d'eau; au bout d'un certain temps d'écoulement, l'air de l'espace considéré est entraîné et l'eau du vase s'élève dans le tube à une hauteur sensiblement égale aux trois quarts de h. Il se produit donc, autour de la partie contractée, une espèce de succion, et la diminution de pression qui en résulte peut être considérée comme une augmentation équivalente de la charge, de sorte que la vitesse devient $v=\sqrt{2g\,1,75\,h}=1,3226\sqrt{2gh}$. On peut, du reste, calculer cette dépression au moyen du théorème de Bernoulli; en prenant pour plan de comparaison l'axe de l'ajutage, on a, entre le niveau du vase et la section contractée, l'équation :

$$h+\frac{p_0}{\pi}=\frac{v^2}{2g}+\frac{p}{\pi},\ \text{d'où on tire}\ \frac{p_0-p}{\pi}=\frac{v^2}{2g}-h.$$

En remplaçant v par sa valeur $\dfrac{v'}{m}$ on trouve :

$$\frac{p_0-p}{\pi}=\frac{v'^2}{2gm^2}-h=\frac{\overline{0,82}^2\,2gh}{\overline{0,62}^2\,2g'}-h$$

$$=\left(\frac{0,82^2}{0,62^2}-1\right)h=0,75\,h.$$

On peut également vérifier l'augmentation de la vitesse dans la section contractée, en remarquant qu'il passe dans les deux sections le même volume de liquide, c'est-à-dire que $0,62\,\mathrm{A}v=0,82\,\mathrm{A}\sqrt{2gh}$, ce qui donne, comme précédemment,

$$v=1,3226\sqrt{2gh}.$$

L'augmentation de la vitesse, dans la section contractée, entraîne l'augmentation du volume de liquide qui traverse cette section et celle-ci se retrouve dans la dépense, à la sortie de l'ajutage; mais, comme la section augmente, la vitesse diminue dans le rapport inverse des sections et devient :

$$v'=1,3226\times0,62\sqrt{2gh}=0,82\sqrt{2gh}$$

d'où l'on peut tirer :

$$\frac{v'^2}{2g}=\left(0,82\right)^2 h$$

et par suite :

$$h-\frac{v'^2}{2g}=h\left(1-\overline{0,82}^2\right)=0,33\,h.$$

Ce qui indique une diminution de h, autrement dit une perte de charge équivalente à $\dfrac{1}{3}\,h$.

Si l'on essaie de déterminer la valeur de cette dernière vitesse en appliquant le théorème de Bernoulli entre la surface de niveau et la sortie de l'ajutage, on arrive, en tenant compte de la perte de charge, à l'équation :

$$h+\frac{p_0}{\pi}=\frac{v'^2}{2g}+\frac{p_0}{\pi}+\frac{(v-v')^2}{2g}.$$

En remarquant que $v=\dfrac{v'}{m}$ on en déduit :

$$v'=\frac{1}{\sqrt{1+\left(\frac{1}{m}-1\right)^2}}\sqrt{2gh},$$

ce qui donne, en prenant $m=0,62$, $v'=0,85\sqrt{2gh}$. Cette valeur est un peu plus forte que le résultat expérimental, $0,82\sqrt{2gh}$, parce que le calcul ne tient pas compte des travaux dus aux frottements réciproques des filets liquides pendant leur épanouissement, et à leur frottement sur la paroi intérieure de l'ajutage; ces derniers doivent avoir assez d'importance, puisque l'expérience montre que la dépression n'existe qu'autant que le liquide mouille parfaitement la paroi; on a même constaté qu'un ajutage graissé intérieurement ne produit pas d'effet. Il en est de même lorsque l'on perce quelques trous très petits dans la paroi de l'ajutage, ce qui équivaut, du reste, à rétablir la pression atmosphérique autour de la section contractée.

Le coefficient 0,82, qui représente le maximum des ajutages cylindriques, exige que la longueur soit comprise entre deux et trois fois le diamètre; au-dessous de deux, l'écoulement a lieu dans les conditions des orifices en mince paroi; au-delà de trois, il diminue de plus en plus, comme l'indiquent les nombres suivants, dus à Eytelwein :

Rapport de la longueur de l'ajutage à son diamètre. . . . . . 2 à 3 coefficient 0.82
Rapport de la longueur de l'ajutage à son diamètre. . . . . . 12 — 0.77
Rapport de la longueur de l'ajutage à son diamètre. . . . . . 24 . — 0.73
Rapport de la longueur de l'ajutage à son diamètre. . . . . . 36 — 0.68
Rapport de la longueur de l'ajutage à son diamètre. . . . . . 48 — 0.63
Rapport de la longueur de l'ajutage à son diamètre. . . . . . 60 — 0.60

Barrages à poutrelles. C'est le phénomène de la dépression constatée dans les ajutages .précédents, qui explique comment, dans un barrage à

Fig. 439.

poutrelles, une poutrelle *a*, que l'on dépose à la surface de l'eau pour exhausser lé barrage,après avoir flotté jusqu'en a' où elle s'appuie contre les piles, descend d'elle-même à sa place ; la tranche d'eau qui s'échappe par dessous (fig. 439) produit le même effet que celle qui s'écoule par un ajutage cylindrique ; la poussée du liquide sous la poutrelle s'abaisse au-dessous de la pression ·atmosphérique qui agit sur la face supérieure et qui se joint à la pesanteur pour forcer la poutrelle à descendre, malgré les frottements développés contre la feuillure. On a même utilisé ce phénomène pour établir, sous le nom de *bateaux-vannes,* un genre

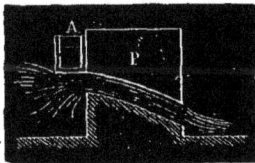

Fig. 440.

de barrage automoteur qui maintient le niveau d'un cours d'eau à une hauteur constante (fig. 440). On place au-dessus du barrage un bateau A dont les extrémités s'appuient sur les piles P et qui est lesté avec de l'eau, dont on règle la quantité au moyen de robinets, de façon à établir l'équilibre entre le poids du bateau et les pressions du liquide qui passe par-dessous. Une fois équilibré, le bateau s'élève ou s'abaisse avec le niveau d'amont, augmentant ou diminuant automatiquement la section d'écoulement dans la proportion nécessaire pour rétablir le niveau normal. Ceci explique encore pourquoi un bateau arrêté en travers d'une pile de pont coule à fond si rapidement ; il constitue, en effet, un barrage analogue au précédent, et la différence des niveaux entre l'amont et l'aval provoque, sous le bateau, un écoulement à grande vitesse ; la dépression qui se produit dans cette espèce d'ajutage, s'ajoute au poids du bateau et l'entraîne au fond.

Ajutages coniques convergents. Si l'on trans-forme l'ajutage cylindrique en ajutage conique convergent, on observe deux effets simultanés : à mesure que l'orifice de sortie de l'ajutage diminue, la vitesse augmente et par suite la perte de charge diminue ; mais, en même temps, la convergence des filets liquides entraîne une nouvelle contraction après la sortie, contraction qui est aussi proportionnelle à l'angle de convergence ; au coefficient dû à la perte de charge, s'ajoute donc un second coefficient dû à cette contraction, et c'est leur produit qui donne le coefficient applicable à la dépense. Les résultats d'expériences sont résumés dans le tableau ci-dessous.

Angle du cône en degrés	Coefficient de contraction	Coefficient dû à la perte de charge	Coefficient de la dépense	Observations
0	1.000	0.820	0.820	Ajutage cylindrique.
12	0.988	0.958	0.946	— maximum.
20	0.946	.0.973	0.921	
30	0.904	0.988	0.894	
50	0.855	0.986	0.843	
180	0.620	1.000	0.620	Ecoulem. en mince paroi.

On voit que la plus grande dépense correspond à l'angle de 12 degrés. M. Morin a trouvé que le maximum de la force vive possédée par le liquide, est obtenu avec l'angle de 16 degrés ; aussi, est-ce entre ces deux angles que l'on établit les ajutages coniques des lances de pompes à incendie qui doivent projeter le plus d'eau possible à la plus grande hauteur.

D'après Eytelwein, pour un ajutage conique convergent, dont le diamètre à la base est égal à 1,2 du diamètre.extérieur, dont la longueur est égale à ce dernier diamètre, et qui est raccordé avec la paroi par des parties arrondies pour diminuer la contraction, le coefficient de la dépense atteint 0,967.

Ajutages coniques divergents. Ces ajutages sont peu employés ; ils offrent cependant cela de remarquable que dans certaines conditions de longueur et de profil intérieur, ils arrivent à fournir une dépense réelle supérieure de 1/5, 1/3 et même 1/2 à la dépense théorique. Eytelwein a reconnu que l'on pouvait obtenir un premier accroissement de dépense des ajutages cylindriques en les faisant précéder par une embouchure parfaitement évasée, et un second accroissement, en les faisant suivre par un ajutage

Rapport . de la longueur du tuyau à son plus petit diamètre	Coefficients de la dépense	
	avec l'embouchure évasée ·	avec l'embouchure et l'ajutage divergent
1 et au-dessous	1.56	»
2 à 3	1.15	1.35
12	1.13	1.27
24	1.10	1.24
36	1.09	1.23
48	1.09	1.21
60	1.08	1.17

conique divergent, dont la longueur est égale à neuf fois le diamètre de la petite base, et l'angle de convergence égal à 5°6'. Le tableau du bas de la page précédente donne les deux coefficients par lesquels il convient alors de multiplier la dépense de l'ajutage cylindrique ordinaire.

$$Q = 0,82 \, A \sqrt{2gh}.$$

Jets d'eau. Lances de pompes. Un corps lancé de bas en haut avec une vitesse $\sqrt{2gh}$ remonterait à la hauteur h, abstraction faite des frottements. La hauteur à laquelle s'élève un jet d'eau serait donc égale à la hauteur de charge, si la vitesse théorique n'était pas modifiée par la présence des ajutages et la résistance de l'air. Représentant cette vitesse par :

$$v = m \sqrt{2gh}, \text{ on a } v^2 = m^2 2gh.$$

Si on appelle h' la hauteur qui correspond à la vitesse v, on pourra remplacer v^2 par sa valeur, ce qui donne $2gh' = m^2 2gh$ d'où $h' = m^2 h$; on voit que la hauteur du jet est proportionnelle au carré du coefficient de la vitesse et qu'il est important de choisir les ajutages dans lesquels ce coefficient est le plus grand possible. Ainsi, avec un ajutage cylindrique, dont on a vu que le coefficient est 0,82, on aurait $h' = \overline{0,82}^2 h = 0,67 h$, c'est-à-dire que la hauteur du jet ne serait que les $\frac{2}{3}$ de la charge sur le centre de l'orifice.

On retrouve la même influence du coefficient pour la portée du jet des pompes à incendie; en effet, l'équation de la trajectoire parabolique donne pour la portée $x = \frac{v^2}{g} \sin 2a$; a étant l'angle du jet avec l'horizontale. Le maximum a lieu pour $a = 45°$; dans ce cas, $x = \frac{v^2}{g} = m^2 2h$, h étant la hauteur correspondante à la vitesse du jet au sortir de l'orifice. L'élévation du jet, pour l'angle a, est exprimée par $y = \frac{v^2}{2g} \sin^2 a = m^2 h \sin^2 a$; cette élévation est la plus grande possible lorsque le jet est vertical; dans ce cas, $a = 90°$ et on retrouve la valeur indiquée plus haut $y = m^2 h$.

Influence des étranglements. Toutes les fois que la masse liquide en mouvement rencontre des resserrements ou des étranglements, la contraction et les remous entraînent une diminution de la vitesse que l'on

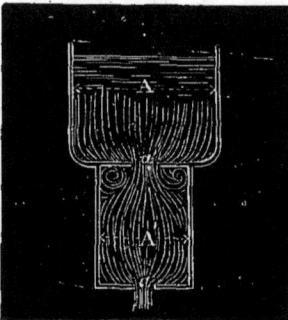

Fig. 441.

peut calculer au moyen du théorème des forces vives. Pour un vase de section A (fig. 441) dont

le liquide, avant de s'écouler par l'orifice a, doit traverser un orifice a' et s'épanouir dans une chambre de section A', l'équation donne pour la vitesse :

$$v = \sqrt{\dfrac{2gh}{1 + \dfrac{m^2 a^2}{A^2} + m^2 a^2 \left(\dfrac{1}{m' a'} - \dfrac{1}{A'} \right)^2}}.$$

C'est cette valeur de v qu'il convient de prendre dans la formule de la dépense $Q = m' a v$. Si $a' = A'$, ce qui est le cas d'un orifice d'écoulement communiquant avec le réservoir par un tuyau, la valeur de la vitesse devient :

$$v = \sqrt{\dfrac{2gh}{1 + \dfrac{m^2 a^2}{A'^2} \left(\dfrac{1}{m'} - 1 \right)^2}}.$$

Enfin, si $a' = A' = a$, on retrouve la formule de l'ajutage cylindrique :

$$v = \dfrac{1}{\sqrt{1 + \left(\dfrac{1}{m'} - 1 \right)^2}} \sqrt{2hg}.$$

Ecoulement de l'eau, lorsque le niveau est variable sur une ou sur les deux faces de l'orifice. Soient A l'aire du réservoir, O l'aire de l'orifice, et H—H' l'abaissement du niveau pendant le temps T, H et H' étant les charges sur le centre de l'orifice au commencement et à la fin de l'opération; on divise la hauteur H—H' en tranches infiniment petites, dont les abaissements, $h, h_1, h_2, \ldots$, correspondent aux charges $H, H_1, H_2, \ldots$, et telles que, pendant les temps très courts, t, t_1, t_2, on puisse supposer le niveau sensiblement constant. On a, pour chaque tranche, entre la dépense et le volume d'eau débité, l'équation $m t O \sqrt{2g H} = A h$, d'où $t = \dfrac{A h}{m O \sqrt{2g H}}$. Pour le temps total T et le volume d'eau correspondant à l'abaissement total H—H', on fait la somme des temps élémentaires,

$$T = \dfrac{A}{m O \sqrt{2g}} \left(\dfrac{h}{\sqrt{H}} + \dfrac{h_1}{\sqrt{H_1}} + \dfrac{h_2}{\sqrt{H_2}} + \ldots \right).$$

On peut calculer la somme des termes entre parenthèses par la méthode de quadrature de Th. Simpson; mais il vaut mieux recourir au calcul intégral. Observant que :

$$\dfrac{1}{\sqrt{H}} = \dfrac{1}{H^{\frac{1}{2}}} = H^{-\frac{1}{2}},$$

on peut écrire :

$$T = \dfrac{A}{m O \sqrt{2g}} \left(h H^{-\frac{1}{2}} + h_1 H_1^{-\frac{1}{2}} + h_2 H_2^{-\frac{1}{2}} + \ldots \right),$$

intégrant entre les limites de H et H', on obtient :

$$T = \dfrac{A}{m O \sqrt{2g}} 2 \left(\sqrt{H} - \sqrt{H'} \right) = \dfrac{0,451 \, A}{m O} \left(\sqrt{H} - \sqrt{H'} \right).$$

d'où l'on déduit :

$$\dfrac{m O}{0,451 \, A} T = \sqrt{H} - \sqrt{H'}$$

et enfin :

$$\sqrt{H'} = \sqrt{H} - \dfrac{m O}{0,451 \, A} T.$$

ce qui permet de calculer le volume d'eau dépensée $Q = A(H - H')$. Si le réservoir se vide jusqu'au centre de l'orifice, $H' = 0$ et la formule devient :

$$T = \frac{2A\sqrt{H}}{mO\sqrt{2g}} = \frac{2AH}{mO\sqrt{2gH}}.$$

On doit observer que si le niveau était resté constant, la quantité d'eau écoulée par seconde aurait été $mO\sqrt{2gH}$, et le volume compris entre le niveau et le centre de l'orifice étant AH, on aurait eu pour le temps T_i de l'écoulement de ce volume $T_i = \dfrac{AH}{mO\sqrt{2gH}}$. En comparant ces formules, on voit que $T = 2T_i$, c'est-à-dire que le temps qu'un bassin à section constante met à se vider jusqu'au centre de l'orifice est le double du temps que mettrait le même volume d'eau à s'écouler si la charge restait invariable, et réciproquement, que le volume d'eau qui s'écoule sous la charge variable est la moitié du volume qui s'écoulerait, dans le même temps, si la charge restait constante. Bien qu'on ait soin de prendre pour la valeur de m, dans les formules précédentes, la moyenne des coefficients de charge, les résultats sont approximatifs, à cause de la modification continuelle du régime. Si le réservoir se vide complètement et si l'orifice d'écoulement présente de grandes dimensions, il faut prendre pour la charge la hauteur jusqu'au sommet de l'orifice et, à partir du moment où il est découvert, compléter le calcul en considérant l'orifice comme un déversoir. Lorsque l'orifice d'écoulement est noyé sur ses deux faces, les niveaux restant constants, la dépense est la même que pour l'écoulement à l'air libre, sous une charge égale à la différence des charges H et h sur les deux faces de l'orifice. Si le niveau du bassin supérieur reste constant, tandis que le bassin inférieur se remplit, comme dans le sas d'une écluse, le temps nécessaire pour que le niveau du bassin atteigne celui du réservoir est égal au temps qu'il faudrait pour vider, à l'air libre, le bassin qui se remplit, et on peut employer la formule $T = \dfrac{2AH}{mO\sqrt{2gH}}$. Si le niveau est variable dans les deux bassins, c'est-à-dire si l'un se vide pour remplir l'autre, comme dans le cas de deux écluses contiguës, le temps nécessaire pour que le même niveau s'établisse dans les deux bassins est :

$$T = \frac{2AB\sqrt{H - h}}{mO\sqrt{2g}(A + B)},$$

$H - h$ étant la différence des niveaux des deux sas, quand on ouvre les ventelles, O la section totale des ventelles, A et B les sections horizontales des sas.

Déversoirs. Les déversoirs sont des orifices ouverts à la partie supérieure que l'on emploie pour régler le niveau d'alimentation des usines, celui des canaux et des rivières canalisées ; c'est aussi l'un des procédés les plus employés pour le jaugeage des cours d'eau. La théorie de la dé-

pense des déversoirs est considérée comme incomplète, parce qu'elle repose seulement sur des hypothèses ; il est donc inutile d'ajouter à ce qui a été dit sur ce sujet. — V. BARRAGE, DÉVERSOIR, JAUGEAGE.

Écoulement dans les canaux. Dans les études précédentes sur l'écoulement, la section des canaux étant très grande et la longueur très petite, on a pu négliger les résistances dues à la viscosité des liquides et à leur adhérence sur les parois ; pour les canaux de grande longueur, la vitesse, et par conséquent le débit, sont notablement influencés par ces résistances, dont les travaux de Coulomb et de Prony ont établi la proportionnalité : 1° avec la densité du liquide ; 2° avec la forme de la section mouillée ; 3° avec la pente du canal ; 4° avec la nature des parois ; elles croissent avec la vitesse relative des molécules et sont indépendantes de la pression.

On désigne généralement par L la longueur du canal et par H la pente totale du lit ; par S le périmètre de la section mouillée et par A l'aire de cette section ; par a et b les coefficients d'expériences. Le rapport $\dfrac{H}{L}$ se nomme la *pente* ou la *déclivité* par mètre courant et se représente par I ; le rapport $\dfrac{A}{S}$ s'appelle le *rayon moyen* et se représente par R. La formule qui résume le plus exactement les résultats d'expériences nombreuses est celle qu'à établie M. Bazin, $\dfrac{RI}{U^2} = a + \dfrac{b}{R}$ et dont il a calculé les coefficients pour quatre natures de parois :

1° Parois très unies, ciment lissé, bois bien raboté :

$$\frac{RI}{U^2} = 0,00015\left(1 + \frac{0,03}{R}\right) ;$$

2° Parois unies, pierre de taille, brique, planche :

$$\frac{RI}{U^2} = 0,00019\left(1 + \frac{0,07}{R}\right) ;$$

3° Parois peu unies, en maçonnerie de moellons :

$$\frac{RI}{U^2} = 0,00024\left(1 + \frac{0,25}{R}\right) ;$$

4° Parois en terre, petits cours d'eau, rivières, fleuves :

$$\frac{RI}{U^2} = 0,00028\left(1 + \frac{1,25}{R}\right) ;$$

à ces quatre catégories, MM. Ganguillet et Kutter en ont ajouté une cinquième :
5° Parois en gravier :

$$\frac{RI}{U^2} = 0,00040\left(1 + \frac{1,75}{R}\right).$$

Pour faciliter les calculs, M. Bazin a dressé des tables numériques donnant, pour des valeurs du rayon moyen R, comprises entre 1 centimètre et 6 mètres, les valeurs de $\dfrac{RI}{U^2}$ et de $\dfrac{U}{\sqrt{RI}}$, fournies par les quatre formules types précédentes. Ces tables, trop étendues pour être reproduites dans le *Dictionnaire*, se trouvent dans les traités de mécanique et les aide-mémoires indispensables aux ingénieurs.

Ces formules et ces tables permettent de résoudre les problèmes relatifs à l'établissement des canaux à régime constant, dont les deux principaux sont : 1° étant donnés le volume d'eau disponible et l'aire de la section transversale, trouver la pente par mètre courant, de telle sorte que le mouvement soit uniforme; 2° étant données la pente, par mètre courant, et la dépense, déterminer la section.

Pour le premier problème, on a $Q = AU$ d'où $U = \dfrac{Q}{A}$; on connaît donc U et il reste à trouver $I = \dfrac{H}{L}$. Ordinairement la section est déterminée par les convenances locales et on s'impose la condition de la hauteur du plan d'eau au-dessus du fond. Le cas le plus général est celui d'une section trapézoïdale, dont les talus sont quelconques.

$$A = bh + h^2 \cot \alpha. \quad b = \frac{A - h^2 \cot \alpha}{h}$$

d'où

$$S = b + \frac{2h}{\sin \alpha}$$

et en substituant,

$$S = \frac{A}{h} - \frac{h}{\sin \alpha}(\cos \alpha - 2)$$

et par suite,

$$R \text{ ou } \frac{A}{S} = \frac{A}{\dfrac{A}{h} - \dfrac{h}{\sin \alpha}(\cos \alpha - 2)}$$

Si le talus est à 45°,

$$A = bh + h^2, \quad b = \frac{A - h^2}{h},$$

$$S = b + 2h\sqrt{2} = \frac{A + h^2(2\sqrt{2} - 1)}{h}$$

et $R = \dfrac{Ah}{A + h^2(2\sqrt{2} - 1)}$.

Pour une section rectangulaire, on aurait :

$$A = bh, \quad b = \frac{A}{h}, \quad S = b + 2h = \frac{A}{h} + 2h$$

et par suite,

$$R = \frac{bh^2}{A + 2h^2}.$$

Dans chaque cas, on possède les données nécessaires pour calculer la valeur de I d'après celle des formules précédentes qui convient à la nature des parois.

Pour le second problème, avant de déterminer la section transversale, il importe de remarquer que la vitesse moyenne maximum doit être limitée, de façon que la vitesse au fond correspondante ne puisse ni désagréger ni entraîner les matières dans lesquelles est creusé le canal. D'après de Prony, cette dernière vitesse $W = 0,75\,U$, d'où $U = 1,33\,W$ et $A = \dfrac{Q}{U} = \dfrac{Q}{1,33\,W}$. Dans cette formule, W est donné par la nature des matériaux conformément au tableau suivant :

Nature du lit	Limite de la vitesse
Terre détrempée brune	0.076
Argile tendre	0.152
Sable	0.305
Gravier	0.609
Cailloux	0.614
Pierres cassées, silex	1.22
Cailloux agglomérés, schistes tendres	1.52
Roches en couches	1.83
Roches dures	3.05

Lorsque I est connu, le problème est résolu; sinon, on cherche d'abord la valeur de R pour en déduire celle de I, comme dans le cas précédent. D'après M. Bazin, $W = U - 6\sqrt{RI}$; on ne peut donc connaître la valeur de U qu'autant que le rapport de $\dfrac{A}{S}$ est déterminé, il faut alors procéder par tâtonnements, en se donnant la largeur au fond du canal et en faisant, sur la hauteur de la ligne d'eau au-dessus du lit, des hypothèses successives qui permettent de calculer les valeurs de R et de U. La solution du problème est donnée par celle des lignes d'eau hypothétiques, qui fournit pour U une valeur telle que le produit AU soit égal au volume d'eau que le canal doit débiter.

Pour les canaux maçonnés, il convient d'observer que, parmi toutes les surfaces de même aire terminées à une même horizontale, c'est le demi-cercle qui a le périmètre le plus petit et le rayon moyen le plus grand; on doit donc donner la préférence à la forme circulaire ou à celle qui s'en rapproche le plus; c'est ce que l'on a soin de faire pour les égouts.

Écoulement dans les tuyaux. Les lois du mouvement uniforme sont applicables à l'écoulement dans les tuyaux d'une grande longueur; les problèmes relatifs à cette importante question sont compris et traités dans le *Dictionnaire*, à l'article DISTRIBUTION DES EAUX.

Mouvement varié dans les canaux. Tout ce qui précède s'applique au mouvement permanent et uniforme, qui a pour condition que la surface de l'eau présente exactement la même pente que le fond du canal; mais cette condition peut être souvent modifiée, comme lorsque le fond est horizontal ou que l'écoulement est gêné par un barrage. Dans le premier cas, si le parallélisme existait, l'eau serait stagnante; en outre, lorsque le canal se termine en cataracte, la vitesse du courant va en s'accélérant vers l'extrémité, et la surface du liquide s'abaisse sur une certaine longueur en amont du débouché. L'existence d'un barrage relève, au contraire, la surface d'écoulement, et le remous qui en résulte se propage à l'amont jusqu'au point où la nouvelle surface se raccorde avec celle du mouvement uniforme, soit tangentiellement, soit par un ressaut superficiel. Dans ces circonstances, le mouvement peut encore être permanent, mais il prend le nom de *mouvement permanent varié*. L'équation fondamentale du mouvement varié a été donnée par Bélanger, dans son essai sur le mouvement des eaux courantes (1827), mais elle repose sur des hypothèses qui ne sont exactes que dans certains cas particuliers; M. Bazin l'a modifiée en l'affectant d'un coefficient numérique dont il a déterminé quelques-unes des valeurs expérimentales. En fait, les problèmes relatifs au mouvement varié, qui sont du reste les mêmes que ceux du mouvement uniforme, ne peuvent être résolus que par tâtonnements et exigent des calculs longs et difficiles, pour lesquels il convient d'avoir recours soit aux recherches hydrauliques de M. Bazin, soit à l'étude sur le mouvement des eaux de Dupuit.

Actions réciproques d'un liquide et d'un corps solide en mouvement. Lorsqu'un corps solide est plongé, en tout ou en partie, dans un liquide en mouvement, chaque élément de la surface immergée subit une pression de la part du liquide ; la résultante des pressions élémentaires tend à déplacer le corps et, pour le maintenir immobile, il faut dépenser un certain travail ; il en est de même si les conditions sont inversées, c'est-à-dire s'il faut mettre le corps en mouvement dans un liquide immobile ou, à plus forte raison, imprimer au corps un mouvement contraire ou supérieur à celui du liquide. La pression totale sur la surface immergée se compose de la pression hydrostatique, variable avec l'étendue de la surface et la densité du liquide, et d'une pression dynamique proportionnelle à la quantité de mouvement d'une colonne de liquide ayant pour base la section immergée du corps, mesurée perpendiculairement à la direction du mouvement.

Pour un corps prismatique flottant, on exprime la résistance à vaincre par $R = KDS\dfrac{V^2}{2g}$, D étant la densité du liquide et K un coefficient numérique très variable. Pour un prisme rectangulaire dont la longueur est égale à cinq ou six fois sa largeur $K = 1,10$; si le prisme est garni, à l'arrière, d'une poupe effilée, $K = 1,00$, et s'il est, en outre, muni, à l'avant, d'une proue triangulaire ou demi-circulaire, $K = 0,50$; si la proue forme un plan incliné à 30°, sur l'horizontale, $K = 0,38$. Pour les navires, on exprime, ordinairement, la force nécessaire au mouvement par la formule $F = KS\dfrac{V^2}{2g}$ et l'on est parvenu, par une étude approfondie des formes de la carène à réduire considérablement la valeur de K. Pour les navires de mer, on admet $K = 0,15$ à $0,20$ avec des formes pleines, et $K = 0,07$ à $0,10$ avec des formes fines. La valeur de K augmente lorsque le navire, au lieu de se mouvoir dans un milieu indéfini, se déplace dans une section d'eau étroite, comme celle des rivières et des canaux ; dans une rivière large, $K = 0,15$ à $0,20$ pour un bateau très élancé ; dans une rivière étroite ou un canal, $K = 0,20$ à $0,30$. En réalité, il faut encore tenir compte du frottement de l'eau sur la carène, dont la surface immergée dépend de la longueur et du tirant d'eau. M. Bourgeois a donné une formule qui permet d'obtenir la valeur de K pour différents navires. Ainsi, pour un bateau à hélice, dont la

longueur est égale à cinq ou six fois la largeur, $K = 2,2 + 0,14\dfrac{l\,V^2}{S} + 0,08\dfrac{A}{SV}$. Dans cette formule, S est la section immergée du maître couple exprimée en mètres, l sa largeur à la flottaison et A la surface frottante ; cette dernière est sensiblement égale à $0,6 L(l + 2t)$, en appelant L la longueur du navire à la flottaison et t son tirant d'eau moyen.

D'après la formule $F = KS\dfrac{V^2}{2g}$, on voit que pour obtenir une vitesse V par seconde, le travail dépensé sera $FV = KS\dfrac{V^3}{2g}$; il est donc proportionnel au cube de la vitesse, abstraction faite du travail nécessaire pour faire mouvoir l'organe propulseur. Les grandes vitesses en navigation sont donc très coûteuses ; aussi, les navires les plus rapides ne dépassent guère 30 à 35 kilomètres à l'heure, tandis que les chemins de fer marchent facilement à 60 kilomètres et atteignent, au besoin, 120 kilomètres.

Applications de l'hydraulique. L'hydraulique théorique et expérimentale sert aujourd'hui de guide dans toutes les sciences appliquées qui s'occupent de l'aménagement et de l'emploi des eaux, soit utiles, soit nuisibles, sciences qui comprennent : l'*hydrologie* qui traite des eaux météoriques, de la formation des sources et des cours d'eau ; et dont une des branches, l'*hydroscopie* ou recherche des sources, s'appuie également sur la géologie ; l'*hydraulique fluviale*, ou l'étude du régime des fleuves et des rivières au double point de vue des inondations et de la navigation. Quant aux travaux nécessaires pour l'utilisation de l'eau comme moyen de transport, ils sont généralement compris sous les appellations de *navigation intérieure* (rivières et canaux) et de *travaux maritimes*. L'*hydraulique agricole* s'occupe des moyens d'utiliser les eaux en agriculture (arrosages, irrigations, colmatages) ou de combattre les eaux nuisibles (drainages, dessèchements). Enfin l'*hydraulique appliquée* proprement dite est consacrée à l'étude des machines et des moteurs hydrauliques. Les machines hydrauliques sont celles qui reçoivent du travail et l'emploient à mettre l'eau en mouvement, soit pour l'élever, soit pour la refouler dans des espaces où la pression est supérieure à celle de l'atmosphère (élévation de l'eau, pompes, etc.). Les moteurs sont, au contraire, les appareils qui utilisent le mouvement de l'eau pour le transformer en travail ; les moteurs sont eux-mêmes à mouvement continu ou alternatif.

Les moteurs hydrauliques à mouvement continu se partagent en deux catégories : ceux dans lesquels l'eau entre et sort par les mêmes orifices et ceux dans lesquels les orifices d'entrée et de sortie sont distincts et précédés de canaux directeurs spéciaux. Dans la première catégorie, presque tous les moteurs sont des roues dont l'axe est horizontal, roues en dessous, roues de côté, roues en dessus, suivant la hauteur à laquelle l'eau motrice arrive sur l'appareil. — V. Roue hydraulique.

Les moteurs de la seconde catégorie sont les

turbines dont l'axe est ordinairement vertical. — V. Turbine.

Les moteurs à mouvement alternatif sont ceux dans lesquels l'eau agit sur un piston mobile dans un cylindre ; les deux types principaux sont les machines à colonne d'eau, à simple ou à double effet, généralement employées comme machines d'épuisement et les moteurs à pression d'eau dont on trouve l'application la plus remarquable dans la transformation, imaginée par sir W. Armstrong, de la presse hydraulique de Pascal en appareil mécanique pour élever et mouvoir des poids. — V. Moteurs a pression d'eau.

A ces appareils, il convient d'ajouter ceux qui utilisent sans intermédiaire, soit le poids d'une colonne d'eau, comme les siphons, soit la force vive de l'eau, comme les béliers hydrauliques, les compresseurs d'air et les injecteurs.

Force ou travail absolu d'un cours d'eau. La puissance dynamique d'un cours d'eau est la quantité de travail dont il peut disposer par seconde; la force motrice est le poids de l'eau, et le travail fourni par ce poids en tombant est le même que celui qu'il aurait fallu dépenser pour élever le même poids à une hauteur égale à celle de la chute. En appelant le poids P et la hauteur H, le travail est représenté par $T = PH = DQH$, si D est la densité du liquide et Q le volume d'eau débité par seconde. Si le volume est exprimé en mètres cubes, D est à peu près égal à 1000 et on aura en kilogrammètres $T = 1000\,QH$; pour avoir le travail en chevaux-vapeurs, il suffit de diviser par 75.

La formule $T = PH$ donne le travail théorique qu'il est impossible de recueillir entièrement dans la pratique. En effet, lorsque l'eau arrive sur le moteur, elle perd par le choc une partie de sa vitesse; il en résulte une perte de force vive à laquelle s'ajoute celle qui résulte de la vitesse que l'eau doit conserver à la sortie pour dégager le moteur. Ces deux causes de perte ne pourraient être supprimées que si l'eau arrivait sans choc dans le moteur et en sortait sans vitesse; il est impossible d'atteindre cette perfection théorique, mais on peut s'en rapprocher d'une façon très satisfaisante et les moteurs bien établis peuvent atteindre et même dépasser un rendement de 80 0/0.

La même formule montre combien peuvent varier les conditions d'utilisation de l'écoulement des eaux terrestres, depuis les chutes à grande hauteur et à volume restreint si fréquentes dans les pays de montagne jusqu'aux rivières à grand débit et à faible pente des vallées. Souvent même, dans ce dernier cas, la pente est tellement faible que, pour obtenir une chute suffisante, il faut établir un barrage qui relève la surface d'amont; toutefois, ce relèvement ne doit jamais dépasser un niveau déterminé que l'on nomme *point d'eau* et qui est fixé par l'administration de façon à n'apporter aucun préjudice aux riverains. On assure cette condition au moyen d'un déversoir fixe et de vannes de décharges établies un peu en amont; le sommet du déversoir est arasé à la hauteur du point d'eau, et les vannes doivent

être ouvertes aussitôt que le niveau dépasse ce sommet, de façon que la surélévation de la surface ne dépasse jamais 10 centimètres au-dessus du point d'eau, limite ordinaire de la tolérance accordée par l'administration. En général, les moteurs hydrauliques sont placés sur un *canal d'amenée* ou *d'arrivée* dans lequel le liquide entre par une *prise d'eau*; en aval, on construit un *canal de fuite* qui ramène dans le cours d'eau tout le volume liquide qui a été pris en amont et qui a passé, soit par le moteur, soit par le déversoir et les vannes. Il résulte de ces conditions que la hauteur de chute est égale à la différence de niveau entre le point d'eau et la surface du courant dans le canal de fuite; quant au volume qu'un cours d'eau peut fournir par seconde, sa détermination est une opération importante que l'on nomme *jaugeage*.

Enfin, dans quelques contrées dépourvues d'eaux superficielles, on a réussi à utiliser les chutes souterraines que l'on peut obtenir lorsqu'il existe une couche absorbante au-dessous de la couche aquifère ; on met ces deux couches en communication par un forage, l'eau s'écoule de l'une dans l'autre et la chute ainsi créée a pour hauteur la différence de niveau entre les deux couches. — J. B.

Bibliographie : Varignon : *Traité du mouvement et de la mesure des eaux courantes et jaillissantes*, Paris, 1725; D'Alembert : *Essai d'une nouvelle théorie de la résistance des fluides*, Paris, 1752; D'Alembert : *Traité de l'équilibre et du mouvement des fluides*, Paris, 1770; D'Alembert, Condorcet et Bossut : *Expériences sur les fluides*, Paris, 1777; Dubuat-Nançay : *Principes d'hydraulique*, Paris, 3ᵉ édit., 1779-1786-1816; Venturi : *Recherches expérimentales sur la communication latérale du mouvement dans les fluides*, Paris, 1791; De Prony : *Recherches sur la théorie des eaux courantes*, Paris, 1804; Bidone : *Expériences sur le remous et la propagation des ondes*, Turin, 1820 et 1825; Id. : *Sur la dépense des réservoirs*, Turin, 1824; Id. : *Sur la section contractée des veines liquides*, Turin, 1829 et 1836; Navier : *Mémoire sur les lois des mouvements des fluides*, Paris, 1822; Bélanger : *Problèmes relatifs au mouvement permanent des eaux courantes*, Paris, 1828; Poncelet et Lesbros : *Expériences hydrauliques sur les lois de l'écoulement de l'eau*, Paris, 1832; Barré de Saint-Venant : *Dynamique des fluides*, Paris, 1843; Lesbros : *Expériences sur les lois de l'écoulement de l'eau*, Paris, 1851; L.-D. Girard : *Nouvelle théorie d'hydraulique*, Paris, 1863; Dupuit : *Etudes théoriques et pratiques sur les eaux courantes*, Paris, 1848 et 1863; Bazin : *Recherches sur l'hydraulique* (avec Darcy), Paris, 1865-1866; Fournié : *Résumé des expériences hydrauliques sur le Mississipi et remarques sur les conséquences qui en découlent relativement à la théorie des eaux courantes*, Paris, 1867; Gauckler : *Etudes théoriques sur l'écoulement et le mouvement des eaux*, Paris, 1867; Kleitz : *Etudes sur les forces moléculaires dans les liquides en mouvement et application à l'hydrodynamique*, Paris, 1873; Boileau : *Notions nouvelles d'hydraulique*, Cherbourg, 1878; Collignon : *Cours de mécanique appliquée*, 2ᵉ partie : *Hydraulique*, Paris, 1880; Graeff : *Traité d'hydraulique*, Paris, 1883.

*HYDROBORACITE. T. de minér. Variété de borate de magnésie, calcifère et hydratée; elle se présente sous forme de masses lamelleuses et fibreuses, blanches, d'une densité de 2,59, et colorant en vert pâle la flamme du chalumeau. On l'a trouvée au Caucase. Elle contient 47 0/0 de son poids d'acide borique, et sert pour la préparation de ce corps, ou pour celle du borax.

HYDROCARBURE. *T. de chim.* Syn. : *carbure d'hydrogène.* Nom donné aux corps qui résultent de l'union du carbone et de l'hydrogène. Ce sont les plus simples des composés organiques ; ils se distinguent des autres combinaisons de l'hydrogène, par une propriété essentielle, leur neutralité, car presque tous les corps formés par ce gaz avec les métalloïdes sont ou acides ou basiques, (acide chlorhydrique, ammoniaque), etc. Ils sont en nombre considérable, et de forme très variable ; les uns se présentent sous l'état gazeux, d'autres sont liquides, enfin il en est de solides, et alors ils peuvent être amorphes ou cristallisés. Pour faire l'étude des hydrocarbures, en ne donnant toutefois ici que des généralités, il faut les grouper par familles naturelles, c'est ce que l'on a pu réaliser en remarquant que dans tous, le nombre d'équivalents de l'hydrogène par rapport à ceux du carbone, varie dans une proportion différente, mais toujours égale pour chaque corps d'une même série. On a divisé tous les carbures connus en cinq séries :

1re série. Carbures forméniques. . . . . $C^{2n}H^{2n+2}$
ou saturés.
2e — Carbures éthyléniques. . . . $C^{2n}H^{2n}$
3e — — acétyléniques . . . $C^{2n}H^{2n-2}$
4e — — camphéniques. . . $C^{2n}H^{2n-4}$
5e — — benzéniques. . . . $C^{2n}H^{2n-6}$

Mais à côté de ces séries, il faut souvent aussi ranger les corps homologues, ceux isologues, puis parfois les produits d'addition ou de condensation, comme, par exemple, ceux qui constituent la série polyacétylénique, etc. Nous allons successivement passer en revue chacune de ces subdivisions, en indiquant les caractères principaux qui font ranger les corps qui les composent, dans la même série.

Carbures forméniques. Les noms donnés à ces produits varient avec les théories chimiques acceptées. Ainsi, dans la théorie atomique,

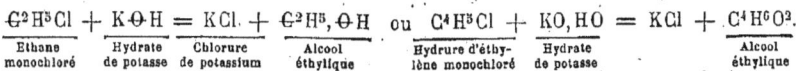

on déduit en général leur nom, du nombre d'atomes de carbone qu'ils renferment, à partir du cinquième, en terminant le mot par la désinence *ane* (W. Hofmann) : *méthane, éthane, propane, butane, pentane, hexane, ... nonane, décane;* les radicaux dont ces carbures sont les hydrures, prennent la terminaison *yle* : hydrure de *méthyle,* d'*éthyle,* de *propyle,* ..... de *décyle* ; dans la théorie ancienne, au contraire, ces carbures ont souvent comme désinence finale le mot *ène,* tel est le *formène,* type de la première série. Les corps qui constituent ce groupe ont des caractères très différents ; les quatre premiers termes sont gazeux, le cinquième est liquide ainsi que les suivants, et ces produits diffèrent entre eux par une augmentation dans la densité et dans le point d'ébullition, à mesure qu'on remonte dans la série ; les derniers sont solides.

Ces produits se rencontrent souvent dans la nature : ainsi le premier terme, formène ou méthane, se dégage de la vase des marais, de l'intestin, se retrouve dans les produits de la putréfaction, dans les mines de houille (grisou), etc., mais se peut également obtenir par synthèse, en faisant passer sur du cuivre chauffé au rouge, un mélange de sulfure de carbone et d'acide sulfhydrique (Berthelot). Les carbures liquides se retrouvent aussi dans la nature : les carbures qui constituent les corps placés dans la série, du 5e au 16e terme, forment par leur mélange les *pétroles d'Amérique,* lesquels, d'ailleurs, contiennent en dissolution des carbures solides, comme ceux qui sont désignés sous le nom de *paraffine,* et dont le point d'ébullition dépasse 300°, alors que le point de fusion varie entre 45 et 65°, suivant l'origine.

Ces carbures sont saturés, et, s'ils ne fixent directement aucun élément, ils peuvent parfois échanger leur hydrogène contre certains métalloïdes, comme le brome, le chlore ; c'est ce que l'on nomme des *produits de substitution.* Ainsi, l'alcool éthylique peut s'obtenir avec l'éthane monochloré, sous l'influence de la potasse :

$$C^2H^5Cl + KOH = KCl + C^2H^5,OH \text{ ou } C^4H^5Cl + KO,HO = KCl + C^4H^6O^2.$$

Éthane monochloré	Hydrate de potasse	Chlorure de potassium	Alcool éthylique	Hydrure d'éthylène monochloré	Hydrate de potasse	Alcool éthylique

Parmi les principaux corps de cette série, il faut citer :

Le formène, méthane, gaz des marais.. . . . CH^4 ... C^2H^4 gazeux.
L'hydrure d'éthylène, éthane. . . . . C^2H^6 ... C^4H^6 —
— de propylène, propane. . . . . . C^3H^8 ... C^6H^8 —
— de butylène, butane . . . . C^4H^{10} ... C^8H^{10} —
— d'amylène, pentane . . . . C^5H^{12} ... $C^{10}H^{12}$ liquide, bouillant à + 30°
— d'hexylène, hexane.. . . . . . . C^6H^{14} ... $C^{12}H^{14}$ — + 68°
— d'heptylène, heptane. . . . . . . C^7H^{16} ... $C^{14}H^{16}$ — + 92°
— d'octylène, octane . . . . C^8H^{18} ... $C^{16}H^{18}$ — +118°
— de nonylène, nonane. . . . . . . C^9H^{20} ... $C^{18}H^{20}$ — +135°
— de décylène, décane. . . . . . . $C^{10}H^{22}$ ... $C^{20}H^{22}$ — +160°

— d'hexadécylène. . . . . $C^{16}H^{34}$ ... $C^{32}H^{34}$ — +270°

— de mélissène. . . . . $C^{30}H^{62}$ ... $C^{60}H^{62}$ solide, bouillant +300° et au delà

Carbures éthyléniques. On les désigne encore sous le nom d'*oléfines,* parce que leur type, l'é-

thylène, est aussi désigné sous le nom de *gaz oléfiant.* Leurs noms se forment, comme dans la série précédente, suivant le nombre d'atomes d'hydrogène, excepté pour les premiers termes, et en terminant le mot par la désinence *ylène*, ou simplement *ène*, d'après Hofmann. Leur premier terme, le *méthylène*, n'est pas connu à l'état de liberté, c'est ce qui a fait donner à la série le nom du terme connu, l'*éthylène*. Ces carbures sont, en général, obtenus artificiellement, et d'une manière simple, par l'action de la chaleur sur les alcools monoatomiques saturés, en présence de corps avides d'eau, comme l'alcool éthylique avec l'acide sulfurique concentré, le chlorure de zinc, etc. :

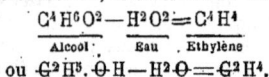

$$C^4H^6O^2 - H^2O^2 = C^4H^4$$

Alcool   Eau   Éthylène

$$\text{ou } C^2H^5 . OH - H^2O = C^2H^4.$$

Ces carbures s'unissent directement à certains métalloïdes, comme l'iode, le chlore, le brome, ou fournissent des dérivés iodés, chlorés, bromés, etc., par voie de substitution, lorsqu'on traite, par exemple, les hydrocarbures iodés par une solution alcoolique de potasse :

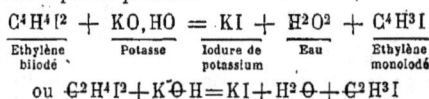

$$C^4H^4I^2 + KO,HO = KI + H^2O^2 + C^4H^3I$$

Éthylène   Potasse   Iodure de   Eau   Éthylène
biiodé   potassium   monoiodé

$$\text{ou } C^2H^4I^2 + KOH = KI + H^2O + C^2H^3I$$

Les corps de cette série s'unissent également aux acides minéraux énergiques (sulfurique, iodhydrique, chlorhydrique, bromhydrique, etc.), pour former des composés doubles offrant les éléments des deux corps :

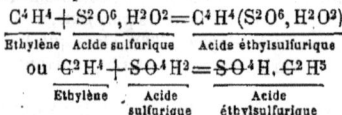

$$C^4H^4 + S^2O^6, H^2O^2 = C^4H^4(S^2O^6, H^2O^2)$$

Éthylène   Acide sulfurique   Acide éthylsulfurique

$$\text{ou } C^2H^4 + SO^4H^2 = SO^4H, C^2H^5$$

Éthylène   Acide   Acide
        sulfurique   éthylsulfurique

Mais l'acide sulfurique anhydre absorbe les corps de cette série; c'est ainsi qu'avec l'éthylène, il y a formation d'un corps qu'on a appelé *sulfate de carbyle* (acide sulfoné). Les carbures éthyléniques donnent avec l'acide hypochloreux, des chlorhydrines des glycols correspondants; quelques-uns peuvent s'oxyder sous l'influence du permanganate de potasse, ou de l'acide chromique, c'est ainsi que l'éthylène fournit de l'acide oxalique $C^4H^2O^8 ... C^2H^2O^4$; et le propylène, de l'acide malonique $C^6H^4O^8 ... C^3H^4O^4$.

Les principaux carbures de cette série sont :

L'éthylène	C^4H^4	C^2H^4
Le propylène	C^6H^6	C^3H^6
Le butylène	C^8H^8	C^4H^8
L'amylène	$C^{10}H^{10}$	C^5H^{10}
L'hexylène	$C^{12}H^{12}$	C^6H^{12}
L'heptylène	$C^{14}H^{14}$	C^7H^{14}
L'octoylène	$C^{16}H^{16}$	C^8H^{16}, etc.

Carbures acétyléniques. Les corps constituant cette série portent, en général, des noms spéciaux, cependant, Hofmann, pour rester fidèle à sa nomenclature, leur donna la désinence finale *ine*, en se servant toujours de la place dans la série pour former le nom.

Les carbures de cette classe, à part le type, se forment toujours de manières analogues. L'acéty-

lène se produit constamment dans la combustion incomplète des matières organiques riches en carbone; il peut être obtenu par synthèse, en faisant arriver un courant d'hydrogène sur du charbon porté au rouge par le passage d'un courant électrique (Berthelot). Quant aux autres corps de la série, on peut les avoir, d'une manière générale, en chauffant avec de l'éthylate de soude (solution alcoolique de soude) les carbures monobromés de la série précédente $(C^{2n}H^{2n})$. Ainsi, pour faire l'allylène, on déshydrogène le bromure de propylène à 100°, dans un tube scellé (Sarvitsch).

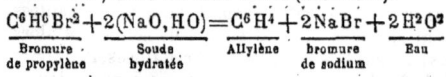

$$C^6H^6Br^2 + 2(NaO, HO) = C^6H^4 + 2NaBr + 2H^2O^2$$

Bromure   Soude   Allylène   bromure   Eau
de propylène   hydratée   de sodium

ou, en tenant compte de l'alcool de la solution sodique :

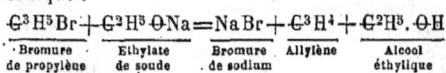

$$C^3H^5Br + C^3H^5ONa = NaBr + C^3H^4 + C^2H^5.OH$$

Bromure   Éthylate   Bromure   Allylène   Alcool
de propylène   de soude   de sodium   éthylique

Ces hydrocarbures s'unissent directement au brome, au chlore (4 atomes); fixent une ou deux molécules des hydracides de ces corps, pour se saturer, mais ils peuvent aussi se combiner dans des proportions moindres. Ils ne sont pas tous homologues de leur type, mais il en existe qui sont isomères. Ainsi, l'une des propriétés les plus tranchées de l'acétylène (et de l'allylène) est de s'unir aux solutions de cuivre ou d'argent rendues ammoniacales, qui absorbent le gaz, en formant un précipité brun d'acétylénure métallique; le crotonylène, le valérylène, n'ont pas cette propriété, ce qui montre qu'ils sont les isomères des homologues de l'acétylène. D'après M. Friedel, tous les homologues de l'acétylène renfermeraient le groupe $C^2H ... C^4H$ uni à de l'hydrogène ou à un radical alcoolique.

Les principaux termes de cette série sont :

L'acétylène, ou éthine	C^4H^2	C^2H^2
L'allylène, ou propine	C^6H^4	C^3H^4
Le crotonylène, ou tétrine	C^8H^6	C^4H^6
Le valérylène, ou pentine	$C^{10}H^8$	C^5H^8
L'adipène, ou hexine	$C^{12}H^{10}$	C^6H^{10}, etc.

Dans une série de corps homologues, il peut y avoir pour chacun d'eux, une série de corps isomères, c'est-à-dire ayant la même formule, mais parfois, dans d'autres circonstances, des séries peuvent être constituées par des corps polymères de l'un de ceux que l'on a indiqués; c'est ce qui arrive pour l'acétylène qui donne naissance à la *série polyacétylénique*. Cette série comprend tous les corps dérivés de l'acétylène, et formés par la réunion de plusieurs molécules de ce carbure, suivant le nombre de molécules condensées; les uns sont solides, les autres, ceux qui sont le moins condensés, sont liquides, mais tous peuvent être formés par des synthèses directes, en partant de l'acétylène et de la benzine libres par l'action de la chaleur.

Tels sont :

Le diacétylène	$(C^4H^2)^2$	C^8H^4	C^4H^4
La benzine ou triacétylène	$(C^4H^2)^3$	$C^{12}H^6$	C^6H^6

Le styrolène ou tétracétylène . . . . . $(C^4H^2)^4...C^{16}H^8...C^8H^8$

Le pentacétylène (hydrure de naphtalène) . . . . $(C^4H^2)^5...C^{20}H^{10}..C^{10}H^{10}$

Et le naphtalène, son dérivé. . . . . . . $C^{20}H^8...C^{10}H^8$

L'hexacétylène (hydrure d'acénaphtène) . . . . $(C^4H^2)^6...C^{24}H^{12}...C^{12}H^{12}$

Et son dérivé l'acénaphtène . . . . . . $C^{24}H^{10}...C^{12}H^{10}$

L'heptacétylène (hydrure d'anthracène) $(C^4H^2)^7...C^{28}H^{14}...C^{14}H^{14}$

Et l'anthracène, son dérivé. . . . . . . $C^{28}H^{10}...C^{14}H^{10}$

Ces carbures existent parfois dans la nature, ou se forment, par l'action de la chaleur rouge sur les hydrocarbures, comme l'acétylène. Ainsi le formène, au rouge, donne :

$$2C^2H^4 = C^4H^2 + 3H^2$$

c'est-à-dire de l'acétylène et de l'hydrogène ; si le premier se condense : $3C^4H^2 = C^{12}H^6$, on a la benzine ou triacétylène, laquelle, avec l'acétylène, produit : $C^{12}H^6 + 2C^4H^2 = C^{20}H^8 + H^2$, du naphtalène, avec dégagement d'hydrogène, ou même, du styrolène, s'il n'y a qu'une molécule d'acétylène :

$$C^{12}H^6 + C^4H^2 = C^{16}H^8$$

sans dégagement de gaz ; l'acénaphtène résulte de l'union du naphtalène et de l'acétylène :

$$C^{20}H^8 + C^4H^2 = C^{24}H^{10} ;$$

comme l'anthracène, par la réaction directe du styrolène sur la benzine :

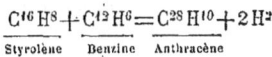

$$C^{16}H^8 + C^{12}H^6 = C^{28}H^{10} + 2H^2$$
Styrolène   Benzine   Anthracène

$$ou \quad C^8H^8 + C^6H^6 = C^{14}H^{10} + 2H^2$$

ou de la benzine sur la naphtaline :

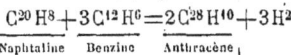

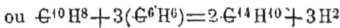

$$C^{20}H^8 + 3C^{12}H^6 = 2C^{28}H^{10} + 3H^2$$
Naphtaline   Benzine   Anthracène

$$ou \quad C^{10}H^8 + 3(C^6H^6) = 2C^{14}H^{10} + 3H^2$$

Ces réactions sont journellement employées par l'industrie chimique pour engendrer les matières colorantes dérivées de la houille.

Carbures camphéniques. Les corps de cette série portent le nom général de *térébènes* ou de *camphènes*, parce qu'ils sont isomères de l'essence de térébenthine, $C^{20}H^{16}...C^{10}H^{16}$, ou qu'ils sont polymères, ou dérivés (camphre) de ce corps. On trouve dans ce groupe une isomérie très fréquente, et l'on y range un grand nombre de corps naturels (*essences, caoutchouc, gutta-percha*) et de corps artificiels.

Il existe des relations très grandes entre les corps constituant la troisième et la quatrième série d'hydrocarbures, comme il va en exister entre la quatrième et la cinquième ; le *propylacétylène* résulte, par exemple, de l'union, au rouge, de l'acétylène au propylène,

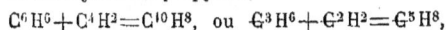

$$C^6H^6 + C^4H^2 = C^{10}H^8, \quad ou \quad C^3H^6 + C^2H^2 = C^5H^8,$$

comme l'essence de térébenthine portée au rouge, perd de l'hydrogène, pour former du *cymène*,

$$C^{20}H^{14}...C^{10}H^{14}$$

corps homologue de la benzine.

Les camphènes sont moins stables que quelques autres carbures d'hydrogène ; ils ne forment pas facilement de composés définis, mais ils peuvent se combiner directement ; ainsi, l'essence de térébenthine forme avec l'acide chlorhydrique un chlorhydrate de térébenthène analogue au *camphre*; elle peut se combiner à l'eau, dans certaines circonstances, pour former de la *terpine*; ses homologues jouissent de propriétés semblables. En admettant que ces corps soient intermédiaires entre la série grasse et la série aromatique, on peut les considérer comme le résultat d'un dédoublement d'un carbure $C^{10}H^8...C^5H^8$, qui serait l'analogue de l'acétylène ; et dès lors, $C^{20}H^{16}...C^{10}H^{16}$ serait un carbure complexe, d'où la subdivision des produits de cette série en *carbures polymères*, que l'on classe ainsi :

1° *Carbures dimères* : $2(C^{10}H^8) = C^{20}H^{16} = C^{10}H^{16}$, comprenant un grand nombre d'*essences* de conifères, telles sont celles fournies par les plantes des genres *pinus, abies, larix, picea, juniperus*; d'aurantiacées, genres *citrus (citrus, communis* et *citrus bigaradia)* ; de labiées, genres *thymus, lavendula*; de laurinées, genres *cariophyllum, laurus*; de synanthérées, genre *anthemis*, etc.

Ces carbures sont très employés dans l'industrie ; leur odeur, leur couleur sont variables ; la densité varie entre 0,84 et 0,88, le point d'ébullition entre 155° et 200°, le pouvoir rotatoire entre la droite ou la gauche, de 1 à 100°. Ils sont plus ou moins oxydables, et donnent facilement des chlorhydrates.

2° *Carbures trimères* : $3(C^{10}H^8) = C^{30}H^{24} = C^{15}H^{24}$. Ces produits sont encore liquides et constituent toujours des huiles essentielles, telles sont celles de *cubèbe*, de *copahu*; leur densité atteint 0,92 ; elles ne se volatilisent qu'entre 260 et 300° et forment avec l'acide chlorhydrique, des dichlorhydrates.

3° *Carbures tétramères* :

$$4(C^{10}H^8) = C^{40}H^{32} = C^{20}H^{32}$$

Les corps de cette composition ont une consistance visqueuse, une densité moyenne de 0,94, un point d'ébullition s'élevant à 400°. On peut les obtenir par l'action de la chaleur sur l'essence de térébenthine.

4° *Carbures polymères* : $(C^{10}H^8)^n...(C^5H^8)^n$. Ils sont constitués par des corps peu volatils, amorphes, solides, parfois résineux. Ils sont artificiels ou naturels, ainsi le *ditérébène* $C^{40}H^{32}...C^{20}H^{32}$ résulte de l'action de l'acide sulfurique sur l'essence de térébenthine ; un grand nombre se produisent immédiatement sous l'influence du fluorure de bore, tandis que les sucs qui constituent le *caoutchouc* ou la *gutta-percha*, pris avant leur solidification (résinification) au contact de l'air, offrent cette constitution naturelle. Ces corps, d'ailleurs, décomposés par la chaleur au rouge sombre, donnent un carbure $C^{10}H^8...C^5H^8$, le *type*, volatil à + 40°, et un carbure dimère

$C^{20}H^{16}...C^{10}H^{16}$ la *caoutchine*, isomère du type essence de térébenthine ou *térébenthène*.

W. Hofmann, dans sa nomenclature, désigne les carbures de la quatrième série par la terminaison *one*. Parmi les corps à signaler ici, nous avons :

Le diacétylène .... C^8H^4 ... C^4H^4 (tétrone)
Le valylène ..... $C^{10}H^6$ ... C^5H^6 (pentone)
Le sorbylène ..... $C^{12}H^8$ ... C^6H^8 (hexone)

Le térébenthène . . . $C^{20}H^{16}...C^{10}H^{16}$, etc.

Carbures benzéniques. Ils tirent leur nom du type, la benzine $C^{12}H^6$ ... C^6H^6, mais portent également celui de *carbures aromatiques* ou de *carbures pyrogénés*, parce que d'un côté, ces carbures peuvent engendrer des corps aromatiques se rattachant surtout à la benzine, et que d'un autre, l'action d'une température rouge sur tout gaz hydrocarboné, amène la formation d'un certain nombre de carbures de cette même série. Hofmann les désigne en terminant leur nom par la désinence *une*.

Ces hydrocarbures sont de tous, les plus importants, car ils se forment journellement dans la distillation de la houille, des schistes, des résines, de la tourbe, du bois, et se retrouvent dans les goudrons de ces corps; mais avec eux, par substitution, par oxydation, par réduction, on prépare un très grand nombre de matières premières industrielles, colorantes, aromatiques, antiseptiques ou antiputrides, qu'il serait trop long d'énumérer ici. Les carbures de cette série ont certaines propriétés remarquables ; ils fixent le chlore, sous l'influence de la lumière diffuse, en éliminant l'hydrogène, et on peut obtenir même, par une série de substitutions, de la benzine, mono, bi, tri, quadri, quintichlorée, depuis le terme $C^{12}H^5Cl$ ... C^6H^5Cl dans lequel un seul équivalent de chlore est condensé, jusqu'au terme $C^{12}Cl^6$ ... C^6Cl^6, dans lequel il n'y a plus d'hydrogène ; la benzine donne avec l'acide nitrique des produits de substitution nitrés, comme l'indiquent les formules suivantes :

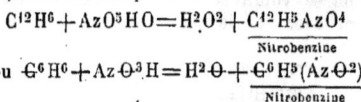

$$C^{12}H^6+Az O^5 H O = H^2O^2 + C^{12}H^5 Az O^4$$

$$\text{ou } C^6H^6 + Az O^3 H = H^2O + C^6H^5(Az O^2)$$
Nitrobenzine

et, sous l'influence de la chaleur, il peut se former avec l'acide nitrique, de la binitrobenzine,

$$C^{12}H^4 Az^2 O^4 ... C^6H^4 (Az O^2)^2$$

et même de la trinitrobenzine $C^{12}H^3Az^3O^6$... $C^6H^3(Az O^2)^3$. Cette réaction est des plus importantes, car c'est en traitant la nitrobenzine par l'hydrogène naissant, que l'on obtient l'aniline, base d'un si grand nombre de matières colorantes nouvelles :

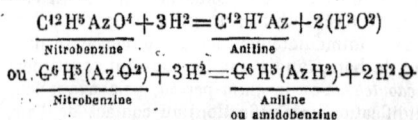

$$C^{12}H^5Az O^4 + 3H^2 = C^{12}H^7Az + 2(H^2O^2)$$
Nitrobenzine　　　Aniline

$$\text{ou } C^6H^5(Az O^2) + 3H^2 = C^6H^5(Az H^2) + 2H^2O$$
Nitrobenzine　　　Aniline ou amidobenzine

Les carbures de cette série s'unissent à l'acide sulfurique fumant, ou à l'acide sulfurique concentré, pour faire des acides sulfoconjugués dont

quelques-uns ont encore de l'importance comme matières colorantes ; il y a eu même élimination d'eau, comme dans le cas précédent, par suite de la substitution de l'acide à un ou plusieurs équivalents d'hydrogène.

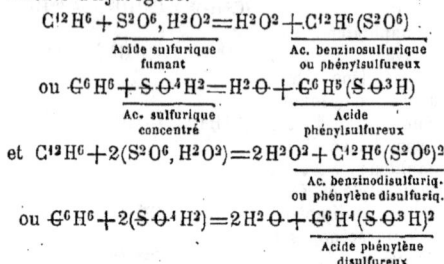

$$C^{12}H^6 + S^2O^6, H^2O^2 = H^2O^2 + C^{12}H^6(S^2O^6)$$
Acide sulfurique fumant　　　Ac. benzinosulfurique ou phénylsulfureux

$$\text{ou } C^6H^6 + S O^4H^2 = H^2O + C^6H^5(S O^3H)$$
Ac. sulfurique concentré　　　Acide phénylsulfureux

$$\text{et } C^{12}H^6 + 2(S^2O^6, H^2O^2) = 2H^2O^2 + C^{12}H^6(S^2O^6)^2$$
Ac. benzinodisulfuriq. ou phénylène disulfuriq.

$$\text{ou } C^6H^6 + 2(S O^4H^2) = 2H^2O + C^6H^4(S O^3H)^2$$
Acide phénylène disulfureux

Ces acides sulfoconjugués fondus avec de la potasse donnent des phénols. Les hydrocarbures aromatiques offrent une certaine résistance à l'oxydation, mais cependant on peut directement fixer l'oxygène sur la benzine, à l'ébullition, et en présence du chlorure d'aluminium ; on forme ainsi du phénol :

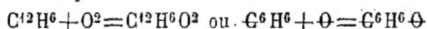

$$C^{12}H^6 + O^2 = C^{12}H^6O^2 \text{ ou } C^6H^6 + O = C^6H^6O$$

Mais les corps oxydants énergiques, comme l'acide azotique faible et bouillant, le permanganate de potasse, l'acide chromique, l'acide sulfurique associé au bioxyde de manganèse, modifient totalement la benzine. Ainsi, le permanganate dans une liqueur acide, la transforme en eau et en acide carbonique, tandis qu'il produit de l'acide oxalique dans un milieu alcalin.

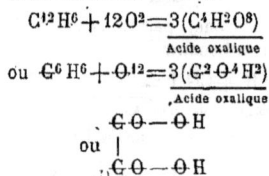

$$C^{12}H^6 + 12O^2 = 3(C^4H^2O^8)$$
Acide oxalique

$$\text{ou } C^6H^6 + O^{12} = 3(C^2O^4H^2)$$
Acide oxalique

$$\text{ou } \begin{vmatrix} C O - O H \\ C O - O H \end{vmatrix}$$

Lorsque la formation d'acide carbonique a lieu, une portion de ce corps peut se combiner à la benzine elle-même, pour former, soit de l'acide benzoïque, soit de l'acide phtalique ; c'est l'action que l'on obtient, par exemple, avec l'acide sulfurique et le bioxyde de manganèse :

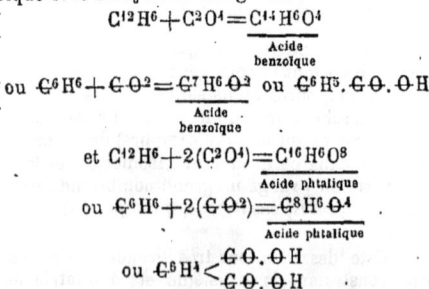

$$C^{12}H^6 + C^2O^4 = C^{14}H^6O^4$$
Acide benzoïque

$$\text{ou } C^6H^6 + C O^2 = C^7H^6O^2 \text{ ou } C^6H^5. C O. O H$$
Acide benzoïque

$$\text{et } C^{12}H^6 + 2(C^2O^4) = C^{16}H^6O^8$$
Acide phtalique

$$\text{ou } C^6H^6 + 2(C O^2) = C^8H^6O^4$$
Acide phtalique

$$\text{ou } C^6H^4 \begin{cases} C O. O H \\ C O. O H \end{cases}$$

Nous avons vu, dans ce qui précède, que les carbures benzéniques peuvent être modifiés par voie de substitution, de condensation, d'oxydation ; ils peuvent être aussi deshydrogénés ou même hydrogénés. Ainsi, si on introduit dans l'un de ces carbures du chlore, du brome, par substitution ou addition, et que l'on traite le nouveau corps par la solution alcoolique de potasse (éthylate de potasse), on forme les hydracides correspondants, en déshydrogénant le carbure. De cette manière, on convertit : le propylène C^6H^6 ou C^3H^6, en allylène C^6H^4 ou C^3H^4; le butylène C^8H^8 ou C^4H^8, en crotonylène C^8H^6 ou C^4H^6, etc.

De même que l'on peut hydrogéner ces carbures, en les combinant directement au chlore, au brome, puis remplaçant ceux-ci par de l'hydrogène : l'éthylène monobromé chauffé à 275° avec une solution d'iodure de potassium donne de l'hydrure d'éthyle; la benzine chauffée avec un excès d'acide iodhydrique donne de l'hydrure d'hexyle $C^{12}H^{14}...C^6H^{14}$; le styrol, l'hydrure d'octyle $C^{16}H^{18}...C^8H^{18}$; la naphtaline, l'hydrure de décyle $C^{20}H^{22}...C^{10}H^{22}$. L'action de décomposition produite par l'eau ou l'alcool sur l'amalgame de sodium, en dégageant de l'hydrogène, amène encore des résultats semblables, c'est ainsi que l'on transforme l'anthracène $C^{28}H^{10}...C^{14}H^{10}$ en hydrure d'anthracène $C^{28}H^{12}...C^{14}H^{12}$.

CONSTITUTION DES HYDROCARBURES AROMATIQUES. La benzine étant le corps qui sert de point de départ pour étudier la série aromatique, diverses opinions ont été émises, pour expliquer son mode de formation.

1° Comme elle se forme par l'action du feu, sur tous les carbures d'hydrogène à peu près, M. Berthelot a admis qu'elle se produisait par suite de la condensation de trois molécules d'acétylène, car $3(C^4H^2) = C^{12}H^6$, et l'on peut admettre « qu'une molécule d'acétylène s'associe les deux autres, à peu près comme elle pourrait s'associer de l'hydrogène pour se saturer et former de l'hydrure d'éthylène. »

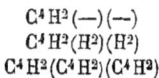

$$C^4H^2(-)(-)$$
$$C^4H^2(H^2)(H^2)$$
$$C^4H^2(C^4H^2)(C^4H^2)$$

La première molécule d'acétylène est donc relativement saturée, aussi le produit se conduira-t-il comme un carbure saturé, ce que montre la benzine. Ce carbure pourra former trois séries de dérivés disubstitués, si l'on accepte que les substitutions indiquées porteront tantôt sur la même molécule d'acétylène, tantôt sur deux molécules voisines, tantôt sur les molécules première et troisième; et dès lors, pour les dérivés disubstitués, le nombre des isomères possibles est réduit à trois.

La benzine dichlorée nous donnera de :

L'orthobenzine dichlorée, $(C^4H^2)(C^4H^2)(C^4Cl^2)$
La métabenzine dichlorée, $(C^4H^2)(C^4HCl)(C^4HCl)$
La parabenzine dichlorée, $(C^4HCl)(C^4H^2)(C^4HCl)$

2° Pour M. Kékulé, au contraire, il existe dans la benzine 6 atomes de carbone se saturant en partie d'une manière réciproque, en échangeant alternativement 1 ou 2 valeurs, et formant une chaîne fermée. Quant aux valeurs libres, elles

sont saturées par l'hydrogène. C'est ce qu'il exprime ainsi :

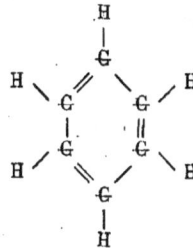

Si l'on admet que dans la molécule de benzine, les atomes d'hydrogène jouent un rôle semblable, on pourra expliquer la formation des composés isomères de la benzine par les places relatives des différents atomes d'hydrogène auxquels on a substitué un corps simple ou composé. On voit que d'après cette théorie, comme dans la précédente, pour les dérivés disubstitués, il ne peut y avoir que trois cas d'isomérie : les orthodérivés sont ceux dans lesquels les deux atomes d'hydrogène substitués étaient voisins l'un de l'autre, les métadérivés avaient les atomes substitués séparés par un atome d'hydrogène et les paradérivés leurs atomes substitués séparés par deux atomes d'hydrogène, ce que l'on rend de la façon suivante :

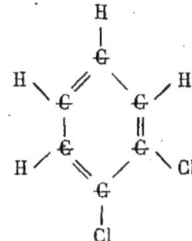

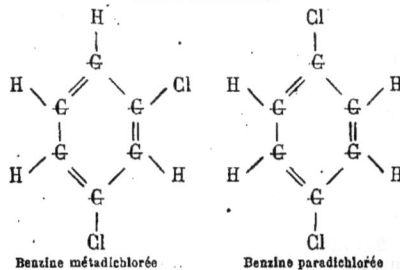

Benzine orthodichlorée

Benzine métadichlorée   Benzine paradichlorée

C'est en considérant que le noyau benzénique est constitué par une chaîne fermée que l'on explique la stabilité de ces carbures, la variété de réactions qu'ils donnent, le nombre de leurs dérivés, etc.; ainsi, pour ne parler que de l'isomérie, elle peut dépendre, dans cette série, aussi bien de la nature des groupes qui se substituent à l'hydrogène, que de la position secondaire qu'occupent dans la chaîne principale, les chaînes secondaires latérales qui se greffent sur la première.

Les principaux carbures homologues dérivés de l'union de l'acétylène et du formène, c'est-àdiré formant la série aromatique ou benzénique, sont les suivants :

Benzine ou triacétylène.	$C^{12}H^6$	...	C^6H^6 bouil. à	$+80°$
Toluène ou méthylbenzine. . .	$C^{14}H^8$	...	C^7H^8 —	$110°$
Xylène ou diméthylbenzine. . .	$C^{16}H^{10}$	...	C^8H^{10} —	$139°$
Cumolène ou triméthylbenzine.	$C^{18}H^{12}$	...	C^9H^{12} —	$165°$
Cymène ou tétraméthylbenzine.	$C^{20}H^{14}$	...	$C^{10}H^{14}$ —	$180°$

Usages des hydrocarbures. Nous ne pouvons entrer ici dans le détail des applications que l'on peut faire dans l'industrie, des divers corps dont nous avons signalé les principaux noms dans cette étude. Qu'il nous suffise de dire, que ceux gazeux servent directement pour l'éclairage ; que ceux liquides sont employés comme parfums (essences), pour dissoudre certains corps dans l'industrie des produits chimiques, chez les teinturiers : que d'autres servent, soit pour l'éclairage (lampes à pétrole), pour le chauffage, même pour la production de la vapeur (chemins de fer), pour le graissage des machines (filature, tissage, graisses pour wagons) ; qu'enfin des dérivés de la benzine, de la naphtaline, de l'anthracène, du toluène, du chrysène, etc., on tire à peu près toutes les nuances colorées possibles, celles que l'on désigne souvent sous les noms, parfois impropres, de *couleurs d'aniline*, et que l'on peut appeler plus justement *couleurs dérivées de la houille.* — J. C.

HYDROCELLULOSE. T. de chim. Nom donné par M. A. Girard, au produit qui résulte de l'action des acides sur la cellulose, et qui diffère de celle-ci, par l'addition de l'eau ; ($C^{12}H^{10}O^{10},H^2O^2)^n$ serait alors la formule représentant ce corps, ou ($C^6H^{10}O^5,H^2O)^n$ en théorie atomique. On l'obtient en plongeant, à froid, la cellulose pure, dans de l'acide sulfurique à 45° Baumé ; lavant ensuite parfaitement après douze heures de contact, et séchant à une basse température. Elle est blanche, se réduit très facilement en poussière par le frottement, et s'oxyde rapidement à l'air ou avec les alcalis. Dans le *papier parchemin*, la surface des feuilles serait transformée en hydrocellulose.

*HYDROCÉRAME. — V. Alcarraza, Evaporation.

* HYDRODYNAMIQUE ou DYNAMIQUE DES FLUIDES. — V. Hydraulique.

HYDRO-EXTRACTEUR. — V. Blanchiment, Essoreuse.

*HYDROFUGE (Enduit). Qui préserve de l'humidité. — V. Enduit, § *Enduits hydrofuges.*

HYDROGÈNE. *T. de chim.* Corps simple, métalloïde, ordinairement gazeux, dont le symbole H correspond à l'équivalent I et au même poids atomique.

— L'hydrogène a été signalé, dès le XVIe siècle, par Paracelse, puis par Boyle et par Boerhave ; il a été isolé et étudié par Cavendish, en 1766 ; Priestley a également fait diverses recherches sur ce corps.

État naturel. L'hydrogène existe rarement à l'état de liberté, cependant plusieurs savants en ont constaté la présence dans les fumerolles d'Islande et de Toscane, qui en contiennent parfois jusqu'à 25 0/0 ; il existe aussi dans les gaz de l'estomac pendant les digestions difficiles, et surtout dans ceux de l'intestin, d'où il s'élimine souvent transformé en hydrogène sulfuré, alors qu'une petite quantité diffusée dans l'économie, se trouve brûlée dans le sang. On a encore rencontré de faibles quantités d'hydrogène libre dans presque toutes les variétés de charbon de terre, dans le gaz des marais, etc. Combiné, l'hydrogène est très abondamment répandu dans la nature, uni à l'oxygène, il forme le 1/9e en poids de l'eau, il entre dans la constitution de presque toutes les matières organiques.

Propriétés physiques. C'est un gaz incolore, inodore, insipide ; il est le plus léger de tous les corps connus. Sa densité est de 0,0692, ce qui revient à dire qu'il est 14,45 fois plus léger que l'air, et que, sous le poids de 1 gramme, il occupe un volume de 11 litres 17. Considéré, jusqu'en 1878, comme un gaz permanent, il a été liquéfié à cette époque par M. R. Pictet, sous une pression de 650 atmosphères et à —140°, puis solidifié. Sous cet état, il se présente sous la forme d'une masse bleue. Sa chaleur spécifique est de 3,297 par rapport à l'eau, ou 12,3 fois plus grande que l'air, sous le même poids. Le spectre de l'hydrogène, examiné dans un tube de Geissler, offre trois raies bien nettes : une rouge très vive, correspondant à la raie C, une seconde, d'un vert bleuâtre en F, enfin une plus faible, en G, et de teinte violacée. L'hydrogène est peu soluble dans l'eau ou dans l'alcool (2 0/0), insoluble dans les autres dissolvants ; en vertu de sa très faible densité, ce corps est très diffusible, puisque l'on sait qu'au travers des membranes poreuses, de la terre de pipe, la diffusion s'effectue en raison inverse de la racine carrée des densités ; cette loi se vérifie presque, dans ce cas, au travers des métaux, fer, cuivre, etc., réduits en plaques minces. L'hydrogène conduit fort bien la chaleur et l'électricité, ce qui le rapproche des métaux, et a donné naissance à la théorie de l'*hydrogenium*, sur laquelle nous allons revenir.

Propriétés chimiques. L'hydrogène est un corps incomburant, mais combustible ; il brûle, quand il est pur, avec une flamme très pâle, en absorbant à l'air un demi-volume d'oxygène et dégageant une très forte température, il produit par sa combustion 34,462 calories, et forme de l'eau :

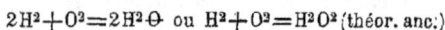

$$2H^2 + O^2 = 2H^2O \text{ ou } H^2 + O^2 = H^2O^2 \text{ (théor. anc.)}$$

Mélangé à l'oxygène, dans la proportion d'un demi-volume ou de cinq volumes d'air, il constitue ce que l'on appelle le *gaz tonnant*, et détone par le contact d'un corps enflammé, ou bien de l'étincelle électrique, voir même de la mousse de platine, qui, condensant le corps dans ses pores, s'échauffe, rougit, et finit par déterminer l'inflammation de la masse. Si l'on allume un mélange d'hydrogène et d'oxygène, en évitant la formation d'un mélange détonant, comme cela se peut faire avec divers appareils, notamment le chalumeau oxyhydrique, la lampe Drummond, etc., on produit une élévation de température considérable, allant jusqu'à 1,700° (Becquerel), et pouvant alors produire une très vive lumière, si l'on y fait arriver des corps carburés, comme la benzine, ou si on projette le jet du chalumeau sur des corps, comme la magnésie ou la chaux, qui peuvent céder à la flamme des parcelles très lumineuses à l'incandescence. Si l'on entoure la flamme de l'hydrogène d'un tube d'une certaine hauteur, on peut produire des sons divers. — V. FLAMMES SONORES.

L'hydrogène libre a peu d'affinité chimique; cependant, mélangé à certains corps, comme le chlore, il se combine brusquement, en détonant sous l'influence des rayons solaires, dégageant 23,782 calories, et formant de l'acide chlorhydrique ; sous l'influence de la chaleur, il enlève l'oxygène de quelques oxydes ; il réduit certains sels métalliques, comme l'azotate d'argent ou les composés du platine ou de palladium. Son action est, au contraire, excessivement vive et énergique, lorsqu'on le prend à l'état naissant: il agit sur les matières organiques, en modifiant, par exemple, l'indigo bleu en indigo blanc; et transformant la nitrobenzine en aniline; en modifiant les composés minéraux, faisant passer les sels ferriques à l'état de sels ferreux, décomposant l'acide nitrique pour en faire de l'ammoniaque, etc. Lorsque l'hydrogène naissant agit sur les métaux, son action est encore plus singulière, il forme avec eux de véritables alliages, notamment avec le fer, le cuivre, et surtout le palladium. Graham, qui a particulièrement étudié ces modifications, a montré que, lorsqu'au sein de l'eau acidulée, on produit un dégagement électrique en formant l'électrode positive par un fil de platine, et celle négative par une lame de palladium, le palladium peut absorber 936 volumes d'hydrogène, soit 4,68 0/0, et que sa densité s'abaisse de 12,38 à 11,79 ; c'est ce que Graham a décrit sous le nom de phénomène d'occlusion de l'hydrogène, et ce qui a fait accepter que du moment où le métal nouveau offrait tous les caractères d'un alliage véritable, on pouvait, dans ce cas, adopter l'idée de la présence d'un radical nouveau, l'hydrogenium, et lui faire la propriété d'un métal.

Caractères spéciaux. L'hydrogène peut surtout être reconnu à deux propriétés qui lui sont absolument spéciales : 1° il brûle avec une flamme très pâle; 2° il n'est absorbé par aucuns réactifs.

Caractères physiologiques. L'hydrogène n'est pas délétère, mais introduit dans l'économie animale, il ne tarde pas à provoquer l'asphyxie, par suite de manque d'oxygène. Regnault a, en effet, démontré que l'on peut vivre normalement dans une atmosphère artificielle, formée d'oxygène et d'hydrogène, ce dernier étant substitué en volumes égaux à l'azote normal; mais il y a, dans ce cas, une consommation plus grande d'oxygène.

PRODUCTION. On peut obtenir de l'hydrogène par un grand nombre de procédés : 1° en décom-

posant l'eau par des corps avides d'oxygène, c'est ce que l'on obtient de différentes manières : (a) par l'action de divers métaux très altérables, même à froid, par exemple le potassium ou le sodium,

$$H^2O^2 + K^2 = 2KO + H^2$$

ou $2H^2O + K^2 = 2KOH + H^2$ (théorie nouvelle) Cette réaction, très vive, peut se régulariser par l'amalgamation du métal, et si l'on remplace l'eau par de l'alcool ordinaire, on peut obtenir, pour résultat de combinaison du métal, de l'éthylate de potasse ; (b) par l'action, sous l'influence de la chaleur, de la vapeur d'eau sur quelques métaux, le fer notamment :

$$2(H^2O^2) + 3Fe = Fe^3O^4 + H^4$$

ou $4(H^2O) + 3Fe = Fe^3O^4 + 4H^2$ (nouv. théor.);

2° Par l'action du charbon, au rouge, sur la vapeur d'eau. La vapeur d'eau ainsi décomposée ne donne que de l'hydrogène impur, mélangé surtout d'oxyde de carbone, qu'il est alors indispensable d'absorber, pour purifier l'hydrogène.

3° Par le déplacement de l'hydrogène contenu dans certains acides, en combinaison, ou sous forme d'eau. Lorsque l'on traite quelques métaux par des acides étendus, on dégage de l'hydrogène;

$$SO^3, HO + Zn = ZnO, SO^3 + H$$

ou $SHO^4 + Zn = SO^4Zn + H$ (nouv. théor.)

4° En décomposant l'eau par la pile (V. EAU). On sait que l'on recueille au pôle négatif deux volumes d'hydrogène. Ce procédé est employé dans l'analyse eudiométrique. L'action de l'électricité sur l'ammoniaque, ou celle de la chaleur rouge, amène également la séparation de l'hydrogène ;

5° Par la fermentation butyrique, qui amène la production de notables quantités d'hydrogène ; c'est la raison qui explique la présence de l'hydrogène libre, dans les gaz formés pendant la digestion;

6° Par l'action d'une lessive alcaline : (a) sur certains métaux, comme l'étain ou le zinc :

$$2KHO + Zn = H^2 + \underset{\substack{\text{Zincite} \\ \text{de potasse}}}{K^2ZnO^2}$$

ou $KO, HO + Zn = \underset{\text{Zincite}}{ZnO, KO} + H$ (théor. anc.);

(b) sur certaines matières organiques, acides benzoïque, oxalique, par exemple :

$$\underset{\substack{\text{Oxalate} \\ \text{de potasse}}}{C^2O^4K^2} + 2KHO = \underset{\substack{\text{Carbonate} \\ \text{de potasse}}}{2CO^3K^2} + H^2$$

ou $KO, \underset{\text{Oxalate de potasse}}{C^4H^2O^8} + KO, HO = 2(\underset{\text{Carbonate de potasse}}{KO, C^2O^4}) + HO + H^2$ (ancienne théorie) ;

7° Par l'action sur l'hydrure de cuivre, de l'acide chlorhydrique :

$$CuH + HCl = CuCl + H^2.$$

PRÉPARATION. Dans les laboratoires, on obtient d'ordinaire l'hydrogène par l'action des acides dilués sur les métaux, fer, aluminium, zinc. L'opération se fait dans un flacon à deux tubulures, contenant, l'une un tube de dégagement, la seconde un tube à entonnoir destiné à introduire l'acide dilué (à 1/8e à 1/10e). C'est l'acide sulfurique qui sert dans cette opération ; mais, il est nécessaire, pour obtenir un gaz assez pur, d'attendre que le mélange d'eau et d'acide soit convenablement refroidi, et d'éviter une attaque trop vive du métal, ce qui amène fréquemment la formation, même à +30° (Kolbe), d'hydrogène sulfuré, en vertu de l'équation suivante :

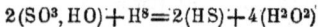

$$2(SO^3, HO) + H^8 = 2(HS) + 4(H^2O^2)$$
ou $\dot{S}H^2O^4 + 4H^2 = S\dot{H}^2 + 4(H^2O)$ (nouv. théor.)

Il est indispensable de purifier l'hydrogène, lorsque l'on veut, pour l'usage médical, par exemple, réduire certains métaux à l'état métallique, et les avoir chimiquement purs.

PURIFICATION. Lorsque l'appareil producteur d'hydrogène donne un gaz souillé de gaz étrangers provenant des impuretés du métal employé, il faut faire passer le courant gazeux au travers des flacons laveurs, destinés à retenir les produits de formation secondaire. On peut faire passer le gaz dans un tube contenant une solution d'acétate de plomb, qui retiendra l'hydrogène sulfuré, puis dans un autre tube renfermant une solution de nitrate d'argent, qui décompose l'hydrogène arsénié, et enfin dans un dernier tube rempli de bichlorure de mercure, où le gaz laisse l'hydrogène phosphoré qu'il a pu contenir. On peut plus simplement remplacer ces tubes par un flacon laveur, chargé d'eau régale, où se détruisent les composés que nous venons d'indiquer comme capables de souiller l'hydrogène; ou, suivant M. Schobig, dans un flacon contenant, au moins en hauteur, 10 centimètres d'une solution de permanganate de potasse, ou plus simplement encore de bichromate de même base, dissous dans l'eau acidulée par l'acide sulfurique (Varenne et Hebré); de là, le gaz doit se rendre dans un tube renfermant de la potasse, destinée à saturer les composés acides, ou le chlore, qui ont pu être entraînés, et enfin aller se dessécher dans un troisième tube contenant de la ponce sulfurique ; mais souvent, on met avant ce dernier tube, un appareil de Liebig, contenant une solution de sulfate de cuivre, et qui, servant de tube témoin, indique avant de dessécher l'hydrogène, si ce dernier gaz est complètement purifié.

Usages. L'hydrogène sert comme corps réducteur, pour faire de la lumière oxyhydrique, pour obtenir une flamme très chaude avec certains chalumeaux, enfin à gonfler les aérostats.

PRODUCTION INDUSTRIELLE ET ÉCONOMIQUE DE L'HYDROGÈNE. Il était indispensable de produire, pour l'aérostation, de l'hydrogène à bon marché, à cause du prix relativement élevé du gaz d'éclairage qui servait d'ordinaire à gonfler les ballons, et de la différence qui existe entre le pouvoir ascensionnel de ce dernier et de celui de l'hydrogène pur. C'est ce que M. H. Giffard a réalisé il y a déjà quelques années, au moyen de deux procédés différents, que l'on peut désigner sous le nom de méthode par la voie humide et de méthode par la voie sèche.

Méthodes Giffard. Premier procédé. Cette installation a été réalisée pour le gonflement du ballon captif que l'on avait installé, pendant l'exposition de 1878, dans la cour des Tuileries, à Paris ; elle repose sur la décomposition de l'eau acidulée en présence des métaux. L'acide sulfurique et la tournure de fer ont été choisis par l'inventeur comme étant les plus économiques, puisque l'hydrogène purifié obtenu par ce procédé revient seulement à 0 fr. 30 le mètre cube, c'est-à-dire au même prix que le gaz d'éclairage qui lui est bien inférieur, quoique de même valeur, pour le gonflement des ballons. — V. AÉROSTATION.

L'appareil producteur d'hydrogène est une cuve en tôle doublée de plomb, à fermeture hydraulique, et dans laquelle on fait arriver suivant le besoin, la tournure de fer, par le moyen d'un plan incliné. L'eau acidulée par l'acide sulfurique arrive à la partie inférieure de la cuve à double fond, et le gaz formé se dégage par un tube supérieur, pendant que le sulfate de fer produit, et en dissolution, tombe dans le double fond et peut être facilement enlevé au moyen d'un robinet. Grâce à cette disposition, on obtient environ 30 fois plus d'hydrogène que dans les appareils de laboratoire. Pour ne pas nous étendre dans de trop longs développements, nous renvoyons, pour cette description, comme pour les suivantes, aux numéros du journal La Nature, deuxième semestre 1877, p. 211, et 1883, deuxième semestre, p. 291. L'hydrogène produit est alors envoyé dans un appareil laveur où il pénètre par une série de tubes percés de trous, et en passant de haut en bas, dans l'appareil qui reçoit une pluie d'eau ; il s'y débarrasse des matières étrangères et se rend dans un dessiccateur rempli de chaux vive, laquelle arrête la vapeur et l'acide entraîné, puis pénètre dans un réfrigérant composé de deux tubes concentriques dont l'espace libre est parcouru par un courant d'eau froide. L'hydrogène passe ensuite, après sa purification, dans une cloche en verre, où un compteur spécial marque son débit, avant de l'employer pour le gonflement du ballon, ou tout autre usage.

Deuxième méthode: par voie sèche. Le second procédé indiqué par M. H. Giffard repose sur l'obtention de l'hydrogène par la réduction de l'oxyde de fer au moyen de l'oxyde de carbone, puis sur la décomposition de la vapeur d'eau par le fer. Son appareil comprend deux fours cylindriques, dont le premier est rempli de coke, et le second d'oxyde de fer. Ces fours, en briques réfractaires, et de diamètre plus grand à la partie supérieure, offrent en haut et en bas des retraits qui laissent des espaces circulaires, augmentés dans le four à minerai d'un espace correspondant à des portes, lesquelles permettent d'agiter la masse dans le cas où il y aurait obstruction. On allume le four à coke par la partie inférieure, et on active la combustion par le moyen de souffleries qui se rendent en cet endroit ; lorsque l'incandescence se porte là, la chaleur n'est pas assez grande pour déterminer la production de gaz autres que l'oxyde de carbone, de sorte que, à mesure que ce gaz se forme, comme il se réunit dans l'espace annulaire laissé à la partie supérieure du four, il se rend par un tube latéral dans un cylindre épurateur, rempli d'une matière réfractaire qui le débarrasse des matières pulvérulentes qu'il a entraînées et le conduit ensuite à la partie inférieure du second four, lequel est rempli de minerai de fer. En traversant ce four, l'oxyde de carbone réduit l'oxyde, convertit la surface des fragments en fer métallique, et forme de l'acide carbonique, lequel peut se dégager par une ouverture latérale supérieure se rendant dans une cheminée, et cela d'autant mieux, que la température provoquée par la réaction, et celle de l'oxyde de carbone lui-même, sont suffisantes pour entraîner le gaz carbonique formé. La réduction du minerai étant alors complètement opérée, on fait arriver par la partie la plus éloignée du four à minerai, un courant de vapeur· d'eau, lequel, par suite de la chaleur produite, amène la réduction de la vapeur et la séparation de l'hydrogène. Ce gaz traverse alors la couche de minerai, sort par un tube supérieur, pénètre dans le réfrigérant et se dessèche sur un épurateur à chaux. On comprend que cette opération peut être continue, car le four renfermant du fer réduit, et celui-ci s'oxydant dès l'arrivée de l'air, l'oxyde de carbone provoquera une nouvelle réduction, et ainsi de suite.

Méthode G. Tissandier. En 1883, M. Gaston Tissandier a proposé un nouveau mode de fabrication industrielle de l'hydrogène nécessaire au gonflement des aérostats. Il est comparable au procédé par voie humide de M. H. Giffard, mais en diffère par le mode de construction de l'appareil. Au lieu d'employer, comme ce dernier, un générateur unique, en tôle garnie de plomb, il se

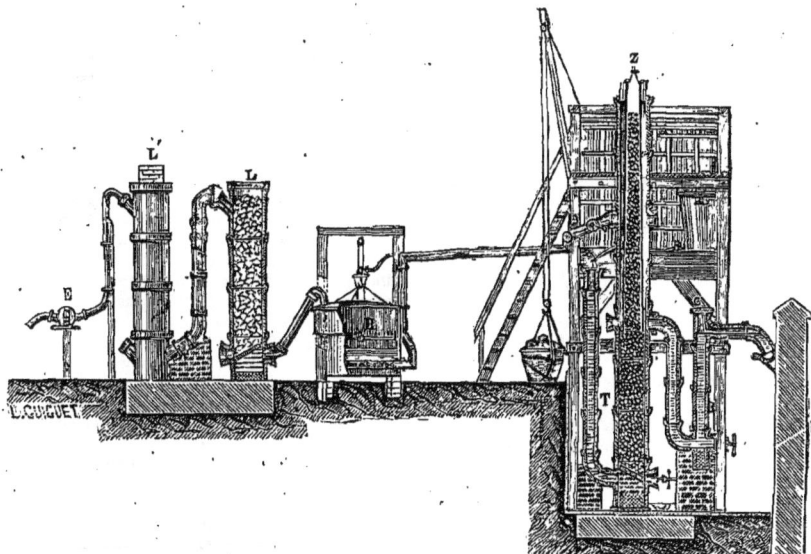

Fig. 442. — *Appareil pour la production industrielle de l'hydrogène (G. Tissandier).*

Z Colonne en tuyaux de terre surmontée par un obturateur. — T Tube amenant le mélange acide fait dans la cuve supérieure. — A Tuyau de dégagement du gaz. — H Appareil laveur. — L L' Épurateurs contenant de la soude et du chlorure de calcium. — E Ballon en verre indiquant la température et le degré de dessiccation du gaz.

sert d'une série de colonnes faites avec des tuyaux Doulton, en terre, soudés les uns aux autres par un mastic spécial; huit de ces tuyaux superposés forment ainsi un tube Z de 6 mètres de hauteur et de 0m,45 de diamètre intérieur, dans lequel on peut introduire 1,000 kilogrammes de tournure de fer tamisée et 1,500 kilogr. d'acide sulfurique étendu de trois fois son volume d'eau, ce qui permet d'obtenir 300 mètres cubes de gaz hydrogène à l'heure, figure 442. La partie inférieure de l'appareil est cimentée, comme les joints, avec un mélange de soufre fondu, de suif et de verre pilé, et la batterie de générateurs est constituée par un ensemble de quatre tubes semblables, communiquant les uns avec les autres. L'eau acidulée arrive par la partie inférieure T des appareils, et l'hydrogène produit s'échappe par un tube supérieur, pendant que l'eau saturée de sulfate de fer peut à volonté être enlevée pour s'en débarrasser, ou l'utiliser, si on le désire. A sa sortie du générateur, le gaz est conduit dans un appareil laveur, qui a pour but de le refroidir et en même temps de le débarrasser de l'acide entraîné; le gaz arrive dans le réservoir inférieurement, et traverse un grand nombre de tubes, percés de trous et ramifiés sur le tuyau adducteur. Comme l'écoulement de l'eau s'y fait d'une façon continue, le lavage est rapide, et le gaz qui s'échappe est alors amené dans deux épurateurs dont l'un L est rempli de soude caustique (la chaux en se délitant pouvant avoir l'inconvénient d'augmenter de volume, de boucher les tuyaux, ou de laisser le gaz entraîner de la matière caustique dans l'aérostat), et l'autre de chlorure de calcium L'. Enfin le gaz traverse un ballon de verre muni d'un hygromètre et d'un thermomètre, qui indiquent la température de l'hydrogène et son état de dessiccation E. Avec cet appareil, M. G. Tissandier a pu obtenir un gaz ayant un pouvoir ascensionnel de 1,190 grammes par mètre cube, qui n'avait jamais été obtenu avant lui (le gaz d'éclairage n'a qu'une force de 740 grammes pour le même volume). On conçoit que les générateurs pouvant être isolés ou réunis entre eux, on peut, à volonté, obtenir de grandes quantités de gaz, et recharger de tournure de fer les colonnes où le métal a été dissous, pendant que les réservoirs à acide sont eux-mêmes alimentés, sans interrompre le gonflement de l'aérostat. Cette disposition d'appareils peut servir pour toutes les industries qui utilisent l'hydrogène, et donne le gaz à un prix inférieur à tous les procédés indiqués jusqu'à ce jour.

Nous ne pouvons abandonner ce sujet sans parler de la possibilité que l'on a de chercher à obtenir, par voie d'électrolyse, la production industrielle de l'hydrogène. C'est une expérience que l'on a souvent cherché à réaliser, et que jusqu'à présent, la théorie force absolument à abandonner. Si l'on veut, en effet, employer une machine dynamo-électrique aussi parfaite que possible, c'est-à-dire transformant tout le travail produit en énergie électrique, on ne pourrait obtenir, par heure, et par cheval-vapeur, que la décomposition de 166 grammes d'eau, ce qui ne représente que 18^g,5 d'hydrogène, ou 206 litres de ce gaz, à la température de 0° centigrade et 8 76 centimètres de pression. D'après ces données, il est évident que la production industrielle de l'hydrogène, par la décomposition électrolytique de l'eau, ne devra jamais être tentée économiquement. — J. C.

HYDROGRAPHIE. Etym. : ὕδωρ, ὕδατος, eau et γραφειν, écrire, « la science qui enseigne à mesurer et à connaître la mer, comme la géographie enseigne à connaître la terre. » (Littré.) L'hydrographie est une science relativement moderne. Si, remontant aux premières tentatives de navigation hauturière, c'est-à-dire à la fin du XIVe siècle, on envisage toute la période des découvertes, on n'y trouve guère d'hydrographes. Les questions alors posées sont trop complexes, trop générales. Ceux qui cherchent à les résoudre, soit par des déductions philosophiques, soit par l'héroïque expérience d'un voyage vers les terres inconnues, ne peuvent se renfermer dans le cadre étroit de l'hydrographie. On sait quelles controverses soulevèrent les projets de Christophe Colomb; on connaît ces discussions scolastiques auxquelles les historiens anciens, les prophètes, les pères de l'église et l'université de Paris furent mêlés. Il s'agissait de découvrir quelle était la distribution des terres et des eaux sur notre globe, et comment on pouvait se frayer par l'ouest un chemin vers l'Asie. D'aussi graves problèmes relèvent de ce que les savants de l'époque appelaient la *cosmographie*. Christophe Colomb est donc, à cet égard, un *cosmographe*, et les explorateurs qui, après lui, pendant deux siècles sillonnèrent l'océan pour tracer sur la sphère encore à moitié nue l'ébauche des îles et des continents, sont des cosmographes.

— Cependant on peut rapporter à l'hydrographie des documents fort anciens, et cette science se trouve ainsi,

en quelque sorte, antérieure aux hydrographes. Si l'on en croit Raymond Lulle, les Majorains, les Catalans, savaient prendre hauteur et dresser des cartes dès 1286.

A une époque postérieure, il fut prescrit aux capitaines et maîtres de navires de déposer au greffe des amirautés, « les journaux et déclarations de tous voyages de long cours ». Cette utile disposition, assez mal observée de tout temps, passa dans les recueils législatifs composés d'après les ordres de Colbert, et elle est encore invoquée au milieu du XVIIIe siècle. Le P. Fournier assure qu'il a vu à Dieppe, quantité de « papiers journaux de nos anciens pilotes, » avec des cartes primitives « par route et distance ou même par distance et hauteur ». Les cartes particulières réunies par Lucas Chartier dans le *Miroir de la navigation*, et par Coulon dans sa *Colonne flamboyante*, n'auraient pas été puisées à une autre source.

Nous ne pouvons donner ici tous les détails que le P. Fournier a réunis sur les progrès de la cartographie. On trouvera dans son livre la définition des cartes dites *communes*, où les méridiens et les parallèles sont représentés par « des lignes parallèles qui font partout des carrés égaux, » et celle des cartes *réduites*, inventées par un tisserand Dieppois, nommé Levasseur.

Ce n'est pas la France qui profita la première des découvertes de Levasseur, ce furent les Hollandais. Ils fournirent de cartes et de postulans tous les capitaines français pendant une bonne partie du XVIIe siècle.

Cependant, des mesures furent prises ou tout au moins décrétées en France, dès l'année 1629 pour assurer les progrès de l'hydrographie. Un article du célèbre code Michau prescrivait l'établissement d'écoles de pilotage.

La plus ancienne école d'hydrographie paraît être celle de Dieppe, dirigée par un prêtre, l'abbé Guillaume Denys, à l'époque où Colbert fut chargé de la direction des affaires de la marine.

D'autres écoles furent bientôt ouvertes dans les principaux ports de France, et jetèrent un vif éclat pendant tout le XVIIIe siècle. A l'école du Croisic, nous trouvons les trois Bouguer et Digard de Kerguette; à celle du Hâvre, les deux Boissaye du Bocage et l'ingénieur de Gaulle. Nous pouvons encore citer les noms de plusieurs professeurs tels que Blondeau, à Calais, Duval le Roy, à Rochefort, Levêque, à Nantes, l'ingénieur Chazelles, le P. Pezenas et Saint-Jacques Silvabelle à Toulon et à Marseille, où un observatoire avait été élevé par les soins des Jésuites. Ces écoles étaient de deux sortes : les unes, établies dans les arsenaux, tels que Brest, Rochefort, Toulon ou dans quelques ports privilégiés, dépendaient directement du roi qui en payait les professeurs. Les autres étaient entretenues au moyen de ressources locales, et dépendaient plus particulièrement de l'amirauté.

En 1785, on méditait une réforme des écoles d'hydrographie. Mais les dispositions adoptées à la veille de la Révolution demeurèrent lettre morte. Aujourd'hui, l'institution subsiste encore; elle a été réorganisée par une ordonnance du 7 août 1825.

Il est une autre institution dont l'histoire remonte aussi assez haut, qui est encore debout et a puissamment contribué au développement de la science hydrographique. C'est celle du Dépôt des cartes et plans. Fondé en 1720, sous la direction du chevalier de Luynes, pour assurer la conservation des cartes, plans et journaux rapportés de chaque campague par les capitaines des bâtiments du Roi, le Dépôt des cartes et plans devint peu à peu un établissement scientifique de premier ordre. Les meilleurs officiers de la marine militaire s'y succédèrent : la Galissonnière, le chevalier d'Oisy, le marquis de Chabert, le chevalier de Fleurieu, pour ne citer que les anciens. A côté de ces illustres marins, des savants s'appliquèrent au dépouillement des précieux documents réunis par les soins de l'administration de la marine : Belain, qui passa toute sa vie à corriger le *Neptune français* de 1693, Messier, l'élève du géographe Delisle dont a collection avait été acquise par le Dépôt des cartes et plans en 1754, le P. Pingré, Meschin, Bouache, l'abbé Rochon.

Le Dépôt des cartes et plans fit d'autres acquisitions non moins précieuses. Les principales pièces du cabinet de d'Estrées lui furent données, et il hérita d'un établissement analogue à lui-même, fondé à Lorient, par d'Après de Mannevillette, l'auteur bien connu du *Neptune oriental.*

C'est au Dépôt des cartes et plans que furent rédigées les instructions données aux grands navigateurs de la fin du xviiie siècle.

Le Dépôt des cartes et plans est demeuré digne de son passé. Dirigé par un amiral, il fait et édite les cartes maritimes. Il est le siège principal des travaux d'un corps d'élite, recruté parmi les élèves de l'école polytechnique, celui des ingénieurs-hydrographes, auxquels est confié, en partie, le soin de dresser les cartes hydrographiques et de préparer les *Instructions nautiques.*

L'hydrographie a été renouvelée de nos jours par les admirables travaux de Beautemps-Beaupré, de Bégat, et par les découvertes de l'américain Maury.

C'est maintenant une science assez bien définie et très soigneusement étudiée. « Le but d'un relevé hydrographique, dit notre savant collaborateur M. Germain, l'ingénieur hydrographe, dans un ouvrage publié en 1882, qui fait autorité en la matière, est de fournir aux marins, sur une carte, tous les renseignements qui peuvent leur être nécessaires pour reconnaître la côte devant laquelle ils se trouvent, placer la position de leur navire, tracer la route à faire pour éviter les dangers, atteindre un port ou un mouillage, trouver un abri en cas de mauvais temps, etc. Une bonne carte marine ne doit donc pas se borner à donner le contour de la côte, les profondeurs et la position des dangers, elle doit encore offrir aux yeux la représentation de la portion de côte visible de la mer, la forme et la situation des points remarquables et principalement de ceux qui peuvent servir d'*amer* (V. ce mot), ainsi que le relief du terrain sous-marin, sés déclivités, ses accidents, accuser la nature du fond, indiquer le régime de la marée, dont l'effet est de modifier à chaque instant les profondeurs au-dessous de la surface de la mer et l'aspect même du rivage. » D'autres renseignements sont encore nécessaires : l'hydrographie fournit des données sur la variation annuelle de la déclinaison magnétique et sur les courants de marée, dont un capitaine ne saurait trop se préoccuper, lorsqu'il est dans le voisinage des dangers.

Pour construire une carte, c'est-à-dire pour représenter sur un plan une portion de la surface de la terre, il faut :

« 1° Placer chaque point dans la position relative qu'il occupe par rapport à d'autres points remarquables ; tel est le but de la *triangulation,* qui de proche en proche, rapporte chaque objet du terrain à deux autres déjà connus, avec lesquels il forme ainsi un triangle défini par ses angles ;

« 2° Déterminer l'échelle, c'est-à-dire la relation entre les distances de ces points sur la carte et celles qu'ils ont sur la terre ; on y parvient en mesurant une base, c'est-à-dire la longueur réelle de l'un des côtés de la figure géométrique formée par les différents triangles du terrain ;

« 3° Indiquer les hauteurs relatives des divers points, et, par conséquent, leur altitude au-dessus d'un niveau fixe ; tel est le but du *nivellement.*

« 4° Fixer la position qu'occupe sur le globe la contrée représentée sur la carte ; on y parvient en déterminant la position géographique, latitude et longitude, de l'un des points, auquel la triangulation permet de relier tous les autres.

« 5° Orienter la représentation du terrain, c'est-à-dire déterminer, en un point quelconque du levé, la direction que fait avec la projection du méridien de ce point, le rayon visuel mené à tous les autres. »

A ces opérations, communes à tous les levés, doit s'en ajouter une autre qui est spéciale aux levés hydrographiques : c'est la représentation du relief sous-marin, déterminé par un grand nombre de côtes de profondeur (sondes), mesurées au-dessous du niveau de la mer. Ces sondes sont reliées aux points du terrain visible à l'aide d'une véritable triangulation.

Suivant certaines classifications, l'hydrographie comprend une seconde partie.

Dans son domaine, rentrent, non seulement toutes les recherches relatives à la mer, c'est-à-dire aux *eaux salées,* mais encore l'étude, à un point de vue spécial, des eaux douces : la précipitation des vapeurs atmosphériques qui forment les glaciers au faîte des montagnes et se résolvent en pluie dans les vallées, le régime des sources, des lacs et des cours d'eau, sont les principaux objets de cette seconde partie de l'hydrographie, que l'on distingue de la première en désignant celle-ci sous le nom d'*hydrographie maritime.* — N. D.

HYDROLOGIE. C'est la branche de l'hydraulique qui traite de la distribution des pluies, de l'écoulement des eaux souterraines et superficielles, de la formation des étangs, des sources et des rivières ; elle étudie surtout les relations qui existent entre le régime des eaux courantes et la nature géologique des bassins qui les alimentent. C'est l'hydrologie qui permet de préparer les moyens de protection contre les inondations, les travaux de desséchement des marais et de drainage des terrains cultivés ; elle facilite la recherche et la captation des sources pour l'alimentation et des sources minérales ou thermales, ainsi que l'établissement des puits ordinaires et artésiens. L'hydrologie exige le concours de la météorologie et de la géologie. L'exposé de cette science ne rentre pas dans le cadre de ce *Dictionnaire* ; mais il est juste de rappeler que, s'il existe un certain nombre de travaux antérieurs sur ces questions, c'est à l'illustre Belgrand qu'appartient l'honneur d'en avoir posé les règles précises ; ses publications sont trop nombreuses pour être citées ici ; on en trouvera la liste complète dans les *Annales des ponts et chaussées* (n° de novembre 1881).

Bibliographie : Sédilleau : *De l'origine des rivières; Mémoires de l'Académie des sciences,* 1693; Perrault :

Origine des fontaines, Paris, 1720; Bernard Palissy:
*Des eaux des fleuves, fontaines, puits, cisternes, estangs,
marez et autres eaux douces, de leur origine, de leur
bonté, mauvaistié et autres qualités,* Paris, 1777; *L'art
de découvrir les sources,* de l'abbé Paramelle, Paris,
1856; Darcy: *Les fontaines publiques de Dijon,* Paris,
1856; Vallez: *Etudes sur les inondations, leurs causes
et leurs effets,* Paris, 1857; Delesse: *Recherches sur
l'eau dans l'intérieur des terres,* Paris, 1861; C. Flam-
marion: *L'atmosphère,* Paris, 1873; Debeauve: *Manuel
de l'ingénieur,* 3° partie du *Traité des eaux,* Paris, 1875.

HYDROMEL. Breuvage composé de miel délayé
dans l'eau et qui constitue l'*hydromel simple*; par
la fermentation, on obtient un liquide alcoolique
transparent, plus ou moins coloré et qui possède
les qualités vineuses de quelques vins d'Espagne.

I. HYDROMÈTRE, HYDROMÉTRIE. L'hydromètre
est un instrument mesurant la quantité d'eau de
pluie qui tombe en un lieu, dans un temps déterminé. L'appareil destiné à cette évaluation
porte habituellement le nom d'*udomètre* ou de
pluviomètre; on le nomme aussi quelquefois *om-
bromètre,* du grec *ombros,* pluie.

II. *HYDROMÈTRE. T. techn. Instrument destiné à
mesurer et à indiquer la hauteur du niveau de
l'eau dans les réservoirs, et permettant de transmettre à toute distance les indications qu'on a
besoin de connaître sur les variations de la hauteur de l'eau dans les réservoirs. Le type le plus

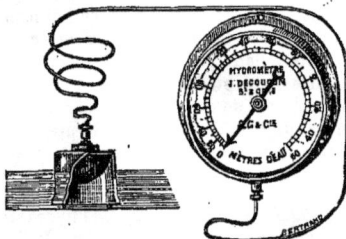
Fig. 443.

simple et le plus complet est l'hydromètre imaginé par M. Decoudun, tel que le construit M. Gui-
chard et représenté par la figure 443.
   Le premier organe de cet appareil est une petite cloche en fonte, qu'on pose, en la renversant pleine d'air, sur le fond du réservoir dont on
veut mesurer les niveaux d'eau. L'air qui se
trouve ainsi renfermé et emprisonné sous cette
cloche sera nécessairement soumis à des pressions
qui correspondront toujours à la hauteur de l'eau
au-dessus de l'instrument. On établit, au moyen
d'un petit tube métallique, comme ceux qu'on
emploie pour les sonneries à air, une transmission depuis cette cloche jusqu'à un second instrument qui reçoit et enregistre les effets de la
compression de l'air. Ce dernier organe, qu'on
voit à droite de la figure 443, présente un cadran-
indicateur d'apparence analogue à celle d'un manomètre, sur lequel se meut une aiguille que
mettent en mouvement les variations de pression
correspondant aux variations de la hauteur d'eau.
La graduation de ce cadran permet de lire, en

mètres et fractions de mètres, les diverses hauteurs du niveau dans le réservoir.
   L'hydromètre, fonctionnant par la compression
de l'air, ne subit l'influence ni de la chaleur ni du
froid. Le tube de communication pouvant avoir
une longueur quelconque, les indications de l'appareil peuvent être transmises à toute distance, et
si l'on a besoin de donner les mêmes indications
à plusieurs endroits à la fois, une seule cloche est
dans ce cas suffisante : il n'y a qu'à brancher sur
le tube principal des tuyaux aboutissant aux divers cadrans-indicateurs qu'on a besoin d'établir.
On peut appliquer le même appareil à mesurer la
hauteur d'autres liquides que l'eau, tels que des
huiles, des alcools, des essences, etc.
   On donne aussi le nom d'*hydromètre,* dans les
traités d'hydraulique, à des appareils destinés à
mesurer la vitesse des cours d'eau, tels que les
flotteurs, le *pendule hydrométrique,* la *romaine
hydrométrique,* le *tube* de Pitot, le *moulinet* de
Woltmann, etc. — V. Jaugeage. — G. J.

***HYDROPHANE. T. de minér.** Pierre opaque qui
a la propriété de devenir translucide lorsqu'elle
est plongée dans l'eau. On voit alors des bulles
d'air qui s'en échappent et qui sont remplacées
par l'eau. L'hydrophane est une variété d'opale
(quartz).

***HYDROPLASIE.** Art de faire produire à l'eau
jaillissante, des effets agréables au moyen de certaines combinaisons d'ajutages. Cet art remonte
au XVII° siècle et paraît avoir été pratiqué sur
une grande échelle pour la décoration et l'ornement des jardins d'agrément.
   — V. Salomon de Caus: *Les raisons des forces mouvantes, avec plusieurs machines tant utiles que plai-
santes, auxquelles sont adjoints plusieurs desseings de
grottes et fontaines,* Francfort, 1615; autre édition, Paris,
Ch. Sevestre, 1624.

***HYDROPLASTIE.** Syn. de *Galvanoplastie.* — V.
ce mot.

***HYDROPNEUMATISATION.** Dispositif remar-
quable imaginé par le regretté L. D. Girard pour
maintenir libre l'écoulement des moteurs hydrauliques, malgré l'élévation de l'eau d'aval, et par
suite, pour supprimer, en grande partie, la diminution de rendement qu'ils subissent lorsqu'ils
marchent noyés. Ce résultat est obtenu en refoulant de l'air dans une cloche qui recouvre le moteur et dont le bord inférieur descend à quelques
centimètres au-dessous du niveau de l'eau d'aval;
la pression de l'air abaisse le niveau de l'eau dans
l'intérieur de la cloche et l'appareil marche comme
s'il tournait dans l'air libre. L'air est injecté par
une petite pompe foulante, mise en mouvement par
le moteur lui-même; la dépense de force pour le
comprimer dans la cloche est insignifiante, car la
roue est rarement noyée de plus de deux mètres,
ce qui correspond à peu près à un cinquième d'atmosphère.
   Appliqué aux turbines, ce système permet de
réduire le débit en n'ouvrant qu'un petit nombre
de vannes partielles, sans que le rapport de l'effet
utile au travail total soit beaucoup diminué, tan-

dis que si la turbine tournait sous l'eau, les résistances au mouvement restant toujours les mêmes, quel que soit le débit, le rendement diminuerait considérablement. Le bénéfice du système augmente donc en sens inverse du débit, et en effet, les expériences de Callon et Girard sur une turbine à 40 vannettes, ont montré que l'effet de l'hydropneumatisation variait de 25 à 9 0/0, lorsque le nombre des vannes ouvertes s'élevait de 10 à 30. Ce dispositif permet, en outre, d'installer les moteurs au niveau des plus basses eaux annuelles, et, par conséquent, d'utiliser toute la chute disponible à ces époques où le débit des cours d'eau est le plus faible. Dans l'installation des turbines hydropneumatiques, le tuyau porte-fond, l'arbre moteur et les tiges de la vanne cylindrique traversent la cloche au moyen de presse-étoupes; pour les roues à axe horizontal, l'arbre passe dans deux presse-étoupes fixés aux joues verticales du tambour hydropneumatique qui est lui-même soutenu par les parois verticales en maçonnerie.—J. B.

HYDROQUINON. *T. de chim.* Produit découvert par Wœhler, en 1838, et qui résulte de la réduction du quinon, corps formant un type de série dans laquelle les uns voient des aldéhydes de phénol polyatomique, et d'autres le résultat de la substitution de l'oxygène et de l'hydrogène à volumes gazeux égaux, dans la chaîne centrale des carbures aromatiques. Il a pour formule $C^6 H^4 .(O H)^2$ ou $C^{12} H^6 O^4$ (équiv.), cristallisé en prismes transparents, incolores, solubles dans l'eau, l'alcool, l'éther; il fond à 177°,5, se sublime au delà, et chauffé brusquement donne du quinon et de l'hydroquinon vert (quinhydron). L'acide azotique concentré le transforme en acide oxalique. Quelques-uns de ses dérivés par substitution, ou ceux obtenus par l'acide phtalique, sont fort intéressants; l'arbutine, le tannin du café sont regardés comme des dérivés de l'hydroquinon.

On l'obtient en réduisant le quinon par l'acide iodhydrique, l'acide sulfureux, filtrant et évaporant à cristallisation, ou en faisant la distillation sèche de l'acide quinique; en traitant ce même acide par le peroxyde de plomb, ou enfin dédoublant l'arbutine par l'action de l'émulsine. On dit aussi *hydroquinone.*

HYDROSTATIQUE ou STATIQUE DES FLUIDES.

L'hydrostatique fait partie de l'enseignement de la physique; les principes généraux de cette science ont été résumés au mot HYDRAULIQUE.

HYDROTIMÈTRE, HYDROTIMÉTRIE. *T. de chim.* MM. Boutron et Boudet ont désigné sous ce nom, une méthode spéciale d'essai, destinée à faire connaître la bonne qualité des eaux, s'occupant surtout à doser la quantité de chaux ou de magnésie que ces eaux contiennent, mais en arrivant également à pouvoir trouver, par suite des résultats obtenus, les proportions des éléments étrangers qui correspondent aux chiffres fournis par l'analyse. La méthode repose sur la propriété qu'a le savon de ne rendre l'eau mousseuse, que lorsque les sels de chaux ou de magnésie qu'elle renferme, sont complètement décomposés par le savon. Cette solution titrée de savon donne le *degré*

hydrotimétrique, c'est-à-dire indique la quantité de savon nécessaire pour neutraliser un litre d'eau. Pour faire l'essai, on se sert: d'une burette spéciale, désignée sous le nom d'*hydrotimètre,* de la liqueur titrée que nous venons d'indiquer, et d'un flacon à l'émeri de 60 centimètres cubes de capacité, sur lequel sont inscrites les indications suivantes : 10, 20, 30, 40 centimètres cubes.

Liqueur titrée. On dissout 50 grammes de savon blanc de Marseille, ou même de savon amygdalin bien sec (qui donne immédiatement une solution au titre voulu), dans 800 grammes d'alcool à 90° centigrades; on filtre, et on ajoute au liquide 500 grammes d'eau distillée. On titre alors la solution au moyen d'une liqueur de chlorure de calcium fondu et pur, contenant 0^g,25 de sel 0/0. Si la liqueur savonneuse est bien faite, en mettant 40 centimètres cubes de solution calcique dans le flacon jaugé, il faut, pour obtenir une mousse persistante, après agitation, 23 divisions de la liqueur savonneuse, versée avec la burette spéciale; cela correspond à 22° hydrotimétriques. Si l'on trouve un chiffre inférieur à 22°, il faut ajouter de l'eau distillée, dans la proportion de 1/23°, pour abaisser le titre de 1°.

Burette. Cet instrument est gradué de telle sorte que, à partir d'un trait circulaire horizontal, un espace de 2^{c}³,4, soit divisé en 23 parties égales. ou degrés, dont les suivants ont d'ailleurs la même capacité; mais le 0 réel de l'instrument n'est tracé qu'un degré après le trait circulaire, parce que dans chaque expérience, comme on emploie 40 centimètres cubes d'eau, soit 1/25° de litre, et qu'en dehors de ces 40 centimètres cubes d'eau, il y a une proportion variable de matières capables de décomposer le savon; il faut une division de liqueur d'épreuve, pour pouvoir produire avec l'eau pure, une viscosité assez grande pour laisser une mousse savonneuse persistante. La première division étant donc négligeable, les divisions suivantes représentent alors réellement la proportion de savon décomposée par les matières contenues dans l'eau.

Mode opératoire. Pour essayer une eau quelconque, on en met 40 centimètres cubes dans le flacon d'essai, et on y verse, avec la burette, et goutte à goutte, la liqueur de savon, en refermant chaque fois le flacon, et agitant, pour voir si l'on obtient une mousse persistante occupant une épaisseur de 1/2 centimètre de hauteur et restant au moins dix minutes sans s'abaisser. Quand ce résultat est obtenu, il suffit de lire le nombre de divisions employées pour connaître le degré hydrotimétrique de l'eau. Toute eau qui donne immédiatement des grumeaux par l'addition de la liqueur d'épreuve, est trop calcaire; on doit alors l'étendre de un, deux ou trois volumes d'eau distillée, ce qui explique pourquoi le flacon est jaugé en 10, 20, 30 et 40 centimètres cubes, puis faire l'essai, en ayant soin de multiplier le résultat trouvé par 2, 3 ou 4, suivant que l'on a additionné l'eau de 1, 2 ou 3 volumes d'eau distillée.

Le degré hydrotimétrique indique : 1° la qualité de l'eau ; — l'eau distillée marquant 0° à l'hydrotimètre, — on divise ainsi les eaux : (*a*) *sont bonnes* pour l'alimentation et les usages domestiques (blanchissage, cuisson des légumes), celles dont le *degré hydrotimétrique ne dépasse pas* 30 ; (*b*) *sont indifférentes*, mais de digestion difficile, sans être insalubres, celles *qui marquent de* 30 *à* 60° ; elles cuisent mal les légumes, font mal les savonnages, et sont déjà impropres à certains usages industriels ; (*c*) *sont impropres* à l'alimentation, aux usages économiques ou industriels ; celles qui *marquent de* 60 *à* 150° *et plus*.

2° Le nombre de décigrammes de savon que l'eau neutralise par litre (l'équivalent du savon étant 6,453, chaque degré hydrotimétrique correspond bien à 0,1 de savon neutralisé, par litre de solution normale de chlorure).

3° La proportion de chlorure de calcium équivalente aux sels de chaux et de magnésie contenus dans l'eau ; car chaque degré de liqueur d'épreuve correspondant à 0^g,0114 de ce sel par litre, il suffira de multiplier par ce chiffre, le nombre de degrés obtenus, pour connaître la richesse de l'eau.

Mais là ne se bornent pas les résultats que fournit la méthode hydrotimétrique, car la qualité de l'eau n'est pas seulement en rapport avec la proportion de sels calcaires qu'elle renferme, elle dépend surtout de la nature de ces sels. Une eau bicarbonatée, par exemple, pourra être bonne, quoique marquant 45°, et une eau sulfatée mauvaise, tout en ne fournissant que 25° hydrotimétriques. MM. Boutron et Boudet ont fait de leur procédé une véritable méthode d'analyse quantitative des eaux, grâce aux renseignements complémentaires suivants :

Quand on a obtenu le degré hydrotimétrique d'une eau, ce qui donne la proportion des sels terreux contenus dans le liquide, on reprend un nouveau volume d'eau, on y précipite la chaux dans 50 centimètres cubes, au moyen de 2 centimètres cubes de solution d'oxalate d'ammoniaque, à 1/60°, puis on filtre ; on en mesure 40 centimètres cubes dans le flacon jaugé, et on prend le nouveau degré. Celui-ci donne la proportion d'acide carbonique et de sels de magnésie restés dans l'eau après la précipitation de la chaux. On fait bouillir pendant une demi-heure une nouvelle quantité de l'eau à essayer pour séparer le carbonate de chaux, puis on laisse refroidir, et comme l'on a opéré dans un ballon jaugé, on rétablit le volume primitif du liquide avec de l'eau distillée, on filtre et reprend le degré. Le résultat obtenu correspond à la proportion de sels de chaux et de magnésie restant dans l'eau, après la séparation du carbonate (on diminue le résultat de 3, pour tenir compte de la quantité de carbonate de chaux soluble, restée en dissolution dans l'eau).

Enfin, dans une dernière opération, on élimine par l'oxalate d'ammoniaque (2 centimètres cubes de la solution, pour 50 centimètres cubes d'eau), les sels de chaux non précipités par l'ébullition, on filtre, puis on reprend le degré hydrotimétrique qui indique la quantité de sels de magnésie contenus dans l'eau et non précipités par la chaleur ou le sel ammoniacal. Dès lors, on n'aura

plus, puisque l'on connaît la teneur en sels de chaux et de magnésie, qu'à diminuer ce chiffre, du degré hydrotimétrique de l'eau à l'état naturel, pour avoir la proportion d'acide carbonique.

En tenant compte de ce fait, démontré par l'expérience, que dans une eau qui ne marque que 25 à 30°, la liqueur d'épreuve n'agit pas sur les sels de soude ou de potasse, MM. Boutron et Boudet ont pu donner le tableau suivant, qui représente les équivalents en poids, d'un degré hydrotimétrique, pour un litre d'eau :

Chaux.	1°=0^g,0057
Chlorure de calcium.	1°=0.0114
Carbonate de chaux.	1°=0.0103
Sulfate de chaux.	1°=0.0140
Magnésie.	1°=0.0042
Chlorure de magnésium. . . .	1°=0.0090
Carbonate de magnésie. . . .	1°=0.0088
Sulfate de magnésie.	1°=0.0125
Chlorure de sodium.	1°=0.0120
Sulfate de soude.	1°=0.0146
Acide sulfurique.	1°=0.0082
Savon à 30 0/0 d'eau.	1°=0.1061
Acide carbonique	1°=5^c3

Pour traduire en poids les résultats de l'analyse hydrotimétrique, il suffira donc de multiplier par les chiffres ci-contre, le nombre de degrés obtenus dans les divers essais qui auront été pratiqués. Quant aux sels d'alumine, de fer, de manganèse, à la silice, qui se trouvent aussi dans les eaux, en proportions très faibles, mais qui forment également avec les acides gras du savon des composés insolubles, ils sont précipités avec les sels de chaux et de magnésie ; il faudrait pour les doser employer une méthode d'analyse autre que celle que nous venons d'indiquer.

M. Limousin a récemment modifié cette méthode (*Répertoire de pharmacie*, 1884, *page* 510), en proposant de se servir, au lieu de burette, d'un compte-gouttes, donnant des gouttes du poids de 5 centigrammes, avec l'eau distillée. Chaque goutte d'eau représente donc 1/2 dixième de centimètre cube, et l'exactitude est d'autant plus grande qu'il est plus facile de compter des gouttes, que de suivre sur l'échelle graduée d'une burette, le point d'arrêt du liquide.

Pour faire l'essai, on introduit dans un tube fermé, 8 centimètres cubes de l'eau à analyser, et on y verse goutte à goutte la solution ordinaire de savon, en ayant soin toutefois de lui donner un degré alcoolique tel que 2^c3,4 correspondent exactement à 115 gouttes, pour un compte-gouttes gradué à 2 centimètres cubes, car ces 115 gouttes représentent juste les 23 divisions de la burette de Boutron et Boudet, qu'il faut employer pour saturer les 0^g,25 de chlorure de calcium renfermés dans un litre de liqueur d'épreuve. Dès lors, le rapport est facile à faire : 5 gouttes de la solution nouvelle correspondent à une division de la burette, et comme on opère sur 8 centimètres cubes et non sur 40, chaque goutte, dans le nouveau procédé, représente une division de la burette, et on obtient autant de degrés hydrotimétriques qu'on a versé de gouttes, défalcation faite de la dernière, qui est nécessaire pour avoir une mousse persistante.

Pour doser les matières organiques, on se sert d'une solution de permanganate de potasse, contenant en sel pur, 2 centigrammes par litre, ce qui fait que une goutte correspond à $0^g,001$ de matière organique, par litre, en opérant sur 5 centimètres cubes d'eau. On prend, pour l'essai, 5 centimètres cubes d'eau, on les met dans un tube fermé, avec une trace d'acide sulfurique ou de bisulfate de potasse, et on y verse la solution manganique jusqu'à persistance de coloration rose. Le nombre de gouttes employées donne, en milligrammes, la quantité de matières organiques contenues dans cette même eau. Pour faciliter l'opération, on doit porter la liqueur à 80° environ, en plongeant le tube à essai dans de l'eau bouillante. Cette méthode est très rapide.

On peut encore connaître la dureté de l'eau, en se servant de la *méthode de Clarcke*, modifiée par Faisst et Knauss, dans laquelle on opère toujours avec une dissolution savonneuse, mais titrée de telle sorte que 45 centimèt. cubes de cette liqueur fournissent, après agitation, une mousse épaisse et persistant au moins pendant cinq minutes, avec 100 centimètres cubes d'une solution de chlorure de baryum, correspondant à $0^g,0012$ de chaux. D'où il résulte qu'une eau, qui pour 100 centimètres cubes, exige 45 centimètres cubes de dissolution savonneuse, en donnant la mousse persistante, marque 12° de dureté.

Faisst et Knauss ont du reste donné la table suivante :

1/2° de dureté correspond à $3^{c}3⁄4$ de dissolut. savonneuse		
1°	—	—	5.4	—	—
2°	—	—	9.4	—	—
3°	—	—	13.2	—	—
4°	—	—	17.0	—	—
5°	—	—	20.8	—	—
6°	—	—	24.4	—	—
7°	—	—	28.0	—	—
8°	—	—	31.6	—	—
9°	—	—	35.0	—	—
10°	—	—	38.4	—	—
11°	—	—	31.8	—	—
12°	—	—	45.0	—	—

Lorsque l'on fait l'examen d'une eau par cette méthode, on a l'habitude d'indiquer la *dureté totale* (eau ordinaire), la *dureté persistante* (eau bouillie et ramenée à son volume primitif), et la *dureté temporaire* (différence entre les deux premiers résultats et due aux bicarbonates), et l'on fait l'opération à peu près comme dans l'autre procédé, en ayant eu soin, par un essai préalable, pratiqué dans un tube avec 20 centimètres cubes d'eau, pour 6 centimètres cubes de liqueur savonneuse, de voir si l'on devait employer l'eau ordinaire, ou diluée, avec 1/2, 1/4 ou 1/10° d'eau distillée.

Le degré hydrotimétrique français étant pris pour unité, il y a entre les degrés allemands, français et anglais, le rapport qui existe entre les nombres suivants, 0,56 : 1 : 0,70. — J. C.

HYDRURE. T. de chim. Nom des composés que l'hydrogène forme avec les corps simples ou composés. Ces combinaisons peuvent se faire en proportions variables : ainsi, si nous envisageons celles de l'hydrogène et du carbone, nous verrons que l'on connaît quatre de ces composés qui tous sont gazeux :

Un *protohydrure*, l'acétylène $(C^2H)^2...C^2H^2$ qui contient son propre volume d'hydrogène, comme l'eau, l'acide sulfhydrique ; un *bihydrure*, l'éthylène $(C^2H^2)^2...C^2H^4$, qui contient deux fois son volume d'hydrogène ; un *trihydrure*, l'hydrure d'éthylène ou diméthyle $(C^2H^3)^2...C^2H^6$, renfermant trois fois son volume d'hydrogène ; enfin, un *quadrihydrure*, le formène $C^2H^4...C H^4$ qui ne renferme que deux fois son volume du gaz hydrogène. Ce composé combiné avec l'oxygène, à volume égal, forme l'eau $H^2O^2...H^2O$, l'eau oxygénée $H^2O^4..H^2O^2$, etc.

Quant aux corps avec lesquels il s'unit, l'hydrogène peut se combiner : avec les différents corps simples : ainsi, avec les métalloïdes, pour former des corps indifférents (hydrogène arsenié, hydrogène antimonié, eau, etc.), des corps basiques (ammoniaque) ; des corps acides (acides bromhydrique, chlorhydrique, iodhydrique, etc.) ; ou avec les métaux (hydrures proprement dits); et même des radicaux. Ses combinaisons avec les radicaux d'acides sont les corps désignés aussi sous le nom d'*aldéhydes*, ainsi l'hydrure d'acétyle est l'aldéhyde ordinaire ; l'hydrure de salicyle, l'aldéhyde salicylique ; l'hydrure de trichloracétyle, le chloral ; l'hydrure de benzoïle, l'aldéhyde benzoïque ou essence d'amandes amères, etc. ; l'hydrogène combiné avec les radicaux alcooliques forme des hydrures non moins importants, tels sont l'hydrure de méthyle, le méthane, ou gaz des marais, ou hydrogène protocarboné ; l'hydrure de décyle qui est le diamyle ; l'hydrure de phényle, la benzine, etc.

HYGIÈNE PROFESSIONNELLE. L'hygiène étant la science qui enseigne les moyens de conserver la santé, en faisant connaître et éviter les causes qui produisent les maladies, l'hygiène professionnelle est l'étude des professions considérées par leur côté nuisible. Ce côté nuisible est très apparent dans un grand nombre de métiers (cérusiers, aiguiseurs, étameurs de glaces, doreurs, fabricants d'allumettes, verriers, etc.) ; il est moins visible dans d'autres (fleuristes, teinturiers, peintres, émailleurs, etc.) ; enfin, il est caché dans certains états (tailleurs, serruriers, horlogers, confiseurs, etc.), mais, en somme, aucun métier n'est à l'abri des influences pathologiques professionnelles.

Tout homme, disait Voltaire, a plus ou moins les vices de sa profession. Cette pensée est vraie en biologie comme en morale. Qu'on entende par vices, les dispositions des individus au mal moral ou au mal physique, toujours on est forcé de reconnaître que chacun de nous se trouve, plus ou moins, sous la dépendance de causes susceptibles de vicier son esprit ou son corps. Laissant aux philosophes le soin de montrer comment on doit protéger l'âme, les hygiénistes ont noté les troubles corporels inhérents à l'exercice de chaque profession, et ils ont dit les moyens de les éviter, de les diminuer ou de les neutraliser. On a parfois taxé leurs écrits d'exagération ; on a eu raison de le faire lorsque, à l'exemple de Ramazzini, les auteurs mettaient sur le compte de la profession les écarts de régime de l'ouvrier en dehors de l'atelier. Cette confusion évitée, la liste des maux physiques inhérents à l'exercice des arts industriels est encore trop longue. En 1870, M. Ch. de Freycinet écrivait, dans un rapport remarquable sur l'assainissement des usines : « La plupart des industries, on pourrait presque dire toutes les industries, sont insalubres ». Cette déclaration de l'éminent ingénieur est une vérité que les faits confirment tous les jours.

En effet, le travail manuel moderne, avec ses perfectionnements empruntés à toutes les sciences, avec ses auxiliaires. aussi puissants que terribles, la physique et la chimie, le travail manuel a des inconvénients qu'il faut connaître. Pour les connaître tous, il faudrait passer en revue toutes les professions ; la nature de cette publication nous interdit ces monographies intéressantes, qui seront mieux à leur place dans un traité spécial d'hygiène professionnelle. Dans l'impossibilité où nous sommes d'employer la méthode analytique, nous avons recours à la synthèse, et nous adoptons à peu près le groupement établi par M. le docteur Proust, le savant président de la Société de Médecine publique. Au tableau que le maître a publié dans son excellent *Traité d'hygiène*,

Phénomènes pathologiques provoqués	Professions qui les provoquent	Phénomènes pathologiques provoqués	Professions qui les provoquent
1. Plaies, fractures, écrasement, broiement, etc.	Mécaniciens, et, en général, ouvriers travaillant dans les manufactures, au voisinage d'engins mécaniques puissants munis de volants, courroies, engrenages, etc.	8. Troubles de l'appareil visuel.	Verriers, forgerons, graveurs, bijoutiers, lapidaires.
2. Brûlures, contusions, etc.	Chauffeurs, gaziers, distillateurs, fabricants de vernis, artificiers, etc.	9. Troubles des appareils digestifs et nerveux succédant à : A. L'intoxication par le plomb.	Cérusiers, étameurs, émailleurs, fondeurs de caractères, imprimeurs, broyeurs de couleurs, peintres, luthiers, dessinateurs en broderies, ouvriers en dentelles, graveurs sur verre mousseline, potiers, polisseurs de camées, etc.
3. Eruptions de cause externe.	Déchireurs de bateaux, blanchisseurs, mégissiers, tanneurs, criniers, pelletiers, filateurs, ébénistes, maçons, fleuristes, forgerons, fabricants de papiers peints, canissiers, etc.		
4. Eruptions de cause interne.	Ouvriers qui travaillent le sulfate de quinine.	B. L'intoxication par le mercure.	Etameurs de glaces, doreurs, photographes, chapeliers, fleuristes, etc.
5. Déformations et attitudes vicieuses.	Tailleurs, cordonniers, aiguiseurs, tourneurs, tonneliers, charrons, mineurs, cultivateurs, etc.	C. L'intoxication par l'arsenic.	Empailleurs, corroyeurs, apprêteurs, fabricants de papiers peints, fleuristes, etc.
6. Troubles du côté des muscles, des tendons, des articulations.	Briquetiers, facteurs, cochers, compositeurs d'imprimerie, pianistes, écrivains, charpentiers, etc.	D. L'intoxication par le phosphore.	Fabricants d'allumettes, fabricants de bronze phosphoreux.
7. Troubles de l'appareil circulatoire succédant à l'inhalation : A. Des poussières animales.	Batteurs de tapis, brossiers, cardeurs et peigneurs de laine, chapeliers, matelassiers, plumassiers, tourneurs, nacriers, coupeurs de poils, etc.	E. L'intoxication par le sulfure de carbone.	Teinturiers, dégraisseurs, fabricants de caoutchouc, fabricants d'étoffes imperméables, fabric. de courroies, etc.
B. Des poussières végétales.	Batteurs de grains, boulangers, meuniers, charbonniers, ramoneurs, scieurs de long, fondeurs, droguistes, mouleurs, peigneurs de chanvre, tourneurs, cardeurs de coton, etc.	F. L'intoxication par l'oxyde de carbone et l'acide carbonique	Cuisiniers, gaziers, mineurs, puisatiers, etc.
		10. Troubles généraux succédant à une inoculation.	Bouchers, criniers, tanneurs, équarrisseurs, blanchisseuses, médecins, vétérinaires, infirmiers, naturalistes, palefreniers.
C. Des poussières minérales.	Aiguiseurs, plâtriers, maçons, albâtriers, carriers, tailleurs de pierre, ardoisiers, lustreurs de peaux, satineurs de papier, etc.	11. Troubles généraux succédant à des émanations putrides.	Boyaudiers, fabr. de colle, fabr. d'engrais, équarrisseurs, rouisseurs de chanvre, etc.
		12. Troubles divers produits par l'humidité.	Débardeurs, ravageurs, pêcheurs, blanchisseuses, teinturiers, etc.
D. Des vapeurs acides ou irritantes.	Blanchisseurs, fabricants d'allumettes, orfèvres, joailliers, bijoutiers, affineurs, dérocheurs, décapeurs, doreurs, fabricants de soude artificielle, fabricants de celluloïd, graveurs sur verre, etc.	13. Troubles divers produits par la chaleur.	Fondeurs, cuisiniers, chauffeurs, verriers, etc.
		14. Troubles produits par l'air raréfié ou condensé.	Plongeurs, aéronautes.

nous nous bornons à faire subir quelques modifications de détail, qui nous semblent nécessaires pour le mettre plus complètement en harmonie avec les faits observés. V. le tableau de la p. 757.

Maintenant que le mal est connu, parlons des précautions propres à l'éviter. Ces précautions peuvent être divisées en trois groupes, selon qu'elles sont prises par l'autorité publique, par les chefs d'industrie ou par les ouvriers.

I. *Précautions prises par l'autorité (hygiène publique).* Dans tous les pays civilisés, l'autorité veille, plus ou moins, à ce que les entreprises industrielles n'exercent pas une influence fâcheuse sur la santé publique. Comme les autres nations, la France possède une législation créée dans ce but. Cette législation protectrice comprend les actes suivants : 1° décret du 15 octobre 1810 (conditions d'ouverture et classement des établissements insalubres); 2° ordonnance du 14 janvier 1815 (nomenclature des établissements insalubres); 3° ordonnance du 30 novembre 1837 (état des lieux et plans à joindre aux demandes d'ouverture); 4° décret du 31 décembre 1866 (nomenclature nouvelle des établissements); 5° décret du 31 janvier 1872 (id.); 6° décret du 7 mai 1878 (id.); 7° décret du 26 février 1881 (id.); 8° décret du 20 juin 1883 (id.); 9° loi du 9 septembre 1848 (durée du travail des ouvriers); 10° loi du 16 février 1883 (id.); 11° loi du 10 mai 1874 (travail des enfants).

Les prescriptions de 1 à 8 ont pour but unique de mettre le voisinage des établissements classés à l'abri du danger, de l'insalubrité ou de l'incommodité émanant de ces établissements ; les prescriptions 9 et 10 limitent simplement la durée du travail journalier des adultes, les obligations sérieuses imposées par la dernière prescription (loi du 19 mai 1874 et règlements la complétant) témoignent d'un réel souci de la vie des enfants et des filles mineures, mais en somme, de l'ensemble de la législation française il résulte que l'homme qui travaille n'est pas suffisamment protégé. Conclusion fâcheuse à tirer : l'hygiène n'est pas imposée aux travailleurs ayant dépassé l'âge de 16 ans.

Cet oubli regrettable de la loi française sera bientôt réparé. Nous savons que le Ministère du commerce doit présenter prochainement aux Chambres un projet qui donnera satisfaction aux ouvriers de notre pays, moins favorisés actuellement que les ouvriers anglais, suisses, belges et même danois. Il ne nous est pas permis de dire, dès à présent, comment sera comblée la lacune législative que nous signalons, nous nous contentons d'affirmer que la nouvelle loi aura quelque analogie avec l'ordonnance fédérale du 23 mars 1877, dont l'article 2 est ainsi conçu :

« Les ateliers, les machines et les engins doivent, dans toutes les fabriques, être établis et entretenus de façon à sauvegarder le mieux possible la santé et la vie des ouvriers. On veillera, en particulier, à ce que les ateliers soient bien éclairés pendant les heures de travail, à ce que l'atmosphère soit autant que possible dégagée de la poussière qui s'y forme, et à ce que l'air s'y renouvelle toujours dans une mesure proportionnée au nombre des ouvriers, aux appareils d'éclairage et aux émanations délétères qui peuvent s'y produire. Les parties de machines et les courroies de transmission qui offrent des dangers pour les ouvriers seront soigneusement renfermées. On prendra, en général, pour protéger la santé des ouvriers et pour prévenir les accidents, toutes les mesures dont l'expérience a démontré l'utilité, et que permettent d'appliquer les progrès de la science, de même que les conditions dans lesquelles on se trouve. »

II. *Précautions prises par les chefs d'industrie.* Ce qui est indiqué d'une façon générale dans le paragraphe précédent, les patrons consciencieux et intelligents le font. Ils s'évitent une responsabilité ruineuse en se conformant aux prescriptions suivantes :

Donner aux ateliers une capacité suffisante et une ventilation régulière, pour combattre le méphitisme résultant de l'encombrement; isoler les moteurs; protéger les machines; contrôler les chaudières; interdire le graissage direct des appareils en marche; défendre la mise en place ou le déplacement des courroies à la main; établir des hottes et tambours d'aspiration pour les vapeurs et les poussières; neutraliser les émanations acides par des arrosages alcalins, les émanations phosphorées par la térébenthine; faciliter aux ouvriers le moyen de changer de vêtements au sortir du travail; interdire de manger dans les ateliers; substituer les produits inoffensifs aux produits dangereux (blanc de zinc remplaçant la céruse, phosphore rouge remplaçant le phosphore blanc, etc.); éclairer les ouvriers sur les dangers de leur profession, pour qu'ils prennent les précautions personnelles nécessitées par leur travail.

III. *Précautions prises par les ouvriers.* L'hygiène personnelle de l'ouvrier est trop souvent négligée, ainsi que le prouve l'abandon des respirateurs inventés pour arrêter les poussières nuisibles (masque Durwel, respirateur Steenhouse, respirol Leard, etc.), des gants fournis pour isoler les mains des acides et d'autres appareils protecteurs. Les travailleurs mettent une sorte de gloire à braver le danger professionnel. Ce courage qu'on ne saurait blâmer, parce qu'il montre que les sentiments chevaleresques ne sont pas l'apanage des classes élevées, il faut le réserver pour les jours de malheur. En présence d'un éboulement, d'une explosion, d'une catastrophe quelconque, aller de l'avant sans souci du danger immédiat, cela est beau et louable ; dans les conditions ordinaires du travail journalier, fermer les yeux pour ne pas voir le péril éloigné, ce n'est plus du courage, c'est de la témérité inintelligente et ruineuse.

L'ouvrier doit étudier à fond sa profession, connaître les matériaux qu'il met en œuvre, les outils qu'il manie, les forces qu'il commande et celles auxquelles il obéit, les poussières qu'il avale, les gaz qu'il respire, les poisons qu'il absorbe, et, de cette connaissance parfaite des conditions de son travail, il tirera les règles de son hygiène privée. Ces règles, variant avec chaque profession, ne peuvent être indiquées ici. Pour en donner simplement une idée, nous citerons quelques-unes des précautions prises dans divers ateliers, en adoptant l'ordre déjà suivi dans notre tableau des professions : 1° vêtements étroits et non flottants des mécaniciens ; 2° chaussures sans clous des artificiers; 3° mitaines de taffetas des fleuristes; 4° gymnastique des tailleurs; 5° bracelet de cuir des briquetiers; 6° masque à grillage métallique des brossiers; 7° lunettes des scieurs de long; 8° éponge des plâtriers et des fabricants de ciment; 9° gants en caoutchouc des graveurs sur verre; 10° visières des forgerons; 11° bains sulfureux des cérusiers; 12° pastilles chloratées des étameurs de glaces; 13° gargarismes alcalins des fabricants d'allumettes; 14° sortie fréquente des cuisiniers; 15° soins des mains des bouchers; 16° déjeuner matinal des boyaudiers; 17° sabots des teinturiers; 18° flanelle du fondeur, etc.

A tous les ouvriers sans exception, nous rappelons, pour finir, ces règles générales qui dominent toute l'hygiène professionnelle: avoir un logement sain, une nourriture substantielle, des vêtements propres et un corps net, éviter les excès de travail, et, plus encore, les excès alcooliques. — Dʳ F. B.

HYGROMÈTRE, HYGROMÉTRIE. T. *de phys.* Instrument destiné à faire connaître l'humidité relative de l'air, ou ce qu'on nomme son *état hygrométrique*, c'est-à-dire le rapport entre la quantité de de vapeur d'eau qui existe dans l'air, au moment de l'observation, et celle qui y serait, dans les mêmes conditions de température et de pression, si l'air en était *saturé*; rapport plus important à connaître que la quantité absolue de vapeur contenue dans un volume donné d'air. Il y a plusieurs sortes d'hygromètres que nous ne pouvons qu'énumérer ici et pour la description desquels nous renvoyons aux traités de physique et de météorologie:

1° *Hygromètres d'absorption.* Ils sont fondés sur la propriété que possèdent certaines substances organiques (cheveux, fanons de baleine, ivoire, pailles, etc.) d'absorber la vapeur d'eau répandue dans l'air, et de la conserver dans leurs pores en quantité d'autant plus grande qu'elle est plus voisine de son point de saturation (de liquéfaction), et de revenir à leur état primitif (de longueur ou de volume) lorsque l'air revient aux mêmes conditions d'humidité ou de sécheresse. Ce sont les changements de forme de ces substances qu'on utilise pour produire des mouvements indicateurs dont on déduit le chiffre de l'humidité relative. Le plus connu de ces hygromètres est celui de M. de Saussure, ou *hygromètre à cheveu*. Le cheveu, préalablement débarrassé de sa matière grasse, par le moyen de l'éther, est tendu sur un cadre et une poulie munie d'un contrepoids, s'allonge par l'humidité et se raccourcit par la sécheresse; de là, des mouvements indiqués par une aiguille sur un cadran où on lit les *degrés* de l'hygromètre, degrés qui font connaître, à l'aide d'une table de Gay-Lussac, l'état hygrométrique correspondant.

2° *Hygromètre à condensation*: Hygromètre de Daniel, perfectionné par M. Regnault, puis par M. Muard, etc. C'est le plus précis.

3° *Hygromètre d'évaporation*: hygromètre d'August rendu pratique par M. Regnault.

4° On peut encore trouver l'état hygrométrique de l'air par la *méthode chimique*, c'est-à-dire par l'emploi de substances chimiques très avides

d'humidité et qui absorbent en totalité la vapeur contenue dans un volume déterminé d'air atmosphérique, dont la température et la pression sont connus.

Tous ces hygromètres ne donnent pas directement l'état hygrométrique de l'air, mais seulement un des éléments de la fraction de saturation et cela par un calcul plus ou moins simple ou par un procédé graphique. En général, l'hygromètre est consulté concurremment avec le baromètre et le thermomètre dans les observatoires météorologiques, pour la détermination du climat d'un lieu et finalement pour la prévision du temps.

* **HYGROSCOPE.** Instrument destiné à indiquer que l'air est plus ou moins humide, mais non à donner la mesure de son humidité relative. Les hygroscopes à *boyau*, à *fanon de baleine*, à *spirale d'ivoire*, à *paille*, etc., en absorbant l'humidité de l'air, ont la propriété de s'allonger plus ou moins, de changer de formes; et c'est cette propriété qu'on utilise pour opérer le déplacement du capuchon du moine, du parapluie ou du parasol de la dame, etc. Ces instruments, bien que sans valeur scientifique, donnent néanmoins des indications que nombre de personnes aiment à consulter.

HYMEN. *Iconol.* Deux flambeaux qui n'ont qu'une même flamme symbolisent ordinairement l'Hymen, que l'on représente encore sous les traits d'un jeune homme blond couronné de roses et tenant un flambeau.

HYPERBOLE. T. *de géom.* Courbe du second ordre présentant deux branches infinies avec deux asymptotes situées à distance finie, par opposition à l'ellipse dont tous les points sont à distance finie, et à la parabole qui a bien des branches infinies mais qui n'a pas d'asymptotes, celles-ci étant rejetées à l'infini. Comme l'ellipse, l'hyperbole présente un centre et deux axes de symétrie; mais toutes les droites qui passent par le centre ne rencontrent pas la courbe: il n'y a que celles qui sont dans le même angle des asymptotes que la courbe qui jouissent de cette propriété. Étant donnée l'équation d'une courbe du second ordre:

$$a x^2 + 2 b x y + c y^2 + d x + e y + f = 0$$

on reconnaît que cette équation représente une hyperbole à la condition $b^2 - ac > o$.

Presque toutes les propriétés de l'ellipse se retrouvent dans l'hyperbole avec de légères modifications qui tiennent à la présence des branches infinies. Ainsi, les diamètres de l'hyperbole sont, comme ceux de l'ellipse, conjugués deux à deux; seulement, de deux diamètres conjugués, il n'y en a qu'un seul qui rencontre effectivement la courbe. Il n'existe qu'un seul système de diamètres conjugués rectangulaires; c'est le système des deux axes. Celui des deux qui traverse la courbe s'appelle *l'axe transverse*; ses deux points de rencontre avec l'hyperbole en sont les *sommets*. Des considérations analytiques permettent cependant de définir la longueur de l'axe et des diamètres non transverses, et l'on démontre pour les diamètres conjugués de l'hyperbole deux théorèmes analogues à ceux d'Apollonius pour l'ellipse, et dont voici l'énoncé :

1° *La différence des carrés de deux diamètres conjugués est constante et égale à la différence des carrés des axes.*

2° *Le parallélogramme construit sur deux diamètres conjugués est équivalent au rectangle construit sur les axes.*

Si l'on construit un parallélogramme en menant par les extrémités d'un diamètre des parallèles au diamètre conjugué, les sommets de ce parallélogramme seront sur les asymptotes qui se trouvent ainsi les diagonales du parallélogramme. Deux hyperboles qui admettent les mêmes systèmes de diamètres conjugués en grandeur et en position, mais de manière que chaque système le diamètre non transverse de l'une des deux courbes traverse l'autre, sont dites *conjuguées*. Deux hyperboles conjuguées auront par suite les mêmes asymptotes et les mêmes axes.

L'équation d'une hyperbole rapportée à ses axes est :

$$\frac{x^2}{a^2} - \frac{y^2}{b^2} - 1 = o$$

Les asymptotes ont pour équations respectives :

$$\frac{x}{a} + \frac{y}{b} = o \qquad \frac{x}{a} - \frac{y}{b} = o$$

Le coefficient angulaire de la tangente au point $x_1 y_1$ est $\frac{b^2 x_1}{a^2 y_1}$.

La condition pour que 2 diamètres soient conjugués est que le produit de leurs coefficients angulaires soit égal à $\frac{b^2}{a^2}$, d'où il résulte que le diamètre non transverse est parallèle aux deux tangentes menées par les extrémités du diamètre conjugué transverse. Une autre conséquence de cette formule est que deux diamètres conjugués sont toujours compris dans le même angle des axes ; leur angle diminue à mesure que leur inclinaison sur les axes augmente, de sorte qu'ils tendent à se confondre quand l'un d'eux se rapproche indéfiniment d'une asymptote.

L'hyperbole présente deux foyers situés sur l'axe transverse, symétriquement par rapport au centre, et du côté de la concavité de la courbe. La différence des rayons vecteurs qui joignent un point quelconque de la courbe aux deux foyers est constante et égale à l'axe transverse. C'est cette propriété qu'on emploie pour définir l'hyperbole dans les ouvrages élémentaires. La tangente en un point de la courbe est la bissectrice de l'angle des rayons vecteurs de ce point. Dans toutes les courbes du second ordre, à chaque foyer correspond une *directrice*. C'est une droite telle que le rapport des distances d'un point quelconque de la courbe au foyer et à cette directrice, conserve une valeur constante nommée *excentricité*. Dans l'ellipse, l'excentricité est plus petite que 1 ; elle est égale à 1 dans la parabole, et supérieure à 1 dans l'hyperbole.

La plupart des problèmes qu'on peut se poser sur l'hyperbole se résolvent par des constructions très faciles dès qu'on connaît les asymptotes et un point de la courbe, grâce à deux théorèmes importants connus sous le nom de *propriétés segmentaires* de l'hyperbole. Une hyperbole dont les deux asymptotes sont rectangulaires est dite *équilatère* parce que ses deux axes sont égaux.

On sait que toute section plane d'un cône circulaire droit ou oblique est une ellipse, une parabole, ou une hyperbole. Le dernier cas se présente quand le plan sécant coupe les deux nappes du cône. Il en résulte que l'hyperbole est la forme qu'affecte la perspective d'un cercle, toutes les fois que ce cercle est rencontré par le plan parallèle au tableau mené par le point de vue.

L'aire comprise entre un arc d'hyperbole, une asymptote et deux parallèles à l'autre asymptote menées par deux points de la première dont les distances au centre sont respectivement z_1 et z, a pour expression :

$$S = k^2 \log \frac{z_2}{z_1}$$

où k^2 désigne l'aire du parallélogramme construit avec les deux asymptotes et deux parallèles à celles-ci menées par le sommet de la courbe.

* **HYPERBOLOÏDE.** *T. de géom.* Surface du second ordre qui peut se composer d'une seule nappe indéfinie, ou de deux nappes infinies n'ayant aucun point commun, et qui jouit de propriétés analogues à celles de l'*ellipsoïde* (V. ce mot). Si une hyperbole tourne autour de son axe non transverse, elle engendre un hyperboloïde de révolution à une nappe ; si elle tourné autour de son axe transverse, elle engendre un hyperboloïde de révolution à deux nappes.

* **HYPOAZOTIQUE** (Acide). *T. de chim.* — V. Azote, § *Acide hypoazotique*; Hyponitrique.

* **HYPOCHLOREUX** (Acide). *T. de chim.* Le moins oxygéné des oxacides du chlore ; il a été découvert en 1834, et n'offre d'intérêt que lorsqu'il est combiné à la potasse, à la soude ou à la chaux. — V. Chlorures décolorants.

* **HYPOCHLORITE.** *T. de chim.* — V. Chlorométrie, Chlorures décolorants.

* **HYPONITRIQUE** (Acide). *T. de chim.* Syn.: *hypoazotique*. Az O⁴...Az²O⁴. Le plus stable des composés oxygénés de l'azote, et un des produits constants de leur décomposition.

* **HYPOPHOSPHITE.** *T. de chim.* Sorte de sels obtenus en saturant les bases par l'acide hypophosphoreux, en général solubles dans l'eau, inaltérables à l'air, souvent amorphes, et dont les deux principaux, ceux de baryum et de calcium, s'obtiennent en faisant bouillir du phosphore avec une dissolution de baryte ou un lait de chaux. Il se forme de l'hydrogène phosphoré qui se dégage, un phosphate insoluble qu'on enlève par filtration, et de l'hypophosphite, que l'on fait cristalliser en concentrant la liqueur. On les reconnaît aux caractères suivants : 1° lorsqu'on les *chauffe à l'air*, ils se décomposent, et donnent de l'hydrogène phosphoré, spontanément inflammable ; 2° avec le *molybdate d'ammoniaque*, ils donnent une colo-

ration bleue, quand ils sont purs (caract. distinct. d'avec les phosphates); 3° ils réduisent l'*azotate d'argent* ou le *sulfate de cuivre* en solution (caractère distinctif d'avec les phosphites).

* **HYPOSULFITE.** Syn. *Thiosulfite. T. de chim.* Corps résultant de la combinaison de l'acide hyposulfureux avec les bases. Les hyposulfites alcalins sont solubles dans l'eau, ceux des métaux des dernières familles sont insolubles, et forment avec les premiers des sels doubles solubles; ils s'altèrent assez vite en noircissant, par formation de sulfures et d'acide sulfurique.

Les hyposulfites existent presque constamment dans l'urine de certains animaux (chat, chien) (Meissner); on les prépare facilement en faisant bouillir les sulfites avec du soufre :

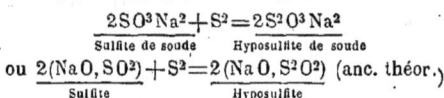

$$2\,SO^3Na^2 + S^2 = 2\,S^2O^3Na^2$$

Sulfite de soude   Hyposulfite de soude

ou $2(NaO, SO^2) + S^2 = 2(NaO, S^2O^2)$ (anc. théor.)

Sulfite   Hyposulfite

ou en faisant passer un courant de gaz sulfureux sur un sulfure alcalin.

Les hyposulfites solubles fournissent, avec les réactifs, les caractères suivants :

1° Leur solution, traitée par un acide, donne un dépôt blanc de soufre, et dégage de l'acide sulfureux (caractère distinctif d'avec les sulfites);

2° Avec *l'azotate d'argent*, un précipité blanc, noircissant à froid par le temps, ou instantanément avec la chaleur; avec le *chlorure de baryum*, un précipité blanc;

3° Ils dissolvent les chlorure, cyanure, bromure et iodure d'argent: le protochlorure et le protoiodure de mercure, le sulfate de chaux, les hydrates de cuivre; réduisent le permanganate de potasse, l'acide chromique;

4° Ils précipitent les solutions de chlorure stanneux, les sels de nickel ou de cobalt, à l'état de sulfure; colorent les persels de fer en violet rouge.

Usages. L'hyposulfite de soude seul est très employé; il sert, en photographie, pour dissoudre les sels d'argent réduits; dans l'industrie du papier, pour arrêter l'action du chlore (antichlore); dans la fabrication du vert d'aniline et son application, sur laine; pour l'impression des étoffes, comme mordant; dans la métallurgie, pour dissoudre le chlorure d'argent des minerais grillés avec le sel marin, et enfin, en médecine.

HYPOTÉNUSE. *T. de géom.* Celui des trois côtés d'un triangle rectangle qui n'est perpendiculaire à aucun autre. C'est évidemment le plus grand des trois. On attribue à Pythagore la découverte du fameux théorème : *le carré construit sur l'hypoténuse d'un triangle rectangle, est équivalent à la somme des carrés construits sur les deux autres côtés*. Citons aussi les remarquables propriétés suivantes :

Le cercle circonscrit au triangle rectangle est décrit sur l'hypoténuse comme diamètre. La hauteur abaissée sur l'hypoténuse est moyenne proportionnelle entre les deux segments qu'elle détermine sur l'hypoténuse. Chaque côté de l'angle droit d'un triangle rectangle est moyen proportionnel entre l'hypoténuse entière et sa projection sur l'hypoténuse.

* **HYPSOMÈTRE.** *T. de phys.* Instrument destiné à mesurer la hauteur des montagnes, d'après les indications d'un thermomètre à double réservoir et à tige très effilée, donnant à 1/10 de degré près la température d'ébullition de l'eau. L'instrument est fondé sur ce que la force élastique de la vapeur d'eau à l'ébullition est égale à la pression atmosphérique, et, d'autre part, sur la relation connue entre les hauteurs dans l'atmosphère et les pressions barométriques correspondantes.

I

* **ICHTHYOCOLLE.** — V. Colle, § *Colle de poisson.*

* **ICICA.** *T. de bot.* Genre de plantes de la famille des térébinthacées, qui croissent au Brésil et à la Guyane, et fournissent, par les canaux sécréteurs de leur écorce, une oléorésine, que l'on désigne sous le nom d'*élemi.*

ICONOGRAPHIE. Ce mot, dérivé du grec et passé depuis peu dans notre langue, se dit, en général, de la science des images et autres représentations figurées produites par la peinture, la sculpture, la miniature et les arts graphiques de toute nature. Son acception est donc fort étendue : elle embrasse tout l'ensemble des productions artistiques d'un temps, d'une contrée, d'une école ; c'est une expression complexe qui répond à une idée du même genre.

Le langage iconographique a ses traductions et ses règles, comme le langage hiéroglyphique, auquel on peut le comparer ; c'est une des formes du symbolisme ; les images, en effet, constituent autant de mots, autant de phrases, autant de pensées, qui revêtent, selon les lieux et les époques, des formes variées et ont un sens clair et précis pour les initiés. Des yeux exercés lisent dans les tableaux, les bas-reliefs, les miniatures, les vitraux, les peintures à fresque, comme dans un livre.

C'est surtout à l'art chrétien que le mot *iconographie* a été appliqué : Viollet-le-Duc, Didron, Bourassé et d'autres archéologues, en ont fait une spécialité religieuse. La science iconographique, telle qu'ils l'ont définie, embrasse : 1º les peintures, sculptures et autres représentations figurées des catacombes de Rome, des basiliques d'Italie et des premières églises de l'Europe chrétienne ; 2º les fresques, les mosaïques, les bas-reliefs de l'art byzantin et roman ; 3º les diptyques, triptyques, calendriers, martyrologes, missels, bréviaires, livres d'heures, antiphonaires, graduels, psautiers et autres livres liturgiques, ornés de miniatures ; 4º les vitraux et les innombrables objets d'art renfermés dans les revestiaires, dans les trésors des monastères et des cathédrales, dans les salles des évêchés, des abbayes, des châteaux et des palais ; 5º les sceaux, les armoiries, les méreaux, les jetons et autres monuments de sphragistique, d'héraldique et de numismatique ; 6º les œuvres d'orfèvrerie, de tapisserie, de broderie, qui abondaient autrefois dans les grands édifices religieux et civils, et dont la confection était soumise à des règles artistiques fixes.

La science iconographique est donc fort étendue ; elle ne peut être abordée dans son ensemble, que par des érudits consommés ; les détails, propres à telle époque, ou à telle région, sont l'objet de monographies plus ou moins limitées. Dans un sens restreint et plus moderne, on a donné le nom d'*iconographie* à des collections de portraits et de notices sur les artistes auxquels ces portraits sont dus ; mais l'acception archéologique et chrétienne a généralement prévalu.

ICONOLOGIE. Entre l'*iconographie* et l'*iconologie*, la différence est la même qu'entre la *paléographie*, mot usité, et la *paléologie*, expression qui devrait l'être, et qui a été indûment remplacée par celle de *philologie*. Les *paléographes* ont la science de ces vieilles écritures, et les *paléologues* celle du vieux langage ; de même, les *iconographes* décrivent les représentations figurées, et les *iconologues* les interprètent. Si la logique et le bon sens présidaient toujours à la création et à l'emploi des mots, la distinction que nous venons d'établir entre l'*iconographie* et l'*iconologie* devrait être rigoureusement maintenue ; mais l'usage, ce tyran des langues, en a décidé autrement : *iconographie* et *iconologie* se confondent, ou plutôt le dernier terme est fort peu employé. N'avons nous pas vu les mots *géographie* et *géologie*, ayant les mêmes sources étymologiques que *iconographie* et *iconologie*, désigner deux sciences parfaitement distinctes et passer dans le langage courant, avec deux sens absolument différents ? — L. M. T.

ICOSAÈDRE. *T. de géom.* Polyèdre limité par vingt faces polygonales. L'*icosaèdre régulier* a pour faces des triangles équilatéraux, tous égaux entre eux et également inclinés les uns sur les autres. Ce polyèdre régulier présente 12 sommets et 30 arêtes ; ses angles polyèdres ont 5 arêtes. Les centres des vingt faces sont les sommets d'un autre polyèdre régulier, le dodécaèdre, compris sous 12 pentagones réguliers et qui est dit *conjugué* du premier. Si a désigne la longueur de l'arête de l'icosaèdre régulier, les rayons r et R des sphères inscrite et circonscrite ont respectivement pour longueur :

$$r = \frac{a\sqrt{3}(3+\sqrt{5})}{12} \qquad R = \frac{a}{2}\sqrt{\frac{5+\sqrt{5}}{2}}$$

L'angle dièdre de deux faces contiguës a pour valeur :

$$138°11'22'',75$$

Il existe aussi un icosaèdre régulier *étoilé*, qui fait partie des quatre polyèdres réguliers étoilés découverts par Poinsot. Il est dit de *septième espèce*, parce que sa projection sur la sphère inscrite recouvre sept fois la surface de cette sphère. On peut se le représenter comme formé par le prolongement de chaque face de l'icosaèdre régulier ordinaire, jusqu'à sa rencontre avec les plans des trois triangles qui entourent la face opposée.

ICOSAGONE. *T. de géom.* Polygone de vingt côtés. On peut construire l'icosagone régulier en partageant en deux parties égales chacun des arcs sous-tendus par les côtés du décagone régulier et en joignant les points de division. Il existe trois icosagones étoilés, qu'on obtient en joignant de 3 en 3, de 7 en 7 ou de 9 en 9, les points de division d'une circonférence partagée, préalablement, en vingt parties égales. Les quatre icosagones réguliers inscrits dans un cercle de rayon r, ont respectivement pour côtés :

$$a_1 = \frac{r}{2}\left[\sqrt{3+\sqrt{5}} - \sqrt{5-\sqrt{5}}\right]$$

$$a_3 = \frac{r}{2}\left[\sqrt{5+\sqrt{5}} - \sqrt{3-\sqrt{5}}\right]$$

$$a_7 = \frac{r}{2}\left[\sqrt{5+\sqrt{5}} + \sqrt{3-\sqrt{5}}\right]$$

$$a_9 = \frac{r}{2}\left[\sqrt{3+\sqrt{5}} + \sqrt{5-\sqrt{5}}\right]$$

La surface de l'icosagone régulier convexe inscrit dans un cercle de rayon r a pour expression :

$$S = \frac{5\,r^2}{2}\left(\sqrt{5} - 1\right)$$

IDOCRASE. *T. de minér.* Silicate d'alumine ferrugineux assez complexe, qui cristallise en forme de prismes souvent fort variables, tantôt allongés, tantôt très aplatis, mais toujours striés parallèlement à l'axe vertical, de couleur jaune, verte ou brune ; D = 3,40 ; dur. = 6,5. On les trouve surtout au Vésuve ; à Ala (Piémont) ; Wilni (Sibérie) ; Zermatt (Valais). Ceux du Vésuve ont donné : silice 37,80 ; alumine 12,11 ; sesquioxyde de fer 9,36 ; chaux 32,11 ; magnésie 7,15 ; eau 1,67.

IF. *T. de bot.* Genre d'arbres toujours verts, de la famille des conifères, qui renferme de nombreuses espèces, dont l'une, l'*if commun*, est répandue dans toute l'Europe ; le bois de cet arbre est fort estimé pour la confection des dents de roue, les ouvrages du charronnage, de la marqueterie, l'ébénisterie, les instruments de musique, etc.

ILLUSTRATEUR. Les noms seuls des artistes, qui ont consacré leur talent à *illustrer* des livres et des revues, formeraient une très longue liste ; nous n'avons point l'intention de la dresser. Dans les temps anciens, d'ailleurs, la plupart ont gardé modestement l'anonyme. C'est à peine si l'on peut citer, aux XIVe et XVe siècles, les Baldini, les Michel Wohlgmuth, les Guillaume Pleydenvurf, les Holbein, les Clein, les Amman, les Van der Borch, les Beatrizet, les Croissant, les Bawr, les Lorch, les Abraham Bosse, etc.

Aux XVIIe et XVIIIe siècles, les illustrateurs sont des artistes qui cultivent tous les genres, de même que les graveurs pratiquent le burin, la pointe et l'eau-forte. Le *Catalogue de la chalcographie du Louvre* contient, à cet égard, de véritables listes où l'on relève des centaines de noms illustres ; nous cueillons au hasard ceux de Cochin, Audran, Fonbonne, Hérisset, Duflos, Dupuis, Edelinck, Fessart, Flipart, Larmessin, Larchey, Jacob, Joullain, Haussard, Nattier, Moreau, Baquo, etc.

Notre siècle a été plus fécond encore ; pour nous borner à la France, Filhol, H. Duchesne, Landon, sous le premier Empire ; Charlet, Raffet, Decamp, Bellanger, Deveria, Grandville, Gavarni, Lamy, Johannot, sous la Restauration et le gouvernement de juillet ; et, de nos jours, Traviès, Isabey, Français, Bida, Brion, Gustave Doré, Nanteuil, Foulquier, Frolich, Bayard, Yan Dargent, Cicéri, Girardet, Riou, Bertall, Bocourd, Curzon, Castelli, Philippoteaux, Cabasson, Lancelot, Freeman, Rouargue, Blanchard, Anastasi, Godefroy Durand, Janet-Lange, Gustave Janet, Durand-Brager, Foulquier, Giacomelli, Lallemand, Lebreton, Provost, Worms, Lavieille, Stop, l'inimitable Cham et des milliers d'autres crayons ont traduit, glosé, commenté des milliers de volumes et de recueils à images.

Ce ne sont pas toujours les illustres qui ont eu les honneurs de l'illustration ; mais plus d'un écrivain médiocre a gagné et gagne encore à être *illustré*.

ILLUSTRATION. Ce terme est l'équivalent étymologique de l'expression *enluminure*, que nous avons expliquée antérieurement (V. ce mot). Illustrer, en effet, c'est mettre en lumière, c'est rendre sensible à l'œil les choses que le texte présente à l'esprit. L'illustration d'un volume est aujourd'hui la traduction graphique et le commentaire figuré des idées, et plus particulièrement des récits que ce volume renferme.

Les illustrateurs n'ont rien inventé, ils ont succédé tout naturellement aux enlumineurs et aux miniaturistes, à cette différence près qu'ils ont, pendant longtemps, substitué le noir aux ors et aux couleurs dont resplendissent les anciens manuscrits. On sait que l'invention de l'imprimerie est due aux recherches des illustrateurs du XVe siècle, qui s'efforçaient de trouver un moyen sommaire d'éviter les lenteurs et les dépenses de l'enluminure. Le résultat de ces recherches fut la découverte du *cliché*, ou bois gravé, qui permet de reproduire, à de nombreux exemplaires, la miniature unique exécutée à la plume par le calligraphe. De là à graver le texte sur des planches de bois, et à tirer des pages multiples, il n'y avait qu'un pas, et on fut longtemps à le faire. On fut plus longtemps encore à trouver le caractère mobile, qui remplaça le cliché sur bois, et sépara définitivement la typographie de la gravure.

— Les premiers livres, les incunables, sont presque tous illustrés par ce procédé, et on les vendit d'abord comme des manuscrits à images; leur confection mécanique ne fut révélée que plus tard. C'est ainsi que se débitèrent la Divine comédie (1481), la Chronique de Nuremberg (1495), l'Apocalypse (1498), la Cosmographie de Sébastien Munster, les diverses Danses macabres et plusieurs autres ouvrages comportant des figures.

Les grands éditeurs classiques du xviᵉ siècle, plus occupés de philologie que d'iconographie, négligèrent les représentations figurées; mais les naturalistes, les géographes, les navigateurs, les héraldistes et autres écrivains spéciaux conservèrent l'habitude de l'illustration. Peu à peu, la vieille gravure sur bois s'améliora; les contours en furent plus soignés; mais elle continua à être intercalée dans le texte, comme les clichés du xvᵉ siècle, rappelant ainsi l'enluminure dont elle n'était qu'une transformation.

Au xviᵉ siècle, une modification radicale s'introduit dans le domaine de l'illustration; la gravure au burin se substitue à la gravure sur bois, et alors l'image intercalée dans le texte tend à disparaître. On voit bien encore des gravures de têtes de chapitre, des fleurons, des culs-de-lampe, des cartouches gravés en creux avant ou après l'impression typographique; le foulage du papier permet de les distinguer. Mais le tirage en taille-douce produit surtout des planches hors texte, et ce sont désormais des estampes isolées, qui forment, en majorité, l'illustration des livres.

Dans le cours du xviiiᵉ siècle, des éditions de luxe, celles dites des fermiers-généraux, par exemple, celles des fabulistes et des petits poètes, popularisent l'illustration mixte, nous voulons dire celle qui se compose de planches hors texte et en même temps de menus sujets en haut et en bas des pages. Une tentative est faite à la même époque pour ressusciter la miniature au moyen de gravures coloriées formant naturellement des planches hors texte. De nos jours, la chromogravure, qu'il ne faut point confondre avec la lithochromie, a cherché aussi, par des procédés analogues, à faire revivre les chefs-d'œuvre des anciens enlumineurs.

Le xixᵉ siècle est revenu à la vieille gravure sur bois pour illustrer les livres; il l'a appliquée aux grands sujets hors texte aussi bien qu'aux petits dessins intercalés dans les pages. Il a fait plus, il a vulgarisé l'illustration en créant des journaux spéciaux, des recueils, des revues, des albums où le dessinateur, interprété par des graveurs habiles, tient autant et souvent plus de place que l'écrivain. A Paris, l'Illustration et le Monde illustré, à Londres, The illustrated London News et The Pictorial World, sont les types de ces publications pittoresques. Toutes les grandes villes de l'ancien et du nouveau monde ont aujourd'hui leurs journaux illustrés. Le Dictionnaire de l'industrie est lui-même une grande publication illustrée, et il rappelle, sous ce rapport, tant par l'intérêt de son texte que par le nombre et l'excellente exécution de ses gravures, les publications monumentales des xviᵉ et xviiᵉ siècles. — L. M. T.

* **ILMÉNIUM.** T. de chim. Corps simple, métallique, que Hermann prétend avoir trouvé (1846) dans l'yttroïlménite, la columbite, l'eschynite, et dont le composé acide oxygéné serait très voisin de l'acide niobique. H. Rose, Marignac, nient l'existence de ce corps nouveau, et les propriétés différentes de ses sels ne seraient dues, d'après ces au-

teurs, qu'à la présence d'impuretés dans l'acide niobique. — V. t. IV, p. 881.

IMAGE. T. de phys. et de photog. Représentation, dans la chambre obscure, sur un écran (verre dépoli, étoffe blanche) des formes d'un objet, d'une personne, d'un paysage, etc., avec ses couleurs et ses teintes naturelles.

Tantôt l'image est réduite (pour la photographie ordinaire), tantôt elle est agrandie (photomicrographie). L'image est nette seulement quand elle est située au foyer conjugué de l'objet; en deçà et au delà de ce point, elle est plus ou moins diffuse. Les images sont produites par réflexion (miroir), par réfraction (lentille), ou par les deux moyens réunis (télescope). Les miroirs plans ne donnent que des images virtuelles, c'est-à-dire non susceptibles d'être reçues sur un écran; elles sont droites, égales à l'objet, symétriques. Deux miroirs parallèles donnent, par réflexions multiples, un nombre infini d'images d'intensité décroissante. Deux miroirs angulaires donnent un nombre d'images déterminé par la grandeur de l'angle qu'ils font entre eux. Les miroirs sphériques, concaves et les lentilles convexes peuvent donner des images réelles ou virtuelles, droites ou renversées, égales ou inégales à l'objet, selon la position de celui-ci par rapport au foyer principal.

IMAGER, IMAGIER. T. de mét. Fabricant d'images imprimées, et plus particulièrement d'images communes.

— Les ymagiers, imagers, imagistes, ont été les précurseurs de l'imprimerie typographique, mais cette appellation avait, au moyen âge, une signification plus étendue, car elle englobait deux corporations importantes : les ymagiers et les tailleurs d'ymages, les premiers sculptaient des crucifix, des saints et les objets sacrés, les seconds sculptaient et peignaient des tableaux, des meubles, des personnages, des animaux, etc., faisaient le dessin et l'enluminure d'une foule d'œuvres d'art, originales et charmantes en leur naïveté. C'est à eux que l'on fait remonter l'impression des cartes à jouer, et ce sont leurs planches de bois gravées qui ont conduit aux premiers essais de l'imprimerie; Coster de Harlem était un ymagier, et il n'est point téméraire d'avancer que ce sont ses habiles procédés d'impression d'images qui lui ont fait attribuer l'invention de l'imprimerie.

IMAGERIE. L'imagerie, telle qu'elle s'entend à notre époque, comprend les gravures, le plus souvent enluminées, d'un ordre très secondaire au point de vue du dessin et de la facture générale, qui sont répandues à profusion dans le commerce, à des prix d'une modicité extrême. Cette imagerie populaire, dont le rôle national a été des plus considérables, remonte à de lointaines origines. Pour bien saisir l'ensemble de son histoire, il faut classer l'imagerie en périodes distinctes, qui marquent chacune de ses transformations. Dans les temps anciens, au moyen âge, le mot imagerie a un sens plus étendu. L'imagier n'est pas seulement celui qui enlumine les manuscrits, qui peint sur vélin les personnages aux formes naïves et grossières, ce nom désigne encore le peintre de portraits et le sculpteur, principalement le sculpteur sur bois ou sur ivoire, dont les figurines portent la désignation d'images. Le même terme s'applique d'ailleurs et s'appliquera longtemps encore, non seulement à celui qui fait les images, mais à celui qui les vend.

HISTORIQUE

Au xv⁰ siècle, l'art peu ancien de tailler le bois pour en obtenir des estampes se répandit en dehors des monastères. L'imagerie entra dans une voie nouvelle, et des ateliers de gravure sur bois à destination d'estampes communes s'ouvrirent à Ulm, Nuremberg, Augsbourg, etc., et fournirent d'images la France, l'Italie et les Pays-Bas. L'art de reproduire les images conduisit naturellement à l'invention des caractères d'écriture, et les manuscrits furent bientôt remplacés par des livres, livres ne contenant qu'un nombre restreint de pages, gravées chacune en leur entier sur une même planche. L'image reproduite dans ce livre se complétait alors d'une légende, d'un texte plus ou moins étendu, et qui se trouvait soit à côté, soit au bas de la page, soit encore sortant de la bouche des personnages. Le procédé usité pour obtenir l'empreinte était le frottement tel qu'il a été employé pendant plusieurs siècles par les imagiers et les cartiers. Les cartes à jouer, les tarots faisaient alors avec ces livres d'images le fond de l'imagerie.

Lorsque l'imprimerie eût été inventée, les images se multiplient, les textes étant le plus souvent accompagnés de dessins, puis, peu à peu, l'imagerie populaire s'affirme dans une forme nouvelle, presque exclusive. L'image se rattachant à des légendes et à des complaintes religieuses, aux romans de chevalerie, et, à partir du xvııı⁰ siècle, aux chansons en vogue, aux causes criminelles célèbres ou aux grands faits historiques, s'imprime sur feuilles simples de divers formats. C'est celle que nous connaissons aujourd'hui, qui s'est perpétuée sans grandes modifications apparentes dans son aspect général. La plus ancienne estampe connue, due à la taille du bois, est une composition, datée de 1418, représentant la Vierge portant l'Enfant Jésus sur ses genoux, entourée de Sainte-Barbe, de Sainte-Catherine, de Sainte-Dorothée et de Sainte-Marguerite. Cette pièce très rare se trouve au cabinet des estampes de la bibliothèque de la ville de Bruxelles. Elle est imprimée sur un papier dans le filigrane duquel on aperçoit une ancre, marque particulière aux fabriques de papier des Pays-Bas. Avant la découverte de cette estampe, faite en 1844, on regardait comme la plus ancienne connue, une petite estampe représentant Saint-Christophe portant l'Enfant Jésus et avec une légende de deux lignes. Viennent ensuite, toujours avant l'invention de l'imprimerie mobile dont ils sont les précurseurs, les livres d'images tels que l'Art de bien mourir, dont un exemplaire se trouve à la bibliothèque de Dresde. Il comprend vingt-quatre feuillets imprimés d'un seul côté, comportant deux pages de préface, onze gravures et onze pages de texte. A la même époque, un peu antérieurement peut-être, avait paru la célèbre bible désignée sous le nom de Bibla des pauvres, comprenant quarante planches. La Bibliothèque nationale de Paris en possède un exemplaire. Le Speculum humanœ salvationis, la Vie de la Vierge, l'Histoire de Saint-Jean sont de cette même période, c'est-à-dire avant 1440.

Une fois l'imprimerie inventée, les sujets d'estampes devinrent plus nombreux, mais des ouvrages symboliques destinés à la foule qui ne savait pas lire furent encore exécutés, principalement les almanachs, dont un des plus curieux, datant de la fin du xv⁰ siècle, est le Grand almanach des bergers. Toutes les indications étaient données par des emblèmes, l'époque de la moisson, par exemple, était désignée par un paysan la faux en main.

Nous retrouvons de ces almanachs avec texte jusque dans le xvı⁰ siècle; ils étaient faits par les anabaptistes. En 1550, Nostradamus fit paraître pour la première fois l'almanach portant son nom et que ses prédictions ont rendu si célèbre. Près d'un siècle plus tard, en 1636, c'est du moins la date la plus probable, fut publié le premier almanach de Liège, le premier de cette série innombrable d'almanachs liégeois qui n'est pas épuisée. Mathieu Laensberg y prodiguait ses prédictions relatives aux changements de température mêlées à des recettes de médecine et à une foule d'autres indications plus ou moins sérieuses sur une foule de sujets. Un peu plus tard encore, les Messagers boiteux furent édités à Bâle et à Berne. Les gravures si nombreuses qu'ils contenaient et leur genre grossier imposent, comme naturelle, la classification des almanachs dans l'imagerie. Celle-ci doit comprendre encore les multiples ouvrages sur la chiromancie dont un des principaux est le Grand grimoire. Les songes les plus divers y sont traduits en mille explications et les gravures représentent entremêlés sorciers et démons, sans compter les hiéroglyphes les plus bizarres. Le dessin s'y prête dans la mesure du possible, selon le plus ou moins de talent naïvement barbare de son auteur, à la représentation des scènes les plus fantastiques. Enfin, les livres sur les métiers tiennent une place importante dans l'imagerie.

Mais nous n'avons parlé ni des légendes ni des complaintes religieuses, ni des romans de chevalerie qui ont été plus que tous les autres genres d'inépuisables sujets d'images. Parmi les cantiques et complaintes il faut citer le Trépassement de la Sainte Vierge, assurément une des plus anciennes histoires de ce genre, et les nombreux miroirs imités du speculum humanœ salvationis, montrant les divers états de l'homme tombé dans le péché mortel. Dans une époque moins éloignée, on verra se multiplier les images religieuses, les Christs, les Vierges en renom, cela à l'occasion des pèlerinages, les scènes de l'Ancien et du Nouveau-Testament, les portraits de saints et de saintes. Parmi les Vierges, on peut citer comme les plus célèbres, comme les plus reproduites à cette époque et par la suite : Notre-Dame du rosaire, Notre-Dame des sept douleurs, Notre-Dame de la Couture, et plus encore peut-être, Notre-Dame de Liesse. Le cantique joint à cette dernière image ne contenait pas moins de trente-deux couplets. Il y a encore à relever, entre bien d'autres, le Triomphe de la Vierge, due à Louis Mocquet, qui était « marchand imagier-dominotier à Chartres », vers 1697.

Mais avant de passer à une période moins lointaine, il faut citer quelques-unes au moins des complaintes et des légendes les plus célèbres, celle de Geneviève de Brabant, celle de Saint-Hubert, la Vie de Sainte-Barbe, Joseph vendu par ses frères, la Légende de l'enfant prodigue, puis encore la légende du Bonhomme Misère, fréquemment réimprimée et, la principale de toutes, la légende du Juif errant, une des plus saisissantes conceptions qui se puissent imaginer. C'est peut-être par millions d'exemplaires qu'elle a été et qu'elle est encore répandue dans le monde. On chantera un peu plus tard, les Amours d'Henriette et Damon et les Malheurs de Pirame et Thisbé.

De tous les romans de chevalerie, le plus célèbre, il serait plus juste de dire le plus souvent célébré par l'image, est celui des Quatre fils Aymon. Mais, la plus ancienne édition imagée est celle de l'Histoire de Jean de Paris, dont la date flotte entre 1530 et 1540. La collection des romans de chevalerie, illustrés de gravures, est si considérable, qu'elle a pu former, pour ainsi dire, le fond des bibliothèques bleues si connues de Troyes, d'Epinal, de Liège. On y trouve les romans de Jean de Calais, de Pierre de Provence et la Belle Magnelonne, de la Belle Hélène de Constantinople, de Robert le Diable et de Richard sans peur. Ce sont là tout au moins les principaux.

Mais jusqu'au xvııı⁰ siècle, l'image n'a été qu'un accessoire du texte avec lequel parfois, la chose est assez étrange, elle n'a aucun rapport. Cela se voit, par exemple, à propos des édits et ordonnances royales dont quelques-uns sont suivis d'images. A partir du xviiie siècle, il en sera autrement. On fait l'image pour l'image elle-même; elle prend toute l'importance primitivement donnée au texte qui, à son tour, devient l'accessoire. Une ligne ou deux suffisent pour assurer l'explication du sujet. Les sujets drôlatiques, les causes criminelles célèbres, les événements qui retiennent anxieuses, attentives, des provinces entières fournissent ample matière aux images que vendent les colporteurs. La *Bête du Gévaudan*, dont la légende est déjà ancienne, a été tirée à des milliers d'exemplaires. Parmi les sujets drôlatiques, on peut citer l'image fameuse « *Crédit est mort, les mauvais payeurs l'ont tué* » qu'aucun cabaretier ne manquait de mettre en pleine lumière comme un avertissement aux clients indélicats, puis *Lustucru forgeant la tête des mauvaises femmes*, les *Plaisirs de la vendange*, le *Grand dîner de Gargantua*, le *Monde renversé*. Il y a encore les images prospectus des recruteurs, les marchands d'hommes, comme on les appelait, puis les chansons, depuis la *Belle Bourbonnaise* jusqu'à *Monsieur et madame Denis*, et le *Retour de Saint-Malo de M. Dumolet*. Ces deux dernières ne paraissent que sous le premier Empire.

Mais entre ces deux époques, la Révolution a étendu, plutôt que modifié le champ de l'imagerie. Le moindre fait historique donne lieu à un placard tiré en noir ou enluminé, d'une facture tout aussi rudimentaire d'ailleurs, que celle des gravures plus anciennes. La *Prise de la Bastille*, la *Fédération*, les scènes de la guerre civile, les massacres de 1793, les exécutions fournissent les sujets de ces images répandues dans le pays entier. Bientôt s'y joint la représentation des grandes batailles de la République et ensuite celle des victoires du Consulat et de l'Empire. Il n'en est pas une que l'image, soit en une planche de grand format, soit en petites scènes séparées mais contenues sur un même placard, ne fasse connaître au pays. Cependant, on continue à rééditer — on le fait encore maintenant — les images des temps passés, les légendes les plus fameuses. *Geneviève de Brabant*, le *Juif errant*, jouissent toujours alors dans le peuple de la même faveur que leur disputent sans la diminuer, les couplets de la *Boulangère a des écus*, ou le récit illustré d'une cause célèbre comme la *Bergère d'Ivry*. Bientôt s'y joindront des scènes d'un sentimentalisme patriotique dont le *Soldat laboureur* est le spécimen le plus triomphant. On s'imaginerait difficilement l'étonnant succès de cette gravure où engendra ce que l'on pourrait appeler des contrefaçons où le vieux grognard jouait le rôle prédominant. On éditait aussi des contes pour les enfants, des scènes morales, d'innombrables portraits de l'Empereur, qui étaient utilisés dans le règne suivant par un simple changement de figure. On s'occupait peu de la vérité des accessoires. En outre, on reproduisit, à partir de cette époque, des caricatures, des scènes de genre, le *Thé anglais*, le *Vœu des quatre âges*, le *Bal de Vincennes* et cette image-annonce la *Bonne bière de Mars* représentant une société se désaltérant sous des bosquets. C'est vers le même temps que tout le monde acheta et chanta la complainte illustrée de *Fualdès*.

Peu à peu, les procédés de fabrication se modifiant, l'emploi, ou, pour mieux dire, l'application des images s'étendit à mille sujets, servit à l'enseignement enfantin et à la réclame commerciale. Malgré cela, les anciens sujets restent toujours les préférés de l'imagerie populaire, mais ils se perdent un peu dans la masse des publications. L'imagerie enfantine reçoit surtout un grand développement, on la fait instructive et amusante, on multiplie ce qu'on appelle les découpures, ces sujets que les enfants peuvent détacher et recoller à leur guise, les types de soldats français et étrangers — n'en a-t-il pas été faites de grandeur naturelle — on invente ces maisons ou ces personnages dont les parties numérotées se rejoignent après avoir été découpées. De plus, on crée des tableaux

d'enseignement qui représentent des ustensiles, des meubles, des bâtiments, des sujets d'histoire naturelle.

L'imagerie religieuse, non pas telle qu'elle existe maintenant, a été, on peut dire, le principe de l'imagerie, puisque les premiers sujets reproduits, presque les seuls aux époques anciennes, étaient des scènes bibliques ou des portraits du Christ, de la Vierge ou des Saints. C'était la suite naturelle des enluminures des manuscrits religieux exécutés par les moines. Puis, lorsque les reproductions de complaintes, romans, etc., se multiplièrent, l'imagerie religieuse se spécialisa, et, si on produisit encore en grands placards des portraits de saints et des calvaires, on édita en nombre bien plus considérable des images de petit format, d'une exécution plus soignée ou tirées sur papier plus fin. A notre époque, l'imagerie religieuse, dont la fabrication se fait presque entière à Paris, représente un chiffre d'affaires important. L'image religieuse, destinée à prendre place dans un livre de messe est de taille presque uniforme, — celles que l'on encadre ou qui couvrent toute une planche rentrant plutôt dans la classification des gravures.

Pour compléter cet aperçu historique de l'imagerie, il faut rechercher quels ont été et quels sont actuellement les centres de fabrication, et comment s'en effectuait la vente. Mais il est bien difficile, pour les premiers temps du moins, de déterminer les villes où se publiaient ces images. Il semble que la « fabrique chartraine » ait été une des plus anciennes en France. On peut suivre, tout au moins depuis la fin du xviie siècle, les principaux imagiers-dominotiers établis à Chartres, ce fut alors Louis Moquet, plus tard son gendre, Louis Hoyau, puis Marin Allabre, Barc, et le dernier de tous les maîtres chartrains Garnier Allabre, qui mourut en 1834. Il avait cessé toute fabrication en 1828. A Orléans se trouvait un autre centre de fabrication. Le maître le plus ancien dont le nom soit connu, serait le dominotier Feuillâtre, également vers la moitié du xviie siècle. On cite encore les noms de l'imagier Sevestre, de Perdoux, de Huet, de Letourny, de Rabier-Boulard. En Lorraine existaient aussi quelques fabriques, mais de très minime importance, celle d'Épinal ne date que des dernières années du xviiie siècle. Ce fut en 1790 que le premier établissement fut fondé par M. Pellerin, qui s'associa vers 1830, son gendre M. Germain Vadet. L'extension donnée à la fabrication par la maison Pellerin est connue de tous, le succès qu'elle obtint fut prodigieux et le terme d'*imagerie d'Épinal* devint rapidement une sorte de désignation générique pour toute l'imagerie populaire. Ce succès même encouragea des concurrences dont un petit nombre seul subsistèrent. A Amiens, à Avignon, à Beauvais, à Cambrai, au Mans, à Lille, à Montbéliard, des fabriques qui ont cessé d'exister. Il n'en est pas de même des maisons Gaugel et Didion auxquels a succédé M. Dalhalt, M. Thomas, de Metz, — la première date de 1831, la seconde de 1859, — et de la maison Hinzolin de Nancy, qui acheta, en 1837, le fonds de fabrique de M. Desfeuilles. A Paris, exista au xviie siècle, ce qu'on appela l'imagerie Saint-Jacques, le grand commerce d'estampes et d'images se tenant rue Saint-Jacques. Le principal établissement était celui de Basset, dont on trouve l'indication : « à Paris, chez Basset, rue Saint-Jacques, à Sainte-Geneviève », au bas de douze gravures, représentant les douze Césars à cheval, d'après les dessins du peintre italien A. Tempesta, mort en 1630. Cette maison si ancienne s'est maintenue jusqu'à la Restauration. Une grande partie de ses planches ont formé le fonds de la maison Bouasse-Lebel qui est aujourd'hui la plus importante dans la fabrication exclusive de l'imagerie religieuse. Plusieurs autres maisons établies à Paris, de 1800 à 1840, pour l'imagerie commune, entre autres la maison Chéreau, ont cessé d'exister.

On peut dire que la vente de l'imagerie s'est faite pendant des siècles uniquement par le colportage. Les colporteurs d'images, tous originaires, les uns de Gascogne, les autres de Lorraine, avaient un caractère et une façon de vendre entièrement différents. Les marchands ambulants gascons avaient chacun sous leurs ordres quatre ou cinq enfants du pays, de tout âge et de toute taille qui, la balle sur le dos et le rouleau d'images à la main, parcouraient communes, hameaux et fermes. Ces enfants, traités fort durement, à peine payés, nourris la plupart du temps par les habitants des campagnes, réussissaient cependant à amasser un petit pécule qui leur permettait de devenir plus tard maîtres-colporteurs. Ces véritables caravanes que complétait un âne chargé du gros de la marchandise sillonnaient ainsi toute la France. Le colporteur lorrain avait de tout autres allures. Il emmenait avec lui femmes et enfants, il possédait un petit établissement qui se composait d'une châsse dont le principal sujet était, soit une Vierge de pèlerinage, soit la mise en croix du Seigneur. Au premier plan, on apercevait presque toujours le bienheureux Saint-Hubert prosterné devant le cerf qui lui apparut dans la forêt la tête surmontée d'une croix. Sur une table, devant la châsse qui fermaient à l'occasion deux volets de bois, étaient étalés des bagues dites de Saint-Hubert, des médailles, des chapelets. De chaque côté de la châsse, les deux époux lorrains se tenaient l'air pieux et contrit, l'un jouant de quelque instrument, l'autre chantant le *Cantique de Notre-Dame de Liesse* ou celui de la *Création du monde*. Le colporteur lorrain, il est presque inutile de le dire, ne vendait guère que de l'imagerie religieuse. D'autres marchands ambulants vendaient aussi des images, mais non comme spécialité, et enfin, il s'en débitait un nombre considérable dans les boutiques de papeterie des petites villes. Il en est encore ainsi. Le colportage tel qu'il vient d'être décrit n'existe plus, mais les marchands forains ont souvent encore un assortiment des images les plus en vogue.

Telle est dans son résumé historique la production de l'imagerie en France. Sans vouloir rechercher ce qu'elle a été chez les autres peuples, il est bon de rappeler qu'en Chine et au Japon, il y a eu de tout temps une imagerie fort importante, exécutée soit en noir, soit à teintes plates. Beaucoup de ces images sont sur feuilles simples, mais le plus souvent, on en forme des albums de toutes dimensions. Quelquefois, les images japonaises qui abondent en fantaisies décoratives, sont tirées sur un papier particulier qui, trempé dans l'eau, s'agrandit dans tous les sens. En Angleterre et en Allemagne, la fabrication de l'imagerie a pris une extension considérable, et il faut reconnaître qu'elle est supérieure à la nôtre comme exécution. Ce que nous appelons l'*imagerie d'Epinal* n'existe pas pour ainsi dire et, par contre, la chromolithographie est en grand honneur. Le dessin en est, en général, très soigné, les types sont très marqués, mais l'emploi de couleurs éclatantes est une faute de goût. En Allemagne, les produits les plus recherchés sont ceux de Munich.

TECHNOLOGIE. Quels ont été et quels sont les procédés de fabrication ? Comme il a été dit, les premières images ont été faites par la taille du bois. On employait pour la gravure, le bois de poirier dont le grain est fin et serré. On lui substitua plus tard le buis dont l'usage s'est maintenu. L'impression s'obtenait par un procédé des plus primitifs. On imprégnait le bois gravé d'une couleur noire faite avec du noir de fumée et de la colle de peau, et que l'on étendait au moyen d'une grande brosse longue à soies molles. Ensuite, on posait la feuille de papier, et, avec un outil nommé *frotton*, on pressait fortement sur le bois dans tous les sens. Le coloris s'obtenait au moyen de cartons découpés appelés *patrons*, rendus imperméables en les trempant dans un enduit

d'huile de noix brûlée et de litharge. Cette préparation était nécessaire car la pose des couleurs se faisant au moyen d'une grosse brosse, le frottement et l'humidité auraient, sans cette précaution, promptement mis les patrons hors de service. Les couleurs employées se réduisaient à du rouge, du bleu, du jaune et du brun. On usa aussi d'un rouge clair nommé *rosette*. Le violet et le vert s'obtenaient, comme maintenant, pour toutes couleurs composées, par superposition. Ces divers procédés furent employés, presque sans modifications, jusqu'après la Révolution.

A l'époque actuelle, la presse typographique est d'un usage général pour l'imagerie commune, mais on se sert encore de presses à bras pour les chromolithographies, et l'imagerie religieuse ne se fabrique que par ce dernier procédé.

Ces dernières images sont ou gravées en noir ou chromolithographiées, ou même encore enluminées à la main ; celles en noir principalement, sont encadrées d'une fine dentelle exécutée dans le papier même et plus ou moins large, selon le prix de l'image. L'exécution de l'image religieuse, bien différente en cela de l'image ordinaire, est faite avec le souci d'un dessin correct, et d'un tirage léger comme teinte. Les images chromolithographiées pour lesquelles on use de huit, dix, douze et même quinze repérages, sont fabriquées avec des couleurs fines, les teintes sont douces et les encadrements copiés la plupart sur les manuscrits anciens. Il y a de ces images religieuses dont la valeur artistique est réelle.

La plupart des fabriques d'imagerie comprennent : l'imagerie en taille du bois, en lithographie et en taille-douce, selon qu'il s'agit de produire l'image commune, demi-fine ou fine ; l'imagerie religieuse se fait par gravure sur cuivre ou acier, pour la majorité des produits, et comporte pour les pièces d'un prix relativement élevé, des enluminures faites directement à la main. Ces nouveaux procédés ont permis d'atteindre aux immenses tirages nécessités par les images dont les sujets sont les plus recherchés. On est loin du temps où l'impression des cinq cents feuilles composant une rame d'images se payait 12 sous à l'ouvrier, et la mise en couleur 9 sous pour chaque teinte. C'est qu'il s'agissait alors, comme aujourd'hui, de livrer cette marchandise à des prix d'une grande modicité. Ceux de l'imagerie commune, qui se vend un sou la feuille, sont actuellement de 6 fr. 50 la rame, ou de 9 francs avec des impressions dorées.

Si les procédés de fabrication se sont aussi notablement améliorés, la facture même de l'image commune est malheureusement restée par trop rudimentaire. Aussi bien on comprend la naïveté grossière du dessin et plus tard de l'enluminure dans les images des XVe et XVIe siècles, aussi bien on s'étonne et on s'irrite de constater qu'il a été réalisé aussi peu de progrès dans l'exécution de ces coloris véritablement barbares. Il faut que le public soit bien peu difficile pour se contenter de pareilles enluminures, et il n'est pas permis d'arguer du bon marché des produits pour répandre d'aussi détestables estampes. Sans doute, les produits modernes sont moins défectueux, mais il serait à souhaiter que le dessin, cela avant tout, fût plus respectueux de la vérité. On ne doit pas oublier que cette multitude d'images se répand dans le peuple, se distribue aux enfants soit pour les amuser, soit pour les récompenser, et que souvent encore, dans les campagnes, cette gravure informe se colle au mur avec mission de distraire, d'égayer la famille entière. Le peuple a une prédilection persistante pour l'image, et c'est par les yeux qu'on peut relever son goût, atténuer sa tendance à la vulgarité. Cette nécessité reconnue a fait tenter à maintes reprises des efforts, restés jusqu'ici sans grands succès, pour transformer l'image commune et lui donner une utilité artistique. Mais ces efforts mêmes ont rarement porté sur l'image comprise sous la dénomination d'*image d'Epinal*, on a trop laissé de côté ces barbouillages si crus à l'œil, pour ne s'occuper que de produits en quelque sorte plus choisis. Pour les premiers, comme pour les autres, on devrait recommander un dessin plus soigné et l'emploi de teintes plates en petit nombre, mais franches et choisies avec goût. Quand on relève les modifications très heureuses apportées depuis une vingtaine d'années dans la fabrication de l'imagerie commune, on ne peut douter des excellents résultats auxquels on arriverait rapidement; il faut espérer que la commission récemment créée pour se prononcer sur la décoration des écoles et sur l'imagerie scolaire, parviendra à donner en ce sens une impulsion durable. Il faut d'autant plus le souhaiter en se souvenant du rôle si considérable joué, au point de vue national, par notre imagerie. C'est elle qui a répandu sous une forme accessible à tous, nos légendes religieuses et nos légendes historiques, cela non seulement en France, mais encore dans le monde entier, car il n'y a pas de pays perdu où ne se retrouve parfois une enluminure représentant Geneviève de Brabant et tout autre sujet de légende, ou perpétuant le souvenir de nos victoires et de nos gloires historiques. L'image a donc une action populaire, politique, indéniable, ce n'est pas être exigeant que de lui demander d'avoir une action artistique.

IMBIBITION. 1° *T. techn.* Procédé employé pour la conservation des bois, en laissant ceux-ci immergés pendant assez longtemps dans un liquide antiseptique (solutions de sulfates de fer, de cuivre, de manganèse; chlorure de zinc, de manganèse; bichlorure de mercure; acide arsénieux). MM. Chauviteau et Knal ont ainsi fait préparer, en France et en Allemagne, des traverses de chemin de fer, des poteaux télégraphiques, des longrines. MM. Mackensie et Brassay ont employé sur le chemin de fer de Lyon à St-Étienne, et en Angleterre, l'imbibition par l'eau créosotée à chaud, après dessiccation du bois; les derniers résultats obtenus ont été bien supérieurs, et la conservation beaucoup plus longue, grâce à une imprégnation plus complète, facilitée par la dessiccation préalable. M. Proeschel a également préconisé l'emploi du goudron pour imbiber les bri-

ques qui doivent servir à la construction, dans les terrains humides. — V. CONSERVATION DES BOIS. || 2° *T. de métall.* Méthode employée pour séparer des sulfures métalliques, si abondants dans quelques terrains, les métaux précieux qu'ils peuvent renfermer. Le minerai convenablement bocardé est ensuite grillé, puis fondu. On grille une seconde fois la matte brute, qui contient l'or ou l'argent, puis on la fond avec de la litharge laquelle dissout les métaux que l'on sépare ensuite par coupellation.— V. COUPELLATION.

*IMBRICATION.** *T. de sculp.* et *de décor.* Ornement qui présente l'aspect d'écailles superposées comme les écailles de poisson, et qui fut employé pendant la période romane. || Disposition de pierres taillées et de briques de couleurs différentes pour former des dessins variés.

IMITATION. Appliquée soit à l'art, soit à l'industrie, l'imitation doit être considérée sous différents aspects, car elle peut être tour à tour légitime, excellente, quant aux résultats, ou bien seulement excusable, ou enfin, condamnable. Au point de vue théorique et esthétique, l'art est l'imitation de la nature. Le peintre, le sculpteur ont pour moyens d'expression la copie de la réalité. Jusqu'où peut aller cette copie? est-elle tenue d'aller jusqu'aux extrêmes limites de la ressemblance, jusqu'à une exécution tellement littérale et stricte qu'elle ait les apparences du trompe-l'œil? c'est l'opinion des réalistes. Doit-elle, au contraire, se borner à donner l'illusion de ce qui existe et s'arrêter à des formes conventionnelles, plus ou moins abstraites, qui varient selon les conditions de la matière employée, et s'adressent suivant certaines règles déterminées à l'imagination? c'est l'avis des idéalistes. Mais quelles que soient les idées que l'on professe à cet égard, et sans d'ailleurs nous appesantir sur un point d'esthétique qui a soulevé dans tous les temps des controverses passionnées, il nous sera permis de dire que la thèse acceptant tous les moyens d'atteindre à la réalité dans l'imitation ne saurait raisonnablement être combattue si ces moyens restent soumis à ce qu'on peut appeler la dignité de l'art, sens subtil, délicat, qui ne se méprend jamais, ni sur la fin général de l'art, ni sur ces convenances accidentelles. Que la chair palpite sous le marbre, que le sang circule par la magie du pinceau, que des étoffes sculptées à coups de maillet soient aussi souples, aussi variées de souplesse que l'industrie elle-même les crée; que le miracle du clair-obscur fasse d'un tableau une illusion de diorama, que les oiseaux s'y laissent prendre, comme jadis dans les peintures de Zeuxis, tout cela peut rentrer dans les véritables données de l'art, à la condition d'être dirigé, contenu, et toujours ramené sous la discipline d'un idéal élevé.

Quant au rôle de l'imitation dans l'industrie, il est plus complexe et a besoin d'être nettement défini. En effet, l'imitation est tantôt un principe sur lequel on s'appuie pour essayer de répéter sans cesse les œuvres du passé, pour copier les styles anciens, et refaire gauchement ce qu'ont fait librement nos ancêtres des époques de la Renaissance, de Louis XIII, de Louis XIV, de Louis XV ou de Louis XVI. Ou bien l'imitation s'exerce, non plus intellectuellement, pour ainsi dire, sur le style des différents âges, mais sur la matière même des objets, et, dans ce cas, elle change de nom, varie ses procédés et se justifie ou se condamne selon le but qu'elle se propose.

Considérons d'abord l'imitation en tant que principe d'esthétique. Il est évident qu'elle est blâmable et que ses résultats ne peuvent être que déplorables. L'expérience est là qui le démontre. Chaque peuple, chaque époque possède un art qui est l'expression particulière de son génie, des mœurs et des habitudes sociales, qui dérive de traditions régulières, et qui, dans le développement normal des institutions, s'adapte exactement au tempérament, à la manière de penser et de sentir d'une nation. Or, vouloir, après un long intervalle écoulé, alors que les mœurs sont changées, que les besoins sociaux sont transformés, que l'on pense et que l'on agit sous d'autres influences, tenter de reproduire l'art d'un âge antérieur, c'est faire une œuvre vaine. On s'imagine copier, et l'on ne fait que les caricatures de cet art. Que l'on s'inspire des modèles laissés par les maîtres du passé, que l'on étudie leurs procédés, que l'on s'imprègne de leurs doctrines, rien de mieux ; mais on doit s'arrêter là. «Inventer ou périr» a dit Michelet ; et c'est, en vérité, une condition certaine, impérieuse de notre nature. L'imagination s'atrophie au métier de copiste. L'originalité s'éteint si elle interrompt son effort. Un art succombé, quand au lieu de rester sur la terre natale, dans l'atmosphère où il a pris la vie, il veut emprunter à des éléments étrangers, à des sources épuisées une inspiration factice. Les fleurs ne s'épanouissent pas sur des tiges mortes.

Voyons maintenant comment l'imitation se comporte quand elle s'exerce sur la matière même des objets. Elle se présente sous les formes suivantes. Tantôt elle prétend donner à une matière quelconque l'apparence d'un produit avec lequel elle n'a de ressemblance que juste ce qu'il faut pour tromper l'acheteur : elle devient alors la *falsification*, la *contrefaçon*, ou le *truquage*. Tantôt elle s'efforce de revêtir l'aspect d'un objet de luxe, avec des matériaux communs, afin de donner satisfaction à ce besoin de paraître, à ce sentiment de fausse élégance, de ridicule vanité qui est dans la nature humaine, et dont notre société démocratique moderne subit particulièrement les nécessités menteuses. Tantôt enfin, elle a recours à des matières spéciales, économiques, pouvant être produites abondamment et à bon marché, pour les objets domestiques d'un usage courant, ou pour la reproduction de véritables œuvres d'art. Ici, le rôle de l'imitation, parfois difficile à apprécier, se trouve absolument justifié, et témoigne des découvertes admirables de l'industrie. L'imitation, alors, devient un agent puissamment propagateur de l'art, un serviteur du progrès, un facteur de la civilisation. Autrefois, bien plus qu'aujourd'hui, l'art s'attachait de prédilection aux belles matières, aux métaux rares, aux pierres précieuses. Dans

toutes les époques florissantes, un chef-d'œuvre était la réunion de la matière du plus grand prix et de la conception du plus habile artiste. Trop de révolutions nous ont appris ce qu'il en arrive de ces nobles façons de procéder.

L'orfèvrerie, la bijouterie, la joaillerie ont contre elles, comme le cerf de la fable, ce qui les embellit. On ne peut donc que se réjouir de voir aujourd'hui remplacer ces métaux rares, par les compositions peu coûteuses dont la chimie nous livre le secret. Nous ne devons pas nous effrayer des noms modernes qui semblent porter avec eux comme un stigmate de vulgarité ; voyons le fond et le vrai des choses, c'est-à-dire l'œuvre d'art et l'apparence de la richesse, qui est l'illusion de la richesse. Qu'importe si grâce à la galvanoplastie, par exemple, le chef-d'œuvre de l'artiste n'a le mérite de la rareté, puisque, reproduit à des centaines de mille d'exemplaires, il va pouvoir servir à l'éducation de tous ! D'ailleurs, qu'on ne croie pas que ces agents reproducteurs travaillent au détriment de l'artiste ; ils étendent et propagent le désir, chez les amateurs riches, de posséder, à côté des répétitions, des pièces originales. L'intervention des machines a donc été pour la propagande de l'art, l'équivalent d'une révolution : c'est l'auxiliaire démocratique par excellence. Contester cette action, serait d'un aveugle ; dédaigner cette influence, serait d'un insensé ; ne pas prévoir l'avenir de cette association du génie des arts avec la puissance des nouveaux moyens de reproduction à bon marché, ce serait d'un esprit borné. Une fois dans cette voie, aucun progrès ne doit étonner, et l'on dirait qu'après le métier Jacquard, marchant par la vapeur ou l'électricité, après la machine qui sculpte, et la machine qui exécute des dentelles, on a trouvé une machine qui peint, qu'on aurait le droit de n'en point être surpris. Les perles fines, les diamants que donne la nature n'ont-ils pas maintenant des frères illégitimes dans les pierres ressemblantes qu'on imite au grand profit du commerce, et l'art n'a-t-il rien à gagner à ces imitations ? L'industrie des fleurs n'est-elle point charmante ?

Mais s'il est juste de reconnaître la légitimité de l'imitation dans certains cas, on ne saurait trop vivement la flétrir quand elle blesse le goût, comme il arrive trop souvent. Si nous entrons dans certains monuments publics, dans quelques édifices municipaux, dans les hôtels privés, d'un faux luxe, nous trouvons l'excès des dorures, l'entassement de la décoration, l'amalgame de tous les styles, la collection complète de toutes les redites, et, en chaque chose, une apparence trompeuse de l'art, plutôt que l'art lui-même, des surmoulés faits sans choix, le carton-pierre grossièrement employé pour peindre des sculptures, là où des lignes simples devaient suffire. Voilà l'écueil de l'imitation. Les savonneries de Marseille envoient aux expositions des statues en savon, les fabricants d'allumettes chimiques composent avec leurs produits des tableaux de l'éruption du Vésuve, les marchands de Niort des paysages en angélique, les chocolatiers des temples en chocolat, les passementiers des pendules monumentales, etc. Voilà les ridicules de l'imitation.

En résumé, s'il veut éviter, aujourd'hui, les excès auxquels l'industrie pousse l'imitation, l'artiste doit considérer trois choses. Tel meuble, telle décoration lui est demandée: qu'il étudie l'origine, la destination de l'objet, et la matière qui lui convient. Son origine, pour se rendre compte de sa nature, au travers des mille déviations qu'il a subies. Ainsi, le papier peint, quelque varié qu'il soit, subit toujours l'influence de son origine première, qui est la tapisserie; que l'artiste se rapproche de cette donnée, qu'elle soit maintenue et sensible au milieu de toutes les fantaisies de son imagination, qu'il se préoccupe ensuite de la destination. Pour quel lieu? Pour quel usage? Pour quelles personnes? La réponse à ces questions indiquera la matière à employer. Un guéridon de boudoir sera-t-il en chêne? Le granit reposera-t-il sur le bois? Ne sera-ce pas le bois qui reposera sur le granit? Une porte qui se ment seule-t-elle en malachite, à côté d'une colonne stable en bois incrusté? En se posant de tels problèmes l'artiste les résoud. Le marbre est du marbre, le bois est du bois. Si du marbre on fait de l'albâtre, comme Canova s'y appliquait par le poli de ses limes, et les lavages de ses acides, si du bois on fait des marbres en arrondissant ses surfaces qui devraient accuser la touche de l'artiste, on agit en contre sens, on perd ses avantages. Si l'on joue du violon, pourquoi imiter la flûte? Avec la céramique n'imitez ni la sculpture du bois, ni la fonte du bronze, ni la dureté du porphyre; ne faites pas de dentelles de porcelaine. Ces conseils bien simples que donnait le marquis de Laborde, aux artistes de son temps, seront toujours vrais, et peuvent se résumer dans cette seule phrase: si l'imitation est permise quelquefois, c'est à condition de laisser toujours aux matières imitées la franchise de leur nature. — v. c.

*IMPANISSURE. T. de tiss. Défaut de fabrication d'un tissu de soie, qui consiste dans l'altération de la couleur des fils de la chaîne.

*IMPERMÉABILISATION. Opération qui a pour but de rendre divers objets, particulièrement les étoffes, cordes, etc., inaccessibles à l'action pénétrante de l'eau. Lorsqu'il s'agit de cordages, l'imperméabilisation s'obtient généralement au moyen du goudronnage (V. ce mot). Mais lorsqu'il s'agit de tissus, les procédés employés sont des plus divers et l'on peut en juger par ce fait: que plus de cent brevets ont été pris se rattachant plus ou moins directement à ce sujet. Cependant, lorsqu'on examine bien les différentes méthodes préconisées par les inventeurs, on peut les réduire à quatre principales : 1° imperméabilisation par immersion dans des bains plus ou moins complexes, mais toujours à base d'alumine (sulfate d'alumine, alun, etc.) ou à base métallique (sulfate de cuivre, de fer, etc.); 2° imperméabilisation par juxtaposition de couches de caoutchouc (V. ce mot, § Enduits), gutta-percha, collodion, etc., sur

des épaisseurs variables; 3° imperméabilisation au moyen de vernis ou d'enduits composés en majeure partie de goudrons et d'huiles siccatives; 4° imperméabilisation par l'emploi de solutions dans la benzine ou l'éther de pétrole, de paraffine ou de principes cireux déposés sur les étoffes.

Tous ces procédés sont plus ou moins employés dans l'industrie. Nous citerons ici notamment le premier au moyen duquel on obtient les tissus de soie qui ne mouillent pas, et les vêtements de laine pour dames dits imperméables. Pour les soies, par exemple, on fait passer les pièces sur des cylindres en molleton qui les mouillent avec une solution de gélatine tenant en suspension un savon d'alumine bien épuré de fer, puis après sur des cylindres sécheurs. Pour les étoffes de laine, le savon d'alumine est remplacé par une solution aussi neutre que possible d'acétate d'alumine, l'acide acétique de l'acétate disparaît au séchage et l'alumine reste. — A. R.

*IMPLUVIUM. Chez les anciens, on nommait ainsi une cour découverte au milieu de laquelle se trouvait un bassin qui recevait les eaux de pluie. — V. ARCHITECTURE.

*IMPORTATION. — V. COMMERCE, DOUANES, EXPORTATION.

IMPOSITION. T. de typogr. Arrangement méthodique des pages dont se compose une feuille de composition typographique, et qui doit être tel que la feuille étant imprimée et pliée, les folios se suivent dans l'ordre voulu. — V. IMPRIMERIE TYPOGRAPHIQUE, § Technologie.

IMPOSTE. T. d'arch. 1° Pierre formant saillie au-dessus du pied-droit d'une arcade et recevant la retombée de l'archivolte. L'imposte est ordinairement décorée de quelques moulures ou d'un simple tailloir; quelquefois, c'est une plinthe ou un bandeau plus ou moins orné, suivant l'ordre ou le genre d'architecture. L'imposte toscane n'a qu'une plinthe ou quelquefois deux plinthes surmontées d'un listel; la dorique a deux faces couronnées; l'ionique, un larmier au-dessus de ses deux faces; la corinthienne et la composite, un larmier, une frise et des moulures simples ou taillées. On appelle: imposte coupée, celle qui est interrompue soit par des colonnes, soit par des pilastres; imposte cintrée, celle qui se retourne pour former archivolte autour d'une arcade ou d'une fenêtre. || 2° Partie de menuiserie dormante qui surmonte une porte ou une croisée. L'imposte est ordinairement vitrée; elle est séparée par une traverse formant linteau, des parties mobiles de la porte ou de la croisée qui viennent s'y appuyer.

IMPRESSION. Au point de vue spécial où nous nous plaçons, l'impression est une opération au moyen de laquelle une chose appliquée sur une autre y laisse une empreinte, c'est, en d'autres termes, le transport, sur papiers, sur tissus, sur poteries, etc., de caractères ou de dessins, dans le but d'obtenir un nombre quelconque d'exemplaires, conformes à un modèle donné, à une composition originale. Nous renvoyons à l'article

IMPRIMERIE pour les *impressions sur papier*, en noir ou *en couleurs*, à PAPIERS PEINTS pour les *impressions de papier de tentures*, et à FAÏENCE, PORCELAINE pour les *impressions en céramique;* dans les études qui suivent, nous traiterons de l'*impression par la lumière* et de l'*impression sur tissus.* || *T. techn.* On donne le nom *d'impression* à la couleur détrempée à l'huile qu'on applique aux ouvrages de menuiserie et de serrurerie pour les préserver de l'humidité; les peintres en bâtiment nomment *peinture d'impression*, une teinte plate appliquée avant la couche de peinture proprement dite, et les doreurs donnent le nom *d'impression*, à l'enduit dont ils revêtent les objets destinés à la dorure.

* **IMPRESSION PAR LA LUMIÈRE.** Nous avons à examiner ici les procédés de reproduction et de multiplication des images au moyen de l'impression par la lumière.

Nous les diviserons en deux catégories distinctes: 1° *les impressions directes à l'aide de la lumière ou photographie proprement dite;* 2° *les impressions mécaniques sur des surfaces ou planches préparées à l'aide de la lumière.*

IMPRESSIONS DIRECTES A L'AIDE DE LA LUMIÈRE. Ces sortes d'impressions sont de deux genres, les unes *négatives* et les autres *positives*. On entend par *image négative*, une image qui est la contre-épreuve exacte d'une autre image, mais avec cette différence que ce qui est blanc dans le positif est noir dans le négatif, et réciproquement. La définition de l'image positive est exactement la même que celle qui précède: les blancs de cette image sont noirs dans le négatif, et les noirs du positif sont blancs dans le négatif. Le positif est l'image que l'on multiplie, le négatif est une épreuve transitoire servant à fournir la contre-partie ou image positive, et à autant d'exemplaires que l'on peut en désirer.

Négatifs. Les impressions négatives à l'aide de la lumière peuvent être obtenues, soit par l'emploi direct d'une image positive ou d'un objet naturel ou industriel, mis au contact d'une feuille de papier sensible; soit à la chambre noire photographique, en utilisant, pour l'impression, les rayons lumineux réfléchis par la surface ou par l'objet à reproduire.

On trouvera au mot PHOTOGRAPHIE, l'explication des principes sur lesquels repose l'application de la lumière aux diverses sortes d'impressions dont il est ici question. Nous nous bornons donc, en ce moment, à indiquer la nature des surfaces impressionnables par la lumière, sans nous occuper d'une théorie et de principes qui ont leur place marquée ailleurs.

Toute image, tout dessin tracé ou imprimé avec une matière colorante plus ou moins opaque, à la surface d'un véhicule suffisamment translucide, constitue un positif et peut servir, par conséquent, à l'obtention d'un ou de plusieurs négatifs successivement.

Négatifs par contact. L'image ou le dessin sont mis, dans ce cas, en contact immédiat et sous une pression convenable — dans un châssis spécial,

dit *châssis-presse* — avec une surface souple ou rigide, recouverte d'un produit sensible à la lumière, de telle sorte que cet agent physique produise, sur ce corps sensible, un effet soit visible immédiatement, soit à l'état latent, mais susceptible d'être révélé à l'aide d'une opération qui s'appelle le *développement*. Dans le cas des effets immédiatement visibles, on emploie un papier au chlorure d'argent, lequel est modifié sous l'action des rayons lumineux, de telle sorte que le papier prend une teinte brune très nettement marquée partout où il a été frappé par des rayons de lumière plus ou moins intenses; effet qui est proportionnel à l'intensité des rayons lumineux, ou bien à la translucidité plus ou moins grande de l'écran, cliché ou positif interposé.

Le châssis-presse est muni d'un couvercle à double volet. L'un des volets peut être ouvert, ce qui permet de vérifier le degré exact d'impression sans que le cliché et la feuille impressionnée, maintenus par le volet fermé, puissent être dérangés de la place qu'ils doivent occuper jusqu'à ce que l'opération soit terminée. Dès que l'on juge que l'action de la lumière a été suffisante, la surface impressionnée est traitée de façon à être débarrassée de la substance sensible non transformée par la lumière. C'est ce qu'on appelle le *fixage*. On modifie quelquefois le ton produit directement par la lumière, en lui donnant une coloration plus agréable, plus artistique, c'est ce que l'on désigne sous le nom de *virage*, mais cette opération a lieu surtout pour des impressions positives, et elle importe peu quand il s'agit de négatifs. Les substances sensibles donnant l'image produite par la lumière à l'état latent ou mi-latent, sont bien plus nombreuses; celles que l'on utilise le plus sont les suivantes:

Le papier au ferroprussiate, qui donne, avec un positif, un négatif demi-latent à traits blancs sur fond bleu, après une impression par la lumière dans le châssis-presse et une simple immersion dans l'eau pour développer l'image, suivie d'un lavage dans de l'eau faiblement acidulée d'acide chlorhydrique.

Le papier au charbon, papier recouvert d'une mixtion de gélatine tenant en suspension une matière colorante en poudre bien broyée, mélange que l'on rend sensible à la lumière, avec du bichromate de potasse ou d'ammoniaque.

L'image est à l'état latent. On ne peut en suivre l'impression qu'à l'aide d'un *photomètre* (V. ce mot). Le développement s'opère avec de l'eau chaude, laquelle dissout toutes les parties de la mixtion que n'a pas modifiées la lumière, tandis que celles qu'elle a actionnées sont devenues insolubles et dans un rapport qui est proportionnel à l'intensité de son action.

La couleur de l'épreuve varie suivant la matière colorante introduite dans le mélange.

Le papier aux plaques, soit à l'iodure, soit au gélatino-bromure d'argent. Ces préparations, très sensibles à la lumière solaire et artificielle, donnent des images latentes qu'il faut faire apparaître à l'aide de certains réducteurs qui sont principalement de l'acide gallique ou pyrogallique, et des sels de fer, tels que le sulfate de fer, l'oxalate ferreux, le lactate de fer, etc.

Après le développement, il est nécessaire d'opérer un fixage pour enlever la partie de la couche sensible non réduite. C'est, soit l'hyposulfite de soude, soit le cyanure de potassium en dissolution aqueuse, qui servent à fixer ces négatifs, qu'on désigne encore sous le nom de *contre-types*.

Négatifs à la chambre noire. Cette sorte d'impression diffère des précédentes, par ce fait qu'au lieu de se produire par contact et de donner, par suite, des contre-types d'une dimension identique à celle de l'original ou cliché, elle s'effectue suivant l'action des rayons réfléchis par l'objet à reproduire, rayons recueillis par un objectif et dirigés, à l'intérieur d'une chambre noire, sur une surface sensible, placée au foyer de ces rayons. L'opération est ici plus compliquée que dans le cas dont on vient de s'occuper, mais il faut remarquer qu'on a, de la sorte, la faculté de réduire ou d'agrandir la reproduction, par rapport à l'original, ce qui est un immense avantage dans la plupart des cas.

Les couches ou surfaces sensibles que l'on emploie pour les reproductions à la chambre noire, doivent être très sensibles à la lumière, parce que l'on n'utilise là que des rayons réfléchis par l'objet à copier et non des rayons directs.

D'autre part, le faisceau de ces rayons réfléchis se trouve réduit par un diaphragme d'un diamètre souvent bien inférieur à celui des lentilles de l'objectif. Il résulte de l'emploi des petits diaphragmes, une diminution considérable dans l'intensité des rayons lumineux introduits dans la chambre noire, mais, en revanche, on obtient des impressions d'une bien plus grande netteté.

Quand on n'est pas obligé de procéder avec une très grande rapidité, il est avantageux d'user de petits diaphragmes ; il faut, au contraire, supprimer ou amplifier beaucoup cet organe quand on est tenu d'obtenir un résultat très prompt, ainsi que cela arrive pour les reproductions dites *instantanées*. Les produits sensibles propres à l'obtention des négatifs à la chambre noire, sont l'iodure et le bromure d'argent. On se sert comme véhicule de ces sels d'argent, soit de collodion, soit de gélatine.

On a découvert que le bromure d'argent allié à la gélatine, était susceptible de recevoir l'impression lumineuse bien plus rapidement que lorsqu'il est allié à du collodion ; la sensibilité moyenne, en ce cas, est de 10 à 20 fois plus grande que celle du collodion mélangé à l'iodure ou au bromure d'argent. Grâce à cette sensibilité si grande, on arrive à reproduire *instantanément* des êtres et des objets en mouvement, des animaux en pleine course, des trains rapides lancés à toute vitesse, etc.

L'impression obtenue dans la chambre noire, sous l'action plus ou moins prompte des rayons réfléchis, n'est pas immédiatement visible à la surface de la couche sensible, il faut, pour la voir, recourir à un révélateur qui, ainsi qu'il a été dit plus haut, est un *réducteur*. On emploie comme réducteurs propres à la révélation, une

dissolution dans l'eau, soit de sulfate de fer, soit d'acide pyrogallique, si la surface sensible est formée d'une couche de collodion ioduré ou bromuré d'argent, mais si cette couche est du gélatino-bromure d'argent, on use, soit d'une solution d'oxalate ferreux, soit d'une solution d'acide pyrogallique additionnée d'ammoniaque. L'image, dans l'un ou l'autre cas, apparaît lentement et graduellement. On voit d'abord se dessiner et se modeler les grands noirs du négatif, puis successivement apparaissent les demi-teintes de moins en moins accentuées, jusqu'à ce que l'on ait pu voir enfin, les parties correspondant aux ombres les plus intenses de l'original. Le travail du développement est alors terminé, et il reste à procéder au fixage à l'hyposulfite de soude ou au cyanure de potassium, pour enlever, dissoudre toutes les parties du sel non impressionnées par la lumière, lesquelles, par conséquent, n'ont donné lieu à aucune réduction.

Le fixage terminé, on a une image négative formée par de l'argent métallique, à la surface d'un support translucide, verre, papier, gélatine en feuille, image dont les intensités diverses sont la contre-partie exacte des effets d'ombre et de lumière de l'original. C'est là ce qui constitue le *prototype*, ou autrement dit le *cliché négatif*, ou plus brièvement encore le *négatif*, à l'aide duquel s'obtiennent, par contact contre une des surfaces sensibles dont il a été parlé plus haut, des épreuves positives à l'aide de la lumière solaire ou d'une lumière artificielle. Ce négatif sert, non seulement à la multiplication des épreuves positives par autant d'insolations successives, mais il permet, grâce à une seule impression à l'aide de la lumière, d'obtenir des planches d'impression de diverses sortes, sur lesquelles le tirage s'effectue avec de l'encre grasse, ainsi que cela a lieu dans les impressions lithographiques, typographiques ou de toute autre nature, sur des planches ou clichés exécutés sans le secours de la photographie.

C'est de cette deuxième sorte d'impressions dont il va être question.

IMPRESSIONS MÉCANIQUES SUR DES SURFACES OU PLANCHES PRÉPARÉES A L'AIDE DE LA LUMIÈRE. Les principales impressions de cette catégorie sont la *photolithographie*, la *phototypie*, la *photoglyptie*, procédés que nous allons décrire sommairement, puis viennent les impressions sur les diverses espèces de planches gravées en creux ou en relief, dont il est parlé à l'article GRAVURE. — V. à ce mot le § *Photogravure*.

Impression photolithographique.

On désigne ainsi un procédé d'impression sur pierre lithographique ou sur zinc, après un décalquage d'une image au trait, reproduite photographiquement sur une feuille de papier recouverte d'une mince couche de gélatine bichromatée.

L'impression, une fois le décalque transporté sur la pierre ou sur le zinc, s'opère comme dans les tirages lithographiques ordinaires.— V. IMPRIMERIE LITHOGRAPHIQUE, § *Impression sur zinc*.

Quelquefois, au lieu d'opérer le transport de

l'image sur le zinc, après en avoir tiré une épreuve photographique sur gélatine bichromatée, on forme la partie imprimante du zinc avec du bitume de Judée. L'image formée de bitume par le procédé décrit à l'article Photographie retient aisément le corps gras, tandis que les parties du zinc mises à nu ont une grande affinité pour l'eau. On gomme le zinc comme d'habitude, mais en ajoutant à la dissolution de gomme 4 à 5 0/0 d'acide gallique. Aucun soin particulier n'est à prendre, il faut seulement éviter de rayer l'image de bitume sous peine de voir s'altérer la planche imprimante.

Impression phototypique. Le principe théorique sur lequel repose la *phototypie* sera ultérieurement indiqué (V. Photographie). En ce qui concerne ce mode d'impression, nous nous bornerons à dire qu'il diffère des autres par ce fait que l'impression a lieu sur des couches de gélatine, au lieu de s'effectuer sur pierre ou sur zinc. En somme, c'est un procédé d'impression absolument semblable à celui de la lithographie, mais s'opérant sur la gélatine. Le support de la couche de gélatine peut être, soit une glace, soit une plaque de métal, du cuivre plutôt que du zinc, parce que la gélatine adhère au cuivre plus solidement. L'encrage est à peu près le même que dans le procédé lithographique, mais plus délicat, la gélatine humide étant plus fragile que la pierre ou que le zinc; il exige aussi plus de soins pour que l'image monte au degré voulu. Si la gélatine est trop chargée d'eau, on arrive difficilement à conserver les demi-teintes les plus légères, si elle est, au contraire, trop sèche, l'image apparaît voilée; il faut donc une certaine habitude pour se maintenir dans les limites qui sont nettement indiquées par une bonne image photographique, tirée du même négatif qui a servi à impressionner la gélatine et adoptée comme type à imiter.

Une planche phototypique, exécutée dans de bonnes conditions, peut fournir plus de mille exemplaires; mais il est prudent, à cause de la grande fragilité des couches de gélatine, de n'entreprendre un travail de tirage qu'avec deux ou trois planches phototypiques du même sujet, toutes prêtes, de façon à parer à un accident. Il est d'ailleurs utile de faire remarquer que les planches phototypiques, même au cours d'un tirage très normal, vont perdant graduellement de leurs qualités.

Ces planches peuvent être imprimées à la machine comme avec les presses à bras. Seulement, il convient pour les tirages rapides, de mouiller la gélatine avec un liquide formé en parties égales, d'un mélange d'eau et de glycérine. La propriété hygroscopique de cette dernière substance permet d'effectuer jusqu'à cinquante impressions successives, sans qu'il y ait lieu de mouiller à nouveau. L'avantage qu'offre la phototypie est considérable au point de vue de la valeur du rendu.

Aucune lithographie, si habilement qu'elle ait été dessinée et imprimée ne peut arriver à donner des modelés aussi complets, aussi continus. Les épreuves ainsi faites, rivalisent avec les photographies imprimées par des procédés chimiques.

Les images phototypiques, tirées sur du papier à décalquer, peuvent être transportées soit sur bois pour la gravure, soit sur des papiers spéciaux propres au dessin typographique, ce qui abrège de beaucoup l'œuvre du graveur et du dessinateur.

C'est, pour tout dire, en un mot, de la belle photographie imprimée à l'encre grasse sur des machines ou sur des presses à bras, avec ou sans marges.

Impression photoglyptique. Cette sorte d'impression diffère essentiellement de toutes celles qui viennent d'être décrites. Il n'y a plus ici, ni encre grasse, ni rouleaux. L'encre est formée de gélatine colorée liquide; quant à la planche d'impression, elle consiste en un moule en creux, obtenu par la compression sur une plaque de plomb d'un relief photographique en gélatine. — V. Photographie.

Le moule en plomb maintenu à l'état de planitude parfaite, est placé sur le plateau inférieur d'une presse photoglyptique. On verse alors sur le moule (fig. 444), préalablement graissé avec un tampon

Fig. 444.

imprégné d'huile verte, un peu d'encre gélatineuse tiède, puis on pose sur l'encre un fragment d'un papier spécialement préparé pour ce procédé, et on rabat le plateau supérieur de la presse qui est formé d'une glace épaisse, doucie.

Le contact entre les parties planes (non déprimées) du plomb et le plateau, doit être parfait sur tous points, il en résulte une expulsion de l'encre gélatineuse partout où ce contact existe. Celle-ci ne reste à l'état de couche plus ou moins épaisse que dans les dépressions, tout l'excédent est chassé et tombe sur les bords du moule tout autour.

Après cinq ou dix minutes, selon la saison, on soulève le plateau supérieur, et on enlève l'épreuve qui est formée de gélatine colorée figée et adhérente au papier. Lorsqu'elle est sèche, l'image est fixée ou durcie dans un bain d'alun à 6 0/0. On peut de la sorte imprimer des images de toutes couleurs; cela dépend de la matière colorante mélangée à la gélatine. Ce procédé d'impression donne de fort belles images très transparentes, même dans les plus grandes ombres, mais on ne peut tirer des images avec marges; il y a donc toujours lieu à un montage ultérieur. On peut, avec des repères, tirer l'image photoglyptique sur un dessous polychromique. — V. PHOTOCHROMIE.

On obtient ainsi des images en couleur du plus bel effet, grâce à la grande transparence de l'encre gélatineuse. Si la matière colorante introduite dans la gélatine est bleue, verte, rouge, on aura des images de ces couleurs diverses, mais il convient, si l'on tient à être certain de la stabilité de ces impressions, de n'employer, comme matière colorante, que des substances indélébiles ou aussi inaltérables que possible.

Nous avons dû nous borner ici à n'indiquer, parmi les impressions à l'aide de la lumière, que celles qui font partie du domaine de la pratique industrielle. — L. V.

IMPRESSION SUR TISSUS. C'est l'art d'imprimer sur les étoffes, en général, en fixant sur l'une ou les deux faces des figures quelconques, diversement colorées et assez résistantes. Ces figures recouvrent une partie seulement du tissu, le reste gardant sa couleur primitive ou ayant été préalablement couvert, par teinture, d'une nuance quelconque. Quelle que soit la nature du tissu que l'on veut imprimer, on aura toujours à distinguer, dans la pratique de cet art, deux parties fort essentielles : la première qui se compose de procédés mécaniques, comprenant les moyens servant à graver les planches ou les cylindres, ou à appliquer sur des étoffes, des mordants ou des couleurs ; la seconde contenant les procédés chimiques usités pour composer ces mêmes mordants et ces couleurs, en les épaississant presque toujours, pour obtenir la netteté du dessin et éviter les bavures. Si la première de ces parties peut être généralisée, parce qu'elle est la même à peu de chose près, pour tous les tissus, quels qu'ils soient, il n'en est pas de même de la seconde, qui comporte des modifications importantes, suivant que l'impression devra se faire sur des tissus végétaux ou sur des tissus animaux ; ces derniers ayant une affinité très grande pour la matière colorante, n'ont pas toujours besoin de passer par la série des opérations que l'on pratique dans le but de fixer la couleur sur les tissus végétaux.

Pour donner à cet article tout l'intérêt qu'il comporte, nous le diviserons en chapitres séparés, suivant que nous étudierons les tissus végétaux ou animaux que l'on utilise dans l'impression des étoffes, et nous commencerons cette étude par celle de l'impression sur coton, qui est, à beaucoup près, la plus anciennement connue.

IMPRESSION SUR COTON

HISTORIQUE

Il est, pour ainsi dire, impossible de connaître la date exacte de la découverte de l'impression sur coton, mais ce qui est incontesté, c'est que les plus anciens échantillons fabriqués connus, nous viennent de l'Inde, de la Perse, de l'Égypte. Une fouille récente, faite dans une petite localité du Caucase, en 1880, a mis à jour une série de tissus imprimés, dont les archéologues font remonter l'existence à plus de 2,000 ans avant notre ère. C'est jusqu'à présent le plus ancien spécimen concernant l'impression, qui soit parvenu jusqu'à nous ; et, chose assez curieuse, les couleurs n'avaient guère subi d'altération (V. Bulletin de l'Académie des belles lettres et arts de Saint-Pétersbourg, 1883).

D'après M. le professeur Karabaček, d'autres documents non moins importants avaient été découverts à El-Fayum, en Egypte, dès 1878, par Théodore Graf, ce sont des tissus imprimés. Quelques-uns d'entre eux, qui figurent au Musée oriental de Vienne, consistent en des espèces de robes destinées à habiller les morts; on a retrouvé aussi quelques jouets d'enfants, parmi lesquels se trouve une poupée revêtue d'une tunique imprimée en couleurs diverses. Du reste, on rencontre encore fréquemment sur les momies, des bandelettes généralement teintes. Le Musée luthérien de Glascow possède des toiles bleues dont la couleur a fourni à l'analyse, tous les caractères de l'indigo. (V. Journal de chimie médicale, 1838, p. 224). Nous pouvons encore citer, à l'appui de ces faits, ce que relate un des plus anciens ouvrages du monde, le Ramayana (histoire ou conte de Rama, poème sanscrit de Velhymi). Il y est fait de nombreuses allusions aux étoffes et vêtements colorés, et à la manière dont on représente sur les monuments égyptiens, les robes parsemées de raies en zig-zag. D'ailleurs, les Brahmes conservent dans les pagodes, des reliques de la plus haute antiquité, et ornées de vêtements de soie teinte. Les toiles bleues, les mouchoirs de Madras, les cachemires, les bandanas, le rouge des Indes, le paliacat, le Nankin des Indes et de la Chine, l'indigo (indicum), la cuve d'Inde, les Perses, voilà des noms consacrés depuis des siècles, dans le commerce de toutes les nations, et qui prouvent bien que c'est de l'Asie orientale que nous sont venus les premiers procédés de peinture ou de teinture des fils et des tissus.

Hérodote (484 av. J.-C.) rapporte ainsi, dans son livre Ier, chapitre CCIII, l'histoire de certains peuples du Caucase, voisins de la mer Caspienne « Dans ces forêts, croissant, à ce qu'on assure, certains arbres dont les feuilles pilées et mêlées à de l'eau par les habitants, leur servent à faire une teinture avec laquelle ils peignent sur leurs vêtements des figures d'animaux; les figures ainsi dessinées ne s'effacent jamais, et durent aussi longtemps que si elles avaient, de prime abord, été tissées avec le vêtement ; elles font autant d'usage que le vêtement lui-même. » Strabon (livre XV) parle également des toiles imprimées des Indiens, et donne la liste des drogues et substances avec lesquelles on obtenait les plus belles couleurs.

L'industrie de l'impression et de la teinture des tissus florissait donc en Perse à cette époque, et bien avant l'ère chrétienne, comme le démontre Angeli de la Brosse (Dictionnaire persique); les étoffes des Indes arrivaient également par ce pays, si bien que l'on crut que la Perse était le seul endroit de production, d'où le nom donné aux toiles peintes de toiles de Perse ou d'indiennes de Perse. Quant à la qualification d'indienne, elle spécifie assez clairement une étoffe provenant de l'Inde. Mais l'impression n'était alors que l'art de faire ou de laisser une empreinte sur un tissu; il ne faut pas appliquer à ce mot impression la valeur qu'il possède de nos jours; on ne se servait même pas de blocs ou de planches découpés, on appliquait par divers procédés des mordants variables sur des tissus écrus, et, par immersion dans un bain de teinture, on avait des fonds unis et des dessins de couleurs différentes, suivant les mordants utilisés (Pline, livre XXXV, § 42). Actuellement, d'après Diard, ces mêmes méthodes servent encore, chez quelques peuplades de l'Inde. — V. Persoz, *Préface*.

Les documents sur l'impression des tissus à l'époque de la période romaine, font défaut, par la raison que les Grecs, et les Romains, qui héritèrent de leurs procédés industriels, négligèrent de les décrire, l'industrie étant considérée comme une occupation indigne de l'homme libre. On peut cependant regarder comme certain que les Orientaux, et surtout les Indiens, n'ont pas apporté de modifications sensibles aux procédés de leurs ancêtres. Les moyens d'impression diffèrent cependant. Dans l'Inde, ils appliquaient et pointillaient leur mordant avec une espèce de tire-ligne garni d'une petite éponge ou tampon qui contenaient la composition, laquelle ils prenaient légèrement et à mesure du besoin. Les Chinois appliquaient des sortes de plaques en carton ou gabarits découpés, et, avec des pinceaux, passaient la couleur sur le tout. Ils employaient encore le mattage avec la cire en l'appliquant sur toute la pièce, puis en enlevant ensuite cette cire avec un poinçon de bois, aux endroits où la teinture doit se faire. Enfin, à Java, on se servait d'une espèce de pipe, munie d'un orifice à la partie inférieure. — V. Battik.

Dans les premiers temps du christianisme, au moment de la centralisation exagérée des Romains, plusieurs branches de l'industrie avaient considérablement progressé; mais nous n'avons aucune description des procédés de cette époque. On sait bien que l'impression se faisait, et même, que les produits gaulois étaient recherchés jusque dans la capitale de l'empire. En 282, Flavius Vopiscus, qui a écrit la vie de l'empereur Carin, stigmatise le luxe des jeunes patriciens, qui dissipaient leur fortune pour *se procurer*, entre autres choses, des *étoffes* qu'on fabriquait à Arras, et qu'on appelait *byrri*. Le byrrus était une sorte de capote à capuchon, en usage dans toutes les classes, sous les derniers empereurs.

L'époque précise de l'introduction en Europe des procédés employés pour faire les toiles peintes, est mal connue. On ne retrouve aucune trace de cette industrie dans le moyen âge; et tout ce qu'on faisait était obtenu à l'aide des procédés primitifs de l'Inde ou de la Perse. Il nous faut arriver jusqu'à la fin du XVII° siècle pour avoir des faits précis. Les Hollandais furent les premiers à fabriquer des toiles peintes, par les procédés qu'ils avaient d'ailleurs vu mettre en pratique dans l'Inde. Les étoffes qu'ils faisaient offraient des dessins imprimés au trait, puis l'intérieur du sujet était coloré au pinceau par application de mordants de fer ou d'alumine, ou même de leur mélange; on faisait les réserves à la cire. Mais toujours le travail était entièrement fait à la main, sans l'emploi d'aucun procédé mécanique. C'est surtout à Amsterdam, puis plus tard à Brême et à Hambourg qu'existaient ces fabriques; on y faisait surtout deux genres, les *pattenas* qui étaient à deux couleurs, rouge et noir, et les *surates*, qui n'offraient qu'une seule couleur, violette ou rouge. D'après James Thomson, ce fut en 1676 (1690 d'après Persoz) que fut créée, en Angleterre, sur les bords de la Tamise, la première fabrique d'indienne. Elle fut montée par un français, qui, réfugié en Hollande à la suite de la révocation de l'édit de Nantes, y apprit les procédés employés ce pays, et vint ensuite se fixer à Richemond. Nous allons voir maintenant, dans le siècle suivant, l'art de l'impression faire de très grands progrès, par suite de l'application de la mécanique, et un peu après, la découverte de la machine à imprimer.

Il règne aussi une certaine incertitude sur l'époque de l'introduction de l'industrie des toiles peintes en Allemagne. D'après Dönnendorf (*Histoire des découvertes*, t. II, p. 232. Leipzig, 1817), on imitait déjà en 1523, à Augsbourg, sur futaine, les produits de l'Inde; mais il est probable que ce n'étaient que des peintures à l'huile, puisque, d'après le même auteur, ce ne fut qu'en 1698,

que Neuhofer obtint le privilège de teindre en garance les tissus imprimés. Enfin, comme Jean Henri de Schüle, celui qu'en Allemagne on regarde comme le véritable fondateur de l'industrie des toiles peintes, n'eût seulement qu'en 1750, l'autorisation de créer à Ausbourg sa manufacture, on est en droit d'en conclure que dans ce pays, on était à cette époque même, moins avancé dans l'art de l'impression, qu'on ne l'était d'autres pays, comme en Suisse, par exemple. Ce fut encore par un réfugié français que fut importée en Suisse, la nouvelle industrie. Jean Deluze (de la Saintonge) se fixa dans le canton de Neuchâtel en 1689, et y établit des fabriques d'impression, dès 1716. En 1750, son fils avait au Bied une des usines les plus florissantes, et la maison Deluze, Du Pasquier et Pourtalès possédait, à cette époque, des succursales en Angleterre, en Suisse, en France et en Allemagne, qui travaillaient pour la maison principale. C'est dans cette maison qu'Oberkampf, dont nous allons tout à l'heure retrouver le nom, apprit à travailler, et c'est également de cette même usine, ou de celles qui s'ouvrirent peu après dans les cantons de Bâle (la première maison de Bâle fut créée par M. Rhyner) et de Glaris, à cause de la grande liberté commerciale qui existait alors en Suisse, de l'absence de droits de douane, de la non existence des maîtrises et des jurandes, si répandues ailleurs, que partirent, au bout d'un certain temps, ces habiles ouvriers qui se répandirent en Allemagne, en Portugal, en France, pour monter des fabriques d'impression. Nous devons cependant dire de suite, que Mulhouse et l'Alsace faisaient déjà l'article impression à cette époque, et avec grand succès (Samuel Kœchlin, J. H. Dollfus et J. J. Schmalzer), mais les progrès réalisés dans cette industrie furent des plus sensibles après l'arrivée des imprimeurs et des graveurs de Neuchâtel et de Genève. Schmalzer-Moser avait créé son établissement en 1740. Comme Mulhouse formait, avant son annexion à la France, une république particulière, elle jouissait, pour ses affaires commerciales, de la même prérogative que l'Alsace devenue française bien avant elle; elle payait un droit de 135 livres par quintal de tissus, lorsque la Compagnie des Indes obtint un arrêt prohibitif à l'égard des toiles étrangères; d'ailleurs, de nombreuses plaintes avaient, mais en vain, été portées à l'Etat contre l'industrie des toiles peintes qui allait, disait-on, ruiner l'industrie cotonnière. C'est alors que plusieurs maisons de Mulhouse vinrent fonder en France des établissements dans les Vosges; alors se créèrent les fabriques de Cernay, Thann, Munster, Guebviller, Sainte-Marie-aux-Mines. L'établissement ouvert à Wesserling par MM. Sandherr, Couragçol et C°, a une autre origine (V. Penot, *L'industrie cotonnière dans le Haut-Rhin*, in *Bulletin de la Société industrielle de Mulhouse*, 1874, p. 161). Il fut installé dans le château des abbés de Murbach, en 1760, passa en 1773 entre les mains de MM. Risler et C° de Mulhouse, puis fut dirigé pendant trois ans par M. Pierre Dollfus, époque à laquelle la maison prit le titre de maison Risler, Senn, Bidermann et Gros; actuellement, en 1885, elle appartient à MM. Gros, Roman, Marozeau et C°.

En France, la première usine fut fondée à Sainte-Suzanne, en 1729, par Gritanner, de Saint-Gall, elle ne prospéra pas; nous avions déjà, en 1740, un certain nombre de fabriques à Paris et aux environs, à Orange, Marseille, Nantes, Angers; à Amiens, on imprimait sur laine. On avait aussi réalisé partout des perfectionnements importants. Le pinceautage avait été remplacé par l'impression à la plaque, qui se faisait au moyen de planches en bois gravées en relief, puis, par l'emploi un peu postérieur de planches en cuivre gravées en taille-douce; on avait substitué des toiles plus fines aux étoffes grossières employées jusqu'alors; on avait enfin appliqué industriellement quelques couleurs nouvelles assez solides et assez éclatantes. En 1755, d'après M. Buquet (*Bulletin de la Société industrielle de Rouen*, 1875, p. 157), Bonvallet, imprimeur sur laine à Amiens, *inventa l'impression par cylindres, sur lesquels la gravure était en relief*, et cette découverte fut bientôt appliquée à tous les genres d'impression sur étoffes. C'était peu de temps après la création nouvelle de nombreuses fabriques d'indiennes, notamment celle de Cabannes (1757), dans le clos de l'Arsenal, à Paris; celle d'Oberkampf, qui *s'était fixé à Jouy*, *près Versailles*; celles de Bondeville, près Rouen, fondées, l'une par Frey (1758), l'autre par Abraham Pouchet (1759*)*; celle de Montbeliard, fondée en 1770, par Jacques Rau, de Balingen (Wurtemberg); puis plus tard, celles de Déville, Maromme, Bapeaume, Darnetal. La maison Keittinger s'établit à Bolbec en 1791, puis vint à Lescure, près Rouen, en 1836; et Rouff monta au Houlme, en 1800, la maison connue actuellement sous le nom d'un de ses chefs, M. Rondeaux (1). Un écossais trouva le moyen d'imprimer les toiles peintes d'une façon continue (1770) au moyen d'une machine avec rouleau ou rouleau en creux. Les premiers qui fabriquèrent ainsi de l'indienne furent Charles Taylor et Thomas Walker. En 1782, on fit connaître une autre machine qui eût un certain succès, celle à planches plates, pour l'impression de grands dessins pour meubles et tentures, elle faisait les genres à ramages et à deux tons, dits *camaïeux*; cette invention fut bientôt suivie d'une autre, celle de la machine à planche plate qui rapportait mécaniquement les dessins. Henri Mather inventa, en 1788, une nouvelle machine à imprimer avec ses cylindres en cuivre, et la maison Livsey Hargreave, Austin Smith, Halle de Mosley-Walton, in the Dale, Lancashire, fut la première à s'en servir. Un peu plus tard, Adam Wirkinson construisit une machine à deux couleurs; et Thomas Bell faisait breveter (12 novembre 1783) une machine pour imprimer à une ou plusieurs couleurs, et dans le même temps, toutes espèces de tissus, coton, laine, soie, calicots, mousselines, etc. On comprend que ces perfectionnements rendirent de grands services à cette industrie; en France, elle devint prospère surtout à cause de la proclamation, en 1759, d'un édit de Louis XV, qui, en levant la prohibition de l'importation des indiennes en France, créa une véritable révolution commerciale, d'autant plus que l'introduction clandestine de ces étoffes n'avait plus de raison d'être, et que les maisons qui en faisaient en cachette, pouvaient dès lors s'occuper librement de perfectionner leur industrie.

Oberkampf fut le premier à employer, en France, la fabrication continue; il fit venir à Jouy le mécanicien anglais Handrès qui resta attaché à son établissement pendant quinze à dix-huit ans, et y installa un matériel très perfectionné. C'est ainsi que l'on cite, dès 1800, et jusqu'en 1806, la création de genres à une couleur, dits *mignonettes*, qui eurent un tel succès, qu'un seul rouleau put faire jusqu'à 25,000 pièces; que les articles dits *guinées* ou *salem-purés*, étaient assurés à des maisons de Montpellier, par des marchés qui étaient passés pour une durée de plusieurs années. Si l'outillage mécanique avait fait de très notables progrès jusqu'au commencement du xixe siècle, on conçoit que la gravure ne progressait pas de même, grâce à une vogue qui disposait de chercher à varier les dessins. Cependant, il faut encore indiquer les perfectionnements que virent naître les premières années de notre siècle. En 1800, époque à laquelle il y avait déjà 45 fabriques d'indiennes en France (l'annexion de Mulhouse date de 1798). Un ancien ouvrier d'Oberkampf, Ebinger, que quelques-uns appellent Edingre, créa à Saint-Denis, une fabrique d'indiennes; il s'associa à Lefèvre, serrurier mécanicien, et ils construisirent d'abord une machine en relief nommée *plombine*, qui

n'eut guère de succès à cause de son infériorité relative, vis-à-vis du rouleau gravé en creux. Puis Lefèvre se mit à étudier avec ardeur la construction des machines à imprimer, et y apporta de nombreuses additions; en 1803, il monta l'impression sur rouleaux dans l'établissement Gros, Davillier et Cie, de Wesserling; en 1804, il l'installa à Bièvre, chez Dollfus-Gontard; en 1805, chez Baron neveu, à Beauvais; sa cinquième machine fonctionna à Dornach, chez Dollfus-Mieg. Un grand nombre d'autres appareils semblables ont été montés quelques années après, et il en fonctionnait encore deux en Normandie, en 1879, une à Darnetal, chez MM. Huet et Benner, l'autre à Déville, chez M. Daniel Fauquet. Nous pouvons relater ici, en passant, que c'est à Jouy, et à Bièvre, que l'on a commencé, dans les usines, à graver les rouleaux; les poinçons y étaient faits à la lime, et l'on a fabriqué ainsi d'assez beaux dessins.

Le commencement du xixe siècle restera toujours une date mémorable dans l'histoire de l'impression du tissu, car, à côté des guerres qu'il vit entreprendre, il marqua le début des luttes commerciales qui ne cessent d'exister entre la production française et la production anglaise. A cause du blocus continental, nos voisins se préoccupèrent surtout de perfectionner le côté mécanique de la fabrication des toiles peintes; il leur fallait des machines produisant vite, à bon marché, et aussi bien que possible, pour approvisionner leurs colonies. Nous autres, au contraire, qui produisions pour le continent, nous cherchions surtout à livrer des étoffes de belle qualité, à coloris agréable, à dessins variés, mais aussi d'un prix plus élevé. Pendant que l'Angleterre inventait les machines à planche plate, fixe et à rapport, qu'elle créait les machines à rouleaux en cuivre gravés, qu'elle perfectionnait l'art de la gravure, au moyen de l'emploi des molettes en acier, du tour à graver, etc., la France appliquait les découvertes que lui révélaient tous les jours les progrès de la chimie, laquelle cependant venait à peine de naître, et les noms de Dufay, de Hallot, de Macquer, ainsi que ceux de Berthollet et Chaptal, sont à citer comme ayant fait faire à l'art de l'impression des progrès très remarquables.

Quels furent ces progrès? c'est ce que nous pouvons rappeler maintenant, après avoir sommairement indiqué les perfectionnements mécaniques apportés dans l'industrie qui nous occupe.

Sans tenir compte des étoffes qui, à la fin du xviiie siècle, commençaient à être moins grossières que celles que l'on avait longtemps tirées de Suisse, nous avons indiqué qu'à ce moment, les tissus imprimés n'offraient que peu de diversité dans la couleur: les teintes rouge et noir étaient à peu près les seules que l'on rencontrait; elles étaient fixées au moyen d'huiles siccatives ou de vernis. A partir du commencement de ce siècle, on employa les couleurs minérales autres que les sels de fer; c'est ainsi que nous allons voir successivement utiliser le bleu de Prusse, le sulfure d'arsenic, le bioxyde de manganèse, les couleurs à base de chrome, l'outremer factice, etc.

Lorsqu'on connut le mordant rouge ou à l'alumine, avec l'acétate de fer on put obtenir des nuances noires et violettes, et, grâce à la fixation de la matière colorante de la garance, acclimatée en Vaucluse, et cultivée sur une grande échelle, on pût obtenir trois teintes, le rouge, le violet et le noir, avec tous les tons dégradés qui en dérivent. L'indigo, nouvellement importé des Indes, ne pouvait encore être employé que difficilement, parce que les lois protectrices exigeaient qu'il fût mêlé au bleu du pastel, et encore en proportions restreintes et indiquées; on trouva le moyen de le désoxyder à l'aide du sulfure d'arsenic, dissous dans la potasse, et alors en appliquant le produit, après épaississage à la gomme, on faisait réapparaître la teinte bleue, par une nouvelle oxydation. A cette quatrième couleur, s'ajouta bientôt la teinte jaune rouille que l'on obtenait avec l'acétate de fer, par sa superposition sur les fonds préalablement imprimés à l'indigo, elle donnait les couleurs vertes. C'est à ce moment que commencèrent à pénétrer dans les fabriques les idées théoriques enseignées par la chimie ; J.-Michel Haussmann, à Colmar ; Daniel Kœchlin, à Mulhouse, firent non plus seulement des articles imprimés et teints, mais ils créèrent des genres nouveaux, les *couleurs d'application* à base et à dissolvants d'étain ; peu après, apparurent les *couleurs vapeur* (cochenille, carmin d'indigo, prussiate, cachou, campêche, bois rouges, etc.). Les *couleurs métalliques* vinrent ensuite, et l'application des composés à base d'antimoine, d'étain, de mercure, de manganèse et surtout de chrome, date de 1820. Les sels de ce dernier métal, entre les mains de M. Daniel Kœchlin, fournirent plusieurs nuances de jaune et de vert, pendant que la connaissance des propriétés si énergiques de l'acide chromique, mettait à même de pouvoir facilement réaliser un grand nombre d'opérations, qui exigeaient une oxydation complète, comme pour la formation des couleurs à base d'indigo. L'emploi du manganèse, à l'état de bioxyde, permit d'obtenir des nuances brunes, et les fonds dits *solitaires* eurent un succès non moins grand que les genres *lapis*, que la découverte réalisée par Guimet et Gmelin, de l'outremer artificiel (1828), avait mis en grande vogue. Ce sont là des résultats directs, mais combien l'industrie, en général, tira-t-elle parti des travaux entrepris à propos des perfectionnements à faire subir aux toiles peintes ; c'est de cette époque que datent les procédés de fabrications industrielles du chlore, des principaux acides, des sels de soude et des oxydes en général, des chromates, etc. ; c'est à ce moment que l'on comprit la théorie du blanchiment, et que l'on sût faire subir aux tissus, des traitements qui, sans altérer les fibres, les blanchissaient réellement. La fixation des couleurs par le vaporisage remonte encore à cette époque, ainsi que la culture de la garance, en France.

Après 1815, la rivalité de la France et de l'Angleterre en devenant moins grande, amena une situation nouvelle. Chaque nation s'appliqua à profiter des découvertes faites à l'étranger, et, si l'Angleterre songea à mieux faire, en produisant toujours à bon marché, la France en continuant à faire des articles plus soignés, perfectionna son outillage. On cessa d'imiter les genres de l'Inde, on créa des articles nouveaux où le goût dans le dessin, se joignait à la recherche du parfait dans le coloris. L'indienne d'Europe fut, dès lors, exportée dans les pays qui nous envoyaient autrefois leurs tissus, et ces pays sont encore actuellement nos tributaires.

Vers 1854, de nouveaux progrès furent encore appliqués à l'industrie de l'impression sur étoffes, surtout dans la partie technique, par la découverte de nouvelles sortes de couleurs, celles que l'on a nommées *matières colorantes chimiques*, pour les différencier des autres. Elles sont préparées de toutes pièces, avec des matières organiques généralement incolores, et tendent, dès à présent, à se substituer d'une façon absolue aux autres ; la culture de la garance, par exemple, a presque complètement cessé dans le midi de la France, depuis la découverte de l'alizarine artificielle (1869). On désigne sous le nom de *couleurs de goudron*, ou de *couleurs d'aniline*, les matières dont nous parlons ; mais, si la première expression est plus exacte, puisqu'elle permet de ranger les matières colorantes, dérivées de la benzine, du toluène, de l'acide phénique, de l'anthracène ou de la naphtaline, elle est aussi incomplète, car à côté de ces produits, on a aussi l'habitude de ranger les matières provenant de la décomposition de certains alcaloïdes (quinine, cinchonine, etc.), de l'acide urique (murexide), des couleurs de phtaléine (éosine), les dérivés colorés de la résorcine, les couleurs de mercaptan, etc. La série de ces couleurs, qui s'augmente encore tous les jours, met actuellement le coloriste à même de reproduire très fidèlement presque tous

les tons que l'on rencontre dans la nature. Pendant cette même période de temps, l'outillage mécanique s'est également perfectionné en France, en Alsace et en Angleterre, et plusieurs constructeurs ont acquis une célébrité bien méritée pour les heureuses inventions qu'ils ont faites ; telles sont les maisons Tulpin frères, de Rouen ; Ducommun, André Kœchlin, de Mulhouse ; Mather et Platt, de Manchester, etc.

STATISTIQUE. La fabrication de l'indienne et des genres meuble a maintenant, en France, son siège principal à Rouen, ou pour mieux dire dans ses environs, Déville, Maromme, Le Houlme, Bapeaume, Lescure, Darnetal, Saint-Aubin, Bolbec. En y joignant les quelques fabriques établies à Puteaux et à Saint-Denis, près Paris ; à Epinal, Thaon, Héricourt, Amiens et Villefranche, on arrive à obtenir un total de 35 maisons, ayant environ 85 machines à imprimer.

Le département de la Seine-Inférieure, le point le plus important de la fabrication, contient à lui seul 14 usines renfermant 48 machines à imprimer à une ou douze couleurs ; leur personnel se monte à environ 8,000 ouvriers, gagnant un salaire journalier moyen de 2 fr. 40 pour les hommes, et 1 fr. 50 pour les femmes. On y emploie pour une valeur de 12,000,000 de francs environ en matières premières, produits chimiques ou substances tinctoriales, et 7,000,000 de kilogrammes de coton, représentant à peu près 800,000 pièces de tissu imprimé, soit 70 à 80 millions de mètres. Ces usines consomment pour le chauffage, ou la production de force motrice, abstraction faite de celle fournie par les chutes d'eau, 50 millions de kilogrammes de charbon, correspondant à une valeur de 1,300,000 francs.

Nous allons voir, par la statistique des autres pays, à quel rang est relégué la France. L'Angleterre compte 150 usines, avec 1,100 machines à imprimer. Les Etats-Unis ont 34 usines avec 350 machines. Ce pays, qui a presque le même nombre d'usines que la France, mais qui compte en moyenne 10 machines par établissement, au lieu de deux, produit près de dix fois autant que nous : en 1879, il a imprimé 844 millions de yards. La Russie a environ 190 maisons d'impression, contenant 800 machines. La Suède possède 4 fabriques ayant 11 machines. L'Italie 5, avec 13 machines. L'Espagne, 40 usines, avec 130 machines. L'Autriche-Hongrie a considérablement augmenté son outillage, depuis la suppression de l'« appretur-verfahren, » ou sorte d'admission temporaire du tissu à l'exportation, pour être réimporté à l'état manufacturé, elle a aujourd'hui 40 fabriques avec 180 machines ; depuis 1881, il y a eu près de 50 nouveaux rouleaux d'installés. En Suisse, on compte 12 maisons, lesquelles possèdent ensemble 20 machines. La Belgique en a 4 avec 11 machines. Le Portugal 12 avec 18 machines. La Hollande 6 avec 15 machines, et enfin, l'Allemagne, 38 fabriques avec 220 machines à imprimer (1879) ; dans ce chiffre est compris la partie française annexée, l'Alsace, laquelle entre pour 12 usines et 109 machines se répartissant ainsi : 20 machines à 1 couleur, 6 machines à 2 couleurs, 6 machines à 3 couleurs, 28 machines à 4 couleurs, 19 machines à 5 couleurs, 12 machines à 6 couleurs, 8 machines à 8 couleurs, 9 machines à 12 couleurs, et 1 machine à 16 couleurs ; ces 12 usines ont produit (en 1879) 51,279,500 mètres d'étoffes communes et 3,773,800 mètres d'étoffes fines ; 70 0/0 de la production a été exportée, c'est-à-dire vendue en grande partie en France.

IMPRESSION PROPREMENT DITE. Les premiers tissus coloriés étaient réellement des *toiles peintes*, parce que c'était au moyen d'un pinceau que l'on déposait les couleurs sur l'étoffe ; mais, par extension, on a appelé toiles peintes tous tissus présentant des dessins coloriés, de quelque façon qu'ils fussent produits. Les divers moyens d'*impression*, outre le *pinceautage*, ou transport sur l'étoffe par un pinceau, peuvent se classer en deux systèmes bien caractérisés :

(a) *Impression à la main*, sans le secours de machines : 1° à la cire, en réserve ou enlevage ; 2° au gabarit ; 3° à la planche proprement dite.

(b) *Impression mécanique*. 1° A la planche plate ; 2° à la pierre ; 3° à la plombine ; 4° à la perrotine ; 5° au rouleau.

Impression à la main. 1° Le procédé d'*impression à la cire*, l'un des plus anciens, est cependant encore pratiqué dans les Indes ; il consiste à remplir de petits tubes avec de la cire chaude et à les promener sur l'étoffe, suivant le dessin à reproduire. L'extrémité inférieure est munie d'un orifice par lequel s'écoule le liquide chaud, lequel forme ainsi le dessin suivant le caprice de celui qui le guide, l'étoffe est ensuite teinte à froid, et la cire forme *réserve* (V. Réserve). Si, au contraire, on mordance en uni l'étoffe, et qu'au lieu de cire, on promène avec le tube en question un acide approprié, on enlèvera la couleur aux places voulues et on aura un *enlevage* (V. Enlevage). Les Indiens se servent de jus de citron qu'ils déposent ainsi sur leurs étoffes, pour faire des blancs sur fonds de couleur. — V. Battik.

2° L'*impression au gabarit* se fait principalement en Chine, au Japon, et dans certaines contrées de l'Inde. Le dessin est tracé sur un carton assez mince, mais très résistant, puis les parties destinées à être colorées sur le tissu sont découpées ; on pose sur l'étoffe le gabarit et on brosse ensuite avec de la couleur ; celle-ci passe dans les intervalles découpés, se dépose sur l'étoffe et forme ainsi le dessin.

3° Le *procédé à la planche* a été fort en vogue en Europe ; il est encore appliqué, mais il perd de son importance de jour en jour et tend à être complètement détrôné par la machine à imprimer. Il est cependant indispensable dans les articles très riches ; par raison d'économie ou par raison de fabrication, on peut encore l'employer avantageusement. On emploie le procédé à la planche, pour faire les rentrures, c'est-à-dire multiplier le nombre de couleurs qu'a appliquées la machine, ou bien encore pour faire de très grands dessins, ayant des rapports plus considérables que ne peut le comporter un rouleau ; ainsi, par exemple, lorsqu'on veut imprimer des panneaux de deux ou trois mètres de hauteur.

L'impression à la planche, que l'on désigne aussi sous le nom d'*impression à la main*, s'obtient en prenant, à l'aide d'un bloc de bois, gravé en relief, et appelé *planche*, la couleur préalablement étendue sur un *châssis* (V. ce mot), puis la déposant sur l'étoffe. On obtient ainsi *une* couleur. S'agit-il de produire un dessin à plusieurs couleurs, on laisse bien sécher la première, puis on imprime la seconde, et ainsi de suite. Le premier coup de planche donné, l'imprimeur doit veiller à poser exactement les coups suivants pour obtenir un bon *cadrage* (V. ce mot). Le matériel indispensable pour l'impression à la planche se réduit

donc à la planche gravée, au châssis et à une table sur laquelle est tendue la pièce à imprimer. Il y a certains accessoires que l'imprimeur doit encore avoir, tels sont les brosses à *tirer*, les brosses à nettoyer, la râcle ou râclette en bois, destinée à l'entretien et au nettoyage du châssis, les maillets ou marteaux d'imprimeur, ordinairement en bois et plomb, ou en fonte ; enfin, des règles, des compas, équerres; points, etc., servant à déterminer la place des raccords, ou à vérifier si les picots de rapport sont dans la position voulue ; ces derniers sont des pointes métalliques fixées au dehors de la planche à imprimer, et placées de telle sorte, que l'ouvrier n'ait pas à se préoccuper de la position de la planche quand il imprime; il lui suffit de voir si les picots sont placés à l'endroit voulu. Tel est, en quelques mots, le mode d'impression à la planche. Il est susceptible de nombreuses modifications, que nous ne pouvons que signaler ici, sans entrer dans plus de détails. Ainsi, les installations spéciales pour fondus, pour l'impression au compartiment (V. Châssis); les tireurs mécaniques; les tables, courtes ou longues, suivant les genres à imprimer ; les garnitures de table pour obtenir une pression plus ou moins dure, etc., etc.

Impression mécanique. 1° *Planche plate.* Dans le principe, la machine à planche plate n'était autre chose que la presse de l'imprimeur en taille-douce ; mais comme la production était très limitée, et que la grandeur des planches rendait l'impression fort difficile, on chercha le moyen d'obtenir des rapports exacts et de rendre la marche de l'impression moins difficile et plus rapide, en faisant mouvoir les planches mécaniquement. La machine à imprimer à la planche plate est aujourd'hui complètement délaissée dans l'impression sur coton ; elle sert encore pour le foulard de soie ; mais, depuis que la mode exige des tissus imprimés en plusieurs couleurs, on est obligé de se servir de la machine à imprimer à rouleaux, qui seule peut produire économiquement et rapidement, les étoffes à enluminage riche. Nous ne nous étendrons donc pas sur cette machine, et nous dirons seulement que ses éléments essentiels sont : 1° deux rouleaux faisant office de laminoir et pressant l'étoffe, le supérieur est fixe et garni de toile, l'inférieur est aplati sur une des parties de sa surface, et mobile, on peut le rapprocher ou l'éloigner à volonté du précédent ; 2° une plaque gravée, qu'une disposition spéciale conduit entre les rouleaux ; un réservoir à couleur et une râcle destinée à enlever l'excès de couleur ; 3° un drap sans fin, tendu et passant entre le rouleau supérieur et la plaque ; il a pour but de refouler le tissu dans le creux de la gravure, et alors de forcer l'étoffe à imprimer de prendre la couleur déposée sur la plaque.

Il existe encore un système de planche plate, rotative, et imprimant à plusieurs couleurs, mais elle n'a aussi qu'un emploi assez restreint, à cause de sa production limitée, ce qui élève forcément le prix de fabrication.

L'*impression à la pierre* n'est autre chose que

l'impression à la planche plate, dans laquelle cette dernière est remplacée par une pierre lithographique. L'opération est la même que dans l'*impression lithographique.*

3° La *plombine* a été inventée en France, en 1800, par Ebinger, de Saint-Denis. Elle permet d'imprimer d'une manière continue avec des cylindres gravés en relief, elle est excessivement simple. Cette machine ne sert plus dans l'industrie de la toile peinte, mais elle est encore employée dans l'impression sur papier. Son grand défaut

dans l'impression sur étoffe, consiste en ce que la couleur étant appliquée sur le tissu par une surface courbe, elle se trouve alors plus ou moins laminée, ce qui provoque nécessairement une altération dans la forme du dessin et un défaut de netteté.

4° La *Perrotine,* ainsi nommée du nom de son inventeur, Perrot, ingénieur à Rouen (1834), est une machine des plus remarquables (fig. 445). Elle reproduit mécaniquement tous les mouvements de l'imprimeur à la main, c'est-à-dire qu'elle prend,

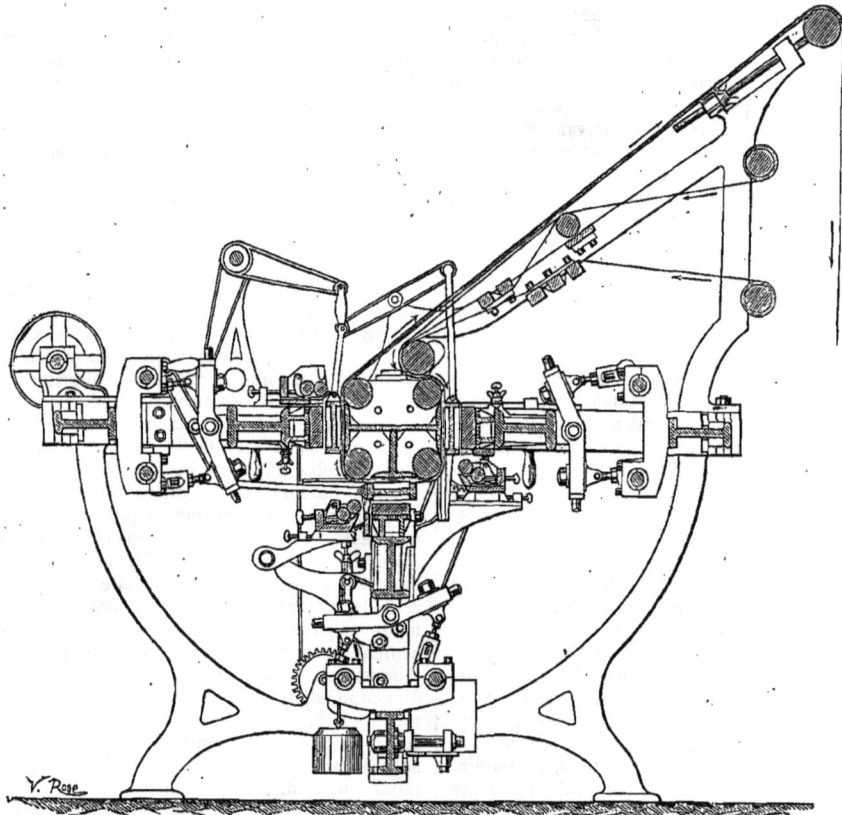

Fig. 445. — *Machine à imprimer en relief. Perrotine.*

au moyen d'une planche gravée en relief, la couleur étendue sur un châssis, puis va l'appliquer sur l'étoffe. Pendant que la planche imprime, le châssis est fourni de couleur, et pendant que la planche se recharge de couleur, la pièce avance de la longueur d'un rapport, pour recevoir une nouvelle impression, et ainsi de suite. Dans l'impression à la main, il y a quatre mouvements principaux qui sont, étant donné que la pièce est tendue et apte à recevoir l'impression, d'une part, et de l'autre, que le *tireur* a convenablement garni le châssis de couleur: 1° la prise de couleur par l'ouvrier avec la planche dans le châssis; 2° l'enlèvement de la planche garnie de couleur; 3° l'impression proprement

dite, ou le dépôt sur la toile de la couleur adhérente à la planche ; 4° l'enlèvement de la planche, pour la reporter dans le châssis, et la regarnir de couleur. Ces divers mouvements sont exécutés par la perrotine avec une précision et une rapidité remarquables. Il ne peut être ici question de décrire cette machine avec détails; nous dirons sommairement qu'elle comprend : un bâti sur lequel sont fixées les pièces principales, qui se composent d'une table sur laquelle l'impression a lieu ; de châssis mobiles contenant les planches gravées en relief (V. GRAVURE POUR IMPRESSIONS SUR TISSUS); d'un petit rouleau fournisseur de couleur; d'une planchette garnie de drap, c'est là que s'étend la couleur, que vient ensuite pren-.

dre la planche. Le mécanisme fait alterner la
planche gravée, laquelle va de la planche fournisseur sur la table d'impression ; un agencement
spécial permet de rappliquer la couleur, quand il
s'agit de *réserves*. Cette machine est aujourd'hui
presque complètement délaissée.

5° Le *rouleau*. Le principe sur lequel est fondée
l'impression au rouleau, est tout différent de
celui de la planche, ou de la perrotine. Ici le dessin est gravé en creux sur un rouleau métallique,
un autre rouleau, également en métal, vient presser contre le premier, d'où le nom de *presseur* ;
le cylindre reçoit la couleur au moyen du *fournisseur ;* une lame d'acier, appelée *racle*, placée sur
le rouleau, et dans une position déterminée, enlève l'excédent de couleur, pendant que celle qui
est restée dans le creux de la gravure se déposera
sur l'étoffe, quand celle-ci passera entre le rouleau et le presseur. Le fonctionnement est le
même que dans la planche plate, sauf que celle-
ci fonctionne d'une manière intermittente, tandis
que le rouleau fonctionne à la continue. Nous
n'indiquons ici qu'un *rouleau* imprimeur, mais on
construit aujourd'hui des machines imprimant
jusqu'à vingt-deux couleurs. Les figures 446 et
447 représentent des machines à deux et trois
couleurs. La figure 447 permet d'en étudier
les organes principaux. Les plus ordinaires sont
à une, quatre, huit et douze couleurs. Il va de
soi, que le fonctionnement d'un tel appareil
est des plus délicats, surtout pour le dernier,
et demande des ouvriers d'une grande habileté. Le rouleau, comme il est représenté
figure 447, avec son moteur et ses accessoires,

Fig. 446. — *Machine pour imprimer à deux couleurs avec pression par leviers*

est garni de leviers ou de caoutchoucs à vis,
permettant de donner toute la pression voulue ;
celle-ci est souvent considérable et peut aller
jusqu'à 12,000 kilogrammes sur la surface tangente d'un rouleau. Le presseur est garni d'un
bombage, c'est-à-dire de quelques tours de toile
spéciale dite *laping*, ou de simple calicot, d'un
coursier sans fin, en drap ou en feutre, recouvert
de cretonne caoutchoutée, et enfin d'un second
drap de laine ou d'une étoffe faite avec trois ou
quatre plis de cretonne caoutchoutée, ayant 35 à
45 mètres de long. Ces différentes garnitures
ont pour but de faciliter l'impression, en donnant
une certaine élasticité à la toile. Immédiatement
au-dessus du drap de rouleau est une toile, dite
doublier, qui a plusieurs destinations : d'abord,
le doublier sert à mettre le dessin au rapport
(V. CADRAGE) ; il facilite l'impression, en ce qu'il
enlève sur les lisières l'excédent de couleur, et
ainsi garantit le drap de rouleau, qui serait, sans
cela, rapidement abîmé. Comme le doublier se
renouvelle au fur et à mesure de l'impression, et
que le drap sert jusqu'à ce qu'il soit surchargé
de couleur, le doublier permet un usage plus
long du drap, et empêche le rappliquage, sur les
lisières, de la couleur qui pourrait ne pas être
absolument sèche. Avec un rouleau, dans de
bonnes conditions, et bien desservi, on peut imprimer en dix heures de travail, de *huit à dix
mille* mètres d'étoffe, quand il s'agit d'impression
à une couleur ; plus il y a de couleurs, plus la
difficulté augmente, et avec un dessin comportant 10 à 12 couleurs, un imprimeur habile, dans
les meilleures conditions, ne dépasse pas 5,000
mètres. En sortant de la machine à imprimer, la
pièce est séchée, soit dans des courses à air
chaud, soit sur des plaques ; nous reviendrons sur
le mode de séchage, en décrivant la marche générale de la fabrication. Nous ne pouvons, sans
sortir de notre cadre, décrire tous les systèmes

de rouleaux employés ; les uns ont des rouleaux plus rapprochés, d'autres plus éloignés, etc. ; malheureusement, il n'existe pas d'ouvrage auquel, pour ces détails techniques, nous puissions renvoyer le lecteur.

Outre les machines que nous venons de décrire, il existe encore les systèmes de Bossi, les métiers à surfaces, les systèmes Becquert, Silbermann, Dépouilly, Hermann, la mule-machine, les machines de Wulveryck, de Geers, d'Hémet, de Miller, d'Héruville, de Duboscq, d'Unsworth, le métier anglais à tapis, permettant d'imprimer 40 couleurs à la fois, etc., etc.; nous ne faisons ici que les citer.

Dans l'impression au rouleau, *chaque couleur* exige un cylindre spécial, de sorte qu'il *faut autant de rouleaux qu'il y a de couleurs* à un dessin.

Fixation des couleurs sur tissus. L'impression ne consiste pas seulement dans le dépôt des ma-

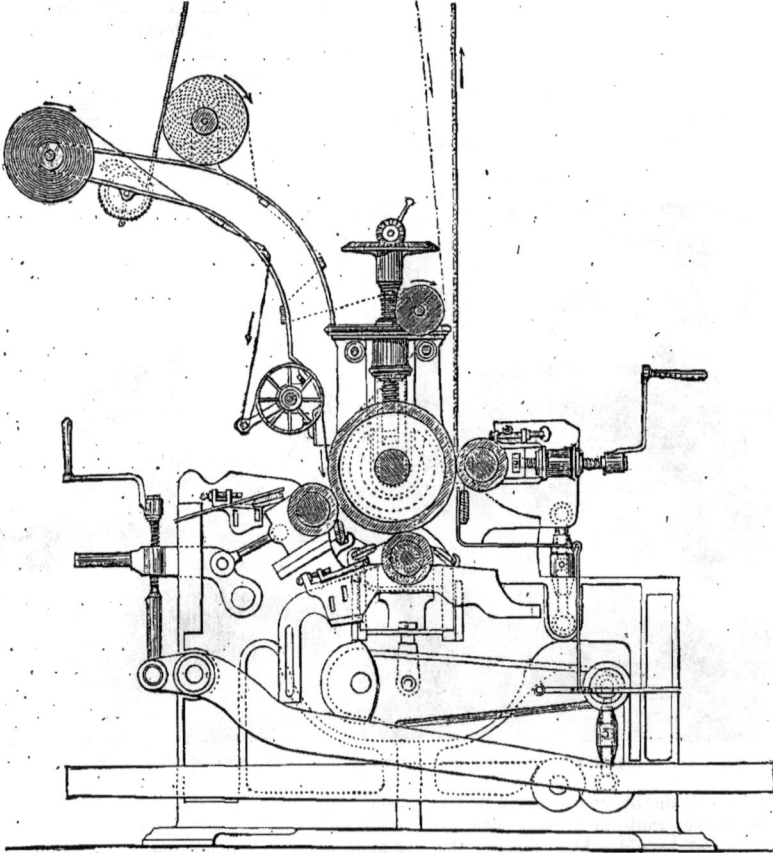

Fig. 447. — *Machine à imprimer à trois couleurs, de MM. Huguenin-Ducommun.*

tières colorantes sur l'étoffe, quelle qu'elle soit ; l'opération la plus importante, celle qui incombe tout particulièrement au *coloriste*, consiste à préparer des couleurs qui s'allient intimement à la fibre, et qui supportent ensuite les opérations variables qui constituent ce que l'on appelle le *bon teint* ou le *grand teint*.

Les nuances obtenues par les divers procédés de fixation employés pour l'impression du coton, sont généralement divisées en trois catégories, selon qu'elles sont plus ou moins résistantes à l'action de la lumière solaire et à celle du lessivage.

On désigne sous le nom de *couleurs grand teint*, celles qui résistent à l'action de la lessive de mé-

nage, et pendant un temps assez prolongé à celle de la lumière ; on nomme *couleurs bon teint*, celles qui résistent à un savonnage et à une exposition de quelques jours à l'air ; enfin, on appelle *couleurs petit teint* ou *faux teint*, celles qui se trouvent enlevées par un simple passage au savon, ou qui sont fortement altérées par une exposition de deux ou trois jours à la lumière.

Pour arriver à une fixation des couleurs, les modes employés peuvent être classés ainsi, sauf quelques exceptions :

1° Impression d'un mordant épaissi, c'est-à-dire d'une substance qui d'un côté se combine avec la fibre du coton, et qui de l'autre a la propriété d'attirer les matières colorantes. On fixe ce mordant, on enlève l'épaississant, puis alors, on teint ou on passe dans un bain renfermant une matière colorante capable de faire une laque, ou un précipité, avec la substance imprimée. Les articles garancés rentrent dans cette catégorie ;

2° Imbibition d'un tissu blanc avec un mordant, puis séchage. On imprime ensuite la matière colorante convenablement épaissie, on expose à l'air ou on passe dans la vapeur d'eau, pour faciliter la formation d'une laque insoluble ;

3° Impression du mélange d'un mordant et d'une matière colorante avec un véhicule qui tient celle-ci en dissolution (on y ajoute quelquefois un oxydant), puis exposition à l'air ou à l'action de la vapeur d'eau, pour provoquer la formation de la combinaison produisant la laque colorée ; ou bien, application du mélange, devenant soluble par la vapeur et se fixant sur le tissu, d'un mordant et d'un corps insoluble coloré ou colorable. Ainsi se font les *genres* dits *vapeur* et les *articles d'application* ;

4° Impression d'un corps oxydable qui, par un étendage à l'air ou par un passage dans un bain oxydant, donne un produit coloré insoluble. C'est de cette manière que se font les bleus d'indigo par impression, les bistres au manganèse, les couleurs au cachou, le noir d'aniline, etc.

5° Impression d'une substance qui, en la passant dans la dissolution d'un autre corps ne se combinant pas avec le tissu, donne un précipité ténu et coloré, se fixant dans la fibre. A ce mode de fabrication appartiennent les articles dits jaune de chrome, bleu de Prusse, etc. ;

6° Impression sur un tissu teint en uni, ou sur un mordant, d'une substance détruisant la nuance, et laissant un dessin blanc ou un dessin coloré, suivant le mélange employé. C'est ainsi que se font les *enlevages* ;

7° Impression sur un tissu blanc, d'une composition qui détruit une autre couleur, ou un autre mordant, imprimés par-dessus. C'est ce qu'on appelle l'impression avec *réserves* ;

8° Enfin, impression de poudres très ténues, de laques, ou même de dissolutions de matières colorantes, mélangées à une dissolution d'albumine, de gluten ou de caséine ; puis, exposition de ces couleurs à la vapeur d'eau, ou passage en eau bouillante, (ou encore dans un bain quelconque, pouvant coaguler la dissolution, et amener la fixation sur le tissu de la partie colorée. C'est ainsi que se préparent les genres outremer, gris au charbon, les étoffes avec du vert Guignet, avec quelques couleurs d'aniline. Nous faisons ici complètement abstraction des couleurs qui sont simplement déposées sur l'étoffe, et qui, par conséquent, n'y sont pas fixées. Ces genres ne constituent que les couleurs faux-teint, qui tendent de plus en plus à disparaître de la fabrication.

MATÉRIEL DE LA FABRICATION ET MARCHE GÉNÉRALE DE L'IMPRESSION. Il est peu d'industries aussi compliquées que celle de la toile peinte ; nous ne décrirons donc que très sommairement le matériel employé, et, quant à la marche de la fabrication, nous admettrons deux cas généraux, celui de la toile imprimée destinée à être teinte, et celui de l'étoffe imprimée dont les couleurs sont fixées par la vapeur.

Les parties importantes d'une fabrique bien organisée se composent, outre les magasins de marchandise blanchie et de drogues, les bureaux, les ateliers de *gravure pour impression* (V. cet article) et de dessin, etc. :

1° D'un laboratoire d'essais, dans lequel se trouve souvent l'outillage nécessaire pour faire des échantillons en petit (machine à imprimer, appareil à vaporiser, à teindre, à savonner, presse, etc.), en outre des réactifs et appareils d'un laboratoire ordinaire de chimie ;

2° D'un atelier de préparation des couleurs, ou *cuisine aux couleurs*. — V. cet article ;

3° Des ateliers d'impression, avec leurs séchages, et l'outillage nécessaire à la préparation et au nettoyage des tissus avant l'impression ;

4° Des appareils et *chambres à oxyder*. — V. cet article ;

5° Des ateliers de teinture, comprenant les appareils à bouser, dégommer, teindre, laver, savonner, chlorer, acider, aviver, etc., etc. ;

6° D'un atelier de vaporisage, où l'on prépare la marchandise pour cette opération, et où l'on fixe à la vapeur, dans des appareils spéciaux ;

7° Des étendages de toutes sortes, soit à air libre, soit à air chaud (V. ETENTE, HOT-FLUE) ; des tambours à sécher ;

8° D'un magasin spécial où la marchandise terminée est vérifiée, pour être classée suivant les apprêts à donner ;

9° Enfin, des bâtiments renfermant l'outillage nécessaire aux manipulations de l'*apprêt* (V. ce mot), tels que foulards, rames, tambours, machines à beetler, calandres, satineuses, enrouloirs, humecteuses, etc. ; pliage, presse, pointage, emballage, etc.

Nous suivrons maintenant une pièce de coton pendant la fabrication. La marchandise blanchie, bien vérifiée, est préalablement passée à la *tondeuse* (V. page 207, vol. I) ; cette opération a pour but d'enlever le duvet et les petits défauts du tissu, qu'a fait ressortir le blanchiment ; puis on enroule la pièce sur un appareil appelé *enrouloir*, formé de barres parallèles entre lesquelles passe le tissu, ou sur un enrouloir formé de battoirs ou de brosses, parfois des deux ; le tissu très tendu devient uni, et les plis qui doivent s'y trouver sont enlevés. Les battoirs éliminent les poussières qui peuvent encore souiller le tissu, et les brosses nettoient celui-ci, aussi complètement que possible.

La batteuse se compose d'un enrouloir sur lequel sont disposés de chaque côté des baguettes, lesquelles, mues par des cames, frappent sur le tissu, pour en enlever la poussière. Après l'opération du battage, vient le brossage. L'appareil le plus usité comporte des brosses circulaires qui agissent alternativement sur l'endroit et l'envers de l'étoffe. — V. BROSSEUSE.

Quand le tissu est ou un peu humide, ou un peu trop sec, on le fait encore passer sur un autre appareil, dit *machine à lisser*. Elle se compose d'un tambour placé sur un enrouloir. Ce tambour, que l'on peut chauffer à volonté, ou dans lequel on peut faire circuler de l'eau froide, sert, suivant les cas, à rafraîchir ou à échauffer le tissu. On s'en sert encore dans l'impression sur coton pour les apprêts. Les humecteuses de Lacroix ou de Welter sont celles qui, aujourd'hui, sont les plus employées. Avant de procéder à l'impression, jetons un coup d'œil dans la cuisine aux couleurs ; nous y voyons préparer les divers mordants, bains, couleurs, etc., qu'emploie l'impression. Nous avons déjà indiqué, au mot ÉPAISSISSANT, les diverses substances que l'on utilise pour donner du liant ou du corps aux couleurs ; mais, avant de préparer celles-ci, il est indispensable de pulvériser très finement plusieurs des substances employées. On trouvera décrits au mot BROYEUR, quelques-uns des appareils usités. Nous pouvons signaler ici (ces appareils étant appliqués dans la teinture et l'impression) la *broyeuse à boulets* (fig. 448) sur axe incliné ; la *broyeuse à fromage*, ainsi nommée parce que la pièce métallique intérieure a la forme d'une meule de fromage, roulant dans une enveloppe de forme elliptique, aplatie sur les côtés longs ; la *broyeuse à pilons*, analogue à la machine employée dans les poudreries ; la

Fig. 448.

broyeuse à cônes, composée de deux cônes tronqués, reliés entre eux par un axe, et tournant, au moyen d'un engrenage, sur une plateforme qui reçoit la matière colorante. Dans les établissements où l'on a beaucoup de matière à pulvériser, on se sert du broyeur-pulvérisateur à boulets, qui donne une poudre très fine et ne nécessite ni arrêts ni réparations fréquentes, et travaille à sec ou avec de l'eau. C'est un cylindre creux, sur le pourtour duquel sont disposés des trous à parois sphériques qui reçoivent des boulets pleins entièrement libres, et dont les centres sont disposés suivant les spires d'une hélice.

Quand les couleurs sont cuites, refroidies, etc., elles ne peuvent encore être livrées à l'imprimeur ; souvent elles contiennent des impuretés provenant des épaississants, ou du sable, des poussières, ou enfin des parties mal cuites ; on est donc obligé de les tamiser ou de les passer. On se sert de plusieurs procédés : le plus simple consiste à prendre un sac de toile ayant la forme d'un filtre ou d'un cornet, et de le suspendre par la partie évasée à une corde, ou encore de le tendre sur un support ; des ouvriers, pressant alors, au moyen de deux bâtons, contre les parois du sac, et en descendant de la partie évasée vers la pointe, expriment la couleur qui tombe dans un baquet ; un moyen fréquemment employé aussi, est le *tamis*, qui peut être en crin, en laiton ou en soie ; la couleur est passée au moyen d'un pinceau. On se sert, en outre, d'appareils divers : de l'*appareil de Matter*, de Mulhouse, qui tamise mécaniquement, comme le ferait un homme avec un pinceau ; du *système à cylindre*, formé par un réservoir muni inférieurement d'un tamis, sur lequel vient presser un piston intérieur. La couleur placée dans l'appareil, et comprimée par le piston, doit forcément passer par les mailles du tamis. *L'appareil à tamiser par le vide*, de Rosenstiehl, se compose de deux réservoirs en tôle : dans l'un, on fait le vide, en introduisant de la vapeur d'eau par un robinet, et refroidissant brusquement au moyen d'eau froide. L'eau condense la vapeur, laquelle a expulsé préalablement l'air, et le vide se fait ; on ouvre alors un robinet qui communique avec un réservoir, dans lequel est un baquet destiné à recevoir la couleur tamisée. En ouvrant ce robinet, la pression atmosphérique agit sur la couleur que contient le réservoir et la presse à travers le tamis, d'où elle tombe dans le baquet. Le vide peut, dans cet appareil, se faire, soit par le moyen indiqué, soit encore par l'adaptation d'une tige de piston pompant l'air. De tous ces appareils, le plus pratique est, sans contredit, celui de M. Matter, ou celui de Schulz, qui est analogue ; en Angleterre, on emploie celui de Ridge.

La couleur préparée est ensuite appliquée sur le tissu, par un des procédés que nous avons déjà indiqués. Quand l'impression a lieu à la planche ou à la perrotine, on suspend les pièces dans des locaux bien chauffés, où la toile se sèche ; pour l'impression au rouleau, il faut un agencement spécial, qui sèche rapidement, vu la grande quantité que produit cette machine ; on a imaginé les courses ou chambres chaudes (V. HOT-FLUE), qui sont des sortes d'étendages fonctionnant à la continu. Le local, assez grand, est chauffé au moyen d'un calorifère, et le tissu imprimé vient s'y dessécher en passant sur une série de roulettes agencées de façon à utiliser toute la place et toute la chaleur. On a aussi remplacé la course par une chambre spéciale, dite chambre *système Hallain* et que représente la figure 449; l'air est échauffé par des tuyaux remplis de vapeur, et la chambre est munie d'un ventilateur aspirant l'air chargé des émanations provenant des couleurs. Le système le plus généralement usité consiste en une série de plaques de tôle qui ont ordinairement 1 mètre de large et 2 mètres de long. La vapeur qui y pénètre peut offrir jusqu'à 5 atmosphères de pression. Les pièces imprimées circulent sur ces plaques placées verticalement et se sèchent par le rayonnement de la chaleur. La figure 450 donne la coupe d'une machine à imprimer à 8 couleurs avec sa course à plaques en

fer et la figure 451 donne la vue d'ensemble d'une machine à 14 couleurs.

L'étoffe est ainsi imprimée, mais les couleurs déposées sur le tissu n'ont ni la nuance, ni la fixité qu'elles doivent offrir, et parfois la matière colorante n'est pas encore sur le tissu, ce n'est que le *mordant*, et, en outre, celui-ci doit être fixé.

Suivons maintenant une pièce imprimée avec des couleurs dites *vapeur*; ce sont celles qui sont aujourd'hui les plus répandues, ce sont même les seules employées pour les genres à plusieurs couleurs, sur presque toutes les sortes de tissus. L'étoffe est placée sur des enrouloirs spéciaux qui forment ce que l'on appelle des *sacs* ou *poches*. Ces sacs peuvent alors être mis dans les appareils de fixage. Nous n'en citerons que trois, représentant les systèmes les plus connus :

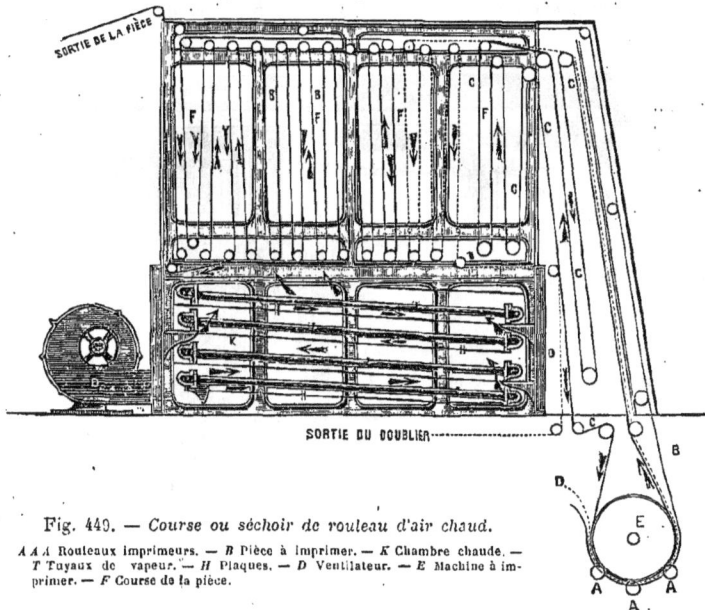

Fig. 449. — *Course ou séchoir de rouleau d'air chaud.*

A A A Rouleaux imprimeurs. — *B* Pièce à imprimer. — *K* Chambre chaude. — *T* Tuyaux de vapeur. — *H* Plaques. — *D* Ventilateur. — *E* Machine à imprimer. — *F* Course de la pièce.

1° le *vaporisage à la colonne* qui étant, aujourd'hui, presque partout abandonné, n'a besoin de figurer ici que pour mémoire, et sur lequel on trouverait des détails dans les ouvrages spéciaux.

2° La *cuve à vaporiser* qui se compose d'une grande caisse rectangulaire en bois, en fer ou en briques cimentées, mais dans tous les cas parfaitement étanche, et au fond de laquelle se trouvent des tuyaux percés donnant accès à la vapeur ; elle a généralement de 2 à 3 mètres de longueur, sur autant de profondeur, et 1 mètre à 1m,50 de largeur ; les parois intérieures sont garnies de grosses toiles, et pour que l'eau entraînée par la vapeur n'aille pas se déposer sur les pièces imprimées, elle est encore pourvue d'un double fond de toile ou de laine grossière qui tamise la vapeur. Les pièces sont parfois enroulées avec un doublier, pour éviter les rappliquages, et suspendues ensuite sur un petit rouleau traversé par un axe en fer que l'on fait reposer de chaque côté de la cuve ;

parfois, elles sont enroulées sans doublier, lorsque l'établissement est pourvu du petit appareil à vaporiser de MM. Mather et Platt, qui, fixant déjà en partie la couleur, ne peut plus faire craindre que celle-ci ne déteigne sur le fond.

Le rouleau garni de pièces est dit une *bobine*. On en dispose ainsi une douzaine dans la cuve ; pour que la vapeur agisse également sur une même pièce, on change fréquemment celle-ci de position.

La cuve étant chargée, on la recouvre seulement d'un drap de laine, ou encore avec lui, d'un couvercle de bois, ou d'une hotte, qui permet aux vapeurs de s'échapper au dehors de l'atelier.

Dans certains établissements, la cuve est recouverte d'un tablier de grosse laine étendu sur un cadre de fer s'appliquant exactement sur les bords bien plans de la cuve. On fixe ce cadre avec des pinces. L'appareil étant clos exactement, on y introduit la vapeur.

3° La *cuve à vaporiser sous pression*, ne diffère de la précédente qu'en ce qu'elle est en métal, hermétiquement close, et que l'on peut y donner jusqu'à 3 atmosphères de pression. L'opération du vaporisage dure d'une demi-heure à deux heures, suivant les genres. Les machines à vaporiser à la continue, les plus employées, aujourd'hui, dans presque tous les grands établissements, sont celles dites du système Mather et Platt, ou du système Stewart. Elles se composent, toutes deux, d'une grande cuve, longue et rectangulaire, en maçonnerie, alimentée par de la vapeur à 100°. La pièce imprimée s'y suspend à l'entrée, mécaniquement et en poches, celles-ci avancent peu à peu dans la cuve de manière à arriver au bout de cette cuve dans l'espace d'une heure. Un mécanisme spécial les fait entrer et sortir de l'appareil. Par l'opération du vaporisage, les couleurs sont devenues adhérentes à la fibre, mais les épaississants qui ont servi à les déposer sur l'étoffe, doivent alors être éliminés ;

quelquefois aussi, la matière colorante a besoin d'un passage supplémentaire dans un bain oxydant (chrome) ou précipitant (craie, arsenic, émétique, etc.), et seulement après ce passage la pièce est lavée à fond, pour enlever l'épaississant.

Les divers appareils que l'on emploie sont le *clapot*, le *traquet*, la *roue à laver*. — V. DASCH-WHEEL.

Après l'opération du *lavage*, qui doit être exécutée soigneusement, on passe les pièces, soit au *skizer* (V. BLANCHIMENT), soit à l'*hydro-extracteur* dans lesquels la marchandise est en partie débarrassée de l'eau qu'elle contenait ; mais, comme il en reste toujours une certaine quantité, on est obligé de sécher, ou à l'*étente* ou au *tambour* ; ce dernier appareil est très varié dans ses dispositions, ce qui permet souvent de faire plusieurs opérations en une seule. Ainsi, quand il s'agit, outre le séchage, de chlorer ou de bleuter, on

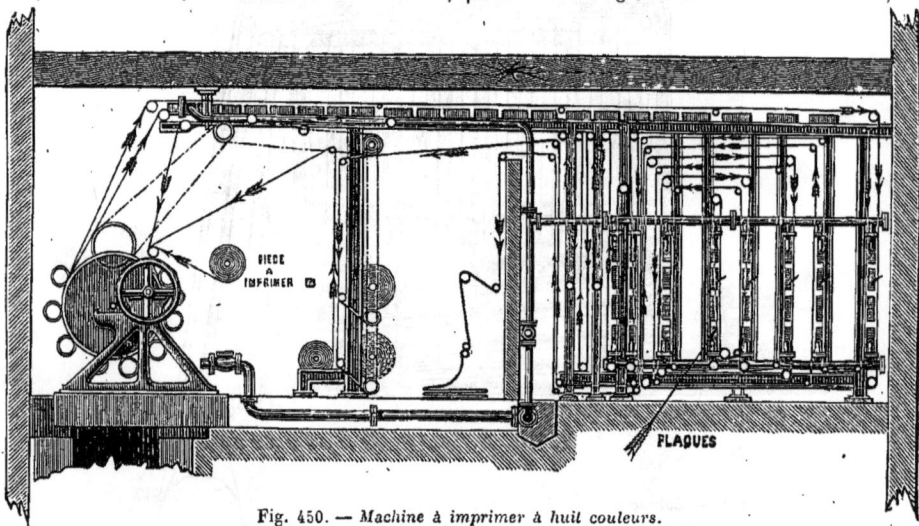

Fig. 450. — *Machine à imprimer à huit couleurs.*

peut, au moyen de dispositions spéciales (V. CHLORAGE), faire le tout en une seule fois.

La pièce séchée est alors terminée, et l'on procède aux opérations finales de l'apprêt.

Dans le cas plus complexe d'un tissu imprimé avec une ou plusieurs couleurs destinées à être teintes, les opérations ont lieu de la façon suivante. Quand le dessin comporte du noir d'aniline par oxydation, c'est-à-dire un noir préparé de telle sorte qu'une simple oxydation suffise pour le produire sur l'étoffe (et non un vaporisage comme l'exige le noir vapeur), on peut obtenir ce résultat par l'action de l'air, suivant la formule de la couleur employée, ou par le passage de la pièce dans l'appareil à oxyder. Cet appareil, aujourd'hui indispensable dans les fabriques d'indiennes, consiste en une caisse métallique garnie de rouleaux et dans laquelle on introduit de la vapeur. La pièce y circule au large, et y reste à peu près une ou deux minutes, à une température qui varie de 80 à 100° centigrades. Le noir produit, les autres mordants subissent une sorte de vaporisage, sur-

tout ceux qui contiennent beaucoup d'acide volatil (acide acétique); les corps facilement décomposables abandonnent alors leur base, qui se trouve ainsi plus intimement adhérente à la fibre (V. CHAMBRE A OXYDER). Après cette opération, on suspend dans les étentes à mordants, puis l'étoffe est passée au *dégommage* ou au *bousage*, lavée à fond, puis teinte (V. GARANÇAGE). L'appareil le plus usité pour la teinture consiste en une cuve ovale dans le fond, et dans laquelle on peut introduire de la vapeur; au-dessus, se trouve un tourniquet qui supporte les pièces, elles peuvent être teintes en boyau, c'est-à-dire que chaque pièce est nouée à elle-même et occupe toujours la même place, ou à la continue, en spirale, où les pièces sont attachées l'une à l'autre, et se suivent dans tout l'appareil ; on teint aussi certains genres au large dans des cuves analogues à celles du *bousage*, et que nous avons, du reste, déjà indiquées à ce mot. Après la teinture, qui est très variable suivant les matières colorantes employées, et les genres de tissus, on procède au lavage, comme pour les genres vapeur, on donne les *savonnages* nécessaires (fig. 452), les avivages, et enfin, on sèche.

MODES D'APPLICATION DES MATIÈRES COLORANTES EN IMPRESSION. Comme nous n'avons qu'à indiquer ici les modes de fixation des couleurs sur coton, nous suivrons l'ordre des couleurs, telles qu'elles sont placées dans le spectre solaire, en commençant par la plus importante, le rouge.

Couleurs rouges. La matière colorante par excellence pour produire le rouge est l'alizarine (V. GARANCE). La couleur se compose de l'épaississant, d'alizarine, d'acétate ou de nitrate, ou encore de sulfocyanure d'alumine, additionnés d'acétate ou d'hyposulfite de chaux. Quand on veut donner des tons jaunâtres, on ajoute de l'étain, sous forme de sel d'étain, ou de bichlorure. On peut obtenir du rouge avec 250 à 300 grammes d'alizarine à 20 0/0, par litre de couleur, et du rose avec 50 ou 60 grammes et même moins; on passe préala-

Fig. 451. — *Machine à imprimer à quatorze couleurs.*

blement le tissu dans un bain contenant 5 à 10 0/0 d'huile soluble (sulfoléates).

Le tissu est séché avant l'impression; après cette dernière opération, on vaporise pendant une ou deux heures, puis on passe dans un bain de craie ou d'arséniate de soude, on lave et on savonne en cuve, à raison de 1 à 2 grammes de savon par litre, à une température qui va de 60° centigrades, au bouillon, suivant le genre, le dessin, l'étoffe, etc.

Le rouge d'alizarine par teinture, s'obtient en imprimant, sur tissu huilé ou non huilé, un mordant d'acétate d'alumine à 4, 5 ou 6°, suivant

l'intensité de couleur à obtenir; on sèche bien, on oxyde, puis on dégomme, en arséniate et craie, ou en bouse et craie, et on teint en alizarine; le bain de teinture se compose, selon la nature des eaux utilisées, d'alizarine seule, ou d'alizarine et de craie, ou encore d'alizarine, de colle, d'huile soluble, d'acétate de chaux, et quelquefois d'acide acétique. Après la teinture, qui se fait en moyenne en une heure, et que l'on pousse jusqu'à une température de 60° environ, on lave à fond, on plaque après teinture, en bain d'huile, puis on vaporise et on savonne. Quand la teinture contient de l'huile, on ne fait que vaporiser, les pièces étant humides ou sèches. Pour les articles en rouge turc, voir TEINTURE. On produit encore le rouge par l'extrait de garance, additionné de mordant d'alumine, et on traite comme les couleurs d'alizarine. La cochenille est peu employée sur coton, mais on se sert encore un peu du carmin de cochenille, épaissi à l'albumine; de la décoction de Lima, épaissie et mélangée à de l'acétate de cuivre, avec du chlorate de potasse; on imprime sur tissu préparé en stannate de soude. La coralline, les couleurs d'aniline, le ponceau, l'éosine, etc., donnent également des rouges sur coton, mais très peu solides. C'est l'alizarine qui, eu égard à sa remarquable solidité, et à son prix de revient peu élevé, constitue la base à peu près exclusive de tous les rouges imprimés sur coton. Nous devons cependant mentionner l'application du vermillon, qui, dans certains genres spéciaux, n'a pu être remplacé; dans les genres multicolores, impressions rongeantes, par exemple, sur fond d'indigo.

Couleurs oranges ou jaunes. Les matières colorantes oranges et jaunes sont très nombreuses, mais, à part la nitro-alizarine et l'orange de chrome, elles sont peu solides.

La nitro-alizarine se fixe en imprimant sur tissu préparé en huile, comme pour le rouge, une couleur épaissie en amidon, et contenant 20 à 25 0/0 de nitro-alizarine à 20 0/0, un peu d'alun, d'acétate de chaux et de sel d'étain. Comme cette couleur vire facilement par les oxydes, il faut autant que possible éviter les bains alcalins ; le traitement après vaporisage, est analogue à celui usité pour le rouge. Le jaune et l'orange de plomb s'obtiennent en imprimant un mélange d'acétate et de nitrate de plomb, épaissi en amidon grillé ; après impression, le tissu est passé en bain de cristaux de soude ou mieux d'ammoniaque, puis on teint en cuve, dans un bain contenant du bichromate de potasse. Il y a formation de chromate de plomb. Pour obtenir la teinte orange, on passe dans un bain bouillant de chromate de chaux, ou bain de virage. Ces couleurs sont très résistantes à l'air, à la lumière et au savon. Les précipités jaune et orange de chrome se fixent aussi à l'albumine.

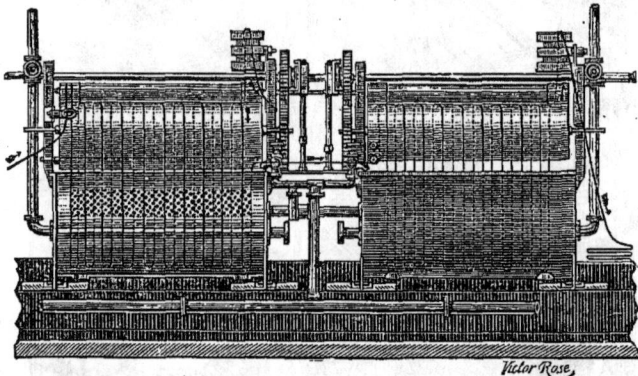

Fig. 452. — *Cuve à dégommer et à savonner à la continue.*

La graine de Perse (généralement employée à l'état d'extrait à 30°) est épaissie en amidon, ou en gomme ; suivant que l'on veut obtenir un ton plus jaune, plus orangé, ou plus vert, on prend comme mordant les sels d'alumine, les sels d'étain, ou les sels de chrome (l'acétate). Le quercitron se fixe de même.

Dans l'impression, on commence également aussi à employer une nouvelle couleur, l'auramine, qui se fixe au moyen du tannin. Parmi les couleurs nouvelles, il faut encore citer le jaune soleil de Geigy, le jaune C de Poirrier.

L'ocre jaune et le peroxyde de fer, avec lesquels on fait des chamois, se fixent à l'albumine, mais ils sont moins solides que les chamois fixés directement. Pour le chamois foncé, on imprime du nitrate de fer à 25°, épaissi en dextrine, puis on passe en ammoniaque, on lave à fond, on soumet au chlore, et enfin à la vapeur pour terminer l'oxydation du peroxyde de fer. On peut aussi suspendre à l'air pendant quelques jours, puis passer en bain de craie, et chlorer ensuite. On obtient encore un bon chamois vapeur, en imprimant de l'acétate de fer avec de l'acétate de soude et du chlorate de potasse. Parmi les autres couleurs donnant des tons jaunes ou chamois, on doit citer encore le rocou, qui, pour s'employer, a simplement besoin d'être dissous dans une eau alcaline. Son principe colorant, la bixine, est une des seules matières végétales qui se fixent directement sur coton, sans le secours d'un mordant.

Couleurs vertes. Le vert se produit directement sur l'étoffe, soit par l'application de matières colorantes vertes, soit par le mélange de jaune et de bleu. Les couleurs vertes sont aujourd'hui très nombreuses. Outre les verts plastiques, tels que le vert Guignet, le vert Rosenstiehl, le vert d'outremer ; il y a toute la série des verts d'aniline, vert Usèbe ou Eusèbe, vert d'aniline à l'iode, ou vert Hoffmann, vert de Paris, vert de méthylaniline, vert Helvetia, vert Victoria, vert malachite, etc. Viennent ensuite, le vert à l'arsénite de cuivre ; et les verts par mélange, vert de graine et prussiate, vert au prussiate de chrome ; vert indigo et plomb, ou vert solide ; vert avec campêche et jaune végétal ; etc., etc. Les couleurs d'aniline se fixent par un procédé particulier ; la couleur d'impression est composée de la matière colorante additionnée d'acide acétique et de tannin, ou d'acide tartrique et de tannin ; après impression, on vaporise et on passe dans un bain d'émétique, puis on lave et on savonne. Le vert Havraneck, ou vert au prussiate de chrome, s'imprime sur tissu non préparé, il est assez solide et remplace, dans bien des cas, le vert vapeur ordinaire, par mélange. Celui-ci se compose de bleu au prussiate, additionné de graine de Perse et de mordant d'alumine ou d'étain ; il s'imprime sur tissu, stanné ou non ; mais sur stannaté il est beaucoup plus vif et plus intense. Le vert indigo et plomb peut s'obtenir par réduction de l'indigo et impression du produit non coloré mêlé d'un sel de plomb ; un chromatage donne la teinte jaune, et l'oxydation de l'indigotine une nuance bleue ; une nouvelle matière colorante, d'un vert olivâtre, la céruléine, est aussi très employée, elle sert à donner, soit seule, soit mélangée à de la graine, des tons olives très solides ; une couleur foncée contient environ 24 0/0 de céruléine à 11 0/0, 3 à 9 0/0 d'acétate de chrome à 20°, et 5 à 6 0/0 de bisulfite de soude ; après vaporisage, il suffit de laver.

Couleurs bleues. C'est dans la série des bleus que nous trouvons les matières colorantes les plus solides. En tête vient ·l'indigo, auquel, vu son importance, on a consacré un assez long article, mais que nous ne pouvons cependant séparer ici des autres matières qui donnent des bleus, comme l'indigène de Bayer, l'alizarine bleue, les prussiates, les bleus d'aniline (bleu de Lyon, bleu lumière, bleu à l'aldéhyde, bleu de Nicholson, azurine, bleu de rosaniline, etc., etc.); puis les bleus d'indophénol, de méthylène, de Casella, de campêche; enfin, les bleus qui s'appliquent à l'albumine, tels que l'outremer, le bleu de cobalt, etc.

La matière colorante bleue la plus solide et la plus employée dans l'impression est sans contredit, l'indigo. On peut le fixer de différentes manières, soit : 1° en imprimant l'indigo réduit, soit 2°, en imprimant l'indigo bleu et en arrivant à sa réduction par le vaporisage.

1° L'indigo réduit s'imprimait autrefois sous le nom de *bleu pinceau.* On faisait chauffer de l'indigo avec de la soude caustique et du sulfure d'arsenic, qui amenait la réduction, on épaississait et on imprimait; mais cette couleur avait l'inconvénient de s'oxyder beaucoup trop vite. Elle a été abandonnée, et remplacée par le *bleu à l'indigotate stanneux*, ou par celui préparé avec le précipité obtenu en faisant réagir un acide sur une solution d'indigo réduit par l'hydrosulfite de soude. Ces précipités sont mélangés avec un épaississant, à un sel ferreux (généralement du nitrate), imprimés, passés dans un lait de chaux, étendus à l'eau courante, pour provoquer la réoxydation de l'indigo, et traités, pour finir, dans un bain d'acide sulfurique faible, et en dernier lieu par un passage en savon ;

2° Un autre procédé, qui est employé depuis quelques années, consiste à chauffer de l'indigo finement pulvérisé avec de la soude caustique très forte, à épaissir ce mélange, à l'imprimer sur un tissu préalablement préparé avec une solution de glucose, à passer à la vapeur pendant une ou deux minutes, puis en acide et en savon. Dans la vapeur d'eau, l'indigo bleu est réduit par le glucose, se dissout dans la soude caustique, s'introduit dans la fibre du coton, se réoxyde au contact de l'air, et se trouve ainsi fixé.

Comme couleurs bleues, on peut encore citer celle obtenue par l'acide orthonitropropiolique, laquelle est imprimée mélangée avec du glucose ou du xanthate de soude, et oxydée postérieurement (indigo artificiel). Une autre matière qui, depuis quelques années a eu beaucoup de succès, est le bleu méthylène, donnant une nuance très solide; la solution de ce bleu, fabriqué par les manufactures de couleurs d'aniline, est mélangée avec du tannin, comme l'exigent la plupart des bleus dérivés du goudron, vaporisée, puis passée en émétique pour compléter la fixation. On peut encore le fixer en imprimant du tannin, formant un tannate insoluble par un passage en émétique, ou en sulfate de zinc, puis teignant dans un bain renfermant le bleu de méthylène. Une autre couleur d'avenir est l'alizarine bleue, elle se fixe au moyen du sulfite de zinc, ou de l'acétate de chrome.

Le bleu vapeur prussiate se forme par la décomposition des cyanures doubles de fer, au moyen du bisulfate de potasse ou des acides tartrique, oxalique et sulfurique ; on avive parfois la couleur au moyen du ferrocyanure d'étain. Ces corps peuvent être remplacés par le sel ammoniac, qui donne, par double échange, du prussiate d'ammoniaque décomposable par la vapeur d'eau. Ce sel a l'inconvénient de rendre les couleurs hygrométriques, et peut faire couler au vaporisage; on emploie aussi comme oxydant le chlorate de potasse. Un bleu vapeur à l'acide se compose d'environ 4 parties de prussiate rouge, 8 parties de prussiate jaune, 12 parties d'acide tartrique, 1 partie d'acide oxalique, et 22 à 24 de prussiate d'étain en pâte, à 50 0/0 d'eau. Un bleu vapeur sans acide contient : du prussiate rouge, du prussiate jaune, du prussiate d'étain, du sel ammoniac et du chlorate de potasse. Avec les tissus préalablement stannatés, on obtient des nuances plus vives et plus corsées.

Couleurs violettes. L'alizarine artificielle peut donner des noirs, des gris (avec l'urane), des rouges, du rose et aussi du violet. Le violet à l'alizarine s'obtient en épaississant avec de la farine, de l'alizarine *pure* (il convient de prendre l'alizarine chimiquement pure, car sans cela, on produit des violets roux et moins solides, dus à la présence de la flavopurpurine), et en ajoutant comme mordant de l'acétate ferreux; un violet intense contient 6 à 8 0/0 d'alizarine à 20 0/0, avec le 1/5 de son poids d'acétate ferreux à 20°, et le 1/9 d'acétate de chaux à 12°; on y ajoute quelquefois un peu de violet d'aniline qui rehausse l'éclat de la couleur. Ce violet se laisse facilement *couper*, c'est-à-dire réduire à une couleur plus claire, en mélangeant la couleur foncée avec de l'épaississant seul, qui dans ce cas, s'appelle *coupure.* Le violet ci-dessus, coupé 1 sur 10, donne un beau violet héliotrope. Après l'impression, on vaporise, on passe en bain de craie, lave et savonne ; un léger chlorage à la vapeur est toujours favorable.

Le violet, par teinture, s'obtient d'une façon analogue au rouge ; on imprime un mordant de fer à 1° ou 1° 1/2 Baumé; on laisse oxyder par les moyens ordinaires, puis on dégomme, on lave à fond, et on teint en alizarine ; on ajoute un peu de colle au bain, pour que le blanc se ternisse moins. On peut, suivant les genres et les besoins, savonner ou ne pas savonner ·de suite, après la teinture. On peut aussi teindre dans un mélange d'alizarine et de violet d'aniline ; quelques chimistes préfèrent teindre chaque substance à part. Les autres matières colorantes violettes sont, toujours pour coton : en première ligne, la galléine et la gallocyanine, qui se fixent par l'acétate de chrome ; viennent ensuite l'indisine, les violets d'aniline (violet impérial, Hoffmann, de Paris, de Lauth, etc., etc.), dont le mode de fixation est le même que celui employé pour les rouges et les bleus d'aniline (préparation à base de tannin, et passage en émétique, après vaporisage). On a préparé des violets au campêche, mais leur fugacité les a fait abandonner. Enfin, les violets d'outremer, ou ceux obtenus par mélange, comme celui que produit le carmin de cochenille avec l'outremer, se fixent par les coagulants.

Couleurs noires. La composition des noirs, tout en paraissant devoir être des plus simples, est souvent très complexe ; car il est très difficile d'obtenir un noir pur, franc, qui n'ait pas une teinte particulière. Or, dans les assemblages de couleurs, l'effet de contraste, et souvent aussi, l'action chimique de contact, modifient la teinte, pour rester dans l'harmonie générale, il faut modifier le noir, et lui donner le ton de la complémentaire principale ; outre cette difficulté, inhérente à l'impression sur n'importe quel genre de tissus, il faut encore remarquer que chaque fibre demande une composition spéciale ; le noir par excellence pour coton est le noir d'aniline, mais il faut encore citer parmi les matières colorantes qui servent à la production du noir : le campêche, l'alizarine, la noix de galles. La garance et ses dérivés ne sont plus employés ; aussi n'en faisons-nous mention que pour rappeler qu'avant la découverte du noir d'aniline, la plupart des noirs bon teint, sur coton, étaient obtenus, en majeure partie, par cette matière colorante, soit seule, soit additionnée de campêche.

Le noir d'aniline se produit en imprimant un mélange convenablement épaissi de sel (chlorhydrate) d'aniline, d'huile d'aniline, de chlorate de potasse, de sel ammoniac et d'un oxydant, comme le sulfure de cuivre, le sulfocyanure de cuivre, les sels de cérium, de vanadium, le chromate de plomb, les prussiates, etc. Le noir d'aniline peut s'obtenir à divers degrés d'oxydation. Dans les conditions ordinaires, il l'est au degré inférieur, c'est-à-dire qu'il peut encore se modifier et verdir, tandis que, produit dans des conditions spéciales, il est absolument indestructible sur coton. Le noir d'aniline ordinaire, celui que l'on emploie, soit seul, soit en combinaison avec des couleurs *à teindre*, se développe en passant à la machine à oxyder ou en suspendant dans une étente chaude, ayant 25 à 28° au psychromètre d'Auguste ; il devient alors couleur bronze, et ne prend sa couleur réelle que par un passage en bain alcalin. Pour obtenir ce noir, il faut environ 80 à 100 grammes de sel d'aniline par litre de couleur ; avec plus, on obtient un noir plus intense, avec moins, on a du gris. Si l'on doit vaporiser le genre, pour que le noir n'attaque pas le tissu, il faut avoir eu la précaution de le passer en ammoniac gazeux ; on le vaporise en doubliers imprégnés de craie. S'il s'agit d'un noir vapeur, on prendra comme base les prussiates ; voici comme exemple, un noir d'aniline vapeur à base de prussiate : à 2,600 à 2,700 grammes d'épaississant (d'amidon et amidon grillé) clair, on ajoute 420 grammes d'huile d'aniline ; après cuisson, on mélange, à froid, 272 grammes de chlorate de baryte, puis 560 grammes d'acide tartrique dissous dans 1 litre d'eau, et enfin 800 grammes de prussiate d'ammoniaque. Ce dernier est préparé en dissolvant 370 grammes de sulfate d'ammoniaque dans 400 grammes d'eau bouillante, puis ajoutant une dissolution de 1,040 grammes de ferrocyanure de potassium dans 2,080 grammes d'eau bouillante ; on laisse cristalliser le sulfate de potasse formé, et on n'emploie que le bain clair. Ce noir, par

l'action de la vapeur, donne déjà un noir suroxydé.

Pour obtenir un noir qui soit inverdissable, on fait une couleur contenant environ 12 0/0 de sel d'aniline aussi neutre que possible, 5 0/0 de chlorate de soude, 15 à 18 0/0 de chromate de plomb, et autant de sel ammoniac. Après impression, un simple passage à la machine à oxyder donne de toutes pièces, un noir très résistant et inverdissable ; un passage en eau bouillante, ou en eau légèrement acidulée en acide chlorhydrique faible (1/5000) ne peut être que favorable pour éliminer le chlorure de plomb formé.

Les noirs au campêche se forment en imprimant un mélange direct d'extrait de campêche additionné d'acétate de fer et d'alumine, ou d'acétate de chrome. On fait aussi des noirs à base de laques de campêche ; ces laques sont des précipités d'hématine avec de l'oxyde de fer ou de l'oxyde de chrome ; elles s'appliquent à l'albumine, et donnent des couleurs assez résistantes, même au savonnage. Les noirs obtenus par la laque de campêche à base de chrome ont la singulière propriété d'être hydrofuges et peuvent donner des couleurs olives. En imprimant un sel de fer et d'alumine, puis oxydant, dégommant et teignant en bois de campêche, on a du noir (genre deuil).

Couleurs puce, grenat et brune. Le mode de préparation des bruns est très varié ; on peut imprimer un mélange de pyrolignite de fer et de pyrolignite d'alumine, oxyder, dégommer et teindre en alizarine, ou en alizarine et bois divers (quercitron, lima, sumac) ; on peut aussi imprimer de l'alizarine épaissie et additionnée d'acétate de chrome et de prussiate rouge, ou de sel de fer, et vaporiser. On peut obtenir des puce par un mélange de cachou, sel d'alumine, tannin et fuschine, que l'on vaporise et chromate ensuite ; enfin, un mélange de bois seuls (lima, campêche et quercitron) additionné d'acétate de chrome ou de chlorate de chrome, peut, par simple vaporisage, donner des grenat. La nuance se modifie par l'addition, en plus ou moins grande quantité, de l'une ou de l'autre des matières colorantes composantes.

Couleurs cachou. Cette nuance s'obtient d'une foule de manières : soit en imprimant du cachou épaissi, additionné d'ammoniaque, puis vaporisant, ou additionné d'un sel de manganèse, et vaporisant et chromatant ; soit aussi, en imprimant le cachou avec de l'acétate d'alumine, et vaporisant seulement. Le cachou peut même se fixer par simple vaporisage avec le chlorate de chrome ; cette couleur qui n'a plus besoin d'oxydant est assez employée. On obtient encore les nuances cachou par des mélanges de rouge et de jaune, additionnés d'un peu de violet.

Couleurs bistre. La couleur se compose d'un sel de manganèse (sulfate, acétate ou chlorure), épaissi en amidon grillé ; on passe ensuite en bain de soude caustique ou d'ammoniaque, additionné d'un peu de bichromate de potasse. Pour obtenir un bistre convenablement foncé, il faut au moins 400 grammes d'acétate de manganèse à 30°, par litre de couleur.

Couleurs grises, modes. Les *gris* et *modes*, en nuances solides, se font, outre les couleurs à base d'albumine, avec les mélanges de bleu de méthylène et d'orange de nitro-alizarine, ou avec le campêche uni avec les sels de chrome ou avec les sulfures organiques ; on peut encore produire des gris et mode, par impression de couleurs à base d'extraits de bois (lima, campêche, cachou, quercitron, noix de galles, fustet, cuba), que l'on vaporise et que l'on chromate ensuite. Les gris et mode par impression et teinture s'obtiennent en imprimant une couleur à base de cachou additionnée de pyrolignite de fer ; on oxyde, dégomme et teint en alizarine. On a ainsi des tons très chauds. La céruléine, le gris Coupier donnent encore ces mêmes tons.

Couleurs plastiques. Les couleurs appliquées sur les étoffes et fixées mécaniquement sont obtenues de diverses manières, et au moyen de substances différentes. Le coagulant par excellence, est l'albumine d'œuf ; on emploie également l'albumine de sang, le gluten des céréales, la caséine, la lactarine. Le mode de fixation est toujours le même : on imprime et on vaporise. Par l'action de la vapeur, les coagulants sont intimement fixés à l'étoffe et englobent dans leur magma la substance incorporée. On fixe l'albumine par un passage en eau bouillante, ou par l'action de l'acide sulfurique, d'une certaine concentration, lorsque cela est possible. Ce procédé n'est employé que dans quelques genres rongeants ; ainsi, pour les rouges vermillon rongeants, sur fond bleu indigo. L'albumine s'emploie à raison de 250 à 1,000 grammes par litre, suivant la solidité que l'on veut leur donner ; elle est dissoute dans l'eau, à laquelle on ajoute de l'huile ou de l'essence de térébenthine contenant de la cire en dissolution, ou encore de l'huile soluble (ces corps empêchent le moussage des couleurs) ; on incorpore aussi des antiseptiques pour conserver plus longtemps l'albumine, qui, sans cela, se décomposerait rapidement au contact de l'air. Les arséniates, la glycérine arsenicale, l'acide salycilique, etc., sont les corps les plus usités.

La caséine se dissout dans l'ammoniaque ; les couleurs épaissies avec cette matière ne peuvent se fixer que par vaporisage, elles tiennent moins bien que celles fixées à l'albumine.

Le gluten, qui a été employé, il y a une vingtaine d'années, en grandes quantités, se prépare de différentes façons, soit en dissolution à la chaux, en dissolution au saccharate de chaux, ou encore à l'acide. Le gluten à la chaux sert pour les outremers, celui à l'acide pour les substances inattaquables par ces derniers, comme les gris de fumée, vert, etc. ; les couleurs au gluten doivent être utilisées de suite, car ce corps se décompose facilement.

Les couleurs plastiques employées avec les coagulants précités sont les outremers de toutes nuances, bleu, rose, vert, jaune ou violet, mais ce sont les outremers bleus qui sont les plus usités ; les vermillons, les oranges et jaune de chrome, le vert Guignet, les oxydes de fer, les ocres, les noirs et gris de fumée, les laques de cochenille,

de flavine, etc. ; on prépare aussi des laques avec les couleurs d'aniline (éosine, fuschine, violet, bleu de méthylène, etc.), qui se fixent également à l'albumine.

Couleurs blanches. Les couleurs blanches se produisent par *application*, *enlevage*, ou *réserve ;* les couleurs *par application* sont généralement des corps couvrants, épaissis à l'albumine ; tels sont, l'oxyde de zinc, le sulfate de plomb, etc. Le blanc par *enlevage* s'obtient en imprimant un dissolvant épaissi, sur un fond préalablement mordancé ; ainsi de l'acide citrique imprimé sur un fond mordancé en fer donnera du blanc ; le blanc par enlevage est toujours dû à une réaction chimique. Le blanc par *réserve*, au contraire, peut être dû aussi à un effet mécanique ; ainsi, en imprimant de la terre de pipe et plaquant une couleur par-dessus, la terre fera blanc de réserve. On peut également imprimer un acide qui rongera le mordant au moment où celui-ci sera appliqué, ou empêchera sa fixation d'une manière quelconque, soit en le neutralisant, soit en le dissolvant, soit encore en le suroxydant, de façon à ce qu'il ne se dépose pas sur le tissu. Les couleurs blanches réserves jouent un grand rôle dans la fabrication des genres teints dérivés de l'indigo. Comme réserve de couleurs d'alizarine vapeur, on emploie l'acide citrique et l'émétique ; ces mêmes réserves servent aussi pour tous les mordants à base d'alumine devant être teints ; on emploie les sels d'étain, additionnés d'alumine, pour réserver les couleurs à base de fer, quand on veut teindre la réserve en *rouge*.

Couleurs métalliques. L'or et l'argent sont quelquefois fixés sur les étoffes, malheureusement nous n'avons pas encore de procédés permettant de fixer ces substances métalliques d'une façon durable, et de telle sorte que l'éclat métallique soit conservé. Pour obtenir l'or, on imprime de la gomme laque ou de l'huile de lin, on place sur les parties imprimées des feuilles d'or ou d'argent, et après un contact suffisant, démontré par l'expérience, on enlève l'excédent d'or et d'argent, ce qui n'adhère pas, en un mot, au moyen d'un blaireau ; un autre moyen consiste à imprimer de l'huile de lin, que l'on saupoudre ensuite de poudre métallique, et qu'on laisse sécher ; dans ce cas, on n'obtient pas de couleurs éclatantes, mais seulement la teinte mate du métal.

Enfin, il est encore un autre procédé qui sert principalement pour les doublures, les étoffes devant imiter la soie, les ombrelles, etc. Ce procédé, exécuté en Angleterre dès 1829, et que l'on désigne sous le nom d'impression d'*argentine*, se fait de la façon suivante : on délaye environ 360 grammes d'argentine (1) dans un litre de dissolution ammoniacale de caséine, on imprime au rouleau, sur tissu légèrement apprêté, et on passe

(1) L'argentine s'obtient comme suit : on dispose en série 15 à 20 pots cylindriques, de 12 litres de capacité environ, on y met 8 à 10 litres d'une solution de chlorure de zinc, de 10° à 15° Baumé, et 50 à 80 grammes de sel d'étain, puis on y immerge des feuilles de zinc disposées parallèlement. La réaction doit se faire très lentement. Lorsqu'elle est terminée, on verse le liquide sur un tamis : le métal précipité est lavé par décantation, on filtre, on sèche et on tamise sur un tamis de soie. L'argentine doit être d'une couleur gris bleu ; elle est alors ordinairement plus dense, et moins fine que celle qui est jaunâtre, et qui contient de l'oxyde stanneux.

ensuite le tissu par une calandre à friction, à chaud.

L'application de cette couleur au rouleau est très difficile, le rouleau s'encrasse facilement, et la râcle est rapidement mise hors de service par suite du dépôt métallique qui se forme, et qui empêche le bon fonctionnement de cet organe essentiel de la machine à imprimer.

L'argentine ainsi appliquée est assez solide et résiste à un premier lavage. En passant à la machine à oxyder, et en incorporant un peu de colle dans la couleur, on la rend plus solide. — J. D.

IMPRESSION SUR LIN.

Le travail du lin pour l'imprimeur n'a pas, au point de vue de la production, la même importance que celui du coton. Les procédés de blanchiment et d'impression sont les mêmes, toutefois on est obligé de tenir compte que le décreusage est plus difficile à atteindre sur tissu de lin, et qu'il faut généralement donner aux couleurs une richesse plus grande, pour leur permettre d'avoir sur cette fibre une intensité suffisante. Après être restée longtemps limitée à quelques articles spéciaux, comme la batiste sur laquelle on imprimait des vignettes, des dessins légers, pour mouchoirs, pour foulards, etc., l'impression sur lin est redevenue une actualité, par suite de la fabrication de la peluche.

Ce tissu est proposé pour tapis de table, dessus de piano, coussins, garnitures de cadres, etc. Le soyeux et le brillant de cette peluche, sa fabrication à double face, lui ont ouvert des applications en nuances unies; mais, si nous signalons ce fait, au sujet de l'impression, c'est que pour les doubles faces demandées en couleurs différentes d'un côté à l'autre, on est obligé de recourir au mattage, qui est un procédé d'imprimeur. Quant aux couleurs et aux opérations à effectuer pour l'impression sur lin, nous n'avons rien de spécial à signaler à ce sujet.

IMPRESSION SUR CHINA-GRASS OU RAMIE.

On s'est occupé aussi de l'impression sur china-grass; ce sont encore les procédés du coton qui ont servi de base. Toutefois, les applications sont encore trop récentes pour en préciser les résultats au point de vue industriel.

IMPRESSION SUR JUTE.

L'impression s'exécute sur les étoffes en fils de jute, soit seuls, soit combinés avec des fils d'autres textiles, notamment le coton et la laine. Le bon marché des fils de jute, la force qu'ils leur donne, ont permis de fabriquer à des prix abordables, des étoffes épaisses, ou bien, assez résistantes pour supporter l'application de couleurs plastiques qui auraient pu rendre durs, ou même cassants, des tissus plus légers.

Les effets de relief obtenus par le tissage ont pu être ainsi facilement augmentés pour donner plus de vigueur à l'impression, et pour imiter des tissus connus par leur grain, par leur aspect. On a fa-briqué de cette manière les genres *tapisserie, Gobelins, grain de poudre, toile Médicis, reps, crêpé, canevas, natté, treillis* ou *fougère*, etc.; en outre, la longueur des filaments, leur brillant, ont permis de faire des articles *frangés*, et les genres *maquette, bouclé* ou *velours con-coupé*, les *velours de panne d'Utrecht*, les *peluches*, etc. Ces étoffes ont du soutien, garnissent et se drapent bien, aussi depuis une dizaine d'années, la décoration et l'ameublement ont employé, en jute, ou en jute et coton, une quantité assez considérable d'étoffes imprimées. C'est avec la peluche ou velours de jute, à l'aide de l'impression et de la broderie, qu'on a produit en grand, pour l'intérieur et pour l'exportation, des imitations de coussins, de portières, de tapis d'Orient.

L'exposition de Rouen, en 1884, contenait de brillants et riches spécimens de cette fabrication. La teinte grise ou jaunâtre que présentent les tissus en jute n'est pas un obstacle pour la vente de certains genres, elle s'harmonise bien avec les colorations employées, et forme un ensemble moins dur que si le fond était plus clair; il en résulte que, pour ces articles, on ne fait subir avant l'impression, ni décreusage, ni blanchiment complet. D'ailleurs, la préparation de la matière textile pour le décreusage ou le blanchiment, s'effectue à l'aide des mêmes agents que pour le coton; l'opération est seulement poussée moins loin. Il serait difficile, en effet, de pratiquer le blanchiment sans risquer d'altérer les fibres, et d'autre part, le vaporisage fait souvent perdre une partie du résultat du blanchiment. — V. à ce sujet : C. F. Cross et E. S. Bevan, in : *Société industrielle de Mulhouse*, février, 1882, et *Société industrielle de Rouen*, juin 1884.

D'un autre côté, le jute crémé se combine assez facilement avec le plus grand nombre des matières colorantes, et n'exige pas des traitements énergiques, dangereux pour le tissu. Souvent pour les articles à imprimer, le tisseur lui-même fait subir au jute un crémage, alors l'imprimeur n'a plus qu'à mordancer le tissu pour préparer sa combinaison avec les matières colorantes, ou même à imprimer sans préparation.

Quand on juge que le tissu a besoin d'être nettoyé, lors de son arrivée à l'impression, on peut lui faire subir un traitement composé : 1° d'un passage en eau chaude et lavage; 2° d'un passage dans un bain chauffé à 60° environ, et contenant 10 à 15 grammes de carbonate de soude cristallisé, par litre, on manœuvre une demi-heure, on rince, on passe dans un bain acide à 5 ou 10 grammes d'acide sulfurique du commerce par litre, et on lave enfin, avec soin. Dans le cas d'une teinte très foncée de la fibre, on passe en bain de chlore très léger, et on lave bien pour éviter toute altération ultérieure.

Après ces opérations, on imprime sur la teinte même du tissu, ou après avoir fait subir à celui-ci une préparation préalable, comme mordançage, ou comme fond. Pour faciliter la fixation de certaines couleurs dérivées de la houille, surtout pour le velours de jute, on prépare les pièces par un passage en tannin, en précipitant ensuite à l'aide de l'oxymuriate d'étain, ou de l'émétique, mais surtout par le premier corps. Le bain de tannin est à 10 grammes par litre, celui d'oxymuriate à 3 grammes, mais ces proportions varient suivant la quantité de bain que l'on fait absorber à l'étoffe. Il est essentiel de bien laver après le passage en oxymuriate, pour éviter de brûler plus tard les fils de coton qui servent à nouer le jute, pour la fabrication de la peluche, par exemple. Presque tous les tissus en jute subissent, en outre, avant l'impression, l'opération mécanique du cylindrage, destinée à unir le tissu, et à faciliter le travail. Cette opération est indispensable pour permettre d'imprimer le tissu à fond, et de bien raccorder les différentes parties du dessin, sur les étoffes à relief, comme la fougère, ou à longs filaments, comme la peluche. Le tissu reprend d'ailleurs son aspect primitif après le vaporisage et le lavage ; l'étendage, dans un endroit frais, ou à l'air, pendant la nuit, produit en partie le même effet, mais moins complètement.

Les modes d'application des couleurs sont les mêmes que pour les autres étoffes : la main et les machines. Quant à la fixation des couleurs, la diversité des genres a conduit les imprimeurs sur jute à employer à peu près tous les moyens en usage ; la classification méthodique en serait assez difficile ; nous ne décrirons que les principaux procédés, ceux à peu près spéciaux.

Impression à la colle. On emploie pour ce genre, des poudres colorées, et des laques additionnées de colle et de gomme ; ces couleurs sont à peu près semblables à celles employées pour le papier peint ; elles ont, par suite, les mêmes inconvénients, par exemple, le manque de résistance au frottement, ce qui limite l'emploi des articles ainsi fabriqués. Le résultat obtenu est en quelque sorte un genre intermédiaire entre le papier peint et la teinture en étoffe, avec toutefois une solidité plus grande, provenant du tissu et de sa propriété d'absorber une quantité plus considérable de couleur que ne peut prendre le papier. On emploie pour tapis de table et rideaux, des solutions de couleurs d'aniline, et des couleurs d'application, épaissies à la gomme adragante ; on laisse simplement sécher après l'impression. Ce genre résiste assez bien au frottement, mais pas à l'eau. Pour faire cette catégorie de couleurs, on utilise les formules en usage pour les couleurs d'application sur coton, avec addition de gomme adragante et d'albumine, et le vaporisage après l'impression ; la solidité est la même que sur coton.

Impression à l'huile. Les articles pour tentures murales et pour ameublement sont aussi imprimés avec des couleurs à l'huile, semblables à celles employées par les peintres. Comme principales matières, on utilise le noir de fumée, le blanc de zinc, les bleus et les verts à base de prussiate, les jaunes, les oranges et les verts à base de chrome, la mine orange, les bruns de différents tons, et enfin, pour des nuances vives, le vermillon, quelques laques colorées et les imitations d'or et d'argent. Ces substances sont broyées à l'huile, on y ajoute de l'huile cuite, des siccatifs, ou du vernis, et l'on effectue le mélange aussi intimement que possible, puis on imprime. Pour les imitations d'or et d'argent, on imprime d'abord une couleur jaune ou blanche comme fond, puis par-dessus l'or ou l'argent. Les étoffes sont ensuite soumises à un étendage, pendant une quinzaine de jours environ, pour donner à l'huile le temps de fixer la couleur, et de perdre son odeur. Ces impressions ont la même solidité que la peinture ordinaire.

Les couleurs à l'huile peuvent s'imprimer à la planche, ou au rouleau ; les motifs chargés conviennent surtout pour tentures murales, les motifs légers peuvent servir pour rideaux, portières et meubles. Cette sorte d'impression sert aussi pour les toiles à bannes, avec plus de solidité que l'impression à la colle. Il conviendrait peut-être de rattacher à ce genre, un article proposé depuis peu de temps, sous le nom de *parquet oléographic* ou *oléographique*, et fabriqué dans les environs de Paris (au Bourget). Cet article est composé de toile de jute imprimée d'une façon spéciale, et superposée à une étoffe grossière qui forme envers.

Le genre de couleurs le plus employé sur jute, pour l'ameublement, est le genre dit *couleurs vapeur*; les formules ainsi que les traitements à faire subir au tissu sont semblables à ceux suivis pour le coton et pour la laine, on pourra se reporter à ces articles.

Les étoffes sont imprimées à la machine ou à la main ; ce dernier moyen est fréquemment employé. Il permet d'obtenir des motifs détachés, très espacés, de faire varier leur disposition, de faire les encadrements nécessaires pour les rideaux, les portières, les tapis de table, etc... L'impression à la main permet aussi, à l'aide de combinaisons de planches, d'exécuter des motifs de dimensions très grandes, qui sont en rapport avec la largeur qu'on a donnée aux étoffes de jute et la hauteur des tentures. De plus, dans le cas de l'impression sur moquette ou sur peluche-jute, la planche permet de fournir une quantité de couleurs suffisante, ce qui présenterait de grandes difficultés pour être exécuté au rouleau avec plusieurs couleurs. Nous avons dit de se reporter aux couleurs sur coton et sur laine, toutefois, dans les emprunts faits aux couleurs employées sur laine, il faut, comme pour l'article chaîne-coton, écarter les formules renfermant une proportion trop grande d'acide ou de sels acides, ces couleurs brûleraient la fibre pendant le vaporisage.

Dans les étoffes jute et coton, comme la peluche, il ne faut s'adresser qu'aux couleurs qui n'altèrent pas le coton, car le jute pourrait résister et les fils qui servent à le nouer être brûlés. Les articles en jute étant souvent destinés à subir l'action destructive de la lumière, il convient aussi de rechercher les compositions de couleurs qui résistent le mieux. Les rouges à l'alizarine, les verts à la céruléine, les bleus et verts à base de prussiate, les bois au cachou, etc., sont à préférer. Pour les articles qui n'ont pas besoin d'autant de résistance, les tapis et coussins en velours, par exemple, beaucoup de maisons emploient les rouges au bois de Sainte-Marthe, les bleus et les verts d'aniline ; la résistance de ces couleurs, surtout sur tissu mordancé au tannin, est suffisante. Après l'impression, les tissus sont vaporisés, lavés et séchés.

Ces étoffes ayant généralement assez de force pour ne pas avoir besoin d'être gommées, les opérations que l'on effectue pour les terminer sont : le tondage, le grillage et quelquefois le cylindrage ou beetlage, pour donner du brillant. Pour les velours de jute, on a également essayé du procédé de MM. Legrand, de Paris, que nous décrivons à l'article IMPRESSION SUR VELOURS.

— Les principaux centres d'impression sur jute sont à Loerrach (Alsace), Paris (Puteaux, Suresnes, Courbevoie, Le Pecq, Saint-Denis) et Maromme (Seine-Inférieure).

Impression par l'électrolyse. Nous ne pouvons abandonner l'histoire de l'impression des tissus à fibres végétales, sans consacrer quelques lignes aux expériences récentes instituées par M. le Dr F. Goppelsroeder, de Mulhouse, dans le but de fixer les couleurs par voie d'électrolyse. Ce chimiste s'est proposé : 1° de former et fixer, par l'emploi d'un courant galvanique, les colorants sur les fibres ; 2° de ronger ces colorants fixés, et d'obtenir ainsi des dessins blancs sur fond uni, ou de former de la même manière des dessins en nouvelles couleurs, toujours sur fond uni ; 3° d'empêcher l'oxydation des couleurs pendant l'impression ; 4° enfin d'obtenir des dissolutions de colorants réduits (cuves) comme, par exemple, pour l'impression de l'indigo, du noir d'aniline.

La formation d'une couleur par électrolyse est facile à obtenir avec une batterie de piles ou une petite machine dynamo-électrique. Si l'on imprègne, par exemple, un tissu avec une solution de chlorhydrate d'aniline et qu'on le place sur une plaque métallique, non attaquable, en communication avec l'un des pôles de l'appareil, en déposant sur l'étoffe une planche métallique avec gravure en relief, une médaille, etc., on obtient, par le passage du courant, la pièce étant en contact avec l'autre pôle, et au moyen d'une pression convenable (étant admis que l'on a choisi un épaississant approprié), une reproduction en noir de l'objet placé sur l'étoffe. L'opération dure une minute environ. On peut tracer avec un crayon métallique inattaquable, ou un charbon conducteur des dessins ou des caractères quelconques et obtenir instantanément le même résultat ; si le contact n'a pas été suffisant, on produit la teinte verdâtre appelée *émeraldine*, ou un mélange de noir et de vert ; si, au sel d'aniline ayant servi à imbiber le tissu, on a ajouté des corps qui, par leur électrolyse, donneront naissance à un corps oxydant, on obtient de suite un noir complet. Pour faire l'impression à la planche, M. Goppelsroeder recouvre les parties planes d'un vernis isolant, met en contact l'étoffe imprégnée de sel d'aniline, puis recouvre d'une seconde plaque métallique ; dès que le courant

traverse ce système, chaque plaque étant reliée à l'un des pôles de l'appareil, la réduction a lieu au contact des endroits gravés ; ou bien, on épaissit la couleur pour en remplir les parties gravées, comme dans l'impression à la planche plate ordinaire, et on fait passer le courant au travers de l'étoffe non imbibée. Il est convenu que dans toutes ces opérations, on doit isoler convenablement les électrodes métalliques, en les plaçant sur des feuilles de caoutchouc, qui servent d'isolateurs. Il est évident qu'au lieu de noir d'aniline, on peut opérer avec d'autres couleurs.

Lorsque l'on veut faire des dessins par rongeage, par exemple sur fond rouge turc ou indigo, on agit d'une façon différente. L'étoffe, une fois teinte, est imbibée d'une solution de nitrate de potasse ou de soude, ou de chlorure d'aluminium ou de sodium, le tissu déposé sur l'électrode positive, il y aura, lors du passage du courant, production, dans un cas d'acide azotique, de chlore dans l'autre ; ces corps attaquent la couleur du tissu, la changent en produits d'oxydation blancs, qui resteront après lavage, en formant des dessins sur tous les endroits où les reliefs de la planche auront permis l'oxydation.

Si l'on a imbibé l'étoffe teinte de sels dont l'électrolyse met en liberté des bases jouant le rôle de mordant, on pourra également obtenir ainsi de nouveaux effets ; M. Goppelsroeder a même cherché à obtenir par ce procédé des oxydes formant des laques avec la matière colorante, comme cela peut avoir lieu avec les couleurs garance, l'alizarine artificielle, la purpurine, etc. De même encore, si au lieu d'imbiber le tissu avec les substances que nous venons d'indiquer, on l'imprègne d'un sel d'aniline, on comprend que l'on formera des dessins noirs, sur un fond rouge ou bleu.

Jusqu'à présent, c'est l'action oxydante de l'électrode positive que l'on a utilisée ; on peut également empêcher cette action, et obtenir des réductions, par l'action de l'hydrogène dégagé à l'électrode négative. Ainsi, on peut empêcher l'effet oxydant sur les couleurs, pendant l'impression, en plongeant l'électrode négative, dans le bassin à couleur du rouleau, et faisant communiquer ce vase avec un autre, contenant la même couleur, ou un liquide conducteur. Cet effet pourra se produire par exemple, avec les couleurs pour bleu solide, pour noir d'aniline, pour bleu obtenu avec l'acide propiolique et le xanthate de soude. Pour l'impression avec dépôt de couleurs dues à des métaux proprement dits, on agira de la même façon, en épaississant convenablement la solution du sel métallique, et faisant agir l'électrode négative.

Enfin, on obtiendra également d'une manière analogue, par l'action du pôle négatif, les cuves à indigo, à noir d'aniline, etc. ; la réduction du colorant se faisant aussi bien que par l'action du sulfate ferreux, du zinc, du glucose, ou de l'hydrosulfite de soude ; en alcalinisant, bien entendu, pour les cuves à indigo, ou mettant de l'acide sulfurique, pour les cuves acides. Bien que ces procédés électrolytiques ne soient pas encore passés dans la pratique, il nous a paru indispensable de les signaler, à cause des travaux qu'ils peuvent provoquer et des nombreuses applications que l'on peut en tirer. — J. C.

— V. *Bulletin de la Société industrielle de Mulhouse*, Goppelsroeder, 1875, 1876, 1877; *Comptes-rendus de l'Académie des sciences de Paris; L'Electricien*, t. II, p. 20, 1881; et t. III, p. 423, 1882.

IMPRESSION SUR LAINE

L'impression sur laine formait autrefois une industrie tout à fait distincte de l'impression sur coton, non seulement parce que les colorants qui teignent les matières animales, comme la laine et la soie, ne teignent pas toujours les matières végétales telles que le coton, et réciproquement, mais surtout parce que les procédés de fabrication étaient absolument différents. Prenons un exemple. La garance, qui était le colorant le plus important des indienneurs à cause de la solidité et de la multiplicité des nuances qu'elle donne, est très peu soluble dans l'eau, on ne pouvait donc en faire un extrait assez concentré pour être imprimé. On tournait la difficulté en imprimant les dessins sur coton avec divers mordants (sels d'alumine et de fer, purs ou mélangés, suivant les nuances demandées), puis on teignait la pièce dans un bain de garance; le principe colorant (l'alizarine) allait se déposer et se fixer là seulement où il y avait du mordant, et donnait dans la même opération des rouges, des violets, des grenats et des noirs suivant les sels imprimés.

La méthode du *pinceautage* (V. IMPRESSION SUR COTON) n'a jamais pu s'appliquer à la laine, parce que les matières azotées prenant la teinture, même sans mordant, il était impossible de réserver les parties blanches. En résumé, le coton se traite par teinture, la laine, par impression seulement.

Depuis qu'on a découvert le moyen de fabriquer l'alizarine artificiellement, et que le commerce livre ce produit en pâte concentrée d'une grande pureté, on a abandonné à peu près complètement le procédé par teinture, et on imprime directement les rouges, violets et grenats d'alizarine, comme les couleurs vapeur, parce qu'il y a économie de temps, de frais, et la même solidité de nuance. L'impression sur laine et l'impression sur coton ont donc plus de rapports qu'autrefois; elles diffèrent seulement par les couleurs et par les mordants.

L'impression sur laine doit être une véritable teinture, nous énoncerons simplement les opérations qu'elle exige:

1° Les couleurs sont faites avec des extraits plus ou moins concentrés de matières colorantes. On y ajoute des mordants de teinture (sels de fer, d'alumine, de chrome ou d'étain), et on les épaissit avec les matières signalées à l'article précédent; 2° on applique, sur le tissu, par impression, toutes les couleurs qui constituent le dessin que l'on veut reproduire; 3° on vaporise.

On a donc en chaque point imprimé:

Le colorant avec son mordant, de l'eau provenant de la vapeur, une température de 98° à 100°, c'est-à-dire, un bain de teinture complet, local et à la température nécessaire pour teindre. Après cette opération, qui prend le nom de *fixage*, ou de *vaporisage*, on soumet les tissus au lavage. L'eau enlève en totalité la gomme ou l'épaississant, quel qu'il soit, et qui est devenu inutile, puis les mordants et les colorants en excès qui ne se sont pas fixés; alors seulement les couleurs apparaissent avec tout leur éclat, si les diverses opérations ont été réussies.

L'impression sur laine a été très florissante pendant 25 à 30 ans; Depouilly, à Puteaux, avait, en 1840, une fabrique très importante, dans laquelle il a créé une série de genres nouveaux qui ont eu un grand succès. Un peu plus tard, Larsonnier, tant à Puteaux qu'à Mulhouse, a eu une renommée méritée pour ses impressions variées sur laine pure ou laine et soie, à la main, et à la perrotine, et sa réputation s'est maintenue jusqu'à sa mort, en 1870. L'Alsace, en outre de sa fabrication si connue sur coton, s'est aussi distinguée par ses impressions sur laine, et nous pouvons citer parmi les maisons les plus importantes, MM. Dollfus-Mieg, Kœchlin frères, Hofer-Gros Jean et Schwartz-Huguenin, pour les genres rouleaux, pour les châles et les meubles.

Depuis 1870, l'impression sur laine a chaque année diminué d'importance; la mode a changé: les robes de laine imprimées, abandonnées d'abord en France, l'ont été successivement dans tous les autres pays, pour faire place aux articles tissés de Roubaix, ou aux tissus unis de Reims et d'Amiens. On ne fait plus guère maintenant, en impression sur laine, que les châles bon marché, et quelques articles au rouleau sur tissus teints.

L'impression à la main des étoffes de meubles marche encore assez bien pour occuper les anciens ouvriers imprimeurs, mais les tissus ont changé, au lieu d'être en laine, ils sont en jute pur ou mélangé de coton. Les grandes fabriques du département de la Seine ont disparu, ou se sont transformées, et l'Alsace ne fait presque plus de laine.

— A la dernière Exposition universelle d'Amsterdam, la Russie, seule, avait présenté une belle collection de dessins imprimés sur laine pure, genre cachemire et genre meuble.

IMPRESSION EN GÉNÉRAL. *Opérations préliminaires.* L'industrie de l'impression sur laine comprend une série d'opérations qui sont décrites dans le *Dictionnaire* à leur lettre respective, mais qu'il est bon de rappeler sommairement: les étoffes en sortant du tissage sont jaunes, encore imprégnées de suint, et souvent tachées de graisse et de cambouis, provenant des métiers à tisser ou à filer; puis, les fils laissent flotter des brins de laine qui forment un duvet à la surface du tissu, et qui nuiraient à la pureté de l'impression, si on n'avait soin de les enlever; on est donc obligé de commencer *par griller* ou par *tondre* les étoffes.

Dans un tissu teint, la blancheur primitive de la laine est peu importante, puisque toute la surface est masquée par la teinture. Dans une pièce imprimée, il y a presque toujours des parties *réservées* qui doivent rester blanches; pour que ces blancs soient vifs et purs, il faut blanchir la laine et l'azurer, afin de faire disparaître le ton jaunâtre qu'elle conserve toujours.

Voici l'ordre des opérations que l'on fait subir au tissu : 1° grillage, ou tondage ; 2° dégorgeage, ou dégraissage dans des bains alcalins (cristaux de soude et savon), à 30° ou 40° seulement; pour ne pas jaunir la laine ; 3° soufrage dans des étendages parfaitement clos, avec acide sulfureux gazeux (combustion de soufre à saturation); 4° rinçage et azurage ; 5° séchage à l'air autant que possible (avec le séchage au tambour, le tissu se mouille difficilement, et refuse l'impression). Les grandes manufactures font elles-mêmes tous ces travaux préparatoires, les petites fabriques les font exécuter par des blanchisseurs à façon.

L'impression de la laine comprend les opérations suivantes que nous décrirons successivement : 1° mordançage des pièces à imprimer, avec rinçage, et séchage à la suite; 2° cylindrage; 3° impression des dessins à la main ou aux machines; 4° vaporisage, précédé d'un humectage; 5° lavage, quelquefois suivi d'un avivage; 6° séchage ; 7° apprêt.

1° *Mordançage.* Le mordançage de la laine n'est pas toujours obligatoire, mais il est utile pour une belle fabrication, parce qu'il donne plus de vivacité aux couleurs et plus de netteté au dessin. Le mordant que l'on emploie est le bioxyde d'étain.

On passe les pièces dans un bain composé de 500 litres d'eau tiède, auxquels on ajoute 1 kilogramme de bichlorure d'étain (oxymuriate du commerce), et 1 kilogramme de sel ammoniac, ou bien 1 kilogramme de bichlorure que l'on précipite avec 1 litre de soude caustique à 50° Baumé ; on redissout alors la gelée d'étain, avec 1 kilogr. d'acide oxalique. Le bain est donc formé d'oxalate d'étain, lequel cède facilement sa base au tissu; après 20 minutes de trempage, on abat les pièces, et on les rince.

Pour les tissus chaîne-coton, qui ont besoin d'être fortement mordancés, ainsi que pour les tissus jute, on passe les pièces, d'abord dans un bain de stannate de soude à 1° ou 2° Baumé, puis après une heure de repos, dans un deuxième bain composé de 500 litres d'eau froide, de 1 kilogramme d'acide sulfurique, et de 1 litre de dissolution d'hypochlorite de chaux ; on rince, aussitôt après le deuxième bain, pour que la laine ne soit pas jaunie par le chlore. Lorsqu'on a une grande quantité de pièces à faire, l'acide et le chlorure forment deux bains séparés, et les pièces passent d'une manière continue, et au large, dans l'acide, puis dans le chlore, et ensuite dans l'eau pure pour le rinçage.

Après le mordançage et le rinçage, les pièces sont essorées et séchées.

2° *Cylindrage.* Les pièces destinées à être imprimées avec des dessins gravés en relief (main ou perrotine) doivent être cylindrées; celles qui se font au rouleau n'en ont pas besoin. Le passage au cylindre est un véritable repassage, qui a pour but d'enlever les faux plis, et d'aplatir le grain du tissu pour faciliter l'impression.

La machine se compose de trois cylindres superposés, celui du milieu est chauffé à la vapeur, il est en fonte; les deux autres sont en papier sur champ. Une très forte pression est donnée par des leviers chargés de poids. La pièce reçoit deux fois la pression, entre le premier et le deuxième cylindre d'abord, puis entre le deuxième et le troisième ensuite.

3° *Impression à la main.* Elle se fait de la même manière que l'*impression sur coton* (V. l'article précédent). Le dessin est gravé en relief, toujours sur des planches de poirier de 20 centimètres sur 0ᵐ,40 en moyenne. Il y a autant de planches que de couleurs dans le dessin.

L'imprimeur après avoir tendu une ligne sur la table, pour lui servir de guide, applique vivement sa planche sur le châssis, pour l'enduire de couleur, puis, il la pose bien d'équerre sur l'étoffe, et il frappe dessus avec un maillet de bois ou de fonte, d'environ deux kilogrammes.

Chaque planche porte deux ou trois points de repère (picots de rapport) qui s'impriment en même temps que le dessin, et guident l'ouvrier pour le placement de toutes les planches. La prise de couleur au châssis se répète deux fois de suite, en changeant la place, afin de régulariser la fourniture.

La première planche que l'on imprime est celle qui fait le contour ou l'esquisse du dessin, on lui donne le nom de *planche d'impression;* les autres s'appellent les *planches de rentrure,* parce qu'elles viennent s'encadrer plus ou moins dans la première; elles s'impriment à la suite.

La dernière planche qui termine le dessin est celle qui fait le fond; on applique toujours le fond en dernier, parce que, en mouillant le tissu sur une surface plus grande, il le fait jouer, de sorte que le cadrage des rentrures deviendrait impossible, si on voulait les imprimer après.

La gravure, à cause des détails et des finesses de dessin qu'elle comporte, se fait généralement sur cormier, mais quand les motifs se répètent dans la grandeur de la planche, on fait des clichés en alliage (1 plomb, 1 d'étain, 0,1 d'antimoine), et on les fixe sur la planche avec des pointes. La planche de fond se réapplique deux et trois fois, c'est-à-dire qu'on l'imprime deux et trois fois de suite, à la même place, pour fournir plus de couleur aux effets mats.

Les tissus de laine se dérangent facilement (ils s'allongent au fur et à mesure qu'ils sont mouillés par les couleurs), l'imprimeur est souvent obligé, pour faire un bon cadrage, de ramener le tissu avec la main gauche au moment où il applique la planche. Les défauts, les petits blancs, qu'on ne peut pas toujours éviter, se bouchent après coup avec un peu de couleur, à l'aide d'une petite lame en cuivre (la chipotte).

Lorsque la tablée est terminée, on suspend la partie achevée sur des petits rouleaux, pour la faire sécher, et on tend une nouvelle longueur de tissu blanc, sur la table, pour continuer le travail. D'autres fois la pièce s'enroule avec un dou' blier de flanelle pour éviter les taches, et elle se sèche dans ce doublier.

Lorsqu'une pièce est imprimée avec un dessin à fond, elle devient en séchant, tout à fait carteuse, à cause des gommes qui épaississent les couleurs ; dans cet état, les froissures sont à craindre ; les plis forment ce qu'on appelle des cassures, la couleur trop sèche se détache par le frottement, et tombe en poussière ; il n'y a pas de remède à ce défaut ; car, là ou la couleur est tombée, le fixage ne pourra en remettre, et la place restera maigre et grisée ; Il faut donc beaucoup de précaution et de ménagements pour transporter les pièces sèches avant le vaporisage.

4° *Vaporisage*. Pour fixer les couleurs, il faut qu'il y ait teinture ; d'ailleurs, comme on l'a vu, les nuances ne sont pas ce qu'elles doivent être, le bleu de France, par exemple, est jaune verdâtre avant le fixage. On procède donc ensuite au vaporisage. Pour qu'il y ait teinture, il faut, ainsi qu'il a été dit, des matières colorantes, des mordants, de l'eau, et une température de 95 à 100°, pour la laine. La vapeur va nous donner la température et un peu d'humidité, mais souvent pas assez pour humecter la couche épaisse de couleur gommée qui recouvre l'étoffe, il faut donc pour tous les dessins couverts, rafraîchir les pièces, c'est-à-dire leur donner un certain degré d'humidité (l'*humectage*) en les enroulant dans des doubliers de flanelle que l'on a mouillés et passés à l'essoreuse. Après cet humectage, la pièce est enroulée avec une toile très claire (doublier de fixage), destinée à empêcher les taches et le contact des couleurs entre elles. La pièce ainsi enveloppée, est suspendue dans la cuve à vaporisage, on recouvre d'une épaisse couverture, puis on introduit la vapeur par la partie inférieure.

En quelques minutes la vapeur chasse l'air, remplit l'espace, et élève la température intérieure à 96°, 98°. L'opération dure de 30 minutes. à 1 heure, suivant les tissus ; l'introduction de vapeur continue pendant tout ce temps. Lorsque le vaporisage est terminé, on déroule la pièce pour la sortir de son doublier, et on l'envoie au lavage.

En marche régulière, on vaporise de 6 à 12 pièces à la fois, on se sert d'un cadre circulaire en fer, dont les rayons sont garnis de crochets. Le cadre est suspendu par son axe, placé verticalement, de sorte que la circonférence et les rayons peuvent tourner dans un plan horizontal. La pièce et le doublier s'enroulent en même temps, mais le doublier seul est accroché sur les rayons du cadre, la pièce se maintient au milieu par la pression légère de chaque tour de cette spirale, qui peut avoir trois ou quatre cents mètres de longueur. La manœuvre pour mettre le cadre en cuve, et pour le retirer, se fait à l'aide d'une potence mobile sur son axe, et munie d'un treuil.

On peut varier de bien des façons la disposition des cuves et des cadres ; nous renvoyons pour la description de ces systèmes à l'article précédent.

Nous rappellerons ici que certaines couleurs, telles que le noir, et le bleu de France (bleu au prussiate) ont besoin, pour achever de se développer, d'être suspendues dans un étendage pour s'y oxyder, ou de passer par l'appareil destiné à produire cet effet.

Après le vaporisage, les couleurs se sont bien modifiées, on peut déjà se rendre compte de leur nuance et de leur vivacité ; mais malgré cela, l'imprimeur ignore encore si son travail est réussi complètement.

Si la vapeur a été insuffisante, ou inégalement répartie, la pièce ne sera pas unie, après le lavage ; si la vapeur a été trop sèche, le fixage est imcomplet, et les tons manqueront de fraîcheur et de vivacité. Pour éviter ces défauts graves, il est bon d'avoir au fond de la cuve une couche de 10 à 15 centimètres d'eau, dans laquelle plonge le tuyau percé de trous qui amène la vapeur ; celle-ci se sature d'humidité par le barbottage. Si la vapeur a été trop molle, ou la pièce trop humectée, il y a coulage, c'est-à-dire que les diverses couleurs ont pénétré les unes dans les autres et que les blancs se sont en partie bouchés par un effet de capillarité.

Un bon vaporisage doit être aussi humide qu'il est possible, sans atteindre le coulage.

Pour alimenter une cuve à vaporiser de 1m,30 à 1m,40 de diamètre, il faut un générateur de 5 à 6 chevaux ; la pression ne doit pas dépasser une atmosphère effective, autrement la vapeur est trop sèche. L'échappement d'une machine de 12 à 15 chevaux, sans condensation, peut être parfaitement utilisé pour alimenter une cuve à vaporiser ; la vapeur en sera plus molle, et moins sujette à produire des inégalités de fixage. Une très bonne disposition, qui pendant vingt ans nous a rendu d'excellents services, est de remplacer la cuve ronde par une chambre rectangulaire en tôle, et de faire arriver la vapeur à la partie supérieure, tandis que la sortie se fait à la partie inférieure, par une ouverture libre, de 3 à 4 décimètres carrés. Des portes latérales permettent d'entrer et de sortir les cadres. Le plafond de la chambre est incliné pour éviter les gouttes de condensation.

Par cette disposition, la vapeur descend par couches horizontales régulières, sans former de courants, comme cela a souvent lieu dans les appareils ordinaires.

Avec les cuves anciennes, on était fréquemment obligé de répéter deux fois le fixage, en renversant les lisières, pour ne pas avoir d'inégalités, la lisière du haut étant presque toujours plus foncée. Avec la disposition ci-dessus, cette double opération est inutile.

5° *Lavage*. Le lavage se fait à l'eau froide, car la moindre chaleur produirait un commencement de teinture, sur les parties blanches du dessin, et les ternirait ; ainsi, en été, avec de l'eau à 20 ou 25°, cet inconvénient peut se produire, si le lavage est trop lent. Autrefois, on lavait à la rivière et à la main ; les pièces étaient fortement rincées pour enlever autant que possible la gomme et les couleurs non fixées, puis on battait plis par plis, avec un battoir en bois, tant que le tissu tordu laissait écouler une eau colorée. Ce lavage était pénible et très coûteux. En 1850, une laveuse mécanique continue a été imaginée et construite dans la maison Larsonnier, de Puteaux. Cette machine, qui donne de très bons résultats, a été bientôt employée par tous les imprimeurs, et aujourd'hui, toutes les grandes teintureries de laine en pièce en font usage ; on lui a donné à tort le nom de *rivière anglaise*, son origine est tout à fait française, nous venons de le dire.

Elle se compose de deux paires de rouleaux en orme, de 2^m,50 de longueur et de 0^m,40 de diamètre ; ces rouleaux, qui forment des foulards complets, montés sur bâtis de fonte, sont placés parallèlement sur un bassin en maçonnerie de 0^m,70 à 0^m,80 de profondeur. Ce bassin forme quatre compartiments en communication.

Les compartiments du milieu sont carrés, les deux autres, de 0^m,60 de largeur sur 2^m,50 de longueur, sont au-dessous des rouleaux. Les pièces en sortant du fixage sont jetées dans le premier bassin du milieu, pour se détremper, puis on engage une des extrémités sous le premier foulard, en lui faisant faire une série de 15 ou 16 poches en hélice, autour du rouleau de bois.

Chaque pli ou poche de l'hélice a 5 ou 6 mètres de longueur, et plonge dans le bassin, avant d'être reprise par le rouleau, puis elle vient tomber dans le deuxième compartiment intérieur, où on laisse accumuler 20 à 30 mètres d'étoffe pour que les deux foulards qui sont commandés directement ne soient pas solidaires, et qu'on puisse momentanément en arrêter un sans l'autre. La pièce continue son mouvement sous le second foulard, exactement comme sous le premier, et arrivée à l'extrémité, elle est reçue dans un panier. Sur toute la longueur du second foulard, la pièce est fortement aspergée d'eau pure, par un tuyau percé de trous ; ce lavage est méthodique, car l'eau suit une marche inverse de celle de la pièce, en passant par tous les compartiments. Le trop plein est placé dans le compartiment de trempage. La pièce, dans sa course, a été 30 fois plongée et 30 fois exprimée par les foulards, et elle sort de l'eau tout à fait purifiée. Le travail est continu, la machine peut laver 300 pièces par jour.

6° *Séchage.* Après le lavage, les pièces sont essorées dans un hydro-extracteur à force centrifuge, et séchées le plus rapidement possible dans un étendage formé de barres de sapin parallèles, et à 0^m,10 de distance. Le séchage à l'air libre est le meilleur ; les couleurs sont alors plus vives ; dans les saisons pluvieuses, on est obligé d'avoir un étendage chauffé, soit par des tuyaux de vapeur, soit par un calorifère. Quand le séchage est trop long, les couleurs se détrempent peu à peu et ternissent les blancs ; aussi, l'essoreuse est-elle une machine indispensable à l'imprimeur sur étoffes.

Quelques couleurs ont besoin d'un avivage particulier, les bleus de France s'avivent dans un bain d'acide sulfurique à 1° ; les anciens violets à l'orseille s'avivaient en eau de chaux ammoniacale ; les noirs mal oxydés et grisâtres s'avivent

dans un bain léger de bichromate de potasse. Toutes ces opérations d'avivage se font après le lavage, et elles sont toujours suivies d'un rinçage, à la suite duquel les pièces vont à l'essoreuse.

C'est après le séchage seulement que l'imprimeur peut juger son travail ; les défauts sont quelquefois nombreux ; dans certains cas, ils sont irréparables ; nous allons énumérer les principaux :

(a) *Défauts de couleur.* Tons trop foncés ou trop clairs ; nuances manquées ; tissu brûlé s'il y a eu excès d'acide ;

(b) *Défauts d'impression.* Mauvais cadrage des rentrures ; fourniture trop lourde ou trop maigre ; salissures ; taches ou mélange de couleurs ;

(c) *Défauts de fixage.* Coulage par excès d'humidité ; couleurs ternies et dégradées au lavage, par suite d'un vaporisage trop sec ; couleurs ternies par un vaporisage trop prolongé ; fonds mal unis et lisières inégales d'intensité, indiquant un fixage irrégulier ; la vapeur s'est frayé un passage au lieu de se tamiser régulièrement ; coups de vapeur provenant d'un encadrage trop serré, d'une cuve trop basse, d'une fermeture en bois au lieu d'une couverture de laine. Ces accidents sont à redouter, car si une pièce de coton peut être souvent reblanchie et utilisée ensuite pour des dessins couverts, une pièce de laine, après fixage, ne peut plus être décolorée ; une teinture unie en noir ne suffit même pas pour masquer le dessin antérieur, lequel paraît toujours, en donnant un autre ton de noir.

7° *Apprêt.* Après le lavage et le séchage, les tissus de laine pure ou mélangée, sont chiffonnés, il faut les apprêter pour la vente.

Les principaux tissus de laine, qui s'impriment, peuvent se classer en cinq genres : 1° les tissus légers, chaîne soie grège, tramés laine, unis ou façonnés ; 2° les genres chalys, mélanges de soie et de laine ; 3° les mousselines de laine ; 4° les cachemires d'Écosse (croisure d'un seul côté), les popelines, les tissus armurés, etc., pour vêtement ; 5° les gros tissus pour meubles (reps, damas, etc., etc.).

Les tissus légers, ou de la 1re série, sont gommés au foulard, avec un apprêt de gélatine blanche, puis ramés, encartés et mis en presse avec un peu de chaleur. Les genres chalys (soie fantaisie et laine) de la 2e, sont gommés à l'envers pour laisser à la soie tout son brillant, puis fortement pressés avec une bonne chaleur (la presse hydraulique doit monter à 200 atmosphères). Les autres séries, 3, 4 et 5, sont arrosées légèrement, apprêtées au métier à trois cylindres, puis mises en presse avec peu de chaleur, pour ne pas plaquer ni avoir de brillant. Les mousselines, surtout les qualités communes, et les popelines, sont légèrement gommées (gélatine et dextrine) avant de passer au métier d'apprêt.

Nous n'entrons pas dans le détail de ces opérations qui ont déjà été décrites au mot APPRÊT.

Les tissus imprimés ne peuvent être ni mouillés ni gommés d'avance, comme on le fait pour les teintures unies, parce qu'il y aurait coulage de certaines rentrures, dans les parties réservées en blanc; la pièce qui reçoit l'eau d'arrosage ou l'apprêt de gélatine, tombe en plis derrière le métier, mais elle ne doit jamais s'enrouler, ce qui produirait un réappliquage des couleurs les unes sur les autres.

Impression à la machine. Nous avons décrit les diverses opérations dont l'ensemble constitue la fabrication des étoffes de laine imprimées, en prenant pour type l'impression à la main, nous allons maintenant passer en revue les machines à imprimer les plus employées. Il y a deux types bien tranchés : 1° les *machines à imprimer avec gravure en relief;* 2° les *machines à imprimer avec des dessins gravés en creux,* sur cuivre, comme la taille-douce.

Le type le plus important des machines à gravure en relief, est la *Perrotine*; celui des machines à gravure en creux est le *rouleau.*

La *Perrotine* a été déjà décrite à l'article Impression sur coton, nous y renvoyons.

L'impression à la main et à la perrotine ont aujourd'hui beaucoup moins d'importance qu'autrefois, parce que la mode n'est plus aux tissus imprimés, et que les prix de façon ont considérablement baissé. En moyenne, un imprimeur à la main peut, sur un dessin de 12 couleurs, faire 12 mètres par jour. Une perrotine peut imprimer 200 mètres, mais avec des dessins moins grands de hauteur.

L'emploi de la perrotine est limité à des dessins de 0ᵐ,12 à 0ᵐ,15 de hauteur; les couleurs qu'elle donne sont moins vives qu'avec l'impression à la main, parce que la gravure est en relief.

Le second type, le rouleau, produit beaucoup plus (2,000 à 3,000 mètres par jour), mais le nombre de couleurs est limité à 8 ou 9, et les nuances sont bien moins vives; les couleurs sont écrasées, elles traversent le tissu, au lieu de rester à la surface. Sur laine, les impressions au rouleau ne sont réellement belles que pour les dessins à deux couleurs.— V. Impression au rouleau sur coton.

L'impression au rouleau a ses avantages et ses inconvénients : la gravure sur cuivre est beaucoup plus coûteuse que celle des planches à la main ou à la perrotine; un dessin de meuble à 12 couleurs coûte, en moyenne, 1,500 à 1,600 francs, mais comme le débit est beaucoup plus rapide, avec un personnel limité, les frais de main-d'œuvre sont bien moins élevés à la machine qu'à la main. La consommation de couleur est aussi moins grande, et on peut imprimer des dessins d'une finesse que la main ne peut atteindre.

Par contre, pour la laine surtout, les couleurs sont écrasées, les premières rentrures imprimées se trouvent successivement laminées, par chacun des rouleaux qui suivent, et elles perdent leur fraîcheur et leur vivacité. Le coton, moins élastique, résiste mieux à ce laminage.

Avec une impression aussi rapide que celle des rouleaux (en moyenne 100 mètres en 5 minutes), les couleurs n'ont pas le temps de sécher ; on est obligé de faire passer la pièce dans un étendage (V. Impression sur coton). Pour la laine, il est bon de ne pas sécher entièrement; les couleurs sont plus vives ; après une course de 40 à 50 mètres, la pièce vient s'enrouler mécaniquement dans un doublier, et le déroulage ne se fait qu'au moment d'opérer le vaporisage.

Couleurs. Il nous reste à parler des couleurs : nous ne pouvons entrer dans le détail de toutes les recettes, le nombre en serait trop considérable, et les formules changent, non seulement d'une fabrique à l'autre, mais encore à chaque saison ; nous nous contenterons de donner la composition des types les plus importants.

(*a*) *Epaississants.* Les couleurs d'impression ont besoin, pour les contours, d'être très épaisses, on emploie l'amidon, additionné de leïogomme; pour les couleurs très vives, on se sert de la gomme du Sénégal; les couleurs éteintes, ou rabattues, s'épaississent avec la dextrine, ou le leïogomme. Ces couleurs, après préparation, sont toujours passées au tamis fin.

On ajoute quelquefois au gommage un peu de terre de pipe, pour empêcher les effets de capillarité, et pour faciliter le lavage.

(*b*) *Couleurs les plus employées.* Ce sont: le grenat ou puce, le bleu de France, le bleu d'indigo, le ponceau cochenille, le vert, le jaune, la fuchsine, le violet d'aniline, le bleu d'azuline, les noirs. Ces couleurs s'obtiennent de la manière suivante :

Grenat foncé pour impression : 36 litres d'extrait d'orseille, 1ᵏ,200 d'alun, 0ᵏ,500 grammes de carmin d'indigo ; le mélange est chauffé et épaissi avec 2ᵏ,400 d'amidon et 3ᵏ,200 d'amidon grillé.

On peut remplacer l'orseille par des fuchsines communes ; pour des grands fonds à la main, on remplace l'amidon par du leïogomme; la couleur s'unit mieux.

Bleu de France. On prend 2ᵏ,600 d'amidon et 16 litres d'eau, on chauffe et on épaissit, puis on ajoute 7 kilogrammes de prussiate d'étain en pâte, 1ᵏ,800 de prussiate jaune de potasse, 400 grammes d'acide oxalique, et enfin 2 kilogrammes d'acide tartrique; après refroidissement, on additionne de 3 litres de dissolution de prussiate rouge à 18°, et de 700 grammes d'acide sulfurique.

Cette couleur ne se conserve pas très longtemps, elle s'oxyde à l'air, et devient bleue ; le bleu ne se fixe qu'autant qu'il se produit sur le tissu, celui qui se forme avant le fixage est perdu, car le lavage l'enlève.

Bleu d'indigo. Cette couleur contient: 2 litres d'acétate d'alumine à 10°, 500 grammes de carmin d'indigo (sulfate d'indigo précipité par le carbonate de soude), 100 grammes d'acide oxalique, 3 litres et demi d'eau gommée (à raison de 750 grammes par litre), et 100 grammes d'alun.

Vert. On obtient cette nuance avec : 14 kilogrammes de laque de Cuba (extrait de Cuba précipité par du bichlorure d'étain et du sulfate d'alumine), 4 kilogrammes de gomme du Sénégal, 800 grammes de carmin indigo (variable suivant la nuance demandée), 150 grammes d'acide oxalique, et 200 grammes d'alun.

Le *ponceau cochenille* est fait avec : 500 grammes de laque de cochenille (dissolution de cochenille précipitée par le protochlorure d'étain),

250 grammes de dextrine ou d'amidon, et 25 grammes de bioxalate de potasse (ou 20 grammes d'acide oxalique).

On fait le *jaune* avec : 1 kilogramme de laque de graine de Perse ou de quercitron, et 1 litre d'eau gommée. Ou peut remplacer les laques par une décoction de graine de Perse, à laquelle on ajoute du proto-chlorure d'étain (60 grammes par litre). Pour les couleurs d'aniline (fuchsine, bleu azuline, violet, etc., etc.), on fait une dissolution des produits dans l'eau bouillante, puis on ajoute de l'eau de gomme, épaissie à 1 kilogramme par litre.

Les *noirs* se préparent avec : 50 kilogrammes d'extrait de campêche à 10°, 6 kilogrammes d'amidon, 30 kilogrammes de leïogomme, 6 kilogrammes de sulfate ferreux, 500 grammes de sulfate d'indigo. On fait dissoudre le tout à tiède, et additionne de 180 grammes de chlorate de potasse, avec 7ᵏ,500 de nitrate de fer. — AUG. B.

IMPRESSION SUR SOIE

L'impression de la soie est semblable à celle de la laine ; les opérations sont les mêmes, seulement il faut fixer plus sec de crainte du coulage. On supprime l'humectage, et on vaporise 25 à 30 minutes au lieu de 40 à 60, à 75° ou 80° seulement. Au lavage, les blancs se tachent facilement, aussi faut-il laver peu de pièces à la fois, rincer fortement et bien essorer.

Les tissus de soie doivent toujours être mordancés, soit en acétate d'alumine à 3° Baumé, soit en bichlorure d'étain et acide sulfurique, puis bien rincés.

Toutes les couleurs de laine se fixent sur soie, mais pour le grenat foncé, l'extrait d'orseille est insuffisant ; on prépare la couleur avec des extraits de bois (Sainte-Marthe et campêche, additionné d'un peu de quercitron), avec un mordant de sulfate d'alumine et nitrate de cuivre. Pour les foulards qui doivent supporter le savonnage, on emploie souvent la garance ou plutôt l'alizarine artificielle, qui donne des rouges très solides. On fait aussi sur soie un beau jaune orange très solide, en imprimant de l'acide nitrique épaissi, puis lavant sans vaporiser.

Pour éviter les taches, le lavage se fait dans une eau chargée de craie qui neutralise l'acide. On avive dans un bain de savon bouillant.—AUG. B.

IMPRESSION SUR VELOURS

Après l'impression sur soie, nous devons parler d'une application de l'impression sur d'autres tissus, également à base de soie, ceux qu'on nomme velours. Ce travail pouvant d'ailleurs également s'effectuer sur velours de coton, de jute, etc.

— Nous avons vu, en faisant l'historique de l'impression, que dès 1755, un industriel d'Amiens avait essayé d'obtenir des étoffes de velours imprimées ; cet article, difficile à produire, à cause de la délicatesse du tissu qui se froisse très facilement, était à peu près complètement oublié, quand on a vu apparaître, il y a peu de temps (juin 1883), des étoffes pour meubles de luxe, en velours, gaufrées et imprimées. C'est, en effet, vers cette époque

que MM. Legrand frères, de Paris, ont pris un brevet pour un procédé d'impression en relief, sur étoffes, et particulièrement sur velours.

Le gaufrage ordinaire ne donne, comme on l'a vu à ce mot, que des effets d'une seule couleur, par suite de l'écrasement des poils, dans les endroits marqués par les dessins gravés extérieurement en relief sur les cylindres ; avec les procédés indiqués par MM. Legrand, on obtient à la fois le gaufrage et l'impression en couleur. Pour produire ces résultats, on emploie des plaques de cuivre, sur lesquelles les dessins sont gravés au burin ; et généralement 1ᵐ,60 de longueur sur 0ᵐ,60 de largeur. La gravure une fois garnie de couleur, par les procédés connus, on étend le velours sur la plaque, on recouvre de différents doubliers et on passe ensuite le tout sous une presse hydraulique. La très grande pression fait pénétrer le velours dans la gravure, et en même temps un courant de vapeur d'eau fixe la couleur. Un second procédé repose également sur l'emploi de plaques en cuivre gravées au burin, mais percées à jour aux endroits où le tissu ne doit pas être imprimé. Une seconde plaque en relief permet de remplir entièrement les vides, et une fois cela fait, on étale la couleur au moyen de lames en cuivre qui la font pénétrer dans les parties creuses. On retire la plaque en relief et, absolument comme pour le premier procédé, on place l'étoffe sur la plaque gravée, on y met les doubliers nécessaires, et on soumet alors le tout à l'action de la chaleur et de la pression. Les parties découpées de la plaque réservent le velouté à son état primitif, et en même temps, la couleur se fixe sur les parties gravées en creux. Les effets obtenus par ce système sont des plus variés ; tantôt, c'est une couleur appliquée sur un fond déjà teint, tantôt, c'est un rongeant qui est imprimé, et qui vient ensuite modifier la nuance de l'étoffe.

Le gaufrage et l'impression du velours, par ces procédés, exigent, comme on peut facilement s'en rendre compte, un temps assez long ; cependant, la perte de temps est évitée de diverses manières ; ainsi, les ateliers étant pourvus d'un certain nombre de presses, pendant qu'une pièce est en main pour subir une opération, le même homme peut garnir une autre plaque de couleur, pour la placer ensuite dans la première presse qui sera libre, et ainsi de suite. Malheureusement le prix de revient est assez élevé dans cette fabrication, à cause de la valeur que représentent les plaques de cuivre gravées, sur lesquelles l'artiste passe quelquefois six mois et plus, et des plaques en relief, qui coûtent aussi très cher ; il faut, pour livrer à aussi bon prix que possible, avoir une production importante, laquelle amortit un peu les frais ; car, si chaque planche revient à 3,000 francs, et plus, on comprend qu'il soit difficile de changer souvent de dessin. Ce qui heureusement a permis à cette nouvelle industrie de se développer, c'est que, ne cherchant qu'à imiter des velours de grand prix, comme ceux d'Utrecht et de Gênes, elle peut toujours produire à des prix bien au-dessous de la valeur de ces dernières étoffes, et que d'un autre côté, la mode s'en mélant, l'impression sur velours est aussi goûtée en France qu'à l'étranger, et que les fabriques dont nous parlons travaillent non seulement pour Amiens, mais aussi pour Elberfeld, qui fait en Allemagne les velours dits d'Utrecht, et vend depuis quelque temps les étoffes gaufrées et imprimées. Une grande partie des renseignements que nous donnons ici, sur cette fabrication, est empruntée à M. Monnet ; *Rapport sur les prix proposés par la Société industrielle de Rouen* et qui doivent être publiés dans le Bulletin de cette Société. — V. année 1885. — J. C.

Bibliographie : ARMENGAUD : *Publication industrielle*, Paris, 1852-1884; BARRESWILL et GIRARD : *Dictionnaire de chimie industrielle*, 5 vol. et introd., Paris, 1859; CHEVREUL : *Chimie appliquée*, Paris, 1814; CHEVREUL : In : *Mémoire de l'Académie des sciences*, Paris, 1836; CLOÜET et DÉPIERRE : *Bibliographie de la garance*, Baudry, Paris, 1880, 1 vol. in-4°; CRACE CALVERT : *Dyeing and Calicoprinting*, Manchester, 1874; W. CROOKES : *Handbook of dyeing and Calicoprinting*, Manchester, 1875; DELORMOIS : *Art de faire les toiles peintes à l'instar de l'Angleterre*, Paris, 1770; DÉPIERRE : *Traité du fixage des couleurs par la vapeur*, Baudry, Paris, 1879, 1 vol. in-4°; DÉPIERRE : *Les machines à laver*. Baudry, Paris, 1884, 1 vol. in-4°; DOLLFUS-AUSSET : *Matériaux pour la coloration des étoffes*, Paris, 1864, 2 vol.; DUMAS : *Traité de chimie appliqué aux arts*, 8 vol.,Paris, 1846 ; GIRARDIN : *Chimie appliquée aux arts industriels*, Paris, 1875, 5 v. in-8° et supplément; HAUSSMANN : In : *Annales des arts et manufactures, t.* VII, 1802, et t. XVI, 1803; LABOULAYE : *Dictionnaire des arts et manufactures*, V. *Impression*; E. LACROIX : *Études sur l'Exposition de 1878, Impression*, par DÉPIERRE, 1879; D' LAUBER: *Handbuch des Zengdruck's*, Vienne, 1884 ; LEUCHS : *Traité des matières colorantes*, Paris, 1829; MACKENZIE : *Chemistry as applied to the arts and manufactures*, Londres 1875; MEISSNER : *Die apprettur und die Druckerei*, Leipzig, 1875; OBRIEN : *The british manufacturers companion and calico printers assistant, etc.*, London, 1790; ONEILL : *Textil Colourist*, Manchester, 1876 ; PARNELL : *Dyeing and Calicoprinting*, Manchester, 1850 ; PERSOZ : *Traité de l'impression des étoffes*, Paris, 1846, 4 vol. et atlas; POIRÉ : *La France industrielle*, Paris, 1875; PUBETZ : *Færberei und Druckerei*, Berlin, 1865 ; Q..... : *Traité des toiles peintes*, Amsterdam et Paris, 1760; RUNGE : *Die kunst der Farbenbereitung*, Berlin, 1859; A. SCHULTZ *Traité de teinture et d'impression*, Paris, 1883; SCHUTZENBERGER : *Traité des matières colorantes*, Paris, 1869; D' SPIRK : *Druckerei*, Berlin, 1865; D' STEIN : *Die bleicherei, Druckerei, etc.*, Braunschweig, 1884; STOHMANN: *Dictionnaire*, V. *Druckerei*, 1859; THILLAYE : *Manuel du fabricant d'indiennes*, Paris, 1834 ; URE : *Dictionnary of arts*, 1865; X..... : *Original treatise, etc,.. of the arts of Painting*; WAGNER : *Chimie industrielle*, 2 vol., Paris, Savy, 1874 ; WERNER : *Die Druckerei*, Stuttgart, 1850; WURTZ : *Dictionnaire de chimie*, V. *Teinture*, Paris, 1869, t. III, p. 251 et suiv.

Publications périodiques : Bulletin de la Société industrielle de Mulhouse, 1828-1885; *Bulletin de la Société industrielle de Rouen*, 1872-1885; *Bulletin de la Société d'encouragement pour l'industrie nationale*, Paris ; *Bulletin de la Société d'émulation de Rouen*, Rouen; *Mémoire de l'Académie des sciences de Rouen*, 1807-1885; *Bulletin de la Société industrielle du Nord de la France*, Lille; *Bulletin de la Société industrielle d'Amiens*; *Technologiste*, Paris; *American chemist*, Philadelphie; *Textil manufacturer*, Manchester; *Textil Record*, Manchester; *Moniteur scientifique*, du D' Quesneville, Paris; *Mittheilungen des Technologisches gewerbe museum*, Vienne; *Deutsche Industrie Zeitung*; *Revue*

des industries chimiques, Paris; *Annales du Génie civil*, Paris; *Société chimique de Paris*; *Société chimique de Berlin*; *Dingler Polytechnisches Journal*, Augsbourg; *Chemische Zeitung von Coethen*; *Philosophical Transactions*, Londres.

IMPRIMERIE. Ce mot désigne l'établissement dans lequel s'effectuent les diverses opérations qui ont pour but d'imprimer des caractères ou des dessins, et s'applique à plusieurs arts, dont les procédés sont différents, quoique donnant un résultat analogue, c'est-à-dire l'*impression*. Nous divisons cette étude en chapitres spéciaux : l'*imprimerie typographique*, la plus anciennement connue; puis l'*imprimerie en taille-douce*, et l'*imprimerie lithographique*.

IMPRIMERIE TYPOGRAPHIQUE.

L'imprimerie typographique (1) est l'art de reproduire et de multiplier à l'infini et identiquement, au moyen de caractères mobiles appelés *types*, les écrits, les livres, les travaux de la pensée, et de les mettre ainsi à la portée de tous.

HISTORIQUE.

La découverte de l'impression se perd pour ainsi dire dans la nuit des temps. Les Chinois, si l'on en croit une ancienne tradition, connaissaient l'impression tabellaire 300 ans av. J.-C. Aussi, n'est-ce pas dans la découverte de l'impression que consiste l'invention de l'imprimerie. Ce n'est pas davantage dans l'art de graver des poinçons, car les peuples les plus anciens, les Égyptiens, les Grecs, les Romains gravaient en relief, sur métal, des chiffres et des légendes, dans le sens inverse, qu'ils *imprimaient* à chaud ou à froid sur les monnaies, les briques, etc., en sorte que ces lettres et mots gravés à rebours se reproduisaient dans leur sens véritable sur les objets ainsi marqués. L'invention de l'imprimerie typographique consiste, au contraire, dans les combinaisons de divers procédés plus ou moins anciens, et surtout dans la *mobilité des caractères, dans le but spécial de multiplier des livres pour les mettre à la portée de tous.*

Un grand nombre de villes se disputent l'honneur de cette invention du génie humain, qui a contribué le plus puissamment à chasser les ténèbres de l'ignorance, à répandre dans le monde entier les lumières de la raison, à perpétuer les souvenirs historiques. Chacune de ces villes veut avoir son inventeur. Aussi, depuis plus de quatre siècles les opinions semblent-elles encore partagées, et cependant que de savants ouvrages didactiques, combien de poèmes, d'éloges, de dissertations ont été publiés sur cette question dans différents pays! Malgré les recherches les plus consciencieuses, les historiens, les bibliographes les plus compétents ne sont pas encore parvenus à se mettre entièrement d'accord. Cette diversité d'opinions jette une espèce d'incertitude sur l'auteur, sur le lieu et sur l'année de cette glorieuse découverte. Cette incertitude se comprend d'autant plus que, d'une part, les inventeurs, désirant retirer de leurs procédés le plus grand bénéfice possible, ont voulu s'entourer d'un profond mystère, afin que les produits de ces nouveaux

(1) En publiant ce travail, nous n'avons pas la prétention de jeter un jour nouveau sur la question si controversée de la découverte de l'imprimerie typographique. Nous avons consulté les écrivains les plus compétents, nous avons analysé toutes les diverses opinions émises sur cette question par les auteurs qui se sont le plus occupés de l'imprimerie. Notre travail n'est, à proprement parler, qu'une synthèse des principaux travaux techniques qui ont été publiés depuis la fin du XVe siècle jusqu'à nos jours. Dans le résumé succinct que nous donnons ici, nous avons fait de nombreux emprunts aux auteurs les plus autorisés en typographie, MM. Fournier jeune, Duverger, Henri Fournier, Crapelet, Ambroise-Firmin Didot, Paul Dupont, Auguste Bernard, historiens typographes, dont la compétence est universellement reconnue.

procédé ne pussent être distingués de ceux que la main des scribes créait si péniblement, et surtout si lentement, et que, d'autre part, presque dès son origine des intérêts nationaux et aussi des intérêts de famille ont voulu s'attribuer l'honneur de cette découverte, et faire pencher la balance en faveur soit de Strasbourg, soit de Mayence, soit même de Harlem, sans compter une douzaine d'autres villes qui prétendent, elles aussi, avoir été le berceau de la typographie, parce qu'elles ont eu de bonne heure des établissements typographiques, créés à la suite de l'émigration des premiers ouvriers fuyant les troubles qui éclatèrent à cette époque dans Mayence.

Cependant, nous croyons devoir ne pas passer sous silence les prétentions de Harlem, prétentions assez vivement soutenues par quelques auteurs qui ont adopté la tradition hollandaise et attribuent à Jean Coster, de Harlem, l'invention de la typographie. Mais la principale autorité sur laquelle s'appuient les défenseurs de cette opinion, est celle d'Adrien Junius, qui, dans son ouvrage intitulé *Batavia*, imprimé en 1588, c'est-à-dire plus d'un siècle et demi après la prétendue invention de l'imprimerie à Harlem, soutient que c'est bien Laurent Coster, marguillier de Harlem vers 1430, qui est le véritable inventeur de l'imprimerie. À l'appui de sa thèse, Adrien Junius raconte que, dans une promenade aux environs de la ville, Coster s'amusa à former des lettres avec de l'écorce de hêtre, qu'il les imprima l'une après l'autre sur du papier, et en composa de courtes sentences pour l'instruction de ses petits-enfants. Plus tard, il remplaça ces caractères de bois par des caractères de plomb, puis d'étain, et imprima ainsi quelques ouvrages, pour lesquels il employa plusieurs ouvriers. C'est un de ces ouvriers, Jean Fust ou tout autre nommé Jean, qui, ayant appris, sous la foi du serment, la manière de fondre les caractères et d'assembler les lettres, enleva pendant une nuit tout le matériel de son maître, alla d'abord à Amsterdam, puis à Cologne et enfin à Mayence, où il établit un atelier typographique. Cette tradition hollandaise a trouvé de sérieux partisans, dont les témoignages ne laissent pas que d'avoir quelque valeur. Mais les preuves manquent, et le vol, pendant une nuit, de tout le matériel de l'atelier Coster nous paraît légèrement hasardé. Nous sommes de l'avis de M. Auguste Bernard qui, dans son ouvrage : *Origine de l'imprimerie*, s'exprime ainsi sur ce prétendu vol :

« Le seul vol dont Coster me semble avoir éprouvé le préjudice, c'est le *vol de sa gloire*, suivant l'expression que Junius prête à Cornelius ; mais ici, il était puni par où il avait péché. Pour Coster, l'imprimerie ne fut qu'un moyen de gagner de l'argent ; il ne paraît pas même avoir entrevu sa portée sociale. C'est à l'école de Mayence, et non à celle de Harlem que l'humanité doit la révélation de l'art typographique. » Ce qui paraît certain, c'est que Laurent Coster a fait à Harlem l'impression xylographique du *Speculum humanæ salvationis* et le *Donat*, dont Zell attribue les premières impressions à la Hollande.

Nous croyons utile de mettre sous les yeux de nos lecteurs la classification suivante des diverses phases de l'invention de l'imprimerie que donne Auguste Bernard, dont nous venons de citer l'opinion sur les prétentions de Harlem : Laurent Coster et son école, 1423-1450 ; Jean Gutenberg, à Strasbourg, 1420-1444 ; Gutenberg à Mayence, 1445-1467 ; Jean Fust et Pierre Schœffer, 1455-1466 ; Pierre Schœffer et Conrad Fust, 1467-1503.

De tout ce qui précède, nous nous croyons suffisamment autorisé à conclure :

1º Que Strasbourg et Mayence sont les seules villes dont les droits à la découverte de l'impression en caractères mobiles soient indiscutables, en laissant toutefois à Harlem le mérite de les avoir devancées pour l'impression tabellaire ;

2º Que c'est à Gutenberg que revient l'honneur de cette découverte pendant son séjour à Strasbourg ;

3º Qu'il fut secondé, à Mayence, pour la réalisation de son invention, par son associé Fust, et son employé Schœffer, qui lui apportèrent leur concours, l'un de son travail, l'autre de son argent, concours qui fit réussir l'invention, mais amena la ruine de Gutenberg.

Nous avons brièvement esquissé l'existence si tourmentée de Gutenberg, dont la vaste conception ne se laissa vaincre ni par la misère, ni par l'injustice, et finit enfin par doter l'humanité de la plus grande, de la plus sublime invention des temps modernes. — V. Gutenberg.

Rien ne put atteindre la confiante sérénité de son génie, et c'est au milieu des plus grandes difficultés matérielles qu'il songea à imprimer une œuvre considérable pour l'époque, mais qui offrait quelques chances d'écoulement. Cette œuvre, c'est la Bible, le livre par excellence. L'exploitation exige une grande provision de papier, de vélin et autres fournitures. Les 800 florins fournis par Fust sont absorbés, et Gutenberg se trouve encore une fois dans le plus grand embarras. Nouvel emprunt de 800 florins à des conditions plus dures encore que les premières. Mais rien n'arrête Gutenberg qui se croit sûr du succès ; peu lui importe les conditions, pourvu qu'il arrive à son but. Il se met à la besogne avec une nouvelle ardeur. Cependant, les tâtonnements, les erreurs inévitables de calcul, les déceptions, les dépenses vaines, les accidents imprévus, les frais immenses de cette première et colossale entreprise, entravent la marche de l'association. Pour comble de malheur, la Bible terminée ne s'écoule pas aussi vite qu'on l'avait espéré. Il resta longtemps des exemplaires de ce livre en magasin. D'autre part, voyant de nouvelles imprimeries s'établir à Mayence, dont la concurrence diminuerait ses bénéfices, Fust, sans doute à l'instigation de son premier ouvrier, Pierre Schœffer, compositeur et fondeur intelligent, n'hésite pas de se servir des clauses de son contrat pour dépouiller Gutenberg, dont les bénéfices lui paraissent trop considérables. En conséquence, en 1455, après s'être assuré la collaboration de Schœffer, il vint réclamer en justice capital, intérêts et la remise de tout le matériel typographique. Gutenberg avait contre lui les termes de son engagement, et, de plus, l'un des juges, Nicolas Fust, parent de Jean Fust. Il perdit son procès et se vit enlever non seulement ses instruments de travail, qui lui avaient coûté tant de peine et d'argent depuis vingt ans, mais encore sa part de bénéfice dans la vente des exemplaires de la Bible qui venait d'être terminée. Usant du droit que lui conférait le jugement prononcé en sa faveur, Jean Fust fit immédiatement enlever, pour les faire transporter dans sa propre maison, tout le matériel typographique et tous les exemplaires restant de la Bible.

Dépouillé de tous ses instruments, ruiné de nouveau, Gutenberg ne se découragea pas encore. Il créa un nouvel atelier typographique, mais dans des conditions trop modestes pour pouvoir lutter avantageusement avec l'imprimerie de son ancien associé Fust, qui s'était adjoint son employé Schœffer. En 1459, Fust et Schœffer imprimèrent le *Rationale Durandi*. Une autre imprimerie, celle de Bechtermuntze, fit paraître, en 1460, le *Catholicon* (Joannis Balbi de Janua), qu'on a longtemps, mais à tort, attribué à Gutenberg.

Quoiqu'on ne connaisse pas de livres portant le nom de Gutenberg, l'exploitation d'une imprimerie par Gutenberg ne peut être mise en doute. Nous en trouvons la preuve indiscutable dans le passage suivant de Philippe de Lignamine, qui, dans sa continuation de la chronique des souverains pontifes, imprimée par lui-même à Rome, en 1474, dit, sur l'année 1458 : « J. Gutenberg et un autre appelé Fust, très habiles dans l'art d'imprimer avec des caractères de métal sur parchemin, impriment chacun trois cents feuilles par jour, à Mayence. » C'est dans ce nouvel atelier que Gutenberg imprima le *Tractatus de celebratione missarum*, le *Hermani de Saldis speculum sacerdotum* et un troisième ouvrage en allemand traitant de la nécessité des conciles et de la manière de les tenir, et qui commence ainsi : *Ist noit das dicke und vil concilia werden*, etc. M. Fischer cite encore comme sortant de l'atelier de Gutenberg le *Dialogus inter Hugonem, Cathonem et Oliverium super libertate ecclesiastica*. Gutenberg possédait encore cette imprimerie à l'époque de sa mort, arrivée vers la fin de 1467 ou au commencement de 1468.

Devenu possesseur des caractères de Gutenberg et du restant des Bibles que ce dernier avait imprimées, Fust, qui avait remarqué l'activité et le talent de Schœffer, s'empressa de se l'attacher, à titre d'associé, dans l'exploitation de l'imprimerie qu'il avait transportée dans son domicile particulier. La Société Fust et Schœffer ne resta plus stationnaire. Devenu l'âme de l'atelier, Schœffer débuta par un coup de maître dans la carrière typographique. Pour donner aux exemplaires de la Bible de Gutenberg un cachet particulier, qui pût le distinguer du travail de cet artiste, il eut l'idée d'en réimprimer le premier cahier en resserrant la composition de manière à ne donner aux neuf premières pages que 40 lignes au lieu de 42 qu'elles avaient primitivement. La dixième page ne pouvant finir à 40 lignes en reçut 41. Pour donner à ces dix premières pages la même hauteur qu'aux pages suivantes auxquelles il ne toucha pas, il les interligna avec des bandes de parchemin ou même de papier. Il fit plus encore, il exécuta à la presse, à l'aide d'un *second tirage en rouge*, les trois *rubriques* qui se trouvent dans ce cahier aux pages 1, 7 et 9. Ces deux opérations changèrent, en effet, la physionomie de la Bible de Gutenberg pour ceux qui ne regardaient que les premières pages du livre. Pour rendre l'illusion plus complète encore, Schœffer tira aussi en rouge la rubrique de la première feuille du cahier 14. Ainsi modifiées, ces bibles passèrent pour des produits de la nouvelle association et se vendirent comme telles. Schœffer ne cessa d'apporter chaque jour de nouvelles et importantes améliorations à l'art typographique ; outre les progrès qu'il fit faire à l'invention des poinçons propres à frapper les matrices, outre l'impression en rouge des rubriques qui avait parfaitement réussi, il parvint à exécuter à la presse plusieurs ouvrages, un psautier, entre autres, où les difficultés surgissent à chaque page, où sont imprimées, à profusion, non seulement des lettres rouges semées dans le texte, mais encore ces lettres aux formes *si diverses*, aux arabesques *si gracieuses* qui ornent les manuscrits du moyen âge. La mort de Fust ne ralentit en rien les travaux de Schœffer. Il s'associa avec Conrad Fust, son beau-père, et imprima successivement plusieurs ouvrages importants, remarquables par leur belle exécution typographique.

De Mayence, l'imprimerie se répandit bientôt dans l'Europe entière. Des ateliers typographiques se multiplièrent partout avec une extrême rapidité : en 1459, à Francfort ; en 1461, à Bamberg ; en 1465, à Subiaco (Italie) ; en 1466, à Strasbourg et à Cologne ; en 1467, à Rome ; en 1468, à Ausbourg ; en 1469, à Venise. C'est en 1470 que l'imprimerie fut introduite en France par Ulric Gering, de Constance, Martin Grantz et Michel Friburger, de Colmar, qui, appelés à Paris par Guillaume Fichet et Jean de la Pierre, prieur de la Sorbonne, installèrent leur atelier typographique dans une des salles de cet établissement. C'est également en 1470, que des imprimeries furent établies à Nuremberg, Milan, Vérone et Munster. Viennent ensuite Florence, Ferrare, Trévise, Naples, Pavie, en 1471 ; Padoue, Mantoue, Parme, Metz, en 1472 ; Lyon, Ulm, Utrecht, Bade, en 1473 ; Bâle, Gênes, Louvain, Valence (Espagne), en 1475, etc.

Un fait digne de remarque, c'est que l'extrême rapidité avec laquelle se développait l'imprimerie, ne nuisait en rien au progrès de cet art, pourtant si nouveau, qui a eu le rare privilège de s'élever tout d'abord à une perfection

extraordinaire et de franchir d'un seul coup les degrés successifs que d'autres gravissent d'ordinaire avec tant de lenteur, en s'appuyant d'un côté sur le temps, de l'autre sur le progrès, supprimant ainsi la routine et l'ignorance. Mais, si dès les premiers jours de sa découverte, l'art typographique brilla d'un éclat extraordinaire, ce merveilleux résultat est dû tout à la fois aux circonstances au milieu desquelles il se produisit, et surtout au rare mérite des premiers imprimeurs, de ces hommes illustres, de ces grands prêtres de la typographie, dont l'existence entière était vouée à son culte. Les premiers imprimeurs, comprenant toute l'immensité de la tâche qu'ils avaient à remplir, non seulement s'efforçaient de surmonter les *difficultés techniques* inséparables d'un art encore dans l'enfance, mais, de plus, choisissaient, pour les publier, des ouvrages qui étaient un sujet d'admiration pour tous les lettrés, et devenaient entre leurs mains des chefs-d'œuvre de soin et de correction.

C'est donc surtout aux hommes passionnés, artistes et savants à la fois, qui s'en emparèrent tout d'abord, que l'imprimerie dut ses rapides développements, ses merveilleux résultats et la perfection dont elle fut l'objet dès l'origine. En effet, à partir de 1490, se succèdent de véritables dynasties d'imprimeurs célèbres et passionnés pour leur art : les Alde, en Italie ; les Estienne, en France ; les Elzevir, en Hollande. Puis viennent, marchant sur leurs traces les Gryphe, les Jean de Tournes, les Plantin, les Bodoni, les Didot, les Panckouke, les Crapelet, les Renouard, les Fournier, dont les travaux ont porté l'art typographique à un point de perfection où les secrets de la mécanique et les inspirations du goût pouvaient seuls permettre d'aspirer.

« La découverte de l'imprimerie, dit M. Ambroise Firmin Didot (1), sépare le monde ancien du monde moderne, elle ouvre un nouvel horizon au génie de l'homme, et par son rapport intime avec les idées, semble être un nouveau sens dont nous sommes doués. Une immense différence la distingue des autres grandes découvertes de la même époque, la poudre à canon et le Nouveau Monde ; celle même qui nous est contemporaine, la vapeur, ne saurait lui être comparée. En effet, ces grandes et utiles découvertes n'ont agi que sur la partie matérielle de l'humanité : la poudre à canon, en égalisant la force brutale, le Nouveau Monde en nous complétant les dons terrestres du Créateur, enfin la vapeur en accroissant la force productrice de l'homme, qu'elle délivre de l'excès du labeur auquel il était condamné ; tandis que l'imprimerie, qui n'a pas encore achevé sa mission d'éclairer le monde sans l'incendier, élève le niveau de l'intelligence humaine, en propageant la parole que l'écriture avait fixée. »

Cet art, vainqueur du temps et de l'espace, destiné à reproduire à l'infini les travaux de l'esprit, les inspirations du génie, à rendre désormais la vérité impérissable, la barbarie impossible, la science populaire, cet art sublime a renouvelé la face du monde et ouvert les plus vastes horizons à toutes les conceptions du génie, à toutes les aspirations de l'humanité. Lorsque cet art se manifesta pour la première fois aux yeux du monde étonné, à l'exception de quelques castes privilégiées, l'humanité était plongée dans la plus complète ignorance. Dans ce temps de véritable barbarie, sciences, lettres, arts, étaient relégués dans les cellules de quelques monastères et ne franchissaient presque jamais les grilles du cloître. Tout se bornait à la théologie, à quelques notions de physique, de mathématiques et d'as-

(1) *Encyclopédie moderne*, t. XVI.

tronomie, défigurées encore par les idées de miracles, de magie, qui séduisent l'ignorance, toujours avide du merveilleux. Nul enseignement n'était donné aux masses, dictant les règles de la saine raison, expliquant par la science les lois de la nature et leurs prodigieux effets.

C'est au milieu de ces ténèbres, qu'apparut l'imprimerie, cette *seconde délivrance de l'homme*, comme l'appelle Martin Luther. Soudain et comme par enchantement, dit Chénier, *l'esprit humain rompit les fers qui l'avaient enlacé jusqu'alors, s'élança dans la carrière et sema sa route de prodiges.*

Il y a près de deux siècles qu'un imprimeur libraire, Jean de la Caille (1), déduisait en ces termes les conséquences de l'invention de l'imprimerie :

« Si les ignorants regardent l'imprimerie sans l'admirer, c'est qu'ils la voient sans la connaître : les savants en ont toujours jugé tout autrement, et ils ont estimé avec raison que, depuis près de trois siècles que cette merveille s'est fait voir dans l'Europe, l'esprit humain n'avait jamais rien inventé de plus heureux, ni de plus utile pour l'instruction des hommes.

« Cette vérité est si universellement reconnue, qu'elle n'a pas besoin de preuves; chacun sait que, sans cet art merveilleux, les études, les veilles et les travaux des grands hommes auraient été inutiles à la postérité. C'est donc à cet art divin que nous sommes uniquement redevables de la connaissance des ouvrages des anciens philosophes, des médecins, des astronomes, des historiens, des orateurs, des poètes, des jurisconsultes, des théologiens, en un mot de tout ce qu'on a écrit sur tous les arts et sciences. »

Plus tard, dans un Rapport à l'Assemblée nationale, Sieyès disait :

« L'imprimerie a changé le sort de l'Europe; elle changera la face du monde. Je la considère comme une nouvelle faculté ajoutée aux plus belles facultés de l'homme; par elle, la liberté cesse d'être resserrée dans les petites agrégations républicaines; elle se répand sur les royaumes, sur les empires. L'imprimerie est pour l'immensité de l'espace ce qu'était la voix de l'orateur sur la place publique d'Athènes ou de Rome; par elle, la pensée de l'homme de génie se porte à la fois dans tous les lieux; elle frappe, pour ainsi dire, l'oreille de l'espèce humaine entière... »

Mais si, pour ses admirateurs, l'imprimerie est un feu qui éclaire, une terre qui produit de bons fruits, l'eau qui fertilise, l'air qui vivifie; pour ses détracteurs, au contraire, l'imprimerie est un feu qui brûle, une terre qui produit de mauvais fruits, un torrent qui renverse, l'air qui tue. Dans le nombre de ces détracteurs le premier et le plus considérable est J.-J. Rousseau, qui s'exprime ainsi sur l'imprimerie :

« Le paganisme, livré à tous les égarements de la raison humaine, a-t-il laissé à la postérité rien qu'on puisse comparer aux monuments honteux que lui a préparés l'imprimerie sous le règne de l'Evangile ? Les écrits impies de Leucippe et des Diagoras ont péri avec eux ; on n'avait pas encore inventé l'art d'éterniser les extravagances de l'esprit humain; mais, grâce aux caractères typographiques et à l'usage que nous en faisons, les dangereuses rêveries des Hobbes et des Spinosa resteront à jamais. Allez, écrits célèbres, dont l'ignorance et la rusticité de nos pères n'auraient point été capables,

(1) *Histoire de l'imprimerie et de la librairie*, par Jean de la Caille, libraire, 1 vol. in-4o, MDCLXXXIX.

accompagnez chez nos descendants ces ouvrages plus dangereux encore d'où s'exhale la corruption des mœurs de notre siècle, et portez ensemble aux siècles à venir une histoire fidèle des progrès et des avantages de nos sciences et de nos arts. S'ils vous lisent, vous ne leur laisserez aucune perplexité sur la question que nous agitons aujourd'hui ; et, à moins qu'ils ne soient plus insensés que nous, ils lèveront leurs mains au ciel, et diront dans l'amertume de leur cœur : « Dieu tout puissant, toi qui tiens dans tes mains les esprits, délivre-nous des lumières et des arts de nos pères, et rends-nous l'ignorance, l'innocence et la pauvreté, les seuls biens qui puissent faire notre bonheur et qui soient précieux devant toi. » A considérer les désordres affreux que l'imprimerie a déjà causés en Europe, à juger de l'avenir par le progrès que le mal fait d'un jour à l'autre, on peut prévoir aisément que les souverains ne tarderont pas à se donner autant de soins pour bannir cet art terrible de leurs Etats, qu'ils en ont pris pour l'y introduire... »

En soutenant une opinion aussi paradoxale, l'auteur du *Contrat social* oublie qu'il en est de l'imprimerie comme de toutes les meilleures découvertes mises au service des hommes, et dont ils peuvent abuser. Il oublie que l'ignorance engendre et prolonge la servitude, que l'instruction est la mère de la liberté, et que c'est l'imprimerie qui a mis l'instruction à la portée de tous.

Aux paradoxes du citoyen de Genève, nous opposerons les éloquentes paroles prononcées par M. Divry, président de la Société fraternelle des protes des imprimeries de Paris, au banquet du 32e anniversaire de la création de cette société. Ces paroles d'un typographe des plus autorisés résument beaucoup mieux que nous ne saurions le faire nous-même, l'importance du rôle que, dès son origine, l'imprimerie a joué dans le monde moral et politique, et l'action aussi heureuse que puissante qu'elle n'a cessé d'exercer sur la civilisation des peuples et sur la marche ascendante de l'humanité.

« ... Chose étrange, l'imprimerie, si utile à tous, si nécessaire, qui fut à son début accueillie avec sympathie, ne tarda pas à être entravée, poursuivie et traitée de *diabolique invention*. Les pouvoirs qui se sont succédé depuis cette époque jusqu'à nos jours n'ont pas cessé de la maudire. M. Anatole de La Forge, dans un récent et magnifique rapport sur la liberté de la presse, nous donne le tableau des rigueurs et des cruautés infligées aux libraires et aux imprimeurs. C'est une succession non interrompue de lois, d'édits, de mesures violentes et cruelles contre les manifestations de la pensée. Si les imprimeurs et les libraires ne sont plus, ni pendus, ni brûlés, ni embastillés, nous ne sommes pas éloignés du temps où ils étaient constamment poursuivis et condamnés à la prison.

« Aujourd'hui, les hommes qui nous gouvernent, mus par d'autres tendances et frappés de l'*inutilité de toutes* les mesures restrictives, paraissent vouloir briser les liens qui garrottent la presse et retiennent les peuples dans l'ignorance. Finirons-nous par comprendre que la liberté de l'esprit est un droit absolu auquel personne ne devrait toucher ? L'idée porte en elle son principe de vie ; que dis-je, c'est la vie elle-même : semblable à une graine, elle germe, pousse ses rameaux et donne ses fruits; on a beau vouloir l'étouffer par le pavé de la compression, son germe trouve où passer et finit par s'épanouir. Du jour où les hommes ont pu se communiquer leurs pensées, la tyrannie et l'injustice ont été vaincues en principe, pour faire place à la liberté et à l'égalité.

« ..... L'imprimerie apparaît qui, multipliant la pensée,

porte partout la lumière et l'émulation. Ce n'est plus lentement que marche le monde, c'est par bonds : une découverte en amène une autre ; et de progrès en progrès, nous sommes arrivés à soumettre la matière à notre volonté.

« Aussi, malgré les amendes, la prison, l'exil et les supplices, l'esprit, armé de son nouvel instrument, a vaincu et est devenu le maître. Dès le xve siècle apparaissent des publications qui étonnent et émeuvent les vieux dominateurs (les classes dirigeantes d'autrefois), qui croient sauver leurs doctrines oppressives en brûlant les imprimeurs. Au xvie siècle, les idées ont déjà fait un pas immense, et malgré la pendaison d'Etienne Dolet, la Réforme parvient à établir son principe : le libre examen, en se dégageant du joug ecclésiastique. Le xviie siècle, si littéraire, complète la reproduction des écrits des grands hommes de l'antiquité, conservés dans les couvents pour l'usage de quelques privilégiés. Enfin, comme couronnement, malgré les édits et les ordonnances, arrivent les Encyclopédistes, qui non seulement ébranlent les vieilles croyances, mais renversent la tyrannie et commencent l'affranchissement des peuples.

« Et depuis, que de savantes découvertes ! vapeur, lumière, électricité, tous ces agents dont on effrayait autrefois les populations, sont mis à contribution pour satisfaire à nos besoins ; et pour ne parler que de notre industrie, comparez ce qui s'est fait depuis l'impression par les balles, jusqu'à l'admirable presse rotative à papier continu, produisant 20,000 exemplaires à l'heure ! Cherchez, chers Collègues, cherchez la cause de tous ces progrès : l'outil était trouvé, c'est la presse au service de l'intelligence...... »

Comme toutes les inventions, l'imprimerie subit l'influence des besoins nouveaux, des exigences de l'actualité. Pour répondre à ces besoins, à ces exigences, elle a dû, elle aussi, avoir recours à toutes ces nouvelles découvertes que chaque siècle voit éclore, et qui ont donné un si grand essor à l'activité humaine. Elle a dû suivre, dans leurs évolutions successives, toutes ces conceptions du génie qui ont, pour ainsi dire, transformé les arts, les sciences et l'industrie. La mécanique, la vapeur, la galvanoplastie, la galvanographie, la photographie, l'électro-chimie, sont aujourd'hui, pour l'imprimerie, de précieux agents. Elles lui permettent d'apporter chaque jour de nouvelles améliorations aux procédés de fabrication, au double point de vue de la rapidité et de la bonne exécution, et de satisfaire ainsi à cette avidité d'apprendre et de connaître qui se développe de plus en plus dans toutes les classes de la société moderne. Si malheureusement aujourd'hui, fatalement entraînés par cette fièvre de production rapide qui ne peut s'obtenir qu'aux dépens de la qualité de la production, beaucoup d'imprimeurs ont abandonné l'art pour ne faire que du métier, nous devons constater que les bonnes traditions se sont maintenues dans un grand nombre d'ateliers, et que quelques imprimeurs de nos jours font les plus louables efforts pour élever et étendre le savoir professionnel. Ils parviennent, au milieu des préoccupations commerciales et industrielles de chaque jour, dans des ateliers transformés en usines, où la vapeur appliquée à la mécanique ne suffit pas toujours pour répondre à l'impatience du client, ils parviennent, disons-nous, malgré tant d'obstacles, à faire surgir du sein de ces manufactures des œuvres qui jettent un nou-

vel éclat sur l'imprimerie, et ne le cèdent en rien à celles patiemment méditées dans les paisibles ateliers des typographes d'autrefois.

Ces résultats sont à nos yeux d'autant plus satisfaisants qu'ils sont obtenus alors que l'organisation du travail dans les ateliers, faite toute en vue d'activer et de multiplier la production, n'est en rien moins que favorable à l'établissement de livres autres que ceux de fabrication courante. Mais c'est surtout à ce qu'on appelle la presse périodique qu'ont été faites les plus heureuses et surtout les plus utiles applications des progrès de la mécanique. Nous citerons pour exemples, ces nouvelles presses rotatives à papier continu qui, par heure, impriment, coupent et comptent vingt mille exemplaires des plus grands journaux, et fournissent chaque matin plus de 800,000 numéros du *Petit Journal* à l'avide curiosité de plusieurs millions de lecteurs.

Impression en noir. Nous allons mettre sous les yeux du lecteur les nombreuses et délicates opérations qui concourent successivement à ce que nous appellerons la fabrication d'un livre. Les deux principales opérations sont la *composition* et le *tirage* ou *impression*.

COMPOSITION. L'auteur apporte son manuscrit à l'imprimerie. Les premières dispositions à déterminer avec l'imprimeur sont le format, le choix des caractères (V. CARACTÈRES D'IMPRIMERIE), la justification ou longueur des lignes, l'interlignage, le nombre de lignes à la page. Les grandes divisions, parties, chapitres, sections, articles, paragraphes, etc., doivent être réglés d'avance, ainsi que le choix des caractères de titres, la répartition des blancs, la disposition des tableaux, l'encadrement ou habillage des vignettes, en un mot tous les détails de la mise en pages.

Toutes ces diverses dispositions doivent être prises ou recueillies par le prote, qui les transmet ensuite avec le manuscrit, appelé la *copie*, au compositeur chargé de la mise en pages de l'ouvrage et qu'on appelle *metteur en pages*. Suivant l'importance du travail et le délai dans lequel ce travail doit être exécuté, le metteur en pages fixe le nombre d'ouvriers compositeurs, appelés *paquetiers*, qu'il juge nécessaire, et leur distribue la copie avec les instructions arrêtées d'avance. Chaque paquetier se monte à la justification convenue, compose sa copie, dont il fait des paquets contenant chacun le nombre de lignes que comporte la hauteur de la page, et remet à son metteur, avec la copie terminée, les paquets de composition que cette copie a produits. Nous renvoyons le lecteur à l'article COMPOSITION D'IMPRIMERIE, où il trouvera les détails de ce travail. Les paquets passent sous les yeux du *correcteur* (V. ce mot), qui fait une première correction avant d'envoyer à l'auteur les *épreuves en première*.

Lorsque le nombre de paquets dont les épreuves ont été lues et corrigées par l'auteur est suffisant pour compléter une feuille, le metteur en pages procède à la mise en pages. Cette fonction consiste à justifier les pages de hauteur, à placer les folios, titres courants, signatures, en un mot, les lignes de tête et de pied. Il compose et place les titres, sommaires, notes et additions. Il répartit les blancs, ajoute les filets, fleurons ou vignettes, établit les queues de pages ainsi que les pages blanches.

Lorsqu'une feuille est mise en pages, on procède à son imposition. Pour cela, on prend ces pages l'une après l'autre en suivant l'ordre de leurs folios, et on les place successivement sur le marbre, suivant la disposition indiquée pour chaque format, de telle sorte que, suivant le format adopté, la feuille de papier étant ployée, ces pages se trouvent imprimées dans l'ordre convenable. Le nombre de pages composant une feuille est divisé en deux parties égales dont chacune, appelée *forme*, destinée à imprimer l'un des côtés du papier, est rangée conformément à l'ordre de son format dans un châssis de fer. L'espace entre chaque page, qui a pour base le format du papier de l'ouvrage et qui représente les marges, est rempli par des lingots de fonte ou de plomb, plus bas que la lettre et qu'on appelle *garnitures*. Les pages et les garnitures sont maintenues, en deçà des bords du châssis, par des réglettes, des biseaux et des coins, qui sont destinés à serrer la forme, de telle sorte qu'elle puisse être enlevée de dessus le marbre et transportée sur la presse (1).

Lorsque l'imposition d'une feuille est terminée, on en tire une épreuve appelée *première typographique* qui est lue à l'imprimerie par le correcteur, et remise ensuite au compositeur, qui doit exécuter ponctuellement toutes les corrections indiquées, pour faire tirer une seconde épreuve dite d'*auteur*. Le nombre de nouvelles épreuves d'auteur varie suivant l'importance des corrections, modifications ou changements que l'auteur fait à son travail.

Quand l'auteur a donné son *bon à tirer*, une nouvelle lecture de cette épreuve est faite à l'imprimerie, et l'on tire une dernière épreuve appelée *tierce*, qui sert à vérifier les dernières corrections faites au *bon à tirer*, et à s'assurer s'il n'est pas tombé quelques lettres pendant le transport de la forme. Le lecteur voit à quelles précautions minutieuses l'auteur, le compositeur et le correcteur doivent recourir, pour mettre sous ses yeux un livre exempt de fautes d'impression; mais, hélas! malgré les soins que l'on apporte dans la lecture des épreuves, il reste toujours des *lapsus calami*, bourdes ou *coquilles* (V. ce mot), qui, par une ironie cruelle du sort, sautent immédiatement aux yeux de l'auteur, lorsque l'ouvrage est imprimé.

Impression ou tirage. Les premières conditions à déterminer pour le tirage sont la qualité du papier, le glaçage et le satinage. La préparation du papier est une des opérations qui ont le plus d'influence sur la qualité de l'impression. Cette pré-

paration consiste dans la trempe et le remaniement. Quand le papier a été convenablement trempé et remanié suivant sa nature et celle du tirage auquel il est destiné, on procède au glaçage si toutefois le glaçage est convenu avec l'auteur ou l'éditeur, puis à la mise sous presse. C'est alors que commence une des opérations typographiques qui présente le plus de difficultés. Une bonne impression dépend d'abord de la bonne mise en train de la forme, de l'égalité du foulage, de la régularité de la couleur (V. ENCRE D'IMPRIMERIE). Les presses mécaniques perfectionnées d'aujourd'hui simplifient énormément le travail de l'ouvrier et permettent d'obtenir d'excellents tirages, à la condition, cependant, que cet ouvrier soit attentif et soigneux. Nous consacrons plus loin un chapitre spécial aux *presses typographiques*.

L'impression terminée, on fait sécher les feuilles imprimées, on les satine ensuite pour effacer le foulage de l'impression. Puis, lorsque la livraison est complètement tirée, on les remet à l'atelier de brochage qui les assemble, plie et broche le cahier sous une couverture imprimée souvent à l'avance, et, c'est le cas de notre *Dictionnaire*, on réunit plusieurs livraisons pour former, soit un fascicule, soit une série. Enfin, ces livraisons ou séries réunies forment des volumes qui vont successivement enrichir les rayons de la bibliothèque de nos lecteurs. En un mot, l'imprimeur a reçu un manuscrit, il rend un volume.

IMPRESSION. PRESSES TYPOGRAPHIQUES. L'impression typographique est l'opération par laquelle on transporte sur le papier ou sur un autre objet, préparés dans ce but, l'empreinte des caractères disposés dans la forme, des dessins gravés sur bois ou reproduits par la stéréotypie ou la galvanoplastie. La presse est l'outil nécessaire pour faire cette opération. Elle comprend deux grandes catégories : les *presses typographiques manuelles* et les *presses typographiques mécaniques*.

Presses manuelles. Les presses manuelles se divisent elles-mêmes en *presses en bois* et en *presses en fer* ou plutôt *en fonte*. Quoique de formes différentes, ces presses sont à peu près semblables quant à leur système mécanique. Nous ne donnerons pas ici la description détaillée des nombreuses pièces qui constituent l'ensemble d'une presse; nous nous bornerons à en indiquer les organes les plus essentiels.

Les principales parties de la presse manuelle, dit M. Henri Fournier, sont le corps de la presse qui reste immobile, le train, la platine et le barreau, qui reçoivent un mouvement horizontal ou perpendiculaire. Les autres pièces, quoique non moins importantes, se rattachent à celles-là, comme des rouages d'un ordre inférieur. Voici quel est le jeu de cette machine : la forme est posée sur le marbre ; la feuille blanche est placée sur le grand tympan qui, avec la frisquette, s'abat sur la forme préalablement encrée. Le train est roulé sous la platine au moyen de la manivelle ; le barreau abaisse la platine sur le petit tympan et produit la pression. Le train se déroule, le tympan et la frisquette sont relevés, et la feuille imprimée est placée sur le banc.

(1) Depuis plusieurs années déjà, dans beaucoup d'imprimeries, et surtout dans les imprimeries de journaux, on emploie un nouveau serrage de forme dit *à crémaillère*. La crémaillère remplace les biseaux, des noix de fer remplacent les coins en bois, et le serrage s'obtient au moyen d'une clef en fer qui chasse les noix sur la crémaillère. Ce serrage est beaucoup plus expéditif et surtout plus puissant, mais il est rarement employé et ne devrait jamais l'être pour des travaux délicats et de précision.

Presses en bois. Gutenberg et les premiers imprimeurs se servirent d'abord, pour l'impression de leurs ouvrages, d'un instrument fort analogue aux pressoirs employés depuis des siècles pour exprimer le jus du raisin. D'importantes et successives améliorations furent, avec le temps, apportées par lui et ses successeurs à ces presses primitives. Mais, pendant près de quatre siècles, la presse en bois, à un ou deux coups, fut la seule en usage dans l'imprimerie, et c'est elle qui a coopéré aux célèbres produits des Estienne et des Elzévier.

Nous représentons, figure 453, la vue d'un atelier d'imprimerie au siècle dernier, qui donne exactement l'idée de l'état rudimentaire de l'art typographique, servi par le glorieux outil qu'il serait d'autant plus injuste d'oublier que, selon M. Henri

Fournier, à qui nous faisons de nombreux emprunts, les presses manuelles, par lesquelles il a été remplacé, ont conservé son mécanisme tout entier, et que la pensée qui a présidé à sa création peut encore se perpétuer aussi longtemps que son nom.

Les organes principaux de la presse en bois sont les jumelles, les sommiers, l'arbre, le train, la platine et le patin. Les jumelles se composent de deux longues pièces de bois parallèles entre elles et perpendiculaires au sol, qui s'élèvent des deux côtés de la presse et qui soutiennent les sommiers. Ceux-ci sont deux pièces de bois épaisses et fortes, l'un supérieur et l'autre inférieur, qui traversent d'une jumelle à l'autre. Le sommier supérieur, percé dans le milieu, reçoit l'écrou de la vis qui le traverse verticalement. Le sommier

Fig. 453. — *Imprimerie typographique au XVIII* siècle.*

inférieur, plus épais que le premier, parce qu'il supporte tout le poids de la pression, est celui sur lequel porte tout le train de la presse lorsqu'il est roulé, et dans le moment du tirage.

L'arbre est une pièce en fer qui descend perpendiculairement du sommier supérieur sur le sommet de la platine. Cette pièce de fer change trois fois de forme et de nom durant son trajet. La première partie est la vis, celle du milieu est l'arbre proprement dit, la troisième est le pivot. L'arbre proprement dit est percé d'outre en outre et horizontalement sur les quatre faces latérales pour recevoir l'extrémité du barreau, barre de fer ou levier qui, manœuvré par l'ouvrier imprimeur, met en mouvement d'abord la vis, puis la platine, en un mot toute la portion de la presse qui produit le foulage.

Le train est cette partie de la presse mise en mouvement à l'aide de la manivelle, qui roule le coffre sous la platine et le déroule ensuite. Il se

compose du coffre et du marbre, plateau de pierre ou de fonte, sur lequel est placée la forme, des deux tympans, de la frisquette et du chevalet.

La platine est une pièce de fer fondu et bien uni, laquelle étant abaissée sur le coffre de la presse par le moyen du barreau, qui fait descendre la vis et la fait presser sur son sommet, opère, par le foulage qui en résulte, l'impression de la forme sur le papier.

Le patin se compose de deux morceaux de bois de chêne unis par deux traverses, qui servent à assembler par le bas les deux jumelles. Ils sont fixés sur le plancher par des boulons en fer.

Presses en fer ou fonte. C'est en 1799, qu'en Angleterre lord Stanhope inventa une presse en fer ou plutôt en fonte, qui n'a véritablement fonctionné à Londres que vers 1809. Introduite en France vers 1814, la presse Stanhope (fig. 454) se répandit rapidement dans presque toutes les imprimeries. En 1820, fut importée d'Amérique en France une presse de Clymer, appelée *Américaine* ou *Colombienne*, construite d'après un nouveau système et pouvant tirer des papiers de plus grand format que les premières Stanhope.

Ces nouvelles presses ne tardèrent pas à être substituées aux presses en bois dans la plupart des imprimeries des grandes villes.

La description de ces différentes presses n'offrirait aucun intérêt, aujourd'hui qu'elles ont à peu près disparu et qu'elles appartiennent à l'histoire de l'imprimerie. Nous aborderons donc immédiatement l'étude des presses modernes.

Nous ferons cependant remarquer, avant d'aborder notre sujet, que primitivement l'encre était distribuée sur les caractères par des balles ou tampons en laine, recouverts de cuir. En 1819, les balles furent remplacées par des rouleaux inventés par M. Ganal. Ces rouleaux sont en matière élastique, composée de colle gélatineuse et de mélasse. Cette substitution des rouleaux aux balles est une des innovations qui ont donné le plus d'essor à l'imprimerie. En ce qui concerne la presse manuelle,

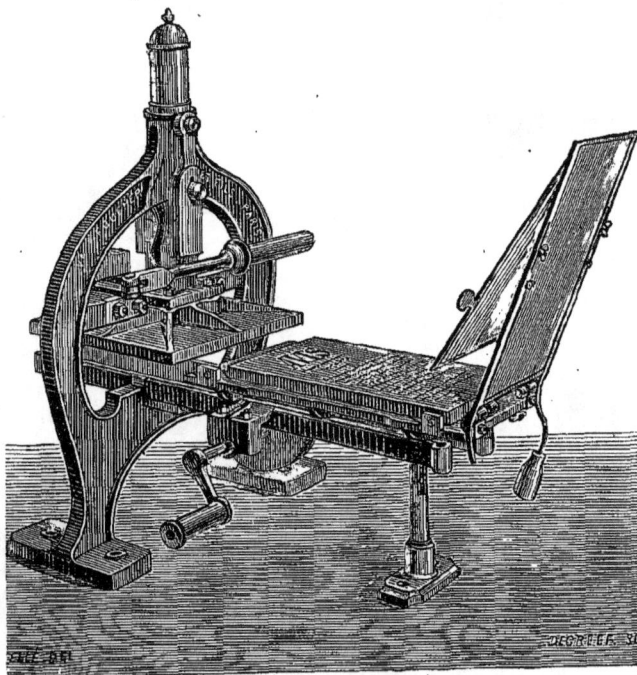

Fig. 454. — *Presse Stanhope.*

non seulement elle abrège, en les rendant plus faciles, la prise d'encre et la distribution, mais encore elle permet d'obtenir une touche réglée et suivie. De plus, l'invention de Ganal a, pour ainsi dire, concouru aux progrès si merveilleux qui se sont accomplis dans la construction des presses mécaniques, et permis d'appliquer la vapeur à l'industrie typographique.

Presses à pédales. Par un décret en date du 10 septembre 1870, le gouvernement de la Défense nationale a supprimé les brevets d'imprimerie et rendu libre la profession d'imprimeur De nombreux ateliers typographiques inondèrent bientôt tous les quartiers de Paris, et se répandirent dans toute la France. Le plus grand nombre de ces imprimeries étaient destinées à exécuter surtout des travaux de ville, tels que cartes, têtes de lettres, lettres de mariage, pros-

pectus, factures, circulaires, prix-courants, tarifs, etc., etc. Il fallait à ces petites imprimeries, surtout à celles de Paris, un outillage d'impression particulier, c'est-à-dire, des presses d'un prix modéré, tenant peu de place et pouvant être manœuvrées facilement par un seul ouvrier et pour ainsi dire sans apprentissage. Ce problème fut promptement résolu par nos mécaniciens de Paris, qui construisirent un grand nombre de petites presses à pédale de systèmes différents, qu'on peut voir aujourd'hui dans les nombreuses imprimeries installées dans des magasins de nos principales rues et de nos boulevards. Parmi toutes ces presses, nous avons distingué *la Minerve* (fig. 455), de MM. Berthier et Cie. Cette presse nous a paru réunir toutes les conditions nécessaires pour obtenir les meilleurs résultats : modicité du prix, tirage à sec et sans foulage de tous les travaux de ville, travaux de retiration sans pointure, encrage régulier, distribution parfaite, mise en train facile, réglage instantané de la pression. Voici la description sommaire des principaux organes de cet ingénieux outil :

L'origine de la commande est une pédale placée entre les deux flasques du bâti, et qui actionne, par l'intermédiaire de la bielle, un arbre coudé ; celui-ci porte à l'une de ses extrémités le volant et transmet son mouvement, au moyen d'un pignon et d'un plateau, à un second arbre. Sur la face intérieure du plateau est creusée une gorge qui guide l'extrémité de la manivelle et qui est calée sur un troisième arbre ; celui-ci entraîne dans son déplacement angulaire la platine sur laquelle on fixe la feuille de papier destinée à recevoir l'impression. Contre la platine vient s'appliquer la forme contenant la composition à reproduire. Cette forme est retenue en place dans un châssis mobile en fonte, et qui se prolonge vers le bas par deux jambes dont les extrémités sont traversées par un axe horizontal, autour duquel cet ensemble peut basculer. Deux bras, boulonnés de chaque côté, soutiennent l'encrier et les tables d'encrage. Enfin, deux petites consoles, venues de fonte aux jambes, supportent un arbre aux extrémités duquel peuvent osciller les balanciers. Ceux-ci sont réunis par une entretoise en fonte et soutiennent, du côté opposé, les rouleaux encreurs, de façon à constituer un cadre susceptible d'osciller autour de cet arbre, qui se termine par deux tourillons excentrés par rapport à son axe, et autour desquels sont articulées les deux bielles, dont les extrémités opposées sont reliées par des mannetons aux plateaux-manivelles.

Cette presse est très légère, d'un maniement prompt et facile ; les mouvements en sont très doux et ne produisent presque pas d'usure aux divers organes qui la constituent.

PRESSES MÉCANIQUES OU MACHINES A IMPRIMER.

— C'est en Angleterre, dès 1790, que William Nicholson, éditeur du *Journal philosophique*, eut le premier l'idée de remplacer la presse manuelle par une presse mécanique. Dans le système de Nicholson, système qui s'est

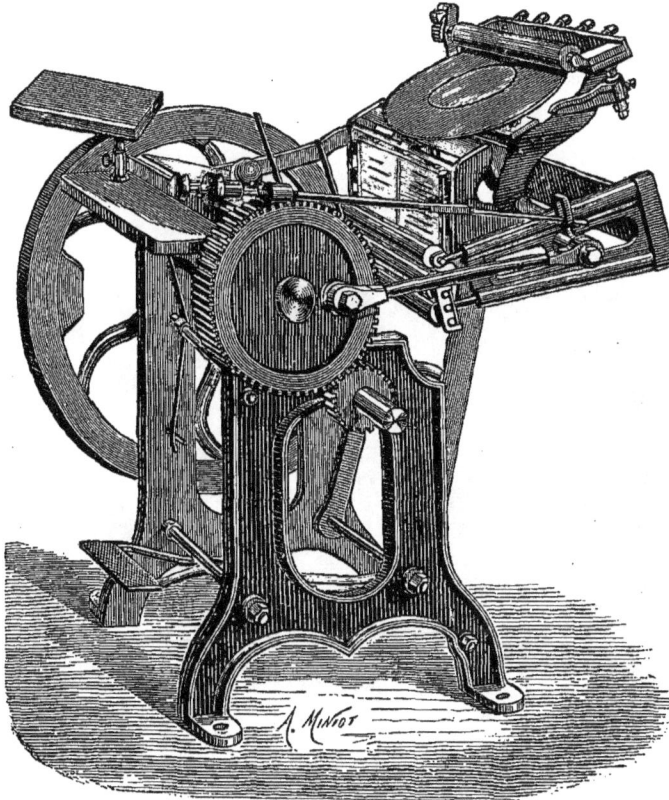

Fig. 455. — *Presse à pédale.*

constamment maintenu, sauf de nombreuses modifications de détail, c'est le cylindre opérant la pression sur le plan horizontal qui reçoit la forme. Par ce système, l'inventeur obtenait l'accélération du tirage et la suppression des fonctions manuelles les plus rudes, savoir : la distribution de l'encre, la touche et le coup de barreau. Mais cette première presse mécanique ne réussit pas complètement.

Plus tard, le plan de Nicholson fut repris par deux allemands, Kœnig, horloger de Leipsick, et Bauer, son élève, établis à Londres. Ils fabriquèrent une presse, mue par la vapeur, qui imprimait 1200 à 1300 feuilles à l'heure. Elle fut construite pour le compte et aux frais de T. Bensley, imprimeur, et de M. Taylor, éditeur du *Times*. C'est le 21 novembre 1814 que les lecteurs de cette feuille apprirent, par un avis officiel, qu'ils lisaient

pour la première fois un journal imprimé par une presse mécanique à vapeur.

Les presses mécaniques peuvent se diviser en deux grandes catégories : celles imprimant en *blanc*, c'est-à-dire d'un seul côté de la feuille, et celles imprimant en *retiration*, c'est-à-dire des deux côtés de la feuille.

Presses mécaniques en blanc (fig. 456). La presse mécanique en blanc se compose principalement d'un marbre parfaitement dressé, sur lequel se place la forme. Ce marbre, qui jouit d'un mouvement alternatif de translation, passe sous un cylindre animé d'une vitesse, à sa circonférence, égale à la vitesse du marbre. Une crémaillère, fixée sur le côté du marbre, engrène dans ce but avec une couronne dentée, montée sur le cylindre. C'est par ce cylindre que la feuille est saisie, mise en contact avec le marbre et imprimée. La forme est encrée, pendant la course du marbre, avant de se présenter sous le cylindre d'impression. L'encre, contenue dans un encrier placé à l'une des extrémités de la machine, est transmise à la forme et distribuée, c'est-à-dire répartie également sur celle-ci, au moyen de rouleaux en contact avec l'encrier, et d'une table sur laquelle a lieu la distribution. La feuille, placée par un ouvrier appelé *margeur*, sur une table disposée au-dessus du cylindre, est saisie par les pinces adaptées à celui-ci et entraînée en pression. A sa sortie de pression, elle est placée sur une seconde

table par un autre ouvrier appelé *receveur*, qui la reçoit du cylindre. Cette description, quoique très sommaire, de la machine en blanc nous paraît suffire pour permettre de se rendre compte du jeu des organes qu'elle comporte, et des mouvements qu'entraîne le jeu de ces organes.

De nombreuses améliorations ont été successivement apportées dans la construction des machines en blanc depuis leur introduction en France, au triple point de vue de la rapidité, de la précision des mouvements et de la régularité du tirage. Depuis longtemps, on imprime sur ces presses simultanément plusieurs couleurs sur la même forme. Dans beaucoup d'imprimeries, l'ouvrier receveur est remplacé par un receveur automatique.

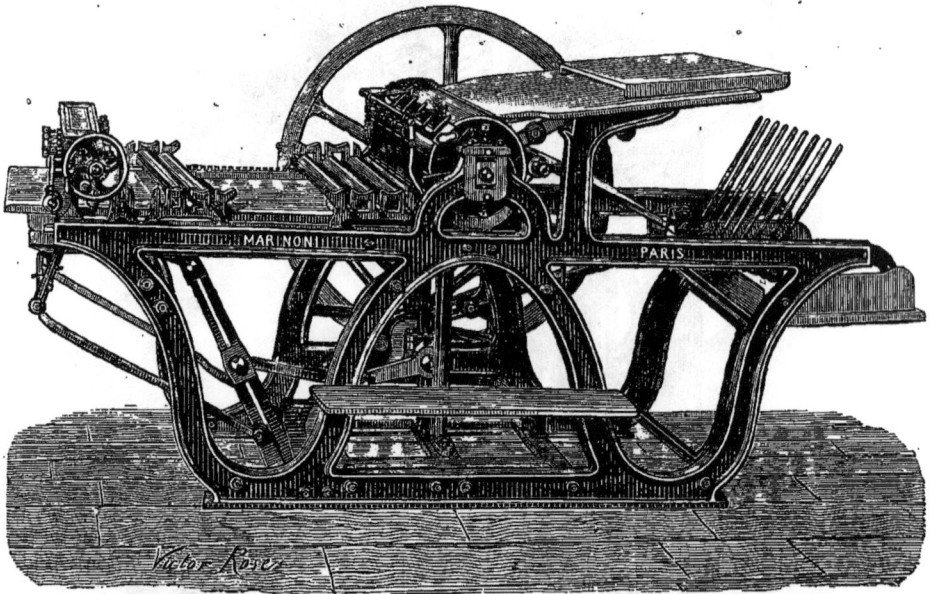

Fig. 456. — *Presse en blanc*.

Presses mécaniques en retiration (fig. 457). La presse mécanique en retiration, qui imprime en une seule fois les deux côtés d'une même feuille, se compose de deux cylindres presque tangents, d'un marbre et de deux encriers. Ce sont là ses organes essentiels. Le marbre est divisé, dans le sens longitudinal, en deux parties. Sur l'une se place la forme qui doit être imprimée au recto de la feuille, sur l'autre celle correspondant au verso. La feuille, placée par l'ouvrier margeur sur la table de marge, est entraînée en pression par les pinces du premier cylindre, s'imprime d'un côté ; puis, au moment où elle revient au point de tangence des deux cylindres, elle est abandonnée par le premier et saisie par le second, qui l'entraîne et l'imprime de l'autre côté ; à la suite de cette seconde impression, elle est abandonnée par ce dernier dans un jeu de cordons qui l'amènent à sa sortie sur la table à recevoir.

Dans ces machines, les cylindres sont rendus solidaires l'un de l'autre par deux roues d'engrenage. Le marbre porte une crémaillère engrenant avec un pignon monté sur un arbre relié à l'arbre de commande par un joint à la Cardan, dont le but est de permettre au pignon, une fois la crémaillère arrivée à la fin de sa course, d'opérer une demi-rotation autour de la dernière dent de celle-ci, et d'entraîner ensuite le marbre dans la direction inverse de celle qu'il avait primitivement. Il est indispensable que les mouvements de soulèvement et d'abaissement des cylindres, celui de la table, ceux des pinces et, en particulier, celui ayant pour but d'assurer la transmission de la feuille d'un cylindre à l'autre, s'accomplissent avec une parfaite régularité.

Ce type de presses, dont nous venons de donner une description sommaire, adopté par la plupart de nos constructeurs, est généralement employé dans toutes les imprimeries.

Pour l'impression des ouvrages de luxe et surtout des ouvrages illustrés ou à gravures, il est indispensable de tirer ces ouvrages *en décharge*, pour éviter que la feuille imprimée au recto ne dépose, à la seconde impression, de l'encre sur l'étoffe dont est garni le second cylindre, ce qui salirait la feuille suivante. Pour éviter ce maculage, un margeur spécial engage sur ce second cylindre des feuilles, dites de décharge (1), venant s'interposer entre ce cylindre et la feuille à imprimer.

D'importants perfectionnements ont été apportés par MM. Marinoni, Alauzet, etc., dans la construction des presses mécaniques à retiration. Ils ont remplacé les ouvriers receveurs de feuilles par des receveurs mécaniques composés de lames de bois, dont l'ensemble constitue une raquette qui abat sur la table à recevoir la feuille imprimée, et sur une deuxième table la feuille de décharge quand le tirage s'exécute avec décharge. M. Marinoni vient d'appliquer à ses presses une invention récente d'un imprimeur d'Edimbourg, M. Nelson. Cette invention, qui permet de supprimer la feuille de décharge tout en obviant au maculage du second cylindre, consiste dans l'application sur celui-ci d'un enduit de paraffine préservant l'étoffe de l'encre de la première impression. Cet enduit est réparti sur le cylindre par un jeu de rouleaux garnis de molleton. Les dernières machines construites par M. Marinoni, possédant un appareil Nelson, sont disposées avec un receveur mécanique, tout en permettant de recevoir les feuilles à la main.

Presses à réaction. Malgré les lois si rigoureuses, édictées sous le gouvernement de Juillet contre la presse, de nombreux journaux surgirent qui trou-

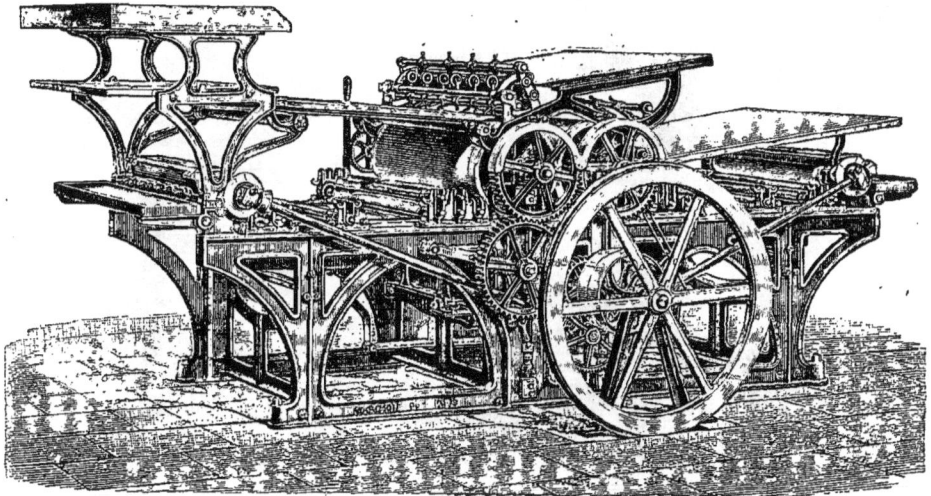

Fig. 457. — *Presse en retiration.*

vèrent tous de nombreux lecteurs. Sans parler du *National*, du *Siècle*, de l'*Epoque*, de la *Réforme*, etc., l'apparition de la *Presse*, fondée en 1836 par M. Emile de Girardin, fut une véritable révolution dans le journalisme. La nouveauté du format, l'inauguration du roman feuilleton, et surtout l'énorme abaissement du prix d'abonnement ne tardèrent pas d'amener à ce journal un nombre considérable d'abonnés. Pour satisfaire aux exigences chaque jour croissantes des abonnements, il fallut faire jusqu'à cinq compositions de chaque numéro, imprimées sur cinq presses, qui, ne pouvant tirer chacune que 700 exemplaires à l'heure, mettaient cinq ou six heures pour livrer à peine 40,000 exemplaires.

Deux inventions nouvelles amenèrent aussi une véritable révolution dans l'impression des journaux périodiques, et permirent de satisfaire en quelques heures aux exigences de leur tirage, quel qu'en fût le nombre. Ces deux inventions

(1) On a donné ce nom à des feuilles de papier, fabriquées exprès, de même dimension que celles de l'ouvrage et destinées à empêcher le maculage quand se fait la retiration.

sont le clichage au papier et la presse mécanique à réaction.

La substitution du clichage au papier au clichage à la pâte, permet de reproduire économiquement, et surtout rapidement, toutes les pages d'un journal en autant d'exemplaires que le comporte le nombre du tirage de ce journal ; donc, économie importante, puisqu'on évite des compositions doubles, triples ou quadruples.

La presse à réaction tire environ 6,000 exemplaires à l'heure, au lieu de 700 que tirait la presse en retiration : donc, autre importante économie et de temps et surtout d'argent. Le système dit à *réaction* est ainsi nommé parce que les cylindres, constamment commandés par le marbre et suivant son mouvement de va-et-vient, tournent alternativement dans les deux sens opposés, ce qui permet au même cylindre d'imprimer le recto et le verso de la feuille.

—C'est un Anglais, Philippe Taylor, de Londres, qui conçut, en 1822, la première idée d'un mouvement à réaction. Plus tard, en 1834, Joly, simple conducteur de machines, prit le premier, en France, un brevet dans lequel est donnée la description du mouvement à réaction. Mais, soit défaut d'argent, soit pour toute autre cause, il ne put arriver à construire sa machine, et mourut avant de l'avoir vue fonctionner.

Divers constructeurs se mirent à l'œuvre et réussirent à établir des presses à réaction qui obtinrent le plus grand succès pour le tirage des journaux quotidiens.

Les presses à réaction peuvent se composer de deux, trois, ou quatre cylindres. Les presses à deux cylindres peuvent tirer de 3,000 à 3,500 à l'heure, celles de trois cylindres de 4,000 à 4,500, et celles de quatre cylindres de 5,000 à 6,000. Nous prendrons pour type les presses à quatre cylindres (fig. 458). Cette machine a pour organes principaux un marbre, quatre cylindres et deux encriers. Le marbre, qui porte le recto et le verso de la feuille à imprimer, passe en totalité en pression sous chacun des quatre cylindres.

Les feuilles placées sur quatre tables de marge, disposées par deux, l'une au-dessus de l'autre à chaque extrémité du bâti de la presse, sont présentées par quatre ouvriers margeurs, saisies et engagées sur les cylindres d'impression par des boules en caoutchouc montées sur des tringles s'abaissant au moment voulu. Elles sont maintenues sur chacun des quatre cylindres par des jeux de cordons, passent en pression, s'impriment d'un côté, vont se retourner sur un cylindre en bois appelé *registre* et placé à l'extrémité de la machine, s'engagent à nouveau, chacune sur son cylindre respectif tournant dans un sens inverse de celui de la première impression, reçoivent sur ce cylindre la seconde impression, et viennent en-

Fig. 458. — *Presse à quatre cylindres.*

suite à la sortie, où elles sont saisies par les ouvriers receveurs et rangées sur la table à recevoir. Chaque presse à quatre cylindres nécessite, pour son fonctionnement, un personnel nombreux : un conducteur, quatre margeurs, quatre receveurs, un enleveur et un compteur ; soit onze ouvriers.

Presses rotatives. Il y avait à peine vingt ans que les presses à réaction avaient remplacé, pour le tirage des journaux, les insuffisantes presses en retiration, et déjà les presses à réaction ne suffisaient plus elles-mêmes. En 1866, le *Petit Journal* qui se tirait à plus de 100,000 exemplaires dès les premiers jours de son apparition, exigeait impérieusement des outils beaucoup plus rapides, sous peine de ne pouvoir fournir à temps le tirage quotidien qui chaque jour augmentait de plusieurs mille. La politique aidant, sous les derniers jours de l'Empire, le tirage des journaux de quatre heures augmentait sensiblement, et bientôt il fallut, dans l'espace de temps limité pour l'impression de ces journaux, c'est-à-dire, d'une heure au

plus, tirer le double d'exemplaires devenus nécessaires pour la vente du soir. C'est alors qu'on eut recours aux presses rotatives à margeurs, puis bientôt aux presses rotatives à papier continu, lorsque fut aboli le timbre auquel étaient soumis depuis si longtemps les journaux politiques. Aujourd'hui, les presses rotatives ont remplacé presque partout les presses à réaction.

Nous ne parlerons que pour mémoire des premières presses cylindriques et des phases par lesquelles elles ont passé tant en Angleterre qu'en France, où une machine dite *américaine* a été employée pendant quelque temps au tirage de *la Patrie*. Toutes ces machines imprimaient sur caractères mobiles, mis en pages sur des marbres cylindriques. Le cylindre portant la composition était d'un grand diamètre. Des margeurs engageaient les feuilles qui, une fois imprimées, étaient reçues à leur sortie du cylindre, soit automatiquement, soit par des receveurs. Un grand inconvénient de ces machines, c'est que les feuilles n'étaient imprimées que d'un seul côté, ce qui nécessitait une seconde machine pour imprimer le verso, et, par conséquent, apportait un grand retard à la livraison du journal aux vendeurs, sans compter les nombreux arrêts occasionnés par les dérangements des caractères mobiles de la forme, ébranlés par la trépidation de la machine.

Les premières presses rotatives, construites par M. Marinoni pour le *Petit Journal*, étaient à six margeurs. Elles pouvaient tirer de 15 à 18,000 à l'heure. Les margeurs engageaient dans la machine les feuilles qui, une fois imprimées, étaient reçues automatiquement à la sortie des cylindres. Ces machines, avec leurs tables de marge superposées, leurs cylindres sur une même ligne horizontale,

occupaient un emplacement considérable. Elles nécessitaient de longues et pénibles fonctions pour la manutention des rouleaux et surtout du papier, un personnel nombreux : un conducteur, six margeurs, deux enleveurs, deux coupeurs. La presse rotative était cependant un grand progrès sur la presse à réaction, puisque, sans augmentation de personnel, elle pouvait tirer 18,000 à l'heure au lieu de 6,000 que tirait cette dernière presse. Ce n'était point encore assez. Aussi, dès que le timbre sur les journaux fut aboli, les constructeurs s'empressèrent-ils d'établir des mécaniques rotatives à papier continu, c'est-à-dire roulé en bobines au lieu d'être plié en rames.

Fig. 459. — *Presse rotative à papier continu.*

La substitution du papier en bobines au papier en rames réalisait un immense progrès en même temps qu'une importante économie, de place d'abord, mais surtout de personnel, puisque trois ouvriers suffisent pour faire fonctionner la presse rotative à papier continu, tandis qu'il en faut onze pour faire fonctionner la presse rotative à margeurs. C'est M. Marinoni qui construisit, en 1877, pour le compte de l'imprimerie Cusset, les premières presses rotatives à papier continu qui parurent en Europe. Elles furent alors spécialement installées après le 16 mai, dans les ateliers de cette imprimerie pour le tirage de la *France*, dont la vigoureuse campagne fit monter le tirage du journal dans des proportions énormes. En effet, tous les soirs, pendant près de trois mois, ces presses imprimaient en quatre heures 200,000 exemplaires, qui, le lendemain, dès la première heure,

étaient distribués dans toutes les communes de France.

La presse rotative à papier continu de M. Marinoni, que nous prenons pour type (fig. 459), se compose de 2 cylindres de clichés, superposés, sur lesquels se fixent les formes de clichés, fondus dans des moules cylindriques parfaitement en rapport avec la circonférence des cylindres. A chacun de ces cylindres de clichés correspond un autre cylindre garni d'étoffe appelé *cylindre. de blanchet*. Le papier court entre ces cylindres et les cylindres de clichés, et l'impression se produit par la pression des premiers cylindres sur les seconds. Deux autres cylindres, remplaçant les tables à encre, transmettent à chacun des clichés l'encre nécessaire qu'ils ont reçue de l'encrier, et qui a été distribuée à leur surface par un jeu de rouleaux, dont les divers mouvements ont pour but d'opérer également cette distribution. Tous ces cylindres sont superposés horizontalement les uns au-dessus des autres. Cette disposition, entièrement à découvert, est des plus favorables et facilite énormément les différentes opérations de mise sous presse, de serrage des clichés et d'amorce du papier entre les cylindres. Lorsque les formes sont bien serrées sur leurs cylindres et qu'on veut procéder au tirage, on déroule la tête de la bobine, placée à l'avant de la machine, pour l'engager entre le premier cylindre de clichés et son cylindre de blanchet. On embraye, le volant tourne, le papier part, s'imprime d'un côté, passe ensuite sur l'autre cylindre de blanchet et s'imprime de l'autre côté. Alors, imprimé des deux côtés, le papier s'engage entre deux autres cylindres qui le coupent à la longueur déterminée. Outre ces cylindres coupeurs, débitant le papier en feuilles dans le sens des génératrices du cylindre formé par la bobine, des couteaux circulaires coupent ces feuilles une seconde fois, dans l'autre sens, en autant de parties que comporte le format du journal. Ainsi coupées dans les deux sens, les feuilles entrent dans un banc de cordons qui les amène à l'accumulateur. Le rôle de celui-ci est de superposer un nombre convenu de feuilles imprimées. Dans la presse qui nous occupe, ce nombre est de cinq feuilles. Ce nombre une fois produit, le paquet de cinq feuilles descend sur la raquette qui l'abat sur la table à recevoir. La nécessité de l'accumulateur provient de ce que la vitesse de la machine est telle qu'il serait impossible de recevoir les feuilles au fur et à mesure de leur impression, et que, de plus, arrivât-on à ce résultat, la vitesse de la raquette empêcherait de saisir facilement et en ordre un nombre de feuilles déterminé pour les retirer de dessus la table à recevoir. Le comptage mécanique deviendrait donc inutile.

Dans la presse qui nous occupe, l'accumulateur dépose sur la table les feuilles imprimées par paquets de cinq; quand ces paquets de cinq atteignent sur la table à recevoir le nombre de vingt paquets, c'est-à-dire cent exemplaires, un mouvement mécanique, imprimé à la table, sépare ce paquet de cent de celui qui l'a précédé sur la table et de celui qui le suivra. C'est un simple mouvement de va-et-vient qui dispose en échelle et permet de distinguer facilement chaque cent séparé. L'enleveur n'a plus qu'à retirer ensemble et avec soin ces divers paquets de cent, bien distincts les uns des autres, les plier en deux et les livrer ainsi tout comptés aux vendeurs.

La presse est munie d'un compteur automatique qui donne le compte exact de toutes les feuilles qui passent sous presse du commencement à la fin du tirage. La disposition des cylindres, indiquée dans la figure 459, et l'appareil d'encrage font de cette machine le type le plus simple et du maniement le plus sûr et le plus rapide qui ait jamais été mis entre les mains des imprimeurs. En effet, avec un personnel restreint de trois ouvriers, ces machines tirent, coupent et comptent en une heure, 20,000 numéros des grands journaux, 40,000 exemplaires du *Petit Journal*.

Non seulement les machines rotatives impriment et reçoivent les journaux par paquets de 4, 5, 10, 13, 26, etc. (1), mais encore elles peuvent délivrer des feuilles toutes pliées. Grâce à d'ingénieuses dispositions de rouleaux et de couteaux, les feuilles sortent de ces machines après avoir reçu le nombre de plis qu'il était nécessaire de leur donner suivant leur format.

La première machine de ce genre, construite en France par M. Marinoni, fonctionnait à l'Exposition universelle de 1878. Elle recevait un journal du format des grands journaux ayant reçu cinq plis, c'est-à-dire prêt à être mis sous bande.

Nous sommes persuadés que le rôle de la machine rotative ne doit pas se borner à l'impression rapide des journaux. En perfectionnant la distribution d'encre, la réception des feuilles, en supprimant les cordons qui tendent toujours à salir le papier, ces machines pourront être employées pour l'impression des travaux dits *labeurs* et même des travaux avec gravures. Déjà le même constructeur a résolu cette difficulté par le cintrage des clichés dits *galvanos*.

Nous avons vu fonctionner dans ses ateliers des rotatives à numéroteurs et à deux couleurs, et une machine rotative en blanc également à deux couleurs.

Nous savons que, grâce à M. Marinoni, notre Conservatoire des arts et métiers possèdera prochainement une rotative imprimant et pliant un journal du format du *Petit Journal*. Ce spécimen, réalisant tous les perfectionnements apportés à ce jour aux machines à journaux, manquait à notre grande collection nationale. — J. C.

Impression en couleur. Nous entendons seulement traiter ici de l'impression en couleur des planches et des vignettes en relief, c'est-à-dire *typographiques*. En effet, l'impression polychrome des gravures en taille-douce, qui avait donné des résultats charmants et atteint la perfection entre les mains de Boilly, Caresme, Chale, Chardin, Cochin, Debucourt, Lecœur, Leprince, Moitte, Sergent, P.-A. Wille, etc. a été remise en vogue par MM. Goupil et Cie, après une longue éclipse, et depuis, M. Lemonnyer a publié des *fac-simile* merveilleux des plus belles planches en couleur de ces petits maîtres.

— Quant à la chromolithographie, inventée de toutes pièces par Senefelder, mais mise en œuvre une seule fois par lui, dans son album paru en 1819, elle a, depuis soixante-cinq ans, tenu toutes ses promesses, mais n'a pas progressé; c'est à peine si certains de nos éditeurs, et non des moins vantés, comprennent à l'heure actuelle l'emploi qu'on en peut judicieusement faire et s'ils consentent à ne plus déshonorer de belles éditions en introduisant entre leurs feuilles des chromolithographies, qui, par un odieux barbarisme, ont la prétention d'être des reproductions de tableaux.

L'impression des *aquarelles typographiques*, au contraire, a réalisé d'immenses progrès depuis même que nous avons publié l'article CHROMOTYPOGRAPHIE. Elle a donné à la presse et au livre illustré un attrait inappréciable. Le mouvement qui a révolutionné l'édition de luxe a reçu son impulsion de M. A. Lahure, directeur de l'Imprimerie générale, à l'instigation de qui des photo-graveurs hardis, très intelligents et très artistes, MM. Ch. Gillot, Lefmann et Krakow, et Guillaume frères, ont cherché et trouvé de nouveaux et rapides procédés de gravure issus de la photographie. Ces découvertes, dont la première manifestation pour le public français a été le *Conte de l'archer*, imprimé chez Lahure, ont immé-diatement trouvé leur application. MM. Lahure et Gillot

ont fondé le *Paris illustré*, le premier et maintenant en-core le seul journal illustré en couleurs qui se publie dans le monde entier; d'autres volumes : le *Voyage de Paris à Saint-Cloud*, les *Contes chinois*, ont suivi le *Conte de l'ar-cher*; enfin, tout récemment, le succès considérable du *Figaro illustré* a affirmé le goût du public pour l'illus-tration en couleur. Il faut remarquer aussi que les prix de revient de la chromotypographie sont inférieurs à ceux

Fig. 460. — *Jaune.*

Fig. 461. — *Rouge.*

Fig. 462. — *Rose chair.*

Fig. 463. — *Bleu.*

Fig. 464. — *Gris.*

Fig. 465. — *Bistre.*

de la chromolithographie pour les tirages à grand nom-bre d'exemplaires, et même, pour ceux de quelque im-portance, la chromotypographie l'emportant sur la chro-molithographie par la rapidité de la gravure et celle du tirage.

A l'énumération des avantages matériels de l'impression typographique en couleur, il convient d'ajouter celle de ses qualités esthétiques. La chromotypographie, telle qu'elle est comprise en France, c'est-à-dire l'impression au moyen de cli-

chés de zinc obtenus photographiquement, possède l'avantage de supprimer un intermédiaire (le gra-veur sur bois ou en taille-douce, ou bien encore le lithographe) entre l'artiste et le public qui regarde son œuvre; elle garde une souplesse et une liberté de facture, une transparence et un éclat des tons qui la rapprochent de l'aquarelle au point de rendre, parfois, la confusion possible entre l'original et la copie, pour un œil qui n'est pas très exercé à regarder des gravures; cette confusion est surtout fréquente dans les cas de reproduction de lavis à la sépia ou à l'encre de Chine ; grâce à la transparence des encres, la chromotypographie obtient, avec un petit nombre de tirages une grande variété de tons, et la mise en train facile sur un cliché en relief, permet des touches plus vigoureuses aux endroits voulus, sans qu'on ait à redouter les difficultés de l'encrage basé sur les propriétés chimiques de la pierre lithographique ; enfin, la chromotypographie n'est point revêtue de ces épaisseurs de vernis qui donnent aux chromolithographies un aspect luisant, sec, presque céramique, qui poissent les doigts et s'attachent aux gardes qui les protègent dans les livres, et qu'elles déchirent souvent en morceaux.

Avant d'étudier l'impression proprement dite des aquarelles typographiques, c'est-à-dire leur passage sous presse, nous devons rechercher à quelles conditions doit satisfaire un modèle, pour que l'on puisse, d'après lui, graver des clichés capables de donner un bon résultat. Il nous faudra aussi étudier la fabrication de ces clichés.

Deux cas se présentent : ou bien, on veut reproduire une aquarelle destinée spécialement à l'illustration d'un ouvrage, et qui, par conséquent, a été exécutée en vue des exigences et des difficultés de la reproduction, ou bien l'on désire graver, puis imprimer une aquarelle quelconque.

Cette distinction est nécessaire. En effet, des raisons d'économie interdisent presque toujours l'emploi d'un nombre illimité de clichés ; ce nombre est fort restreint, le plus souvent, et ne dépasse pas six. Nous avons souvent vu des aquarelles typographiques d'un effet charmant, obtenues au moyen de quatre, de trois et même de deux clichés. Si minime que paraisse ce nombre de six couleurs, un graveur connaissant bien son métier, peut en tirer un excellent parti, et, en jouant habilement de cette palette exiguë, peut et doit reproduire à peu près toutes les aquarelles qu'on lui confie. Est-il besoin d'ajouter que, dans l'hypothèse d'une aquarelle quelconque, le graveur, eut-il huit, dix ou douze couleurs à sa disposition, est obligé d'interpréter, de simplifier ; il ne doit point essayer de faire une copie exacte, un fac-simile qui serait toujours une chose lourde, terne et déplaisante.

Nous avons vu jusqu'ici, dans les publications illustrées en couleurs, qu'une obligation s'était imposée à l'artiste qui exécutait une aquarelle en vue de la reproduction : celle de donner au graveur un dessin au trait de sa composition (dessin très poussé, mis à l'effet) et cela pour deux raisons. La plus importante, c'est que l'on a souvent cherché à obtenir des aquarelles typographiques qui fussent suffisamment modelées par la couleur pour se passer de l'appui du trait. Bien souvent ce trait surcoupé à la roulette, tiré en bistre, est à peine visible sur l'épreuve définitive. Si atténué qu'il soit, il donne pourtant en ce cas, même à l'œil qui ne s'explique pas nettement sa présence, une absolue sécurité en arrêtant les contours, soutenant les modelés

Fig. 466.

restés flous sur les épreuves d'essai, jusqu'au moment où ce trait, à peine perceptible, venait les renforcer. C'est au cliché de trait qui passera sous presse à la fin du tirage que l'on demandait les vigueurs et la netteté de l'aquarelle. Le trait semble encore nécessaire pour le report de la composition sur les planches de zinc qui deviendront les clichés de couleur. Si le graveur n'était pas mis en possession de ce trait, il serait obligé de traduire la composition comme le fait, en pareil cas, le graveur sur bois ou le lithographe. Le trait peut être exécuté à la plume sur bristol, ou bien au crayon lithographique, ou même au fusain ; il doit être de dimension un peu plus grande que celle de la gravure que l'on veut obtenir ; tous les dessins gagnent, en effet, à être réduits par la photographie. Si l'artiste a peint son aquarelle sans se préoccuper d'établir d'abord un dessin au trait, il faut, cela va sans dire, qu'il communique un calque au graveur ; mais encore ce calque doit-il être intelligemment compris, n'être pas une simple et uniforme délinéation de tous les contours de la composition, mais offrir un trait plus fort dans les parties ombrées que dans les parties lumineuses, en un mot se rapprocher autant que possible de l'effet.

Notre étude, arrivant au moment où les impressions en couleurs préoccupent les artistes et le public, nous avons voulu concourir au progrès de la chromotypographie et montrer aux lecteurs du *Dictionnaire* en quoi consiste cet art qui offre à l'illustration de si précieuses ressources. Notre tentative a paru hardie, car, en effet, jusqu'ici les publications en couleurs ont eu cet avantage considérable d'avoir un papier fort, d'un repérage facile, et généralement des tirages sur planches hors texte. Le problème, pour nous, se posait tout autrement : nous n'avions pas à changer notre papier, il nous fallait tirer avec le texte encadrant l'aquarelle typographique et, malgré le tirage énorme de 95,000 feuilles de cette livraison, ne point interrompre un instant la marche régulière de la publication.

Nous nous sommes adressés tout d'abord à M. Berne-Bellecour dont le talent si fin était, pour nous, une garantie de succès, et nous lui avons demandé un de ses excellents types de troupiers auxquels il sait donner cette allure saisissante de vérité qui ont placé l'auteur du *Coup de canon* et de *Sur le terrain* au premier rang de nos peintres militaires ; avec sa bonne grâce habituelle, Berne-Bellecour s'est mis à l'œuvre et nous a remis la charmante aquarelle représentée figure 466, que nous nous sommes efforcés de reproduire fidèlement par les moyens que nous allons expliquer.

Du choix du graveur chromiste dépend le succès de l'interprétation de l'œuvre d'art, aussi n'avons-nous point hésité à confier notre *Tambour* à M. Krakow qui joint à l'habileté consommée du praticien, le goût et la science d'un artiste ; c'est, maintenant, dans l'atelier de Lefmann et Krakow que nous allons suivre le travail de clichés et de gravure qui précède le tirage que nous verrons plus loin.

Ainsi mis en possession du document fonda-

mental, le graveur commença la série de ses opérations, par la reproduction photographique de l'œuvre du peintre. (Nous ferons remarquer ici que nous n'avons pas eu recours à cet artifice du trait dont il est question plus haut, l'aquarelle de Berne-Bellecour a été photographiée d'après le procédé Krakow). Grâce à un ingénieux système de rails gradués sur lesquels glissent les objectifs, la *mise au point*, à quelque dimension que doive être réduit le dessin, se fait d'une façon mathématique et presque instantanée. Dans le cas présent, il n'y a pas eu réduction, la reproduction est de même grandeur que l'original. Il faut avoir soin d'obtenir dans cette première opération un cliché négatif renforcé ; en d'autres termes, les parties noires de ce cliché correspondant aux parties blanches de l'original doivent être amenées à un degré d'opacité aussi complet que possible. Le cliché photographique ainsi obtenu, on transporte l'image sur le zinc et l'on obtient alors un cliché positif. Cette opération repose sur la propriété que possède le bitume de judée, dissous dans la benzine, de ne plus se dissoudre dans l'essence de térébenthine, quand il a été exposé à l'action de la lumière. Il suit de là que les rayons lumineux traversant les parties transparentes d'un cliché négatif, superposé à une plaque de zinc couverte d'une mince couche de bitume de judée dissous dans la benzine, sensibiliseront les portions de cette couche qu'ils atteindront ; tandis que les portions opaques du négatif laisseront aux portions de cette couche qu'elle recouvre la propriété de se dissoudre dans l'essence de térébenthine. Si donc, l'on plonge la planche de zinc dans une cuvette remplie de cette essence, on obtiendra sur le zinc un *fac-simile* de l'original. Il reste à transformer ce cliché positif en cliché typographique. On obtient ce résultat en le soumettant à la morsure de l'acide nitrique étendu d'eau, puis de plus en plus concentré au fur et à mesure que l'opération avance. L'acide attaque les parties dénudées, tandis que le bitume protège les autres contre la morsure. L'opération exige un certain nombre de morsures, cinq ou six, entre lesquelles on recouvre les reliefs d'encre grasse au moyen d'un rouleau de lithographe, en ayant soin que l'encre coule le long des petits talus en forme de V renversé que forme chacune des lignes du dessin. Quand on juge le creux suffisant (et la pratique seule peut l'indiquer), il ne reste plus qu'à découper le cliché et à le clouer sur un bois de hauteur convenable. Le cliché est alors propre au tirage. Les rouleaux encreurs n'atteindront plus que les parties en relief ; car, nous le savons, celles-ci sont l'exacte reproduction des traits du dessin. D'après le procédé que nous avons suivi, nous avons eu tout d'abord une gravure en relief en demi-teintes, destinée non seulement à remplacer le trait dont il est question plus haut, mais encore à imprimer la couleur la plus foncée, gris ou bistre, et à atténuer en les modelant, les couleurs mises en dessous.

On a fait des reports au bitume de judée sur un nombre de planches de zinc égal à celui des couleurs dont nous disposions ; nécessairement, ces reports doivent être de dimension mathématiquement égale. Mais on a eu soin, *avant la morsure*, de réserver *au vernis* sur chaque cliché, toutes les parties qui appartiennent à la couleur qu'il représente, ou qui, par leur superposition à d'autres couleurs, devaient concourir à la formation d'un ton composé. On atténue, au moyen d'un grain de résine, les parties qui ne doivent pas venir à plat, et l'on proportionne la finesse de ce grain à l'intensité du ton que l'on désire.

De ce qui précède, il résulte que, même avec un nombre de planches restreint, le *chromiste* possède un clavier relativement considérable, puisque par leur superposition, il peut obtenir tous les tons qui naissent de la combinaison de deux ou de plusieurs couleurs, et dans chaque ton toutes les valeurs dont il a besoin. Le talent du chromiste consiste donc à décomposer, par un calcul mental, chacun des tons de l'original pour en répartir les éléments constitutifs entre un nombre déterminé de planches. Il lui faut, en outre, bien souvent interpréter une aquarelle composée d'un grand nombre de couleurs pour en donner un résumé au moyen d'un nombre de clichés et d'impressions fort restreint ; enfin, il doit demeurer dans l'esprit de l'œuvre qu'il traduit.

M. Krakow part de ce principe qu'il n'y a que trois couleurs principales : rouge, bleu et jaune, et que l'on doit tirer d'elles tous les tons composés que présente l'original. Après avoir obtenu les clichés typographiques de ces trois couleurs qu'il emploie dans toute leur pureté, il ajoute, parfois, un autre rouge et un autre bleu pour arriver à une décomposition plus exacte, et, après l'impression de ces clichés l'un après l'autre, il applique le cliché-type, en gris, qui donne à l'ensemble le modelé désirable.

Il nous reste maintenant à mettre nos clichés sous presse.

Et d'abord, existe-t-il quelque raison qui oblige à imprimer les clichés de tel ton avant ceux de tel autre, ou bien l'ordre des impressions est-il indifférent ? Les encres de couleur ne sont pas également transparentes, quoique toutes le soient dans une certaine mesure. Elles se comptent par rang d'opacité dans l'ordre suivant : les jaunes, les rouges, les bleues, les grises. Puisque les tons composés se forment par la vision d'un ton à travers un autre ton, les couleurs opaques doivent être imprimées les premières. On suit donc généralement l'ordre d'opacité décroissante, nous disons *généralement*, parce que pour obtenir une bonne reproduction d'une aquarelle où, par exemple, un jaune très vibrant dominerait, on devrait modifier l'ordre habituel. Autant que possible il faut imprimer en dernier lieu le cliché de trait, quand on emploie le procédé du trait ; il n'est pas nécessairement tiré en noir, et il donne à l'aquarelle typographique un éclat par contraste et une vigueur qu'elle ne posséderait pas s'il était tiré tout d'abord.

La *mise en train* d'une aquarelle typographique exige une habileté extrême. On sait en quoi consiste la mise en train. Théoriquement, il suffit d'encrer un cliché, de poser à sa surface une feuille de papier et de l'y comprimer pour obtenir une épreuve convenable. C'est ainsi que les choses se passent, en effet, quand on tire une épreuve avec la petite presse à bras que possèdent tous les graveurs pour le tirage des épreuves d'essai. On s'aperçoit cependant, pour peu que la pression verticale soit forte, que les creux du cliché gaufrent le cuir dont la presse est recouverte, tandis que les traits le coupent. Le changement de ces garnitures de cuir étant coûteux et incommode, on les a remplacées sur les cylindres d'acier des machines à tirage rapide par des garnitures d'étoffe, de *blanchet* (sorte de cachemire non décati) ; mais le blanchet présente un autre inconvénient, il cède sous la pression. On est donc obligé d'exagérer cette pression sur les parties du cliché que l'on veut faire ressortir, et de la diminuer sur les parties que l'on désire atténuer ou même réserver en blanc. Pour obtenir ces résultats en sens inverse, on fait la mise en train sous le cliché et sur le cylindre. Sous le cliché, on colle des épreuves dont on a supprimé les blancs pour ne laisser subsister que les parties vigoureuses ; on applique sous chaque point du cliché un nombre de *découpages* d'autant plus grand, que ce point doit venir plus vigoureusement et supporter une pression plus forte. Veut-on, au contraire, atténuer quelque partie ? Sur le cylindre, préalablement garni de découpages à la place où il pressera le cliché, on ménage une dépression d'autant plus profonde que l'on désire obtenir un contact moins intime de la feuille de papier avec le cliché. L'imprimeur vise encore un autre but dans sa mise en train qu'il doit faire pour tous les clichés. Il s'assure que l'empreinte de chaque cliché s'applique rigoureusement à la place qu'elle doit occuper, en un mot que le *repérage* est exact.

On sait, en effet, combien est insupportable la vue d'une épreuve en couleur dont les traits se trouvent doublés ou triplés en des tons différents à la suite de la déviation d'un ou de deux clichés. Les constructeurs de presses à imprimer se sont toujours ingéniés pour prévenir cet inconvénient. Ils y sont arrivés d'abord en adaptant, au système des pinces qui saisissent les feuilles, des picots. On appelle *picots* des pointes métalliques qui perforent la feuille de papier à ses deux extrémités pendant la première impression, et dans les marges, le blanc de pied ou le blanc de haut. La trace de cette perforation disparaît quand on rogne la feuille à la brochure. Au second passage sous presse, puis à ceux qui suivront, le margeur ne sera assuré de la rectitude de la position de sa feuille, dirigée d'ailleurs vers la pince par deux guides métalliques, que si le picot pénètre exactement dans la précédente pointure. On a également inventé des guides automatiques qui appliquent la feuille à une équerre, et l'obligent à filer sous les cylindres dans l'exacte position qu'elle doit occuper.

Un des grands obstacles au repérage se trouve dans l'insuffisance du glaçage et dans l'inégalité d'épaisseur des feuilles de papier, enfin dans l'inégalité de la pression que l'on fait subir à diverses parties de la même feuille, pour obtenir des intensités différentes. Sous une forte pression, en effet, le papier s'allonge; il est donc nécessaire qu'il ait subi un vigoureux laminage avant d'être mis sous pressé, encore ce laminage doit-il être fait à sec, répété un grand nombre de fois, dix, douze, quinze, en ayant soin de laisser un intervalle de deux ou trois jours entre deux opérations.

Voici l'explication de cette dernière exigence. Le papier est non seulement extensible, il est aussi élastique; après chaque laminage il revient sur lui-même mais non pas d'une quantité égale à celle dont il s'est allongé; ce n'est donc qu'après un grand nombre de glaçages que l'on aura épuisé sa faculté de rétraction. On conçoit aussi que si deux feuilles de papier ne sont pas d'égale épaisseur, la plus épaisse supportant sous presse une pression plus forte s'allongera, et ne repérera plus si la pression a été calculée en vue de la feuille la plus mince; si cette pression a été calculée en vue de la feuille la plus épaisse, c'est la feuille la plus mince qui manquera de repérage mais alors en sens inverse. Supposons maintenant cinq bandes juxtaposées 1, 2, 3, 4, 5; 1, 3 et 5 supportent au tirage des pressions supérieures à celles qui s'exercent sur 2 et 4. Les trois bandes impaires s'allongeront, mais comme elles ne pourront s'étendre librement, retenues qu'elles sont par les deux bandes paires, elles goderont; d'où obstacle absolu au repérage.

Si la préparation physique du papier joue le rôle important que nous venons d'exposer, dans les tirages chromotypographiques, sa préparation chimique ne joue pas un rôle moins intéressant. Il est démontré, en effet, que les papiers collés à la gélatine reçoivent les encres de couleurs sans les absorber, tandis que les papiers collés à l'alun absorbent les couleurs; d'où diminution rapide de l'intensité de coloration des épreuves dans ce dernier cas. Il serait important que l'on connût exactement la composition chimique des papiers que l'on emploie, afin de prévoir et d'éviter les réactions qui peuvent se produire entre les éléments de ces papiers et ceux des encres qui sont, en général, des oxydes de plomb pour les jaunes, de mercure pour les rouges, et de potasse pour les bleues. On doit s'abstenir avec le plus grand soin des encres d'aniline. Les tons qu'elles donnent sont merveilleux, mais sans consistance; ils sont mangés par la lumière avec une étonnante mais désagréable rapidité.

Il nous reste à décomposer l'opération du tirage, et rien ne saurait mieux la faire comprendre que l'exemple que nous mettons sous les yeux du lecteur. Pour obtenir la reproduction de l'aquarelle représentée figure 466, il est nécessaire d'avoir six clichés, gravés différemment, afin d'obtenir les creux et les reliefs indiqués par le modelé et les couleurs. Il est à peine besoin d'ajouter que tous ces clichés sont rigoureusement de la même dimension, mais pour rendre plus facile notre démonstration nous avons fait réduire ces six clichés, de façon à les présenter sur une même page. Le tirage s'est effectué dans l'ordre des numéros des fig. 460 à 465, en superposant les couleurs énoncées, pour finir par le cliché fig. 465, bistre, qui a pour fonction, ainsi que nous l'avons expliqué plus haut, de modeler l'ensemble.

Des constructeurs, MM. Alauzet, Marinoni, Voirin, Heuse, ont établi des machines à double marbre, à double encrier, et dont le cylindre pour chaque feuille opère une double révolution, de sorte que l'on peut imprimer deux couleurs d'un coup. Autant que possible, on doit éviter de tirer d'un coup deux couleurs qui se superposent; car certaines encres ne prennent pas sur une couche d'encre fraîche; il n'en est pas toujours ainsi cependant, et avec un peu de précaution on arrive à réussir ces tirages; ajoutons que l'on peut diviser les encriers des machines à deux couleurs, dont nous venons de parler, de manière à obtenir un certain nombre de bandes où *deux couleurs* s'imprimant en un seul passage sous presse.

Nous devons faire à chacun de nos collaborateurs la part du succès qui nous revient dans l'impression du *Tambour* de Berne-Bellecour, et nous sommes heureux d'adresser ici nos remerciements à l'atelier de notre imprimerie qui, sous l'habile direction de son chef, M. J. Montorier, et du prote, M. Emile Billet, a rivalisé de soins intelligents pour être à la hauteur de sa tâche; avec des ouvriers comme MM. Privat et Barrat, les conducteurs des machines; M. Francis Percepied, le chef de conscience, et M. Ernest Héraudeau, le metteur en pages du *Dictionnaire*, il n'est point de difficultés dont on ne puisse triompher.

Il est une foule de tours de main qui permettent d'obtenir de la chromotypographie les effets les plus charmants et les plus inattendus, tels que des dégradés, des gaufrages, des tirages en or, et bien d'autres que nous ne pouvons énumérer ici. On obtient les dégradés, même quand ils passent par des tons fondus d'une couleur à une autre, en obliquant les rouleaux encreurs qui alors ne recevant plus des encriers une quantité d'encre uniforme dans toute leur longueur, en déposent sur les clichés des quantités qui diminuent régulièrement, mais d'une manière insensible en passant d'une valeur à une autre. Quant au gaufrage, que M. Gillot a inauguré d'une façon très ingénieuse dans les reproductions d'impressions japonaises qu'il a faites pour l'*Art japonais* de M. Gonse, on y arrive par l'impression d'un cliché à sec. L'or se pose en poudre sur des épreuves, où un cliché a laissé en des points déterminés un vernis qui doit en retirer les parcelles.

IMPRIMERIE EN TAILLE-DOUCE.

L'encre spéciale pour l'impression en taille-douce, diffère de l'encre typographique par l'état de cuisson de l'huile, qui doit bouillir moins longtemps, afin de la rendre moins adhérente et de lui permettre d'entrer dans les tailles et d'être enlevée très facilement. Le noir est composé de noir animal et de noir de lie de vin brûlée. Pour faire pénétrer l'encre dans les tailles, on la promène sur la planche légèrement chauffée avec un tampon de chiffons qu'on appuie fortement en balançant la main. Lorsque les tailles sont larges et profondes, on s'assure que le noir a pénétré au ond en encrant avec le doigt. La planche étant encrée, on essuie toutes les parties qui doivent rester blanches à l'épreuve, d'abord avec des chiffons gras et sales, puis avec d'autres légèrement imbibés d'eau de potasse et de chaux ; l'ouvrier a soin de ne jamais suivre le sens des tailles, afin de ne pas enlever l'encre. Pour les gravures de valeur, qui exigent un grand soin, on encre avec le doigt, et après avoir dégrossi avec le chiffon, on achève d'essuyer avec la paume de la main, ce qui permet de suivre le travail de plus près. Ce procédé est presque toujours employé pour les eaux-fortes artistiques.

Le travail peut être complété et perfectionné par l'ouvrier lui-même. En essuyant avec la main, il laisse, par exemple, une très légère trace d'encre qui donne à l'épreuve un fond uni analogue à celui du papier de chine, et lorsque les tailles sont trop faibles par places, il fait ressortir avec un tampon de grosse mousseline l'encre qui est entrée dans ces tailles, et donne ainsi à l'épreuve, *en retroussant*, une vigueur d'un grand secours pour le travail de l'artiste. C'est ce qu'on appelle *engraisser* la planche, et cette opération est une des plus délicates de l'impression en taille-douce, car elle fait de l'ouvrier le collaborateur du graveur. Elle ne peut être usitée que pour l'eau-forte, car la gravure au burin exige dans les épreuves une netteté parfaite des angles de la taille.

La planche est ensuite portée sous la presse. Celle-ci se compose de deux rouleaux en bois, entre lesquels passe une table qui supporte la

Fig. 467. — « *Cette figure vous montre comme on imprime les planches en taille-douce.* » *Faict à l'eau-forte par A. Bosse, à Paris, en Lisle du Palais lan 1642, avec privilège.*

planche gravée ; le papier humide destiné à recevoir l'épreuve étant placé sur la gravure, l'ouvrier le recouvre de langes pour donner du foulage, puis, à l'aide de la croisée assemblée à l'extrémité du rouleau supérieur, il fait passer le tout entre les rouleaux. La pression est réglée au moyen de cales placées dans les rainures des deux montants de la presse. On voit, par la gravure que nous reproduisons (fig. 467), que la presse de l'imprimeur en taille-douce était il y a deux cents ans, ce qu'elle est aujourd'hui, au moins dans ses parties fondamentales, et les excellents résultats qu'elle donne lui ont fait conserver son état primitif. Cependant, on a cherché à obtenir une pression à la fois plus forte et mieux réglée, au moyen d'un engrenage qui constitue le seul avantage de la *presse mécanique*.

IMPRIMERIE LITHOGRAPHIQUE.

Le dessin destiné à la reproduction lithographi-

que se fait sur une pierre calcaire spéciale, d'un grain très fin et poreux, qui se trouve exclusivement sur les bords du Danube, près de Pappenheim ; les plus belles viennent de Solenhofen ; elles sont composées de 97 0/0 de carbonate de chaux et de 3 parties de silice, d'alumine et d'oxyde de fer. Cette composition exacte n'a été retrouvée nulle part, pas même dans les pierres des Vosges ou de Châteauroux, qui cependant sont employées pour les travaux courants, n'exigeant pas de finesse dans les détails. La pierre étant dégrossie est soumise à l'essai, afin de vérifier si elle est bien homogène, sans cassures, sans taches ou corps étrangers. Un simple mouillage suffit ordinairement pour rendre visible tous ces défauts. Pour dresser ensuite la pierre, on la couvre de grès pulvérisé et mouillé, puis on frotte en tournant constamment avec une autre pierre de même dimension, jusqu'à ce que le grès soit usé ; on change alors les pierres de place, mettant dessus celle qui était dessous, on garnit de nouveau de grès, et on recommence l'opération jusqu'à parfait dressage. Il importe que les deux mêmes pierres soient toujours opposées l'une à l'autre.

Le dressage est un travail pénible et peu rétribué. On a tenté, et avec succès, de dresser les pierres à la machine, au moyen d'un plateau rectangulaire en fonte, reposant sur un bâti à coulisses ; un autre plateau circulaire, garni de sable fin, vient se mettre en contact successivement avec toutes les parties de la pierre lithographique, solidement maintenue au moyen de vis sur le plateau rectangulaire. La pression peut être réglée par un contre-poids agissant sur un levier mobile. La pierre dressée est ensuite lavée avec le plus grand soin et poncée. Enfin, on la grène à la main, à l'aide de sable fin ; le grain est plus ou moins serré, selon la délicatesse du dessin qu'elle est destinée à recevoir.

Le dessin étant achevé, à l'envers, sur la pierre, soit au crayon gras, soit à l'encre lithographique, revient à l'imprimeur, qui doit tout d'abord le fixer et le préparer pour le tirage, en passant sur la pierre une solution d'eau gommée et d'acide azotique ou hydrochlorique ; par suite d'une action chimique encore mal étudiée, la gomme qui imprègne toutes les parties non atteintes par le dessin, et qui a touché directement la pierre devient insoluble dans l'eau ; la pierre est alors lavée à l'eau de puits qui, on le sait, n'attaque pas les corps gras, crayon ou encre, et placée dans un châssis ou *chariot*. L'ouvrier, avec de l'essence de térébenthine, enlève toutes les parcelles d'encre ou de crayon qui n'ont pas touché la pierre ; les autres, par une action chimique, analogue à celle dont nous venons de parler, résistent à l'essence ; le dessin existe dans toute son intégrité, mais il reste presque invisible. Ces opérations, surtout la première, nécessitent chez l'imprimeur lithographe une grande connaissance des pierres et de la fermeté du travail de l'artiste, car une préparation trop forte brûle toutes les demi-teintes, une trop faible laisse les noirs s'empâter et les demi-teintes venir trop garnies.

La pierre, prête pour l'impression, est placée dans la presse. Le dessin est presque incolore, les blancs sont couverts par la gomme insoluble, qui doit les protéger, et il ne reste sur les traits que la trace de crayon qui a résisté à l'essence et qui est destinée à retenir l'encre d'impression. L'ouvrier mouille de nouveau avec une éponge fine, et encre la pierre pour faire revenir le travail du dessinateur, ce qui est plus difficile qu'on ne pourrait le croire. Peu à peu cependant, la pierre vient à point, jusqu'à ce qu'une épreuve satisfasse enfin l'éditeur et l'artiste ; elle est gardée pour servir de modèle et régler le tirage. Ces tâtonnements préliminaires, analogues à la mise en train de l'impression typographique, s'appellent *faire l'essai*. On procède enfin au tirage : la planche est encrée, l'ouvrier place dessus une feuille de papier mouillée, puis un cadre dit *maculature*, garni de cuir souple, et le tout passe sous un couteau ou un râteau de bois qui agit perpendiculairement et fait l'office

de presse. L'ouvrier compare constamment les épreuves avec le modèle approuvé par l'artiste, afin de vérifier l'identité du travail.

Lorsque le tirage est terminé, on passe la pierre à *l'encre de conservation* qui, étant plus grasse, ne sèche pas aussi facilement que le noir d'impression, on étend une couche de gomme avec une éponge fine, et on tamponne avec un linge. La pierre ainsi préparée peut être conservée sans altération pendant plusieurs années.

On fait usage d'un grand nombre de systèmes différents de presses lithographiques, dont nous ne pouvons donner ici la description. Le type dont on se sert le plus généralement dans les imprimeries est la presse *à moulinet et à râteau tournant*, qui n'est qu'une modification très peu importante de la première presse lithographique inventée, en 1805, par Mitterer. Le râteau en bois, taillé en biseau, tourne autour d'un pivot fixe servant de point d'appui, et peut prendre ainsi l'inclinaison de la pierre, maintenue dans un chariot mobile que fait agir un moulinet. La pression nécessaire est donnée par un levier mû par une pédale.

La *presse à engrenage* diffère de la précédente, en ce que le moulinet est remplacé par deux roues d'engrenages qui, mises en mouvement par une manivelle, font tourner l'arbre de la presse. La pédale de pression est remplacée par une roue excentrique liée à un levier très court.

La *presse à pression fixe et à râteau mobile* unit à une importante économie de temps et de force les avantages d'une pression fixe, sans l'emploi de la pédale et de l'application toute nouvelle d'un râteau mobile, dont l'effet agit et cesse de lui-même, suivant le mouvement imprimé au chariot. Cette presse supprime sept opérations sur les dix qui sont nécessaires pour tirer une épreuve avec la presse à moulinet.

Mais le plus grand avenir semble être réservé aux presses mécaniques, analogues à la presse en blanc typographique, depuis les transformations apportées par MM. Huguet, Dupuy, Voirin, Alauzet, Marinoni, etc. La pierre est mouillée constamment par des rouleaux en molleton ; la pression est réglée par des fourchettes sur lesquelles agissent des leviers formant romaine, de façon à éviter le bris des pierres. Les autres opérations sont absolument analogues à celles qu'exige la presse typographique en blanc. — V. IMPRIMERIE TYPOGRAPHIQUE.

Les indications relatives à l'impression lithographique que nous venons de donner, sont conçues dans un sens général, et sont les seules en usage pour les travaux de labeurs, tels que papiers commerciaux, cartes de visite, affiches, etc. Les lithographies artistiques nécessitent des soins et l'application de procédés spéciaux, aussi bien pour le dessin que pour la préparation de la pierre et pour le tirage, qui trouveront place dans un article spécial. — V. LITHOGRAPHIE.

Impression chromolithographique. — V. CHROMOLITHOGRAPHIE.

Impression sur zinc. Le prix élevé des

pierres lithographiques, leur poids et leur défaut de s'altérer facilement à l'humidité, ont conduit à chercher d'autres matières propres à l'impression d'après les procédés lithographiques. On a obtenu des résultats satisfaisants avec l'acier, le laiton et surtout le zinc, qui a pour les corps gras une affinité telle qu'on a pu tirer des épreuves de dessins exécutés à la mine de plomb. De plus, la planche de zinc fournit un nombre beaucoup plus élevé d'épreuves, soit environ 20,000.

Le zinc, avant de recevoir le dessin, doit être grené à l'émeri. La composition destinée à préserver les parties blanches est un mélange d'eau gommée, d'acide azotique, et d'une solution très concentrée de noix de galle, qu'on laisse pendant plusieurs heures sur la planche. A part ces questions de détail, le travail est le même que sur la pierre lithographique.

Kœplin, en 1831, avait déjà mis ce procédé en pratique, mais on dut l'abandonner en raison de l'insuffisance des résultats; depuis une quinzaine d'années on y est revenu, mais si, pour certains travaux, on peut employer le zinc, il faut reconnaître qu'il est inférieur à la pierre pour l'impression des œuvres artistiques; les avantages qu'il offre sont ceux-ci : le zinc coûte environ vingt fois moins que la pierre, pèse soixante fois moins, et ne tient que très peu de place. Il n'est pas cassant et peut être obtenu facilement dans tous les formats. Enfin, les retouches et les corrections, toujours très difficiles sur la pierre, peuvent être effectuées sur zinc sans altérer la planche.

M. Laurent, sous-préfet de Neufchâteau (Vosges), a trouvé un procédé qui donne des résultats satisfaisants pour le transport sur zinc de l'autographie. Il lave la planche avec une eau légèrement saturée d'acide hydrochlorique, et le tracé étant reporté par les moyens ordinaires, il acidule et lave simplement à la gomme. On n'a pas encore obtenu, par ce moyen, une netteté suffisante dans les traits un peu fins, malgré les affirmations des constructeurs de « presses à imprimer chez soi. » — C. DE M.

IMPRIMERIE NATIONALE. Cet établissement, dont la création remonte à l'année 1640, occupe dans l'histoire de l'imprimerie une place trop importante, et a exercé sur les progrès de l'art typographique une action trop considérable pour que nous ne lui consacrions pas ici un article spécial.

On a attribué longtemps à François Ier l'initiative de la fondation de l'Imprimerie royale; la vérité est que ce roi, protecteur éclairé des lettres et des arts, n'en a jeté que les bases. Par lettres patentes du 17 janvier 1538, il chargea un habile typographe, Conrad Néobar, de s'occuper spécialement de l'impression des manuscrits grecs pour l'usage de la jeunesse; un traitement annuel de cent écus d'or « dits au soleil » lui fut attribué. Aucun ouvrage ne devait être mis sous presse et publié qu'après avoir subi le jugement des professeurs de l'Université. Les ouvrages grecs que l'imprimeur royal publierait devaient porter, dans le titre, l'indication de leur origine afin de bien montrer le soin que le pouvoir royal prenait des travaux typographiques et du perfectionnement des lettres. François Ier eut à lutter contre le clergé qui voulait soumettre la publication ou la réimpression des manuscrits grecs à condition préalable de l'approbation ecclé-

siastique. Mais, il ne cessa de soutenir contre le clergé Conrad Néobar qui se mit immédiatement à la tâche et prépara la gravure des caractères grecs nouveaux. Il mourut en 1540, et ce fut Robert Estienne, déjà investi depuis 1539 du titre d'imprimeur royal pour les langues hébraïque et latine, qui lui succéda, et fit exécuter sous sa direction les types que l'on désigna sous le nom de *grecs du Roi*, lesquels furent gravés par Claude Garamond, sur les modèles fournis par Ange Vergèce, et sont, par leur élégance et leur parfaite similitude avec les plus beaux manuscrits, bien supérieurs à ceux des éditions aldines. Les types du Roi furent employés, pour la première fois, par Robert Estienne qui eut sous sa garde les poinçons grecs avant qu'ils ne fussent déposés à la Chambre des comptes où l'on conservait alors les objets précieux appartenant à la couronne. Les guerres civiles qui troublèrent la France sous Charles IX et jusqu'à Henri IV arrêtèrent le développement donné par François Ier aux travaux typographiques. A l'instigation de Richelieu, Louis XIII reprit ces traditions. Robert Estienne, obligé de se réfugier à Genève à cause de ses opinions religieuses, avait emporté les matrices grecques. On les fit racheter. Le Roi fit faire aussi l'acquisition de types orientaux, de caractères arabes, syriaques, turques et persans, collectionnés par Savary de Brènes, qui avait été, en 1589, ambassadeur de France à Constantinople. Enfin, en 1640, le puissant cardinal, à l'exemple des Médicis, voulant avoir sous la main un instrument de gouvernement et de propagande religieuse, se décida à créer un atelier typographique qui reçut le nom d'*Imprimerie royale*.

L'Imprimerie royale fut installée au Louvre, au rez-de-chaussée de la galerie de Diane qui s'étend du pavillon Lesdiguières jusqu'aux Tuileries. Son administration fut placée sous l'autorité de Sublet de Noyers, surintendant et ordonnateur général des manufactures et bâtiments royaux. Le directeur fut Sébastien Cramoisy, le plus grand éditeur des livres grecs de son temps; Tanneguy Le Febvre, professeur distingué, eut l'inspection des impressions. Une somme importante fut consacrée à l'exploitation de l'établissement qui, en quelques années, dépensa 400,000 livres. D'après Henry Sauval, le matériel et le personnel de l'Imprimerie royale étaient si considérables à son début « qu'en deux ans seulement, il en sortit soixante et dix grands volumes grecs, français, latins, italiens, entre autres les *Conciles*, en trente-sept volumes in-folio, et tous imprimés d'un caractère très gros, très net et très beau, et sur le plus fin papier, le plus fort et le plus grand dont on se soit jamais servi... Les sept premières années, elle coûta au Roi 368,731 livres 12 sous 4 deniers. » C'est avec les caractères grecs de François Ier que Sébastien Cramoisy imprima la grande collection de la Byzantine, les sept volumes in-folio des Basiliques, etc. Sébastien mourut en 1669, après avoir, pendant vingt-huit ans, donné ses soins à de nombreux ouvrages qui firent la gloire de l'Imprimerie royale; Louis XIV lui donna pour successeur Mabre-Cramoisy, son petit fils, auquel il avait assuré la survivance de son grand-père dès 1660. Mabre-Cramoisy mourut en 1687, et la direction de l'Imprimerie royale fut confiée à sa veuve qui la conserva jusqu'en 1691. La famille des Cramoisy présida donc pendant plus d'un demi-siècle aux destinées de cet établissement. Elle eut alors pour successeur Jean Anisson, célèbre imprimeur libraire de Lyon qui montra dans son emploi, jusqu'en 1707, la plus grande activité, parvenant à renouveler presque complètement le matériel de l'Imprimerie, resté stationnaire sous les Cramoisy, faisant graver toute une typographie spéciale composée de vingt et un corps de caractères, faisant acheter des types étrangers, etc. La typographie de Louis XIV se composait ainsi de 9236 poinçons ayant coûté 133,922 livres. Les vingt et un corps dont se compose cette riche typographie, terminés en 1745, étaient désignés ainsi qu'il suit : Sédanoise, nonpareille, mignonne, petit texte, petit romain, gros œil, cicéro gros œil, Saint-Augustin, Saint-Augustin gros œil, gros romain gros œil, petit parangon gros œil, gros parangon, petit canon, gros canon, double canon, triple canon, petit romain petit œil, cicéro petit œil, gros romain petit œil, petit parangon petit œil, perle et quadruple canon. « C'est à cette typographie, dit l'historien de l'Imprimerie nationale, M. F. A. Duprat, véritable chef-d'œuvre du temps, que furent ajoutés, sur l'ordre même du roi, les signes dont une partie distingue encore aujourd'hui les caractères de l'Imprimerie impériale de ceux des imprimeurs du commerce, auxquels il est formellement interdit de les imiter. Ces signes consistaient dans le doublement du délié supérieur des lettres b, d, h, i, j, k, l. Cette dernière lettre était, en outre, flanquée d'un trait latéral. »

En 1707, Claude Rigaud, beau-frère de Jean Anisson, remplaça celui-ci qui avait offert au Roi sa démission. Il eut lui-même pour successeur Louis Laurent Anisson, fils de Jean Anisson, en 1725, et les Anisson se succédèrent sans interruption dans ces fonctions jusqu'en 1794. Après la mort de Louis XIV, le duc d'Orléans, puis le roi Louis XV, continuèrent à s'occuper d'enrichir l'abondante série des caractères de l'Imprimerie royale. Dès 1715, M. de Fourmont, de l'Académie des inscriptions et belles-lettres, était chargé de diriger la gravure d'un corps complet de caractères chinois, dont on puisa les modèles dans les meilleurs dictionnaires du temps, et qui comprit d'abord 86,000 groupes gravés sur bois. Ce travail, suspendu en 1742, par suite du décès de M. de Fourmont, ne fut repris qu'en 1811. Des caractères hébraïques furent aussi gravés par Villeneuve. Les poinçons et les matrices de caractères orientaux qui avaient été successivement déposés, soit à la Chambre des comptes à côté de ceux de François Ier, soit à la bibliothèque du Roi, les poinçons et matrices de caractères syriaques, samaritains, arméniens offerts par l'abbé Le Jay, puis plus tard, en 1771, la série complète de caractères romains et italiques, composée de quinze corps et exécutée de 1740 à 1770 par le graveur Luce avec la nombreuse collection de vignettes et d'ornements (collection qui fut payée à Luce 100,000 livres en 1773) vinrent considérablement accroître le matériel de l'Imprimerie royale. En outre, l'atelier de fonderie, qui avait été d'abord un établissement séparé, ayant été adjoint en 1725 à l'Imprimerie, il devint nécessaire d'agrandir au Louvre son installation, d'autant plus qu'en 1775 un arrêt ordonna la réunion d'une petite imprimerie annexe établie à Versailles, et qui servait aux impressions soit pour les besoins privés du Roi, soit pour les différents corps. C'est à cette époque que les impressions administratives furent soumises à un tarif arrêté le 3 juin 1775.

La Révolution modifia, cela va sans dire, la nature des attributions et des travaux de l'Imprimerie royale. Au lieu d'ouvrages purement administratifs, scientifiques et littéraires, elle eût à exécuter l'impression des lois et décrets élaborés par le gouvernement républicain. Le travail fut complètement transformé, et le matériel augmenté dans de vastes proportions. Près de cent presses furent nécessaires pour suffire aux impressions législatives, et l'on dût se servir à côté des ateliers du Louvre, de deux succursales, l'une rue Mignon et l'autre cul-de-sac Matignon. Entre autres travaux importants de cette époque, il faut mentionner l'établissement du papier-monnaie dont l'impression exigeait des conditions spéciales d'habileté. A ce moment, la situation de directeur de l'Imprimerie n'était pas entièrement dépendante de l'autorité, et une notable partie des frais de l'entreprise restait à la charge de celui-ci. C'est ainsi que dans un mémoire écrit par le directeur Anisson, en 1791, nous lisons : « Sur 32 presses qui existent à l'Imprimerie royale, 10 seulement appartiennent au Roi, les autres,

faites à mes dépens et payées par moi m'appartiennent. Il y a à l'Imprimerie royale environ cent cinquante milliers de matière en caractères courants. Je suis comptable envers le Roi, uniquement de dix mille six cents soixante et deux livres de l'ancien fonds, fonds reçu par mes prédécesseurs en l'Imprimerie royale que je dois toujours représenter : le reste fourni et payé par moi m'appartient, ci, cent quarante milliers. Les fontes des caractères se font dans l'intérieur de l'Imprimerie royale, dans les matrices du Roi, et la matière en est uniquement fournie par moi, sans que j'en aie jamais demandé ni reçu aucun remboursement... Je suis appointé sur le pied de 1,400 livres de gages par an : ces appointements, accordés aux anciens services de mes auteurs, ont peut-être été mérités par ceux de cinquante années de services de feu mon père, et j'en puis déjà présenter vingt-cinq de personnels à moi. » Tant d'années de dévouement ne purent sauver, en 1793, Anisson de l'échafaud. Il fut accusé de conspiration et incarcéré ; il proposa à la Convention de lui céder son matériel d'imprimerie. L'inventaire qui fut alors dressé donna les détails suivants :

Caractères de divers corps, vignettes, ornements, filets, accolades, cadrats, interlignes, etc..................... livr.	272.711	05
Presses.......................	37.750	»
Ramettes ou châssis..............	14.033	12
Marbres ou tables à imposer les formes..	2.790	»
Casses et casseaux...............	6.533	»
Rangs de casses, rayons, tablettes, galées, jattes et ustensiles divers.........	6.049	»
Papiers blancs de divers formats......	159.180	»
Total..... livr.	499.036	17

Mais, tous les biens d'Anisson furent confisqués, et l'Imprimerie du Louvre fut dès lors exploitée pour le compte de l'Etat. On ne songea que plus tard à dédommager sa famille. En 1795, l'Imprimerie royale, devenue Imprimerie nationale, fut transportée à la maison Beaujon, car, bien qu'elle fut presque alors exclusivement occupée par le service du Bulletin des lois, les documents administratifs et législatifs, les locaux du Louvre étaient devenus tout à fait insuffisants pour contenir son matériel. Le Bulletin des lois prit même une telle extension que les logements de l'hôtel Beaujon furent bientôt trop étroits à leur tour, et qu'il fallut chercher une autre installation. La Convention désigna l'ancien hôtel de Toulouse ou de Penthièvre, situé rue de la Vrillière et occupé plus tard par la Banque de France. Une loi du 8 pluviôse an III, provoquée par les réclamations des imprimeurs du commerce qui protestaient contre le monopole attribué à l'établissement de l'Etat pour l'impression du Bulletin des lois, enleva à l'Imprimerie nationale son principal aliment d'activité. La Convention crut devoir alors lui attribuer l'impression des éditions originales des ouvrages d'instruction publique, et celle de tous les ouvrages de sciences et d'arts qui seraient imprimés par ses ordres et aux frais de la République. Mais, réduit à ce rôle et dans un tel moment, cet établissement resta dans une inactivité presque absolue. On lui rendit un peu de vie en obligeant tous les services administratifs à avoir recours à l'Imprimerie nationale. Existence précaire encore, si l'on songe à la splendeur du temps de Louis XIV et aux chefs-d'œuvre typographiques qui étaient sortis de cet institut modèle.

L'aménagement de l'Imprimerie nationale dans l'hôtel de Penthièvre avait ruiné une somptueuse habitation tout en coûtant 4 ou 500,000 francs à l'Etat. Les services furent alors réorganisés, on y centralisa de nouveau l'impression du Bulletin des lois. L'établissement fut placé dans les attributions du ministère de la justice dans lesquelles il se trouve encore aujourd'hui, et ce fut le ministre de ce département qui eût à arrêter les états de recettes et de dépenses. Les frais généraux, ou *étoffes*, furent fixés à 37 1/2 0/0 des prix de main-d'œuvre. Une somme de 90 à 100,000 francs fut accordée annuellement pour les dépenses de fonds et d'augmentation de matériel. Le directeur, Dubois-Laverne, s'employa avec la plus grande activité à cette réorganisation. C'est lui qui, lors des expéditions d'Italie et d'Egypte conduites par Napoléon, sût monter des imprimeries ambulantes formées au moyen de ses caractères français, arabes et grecs.

Cependant, le Consulat avait succédé au Directoire. L'administration de la Banque de France ayant demandé au gouvernement la cession de l'hôtel de Penthièvre, on se mit à chercher un nouveau local, et un arrêté des consuls du 7 brumaire an X, prescrivit la translation de l'Imprimerie dans la maison dite des *Jacobins* de la rue du Bac. Mais cet arrêté ne devait pas être exécuté, et ce ne fut qu'en 1809 que l'*Imprimerie nationale*, ayant changé de nouveau de titre, et étant devenue *Imprimerie impériale*, fut installée au Palais Cardinal, situé rue Vieille-du-Temple, n° 87, lequel fut acheté avec l'hôtel Soubise au prix de 690,000 francs; vingt ans après, cet immeuble, dont la superficie totale se trouvait alors de 8,180ᵐ,59, était évalué à la somme de 1,005,335 francs. Le transport du matériel commença au mois d'août 1809, et fut terminé au mois de novembre de la même année. L'organisation intérieure fut complètement modifiée. L'administration fut composée : 1° d'un inspecteur nommé par l'empereur parmi les auditeurs au Conseil d'état; 2° d'un directeur également nommé par l'empereur; 3° d'un agent comptable du matériel; 4° d'un caissier, etc. Les prix des travaux furent minutieusement réglés et un règlement sur l'administration et la police de l'Imprimerie compléta l'organisation nouvelle. L'état du matériel accusait alors 40,000 poinçons, 30,000 matrices, 130,000 caractères chinois, 50,000 types de toute espèce, 600 milliers pesant de caractères, 160 presses à imprimer, une presse en taille-douce, 25 presses à satiner et à divers usages, 7 fourneaux de fonderie et les nombreux ustensiles nécessaires à cet atelier, une grande fonderie pour la préparation des matières, deux machines à polytyper, 400 casses et 4,000 formes à conserver. Sous le rapport de l'art, l'Imprimerie impériale ne reçut que bien peu d'améliorations. Napoléon, lors de ses campagnes d'Italie, avait fait enlever, en 1798, de l'imprimerie de la Propagande, à Rome, et, en 1811, de celle des Médicis à Florence, des collections de poinçons de caractères arabes, birmans, coptes, éthiopiens, molabars, persans, samaritains, syriaque et tibétans, gravés au XVIᵉ siècle, pour un enrichir les collections de l'Imprimerie de France. Les poinçons des Médicis furent réclamés en 1815; mais il nous en resta pourtant une portion précieuse, notamment les quatre corps d'arabes d'Alde, de l'Evangile, de l'Avicennes et de l'Euclyde, un beau caractère persan, etc. Des frappes en cuivre furent prises par le directeur, M. Anisson (fils de l'ancien directeur mort sur l'échafaud en 1793), de tous les poinçons qu'on ne put se dispenser de rendre, en sorte que l'Imprimerie nationale est restée de fait en possession de la totalité de ces deux belles collections. Il faut ajouter, pour compléter cet historique rapide de l'Imprimerie impériale, qu'une école typographique fut instituée par un décret du 22 mars 1813 : l'illustre Sylvestre de Sacy avait été nommé inspecteur de la typographie orientale.

Le gouvernement de 1815 ne maintint pas l'organisation de l'Imprimerie impériale; tout en conservant cet établissement, il ne voulut plus qu'il fût régi pour le compte de l'Etat, son administration fut placée comme, autrefois, sous la conduite et au compte d'un directeur, garde des poinçons, matrices, etc. M. Anisson-Duperron conserva la direction. En 1823, on en revint à l'ancienne organisation, et l'imprimerie fut régie pour le compte de l'Etat. Le directeur fut M. Michaud, libraire à Paris, et l'inspecteur, le baron de Villebois. Un an après ces deux fonctions étaient supprimées et remplacées par celle

d'administrateur, dont M. de Villebois fut titulaire. C'était un homme d'activité et d'intelligence : en quatre années, il réorganisa tous les services de l'Imprimerie, institua un secrétariat et des archives, un service de contrôle et un service intérieur, un comité de délégués des ministères pour la rédaction et la révision annuelle des tarifs, et un comité de savants et d'hommes de lettres pour l'examen des demandes d'impressions gratuites; il reconstitua les ordonnances sur les pensions de retraites, et créa toute une comptabilité administrative qui lui valut les plus vifs éloges. Il ne s'arrêta pas là et mit la même activité et le même zèle dans la partie artistique de sa tâche.

Une commission fut chargée de déterminer les formes et de suivre les détails de gravure des nouveaux caractères, dont l'exécution fut confiée à M. Marcelin Legrand. Cette commission se composait de MM. Villemain, Daunou, Firmin-Didot, Duverger, etc. On grava seize corps de caractères romains, composés chacun de 143 poinçons et seize corps de caractères italiques, composés de cent deux poinçons chacun; chaque poinçon revenait à 10 francs. La nouvelle typographie fut désignée sous le nom de type de *Charles X*. Terminée en 1832, elle fut augmentée des matrices d'une série d'initiales gravées par Léger-Didot. Le premier ouvrage imprimé avec ces nouveaux caractères est celui que Raoul-Rochette, membre de l'Institut, intitula : *Monuments inédits d'antiquité figurée, grecque, étrusque et romaine*. « Quelque soins qu'on ait apportés dans le choix des modèles des nouveaux titres, dit M. Duprat, l'impartialité nous oblige à reconnaître qu'ils n'ont pas atteint, sous divers rapports, la grâce et l'harmonie qui distinguent à un si haut degré les types de Pierre et de Firmin-Didot. » M. de Villebois ne se contenta pas de ces réformes dans le matériel; il fit établir un recueil d'empreintes des poinçons et matrices de tous les caractères français et étrangers existant au cabinet des poinçons, recueil qui forme douze volumes; il fit venir d'Angleterre, en 1825, des presses mécaniques qui commençaient à révolutionner l'industrie de la typographie. M. de Villebois eut pour successeurs M. Duverger, puis M. Pierre Lebrun, de l'Académie française, qui, bien que d'une incompétence absolue en matière typographique, sût, pendant ses dix-sept ans de direction, réaliser nombre d'améliorations intelligentes. Il compléta les alphabets des langues de l'Inde, de l'Egypte et autres parties de l'Afrique et de l'Asie; il fit exécuter sur acier le caractère hiéroglyphique ou égyptien qui se compose aujourd'hui de plus de 3,500 poinçons et qui est un véritable chef-d'œuvre; il demanda à la Chine deux corps complets de ses caractères, il fit l'acquisition de caractères étrusques et grecs archaïques, gravés par M. Léger-Didot sous la direction de M. le comte de Clarac; et fit graver, en 1847, toute une typographie nouvelle destinée à remplacer celle qui avait été exécutée de 1825 à 1832.

Le gouvernement républicain de 1848 laissa M. Lebrun à son poste; mais celui-ci demanda sa retraite et fut remplacé par M. Desenne qui, deux ans plus tard, eut pour successeurs d'abord M. Peauger, 19 janvier 1850, puis M. de Saint-Georges, le 26 juin 1850. Celui-ci qui prêta son concours à Louis-Napoléon pour le coup d'état de 1851, resta à la tête de l'Imprimerie pendant le second empire. Sous sa direction, l'imprimerie s'enrichit d'un grand nombre de caractères orientaux. En 1860, il donna sa démission, fut remplacé par M. Peteten, à qui succédèrent, en 1870, M. Wallon, puis, après la révolution du 4 septembre, M. Hauréau.

Aujourd'hui, l'Imprimerie nationale, si elle n'offre pas uniquement le caractère d'un établissement d'art, comme sous Louis XIV, est à coup sûr, dans son genre, la manufacture la plus complète, la plus vaste et pourvue des ressources les plus riches, qui existent au monde. Avec son matériel de caractères qui s'élève à près d'un million de kilogrammes, ses cent presses manuelles, et ses vingt-cinq presses mécaniques, sa lithographie, sa photographie et ses presses chalcographiques, ses machines hydrauliques et à vapeur, ses ateliers de reliure, de réglure mécanique, de séchage et de satinage par la vapeur, l'Imprimerie nationale peut entreprendre et terminer avec une rapidité extraordinaire des travaux considérables. On en aura une idée par le calcul suivant. Ses presses impriment chaque-année de 140,000 à 160,000 rames de papiers de divers formats, soit 150,000 rames, terme moyen ou 75,000,000 de feuilles. Si l'on réduit ce nombre en volumes in-octavo, composés chacun de 30 feuilles, on trouve que l'Imprimerie produit 8,333 volumes par jour ou 2,500,000 volumes par an. En 1885, le budget de l'Imprimerie nationale s'élevait à la somme de 9,507,500 francs.

En résumé, l'Imprimerie nationale a un double caractère : établissement industriel, elle est chargée d'exécuter dans les meilleures conditions, avec toutes les garanties de célérité, de discrétion et d'exactitude, les impressions nécessaires aux principaux services des administrations publiques. Etablissement modèle, école supérieure de l'art typographique, elle possède de véritables richesses en caractères étrangers de toute nature et en caractères français. Institution scientifique, elle rend de précieux services aux lettres et aux sciences par la publication d'ouvrages dignes d'encouragement qui ne pourraient être publiés par l'industrie privée. Il nous sera permis de dire, en terminant, que c'est dans ce dernier rôle que l'Imprimerie nationale doit se maintenir. C'est pour répondre à une idée de progrès qu'elle a été fondée afin de fournir, comme les autres manufactures d'Etat, telles que la manufacture de Sèvres ou celle des Gobelins, des leçons et des modèles à l'industrie-privée et non pas pour faire concurrence à celle-ci. Or, à diverses époques la corporation des imprimeurs a élevé des plaintes qui semblent légitimes sur le rôle industriel que s'est attribué l'Imprimerie nationale. Selon la corporation, les rabais que peut faire l'Imprimerie nationale pour livrer des impressions aux mêmes prix que les établissements privés, constituent une concurrence déloyale puisqu'elle est faite avec les capitaux des contribuables. Et, en outre, dans la balance des comptes de cet établissement, on ne voit figurer ni l'intérêt du capital engagé sous forme de terrain (5,200,000 francs), de construction (2,100,000), de matériel (4,200,000) et de fonds de roulement (1,800,000), ni les impôts fonciers et commerciaux que l'Imprimerie nationale payerait à l'Etat si elle était un établissement privé. Encore une fois, le rôle de l'Etat n'est pas de se faire lui-même entrepreneur, ce serait rentrer dans de saines traditions, dans la vérité et dans la logique, que de ramener l'Imprimerie nationale à être simplement une école de progrès typographiques offrant à l'industrie privée ses ressources scientifiques et des leçons de goût.

Bibliographie : Mémoire historique sur la Bibliothèque du roy, par l'abbé JOURDAIN, *1739, in-folio; Essai historique sur l'origine des caractères orientaux de l'Imprimerie royale , par de Guignes, 1787;* LA CAILLE : *Histoire de l'imprimerie et de la librairie; Notice sur l'Imprimerie nationale, par Aug.* BERNARD, *1848, in-16; Histoire de l'Imprimerie impériale de France, par F.-A.* DUPRAT, *1861, in-8°.*

IMPRIMEUR. *T. de mét.* Celui qui pratique l'art de l'imprimerie, qui dirige une imprimerie dont il est le maître; ouvrier qui conduit la presse à imprimer.

— Jusqu'en 1686, la liberté de l'imprimerie fut illimitée, sans autre entrave que les règles en usage dans toutes les corporations, pour l'admission des apprentis, la réception des maîtres, et les garanties exigées pour la régularité et la beauté du travail. Toutefois, pendant fort longtemps, le nombre des imprimeurs à Paris paraît

avoir été de 24 seulement, chiffre qui se trouve fréquemment rappelé dans toutes les ordonnances royales sur l'imprimerie; puis, peu à peu, cette industrie s'étendit, et les ateliers devinrent plus nombreux; c'est l'édit de 1686 qui en fixa le nombre à 36, au lieu de 80 environ qui existaient alors. La réduction devait avoir lieu à l'extinction, aussi, en 1697, en restait-il encore 57. Rouen, qui était un des grands centres du commerce et de l'industrie des livres, en comptait 18; Strasbourg et Marseille chacun 6.

Un des privilèges les plus remarquables de la corporation des imprimeurs, sous l'ancien régime, fut d'être séparée des corps de métiers, et d'être rattachée à l'Université. Cette séparation fut affirmée notamment par les ordonnances de 1583 et de 1618. Celle-ci avait imposé à l'imprimerie les limites les plus étroites; les libraires-imprimeurs ne devaient avoir qu'une boutique et un atelier, au-dessus de Saint-Yves ou au Palais. Il ne semble pas, d'ailleurs, que cette ordonnance ait été maintenue avec rigueur, car on trouve souvent des imprimeurs logés hors du Palais.

L'abolition des maîtrises et jurandes, en août 1790, entraîna une liberté complète, qui dégénéra bientôt en abus. Tout individu pouvait ouvrir une imprimerie, avec une presse et quelques caractères, imprimer un livre ou un libelle, et, s'il était poursuivi par la police ou ses créanciers, déménager ce matériel peu encombrant, pour recommencer ailleurs. C'est ainsi qu'on put compter sous le Directoire environ six à sept cents imprimeries typographiques, à Paris seulement; mais la plupart étaient sans importance. En l'an IX, on n'en trouve déjà plus que 340. A cette même époque, le nombre des imprimeries en taille-douce était de 87.

Le décret de 1810 fixa à 60 les typographies brevetées à Paris, et obligea les imprimeurs de province à se faire autoriser, après un examen pratique. Les imprimeurs parisiens désignés par le décret devaient indemniser les possesseurs d'ateliers dépossédés, à raison de 4,000 fr. par atelier. Cette clause fut jugée si onéreuse qu'on porta presque aussitôt le nombre des privilégiés à 80, et il ne survint aucune modification jusqu'en 1871. En 1854, au moment où la typographie reprenait son activité, Paris comptait 87 ateliers, 7 étant considérés comme succursales; Lyon 18, Bordeaux 17, Toulon 13, Rouen 12, Marseille 10, Nantes 9, Orléans 9, Lille 9, Montpellier 9, Metz 8, Besançon 7, Avignon 7, Strasbourg 6, etc. L'importance des ateliers était souvent très différente. Sur les 87 ateliers de Paris, 73 seulement occupaient plus de 10 ouvriers; 6 avaient un chiffre d'affaires supérieur à 500,000 francs, 18 dépassaient 200,000, et 27 seulement 100,000. Le nombre d'ouvriers compositeurs à Paris était de 4,536.

Voici quel était l'état de l'imprimerie, en 1862, à la veille de la modification profonde apportée à cette industrie par la liberté, résultant de l'abolition du décret de 1810.

Imprimeurs en lettres : Paris, 83; départements, 1,021; Algérie, 26; colonies, 20. *Imprimeurs lithographes :* Paris, 436; départements, 1,105; Algérie, 19. *Imprimeurs en taille-douce :* Paris, 160; départements, 82.

Comparons ces chiffres avec ceux de l'année 1882, à laquelle *remonte la dernière statistique officielle, nous trouvons :*

Imprimeurs en lettres : Paris, 244; [départements, 1,478; colonies et Algérie, 48. *Imprimeurs lithographes:* Paris, 495; départements, 1,197; Algérie, 18. *Imprimeurs en taille-douce :* Paris, 92; départements, 77.

Il paraît donc évident que le monopole ne pouvait qu'arrêter l'essor de l'industrie typographique, car on voit avec quelle rapidité se sont multipliés les ateliers, et, en même temps le chiffre d'affaires, car malgré la simplification et la rapidité du travail, dues à l'usage des machines nouvelles, le nombre des ouvriers a augmenté dans une proportion très grande, et atteint, pour les compositeurs seulement, le chiffre de 5,700 à 6,000 pour Paris et 22,000 environ pour la province. On remarquera également la diminution très brusque des imprimeries en taille-douce, depuis la concurrence faite à la gravure par le *procédé*. Mais les statistiques sur cette branche de l'industrie sont nécessairement incomplètes, par suite de l'usage, pour les travaux peu importants, des machines à manivelle ou à pédale, qui ont permis à un grand nombre de papetiers et de petits commerçants, surtout en province, d'entreprendre l'impression des têtes de lettre, circulaires, cartes de visite, etc. C'est une industrie qui n'existait pas sous le régime du décret de 1810, car l'emploi de la presse la plus élémentaire nécessitait une autorisation du ministre de l'intérieur.

De même, il est fort difficile d'établir le compte exact des ouvriers typographes, car cette industrie comprend un très grand nombre de branches accessoires, telles que conduite des machines, correction, mise en pages, clichage, trempage, glaçage, satinage, pliage, assemblage, brochage, etc., qui souvent se confondent dans un même atelier et sont confiées aux mêmes ouvriers, surtout en province, où une imprimerie emploie une famille entière, tirant parti du travail de la femme et des filles de l'imprimeur, et rendant ainsi toute évaluation impossible.

Il nous reste à dire quelques mots d'une question toute nouvelle, et qui a agité, depuis plusieurs années, bien des intérêts et suscité bien des troubles dans l'imprimerie; il s'agit du travail des femmes dans les ateliers. Le premier essai en fut fait, il y a vingt-cinq ans, par Leclère, imprimeur de l'archevêché, et une application sur une grande échelle fut tentée à Clichy, dans l'imprimerie Paul Dupont. Les résultats furent assez satisfaisants pour que l'exemple fut suivi, et actuellement, d'après les chiffres relevés avec soin par la chambre syndicale, l'agglomération de Paris et la banlieue comprend 2,130 femmes et apprentis des deux sexes, les apprenties femmes étant en proportions très grandes. Il y a donc là l'indice d'une modification prochaine dans la composition des ateliers; les femmes absorberont sans doute, peu à peu, les travaux faciles et accessibles à leur force, et les hommes garderont la conduite des machines, la margination et la mise en pages. Le principal avantage que les maîtres-imprimeurs trouvent dans le travail de la femme, est la régularité et l'assiduité. Leur salaire moyen est aussi inférieur. Il est de 5 fr. 50 à Paris, tandis que les ouvriers gagnent 6 fr. 50. La composition est payée aux pièces. — C. DE M.

|| *Imprimeur, euse.* Appareils, cylindres, qui servent à imprimer.

* **IMPRIMURE.** *T. techn.* Enduit particulier qu'on étend sur un panneau ou une toile avant de peindre.

IMPULSION. *T. de mécan.* On appelle *impulsion d'une force constante* le produit de cette force par la durée de son action. Quand il s'agit d'une force F qui n'est pas constante, on considère d'abord son *impulsion élémentaire*, c'est-à-dire son impulsion F dt pendant un temps infiniment petit. On appelle alors *impulsion totale* ou simplement *impulsion* de la force pendant une durée finie, s'étendant de l'instant t_0 à l'instant t_1, la somme ou mieux l'intégrale

$$\int_{t_0}^{t_1} F\, dt$$

des impulsions élémentaires correspondant aux différents éléments successifs de la durée considérée. Quand un point matériel décrit une ligne droite, la force F, qui le sollicite, est à chaque instant dirigée suivant cette droite, et égale au produit de la masse du point par son accélération, d'où l'équation :

$$m\frac{dv}{dt} = F$$

qui, multipliée par dt et intégrée, donne :

$$m(v - v_0) = \int_{t_0}^{t} F\, dt$$

c'est-à-dire que, dans le cas où nous nous sommes placés, *l'accroissement de la quantité de mouvement est égal à l'impulsion totale de la force résultante.* Ce théorème, utile pour mettre en équation certains problèmes de mécanique, se généralise pour le mouvement curviligne et aussi pour les systèmes de points matériels et les corps solides.

INCANDESCENCE. État des corps suffisamment échauffés pour qu'ils émettent de la lumière; l'intensité de cette lumière est d'autant plus vive que la température du corps est plus élevée; à peine visible à 500°, elle devient, à partir de 900°, assez forte pour servir à l'éclairage. — V. ÉCLAIRAGE, LUMIÈRE.

INCENDIE. Destruction par le feu de tout ou partie des édifices, des habitations, des forêts, etc.

— De tous temps, l'on s'est préoccupé des moyens de combattre et de prévenir les incendies. Chez les Romains, des services spéciaux étaient organisés à cet effet; sous Auguste surtout, les secours étaient rapidement portés au point voulu par un corps de 600 esclaves, mis en permanence à la disposition des édiles. Le même empereur organisa, également, un corps de gardes de nuit placés sous les ordres d'un chevalier romain; cette institution dura jusqu'au IIIe siècle de notre ère, et fut probablement continuée par nos ancêtres les Gaulois conquis, si l'on en juge par le petit nombre de désastres importants, dont le souvenir soit parvenu jusqu'à nous depuis la première période de l'histoire de notre pays. Au moyen âge, au contraire, toutes ces mesures de prudence tombèrent dans la plus complète désuétude; les incendies prirent des proportions colossales et se multiplièrent à l'infini; il n'était pas rare, à cette époque, de voir le feu détruire des villes entières. Mais que pouvait-on attendre de populations aussi ignorantes et aussi superstitieuses que celles de ces temps sombres; ne les voyait-on pas, en effet, au lieu de prendre les précautions les plus élémentaires, ou de porter les secours nécessaires, se contenter de promener le Saint-Sacrement autour du brasier? Et cette coutume fut longue à déraciner : elle subsistait encore au XVIIe siècle; une des plus belles peintures de Raphaël représente le pape Léon IV éteignant par sa seule présence l'incendie du Bourg de Rome! C'est dans les dernières années du XVIIe siècle qu'on commença à faire usage des pompes portatives modernes; le personnel qui en avait la garde et le maniement, créé en 1699, s'appelait *gardes des pompes*; ce fut le prélude du corps des *sapeurs-pompiers* qui fut régulièrement organisé par Napoléon Ier, le 18 septembre 1811 et qui, de nos jours mieux outillé, s'est acquis la reconnaissance de la population parisienne, par sa belle discipline et son admirable courage; la province a suivi l'exemple de Paris, et tous les secours nécessaires, aujourd'hui, des corps de sapeurs-pompiers dignes des plus grands éloges.

Dans un incendie, lorsqu'on fait usage de pompes, il est important de diriger le jet d'eau de préférence sur les parties non encore atteintes par le feu, afin d'empêcher celui-ci de se propager, autrement on s'expose à voir l'eau se décomposer en oxygène qui est un comburant énergique, et en hydrogène qui est combustible, et le résultat final est, en somme, une aggravation du fléau.

On peut aussi, d'ailleurs, lorsque le feu se déclare dans un espace fermé, l'éteindre au moyen de vapeur d'eau, comme l'a proposé le premier le docteur Dujardin, de Lille, et comme l'ont propagé MM. Figuier et l'abbé Moigno. L'expérience la plus concluante qui ait été faite de ce procédé est due à Fourneyron, qui l'appliqua dans une grande filature à Amiens, en lâchant dans les salles embrasées la vapeur contenue dans trois grands générateurs : le feu, au bout de peu de temps, fut complètement étouffé ; des expériences analogues furent faites à Douai, à Seclin, etc., et donnèrent d'excellents résultats ; on pourrait également appliquer avantageusement ce procédé sur les navires à vapeur, où l'on dispose de chaudières importantes.

Tout est disposé pour s'en servir, en cas d'alerte, au nouvel Hôtel de Ville de Paris.

En dehors des pompes, les services d'incendies sont tous munis d'un certain nombre d'appareils spéciaux, tels qu'échelles à l'italienne, échelles à crochets, crampons, grappins, sacs de sauvetage, blouses contre l'asphyxie, etc.

La plupart des grands incendies se déclarent toujours dans les édifices publics, théâtres, etc., c'est donc là surtout qu'il faut montrer une grande prévoyance et exercer une surveillance incessante. Une précaution élémentaire devrait consister à isoler complètement ces constructions des bâtiments voisins, au lieu de les voir encastrées comme elles le sont le plus souvent. Les théâtres, par exemple, devraient tous être construits sur un type analogue à celui de l'Odéon ; on serait certain de la sorte que le feu qui viendrait à prendre dans cet édifice ne s'étendrait pas aux maisons voisines.

Dans les grands édifices comme les théâtres, de vastes réservoirs sont installés à divers endroits pour combattre l'incendie. L'eau d'arrosage est plus spécialement fournie par des réservoirs supérieurs, qui la distribuent, sous une certaine pression correspondant à la distance de la prise à la toiture, par l'intermédiaire de colonnes de descente ; ces dernières sont en conduites en plomb, elles portent le nom de *colonnes en charge*, et peuvent distribuer à chaque étage des jets plus ou moins puissants, selon la charge de l'eau qu'elles renferment. A l'Opéra de Paris, la charge est produite par un appareil à compression d'air, à 3 atmosphères, qui peut fournir un jet très puissant et très élevé pendant dix minutes. Il y a peu d'édifices, d'ailleurs, où les précautions contre l'incendie soient aussi bien prises que dans celui-là. Outre les eaux amenées par les distributions de la ville, il y a dans la cave un puits de 6 mètres de profondeur, deux grands réservoirs en tôle à la partie supérieure, dans les cintres, et 37 établissements ou bouches d'incendie à tous les étages de la scène et de la coupole.

A la Banque de France, on le comprend, les dispositions à prendre en cas d'incendie et les moyens pour prévenir tout sinistre de ce genre, ont dû être étudiés d'une façon toute spéciale. L'organisation actuelle date de 1854 : il y en a peu d'aussi parfaite ; elle a été seulement depuis, l'objet de perfectionnements de détails et d'adjonctions d'appareils nouveaux, mais l'ensemble des grandes mesures est resté le même. Il se compose de 40 réservoirs, échelonnés aux divers étages et pouvant contenir 120,000 litres. L'eau est distribuée à tous ces étages par un très grand nombre de conduites rapprochées à moins de 20 mètres de distance l'une de l'autre. Les parties de ces conduites destinées aux prises d'eau, en cas d'incendie, sont munies d'un robinet garni d'un tuyau flexible terminé par une lance, le tout présentant une longueur variable de 8 à 16 mètres. Toutes ces pièces et leurs accessoires sont renfermés dans une armoire en bois, qu'on appelle, comme dans les théâtres, un *établissement*.

En outre, dans tous les couloirs et même dans les combles, sont disposées des pompes à brouettes, qui peuvent être facilement transportées et manœuvrées par un homme seul ; enfin, sur quelques points importants à bien protéger, sont disposées, toutes prêtes à fonctionner, de grandes pompes pouvant être manœuvrées par six hommes. Un grand nombre d'accessoires de sauvetage : cordages, pinces, grappins, marteaux, échelles, etc., sont emmagasinés à l'entresol, facilement accessibles et prêts à être distribués à un personnel disposé pour le recevoir au premier signal.

Tous ces appareils comme, d'ailleurs, dans tous les édifices publics, théâtres, etc., sont journellement surveillés, examinés et essayés, afin d'être sûr de leur bon fonctionnement en cas de détresse.

En dehors de ces mesures générales prises partout, bien des moyens ont été proposés et plus ou moins essayés pour combattre le feu, pour rendre les décors incombustibles, etc. — V. Incombustibilité.

Dès 1850, un Anglais, M. Philipps, proposa d'éteindre les incendies au moyen du gaz résultant de l'action de l'acide sulfurique sur un mélange de chlorate de potasse, de charbon de bois, de coke et de sulfate de chaux. Cette formule, plutôt empirique que scientifique, fut l'objet d'expériences faites au Champ-de-Mars, et obtint l'insuccès éclatant que, à vrai dire, elle méritait.

Le premier extincteur véritablement efficace et sérieusement étudié, fut celui de MM. Carlier (docteur-médecin) et Vignon (officier du génie militaire). C'est un réservoir portatif, en tôle d'acier, hermétiquement fermé et pouvant contenir de 10 à 40 litres d'une solution saline chargée d'acide carbonique à 5 atmosphères dont on le remplit à l'avance. Un robinet et une lance permettent de diriger sur le feu le jet chassé par la pression intérieure du gaz ; l'extinction résulte des effets combinés de l'eau, du sel dissous et de la privation d'air entraîné par la présence de l'acide carbonique. Ce gaz, en effet, sort surtout de sa dissolution au moment où le jet liquide est brisé et pulvérisé par le choc, et il enveloppe alors complètement le corps enflammé qu'il éteint. Grâce à la haute pression à laquelle est chargé l'appareil, on peut agir instantanément, seul et sans pompe. De plus, l'acide carbonique, en sortant de sa dissolution, pour reprendre l'état gazeux, absorbe, comme l'on sait, pour se dilater, une certaine quantité de chaleur, qu'il emprunte naturellement aux corps voisins; il en résulte un abaissement sensible de la température des gaz qui se dégagent du brasier, et, par suite, les objets ou édifices environnants sont beaucoup moins menacés de prendre feu à leur tour. Cet extincteur est très commode et très maniable, on le porte ordinairement sur le dos, ce qui permet de l'introduire avec facilité partout où un homme peut passer, et, par conséquent, d'arrêter dans leur source bien des incendies qui prennent naissance dans des lieux peu accessibles, comme cabinets, alcôves, greniers, etc. Le jet portant facilement à 7 ou 8 mètres de distance, on peut, en outre, parfaitement combattre le feu de loin sans être obligé de pénétrer soi-même dans une atmosphère irrespirable; cela permet aussi bien souvent d'éteindre le feu dans sa source, avant qu'il n'ait étendu au loin ses ravages. Cet extincteur produit des effets surprenants et pour ainsi dire instantanés, et cela avec une très petite quantité de liquide; plusieurs de ces appareils suffisent pour arrêter en quelques minutes un incendie grave. On n'a pas, en même temps, à regretter ces avaries considérables dues aux grandes masses d'eau que l'on est forcé d'employer ordinairement dans les incendies, et qui causent autant de dommages que le sinistre lui-même. On n'a qu'à déposer un certain nombre de ces appareils portatifs dans les différentes parties d'un édifice, et l'on peut être à peu près tranquille en cas d'alerte.

Un ingénieur espagnol, M. Bañolas, a perfectionné cet appareil, en le rendant encore plus puissant et plus efficace, comme il l'a démontré dans des expériences des plus concluantes, qu'il fit à Bruxelles le 24 septembre 1876. Son extincteur se compose d'un récipient cylindrique, dans l'intérieur duquel se trouve enfermé un autre réservoir plus petit, communiquant avec le premier au moyen de soupapes. L'espace annulaire compris entre les deux est hermétiquement clos et rempli de bicarbonate de soude. Le vase intérieur contient un mélange liquide d'acides qui, aussitôt qu'on ouvre les soupapes de communication, décompose le bicarbonate et en chasse l'acide carbonique gazeux; la pression produite par le dégagement constant de celui-ci, fournit, lorsqu'on ouvre un robinet, un jet vigoureux qui est projeté au loin comme dans l'extincteur Carlier et Vignon. Seulement, on n'a pas besoin, comme dans ce dernier, de charger à l'avance l'appareil d'acide carbonique, ce qui nécessite la préparation de ce gaz, avec compression à 5 atmosphères, au moyen de pompes spéciales. Ici, le gaz est produit dans l'appareil lui-même et il se trouve rapidement à la pression voulue. Au moment où l'incendie se déclare, on n'a donc qu'à endosser l'extincteur et à faire mouvoir un petit volant à main qui ouvre les soupapes de communication; on a immédiatement un jet qui a l'avantage d'éteindre le feu d'une manière très efficace, de ne pas détériorer les objets, et d'être, en même temps, absolument inoffensif pour les personnes atteintes. La reprise de l'incendie dans les parties déjà éteintes, est d'ailleurs impossible, parce que toutes les surfaces arrosées sont recouvertes d'une couche saline solide et pour ainsi dire vitrifiées; en même temps, le jet liquide expulsé permet de s'ouvrir un passage à travers la fumée. Cet appareil est certainement le meilleur que l'on ait imaginé jusqu'à présent.

A côté des extincteurs que nous avons examinés précédemment, il y a une autre catégorie tout entière, que l'on appelle *automatiques*, parce qu'ils fonctionnent seuls et automatiquement au moment d'un incendie. Le nombre des appareils imaginés dans ce but est considérable, ainsi que celui des *avertisseurs automatiques*, qui, au moyen de l'intermédiaire d'un corps quelconque sensible à la chaleur, d'une pile thermo-électrique, par exemple, font retentir à distance le timbre d'une sonnerie d'alarme. Il ne paraît pas, jusqu'à ce jour, qu'aucune de ces inventions, toutes très ingénieuses, ait donné des résultats suffisamment concluants, pour entrer dans la pratique courante. Nous citerons, en passant, l'extincteur Oriolle, basé sur l'emploi d'un alliage fusible, qui interrompt l'arrivée de l'eau dans une colonne en charge percée de trous et toute prête à inonder un espace déterminé; on sait que l'on peut abaisser le point de fusion d'un alliage à peu près à la température que l'on veut, en combinant convenablement les métaux qui en constituent les éléments; aux premières flammes dégagées par l'incendie, l'élévation de la température fait fondre la rondelle et l'irruption de l'eau se fait instantanément. Mais on sait qu'à la longue, les alliages présentent le phénomène de la *liquation*, c'est-à-dire que leurs éléments se séparent, et l'alliage perd toutes ses propriétés spéciales, entre autre celle de l'abaissement du point de fusion. On ne peut donc plus compter sur l'appareil, qui devient, dans ce cas, une véritable source de danger, par suite de la confiance qu'il inspire. Tous les avertisseurs basés sur l'électricité, sont capricieux comme l'agent qui préside à leur emploi. Leur moindre défaut est d'avertir souvent sans aucun motif et pour toute autre cause que le feu. De plus, ils se dérangent facilement et leur entretien est délicat. — A. M.

INCLINAISON. L'inclinaison magnétique d'un lieu est le plus petit angle que fait avec l'horizon de ce lieu, l'axe polaire d'une aiguille aimantée pouvant tourner librement dans un plan vertical, autour d'un axe horizontal passant par son centre de gravité. Quand ce plan coïncide avec celui du méridien magnétique du lieu, l'angle en question est minimum et donne la mesure de l'inclinaison; si le plan de rotation est perpendiculaire au méridien magnétique, l'angle que fait alors l'aiguille avec l'horizon atteint son maximum, 90°. De là un moyen de déterminer la position du méridien magnétique avec l'aiguille d'inclinaison. Les appareils propres à mesurer exactement l'inclinaison se nomment *aiguilles* ou *boussoles d'inclinaison.*

— L'inclinaison a été découverte à Londres, en 1576, par Robert Normann. Elle varie avec les temps et les lieux. Elle était à Paris : en 1671, de 75°; en 1835, de 67°14'; en 1864, de 66°3'; en 1884, de 65°12'. Elle varie annuellement, pour le même lieu, d'environ 2',5. A Brest, en 1884, elle était de 66°13'; à Toulon, en 1884, elle était de 61°2'; à Alger, en 1884, elle était de 55°19'.

Si l'on transportait du nord au sud du globe terrestre une aiguille d'inclinaison, sa pointe nord (pointe bleue, pôle austral de l'aiguille) resterait toujours au-dessous de l'horizon, mais son angle irait en diminuant, pour devenir nul vers l'équateur; puis ce serait la pointe sud qui plongerait sous l'horizon dans l'hémisphère austral. L'ensemble des points *sans inclinaison* constitue une sorte d'*équateur magnétique* qui diffère peu de l'équateur terrestre. Les points où l'aiguille serait verticale sont les *pôles magnétiques* du globe. Ils ne coïncident pas avec les pôles géographiques, mais avec les pôles thermaux. Les lignes d'*égale inclinaison* ou *isoclines* sont des lignes irrégulières à peu près parallèles à l'équateur magnétique.

La connaissance de l'inclinaison d'un lieu est loin d'avoir l'importance pratique de la déclinaison. — V. Aiguille aimantée, Boussole, Déclinaison.

INCLINÉ (Plan). — V. Plan incliné.

INCOMBUSTIBILITÉ, INCOMBUSTIBLES (Tissus, bois, papier). *T. de chim.* Il n'y a de véritablement incombustible que la substance minérale nommée *amiante* ou *asbeste* (silicate de magnésie). Les anciens se servaient de tissu d'amiante pour envelopper le corps des morts qu'on brûlait et dont on pouvait conserver ainsi les cendres qui restaient dans l'enveloppe incombustible et infusible. Ils connaissaient aussi plusieurs substances, l'alun, le vitriol vert (sulfate de fer) capables de rendre incombustibles et imputrescibles les bois qui avaient été imprégnés ou revêtus d'une dissolution aqueuse concentrée de ces matières. De notre temps, on a proposé, pour produire les mêmes effets, le phosphate d'ammoniaque, le sulfate d'ammoniaque, l'alun, le borax, le sulfate de cuivre, le silicate de potasse, l'acide borique, le chlorure de calcium, etc. Tous ces moyens présentent des inconvénients : les uns rendent les tissus trop raides ou cassants, les autres altèrent plus ou moins les couleurs, d'autres laissent les bois et les tissus trop humides. Le tungstate de soude présenterait sur les précédents l'avantage de conserver aux tissus leur souplesse et leurs couleurs, mais son prix trop élevé rend ce sel d'un usage peu pratique.

Pour préserver les bois de la pourriture et de l'incendie, un moyen efficace est le *parement insoluble* de M. Mandet. Cet enduit, nommé *glycérocolle*, se compose de : dextrine blanche soluble, très adhésive, 1ᵏ,500; glycérine blonde à 28°, 1ᵏ,900; sulfate d'alumine, 0ᵏ,100.

M. Chenevier, architecte de Verdun, qui a fait

une étude spéciale de l'incombustibilité des bâtiments, pense qu'il n'est point indispensable que tous les matériaux de construction soient incombustibles ou ininflammables, mais il croit que la carcasse d'un bâtiment quelconque doit être construite de façon à localiser l'incendie. Il suffit pour cela, d'employer les matériaux résistant le mieux à la chaleur sans déformation sensible, tels que les grès, les silex, les pierres meulières, les granits feldspathiques ou porphyroïdes, de ne poser les planchers en fer que sur une couche de bitume ou sur un enduit en ciment au lieu de les poser sur lambourdes et, pour empêcher la communication du feu d'étage à étage, d'isoler la cage de l'escalier par des murs assez épais pour arrêter la propagation de l'incendie.

INCOMPRESSIBILITÉ, INCOMPRESSIBLE (Corps). *T. de phys.* Les liquides portaient autrefois le nom de *fluides incompressibles* (c'est-à-dire dont le volume ne peut être réduit par la pression), par opposition aux gaz nommés *fluides compressibles.* Aujourd'hui qu'on a reconnu et mesuré la compressibilité des liquides et des solides les plus résistants, il n'y a plus de corps réellement incompressibles. — V. Compressibilité.

I. INCRUSTATION. L'usage a détourné le sens primitif de ce mot, sens suffisamment indiqué par son étymologie, et qui exprime l'acte de former une croûte (*crusta*) ou revêtement à la surface d'un corps, d'une matière quelconque, au moyen d'une autre matière de substance généralement différente. Le grand escalier du château de Versailles est tout entier incrusté, c'est-à-dire revêtu de marbre. Cependant aujourd'hui, ce mot suscite, dans la plupart des esprits, l'idée d'un corps à la surface duquel on a engagé, selon un contour donné, des ornements d'une matière différente, mais sans revêtir entièrement cette surface. Ajoutons que, même dans ce dernier cas, l'incrustation de la matière décorative est, le plus souvent, pratiquée de façon à ce qu'elle ne forme pas relief et demeure au plan même de la surface incrustée qui reste apparente sauf le cas des émaux cloisonnés (V. Emaillerie, § *Emaux cloisonnés*). Cette surface est donc creusée selon certains contours déterminés, puis dans les vides ainsi obtenus, on insère les motifs de décoration. On fait de la sorte des incrustations de marbre ou de mosaïque sur des dallages de pierre ou de marbre de couleurs différentes, des incrustations de cuivre, d'étain ou même de métaux précieux sur des panneaux de menuiserie et d'ébénisterie, des incrustations d'ivoire et de bois sur bois, de métal sur métal, etc., etc. Dans ces dernières, par exemple, les dessins sont enlevés en creux et par les moyens galvaniques, on insère un autre métal, or ou argent, d'une épaisseur suffisante pour que les incrustations ne forment point saillie; les pierres dures, onyx, cornalines, etc., sont gravées au moyen de l'acide fluorhydrique, et l'incrustation du métal précieux s'obtient par la galvanoplastie ou par la compression. L'incrustation a donc engendré divers arts qui ont reçu des noms qui diffèrent à raison des matières incrustées: celle des métaux la *damasquine,* celle des couleurs vitrifiables l'*émail,* celle des bois la '*marqueterie,* celle du verre enfin, pour ne citer que les principaux parmi ces arts très distincts, a reçu le nom de *mosaïque.*

II. INCRUSTATION. T. *de minér.* Les eaux qui contiennent de grandes quantités d'acide carbonique, peuvent renfermer une forte proportion de bicarbonate de chaux en dissolution, et laisser déposer ce sel, dès que l'eau arrivée au contact de l'air perd cet acide carbonique. Ces eaux, dites *incrustantes,* forment alors des croûtes sédimentaires que l'on nomme *travertins,* lorsqu'elles se déposent dans le sol; *stalactites* ou *stalagmites* lorsque l'eau tombant goutte à goutte dans des espaces vides ou caverneux, forme de longues aiguilles partant de la voûte ou de la surface du sol; et enfin, *pétrifications*; ce dernier terme sert surtout à désigner les dépôts qui se forment à la surface des objets que l'on place dans les eaux sursaturées de sels calcaires. Tels sont, par exemple, tous les objets que l'on vend à la fameuse source incrustante de Saint-Allyre, près Clermont-Ferrand, et qui, n'ayant à leur surface qu'une couche plus ou moins épaisse de carbonate calcaire, ne doivent pas être confondus avec les pétrifications véritables, c'est-à-dire celles dans lesquelles il y a eu substitution des éléments chimiques. Ce ne sont ici que des *pseudopétrifications.*

III. INCRUSTATION DES CHAUDIÈRES A VAPEUR. Couche isolante, de nature et d'épaisseur variables, fixée sur la partie des appareils à évaporer ou vaporiser, en contact avec le liquide.

Généralités. Les eaux employées pour produire la vapeur ont dissous, pendant leur séjour dans le sol, des sels de natures diverses; ces eaux ont reçu dans leur parcours des détritus de toute sorte soit en dissolution, soit en suspension. Les liquides industriels dont on élimine la partie aqueuse, par évaporation, contiennent le plus souvent des sels minéraux ou organiques; l'évaporation, la vaporisation de ces liquides concentre ces sels au delà du point de saturation et provoque la formation de dépôts insolubles. Les corps en suspension jouent, vis-à-vis de l'incrustation, un rôle important en ce sens qu'ils multiplient les surfaces de contact, divisent la masse liquide, et diminuent, par suite, l'épaisseur de la couche incrustante sur les parois chauffées.

Formation de la couche incrustante. Pour se faire une idée exacte des effets et des causes, il importe d'étudier avec soin les propriétés physiques et chimiques des sels en dissolution. Les sels neutres à base de chaux, carbonates et sulfates, ont une faible solubilité, aussi constituent-ils la partie la plus importante des dépôts incrustants.

La solubilité des autres sels est variable; il est évident que si, leur point de saturation était dépassé, ces sels, même très solubles, engendreraient des concrétions dures sur les parois chauffées. Le chlorure de sodium contenu dans l'eau de mer peut être donné comme exemple; si on ne maintenait pas, par des évacuations fréquentes du liquide concentré, la solubilité du sel, il engendrerait des dépôts insolubles d'une grande dureté. Sous l'influence de la chaleur, les bicarbonates de chaux ou de magnésie solubles, perdent un équivalent d'acide et passent à l'état de sels neutres très faiblement solubles. L'élimination de l'acide carbonique provoque donc une précipitation du sel neutre dans le générateur. La structure du précipité dépend de la rapidité plus ou moins grande avec laquelle l'acide carbonique des bicarbonates a été éliminé. En général, le caractère incrustant du dépôt est d'autant plus prononcé, que l'acide carbonique a été éliminé plus lentement. L'eau saturée par un sel n'en conserve pas moins la propriété de dissoudre des sels d'autre nature; mais tout apport d'une nouvelle quantité du sel dont l'eau est saturée, provoque la précipitation d'une quantité de sel correspondante.

Le générateur de vapeur constitue un véritable cristallisoir. Sur la paroi, la concentration est plus active que dans la masse liquide, il s'y fixe donc des sels insolubles, en quantité correspondante au poids de vapeur engendré. Chaque globule de vapeur grossit dans son parcours, draine la chaleur ambiante, et provoque sur les particules en suspension, tangentes aux globules de vapeur, le dépôt de sel correspondant au poids de vapeur formé en chaque point de ce parcours. De même que la paroi, chaque particule solide devient ainsi le noyau autour duquel se groupent les particules salines précipitées.

Les sels engendrent des dépôts avant que le point de saturation du liquide soit atteint dans toute la masse liquide. Pour le sulfate de chaux, dont la *solubilité reste sensiblement constante à toute température,* l'incrustation se fera sur la surface de chauffe directe dès que le liquide à vaporiser contiendra 500 grammes, par mètre cube, de ce sel en dissolution. La seule hypothèse admissible est que l'intensité calorifique provoque, dans le liquide en contact avec ces parois, une concentration locale donnant naissance à un dépôt solide proportionnel au poids de vapeur dégagé. Tous les sels doivent donner naissance à des phénomènes analogues. En résumé, l'expulsion plus ou moins rapide de l'acide carbonique précipite une grande quantité de carbonate neutre à l'état vaseux ou cristallin, incrustant ou non incrustant, selon la rapidité avec laquelle l'acide carbonique a été éliminé de la première combinaison.

Les sels solubles, en saturant le liquide, provoquent un dépôt, correspondant au nouvel apport de sel de même nature par le liquide alimentaire. Ces derniers dépôts sont toujours durs, amorphes et adhèrent, soit à la paroi du générateur de vapeur, soit à la périphérie des corps en suspension dont le volume augmente sans cesse. Pendant les arrêts, les corps en suspension se déposent sur la couche incrustante; une partie de ces dépôts reste fixée et forme ces stries caractéristiques, qui divisent la masse incrustante en couches parallèles, d'épaisseur variable. Le dépôt incrustant oppose une résistance considérable à la transmission calorifique; pour vaincre cette résistance, la température de la paroi métallique s'élève; la zone neutre de transmission se place alors, non plus dans le métal, mais dans le dépôt isolant. De cette zone à l'extérieur de la paroi, la température croît et peut devenir telle que les sels ou dépôts, de nature organique, emprisonnés dans la couche, se décomposent, se carbonisent et colorent, en noir ou en gris noirâtre plus ou moins intense, les parties voisines de la paroi métallique. Les oxydes métalliques se fixent de préférence sur les dépôts carbonatés qui se colorent avec plus ou moins d'intensité. En général, les dépôts sulfatés moins poreux, plus denses, ont une couleur moins accusée que les carbonates.

L'exposé qui précède met en évidence l'extrême variété de forme et de classement des dépôts dans les appareils vaporisateurs. Le sectionnement de la masse liquide, le mode de chauffage, la circulation plus ou moins active du liquide sur les parois, sont des causes physiques qui influent sur la forme du dépôt, sur le mélange plus ou moins complet des sels qui entrent dans sa composition.

Quand l'eau s'échauffe par graduation (V. CHAU-DIÈRE A VAPEUR), les réchauffeurs retiennent le carbonate de chaux ; le carbonate de magnésie plus soluble à chaud que ce dernier sel, se concentre dans la chaudière avec les sulfates, les chlorures ; la partie soluble du carbonate calcique sature toujours l'eau qui pénètre dans le générateur. Dans ce cas, il y a dépôt vaseux et incrustant de carbonate de chaux dans les réchauffeurs, dépôt incrustant de sulfate et de carbonate calcique dans le générateur et dépôt pulvérulent de carbonate magnésien.

Le chauffage méthodique n'est pas toujours observé ; souvent l'eau d'alimentation est injectée à haute température. Dans ce cas, l'acide carbonique se dégage du bicarbonate, un dépôt vaseux, granuleux ou incrustant, prend naissance autour de l'orifice du tuyau et dans le tuyau même ; parfois, l'obstruction du tube adducteur est telle que la section disponible suffit à peine pour livrer passage au liquide alimentaire. Le sulfate calcique se fixe rarement dans cette partie du générateur, les dépôts calcaires y sont en quantité dominante.

Avec des eaux séléniteuses, le tube alimentaire ne s'obstrue pas, la partie voisine de l'alimentation est la moins chargée de dépôts parce que le liquide souvent renouvelé s'oppose à la concentration du sel incrustant.

Enfin, quelques constructeurs injectent le liquide dans la chambre de vapeur de la chaudière ; quand la température du milieu est assez élevée pour échauffer convenablement chaque gouttelette d'eau, l'acide carbonique, mis en liberté, donne naissance à un dépôt pulvérulent de carbonate de chaux ou de magnésie. L'action calorifique est, dans ce cas, comparable à l'action chimique, quand cette action a pour objet l'élimination spontanée de l'acide carbonique. Le sulfate calcique, ayant sensiblement la même solubilité à toute température, n'est pas influencé par l'action calorifique, ce sel ne dépose que dans un liquide saturé.

L'épaisseur de la couche incrustante, due à la concentration, est en raison directe de l'intensité calorifique ; mais la dilatation, qui résulte du chauffage de la paroi métallique exposée au rayonnement, allonge le métal sur lequel se dépose la couche isolante. Quand le chauffage cesse, la contraction du métal est supérieure à celle de la couche incrustante qui se trouve alors fortement comprimée, et se fendille. Le fonctionnement suivant dilate à nouveau le métal, le liquide pénètre par les fissures de la croûte, s'infiltre entre la couche incrustante et la paroi, se vaporise et provoque le décollement de l'incrustation. Les plaquettes détachées flottent dans le générateur, s'accumulent par le remous en certains endroits, retiennent dans leur masse les parties vaseuses, se soudent entre elles dans le liquide saturé, et provoquent ces graves défauts connus sous le nom de *coups de feu.*

Quand l'incrustation est friable, compressible, les effets de dilatation et de contraction sont sans influence sur la couche calcaire. La surchauffe de la tôle durcit de plus en plus l'incrustation avec laquelle elle est en contact.

Le mélange de corps gras à l'eau d'alimentation a parfois de graves conséquences. L'acide gras déplace l'acide carbonique et se combine à la chaux, ces dépôts se fixent sur les parois qu'ils isolent de l'eau, la surchauffe des tôles devient excessive, la dilatation disloque les assemblages et provoque des fuites abondantes. Parfois, les réactions engendrées par les corps en dissolution mettent en liberté des acides qui corrodent les parois (V. CORROSION), ou des bases qui provoquent l'entraînement d'eau. L'incrustation donne donc lieu à des combinaisons extrêmement complexes qui conduisent aux considérations suivantes :

1° La formation des dépôts insolubles est en raison inverse de la solubilité des sels en dissolution ;

2° L'analyse chimique, qualitative et quantitative des liquides, est indispensable pour déterminer sûrement les mesures à prendre contre l'incrustation des parois ;

3° Le coût du traitement préventif varie avec la nature et la teneur des sels incrustants en dissolution. Il est plus élevé pour les sulfates que pour les carbonates ;

4° Les sels incrustants sont à base de chaux, combinée avec les acides carbonique et sulfurique, les sels magnésiens n'engendrent que des dépôts non adhérents ;

5° La forme de l'appareil, le mode d'alimentation influent sur le caractère plus ou moins incrustant du carbonate de chaux, mais sont sans influence sur les autres sels ;

6° Il n'y a pas de panacées contre l'incrustation, mais la chimie minérale fournit toutes les indications nécessaires pour la prévenir ;

7° Le prix de revient de la vapeur est intimement lié à la pureté de l'eau.

DIVERS MOYENS DE COMBATTRE L'INCRUSTATION. *Moyens empiriques.* Ces moyens sont *les plus dispendieux, les moins efficaces, et les plus employés.*

En première ligne se place le piquage des tôles, avec un marteau à double tranchant, analogue à celui employé pour le rhabillage des meules de moulin.

Ce travail pénible, long et dispendieux, crible les parois de fines anfractuosités qui aident à l'adhérence des couches ultérieures. C'est le mode d'entretien le plus coûteux.

Les enduits de goudron, de graisse, d'asphalte, de coaltar, etc., ont pour effet de faciliter l'enlèvement de la couche incrustante, après laquelle adhère la matière organique. Ces enduits isolent la tôle et la surchauffe devient parfois assez considérable pour volatiliser la matière enduite. Ce procédé facilite le piquage, mais n'améliore pas la conductibilité du métal.

Le mélange au liquide de corps inertes tels que talc, argile, pommes de terre, cendres de houille, etc., n'a qu'une action physique. Ces corps agissent par leur présence en divisant la masse liquide, et offrant des surfaces additionnelles aux matières incrustantes. Cette demi-mesure atténue le mal sans le faire disparaître.

Les matières astringentes, colorantes, mucilagineuses, la mélasse, les sciures de chêne, d'acajou, les lichens, agissent chimiquement à cause des sels et des acides organiques qu'ils contiennent. Ils donnent naissance à des corps en suspension, dont la présence divise la masse liquide, et répartit l'incrustation entre les surfaces chauffées et la partie externe de ces corps. Ces divers procédés ont une efficacité relative avec les eaux carbonatées, mais sont sans influence sensible sur les eaux sulfatées. Ces demi-mesures sont en nombre considérable, chaque industriel applique la recette qui lui inspire confiance. On ne saurait comparer la valeur pratique et économique de ces moyens à celle des procédés que la science indique pour détruire la propriété incrustante des sels terreux.

Quant aux innombrables remèdes secrets, tartrifuges, anti-calcaires, ils n'ont d'autre tort, que de prétendre à l'infaillibilité, de ne tenir aucun compte de la nature et de la teneur des sels en dissolution.

TRAITEMENT CHIMIQUE DES SELS TERREUX. Nous entrons là dans la voie féconde. L'analyse exacte des sels en dissolution constitue une donnée positive d'une réelle valeur ; s'il devient possible de raisonner le traitement à appliquer, il est plus difficile d'en assurer pratiquement l'application rigoureuse. *Pour supprimer l'incrustation, il faut vouloir.* C'est un mal invisible pendant le fonctionnement ; pour ce motif, il est difficile à guérir. Le chimiste a seul qualité pour déterminer exactement la dose et la nature des réactifs. L'excès ou l'insuffisance provoquent des mécomptes, on ne peut donc obtenir de solution empiriquement.

Le traitement chimique s'opère avant ou après l'introduction de l'eau dans la chaudière. Dans les deux cas, il exige un dosage aussi exact que possible du réactif, un mélange intime de ce réactif à la masse liquide à traiter. Quand la solubilité du sel est due à l'acide carbonique en excès, il convient de saturer cet acide par une base ou de le faire entrer dans une combinaison chimique de façon à précipiter, à l'état d'extrême division, les carbonates insolubles. La chaux, la magnésie, la soude, la potasse, sont les réactifs destinés à capter l'acide carbonique.

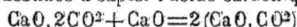

$$CaO, 2CO^2 + CaO = 2(CaO, CO^2)$$

est la formule chimique applicable à ces diverses bases en présence du bicarbonate calcique ou magnésien. Le traitement du sulfate de chaux s'opère, soit à l'aide de bases, soit à l'aide de sels neutres constituant la série des alcalis minéraux solubles. Quand les sulfates ou les bicarbonates sont simultanément en dissolution dans l'eau à traiter, l'emploi des bases est tout indiqué :

$$CaO, 2CO^2 + CaO, SO^3 + NaO = 2(CaO, CO^2) + NaO, SO^3$$

Dans cette réaction, on sature l'acide carbonique par la soude, en précipitant le carbonate de chaux insoluble. Le sulfate de chaux et le carbonate de soude mis en présence, donnent par double décomposition du sulfate de soude soluble et un nouveau précipité de carbonate calcique. Si l'eau est seulement séléniteuse, le chlorure de baryum est le réactif à employer :

$$CaO, SO^3 + BaCl = CaCl + BaO, SO^3.$$

Il y a double échange entre les éléments : formation de sulfate de baryte complètement insoluble, et de chlorure de calcium, très soluble.

Ce qu'il importe d'éviter avec soin, c'est de donner naissance à des sels instables dont la décomposition ultérieure serait susceptible d'engendrer des corrosions ou des entraînements d'eau.

L'expérience du spécialiste peut seule mettre à l'abri des mécomptes. La mise en train exige beaucoup de soin et d'attention. Le traitement chimique avant l'injection de l'eau dans la chaudière, s'opère à froid dans des vases de grande capacité où les dépôts sont décantés, le filtrage des eaux est souvent nécessaire pour retenir les particules les plus fines dont l'accumulation dans les chaudières présenterait de graves inconvénients. Ces appareils sont à marche continue ou intermittente. Ils conviennent surtout aux postes d'eau des lignes ferrées, aux industries spéciales qui emploient de grandes quantités d'eau, dont la pureté influe sur la qualité du produit. Dans ces cas spéciaux, les avantages contrebalancent l'énorme dépense, les soins de tous les instants, l'encombrement occasionné par ces appareils et l'imperfection relative de l'épuration. Les procédés intermittents de Lelong Burnet, de Leblanc, l'appareil continu de Béranger et Stingl, ont reçu dans l'industrie des applications forcément limitées pour les motifs qui précèdent.

Envisagé au point de vue spécial de la génération de la vapeur, le traitement chimique des sels, après introduction de l'eau dans la chaudière, présente des avantages théoriques et pratiques d'une incontestable valeur.

1º La chaleur, le mouvement, éléments si favorables aux réactions, interviennent obligatoirement et gratuitement ;

2º L'action chimique sur le carbonate de chaux est obtenue par la seule présence d'un réactif approprié et convenablement dosé;

3º Le dosage du réactif exige moins de précision que quand l'épuration précède l'emploi de l'eau, et la combinaison se complète par le contact indéfini des corps qui réagissent les uns sur les autres. Mais, à côté des avantages du traitement interne subsiste le grave inconvénient de l'accumulation des corps insolubles dans le générateur; le changement d'état physique des sels terreux donnant naissance à des inconvénients d'un autre ordre, Les particules solides engendrées chimiquement ont une ténuité extrême; leur accumulation en provoque l'entraînement avec la vapeur et toutes les conséquences physiques et chimiques de cette adultération. Longtemps ces motifs se sont opposés à la vulgarisation du traitement chimique interne; ils ont cessé d'exister. Depuis vingt ans, de nombreuses tentatives ont été faites pour éliminer dans les chaudières les corps en suspension.

Les décanteurs de Duméry, de Belleville, de Cuveiller, les débourbeurs anglais, belges et américains, l'écumoir de Seward et Smith, les collecteurs internes de Schmitz ou de Farcot sont autant de tentatives faites dans cette voie; mais, aucun de ces inventeurs n'avait visé cette élimination comme le complément nécessaire du traitement chimique; d'autre part, les appareils placés à l'extérieur n'avaient qu'une action locale très restreinte, et les appareils internes étaient sans défense contre les mouvements brusques du liquide en vase clos.

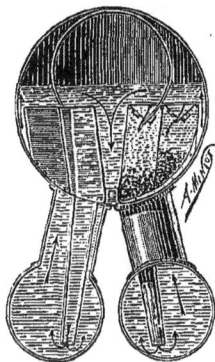

Fig. 468. — *Collecteurs de dépôts placés dans une chaudière à bouilleurs inférieurs.*

L'efficacité de ces moyens n'aurait eu, du reste, d'autre résultat que d'aggraver l'épaisseur et la dureté de la couche incrustante par la réduction des surfaces internes engendrées par les corps en suspension.

C'est en 1878 que la captation des dépôts dans les générateurs atteignit une valeur pratique indéniable. Les collecteurs L. Dulac avaient sur les précédents l'immense avantage de retenir, d'emprisonner les dépôts vaseux, et d'être rigidement maintenus sur les parois, tout en conservant leur amovibilité. Les figures 468 à 470 donnent, en coupe, diverses applications de ces collecteurs. Chacun d'eux provoque la circulation active du liquide sur la paroi chauffée; le courant engendré véhicule les corps en suspension; mais, dans le mouvement ralenti de ce courant sur le plan du collecteur, les corps solides plus denses s'infléchissent et pénètrent dans le collecteur. Un diaphragme mobile se relève brusquement quand

une dépression barométrique dans la chambre de vapeur provoque l'ébullition tumultueuse du

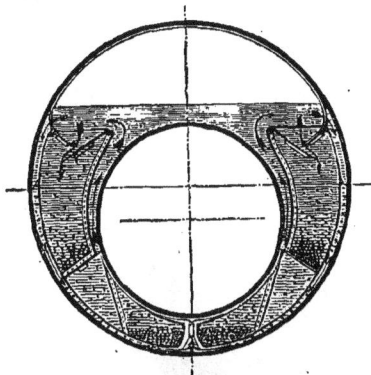

Fig. 469. — *Collecteurs de dépôts placés dans une chaudière à foyers intérieurs.*

liquide. Grâce à cet organe, le liquide vaseux est retenu dans le collecteur. Les couches liquides les plus éloignées des collecteurs sont déplacées par des tubes de circulation spéciaux qui obligent le liquide, chargé de dépôts, à remonter dans le voisinage des vases décanteurs. Ces appareils s'étendent sur toutes les parties du générateur où l'ébullition est relativement calme, la captation du dépôt s'opère sûrement. La capacité des collecteurs est suffisante pour recueillir complètement les dépôts engendrés par un long fonctionnement. Le nettoyage annuel des collecteurs est d'usage courant avec des eaux de moyenne dureté. Ces vases décanteurs sont applicables à tous les tubes extérieurement chauffés, quel que soit leur diamètre (fig. 469).

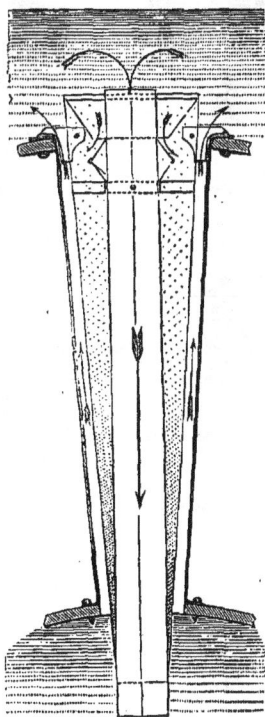

Fig. 470. — *Collecteur de dépôt placé dans un tube Galloway.*

Pour opérer le traitement chimique interne, il suffit donc de verser une fois chaque jour, dans le bac alimentaire, un poids de réactif correspondant au volume d'eau vaporisé. Ce réactif se mêle intimement à l'eau contenue dans le générateur, sous l'influence des courants énergiques engendrés par les collecteurs, et agit d'autant plus vite que la chaleur hâte les réactions (fig. 470). .

Considérations économiques. Le traitement chimique des sels terreux exige une dépense qui varie de 1 centime jusqu'à 1 franc par mètre cube d'eau ; il convient d'ajouter, que plus le coût du traitement s'élève, plus un contrôle rigoureux s'impose. Quand le coût du réactif, nécessaire aux actions chimiques dépasse 0 fr. 25 par mètre cube, il y a intérêt évident à substituer au traitement chimique, l'alimentation monohydrique à l'aide du condenseur par surface. Ce condenseur n'est applicable qu'à la vapeur d'échappement des moteurs. Pour donner des résultats pratiques, cet appareil doit conserver une conductibilité constante et éliminer les corps gras. Le condenseur L. Dulac réalise ces desiderata. La vapeur se tamise à travers une couche de coke qui retient les corps gras, les impuretés ; cette vapeur est ensuite condensée. L'aéro-condenseur Foucher utilise la chaleur pour le chauffage de l'air (V. CONDENSEUR). Le chauffage de l'eau et de l'air sont susceptibles de nombreuses ap-

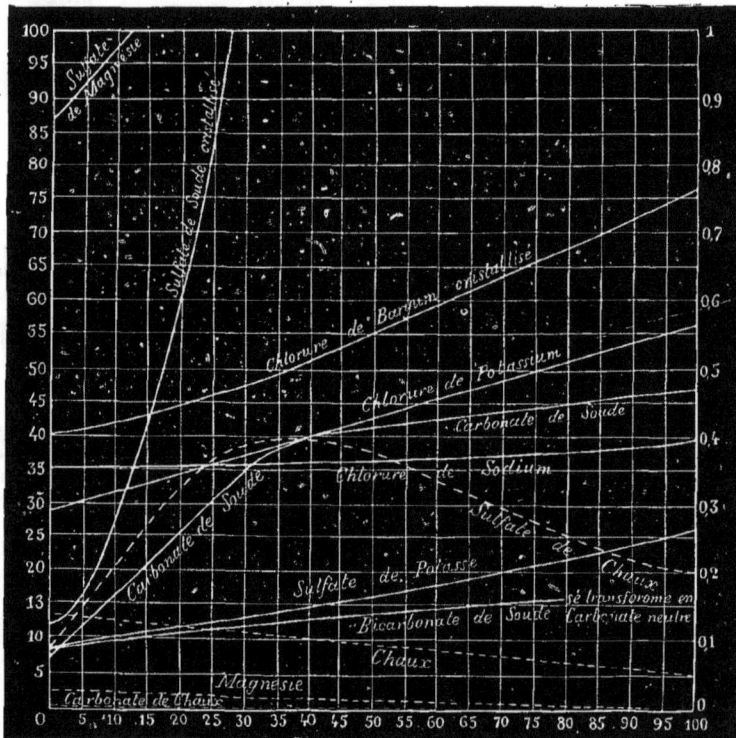

Fig. 471.

plications industrielles, ces condenseurs nous semblent ouvrir une voie nouvelle, aussi rationnelle que féconde en bons résultats. La question de l'incrustation repose uniquement sur la solubilité relative des différents sels. Nous croyons devoir clore cette étude en donnant un tableau graphique des courbes de solubilité des sels minéraux à diverses températures (fig. 471). L'étude de ces courbes renseignera utilement sur l'opportunité des vidanges de chaudières, sur les causes et l'importance de l'incrustation. Outre les sels en dissolution dans l'eau, ce graphique comprend les sels et bases employés pour le traitement chimique des sels terreux et les sels engendrés dans les réactions.

Les températures en degrés centigrades sont portées en abscisses (1 millimètre représentant un degré).

Les ordonnées de gauche, qui se rapportent aux courbes en trait plein, représentent le nombre de parties du sel dissoutes dans 100 parties d'eau (1 millimètre par partie). Exemple : le chlorure de sodium sature à 0° avec 35 parties de sel, il en faut 40 parties pour saturer l'eau à 100°.

Les ordonnées de droite ont la même signification, mais à une échelle différente (10 centimètres pour une partie dissoute), elles se rapportent aux courbes en trait ponctué, donnant la solubilité de substances peu solubles, qu'à la première échelle il eut été impossible de représenter. Exemple : 100 grammes d'eau dissolvent à 0°, 0,008 parties de sulfate calcique ; 0,04 parties à 37° et 0,02 parties à 100°.

Quant aux incrustations des appareils à évaporer les jus extraits des végétaux, leurs causes

sont tellement complexes, qu'elles sortent absolument du cadre qui nous est imposé. L'analyse
de ces dépôts peut seule guider le chimiste
dans le choix du réactif propre à opérer leur
dissolution. L'épuration préalable des sels incrustants serait désirable dans ce cas, mais il est extrêmement difficile et parfois impossible de la
réaliser.

L'eau pure est la panacée par excellence; à
défaut, il convient de faire disparaître par un
traitement raisonné les propriétés incrustantes
des corps en dissolution dans les liquides, ou
dans l'eau à vaporiser. C'est à l'incrustation des
parois chauffées qu'il convient d'attribuer les
pertes de combustible, la rapide destruction des
appareils et le plus grand nombre des explosions.

La condensation de la vapeur épurée, le traitement chimique interne des sels incrustants,
complété par la captation méthodique des dépôts
engendrés, sont des procédés rationnels fournissant une solution satisfaisante du problème.

*INCRUSTEUR. T. de mét. Artisan qui fait des
incrustations artistiques.

INCUBATION ARTIFICIELLE. On désigne sous
le nom d'*incubation*, la période qui s'écoule entre
la ponte de l'œuf et son éclosion.

Il se pond annuellement, en France, plus de dix
milliards d'œufs, représentant une valeur de
500 millions de francs. On arriverait à un chiffre
plus élevé si on calculait la valeur des volailles
destinées à la consommation. Les poules conservent leur fécondité pendant près de quatre années,
mais elles cessent de pondre durant l'incubation
et l'élevage des poussins. En outre de ce temps
perdu, les couvées sont souvent compromises par
la santé des mères. C'est pour éviter ces non-va-
leurs qu'on a tenté de produire l'incubation et
l'élevage par des moyens artificiels. Cet art paraît
remonter très haut dans l'antiquité. On assure
que les Chinois, les Persans et surtout les Egyptiens pratiquaient l'incubation artificielle. Des
recherches furent tentées au siècle dernier. Réaumur employait des *mères artificielles*, sortes de
pupitres garnis de laine à l'intérieur. La question
resta longtemps sans solution, quoique certaines
couveuses (Copineau, 1780; Bonnemain, 1816;
Darcet, 1827; Charbonnier, Adrien et Trioche,
Robert, etc.) firent des apparitions dans ces derniers temps ; ces couveuses ne se propagèrent pas,
et leurs résultats étaient fort aléatoires. Le problème fut résolu d'une façon pratique et profitable
vers 1875, par MM. E. Roullier-Arnoult et Arnoult.
La couveuse artificielle désignée encore sous le
nom d'*hydro-incubateur* devant remplacer la poule
couveuse, il est évident que pour bien fonctionner elle doit remplir autant que possible certaines
conditions en dehors desquelles l'incubation n'a-
boutit pas. Les principes qui doivent guider la
construction ou le choix d'une couveuse artificielle
sont les suivants : mettre les œufs dans la même
situation que s'ils étaient couvés par une poule,
c'est-à-dire qu'ils aient une chaleur régulière et
une aération suffisante, enfin la machine doit être
simple et facile à conduire.

Il ne faut jamais dépasser 40°, une bonne température est entre 39 et 40°. Les œufs chauffés à 43° ne
donneraient aucun résultat, les embryons seraient
morts le sixième ou septième jour ; même chose
arriverait pour des températures de 36 à 37°, seulement les embryons vivraient deux ou trois jours
de plus ; enfin, si on chauffait vers 41 ou 42°, il y
aurait quelques éclosions seulement ; c'est précisément là que se trouve la pierre d'achoppement
de toutes les anciennes couveuses. La température
régulière dans laquelle il faut maintenir les œufs
peut s'obtenir par divers moyens. De tous, le meilleur et le plus pratique est le chauffage à l'eau
chaude.

On emploie aussi des thermomètres avertisseurs ; lorsque la température dépasse 40°,5 ils
mettent en marche, par communication, une sonnerie électrique chargée de donner l'éveil. On a

Fig. 472. — *Hydro-incubateur.*

essayé, il y a quelques mois, en Allemagne, une
couveuse dont le chauffage est produit par une
spirale en maillechort de 8 à 10 mètres de longueur, chauffée par un courant électrique ; un
thermomètre régulateur interrompt ou ferme le
circuit lorsque la température monte ou diminue ;
il reste à savoir si les résultats sont proportionnés
aux dépenses de ce système. Enfin, tout récemment MM. Roullier-Arnoult et Arnoult ont imaginé de maintenir la même température dans la
couveuse à l'aide d'une briquette spéciale en charbon aggloméré que l'on introduit dans l'appareil
toutes les douze heures.

L'hydro-incubateur (fig. 472) a la forme d'un
cube en menuiserie dont la partie supérieure est
occupée par un réservoir en fer-blanc destiné à
recevoir l'eau chaude ; la partie inférieure de la
boîte reçoit un tiroir dans lequel on dépose les
œufs à couver. La chaleur venant d'en haut, s'é-
tend sur toute la surface du tiroir, et se trouve

uniformément répartie ; les œufs recevant la chaleur de haut en bas sont donc dans les mêmes conditions que sous la couveuse naturelle. L'aération se fait d'une manière régulière au moyen de 2 tubes latéraux placés de chaque côté de la couveuse ; il s'établit par ces tubes un léger courant d'air qui sert à emporter l'acide carbonique dégagé par l'embryon. L'humidité nécessaire à l'incubation s'obtient naturellement par la différence même de température qui existe entre le tiroir à œufs et l'air ambiant ; il en résulte à l'intérieur du tiroir une vapeur humide. Le réservoir d'eau est muni à sa partie supérieure de 2 tuyaux recourbés qui peuvent s'obturer par un bouchon à vis ; par l'un on introduit l'eau avec un entonnoir, pendant cette opération l'autre sert au dégagement de l'air. Le réservoir est, en outre, muni à sa partie inférieure d'un robinet de vidange et d'un niveau d'eau gradué, indiquant le nombre de litres contenus dans le réservoir. La manœuvre de l'appareil est toute simple, le

Fig. 473.

renouvellement d'une partie de l'eau du réservoir se fait sans aucune difficulté et deux fois en vingt-quatre heures (le matin et le soir). Un thermomètre placé au milieu des œufs guide la marche de la couveuse. Le matin, le tiroir est laissé 20 minutes hors de l'appareil et les œufs sont retournés ; le soir, ils sont simplement retournés.

Fig. 474.
Œuf clair.

Vers le cinquième jour, on procède au *mirage* des œufs pour écarter ceux qui sont *clairs* ou non fécondés. Cette opération se fait au moyen d'une lampe spéciale, alimentée au pétrole, entourée par un tambour réflecteur devant lequel on place l'œuf (fig. 473). On remarque dans l'œuf non fécondé une opacité ronde qui oscille à chaque mouvement de rotation qu'on lui imprime (fig. 474). Dans l'œuf fécondé, après 120 heures d'incubation, le jaune est dilaté et forme en bas un cercle ombré ; l'embryon ressemble à une araignée rouge dont les pattes sont représentées par les veines. La fig. 475 représente un œuf de 8 jours d'incubation ; il a les mêmes caractères qu'au cinquième jour, mais beaucoup plus prononcés. La chambre à air

Fig. 475.
Œuf fécondé.

va en augmentant, et à la fin de l'incubation elle occupe le 1/3 de l'œuf. Il a été constaté aux couvoirs de Gambais, près Houdan, que la proportion des œufs clairs était en été de 25 0/0 et en hiver de 50 0/0. En outre, il faut compter, en été comme en hiver, 20 0/0 d'œufs jugés féconds au

mirage et n'arrivant pas à bien ; le résultat des éclosions est alors de 55 0/0 pour l'été et de 30 0/0 pour l'hiver. C'est la même proportion pour les œufs couvés par les poules. Les incubateurs artificiels donnent un nombre d'éclosions au moins égal sinon supérieur à celui qu'on obtient avec les couveuses naturelles. Les œufs reconnus clairs sont livrés sans retard au commerce.

Au vingt-unième jour, les poussins percent la coquille (*béchage*) pour pouvoir s'en dégager ; une fois sortis, on les met dans la *sécheuse* adaptée à certains hydro-incubateurs. La sécheuse est un compartiment situé au-dessus du réservoir d'eau, fermé par une vitre et un couvercle capitonné ; des ouvertures latérales assurent une bonne ventilation.

L'incubation est terminée, mais reste l'élevage qui doit durer un mois. Pour cela, on emploie des mères artificielles ou *éleveuses hydro-mères*. L'éleveuse est analogue à la couveuse ; c'est une boîte dont la partie supérieure est occupée par le réservoir à eau chaude muni de tous les accessoires décrits précédemment. La partie inférieure est le compartiment destiné aux jeunes poulets, le plafond, le plancher et les parois sont doublés par un tissu de laine, le compartiment inférieur est muni de portes à grillages et le tout est placé dans un petit parc en bois servant aux promenades des quatre premiers jours. C'est dans ce parc que l'on dépose leur nourriture ou pâtée dans des augettes ou sur des petits billots de bois. On diminue progressivement le chauffage de l'hydromère, et à six semaines les jeunes poulets ont leurs grosses plumes, ils n'ont plus besoin de leur éleveuse qui recommencera les soins précédents pour une seconde couvée. — M. R.

* INDE ANGLAISE (1). Ce beau nom auquel se rattachent les origines de l'humanité, l'Inde, ne figurerait pas dans ce *Dictionnaire*, si le prince héritier d'un grand empire n'avait, avant la dernière Exposition, visité la vieille Asie et n'en avait rapporté les présents qui lui furent offerts par les souverains de l'Indoustan, du Bengale et du Cachemire. Cette incomparable collection de cadeaux acceptée, puis exposée par le prince de Galles, constituait à peu près toute l'exposition indienne. Mais nous ne risquons pas de nous tromper en disant, qu'à raison de la provenance des objets qui la composaient, cette collection réunissait des témoignages de l'art indien si exceptionnels, qu'en aucun temps, en aucun lieu, on n'eût pu en grouper une telle quantité et d'une telle magnificence. Au seuil de ces éblouissantes richesses se dressait sur son haut piédestal la vivante figure du prince de Galles, du futur empereur des Indes, de cet Européen qui est allé là-bas consacrer la domination de l'Occident actif, énergique, laborieux, sur ce somptueux Orient engourdi depuis des siècles dans la paresse despotique de ses monarchies absolues (fig. 476). Dans cet écrasement, ce que ces mains asiatiques ont pu réaliser d'inutiles et fabuleuses merveilles est vraiment prodigieux. Ne nous demandons pas ce que chacune d'elles représente de patience improductive, impuissante à assurer la sécurité de la vie, jouissons en égoïstes des résultats. De toutes parts, on y était ébloui par le fauve éclat de l'or, par les lumières profondes des pierres précieuses et les scintillations des diamants, représentation d'un luxe sans pareil, le luxe du pouvoir sanglant. Car, toutes ces profusions d'opulence, sont surtout consacrées aux armes qui affectent ici toutes

(1) Voir la note du tome I page 117.

les formes imaginables de la destruction la plus rapide, la plus sûre et la plus élégante.

On ne peut se lasser d'admirer l'art avec lequel les joailliers de l'Inde combinent les pierres et les métaux : turquoises serties dans l'or, dans le jade, dans l'ébène, dans l'ivoire; corail, lapis, perles enchâssés dans quelque matière dure; or pur incrusté dans le jaspe, dans la pierre de couleur transparente; diamant, rubis, émeraude, cabochon montés de manière à croiser leurs feux : tout cela appliqué à la décoration des armes. On comptait jusqu'à 76 sabres ou épées, 54 kanjars, poignards birmans, circassiens, javanais, kris de la Malaisie ou couteaux turcs; 8 khouttars de l'Indoustan, 10 haches orientales, 8 boucliers dont l'ombilic et les quatre boutons sphériques, qui servent de rivets aux garnitures intérieures, sont pavés d'émeraudes, de rubis et de diamants. Après l'or et les gemmes, l'ivoire et le bois dur de santal, sont les matières où le génie de l'Indou aime à s'exercer :

modèles de temples et de palais, palanquins, hanaps, boîtes à parfums, coffrets sculptés avec une légèreté qui n'exclut pas la solidité, et avec une finesse, un sentiment de la ligne, une gracieuse harmonie de dessins qui se retrouvent dans les admirables damasquines dont le fini rappelle celui de notre point d'Alençon. Cependant, il faut bien le dire, le caractère de cet art est la minutie, la patience, et la plus grande somme de travail accumulée sur le moindre espace donné; un travail d'homme-machine. C'est, en somme, un art petit. Ces artistes arrivent pourtant, en vertu de cette application disciplinée, à reproduire certaines formes naturelles avec une puissance de réalité surprenante : le chameau, l'éléphant, le serpent surtout, le serpent symbolique qui hante toute la cosmogonie de l'ancien Orient; des oiseaux de toutes couleurs et, entre autres, le paon qu'on a pu nommer « le vrai génie de l'Inde. »

Cependant, parmi tous ces trésors d'origine locale, nous

Fig. 476. — L'Inde anglaise à l'Exposition de 1878.

avons constaté le mélange singulier du goût européen. Bien des présents offerts par les mornes Rajahs au prince de Galles avaient un caractère bâtard, anglais autant que indou. Ils ont été fabriqués là-bas, sans doute, mais pour faire honneur à leur hôte et, par une singulière méprise de goût, exécutés sur des dessins venus de Londres ou de Paris.

Notre critique ne porte pas sur les objets de style nouveau, ouvertement commandés par nos grands fabricants français, qui ont dans l'Inde des succursales de leurs ateliers parisiens. Telles sont, au premier rang, les importantes maisons Verdé-Delisle, les fils Oulman, Dalsème, qui dirigent d'ici la fabrication du châle de l'Inde moderne que la haute mode n'abandonnera jamais, et où se retrouve la plus douce harmonie du ton dans la plus riche profusion de couleurs se répandant en courbes flottantes, en longues palmes ioniques aux pointes recourbées encadrées dans de fines bordures à simple, double et triple rang.

Nous n'aurons plus occasion de revoir un ensemble aussi imposant des spécimens de l'art indien, ces tapis, ces châles, ces soieries, ces mousselines, ces joyaux, ces

harnais d'éléphant, ces armes, toutes ces choses d'un luxe exubérant qui nous montre l'œuvre de deux cents générations, et une somptuosité de génie décoratif qui défie toute description. La légende des Mille et une nuits qui fait de l'Orient le pays des gemmes par excellence, trouve ici sa justification dans le prestige féerique de telles magnificences — V. INDIEN (Art et Style).

INDICAN. T. de chim. Glucoside découvert par Schunck, dans la plante appelée pastel, soluble dans l'eau, jaune, glutineux et doué de la propriété de se dédoubler sous l'influence de la chaleur, des acides et des alcalis, en un autre sucre l'indiglucine et en indigotine blanche. — V. INDIGOTINE.

I. INDICATEUR. T. de mécan. Instrument imaginé par l'illustre Watt, pour déterminer le travail produit par la vapeur dans le cylindre de ses machines. Depuis Watt, cet appareil a reçu de nombreux perfectionnements, mais le principe en est toujours resté le même. L'indicateur se compose essentiellement d'un petit piston qui oscille sous la pression de la vapeur, et en indique la valeur par ses déplacements. Ceux-ci sont enregistrés par un style fixé au piston mobile sur une feuille de papier recouvrant une planchette ou un cylindre oscillant conduit par le piston. Les mouvements combinés de la planchette et du piston d'indicateur produisent une figure à laquelle on a donné le nom de *courbe* ou *diagramme d'indicateur*. Cette courbe permet de calculer le travail développé dans le cylindre, au moment où on la relève, puisque le piston de l'indicateur accuse à chaque instant les fluctuations que subit la pression de la vapeur dans le cylindre de la machine; la longueur de la courbe représentant, d'autre part, le chemin parcouru par le piston de la machine, on a ainsi, comme nous le verrons plus loin, toutes les données nécessaires au calcul du travail.

Nous avons représenté dans la figure 477 le premier modèle d'indicateur Watt, modifié par M. Paul Garnier, pour les machines marines à basse pression. Le piston est commandé par deux ressorts antagonistes agissant sur les faces opposées de manière à équilibrer la pression de vapeur, lors même qu'elle est inférieure à celle de l'atmosphère. Le style *c* se déplace devant une échelle graduée *ee'*, et l'inscription s'opère sur une feuille de papier entraînée par les deux cylindres oscillant CC' commandés eux-mêmes par le piston de la machine, par l'intermédiaire d'une corde enroulée sur la poulie P.

Fig. 477. — *Indicateur Garnier, ancien modèle. Elévation.*

Les indicateurs les plus employés aujourd'hui, sont ceux de Paul Garnier modifié, de Richards et de Martin. Ce sont des instruments très légers portant eux-mêmes tous leurs accessoires, et que l'on fixe contre le cylindre de la machine à essayer sur une boîte en bronze munie d'un robinet à double orifice qui permet ou intercepte la communication avec l'un ou l'autre côté du piston de la machine.

Indicateur Paul Garnier, modifié. Cet appareil se compose (fig. 478, coupe): d'un cylindre CC vissé par le joint à écrou sur la boîte du cylindre à vapeur; d'un piston P, étanche sans garniture; le dessous est en communication avec le cylindre de la machine et le dessus avec l'air libre; le cylindre C est ouvert à sa partie supérieure. l'étui qui l'enveloppe et en haut duquel est fixé le ressort R, laisse pénétrer l'air sur le piston par l'ouverture longitudinale qui donne passage au bras horizontal; celui-ci porte l'index glissant contre l'échelle et le crayon traceur appuyé sur le papier enroulé.

R est un ressort à boudin fixé sur la tige du piston P, à l'aide d'une partie filetée, et contre le couvercle de l'étui au moyen de deux vis. Le plateau inférieur du ressort porte le coulisseau sur lequel est fixé le bras coudé *ab*, à l'extrémité duquel se trouve le traceur. Les deux petites figures 479 et 480, au-dessous de la coupe, montrent les détails du bras coudé et du traceur, ce

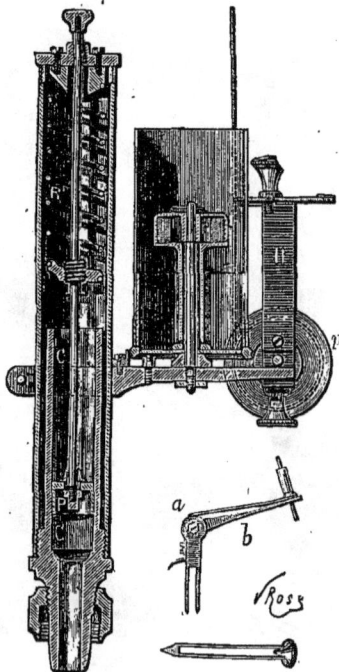

Fig. 478 à 480. — *Indicateur Garnier modifié.*

dernier est le plus souvent formé d'une pointe métallique; *r* (fig. 478), ressort d'horlogerie servant à ramener le tambour porte-papier dans le sens contraire à celui produit par la machine, lorsque celle-ci tire sur le cordon qui, par l'intermédiaire de la poulie *p*, sur laquelle il est enroulé, communique son mouvement à une corde à boyau agissant directement sur le tambour. A l'aide d'une échelle analogue à celle du premier indicateur de Garnier, on vérifie la tare des ressorts employés; on place un poids sur un petit plateau vissé sur la tige, et on s'assure de combien le ressort cède sous l'action de ce poids. On remplace le plateau par un anneau auquel on suspend le même poids, en chavirant l'instrument, pour mesurer si le même effort d'extension donne le même nombre de millimètres que l'effort de compression; H, guide mobile pour déterminer la direction première du cordon; le tambour est muni de languettes en saillie, entre lesquelles on engage le papier préalablement coupé de dimension. Ce papier est enduit d'une couche de blanc de zinc, du côté destiné à recevoir le traceur, lorsque ce dernier est une pointe métallique. Le cordon, prolongé autant qu'il est nécessaire, est accroché en un point de la tige du piston de la machine et enroulé un certain nombre de fois sur la poulie p.

Indicateur Richards. La figure 481 montre une coupe passant par l'axe de cet indicateur. A droite, est le cylindre dans lequel se meut le piston; un ressort à boudin se trouve entre le dessus de ce piston et le couvercle de l'étui du ressort. La tige du piston porte une petite chape articulée, qui la relie avec le bras du parallélogramme. L'ensemble de ce parallélogramme est supporté par des bras courbes, fixés à une virole qui tourne librement sur l'étui du ressort et du cylindre. Une bague fixe empêche le support amovible de descendre. Le parallélogramme est monté dans la position exactement contraire à celle qu'il doit occuper, lorsque le traceur q est amené au contact avec la feuille

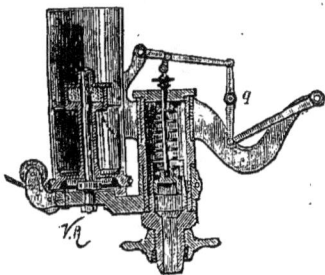

Fig 481. — *Indicateur Richards. Coupe.*

de papier placée sur le tambour. Le mécanisme d'enroulement et de déroulement du cordon conducteur du tambour est le même que dans l'indicateur Garnier. Le support de ce tambour peut prendre une position quelconque autour du cylindre, jusqu'à ce qu'il soit arrivé dans la direction la plus convenable pour que le cordon, tiré par le piston de la machine, puisse s'enrouler et se dérouler sur sa poulie vers laquelle il est dirigé par un galet. Le fond du tambour porte une gorge dans le contour de laquelle se loge la corde. Une vis limite la rotation du tambour, afin que le traceur ne vienne jamais toucher les languettes destinées à maintenir le papier.

On doit faire remarquer que dans l'indicateur Richards, dont le but est d'amplifier le chemin parcouru par le piston de l'instrument, toute erreur provenant du jeu des articulations sera multipliée dans le même rapport que celui des bras d'oscillation du levier (généralement 1 à 3).

Indicateurs différentiels. Les indicateurs que nous venons de décrire sont soumis à certaines causes d'erreur spéciales, tenant à l'i-

nertie des pièces, et surtout au lancé du ressort employé pour contrebalancer l'action de la vapeur. Ce ressort qui se trouve comprimé brusquement, en effet, sous la pression de la vapeur, dépasse la position d'équilibre qu'il devrait occuper sous l'action d'un effort purement statique, puis il réagit à son tour, et exécute ainsi une série de va-et-vient qui font décrire autant d'oscillations au crayon inscripteur. Cet effet devient particulièrement sensible sur les diagrammes relevés avec les machines à gaz où la pression s'exerce d'une manière brusque, on obtient pour une série de plusieurs coups de piston successifs, des diagrammes qui ne se recouvrent plus, et présentent même entre eux des écarts assez sensibles. On a bien remédié à cet inconvénient en réduisant la masse des pièces employées, en diminuant la course du ressort comme dans l'indicateur Richards, mais on est obligé ensuite

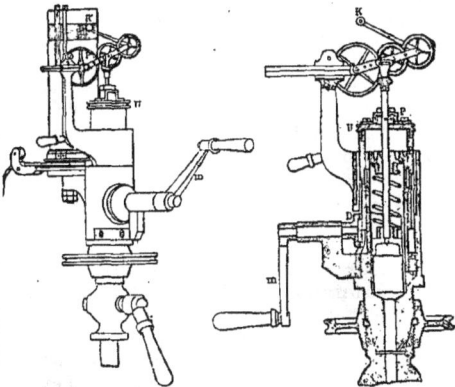

Fig. 482 et 483. — *Indicateur différentiel de M Marcel Deprez.*

d'amplifier la courbe par un appareil multiplicateur, pour qu'elle ne soit pas trop ramassée, et on rétablit ainsi indirectement l'effet qu'on a voulu empêcher.

La véritable solution est donnée par les indicateurs différentiels fondés sur le principe imaginé par M. Marcel Deprez, et dans lesquels il est arrivé à supprimer tout à fait ces causes d'erreur en annulant, en quelque sorte, l'excursion du piston d'indicateur qui se trouve maintenu continuellement entre deux crans d'arrêt très rapprochés. Ce piston est alors continuellement sollicité sur la face inférieure par la pression variable de la vapeur, et sur la face supérieure par la pression antagoniste du ressort dont on peut régler la flèche à volonté, au moyen d'une vis actionnée par un engrenage convenable. Si l'on suppose que le ressort soit maintenu à une pression déterminée pendant la durée d'une course, le piston de l'indicateur reste immobile, appuyé, par exemple, sur le cran d'arrêt inférieur tant que la tension du ressort est elle-même prédominante, mais il arrive un moment où la pression de la vapeur, dans sa variation croissante, équilibre la tension du ressort pour la dépasser ensuite, et le piston se trouve alors projeté au contact du cran d'arrêt supérieur en emmenant avec lui son crayon enregistreur et produisant un redan sur le tableau. La position du redan indique ainsi l'instant de la course du piston où la pression de la vapeur a passé par une valeur égale à la tension du ressort, déterminée elle-même par sa flèche. En faisant varier la tension du ressort d'une manière continue, depuis zéro jusqu'à la valeur maxima de la pression qui est celle de la chaudière, on obtient une série de petits redans élémentaires dont la réunion constitue le diagramme complet.

L'instrument est représenté dans les figures 482 et 483. La tige centrale portant le piston est munie à sa sortie du cylindre d'un tasseau qui joue sous le pont P ménagé sur le fond supérieur du cylindre U (fig. 483), ce tasseau limite les oscillations du piston. La roue de la manivelle m engrène avec un long pignon D taillé sur l'étui fileté U ; en tournant celle-ci, on fait monter et descendre à volonté l'étui U le long du cylindre fixe, et avec lui le piston de l'indicateur entraîné par le tasseau, on tend ainsi et on détend le ressort. Le crayon K est entraîné avec la tige du piston par l'intermédiaire d'un train d'engrenages disposé pour lui communiquer un mouvement rectiligne amplifié suivant un rapport constant. (V. le *Manuel du Mécanicien*, de G. Richard et de notre collaborateur Baclé.)

Indicateur pour le relevé à distance des diagrammes.

M. Marcel Deprez a perfectionné ensuite cet indicateur de manière à obtenir un résultat des plus intéressants qui avait toujours paru irréalisable jusque là, nous voulons parler du relevé des diagrammes à distance. Les appareils de M. Deprez ont été appliqués sur le vagon dynamométrique si remarquable de la Compagnie de l'Est, dont nous avons parlé déjà (V. Dynamomètre), et ils ont permis d'obtenir de l'intérieur de ce vagon des relevés de diagrammes sur la locomotive d'un train en marche.

L'indicateur à distance de M. Deprez appartient au type différentiel comme celui que nous venons de signaler : les pistons d'équilibre qui prennent le nom d'*explorateurs* sont seuls maintenus sur les cylindres de la machine, et leurs déplacements sont enregistrés électriquement par un style à l'intérieur du vagon sur un cadran mobile animé d'un mouvement synchrone à celui du piston. La combinaison des mouvements respectifs du style et du cadran donne une série d'inscriptions élémentaires sous forme de points dont la réunion constitue la courbe du diagramme. La pression antagoniste employée pour contrebalancer l'effort de la vapeur sur ces pistons différentiels, est celle de l'air comprimé, et en la réglant du vagon, on peut la faire varier d'une façon continue, comme la tension du ressort métallique dans l'appareil précédent. Cette pression est obtenue dans le vagon dynamométrique au moyen d'un réservoir d'air spécial alimenté par une pompe reliée elle-même à l'essieu du vagon ; l'observateur fait varier la pression au moyen d'un régulateur disposé à cet effet, et la pression ainsi réglée est transmise par un tube jusqu'à la face supérieure du piston de l'explorateur. Tous ces appareils, enregistreurs et explorateurs, doivent présenter une délicatesse extrême pour être sensibles aux moindres variations de pression ; on peut certainement dire qu'ils constituent des merveilles d'invention et de réalisation élégantes dont le fonctionnement est presque parfait, ils témoignent ainsi hautement du talent et de l'habileté de MM. Flaman, Napoli et Barbey qui ont été chargés de leur construction.

Nous ne pouvons malheureusement pas les étudier ici complètement, nous devons renvoyer nos lecteurs à l'intéressante notice publiée par M. Napoli, dans la *Revue générale des Chemins de fer* (n° de novembre 1878).

Indicateurs continus.

Les indicateurs que nous venons de décrire sont à action discontinue, ils fournissent des diagrammes isolés représentant seulement le travail de la vapeur pendant un coup de piston ; mais, on est arrivé dernièrement à constituer des indicateurs continus donnant une série de diagrammes consécutifs sur une feuille de papier qui se déroule. De pareils diagrammes présentent un intérêt tout particulier pour certaines applications en ce qu'ils permettent de représenter complètement une période déterminée, telle est, par exemple, la durée de l'ascension avec les machines d'extraction dans les travaux d'exploitation des mines. Nous mentionnerons seulement sans les décrire, les indicateurs continus de Scheffer, Rosenkranz, Richardson, Guinotte, Welker, etc.

Indicateurs continus totalisateurs. On a même constitué des indicateurs totalisateurs donnant

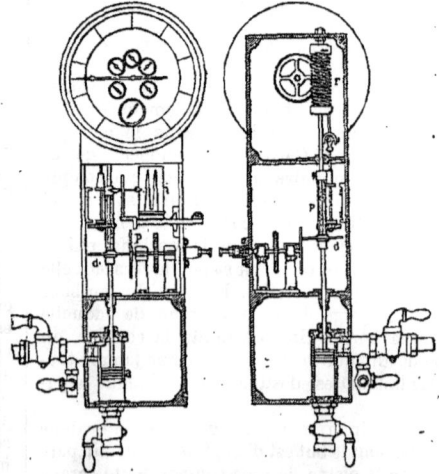

Indicateur totalisateur Ashton et Storey.
Fig. 484 — *Coupe verticale et vue extérieure du cadran compteur (le piston a est au milieu de sa course).*
Fig. 485. — *Coupe verticale montrant le piston a au haut de sa course.*

directement par une simple lecture sur un cadran, le travail développé par la machine pendant une période donnée, évitant ainsi d'avoir à faire la surface et le relevé des diagrammes. Nous citerons, comme exemple de ces appareils si curieux, l'indicateur totalisateur d'Ashton et Storey. Cet appareil, représenté figures 484 et 485, comprend un petit cylindre dans lequel oscille un piston *a* dont la tige porte une roulette horizontale *d* pouvant glisser sur un plateau vertical P qui reçoit un mouvement de rotation alternatif, transmis par la tige du piston de la machine. Le piston de l'indicateur est en relation avec les deux fonds de cylindre de la machine, et il reçoit ainsi, sous l'effort de la pression de la vapeur, un mouvement de va-et-vient analogue à celui du piston de la machine. Il est contrebalancé par un ressort *r* qui le maintient au milieu de sa course quand les pressions sont égales sur les deux faces, de sorte que les écarts qu'il présente au-dessus et au-dessous de ce point milieu sont proportionnels à la différence des pressions exercées dans le cylindre. Cette différence mesure l'effort moteur, et par suite la distance du point de contact de la roulette au centre du plateau reste continuellement proportionnelle à la pression effective. La rotation de la roulette autour de son axe, est proportionnelle à cet écartement pour un même déplacement angulaire du plateau ; et, comme ce déplacement angulaire est déterminé par le mouvement du piston, elle est donc proportionnelle à la fois, aux chemins parcourus par le piston de la machine et aux pressions effectives qu'il supporte, c'est-à-dire au travail moteur développé, qui est mesuré par le produit de ces deux facteurs. On retrouve là, en un mot, une disposition de totalisateur analogue à celle que nous avons décrite en parlant du dynamomètre du vagon d'expériences de la Compagnie de l'Est (V. Dynamomètre). Les rotations de la roulette sont transmises par un long pignon à l'arbre d'un compteur à cadran qu'on voit sur le haut de la figure 484, et qui enregistre ainsi le travail développé.

L'emploi de ces appareils totalisateurs rendrait les plus grands services dans l'industrie en permettant d'obtenir par une simple lecture, le travail fourni par une machine en marche, mais ces indicateurs ne sont guère appliqués cependant ; le fonctionnement en est, en effet, très délicat, et il se produit souvent, surtout sur les machines à marche rapide, un glissement de la roulette, qui fausse complètement les résultats.

Indicateur totalisateur à eau. M. Deny a proposé récemment un appareil des plus ingénieux qui remédierait à cet inconvénient, et dont on trouvera la description dans le *Bulletin technologique des Ecoles d'Arts et Métiers,* n⁰ˢ de mai et juin 1883. Nous en indiquerons seulement le principe qui se recommande par son originalité.

M. Deny remplace les mesures de surfaces des diagrammes par le relevé des nombres indiqués sur les cadrans d'un compteur, ou mieux par la mesure du volume ou du poids d'un liquide quelconque, comme l'eau, étant entendu que ce volume ou ce poids est bien proportionnel au travail de la machine. Pour réaliser cette condition, on donnera à une quantité d'eau quelconque et indéterminée, une vitesse d'écoulement constamment égale ou proportionnelle à celle du piston à vapeur, et on prélèvera sur ce courant la quantité qui passe à chaque instant par une section d'écoulement constamment proportionnelle à la différence des pressions qui agissent simultanément sur chacune des deux faces du piston à vapeur. Le volume d'eau ainsi obtenu est bien proportionnel au travail de la machine, puisqu'il se trouve exprimé pendant chaque instant infiniment petit par l'expression $(P-p)\,dl$, où dl est l'élément de course du piston proportionnel à la vitesse d'écoulement de l'eau, et $P-p$ la différence des pressions motrice et résistante, proportionnelle à la section d'écoulement. On remarquera seulement qu'on fait intervenir ici comme dans le totalisateur Ashton et Storey la différence des pressions exercées sur les deux faces, tandis que les diagrammes ordinaires sont relevés sur une face unique pendant une course complète, et la pression résistante est alors celle qui s'exerce pendant la course en retour, mais d'ailleurs il n'y a généralement aucune différence entre les pressions résistantes développées sur une face ou sur l'autre, puisque c'est dans les deux cas la pression d'échappement.

Usage de l'indicateur. Quel que soit le type d'appareil, l'emploi des indicateurs nécessite toujours de nombreuses précautions spéciales qu'il ne faut pas négliger d'observer pour obtenir des résultats un peu précis. Nous ne pouvons pas les exposer toutes d'une manière détaillée ; nous devons renvoyer aux ouvrages spéciaux où elles sont décrites (V. M. Buchetti : *Guide pour l'essai des machines à vapeur;* l'*Indicateur et son diagramme,* par Moritz Ritter von Pichler, traduit par M. Séguéla ; V. également le *Manuel du mécanicien,* par Richard et Baclé; *Nouvelles machines marines,* par Ledieu) ; nous les résumerons brièvement toutefois. Nous avons signalé déjà les erreurs tenant à l'inertie des pièces et au lancé du ressort, erreurs qui peuvent modifier beaucoup la physionomie des diagrammes obtenus, surtout lorsque l'on opère sur des machines marchant à grande vitesse ; le frottement du piston agit en sens inverse de l'inertie en diminuant le lancé du ressort, mais il peut également fausser les diagrammes, et il convient de le réduire au minimum par un graissage bien soigné.

La température exerce aussi, de son côté, une certaine influence, assez faible d'ailleurs, en ce qu'elle modifie la flexibilité du ressort, et il convient de se tenir à une température constante pour se mettre à l'abri de cette cause d'erreur : pour les indicateurs Richards, par exemple, la température de graduation est à 100°.

Le montage de la corde de transmission reliant le tambour de l'indicateur au piston de la machine, peut altérer aussi le diagramme, si le guidage n'est pas parfait, si la corde est trop humide ou s'allonge trop. Il y a bien toujours un peu d'allongement pendant la première partie de la course, puis la corde reprend à peu près, vers la fin, sa longueur initiale, aussi le tambour ne suit-il pas rigoureusement les mouvements du piston, et cet effet, qui reste presque insensible avec les cordes bien sèches, s'accentue davantage avec les cordes humides; il peut même arriver à diminuer l'aire des diagrammes de plus de 3 0/0; il paraît préférable, à ce point de vue, d'employer des cordes métalliques en ayant soin de les prendre suffisamment souples. Pour le guidage, l'une des meilleures dispositions pratiques auxquelles on ait recours, est celle des poulies réductrices, qui, d'ailleurs, font même souvent partie de l'appareil; mais, il convient également de diminuer autant que possible le poids de ces organes auxiliaires, pour que leur inertie n'entraîne pas de nouvelles causes d'erreur.

Pour la mise en place de l'indicateur, il est préférable d'installer les trous de prise de vapeur sur les fonds mêmes des cylindres, plutôt que sur les parois, l'expérience montre, en effet, que les diagrammes sont alors plus allongés ; il convient, en outre, de donner aux tuyaux de prise de vapeur une section égale aux 2/3 au moins de celle du piston de l'indicateur.

Lorsque cet appareil est mis en place sur le cylindre, il est utile de le faire marcher à vide pendant quelque temps, et de voir si le fonctionnement s'opère bien, avant de prendre le relevé des diagrammes. Dès que l'appareil est suffisamment échauffé, on commence en traçant sur le papier inscripteur la ligne atmosphérique qui servira de point de départ pour l'examen des diagrammes. On ferme, à cet effet, le robinet de prise de vapeur, on admet la pression atmosphérique sous le piston qui reste alors immobile, et le style inscripteur trace une ligne droite. On établit ensuite la communication directe avec la chaudière, lorsque la tuyauterie le permet, et on relève la ligne horizontale donnant cette pression ; on a ainsi une limite supérieure que la courbe ne peut pas dépasser; on ouvre, enfin, la communication avec le cylindre, le piston étant en marche, et on relève le diagramme proprement dit, en appuyant légèrement le crayon s'il est nécessaire sur le papier. Il convient toujours de relever plusieurs diagrammes, dont on prend ensuite la moyenne pour se mettre à l'abri des causes d'erreurs accidentelles. En prenant un diagramme, on doit toujours relever également le nombre de tours de la machine, afin de pouvoir calculer le travail qu'elle développe. Dans les essais de recette des machines marines pour lesquels les relevés de diagrammes jouent un rôle capital, on s'attache à obtenir l'indication précise de toutes les circonstances dans lesquelles ils ont été obtenus, et on dresse même un tableau portant les colonnes suivantes: 1° le numéro de la courbe ; 2° l'heure à laquelle elle a été relevée ; 3° le cylindre correspondant ; 4° l'effort moyen pour une course; 5° la contre-pression au cylindre ; 6° la contre-pression au condenseur ; 7° la pression à la chaudière ; 8° la pression relevée immédiatement avant le registre de vapeur ; 9° la pression barométrique du moment ; 10° la vitesse

de marche du navire. On y ajoute également l'échelle de l'indicateur et le degré d'introduction qui reste constant pendant la durée de l'essai.

Examen des diagrammes d'indicateurs. Fonctionnement de la machine. Les diagrammes d'indicateurs fournissent des données très précieuses qu'il serait impossible d'obtenir autrement sur la puissance, et surtout sur le fonctionnement des machines à vapeur, et même des machines à gaz, à air chaud, etc.; aussi, ne devrait-on jamais négliger de les relever lorsqu'on veut apprécier la puissance d'une machine.

L'examen des diagrammes des cylindres de machines à vapeur permet de retrouver toutes les périodes que nous avons étudiées au mot DISTRIBUTION, et de reconnaître si elles ont bien la valeur qu'on a voulu leur assigner en réglant la machine. Pendant l'admission, la pression de vapeur qui doit se caractériser d'abord à l'introduction par une ligne bien verticale comme *a f* pour

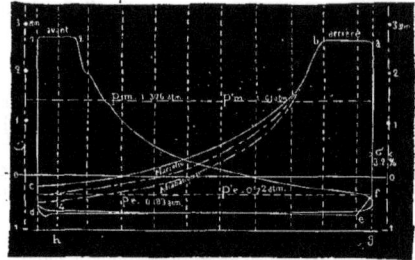

Fig. 486. — *Vue d'un diagramme obtenu sur les deux faces du piston d'une machine à condensation.*

la face arrière ou *d 1* pour la face avant, doit se maintenir constante, le piston de l'indicateur reste immobile, et le style inscripteur trace une ligne horizontale *a b* ou 1 2 parallèle à la ligne atmosphérique *o o* (fig. 486). Il arrive fréquemment toutefois, que cette ligne s'abaisse très rapidement, montrant ainsi que la pression de vapeur va elle-même en diminuant, à cause des étranglements qu'elle subit dans les conduites ou dans les lumières d'admission. Cette chute de pression devient, parfois, très sensible avec certaines machines ayant servi depuis longtemps et qui ne sont plus bien réglées; elle indique alors la nécessité absolue de corriger le réglage.

Il importe que la pression d'admission ne soit pas trop inférieure à la pression de la chaudière, que la chute de pression soit, en un mot, aussi réduite que possible, et on s'en assure immédiatement par la comparaison sur le diagramme des deux lignes correspondantes. Pendant la détente, la pression va en s'abaissant graduellement, ainsi que nous le disions au mot DISTRIBUTION ; c'est la période qui est représentée sur le diagramme par la courbe *bc* ou 2 *f*. L'admission doit se fermer aussi rapidement que possible sans étranglement, et la courbe de détente devrait, par suite, se détacher brusquement, en *b* ou 2, de la ligne d'admission sans courbe de raccordement. C'est le résultat auquel on s'attache maintenant, avec les nouveaux types de machines à soupapes d'admission commandées par des déclics, comme celui de Corliss, etc.

En étudiant théoriquement la détente d'un volume de vapeur supposée sèche, se dilatant sans perte ni absorption de chaleur, on reconnaît que la courbe de détente, allant d'une pression p et d'un volume v à une pression p_1 et un volume v_1, est caractérisée par la relation $\frac{p}{p_1} = \left(\frac{v_1}{v}\right)^k$. (D'après Zeuner, k est égal à 1,135, Rankine indique le chiffre de $\frac{10}{9}$, mais pour les locomotives, par exemple, il paraît plus exact d'admettre $\frac{17}{16}$.)

Cette courbe, qui prend le nom de *courbe adiabatique*, ne représente pas toutefois exactement les phénomènes de la détente, et les courbes de diagramme s'en écartent toujours, en pratique, d'une manière très sensible. Cet effet est dû, comme nous l'avons indiqué, à l'influence des parois, qui déterminent la condensation d'une certaine quantité de vapeur pendant les premiers moments de l'admission ; l'eau, ainsi condensée, se vaporise ensuite pendant la détente, et altère profondément la courbe du diagramme. La courbe dite de Mariotte caractérisée par la relation $pv = p_1 v_1$ qui se tient au-dessus de la courbe adiabatique s'approche davantage de la courbe vraie, et il conviendra de la tracer pour pouvoir étudier exactement les phénomènes de détente. On trouve dans les ouvrages déjà cités, des indications très précises sur le tracé de la courbe de Mariotte et des lignes adiabatiques ; celui de M. Séguéla étudie, en particulier, d'une manière complète, les courbes de détente des machines Wolf et Compound.

S'il y a échappement anticipé, la courbe de détente se termine en pointe sur le diagramme, et il convient de réduire autant que possible cette période, qui ne fournit aucun travail moteur ; toutefois, lorsque la chute de pression n'est pas très rapide pendant la détente, elle se continue en quelque sorte pendant l'échappement qui prolonge ainsi la détente.

Dans sa course rétrograde à partir du point d, le piston rencontre devant lui une pression résistante qui est celle du condenseur ou celle de l'atmosphère, selon que la machine est avec ou sans condensation. Cette période à contre-pression constante est caractérisée par une ligne horizontale de, qui doit être aussi voisine que possible de la ligne de pression du condenseur ou de la ligne atmosphérique, pour que la contre-pression ne soit pas trop forte. La période de compression qui suit, pendant laquelle l'échappement est fermé, est représentée enfin par une courbe ascendante, dont le tracé s'écarte très peu de la courbe de Mariotte. Cette période doit aussi être très réduite, puisqu'elle augmente le travail résistant. Vient enfin l'admission anticipée qui doit être aussi fort courte, pendant laquelle la pression revient à sa valeur initiale, et trace une courbe qui ferme le diagramme.

TRAVAIL DE LA MACHINE. Indépendamment des données essentielles qu'il fournit ainsi sur la dis-

tribution de vapeur, le diagramme représente, en outre, le travail même que développe la machine pour chaque course du piston. L'aire $a\,b\,c\,d\,h\,g$ comprise entre la ligne d'abscisses $h\,g$ et la courbe supérieure $a\,b\,c$ donne, en effet, le travail moteur

$$\int P\,dl$$

sous la pression motrice P, et l'aire limitée par la même ligne d'abscisses et par la courbe inférieure donne également le travail résistant $\int p\,dl$ sous la pression résistante p, la différence des deux aires $\int P\,dl - \int p\,dl$ qui représente l'aire même du diagramme fermé donne le travail effectif, et il suffit donc d'évaluer cette surface, opération qui se fait mécaniquement avec le *planimètre* (V. ce mot), pour obtenir la mesure du travail correspondant à la course considérée.

On observera, d'autre part, qu'il convient toujours pour obtenir des résultats exacts, de relever à la fois un diagramme sur chacune des deux faces du piston, et de prendre la moyenne des deux aires ainsi obtenues. Les deux résultats pris séparément ne sont jamais identiques, en effet, et la présence de la tige du piston, par exemple, introduit toujours une perturbation sensible sur le diagramme de la face correspondante. En partant des chiffres ainsi obtenus, il est facile de calculer le travail même de la machine pendant un temps donné, mais ce calcul peut être grandement facilité, ainsi que nous allons le dire, par la considération de l'ordonnée moyenne. On construit, en effet, des planimètres qui permettent d'obtenir cette ordonnée h_m sans calcul, il suffit ensuite de rechercher, en se reportant à la graduation du ressort de l'indicateur, la pression correspondante p_m que nous supposons exprimée en kilogrammes par centimètre carré. Dans la fig. 486, p_m égale 1,61 atmosphère sur la face avant du piston, et 1,376 sur la face arrière ; il convient de prendre la moyenne dans le calcul.

Le travail T_c, pour une demi-course est donné par l'équation $T_c = A\,p_m\,L$; A étant la surface, et L la demi-course du piston, expression qu'il faut doubler pour avoir le travail correspondant à une course complète (aller et retour) pour chaque cy-

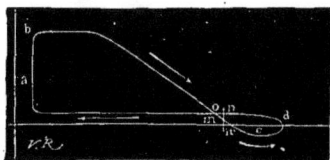

Fig. 487. — *Exemple de diagramme dans lequel la courbe de détente coupe la courbe d'échappement.*

lindre. Si n désigne le nombre de tours par seconde, le travail développé par seconde est égal à $2nT_c$, et par suite la puissance en chevaux-vapeur est de $\frac{2n}{75}T_c = A\,L\,p_m\,\frac{2n}{75}$.

Il arrive quelquefois que la pression finale de

détente est inférieure à la pression d'échappement; dans ce cas, le diagramme présente à partir d'un certain point o une boucle on'cdn (fig. 487) résultant de l'intersection de la courbe de détente avec celle d'échappement. C'est là un fait des plus fâcheux, montrant que la pression résistante sur la face avant du piston est supérieure à la pression motrice sur la face arrière; le travail résistant ainsi développé diminue d'autant le travail moteur, et, la surface de la boucle inférieure doit être retranchée, par conséquent, du reste du diagramme. Il n'y a d'ailleurs à faire d'opération particulière pour effectuer ce retranchement, car le planimètre l'opère de lui-même, à condition qu'on ait soin de faire suivre la courbe par la pointe du planimètre dans le sens même où elle a été tracée par le style de l'indicateur tel qu'il est indiqué par les flèches.

Dépense de vapeur. Le diagramme permet, en outre, de tracer la courbe donnant en chaque point la quantité de vapeur présente dans le cylindre. Il suffit, à cet effet, de porter sur les

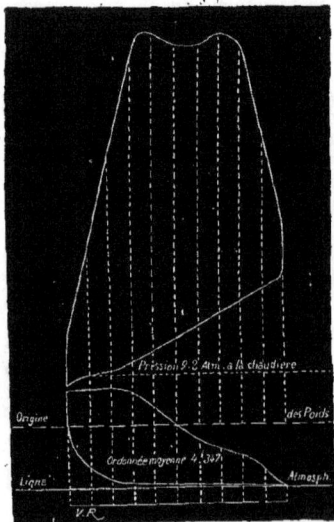

Fig. 488. — *Diagramme donnant le poids de vapeur à chaque instant de la course du piston.*

ordonnées du diagramme les poids de vapeur correspondant aux volumes successifs décrits par le piston, et aux densités données d'après les tables pour la vapeur aux différentes pressions.

La figure 488, empruntée à une intéressante étude de M. Mallet, donne un exemple de ce diagramme. On y trouve la confirmation de ce que nous indiquions plus haut au sujet de la vaporisation pendant la détente de l'eau condensée par les parois, car la quantité de vapeur présente passe, comme on le voit, par un maximum pendant la détente. Ce maximum n'indique pas, toutefois, la dépense totale de vapeur, car il arrive rarement que toute la vapeur condensée pendant l'admission se vaporise à nouveau durant la détente. On obtient une approximation plus précise

en retranchant de la masse de vapeur maxima déterminée au moyen d'un diagramme de poids, la masse de vapeur présente au cylindre à l'origine de la compression.

II. INDICATEUR. *T. de chem. de fer.* On désigne sous ce nom un certain nombre de signaux fixes de la voie, destinés à indiquer aux mécaniciens, soit l'approche d'un point déterminé de la ligne, soit la position d'une aiguille, soit le profil ou les sinuosités de la voie. A l'exception des indicateurs d'aiguilles, ce sont, en général, des poteaux plantés sur l'accotement à la gauche de la voie suivie par le mécanicien auquel ils s'adressent, et portant le mot ou l'indication qu'il s'agit de lui fournir. Ainsi dans certains cas, c'est un transparent, éclairé la nuit, sur lequel on lit *sifflez pour direction* ou *arrêt des machines* ou *bifurcation*. Ailleurs, c'est une plaque carrée peinte en damier vert et blanc, éclairée d'un feu vert la nuit, et portant le nom d'*indicateur de bifurcation*. Quelle que soit l'inscription ou la forme extérieure du voyant qui surmonte le poteau, ce poteau est un simple mât, en bois ou en fer, muni de glissières qui permettent, au moyen d'une chaîne et de poulies, de hisser la lanterne jusqu'à la position qu'elle doit occuper pendant la nuit.

L'*indicateur d'aiguilles* a une disposition plus compliquée, parce qu'il est formé de parties mo-

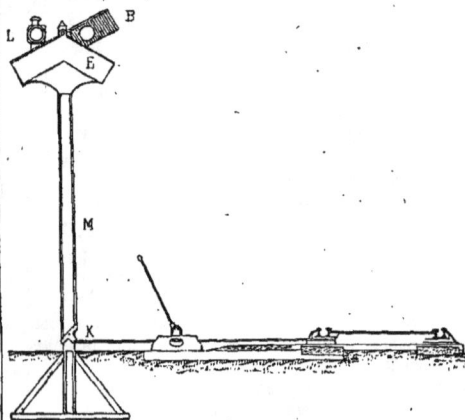

Fig. 489. — *Indicateur de direction.*

biles dont la position correspond précisément à celle des lames d'aiguilles. Ces signaux peuvent se diviser en deux classes : les premiers plus généralement connus sous le nom d'*indicateurs de direction*, sont appliqués aux aiguilles généralement prises en pointe par les trains, et où le mécanicien demande sa direction à coups de sifflet; l'indicateur lui sert alors de réponse et lui permet de se rendre compte si la direction qu'on lui donne est bien celle qu'il a demandée. Les seconds plus spécialement désignés sous le nom d'*indicateurs d'aiguilles*, sont réservés aux aiguilles, généralement prises en pointe par les trains, mais qui ont une position normale bien déterminée, sans que le mécanicien ait à demander sa direction. L'indicateur n'a, dans ce cas, d'autre but que de renseigner les agents de la gare sur la position de l'aiguille; c'est un appareil de correspondance ou de contrôle, si l'on veut, mais ce n'est plus un véritable signal s'adressant aux mécaniciens. L'indicateur de direction, en usage sur les réseaux de l'Ouest et du Nord, se compose d'un mât M (fig. 489) de 3 à 4 mètres de hauteur, portant à la partie supérieure, un écran fixe, de forme triangulaire E, en tôle, peint en blanc, derrière lequel peut osciller un bras double B peint en vert, et muni d'un verre vert pour l'éclairage pendant la nuit. Ce double bras est manœuvré par des tringles verticales reliées par une équerre K avec le changement de voie. Deux lanternes à feu blanc L sont placées derrière le plan d'oscillation du bras. Le jour le bras vert apparaissant à droite, la nuit le feu vert placé à droite du feu blanc, indiquent que la direction de droite est fermée ; de même pour la gauche. Si l'aiguille est un changement à trois voies, la direction ouverte est indiquée par la couleur blanche et les directions fermées par la couleur verte.

L'indicateur d'aiguilles ou *signal à flamme*, en usage sur les réseaux du Nord et de l'Est, se compose d'un mât en fer de faible hauteur, à l'extrémité duquel est montée une flamme en tôle peinte en vert; une lanterne à deux feux, l'un blanc et l'autre vert, est fixée à ce mât dont la rotation est obtenue par une manivelle qu'actionne directement un changement de voie. La flamme effacée et le feu blanc indiquent que l'aiguille occupe sa position normale. Dans le cas contraire, la flamme en travers et le feu vert se montrent du côté de la pointe de l'aiguille. Ce signal peut également s'appliquer aux changements à trois voies. On reproche aux deux signaux que nous venons de décrire sommairement, d'emprunter la couleur verte qui, en langage de signaux, signifie le ralentissement, tandis que les aiguilles que l'on munit de ces indicateurs ne doivent pas toujours être franchies avec un ralentissement, notamment quand elles sont verrouillées.

Mais tous ces indicateurs ont une disposition beaucoup moins rationnelle que les types employés en Allemagne, qui se composent, en général, d'un transparent rectangulaire, commandé par l'aiguille, et portant, sur fond blanc dépoli, une flèche noire dont la pointe, tournée à droite, ou à gauche, indique quelle est la direction que donne cette aiguille.

Indicateurs de la marche des trains. On désignait sous ce nom les premiers appareils de *block-system* (V. ce mot), qui ne réalisaient pas la solidarité entre les signaux à vue s'adressant aux mécaniciens, et les signaux électriques échangés entre les gardes des postes successifs, n'étaient, en réalité, que de simples appareils de correspondance, destinés à donner à ces agents, au moyen d'aiguilles mobiles, des *indications* dont ils profitaient ensuite pour faire, avec des disques, les signaux nécessaires. Les seuls indicateurs encore en usage sur les réseaux français, sont ceux de Regnault, sur l'Ouest, et de Tyer, sur le Paris-Lyon-Méditerranée. Encore, ces deux indicateurs ont-ils été depuis remaniés, afin de combler la lacune qui existait à l'origine.

Appareil Regnault. Chaque poste intermédiaire est muni de deux appareils se composant chacun d'une boîte qui porte deux aiguilles et deux poussoirs. Toutes les fois qu'un stationnaire appuie sur le poussoir de départ, pour signaler un train au poste suivant, l'aiguille *répétitrice* de son appareil ne s'incline que sous l'action d'un courant électrique, produit par l'inclinaison de l'aiguille *indicatrice* du poste qui a reçu le signal. Quand le train est arrivé au poste suivant, le garde de ce poste appuie, à son tour, sur le poussoir d'arrivée, ce qui a pour effet de faire revenir à la position verticale l'aiguille indicatrice du premier poste. Un troisième poussoir, placé latéralement sur la boîte, permet, dans certains cas particuliers, de signaler au poste précédent que la voie est occupée.

Avec cet ancien appareil, il y avait indépendance complète entre les signaux électriques de correspondance et les signaux à vue s'adressant au mécanicien. De plus, rien n'empêchait le garde d'un poste de rendre la voie libre en arrière, avant d'avoir bloqué la section avant. Mais la Compagnie de l'Ouest a fait approuver par l'Administration une modification de ces dispositions primitives, étudiée en vue de réaliser la solidarité qui manquait, et de donner satisfaction au premier de ces deux desiderata. A cet effet, il a suffi d'établir une liaison par tringles rigides entre le levier de manœuvre du signal d'arrêt absolu de chaque poste et le poussoir de départ. Lorsque le signal est effacé, un crochet embrasse une encoche du bouton de départ, et empêche de le pousser ; ce crochet se dégage, au contraire, quand on met le signal à l'arrêt. En outre, une serrure électrique est montée sur le levier du disque et, quand le signal a été fermé, on ne peut plus l'effacer que lorsque le poste suivant a envoyé un courant électrique dans cette serrure, pour débloquer la section; encore, ce poste suivant ne peut-il opérer ainsi qu'après avoir été lui-même obligé de mettre à l'arrêt le disque avancé. Cette serrure est actionnée par le courant d'une pile locale, de sorte que, si l'électricité vient à faire défaut, cela n'a d'autre inconvénient que de condamner le signal à la position d'arrêt. Une aiguille de galvanomètre, placée au-dessus de la serrure, indique si elle est ouverte ou fermée par le courant électrique.

Appareil Tyer. De même que l'appareil Regnault, cet indicateur qui se composait d'une boîte portant, pour chaque poste intermédiaire, quatre aiguilles et autant de poussoirs, vient d'être complètement modifié par la Compagnie de Paris-Lyon-Méditerranée. Comme il ne reste absolument de l'ancien appareil que la forme extérieure de la boîte, tandis que tout l'intérieur a été remplacé, il ne sera question ici que du nouvel appareil, le seul qui présente quelque intérêt. Un poste ne peut rendre la voie libre au poste précédent qu'après avoir mis à l'arrêt son disque avancé ; en outre, un poste ne peut rendre deux fois de suite la voie libre au poste précédent ; il ne peut faire de nouveau ce signal que lorsque le disque a été mis de rechef à voie libre, puis replacé à l'arrêt. Chaque poste, en mettant à l'arrêt son sémaphore,

annonce, par cette même manœuvre, au poste
suivant le train qu'il a couvert, et il ne peut plus
effacer ce sémaphore que quand le poste suivant
lui a électriquement rendu la voie libre. L'enclenchement entre le disque et l'appareil qui sert à
donner la voie libre, est réalisé par l'intermédiaire
de la sonnerie de contrôle du disque. Enfin, dans
cet indicateur modifié, pour ne pas nécessiter la
pose d'un second fil entre deux postes consécutifs,
on a supprimé tout accusé de réception, au poste
transmetteur, du signal transmis par lui au poste
correspondant. — M. C.

'**INDICATEUR DE NIVEAU**. Le système le plus
simple est sans contredit le tube en verre ; on
peut lui reprocher un défaut, c'est qu'il se casse
assez fréquemment, tantôt par suite d'un vice de
construction de sa monture, qui ne se prête pas
aux dilatations de la chaudière ; parfois par une
contraction subite résultant d'un courant d'air
froid ; ou encore parce qu'on aura passé un fil de
fer à l'intérieur pour le nettoyer, etc. Les fuites
d'eau et de vapeur qui accompagnent ces ruptures
sont toujours un peu gênantes, et même dans certains cas elles ont failli occasionner de graves avaries, parce qu'on ne fermait pas les robinets assez
promptement.

Pour éviter ces fuites, M. Dupuch a armé la
prise de vapeur et la prise d'eau d'une petite soupape qui vient boucher hermétiquement les orifices, lorsque le tube casse. Pour assurer le bon
fonctionnement de ces soupapes, il faut les nettoyer fréquemment.

Parfois, le niveau est accusé par une aiguille
fixée sur l'axe de rotation d'un flotteur. Cet axe
traverse la façade de la chaudière à l'aide d'un
presse-étoupe et l'aiguille se promène devant un
cadran dont les divisions correspondent à la hauteur de l'eau à l'intérieur.

M. Lethuillier-Pinel indique le niveau dans ses
chaudières au moyen d'une petite aiguille magnétique en acier.

Cet indicateur, représenté (fig. 490), se compose
d'un flotteur qui suit toutes les variations du niveau de l'eau à l'intérieur de la chaudière et les
transmet à l'extérieur au moyen d'un aimant qui
le surmonte et qui attire, à travers la paroi d'une
chambre en bronze dans laquelle il monte et descend librement, un index mobile en acier reproduisant ces variations sur une face plane en saillie et graduée en centimètres. Sur la colonne inférieure sont fixés deux sifflets SS' qui fonctionnent
sous l'action d'un buttoir t, placé sur la tige
qui relie le flotteur à l'aimant, et préviennent
ainsi du manque et du trop d'eau, quand l'index
indicateur atteint les limites extrêmes de son
parcours.

M. Chaudré emploie aussi un flotteur pour les
indications du niveau d'eau. Ici, la tige verticale,
ou horizontale de ce flotteur se termine par une
pointe qui s'engage dans une rainure hélicoïdale
tracée sur un petit cylindre auquel elle imprime
un mouvement de rotation, une aiguille fixée sur
l'axe de ce cylindre se meut devant un cadran.
Cette tige commande aussi deux sifflets d'alarme.

Beaucoup d'autres moyens ont été essayés, pour
les indications des niveaux d'eau, ceux que nous
citons sont les plus répandus.

Au lieu du
sifflet d'alar-
me, certains
inventeurs
font usage de
rondelles ou
de chevilles
fusibles ; les
chaudières
Belleville
sont munies
de ces der-
nières. Les
rondelles
sont quelque-
fois disposées
de manière à
éteindre les
feux dans les
foyers, lors-
que, par suite
d'incrusta-
tions ou de
manque
d'eau, la tem-
pérature du
ciel du foyer
devient trop
considérable.
L'emploi des
rondelles
s'est très peu
répandu, car
leur fusion
entraîne un
trop long
temps d'arrêt
occasionné
par leur rem-
placement.
En résumé,
c'est le tube
en verre,
trempé ou
non, qui est
adopté géné-
ralement.

**Indica-
teurs de ni-
veau pour
les réser-
voirs.** Lors-
qu'un réser-
voir d'eau se
trouve à une
certaine dis-
tance de la
source d'alimentation, il est important que l'a-
gent chargé d'entretenir cette alimentation soit
rapidement averti qu'il doit la cesser ou la reprendre. L'emploi de l'électricité a permis de
disposer des *indicateurs* ou *contrôleurs* de niveau

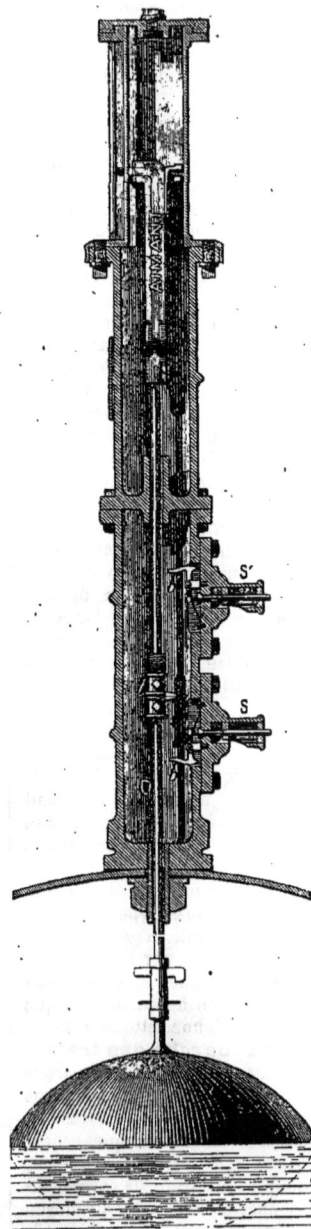

Fig. 490.

qui fournissent des signaux optiques ou acoustiques répondant au programme ci-dessus. Les appareils de ce genre sont assez nombreux; nous ne citerons sommairement que les plus connus.

Système Lartigue. Cet appareil, qui figurait à l'exposition d'électricité de 1881, repose sur l'emploi du commutateur à mercure; il indique seulement que l'eau a atteint, dans le réservoir, une hauteur maxima qu'il ne faut pas dépasser, et que, par conséquent, l'alimentation doit être arrêtée. Le commutateur est composé d'une boîte en ébonite ou en cristal contenant du mercure, et divisée en deux loges par une cloison percée d'un petit orifice inférieur. Dans chaque loge pénètrent des tiges de platine entre lesquelles la communication électrique n'est établie que si le mercure les baigne toutes deux, c'est-à-dire lorsque la boîte est horizontale. Si, au contraire, elle est inclinée, le mercure contenu dans une seule des loges ne baigne qu'une des tiges. Ce commutateur est placé au milieu d'une longue bascule portant, à l'une de ses extrémités, un entonnoir placé sous le déversoir du trop plein de la cuve, à l'autre, un contre-poids qui maintient la bascule horizontale tant que l'entonnoir est vide. Dès que l'eau déborde et coule dans l'entonnoir, la bascule et le commutateur s'inclinent, le circuit d'une pile est fermé, et on obtient un courant qui fait fonctionner soit une sonnerie d'alarme, soit, ce qui vaut mieux encore, un sifflet à vapeur, placé sur la machine d'alimentation. Dès que l'entonnoir est vide, l'appareil entraîné par le contre-poids, reprend sa position initiale et est prêt à donner un nouveau signal.

Système Vérité. De même que le précédent, cet appareil ne peut servir qu'à indiquer le moment où l'eau atteint un certain niveau dans le réservoir. Il est fondé sur l'emploi des courants d'induction, et se compose d'un flotteur muni d'une clavette, dont la disposition est calculée de façon à n'avoir d'action que lorsque le flotteur a atteint une hauteur déterminée. A ce moment, la clavette soulève une pièce de fer, désignée sous le nom de *coup de poing*, qui retombe sur un levier en fer, muni, à son extrémité, d'une palette en contact permanent avec un fort aimant. Quand le coup de poing tombe, cette palette est brusquement arrachée, et le courant d'induction qui prend alors naissance fait déclencher, près de la machine d'alimentation, un disque portant le mot *plein*. Le mécanicien doit aussitôt cesser d'alimenter. — M. C.

*INDICATEUR DE PRESSION. On désigne spécialement sous cette dénomination, un appareil employé par les usines à gaz afin de constater, et d'enregistrer graphiquement les variations de la pression à l'origine ou en un point quelconque d'un réseau de canalisation. Cet appareil se compose essentiellement d'une cloche, ou flotteur, plongeant dans une cuve remplie d'eau, et pouvant s'élever ou s'abaisser, sous l'influence de la pression du gaz, dans des proportions correspondant toujours aux variations mêmes de cette pression. Les mouvements de cette cloche mettent en

jeu, par l'intermédiaire d'une tige qui la surmonte, un porte-crayon horizontal qui, sous l'action d'un petit ressort, s'appuie sur une bande de papier enroulée autour d'un cylindre vertical auquel un mouvement d'horlogerie fait exécuter une rotation complète en vingt-quatre heures. La bande de papier étant divisée en vingt-quatre parties, la trace du crayon indique, heure par heure, les variations de la pression. Cet appareil est donc, comme on le voit, un manomètre enregistreur. — V. MANOMÈTRE. — G. J.

*INDIEN (Art et style). Il n'est pas besoin de voyager longtemps dans l'Inde pour reconnaître que les provinces qui la composent, présentent des différences au moins aussi profondes que celles qui séparent deux pays européens; on y trouve tous les climats, depuis les froids polaires jusqu'aux températures de l'équateur; on y rencontre les races les plus variées, depuis celles dont la peau est noire comme l'ébène, jusqu'à celles dont la teinte ne se distingue pas de celle des Européens. On y parle plus de trois cents langues différentes, et on y professe les cultes les plus variés, depuis les religions qui ne reconnaissent aucune divinité et n'élèvent d'autels à aucun dieu, pas même au dieu inconnu, jusqu'à celles dont le Panthéon forme une véritable armée.

L'architecture présente le reflet fidèle de toutes ces différences et, en réalité, il n'y a pas plus de style indien qu'il n'y a de style européen. Les différences, entre les styles de certaines provinces, sont aussi grandes que celles qui distinguent le style gothique de ceux qui l'ont précédé ou suivi.

C'est avec raison qu'on a pu dire que rien n'est plus clairement écrit que ce qui est écrit sur pierre. L'histoire de l'Inde est tracée aussi clairement que possible sur les monuments. Ces derniers disparaissent malheureusement avec une rapidité inquiétante. La pioche des Anglais est impitoyable, et lorsqu'un temple quelconque se trouve à portée d'une route en construction, portiques, colonnes, statues tombent aussitôt sous le pic des démolisseurs pour aller consolider quelques talus; et le touriste, qui a péniblement parcouru une longue route pour visiter un temple décrit par quelque archéologue, trouve, en arrivant, le temple entièrement rasé. Un voyageur fait récemment un long trajet pour aller visiter à Chandravati un temple cité dans plusieurs ouvrages; à l'arrivée, il apprend que le temple a été réduit en petits fragments par un ingénieur pour paver une route.

Le vandalisme véritablement féroce des Anglais, à l'égard des monuments, a quelque chose de frappant. Les rares archéologues qui s'intéressent aux anciens monuments ont écrit de nombreuses brochures pour réclamer leur conservation, mais il n'apparaît nullement que des résultats bien sérieux aient été obtenus. Sans doute, le temps n'est plus où l'on jetait par terre la moitié des palais des Grands Mogols, à Delhi, pour construire des baraques à soldats et des écuries, et, aujourd'hui, un gouverneur qui proposerait, comme jadis lord Bentink, de vendre au poids, à titre de matériaux de démolition, un monument comme ce Tadj-Mahal, qualifié de merveille de l'univers, aurait de faibles chances d'être écouté. Mais la protection du gouvernement ne s'exerce que sur un petit nombre de monuments de premier ordre. Les autres restent dans le plus complet abandon, à la merci du premier ingénieur venu qui a besoin de pierres pour construire une route ou un pont. Ahmedabat, par exemple, possède un certain nombre d'anciennes mosquées, dont les minarets de style jaïna, sont fouillés dans toute leur hauteur comme de véritables bijoux. Jamais un architecte de nos cathédrales gothiques n'a poussé si loin l'art de ciseler la pierre, et aucune mosquée de l'Espagne, de l'Afrique ou de la Syrie ne peut rivaliser avec de telles merveilles. Malheureusement, elles sont entièrement abandonnées; les murs se lézardent, l'herbe disjoint les pierres et leur ruine est prochaine.

Cette indifférence a naturellement choqué vivement les rares auteurs qui se sont occupés des monuments de l'Inde. « Il y a peu de choses plus humiliantes pour un Anglais, écrit Fergusson, dans son *Histoire de l'architecture*, que de comparer l'intelligent intérêt et la libéralité que les Français déploient dans les recherches archéologiques avec la lourde indifférence et la parcimonie des Anglais. Si nous avions exercé dans l'investigation des antiquités hindoues (depuis un siècle que nous possédons la contrée), une faible portion de l'énergie et de l'intelligence que les Français ont déployées en Egypte, pendant leur courte occupation, ou actuellement au Cambodge, nous connaîtrions depuis longtemps ce qui concerne notre empire. » Il faut rendre justice aux travaux de Burgess Cuningham et du petit nombre d'archéologues qui ont essayé d'intéresser le public anglais aux monuments de l'Inde, mais tout en reconnaissant que leurs efforts n'ont produit jusqu'ici que des résultats fort minimes.

Des photographies à une grande échelle pourraient seules donner une idée de l'habileté vraiment prodigieuse avec laquelle les anciens peuples de cette contrée savaient travailler la pierre. On visite sur le mont Abou, dans un pays habité aujourd'hui par des sauvages demi-nus, les Bhils, n'ayant d'autres armes que l'arc et la flèche, deux temples jaïnas du XIIe siècle, en marbre blanc, dont chaque colonne, chaque pierre est un véritable travail d'orfèvrerie. Il n'y a ni à Westminster, ni dans aucune de nos cathédrales gothiques des pierres sculptées avec un tel art. Les figures humaines sont malheureusement un peu grossières, mais l'imperfection des formes se noie dans l'ensemble, et l'effet dépasse tout ce que l'artiste le plus fantaisiste pourrait rêver. Un des deux temples possède une coupole décorée de sculptures avec une richesse qui n'a peut-être jamais été dépassée. Transporter au sommet d'une montagne d'un accès difficile des blocs de marbre volumineux et en fouiller les moindres parties, représente un travail qui laisse derrière lui tous ceux que la légende attribue à Hercule.

Nous sommes tellement enfermés, en Europe, dans

Fig. 491. — *Pagode pyramidale (Temple-palais de l'époque du moyen âge).*

notre absurde éducation classique, et tellement convaincus que rien n'est beau, en dehors de ce qui nous vient des Grecs ou des Romains, qu'il nous est presque impossible de comprendre que les Orientaux aient pu bâtir des monuments qui valent ceux que les Grecs et les Romains nous ont laissés.

Que nos architectes aillent, soit à Delhi, soit à Lahore, soit à Agra, et ils comprendront à quel point, en dehors des formes classiques européennes, l'architecture peut être variée. Ils comprendront surtout quels effets étonnants la décoration polychrome peut fournir. La simple combinaison de pierres de deux couleurs — rouge et blanc, — comme dans la grande mosquée de Delhi, produit déjà des effets frappants. Quand on arrive aux revêtements en faïence émaillée de genre persan comme à Lahore, l'effet est merveilleux. Chacune des grandes villes de l'Inde possède un style d'architecture spécial. L'architecture d'Ahmedabad n'est pas du tout celle d'Aymir, moins encore celle de Lahore. Dans cette dernière ville, l'influence persane se montre à chaque pas. Mosquées et maisons sont fréquemment couvertes de faïences émaillées, qu'on ne rencontre que très exceptionnellement à Delhi, et qui ne commencent à se montrer d'une façon générale que dans les villes voisines de Lahore, telle que Amritsir.

L'influence arabe se montre également à Lahore, bien qu'à un degré beaucoup moindre que l'influence persane. On y rencontre, pour la première fois dans l'Inde, des moucharabiehs tout à fait analogues comme travail à ceux du Caire.

Il est assez facile de reconstituer les éléments primitifs dont a été formée l'architecture dite *mongole*. Mais c'est un travail trop technique pour qu'il puisse trouver place ici. Laissant donc de côté la question des origines, on se bornera à constater qu'il n'y a rien en Europe ou en Orient de plus imposant comme aspect que le palais des Grands Mogols et la grande mosquée de Delhi. La forteresse de pierre rouge qui entoure le palais a un aspect des plus majestueux et, ce que les Anglais ont bien voulu laisser debout du palais lui-même, permet de se représenter ce que le monument pouvait être autrefois. La célèbre salle de marbre où se trouve l'inscription : « Si le paradis est quelque part sur la terre, c'est ici, c'est ici, » et qui contenait le trône de diamant estimé plusieurs centaines de millions par l'orfèvre Tavernier, est digne de sa réputation. Ces Mogols, qu'on nous représente si souvent comme des barbares, savaient trouver des architectes qui en auraient sûrement remonté à nos grands prix de Rome d'aujourd'hui.

L'art de construire, comme celui de travailler le bois et les métaux, bien qu'en décadence dans l'Inde depuis que l'influence européenne est prédominante, est loin, cependant, d'être entièrement perdu. A Ahmedabad, des ouvriers pour quinze sous par jour fouillent le bois avec une perfection que n'ont pas dépassée nos plus habiles ouvriers parisiens, et quand un riche particulier veut faire construire un temple, il n'est nullement embarrassé pour trouver des architectes.

Il ne reste pas dans l'Inde de monuments plus reculés que le IIIe siècle avant J.-C., quand l'empereur Asoka fit du bouddhisme la religion de l'Inde. Après cette période, parut l'architecture bouddhiste que suivit l'architecture jaïna. Depuis, on distingue quatre styles différents, selon les régions : ceux du midi et du nord, de l'Inde proprement dite et de Cashmire. Le style du midi existe dans l'aire formée par une ligne tirée de l'est à l'ouest, de Madras à Mangalore, et constituant un triangle de 400 miles anglais ou 644 kilomètres de côte. La principale race est la race Tamul. Dans ce style, les temples se composent d'une construction carrée, formant le temple même ou Viman, surmontée d'une toiture en forme de pyramide à un ou plusieurs étages; de portiques (Mantapas),

Fig. 492. — Flacon indien en argent.

Fig. 493. — Médaillon indien.

de portes pyramidales (Gopuras), et de salles tout autour soutenues par des piliers (Choultries). Le plus beau spécimen de ce style est fourni par le temple de Tanjore, élevé sur un carré de 82 pieds anglais, environ 25 mètres à la base, haut de deux étages; la pyramide n'en compte pas moins de quatorze. La hauteur totale est de 180 à 200 pieds, une soixantaine de mètres. Le style du nord est plus rare et d'origine aryenne. Ses plus beaux temples sont à Orissa, on cite spécialement celui de Boba-

neswar, construit à la fin du VIIe siècle de notre ère. Ils sont remarquables par une sorte de flèche principale entourée le plus souvent de flèches plus petites. Le style indien moderne, proprement dit, n'est qu'une variété du style musulman (V. ce mot). Le type cachemirien est remarquable, entre autres détails, par ses rangées (de deux à quatre) de fenêtres circulaires en forme de lucarnes, et fréquemment par ses colonnes de style dorique qui sont le legs probable des Grecs de l'ancienne Bactriane.

L'étude des formes de l'art indien est indispensable à qui veut se pénétrer des meilleurs principes de l'art décoratif en général. L'excellence des œuvres est due, là, au système des corporations étroitement maintenu à travers les âges, et qui a engendré une race d'artisans d'un talent héréditaire, à peu près sans rivale dans le goût du dessin comme dans l'habileté de l'exécution. Leur poterie se distingue, entre toutes, par la pureté et la simplicité de la forme, par sa convenance à son objet et la liberté individuelle de la composition. Ses origines, antérieures aux Lois de Manou, se perdent dans l'antiquité. Les œuvres d'orfèvrerie indienne, selon le docteur Birtwood, auraient subi l'influence de la Grèce, mais ont acquis dans leur développement le caractère purement oriental (fig. 492 et 493).

Les Indiens montrent, en effet, la plus grande dextérité dans les arts orientaux, de la damasquine et de l'émail, aussi bien que dans la sculpture sur bois, ivoires et dans les laques. Tous leurs motifs de décoration sont profondément symboliques, et inspirés par les plus anciennes formules du sentiment religieux dans l'humanité. L'Inde fut probablement le premier pays où l'art du tisserand fut amené à sa perfection, et la renommée de ses gazes de soie, et de ses brocards d'or et d'argent est déjà constatée dans les Institutes de Manou. L'art est l'objet de mentions fréquentes dans les Védas. Malheureusement, la pureté de l'art indien, comme celle de tous les arts de l'Orient, est bien menacée de nos jours par l'introduction des machines et, ce qui est pis encore, des modèles venus d'Europe.—V. INDE ANGLAISE.— E. CH.

INDIENNE, INDIENNAGE. Nom générique donné aux toiles de coton sur lesquelles, dans les ateliers d'indiennage, on a imprimé des dessins de couleur. Cette appellation tend à disparaître, en raison de la grande variété de tissus de coton, qui diffèrent aussi bien par leur texture que par les opérations et les impressions qu'ils subissent.

— Les premières indiennes furent importées de l'Inde, de là le nom que l'on donne encore aux tissus de qualité commune qui, sous le nom de rouennerie, forment une branche importante de l'industrie rouennaise. — V. IMPRESSION SUR TISSUS.

INDIENNEUR, EUSE. T. de mét. Celui, celle qui travaille dans les indiennages, dans les fabriques d'indiennes.

INDIGO. De toutes les matières colorantes usitées en teinture et en impression, celle désignée sous le nom d'indigo est la plus ancienne. Il est encore consommé en quantités considérables, ainsi que nous le verrons plus loin, mais de nombreux et magnifiques travaux nous laissent entrevoir une époque, peut-être proche, où le produit de la nature aura à lutter avec le produit de laboratoire, et devra succomber devant ce dernier, comme la garance a succombé devant l'alizarine. Remarquons, cependant, que les difficultés sont beaucoup plus grandes ici; d'une part, le produit naturel contient de 60 à 70 0/0 de matière utili-

sable, tandis que la garance n'en renfermait qu'environ 2 0/0 ; d'autre part, le taux de vente relativement inférieur de l'indigo, laisse peu de latitude
au fabricant de matière artificielle.

Historique. L'indigo paraît avoir été connu dans les
Indes dès l'époque la plus reculée. Il serait difficile de
prouver que les teintures dont parlent le Ramagana et
les plus anciens auteurs indiens, étaient réellement faites
avec de l'indigo, mais, tout nous porte à l'admettre, car
les Brahmes conservèrent pendant des siècles, des reliques
ornées de toiles bleues dont la couleur résistait au temps.
Or, l'indigo est une des rares matières colorantes jouissant de cette propriété. Homère (Iliade, livre VI, vers 289)
parle des étoffes de couleur bleue fabriquées à Sidon.
Les Egyptiens teignaient en bleu certaines bandelettes destinées à entourer les momies. Le musée luthérien de Glascow possède quelques-uns de ces spécimens qui ont donné,
à l'analyse, tous les caractères de l'indigo. Pline nous
entretient de l'Ινδιγον βαριχον de Dioscaride, ou suc préparé avec l'indigofera tinctoria, Lin., dont le nom sanscrit nil reparaît dans le portugais anil, d'où est venu
aniline ; mais cet auteur, sans indiquer le mode d'emploi,
dit que c'est une substance noire qui, bien broyée à
l'eau, donne une belle couleur bleue.

L'indigo était certainement connu, en Europe, longtemps
avant son importation en grand par les Hollandais; mais,
son véritable mode d'emploi ne paraît pas avoir été pratiqué par les teinturiers.

C'est en 1516, que Odoardo Barbora apporta le premier de l'indigo des Indes, par la voie du cap de Bonne-
Espérance. On attribue généralement aux Juifs l'introduction, en Italie, de l'art de teindre avec cette substance ;
ils exerçaient ce métier, dès le moyen âge, dans le Levant,
d'où il s'est répandu dans tout le reste de l'Europe ; en
1619, Caneparius décrit sous le nom « d'endego, un produit apporté avec l'indigofera des marchands de l'Inde, en Egypte,
par Alexandrie, et de là à Venise. »

Ce n'est pas sans beaucoup de difficultés, que l'indigo
a été adopté par les teintureries européennes ; il fut interdit en Angleterre, en Allemagne ; Henri IV, en France,
prononça la peine de mort contre tous ceux qui emploie-
raient cette drogue fausse et pernicieuse appelée « inde »
(1610). Dans une ordonnance rendue en Saxe, en 1650,
l'indigo est désigné sous le nom d'aliment du diable.
Colbert, en France, n'autorisa l'emploi de l'indigo, que
sous la condition de mêler avec cette substance cent fois
autant de pastel. Grâce aux représentations et aux essais
de Dufay, en 1737, les teinturiers de France purent se
servir à leur guise de l'indigo.

Les importations toujours croissantes, à partir du
XVIe siècle, amenèrent rapidement l'abandon, en Europe,
de la culture du pastel, qui, pendant tant de siècles, avait
servi exclusivement à la teinture en bleu; les Anglais
importaient, dès 1797, pour plus de 12,500,000 francs d'indigo des Indes. La production du Bengale seule représente, aujourd'hui, près de 80 millions de francs, et ne

Pays	Caisses 1884	Caisses d'environ 120 kilogr. 1883
France.	5.900	5.500
Angleterre.	10.500	8.700
Allemagne.	11.700	10.100
Suisse et Italie.	500	350
Russie.	2.800	1.700
Amérique.	7.300	9.850
Autres pays non spécifiés. .	1.000	1.800
	39.700	38.000

suffit d'ailleurs pas à l'industrie, qui tire encore l'indigo
d'Afrique et d'Amérique.

Production et consommation. Les grands marchés où
s'accumule la production des divers indigo, sont Calcutta,
pour les Indes ; Londres, pour l'Angleterre et le commerce continental.

Après avoir subi des variations importantes, l'exportation de Calcutta est indiquée dans le tableau de la colonne
précédente.

— V. Textile manufacturer, 1884.

Propriétés. L'indigo provient de diverses plantes
du genre indigofera. — V. Indigotier.

Il nous parvient des pays de production sous
des formes excessivement variées, en pains cubiques ou aplatis, en morceaux irréguliers, arrondis
ou anguleux, en fragments lisses très unis, ou aussi
à surface rugueuse présentant la texture du tissu
dans lequel a été produit a été desséché ; la couleur
varie, du bleu gris noirâtre au beau bleu cuivré.
En petites quantités, l'indigo est inodore, mais
quand il est échauffé, il a une odeur sui generis
caractéristique. Il happe à la langue, est très poreux, aussi surnage-t-il ordinairement sur l'eau.
Sa cassure est nette et brillante, et il devient d'un
beau rouge cuivré par le frottement d'un corps
dur. Il est quelquefois parsemé de points blancs,
et peut offrir aussi de petites cavités diversement
colorées, mais généralement blanchâtres. Quand
on le projette, réduit en poudre fine, sur des charbons ardents, il se volatilise en donnant des vapeurs
violettes d'indigotine, que l'on peut sublimer par
refroidissement.

Variétés commerciales. Il existe un grand nombre
de variétés commerciales d'indigo ; on en a admis
jusqu'à quarante et quelques sortes, rien que
dans les variétés dites Bengale; on leur donne une
foule de dénominations (V. Pennetier, Leçons sur
les matières premières d'origine organique ; Girardin, Eléments de chimie ; Schutzenberger, Traité
des matières colorantes ; Renard, Traité des matières
colorantes). Outre les espèces spéciales au Bengale, on trouve encore dans le commerce les indigos d'Oude, de Bénarès, de Madras, de Java, de
Manille, d'Egypte, de Guatémala, du Brésil, etc.,
qui ont aussi tous des dénominations particulières.
Les différents caractères qui guident dans le choix
des indigos sont : la forme et la dimension des
pains, la couleur que l'on juge sur une cassure
fraîche, le cuivré obtenu par le frottement sous
l'ongle, la douceur au toucher, le happage à la
langue, la friabilité, la porosité, enfin l'homogénéité
de la pâte.

Les indigos, quelle que soit leur qualité, sont
sujets à différents défauts desquels il est nécessaire
de bien tenir compte ; ainsi, on nomme indigo
éventé, celui qui se brise facilement au sortir des
caisses et qui est recouvert de moisissures dans ses
cassures ; piqué, celui dont la pâte présente des petites taches blanches ; rubané, celui dont les fragments sont formés de couches de nuances diverses ;
brûlé, celui qui s'émiette facilement ; sablé, celui
contenant du sable ; écorcé, celui recouvert d'une
couche grise verdâtre ; robé, celui dont l'extérieur
ne présente pas la même surface que l'intérieur de
la masse ; froid, celui qui est humide, et ne happe

pas à la langue ; *grand carré* ou *grand cassé* celui dont les carreaux sont brisés ; *demi-pierré*, celui dont les pierres sont divisées en deux seulement; *en grabeaux*, celui réduit en petits fragments ; *écartelé*, celui dont les carreaux réguliers présentent des crevasses qui pénètrent jusqu'au centre ; *crasseux*, celui dont l'aspect extérieur est noirâtre, ou verdâtre ; *sombre*, celui d'apparence peu brillante ; *dur*, celui dont la pâte est difficile à rompre ; et, enfin, *sec*, celui qui se réduit facilement en poussière.

Composition de l'indigo. Cette substance contient différentes matières distinctes, en proportions très variables, mais la principale est l'*indigotine*, la véritable matière colorante ; les indigos en contiennent de 29 à 80 0/0. L'indigo, d'après Chevreul, renferme, en outre de l'indigotine, de l'ammoniaque, une matière verte, des extractifs, de la gomme, une résine rouge, du carbonate de chaux, des oxydes de fer et d'alumine, de la silice ; d'après Girardin et Preisser, l'indigo Bengale, bon ordinaire, contient environ 5 0/0 d'eau, 1 0/0 de gluten, 5 0/0 de brun d'indigo, 7 0/0 de résine rouge, 20 0/0 de matières minérales, et le reste en indigotine, d'ailleurs, en proportions très variables. Ces résultats sont encore évidemment incomplets. D'après Schunk, les plantes du genre indigofera renferment un glucoside incolore, soluble dans l'eau, et appelé *indican* (V. ce mot), susceptible, sous des influences diverses et, spécialement, par l'action des acides étendus, de se dédoubler en une matière sucrée, l'*indiglucine*, soluble dans l'eau, et en deux principes insolubles, l'*indirubine* et l'*indigotine*, cette dernière étant la véritable matière colorante des indigos.

L'*indirubine* qui paraît être identique au rouge d'indigo, a des propriétés analogues à celles de l'indigotine, et teint en violet les fibres végétales ; on suppose que c'est elle qui donne aux bleus cuvés la teinte violette. Les indigos du commerce renferment, en outre, des principes bruns et jaunes, inertes en teinture, sauf les indigos rouges, dans lesquels domine une matière extractive rouge, ou *indirubine* de Schunk.

Falsifications. L'indigo est quelquefois falsifié avec la laque de campêche, de l'argile, du bleu de Prusse, de l'amidon, de la fécule, des résines, des matières minérales, etc. Pour connaître sa pureté nous renvoyons au mot Essai, t. IV, p. 915.

Les procédés les plus en usage sont, d'ailleurs : celui de Penny, par l'acide chlorhydrique et le bichromate de potasse ; de Lindelaub, par les chlorates ; de Mohr, par le permanganate ; d'Ulgrem, par le carbonate de soude et le prussiate rouge ; de Muller, par l'hydrosulfite de soude ; le procédé colorimétrique de Salleron ; ou la méthode de Mittenznei, qui réduit l'indigo, recouvre le liquide d'une couche de pétrole, en prend un volume déterminé, et le fait oxyder par du gaz oxygène ; la quantité de gaz oxygène employée permet de calculer l'indigotine ; enfin, la méthode de Pungh qui réduit l'indigo dans une petite cuve, puis l'oxyde et le précipite par un acide ; le précipité séché et pesé donne la quantité d'indigotine.

Il existe encore l'essai par voie de teinture (dé-

crit également au mot Essai), mais on connaît aussi un autre moyen, peut-être préférable, en ce sens qu'il donne la teinture de l'indigotine et des autres corps colorants. On a de petites cuves, d'environ 5 litres de capacité, et construites de façon à former un cylindre assez étroit, pour favoriser le dépôt et permettre de teindre un échantillon d'une certaine longueur ; on y met 3 litres d'eau, dans lesquels on dissout 10 grammes d'indigo, 25 grammes de sulfate de fer et 30 grammes de chaux éteinte ; on délaie d'abord l'indigo, soigneusement pulvérisé, dans le lait de chaux récemment fait, et encore tiède, puis on y ajoute la dissolution de sulfate ferreux. Il faut remuer souvent (ce qu'en terme d'atelier on appelle *pallier*), environ toutes les deux heures, pendant deux ou trois jours, et ne teindre que le troisième jour ; les échantillons de même grandeur sont introduits dans les diverses cuves au même moment, séjournent dans le bain, soit cinq, soit dix minutes, sont déverdis pendant autant de temps, puis après 5 ou 6 trempes, passés en acide sulfurique à 2° Baumé, lavés et séchés. L'examen comparatif de ces échantillons donne la valeur relative des indigos.

Produits industriels dérivés de l'indigo. Il existe dans le commerce plusieurs dérivés. Anciennement, on se servait pour le bleutage du linge et l'azurage de la laine, de la soie, du *carmin d'indigo* (V. ce mot) ; un autre dérivé commercial est le *bleu Bolley* : on l'obtient en fondant 10 à 20 parties de bisulfate de soude sec, dans un vase en fonte, et en ajoutant peu à peu 1 partie d'indigo sec. La masse se boursoufle, et on chauffe jusqu'à ce qu'un échantillon prélevé se dissolve en violet dans l'eau, le produit est alors délayé dans 100 fois son poids d'eau, puis on ajoute 2 parties de sel marin pour 1 partie de mélange sec. On recueille le précipité bien lavé, et on le sèche. Ce bleu soluble dans l'acide acétique, se fixe très bien sur laine et soie.

Applications. L'indigo est une des rares matières colorantes qui peut se fixer sur la généralité des textiles. Ce corps n'a pas besoin de mordants, il n'est en réalité que déposé sur la fibre, aussi est-il indispensable qu'il soit dissous, pour pouvoir être appliqué sur fils ou tissus. Nous n'indiquerons que très sommairement les nombreuses applications de ce corps. Il s'emploie par teinture et par impression. Tous les procédés utilisés pour la fixation par teinture sont basés sur la réduction de l'*indigotine* en indigo blanc, soluble dans les liqueurs alcalines ; cet indigo blanc exposé à l'air se réoxyde, et, en passant de nouveau à l'état d'indigo bleu insoluble, se fixe définitivement sur la fibre.

On donne généralement le nom de *cuve*, au bain dans lequel l'indigo est dissous. C'est dans cette liqueur que l'on plonge les étoffes à teindre. Il existe un grand nombre de cuves que nous allons examiner. Avant de nous occuper de la teinture même, il est indispensable de procéder à une opération mécanique, en apparence insignifiante, mais qui, mal menée ou imparfaitement faite, a donné lieu à de nombreux mécomptes, et à de grandes pertes d'argent ; il s'agit du broyage de l'indigo. Si cette substance n'est pas à l'état impalpable, il y a perte de matière colorante, en raison du mauvais rendement de l'indigo ; aussi, n'est-il pas indifférent de le broyer plus ou moins, il faut qu'il le soit *parfaitement*. On s'en assure en prenant quelques grammes de la pâte broyée, que l'on frotte sur une glace ; tant que, par transparence, on aperçoit des picots ou des points saillants ne cédant pas sous la friction du pouce sur le verre, c'est que l'indigo n'est pas suffisamment broyé.

Cuves d'indigo. Les diverses cuves d'indigo employées sont les suivantes :

La *cuve à l'urine*. Elle est encore un peu usitée, à Verviers, à Elbeuf, elle donne sur laine des bleus et des verts clairs qui résistent complètement au foulage, aussi la nomme-t-on également *cuve à percer*. On la monte tantôt à chaud, tantôt à froid ; on prend, pour 25 kilogrammes de laine, 5 hectolitres d'urine, 3 kilogrammes de sel de cuisine, on chauffe pendant quatre à cinq heures, on laisse reposer, puis on introduit 750 grammes d'indigo et autant de garance ; on active la fermentation en ajoutant environ 200 grammes d'indigo, on chauffe et on écume, pour teindre ensuite. Dans cette cuve, c'est l'urine qui fournit et les principes réducteurs, et l'ammoniaque nécessaire pour dissoudre l'indigotine réduite.

La *cuve au pastel*. Elle est principalement en usage chez les teinturiers de laine en poils ; on la monte avec 100 kilogr. de pastel en coques, 10 kilogrammes de garance, 6 kilogrammes de chaux, 8,000 litres d'eau à 80°, 3 à 4 kilogrammes de son, et, quelquefois, aussi un peu de gaude ; après trois heures de repos, on pallie, et l'on répète l'opération de trois heures en trois heures. Il se développe une odeur ammoniacale caractéristique, et il se forme de la fleurée, on ajoute alors 10 kilogrammes d'indigo broyé à l'eau, et l'on remue ; quand la fermentation devient trop active, on la ralentit par une addition de chaux, de même qu'on l'active en augmentant la dose de son. La cuve est en bonne marche, lorsqu'il s'en dégage une odeur agréable, qui n'est ni piquante, ni fade ; elle doit, en outre, se couvrir de beaucoup de fleurée.

Cuve de vouède. Elle se prépare comme la précédente, mais n'est presque plus employée.

Cuve d'Inde à la potasse. Ces cuves servent principalement pour la laine et la soie ; on peut y teindre trois fois autant de fibres, dans le même espace de temps, que dans les cuves précédentes ; leur nuance résiste mieux aux alcalins, mais elles ne peuvent servir aussi longtemps ; il faut les remonter au bout de quinze à vingt jours, car le suint de la laine saturant la potasse, entrave la dissolution d'indigo. Les proportions suivantes sont employées ordinairement : 8 kilogrammes d'indigo, 12 kilogrammes de potasse, 3ᵏ,500 de son et 3ᵏ,500 de garance ; on ajoute l'indigo après avoir chauffé à 90° dans l'eau nécessaire, le mélange de son, de garance et de potasse, et on maintient entre 30 et 40°, en palliant deux fois par jour, durant quarante-huit heures environ ; le bain est bon quand il est jaune verdâtre.

Cuve à la soude ou *cuve allemande.* Ces cuves servent pour les fils et tissus de laine ou de soie, elles sont plus économiques que la précédente, et peuvent durer deux ans (Van-Laer). On les emploie en Saxe, dans le nord de la France, en Autriche, en Moravie, etc. Voici les quantités que Dumas et Schutzenberger indiquent de prendre, pour une cuve de 2,300 à 2,500 litres d'eau, portée à 95° centigrades : 2 hectolitres de son, 11 kilogrammes de cristaux de soude, 5 kilogrammes d'indigo et 2ᵏ,500 de chaux éteinte. Au bout de douze heures, la fermentation commence ; si l'on maintient la température à 40 ou 50° centigrades, le liquide prend une teinte bleu verdâtre, dégage des bulles de gaz, et répand une odeur de son aigri. De temps à autre, on remet de l'indigo, de la soude et de la chaux, dans les mêmes proportions que celles indiquées, ainsi que 3 à 4 kilogrammes de mélasse ; au bout de trois jours, la cuve est bonne.

Pour se servir de ces cuves, on les pallie le matin, on enlève la fleurée, et on y plonge un panier formé d'un cercle de bois, ou de fer, et garni de filets de cordes. C'est dans ce panier, qui ne doit jamais toucher le dépôt qu'on appelle *pâtée*, que l'on place la fibre à teindre ; la durée d'immersion varie de dix à trente minutes ; la laine et la soie sont jaune verdâtre en sortant du bain, mais bleuissent rapidement au contact de l'air. Après avoir obtenu la teinte voulue, ce qui nécessite plus ou moins de trempes, on lave à l'eau acidulée avec de l'acide sulfurique, puis à l'eau courante, et on sèche.

Ces diverses cuves, généralement désignées sous le nom de *cuves à fermentation*, sont sujettes à ce que l'on nomme *des maladies*. Quand il y a manque de chaux, il se produit une fermentation qui dégénère en fermentation putride, c'est l'accident le plus grave, car la cuve est alors perdue. Quand, au contraire, il y a excès de chaux, la cuve ne teint plus, elle est dite de *rebut* ; le liquide devient brun, et la cuve perd son odeur et sa fleurée ; on corrige cet accident en ajoutant du sulfate ferreux, qui précipite l'excès de chaux. Un autre accident, analogue à celui désigné sous le nom de *rebut*, provient de manipulations trop fréquentes ; on l'appelle *faux-rebut*, et il est facilement reconnaissable à une odeur légèrement ammoniacale. On y remédie en laissant reposer, et en ajoutant un peu de chaux ; si l'on ne prend cette précaution, la cuve fermente rapidement, et aussitôt que la fermentation putride s'est déclarée, il se produit alors ce que l'on nomme le *coup de pied*, ou bien on dit encore que la cuve est *coufée*. Quand on ne peut arrêter la fermentation, la cuve est perdue. Dans les cuves d'Inde surtout, il se manifeste aux approches d'un orage, un mouvement subit et violent de fermentation, les teinturiers prétendent y remédier en jetant dans le bain un morceau de fer. Les diverses cuves que nous venons d'étudier s'emploient surtout pour la laine et la soie, ce sont les *cuves chaudes* ; celles que nous allons examiner maintenant, portent, par opposition, le nom de *cuves froides*, et servent principalement pour la teinture des fils et étoffes de coton, de chanvre et de lin, les fabriques d'indiennes. Ces cuves sont la cuve à la couperose, à l'étain, au zinc, à l'hydrosulfite, etc.

Comme ces diverses cuves s'emploient de la même façon, nous allons donner, en quelques lignes, les modes de teinture les plus usités. On teint avec toutes ces cuves, soit en faisant plonger la pièce préalablement tendue sur un cadre, soit en la faisant passer à la continue, quand la teinture a lieu par immersion répétée; lorsqu'on se sert du cadre, chaque opération s'appelle trempe, et dure de cinq à vingt minutes; l'exposition à l'air pour favoriser l'oxydation de l'indigo porte le nom de déverdissage, et dure généralement autant que la trempe. Pour l'arrangement des tissus sur les cadres divers, nous renverrons le lecteur aux mots CHAMPAGNE et CHÂSSIS. Ces cadres, suivant que les cuves sont rondes ou carrées sont agencés différemment. Les cuves rondes en bois, en fer ou en maçonnerie, ont de 2 à 2m,50 de diamètre et jusqu'à 3m,40 de haut; le bain est préparé de telle façon que le dépôt ou la pâtée ne puisse toucher le cadre; on a soin, en outre, de mettre plusieurs cuves les unes à côté des autres, afin de pouvoir teindre continuellement. Quand une série de cuves est au repos, on teint dans l'autre, jusqu'à ce que celle-ci soit fatiguée, alors on met l'autre série en œuvre en la renforçant, et ainsi de suite. Quel que soit le mode de teinture employé, il est nécessaire de laver convenablement, et d'aciduler à l'acide sulfurique à 1 ou 2°, pour enlever l'excédent d'indigo non adhérent à la fibre. Les genres qui se font aujourd'hui, exigent l'emploi simultané de la cuve à cadre ou à champagne, et l'emploi de la cuve continue. Le tissu passe dans le bain et reste ensuite pendant quelques minutes dans l'air, où le bleu s'oxyde, puis rentre dans la seconde cuve, où il se teint à nouveau pour être réoxydé, et sortir enfin à la nuance voulue.

Dans ces genres de cuves, très employées pour les bleus rongés, qui se font en quantités colossales, en Angleterre, en Autriche et en Hongrie, on a soin de passer les pièces deux fois. Pour la laine, la cuve continue est également d'un grand secours, mais on n'emploie généralement qu'une seule cuve munie, bien entendu, d'un appareil à roulettes, pour déverdir, et l'on teint plus lentement. Chacune des cuves a ses rouleaux exprimeurs, et est garnie au fond, d'un appareil à palettes, pour remuer le dépôt. On a habituellement deux cuves l'une à côté de l'autre, qui alternent comme service, la cuve du jour se repose le lendemain, et la cuve qui sert le lendemain se repose le surlendemain et ainsi de suite.

Le montage et le travail des cuves d'indigo exigent une longue habitude.

Cuve à la couperose ou au fer. Cette cuve sert presque exclusivement pour les étoffes de coton, de chanvre et de lin; on la monte avec de l'indigo, de la chaux et du sulfate de fer; nous en donnons diverses recettes dans le tableau de la colonne suivante.

Comme nous ne pouvons ici discuter le mode de préparation des cuves, disons en passant que chaque praticien a sa manière spéciale de préparer sa cuve, mais ce qui paraît le plus rationnel, c'est de délayer d'abord l'indigo dans l'eau de chaux,

	litres	litres	litres	litres
Eau..	6.000	6.000	6.000	6.000
	kilogr.	kilogr.	kilogr.	kilogr.
Chaux.	40	15	30	30
Indigo.	15	5	10	10
Sulfate de fer. . . .	30	10	25	20
Ces cuves sont dites	forte	faible	moyenne	moyenne

puis d'y ajouter le sulfate ferreux préalablement dissous. Il faut évidemment ne pas verser toute l'eau, au commencement, mais seulement les diverses substances déjà mélangées, et attendre que la dissolution de l'indigo soit faite. Avant de se servir de la cuve, il est essentiel de la pallier de deux en deux heures, le premier jour, un peu moins le second, de la laisser ensuite reposer un jour, et de n'en faire usage que le quatrième.

Cuve à l'étain. Certains genres bleu clair s'obtiennent par la cuve à l'étain; on dissout de l'indigo dans la chaux, et on ajoute de l'étain en poudre. Cette cuve, très réductrice, est bonne pour utiliser les résidus des autres cuves; résidus qui ont été lavés à l'acide chlorhydrique et qui, quelquefois, ne se redissolvent pas facilement dans la cuve à la couperose. La cuve à l'étain ne s'emploie que sous la forme continue, et donne de très beaux bleus pour fond bleu avec bleu clair.

Cuve au zinc. Ce mode de teinture est peu usité en France; il sert surtout en Angleterre, en Russie, en Autriche, en Allemagne, dans les Provinces Rhénanes; il est très bon, quand il est bien conduit, et a, en outre, l'avantage de donner peu de dépôt; il rend parfaitement en teinture. On prend 1 à 2 parties de zinc métallique en poudre, 1 partie d'indigo et 2 parties 1/2 de chaux. Cette cuve est surtout à recommander pour le bleu cuvé continu et pour les genres rongés à l'acide oxalique; elle est employée de préférence pour le cuvage continu sur coton.

Cuve à l'hydrosulfite. Ce procédé de teinture peut servir pour tous les textiles. Voici les renseignements publiés par MM. Schutzenberger et de Lalande, sur le montage de cette cuve : on prend du bisulfite de soude à 30° Baumé, bien exempt de sulfate de soude, et, dans un vase fermé, on le met en contact avec des lames de zinc tordues, ou de la grenaille de zinc, remplissant toute la capacité du vase, sans en occuper le quart du volume réel. Cette disposition a pour but d'augmenter les surfaces de contact entre le bisulfite et le zinc. Au bout d'une heure environ, le liquide est versé sur un lait de chaux, en excès, qui précipite les sels de zinc; on agite, et on sépare le liquide clair, soit par filtration, soit par expression, soit en décantant, après addition préalable d'eau. Ces opérations doivent se faire autant que possible à l'abri de l'air; on emploie pour cela, des liqueurs recouvertes d'une couche de pétrole. En mélangeant l'hydrosulfite de soude ainsi obtenu, avec l'indigo broyé, et les doses de chaux ou de soude, nécessaires pour dissoudre l'indigo réduit, on obtient immédiatement une dissolution jaune, qui ne contient, comme parties insolubles, que les matières terreuses que renferme l'indigo. Pour teindre, on verse dans la cuve remplie d'eau, une certaine proportion d'indigo réduit; la teinture se fait à froid pour le coton, mais pour la laine le bain doit être tiède. Pour 1 kilogr. d'indigo, on emploie 1,000 à 1,300 grammes de lait de chaux, à 200 gr. par litre, et la quantité d'hydrosulfite de chaux correspondant à 8 ou 10 kilogrammes de bisulfite concentré. On chauffe jusqu'à 70° centigrades pour obtenir une réduction complète. Les cuves étant claires, on peut teindre sans perdre de temps, et utiliser tout le volume de la cuve; elles ne produisent pas, ou peu de fleurée, eu égard à l'excès d'hydrosulfite qui réduit constamment l'indigo en présence. Ces cuves permettent d'opérer rapidement et facilement, évitent, dans la teinture de la laine, le *coulage*, etc., donnent des nuances plus fraîches et plus solides que les anciennes cuves; on peut aussi obtenir sur laine des tons très clairs, ce qui se faisait antérieurement avec le carmin d'indigo, beaucoup moins solide. Malgré ces avantages, cette cuve n'est pas encore très répandue.

Il existe encore d'autres genres de *cuves*, celles montées au *sucre* ou à la *cassonade*, la cuve *au sulfure d'arsenic*, dont l'étude devrait être reprise, la *cuve à la pectine*, préconisée par Leuchs, qui se servait de raves bouillies dans l'eau, avec une pression de 2 à 3 atmosphères; 1 kilogramme d'extrait de raves doit, d'après Leuchs, suffire pour provoquer la dissolution de 4 kilogrammes d'indigo.

Genres dérivés de l'indigo, soit par réserve, soit par enlevage, ou par impression directe sur tissu. Il n'y a pas de matière colorante qui se prête à autant de combinaisons, comme applications à l'impression, que l'indigo, et, malgré les nombreuses publications qui se rattachent à ce sujet, une étude complète de l'emploi de l'indigo reste encore à faire. Nous allons énumérer rapidement plusieurs procédés, en renvoyant aux auteurs qui les ont décrits; quant à ceux inédits, nous les signalerons simplement.

En imprimant des couleurs *réserves*, c'est-à-dire qui empêchent l'indigo de se fixer sur la partie imprimée, on peut produire les genres suivants : *blanc* réserve, sous *bleu* clair, moyen ou foncé; ces réserves sont faites à l'aide de sels de plomb, de cuivre, de zinc, additionnés de terre de pipe ou de savon. On obtient, en imprimant des sels de plomb, d'une part, des sels de cuivre, matières grasses, etc., de l'autre, des genres combinés de *blanc et jaune, blanc et orange*, sous les divers bleus; si, préalablement, on teint en bleu léger, et que l'on imprime par-dessus les réserves blanches, on obtiendra du *bleu* clair sous du *bleu* foncé; puis, du *vert* clair sous du *bleu* foncé, en teignant en chrome; enfin, suivant les dosages de plomb, et les passages en chrome et en chaux, ou en chromate de chaux, on pourra produire une grande quantité de combinaisons qui demandent toutes un traitement particulier, et dont l'énumération serait peut-être trop longue pour le lecteur.

Les anciennes dispositions ne permettaient pas de fabriquer régulièrement ces différents genres; aujourd'hui, on se sert d'appareils continus qui donnent une grande production et une parfaite régularité dans les produits obtenus. Ainsi, on acidule après teinture, dans des cuves à roulettes: elles sont garnies de plomb, et les roulettes marchent dans des coussinets de porcelaine; l'indigo oxydé, et qui se précipite du tissu, se dépose dans le bain, celui-ci est pompé dans des réservoirs placés au-dessus des cuves à roulettes; le lendemain matin, l'indigo précipité est déposé, on l'enlève pour le traiter par l'acide chlorhydrique, et le redissoudre ensuite dans les cuves, tandis que l'acide sert, jusqu'à saturation, au passage des pièces. Les cuves sont agencées de façon à pouvoir donner un ou deux passages, à volonté, par retour de la pièce dans la même cuve; on peut aussi, au besoin, les chauffer, et, avec quelques modifications, s'en servir pour le *bain d'orange* ou bain dans lequel les pièces teintes en chrome sont virées à l'orange. Quand il s'agit de la fabrication des genres avec *vert et jaune*, on emploie un appareil spécial que l'on trouvera décrit dans les récents ouvrages sur la teinture.

Jusqu'à présent, nous n'avons examiné que les genres *réserve*; on peut obtenir des genres analogues en imprimant d'abord le bleu, puis un rongeant, soit blanc, soit coloré. Il existe divers procédés, que nous allons énumérer sommairement; le *procédé Thompson* : les pièces teintes en bleu sont foulardées en bichromate de potasse, bien séchées, et imprimées avec une couleur contenant de l'acide oxalique; le *procédé au chlorate de soude* (V. Persoz, t. III, p. 52), on foularde les pièces en chlorate de soude, et on imprime un mélange d'acide tartrique et d'acide chlorhydrique; le *procédé au chlorure de chaux* : Daniel Kœchlin l'a appliqué d'abord à la décoloration du rouge d'andrinople; on imprime de l'acide tartrique, et on passe au bain de chlorure de chaux; le *procédé au chlore gazeux* (V. Persoz, t. III, p. 53): non appliqué et encore à l'étude; le *procédé à l'acide oxalique* : qui consiste à imprimer de l'acide oxalique, et à passer en bichromate de potasse; le *procédé au manganèse*: on imprime une couleur composée de peroxyde de manganèse et de chlorate de potasse, on passe dans un bain d'acide sulfurique et d'acide chlorhydrique; le *procédé au prussiate rouge* : on imprime une couleur contenant du prussiate rouge, et on passe en soude caustique; le *procédé au bicarbonate de soude* : on imprime sur bleu un mélange de prussiate rouge et de bicarbonate de soude ou de magnésie caustique, et on vaporise; le *procédé au chlorate de chrome* : impression au chlorate de chrome et vaporisage; le *procédé au minium* (Oscar Scheurer) : on imprime du sesquioxyde de plomb, et on passe en acide chlorhydrique faible; le *procédé à l'acide nitrique* : qui a été fort employé pour les genres imprimés à la perrotine, consistait à épaissir de l'acide nitrique avec de la terre de pipe et de la gomme, et à imprimer sur bleu; un autre procédé, demandant à être perfectionné, est celui basé sur l'*emploi du permanganate de potasse* épaissi au ly-cho, ou au silicate de potasse. Enfin, le procédé suivant, qui est exploité sur une grande échelle, et avec lequel on fait non seulement des enlevages blancs, mais encore toutes les couleurs, *rouge, bleu, rose, vert, gris, mode, orange, jaune*, etc.; on imprime sur tissu bleu, une couleur contenant du bichromate ou du chromate de soude ou de potasse, puis après séchage, on passe dans un bain froid, ou tiède, contenant de l'acide oxalique et de l'acide chlorhydrique ou sulfurique, légèrement épaissis. Pour la production du blanc, le bichromate seul suffit; quand il s'agit de produire des rongeants colorés, on incorpore à la couleur, de l'albumine et des couleurs plastiques, comme le vermillon, le vert Guignet, l'orange de chrome, etc. Cette fabrication se fait très simplement et très rapidement. L'appareil usité pour ce genre de rongeant consiste en une petite cuve garnie de plomb, et pouvant être chauffée; dans cette cuve, se trouve le bain d'acide; à la suite de celle-ci, est placée une machine à laver avec cylindres de caoutchouc, qui lavent sans frottement, puis après l'appareil à laver se trouve un foulard à essorer, garni d'un doublier qui prend le trop plein de liquide pouvant encore se trouver dans le tissu, et, enfin, la pièce passe sur un tambour, d'où elle sort complètement sèche.

Les divers genres que nous venons de passer en revue peuvent encore être modifiés par l'application du noir d'aniline; ainsi, on peut imprimer sur bleu moyen, des rongeants associés à du noir; après une légère oxydation, les pièces passées en bain rongeant donneront du noir, en outre des couleurs rongées. Un autre genre économique, basé sur la production du noir d'aniline, est le suivant : on imprime une réserve à base de plomb, on foularde en noir d'aniline, puis on oxyde à la continue ou en chambre anglaise, et on teint enfin en indigo; les cuves étant toujours très alcalines, neutralisent le noir qui se charge d'un peu d'indigo, et fait paraître le bleu très intense; les passages qui donnent le bleu et le vert, ou le blanc final, n'ayant pas d'action sur le noir, font ressortir parfaitement toutes les couleurs, et l'on produit ainsi une imitation de fond bleu foncé très solide, tout en étant très économique.

Bleu d'indigo par impression directe. L'indigo, pour être fixé, doit avant tout être dissous; on connaît plusieurs moyens de le dissoudre ; solution dans l'acide sulfurique, dans l'anhydride acétique, dans l'aniline, dans les alcalis ou les bases alcalino-terreuses après réduction, etc. De tous ces procédés, il n'y a que le dernier d'applicable à l'impression sur coton, car sur laine on emploie, comme nous l'avons déjà dit, les carmins d'indigo, ou les solutions oxalo-sulfuriques; dans l'impression du coton, on cherche donc, avant tout, à faire passer l'indigo à l'état d'indigotate d'une base alcaline, ou alcalinoterreuse, puis, par un oxydant convenable, on transforme l'indigo blanc en indigotine bleue, qui reste fixée sur le tissu. Les bleus les plus employés sont les bleus à l'étain; on fait une petite cuve d'indigo, qui est alors réduit à l'état d'indigo blanc, ce dernier est précipité sous forme de pâte par du protoxyde d'étain hydraté; cette pâte convenablement épaissie, est passée dans un bain de chaux, qui, déplaçant l'étain, redonne de

l'indigo blanc, lequel en présence de l'air ou de chlorure de chaux, se fixe sur le tissu ; c'est le *procédé de bleu* dit *bleu solide*. Un procédé analogue consiste à imprimer une couleur contenant de l'indigo, et à mettre le tissu dans des conditions telles, que l'indigo puisse être dissous, réduit et oxydé, sans pouvoir se déplacer ; ce bleu s'appelle *bleu faïence*. Le tissu imprimé en *indigo blanc* est passé en chaux, puis en chlore pour oxyder, en eau pour laver, en acide sulfurique pour dégorger la chaux, et enfin en eau de lavage. Le genre bleu faïence étant totalement abandonné aujourd'hui, nous n'avons pas besoin d'insister sur son mode de fabrication. Le procédé à-l'*hydrosulfite* permet de réaliser toutes les combinaisons possibles; il a été décrit, avec détails, dans le *Bulletin de la Société industrielle de Rouen*, 1874, n° 1, par M. Grosrenaud; M. Richard l'a modifié, et est parvenu à employer ce bleu avec les couleurs vapeur. Il vaporise après impression, et avant lavage, donne un passage en bichlorure d'étain à un certain degré, puis opère les traitements exigés par les autres couleurs.

L'indigo, par application, se fixe aussi au moyen du cyanure de potassium, ainsi que l'a indiqué M. E. Schlumberger, mais ce procédé est trop cher et dangereux; on a enfin récemment proposé (Schlieper et Baum, d'Elberfeld) un mélange de soude et d'indigo sur tissu préparé en glucose, qui réussit parfaitement quand l'opération du vaporisage est bien conduite (*Bulletin de la Société industrielle de Mulhouse*, 1884, et *Moniteur scientifique de Quesneville*).

Les bleus *solides* et les bleus *faïence*, et en général, tous les bleus d'application, peuvent donner des *verts* solides. Il suffit d'incorporer à la couleur une certaine quantité de plomb qui, par les passages alcalins et en chrome, donne le jaune nécessaire à la formation du vert.

Indigo artificiel. — V. INDIGOTINE, § *Indigotine artificielle.* — J. D.

Bibliographie : *Comptes rendus de l'Académie des sciences; Bulletin de la Société d'encouragement de Paris; Répertoire de chimie pure et appliquée; Annales de chimie: Annalen der Chemie und Pharmacie; Bulletins des Sociétés industrielles de Mulhouse, Rouen, Reims, Elbeuf, du Nord de la France, de Verviers; Moniteur scientifique*, du Dr QUESNEVILLE; *Art de la teinture*, par DUMAS; *Traité de l'impression*, par PERSOZ; *Traité des matières tinctoriales*, par LEUCHS ; *Traité des matières colorantes*, par SCHUTZENBERGER; *Matériaux pour la coloration des étoffes*, par DOLLFUS-AUSSET; *Traité des matières colorantes*, par RENARD; *Dictionnaire de chimie*, par WURTZ; *Chimie appliquée*, par GIRARDIN; *Leçons sur les matières premières*, par G. PENNETIER; *Aide-mémoire du teinturier*, par VAN LAER; *Teinture de la soie*, par KAEPPELIN; *Traité de la teinture*, par Marius ROYET; *Traité de l'impression des tissus*, par CRACE CALVERT; *Dyeing and Calicoprinting*, par CROOKES; *Chemistry as applied to the arts and manufacturs; Dictionnary of arts and manufacturs*, de URE; *Textil manufacturer; Textil colourist*, par O. NEILL; *Chemie*, von STOHMANN; *Die Druckerei und farberei*, von Dr STEIN; *Berichte der Deutschen Chemische Gesellschafft*, in Berlin; *Farberei und Druckerei*, von SPIRK; *Farben chemie*, von RUNGE; *Die Druckerei*, von PUBETZ; DINGLER's *Polytechnisches Journal; Die blanfarberei*, von WERNER, Stuttgard.

INDIGOTIER. *T. de bot.* Plante qui fournit le produit commercial désigné sous le nom d'*indigo*. Ces plantes sont excessivement nombreuses. En première ligne, il faut citer celles qui constituent le genre *indigofera*, de la famille des légumineuses papillonnacées, tribu des lotées, et dont de Candolle décrit plus de 220 variétés dans son *Prodromus*. Elles ont besoin d'une forte chaleur, et se développent dans toutes les régions équatoriales du globe. Aux Indes, on utilise surtout l'*indigofera angustifolia*, Lin., l'*indigofera anil*, Lin. (fig. 494), l'*indigofera carolinea*, Wolt., l'*indigofera disperma*, Lin., l'*indigofera enceaphylla*, Lin., l'*indigofera pseudotinctoria*, Lin., l'*indigofera indica*, Lin., et l'*indigofera semitrijuga*, Forsk; dans les Indes-Orientales, l'*indigofera arcuata*, Willd., l'*indigofera cinerea*, Roxb., l'*indigofera cœrulea*, Roxb , et l'*indigofera glabra*, Lin.; en Orient, l'*indigofera argentea*, L'Her.; à la Guinée, les *indigofera anceps*, Vahl., et *hirsuta*, Lin.; au cap de Bonne-Espérance, l'*indigofera erecta*, Thunb., à la Nouvelle-Grenade, l'*indigofera mexicana*, Lin., et l'*indigofera jamaicensis*, Perrot. de la Jamaïque, en Arabie, l'*indigofera oblongifolia*, Forsk., etc. D'autres plantes de la même famille fournissent encore, mais en quantités moindres, de l'indigo, le *tephrosia* (Galega) *tinctoria*, Lin. (Afrique-centrale), *tephrosia officinalis*, Lin. (Indes), et l'*amorpha fructicosa*, Lin. (Amérique-septentrionale, Cayenne).

Fig. 494 — *Indigotier franc (Indigofera anil, Lin.).*

Les indigotiers sont des plantes vivaces, herbacées, ou sous-frutescentes, velues, à feuilles pennées avec foliole impaire, stipulées; les fleurs sont portées sur des pédoncules axillaires; elles ont un calice à cinq dents presque égales, une corolle papillonnacée, un ovaire presque sessile, allongé, à un ou plusieurs ovules; le fruit est un légume arrondi ou quadrangulaire, droit ou courbé, polysperme ou monosperme par avortement; les graines sont séparées entre elles par une cloison membraneuse, elles sont tronquées à leurs extrémités. Quoique vivace, l'indigo cultivé se sème tous les ans, il faut choisir un terrain uni, sans pente prononcée, formé par une terre légère, peu argileuse, riche en humus, et même un peu ferrugineuse. On la prépare par quelques labours qui doivent pénétrer à 30 centimètres, puis on ensemence à la volée, vers l'approche de la saison des pluies, en employant environ 6 à 7 kilogrammes de graines par hectare. Lorsque le plant a atteint 9 à 10 centimètres de hauteur, on arrache les mauvaises herbes, et on répète plusieurs fois ces sarclages, en binant la terre au pied des arbustes. La récolte se fait d'ordinaire au bout

de trois mois, alors que les fleurs commencent à se former, et que le fruit n'est pas encore développé. Les feuilles ont, à ce moment, le maximum de principes utiles; elles en perdent chaque jour à partir de cette époque, aussi la cueillette doit-elle se faire très vite.

D'autres plantes sont encore cultivées en Orient pour en extraire l'indigo, notamment les *polygonum tinctorium* (fig. 495), Lour., et *polygonum aviculare*, Lin., en Chine; le *polygonum barbatum*, Lin., au Japon. De nombreux essais de culture ont été tentés dans nos régions: en Italie, au siècle dernier; en Normandie, par M. J. Girardin; dans le Midi, par MM. Joly, Baudrimont, Bérard, Farel, etc., il y a une trentaine d'années; mais, comme on ne récoltait guère plus de 250 grammes d'indigo par 100 kilogrammes de feuilles soit 1/200e, on a dû abandonner ces tentatives. La persicaire ou renouée tinctoriale est vivace en Chine. Son rhizome donne cinq à six tiges rameuses de un mètre de hauteur, à feuilles pétiolées, ovales, d'un beau vert, ciliées; à fleurs purpurines, disposées en épis; sa culture est très importante en Orient.

Fig. 495. — *Persicaire des teinturiers (Polygonum tinctorium, Lour.).*

A côté de ces plantes, qui sont à beaucoup près les plus utiles, il faut encore citer, comme fournissant de notables quantités d'indigo: le *wrightia* (*nerium* de Linné) *tinctoria*, Rott, ou laurier rose du teinturier; l'asclépiade colorante (*asclepias tingens*, Buch), appartenant à la famille des apocinées, cultivées en Chine, et le *pergolaria tingens* (?) du Japon; dans la famille des crucifères, le pastel ou *isatis tinctoria*, Lin., appelé aussi *cocaigne* ou *cocagne* (V. Guède); le *teinching* ou *tein-hoa* (*isatis indigotica*) (?) de la Chine; parmi les composées: l'eupatoire des teinturiers, *eupatorium tinctorium*, très abondant en Algérie, et le *gymnema tingens*; les *hibiscus cannabinus*, Lin., et l'*althœa rosea*, Dec., de l'Inde, de la famille des malvacées; les *mercurialis annua*, Lin., et *mercurialis perennis*, Lin., de la famille des euphorbiacées; enfin, quelques *orchidées*. Ces plantes, bien entendu, ne peuvent fournir une quantité d'indigo valant la peine d'avoir une exploitation régulière, que lorsqu'on les cultive dans les pays chauds. — J. C.

* INDIGOTINE. *T. de chim.* Un grand nombre de plantes, et surtout celles du genre *indigofera*, renferment une substance incolore, soluble dans l'eau, que les chimistes désignent sous le nom d'*indican*. Ce corps, sous diverses influences, et spécialement par l'action des acides étendus, se dédouble en une matière sucrée, l'*indiglucine*, et en deux autres corps insolubles, l'*indirubine* et l'*indigotine*.

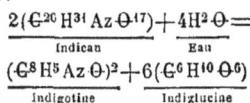

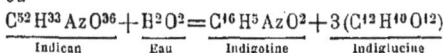

(anc. théor.).

L'indigotine est insoluble dans l'eau, l'alcool, l'éther, les huiles grasses, les acides et les alcalis étendus ; peu soluble dans le chloroforme, l'alcool amylique, le phénol, le sulfure de carbone, l'essence de térébenthine et le pétrole; soluble dans la nitro-benzine et dans l'aniline bouillante qui, par refroidissement, l'abandonnent à l'état cristallin. L'acide acétique anhydre dissout également l'indigotine. L'acide sulfurique donne avec elle des produits spéciaux désignés sous le nom de *pourpre d'indigo;* par précipitation, on obtient les *carmins d'indigo*. Par l'action des agents réducteurs, l'indigotine se transforme en un corps blanc, soluble dans les liqueurs alcalines, et qui, au contact de l'air, régénère l'indigo bleu; l'indigo blanc contient 1 atome d'hydrogène de plus que l'indigotine.

L'indigo blanc s'obtient par la méthode de Dumas; ou, plus facilement, par le procédé Schutzenberger ; on prépare de l'hydrosulfite de chaux au moyen de grenaille de zinc et de bisulfite de sodium; on laisse la réaction se faire pendant une demi-heure environ, puis on décante le liquide clair, et on le précipite par un excès de chaux. On filtre, et on met le liquide, à l'abri de l'air, en contact avec de l'indigo en poudre. Il faut environ, en indigo, 1/10° du poids du bisulfite employé; on chauffe à 75°, on filtre, et on ajoute alors de l'acide chlorhydrique en excès, lequel précipite l'indigo blanc, que l'on recueille sur un filtre placé sous une cloche remplie d'acide carbonique ; on lave et on dessèche dans le vide.

L'indigo blanc se présente sous la forme d'un corps blanc grisâtre, insoluble dans l'eau et les acides étendus, soluble en jaune dans l'alcool, l'éther et les liqueurs alcalines; ses solutions, exposées à l'air, ou traitées par des agents oxydants, bleuissent rapidement par suite de la régénération de l'indigotine qui se dépose. On peut ainsi obtenir de l'indigotine très pure. Pour préparer ce corps par sublimation, on emploie le procédé suivant : on chauffe dans un couvercle de creuset, un pain de 4 à 5 centimètres de diamètre et de 1 à 2 centimètres d'épaisseur, formé d'une pâte faite de parties égales d'indigo en poudre et de plâtre, on place le creuset renversé au-dessus du couvercle, et les vapeurs d'indigotine viennent s'y condenser sous forme de magnifiques aiguilles. On peut encore l'obtenir par la *fleurée* qu'il suffit

de laver à l'acide chlorhydrique, l'eau, l'alcool et l'éther.

Indigotine artificielle. L'*indigotine naturelle* C^8H^5AzO... $C^{16}H^5AzO^2$ se transforme, par l'action des agents oxydants (acide nitrique, acide chromique, etc.), en acide nitrosalycilique et acide picrique ; en modérant la réaction, on obtient l'isatine $C^8H^5AzO^2$... $C^{16}H^5AzO^4$; celle-ci, par fixation de l'hydrogène, donne le dioxyndol $C^8H^7AzO^2$...$C^{16}H^7AzO^4$, et l'oxyndol C^8H^7AzO... $C^{16}H^7AzO^2$, lequel distillé avec la poudre de zinc fournit l'indol C^8H^7Az... $C^{16}H^7Az$. Ce dernier corps a été obtenu synthétiquement par Beyer et Emmerling en 1869; mais les nombreux corps intermédiaires qu'il fallait préparer firent renoncer à cette voie, et Beyer tourna son attention sur les dérivés de l'acide cinnamique $C^9H^8O^2$... $C^{18}H^8O^4$, dont beaucoup se transforment, par élimination d'acide carbonique, en termes de la série indigotique. L'indigo étant un orthodérivé, les premiers essais portèrent sur l'acide orthonitrocinnamique seulement; le corps obtenu, tout en étant bleu, différait entièrement de l'indigo, mais en partant d'un autre dérivé de l'acide orthonitrocinnamique, l'acide orthonitrophénylpropiolique, ou de l'acide orthonitrophényloxyacrilique, on obtient facilement l'indigotine (V. *Moniteur scientifique*, 1881, p. 307). L'acide orthonitrophénylpropiolique, chauffé en solution alcaline, puis additionné de glucose, donne de l'*indigotine pure*. Dans l'impression, on emploie le xanthate de soude et le borax; après le dépôt de la couleur sur le tissu, il suffit d'exposer à l'air, l'indigotine se développe, et reste intimement fixée à la fibre.

'INDIRUBINE. — V. INDIGO.

*INDIQUE-FUITES..*T. techn.* Les appareils désignés sous ce nom s'emploient principalement dans l'industrie du gaz, pour rechercher et constater l'existence des fuites qui peuvent exister dans une portion de canalisation et, particulièrement, dans la plomberie d'un abonné. Nous ne signalerons ici que pour mémoire, le cherche-fuites Maccaud, l'indique-fuites Cantagrel, l'indique-fuites Fournier, et divers autres, aujourd'hui délaissés. Le plus simple et le seul des appareils de ce genre qui soit resté en usage est celui que représente la figure 496. C'est une sorte de manomètre, comme ceux employés pour mesurer la pression du gaz (V. MANOMÈTRE), mais la graduation tracée sur une bande de papier ne correspond qu'à la branche antérieure, qui est formée d'un tube en verre, tandis que la seconde branche est entièrement métallique. L'échelle graduée n'a pour but, en effet, que d'indiquer les variations de la pression, et non plus d'en mesu-

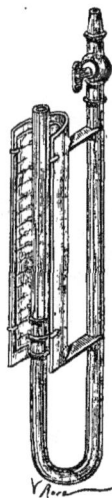

Fig. 496.
Manomètre indique-fuites.

rer la valeur exacte comme dans les manomètres ordinaires. L'appareil étant branché sur la plomberie, à la sortie du compteur, voici comment on le fait fonctionner : le compteur étant ouvert, on ouvre le robinet placé au haut de la branche métallique, de façon à faire refluer dans la branche en verre, sous l'influence de la pression, l'eau contenue dans le tube manométrique, et on observe à quel degré de l'échelle s'élève le niveau de l'eau dans ce tube en verre. Après s'être préalablement assuré que tous les robinets des appareils branchés sur la plomberie sont exactement fermés, on ferme le robinet d'arrivée au compteur. Le gaz emmagasiné dans l'ensemble des tuyaux y conservera évidemment la pression initiale, s'il n'y a pas de fuites, et le niveau d'eau dans le tube en verre se maintiendra exactement au même degré de l'échelle graduée ; mais, s'il y a la moindre fuite, la pression ira en diminuant à mesure que le gaz s'écoulera par cette fuite, le niveau de l'eau s'abaissera dans le tube, et par la vitesse avec laquelle cet abaissement se produira, on pourra même apprécier si la fuite est plus ou moins sérieuse. On aura donc ainsi le moyen de constater facilement, en consultant de temps en temps, par cette manœuvre bien simple, le *manomètre indique-fuites*, l'étanchéité de la plomberie, et l'on pourra toujours vérifier l'absence ou l'existence de fuites dans l'installation d'un abonné.

Cet appareil, qu'un arrêté de la préfecture de la Seine a rendu obligatoire à Paris, est loin de rendre les services qu'on pourrait en attendre : nous avons bien souvent constaté que la plupart des abonnés en ignorent l'usage, et qu'on ne se préoccupe généralement pas assez d'initier le consommateur à l'usage de cet appareil si simple et si commode. — G. J.

* INDISINE. T. *de chim.* Synon.: *mauvéine, violet de Perkin.* C'est la première matière colorante dérivée de l'aniline qui ait été utilisée. Elle a été découverte par W.-H. Perkin, de Londres, le 26 août 1856, et brevetée l'année suivante dans tous les pays. Elle est alcaline, et répond à la formule $C^{54} H^{24} Az^4$ ou $C^{27} H^{24} Az^4$.

Propriétés. Cette matière se présente commercialement sous forme d'une pâte brun noir quand elle est humide, ou à reflets métalliques, si elle est sèche, ou enfin sous forme de petits cristaux brillants, d'un vert doré ; elle est insoluble dans l'éther, le sulfure de carbone, la benzine, le pétrole ; plus soluble dans l'eau, surtout à chaud ; sa solution aqueuse se prend en masse par le refroidissement et offre une teinte violette ; elle est bien soluble dans l'alcool ordinaire, l'alcool méthylique, l'acétone, la glycérine, les acides tartrique et acétique, l'aniline ; c'est une base très fixe qui déplace l'ammoniaque de ses combinaisons. Traitée par les acides minéraux (chlorhydrique, sulfurique), elle se dissout avec une coloration bleue, passant au vert par un grand excès d'acide, et l'addition d'eau fait reparaître les nuances bleue, puis violette. Ses dissolutions aqueuses sont précipitées par les alcalis ; elle ne fait pas de laques avec les oxydes métalliques ; se

décolore en présence de l'eau chlorée, et de l'acide sulfureux ; les sulfites alcalins, quand elle est en solution alcoolique, font reparaître la nuance violette, mais les corps réducteurs, comme l'action de l'acide sulfureux et du zinc, ou celle de l'étain avec l'acide chlorhydrique, la décomposent. C'est à cause de ces propriétés, et parce qu'elle se réduit comme l'indigo, en se dissolvant et se décolorant avec les agents réducteurs, et reprenant sa nuance par les oxydants au contact de l'air, qu'on lui a donné le nom d'*indisine*, meilleur que celui de *mauvéine*, car sa teinte n'est pas toujours la même, et varie avec le procédé de fabrication. Par l'action de la chaleur, ce corps émet d'abord des vapeurs violettes, puis il s'altère à 200°, donne une couleur bleue, et au-delà se décompose en fournissant de l'aniline.

PRÉPARATION. Le procédé indiqué par Perkin consistait à oxyder le sulfate d'aniline impur en présence de l'eau et de l'acide sulfurique, par le tiers de son poids de bichromate de potasse. La fabrication de l'indisine n'a pas tardé à être faite par d'autres procédés, car on vit bientôt que tous les corps oxydants pouvaient remplacer le bichromate de potasse. C'est ainsi que Em. Kopp, Smith, Stark, ont préconisé l'emploi du ferricyanure de potassium ; Kay, celui du bioxyde de manganèse ; Price, le peroxyde de plomb ; Greville, William, le permanganate de potasse ; Bolley, Beale, Ch. Lauth, Depoully, le bichromate, avec diverses modifications, etc., etc.

Les procédés qui sont les plus employés sont ces derniers. Sans beaucoup modifier la méthode Perkin, MM. Franc frères et Tabourin ont signalé le moyen de préparer industriellement l'indisine en lavant le dépôt à l'eau froide, l'épuisant ensuite par l'eau bouillante qui ne dissout pas la résine, puis précipitant la liqueur violette par la soude, et recueillant ce précipité que l'on peut laisser en pâte. Scheurer-Kestner traite l'aniline commerciale, mêlée à la solution de bichromate, par l'acide sulfurique, puis redissout le précipité lavé, par l'eau acidulée avec l'acide acétique, et à l'ébullition, avant de traiter par la soude.

On obtient une indisine rougeâtre en oxydant l'aniline par le chlorure de chaux ; on fait d'abord un chlorhydrate d'aniline avec 100 kilogrammes d'aniline en un même poids d'acide chlorhydrique, puis on étend de 300 litres d'eau, et on ajoute 6,000 litres d'une dissolution de chlorure contenant 1 litre 1/2 de chlore pour 100 litres d'eau. Ce procédé donne un précipité que l'on traite comme dans les méthodes précédentes.

Dans le brevet pris, en 1860, par MM. J. Dale et H. Caro, on mêle un équivalent d'acétate, azotate, chlorhydrate ou sulfate d'aniline, à six équivalents de bichlorure de cuivre (ou un mélange en proportions égales de sel marin et de sulfate de cuivre), on dissout dans l'eau (30 kilogrammes par kilogramme d'aniline), et l'on fait bouillir jusqu'à apparition du précipité noir. On recueille le précipité, on le lave à l'eau alcaline pour entraîner les chlorures, puis on reprend le résidu par l'eau bouillante jusqu'à épuisement. On traite enfin les solutions colorées par de la soude faible, on filtre, puis on laisse égoutter, si l'on veut livrer l'indisine en pâte.

Usages. L'indisine sert à préparer une autre matière colorante, la *safranine*, par oxydation avec le peroxyde de plomb, en présence de l'acide acétique. Elle sert, en teinture ou impression, pour obtenir des nuances pourpres, violettes, lilas ; sur soie, on peut agir à froid, sans mordant ou avec un peu d'acide tartrique ; sur laine, à 60°, et avec la crème de tartre et l'alun ; pour la teinture sur coton, après mordançage animalisé, ou à base de tannin. Les acides minéraux faisant virer la nuance, on peut obtenir une teinte gris perle, en teinture sur soie, par l'action de l'acide sulfurique.

Pour imprimer sur étoffes avec cette couleur, on épaissit à l'albumine ou à la gomme, puis on fixe avec les acides gras sulfo-conjugués, l'aluminate de soude ou l'arsénite d'alumine. L'indisine ne sert guère maintenant que pour le coton, plusieurs autres matières violettes étant préférées pour les étoffes de soie ou de laine. — J. C.

INDIUM. *T. de chim.* Corps simple, de nature métallique, découvert en 1863, par Reich et Reichter, dans les blendes de Freiberg, et le wolfram de Zinroald, où il n'existe, en général, que dans la proportion de $0^g,0228$ 0/0. C'est le quatrième métal qui ait été découvert au moyen de l'analyse spectroscopique. Il a pour symbole In ; 37,8, comme équivalent, et 113,4 comme poids atomique. Il est d'un blanc argentin, mou, ductile, d'une densité moyenne de 7,20 ; il fond à 176°, et, par conséquent, est moins volatil que le zinc ou le cadmium ; il ne s'altère pas à l'air, et ne décompose pas l'eau à la température ordinaire. Il forme avec les métalloïdes des combinaisons diverses ; ainsi on connaît deux oxydes, In^2O^3 le sesquioxyde, et un sous-oxyde InO, lesquels, avec les acides, donnent des sels faciles à reconnaître au spectroscope, par la brillante raie bleue indigo (d'où le nom du nouveau métal), accompagnée de plusieurs autres plus faibles, et la raie violette, moins réfrangible et moins brillante, qu'ils produisent dans la flamme.

Caractères des sels d'indium. Les solutions à base d'indium offrent les caractères chimiques suivants : par l'*hydrogène sulfuré*, précipité jaune dans les solutions acidulées par l'acide acétique, précipité partiel dans les *liqueurs neutres*, et rien dans les solutions alcalines ; par le *sulfhydrate d'ammoniaque*, précipité jaune ; par l'*ammoniaque*, précipité blanc, d'hydrate, soluble dans un excès de réactif ; par la *potasse*, précipité blanc, momentanément soluble dans un excès de réactif ; par les *carbonates alcalins*, précipité blanc gélatineux ; par le *cyanure de potassium*, précipité blanc, momentanément soluble, et précipité par la chaleur ; par le *cyanoferrure de potassium*, précipité blanc, bleuâtre, s'il y a des traces de fer ; par le *cyaniferrure*, par le *sulfocyanure de potassium*, rien ; par le *carbonate de baryte*, précipité blanc ; par le *phosphate de soude*, précipité blanc, volumineux, momentanément soluble dans la

potasse ; par le *zinc*, le *cadmium*, réduction à l'état métallique.

EXTRACTION. On extrait l'indium des blendes ou du zinc métallique préparé avec les sulfures qui en contiennent.

1° Dans la première méthode, on commence par griller la blende, puis on la pulvérise et on la lave à l'eau froide qui enlève les sulfates formés. Le repos amène dans le liquide, la formation d'un volumineux dépôt noirâtre, dans lequel se trouvent mélangés de l'indium, du cuivre, du cadmium. On opère la séparation de ces deux derniers métaux au moyen d'un traitement à l'hydrogène sulfuré ou à l'ammoniaque. Ou bien, d'après le procédé indiqué par Stolba, on pulvérise la blende, et on la mélange avec 10 0/0 de son poids de sulfate de chaux pulvérisé, et de l'eau, en quantité suffisante pour faire une pâte molle que l'on transforme en briquettes, lesquelles, après dessiccation convenable, sont soumises au grillage. On pulvérise à nouveau le produit grillé, on le dissout dans un acide, et on traite par le zinc, pour séparer les métaux étrangers comme nous l'avons indiqué.

2° Pour utiliser le zinc métallique indifère, Boyer conseille de dissoudre le métal dans de l'eau contenant trop peu d'acide chlorhydrique pour attaquer tout le métal. On laisse la réaction se prolonger trente-six heures, puis on dissout le dépôt spongieux d'indium impur, dans de l'eau acidulée par l'acide azotique. On évapore la liqueur acide à siccité, puis on reprend le résidu par l'acide sulfurique. Le produit additionné d'eau laisse un dépôt blanc de sulfate de plomb ; on décante le liquide clair, et on l'additionne d'un excès d'ammoniaque, qui dissout les oxydes de cuivre, de zinc et de cadmium, et laisse le sesquioxyde d'indium mêlé à un peu de sesquioxyde de fer. On traite ce résidu par la plus faible quantité possible d'acide chlorhydrique, puis on fait bouillir avec du bisulfite de soude, jusqu'à cessation de dégagement de vapeurs d'acide sulfureux. L'indium se précipite à l'état de sulfite basique, que l'on purifie et débarrasse des traces de fer qu'il a pu garder, par une nouvelle dissolution dans l'acide chlorhydrique, et une seconde ébullition avec le bisulfite. — J. C.

INDOL. *T. de chim.* $C^{16}H^7Az...$ C^8H^7Az. Substance qui cristallise en lamelles incolores, fondant à 52°, volatiles, bouillant à 245°, mais altérables au delà ; elle est soluble dans l'eau chaude, d'où elle se sépare en gouttelettes qui cristallisent par refroidissement, et dans l'alcool, l'éther, les hydrocarbures ; elle possède l'odeur de la naphtylamine, et est faiblement alcaline. La solution d'indol, traitée par l'acide azotique fumant et étendu, donne des cristaux rouges de *nitrate de nitrosoindol* qui détonent par la chaleur ; la solution alcoolique traitée par l'acide chlorhydrique, colore le hêtre en rouge. En présence de l'ozone, ou oxydé dans l'organisme vivant, l'indol donne de l'indigo ; les oxydants, en général, le transforment en produits résineux, et en une matière colorante rouge.

État naturel. Ce corps se forme dans la digestion

pancréatique, soit par fermentation (Neacki), soit par putréfaction (Kühne), aussi en retrouve-t-on dans les excréments des animaux carnivores et même herbivores.

PRÉPARATION. On peut obtenir l'indol soit par les matières albuminoïdes, soit avec les matières animales. 1° On dissout 300 grammes d'albumine d'œuf dans 4500 grammes d'eau, on y ajoute un pancréas divisé en petits morceaux, et l'on porte le tout, pendant environ 70 heures, à une température de 40 à 45°; on filtre la liqueur, après ce temps, on l'acidule par l'acide acétique, et on distille jusqu'à ce que le liquide ne précipite plus par l'azotite de potasse. On sature alors le produit par la chaux, et on l'épuise ensuite par l'éther, lequel donne l'indol par évaporation. 2° On fait passer des vapeurs de diéthylorthotoluidine dans un tube de porcelaine chauffé au rouge, et on obtient une matière huileuse brune que l'on additionne de potasse, puis on distille jusqu'à ce que les produits qui passent ne précipitent plus par l'azotite de potasse. On épuise par l'éther, comme dans la méthode précédente.

Pour purifier maintenant l'indol obtenu, on le dissout dans la benzine, et on y ajoute une solution benzénique d'acide picrique, laquelle forme aussitôt un dépôt rouge de picrate d'indol que l'on purifie par une cristallisation dans la benzine; en traitant par l'ammoniaque, on régénère l'indol. On peut encore obtenir cette base en chauffant avec du zinc, le corps jaune que l'on prépare en traitant l'indigo par de l'acide chlorhydrique et de l'étain.

Usage. L'indol sert à préparer des matières colorantes artificielles. — J. C.

*INDOPHÉNOLS. T. de chim. Matières colorantes violettes ou bleues, découvertes par MM. Hor. Kœchlin et O. Witt, et qui sont produites par l'action de la nitrosodiméthylaniline sur les phénols, ou encore par l'oxydation d'un mélange d'une paradiamine et d'un phénate alcalin. L'indophénol ordinaire est obtenu de cette manière avec l'amidodiméthylaniline; c'est une substance d'un noir bleu, insoluble dans l'eau, et donnant une dissolution d'un très beau bleu dans l'alcool, l'éther, etc., etc.; elle se décompose par l'action des acides, se réduit par le chlorure stanneux, en formant un leuco-dérivé, qui teint très bien la laine dans la cuve, et régénère l'indophénol par oxydation. Pour le fixer sur coton, il faut le faire lorsque le corps est réduit, parce qu'il y aurait décomposition pendant le vaporisage; on développe ensuite la couleur par l'action d'un bichromate. Cette couleur est très solide, elle résiste à la lumière, aux alcalins, mais est détruite par les acides. Les indophénols correspondant au tannin sont violets. (Violet solide de H. Kœchlin et O. Witt). — J. C.

*INDOU. — V. HINDOU, INDE, INDIEN.

*INDRET. Établissement de constructions marines, situé dans l'île du même nom, en face de la Basse-Indre, à quelques kilomètres en aval de Nantes. La position de cette usine sur la Loire,

les facilités de transport maritime qu'elle offre et son peu de distance des ports de Brest, de Lorient et de Rochefort, l'ont fait choisir comme lieu principal des constructions destinées à la marine.

HISTORIQUE. Dès 1642, l'île d'Indret fut acquise par le domaine de la couronne; le roi, trouvant le lieu très convenable pour y établir un chantier, y fit construire des navires sous l'administration de Léon Boutillier, comte de Chavigny, ministre de la marine du Ponant. Jusqu'en 1877, Indret servit de chantier de construction et de magasin de bois; à cette époque, M. de Sartines y ajouta une fonderie de canons, dont le fameux ingénieur anglais Wilkinson fut nommé régisseur. M. de Lamotte, qui succéda à Wilkinson, en 1781, fit ériger une grande pompe à feu pour la motion des outils divers. Il est regrettable que l'on n'ait pas conservé les outils primitifs et cette pompe à feu, l'une des premières machines à vapeur installées en France, et qui était contemporaine de celle du Creusot; elle serait restée le premier spécimen de cette série de moteurs et de machines-outils qui font d'Indret le plus curieux musée rétrospectif du gros outillage moderne.

M. de Chabrol, ministre de la marine en 1827, décida qu'Indret, qui depuis de longues années était abandonné comme chantier de construction, serait mis en état de construire des navires à vapeur pouvant rivaliser avec ceux que possédaient déjà l'Angleterre et l'Amérique. Le matériel de la fonderie de canons fut transporté à Ruelle. Quelques navires furent construits et lancés à Indret, mais on reconnut bientôt que le chantier était insuffisant pour fournir à la fois les coques et les machines; on abandonna complètement les premières, et les ateliers furent outillés de manière à pouvoir confectionner les plus puissantes machines de l'époque; ils ont été améliorés successivement, afin de satisfaire à n'importe quelle commande actuelle.

Les inconvénients des machines à roues étaient reconnus, pour ainsi dire, dès leur adoption, on songeait à les remplacer par des machines à hélice. M. Bourgeois, aujourd'hui vice-amiral en retraite et conseiller d'État, fut chargé d'étudier le nouveau propulseur sur le Pélican, aviso de 120 chevaux; toutes les expériences eurent lieu à Indret. Après les résultats satisfaisants des essais, on entreprit, en 1849, la construction de la machine de 960 chevaux du Napoléon; le succès incontestable du premier vaisseau à vapeur, dû aux plans de M. Dupuy de Lome, l'éminent ingénieur que la France vient de perdre, détermina la transformation complète des bâtiments de guerre dès 1852.

L'usine d'Indret n'a pas cessé depuis cette époque d'augmenter son outillage, et de le perfectionner, soit, par des procédés dus à l'étude des divers ingénieurs qui s'y sont succédé, soit en se tenant au courant des progrès accomplis en France ou à l'étranger dans l'usage des machines-outils.

La machine du Friedland, dont la puissance est de 3,800 chevaux (de 75 kilogrammètres), a excité l'admiration des visiteurs de notre exposition universelle de 1867; depuis lors, des machines beaucoup plus puissantes que celles-ci ont été construites à Indret, entre autres celle du Duquesne, de 7,200 chevaux; celles de la Dévastation et de l'Amiral Baudin de 8,000 chevaux, en employant le tirage forcé, ou de 6,000 chevaux avec le tirage naturel. L'usine travaille, en ce moment, à la confection des machines du Hoche et du Neptune, cuirassés de première classe et à celle du Sfax, croiseur à grande vitesse. Elle vient de livrer la machine de l'Amiral Baudin.

Le nombre des ouvriers est d'environ 1,200, parmi lesquels les ajusteurs et monteurs comptent à peu près pour un tiers, et les chaudronniers pour un autre tiers. Lorsqu'une machine a été complètement terminée, et que les différents organes qui la composent ont été ajustés à leurs places respectives, dans la halle de montage, des repères convenables sont pratiqués à demeure sur les différentes pièces, la machine est alors démontée et emballée par morceaux dans des caisses que l'on conduit sous la grue. Un transport de l'Etat reçoit ces caisses à bord, et vient les débarquer dans le port où l'on a construit le navire auquel la machine est destinée. On procède de la même manière pour le jeu de chaudières qui doit accompagner la machine.

Un atelier pour la confection des torpilles Whitehead, a été récemment construit à Indret ; cet atelier occupe, environ, une trentaine d'ajusteurs qui opèrent des modifications sur les torpilles d'un modèle ancien.

Les forges occupent 200 ouvriers environ ; on y remarque deux marteaux-pilon, l'un de 10 et l'autre de 5 tonnes, un plus grand nombre de marteaux à vapeur de moindres dimensions y fonctionnent constamment. Les grosses pièces de forge, telles que les arbres et les bielles des fortes machines, ne sont pas confectionnées dans l'établissement ; l'usine les fait fabriquer à l'extérieur ; le plus fréquemment, c'est au Creusot que l'on s'adresse.

La chaudronnerie est munie de toutes les machines-outils propres à l'accélération du travail : depuis quelques années, on y a introduit les riveuses hydrauliques qui accomplissent sans bruit, rapidement, et d'une façon bien plus certaine que par le roulement insupportable des coups de marteaux, l'écrasement des rivets, le remplissage exact des trous et la formation uniforme de la rivure. Dans l'ajustage, on remarque une machine à raboter de Whitworth qui fonctionne depuis 1841 et dont le chariot porte-outil est animé d'un double mouvement, ce qui permet à l'outil de travailler aussi bien au retour qu'à l'aller. Certaines machines sont assez robustes pour enlever un copeau d'un seul tenant suivant la qualité du fer, de 40 millimètres de largeur, sur 3 à 4 millimètres d'épaisseur et 11 à 12 mètres de longueur. On y remarque encore un tour ancien de Mazeline, pour arrondir les soies de manivelle, une machine à façonner dont on se sert, surtout pour les orifices des cylindres, et un tour universel dont le plateau a plus de 5 mètres de diamètre. La fonderie possède 8 cubilots à la Wilkinson, pouvant fournir ensemble 78,000 kilogrammes de fonte. Les hélices en bronze, dont quelques-unes atteignent le poids de 12,000 kilogrammes, ainsi que les tubes d'étambot et quelques pièces également en bronze sont fort souvent demandées à Indret. La fonderie occupe une centaine d'ouvriers ; l'atelier des modèles une quarantaine, et celui du mouvement 60 à 70 journaliers.

Une machine fixe a remplacé les anciens moteurs mobiles d'autrefois pour les diverses transmissions de mouvement ; cependant, on tient toujours des locomobiles prêtes pour suppléer ou remplacer au besoin la machine fixe. Indret fournit plus de chaudières que de machines, cela tient à la fourniture des jeux de chaudières 'de rechanges, qu'il faut prévoir quelques années après la livraison de la machine, et que l'on demande de préférence à cet établissement.

Les apprentis d'Indret suivent des cours spéciaux, dirigés de façon à former de bons contre-maîtres ; l'industrie privée adresse souvent des appels aux jeunes gens qui ont suivi ces cours. La solde et la retraite des ouvriers sont équivalentes à celles des ouvriers des ports militaires.

Les approvisionnements de l'usine se font autant que possible en France. Les charbons de Saint-Etienne servent à l'alimentation des forges, ceux de Blanzy, de Chalonnes et de Montjean sont utilisés pour le chauffage des moteurs.

A la fin de 1866, la valeur de l'immeuble était de 4,268,738 francs, l'outillage valait 5,500,000 francs, cette valeur a considérablement augmenté depuis.

Un directeur des constructions navales, ou un ingénieur de première classe, remplit les fonctions de directeur. M. de Courbebaisse, directeur des constructions navales ; M. Garnier, ingénieur de deuxième classe, et deux sous-ingénieurs sont attachés à l'établissement, l'un de ces derniers est détaché pour suivre les essais de recette (V. MOTEURS A VAPEUR, § *Machines marines*) des appareils fournis par Indret. Des maîtres principaux, des maîtres entretenus ; des contre-maîtres et des dessinateurs, en nombre suffisant, font partie du personnel dirigeant de l'usine.

*INDUCTEUR. *T. d'électr.* — V. ÉLECTRICITÉ et l'art. suivant.

INDUCTION. *T. d'électr.* Syn. d'*influence*. Etude des effets qu'exerce sur un corps conducteur le voisinage de corps électrisés (induction *électrostatique*), et sur un fil conducteur ou une plaque conductrice le voisinage d'aimants et celui de courants électriques (induction *électro-cinétique*). En se reportant au mot ÉLECTRICITÉ, on trouvera :

1° Dans l'exposé historique de cette science, la chronologie des phénomènes d'induction électrostatique (§ 1), ainsi que celle des phénomènes d'induction électro-cinétique (§ 12 et 13) et de leurs applications (*Bobines d'induction*, § 14 ; *Machines magnéto-électriques*, § 15 ; *Machines dynamo-électriques*, § 16 ; *Moteurs électriques et transport de la force*, § 17 ; *Téléphonie*, § 18) ;

2° Dans l'exposé des principes de l'électricité, la description de ces phénomènes et des lois qui les régissent (pour l'induction *électro-statique*, § 31 à 33, 38 à 44, 47 ; pour l'induction *électro-cinétique*, §§ 95 à 112).

L'induction électro-statique joue un grand rôle dans la transmission par les câbles électriques et dans les mesures dont ces conducteurs sont l'objet, ainsi qu'on le verra en se reportant aux articles CAPACITÉ ÉLECTRIQUE, CHARGE et CONDENSATION, où l'on a donné quelques-unes des formules en usage dans la télégraphie sous-marine. Ce qui reste à dire sur ce sujet sera mieux placé à l'article spécial réservé à la TÉLÉGRAPHIE SOUS-MARINE.

Des articles spéciaux devant être également réservés aux *machines d'induction* et à la *téléphonie*, nous nous bornerons à donner ici quelques détails sur les *bobines d'induction*.

Bobines d'induction. Les bobines d'induction ont pour but de transformer en électricité à potentiel très élevé, l'électricité fournie par la pile, qui a de la quantité, c'est-à-dire, qui est susceptible de produire des effets calorifiques, mécaniques, chimiques, mais qui ne peut donner ni de longues étincelles, ni des commotions énergiques, parce que sa tension ou son potentiel est faible. On utilise dans ces instruments la production des courants induits par l'établissement et la rupture d'un circuit, en même temps que celle des courants induits par l'aimantation et la désaimantation du fer doux.

Une bobine d'induction se compose essentiellement : 1° d'une bobine, avec noyau en fer doux au centre, et sur laquelle on enroule deux couches de gros fil isolé de 1 à 2 millimètres de diamètre (fil conducteur ou circuit primaire) ; par dessus ce premier circuit, et isolé de lui par un tube d'ébonite, est enroulé le fil induit ou circuit secondaire, qui comprend une quantité importante de couches ayant chacune un grand nombre de tours ; 2° d'un interrupteur ou héotome qui, ouvrant et fermant alternativement le circuit composé de la pile et du fil inducteur, détermine dans le circuit induit, s'il est fermé, des courants alternativement directs (par la rupture de l'inducteur et la désaimantation du fer doux) et inverses (par la fermeture de l'inducteur et l'aimantation du fer doux).

Les extrémités du circuit primaire sont reliées à la pile ; celles du circuit secondaire, soit à des pointes de décharge entre lesquelles doit jaillir l'étincelle, soit à des excitateurs en cuivre,

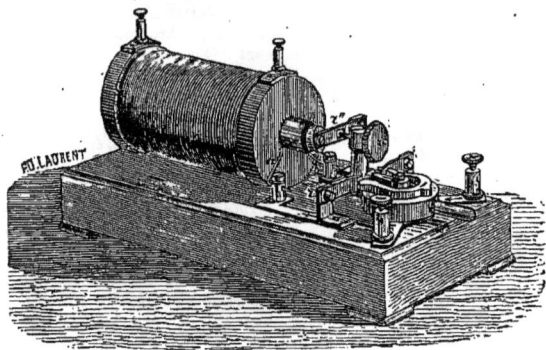

Fig. 497.

placés sur le sujet qui doit recevoir les commotions. Quand le circuit secondaire est ainsi ouvert (ou fermé par une grande résistance), les différences de potentiel, qui s'établissent dans chaque tour du fil induit, s'ajoutent et produisent entre les pointes de décharge ou les excitateurs, une différence de potentiel suffisante pour vaincre la résistance du milieu interposé, et déterminer la production d'une étincelle ou d'une commotion.

Passons en revue les éléments constitutifs d'une bobine d'induction.

Le noyau de fer doux est formé de fils de fer isolés les uns des autres, le plus souvent par une couche d'oxyde, pro-

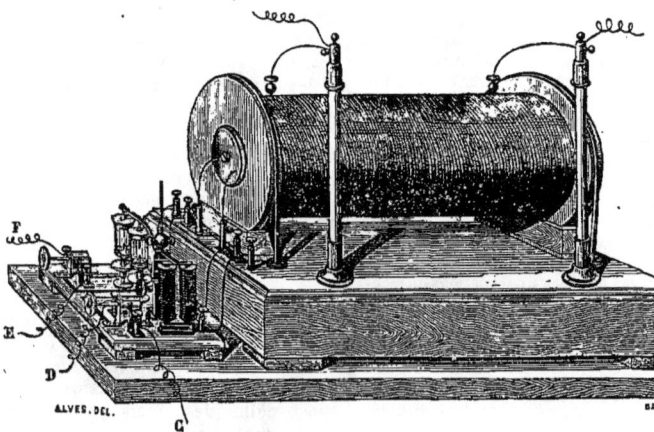

Fig. 498.

duite par le recuit. Les fils de fer, en effet, s'aimantent et se désaimantent beaucoup plus rapidement qu'un noyau plein ; leur emploi affaiblit, en outre, les courants induits dans la masse du noyau, dont l'effet serait de diminuer l'intensité des courants induits dans la bobine. Souvent, le fil inducteur est directement enroulé sur ce noyau simplement recouvert d'une couche isolante ; mais, dans la plupart des bobines destinées aux usages médicaux, le noyau est libre dans l'intérieur de la bobine, dont la carcasse consiste alors en un tube de carton ; si la carcasse était en laiton, elle devrait être fendue longitudinalement pour couper les courants parasites induits dans le métal. On gradue l'effet physiologique soit en faisant varier le nombre des fils de fer du noyau, soit en enfonçant plus ou moins le noyau dans l'intérieur de la bobine, soit en laissant le noyau fixe, mais faisant sortir plus ou moins un tube mobile de laiton interposé entre le noyau et la carcasse.

Dans les appareils de construction soignée, la bobine induite est cloisonnée, c'est-à-dire composée de segments cylindriques juxtaposés et séparés par une feuille assez épaisse de matière isolante ; chaque segment forme ainsi une bobine dont la longueur n'est qu'une petite fraction de la longueur totale. La longueur de fil séparant deux spires superposées, étant beaucoup moindre que dans la disposition ordinaire, on diminue ainsi suffisamment la différence de potentiel entre ces deux spires, pour n'avoir pas à craindre qu'elle brise le vernis isolant qui les sépare : cette disposition permet d'augmenter la puissance de ces appareils, et facilite leur réparation en cas d'accident. Dans les petites bobines, l'interrupteur est constitué par une lame vibrante ou trembleur : c'est une lame de fer formant ressort, encastrée par une extrémité, et dont l'autre extrémité munie d'un petit marteau est disposée en regard d'un des bouts du noyau de fer doux, à l'état de repos, la lame est écartée du noyau, et un contact de platine, soudé au milieu de la lame, appuie contre une vis d'arrêt, de telle sorte que le courant de la pile se rend directement ou par l'intermédiaire d'un commutateur inverseur à la vis et à la lame, d'où il passe dans le fil primaire pour revenir à la pile. Le noyau de fer s'aimantant attire la lame, sépare le contact de la vis et interrompt le courant ; l'aimantation cessant alors, la lame-ressort revient en arrière, fait de nouveau contact avec la vis, et le circuit est encore fermé ; la lame prend ainsi un mouvement vibratoire, dit *mouvement de trembleur*. La figure 497 représente une disposition de ce genre (trembleur de Neef, commutateur inverseur de Bertin). La vis permet de régler le nombre des interruptions du courant inducteur.

La grande bobine représentée figure 498, est munie d'un interrupteur à mercure de Foucault. Cet interrupteur forme un appareil distinct, actionné par une petite pile spéciale dont les pôles sont reliés aux fils C et D : une tige élastique verticale décrit, quand elle est dérangée de sa position d'équilibre, des oscillations dont on fait varier l'amplitude à l'aide d'une boule mobile qu'une vis de pression permet de fixer sur la tige à une hauteur convenable. Cette tige entraîne, dans son mouvement, une sorte de fléau de balance qui porte à un bout une armature de fer doux placée en regard des pôles d'un électro-aimant, et à l'autre bout deux pointes de platine verticales plongeant chacune dans un godet en verre à fond métallique, contenant du mercure et une couche d'alcool superposée : à l'état de repos, les pointes sont baignées par l'alcool et affleurent la surface de mercure. L'un des godets sert aux interruptions du courant inducteur amené par les fils E et F à un inverseur ; l'autre, aux interruptions du courant local amené par les fils C et D et un inverseur, à l'électro-aimant qui entretient les oscillations de la tige. Le courant local arrivant au fond du godet le plus rapproché de la tige verticale, passe dans la pointe de platine, dans la tige, et traverse l'électro-aimant pour revenir à la pile. L'armature étant attirée, la pointe est soulevée, sort du mercure et interrompt le courant ; mais la tige ramène, par son élasticité, la pointe dans le mercure, et ferme de nouveau le circuit : de là, un mouvement continuel d'oscillation. Le courant inducteur arrive au fond de l'autre godet, et si la pointe qui plonge dans ce godet touche le mercure, il passe par cette pointe et la tige dans le fil inducteur. Si la pointe est relevée au-dessus du mercure, le courant inducteur est interrompu. La couche d'alcool empêche l'oxydation du mercure qui résulterait de la chaleur produite par l'étincelle de l'extra-courant dans l'air, et détermine de plus une rupture du contact beaucoup plus brusque que s'il y avait de l'air à sa place. Dans la figure 497, qui, comme la précédente, est empruntée au catalogue de M. Ducretet, les extrémités du fil induit aboutissent à deux vis d'attache, portées sur pieds en verre, et formant les pôles ou électrodes de la bobine.

Enfin, M. Fizeau a imaginé de placer, dans le socle des bobines, un condensateur à feuilles d'étain et de diélectrique (mica ou papier paraffiné, etc.) superposées, dont l'une des armatures est reliée à un des bouts de fil primaire, et l'autre armature à l'autre bout. De cette façon, au moment de la rupture du circuit, l'extra-courant direct, au lieu de prolonger la durée du courant primaire et de l'aimantation du noyau, se répand dans le condensateur et le charge ; puis, le condensateur se déchargeant à travers le fil primaire, accélère la désaimantation du fer doux. Le condensateur a encore pour effet d'atténuer, dans l'interrupteur, l'étincelle de rupture, qui altère les surfaces et prolonge la durée des contacts.

Sauf dans les grandes bobines, l'étincelle ne jaillit en général entre les pôles, qu'à la rupture du circuit ; dans tous les cas, l'étincelle correspondant à la fermeture est beaucoup plus faible que l'autre, et on peut toujours l'arrêter, tout en laissant passer la première, en écartant suffisamment les pointes de décharge. Les deux courants induits sont bien égaux en quantité, mais la durée de l'établissement du courant et de la période d'aimantation étant bien supérieure à celle de la cessation du courant et de la période de désaimantation, il en résulte que le courant induit direct possède une tension ou différence de potentiel bien supérieure à celle du courant inverse. Les petites bobines d'induction servent aux usages médicaux, ou à illuminer des tubes de Geissler. Les grandes bobines ont permis d'étudier l'effet des décharges puissantes à travers l'air et les gaz raréfiés.

Avec les bobines de Ruhmkorff dont le fil induit a 120 kilomètres de développement, on obtient des étincelles de $0^m,45$ avec dix couples Bunsen ; dans la bobine de M. Spottiswoode, dont la construction est de M. Apps, le circuit secondaire atteint une longueur de 450 kilomètres ; elle donne des étincelles dépassant 1 mètre avec 30 éléments Grove. — J. R.

***INDULINE.** — V. COLORANTES (Matières), § *Matières colorantes azoïques*.

INDUSTRIE. Dans son acception la plus large, c'est l'art d'extraire et de travailler les matières premières que l'homme demande à la nature, pour les façonner et les approprier à son usage ; mais, cette définition s'agrandit encore si l'on rattache à l'industrie, non seulement les conceptions qui sont l'objet d'un travail quelconque dirigé par l'intelligence, mais encore toutes les opérations qui concourent à l'accroissement des richesses du pays. Renfermée en ses limites extrêmes, l'industrie comprend la connaissance des lois et des phénomènes de la nature, et leur application à la *production*; de là, un nombre considérable de procédés d'arts et de métiers dont le but est de multiplier les créations. Ce sont ces productions que tout sollicite, ces créations que rien n'arrête qui ont transformé le monde, et fait de l'industrie l'une des plus belles manifestations du génie humain.

L'art et l'industrie ne peuvent être séparés sans choquer la logique et le bon sens ; pour nous, l'art ne doit être que la perfection du métier, et c'est dans cette pensée d'union intime de ces deux ordres d'idées, longtemps séparés à tort, que nous avons fondé cette encyclopédie de l'*industrie* et des *arts industriels*. La question a été traitée aux articles ART et ART APPLIQUÉ A L'INDUSTRIE, nous n'avons point à y revenir, et nous n'étudierons ici que l'industrie au point de vue économique.

Nous diviserons cette étude en deux parties : 1° *aperçus généraux* ; 2° *des conditions dans lesquelles l'industrie prospère ou dépérit.*

I. *Observations générales.* On divise habituellement l'industrie en quatre grandes catégories : la *grande industrie*, la *petite industrie*, l'*industrie domestique* ou *de ménage*, et l'*industrie agricole.*

La première opère dans de vastes locaux, avec un personnel plus ou moins considérable d'ouvriers, et se sert de machines que mettent en mouvement des moteurs à feu ou hydrauliques. Elle est habituellement concentrée dans les villes ou bien dans le voisinage des houillères et mines métallifères, ainsi que dans celui des voies de communication les plus importantes.

La seconde opère dans des conditions incomparablement plus modestes : un petit nombre d'ouvriers placés sous le contrôle immédiat du patron, ouvrier lui-même ; outillage des plus simples, mais qui n'exclut pas, toutefois aujourd'hui, l'emploi des petits moteurs à vapeur de la force de 2 à 4 chevaux, et même plus.

La troisième se fait en famille. C'est la mère qui, avec le concours de ses filles, fabrique et répare le linge du ménage, confectionne les vêtements des enfants, quelquefois des grandes personnes, et se livre, en outre, à des travaux d'aiguille, broderies et autres, qui ne sont pas sans valeur.

Il existait, autrefois, une industrie dite *rurale.* Elle occupait les femmes et même les hommes pendant la longue interruption des travaux agricoles. Elle avait surtout pour objet la fabrication des toiles grossières, mais solides, et la confection des dentelles, dont quelques-unes d'un grand prix. La filature et le tissage à la main, du chanvre et du lin ont disparu devant la machine. Seules, quelques dentelles exigeant une main-d'œuvre d'une très grande habileté, ont lutté, et continuent à vivre. Quant aux hommes, ils n'ont plus guère, aujourd'hui, que l'industrie du rouissage et du teillage du chanvre ou du lin ; et encore, est-elle gravement menacée par les réactifs un peu coûteux, il est vrai, mais d'un effet plus prompt et plus sûr, que la science a fini par découvrir.

L'émigration rurale a complété l'œuvre de la machine. L'ouvrier agricole, à peine arrivé à l'âge adulte, a quitté le village pour entrer dans la domesticité des villes ou remplir de modestes emplois dans l'usine. La jeune fille a suivi son frère, quand elle ne l'a pas précédé. Elle aussi est entrée, tout d'abord à prix réduit, au service d'une famille, pour exiger plus tard, des augmentations de gages, toujours croissantes ; ou bien, si elle a acquis une certaine habileté de main, pour se présenter dans les ateliers de couture. Ouvrière, elle gagne certainement un salaire plus élevé qu'à la campagne ; mais elle ne tarde pas à s'apercevoir que la différence est largement compensée par la cherté de la vie matérielle dans les villes.

On a souvent comparé, au point de vue de leur importance relative, la production industrielle et la production agricole. Ces rapprochements, géné-

ralement fondés sur des données inexactes, ont rarement conduit à des résultats satisfaisants. Ils donnent lieu, toutefois, à des observations qui ne manquent pas d'intérêt.

Ainsi, la caractéristique de la grande industrie, c'est que son domaine est illimité dans la création des produits auxquels elle s'applique ; à ce point de vue, elle est susceptible de progrès indéfinis. Elle appelle notamment à son aide toutes les forces vives de la nature : l'air, le vent, l'eau, le gaz, l'électricité, et en fait les applications les plus variées, souvent les plus ingénieuses.

La caractéristique de l'agriculture, au contraire, c'est l'extrême limitation de ses moyens d'action. Sans doute, elle réalise des progrès en rendant de plus en plus productive la portion du sol qu'elle met en valeur, mais ces progrès sont forcément limités par le degré de fertilité de ce sol.

L'industrie doit tout à l'intelligence, à l'activité incessante du chef de l'usine, perfectionnant sans relâche ses procédés de fabrication, ses installations de toute nature, faisant constamment appel aux sciences qui lui prêtent leur concours, puis toujours en quête de débouchés, tant intérieurs qu'extérieurs, toujours préoccupé des moyens de remplir ses engagements, malgré les longs crédits qu'il est obligé d'accorder, de trouver ses matières premières les meilleures et cependant les moins chères, d'en surveiller étroitement l'emploi pour prévenir de trop fréquents gaspillages : voilà la vie de l'industriel, voyons celle de l'agriculteur. Quand ce dernier a labouré et fumé sa terre, et lui a confié la meilleure semence qu'il a pu trouver (nous supposons un cultivateur expérimenté), il est obligé d'attendre pendant la plus grande partie de l'année, que cette semence ait donné les résultats désirés. Il ne peut en rien aider à l'œuvre de la nature, sauf le cas où il applique à des végétaux malades, les remèdes indiqués par la science. Il n'a pas à se préoccuper des débouchés ; quand il a mis en réserve la portion de ses produits destinés à l'alimentation de la famille et aux ensemencements, il transporte l'excédent sur le marché voisin, à peu près certain de trouver un acheteur à des prix que détermine la concurrence. Le produit de cette vente, une fois les besoins de la famille satisfaits, sert à payer le fermage s'il exploite pour le compte d'autrui, et, s'il est propriétaire, à payer les impôts, à entretenir son matériel, ses bâtiments, son bétail, puis à constituer un capital de réserve pour les pertes imprévues. Sa comptabilité, en supposant qu'il en ait une, est relativement simple et facile, celle de l'industriel est des plus compliquées.

L'industriel, par suite d'une concurrence imprévue, qui lui ferme son débouché, ou d'un brusque revirement de la mode, ou d'une crise économique, peut avoir en magasin un stock considérable de produits invendus, et sa ruine peut être achevée par les faillites que cette crise a provoquées. Signalons encore un risque grave à sa charge, le risque des accidents dans son usine ; si, par sa faute ou celle de ses préposés, un ouvrier a été tué ou a reçu une blessure qui entraîne une incapacité de travail, soit définitive, soit prolongée il est condamné à des dommages-intérêts souvent considérables. Sans doute, il peut assurer ses ouvriers ; mais, d'une part, cette assurance, si les ouvriers sont nombreux, est une lourde dépense pour lui, et, de l'autre, l'ouvrier ou sa famille ne se contente pas toujours de l'indemnité payée par la Compagnie, et demande à la justice, qui ne la refuse pas, une plus forte compensation.

Le cultivateur ne craint pas les faillittes, car il vend au comptant. Il a même peu à craindre des crises économiques, car son produit est un produit de première nécessité qui doit toujours être consommé.

Il est, en outre, dans cette situation privilégiée, qu'il vend directement et personnellement son blé ou sa viande, et à des acheteurs qui, souvent, viennent les lui prendre dans sa ferme, tandis que l'industriel a besoin d'un intermédiaire (le marchand), quand il vend dans son propre pays, et d'un commissionnaire, souvent étranger, quand il veut exporter dans un pays où il n'existe pas de maison de commerce tenue par des compatriotes; or, les risques résultant de l'emploi de ces commissionnaires sont nombreux.

Tous deux courent une chance mauvaise, celle de la hausse des salaires : l'industriel par suite de l'élévation progressive du prix de la vie matérielle, et souvent aussi comme conséquences des coalitions ; l'agriculteur par l'émigration rurale entraînant la raréfaction de la main-d'œuvre. L'industriel peut y remédier dans une certaine mesure, par l'emploi progressif des machines ; cette ressource manque complètement au petit cultivateur, dont la situation, à ce point de vue, s'aggrave encore du fait de la perte de la main-d'œuvre de ses enfants, quittant le plus tôt possible la maison paternelle pour aller chercher fortune dans les villes.

Quand l'industriel est atteint par une crise provenant de la fermeture ou de la réduction de ses débouchés extérieurs, d'un resserrement de la consommation intérieure, sa situation est des plus pénibles. Il est obligé, s'il n'arrête pas complètement sa production, de réduire les salaires, ou le nombre des jours, ou le nombre des heures de travail, ou enfin, de congédier tout ou partie de ses ouvriers. L'agriculteur ne connaît pas de nécessités pénibles de cette nature.

Si nous continuons cette comparaison à un point de vue plus élevé, nous trouvons que l'industrie exerce de plus hautes influences que l'agriculture. Elle a, par ses exportations, une action civilisatrice très caractérisée, sur les pays restés étrangers aux mœurs, aux usages, aux arts, à la science de l'Europe. On a dit, avec raison, à ce sujet, que les idées voyagent avec les produits, et que les rapports entre les pays qui créent ces produits, et les pays qui les consomment finissent par prendre un caractère d'intimité qui tourne, évidemment, au profit des derniers. L'industrie a une autre portée non moins considérable ; en créant des relations suivies entre les grands États des deux mondes, elle amoindrit les chances de conflits, et contribue ainsi à l'affermissement de la paix.

Mais, il ne faut pas se le dissimuler, si par l'exportation, l'industrie tend à élever le niveau de la civilisation dans les pays lointains qui reçoivent ses produits, elle abaisse celui de la moralité des ouvriers qu'elle emploie.

Si l'ouvrier agricole n'est pas encore exposé à certaines excitations si fréquentes dans les villes, il ne faudrait pas fermer les yeux sur un fait douloureux : la diffusion progressive dans les campagnes, par l'intermédiaire des cabarets et des agents électoraux, des doctrines antisociales, diffusion encouragée, en outre, par la facilité croissante des communications avec les villes.

Il est une question grave, et qui n'a pas été jusqu'à ce jour, suffisamment étudiée : c'est l'action réciproque de l'industrie et de l'agriculture sur le mouvement de la population d'un pays.

Des économistes ont enseigné que le développement de l'industrie est en raison de la densité de la population, et ils ont cité l'exemple de l'Angleterre, de l'Allemagne, de la Belgique et de la Suisse. Nous croyons qu'ils ont pris l'effet pour la cause. Il est certain, en effet, qu'un grand mouvement industriel a pour résultat de provoquer une densité corrélative des populations qui concourent à ce mouvement, partout où un travail quelconque procure une rémunération élevée ; il est naturel que tous les salariés s'y rendent, et quittent les professions (comme la profession agricole, par exemple), qui font au travail de moindres avantages. Mais que, par le fait seul de l'existence d'une population plus ou moins dense, l'industrie se développe en quelque sorte spontanément, c'est ce qui ne nous est pas démontré. Les accroissements relatifs des populations européennes nous paraissent devoir s'expliquer autrement que par le progrès industriel. Il y a dans ces accroissements, des questions de races et d'institution. La race Anglo-saxonne et la race Germaine pure ont été, de tout temps, des races prolifiques par excellence, et leurs facultés, sous ce rapport, se sont encore développées sous le régime qui a consacré, chez elles, le droit à l'assistance. « Ce que nos ouvriers, a dit l'économiste anglais, Senior, entrevoient quand ils se marient, ce n'est pas la misère ; car ils savent que, si le travail vient à faire défaut, ils trouveront, eux, leurs femmes et leurs enfants, l'assistance dans la maison de travail » (*Outlines of political economy*).

L'assistance par la commune est également obligatoire en Allemagne ; et, dans une certaine mesure, en Belgique et en Suisse. Elle ne l'est pas en France, où, chose triste à dire, la mort par l'inanition n'est pas rare !... Et la preuve que ce n'est pas la densité générale d'une population qui fait naître l'industrie, c'est que le Royaume-Uni et l'Allemagne sont les seuls pays qui paient le plus lourd tribut à l'émigration ; et cependant, il est incontestable que, dans les temps ordinaires, c'est-à-dire en dehors des crises économiques, ce sont les pays les plus industriels de l'Europe. Il est, d'ailleurs, un fait que constatent tous les relevés officiels des registres de l'état civil, c'est que les populations agricoles s'accroissent plus rapidement que les populations industrielles ou urbaines, à nombre égal d'habitants ; leurs mariages sont plus nombreux et plus féconds. On remarque, toutefois, que comme conséquence des émigrations rurales provoquées par le progrès industriel, ce double avantage s'atténue assez sensiblement sans que la fécondité urbaine en bénéficie.

II. *Conditions dans lesquelles l'industrie prospère ou dépérit.* Ces conditions sont nombreuses, et nous allons chercher à les classer dans l'ordre de leur importance.

Le régime douanier. Nous ne sommes pas partisans de la protection absolue, encore moins de la liberté absolue des échanges. Il est certain que, si nous voulons que l'étranger achète nos produits, il faut lui en fournir les moyens en lui achetant les siens. Mais nous reconnaissons, pour les gouvernements, le droit de protéger les industries de leur pays contre des invasions qui auraient pour résultat de les anéantir, et de porter ainsi un préjudice irréparable au travail national. On peut croire, d'ailleurs, qu'une fois ces industries anéanties, l'envahisseur ne craignant plus leur concurrence, relèverait ses prix et ferait payer cher aux consommateurs l'avantage d'avoir eu, pendant quelque temps, des produits à meilleur marché que ceux de l'industrie locale. Aussi, avons-nous toujours considéré comme prématurée la révolution (nous ne disons pas la réforme) douanière inaugurée en 1860. Le travail national en a cruellement souffert, et les ruines ont été nombreuses ; or, ces ruines ont surtout profité à un pays dont on recherchait alors l'alliance à tout prix, et qui, en réalité, n'a jamais été notre allié, l'Angleterre. Deux pays industriels, la Belgique et l'Angleterre, pratiquent le libre échange sur une assez grande échelle ; mais ces deux pays ont, sur tous les autres, au point de vue des conditions de leurs productions principales, des avantages tellement marqués, qu'ils n'ont pas à craindre la concurrence étrangère. Tous les autres, revenus des erreurs de la théorie ou du libre échange, plus ou moins absolu, ont relevé leurs tarifs, et au premier rang, le pays le plus industriel après l'Angleterre, l'Allemagne. Et cependant, l'Allemagne possède des éléments de supériorité que n'a pas le plus grand nombre de ses rivaux, et notamment le fer, la houille à bon marché, des salaires à bas prix, des voies de communication à bon marché, surtout depuis que le plus grand nombre des chemins de fer a passé aux mains de l'État. Le relèvement des tarifs douaniers en Allemagne a eu pour but, et a de plus en plus pour résultat d'assurer aux producteurs du pays, le marché intérieur, un marché de 45 millions d'habitants.

Cette politique douanière a été suivie par l'Italie et l'Autriche-Hongrie. La France, seule aujourd'hui, malgré des conditions de production peu favorables, persiste à pratiquer le libre échange relatif. On sait où l'a conduite cette générosité envers les pays étrangers : à la diminution graduelle de ses exportations d'abord, puis à l'envahissement de son propre marché par les produits anglais et allemands.

Les économistes s'en prennent à nos fabricants, et accusent leurs tendances égoïstes, ce sont les consommateurs qui ont toutes leurs sympathies. Les premiers, à les en croire, ne songent qu'à faire, au préjudice des seconds, une fortune rapide. Il est incontestable que le désir de faire fortune est le stimulant de toute industrie, mais que, hélas, ce désir ne se réalise pas toujours, et n'est souvent que trop contraire à la réalité. Dans tous les cas, mieux vaut, pour l'ouvrier occupé, payer un produit relativement cher, que de manquer de travail et de ne pouvoir se le procurer à aucun prix.

Il est des industries qu'un gouvernement éclairé et patriote ne doit jamais laisser dépérir ; ce sont celles que nous avons appelées *essentielles*, et que nous qualifierons plus exactement en les appelant *nécessaires* ; au premier rang, nous placerons les industries métallurgiques et textiles. Il faut qu'en cas d'attaque sur les Vosges, sur les Alpes, et peut-être sur les Pyrénées, la France puisse armer et habiller ses soldats.

Que l'Angleterre, maîtresse des mers et à l'abri des invasions par sa position insulaire, puisse faire, au besoin, du libre échange à outrance, elle est toujours assurée, si l'une de ses industries venait à péricliter, de trouver dans d'autres pays, les produits qu'elle aurait cessé de créer. La France est dans une situation différente, et, pour elle, plus peut-être que pour tout autre pays, la défense industrielle est aussi nécessaire que la défense militaire.

On l'a dit avec raison, pour que l'industrie prospère, il faut qu'elle puisse compter sur un régime douanier d'une certaine durée. Toutefois, le maintien prolongé du même tarif peut avoir de graves inconvénients. Il peut arriver, en effet, que par suite des progrès rapides des industries étrangères, des droits jugés suffisants à une certaine époque, pour protéger le travail national, aient cessé d'avoir plus tard la même efficacité. Il est donc nécessaire qu'un gouvernement éclairé suive de très près le mouvement des importations, pour s'assurer que la barrière n'a pas été franchie, et que le régime réputé protecteur, il y a quelques années, n'a pas, depuis, perdu ce caractère. Il est vrai que nous raisonnons ici dans l'hypothèse que l'industrie nationale est restée stationnaire, tandis que celle des autres pays a progressé, hypothèse qui, heureusement, ne se réalise pas toujours. Même en l'absence de l'aiguillon de la concurrence étrangère, la concurrence intérieure suffit, en effet, dans un grand pays comme la France, par exemple, pour donner une forte impulsion aux fabrications les plus importantes, et déterminer une baisse progressive des prix. Si ce résultat ne se produisait pas, si, à l'ombre de la protection, les producteurs n'amélioraient que leurs procédés, leur outillage, il conviendrait de leur donner un sérieux avertissement en leur faisant entrevoir, dans un prochain avenir, le stimulant d'un abaissement des droits d'entrée. Si les traités de commerce de 1860, au lieu de prendre à l'improviste l'industrie nationale, n'avaient été signés qu'après une mise en demeure préalable des fabrications menacées, leur donnant le temps ou de liquider dans des conditions raisonnables ou de se préparer à la lutte, l'atteinte n'eut pas été aussi forte, aussi violente qu'elle l'a été.

Mais les producteurs des pays protégés ont, en dehors de la concurrence intérieure, une excellente raison d'améliorer sans relâche leurs procédés de fabrication, c'est le désir de conquérir ou de conserver des débouchés extérieurs, que leur disputent des rivaux nombreux et entreprenants. C'est ainsi que l'industrie allemande, bien que défendue contre la concurrence extérieure, par un tarif très protecteur, fait les plus grands efforts pour lutter avec succès, sur les marchés étrangers, contre la concurrence française, par exemple, dont elle a déjà en grande partie triomphé, et même contre la concurrence anglaise, beaucoup plus redoutable, et avec laquelle cependant elle commence à lutter à armes presque égales.

Il est donc à peu près impossible, dans l'état actuel du commerce du monde, qu'une industrie de quelque importance, s'endorme sur d'anciens succès, sous peine de déchoir rapidement et de disparaître. Mais, il faut qu'elle ait le temps ou d'améliorer la qualité de ses produits ou d'en abaisser le prix de revient.

Dans la préparation d'un tarif douanier, deux intérêts sont en jeu : l'intérêt fiscal, l'intérêt de l'industrie nationale. Pour les pays qui, comme l'Angleterre, n'ont rien à redouter de la concurrence étrangère sur leur propre marché, c'est l'intérêt fiscal qui domine. Dans ce cas, le tarif est des plus simples, des moins compliqués, il ne comprend qu'un petit nombre d'articles, et, sous ce rapport, le tarif anglais peut être cité comme un modèle. Là où, comme en France, l'intérêt protecteur doit être supérieur à l'intérêt fiscal, le tarif ne peut guère échapper à des divisions et subdivisions souvent excessives, qui en rendent l'application très difficile. A ce point de vue, on peut citer le tarif français comme un des plus compliqués, des plus détaillés, des plus minutieux qui existent.

Si un pays industriel, jusqu'à ce qu'il soit en mesure de soutenir la lutte avec ses rivaux, doit être protégé contre l'invasion de leurs produits, il convient que le tarif affranchisse de tous droits les matières premières pour lui fournir les moyens de sortir le plus tôt possible de son état d'infériorité relative. Mais ici les gouvernements peuvent se trouver dans un grand embarras ; il peut arriver, en effet, que ces matières premières soient fournies, en partie ou en totalité, par l'agriculture du pays, qui, elle aussi, représente souvent un intérêt de premier ordre et demande à être protégée. Ainsi, en France, nos terres produisent du chanvre et du lin, nos forêts du bois d'œuvre et de construction ; autrefois, l'élève du ver à soie fournissait presque exclusivement la matière première de nos plus riches tissus. Supposons que la maladie du précieux insecte ait cessé, et que nous soyons revenus aux abondantes récoltes d'autrefois ; faudra-t-il laisser entrer en franchise chanvre, lin, cocons, bois étrangers ? Mais alors,

nous portons un préjudice considérable à une branche essentielle de la richesse publique, et des réclamations pressantes vont surgir de toutes les parties du pays.

En Angleterre, où l'agriculture tend à devenir exclusivement fourragère (nous parlons de l'Angleterre seule), où la production de la viande tend ainsi à remplacer la production céréale et les cultures accessoires, cette difficulté n'existe pas ; aussi, l'entrée des matières de toute nature est-elle entièrement libre.

On voit combien, au milieu d'intérêts aussi divergents et également respectables, sont ardues, compliquées et d'une solution difficile, les questions que soulève la préparation des tarifs. Elles le seraient à un moindre degré si les gouvernements pouvaient toujours être exactement informés de la situation des intérêts en conflit, s'ils pouvaient savoir, en tout temps, les prix de revient réels de la production nationale, et mesurer ainsi la protection à des besoins réels. Mais il n'en est pas ainsi. Les enquêtes publiques officielles, ne fournissent que des données inexactes. Les intéressés ou refusent les renseignements demandés, ou les donnent selon les intentions qu'ils attribuent au gouvernement, sensiblement atténués ou exagérés. Si l'enquête est secrète, les commissaires enquêteurs peuvent n'avoir pas les connaissances qu'exige une appréciation compétente des conditions véritables de la production ; ils peuvent aussi n'être pas dans les conditions d'impartialité voulues pour un travail de cette nature.

Les matières premières. Il est des pays que la nature a favorisés au point de vue de la production de ces matières, et d'autres, au contraire, qu'elle a frappés d'une irrémédiable infériorité. L'Angleterre, l'Allemagne et la Belgique sont devenus de grands Etats industriels, non pas comme conséquence de la densité de leur population, comme on l'a prétendu en ne voyant qu'un côté de la question, mais parce que, grâce à la constitution géologique de leur sol, ils ont eu en abondance et par suite à bon marché, les deux éléments essentiels de la production : le combustible et le fer. La France ne les suit qu'à une grande distance, non pas que les gîtes minéraux et métalliques lui manquent, mais parce qu'ils n'ont pas la richesse de ceux de ces trois pays, et que l'insuffisance des voies de communication ne permet de faire arriver leurs produits aux usines, souvent situées à de grandes distances, qu'à des prix très élevés.

Quelquefois, la différence du prix sur le carreau de la mine et au lieu de consommation est du double. Dans les trois autres pays que nous venons de citer, les usines, au contraire, se concentrent autour de la mine, et bénéficient ainsi du prix de revient, prix moins élevé, en outre, qu'en France, la production moyenne par ouvrier y étant supérieure, et les salaires moins élevés, au moins en Belgique et en Allemagne.

Plusieurs des matières premières fournies par les agricultures européennes, tendent à n'être plus en rapport avec les besoins. Cela est vrai, surtout pour les laines, le nombre des animaux de race ovine diminuant partout, par suite de la concurrence des laines australiennes, bien moins chères et bien supérieures comme qualité.

Les cultures industrielles se soutiennent mieux, et peut-être s'accroîteront-elles de toute la superficie que vont perdre les cultures céréales, dont le prix de vente n'est plus en rapport avec le prix de revient ; ici encore, se manifeste, entre l'industrie et l'agriculture, un véritable antagonisme, en ce sens que la concentration des ouvriers dans les villes, détermine, comme nous l'avons dit, un mouvement d'émigration rurale, qui fait renchérir la main-d'œuvre agricole, et, par suite, le prix de revient du chanvre et du lin. Ce renchérissement peut d'autant moins être conjuré que l'emploi des machines en agriculture n'est possible que dans les pays de grandes propriétés, comme l'Allemagne, l'Angleterre, l'Autriche-Hongrie et la Russie. En France, l'extrême morcellement des exploitations ne permet pas de suppléer par la vapeur au déficit croissant de la main-d'œuvre. De là, une hausse inévitable des prix, qui doit se reproduire dans la confection des tissus. Il est une autre matière première qui se raréfie en France, c'est le bois d'œuvre et de construction ; il faut en chercher la cause dans le déboisement qu'a longtemps favorisé une législation imprévoyante, bien différente, sous ce rapport, de celle de l'Allemagne, par exemple, qui, au nom des intérêts supérieurs que représente l'existence des forêts, en assure la conservation par des dispositions rigoureuses.

L'achat des matières premières à l'étranger, ne se fait pas dans des conditions d'égalité de prix absolue pour tous les acheteurs. Il y a ici des pays favorisés, ce sont ceux qui possèdent de grands marchés de ces matières, comme les places de Londres, de Liverpool, d'Anvers, et dans une moindre mesure, du Hâvre. Ces places sont le théâtre d'une spéculation très fructueuse, qui consiste à acheter sur une grande échelle pour revendre ensuite, avec un bénéfice assuré, aux industriels qui viennent, plus ou moins tardivement, faire leur provision. A leur tour, ces acheteurs de seconde main vendent au détail aux fabricants de la petite industrie, de telle sorte qu'avant d'arriver à sa destination définitive, la laine, la soie, le lin ou le jute, ont passé par trois mains différentes, qui ont prélevé, sur ces produits, une dîme plus ou moins élevée. On s'explique ainsi les différences sensibles que présente, dans le même pays, le prix de revient des mêmes produits. Les grands industriels, ceux qui disposent de capitaux considérables, ne subissent pas les conditions onéreuses des intermédiaires ; ils affrètent des navires, et les envoient directement aux pays producteurs. Il n'est pas rare que ces expéditions se fassent à frais communs entre plusieurs intéressés. Ils courent, il est vrai, la chance des naufrages, mais ils se sont préalablement assurés contre cette chance.

Il est des matières premières dont, par un privilège spécial, analogue à celui de l'existence des mines, quelques pays d'Europe ont le monopole. Nous citerons, à titre d'exemple, les laines fines

de Saxe, qui ont sur les similaires d'Australie, l'avantage d'être achetées sur place et directement des producteurs. Quelques autres pays allemands entretiennent aussi des races de moutons, qui se distinguent par la finesse de leurs toisons.

Les matières premières ne sont pas toutes à l'état brut ; il en est qui ont subi une certaine élaboration, et, en ce qui les concerne, les gouvernements se trouvent dans un assez grand embarras au point de vue de leur libre admission. Ainsi, les filés de coton entrent pour une forte part dans la fabrication de certains tissus, notamment de certaines soieries à bon marché. L'industrie lyonnaise en demande vivement en ce moment l'entrée en franchise ; mais, d'un autre côté, nos fabricants de cotonnades, qui produisent précisément ces filés, demandent non moins vivement qu'on les défende contre l'envahissement du produit similaire étranger. Comment donner satisfaction à ces deux intérêts contraires ?

Les débouchés. La condition d'existence de l'industrie, c'est le débouché, c'est-à-dire la vente à un prix rémunérateur. Il est rare que ce débouché soit limité au marché intérieur ; toute industrie véritablement progressive, tend sans cesse à élargir son cercle de consommateurs. Nous avons donné un article DÉBOUCHÉS COMMERCIAUX ET INDUSTRIELS, auquel nous renvoyons le lecteur qui y trouvera d'intéressants renseignements. La France a eu, comme puissance coloniale, son temps de splendeur, et il s'en est fallu de très peu qu'elle conservât l'empire de l'Inde, du Canada et des plus riches Antilles. Les fautes de la politique extérieure en ont décidé autrement, et, à la paix de 1815, l'Angleterre ne nous a laissé que les colonies les plus insalubres et les moins productives. Depuis, nous avons fait de grands efforts pour reconstituer, au moins en partie, notre ancien empire colonial, et nous avons obtenu, notamment par l'occupation de l'Algérie (la seule de nos colonies qui, après 50 ans de possession, commence à nous dédommager de nos sacrifices), par le protectorat de la Tunisie et du Cambodge, quelque succès dans ce sens (1). Mais, au point de vue des débouchés, les colonies n'ont une certaine importance, qu'à deux conditions ; la première, c'est qu'elles seront peuplées et riches ; la seconde, c'est que leur marché sera assuré aux produits de la mère-patrie. Or, nos colonies ne sont ni riches, ni peuplées, et ce n'est pas avec nos émigrants que nous les peuplerons ; puis, un sénatus-consulte de 1866 leur a conféré le droit d'acheter les produits fabriqués dont elles ont besoin sur les marchés les moins chers, c'est-à-dire à l'exclusion d'un grand nombre de ceux que leur fournissait autrefois la mère-patrie. Elles sont ainsi devenues des débouchés pour les Anglais et les Allemands. Le même sénatus-consulte les a autorisées, en outre, à établir un octroi de mer, dont les droits sont les mêmes pour les marchandises françaises et étrangères.

Cet affranchissement économique de nos possessions d'outremer a été une imitation, assez irréfléchie, de la politique coloniale de l'Angle-terre. En effet, en laissant ses colonies libres d'é-tablir, comme elles l'entendraient, leurs droits de douane, à la condition qu'elles n'auraient pas des tarifs de faveur pour les pays étrangers, l'Angle-terre savait bien que, par la supériorité, comme prix et qualité, de ses produits, elle continuerait à les approvisionner dans la plus large mesure. C'est, en effet, ce qui est arrivé; elle n'a donc pas eu à regretter la mesure libérale qu'elle a prise. Il en a été autrement pour la France, qui depuis 1866, a perdu une notable partie de ses débou-chés coloniaux.

Il conviendrait donc de revenir, non pas au ré-gime qui consacrait pour la mère-patrie le droit absolu d'approvisionner ses colonies de toutes choses, mais de rendre exécutoire chez elles, con-sidérées comme partie intégrante de la France, le tarif douanier de la métropole, au moins pour les produits fabriqués.

Quant aux débouchés de notre industrie en Europe, ils vont diminuant chaque année, par l'application successive du régime protecteur à tous les États, soit dans un intérêt fiscal pour ceux qui n'ont pas ou peu d'industrie, soit pour la sauvegarde de ces industries, là où elles existent.

En dehors du régime protecteur, les débou-chés subissent des influences très diverses, selon la nature des produits. Ainsi, dans la situation économique actuelle de l'Europe et, peut-être, du monde entier, les produits de luxe, et par consé-quent d'un prix élevé, dont la fabrique française avait à peu près autrefois le monopole, n'ont plus et n'auront peut-être jamais plus un grand nom-bre de consommateurs. Ce sont les produits à bon marché, sans distinction de qualité, qui ont au-jourd'hui la préférence, et cette préférence se maintiendra non seulement parce qu'elle est en harmonie avec les revenus réduits des consom-mateurs, mais encore parce que ce sont les pro-duits à bas prix qui subissent les vicissitudes de la mode.

Il est donc nécessaire que l'industrie française se mette au courant des besoins qui font recher-cher avant tout l'extrême modération dans les prix. Cette modération n'exclut pas, d'ailleurs, la supériorité qu'elle peut avoir au point de vue du sentiment artistique. Malheureusement, il est fort à craindre qu'avec la cherté de ses matières pre-mières (houille, fer) et de sa main-d'œuvre, elle ne puisse que difficilement satisfaire à cette con-dition actuelle de l'accroissement des importa-tions. Notre pays ne peut, d'ailleurs, transporter ses marchandises, au moins dans les régions transatlantiques, aux mêmes prix que quelques-uns de ses rivaux. Ayant peu de produits d'un grand poids ou d'un fort volume, il ne saurait fournir un fret suffisant à sa marine marchande qui continue à dépérir, malgré la prime accor-dée aux constructions maritimes.

Même dans ses rapports commerciaux avec les pays voisins, il peut voir ses exportations dimi-nuer subitement, par l'ouverture d'une voie de communication nouvelle, qui rapproche ses rivaux d'un marché qu'antérieurement il approvision-nait presque seul. Tel a été l'effet du chemin de fer du Saint-Gothard, qui, rapprochant sen-siblement l'Allemagne de l'Italie et d'une par-tie de la Suisse, nous a déjà fait perdre une par-tie de nos débouchés dans ces deux pays. On peut en dire autant de l'Arlberg, qui a mis l'Au-triche en rapport direct avec la Suisse et la France.

La conservation ou l'accroissement des débou-chés exige, d'ailleurs, une étude suivie et atten-tive des changements qui s'opèrent dans les goûts, dans les habitudes des pays consomma-teurs, et c'est par cette étude, par l'envoi fréquent sur les lieux d'hommes compétents, que l'Alle-magne et l'Angleterre maintiennent ou augmen-tent leurs exportations. Or, il n'est que trop connu que nous négligeons ces moyens d'infor-mations, dont la dépense pourrait, d'ailleurs, se répartir entre les industriels intéressés.

Les salaires. Le taux de la main-d'œuvre, un des éléments les plus importants du prix de re-vient des produits industriels, ne dépend, dans des circonstances normales, ni de la volonté de l'ouvrier, ni de celle du patron. Il est le résultat de l'application de la loi de l'offre et de la demande. Si le travail est très demandé, il monte; s'il est très offert, il baisse.]

Il est à regretter que l'ouvrier ne se rende pas toujours compte du fonctionnement de cette loi. Ce qu'il veut, ce qu'il demande sans relâche, ce n'est pas seulement la fixité, mais la hausse à peu près continue de sa rémunération. C'est de cette lutte, en quelque sorte immémoriale, entre le patron et l'ouvrier, qu'est sorti le moteur mé-canique, le moteur à feu ou hydraulique. Seule-ment, le moteur ne pouvant que difficilement être employé dans la petite industrie, qui exige l'emploi presque exclusif de la main-d'œuvre hu-maine, c'est dans cette industrie que le patron est le plus obligé de subir les exigences de ses ou-vriers.

L'application de la loi de l'offre et de la de-mande est déterminée par des influences diverses, au premier rang desquelles il faut placer la con-currence que les ouvriers se font entre eux. Dans les pays à populations fortement progressives, comme l'Allemagne, la Belgique, l'Italie, la Suisse, le même travail étant l'objet de demandes nombreuses, le salaire baisse; il baisserait bien plus encore sans la ressource de l'émigration. Si le même fait ne se produit pas en Angleterre, une des populations les plus fécondes de l'Eu-rope, ce n'est pas seulement parce que l'émigra-tion y est considérable, mais encore parce que l'ouvrier est, en quelque sorte, enrégimenté dans des associations qui lui défendent de travailler au rabais. La charité officielle, largement prati-quée, tend, en outre, à raréfier la main-d'œuvre disponible.

En France, où la population est à peu près sta-tionnaire, et par conséquent la concurrence des ouvriers très faible, le salaire monte à peu près sans relâche, et il continuera à monter jusqu'à rendre, ce qui est déjà arrivé pour quelques industries parisiennes, la production impossible. Ce résultat serait bien plus rapidement atteint sans l'arrivée, en nombre considérable, des ouvriers étrangers, Belges, Allemands, Italiens, que nos industriels sont bien obligés d'accueillir, malgré leur légitime répugnance à recevoir, dans leurs ateliers, des hommes dont les antécédents leur sont inconnus, et qui ont peut-être quitté leur pays sous une pression de l'opinion publique.

Le salaire subit également, comme nous l'avons dit, l'influence du prix de la vie matérielle. L'abondance ou la rareté de la circulation métallique exerce aussi une forte influence sur le taux du salaire. Pendant longtemps, il a été payé dans les campagnes, partie en argent, partie en denrées. Le montant réel de ce salaire s'élevait ou s'abaissait selon le prix de ces denrées au marché voisin. Il pouvait aussi être très élevé ou très faible, souvent même le cultivateur se bornait, pour tout salaire, à nourrir, loger et vêtir l'ouvrier ; quelquefois, il affectait à son usage exclusif un morceau de terre, dont le revenu constituait son salaire. Des faits de cette nature sont devenus aujourd'hui extrêmement rares.

Les coalitions d'ouvriers produisent quelquefois, en dehors de la loi de l'offre et de la demande, une hausse des salaires. C'est ce qui arrive notamment lorsque le patron est obligé de faire face à des commandes nombreuses et urgentes ; dans ce cas, il est obligé de céder aux prétentions quelquefois les plus exagérées. Mais, les commandes satisfaites, il prend une légitime revanche en congédiant les meneurs, et en ramenant aux conditions normales le prix du travail. Le salaire subit encore des fluctuations d'une autre nature. Si des industriels, cruellement éprouvés, sont obligés de congédier leurs ouvriers ou de réduire le nombre, soit des heures, soit des journées de travail, l'ouvrier inoccupé va demander naturellement aux industries de même nature qui fonctionnent encore, les moyens d'existence dont il vient d'être privé. Il se produit ainsi, pour ces industries, une forte concurrence de travailleurs, offrant leurs bras à des prix réduits, et déterminant ainsi une baisse des salaires.

Dans les pays où, comme en France, en Belgique, en Suisse, sur la rive gauche du Rhin, la propriété foncière est accessible à tous, la raréfaction de la main-d'œuvre dans les campagnes ne se produit pas seulement par l'émigration rurale, mais encore par le fait d'un nombre toujours croissant d'anciens ouvriers agricoles passant à la situation de propriétaires, et travaillant dès lors pour leur propre compte. Ce fait se produit en France, depuis quelques années, dans une notable proportion. L'ouvrier des champs y réalise, en effet, sur son large salaire, des économies qu'il emploie d'autant plus volontiers à acquérir des parcelles de terre, que la crise agricole a fait baisser sensiblement le prix de la propriété rurale. La hausse des salaires, en France, n'est pas seulement déterminée par le très faible accroissement de la population, mais encore par l'absence d'émigration. Il en serait peut-être autrement si le gouvernement offrait, à titre gratuit, des

lots de terre dans ses colonies, comme il l'a fait en Algérie au début de l'occupation, se chargeant en outre des frais de transport. Mais ce mode de colonisation, également employé, pendant un certain temps, par les grands propriétaires de l'Australie, avec le concours de la mère-patrie, est énormément coûteux, et on ne saurait y recourir dans un pays où les finances sont aussi obérées que dans le nôtre.

Des adulateurs de ce qu'on nomme aujourd'hui le *parti ouvrier*, ont prêché l'égalité des salaires, sans distinction de professions. Cette égalité est tout simplement une chimère ; elle serait d'ailleurs un déni de justice. Quoi ! donner le même salaire à l'ouvrier bijoutier, horloger, tailleur et monteur de pierres fines, graveur sur métaux, ciseleur, etc., etc., dont l'apprentissage a été long, coûteux et a exigé, en outre, une certaine intelligence, une certaine aptitude, qu'au chauffeur ou au manœuvre. Est-ce moralement possible ? Ne serait-ce pas amener la ruine de toutes les industries d'art ? Puis, dans les fabriques d'objets précieux, où l'on est obligé de confier aux ouvriers pour des sommes souvent importantes de matières d'or et d'argent, ou de pierres fines, n'est-il pas nécessaire que, par le chiffre de son salaire, cet ouvrier offre une certaine indépendance de situation qui rassure le fabricant ?

Le salaire varie habituellement selon que la profession procure un travail permanent ou est exposée à des chômages périodiques et prévus, pendant la durée desquels l'ouvrier est obligé de vivre sur les économies qu'il a pu faire sur la période d'activité. Le salaire doit encore varier selon que la profession est ou non incommode ou dangereuse.

Des amis des classes ouvrières ont exprimé le vœu que le salaire soit proportionnel aux charges de famille du travailleur, et que, notamment, il soit plus élevé pour le père avec enfants, que pour le célibataire. C'est un vœu dont les industriels feraient sagement, sans doute, de tenir compte ; mais les conditions de la concurrence ne le leur permettent que bien difficilement.

L'infériorité du salaire des femmes a souvent appelé l'attention des moralistes et des économistes ; ces derniers ont voulu l'expliquer d'abord par leurs moindres dépenses au point de vue de l'alimentation et du vêtement, puis par l'absence de toute fatigue et de tout danger dans l'exercice de leurs professions habituelles, enfin par la faible valeur relative des produits sortis de leurs mains.

Ces explications du moindre salaire des femmes ne sont pas toutes justes. Leurs besoins sont peut-être moindres que ceux des hommes, mais la différence n'est pas sensible au point de justifier la profonde inégalité de leur rétribution comparée à celle de l'homme. Quant à la prétendue faible valeur de leurs produits, elle n'est nullement fondée, les vêtements de luxe sortis de leurs mains atteignent souvent des prix énormes. Les patrons justifient, quelquefois, la médiocrité des salaires de leurs ouvrières par ce fait qu'elles trouvent déjà, chez leurs parents, des moyens d'existence, si elles sont célibataires, et qu'en cas de mariage, c'est au mari qu'incombe le devoir de faire vivre sa femme et ses enfants. Mais, elles peuvent être orphelines ou veuves avec enfants. Les femmes ont, d'ailleurs, besoin, quand elles sont jeunes et sans appui, d'être défendues par le gain d'un salaire en harmonie avec les conditions de leur existence, contre les suggestions d'une misère relative...

Il est un moyen d'atténuer les inconvénients de l'insuffisance, si elle existe, des salaires, c'est de réduire les dépenses de l'ouvrier. Nous avons à l'article Grève exposé et résolu cette question.

Les gouvernements ont un moyen certain de réduire indirectement les salaires ; ils n'ont qu'à faire renchérir, par des droits de douane exagérés, les produits fabriqués ou les denrées alimentaires. C'est ce que plusieurs ont déjà fait ou se proposent de faire. Le gouvernement français, notamment, vient de soumettre aux Chambres un projet de loi destiné à frapper de droits protecteurs les importations de céréales et de bétail. La hausse du prix du pain et de la viande, par l'adoption de cette loi, en est la conséquence immédiate, et l'ouvrier est ainsi atteint dans son alimentation la plus indispensable. On cherche à justifier la mesure par la convenance de protéger l'agriculture nationale contre la concurrence étrangère. Nous comprenons la protection en matière purement industrielle, parce qu'elle n'atteint pas sensiblement le consommateur ; mais, en matière alimentaire, nous n'hésitons pas à la combattre, car elle porte atteinte aux conditions mêmes de l'existence. En France et dans tous les autres pays où le morcellement a fait des progrès considérables, le plus grand nombre des propriétaires qui cultivent de leurs mains, consomment, avec leur famille, la presque totalité de leur récolte, la part de la semence étant assurée. Ce qu'ils portent au marché, pour le payement des impôts, n'a qu'une faible importance, et, par conséquent, ils profitent fort peu d'une hausse des prix. Ce sont les grands et moyens propriétaires qui bénéficieront de la mesure. Or, ils sont en petit nombre, et leurs intérêts ne sauraient être comparés à ceux de la masse des consommateurs.

Depuis longtemps, en Angleterre, la concurrence des blés américains, indiens et même russes, a fait baisser dans une très forte proportion les produits des fermiers. Qu'ont fait les propriétaires ? Ont-ils demandé au parlement des droits de douane sur les céréales ? En aucune manière. Ils ont réduit le taux du fermage, et, de leur côté, les fermiers ont modifié leurs cultures, substituant la production de la viande à celle du blé.

Terminons par une observation qui s'applique particulièrement à notre pays.

En France, le gouvernement, en construisant à ses frais, depuis 1878, un réseau de chemins de fer, dont le besoin ne se faisait nullement sentir, et qui exige la présence, sur les chantiers, d'un nombre considérable d'ouvriers, a notablement contribué à la hausse des salaires dans une circonscription fort étendue autour du siège des travaux. Il a fait ainsi une forte concurrence à l'agriculture et à l'industrie, qu'il a obligées à payer leur main-d'œuvre à un prix plus élevé qu'avant ces inutiles et très dispendieux travaux.

La liberté du travail. Cette liberté est le stimulant le plus énergique du travail national. Nous la définissons, le droit pour le capitaliste de créer l'industrie qui lui paraît devoir donner les résultats les plus avantageux, et, par conséquent, servir le mieux les intérêts du pays autant que les siens. Le succès d'une opération industrielle est, en effet, la preuve qu'avant sa création, il existait un besoin qui n'avait pas été ou n'avait été qu'imparfaitement satisfait. La liberté du travail, c'est, pour l'ouvrier, le droit d'aller demander des moyens d'existence à l'industrie le plus en rapport avec ses goûts et ses aptitudes ; c'est le droit de stipuler librement, avec le chef d'industrie, les conditions de son concours à l'œuvre commune.

Avant 1789, sous le régime des corporations fermées, l'apprenti, une fois entré par la volonté de ses parents dans l'une d'elles, était obligé d'y rester, pour satisfaire graduellement à toutes les conditions de capacité spéciale qui devaient lui permettre d'entrer dans la catégorie privilégiée des compagnons. Par suite de ce long noviciat, de cet apprentissage prolongé outre mesure, il ne pouvait obtenir que très tardivement le salaire réglementairement attaché à sa profession. Il est vrai qu'en cas de maladie, d'accident, d'incapacité quelconque, temporaire ou définitive, de travail, la corporation lui accordait les secours dont il avait besoin. Il ne courait pas ainsi le danger de l'ouvrier libre, d'être obligé de faire à la charité publique un appel qui n'est pas toujours entendu, au moins en France, où l'assistance n'est pas obligatoire, et où un tiers seulement des communes possède un bureau de bienfaisance.

La liberté de fonder une industrie est évidemment subordonnée à la condition qu'elle ne causera aucun préjudice à la sécurité, à la santé du pays. Il est certain que les établissements insalubres ou incommodes ne doivent pas pouvoir être établis au sein des villes. — V. Établissements insalubres.

Mais, en dehors de ce droit de réglementation, limité à un petit nombre d'industries spéciales, la création d'un nouvel atelier, d'une nouvelle fabrication, doit être absolument libre. Or, les gouvernements agissent contre cette liberté, quand ils accordent à des privilégiés le droit exclusif d'exploiter certaines branches du travail national, comme, par exemple, l'éclairage au gaz, le transport des personnes, les fournitures militaires, non soumissionnées ou non suffisamment surveillées.

Les monopoles ainsi accordés à des particuliers ou à des Compagnies, ont pour premier résultat, à moins de stipulations prévoyantes et sévères, de coûter fort cher aux consommateurs ou à l'État, et de déterminer, chez les exploiteurs, une tendance à peu près irrésistible à élever sans relâche, aux dépens du public, le taux de leurs bénéfices. Cette tendance ne pourrait être efficacement combattue que par une surveillance incessante qui n'est pas dans les habitudes de nos administrations publiques.

Il est bien entendu que nous ne considérons pas comme des monopoles le droit exclusif de se livrer à certaines exploitations, quand ce droit a été accordé à la suite d'un concours, dont les conditions ont été préalablement publiées. L'Etat, en France, exerce un grand nombre d'industries ; il est à la fois manufacturier et agriculteur. Comme manufacturier, il fabrique des tabacs, de la poudre, des armes blanches et à feu, des navires, des phares, et, dans un autre ordre d'idées, des tapisseries (Beauvais, Gobelins), des porcelaines (Sèvres), des livres (Imprimerie nationale). Comme agriculteur, il dirige des vacheries, des bergeries, des fermes-modèles, des haras, enfin, il est propriétaire forestier. N'oublions pas qu'il construit et exploite des chemins de fer, et dans des conditions de produit net que tout le monde connaît...

Si tous ces monopoles étaient livrés à l'industrie privée, et si, tout au plus, l'Etat se réservait un droit de surveillance pour certaines industries, qui donnent lieu à la perception d'un impôt, il se ferait dans notre pays un mouvement de capitaux considérable, et le travail national recevrait un élément nouveau d'une grande puissance. Tous les intéressés y gagneraient : l'Etat d'abord, qui aurait, à un moindre prix, des produits meilleurs, et serait exonéré de frais d'administration très onéreux.

Nous comprenons les monopoles de l'Etat, lorsqu'il s'agit de grandes entreprises exigeant un capital que l'industrie privée est impuissante à réunir, et ceux que nous venons de mentionner remontent, en partie, à une époque où telle était la situation. Mais aujourd'hui, cette impuissance n'existe plus, et l'Etat pourrait s'exonérer, sans inconvénients pour les intérêts qu'il représente, de sa double et onéreuse fonction d'industriel et d'agriculteur. Nous pouvons citer le gouvernement anglais comme un modèle d'abstention de toute ingérence dans le domaine des entreprises industrielles. Nous ne connaissons, en Angleterre, aucun monopole de l'Etat, sauf celui du télégraphe et de la poste. Ces deux institutions, en effet, intéressant à un très haut degré la sécurité du pays, ne pouvaient être, sans danger, abandonnées à l'exploitation des Compagnies.

Quelquefois, un gouvernement, pressé par des besoins urgents financiers, peut créer un impôt nouveau, en abandonner la perception, moyennant le payement d'une annuité déterminée, à une Compagnie fermière. C'est ce qui est arrivé, en France, en 1871, quand il s'agissait de créer, à tout prix et d'urgence, des ressources nouvelles ; mais ces monopoles, si la situation financière du pays en exige le maintien, ne doivent être renouvelés qu'après appel à la concurrence.

La question s'est élevée de savoir si la liberté du travail justifie certaines entreprises industrielles opérant, par rapport à l'ensemble des autres, dans des conditions privilégiées. Ainsi,

le travail dans les prisons, dans les établissements d'assistance publique, dans les communautés religieuses, a été vivement attaqué comme constituant une infraction, non pas à la liberté du travail, mais à l'égalité devant le travail.

Il importe de faire remarquer tout d'abord, qu'en ce qui concerne les industries pratiquées dans les prisons, on a éliminé celles qui fonctionnent dans une certaine circonscription autour de ces maisons, de telle sorte que l'effet du privilège ne se fait sentir qu'à une assez grande distance. On a rapproché ensuite, autant que possible, le salaire payé par les entrepreneurs de celui du dehors. Enfin, on a calculé que la valeur des produits ainsi mis dans le commerce, est absolument insignifiante comparée à la masse des produits similaires créés par le travail libre. Ce dernier argument s'applique *à fortiori* aux travaux de couture exécutés dans les maisons religieuses. Quant aux produits créés dans quelques maisons de charité, ils sont exclusivement affectés à l'usage des indigents qu'elles renferment.

Il s'agirait, en outre, de savoir si la suppression du travail dans ces divers établissements n'aurait pas, au moins en ce qui concerne les prisons, de très graves inconvénients. Après la Révolution de 1848, cette suppression a été l'objet d'un décret du gouvernement provisoire. Or, très peu de temps après sa mise en vigueur, le régime de l'oisiveté absolue des détenus avait entraîné de tels désordres, que l'on était obligé de revenir au régime du travail obligatoire.

En ce qui concerne les communautés religieuses, elles ne sont plus d'abord qu'en très petit nombre aujourd'hui, expulsées comme la plupart l'ont été ; quant à celles qui n'ont pas encore subi les rigueurs officielles, elles ne vivent que du produit du travail qu'on voudrait leur interdire ; puis, ce produit leur permet de recueillir et d'élever, jusqu'à l'âge de leur majorité, un grand nombre d'orphelines, qui ne les quittent que lorsqu'elles ont trouvé, au dehors, des moyens d'existence indépendants.

Mais, si l'on poussait jusque dans ses dernières conséquences le principe de l'égalité devant le travail, il faudrait proscrire toute une industrie, celle qu'au début de cet article, nous avons appelée l'*industrie domestique*, l'*industrie de famille*. Ce serait toute une révolution industrielle, révolution de courte durée, car les moyens d'exécution feraient complètement défaut.

Le crédit. Le crédit est l'âme de l'industrie. Il y a, pour les entreprises industrielles, deux sortes de crédit : 1° celui qui résulte des commandites ; 2° celui que procure l'escompte par les banques des billets souscrits par les négociants en payement des produits qu'ils ont achetés.

Par les temps calmes et réguliers, le taux de l'intérêt tendant à baisser, les capitaux se portent volontiers sur l'industrie, dont ils espèrent tirer un revenu plus élevé que des autres placements. Ce revenu, elle peut en effet le donner tant que la situation générale économique est bonne ; mais les périodes de prospérité sont rarement de longue durée, et si, par suite de l'échec retentissant de quelque grosse spéculation, échec qui frappe habituellement même les bonnes valeurs, l'industrie voit se retirer les capitaux qui la vivifiaient, elle subit une crise dont l'intensité est en raison de celle qui afflige le pays tout entier. Tel est l'état de l'industrie française depuis le 18 janvier 1882, date à jamais néfaste !

L'industriel pour assurer l'écoulement de ses produits, est obligée de faire à l'acheteur des crédits prolongés, et il n'est pas toujours assuré, en outre, que ce dernier tiendra ses engagements. De là, une situation assez tendue, car il est obligé de compter sur leur acquittement à l'échéance pour pouvoir faire face à ceux qu'il a pris en payement de ses matières premières.

Il s'est formé depuis quelques années, en France, et probablement aussi à l'étranger, de vastes magasins qui vendent à des prix plus ou moins réduits, et ont un débouché considérable, débouché qui s'étend non seulement sur toute la ville où ils sont établis (généralement la capitale du pays), mais encore sur toute la province. Ces magasins, qui ont déterminé la ruine successive d'un grand nombre de maisons de moindre importance, commencent à dicter leurs conditions aux industriels, auxquels ils imposent des prix en rapport avec ceux auxquels ils vendent. Si ces conditions ne sont pas acceptées, très peu accessibles aux considérations de patriotisme, ils achètent beaucoup à l'étranger. Lorsque leur œuvre de destruction de toute concurrence intérieure sera complète, l'industrie nationale sera entièrement à leur discrétion. Le bénéfice de ces grands établissements provient de ce double fait que, tandis qu'ils se font accorder de longs crédits par le fabricant, ils vendent au comptant. Dans ces conditions de supériorité sur les établissements modestes de la ville où ils sont établis, on comprend qu'ils puissent vendre à des prix inférieurs, et leur enlever ainsi toute la clientèle qui paie comptant, c'est-à-dire la meilleure, pour ne leur laisser que celle qui achète à terme.

Le crédit, avons-nous dit, est l'âme de l'industrie. Il est certain qu'il est une des conditions essentielles de son succès. C'est ainsi qu'il est un des principaux éléments de la prospérité de l'industrie anglaise. Dans aucun autre pays, en effet, le prix de l'argent est aussi modéré qu'en Angleterre, qui a déjà, à un bon marché exceptionnel, la houille, le fer et les autres matières premières. La cause du faible taux d'escompte des banques anglaises, ne s'explique pas exclusivement par celui de la Banque d'Angleterre, mais encore et surtout par l'abondance des capitaux disponibles, qui opèrent en dehors de ce grand établissement.

En France, le crédit est sensiblement plus cher, parce que la somme des capitaux disponibles est moindre. Nous reconnaissons, toutefois, que le taux de l'intérêt a baissé, au moins dans la province, par suite de l'établissement dans presque tous les chefs-lieux de départements, de succursales de la Banque de France. Il est seulement à regretter que la condition des trois signatures écarte de cet établissement la plus grande partie des billets de commerce, obli-

gés de se faire escompter par les banques privées à des taux toujours sensiblement plus élevés.

L'Allemagne ne diffère pas sensiblement de la France, au point de vue du taux moyen de l'escompte. En dehors de la Banque de l'empire, de création relativement récente (1873), les banques privées et même d'anciennes banques d'État, ont conservé, sous certaines conditions, le droit d'émettre des billets. Il existe, en outre, un certain nombre de banques dites *populaires*, qui font aux petits industriels des avances à des prix modérés. Enfin, les principales industries du pays ont des banques spéciales qui ne prennent que leur papier. Ces banques, dont la circonscription est peu étendue, connaissent exactement la solvabilité de leurs clients, n'hésitent pas à leur faire, surtout pour les achats de matières premières, des avances qui ne manquent pas d'importance. Nous ne croyons pas aller trop loin en assurant qu'un certain souffle de patriotisme vivifie, en Allemagne, les opérations des banques. Assurer le triomphe, au dehors et au dedans, des produits nationaux, est une des considérations qui les touchent peut-être autant que le désir de réaliser de gros bénéfices.

En Autriche-Hongrie, malgré l'existence d'une Banque nationale, commune aux deux branches de la monarchie, ayant seule le privilège d'émettre des billets, le taux de l'intérêt est très élevé. Les capitaux disponibles sont, en effet, relativement rares, et l'industrie, encore naissante, au moins dans son ensemble, n'inspire peut-être pas une très grande confiance. Mais la cause principale de la cherté de l'argent, c'est le cours forcé, c'est la circulation fiduciaire substituée à la circulation métallique.

Le prix de l'argent serait encore notablement plus élevé en Autriche, sans le droit accordé aux caisses d'épargne de faire des opérations d'escompte, évidemment dans les conditions les plus propres à sauvegarder les intérêts des déposants. De là, des capitaux considérables mis à la disposition du commerce et de l'industrie, qui, ailleurs, ont un tout autre emploi.

La situation était un peu la même en Italie, avant la suppression du cours forcé, en 1882. Cependant, pour les opérations purement intérieures de l'industrie et du commerce, la grande concurrence des banques avait, dans ces dernières années, sensiblement abaissé le taux de l'intérêt.

Le taux du crédit n'obéit pas à des règles fixes, il varie souvent d'un mois à l'autre, dans la même année, selon les crises financières et industrielles qui se produisent, non pas seulement dans le pays intéressé, mais même dans les États voisins. Toutes les grandes banques dans l'état actuel du commerce international, sont, en effet, plus ou moins solidaires, et les événements considérables, bons ou mauvais, qui se produisent sur un point du globe, ont un retentissement presque immédiat sur les principaux établissements de crédit des deux mondes.

L'industrie ne peut donc pas compter sur la fixité des conditions du crédit, et l'aggravation imprévue de ces conditions est une de ses fortes épreuves.

Le tableau suivant du taux moyen de l'escompte de 1881 à 1884, sur les principales places d'Europe, donne une idée approximative du prix de l'argent sur ces places :

	Berlin	Francfort-s.-M.	Londres	Paris
1881...	4.15	4.46	3.47	3.93
1882...	4.53	4.53	4.12	3.69
1883...	4.04	4.04	3.54	3.06
1884...	4.	4.	2.53	3.

	Bruxelles	Amsterdam	Vienne
1881........	4.14	4.60	4.
1882........	3.98	4.38	4.21
1883........	3.46	4.14	4.16
1884........	3.25	3.19	4.13

Ainsi, c'est en Allemagne, puis en Autriche et en Hollande, que le prix de l'argent a été le plus élevé dans cette période ; à Londres et à Paris qu'il l'a été le moins. C'est à Paris que ce prix a eu le plus de fixité. On remarque d'ailleurs, sauf à Vienne, une baisse générale du taux moyen de l'escompte de 1881 à 1884.

Ce taux ne dépend pas seulement des demandes de crédit de l'industrie et du commerce, mais encore des emprunts temporaires que font les gouvernements sous la forme d'émissions de bons du Trésor, sans parler des emprunts plus ou moins perpétuels que leur imposent les déficits budgétaires. C'est ainsi que l'Autriche et la Hongrie couvrent les leurs par des emprunts annuels en billets et en argent. Quelquefois, il suffit d'un seul, mais retentissant sinistre financier, pour déterminer, immédiatement, une hausse du taux de l'escompte dans le pays où il se produit. Ainsi, ce qu'on est convenu d'appeler le *krach* de janvier 1882, en France, a provoqué une élévation générale du prix de l'argent et, en outre, un resserrement du crédit, la Banque de France et les banques privées ayant sensiblement réduit le montant de leurs escomptes.

La sécurité. La sécurité est une des conditions d'existence de l'industrie. Par sécurité, nous n'entendons pas seulement celle dont on jouit à l'intérieur, mais encore la probabilité d'une paix au moins prolongée si ce n'est assurée.

L'industrie fait, en effet, par les crédits qu'elle accorde, non seulement à ses clients du pays où elle a son siège, mais encore à ses clients étrangers (exportations), des opérations à long terme dont le succès dépend de la durée d'un état de choses régulier, tant au dedans qu'au dehors.

Examinons d'abord l'effet de la sécurité intérieure : voici un pays (l'Angleterre, ou l'Allemagne, ou la Belgique) où règne l'ordre au moins dans ses conditions fondamentales, et en dehors des orages parlementaires que provoque toujours la pratique d'une liberté plus ou moins étendue.

Les institutions politiques de ce pays sont profondément respectées ; il en est de même des grands intérêts sociaux comme la religion, la propriété, la famille, le principe d'autorité. Il est évident que, dans ce pays, l'industrie trouvera des éléments de confiance dans le présent et l'avenir, qui lui permettront une très large initiative. Elle ne craindra pas, notamment, surtout si elle est efficacement protégée à l'étranger par un gouvernement soucieux de ses intérêts, de rechercher des débouchés dans les pays les plus lointains, d'organiser des missions commerciales, de fonder des comptoirs où elle pourra envoyer sans crainte ses produits, de renouveler fréquemment son outillage, de faire, en un mot, toutes les dépenses qui peuvent accroître le mouvement de ses affaires.

A côté de ce pays, placez-en un autre où, à des intervalles qui tendent à se rapprocher, une révolution nouvelle vient apporter une perturbation énorme dans sa situation économique, où le pouvoir tombe entre les mains d'hommes qui n'ont aucune notion de ses intérêts généraux, et dont la principale préoccupation est de donner à leurs amis ou de se réserver, quand ils auront été chassés par un mouvement de l'opinion publique, les plus larges sinécures. Supposez, en outre, que le nouveau gouvernement, pour fêter sa bienvenue, donne au pays, qui ne les demandait pas, des libertés de beaucoup supérieures à ses mœurs politiques, qu'il confère notamment, par l'exercice du suffrage universel, sur les destinées de la nation, une action presque souveraine aux classes les moins éclairées, les moins aptes à se rendre compte des conditions de sa prospérité, et, par conséquent, les plus disposées à marcher à la voix des agitateurs les plus violents.

Admettez encore que le nouveau gouvernement compromette les finances de l'État, à la fois par des travaux publics que personne ne réclamait, et par de ruineuses expéditions lointaines, nullement justifiées par les intérêts du pays, quand il aurait besoin de concentrer toutes ses forces militaires à l'intérieur, pour faire face à des éventualités toujours menaçantes.

Allez plus loin, et admettez qu'au su et au vu de ce même gouvernement, des feuilles ignobles prêchent chaque jour impunément le pillage et l'assassinat, spécialement *la dépossession violente, au profit des ouvriers, des usines et fabriques*, puis que les orateurs des clubs reproduisent, en les rendant encore plus violentes, les excitations de ces feuilles.

Enfin, dites-vous que, dans ce pays si cruellement éprouvé, il se manifeste, en très haut lieu, un mouvement de sympathie pour les pirs bandits, qu'on enlève à l'échafaud pour leur accorder le bienfait d'un séjour paisible, heureux, presque confortable, dans la moins insalubre de nos colonies, avec la perspective du retour dans la mère-patrie, si, pendant quelques années, ils n'ont pas assassiné de nouveau, et vous vous demanderez avec un sentiment de profonde surprise, comment il se fait que l'industrie vive encore dans un pareil pays ?

Aussi, qu'est-il résulté de cet état de choses ? C'est que déjà plusieurs de nos anciennes et, autrefois, de nos plus prospères industries, sont désorganisées, et que nos meilleurs ouvriers sont partis pour l'étranger.

Les voies de communication. Elles se partagent entre la voie d'eau, la voie de terre, et aujourd'hui la voie de fer. La voie d'eau comprend les rivières navigables ou flottables, et la voie de terre, généralement trois catégories de chemins : les premiers entretenus par l'Etat, et présentant les plus grandes dimensions ainsi que les plus grandes longueurs ; les seconds entretenus par les autorités provinciales ; les troisièmes par l'autorité communale. Les chemins de ces trois catégories sont unis par une sorte de solidarité. En dehors des intérêts locaux, ils desservent les intérêts généraux conduisant les moins importants à ceux qui le sont le plus, et ces derniers, quand ils ne vont pas directement à la frontière, soit à la voie d'eau, soit à la voie de fer.

Ce sont incontestablement les chemins de fer qui ont aujourd'hui le plus fort trafic. Ils doivent ce succès à la régularité, à la rapidité, et là où l'Etat n'intervient pas pour prendre, sous forme d'impôt, une part de leurs produits, au bon marché relatif de leurs transports. Les cours d'eau ont une supériorité marquée à ce dernier point de vue, mais ils n'ont ni la régularité, ni la rapidité ; ils doivent donc être affectés à un trafic spécial, celui des marchandises qui n'ont pas besoin de ce double avantage. Ce sont donc les chemins de fer qui absorbent la presque totalité des produits de l'industrie. Par ce fait, ils ont pris une telle importance, que le nombre des Etats qui les rachètent ou les construisent à leurs frais, va chaque jour croissant.

La Prusse est au premier rang des Etats qui ont déjà, ou auront bientôt entre leurs mains les lignes les plus importantes de leur réseau. Mais, il est à peu près certain qu'en ce qui la concerne, l'intérêt stratégique est au moins égal à l'intérêt économique. La Prusse n'ayant pas ou n'ayant que très peu de dette, peut d'ailleurs tenter l'expérience sans de notables inconvénients pour ses finances. Puis, si nous ne sommes pas partisans de l'exploitation par l'Etat, c'est que nous avons surtout la France pour objectif, la France où toutes les industries de l'Etat se signalent par la mauvaise qualité et le haut prix de revient des produits.

Il est à regretter que chez nous, précisément par les sommes énormes qu'ont coûtées le rachat de chemins imprudemment autorisés, ou la construction de lignes sans trafic, l'Etat ne puisse renoncer à l'impôt sur le transport des marchandises à grande vitesse, impôt essentiellement préjudiciable à notre industrie, dont les produits arrivent à la frontière grevés de charges que n'acquittent pas les similaires étrangers. C'est à nos Compagnies qu'incombe, surtout en ce moment, où leur trafic diminue sensiblement, le devoir d'examiner rigoureusement, consciencieusement, si elles ne peuvent réduire leurs tarifs marchands au-dessous des taux actuels. Il est presque certain que l'accroissement du trafic compenserait rapidement la diminution momentanée de leurs recettes, et qu'elles n'auraient pas besoin de demander à l'Etat une élévation du chiffre de la garantie.

En même temps que la Prusse et le gouvernement impérial allemand s'emparaient des différentes lignes de leur réseau, ils réduisaient les tarifs, et prenaient les mesures nécessaires pour faire arriver à la frontière, par la voie la plus courte, les produits destinés à l'exportation.

Institutions industrielles et commerciales. Tous les gouvernements cherchent à favoriser par des institutions ou des faveurs spéciales, la prospérité de l'industrie nationale. En France, ces institutions ou faveurs n'ont pas absolument manqué ; toutefois, en présence du succès longtemps croissant de notre commerce extérieur, le gouvernement a réputé inutiles des encouragements qui, donnés à temps, eussent peut-être, sinon prévenu, au moins adouci la crise actuelle.

Donnons quelques indications, nécessairement très rapides, sur le régime fait, à divers points de vue et à diverses époques, à notre industrie, dans le but de favoriser son essor.

Le premier besoin des industriels et des commerçants, c'est d'être jugés promptement et jugés par leurs pairs, c'est-à-dire par des hommes familiarisés avec les besoins de la production et avec la nature des conflits, des litiges qu'elle peut faire naître. Ces juges, nommés par les plaideurs eux-mêmes, composent les juridictions spéciales qu'on appelle *tribunaux de commerce.* En France, ces tribunaux sont très anciens, ils ont donc des racines profondes dans le pays. Seulement, il serait vivement à désirer que les juges appelés à y siéger fussent, comme par le passé, nommés par les électeurs les plus capables d'apprécier leurs connaissances spéciales, leur expérience, en un mot leur aptitude à remplir le mieux possible le mandat épineux, délicat, difficile, qui leur est confié. Il n'en a pas été ainsi : une loi récente, s'inspirant du suffrage universel, qui, certes, n'a pas amené dans nos assemblées l'élite des intelligences du pays, a appelé toutes les catégories de patentables, depuis les grands industriels jusqu'aux petits boutiquiers, qui forment la majorité, à concourir à l'élection. Les promoteurs de cette loi ont tout d'abord dissimulé leur véritable but en ne donnant pas de couleur politique à leurs candidats, mais ce but se démasquera plus tard, et nous verrons alors arriver à la magistrature consulaire les moins dignes, les moins capables, mais toujours disposés à favoriser les petits industriels aux dépens des grands.

Les tribunaux de commerce sont chargés de juger les litiges des industriels entre eux, puis entre industriels et commerçants. Les conflits qui peuvent s'élever entre les patrons et les ouvriers, relèvent d'une juridiction spéciale, juridiction en quelque sorte de famille, véritable justice de paix dans toute l'acception du mot, celle des prudhommes. L'égalité la plus complète, en ce qui concerne la présidence et la vice-présidence, a été établie entre les patrons et les ouvriers par le décret du 27 mai 1848, par les lois du 1er janvier 1853, 7 février 1880 et 11 décembre 1884. L'ouvrier a donc, sous ce rapport, pleine satisfaction. La justice en est-elle plus éclairée, plus indépendante, plus impartiale? C'est ce que nous ignorons.

Parmi les lois qui ont exercé la plus grande influence sur la marche de l'industrie, nous devons citer celle qui a eu pour objet le règlement des faillites. La dernière loi sur la matière (1838) a-t-elle donné satisfaction à tous les intérêts? Nous ne le croyons pas; on se plaint généralement de l'extrême lenteur des liquidations et du chiffre élevé des frais qu'elles entraînent. On regrette aussi que les parquets n'examinent que très superficiellement les bilans, et qu'un grand nombre de véritables banqueroutes restent impunies. C'est à cette impunité qu'on attribue la facilité avec laquelle, aujourd'hui, beaucoup de patentés déclarent officiellement leur insolvabilité. De bons esprits voudraient que le règlement des faillites fût confié à un comité dont les membres seraient nommés par l'assemblée générale des créanciers et qui opéreraient sous sa surveillance.

La loi sur les brevets d'invention laisse à désirer (Loi du 28 mai 1858); hors d'état de pouvoir acquitter la première annuité, bon nombre d'inventeurs sont obligés de partager avec des étrangers, les bénéfices de leur découverte. L'Etat pourrait, sans inconvénients, faire crédit de cette première annuité aux intéressés nécessiteux, et même, en cas d'insuccès de leur entreprise, leur en faire la remise.

Les magasins généraux rendent de grands services à l'industrie. La possibilité de pouvoir déposer des produits momentanément invendus, et d'en retirer des déclarations de valeur (*warrants*) que les établissements de crédit, la Banque de France en tête, escomptent sans hésiter, est d'un grand secours dans les moments de crise.

La faculté de vendre publiquement, par l'intermédiaire d'un courtier, ces mêmes marchandises, dans les conditions stipulées par le décret du 30 mai 1863, vient aussi efficacement en aide à l'industriel par les temps difficiles.

La faculté d'entrepôt, c'est-à-dire la faculté d'acquitter les droits de douane au fur et à mesure des besoins, lui rend également des services signalés. L'Etat fait, d'ailleurs, des crédits d'une assez longue durée aux industriels qui peuvent produire une caution.

Les chambres de commerce ont-elles jusqu'à ce jour rempli leur mandat à la satisfaction des intérêts qu'elles représentent? Se sont-elles enquis, avec sollicitude, de la situation des industriels dans leurs circonscriptions, et ont-elles transmis périodiquement au ministère du commerce les renseignements ainsi recueillis par leurs soins? Ont-elles publié, tous les ans, à l'exemple des chambres anglaises et allemandes, de ces dernières surtout, une statistique de la production et de la vente, avec indication de la destination, des maisons, au moins les plus importantes? Ont-elles toujours fait un bon usage des ressources que la loi met à leur disposition, et ont-elles rendu compte de leur emploi à leurs commettants? Nous ne le croyons pas. Il est question de remé-

dier prochainement aux lacunes, sur ces divers points, de la législation qui les régit.

Le corps consulaire actuel est-il à la hauteur de sa mission? représente-t-il réellement les intérêts commerciaux de son pays, et s'attache-t-il dans cette pensée, à renseigner le ministre compétent sur les goûts, les habitudes, les préférences des consommateurs de sa circonscription, sur les conditions comme prix et qualité des produits concurrents par les stocks de ces produits? prête-t-il son concours efficace à nos négociants dans les difficultés que peuvent rencontrer les recouvrements ou les conflits qui surgissent, parfois, de prétentions souvent iniques de la part des gouvernements locaux? le consul français ne considère-t-il pas sa situation dans le lieu de sa résidence comme un simple marche-pied à une situation plus élevée, peut-être à un poste diplomatique, et, dans ce cas, n'accorde-t-il qu'une faible attention à des affaires peu conformes à ses goûts, et dont il devra perdre d'ailleurs plus ou moins prochainement la direction? Quelle différence avec les consuls belges ou allemands, presque tous négociants établis souvent depuis un certain temps, dans la localité où ils exercent, et ayant une notion exacte du caractère, des mœurs, des traditions, des qualités et des défauts de ses habitants?

La loi du 21 mars 1884, sur les syndicats professionnels des patrons et des ouvriers, est trop récente pour que les effets aient eu le temps de se produire; mais, nous ne nous faisons aucune illusion sur l'usage ou plutôt sur l'abus qu'en feront ces derniers. C'est une arme de guerre contre les patrons, qui leur a été remise sciemment, et ils ne tarderont pas à remplir le vœu du législateur. Que feront les patrons quand les hostilités auront éclaté? viendront-ils, eux aussi, en aide aux confrères dont les maisons auront été frappées d'interdit? auront-ils une bourse de secours qui leur permettra de soutenir la lutte? Nous voulons l'espérer.

Quant à l'enseignement technique en France, enseignement qui joue un si grand rôle en Allemagne, nous renverrons le lecteur à l'article Ecole.

Un mot, en terminant, un mot de sympathie et d'encouragement pour l'intention que paraissent avoir les fondateurs des écoles supérieures de commerce de distribuer, avec ou sans le concours du Gouvernement, des bourses de voyage aux lauréats de ces écoles. Il y a bien longtemps que l'Allemagne nous a devancés dans l'application de cette utile institution. — A. L.

INDUSTRIEL, ELLE. *T. de mét.* Celui, celle qui exerce une industrie. ‖ Qui appartient à l'industrie ou qui en provient.

INERTIE. *T. de mécan.* Propriété qu'on attribue à la matière de ne pouvoir modifier par elle-même son état de repos ou de mouvement. On admet, comme un fait d'expérience, que *toute particule matérielle qui n'est soumise à aucune influence étrangère, doit ou rester en repos, ou se mouvoir en ligne droite avec une vitesse uniforme.* La première partie de cet énoncé est conforme à l'expérience la plus vulgaire. Personne n'a jamais vu aucun corps se mettre de lui-même en mouvement sans y être sollicité, soit par la pesanteur, soit par quelque pression étrangère. Au contraire, on voit à chaque instant le mouvement d'un corps s'épuiser progressivement : une bille qui roule sur un plan horizontal solide se ralentit, et finit par s'arrêter : les oscillations d'un pendule diminuent d'amplitude, et finissent par s'éteindre ; il en est de même du mouvement d'un volant, d'une toupie, etc. On serait donc tenté de croire que le repos est un état naturel auquel la matière finit toujours par revenir dès qu'elle est soustraite aux influences étrangères. Il suffit, cependant, d'un peu de réflexion, pour reconnaître que les corps en mouvement qui nous entourent, sont soumis à une multitude de causes qui tendent précisément à diminuer leur vitesse ; une bille qui roule sur un plan solide éprouve une résistance qui provient de l'irrégularité des surfaces en contact ; un volant, une toupie doivent vaincre le frottement qui s'exerce sur les tourillons ou sur le pivot ; l'air oppose également une résistance aux mouvements des corps, car ceux-ci doivent nécessairement communiquer une partie de leur vitesse aux molécules d'air les plus voisines de leur surface, etc. Aussi, quand on peut diminuer l'influence de toutes ces causes de résistances, on voit le mouvement se ralentir moins vite et se conserver bien plus longtemps. Il est évident que, le frottement diminue quand les surfaces sont mieux polies, et qui ne sait que le mouvement d'une bille se conserve plus longtemps sur un plan bien dressé que sur une surface rugueuse, que la rotation d'un volant s'épuisera d'autant plus lentement que les tourillons seront mieux tournés ? etc. On est donc porté à conclure, quoique l'expérience directe n'ait jamais été faite, et ne puisse pas même être tentée, que si l'on pouvait parvenir à supprimer toutes les causes de résistance, le mouvement se conserverait indéfiniment dans la même direction et avec la même vitesse.

Comme on le voit, le principe de l'inertie n'a été formulé qu'à la suite d'une induction fort naturelle, sans doute, mais qu'il est impossible de justifier directement par une expérience décisive, car la nature ne nous offre nulle part de matière qui ne soit soumise à aucune influence étrangère. Aussi, la véritable démonstration de ce principe, comme de tous les autres principes de la mécanique, se trouve dans l'accord absolu qu'ont toujours présenté les phénomènes observés avec les prévisions les plus compliquées de la mécanique rationnelle. Parmi toutes les vérifications *a posteriori* de cette nature qu'on pourrait emprunter, soit à la pratique de l'industrie, soit aux résultats des sciences expérimentales, l'une des plus remarquables se trouve dans les mouvements compliqués du pendule et du *gyroscope* (V. ce mot), que Foucault a utilisés pour mettre en évidence la rotation diurne de la Terre. Les expériences qu'il a imaginées dans ce but constituent, en même temps, l'une des plus belles confirmations des principes admis pour servir de base à

toute la mécanique. Leur théorie est, en effet, fort complexe, puisqu'elle doit faire intervenir, outre le mouvement de rotation qu'on imprime au mobile, celui qui résulte du mouvement même de la Terre ; on ne peut l'établir qu'à la suite de calculs difficiles qui exigent l'emploi de toutes les ressources de l'analyse, et cependant les prévisions théoriques se sont toujours montrées parfaitement conformes aux phénomènes observés.

L'idée de *force* (V. ce mot) est intimement liée à l'idée d'inertie ; puisque nous admettons que la matière ne peut d'elle-même modifier son mouvement, toute modification de mouvement sera pour nous l'effet d'une cause étrangère que nous appellerons *force*. Cette force étant extérieure au mobile, on peut concevoir que la même force puisse agir simultanément ou successivement sur différents corps, ou que des forces différentes puissent agir sur le même mobile. Dans ce dernier cas, les différents mouvements que prend le même corps peuvent servir à comparer les forces qui lui sont appliquées. Nous avons expliqué au mot FORCE, comment l'on avait été amené à considérer les forces comme proportionnelles aux accélérations qu'elles impriment à un même point matériel ; nous avons dû rappeler, à ce sujet, le principe de l'indépendance de l'effet d'une force, soit avec l'état antérieur du corps, soit avec l'effet d'une autre force. Ces deux principes peuvent se rattacher encore à la loi de l'inertie, car ils expriment que le même corps subit toujours de la même manière l'action d'une même force, quel que soit son état de repos ou de mouvement, et que, s'il est soumis à l'action de plusieurs forces, il obéit à chacune d'elles sans modifications ni préférences, de façon que le mouvement définitif qu'il acquiert est la résultante des mouvements qu'il prendrait s'il était séparément soumis à l'action de chacune des forces. Ces principes complètent les idées qu'on doit se faire des propriétés de la matière, exprimées par le mot *inertie*.

Le principe de la proportionnalité des forces aux accélérations qu'elles impriment à un même corps, *quel que soit le corps sur lequel on les fasse agir*, conduit à une idée nouvelle et fort importante. Il existe, en effet, un rapport constant pour chaque corps, mais variable d'un corps à l'autre, entre la force f qui le sollicite, et l'accélération γ qu'il prend sous son influence. Ce rapport $\frac{f}{\gamma}$ est une propriété mécanique de chaque corps à laquelle on a donné le nom de *masse*, et que Lamé a désignée par l'expression fort heureusement trouvée de *coefficient de résistance au mouvement*. Un corps, quel qu'il soit, dont le mouvement n'est gêné par aucune résistance extérieure devra obéir à la moindre force ; mais l'accélération qu'il prendra sous cette influence sera d'autant plus faible qu'il aura plus de masse. De même, une force résistante, si faible qu'elle soit, finira toujours par anéantir le mouvement d'un corps quelconque, mais elle y mettra d'autant plus de temps, toutes choses égales d'ailleurs, que le corps aura plus de masse. Il résulte de la définition de la masse, qu'il y a toujours égalité parfaite entre la force

f qui agit sur un point matériel et le produit de sa masse m par son accélération γ :

$$f = m\gamma$$

C'est pourquoi, on considère le produit $m\gamma$ comme une force dirigée en sens inverse de l'accélération γ ou de la force f; et capable d'équilibrer celle-ci; on l'appelle la *force d'inertie*. Cette manière de parler permet de formuler une règle fort simple pour mettre en équation tous les problèmes de mécanique : il suffit d'écrire qu'il y a équilibre entre les forces d'inertie de tout le système en mouvement et les forces réelles qui agissent sur lui, de sorte que les problèmes de dynamique peuvent ainsi se ramener à de simples problèmes de statique. La force d'inertie ne doit pas être considérée comme une force purement fictive, car elle représente la réaction du corps en mouvement sur les obstacles matériels qui l'obligent à modifier son mouvement. — V. DYNAMIQUE, FORCE.

Lorsque le mobile décrit une ligne courbe, il est souvent utile de décomposer la force d'inertie en deux composantes dirigées respectivement suivant la tangente et la normale à la trajectoire. La première composante a reçu le nom de *force d'inertie tangentielle*; elle a pour expression :

$$m\frac{dv}{dt} = m\frac{d^2s}{dt^2}$$

où m désigne la masse, v la vitesse et s l'arc de trajectoire déjà parcouru; elle est dirigée en sens inverse du mouvement si celui-ci est accéléré, dans le même sens s'il est retardé. La composante normale s'appelle la *force centrifuge* (V. ce mot); elle est dirigée du côté de la convexité de la trajectoire, et a pour expression :

$$m\frac{v^2}{r} = \frac{m}{r}\left(\frac{ds}{dt}\right)^2$$

r désignant le rayon de courbure de la trajectoire.

Moment d'inertie. Jusqu'ici nous avons fait abstraction des dimensions des corps en mouvement, de manière à les considérer comme de simples points matériels. Lorsqu'on veut tenir compte de leurs dimensions, il faut les supposer formés d'une infinité de points matériels, et faire intervenir dans les calculs les forces d'inertie de chacun de ces points. Toutes les fois que le corps est animé d'un mouvement de rotation, il est indispensable de calculer le moment des forces d'inertie de chaque point par rapport à certains axes, et d'en faire la somme. Nous ne pouvons indiquer la succession des opérations de ce calcul, et nous nous bornerons à faire remarquer que si l'axe des moments est pris pour axe des z, par exemple, la somme dont nous parlons dépend des trois intégrales :

$$\int r^2\,dm \quad \int zx\,dm \quad \int xy\,dm$$

où dm désigne la masse d'un élément matériel du corps, r la distance de cet élément à l'axe des z, x, y, z, ses coordonnées. Or, on démontre qu'il existe, dans tout corps solide, trois droites rectangulaires passant par le centre de gravité et

telles que, si on les prend pour axes de coordonnées, les trois intégrales

$$\int yz\,dm, \quad \int zx\,dm, \quad \int xy\,dm$$

sont nulles. Ces droites jouissent ainsi d'une propriété remarquable : on les a nommées les *axes principaux d'inertie*. Quand on les prend pour axes de coordonnées, le moment total, dont nous avons déjà parlé, se réduit à :

$$\frac{d\alpha}{dt}\int r^2\,dm$$

α désignant la vitesse angulaire de la composante du mouvement de rotation autour de celui des trois axes qu'on a pris pour axe des moments. De là vient que l'expression

$$\int r^2\,dm,$$

a reçu le nom de *moment d'inertie*. Cette quantité joue un rôle des plus importants dans une foule de problèmes de mécanique, notamment dans toutes les questions où l'on a des mouvements de rotation à considérer. Elle s'introduit aussi dans la plupart des questions relatives à la résistance des matériaux. — V. GYRATION.

Ce moment d'inertie $I = \int r^2\,dm$ peut être pris par rapport à un axe quelconque qui traverse le corps ou reste en dehors; en raison de la grande importance de cet élément pour les applications pratiques de la mécanique, nous allons donner quelques formules qui permettent de le calculer dans des cas simples.

On démontre d'abord que le moment d'inertie I d'un corps solide de masse M, par rapport à un axe situé à une distance a de son centre de gravité, est égal à ce qu'il serait si toute la masse du corps était concentrée au centre de gravité, plus le moment d'inertie I' du même corps par rapport à un axe parallèle au premier mené par le centre de gravité,

$$I = I' + Ma^2$$

Il nous suffira donc de donner les formules pour des axes passant par le centre de gravité.

1° Moment d'inertie d'une droite homogène de longueur $2l$ et de masse M, par rapport à un axe qui passe par son milieu et sur lequel elle est inclinée d'un angle α :

$$I = \frac{1}{3}Ml^2\sin^2\alpha$$

La même formule peut servir comme suffisamment approchée dans le cas où la droite est remplacée par une barre cylindrique dont on peut négliger l'épaisseur; elle se réduit à :

$$I = \frac{1}{3}Ml^2$$

si l'axe est perpendiculaire à la barre.

2° Moment d'inertie d'un disque ou d'un cylindre circulaire plein, de rayon r et de masse M par rapport à son axe :

$$I = \frac{Mr^2}{2}$$

Si le disque ou cylindre est creux, soit r le rayon intérieur, R le rayon extérieur :

$$I = \frac{M(R^2 + r^2)}{2}$$

3° Moment d'inertie d'un disque circulaire par rapport à un axe situé dans son plan en négligeant l'épaisseur du disque :

$$I = \frac{1}{4}Mr^2$$

La même formule s'applique à un disque elliptique pourvu que l'axe des moments soit un des axes de l'ellipse ; r représente alors le demi-axe perpendiculaire à celui des moments.

Si le disque est évidé à son centre :

$$I = \frac{1}{4}M(R^2 + r^2)$$

formule qui s'applique encore à la couronne elliptique comprise entre deux ellipses homothétiques, moyennant les *mêmes restrictions* que tout à l'heure.

4° Moment d'inertie d'une sphère pleine :

$$I = \frac{2}{5}Mr^2$$

formule qui s'applique encore à un ellipsoïde de révolution autour de l'axe des moments ; r représente alors le rayon équatorial.

Si la sphère est creuse :

$$I = \frac{2}{5}M\frac{R^5 - r^5}{R^3 - r^3}$$

formule qui s'applique aussi à un ellipsoïde de révolution creux, pourvu que les surfaces intérieures et extérieures soient homothétiques.

5° Moment d'inertie d'un tore autour de son axe : r rayon du cercle générateur, R distance du centre de ce cercle à l'axe :

$$I = M\left(R^2 + \frac{3}{4}r^2\right)$$

Comme application de ces formules et du théorème qui les précède, donnons le moment d'inertie d'une roue composée d'un moyeu cylindrique de masse m et de rayon r, d'une série de rayons d'épaisseur uniforme de longueur l et de masse totale m', et enfin d'une jante cylindrique de masse M et d'épaisseur e ; R rayon extérieur :

$$I = \frac{mr^2}{2} + \frac{1}{3}m'\frac{l^2}{4} + m'\left(\frac{l}{2} + r\right)^2 + \frac{M}{2}\left[R^2 + \left(R - e\right)^2\right];$$

et celui d'un régulateur à force centrifuge formé de deux tiges de longueur l et de masse m, de deux sphères de rayon r et de masse M, et, enfin, de deux autres tiges de masse m' articulées sur les premières à une distance l' du sommet. On trouvera, toutes réductions faites, α étant l'angle des tiges avec l'axe :

$$I = \frac{4}{5}Mr^2 + 2\left[\frac{1}{3}\left(ml^2 + m'l'^2\right) + M\left(l + r\right)^2\right]\sin^2\alpha$$

— M. F.

INFILTRATION. *T. techn.* Procédé de conservation des bois par déplacement de la sève ou par pression. — V. CONSERVATION DES BOIS.

INFLEXION. T. de géom. On appelle *point d'inflexion d'une courbe*, tout point où la courbure change de sens, de manière que les arcs situés de part et d'autre du point d'inflexion présentent leur concavité dans des sens opposés ; un arc s'étendant ainsi de deux côtés d'un point d'inflexion aura donc la forme d'un S. La tangente, au point d'inflexion, présente avec la courbe un contact d'ordre supérieur ; elle est dite *osculatrice*. En ce point, le cercle osculateur se réduit, en effet, à une droite, et le rayon de courbure est infini, d'où il suit que la dérivée seconde de l'ordonnée par rapport à l'abscisse est nulle. Si x et y sont exprimés en fonction d'un paramètre t, les points d'inflexion sont caractérisés par l'équation :

$$\frac{dx}{dt}\frac{d^2y}{dt^2} - \frac{dy}{dt}\frac{d^2x}{dt^2} = 0$$

Les courbes gauches peuvent aussi présenter des points d'inflexion, en lesquels chacune des trois expressions analogues est nulle :

$$\frac{dy}{dt}\frac{d^2z}{dt^2} - \frac{dz}{dt}\frac{d^2y}{dt^2} = 0$$

$$\frac{dz}{dt}\frac{d^2x}{dt^2} - \frac{dx}{dt}\frac{d^2z}{dt^2} = 0$$

$$\frac{dx}{dt}\frac{d^2y}{dt^2} - \frac{dy}{dt}\frac{d^2x}{dt^2} = 0$$

équations qui se ramènent aux deux suivantes :

$$\frac{d^2x}{dx} = \frac{d^2y}{dy} = \frac{d^2z}{dz}.$$

INFUSIBLE. — V. FUSIBILITÉ, FUSIBLE.

INGÉNIEUR. On donne ce titre à ceux qui se consacrent à la rédaction des projets de travaux techniques et industriels et à la direction de ces travaux. Cette *définition* admise, on voit que l'ingénieur doit être un homme de science doublé d'un praticien. Si la pratique manque à l'ingénieur, il n'est plus qu'un professeur sans autorité sur les chantiers ou dans l'usine ; c'est un peu le défaut des ingénieurs de l'État en France ; si au contraire, c'est l'instruction scientifique qui est tronquée, ou absente, l'ingénieur n'est plus qu'un empirique sans aucune influence sur ses contremaîtres, et il s'expose tous les jours à commettre les plus graves erreurs. C'est le cas le plus général en Angleterre et en Amérique. On distingue, en France, deux grandes catégories d'ingénieurs : *les ingénieurs de l'État* qui jouissent de monopoles et de privilèges spéciaux ; ils sont tous sortis de l'École polytechnique et d'une école d'application. Les *ingénieurs civils*, au contraire, se recrutent, en grande partie, à l'École centrale des arts et manufactures et se consacrent exclusivement aux travaux de l'*industrie privée*. L'École supérieure des mines et l'École des ponts et chaussées reçoivent également des élèves externes auxquels on délivre un diplôme d'ingénieur civil lorsqu'ils ont, comme à l'École centrale, satisfait aux examens de sortie. Mais dans la pratique, une foule d'industriels prennent à tort le titre d'*ingénieur* sans en avoir le moindre droit ; le public fera donc bien de s'en garder, et d'exiger d'eux un diplôme ou des travaux justifiant de leurs capacités.

Le cas, en effet, n'a pas été prévu par le Code ; aucune loi n'empêche le premier venu de se dire ingénieur, et beaucoup de personnes qui ont fait un court séjour dans une école industrielle de second ordre, ou bien dans une usine quelconque, s'arrogent ce titre qui demande cependant, pour être légitimement porté, les études les plus difficiles que l'on puisse faire à notre époque, et une expérience d'un certain nombre d'années dans une branche spéciale de l'industrie. Nous devons cependant reconnaître que parmi les anciens élèves des écoles d'arts et métiers, par exemple, quelques-uns ont acquis des connaissances théoriques et pratiques qui les rendent supérieurs à beaucoup d'ingénieurs diplômés.

En résumé, le mot *ingénieur civil*, en France, ne caractérise pas un ingénieur qui n'est pas militaire, comme cela a lieu à l'étranger où les fonctions de l'Etat sont ouvertes aux ingénieurs de toute origine ; il signifie ingénieur qui n'est pas *fonctionnaire* et n'appartient à aucune des *corporations fermées et privilégiées de l'Etat*. Un élève de l'Ecole polytechnique qui donne sa démission de l'armée ou du corps d'ingénieurs auquel il appartient devient un *ingénieur civil* ; le même, exerçant une carrière, même civile, mais privilégiée, comme les Ponts et chaussées, les Tabacs, etc., n'est pas un ingénieur civil, mais un *ingénieur de l'Etat*. Les *ingénieurs de l'Etat* se divisent eux-mêmes en un certain nombre de catégories selon les fonctions spéciales qu'ils remplissent ; tels sont : les ingénieurs des *Ponts et chaussées* chargés de la construction des routes, des ponts, des canaux, des ports et du contrôle des chemins de fer ; les *ingénieurs des Mines* chargés du contrôle des mines et des appareils à vapeur ; l'Etat ne possédant pas de mines, ces ingénieurs ne sont jamais eux-mêmes directement à la tête d'une exploitation ; les *ingénieurs des Poudres et salpêtres*, et les *ingénieurs des Tabacs* qui dirigent les fabrications dont l'Etat s'est réservé le monopole, et qui prennent le plus souvent le nom d'*ingénieurs des manufactures de l'Etat* ; les *ingénieurs de la Marine*, chargés de la construction des navires de guerre, et enfin les *ingénieurs hydrographes*, dont le rôle consiste à dresser les cartes marines et la configuration des côtes et des fonds.

En outre, l'Ecole polytechnique fournit un grand nombre d'officiers d'artillerie, d'*ingénieurs militaires*. Le corps des Ponts et chaussées comprend un *ingénieur en chef* par département, un *ingénieur ordinaire* par arrondissement et un certain nombre de *conducteurs* et de *piqueurs*. Les conducteurs du service des mines prennent le nom de *garde-mines*.

— La profession d'ingénieur, qui a pris dans le siècle actuel une importance prépondérante, remonte en réalité à la plus haute antiquité, comme nous le prouvent les gigantesques travaux que l'on voit encore debout dans toutes les parties du monde. Nous avons étudié plus spécialement les productions de l'art de l'ingénieur chez les Romains et en France depuis l'origine des Gaules (V. GÉNIE CIVIL). Mais partout, en Chine, dans l'Inde, en Syrie, en Egypte et même dans le Nouveau Monde, on rencontre des monuments civils ou religieux qui dénotent la puissance de l'ingénieur depuis les temps les plus reculés.

Les ingénieurs étaient, d'ailleurs, en très grand honneur dans l'antiquité, et tenus particulièrement en estime par tous les grands conquérants comme Alexandre, César, Auguste, Annibal, etc. Au moyen âge, même au milieu des ténèbres épaisses qui enveloppaient le monde chrétien, l'ingénieur seul produisit quelque chose, et l'on vit partout surgir de terre des châteaux-forts, des églises, etc.; Godefroy de Bouillon s'empara de Jérusalem, grâce au concours d'ingénieurs génois ; les croisés, d'ailleurs, étaient pour l'époque, remarquablement outillés sous le rapport du génie militaire.

Tous les grands hommes de la Renaissance, Michel-Ange, Léonard de Vinci, Pic de la Mirandole, etc., étaient des ingénieurs. Mais le plus grand ingénieur qui ait existé est certainement Vauban, né en 1633. Il fortifia, suivant une nouvelle méthode inventée par lui, 300 places anciennes, et en bâtit 33 nouvelles. La plus grande ambition de Pierre-le-Grand était de devenir ingénieur, et il fonda la première école d'ingénieurs dans son pays, où avant lui on ne connaissait même pas les éléments de géométrie.

L'origine du mot *ingénieur* est *engin*, *machine*, etc. (V. ENGIN). Ainsi, on lit dans Joinville que « le roi fit faire XVIII engins, dont Joulin de Connaut était mestre engingneur. » Il ne provient pas le moins du monde, comme beaucoup de personnes le supposent, du verbe s'ingénier.

*INGRES (JEAN-AUGUSTE-DOMINIQUE). Né à Montauban le 29 août 1780, il est mort le 14 janvier 1867. Les illustres champions de la grande bataille qui partagea en deux camps ennemis les artistes de la première moitié de ce siècle, Ingres et Eugène Delacroix, les fiers adversaires dorment aujourd'hui de l'éternel sommeil. En un court espace de temps, ils nous ont quittés ; celui-ci pâli, usé, ferme encore, consumé par la lutte et par la fièvre de son génie, ayant vécu double et triple ; l'autre chargé de gloire et d'années, ayant eu le temps d'oublier les difficultés des premières heures au cours paisible de sa vieillesse longue et respectée.

A seize ans, M. Ingres vint à Paris et entra dans l'atelier de Louis David, le dur dominateur de notre école. A vingt ans, M. Ingres obtint le prix de Rome. Son tableau de concours représente *Achille recevant dans sa tente les envoyés d'Agamemnon,* il fait partie de la collection des grands prix conservés à l'Ecole des Beaux-Arts. Le jeune lauréat ne put partir pour Rome immédiatement. Il fit à Paris un séjour forcé de cinq années pendant lequel il peignit quelques portraits, quelques tableaux d'histoire, un *Bonaparte premier consul*, un *Napoléon sur son trône* en grand costume impérial, et une allégorie de *Napoléon au pont de Kehl*. Nous ne savons où sont placés les deux derniers, le premier appartient à la ville de Liège qui l'envoya à l'Exposition universelle de 1855. M. Ingres partit enfin pour l'Italie. Arrivé à Rome, il fit, entre autres compositions, un grand tableau qui est resté le modèle toujours imité de la peinture religieuse contemporaine. Ce tableau est au Louvre, il représente *Jésus-Christ donnant à saint Pierre les clefs du Paradis en présence des apôtres.* En 1820, il quitta Rome pour aller à Florence où il resta quatre ans. C'est de Florence que date l'*Entrée de Charles V à Paris* et le *Vœu de Louis XIII* qui appartient à la cathédrale de Montauban. La critique avait été sévère jusque-là pour celui qu'elle devait exalter un peu plus tard, et l'artiste vivait péniblement dans la solitude. Un de ses biographes a raconté la difficile situation de M. Ingres en ces années douloureuses. « En 1823, Étienne Delécluze, un autre élève de David, qui mourut critique d'art au *Journal des Débats*, passe par Florence. On lui dit qu'un peintre français y est établi. Son nom ? Ingres. Un ancien camarade ! Delécluze court chez son ami, et justement le trouve achevant la première figure (la Vierge) d'un tableau qui devait être le *Vœu de Louis XIII*. Elle était merveilleuse, cette vierge. Ingres pourtant découragé, attristé, incertain, parlait de laisser là sa toile. Quelle était sa vie en effet ? Il gagnait le prix de son logis, le prix de ses couleurs, son pain à faire des portraits à la mine de plomb, des tableautins, des croquis, du commerce. Et *pourtant il avait quelque chose là !* Et il portait dans sa tête l'*Apothéose d'Homère*. » Delécluze le presse de terminer son tableau, l'encourage, le remet au travail. « Un an après, le *Vœu de Louis XIII* était exposé au Louvre, apprécié et loué comme il le méritait, et l'artiste ne quittait pour ainsi dire Florence que pour entrer à Paris et à l'Institut. » L'Académie s'était auparavant montrée d'une médiocre tendresse pour l'artiste ; elle le confondait volontiers avec les jeunes « révolutionnaires » qui, de la plume, de la voix, du pinceau, du ciseau, lui faisaient une guerre à outrance. Le *Charles V*, la *Francesca*, la *Chapelle sixtine*, passaient pour autant de gages d'alliance donnés à l'école romantique. Le *Vœu de Louis XIII* la fit revenir de ces préventions, et elle bénéficia de ces coups d'éclat successifs, le *Saint Symphorien* et l'*Apothéose d'Homère*. Le *Martyre de saint Symphorien*, exposé en 1827, rencontra des adversaires aussi passionnés que l'étaient ses admirateurs. Plus sensible aux critiques qu'aux éloges, le maître renonce à exposer, veut quitter Paris et obtient, en effet, de retourner à Rome, mais alors comme directeur de l'Académie de France (1834). La *Stratonice*, la *Vierge à l'hostie*, l'*Odalisque et son esclave*, furent peints à la villa Médicis, où il dirigea l'école jusqu'en 1841, date de son retour définitif à Paris.

Peu de temps avant de mourir, M. Ingres montrait dans une des salles de l'exposition du boulevard des Italiens, deux œuvres récemment achevées, la *Source* (1861), et le *Jésus au milieu des docteurs*. Il avait également terminé une autre composition, le *Bain turc*, œuvre sénile dont il serait cruel d'analyser les tristes défaillances. Ce tableau est le dernier de la série des peintures exécutées par M. Ingres depuis 1841. Parmi les œuvres de cette époque, il faut encore citer les vitraux de la chapelle Saint-Ferdinand de Dreux, et l'*Apothéose de Napoléon Ier*, qui occupait un des plafonds de l'Hôtel de ville de Paris, la *Jeanne d'Arc*, la *Vénus Anadyomène*, de nombreux portraits, entre autres celui de Chérubini ; un autre portrait célèbre, celui de Bertin, est de 1832.

Telle est, par les sommets essentiels, l'énumération des travaux accomplis par M. Ingres en cette longue et honorable vie entièrement vouée au travail.

M. Ingres a été surtout un grand caractère. Sans qu'on le connût, il imposait à ses adversaires les plus résolus, une très haute et très respectueuse estime. Ici, nous laissons de côté toute discussion esthétique, toute question de ligne et de couleur. Ce qu'il faut proclamer, c'est la moralité profonde de l'exemple offert par cet homme ardent, violent, passionné, injuste même, mais très noble en la droiture de ses convictions. Pour elles, il eût sacrifié fortune, honneurs, son poignet droit. Cela est beau et grand. Il a eu au suprême degré — et en ceci personne ne l'a dépassé — le respect de son art poussé jusqu'au culte. A ce sentiment si puissamment enraciné dans son être, il dut sa plus grande force d'artiste, je veux dire la conscience.

La conscience dans l'art, en ces mots se résume la plus noble et la meilleure tradition de l'école de David. M. Ingres a prolongé cette tradition à travers ce siècle, il l'avait transmise intacte à ses élèves, au plus distingué, à Hippolyte Flandrin.

Nous insistons sur ce côté très noble du caractère de M. Ingres, et en ce temps-ci cette insistance ne paraîtra point déplacée à ceux qui constatent à nos expositions quel vaste lit s'est creusé dans l'art, aux dépens de la conscience, la dextérité de la main, nous voulons dire la souplesse employée à escamoter et à tourner les difficultés. L'illustre peintre, d'ailleurs, eut de son vivant la récompense de ce que nous ne craignons pas d'appeler sa vertu d'artiste. Nous ne parlons pas seulement des dignités inespérées qui ont couronné sa carrière ; il eut aussi cette gloire et ce mérite d'être un chef d'école.

Cependant, dessinateur d'un goût rare, M. Ingres était totalement dépourvu du sens de la couleur. En outre, son talent manque de largeur, de souffle et d'émotion.

Faut-il nous étonner de l'absence d'émotion dans les œuvres du peintre ? L'émotion esthétique s'accomplit par une sorte de fermentation intérieure, une fusion, un bouillonnement de nos sentiments mis en éveil à la vue de la beauté. Or, chez M. Ingres, les sentiments et les convictions n'ont jamais été que des résolutions du cerveau précisées d'avance par l'éducation, à peine raisonnées, toujours acceptées. Nature nouée fort jeune, il ne pouvait rien produire qui ne fût arrêté. La nuance juste, c'est qu'il est peintre et non artiste, il voit bien les formes, il n'en voit pas l'âme ; il n'a pas en lui le *Mens agitat molem*. Son sentiment artistique est en trop constant équilibre avec sa nature forte et positive, il ne la domine pas assez. L'auteur de l'*Apothéose d'Homère* a peu d'imagination, et lorsqu'il a essayé de la mettre en œuvre, elle était gênée, étouffée par l'esprit méthodique et froid qui reprenait impérieusement ses droits.

L'influence de M. Ingres a été moins considérable qu'on ne le croirait ; la raison en est simple. Il n'a fait vibrer aucune corde ; il n'a pas remué la foule assez profondément pour l'égarer ou l'enseigner. Son école forme un groupe de peintres élevés, sans grande force, d'une énergie très effacée, d'une individualité fort pâle ; une élite désintéressée, distinguée, dont la figure la plus remarquable est celle d'Hippolyte Flandrin. — E. CH.

*INJECTEUR. T. de mécan. Appareil d'alimentation des chaudières à vapeur qui fonctionne sous la seule action de la pression de la vapeur refoulant l'eau directement dans la chaudière. L'injecteur a été inventé par M. Giffard en 1858 ; depuis cette époque, l'emploi s'en est universellement répandu, et il n'y a plus peut-être aujourd'hui dans le monde entier aucune locomotive de chemin de fer qui n'en soit munie. Cet appareil doit être considéré, en effet, comme une pompe d'alimentation parfaite fonctionnant, pour ainsi dire, sans aucun organe mobile, évitant toute perte de travaux inutiles par frottement, et, en dehors de la chaleur perdue par transmission à travers les parois, restituant presque intégralement sans perte d'énergie, le travail dépensé par la condensation de la vapeur motrice. Le fonctionnement de l'injecteur a excité la plus vive surprise lors de son apparition, et nous avons besoin encore aujourd'hui de toutes les ressources de la théorie mécanique de la chaleur pour expliquer le paradoxe apparent qu'il présente : un jet de vapeur aspirant une certaine quantité d'eau froide, et possédant encore néanmoins une force vive suffisante pour vaincre sa propre pression et même, dans certains cas, une pression supérieure, comme nous le dirons plus loin. Il fallait réellement toute la force de conception et le génie de son inventeur pour avoir l'idée d'un appareil aussi original ; et ce serait diminuer sa gloire que de ne pas rappeler qu'il y fut conduit par une série de recherches et de calculs persévérants poursuivis au milieu de difficultés sans nombre.

D'après M. Barrau (V. *Nature*, n° du 1er juillet 1882), c'est vers juillet 1850 que, poursuivant les études théoriques dont il voulait faire l'application pratique, Giffard écrivit le résumé et les calculs de son injecteur alimentaire sans organe mobile ; mais il était alors dans une situation de fortune qui ne lui permettait pas de faire l'expérience d'un appareil nouveau dont les données étaient en contradiction avec les théories admises, et il dut y renoncer momentanément. L'idée en fut reprise seulement en 1858, et, dans le brevet qu'il prit à la date du 8 mai, M. Giffard présenta un appareil qui fonctionnait pratiquement dès son apparition. L'injecteur ainsi imaginé resta installé pendant plusieurs mois dans les ateliers de M. Flaud, qui avait été le collaborateur et le conseiller de M. Giffard dans ses longues recherches, et les ingénieurs les plus éminents vinrent le visiter et se convainquirent par eux-mêmes, non sans un vif étonnement, en manœuvrant directement l'appareil, que l'alimentation se trouvait ainsi assurée par l'action directe de la vapeur de la chaudière. Quelque temps après, l'injecteur était appliqué pour la première fois sur une locomotive du chemin de fer de l'Est, et M. Dupuy de Lôme, alors directeur général des constructions navales, traitait avec l'inventeur pour en faire l'application sur les chaudières marines. L'expérience convainquit bientôt les plus hésitants, et peu à peu les Compagnies de che-

mins de fer se décidèrent à munir toutes leurs locomotives du nouvel appareil, ce qui permettait d'assurer leur alimentation en stationnement, sans leur imposer ces marches ridicules auxquelles elles étaient condamnées lorsqu'elles n'avaient que des pompes. Pendant longtemps cependant, on crut devoir conserver une pompe à côté de l'injecteur, dont le fonctionnement ne paraissait pas encore assez sûr ; mais actuellement les mécaniciens ont acquis une habitude suffisante du maniement de cet appareil pour éviter les ratés qui se produisaient souvent à l'amorçage, et aujourd'hui la plupart des Compagnies emploient deux injecteurs et suppriment entièrement la pompe. Il faut ajouter, en outre, que les injecteurs actuels sont disposés de manière à faciliter l'amorçage, et que un grand nombre de types peuvent amorcer même avec de l'eau chaude, et dans des limites de pression très étendues. On n'obtenait pas ce résultat avec les premiers injecteurs, dont l'amorçage devenait impossible lorsque l'appareil s'était échauffé par le passage de la vapeur à la suite de premiers essais infructueux. On ne saurait trop recommander aux mécaniciens, à ce point de vue, de ne jamais négliger de se servir alternativement des deux injecteurs de leur machine et de ne pas avoir toujours recours uniquement au même, comme ils le font trop souvent, car si celui-ci venait à leur faire défaut, ils s'exposeraient à trouver l'autre, n'ayant pas servi depuis longtemps, hors d'état de fonctionner.

L'injecteur est représenté dans la figure 499 qui donne le dessin du premier type présenté par M. Giffard ; il fonctionnait en aspirant l'eau d'ali-

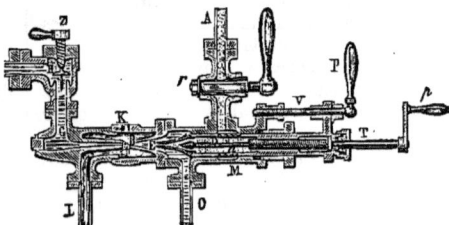

Fig. 499. — *Coupe de l'injecteur de M. Giffard.*

mentation qu'il refoulait dans la chaudière. Cet appareil comprend les organes suivants :

1° Un tuyau A d'amenée de vapeur venant de la chaudière et débouchant à une des extrémités de l'injecteur dans un espace vide appelé *chambre de vapeur* ;

2° Un tuyau C d'amenée d'eau venant du tender ou de la bâche d'alimentation et débouchant dans une chambre à eau isolée de la chambre à vapeur par un assemblage bien étanche ;

3° Une tuyère E dans laquelle se répand la vapeur par les petits trous *a* dont elle est percée ; cette tuyère est mobile, et peut être avancée ou reculée en agissant sur la manivelle P qui commande la tige filetée V, et entraîne la tuyère d'un mouvement de va-et-vient par l'intermédiaire d'un prisonnier ;

4° Une aiguille de réglage D, mobile elle-même à l'intérieur de la tuyère sous l'action de la manivelle p, ce qui permet d'ouvrir ou d'obturer le passage du courant de vapeur dans la tuyère ;

5° Le convergent B, dans lequel s'opère le mélange du courant de vapeur et de l'eau aspirée. La proportion d'eau est réglée comme on le comprend, en agissant sur la position de la tuyère ;

6° Le tube divergent qui recueille le courant mixte pour le diriger dans la chaudière où il pénètre par le tuyau G en soulevant la soupape H;

7° Un tuyau L de trop plein aboutissant à l'air libre.

Pour mettre l'injecteur en marche, le mécanicien commence d'abord par ouvrir la prise de vapeur dans la chaudière, puis la prise d'eau et le trop-plein, il gradue l'arrivée de la vapeur en agissant sur le levier de manœuvre de la tuyère. Il reconnaît que l'injecteur est amorcé lorsque l'eau cesse de s'écouler par le trop plein, et qu'il n'entend plus le sifflement du courant de vapeur; il peut alors ouvrir la tuyère en grand. Pour arrêter l'injecteur, il ne faut pas négliger de fermer le robinet de prise de vapeur en même temps que le robinet de prise d'eau, car autrement l'appareil pourrait s'échauffer, et l'amorçage en deviendrait ensuite difficile.

La théorie de l'injecteur est particulièrement délicate, ainsi que nous l'avons indiqué plus haut, on peut en résumer le principe en disant qu'elle repose sur ce fait que la masse de vapeur sortie de la chaudière présente un volume beaucoup plus considérable que celui du mélange refoulé, formé lui-même d'eau aspirée et de vapeur condensée, presque en totalité, renfermant seulement un peu d'air qu'elle refoule dans la chaudière. Par suite, suivant l'observation de M. Callon, le travail produit par la pression de la vapeur de la chaudière sur la masse qui en est sortie à l'état de vapeur est plus grand que le travail résistant produit par la pression de l'eau, pression égale à la précédente, sur le fluide mixte qui y rentre. La différence de ces deux travaux explique la rentrée possible du fluide mixte.

On peut donc établir la théorie de l'injecteur en partant de ce principe que la somme des quantités de mouvement du courant de vapeur et de l'eau aspirée se retrouve en entier dans le courant mixte qui pénètre dans la chaudière, et on arrive ainsi à l'équation suivante :

$$m_1 w = (m_1 + m_0) V$$

m_1 étant le poids de vapeur animée d'une vitesse w qui pénètre dans l'injecteur.

m_0 le poids d'eau aspirée, et V la vitesse du courant mixte de poids $m_1 + m_0$.

Partant de là, on peut en déduire la vitesse V, et on obtient :

$$V = w \frac{m_1}{m_1 + m_0}$$

Pour que le jet puisse pénétrer dans la chaudière, il faut qu'on ait :

$$V > \sqrt{2gh}$$

h étant la hauteur d'eau équivalente à la pression de la vapeur dans la chaudière.

On tire de là une valeur minimum du rapport $\frac{m_0}{m_1}$, valeur nécessaire à la marche de l'injecteur ; mais on peut arriver d'ailleurs à définir ce rapport d'une manière plus précise en considérant, comme l'a fait M. G: Richard (V. *Revue générale des chemins de fer*, n° de septembre 1882), la quantité d'énergie contenue dans le courant mixte, et écrivant qu'elle est égale à la somme des quantités d'énergie des courants de vapeur et d'eau avant leur arrivée au divergent. Partant de cette considération, on en tire l'équation suivante que donne la valeur $\frac{m_0}{m_1}$

$$\frac{m_0}{m_1} = \frac{t_1 - t_m + x_1 r_1}{t_1 - t_0}$$

t_1 étant la température de la vapeur saturée,
t_0 celle de l'eau d'alimentation,
t_m celle du courant mixte,
x_1 le poids de vapeur réel contenu dans 1 kilogramme de vapeur humide venant de la chaudière, et r_1 la chaleur de vaporisation de l'eau liquide à la température t_1.

On voit par là que, si la température t_0 de l'eau d'alimentation s'élève, la proportion d'eau entraînée m_0 va aussi en augmentant, ce qui détermine une réduction de la vitesse V du courant, et explique ainsi la difficulté qu'on éprouve à amorcer l'injecteur Giffard avec de l'eau un peu chaude.

D'après M. Giffard, le débit E de l'injecteur en litres et par heure, est donné par la formule suivante :

$$E = 28 d^2 \sqrt{n}$$

d est le diamètre minimum de l'ajutage divergent exprimé en millimètres, n est la pression effective de la vapeur dans la chaudière, exprimée en atmosphères. D'après ces données, il est facile de calculer le rendement de l'injecteur, et de montrer que, abstraction faite des pertes de chaleur, il peut être assimilé à une pompe parfaite fonctionnant sans frottement, puisqu'il ne dépense que juste la quantité de chaleur théoriquement nécessaire pour élever l'eau et la réchauffer. Il est même supérieur à la pompe parfaite pour l'alimentation à l'eau chaude, car la chaleur dépensée pour échauffer l'eau est empruntée, pour ainsi dire sans perte, à la vapeur motrice, tandis qu'autrement avec la pompe, la chaleur est empruntée directement au foyer. Aussi, atteint-on, en pratique, avec l'injecteur des rendements très élevés allant presque jusqu'à 90 0/0, qu'on n'obtiendrait pas avec les pompes.

Il est inutile d'ajouter qu'il n'en serait plus de même, si on se proposait simplement d'aspirer de l'eau sans avoir besoin de l'échauffer, puisque, dans ce cas, la vapeur condensée par l'échauffement de l'eau aspirée serait dépensée en pure perte.

Comme conséquence des considérations théoriques que nous avons rappelées plus haut, on reconnaît que l'injecteur peut même refouler l'eau d'alimentation à une pression de vapeur p_2, supérieure à celle de la vapeur motrice p_1, pourvu, toutefois, que le rapport $\dfrac{p_2}{p_1}$ ne dépasse pas le rapport de la section d'écoulement de la vapeur à la tuyère, comparée à la section minima du divergent. Cette propriété si curieuse et tout à fait inattendue de l'injecteur, avait été vérifiée déjà par MM. Giffard et Deloy, elle a été appliquée récemment par MM. Hamer et Davie, pour l'alimentation des machines d'extraction de mines. L'injecteur disposé par eux peut alimenter, en utilisant uniquement la vapeur d'échappement et sans occasionner de contre-pression appréciable. Cet appareil présente une très large ouverture de tuyère permettant d'admettre un courant abondant de vapeur motrice; l'ouverture du convergent peut, en outre, être rendue variable pour s'adapter automatiquement dès la mise en train à l'admission de la porportion d'eau suffisante.

Dans les nombreux types d'injecteurs qui ont été créés depuis celui de M. Giffard, on s'est attaché à remédier aux difficultés de l'amorçage en même temps qu'on a également simplifié beaucoup l'installation de ces appareils, et on a même réussi à supprimer, en quelque sorte, toutes les pièces mobiles. L'aiguille à vis qui servait à régler l'orifice d'entrée d'eau dans l'injecteur Giffard a été remplacée par des appareils plus robustes, comme la crémaillère de l'injecteur Turck, le levier à excentrique ou à collier d'une simplicité si remarquable de l'injecteur Sellers, par exemple. Ce dernier appareil fonctionne automatiquement en quelque sorte, en se réglant de lui-même avec son trop-plein fermé dès qu'il est amorcé. L'usage en est très fréquent en Amérique, et il constitue un des types les plus simples et les plus sûrs au point de vue du fonctionnement. Il est muni, en outre, d'une aspiration de vapeur spéciale, destinée à assurer l'amorçage ; la vapeur est lancée d'abord par un petit orifice, pratiqué à travers l'aiguille elle-même, dans le tuyau de prise d'eau, pour y faire le vide et déterminer ainsi l'aspiration. Cette disposition n'est pas spéciale, d'ailleurs, à l'injecteur Sellers, elle se rencontre sur un grand nombre de types différents d'appareils (injecteur Bouveret, etc.), connus sous le nom d'*injecteurs-éjecteurs*.

Pour supprimer les organes mobiles, on a reporté ces appareils à un niveau inférieur à celui de l'eau d'alimentation, on a constitué, en un mot, les injecteurs dits en *charge* non aspirant qui sont installés au bas des chaudières de locomotives où ils reçoivent l'eau venant du tender d'un niveau plus élevé. L'aiguille est supprimée, et les organes mobiles se réduisent aux trois robinets de manœuvre, admission de vapeur, trop-plein et admission d'eau. Tout l'appareil est coulé d'une seule pièce en quelque sorte, et l'entretien, en service, en devient presque insignifiant. Ces appareils donnent néanmoins, des résultats très satisfaisants, et permettent d'alimenter sous des pressions très variables et avec des températures très élevées allant jusqu'à 55°, que ne comporterait pas l'injecteur Giffard proprement dit. L'injecteur Friedmann qui renferme un cône

auxiliaire, outre celui du divergent, arrive même à alimenter jusqu'à 65°, et avec des pressions descendant jusqu'à 3/4 d'atmosphère.

La coupe de cet injecteur est donnée dans les figures 500 à 502, qui représentent le type modifié par M. Haswell. La vapeur arrive en b, et l'eau par le tube a (fig. 500); le mélange s'opère dans

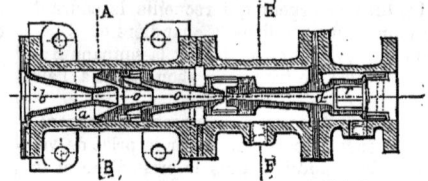

Fig. 500. — *Injecteur en charge, type Friedmann Haswell.*

les cônes convergents o qui ont pour but de multiplier les points de contact de la vapeur et de l'eau; d est le divergent, r est le clapet de refoulement. Pour alimenter à l'eau froide, on ouvre le trop-plein P, puis, un peu, la prise de vapeur pendant un instant, on referme ensuite, et on l'ouvre en entier; s'il s'écoule encore de l'eau du

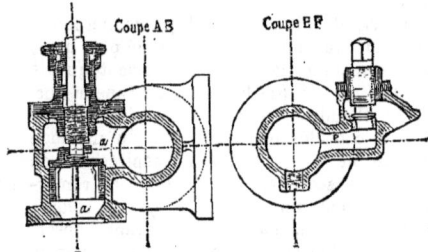

Coupe AB   Coupe EF

Fig. 501.   Fig. 502.

trop-plein, on règle le robinet a jusqu'à ce que l'écoulement cesse. Pour alimenter à l'eau chaude, il faut ouvrir en grand les robinets d'eau et de vapeur, et fermer ensuite le trop-plein bien qu'il en sorte beaucoup d'eau. Pour arrêter, on ferme la prise de vapeur, puis le trop-plein.

Ces dispositions nouvelles ont simplifié considérablement, comme on le voit, l'installation de l'injecteur Giffard, et elles ont permis, en même temps, d'utiliser la vapeur d'échappement pour réchauffer l'eau d'alimentation ; ce qui présente, comme on sait, un avantage très sensible pour les locomotives, car il arrive, dans bien des cas, que toute la vapeur d'échappement n'est pas nécessaire pour le tirage, et l'excédent est perdu autrement sans produire aucun effet utile. On a pu réussir ainsi, à alimenter avec de l'eau chaude portée à des températures qu'il aurait fallu nécessairement éviter jusque là. La vapeur d'échappement qui suffit à assurer seule l'alimentation avec l'injecteur Hamer et Davie, par exemple, a pu être employée d'une manière continue dans l'injecteur, pour réchauffer l'eau d'alimentation avant son arrivée dans l'appareil ou même pour renforcer l'action de la vapeur motrice venant directement de la chaudière.

Nous pouvons citer, d'autre part, l'injecteur réchauffeur Körting, la pompe injecteur Chiazzari et l'injecteur Mazza, qui alimentent tous trois en utilisant la vapeur d'échappement.

L'injecteur Körting comprend un réchauffeur distinct de l'appareil d'alimentation proprement dit, qui est disposé de manière à pouvoir fonctionner sùrement jusqu'à la température de 70 à 75° (V. l'étude publiée dans la *Revue générale des chemins de fer*, n° de mai 1880).

Le réchauffeur est une sorte de condenseur à surface comprenant un grand nombre de petits tubes dans lesquels débouche le tuyau de prise d'eau, et qui sont chauffés extérieurement par la circulation de la vapeur d'échappement. L'injecteur proprement dit est formé en réalité de deux injecteurs superposés qui sont traversés successivement par l'eau aspirée. L'eau sortant du premier est reprise par le second, et comme elle y arrive fortement échauffée, elle ne pourrait y déterminer la condensation de vapeur nécessaire pour l'amorçage, si l'on ne créait, dans la chambre de condensation de celui-ci, une pression artificielle qui élève ainsi la température d'ébullition, et assure par suite la condensation de la vapeur et l'amorçage de l'injecteur. On dispose, à cet effet, les dimensions du premier injecteur de manière à ce que l'eau y arrive avec un excès de vitesse, et crée ainsi par son impulsion, cette pression en excès.

L'injecteur Körting ne permet pas de donner à l'eau d'alimentation les températures élevées qu'on peut obtenir avec d'autres types, comme l'appareil Chiazzari ou celui de M. Mazza ; mais il présente, d'autre part, cet avantage d'éviter le retour dans la chaudière, des graisses et de toutes les autres matières facilement décomposables qui sont souvent ramenées par la vapeur elle-même à l'intérieur de la chaudière, où elles entraînent, parfois, les accidents les plus dangereux.

La pompe injecteur Chiazzari dont nous avons donné la description dans la même *Revue* (n° de juin 1879), est installée dans des conditions analogues à celles des pompes ordinaires; seulement elle est disposée de manière à aspirer en même temps la vapeur d'échappement qui vient réchauffer l'eau d'alimentation, et comme la vapeur arrive avec une grande vitesse dans le corps de la pompe, elle ajoute sa force d'impulsion propre en se condensant au contact de la gerbe d'eau comme dans un injecteur ordinaire, pour refouler le courant mixte dans la chaudière.

On arrive, à l'aide de cet appareil, à alimenter avec de l'eau presque bouillante portée à une température de 80 à 90°, tandis qu'on ne pourrait pas y réussir avec une pompe ordinaire en employant même de l'eau simplement réchauffée ; le vide engendré par le piston amène, en effet, dans le corps de pompe, la production d'une certaine quantité de vapeur dont la pression arrête l'aspiration de l'eau. La pompe injecteur ainsi installée par M. Chiazzari permet de réaliser une économie fort appréciable dans la consommation d'eau et de combustible, et les expériences exécutées au chemin de fer du Nord ont montré que l'économie d'eau pouvait atteindre 15 à 20 0/0 environ.

L'injecteur disposé par M. Mazza utilise directement la vapeur d'échappement qui vient réchauffer le courant d'eau aspiré avant qu'il n'arrive au contact du jet de vapeur venant de la chaudière. Le mélange d'eau avec la vapeur d'échappement s'opère par de larges surfaces de contact ménagées à dessein, de manière à obtenir une température aussi élevée que possible dépassant même la température d'ébullition; la gerbe d'eau pénètre ensuite dans l'injecteur proprement dit où elle condense le courant de vapeur. On comprend immédiatement que cette condensation n'aurait pas lieu, et l'amorçage serait impossible si l'injecteur débouchait directement dans l'atmosphère, aussi est-il nécessaire de ménager une pression plus forte atteignant souvent deux atmosphères, de manière à relever la température d'ébullition, en agissant sur un trop-plein auxiliaire avec surcharge disposé à cet effet. Cet appareil est fondé, comme on le voit, sur un principe original et néanmoins tout à fait rationnel, et il serait susceptible de réaliser sans doute, dans la consommation d'eau et de combustible une économie très appréciable et supérieure probablement à celle de la pompe injecteur Chiazzari ; malheureusement, il a été présenté d'abord sous des formes compliquées qui en rendaient l'installation et l'entretien fort délicats, et il n'a pas encore été appliqué sous sa dernière forme d'une manière assez prolongée pour qu'on puisse en faire l'objet d'une appréciation définitive.

A consulter : les savantes études publiées par M. Combes dans les *Annales des mines*, 5ᵉ série ; la notice publiée par M. Giffard, en 1860 ; la *Théorie exposée par M. Résal dans son grand traité de mécanique générale*, t. IV, etc.

INJECTION DES BOIS. Opération qui consiste à pénétrer les bois de certains liquides dans un but de coloration ou de conservation. — V. Coloration des bois, Conservation, § *Conservation des bois*.

INQUARTATION. — V. Essai des matières d'or et d'argent.

INSPECTEUR. Outre les inspecteurs de l'ordre administratif, dont nous n'avons pas à nous occuper dans cet ouvrage, on donne ce titre, dans les travaux de construction proprement dits, exécutés sous la direction d'un architecte pour le compte de l'Etat ou des particuliers, à celui qui est spécialement chargé de vérifier la qualité et la quantité des matériaux, d'en surveiller la mise en œuvre, selon les proportions et les formes déterminées par les plans et par les devis, et de faire en sorte que tout soit exécuté conformément aux projets arrêtés, aux lois des bâtiments et aux règles de l'art.

INSTABLE. T. *de mécan.* On dit qu'un corps est en équilibre instable, lorsque les forces qui agissent sur lui tendent à l'éloigner de sa position d'équilibre aussitôt qu'on l'a dérangé si peu que ce soit de cette position.

INSTRUMENTS AGRICOLES. La nécessité de changer les principes culturaux primitifs et de faire produire au sol son maximum de rendement, a fait naître les instruments agricoles. L'agriculture qui, au début, était pastorale est devenue extensive et enfin intensive. Cette dernière exigeant beaucoup plus de soins et surtout plus de travaux que les précédentes, on fut conduit, par la marche naturelle des choses, à améliorer tous les moyens de production, à rendre le travail plus économique en transformant les grossiers outils en usage autrefois, en machines et instruments perfectionnés qui donnent le maximum de rendement avec le minimum de travail dépensé. Le perfectionnement des instruments a suivi le perfectionnement des cultures, lui-même occasionné par l'augmentation de la population et les améliorations apportées à la vie matérielle des hommes.

Mais si, considérées dans leur ensemble, l'invention et le progrès des instruments agricoles se sont opérés ainsi que nous venons de le dire, il n'en a pas été de même dans les étapes successivement parcourues. Cela tient à ce que dès l'origine, on a établi d'une façon tranchée une différence entre l'industrie manufacturière et l'agriculture qui n'est autre chose que l'industrie du sol. On croyait que la culture ne demandait que des bras ; c'était là une grave erreur qu'on a reconnue depuis, un peu tard il est vrai, et on avait soin de réserver aux travaux des champs les serfs qui restaient dans un état presque barbare, malgré les efforts tentés par des hommes de génie et, entre autres, Bernard Palissy (1510-1589), et Olivier de Serres, seigneur du Pradel (1536-1619).

C'est notre grande Révolution de 1789 qui marque le nouveau point de départ en affranchissant et l'industrie et l'agriculture ; c'était quelque chose, mais ce n'était pas assez. Les préjugés attachés aux ouvriers de la terre existaient toujours, et la plus grande cause de ralentissement du progrès résidait dans l'agitation continuelle dans laquelle on vivait alors, et que termina le premier Empire. C'est à Mathieu de Dombasle (1777-1843) qu'il faut attribuer les fondements de l'agronomie ou science de l'agriculture. Le premier, il traduisit l'ouvrage de Thaër sur les *Nouveaux instruments d'agriculture*, et lui-même en imagina beaucoup qui sont encore en usage dans les campagnes les plus reculées. Enfin, il fonda seul l'école de Roville, la première école d'agriculture qui fut créée en France (1822). C'est grâce à l'initiative de Dombasle et de ses nombreux émules et élèves, les Gasparin, les Bella, les Moll, les Reiffel, et tant d'autres que l'agriculture prit le caractère intensif. C'est à ces causes qu'on doit reporter la création d'un Ministère de l'agriculture et du commerce et, en 1882, d'un Ministère spécial d'agriculture. Déjà l'exposition universelle de 1855 avait préparé les voies d'amélioration, les expositions universelles successives n'eurent qu'à les utiliser. Le plus grand essor donné aux progrès des instruments agricoles fut fourni par les concours régionaux établis par les soins de l'Administration de l'Agriculture et dans

lesquels on expérimentait et récompensait les machines perfectionnées. Ces concours se font encore tous les ans au nombre de 12, un dans chaque région agricole de la France, sans compter le concours général annuel de Paris. Mais les encouragements ne s'arrêtèrent pas là. Les machines industrielles s'étaient beaucoup plus perfectionnées que la mécanique agricole. En France, on eut beaucoup de difficultés à les répandre au début, alors qu'elles étaient utilisées sur une grande échelle dans les exploitations de l'Angleterre et de la République américaine. L'Administration créa un corps d'inspecteurs d'agriculture, et prit sous sa direction des écoles spéciales, où elle institua de suite un cours de construction, d'hydraulique et de machines agricoles. Ce cours comprenant l'art de l'ingénieur appliqué à l'agriculture, et appelé *cours de génie rural*, donne d'heureux résultats en initiant les agriculteurs à l'utilité et à la manœuvre des machines, tout en indiquant aux constructeurs la marche à suivre dans les modifications à apporter. Enfin, aujourd'hui, à cause de la désertion des ouvriers des campagnes pour les villes, de la cherté de la main-d'œuvre, et du nivellement des prix de vente que les grandes voies de communication tendent à produire sur les marchés, les machines sont devenues indispensables à toute exploitation agricole.

« Il existe, en France, 3 millions au moins de charrues et un nombre proportionnel de herses, de rouleaux, de houes à cheval, etc. ; 12,000 semoirs, il en faudrait 200,000 ; 4,000 locomobiles, il n'y en avait pas il y a vingt-cinq ans ; 130,000 machines à battre, il en existait à peine il y a quarante ans. Les faucheuses, les moissonneuses, les faneuses et les rateaux commencent à se répandre. Il faudrait 120 à 150,000 de chacune de ces machines. Le labourage à vapeur est à son début en France ; avant vingt ans, nous aurons un millier d'appareils complets. La construction du matériel agricole, en France, promet donc aux mécaniciens un débouché des plus importants. » (Hervé-Mangon, 1875.)

Les principaux instruments agricoles étant étudiés dans le *Dictionnaire* à leur place alphabétique, nous renvoyons le lecteur à chacun d'eux.—M. R.

INSTRUMENTS DE CHIRURGIE. Faire l'historique complet des instruments de chirurgie, serait entreprendre l'histoire de la chirurgie tout entière. On trouvera dans ce *Dictionnaire*, des détails précis sur les principaux de ces instruments, mais il est bon de rappeler dans un article spécial, les progrès que l'art chirurgical a pu faire depuis un siècle, et d'insister surtout sur les perfectionnements apportés dans ces derniers temps par ceux-là mêmes, chirurgiens ou fabricants, qui ont à cœur de mener à bien l'œuvre commune.

— Le chirurgien emploie au traitement des maladies qui se trouvent de son ressort, ou la main seule ou bien la main armée d'un instrument. La main est dans bien des cas (encore faut-il qu'elle soit exercée), le meilleur et le plus parfait des instruments. C'est avec elle que l'on fait les explorations les plus délicates ; c'est elle qui vous donne les sensations les plus précises, et, dans le fait, combien d'opérations ne se pourraient faire sans son secours (taxis des hernies, réduction des fractures, des luxations, version du fœtus, etc., etc.).

Et cependant, dès les siècles les plus reculés, aussi loin que l'on remonte dans l'histoire de la médecine, au

INST

temps d'Hippocrate, on voit qu'il dût lui-même s'aider d'instruments pour pénétrer là où la main ne pouvait aller. On a conservé la tradition de cette époque si lointaine ; les dessins de ces instruments nous ont été transmis de génération en génération, et l'on peut constater qu'on employa d'abord les instruments qui servaient à la vie usuelle et qu'on avait, pour ainsi dire, sous la main. La forme primitive y est conservée. Les couteaux ou bistouris sont lourds, volumineux, difficiles à manier, les pinces sont, pour ainsi parler, monumentales, les lancettes elles-mêmes, car à cette époque on pratiquait déjà les saignées, sont de dimensions énormes. Des siècles s'écoulèrent sans qu'une seule modification fût apportée, car la chirurgie qu'Hippocrate avait créée ne fit aucun progrès jusqu'au XVIIIe siècle, écrasée qu'elle fut toujours par les médicastres et abandonnée, comme une chose de rebut, à ceux-là qui s'intitulaient des barbiers.

Ambroise Paré amena bien une transformation notable dans le domaine chirurgical en répudiant le fer rouge dans les cas d'hémorrhagie, et en le remplaçant par la ligature, mais, dans le fait, il faut arriver à Lafaye, à Louis et à Desault pour rencontrer la renaissance de la chirurgie.

A partir de cette époque, la chirurgie va sortir de ses limbes, se débarrassant des entraves qui l'étreignaient, et les instruments qu'elle va appeler à son aide cesseront enfin d'avoir les formes et les dimensions massives qui les rendaient presque impraticables. Ceux-là qui la dirigent comprendront qu'il faut apporter plus de délicatesse et aussi plus de légèreté, car la main qui les emploie, de quelque agilité qu'elle soit douée, veut être servie par des instruments aisément maniables. La simplicité est la caractéristique du progrès et, en chirurgie, un nombre restreint d'instruments bien fabriqués, faciles à manœuvrer, bien en main, pour ainsi dire, doit suffire à toutes les exigences de la pratique. On commença, dès lors, à renoncer aux machines, aux appareils si compliqués qui tendaient à substituer à l'action intelligente et voulue, une force aveugle et le plus souvent sujette à erreur. Mais il fallut encore qu'une assez longue période de temps s'écoulât avant qu'on commençât à ressentir les bénéfices de cette sorte de révolution, et il fallut, en outre, que les chirurgiens pussent rencontrer dans les fabricants d'instruments des auxiliaires intelligents et dévoués. Ce ne fut donc guère que de 1830 à 1840 que cette union se trouva assez intime pour que les progrès fussent à ce point remarquables, qu'ils purent défier toute critique, et depuis cette époque, pas une année ne s'est écoulée qui n'ait apporté son tribut à cette marche toujours ascendante.

Le chirurgien n'a plus à reculer devant aucun obstacle ; pour les opérations d'une extrême délicatesse, il trouve à son service les instruments les plus fins, les plus ténus et assez résistants en même temps pour mener à bien l'entreprise tentée, et l'autoplastie, pour n'en saisir qu'un exemple, est une véritable conquête contemporaine. Dans un autre ordre d'idées, il peut employer des appareils pour la construction desquels on a fait servir les progrès merveilleux de la mécanique et qui, réunissant à la fois la délicatesse et la force, la légèreté et la résistance font qu'il est possible, à notre époque, de remédier à des difformités, à des déviations qui ne cédaient naguère à aucune tentative. Aussi l'orthomorphie, l'orthopédie, constituent-elles, aujourd'hui, de véritables doctrines scientifiques dont toutes les parties se lient et s'enchaînent.

La lithotritie qui se propose d'atteindre les calculs vésicaux sans opération sanglante et de les broyer en poussière, au fond de la vessie, ne rendrait pas les services surprenants qu'on est en droit de lui demander, si les chirurgiens qui, en 1830, l'ont imaginée, n'avaient trouvé des instruments assez bien construits pour la mener à bonne fin.

Et que dire de ceux qui permettent d'explorer les organes les plus profonds et qui semblaient les plus inaccessibles. Que de services l'ophthalmoscope n'a-t-il rendus à la pathologie oculaire, en permettant de constater l'état de la rétine et des différentes parties constituant l'organe de l'œil ? Le laryngoscope ne donne-t-il pas au chirurgien le pouvoir de porter au plus profond du larynx des topiques qui remédient à des affections souvent mortelles, ou aussi d'y pratiquer des opérations d'une délicatesse infinie, telles que l'ablation de polypes, l'extraction de corps étrangers, etc. Il en est de même pour l'oreille avec l'otoscope, pour l'urèthre et la vessie avec l'endoscope de Désormeaux.

Toutes ces conquêtes sont bien françaises, et la chirurgie de notre pays a le droit de s'en enorgueillir. Que si, aujourd'hui, les chirurgiens et les fabricants d'autres nations commencent à marcher sur nos traces, il ne faut pas laisser oublier que c'est en France que cette partie si importante de l'art chirurgical a pris naissance, et que c'est encore nous qui marchons à leur tête dans la voie du progrès. — Dr A. B.

INSTRUMENTS DE MUSIQUE. La musique vocale a dû exister de tout temps : l'être humain chante inconsciemment à tous les âges. Mais l'idée de tirer des sons d'un *instrument,* marque un pas dans la civilisation : elle est une des inventions de l'homme.

Il serait impossible, aujourd'hui, de déterminer la filiation par laquelle se sont introduites, dans la musique, les diverses familles des instruments à percussion, à vent ou à cordes, mais il est probable que le hasard eut une grande part à l'origine de ces créations. Le pâtre qui, soufflant dans un roseau creux et en tirant des sons eut, le premier, l'idée de faire des trous à ce roseau pour en obtenir des sons différant les uns des autres, créa peut-être la musique instrumentale. Après le roseau, vint l'emploi du bois, puis des métaux, et l'homme qui, ayant constaté qu'une corde tendue est susceptible de vibrer, imagina de l'allonger ou de la raccourcir pour en changer le nombre des vibrations, fut aussi un génie.

Dans la musique moderne, la classe des instruments à cordes, quoique vraisemblablement née la dernière, occupe la première et la plus large place. C'est pourquoi dans une nomenclature des instruments existants, il paraît logique de s'occuper d'abord de ceux de cette catégorie.

— *Instruments à cordes.* Ils se divisent en plusieurs familles. Les peuples antiques ne paraissent avoir connu que les instruments à cordes pincées avec les doigts, avec une plume, ou frappées avec une petite verge d'ivoire appelée *plectre.* Ceux qui se jouent avec un archet sont d'une origine plus récente, mais aussi peu connue. Fétis attribue à l'Inde l'invention des instruments à cordes *frottées*, mais ses affirmations sont loin d'être unanimement acceptées. Quoi qu'il en soit et d'où qu'ils viennent, les instruments à archet ont suivi, en Europe, une progression dont les dernières phases sont connues, et ils y sont arrivés à un état qu'on peut appeler la perfection.

Au xve siècle, la famille des *violes*, de dimensions diverses et de modèles différents, était fort répandue en Italie, en France, en Allemagne, en Hollande, en Angleterre, dans presque toute l'Europe. La ville de Brescia, en Italie, comptait déjà des luthiers réputés. Un des plus renommés, Kerlino, fabriquait des rebecs et des violes très recherchés. Au commencement du xvie siècle, le *rebec*, instrument primitif des Arabes, monté sur deux cordes et qui ne possédait qu'un petit nombre de notes, était devenu fort rare. Depuis, il a si complètement disparu, qu'il serait impossible, aujourd'hui, d'en retrouver un exemplaire, même dans les collections les plus anciennes.

C'est vers la fin du xve siècle, et sans qu'on sache au juste comment s'opéra la transformation, que la viole donna naissance au violon, instrument monté sur quatre cordes, dont une filée et trois autres en boyau, accordé en quintes, et dont l'étendue, en y comprenant les sons harmoniques, est de quatre octaves et une tierce. Le plus ancien violon que l'on connaisse est un instrument de Duiffoprugcar, luthier qui vivait à Bologne vers 1510, et vint plus tard s'établir en France, Ce violon est daté de l'année 1539. Mais, dès la fin du xvie siècle et durant le siècle suivant, le violon arrivait à son extrême perfection, grâce à la fabrication des grands luthiers de Crémone, les Amati, puis leurs élèves les Stradivarius et les Guarnerius, qui les surpassèrent, sans pouvoir être dépassés eux-mêmes, quoi qu'ils eussent à leur tour laissé de remarquables élèves.

Quand l'école de Crémone fut fondée par André Amati, les luthiers Brescians jouissaient d'une réputation universelle pour la fabrication des violons, comme pour celle des altos, violoncelles et de la quintebasse (réduction de la contrebasse), instruments qui avaient suivi de près la naissance du violon. Amati et ses descendants — véritable dynastie — acquièrent bientôt une célébrité qui plaça la lutherie de Crémone au-dessus de celle de toutes les autres villes d'Italie. Enfin, l'école de Crémone atteignit l'apogée de son excellence et de sa gloire avec Antoine Stradivarius, l'artiste le plus éminent qui ait paru dans son genre. Antoine Stradivarius, né à Crémone, en 1644, et mort dans la même ville, en 1737, ne cessa de produire, pendant les trois quarts d'une existence de près d'un siècle, des instruments dont la qualité n'a jamais été égalée.

Malgré la grande quantité des instruments fabriqués par Antoine Stradivarius, les violons authentiques que l'on possède de lui aujourd'hui, sont rares et estimés à des prix fabuleux. Toutefois, le prix des violoncelles laissés par l'illustre élève des Amati est plus élevé encore, car il n'en produisit qu'un petit nombre, une douzaine peut-être.

Les luthiers allemands, tyroliens, hollandais, flamands, anglais, furent nombreux au siècle dernier, et l'ancienne école de Paris, représentée par des élèves des Stradivarius et des Guarnerius, compta aussi des maîtres habiles. Cependant, la fabrication française ne put jamais entrer en comparaison avec celle des belles époques de Crémone et de Brescia. Mais, après avoir brillé pendant un siècle d'un éclat sans pareil, les écoles italiennes périclitèrent, virent leurs traditions se perdre, puis déclinèrent à ce point que les luthiers d'Italie sont aujourd'hui inférieurs à ceux de toute l'Europe. Or, pendant que s'opérait cette décadence, l'école française, au contraire, progressait peu à peu et arrivait à une supériorité qui fait qu'actuellement ses produits sont recherchés de préférence à ceux de tous les autres pays.

Parmi les luthiers qui ont mis en honneur la fabrication française de l'époque moderne, il faut citer Pique, Tourte, pour la fabrication des archets, Nicolas Lupot, dont les violons très recherchés se vendent à des prix élevés; Chanot, qui tenta d'introduire des modifications dans la structure du violon, mais les grands maîtres italiens n'y avaient rien laissé à perfectionner; puis Gand et J.-B. Vuillaume. Grâce aux travaux et à l'usage des procédés pratiques de ces habiles facteurs, la fabrication des instruments à cordes et à archet, est aujourd'hui supérieure, à Paris et en Lorraine, à ce qu'elle est dans toute l'Europe. — V. VIOLON.

C'est en Europe que prit naissance la famille des instruments à cordes mises en vibration par le frottement d'une roue. L'*organistrum*, déjà répandu au ixe siècle, passe pour le plus ancien de ces instruments. L'organistrum, qui avait l'apparence d'une grande guitare, était monté de trois cordes, reposant sur deux chevalets, qu'une roue à manivelle extérieure faisait vibrer; des touches mobiles, placées le long du manche, formaient clavier. Il fallait deux musiciens pour jouer de l'organistrum : l'un faisait mouvoir les touches, l'autre tournait la manivelle.

De cette famille, il ne reste plus guère, aujourd'hui, que la *vielle*, instrument beaucoup plus petit, mais dont la structure est à peu près identique.

Il a été tenté, en Allemagne et surtout en Angleterre, de nombreux essais d'instruments à clavier dont les cordes sont mises en vibration par le frottement d'une roue que le pied de l'exécutant fait tourner; mais ces inventions, y compris celle du piano-quatuor, due à un français, n'ont pas réussi à intéresser sérieusement le public. Il est illusoire de chercher à imiter le violon ou le violoncelle, instruments parfaits et sur lesquels rien ne peut remplacer le doigté ni l'archet de l'artiste.

Les instruments à cordes pincées ou frappées remontent à la plus haute époque de l'antiquité : la *harpe* et la *lyre* figurent sur les sculptures de monuments datant des premiers âges du monde. Les formes ont souvent changé, mais que la lyre eût trois cordes, ou sept, ou plus, jusqu'à dix-huit, qu'elle s'appelât *lyra*, *chelys*, *cithara* ou *barbitos*, c'était toujours la lyre; de même que la harpe, quoiqu'elle ne se composât que d'un arc avec quatre cordes et ne ressemblât guère à l'instrument monumental et à quarante-sept cordes d'aujourd'hui, était déjà la harpe.

La famille des instruments à cordes pincées ou frappées se divise en deux branches que différencient l'existence ou l'absence d'un manche, et chacune de ces catégories offre à son tour une étonnante diversité de modèles.

Les deux types principaux de la branche des instruments à manche sont le luth et la guitare. Le luth est venu de l'Orient; en Europe, sa forme et le nombre de ses cordes ont été variés à l'infini. Le luth, le théorbe, l'archiluth, la mandore, la mandoline, se caractérisent par leur *corps*, une sorte de coquille à côtes, très bombée. La guitare, venue aussi de l'Orient, et qui n'a pas éprouvé de moins nombreuses variations dans le nombre de ses cordes et dans le régime de leur accord est, au contraire, un instrument plat, avec éclisses. Quelques types intermédiaires participent à la fois du luth et de la guitare, entre autres, le cistre et la pandore.

La branche des instruments à cordes pincées, sans manche, comprend la harpe et ses dérivés, puis divers autres instruments, tels que la cithare horizontale, le psaltérion, le tympanon, de la configuration desquels sont évidemment nés le clavecin et le piano.

La harpe a été pendant de longs siècles un petit instrument, mais qu'on en jouât en le posant sur les genoux ou en le tenant à la main, comme au temps où David « harpait » devant Saül, le nombre des cordes et les procédés pour les monter varièrent souvent : la harpe celtique, harpe des bardes était, paraît-il, un instrument fort compliqué. — V. Harpe.

Instruments à clavier. Ainsi qu'il l'a été dit, le piano est né de la combinaison du tympanon, instrument à cordes que l'on frappait avec le plectre, et du psaltérion, dont on pinçait les cordes avec le doigt ou avec une plume.

Au moyen âge, existait déjà un instrument à clavier, monté d'une seule corde par note, dont le mécanisme était contenu dans une boîte longue et de peu de hauteur. En frappant et en enfonçant une des touches du clavier, qui était extérieur, on faisait monter son autre extrémité à laquelle était fixée une petite lame de bois ou de cuivre laquelle, en se relevant, frappait une corde. Les sons provenant de cet appareil primitif étaient d'une justesse hypothétique, en outre, l'adhésion de la petite lame à la corde, — qui persistait tant que le doigt restait fixé sur la touche, — enlevait à cette corde presque toute sa sonorité. Cet instrument se nommait le *clavicorde*.

Les procédés mis en œuvre pour remédier à ce dernier inconvénient du clavicorde, changèrent complètement la nature de l'instrument. A l'extrémité des touches, on plaça de minces petits morceaux de bois, qu'on nomma des *sautereaux*; sur chaque sautereau était adaptée une languette à ressort munie d'un bec de plume, et lorsqu'on frappait la touche, la languette s'élevait, le bec de plume allait pincer la corde et retombait aussitôt : contrairement à ce qui se passait dans le clavicorde, la corde restait à vide et sonore. Cette invention avait fait d'un *instrument à cordes frappées* un instrument à cordes *pincées*. En outre, et par suite d'un arrangement différent des cordes, le nouvel appareil, au lieu d'être renfermé dans une boîte longue, affectait la forme d'une harpe posée à plat. On appela cet instrument *épinette*.

De nouvelles modifications firent de l'épinette le *clavecin*, dont chaque note était montée sur deux cordes au lieu d'une; puis le clavecin reçut à son tour des perfectionnements multiples et importants. — V. Clavecin.

Un fabricant d'épinettes et de clavecins, nommé Bartolomeo Cristofori, exhiba, en 1710, à Florence, un clavecin dans le mécanisme duquel les sautereaux étaient remplacés par des petits maillets, ou marteaux frappant les cordes. Cette invention n'attira d'abord que peu l'attention, mais reprise quelques années plus tard par Schrœter, qui fabriqua des *instruments sur lesquels*, avec les marteaux, il était possible de jouer *piano* ou *forte*, elle obtint une réelle faveur, et lorsque, enfin, apparut Silbermann, qui mit en œuvre sur une grande échelle et perfectionna le procédé de Cristofori, le piano moderne était trouvé.

Mais, plus on perfectionnait le clavecin, plus on compliquait son mécanisme délicat, plus on augmentait le risque des réparations fréquentes qu'il exigeait, si bien que, peu à peu, le public s'habitua au *piano forte*, et finit par délaisser l'instrument qu'avaient illustré de grands artistes, tels que les Chambonnière et les Couperin. On était revenu au *clavicorde*.

Depuis la fin du siècle dernier, la fabrication des pianos a pris une extension formidable en Europe et en Amérique. Parmi les facteurs qui ont le plus contribué à perfectionner son mécanisme, on est heureux de pouvoir citer en première ligne bon nombre de français : Sébastien Erard, qui construisit les premiers pianos à queue avec mécanique à double échappement des marteaux; Pierre Erard, son neveu, qui imagina la barre harmonique; Ignace, puis Camille Pleyel, Roller et Blanchet, Henri Herz, Kriegelstein, etc. Aujourd'hui, le piano règne sur le monde entier, et sa fortune n'est pas moins légitime qu'éclatante, car, ainsi que l'a écrit Halévy : « Comme le piano recèle en son sein tous les trésors de l'harmonie, il est de tous les instruments celui qui a le plus contribué à répandre le goût de la musique et à en faciliter l'étude. » — V. Piano.

Instruments à vent. Ils sont nombreux et il existe entre eux une extrême diversité. Ils étaient, autrefois, sommairement répartis en deux catégories : *instruments de bois et instruments de cuivre.* Une classification plus logique et plus précise a été adoptée depuis, c'est celle par laquelle est indiqué, pour chacune des familles de ce groupe, le procédé par lequel le son est obtenu. Ces instruments peuvent être aujourd'hui classés de la façon suivante : *instruments à bouche, avec ou sans bec; instruments à anche battante* ou *libre; instruments à embouchure,* presque tous en cuivre; *instruments à réservoir d'air* se jouant avec un clavier. L'explication de chacune de ces désignations viendra en même temps que la description des familles qu'elle concerne.

La flûte est le plus ancien des instruments; elle remonte à une si haute antiquité qu'il n'existe plus de documents permettant de conjecturer où et comment elle a pris naissance.

Les différentes espèces de flûtes composent la famille des *instruments à bouche, avec ou sans bec.*

En passant à travers les âges, la flûte a subi d'innombrables transformations; il y en a eu de simples, de doubles, de multiples, de toutes les grandeurs; il en a été fait en ébène, en buis, en bois de grenadille, en or, en airain, en argent, en ivoire, en marbre, en écaille, en cristal, etc. — V. Flûte.

Les *instruments à vent à anche* sont de plusieurs espèces, l'anche, elle-même, étant *battante* ou *libre.* — V. Anche.

Les instruments à anche battante à double languette sont les *chalumeaux,* les *bombardes,* le *hautbois,* le *cor anglais,* les *cornemuses,* les *musettes,* les *cromornes,* les *bassons,* les *sarussophones,* instruments dont bon nombre ont disparu. La *clarinette* et les instruments qui en dérivent, tels que le *cor de basset,* la *clarinette basse,* le *saxophone,* etc. sont à anche battante à languette simple.

Quant aux instruments à anche libre, ils sont presque tous compris dans la famille des *instruments à réservoir d'air* et à clavier.

La clarinette, contrairement à la flûte, est de date récente : elle peut être considérée comme le dernier né des instruments. Elle a été inventée, à la fin du XVIIe siècle, par Jean Christophe Denner, de Nuremberg. Le nouvel instrument réussit dès son apparition et se répandit rapidement dans toute l'Europe, malgré des imperfections de facture qui en rendaient le mécanisme fort compliqué et, conséquemment, le jeu très difficile. Elle n'avait à l'origine que deux clefs; pendant le siècle dernier, on en augmenta le nombre jusqu'à six; enfin, en 1811, Jean Müller imagina la clarinette à treize clefs, qui mettait à même de jouer dans tous les tons sans changer d'instrument. Plus tard, améliorée encore par l'application que fit le facteur Buffet, des inventions de Bœhm et de Gordon, la clarinette devint ce qu'elle est maintenant, un instrument presque parfait. Aujourd'hui, les exécutants ne se servent que de deux clarinettes, celles en *la* et en *si* bémol, qui permettent de tout jouer. L'étendue de la clarinette est de trois octaves et une sixte. — V. Clarinette.

Un instrument que les Italiens nomment *corno-bassetto,* les Allemands *basset-horn,* et que nous appelons *cor de basset,* n'est autre chose qu'une *clarinette alto,* qui sonne une quinte au-dessous de la clarinette ordinaire, et qui est à celle-ci ce que l'alto est au violon. Cet instrument, dont l'étendue n'est pas moindre de quatre octaves, n'est pas employé en France, et actuellement on ne le trouve qu'en Allemagne. La *clarinette basse* est un très bel instrument, aux tons graves et pleins, qui résonne à l'octave de la clarinette en *si* bémol. Les compositeurs français en ont fait usage, depuis une époque récente, dans un assez grand nombre de leurs ouvrages.

Parmi les instruments à anche battante à languette simple, il faut classer encore la famille des saxophones, inventée par M. Adolphe Sax. Ces instruments diffèrent de la clarinette en ce qu'ils sont à perce conique, tandis que l'instrument inventé par Denner est un tuyau entièrement cylindrique.

Le *hautbois* est un des instruments de musique les plus anciens : les peuples antiques possédaient le *chalumeau*, instrument rustique qui l'a engendré. Deux minces languettes de roseau formant une anche adaptée à un petit tube de bois percé de quelques trous, voilà le chalumeau. Cet appareil primitif fut l'embryon du hautbois moderne, lequel fit son apparition, en France, au xvie siècle. Il y eut, dès le siècle suivant, des hautbois de toutes les tailles et percés d'un plus ou moins grand nombre de trous. Les hautbois formèrent alors une famille complète, comme les flûtes. Cet instrument qui brillait surtout dans les musiques militaires, fut introduit dans l'orchestre de l'Opéra, en 1671, par Cambert, dans son opéra de *Pomone*. Au siècle dernier, les frères Besozzi, venus de Parme, l'améliorèrent et fondèrent l'école de hautbois en France.

En 1751, le hautbois n'avait cependant encore que quatre clefs. Des perfectionnements successifs, pratiqués par l'habile Charles Delusse, par les Triébert, par Nonon, le firent progresser d'une façon décisive, et l'application, par Buffet, du système des anneaux de Bœhm, en ont fait un instrument à peu près irréprochable.

Le hautbois, qui se fabriquait en buis, en ébène, en bois de grenadille, possède, aujourd'hui, une étendue de deux octaves et une sixte, d'une égalité et d'une justesse parfaites.

Le *cor anglais* est au hautbois ce que l'alto est au violon. Cet instrument est plus long que le hautbois et recourbé. Il a environ deux octaves d'étendue, et ses sons commencent une quinte au-dessous de ceux du hautbois. Les hautboïstes le jouent sans aucune difficulté, car son embouchure et son doigté sont les mêmes que ceux de leur instrument. Le cor anglais est connu depuis fort longtemps, mais il était presque complètement délaissé, lorsque, au siècle dernier, un musicien de Bergame, nommé Ferlendis, s'attacha à l'améliorer, à le régénérer et, vers 1775, l'exhiba et le fit entendre tel qu'il est aujourd'hui.

Le *basson*, — que les Italiens appellent *fagotto*, soidisant parce que les trois pièces dont il se compose, lorsqu'elles sont démontées et réunies, offrent l'apparence d'un fagot, — est la basse du hautbois. Le basson, dans sa forme allongée, rappelle un instrument plus « ramassé», aujourd'hui disparu, qu'on appelait le *cervelas*. Il est venu d'Italie, mais on n'est pas fixé sur l'époque de son origine, qui doit remonter à environ trois siècles. Cet instrument, dont la fabrication est aujourd'hui excellente, possède une étendue de plus de trois octaves et demie. Il est la base précieuse de la famille des instruments à vent en bois, qui occupe une place si importante dans les orchestres modernes.

Instruments à vent à embouchure. Les instruments à vent ayant une embouchure forment une classe assez nombreuse. Ils sont de trois espèces : *simples* ou *naturels*, à *trous latéraux* avec ou sans clefs, à *coulisse* ou à *pistons*.

Dans ces instruments, le son est obtenu par la pression des lèvres de l'exécutant contre un bouquin hémisphérique, sorte de petit godet en métal, qu'on appelle *embouchure*. Les vibrations sont plus ou moins nombreuses et précipitées, selon le plus ou moins de pression des lèvres de l'instrumentiste, qui remplissent l'office de l'anche battante. Bon nombre des instruments à vent à embouchure, répandus autrefois, ont disparu presque complètement; voici la description de ceux qui sont en usage aujourd'hui.

Le *cor* est l'aîné de presque tous les instruments modernes. Dans l'origine, il fut une simple corne d'animal, dans laquelle on soufflait par l'extrémité la plus étroite,

et qui ne rendait qu'un son unique. Plus tard, on le fabriqua en métal, mais pendant longtemps il resta un instrument belliqueux, ou qui ne servait qu'aux exercices cynégétiques : le cor, à la chasse, sonnait les appels, le hallali; la curée, etc. A la fin du xviie siècle, on fabriquait, en France, des *trompes* ou *cors de chasse*, en cuivre, complètement arrondis, et semblables à ceux dont on se sert encore aujourd'hui. Mais, en Allemagne, vers la même époque, le cor recevait des perfectionnements qui en firent un instrument propre à prendre place dans les orchestres. Sous sa nouvelle forme, il reparut en France, vers 1730, et il fut admis à l'Opéra, en 1757. Le cor était alors un tube tournant trois fois sur lui-même; l'une des extrémités s'élargissait et formait le *pavillon*, à l'autre, au contraire fort rétrécie, on ajustait l'*embouchure*. Le cor n'avait alors ni trous, ni clefs, et les lèvres de l'exécutant ne pouvaient en tirer d'autres sons que ceux provenant de la résonance d'une tonique et de ses aliquotes. C'est à un Allemand qu'allaient appartenir encore l'initiative et l'honneur d'une nouvelle et précieuse transformation de l'antique instrument.

Un virtuose, du nom de Hampl, ayant observé qu'un tampon de coton, introduit dans le pavillon du cor, en haussait d'un demi-ton une des notes naturelles, s'appliqua à étendre ce procédé sur une partie de l'échelle sonore de l'instrument; en bouchant plus ou moins le pavillon, il obtint ainsi des sons intermédiaires entre la plupart des notes. Il constata bientôt que l'introduction de sa main dans le pavillon y produisait le même effet que le tampon, et à côté des sons naturels, qu'il appela sons *ouverts*, il créa sur le cor toute une série de sons *bouchés*, plus sourds que les autres, mais qui augmentaient, néanmoins, dans une énorme proportion les ressources de l'instrument.

L'exécution restait, cependant, fort difficile sur le cor, et dans plusieurs tonalités accidentées elle était impossible. Un nouveau perfectionnement se produisit. Un instrumentiste, nommé Holtenhoff — allemand encore — inventa une pompe à coulisse qui, en s'ajustant sur l'instrument et en allongeant plus ou moins le tube principal, transposait toute l'échelle des sons; les mouvements de la main bouchant le pavillon à moitié, au tiers, au quart, etc., restaient les mêmes, mais les sons ouverts se trouvant transposés, les sons bouchés l'étaient naturellement aussi. La coulisse, inventée par Holtenhoff, fut appelée *corps de rechange*. Le nombre de ces corps de rechange est de quinze, et quoique quelques-uns d'entre eux soient encore difficiles à jouer, le cor ordinaire, — qu'on nomme le *cor d'harmonie*, — est, aujourd'hui, un instrument auquel on ne voit plus guère d'améliorations à appliquer.

C'est un nommé Stœlzel, un allemand toujours, qui, en 1815, eut l'idée d'adapter des pistons au cor. Des facteurs, ses compatriotes, modifièrent son invention, qui, perfectionné plus tard par Meifred, corniste français, s'est beaucoup répandue. Le cor à pistons est un instrument d'une utilité pratique incontestable, et les facilités qu'il donne à l'exécutant l'ont fait adopter par certains artistes, notamment à l'étranger; mais il altère la sonorité du cor d'harmonie, il dénature le vieil instrument si caractéristique : c'est pourquoi, en France, il est banni de tout orchestre qui se respecte.

La *trompette* est encore un instrument qui remonte aux premiers âges de l'antiquité. Les documents d'art les plus anciens la montrent telle que les sculpteurs et les peintres de tous les temps ont reproduit l'allégorique « trompette de la Renommée » : un long tube droit, dont la base s'élargit en pavillon. La trompette a dû tenir une place importante dans la musique antique, et la tradition qui a conservé le souvenir de la ville de Jéricho, s'écroulant aux sons des trompettes de Josué, doit être fondée sur l'existence, en ce temps là, d'instruments formidables.

La trompette conserva sa forme primitive chez les *Romains*, aussi bien que chez les Orientaux, et telle on la retrouve encore en France, au moyen âge. C'est au xv⁰ siècle qu'elle subit des modifications : le *tuba* des anciens disparaît à cette époque ; le métal se recourbe alors, se replie sur lui-même, affecte la forme d'un petit cor ou des silhouettes bizarres. A la fin du xv⁰ siècle, la trompette prend sa forme actuelle qui n'a plus guère varié. Aujourd'hui, la trompette est un instrument type, à la sonorité éclatante et pure, d'un caractère particulier et sans analogie avec celui d'aucun autre instrument. Elle résonne à l'octave supérieure du cor, dont elle répète, à peu d'exceptions près, toutes les notes ouvertes.

Jusqu'au milieu du siècle dernier, on ne connaissait que les trompettes de cavalerie ; on n'en employait pas d'autres, même à l'orchestre de l'Opéra. En 1770, les frères Braun importèrent d'Allemagne des trompettes perfectionnées, qui se jouaient avec des corps de rechange et qui firent disparaître les anciennes. Au commencement du siècle actuel, on fit maintes tentatives pour créer une trompette *nouvelle*, mais on ne réussit qu'à fabriquer des instruments bâtards, d'une forme indécise, d'une sonorité défectueuse qui furent délaissés aussitôt. En 1820, un facteur, nommé Légeran, inventa une trompette munie d'une coulisse que le pouce faisait mouvoir, et qui possédait une grande étendue de sons. Un peu plus tard, parut la trompette à pistons, que l'on appela, en France, trompette à cylindres, et qui, en Allemagne et en Italie, reçut le nom de *trompette chromatique*, parce qu'elle donnait toutes les notes de la gamme ; mais, pour l'éclat et la pureté du son, cet instrument ne pouvait tenir lieu de l'ancienne trompette.

Ainsi que cela a' eu lieu pour le cor d'harmonie, les difficultés que rencontre l'exécutant sur la trompette, font que le cornet à pistons lui est souvent substitué, mais il la supplée sans la remplacer, et la vieille trompette est seule admissible dans un orchestre de symphonie.

Le *clairon d'infanterie* est un instrument tout moderne et d'une simplicité appropriée à son usage. Il fut créé en 1823, alors qu'on voulut avoir pour l'infanterie française un instrument de cuivre dont les sons fussent différents de ceux de la trompette de cavalerie. Les frères Courtois fournirent un clairon qui ne donne que cinq notes et n'a pas de corps de rechange, mais qui existe dans trois diapasons différents. Le clairon en *si* bémol est devenu d'un usage général dans l'infanterie.

Le *bugle*, ancien clairon perfectionné, est une trompette à clefs, dont le timbre mordant ne ressemble ni à celui du cor, ni à celui de la trompette. — V. Bugle.

L'*ophicléide*, inventé par un Hanovrien, au commencement de ce siècle, fit son apparition, en France, en 1815, avec les musiques des armées allemandes. C'est un instrument d'une sonorité puissante et pleine, qui forme la basse des « cuivres. » En France, il est surtout employé dans les orchestres militaires. Il existe des ophicléides dans plusieurs tons et leur étendue est généralement de plus de trois octaves. L'ophicléide était originairement à clefs ; suivant la mode actuelle, on y a adapté des pistons, mais, par suite de nouvelles modifications, on recommence à substituer des clefs à ses pistons.

Le *trombone* est un instrument en cuivre, à coulisse, d'une origine relativement peu ancienne. Il existe quatre espèces de trombones, variant de dimensions et parcourant une échelle sonore d'un développement considérable, car l'étendue de chacun d'eux est de deux octaves et une sixte. Le trombone soprano, le plus aigu, est inusité en France, où l'on n'emploie que les trombones alto, ténor et basse. Ce bel instrument, fort en honneur dans nos orchestres, a subi peu de modifications en France, où il est, depuis longtemps, irréprochablement fabriqué.

Le *cornet à pistons*, qui ne date guère de plus d'un demi-siècle, est à la trompette ce que le cor à pistons est au cor d'harmonie ; il en fait disparaître la plupart des

difficultés, mais il en altère le caractère mâle, élégant, pimpant, et il le remplace par une sonorité vulgaire qui, à la vérité, est le plus grand défaut qu'on puisse reprocher au nouvel instrument.

Le cornet à pistons n'est cependant point un instrument inutile, ni même indifférent, et comme a dit Fétis. si ce n'est point un perfectionnement, c'est une acquisition. Le cornet à pistons a, d'ailleurs, subi, malgré sa jeunesse relative, des modifications qui l'ont transformé presque complètement et en ont fait un instrument de virtuosité qui peut lutter désormais avec les meilleurs de notre système musical. Tout ce qu'on lui demande, c'est de ne point vouloir remplacer la trompette. — V. Cornet a piston.

Parmi les instruments presque oubliés, il faut citer le *serpent*, qui servit pendant de longs siècles, dans les églises, à donner le ton aux chantres et à grossoyer des accompagnements au plain-chant On le trouve encore dans quelques églises de campagne, mais presque partout on l'a avantageusement remplacé par l'ophicléide ou, mieux encore, par l'orgue d'accompagnement.

Instruments à vent à réservoir d'air. Ils forment une catégorie importante que l'imagination des inventeurs s'est plu à augmenter et à diversifier en ces derniers temps. Ces instruments sont avec ou sans tuyaux, à bouche et à anches battantes ou à anches libres ; ils se jouent avec un ou plusieurs claviers, tel est l'orgue d'église. Dans le groupe des orgues sans tuyaux et à anches libres, sont compris les harmoniums, les harmoniflûtes, le métaphone, etc., au nombre de ceux à anches libres, avec clavier et aussi sans tuyaux, se trouvent l'accordéon, le concertino et le métaphone, etc. Enfin, les instruments mécaniques, à réservoir d'air, qui ont des tuyaux, sont la serinette, l'orgue de Barbarie, l'orchestrion, et ceux qui n'ont point de tuyaux sont l'antiphonel Debain, puis le pianista, qui joue automatiquement du piano.

Mais tous ces appareils sonores, plus ou moins ingénieux, se taisent devant la grande voix de l'orgue d'église, le plus riche et le plus grandiose des instruments, celui qui les contient et les réunit tous, celui dont la foi religieuse a fait un monument, et dont l'esprit humain a fait une merveille, par l'abondance des inventions artistiques et scientifiques qu'il y a accumulées pour la gloire de la musique.

Quel est l'inventeur de l'orgue ? Question qui restera à jamais sans réponse, car ainsi que l'a écrit J. d'Ortigue : « Autant voudrait demander le nom de l'inventeur de l'architecture du moyen âge. Les arts ne s'inventent pas ; l'homme s'exprime par la parole, les peuples par les langues, la société par les monuments. L'orgue est un monument. Comme l'architecture chrétienne, l'instrument chrétien est une invention anonyme et collective. »

C'est à partir du xv⁰ siècle que l'orgue prit les développements qui devaient bientôt le conduire à l'état de perfection. Après être resté pendant plusieurs siècles composé de jeux de *régales*, l'orgue posséda des jeux accordés de façon que chaque touche pouvait ouvrir plusieurs tuyaux, faire entendre plusieurs notes à la fois, des octaves, des quintes, puis des accords complets ; ensuite, les jeux devinrent indépendants les uns des autres, et l'on arriva à leur approprier le timbre de divers autres instruments, tels que les flûtes, le hautbois, le basson, la trompette, la voix humaine, etc.

En même temps que l'orgue s'enrichissait, il grandissait, et l'on en arriva à construire ces immenses buffets, dont les plus puissants tuyaux ont jusqu'à 32 pieds de hauteur. L'architecture s'empara de ces constructions, les sculpteurs ornemanistes en firent des merveilles, et, aujourd'hui, les orgues d'églises sont de véritables édifices d'art et de mécanique, des monuments à travers lesquels s'étagent les claviers, s'entremêlent les tuyaux de toutes dimensions, et où l'air, la vie de l'orgue, circule par le jeu de gigantesques *souffleries*.

Instruments à percussion Ils ont existé avant tous les autres : le premier bruit que l'être humain entendit, fut celui du frottement ou battement de deux objets l'un contre l'autre ; puis l'homme, s'étant accoutumé au bruit, s'aperçut un jour qu'il pouvait lui donner la régularité : c'était la découverte du rythme, premier échelon de la musique. Les instruments créés dans ces temps primitifs n'étaient donc destinés qu'à marquer une mesure quelconque ; ils étaient de ceux que la percussion fait vibrer, mais qui ne possèdent qu'une note unique ou même une sonorité indéterminée. Cette catégorie d'instruments ne présente, on le comprend, qu'un intérêt musical très limité, et quoique le tambour, les timbales, la grosse caisse, les cimbales, le tam-tam, les cloches, etc. soient parfois employés de façon à contribuer à de réels effets, ils sont surtout des éléments de tapage, et leur emploi ne se rattache que par de faibles liens à l'art du compositeur.

La plupart des instruments à percussion utilisés aujourd'hui viennent des Orientaux. Il faut compter au premier rang, ceux qui consistent en une peau tendue sur un cercle ou un cadre de bois ou de métal, tels que les anciens tambourins, les tambours de basque, etc. Les tambours militaires, répandus dans diverses contrées de l'Europe par les Sarrasins, n'ont été introduits en France qu'en 1347, par les Anglais.

Les timbales, — le seul vraiment utile des instruments de percussion, — nous sont venues aussi des Sarrasins. Pendant plusieurs siècles, elles ne furent employées que dans les musiques de cavalerie, d'où elles sont exclues actuellement ; mais elles sont en usage dans tous les orchestres. Elles consistent en une peau tendue sur un bassin de cuivre, et qu'un système de clefs ou de vis permet de resserrer ou d'étendre, ce qui fait monter ou descendre les sons qu'on obtient de la timbale en frappant sur la peau avec des baguettes ou des tampons. Les timbales, bien accordées, arrivent à une justesse presque parfaite, et elles donnent des sons dont l'échelle est d'une octave environ.

Les *cimbales*, instrument composé de deux larges plaques de cuivre que l'on frappe l'une contre l'autre, ne sont guère employées que de concert avec la grosse caisse ; cependant, on peut tirer de leur résonnance, en les employant seules, des effets stridents très caractéristiques. Les cimbales modernes n'ont point de son appréciable, mais chez les anciens, qui les fabriquaient sur un modèle différent du nôtre, elles s'accordaient et donnaient des sons justes et diversifiés.

Le *chapeau chinois*, amalgame de sonnettes et de grelots, ajustés au bout d'un long manche terminé par un pavillon, ne marchait, comme les cimbales, qu'avec la grosse caisse. Il a été exclu de nos musiques militaires.

Les cloches, que l'on peut accorder à un diapason quelconque, sont fréquemment employées dans la musique moderne. Dans quelques contrées, on en forme des *carillons*, qui reproduisent certains airs et leurs accompagnements, non parfois sans une assez satisfaisante régularité de rythme et de justesse. Les cloches ont fait aussi, — il y a environ un siècle, — leur entrée au théâtre, et plusieurs compositeurs, français ou étrangers, en ont obtenu des effets fort beaux. — CH. R.

INSTRUMENTS D'OPTIQUE. Les radiations lumineuses constituent à peu près le seul agent physique qui nous mette en relation avec les objets éloignés, ou du moins, c'est le seul qui, dans l'état actuel de la science, puisse nous apporter des enseignements sur la forme, la nature et la constitution de ces objets. Fort heureusement pour le progrès général de nos connaissances, la lumière est un agent d'une souplesse merveilleuse, suscep-

tible d'une prodigieuse variété dans ses propriétés et ses manifestations, et l'on peut dire, sans aucune exagération, qu'un simple rayon lumineux transporte avec lui dans les profondeurs de l'espace l'histoire presque complète du corps incandescent qui lui a donné naissance, des milieux qu'il a traversés et des surfaces sur lesquelles il s'est réfléchi. Il suffit de comprendre, pour ainsi dire, le langage de la lumière, et d'analyser ses propriétés intimes pour y lire les enseignements qu'elle renferme. Ces quelques considérations générales permettront d'apprécier toute l'importance des magnifiques découvertes modernes qui ont porté la science de l'optique à un si haut degré de perfection. On comprendra quel intérêt la science et même l'industrie devaient attacher à des procédés ou des appareils capables de suppléer à la faiblesse du sens de la vue ou de dévoiler la nature et la manière d'être des vibrations lumineuses. Tel est le rôle des *instruments d'optique*. Ils se divisent naturellement en deux classes ; dans la première, il faudra ranger tous ceux qui servent à augmenter la puissance visuelle de l'homme en lui montrant des objets qui, par leur éloignement, leur petitesse, leur éclairage insuffisant ou leur position incommode, échapperaient naturellement à ses yeux. Dans l'autre, viendront se placer ceux qui servent aux applications des découvertes de l'optique moderne, et à l'étude des propriétés intimes d'un rayon de lumière.

Tous les instruments de la première classe ont un caractère commun ; ils servent à dévier de leur marche rectiligne certains rayons de lumière qui, à la suite de cette déviation, se comportent comme s'ils émanaient des différents points d'un objet fictif semblable à l'objet réel qui les a émis, mais en différant par sa position et ses dimensions. Quand des rayons ainsi déviés pénètrent dans l'œil de l'observateur, celui-ci voit cet objet fictif qui a reçu le nom d'*image* de l'objet réel, et peut souvent distinguer sur cette image des détails qu'il n'apercevrait pas sur l'objet réel. L'image est dite *réelle*, si les rayons déviés viennent effectivement se croiser en ses différents points ; elle est dite *virtuelle*, si le croisement des rayons ne s'effectue réellement pas ; dans ce cas, les rayons émis par un certain point de l'objet semblent, après la déviation, diverger à partir d'un point qu'on obtiendrait en prolongeant leur direction finale au-delà de la surface qui a produit la déviation. Les images virtuelles ne peuvent être observées qu'à la condition que les rayons qui en émanent pénètrent directement dans l'œil. Les images réelles peuvent être observées de la même manière, mais on peut aussi les recevoir sur un écran dont chaque point diffuse, en tous sens, la lumière des rayons qui sont venus s'y concentrer. La déviation des rayons lumineux s'obtient de deux manières différentes : soit par la réflexion sur une ou plusieurs surfaces polies ; soit par la réfraction à travers les milieux transparents. Il y a des instruments où les deux procédés sont utilisés concurremment.

Le plus simple de tous les instruments d'optique est le *miroir plan* qui donne des images virtuelles symétriques de l'objet réel. Certaines combinaisons de plusieurs miroirs plans permettent d'explorer par la vue, des régions où les regards ne sauraient naturellement pénétrer. Il suffit de citer ces ingénieux assemblages de miroirs qui servent à la toilette des dames ou qu'utilisent le dentiste et le chirurgien pour examiner les cavités du corps humain. A côté des miroirs plans, viennent se placer les miroirs à surfaces courbes, capables de donner des images agrandies ou diminuées, quelquefois même déformées à dessein. Les propriétés que présentent les surfaces polies de réfléchir la lumière, semblent avoir été connues et appliquées dès l'antiquité la plus reculée.

On avait observé, depuis longtemps, la déviation qu'éprouve un rayon lumineux en passant d'un milieu homogène dans un milieu également homogène, mais de densité différente ; c'est à ce phénomène que l'on a donné le nom de *réfraction*; les lois en ont été formulées et démontrées par Descartes. Les instruments à réfraction peuvent se répartir en deux groupes distincts : le premier comprend les appareils destinés à produire une image virtuelle qu'on observe directement avec l'œil, l'autre ceux qui ont pour objet de projeter une image réelle sur un écran. Ils reposent tous sur l'emploi de lentilles de verre. On sait qu'il existe deux espèces de lentilles : les lentilles convergentes et les lentilles divergentes ; les premières, plus épaisses au centre que sur les bords, ont pour objet de rapprocher de l'axe les rayons qui les traversent, les autres, au contraire, plus épaisses sur les bords que vers le centre, écartent les rayons de leur axe principal. L'une des applications les plus simples et, en même temps, les plus utiles que l'on a su faire des propriétés des lentilles, réside dans leur emploi pour la correction des défauts de la vue ; les vues normales sont faites pour voir nettement tous les objets situés à une distance supérieure à un certain minimum, qu'on appelle distance de la vision distincte, et qui est égale à 25 centimèt. environ; les vues pour lesquelles cette distance minimum est inférieure à cette quantité, sont dites myopes ; elles ne distinguent pas nettement les objets éloignés, et il y aura intérêt à augmenter pour elles cette distance, de là l'emploi des bésicles à verres divergents ; pour les vues presbytes, au contraire, c'est-à-dire pour les vues dont la distance minimum sera supérieure à 25 centimètres, il faudra rapprocher cette distance et, par suite, employer des lentilles convergentes.

Les bésicles appartiennent au premier groupe d'instruments à réfraction ; mais le plus simple de tous ceux du même groupe est la *loupe* ou *microscope simple* qui donne des images virtuelles et agrandies d'objets placés près d'elle ; on conçoit que ce soit un instrument de recherche (V. LOUPE). Quelquefois, une lentille convergente est utilisée pour rendre parallèles, les rayons émanés d'un même point. Elle prend alors le nom de *collimateur*.

Viennent ensuite les instruments formés d'un système de plusieurs lentilles ; ce sont ceux-là qui permettent d'atteindre des grossissements consi-

dérables, et qui ont fait faire de si grands progrès aux sciences astronomiques, physiques et naturelles, sans compter les services qu'ils rendent journellement aux voyageurs, aux navigateurs et aux militaires. Leur découverte est due au hasard. Vers le milieu du XVIe siècle, les fils d'un lunetier de Middelbourg, eurent un jour l'idée de regarder le coq du clocher à travers deux verres, l'un concave, l'autre convexe ; ils obtinrent ainsi une image grossie et rapprochée ; leur père, s'étant imaginé de placer ces deux verres aux extrémités d'un tube très long, construisit ainsi la première lunette. Remplaçant ces verres simples par deux lentilles, l'une biconcave, l'autre biconvexe, Galilée obtint la première lunette astronomique, à l'aide de laquelle il découvrit, entre autres choses, les montagnes de la Lune, les phases de Vénus, les satellites de Jupiter. Les instruments de cette catégorie sont composés, en principe, de deux lentilles dont l'une située en avant du tube donne une image réelle et renversée de l'objet, et reçoit, pour cette raison, le nom d'*objectif*; l'autre appelée *oculaire*, parce que c'est près d'elle que doit se placer l'œil, est, en général, une sorte de loupe qui sert à examiner l'image réelle fournie par l'objectif. Pourtant, dans la *lunette de Galilée* qui est restée le type des *jumelles* actuelles, l'oculaire est une lentille divergente qui doit être placée sur le trajet des rayons lumineux avant leur arrivée aux points qui, par leur ensemble, devraient constituer l'image réelle. Cet oculaire transforme ainsi l'image réelle et renversée, en une image virtuelle et directe. Le *microscope composé*, la *lunette astronomique* possèdent un oculaire et un objectif convergent, et fournissent des images virtuelles et renversées ; un système de lentilles redresse l'image dans la *lunette terrestre*. Newton ayant découvert l'aberration de réfrangibilité des lentilles, due à l'inégale réfraction des rayons de différentes couleurs, et dont l'effet était de produire sur le contour des images, des irisations des plus gênantes, eut l'idée de remplacer l'objectif de verre par un miroir concave qui pouvait également donner une image réelle. Les appareils ainsi construits, ne diffèrent des lunettes qu'en ce que le miroir objectif est au fond d'un long tube. Ils portent le nom de *télescopes*. — V. ce mot.

Dans le cas des lunettes, où l'objet est très éloigné, son image dans l'objectif est diminuée, donc l'oculaire devra donner un grossissement très fort ; dans le microscope composé, au contraire, où l'objet est placé très près de l'objectif, l'image dans cette lentille étant déjà très agrandie, l'oculaire ne devra donner qu'un grossissement relativement faible.

Les oculaires dits *simples*, quand ils ne sont formés que d'une seule lentille, portent, par opposition, le nom d'*oculaires composés* quand ils sont formés de la juxtaposition de plusieurs lentilles destinées à augmenter le grossissement ; l'un des plus employés est l'oculaire de Huyghens.

Nous venons de dire le motif qui avait décidé Newton à substituer les miroirs de métal aux objectifs à réfraction des lunettes. Pourtant, les physiciens cherchèrent à supprimer les irisations qui entourent l'image des objets vus dans les lunettes et nuisent tant à leur netteté. L'analogie évidente du cristallin avec les lentilles, conduisit Euler à penser que, puisque les couches successives de cet organe étaient de densités croissantes, la conservation intégrale des images des objets dans l'œil était due à une suite de réfractions des rayons lumineux. De là à combiner plusieurs lentilles, il n'y avait qu'un pas ; mais bien que son point de départ fût exact, Euler ne parvint pas à réaliser l'achromatisme ; ce ne fut qu'en 1758, que le problème fut résolu par l'opticien anglais Dollond.

Parmi les instruments qui sont installés pour projeter une image réelle sur un écran, nous distinguerons la chambre noire et le microscope solaire.

Le microscope solaire qui fournit des images réelles et considérablement agrandies d'objets très petits ne comporte également qu'un objectif ; il est d'un usage très commode pour l'étude des infiniment petits. Il faut remarquer que lorsqu'il n'y a qu'un objectif, l'objet doit être placé très près du foyer principal si l'on veut obtenir un grossissement très fort.

Le mégascope consiste en une lentille convergente destinée à donner des images réelles d'objets tels que des bas-reliefs, des dessins coloriés. Le grossissement devant être très faible, l'objectif est beaucoup plus grand que celui du microscope solaire. La lanterne magique destinée à des expériences de physique amusante, est identique aux deux appareils précédents.

Dans tous ces instruments, l'image est renversée, il faut donc renverser l'objet devant l'objectif, si l'on veut obtenir une image droite.

Enfin, aux instruments à réfraction nous devons ajouter le prisme (V. ce mot), qui ne constitue jamais à lui seul un véritable instrument, mais qui est fréquemment employé, pour changer la direction des rayons. Bien souvent, le prisme est disposé de manière que la lumière qui pénètre à son intérieur vienne se réfléchir totalement sur une de ses faces, d'où le nom de prisme à réflexion totale qu'on lui donne dans ce cas. Il peut remplacer avec avantage un miroir plan ; il est employé dans les télescopes, dans la chambre noire à tente, et dans la chambre claire (V. ce mot), cette ingénieuse invention de Wollaston où un seul prisme taillé convenablement joue à la fois le rôle d'une lentille et celui d'un miroir. Tous ces instruments, comme on le voit, utilisent simultanément les deux manières de dévier la lumière ; ils sont à la fois à réflexion et à réfraction.

En résumé, ces divers instruments d'optique servent presque tous à donner des images agrandies, soit réelles, soit virtuelles des objets. Les principales applications qu'on en ait faites, sont : 1° l'étude des mouvements des configurations des astres ; 2° l'observation des objets terrestres éloignés ; 3° l'étude des infiniment petits ; 4° la mesure des angles réalisée par l'emploi d'un cercle divisé, fixé à une lunette, et de deux fils d'araignée qui, se croisant dans le plan focal, définissent avec le centre optique de l'objectif, une direc-

tion déterminée (V. LUNETTE, CERCLE MÉRIDIEN, CERCLE RÉPÉTITEUR, GONIOMÈTRE, SEXTANT) ; 5° la fixation sur un écran des images des objets (V. PHOTOGRAPHIE) ; 6° la formation des images virtuelles ou réelles des objets dans les miroirs plans, sphériques, concaves, ou convexes ou paraboliques.

Les instruments de la deuxième classe paraissent, d'après leur définition, appartenir plus spécialement à la science spéculative, qu'à l'industrie ou même à la physique appliquée. Ce serait pourtant s'abuser étrangement que de méconnaître les applications industrielles de l'optique moderne. Il ne peut entrer dans notre programme de mentionner et de décrire toute la série des appareils qu'ont imaginés les physiciens pour effectuer leurs expériences et vérifier les belles théories de Fresnel. Nous nous bornerons à citer les plus importants.

En première ligne, viennent se placer le miroir tournant de Foucault, et la roue dentée de Fizeau, qui ont rendu possible la mesure directe d'une vitesse aussi considérable que celle de la lumière (300,000 kilomètres par seconde), et cela, dans l'étendue d'un laboratoire ou dans l'intervalle de deux stations éloignées seulement de quelques kilomètres.

Nous laisserons de côté, comme trop en dehors de notre plan d'études, les appareils qui servent à l'observation des interférences. Dès lors, il ne reste plus que deux sortes d'instruments ; ceux qui servent à séparer les diverses radiations dont l'ensemble constitue le rayon lumineux, et ceux qui sont destinés à reconnaître la nature intime de ces radiations ; les premiers se rattachent à la dispersion de la lumière et à la spectroscopie, ils portent le nom général de spectroscopes ; les autres à la polarisation de la lumière. Les spectroscopes qui servent à étudier les spectres des différentes lumières naturelles ou artificielles sont décrits ailleurs. L'importance de l'analyse spectrale, et ses applications à l'étude de la constitution des astres, à l'analyse chimique, et, par suite, à l'industrie, sont trop connues pour que nous ayons besoin d'y insister davantage.

Les polariscopes et les polarimètres ont pour objet de reconnaître si la lumière est polarisée, de mesurer la proportion de lumière polarisée dans un faisceau lumineux qui ne l'est que partiellement, et enfin, de déterminer le plan de polarisation. Ils sont généralement constitués par un prisme formé d'un cristal biréfringent qui ne laisse passer que des rayons polarisés dans le plan de la section principale. Nous citerons les prismes de Rochon, de Wollaston, de Nicol et de Sénarmont.

Il existe un grand nombre de substances transparentes qui, soit à l'état solide, soit à l'état de dissolution, présentent la propriété singulière de faire tourner le plan de polarisation d'un rayon qui les traverse. L'angle dont ce plan aura tourné à la sortie du milieu transparent, est proportionnel à l'épaisseur de ce milieu, dans le cas d'une dissolution, à la richesse de celle-ci. De là résulte un procédé d'analyse précieux pour titrer certaines dissolutions. Le sucre ordinaire est l'une des substances qui jouissent au plus haut degré de cette propriété de la *polarisation rotatoire*. Aussi, l'observation de la déviation du plan de polarisation d'un rayon de lumière est-elle actuellement le moyen le plus souvent employé pour déterminer le titre d'un sirop, ou la richesse des jus de betteraves. Plusieurs appareils ont été imaginés dans le but de réaliser la mesure de cette déviation. Nous citerons seulement le *saccharimètre* de Soleil, celui de M. Laurent, le *polaristrobomètre* de Wild, et le *polarimètre* à pénombre de MM. Jellet et Cornu. Il est évident que ces appareils peuvent être appliqués à l'étude de toute dissolution autre que les sirops, pourvu qu'elle présente la polarisation rotatoire. — V. SACCHARIMÈTRE.

INSTRUMENTS DE PRÉCISION. Les progrès de l'industrie consistent principalement dans la conquête progressive que le génie de l'homme a su faire des forces de la nature pour les asservir à ses besoins. De là vient que le développement de l'industrie est intimement lié à celui de la science, car, en mettant de côté le petit nombre de découvertes dues au hasard, on comprendra facilement que pour utiliser les forces naturelles, il faut d'abord connaître leur mode d'action, et que l'étude approfondie des phénomènes doit nécessairement précéder les applications pratiques. Aussi l'histoire nous montre que toutes les grandes découvertes scientifiques sont devenues, tôt ou tard, l'origine de transformations et de progrès merveilleux dans le domaine industriel, et par suite, la source d'un accroissement considérable dans le bien-être matériel et la culture intellectuelle de l'humanité. De son côté, l'industrie a dans tous les temps apporté son concours à la science. L'habileté manuelle, aussi bien que l'intelligence éclairée d'un grand nombre d'artisans dont quelques-uns sont devenus célèbres, a souvent rendu seule possible des expériences délicates qui, sans ce précieux secours, seraient restées à l'état de projet dans l'esprit des savants, au lieu d'étonner le monde par la fécondité de leurs résultats, et la lumière inattendue qu'elles jetaient sur l'ensemble de nos connaissances. C'est que les ressources mises à la disposition de l'homme dans ses organes et ses sens, sont extrêmement bornées par elles-mêmes, tandis que les phénomènes naturels se présentent avec une apparence d'énorme complexité qu'il importe d'analyser, afin de démêler, par l'observation des détails, les causes diverses qui ont concouru à leur production.

Il faut que l'intelligence vienne suppléer à l'imperfection des organes et des sens, et c'est alors que commence le rôle des *instruments* et des *appareils*, construits dans un but déterminé avec l'aide de toutes les ressources de la science et de l'industrie.

On peut dire que les *instruments* sont des organes artificiels que l'homme a su se créer avec du métal, du bois, du verre, etc., soit pour effectuer des opérations qui lui seraient impossibles avec le seul secours de ses mains, soit pour rendre sensibles une foule d'actions naturelles qui

n'impressionnent pas directement ses sens. A ce point de vue, les outils les plus vulgaires sont de véritables *instruments* au même titre que les appareils les plus compliqués qui ornent nos laboratoires ou nos observatoires. Aussi serait-il fort difficile, sinon impossible, d'établir une ligne de démarcation bien nette entre les *outils* et les *instruments*. Tout ce qu'on peut dire, c'est que les *instruments* sont d'un ordre plus relevé que les *outils*. Ils servent, en général, aux usages scientifiques, et les outils aux usages industriels. Un outil industriel peut, cependant, recevoir le nom d'*instrument* lorsque, par sa complication, par la nature des principes sur lesquels repose son fonctionnement, ou la précision des résultats qu'il permet d'obtenir, il se rapproche des appareils usités dans les laboratoires. Enfin, toutes les combinaisons de pièces optiques ou mécaniques qui servent à augmenter la puissance de nos sens sont des *instruments*, alors même qu'ils sont employés dans un but qui n'a rien de scientifique.

S'il est difficile de distinguer nettement les instruments des outils, il l'est encore plus de distinguer les instruments ordinaires des *instruments de précision*. Ceux-ci, comme leur nom l'indique, sont combinés en vue d'un résultat bien défini, avec un soin tout particulier, pour éviter autant que possible les erreurs que pourrait entraîner l'usage d'un instrument plus grossier ; mais, pour ne citer qu'un exemple, qui ne sent que, depuis le vulgaire coucou qui peut se déranger de plusieurs minutes par jour, jusqu'à ces merveilleux chronomètres qui ne varient que de quelques secondes pendant la durée d'un voyage autour du monde, malgré la longueur du trajet et la variété des influences qu'ils sont appelés à subir, il existe, dans les produits de l'horlogerie tous les degrés de précision. Nous devons dire cependant, que les progrès des sciences nécessitent une observation de plus en plus attentive des phénomènes, une expérimentation de plus en plus délicate, et des mesures de plus en plus précises, car les quantités à mesurer deviennent d'autant plus petites que la science fait plus de progrès. Presque toutes les recherches scientifiques de notre époque reposent sur des mesures de quantités infinitésimales. Aussi, les instruments dont on se contentait autrefois sont-ils devenus tout à fait insuffisants, et les seuls que la science puisse utiliser aujourd'hui sont, au plus haut degré, des *instruments de précision*. Du reste, le progrès scientifique a toujours été en rapport direct avec le perfectionnement des instruments, et surtout des *instruments de mesure*. Cela est tellement vrai qu'on pourrait reconstituer la science de toute une époque, rien qu'à la description des instruments alors en usage. Ce sont presque toujours des savants qui ont apporté à la construction de leurs appareils les améliorations que nécessitaient les expériences qu'ils voulaient entreprendre, ou qui en ont imaginé de toutes pièces de nouveaux. Bien souvent même, ils les construisaient de leurs propres mains, témoin Huyghens et Newton qui fabriquaient, eux-mêmes, des lunettes et des télescopes, W. Herschel et lord Ross qui ont construit ces gigantesques télescopes, véritables merveilles pour l'époque, Gay-Lussac qui travaillait en sabots dans son laboratoire de l'Ecole polytechnique, Léon Foucault et tant d'autres qu'il serait facile de citer parmi les physiciens encore vivants. Aussi, faire l'histoire des instruments de précision et des perfectionnements qu'ils ont reçu dans la suite des siècles, ce serait faire l'histoire de la science entière, sujet beaucoup trop vaste pour être seulement abordé ici. Nous nous bornerons à quelques indications historiques, et à une courte classification, renvoyant pour chaque espèce d'instrument, au mot sous lequel il est traité en détail, lorsque le plan du *Dictionnaire* le comporte.

— L'antiquité n'a pas connu les sciences expérimentales; la seule branche de la physique qu'elle ait cultivée avec quelque succès est l'astronomie. Aussi, les anciens ne possédaient-ils pas d'autres instruments que ceux qu'ils employaient à leurs observations célestes. Les ingénieux appareils imaginés par Héron l'Ancien (150 ans av. J.-C.), ne sont que de véritables jouets et ne méritent à aucun titre le nom d'*instruments*. Les cadrans solaires paraissent remonter à une époque très reculée, puisqu'il en est question dans la bible; mais leur installation était défectueuse. Les gnomons étaient usités en Chine depuis un temps immémorial. Qu'on y ajoute les *armilles* pour observer le soleil, des cercles de bois grossièrement divisés et munis d'alidades à pinnules pour la mesure des angles, et connus sous le nom de *dioptres*, des quarts de cercle mural, des *astrolabes* pour obtenir directement une évaluation approchée des coordonnées équatoriales des astres, des *clepsydres* (V. ce mot) pour mesurer le temps, et l'on aura la liste à peu près complète des instruments qui ont servi aux découvertes d'Aristarque de Samos, d'Hipparque, d'Eratosthènes et de Ptolémée.

Roger Bacon parle en 1214 de l'avantage qu'on peut tirer des verres convexes pour corriger les défauts de la vue, ce qui fait supposer que les bésicles étaient déjà usitées de son temps. Vers 1400, Toscanelli imagina le gnomon à plaque percée. Au début du XVIIe siècle, les progrès commencent à se succéder avec une incroyable rapidité; l'invention des lunettes vient renouveler l'astronomie et la physique, mais il faut attendre jusqu'en 1634 pour que Morin songe à appliquer les lunettes aux cercles divisés pour la mesure des angles; ce n'est même qu'en 1666 que les idées de Morin furent rendues pratiques par Auzout et Picard, grâce à l'invention du micromètre à fils. Le célèbre observatoire d'Uranienbourg, installé par Tycho-Brahé, en 1601, dans l'île de Huen (Danemark), contenait les instruments les plus précis qu'on avait pu faire construire à cette époque; il y avait, entre autres, un cercle azimutal avec alidades à pinnules construit sur le principe des théodolites modernes, une machine parallactique pour suivre le mouvement diurne des astres, et une gigantesque horloge à poids qui indiquait les secondes. Il est bien entendu que cette horloge n'était point réglée par le pendule; aussi, est-il permis de mettre en doute la régularité de sa marche. La mesure exacte du temps est ce qui a fait le plus défaut aux anciens observateurs. On attribue généralement à Huyghens l'honneur de l'application du pendule aux rouages d'une horloge, perfectionnement capital qui, d'après Thomas Young reviendrait à Sanctorius, en 1612. Vers la même époque, Gunter imagina la règle à calcul, et Vernier inventa la disposition des règles divisées qui a conservé son nom. Le thermomètre a été imaginé par Galilée vers 1600, le baromètre par Torricelli en 1743. La machine pneumatique et la première machine élec-

trique ont été construites par Otto de Guéricke, en 1654. La lunette méridienne est due à Rœmer, 1700; mais c'est Picard qui a su en faire un instrument d'une haute précision pour les recherches astronomiques. Le sextant est dû à Halley, 1731, les lunettes achromatiques à Dollond, 1758. Le théodolite est d'invention récente; le cathétomètre est de Gay-Lussac, 1810. Nous pourrions prolonger cette énumération, mais les progrès de la physique se sont tellement développés depuis un siècle, et les instruments sont devenus tellement nombreux et tellement variés, que leur liste seule remplirait tout l'espace qui nous est accordé.

Les instruments de précision peuvent être classés en trois catégories distinctes :

1º Ceux qui servent à effectuer des opérations délicates qui seraient impossibles avec le seul secours des mains;

2º Ceux qui servent à augmenter la puissance de perception de nos sens;

3º Les instruments de mesure.

1º Nous signalerons dans la première catégorie les instruments de dessin, règles, compas, etc.; la règle et le cercle à calcul, la machine à calculer, le niveau à bulle d'air qui est aussi un instrument de mesure, la vis micrométrique et la machine à diviser, les instruments servant à découper et à préparer les objets pour l'observation microscopique, les innombrables instruments de chirurgie, les appareils de photographie et de télégraphie électrique, et toute la collection d'appareils et de machines employés dans les laboratoires de physique et de chimie pour obtenir des étuves à température constante et déterminée, dilater, comprimer, liquéfier les gaz, produire de l'électricité dynamique ou statique, obtenir des sources de lumière d'intensité et de qualité déterminées, etc., etc.

2º On ne connaît aucun instrument capable d'augmenter la délicatesse du toucher, de l'odorat ou du goût. Les instruments d'optique qui ont porté à un si haut degré la puissance visuelle de l'humanité, ont été traités à part. Il nous reste un mot à dire de ceux qui sont relatifs au sens de l'ouïe. Le porte-voix, le cornet acoustique et le tuyau acoustique, sont d'une application bien restreinte, et méritent à peine le nom d'*instrument*. Au contraire, le *téléphone* est une des plus étonnantes productions de l'esprit humain, et quand il est associé au *microphone*, il permet de saisir des sons d'une faiblesse extraordinaire : il devient alors pour l'oreille ce que le microscope est pour la vue, et déjà plusieurs savants italiens en ont su tirer un grand parti pour l'observation de ces bruits souterrains qui révèlent les moindres mouvements de l'écorce terrestre, et peuvent donner des indications précieuses sur les lois qui président aux tremblements de terre, question d'un intérêt capital, dans une contrée si exposée à ces terribles bouleversements.

3º Les instruments de mesure sont, sans contredit, les plus importants et les plus délicats de tous les instruments de précision; ce sont ceux qui ont le plus contribué aux progrès des sciences, parce que les lois soupçonnées ou découvertes par les hommes de génie ne peuvent être vérifiées qu'une fois qu'elles ont été traduites en nombre, par la comparaison des nombres calculés d'avance avec ceux que fournit le résultat des expériences. Ils se classent naturellement, d'après l'espèce de grandeurs qu'ils servent à mesurer. La mesure de l'étendue linéaire, superficielle ou solide se ramène toujours, en dernière analyse, à la mesure de certaines longueurs ; aussi les instruments qui servent à mesurer les longueurs ont-ils été l'objet de perfectionnements incessants. Nous citerons les règles divisées, le *vernier*, le microscope à micromètre mobile avec vis micrométrique, le *cathétomètre* pour mesurer les différences de hauteur, et le *sphéromètre* pour mesurer la courbure des surfaces. Pour la mesure des angles, on possède, outre le *rapporteur* et le *graphomètre*, qui sont des instruments grossiers, une collection complète de cercles divisés, munis de lunettes à réticules, de toutes dimensions et de dispositions diverses. La mesure du temps donne lieu, dans la pratique, à d'immenses difficultés qui n'ont pu être surmontées que par l'habileté et la persévérance des plus célèbres horlogers. A l'horlogerie se rattachent tous les mécanismes construits dans le but de réaliser le mouvement uniforme de certaines pièces mécaniques, quoique, à proprement parler, ce genre d'appareils devrait figurer dans la première catégorie. Les machines parallactiques qui mettent en mouvement les grands instruments équatoriaux de nos observatoires pour leur faire suivre le déplacement diurne apparent des astres, sont de véritables chefs-d'œuvre d'industrie. La mesure des forces et des poids se fait au moyen des *balances* de toutes formes et des *dynamomètres*. Une balance bien construite, constitue l'instrument le plus précis qu'on connaisse, de sorte qu'on doit toujours chercher, dans les expériences délicates, à ramener, autant que possible, toutes les mesures à des mesures de poids.

Nous n'en finirions pas si nous voulions énumérer tous les instruments de mesure usités dans les sciences ; leur nom se termine généralement par *mètre* et fait suffisamment connaître leur destination. Citons seulement, pour terminer, le *thermomètre*, *calorimètre*, *baromètre*, *photomètre*, *polarimètre*, *électromètre*, *galvanomètre*, *anémomètre*, *pluviomètre* ; les diverses boussoles qui servent aux mesures magnétiques, et les nombreux instruments employés aux mesures électriques.

A cette troisième classe, se rattache la catégorie des instruments *enregistreurs*, dont les indications continues sont si précieuses dans les recherches délicates.

— A part l'horlogerie, qui dès ses débuts eut des représentants distingués en France, l'industrie des instruments de précision est restée pendant longtemps presque monopolisée en Angleterre; les ouvrages de nos constructeurs étaient alors d'une infériorité manifeste; mais, grâce aux progrès qui ont été réalisés dans ce genre d'industrie par Gambey vers 1820, la France n'a pas tardé à s'élever au premier rang par la délicatesse et l'élégance des appareils sortis de ses ateliers; depuis lors, malgré les progrès qui ont été faits à l'étranger, les articles français ont noblement suivi les traces de Gambey, et n'ont rien perdu de leur réputation. Les noms de Froment, de Brunner, de Bréguet, d'Eichens,

et de tant d'autres encore vivants, seront toujours synonymes d'adresse, d'habileté et d'ingénieuse persévérance, — M. F.

INTAILLE. *T. d'art.* Ce nom, qui vient de deux mots italiens *in tagliare* (graver en creux), désigne le produit d'un travail qui consiste à creuser un sujet dans une matière dure, telle que l'agate, la sardoine et même les pierres précieuses dites *gemmes*, rubis, saphir, émeraude, topaze, aigue marine, cristal de roche, etc. C'est un travail analogue à la gravure des coins de médailles. — V. GRAVURE SUR PIERRES FINES.

INTÉGRAL. *T. de mathém.* Le calcul intégral se divise en deux branches distinctes. La première a pour objet la détermination des fonctions dont on connaît la *différentielle* (V. ce mot) ; l'autre s'occupe de la résolution ou mieux de l'*intégration* des équations différentielles, c'est-à-dire de la détermination d'une fonction, d'après les relations qui sont imposées à cette fonction, à ses dérivées successives et aux variables dont elle dépend. Le calcul intégral est, pour ainsi dire, la contre-partie du *calcul différentiel*, et il s'est présenté aux mathématiciens comme une branche nécessaire de l'analyse infinitésimale. Aussi, son invention doit être attribuée, comme celle du calcul différentiel, à Newton et à Leibnitz, malgré les applications isolées qu'avaient pu en faire, sans doctrine générale, les géomètres antérieurs. Nous ne pouvons entrer dans aucun détail sur les nombreux et difficiles problèmes que soulève, à chaque instant, cette partie si importante de l'analyse mathématique. Nous nous bornerons à faire observer que presque tous les problèmes qui se rencontrent dans l'application des mathématiques se ramènent en dernière analyse à des questions de calcul intégral, ce qui montre l'importance de cette étude, et ce qui explique les efforts tentés par les plus grands géomètres modernes, pour en perfectionner les méthodes et les procédés. La raison de cette introduction du calcul intégral dans presque toutes les questions qui intéressent la science ou l'industrie, vient de ce que les lois qui régissent les *variations* des phénomènes sont toujours plus simples et plus faciles à saisir que celles qui gouvernent les phénomènes eux-mêmes, considérés dans leur ensemble. Mais des lois et des équations qui ne concernent que des variations infiniment petites, sont le plus souvent sans aucune utilité pratique, et de là vient la nécessité de remonter des relations qu'on a pu saisir entre des variations infiniment petites, aux relations qui existent entre les éléments finis de la question. Cette recherche est l'essence même du calcul intégral, d'après la définition que nous en avons donnée plus haut. Il suffit d'ouvrir un traité de mécanique ou de résistance des matériaux, pour voir de quelle manière le calcul intégral s'introduit forcément dans les questions les plus simples. Pour nous borner à un petit nombre d'exemples, citons la détermination des surfaces, des volumes, des centres de gravité et des moments d'inertie, qui dépend de la première partie du calcul intégral, et tous les problèmes de dynamique qui dépendent de l'intégration des équations différentielles.

Bibliographie : LAGRANGE : *Théorie des fonctions analytiques;* STURM : *Cours d'analyse de l'école polytechnique;* LACROIX : *Traité élémentaire de calcul différentiel et calcul intégral;* DUHAMEL : *Eléments de calcul infinitésimal;* SERRET : *Cours de calcul différentiel et intégral;* BERTRAND : *Traité de calcul différentiel et intégral;* HERMITE : *Cours d'analyse de l'école polytechnique et feuilles autographiées du cours professé à la Sorbonne;* HOUEL : *Cours de calcul infinitésimal.*

* **INTÉGROMÈTRE.** *T. de mécan.* Instrument dû à M. Marcel Deprez, et qui est fondé sur un principe analogue à celui du planimètre d'Amsler. Il donne comme lui, par une simple lecture, l'aire d'une figure plane quelconque; mais il permet, en outre, d'obtenir, presque sans calcul, tous les autres éléments qui figurent dans les calculs de géométrie ou de mécanique : les coordonnées du centre de gravité, le moment d'inertie de la figure considérée, le volume et le moment d'inertie par rapport à un axe du corps de révolution qu'elle engendre en tournant autour de cet axe, etc. En général, si on représente par $y = f(x)$ l'équation d'une courbe fermée, rapportée à deux axes rectangulaires, on peut obtenir par une simple lecture, au moyen de l'intégromètre, les intégrales suivantes :

$$\int y\,dx, \int y^2\,dx, \int y^3\,dx, \int y^4\,dx$$

il suffit, à cet effet, de faire parcourir à la pointe de l'instrument convenablement disposé et réglé, le contour fermé de la courbe en ramenant la pointe exactement à son point de départ, ce que l'on peut représenter avec M. Deprez par la notation $\int_o^o$.

On voit, par là, comment on peut déduire de ces différentes lectures les éléments dont nous parlions plus haut; l'intégrale $\int_o^o y\,dx = A$ donne, en effet, immédiatement l'aire A de la fig. considérée, $\int_o^o y^2\,dx$ est le double de la somme des moments M de cette même fig., moments rapportés à l'axe des x, $M_x = \frac{1}{2}\int_o^o y^2\,dx$. Si, d'autre part, on appelle δ_x la distance du centre de gravité à l'axe des x, on sait qu'on peut poser la relation suivante : $M_x = A\delta_x$, d'où $\delta_x = \frac{M_x}{A} = \dfrac{\frac{1}{2}\int_o^o y^2\,dx}{\int_o^o y\,dx}$. On obtiendra donc $2\delta_x$ en divisant les résultats des deux lectures successives, donnant l'une $\int_o^o y^2\,dx$, et l'autre $\int_o^o y\,dx$.

On pourra déterminer une autre coordonnée δ_y du centre de gravité en déplaçant l'instrument pour relever la somme des moments M_y par rapport à l'axe des y, par exemple, et prenant, comme tout à l'heure, le rapport $\frac{M_y}{A}$.

L'intégrale $\int_o^o y^3\,dx$ représente le triple de la somme I_x des moments d'inertie de la figure considérée, moments pris par rapport à l'axe des x,

$$I_x = \frac{1}{3}\int_o^o y^3\,dx,$$

et en introduisant le rayon de gyration ρ, on a :

$$I_x = A\rho^2, \text{ d'où } \rho^2 = \frac{I_x}{A} = \dfrac{\int_o^o y^3\,dx}{3\int_o^o y\,dx}$$

Le rayon de gyration s'obtient donc aussi, comme on le voit, en divisant entre eux, les résultats de deux lectures de l'instrument. Enfin, on peut considérer le corps de révolution obtenu en faisant tourner la figure autour de l'axe des x, le volume en est donné par l'expression suivante :

$V = \pi\int_o^o y^2\,dx$, qui se déduit aussi immédiatement d'une lecture.

Le moment d'inertie de ce corps de révolution est donné de son côté par la relation suivante : $I' = \frac{1}{2}\pi\int_o^o y^4\,dx$, et il s'obtient aussi directement. On en déduira, en outre, comme plus haut, le rayon de gyration ρ'; on a, en effet $I' = V\rho'^2$.

On pourrait construire l'instrument de manière à obtenir des intégrales d'ordre successivement croissant, $\int_o^o y^5\,dx$, etc., mais il n'y aurait aucun intérêt pratique à le faire.

L'intégromètre Marcel Deprez se compose essentiellement de deux tiges articulées AB et CD (fig. 503) comme dans le planimètre d'Amsler. La tige CD reçoit, à l'une de ses extrémités, le style C qui doit tracer le contour de la surface à étudier; à l'autre extrémité, elle reçoit un pivot vertical D sur lequel est articulé un étrier supportant une roulette verticale E, qui sert de totalisatrice, comme dans le planimètre d'Amsler (V. PLANIMÈTRE). Cette roulette est à bords saillants, appliqués sur le papier par le poids de l'instrument; le contour cylindrique est divisé en cent parties égales, un petit vernier permet même d'apprécier les dixièmes de ces divisions. Une vis sans fin disposée sur l'axe de la roulette commande un petit pignon à axe vertical, et le fait avancer d'une dent à chaque tour de la roulette, ce qui permet ainsi d'apprécier le nombre de tours et les fractions de tours exécutés par la roulette.

La tige traçante CD est articulée par un pivot vertical B sur la seconde tige AB de l'instrument, qui est supportée elle-même par un chariot A astreint à parcourir une direction déterminée; quand la tige traçante se déplace pour que le style puisse parcourir le contour donné, la seconde tige se déplace parallèlement à elle-même d'un mouvement de va-et-vient, et le centre du pivot décrit une ligne parallèle à la direction suivie par le chariot. La roulette totalisatrice tourne alors en prenant, à chaque instant, une orientation variable par rapport à la tige traçante, ce qui n'a pas lieu dans le planimètre d'Amsler, et l'orientation de l'étrier est déterminée continuellement par l'action d'un train d'engrenages reliant l'axe D de l'étrier au point d'articulation B de la tige traçante. L'instrument porte généralement trois trains différents, qu'on peut embrayer ou débrayer à volonté ; les rapports des rayons des roues de chacun d'eux ont été déterminés de manière à imprimer à la roulette des mouvements angulaires égaux à une fois, deux fois ou trois fois ceux de la tige traçante, suivant qu'on veut obtenir respectivement les intégrales

$$\int y^2\,dx, \quad \int y^3\,dx, \quad \int y^4\,dx.$$

On voit sur la figure la disposition de ces trains d'engrenages. L'axe D porte trois roues qui tournent avec lui et engrènent respectivement avec les trois roues du pivot B, mais celles-ci sont folles sur leur axe; on immobilise celle qui doit conduire, en la ratta-

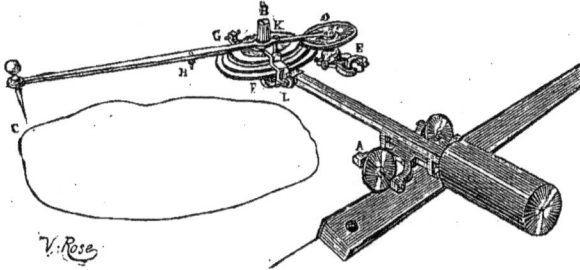

Fig. 503. — *Vue de l'intégromètre Marcel Deprez.*

chant invariablement au pivot par l'intermédiaire d'une goupille K, qui traverse une pièce en forme de rayon fixée sur le pivot, et vient s'engager dans un trou pratiqué sur la roue. Dans ces conditions, la roue de l'axe D est entraînée planétairement par la roue correspondante du pivot, et l'orientation de l'étrier est déterminée à chaque instant. Une articulation horizontale permet d'ailleurs à l'étrier d'osciller, s'il est nécessaire, dans le sens vertical.

D'après les propriétés connues des engrenages planétaires, on sait qu'en appelant α l'angle dont tourne la roue centrale de rayon R et de centre B, et β l'angle dont tourne la roue planétaire de rayon r et de centre D, on a la relation $\beta r = (R+r)\alpha$,

d'où l'on tire $\beta = \alpha\left(\dfrac{R}{r}+1\right)$. Il suffit donc de faire R=r, R=$2r$, R=$3r$ pour avoir respectivement $\beta = 2\alpha$, $\beta = 3\alpha$, $\beta = 4\alpha$.

Par sa construction même, l'instrument réalise ces conditions : la roue centrale supérieure a un rayon égal à celui de la roue planétaire, la roue intermédiaire a un rayon double de la roue correspondante, et la roue inférieure un rayon triple ; par suite, suivant qu'on emploie l'une ou l'autre pour commander la transmission, le déplacement angulaire de la roue planétaire est double, triple ou quadruple de celui de la roue centrale correspondante.

Lorsqu'on ne fixe aucune des roues, l'engrenage ne fonctionne pas, et l'étrier de la roulette est retenu par un arrêt spécial qui l'oblige à suivre exactement les mouvements angulaires de la tige articulée ; l'instrument est disposé pour donner les aires, comme dans le planimètre.

Toutes les dispositions sont prises, d'ailleurs, pour obtenir une précision parfaite dans les mouvements, afin d'éviter tout déplacement irrégulier de la roue totalisatrice : un ressort spécial logé au centre de l'équipage d'engrenages, assure l'entraînement de l'étrier et supprime les temps perdus, en outre, des vis de précision spéciales assurent le repérage exact des roues. Ajoutons que l'appareil est supporté par une roulette en ivoire F, et maintenu équilibré par un contrepoids.

Pour la mise en place de l'appareil, il est nécessaire que le pivot B se déplace suivant l'axe même des x pendant que le style décrit le contour fermé, et comme la règle de l'instrument est parallèle à la trajectoire du pivot, puisque la seconde tige AB lui reste elle-même toujours perpendiculaire, on voit que la règle doit être placée parallèlement à l'axe des x et à une distance égale à la longueur de la tige AB, comptée à partir de l'axe du pivot jusqu'au chariot.

Théorie de l'intégromètre. Cette théorie repose sur les deux propositions suivantes, dont nous reproduisons sommairement la démonstration, d'après M. Marcel Deprez. Si l'on appelle da l'arc linéaire que la roulette D, figure 504, applique sur le papier pendant que le style M décrit un

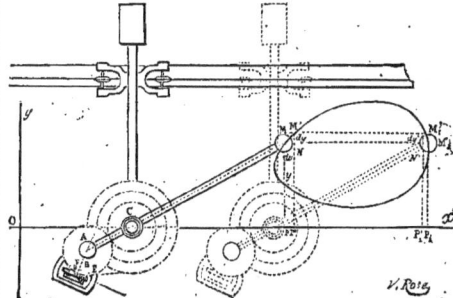

Fig. 504. — *Théorie de l'intégromètre Marcel Deprez.*

arc, élément infiniment petit de la courbe dont dx et dy sont les projections d sur les deux axes coordonnées ; α l'angle MCx que fait à chaque instant la direction de la tige articulée ACM qui porte le style M avec l'axe des x, axe suivant lequel se déplace le point d'articulation C ; β l'angle correspondant ADE de l'axe de rotation AD de la roulette avec l'axe des x, l la distance constante CM du style au point d'articulation, on a constamment les relations suivantes :

$$\sin \alpha = \frac{y}{l}, \text{ et } da = dx \sin \beta.$$

En appelant a l'arc total décrit par la roulette, à condition que le contour soit fermé ou terminé tout au moins entre deux points ayant des ordonnées égales; on a : $a = \int dx \sin \beta$.

Soit, en effet, A M la position de la tige articulée, DA l'axe de rotation de la roulette, on a :
MC$x = \alpha$ et EDA $= \beta$ MP ou $y = l \sin \alpha$.
Évaluons l'arc infiniment petit MM' ainsi décrit par le style, en le remplaçant par ses deux projections MN, NM', parallèles aux axes coordonnés. Pour effectuer le déplacement MN ou dx, la t ̇e se déplace parallèlement à elle-même de cette ̇ant-tité, et la roulette subit un déplacement D ̇gal et parallèle à dx; nous évaluerons la rota ̇ qui en résulte en cherchant les composantes ̇ dx, l'une FD parallèle, l'autre FE perpendiculaire à son axe.

La composante FE perpendiculaire à l'axe est égale à $dx \sin \beta$, elle est la seule qui produise une rotation de la roulette, l'autre composante FD reste sans effet pour la rotation comme étant dirigée dans le sens de l'axe.

Il resterait ensuite à considérer le déplacement dy, mais on remarquera que la rotation qu'il imprime à la roulette est toujours compensée par une rotation égale et de signe contraire que subit la roulette pendant que le style, dans une autre partie de la courbe ayant une ordonnée égale à MP, parcourt en sens inverse un élément égal de cette ordonnée N'M' : la tige porte-style se retrouve alors, en effet, par rapport à l'axe Ox exactement dans les mêmes conditions que dans le premier cas. Il résulte de là que l'arc total décrit par la roulette se réduit à la somme des arcs élémentaires qu'elle décrit en vertu des déplacements du style, parallèles à l'axe des x; il est donc égal à l'expression $\int dx \sin \beta$.

Si l'on établit enfin, entre les angles α et β une relation telle que l'on ait $\sin \beta = f(\sin \alpha)$, comme d'autre part $\sin \alpha = \frac{y}{l}$, on aura $da = dx f\left(\frac{y}{l}\right)$ d'où $a = \int dx f\left(\frac{y}{l}\right)$, et l'arc développé par la roulette donnera l'intégrale de la fonction $f\left(\frac{y}{l}\right) dx$.

Si on établit, par exemple, entre les angles α et β un rapport constant tel que $\beta = m\alpha$, on pourra exprimer $\sin \beta$ en fonction des puissances entières de $\sin \alpha$ en s'appuyant sur les formules de Moivre, et on obtiendra une expression de la forme

$$\int (A y^n + B y^{n-2} + C y^{n-4} + \dots) dx$$

formule générale dans laquelle on retrouvera facilement les expressions correspondant aux divers cas signalés plus haut.

Nous n'insisterons pas sur les détails de ces calculs, nous rappellerons seulement les formules principales.

Si on fait $\sin \beta = \sin \alpha = \frac{y}{l}$, on a $da = \frac{y}{l} dx$ en

supposant que da soit positif en même temps que dx, on en tire pour l'arc total décrit par la roulette $a_1 = \int_0^o y \frac{dx}{l}$, d'où $l a_1 = \int_0^o y \, dx$. Or, $\int_0^o y \, dx$ représente l'aire de la courbe A, on a donc $l a_1 = A$.

Pour connaître a_1, on lit le nombre de divisions n parcourues par la roulette, et si on appelle λ la longueur d'arc correspondant à chacune d'elles, on a $A = l \lambda n_1$. Si on prend $\lambda l = 1$, par un choix convenable de la longueur de la tige et de la longueur de chaque division, on a $A = n_1$.

Pour la détermination du centre de gravité et des volumes de corps de révolution, on dispose l'appareil de façon à avoir $\beta = 2\alpha \pm \frac{\pi}{2}$, résultat qu'on obtient soit en prenant deux roues d'engrenage égales, soit en immobilisant la première roue et plaçant l'axe de la roulette dans une position perpendiculaire à la tige à l'origine, c'est-à-dire lorsque cette tige est parallèle à l'axe des x. On aura $\beta = 2\alpha + \frac{\pi}{2}$, si cet axe se trouve alors à 90° de l'axe des x dans le sens dans lequel marche l'étrier quand la tige décrit un arc α positif. On a :

$$\sin \beta = \sin\left(2\alpha \pm \frac{\pi}{2}\right) = \pm \cos 2\alpha = \pm(1 - 2\sin^2 \alpha)$$

et comme $\sin \alpha = \frac{y}{l}$, il vient :

$$\sin \beta = \pm\left(1 - 2\frac{y^2}{l^2}\right)$$

d'où :

$$da = \pm\left(1 - 2\frac{y^2}{l^2}\right) dx$$

et en appelant a_2 l'arc total décrit par la roulette :

$$a_2 = \mp 2 \int_0^o \frac{y^2 \, dx}{l^2};$$

car le terme en x s'annule aux limites, d'où enfin :

$$\int_0^o y^2 \, dx = \mp \frac{l^2}{2} a_2.$$

Si n_2 est le nombre de division lues de longueur λ, on a :

$$\int_0^o y^2 \, dx = \mp \frac{l^2 \lambda}{2} n_2,$$

et comme $\lambda l = 1$, on a :

$$\int_0^o y^2 \, dx = \mp \frac{l n_2}{2}.$$

Partant de ce calcul, il est facile d'en déduire la distance du centre de gravité à l'axe des x ainsi que nous l'avons dit plus haut.

Pour la détermination des moments d'inertie, on établit la relation $\beta = 3\alpha$ ou $\beta = 3\alpha + \pi$ soit à l'aide d'engrenages convenables, soit en immobilisant la deuxième roue et plaçant à l'origine l'axe de la roulette dans la direction même de la tige, on a alors :

$$\sin \beta = \pm \sin 3\alpha = \pm(3\sin \alpha - 4\sin^3 \alpha)$$

d'où :

$$\sin \beta = \pm\left(3\frac{y}{l} - 4\frac{y^3}{l^3}\right)$$

et

$$da = \pm \left(3\frac{y}{l} - 4\frac{y^3}{l^3} \right) dx$$

et en appelant a_3 l'arc total développé, on a :

$$a_3 = \pm \left(3 \int_0^o \frac{y}{l}\, dx - 4 \int_0^o \frac{y^3}{l^3}\, dx \right)$$

d'où

$$\int_0^o y^3\, dx = \frac{l^3}{4}\left(3 \int_0^o \frac{y}{l}\, dx \mp a_3 \right),$$

et comme

$$\int_0^o y\, dx = la_1,$$

il vient

$$\int_0^o y^3\, dx = \frac{l^3}{4}\left(3a_1 \mp a_3 \right),$$

et on introduira, comme précédemment, le nombre lu sur la roulette, n_3.

On procédera d'une manière analogue pour la détermination des moments d'inertie des corps de révolution, en posant : $\beta = 4\alpha \pm \frac{\pi}{2}$, ce que l'on réalise à l'aide de deux roues d'engrenages donnant le rapport de 4 à 1, ou en immobilisant la troisième roue et plaçant à l'origine l'axe de la roulette dans une direction normale à l'axe des x. On a :

$$\sin \beta = \sin\left(4\alpha \pm \frac{\pi}{2} \right) = \pm \cos 4\alpha,$$

ou

$$\sin \beta = \pm (1 - 8\sin^2\alpha + 8\sin^4\alpha)$$

$$\sin \beta = \pm \left(1 - 8\frac{y^2}{l^2} + 8\frac{y^4}{l^4} \right),$$

et en appelant a_4 la longueur totale de l'arc développé, on a :

$$a_4 = \pm 8 \int_0^o \frac{y^4}{l^4}\, dx \mp 8 \int_0^o \frac{y^2}{l^2}\, dx.$$

car le terme en x disparaît aux limites :

$$\int_0^o y^4\, dx = \pm l^2 \int_0^o y^2\, dx \pm \frac{l^4}{8} a_4$$

et comme :

$$\int_0^o y^2\, dx = \mp \frac{l^2}{2} a_2$$

il vient :

$$\int_0^o y^4\, dx = \frac{l^4}{8}\left(\pm a_4 \mp 4a_2 \right),$$

et on introduit, comme précédemment, les nombres lus sur la roulette, n_4 et n_2.

Usage de l'intégromètre. Il est presque inutile d'insister sur les précautions à observer pour le tracé de la courbe à relever ; on doit choisir évidemment un papier d'un grain uni et régulier, qui sera bien tendu et placé horizontalement pour que rien ne vienne altérer la marche du style inscripteur. L'axe des x doit être tracé de manière à permettre au style de parcourir le contour complet de la courbe. Pour la mesure d'une aire plane, sa direction peut être quelconque; pour la détermination du centre de gravité, il convient d'adopter deux axes se coupant sous un angle aussi voisin que possible de 90°, et on détermine la distance du centre à chacun d'eux. Quand on veut obtenir le moment d'iner-

tie d'une aire plane, l'axe des x est toujours la ligne même, par rapport à laquelle on prend les moments.

Pour faire les calculs, on lit les nombres indiqués par la roulette avant et après l'opération; on en relève la différence en retranchant le premier du second, et en conservant le signe du résultat. Pendant l'opération, il faut observer le sens de la marche du cadran, lorsque le zéro de celui-ci vient à passer devant la roulette, et on remarquera qu'il faut ajouter 1000 au résultat, lorsque le passage a lieu dans le sens direct 8, 9, 0, 1, 2, et il faut retrancher 1000 lorsque le passage a lieu dans le sens contraire. Dans ces conditions, tou · · les unités sont exprimées en centimètres, et · · résultats conservent leur signe; il faut obs · · er néanmoins que pour les intégrales de deg · · mpair, les résultats obtenus sont positifs, en décrivant le contour dans le sens des aiguilles d'une montre, que la courbe soit située au-dessus ou au-dessous de l'axe des x.

Pour les intégrales de degré pair, on trouve, au contraire, en parcourant le contour dans le même sens, des résultats négatifs pour les courbes situées au-dessus de l'axe, et des résultats positifs pour celles qui sont situées au-dessous.

Le montage et la vérification de l'appareil sont particulièrement délicats et exigent de nombreuses précautions, nous ne pouvons malheureusement pas les exposer ici en détail, et nous renverrons les lecteurs qui voudraient en faire usage, à la note adressée par M. Marcel Deprez à l'Académie des sciences (V. *Comptes-rendus*, p. 785), et à l'étude de M. Collignon, publiée dans les *Annales des ponts et chaussées* (1er semestre, 1872, p. 223).

INTERFÉRENCE. *T. de phys.* 1° *Optique.* Dans certaines circonstances, deux rayons lumineux, émanant de la même source. peuvent, en se croisant sous un angle très voisin de 180°, s'entre-détruire plus ou moins complètement et produire de l'obscurité ; on dit alors qu'il y a *interférence* entre ces rayons.

Ce phénomène, dans lequel *de la lumière ajoutée à de la lumière donne de l'obscurité*, est inexplicable dans le système de l'émission; il est, au contraire, une conséquence toute naturelle des propriétés de la lumière dans le *système des ondulations.*

Le beau phénomène des anneaux colorés des lames minces (teintes irisées de la nacre, des bulles de savon, des ailes de papillons, du plumage de certains oiseaux, etc.), s'explique par les interférences, c'est-à-dire par les différences de phase vibratoire de l'éther universel répandu dans l'intérieur des corps, comme dans le vide, et dans les espaces célestes. Quand l'un des rayons lumineux, qui arrivent ensemble à notre œil, a éprouvé un retard d'une demi-ondulation par rapport à un autre rayon, leurs lumières s'entre-détruisent, car les effets sont opposés; dans ce croisement, l'éther est en repos et l'œil a la sensation de l'obscurité; tandis que si la différence de phase des rayons perçus simultanément, est d'une ondulation complète ou d'un nombre pair d'ondulations, les effets s'ajoutent et l'œil éprouve la sensation d'un accroissement de lumière.

2° *Chaleur.* Les ondes calorifiques, comme les ondes lumineuses, peuvent *interférer* ; plusieurs physiciens l'ont démontré, en employant les miroirs de Fresnel et en observant les *franges ou bandes calorifiques*, à l'aide d'un appareil thermométrique très sensible : une pile thermo-électrique linéaire.

3° *Acoustique.* L'interférence des sons a été démontrée d'abord par Despretz sur les plaques vibrantes, puis par Wheatstone, à l'aide de tuyaux bifurqués, et par M. Lissajous avec des tuyaux d'orgue.

On a fait récemment une application de l'interférence des sons pour éviter le bruit strident que fait la vapeur au sortir de la chaudière d'une locomotive.

4° En *hydraulique*, les ondes qui se forment à la surface de l'eau qu'on agite en des points différents, interfèrent à leurs points de croisement.

5° En *mécanique*, les corps qui se choquent et se réduisent plus ou moins complètement au repos, nous représentent matériellement des effets analogues à ceux des ondes lumineuses, calorifiques, acoustiques ou liquides qui interfèrent. — C. D.

INTERLIGNE. T. *de typogr.* Lame de métal d'épaisseur variable, qui sert à séparer les lignes de la composition, et qu'on emploie également pour donner du blanc.

INTERRUPTEUR. T. *de phys.* Instrument accessoire des installations relatives à l'électricité et à ses applications. Il permet d'*interrompre* à volonté ou de *rétablir* un courant électrique, en *ouvrant* ou *fermant* son circuit (V. Circuit, Courant). Les principales formes d'interrupteurs ont été décrites au mot Commutateur. — V. aussi Clef télégraphique.

Des interrupteurs *automatiques* sont employés dans les appareils d'induction et notamment dans les *bobines d'induction* pour engendrer des courants induits (V. Bobine ; Électricité, § 95 et suivants ; Induction) et dans les appareils dits *trembleurs*, tels que les *sonneries trembleuses.*

INTRADOS. T. *d'arch.* Surface intérieure d'un arc ou d'une voûte. Opposé à *extrados.*

INULINE. T. *de chim.* Syn. : *hélénine, dahline.*

$$(C^{12}H^{10}O^{10})^6 \text{ ou } 6(C^6H^{10}O^5) + H^2O$$

d'après Kiliani. Polyglucoside découvert en 1804, par V. Rose, assez analogue à l'amidon, et qui se trouve dans les racines d'un certain nombre de plantes, telles que l'aunée (*inula helenium*, Lin.), où on l'a découverte.

C'est une poudre blanche, soluble dans l'eau bouillante, s'y gonflant sans faire d'empois, colorable par l'iode ; densité 1,34 ; pouvoir rotatoire (a), D = — 36°,57' (Lescœur). Soumise à l'action de la chaleur, elle fond à 190°, et s'altère au-delà ; par la distillation sèche, elle donne de l'acide

acétique. Les acides l'altèrent : l'acide acétique la transforme en divers éthers ; l'acide azotique, en acides formique, oxalique, paratartrique, glycolique ; l'acide sulfurique concentré la dissout, en donnant un liquide brun ; l'acide iodhydrique, au contact du phosphore rouge, donne avec ce corps une huile iodée ; avec le brome, en présence de l'oxyde d'argent, elle fournit du bromoforme, de l'acide oxalique et de l'acide glycolique. L'inuline est soluble à froid dans la potasse, et les acides la reprécipitent de cette solution ; elle réduit, à chaud, et en présence de l'ammoniaque, les sels de plomb, de cuivre, d'argent ; elle n'est pas précipitée par l'acétate de plomb tribasique, et enfin, elle se dissout dans l'ammoniure de cuivre.

Préparation. On l'obtient : 1° en concentrant la décoction des diverses racines, précipitant par deux volumes d'alcool, puis reprenant par l'eau, et décolorant par le charbon animal ; une nouvelle addition d'alcool précipite l'inuline (Thirault) ; 2° en faisant bouillir les racines coupées avec de l'eau et un peu de craie, filtrant, concentrant et plaçant dans un mélange réfrigérant. L'inuline impure se précipite ; on la sépare, on reprend par l'eau bouillante, et on la soumet à un nouveau refroidissement. On épuise par l'alcool faible, puis par de l'alcool à 93° ; le résidu est de l'inuline à peu près pure. — J. C.

INVERSEUR. — V. Commutateur.

IODE. T. *de chim.* Corps simple, métalloïde, découvert par Courtois, salpêtrier à Paris, en 1812, soumis par lui à Clément, puis étudié et décrit le 6 décembre 1813, par Gay-Lussac ; il a également fait l'objet de travaux dus à H. Davy.

Propriétés chimiques. C'est un produit solide, dont le symbole I correspond à 127 comme équivalent et comme poids atomique ; il est cassant, noir, à éclat métallique, cristallisé en lamelles rhomboïdales, ou en octaèdres longs ; (on obtient cette dernière forme par l'évaporation de l'acide iodhydrique). Sa densité est de 4,948, il émet à froid des vapeurs, mais par la chaleur celles-ci deviennent très visibles, à cause de leur coloration violette, laquelle a servi à dénommer ce corps (*ιωδης* violet) ; ces vapeurs sont très lourdes, leur densité est de 8,716 ; il fond entre 107 et 115° et bout (en vase clos) à 180°. Il est friable, son odeur rappelle celle du chlore ; il tache la peau en jaune ; il est peu soluble dans l'eau (1/7000°), qu'il colore en jaune ; il se dissout assez bien dans l'éther, l'alcool, en les teintant en brun, et en pouvant se combiner avec eux, ce qui fait que la teinture d'iode contient presque toujours de l'iodure d'éthyle ; il se dissout dans le chloroforme, la benzine, le sulfure de carbone en donnant à ce liquide une teinte violette ; dans l'iodure de potassium en solution, dans l'acide sulfhydrique, l'acide sulfureux, l'hyposulfite de soude. Examinées au spectroscope, les vapeurs d'iode montrent neuf raies colorées : une rouge, une orange, trois vertes, deux bleues et trois violettes.

Propriétés chimiques. L'iode n'a pas beaucoup d'affinité pour l'oxygène, avec lequel il forme, cependant, par voie détournée, quatre composés ;

il se combine mal au soufre et le corps que l'on désigne improprement sous le nom d'*iodure de soufre* n'est qu'un mélange ; le chlore, le brome, le déplacent de ses combinaisons, parce qu'ils sont plus électro-négatifs que lui ; il a tant d'affinité pour le phosphore, que l'iodure de ce corps ne peut se former que sous l'eau ; il se combine facilement à l'hydrogène, et avec les métaux, en général. Mélangé au mercure, à la limaille de fer et au soufre, il déflagre ; avec l'argent, il forme une combinaison, dont l'application a donné naissance au daguerréotype.

Les acides ont sur l'iode une action variable : chauffé avec de l'acide sulfurique, il donne de l'acide sulfureux et de l'acide iodhydrique, tandis que l'acide sulfureux, à froid et en solution, s'oxyde en donnant de l'acide sulfurique et de l'acide iodhydrique :

$$SO^2 + H^2O^2 + I = SO^3, HO + HI$$

Ce dernier acide est encore formé par l'action de l'acide sulfhydrique sur l'eau iodée :

$$HS + I = HI + S,$$

et il y a dépôt de soufre. C'est sur ce procédé qu'est fondée la *sulfhydrométrie* (V. ce mot).

L'acide azotique, surtout lorsqu'il contient des vapeurs d'acide hypoazotique, attaque l'iode et le transforme en acide iodique ; le chlore, en présence de l'eau, amène une réaction analogue :

$$I^2 + Cl^{10} + 5(H^2O^2) = 2(IO^5) + 10(HCl)$$

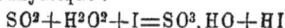
Acide iodique   Acide chlorhydrique

$$\text{ou } I^2 + 5Cl^2 + 6H^2O = 2(IO^3H) + 10(HCl)$$

Acide iodique   Acide chlorhydrique

La solution de potasse dissout l'iode en le transformant sans résidu, en iodure et iodate, pourvu qu'il n'y ait pas d'excès de potasse ; il y a décoloration :

$$6(KO) + I^6 = KO, IO^5 + 5(KI)$$

l'ammoniaque décolore également la teinture d'iode, mais il y a, dans ce cas, formation d'iodure d'azote, composé détonant, et dangereux à manier, par cela même. L'iode agit sur les matières colorées en détruisant souvent celles-ci, par suite de formation d'acide iodhydrique, l'hydrogène se combinant avec lui. Une des réactions les plus caractéristiques de l'iode est celle qui résulte de son contact avec l'hydrate amylacé ; il y a formation immédiate d'une coloration bleue très foncée, due à l'*iodure d'amidon* engendré. Cette teinte disparaît par l'application de la chaleur, pourvu que l'on ne dépasse pas la température de 100°, parce qu'alors l'iode et l'amidon n'ont plus d'action mutuelle, et se séparent, pour se combiner à nouveau, par le refroidissement. La coloration ne se reproduit pas si la température a été trop élevée.

État naturel. L'iode est assez répandu. On le trouve à l'état d'iodure d'argent et de plomb natif ; on en a signalé l'existence dans la houille, dans les fumerolles de Vulcano, dans les phosphorites d'Amberg (Bavière), de Diez, du Lot, du Tarn-et-Garonne ; il est assez abondant dans les nitrates de soude naturels du Chili et du Pérou ; d'après

Leuchs, il se dépose de l'iodure de fer dans les tuyaux adaptés aux gueulards des hauts-fourneaux. L'eau de la mer contient assez d'iode pour que certains mollusques, les éponges, les poissons du genre morue, raie, squale, etc., servent à faire des préparations officinales, dont l'iode est le principe actif ; on retrouve aussi, dans certaines sources minérales, telles que celles de Sulza (Saxe-Weimar), d'Antioquia, de notables quantités de ce métalloïde. L'iode existe dans les eaux courantes, nous en avons constaté la présence dans l'eau de la Seine, dans de l'eau de puits à Sotteville-les-Rouen ; on en a signalé dans l'eau de la Marne, du puits artésien de Grenelle, des étangs de Meudon. M. Chatin a depuis longtemps indiqué qu'il est absolument diffusé dans l'air, et que sa proportion augmente en raison directe de la proximité des bords de la mer.

On récolte pour son extraction, les fucus qui poussent sur nos côtes, et E. Marchand a signalé que les espèces qui en condensent le plus, sont celles dont les frondes sont très développées.

Extraction. L'extraction de l'iode ne se fait que dans un petit nombre d'endroits. Elle a lieu soit au moyen du traitement des varechs, soit par le raffinage de nitrates naturels. On compte, en France, 4 fabriques : à Cherbourg, à Granville, au Conquet (près Brest) et à Vannes. Il faut cependant ajouter à cette liste, Lille, où M. Kulhmann s'est occupé d'isoler l'iode existant dans les phosphorites, ainsi que La Villette, près Paris, où M. Michelet s'est livré à la même industrie, car d'après Thiercelin 1000 kilogrammes de ces produits peuvent donner 500 grammes d'iode.

Traitement des varechs. (a) *Par incinération.* Le plus ancien mode de traitement employé est celui de l'incinération des varechs. Les plantes sèches sont brûlées dans de grandes fosses, ce qui donne le *kelp* ou *soude de varechs*. Celui-ci est alors réduit en petits fragments, puis lessivé à l'eau, de façon à obtenir une liqueur marquant 1,18 à 1,20 au densimètre, ce qui laisse un peu plus du quart comme résidu insoluble. La solution contient des chlorures, sulfates, carbonates, iodures, bromures, sulfures et hyposulfites alcalins ; on la concentre d'abord à 28° Baumé, ce qui amène le dépôt du sulfate de potasse, puis, après décantation, à 32° Baumé, pour faire séparer le chlorure de sodium ; une nouvelle concentration enlève le chlorure de potassium. Les eaux mères sont alors traitées par l'acide sulfurique qui décompose les carbonates et le sulfure, ce qui amène un dégagement de gaz carbonique et sulfhydrique, et un dépôt de soufre ; on recueille celui-ci, et on ajoute de nouveau de l'acide. Tel était, dans le principe, le procédé Courtois ; on obtenait ainsi la décomposition des iodures ; car :

$$MI + SO^3, HO = MO, SO^3 + HI$$
$$\text{ou } MI + SHO^4 = MO^4S + HI$$

et l'acide iodhydrique, en présence d'un excès d'acide sulfurique, se réduisait, d'après la formule

$$HI + SO^3 = SO^2 + HO + I$$

Mais on a perfectionné cette méthode, et Gay-Lussac, puis bien après, Wollaston, ont montré l'utilité d'ajouter à l'acide sulfurique une certaine quantité de bioxyde de manganèse. Le mélange étant introduit dans un appareil distillatoire en plomb, ou en fonte (Paterson), on dirige les vapeurs d'iode qui se dégagent, dans des récipients en terre cuite, où l'iode se dépose sous forme de masse cristalline, dans les 4 ou 5 ballons disposés à cet effet ;

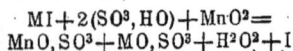

$$MI + 2(SO^3, HO) + MnO^2 =$$
$$MnO, SO^3 + MO, SO^3 + H^2O^2 + I$$

Dans les usines françaises, on suit un autre procédé. Lorsque l'eau de lessivage des cendres a été traitée une première fois par l'acide sulfurique et que l'on a recueilli le dépôt de soufre formé, on procède comme l'ont indiqué Barruel, puis Cournerie, de Cherbourg. C'est-à-dire que, une fois la liqueur clarifiée, après séparation totale du soufre, on l'étend d'eau pour ramener sa densité à 25° Baumé, puis on l'introduit dans des bonbonnes en grès, où l'on fait ensuite circuler un courant de chlore jusqu'à ce que le liquide commence à prendre une teinte rouge. On décompose ainsi les iodures : $MI + Cl = I + MCl$; mais il est important de ne pas laisser arriver un excès de chlore, car dans ce cas on pourrait former, en présence de l'eau, de l'acide chlorhydrique et de l'acide iodique, lequel n'étant plus précipité par le chlore, amènerait une perte notable d'iode, sans compter la formation de chlorure d'iode, et la mise en liberté de brome. On peut encore, après traitement par l'acide sulfurique, ajouter aux liqueurs 10 0/0 de bioxyde de manganèse, et calciner jusqu'à production de vapeurs violettes ; on reprend par l'eau, pour amener la solution à 25° Baumé, et on fait agir le chlore.

Suchs a préconisé un autre moyen d'utiliser le chlore ; il distille les liqueurs contenant les iodures alcalins avec du perchlorure de fer :

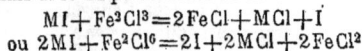

$$MI + Fe^2Cl^3 = 2FeCl + MCl + I$$
$$ou\ 2MI + Fe^2Cl^6 = 2I + 2MCl + 2FeCl^2$$

l'iode peu soluble dans l'eau passe à la distillation avec ce liquide, et se précipite sous forme d'une poudre noire; on décante, puis on met l'iode à égoutter dans des vases d'argile, et, finalement on dessèche sur du papier buvard reposant sur un lit de cendres sèches.

L'iode ainsi obtenu est sous forme pulvérulente: pour le livrer au commerce, on le sublime. L'opération s'effectue dans des cornues en grès, que l'on place dans un bain de sable, en ayant soin de recouvrir complètement les vases distillatoires, pour éviter le dépôt et l'obstruction du col des cornues. Comme il y a toujours un peu d'eau de mêlée au produit, les récipients où se fait la condensation doivent offrir un tube latéral pour le dégagement de la vapeur d'eau; et même, un double fond permettant à l'eau condensée de se séparer du produit sublimé. Une tonne de soude de varechs donne environ 4 kilogrammes d'iode.

(b) *Par carbonisation simple.* Tissier a proposé, en 1852, un procédé dans lequel on n'incinère plus les varechs, mais on les carbonise simplement par l'action de la vapeur surchauffée. Cette méthode a été réinventée par Stenford, en 1871; Moride, de

Nantes, a construit, pour la rendre pratique, un four portatif spécial, appliqué en Vendée et en Bretagne, depuis 1864, où l'on fait annuellement plus de 100,000 hectolitres de charbon de varechs, d'une valeur moyenne de 80 centimes l'hectolitre, et qui, après épuisement, peut servir comme décolorant ou désinfectant. La carbonisation des varechs amène la formation de gaz d'éclairage et de goudron, d'où l'on peut séparer de l'acide pyroligneux, de l'ammoniaque, des huiles minérales, de la paraffine ; puis, par lixiviation du charbon, des sels minéraux. Cette solution convenablement concentrée permet d'obtenir le sulfate de potasse, le chlorure de potassium ; on fait arriver ensuite dans la liqueur un courant de chlore ou d'acide hypoazotique, qui précipitent l'iode, lequel peut être enlevé par la benzine ou le sulfure de carbone, puis combiné à une base, d'où on le sépare ensuite afin de le sublimer.

TRAITEMENT DES AZOTATES NATURELS. L'iode est maintenant fabriqué sur place en Amérique, surtout dans les usines de San Pedro, canton de Cocina. Les eaux mères de raffinage des salpêtres ne contiennent guère que 0g,06 à 0g,75 0/0 de salpêtre brut ; on les traitait jadis par l'acide sulfureux, qui précipitait l'iode, jusqu'à ce que le gaz commençât à redissoudre le précipité (on agit aussi avec l'acide azoteux). Le dépôt recueilli était ensuite desséché et sublimé, mais il fallait après retraiter ces eaux mères par le chlore, afin de décomposer les iodures non précipités par ce traitement. Depuis quelque temps on préfère utiliser la réaction donnée par le bisulfite de soude et le sulfate de cuivre ; on obtient ainsi un iodure de cuivre que l'on décompose ensuite par l'action du bioxyde de manganèse et de l'acide sulfurique.

PRODUCTION. On fabrique environ annuellement, en Europe, 185,000 kilogrammes d'iode; dont 130,000 kilogrammes sont fournis par le Royaume-Uni et 55,000 par la France ; la production de l'Amérique méridionale peut être de 35,000 kil.

ALTÉRATION. L'iode peut, d'après son mode de fabrication, contenir parfois du chlore, du brome, de l'eau. Pour le purifier, on peut le sécher d'abord sur du papier, en le comprimant, puis on le distille ; pour le purifier complètement, on peut le saturer par la potasse, puis faire arriver dans la liqueur un courant de chlore en excès, qui précipite l'iode. On ajoute alors au produit trois fois le poids primitif d'iode dissous, et le métalloïde se dépose à l'état de pureté (Millon). S'il y a du chlore, on fait une solution d'iode dans la potasse, on acidule et on traite par l'azotate d'argent ; il se forme un précipité qui contient tout le chlorure produit. On lave à l'eau ammoniacale qui dissout ce dernier, sans toucher à l'iodure d'argent.

FALSIFICATIONS. L'iode a été falsifié par l'addition de charbon, de graphite, d'ardoise, de bioxyde de manganèse, d'oxyde de fer des battitures, d'eau, etc. Le dernier produit est indiqué par l'adhérence des cristaux d'iode, aux parois du verre ; on pourra en prendre un certain poids, le sécher sur du papier, et voir la perte constatée: on a trouvé ainsi jusqu'à 22 0/0 de fraude ; Bolley conseille de combiner 2 grammes d'iode à 16 grammes de mercure, et de calculer, après pesée du produit sec, si le sel représente bien les 2 grammes d'iode employés. Les autres corps signalés seront facilement retrouvés : 1° par volatilisation, puisque l'iode seul peut disparaître par la chaleur; 2° par dissolution dans l'alcool, tous les autres composés y étant insolubles.

TITRAGE DE L'IODE. On peut doser l'iode par divers procédés :

1° *Méthode Bobierre.* C'est le procédé indiqué par Mohr, et modifié par l'auteur. On fait de l'arsénite de soude avec 4ᵍ,95 d'acide arsénieux et 14ᵍ,50 de bicarbonate de soude, pour former 1000 centimètres cubes de liqueur titrée. On met dans un flacon 10 centimètres cubes de cette liqueur, 5 centimètres cubes de solution assez concentrée de bicarbonate de soude, et 4 centimètres cubes de benzine.

D'autre part, on dissout un poids quelconque d'iode pur dans 100 centimètres cubes de solution d'iodure de potassium assez concentrée, et on en remplit une burette. On verse cette solution dans celle d'arsénite, et dès que l'acide arsénieux est transformé en acide arsénique, on voit la benzine se colorer en rose, la liqueur aqueuse en jaune.

Un second essai comparatif, fait avec les mêmes proportions, sur l'iode à titrer, donne la richesse de celui-ci.

2° *Procédé Bunsen.* Il est basé sur l'action de l'acide sulfureux sur l'iode ; dès qu'il n'y a plus d'acide sulfureux à transformer en acide sulfurique, en présence de l'eau, l'iode libre colorera de l'hydrate amylacé mis dans la liqueur pour indiquer la fin de la réaction.

3° *Procédé Moride.* On fait une solution de 40 grammes d'hyposulfite de soude dans 1000 centimètres cubes d'eau, ce qui fait que 50 centimètres cubes de liqueur décolorent une solution contenant un gramme d'iode pur. Alors, on dissout 0ᵍ,50 de l'iode à essayer, dans de l'eau alcoolisée, et on y verse la liqueur normale avec une burette. On s'arrête quand la décoloration est complète; chaque 1/2 centimètre cube représente 1 centigramme d'iode. L'hyposulfite transforme ainsi l'iode en iodure et en tétrathionate de soude :

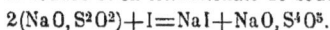

$$2(NaO, S^2O^2) + I = NaI + NaO, S^4O^5.$$

Usages. L'emploi de l'iode a pris depuis quelques années une importance considérable. Après l'avoir utilisé pour le daguerréotype, on en emploie actuellement des milliers de kilogrammes à l'état d'iodures, pour la photographie; les iodures de fer, de potassium, de sodium, de mercure sont journellement prescrits en médecine; Schermann (1870) l'a préconisé pour purifier industriellement le fer et l'acier (en dissolvant le soufre et le phosphore dont les composés sont volatils). La fabrication des couleurs de goudron en exige de grandes quantités, près de 90,000 kilogrammes, pour la production des verts, violets, de la cyanine bleue, etc. On l'emploie également en médecine.

* **IODHYDRIQUE** (Acide). *T. de chim.* H I. Corps gazeux résultant de la combinaison de l'iode et de l'hydrogène, fumant à l'air, très soluble dans l'eau, mais s'y altérant. Il se décompose au contact du mercure, en faisant du protoiodure et dégageant de l'hydrogène :

$$2HI + Hg^2 = (HgI)^2 + H^2$$

Il sert dans les laboratoires comme corps réducteur :

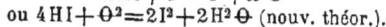

$$2HI + O^2 = I^2 + H^2O^2$$
$$\text{ou } 4HI + O^2 = 2I^2 + 2H^2O \text{ (nouv. théor.).}$$

On peut le préparer à la façon de l'acide chlorhydrique, en attaquant les iodures par l'acide sulfurique, mais alors il est impur et souillé d'acide sulfureux ou d'iode libre. Il vaut mieux l'obtenir par la décomposition de l'iodure de phosphore :

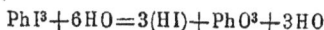

$$PhI^3 + 6HO = 3(HI) + \underline{PhO^3} + 3HO$$
$$\text{Ac. phosphoreux hydraté}$$
$$\text{ou } PhI^3 + 3H^2O = 3(HI) + PhO^3H^3$$

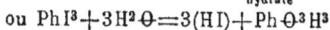

On introduit du phosphore amorphe dans de l'eau, et on y projette de l'iode ; il se forme immédiatement de l'iodure de phosphore, qui est décomposé par l'eau, au fur et à mesure de sa production.

IODIQUE (Acide). *T. de chim.* IO⁵... IO³H. Corps solide, blanc, cristallisé en tables hexagonales, de saveur amère et astringente, soluble dans l'eau, d'une densité de 4,52; il sature les bases, en formant des sels solubles (potassium, sodium, calcium, magnésium) ou insolubles (baryum, argent, etc.). Il est décomposé par les agents réducteurs, comme les acides sulfureux, iodhydrique, sulfhydrique, le bioxyde d'azote, etc. Cette réaction sert à retrouver l'acide iodique ou les iodates. Il oxyde le phosphore rouge, l'arsenic ; peut se combiner aux acides azotique, sulfurique, borique, phosphorique, mais est décomposé par l'acide chlorhydrique. L'acide iodique se forme dans l'électrolyse de l'eau iodée, dans la saturation des solutions alcalines par l'iode.

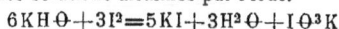

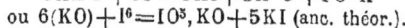

$$6KHO + 3I^2 = 5KI + 3H^2O + IO^3K$$
$$\text{ou } 6(KO) + I^6 = IO^5, KO + 5KI \text{ (anc. théor.).}$$

On l'obtient en faisant agir un excès de chlore sur l'iode, en présence de l'eau :

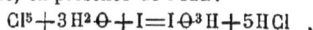

$$Cl^5 + 3H^2O + I = IO^3H + 5HCl$$
$$\text{ou } Cl^5 + 3(H^2O^2) + I = IO^5, HO + 5(HCl) \text{ (anc. th.)}$$

on sature par du carbonate de soude, puis on ajoute du chlorure de baryum, pour faire un précipité d'iodate de baryte, lequel repris par l'acide sulfurique donne l'acide iodique. On peut encore obtenir cette réduction de l'iode par le chlore, au moyen du chlorate de potasse (Millon), ou de l'hypochlorite de chaux (Flight).

Caractères des iodates. Ils sont décomposables par la chaleur et donnent des iodures avec dégagement d'oxygène :

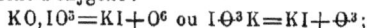

$$KO, IO^5 = KI + O^6 \text{ ou } IO^3K = KI + O^3;$$

avec les agents réducteurs, ils donnent des iodures ou mettent de l'iode en liberté; avec les matières combustibles, ils forment des mélanges détonants; ceux solubles donnent, avec les réactifs, les caractères suivants : par les *acides sulfurique* ou *azotique*, rien ; par l'*acide chlorhydrique*, à chaud, dégagement de chlore ; par le *chlorure de baryum*, précipité blanc, soluble dans l'acide azotique ; par l'*azotate d'argent*, précipité blanc, soluble dans l'ammoniaque, et un peu dans l'acide azotique ; par l'*acide sulfhydrique*, dans une liqueur acide (par SHO^4), dépôt de soufre et mise en liberté d'iode, qui colorera l'hydrate amylacé, et décoloration par un excès de réactif avec formation d'acide iodhydrique ; par l'*acide sulfureux*, mise en liberté d'iode.

* **IODITE**. *T. de minér.* Syn. : *Iodargyre*. Iodure d'argent natif, en masses cristallines, formées de prismes hexagonaux translucides, d'un jaune grisâtre, d'éclat résineux, d'une densité de 5,67, et contenant 54 0/0 d'iode. On l'a trouvé au Mexique et au Chili.

* **IODOMÉTRIE**. *T. de chim.* Il existe différents procédés propres à reconnaître ou à doser l'iode.

1° *Dosage de l'iode libre.* (a) Une première méthode est basée sur l'oxydation que peut éprouver l'acide arsénieux, en contact avec l'eau, en présence de l'iode ; il se forme de l'acide arsénique (Mohr) :

$$As O^3 + I^2 + H^2 O^2 = As O^5 + 2 H I$$
ou $As^2 O^3 + 2 H^2 O + 2 I^2 = As^2 O^5 + 4 H I$ (nouv. th.)

Alors, pour faire l'opération, on dissout dans de l'eau distillée $1^g,949$ d'acide arsénieux et $4^g,95$ do bicarbonate de soude; on chauffe pour former l'arsénite et avoir une solution limpide, puis on complète le volume de 1,000 centimètres cubes ; chaque centimètre cube de cette liqueur correspond à $0^g,005$ d'iode. D'un autre côté, on dissout $1^g,27$ d'iode pur dans une solution d'iodure de potassium, et on ajoute de l'hydrate amylacé, puis à l'aide d'une burette, on y verse la solution arsénicale, jusqu'à décoloration complète. D'après les équivalents ou le poids atomique, on devrait employer 12 grammes d'iode, si l'on n'en prend que 1/10°, c'est pour éviter une liqueur trop foncée, aussi doit-on multiplier par 10 le résultat trouvé. Comme on a dosé l'excès d'arsénite par l'iode normal, on sait quelle quantité d'arsénite de soude l'iode a transformé en arséniate, et par suite, la quantité d'iode réel contenu dans l'échantillon d'iode essayé. (b) Un autre procédé (Fordos et Gélis, Moride) repose sur la transformation de l'hyposulfite de soude en iodure et en tétrathionate de soude, par l'iode, en présence de l'eau. On fait une solution de 40 grammes d'hyposulfite dans 1,000 centimètres cubes d'eau distillée ; 50 centimètres cubes de cette solution doivent décolorer 1 gramme d'iode pur. Alors, on prend $0^g,50$ de l'iode à essayer, on les dissout dans l'eau alcoolisée, et on y verse la solution normale avec la burette. Chaque 1/2 centimètre cube de la burette représente 1 centimètre d'iode.

2° Pour *retrouver de très petites quantités d'iode*, dans des produits naturels, l'eau par exemple, comme ce produit y est à l'état de combinaison, et non libre, le procédé varie, suivant que le corps est à l'état d'iodure ou d'iodate. Nous allons successivement indiquer le procédé applicable à chaque cas ; mais, pour l'exemple de l'eau comme on n'a souvent que des traces appréciables, on commence par évaporer plu-

sieurs litres de liquide, en y ajoutant quelques décigrammes de carbonate de potasse pur, pour éviter la volatilisation de l'iode. On reprend le résidu par l'alcool, qui enlève les iodures, puis on calcine et reprend à nouveau par l'alcool. On chauffe pour chasser ce dissolvant, on traite le résidu par l'eau distillée, et on essaie les caractères de l'iode (Chatin, C. R. de l'Institut, t. L., p. 420), en déplaçant celui-ci dans un petit tube, par le chlore, le perchlorure de fer, l'acide azotique, en présence de l'hydrate amylacé; nous devons ajouter qu'un grand nombre de chimistes (de Luca, etc.) n'en ont jamais pu retrouver dans l'air par ce procédé.

3° Pour DOSER L'IODE DANS LES IODATES, on emploie la méthode indiquée par Bunsen, et qui consiste à décomposer l'acide iodique par l'acide chlorhydrique :

$$IO^5, HO + 5 H Cl = I Cl + 3 H^2 O^2 + Cl^4$$
ou $I O^3 H + 5 H Cl = I Cl + 3 H^2 O + 4 Cl$ (nouv. th.)

On dispose l'opération de façon à recevoir les 4 équivalents de chlore qui se dégagent dans une solution d'iodure de potassium ; il se dépose une quantité donnée d'iode, que l'on évalue par les liqueurs titrées, en partant de ce rapport que 508 d'iode, correspondent à 176 d'acide iodique.

Dans le cas où l'on aurait un mélange d'iodate et d'iodure, on précipite ce dernier par l'azotate d'argent dans une solution acidulée (par l'acide azotique), pour pouvoir dissoudre l'iodate à chaud, on filtre, et on réduit la liqueur filtrée par l'acide sulfureux.

4° Pour *doser l'iode dans les iodures*, on suit les procédés indiqués à l'art. IODURE. — J. G.

IODURE. *T. de chim.* Nom donné aux combinaisons de l'iode avec les corps simples. Ces produits sont variables, gazeux, liquides ou solides ; ces derniers sont isomorphes avec les chlorures, mais moins solubles qu'eux, puisque ceux alcalino-terreux seuls sont bien solubles ; moins fusibles et moins volatils que les chlorures; quelques-uns se décomposent à l'air, ou par l'action de la chaleur. Il y en a d'anhydres, un certain nombre, ceux qui cristallisent, par exemple, peuvent contenir de l'eau, certains sont mêmes hygrométriques et déliquescents ; par contre, il en existe aussi qui se décomposent au contact de l'eau, ceux d'étain, d'antimoine, d'arsenic, par exemple ; ils peuvent offrir des couleurs très vives. Les iodures sont reconnaissables aux caractères suivants :

Caractères spéciaux : par l'*acide sulfurique* et à chaud, ils dégagent des vapeurs d'iode, ou d'acide iodhydrique ; les *bisulfates* produisent la même réaction; ceux solubles : avec l'*azotate d'argent*, donnent un précipité jaune, insoluble, dans l'acide azotique et l'ammoniaque, mais blanchissant par l'action de ce dernier réactif; par l'*azotate de plomb*, précipité jaune ; par l'*azotate mercureux*, précipité jaune verdâtre ; par le *chlorure mercurique*, précipité rouge, soluble et décoloré dans un excès de réactif, ou dans l'iodure de potassium ; par l'*azotate de palladium*, précipité noir (carac. distinctif d'avec les chlorures et les bromures), ce précipité est insoluble dans l'acide azotique à froid, et soluble dans les iodures alcalins, avec coloration brune ; par les *sels de thallium*, précipité jaune, insoluble dans l'eau bouillante ; par le *sulfate de cuivre*, avec *l'acide sulfureux*, précipité blanc, d'iodure cuivreux ; par *l'eau chlorée*, mise en liberté d'iode, que l'hydrate amylacé colore en bleu, pourvu qu'il n'y ait pas excès de réactif, car sans cela, il n'y a pas coloration, par suite de formation d'acides chlorhydrique et iodique.

PRÉPARATION. On peut obtenir les iodures de diverses manières générales :

1° Par l'action de l'iode sur les métaux, comme pour l'iodure de fer, l'iodure mercureux.

2° Par celle de l'acide iodhydrique sur les métaux, sur les carbonates, ou les oxydes ; c'est ainsi qu'on obtient l'iodure d'ammonium.

3° Par la réaction produite sur les iodures alcalins, par un sel dont l'iodure est insoluble. Exemple : les iodures plombique, mercurique, etc.

4° Enfin, par l'action des oxydes alcalins sur l'iode. On évapore et on calcine pour transformer les iodates formés en iodures.

DOSAGE DE L'IODE DANS LES IODURES. 1° *Par l'azotate d'argent*. Si l'iodure est insoluble, on commence par le rendre soluble par une ébullition convenable avec de la lessive de soude, puis après refroidissement, on y verse une solution titrée d'azotate d'argent. Le précipité est lavé sur un filtre, à l'eau, et à l'eau acidulée par l'acide azotique, desséché dans le vide, puis pesé. Un gramme d'iodure d'argent représente 0,5405 d'iode ; 2° *Par le chlorure de palladium* : on acidule par l'acide chlorhydrique la solution d'iodure, on y verse le chlorure de palladium, et on laisse déposer pendant 24 heures, dans un endroit chaud, le précipité floconneux et noir obtenu. Après ce temps, on recueille sur un filtre, on lave à l'eau et à l'alcool, et on dessèche à 70° au maximum, ou même dans le vide. Le poids trouvé $\times$ 0,7046, donne la quantité d'iode existant ; ou bien, on calcine l'iodure de palladium, et le poids trouvé $\times$ 3,385 donne aussi la proportion d'iode existant dans l'iodure.

Parmi les iodures ayant une certaine importance, il faut citer les suivants :

Iodure de fer. — V. t. V, p. 57.

Iodure de mercure. On en connaît quatre, dont deux ayant pour formules Hg^4I^3 et Hg^2I^3. Les autres sont :

Le *protoiodure* Hg^2I... HgI est en poudre, d'un jaune verdâtre, noircissant à la lumière, et devenant rouge par la chaleur, volatil, d'une densité de 7,5. Il est insoluble dans l'eau et dans l'alcool ; l'iodure de potassium en précipite en partie l'iode en formant un biiodure. On l'obtient en triturant avec de l'alcool 100 parties de mercure et 63,8 d'iode, puis lavant à l'alcool pour enlever le biiodure formé (Berthelot) ; ou en triturant avec de l'eau, du protochlorure de mercure et de l'iodure de potassium (Dumas), en proportions indiquées par les équivalents.

Le *biiodure* HgI ou HgI^2 (nouv. théor.), qui est dimorphe, et se présente en octaèdres rouges ou en prismes jaunes ; il est insipide, inodore, soluble dans l'alcool et l'éther, d'une densité de 6,3. Il

est indécomposable par la chaleur, et forme avec l'iodure de potassium un sel défini l'iodomercurate de potasse $2(HgI)KI$, 3 aq.

On obtient le biiodure 1° en triturant 100 parties de mercure et 127 d'iode avec l'alcool, ou 2° en mélangeant brusquement une solution de 87 parties de bichlorure de mercure avec 100 parties d'iodure de potassium en solution dans l'eau, 3° ou encore en traitant la teinture d'iode par le mercure métallique.

Le *sel de Boutigny* est le chloroiodure de mercure $HgCl$, HgI, que l'on obtient en faisant arriver des vapeurs d'iode sur du protochlorure de mercure.

Iodure de plomb. Bien qu'il y ait plusieurs combinaisons du plomb et de l'iode, comme un biiodure bleuâtre et soluble, un oxidoiodure blanchâtre, etc., le seul employé est celui qui a pour formule PbI... PbI^2 (nouv. théor.). Il est en poudre jaune d'or, ou en lamelles hexagonales nacrées, inodore, insipide, il noircit à la lumière, est peu soluble dans l'eau froide (1/1235°) et plus soluble à l'ébullition de l'eau (1/192°), d'où il se sépare en cristallisant par refroidissement. Soumis à la chaleur, il fond et donne un liquide rouge ; il s'altère à l'air ; on l'a trouvé à l'état natif en Bolivie. On le prépare : 1° en versant dans une solution d'azotate de plomb neutre, une solution d'iodure de potassium ; des solutions basiques fournissent l'oxidoiodure blanchâtre ; les liqueurs acides, un biiodure bleu ; 2° en décomposant l'acétate neutre de plomb par l'iodure de fer.

Iodure de potassium. KI. C'est de tous les iodures le plus employé. Il est blanc, cristallisé en trémies cubiques, de saveur âcre, très répandu dans la nature. Il est soluble dans l'eau et l'alcool, fond au rouge, sans s'altérer au contact de l'air ; il dissout l'iode en formant un biiodure KI^2. On l'obtient : 1° en saturant une solution de potasse à 30° Baumé jusqu'à coloration brune, par de l'iode pulvérulent. On a vu (*extraction de l'iode*) qu'il se forme alors de l'iodate et de l'iodure ; on enlève ce dernier par l'alcool et on calcine pour réduire l'iodate en iodure. On chasse l'alcool par distillation, et on reprend les deux résidus par l'eau, pour faire cristalliser (Gay-Lussac). Ce procédé, un peu coûteux à cause de l'emploi de l'alcool, peut être remplacé par la méthode indiquée par Turner, en réduisant les iodates par le charbon, ainsi que le montre la formule suivante :

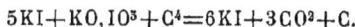

$$5KI + KO,IO^5 + C^4 = 6KI + 3CO^2 + C.$$

On fond dans une chaudière en fonte, on coule le produit fondu, on le concasse, on dissout dans l'eau, on filtre, puis on concentre pour faire évaporer.

On obtient un produit très pur en décomposant l'iodure ferreux par du carbonate de potasse (Baup et Caillot). On forme du biiodure de fer avec du fer et de l'iode ; le fer non combiné réduit le biiodure en protoiodure, et celui-ci devient carbonate ferreux par l'addition du sel de potasse. Ce dernier est transformé en iodure, lorsque la liqueur se décolore. Pour éviter la teinte ferrugineuse, difficile parfois à faire disparaître, on a préconisé l'emploi du zinc (Girault).

Dans l'industrie, on prépare ce sel avec l'iode extrait du traitement des soudes de varechs, et saturant par la solution de potasse.

ALTÉRATIONS. La préparation industrielle de ce produit fait qu'on y rencontre souvent des corps étrangers : le carbonate de potasse y serait indiqué par l'eau de chaux qui donnerait un précipité blanc ; le sulfate de même base, par le chlorure de baryum ; l'iodate par l'action de l'acide sulfureux, qui en mettant de l'iode en liberté, donnerait une teinte brune, dont on reconnaît facilement la nature.

FALSIFICATIONS. On mêle souvent à l'iodure de potassium, du bromure, du chlorure de même base, du chlorure de sodium, du carbonate de potasse. Pour trouver les chlorures, on précipite par l'azotate d'argent ; on ajoute de l'ammoniaque au précipité, pour enlever le chlorure, et on filtre ; en neutralisant la liqueur filtrée par l'acide azotique, on reprécipite le chlorure d'argent. Pour retrouver les bromures, on ajoute à l'iodure un excès de sulfate de cuivre, puis on traite par un courant d'acide sulfureux ; l'iode est précipité à l'état d'iodure cuivreux, et le bromure reste en solution ; on filtre, chauffe le liquide filtré, pour enlever l'acide sulfureux, et on recherche les caractères des bromures. Le carbonate de potasse est toléré dans l'iodure jusqu'à la dose de 5 0/0 du poids ; on le reconnaît à la réaction alcaline de l'iodure ; s'il existe en excès, il dissoudra un peu d'iode, sans amener de coloration brune, et fera effervescence par les acides.

Usages. L'iodure de potassium est très employé en photographie, avec l'iodure d'ammonium, de cadmium, qu'il sert d'ailleurs à préparer, ainsi que presque tous les iodures métalliques ; il est aussi fort employé en médecine. — J. C.

IONIQUE (Ordre). Nom donné à l'une des cinq ordonnances de l'architecture antique. Selon Vitruve, cette ordonnance aurait été inventée par les Ioniens d'Asie, qui prirent pour type de leur création les proportions sveltes et gracieuses de la femme. La forme si originale du chapiteau de la colonne ionique, ayant l'aspect d'un coussin plus long que large, recourbé en volute à ses deux extrémités (V. CHAPITEAU), est particulièrement attribuée par l'architecte romain à l'imitation d'une coiffure de femme.

— Divers auteurs, s'appuyant sur des données plus sérieuses, notamment sur des fouilles récemment faites à Chypre, voient l'origine de cette disposition singulière dans les enroulements formés par les feuillages qui couronnent des chapiteaux trouvés dans ces fouilles. Quoi qu'il en soit, c'est vraisemblablement dans les cités ioniennes que les Grecs appliquèrent, pour la première fois, à la décoration des temples cet ordre, qui, par son élégance, sa mollesse même, tient le milieu entre le dorique et le corinthien, entre la force et la solidité d'une part, le luxe et la richesse de l'autre. Les temples de Diane, à Ephèse et à Magnésie, ainsi que le temple de Bacchus, à Théos, étaient d'origine ionique. Il en était de même des temples accolés de Minerve, Poliade et de Pandrose, dont on voit encore les restes, assez bien conservés, dans l'acropole d'Athènes.

Les colonnes ioniques grecques sont, à la fois, plus élancées et plus espacées que celles d'ordre dorique ; leur diminution est peu prononcée. Le fût n'est pas dirigé en ligne droite : il est légèrement galbé. Ces colonnes sont ornées de bases. Les cannelures sont plus marquées que dans l'ordre dorique et séparées par des filets. L'entablement est moins puissant. L'architrave est divisée, sur sa hauteur, en trois bandes à peu près égales, et elle est séparée de la frise par une réunion de moulures dont deux sont couvertes d'ornements. La frise est unie et la corniche extrêmement simple. Dans le *chapiteau* (V. ce mot) il y a quatre parties : les *volutes*, qui représentent une bande formant plusieurs révolutions sur elle-même à ses deux extrémités ; les *coussinets* ou *balustres*, qui constituent les parties latérales et supérieures du chapiteau ; l'*échine*, décorée d'oves et comprise entre un rang de perles et un large entrelacs ; le *tailloir* ou *abaque*, formé d'un quart de rond également décoré d'oves. Le chapiteau est séparé du fût de la colonne par une astragale, et le gorgerin est décoré de palmettes fort élégantes alternant avec des lys de mer. Les chapiteaux ioniques ont ainsi deux faces principales, celles qui montrent les volutes et deux faces latérales, celles qui présentent les balustres. Dans les colonnes d'angle, pour s'assurer la régularité de l'apparence extérieure, les faces semblables ne sont plus opposées, mais contiguës. Quelquefois même, les balustres sont supprimés et les quatre faces, ornées de volutes, sont semblables.

Les Romains firent subir à l'ordre ionique grec certaines modifications ; la colonne fut généralement privée de ses cannelures ; le chapiteau prit des proportions plus maigres ; les volutes riches et élégantes des Grecs se rapetissèrent, et le gorgerin fut dépouillé de ses ornements délicats. L'architrave et là frise changèrent peu, et la corniche, dont aucun spécimen ne nous est parvenu complet, avait, comme on le suppose, son larmier précédé d'un rang de denticules et surmonté d'une large moulure.

Enfin, voici quelles sont les proportions relatives adoptées généralement par les modernes pour l'ordre ionique. En prenant comme unité ou *module* le demi-diamètre du fût à sa base, la hauteur des colonnes est fixée à 18 modules et leur espacement d'axe en axe à 6 modules 3/4 ; l'entablement a 4 modules 1/2 et le piédestal 6 modules de hauteur. Au chapiteau, on donne 2/3 de module, au fût 16 modules 1/3 et à la base 1 module. La corniche est décorée de denticules ; la frise est lisse, et l'architrave, couronnée d'une moulure, est divisée en deux bandes. Les volutes du chapiteau sont formées d'une suite d'oves, de cercles successivement tangents entre eux et dont les rayons de courbure varient graduellement de l'un à l'autre. (V. VOLUTE). Les cannelures ne sont pas, comme dans l'architecture antique, creusées suivant un demi-ovale ; mais formées par des demi-circonférences de cercle et séparées par des filets.

Un des plus remarquables exemples modernes de l'ordre ionique était celui que l'on voyait tout récemment encore au rez-de-chaussée du palais des Tuileries. Les colonnes du dessin de Philibert de l'Orme, étaient formées de tambours cannelés et de bandeaux sculptés, et ce mode de décoration se rattachait à l'ornementation du mur. — F. M.

IRIDIUM. *T. de chim.* Métal découvert en 1803 par Tennant, qui a pour symbole Ir, pour équivalent 98,6, et pour poids atomique 192,74 (Seubert, 1878). Il est d'un blanc d'acier ; sa densité est de 21,15, sa chaleur spécifique de 0,0326 ; il s'aplatit un peu sous le marteau, mais se brise comme les métaux cristallisés. Il résiste à l'action des acides; voir même à celle de l'eau régale; mais il s'oxyde, sans se dissoudre, quand on le chauffe avec du bisulfate de potasse, ou avec des alcalis, à une température très élevée; le chlore l'attaque facilement au rouge, surtout quand le métal est mélangé à un chlorure alcalin. Il s'allie facilement à l'argent et surtout à l'étain. Pour l'obtenir, on pulvérise l'osmiure d'iridium par le zinc, et on traite par cinq fois autant de bioxyde de baryum, en chauffant une heure au rouge cerise, dans un creuset en terre ; le résidu refroidi est pulvérisé et traité à l'ébullition, par l'eau régale, qui transforme l'osmium en acide osmique, lequel distille, et est recueilli dans un ballon. On précipite alors la liqueur contenue dans la cornue par l'acide sulfurique, qui enlève la baryte ; on décante, on évapore avec de l'acide chlorhydrique pour enlever l'acide azotique, puis enfin on sature par le chlorhydrate d'ammoniaque. On évapore ensuite au bain-marie, et à siccité, et on lave le résidu au sel ammoniac jusqu'à ce que les eaux de lavage soient incolores ; on a enlevé ainsi le rhodium, le fer, le cuivre, et il reste après filtration un dépôt constitué de chlorure double d'iridium et d'ammonium, avec des traces de chlorure de platine et de ruthénium. On calcine au rouge naissant pour enlever l'ammoniaque, et on réduit les chlorures par l'hydrogène. On reprend le résidu par l'eau régale qui dissout le platine, on lave, et on chauffe avec de l'azotate de potasse, ce qui forme un rhuténate soluble dans l'eau, puis on fond enfin l'iridium pulvérulent dans un creuset de chaux et avec le chalumeau oxyhydrique ; l'osmium qui pouvait rester se volatilise alors complètement (Deville et Debray).

Caractères des sels. Les sels d'iridium sont en général rouge-brun foncé (perchlorure), ceux verts (sesquichlorure) sont ramenés au rouge-brun par l'eau régale ; les premiers donnent :

Avec les *bases* en excès, décoloration et léger précipité brun noir ; la liqueur devient bleue à l'ébullition et à l'air, puis il y a dépôt bleu ; avec le *carbonate de potasse*, précipité rouge brun clair, décoloré par les bases ; l'évaporation à siccité, et l'action de l'eau, donnent une poudre bleue ; avec le *carbonate d'ammoniaque*, précipité cristallin, avec décoloration de la liqueur, laquelle ne fournit plus de dépôt bleu ; avec le *phosphate de soude*, décoloration à la longue, et teinte bleue avec dépôt bleu à l'ébullition ; avec le *borate de soude*, décoloration à chaud, et teinte bleue sans précipité ; avec le *formiate de soude*, réduction

lente à chaud, et précipité noir ; avec le *ferrocyanure de potassium*, décoloration immédiate ; avec le *nitrate mercureux*, précipité jaunâtre ; avec le *protochlorure d'étain*, précipité brun clair ; avec le *sulfhydrate d'ammoniaque*, précipité brun, soluble dans un excès de réactif ; avec le zinc, réduction et dépôt d'une poudre noire.

Usages. Depuis quelques années (1881), M. John Holland, de Cincinnati, a pris des brevets pour des applications industrielles de l'iridium. Ce métal que n'attaquent ni les acides, ni les alcalis, qui se polit très bien et ne s'oxyde pas à l'air, qui est plus dur que l'acier trempé, et qui peut se souder facilement à un grand nombre de métaux usuels (or, argent, cuivre, laiton, fer, acier, etc.), se fond assez facilement par le procédé de M. Holland, aussi l'*American Iridium Company* fabrique-t-elle actuellement avec ce corps : les pointes de contact des instruments télégraphiques, les coussinets des balances de précision, des montres, des pendules ; les dés des chalumeaux ; les filières à étirer ; les manomètres ; la bijouterie et les instruments de chirurgie, et par-dessus tout, les pointes des plumes d'or.

L'iridium peut également se plaquer avec facilité. — J. C.

*IRIDOSMINE. *T. de minér.* Syn. : *osmiure d'iridium.* C'est le principal minerai d'iridium. Il se présente sous forme de petits grains aplatis, cristallisés en prismes hexagonaux ou tubulaires, à éclat métallique, d'un gris blanchâtre ; D = 18,8 à 21,2 ; Dur. = 7. Il peut contenir de 44 à 77 0/0 d'iridium, et de 17 à 48 0/0 d'osmium.

On le trouve dans les sables platinifères de l'Oural, de la Colombie, de l'Australie.

IRIS. *T. de bot.* Genre de plantes, constituant le type de la famille des iridacées, et dont trois variétés sont cultivées pour leurs rhizomes : l'*iris germanique* (iris germanica, L.) à fleurs bleu foncé, l'*iris pâle* (l. pallida, Lamk.) à fleurs bleu clair, et l'*iris de Florence* (iris florentina, L.), à fleurs blanches. Ces espèces sont surtout cultivées aux environs de Florence et de Vérone ; mais depuis quelque temps, il en vient également à Londres, de Kashmir et du Maroc. On les plante sur les bords des terrasses et sur les lisières pierreuses des champs cultivés ; leurs rhizomes sont récoltés au mois d'août ; on les décortique, on les nettoie, et on les laisse sécher au soleil, en réservant les plus forts pour replanter. On les livre au commerce soit entiers, soit en petits fragments, en rognures, en poudre ou en petites boules réunies en chapelets ; ceux qui sont entiers sont blancs, de 5 à 10 centimètres de longueur, et épais de 3 centimètres, lourds, fermes, compacts, d'odeur de violette, de saveur âcre, amère et aromatique. Ils contiennent une substance solide, que l'on a nommée *camphre d'iris*, (0g,12 0/0) et qui est formée d'acide myristique $C^{14}H^{28}O^2$, une huile essentielle à odeur de violette, une résine brunâtre, de la fécule, et un tannin colorant les persels de fer en vert.

Les rhizomes d'iris sont exportés de Livourne, de Trieste, de Mogador ils ; sont très utilisés dans la parfumerie pour faire l'*essence* dite de *violette*, des teintures, poudres aromatiques pour sachets, poudres dentifrices, etc.

IRISATION. Propriété que possèdent certains corps de produire à leur surface les colorations du spectre solaire.

(a) T. de minér. Dans les minéraux l'*irisation* peut être *extérieure* ou *intérieure*. La première est due à la présence de surfaces striées, c'est-à-dire que la décomposition de la lumière provient de la surface même des cristaux, laquelle s'est trouvée altérée, soit par des fissures invisibles à l'œil, soit par le soulèvement d'une lame très mince, du corps lui-même, ou encore par la présence d'une matière étrangère, qui forme à sa surface une couche imperceptible. Ce phénomène est fréquent sur la houille, le fer oligiste, la philipsite, le quartz, et se présente encore sur les échantillons de bismuth cristallisé. L'irisation intérieure provient, au contraire, de la structure interne du minéral ; lorsque ce dernier est transparent et offre de petites fentes, la réfraction de la lumière sur les faces de ces fentes produit des effets d'irisation. L'opale, le labrador, montrent cette irisation, que l'on nomme parfois *chatoiement.*

(b) T. de verrerie. Les objets en verre, antiques ou modernes, présentent parfois l'irisation. Nous renvoyons, pour connaître la cause de ce phénomène et le moyen de l'obtenir, au mot VERRERIE.

IRRIGATEUR. Appareil propre à arroser. ‖ On donne aussi ce nom à un instrument imaginé par le docteur Eguisier pour remplacer la seringue antique et le clysopompe de nos pères ; son usage est le même, mais son mécanisme, fonctionnant automatiquement dans un corps de pompe vertical au bas duquel est fixé un long tube en caoutchouc, permet de s'administrer facilement le contenu du récipient sans le secours d'une main étrangère.

IRRIGATION. Après le *drainage*, l'amélioration foncière la plus importante, consiste dans l'aménagement des terres pour l'irrigation. En France, l'arrosage, en raison du climat, est même plus souvent nécessaire et plus profitable que l'assainissement, d'une utilité incontestable partout. Des terres sans valeur acquièrent alors une valeur de 6 à 10,000 francs l'hectare, en prairies naturelles. Dans le midi de la France, nombre de cultures et surtout les fourragères ne sont possibles qu'avec l'arrosage. Malheureusement, les capitaux français vont plutôt à l'étranger que vers les entreprises de grands canaux d'arrosage qui seuls peuvent mettre notre pays en mesure de lutter contre les producteurs étrangers. On sait que depuis dix ans, trois ou quatre départements du midi ruinés par le phylloxera et la substitution de l'aniline à la garance, attendent vainement de notre parlement, la loi nécessaire pour l'exécution d'un canal qui les sauverait, le canal *Dumont.*

La place qui nous est assignée ne nous permet pas de développer cette belle question des irrigations. Nous nous bornerons donc à donner aux ingénieurs et aux propriétaires, des notions exactes sur les travaux qu'exige cette amélioration.

Les *effets* que l'eau d'arrosage produit sur les diverses plantes cultivées dépendent, non seulement du climat et de la nature du sol, mais aussi des matières que cette eau peut contenir en dissolution ou en suspension et de la quantité donnée par hectare. Ainsi, l'eau d'arrosage peut non seulement fournir aux plantes en végétation la proportion d'eau pure nécessaire à leur constitution même, mais aussi une portion des éléments organiques et minéraux qui constituent leurs divers organes. L'eau, en humectant les particules terreuses, facilite le développement des radicelles, et amène à l'intérieur du sol l'air nécessaire à la respiration des parties souterraines, racines et radicelles, et aux diverses oxydations et dissolutions que nécessite l'absorption des aliments par les plantes. L'eau d'arrosage peut servir, en outre, à apporter sur un sol stérile des particules terreuses formant, par des dépôts successifs, une couche de terre fertile.

La *quantité d'eau* nécessaire par hectare de pré, varie avec la nature du sol, les plantes cultivées et les buts que l'on se propose d'atteindre par l'irrigation. S'il ne s'agit que de fournir l'eau nécessaire au développement des plantes et pour balancer l'évaporation qui se fait sur le sol et par les feuilles, ou si la seule eau dont on dispose est pauvre, c'est-à-dire pure, on réduit la quantité par hectare à ce qui est nécessaire pour *détremper* le sol sur une épaisseur de 0m,3 environ, tous les quinze jours pendant la saison des arrosages (6 mois). C'est 250 à 500 mètres cubes, ou, en tout, 3,000 à 6,000 mètres cubes d'eau. Ces douze arrosages correspondent à autant de pluies de 25 à 50 millimètres d'épaisseur (pluies excessives). En sols très perméables, il vaut mieux donner vingt-quatre arrosages deux fois moins copieux. Si l'eau est *riche* en matières utiles, en dissolution ou en suspension (sels de potasse, air, gaz carbonique, particules calcaires, matières organiques, etc.), on peut doubler la quantité d'eau fournie. Si l'on veut *colmater* ou former une couche de terre, on verse sur le sol stérile toute l'eau trouble dont on peut disposer, et aussi souvent que possible.

Pour les céréales et les cultures granifères, on ne doit donner que quatre à cinq arrosages copieux à des époques convenables. Pour les cultures maraîchères, il faut des arrosages beaucoup plus fréquents que pour les prairies, et une quantité d'eau triple ou quadruple suivant le climat. Enfin, pour les *rizières*, il en faut deux fois plus au moins, suivant la nature du sol, le climat et sa situation. Un cours d'eau peut arroser autant d'hectares de pré que son débit par seconde compte de demi-litres.

Les plantes et le sol sur lequel elles végètent peuvent recevoir l'eau d'irrigation de quatre façons distinctes : 1° par *ruissellement*, en nappe mince à la surface du sol en pente sensible ; 2° par *submersion* ; 3° par *infiltration* ; 4° par *aspersion*. Quel que soit le mode adopté, l'aménagement ou l'appropriation du sol à l'irrigation, doit être précédé des travaux de *captation* et de conduite de l'eau, parfois même de son *élévation* par des machines.

Tous ces travaux sont du ressort de l'ingénieur agricole, mais ils sont familiers à tous les ingénieurs dignes de ce nom. La partie de la mécanique appliquée, connue sous le nom d'*hydraulique*, donne les moyens de calculer les dimensions des canaux ou tuyaux de conduite dans les divers cas et les conditions de l'élévation de l'eau suivant les hauteurs et les volumes.

Irrigations par ruissellement. L'eau de pluie roulant sur les pentes fortes des hautes vallées est le type naturel de ce système d'arrosage. L'eau amenée à la partie la plus élevée de la prairie en plan incliné, alimente d'une manière continue une *rigole à bord horizontal* qui déverse en trop plein. La mince nappe d'eau qui s'écoule ainsi, roule jusqu'au bas de la pente. Dans ce ruissellement, une partie de l'eau est absorbée par le sol ; il peut donc se faire, si la zone inclinée est trop longue dans la direction de la pente, que le haut seul de cette zone profite de l'eau et des matières utiles qu'elle tient en dissolution ou en suspension. En ce cas, on partage le plan incliné, gazonné en bandes étroites, par des *rigoles horizontales* étagées C, pouvant recevoir chacune isolément de l'eau *neuve* par une rigole de *distribution*, de plus grande pente B (dite verticale). Toutes ces rigoles horizontales

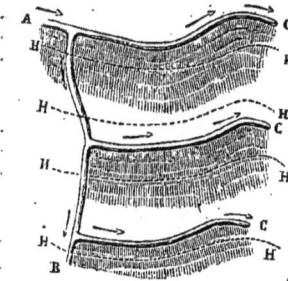

Fig. 505. — *Irrigation d'une prairie par le déversement de rigoles horizontales étagées pouvant, au besoin, reprendre l'eau plusieurs fois.*

sont donc alimentées simultanément, et chacune déborde en arrosant la bande de prairie qui lui incombe. C'est ainsi qu'il faut procéder si on dispose d'une quantité d'eau suffisante, et surtout si cette eau est riche en principes alimentaires solubles ou en suspension, afin de répartir également cette *fumure* (fig. 505).

Si l'eau est rare, la seconde rigole horizontale reprend l'eau qui a arrosé la première bande et la déverse sur la seconde bande, la troisième rigole recueille cette eau et l'utilise une troisième fois et ainsi de suite. C'est l'arrosage par *reprise d'eau*. Enfin, on peut, suivant les saisons et le volume d'eau dont on dispose, donner partout de l'eau neuve, ou alternativement de l'eau neuve et de l'eau reprise plusieurs fois. Lorsque l'eau d'arrosage *court* sur une pente sensible dans les brins d'herbe, elle s'aère et reprend une partie de sa richesse, mais il est difficile de croire que de l'eau ayant servi plusieurs fois ne perde pas une grande partie, sinon la totalité de ses propriétés fécondantes.

Lorsqu'au lieu d'un seul versant, comme nous venons de le supposer, le prairie présente une succession de versants, chacun d'eux est traité comme le versant unique dont nous venons de parler. Le canal d'amenée qui précède la prairie, change de rôle dès qu'il y pénètre ; il devient *canal de répartition* et fournit l'eau aux *rigoles de distribution* chargées d'alimenter les diverses rigoles déversantes ou d'arrosage. Suivant la *forme* et l'étendue de la prairie, il n'y aura qu'un seul canal répartiteur, couronnant la prairie à son amont, ou plusieurs canaux répartiteurs, placés au sommet des divers versants. Parfois, des canaux de reprise seront étagés entre l'amont et l'aval. Chaque forme de terrain conduira donc à un *tracé* particulier de la canalisation d'amenée de l'eau. L'expulsion des eaux d'égout exige une canalisation opposée ; des rigoles d'égouts dans les petits thalwegs, des dépressions faiblement accusées, réuniront leurs eaux à celles des fossés d'égout jusqu'à un collecteur général, expulsant l'eau de la prairie irriguée. Il ne reste plus qu'à indiquer l'écartement des rigoles déversantes, des rigoles de distribution et leur forme. En pentes très fortes, les rigoles déversantes étagées doivent être assez proches l'une de l'autre pour que les nappes déversantes ne ravinent pas le sol en formant des *ruisselets* dans les dépressions : 4 mètres est un minimum d'écartement. En pentes très faibles (5 à 6 millimètres), les rigoles doivent être aussi rapprochées par une raison différente : l'égale répartition de l'eau et de ses parties fécondantes. C'est dans les moyennes pentes, de 4 à 10 centimètres que l'on peut espacer au maximum les rigoles d'arrosage (40 à 50 mètres), surtout si les versants sont des plans inclinés réguliers sans ondulations sensibles. Si le versant arrosé présente des ondulations irrégulières et assez accentuées, il faut rapprocher les rigoles d'arrosage, ainsi que les rigoles de distribution. Il faut pousser de petites rigoles presque horizontales aux sommets des petits contreforts, et ouvrir dans les thalwegs des rigoles d'égout amenant rapidement les eaux d'arrosage, qui s'y réunissent, jusque dans une rigole déversante qui les reprend. Au bas de chaque versant, et dans tous les thalwegs, on doit ouvrir des fossés recueillant les eaux qui ont coulé sur la prairie. Ces rigoles et canaux d'égout forment une canalisation de forme symétrique avec celle d'amenée des eaux d'arrosage. Les rigoles de distribution doivent en principe être placées, sur les arêtes des contreforts et dans les thalwegs ; mais on est souvent forcé d'en ajouter d'intermédiaires, car il est bon que les rigoles d'arrosage n'aient nulle part plus de 30 à 40 mètres de long ; ce qui entraîne un écartement de 60 à 80 mètres pour les rigoles de distribution, si elles alimentent sur leurs deux côtés des rigoles déversantes, ou 30 à 40 mètres, si elles ne fournissent l'eau que sur un de leurs côtés.

Lorsque le sol a une pente suffisante pour un bon ruissellement sur la prairie, mais est très irrégulier dans sa surface, les rigoles horizontales sont très courbes, il faut les rapprocher beaucoup et un déversement régulier est difficile. Il est alors, préférable de *régulariser la surface* en *écrétant* les contreforts et se servant du déblai produit pour combler les ravins plus ou moins prononcés. Malheureusement, ces travaux de terrassement, si utiles à divers points de vue, sont fort coûteux s'ils sont faits à la main et surtout s'ils ne sont pas rationnellement dirigés par des nivellements topographiques. En employant la *pelle à cheval* simple ou *ravallé*, ou celle à roues de M. Carayon-Latour, on obtient une économie très grande sur la main-d'œuvre. Si le sol n'a qu'une pente insuffisante, si même il est à peu près horizontal et imperméable, on ne peut adopter le ruissellement qu'en transformant la surface et lui donnant de fortes pentes artificielles. Pour cela, on transforme le sol, plat ou en pente douce, en *séries d'ados* dont les axes sont dirigés suivant la plus grande pente, ou normalement à cette pente. Dans le premier cas, le seul recommandable suivant nous, les deux versants opposés de chaque ados sont égaux; dans le second, ils sont inégaux. Les rigoles déversantes sont placées sur la crête des ados, et arrosent les deux versants à la fois. Les rigoles d'égout sont naturellement entre les ados, dans des thalwegs artificiels. En tête d'une série d'ados à axes parallèles, convergents ou divergents suivant la forme du sol, il y a la rigole de distribution ou de répartition alimentant toutes les rigoles placées au sommet des ados; au pied ou à l'aval des ados, terminés là en *croupes*, il y a un fossé d'égout auquel aboutissent toutes les rigoles d'égout. Si le sol a quelques millimètres de pente par mètre, on fait plusieurs étages d'ados à crêtes horizontales. Le fossé d'égout de l'étage supérieur d'ados, communique par des *buses* souterraines traversant une bande horizontale servant de chemin, avec le canal ou la rigole de distribution placée en tête ou à l'amont de l'étage inférieur d'ados. On peut donc irriguer le deuxième étage en reprenant l'eau qui a arrosé le premier; ou, par un canal répartiteur dirigé suivant la plus grande pente et tenu en remblai, assurer de l'eau neuve à volonté à toutes les rigoles de distribution placées en têtes des divers étages d'ados. On trace d'une manière analogue les ados transversaux: mais l'égouttement s'y fait si mal que nous n'en conseillons pas l'adoption. Les figures 506 et 507 montrent deux étages d'ados à versants égaux.

Fig. 506 et 507. — *Plan d'une irrigation par ados (2 étages), et coupe par l'axe d'un ados à chaque étage.*
C Rigoles déversantes. — *D* Rigoles d'égout, *A* Canaux d'amonée.

Les rigoles déversantes, dans tous ces systèmes, doivent avoir leurs bords déversants horizontaux mais leur profondeur doit aller en diminuant, depuis leur origine dans la rigole de distribution où elle est de 0m,2, jusqu'à leur extrémité où elle est réduite à 2 ou 3 centimètres. Ces rigoles de section trapézoïdales doivent être à demi-creusées, leurs bords déversants étant faits en remblai et un peu saillants sur le sol même.

Quelques irrigateurs adoptent des rigoles déversantes d'une profondeur uniforme de 6 à 7 centimètres et d'une largeur constante, dites *razes*. Le déversement ne peut s'y faire que par l'action de gazons placés de distance en distance comme barrages incomplets. Ce déversement est par suite très irrégulier. Ces rigoles ont quelques millimètres de pente par mètre, et leurs bords sont taillés à pic. Les rigoles horizontales avec leur profondeur décroissante, comme le volume à conduire, déversent régulièrement par trop plein, il faut donc les adopter de préférence aux razes traditionnelles.

Irrigation par submersion. Le débordement des rivières est une irrigation naturelle de ce genre; elle a parfois lieu en temps inopportun; mais souvent, elle peut être réglée comme dans le delta du Nil, et donner de magnifiques résultats. Pour pouvoir submerger un terrain à l'état de prairies, de céréales, de rizières, etc., il faut l'aménager en *bassins* par l'élévation de *digues* en terre. Le canal amenant l'eau jusqu'au bassin le plus élevé, car ils peuvent être au même niveau ou étagés, est prolongé par un canal de répartition longeant les divers bassins et les alimentant à l'aide de *buses* ou de *tuyaux* fermés par des vannes ou des clapets. A la partie la plus basse du bassin, un aqueduc passant sous la digue d'aval sert à la vidange du bassin après un séjour de l'eau, plus ou moins prolongé suivant les exigences des plantes arrosées. Des rigoles d'égout creusées dans les thalwegs du fond même des bassins se réunissent dans des fossés d'égout alimentant un canal général d'égout.

Les digues limitant les bassins sont de deux genres: celles qui ont leur axe longitudinal dirigé

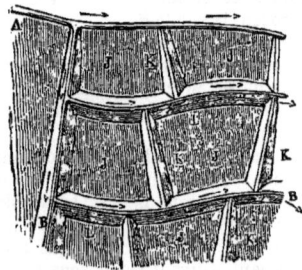

Fig. 508. — *Irrigation par submersion.*
A Canal d'amenée de l'eau. — *JJ* Bassins étagés. — *K* Digue suivant la plus grande pente du sol. — *L* Digues suivant les horizontales.

suivant une horizontale du sol, et celles dont la longueur suit une ligne de plus grande pente. Toutes ont une section trapézoïdale à talus très doux, 2 1/2 à 3 de base au moins pour un mètre de hauteur, si elles sont permanentes et engazonnées. On emprunte la terre nécessaire à leur élévation en ouvrant un fossé au pied de chacun de leurs talus, si elles sont dirigées suivant la plus grande pente, ou seulement du côté d'amont, si elles se dirigent comme les horizontales du sol. Ces fossés ont des profondeurs croissantes comme les digues, dans le premier cas, et uniformes, dans le second. La figure 508 montre une irrigation par submersion.

Quelques-unes de ces digues portent les canaux ou rigoles de répartition ou d'alimentation, elles ont alors à leur sommet une largeur en rapport avec leur destination ; les digues nues n'ont au sommet que la largeur strictement nécessaire au passage d'un homme, soit 0m,20 à 0m,30 au plus.

L'aire de chaque bassin est déterminée par deux conditions : 1° nulle part, la profondeur d'eau ne doit dépasser 0m,4, afin de ne pas trop gêner la respiration des plantes submergées pendant l'arrosage ; 2° l'étendue ne doit pas dépasser 2 1/2 hectares par bassin, afin de ne pas laisser se former des vagues trop hautes pendant les vents violents.

Pour les champs cultivés et les rizières, les digues ne sont ordinairement que *temporaires* : on les rase pour pouvoir mettre la charrue et préparer l'ensemencement et on les rétablit dès que l'arrosage est

Fig. 509. — *Pompe centrifuge à vapeur de M. Dumont.*

nécessaire. Pour éviter cette main-d'œuvre assez coûteuse, nous conseillons, toutes les fois que cela est possible, et sans inconvénient pour l'accès et le voisinage du champ, de l'entourer, sauf à l'amont, d'une digue permanente gazonnée à talus très doux, fauchable, bordée à l'intérieur d'une bande de gazon jouant le rôle de fourrière ou de cheintre. On récolte ainsi du foin, et l'on économise la main-d'œuvre. La submersion des vignes se fait de même.

Irrigation par infiltration. Les rives gazonnées ou plantées des ruisseaux qui ne débordent jamais ont une végétation luxuriante due à un arrosage naturel par infiltration de l'eau de ces ruisseaux dans le sol de leurs rives. On arrive artificiellement au même résultat en faisant circuler lentement l'eau au fond d'une rigole serpentant dans une *prairie horizontale*, ou à faible pente sans que jamais l'eau puisse déverser à la surface. Cette infiltration latérale suffira à provoquer la croissance de l'herbe si les zones, entre rigoles,

n'ont pas plus de 3 à 4 mètres. Pour les près, ce mode d'arrosage est peu recommandable. Il n'a de raison d'être que lorsqu'aucun des précédents n'est applicable, c'est-à-dire quand le niveau de l'eau est trop bas pour qu'elle puisse déborder sur le sol ou le submerger.

Pour les champs ou les jardins maraîchers, on fait courir l'eau dans des rigoles divisant le terrain en planches étroites. Il convient de disposer les rigoles pour que l'eau n'y reste jamais absolument stagnante.

L'infiltration dont nous venons de parler est superficielle. On a proposé dans le même but d'utiliser les conduits de drainage en pierres ou en tuyaux de poterie pour faire un arrosage par infiltration souterraine ascendante. On y fait circuler soit les eaux mêmes du drainage qu'on y retient momentanément par des bondes fermant des regards particuliers. Ces irrigations peu efficaces, ne sont conseillables qu'à défaut de tout autre système.

Irrigation par aspersion. C'est une pluie artificielle obtenue en refoulant l'eau dans un tuyau terminé par un ajutage analogue à celui des pompes à incendie, ou avec un bec Raveneau sur lequel l'eau se brise et forme une nappe étalée. Ce tuyau peut aussi être alimenté par un réservoir élevé suffisamment au-dessus du sol pour que l'eau puisse jaillir sur tous les points de la surface à arroser. Dans l'ensemble des terres à arroser prés, champs, vignes, etc., on fait partir du réservoir un tuyau qui circule souterrainement pour porter l'eau à un nombre convenable de *bouches d'arrosage*. Ce tuyau est ordinairement en fonte ou en fer, de 0,06 de diamètre intérieur, et placé à 0m,70 dans le sol pour éviter la gelée. De ce tuyau principal, et de ses divers branchements secondaires ou tertiaires, s'élèvent des branchements verticaux terminés par des bouches d'arrosage, disposées de façon qu'on puisse y visser un bout de tuyau en cuir ou en caoutchouc, ajouter à ce premier bout, un second, un troisième, et enfin, le tuyau de projection. Ce système d'arrosage a été adopté pour toutes les terres de grandes fermes utilisant les eaux d'égout des villes, ou seulement l'engrais liquide obtenu en lavant à grandes eaux les étables, écuries, porcheries, etc., et ajoutant même dans des réservoirs· les vidanges des fosses d'aisances additionnées de 3 à 4 fois leur volume d'eau. On arrose ainsi les parcs, les villes mêmes. M. Raveneau a doté ce mode d'irrigation pour jardins d'une foule de petits appareils très ingénieux.

L'arrosage des prés, des rizières et l'inondation des vignes phylloxérées exigent, parfois, l'élévation mécanique de l'eau à quelques mètres seulement. L'appareil le plus pratique, en ce cas, est une *pompe centrifuge* d'un bon modèle, actionnée directement par une courroie venant d'une forte machine locomobile à vapeur, comme le montre la figure 509.

Plusieurs de nos constructeurs français fournissent ce genre de machine élévatoire dans d'excellentes conditions. — J. A. G.

—Parmi les entreprises d'irrigation les plus importantes de notre pays, on doit citer les beaux canaux qui dérivent une notable partie des eaux de la Durance à l'étiage, soit 82 mètres, dont 27 dans le département de Vaucluse et 55 dans celui des bouches-du-Rhône, c'est-à-dire les canaux de Crapone, des Alpines, de Carpentras, de Marseille, et le plus récent, celui de Verdon. Le canal de la Bourne, qui doit arroser la plaine de Vaucluse, touche à son achèvement.

Dans le bassin de la Garonne, citons tout d'abord le canal de la Nesle, destiné non seulement à arroser le plateau de Lannemezan, mais encore à alimenter les vallées et les rivières de la Lange, de la Save, de la Baïse et du Gers. Pour suppléer à l'insuffisance du débit de la Nesle en étiage, on établit, au lac d'Oredon, au pied de Néouvieil et du Piclong, un réservoir de 7 millions 1/2 de mètres cubes, dont l'altitude est à 1,852 mètres au-dessus du niveau de la mer. Il faut encore citer, dans le même bassin, le canal de Saint-Martory à Toulouse, qui doit arroser la vallée de la Garonne en amont de Toulouse, et dont la branche principale est achevée.

Parmi les canaux d'irrigation qui ont fait l'objet de lois récentes, nous citerons : 1° celui du Louet dérivé de la rivière de l'Aude pour la submersion (1) ou l'irrigation d'une partie du territoire d'un certain nombre de communes du département du même nom, et qui doit être exécuté aux frais de l'Etat; 2° le canal de Manosque, destiné à dériver de la Durance un certain volume d'eau pour l'irrigation et la submersion d'une notable quantité de terrains dans les Basses-Alpes; 3° le canal de Ventavon, dérivé de la Durance à Valserres (Basses-Alpes) pour l'irrigation de la rive droite de cette rivière, jusqu'aux abords de Sisteron (même département).

Il est des canaux d'irrigation entrepris par des syndicats auxquels l'Etat accorde des subventions; dans les Hautes-Alpes, les canaux de Gap, de Prunières, de Saint-Firmin, de l'Echalp; dans l'Aude, le canal d'Escouloubre; dans les Bouches-du-Rhône, les canaux de Verdon, des Alpines, de la ville de la Ciotat; dans la Haute-Garonne, les canaux de Saint-Martory, de Lalande; dans la Loire, le canal du Forez; dans les Basses-Pyrénées, le canal entre Accous et Bedous; le canal d'Artise, le canal de la plaine de Sainte-Marie-d'Oloron; dans les Pyrénées-Orientales, le canal de la ville de Port-Vendres.

* **ISABEY** (JEAN-BAPTISTE), peintre miniaturiste, naquit à Paris en 1767 et y mourut en 1855. Comme Gérard, Isabey doit sans doute le meilleur de sa légitime réputation à la valeur de ses portraits, mais plus encore à la célébrité des personnages qui posèrent devant lui. Trois grands noms marquent les principales étapes de sa carrière : *Marie-Antoinette, Mirabeau, Napoléon.* Son portrait de Bonaparte, en premier consul, est peut-être son chef-d'œuvre. Le moment de sa plus grande vogue fut le Directoire, où il mit à la mode les portraits en miniature sur ivoire, genre aimable dont la vogue se prolongea jusque sous la Restauration, et qui avait sa raison d'être surtout sous l'Empire où l'on s'aimait vite, entre deux victoires. Le mérite essentiel de J.-B. Isabey réside dans le goût et la correction de son dessin, qualité dont il était redevable à la sévérité de l'enseignement de Louis David. Isabey, cependant, a laissé quelques tableaux dont le plus connu est la *Promenade sur l'eau*, composition sentimentale dans l'esprit de Prud'hon ou plutôt de son élève, la pauvre mademoiselle Mayer. Sur un petit cours d'eau traversant un parc ombragé de grands arbres, un jeune père coiffé sur le front, à l'antique, et portant de beaux favoris, bourgeoisement vêtu, en manche de chemise et en gilet rayé, le cou engoncé dans une haute cravate de mousseline, est assis à l'avant du batelet, et, ramant lentement, promène parmi les méandres du parc, avec des perspectives de temples grecs, de ponts rustiques et de verdoyants bocages, sa jeune femme et trois jeunes enfants amoureusement groupés autour d'elle, sous une tente improvisée, à l'arrière de la barque, au moyen d'un drap jeté sur quatre perches. Tout cela doux, naïf, charmant, vieillot comme une chanson d'aïeule, comme une sonate de Dussek, ou une romance de Martini, mais d'une assez pauvre facture, figée sous la brosse du peintre par un ressouvenir des héros de Girodet. Isabey se montre autrement artiste dans une rapide esquisse à la plume, conservée au Louvre, et représentant *Le premier consul passant une revue dans la cour du Carrousel*, œuvre exquise de vie, de mouvement, de vérité, d'un caractère absolument moderne, et qui devance, sans qu'ils l'aient dépassé, le talent de Charlet, de Raffet, d'Horace Vernet et de H. Bellangé.

* **ISATINE.** T. de chim. $C^{16}H^5AzO^4...C^8H^5AzO^2$ Syn. : *Trioxindol deshydraté* ; substance neutre, dérivant de l'indigo, et découverte à la fois, en 1845, par Laurent d'un côté et par Erdmann de l'autre. Considérée comme un amide de la série de l'indol, elle est cristallisée en prismes rhomboïdaux, d'un jaune brun allant au rouge brun, amère, inodore ; elle fond à 120° en répandant des vapeurs irritantes, est peu soluble dans l'eau froide, mais plus dans l'eau chaude; elle se dissout imparfaitement dans l'éther, et bien dans l'alcool, dans l'acide azotique faible et tiède, dans l'acide sulfurique fumant, dans la potasse, mais quelque temps, ou de suite, lorsqu'on chauffe à 100°; elle se transforme en acide isatique, par l'hydratation, et ce dernier se sépare en cristaux d'un jaune pâle,

$$C^{16}H^5AzO^4 + H^2O^2 = C^{16}H^7AzO^6$$

Isatine	Acide isatique

ou $C^8H^5AzO^2 + H^2O = C^8H^7AzO^3$,

(1) Il s'agit ici du moyen de destruction le plus assuré du phylloxéra.

et l'isotate de potasse qui se trouve engendré, peut former, par l'action de la chaleur, et la concentration des liqueurs, de l'aniline ; il y a séparation d'hydrogène qui se dégage :

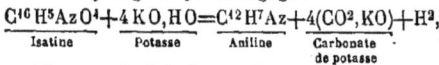

$$C^{16} H^5 Az O^4 + 4 KO, HO = C^{12} H^7 Az + 4 (CO^2, KO) + H^2,$$

Isatine   Potasse   Aniline   Carbonate
de potasse

ou bien avec la théorie atomique,

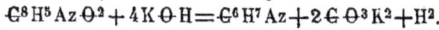

$$C^8 H^5 Az O^2 + 4 KOH = C^6 H^7 Az + 2 CO^3 K^2 + H^2.$$

L'isatine peut, dans de certaines conditions, donner avec l'acide iodhydrique, une belle matière colorante verte, l'*isato-chlorine* ; de même qu'en la traitant par le trichlorure de phosphore, et du chlorure d'éthyle contenant du phosphore en dissolution, on obtient de l'*isato-purpurine* ou *indigopurpurine* ; avec l'hydrogène sulfuré, l'isatine donne de l'*isathyde*, $C^{32} H^{12} Az^2 O^8 ... C^{16} H^{12} Az^2 O^4$; avec l'amalgame de sodium, en présence de l'eau, du *dioxindol*, $C^{16} H^7 Az O^4$, puis de l'oxindol, $C^{16} H^7 Az O^2$, et enfin de l'indol, $C^{16} H^7 Az ... C^8 H^7 Az$. Enfin transformée en chlorure isatique,

$$C^{16} H^4 Cl Az O^2 ... C^8 H^4 Cl Az O,$$

par l'action du perchlorure de phosphore, l'isatine en présence du sulfhydrate d'ammoniaque se change en *indigo* (Baeyer et Emmerling). L'isatine résulte de l'oxydation de l'indigotine. Laurent a montré qu'on peut l'obtenir par l'action de l'acide azotique sur l'indigo. Celui-ci étant convenablement pulvérisé, on chauffe jusqu'à décoloration complète, puis on étend de 4 à 5 volumes d'eau, on filtre bouillant, et par cristallisation il se sépare après refroidissement, des cristaux d'isatine. Une réaction semblable peut être obtenue au moyen de l'acide chromique (Sommaruga).

On peut encore préparer l'isatine, par l'action des alcalis concentrés employés en dissolution bouillante, sur la poudre d'indigo. Ces deux réactions s'expriment d'ailleurs, toujours par une oxydation :

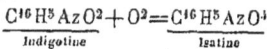

$$C^{16} H^5 Az O^2 + O^2 = C^{16} H^5 Az O^4$$

Indigotine   Isatine

ou $C^8 H^5 Az O + O = C^8 H^5 Az O^2$ (nouv. théor.)
L'isatine peut aussi s'obtenir par l'oxydation de l'amido-oxindol, de l'amido-indoxyle, de l'acide orthonitrophenylpropiolique.

ISOCÈLE ou mieux **ISOSCÈLE**. *T. de géom.* Qui a deux côtés égaux. Se dit surtout du triangle et du trapèze. Le triangle et le trapèze isoscèles présentent cette propriété remarquable d'être superposables à eux-mêmes après retournement, c'est-à-dire qu'on peut faire coïncider la figure avec son ancienne position en appliquant, par exemple, la portion de gauche sur la portion de droite et inversement. Cette remarque donne la clef de toutes les autres propriétés du triangle ou du trapèze isoscèle ; elle montre comment il existe dans une pareille figure une droite médiane qui est un axe de symétrie ; chaque élément situé d'un côté de cette droite correspond à un élément égal situé de l'autre côté. Ainsi, dans un triangle isoscèle, les deux angles à la base (côté qui n'est égal à aucun autre) sont égaux ; la hauteur, la médiane et la bissectrice menées sur la base, se confondent en une seule et même ligne droite, etc.

ISOCHRONISME. T. de phys. Galilée découvrit que les oscillations d'un pendule se font dans des temps égaux. Il crut que cet isochronisme était indépendant de l'amplitude ; mais on reconnut, et l'on démontra que l'isochronisme n'avait lieu que pour les très petites oscillations dont l'amplitude ne dépassait pas 4 ou 5°. Huyghens prouva que la *cycloïde* (V. ce mot) est la seule courbe qu'un point matériel peut décrire pour que les oscillations sur cette courbe soient isochrones. Il construisit un pendule cycloïdal jouissant de cette propriété. Mais l'isochronisme s'obtient facilement, sans recourir à la cycloïde, en réalisant la *continuité d'amplitude*, au moyen de ressorts et d'échappements qu'on applique aux horloges.

La détermination de l'intensité de la pesanteur en différents lieux du globe terrestre, de l'aplatissement et par suite de la figure exacte de la terre, reposent sur le fait de l'isochronisme des oscillations du pendule. — V. PENDULE. — C. D.

* **ISOLANTS** (Corps). *T. de phys.* — V. CONDUCTEURS (Corps), ÉLECTRICITÉ, § 30.

* **ISOLATEUR.** Les *fils télégraphiques* (V. cet art.) aériens sont suspendus aux poteaux ou appuis de la ligne par l'intermédiaire de supports isolants ou *isolateurs* en porcelaine, verre, grès ou ébonite. La porcelaine émaillée, à pâte compacte et à base de kaolin pur, constitue un excellent isolateur, qui est actuellement employé dans presque tous les pays où l'on peut se la procurer à bon marché. Le grès est plus poreux que la porcelaine ; on fabrique, en Angleterre, des isolateurs en grès (ou faïence). Le verre isole bien, mais il condense facilement l'humidité à sa surface. On fabrique avec l'ébonite (caoutchouc durci) de petits isolateurs légers, à l'usage de la télégraphie militaire. Quand il est nécessaire de protéger l'isolateur contre les accidents extérieurs, on le recouvre d'une carapace en fer ou fonte malléable (isolateur blindé).

La forme de l'isolateur a beaucoup plus d'importance que la nature de la matière employée, pourvu qu'elle soit suffisamment isolante et ne puisse se laisser pénétrer par l'eau, car c'est principalement par la couche humide qui recouvre les appuis et isolateurs, que s'effectuent les déperditions du courant électrique. Un bon isolateur doit donc être établi de telle sorte qu'entre les points où il touche le poteau ou l'appui et le fil qu'il soutient, il existe une cavité à l'abri de la pluie et de l'humidité. Le contact avec l'isolateur du fil et des vis ou consoles en fer qui relient l'isolateur au poteau, doit être aussi faible que possible. En outre, il est nécessaire que l'isolateur soit assez solide pour résister au poids, à la tension ou aux vibrations du fil, tout en restant léger et aisé à transporter ; il importe que son installation sur le poteau, ainsi que la pose ou l'enlèvement du fil puisse se faire facilement. Enfin, l'isolateur doit être disposé de telle façon que la rupture de la matière isolante n'entraîne pas la chute du fil, et que le fil puisse, à volonté, soit glisser (isolateurs à crochet), soit être arrêté (isolateurs-arrêt), suivant les circonstances.

L'isolateur français à crochet a la forme d'une cloche munie de deux oreilles, traversées par les vis qui se fixent au poteau ; le fil est suspendu à un crochet en fer scellé dans la cavité de la cloche. L'isolateur-arrêt a la forme d'une cloche surmontée d'une tête, avec un ou deux mamelons formant une sorte d'encoche dans laquelle on place le fil ; il est rivé au poteau par une console en fer scellée dans le fond de la cloche. Plus la cloche est longue, plus est long le chemin que doit parcourir l'électricité pour aller du fil à la console, en suivant les surfaces extérieure et intérieure. On augmente encore la longueur de ce chemin, et on améliore par suite l'isolement par l'emploi de deux cloches superposées (isolateur à double cloche). — J. R.

ISOMÈRE. *T. de chim.* On donne ce nom à des composés qui, tout en offrant à l'analyse une composition absolument identique, présentent cependant des caractères physiques ou chimiques complètement différents. C'est en 1823 que l'on a signalé les premiers faits d'isomérie, en montrant que l'acide cyanique et l'acide fulminique ont une même composition (Wœbler et Liébig) ; plus tard, on reconnut que presque tous les composés chimiques peuvent offrir ce phénomène, les carbures d'hydrogène, par exemple (butylène et éthylène), les acides (acides tartriques), etc. Berzélius (1830), a désigné sous le nom de *métamériques* les corps qui sont constitués de molécules d'égale grandeur, renfermant un même nombre de mêmes atomes, mais avec un groupement différent, et sous le nom de *polymériques*, ceux qui contiennent des molécules d'inégale grandeur, constituées par les mêmes atomes, unis en même proportion, mais en nombre plus considérable. Ainsi, l'acide acétique, le dioxyméthylène, le formiate de méthylène, qui ont tous trois la même formule $C^4 H^4 O^4$, et présentent la même composition centésimale, sont *isomériques* ; le sucre appelé *glucose*, desséché à 120°, offre la même composition centésimale que l'acide acétique, mais sa molécule renferme trois fois plus d'équivalents, sa composition s'exprimera par la formule $C^{12} H^{12} O^{12}$, triple de celle du premier corps, avec lequel il est *polymérique ;* l'acide lactique est également comparable au glucose : sa composition centésimale est la même, sa molécule renfermant moins d'équivalents que celle du glucose, sa formule $C^6 H^6 O^6$, étant moitié de celle du dernier corps, on dit encore que le glucose est polymère de l'acide lactique.

Si l'on se reporte à l'article HYDROCARBURE, on verra, par ces exemples, qu'il existe entre le glucose, l'acide lactique, l'acide acétique, les mêmes rapports qu'entre ceux des carbures que nous avons réunis dans la série $C^{2n} H^{2n}$, et dits, pour cette raison, *carbures polymères.*

L'isomérie peut se produire : 1° par compensation : ainsi, si nous prenons pour exemple la dimé thylbenzine (xylène) et l'éthylbenzine, qui on. toutes deux la même formule brute $C^{10} H^{10}$, nous

pourrons remarquer qu'ils sont isomères par compensation, si on les représente par les formules

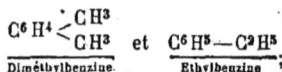

$$C^6 H^4 {<}^{CH^3}_{CH^3} \quad \text{et} \quad C^6 H^5 - C^2 H^5$$

<u>Diméthylbenzine.</u>   <u>Éthylbenzine</u>

2° par position : c'est ce que montre l'examen du noyau hexagonal de la benzine puisqu'on peut obtenir trois séries d'isomères par position, l'*ortho-série*, la *méta-série* et la *para-série*. — J. C.

ISOMORPHISME. *T. de chim. et de cristallog.* Aux détails contenus, à ce sujet, dans l'article CRISTALLOGRAPHIE, nous ajouterons les suivants. L'isomorphisme a été découvert par Mitscherlich, qui le constata d'abord sur le phosphate et l'arséniate de soude, puis sur le phosphate et l'arséniate d'ammoniaque, sur le superphosphate et le superarséniate de soude ou de baryte, sur les phosphate et arséniate doubles de potasse et de soude. La découverte de l'isomorphisme servit à expliquer la composition variable de certains minéraux, par la substitution d'une substance à une autre qui lui est isomorphe ; par exemple, la chaux à la magnésie, l'alumine au sesquioxyde de fer, etc. Elle a servi aussi, et peut servir encore, à la détermination des équivalents chimiques.

Les corps isomorphes géométriquement et chimiquement, le sont aussi physiquement : ils ont des structures moléculaires semblables ; leurs poids spécifiques sont entre eux dans le même rapport que leurs poids atomiques.

Il y a des corps isomorphes simples, comme il y en a de composés.

TABLEAU DES CORPS ISOMORPHES (d'après Delafosse : *Traité de minéralogie).*

Corps simples.

1. Soufre, sélénium.
2. Chlore, fluor, brome, iode.
3. Arsenic, antimoine, tellure, bismuth.
4. Étain, titane.
5. Fer, manganèse, chrome, cobalt, nickel.
6. Cuivre, argent.

Composés binaires oxydés.

De la formule RO.
1. Chaux, magnésie, protoxyde de fer, protoxyde de manganèse, oxyde de zinc, etc.
2. Baryte, strontiane, protoxyde plomb.

De la formule $R^2 O^3$.
1. Alumine, peroxyde de fer, sesquioxyde de soude, sesquioxyde de chrome, sesquioxyde de titane.
2. Oxyde antimonique, acide arsénieux.

De la formule RO^2. Acide titanique, acide stannique.

De la formule RO^3.
1. Acide sulfurique, acide sélénique, acide chromique, acide manganique.
2. Acide tungstique, acide molybdique.

Composés binaires sulfurés.

De la formule $R^2 S^3$. Sesquisulfure d'antimoine, sesquisulfure d'arsenic.

De la formule $R^2 S$. Sulfure de cuivre, sulfure d'argent.

Composés ternaires carbonatés.

De la formule RO, CO^2. Carbonates de chaux, de magnésie, de manganèse, de fer, de zinc (1).

(1) Les cristaux de ces sels ont des angles qui diffèrent peu les uns des autres. Pour les quatre derniers, la différence n'est pas supérieure à 20' (de 107° 20' à 107° 40').

Composés ternaires sulfatés.

De la formule RO, SO^3. Sulfate de fer, sulfate de cuivre.

Composés quaternaires.

De la formule RO, SO^3; $R^2O^3, 3(SO^3) + 24 HO$. Les aluns : potassique, sodique, ammoniacal, etc.; aluminique, ferrique, chromique, etc. — c. d.

*ISSANT, ANTE. *Art héral.* Se dit d'un animal dont on ne voit que la partie supérieure, laquelle paraît se détacher d'une autre pièce de l'écu.

* ITALIE (1). L'unité politique de l'Italie a produit des résultats remarquables au point de vue du développement de la population et de sa production utile. Ce pays avait, en 1861, 25,000,000 d'habitants, et le recensement de 1876 en a donné 27,769,475, soit une augmentation annuelle d'environ 200,000 individus. Un des premiers bienfaits de l'unité a été de permettre la construction et le raccordement des lignes ferrées, sans préoccupations politiques. Vers la fin de 1859, il n'y avait, en activité, que 1603 kilomètres de chemins de fer, appartenant pour la plus grande partie à la vallée du Pô, dont l'exploitation est plus facile et la richesse plus grande; en 1877, le réseau, qui s'étendait sur toute la surface du royaume, était de 7,804 kilomètres. Aux débuts de cette extension subite, les constructeurs étaient dépendants de l'étranger pour l'établissement de la voie et le matériel roulant, car l'industrie de la construction métallique n'existait pas en Italie; aujourd'hui, on y fabrique des vagons, des machines, des plaques tournantes, des ponts, des viaducs en fer, dont les spécimens exposés en 1878, pouvaient rivaliser avec les meilleurs produits similaires anglais ou français. Actuellement, ce pays, par la longueur de son réseau, occupe en Europe le dixième rang; au point de vue des relations commerciales son avenir est superbe. Par le Mont Cenis il est en rapport avec la France, par le St-Gothard avec la Suisse et l'Allemagne; de plus, c'est la voie la plus rapide pour les marchandises belges et anglaises; par le chemin du Brenner, il communique directement avec l'Autriche-Hongrie; il est relié à Vienne par le Semmering; enfin, une voie rapide longe toute l'Adriatique et mène à Brindisi, qui est la porte ouverte sur l'Orient, et qui gardera ce monopole jusqu'à ce que le réseau des chemins de fers roumains et bulgares soit achevé, dans un avenir sans doute encore fort éloigné.

L'Italie, pays nouveau au point de vue économique, a donc acquis une importance exceptionnelle qui, selon toutes probabilités, doit encore recevoir prochainement un grand accroissement. Il est donc du plus haut intérêt d'étudier la valeur de ses produits à l'exposition.

La constitution physique et géologique de l'Italie est essentiellement favorable à l'extraction ou à la production des matières premières. La nature a prodigué dans son sol les minerais et les marbres précieux; elle a donné à ses mers un grand développement de côtes, elle a répandu sur les flancs de ses montagnes des eaux abondantes, susceptibles d'être transformées en forces motrices économiques, enfin les conditions faciles de la vie ont maintenu la main-d'œuvre à un bon marché exceptionnel. Aussi l'industrie minière est-elle restée florissante, malgré l'absence de houille dans la Péninsule. Les mines de fer de l'île d'Elbe, exploitées depuis 3,000 ans, et qui semblent inépuisables, donnent chaque année 150,000 tonnes d'excellent minerai, aussitôt exporté faute d'établissements capables de le mettre en œuvre; la Sardaigne produit avec abondance le plomb argentifère et le zinc; la Toscane fournit le mercure et le cuivre. On trouve un peu partout l'antimoine, le nickel, la pyrite de fer, le manganèse, le lignite, seule trace de combustible minéral

(1) V. la note p. 117, t. I.

que possède le pays, et dont l'extraction atteint à peine 200,000 tonnes. Deux autres sources de richesses très importantes sont les mines de soufre de Sicile, qui emploient 14,000 ouvriers et produisent annuellement 260,000 tonnes, d'une valeur de 26 millions, et les carrières de marbre de Massa et de Carrare, qui mettent au jour 160,000 tonnes de pierres uniques au monde. Enfin le pétrole exploité dans le Nord donne une production annuelle de 150,000 litres. Caserte, Rome et Syracuse fournissent 700 tonnes d'asphalte.

L'industrie de la soie vient au premier rang à l'exportation, pour 306 millions de francs en 1883. Avant l'année 1876, la production moyenne en soie grège était évaluée à 3 millions de kilogrammes, mais, en 1876, une crise d'une gravité exceptionnelle a abaissé la production à un million de kilogrammes, et a influé sur son exposition au Champ de Mars. L'exportation de 117,000 kilogrammes en 1873, était descendue en 1877, à 57,260 kilogrammes. En temps ordinaire, le travail de la soie occupe 150,000 ouvriers. Le centre principal du tissage est à Côme, où se trouvent 7,000 métiers environ. Turin, Gênes, Milan, Florence et Rome s'occupent aussi de cette industrie. Mais on compte à peine 300 métiers mécaniques sur 20,000, et le bas prix de la main-d'œuvre compense seule l'infériorité de l'outillage.

La laine fournit également beaucoup à l'exportation. Le tissage qui a toujours été une industrie florissante de l'Italie, a pris depuis quelques années, à Gênes, Milan, Prato, Pise, etc., un développement considérable. Aujourd'hui, on estime à 270,000, le nombre de fuseaux employés à la filature de la laine cardée, fonctionnant dans 8,000 ateliers, dont 2,000 à la mécanique. Le produit annuel des tissus de laine est évalué à 130 millions de lires; mais cette production n'est pas suffisante pour la consommation intérieure, puisqu'on importe en Italie pour 50 millions de tissus de laine peignée. On estime à 10,000 le nombre des ouvriers employés dans cette industrie.

L'industrie des fils et tissus de coton a environ la même importance; elle est également insuffisante pour la consommation intérieure, et l'importation des cotons filés se monte à 15,000 tonnes. La production du lin et du chanvre atteint aussi des chiffres considérables. Le seul commerce des dentelles de lin s'élève à 500,000 francs par an.

Les cuirs et peaux sont l'objet d'une activité très grande à Turin, Milan, Brescia et Bra. Les peaux sont travaillées dans le pays même. Les centres de la ganterie sont Naples, Gênes, Turin et Venise; les chaussures fournissent une exportation active, surtout pour l'Amérique du Sud.

Dans les industries agricoles, la fabrication de l'huile d'olive est certainement la plus considérable. On estime sa livraison annuelle à 3,385,591 hectolitres, dont la plus grande partie est destinée à l'exportation. Ensuite figurent les laitages, fromages, beurres que les Italiens, grands éleveurs de bestiaux, envoient par grandes quantités en France, ainsi que les œufs (pour une somme de 3,436,000 lires), et les bêtes à cornes (77,447 têtes en 1876). Enfin, les moutons, les porcs, et surtout le miel, font une très grande concurrence aux produits similaires du midi de la France, et la récolte de céréales est assez importante pour permettre de vendre à l'étranger de grandes quantités de blés et de farines, soit plus de 150,000 quintaux en 1877. Les articles à l'importation sont surtout les produits manufacturés, le bois, le papier, la houille et les produits chimiques.

C'est avec la France que se fait le plus grand commerce de l'Italie; en 1881, nos échanges avec ce pays ont atteint 940 millions, soit plus du tiers de son mouvement commercial, qui était, à cette époque, de 2,500 millions, dont 1,300 millions à l'importation, et moins de 1,200 millions à l'exportation; la progression a été rapide, car, en 1866, on comptait seulement 917 millions à l'importation, et 667 millions à l'exportation. La marine marchande avait passé de 952,000 tonneaux en 1868, à 1,078,000 en 1876, pour 10,903 navires à voiles et 142 à vapeur. La situation est donc actuellement très prospère.

BEAUX ARTS. La section des beaux arts italiens a révélé chez les descendants de Raphaël et de Michel-Ange des tendances anti-classiques qui, si elles assurent momentanément le succès auprès d'une foule ignorante, ne porteront sans doute pas le nom des artistes jusqu'à la postérité la plus reculée. Sans parler de Nittis, qui n'avait guère d'italien que l'origine, ni même de M. Pasini, qui a exposé de si charmants paysages orientaux, mais que Paris revendique, la peinture italienne se distingue par une recherche et un maniéré qui rompt avec toutes les traditions, et dont le *Printemps* de M. Michetti est un des meilleurs exemples. Il faut concéder aux artistes italiens de la verve et de la couleur ; mais ce n'est pas qu'avec de l'art amusant ou chatoyant qu'on fonde une école.

De même en sculpture. A côté du *Jenner expérimentant la vaccine sur son fils*, très apprécié des critiques et des connaisseurs, le gros succès de l'exposition italienne a été pour des statuettes et des groupes tels que les deux *boys* anglais vendant le *Times* et l'*Evening standard* en se disputant les acheteurs, et les bébés abrités sous un parapluie d'où découle un mince filet d'eau, un filet d'eau en terre cuite ! Voilà une minutie de détails à laquelle Michel-Ange, qui avait pourtant la prétention de faire de l'art, ne se serait pas arrêté ! Il est doublement regrettable que des artistes consacrent à ces futilités un réel talent, et qu'ils y trouvent un intérêt commercial qui contribue à les éloigner de l'art.

Où nous trouvons l'Italie sans rivale, c'est dans les arts décoratifs dont elle a conservé les procédés et les traditions, tels que la mosaïque, la marqueterie, très employée dans les meubles, avec d'heureux mélanges de nacre et de peinture, les terres cuites émaillées dans le style de Della Robbia, encore bien imparfaites, mais qui n'en sont pas moins précieuses pour la décoration, et enfin ses verres travaillés, industrie vénitienne qui est restée exclusive à l'Italie, où la matière est torsadée, filée, dentelée comme des tissus, où elle se contourne de mille et mille façons, où elle prend mille contours gracieux et charmants. C'était peut-être le seul côté vraiment original de l'exposition italienne.

* ITALIEN (Art). *Architecture.* Il ne reste que peu de chose des constructions élevées en Italie avant la période romaine, et qui sont dues aux civilisations pélasgique et étrusque ; ces vestiges ne sont importants que parce qu'ils fournissent des données sur l'origine de l'art romain qui, pendant plusieurs siècles, a couvert la Péninsule de ses merveilleux monuments. Nous ne dirons rien non plus de l'architecture romaine, qui fera l'objet d'un article spécial. — V. ROMAIN (Art).

Les traditions romaines avaient encore quelques racines, mais dès le VIe siècle, sous la domination des Lombards, une activité nouvelle élève de nombreuses églises, dans le style qu'on a nommé *latin* en Occident et qui, en Italie, a reçu le nom de style *lombard*, bien que les conquérants n'y aient pris, sans doute, que peu de part. Ce style fleurit dans le Nord du VIe au VIIIe siècle, surtout à Côme, où s'étaient réfugiés une partie de la population romaine du Nord ; il se fond ensuite avec le byzantin, et il en résulte un art plus élégant que le style latin, duquel il conserve encore le plan et les dispositions de la basilique romaine, tout en adoptant la coupole élevée sur l'intersection de la croix, et la décoration riche et colorée des Orientaux.

Le byzantin, introduit en Italie à la suite des relations étroites qui s'étaient établies avec l'Orient, a eu certainement une grande influence sur la suite de l'art italien.

Il a produit, tout d'abord, de fort beaux monuments : le dôme de Pise, Saint-Marc de Venise, Saint-Vital de Ravenne, etc. L'église Saint-Marc, construite sur un plan latin, est bien byzantine par ses coupoles élevées, par ses belles mosaïques, par toute sa décoration. Saint-Vital est un monument circulaire dont la base est entourée d'un collatéral, forme employée depuis longtemps par l'église latine à Rome, notamment à Saint-Etienne, ainsi qu'à Ravenne dans Saint-Nazaire. Le dôme de Pise (1063 à 1118) s'éloigne davantage des traditions byzantines telles que nous les représente Sainte-Sophie de Constantinople ; il est bâti sur plan latin, mais avec coupole à l'intersection de la croix ; son architecte ont fait entrer dans sa construction de nombreux fragments antiques rapportés avec beaucoup d'habileté ; les murs sont alternativement noirs et blancs par assises ; l'intérieur est divisé en cinq nefs, et cinquante-huit colonnes décorent la façade. C'est un des plus beaux monuments anciens de l'Italie. Auprès du dôme sont deux jolis édifices : le campanile cylindrique à huit étages de colonnades, qui a subi une déviation très forte par suite d'un affaissement du sol, ce qui lui a fait donner le nom de *Tour penchée* (fig. 510) ; c'est l'œuvre de Bonanno, de

Fig. 510. — *Le dôme de Pise et la tour penchée.*

Pise, et de Guillaume d'Inspruck ; et le baptistère, construit en 1153, par Diotisalvi, rotonde de marbre à voûte conique, orné extérieurement de colonnes corinthiennes.

Une particularité remarquable des églises d'Italie à cette époque, est la présence de colonnades et d'arcs devant les façades, tels qu'on en voit à Saint-Jean et Saint-Paul, à Saint-Laurent de Rome, à l'ancienne basilique de Saint-Clément, où l'*atrium*, supporté par des colonnes, est encore bien conservé. Le dôme de Fuligno et la façade de l'église de Carrare sont ornés de cette façon. Souvent encore, une ouverture encadrée par ces colonnes servait à exposer des reliques ou à donner passage au prêtre pour bénir le peuple. Mais à partir du XIIe siècle, cette galerie est complètement aveugle. Une autre colonnade courait souvent le long de l'hémicycle oriental de l'église, comme on en voit un bel exemple à Saint-Frediano de Lucques ; toutes ces colonnes donnent aux églises italiennes une ressemblance éloignée avec le style antique.

Tout à coup, au milieu de ces réminiscences et de ces efforts pour se rapprocher des modèles antiques, des Allemands introduisirent, en Italie, les principes de l'art ogival qui alors, au XIIIe siècle, était dans tout son éclat dans le centre et l'ouest de l'Europe. Ce style nouveau, venant sans préparation, sans transition, ne rencontra que peu de faveur, et ne trouva d'application utile qu'après des modifications qui nuisirent à son caractère. Le roman byzantin y emprunta des éléments nouveaux d'ornementation ; les architectes comprirent aussitôt l'utilité de l'ogive pour les portes, les fenêtres, les portails, et en firent usage. Mais ils n'ont pas saisi l'importance de la ligne perpendiculaire qui, dans les églises de France et d'Allemagne, « élève la pensée vers Dieu et semble monter au ciel comme une prière » ; ils conservent, avec le plan roman et la voûte d'arête, la prédominance des lignes horizontales qu'ils avaient trouvée dans les monuments antiques et qui, au contraire, donne un aspect mesquin aux constructions d'une grande importance, surtout si on adopte la décoration saillante et découpée sur le ciel de l'architecture ogivale. C'est alors un non sens. Ainsi, Santa-Maria del Fiore, à Florence, un des grands édifices de l'Italie, qui mesure 151 mètres sur 40, et qui, selon les intentions des fondateurs, devait être d'une pompe et d'une magnificence telle, que l'art et la puissance des hommes ne pussent rien imaginer de plus beau et de plus grand, est loin de donner l'impression grandiose de nos cathédrales de Paris, de Reims ou d'Amiens. Cette cathédrale est l'œuvre principale du plus illustre architecte de la Renaissance, Arnolfo

di Combio ou di Lapo (1232-1311) ; elle a été continuée par Giotto. Celui-ci a élevé, en 1334, le magnifique campanile du midi, bijou terminé par son élève Taddeo Gaddi, artiste de grande valeur, auteur de la reconstruction de Porto-Vecchio, des portiques et des greniers d'Or de San-Michele qui venaient d'être détruits par un incendie.

Au xive siècle, la construction la plus importante est le dôme de Milan commencé, en 1387, par un Allemand, Henri Harler, de Gmund, et achevé par plusieurs architectes italiens. Cette cathédrale, sans élégance, sans style bien défini, quoique ogivale d'intention, manque de hauteur par suite de l'emploi inintelligent des lignes horizontales. Dès lors, la multitude d'aiguilles, de clochetons et d'arcs-boutants qu'on aperçoit ne donne qu'une impression papillotante et confuse ; la flèche centrale, trop maigre, paraît beaucoup moins haute qu'elle ne l'est réellement ; enfin, les façades latérales sont d'un effet dé-

Fig. 511. — *Sainte-Marie-aux-Fleurs, cathédrale de Florence.*

sastreux. Voilà pour l'extérieur. A l'intérieur, le défaut qui frappe aussitôt est l'identité de hauteur des nefs, si bien que la nef centrale, à peine plus élevée, se perd dans l'immensité du vaisseau, et n'a pas cette puissance de perspective qui donne tant de grandeur aux cathédrales ogivales de pur style. Le *triforium* manque, ainsi que la galerie ; la claire-voie est mesquine, et l'architecte a voulu masquer la hauteur démesurée des piliers par d'énormes chapiteaux d'un effet disgracieux. On s'explique difficilement la célébrité de ce monument qui est surtout remarquable par sa masse. L'Italie possède bien des monuments plus intéressants de la même époque, quoique son architecture manque toujours d'unité par suite de la répugnance de ses artistes à adopter les principes de l'art ogival. Nous citerons la belle cathédrale d'Orvieto, ogivale, les cathédrales de Prato et de Pérugia, Saint-Jean-de-Latran, à Rome ; San-Stefano, à Venise ; le campanile et le palais ducal, dans la même ville ; l'église San-Marco, à Milan, qui offre de curieux mélanges de style français et de style arabe ; la fontaine de

Viterbe, le môle et l'aqueduc de Gênes, construits par Marino Boccanegra ; le palais ducal de Florence (*palazzovecchio*) commencé, en 1298, par Arnolfo di Lapo, et terminé, en 1342, par André de Pise, dont le baptistère octogone de San-Giovanni, à Pistoja (1301), une merveille, avait fondé la réputation.

Nous avons dit que souvent on retrouve dans les édifices italiens des traces de l'art arabe. Nulle part, peut-être, elles ne sont aussi frappantes que dans le palais des doges, à Venise. L'ogival y règne dans la *loggia* à jour, dont les arceaux à trèfles à quatre feuilles sont d'une légèreté et d'une élégance parfaites. Au-dessus, se dresse une haute muraille massive, surmontée d'aiguilles et de pyramides évidées.

En Sicile, les monuments tiennent à la fois de l'ogival importé par les Normands, du byzantin venu avec les Grecs, de l'arabe enfin imposé par les conquérants. Toute l'architecture sicilienne est très remarquable. Aux xie et xiie siècles, elle emploie de superbes matériaux de diverses couleurs, enrichis de mosaïques sur fond d'or.

Les plafonds en charpente sont rehaussés de peintures et de dorures. Les cathédrales de Messine, de Palerme (1170), l'église de Céfalou (1131) sont latines par le plan et byzantines par la décoration. On y lit même des inscriptions grecques. Aux xive et xve siècles, Palerme surtout voit s'élever de belles constructions : le palais du Tribunal (1307), l'*Ospedale Grande* (1330), le palais de Moncada (1483) et le monastère della Pietà (1495).

Dès la fin du xive siècle, un revirement complet se fait parmi les artistes, aussi bien que parmi les écrivains et les savants. C'est un retour sans restriction vers les formes et les traditions antiques ; et, il se trouve que ces formes et ces traditions, convenant admirablement au génie italien, qui les avait autrefois créées, qui en possédait encore de nombreux exemples, produit aussitôt des merveilles, et sort l'architecture de l'ornière où elle se traînait à la suite de l'art ogival. Celui-ci n'avait jamais pu prendre, en Italie, son entier développement, qui seul eût produit des chefs-d'œuvre, tandis que la Renaissance donna à son début un art parfait et achevé.

Déjà des symptômes du retour aux idées antiques s'étaient manifestés, et avaient été accueillis avec faveur. Nicolas et Jean de Pise, Arnolfo di Lapo sont considérés comme des précurseurs de la Renaissance. Mais c'est à Filippo Brunelleschi (1337-1444) que revient l'honneur

d'avoir inauguré par un coup de maître l'ère nouvelle. L'église cathédrale de Florence, Sainte-Marie-aux-Fleurs, œuvre de Arnolfo di Lapo et de Giotto, comme nous l'avons vu, n'avait pu être recouverte, et les architectes qui se succédèrent : Orcagna, Andrea di Cione n'osèrent entreprendre de l'achever. Enfin, Filippo Brunelleschi, en 1421, soumit aux Florentins un projet de coupole polygonale, élevée d'après les modèles du Panthéon et du temple de Minerva-Medica, et qui surpasserait tout ce qui avait été tenté de plus grandiose. C'est ce projet qui fut mis à exécution, par Brunelleschi et par Ghiberti et ensuite par Brunelleschi seul. La hauteur du sol au sommet de la coupole de Sainte-Marie-aux-Fleurs est de 88 mètres ; celle de Saint-Pierre de Rome, dont nous parlerons plus tard, est de 123 mètres, mais la coupole elle-même, en partant de sa naissance, est de $28^m,50$, tandis que celle de la cathédrale de Florence a $32^m,67$, c'est donc la plus élevée. Brunelleschi a, d'ailleurs, fait une concession utile aux progrès de l'art qui s'étaient effectués depuis les Romains, en conservant les voûtes ogivales, toujours plus solides. Le dôme de Florence eut une célébrité universelle, et dès lors les artistes se livrèrent avec ardeur à l'étude de l'antique (fig. 511).

Ce qui distingue surtout les architectes florentins de cette première période de la Renaissance, c'est l'emploi

Fig. 512. — *Palais Tursi Doria à Gênes.*

intelligent des bossages dont ils avaient trouvé des modèles à Rome, c'est aussi la force et la hardiesse sans surcharges d'ornements. Il en résulte une opposition complète avec l'architecture du moyen âge, où la pierre semblait découpée et évidée comme à plaisir. Dans les autres parties de l'Italie, les architectes s'empressent d'imiter les œuvres florentines ; par exemple, le palais Piccolomini, le palais Spanocchi, à Sienne ; les monuments de Pienza, etc.

Une nouvelle phase de la Renaissance est ouverte par Alberti (1404-1472), plus sévère, plus classique que les précédents, quoique aussi élégant dans l'ensemble. L'église de Saint-François-de-Rimini est son chef-d'œuvre ; on lui doit encore la tribune et la chapelle de la Nunziata, à Florence : la façade de Santa-Maria-Novella, et le palais Rucellio dont nous avons parlé. A la suite vinrent Antonio Pilareto, Bernardo Rossellini, Baccio Pintelli et le milanais Ambrogio Fossano, dit Borgognone, auteur de la superbe façade de la Chartreuse de Pavie, un des chefs-d'œuvre de la Renaissance. Venise suit le mouvement venu de Florence, tout en restant, dans son style, plus riche et plus indépendante des traditions ; les Lombardi de Ferrare, auteurs du palais Vendramini Calergi, des églises de San-Marco et de San-Rocca, en sont les artistes les plus dignes de remarque. L'action directe de l'école florentine est, d'ailleurs, plus importante, car elle s'étend jusqu'à Rome et Naples.

Cependant, Rome ne tarde pas à s'affranchir de cette dépendance, et produit l'architecte le plus illustre de la Renaissance, celui qui devait lui donner cette direction

définitive qu'elle a gardée dans sa splendeur : c'est Bramante (1444-1514), qui construit à Rome le palais de la Chancellerie (1494), les loges du Vatican, le palais Giraud, le petit temple circulaire à coupole de San-Pietro in Montorio, et à qui revient l'honneur d'avoir commencé, en 1506, l'église Saint-Pierre. Il mourut peu après, laissant le soin de continuer son œuvre à B. Peruzzi et à San-Gallo, ses élèves ; on admire dans ses productions les principes rigoureusement conduits de simplicité, de pureté dans les profils, d'harmonie dans les proportions, de grandeur dans l'ensemble, qui ont véritablement fondé l'architecture de la Renaissance.

Michel-Ange Buonarotti (1474-1563), peintre, sculpteur, ingénieur, a sans doute comme architecte une réputation imméritée, car on lui reproche d'avoir, par des idées originales qui vraiment artistiques, détourné l'art italien de la voie vraiment féconde où Bramante l'avait engagé. Auteur de la chapelle des Médicis, de la Porta Pia, des palais latéraux du Capitole, continuateur du palais Farnèse, de Antonio da San-Gallo, son œuvre la plus importante et la plus célèbre est la coupole de Saint-Pierre, à laquelle, malgré ses défauts, on ne peut refuser une grande hardiesse et une disposition habile qui lui laisse toute sa hauteur. Il ne put la voir achevée, d'ailleurs ; c'est Domenico Fontana qui y mit la dernière pierre sous le pontificat de Sixte-Quint. L'édifice entier coûta, dit-on, plus de 250 millions, et le résultat est fort discutable au point de vue de l'art aussi bien qu'à celui de la construction.

Raphaël avait aussi travaillé à Saint-Pierre comme

architecte; parmi les continuateurs de l'école italienne, on compte encore Jules Romain, auteur de la villa Madama; Barozzi, dit Vignole (1507-1573), qui construisit le palais Caprarola, l'église des jésuites à Rome, et la villa de Jules III, près de Rome, avec Giorgio Vasari. On lui doit les *Règles des cinq ordres d'architecture*, livre bien fait pour son époque, quoique en réalité rempli d'erreurs, et qui fut comme l'évangile des architectes pendant plus de quatre siècles; André Palladio (1518-1580) qui se distingue par son élégance et sa finesse de goût, un artiste très fécond; il mit à la mode ces palais italiens composés d'un rez-de-chaussée avec un ordre formant le premier étage (fig. 512); l'Annamati, Alessi, un des principaux élèves de Michel-Ange, qui a enrichi Gênes de merveilles; le Sansovino, les Fontana, qui ont laissé à Rome des travaux considérables; Scamozzi, etc. Mais déjà la décadence se fait sentir; l'art était monté trop haut pour ne pas déchoir, et la recherche, la profusion dans la décoration, la confusion dans les ordres, dans les accessoires, pour atteindre une richesse qui n'était pas indispensable à l'art, amènent un style nouveau qui malheureusement passe de l'Italie dans toute l'Europe, et y étouffe des tentatives susceptibles, peut-être, de produire de plus heureux résultats. Le grand maître de cette école, qui commence avec Carlo Maderno et Flaminio Ponzio, est Bernini dit le Bernin (1598-1680), architecte fécond et inventif, mais qui, dans son ardeur à créer des formes nouvelles, afficha le plus grand dédain pour les œuvres admirables de ses devanciers, et tomba dans les fautes de goût et dans les exagérations les plus déplorables. Il est l'auteur de la fontaine Barberini, des colonnades de Saint-Pierre, du palais Odescalchi, où entrent, comme éléments décoratifs, les renflements, les enroulements, les festons, les guirlandes, que ses imitateurs devaient encore exagérer.

La réputation de Bernin était telle qu'il fut appelé en France pour achever le Louvre. Le roi Louis XIV lui écrivit lui-même, et lui prépara une réception triomphale. Fort heureusement, l'intervention de Colbert nous épargna la fantaisiste décoration qui devait s'élever là où se trouve l'immortelle colonnade de Perrault, et dont le principal motif eût été un rocher de cent pieds de haut, surmonté d'une statue colossale du roi.

Borromini acheva la ruine de l'art italien, si bien commencée par le Bernin. Elève d'abord de Maderno, architecte de Saint-Pierre, puis de Bernin, quand celui-ci lui succéda, il devint bientôt son rival, et grâce à l'appui du pape Urbain VIII, il arriva rapidement à la gloire. Mais le goût ne s'était pas encore assez corrompu pour que ces exagérations fussent admises sans réserves, et c'est, dit-on, de dépit de voir le Bernin incontesté, que Borromini se tua, en 1667.

La réaction qui fut la conséquence de cette décoration à outrance, amena le style *jésuite*, aussi regrettable, par suite de son mauvais goût, que les exagérations qui l'avaient précédé; de variée et maniérée à l'excès, l'architecture devint froide et monotone pendant tout le xviiie siècle, et ne semble pas avoir encore trouvé sa voie malgré les efforts de Cagnola, Nicolini, Belli Morelli, etc. qui ont cherché à renouveler les belles traditions de leur art national.

Sculpture. La sculpture, en Italie, est restée longtemps dans un état d'infériorité manifeste auprès des écoles françaises et allemandes, qui décoraient de figures si nombreuses et si remarquables les belles églises gothiques du centre de l'Europe. Il semble que, de même que les architectes, les sculpteurs italiens n'aient pas voulu accepter de leçons des étrangers, et qu'ils aient attendu la Renaissance pour trouver chez eux mêmes, des modèles qui convinssent à leur talent. En effet, dès les premiers symptômes du retour à l'antique, les artistes se révèlent. C'est d'abord Nicolas de Pise, qui sculpte la chaire de marbre du baptistère de sa ville

natale, et le tombeau de saint Dominique à Bologne. Jean de Pise, à son tour, recueille son enseignement, l'élargit, le complète, et fonde définitivement une école qui allait produire les meilleurs résultats. Mais, dès les débuts de cet art renouvelé, il se manifeste une tendance qui ne se trouve nulle part à un degré égal, de l'application exclusive de la sculpture à la décoration architecturale, ce qui s'explique, sans doute, parce que ces sculpteurs de la Renaissance sont en même temps et avant tout architectes, quand ils ne sont pas peintres au surplus, et qu'ils ne considèrent les figures sculptées que comme le complément de leur œuvre bâtie. C'est ce qui fait, sans doute, la supériorité des monuments de la Renaissance italienne, où toutes les parties se tiennent parce qu'elles sont conçues en même temps et concourent au même effet décoratif.

Un événement important dans l'histoire de la sculpture marque le point de départ de cette ère nouvelle qui devait être si féconde. Il s'agissait de sculpter, pour le baptistère San-Giovanni, deux portes destinées à figurer à côté de celle que Andréa de Pise, comme nous venons de le voir, avait exécutée en 1330. La seigneurie de Florence mit l'œuvre au concours, et sept artistes furent choisis dans un examen préparatoire. Nous donnerons leurs noms, parce que tous ont laissé une réputation, c'étaient : Ghiberti, Donatello, Brunelleschi, l'architecte; Jacopo della Quercia, de Sienne; Nicolas d'Arezzo, Francesco di Valdambrina et Simone da Colle. Cependant, l'avis unanime fut que la lutte définitive devait être restreinte entre les trois premiers : Brunelleschi l'emportait par la composition, Donatello par le dessin, Ghiberti par la grâce et le fini. L'œuvre de celui-ci paraissait, il est vrai, plus parfaite, mais son auteur avait contre lui son extrême jeunesse et un nom inconnu, tandis que celui de ses rivaux était déjà célèbre. C'est alors que Brunelleschi et Donatello se retirèrent d'eux-mêmes, en priant les juges de donner le prix à Ghiberti. Ce jeune homme de vingt ans fut donc chargé de l'exécution des deux portes, représentant le sacrifice d'Abraham, et que Michel-Ange disait être les portes du ciel; c'est certainement un des ouvrages de sculpture les plus justement célèbres de la Renaissance, et nous donnons une de ces portes (fig. 513) qui est une merveille.

Mais le véritable maître de l'école florentine est Donatello (1382-1466), qui fit dans la sculpture une révolution analogue à celle de Masaccio dans la peinture. Sa première œuvre importante est la décoration de l'église Or-San-Michele, où se montre déjà, dans la figure de Saint-Michel notamment, la vérité de l'expression, de la pose, le mouvement et l'énergie qui rompaient avec les traditions dont le talent de Ghiberti était encore empreint. Les admirables sculptures du Campanile de Florence ont affirmé cette tendance, exagérée ensuite par Donatello dans plusieurs statues, qui révèlent un naturalisme d'aspect plus curieux qu'agréable surtout dans des figures de l'histoire sainte. Après lui, l'école italienne s'engage résolument dans la voie de la vérité et de la représentation de la nature, avec Verocchio, auteur de la célèbre statue de Colleone, à Venise, et ses élèves. Parmi ceux-ci, on remarque surtout Alessandro Leopardo, qui acheva l'œuvre de son maître, et auquel on attribue le mausolée du doge Andrea Vendramino, une des plus admirables productions de l'art italien, et, enfin, Michel-Ange avec lequel la sculpture de la Renaissance arrive à la perfection. Nul mieux que lui n'a su exprimer la force et la majesté, comme dans ses *Captifs* et le *Moïse*, la profondeur de la pensée comme dans la statue de *Laurent de Médicis*, la grâce même comme dans ses *Pietà* ou dans les bas-reliefs de la Vierge. A la même époque, pourtant, on remarque des artistes de valeur, Baccio Bandinelli (1487-1559), le Sansovino, qui, sans s'inquiéter de la renommée universelle qui accompagnait Michel-Ange et ses élèves, sut créer, à Venise, une école originale d'où sortirent d'habiles sculpteurs; le Tribolo (1485-1550), Jean de Bologne, qui était d'origine française, Merliano da Nola et Santacroce, sculpteurs napolitains, Nizencio Denti à qui on doit la belle statue de Jules III, à Pérouse, Antonio Rossellino, etc.

Nous ne nous étendrons pas sur le xviie et sur le xviiie siècle, qui sont pour la sculpture comme pour l'architecture une période d'entière décadence. L'art monumental ayant perdu cette grandeur qui avait fait sa beauté pendant la Renaissance, réduit la sculpture décorative à des expédients; on ne trouve plus dans les monuments que des bas-reliefs lourds et maniérés, où les draperies s'agitent en coup de vent sans pour cela être plus légères. Le Bernin et l'Algarde doivent être considérés comme les auteurs de cette décrépitude. Dans les dernières années du xviiie siècle, un mouvement de régénération de l'art semble s'être produit dans la Péninsule; quel que soit l'avenir réservé à l'école contemporaine qui semble rester encore dans ses débuts, elle a produit deux artistes de grande valeur, Canova et Lorenzo Bartolini. Mais leur œuvre n'étant pas décorative, ne rentre pas dans le cadre de notre étude.

Peinture. Cimabue, né à Florence en 1240, est le premier artiste qui chercha à s'écarter des traditions byzantines, si sèches et si monotones, et s'il n'y parvint pas toujours, si on peut encore reprocher à ses œuvres la pauvreté de la composition et la roideur du dessin, il faut lui savoir gré du moins, d'avoir tracé la voie à Giotto, son élève. Celui-ci est, à vrai dire, l'inventeur de la composition artistique; le premier, il fit concourir à une pensée unique les mouvements de ses divers personnages, et des fonds de paysages ou d'architecture vinrent donner à son action un cadre naturel et gracieux. C'est là le véritable rôle de Giotto dans l'histoire de l'art, car ses tableaux mêmes ne sont pas rapprochés de la perfection. Giotto était peintre, sculpteur et architecte, comme la plupart des artistes de son temps, comme Orcagna, le meilleur de ses élèves, dont nous avons déjà parlé, et qui fut surtout un grand peintre.

La peinture était alors décorative, et, en peu d'années, elle était devenue digne d'accompagner les œuvres admirables de sculpture et d'architecture que l'Italie voyait s'élever sur son sol. C'est au Campo-Santo de Pise qu'il faut voir la réunion la plus complète des trois branches de l'art. Les fresques qui décorent ses murailles sont déjà, dans leur état naïf et primitif, des peintures fort remarquables; elles sont de Bernardo Orcagna, de Gonzoli, d'Andrea de Pise, de Simone di Martino, de Sienne, qui a travaillé plus tard à Avignon et y est mort. L'école de peinture de Sienne est très féconde, et compte encore au xive siècle Duccio di Buoninsegna, les frères Lorenzetti, Andréa di Vanni, Taddeo di Bartolo, qui se répandirent dans toute la péninsule et décorèrent de fresques les édifices de Pise, Volterre, Padoue, Florence et Rome même.

Le xve siècle a produit d'abord Fra-Angelico, et Mazaccio, qui, sortant des voies tracées jusque-là, cherchent l'expression et la vérité en même temps que la vigueur du coloris. Les fresques de la chapelle Brancacci, à Florence, furent un sujet d'études pour la brillante génération qui a suivi, et eurent certainement une influence très grande sur la suite de l'histoire de la peinture italienne.

Fig. 513. — *Porte du baptistère de Florence.*

Les plus célèbres peintres du xᵛᵉ siècle sont ensuite Filippo Lippi (1412-1469), Andrea Verrocchio, dont nous avons déjà parlé comme sculpteur, et qui fut, de plus, habile orfèvre, Domenico Ghirlandajo, qui décora la chapelle Sixtine, ainsi que les églises de la Trinité et de Sainte-Marie-Nouvelle, à Florence. Il termina le xvᵉ siècle, et semble être le plus grand peintre de cette époque, féconde en artistes. Il ne faut pas oublier cependant Mantegna, dessinateur savant et original, et les Bellini, qui, comme tous les Vénitiens, ont le don de la vigueur et du coloris. C'est à eux qu'est due surtout la vulgarisation dans la péninsule des procédés de la peinture à l'huile, venus d'Allemagne ; dès ce moment, l'art atteint son point culminant ; mais ce procédé nouveau de peinture facilitant les tableaux de chevalet, qui ne sont plus décoratifs, nous ne nous étendrons que sur les travaux exécutés par les maîtres, pour être le complément de l'architecture et de la sculpture. D'ailleurs, les plus grands maîtres du xvıᵉ siècle : Léonard de Vinci, Michel-Ange, Raphaël, Fra-Bartholomeo, Andrea del Sarto et le Corrége ont tous commencé par employer leur talent à la décoration.

Ces grands maîtres ont formé des élèves dignes d'eux. A l'école de Raphaël se rattachent Jules Romain, qui a laissé d'importants travaux à Rome et à Mantoue, Polydore de Caravage, qui fonda lui-même une école à Naples, Jean d'Udine, qui excellait dans la peinture des ornements, et qui fut chargé par Raphaël de cette partie de ses tableaux et de ses cartons. A celle de Michel-Ange appartiennent Sébastien del Piombo, Daniel de Volterre, le Rosso, qui décora, en France, le palais de Fontainebleau, etc. Le Corrége fut le maître du Parmesan et l'inspirateur du Primatice, qui tient aussi une grande place dans l'histoire de l'art en France.

L'école Vénitienne, avec le Giorgione et le Titien, a une moins grande importance au point de vue de la décoration. Quant aux époques suivantes, qui sont encore illustrées par des artistes de valeur, elles ne produisent que des tableaux de chevalet, le style adopté dans l'art ne comportant plus l'ampleur et la noblesse de dessin qui conviennent seules à la peinture décorative. Au xıxᵉ siècle, nous rappellerons seulement une série de fresques de Andrea Appiani, qui retraça au palais royal de Milan les Fastes de Napoléon Iᵉʳ ; c'est le seul grand ouvrage de ce genre qui mérite d'attirer l'attention.

Gravure. L'invention de la gravure en creux appartient à un orfèvre Florentin, Martin Finiguerra, qui, voulant vérifier un travail de nielle, obtint sur un papier la première épreuve d'un dessin gravé en creux (1452). — V. Gravure (Historique).

On peut voir à Gravure l'influence que leurs travaux eurent sur la gravure allemande et sur l'art français. Déjà Ugo de Carpi avait popularisé l'usage des planches de bois multiples pour la gravure en camaïeu, qui eut un siècle de grande vogue, et qui fut employée par Ugo et ses élèves épreuve à la reproduction à notre époque des œuvres de Raphaël et du Parmesan.

Au xvııᵉ siècle, la gravure italienne suit la décadence des autres arts. Un seul nom, dont la renommée a peut-être été plus grande, parce qu'il était le seul dans son pays, a relevé la gravure italienne de son infériorité. C'est Raphaël Morgen, né à Naples, élève de Volpato, graveur habile, quoique mou dans l'exécution. Il s'établit à Florence, et y donna, sous les auspices du grand duc Ferdinand III, de belles planches, d'après les maîtres anciens. Son chef-d'œuvre est le portrait de François de Moncade, d'après Van Dyck. Sa mort, en 1833, causa un deuil général chez les Italiens, qui avaient d'autant plus de raisons de regretter cet artiste, qu'il ne laissait aucun successeur digne de lui. Cependant, Toschi, Calamata et Mercuri ont travaillé de manière à préparer la régénération de l'art national. Mais encore les deux derniers ont-ils dû à la France des leçons et de précieux modèles.

Céramique et émaux. L'Italie se distingue dès la fin du moyen âge, par la production de ces terres cuites émaillées, qui sont si originales, et qui ont reçu de leur inventeur le nom de terres cuites Della Robbia. Déjà, au xıvᵉ siècle cependant, on avait décoré la façade des églises avec des bassins en terre coloriée et vernissée, et, de plus, l'Allemagne en revendique de son côté l'application. Mais il semble que c'est Luca della Robbia (1400-1481), qui fabriqua le premier, d'une manière pratique, la faïence à émail stannifère. Cet artiste, né à Florence, était en même temps sculpteur de grand talent, et il a laissé de beaux bas-reliefs en bronze, et un en marbre ; ses maîtres furent Ghiberti, pour la sculpture, et Léonard, pour l'orfèvrerie. Il décora en faïences Sainte-Marie-aux-Fleurs, San Miniato al Monte et la façade d'Or-San-Michele. Les sujets traités par Luca ne varient guère : ce sont la Nativité, la Vierge en adoration ou le Couronnement de la Vierge, mais ils se distinguent par l'élégance de la forme et la finesse de la physionomie. Quant aux principes même de ses majoliques, il est discutable, au point de vue de l'art même. Ses faïences peintes sont toujours lourdes et confuses à l'œil ; trop souvent, la personnalité de l'artiste a été sacrifiée aux exigences de la fabrication ; quoiqu'il en soit, les terres cuites émaillées sont l'une des productions les plus originales de l'Italie.

Bien que l'Italie ne puisse lutter avec l'Allemagne pour les émaux, ni surtout avec les fabriques de Limoges, ses émaux translucides sont pourtant très beaux, et ont produit des œuvres admirables. En 1286, Jean de Pise décore de cette façon l'autel d'Arezzo, et, en 1290, Duccio de Sienne donne au couvent de Saint-François d'Assise un superbe calice. La perfection de ces émaux indique déjà un art avancé. La plus belle œuvre sortie des mains d'artistes italiens est certainement le Tabernacle de la cathédrale d'Orvieto, par Ugolino de Sienne (1338). On n'en connaît pas qui lui soit comparable. Parmi les émailleurs, on remarque encore Spinello, Aretino (xıvᵉ siècle), et Maso Finiguerra, qui était en même temps niellateur distingué, et qui inventa la gravure en taille-douce.

Mosaïque. L'art byzantin, nous l'avons vu, a laissé en Italie des traces impérissables et surtout une influence qui, dès le début, a imprimé dans les productions artistiques de ce pays une marque indélébile. Sans doute à ces traditions orientales, les Italiens ont dû le sentiment profond du beau et de la couleur qui signale leurs œuvres et qui ne se retrouve chez aucun autre peuple de l'Europe. C'est ainsi que l'art du mosaïste n'a jamais été perdu dans la péninsule. Rome, Milan, Ravenne ont été magnifiquement décorés, au ıvᵉ et ıxᵉ siècles, par les mosaïstes d'école byzantine. Dès le xııᵉ, cette branche de l'art devient plus originale, plus personnelle, et prend deux sources de production distinctes : Rome et la Sicile. Les mosaïques Siciliennes sont plus éblouissantes peut-être, mais compliquées et excessivement hâtivement. A Rome, les papes qui se sont succédé, depuis Innocent jusqu'à Grégoire IX, firent de grands sacrifices pour leur atelier, et formèrent des artistes de grand talent. — V. Mosaïque.

Orfèvrerie. L'époque la plus féconde pour l'orfèvrerie italienne fut le xıvᵉ et le xvᵉ siècles, et les grands artistes de cette époque, dont nous avons déjà plusieurs fois cité les noms, cultivèrent avec succès cette branche de l'art, qui était alors en grande vogue. Il faudrait des volumes pour décrire les admirables productions des ciseleurs italiens, qui, pendant la Renaissance, n'ont guère d'autres rivaux que les Allemands. Les deux ouvrages les plus remarquables de cette époque, sont certainement le retable de Pistoja, qui remonte à la fin du xıııᵉ siècle et qui ne fut d'ailleurs terminé complètement qu'en 1371 ; plus de dix artistes y ont travaillé, entre autres Piétro de Florence et Léonardi di Giovani ; et l'autel du baptistère de Saint-Jean à Florence, dont les parties les plus importantes sont du xve siècle. Le parement de l'autel comprend douze bas-reliefs, surmontés d'une statue de saint Jean-Baptiste, et dans la frise se trouvent quarante-trois statuettes en argent massif, logées dans des niches. C'est donc une œuvre de grande importance ; aussi l'exécution dura-t-elle fort longtemps, et elle exigea le concours de nombreux artistes, parmi lesquels on remarque Martin Finiguerra, Verrocchio, Antonio Salvi et Bernardino di Cini.

Le plus connu des orfèvres italiens est certainement Benvenuto Cellini, qui dût peut-être une partie de sa réputation à ses aventures ; il a laissé pourtant des chefs-d'œuvre, dont beaucoup sont restés en France, pays qu'il habita longtemps. — V. CELLINI.

Tapisseries. Depuis la disparition des ateliers byzantins jusqu'à la fin du moyen âge, l'Italie reste tributaire, pour les tapisseries, des Français et des Flamands. Mais à la fin du xve siècle, les ducs de Ferrare, d'Urbin, et de Mantoue, Florence, Venise, attirent des tapissiers étrangers pour 'établir des métiers de haute-lisse, et former des élèves, qui, grâce à l'aptitude merveilleuse des méridionaux pour comprendre les avantages de l'art décoratif, n'eurent bientôt plus rien à apprendre. Bien plus, l'Italie fournit la plus grande partie des cartons que les tapissiers de Bruges, de Bruxelles ou d'Arras étaient chargés d'exécuter.

Au xvie siècle, l'influence de l'Italie se fait également sentir, surtout par la production des cartons dus à Raphaël, Jules Romain, Jean d'Udine, le Titien, P. Véronèse, etc., et elle a pour objet de faire prévaloir partout un style nouveau, plus large et plus pur ; les nuances se fondent, les compositions perdent leur raideur, le nu apparaît, et on trouve enfin l'espace et l'air, qui manquaient aux tapisseries de l'époque précédente. En même temps, les bordures prennent plus de place, et l'artiste y déploie toute sa verve. Dans les cartons de Raphaël, les bordures sont dues généralement à Jean d'Udine, son élève, et sont tout un monde : les *grotesques* y jouent avec les fleurs et les animaux, mêlés d'écussons et de banderolles. La tapisserie avait trouvé là son cadre le plus naturel et le plus élégant à la fois.

Aussitôt que les guerres, qui désolèrent la péninsule, au xvie siècle, eurent cessé, les ateliers de tapisserie se montèrent de nouveau, sous la direction de maîtres Flamands, notamment à Ferrare et à Florence, et demandèrent des cartons à des dessinateurs spéciaux, lesquels comprirent mieux le genre de travail qui convient à cette reproduction : le Ferrarais Baptista Dosso, le Bronzino, Salviati, (1510-1563) et le Bacchiacca (1577). Malheureusement, les tapissiers italiens abandonnèrent cette excellente direction pour chercher leurs modèles auprès du flamand Van der Straten, dit le Stradan (1523-1605), et ils y perdirent la distinction et l'élévation de style qui avaient fait jusque-là leur principal mérite. La production, aux xvie et xviie siècles, se rencontre à Gênes et à Venise, puis elle décline peu à peu, les ateliers se ferment, les traditions se perdent, et, à la fin du xviie siècle, on ne compte plus que deux fabriques à Florence et à Rome qui, prospères encore pour la quantité, ne fournissent que des œuvres défectueuses et peu décoratives. Au siècle suivant, la fabrique de Florence disparaît avec le dernier des Médicis (1737) ; par contre, l'atelier de Rome prend un grand essor, et divers autres, à Turin, à Naples, à Venise, déploient une certaine activité. Mais le peu de perfection de ces tapisseries a achevé d'en désintéresser le public, et cette branche de l'art ne reçoit plus, en Italie, que de maigres encouragements officiels.—C. DE M.

ITALIQUE. *T. de typogr.* Caractère d'imprimerie, couché comme l'écriture, et qui fut inventé, en Italie, par Alde Manuce. — V. CARACTÈRE D'IMPRIMERIE.

IVOIRE. Substance osseuse, qui constitue les défenses ou dents de l'éléphant. Ces dernières, à l'état brut, sont connues dans le commerce sous le nom de *morfil ;* on en a trouvé qui atteignaient des proportions considérables. Cuvier cite des défenses d'éléphant qui avaient 8 pieds de longueur et du poids de 5 à 600 livres. « Mais, dit-il, ce ne sont là que des exceptions, et les animaux qui portaient de semblables défenses devaient être vieux et d'une taille énorme. »

C'est en Afrique que l'on trouve les défenses les plus volumineuses. Les anciens voyageurs assurent que celles de 100 et 150 livres n'y étaient pas rares de leur temps. Aujourd'hui, il est difficile d'en trouver de semblables. Une dent d'éléphant, pesant 70 livres et plus, est considérée par les marchands comme de première classe. Celles des éléphants d'Angola pèsent, en moyenne, 69 livres ; celles du cap de Bonne-Espérance et de Natal, 106 ; du cap Coast-Castle, de Layos et d'Egypte, 114. Cependant, il y a quelques années, une maison américaine débita une dent qui n'avait pas moins de 9 pieds et demi de longueur sur 8 pouces de diamètre, et qui pesait 800 livres! La même maison envoya à l'Exposition de 1851, à Londres, le plus gros morceau d'ivoire qu'on ait jamais vu ; c'est une barre de 11 pieds (3m,50) de longueur, sur 1 pied (0m,30) de largeur. A Mascate, où il se fait maintenant un grand commerce d'ivoire d'Afrique, le poids moyen des défenses est de 50 livres. Quant aux éléphants d'Asie, particulièrement ceux de Ceylan, leurs défenses sont plus petites, et le major Forbes assure que le poids d'une paire de défenses y excède rarement 60 livres. Ajoutons qu'à Ceylan, sur cent individus, à peine en rencontre-t-on un ou deux qui aient des défenses.

On distingue quatre sortes d'ivoires :

1° L'ivoire *de Guinée et du Gabon.* Cet ivoire, appelé vulgairement *ivoire vert,* à cause de sa translucidité, qui probablement provient de ce que, comme le bois vert, il a conservé une partie de sa sève, est légèrement blond, et il blanchit en vieillissant, tandis que les autres jaunissent. Nous rangerons dans la même classe l'*ivoire vert blanc* et l'*ivoire blanc,* que l'on tire d'Angola et d'autres contrées africaines plus éloignées ;

2° L'ivoire *du Cap.* Il est blond, mat, parfois un peu jaune, et offre une grande analogie avec l'*ivoire de Bombay,* qui vient de la côte de Zanzibar, Mascate, etc. ; mais celui-ci tend toujours à jaunir ;

3° L'ivoire *des Indes,* autrement dit de *Ceylan,* se distingue par son excessive blancheur, et l'*ivoire de Siam* peut seul lui être comparé. Cette dernière espèce très rare, si estimée de nos fabricants, est d'un grain fin et d'un poids très lourd. Lorsqu'on scie une dent sur toute sa longueur, on y trouve des nuances différentes, variant de la couleur du thé au lait au rosé ;

4° L'ivoire *fossile de Sibérie.* Ce dernier, aussi peu employé que l'*ivoire d'Egypte,* lequel est toujours fendu et, par conséquent, moins estimé, est très abondant et assez bien conservé, quoiqu'il soit enterré depuis les dernières révolutions du globe.

Outre les dents du morse et du narval, celles de l'hippopotame, ainsi que la corne du rhinocéros, si estimée des Indous et des Chinois, fournissent également un bel ivoire, mais beaucoup plus dur et moins élastique que celui de l'éléphant.

HISTORIQUE. Ce sont les Indiens qui, les premiers, ont appris aux Européens quel secours merveilleux les arts peuvent tirer des défenses de l'éléphant.

Parmi les présents envoyés à la reine d'Angleterre par le rajah de Mourchadebad, à l'occasion de l'Exposition universelle de 1851, figuraient deux grands travaux en ivoire, placés dans le *Palais de cristal*. Le premier était un trône des plus somptueux que puisse offrir l'Indoustan ; ce trône était complètement couvert de sculptures en ivoire, où l'artiste moderne avait combiné les riches arabesques de l'Asie avec les léopards et les armes de la reine Victoria. Le second était un lit royal en ivoire. On remarquait aussi un jeu d'échecs, un éventail et des bracelets, le tout en ivoire.

Les Grecs paraissent avoir été initiés aux secrets de l'ivoirerie par les peuples asiatiques, à l'époque de la guerre de Troie. Mais ce produit était très rare dans l'antiquité à cause du peu de relations qu'on avait avec les Indes et l'intérieur de l'Afrique, seules contrées où l'on rencontre l'éléphant, alors inconnu des peuples de l'Occident. Quoi qu'il en soit, des artistes distingués, entre autres, un certain Icmalius célébré par Homère, ne tardèrent pas à exceller dans le travail de cette matière. Le commerce phénicien apportait l'ivoire avec l'or et l'argent pour servir à la confection des lyres et des meubles de luxe, enrichis, dès les temps héroïques, d'incrustations précieuses, comme on le voit par le siège de Pénélope, le lit et le fauteuil d'Ulysse, les portes du palais de Ménélas.

Comme on a pu le constater, l'ivoire constitua de bonne heure, chez tous les peuples civilisés, les ornements distinctifs de la dignité royale, de la puissance et de la richesse. L'antiquité ne parle que de sceptres et de trônes d'ivoire. Selon Denys d'Halicarnasse, les Étrusques avaient adopté ces anciens attributs de la royauté. A leur exemple, les Romains du temps de Brennus donnaient des sceptres et des sièges d'ivoire aux sénateurs. On sait par Publius Victor, dans sa *Description des régions de la ville de Rome*, que la capitale du monde ancien posséda longtemps « quatre-vingt-quatorze chevaux d'ivoire » sur ses places publiques.

Plus tard, lorsque les descendants de Romulus éprouvèrent *une sorte de passion* pour l'ivoire, selon l'expression du comte de Caylus, la prodigalité du luxe permit aux *eborarii* ou ivoiriers d'orner à leur fantaisie la plupart des meubles de luxe. Les placages d'ivoire étaient alors fort estimés. Scié en feuilles ou aminci en filets pour la marqueterie, évidé au tour, profilé en moulures, on l'animait par des incrustations d'argent et d'or, on le ciselait en bas-reliefs pour frises et panneaux, on en sculpter on tirait ces superbes pieds de table à tête d'animaux, tellement à la mode qu'on les préférait même aux pieds d'argent.

Les arts de l'antiquité se lient aux arts du moyen âge par les sculptures en ivoire plus intimement et avec plus de suite que par tout autre genre d'ornement. Les Byzantins employèrent, en effet, l'ivoire avec profusion. Dans l'église de Sainte-Sophie, à Constantinople, 365 portes étaient décorées de bas-reliefs en ivoire. On exporta, dès

cette époque, en Occident une grande quantité d'objets de sainteté en ivoire, entre autres des sièges épiscopaux, des diptyques et des triptyques sculptés à l'intérieur de leurs volets. Ces tableaux à volets servirent souvent de retables aux maîtres-autels de nos églises.

Sous Charlemagne, l'art de l'ivoirier reçut une grande impulsion. « On ne se contenta plus, dit M. Jules Labarte, de débiter l'ivoire en tables pour y sculpter des bas-reliefs qui entraient dans la composition des diptyques ou des triptyques ou qui servaient à l'ornementation des livres saints ; on y tailla aussi des statuettes. On s'en servit pour une foule d'instruments du culte, calices, reliquaires, bénitiers, crosses, etc. On en faisait des coffrets pour les usages domestiques, et on en décorait les armes et les baudriers. »

Aux XIe et XIIe siècles, l'ivoire étant devenu rare, on le remplaça par la défense des morses. Mais à partir des siècles suivants, le commerce vit reparaître, en Europe, les dents d'éléphant, et les artistes ivoiriers exécutèrent de remarquables figures en ronde-bosse, ainsi qu'une foule de petits ouvrages exécutés au tour.

Étienne Boileau nous apprend, dans son *Livre des mestiers*, qu'il existait de son temps (XIIIe siècle), des corporations de tourneurs, tabletiers et tailleurs d'images, qui sculptaient et construisaient en os et en ivoire, des figures de saints, des crucifix, des manches de couteaux, des échecs, des coffrets, des *oliphants* ou trompes de chasse, etc.

Ce n'est guère que sous le règne de François Ier que le travail de l'ivoire, exécuté admirablement alors par les Italiens, les Flamands et les Hollandais, devint, en France, le privilège exclusif des Dieppois. Sous le souffle vivifiant de la Renaissance, ces derniers s'appliquèrent avec succès à sculpter des panses de vases, décorés de hauts-reliefs d'un grand mérite ; ils surent, en même temps, profiter de la souplesse de leur talent pour orner les ustensiles domestiques, les miroirs de poche, les coffrets de mariage, les boîtes à bijoux, les poignées d'épées et les dagues, la couverture des livres, les manches de couteaux, etc. (fig. 514).

Mais c'est surtout au XVIIe siècle que les sculpteurs en ivoire devinrent de véritables artistes. Alors parut Michel Anguier, auteur d'un beau Christ en ivoire de 22 pouces de hauteur ; François Duquesnoy, dit François Flamand, célèbre par ses crucifix et ses figurines ; Gérard van Obstal, réputé par ses groupes d'enfants et ses bas-reliefs ; enfin, Fayd'herbe et van Bossuit, qui, selon le mot de Mariette, « maniait l'ivoire comme si c'eût été do la cire. »

Citons encore le lyonnais J.-B. Guillermin, à qui l'on doit le superbe Christ en ivoire conservé aujourd'hui au Musée d'Avignon. Le sculpteur français Lacroix fit également en ivoire de très beaux Christs, talent qu'il partagea avec les sieurs Hubert et Simon Jaillot frères, vantés par l'abbé de Marolles.

Avec le XVIIIe siècle, la sculpture en ivoire entra en décadence. Le bombardement de 1694, par les Anglais, avait déjà porté un coup fatal à l'industrie des ivoiriers dieppois ; la mode des porcelaines et des magots de la Chine, qui devint bientôt générale, acheva de la ruiner. Depuis le règne de Louis XV jusqu'en 1816 environ, le débit de ces sortes d'ouvrages, qui jadis était immense, ne fit que décroître et finit par se réduire à rien. Dieppe ne compta plus qu'un nombre restreint d'ivoiriers, dont quelques-uns ont laissé des ouvrages estimés. Nous ne trouvons au XIXe siècle qu'un essai digne d'attirer l'attention : c'est la statue de Minerve faite par Simart pour le duc de Luynes, d'après les procédés des anciens.

Actuellement, le travail de l'ivoire se fait concurremment à Dieppe et dans le département de l'Oise. Les village du Déluge, d'Andeville, de Crèvecœur, de Méru, et principalement Sainte-Geneviève, s'adonnent depuis le XVIe siècle à la fabrication d'objets de toute sorte en os et en ivoire, notamment des éventails découpés à jour imitant la dentelle.

M. Alphonse Baude, de Sainte-Geneviève, surpassa ses devanciers par des produits véritablement hors ligne. Il est l'inventeur du découpage à jour ou grillage mécanique, adopté, depuis 1859, par tous les fabricants de l'Oise. Grâce à son appareil, nos industriels exécutent des montures supérieures à la découpure riche, et qui rivalisent avantageusement avec les produits de la Chine. C'est ainsi que bien des éventails fabriqués en France,

Fig. 514. — *Relief en ivoire de Tutilo.*

particulièrement dans le département de l'Oise et à Paris, sont vendus comme ouvrages chinois ; mais un œil exercé les reconnaît tout de suite comme d'une provenance nationale. Quant aux billes de billard, elles se font généralement à Paris. Les importations de l'ivoire, en Europe, dépassent actuellement 525,000 kilogrammes, et l'on estime à une quantité égale celui qui est employé en Asie.

TRAVAIL DE L'IVOIRE. On sculpte l'ivoire sur des plaques que l'on obtient en sciant les défenses d'éléphant ou de morse sur un côté, dans le sens longitudinal, et en les ouvrant après les avoir amollies à la vapeur d'eau bouillante. Ces plaques

sont assez grandes, plus longues que larges, mais bien insuffisantes encore pour la plupart des usages auxquels les destine la sculpture. Pour les ouvrages de quelque importance, on réunit donc plusieurs plaques. S'il s'agit, par exemple, d'une figure, après avoir exécuté le modèle en cire ou en terre, on en tire un moule, et on prend une épreuve en plâtre, qu'on découpe en plusieurs morceaux avec une scie très fine. Il importe de placer les joints aux endroits les moins apparents, et de préférence dans les parties rentrantes, afin de profiter des ombres portées par les saillies pour masquer les sutures. Chacun de ces morceaux de plâtre est confié à un ouvrier chargé de le reproduire exactement en ivoire, ce qui se fait avec une exactitude mathématique.

L'ivoire présente à l'outil une résistance très grande, et ne se travaille qu'avec beaucoup de difficultés. La plaque fixée à un étau est d'abord dégrossie à l'aide de la scie et de grosses limes, puis achevée avec des burins et de petites râpes plates, taillées par rangées horizontales ou obliques, dont les arêtes très tranchantes, font l'office

Fig. 515 et 516. — *Assemblage d'une tête de Minerve.*

d'autant de rabots ; le travail est enfin repassé avec soin et corrigé, s'il est nécessaire, à l'aide de grattoirs. La matière est tellement dure que pour toutes ces opérations le sculpteur doit appuyer fortement avec la main gauche, la droite guidant l'outil. Mais aussi les travaux les plus fins et les plus délicats peuvent être exécutés sur ivoire en toute sûreté, et recevoir un poli admirable.

Les plaques étant achevées séparément, sont ensuite réunies sur un noyau de bois taillé, reproduisant la tête primitive, et on les fixe à l'aide de mastics, de bitume ou d'écrous. Pour les œuvres de grandes dimensions, on maintient encore le travail par des armatures en fer. L'ouvrage étant assemblé offre un tout très homogène. Grâce à la finesse des traits de scie et à la dureté de l'ivoire, les joints sont tellement déliés qu'ils sont à peine visibles à une distance de quelques centimètres, et ils n'étaient d'aucune importance dans les grandes statues sculptées par les anciens, destinées à être vues à distance. Les figures 515 et 516 permettent de se rendre compte des différents états de ce travail.

L'abondance relative de l'ivoire chez les anciens avait permis de l'employer pour des œuvres de grande importance, telles par exemple, que les statues de Jupiter Olympien et de Minerve au Parthénon, dues à Phidias, et qui avaient 12 à 19 mètres de hauteur. Ces statues étaient dites *chryséléphantines*, parce que l'or y était allié à l'ivoire et était employé pour les draperies, les ornements, la coiffure ou les couronnes. L'ivoire ne représentait que les chairs, ce qui était de très grande importance dans des statues de cette taille.

L'ivoire ayant le défaut de jaunir au contact de l'air, un habile ivoirier de Copenhague, M. Spengler, reconnut, il y a une trentaine d'années, qu'il est possible de le soustraire à cette altération, en tenant les objets dans une cage de verre hermétiquement close. Il a aussi trouvé le moyen de lui rendre sa blancheur primitive, quand il l'a perdue, en le brossant avec de la pierre ponce délayée, et en le soumettant ensuite, encore humide et enfermé sous une cloche de verre, à l'action de la lumière solaire. — V. BLANCHIMENT, § *Blanchiment de l'ivoire.*

D'autres inventeurs ont imaginé de teindre l'ivoire de différentes couleurs en le plongeant dans un bain de brésil, de safran, de vert-de-gris, de campêche ou de sel de fer, selon la couleur qu'on veut obtenir ; mais auparavant, on le laisse tremper pendant six heures dans une solution d'alun ou dans du vinaigre. En le faisant séjourner dans une solution concentrée d'acide phosphorique pur, on est encore parvenu à le rendre translucide et aussi flexible que du cuir fort, ce qui a permis d'en multiplier l'emploi. Une machine inventée par M. Thomas Alessandri, très remarquée à l'exposition de 1855, a fait faire de grands progrès au travail de l'ivoire.

Après avoir été abandonnée, l'industrie de l'ivoire a été reprise avec succès. Mais les progrès de la mécanique, en permettant de fournir un travail moins coûteux, ont aussi contribué à enlever à l'ouvrier son indépendance et son originalité ; de là, des produits défectueux et similaires, regrettables au point de vue de l'avenir de cette industrie. C'est ainsi que les procédés de fabrication sur fonds de dentelles, qui étaient une des sources de richesse de l'ivoirerie dieppoise, ont été perdus, ou tout au moins ne sont plus mis en usage. Ce n'est plus qu'à Paris et à Dieppe qu'on trouve actuellement des sculpteurs en ivoire.

Ivoire artificiel. La fabrication de l'ivoire artificiel constitue aujourd'hui une véritable industrie. On emploie divers procédés dont les deux principaux consistent à obtenir l'imitation, soit simplement avec du bois blanc dans lequel on injecte, sous pression, du chlorure de chaux, soit avec des os de mouton et des déchets de peau blanche, de daims, de chevreaux, etc. Dans ce cas, en Hollande et en Angleterre notamment, on fait macérer les os pendant plusieurs semaines dans du chlorure de

chaux pour les blanchir, puis on les lave et on les sèche; on les chauffe alors à la vapeur dans une chaudière autoclave, avec les déchets de peau, de façon à former une masse fluide, gélatineuse, que l'on additionne de 2 à 3 0/0 d'alun. Cette masse est filtrée sur une toile tamis, puis étendue sur des cadres, sous faible épaisseur ; on la laisse sécher à l'air, et quand elle a pris une certaine consistance, on la met durcir pendant douze heures dans un bain d'alun à froid, renfermant environ moitié d'alun de la masse totale à durcir. On obtient ainsi des plaques parfaitement dures et blanches, plus faciles à travailler que l'ivoire, et susceptibles d'acquérir un beau poli. Comme il est facile de préparer ainsi des plaques de toutes dimensions on peut façonner des objets qu'il eût été impossible de tailler dans des défenses d'éléphant. Cet ivoire artificiel ressemble d'ailleurs complètement à l'ivoire véritable, et des yeux, même prévenus, peuvent facilement s'y tromper.

On donne encore ce nom à diverses compositions qui imitent assez bien l'ivoire animal au point de vue de la couleur, des stries et de l'élasticité qui font rechercher le produit naturel. Nous citerons, entre autres, le celluloïd, le caoutchouc dissous dans le chloroforme additionné de phosphate de chaux, et la pâte de papier incorporée à de la gélatine. Ces produits, bien moins coûteux que l'ivoire vrai, sont employés pour tous les articles qui exigent un prix de revient très économique.

Ivoire végétal. *T. de bot.* Nom donné au produit tiré des graines du *phytelephas macrocarpa* (palmiers), ou *arbre à ivoire* ; ses graines contiennent un liquide laiteux qui se transforme en tissu végétal, se solidifie et se durcit assez pour former un ivoire susceptible d'égaler en dureté et en blancheur l'ivoire animal. — V. COROZO.

Bibliographie : Jules LABARTE : *Histoire des arts industriels*, ch. *Ivoire* ; QUATREMÈRE DE QUINCY : *Le Jupiter olympien* ; Ph. de CHENNEVIÈRES : *Notes d'un compilateur sur les sculpteurs et la sculpture en ivoire* ; L.-N. BARBIER : *Esquisse historique sur l'ivoirerie* ; Spire BLONDEL : *Histoire des éventails*, suivi de *Notices sur l'écaille, la nacre et l'ivoire*.

*IVOIRIER. *T. de mét.* Artisan qui travaille, qui façonne, qui sculpte l'ivoire.

*IXORE. *T. de bot. et de parf.* Plante de la famille des rubiacées désignée aussi sous le nom de *jasmin de Madagascar*; elle est originaire de l'Asie et de l'Afrique tropicales ; sa fleur rouge brique est composée d'une houppe de petites fleurettes tubuleuses à quatre pétales, et donne, par la distillation, une essence d'un arome délicat. MM. Pinaud-Meyer ont fait de cette essence la base de diverses préparations connues sous le nom de *parfumerie à l'Ixora.*

J

JABLE. *T. de tonnell.* Rainure pratiquée dans les douves d'un tonneau pour y mettre le fond ; le même nom s'applique à la partie de la douve qui excède le fond en dehors.

* **JABLOIRE.** *T. techn.* Sorte de couteau dont se sert le tonnelier pour faire la rainure ou *jable* ; on dit aussi *jablière*.

* **JACARANDA.** *T. de bot.* Genre d'arbres de l'Amérique tropicale, dont le bois est utilisé dans l'ébénisterie et la marqueterie ; on distingue deux espèces principales, l'une dont le bois est noirâtre et odorant, l'autre à bois blanc, mais tous deux d'une grande dureté et pouvant recevoir un beau poli.

JACINTHE. *T. de minér.* Sorte de rubis. — V. HYACINTHE.

JACONAS. Tissu de coton fin, léger, mais serré, qui tient le milieu entre la percale et la mousseline. La réduction de la chaîne varie de 30 à 40 fils au centimètre, suivant la qualité du tissu que l'on veut obtenir. Son tissage se fait toujours par l'armure taffetas.

— En France, Tarare et Saint-Quentin sont les principaux centres de la fabrication de cet article. On en fait aussi beaucoup en Suisse et en Angleterre ; dans ce dernier pays, on a fait des jaconas, à dispositions par une bande façonnée, sur fond taffetas, et une bande satinée unie, bordée de jours contre-semplés tour anglais. Ces articles ont été variés à l'infini.

* **JACQUARD** (JOSEPH-MARIE), né à Lyon en 1752, mort à Oullins en 1854. Dès son enfance, il montra le goût le plus marqué pour la mécanique et employait tous ses moments à construire de petites machines propres à différents usages. Son père, qui était ouvrier à la grand'tire, c'est-à-dire en étoffes brochées, et sa mère liseuse de dessins, le destinaient à suivre la carrière ordinaire des tisserands, et ne lui donnèrent aucune instruction : Jacquard apprit à lire et à écrire avec le secours de quelques amis. A douze ans, ses parents, désireux de lui créer une profession, le firent admettre comme apprenti dans un atelier de reliure ; puis chez un fondeur en caractères qui, frappé de son intelligence, avait désiré se l'attacher. On le vit alors, guidé par ses goûts inventifs, fabriquer plusieurs outils à l'usage des couteliers. La mort de sa mère l'amena à s'occuper de tissage : il devint, lui aussi, ouvrier à la grand'tire. Après le décès de son père, qui survint quelque temps après, il consacra son modeste patrimoine à monter un atelier d'étoffes façonnées. Son génie se prêtait peu à la direction d'un semblable établissement, il ne réussit pas dans cette entreprise, et la vente de ses métiers parvint difficilement à payer ses dettes. A cette époque, Jacquard se maria. Il eut là une nouvelle déception, en ne trouvant pas dans sa nouvelle famille la fortune qu'il avait cru y rencontrer. La naissance d'un fils vint encore augmenter la gêne des premiers jours, et le força à accepter une place au service d'un chaufournier de la Bresse ; sa femme essayait de son côté de gagner quelque argent en faisant valoir une petite fabrique de chapeaux de paille.

Pendant le siège mémorable que la ville de Lyon soutint en 1793, contre l'armée de la Convention, Jacquard fut un des principaux défenseurs de cette ville. Après la reddition de la place, dénoncé et poursuivi, il s'enrôla dans le premier bataillon des volontaires de Rhône-et-Loire, et ne revint dans sa ville natale qu'après avoir perdu sur un champ de bataille, son fils unique âgé de 17 ans.

Lorsque, après la paix d'Amiens, les communications se rouvrirent entre la France et l'Angleterre, un journal anglais lui tomba sous la main, et il y lut l'annonce d'un prix proposé pour la construction d'une machine destinée à fabriquer les filets de pêche : cette annonce l'engagea à rechercher les moyens de remplir les conditions proposées. Déjà, en 1790, il avait imaginé un mécanisme propre à perfectionner le métier à tisser les soieries ; il avait oublié cette inspiration de son génie, quand la lecture du journal anglais vint la lui rappeler; Il réussit parfaitement dans son nouvel essai, mais se contenta seulement de communiquer à un ami le résultat de ses expériences. Bientôt cependant le préfet de Lyon eut connaissance de cette découverte, et fit appeler l'inventeur pour lui demander à voir sa machine. Jacquard exigea trois semaines pour présenter à ce fonctionnaire un appareil à peu près complet. C'était en 1801.

Durant ce temps, il agençait d'une manière originale, divers organes déjà connus avant lui sur le métier à tisser les soieries, et constituait ainsi une autre invention à laquelle il devait attacher son nom et qu'il appelait lui-même *tireuse de lacs*. Avant lui, les fils qui sur le métier se lèvent simultanément pour former le dessin des étoffes brochées, étaient levés par des cordes que tirait un enfant auquel le tisseur était obligé de les indiquer. L'appareil qu'inventa Jacquard soumit cette manœuvre compliquée à un procédé régulier, tirant son mouvement d'une simple pédale que l'ouvrier faisait jouer lui-même. Dès lors, plus de tireurs de lacs, plus de ces enfants forcés toute une journée de conserver une position malsaine et contre nature. Il obtint, cette année même, pour cet agencement, un brevet d'invention de 10 ans. Immédiatement, il en fit construire un modèle et quand, plus tard, le « consulta » se réunit à Lyon pour l'élection d'un Président de la République cisalpine, la mécanique de Jacquard fixa l'attention de cette assemblée dont les membres allèrent, avec le ministre de l'intérieur Carnot, la visiter dans l'humble demeure de l'inventeur, rue de la Pêcherie. Lorsque les trois semaines demandées par Jacquard au préfet de Lyon pour lui montrer son appareil furent expirées, l'inventeur transporta à la préfecture sa machine à fabriquer les filets, puis, faisant jouer une pédale, il fit voir comment un nouveau nœud attachait par ce mouvement s'ajouter à la pièce montée sur le métier. La machine fut aussitôt expédiée à Paris ; peu après, arriva l'ordre d'y envoyer Jacquard. L'essai de la machine fut fait à la Société d'encouragement qui, plus tard, le 2 février 1804, lui décerna une médaille d'or pour cette invention. C'est à cette occasion que Carnot, qui ne pouvait se rendre compte du mécanisme, lui dit brusquement un jour qu'il lui fut présenté : « C'est donc toi qui prétends toujours faire un nœud avec un fil tendu, tu veux donc réaliser l'impossible ? » Jacquard ne répondit pas, il se contenta de faire fonctionner sa machine devant son interlocuteur qui, après quelque temps, dut se déclarer convaincu.

Notre inventeur obtint dès lors d'être placé au Conservatoire des arts et métiers, sous les ordres du comte Molard, il s'y occupa de perfectionner d'anciens mécanismes et d'en imaginer de nouveaux. On lui dut alors des métiers tisseurs, aujourd'hui oubliés, pour la fabrication des velours à double face, et des métiers à deux et trois navettes pour la fabrication des cotonnades. Mais ce qui surtout l'occupa fut le perfectionnement de ses deux inventions : le métier à fabriquer les filets de pêche et surtout la tireuse de lacs. Il fit

fonctionner au Conservatoire l'une de ces dernières, mais on la jugea trop compliquée, elle opérait trop lentement, c'était une espèce de cylindre à serinette dont les effets étaient trop restreints, et qui n'aurait pu servir que pour des dessins de 2 pouces au plus : elle fut reléguée au rang des machines curieuses. Mais bientôt, il parvint à construire un appareil pratique, et alors, rappelé à Lyon en 1804, il fut placé à l'hospice de l'Antiquaille pour y établir un atelier d'étoffes façonnées avec les métiers de son invention. Puissamment aidé par l'influence du riche fabricant Camille Pernon, qui le mit en rapport avec le Conseil municipal et la Chambre de commerce, il s'appliqua à faire adopter ses inventions dans les manufactures de sa ville natale, mais surtout le mécanisme pour la suppression des lacs. Une commission de fabricants fut nommée pour étudier cette dernière machine, et, lorsqu'un rapport favorable eut été émis et eût pu être transmis à l'empereur Napoléon, celui-ci, par un décret daté de Berlin, le 27 octobre 1806, autorisa l'Administration municipale à acheter de Jacquard son brevet moyennant une rente viagère de 3,000 francs, reversible sur la tête de sa femme en cas de survivance. Jacquard accepta, mais demanda, en outre, une prime de 50 francs par chaque métier avec tireuse de lacs adopté à Lyon. « En voilà un qui se contente de peu » s'écria Napoléon en accédant à ce désir.

Mais Jacquard ne réussit que difficilement à introduire son métier dans les ateliers lyonnais. Lorsque les ouvriers virent que la nouvelle machine rendait inutiles les auxiliaires nécessaires avec l'ancienne, ils s'irritèrent contre leur compatriote, et lui firent une opposition qui se traduisit par des actes de brutalité. Insulté, poursuivi, Jacquard eut plusieurs fois à essuyer d'indignes traitements ; il fallut même un jour l'arracher des mains d'une troupe de furieux prêts à le jeter dans le Rhône. D'un autre côté, des fabricants qui n'avaient pas su mettre en œuvre sa machine le traduisirent devant le Conseil des prud'hommes en réclamant des dommages-intérêts. Un métier fut brisé publiquement par sentence du Conseil, le fer vendu comme vieux fer et le bois comme bois à brûler. Mais Jacquard aimait sa patrie et surtout sa ville natale : ni ces violences, ni les offres brillantes de l'étranger ne purent l'engager à transporter ailleurs son invention. Heureusement que quelques industriels sensés lui firent construire de nouveaux métiers, et en tirèrent un parti si avantageux que bientôt on s'empressa de les mettre universellement en usage. Mis en pratique, en 1809, les métiers Jacquard étaient définitivement adoptés, en 1812, par tous les fabricants lyonnais sans exception, et, enfin, l'exposition de 1819 vint consacrer les mérites de l'inventeur par l'obtention d'une médaille d'or et la décoration de la Légion d'honneur. Jacquard se retira alors à Oullins, près Lyon : il y mourut à l'âge de 82 ans. — A. R.

• JACQUARD (Mécanique). *T. de tiss.* Appareil employé dans le tissage des étoffes façonnées pour lever les fils de la chaîne qui doivent recouvrir une duite de trame, en laissant baissés ceux qui doivent être recouverts par elle. Cet accessoire du métier à tisser a reçu le nom de *Jacquard*, parce que ce fut lui qui en a rassemblé et disposé les organes d'une manière simple et pratique ; universellement adoptée depuis lors, cette mécanique a ainsi rendu facile, rapide et économique, l'exécution de ces tissus à contextures souvent très complexes, qui, auparavant, ne pouvaient être obtenus que par des procédés compliqués et très lents.

— Avant de décrire la mécanique Jacquard, il n'est pas sans intérêt de jeter un coup d'œil en arrière, et d'examiner rapidement quels étaient ces anciens procédés de travail, pour apprécier les perfectionnements successifs qui les ont amenés à l'état actuel.

A l'origine de l'art du tisserand, on dut opérer, en général, comme nous le voyons faire encore de nos jours lorsqu'il s'agit des tissus artistiques, qu'exécutent avec une si remarquable perfection les manufactures des Gobelins, d'Aubusson, etc. (V. GOBELINS.) Mais on fut bientôt amené à une première simplification, qu'il faut attribuer, dit-on, aux Chinois : chacun des fils de la chaîne fut passé dans une maille, ou un maillon, suspendu à une corde fine et solide, nommée *arcade*, et maintenue dans la direction d'une verticale passant par le fil correspondant, au moyen d'une planchette (*planche d'arcades*) percée de petits trous très rapprochés les uns des autres et placée horizontalement à 20 ou 30 centimètres au-dessus de la chaîne. Il fut dès lors possible de faire dévier la direction de ces cordes au-dessus de la planche d'arcades, afin de réunir les unes aux autres, celles qui correspondent aux fils qui ont les mêmes mouvements, c'est-à-dire qui passent toujours en même temps au-dessus ou au-dessous des duites successives. On rattacha chacun de ces groupes d'arcades à d'autres cordes suspendues au plafond, et il suffit alors qu'un aide, placé à la partie supérieure du métier, choisît celles d'entre elles qui correspondaient aux fils qui devaient recouvrir la duite que le tisserand allait passer au moyen de sa navette, pour qu'en les attirant à lui, il produisît l'ouverture voulue de la chaîne. La difficulté du travail se trouva, par là, réduite dans la même proportion que le nombre des cordes, par rapport à celui des fils de la chaîne.

En 1606, un ouvrier en soies, de Lyon, Claude Dagon, créa le métier qui, pendant deux siècles, continua d'être employé sous le nom de *métier à la grande tire* : il ramena horizontalement les cordes supérieures qui prirent le nom de *cordes de rame*, en les faisant passer par un *cassin* (châssis garni de petits galets de renvoi) placé à la partie supérieure du métier à tisser, et en rattachant leurs extrémités à une barre fixée au mur de la salle. A chaque corde de rame, il attacha, en outre, une autre corde verticale allant se relier à une traverse fixée au plancher. L'ensemble de ces cordes formait le *semple*, dans lequel l'aide, auquel on donna le nom de *tireur de lacs*, put opérer d'une manière plus commode et plus rapide. Des cordes à boucles, préalablement disposées dans le semple, lui permettaient de rester d'effectuer plus rapidement le choix des cordes qu'il avait à tirer à chaque duite pour produire la levée des fils. Sans modifier le principe de ce métier, Galantier et Blache, en 1687, y apportèrent des perfectionnements qui facilitèrent la tire des cordes dans le cas de petits façonnés, dans lesquels le nombre des fils différents ne dépassait pas 80 ou 100.

La première innovation réellement féconde est due à Basile Bouchon, ouvrier lyonnais, comme les inventeurs précédents. En 1725, il imagina de faire passer chacune des cordes du semple par un œillet formé au milieu de

la longueur d'une aiguille en fil de fer, maintenue horizontalement par des guides fixes. Il y avait autant de ces aiguilles que de cordes de semple, et, pour séparer des autres celles de ces cordes qui devaient être tirées, il suffisait de repousser en arrière les aiguilles qui correspondaient aux premières, en laissant libres les autres. Pour atteindre ce résultat, Bouchon eut recours au principe si fécond des cartons. Le tireur de lacs avait entre les mains une matrice, ou plaque percée d'autant de trous qu'il y avait d'aiguilles, et sur laquelle il appliquait un carton préalablement percé de trous correspondant à celles des aiguilles qui guidaient les cordes qui ne devaient pas être tirées. Il suffisait de présenter aux aiguilles la matrice garnie d'un carton, pour que le choix des cordes se trouvât fait immédiatement. Un carton correspondait, comme cela a lieu encore aujourd'hui, à chacune des duites du tissu, et les différents cartons nécessaires étaient enlacés les uns à la suite des autres, de manière à former une sorte de chaîne régulière.

Trois ans plus tard, en 1728, Falcon compléta cette idée, en ramenant, au moyen d'un second cassin, les cordes de rame à descendre verticalement sur le côté du métier, et en terminant chacune d'elles par un crochet.

Malgré la simplicité de ces métiers, et la facilité de travail qu'ils présentaient, et quoique Falcon ait complété son œuvre par l'invention d'une machine à percer rapidement les cartons (1748), et élevé le nombre des crochets jusqu'à 600, il n'y eut jamais plus d'une centaine de ces métiers en activité. Il en existait encore en 1817. Nous ne parlerons pas de différentes autres inventions, telles que la mécanique à cylindre de Régnier (de Nîmes), de Feury-Dardois, Perrin, etc.

Pour rendre l'invention de Falcon réellement pratique, et pour en retirer tous les avantages possibles, il ne restait plus qu'à refaire, en sens inverse, ce qu'avait fait, en 1606, Claude Dagon, c'est-à-dire à reporter le mécanisme au haut du métier, et à le mettre directement en relation avec une pédale placée sous le pied du tisserand lui-même, afin de supprimer ainsi le tireur de lacs, rendu inutile. C'est ce que fit d'abord, en 1745, le célèbre mécanicien Vaucanson, qui eut le tort d'abandonner la chaîne sans fin des cartons de Falcon, pour la remplacer par un cylindre recouvert d'une bande de papier ou de carton. Le nombre des duites de trame que comportait le tissu ne put plus être réglé à volonté, et soit pour cette raison, soit parce que la machine n'était pas née à un moment et dans un milieu favorables, elle ne reçut jamais d'applications pratiques.

En 1801, Jacquard, ouvrier lyonnais, prit un premier brevet pour une machine destinée à *supprimer le tireur de lacs dans la fabrication des tissus façonnés*. Soutenu par des industriels intelligents, MM. Ch. Depouilly et Schirmer, aidé par le mécanicien Breton, et peut-être après avoir vu à Paris ce qui restait du métier de Vaucanson, Jacquard perfectionna sa machine vers 1812, époque à laquelle elle commença à se répandre rapidement dans les ateliers de Lyon, dont l'industrie se reconstituait après les désastres qu'elle avait éprouvés pendant la révolution, puis enfin dans le monde entier.

La figure 517 et la légende suivante rendront facilement compte de l'agencement et du fonctionnement de la mécanique :

A, *Bâtis en bois ou en fonte*, affectant des formes variables suivant les constructeurs. B, *Planche à collets*, maintenue horizontalement entre les bâtis, et servant à soutenir les crochets K ; elle est percée de trous qui correspondent à chacun de ces crochets, et à travers lesquels passent les collets C qui y sont suspendus. C, *Collets*, bouches en ficelles munies d'une agrafe ou porte-mousqueton, auquel on relie les cordes d'arcades. D, *Arcades ou cordes fines et solides qui relient les crochets aux maillons que traversent les fils de la chaîne* Chaque crochet peut ainsi actionner un ou plusieurs fils, suivant le nombre d'arcades qui y sont suspendues. La hauteur de la mécanique au-dessus de la planche d'arcades doit être assez grande pour que l'inclinaison des cordes ne soit pas exagérée. Elle atteint environ deux mètres dans les cas ordinaires. E, *Planche d'arcades* ou *d'empoutage*, au moyen de laquelle on ramène les arca-

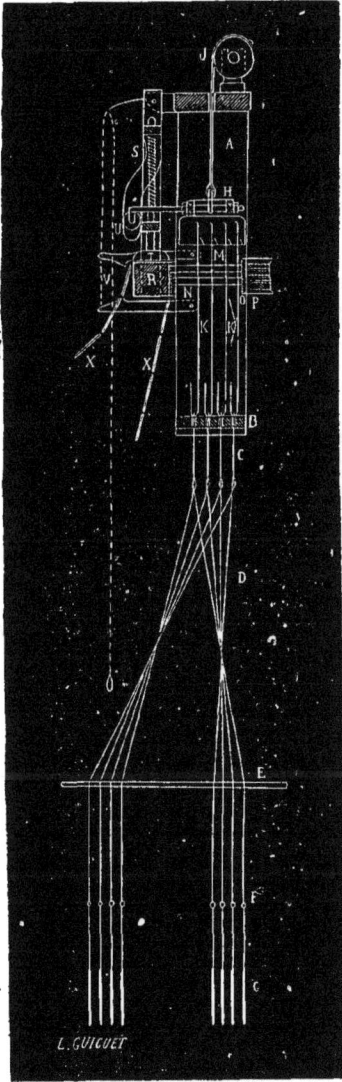

Fig. 517. — *Mécanique Jacquard.*

des dans la verticale des fils qu'elles doivent actionner. F, *Maillons* à travers lesquels sont passés les fils de la chaîne. G, *Plombs* destinés à rabattre les fils, et à donner aux arcades une tension convenable. H, *Griffe* formée par un châssis horizontal muni de lames, ou couteaux, qui correspondent aux différentes rangées d'aiguilles. Elle est tenue dans des guides que forment les bâtis, et suspendue par une lanière ou une sangle à l'arbre moteur J, qui lui communique, entre les passages de deux duites successives, un mouvement de descente et de montée.

J, *Arbre moteur de la mécanique*, relié, au moyen d'une poulie à gorge et d'une corde, à une pédale, sur laquelle agit le pied du tisserand. Lorsque la mécanique Jacquard est adaptée à un métier à tisser mécaniquement, cet arbre moteur est remplacé par un autre mécanisme actionné par l'arbre moteur du métier. K, *Crochets*; ils reposent sur la planche à collets, et sont guidés vers leur partie supérieure par les œillets des aiguilles M. Leur nombre varie de 100 à 1200, et ils sont disposés par rangées transversales, renfermant chacune de 4 à 12 crochets. La figure représente une de ces rangées de 4 crochets d'une mécanique de 100. M, *Aiguilles*; elles sont formées par de petites tringles en fil de fer présentant en un point de leur longueur un œillet à travers lequel passe le crochet. La figure met en évidence la relation qui existe entre les crochets d'une rangée et les aiguilles qui leur correspondent, et qui sont disposées dans un même plan vertical. N, *Planche aux aiguilles* fixée par ses extrémités aux bâtis, et percée de trous qui guident les aiguilles par leur partie antérieure. O, *Grille* guidant les parties postérieures des aiguilles, lesquelles se terminent par des boucles allongées, traversées par des épinglettes qui les maintiennent et limitent leur course. P, *Etui* renfermant de petits ressorts à boudin en fil de laiton, nommés *élastiques*, qui agissent chacun sur une aiguille pour la repousser vers la gauche, et maintenir ainsi le crochet correspondant dans sa position verticale. R, *Prisme*, généralement appelé *cylindre*, formé par une pièce prismatique à quatre faces égales, munie à ses extrémités de petits tourillons, autour desquels elle peut tourner dans des coussinets que porte le battant. Les faces du prisme sont percées de trous qui correspondent exactement chacun à l'une des aiguilles. S, *Battant*, ou châssis mobile autour de pivots disposés à la partie supérieure de la mécanique, et portant le prisme. T, *Marteaux* disposés le long des montants du battant et poussés par des ressorts à boudin contre l'une des faces du prisme dont ils assurent la position U, *Galet* porté par la griffe, et engagé dans un guide que porte le battant En raison de la forme de ce guide, le battant éloigne le prisme de la planche aux aiguilles lorsque la griffe s'élève, et l'en rapproche lorsqu'elle s'abaisse. V, *Cliquet* monté sur un tourillon fixé à l'un des bâtis, et agissant sur une lanterne à 4 dents qui se trouve adaptée à l'une des extrémités du prisme : chaque fois que le battant s'éloigne de la planche aux aiguilles, ce cliquet fait tourner le prisme d'un quart de tour, et l'amène ainsi à présenter successivement ses quatre faces aux extrémités des aiguilles qui font saillie en avant de leur guide. Un second cliquet semblable, permet à l'ouvrier de faire tourner le prisme en sens inverse, lorsque, par suite d'un accident quelconque, il veut ramener en action un carton déjà passé. X, *Cartons* : bandes de carton ayant les mêmes dimensions que les faces du prisme, et liées entre elles de manière à former une sorte de chaîne sans fin, et à venir s'appliquer les unes après les autres sur ces faces, qui portent des *tetons* ou *pédones*, ou *boutons de repère*, lesquels en pénétrant dans des trous percés dans les cartons, assurent exactement leur position. Cette description terminée, rien n'est plus facile que de se rendre compte du fonctionnement de l'appareil.

Chaque crochet est relié, comme on l'a vu, par une ou plusieurs cordes d'arcade, à un même nombre des fils de la chaîne. Suivant que l'on fera lever ou qu'on laissera baissé un crochet, les fils qu'il actionnera seront eux aussi levés ou baissés, et la navette, entraînant la trame avec elle, passera sous les premiers et sur les seconds. Il suffira donc, pour exécuter un tissu d'une contexture donnée, qu'avant de faire passer chaque duite, on ait convenablement élevé une partie des crochets de la mécanique, et laissé les autres baissés. D'autre part, les crochets présentent, à leur partie supérieure, des becs, en face desquels passent les lames ou couteaux de la griffe, lorsque celle-ci s'élève. Si les crochets ont conservé leur position verticale, ils sont pris et élevés par ces couteaux ; si, au contraire, ils ont été inclinés, dans la position K', les couteaux passeront librement sans les atteindre, et ils resteront baissés.

On voit, en outre, que les positions des crochets sont déterminées par les aiguilles, qui, sous l'action des élastiques, et lorsque leurs extrémités de gauche restent libres, les maintiennent verticaux, tandis qu'elles les inclinent lorsqu'elles sont poussées vers la gauche. Au moment où la griffe va s'élever, et faire passer ses couteaux en face des becs des crochets, le prisme est pressé par l'une de ses faces contre la planche aux aiguilles N. Toutes les aiguilles qui auront pu pénétrer librement dans les trous de cette face, n'auront pas fait dévier leurs crochets qui seront levés ; il aura suffi, pour cela, que des trous aient été percés aux endroits correspondants du carton qui recouvre la face du prisme. Par toutes ses autres parties, le carton aura, au contraire, bouché les trous du prisme, et, par conséquent, repoussé les aiguilles ; les crochets correspondants se seront inclinés et resteront baissés. La mécanique fonctionne de la même manière pour chacune des duites du dessin, mais chaque fois sous l'action d'un nouveau carton que le prisme amène comme la planche aux aiguilles.

Depuis l'époque de la vulgarisation de la mécanique Jacquard, les efforts des constructeurs se sont appliqués surtout à réduire les espaces occupés par les crochets et les aiguilles, afin de diminuer dans les mêmes proportions les dimensions des cartons, et de les soustraire ainsi aux influences de l'humidité ou de la sécheresse de l'air, tout en diminuant en même temps leur prix de revient. L'addition aux aiguilles d'une planche mobile, contre laquelle les cartons viennent se presser avant d'agir sur les aiguilles, ainsi que d'heureuses modifications des crochets, ont permis aussi de faire usage de cartons moins forts, et plus économiques.

Nous ne parlerons pas ici des tentatives qui ont eu pour but de substituer un simple papier aux cartons, ou de faire intervenir l'électricité dans la commande de la mécanique, en en compliquant les organes. Il faut, en effet, que ces appareils puissent être confiés à de simples ouvriers tisserands, dont les connaissances scientifiques sont nulles, et que leur construction soit aussi simple, pratique et rustique que possible. Les efforts des chercheurs se porteraient avec plus de fruit sur les procédés à employer pour le perçage des cartons que sur ceux du tissage proprement dit (V. LISAGE), qui, tels qu'ils sont employés aujourd'hui, assurent un travail très précis, et peuvent être confiés aux ouvriers, même en dehors des ateliers, et sans que l'intervention de mécaniciens ou de contre-maîtres expérimentés soit nécessaire.

Lorsque la contexture des tissus est peu com-pliquée et que le nombre des fils différents de la chaîne, ne dépasse pas une vingtaine, on remplace le corps de maillons par des lames, suspendues aux crochets des mécaniques, qui, construites alors d'une manière plus robuste, reçoivent plutôt le nom de *mécaniques d'armure* ou *ratières*.

Pour les applications de ces mécaniques et des Jacquards, V. TISSAGE. — P. G.

*JACQUEMART (JULES-FERDINAND). Né à Paris, en 1837, mort en 1881, était fils d'*Albert* JACQUEMART, auteur de plusieurs livres très estimés sur la céramique, notamment de l'*Histoire de la porcelaine*, de l'*Histoire de la céramique* et des *Merveilles de la céramique*. Dans ce milieu artistique, Jules Jacquemart se sentit vite porté vers les beaux-arts, et surtout vers la gravure. Il a exposé depuis 1861. Il a donné d'abord des eaux-fortes d'après Frantz Halz, Van der Meer, Rembrandt, Meissonnier, puis quittant ces voies tracées par d'habiles devanciers, il aborda un genre inconnu jusqu'à lui, et apporta un goût parfait et une habileté originale à la reproduction si difficile des objets d'art. C'est là surtout que Jacquemart fut inimitable. Ses planches à l'eau-forte gravées d'après des bijoux, des pièces de sculpture ou d'orfèvrerie, des vases, ou des reliures, des émaux ou des camées, sont dignes de figurer, pour la perfection, à côté des portraits ou des planches d'histoire les plus savamment traitées.

Les ouvrages les plus importants de Jules Jacquemart sont 28 planches pour l'*Histoire de la porcelaine* de son père, ainsi que 12 autres pour l'*Histoire de la céramique*, et 60 eaux-fortes pour les *Gemmes et joyaux de la couronne*, par Barbet de Jouy (1865), qui ont consacré sa réputation. On a encore de belles reproductions d'armes de la collection Nieuwerkerke, et beaucoup de gravures analogues dans les *Annales archéologiques* et la *Gazette des beaux-arts*. On doit encore à cet artiste la plupart des dessins de l'*Histoire du mobilier* (1875).

Depuis, Jacquemart avait paru revenir au genre de la reproduction des œuvres de maîtres. Au salon de 1872 notamment, il avait exposé une suite d'eaux-fortes d'après les tableaux du musée de New-York, qui fut très remarquée. Il avait obtenu des médailles en 1864 et en 1866, une médaille de 3e classe à l'exposition universelle de 1867, et la croix de chevalier de la Légion d'honneur en 1869. Depuis 1868, il avait fait partie de tous les jurys du Salon annuel.

JADE. Syn. : *Néphrite*. T. *de minér.* Variété de silicate de magnésie et de chaux, qui se rapproche de la trémolite compacte, elle offre une cassure écailleuse, un éclat un peu gras et vitreux, de la translucidité. Sa couleur varie du blanc verdâtre au vert poireau ; sa dureté est plus grande que l'acier : D=5 à 6 ; sa densité varie de 3 à 3,40. Comme composition, c'est un silicate double de chaux et de magnésie, contenant parfois un peu de fer, et anhydre.

On connaît plusieurs sortes de jade : la plus estimée est le *jade néphrétique* ou *oriental*, qui se travaille assez difficilement à cause de sa dureté, mais qui, cependant, lorsqu'il vient d'être extrait du sol, peut se tailler, scier et polir plus aisément, parce qu'il contient alors une certaine quantité d'eau d'interposition. En Chine, au Japon, au Cambodge, sur les bords de l'Amazone, on en fait des divinités, des vases, et divers objets d'ornement très estimés, que l'on imite d'ailleurs avec quelques variétés de serpentines, .de jaspes, de feldspaths, ou avec la préhnite ; le *jade de Saussure* ou *saussurite*, en diffère par une teinte plus bleue, une structure lamellaire et une fusibilité moindre. Il renferme en plus de l'alumine, et se trouve rarement isolé. On le rencontre mêlé à l'euphotide dans les Hautes-Alpes, les Apennins, la Corse, les environs de Genève et de Turin, l'Amérique septentrionale : il a les mêmes usages ; le *jade axinien*, ou *pierre de hache*, qui est d'un vert foncé, vitreux, à structure schisteuse et susceptible d'un beau poli ; il est assez abondant dans la Nouvelle-Zélande, où les habitants du pays en font des haches et des coins. — J. C.

JAIS ou **JAYET**. *T. de minér.* Variété de carbone se rapprochant du lignite amorphe, de coloration noire, compacte, luisant, à éclat cireux, à cassure conchoïdale, assez dur (Dur :=1 à 2,5) pour pouvoir se laisser tourner et polir ; d'une densité de 0,5 à 1,25, brûlant avec une odeur désagréable. Il se trouve en petites veines, ou nodules, ou en amas peu considérables, dans le lignite commun, et se voit souvent aussi à la surface des empreintes de poissons fossiles. D'après Regnault, il serait formé (jayet de Saint-Giroux) de 72,94 0/0 de carbone, 5,43 d'hydrogène, 17,53 d'oxygène et d'azote, avec 4,08 0/0 de cendres ; ce jayet a fourni 42,05 0/0 de coke, et avait un pouvoir calorifique de 6394. Le jayet existe en France, à Roquevaire, près Marseille ; à Bains et à Sainte-Colombe, dans le département de l'Aude ; à Belestat, dans les Pyrénées ; dans le département des Hautes-Alpes. En Espagne, on rencontre le jais dans les Asturies, la Galice et l'Aragon ; on en trouve également à Wittemberg, en Saxe, en Thuringe, Bohême, Prusse, Italie et Irlande.

Le jais, fort en vogue vers 1820, servait pour faire la bijouterie de deuil, mais le caprice de la mode, et aussi la fragilité et la combustibilité de la matière première, ont fait en grande partie abandonner le produit naturel, que l'on remplace par des bijoux de nature variable.

Jais artificiel. Les bijous livrés actuellement sous le nom de *jais*, sont souvent en verre noir, coulé ou taillé ; pendant quelque temps, vers 1820, on a vu dans la bijouterie de deuil des articles de Berlin, en fonte de fer très bien moulée, qui ont eu un grand succès. Pour les articles d'un prix élevé, on réserve maintenant les ornements, colliers, bracelets, pendants d'oreilles, en métal recouvert d'émail noir, tandis que lorsqu'on recherche les articles à bon marché, on n'a souvent que des imitations de jais faites en verre, collé sur métal avec la cire à cacheter noire, ou simplement avec du verre fixé par un vernis de même coloration foncée. — J. C.

JALON. *T. d'arp.* Le jalon est un bâton de 2 mètres de long et de grosseur suffisante (0,04) pour ne pas se briser trop facilement, tout en restant très maniable à la main. Son extrémité supérieure est munie d'une fente dans laquelle on peut introduire une feuille de papier ou de zinc, peinte en blanc et rouge, afin d'attirer l'attention à distance ; le plus souvent, d'ailleurs, on se dispense de lui adjoindre cet appendice qui est peu utile et présente plusieurs inconvénients, dont le moindre est de rendre difficile le transport des jalons par paquets. A l'autre bout qui doit être enfoncé dans le sol par plusieurs efforts successifs, il est muni d'une douille conique en fer forgé destinée à protéger le bois contre les chocs et l'humidité de la terre.

Il sert à représenter un point sur le terrain et, le plus souvent, on en emploie un certain nombre à la fois ; placés à quelque distance les uns des autres, ils figurent commodément les lignes droites et même les courbes que l'on veut tracer dans les opérations du levé des plans (V. ÉQUERRE D'ARPENTEUR, GRAPHOMÈTRE, etc.). Il faut, en pratique, ne les mettre ni trop loin, ni trop près les uns des autres, pour opérer avec exactitude ; une bonne distance en alignement droit est 70 mètres environ ; dans les courbes cela dépend du rayon, et elle varie de 10 à 20 mètres. Pour être facilement visible de loin, le jalon est divisé, dans sa longueur, en 4 parties de 0^m,50 chacune, peintes alternativement en rouge et en blanc, comme la plupart des accessoires d'arpentages, mires, etc.

Dans les opérations qui doivent se faire à petite distance, et qui demandent une grande précision, comme les implantations de fouilles d'ouvrages d'art, il est préférable d'employer des jalons en fer, de 10 à 15 millimètres de diamètre, terminés en pointe, et peints en rouge et blanc comme les précédents ; le jalon en bois, en effet, qui est de section octogonale, dont la projection transversale est de 4 centimètres, ne permettrait pas de serrer comme il convient dans ces opérations délicates, le tracé des lignes sur le terrain.

Le jalon ne sert jamais, d'ailleurs, qu'aux opérations préliminaires, et n'a qu'un rôle essentiellement provisoire ; après quelques tâtonnements, les lignes qu'ils servent à tracer sont bien arrêtées, et les points qu'ils doivent représenter sont tout à fait définitifs ; si l'on veut les conserver, on fait usage, après le jalon, de piquets en bois qu'on enfonce vigoureusement dans le sol, et qui y restent à demeure. C'est, par exemple, le cas qui se présente dans l'étude définitive d'une ligne de chemins de fer ou d'une route. — A. M.

JALOUSIE. *T. de constr.* Appareil placé dans une baie de croisée, soit pour modérer ou obstruer complètement l'entrée des rayons solaires, soit pour permettre de voir, sans être vu, du dedans au dehors de l'habitation. Ce but est atteint au moyen d'une série de lames parallèles, en bois ou en tôle, soutenues par des chaînes, et auxquelles un double système de cordons de tirage procure un double mouvement. En effet, ces lames peuvent, d'une part, être abaissées et relevées à volonté ; d'autre part, recevoir une inclinaison uniforme qui en fait une clôture à jour ou fermée. Lorsque toutes les lames sont relevées, elles sont cachées par une planchette en bois découpé, appelée *pavillon*. Il existe des systèmes de jalousies en tôle dont les lames s'enroulent autour d'un arbre horizontal, dans leur mouvement ascensionnel. D'autres sont munis de bras de store qui permettent de les éloigner des tableaux de la baie.

* **JAMAÏQUE** (Bois de la). Bois tinctorial qui porte aussi le nom de *bois de Bahama*, de *Brésillet*, mais qu'il ne faut pas confondre avec le bois de Brésil; ce dernier contient plus de colorant, tandis que le bois de la Jamaïque est celui des bois rouges qui est le moins estimé. Il est originaire des Antilles, de la Guyane et des îles de Bahama, et provient du *cœsalpinia vesicaria*. On le trouve dans le commerce sous forme de branches d'environ 5 centimètres de diamètre, sans écorce, mais recouvertes d'un aubier plus blanchâtre; l'intérieur est rouge brun parsemé de veines plus foncées. Son principe actif est aussi la brésiline. Il importe de ne pas employer ces bois trop vieux, car exposés au soleil et à l'air pendant quelques mois, ils perdent leur matière colorante. — J. D.

JAMBAGE. *T. de constr.* Nom que l'on donne aux montants verticaux d'une baie de porte ou de croisée. Les jambages reçoivent la retombée de l'arc ou les extrémités de la plate-bande ou du linteau qui ferment cette baie à partie supérieure. On les nomme aussi *pieds-droits* ou *piédroits*. Les anciens faisaient souvent chaque jambage d'un seul morceau de marbre ou de pierre, placé debout. Les jambages portent sur leur face extérieure les profils et les décorations du chambranle, qui sont conçus et étudiés selon l'ordonnance adoptée pour l'ensemble de l'édifice. A l'intérieur, c'est dans les jambages que l'on pratique les *feuillures* destinées à recevoir la menuiserie de la porte ou de la croisée, et les ébrasements qui permettent à cette menuiserie de se développer. On nomme aussi *jambages* les deux piédroits d'une cheminée.

JAMBE. *T. de maçon.* Chaîne ou pile en pierres de taille, placée dans les murs composés de petits matériaux, moellons, briques, meulières, pour les fortifier, et recevoir la portée des pièces principales, telles que les montresses, poutres d'un plancher, les fermes d'un comble, etc.

Les pierres qui composent ces chaînes sont de deux grandeurs différentes et alternées de manière à *harpes*. On appelle, particulièrement, *jambe étrière* celle qui forme l'angle d'une maison ou son point de jonction avec la maison voisine sur la ligne de mitoyenneté, les pierres de cette pile étant engagées par leur queue dans le mur mitoyen pour y former liaison avec la maçonnerie. || *Jambe de force. T. de charp.* Pièce de bois inclinée qui, dans un comble à entrait retroussé, relie ensemble les deux entraits ou l'entrait principal à l'arbalétrier. — V. FERME.

* **JAMBETTE.** *T. de charp.* Petite pièce destinée à soulager le pied d'un arbalétrier.

JAMBIÈRE. *T. de cost. milit.* Pièce de l'armure destinée à protéger la jambe. — V. ARMURE. || On a, de nos jours, introduit la jambière en peau dans l'armée française, elle entoure la jambe du soldat jusqu'à la moitié du mollet.

* **JANET-LANGE** (ANGE-LOUIS JANET, dit). Peintre et lithographe, né à Paris en 1818, mort en 1872, fut élève de Collin, d'Ingres, et enfin, en 1834, d'Horace Vernet, dont il était un fervent admirateur, et dont il s'assimila aussitôt la composition large et la touche brillante : on lui reproche seulement une trop grande facilité et une exécution un peu lâchée. Nous citerons parmi ses tableaux le *Haras* (1836), le *Christ au jardin des oliviers* (1839), l'*Abdication de Fontainebleau* (1844), le *Bon pasteur* (1845), *Néron disputant le prix de la course aux chars*, qui est considéré comme sa meilleure toile (1855), enfin, plusieurs tableaux militaires et épisodes contemporains qui contribuèrent beaucoup à sa popularité. Comme dessinateur, il a produit : des lithographies d'après ses propres tableaux ou ceux d'Horace Vernet ; une partie des illustrations de l'*Histoire de Napoléon*, par Laurent de l'Ardèche (1843), ainsi que celles de diverses autres publications ; enfin, et surtout, un grand nombre de dessins dans l'*Illustration*, dont il dirigeait la partie artistique. On lui doit aussi une série d'uniformes militaires, déposée aux archives du ministère de la Guerre, et qui lui avait été commandée, en 1846, par le maréchal Soult.

JANTE. *T. de charron.* Cercle extérieur d'une roue; ce cercle est relié, le plus souvent, à un disque central ou *moyeu* par l'intermédiaire d'un certain nombre de rayons ou *rais*; sur les chemins de fer, dans le but d'éviter surtout le bruit et le soulèvement des poussières produit par le battement des rayons sur l'air environnant, le matériel à voyageurs est généralement, aujourd'hui, muni de centres pleins, formés par un disque de fer forgé ou de fonte, ou par des secteurs de bois reliant les rayons de la roue métallique — V. CENTRE DE ROUE.

Dans les roues de voitures ordinaires, la jante est formée d'un certain nombre de pièces de bois courbé, en général six, que l'on revêt, à l'extérieur, d'une frette ou bandage en fer posé à chaud, et qui, tout en consolidant la jante proprement dite, opère le serrage des rais sur le moyeu.

La jante est une chose particulièrement intéressante à étudier et à bien établir dans ces grandes roues destinées à régulariser le mouvement des machines à vapeur et qu'on nomme des *volants* (V. ce mot). Indépendamment, en effet, des dispositions locales qui peuvent influer sur les dimensions de cet organe et, par conséquent, sur sa jante, il faut tenir compte ici, d'une façon toute spéciale, d'un élément très important, c'est la force employée. La théorie de la résistance des matériaux permet de calculer la vitesse angulaire ω qu'il ne faut pas dépasser avec un volant de rayon r, pour que la résistance moléculaire θ de la matière ait une valeur maximum que l'on se fixera, et qu'on ne veut pas franchir. Voici la formule à laquelle on arrive en appelant δ le poids spécifique de la matière qui compose ce volant, et g l'accélération due à la pesanteur

$$\omega^2 = \frac{g\,\theta}{\delta\,r^2}$$

inversement, avec les autres données, on peut chercher à déterminer le rayon

$$r = \sqrt{\frac{\theta\,g}{\delta\,\omega^2}}$$

les volants étant ordinairement en fonte, on a pour le poids spécifique :

$$\delta = 7200$$

Si l'on s'arrête à $\theta = 2 \times 10^6$ pour la tension limite à laquelle le métal peut être soumis, on obtient :

$$\sqrt{\frac{\theta\,g}{\delta}} = \sqrt{\frac{2000000 \times 9,8088}{7200}} = 52,20$$

donc

$$r = \frac{52,20}{\omega}$$

limite qui, comme on le voit, est indépendante de la section de la jante.

En adoptant ce rayon limite, la connaissance du moment d'inertie permettra de déterminer la section cherchée de la jante.

En général, dans la pratique, les données de la question sont un peu différentes ; ainsi au lieu de la vitesse angulaire ω, on connaît le nombre n de tours que le volant fait par minute et son diamètre d. On en déduit ω

d'où

$$\omega = \frac{2\pi n}{60} = \frac{\pi n}{30}$$

$$\omega^2 = \frac{\pi^2 n^2}{900}$$

et comme

$$r = \frac{d}{2}, \; r^2 = \frac{d^2}{4}$$

en substituant dans la formule précédente, il vient :

$$\frac{\pi^2 n^2}{900} = \frac{4\,g\,\theta}{\delta\,d^2}$$

d'où

$$n^2 = \frac{3600 \cdot g\,\theta}{\pi^2 \delta\,d^2}$$

En remarquant que l'on a sensiblement $\pi^2 = g$ et que $\delta = 7200$ ou $\frac{\delta}{2} = 3600$, on a :

$$n^2 = \frac{3600 \times g \times \theta}{\pi^2\,\delta\,d^2} = \frac{\delta\,\theta}{2\,\delta\,d^2} = \frac{\theta}{2\,d^2}$$

d'où, en extrayant la racine :

$$n = \sqrt{\frac{\theta}{2\,d^2}} = \sqrt{\frac{1}{2}} \cdot \frac{\sqrt{\theta}}{d}$$

$$n = 0,707 \cdot \frac{\sqrt{\theta}}{d}$$

Si, au contraire, on cherche la valeur de la résistance θ, on a :

$$\theta = 2 n^2 d^2$$

En appliquant ces formules, on constate que si les jantes des volants étaient toujours des anneaux

d'une seule pièce, il y aurait peu de danger de rupture par la force centrifuge. Cela ne se présente pas dans la pratique, il y a donc lieu de calculer avec soin les assemblages, clavetages, etc.

Dans les véhicules de chemins de fer, la jante est toujours recouverte d'une sorte de jante supplémentaire en acier, qu'on nomme le *bandage*, et qui donne lieu à des efforts particuliers. — V. BANDAGE, II. — A. M.

*JANTIER. *T. techn.* Appareil qui sert au charron pour assembler les jantes d'une roue ; on dit aussi *jantière*. — V. CHARRONNAGE.

*JAPON (Bois du). Bois tinctorial provenant non seulement du Japon, mais aussi des Indes, de Siam, de la Chine, des Antilles et du Brésil ; il se présente sous forme de bûches dépouillées de leur aubier, ou encore en branches présentant un canal médullaire très apparent, quelquefois rempli d'une moelle rouge jaunâtre, et souvent vide ; il est dur, pesant, compact, et peut prendre un beau poli. Le bois du Japon est d'un rouge plus pâle que les autres bois rouges dont il est une des variétés, il provient du *cæsalpinia sappan* ; on l'appelle aussi bois de *sappan* ou de *sapan*. On en distingue deux sortes principales : le *bois de Siam*, d'un rouge vif, en bûches de la grosseur d'un bras ordinaire, sans aubier, et le *bois de Bimas*, en bâtons de 2 à 3 jusqu'à 4 centimètres de diamètre, jaune à l'intérieur, et rouge rosé aux parties qui ont subi l'action de l'air ; traité par l'eau, ce bois donne une liqueur colorée en rose ; il cède tout son colorant à l'eau bouillante ; on le trouve dans le commerce en bûches, en copeaux, en poudre, sous forme d'extrait sec et d'extrait à 30 et 20°. La matière colorante qu'il contient est la *brésiline* qui, sous l'influence des oxydants, se convertit en *brésiléine* ; on en fait au moyen d'amidon, de craie, d'alun, etc., des laques colorées qui servent pour la peinture à la colle et la peinture à l'huile. On l'essaie par teinture. — V. ESSAI DES DROGUES. — J. D.

*JAPON (1). Jamais le génie de l'extrême Orient ne s'était manifesté, en Europe, avec autant d'ampleur qu'à l'exposition de 1878; c'est certainement là le côté le plus caractéristique de cette réunion des peuples du monde. La civilisation occidentale, en déchirant les voiles mystérieux qui enveloppaient depuis des siècles les palais des despotes asiatiques, a provoqué un mouvement de réforme considérable, qui restera l'un des plus beaux titres de gloire de deux puissants monarques : le shah de Perse et l'empereur du Japon. Le mikado actuel, Mutsu-Hito, malgré sa jeunesse, est doué d'une énergie si rare, que les menaces de le brûler vif dans son palais ne pourront l'empêcher de continuer l'évolution commencée à l'aide des institutions européennes qu'il croit utiles au bien de sa patrie. Nous souhaiterions cependant que cette transformation n'allât point jusqu'à nous prendre un costume qui peut avoir une influence fâcheuse sur l'art japonais si délicat, si original.

Le gouvernement impérial du Japon avait tenu à honneur de faire connaître les richesses de son pays et le merveilleux travail de son peuple, et afin d'en rendre l'étude plus facile, il a fait publier par la commission impériale, présidée par S. E. Masayochi Matsugata, vice-ministre des finances, un travail fort intéressant sur

(1) V. la note, p. 117, t. I.

l'histoire et l'industrie du Japon. Un personnage d'une grande valeur, M. Maéda Masana, commissaire général, avait apporté dans l'organisation générale de son exposition un goût si parfait que la section japonaise fut un des plus grands succès du palais.

STATISTIQUE. L'ère japonaise date de 660 avant J.-C.; elle compte aujourd'hui 2545 ans. L'empire possédait à l'époque de notre dernière exposition, une population de 34 millions d'habitants répartis entre 7,220,194 familles. Sous le rapport de l'instruction publique, il est divisé en sept académies, comprenant 14,864 écoles primaires; le service postal se fait par 3,178 bureaux, dont un français, à Yokohama. Deux lignes de chemins de fer sont en exploitation, l'une reliant Tokio, la capitale, à Yokohama, et l'autre allant d'Osaka à Kioto et à Kobé. La principale ligne télégraphique est celle qui va de Tokio à Nagasaki.

Nagasaki est relié à Shang-Haï par un câble sous-marin qui appartient à une compagnie danoise. Une autre ligne va de Tokio à Otaru, dans le Hokkaido. D'autres lignes, partant des deux principales, mettent les villes importantes de l'empire en communication avec la capitale.

Les usines et les carrières sont d'une extrême richesse, et leur exploitation est susceptible d'un développement considérable; on trouve dans l'empire, et en assez grande abondance, de l'or dans onze provinces, des sables aurifères, de l'argent, du cuivre, du fer, du plomb, de l'étain; du charbon de terre dans seize provinces; du soufre, du cristal de roche, de la pierre, et enfin de l'huile de pétrole dans plus de trente endroits.

Le gouvernement consacre ses efforts au développement de l'agriculture et de l'industrie; il a fondé une filature modèle à Tomioka pour l'industrie de la soie, d'après des études spéciales faites à Lyon; une filature de déchets est en activité à Schimmatsi. Des bureaux sont chargés du contrôle des médecines et des produits chimiques; des ingénieurs européens donnent une vive impulsion aux travaux du génie civil et militaire.

L'art décoratif n'a point de centre spécial; dans toutes les parties du Japon on fabrique les brocards, les tissus de soie, les laques, les bronzes, la *céramique* et les éventails.

Arts décoratifs. Dans la rue des Nations, au Champ de Mars, quand on avait dépassé les architectures britanniques avides de lumière, la construction américaine banale et sans caractère, malgré l'enluminure de ses écussons d'État bariolés, les maisons de bois suédoise et norvégienne aux étroites fenêtres et aux pignons aigus, le portique italien où se heurtent d'une façon si étrange toutes les matières et tous les styles; une bouffée de fraîcheur vous frappait au visage, un bruit cristallin d'eau retombant vous arrivait à l'oreille. Ce frais murmure de source s'échappait de deux petits parterres fleuris où se dressaient de jolies fontaines de faïence. Elles avaient elles-mêmes la forme de grandes fleurs de nénuphars au large cœur épanoui, jetant par l'orifice de leurs pistils allongés de grêles filets d'argent liquide en de belles conques étagées. La vasque supérieure tenait en réserve pour le passant, de petits gobelets de bambou emmanchés d'une tige fine et longue. Dans celle qui s'arrondissait au ras de terre dans une ceinture de galets historiés, dormaient et rampaient quelques crustacés et batraciens en terre cuite émaillée. De l'eau, des fleurs, un décor étrange, une attention hospitalière; dès le seuil, c'était déjà tout le Japon.

Avant de franchir la barrière aux lourds madriers équarris et garnis d'armatures de cuivre que le pinceau a recouvertes d'une patine factice de vert antique, on aura remarqué que l'aspect général de la façade a été maintenu dans la tonalité neutre des bruns, des verts et des bleus rabattus. Pour tout décor, on y voyait une frise de chrysanthèmes bordant à droite une carte des îles de l'Empire, à gauche un plan de la capitale. Tout cet ensemble

affectait une grande sobriété de coloration. Cela surprenait au premier abord. On serait tenté de croire que ce peuple coloriste déploie dans la décoration un grand étalage de tons vifs. Il n'en est rien. Dans les sections japonaises, au contraire de la Chine, tout était doux au regard, apaisé de couleur, calme et pourtant joyeux. Sans doute, en vertu d'un organisme de vision particulièrement délicat, d'aptitudes spéciales, d'habitudes traditionnelles, d'intentions et d'instincts qui révèlent spontanément au peintre les effets simultanés des couleurs, il était rare d'y trouver une note fausse et une erreur d'harmonie.

Toutes les œuvres exposées sous l'étendard du soleil levant n'étaient pas également parfaites. On y rencontrait des lots de camelote, des porcelaines surtout à décor rouge et or, d'un aspect banal et d'une forme commune, qui rappelaient l'aspect et les formes de nos pires porcelaines. Ce n'est pas le seul fait d'imitation européenne que nous pourrions citer; mais il nous a semblé que cette déplorable tendance ne se produit que dans les régions inférieures de l'industrie japonaise.

Deux exposants occupaient chacun dans leurs classes un rang exceptionnel; c'est M. Minoda-Chiogiro, pour le travail des métaux, et M. Kôzan Miyagacoa, pour la céramique. Il n'est pas un visiteur qui n'ait admiré dans les vitrines du premier la grande garniture de salon en forme de paravent à quatre feuilles où, sur un fond de laque noire, se détachaient quatre compositions d'un style merveilleux, buissons de fleurs, longs branchages et roseaux recourbés. Ces tableaux incomparables sont exécutés au moyen de juxtapositions et d'incrustations de nacre et de métaux précieux; le bronze, l'argent et l'or diversement patissés. La perfection absolue de la main-d'œuvre qui n'abandonne rien au hasard et ne souffre aucune négligence, s'appliquant à ces matières somptueuses d'où procèdent des effets de coloration imprévus et magnifiques, constitue ici l'élément fondamental du chef-d'œuvre. Les compositions, en effet, si charmantes qu'elles soient, et malgré la pureté du dessin ne nous révèlent rien de nouveau sur le sentiment esthétique du Japon, et appartiennent à leur charmante école *sumié*. Il convient ce propos de dire brièvement que les plus anciennes peintures japonaises consacrées aux dieux et aux héros forment l'école *tosa* dont nous désignons le genre sous le nom de *peinture d'histoire*. Viennent ensuite les peintres de genre, de scènes et de mœurs populaires qui composent l'école d'*Utogawa*. L'école de paysage innommée ne parut que beaucoup plus tard. Quant à l'école *sumié*, elle peint exclusivement à l'encre de Chine en traits hardis, rapides, sommaires, précis, caractéristiques, jetés avec une sûreté de main incomparable, une science de dessin merveilleuse, une verve, une légèreté, un esprit et une grâce qui, dans l'œuvre de son grand maître Hokousaï, atteint au génie. C'est à l'admirable école sumié ou école de croquis que s'alimente l'art industriel japonais tout entier; c'est là qu'il puise comme à une intarissable source ces cent mille motifs de décoration qui se multiplient sur la panse des vases, dans la concavité des grands bols, sur le satin des écrans, sur le bronze, sur la terre émaillée, sur le tissu, sur le vernis des laques, sur le fer des lames et des gardes de sabre. On reproche trop volontiers aux Japonais l'ignorance des lois de la perspective. Rien n'est moins juste. Qu'ils appliquent ces lois avec des habitudes différentes des nôtres, en plaçant pour la plupart le point de vue très haut, cela peut contrarier nos conventions sans être contraire aux principes mathématiques de l'échelonnement optique des divers plans. En outre, il ne faut pas oublier que le Japon est un pays très accidenté de montagnes et de collines, que ses habitants ont tous le vif amour de la nature, des beaux sites, des horizons étendus; leurs peintres sont donc justifiés de se conformer dans leurs œuvres au goût général, et de préférer les motifs pittoresques pris de points de vue très élevés. Cela dit, et il fallait le dire, revenons à leur exposition.

Au même rang que M. Minoda-Chiojiro, qui exposait dans diverses classes, celles des laques et des porcelaines notamment, mais dont la supériorité se manifestait surtout dans le travail des métaux précieux, nous nommerons M. Kôzan Myagacoa qui, lui, est exclusivement céramiste. Jamais l'imagination ne s'est ouvert plus libre carrière, jamais le caprice des formes céramiques, la fantaisie des colorations décoratives, l'ingéniosité, l'abondance des combinaisons, l'esprit du dessin, n'ont avec une telle fécondité d'invention, ni de telles audaces, pétri, modelé, tourné, retourné, contourné, défoncé, torturé la terre du faïencier, jeté sur cette terre avec plus d'art et d'imprévu de grandes coulées d'émaux clairs ou simplement d'étroites taches de lumière luisante sur le fond sombre et mat de l'argile brute. Notre mémoire ne perdra pas le souvenir de ces extraordinaires conceptions dont le vase, ce vulgaire ustensile cylindrique, ovoïde ou sphérique, n'est que le prétexte ou l'occasion. Jamais nous n'oublierons les *décorateurs d'idoles*, ces pygmées sceptiques qui, le rire aux dents, ornent avec magnificence les colosses sacrés ; les *nids*, et leurs processions d'oiseaux costumés, travaillant, bâtissant leurs architectures au flanc troué des chênes ; les petites *gazelles dans la neige* grelottant une patte en l'air ; les *pêcheurs de coquillages*, les *crabes*, les *rats*, les *bambous quadrillés* et fleuris d'éventails, les *bambous craquelés*, les *cataractes* versant leurs grandes nappes d'eau brisées qui rejaillissent énormes emportant dans leurs volutes échevelées des spirales de poissons d'or, les *perdrix*, les *cigognes*, ces mille et une fantaisies, toutes ces poésies de la nature souriante, enjouée jusqu'en ses fureurs, ne sont ici que des fureurs feintes, de violentes gaietés un peu brutales comme les ébats et les ruades d'un jeune poulain qui s'amuse en liberté.

Dégageons-nous de cette ivresse. Pas plus que la Chine immobile depuis des siècles et comme paralysée de vieillesse, pas plus que la Chine dont il est le fils jeune, élégant et charmant, le Japon n'a connu les grandes formes de l'art qui ont, à diverses reprises, éclairé la civilisation occidentale. Son intelligence esthétique si raffinée, si complexe, singulier mélange de sarcasme et de songerie, de parodie et de tendresse, de grotesque et d'idéalisme, jamais ne s'est élevée aux divines sérénités de la statuaire grecque, jamais n'a conçu les magnificences d'expression d'un Raphaël, les suavités d'un Corrège, les intimités pénétrées d'un Vinci, la sublime puissance d'un Michel-Ange, n'a même jamais atteint les pompes d'un Véronèse, le faste d'un Rubens, la profondeur d'un Rembrandt, l'aérien d'un Vélasquez. L'art japonais, ce railleur, se joue de l'honneur. Il ne montre de déférence qu'envers la nature. Il y a là une sensibilité poétique très subtile. Pour bien des âmes, il se dégage des ciels, des eaux, des montagnes, des forêts, de ces infinis en mouvement, éloquents quoique muets et si mystérieux ! des sensations voisines des sensations musicales, un peu vagues sans doute, non arrêtées, indécises, mais qui par cela même leur ouvrent les portes d'or des longues rêveries et les bercent de chères et flottantes imaginations. Mais pendant trois siècles ces institutions féodales de l'empire ménagèrent une telle prospérité, une paix si profonde dans tout le pays, que son organisation sociale put désintéresser de tous soucis l'élite intellectuelle de la nation. M. Maéda Masana, le très intelligent commissaire général du Japon, nous a appris dans ses diverses publications faites en langue française que les artistes alors, et leur descendance même, étaient comblés de bienfaits par les princes ou daïmios, gouverneurs de provinces, « entretenus par le gouvernement ou par les daïmios qui payaient leurs dépenses et leur faisaient des pensions, les artistes ne travaillaient

que pour l'amour de leur art et dans l'unique pensée d'enfanter des chefs-d'œuvre. » Le régime féodal a cessé d'être par un simple acte de la volonté du Mikado, d'autre part, le Japon est entré en contact avec notre Europe ; quelles seront pour l'art et pour les artistes les conséquences de ces deux événements mémorables ? On doit espérer que le tout puissant souverain perpétuera ces traditions paternelles qui ont si puissamment contribué au développement des arts dans son empire. Ces communications, ces échanges, ce contact avec nous, suffiront cependant pour imprimer un nouvel élan, une plus rapide impulsion aux forces vives d'un peuple actif, énergique, sagement gouverné, bien défendu, respectueux du principe d'autorité, proposant aussi, cela se tient, le respect des ancêtres, respectant la Chine, son ennemie aujourd'hui, jadis sa mère, aimant le maître actuel sans ingratitude pour son passé le plus proche, peuple heureux qui reconquit l'âge d'or après avoir traversé l'âge de fer, peuple confiant en l'avenir, doux, affable, hospitalier, apte aux exercices du corps, habile au maniement des armes, prompt à s'assimiler les sciences, en toutes choses épris de perfection, lettré et, ce qui nous touche ici par-dessus tout, artiste jusqu'à l'ongle, au génie ailé, et dans ses expansions décoratives, créateur de petits chefs-d'œuvre.

Il nous reste, pour être aussi complet que possible sur ce peuple intéressant et dans le peu de place dont nous pouvons disposer, à parler de la section organisée par le gouvernement. On y voyait d'intéressantes réductions en bois des divers ministères, une globes employés dans les écoles pour l'étude de l'astronomie et de la géographie, une carte des côtes dont le développement total est évalué à environ dix fois celui des nôtres. Sur cette carte sont indiqués les phares récemment élevés par le gouvernement. On nous a montré aussi des spécimens d'étoupe, de chanvre, de soie, des cordages de marine, un plan en relief des mines de houille de Takasima, près de Nagasaki, le seul des établissements industriels de cette nature qui soit fructueux ; les programmes des diverses écoles et les plus récents travaux des élèves dans leur langue natale, en anglais et en français. Tout cela n'indique-t-il pas une activité intellectuelle qui se porte avec une égale ardeur vers les choses de l'esprit et vers celles de l'industrie.

Cependant, s'il faut en croire les relations des derniers voyageurs français au Japon, cette prospérité serait plus apparente que réelle. M. Léon Rousset nous présente la situation du Japon sous les couleurs les plus sombres. Pour ne prendre qu'un exemple, il nous apprend que des chemins de fer de toute nouvelle construction, l'un a coûté 15 millions de francs pour un parcours de 28 kilomètres, le quadruple du prix moyen en Europe, et ne rapporte que 40,000 francs par semaine ; l'autre ligne, pour le même parcours aurait coûté 25 millions de francs et n'en rapporterait que 20,000 environ dans le même temps. Si tout cela n'est pas poussé au noir, nous y trouvons un véritable sujet d'affliction. En effet, quand nous parcourions la délicieuse petite ferme japonaise installée au Trocadéro, nous y retrouvions en dehors de l'art, le goût de la race tel que l'art nous l'a révélé, avant tout pratique, allant droit à l'utile, mais aux formes de l'utile ajoutant, spontanément comme d'intuition, la parure d'une imagination ingénieuse, enjouée, riche en surprises et de belle humeur. En ce joli et doux jardin, on retrouvait à chaque pas dans la disposition des rizières, des oasis de bambous verdoyants, des pieds d'orge en culture, dans l'architecture d'un hangar, d'une fontaine, d'une cage à poules, dans un jouet d'enfant, la même recherche des ajustages simples et rares, précis et curieux, le même génie industrieux et charmant, le même soin, la même patience, le même souci de perfection. Evidemment, le temps ne coûte pas à ce peuple. Il n'envisage que le résultat, et le veut excellent. Je doute qu'il se rencontre dans ses dictionnaires l'équivalent de notre mot *bâcler*. S'il se familiarisait jamais avec nos langues classiques, il pourrait adopter cette belle devise latine : *Age quod agis !* Bien faire ce que l'on fait.

JAPONAIS (Art.). Il a fallu bien des négociations, bien des instances, et surtout la circonstance, heureuse pour nous, de la révolution qui, en 1868, a mis fin dans ce pays à la domination féodale, pour, nous ouvrir le Japon et nous faire connaître ses merveilles artistiques, à la faveur d'une dispersion précipitée par les événements. Peu d'ouvrages ont pu être faits sur l'art japonais, considéré dans son ensemble. Cependant, un savant qui s'est consacré depuis longtemps à cette question, M. Louis Gonse, a réuni dans *l'Art japonais* les résultats de recherches nouvelles, de documents originaux et de ses propres observations. « Les Japonais, dit-il, sont les premiers décorateurs du monde. Toute l'explication de leur esthétique doit être cherchée dans un instinct suprême des harmonies, dans une subordination constante, logique, inflexible, de l'art aux besoins de la vie, à la récréation des yeux, tandis que nous avons insensiblement perdu le sentiment du décor et le sens de la couleur, que les Japonais ont conservé intacts. » Là, en effet, sont les véritables éléments de l'art oriental ; tout s'efface devant la reproduction fidèle de la nature, devant la couleur et l'aptitude décorative, que nous allons retrouver dans toutes ses productions.

Architecture. L'architecture est sans doute la branche la moins importante de l'art japonais, et il faut attribuer cette infériorité à l'usage de la charpente, nécessité d'ailleurs par la fréquence des tremblements de terre, auxquels résistent difficilement des constructions en matériaux moins élastiques ; mais il faut accorder à l'architecture japonaise de grandes qualités d'élégance décorative, d'unité, surtout de convenance parfaite avec le paysage ; et le paysage joue un très grand rôle dans l'architecture japonaise : c'est le pays des jardins. Pas de maison sans verdure, pas de temple sans parcs peuplés de pavillons et de pagodes s'étageant au-dessus d'une végétation superbe. Au Japon, un temple bouddhiste est un lieu délicieux de fraîcheur et de couleurs, où le vert du feuillage encadre les dorures des toits du temple et le laque rouge qui recouvre la charpente des pagodes. L'ensemble surprend, à coup sûr, l'œil européen, mais il a une puissance décorative très grande, parce que tout concourt au même effet.

Sans remonter au-delà du xviie siècle, on voit à cette époque s'élever de superbes monuments. Le plus illustre sculpteur et architecte du Japon, Hidari Zingoro, construit à Nikko, qui est comme la ville des tombeaux des princes japonais, le célèbre temple Shintoiste, consacré à la mémoire du grand Yéyas. C'est comme une ville entière, avec plusieurs enceintes, dont les portes sont toutes des chefs-d'œuvre de sculpture ; là s'élèvent des constructions superbes, aux toitures, colossales, dont la masse étonne l'œil dans un encadrement de végétation toujours verte, et dont les bordures en bois doré et en bronze, dont les charpentes et encorbellement, polies et ajustées comme un travail d'ébénisterie, dont les murailles, couvertes de frises et de panneaux sculptés, donnent la haute idée de la fécondité des artistes japonais. A l'intérieur, les plafonds sont à caissons, les linteaux, les montants de porte, les moindres espaces sont couverts de sculptures, dans lesquelles courent des personnages, des animaux fantastiques, des plantes, des fleurs ; les bordures sont toujours d'un goût et d'une convenance d'appropriation parfaits : tout est proportionné, et la complication du dessin n'amène jamais la confusion : tous les membres de l'architecture conservent au premier aspect leur destination et leur caractère. Il faut avoir étudié l'architecture comparée chez les différents peuples,

Fig. 518. — *Maison japonaise.*

pour se rendre compte du degré de perfection dans l'art qu'indiquent ces qualités essentielles.

Les maisons japonaises (fig. 518), sont de forme constante, depuis la plus haute antiquité. Le toit, en chaume et en bambou dans les campagnes, en tuiles dans les villes, en est la partie la plus importante. Il est d'abord établi à terre ; puis, on plante quatre rangées de madriers, et sur les deux intérieures on pose le toit tout fait. Les deux autres rangées servent à établir un portique léger, à l'entrée de l'habitation, et une vérandah tout autour. Et voilà la maison achevée. Des parois de sapin, très minces et mobiles dans des coulisses, forment les murs. Le mobilier, d'ailleurs, est sommaire. Il se compose invariablement de nattes, étendues sur le plancher, de quelques paravents, de deux ou trois vases de bronze, et, chez le riche, d'une étagère et d'un tableau ou autographe signé d'un maître.

Peinture. Ce n'est que depuis peu d'années qu'on a commencé à classer les peintres japonais, jusqu'alors tout à fait inconnus en Europe, mais qui jouissent dans leur pays d'une célébrité et d'une popularité que n'ont pas chez nous les plus grands artistes. On doit surtout au docteur Anderson les premières recherches dans cette voie, et sa collection de plus de deux mille tableaux et albums, achetée par le *British Museum*, donne un aperçu complet de la peinture japonaise.

Le plus ancien tableau que l'on cite remonte au VII° siècle ; il représente le propagateur du bouddhisme au Japon, et est conservé à Horiouji ; puis, nous trouvons au IX° siècle Kosé Kanaoka, peintre et poète, qui fut chargé par l'empereur de faire le portrait de Confucius ; on possède encore plusieurs de ses œuvres. C'est au XII° siècle que nous remarquons le plus important effort de la peinture. Tsounétaka, sous-gouverneur de Tosa, fonde dans cette ville la plus féconde du Japon, l'école officielle, encouragée par le gouvernement, et qui existe encore. Elle se distingue essentiellement par le soin extrême de l'exécution, la distinction de la forme, le sentiment conventionnel qui caractérise dans tous les pays les écoles officielles ; son coloris, son habileté de main sont incomparables, et dans la reproduction de la nature elle est digne des plus grands maîtres. C'est le genre préféré de l'aristocratie et des hautes classes.

L'école de Tosa a conservé longtemps le monopole de l'art. Mais au XV° siècle, sous les Ashikaga, se crée, avec Meïtshio, Josetsou, Shioubôun, les deux Kanô, Sesshiu, une école indépendante, s'inspirant de l'art chinois, et qui possède, avec plus d'originalité, une variété et une puissance décorative incomparables. Elle a reçu le nom d'école de Kanô, et à bon droit, car c'est aux deux Kanô, dont le premier est mort vers 1500, qu'elle a dû son complet épanouissement. Sesshiu, la figure la plus marquante du XVI° siècle, peintre charmant et délicat, incomparable pour les oiseaux, les fleurs et le paysage, achève de faire pâlir l'école de Tosa.

L'école indépendante est féconde en grands artistes pendant tout le XVII° siècle. Santakou fonde même à Kioto une succursale de l'école de Kanô, qui fut longtemps florissante. Tanyu, né en 1601, est l'artiste le plus populaire de cette époque. Mais, à la fin du siècle, l'école officielle de Tosa subit une transformation, sous la direction de Mitsouoki et de Mitsounobou. Abandonnant la lutte pour la figure, les artistes impériaux se consacrent au style décoratif, raffiné, élégant, vers lequel les portaient leurs traditions, et y deviennent bientôt sans rivaux ; la pureté du dessin et la grâce donnée aux moindres détails mettent aussitôt leurs œuvres hors de pair.

Le peintre qui fait école au XVIII° siècle est Kôrin, célèbre surtout comme laqueur. Sa fécondité décorative est merveilleuse, et dénote un tempérament de coloriste. Les derniers grands artistes de l'école de Tosa montrent encore de l'énergie ; ce sont surtout Ritsanô, inventeur des incrustations sur laque, Mitsouyoshi, Hothisou ; mais bientôt la décadence arrive, et les peintres officiels se renferment dans une reproduction de fleurs et d'animaux, stérile pour l'avenir de leur art.

La fin du XVIII° siècle est féconde en artistes de talent. Nous y trouvons l'apogée du décor japonais, avec Yosen, Goshiu et Okio, Goshiu surtout, qui relève l'école de Kioto. Enfin, la peinture japonaise atteint son plus complet développement avec Hokousaï (1760-1849), qui, pour la variété, l'éclat, l'originalité, est resté sans rivaux. Il est le maître de l'école populaire par excellence, et son influence, que tout le premier il n'avait pas d'abord soupçonnée, a été telle, qu'actuellement tout l'art japonais procède de Hokousaï. Un seul peintre, mort en 1878, Yosaï, a tenté de résister à cet enthousiasme pour l'école vulgaire. D'ailleurs, leurs efforts à tous deux sont stériles, car le Japon décline rapidement, à la suite de ses rapports avec l'Europe : l'art est sacrifié à la production hâtive et uniforme.

. *Sculpture.* Le culte Shinto, qui est le plus anciennement établi au Japon, excluant la représentation des images, il a fallu à la fois l'introduction du bouddhisme et l'établissement de rapports avec la Chine, pour faire connaître dans ce pays les procédés de représentation plastique des figures et des objets, qui sont reproduits presque toujours en bronze. On en peut faire remonter les premiers essais au VI° siècle. En tous cas, au milieu du VII° siècle, cet art était déjà assez avancé, pour qu'on pût couler des statues de Bouddha de grandes dimensions, qu'on possède encore. Le trésor de Nara, fondé par les empereurs, au VIII° siècle, contient également divers objets de bronze de la plus haute antiquité, et qui dénotent déjà un art avancé. Dans cette ville se trouve, au temple de Daïboutsou, la plus grande figure qui ait été coulée en bronze. Elle représente Bouddha, assis sur la fleur de lotus, une main levée et ouverte, l'autre étendue sur le genou ; une majesté vraiment divine, et une sérénité parfaite donnent à cette statue un beau caractère de force et de tranquillité. Elle a été fondue en 739, transportée par morceaux à Nara, et dressée en 745. Quelques chiffres peuvent donner une idée de ses dimensions : la tête a 6 mètres de haut, l'œil un mètre de diamètre, et, debout, la figure se dresserait à 42 mètres ; elle doit peser environ 450,000 kilogrammes. Ce Bouddha célèbre a servi souvent de modèle à d'autres statues analogues.

De belles sculptures des premiers siècles se trouvent encore à Tokio, à Kioto, et à Kôyasan, qui est le lieu de sépulture des anciens héros du Japon.

La sculpture reste dans un état de décadence pendant plusieurs siècles et le grand mouvement artistique du XVII° siècle peut seul la relever de son infériorité. Le principal mérite de cette renaissance est attribué à Hédari Zingoro, le grand architecte, qui fut aussi un illustre sculpteur. Il n'a travaillé qu'en bois, mais ses œuvres sont admirables, notamment celles qu'il a laissées au temple de Yéyas à Nikkô : tous les genres ont été soumis à son ciseau, et dans tous il a excellé. Un chat endormi, qu'il a sculpté, a été jugé tellement précieux qu'on l'a enfermé sous un grillage d'argent, afin, dit-on, que personne ne soit tenté de le réveiller ! L'école de Zingoro a beaucoup produit au XVII° siècle, et toutes ses œuvres sont des plus remarquables.

Au XVIII°, l'art perd le style grandiose pour entrer plus avant dans l'expression et dans l'esprit de la vie populaire ; il est encore admirable dans ce genre ; l'habileté des ouvriers est incomparable ; la plupart n'ont pas signé leurs œuvres, mais nous possédons le nom du plus célèbre *animalier* de cette époque, Seïmin, qui a su donner toutes les variétés de l'expression et du mouvement à l'animal qui en semble le moins doué, à la tortue ! To-ôun lui, est le maître des dragons, et Tomonobou celui des serpents. L'art japonais se montre là dans ses plus étonnantes manifestations. Il est à regretter aussi que depuis 1850 environ, ces beaux procédés et ces beaux modèles aient été négligés. Cependant à Tokio, il existe encore des ateliers de fondeurs habiles. L'un d'eux avait envoyé à Vienne, en 1873, un vol d'oiseaux, dont l'un semblait ne pas toucher l'autre, et qui était coulé d'un seul jet. Ce merveilleux travail a été acquis par le musée d'Edimbourg.

En dehors de la sculpture proprement dite, nous rappellerons l'importance exceptionnelle qu'ont prise dans l'art japonais, les masques, les gaines de sabre, les breloques ou *netsouké*, qui sont toujours amusants et spirituels, les étuis à pipe, les panneaux d'applique, les porte-bouquets, etc., où presque toujours divers métaux sont enchâssés les uns dans les autres et travaillés avec une profusion de détails incroyable. C'est le *bibelot* dans ce qu'il a de plus curieux et de plus artistique en même temps, association qu'on ne trouve à un semblable degré chez aucun autre peuple.

Ciselure. La ciselure est surtout réservée aux armes et aux armures, et dans cette branche de l'art, les Japonais sont supérieurs à tous les autres peuples civilisés. La maison de Miotshiu, fondée à Kamakoura, du temps de Yoritomo a produit jusque vers notre époque les plus beaux travaux en fer ; ses premiers produits sont conservés précieusement par les Japonais eux-mêmes, comme des œuvres qui honorent leur nation. Ses armures sont faites en pièces articulées, martelées et sans soudures, avec des ornements en relief de toute beauté, certainement supérieures à tout ce qu'on connaît en ce genre. Il n'y a rien de comparable, par exemple, à l'aigle en fer qui se trouve au *Kensington Muséum* de Londres et dont toutes les plumes sont séparées et articulées. L'*Armeria Réal* de Madrid possède de belles armures complètes, qui ont appartenu à Hidéyoshi (Taïko Sama). Les instincts belliqueux des Japonais les ont toujours portés à considérer leur sabre comme l'objet le plus précieux ; aussi les lames, les coulants et les manches sont-ils d'une richesse d'incrustation et de ciselure inouïe, et les gardes mériteraient à elles seules une étude à part. Rien ne peut donner idée de leur variété. On n'en trouverait peut-être pas deux semblables, et leur histoire serait, d'après M. Louis

Fig. 519 à 521. — *Garde et coulants de sabres japonais.*

Gonse, l'histoire même de la ciselure au Japon ; c'est là où on peut le plus admirer le sentiment artiste de ces ouvriers ciseleurs qui ont su conserver à ce travail minutieux, l'allure libre et large dans un espace restreint qui est le propre du grand art (fig. 519 à 521).

Laques. Les objets laqués, c'est-à-dire recouverts d'un vernis tiré du *rhus vernicifera*, sont les produits les plus délicats de l'industrie japonaise. On vernit de cette façon, non seulement les objets portatifs, mais des meubles, des façades de temple et de maisons, et jusqu'à des pavages. Les laques sont noirs ou à fond d'or, sur lesquels le dessin peut être uni ou à relief. Mais à côté de ces conditions générales de la fabrication, chaque artiste apportant sa part de recherche et d'originalité, on a les laques verts, rouges, jaunes, associés ou isolés, les laques de bronze, d'étain, de plomb, de fer, d'argent, surtout les laques incrustés de nacre, d'ivoire, d'écaille, de mica. Souvent même, lorsque les incrustations sont très fines et pressées les unes contre les autres, le laque change d'aspect et le fond se perd dans un scintillement de toutes couleurs, c'est ce qu'on appelle l'*aventurine*. Il existe même des laques d'un travail très compliqué, con-

sistant en cubes d'or posés dans le vernis encore frais, et polis ensuite un à un. C'est une véritable mosaïque. Ce précieux travail ne se trouve plus que dans les laques anciens. La fabrication des laques au Japon remonte à des temps très reculés, on en trouve trace dans les plus anciens livres du pays ; c'est d'ailleurs une industrie toute nationale, et que les Japonais ne doivent à personne. Les laques furent d'abord unis jusqu'au xe siècle, et l'apogée de l'art paraît avoir été vers l'époque de Kanaoka. Puis les procédés se perdent au milieu des troubles et des guerres civiles, et lorsque Yoritomo tenta la renaissance de l'art au Japon, il fallut recommencer les essais presque au point de départ.

Le plus important atelier de laqueurs, et le seul sur lequel nous soient parvenus des documents précis est celui de Kôetsou, que nous avons cité déjà comme peintre. Il mit dans ses laques toute l'habileté, la largeur et la pureté de dessin qu'il apportait à ses peintures, et il en fit de véritables objets d'art, sans tenir compte des difficultés d'exécution. Peu après, Shiounshio, venu de Kioto, fonde à Yédo un atelier qui dura jusqu'au milieu du xviiie siècle. L'habileté de ce laqueur porta très haut, dès le début, la réputation de l'atelier de Yédo : M. Haviland possède une des plus belles pièces sorties des mains de Shiounshio : c'est un encrier en laque noir, orné d'un paravent en laque de différents tons. Il s'établit, à cette époque, une sorte de rivalité entre les ateliers de Kioto et ceux de Yédo, qui amène de nouveaux perfectionnements : Kôhi, de Kioto, qui fut le laqueur attitré de l'empereur, incruste en nacre de véritables tableaux ; Yoseï introduit l'usage de la laque rouge sculptée, d'origine chinoise, qui devient avec lui un des plus beaux produits japonais. Enfin, le xviiie siècle produit plusieurs artistes de grande valeur : Kôrin, le peintre impressionniste, dont M. Haviland possède aussi un précieux recueil de dessins pour laqueurs, et Ritsunô, qui est toujours personnel et ne se rattache à aucune école. Les ateliers de Kôma et des Kadjikawa, de Yédo, au xviiie siècle, et le nom de Yoyousaï, au xixe siècle, sont les seuls à citer pour les travaux de laques, qui ont suivi la décadence de l'art japonais, et ne sont plus comparables ni comme solidité, ni comme décor, à ceux des siècles précédents.

Céramique. Les Japonais sont peut-être les premiers potiers du monde, bien supérieurs aux Chinois dans les poteries à émaux et dans les grès, bien qu'ils soient toujours restés dans un état d'infériorité complète pour la porcelaine.

Les procédés de l'émaillage furent empruntés à la Chine vers le ixe siècle, et dès ce moment la céramique japonaise marche de progrès en progrès. Cependant ce n'est qu'au xiiie qu'elle affirme son originalité, avec Tôshiro, fondateur à Séto d'un atelier qui a donné son nom à la céramique japonaise tout entière, que les indigènes appellent *setomono* (objet de Séto).

La porcelaine fut fabriquée pour la première fois au Japon, par Gorodayu-Shousouï, qui avait été en étudier la fabrication en Chine, vers 1510 ; mais les produits furent bien inférieurs et n'ont cessé de l'être. Cette ancienne porcelaine du Japon est connue sous le nom de Hizen où étaient établis les premiers ateliers. On a désigné longtemps comme produit japonais des vases de porcelaine d'une époque antérieure, qui étaient chinois ou coréens.

La poterie artistique de Satsouma a également une origine coréenne. Pendant longtemps elle était sans décor, et ce n'est qu'au xviiie siècle qu'elle emprunte à Kioto son genre de décoration. La faïence de Satsouma est alors devenue la plus parfaite de tons, la plus délicate de décoration, la plus pure de forme.

Les grès artistiques ont aussi un caractère purement japonais. Les plus beaux viennent de la province de Hizen, à Imbé, où la terre offre des qualités exceptionnelles. Les ateliers de céramique japonais ont résisté davantage au courant de décadence, sans doute parce que les traditions ont été mieux gardées, et que leurs produits n'ont rencontré en Europe aucune rivalité. Les Japonais fabriquent à des prix d'une modicité extrême des objets dont nos meilleurs ateliers de céramique n'ont aucune idée. L'exportation pour l'Europe des fabriques japonaises est donc d'une grande importance; elle a lieu surtout par le port d'Imari. — C. DE M.

Bibliographie: Louis GONSE : l'*Art japonais*, 2 vol. in-f°; HUMBERT : *Le Japon illustré*, 2 vol. in-4°; DEPPING : *Le Japon*, in-12; Georges BOUSQUET : *Le Japon de nos jours*, 2 vol. in-8°; GUIMET et RÉGAMEY : *Promenades japonaises*, 2 vol. in-4°.

JAQUETTE. *T. de cost.* Ce vêtement connu de nos jours, était au moyen âge une veste en toile ou en tissu de mailles que portaient certains hommes d'armes sous l'armure ordinaire, et qui descendait à mi-cuisse et quelquefois jusqu'aux genoux; les gentilshommes revêtaient aussi la jaquette sans armure, ainsi que le montre notre figure 518 de l'article COSTUME; on trouve *jacque* et *jaque* pour désigner le même objet.

* JAQUOTOT (MARIE-VICTOIRE). Peintre sur porcelaine, née en 1772, eut au commencement de ce siècle une grande et légitime célébrité. Artiste de la manufacture de Sèvres, elle fut chargée de travaux importants pour la cour de Napoléon Ier; l'empereur lui commanda le service de dessert qu'il destina, après la paix de Tilsitt, à l'empereur Alexandre. Charles X lui conféra le titre de premier peintre sur porcelaine du roi. Ses œuvres sont remarquables par les délicatesses du dessin et l'éclat incomparable des coloris. Elle mourut à Toulouse, en 1855.

JARDINS (Art des). Le *jardin* proprement dit est un terrain ordinairement clos et destiné à des cultures spéciales, pour lesquelles la charrue et les animaux de labour ne sont pas employés. Ne comprenant pas la connaissance des machines agricoles, ni la partie de l'économie rurale qui concerne les animaux dont le travail seconde celui de l'homme, l'art du jardinier paraît, tout d'abord, plus simple que celui de l'agriculteur. Il nous serait facile de montrer combien cette simplicité relative n'est qu'apparente, en énumérant les nombreuses divisions que renferme l'étude de l'horticulture, envisagée dans toutes ses attributions. Il nous suffit de citer ici des variétés telles que le jardin *botanique*, le jardin *fruitier*, le jardin *potager*, le jardin *fleuriste*, pour montrer combien sont diverses les applications de l'art du jardinier, et variées les connaissances que cet art exige. Quant aux jardins attenant à un palais, à un édifice public, à une demeure somptueuse, soit de ville, soit de campagne, ils rentrent dans le domaine de l'architecture, étant destinés à former un ensemble avec l'édifice auquel ils sont subordonnés. C'est de ce dernier genre que nous nous occuperons spécialement ici.

HISTORIQUE. On ne saurait préciser l'époque à laquelle furent établis les premiers jardins. C'est seulement chez les Romains que nous commençons à avoir des idées un peu plus nettes sur ce qu'étaient les jardins dans l'antiquité. Toutefois ce peuple, qui sut élever de si magnifiques monuments, ne paraît pas avoir poussé bien loin l'art de l'horticulture. Dans la description

pompeuse que nous a laissée Pline le Jeune de ses villas, il est surtout question d'allées régulières bordées de buis, d'arbres fruitiers alternant avec des arbustes diversement taillés, de plantes et de buis façonnés de manière à représenter des animaux ou autres objets, de petites cascades et de bassins de marbre blanc. On voit que l'usage de tailler les arbres, appliqué plus tard dans nos jardins du XVIe et du XVIIe siècles, et dont le goût est si contesté, est dû aux Romains. Ceux-ci, plus vaniteux qu'amateurs du vrai beau, voulaient avec leurs jardins couvrir d'immenses étendues. Sous ce rapport étaient célèbres les jardins de Lucullus, de Salluste, de Pompée, de César, de Mécènes et de Néron. Le bas-empire vit les jardins somptueux que les empereurs Justinien et Théophile élevèrent aux environs de Constantinople. Ceux du sérail et des palais d'été, construits sur le Bosphore, leur succèdent aujourd'hui. En Occident, à des époques contemporaines de celles qu'on vient d'indiquer, Fortunat célébrait les jardins de Childebert, à Paris, et, plus tard, les Maures d'Espagne embellissaient Cordoue, Séville, Grenade, de palais accompagnés de jardins répondant au luxe déployé dans ces magnifiques demeures.

Au moyen âge, les moines conservèrent les traditions relatives à l'horticulture, et plus d'une maison religieuse eut des jardins remarquables. Mais les habitations civiles, resserrées dans d'étroites enceintes fortifiées, admettaient peu de développement pour les jardins. C'est à l'époque de la Renaissance, au XVIe siècle, en présence d'un état politique plus calme, que l'art du jardinier prit un nouvel essor. Toutefois, ce fut d'abord le goût romain qui domina, notamment dans les célèbres jardins de l'Italie et dans ceux de nos châteaux de France. On y trouve, comme principal caractère, la symétrie, appliquée non seulement au dessin des allées et des bassins, mais encore à la végétation, dépouillée par le ciseau du jardinier de ses formes naturelles. Rangées d'arbres converties en arcades, arbustes offrant l'aspect de vases, d'obélisques ou de statues, parterres couverts de broderies diversement nuancées, décoration formée de constructions diverses, d'escaliers, de colonnes, de balustrades, de statues, de grottes, de jets d'eau et de canaux réguliers, tels sont les principaux éléments de ces jardins. On a donné à tort le nom de *français* aux jardins dont il s'agit, parce que ce système prévalut surtout en France, au XVIIe siècle; c'est bien à l'Italie que nous les avons empruntés, et le célèbre Le Nôtre, qui passe pour les avoir imaginés, eut, au contraire, le mérite de les modifier, en s'inspirant, dans leur composition, d'un esprit nouveau. Les jardins de Versailles, dont il est l'auteur, offrent sans doute quelques excès de régularité, des formes de détail prêtant à la critique, mais le visiteur y est surtout frappé par la grandeur de la conception, la variété des dispositions secondaires et l'importance donnée aux massifs, dans lesquels la végétation se développe en toute liberté. On y remarque la gradation qui conduit, depuis le parterre symétrique de la terrasse, jusqu'au dehors du parc, et fait entrer dans la composition la campagne environnante, dont aucune clôture ne marque le point de départ. Et c'est là ce qui distingue bien le caractère des habitations princières ou seigneuriales de cette époque : le *château*, le *jardin* proprement dit, le *parc* et la *forêt* ou la campagne environnante, les deux termes intermédiaires formant une transition habilement ménagée entre les deux termes extrêmes. Les architectes du XVIIe siècle, appelés à bâtir de vastes et somptueux palais, avaient compris qu'il importait de mettre les jardins en harmonie avec les lignes régulières de l'architecture, et c'est surtout dans la réalisation de ce principe qu'il faut admirer dans la plupart des jardins français de cette époque. Mais, si les parties des jardins qui avoisinent les bâtiments d'habitation doivent se coordonner avec leur plan, il convient que celles qui s'en éloignent de plus en plus soient plantées avec plus d'irrégularité, et c'est le mélange des deux systèmes qui produit les ensembles les plus satisfaisants.

Cependant, appliquée jusqu'à l'excès, la mode des jardins dits à la française tomba dans une exagération de symétrie et de régularité, qui rendit bientôt ce genre ridicule et bizarre. Sous Louis XV, cette singulière coutume de tailler des arbres, suivant des formes contre nature, fut poussée à l'extrême. Au xviiie siècle, une réaction violente s'opéra, en Angleterre, contre le jardin français. Wise, lord Bathurst, Pope et Addison l'avaient déjà attaqué. Mais le véritable créateur du nouvel art des jardins fut le peintre William Kent (1725-1730). Toutefois, ce fut le jardinier Brown (1750) qui, perfectionnant le système de Kent, fixa, le premier, les caractères des jardins dits anglais, que plusieurs écrivains ont prétendu être une imitation des jardins chinois. Ce système consiste à éviter toute ligne droite dans la disposition des allées, à imiter les arbres sur les pelouses, comme ils se présentent dans les forêts, à placer des fabriques pittoresques, des ruisseaux, des ponts, comme on les rencontre fortuitement dans la campagne. Ces jardins présentent beaucoup de charme, sans doute; mais ils n'offrent plus d'harmonie avec les édifices, que généralement ils masquent en totalité ou en partie. La préférence à donner à l'un ou à l'autre des deux systèmes dépend uniquement de l'application qu'on doit en faire. Quoique le genre anglais soit devenu assez général, en France, depuis le xviiie siècle, le goût des jardins réguliers a continué de s'y maintenir. Il faut reconnaître, d'ailleurs, qu'autant il serait déplacé et ridicule de prétendre obtenir dans un espace trop exigu les effets produits par la nature elle-même, autant on peut admettre qu'une certaine liberté doit être laissée dans la plantation d'un jardin qui occupe une vaste étendue. Nous ne croyons pas que l'un des deux modes doive prévaloir à l'exclusion de l'autre.

De nos jours, le goût dominant est pour l'imitation de la nature dans ce qu'elle a de plus séduisant. Les grands jardins veulent être des parcs et ont reçu le nom de jardins paysagers; ils exigent comme principales conditions : des dispositions simples, variées et bien accentuées, une riche végétation offrant d'harmonieux contrastes de formes et de couleurs, des eaux limpides, un terrain plus ou moins ondulé, un horizon d'une certaine étendue, un tracé qui ne soit ni régulier ni contourné outre mesure. Le caractère général doit différer de celui de la campagne environnante. Ainsi, dans un pays plat, il faut donner du mouvement au terrain ; dans une contrée montagneuse, rechercher les effets de plaine ; dans une région aride, amener des eaux abondantes ; les utiliser avec parcimonie, au contraire, dans une contrée qui en est largement pourvue ; dans une contrée privée de rochers, faire intervenir ceux-ci dans le paysage ; en un mot, faire des oppositions, tout en ayant soin de ménager d'habiles transitions avec la campagne environnante. Celle-ci même peut être fréquemment englobée, pour ainsi dire, dans le jardin, en remplaçant, par exemple, les murs de clôture par des fossés, et reliant habilement les dernières plantations du parc à celles du dehors. Les plantations mêmes doivent être disposées de manière à introduire de la variété dans la composition et à ménager les points de vue. Il faut aussi que les formes naturelles des arbres et des ar-

bustes, les couleurs de leurs feuillages, produisent d'agréables oppositions, qui ne soient pourtant pas multipliées outre mesure. Ajoutez à cela une grande simplicité dans les contours des pièces d'eau, dans les sinuosités des ruisseaux, dans la forme et la disposition des rochers, dans le groupement des massifs d'arbres. Enfin, il importe de subordonner le plan du jardin à l'étendue de terrain dont on peut disposer, et d'en associer les lignes au caractère sévère ou fantaisiste des constructions auxquelles il se rattache.

Classification. Nous venons d'exposer rapidement l'historique des jardins et les principes généraux qui président à leur composition. Il est utile de faire connaître ici leur classification moderne, au point de vue technique. Deux grandes divisions s'offrent tout d'abord : les *parcs* et les *jardins.*

Le *parc*, vaste étendue de terrain enclos, destiné à la promenade et aux exercices hygiéniques et récréatifs, se divise en deux sections : le *parc privé* et le *parc public.* Les *parcs privés* se distinguent en *parcs paysagers, parcs forestiers* et *parcs agricoles.* Le *parc paysager* est une partie de pays renfermant de beaux effets naturels augmentés par la main de l'homme; il est l'accompagnement rationnel d'une résidence opulente, et comprend des bois, des prairies, des eaux, des accidents pittoresques du sol, des vues. Le *parc forestier* diffère du parc paysager proprement dit par un aspect plus sévère et par son caractère sylvain plus nettement déterminé. Le *parc agricole*, accompagnement d'une habitation élégante ou confortable, mais simple, doit renfermer, combinés dans une juste mesure, l'élément paysager et l'élément productif. Il comprend, à la fois, les cultures d'utilité et d'agrément. Les *parcs publics* sont destinés à la promenade et à la récréation de toutes les classes des habitants des villes, et peuvent se diviser en *parcs de promenade ou de jeux, parcs des villes d'eaux, parcs de lotissement, parcs funéraires* ou cimetières. Les *parcs de promenade et de jeux* présentent, comme élément caractéristique, une distribution de routes, de terre-pleins, de carrefours et de places de jeux, faite de manière qu'un nombre considérable de visiteurs soit attiré à la fois et également sur presque tous les points de la surface du parc, afin d'éviter les encombrements. Les *parcs publics des villes d'eaux*, réservés à une population spéciale, composée de malades et de gens de loisir, renferment toutes les distractions que peuvent demander des visiteurs riches et forcément oisifs. Dans les *parcs de lotissement*, composés de villas et d'avenues plantées, et que l'on rencontre fréquemment dans les villes nouvelles ou en voie de transformation, le travail de l'ingénieur, de l'architecte et de l'édile, se mêle à celui du paysagiste. Les *parcs funéraires* appartiennent véritablement à l'art des jardins, non pas les cimetières que renferme Paris, et qui ne sont que des amoncellements de pierres, mais les vastes promenades publiques servant de nécropoles, que l'on remarque en Angleterre et dans l'Amérique du Nord.

Le *jardin* se distingue surtout du parc par une

étendue plus restreinte, des détails plus soignés, des ornements plus nombreux. Les jardins se classent aussi en *jardins privés* et *jardins publics*, chacune de ces divisions se partageant, à son tour, en *jardins d'agrément et jardins d'utilité*. Les *jardins privés* consacrés à l'*agrément* peuvent se subdiviser en *jardins paysagers*, souvent appelés *parcs*, lorsque leur étendue comprend une dizaine d'hectares environ ; *jardins géométriques*, que l'on nomme aussi *jardins symétriques, parterres, jardins fleuristes*, et qui sont réservés exclusivement à la culture et à la disposition ornementale des plantes à beau feuillage ou à belles fleurs ; *jardins urbains*, dans les espaces restreints, cours, hôtels, terrasses ; *jardins couverts*, comprenant les serres et jardins d'hiver. Les jardins privés consacrés à l'*utilité* se classent en *jardins fruitiers, jardins potagers* et *jardins mixtes* ou *potagers-fruitiers*. Les *jardins publics d'agrément* comprennent les *squares*, avec leurs allées et espaces sablés, destinés aux jeux des enfants ; les *places* plantées de lignes d'arbres généralement en quinconce ; les *promenades-boulevards* ou voies plantées (avenues, boulevards, cours, quais, etc.). Parmi les *jardins publics d'utilité*, on range les *jardins botaniques*, dont l'objet principal est la culture des plantes pour l'étude ; les *jardins zoologiques*, consacrés à la conservation et à la reproduction des animaux sauvages au point de vue scientifique ; les *jardins d'acclimatation*, destinés à l'élevage et à la naturalisation d'animaux domestiques ; les *jardins d'institutions* et de sociétés, jardins-écoles, etc. ; les *jardins d'hospices*, d'hôpitaux, de maisons religieuses, de casernes, etc.; enfin, les *jardins des Expositions*, qui ont pour but de grouper, dans un espace réduit, des collections de plantes comestibles ou ornementales, destinées à être soumises aux regards des visiteurs et à l'examen d'un jury spécial. — F. M.

JARDINIÈRE. Meuble d'ornement, de matières différentes, et contenant une caisse destinée à cultiver ou entretenir des fleurs.

* **JARRE. T.** *de filat.* Brin gros et rigide, offrant quelque ressemblance avec les poils communs, mêlé quelquefois à la laine. || **T. techn.** Caisse où tombe le son du moulin. || Gros vase en terre vernissée, à deux anses.

* **JARRE ÉLECTRIQUE. T.** *de phys.* Grande bouteille de Leyde, ayant la forme d'un bocal, à très large ouverture, de la capacité de 3 à 6 litres, dont les parois intérieures sont tapissées de feuilles d'étain, et dont l'extérieur est garni, presque jusqu'au col, de feuilles d'étain ; le reste est recouvert d'une couche de cire d'Espagne ou de gomme-laque, ainsi que le couvercle, qui est en liège ou en bois. A travers celui-ci passe une tige en laiton, terminée en dehors par une boule et dont l'extrémité inférieure porte une petite chaîne ou des fils de laiton qui touchent le fond ou les parois intérieures. La boule est percée d'une ouverture diamétrale, pour donner passage à une ou deux tiges servant à relier entre elles plusieurs jarres, dont l'ensemble forme ce qu'on nomme une *batterie électrique* (V. ce mot), qui

est formée ordinairement de neuf jarres, quelquefois de quatre ou de seize, placées dans une caisse à compartiments, dont le fond est recouvert de feuilles d'étain; celles-ci établissent une communication entre toutes les garnitures extérieures, tandis que toutes les garnitures intérieures sont reliées entre elles par des tringles métalliques. — C. D.

JARRET. T. *techn.* Défaut du bois, qui consiste en une sorte de saillie, de bosse ; c'est le défaut opposé à la flache. || Défectuosité que présente une voûte par une espèce de saillie.

* **JASERAN. T.** *du cost.* Sorte de cotte de mailles. || Collier d'or, formé de petits anneaux, que, par corruption, on nomme aussi *jaseron*.

* **JASPAGE. T.** *techn.* Travail qui consiste à faire des *jaspures*, c'est-à-dire des imitations de jaspe sur une boiserie, sur un mur, sur la tranche d'un livre, etc.

* **JASPE. T.** *de minér.* Nom donné à une sorte de quartz, remarquable par sa dureté, son opacité et sa cassure conchoïdale. Le jaspe a une pâte fine, de couleur variable, uniforme parfois, souvent mouchetée (*jaspe sanguin*), rarement veinée (*jaspe rubanné*), et exceptionnellement avec des zones, mais non concentriques (*caillou d'Egypte*) ; sa densité est de 2,7 ; il est parfois magnétique. Il se forme souvent aux dépens des argiles, qui deviennent compactes et très dures, par addition de silice, ce qui le rend comparable aux silex ; il est coloré par des oxydes maliques, mais surtout par de l'oxyde de fer anhydre ou hydraté, ce qui lui fait prendre des teintes plus ou moins rouges, jaunes, brunes, vertes ou même noires (*jaspe lydien, pierre de touche*); dans ce dernier cas, il renferme, en outre, un peu d'alumine et de chaux avec du carbone. Le jaspe se rencontre d'ordinaire dans les terrains secondaires ; il a beaucoup d'analogie, comme gisement, avec les silex, se trouve dans les mêmes roches qu'eux, quelquefois uni avec le quartz-agate, et en masses arrondies, cristallisées parfois à l'intérieur, et passant souvent insensiblement d'une variété à l'autre.

Usages. Le jaspe sert, en bijouterie, à faire des breloques, des cachets, des camées creux ; il sert aussi pour faire des mosaïques, pour l'ornementation de petits objets d'art, coffrets, cadres, etc. — V. GEMME. — J. C.

* **JASPÉ. T.** *de filat.* Se dit des fils retors formés de brins de couleurs différentes.

JAUGE. T. *techn.* Instrument quelconque qui sert à mesurer des diamètres ou des capacités, ou à déterminer le volume d'un corps solide.

JAUGEAGE. On désigne particulièrement sous cette dénomination diverses opérations qui ont pour but de déterminer : 1° la capacité d'un vase, d'un récipient quelconque, tonneau ou réservoir, destiné à contenir des liquides ; 2° le volume d'eau qui s'écoule, pendant un temps donné, par un orifice d'une section déterminée ; 3° le débit d'un cours d'eau ou d'une source qu'on se propose d'appliquer à des usages industriels ou à l'alimentation d'une ville ; 4° la mesure ou la capacité d'un navire ou d'une embarcation quelconque, c'est-à-dire le volume qu'offre le bâtiment sous le rapport de sa longueur, de sa largeur et de sa profondeur.

Jaugeage des tonneaux. Le jaugeage d'une capacité quelconque renfermant un liquide se fait par le calcul du volume intérieur du récipient. Le calcul est très simple, quand il se rapporte aux formes géométriques d'un parallélipipède ou d'un cylindre; mais pour les futailles et les tonneaux, la courbure des parois rend le calcul beaucoup plus complexe. L'octroi de Paris emploie, à cet effet, la formule suivante :

$$V = \frac{1}{4}\pi l\left[d + (D-d)0,56\right]^2$$

dans laquelle V représente le volume, l la longueur intérieure du tonneau, D et d, les valeurs du plus grand et du plus petit diamètre.

Dans le commerce, le jaugeage des tonneaux peut se faire en appliquant les formules ci-après :

1° Si la courbure est très prononcée :

$$V = \frac{\pi}{4}l\left[d + \frac{2}{3}\left(D-d\right)\right]^2$$

2° Si la courbure est d'une dimension moyenne ;

$$V = \frac{\pi}{4}l\left[d + \frac{3}{5}\left(D-d\right)\right]^2$$

3° Si le tonneau est presque cylindrique :

$$V = \frac{\pi}{4}l\left[d + \frac{11}{10}\left(D-d\right)\right]^2$$

On peut enfin, dans la plupart des cas, employer la formule moyenne :

$$V = 0,0875 l(d + 2D)^2$$

Jaugeage d'une concession d'eau. Dans les villes pourvues d'une distribution d'eau, la livraison de l'eau *par concession jaugée* a été jusqu'alors un des modes adoptés le plus généralement. On emploie, à cet effet, l'appareil connu sous le nom de *robinet de jauge*, dont il a été déjà question au sujet des *compteurs* et des *distributions d'eau* — V. ces mots.

On tend de plus en plus à remplacer ce système de jaugeage par la vente de l'eau au compteur, et il existe maintenant, comme nous l'avons dit en décrivant les principaux types en usage (V. COMPTEUR A EAU) des appareils d'une perfection suffisante pour qu'on puisse être sûr de l'exactitude de leur mesurage aussi bien que de leur bon fonctionnement.

Jaugeage d'un cours d'eau. Dans les divers cas où l'on a besoin d'évaluer le débit d'un cours d'eau, d'une rivière, d'un ruisseau, d'une source, on est forcé de recourir à l'opération du jaugeage pour connaître quel est, par exemple, le volume d'eau qui s'écoule par heure ou par seconde en un point déterminé du cours d'eau. Ce problème se présente notamment dans l'étude d'un projet de distribution d'eau, basé sur une prise d'eau en rivière. Quand le mouvement de l'eau est uniforme, que la section du cours d'eau est constante, on peut calculer le volume Q d'eau écoulée par seconde, connaissant la section S et la vitesse moyenne d'écoulement v. On a, en effet :

(1) $$Q = Sv \quad \text{et} \quad v = \frac{Q}{S}$$

De Prony a établi, pour le calcul de la vitesse V des cours d'eau à pente uniforme et à section constante la formule suivante, en désignant par R le rayon moyen, et par I la pente par mètre :

(2) $$v = \sqrt{0,005163 + 3233,428\, RI} - 0,07185$$

Nous ne croyons pas devoir entrer ici dans le détail des déductions au moyen desquelles on arrive à cette formule, qu'on trouvera expliquée dans les traités spéciaux d'hydraulique. Elle peut se simplifier de la manière suivante :

(3) $$v = 56,86 \sqrt{RI} - 0,072$$

Pour déterminer les valeurs de R et de I, on cherche sur le parcours de la rivière une certaine portion aussi longue que possible, où l'on puisse considérer la pente comme uniforme et la section comme constante. On relève d'abord un profil en travers pour connaître la section transversale et le périmètre mouillé, puis en divisant la section par ce périmètre, on a le *rayon moyen* R. Par un nivellement, on détermine la pente régulière du cours d'eau, et la différence aux cotes aux deux extrémités du nivellement, divisée par la longueur de la portion nivelée, donne la pente I par mètre de développement de l'axe du cours d'eau. En substituant alors dans la formule (3) les valeurs ainsi déterminées pour R et I, on en déduit la vitesse V, laquelle multipliée ensuite par la section transversale S fournie par le profil, donne suivant la formule (1) le débit Q du cours d'eau.

Si la section de la rivière était trop irrégulière, on déterminerait, par un nombre suffisant de profils en travers, une *section moyenne*, en divisant la somme des sections trouvées par le nombre de ces profils ; on calculerait également la moyenne des périmètres mouillés, et en divisant la *section moyenne* par le *périmètre moyen* on aurait, comme dans le cas précédent, le *rayon moyen* R. La pente I étant d'ailleurs trouvée, on calculerait V et la dépense Q, comme on l'a dit plus haut. On peut aussi déterminer la vitesse V expérimentalement, en plaçant dans le courant, à la surface de l'eau, un flotteur en bois de chêne, qui s'immerge plus complètement que d'autres bois. On compte, avec une montre à secondes, le temps que met le flotteur pour parcourir une distance déterminée, la plus longue possible (400 à 500 mètres environ), afin d'avoir une estimation plus précise, et, en divisant l'espace parcouru par le temps du parcours, on a la vitesse; en répétant un certain nombre de fois l'expérience, on obtient une moyenne que l'on peut considérer comme l'expression suffisamment exacte de la vitesse à la surface de l'eau, et, comme on a reconnu d'ailleurs que la *vitesse moyenne* d'une rivière peut être considérée comme étant les huit dixièmes (0,8) de la vitesse superficielle, on obtiendra, par conséquent, la vitesse moyenne V cherchée, en multipliant par le coefficient 0,8 le nombre résultant de la série d'expériences qu'on aura exécutées avec le flotteur. Ayant alors la valeur V, et déterminant d'autre part la section moyenne S, comme nous l'avons vu précédemment, on possède les éléments nécessaires pour calculer Q d'après la formule (1).

Il importe que le flotteur employé ne soit pas influencé par le vent, c'est pourquoi nous avons indiqué le bois de chêne de préférence aux bois plus légers, afin que le flotteur n'émerge pas trop au-dessus de la surface de l'eau. On peut aussi remplacer les flotteurs en bois par des sphères métalliques creuses, en zinc ou en cuivre, qu'on lestera de manière qu'elles soient totalement immergées. Pour fixer le point de départ, comme aussi le point d'arrivée des flotteurs, on peut planter des jalons ou tendre une corde, ou organiser tel autre genre de repère qu'on jugera convenable selon les lieux et les facilités d'observation. Quand la station de départ sera ainsi fixée, et qu'on procèdera aux expériences, il conviendra d'abandonner le flotteur au courant à une certaine distance en amont du repère d'où partira la mesure du temps, afin qu'en arrivant à ce repère il ait déjà acquis la vitesse normale de la surface. En opérant de cette façon, on sera plus sûr d'obtenir l'expression exacte de la durée du parcours depuis le repère de départ jusqu'au repère d'arrivée, en raison d'une vitesse initiale correspondant bien à celle de l'eau.

Au lieu de flotteurs on peut encore employer, comme l'a fait Du Buat dans ses expériences, une petite roue à aubes, en bois très léger, en sapin par exemple, de 0^m,75 de diamètre, avec huit aubes carrées de 0^m,08 de côté; l'arbre devra être monté sur deux petits tourillons très bien ajustés, pour que leur mouvement éprouve la moindre résistance possible. Cet appareil exige évidemment des frais d'installation tout autres que celui des flotteurs ; il faut le placer en divers points de la traversée du cours d'eau, et, pour cela, se munir d'un bateau et des moyens d'amarrage nécessaires pour stationner aux endroits voulus.

Quand on veut, pour des expériences plus précises, déterminer la vitesse à diverses profondeurs, on a recours au *Pendule hydrométrique*, au *Tube de Pitot*, ou au *Moulinet de Woltmann*. L'instrument désigné sous le nom de *Pitot* qui a conçu l'idée, est un simple tube recourbé d'équerre à sa partie inférieure, et qui se place verticalement dans l'eau, en l'enfonçant de manière que la branche inférieure horizontale, ouverte ainsi que l'autre extrémité, vienne plonger dans le liquide au niveau où l'on veut connaître la vitesse. La pression que cette vitesse exerce sur le fluide contenu dans le tube fait élever le niveau au-dessus de la surface de la rivière, et les quantités dont ce niveau s'élève ainsi, sont regardées comme proportionnelles à la vitesse prise aux diverses profondeurs, ce qui n'est pas rigoureusement exact.

Le *Pendule hydrométrique* consiste en une boule d'ivoire ou de métal creux, suspendue à un fil dont l'extrémité est attachée au centre d'un appareil portant un quart de cercle gradué, sur lequel on lit la division correspondant à l'inclinaison que prend le fil sous l'action du courant. On calcule la vitesse cherchée en multipliant par un coefficient constant, déterminé expérimentalement, la racine carrée de la tangente d'inclinaison.

Le *Moulinet de Woltmann* se compose d'un arbre horizontal portant quatre petites ailettes ; le courant met cet arbre en mouvement, et le nombre de tours qu'il exécute dans un temps donné est transmis par un mécanisme spécial et enregistré par un petit cadran, au moyen de dispositions analogues à celles employées pour les *compteurs de tours* qui servent aux expériences sur la vitesse de rotation des machines. La lecture et la comparaison du nombre de révolutions exécutées par le moulinet, dans le même temps, à diverses profondeurs, donnent les moyens d'apprécier les vitesses correspondant à ces profondeurs.

Les instruments que nous venons de signaler sont destinés spécialement à des expériences de précision dont on n'a pas à se préoccuper dans là plupart des cas pratiques, où l'emploi des flotteurs permettra d'obtenir des résultats suffisamment approximatifs pour le jaugeage d'un cours d'eau de vitesse ordinaire.

Jaugeage des sources par déversoir. Quand on veut constater le débit exact d'une source, il faut procéder à cette opération autant que possible à diverses époques de l'année, si l'on veut avoir une évaluation moyenne, car, selon les saisons et selon l'abondance ou l'absence des pluies, le débit d'une source peut subir des variations notables. Ceci posé, voyons comment on pourra procéder au jaugeage d'une source, c'est-à-dire à la détermination de son débit en litres, par seconde.

Si le volume d'eau est faible, et s'il est possible de rassembler la totalité de l'eau dans un conduit de petite dimension, on pourra la recevoir dans un récipient d'une capacité connue, et mesurer, avec une montre à secondes, le temps employé pour remplir cette capacité : on en déduira alors facilement le débit en litres ou fractions de litres, par seconde. Mais dans la plupart des cas, ce moyen élémentaire est impraticable, et l'on est presque toujours obligé de recourir à l'emploi d'un canal rectangulaire, ou d'un *déversoir*; c'est ce dernier procédé qui est le plus souvent usité.

Quand le déversoir est installé, et que le courant d'eau qui passe sur sa crête a un régime constant et normal, on mesure avec exactitude la hauteur de la couche d'eau coulant sur l'arête du déversoir. Connaissant cette hauteur H, la largeur L de l'entaille, et par conséquent la largeur de la nappe liquide coulant par cette entaille, on obtiendra la quantité Q d'eau écoulée par seconde, en appliquant la formule suivante :

$$Q = m L H \sqrt{2 g H}$$

Dans cette formule, m est un coefficient numérique auquel on donne généralement la valeur moyenne de 0,405, et g est l'accélération due à la pesanteur 9,81. De sorte qu'en remplaçant m

et g par leurs valeurs numériques, la formule devient :

$$Q = 0,405 \, L \, H \sqrt{19,62 \, H}$$

On détermine, par conséquent, le volume Q de litres débités par seconde, en effectuant le calcul avec les valeurs trouvées pour L et H.

Pour faciliter les expériences sur le débit d'une source au moyen de lames en déversoir, on trouvera dans le tableau ci-dessous les dépenses d'eau, en litres et par seconde, correspondant à des hauteurs variant de 0m,01 à 0m,20 et à des largeurs de 0m,10 à 1 mètre.

Pour effectuer avec exactitude un jaugeage par

Hauteur de la lame d'eau	Largeur du déversoir									
	0m,10	0m,20	0m,30	0m,40	0m,50	0m,60	0m,70	0m,80	0m,90	1m,00
	Dépense d'eau en litres par seconde.									
	litres	litres	litres	litres	litres	litres	litres	litres	litres	litres
0m,01	0.18	0.36	0.54	0.72	0.90	1.08	1.26	1.44	1.62	1.81
0.02	0.50	1.00	1.50	2.00	2.50	3.00	3.50	4.00	4.50	5.01
0.03	0.92	1.84	2.76	3.68	4.60	5.52	6.44	7.26	8.28	9.21
0.04	1.41	2.82	3.23	5.64	7.05	8.46	9.87	11.28	12.69	14.11
0.05	1.98	3.96	5.94	7.92	9.90	11.88	13.86	15.84	17.82	19.80
0.06	2.60	5.20	7.80	10.40	13.00	15.60	18.20	20.80	23.40	26.00
0.07	3.28	6.56	9.84	13.12	16.40	19.68	22.99	26.24	29.52	32.80
0.08	4.00	8.00	12.00	16.00	20.00	24.00	28.00	32.00	36.00	40.00
0.09	4.79	9.58	14.37	19.16	23.95	28.74	33.53	38.32	43.11	47.90
0.10	5.60	11.20	16.80	22.40	28.00	33.60	39.20	44.80	50.40	56.00
0.11	6.47	12.94	19.41	25.88	32.35	38.82	45.29	51.76	58.23	64.70
0.12	7.39	14.78	22.17	29.56	36.95	44.34	51.73	59.12	66.51	73.90
0.13	8.32	16.64	24.96	33.28	41.60	49.92	58.24	66.56	74.88	83.20
0.14	9.22	18.44	27.66	36.88	46.10	55.32	64.54	73.76	82.98	92.20
0.15	10.32	20.64	30.96	41.28	51.60	61.92	72.24	82.56	92.88	103.20
0.16	11.39	22.78	34.17	45.56	56.95	68.34	79.73	91.12	102.51	113.90
0.17	12.44	24.88	37.32	49.76	62.20	74.64	87.08	99.52	111.96	124.40
0.18	13.54	27.08	40.62	54.16	67.70	81.24	94.78	108.32	121.86	135.40
0.19	14.93	28.94	44.91	59.88	74.85	89.82	104.79	119.76	134.73	149.70
0.20	16.12	32.24	48.36	64.48	80.60	96.92	112.84	128.96	145.08	161.20

déversoir, il faut apporter à l'installation tous les soins nécessaires pour la mettre à l'abri des causes d'erreur. Il importe notamment que l'arête du déversoir soit placée dans une position parfaitement horizontale, afin que l'épaisseur de la lame d'eau soit absolument égale sur tous les points de la largeur. Il faut aussi que l'écoulement de cette lame d'eau ne puisse être influencé ni modifié par aucun obstacle, par aucun contact ; l'ouverture découpée dans une feuille mince de métal doit être placée par rapport au niveau de l'aval à une hauteur telle que la chute de l'eau soit entièrement libre et qu'il n'y ait aucun remous susceptible de retarder la vitesse d'écoulement. Le mesurage et la lecture de la hauteur de la lame d'eau passant sur l'arête du déversoir, doivent se faire en plusieurs points de la largeur, et avec la plus grande précision possible pour s'assurer que le chiffre trouvé est bien l'expression exacte de cette hauteur. — G. J.

JAUNE. Couleur que peuvent offrir certaines matières, et qui, suivant leur destination, sont de nature fort différente. En nous conformant aux précédents établis dans le *Dictionnaire*, nous allons les ranger en catégories diverses, suivant leur composition.

Jaunes minéraux. Ces matières sont assez nombreuses. Nous signalerons les principales, en les classant par ordre alphabétique.

Jaune d'antimoine, Syn.: *jaune minéral* (Méri-

méc). Mélange d'antimoniate de plomb, d'oxychlorure de même base, et d'oxychlorure de bismuth ; c'est une substance qui donne des nuances très riches et très solides, et qui sert surtout dans la peinture à l'huile.

Jaune brillant. On désigne sous ce nom le sulfure de cadmium précipité. Il s'emploie pour obtenir des feux bleus, en pyrotechnie; ou, broyé à l'huile, pour la peinture à l'huile, ou pour colorer en jaune vif les savons de toilette.

Jaune de chrome. Plusieurs produits portent cette dénomination ; le *jaune Aladin* est le chromate neutre de plomb ; le *jaune orangé*, le chromate basique ; la *pâte orange*, le chromate bibasique ; le *jaune jonquille*, le chromate non calciné (Winterfeld). Ils servent en peinture, puis dans les industries de l'impression ou de la teinture sur tissus. D'après Liebig, on a encore désigné commercialement sous ce nom, deux combinaisons doubles de chromate et de sulfate de plomb. Le *jaune citron* clair serait représenté par la formule $PbSO^4 + PbCrO^4$; le *jaune soufre* par la formule $2(PbSO)^4 + PbCrO^4$ (V. T. III, p. 373).

Jaune de cobalt, Syn. : *sel de Fischer.* C'est un nitrite double de cobalt et de potassium $(AzO^3)^3 Co + 3(K AzO^3)$, qui est jaune et cristallin, inaltérable par les oxydants et les sulfurants. Il sert dans la peinture à l'huile et à l'aquarelle, et aussi dans la peinture sur verre, sur porcelaine, en donnant des tons bleus par vitrification. Il a beaucoup d'analogie, comme couleur, avec le *jaune indien* (euxanthate de magnésie).

Jaune de Cologne. Cette couleur est formée par un mélange de 60 parties de plâtre fin, 25 parties de chromate neutre de plomb, et 15 parties de sulfate de plomb. Elle a beaucoup d'éclat et est très solide; on s'en sert surtout pour la peinture à la colle, et dans l'impression sur tissus.

Jaune de Naples. Couleur orangée, formée par de l'antimoniate de plomb, et que l'on obtient en grillant de l'acide antimonieux avec de la litharge. Elle sert pour les couleurs à l'huile, et s'emploie aussi comme couleur vitrifiable, après fusion; dans ce dernier cas, on la mélange avec du silicate de plomb.

Jaune d'outremer. Chromate de *baryte* (V. ce mot, III, p. 372). Il s'emploie en peinture, ainsi que le chromate de chaux, ou *jaune paille*, broyé à l'huile, ou pour peinture à la détrempe; mais ces produits ne servent souvent qu'à falsifier le chromate de plomb.

Jaune royal. C'est le sesquisulfure d'arsenic, préparé par voie humide; il a de nombreux emplois. C'est une belle couleur jaune d'or, utilisée par la peinture à l'huile, ainsi que pour la peinture sur marbre. On s'en sert encore en teinture, pour la réduction des cuves d'indigo; pour teindre en jaune, la laine, la soie, le coton ou le lin, et surtout pour les tapisseries et les velours, après dissolution dans l'ammoniaque; il entre encore dans la composition de la pâte épilatoire désignée par les Orientaux sous le nom de *rusma.* — V. I, p. 307.

Jaune de Steinbuhl. Chromate double de calcium et de potassium, employé en peinture.

Jaune de Turner. Syn.: *jaune de Kassler, de Cassel, de Paris, de Vérone.* C'est un mélange de chlorure et d'oxyde de plomb, que l'on réserve surtout pour la peinture des décors et des voitures.

Sidérine. On donne ce nom à un chromate de peroxyde de fer basique (Kletzinky), qui est inaltérable à l'air et à la lumière, et que l'on emploie dans la peinture à l'huile, à la colle, et pour la coloration du verre. — V. III, p. 372.

Matières jaunes végétales. Les couleurs végétales ayant toujours été les seules que l'on ait employées dans les temps reculés, nous n'avons pas à nous appesantir sur celles qui n'ont qu'un intérêt historique; il suffit d'indiquer celles obtenues avec le sarrete (*serratula tinctoria*, Lin., flosculeuses); les fleurs de genêt (*genista tinctoria*, Lin., légumineuses); le wougshy, fait avec les gousses du *gardenia florida* (Lin., rubiacées), de la Chine qui, comme le safran (*crocus sativus*, Lin.), contient un principe colorant spécial, appelé *crocoxanthine* ou *polychroïte*; la *purrhée*, ou jaune indien, dont on ne connaît pas bien l'origine, mais qui est formée par de l'*euxanthate* de magnésie; le *jaune de morinda*, fourni par le mûrier de l'Inde (*morinda citrifolia*, Lin., rubiacées), et qui renferme une matière spéciale, la *morindine*; l'épine-vinette (*berberis vulgaris*, Lin., berbéridées), dont la racine contient de la berbérine $C^{42}H^{18}AzO^9$; les matières colorantes (acide chry-

sophanique, $C^{20}H^8O^6$) contenues dans diverses plantes de la famille des polygonées, comme la rhubarbe, le rhapontic, appartenant au genre *rheum*; les écorces et bois du *Hoang-pe* (*Pterocarpus flavus*, Loureir., légumineuses); les fleurs du *Hoai-hoa* ou *Wei-hwa* (*saphora japonica*, Lin., légumineuses), etc.

On emploie encore en grandes quantités aujourd'hui, dans l'industrie, les produits suivants, en nature ou sous forme d'extraits ou de laques.

Le bois jaune. Syn.: *bois de Brésil jaune, bois de Cuba, vieux fustic,* c'est le bois du mûrier des teinturiers (*morus tinctoria*, Lin., urticées).

Quelques substances portent également la désignation de bois jaunes; de ce nombre, il faut citer: les bois du tulipier (*liriodendrum tulipifera*, Miller, magnoliacées), du mûrier des Osages (*maclura aurantiaca*, Nuttal, urticées); du *leucoxylon laurifolium*; du houx safrané (*ilex crocea*, Thunb., rhamnoïdées); du *laurus ochroxylon*; du *melanea racemosa* (Lherm., rubiacées), etc.

Le fustet. Syn.: *fustic, bois jaune de Hongrie* ou sumac à perruque (*rhus cotinus*, Lin., térébinthacées), arbuste de l'Europe méridionale, à bois verdâtre veiné de brun, contenant de la *fustine* ou *fisetine*, $C^{13}H^{10}O^6$, et un tannin spécial. — V. FUSTET.

Le *rocou*, matière tinctoriale, qui nous arrive de l'Amérique, des Indes orientales et occidentales, sous forme d'une pâte préparée avec le fruit du rocouyer (*bixa orellana*, Lin., bixacées-tiliacées); cette matière contient deux principes colorants; un jaune, l'*orelline*, soluble dans l'eau, et un rouge, la *bixine*, mieux connu, $C^8H^6O^4$, insoluble dans ce dernier véhicule. Dans le commerce, on trouve parfois une bixine faite avec la pulpe extérieure et comprimée des graines du rocouyer, laquelle vient de Cayenne, et est, paraît-il (J. Girardin), trois à quatre fois plus colorante que la pâte appelée *rocou.*

Les *graines d'Avignon*, de *Perse*, d'*Espagne*, fournies par divers nerpruns, de la France méridionale, du Levant, de la Hongrie, les *rhamnus infectorius*, Lin.; *rhamnus amygdalinus*, Desfon; *rhamnus saxatilis*, Lin.; de la famille des rhamnées. Ces graines sont jaunes, verdâtres ou brunes, suivant qu'on les a cueillies à maturité ou laissé dessécher sur l'arbuste. Les premières contiennent un principe colorant d'un jaune d'or, la *chrysorhamnine* $C^{23}H^{11}O^{11}$, identique à la quercitine, et une matière plus olivâtre, la *xanthorhamnine*, $C^{23}H^{12}O^{14}$. La bourdaine (*rhamnus frangula*, Lin.), contient un autre principe, la *rhamnoxanthine.* — V. GRAINES TINCTORIALES.

Le *curcuma* (V. ce mot), formé par les racines desséchées des curcuma long (*curcuma longa*, Lin.), et curcuma rond (*curcuma rotunda*, Lin.), de la famille des amomacées, et que l'on cultive à Java, ainsi que dans les Indes orientales; son principe colorant est la curcumine $C^{16}H^{10}O^2$.

La *gaude* (V. ce mot) ou réséda jaune (*reseda luteola*, Lin., résédacées), cultivé dans tous les pays méridionaux, et dont on emploie toute la plante; celle française est la plus estimée. La gaude contient un principe appelé *lutéoline* $C^{20}H^{14}O^8$.

Le *quercitron* ou écorce moulue et privée d'épiderme, du chêne des teinturiérs (*quercus tinctoria*, Mich., cupulifères); il vient de l'Amérique du Nord, et renferme du quercitrin $C^{33}H^{30}O^{17}$, H^2O et de l'acide tannique. Le corps appelé *flavin*, *flavine*, *quercétine* $C^{27}H^{18}O^{12}$, est le résultat du dédoublement, par un acide, du quercitrin.

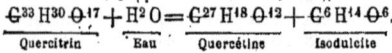

$$C^{33}H^{30}O^{17} + H^2O = C^{27}H^{18}O^{12} + C^6H^{14}O^6.$$
Quercitrin   Eau   Quercétine   Isodulcite

Jaunes dérivés de la houille. Comme pour les autres nuances, les matières jaunes artificielles sont de plus en plus nombreuses, et leur substitution aux matières végétales surtout, tend à devenir générale.

(a) Parmi les couleurs dérivées du phénol, et donnant les nuances qui nous occupent, il faut citer:

L'*acide picrique* ou *trinitrophénol*,

$$C^{12}H^3(Az^2O^4)^3O^2 = C^6H^2(Az^2O^2)^3OH$$

(V. T. I, p. 25), et le picrate de soude,

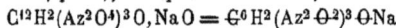

$$C^{12}H^2(Az^2O^4)^3O,NaO = C^6H^2(Az^2O^2)^3ONa$$

qui résulte de la saturation du premier corps par la soude, et qui se trouve dans le commerce en petits cristaux jaunes.

L'*orange Victoria*. Syn. : *orange d'aniline, jaune d'or, jaune anglais*, qui est du dinitrocrésylate d'ammonium, $C^{14}H^6(AzO^2)^2O^3,AzH^4$; il se trouve sous forme d'une poudre rouge, surtout employée en teinture, comme d'ailleurs presque tous les dérivés du crésylol. Le *mononitrocrésylol*,

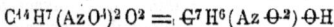

$$C^{14}H^7(AzO^4)^2O^2 = C^7H^6(AzO^2)OH$$

est un corps liquide sirupeux, que l'on forme en faisant réagir à 60 ou 70°, l'acide azotique très étendu, sur une solution aqueuse de crésylol; il teint bien les fibres animales; — le *dinitrocrésylol*, $C^{14}H^6(AzO^4)^2O^2 = C^7H^5(AzO^2)^2OH$, est en cristaux jaunes, fondant à 84°, soluble dans l'eau bouillante, l'alcool, l'éther, le chloroforme, la ligroïne. On l'obtient par l'action de l'acide azoteux sur la toluidine, ou en chauffant de l'acide azotique étendu, avec un mélange de crésylol dissous dans de l'eau, et de l'acide sulfurique; — le *trinitrocrésylol*, $C^{14}H^5(AzO^4)^3O^2 = C^7H^4(AzO^2)^3OH$, est cristallisé en aiguilles jaunes, fondant à 100°, peu soluble dans l'eau froide (1/449) mieux à chaud (1/123), soluble dans l'alcool, l'éther, la benzine; il s'obtient en versant goutte à goutte du crésylol bien refroidi dans de l'acide azotique plongé dans un mélange réfrigérant. Il sert pour la teinture sur laine, sur plumes, fibres animales, etc.

La *coralline jaune*. Syn. : *aurine*. — V. CORALLINE.

Le *jaune de Fol*, qui se présente sous forme de lamelles rouge brun, d'un vif éclat, est soluble dans l'eau, l'éther, l'alcool, l'esprit de bois, insoluble dans la benzine; il forme avec les bases des combinaisons rouges. On l'obtient en chauffant pendant 12 heures à 100° centigrades, 5 parties d'acide phénique avec 3 parties d'acide arsénique desséché et pulvérisé; on porte ensuite à 125°, on chauffe encore six heures, et on ajoute 10 parties d'acide acétique à 7° Baumé. On reprend par l'eau, on filtre et on précipite la couleur par addition de sel marin. Ce produit sert en teinture et en impression, pour avoir les nuances jaunes, des rouges avec les alcalins, ou encore des bruns, par son mélange avec l'acide rosolique ou d'autres matières colorantes.

Le *jaune de Campo Bello* dérive aussi de l'acide phénique; il donne sur laine des nuances jaunes très solides, non altérables par les alcalins; mélangé avec la fuchsine, l'indigo, il peut donner de très belles couleurs mixtes.

(b) Parmi les couleurs dérivant de l'aniline nous indiquerons :

Le *jaune d'aniline*. Syn. : *jaune acide*; c'est une poudre cristalline jaune brun, peu soluble dans l'eau, soluble dans l'alcool et l'éther. D'après Martius et Griess, c'est un oxalate d'amidoazobenzol,

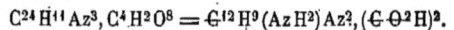

$$C^{24}H^{11}Az^3, C^4H^2O^8 = C^{12}H^9(AzH^2)Az^2, (CO^2H)^2.$$

On obtient ce corps en faisant passer un courant d'acide azoteux dans de l'aniline dissoute dans trois fois son poids d'alcool. Lorsque le liquide est devenu rouge foncé, on y ajoute un grand excès d'acide chlorhydrique peu concentré, et l'on réunit sur un filtre les cristaux qui se forment, on les lave à l'alcool faible, on reprend par l'eau, on purifie par une nouvelle précipitation, s'il en est besoin, et on traite par l'acide oxalique, puis on fait cristalliser. Il est bon de rafraîchir le vase contenant l'aniline, pendant que se fait le dégagement gazeux, pour éviter la formation d'une matière résinoïde qui, sans cela, souillerait le produit.

La *zinaline* (de Max Vogel) se rapproche assez du corps précédent,

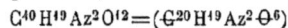

$$C^{40}H^{19}Az^2O^{12} = (C^{20}H^{19}Az^2O^6)$$

elle est insoluble dans l'eau froide et un peu soluble à chaud, elle se dissout dans l'alcool et surtout dans l'éther; les acides concentrés la dissolvent et l'eau en reprécipite la matière colorante; les alcalis font virer sa nuance au rouge. Elle fond vers 100°, émet, au delà, des vapeurs jaunes, puis s'enflamme avec détonation. Elle résulte de l'action de l'acide azoteux gazeux sur la dissolution alcoolique d'un sel de rosaniline. Elle sert dans la teinture sur laine et soie et donne un vert solide avec le carmin d'indigo.

La *chrysoïdine*, $C^{24}H^{11}Az^3 = (C^{12}H^9(AzH^2)Az^2)$, est encore un sel d'amidoazobenzol. Elle donne une belle nuance jaune, et résulte de l'action du phénylène diamine sur l'azotate d'aniline saturé d'acide azoteux.

La *chrysaniline*. Syn. : *fuchsine jaune*,

$$C^{40}H^{17}Az^3 = C^{20}H^{17}Az^3$$

c'est une poudre jaune, comparable comme couleur au chromate de plomb, peu soluble dans l'eau, soluble dans l'alcool et l'éther, qui est le résidu de la fabrication du rouge d'aniline par l'acide arsénique (Nicholson). Elle forme des sels dont deux surtout, le chlorhydrate et l'azotate, sont comme elle, utilisés en teinture; la *phosphine*, le *jaune de Gigela* dérivent de cette base. Quelques couleurs de cette série sont encore assez employées: l'*orange Poirrier n° 2* qui est un sel alcalin sulfoconjugué de diazobenzol et de β-naphtol; la *tropéoline OO* (Witt) ou *orangé d'aniline N extra* (Brundschedler et Busch), qui est un sel de potasse sulfoconjugué du phénylamidoazobenzol.

(c) La série naphtalique fournit comme couleurs jaunes :

Le *jaune français*, ou pour d'autres, l'*acide chryséique*, ou *acide nitroxynaphtalique*,

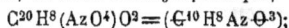

$$C^{20} H^8 (Az O^4) O^2 = (C^{10} H^8 Az O^3);$$

il est cristallisé en aiguilles jaunes, non volatiles, solubles dans l'eau chaude, l'alcool, l'esprit de bois, l'acide acétique. On l'obtient en mélangeant 100 parties de nitronaphtaline, avec 250 parties d'hydrate de chaux sec, humectant avec 75 parties de potasse dissoute dans un peu d'eau, et chauffant le tout à 150° pendant dix à douze heures, à l'air, ou mieux en présence d'un courant d'oxygène. On reprend par l'eau, on filtre, on concentre, et traite par un acide fort, pour décomposer le nitroxynaphtalate de potasse ; l'acide mis en liberté cristallise en aiguilles. Il donne sur laine et soie les tons jaunes d'or.

Le *binitronaphtaline*,

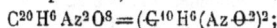

$$C^{20} H^6 Az^2 O^8 = (C^{10} H^6 (Az O^2)^2 ;$$

elle est solide, jaune, peu soluble dans l'eau, plus dans l'alcool, et bien dans l'éther et l'acide azotique concentré ; elle est sublimable, mais détone à une certaine température. Elle s'obtient en projetant peu à peu 1 partie de naphtaline, dans un mélange d'acide azotique concentré et d'acide sulfurique ; on chauffe à l'ébullition, après quelque temps, puis on laisse refroidir et on ajoute un grand excès d'eau. On filtre et lave à l'eau chaude, pour purifier le résidu, que l'on obtient tout à fait pur par des cristallisations dans l'alcool.

Le *jaune de naphtaline* était un produit liquide d'un beau jaune, résistant assez bien à la lumière, et donnant, sur laine et soie, des couleurs brillantes. On l'obtenait en faisant bouillir quelque temps de la naphtaline dans de l'acide azotique étendu, décantant le liquide acide, et portant à l'ébullition le résidu avec de l'eau ammoniacale (à 5 0/0), puis filtrant.

Le *jaune d'acide chloroxynaphtalique*,

$$C^{20} H^5 Cl O^6 = C^{10} H^5 Cl O^3,$$

est un corps qui résulte de l'action de l'acide azotique concentré sur le chlorure de naphtaline.

La couleur la plus importante de ce groupe est le *jaune de Martius*, Syn. : *jaune de Manchester, jaune de Ganahl*; c'est du binitronaphtol;

$$C^{20} H^5 Az^2 O^4 = C^{10} H^5 (Az O^2)^2,$$

ordinairement combiné avec de la chaux ou de l'ammoniaque, et cristallisant en sels gardant 3 équivalents d'eau pour la chaux, 1 pour le sel ammoniacal. Ces sels sont plus ou moins solubles dans l'eau, solubles dans l'alcool, l'éther, la benzine, explosibles quand ils sont secs. On prépare ce jaune en versant dans une solution acide, étendue, de chlorhydrate de naphtylamine, une solution étendue d'azotite de potasse, jusqu'à ce que le mélange donne avec les alcalis un précipité cerise (d'azodinaphtyldiamine). On ajoute alors de l'ammoniaque à la solution, et on fait bouillir. Il se forme bientôt à la surface des petits cristaux que l'on sépare et purifie par cristallisations successi-

ves dans de l'ammoniaque (Martius). Cette couleur est très intense (1 kilogramme peut teindre en jaune foncé 250 kilogrammes de laine) et sert pour la laine, la soie, le maroquin, les tapis ; dans les toiles peintes sur lesquelles on la fixe par vaporisage, etc.

(d) Comme couleurs jaunes dérivées de l'anthracène, nous n'avons guère à citer que l'*orange d'anthracène* ou *diamidoantraquinone*,

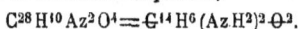

$$C^{28} H^{10} Az^2 O^4 = C^{14} H^6 (Az H^2)^2 O^2.$$

C'est une poudre d'un rouge cinabre, fondant à 235°, se sublimant à 260° en cristaux rhombiques, à reflets métalliques verdâtres, insoluble dans le pétrole, peu soluble dans le sulfure de carbone, mieux dans l'éther, l'alcool, l'esprit de bois, la benzine, le chloroforme, dans les acides sulfurique et azotique, et non attaquable par la soude ou la potasse (Böttger). Il résulte de l'action des corps réducteurs sur la binitroanthraquinone. Pour l'obtenir, on prépare d'abord du stannite de soude, puis on arrose avec la dissolution de binitroanthraquinone bien lavée et récemment faite. Il se produit aussitôt un liquide de coloration vert émeraude, que l'on porte à l'ébullition, et duquel ne tardent pas à se séparer des flocons rouges d'orange d'anthracène.

(e) *Couleurs dérivées de l'acide urique*. Il n'y a également à citer dans ce groupe qu'une seule couleur le *jaune de murexide*, qui est du purpurate de zinc. Ce produit est jaune ou jaune orangé (le purpurate de cuivre lui est très comparable),

$$C^{16} H^5 Az^5 O^{12} Zn O = C^8 H^5 Az^5 O^6 . Zn O,$$

que l'on prépare directement en plongeant les fibres à teindre, d'abord dans un bain d'un sel de zinc, puis ensuite dans une solution de murexide (purpurate d'ammoniaque) (Depouilly, Lauth, Meister, Péterson).

(f) *Couleurs dérivées de l'aloès*. L'aloès contient environ 70 0/0 de son poids d'une matière particulière nommée *aloïne*, $C^{34} H^{18} O^{14} = C^{17} H^{18} O^7$, ou *amer d'aloès*, laquelle, sous l'influence de l'acide azotique, fournit diverses matières jaunes employées en teinture. L'aloès traité par l'acide azotique donne l'*acide aloétique*, ou *polychromatique*, $C^{28} H^4 Az^4 O^{20} = C^{14} H^4 (Az O^2)^4 O^2$, lequel oxydé à son tour par l'acide azotique, absorbe 4 équivalents d'oxygène pour donner de l'*acide chrysammique*, $C^{28} H^4 Az^4 O^{24} = C^{14} H^4 (Az O^2)^4 O^4$, lequel, oxydé à un plus haut degré, devient de l'*acide chrysolépique*,

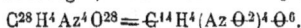

$$C^{28} H^4 Az^4 O^{28} = C^{14} H^4 (Az O^2)^4 O^6.$$

Les couleurs d'aloès sont utilisées dans la teinture et l'impression, mais elles se font directement avec l'aloès, sans employer les acides aloétique ou chrysammique purs. On attaque, par exemple, au bain marie, 1 partie d'aloès par 8 d'acide azotique, puis après réaction, on ajoute une partie d'acide, on chauffe quelques heures, puis on verse dans un grand excès d'eau froide, pour séparer les acides jaunes qui se précipitent. Ces couleurs peuvent s'employer en teinture sur soie, laine ou coton, en impression, avec ou sans vaporisage ; et suivant les mordants utilisés, elles donnent des nuances très différentes les unes des autres ; les corps réducteurs les font virer au bleu, au vert, au gris, etc. — J. C.

* **JAVEL** (Eau de). — V. Chlorures décolorants, Eau.

***JAVELER.** *T. de teint. dégr.* Passer dans un bain d'eau de javel.

JAVELOT. *T. d'arm. anc.* Arme de trait, sorte de dard, qui était plus court que la *javeline* ; sorte de demi-pique en usage chez les anciens. — V. Arme.

* **JAZET** (Jean-Pierre-Marie). Graveur français, né à Paris en 1788. Les débuts du jeune artiste furent des plus pénibles ; son père, ancien vérificateur des bâtiments de la couronne sous Louis XVI, étant mort en 1793 des suites d'un accident, Jazet fut recueilli par son oncle Debucourt, peintre et graveur de talent, qui fut un des premiers, en France, à populariser le procédé de *l'aqua tinta*. Il devint bientôt son meilleur élève et se livra à un travail opiniâtre, autant pour étudier que pour créer quelques ressources à sa mère. Jazet se fit connaître, en 1819, et ne cessa depuis d'être favorisé par le succès. Il a dû surtout sa popularité aux sujets patriotiques qu'il a traités d'après Gros, Vernet, Bellangé, Steuben, etc. Il était aussi ami intime d'Horace Vernet, et il a reproduit à *l'aqua tinta* la plupart de ses œuvres. On cite parmi ses planches les plus remarquables : les *Adieux de Fontainebleau, Mazeppa,* les *Brigands italiens, Arcole, Rebecca, Judith, Agar, Constantine, Raphaël au Vatican, Louis XV à Fontenoy,* d'après Vernet ; le *Retour de l'île d'Elbe, Napoléon à Waterloo,* la *Mort de Napoléon,* d'après Steuben ; la *Mort d'Élisabeth,* d'après Delaroche ; le *Général Lassalle,* le *Combat de Nazareth,* d'après Gros ; le *Serment du Jeu de Paume,* d'après David ; etc. Il a été décoré de la Légion d'honneur en 1846, et il est mort le 21 août 1871. Ses fils *Eugène* et *Alexandre* Jazet se sont également fait un nom comme graveurs. Le premier est mort en 1856.

* **JÉSUS.** *T. de pap.* Papier de grande dimension employé pour l'impression des ouvrages de grand format.

***JÉSUS-CHRIST.** *Iconogr.* — V. Chrétien (Art) et Christ.

JET. *T. de fond.* Action d'introduire dans le moule la matière en fusion. ‖ *T. de men.* Traverse de bois qui, disposée sur la fermeture inférieure du châssis mobile d'une porte ou d'une croisée, empêche la pluie de pénétrer à l'intérieur.

JET D'EAU. On appelle ainsi la colonne liquide lancée verticalement à travers un orifice alimenté par l'eau d'un réservoir très élevé ; le panache gracieux qui s'épanouit à son sommet et retombe en poussière liquide, l'a fait employer depuis les temps les plus reculés pour décorer les cours et les jardins et pour y entretenir la fraîcheur : on en a découvert dans les maisons riches de Pompéi, et on en trouve dans presque toutes les habitations de l'Orient. La forme la plus simple est celle d'un jet unique placé au milieu d'un bassin circulaire ; l'un des plus célèbres de ce genre est le jet du parc de Saint-Cloud, géant liquide dont la hauteur atteint 42 mètres ; c'est du reste une exception très coûteuse en raison de l'énorme dépense d'eau qu'elle entraîne, surtout lorsqu'il faut élever cette eau mécaniquement dans le réservoir d'alimentation, comme à Versailles ; dont les grandes eaux consomment 7,000 mètres cubes élevés à 150 mètres de hauteur.

En général, c'est par le groupement des jets, dont on fait varier la section et l'inclinaison, que l'on réalise les fontaines décoratives et les pièces d'eau dont Le Nostre et Mansard ont fait un si magnifique emploi (V. Fontaine). Les lois de l'hydraulique apprennent qu'il faut donner aux tuyaux une très grande section par rapport à celle des orifices d'écoulement ; l'eau doit s'y mouvoir avec une vitesse très faible afin d'éviter les pertes de charge dues aux frottements, pertes qui réduiraient dans une grande proportion la hauteur des jets. Pour la même raison, les gerbes doivent être alimentées par deux tuyaux, dont l'un est réservé pour le jet central ; l'autre débouche dans une boîte qui enveloppe concentriquement la partie redressée du premier tuyau. C'est dans le couvercle de cette boîte que sont percés les orifices dont les inclinaisons et les paraboles d'écoulement sont calculées au moyen des formules

$$x = 2\,m^2\,\mathrm{H}\sin\mathrm{A} \text{ et } y = m^2\,\mathrm{H}\sin^2\mathrm{A}$$

(V. Hydraulique). Ces orifices sont munis d'ajutages convergents qui donnent, après l'orifice en mince paroi, la valeur la plus élevée du coefficient *m*.

Le forage des puits artésiens amène souvent à la surface des eaux jaillissantes, véritables jets d'eau naturels, résultant de la disposition des couches imperméables entre lesquelles circulent les eaux souterraines. — V. Artésien.

JETÉE. Les jetées sont des ouvrages du même genre que les digues à la mer (V. Digue) dont elles diffèrent surtout parce qu'elles sont enracinées au rivage ; elles ont pour objet principal de reporter l'entrée du port jusqu'à l'endroit où l'on trouve toujours une quantité d'eau suffisante. En général, on établit deux jetées parallèles ou convergentes qui abritent entre elles le couloir ou chenal de communication entre le port et la mer, et qui permettent de l'entretenir par des chasses ou des dragages. On en construit également à l'embouchure de certains fleuves pour en assurer l'accès aux navires. Les jetées ne sont pas nécessaires dans les mers sans marée ; les ouvrages analogues que l'on trouve dans la Méditerranée et que l'on nomme des *môles* ont plutôt pour but de circonscrire et de protéger les ports eux-mêmes ; les môles sont enracinés à une grande distance l'un de l'autre, et vont en se rapprochant vers le large de façon à laisser entre leurs extrémités une passe d'entrée de largeur et d'orientation convenables. C'est à l'aide de môles que les Phéniciens et les Romains créaient des ports sur les côtes où il n'existait pas de baie naturelle. — V. Môle.

Les jetées doivent être orientées par rapport aux vents dominants de telle façon que les navires à voiles puissent toujours entrer facilement ; l'angle que forme la direction du chenal avec celle du vent ne doit pas dépasser 67° et demi ; il correspond à l'allure au plus près. L'emploi de la vapeur pour la propulsion et le remorquage des navires a diminué l'importance de l'orientation sous ce rapport ; mais il faut toujours tenir compte des lames qui enfilent le chenal et causent dans le fond du port, un ressac dangereux. La réflexion des lames sur les jetées produit du reste le même effet, et empêche, en outre, les navires engagés dans le chenal d'obéir au gouvernail ; on est obligé, pour y remédier, de pratiquer, dans les jetées pleines, des coupures en arrière desquelles on établit un plan incliné en maçonnerie ou brise-lames, sur lequel l'eau s'épanche et perd, en le remontant, la plus grande partie de sa force vive ; une estacade en charpente relie les deux tronçons de la jetée ainsi coupée et assure la circulation sur la plate-forme. Lorsque les brise-lames sont établis dans les deux jetées, on les dispose de manière que les vides de l'une correspondent aux pleins de l'autre. A l'entrée du port du Hâvre, il existe quatre de ces brise-lames, deux de chaque côté ; ceux du nord ont respectivement 54 et 47 mètres de large sur 81 et 48 mètres de profondeur ; ceux du sud ont 34 et 37 mètres d'ouverture ; l'inclinaison est d'environ 8 centimètres par mètre. La distance entre les jetées varie suivant la destination et la fréquentation du port ; on admet que trois navires à voiles doivent pouvoir se croiser entre les jetées, ce qui répond à des largeurs de chenal comprises entre 30 et 100 mètres suivant la grandeur de ces navires. La longueur des jetées est ordinairement limitée à la laisse des plus basses mers ; celle qui est sous le vent est généralement un peu plus longue que l'autre, afin

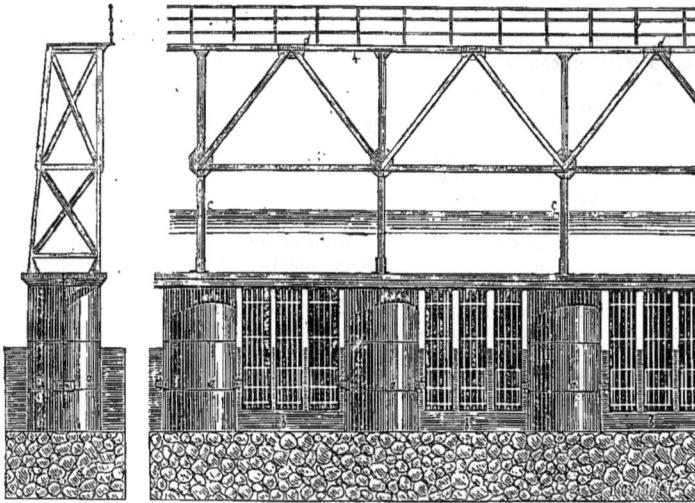

Fig. 522 et 523. — *Jetées métalliques à claire-voie, à l'embouchure de l'Adour.*

de faciliter l'entrée et la sortie des navires, et d'empêcher, autant que possible, les masses de galets ou de sable, charriées par les courants littoraux, d'envahir le chenal. En effet, les jetées présentent le grave inconvénient d'arrêter ce mouvement de transport et de reporter plus au large la limite de l'estran ; l'expérience a montré que les prolongements successifs des jetées ne sont que des remèdes temporaires très coûteux, et qu'il est préférable de recourir à des chasses puissantes (V. CHASSE, II) ou d'employer des jetées à claire voie qui laissent passer les matières entraînées.

On doit établir sur les jetées, des plates-formes assez larges pour la circulation des marins et le halage des navires ; cette largeur varie, suivant le mode de construction, depuis 2 mètres (Calais), jusqu'à 7ᵐ,20 (les Sables d'Olonne) et 8 mètres (Dieppe) ; au Hâvre, la jetée du nord a 5ᵐ,50 et celle du sud 3ᵐ,30. La plate-forme est élevée de 2 à 3 mètres au-dessus des hautes mers de vive eau ordinaire. Les jetées sont garnies de parapets et terminées par des musoirs sur lesquels sont installés les feux de port et les signaux. Dans certains ports où la circulation des voyageurs est très active et où la correspondance avec les voies ferrées exige un service à heure fixe, on ménage sur l'une des jetées un quai, dit de *marée*, composé de plusieurs étages échelonnés et reliés par des escaliers, de façon que l'on peut effectuer les débarquements à toute heure de marée ; un accès facile est ménagé aux voitures et même aux trains de chemin de fer.

Les jetées en charpente sont en forme d'estacades, composées de fermes très solides, espacées en moyenne de 2 à 3 mètres, et d'autant plus rapprochées que la mer est plus profonde et plus grosse. Chaque ferme représente la forme d'un trapèze dont les côtés sont inclinés depuis 1/3 jusqu'à 1/7 ; ces fermes sont reliées entre elles par des cours de ventrières, de liernes et de moises boulonnées ; les moises supérieures soutiennent des poutrelles recouvertes d'un plancher de madriers à claire-voie, pour faciliter l'écoulement de l'eau qui l'inonde dans les gros temps. Des madriers jointifs horizontaux sont appuyés extérieurement contre la partie inférieure des poteaux inclinés, et forment un encoffrement que l'on remplit de pierres, de galets ou de sable ; la hauteur de ces encoffrements est réglée par expérience de façon à régler la puissance qu'jl convient de laisser aux courants traversiers pour qu'ils ne gênent pas les mouvements des navires entre les jetées.

Les jetées en charpente sont d'une construction rapide et économique, mais leur entretien est coûteux et leur durée assez limitée ; les bois, quoique parfaitement goudronnés et mailletés, sont souvent attaqués par les tarets et ne résistent pas aux violentes tempêtes; c'est pourquoi l'on a pris le parti d'employer à l'embouchure de l'Adour des jetées en métal dans lesquelles les pieux sont remplacés par des tubes en fonte, foncés à l'air comprimé (fig. 522 et 523). Ces tubes ont 2 mètres de diamètre et sont espacés de 5 mètres, d'axe en axe; ils sont arrasés au niveau des pleines mers de morteeau, et enfoncés jusqu'à 7ᵐ;30 en contre-bas de la plus basse mer; vers l'extrémité de la jetée, l'enfoncement atteint 11ᵐ,80. Pour le fonçage, chaque tube, composé d'anneaux superposés *a*, *a*, était surmonté d'un sas à air comprimé ; le déblaiement s'effectuait dans l'intérieur du tube que l'on remplissait ensuite complètement avec du béton. Les tubes sont couronnés par des chapiteaux en fonte auxquels sont fixés les montants *cc* d'une passerelle en fer supportant le tillac. Ils sont enveloppés d'un massif d'enrochements continus dont le plan supérieur est incliné vers le large, de manière qu'à son extrémité il plonge à 3 mètres au-dessous de la basse mer. Les tubes sont réunis entre eux par deux cours de moises en fer entre lesquelles on fait glisser à volonté trois vannes en bois armées de fer, de façon à régler le vide *bb* entre leur bord inférieur et le plan d'enrochement. Elles offrent entre elles un vide de 18 centimètres. On peut aussi enlever une ou deux de ces vannes, pour régler, suivant les circonstances, la proportion entre les pleins et les vides. Le mètre courant de ces jetées est revenu à 3,140 francs, par suite des difficultés exceptionnelles que l'on a rencontrées, en fonçant les tubes à travers les anciens enrochements et les débris des jetées précédentes. — J. B.

JETON. Le *jeton* fut primitivement un moyen de calcul, un instrument d'arithmétique primitive ; c'était une plaque de métal, d'ivoire, de nacre, de bois, qu'on jetait sur une sorte de comptoir, nommé *abaque*, et qui servait à simplifier les comptes, en les rendant sensibles. Avec les progrès de l'arithmétique, ce mode de numération devint inutile ; mais l'usage en resta pour marquer les points au jeu, et aujourd'hui, on se sert encore des jetons, concurremment avec les fiches. D'instrument de calcul qu'il était, le jeton devint bientôt autre chose et reçut diverses destinations. Les corporateurs de l'ancien régime s'en servirent comme de signes distinctifs, pour se faire reconnaître, pour s'exempter des péages, tonlieux, haubans et autres contributions ou impôts. Des officiers royaux et autres dignitaires, en firent également usage, en

raison de leurs fonctions et dignités. Enfin, on en fit la représentation d'un émolument, d'un honoraire, et c'est alors que naquit le *jeton de présence*, si général de nos jours.

— Au point de vue historique, le jeton, sans se confondre avec la médaille commémorative, a eu son importance pendant les trois derniers siècles ; pour n'en citer qu'un exemple, les jetons de l'échevinage parisien nous ont transmis, sur la face, le portrait des personnages municipaux, et, sur le revers, une date, un emblème, une représentation symbolique des faits administratifs accompli par le dignitaire pendant le temps de sa gestion. Rigoureusement, on pourrait, à défaut de documents écrits, reconstituer une partie de l'histoire parisienne, avec ces petits monuments qu'on appelle des *jetons*.

A ne l'examiner que sous le rapport du travail auquel il a donné lieu, le jeton mérite également qu'on le cite ; il a beaucoup aidé à la gravure en médaille et à la fabrication monétaire ; il a contribué aux progrès de la gravure numismatique, de la fonte et de la frappe ; et, sous ce rapport, nous lui devions une courte mention.

* **JETTE-FEU.** *T. de mécan.* Appareil ménagé sur les grilles de certaines chaudières à vapeur, et particulièrement sur celles des chaudières locomotives, pour permettre de faire tomber le feu instantanément en cas de besoin si, par exemple, les appareils d'alimentation viennent à refuser leur service. On a appliqué, à cet effet, sur les foyers de petites dimensions, des grilles mobiles sur toute leur surface, mais on préfère aujourd'hui, surtout avec les grilles inclinées de grande longueur actuellement en usage, les conserver fixes en les munissant à l'extrémité d'un appendice mobile autour d'un axe horizontal, qui laisse tomber toute la couche de combustible en se dérobant. Cet appendice en forme de grille, reçoit proprement le nom de *jette-feu*, et sert aussi à enlever, sur la fosse de nettoyage de l'avant du foyer, le mâchefer accumulé sur la grille.

JOAILLERIE. Art de monter les pierres précieuses dans l'or ou dans l'argent ; dénomination de l'ouvrage lui-même.

Dans l'histoire de l'industrie, cette expression est relativement moderne. Les anciens ne la connaissaient pas. C'était le même ouvrier qui mettait en œuvre l'or et l'argent pour quelque usage que ce fût, que ces métaux fussent ou non enrichis de pierreries. Les Grecs désignaient cet ouvrier par l'appellation χρυσοχόος, les Latins par le mot *aurifex*. Un nom spécial servait à désigner celui qui faisait le commerce d'objets précieux, sans les fabriquer.

Historique. Si l'appellation, ainsi que nous venons d'en faire la remarque, est relativement nouvelle, la chose est aussi ancienne que le monde. De tout temps on a monté des pierreries, de tout temps on a montés réunies sur un seul objet, en assez grande quantité pour constituer des parures qui, à la rigueur, eussent pu être qualifiées du nom de *parures en joaillerie*. L'énumération faite par le prophète Isaïe des richesses que les filles de Sion accumulaient sur elles, ne laisse pas subsister de doute à ce sujet, car, à la suite d'une longue liste qu'il donne d'ornements d'or, il termine en signalant les pierreries qui retombent sur leurs fronts. Sans vouloir multiplier les exemples, on peut citer un passage de Pline, où il dit avoir vu Lollia Paulina toute couverte d'émeraudes et de perles, que le mélange des couleurs rendait encore plus éclatantes. Sa tête, ses cheveux, sa gorge, ses oreilles, son cou, ses bras, ses doigts en étaient surchargés. A part le diamant peut-être, on peut donc affirmer que, dans l'antiquité, toutes les autres pierres étaient abondantes et qu'on les montait pour servir à la parure. Mais on les montait autrement qu'à présent. Les renseignements qui sont parvenus jusqu'à nous, nous font savoir qu'alors chaque pierre avait sa sertissure particulière, faite d'une bâte tournée, et que la joaillerie des temps anciens était composée de la réunion ou de l'éparpillement de ces sertissures, disposées sur une plaque pour y former des dessins, ou rattachées par des anneaux en manière de pendeloques.

L'Orient a certainement été le berceau de la joaillerie. Toutes les pierres précieuses en étaient originaires. Il n'est donc pas étonnant que les peuples qui l'habitaient se soient exercés les premiers dans l'art de les monter. Les joailleries orientales qui ont été conservées et qui sont parvenues jusqu'à nous, sont celles qui ont été faites dans l'Inde. Le sol de cette antique et merveilleuse contrée, si particulièrement féconde en richesses, a fourni depuis les temps les plus reculés jusqu'à une date très récente, les pierres précieuses nécessaires au besoin de luxe du monde entier.

L'ancienne joaillerie indienne était en soi une belle chose, complète et originale. Revêtue d'un caractère qui lui était propre, elle n'offrait aucune analogie avec celle des autres contrées, ni comme invention, ni comme lignes, ni comme couleur, ni comme exécution. Elle dérivait de la palme et de la fleur. Le règne animal y était parfois représenté, sous là la forme d'un oiseau à longue queue, dont le paon semble avoir fourni le type. La conception en était simple et quelque peu naïve, l'exécution merveilleuse en son genre. Ces qualités en faisaient le charme. Les grosses pierres centrales, émeraudes et rubis, étaient presque toujours de forme cabochonnée en dessus et en dessous, et gravées ou sculptées partout, de façon à représenter soit des rayonnements à côtes arrondies, soit des corymbes superposées, soit des arabesques de feuillages et de fleurs. Les reliefs de cette gravure étaient toujours doux au toucher et à la vue. Ils ne présentaient aucune forme droite, rude ou anguleuse. On dit que les molettes employées pour exécuter ce travail étaient faites d'un bois dur que les ouvriers imprégnaient de poudre de diamant mélangée à l'huile, tandis que les outils de nos graveurs européens, qui emploient également la poudre de diamant, sont en fer ou en acier. Il faut ajouter que le génie de la race orientale l'a toujours attirée vers les formes douces et assouplies. Ces grosses pierres qui occupaient généralement le centre du bijou étaient montées à jour, de sorte qu'on en pouvait voir le dessous aussi bien que le dessus. Toutes les autres pierres étaient montées à fond et jouaient sur paillon. Les pierres de couleur étaient en forme de cabochon. Les diamants étaient taillés en table, c'est-à-dire que le dessus et le dessous offraient deux faces parallèles ; la face du dessus était bordée d'un biseau tout uni. Ces diamants étaient désignés par le nom de labora. Comme le diamant doit son éclat à la disposition des facettes, on comprend facilement que le labora ne brillaient pas comme nos diamants modernes, puisqu'ils étaient plats sur les deux faces et conséquemment presqu'aussi transparents qu'un simple verre. Les Indiens, pour lui donner du jeu, le montaient à fond sur un paillon blanc concave, mais ce jeu était sans acuité et accusait par sa mollesse la présence du paillon, que du reste un œil exercé pouvait apercevoir au travers du diamant. Aussi, le plus grand effet des bijoux indiens était-il produit par les pierres de couleur qui y foisonnaient, le labora n'y jouant toujours qu'un rôle assez secondaire.

Toutes les montures étaient faites en or d'un titre excessivement élevé, presque fin (fig. 524). Les envers et les épaisseurs en étaient décorés de dessins en émaux transpa-

rents et très vifs, de couleur rouge, verte et quelquefois gros bleu, presque toujours entremêlés de blancs opaques. Ces émaux, d'un éclat et d'une beauté exception-

Fig. 524. — *Bracelet indien en or émaillé vert, orné de pierreries ; envers émaillé.*

nels, contribuaient à en faire des objets, sinon plus riches, au moins plus chauds, plus gais à l'envers qu'à l'endroit. Le serti des pierres était très caractéristique. Les larges filets creux qui les contournaient étaient bordés extérieurement d'un petit biseau net et précis qui en accentuant agréablement la forme. Le plus souvent, les colliers et les bracelets étaient composés de ces plaques de joaillerie, enfilées par des cordons de soie (fig. 525), dont les extrémités nouées tenaient lieu de fermeture. On peut se rappeler avoir vu de ces objets dans les collections du prince de Galles, à l'exposition de 1878 à Paris. Plusieurs, paraît-il, étaient de fabrication récente, ce qui indiquerait que dans certaines régions de l'Inde, l'influence colonisatrice n'est heureusement pas encore parvenue à se substituer au génie autochtone. Le peu de notions que nous possédons sur la marche de la civilisation indienne, ne nous met pas à même d'assigner un âge précis à cette fabrication, mais tout fait supposer qu'elle remonte à une haute antiquité, et que le caractère s'en est conservé, dans l'Inde, par la tradition. La tradition, en effet, semble jouer, en Orient, un rôle aussi important que celui que la mode remplit chez nous, quoiqu'en sens inverse. Elle leur conserve leur admirable routine décorative, mais en revanche elle leur laisse aussi la naïveté primitive des moyens d'exécution. Le joaillier indien travaille encore sur ses genoux, et son seul outil est un bout de fer aiguisé qui suffit à tout.

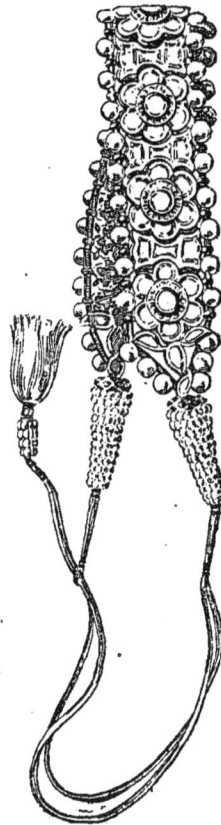

Fig. 525. — *Bracelet indien, mailles enfilées sur une soie, envers émaillé.*

L'ancien monde occidental connut surtout les merveilleuses pierreries de l'Orient, par le trésor de Mithridate que Pompée fit placer au capitole après qu'il eut vaincu son terrible adversaire. Varron nous dit qu'indépendamment des rubis, des topazes, des diamants, des émeraudes, des opales, des onix et tant d'autres pierres précieuses d'un éclat et d'une valeur extraordinaire, contenues dans cet écrin, on y voyait encore une multitude d'anneaux, de bagues, de cachets et de chaînes d'or d'un travail exquis. Puis le goût de ce luxe se répand en Europe, et nous voyons les successeurs de Clovis, lorsqu'ils se furent affranchis de toute sujétion à l'Empire, copier la tenue des souverains de Constantinople. Leurs riches colliers et leurs ceintures resplendissent de pierres précieuses, et, pour ne pas rester au-dessous du modèle, leurs vêtements mêmes sont ornés de pierreries cousues. Les princes et les princesses suivent cet exemple. Fortunat, dans un passage de la vie de Sainte-Radegonde, raconte que cette princesse, voyageant un jour avec ses plus belles parures, s'arrêta devant une église et que, touchée de la sainteté du lieu, elle déposa comme offrande, sur l'autel, ses fines tuniques, ses manchettes, ses coiffes, ses fibules, tous les objets enfin où l'on voyait briller l'or et les pierreries. Avant que saint Eloi se fut consacré à Dieu, il portait des habits couverts d'or et de pierres précieuses, il avait aussi des ceintures rehaussées d'or et de pierreries, ses bourses étaient tressées de perles. L'usage des joailleries cousues se perpétua fort longtemps. Nous le voyons souvent apparaître dans l'histoire jusqu'au xvi° siècle et même plus tard. A la fête qui fut donnée pour les noces de Joyeuse, les habits du roi Henri III, ceux du marié et de la plus grande partie des convives étaient littéralement couverts de perles et de pierres précieuses. A la fin du xvii° siècle, les gravures du temps nous font voir une fille de qualité en habit garni de pierreries. On en trouvera du reste nombre d'exemples dans la suite de cet article.

Le sort de la joaillerie fut presque toujours attaché à celui de la fortune publique. Le goût du faste chez nos souverains ou souveraines contribua souvent à la mettre en faveur, mais ce goût était la plupart du temps déterminé lui-même par les événements. Nous l'avons vue prospère sous les successeurs de Clovis ; sous Charles-le-Chauve, épris des pompes royales, elle jette quelque éclat, et tombe au milieu des calamités et des terreurs qui marquèrent la fin du x° siècle, dans le marasme le plus complet. Elle tend à se relever au xii° au moment où il semble qu'elle va refleurir, elle est frappée, en 1292, par l'édit de Philippe-le-Bel qui enjoint aux bourgeois de se défaire immédiatement de ce qu'ils possèdent en fourrures de vair et de gris, en joyaux, en cercles d'or et d'argent. L'édit fit si bien merveille, que la reine, désaccoutumée du luxe, ne put contenir un vif mouvement de dépit, lorsque, en 1301, le roi faisant son entrée à Bruges, elle vit la quantité de bijoux et de pierreries dont les femmes des bourgeois flamands étaient parées. Mais en 1313, lorsque la chevalerie fut conférée à son fils Louis, le roi parut oublier lui-même son édit. Il y eut des fêtes publiques où la bourgeoisie et les corporations émerveillèrent les contemporains par leurs richesses.

Isabeau de Bavière, bien qu'elle eût été modestement élevée à la petite cour du roi son père, donna, lorsqu'elle fut reine de France, l'exemple des pompes et du luxe à ses femmes qui l'imitèrent. Elle fit couvrir son hennin de pierreries, et le surmonta d'une couronne d'orfèvrerie fleurdelysée. Elle porta de riches colliers, et ses man-

ches, le bas de sa cotte hardie, ainsi que le devant de son surcot, étaient enrichis de bandes de pierreries cousues. C'est qu'au xiv° siècle la joaillerie fut très en faveur. Dans tous les récits du temps, on trouve la trace d'une grande prodigalité, jusqu'au commencement du xv° siècle. Mais à cette époque, le royaume de France, en proie aux fléaux déchaînés par l'invasion anglaise et par les factions, laissa échapper son sceptre. Ce furent les orfèvres de Bruges, de Gand et des autres villes du Hainaut et des Flandres qui s'en saisirent. Leur fabrication acquit un tel degré de perfection, qu'ils n'eurent plus de rivaux en Europe. L'influence de la maison de Bourgogne ne fut pas peu dans ce remarquable développement.

La profusion des bijoux y était grande, quand Philippe-le-Bon ornait le velours noir de ses manteaux de rivières de diamants. C'était l'époque à laquelle le diamant, dont l'art de la taille faisait chaque jour des progrès, commençait à être recherché. On le taillait en façon tablettes, à façon écusson, à plusieurs faces, à pointes, à huit pans, en roses, en étoiles, et la monture de ces joyaux était portée par nos voisins à un degré de perfection qui n'avait pas eu de précédent. Charles-le-Téméraire renchérit encore sur ce luxe. L'histoire de ses nombreuses pierreries, l'histoire du gros diamant « un des plus gros de la chrétienté », comme dit Commines, celui qu'on a longtemps cru avoir été plus tard le Sancy, est connue de tous. Le cabinet des Estampes, à Paris, conserve le dessin d'un des chapeaux du duc, dont le bord est garni d'un double rang de perles, et la calotte d'un quadruple. Une plaque volumineuse, enrichie de pierreries, sert à rattacher une aigrette dont les plumes sont elles-mêmes agrémentées de perles. Un large ruban en pierres précieuses contourne le bas de la calotte comme un galon. Le sommet en est orné d'un rubis de forme pyramidale, entouré de saphirs et de perles, et tenu dans un chaton que supportent quatre figures ciselées.

Au xvi° siècle, la joaillerie proprement dite dut céder le pas à la ciselure. Elle fut pendant un temps éclipsée par la recherche artistique dont les bijoux devinrent l'objet. Cependant, les ceintures riches furent alors très à la mode, Catherine de Médicis et Jeanne d'Albret sont représentées dans de vieilles gravures avec une ceinture garnie de pierreries, qui, après avoir épousé la forme en pointe du corsage, continue d'un seul bout, terminé par un motif plus important et pend par devant jusqu'au bas de la robe. Les perles commencent à dominer dans l'ajustement. Marguerite de Valois en porte autour du cou deux rangs, quatre autres s'en échappent et viennent sillonner le corsage ; trois autres rangs descendent des épaules plus bas que la taille ; Catherine de Bourbon en porte autant, reliés ensemble par de grosses plaques de joaillerie. Le portrait d'Elisabeth d'Autriche nous la représente ornée à profusion de pierres de toutes sortes, et nous retrouvons à la fin du siècle, Louise de Lorraine, couverte de perles rattachées entre elles par des plaques de joaillerie, avec la grande ceinture de pierreries descendant en double rang jusqu'à ses pieds. Du reste, le règne de Henri III fut des plus favorables à la joaillerie,

Fig. 526. — *Plaque, par Pétrus Marchant, 1623, moitié exécution.*

car le roi donnait le signal de ce mouvement, se parant lui-même comme une femme, s'attachant des perles aux oreilles, et préoccupé du matin au soir de trouver de nouvelles façons d'agrafes, de colliers de toutes sortes, de bijoux. L'histoire dit qu'il conférait plus souvent et plus longtemps avec ses joailliers qu'avec ses ministres.

Sous Henri IV, l'élégance et la richesse semblent un moment perdre quelque peu de leurs droits. Les montures n'ont plus le caractère artistique des années précédentes, elles n'ont pas encore la richesse de celles qui vont suivre. Cependant le faste se manifeste dans certaines occasions. Au baptême du Dauphin, par exemple, en l'année 1606, la robe de la reine était couverte de 32.000 pierres précieuses et de 3.000

Fig. 527. — *Nœud en joaillerie du XVII* siècle, moitié d'exécution.*

diamants. Elle fut estimée par les orfèvres et joailliers à la valeur de 60.000 écus. Il est vrai qu'elle était si pesante que la reine ne pût s'en vêtir.

C'est de l'époque de Louis XIII que date la transformation dans la manière d'entendre la monture des pierres. Cette transformation donna réellement naissance aux ouvrages qu'on désigne aujourd'hui par le nom de

lier, tout autre que celui qui est accepté de nos jours. Le serti en est comme un souvenir des travaux de ciselure, dont il procède encore (fig. 526). Le métal n'y est pas économisé, chaque fleur ou chaque pétale de fleur a reçu une, deux, trois pierres au plus, groupées, rapprochées au centre, laissant subsister tout autour un bord large que le sertisseur ramolaye, cisèle en quelque sorte, afin de rendre l'effet des retroussis et des torsions de feuilles. Cette manière d'entendre le sertissage laissait une importance très grande au métal, mais avait un caractère artistique assez accentué. Elle a fait école et les rares pièces qui sont restées de cette époque sont fort intéressantes à étudier. Du même temps, il nous est resté un autre type non moins remarquable, composé d'un heureux assemblage de chatons et de parties d'or ou d'argent finement repercées, dont la *croix normande* est une des belles expressions. On rencontre quelques-unes de ces pièces, surtout celles qui proviennent de l'Espagne ou du Portugal, dont les chatons sont énormes et seulement garnis au centre

Fig. 528. — *Aigrette à la turque.*

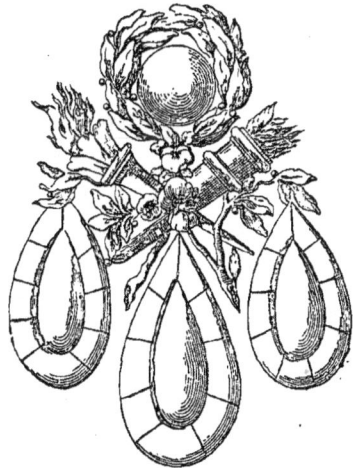

Fig. 529. — *Pendeloque joaillerie, carquois et flambeaux.*

joaillerie. Elle consistait à ne plus employer de chaton qu'accessoirement, et à réunir les pierres en les sertissant, juxtaposées dans des feuilles de métal découpées suivant une forme déterminée. Les férets, les fleurs, les bouquets et les nœuds, c'est-à-dire à peu près tout ce qui se fait encore, fournirent les principaux motifs de ce nouveau genre d'ornementation. Seulement ces motifs empruntèrent dans l'agencement et dans l'exécution, une partie des idées et du faire du siècle précédent. Il en résulta que l'interprétation revêtit un caractère particu-

d'une toute petite pierre, rose ou brillant. Les Espagnols avaient rapporté des Flandres, dont il est originaire, ce type de joaillerie, assez particulier il est vrai, mais inférieur à ce qui se faisait alors en France. Il est encore de nos jours fabriqué à Anvers, à l'usage des populations des campagnes. Pour compléter la liste des parures usitées sous Louis XIII, il faut ajouter que la mode des perles n'avait pas discontinué et était encore en grande faveur.

Sous la minorité de Louis XIV, Mazarin rendit un édit somptuaire, dont le premier effet fut de susciter ou de développer prodigieusement l'industrie de la joaillerie d'imitation. Les dames ainsi que les hommes, bientôt las des nœuds de ruban auxquels ils en étaient réduits pour agrémenter leur toilette, s'imaginèrent d'y ajouter d'abord du jaïet taillé à facettes, puis bientôt des verroteries de toutes couleurs, qu'un industriel, habitant le quartier du Temple, avait inventées et qu'il leur débitait sous le nom d'émeraudes, de rubis, de topazes *du Temple*. Mais cette mode dura peu ; le grand règne de la joaillerie approchait. Il semble que la pression exercée sur cette industrie par le Cardinal, en avait préparé l'expansion, expansion à laquelle il contribua, du reste, lui-même, en encourageant directement les lapidaires à perfectionner la taille des diamants. De 1661 à 1685, date qui concorde avec celle de la découverte et de l'exploitation des mines de Golconde, les diamants se répandent partout à profusion, sur les vêtements des hommes aussi bien que sur ceux des dames. Le prince de Conti en fait coudre sur lui de la tête aux pieds, car outre son manteau, ses chausses et son habit sur lesquels ils serpentent en ruisseaux et en feuillages, ses souliers en sont mouchetés, son cordon, son ceinturon et son épée en sont couverts. Et Mlle de Blois, la jeune épousée, toute aussi resplendissante que lui, remplace, sur sa tête, le chapeau de fleurs d'oranger par cinq rangs de perles blanches qui font illusion. Dans une fête donnée à Mlle de la Vallière, en 1664, le roi et le duc de Bourbon parurent couverts de brillants, eux et leurs chevaux, cet exemple était sui-

Fig. 530. — *Nœud, par Gille Légaré.*

vi par tout l'entourage. On faisait coudre sur soi, pour assister à un ballet ou à un carrousel, tous les diamants, toutes les perles qu'on pouvait se procurer. Les femmes de leur côté rivalisaient de luxe. Elles mettaient dans leurs cheveux des torsades de perles, sur leurs poitrines, des bouquets de fleurs à tiges mouvantes, dont les feux produisaient un éblouissement. Les joailliers d'alors employaient beaucoup le diamant taillé en roses. Il y en avait de fort grosses, et comme on leur laissait une grande épaisseur et qu'elles étaient parfaitement taillées, elles produisaient un très bel effet. C'est à cette époque que plusieurs voyages faits en Orient par Chardin et Tavernier, amenèrent en France, une très grande quantité de pierres de couleur, rubis, saphirs, topazes orientales et émeraudes, et que la mode s'accentua de les monter mêlées aux diamants.

Bien que la joaillerie qui se faisait alors ait une grande analogie avec celle qu'on fait de nos jours, elle en différait pourtant par plusieurs points. Les bouquets, les fleurs et les rubans en fournissaient les principaux motifs, mais ces sujets étaient traités presque à plat (fig. 527). La découpure ou la silhouette, qui semble avoir été la grande préoccupation des monteurs du XVIIe siècle, y était presque toujours admirablement étudiée. On voyait sur la grande étendue occupée par une parure, qui souvent garnissait tout le devant du corsage, les différents détails

qui formaient la composition, aussi clairement que si chacun d'eux eut été isolé. Cette beauté résultait de la répartition habile des vides et des pleins. La grande expérience, jointe à une non moins grande sûreté de goût, peut seule faire apprécier avec justesse, quelles doivent être les proportions des vides par rapport aux pleins, car la puissance rayonnante des feux des diamants, ayant pour effet d'augmenter à distance l'étendue des surfaces qui en sont couvertes, et ces rayonnements ayant en outre la propriété de se rapprocher et, pour ainsi dire, de se confondre les uns dans les autres, il en résulte qu'une fois l'objet achevé, les vides semblent être amoindris. Il importe donc de savoir dans quelle proportion exacte ils doivent être augmentés, pour obtenir finalement l'effet de la joaillerie ne soit pas confus parce qu'ils n'ont pas été assez ouverts, ou maigre parce qu'ils l'ont été trop.

Cette même joaillerie s'est continuée aussi prospère pendant toute la première moitié du XVIIIe siècle, en s'enrichissant des motifs alors en vogue, aigrettes à la turque, carquois, tourterelles et flambeaux (fig. 528 et 529). Mais elle se modifia sensiblement dans la seconde. Les compositions délicates, les finesses élégantes, une recherche particulière, une fabrication pure et déliée, quelque peu mignonne, une perfection sans précédents dans la manière de sertir les pierres et surtout les petites roses, forment les caractères distinctifs des précieuses merveilles qu'on désigne encore aujourd'hui sous le nom de joailleries Louis XVI. La ciselure, la gravure et l'émail s'y mêlaient souvent, et venaient y ajouter leur mérite qui n'était pas moindre. Tout cela était une nouveauté, nouveauté séduisante s'il en fut, à laquelle tous les délicats firent un accueil enthousiaste. Les bagues, les boîtes à portrait, les étuis, les bonbonnières, les montres et les cassolettes firent fureur. Les hommes allèrent jusqu'à porter des boutons de pierreries à leurs habits. Il est impossible de ne pas regretter amèrement qu'arrivé au rare degré d'esprit et de perfection où il était, cet art ait été subitement arrêté dans ses progrès.

Parmi ceux qui, sous le nom d'orfèvre qu'on leur donnait alors, se sont fait une réputation dans l'art de la joaillerie, il faut citer : au XVIIe siècle, Gille Légaré (fig. 530), dont il nous reste de fort jolis nœuds de rubans, faits en joaillerie de pierres juxtaposées ; au XVIIIe siècle, Lempereur, dont les élégants bouquets de fleurs en diamants jouirent d'une vogue universelle (fig. 531).

Lorsqu'au commencement du siècle, les joailliers reformèrent des ateliers, il se trouva que les finesses de la fabrication avaient été conservées, mais que le goût du dessin et de l'invention avait totalement dévié. Aux inspirations intelligentes que la découverte des ruines de Pompéi et d'Herculanum avait fournies aux artistes industriels, sous le dernier règne, on vit succéder la résolution absolue de faire tout à la Grecque et à la Romaine, sans que d'ailleurs les éléments d'étude fussent alors suffisants, pour permettre de se lancer dans cette voie avec succès. Le faux style qui résultait de cette tentative prématurée, donna naissance à des conceptions d'un goût douteux, qui, néanmoins, furent exécutées avec une grande perfection de main-d'œuvre. A côté de ces pièces en diamants, on vit apparaitre, probablement encore en imitation de l'antiquité, les parures formées d'assemblages de grosses pierres serties isolément. C'étaient des topazes roses et jaunes, des améthystes, des péridots, des aigues-marines, etc., disposées à la suite les unes des autres, et dont les interstices étaient remplis par des travaux en cannetille d'or n'ayant aucun caractère.

A partir de la Restauration, deux noms de joailliers viennent en évidence. C'est Bapst qui, en raison de la quantité de parures impériales et royales qu'il exécuta dans ses ateliers, est devenu, en quelque sorte, un joaillier historique ; c'est Fossin qui fut un maître, car son goût et son invention lui firent trouver des formules

Il était réservé à la période actuelle de découvrir la caractéristique de la joaillerie du xixe siècle. Cette caractéristique, elle l'a trouvée dans l'étude attentive de la nature. L'aspect décoratif en est autre que celui des ouvrages précédents. L'ordonnance en est bannie ; l'imprévu, une sorte d'abandon habilement calculé, en sont les traits saillants. La sincérité des reliefs et des modelés y est observée d'aussi près que possible. On conçoit facilement que cette nouvelle méthode doive produire des parures de coquetterie, plutôt que des pièces d'apparat. En cela, elle entre absolument dans les tendances modernes. C'est à Massin, homme de grand talent dans sa profession, que l'industrie est redevable de cette innovation (fig. 532). Non seulement cet artiste habile a montré la voie, mais il y a conservé et y conserve encore une su-

Fig. 531. — *Bouquet, par Lempereur, moitié d'exécution.*

assez complètes pour qu'on pût dire quelques années plus tard, qu'on était en possession d'une joaillerie digne de ce nom. Les bouquets à plat du dernier siècle furent remplacés par des jets de feuillages élancés, dont les découpures et la variété des plans étaient d'un élégant effet. La convention y jouait un rôle moindre que dans la joaillerie du règne de Louis XIV, mais elle n'en était pas entièrement bannie. De 1835 à 1848, le goût français subit l'influence du faire viennois qui consistait à obtenir une grande légèreté, en montant les fleurs et les feuillages sur des tiges debout. Mais bientôt ce genre de travail dégénéra et ne produisit plus que de tristes ouvrages. L'art de la joaillerie entra dans une période de décadence et ne parut tendre à se relever qu'à partir de l'Exposition de 1855, à Paris (1).

Fig. 532. — *Bouquet en joaillerie, composition et exécution de O. Massin, 2/3 d'exécution.*

périorité que personne ne songe à lui contester. De très adroits ouvriers, dont quelques-uns ont été formés par lui, l'ont imité avec succès. La grande joaillerie moderne ne se fait plus que d'après sa méthode. D'admirables choses en ce genre se voient à Paris dans les magasins, et particulièrement chez M. Boucheron, dont la réputation, justifiée par son goût parfait et une entente merveilleuse des

(1) M. Fontenay veut bien mettre à la disposition du *Dictionnaire* son expérience d'artiste et de praticien; nous l'en remercions et nous le prions de nous excuser si, rappelant ses succès, nous faisons violence à son parti-pris de ne se point nommer dans l'article que nous devons à sa collaboration. A l'Exposition de 1855, à Paris, alors que la joaillerie avait perdu toute espèce de caractère, on vit

un essai des plus heureux, dans une parure composée de boules de neige, sortie de ses ateliers. La nouveauté des moyens d'exécution consistait dans la mobilité des fleurs, obtenue par des ressorts gradués en lames minces d'un alliage d'or et d'acier. La hardiesse de ce travail, l'excellence de la composition et de la main-d'œuvre, marquaient une étape dans l'histoire de la joaillerie et auraient dû mettre son auteur en grand relief, mais l'objet fut exposé au nom d'un autre. M. Fontenay ne fut pas nommé. Depuis, exposant pour son compte dans les grandes expositions universelles de Paris, de Londres et de Vienne, il s'y est montré constamment au premier rang comme *bijoutier, joaillier, orfèvre*, et s'est révélé comme un des artistes les plus complets de ce temps.   *N. d. l. R.*

choses de la joaillerie, est depuis longtemps universelle.

Ce mouvement qui concerne surtout les parures importantes n'a pourtant pas fait délaisser les autres genres. Bien qu'épris de la flore naturelle, nos artistes excellent encore à tirer de jolis motifs de l'ornementation pure. Parmi ceux-ci, on ne peut oublier de nommer M. Fouquet comme un laborieux qui, ayant le grand souci de son art, s'est distingué, dans le genre ornemental, par de mignonnes créations, charmantes et originales, accusant une note bien personnelle.

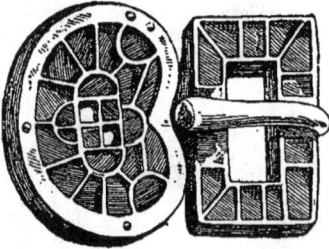

Fig. 533. — *Boucle mérovingienne en verres rouges incrustés à plat.*

La grande quantité de brillants, que la découverte de mines récentes a amenée sur le marché européen, a eu sur la mode une telle influence, qu'aujourd'hui les bijoutiers sont amenés à faire de la monture de diamants, c'est-à-dire à devenir joailliers. — V. Bijouterie.

La nécessité de répondre à tous les besoins, de satisfaire à toutes les demandes, fait en même temps qu'il se produit, dans ce genre, nombre d'ouvrages médiocres, à côté des merveilles qui provoquent l'admiration.

Les pierres transparentes se montent, soit à jour, soit à fond. La monture à jour est celle qui, ne prenant du feuilletis de la pierre que juste ce qu'il en faut pour qu'elle tienne dans la sertissure, en laisse juger la transparence au jour, et permet, en la retournant, d'en voir la culasse par-derrière, aussi bien qu'on en voit la table par-devant. La monture à fond est, au contraire, fermée par-dessous, et garnie à l'intérieur, d'un paillon coloré, destiné à augmenter la couleur, l'éclat et le jeu de la pierre.

En dehors et à côté de ces règles qui sont celles de la joaillerie, les Mérovingiens ont produit des ouvrages qui relèvent beaucoup plus du lapidaire que du joaillier, mais qu'il est cependant impossible de passer sous silence (fig. 533). Ce sont, à vrai dire, des travaux d'incrustation, offrant une grande analogie avec ceux que les Égyptiens avaient exécuté vingt siècles auparavant, à cela près que ceux-ci n'employaient que des pierres opaques ou des pâtes, tandis que les Mérovingiens se servaient de pierres transparentes. Ces travaux consistaient à ajuster des grenats, et plus souvent des verroteries rouges, dans des alvéoles disposées pour former des dessins. Ces pierres ou ces verres, sans taille aucune, jouaient sur un paillon guilloché. Elles n'étaient pas serties, mais entrées à frottement et tenues seulement par l'adhérence parfaite de leurs bords aux linéaments d'or qui les encadraient. Elles étaient ensuite polies toutes à plat avec la monture. La belle épée de Childéric, conservée au cabinet des antiques, à Paris, offre un spécimen accompli de ce beau travail.

L'art de monter les pierres s'est développé à mesure que l'art de les tailler s'est perfectionné. Il est bien important de considérer qu'il était impossible aux anciens d'exécuter, en sertissant leurs cabochons, rien qui eût la moindre analogie avec les ouvrages que font nos modernes en employant les diamants.

La progression dans l'art de la taille des pierres, en y comprenant les pierres de couleur, peut être établie ainsi, en s'en tenant aux certitudes (fig. 534) :

Dans l'antiquité et jusqu'au xive siècle de notre ère, taille en *cabochons*. Au xve siècle, taille en *tables*, em-

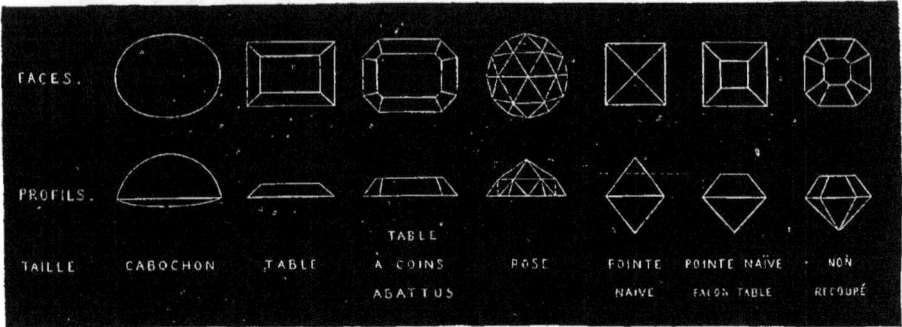

Fig. 534.

ployées dans les ouvrages de joaillerie, mélangées à des cabochons. Au xvie siècle, taille en *tables*, *à coins abattus*, pour les pierres de couleur. Essais divers de formes variées, taille en *roses*, taille en *pointe naïve*. Tentative *probable* d'user un des angles de la pointe naïve, afin de lui donner, sur une face, la façon *table*, qu'on était accoutumé de voir, et, par suite, découverte des propriétés réfractives de la culasse, par rapport à la table.

Au xviie siècle, application de la découverte qui précède. Abattage des quatre angles. Régularisation de la taille en *non recoupé*. Augmentation, coordination des facettes. Taille définitive en brillants fig. 535 (V. Diamant.)

Au xviiie siècle, modifications apportées dans la grandeur relative des facettes entre elles, en en conservant le nombre et la coordination. Cette modification eut pour résultat d'arrondir encore davantage la forme extérieure du diamant (fig. 536).

Les cabochons anciens se montaient dans des sertissures isolées et à fonds.

Plus tard, les tables furent également montées dans des sertissures isolées, puis on les juxtaposa, en manière de rubans, de lignes de bordures, ainsi qu'on le voit dans les ouvrages de la fin du xvie et du commencement du xviie siècle. Elles fournirent aussi ces beaux chatons carrés (fig. 537), à angles vifs, qui forment une des accentuations des bijoux de la Renaissance. Mais on les sertissait toujours à fonds. Elles ne pouvaient être réunies en grand nombre, serrées les unes près des autres, de façon à obtenir une surface quasi-homogène, car leurs angles offraient un obstacle insurmontable à cette combinaison. Elles ne pouvaient pas davantage être serties à jour, parce que, dépourvues de culasses, elles n'auraient jeté aucun feu.

Lorsque le lapidaire eut effacé ces angles, lorsqu'il eut inventé la culasse qui donnait à la pierre tout son

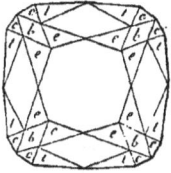

Fig. 535.
*Taille définitive
en brillant.*

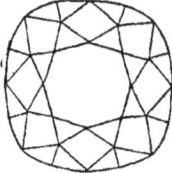

Fig. 536. — *Modifications apportées dans la grandeur relative des facettes.*

éclat, sans qu'il fût besoin d'avoir recours, pour la faire jouer, au fond garni du paillon, les principes, dont l'application ultérieure devait être la joaillerie, telle que nous l'entendons de nos jours, étaient découverts. Le metteur en œuvre put disposer ses pierres en manière de pavage, sur de larges surfaces de métal, auxquelles il donna des formes déterminées ; il put percer ce métal de part en part, de façon à laisser au diamant, ainsi qu'aux pierres de couleur, la puissance de jeu qu'ils n'empruntaient plus à un paillon de clinquant, mais

Fig. 537. — *Ouvrage du XVIᵉ siècle avec chatons carrés.*

qu'ils devaient à leur propre substance habilement mise en valeur par la disposition savante des facettes. C'est seulement dans la seconde moitié du xviiᵉ siècle que ce progrès fut accompli. Par une singulière coïncidence à l'époque même où il venait de se produire (de 1650 à 1660), la découverte de mines de Golconde (1663) répandait dans le monde entier une quantité considérable de diamants. La concordance de ces deux événements fut la véritable cause du développement extraordinaire que prit alors la joaillerie. On peut affirmer que cet art, tel que nous le comprenons aujourd'hui, date précisément de cette époque.

Technologie. Obéissant aux lois inéluctables de la division du travail, la joaillerie est devenue une profession spéciale, dont l'art consiste, ainsi qu'il est dit au commencement de cet article, à monter les pierres précieuses et surtout les diamants, mais, par suite de progrès, à les monter avec une telle perfection, que, dans une pièce bien faite, l'or ou l'argent qui forment la monture ne sont apparents

nulle part, si bien que celle-ci offre en quelque sorte l'aspect d'un objet qui serait modelé d'un seul morceau, tout en diamant. On voit que de nos jours la signification du mot *joaillerie* est devenue beaucoup plus précise qu'elle ne l'était autrefois, puisqu'il sert à désigner un travail absolument déterminé, ayant une physionomie propre qui empêche qu'on le confonde avec la *bijouterie* ou avec l'*orfèvrerie.*

L'outillage qui sert à faire la joaillerie est très simple, car, quel que soit l'objet qu'elle doive représenter, fleurs, feuillages, nœuds ou arabesque, le mode de travail ne varie pas et peut se résumer ainsi : 1° découper préalablement une ou plusieurs plaques de métal suivant le besoin ; 2° leur donner l'accentuation des plans par l'embouti ; 3° faire dans le métal un trou pour chaque pierre et l'y ajuster ; 4° faire la mise à jour ; 5° la polir ; 6° sertir les pierres ; 7° enfin polir l'ensemble de la pièce pour l'achèvement.

C'est l'ouvrier joaillier proprement dit qui exécute les quatre premières parties du travail. Les trois dernières sont l'affaire des ouvriers spéciaux appelés *polisseuses* et *sertisseurs.* Avant de décrire à la fois et ces travaux et les outils qui servent à les exécuter, il est essentiel de faire connaître les soins qu'il a fallu donner à leur préparation, car la réussite d'une pièce dépend en grande partie de ces soins. C'est généralement le patron qui s'en charge.

Travaux de préparation. Après que le trait exact du dessin de la pièce qu'on veut exécuter a été arrêté, on choisit les diamants un à un à l'aide d'une précelle, et on les pose sur le dessin, à la place que chacun d'eux devra occuper plus tard. On peut, ainsi, juger déjà approximativement de l'effet que rendra la pièce une fois terminée, on peut surtout se rendre compte de la répartition des pierres, car la façon dont cette répartition doit être faite n'est pas indifférente. Outre les lois du goût, il y a certaines règles qu'on ne peut se dispenser d'observer, sans risquer de compromettre la beauté de l'ouvrage comme, par exemple, de placer de préférence les grosses pierres au centre, ou près du centre, de mettre auprès de celles-ci des pierres plus petites, en nombre suffisant pour obtenir des feux fins et multipliés dont la ténuité fera valoir le grand éclat des pierres principales et, par conséquent, contribueront à en augmenter la beauté et le volume apparent. De cette règle, découle naturellement celle qui consiste à éviter de composer un dessin, pour l'exécution duquel il faudrait employer des brillants qui seraient tous de même grosseur. Autant la première combinaison produit une variété agréable, autant la seconde conduit inévitablement à la monotonie. On jugera encore, en disposant des pierres sur le dessin, des vides, aussi bien que des pleins de la composition, car dans une pièce de joaillerie, les vides jouent un rôle considérable. Ni leur place, ni leur forme, ni leur étendue ne doit être laissée au hasard.

Donc, lorsque la place de chaque pierre est bien déterminée, on transpose chacune d'elles sur une surface lisse de cire résineuse noircie, où le calque du dessin a été préalablement reporté, et on l'appuie légèrement avec le doigt, afin qu'elle y adhère quelque peu. Cette opération s'appelle la *mise sur cire*. C'est quand elle est achevée que le patron remet à l'ouvrier le dessin qui doit lui servir de modèle et les pierres disposées ainsi qu'il vient d'être dit.

Travaux d'exécution par l'ouvrier joaillier. La première préoccupation de l'ouvrier doit être d'arrêter dans son cerveau le mouvement général qu'il donnera à l'ensemble de la pièce et, autant que possible, le modelé particulier de chacune de ses parties, afin d'aller droit à son but lorsqu'il travaillera le métal, et d'éviter de le fatiguer par des hésitations qui nuisent autant à la beauté de l'exécution qu'à la solidité. Cette première étude est d'autant plus nécessaire, qu'il sait que ce travail de *mouvementé* aura pour effet d'absorber une partie de l'étendue de la feuille de métal qu'il va mettre en œuvre, et qu'il risquerait, s'il n'y faisait pas les réserves nécessaires, que sa pièce vint plus petite que le dessin.

La joaillerie se fait quelquefois en or, mais presque toujours en argent, parce que la blancheur de ce dernier métal se marie plus agréablement avec celle du diamant. L'ouvrier prend donc une feuille d'argent et y trace soit au crayon, soit à la pointe d'acier, les contours du dessin qu'il doit reproduire, en les augmentant des réserves qu'il juge devoir faire; après qu'ils sont tracés, il les découpe à la scie. Puis il soude sur l'envers même de la pièce ainsi découpée une doublure d'or destinée à la renforcer. L'argent qui est fort mou n'offrirait pas, sans cette doublure, la résistance nécessaire à l'achèvement de la pièce et à son bon fonctionnement. Ensuite, il lui donne à l'aide des tenailles, des bouterolles, du marteau, et quelquefois par la simple action des doigts, tel modelé, telles torsions qu'il juge devoir produire un bel effet. Après quoi, il en rectifie, à la lime, les contours extérieurs, en les ramenant à la forme exacte du dessin qu'il a reçu pour modèle. Si l'objet qu'il est chargé d'exécuter se compose de la réunion de plusieurs pièces détachées, chacune d'elles est traitée successivement à part, tel qu'il vient d'être dit, et c'est lorsque toutes sont amenées au même degré d'avancement qu'on les assemble, soit par la soudure, soit par des rapports de vis où de cliquets qui nécessitent également l'opération de la soudure. Ces soudures se font à la lampe, au gaz, dont l'ouvrier dirige la flamme avec un chalumeau dans lequel il souffle. Chacune des pièces détachées, feuilles, fleurs, ou pétales de fleur, ou coque de ruban devant recevoir les mêmes préparations, il suffira d'indiquer ce qui se fait sur une seule, pour qu'on comprenne ce qui se fait sur chacune d'elles. Lors donc que l'ouvrier a rectifié, à la lime, le contour d'une pièce ou d'un fragment de pièce, il le fixe à l'aide d'un mastic spécial sur un manche de bois appelé *poignée à ciment*, qu'il tient de la main gauche, et, de la droite, il trace avec une pointe, sur la face de la pièce, la place que chacun des diamants devra occuper dans l'argent.

Puis il fait avec un foret emmanché dans une drille, autant de trous qu'il a tracé de places, et ajuste les diamants, un à un, en coupant la matière de façon à évaser le trou par le haut avec une sorte de burin. Cet ajustement a pour résultat d'établir le logement de la culasse de chaque brillant dans le trou qui le recevra plus tard. Ce logement est établi dans l'épaisseur du métal de telle façon que les feuilletis des pierres soient assez rapprochés les uns des autres pour qu'ils se touchent. Certains ouvriers préfèrent, pour faire ce travail d'ajusté, employer la scie au lieu du burin; dans ce cas, ils décollent la pièce de la poignée à ciment, et la tenant de la main gauche, enfilent chaque trou pour l'évaser, avec la scie qu'ils tiennent de la droite.

Il importe de noter ici que tout en ne laissant subsister aucune partie du métal entre chaque feuilletis de pierre, l'ouvrier a cependant pris soin de ménager, tout autour de la circonférence extérieure de la pièce, un filet régulier très étroit qui en marque le contour.

Lorsque l'évasement est achevé, l'ouvrier retourne la pièce afin de rectifier avec une petite scie très fine les cloisons minces qui ont été réservées entre chaque pierre, de façon à ce que ces cloisons arrivent à former de jolis diagrammes réguliers, dont l'étendue, tout en étant subordonnée à celle de chacune des pierres, n'en suit pas le contour exact, mais produit l'effet d'un gros tulle fait en linéaments d'or; car on se rappelle que l'envers de la pièce a été doublé d'or. Cette partie du travail s'appelle la *mise à jour*.

Toutes les cloisons, très minces en apparence, parce qu'elles sont, ainsi qu'on l'a vu, aminoies en dessus et en dessous par suite de l'évasement des trous dans les deux sens, offrent à l'œil une surface à peine appréciable. Mais elles se trouvent être renflées à leur partie médiane. Ce sont ces renflements qui, habilement ménagés, constituent, avec la doublure d'or, la solidité de la pièce. D'où il résulte que malgré un aspect très fragile, elle offre une grande résistance relative, si elle a été habilement faite. Pour achever l'objet, l'ouvrier y soude soit une épingle, soit des charnières, soit une bélière, selon l'usage auquel cet objet est destiné.

Suite des travaux d'exécution. La polisseuse. Celle-ci polit la mise à jour, c'est-à-dire l'intérieur des trous par quatre opérations successives. La première en les *pierrant*, c'est-à-dire en les frottant avec une petite pierre taillée en forme de crayon, qu'elle trempe dans l'eau. La seconde en les enfilant avec une petite masse ou écheveau de fils imprégnés de ponce en poudre mêlée à de l'huile. La troisième en employant des fils analogues couverts de tripoli. Enfin la quatrième en les *avivant* avec d'autres fils et du rouge à polir. La face interne ou dessous doublé d'or est polie à l'aide des mêmes agents successifs, en employant des petits crayons de bois et des brosses. L'objet est alors prêt à être donné au sertisseur.

Le sertisseur. Cet ouvrier commence par fixer solidement la pièce sur une *poignée à ciment* ainsi que nous l'avons vu faire à l'ouvrier joaillier, car il va lui falloir exercer des pesées assez considérables sur l'argent, afin de le forcer à se refermer ou à se rabattre sur les brillants ; c'est-à-dire à les sertir. Il présente ensuite successivement chaque pierre devant son trou pour l'ajuster définitivement et faire ce qu'on appelle *la portée*, c'est-à-dire, dans l'intérieur du trou, une sorte de petit bourrelet circulaire sur lequel reposera son feuilletis. Quand la portée est faite, il met la pierre en place, et par une sorte de pesée exercée sur le métal à l'aide d'un outil presque tranchant, il la fixe provisoirement. Lorsque toutes les pierres sont mises en place, tous les feuilletis doivent se toucher, et l'ensemble du travail simuler une sorte de pavage serré. Mais comme la forme des diamants est une sorte de carré arrondi aux angles, il reste alors aux points de jonction de ces angles une minuscule surface d'argent. Cette surface formera la petite griffe presqu'invisible qui retiendra les quatre diamants dont elle touche les angles, elle sera *relevée en grain*, et arrondie par le perloir. Répétée à tous les points de jonction de quatre diamants, elle sera en nombre à peu près égal à ceux-ci, de sorte que chaque grain servira à fixer quatre diamants ou quatre coins de diamants, et que chaque diamant sera tenu par quatre grains, en ayant un à chacun de ses angles. Le sertisseur coupera ensuite avec un burin, sur le bord d'argent qui dessine la forme extérieure de la pièce, un mince filet à angle creux qui en affirmera le contour.

La polisseuse. Celle-ci polit alors les épaisseurs et les parties accessoires de la pièce, anneaux, bélières, épingles, charnières, par les moyens déjà décrits. Dans la joaillerie très soignée, elle polit aussi les filets coupés sur les bords par les sertisseurs. Dans la joaillerie plus ordinaire, elle les laisse sur ce qu'on appelle le *coupé-vif*, qui est une manière employée par le sertisseur pour donner de l'éclat au métal, en le tranchant rapidement avec un burin poli.

La façon de travailler la joaillerie d'or et la joaillerie d'argent est la même. Cependant on ne double la joaillerie d'or que si elle est faite en or d'un titre élevé offrant une résistance moindre que l'or à dix-huit carats, et par conséquent insuffisante ; tandis qu'on double toujours celle en argent. Nous avons dit que, le plus souvent, un objet de joaillerie se compose de plusieurs pièces qu'on assemble ou qu'on réunit ensuite. Chacune de ces pièces est traitée à part, comme il vient d'être décrit.

Parfois, les grosses pierres sont montées dans des sertissures isolées. La mode actuelle veut qu'elles soient tenues par des chatons dits *illusion ;* c'est-à-dire dont les griffes évidées à jour et dissimulées par l'inclinaison qu'on leur donne en dessous de la pierre sont à peine visibles. Nos pères, au contraire, les sertissaient, pour les grossir, dans d'assez épaisses montures dites *chatons découverts*. C'était une sorte de cône tronqué, en argent, sur les flancs duquel étaient relevées huit griffes, et dont le diamant occupait le sommet. On en voit encore qui sont montés ainsi ; ce sont

surtout les boutons d'oreilles désignés sous la dénomination de *dormeuses*.

On emploie, pour faire la joaillerie, le même outillage de temps immémorial. Dans cette industrie tout se fait à mesure et à la main, à part quelques chatons spéciaux qui s'obtiennent mécaniquement. Les tentatives qui ont été faites, comme, par exemple, de se servir du tour pour forer le métal n'ont donné que des résultats insignifiants. Cela tient à ce qu'il est rare que deux pièces de joaillerie soient exactement semblables. La quantité, la grosseur et le poids des diamants varient suivant le prix que doit atteindre l'objet qu'il s'agit d'exécuter. Les dispositions de l'ouvrier doivent être prises, et son travail dirigé conformément à cette nécessité. On n'entrevoit pas la probabilité que les progrès mécaniques, qui viennent en aide à un grand nombre d'autres industries, puissent jamais être d'un bien grand secours à celle-ci. — E. F.

JOAILLIER. *T. de mét.* Artiste qui crée des ouvrages de joaillerie, artisan qui travaille à la confection des joyaux.

—Au XIV° siècle, le mot *joiel* est employé par Froissard dans sa chronique, et le mot *joiau* figure dans les nouveaux comptes d'argenterie qui énumèrent « les *joiaulx* d'or et d'argent, pour le Roy, la Royne et le duc de Thouraine, baillés et délivrés du 1er janvier au 30 juin 1387. » On le voit également figurer dans le testament du roi Jean-le-Bon, récemment publié par M. Germain Bapst : « Inventaire des *joyaux* anneaux et autres choses qui estaient et sont es coffres du Roy, fait du comandement monseigneur le duc de Berry et d'Auvergne le vij° jour d'avril l'an mil ccc Lxiiij. »

Le mot *joualier*, en langue d'Oc, signifiait celui qui travaille les joyaux en pierreries et dont la profession est d'en vendre.

Au XVIII° siècle ce sont les orfèvres qui fabriquent la joaillerie. Les ouvrages anciens indiquent qu'une classe de commerçants, les *merciers*, avaient obtenu le privilège de pouvoir vendre des joyaux, sans être d'ailleurs en droit de les fabriquer, et que cette classe se partageait, avec les orfèvres, la qualification de *marchands joailliers*. Aussi, pendant longtemps la dénomination de *joailliers*, s'appliqua-t-elle plus usuellement aux trafiquants qu'aux fabricants qu'on continuait d'appeler *orfèvres*.

De nos jours, on appelle *joailliers* spécialement ceux qui fabriquent ce genre d'ouvrages, et par extension ceux qui en font seulement le trafic. Quant aux commerçants qui vendent des pierreries non montées, ils sont appelés *négociants en diamants et pierres précieuses*.

* **JOHANNOT** (CHARLES, ALFRED et TONY). *Charles* JOHANNOT, né en 1788, à Offenbach sur le Mein, mort à Paris, en 1825, était l'aîné de trois frères qui se firent un nom dans les arts. Il a laissé des illustrations faites avec goût et une grande planche d'après Vernet, *le Trompette blessé*.

Alfred JOHANNOT, né à Offenbach, en 1800, eut de pénibles débuts. Sous la direction de son frère, il grava d'abord des images pour les confiseurs ou pour des éditeurs religieux. A la mort de Charles, tout le poids de l'entretien de sa famille retomba sur lui, et il se livra à un travail opiniâtre pour y suffire. Enfin une planche d'après Ary Scheffer : les *Orphelins*, attira l'attention sur lui en 1824, et en peu de temps, il reçut des commandes de tous les éditeurs de vignettes pour livres. Avec l'aide de son frère Tony, il illustra à la manière anglaise, qu'il avait étudié sous la direction de Desenne, et ensuite à l'eau forte, un grand nombre d'éditions, entre autres celles de W. Scott, F. Cooper et Lord Byron. En 1831, il obtint au salon une médaille d'or pour la peinture, il fut décoré et reçut plusieurs commandes pour Versailles. C'est à peine s'il put achever la décoration d'une chapelle de N.-D.-de-Lorette où il retraçait deux épisodes de la *Vie de Saint-Hippolyte*. Il mourut en 1837.

Tony JOHANNOT, né en 1803, également à Offenbach, recueillit fort jeune la réputation que ses frères laissaient, et il connut moins longtemps les dures privations qu'ils avaient subies. Réussissant peu dans la peinture, d'où l'éloignaient le peu de correction de son dessin et la mollesse de sa touche, il s'adonna entièrement à la gravure pour illustrations, et s'y fit rapidement un grand nom par la grâce et la poésie de ses vignettes. De plus, qualité importante chez l'artiste qui doit se borner à traduire la pensée de l'écrivain, il prenait sa part des romans, des poèmes, des contes de ses collaborateurs ; selon l'expression de J. Janin, il était leur ami, leur compagnon, leur complice ; quiconque, pour son œuvre à peine accomplie, obtenait l'aide et l'appui de Tony Johannot, celui-là était assuré que son livre ne pouvait pas mourir. Aussi fut-il associé à tous les grands écrivains de son époque. Une des premières planches qui attirèrent l'attention sur Tony Johannot fut *les Enfants égarés*, d'après Scheffer (1827). Il a illustré Scott, Cooper, La Fontaine, Nodier, Janin, Lamartine : *Paul et Virginie, Don Quichotte, le vicaire de Wakefield, Manon Lescot, Werther et Faust*, le *Voyage Sentimental*, etc. Il réussit peu dans la caricature qu'il avait tentée dans *Jérôme Paturot* ; son crayon n'avait pas pour cela assez de fermeté ni assez d'esprit, et il ne pouvait lutter avec Grandville, le maître du genre ; il brillait plutôt par la grâce et la finesse ; son chef-d'œuvre dans la gravure est l'illustration de *Werther*. Il avait été décoré en 1840. Tony Johannot est mort jeune encore, en 1852, emporté par une attaque d'apoplexie.

JOINT. T. *techn.* Jonction de deux objets. En *T. de maçonn.*, ce sont les faces par lesquelles les pierres sont contiguës latéralement, tandis qu'on nomme *lits* leurs plans de séparation horizontaux ; ces joints sont généralement soignés d'une manière spéciale et constituent un motif de décoration. En *T. de constr.*, ce sont les plans suivant lesquels les conduites de distribution, les tuyaux, ayant des longueurs limitées, sont raccordés bout à bout ; ces joints doivent naturellement être étanches et préparés de manière à ne pas laisser fuir les liquides ou les gaz qu'ils renferment. Les joints de vapeur, comme ceux de tous les orifices pratiqués dans les chaudières, doivent être particulièrement soignés ; nous n'y insisterons pas, d'ailleurs, en raison des détails que nous donnons aux mots AUTOCLAVE, GARNITURE, sur la confection de ces joints. En *T. de men.*, on

appelle *joint* la face la plus petite de chaque planche ; les assemblages à *plat-joint* sont ceux qui se font sans rainure ni languette. En *T. de pav.*, c'est l'entre-deux de chaque pavé que l'on remplit le plus généralement de sable, quelquefois de mortier ; les joints situés entre chaque pavé de la même rangée se nomment *joint de rive* ; ceux qui se trouvent entre chaque rangée portent le nom de *joint en bout*. En *mécan.*, on donne le nom de *joint* aux articulations de diverses formes telles que fourchettes, charnières, etc. ; le *joint brisé* est un organe de transmission de mouvement servant à relier deux arbres concourants ou parallèles d'un faible écartement. Nous citerons, comme exemple, le *joint universel* (V. CHARNIÈRE, § *Charnière universelle*), inventé par Cardan, géomètre français, qui vivait au XVIe siècle, et qui est connu, en Angleterre, sous le nom de *Hooke* bien que ce géomètre soit né cinquante-neuf ans après la mort de Cardan. Ce joint est, d'ailleurs, peu usité, sauf sur certains arbres de couche très longs qu'on veut briser pour se garantir des tassements irréguliers ; il est appliqué plus fréquemment en Hollande où il sert à relier les moulins à vent avec les vis d'Archimède employées aux épuisements, ce qui lui a fait aussi donner le nom de *joint hollandais*. Le joint universel se compose essentiellement d'un croisillon présentant aux extrémités de deux diamètres perpendiculaires, quatre tourillons dont les axes se coupent mutuellement en deux parties égales au centre du croisillon. Les deux tourillons d'un même axe tournent sans glissement longitudinal dans les branches d'une fourche montée à l'extrémité de l'un des arbres de rotation ; les deux autres tourillons tournent pareillement dans la fourche qui termine l'autre arbre, et le centre du croisillon est situé au point d'intersection du prolongement des deux arbres. On conçoit que, si l'une des fourches est animée d'un mouvement de rotation autour de son axe, elle entraîne l'autre fourche et par suite l'axe correspondant dans un mouvement qu'il est facile d'étudier, et dont on trouvera le calcul dans tous les traités relatifs aux mécanismes. On reconnaît, en outre, que la transmission deviendrait impossible si les deux axes se coupaient à 90°, et aussi n'emploie-t-on ce mouvement que si les deux axes font entre eux un angle très obtus. Lorsque l'angle des deux axes est voisin de 90°, il est préférable de recourir à un arbre auxiliaire coupant les deux premiers sous un angle obtus de 130° à 140°, et de le relier à chacun de ceux-ci par un joint universel. On remplace ordinairement cet axe intermédiaire, lorsqu'il doit être très court, par une pièce portant seulement les deux fourches qui le terminent ; c'est la disposition connue sous le nom de *double joint de Hooke*. Enfin, on peut encore citer le *joint de Oldham*, qui est employé pour assurer la transmission de mouvement entre deux axes parallèles très peu distants. Ce joint comprend aussi un croisillon transmettant le mouvement par l'intermédiaire de deux fourches réunissant les extrémités des axes à relier ; mais il diffère de celui de Cardan, en ce que les bras du croisillon peuvent glisser longitudinalement dans les fourches, en même temps qu'ils tournent dans le plan du croisillon autour de l'axe moteur.

Bibliographie : Cours de mécanique appliquée, de PONCELET; *Traité de cinématique,* de BÉLANGER; *Traité de·cinématique,* de LABOULAYE; *Traité des mécanismes,* de M. HATON DE LA GOUPILLIÈRE.

JOINTIF. *T. de constr.* On dit qu'un lattis est *jointif,* lorsque les *lattes* ou pièces de bois qui le composent sont fixées les unes à côté des autres sans intervalles entre elles. On appelle également cloison en planches *jointives,* une cloison formée de planches non assemblées, dressées seulement sur les rives et posées les unes à côté des autres de manière à se toucher.

* **JOINTOIEMENT.** *T. de maçonn.* Se dit du remplissage des joints d'une maçonnerie avec un mortier liquide.

JONC. *T. de bot.* Nom donné à un certain nombre de plantes pouvant varier comme caractères botaniques, mais ordinairement à tiges longues, effilées, lisses, et dont les fibres résistantes et tenaces, peuvent servir de lien.

Parmi les joncs proprement dits, il faut citer : le *jonc à lier* ou jonc des jardiniers (*juncus glaucus,* Wild., fam. des joncées), qui a une tige flexible et cylindrique, très résistante, et que l'on utilise pour faire des corbeilles ou des paniers; le *jonc des nattiers* (*juncus acutus,* Lin.)., qui sert en Égypte à faire des liens, des paniers, des paillassons.

En dehors des plantes de la famille des joncées, on désigne encore, commercialement parlant, sous le nom de *joncs,* le *jonc des chaisiers* ou jonc d'eau (*scirpus lacustris,* Lin., cypéracées), dont les racines sont alimentaires, mais qui fait l'objet d'une certaine culture par suite de l'emploi qu'on fait de sa tige pour canner les chaises, faire des paniers, corbeilles ou nattes ; on désigne encore sous ce même nom deux autres plantes, les *typha latifolia,* Lin. ; et *typha augustifolia,* Lin., dont les tiges servent aussi aux mêmes usages, mais dont toutes les parties sont utilisées. Le duvet des fleurs s'emploie pour panser les blessures, et sert aussi, en literie, comme succédané des plumes, (Amérique septentrionale) ; pour calfater les navires, en le mélangeant avec de la poix et du goudron ; pour faire une sorte de ciment aussi dur que le marbre (Perse), par son mélange avec des cendres et de la chaux ; pour mêler aux poils de lièvre qui servent à faire les chapeaux, dits *de soie ;* pour faire des gants, articles de tricot, avec addition de un tiers de coton, etc. Le *jonc des Indes (calamus rotang,* Wild.) est un palmier remarquable par sa tige grêle, débile, flexible, longue ; on l'emploie pour faire des cannes, des verges, des liens. On distingue encore le *jonc épineux* ou *jonc marin* (*ulex europœus,* Lin., légumineuses); le *jonc d'Espagne,* (*genista juncea,* D. C., légumineuses); enfin, le *jonc odorant* (*andropogon schœnunthus,* Roxb.), graminées), qui est une plante, dont la racine assez odorante, sert pour préserver des insectes, et est connue sous le nom de *vétiver.* — J. C.

* **JONCTION.** *T. de chem. de fer.* Voie oblique reliant deux voies parallèles et permettant le passage d'un train de l'une sur l'autre. Une jonction comporte essentiellement deux *changements de voies* (V. cet art.) la raccordant aux voies qu'elle réunit, et les rails de raccord intercalés entre les changements. La distance longitudinale, mesurée entre les pointes des aiguilles, varie selon l'espacement des voies à relier. Une jonction doit être placée dans le sens voulu pour que les aiguilles qui la commandent soient prises en talon par les trains parcourant les voies principales, qui doivent ainsi nécessairement refouler pour passer d'une voie sur l'autre. Les appareils, ainsi établis, s'appellent *jonctions simples.*

Pour éviter la sujétion du refoulement dans les gares ou autres points parcourus à faible vitesse, on établit des jonctions spéciales dites *jonctions doubles* ou *bretelles,* comportant deux voies obliques qui s'entre-croisent, et dont les aiguilles pouvant être prises en pointe, quel que soit le sens et la marche des trains, permettent le changement des voies sans rebroussement. Les jonctions de ce type comportent nécessairement une *traversée* (V. ce mot) à la rencontre des voies obliques. — F.

* **JOUE.** *T. techn.* Nom que l'on donne généralement aux parties jumelles d'un appareil, situées de chaque côté d'un organe central. Ainsi dans la fourchette d'une poulie, les deux pièces qui saisissent le tourillon de chaque côté de la roue à gorge, se nomment les *joues.* Les deux ouvertures latérales de la caisse d'un ventilateur et par lesquelles pénètre l'air aspiré portent aussi le nom de *joues.* Les *joues* d'un peson sont les petites plaques qui terminent les broches du peson. || *T. de chem. de fer. Joues de coussinet.* Parois latérales du coussinet supportant un rail à double champignon et maintenant celui-ci au moyen d'un cône en bois. || *T. de constr.* Les *joues* d'une solive de plancher sont les deux faces latérales de la solive considérée par l'entrevoût. || En *men.* et en *charp.* ce sont les deux côtés d'une mortaise ou d'une rainure dans une planche. || En *T. de fortif.,* les deux côtés de l'épaulement d'une batterie, coupés suivant son épaisseur pour pratiquer l'embrasure d'une pièce.

JOUÉE. *T. de constr.* Ensemble du *tableau,* de la *feuillure* et de l'*embrasure* dans une baie de porte ou de croisée. || Face latérale d'une lucarne en forme de panneau triangulaire. Les jouées de lucarne sont hourdées en plâtre, et recouvertes soit en zinc, soit en ardoises.

JOUETS D'ENFANTS. Objets dont le principal but est l'amusement mais que, par extension, on fait servir à l'instruction de l'enfance. Certains jouets, qu'on pourrait appeler *hygiéniques,* servent de prétextes à des exercices d'adresse en plein air pour les deux sexes : tels sont le ballon, la balle, la raquette, la corde, le cerceau, etc. D'autres jouets, moins bruyants, moins mouvementés, et qui n'ont aucun rapport avec le développement des forces physiques, peuvent être, au contraire, considérés comme *instructifs,* en ce qu'ils sont faits spécialement pour l'intérieur, pour la chambre, et développent l'intelligence en l'instruisant. Tels sont les dés et dominos destinés à l'étude de l'arithmétique, les jeux de patience géographiques, géologiques, politiques, etc. A ces jouets, se rattachent les jouets *mécaniques* ou sortes d'automates dont quelques-uns des membres se meuvent par une force motrice cachée intérieurement, et enfin les jouets *scientifiques*, très en vogue depuis quelques années.

HISTORIQUE. A toutes les époques et chez tous les peuples, les hommes n'ont pas déployé plus de génie dans les œuvres qui sont destinées à la vie sérieuse que dans celles qui sont faites pour l'amusement des enfants.

Chez les Grecs, les jouets d'enfants furent en usage dès les temps héroïques, puisqu'on en a découvert dans les fouilles d'Hissarlik, considérée à tort comme l'ancienne Troie. On peut donc affirmer qu'Andromaque, Iphigénie et Hélène ont joué à la poupée. Notre balle à jouer (*sphera*) est généralement reproduite sur les vases de noce représentant des cérémonies nuptiales. Aristote raconte que le mécanicien Archytas, de Tarente, qui était en même temps un philosophe et devint le maître de Platon, ne dédaigna pas de fabriquer le premier des joujoux bruyants pour amuser les petits enfants, ou plutôt, il perfectionna ceux dont on se servait auparavant. On suppose que c'étaient de petites crécelles ou des grelots avec un manche. De plus, il inventa une colombe de bois qui volait, et l'on fit, à son imitation, diverses figures d'oiseaux que les enfants lançaient en l'air. Aujourd'hui encore, à Athènes, quand vient le jour de la fête de l'hirondelle (2 janvier), dont les Grecs modernes ont conservé la tradition, les enfants courent les rues portant à la main une grossière hirondelle de bois, ajustée à une sorte de moulinet; cette hirondelle tourne rapidement à l'aide d'une ficelle qui s'enroule et se déroule autour d'un petit cylindre, à l'un des bouts duquel elle est fixée, procédé absolument identique à celui des petits moulins jaunes et rouges qui sont une des joies de nos bébés.

Sous les Romains, la poupée continua d'être un des attributs les plus aimables de l'enfance. « Qu'on donne aux enfants, dit saint Jérôme, toutes les douceurs les plus exquises, ce qu'il y a de plus suave au goût, de plus frais dans les fleurs, de plus radieux dans les pierreries, de plus charmant dans les poupées. »

Les jeunes Gaulois empruntèrent bien vite à l'Italie les jouets qui font encore à présent les délices des collégiens. Nos billes ont remplacé les noix, avec lesquelles, au dire de Martial, on jouait à la *tapette* et à la *fossette*. La toupie et le sabot étaient également connus dans le petit monde romain.

Le moyen âge a connu, en fait de jouets, toutes sortes d'ustensiles et de sifflets en poterie vernissée, dont plusieurs spécimens sont conservés au musée Carnavalet. Au XVIe siècle, vint la mode des moulinets dont parle Rabelais, et que les enfants s'amusaient à faire eux-mêmes avec des noix, puis des petits soldats de plomb dont, lors des sondages en aval du Pont-au-Change, on a trouvé une grande quantité costumés en ligueurs. Les fabricants de jouets appartenaient alors à la communauté des bimbelotiers, qui fut réunie à celle des miroitiers-lunettiers sous Henri III, en 1581. Le *Traité d'Agriculture* de Philibert Delorme parle aussi des bergamotes, des poupées et des oiselets en carton, mode à laquelle succéda celle des bilboquets, cités dans le *Journal de Henri III* (22 juillet 1585), ainsi que celle des ballons enflés avec une seringue, comme le prouve le *factum* du duc de Guise contre Maillard son trésorier. On appelait alors *modistes* les fabricants de petits ouvrages qu'inventait la mode; mais Regnault, dans ses *Observations sur l'estat et peuple de France*, assure que ces jouets n'étaient pas tous faits chez nous, ce qui implique déjà une concurrence étrangère.

Le XVIIe siècle imagina des jouets plus compliqués. Sous Louis XIV, le sculpteur en renom pour la fabrique des marionnettes et des mannequins à mouvement, demeurait, au dire d'Abraham du Pradel, rue de la Huchette, *Au tambour*. D'autre part, les petites chambres meublées étaient devenues très à la mode. Tallemant rapporte que Richelieu en avait donné une à sa nièce, la duchesse d'Enghien, où il y avait six poupées, une femme en couches, etc. C'est une semblable chambre que Mme de Thianges offrit en étrennes au petit duc du Maine, en 1675. Cette chambre, toute dorée, était grande comme une table, et contenait plusieurs personnages.

Mais ces magnifiques jouets coûtaient trop cher et ne pouvaient convenir qu'aux enfants de grands seigneurs. Les enfants des classes inférieures se contentaient d'objets en étain ou en plomb, comme ménages, plats, assiettes, chandeliers, etc. Indépendamment de ces futilités, les merciers leur vendaient des poupées, des chevaux de carton, des carrosses, des religieux sonnant la cloche, des prédicateurs en chaire, des crocheteurs chargés de bonbons, etc. Tous ces jouets se vendaient en grande quantité aux foires Saint-Germain et Saint-Laurent, et surtout dans les boutiques du Palais. Les merciers en faisaient des envois considérables dans toute l'Europe; ils exportaient principalement des poupées qui servaient à l'amusement des enfants, et qui étaient destinées en même temps à faire connaître les modes françaises dans les cours étrangères. N'oublions pas les petits soldats de plomb, dont l'usage s'était conservé. Un collectionneur érudit, M. Henry, en possède tout une série représentant les costumes de la cavalerie française sous Louis XV, hussards, chevau-légers, mousquetaires, etc. C'est on ne peut plus curieux.

La Révolution amena la mode des petites Bastilles en bois peint. En 1793, on vendait des petites guillotines en carton; ce jouet, inventé par un sieur Thomassin, faisait fureur.

Avec le Directoire, parurent les poupées *incroyables*, habillées à la nouvelle mode.

De 1804 à 1815, ce furent les Prussiens, les Autrichiens et les Anglais qui eurent la vogue.

En 1848, le commerce des emblèmes et des jouets républicains recommença comme sous la première République.

Enfin, le jouet qui sous le second Empire obtint le plus de succès, fut la question romaine. Cela n'empêcha pas toutefois le *luxe effréné* des poupées. La poupée grande dame, la poupée soubrette, la poupée alsacienne et surtout la poupée-cocotte faisaient étalage de toilettes vraiment éblouissantes. Le velours, le point d'Angleterre, les mouchoirs brodés à leur chiffre, les gants glacés, les bottines à haut talon, rien n'y manquait, et les traînes, et les fausses nattes qu'on peut enlever, et les accessoires de toilette qui en étaient l'accompagnement obligé!

Vint le siège. Les jouets se faisaient rares. La poupée cependant, la poupée était restée fidèle au poste. Mais elle s'était amendée; plus de chignons, plus de fanfreluches, plus de robes à traînes ni de dentelles insolentes. La poupée se présentait dans la tenue guerrière de la cantinière, le bidon sur le flanc et le sabre au côté, ou bien encore sous le costume simple et modeste de l'infirmière, le brassard d'ambulance au bras.

Autres temps, autres poupées.

L'espace nous manque pour parler de tous les jouets qui ont été et sont encore en possession de charmer les loisirs de l'enfance, depuis les échecs ou le noble jeu de l'oie, renouvelé des Grecs, et les astragales chers aux jeunes Romains, jusqu'au *Polichinelle* qui, vraisemblablement, chez les anciens s'appelait *Maccus* et qui, aujourd'hui en Italie, se nomme *Pulcinella*, en Allemagne, *Hanswurst*, et en Angleterre *Punch*. Bornons-nous à dire que le Cygne attiré par un aimant est dû aux Arabes d'Espagne, ce qui en place l'origine entre le VIIIe et le xvᵉ siècle ; que le jeu de diable fut importé de la Chine par lord Macartney, et que les bébés furent apportés du Japon, vers l'année 1853, par les attachés d'ambassade de M. Lagrené. Quant au pantin, il est né à Paris en 1725. Mais il est temps de quitter le terrain des généralités, pour nous occuper spécialement des trois différentes espèces de jeux.

Jeux instructifs. Les jeux instructifs les plus anciennement connus sont les *patiences géographiques*, qui consistent en des cartes collées sur une mince planchette découpée d'une manière irrégulière. Les morceaux étant mêlés, il faut les rajuster de telle sorte que la carte se trouve entièrement reconstituée. On prétend que les jeux de patience nous viennent des Chinois ; mais c'est en Europe qu'on a eu l'idée de substituer aux personnages bizarres, aux scènes grotesques ou fantastiques, des images illustrant des faits réels ou imaginaires.

Le *loto historique* est le second en date parmi les jeux qui nous occupent. Les *dominos alphabétiques* vinrent ensuite, puis les boîtes de lettres et de chiffres mobiles glissant dans des règles à coulisse, de manière que l'enfant pût les grouper et faire des exercices orthographiques élémentaires, ainsi que des exercices de numération. Les *jeux géographiques* actuels, conçus soit d'après le loto, soit d'après le jeu de l'oie, laissent bien loin derrière eux les anciennes patiences ; rien de plus intéressant et de plus réellement instructif que le *jeu géographique universel* ou la *promenade en France et en Alsace-Lorraine*. Dans le premier, le voyageur marque ses étapes sur un carton analogue à ceux du loto ; dans le second, il passe d'un département à l'autre d'après le chiffre qu'il amène, et le premier entré à Strasbourg est proclamé vainqueur de cette lutte pacifique.

Jouets mécaniques. Dès la plus haute antiquité, le génie des mécaniciens s'exerça à reproduire les mouvements et l'apparence des êtres vivants. Les anciens, dit Rabelais, avaient « toutes sortes de petits engins automates, c'est-à-dire soy mouvant d'eux-mêmes. » Mais l'histoire des jouets automatiques nous entraînerait trop loin, et nous devons nous borner à mentionner, avec les animaux mus par un mécanisme quelconque, les *automates chanteurs et instrumentistes*, imitant le chant des oiseaux, la flûte, etc., etc. — V. AUTOMATE.

Parmi les nouveautés de la présente année 1885, nous n'avons guère remarqué qu'une poupée à musique assez ingénieusement faite. C'est une *belle dame*, tout de rose habillée, mise à la dernière mode, avec la jupe collante, la taille longue, et le chapeau directoire à grandes plumes blanches. Cette belle dame, dont les yeux bleus roulent à droite et à gauche, tient dans ses bras un joli panier. On monte la mécanique, et pendant que la dame tourne la tête et sourit, non seulement on entend sortir de sa poitrine un grand air d'opéra, mais encore le petit panier s'entr'ouvre et un petit mouton montre sa tête, en lançant en mesure un *bê* plaintif.

Jeux scientifiques. A part la lanterne magique, dont l'origine remonte au moyen âge, puisque Roger Bacon en parle au xiiiᵉ siècle, et qui fut très en vogue sous les rois François Iᵉʳ et Louis XIV, les jeux scientifiques sont d'invention moderne. Ils ont trait pour la plupart à l'électricité, à la chaleur, aux propriétés des gaz, à l'optique, à la chimie, à la vapeur, etc. etc.

INDUSTRIE ET APERÇUS DE FABRICATION.

L'industrie des jouets est une industrie charmante, bien française, bien parisienne surtout, à laquelle l'ingéniosité et le goût de nos fabricants ont fait une réputation universelle. En effet, pour citer un exemple entre mille, la supériorité des poupées parisiennes sur celles d'Angleterre et d'Allemagne est due principalement au goût et à l'habileté avec lesquels on les habille ; l'ouvrière de Paris, comme on sait, excelle à tirer parti des moindres morceaux d'étoffe ; elle sait assortir les couleurs avec un tact merveilleux, et elle imite les modes du jour avec une exactitude parfaite.

Mais aujourd'hui, au point de vue du jouet, la poupée est absolument démodée, abandonnée ; le *bébé* l'a détrônée. Il est bien plus naturel, en effet, de donner aux enfants un mannequin ayant la forme, l'aspect de l'enfance, que ces poupées grandes dames qui ont fait fureur jusqu'à l'Exposition de 1878, et qui imitaient des femmes âgées, compassées, en toilette de cérémonie.

C'est en 1879 que l'industrie parisienne, grâce à des prodiges d'élégance, de nouveauté, est parvenue à amener cette révolution dans l'histoire de la poupée. Le bébé riant, aux allures simples d'âge, gracieuses, et merveilleusement habillé par nos ouvrières parisiennes, a définitivement remplacé l'affreux bébé allemand formé de sciure et de peau. Depuis longtemps, on est arrivé à fabriquer chez nous les têtes en porcelaine qui antérieurement se faisaient exclusivement en Allemagne. Il existe deux grandes manufactures céramiques, l'une à Montreuil, l'autre à Saint-Maurice, spécialement consacrées à la fabrication de ces têtes ; les négociants allemands eux-mêmes, sont devenus acheteurs fidèles de ce produit à cause de l'impossibilité où ils sont d'établir des têtes aussi expressives.

Dans ces dernières années, un nouveau progrès s'est accompli. On est arrivé pour le bébé jumeau (ainsi appelé du nom de son inventeur) à établir des yeux d'une expression naturelle frappante. D'autres améliorations à l'étude, et la consommation de plus en plus considérable des poupées de fabrication française, font espérer aux fabricants que bientôt ils pourront lutter de bon marché avec les produits étrangers.

Le bébé nouveau est en cartonnage moulé ; grâce à des procédés spéciaux d'assemblage et de séchage des feuilles, on arrive à donner de la solidité du bois à cette composition. Chaque partie du corps, chaque articulation est moulée à part ; les tronçons du bébé sont réunis à l'aide de forts caoutchoucs agrafés sur une traverse de bois occupant l'emplacement de l'estomac. Mais avant le montage, chaque pièce passe aux mains de nombreuses ouvrières pour le blanchissage à deux couches de blanc et le ponçage en couleur chair. Des dessinateurs de talent, des mouleurs habiles, dirigent les travaux ; un modèle de tête de l'usine de Montreuil porte le nom de Carrier-Belleuse.

Le bébé monté se prête à toutes les combinaisons de posture ; sa petite maman peut le faire asseoir lorsqu'elle le suppose fatigué, agenouiller, lorsqu'elle le croit fautif, etc. Dans le même genre, on doit citer les clowns auxquels on peut faire faire tous les tours de dislocation qui font partie des amusements d'un cirque.

Pour l'habillement, le fabricant doit se multiplier ; il lui faut le talent de l'artiste capillaire, du grand tailleur, du cordonnier, du bonnetier, etc. Rien de curieux, du reste, comme les ateliers de confections minuscules des fabriques parisiennes ; outre les couturières habiles qui restent à poste fixe, il y a des ouvrières en ville. La dernière mode est toujours suivie ; les ajustements sont discutés morceau par morceau. Dans la maison créatrice de ce genre essentiellement parisien, on achète par pièces les étoffes de soie, de satin, etc. ; lorsqu'une ouvrière a une inspiration nouvelle de coiffure ou d'habillement, le modèle est mis en vente. Et souvent la mode, à son tour, s'empare de l'ajustement des bébés, surtout pour les chapeaux ; c'est dire l'adresse que déploient les ouvrières chargées de ces jolis petits travaux.

En dix ans, la production parisienne a envahi tous les marchés, où précédemment elle n'était que l'exception. Il ne reste plus qu'à arriver aux mêmes résultats pour le bébé des prix tout à fait inférieurs.

Les poupées, ainsi que les fillettes, ont un mobilier

tout spécial. Il y a une vingtaine d'années, les petits meubles pour jouets se fabriquaient avec les déchets de placage et de bois provenant des grands ateliers de meubles; quelques rares ouvriers en chambre se livraient à cette fabrication. Aussi s'imagine-t-on encore généralement qu'il ne s'agit que d'une production insignifiante pour ces objets.

Il s'agit, au contraire, d'un mouvement considérable d'affaires, augmentant d'année en année; il y a de véritables usines qui produisent par elles-mêmes ou qui centralisent le travail de milliers d'ouvriers en chambre. Des cargaisons entières de sapins de Suède sont envoyées à Paris pour ces modestes objets mobiliers; on a complément abandonné l'usage des déchets dont le triage, l'assemblage demandaient plus de main-d'œuvre et de frais que le débit de matières premières spéciales.

Le meuble de poupée constitue donc à lui seul une branche commerciale importante. La vente se fait exclusivement dans le mois de décembre, pour Noël et le Jour de l'An; mais la fabrication ne chôme pas les onze autres mois de l'année, pendant lesquels la vente est absolument nulle. Les petits meubles sont empilés par milliers, par dizaines de mille jusqu'à la fin de l'année; à ce moment, c'est par charretées qu'on les expédie pour les magasins et l'exportation. Ce succès s'explique par le bon goût que déploient nos ouvriers; on est arrivé, même pour les modèles les plus modestes, à une imitation complète des meubles du meilleur genre. Aussi le public ne veut-il plus de ces affreux meubles carrés, peints en rouge, dont les types n'ont pas varié depuis des centaines d'années, et dont le bon marché ne compense pas la laideur. Ce sont les invariables articles allemands, sans forme et sans goût.

Cette fabrication occupe, à Paris, un nombre considérable d'ouvriers. Dans ces ateliers, on construit en proportions réduites tous les meubles : armoires à glace, lits, chiffonniers, petits bureaux, chaises, tables, etc. Les élégantes petites armoires, par exemple, en palissandre ou acajou, sont fabriquées pour un prix de vente en gros de trois et quatre francs; le prix de façon est de un franc cinquante. Malgré le travail considérable, les ouvriers gagnent leur vie, aussi bien que dans la fabrication du grand meuble.

On fabrique également le petit meuble en bambou, qui jouit actuellement d'une grande vogue. Les planches de sapin brut sont égalisées avec une rapidité surprenante par des machines raboteuses de proportions fantastiques pour de si petits objets; des couteaux circulaires, faisant trois mille tours par minute, débitent le bois; des toupies servent à donner les moulures cintrées. Des arbres entiers sont ainsi découpés, taillés, moulés en mille morceaux avec une rapidité inconcevable. Nous sommes loin, comme on le voit, de la fabrication des déchets. Ainsi, les seules petites chaises en bambou demandent l'emploi, pour chaque pièce, de sept outils mécaniques et le passage par onze mains différentes pour le rabotage, le chantournage, le marquage, le découpage, le perçage, le ponçage, le vernissage, le cannage, etc. Et ces chaises très solides, très élégantes, se vendent 1 fr. 50.

Les jouets militaires plaisent davantage aux garçonnets. Jusqu'en 1860, les sabres, les fusils d'enfants étaient fournis dans une proportion considérable par la Belgique et l'Allemagne. Aujourd'hui, l'industrie parisienne fabrique les quatre cinquièmes environ de la consommation de la France entière et exporte sur une large échelle. Aussi, existe-t-il actuellement dans le Marais, de véritables usines d'équipement militaire pour enfants. Nous ne parlons pas du fusil scolaire proprement dit, celui-ci constitue une fabrication spéciale qui prend une rapide extension.

Il y a trois grandes fabriques françaises à Paris. En première ligne figure la maison Andreux. En visitant ses vastes ateliers, on s'imagine difficilement qu'il ne s'agit

que de jouets; il y a des centaines de mécaniciens, tourneurs, ébénistes, ferblantiers, vernisseurs, de puissantes machines à vapeur, d'énormes forges, absolument comme dans les grands ateliers de construction. Les machines-outils ont été surtout perfectionnées presque au jour le jour. L'acier, le fer, le cuivre, sont coupés mécaniquement; la fraise puissante a remplacé la lime. La rapidité de la fabrication explique la diminution constante des prix de vente, qui ne fait aucun tort à la main-d'œuvre, grâce à l'énorme production.

Les moyens mécaniques permettent, en outre, de donner une solidité bien plus grande aux fusils et aux sabres les plus modestes, mérite que ne permettait pas d'atteindre la fabrication sommaire d'il y a vingt ans. Ainsi, on fabrique des fusils Andreux depuis cinq ou six francs la douzaine, soit à cinquante centimes en gros. La partie métallique seule, de chacun, comprend onze pièces. Ce chiffre montre par combien de mains doit passer le fusil le plus simple avant d'être livré aux monteurs.

Pour le sabre, on est arrivé à fabriquer le fourreau d'un coup. La plaque de tôle repliée est mise sur un mandrin; un coup de balancier roule le métal et le fixe.

Les enfants paisibles préfèrent les ballons jouets à musique ou les ballons à gaz en caoutchouc dilaté, dont l'industrie est essentiellement parisienne. Au reste, le marché du globe entier lui est acquis, et c'est de Paris et de sa banlieue que ses produits se répandent dans toute l'Europe, aux Indes, en Chine, et, chose incroyable, jusque dans l'Afrique centrale.

Le caoutchouc en feuilles est fourni par l'Angleterre. Les feuilles, très minces, sont d'abord découpées par bandes qu'on divise en morceaux proportionnés. — V. CAOUTCHOUC.

Une autre partie de cette industrie est celle des ballons gonflés au gaz et des ballons réclames. Ces derniers, surtout depuis qu'ils ont été adoptés comme moyen de publicité par les grands magasins de nouveautés et autres, ont acquis une grande importance. De plus, l'invention d'un petit appareil dit insufflateur, permet depuis trois ans environ de gonfler les ballons avec du gaz ordinaire et au fur et à mesure des besoins. C'est un soufflet auquel est adapté un tube en caoutchouc qui prend le gaz à n'importe quel bec.

Un autre jouet très recherché des enfants, c'est la montre. La véritable industrie des montres de ce genre a pris depuis quelques années une énorme extension. C'est par caisses qu'on en expédie jusqu'en Russie et en Turquie. En 1863, il n'existait à Paris que trois modestes fabricants de cet article, occupant environ cinquante personnes.

Actuellement, il y a sept grands industriels occupant directement plus de mille ouvriers, et indirectement un nombre au moins quadruple, exclusivement occupés de « la montre qui se remonte et des aiguilles qui marchent ».

Cette extension est due à un modeste ouvrier intelligent et persévérant, M. Houy, qui, grâce aux applications mécaniques qu'il innovait en 1865, est aujourd'hui à la tête d'une véritable usine. On reste stupéfait en visitant un établissement de ce genre; on y fabrique d'un bout de l'année à l'autre, sans d'autres interruptions que celles des dimanches, trente mille montres par jour, soit trois mille à l'heure. Ce chiffre représente environ le tiers de la fabrication parisienne totale.

C'est naturellement par la division du travail qu'on arrive à un semblable résultat. La montre la plus modeste, celle qui se vend moins de deux centimes en gros et cinq centimes en détail, passe par plus de vingt mains. Celle qui comporte un mouvement et une sonnerie occupe pour chacune de ses parties trente ouvriers.

En résumé, Paris fabrique plus de cent mille montres d'enfant par jour; la consommation parisienne et française en absorbe le dixième. Il s'agit donc d'une exportation qui se chiffre par plus d'un million de francs.

Au point de vue matériel, d'énormes rouleaux de cuivre, sortant du laminage, sont d'abord découpés en morceaux carrés, puis en rondelles appelées *flancs*. Les flancs, pièce à pièce, sont estampés à l'aide d'un lourd mouton, qui imprime le motif décoratif. L'exemple donné ci-dessus, d'une fabrication de trois mille montres à l'heure, fait voir avec quelle rapidité le travail doit être conduit. Le mouton tombe 50 fois à la minute, et chaque fois l'ouvrier doit poser la rondelle et la retirer. C'est fantastique de rapidité. La rondelle estampée passe sur un tour pour l'emboutissage, c'est-à-dire pour la formation de l'évasement qui permettra de la fixer à la seconde partie formant le cadran. Après le perçage, le tournage et différentes opérations préliminaires, chaque pièce de cuivre encore brut est trempée dans un bain d'eau-forte qui lui donne le brillant imitant la dorure ou l'argenture. Puis la montre passe dans huit mains pour le seul travail de montage, de vernissage, de pose du mouvement, du verre, de l'aiguillage, etc. Ce sont des femmes qui s'occupent ensuite de la pose de l'anneau et de la chaîne. Un dernier détail à propos des chaînes ; 150 personnes y sont occupées pour la seule maison de l'innovation de cette industrie, à Cour-Cheverny (Loir-et-Cher), se livrant d'une façon exclusive à la fabrication de l'article pour enfants.

Après les montres, se placent les différentes sortes de petits jouets métalliques. Ceux-ci se font avec les vieilles boîtes à sardines et à conserves, travaillées à nouveau. Les corps de boîtes, empilés, aplatis et égalisés, servent à la fabrication des petits jouets métalliques de un à cinq sous, dont les modèles varient au jour le jour. Le fer-blanc provenant du chiffonnage revient à 18 francs les 100 kilogrammes, au lieu de 75 francs, prix de la marchandise neuve. *La vieille, heureusement, ne manque pas*, car Paris à lui seul consomme journellement le contenu de plus de cent mille boîtes de sardines ou de conserves. Toutes ces boîtes arrivent invariablement aux Buttes-Chaumont pour y subir les diverses transformations nécessaires à leur métamorphose.

Le petit pistolet à amorces est une des principales parties de cette fabrication. L'emploi des moyens mécaniques a fait disparaître tous les ateliers minuscules où, il y a une quinzaine d'années, ces pistolets étaient fabriqués d'une façon sommaire comme tous les autres petits objets : lits, trompettes, sifflets, balances, cages, etc., etc. Dans la seule usine Rossignol à Belleville, plus de deux cents ouvriers et ouvrières sont occupés à la fabrication de ces objets relativement insignifiants. A l'encontre de ce qui se produit pour bien des spécialités dont le salaire est relativement minime, les hommes gagnent de 40 à 60 francs par semaine, et la moyenne du gain des femmes est de 25 francs.

C'est des ateliers de M. Rossignol que sont sortis les célèbres *cris-cris* d'agaçante mémoire. Dans la seule année 1876, on en a vendu onze millions, dont quatre millions pour l'Angleterre, quatre millions pour l'Allemagne et trois millions pour la France. Remarquez que la France n'est ici qu'au troisième rang. Que l'étranger vienne donc encore nous parler de la *légèreté française* ! La vogue de cette lame d'acier produisant par le repliage ce bruit à casser le tympan le plus solide, a fait la fortune de son créateur. C'est également à cette maison que l'on doit les grenouilles sauteuses, les sifflets de plomb vendus 3 francs la grosse, et les petits vagons établis au prix incroyable de 5 centimes pour le détail.

Pour l'année et pour cette seule maison, il est fait 799,350,000 objets fabriqués, représentant un capital d'un million.

Les deux autres maisons similaires, celles de MM. Richard frères et Blanchon, font ensemble un chiffre à peu près pareil d'affaires, soit, en résumé, près de deux milliards de petits objets métalliques fabriqués annuellement. Les deux tiers de cette fabrication sont enlevés par l'é-

tranger. Il y a dix ans, l'exportation était nulle. On voit les progrès réalisés, grâce aux applications mécaniques.

Au nombre des jouets métalliques, doivent être rangés les jouets de fer-blanc, dont la fabrication nous amène à parler d'un des trop rares industriels qui soient arrivés à faire une concurrence sérieuse aux produits allemands. Nous voulons parler de M. Georges Potier, le créateur du soldat de fer-blanc qui a presque entièrement remplacé, même en Allemagne, l'ancien soldat de plomb qu'on n'était jamais arrivé à fabriquer en France. En 1881, on en a fabriqué 5,200,000.

Cette invention heureuse a été suivie de celle des chevaux en zinc : le corps est fait de deux plaques chauffées, puis estampées au moulin. Les soins apportés au moulage et à l'exécution donnent pour cet article, entre autres, des objets élégants, de proportions exactes, qu'il vaut bien mieux mettre entre les mains des enfants que les informes chevaux allemands.

Les vagons en métal forment aussi une branche de l'industrie tant améliorée par les applications mécaniques de M. Potier. Le vagon est découpé d'un coup, à l'emporte-pièce, puis replié et peint. La seule fabrication des roues en plomb occupe des ateliers entiers ; les ouvriers sont placés autour de tables rondes en bois plein ; au centre, une excavation est remplie de plomb fondu, que l'ouvrier prend à la cuiller pour remplir successivement son moule en bois. L'assemblage des roues aux vagons est fait avec un soin qui rend les produits parisiens bien mieux conditionnés que les produits étrangers.

Il y aurait à parler des ménages, des voitures, des bateaux mécaniques, des vélocipèdes, tous objets qui, jusqu'en 1876, étaient presque uniquement fabriqués en Allemagne, et qui aujourd'hui sont faits à Paris par millions de douzaines.

Passons maintenant aux jouets mécaniques, dont la fabrication a pris, surtout depuis l'Exposition de 1878, une extension rapide. On se souvient encore du succès qu'obtinrent, à cette époque, l'ondine ou poupée nageuse de M. Martin, le chien nageur de M. Bidal, les cygnes, les canards et les poissons de MM. Maltête et Parent, la ménagerie articulée si remarquable de M. Roullet, et enfin, les oiseaux chanteurs de M. Bontemps. — V. AUTOMATE.

Jusqu'à l'année 1878, une grande partie des jouets marchaient grâce à un mouvement d'horlogerie provenant d'Allemagne ; aujourd'hui, Paris, dont la fabrication était nulle, il y a douze ans, fournit tout le commerce français et anglais, et une partie du commerce allemand. Les petites voitures, les bateaux mécaniques, les chemins de fer, d'un prix inabordable à cette époque, ont baissé comme prix de plus des deux tiers. La fabrique Caron, par exemple, livre au prix de gros, à deux francs, de petites voitures élégamment montées, peintes et attelées, entièrement en métal, et mues par un mouvement d'horlogerie ; ce modèle, bien moins élégant, était fourni par l'Allemagne, il y a quinze ans, à un prix six fois supérieur.

Pour les jouets mécaniques de luxe, M. Georges Parent occupe une place importante ; ses jouets mécaniques roulants, ses jouets automates ont été amenés à une perfection inconnue jusqu'à présent. Chiens, chats, poules, chèvres, tous les animaux sont scrupuleusement imités ; ils marchent longtemps en aboyant, miaulant, chantant, etc. Citons surtout la poule pondeuse qui, tout en chantant et marchant, fait tomber des œufs, le dindon faisant la roue, etc., etc. Dans les objets de luxe, il faut citer des groupes de nègres et de singes musiciens, de grandeur naturelle ; mais les prix sont excessivement élevés et atteignent jusqu'à deux mille francs.

Les récentes expositions d'électricité ont donné une grande extension aux applications électriques pour le jouet et les appareils scientifiques qui instruisent en amusant. Pour ces créations ingénieuses, nouvelles, nous constatons avec plaisir que la fabrication parisienne tient avec honneur la première place ; ses productions se vendent 40 ou 50 0/0 plus cher que les productions similaires étrangères ; mais la perfection, le bon goût de la fabrication, les applications nouvelles de la science électrique, font préférer avec raison les articles parisiens.

Il faut ajouter que la corporation d'ingénieurs et de savants distingués, qui n'ont pas dédaigné de faire servir leurs connaissances scientifiques et pratiques au progrès de l'industrie des jouets, a permis à cette branche du commerce parisien, de prendre une rapide et heureuse extension. Cette collaboration permet de mettre dans les mains des enfants des jouets qui leur donnent des notions sérieuses sur les nouvelles inventions. Tels sont l'électrophore, la bouteille de Leyde et le pistolet de Volta, le carreau magique, la maisonnette de Franklin, le praxinoscope, etc.

Quatre fabricants ingénieurs fournissent la France et l'étranger de jouets électriques. M. Georges Parent, déjà cité pour ses jouets mécaniques, dont la compétence est témoignée par son ancienne qualité de secrétaire du Conservatoire des arts-et-métiers, a créé des nouveautés du plus haut intérêt. Appliquant le moteur Trouvé aux bateaux mus par l'électricité, il est arrivé à de véritables merveilles de bon goût et de bon marché. Les chemins de fer électriques sifflant et fumant ont fait florès il y a quatre ans, ainsi que ses tramways, animaux, etc. Le moteur électrique Froment, primitif et insuffisant, était seul employé jusqu'à ce jour ; l'application du moteur Trouvé, faite par M. G. Parent, a amené une révolution dans cette spécialité du jouet.

Quant à M. A. Loiseau, il est le premier qui ait appliqué la télégraphie aux jouets, en 1863. On voit les progrès obtenus depuis ce moment. En mettant ces jeux de télégraphes dans les mains des enfants, on leur fait comprendre la production de l'électricité, les modes de transmission ; les bobines, les manipulateurs, les récepteurs sont d'une précision absolue, même dans les jouets de 3 à 4 francs. Voilà une vulgarisation utile, indispensable dans notre siècle de progrès, et qui nous a permis d'insister sur l'utilité de l'association de la science à l'amusement.

En résumé, les jouets de fabrication française sont connus dans le monde entier. Il en existe pour toutes les bourses. Mais la boutique à un sou n'est pas la moins curieuse. Tous ces jouets, le lecteur les connaît ; tous sont classiques. Les générations se sont transmis de l'une à l'autre, avec un singulier respect, leurs formes immuables.

Voici la ferblanterie et la poterie en miniature, parmi lesquelles on retrouve le vase à rebords et à anses qui a fait de tout temps les délices de la jeunesse. Voici le singe articulé toujours prêt à faire la culbute au sommet de son bâton ; voici l'ingénieux serpent de bois qui ondule avec tant de souplesse, et la grenouille à ressort qui saute si bien.

On voit encore dans la boutique à un sou les crécelles bruyantes, les maréchaux-ferrants, dont les marteaux alternent sur l'enclume, et les fameux moulins rouges qui sont la spécialité des fabriques de Liesse, la Liesse du pèlerinage. « Je ne sais rien de plus flambant que les couleurs liessoises, dit M. Paul Parfait. Où les artistes du pays vont-ils chercher les tons furieux dont ils illuminent leurs produits ? leur jaune rayonne, leur rouge flamboie, leur bleu éclate. On se persuade difficilement que le feu ne prend pas de temps à autre à leurs pinceaux. » Les ouvriers de Liesse travaillent actuellement pour des maisons parisiennes qui leur fournissent le bois de tilleul qu'elles achètent par coupes de 2 à 3,000 arbres.

Citons encore les flambeaux et les sifflets en plomb, les mirlitons, dont les devises s'achètent par feuilles chez les papetiers de la rue Saint-Jacques, les petits moutons

en papier mâché recouverts d'une blanche toison avec un ruban rouge au cou, les fouets d'enfants à manche entouré d'une spirale de papier doré, qui sont fabriqués exclusivement à Paris par des israélites, puis enfin, les boîtes à dînette, petites boîtes en carton à couvercle garni d'un verre, etc., etc.

Tous ces objets valent, l'un dans l'autre, de six à huit sous la douzaine, de seconde main. Eh bien, dit M. Paul Parfait, les produits allemands, malgré les frais de transport, coûtent encore meilleur marché. Les joujoux allemands de la boutique à un sou sont les pantins de bois peints, les mobiliers de bois, remarquables par leur ton d'un rouge violacé, des lits, des commodes à porte mobile et à tiroirs, des chaises rembourrées couvertes d'étoffes à fleurs, et puis encore des soldats à cheval, ou des quilles ; ou une modeste bergerie, ou un ménage dans leur petite boîte ovale. En Allemagne, ces boîtes se vendent ou plutôt se donnent, au prix fabuleux de 3 francs ou 3 fr. 50 la grosse, soit 0 fr. 25 à 0 fr. 30 centimes la douzaine.

Dans le Tyrol, qui fournit les joujoux de bois blanc, c'est mieux encore, ou pis que cela. La poupée articulée à tête peinte, la petite poupée classique de 2 à 4 francs, s'y livre à raison de 1 fr. 50 la grosse, juste 1 centime pièce. C'est à ne pas y croire. A un tel taux, on comprend que les coups de l'outil sont comptés, aussi suffit-il du plus petit détail, le nez saillant par exemple, pour augmenter la valeur de l'objet.

Mais si grand que soit le bon marché des produits français et allemands, il leur est impossible d'entrer en comparaison avec ceux de la Chine. Il n'est pas de pays en Europe, qui produise des jouets à des prix aussi minimes que ceux des jouets en carton, en papier, en bambou, en paille, en plumes, etc., qui sont envoyés chaque année de Chine, aux familles chinoises établies dans l'archipel indien, dans l'Annam et dans le royaume de Siam.

Le goût artistique si fin et si pur des Japonais se retrouve dans leurs joujoux ; les poupées habillées de Yeddo sont aussi élégantes que celles de Paris ; les petits animaux en soie, oiseaux, chiens, singes, souris, sont d'une rare perfection, les souris surtout. Les jouets japonais sont, en général, très bon marché et d'une rare élégance ; ils n'ont toutefois ni l'éclat ni l'allure originale des jouets chinois.

Concluons. On a vu, par ce qui précède, l'extension prise depuis quinze ans par le commerce des jouets dont la fabrication, jadis, était insignifiante à Paris. La concurrence allemande, il est vrai, est parvenue dans ces derniers temps, à inonder Paris de joujoux, grâce à la façon dont sont appliqués les droits de douane, qui frappent le poids et non la valeur de l'objet importé. Mais il n'est pas utile de recourir à l'Allemagne, qui ne fabrique que des objets de très grand bon marché, mais affreux ; il vaudrait mieux que nos enfants n'aient jamais de jouets que d'avoir ces objets informes qui leur faussent le jugement et le goût. Nous avons prouvé, par des exemples, que des petits fabricants sont arrivés, en prenant pour point de départ cette concurrence patriotique, à créer d'immenses usines, à arriver à la fortune, et à enrichir à leur tour de nombreux intermédiaires. Constatons de nouveau avec plaisir que, depuis longtemps, une réaction semble se faire en faveur des jouets français, beaucoup plus solides et beaucoup mieux faits que ceux de l'étranger. — V. COLORATION DES JOUETS. — S. B.

Bibliographie : BECQ et FOUQUIÈRES : *Les jeux des anciens ;* Ed. FOURNIER : *Le vieux-neuf,* art. *Jouets ;* Id. : *Services rendus à l'industrie par les jeux des enfants,* dans le *Journal de la jeunesse ;* ADRY : *Les jeux d'enfants,* 1808 ; Adolphe KUBLY : *L'article de Paris et les jouets,* dans le *Petit journal* de décembre 1881 ; Paul PARFAIT : *Promenades industrielles : La boutique à un* sou; Mme Burée : *La bimbeloterie*, dans les *Rapports sur l'Exposition universelle de 1878;* Eugène Turpin : *Mémoire toxicologique sur la décoration des jouets en général*, 1877; Jules Rochard : *Rapport adressé à l'Académie de médecine de Paris sur la décoration des jouets en caoutchouc par des substances inoffensives*, 1879; Publication de la Société française d'hygiène : *Décoration sans poison des jouets en caoutchouc par des peintures à l'huile inoffensives*, 1878 ; *Jeux et jouets du premier âge, Choix de récréations amusantes et instructives,* texte par Gaston Tissandier, dessins et compositions par Albert Tissandier, 1884.

* JOUFFROY D'ABBANS (Claude-François-Dorothée, marquis de), naquit en 1751, à la Roche-sur-Rognon (Haute-Marne). Il manifesta très jeune des dispositions particulières pour les arts mécaniques, dit M. P. Giffard dans la notice que nous lui empruntons et qu'il a publiée dans le *Figaro*, lors de l'inauguration, à Besançon, de la statue de Claude de Jouffroy.

Il faisait de la menuiserie, forgeait le fer, tournait le bois, au grand désespoir de sa famille, qui ne pouvait admettre qu'un gentilhomme, fils aîné de sa race, s'occupât d'industrie.

Sous-lieutenant au régiment de Bourbon, il eut une violente querelle avec le comte d'Artois. Son caractère ne pouvait se plier aux exigences de la discipline. On l'envoya en exil pendant deux ans aux îles Sainte-Marguerite. Là, frappé des manœuvres des galères à rames, il eut l'idée d'appliquer la vapeur à la navigation, et songea à la mettre en pratique. Il vint à Paris pour étudier la pompe à feu de Chaillot ; mais les idées du jeune provincial furent combattues par les notoriétés du jour, Perrier et autres.

Jouffroy se retira dans sa province, et là, sans autre secours que celui d'un chaudronnier de village, nommé Pourchot, il construisit sa *chaudière*, chef-d'œuvre de génie et de patience, qui fit marcher le premier bateau à vapeur à Baume-les-Dames, en 1776, sur le Doubs.

Ce bateau, bien que supérieur à tout ce qui avait été proposé jusqu'alors, n'était pas sans défaut. Jouffroy trouva dans son génie d'autres combinaisons. Aux rames, il substitua les roues à aubes ; et son nouveau bateau navigua pendant 16 mois sur la Saône, à Lyon, en 1783-84. Dix mille spectateurs avaient assisté à l'expérience solennelle du 15 juillet 1780. Un acte notarié constata le succès. C'est alors que M. de Calonne ne voulut pas accorder à Jouffroy le privilège qu'il demandait, et exigea de nouvelles expériences sur la Seine. Mais Jouffroy était sans ressources. La révolution mit un terme à ses travaux scientifiques. En 1801, il rentrait dans son château d'Abbans, après la mort de ses parents. Sa fortune était bien amoindrie, l'argent lui faisait défaut, et, toujours préoccupé de son idée, il ne voulait reparaître qu'avec un bateau supérieur à ceux de ses imitateurs, car on s'était occupé de navigation à vapeur pendant sa disparition.

Comme Bernard de Palissy, qui brûlait son bien pour suivre ses expériences, Jouffroy, aidé de ses fils, démolit toute l'aile droite de son petit manoir féodal, et avec son fils Achille (plus tard digne continuateur des travaux de son père), il

s'empara des poutres et des ferrailles pour confectionner ses nouveaux modèles.

Ce ne fut qu'en 1816 que le comte d'Artois, le futur Charles X et son ancien antagoniste du régiment de Bourbon, devint son plus zélé protecteur. Il donna ses prénoms *Charles-Philippe* au bateau qui fut lancé sur la Seine. Mais des compagnies anglaises s'établirent en concurrence, et l'affaire de Jouffroy n'eut pas de suites. Complètement ruiné, Jouffroy avait quitté la Franche-Comté pour se réfugier à Paris. Sa femme l'avait suivi, dans tous ses joies, ses peines, ses tristesses; elle faisait du filet et vendait ses ouvrages pendant que Jouffroy battait le marteau.

En 1827, François Arago découvrait, par hasard, les documents établissant que Jouffroy était le véritable inventeur des bateaux à vapeur. Les écrivains scientifiques proclamaient avec lui ces droits incontestables.

En 1881, l'Académie des sciences signalait le nom de Claude de Jouffroy à la reconnaissance nationale, et la bonne ville de Besançon réclamait immédiatement l'honneur de posséder le monument. Un comité de souscription fut organisé par les soins de la Société d'émulation du Doubs. Le succès fut rapide et populaire !

Jouffroy est mort pauvre et résigné en 1832, aux Invalides. Il s'y était retiré après la mort de sa femme. Celui-là au moins se trouvera vengé, un peu tard, de l'indifférence de ses contemporains. Combien d'autres meurent, pauvres aussi, après avoir été méconnus, sans que jamais une réparation quelconque vienne consoler leur mémoire !

JOUG. *T. techn.* Pièce de bois que l'on met au dessus de la tête des bœufs pour les atteler à une charrue ou à une voiture.

* **JOURNALISTE.** *T. de mét.* Compositeur attaché à la composition typographique d'un journal.

JUBÉ. Ce nom dérive du premier mot de la formule par laquelle le diacre et le sous-diacre, lecteurs de l'épître et de l'évangile, demandent au célébrant de les bénir avant la lecture du texte saint : *Jube Domine benedicere.* Dans la primitive église, le jubé se confond avec l'*ambon* (V. ce mot), le *lectrier*, le *pupitre* et le *doxale*, quatre termes qui portent leur étymologie avec eux : *ambon*, petite chaire à deux fins, (*ambo*) ; *lectrier*, endroit où l'on lit ; *doxale*, lieu où l'on chante les louanges de Dieu, (δόξα) ; quant au mot *pupitre*, il est entré depuis longtemps dans la langue courante.

Architectoniquement, le jubé se distingue de l'ambon primitif ; ce n'est plus seulement une chaire, du haut de laquelle on lit l'épître et l'évangile, on chante l'*alleluia*, les *proses* ou *séquences* et les antiennes de joie ou de deuil aux jours de grande solennité; c'est une construction intérieure, établissant une séparation entre le chœur et la nef, une sorte de galerie percée à jour, formant clôture entre le clergé et les fidèles, et taillant une église canoniale ou couventuelle dans l'église laïque.

— Cette disposition, dit Viollet-le-Duc, correspond, en France, à une époque de notre histoire : « Les évêques, écrit ce savant archéologue, ayant été réduits par la fermeté de Saint-Louis, par l'établissement de ses baillis royaux et l'organisation du Parlement, à s'en tenir à la juridiction spirituelle, ou à celle qu'ils possédaient comme seigneurs féodaux, ne purent, comme ils l'avaient espéré au commencement du XIIIᵉ siècle, faire de la *cathédrale* le siège (*cathedra*) de toute espèce de juridiction ; ils s'enfermèrent alors avec leurs chapitres, dans ces vastes sanctuaires, élevés sous une inspiration à la fois politique et religieuse. »

Le jubé devint alors une délimitation entre le clergé et les laïques ; ceux-ci n'avaient pas le droit d'en franchir les portes. On leur annonçait, du haut de cette galerie, la parole de Dieu, les fêtes et solennités, l'Avent, la Noël, le Carême, Pâques et toutes les autres dates du calendrier ecclésiastique. On autorisait les confrères de la Passion, à y représenter les *mystères*, et l'on comprend que la situation élevée du jubé facilitait singulièrement les *transfigurations*, les *résurrections*, les *ascensions*, les *assomptions*, et autres faits qui composaient le merveilleux de ces sortes de représentations.

A partir de la fin du XIIIᵉ siècle, la plupart des églises de France possèdent des jubés, qu'elles soient épiscopales, monastiques ou paroissiales. Celles qui avaient été bâties vers la fin du XIIᵉ et qui n'en possédaient point, telles que les grandes cathédrales de Noyon, Paris, Chartres, Bourges, Reims, Amiens, Rouen, en reçurent, et l'on remarque généralement que le style de ces galeries est postérieur à celui de l'édifice.

Les XVIIᵉ et XVIIIᵉ siècles ont été fatals aux jubés : le goût des dorures et des revêtements de marbre a fait démolir ces élégantes galeries dont on retrouve aujourd'hui les fragments mutilés. « On conserve, dit Viollet-le-Duc, dans l'une des chapelles des cryptes de Notre-

Fig. 538. — *Jubé de l'église Sainte-Madeleine, à Troyes.*

Dame de Chartres, les débris de l'ancien jubé jeté bas par le chapitre dans le dernier siècle. Ces fragments, qui appartiennent tous au milieu du XIIIᵉ siècle, sont d'une beauté rare, entièrement peints et dorés.... Sous le dallage du chœur de Notre-Dame de Paris, refait par l'ordre de Louis XIV, on a retrouvé également quantité de débris du jubé, qui datait du commencement du XIVᵉ siècle et qui était d'une incomparable finesse d'exécution. »

Quelques rares jubés ont échappé au vandalisme destructif ou décoratif : ils appartiennent, pour la plupart, à la fin du XVᵉ siècle et au commencement du XVIᵉ. Ce sont ceux de la cathédrale d'Alby, des églises de la Madeleine, à Troyes (fig. 538), de Saint-Etienne-du-Mont, à Paris, de Saint-Florentin, dans l'Yonne, de l'église d'Arques, en Normandie. Le plus remarquable est incontestablement celui d'Alby : chargé d'une multitude infinie de sculptures, de taille délicate, il présente, dit encore Viollet-le-Duc, un des spécimens les plus extraordinaires de l'art gothique, arrivé aux dernières limites de la délicatesse et de la complication des formes.

Dans les pays où la pierre manque, et dans ceux où la dureté du grain ne se prête point au ciseau, on a construit des jubés en bois, tantôt sculptés, tantôt peints et dorés. Ce genre de décoration se rattache alors aux stalles, aux chaires, aux bancs d'œuvre et autres ouvrages en bois ; il fait partie du mobilier des églises.

Le jubé de Saint-Etienne-du-Mont, dont on connaît le gracieux aspect, est le seul que nous puissions signaler aux archéologues parisiens. — L. M. T.

JUGULAIRE. *T. du cost. milit.* Mentonnière de la coiffure militaire, ordinairement en cuir recouvert de métal.

JUMELLES. 1º *T. techn.* Dans les arts mécaniques, ce mot désigne deux pièces de bois ou de métal qui sont semblables et qui entrent dans la composition d'une machine-outil ou d'un outil. || 2º *T. de mar.* Fortes pièces de bois que l'on applique des deux côtés d'un mât ou d'une vergue pour les renforcer ou les réparer. || 3º *T. d'opt.* Sorte de *lorgnette*. || 4º *T. de tiss.* On appelle ainsi : 1º les deux lames de bois ou les deux petites tringles en fer entre lesquelles on place les broches ou dents métalliques du peigne à tisser. Ces broches sont plates et arrondies à leurs angles. On les dispose parallèlement les unes aux autres et en nombre calculé sur la réduction que l'on veut donner à la chaîne. Leur distance réciproque est régulièrement obtenue et maintenue par l'emploi d'un fil, soit ciré ou poissé, soit métallique qui, passé entre les dents, enveloppe les jumelles ; 2° les deux montants ou côtés verticaux du bâti de la mécanique Jacquard (grande ou petite). On appelle *chapeau*, la partie transversale qui repose sur les jumelles, et *planche à collets*, celle qui constitue la base de la dite mécanique. || 5° *Art hérald*. Réunion de deux petites fasces, bandes, barres, etc., parallèles, qui ne prennent que le tiers de la largeur ordinaire.

* **JUNON** ou **HÉRA**. *Myth*. La déesse, fille de Kronos, comme Zeus, et partageant avec Zeus la souveraineté de l'Olympe est honorée en Grèce dès la plus haute antiquité. Mais ses idoles, bien que travaillées de main d'homme, restent longtemps des simulacres informes. Qu'elle soit assise sur un trône ou debout, Héra est toujours strictement drapée dans les monuments de l'art archaïque. C'est ainsi que la montre une statue trouvée à Samos, qui offre un vif intérêt pour *l'histoire du type figuré d'Héra*. Le sculpteur, sans doute un maître de la fin du vi° siècle ou des premières années du v°, l'a représentée debout, vêtue d'une longue tunique de fine étoffe rayée ; une sorte de châle se croise sur sa poitrine, un voile, qui devait recouvrir la *partie postérieure de la tête*, malheureusement disparue, s'attache à la ceinture en serrant le corps, sans dessiner aucun pli. Si l'on rapproche de la statue de Samos une tête en pierre calcaire, trouvée à Olympie, on aura une idée exacte du type archaïque d'Héra ; au début du v° siècle, on donnait encore à la déesse ces traits rigides, cette chevelure massée en ondes bouclées, qui caractérisent la tête d'Olympie.

Un type plastique ne saurait être fixé par des détails extérieurs tels que le costume ou des attributs. A la belle époque, l'art se préoccupe de traduire plus dignement le caractère moral de la déesse qui occupe dans l'Olympe hellénique, le rang le plus élevé. Des maîtres de l'école attique : Phidias, Alcamène, Kolotès, impriment au type d'Héra une singulière noblesse, si l'on en juge par un bas-relief de l'école de Phidias. On connaît le beau morceau de la frise du Parthénon, représentant un groupe de divinités, et où la déesse apparaît vêtue du chiton dorien, qui laisse à découvert le cou et le bras. La noblesse et la grâce sévère de l'attitude disent assez que l'art a déjà conçu un type idéal d'une grande beauté. Mais c'est surtout à l'Argien Polyclète qu'il appartient de le réaliser dans une œuvre capitale. Suivant la description de Pausanias, la déesse était assise sur un trône comme le Zeus olympien. « Elle porte sur la tête un stephanos, orné des figures des Saisons et des Kharites ; d'une main, elle tient une grenade, de l'autre un sceptre... On explique le coucou placé sur le sceptre, en disant que Zeus, lorsqu'il aimait Héra, encore vierge, prit la forme de cet oiseau. »

L'attitude de la Héra de Polyclète est bien celle de la souveraine de l'Olympe ; c'est « la déesse aux bras blancs, aux bras d'ivoire, au regard magnifique, au splendide vêtement ; c'est la royale déesse assise sur un trône d'or. » Les attributs eux-mêmes traduisent les caractères mythologiques de la déesse. Le sceptre est l'insigne de sa royauté. La pomme de grenade, symbole de l'union conjugale ; les Saisons et les Kharites, qui font allusion à la maturité des fruits, rappellent l'heu-

reuse fécondité que le mariage sacré de Zeus et de Héra entretinrent sur la terre.

Les statues d'Héra exécutées sous l'influence des écoles du vi° siècle, lui prêtent des formes pleines et arrondies ; la déesse est dans tout l'épanouissement de sa beauté. Elle est toujours vêtue du chiton sans manches, qui tombe jusqu'aux pieds, et laisse à découvert le cou et le haut des épaules. Un vaste himation entoure le milieu du corps et recouvre de ses plis le bas de la tunique. Les marbres conservés la représentent debout, appuyée sur son sceptre, une patère à la main. C'est la Héra Téleia, la déesse du mariage. C'est ainsi que Junon Lucina qui préside aux accouchements, porte le flambeau ; sur des monnaies de Faustine la jeune, elle tient des enfants dans ses bras. — E. CH.

* **JUPITER** ou **ZEUS**. *Myth*. Jupiter est le souverain de l'Olympe. On peut distinguer trois types du Zeus archaïque. Le premier est celui du dieu qui lance la foudre. Zeus, nu et barbu, est figuré dans l'attitude de la marche ; d'un geste menaçant, il brandit la foudre. Un second type moins fréquent, montre Zeus avec les mêmes traits, mais au repos, et dans une attitude bienveillante. Enfin, sur les monnaies archaïques de Rhégion et d'Arcadie, Zeus est assis, s'appuyant sur son sceptre, le bas du corps recouvert par l'himation. Ces représentations sont les plus rares. Si faibles que soient ces indices, ils permettent de croire que le type traité par les sculpteurs, à l'époque archaïque, est surtout celui de Zeus lançant la foudre. L'aspect du dieu est redoutable ; aucun vêtement ne couvre ses formes robustes ; debout, dans l'attitude de la marche rapide, il élève le bras droit, armé de la foudre.

Quand Phidias exécute pour le temple d'Olympie sa statue chryséléphantine de Zeus, l'art a déjà essayé de traduire sous plusieurs formes la conception du dieu maître de l'Olympe. Le sculpteur athénien trouvait pour son œuvre des éléments tout préparés. Mais c'est lui qui, de l'aveu de l'antiquité tout entière, donne au type du dieu, le plus haut degré de noblesse. La description très précise de Pausanias, nous permet heureusement de reconnaître, sur des monnaies éléennes, une réduction authentique du Zeus d'Olympie. « Le dieu est assis sur un trône d'or et d'ivoire ; sur sa tête est placée une couronne, imitant le feuillage de l'olivier. De la main droite, il porte une Niké ou victoire, faite, elle aussi, d'ivoire et d'or, tenant une bandelette et ayant sur la tête une couronne. Dans la main gauche du dieu, se trouve un sceptre incrusté de divers métaux ; l'oiseau qui le surmonte est un aigle. » Une monnaie d'Élide, du Cabinet de Florence, frappée sous Hadrien, nous donne l'aspect d'ensemble de la statue. L'attitude était d'une grande simplicité : rien de violent ni de théâtral dans ces gestes mesurés, dans cette pose majestueuse et calme. Les larges plis de l'himation enveloppent presque entièrement le corps, faisant encore valoir le caractère de puissance tranquille et souveraine que le sculpteur avait prêté au visage du dieu.

Le type du visage est connu par une autre monnaie éléenne du Cabinet de Paris, qui nous montre la tête de Zeus olympien couronnée d'olivier sauvage. La barbe et la chevelure sont traitées simplement. L'expression de douceur et de calme répond à l'idée du « dieu pacifique et bienveillant, qui veille sur la Grèce unie. » On comprend facilement que l'impression produite par le visage majestueux de Zeus fût la plus saisissante, et que suivant le témoignage de Lucien, le visiteur entrant dans le temple, vît non pas l'ivoire de l'Inde et l'or de la Thrace, curieusement travaillés, « mais Zeus lui-même, amené par Phidias sur la terre. »

Les traits distinctifs du Zeus hellénique, consacrés par une longue tradition, sont les suivants : le front élevé, divisé par une dépression transversale, est encadré par les masses épaisses d'une chevelure abondante, qui souvent se relève au sommet de la tête. Sur certains bustes, la chevelure est profondément refouillée; les artistes ont visé, par le désordre de la chevelure, à prêter au visage du dieu une expression menaçante. La barbe, moins rude que celle de Poseidon, moins ondoyante que celle de Dionysos, s'enroule en boucles serrées. L'œil, largement ouvert, est abrité sous une arcade sourcillière proéminente. Quant à l'expression du visage, elle varie suivant les aspects de la divinité de Zeus, que les artistes ont voulu exprimer. C'est le dieu maître du monde, le roi des dieux, calme et puissant, tel que la statuaire reproduit le plus souvent. Le dieu qui lance la foudre a un caractère plus terrible. Il est difficile d'analyser toutes les attitudes prêtées à Zeus par la sculpture. En général, il est représenté tantôt assis, s'appuyant d'une main sur son sceptre, de l'autre tenant la foudre; tantôt debout, le sceptre en main. L'agencement du costume varie dans le détail. Toutefois, sur ce point, il s'établit une sorte de tradition artistique dont on peut suivre les progrès sur les peintures de vases. Tandis que les vases peints de style sévère, montrent Zeus vêtu du chiton et de l'himation, les céramistes d'une époque plus récente ne lui attribuent plus que l'himation, laissant à nu, le haut du corps. Cette tradition passe dans la sculpture, les statues de Zeus, entièrement vêtues, sont de rares exceptions. Au contraire, une longue série de monuments le représentent avec l'himation drapée autour des reins et tombant jusqu'aux pieds. Le torse, en parti nu, laisse voir des formes robustes, où la force apparaît, mais sans excès; c'est la vigueur de l'âge mûr, telle qu'elle convient au dieu souverain. A l'époque gréco-romaine, sous l'influence des artistes grecs qui travaillent pour Rome: Pasitelès, Ménélaos et leur école, l'himation grec, de forme carrée, est remplacée par un manteau de forme ronde, qui ne descend pas jusqu'aux pieds. Les statues ainsi vêtues, montrent plutôt le Jupiter romain que le Zeus hellénique; elles rappellent les statues d'empereurs, auxquelles les artistes ont prêté le costume et l'attitude de Jupiter. — E. CH.

JURANDE. Les historiens et les écrivains politiques confondent généralement ce mot avec celui de *maîtrise*, dont il est cependant parfaitement distinct. On dit communément « les maîtrises et les jurandes » pour désigner l'ancien régime corporatif, à la tête duquel étaient placés les maîtres et les jurés. Dans un sens plus rigoureux, la *jurande* était l'institution des *jurés*, ou *prud'hommes* d'un métier: ensemble la dignité dont ils étaient revêtus, quand ils avaient accepté ces fonctions. La jurande devait naturellement disparaître avec la maîtrise; l'une et l'autre étaient le couronnement du régime corporatif: elles tombèrent, en 1776, avec l'édifice lui-même. — V. CORPORATIONS.

JURÉ. Dans l'ancien régime corporatif, on appelait indistinctement *jurés*, *prud'hommes*, *maîtres du métier*, les chefs qui acceptaient la mission de surveiller le métier, soit qu'elle leur fût confiée par les hauts dignitaires protecteurs de ce métier; soit qu'ils la dussent au suffrage de leurs pairs. La prestation du serment, préliminaire de leur entrée en charge, leur fit donner le nom de *jurés*, qu'on trouve le plus généralement dans les anciens titres. La rédaction des contrats d'*apprentissage* (V. ce mot), la surveillance des apprentis et des *valets* (compagnons), le contrôle à exercer sur les patrons et sur les marchandises, l'observation des statuts et règlements, les amendes, les cérémonies, les repas de corps, etc., entraient dans les attributions des jurés. Réunis en une sorte de syndicat général des métiers, ils repré-

sentaient, à certains égards, nos modernes chambres de commerce. — V. CORPORATIONS.

JUSTICE. *Iconog.* La justice était figurée par les anciens sous les traits de Thémis, fille de Jupiter et d'Astrée, qui se retira avec sa mère dans le ciel, lorsque l'âge de fer eût succédé aux autres âges, voulant montrer ainsi que la justice n'existait plus parmi les hommes, et qu'elle devenait une divinité dont il fallait implorer le secours. On la représente sous la figure d'une jeune femme tenant d'une main une balance dont les plateaux sont en équilibre, et de l'autre une épée nue qui est la sanction de ses décisions, de même que les faisceaux et la hache. On a imaginé aussi de la placer assise sur une pierre carrée, et prête à prescrire des peines pour les vices, et des récompenses pour la vertu. Parfois elle a sur les yeux un bandeau, symbole de son impartialité rigoureuse, sur la poitrine un soleil d'or qui représente la liberté de conscience, et à ses côtés les livres rappelant les connaissances exigées du magistrat. Mais ce dernier attribut est plutôt celui de la jurisprudence. La justice est une des vertus cardinales. La justice divine est représentée par une femme d'une rare beauté, portant une couronne d'or surmontée d'une colombe blanche. Elle tient de la main droite un glaive flamboyant dont la pointe est baissée, et de la gauche une balance. Parmi les peintures représentant la justice, une des plus connues est celle de Raphaël, au Vatican. Nous rappellerons encore le tableau de Prudhon: *La vengeance et la justice poursuivant le crime.* Delacroix a peint aussi pour la Chambre des Députés, une belle figure de la justice. Le tombeau de Henri de Longueville était orné d'une superbe statue, par Anguier, qui est aujourd'hui au Musée du Louvre, et celle qui décore le tombeau de Paul III, à Rome, est également très remarquable.

JUSTIFICATION. *T. de typogr. et de fond.* Les fondeurs de caractères désignent ainsi l'opération qui consiste à donner la même longueur à toutes les lettres d'une même fonte au moyen d'un *justifieur*, et les typographes à la longueur de chaque ligne de composition et à la hauteur de chaque page, la longueur de la ligne étant invariablement fixée par la dimension du composteur du compositeur. — V. IMPRIMERIE TYPOGRAPHIQUE.

JUTE. On désigne sous ce nom les fibres végétales extraites de quelques variétés indiennes de *corchorus*, appartenant à la famille botanique des tiliacées, et notamment du *corchorus capsularis* et du *corchorus olithorius*. Ces fibres sont, avec le coton, celles qui sont le plus employées dans l'Inde; elles sont exportées et utilisées en Europe et en Amérique en quantités considérables. — V. FIBRES TEXTILES.

HISTORIQUE. C'est à la Compagnie anglaise des Indes Orientales que l'on doit la découverte du jute. Les qualités de cette fibre et les avantages qu'on en retirait, ne furent signalés, en effet, qu'en 1792, par le botaniste Roxburg, envoyé par la Compagnie à Calcutta, afin de connaître quels étaient les filaments utilisables à monopoliser pour l'Angleterre; Roxburg cultiva le jute dans le jardin botanique de Sibpur, fit de nombreux essais sur la fibre qu'il retira de cette plante, et consigna dans un rapport, le résumé de ses expériences. Les filaments qu'il envoya en Europe, et qui étaient alors comme aujourd'hui connus dans l'Inde, sous les noms de *pat* et de *koshta*, furent désignés, en Angleterre, sous le nom de *jute*, corruption vraisemblable des mots *jhont* ou *jhot*, sous lesquels la plante était connue par les jardiniers du jardin d'essai, originaires d'Orissa.

De 1792 à 1796, la Compagnie fit de grands efforts pour faire apprécier le jute en Europe, mais elle ne réussit guère qu'à le faire cultiver par les Indiens, sur une plus large échelle. En 1803, elle envoya le docteur Buchanan prendre à Calcutta la direction d'une ferme : celui-ci fit cultiver aussi le jute, et en envoya constamment et annuellement de nombreux spécimens en Angleterre. Ce n'est cependant qu'en 1835 que le jute fut exporté d'une manière continue et qu'il figure d'une façon permanente dans les relevés officiels du commerce anglais.

L'importation du jute en Europe, reçut une impulsion considérable, à deux époques différentes : en 1855, au moment de la guerre de Crimée, alors que, le chanvre de Russie faisant défaut à l'Angleterre, il fallut tenter de le remplacer par un autre filament ; puis en 1863, au moment de la guerre américaine de sécession, qui fit monter le coton à des prix exorbitants, et força bon nombre de consommateurs à essayer de le remplacer par le jute pour la fabrication de certains articles à bon marché. Voici les quantités sorties de l'Inde anglaise, de 1865 à 1873, à la suite de ces deux événements importants :

1865	177.071.235 kilogr.
1866	93.804.810 —
1867	126.537.936 —
1868	184.254.636 —
1869	175.413.225 —
1870	191.975.526 —
1871	317.147.529 —
1872	370.040.139 —

Actuellement, la quantité totale du jute produit annuellement dans l'Inde, est évaluée à 500.000.000 de kilogrammes, soit la moitié du poids du coton produit sur toute la surface de la terre, d'après les appréciations généralement admises.

Culture, récolte et préparation du jute. Le jute est cultivé aux Indes, par de petits fermiers, dits *ryots*, qui se bornent à en semer de faibles quantités, facilement exploitables par eux seuls. On le sème à la volée, au commencement de la saison des pluies, en mars ou en avril. Le seul soin à donner à la plante, est de l'éclaircir lorsqu'elle est trop abondante. Bientôt elle s'élève de terre sous forme de tiges grêles et droites, qui finissent par atteindre 3 mètres 1/2 de hauteur, sur 2 centimètres de diamètre. C'est à ce moment qu'on commence la récolte.

On coupe alors les plantes près des racines, et après avoir débarrassé les tiges de leurs feuilles et des capsules à fruits, on les lie en bottes de 50 à 100 que l'on fait rouir à l'eau, de la même manière que le lin et le chanvre en France (V. ROUISSAGE). Ces bottes sont placées dans un fossé, au nombre de 10 ou 15 à la fois, et maintenues constamment à l'humidité, au moyen d'épaisses couches de gazon dont on les recouvre à la surface. La durée du rouissage dépend de la température, mais la moyenne est ordinairement de 8 à 10 jours. Au moment venu, on détache le gazon qui a servi à recouvrir les tiges, et on retire celles-ci de l'eau. Alors un ouvrier délie les paquets, et commence par enlever à la main, près de la racine, une partie de l'écorce du noyau ligneux interne. Cela fait, il frappe l'extrémité opposée sur une planche placée devant lui, dans une position oblique, et, par un mouvement violent de va-et-vient, il détache les couches corticales extérieures, et obtient à l'état par la fibre proprement dite.

A cet état de demi-préparation, le jute n'a pas besoin d'être teillé comme le lin ; on se contente de le laver pour en enlever les impuretés et la matière gommo-résineuse, à moitié dissoute, qui l'entoure. Pour cela, l'opérateur descend en pleine eau, et faisant tourner les fibres humides au-dessus de sa tête, il les bat petit à petit contre la surface de l'eau. Lorsqu'il juge celle-ci a entraîné une grande partie des matières solubles, il étend rapidement en éventail au-dessus même de l'eau, la poignée qu'il tient, et en enlève avec soin les matières étrangères visibles.

Le jute est ensuite tordu, puis séché au soleil sur des bambous ou sur des cordes disposés à cet effet. Les fibres sont finalement réunies en paquets de un ou deux mauds (le maud = 39 kilog.) pour être directement livrées aux courtiers-vendeurs. Le quart environ est consommé par les indigènes.

Le jute en Angleterre. En Europe, le commerce du jute est en quelque sorte monopolisé par l'Angleterre. Il s'y pratique par l'intermédiaire de commissaires ou courtiers, qui vendent pour leur compte, ou le plus souvent pour le compte des maisons de Calcutta. Le titre de *courtier de jute* est à Londres, ce qui fait qu'outre les courtiers officiels, on rencontre aussi des courtiers marrons.

L'établissement des docks anglais facilite beaucoup le commerce du jute, et permet aux commerçants d'avoir en dépôt de fortes quantités de ce textile. Comme on le sait, ces entrepôts s'étendent à l'infini le long des deux rives de la Tamise : sous terre, ils sont pourvus de caves immenses, et, à la surface du sol, ils couvrent un vaste terrain, où des villes entières trouveraient facilement place. C'est dans la division dite *East-India-Docks* (Docks des Indes Orientales), que l'on rencontre plutôt le jute.

Embarqué à Calcutta, le plus souvent comme supplément de cargaison, le jute, aussitôt son arrivée à Londres, est étiqueté au débarquement par les employés de la Compagnie des Docks. Mis en magasin, il est bientôt visité par les filateurs, jusqu'au jour de la vente, fixée à Londres, le mercredi. Cette vente se fait à la criée, dans des locaux spéciaux, par lots de 10 balles, en surenchérissant de 1 schilling. On achète à trois mois, avec facilité de laisser la marchandise en magasin pendant ce temps, sans payer aucun frais, sinon 15 0/0 sur le prix comme engagement immédiat, et avec l'obligation de tout payer avant complète livraison. Le courtage est de un demi 0/0 pour le vendeur et d'autant pour l'acheteur, soit 1 0/0 lorsqu'un seul courtier réunit ces deux fonctions ; la tare est de 1 livre anglaise (0f,453) par balle. A Liverpool, la vente a lieu le jeudi. Dans cette ville, il n'y a pas de courtage, la tare est de 5 livres par balle, mais on doit payer comptant. Les courtiers marrons demandent, à Liverpool, 1 0/0 plus 4 pence par balle, et à Londres, 5 schilling par tonne. Il va sans dire qu'en dehors des livraisons faites dans ces conditions, certains filateurs achètent le jute à des négociants qui vendent pour leur propre compte, et qui spéculent sur la livraison et le paiement à trois mois, pour opérer avec moins de capitaux, ou à des vendeurs à petit profit, présents à toutes les ventes et qui accaparent les meilleurs lots : dans ces conditions, les frais intermédiaires sont cotés à 2 livres sterling par tonne.

Dans la Grande-Bretagne, c'est surtout le district manufacturier de Dundée qui file le jute : il en absorbe à lui seul près de 80 0/0 de tout ce qui est introduit en Angleterre. En 1848, cette ville ne recevait que 8,905 tonnes de jute ; en 1854, cette quantité s'élevait à 28,877 tonnes ; en 1863, à près de 45,000 tonnes ; sa moyenne annuelle de consommation est maintenant de 200,000 tonnes.

Le jute en France. Il est évident qu'entre les filateurs français et les filateurs anglais qui choisissent le jute à la même source, l'avantage revient aux filateurs anglais. Non seulement les industriels français ne peuvent avoir sous la main un choix aussi complet que leurs concurrents d'outre-mer, mais encore ils ont à supporter des frais d'achat bien autrement considérables : surtaxe d'entrepôt, bénéfice que demande l'importateur anglais au consommateur, bénéfice du négociant commissionnaire, courtage du son courtier, frais de mise à bord, magasinage et assurance contre le feu, frais de réembarquement, nouveau frét de Londres à Dunkerque, nouvelle prime d'assurance maritime, etc. Bien que le frét de Calcutta au Hâvre soit beaucoup plus élevé que celui de

Calcutta à Londres, on trouverait évidemment avantage à des importations directes. Comme on peut le voir par le tableau suivant, mentionnant la quantité de jute brut importée en France dans ces dernières années, c'est encore maintenant plutôt aux Docks de Londres et de Liverpool qu'aux négociants de Calcutta que nous nous adressons pour nos approvisionnements :

Années	Provenance			Totaux
	Angleterre	Indes anglaises	Autres pays	
	kilogr.	kilogr.	kilogr.	kilogr.
1875	31.074.420	5.148.888	152.602	36.375.910
1876	24.083.468	3.623.005	9.663	27.716.136
1877	27.472.112	223.244	744.314	26.439.670
1878	24.947.388	402.619	147	25.350.154
1879	28.613.762	9.608.600	910.551	39.132.913
1880	25.013.773	5.979.330	688.535	31.671.638

Nous avons indiqué au mot FILATURE, § *filature du jute*, l'historique de la consommation du jute en France. Nous n'avons pas à y revenir.

FILATURE DU JUTE. Le jute, avant d'être travaillé, doit être graissé d'une manière toute spéciale afin d'acquérir une certaine souplesse. Pour cela, on forme, avec les fibres, des litières de 3 à 4 mètres carrés, par couches de 8 à 10 centimètres, et on arrose le tout d'un liquide lubrifiant, au moyen d'un arrosoir de jardin. La quantité de ce liquide varie de 25 à 30 p. 100 kilogrammes de jute, mais elle est toujours plus forte en été qu'en hiver, à cause de l'évaporation rapide occasionnée par la chaleur de la saison. La composition de ce lubrifiant n'est pas non plus la même dans toutes les usines : quelques filateurs emploient de l'huile de phoque, de baleine ou de veau-marin, et y ajoutent de l'eau de savon, parfois même de la potasse chauffée à 50° ; d'autres font usage d'une mixture d'huiles lourdes, tenant en dissolution de la résine ou de la gomme, avec une émulsion alcaline à base de soude, de potasse ou d'ammoniaque.

Deux méthodes sont alors en usage : ou bien le jute est *peigné*, après avoir été coupé, et passe ensuite par les métiers ordinaires de la filature de lin ; ou bien il est directement *cardé*. Nous allons examiner rapidement ces deux méthodes :

Jute cardé. Si l'on veut obtenir du cardé, le jute est présenté à une machine appelée *teazer* ou à une autre dite *shellbreaker*, vulgairement désignées l'une et l'autre sous le nom de *loup* ou *tibre*, qui réduit la matière en étoupes ou en filaments de 20 à 30 centimètres de longueur.

Le *teazer* consiste principalement en un tambour en bois de 1 mètre de diamètre sur 0m,80 centimètres de largeur, entouré de fortes aiguilles longues de 4 à 5 centimètres, et tournant avec une vitesse de 1,200 à 1,500 révolutions à la minute. Au-dessus de ce tambour, sont agencés, à courte distance l'une de l'autre, trois paires de rouleaux munis d'aiguilles, comportant chacune un débourreur et un travailleur (V. ETOUPES, § *Travail de la carde*). Le jute est amené à l'aide de toiles sans fin, entre deux paires de cylindres cannelés, qui le font avancer peu à peu, tout en le retenant de

façon à le laisser arracher petit à petit dans toute sa longueur par les dents du tambour. Il est alors réduit en tronçons de quelques centimètres, passe successivement par les trois paires de rouleaux, et finalement est enlevé sur le derrière du métier par un *doffer* qui le transmet à des rouleaux cannelés, d'où il est reçu sur des toiles sans fin.

Dans le *shell-breaker*, il n'y a que deux paires de rouleaux travailleurs et débourreurs, situés, contrairement à la machine précédente, au-dessous du tambour. Les cylindres cannelés d'entrée sont supprimés et remplacés par un rouleau muni de dents de carde. Le jute est arraché en menus morceaux par le tambour et les rouleaux, et lorsqu'il revient au sommet du tambour, il en est enlevé par un *doffer* qui le transmet à deux paires de rouleaux cannelés, séparés par une table en fonte polie, qui le débitent sous forme de ruban dans un pot. Après avoir été réduit en morceaux, par l'une ou l'autre de ces deux machines, le jute passe par la *carde à jute*, assez semblable à la carde employée pour l'*étoupe* (V. ce mot). Dans cette carde, le jute subit un véritable *étirage* (V. ce mot), tandis que l'une ou l'autre des machines précédentes n'a servi qu'à le briser en morceaux et à l'assouplir, remplissant un rôle à peu près analogue à celui de la briseuse pour étoupes.

Le jute passe ensuite successivement par les étirages, le banc à broches et le métier à filer, machines qui sont identiquement mêmes que celles employées pour le lin, mais bâties d'une façon plus forte et plus solide, puisqu'elles doivent travailler une matière très élastique et préalablement mouillée. Les bancs d'étirage n'y réunissent jamais que deux et parfois quatre rubans, les barrettes y sont souvent remplacées par des hérissons.

Le fil de jute cardé est plus cotonneux, plus pelucheux, que le fil de jute peigné, et la valeur en est moindre.

Jute peigné. Pour obtenir le peigné, il faut couper ou casser le jute graissé par longueurs de 60 à 80 cent. au moyen d'une machine à couper (V. COUPEUSE, I). Ces cordons sont portés à la peigneuse à lin, qui les rend sous forme de longs brins et d'étoupes. Les étoupes sont cardées et filées comme le jute cardé, mais les brins peignés sont parallélisés et échelonnés sur la table à étaler (V. ÉTALEUSE), ensuite sur les étirages, puis assemblés et laminés sur le banc-à-broches, et finalement tordus sur le métier à filer, toutes machines identiques à celles qui servent pour le lin. Le fil, dans ces conditions, possède plus de force que le cardé.

Quelquefois, avant de couper le jute à une longueur déterminée, on le fait passer par une sorte de machine à assouplir dite *softener*, dont on connaît plusieurs types. Dans les unes, le jute, étalé sur une toile sans fin, passe entre deux séries de dix rouleaux cannelés, superposés parallèlement ; la machine comprend donc quarante rouleaux, le jute passe d'abord entre la première et la seconde rangée de rouleaux, revient ensuite entre la seconde et la troisième, et finalement passe entre la troisième et la quatrième pour sortir sur le derrière du métier. Dans les autres, la série n'est que de cinq rouleaux, mais ceux-ci sont placés sur un demi-cercle en fonte, les uns à la suite des autres, et munis chacun d'une forte vis de pression ; le jute est étalé sur une toile sans fin sur le devant, et sort entraîné sur une autre toile sans fin derrière le métier.

Les mélanges de jute et d'un autre textile (lin ou chanvre), se font à l'étaleuse ou aux étirages, mais l'étalage à l'étaleuse donne les meilleurs résultats. Le système préférable est alors, non pas d'étaler successivement des poignées différentes des textiles mélangés, mais de réserver sur la table de la machine, un cuir pour le lin ou le chanvre et un cuir pour le jute : les deux rubans, se doublant près du pot, se mélangent plus intimement. — V. Étaleuse.

L'étaleuse pour jute n'a généralement que deux cuirs sans fin, et la distance de l'étireur au rouleau d'appel y est très petite ; elle marche beaucoup moins vite, l'étirage y est plus faible et la pression moins forte que pour le lin.

Usages du jute. Nous venons de voir qu'on est obligé, pour filer le jute, de l'ensimer à l'aide d'huile de poisson, ce qui communique dans la suite à ses fils une odeur désagréable et persistante. Ses tissus ne peuvent donc servir à aucun usage de corps. En outre, le jute ne peut fournir que de gros numéros en filature, et, tout en donnant un fil peu solide par lui-même, peut à peine, à l'état de tissu, supporter l'humidité ou encore moins les lessives alcalines.

De tout ceci, il résulte encore que ce textile ne s'emploie qu'à la fabrication de tissus craignant peu l'humidité ou à la confection de toiles grossières. L'usage des premiers est assez restreint. Il entre, par exemple, dans la composition des toiles cirées pour parquets ; il sert aussi à faire des tapis-moquette, ayant presque l'apparence des tapis de laine, que l'on teint en couleurs très vives, mais malheureusement peu résistantes ; on l'emploie encore beaucoup pour la fabrication de tentures d'appartement à bon marché, soit seul, soit en mélange avec le coton, ou encore pour la confection de certaines toiles à matelas pour paillasses, qui ne semblent pas trouver grand crédit dans la consommation française, à cause de l'odeur désagréable qu'elles exhalent. On l'utilise, uni à la bourre de coco ou à diverses espèces de fibres exotiques, pour la confection de nattes d'escalier, tapis communs, etc. Enfin, dans ces derniers temps, il a été utilisé, dans la région du Nord, en mélange avec le lin, pour la fabrication de velours de couleur, qui ont en ce moment une vogue méritée.

Mais on se sert surtout du jute en France, comme dans l'Inde, pour la confection de toiles d'emballage et de sacs. — A. R.

Jute bâtard. Nom donné au textile extrait de l'*hibiscus cannabinus.* — V. Hibiscus.

K

*KAINITE. *T. de minér.* Produit salin, de coloration jaunâtre, soluble dans l'eau et qui est constitué par un mélange de sulfate de magnésie et de chlorure de potassium, avec un peu de chlorure de sodium. Il a pour formule :

$$2MgO, SO^3 + KCl + 6H^2O^2.$$

Il se trouve à Stassfurt, et est très employé pour la préparation des sels de magnésie, que l'on sépare par concentration à l'aide de la chaleur.

KALÉIDOSCOPE. *T. de phys.* Instrument fondé sur la propriété des miroirs angulaires, et qui fait voir plusieurs images symétriques d'objets divers, formant parfois de très agréables effets ; de là le nom de *kaléidoscope*, composé de trois mots grecs qui signifient *voir belles formes*. On attribue à J.-B. Porta (1565) l'invention du kaléidoscope ; mais le physicien anglais Brewster y apporta, en 1814, des perfectionnements importants.

L'instrument actuel se compose de deux miroirs taillés en lames de $0^m,04$ à $0^m,06$ de largeur sur $0^m,15$ à $0^m,25$ de longueur, disposés en forme de gouttière, ou plutôt comme les deux feuillets consécutifs d'un livre entr'ouvert ; ils forment ordinairement un angle de 60°, et sont renfermés dans un tube en carton ou en fer-blanc contre lequel ils s'appuient suivant leur ligne d'intersection. L'une des extrémités du tube est fermée par une plaque opaque percée d'une petite ouverture formant œilleton ; l'autre extrémité est constituée par une sorte de tambour formé de deux plaques de verre, l'une intérieure transparente, l'autre extérieure en verre dépoli. Dans cette espèce de boîte cylindrique, d'environ $0^m,01$ de profondeur, appliquée au bout des deux miroirs, on met des petits objets de forme et de nature diverses.

Les dessinateurs en broderie, en étoffes, cachemires, tissus imprimés, ornements, etc., se servent du kaléidoscope pour trouver des combinaisons nouvelles parmi lesquelles ils rencontrent des motifs de dessins, des effets à leur goût.

Les artistes dessinateurs se servent aussi du kaléidoscope simplifié, sans tube. Deux plaques de miroirs articulées comme un livre, et dont on peut faire varier l'angle à volonté, servent à augmenter le nombre des images ; elles sont posées sur un troisième miroir horizontal, et l'on place dans l'angle dièdre les objets qui doivent former des dessins symétriques.

Brewster a fait des kaléidoscopes à angle variable. L'un des miroirs était mobile au moyen d'une vis, ce qui lui permettait d'obtenir des effets successifs les plus variés ; appareils à l'aide desquels on a pu vérifier les lois qui établissent des relations entre la grandeur de l'angle des miroirs et le nombre des images. (V. à ce sujet la théorie qui en a été donnée par M. Bertin en 1850 dans les *Annales de chimie et de physique*, t. XXIX).

Au lieu de deux miroirs, on peut en employer trois, formant un prisme équilatéral. Les figures symétriques sont plus compliquées puisqu'elles résultent de la combinaison des effets de ces trois miroirs deux à deux. Les trois miroirs pourraient former entre eux des angles inégaux, avec cette condition que chacun d'eux fût un sous-multiple de 360° ; tels que les systèmes (45°, 90°) (30°, 60°, 90°) ; cet angle devrait encore être partagé symétriquement. Quand on emploie quatre miroirs, il faut que les angles soient droits ; les glaces ne peuvent former qu'un carré ou qu'un rectangle.

Lorsque l'appareil comporte trois ou un plus grand nombre de miroirs, on lui donne le nom de *boîte catoptrique*. Dans ce cas, le prisme formé par les miroirs est posé verticalement, et la base supérieure est fermée par un verre dépoli ou une membrane translucide. Plusieurs ouvertures par lesquelles on regarde, sont pratiquées dans les parois de la caisse, vers le haut de chaque miroir, et l'on voit les objets reproduits un très grand nombre de fois, et multipliés, pour ainsi dire, à l'infini, s'il y a deux miroirs parallèles dans le système.

KAOLIN. *T. de minér.* Syn.: *terre à porcelaine.* Variété d'argile plastique, souvent assez différente comme composition, mais qui, lorsqu'elle a été débarrassée, par simple dilution dans l'eau, des matières étrangères qui y sont mélangées, se présente sous l'aspect d'une masse opaque, terreuse, d'un blanc parfois jaunâtre, quelquefois douce au toucher, mais plus souvent rugueuse, happant la langue, friable, d'une densité de 2,2, et faisant pâte avec l'eau. Elle ne donne pas d'effervescence avec les acides, est attaquée, à chaud, par l'acide sulfurique, surtout après calcination, et est infusible au chalumeau.

Comme composition chimique, lorsque le kaolin est pur, c'est un silicate d'alumine hydraté; on peut assez exactement représenter sa formule par $Al^2 O^3 2(Si O^2)+2 H^2 O$ qui correspond à la composition du kaolin de Saint-Yrieix; mais on peut aussi en trouver avec des formules très différentes, car certains kaolins sont de véritables silicates doubles d'alumine, de potasse ou de soude, comme le montrent les analyses suivantes :

	Kaolins de		Observations
	St-Yrieix	Chine	
Silice........	48.68	55.3	Les moyennes générales donnent :
Alumine. .'. . .	36.92	30.3	De 1,2 à 10,9 0/0 de silice libre.
Sesquioxyde de fer	»	2.0	
Potasse......	»	1.1	De 21,6 à 45,3 0/0 de silice combinée à l'alumine.
Soude.....'..	0.58	2.7	
Magnésie.....	0.52	0.4	De 22,5 à 37 0/0 d'alumine.
Eau..	13.13	8.2	
Perte........	0.17	»	De 7,5 à 13,1 0/0 d'eau.
	100.00	100.0	
Analyses de MM. {	Forchammer.	Ebelmen et Salvétat	

Le kaolin se trouve en amas considérables parfois, dans les terrains primitifs, au milieu des pegmatites, des granites, des gneiss ou des porphyres. Il est le résultat de la décomposition des feldspaths que contiennent ces roches.

— Ses principaux gisements sont : en France, Saint-Yrieix, près Limoges; les Pieux, près Cherbourg; Louhossoa, Basses-Pyrénées (dans les gneiss); en Bavière, à Aschaffenbourg, Stollberg, Diendorf, Oberedsdorf; dans la Haute-Franconie, Schwefelgosse, Brand, Niederlamitz, Göpfersgrün; dans le Palatinat, Amberg; il provient toujours de l'altération des gneiss. En Prusse, on en trouve dans les amas de porphyre, à Morl, à Trotha; en Saxe, à Aue (granites altérés), Seilitz (porphyres décomposés); dans l'Autriche-Hongrie, à Brenditz, Zedlitz, Prinzdorf; en Angleterre, à Saint-Austle (granites altérés), à Tregoning-Hill; enfin, en Russie, en Chine, etc.

On divise industriellement les kaolins en trois variétés principales : les *kaolins caillouteux*, qui sont grenus, friables, offrant des grains durs et quartzeux, à côté d'autres qui sont tendres et de nature argileuse; les *kaolins sablonneux*, qui sont friables, maigres au toucher, et offrent de nombreux petits grains de sable fin; les *kaolins argileux*, qui sont moins friables que les précédents,

et forment directement avec l'eau une pâte assez bien liée.

A côté du kaolin, il faut encore citer une matière qui s'en rapproche considérablement, et à laquelle on donne le nom de *petunzé*, c'est un kaolin contenant du feldspath lamelleux non encore décomposé, on le trouve, à Saint-Yrieix, à côté du kaolin proprement dit; il est beaucoup plus fusible que ce dernier, et s'emploie en mélange avec lui, dans la proportion de 15 à 20 0/0; pris seul, il sert à faire la couverte, à cause de sa facile fusibilité.

Usages. Le kaolin sert à faire tous les objets en *porcelaine.*

KARSTÉNITE. *T. de minér.* Syn.: *Anhydrite.* Variété de chaux sulfatée anhydre, contenant 58,52 0/0 d'acide sulfurique, et 41,18 0/0 de chaux; formule : $CaO, SO^3 = CaSO^4$. Elle est en prismes rhomboïdaux, pouvant avoir les colorations les plus variables. $D=2,90$; dureté 3 à 3,5. On la trouve dans les mines de sel gemme, en Bavière, dans le Tyrol, les Pyrénées.

KEITTINGER (JEAN-BAPTISTE-FRANÇOIS), né à Aubenas en 1761, fils d'un dessinateur de fabrique, s'établit à Bolbec en 1791, puis créa à Lescure, près Rouen, une grande manufacture d'impressions sur tissus. Le nom de cette famille est intimement lié à la prospérité de l'industrie normande, et l'établissement de Lescure, dirigé aujourd'hui par les petits-fils de son fondateur, compte parmi les plus importants de la région. Keittinger est mort en 1822.

KELLER (JEAN-BALTHAZAR), né à Zurich, en 1638, fut appelé à Paris par son frère *Jean-Jacques* KELLER, habile fondeur de canons, engagé au service de la France. Louvois, surintendant des bâtiments royaux, nomma Jean-Balthazar inspecteur de la fonderie de l'arsenal et, en cette qualité, il dirigea la fonte de la plupart des statues en bronze qui peuplaient les jardins de Versailles. Il coula d'un seul jet la colossale statue équestre de Louis XIV, érigée sur la place Vendôme et qui fut renversée par la Révolution; la perfection à laquelle le célèbre fondeur était parvenu dans ce travail prodigieux excita la plus vive admiration.

KÉPI. Sorte de casquette, à visière de cuir, et dont le fond en drap s'élève comme celui du shako; adoptée par quelques troupes légères lors de la conquête de l'Algérie, elle est devenue la coiffure de petite tenue de presque toute l'armée française; le képi est en usage également dans certaines administrations, dans les collèges, etc.

KERMÈS. On donne ce nom : 1° au corps desséché de plusieurs insectes du genre *coccus*, qui, comme le *coccus cacti* ou la cochenille, sont ou ont été autrefois employés comme matières tinctoriales rouges (V. COCHENILLE), et 2° à un produit pharmaceutique, le *kermès minéral* ou *officinal*, qui consiste en un mélange de sulfure et d'oxyde d'antimoine. — V. ANTIMOINE.

Kermès du chêne. Désigné aussi sous les noms de *kermès animal* ou *végétal*, de *graine* *d'écarlate*, de *cochenille du chêne*, le kermès du chêne est le corps desséché de la femelle du *coccus ilicis*, insecte qui vit sur les tiges et les feuilles d'une variété de chêne vert à feuilles piquantes (*quercus coccifera*), n'atteignant jamais plus de 1 à 1ᵐ,5 de hauteur, et croissant en abondance dans le midi de la France, en Espagne, en Italie, et dans l'archipel grec, principalement à Candie, au Maroc, ainsi que dans les provinces d'Oran et d'Alger.

Le *coccus ilicis* vit et se développe comme la cochenille : au printemps, la femelle fécondée se fixe sur les branches et les feuilles du *quercus coccifera;* elle se gonfle bientôt, se couvre d'un duvet blanc et dépose ses œufs sur lesquels elle meurt; au mois d'avril, elle a acquis le volume d'un pois, son corps s'est arrondi, le duvet a disparu et a été remplacé par une poussière blanchâtre. On fait la récolte avant l'éclosion des œufs, du milieu de mai au milieu de juin; cette opération est effectuée le matin, avant que le soleil ait chassé la rosée, par des femmes et des enfants, qui détachent l'insecte avec leurs ongles. Dans l'île de Candie, où le kermès prend le nom de *coccus baphica*, la récolte est faite par les pâtres et les enfants qui, à cet effet, repoussent les feuilles à l'aide d'une fourchette, qu'ils tiennent de la main gauche, et coupent avec une faucille les jeunes pousses sur lesquelles le kermès est fixé. Aussitôt après la récolte, on expose les insectes à la vapeur de vinaigre pendant une demi-heure et on les fait sécher au soleil sur des toiles.

Le produit ainsi obtenu se présente sous forme de grains brunâtres et d'une saveur âpre et piquante; ils sont arrondis, lisses, luisants et à peu près de la grosseur d'un pois. Le principe colorant du kermès serait, d'après Lassaigne, identique avec l'*acide carminique* de la cochenille ; son extrait aqueux est coloré en brun jaunâtre par les acides, en violet ou rouge cramoisi par les alcalis, en noir par le sulfate de fer, en rouge de sang par l'alun, en vert olive par le sulfate de cuivre et la crème de tartre, en jaune cannelle par le sel d'étain et la crème de tartre.

Le kermès, qui, avant l'introduction de la cochenille en Europe, était l'objet d'un commerce très important, n'est plus aujourd'hui que très peu employé; actuellement, on s'en sert que pour obtenir une laine ou sur soie certaines nuances pour lesquelles il est indispensable; ainsi, par exemple, les calottes turques, de couleur rouge pourpre, nommées *fez* ou *tarbouches*, sont presque toujours teintes avec le kermès. En Italie, on prépare avec le kermès une liqueur de table très renommée, sous le nom d'*alkermès;* le kermès était aussi employé autrefois en pharmacie, mais actuellement il est inusité.

Suivant Girardin, on distingue surtout deux variétés de kermès : celui de Provence et celui d'Espagne. Le *kermès de Provence* donne, lorsqu'on l'écrase, une poussière rouge, il fait pâte dans le mortier et ne peut facilement être tamisé ; le *kermès d'Espagne*, en grains secs et plats, ne donne que peu de poussière et se tamise aisé-

ment. Le premier est plus riche en couleur et d'un prix plus élevé ; on le mélange souvent avec le second.

Kermès de Pologne. Il offre les mêmes propriétés que le kermès du chêne ; c'est le corps desséché de la femelle du *coccus polonicas*, qui était récolté autrefois en Pologne et en Allemagne sur les racines des *scleranthus perennis et annuus*. Ce kermès, d'un rouge pourpre violacé et de la grosseur d'un grain de poivre, n'est plus maintenant du tout employé.

Au kermès proprement dit se rattachent encore les espèces suivantes de *coccus* : le *coccus fragariæ*, qui vit sur les racines du fraisier de Sibérie; le *coccus uva ursi*, recueilli en Russie sur l'*arctostaphylos uva ursi* ; sa grosseur est double de celle du kermès de Pologne ; le *coccus fabæ*, découvert par Guérin Menneville en 1851, dans le sud de la France, sur les fèves (*vicia faba*), et plus tard sur diverses espèces de chardons et autres plantes sauvages et cultivées. Enfin, suivant A. Vée, on trouve au Canada, sur un sapin (*abies nigra*), un insecte dont les ailes renferment une grande quantité d'un pigment rouge écarlate, analogue à celui de la cochenille.

Kermès minéral ou **officinal.** Le produit pharmaceutique désigné sous ce nom, consiste en un mélange en proportions variables de sulfure d'antimoine et d'oxyde d'antimoine, avec de petites quantités d'antimoniate de soude et du sulfosel alcalin NaS, SbS^3 (Na^2S, Sb^2S^3). C'est une poudre rouge d'un brun foncé, d'un aspect velouté. Pour obtenir ce produit, on fait bouillir pendant un quart d'heure du sulfure d'antimoine en poudre *très fine* (6 parties) avec une solution de carbonate de soude cristallisé (128 parties dissoutes dans 1,280 parties d'eau), on filtre le liquide bouillant dans un vase contenant de l'eau très chaude et on laisse refroidir aussi lentement que possible pendant 24 heures ; au bout de ce temps, on recueille sur un filtre la poudre déposée, on la lave à l'eau froide et on la fait sécher à l'étuve. On peut aussi préparer le kermès par voie sèche; d'après le procédé de Berzélius : on mélange 3 parties de sulfure d'antimoine avec 8 parties de carbonate de potasse ; on introduit le mélange dans un creuset couvert et l'on chauffe jusqu'à fusion. On laisse refroidir, on pulvérise le produit et on le fait bouillir avec 80 parties d'eau. La solution filtrée est traitée ensuite comme précédemment. Le kermès minéral est très employé dans la médecine humaine et vétérinaire contre les affections des organes respiratoires. — Dʳ L. G.

*KESTNER (Charles), manufacturier, naquit le 30 juin 1803, à Strasbourg, où son père dirigeait une maison de banque. Il était le petit-fils de Charlotte Buff, dont Goethe fit l'héroïne de *Werther*. Après avoir terminé ses études classiques, il suivit les cours des professeurs de chimie les plus réputés de l'Europe, et son apprentissage scientifique, industriel et commercial, terminé; il entra dans la fabrique de produits chimiques fondée à Thann par son père. Très modeste au début, cet établissement prit rapidement, sous l'impulsion de son jeune chef, un développement considérable. L'industrie des produits chimiques et principalement l'acide sulfurique, le sel de soude, l'acide tartrique, sont redevables à Charles Kestner de nombreux perfectionnements. En 1848, ses concitoyens l'envoyèrent à l'Assemblée ; sa protestation contre le coup d'Etat du 2 décembre lui valut la prison et l'exil.

Charles Kestner était d'une bonté, d'une bienveillance et d'une douceur de caractère remarquables. Très préoccupé du sort des classes laborieuses, il avait, dès 1848, fondé non seulement des institutions de secours dans ses établissements, mais associé tous ses ouvriers, tous ses collaborateurs, à la prospérité de sa maison, en les faisant participer à ses bénéfices.

Son patriotisme n'eut pas à subir la cruelle douleur de voir son pays mutilé, la mort l'enleva le 12 août 1870, au moment de l'apparition des légions allemandes sur le territoire alsacien.

KHMER (Art). Khmer est le véritable nom du pays que nous appelons Cambodge et sur lequel l'attention ne s'est fixée en Europe que depuis 1863. On s'était peu occupé jusque là de ces marécages couverts d'épaisses forêts. Mais le roi Nôrodom, ayant demandé la protection de la France contre l'Empire de Siam, le Cambodge s'est trouvé ouvert aux Européens, et aussitôt des explorateurs hardis ont pénétré dans l'intérieur et en ont rapporté les plus curieux renseignements sur un art parvenu déjà à un grand développement, et dont l'existence avait été à peine soupçonnée. Quelques voyageurs du XVIIe siècle avaient bien signalé les ruines d'Angcor, mais sans autre description, et en les attribuant aux Romains ou aux Grecs! C'est au français Mouhot et surtout à M. Delaporte qu'on doit d'avoir enfin connu cette civilisation prodigieuse qui appartient bien au Cambodge et n'a laissé ailleurs aucune trace.

Les monuments khmer, en nombre assez grand à l'intérieur du pays, sont complètement en ruine, par suite surtout du développement de la végétation qui a soulevé les pavés, renversé les balustrades, déchaussé et disjoint les pierres. Aussi ne doit-on pas songer à les réparer ;

le seul intérêt qu'offre là une mission artistique est de recueillir des fragments, des moulages et des photographies propres à conserver le souvenir de cet art si remarquable.

On compte actuellement cinquante groupes de constructions et plusieurs centaines de monuments isolés. Mais les plus importants sont les sanctuaires d'Angcor, de Préakhan, de Méléa et de Pontéachina. Ils couvrent des espaces considérables, et seuls les temples de Karnac, en Egypte, peuvent leur être comparés pour l'importance. Le temple d'Angkor-Vat, auquel on accède par une superbe avenue, et dont nous donnons la vue générale (fig. 539), servait de résidence aux rois Cambodgiens, à l'époque reculée où d'après la tradition ils commandaient à cent vingt peuples divers, et le travail prodigieux qu'attestent ces ruines semble indiquer, en effet, une puissance dont nous ne pouvons plus avoir une idée. La première enceinte rectangulaire mesure près d'une lieue de tour; elle se compose d'une galerie formée extérieurement par une double rangée de colonnes, et intérieurement par un mur plein. Au centre de cette galerie s'ouvre un arc triomphal à trois ouvertures. Le monument lui-même est formé de galeries analogues superposées en étages, autour desquelles court un bas-relief continu, représentant des combats et des scènes religieuses. La tour centrale qui couronne l'édifice, bien qu'effondrée en partie, atteint encore une hauteur de 56 mètres. De semblables dimensions donnent la plus haute idée de l'art khmer, d'autant plus que toute la surface du temple est couverte de sculptures et d'inscriptions, dont les plus anciennes, malheureusement, sont pour nous indéchiffrables. Une partie du monument est restée inachevée. Sans doute la décadence est arrivée promptement; ou bien une catastrophe imprévue a-t-elle détruit la puissance des rois du Cambodge? L'étude de l'histoire de ce pays n'est pas encore assez avancée pour permettre de répondre à cette question. On ne sait même ni à quelle époque, ni en l'honneur de qui furent élevés ces superbes monuments. Dans tous, le culte Boudhique y côtoie les divinités brahamaniques, et les souverains du Cambodge durent étendre loin leurs conquêtes, car on reconnaît sans peine, dans les captifs qui figurent à la suite des triomphes, l'Annamite, le Laotien, le Tartare, l'Indien, etc. Ces bas-reliefs donnent les plus curieux renseignements sur la vie publique et religieuse des Khmer; on y retrouve des cortèges entiers,

Fig. 539. — *Temple d'Angcor-Vat.*

où se déploie toute la pompe et la richesse des cérémonies orientales. Des cavaliers armés de lances ouvrent la marche, suivis d'archers en vestes brodées et jupes courtes; des femmes, le front ceint du diadème ou mitrées, portent des brûle-parfums ou agitent des éventails; elles précèdent la reine, étendue sur une litière, et le roi monté sur un éléphant gigantesque, ayant en main le glaive sacré qui était comme le *palladium* de l'empire. On voit successivement les courses et les luttes d'athlètes, les joûtes sur l'eau, les courses de bayadères; puis le roi va cueillir le lotus sacré et accomplir les rites religieux aux pieds des statues des divinités. Tous ces épisodes sont très distincts, d'une composition élégante et sans confusion, et le grès très fin employé dans ces sculptures se prête à une belle exécution artistique.

Les édifices sacrés ne sont pas toujours composés d'un sanctuaire entouré de galeries rectangulaires, comme le temple d'Angkor-Vat, et surmontés d'une pyramide en forme de tiare étagée. Il existe aussi des temples pyramidaux à étages, qui se rapprochent beaucoup des monuments de l'Inde, et qui, s'ils sont les plus anciens, pourraient affirmer l'origine indoue de l'art khmer. Enfin, si l'on combine les galeries à colonnes multiples, avec un massif pyramidal sur les degrés duquel s'étagent des galeries décroissantes, aboutissant à un sanctuaire, on a le véritable temple khmer, celui dont l'aspect est le plus décoratif et le plus grandiose.

Les monuments civils sont encore nombreux au Cambodge, quoique dans un état complet de délabrement; ce sont des maisons de princes ou de riches particuliers, des magasins royaux, des fortifications dont le couronnement est orné de festons et de crêtes sculptées, ce qui ne se rencontre que dans les civilisations très avancées, des routes, larges de 25 à 30 mètres, et élevées au-dessus de l'inondation qui est à l'état permanent dans le pays. Les ponts en pierre, jetés sur les arroyos, sont décorés de balustrades monumentales, supportant un motif en forme de coquille, que couronne une figure de dieu et des animaux fantastiques; les portes des palais sont toujours gardées par ces animaux à plusieurs têtes, ou par des griffons écaillés. Le toit aigu des palais, orné de découpures et d'arêtes vives, est généralement surbaissé, mais les petits piliers qui les supportent et les portiques qui forment saillie sur la façade conservent toujours à ces constructions un aspect monumental autant qu'élégant. Malheureusement, comme nous l'avons dit, aucune restauration n'a pu être faite, et avant peu, il ne restera plus rien des villes de Steng, de Pracang, de Siem-Reap, etc., où on trouve encore des merveilles.

M. Delaporte a voulu, du moins, sauver quelques fragments curieux, et après avoir surmonté de grandes difficultés, il est parvenu à rapporter en Europe environ quatre-vingts pièces de sculpture et d'architecture, qui ont formé le premier fonds d'un musée khmer, installé d'abord dans la salle des gardes au château de Compiègne, et qu'on vient de transférer au Trocadéro. On y remarque un groupe de deux géants, supportant un dragon, un géant isolé, appuyé sur une massue, divers autres statues de divinités, un éléphant, deux lions, des dragons, un fronton et des entablements ornés de bas-reliefs, et un grand nombre de fragments d'architecture. M. Delaporte a rapporté encore, de sa mission au Cambodge, plusieurs moulages et photographies d'inscriptions qui peut-être permettront de reconstituer une partie de l'histoire de ce peuple khmer totalement inconnu jusqu'ici, et qui a laissé de si étonnants vestiges de sa richesse et de sa puissance. — C. DE M.

Bibliographie : DELAPORTE : *Voyage au Cambodge;* Marquis de CROIZIER : *Des monuments Khmer,* classés par provinces, 1879; Marquis de CROIZIER : *Histoire de l'architecture Cambodgienne,* d'après James FERGUSSON;

Docteur HARMAND : *Les Kouys,* considérations sur les monuments khmer (*Annales de l'Extrême-Orient*).

*KIÉSÉRITE. *T. de minér.* Sulfate de magnésie naturel et hydraté, qui se présente sous forme de masses blanches, peu solubles dans l'eau. La formule est MgO,SO^3,H^2O^2. On le trouve à Stassfurt, et sert à préparer les sels de magnésie.

*KILLINITE. *T. de minér.* Silicate d'alumine lithinifère, très voisin du *triphane* ou *spodumène,* en cristaux prismatiques rhomboïdaux, obliques, d'une densité de 3,15, d'une dureté de 6,5 à 7. Elle s'emploie comme tous les *feldspaths* (V. ce mot), et peut servir pour la fabrication de la porcelaine ou des émaux.

*KILOGRAMMÈTRE. *T. de mécan.* Unité de travail mécanique, égale à l'effet produit par une force quelconque, agissant sur un objet auquel elle fait parcourir un mètre dans le sens de la direction du point d'application, en exerçant un effort d'un kilogramme. Quand un manœuvre a fait monter 10 fois une charge de 50 kilogrammes, à 3 mètres de hauteur, il a accompli un travail égal à 1,500 kilogrammètres. Pour pouvoir comparer les forces entre elles, on est obligé de faire intervenir la question de durée; en France, nous avons choisi la seconde comme unité de temps, en Angleterre, c'est généralement la minute que l'on emploie pour représenter la même unité. Ainsi, lorsque l'on dit que la force, ou mieux la puissance d'une machine, est de 100 *chevaux-vapeur,* cela signifie que cette machine développe un travail égal à celui que pourraient produire 100 chevaux capables d'élever chacun 75 kilogrammes à 1 mètre de hauteur, en une seconde. Le cheval-vapeur *indiqué* est égal à 75 kilogrammètres mesurés sur le piston ou les pistons de la machine considérée. Pour le déterminer, on cherche quel est l'effort moyen exercé sur le piston pendant la course complète, on multiplie ensuite cet effort par la surface du piston, par deux fois la course et par le nombre de tours battus dans une minute; on divise le produit par 60×75, et le résultat donne le nombre de chevaux vapeur indiqués, réalisés par cylindre. — V. CHEVAL-VAPEUR, FORCE, INDICATEUR.

KIOSQUE. Ce mot que l'on fait dériver du mot turc *kieuch,* signifiant *belvédère,* désigne une sorte de pavillon, ou construction légère, en hauteur, d'où l'on a une belle vue, *bellum videre, bello vedere.* Élément décoratif des jardins turcs, indiens, chinois, japonais, le kiosque est un motif architectural, qui participe au style de chaque contrée et varie de forme, ainsi que d'ornements, selon la contrée où on le rencontre.

En France, où l'on fait de l'éclectisme en architecture, comme en toutes choses, les architectes paysagers se sont approprié le kiosque et l'ont fait entrer dans le plan de leurs parcs; seulement, ils l'ont quelque peu francisé; à part les formes recourbées, propres au style indo-chinois et caractéristiques du vrai kiosque, on voit dans nos jardins, des pavillons italiens, russes, ottomans, égyptiens, indiens, cosmopolites enfin. Le kiosque est tombé dans le domaine de la fantaisie; c'est un édicule qui n'a généralement de turc et de japonais que le nom. Les laques de Chine offrent, sous ce rapport, de charmants modèles que les décorateurs de jardins pourraient parfaitement utiliser. — L. M. T.

KIRSCH ou KIRSCHENWASSER. Eau-de-vie blanche, obtenue par la distillation du jus de cerises sauvages (*cerasus dulcis*, Gœrts, var. *sylvestris*, rosacées), fermentées après écrasement des noyaux. Elle se fabrique en grande quantité en Allemagne, dans la Forêt-Noire, en Suisse, et en France, surtout dans les départements des Vosges, du Doubs, de la Haute-Saône et de la Meurthe-et-Moselle.

Le kirsch est un liquide incolore, marquant de 50 à 52° alcooliques, et présentant une saveur spéciale, celle de noyau, qu'il doit à la présence d'une petite quantité d'acide cyanhydrique ($0^g,003$ 0,005 d'acide anhydre, 0/0); 100 kilogrammes de cerises sauvages (merises) écrasées, fournissent à la distillation, de 7 à 8 litres de kirsch, marquant 51 à 55°. Le kirsch a beaucoup d'analogie avec le zwetschkenwasser, que l'on fabrique avec les prunes (couetches) écrasées.

Le kirsch est souvent fait de toutes pièces, en mélangeant parties égales d'alcool à 85° avec de l'eau distillée de laurier cerise, ou de l'eau de marasque, qui est faite avec les noyaux de certains cerisiers, quelquefois avec ces deux eaux distillées. Des expériences de F. Boudet (*Annales d'Hygiène et de Médecine légale*, 1865, p. 443), il résulte qu'en prenant le degré alcoolique et en titrant la richesse en acide cyanhydrique, on peut reconnaître la fraude. Marais a montré, en effet, que dans l'eau de laurier cerise, la proportion d'acide cyanhydrique varie suivant l'époque de l'année à laquelle on fait la préparation, suivant même la localité où la plante s'est développée; c'est ainsi que l'on a retrouvé des kirschs contenant 12,22 et même 88 milligrammes 0/0 d'acide, c'est-à-dire 12 fois autant, dans le dernier cas, que les kirschs naturels. Cette fraude se reconnaît : 1° à la dégustation, pour les palais exercés ; 2° par le titrage, au moyen du procédé Buignet, c'est-à-dire avec une dissolution titrée de sulfate de cuivre, contenant $23^g,09$ de sel cristallisé, pour 1,000 centimètres cubes. On verse 100 centimètres cubes du liquide à analyser, dans un ballon en verre à fond plat, on y ajoute 10 centimètres cubes d'ammoniaque, et on y verse la solution cuprique à l'aide d'une burette divisée en dixièmes de centimètres cubes, en agitant continuellement jusqu'à ce que la liqueur de cuivre cesse de se décolorer. Le nombre de divisions employées de la burette, indique exactement, en milligrammes, la quantité d'acide cyanhydrique existant dans la liqueur; 3° au moyen de la méthode indiquée par Desaga (*Polytech. Journal, de Dengler*, 1860), qui consiste à mettre un peu de bois de gayac dans le kirsch à examiner. Le produit vrai prend immédiatement une teinte bleu indigo; celui fait avec l'eau distillée d'amandes amères, de laurier cerise, ne prend qu'une teinte jaunâtre; un mélange de kirsch vrai et de produit imité n'a qu'une teinte bleu clair, et ne durant pas une heure, au moins, comme dans le cas de liqueur naturelle, celle de Fougerolles surtout. — J. C.

*KLAGMANN (JULES-JEAN-BAPTISTE), né à Paris, le 1er avril 1810. Il entra fort jeune dans l'atelier de Feuchères, et reçut des leçons du sculpteur Ramey (non le Ramey de l'empire, mais Etienne Ramey, son fils, mort en 1852). De 1828 à 1829, il suivit les cours de l'école des Beaux-Arts. Les nécessités de la vie le forcèrent bientôt d'abandonner ces études longues et incertaines. Il avait alors dix-neuf ans et déjà il avait fait œuvre d'artiste. Un jour, Duponchel, alors directeur de l'Académie de musique, eut besoin pour un opéra nouveau d'un candélabre richement orné. Lorsque le fabricant qui en avait reçu la commande livra cet accessoire, tous ceux qui étaient présents se récrièrent sur sa beauté originale et décorative. Duponchel voulut voir l'artiste qui en avait créé le modèle et fut tout surpris quand se présenta devant lui, à ce titre, un enfant de quatorze à quinze ans. Cet enfant était Klagmann. En son coup d'essai, Klagmann avait révélé les qualités si personnelles et si rares de son talent : l'invention, la grâce, l'ampleur, l'esprit, la jeunesse, la vie ; qualités qu'on retrouve en chacune de ses œuvres si nombreuses.

A vingt et un ans, il débutait au Salon avec un bas-relief représentant des géants. Au Salon de 1834 si célèbre, Klagmann avait envoyé cinq statuettes : *Dante, Machiavel, Shakspeare, Corneille, Byron*. En 1835, il exposait un groupe de *Saintes Femmes au tombeau*, et une figure de *Job* ; en 1842, une *Nymphe endormie* ; en 1844, une figure d'*Enfant tenant un lapin* ; en 1846, une *Jeune fille effeuillant une rose* ; en 1847, un *Enfant jouant avec des coquillages*.

A l'Opéra-Comique, au théâtre Italien, à l'ancien théâtre Historique (à Paris) ; aux théâtres d'Avignon, de Toulouse et du Hâvre, Klagmann avait apporté l'heureux concours de son talent décoratif sous la direction de l'architecte Charpentier. Il fit de même les grandes cariatides du jardin d'hiver, les bois sculptés de la salle du Sénat, les figures de la salle des mariages à la mairie du 1er arrondissement, des bas-reliefs en marbre, *Attributs de la Passion*, pour l'église de Saint-Cyr à Issoudun ; une cheminée monumentale et des motifs de décoration, en 1858, pour l'un des salons du Palais-Royal, le salon dit des *Colonnes* dans l'aile Montpensier, et, au-dessus de la cheminée de la salle à manger, dans la même partie du palais, un grand bas-relief en stuc représentant une *Vénus entourée d'enfants*; les modèles des sculptures de l'escalier du pavillon Mollien dans le nouveau Louvre, etc., etc. C'est également Klagmann qui fut chargé par la ville de Paris de modeler les motifs de l'épée offerte au comte de Paris, quatre cavaliers, pour un vase offert au duc d'Orléans, et l'épée du général Changarnier, d'après la composition de M. le comte de Nieuwerkerke. Nous pourrions citer bien d'autres morceaux de l'œuvre immense laissé par l'artiste, entre autres, une statue de Clotilde au Luxembourg. Bornons-nous à rappeler son chef-d'œuvre. Il n'est personne qui ne le connaisse, qui ne l'ait admiré, sans savoir probablement qu'il était de Klagmann. Nous voulons parler de la fontaine Louvois aux proportions élégantes, si parfaites, œuvre commune de l'artiste et de Visconti, telle qu'on a pu dire sans exagération qu'avec celle des Innocents, elle est la plus belle de Paris. Klagmann ici est clairement préoccupé de Jean Goujon, et ses figures, malgré l'accent très personnel qu'il y a imprimé, rappellent les trois grâces du Louvre. On retrouve son nom sur les grandes médailles commémoratives frappées en 1841, 1843, 1845 et 1847, en souvenir de l'inauguration de l'École normale, de la bibliothèque Sainte-Geneviève, du ministère des Affaires Étrangères et du Conservatoire des Arts et Métiers. Dans le champ restreint de la médaille, il savait d'une main délicate grouper les attributs, les symboles, les figures allégoriques posées et drapées avec un goût très pur. La dernière œuvre de Klagmann est la série des cinquante-trois masques en bronze doré, reproduisant douze types de masques antiques, comiques et tragiques, qui décorent l'attique du fronton de la façade du nouvel opéra. Il mourut le 18 janvier 1867.

*KNOPPERN. *T. de bot.* Syn. : *gallons du Piémont* ou *de Hongrie.* — V. CHÊNE et GALLES.

*KOBOLT. *T. de chim.* Arsenic impur, désigné aussi sous le nom de *poudre à mouches, d'arsenic noir;* il est en croûtes, d'un gris noir, contenant souvent de 8 à 10 °/₀ de sulfure ; son éclat est métallique ; sa densité 5.6 : il s'évapore à 180° et fond en vase clos. — V. ARSENIC.

*KŒCHLIN. Nom d'une famille de manufacturiers alsaciens, dont les divers représentants ont rendu, à différents titres, les plus grands services à l'industrie cotonnière française. Le chef de la famille fut :

Samuel KŒCHLIN. On lui doit la création, en Alsace, de la première manufacture d'impression sur coton. Jusqu'en 1746, la petite république de Mulhouse ne fabriquait que des draps de qualité médiocre, recherchés surtout des habitants des campagnes, mais ce fut Samuel Kœchlin qui, à cette époque, de concert avec Jean-Jacques Schmalzer et Jean-Henri Dolfus, transforma l'industrie mulhousienne, en fondant, sous la raison, sociale Kœchlin, Schmalzer et Cⁱᵉ, la manufacture dont nous parlons. Ce fut à la suite de cette création que se formèrent d'autres établissements similaires, et l'on pourrait même dire que de cette création date également la fabrication de l'indienne dans la France entière, le célèbre Oberkampf s'étant formé dans les ateliers de Samuel Kœchlin, avant d'aller fonder l'usine de Jouy. Au bout de quelques années, les trois associés se séparèrent pour former autant de maisons distinctes, et déjà, grâce à leur exemple, on comptait à Mulhouse, à la fin du siècle, 15 fabriques d'indiennes. Samuel Kœchlin eut pour fils :

Jean KŒCHLIN. Celui-ci s'expatria en 1785, en raison de la sévérité des douanes françaises qui resserreraient alors dans une ceinture infranchissable le petit territoire de la république de Mulhouse, et entra, à cette époque, comme fabricant, dans la maison Senn, Bidermann et Cⁱᵉ, de Wesserling. Jean Kœchlin eut dix-sept enfants dont neuf garçons qui, presque tous, contribuèrent aux progrès de l'industrie cotonnière en Alsace et dont le plus remarquable fut :

Nicolas KŒCHLIN, né à Mulhouse en 1781, mort dans la même ville en 1852. Après avoir fait ses premiers essais auprès de son père, il fut mis en apprentissage à Hambourg, puis en Hollande, entra ensuite comme employé chez son oncle Dolfus-Mieg, et s'en sépara en 1802 pour faire en son propre nom le commerce d'impression. Associé alors avec son père, ses frères, beaux-frères et neveux, il fonda successivement divers établissements très importants dont il fut l'âme, et qui exercèrent la plus grande influence sur la marche et l'accroissement de l'industrie mulhousienne : 1° en 1806, sous la raison *Kœchlin et Duport,* une filature et un tissage à Masseveaux et à Annecy ; 2° en 1809, sous la raison *Mérian et Kœchlin,* une manufacture d'impression à Loerrach (duché de Bade) ; 3° en 1820, une manufacture d'impression et une filature à Mulhouse, sous la raison *Nicolas Kœchlin et frères.* Ces établissements ne formant, en somme, qu'une seule maison, occupaient 5,000 ouvriers, avaient des succursales à Paris, Bordeaux, Lyon et Toulouse, et des dépôts en étaient tenus par des agents dans le monde entier. Après trente-quatre ans d'une existence honorable et brillante, le grand nombre d'associés que comptait cette maison, ainsi que la variété et l'étendue de ses affaires, engagèrent les intéressés à s'en séparer en 1831, et à former plusieurs sociétés nouvelles. Nicolas Kœchlin, resté associé avec son frère Edouard et son neveu Carlos Forel, trouva à cette époque dans la création des chemins de fer d'Alsace, un aliment convenable à son infatigable activité (lignes de Mulhouse à Thann et de Strasbourg à Bâle). Il avait été décoré de la Légion d'honneur, en 1828. Parmi les nombreuses fonctions qu'il a occupées en dehors de son industrie, nous citerons celle de député de Mulhouse, juge au tribunal de commerce de cette ville, président de la chambre de commerce, membre du conseil général du Haut-Rhin, du conseil supérieur du commerce et des manufactures, inspecteur du travail des enfants dans les manufactures, etc.

Ferdinand KŒCHLIN. Frère du précédent, né à Mulhouse en 1786, mort dans la même ville en 1854. Après avoir terminé son apprentissage commercial, à la suite duquel il passa plusieurs années dans diverses maisons importantes de Berlin et de Londres, il fut chargé par ses patrons MM. Georges Hyde et Cⁱᵉ, de Weymouth, en 1809, comme subrécargue intéressé, d'entreprendre un voyage, long pour l'époque, aux Canaries, aux Açores et au Sénégal. Revenu en 1810 dans sa ville natale, il entra comme associé dans la maison Nicolas Kœchlin et frères (V. ci-dessus), où il s'occupa surtout de la partie commerciale et des voyages. Il s'en sépara en 1831, lors du fractionnement de la maison, et, en société avec son frère Daniel, se chargea de la manufacture de toiles peintes de Mulhouse sous la raison *Frères Kœchlin*, il y demeura jusqu'en 1839, époque à laquelle il se retira pour cause de santé. Il s'occupa alors successivement de l'adoption des mesures nécessaires pour arriver à la mise en navigation du canal du Rhône au Rhin, de l'étude des tracés de chemins de fer qui intéressaient le rayon manufacturier de Mulhouse, de l'exploitation des houillères de Ronchamp, etc. Ce fut surtout un commerçant et un économiste de premier ordre; il était d'ailleurs depuis 1843, censeur de la succursale de la Banque de France à Mulhouse. Il avait été décoré de la Légion d'honneur en 1814, pour sa belle conduite pendant la campagne de France en 1813, comme aide de camp attaché au quartier général du duc de Dantzig; il resta dans l'armée de 1812 à 1815.

Daniel KŒCHLIN. Frère du précédent, né à Mulhouse en 1785, mort en 1871. Il fit partie de la grande manufacture Nicolas Kœchlin et frères, et doit être considéré comme l'un des hommes auxquels l'industrie de l'impression sur étoffes en général, est redevable de ses principaux progrès techniques. On lui doit notamment les applications sur tissus des composés du chrome, l'emploi raisonné du rouge turc, la création des indiennes dites *lapis*, la régularisation des conditions d'aérage des mordants, l'emploi scientifique des mordants à oxydes doubles, etc. Chimiste de talent, il a contribué à donner scientifiquement l'explication d'un très grand nombre des phénomènes de la teinture en impression, il a publié à ce sujet de très intéressants mémoires dans le *Bulletin de la Société industrielle* de Mulhouse; on lui doit, en outre, la création du laboratoire d'impression de cette ville qui a fourni aux fabriques de France tant de chimistes distingués. A la suite de l'exposition de 1855, il fut promu officier de la Légion d'honneur. Nommé à la fin de sa vie président honoraire de la Société industrielle de Mulhouse, il fut longtemps président de la section d'agriculture, et, à une époque où les comices agricoles n'étaient pas encore créés, il y déploya la plus constante activité dans l'intérêt de nos campagnes.

Ses fils ont encore, à divers titres, augmenté le patrimoine de gloire et d'honneur de cette famille illustre: *Alfred* KŒCHLIN, né le 19 septembre 1825, mort le 3 juillet 1872, fut un grand industriel doublé d'un ardent patriote; à l'Assemblée nationale de Bordeaux, où il était député pour le Haut-Rhin, il protesta énergiquement contre l'annexion de l'Alsace et de la Lorraine à l'Allemagne. *Carlos* KŒCHLIN, né le 24 décembre 1827, mort le 11 octobre 1870, était un chimiste distingué auquel l'industrie de l'impression est redevable de bien des progrès. *Eugène* KŒCHLIN, né le 10 avril 1815, décédé le 20 mars 1885, chef de la maison depuis une vingtaine d'années, a contribué, par son goût exquis et la perfection absolue de sa fabrication, à la réputation universelle de la maison Frères Kœchlin. Il a été l'un des fondateurs de la Société des arts de Mulhouse, des écoles de dessin, de gravure et de l'école supérieure de chimie. *Jules*

KŒCHLIN, né le 21 août 1816, mort le 20 avril 1882, a signalé sa grande expérience et la sûreté de son jugement dans les jurys de nos expositions universelles; il a été fait chevalier de la Légion d'honneur, en 1876. *Camille* KŒCHLIN, né le 5 mars 1811, le seul survivant de cette génération des Kœchlin, est non seulement un industriel remarquable, mais encore un chimiste éminent, dont les travaux sont très appréciés par le monde savant.

Joseph KŒCHLIN. Cousin des précédents, fils de Josué, ancien maire de Mulhouse; né à Mulhouse en 1796, mort dans cette ville en 1862. Chargé de 1818 à 1822 de la direction d'une filature à Soultzmatt, il lui imprima une impulsion si intelligente que MM. Schlumberger, Grosjean et Cie, qui commanditaient cet établissement, l'appelèrent bientôt chez eux pour monter une filature. Il devint peu après le gendre de M. Schlumberger, puis, en 1830, la maison ayant été remaniée, il en devint un des chefs, et s'occupa alors plus particulièrement de la fabrication des tissus imprimés. Dans cette industrie, il marqua son passage, car ce fut lui, qui des premiers à Mulhouse, tissa et imprima des chalys et des foulards pour robes, ces étoffes légères qui eurent tant de succès autrefois et qui conduisirent Kœchlin à l'impression du tissu chaîne-coton et des châles de laine, toutes nouveautés alors qui transformèrent peu à peu l'industrie des toiles peintes. Ce fut lui aussi qui créa le meuble, exécuta lui-même les premiers dessins de concert avec M. Tournier, et éleva cette fabrication jusqu'à la hauteur d'un art. Aussi les distinctions n'ont-elles pas manqué à la maison Schlumberger, Kœchlin et Cie, qui obtint une médaille d'or à chacune des expositions de 1834, 1839 et 1843. Les *Bulletins de la Société industrielle* de Mulhouse renferment un grand nombre de travaux importants dus à Joseph Kœchlin-Schlumberger. En dehors de son industrie, il a occupé les fonctions de maire de Mulhouse et de conseiller général. Retiré des affaires en 1845, il s'est livré avec ardeur à l'étude de la géologie, sur laquelle il a publié, outre de nombreux Mémoires et notices, un ouvrage des plus importants, le *terrain de transition des Vosges*, fait en collaboration avec le professeur Schimper, de Strasbourg, et auquel le gouvernement lui accorda une médaille d'or. Il avait été décoré de la Légion d'honneur en 1837.

Jean KŒCHLIN-DOLFUS. Né à Mulhouse en 1801, mort en 1870, fils de Rodolphe Kœchlin, s'associa avec son frère, Emile Kœchlin, et transforma avec lui une partie de sa filature de coton en une autre de laine peignée; il se retira en même temps que son frère, en 1867, pour ne plus figurer que comme commanditaire dans la nouvelle usine que construisait son fils, M. Alfred Kœchlin Schwartz, qui allait prendre la suite de l'ancienne maison.

André KŒCHLIN. Né à Mulhouse en 1789, mort à Paris en 1875; cousin de Nicolas, Ferdinand et Daniel. Placé en 1818 à la tête de l'importante maison Dolfus-Mieg, qui embrassait la filature, le tissage et l'impression, il lui fit prendre rapidement un très grand accroissement. Dix ans plus tard, il s'en retira avec une belle fortune, et fonda en son propre nom à Mulhouse, un établissement considérable, connu aujourd'hui dans le monde entier, pour la fonte des métaux et la construction des machines. Médaillé à diverses expositions, notamment à celle de 1855 où il obtint la médaille d'honneur, il-avait été décoré de la Légion d'honneur en 1836. Il a occupé, en dehors de son industrie, diverses fonctions publiques importantes,. telles que maire de Mulhouse en 1830, et député du Haut-Rhin en 1831, 1841 et 1846.

Nicolas Kœchlin-Kœchlin. Né à Mulhouse en 1812, mort à Paris en 1875. Il se prépara d'abord à la carrière diplomatique, et fut successivement attaché aux ambassades de Vienne, Saint-Pétersbourg, Constantinople, Perse et Brésil, puis rentra à Mulhouse. Il épousa, à cette époque, la fille du constructeur André Kœchlin (V. ci-dessus), et entra comme associé dans la maison de son beau-père qu'il dirigea pendant trente-six ans. On doit surtout le citer comme ayant pris une part active à la création des cités ouvrières de Mulhouse, de l'asile des vieillards, de l'école de tissage, et de toutes les fondations utiles qui forment la gloire la moins contestée de cette ville. Successivement juge et président du tribunal de commerce, membre du comité d'escompte de la succursale de la Banque de France, etc., il avait été nommé, en 1861, président de la Société industrielle de Mulhouse.

*KRÉOSOL. **T.** *de chim.* Liquide épais et incolore, ayant pour formule $C^8 H^{10} O^2$... $C^{16} H^{10} O^4$, qui passe entre 205 et 210° lorsqu'on distille la résine de Gayac. Il est coloré en vert par les alcalis, en bleu par les alcalis terreux. Il a la même formule que l'acide engénique. Il existe également dans la créosote-de goudron de hêtre, mélangé au phlorol.

*KUHLMANN (Charles-Frédéric). Chimiste et manufacturier, correspondant de l'Institut, né à Colmar le 22 mai 1803, mort à Lille le 27 janvier 1881. Après avoir fait ses études, d'abord dans sa ville natale, puis au lycée de Nancy, il devint préparateur du célèbre Vauquelin. En 1823, sur les sollicitations du mathématicien Delezenne, il vint à Lille fonder une chaire de chimie appliquée aux arts. Accueilli avec une grande faveur par l'industrie de la région, il acquit promptement la connaissance des diverses applications de la chimie manufacturière, et fonda, quelque temps après, à Loos près Lille, avec le concours des frères Descat qui l'aidèrent de leurs capitaux, une importante fabrique de produits chimiques. Jusqu'en 1847, il sut mener de front avec une rare intelligence ses fonctions de professeur de chimie et de manufacturier, mais à partir de cette époque, il abandonna le professorat pour se livrer uniquement à la direction de son établissement. Bientôt, il en créa plusieurs autres à Amiens, à Saint-André, à la Madeleine-lez-Lille, non moins importants que le premier. Ses fabriques sont encore aujourd'hui, sous le nom de *Manufacture des produits chimiques du Nord,* les plus importantes du département.

La haute compétence qu'il possédait en toutes sortes de questions économiques et industrielles, le fit appeler, durant le cours de sa carrière, aux positions les plus élevées du commerce et de l'administration. C'est ainsi qu'il fut, pendant de longues années, président de la Chambre de commerce de Lille, directeur de la Monnaie sous Louis-Philippe et qu'il eût à installer l'affinage et la refonte des anciennes pièces d'argent ; il fut encore administrateur du chemin de fer du Nord, membre du Conseil général du département et du Conseil de salubrité, président de la Société industrielle du Nord et de la Société des sciences de Lille, membre du Conseil supérieur du commerce et membre du jury à toutes les grandes expositions. Les travaux de Kuhlmann sont consignés dans un volume de 746 pages grand in-8°, qu'il fit imprimer en 1877, pour l'offrir à ses amis, et qui renferme 69 mémoires ou notices, classés dans l'ordre suivant : agronomie, sucrerie, blanchiment, teinture, chimie pure, construction, hygiène, discours prononcés en séances publiques. Parmi ceux de ces travaux qui ont acquis à l'auteur sa grande réputation de savant, nous signalerons particulièrement les mémoires *sur la garance,* ceux *sur la teinture et l'impression des étoffes,* la *Théorie du blanchiment,* l'influence *de l'oxygène dans la coloration des produits organiques,* l'action *de l'acide sulfureux comme agent décolorant,* la *production de l'acide azotique, de l'ammoniaque, de l'acide cyanhydrique sans l'intervention de l'éponge de platine,* la *relation entre la nitrification et la fertilisation des terres,* la *Théorie des engrais basée sur de nombreuses recherches expérimentales,* les *perfectionnements dans la fabrication de l'acide sulfurique, de la soude, de la potasse, du sucre de betterave,* la *création de l'industrie de la baryte pour les peintres décorateurs,* les *Études sur les mortiers, les ciments et les chaux hydrauliques,* la *Silicatisation des pierres,* la *Conservation des matériaux de construction,* les *Expériences pour servir à l'histoire de l'alcool, de l'esprit de bois et des éthers,* la *Théorie de la panification,* l'*Application des carbonates alcalins en vue d'éviter l'incrustation des chaudières à vapeur,* .la *Fabrication du noir animal dans ses rapports avec la salubrité publique,* etc.

Il n'est pas étonnant dès lors que les sociétés savantes et les diverses puissances aient tenu à honneur de le compter parmi leurs dignitaires ; Kuhlmann était, en effet, correspondant de l'Institut pour la section d'économie rurale, correspondant de la Société d'encouragement pour les arts chimiques, associé regnicole de la Société nationale d'agriculture, etc., et en outre, commandeur de la Légion d'honneur, et décoré de divers ordres de Russie, de Prusse, d'Autriche, de Portugal, de Perse, etc. — A. R.

*KUHLMANN (Jules-Frédéric) fils. Chimiste et manufacturier, fils du précédent, né à Lille le 12 août 1841, mort à Ragatz (Suisse), le 2 août 1881. Pendant la désastreuse guerre de 1870-71, il commandait, comme capitaine, un détachement de mobiles de l'armée du Nord, il fut ensuite aide-de-camp du général Derroja, et la bravoure dont il fit preuve à l'attaque de Cachy, lui valut la croix de la Légion d'honneur sur le champ de bataille même. Sous la haute direction de son père, et de son beau-frère, M. Lamy, professeur à l'Ecole centrale, il fut promptement initié à la connaissance théorique et pratique de la chimie industrielle. Dès 1863, alors qu'il n'était encore qu'étudiant, il prit une part active à la découverte du *thallium*, et publia une importante *Etude sur les sels organiques* de ce nouveau métal. En 1877, il fut désigné pour représenter la France à l'Exposition universelle de Philadelphie, et, comme membre du jury international, rédigea sur l'ensemble des arts chimiques un *Rapport* remarquable. Après la mort de son père, il l'avait remplacé à la direction des manufactures de produits chimiques du Nord, au Conseil de salubrité du département, à la Chambre de Commerce de Lille, au Conseil d'administration du chemin de fer du Nord, quand une mort subite l'enleva pendant un voyage en Suisse. Parmi les travaux scientifiques de M. Kuhlmann fils, nous citerons, outre les mémoires dont il est question plus haut, ses *Recherches sur les mines de pyrite et d'argent natif de Norwège* (1873), ses *Etudes sur le transport en vrac des acides sulfurique et muriatique et du chlorure de chaux* (1874), sur l'*Explosion d'un appareil de platine servant à la fabrication de l'acide sulfurique* (1876), sur la *Condensation des vapeurs acides et l'emploi des gaz colorés pour déterminer la vitesse des gaz dans les cheminées* (1877), etc. — A. R.

*KUMMEL. *T. de liquor.* Liqueur alcoolique faite avec un sirop très cuit, ce qui lui fait déposer des cristaux de sucre sur les parois des flacons qui la contiennent, et qui doit son parfum à l'essence de carvi (*carum carvi*, L., ombellifères). La plante qui la fournit est très cultivée en Islande, en Scandinavie, en Finlande, en Russie et en Angleterre. On consomme une grande quantité de ses fruits comme épice, dans le pain, les gâteaux, le fromage, les sauces, les pâtisseries ou les confitures, puis pour faire des essences et des liqueurs. Le kummel de Riga a une grande réputation.

*KYANOL. *T. de chim.* Nom donné par Runge au liquide huileux, extrait par lui du goudron de houille et se colorant en bleu par le chlorure de chaux. C'est l'*aniline.* — V. ce mot.

www.ingramcontent.com/pod-product-compliance
Lightning Source LLC
Chambersburg PA
CBHW060710220326
41598CB00020B/2046